Thieme

Chirurgie

Schnitt für Schnitt

Andreas Hirner
Kuno Weise

680 Abbildungen in 1646 Einzeldarstellungen,
234 Tabellen,
427 Textboxen mit vertiefendem Wissen

Mit Beiträgen und Mitarbeit von

M. Ziegler
M. Wolff
E. Winter
P. Winter
K.-H. Winker
A. Wentzensen
K. Weise
H.C. Wartenberg
Th. Walther
K.-J. Walgenbach
T. von Spiegel
E. Vitzthum
H. Vetter
A. Türler
F. Thielemann
H. Stratmann
G. Späth
H.M. Seitz
P. Schweizer
N.T. Schwarz
G. Schoeneich
G. Schmidt
H.H. Schild
S. Scheingraber
E. Schaller
T. Sauerbruch
J. Rudolph
M. Rothmund
K. Rose
J. Remig
R. Reich
A. Rahmel
U. Pütz
U. Pfeifer
D. Pauleit
A. Nusche
B. Niederhagen
J. Nadstawek
A. Müller
S.-C. Müller
F.W. Mohr
P.J. Meeder
F. Maurer
E. Maleck
E. Ludolph
J.F.A. Low
W. Lorenz
H. Lippert
R. Liedtke
H. Lauschke
L. Lange
M. Koller
U. Kania
M. Kaminski
J.C. Kalff
J. Jakschik
B. Jahnke
O. Horstmann
D. Höntzsch
A. Hoeft
A. Hirner
H.G. Hermichen
R. Hering
D. Heimbach
M. Hansis
B. Handstein
F. Grünwald
M. Göbel
U. Glatzel
U. Gallkowski
C. Frenkel
A. Fiedler
M. Ernst
D. Decker
P. Decker
E. Chantelau
J. Buermann
M. Brütting
G. Brünagel
H.-J. Biersack
T. Bieber
H. Becker
H. Becher
K. Balzer
H. Ade

Georg Thieme Verlag Stuttgart · New York

Bibliografische Information der Deutschen Bibliothek

Die Deutsche Bibliothek verzeichnet diese Publikation in der Deutschen Nationalbibliografie; detaillierte bibliografische Daten sind im Internet über http://dnb.ddb.de abrufbar.

Wir bitten um Verständnis, dass aus Gründen der Lesbarkeit im Buch durchgehend die männlichen Formen, z. B. Patient, Arzt oder Therapeut, verwendet werden. Die Gleichberechtigung der Frau ist selbstverständliche Grundlage der Konzeption und des Menschenbildes, sodass eine Dopplung der Begriffe unnötig erscheint.

Rüdigerstraße 14
D-70649 Stuttgart
Unsere Homepage: http://www.thieme.de

Printed in Germany

Zeichnungen: Karin Baum, Mannheim
Umschlaggestaltung: Thieme Verlagsgruppe
Umschlaggrafik: Martina Berge, Erbach
Satz: Hagedorn Kommunikation, Viernheim
Druck: Appl, Wemding

ISBN 3-13-130841-9 1 2 3 4 5 6

Wichtiger Hinweis:
Wie jede Wissenschaft ist die Medizin ständigen Entwicklungen unterworfen. Forschung und klinische Erfahrung erweitern unsere Erkenntnisse, insbesondere was Behandlung und medikamentöse Therapie anbelangt. Soweit in diesem Werk eine Dosierung oder eine Applikation erwähnt wird, darf der Leser zwar darauf vertrauen, dass Autoren, Herausgeber und Verlag große Sorgfalt darauf verwendet haben, dass diese Angabe **dem Wissensstand bei Fertigstellung des Werkes** entspricht.

Für Angaben über Dosierungsanweisungen und Applikationsformen kann vom Verlag jedoch keine Gewähr übernommen werden. **Jeder Benutzer ist angehalten,** durch sorgfältige Prüfung der Beipackzettel der verwendeten Präparate und gegebenenfalls nach Konsultation eines Spezialisten festzustellen, ob die dort gegebene Empfehlung für Dosierungen oder die Beachtung von Kontraindikationen gegenüber der Angabe in diesem Buch abweicht. Eine solche Prüfung ist besonders wichtig bei selten verwendeten Präparaten oder solchen, die neu auf den Markt gebracht worden sind. **Jede Dosierung oder Applikation erfolgt auf eigene Gefahr des Benutzers.** Autoren und Verlag appellieren an jeden Benutzer, ihm etwa auffallende Ungenauigkeiten dem Verlag mitzuteilen.

Geschützte Warennamen (Warenzeichen®) werden **nicht immer** besonders kenntlich gemacht. Aus dem Fehlen eines solchen Hinweises kann also nicht geschlossen werden, dass es sich um einen freien Warennamen handelt.

Ein ungewöhnliches Lehrbuchkonzept

Auf dieser Seite möchten wir Sie vertraut machen mit dem didaktischen Konzept, das wir als Transportmittel benutzen, um Sie Schritt für Schritt, komfortabel und unterhaltsam in die Welt der Chirurgie zu geleiten. Hätten Sie gern ein ausführliches Lehrbuch für den Einstieg, ein Kurzlehrbuch für die effektive Prüfungsvorbereitung und ein praktisches Nachschlagewerk?
Dann brauchen Sie nur *ein* Buch!

Thematische Grundbausteine: die Studieneinheiten

7 Abschnitte, die wiederum in Kapitel untergliedert sind, bilden die Matrix, innerhalb derer Sie sich leicht im Buch orientieren können. Soweit ist der Aufbau noch nicht ungewöhnlich...
Die didaktischen Grundeinheiten bilden kurze **Studieneinheiten**: Jeweils ein Sinnzusammenhang wird zumeist auf einer **Doppelseite** dargestellt. Dies hat folgende Vorteile:
- Die Inhalte werden in überschaubaren „Portionen" vermittelt,
- es können Themenschwerpunkte gebildet werden, die sich in herkömmlich strukturierte Kapitel weniger gut einfügen ließen.

Jede Studieneinheit beginnt mit einem **„Starter"**. Hier erfahren Sie, welche Themen behandelt werden und wie sie im Gesamtzusammenhang zu werten sind. Auf Besonderheiten wird hingewiesen und es werden Verknüpfungen zu anderen Studieneinheiten hergestellt. Der Starter ist nicht im Sinne einer Zusammenfassung zu verstehen.

Das Kurzlehrbuch im Lehrbuch

Alle Inhalte, die im Gegenstandskatalog (GK3) aufgeführt sind bzw. von den Herausgebern und Autoren als prüfungsrelevant erachtet werden, sind im Haupttext sowie in den Abbildungen (👁) und Tabellen (**T**) enthalten. Nicht mehr, aber auch nicht weniger. Sie können sich während Ihrer Prüfungsvorbereitung auf diese Inhalte konzentrieren. Die Inhalte sind didaktisch so aufbereitet und untergliedert, dass für eine kurze Wiederholung ggf. nur das Überfliegen der Überschriften und Hervorhebungen ausreicht.

! Praxistipps und Merksätze sind oft im Sinne von „Vorsicht, Aufgepasst" gemeint oder sie enthalten Merkhilfen.

1 Vertiefendes Wissen

In diesen Boxen finden sich Inhalte, die über das Prüfungswissen und das notwendige Verständnis hinausgehen, wie z. B.
- Operationstechniken,
- praktische Arbeitsanleitungen,
- Fallbeispiele,
- Historisches,
- Ausblicke auf aktuelle Forschungsthemen, aber auch
- Wiederholungen aus früheren Studienabschnitten (z. B. Embryologie).

Der eilige Leser kann, ohne das Vertiefende Wissen gelesen zu haben, den Stoff im Haupttext verstehen.

Dabei sein ist alles: die CD-ROM

Ein Buch kann die Grundlagen, Zusammenhänge und Prinzipien der Chirurgie darstellen. Dadurch wird jedoch noch kein authentischer Eindruck einer Operation vermittelt. Die beiliegende CD-ROM zeigt Filme über Verhalten im OP, Operationsvorbereitung, Naht- und Knotentechniken sowie wichtige Operationen. Damit sind Sie bestens vorbereitet, wenn es „richtig" losgeht. Denn:

! Die Prüfung ist nicht alles.

1 Farbcode für Ablaufschemata

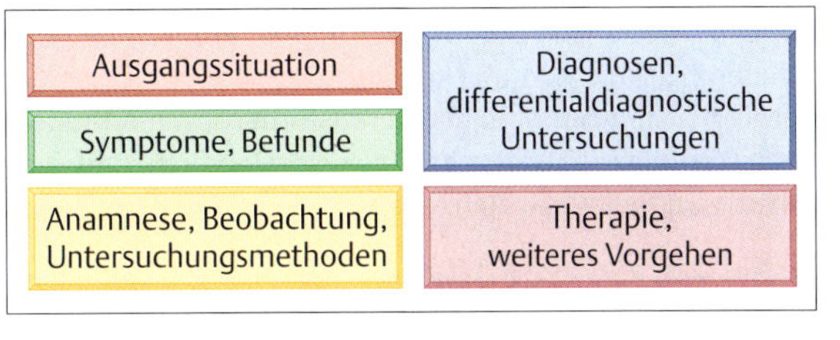

Curricula vitae – das Vorwort einmal anders

Warum beteiligt man sich herausgeberisch an einem Lehrbuch für Studierende, obwohl der Markt schon eine nicht ganz kleine Palette an entsprechenden guten Werken aufzuweisen und man eigentlich genügend zu tun hat? Wie hat sich der berufliche Lebensweg in dieser Hinsicht ausgewirkt, welche Personen bzw. Stationen nahmen in fachlicher Hinsicht oder vielleicht auch zufällig Einfluss auf die Übernahme einer solch ehren- wie verantwortungsvollen Aufgabe? Auf Anregung des Verlags sollen in diesem kurzen Editorial nicht die „harten Daten" des Curriculum vitae der beiden Herausgeber im Vordergrund stehen, sondern vielmehr Assoziationen und Aphorismen aus der eigenen Vita, reflektiert auf die Entstehung dieses Projekts.

Prof. Dr. med. Andreas Hirner

Warum** noch **ein neues Lehrbuch für Chirurgie? Ursprünglich war es der Wunsch von Prof. Dr. Martin Reifferscheid (Aachen; 1993†) und Prof. Dr. Dr. h.c. Siegfried Weller (Tübingen), das von ihnen herausgegebene und seit 1970 bestehende Lehrbuch für Chirurgie durch Herrn Prof. Weise (Tübingen) und mich weitergeführt zu wissen. Nach ersten Gesprächen mit dem Thieme Verlag wurde aber klar, dass ein ganz neues didaktisches Konzept sinnvoll sei: das Konzept von überschaubaren Studieneinheiten. Und dies machte eine längere Vorbereitungszeit notwendig.

Warum habe ich mich als einer der beiden Herausgeber für diese Arbeit engagiert? Natürlich ist es eine Ehre, diese Aufgabe übertragen zu bekommen, aber es muss mehr sein: Wissensvermittlung muss Freude machen. Ohne Wissensvermittlung gäbe es keine Kontinuität und keinen Fortschritt in der Medizin, und damit ist die Wissensvermittlung eine ganz wichtige Aufgabe als Hochschullehrer, sei es in der Hauptvorlesung, beim Bed Side Teaching, in Praktika oder wo auch immer man mit Jüngeren zusammen ist, als Chirurg bis hin am OP-Tisch. Und man muss wissen, dass Wissensvermittlung auch Arbeit bedeutet. Während der zurückliegenden 25 Jahre habe ich mich als Autor mit Freude an zahlreichen Lehrbüchern und anderen Werken der Chirurgie beteiligt: Man muss es als Herausforderung empfinden, auch komplexe Zusammenhänge verständlich und einfach darstellen zu wollen.

Nur das, was verständlich ist, ist wahr.

Trotz allen Anspruchs auf rationelles Lernen darf sich ein Lehrbuch aber nicht in der erweiterten Darstellung des Gegenstandskatalogs erschöpfen: So wie für die Chirurgie die Technik des Operierens nur eine Grundvoraussetzung ist, so muss ein Lehrbuch über das additive Wissen hinausweisen und die Faszination des Faches Chirurgie vermitteln.

Welcher Lebensweg liegt einem solchen Denken zugrunde? Vor allem ist es sicher der glückliche Umstand, hierzu ähnlich denkenden Menschen begegnet und von ihnen geprägt worden zu sein. Und dies sind nicht nur die akademischen Lehrer (vor allem Prof. Dr. Hermann Franke [Berlin; 1991†], Prof. Dr. Jörg Vollmar [Ulm] und Prof. Dr. Dr. h.c. Rudolf Häring [Berlin; 1998†]), sondern es sind dies viele Menschen im beruflichen und privaten Umfeld, bis hin zu Geige, Skihochtouren und Tauchen. Einen diesbezüglich wichtigen Anfang machte 1966 die Aufnahme ins Cusanuswerk.
Als Studierender und die ersten Jahre als Assistenzarzt tastete ich mich langsam an die Frage heran, was ich denn nun eigentlich mit dem Medizinstudium anfangen wolle. Der Bogen spannte sich zunächst von der Biochemie über die Neurowissenschaften, später waren Anästhesiologie und Intensivmedizin noch einmal eine starke „Versuchung". Während des Studiums (1964–1970, Tübingen–Wien–Tübingen) war ich jahrelang Tutor für ausländische Studierende, denen die verschiedensten medizinischen Inhalte aufgrund noch bestehender sprachlicher Schwierigkeiten um ein Semester versetzt in kleinen Gruppen noch einmal nahegebracht wurden: ein erster Anfang in der Wissensvermittlung. Und man verdiente Geld!
Eigentlich wurde mir die Entscheidung, Chirurg zu werden, von meinem ersten Chef Prof. Franke (Berlin) abgenommen, indem er, als ich noch Medizinalassistent war und gerade eine Stelle frei wurde, sagte: „Junge, Du wirst Chirurg". Somit festigte sich der chirurgische Lebensweg (1970–1989 an der Freien Universität Berlin, mit Unterbrechung 1974/75 in Ulm), und 1989 kam ich nach Bonn.
Abgesehen von der Verantwortung um eine Klinik gab es in den letzten Jahren weitere wesentliche Impulse und Bereicherungen durch eine zunehmende akademische Verantwortung, zunächst als Dekan der Medizinischen Fakultät, dann als Prorektor für Forschung und wissenschaftlichen Nachwuchs der Universität Bonn. Die Humboldt-These von der Einheit von Lehre und Forschung hat nach wie vor Gültigkeit. Und dies schließt den Kreis zu diesem gänzlich neuen Lehrbuch: „Wissen zu erwerben, ohne über das Erlernte nachzudenken, ist sinnlos. – Nur nachzudenken, ohne zu lernen, führt zu gefährlichen Überlegungen." (Konfuzius)
Ich danke allen Mitstreiterinnen und Mitstreitern, die dieses Buch ermöglicht haben: den Autorinnen und Autoren, dem Thieme Verlag, hier allen voran Frau Antje-Karen Richter, meinem Mitherausgeber Kuno Weise und den Mitarbeiterinnen und Mitarbeitern der von mir verantworteten Universitätsklinik.

Prof. Dr. med. Kuno Weise

Vielleicht nur so viel zum beruflichen Werdegang: Nach dem Studium in Tübingen und der Weiterbildungszeit zum, – so hieß das seinerzeit –, Allgemeinchirurgen an einem Kreiskrankenhaus reifte in mir die Überlegung, dass für den Fall einer Niederlassung in der eigenen Praxis der Erwerb der Teilgebiets-, heutigen Schwerpunktbezeichnung „Unfallchirurgie" Sinn machen könnte, weswegen ich am 2. 5. 1977 als Assistenzarzt in die Berufsgenossenschaftliche Unfallklinik Tübingen eintrat. Deren Ärztlicher Direktor, Prof. Dr. med. Dr. h.c. mult. Siegfried Weller, einer der Protagonisten der Unfallchirurgie in Deutschland, mein ebenso gestrenger wie mich motivierender akademischer Lehrer, war wohl letzten Endes „schuld" daran, dass ich in diesem Fachgebiet hängen blieb und es mit ungeteilter Befriedigung bis heute ausübe. Es war jedoch nicht allein die mit der Erfahrung wachsende Freude an operativen Eingriffen, sondern auch die zunehmende Möglichkeit, über diese Erfahrungen in Wort und Schrift berichten zu können, was letztendlich an meiner beruflichen Entwicklung und damit auch an der Herausgeberschaft am Lehrbuch „Chirurgie" wesentlichen Anteil hatte. Bereits während meiner Zeit als Oberarzt bei Siegfried Weller wurde ich in eine Reihe „schriftstellerischer" Arbeiten eingebunden, in dem ich in mehreren Auflagen des Vorgängerbuches „Reifferscheid/Weller: Chirurgie" einige Kapitel schreiben bzw. diese überarbeiten durfte. Einige Zeit später erhielt ich den Auftrag, das unfallchirurgische Musterkapitel der „Chirurgischen Operationslehre" zu verfassen, bei welcher Siegfried Weller als Mitherausgeber fungierte und die ebenfalls im Thieme Verlag erschienen ist.

1993 nahm ich den Ruf auf den Lehrstuhl für „Unfall- und Wiederherstellungschirurgie" an der Universität Leipzig an, so dass mein beruflicher Lebensweg eigentlich vorgezeichnet erschien. Allerdings wurde ich von Siegfried Weller und dem Thieme Verlag schon während dieser Leipziger Zeit mit dem Ansinnen konfrontiert, dass ich zusammen mit Herrn Hirner aus Bonn das Reifferscheid/Weller-Buch neu konzipieren, d.h. den unfallchirurgischen Teil im Sinne eines modernen Lehrbuchkonzeptes mitgestalten dürfte. An dieser Stelle sei beiden schon einmal sehr herzlich gedankt.

Diese hochinteressante Aufgabe und organisatorische wie auch publizistische Herausforderung, welcher ich mich unter keinen Umständen entziehen wollte, begleiten mich ein knappes Jahrzehnt bis heute wie ein roter Faden, war und ist während dieses Zeitraums eine ebenso anspruchsvolle wie zeitkonsumierende Schreibtischarbeit gewesen, die nunmehr hoffentlich zu einem guten Ende gelangt ist.

Die Übernahme des Ärztlichen Direktoriates an der Berufsgenossenschaftlichen Unfallklinik Tübingen im Jahre 1996, verbunden mit dem Ruf auf den Lehrstuhl für Unfallchirurgie an der Eberhard-Karls-Universität, die dadurch bedingte regelmäßige Einbindung in die studentische Lehre, deren neue Konzeptionen im Sinne durchgreifender Veränderungen hin zum Kleingruppenunterricht wurden von der allmählichen Entstehung des Buches bzw. der Akquirierung der einzelnen Manuskripte über die Jahre hinweg flankiert.

Es war ungeachtet der vielen Diskussionen bis zur Erstellung des neuen Lehrbuchkonzeptes eine große Freude, mit dem Verlag, in Sonderheit mit Herrn Dr. Lüthje und während der „heißen Phase" mit Frau Richter zusammenzuarbeiten, ebenso wie mit den selbst ausgesuchten Autoren der einzelnen Studieneinheiten, die, wie bei einem richtigen „Vielmännerbuch" üblich, ganz unterschiedliche Aktivitätsniveaus erkennen ließen. Mit meinem Mitherausgeber Andreas Hirner und seinem Team gab es stets eine harmonische und fruchtbare Kooperation. Auch mit dem Thieme Verlag, in Sonderheit mit Frau Richter und deren Mitarbeitern haben wir uns im Interesse dieses Buches und in zahlreichen Gesprächen „zusammengerauft". Selbst wenn vielen die Zeitdauer bis zur endgültigen Fertigstellung des Buches lang, manchen als zu lang erschien, bin ich der festen Überzeugung, dass sich diese Investitionen gelohnt haben, speziell im Hinblick auf die Ansprüche und Wünsche der Studierenden. Aus meiner Sicht darf ich allen Autoren, dem Thieme Verlag in Gestalt der genannten Mitarbeiter und „Last not least" meinem Mitherausgeber Andreas Hirner für die jahrelange fruchtbare Zusammenarbeit danken.

Was können wir verbessern?

Unser Ziel war es, die Inhalte der Chirurgie für Sie optimal aufzubereiten. Ob wir dieses Ziel erreicht haben, können nur Sie als Leser beurteilen. Wir würden uns daher sehr freuen, wenn Sie uns oder dem Thieme Verlag mitteilten, was wir in der nächsten Auflage verbessern können.

Viel Freude, aber auch Erfolg mit diesem Buch wünschen Ihnen

Bonn und Tübingen im Sommer 2003

Anschriften der Herausgeber und Autoren

Dipl.-Psych. Heike **Ade**
Klinik und Poliklinik für Psychosomatische Medizin und Psychotherapie
Universitätsklinikum der Rheinischen Friedrich-Wilhelms-Universität Bonn
Sigmund-Freud-Str. 25, 53105 Bonn

Dr. med. Klaus **Balzer**
Gefäßchirurgische Klinik
Evangelisches Krankenhaus
Wertgasse 30, 45466 Mülheim

Prof. Dr. med. Harald **Becher**
Cardiac Clinical Center, Cardiac Investigation Annexe
John Radcliffe Hospital
Headley Way, OX3 9DV Oxford

Prof. Dr. med. Heinz **Becker**
Klinik und Poliklinik für Chirurgie
Georg-August-Universität
Robert-Koch-Str. 40, 37075 Göttingen

Prof. Dr. med. Dr. és sci. Thomas **Bieber**
Dermatologische Klinik
Universitätsklinikum der Rheinischen Friedrich-Wilhelms-Universität Bonn
Sigmund-Freud-Str. 25, 53105 Bonn

Prof. Dr. med. Hans-Jürgen **Biersack**
Klinik und Poliklinik für Nuklearmedizin
Universitätsklinikum der Rheinischen Friedrich-Wilhelms-Universität Bonn
Sigmund-Freud-Str. 25, 53105 Bonn

Dr. med. Gisela **Brünagel**
Department of Medicine
University of Pittsburgh
S851 Scaife Hall, 3550 Terrace Street,
Pittsburgh, PA 15262, USA

Dr. med. Matthias **Brütting**
Klinik und Poliklinik für Chirurgie
Universitätsklinikum der Rheinischen Friedrich-Wilhelms-Universität Bonn
Sigmund-Freud-Str. 25, 53105 Bonn

Dr. med. Jens **Buermann**
Klinik und Poliklinik für Chirurgie
Universitätsklinikum der Rheinischen Friedrich-Wilhelms-Universität Bonn
Sigmund-Freud-Str. 25, 53105 Bonn

Prof. Dr. med. Ernst **Chantelau**
Diabetes-Ambulanz
Heinrich-Heine-Universität
Postfach 101 007, 40001 Düsseldorf

Priv.-Doz. Dr. med. Dorothee **Decker**
Klinik und Poliklinik für Chirurgie
Universitätsklinikum der Rheinischen Friedrich-Wilhelms-Universität Bonn
Sigmund-Freud-Str. 25, 53105 Bonn

Prof. Dr. med. Pan **Decker**
Chirurgische Klinik I
Krankenanstalt Mutterhaus der Borromäerinnen
Feldstraße 16, 54290 Trier

Prof. Dr. med. Michael **Ernst**
Dietrich-Bonhoeffer-Klinikum
Klinik für Allgemein-, Visceral- und Thoraxchirurgie
Klinikum Neubrandenburg
S. Allende Str. 30, 17036 Neubrandenburg

Dr. med. Alexander **Fiedler**
Klinik und Poliklinik für Chirurgie
Universitätsklinikum der Rheinischen Friedrich-Wilhelms-Universität Bonn
Sigmund-Freud-Str. 25, 53105 Bonn

Prof. Dr. med. Christian **Frenkel**
Klinik für Anästhesiologie
Städt. Klinikum Lüneburg
Bögelstr. 1, 21339 Lüneburg

Dr. med. Uwe **Gallkowski**
Chirurgische Klinik
DRK-Krankenhaus Neuwied
Marktstr. 74, 56564 Neuwied

Dr. med. Ulrich **Glatzel**
Klinik für Unfall- und Wiederherstellungschirurgie
Berufsgenossenschaftliche Unfallklinik Ludwigshafen
Ludwig-Guttmann-Str. 13, 67071 Ludwigshafen

Dr. med. Michael **Göbel**
Poststr. 17c, 53859 Niederkassel

Prof. Dr. med. Frank **Grünwald**
Klinik für Nuklearmedizin
Klinikum der Johann Wolfgang Goethe Universität
Theodor-Stern-Kai 7, 60590 Frankfurt am Main

Dipl. med.-paed. Brunhild **Handstein**
Klinik und Poliklinik für Chirurgie
Universitätsklinikum der Rheinischen
Friedrich-Wilhelms-Universität Bonn
Sigmund-Freud-Str. 25, 53105 Bonn

Prof. Dr. med. Martin **Hansis**
Am Katzenlochbach 8, 53125 Bonn

Priv.-Doz. Dr. med. Dirk **Heimbach**
Urologische Abteilung
St.-Vinzenz-Krankenhaus
Rottstr. 11, 45711 Datteln

Dr. med. Rudolf **Hering**
Klinik und Poliklinik für Anästhesiologie
und spezielle Intensivmedizin
Universitätsklinikum der Rheinischen
Friedrich-Wilhelms-Universität Bonn
Sigmund-Freud-Str. 25, 53105 Bonn

Dr. med. Honke Georg **Hermichen**
Chirurgische Klinik II
Unfall- und Wiederherstellungschirurgie
Lukaskrankenhaus
Preußenstr. 84, 41464 Neuss

Prof. Dr. med. Andreas **Hirner**
Klinik und Poliklinik für Allgemein-,
Viszeral-, Thorax- und Gefäßchirurgie
Universitätsklinikum der Rheinischen
Friedrich-Wilhelms-Universität Bonn
Sigmund-Freud-Str. 25, 53105 Bonn

Prof. Dr. med. Andreas **Hoeft**
Klinik und Poliklinik für Anästhesiologie
und operative Intensivmedizin
Universitätsklinikum der Rheinischen
Friedrich-Wilhelms-Universität Bonn
Sigmund-Freud-Str. 25, 53105 Bonn

Prof. Dr. med. Dankward **Höntzsch**
Abteilung für medizintechnische Entwicklung
Berufsgenossenschaftliche Unfallklinik
Schnarrenbergstr. 95, 72076 Tübingen

Dr. med. Olaf **Horstmann**
Klinik für Allgemeinchirurgie
Universitätsklinikum Göttingen
Robert-Koch-Str. 40, 37075 Göttingen

Barbara **Jahnke**
Neurologische Klinik und Poliklinik,
Krankengymnastische Abteilung
Universitätsklinikum der Rheinischen
Friedrich-Wilhelms-Universität Bonn
Sigmund-Freud-Str. 25, 53105 Bonn

Priv.-Doz. Dr. med. Jens **Jakschik**
Chirurgische Klinik
Prosper-Hospital
Mühlenstr. 27, 45659 Recklinghausen

Priv.-Doz. Dr. med. Jörg C. **Kalff**
Klinik und Poliklinik für Allgemein-,
Viszeral-, Thorax- und Gefäßchirurgie
Universitätsklinikum der Rheinischen
Friedrich-Wilhelms-Universität Bonn
Sigmund-Freud-Str. 25, 53105 Bonn

Dr. med. Marcel **Kaminski**
Klinik und Poliklinik für Chirurgie
Universitätsklinikum der Rheinischen
Friedrich-Wilhelms-Universität Bonn
Sigmund-Freud-Str. 25, 53105 Bonn

Prof. Dr. med. Ulrich **Kania**
Klinik für Allgemein-, Viszeral- und Thoraxchirurgie
der Kliniken Maria Hilf GmbH
Sandradstr. 43, 41061 Mönchengladbach

Priv.-Doz. Dr. phil. Michael **Koller**
Institut für Theoretische Chirurgie
Klinikum der Philipps-Universität Marburg
Baldingerstr., 35033 Marburg

Dr. med. Leonie **Lange**
Klinik für Anästhesiologie der
Friedrich-Alexander-Universität
Krankenhausstr. 12, 91054 Erlangen

Priv.-Doz. Dr. med. Holger **Lauschke**
Klinik und Poliklinik für Chirurgie
Universitätsklinikum der Rheinischen
Friedrich-Wilhelms-Universität Bonn
Sigmund-Freud-Str. 25, 53105 Bonn

Prof. Dr. med. Reinhard **Liedtke**
Klinik und Poliklinik für Psychosomatische Medizin
und Psychotherapie
Universitätsklinikum der Rheinischen
Friedrich-Wilhelms-Universität Bonn
Sigmund-Freud-Str. 25, 53105 Bonn

Prof. Dr. med. Hans **Lippert**
Klinik für Chirurgie
Medizinische Akademie
Leipziger Str. 44, 39120 Magdeburg

Prof. Dr. med. Wilfried **Lorenz**
Institut für Theoretische Chirurgie
Klinikum der Philipps-Universität Marburg
Baldingerstr., 35033 Marburg

Dr. med. J. F. Aili **Low**
Plastikkirurgiska kliniken
Akademiska sjukhuset Uppsala
SE-75185 Uppsala
Schweden

Dr. med. Elmar **Ludolph**
Institut für ärztliche Begutachtung
Brunnenstr. 8, 40223 Düsseldorf

Dr. med. Elke **Maleck**
Chirurgische Klinik I
Krankenanstalt Mutterhaus der Borromäerinnen
Feldstraße 16, 54290 Trier

Prof. Dr. med. Franz **Maurer**
Abteilung für Unfall-Chirurgie, Wiederherstellungs-Chirurgie/Operative Orthopädie
Oberschwaben Klinik GmbH
Krankenhaus St. Elisabeth
Elisabethen Str. 15, 88212 Ravensburg

Prof. Dr. med. Peter Jürgen **Meeder**
Chirurgische Universitätsklinik,
Sektion für Unfall- und Wiederherstellungschirurgie
Rupprecht-Karls-Universität Heidelberg
Im Neuenheimer Feld 110, 69120 Heidelberg

Prof. Dr. med. Friedrich W. **Mohr**
Klinik für Herzchirurgie der Universität
Herzzentrum Leipzig GmbH
Strümpellstr. 39, 04289 Leipzig

Dr. med. Andreas **Müller**
Chirurgische Klinik
Evangelisches Jung-Stilling-Krankenhaus
Wichernstr. 40, 57074 Siegen

Prof. Dr. med. Stefan-C. **Müller**
Klinik und Poliklinik für Urologie
Universitätsklinikum der Rheinischen
Friedrich-Wilhelms-Universität Bonn
Sigmund-Freud-Str. 25, 53105 Bonn

Prof Dr. med. Joachim **Nadstawek**
Klinik und Poliklinik für Anästhesiologie
und spezielle Intensivmedizin
Universitätsklinikum der Rheinischen
Friedrich-Wilhelms-Universität Bonn
Sigmund-Freud-Str. 25, 53105 Bonn

Priv.-Doz. Dr. med. Dr. med. dent.
Bernd **Niederhagen**
Johanniter Krankenhaus
Johanniterstr. 18, 53113 Bonn

Dr. med. Andreas **Nusche**
Klinik für Hand-, Plastische-, Rekonstruktive
und Verbrennungschirurgie
Berufsgenossenschaftliche Unfallklinik
an der Eberhard Karls Universität
Schnarrenbergstr. 95, 72076 Tübingen

Dr. med. Dirk **Pauleit**
Espenweg 27, 53127 Bonn

Prof. Dr. med. Ulrich **Pfeifer** (em.)
Institut für Pathologie
Universitätsklinikum Bonn
Sigmund-Freud-Str. 25, 53127 Bonn

Dr. med. Uwe **Pütz**
Klinik und Poliklinik für Chirurgie
Universitätsklinikum der Rheinischen
Friedrich-Wilhelms-Universität Bonn
Sigmund-Freud-Str. 25, 53105 Bonn

Dr. med. Axel **Rahmel**
Klinik für Herzchirurgie
Universität Leipzig – Herzzentrum
Strümpellstr. 39, 04289 Leipzig

Prof. Dr. med. Dr. med. dent. Rudolf **Reich**
Klinik für Mund-Kiefer-Gesichtschirurgie
Universitätsklinikum der Rheinischen
Friedrich-Wilhelms-Universität Bonn
Sigmund-Freud-Str. 25, 53105 Bonn

Dr. med. Jürgen **Remig**
Abteilung Gefäß-Chirurgie
Gemeinschaftskrankenhaus Bonn, Haus St. Johannes
Kölnstr. 54, 53111 Bonn

Dr. med. Karin **Rose**
Klinik und Poliklink für Anästhesiologie
und spezielle Intensivmedizin
Universitätsklinikum der Rheinischen
Friedrich-Wilhelms-Universität Bonn
Sigmund-Freud-Str. 25, 53105 Bonn

Prof. Dr. med. Matthias **Rothmund**
Viszeral-, Thorax- und Gefäßchirurgie
Klinikum der Philipps-Universität Marburg
Baldingerstr., 35033 Marburg

Dr. med. Jens **Rudolph**
Abteilung für Gefäßchirurgie
Gemeinschaftskrankenhaus Bonn
St. Elisabeth, St. Petrus, St. Johannes GmbH
In Haus St. Johannes
Kölnstr. 54, 53113 Bonn

Prof. Dr. med. Tilman **Sauerbruch**
Medizinische Klinik und Poliklinik I
Universitätsklinikum der Rheinischen
Friedrich-Wilhelms-Universität Bonn
Sigmund-Freud-Str. 25, 53105 Bonn

Prof. Dr. med. Eberhard **Schaller**
Klinik für Hand-, Plastische-, Rekonstruktive
und Verbrennungschirurgie
Berufsgenossenschaftliche Unfallklinik
an der Eberhard Karls Universität
Schnarrenbergstr. 95, 72076 Tübingen

Dr. med. Stefan **Scheingraber**
Abteilung für Allgemein-, Viszeral-
und Gefäßchirurgie
Universitätskliniken des Saarlandes
Kirrberger Straße, 66421 Homburg/Saar

Prof. Dr. med. Hans Heinz **Schild**
Radiologische Klinik
Universitätsklinikum der Rheinischen
Friedrich-Wilhelms-Universität Bonn
Sigmund-Freud-Str. 25, 53105 Bonn

Dr. med. Günter **Schmidt**
Klinik für Hand-, Plastische-, Rekonstruktive
und Verbrennungschirurgie
Berufsgenossenschaftliche Unfallklinik
an der Eberhard Karls Universität
Schnarrenbergstr. 95, 72076 Tübingen

Priv.-Doz. Dr. med. Georg **Schoeneich**
Abteilung für Urologie
Paracelsus-Klinik
Bismarckhöhe – Taunusallee, 56130 Bad Ems

Priv.-Doz. Dr. med. Nicolas T. **Schwarz**
Klinik und Poliklinik für Chirurgie
Universitätsklinikum der Rheinischen
Friedrich-Wilhelms-Universität Bonn
Sigmund-Freud-Str. 25, 53105 Bonn

Prof. Dr. med. Paul **Schweizer**
Jasminweg 22, 72076 Tübingen

Prof. Dr. med. Hanns Martin **Seitz** (em.)
Institut für Medizinische Parasitologie
Universitätsklinikum der Rheinischen
Friedrich-Wilhelms-Universität Bonn
Sigmund-Freud-Str. 25, 53105 Bonn

Prof. Dr. med. Georg **Späth**
Allgemein-, Viszeral- und Thoraxchirurgie
Klinikum St. Marien
Maria-Hilfbergweg 7, 92224 Amberg

Dr. med. Hildegard **Stratmann**
Abteilung für Plastische und
Wiederherstellungschirurgie
St.-Markus-Krankenhaus
Wilhelm-Epstein-Str. 2, 60431 Frankfurt/Main

Priv.-Doz. Dr. med. Friedrich **Thielemann**
Unfallchirurgische Klinik
Klinikum der Stadt Villingen-Schwenningen GmbH
Röntgenstaße 20, 78054 Villingen-Schwenningen

Priv.-Doz. Dr. med. Andreas **Türler**
Klinik und Poliklinik für Chirurgie
Universitätsklinikum der Rheinischen
Friedrich-Wilhelms-Universität Bonn
Sigmund-Freud-Str. 25, 53105 Bonn

Prof. Dr. med. Hans **Vetter**
Medizinische Universitäts-Poliklinik
Universitätsklinikum der Rheinischen
Friedrich-Wilhelms-Universität Bonn
Wilhelmstr. 35-37, 53111 Bonn

Prof. Dr. med. Ekkehart **Vitzthum**
Klinik und Poliklinik für Neurochirurgie
Universität Leipzig
Johannisallee 34, 04103 Leipzig

Priv.-Doz. Dr. med. Tilman **von Spiegel**
Klinik für Anästhesiologie und Intensivmedizin
Westküstenklinikum Heide
Esmarchstr. 50, 25746 Heide

Priv.-Doz. Dr. med. Klaus-Jürgen **Walgenbach**
Department of Medicine
University of Pittsburgh
S851 Scaife Hall, 3550 Terrace Street,
Pittsburgh, PA 15261, USA

Priv.-Doz. Dr. med. Thomas **Walther**
Klinik für Herzchirurgie,
Universität Herzzentrum
Strümpellstr. 39, 04289 Leipzig

Dr. med. Hans Christian **Wartenberg**
Klinik und Poliklinik für Anästhesiologie
und operative Intensivmedizin
Universitätsklinikum der Rheinischen
Friedrich-Wilhelms-Universität Bonn
Sigmund-Freud-Str. 25, 53105 Bonn

Prof. Dr. med. Kuno **Weise**
Klinik für Unfall- und Wiederherstellungschirurgie
Berufsgenossenschaftliche Unfallklinik
an der Eberhard Karls Universität
Schnarrenbergstr. 95, 72076 Tübingen

Prof. Dr. med. Andreas **Wentzensen**
Klinik für Unfall- und Wiederherstellungschirurgie
Berufsgenossenschaftliche Unfallklinik
Ludwig-Guttmann-Str. 13, 67071 Ludwigshafen

Prof. Dr. med. Karl-Heinrich **Winker**
Klinik für Unfall-, Hand- und
Wiederherstellungschirurgie
Klinikum Erfurt HELIOS
Nordhäuser Str. 74, 99089 Erfurt

Priv.-Doz. Dr. med. Eugen **Winter**
Abteilung für Unfallchirurgie und Endoprothetik
Städtisches Krankenhaus
Röntgenstr. 2, 88048 Friedrichshafen

Dr. med. Peter **Winter**
Urologie
St. Elisabeth-Krankenhaus Mayen
Siegfriedstr. 22, 56727 Mayen

Priv.-Doz. Dr. med. Martin **Wolff**
Klinik und Poliklinik für Chirurgie
Universitätsklinikum der Rheinischen
Friedrich-Wilhelms-Universität Bonn
Sigmund-Freud-Str. 25, 53105 Bonn

Dr. med. Markus **Ziegler**
Klinik und Poliklinik für Chirurgie
Universitätsklinikum der Rheinischen
Friedrich-Wilhelms-Universität Bonn
Sigmund-Freud-Str. 25, 53105 Bonn

Inhaltsverzeichnis

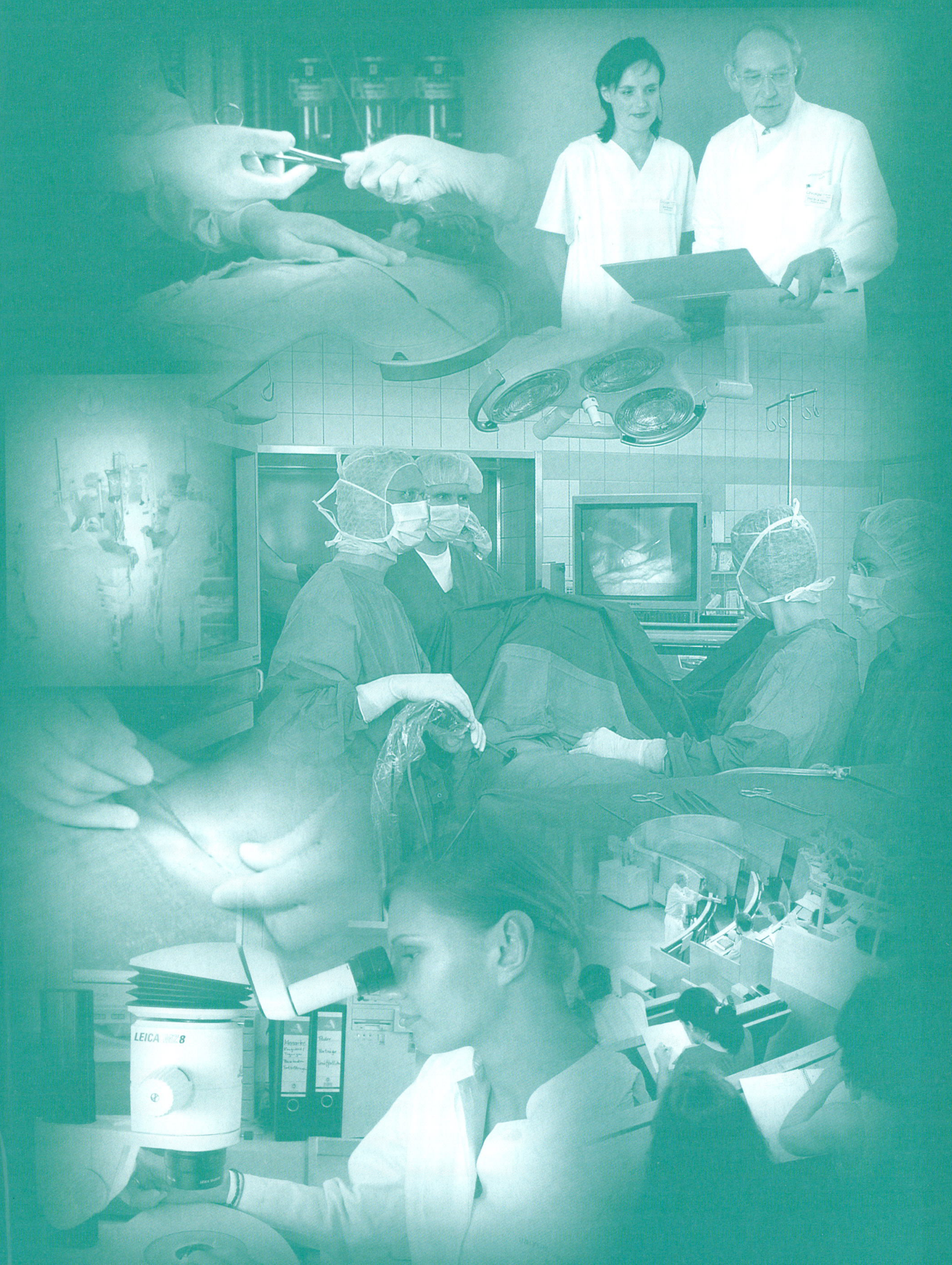
LEICA

1 Einleitung

2 Die Wunde

3 Infektiologie

4 Interdisziplinäre Bezüge

5 Perioperative Maßnahmen

Allgemeiner Teil

6 Technische und taktische Maßnahmen

7 Perioperativ-pathologische Veränderungen

8 Rechtliche und sozial-medizinische Aspekte

1.1 Maßvolle Chirurgie

Deutschland weist noch immer eines der besten medizinischen Versorgungssysteme auf. Die Ressourcenknappheit gefährdet aber zunehmend das Solidarsystem. Lineare Sparmaßnahmen alleine in den Vordergrund zu rücken, löst nicht das Problem, allenfalls trägt es zur Demotivation bei. Die Hochschulmedizin ist dabei in einer außergewöhnlich schwierigen Situation (1.1). Eine wirkliche Gesundheitsreform darf nicht nur das Medizinsystem betreffen, sondern sie hat als Prämisse ein gesellschaftspolitisches Umdenken. Die Chirurgie kann hier mit einer neu verstandenen Bescheidenheit einen wesentlichen Beitrag leisten.

Ressourcenknappheit in der Medizin ist kein Problem der Medizin allein oder gar der Ärzte selbst, sondern ist in zumindest vier Ursachenbereichen begründet:

- Die Medizin erlebt in den letzten hundert Jahren eine Leistungsexplosion, insbesondere einen medizinisch-technischen Fortschritt. Dies ist erwünscht und wird eingefordert, verursacht aber zwangsläufig Kosten, was beklagt wird. Innerhalb eines sozialen Solidarsystems stoßen nun beinahe zwangsläufig alle Aspekte sozialer Sicherung gegeneinander (z. B. Alterssicherung, Arbeitslosigkeit, Bildung).
- Die steigende Lebenserwartung bedingt immer höhere Aufwendungen für die Medizin. Eine gerichtete Medizin ist aber auch im hohen Alter sinnvoll, natürlich in Abhängigkeit von der noch vorhandenen psychosozialen und biologischen Stabilität. Utilitaristisches Denken aber, welches Leben, das eines jüngeren oder das eines älteren, notwendiger zu erhalten sei, lehnt unsere Gesellschaft, so auch wir Ärzte, zu Recht ab. Dennoch bleibt aufgrund der demographischen Veränderung die Frage, wie immer weniger junge Menschen immer mehr Ältere mit im Alter immer mehr Medizin versorgen können: ein „Sisyphus-Syndrom".
- Unverkennbar sind heute mehr Begehrlichkeiten. Für die Medizin kann dies gravierende ökonomische Folgen bedingen. Hier spielt herein die überzogene Definition von „Gesundheit", nämlich das Fehlen einer jeglichen Befindlichkeitsstörung. Auch sind hier zu nennen Diagnostik- und Behandlungskosten für Gebrechen und Abnutzungserscheinungen, die noch vor einer Generation als lästige, aber eben unvermeidliche Begleiterscheinungen des Alters galten. Überspitzt formuliert: Das Alter wird versicherungstechnisch zur Krankheit: „Lange leben wollen sie alle, aber alt werden will keiner" (Nestroy).
- Zur sozialen Gerechtigkeit in Sachen Medizin gehört es sicherlich nicht, den Einzelnen von seiner persönlichen Verantwortung für die Gesundheit zu entbinden. Nun sagen manche, ein Sozialstaat, welcher sich nicht beschränke auf die Fürsorge sozial Schwacher, sondern Solidarversicherungen für alles und jedes verteidige, fördere eine Grundhaltung der persönlichen Verantwortungslosigkeit. Nun: Es stimmt sicher, dass Solidarsysteme den Missbrauch ermöglichen. Aber: Wir haben zunehmend sozial Schwache in unserer Gesellschaft. Hüten wir also den Solidargedanken, und wir sollten gut darüber nachdenken, was wirklich in den persönlich zu verantwortenden Vorsorgebereich fallen soll.

Eine „Lösung" der sicher noch zunehmenden Ressourcenknappheit kann unmöglich alleine von der Medizin oder nur von den Ärzten ausgehen. Das Problem kann ausschließlich durch die Gesellschaft evaluiert und in akzeptierte Bahnen gelenkt werden. Politiker und die Medien haben die Aufgabe, eine Diskussion zu eröffnen, die frei ist von pauschalierenden Stammtischvorwürfen, die möglichst sachlich geführt wird und wo alle Betroffenen eingebunden sind. Der oft die physische und psychische Grenze erreichende Arbeitseinsatz der Chirurginnen und Chirurgen wird nur ungenügend gesehen und anerkannt.

Wir Ärzte sind bereit, uns der Diskussion um die Ressourcenproblematik zu stellen. Und wir Chirurgen haben innerhalb weniger Jahre ein neues System der Budgetierung und des Managements angenommen. Die großen existenzsichernden Herausforderungen für (leitende) Chirurgen liegen heute immer öfter außerhalb der rein fachlichen Arbeit, wobei die fachliche Kompetenz natürlich eine conditio sine qua non ist und bleibt, auf dem Boden einer sich auch in Leitlinien widerspiegelnden evidence-based-medicine.

Im Mittelpunkt der heutigen Diskussion steht also die Ressourcenproblematik, der bisher beinahe ausschließlich mit Sparauflagen („Budgetierung") begegnet wird. Genauso wichtig erscheint aber die Rückbesinnung auf eine Bescheidenheit, die einen langfristig sicher entscheidenderen Beitrag zum Ressourcenproblem leisten kann: eine Besonnenheit, welche aber unser aller gesellschaftliches Denken betreffen muss:

- das Überdenken einer ausufernden Begehrlichkeit aufseiten der Patienten wie auch aufseiten der Ärzte,
- das Akzeptieren, dass Krankheit, Gebrechen und Tod Teil des Menschseins sind und
- die Erkenntnis, dass man keinen Anspruch auf Gesundheit hat, wohl aber Anspruch auf Hilfe und Pflege, und das ist etwas ganz anderes.

Was können wir Chirurgen für diese wohl verstandene Bescheidenheit beitragen? Nicht, dass es eine gültige Antwort gäbe, aber es gibt einige Verhaltensmaxime, die es wert sind, kurz skizziert zu werden:

Nichtoperative Behandlungsverfahren: Insbesondere endoskopische und perkutan-interventionelle Verfahren haben teils belastende Operationen überflüssig gemacht. Es zeigt die Größe einer ärztlichen Persönlichkeit, einen

Patienten zu einem anderen Arzt zu schicken, der im gegebenen Fall besser tätig werden kann.

Die interdisziplinäre Zusammenarbeit: Die Therapie wird überall dort günstigere Ergebnisse aufweisen, wo gemeinsamer Dialog und intensive Zusammenarbeit keine künstlichen Grenzen bei der Behandlung einzelner Krankheitsbilder schaffen. Paradebeispiele hierfür sind die Zusammenarbeit mit dem Anästhesisten, die Onkologie oder die Transplantationsmedizin.

Die bestmögliche chirurgische Technik: Die wichtigste Grundlage für gute chirurgische Ergebnisse ist noch immer das atraumatische Operieren: übersichtlich, zügig und schonend. Dies ist die ganz persönliche Herausforderung an jeden einzelnen Chirurgen. Und wer glaubt, die Technik der Chirurgie sei heute an eine Grenze angelangt, der irrt. Revolutionäres hat sich getan und wird sich weiter tun. Und: „Der beste Chirurg wird auch stets der sein, der nicht bloß als Handwerker elegant zu operieren weiß, sondern der die Innere Medizin beherrscht und noch mehr mit dem Kopf als mit den geschickten Händen arbeitet“ (unbekannter Chirurg auf dem Bremer Ärztetag 1924).

Pathophysiologische Erkenntnisse: Krankheitsentstehung und krankheitsbegleitende Veränderungen können wir heute mit Hilfe grundlagenwissenschaftlicher Arbeit zunehmend besser verstehen. In diesen Prozess der Erkenntnisgewinnung und deren Umsetzung in den chirurgischen Alltag müssen wir Chirurgen uns noch mehr einbringen, denn: Das gezieltere Krankheitsverständnis geht direkt in Maß und Taktik des Eingriffes ein.

Das operative Risiko fokussiert sich auf drei Ebenen: das präoperative Risikoprofil, die intraoperative Taktik und Technik und die postoperative Stützung passager beeinträchtigter Vitalfunktionen. Die Risikoforschung muss intensiviert werden mit dem Ziel einer exakteren Festlegung des operativen Ausmaßes.

Die postoperative Lebensqualität: Es gibt kaum einen operativen Eingriff, der nicht langfristige negative Folgen bedingen könnte. Oft nehmen wir sie sogar bewusst in Kauf, wobei natürlich der operativ erreichte Nutzen in angemessenem Verhältnis zur Grundkrankheit stehen muss. Eine besondere Wertigkeit hat hierbei die Therapie akuter und chronischer Schmerzen, letztere in spezialisierten Zentren.

Die Grenzen unseres Tuns: Operationen und intensive Weiterbehandlungen infrage zu stellen ist auch die Aufgabe des Chirurgen. Dies gilt besonders für die Endphase des Lebens. Eine eindeutige Einschränkung für jedwelche Therapie ergibt sich an dem Punkt – so schwer er auch zu bestimmen sein mag–, ab welchem wir durch unser Handeln mehr Leiden produzieren als lindern. Länger leben und nicht länger sterben lassen, muss das Ziel unseres Tuns sein. Kierkegaard sagt hierzu (zweifellos überpointiert): „Der Spaß, eines Menschen Leben für einige Jahre zu retten, ist nur Spaß; der Ernst ist, selig zu sterben.“

Keiner dieser sieben Gedanken geht primär von der Ressourcenknappheit aus, sondern vom Grundverständnis unseres Handelns. Hier muss erinnert werden an den Begriff der „Schule“, wie ihn Billroth als geistige Haltung verstanden hat. Für Billroth war Fortentwicklung nur möglich aufgrund ständiger Selbstüberprüfung und ständigen Sich-Selbst-Infragestellens: ein vorweggenommenes „total quality management“.

! Die best-organisierte und die best-durchgeführte Medizin ist die billigste Medizin.

1.1 Besondere Aspekte der Universitätsklinika

Die Universitätsklinika haben zwar nur einen 10 %igen Anteil an den deutschen Krankenhausbetten, decken aber über 50 % aller Betten der Maximalversorgung ab. Sie haben darüber hinaus den Exklusivauftrag für die Ausbildung der Medizinstudierenden, sind der wesentliche Träger der klinischen Forschung, sind maßgeblich beteiligt an der Weiterbildung zum Facharzt und haben eine herausragende Stellung in der gesamten medizinischen Fortbildung. Insofern ist ein funktionierendes Universitätsklinikum ein Gradmesser für das Fortbestehen des medizinischen Qualitätsstandards.

Allerdings ist die Arbeitsfähigkeit der Universitätsklinika zur Zeit gefährdet: durch historisch nachvollziehbare, heute aber unsinnige gesetzliche Regelungen, durch zu geringe Bauinvestitionen, durch (im Vergleich mit anderen Krankenhäusern) nicht nach oben korrigierte Kostenerstattung, durch abnehmende Landeszuschüsse und durch die abnehmende Industrie-Unterstützung. Die 1999 erschienene Denkschrift der Deutschen Forschungsgemeinschaft zur Klinischen Forschung in Deutschland zeigt einige Gefahren:

- Allein die Aufgaben der Krankenversorgung durch den Status der Universitätskliniken als Krankenhaus der „Maximalversorgung“ ergeben eine übermäßige Beanspruchung von Personal und Ausstattung. Die für die Forschung vorgesehene Personalkapazität ist in der Regel nicht gesondert ausgewiesen und so nicht vor missbräuchlichem Einsatz im klinischen Betrieb geschützt.
- Das Primat der Wirtschaftlichkeit schränkt vielerorts die Gestaltungsmöglichkeiten der medizinischen Fakultäten in der Forschung erheblich ein.
- Die Beteiligung der Krankenkassen an der klinischen Forschung ist gering, sie ist eingeschränkt durch viele gesetzliche Regelungen. Daher sind in der entsprechenden Veröffentlichung des Statistischen Bundesamts keine Ausgaben für Forschung bei den Krankenversicherungen aufgeführt. Die Finanzierung klinischer Studien durch die Krankenkassen, auch im Sinne von Therapieoptimierungsstudien, ist grundsätzlich ausgeschlossen.
- Die gesetzlichen Grundlagen (V. Sozialgesetzbuch) müssen geändert werden.

1.2 Strukturwandel in der Chirurgie

Die Chirurgie ist kein operationales Service-Fach („man lässt operieren"), sondern hat ein eigenes klinisches und wissenschaftliches Selbstverständnis in Bezug auf Krankheitslehre, Therapiemöglichkeiten, operative Technik, perioperative Pathophysiologie und besonders die perioperative Risiko- bzw. Traumaforschung. Chirurgie wird dann interessant, wenn man die Technik hinter sich gelassen hat! Die äußeren Strukturen des Riesenfaches „Chirurgie" sind im Fluss. Die chirurgischen Fächer und Schwerpunkte müssen ihre Nähe bewahren und sich ihrer gemeinsamen Wurzel bzw. ihrer gemeinsamen Basis im Interesse einer möglichst effizienten Arbeit immer bewusst bleiben.

Weiterbildungsordnung

Aus dem früher riesigen Gebiet der Chirurgie haben sich in den letzten Jahrzehnten mehrere Gebiete und Schwerpunkte herauskristallisiert. Wenn man einmal von den sich schon früher verselbstständigten Gebieten Neurochirurgie, Urologie, Orthopädie, Mund-Kiefer-Gesichts-Chirurgie und (operativer) Gynäkologie absieht, dann gehören heute zur „Familie" der Chirurgie die in **T 1.1** aufgelisteten Gebiete und Schwerpunkte. Zusätzlich gibt es noch die „Fachkunde in Laboruntersuchungen", die „fakultative Weiterbildung in der speziellen chirurgischen Intensivmedizin" und die Zusatzbezeichnung „Medizinische Informatik" (letztere kann von mehreren Gebieten aus erreicht werden).

An den ca. 2400 chirurgischen Kliniken Deutschlands sind allerdings ganz unterschiedliche Schwerpunkte in einer Klinik zusammengefasst, ohne dass dies aus der Bezeichnung der Klinik hervorgehen muss.

Die in **T 1.1** dargestellten Gebiete Herz-, Kinder- und plastische Chirurgie sehen aufgrund der seit 1992 bestehenden Verselbstständigung zunehmend Schwierigkeiten für deren chirurgische Grundausbildung, sodass sich für die nächsten Jahre wiederum eine komplett neue Weiterbildungsordnung anzubahnen scheint. Diese könnte aus einer 3-jährigen „Common-Trunc"-Weiterbildung bestehen, wobei zumindest weitere 3 Jahre für das Erreichen eines Gebietes notwendig sind (bzw. zumindest weitere 6 Jahre für 2 weitere Gebiete). Es wären dann gleichberechtigt folgende acht Facharzt-Gebiete:

T 1.1 Übersicht der heute gültigen Weiterbildungsordnung für den (engeren) Bereich der Chirurgie

Gebiet/Facharzt für	*evtl. mit ...*
Chirurgie	Schwerpunkt • Gefäßchirurgie, • Thoraxchirurgie, • Unfallchirurgie, • Viszeralchirurgie
Herzchirurgie	Schwerpunkt • Thoraxchirurgie
Kinderchirurgie	
plastische Chirurgie	Zusatzbezeichnung „Handchirurgie"

- allgemeine Chirurgie,
- Gefäßchirurgie,
- Herzchirurgie,
- Kinderchirurgie,
- plastische Chirurgie,
- Thoraxchirurgie,
- Unfallchirurgie, Orthopädie und orthopädische Chirurgie (bedingt durch den Zusammenschluss der beiden Fachgesellschaften, s. u.) und
- Viszeralchirurgie.

Was dann allerdings die Inhalte und besonders die Grenzen der „allgemeinen Chirurgie" sein werden (und was unter ihr eigentlich zu verstehen ist), ist heute noch nicht absehbar.

Selbstverständlich wird es über diese 8 Fachärzte hinaus noch weitere Spezialisierungsmöglichkeiten mit jeweiligen prüfungsrelevanten Abschlüssen geben, aber hierüber ist derzeit noch nicht endgültig entschieden.

Solche neuen Weiterbildungsordnungen sollten am besten auf der Ebene der Europäischen Union verabschiedet werden: zur Vermeidung von Schwierigkeiten in der gegenseitigen Anerkennung des Facharzt-Status. Allerdings wird die Europäische Union noch weitere Harmonisierungen notwendig machen, z. B. die Aufhebung der für Deutschland typischen Trennung zwischen Orthopädie und Unfallchirurgie.

Fachliche Quervernetzungen

Moderne Chirurgie ist immer mehr durch interdisziplinäre Zusammenarbeit charakterisiert. Die engstmögliche Zusammenarbeit mit dem Anästhesisten nimmt hierbei eine herausragende Sonderstellung ein: Die Chirurgie hat zusammen mit der Anästhesie zum selben Zeitpunkt nur einen Patienten bei geteilter Verantwortlichkeit. Es gibt aber zunehmend weitere Bereiche, in denen der Chirurg immer mehr vom Einzelkämpfer zum Teamplayer werden muss:

- Onkologische Chirurgie („Tumorzentrum"): zunehmende Horizontalverknüpfung mit nicht chirurgischen Fächern (internistische Onkologie, Strahlentherapie, Pathologie, Palliativmedizin usw.). Die Chirurgie wird allerdings auf bisher nicht absehbare Zeit weiterhin den stärksten Beitrag zur Therapie solider Tumoren anbieten müssen.
- Gutartige Erkrankungen des hepatogastroenterologischen Systems („Gastroclub"): Die Gallensteinerkran-

kung, die Transplantation von Leber, Pankreas und Dünndarm, die Refluxkrankheit bei Hiatusgleithernie, entzündliche Darmerkrankungen sind wichtige Beispiele unter vielen.

- Erkrankungen des peripheren arteriellen Systems („Gefäßzentrum"): Für eine gute Gesamtbehandlung dieser meist an Arteriosklerose erkrankten Patienten sind gleichermaßen wichtig der (internistische) Angiologe für die Behandlung der Risikofaktoren und für die konservative Basistherapie, der Kardiologe für die oft kombinierten Probleme der Herzkranzgefäße, der Radiologe für die interventionellen Maßnahmen wie Angioplastie bzw. Stent-Einbringung, der Neurologe bei A.-carotis- und A.-vertrebalis-Stenosen und natürlich der Gefäßchirurg mit dem ganzen Spektrum seiner operativen Möglichkeiten.
- Lungenerkrankungen („Pulmoclub"): Es gibt viele Erkrankungen mit fließendem Übergang von konservativer über interventionelle zu operativer Therapie, z. B. fortgeschrittenes Emphysem, kleinzelliges Karzinom, Lungentransplantation, Stenosen im Tracheobronchialsystem und vieles andere mehr.
- Erkrankungen der Schilddrüse und anderer endokriner Organe („Endokrine Sprechstunde"): Bei vielen Schilddrüsenerkrankungen kommt man im gemeinsamen Gespräch (Chirurg, Endokrinologe, Nuklearmediziner), oft zusammen mit dem Patienten, am schnellsten zu der individuell besten Therapieentscheidung.

Die geschilderten Beispiele interdisziplinärer Zusammenarbeit betreffen bisher eher den ambulanten Bereich mit der Zielsetzung einer möglichst klaren „Verteilerfunktion". Es ist durchaus vorstellbar, dass aus diesen gemeinsamen Sprechstunden in nächster Zeit gemeinsame Pflegestationen hervorgehen, wo die Patienten entsprechend ihrer Krankheitsbilder sowohl konservativ als auch chirurgisch geführt werden. Für die Schaffung solcher neuen „Schnittstellen" müssen jedoch entsprechende strukturelle, verwaltungstechnische und kollegiale Voraussetzungen geschaffen werden.

„Centers of excellence" vice versa „Generalist"

Die oben skizzierte angedachte neue Weiterbildungsordnung zeigt eine weiter zunehmende Schwerpunktbildung in der Chirurgie. Diese zunehmende Schwerpunktbildung macht jedoch nicht bei den genannten acht chirurgischen Fachärzten halt, sondern könnte auch die einzelnen Spezialchirurgien noch weiter untergliedern. Um nur einige Beispiele zu nennen:

- bei der Viszeralchirurgie z. B. die Herausgliederung der kolorektalen, hepatobiliären oder endokrinen Chirurgie,
- bei der Gefäßchirurgie die Zuordnung von arteriellen und venösen Erkrankungen,
- ganz allgemein die Herausgliederung der Transplantationschirurgie (Leber, Pankreas, Niere) oder
- die zunehmende Bildung methodenorientierter Zentren wie z. B. für die minimal-invasive Therapie.

Inwieweit diese zunehmenden „Kleinabteilungen" dann auch von letztverantwortlichen Ärzten geführt werden (mit einer entsprechend geringeren Zahl von Ambulanzen und Betten), hängt auch von grundsätzlichen politischen Entscheidungen ab, z. B. der zu Recht geforderten stärkeren Verknüpfung von ambulanter und stationärer Tätigkeit.

In Großklinika und gar Universitätsklinika wird aber kein Weg daran vorbeigehen, dass solche Expertenzentren, auch problemorientierte Zentren oder Centers of Excellence genannt, für die entsprechend differenzierten Krankheitsbilder eingerichtet werden müssen. In diesen interdisziplinären Expertenzentren sollte auch dafür Sorge getragen werden, dass die Grundlagenforschung, die krankheitsorientierte Forschung und die Patientenforschung (z. B. klinische Studien) unter einem Dach angesiedelt bleiben und mit der notwendigen Kommunikation und nicht Abschottung voneinander versehen werden. Für eine bestmögliche Patientenversorgung wird es zunehmend notwendig werden, dass die Patienten (z. B. Ösophagus- und Pankreaskarzinom, ileoanaler Pouch, große Leberresektion, Aortenaneurysma-Stentimplantation u. v. a. m.) die Bereitschaft zur Mobilität haben und bei einer entsprechenden Erkrankung den Weg in ein solches Zentrum nicht scheuen. Die Notwendigkeit eines „Zentrums" wird sich auch aus der Anzahl behandelter Fälle pro Jahr ergeben: Es macht keinen Sinn, dass in einem kleineren Haus mit limitierter Logistik beispielhaft pro Jahr nur eine oder zwei Ösophagusresektionen wegen Ösophaguskarzinom durchgeführt werden (auch wenn das der betreffende Chirurg einmal gelernt und früher häufiger durchgeführt hat): Die Ergebnisse können nicht so gut sein, als wenn jährlich zumindest 25 solcher Operationen durchgeführt werden. „Periphere" Chirurgen werden dieses neue „Versorgungssystem" akzeptieren und vertreten müssen.

! Die „peripheren" Chirurgen werden Zentren akzeptieren und die Patienten zu solchen Zentren weitere Wege auf sich nehmen müssen.

Auf der anderen Seite wird es immer notwendig bleiben, dass es in der Chirurgie auch „Generalisten" gibt: zuständig für eine sichere und risikoarme Grundversorgung der häufigen Krankheitsbilder. Die Weiterbildung zu einem solchen „Allgemeinchirurgen" und dessen kontinuierliche Fortbildung ist zurzeit nicht ausreichend angedacht. Kosteneffizienz und Qualitätsbewusstsein erfordern aber diesen gut ausgebildeten Generalisten. Die Chirurgie muss für jeden an jedem Ort das Notwendige bereithalten.

Andreas Hirner

1.3 Chirurgie im Wandel

Die Halbwertzeit auch des chirurgischen Wissens wird immer kürzer. Insofern sind viele Therapieprinzipien immer wieder einem grundlegenden Wandel unterworfen. Es bleibt aber als wesentliche Erkenntnis, dass ein operativer Eingriff je nach Krankheitsbild auch schon früh im Krankheitsgeschehen seine primäre Berechtigung haben kann, oft auch muss, und dass ein operativer Eingriff vom Grundsatz her durchaus nicht nur als Ultima-ratio-Entscheidung (nach oft allzu langer konservativer Therapie) erlaubt ist bzw. indiziert sein darf. Andererseits gibt es Situationen, wo ein operativer Eingriff ausschließlich am Ende einer erfolglosen konservativen Therapie indiziert sein darf. Es gibt also bei jeder Erkrankung in aller Regel immer nur *eine* bestmögliche Behandlung, sei sie nun konservativ oder operativ! Auch hier ist das interdisziplinäre Gespräch und der Respekt vor der möglicherweise besseren Zuständigkeit des Partners von höchster Wichtigkeit.

Wandel von Wissen und Methoden

Man hat den Eindruck, dass sich das Wissen um Krankheiten und deren Therapie schneller als je zuvor vertieft bzw. wandelt. Dies betrifft genauso die Chirurgie. Es wird deshalb für eine gleichbleibend gute und kompetitive Chirurgie eine geregelte und zeitnahe „Fortbildung" immer notwendiger. Diese muss sicherstellen, dass „auch vom letzten Chirurgen kein Risiko für den Patienten ausgeht".

Grundlagenforschung

Der Einfluss moderner Grundlagenforschung, erarbeitet vornehmlich mittels molekularbiologischer Methoden, ist faszinierend und betrifft ganz unterschiedliche Problemkreise in der Chirurgie. Es ist derzeitig unabsehbar, wie diese Erkenntnisse in Screening, Diagnostik und Therapie die Stellung der klassischen Chirurgie verändern werden. Stellvertretend einige Beispiele:

Die Immunantwort des Körpers auf das operative Trauma: Diese Erkenntnisse sind (neben der subjektiven Bewertung durch den Patienten) der wissenschaftliche Wegbereiter für die minimal-invasive Chirurgie. Große Zugangstraumen führen zu einer Immunsuppression, sind aber auch (vielleicht deshalb?) für viele Komplikationen und damit auch für die Krankenhausverweildauer verantwortlich. Die Forderung nach einer weiteren Reduktion des Zugangstraumas wird einen anhaltenden Wandel der chirurgischen Methoden und Begleittherapien bedingen. Ähnliches gilt für aggressive Beatmungstechniken, die eine systemische Inflammation zur Folge haben, und für die postoperative Darmatonie, die durch eine lokale Immunantwort auf das örtliche Trauma verantwortlich zu sein scheint.

Gendefekte bei hereditären Erkrankungen: Dies betrifft eine zunehmende Zahl von Malignomen (z. B. Kolon-, Pankreas und Mammakarzinom), aber auch z. B. die Disposition zur Entwicklung einer unbeherrschbaren Sepsis und eine Vielzahl von Stoffwechselkrankheiten.

Tumorbiologie: Das Wachstumsverhalten von Karzinomen, insbesondere die Frage der Metastasierung, muss tumorgenetisch erkennbar sein. Hierdurch ließe sich die Sinnhaftigkeit postoperativ-adjuvanter Zusatzbehandlungen, aber auch die Frage der Engmaschigkeit einer Tumornachsorge besser beantworten. Z. B. kann der Nachweis im Serum zirkulierender Tumor-DNA-Fragmente bedeuten, dass solche Patienten früher und häufiger Metastasen aufweisen und deshalb besonders engmaschig nachkontrolliert bzw. frühzeitiger adjuvant therapiert werden müssen.

Therapiewandel

In den letzten Jahrzehnten und in den letzten Jahren haben sich viele Therapiekonzepte radikal verändert, und dies wird anhalten. Es verändert sich dabei oft auch ganz entscheidend die Bedeutung der Chirurgie:

Therapie der peptischen Ulkuskrankheit: Sie hat sich mit der Entdeckung des Helicobacter grundlegend verändert. Es gibt in aller Regel keine elektive Ulkuschirurgie mehr, nur noch die Chirurgie der Ulkuskomplikationen.

Onkologische Chirurgie: Sie ist zumindest durch drei Entwicklungen gekennzeichnet:

- immer stärkere Einbindung in multimodale Konzepte, wobei beim kurativen Ansatz die Chemo-(Radio-)Therapie immer häufiger prä- als postoperativ eingesetzt wird,
- eine Intensivierung der lokalen Radikalität, vor allem mittels additiver Methoden, und
- eine Reduktion der chirurgisch-palliativen Maßnahmen zugunsten interventioneller Methoden.

Interventionelle Maßnahmen: Von Jahr zu Jahr verdrängen neue und verbesserte interventionelle Maßnahmen frühere klassisch-chirurgische Verfahren, besonders in den Bereichen Viszeral-, Gefäß- und Herzchirurgie (TIPS, Drainage, Stent, PTA, TPEG, lokale und systemische intravasale Lyse, CT-gesteuerte thorakale bzw. lumbale Sympathikolyse usw.).

Zunahme chirurgischer Indikationen: Zum Beispiel wird heute aufgrund von Kosten-Nutzen-Analysen und aufgrund von Nebenwirkungen bei entsprechender Langzeitmedikation die Indikation zur Operation bei Refluxösophagitis früher und häufiger gestellt, nicht zuletzt wegen des dabei möglichen minimal-invasiven Zugangs. Die zunehmende Bedeutung der Chirurgie betrifft auch andere Krankheitsentitäten wie die Metastasenchirurgie, die Transplantationschirurgie, Lungenparenchym-Reduktionschirurgie bei Emphysem, Arthroskopien mit entsprechender minimal-invasiver Eingriffsmöglichkeit usw..

Entwicklung minimal-invasiver Technologien

Bei der **m**inimal-**i**nvasiven **C**hirurgie (MIC) sind wir hinsichtlich des technisch-apparativen Hintergrundes erst am Anfang. Derzeitig noch entscheidende Nachteile sind die unzureichende Visualisierung, die fehlende (bisher digitale) Palpationsmöglichkeit, die unbefriedigende Mechatronik, d. h. das umständliche Handling der durch die Trokare eingebrachten Instrumente, und das noch komplette Fehlen einer die Funktionsabläufe der menschlichen Hand ersetzenden Robotik. Dies hält rasch und geschickt arbeitende Chirurgen heute von der MIC, zumindest was größere und anspruchsvolle Operationen betrifft, eher noch ab.

Chirurgie und neue Medien

Die moderne Kommunikationstechnologie mit all ihren rechnergestützten Zusatzprozessen wird die Arbeitsabläufe in der Chirurgie in einer heute noch ganz unabsehbaren Weise verändern. Angedacht sind Systeme wie:

Compound-Technik („Fuzzy Logik"): rechnergestützte Aufarbeitung vieler Einzelbilder zur Ermöglichung einer Gesamtorgandarstellung, besonders für den Ultraschall.

Master-Slave-Systeme (Eingabegeräte): Ermöglichung der Bedienung von intra- und extrakorporalen Robotern, die die verschiedenen Bewegungsabläufe der Hand exakt umsetzen können.

Navigationssystem: exakte und zeitgleiche Beschreibung der Lage eines differenten Objektes bzw. weiterer Objekte (Instrumente, pathologische Befunde usw.) in einer definierten Umgebung (z. B. menschliches Abdomen). Dies ist Voraussetzung für den klinischen Einsatz der sog. computerassistierten Chirurgie.

Referenzierung: rechnergestützte Korrelierung des tatsächlichen (dreidimensionalen) Operationsbefundes mit der präoperativen Bildgebung.

Positionsmesssystem: rechnergestützte Aufarbeitung intraoperativer Ultraschallbilder zu einer dreidimensionalen Abbildung.

Informationssynthese: Wiedergabe sämtlicher präoperativer (auch bewegter) Bilder im Operationssaal, selbstverständlich in dreidimensionaler Darstellung.

Image-Merging: Übertragung der intraoperativ erhobenen Befunden (v. a. Ultraschall) auf die präoperative Diagnostik mit dem Ziel, die gesamte Information (rechnerisch kritisch aufgearbeitet) im entscheidenden Augenblick der Operation nutzen zu können.

Planungszentrum: Angedacht sind Konferenzräume, ggf. auch Hörsäle, in welchen das gesamte präoperativ entstandene Bildmaterial in der oben dargestellten Weise zusammenläuft und wo Experten verschiedener Disziplinen zusammen die Therapieplanung vornehmen.

Telekonsultation: Prä- und intraoperativ wird das gesamte Bildmaterial (nach entsprechender elektronischer Aufarbeitung, s. o.) mit kritischer Bewertung durch die beteiligten Personen zu Experten geleitet mit der Bitte um Stellungnahme. Möglich sind natürlich auch Telekonferenzen zwischen mehreren Zentren.

Simulation-Training: Es ist durchaus vorstellbar, dass die geplanten operativen Eingriffe im Rahmen der Therapieplanung vollständig in virtueller Realität simuliert werden. Dies hätte gleichermaßen seine Bedeutung als Trainingsmodell für junge Chirurginnen und Chirurgen bis hin zur neutraleren Erarbeitung entsprechender Prüfungssituationen. Insbesondere im „Trainingsmodell" liegt sicherlich eine enorme Rechtfertigung für die Entstehung solcher komplexer High-Tech-Entwicklungen.

All die dargestellten Entwicklungen werden, auch wenn sie nur zum Teil in der beschriebenen Weise realisierbar sein werden, tief schneidende Strukturveränderungen in der Chirurgie bedingen. Insbesondere wird dies eine Zusammenführung aller an einem jeweiligen Krankheitsproblem arbeitenden Ärzte und Methoden erzwingen: in problemorientierten Zentren. Der „Fingerabdruck" des einzelnen Chirurgen wird nicht mehr sein Handschuh sein, sondern seine in der Datenübermittlung und im Datenvergleich transparent werdende Arbeit: dies sowohl präoperativ in einer möglichst konzisen Entscheidungsfindung, intraoperativ in einer möglichst sauberen und zielgerichteten Technik und postoperativ in einer optimierten Nachsorge.

Solche Zukunftsaussichten gipfeln in MIC-Operationen, die mittels Joystick über Kontinente hinweg gesteuert und durchgeführt werden können. Dies scheint aber für längere Zeit nur für absolut standardisierte Operationen möglich zu sein (z. B. Leistenhernienreparation, Cholezystektomie, Hüftgelenkersatz). Aufgrund der Besonderheit der meisten Operationen ist aber das „offene" Operieren und das hierzu notwendige Basis- und Spezialwissen einschließlich einer genügend großen Erfahrung noch für lange Zeit notwendig. Deshalb:

! Basiswissen ist notwendig, und dieses ist in diesem Lehrbuch möglichst anschaulich und didaktisch dargestellt.

1.4 Die Operation: Das beinahe alles Entscheidende in der Chirurgie

Vielleicht ist es in den bisherigen Studieneinheiten zu kurz gekommen, dass sich das Schicksal eines operativen Patienten – trotz aller (wichtigen) prä- und postoperativen Fürsorge – dennoch oft, sogar vielleicht meist intraoperativ entscheidet. Ein konzeptioneller oder technischer Fehler oder eine schwere Komplikation können eine gute Perspektive zunichte machen. Hierbei unterscheiden sich das konventionell-offene Vorgehen und die minimal-invasive Chirurgie in nichts. Es sollen deshalb in dieser SE die wesentlichen intraoperativen Entscheidungsprozesse dargestellt werden, ergänzt durch ein eindrückliches Beispiel eines „kleinen" technischen Fehlers mit riesiger Auswirkung.

Es gehört zu den befriedigendsten Erlebnissen, durch eine zielgerichtete und technisch-saubere Operation die Lebensqualität eines Menschen verbessert oder gar das Leben erhalten zu haben. Eine Operation ist aber mehr: Sie unterteilt sich in drei ganz unterschiedliche Abschnitte:

Befunderhebung

Dieser Abschnitt beinhaltet sowohl die Überprüfung, ob die präoperative Diagnostik richtig war, als auch die Befundkomplettierung, wenn präoperativ nicht alle relevanten Befunde erhoben werden konnten. Dieser Abschnitt dauert manchmal sehr lange, beinhaltet oft eine Menge präparatorischer Arbeit und bei onkologischen Fragestellungen oft viele Schnellschnitte. Bei großen Operationen besteht in dieser „Eröffnungsphase" eine ganz besondere Gefahr, nämlich die, dass der „point of no return" durch zu aggressive oder vorschnelle Präparation manchmal überschritten wird und dann doch eine (große) Operation gemacht werden muss, die eigentlich gar nicht mehr sinnvoll ist.

Therapieentscheidung

Wenn dann in qualitativer und quantitativer Hinsicht Klarheit besteht über alle krankheitsbezogenen Einzelbefunde (unter Einschluss des präoperativ erfassten allgemeinen Risikoprofils), dann muss entschieden werden, was denn nun am besten getan oder gelassen werden kann bzw. muss. Diese intraoperative Therapieentscheidung kann zu den schwierigsten und belastendsten Augenblicken chirurgischer Verantwortung gehören: Hier stoßen aneinander Begriffe wie defensive und waghalsige, sinnvolle und sinnlose oder auch maßvolle und maßlose Chirurgie. Oft weiß man erst am Ende einer langen Behandlungsphase (bis hin zum Zeitpunkt der Wiedereingliederung in die frühere soziale Umwelt), ob die intraoperativ getroffene Therapieentscheidung nun richtig oder falsch war.

Einfach sind natürlich in aller Regel folgende Beispiele, die in manchen Krankenhäusern über die Hälfte des viszeralchirurgischen Operationsspektrums ausmachen: Cholezystektomie wegen Cholezystolithiasis, Appendektomie wegen Appendizitis, Leistenhernienreparation wegen Leistenhernie oder Schilddrüsenresektion wegen Struma. Aber auch bei diesen Beispielen muss sich die Therapieentscheidung zumindest vom intellektuellen Ansatz her aufgrund einer intraoperativen Befunderhebung ableiten.

Im Gegensatz hierzu seien am Beispiel onkologischer Pankreaserkrankungen schwierige Entscheidungsprozesse genannt:

- Sinnhaftigkeit einer Whipple-Operation bei fortgeschrittener Lymphknotenmetastasierung?
- „Lohnt" sich in prognostischer Hinsicht bei Einbruch eines Pankreaskopfkarzinoms in die Pfortaderwand deren partielle Resektion und vaskulärer Ersatz?
- Ist ein Pankreaskopfkarzinom mit Verschlussikterus doch inoperabel, soll eine biliodigestive Anastomose angelegt werden oder belässt man es bei dem meist schon liegenden biliodigestiven Stent?

Therapiedurchführung

Abschließend kommt die eher technisch-handwerkliche Therapiedurchführung, was natürlich mehr oder weniger lang, mehr oder weniger schwierig und mehr oder weniger verantwortlich sein kann. Von vielen Menschen (Studierende, Patienten, Bevölkerung, aber auch Fachkollegen bis hin zu Internisten) wird dieser dritte Abschnitt als das einzig wichtige oder überhaupt als das eigentlich die ganze Operation Ausmachende missverstanden.

Der handwerkliche Teil der Chirurgie ist nur die Conditio sine qua non, die wirkliche Chirurgie ist vor allem eine intellektuelle Herausforderung von Möglichkeit, Sinnhaftigkeit und Zumutbarkeit.

Zugegeben: In diesem dritten Abschnitt verbirgt sich auch „die Lust an der Tat" – und man muss diesen Abschnitt auch mögen, sonst ist man kein guter Chirurg. Aber: Allgemein verschiebt sich in einem Chirurgenleben sicherlich die Bewertung der drei Abschnitte nach vorn – und dieses jüngeren Mitarbeitern zu vermitteln, gehört auch zu den Führungsaufgaben eines Chefs.

Trotz aller Vorsicht und Erfahrung können in allen drei Abschnitte Fehler passieren. Meist haben sie weitreichende Folgen. Am offensichtlichsten sind Fehler bzw. Komplikationen, die im dritten Operationsabschnitt passieren können. Diese stehen bei rechtlichen Auseinandersetzungen i. a. R. im Vordergrund. Dass auch „kleinste" Fehler ungeahnte Probleme nach sich ziehen können, wird in **1.2** dargestellt.

1.2 Kompliziertester Verlauf nach versehentlichem Fassen einer Dünndarmschlinge beim Verschluss des Abdomens

Es handelt sich um eine 66-jährige, vom Prinzip gesunde Patientin. Vor vielen Jahren mehrere jeweils unkomplizierte Bauchoperationen (Appendektomie, Cholezystektomie, Sigmakontinuitätsresektion wegen Divertikulitis mit Hysterektomie). Wegen mechanischem Ileus (Verwachsungen) Notfalloperation im Ausland. Am 5. postoperativen Tag Rückverlegung nach Deutschland, bei jedoch auffälligem Abdomen. Wenige Tage später Relaparotomie wegen akuten Abdomens mit Sepsis: Man findet, dass offensichtlich beim vor 9 Tagen durchgeführten Verschluss des Abdomens (Peritonealnaht) versehentlich eine Dünndarmschlinge gefasst worden war. Wegen der jetzt bestehenden diffusen Peritonitis (ausgetretener Dünndarmstuhl wegen nekrotischer Dünndarmwand!) 57 Tage Beatmung mit zahllosen Etappenlavages des notwendigerweise offen gelassenen Abdomens. Entwicklung mehrerer Dünndarmfisteln, wobei deren Übernähung keinen Erfolg hatte. Austritt von Dünndarmstuhl in die defekte Bauchwand. In diesem Stadium Übernahme in unsere Klinik.

a Polaroid-Aufnahme vom Ehemann kurz vor Übernahme in unsere Klinik: Die Darmschlingen sind inzwischen von einem Granulationsgewebe überdeckt („Laparostoma"). Es bestehen weiterhin 2 Dünndarmfisteln (Pfeile) mit schwerer Hautschädigung (Ätzung durch Dünndarmstuhl!).

b Kurz nach Übernahme in unsere Klinik noch immer schlechte Wundverhältnisse mit Pilzbefall. Die rechts-laterale Fistelöffnung (Nr. 2 in **a**) ist hier nicht sichtbar.

c Nach 10-wöchiger konservativer Therapie deutlich bessere Hautverhältnisse: parenterale Ernährung, „Trockenlegung" der Fisteln durch Sandostatin, Katheterspülung des nach subhepatisch reichenden Fuchsbaufistelsystems (Nr. 2 in **a**) mit Erreichen deren Verschlusses, optimale und professionelle Stomatherapie (sehr aufwendig und sehr teuer), ständige Säuberung des Granulationsgewebes durch wiederholtes Débridement etc. Eine enterale Ernährung ist wegen sofortiger Entleerung der Ingesta über die (hohe) Dünndarmfistel (oberer Pfeil) nicht möglich. **d** 6 Monate nach der Ileusoperation jetzt 7-stündige Revisionsoperation: Nach kompletter Ausschneidung des noch immer vorhandenen, jedoch kleiner gewordenen Laparostomas und kompletter Lösung aller Verwachsungen („Adhäsiolyse") mehrere jeweils kurzstreckige, die Fistelabgänge tragenden Dünndarmresektionen mit jeweiliger End-zu-End-Anastomose, Ersatz der Bauchdecke durch resorbierbares Kunststoffnetz (Vicryl), welches 2 cm außerhalb des eigentlichen Faszienrandes nochmals in onlay-Technik mit der vorderen Rektusscheide fortlaufend vernäht wird. Abschließend Mobilisation der Haut mit einigen Hautentlastungsschnitten (zur Reduktion der Hautspannung!).

e 8 Tage nach der Operation: Primärer Hautverschluss ohne Infektion. Enteraler Nahrungsaufbau. Die Patientin konnte 3 Wochen nach dieser Revisionsoperation (nach insgesamt 7 Monaten Krankenhausbehandlung!) in die Anschlussheilbehandlung entlassen werden (allgemeine Rehabilitation, Physiotherapie etc.).

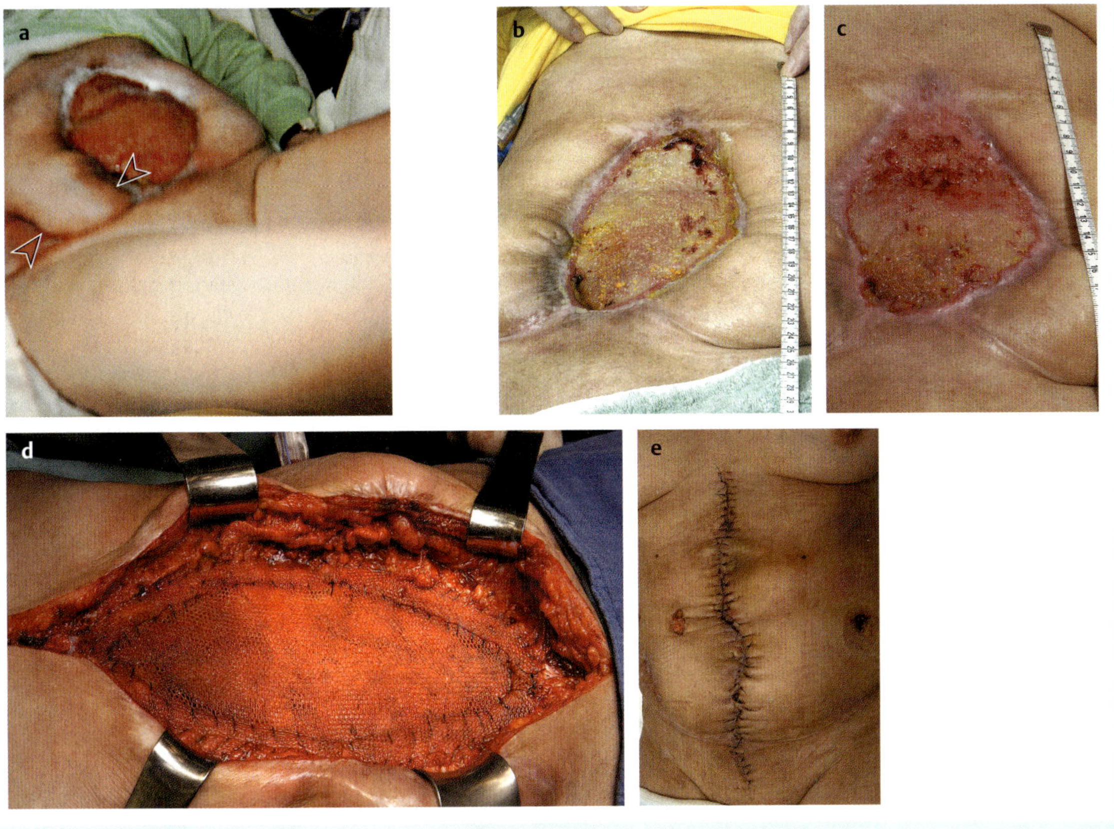

1.5 Patienten-Arzt-Gespräch und Anamnese

Die persönliche Erhebung der Anamnese, die körperliche Krankenuntersuchung (allgemein und krankheitslokalisiert) und – ganz zentral – ein ausreichend langes Patienten-Arzt-Gespräch sind von ausschlaggebender Bedeutung, auch als Management-Erfolgsregel für die patienten- und arztgerechte Chirurgie von morgen.

Patienten-Arzt-Gespräch

Ziele: **Das erste Gespräch** zwischen Patient und Arzt dient dem *Kennenlernen* und der *Anamneseerhebung*. Es ist entscheidend für die *Vertrauensbildung*. Viele Patienten registrieren und bewerten die Konzentrationsfähigkeit, das „Sich-auf-den-Patienten-Einstellen" des Arztes, sehr wohl:

> Die Zeit und Intensität, die der Arzt – auch und gerade in einer Notsituation – für dieses Gespräch aufbringt, ermöglicht jene *Patienten-Arzt-Beziehung*, die auf die postoperative Genesung entscheidenden Einfluss hat.

Während des Gespräches hat der Arzt die Möglichkeit, den Patienten in seiner körperlichen und geistigen Vitalität einzuschätzen. Dies ist oft Grundlage für spätere Entscheidungsfindungen hinsichtlich der Zumutbarkeit spezifischer Therapieformen.
Das ärztliche Gespräch umfasst auch die **Kontaktaufnahme mit Angehörigen** und die Einbeziehung des sozialen Umfeldes, insbesondere bei aktuell nicht aussagefähigen bzw. hilflosen Patienten.

Der oft schwierigste Teil eines ärztlichen Gesprächs ist die **„Aufklärung"** des Patienten über langfristig unheilbare Erkrankungen oder über postoperativ entstehende Probleme, die den Tribut darstellen können für ein höheres, oft lebensrettendes Therapieziel (z. B. Gliedmaßenamputationen, Gastrektomie mit funktionellen Defiziten, Verlust von Erektion und Orgasmus nach Rektumexstirpation oder Bauchaortenaneurysma-Operation).

> Die Vermittlung der Erkenntnis, dass Leben *auch* chronische Krankheit, chronische Krankheit aber *immer* Leben bedeutet bzw. dass sinnvolles Leben auch in chronischer Krankheit möglich ist, ist die höchste „Kunst" im ärztlichen Gespräch.

Kompetenz: Die Fähigkeiten für das ärztliche Gespräch sind nicht wie andere medizinische Inhalte durch Lehrveranstaltungen oder Bücher erlernbar. Hilfreich ist eine entsprechend vorbestehende Persönlichkeitsstruktur; vieles kann intuitiv durch „Dabeisein", durch „Begleiten des Erfahrenen" übernommen und durch Übung angeeignet werden.

T 1.2 Aufbau einer elektiven Anamneseerhebung

Einteilung	*Fragen nach...*
jetzige Anamnese (Gründe für den Arztbesuch)	• Schmerzen, z. B. Bauchschmerz, Claudicatio-Schmerz, • B-Symptomatik: Fieber, Nachtschweiß und 10 % Gewichtsabnahme in den letzten 6 Monaten als Malignom-Hinweis, • Funktionsstörungen (somatisch/vegetativ) wie z. B. Obstipation, Bewegungseinschränkung, Dysphagie, Impotenz, Miktionsprobleme, • besondere Ereignisse wie z. B. Schlaganfall, Blutung, unklares Fieber, • sonstige Auffälligkeiten wie z. B. Husten, Gelbsucht, Tumor-Tastbefunde, • nach Unfall: Zeitpunkt, Hergang, Ort, möglicher Alkoholeinfluss, Ersttherapie, Impfanamnese, Folgeerscheinungen usw. • Nebenerkrankungen wie z. B. Gefäßerkrankungen, Allergien, Diabetes mellitus, Gicht, Hyperthyreose, Herz-, Lungen-, Niereninsuffizienz, Hämophilie
Eigenanamnese	• wichtige Kinderkrankheiten wie z. B. Diphtherie, Poliomyelitis, Varizellen, Masern, • Tuberkulose, • frühere Erkrankungen wie z. B. Pneumonie, Meningitis, Typhus, • bisherige Operationen und Narkosen, • frühere Unfälle, • Nikotin/Alkohol/Rauschgift, • Berufsexposition, z. B. Pleuramesotheliom (Asbest), Harnblasenkarzinom (Anilin), • Medikamentenanamnese: insbesondere kreislaufwirksame Pharmaka: Digitalis, Antikoagulanzien, Antidiabetika, Steroide, Immunsuppressiva, Antidepressiva, • soziale Angaben, z. B. zu Beruf, Ehe, Kindern, Wohnung, Fernreisen, Kontakt mit HIV-Risikogruppen
Familienanamnese	• Erbkrankheiten, gehäufte Malignome • Alter und ggf. Todesursache naher Verwandter, • in der Familie kürzlich aufgetretene Krankheiten, insbesondere Infektionskrankheiten

Konsilium und Second Opinion

Das **Konsilium**, d. h. ein beratendes Gespräch zwischen Ärzten verschiedener Fachrichtung ist notwendig, wenn unklare Sachverhalte kodisziplinär abgeklärt werden müssen. Die Einholung einer **Second Opinion** bei Ärzten derselben Fachrichtung ist gesetzlich zwingend, wenn der Patient dies wünscht. Konsilium und Second Opinion sollten jedoch nicht überstrapaziert werden.

Erhebung der Anamnese

Je nach Krankheit, Situation und handelnden Personen gibt es unterschiedliche „Techniken" der Anamneseerhebung. In jedem Fall erfordert sie Einfühlungsvermögen, Takt und Zeit. Man muss die Details aktiv erfragen: Oft vergisst der Patient für ihn nebensächlich erscheinende, für die Diagnose aber evtl. wichtige Details.

Eine Anamnese ist immer nur so gut wie das Wissen des Arztes.

Die Anamneseerhebung ist nicht an ärztliches Hilfspersonal übertragbar. Auch ist sie nicht durch einen vom Patienten ausgefüllten Fragebogen ersetzbar. Der Patient muss seine Beschwerden frei schildern können, wobei der Arzt ihn aber leiten darf.

Durchführung: Patientenbezogen ist es am besten, mit der Besprechung der jetzigen Problematik zu beginnen. Erst später wird die Anamnese durch die Eigen- und Familienanamnese komplettiert.

T 1.2 zeigt den Aufbau einer elektiven Anamneseerhebung. Ihre Ausführlichkeit wird durch die Begleitumstände bestimmt. Bei einem Notfall wird man sich auf das absolut Notwendige beschränken, bei bewusstlosen Patienten müssen Angehörige bzw. Nahestehende oder vorbehandelnde Ärzte befragt werden.
Besonderes Augenmerk verdient die *Medikamentenanamnese:* Aus ihr lassen sich oft wichtige Rückschlüsse auf weitere, vom Patienten zunächst nicht mitgeteilte Nebendiagnosen ziehen.

Die Anamneseerhebung hat folgende Ziele:

- Herausarbeitung der **Leitsymptome** bzw. **-befunde** der aktuellen Problematik. Diese sollten wenn immer möglich auf *eine* Krankheit zurückgeführt werden.
- Beantwortung der Frage, ob die jetzige Problematik Ausdruck einer vorbestehenden Krankheit ist oder etwas gänzlich Neues darstellt.
- Beurteilung der **Lebensweise** (exogene Faktoren wie Pharmaka, Asbest, Drogen) und der **Persönlichkeitsstruktur** (emotionale Einflüsse bis hin zu Auffälligkeiten wie Euphorie, Verdrängung, Indolenz, Depression), insbesonders für die Einschätzung eines Schmerzerlebnisses.

Vergesslichkeit, Angst (auch vor Angaben über die Sexualsphäre), Sucht und Unehrlichkeit, insbesondere bei versicherungsrechtlichen Konsequenzen, können eine Anamnese erheblich verschleiern.
Die in T 1.3 aufgelisteten Fragen sollen jedem Patienten gestellt und vollständig beantwortet werden.

T 1.3 Systematik der direkten Fragen

Einteilung	*Fragen nach...*
Allgemeinanamnese	Appetit, Durst, Gewicht, Schlaf, körperliches und psychisches Leistungsverhalten, Hautfarbe, Juckreiz
Gastrointestinaltrakt	Geschmack, Dysphagie, Regurgitation, retrosternales Brennen, Singultus, Erbrechen (reflektorisches E./Überlauf-E.), Speisenunverträglichkeit, Hämatemesis, Meteorismus, Blähungen, abdominelle Schmerzen, Defäkation, Stuhlkonsistenz und Stuhlgeruch, (paradoxe) Diarrhö, Obstipation, Teerstuhl (schwarz-klebriger Stuhl), Hämatochezie (anale Beimengung hell- oder dunkelroten Blutes)
Atemwege	Atemnot (Dyspnoe), Husten, Auswurf, Sputum, Hämoptysen, (in- oder exspiratorischer) Stridor, Brustschmerz
Herz	(paroxysmale nächtliche) Dyspnoe, Orthopnoe, Husten, Sputum, Herzschmerzen (mit Ausstrahlung!), „Herzklopfen" (meist tachykarde Rhythmusstörung), periphere Ödeme, Schwindel und Kopfschmerz (oft bei arteriellem Hochdruck)
Gefäßsystem	*Arteriosklerose:* • peripher: Gehstrecke, Ruheschmerz, periphere Nekrosen, Impotenz • zentral: transitorisch ischämische Attacke (TIA), Amaurosis fugax, Schlaganfall, Schwindel *Chronisch-venöse Insuffizienz:* Wadenschmerz, Wadenkrämpfe, Spannungsgefühl, Schwellneigung, Juckreiz, Hautfarbe, Ulcera cruris
Urogenitaltrakt	Lendenschmerz, Miktion (Häufigkeit und Qualität), Harnfarbe, Hämaturie, Dysurie, Harnverhaltung, Brennen bei der Miktion, Impotenz, Probleme bei Kohabitation, Menarche und Menopause, Schwangerschaften, Dys- oder Amenorrhö
Nervensystem	Synkopen, Tremor, Anfälle, Bewusstlosigkeit, Lähmungen, Parästhesien, Sehstörungen, Hörstörungen, Kopfschmerzen, Gangstörungen
Muskel- und Skelettsystem	Muskel-, Gelenk- und Knochenschmerzen, Gelenkschwellungen, Bewegungseinschränkungen, Muskelschwäche, Plattfuß

Andreas Hirner

1.6 Chirurgische Krankenuntersuchung

Die klinische Krankenuntersuchung hat grundsätzlichen Charakter und ist durch keine noch so differenzierte Spezialuntersuchung zu ersetzen. Mithilfe einer gezielten Anamnese, einer sicheren Krankenuntersuchung und einfacher apparativer Untersuchungen können 85–90% aller Krankheiten differenzialdiagnostisch abgeklärt werden. Daran hat sich bis heute nichts geändert. Die klinische Untersuchung muss deshalb immer wieder geübt werden. Der Wert einer klinisch-kompletten Krankenuntersuchung hat einen weiteren wichtigen Aspekt: Die unmittelbare Arbeit des Arztes schafft ein Vertrauensverhältnis, wie es durch dezentrale und deshalb oft unpersönliche „Einzeluntersuchungen" niemals vermittelt werden kann: Jeder von fremden Personen bediente Apparat kann die so wichtige persönliche Beziehung stören. Wer dies erkannt hat, wird es den Patienten auch im klinischen Alltag spüren lassen können, dass es nur kranke Menschen, aber keine Krankheiten geben darf. Die drei Bereiche ärztliches Gespräch, Anamneseerhebung und klinische Untersuchung können zeitlich und inhaltlich fließend ineinander übergehen. Diese SE soll besonders auf die Bedeutung einer vollständigen klinischen Untersuchung hinweisen. Ein schematisches Vorgehen „von Kopf bis Fuß" ist von großem Vorteil. Wie auch bei der Anamnese ist die schriftliche Fixierung von größter Bedeutung.

Die Erhebung und die schriftliche Fixierung von Anamnese und Untersuchung sind bei jedem noch so kleinen chirurgischen Eingriff vorgeschrieben. Dies darf nur bei Notfallsituationen postoperativ erfolgen.

Ebenso wie bei der Anamnese richtet sich die Ausführlichkeit der allgemeinen Krankenuntersuchung nach der aktuellen Dringlichkeit: Im akuten Fall interessiert zumeist der Lokalbefund und erst dann die „gründliche" Statuserhebung. Ansonsten ist es vorteilhaft, die Systematik des klinischen Untersuchungsganges streng einzuhalten: Nur so wird nichts vergessen: **Inspektion, Palpation, Perkussion, Auskultation** und Erhebung einfacher **Messdaten** (s. andere Lehrbücher bzw. organbezogene Studieneinheiten). Für die rasche Erfassung komplexer Situationen können darüber hinaus von großer Bedeutung sein die Beurteilung besonderer **Gerüche**, **Blickdiagnosen** und die Erkennung von **Hautveränderungen mit richtungsweisendem Charakter** für zugrunde liegende Haupterkrankungen (**1.3**).

Grundlegende Richtlinien einer jeden klinischen Untersuchung sind die Vermeidung von körperlichen Schmerzen, die Palpation der schmerzhaften Region erst am Ende der Untersuchung (besonders bei Kindern!), die vergleichende Untersuchung gesunder und erkrankter Körperabschnitte und die Beachtung des natürlichen Schamgefühls des Patienten.

Beurteilung besonderer Gerüche: Manchmal hat der Geruchssinn differenzialdiagnostische Relevanz.
Bekannte Beispiele sind:

- süßlicher Acetongeruch bei Coma diabeticum,
- urinöser Geruch bei Coma uraemicum,
- hepatischer Fötor (Stichwort „Rettich") bei Lebererkrankungen,
- stinkender Foetor ex ore bei Zenker-Divertikel, fortgeschrittenem Magen- und Ösophaguskarzinom (bakteriell bedingte Zersetzung von Speiseresten),
- Schwefelwasserstoff von Flatus und Fäzes bei gastrointestinalen Blutungen,
- süßlicher, fötid-gangränöser Gestank bei putrider Mischinfektion (Stadium IV der chronischen AVK) und bei Mesenterialinfarkt,
- Bittermandelölgeruch bei Zyankalivergiftung,
- Knoblauchgeruch bei Phosphorvergiftung,
- Alkohol und Nikotin!

Blickdiagnosen: Es gibt eine Reihe von Krankheiten, die mit einem Blick erkannt werden können: z. B. Gasbrand, akutes komplettes Ischämiesyndrom, große Knotenstruma, frei perforiertes Magen-Zwölffingerdarm-Geschwür, Spannungspneumothorax usw. Dabei ist es sinnvoll, nicht nur die Hauptdiagnose, sondern auch die medizinischen Querbezüge zu bedenken. Beispiele hierfür sind Adipositas (wichtiger perioperativer Risikofaktor), Magersucht (oft begleitet von Katabolie und Immundefiziten), Marfan-Syndrom (oft Aneurysma dissecans Typ I mit plötzlichem Tod durch Ruptur bzw. Herzbeuteltamponade, s. SE 32.8, S. 734), „vegetative Dystonie" (junge Menschen mit feucht-kühlen, marmorierten Händen; DD: Morbus Raynaud, Kälteagglutinine, Sklerodermie usw.), Riesenwuchs bzw. Akromegalie (STH-produzierender Tumor im HVL vor bzw. nach Schluss der Epiphysenfugen), Morbus Cushing (multiple endokrine Neoplasie?), Morbus Addison, Morbus Bechterew, primär chronische Polyarthritis und vieles andere mehr.

Schock: Die beiden wichtigsten Schockformen (Volumenmangelschock, meist blutungs-, seltener umverteilungsbedingt, und der septisch-toxische Schock) können mit klinischen Mitteln weitgehend erkannt und quantitativ beurteilt werden (s. SE 7.4, S. 188 ff).

Hautveränderungen haben oft richtungsweisenden Charakter für andere, kausale Erkrankungen. **1.3** gibt einen auszugsweisen Überblick.

Die Haut ist oft der Spiegel anderer Erkrankungen.

1.3 Hautveränderungen mit richtungsweisendem Charakter für andere Erkrankungen

Physikalische Fehl- bzw. Überbeanspruchung
Hyperkeratotisches Ekzem, Ulkus, Dekubitus (s. a. SE 7.3, S. 187) an knöchernen Prominenzen bei Druckbelastung, Durchblutungsstörungen, Sensibilitätsstörungen, z. B. im Stumpfbereich nach *Amputationen* durch insuffiziente prothetische Versorgung, chronische oder akute Überbelastung oder allergische Reaktion auf verwendetes Prothesenmaterial.

Arzneimittelreaktionen
- **Steroidakne**, generalisierte **Hautatrophie** mit **Striae distensae**, **Wundheilungsstörungen**: *Glucocorticoide*,
- **Alopezie**, **Stomatitiden**, **Erytheme** der Hand- und Fußsohlen, **Onychodystrophie**, **Zellulitis**: *Chemotherapeutika*,
- **Narben**, linear im Venenverlauf angeordnete **Hyperpigmentierungen** („needle tracks"), **Phlebitiden**, **Hämatome**, **Abszesse**, **thrombosierte Venen**: *Drogenabusus*.

Renale Fehlfunktion
Chronisches Nierenversagen: **Blässe** (durch Erythropoietinmangel bedingte Anämie), die mit zunehmenden Funktionsverlust der Niere von einer **gelblichen Hautverfärbung** abgelöst wird (Urochromablagerung), **Juckreiz**.

Störungen des Fettstoffwechsels
Familiäre Hypercholesterinämie: tuberöse **Xanthome** und Xanthome im Bereich der Sehnenansätze, **Xanthelasmen** an den Augenlidern (Risikofaktor für Herzinfarkt).

Kardiopulmonale Erkrankungen
Subakute bakterielle Endokarditis: **Osler-Knoten** im Bereich der Finger, **subunguale Einblutungen**, **Pupura**, **Petechien** und konjunktivale Petechien,
chronische Hypoxämie (bei Lungenemphysem, Bronchiektasen, Lungenfibrose, Herzfehler): **Uhrglasnägel**,
periphere venöse Insuffizienz, postthrombotisches Syndrom (s. SE 33.4, S. 746 f): **Varizen, Stauungsdermatose und -induration**, **Hyper- und Depigmentierung** (dann „Atrophie blanche") und **Ulzerationen** im Bereich der unteren Extremität.

Endokrinologische Fehlfunktionen
Hyperthyreose (s. SE 19.3, S. 426 ff): warme, feuchte, glatte, dünne aber nicht atrophische Haut, diffuse **Alopezie**, brüchige Fingernägel, **Pruritus**, evtl. **Myopathie**,
Hypothyreose (s. SE 19.3, S. 426 ff): **kalte**, **trockene**, **blasse**, **dünne** und **hyperkeratotische Haut**, **dünne, struppige Haare, (prätibiales) Myxödem**,
Diabetes mellitus: atrophische, unregelmäßig umschriebene braune Läsionen im Bereich der Schienbeine (**diabetische Dermopathie**), **neuropathische Ulzera** (s. SE 34.7, S. 764 ff).
Cushing-Syndrom/Hyperkortisolismus: Adipositas, Mondgesicht, Striae distensae, Stammfettsucht;
Morbus Addison/Hypokortisolismus: **Hyperpigmentierung der Haut („Bronzehaut")**, insb. in Narbenbereichen, an Druckstellen (Knie, Ellenbogen, Hautfalten) und Schleimhäuten, **Verlust** der **Achselbehaarung**.
Glucagonom: **Epidermolysis acuta toxica** als erythematöses, blasiges und nekrolytisches (migratorisches) Erythem (periorbital, perigenital, Beugebereiche).

Hereditäre Grunderkrankungen
Gardner-Syndrom: Weichteiltumoren der Haut und Knochentumoren (z. B. Osteome im Schädel- und Kieferbereich), Desmoide, Zahnanomalien,
Peutz-Jeghers-Syndrom: **periorale Pigmentierung**,
Neurofibromatose von Recklinghausen: multiple **Neurofibrome** und **Café-au-lait-Flecken** (s. SE 16.2, S. 392 f).

Hepatobiliäre Erkrankungen
generalisierter **Juckreiz**: evtl. schon Monate vor Manifestation der chronischen oder Alkohol*hepatitis*,
Ikterus (ab 2,5–3 mg/ml Serum-Bilirubin, insb. bei extrahepatischer *biliärer Obstruktion* und *primär biliärer Zirrhose*),
schmutzig-graue Hautverfärbung, vereinzelte **helle**, stecknadelkopfgroße **Flecken** an Oberschenkel, Unterarm, Stamm oder Gesäß, meist mit zentralem **Spider naevi** (arterielle Gefäßneubildung mit zentralem Gefäßknötchen [👁]; auch ohne Lebererkrankung bei Schwangerschaft, Östrogentherapie, oralen Kontrazeptiva; Differenzialdiagnose: Teleangiektasien, die sich mit dem Glasspatel wegdrücken lassen), **Palmarerythem** (ohne Lebererkrankung auch in der Schwangerschaft, bei Hyperthyreose und anderen chronischen Erkrankungen),
erweiterte Periumbilikalvenen, seltener **Caput medusae** bei *Pfortaderhochdruck*,
Striae distensae insb. bei *chronisch aktiver Hepatitis*,
Bauchglatze, **reduzierter Bartwuchs**, **Gynäkomastie**, **Dupuytren-Kontraktur**, **Schwellung der Glandula parotis** bei *Leberzirrhose*,
Bronzediabetes (bronzefarbene Hyperpigmentierung der Haut) bei *Eisenintoxikation/Hämochromatose*,
Flush durch vasoaktive Substanzen: *Karzinoide*, erst bei Lebermetastasen.

Paraneoplastische Syndrome (an der Haut)
Dermatomyositis (im höheren Lebensalter): livides Exanthem und Schwellung des Gesichts (v. a. Lidödeme), schuppende Hauterytheme über Gelenk-Streckseiten, proximale Muskelschwäche, v. a. bei *kleinzelligem Bronchial- und Mamma-, Magen- und Ovarialkarzinom*,
Acanthosis nigricans maligna: Hautverdickung mit deutlich sichtbaren Papillarlinien, Hyperpigmentierung mit warzenähnlichen Papillomen, v. a. axillär, submammär, umbilikal und inguinal: v. a. bei *Adenokarzinom des Magens*.
Pruritus: unspezifisches Symptom vieler maligner Grunderkrankungen, v. a. bei *Leukämie, Lymphom, Pankreas- und Magenkarzinom*,
rezidivierende Thrombosen/Thrombophlebitiden bei *Pankreaskarzinom*.

a Spider naevi an der Brust bei alkoholischer Leberzirrhose Child A (52 Jahre)

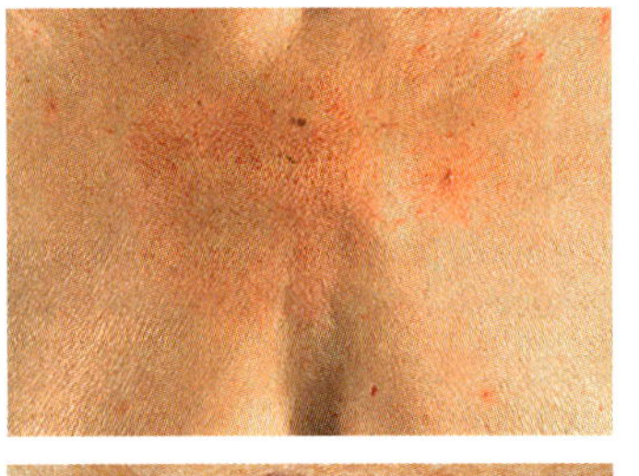

b Spider naevi sind mit dem Glasspatel nicht wegdrückbar

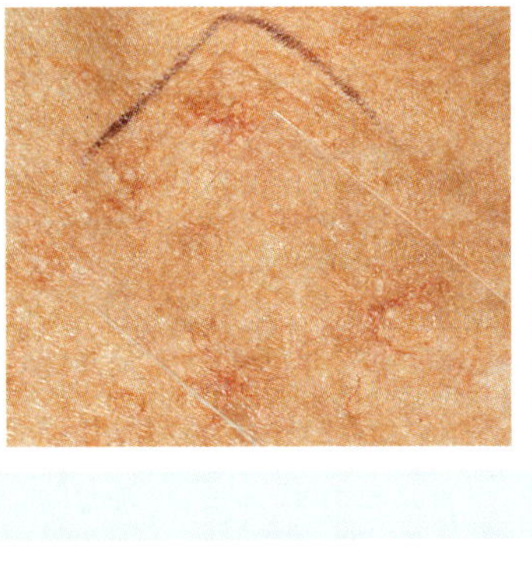

1.7 Klinische Pathophysiologie des Schmerzes

Der Schmerz stellt eine natürliche Warnung dar, dass in unserem Körper „etwas nicht stimmt“. Für die Schmerzwahrnehmung bestehen drei Voraussetzungen: Erstens muss ein Gewebeschaden vorliegen, der intensiv genug ist, um eine Kette von Ereignissen in Gang zu setzen; zweitens müssen am Ort des Gewebeschadens entsprechende Nozizeptoren vorhanden sein; drittens ist die Schmerzempfindung an das Bewusstsein gebunden. Der Schmerz ist das Kardinalsymptom des Traumas und der Entzündung. Bei der Chirurgie dominiert der akute (oft perioperative) Schmerz; er muss von Chirurgen kompetent behandelt werden können (s. auch SE 7.7, S. 200 f). Der chronische Schmerz (Tumorschmerz, neurogener Schmerz, Schmerz des Bewegungsapparates) verlangt dagegen spezialisierte Zentren zur chronischen Schmerztherapie (sog. Schmerzambulanzen; s. auch SE 7.8, S. 202 f).

Klinische Schmerzarten

Aufgrund Intensität, Zeitdauer, Lokalisation, Ausstrahlung und Charakter des Schmerzes können Schlüsse auf das erkrankte Organ gezogen werden. Allerdings korrelieren Beginn und Ende einer Schmerzsymptomatik nur selten mit Beginn und Ende der zugrunde liegenden Krankheit. Die Beschreibung der wichtigsten Schmerzarten (-naturen) ist in **T 1.4** zusammengefasst.

Schmerzintensität

Die **Empfindung** der Schmerzintensität ist von vielen Faktoren abhängig:

- Tageszeit (nachts wesentlich stärker),
- psychosomatischer „Anteil“ der zugrunde liegenden Krankheit,
- Persönlichkeitsstruktur des Patienten,
- Alter des Patienten (bei Greisen geringer),
- geringer bei gleichzeitiger Applikation entzündungshemmender Substanzen (z. B. Cortisonpräparate),
- geringer bei begleitendem Schockzustand.

T 1.4 Beschreibung der wichtigsten Schmerzarten

Beschreibung	*z. B. bei*
klopfend (pulsierend, evtl. pulssynchron)	Abszess
wellenförmig (mit freien Intervallen und krampfartiger Spitzenintensität)	Kolik (z. B. Gallenkolik, Ureterkolik, mechanischer Ileus)
stechend und spannend	Dehnungsschmerz an Strukturen mit einer nur bedingt dehnbaren Wand: Harnblase, Faszienlogen, eingekapselter Tumor, Gallenblase, Leber
schnürend, Schmerz umfängt einen bestimmten Körperteil wie eine Klammer	Angina pectoris, diabetische Neuropathie am distalen Unterschenkel, Pankreatitis
scharf, dumpf, brennend, schneidend, krabbelnd	anderen Erkrankungen
qualvoll, glühend-brennend (durch leiseste Berührung verstärkt = Hyperalgesie)	durch Verletzung ausgeschaltetem Nerv meist in einer Extremität (Kausalgie)

Die **Änderung** der Schmerzintensität ist ein anamnestisch meist gut zu verwertender Parameter, insb. in Abhängigkeit äußerer Umstände wie z. B.

- stärkere oder schwächere postprandiale Schmerzen im Verdauungstrakt,
- stärkere Schmerzen bei akuter Entzündung/Abszess durch körperliche Bewegungen,
- Schmerzen in der Wade bei chronisch-arterieller Verschlusskrankheit durch längeres Gehen usw.

Der Patient wird – instinktiv – alles versuchen, starke Schmerzen zu lindern. Hierbei gibt es einheitliche Verhaltensmuster/Reaktionen der Patienten. Sie sind anamnestisch zu erfragen – insb. dann, wenn man an der Korrelation zu den somatischen Veränderungen zweifelt. Hilfreiche Fragen sind dann: Was haben Sie gemacht, um eine Schmerzlinderung herbeizuführen? Oft hilft diese Frage auch in der differenzialdiagnostischen Abklärung weiter: z. B. Beintieflagerung bei ischämischem Schmerz, Beinhochlagerung bei venösem Schmerz, Einlaufschmerz bei Koxarthrose oder Belastungsschmerz bei arterieller Verschlusskrankheit.

Besonderheiten des Abdominalschmerzes

Für die akute Abdominalerkrankung stellen Schmerz und gastrointestinale Motilitätsstörung die wichtigsten klinischen Leitsymptome dar. Die verschiedenen Schmerzerscheinungen erlauben wesentliche Rückschlüsse auf die zugrunde liegende Erkrankung. Die beiden Schmerzafferenzen (viszeral und somatisch) haben eine ganz besondere Bedeutung.

Vegetativer Schmerz

Starke Entzündungs- und Schwellungszustände des Peritoneum viscerale sowie lokale Azidose (Mesenterialarterienverschluss) können vegetative Schmerzafferenzen auslösen. Die Distension des Darms als solche macht keinen Schmerz, sondern erst die der Dehnung folgende überschießende Kontraktion der glatten Muskulatur (Krampf/Kolik).

Der viszerale Schmerz ist schwer definierbar (s. o.): Er wird in die Mittellinie projiziert und fast ausschließlich dort empfunden, wo das Organ embryonal entstanden ist (**T 1.5**); eine Seitenlokalisation ist nicht möglich. Nach

Minuten bis Stunden wird er oft auch an entfernten Stellen der Körperoberfläche (meist als Hyperalgesie) empfunden: „referred pain" („übertragener Schmerz" in Head-Zonen; T 1.5). Die Erklärung hierfür ist eine **viszerosomatische Verschaltung** auf segmentaler Rückenmarksebene. Diese Verschaltung erklärt auch, dass extraabdominell verursachte Schmerzen in den Bauchraum lokalisiert werden und dort eine Abdominalerkrankung vortäuschen können (z. B. Herzinfarkt mit Oberbauchschmerz).

Die bei akuten, schmerzhaften Erkrankungen des Abdomens typischen Begleitsymptome wie Übelkeit, Erbrechen, Angstzustände, Unruhe, Tachykardie, Kaltschweißigkeit, Blässe und Darmparalyse entstehen durch **viszeroviszerale Verschaltungen** auf den verschiedenen Ebenen des ZNS.

Somatischer Schmerz

Die somatische Schmerzafferenz führt über Interkostalnerven und N. phrenicus zum ZNS. Diese Schmerzen werden im Peritoneum parietale, in den verschiedenen Schichten der Bauchwand bzw. des Retroperitoneums und im Mesenterium bis zu 2 cm an den Darm heran ausgelöst, bei eindeutiger Seitenlokalisation. Der schneidende, scharfe oder brennende Schmerz wird durch Bewegung der Bauchdecken verstärkt; der Patient stellt die Bauchdecken ruhig und nimmt eine Schonhaltung ein: reflektorischer Muskelspasmus (klinisch „Abwehrspannung").

Auch „Druckschmerz", „Loslassschmerz" bis hin zum „kontralateralen Loslassschmerz" sind somatische Schmerzen, bedingt durch den per continuitatem fortgeleiteten Krankheitsprozess („fortgeleiteter Schmerz"): Irritation des Peritoneum parietale in der Nähe von entzündlichen Prozessen der Viszera.

Die beste Darstellung der Entwicklung vom viszeralen zum somatischen Schmerz bietet die akute Appendizitis: zunächst dumpfe Schmerzen im Epigastrium mit Übelkeit/Erbrechen, nach ca. 12 Stunden lokalisierter Schmerz im rechten Unterbauch (besonders beim Gehen als Erschütterungsschmerz).

Klinische Erscheinungsarten des abdominellen Schmerzes

Aus klinischer Sicht werden 4 Verläufe eines Bauchschmerzes unterschieden, wobei sich viszeraler und somatischer Schmerzcharakter jeweils ablösen:

Entzündungsschmerz (kontinuierlich zunehmend): z. B. Appendizitis, Cholezystitis, Pankreatitis, Divertikulitis,

kolikartiger Schmerz mit schmerzfreien Intervallen: z. B. Gallensteinkolik, Uretersteinkolik, mechanischer Ileus,

Perforationsschmerz (akuter Beginn, später zusätzlich Peritonitiszeichen); besonders typisch ist die initial brettharte, eingefallene Bauchdecke bei der Ulkusperforation;

Darmischämieschmerz (akuter Beginn, dann für Stunden relative Schmerzbesserung, später zusätzlich Peritonitis): Strangulation, Torsion oder Volvulus einer Darmschlinge, Mesenterialinfarkt usw.

1.4 Schmerzentstehung

Der Schmerz ist eine komplexe Sinnesempfindung mit starker seelischer Komponente (= Schmerzerlebnis). Ausgelöst wird er durch Erregung von Schmerzrezeptoren (= Nozizeptoren), häufig unter Beteiligung weiterer Sinne wie Druck- und Temperatursinn. Das nozizeptive System umfasst vor allem folgende Komponenten:

Sensibilisierung von Nozizeptoren: Die Nozizeptoren werden aktiviert durch Prozesse, die durch den traumatisch-entzündlichen Gewebsschaden hervorgerufen werden. Am wichtigsten sind hierbei Veränderungen des Blutflusses (v. a. Ischämie, aber auch verstärkte Durchblutung mit gesteigerter Kapillarpermeabilität und Ödembildung) und die Freisetzung endogen vorkommender Substanzen (v. a. H^+-Ionen, Serotonin, Histamin, Bradykinin und Prostaglandine). Hier gibt es zahlreiche verstärkende Wechselwirkungen. Letztlich führt die Substanz P, die aus stimulierten Nervenfasern (Axonen) freigesetzt wird, zu Vasodilatation, verstärkter Kapillarpermeabilität und Ödem (= neurogene Entzündung bzw. lokaler Axonreflex).

Transduktion: Im Nozizeptor werden chemische, mechanische oder thermische Energien in eine elektrochemische Energie umgewandelt. Erst hierdurch kann die lokale Problematik für das Gehirn zugänglich gemacht werden. Die Impulsfrequenz informiert hierbei über die Intensität des Stimulus. Meist ist die (subjektiv empfundene) Schmerzschwelle höher als die (objektiv messbare) Erregungsschwelle des Nozizeptors.

Transmission: Afferente (somatische und vegetative) Schmerzbahnen übertragen (= transmittieren) die Information an das ZNS:

Somatische Schmerzafferenzen leiten schnell und bedingen einen gut lokalisierbaren, hellen Sofortschmerz.

Vegetative (meist sympathische) Schmerzafferenzen führen über unpaare Abdominalganglien (Plexus coeliacus, Plexus mesentericus sup. et inf.) zum Rückenmark, leiten langsam und bedingen einen schlecht lokalisierbaren, dumpfen, quälenden, brennenden, bohrenden, manchmal auch wellenförmigen Schmerz.

Im Rückenmark finden mithilfe der Neurotransmittersubstanz P zahlreiche Verknüpfungen statt: nach zerebral und auf segmentaler Ebene zum sympathischen Seitenhorn und/oder zu den motorischen Kernen des Vorderhorns. Hierdurch lassen sich *vegetative Begleitphänomene* im Schmerzbereich und den zugehörigen Segmenten erklären (Hautblässe, Schweißabsonderung), aber auch *motorische Fluchtreflexe*.

T 1.5 Lokalisation viszeraler Schmerzen

Organ	Schmerzempfindung
Ösophagus	retrosternal
Magen, Duodenum, Pankreas, Galle	im Epigastrium
Dünndarm, rechtes Kolon	periumbilikal
linkes Kolon	im medianen Unterbauch
Head-Zonen	
Galle	rechte Schulter, rechte Skapula
Milz	linke Schulter, linke Skapula
Herz	linker Arm

1.8 Psychische Betreuung der Patienten

„Der Arzt, der einen Patienten zu betreuen versucht und nur den Kranken in seinem Bett betrachtet, aber nicht wie dieser in seinem Heim gelebt hat, bei seiner Arbeit, in seinen Beziehungen, mit seinen Freunden, seinen Freuden, Sorgen, Hoffnungen und Befürchtungen, geht so unwissenschaftlich vor wie der Forscher, der es unterlässt, alle Bedingungen zu kontrollieren, die sein Experiment beeinflussen könnten" (F. W. Peabody, 1881–1927, amerikanischer Medizinforscher).

Der chirurgische Handlungsablauf mit Indikations-, Operations- und Restitutionsphase wird durch eine Vielzahl von psychischen und sozialen Wirkfaktoren wie z. B. Ängste, Depressionen, emotional-kognitive Auseinandersetzung mit Krankheitsfolgen und die familiäre Dislokation beeinflusst. Die kontinuierliche psychische Betreuung des Patienten stellt daher einen notwendigen und integrativen Bestandteil der operativen Medizin dar. Vom Chirurgen erwartet der Patient in dieser kritischen Lebenssituation zusätzlich zu seinem chirurgischen Wissen und technisch-handwerklichen Können soziale Kompetenz wie z. B. empathisches und kommunikatives Verhalten.

Ziele der psychischen Betreuung

Die psychische Betreuung chirurgischer Patienten umfasst:

- Schaffung einer Vertrauensbeziehung,
- Hineinversetzen in das Erleben des Mitmenschen, in seine Sorgen und Ängste, seine individuellen Bedürfnisse und Ansprüche,
- allgemeine Aktivierung des Patienten zur Wiedererlangung einer größtmöglichen Selbstständigkeit und Lebensqualität,
- Stärkung der Selbstverantwortlichkeit und Mitentscheidungsfähigkeit durch kontinuierliche Information des Patienten zur Reduktion von Hilflosigkeit und Fremdbestimmtheit,
- Verbesserung der emotional-kognitiven Krankheitsbewältigung (Coping) zur positiven Beeinflussung von Heilungsprozessen, Minderung von resignativem Verhalten und Fehlanpassung, Vermeidung von Chronifizierung und „Patientenkarrieren",
- Unterstützung eines möglichst stress- und komplikationsarmen Verlaufes diagnostischer und therapeutischer Maßnahmen,
- Minderung von Ängsten, Depressionen und Hoffnungslosigkeit bei Palliativtherapie und terminalen Leiden.

1.5 Beispiel eines Aufnahmegespräches

Die 48-jährige Patientin Frau M. sitzt leicht gebeugt auf der vorderen Stuhlkante im Arztzimmer. Sie berichtet mit leiser, verhaltener Stimme über ihre Krankengeschichte, ihre anhaltenden Magenbeschwerden, ihre Müdigkeit und körperliche Schwäche. Sie sagt, dass sie sich gar nicht wiedererkenne, sie sei sonst ein tatkräftiger Mensch gewesen. Ihr Gesicht ist während des Gespräches zu Boden gerichtet, sie nimmt kaum Blickkontakt auf, und ihre Hände zupfen unablässig an einem Papiertaschentuch. Frau M. macht lange Gesprächspausen, antwortet nur auf die ihr vom Arzt gestellten Fragen. Dann erhält sie Informationen über notwendige diagnostische Maßnahmen, und dass der Operationstermin noch ungewiss sei und von diversen medizinischen Ergebnissen abhänge. Das Aufnahmegespräch scheint beendet, als Frau M. beim Aufstehen in Tränen ausbricht, ihren Kopf wegdreht und mit dem Taschentuch hektisch über die Augen reibt. Erst auf nachdrückliches Fragen des Arztes und der Aufforderung, sich wieder zu setzen, berichtet Frau M., dass sie Angst habe, dass jede Hilfe für sie zu spät komme. Sie könne sich eine Magenoperation überhaupt nicht vorstellen, sie könne sich auch nicht vorstellen, nur mit einem Teil ihres Magens zu leben. Sie habe ihre Mutter im letzten Jahr intensiv zu Hause gepflegt, bis diese dann unter großen Schmerzen an Krebs gestorben sei. Nun habe sie Angst, auch ein bösartiges Magengeschwür zu haben. Frau M. sagt weiter, dass zu Hause alles nicht so einfach sei, ihr Mann sei seit kurzem ohne Arbeit, und sie wollte ihm eigentlich bei dem Aufbau eines selbstständigen Kleinbetriebes zur Seite stehen. Zu ihren Kindern sagt Frau M., dass die beiden älteren selbstständig seien und eine Arbeit hätten, während die 14-jährige Tochter ihr noch große Sorgen mache, da sie lernbehindert sei und von ihr noch viel Zuwendung brauche. Ihre Erkrankung jetzt bringe das ganze Familienleben durcheinander.

Inhalte psychischer Betreuung

Aufnahmegespräch

Die Gestaltung des Aufnahmegespräches als erster Patient-Arzt-Kontakt entscheidet maßgeblich über das Vertrauensverhältnis und die Tragfähigkeit der therapeutischen Beziehung („sprechende Chirurgie").

Wichtige inhaltliche und formale Aspekte der Gesprächsführung sind:

- Wahrnehmung des nonverbalen Patientenverhaltens (z. B. Motorik, Gestik, Mimik, Leidensmiene, Kleidung, Gesichtsfarbe, Alterserscheinung),
- Gestalten einer Aufwärmphase durch Fragen nach dem Wohnort, der Wegstrecke, der Familie und den Kindern zur Reduktion von Ängsten und Verunsicherungen,
- Erhalt von nicht unmittelbar krankheitsbezogenen, die subjektive Sichtweise des Patienten betreffenden Informationen („Was denken Sie über mögliche Krankheitszusammenhänge? Wie geht Ihre Familie damit um?"),

- Befindlichkeitswahrnehmung des Patienten („Wie fühlen Sie sich? Was bedeutet die Klinikeinweisung für Sie?"),
- geduldiges Zuhören, aussprechen lassen,
- sparsame, einfühlsame, offene Fragestellungen,
- nicht belehren, besser erklären,
- einfache Sätze, Vermeidung von Fachtermini.

! Der Zeitaufwand, den ein empathisch geführtes, patientenzentriertes Erstgespräch erfordert, wird erfahrungsgemäß durch den damit erreichten Vertrauensgewinn um ein Vielfaches ausgeglichen.

Es stabilisiert die Patienten-Arzt-Beziehung, erleichtert spätere Aufklärungs- und Überzeugungsarbeit (z. B. bei maligner Tumordiagnose, Inoperabilität, Prognoseveränderung) und beeinflusst entscheidend die postoperative Genesung. Sinnvoll erweist sich die frühe Einbeziehung der Angehörigen und bei Bedarf des Sozialdienstes (s. u.). Spezielle Interaktionsprobleme, wie z. B. der Umgang mit sehr ängstlich-vigilanten, depressiven oder aggressiv-fordernden Patienten erfordern psychosomatische bzw. psychiatrische Konsiliarii.

Tägliche Visite

Die Visite unterliegt unterschiedlichen ***Intentionen:*** Der **Patient** wünscht Informationen zu diagnostisch-therapeutischen Maßnahmen, zu zeitlich-organisatorischen Abläufen und zur Prognose sowie gleichermaßen Verständnis für seine Ängste und Sorgen. Der **Arzt** versucht, den Erfordernissen des medizinischen Arbeitsablaufes gerecht zu werden und den Patienten zur Befolgung der indizierten Maßnahmen zu motivieren (Compliance).
Der Visite kommt schließlich in der **Aus-** und **Weiterbildung** von Medizinstudenten und Assistenzärzten eine herausragende Bedeutung im Hinblick auf den Erwerb sozialer Kompetenzen im Umgang mit dem Patienten zu. Ein systematisches psychologisches Training des Visitenverhaltens ist förderlich (z. B. in Balint-Gruppen).

Durchführung: Eine vertrauens- und compliance-fördernde Visitenkommunikation sollte die Mündigkeit und Mitverantwortlichkeit des Patienten voraussetzen. Dieses ist durch direktes Ansprechen zur Förderung des Dialogs („in gleicher Augenhöhe"), auffordernde Blickkontakte, akustische Verständlichkeit, verstehbare Sprache und Vermeidung von Fachdiskussionen über medizinisch-technische Details zu erreichen.
Bei wichtigen Entscheidungen sollte zunächst in Gesprächen außerhalb der Visite unter Einschluss des Pflegepersonals beraten werden, um den individuell sehr unterschiedlichen Bedürfnissen des Patienten bezüglich Emotion, Information, Diskretion gerecht zu werden.

Vorbereitung auf den chirurgischen Eingriff

Im Vordergrund der präoperativen Behandlung werden zunächst medizinische Parameter wie z. B. die gezielte pulmonale, kardiale und intestinale Vorbereitung stehen. Nur durch eine dialogische Gesprächsführung („mündig-kritischer Patient") wird der Patient verstehen können, dass solche sich z. T. über mehrere Tage erstreckenden Maßnahmen für den Ablauf des operativen Eingriffs unabdingbar sind:

! Der Arzt hat zwar das Expertenwissen, die Entscheidung fällt jedoch der Patient.

Das auf den eigentlichen Eingriff vorbereitende Gespräch ist eine Mischung aus forensisch notwendiger Aufklärung und supportiver Gesprächsführung, beides in Abhängigkeit von individuell-situativen Gegebenheiten wie Patientenpersönlichkeit, Schwere der Erkrankung und Arbeitszeitbelastung des Arztes.
Eine dialogische Kommunikation bedeutet auch, dass der Arzt von einer geteilten Verantwortung (Informed Consent) spricht und mögliche Diskrepanzen zwischen Heilungserwartung und -möglichkeiten thematisiert, um beim Patienten spätere Enttäuschungen mit folgenschwerer Abwendung und Vertrauensverlust zu verhindern.
Zu einem präoperativen Gespräch gehört eine ausreichende Prozedurinformation, in der Orientierungs- und Verständnisfragen des Patienten über Länge, Art und Weise des Eingriffes, die Aufwachsituation und das Operationsteam beantwortet werden sollten. Einer fehlerhaften situations- und persönlichkeitsbedingten Informationsverarbeitung (u. a. durch Stress, Angst, Fehlinformationen Dritter) kann ärztlicherseits durch Nachfragen und prozesshaftes Erklären vorgebeugt werden.
Eine Informationsvermittlung über postoperativ zu erwartende Schmerzen, Beeinträchtigungen und kurz- oder langfristige äußerliche Veränderungen begünstigen adaptive Leistungen des Patienten, v. a. die Unterbrechung der postoperativen Gefahrenspirale: Schmerz, Angst, Atmungs- und Kreislaufbeeinträchtigung, Schmerz- und Angstverstärkung. Frühzeitige Prozesse von Eigenaktivitäten, Kontrollmöglichkeiten und Autonomie des Patienten werden gefördert.
Auf die Möglichkeit einer Operationsverschiebung und intensivmedizinischen Behandlung muss ausdrücklich hingewiesen werden. Der Patient sollte jedoch nicht unbegrenzt oder gar unvermittelt informiert werden: es besteht die Gefahr der Induktion von Hoffnungslosigkeit oder bislang nicht bestehenden Ängsten.

Vorbereitung auf die postoperative Intensivtherapie

Auf einen möglichen Aufenthalt in der Intensivstation sollte der Patient vorbereitet werden.
Intensivtherapie ist per se keine Noxe sondern maximale Behandlung: apparative Überwachung und menschliche Fürsorge in einer somatisch und psychisch stressreichen Lebensphase.
Im Arztgespräch sollte der Patient realistische Informationen über Intensivtherapie, Beatmung und Organisation der Intensivstation erhalten: von flexibleren Besuchszeiten bis hin zu technischen Möglichkeiten der

Kontaktaufnahme (Glocke, Schrifttafel). Patienten erleben es auch als positiv unterstützend, wenn der behandelnde Stations-(ober-)arzt dem Patienten für die intensivtherapeutische Zeit seine „Haltefunktion“ zusagt.

Postoperative Führung

Die postoperative Betreuung von sog. Risikopatienten wie z. B. älteren, polymorbiden oder polytraumatisierten Patienten, Patienten mit malignen Erkrankungen oder mit postoperativen Organ-, Körperteil- und Körperfunktionsverlusten zielt darauf ab, ihnen Hilfe und Unterstützung für mögliche Genesungsschritte, die Wiedererlangung von Handlungskompetenzen, die emotionale Auseinandersetzung mit Integritätsverlusten und die Konfrontation mit einer evtl. malignen Erkrankung zu geben. Im **Entlassungsgespräch** sollten zwischen Patient und Chirurg Fragen nach

- Fortschreiten der Erkrankung,
- Folgen für Alltag, Beruf und Familie,
- zu erwartenden weiteren medizinischen Therapien und der hausärztlichen Versorgung

besprochen werden. Das sorgfältige Entlassungsgespräch verhindert sowohl emotionale „Abstürze“ als auch Missdeutungen bei nicht erreichten Behandlungszielen. Postoperative Führung unter psychischen Aspekten bedeutet:

- ehrliche, prozesshafte Aufklärungs- und Informationsgespräche,
- Hilfe bei Wiedererlangung von Körperintegrität und emotionalem Gleichgewicht,
- Ermutigung zur Eigeninitiative und Frühmobilisation durch Stärkung von Handlungskompetenzen, Ressourcen, Kontrollmöglichkeiten und genesungsfördernden Bewältigungsstrategien,
- nachdrückliche Festigung des Arbeitsbündnisses Patient-Arzt bei krankheitsbedingter Beeinträchtigung und lebenslimitierender Erkrankung (Einbeziehung von Sozialdienst, Physiotherapie, Psychotherapie, Selbsthilfegruppen, Angehörigen; Einleitung von Rehabilitation; schmerztherapeutische und palliative Maßnahmen),
- Identifizierung von psychischen Faktoren mit negativem Einfluss auf den Krankheitsverlauf (z. B. sekundärer Krankheitsgewinn durch Aufmerksamkeit, Schonraum Krankenhaus);
- Hilfe zur Erhaltung einer situationsgemäßen optimalen Lebensqualität (bestmögliche Wiedereingliederung des Patienten in Familie, Arbeit und Gesellschaft).

Bei Langzeitpatienten, Schwerstkranken und sterbenden Patienten bleibt eine psychische Begleitung notwendiger Bestandteil der medizinischen Versorgung, um einer emotionalen Dekompensation (Depression, Hoffnungslosigkeit, Isolation, Suizidgefährdung) entgegenzuwirken.

Gespräch mit Angehörigen

Durch die Erkrankung und die bevorstehende Operation fühlen sich nicht nur der Patient, sondern auch die nahen Familienmitglieder verunsichert. Eine frühzeitige Einbeziehung der Angehörigen in das operative Behandlungsgeschehen kann maßgeblich zur psychischen Stabilisierung und Genesung des Patienten beitragen. Kontinuierliche Patienten-Angehörigen-Arzt-Gespräche fördern eine effizientere Compliance und vermindern Hilflosigkeits-, Angst- und Schuldgefühle. Für die *Notwendigkeit* von Angehörigengesprächen ist wichtig zu wissen, dass

- Krankheit und deren Verlaufs- und Behandlungsstadien den Angehörigen oft ganz anders treffen als den Patienten selbst,
- Gefahren und krankheitsbedingte Änderungen wesentlich klarer und schockierender von den Angehörigen wahrgenommen werden,
- Spannungen zwischen Behandlungsteam und Angehörigen oft ihre Ursache in Schuldgefühlen (unabhängig von Realschuld) und Enttäuschungsreaktionen der Angehörigen haben,
- Hilflosigkeit und Empfindungen des Ausgeschlossenseins während Operation und Intensivbehandlung oft zu Übererregbarkeit und zu einem fordernd-aggressiven Verhalten der Angehörigen führen.

Ungünstig ist ein unterschiedlicher oder divergierender Informationsstand von Angehörigen und Patienten:

- Gleicher Wissensstand von Patienten und Angehörigen lässt eine offen-ehrliche Kommunikation zu;
- Ehrlichkeit ist die Voraussetzung für Vertrauen und somit für emotionale Nähe, auf die der Kranke besonders angewiesen ist;
- Patienten und Angehörige können gemeinsame Copingstrategien zur Optimierung der psychosozialen Situation erarbeiten;
- Angehörige können dem Arzt oft wertvolle Informationen für die weitere Versorgung des Patienten geben.

! Angehörige können selber in hohem Maße leiden. Daher sollte man ihnen wie Patienten begegnen.

Einbeziehung des Sozialdienstes

Für den Patienten ist die frühzeitige Information über Beratungs- und praktische Unterstützungsmöglichkeiten durch den Sozialdienst des Krankenhauses wichtig. Sozialberatung schließt aber nicht aus, den Patienten zu ermutigen, selbst die erforderlichen Schritte zu tun zur Realisierung von Rehabilitation, d. h. einer bestmöglichen Wiedereingliederung in Familie, Arbeit und Gesellschaft. Oft sind aber weder der Patient noch seine Angehörigen dazu in der Lage. Sie benötigen dann professionelle Hilfe. Die in das Krankenhauswesen integrierten Sozialdienste helfen durch

- Gespräche zur Lösung familiärer und beruflicher Probleme,
- Information über Selbsthilfegruppen und Beratungseinrichtungen,
- Beratung, Beantragung und Einleitung von
  - medizinischer Nachsorge wie Kuren in Spezialeinrichtungen oder Sanatorien,
  - beruflicher Rehabilitation,
- Beratung und Vermittlung von ambulanten Pflegediensten, Haushaltshilfe, „Essen auf Rädern" und Behindertenfahrdienste zur Sicherung der häuslichen Versorgung nach Krankenhausaufenthalt,
- Beratung und Hilfe bei Wohn- und Unterbringungsmöglichkeit, Vermittlung und Einleitung von Alten- und Pflegeheimunterbringung.
- Beratung bei rechtlichen Fragen zu Leistungen der Krankenkassen (SGB V), Rentenbeantragung (SGB VI), Anträge auf Schwerbehinderung (SchwbG), Hilfe nach dem Arbeitsförderungs- (AFG) und Sozialhilfegesetz (BSHG).

Selbsthilfegruppen

„Die Doktoren wissen besser als wir, wie die medizinische Behandlung für unsere Erkrankung aussieht, wir aber wissen besser als sie, wie die beste Behandlung für uns als Menschen aussehen sollte" (Aussage amerikanischer Selbsthilfegruppen). Die offenen und von der medizinischen Symptomatik her homogenen Selbsthilfegruppen sind mit ihrer ambulanten Präventions- und Rehabilitationsarbeit wichtige Ergänzung zur ärztlichen Behandlung: Sie verdienen Aufmerksamkeit, Wertschätzung und Förderung; eine verantwortungsvolle Kooperation ist günstig.

Selbsthilfegruppen erweisen sich dann als besonders nützlich, wenn aus medizinischer Sicht die initiale Therapie z. B. bei Tumorkranken abgeschlossen ist, und die Abstände zwischen ärztlichen Kontrollterminen größer werden. Für viele Patienten beginnt erst dann die eigentliche Auseinandersetzung mit der Erkrankung, mit Rezidivängsten und Rehabilitationsproblemen. Am Beispiel der Gruppen Mammakarzinom, Morbus Crohn und Anus praeter hat sich in der Vergangenheit gezeigt, dass Selbsthilfegruppen dazu beitragen, Erkrankungen aus einer Tabuzone herauszulösen, Vorurteile abzubauen und bessere, patientengerechtere Behandlungs- und Betreuungsstrukturen zu initiieren.

Als **Grundkonzeption** der Selbsthilfegruppen sind zu nennen:

- Freiwillige und kostenlose Teilnahme,
- Gleichstellung aller Mitglieder,
- vorbehaltloses Akzeptieren des Leidens,
- Schweigepflicht gegenüber Dritten,
- Fähigkeit der Menschen zur Entfaltung und Weiterentwicklung von Selbsthilfekräften.

Aufgaben und Ziele der medizinisch ausgerichteten Selbsthilfegruppen:

- Die wechselseitige, solidarische „Laien"-Hilfe zur Krankheitsbewältigung (z. B. Abbau von Ängsten, Unterstützung bei Neuorientierung und Wiedereingliederung, Hilfe bei Verbesserung der Lebensqualität),
- Festigung der Widerstandskraft, Aufbau von Eigenmotivation und Aktivität,
- Hinzuziehung von Fachkräften wie Ärzten, Psychologen, Ernährungsberatern, Prothesenfachleuten, Sozialarbeitern und Experten aus dem Versicherungswesen,
- Ernährungsvorschläge zur allgemeinen Kräftigung,
- Informationen über Versicherungsfragen und Behindertenrecht bei Problemen am Arbeitsplatz,
- Telefonberatung und Zusammenarbeit mit Beratungsstellen,
- Anregung und Treffen zu sportlichen, geselligen und kreativen Aktivitäten.

Die frühzeitige Sensibilisierung der Patienten zur Kontaktaufnahme zu Selbsthilfegruppen ist wichtige und effiziente Prävention zur Vermeidung von psychosozialen Nachfolgeproblemen.

Umgang mit Suizidalität

Im Rahmen akuter Belastungssituationen (z. B. bei maligner Erkrankung, Körperentstellung) und besonders bei vorbestehenden psychischen Erkrankungen kann der Patient (trotz aller offenen Kommunikation mit dadurch ermöglichter tragfähiger Beziehung) in eine suizidale Krise geraten. Suizidales Verhalten ist als Ausdruck eines depressiven Syndroms mit tiefgehender Verzweiflung, Selbstwertlabilisierung („narzisstische Kränkung") und dem Gefühl, verlassen worden zu sein („Nicht-mehr-dazu-gehören"), zu verstehen.

Alarmierende Zeichen für Suizidalität sind unvermittelt eintretender Rückzug oder Kontaktabbruch und Aussagen wie „Ich falle jedem zur Last", „Meine Lage wird nie besser", „Ich möchte, dass alles aufhört", „Ich will einfach Ruhe haben". Solche Zeichen sind ernst zu nehmen.

Vorgehen: Suizidalität erfordert die Einbeziehung des psychiatrischen Konsiliarius zur Klärung des Ausmaßes der suizidalen Gefährdung (Krise, Neurose, Psychose), die Einleitung von Sofortmaßnahmen (Medikamente, Überwachung) und die Einleitung mittel- und langfristiger Folgemaßnahmen (z. B. ambulante oder stationäre Psychotherapie).

1.9 Ambulantes Operieren

Das Zentralinstitut für kassenärztliche Versorgung in der Bundesrepublik Deutschland (ZI) hat bereits 1992 darauf hingewiesen, dass 45 % der Krankenhausoperationen ambulant durchführbar und Einsparungen in Höhe von ca. 2 Mrd EUR möglich wären. Seither hat die ambulante Operationsfrequenz um etwa 50 % zugenommen. Im Vergleich zu den USA hat sich das ambulante Operieren in Deutschland erst spät etablieren können und stößt noch heute trotz seiner Vorteile für den Patienten bei einigen Kostenträgern, Politikern und Krankenhäusern auf Ablehnung bis Desinteresse. Die Ursachen finden sich zum einen in der schlechten Vergütungssituation ambulanter Operationen, zum anderen im Bestreben, den stationären Bereich zu sichern, und zum dritten in einer noch immer schlechten Verknüpfung von ambulanter und stationärer Medizin.
Da der ambulante Eingriff im Vergleich zur Operation unter stationären Bedingungen in der Regel um den Faktor 2–3 kostengünstiger ist, trägt sie zu einer Kostenreduktion im Gesundheitssystem bei und sichert das medizinische Leistungsangebot.

Welche Eingriffe können ambulant durchgeführt werden?

Die Indikation zur ambulanten Operation muss vom behandelnden Arzt sorgfältig abgewogen werden. Voraussetzungen für die ambulante Durchführung einer Operation sind eine entsprechende geistige, psychische und körperliche Konstitution, Mitarbeit, Motivation und Mobilität der Patienten sowie ein geeignetes häusliches Umfeld (Versorgung durch Eltern und Angehörige). Demnach ist für das ambulante Operieren die Patientenauswahl ganz entscheidend.

Grundsätzliche Voraussetzungen für die ambulante Durchführung einer Operation:
- Bereitschaft des Patienten, sich ambulant operieren zu lassen, ausreichende Kooperation und Einsichtsfähigkeit (keine psychischen Erkrankungen, bewusstseinsbeeinträchtigende Medikation, Drogensucht und Alkoholismus),
- Hilfsperson für den Heimtransport sowie verantwortliche Person für die Überwachung der ersten 24 Stunden sowie die weitere häusliche Pflege (ggf. ambulanter Pflegedienst); in den ersten 24 Stunden sollte die betreuende Person in der Lage sein, die Instruktionen zu verstehen und Entscheidungen zum Wohle des Patienten, wenn notwendig, zu treffen,
- gute Erreichbarkeit und „Minimalstandard" der Wohnung, Telefon, keine Sprachprobleme.

Medizinische Voraussetzungen:
- Morbidität, die einer ASA-Kategorie I oder II (s. SE 5.2, S. 105) zugeordnet werden kann (bei ASA III Ausnahme nach anästhesiologischer Konsultation möglich),
- keine Thrombophilie, Hämophilie oder sonstige auffällig pathologische Laborparameter,
- keine Infektion des Operationsgebietes oder schwerwiegende Allgemeininfektion,
- keine Malignität im Operationsgebiet,
- keine Adipositas permagna,
- keine offenen Frakturen oder ausgedehnten Weichteilverletzungen.

Kriterien für geeignete ambulante Operationen:
- geringes Risiko einer Nachblutung,
- geringes Risiko postoperativ auftretender respiratorischer Komplikationen,
- keine spezielle postoperative Pflegebedürftigkeit,
- rasche Flüssigkeits- und Nahrungsaufnahme,
- sicher einstellbare Schmerztherapie.

Zu den wichtigsten ambulant durchführbaren Operationen zählen
- Operation von Leisten-, Nabel- und kleinen Narbenbrüchen,
- Operationen im Enddarmbereich (z. B. Analfissuren, Abszesse, Hämorrhoiden),
- handchirurgische Eingriffe (z. B. bei Karpaltunnelsyndrom, Dupuytren-Kontraktur),
- Entfernung von oberflächlichen Lymphknoten und Fettgeschwülsten,
- Operation von Erkrankungen der Sehnen und des Bindegewebes, Ganglion, Achillessehnenriss, Bänderriss am Fuß,
- Entfernung von Osteosynthesematerial (Schrauben, kleine Platten etc.),
- Operation von Knochen- und Gelenkveränderungen an den Füßen (Hallux valgus, Hammerzehen),
- Operationen an Knie-, Schulter-, Ellbogen- und Sprunggelenken,
- Krampfaderoperationen,
- Blinddarmoperationen (selten),
- Beseitigung von Steißbeinfisteln,
- in speziellen Einrichtungen: Entfernung der Gallenblase.

Der Berufsverband der Deutschen Chirurgen empfiehlt weiterhin eine stationäre Durchführung der aufgeführten ambulanten Operationen, falls die o. g. Kriterien nicht erfüllt sind oder falls die Situation nach den Kriterien des sog. Fehlbelegungskatalogs eine stationäre Aufnahme rechtfertigt.

Strukturelle und bauliche Anforderungen

Jede Einrichtung muss schriftlich fixieren, welches Leistungsspektrum mit welchem Personal und welchen technischen Hilfsmitteln durchgeführt werden soll. Die Hygienemaßnahmen umfassen den einzuhaltenden Hygienestandard (s. SE 3.1, S. 42 f). Es sind alle relevanten Maßnahmen, die Verantwortung und Tätigkeiten im Einzelnen vor und nach der Operation festzuschreiben.
Der **operative Bereich** darf nur für operative Eingriffe und damit zusammenhängende Maßnahmen benutzt werden. Für den *Operationssaal* wird eine Mindestgröße vorgeschrieben, die abhängig von der Art der Eingriffe und der dafür benötigten operativen Ausstattung ist. Dem eigentlichen Operationsraum vorgeschaltet ist ein *Vorraum* mit separatem Waschraum, Vorbereitungsraum für die Anästhesie und Umkleide für das Operationspersonal. Weiterhin muss ein *Ruheraum* für das Personal vorhanden sein, neben einem *Aufwachraum* für die Patienten. Alle Patienten bedürfen in der postoperativen Phase einer ständigen Überwachung (Notrufanlage). Weiterhin ist ein *Umkleidebereich* mit Toilette für den Patienten vorzuhalten, jeweils mit Notrufanlage. Der operative Bereich muss für einen Liegendtransport zur Straße direkt oder über einen Fahrstuhl erreichbar sein.

Übergang zur stationären Aufnahme

Jede zum ambulanten Operieren vorgesehene Einrichtung muss die Möglichkeit haben, bei unvorhergesehenen Problemen den Patienten in einem benachbarten Krankenhaus bzw. in Belegbetten stationär aufnehmen zu können: sei es nun für eine kurzzeitstationäre Überwachung (z. B. eine Nacht) oder für einen längeren stationären Aufenthalt. Hier sind entsprechende Kooperationsverträge mit benachbarten stationären Einrichtungen sinnvoll und notwendig.

Aufklärung zum Eingriff

Grundsätzlich gelten für ambulante Eingriffe die gleichen Regeln wie für stationäre (s. SE 8.2, S. 206 ff).
Da es sich bei ambulanten Operationen i. d. R. um elektive Eingriffe handelt, geht die Rechtssprechung davon aus, dass zum frühstmöglichen Zeitpunkt aufgeklärt werden muss, d. h. eine Aufklärung am Operationstag genügt nicht. Der unmittelbar Handelnde ist für die Indikationsstellung und Durchführung des Eingriffes verantwortlich, die der sog. Facharztqualität entsprechen muss.

Entlassung

Entlassungskriterien, die der Patient erfüllen muss:

- Stabile, vitale Zeichen für mindestens 1 Stunde,
- Orientierung nach Zeit, Ort und bekannten Personen,
- ausreichende Schmerztherapie mit oralen Analgetika,
- Fähigkeit, sich anzuziehen und herumzugehen, entsprechend des präoperativen Zustands,
- Erbrechen oder Übelkeit sollten minimal sein,
- minimale Blutung bzw. Wunddrainageverlust,
- Fähigkeit, die Harnblase zu entleeren,
- der verantwortliche Erwachsene zur Begleitung nach Hause muss anwesend sein,
- die Entlassung muss grundsätzlich von dem Operateur und dem Anästhesisten gemeinsam verantwortet werden.

Aufgaben der behandelnden Ärzte:

- Eine schriftliche und mündliche Instruktion muss für alle relevanten Fälle der postnarkotischen und postoperativen Nachsorge dem Patienten übermittelt sowie auch der Begleitperson mitgegeben werden.
- Eine Kontaktadresse für den Notfall (Person und Telefonnummer) muss mitgegeben werden.
- Eine geeignete Analgesietherapie für mindestens den 1. Tag nach der Operation sollte vorgeschlagen werden.
- Grundsätzlich müssen Ratschläge für eine Dauermedikation mitgeteilt werden.
- Der Patient muss prä- und postoperativ sowohl mündlich als auch schriftlich davor gewarnt werden, innerhalb der ersten 24 Stunden postoperativ ein Fahrzeug zu bedienen, Abschlüsse jeglicher Art vorzunehmen oder Alkohol bzw. Sedativa einzunehmen.

Nachsorge

Ärztlicherseits sollte nach klinikrelevanten Operationen in Vollnarkose mindestens ein telefonisches Gespräch geführt werden, erforderlichenfalls auch ein Hausbesuch. Am 1. postoperativen Tag erfolgt die Vorstellung des Patienten, ggf. zu Hause, am 2. postoperativen Tag in der Praxis. Wiedervorstellung spätestens am 2. bzw. 3. postoperativen Tag.

! Die Gewährleistung der Mobilisierung des Patienten ist neben Medikation und Thromboseprophylaxe oberstes Gebot.

1.10 Qualitätsmanagement in der Chirurgie

Die Qualität der Ergebnisse ärztlichen Handelns darf nicht dem Zufall überlassen bleiben. Es sollte eigentlich dazu nicht gesetzgeberischer Auflagen bedürfen.
Diese Studieneinheit soll verdeutlichen, dass es zwingende Gründe gibt, Qualitätsmanagement zu betreiben und dass es dafür geeignete Verfahren gibt. Für deren Anwendung muss man sich speziell fortbilden oder externe Hilfe in Anspruch nehmen.

Gesetzliche Verpflichtung zur Qualitätssicherung

Die §§ 112 und 135–139 SGB V (fünftes Sozialgesetzbuch) verpflichten zur „Qualitätssicherung" (**1.6**). Dass diese einerseits vom Gesetzgeber als unverzichtbar angesehen wird, er andererseits bislang aber keine konkreten Wege vorgegeben hat, mag zunächst verwundern, zur Begründung s. **1.7**.

1.6 Der Qualitätsbegriff

Qualität wird umgangssprachlich häufig im Sinne von „Beschaffenheit" verwendet. Für die Bewertung und Verbesserung eines Produkts oder einer Dienstleistung ist diese Gleichsetzung jedoch wenig hilfreich. Nach einer für Qualitätsmanagement geeigneteren ***Definition*** (z. B. im Sinne der DIN EN ISO 9000:2000) ist Qualität die Gewährleistung einer möglichst geringen Abweichung des Ergebnisses vom Ziel. Das Ziel kann entweder verpflichtend sein (z. B. durch Gesetz oder Verordnung), allgemein vorausgesetzt werden oder explizit vereinbart worden sein.
Schlechte Qualität ist also entweder das nur zufällige Erreichen des Ziels oder eine Abweichung nach unten oder oben. Dass das unbeabsichtigte Übertreffen eines gesetzten Ziels nicht als gute Qualität gelten muss, mag zunächst erstaunen. Die Gesamtqualität eines Produkts oder einer Dienstleistung hängt aber in der Regel vom schwächsten Teil ab, eine Übererfüllung der Qualitätsziele an anderer Stelle kann daran nichts verbessern.

Was ist Qualitätsmanagement?

Gute Qualität bedeutet, gesetzte Ziele zu erreichen. Zahlreiche **Ziele in der Chirurgie** sind allgemeiner Konsens unserer Gesellschaft wie z. B. die Forderung, dass ein Patient bei einem elektiven Eingriff keine lebensbedrohende Komplikation erleiden soll. Andere Ziele können individuell zwischen Patient und Arzt festgelegt werden (bei mehreren möglichen Therapieverfahren mit den jeweiligen Vorteilen und Risiken).
Es ist allgemein bekannt, dass in der Chirurgie wie in anderen Fachgebieten die Behandlungsziele nicht in allen Fällen erreicht werden können. Daher wäre das Ziel, keinerlei Misserfolge zulassen zu wollen, unrealistisch. Voraussetzung für eine systematische Qualitätsverbesserung ist daher, dass man Vorgaben *(Qualitätsziele)* z. B. für die maximal tolerable Komplikationsrate macht und die Qualität mittels geeigneter Messgrößen *(Qualitätsindikatoren)* überwacht.

Durch die wiederholte Anwendung eines *PDCA-Zyklus* (Plan – Do – Check – Act) können dann Verbesserungspotenziale aufgedeckt und ausgenutzt werden im Sinne eines *kontinuierlichen Verbesserungsprozesses (KVP)*. Alle diese Maßnahmen müssen koordiniert in einem systematischen Rahmen ablaufen, also einem Management unterworfen werden.
Qualitätsmanagement ist demnach der auf die Qualitätsaspekte ausgerichtete Teil des Kliniks- bzw. Abteilungsmanagements und definitionsgemäß Bestandteil der Leitungsfunktion. Versuche, ein Qualitätsmanagement lediglich unterhalb der Leitungsebene zu implementieren, können daher nicht erfolgreich sein. Um zu betonen, dass Qualitätsmanagement systematisch alle Bereiche einbeziehen muss, wird auch von *Total Quality Management (TQM)* gesprochen. Diese Bezeichnung ist allerdings ein Pleonasmus, denn Qualitätsmanagement muss definitionsgemäß immer „total" oder umfassend sein.

Modelle zur Qualitätsverbesserung

Als Bedingungen für eine gezielte Qualitätssteuerung wurden bereits genannt die Kenntnis des *Ist-Zustandes* und des zu erreichenden *Zieles*. Weitere Voraussetzungen sind die *Motivation*, etwas verbessern zu wollen, und die Kenntnis von *Methoden*, die dazu geeignet sind, den Ist-Zustand dem Ziel näher zu bringen.
An allen diesen Punkten kann man Qualitätsverbesserungsmaßnahmen ansetzen. Als Hilfsmittel gibt es verschiedene Modelle, die unterschiedliche Schwerpunkte haben. Je nach Ausgangssituation sollte man das geeignete Modell für Qualitätsverbesserungen einsetzen.
Die Normenreihe DIN EN ISO 9000: Aus der Elektrotechnik stammen die Vorläufer der Normenreihe 9000, was sich in den früheren Fassungen in der stark technikorientierten Ausdrucksweise niederschlug und zu der Einschätzung führte, dieses Modell sei für den Einsatz im Gesundheitswesen nicht geeignet. Seine Stärke ist die Anleitung zur Prozessoptimierung, d. h., dass Abläufe auf ihre Fehleranfälligkeit hin überprüft und vorab geeignete Prüf- und Korrekturmaßnahmen schriftlich festgelegt werden. Diese „Schriftlastigkeit" war ein weiterer Stein des Anstoßes für die Kritiker aus dem Gesundheitswesen.
Im Dezember 2000 trat eine neue, stark überarbeitete Fassung in Kraft. In der neuen Fassung der Normen wurde darauf verzichtet, für verschiedene Anwendungsbereiche unterschiedliche Leitfäden zu erarbeiten, son-

dern man hat durch Reduktion auf die allgemeingültigen Prinzipien des Qualitätsmanagements ein für alle Bereiche geeignetes System dargestellt.

Das Motivationspotenzial der Normenreihe hat sich durch die Überarbeitung verbessert, ihre Stärke hat sie aber gegenüber allen anderen Systemen in der Darstellung der konkreten Wege, die zu besserer Qualität führen.

Deming System of Profound Knowledge: Der US-Amerikaner William Edwards Deming (1900-1993) war eine der Persönlichkeiten, die der Qualitätsbewegung weltweit Impulse gegeben haben. Er lehrte ab 1950 vorwiegend in Japan und trug mit seiner Management-Philosophie maßgeblich zum japanischen Wirtschaftswunder bei. Deming hatte erkannt, dass wirtschaftlicher Erfolg ohne Qualität nicht dauerhaft ist. Das Besondere an der Deming-Qualitätslehre ist, dass sie ihre Wirksamkeit ohne externe Überprüfungsmechanismen entfaltet hat. Sie wird hier deshalb erwähnt, auch wenn sie im Gesundheitssektor keine weite Verbreitung gefunden hat, weil sie als Beweis dafür dienen kann, dass Qualität in erster Linie auf Motivation beruht und nicht auf nachgeschalteten Kontrollmechanismen.

Malcolm Baldrige National Improvement Act: Malcolm Baldrige war Handelsminister im Kabinett von US-Präsident Ronald Reagan. Von ihm wurde „The Malcolm Baldrige National Improvement Act" Anfang 1987 begründet. Mit diesem Gesetz sollte den Unternehmen in den USA ein Instrument in die Hand gegeben werden, an der Verbesserung ihrer Produkte bzw. Dienstleistungen arbeiten zu können.

Das Baldrige-Modell wurde seit seiner Einführung kontinuierlich überarbeitet. Basierend auf seinen sieben Kriterienbereichen wurde auch ein in der Terminologie auf das Gesundheitswesen abgestimmter Kriterienkatalog erstellt (Leadership, Strategic Planning, Focus on Patients, Staff Focus, Process Management, Organizational Performance Results).

In den 7 Kategorien wird jeweils bewertet, ob die Methodik des Qualitätsmanagements (Approach) geeignet ist, wie hoch der Grad dessen Anwendung ist (Deployment) und wie sich das auf die Ergebnisse auswirkt (Results). Für diese Dimensionen wird jeweils ein Score von 0% bis 100% der in der jeweiligen Kategorie erreichbaren Maximalpunktzahl vergeben, zusammen 1000 Punkte. Die Bewertung kann sowohl selbst als auch durch andere vorgenommen werden.

Dieses Bewertungsmodell macht keine konkreten Angaben, wie man bessere Qualität erzielen kann, sondern weist auf die Voraussetzungen hin. Dazu gehören auch konkrete Forderungen zur Fürsorge für die Mitarbeiter, was bei diesen zu einem hohen Motivationspotenzial führt.

European Foundation for Quality Management (EFQM): Als europäische Antwort auf die Initiative von Baldrige entwickelte die 1988 von Industrieunternehmen gegründete EFQM das amerikanische Vorbild weiter. Es gibt neun Kriterienbereiche (Führung, Mitarbeiter, Politik und Strategie, Partnerschaften und Ressourcen, Prozesse, mitarbeiter-, kunden-, gesellschafts- und schlüsselleistungsbezogene Ergebnisse), in denen eine Selbst- oder Fremdbewertung von Ergebnissen (Results), strategischem Vorgehen (Approach), Umsetzung (Deployment) sowie systematische Beurteilung und Nachprüfung (Assessment and Review) erfolgt.

Die Stärke des EFQM-Modells liegt in der Motivation zum Aufbau eines alle Bereiche umfassendes Qualitätsmanagementsystems, auch wenn im Detail dazu keine konkrete Anleitung gegeben wird.

Joint Commission on Accreditation of Healthcare Organizations (JCAHO): 1951 wurde in den USA eine Kommission zur Überprüfung von Gesundheitseinrichtungen gegründet. Die Erfüllung der Prüfkriterien ist inzwischen oft Bedingung für die Vergütung von Leistungen durch die Versicherungen. Für die externe Bewertung (Akkreditierung) existiert ein umfangreicher Forderungskatalog. Inzwischen wird nach diesem Vorbild und dem anderer nationaler Akkreditierungssysteme in Deutschland die *Kooperation für Transparenz und Qualität (KTQ)* aufgebaut. Derartige Systeme zwingen direkt oder indirekt zur Einrichtung Qualität verbessernder Maßnahmen, allerdings besteht die Gefahr, dass sie dazu anregen, Qualität lediglich vorzutäuschen, um die Akkreditierung nicht zu gefährden.

1.7 Historische Entwicklung des Qualitätsmanagements

Qualitätsmanagement ist eine Konsequenz industrieller Massenfertigung, zunächst als *Kontrolle* am Ende des Produktions- oder Dienstleistungsprozesses, um fehlerhafte Produkte erkennen und nachbessern zu können. Dabei stellte man mit der Zeit fest, dass, wenn das Kind erst in den Brunnen gefallen ist, häufig nur mit unwirtschaftlich hohen Kosten oder gar nicht mehr nachgebessert werden kann. Die Kontrolle wurde deswegen in kritische Abschnitte des Produktionsprozesses vorverlegt.

Maßnahmen, die Produktionsprozesse und Dienstleistungen überwachen und für das Erreichen definierter Ergebnisse sorgen, bezeichnet man als Qualitäts*sicherung*. Sie ist effektiver als eine Endkontrolle, beruht aber im Grunde auf dem gleichen Mechanismus und wird deswegen in ihrer Wirksamkeit nicht mehr so hoch eingeschätzt.

Die Erkenntnis, dass Fehler nur dann weitgehend vermieden werden können, wenn zahlreiche Bedingungen zusammen erfüllt werden (wie z. B. Motivation der Mitarbeiterinnen und Mitarbeiter, deren umfassende Ausbildung, effektive Kommunikation, problemlose Zusammenarbeit, geregelte Zuständigkeiten), führte zur Entwicklung des Qualitäts*managements*. Qualität soll Bestandteil der Unternehmenskultur und Aspekt jeder Entscheidung von Führungskräften sein. Da sich eine Unternehmensphilosophie nicht verordnen und durch Zwang einführen lässt, hat der Gesetzgeber darauf verzichtet, konkrete Wege bei der Verpflichtung zur Qualitätssicherung vorzugeben.

1.11 Chirurgische Forschung

Chirurgische Forschung erfüllt im Wesentlichen drei Aufgaben: Erkenntnisgewinn, Entscheidungshilfe und Erziehung (Gedankenschulung). Einige Eigenheiten der Chirurgie stellen besondere Anforderungen an Organisation, Studiendesign und Zusammenarbeit zwischen Klinikern und Grundlagenwissenschaftlern. Beispiele sind Ortsgebundenheit (OP-Raum), Zeitaufwand des Operierens, Offensichtlichkeit der Therapie (doppelblinde Studien sind kaum möglich) und nicht zuletzt die Angst der Patienten vor einer Operation.

Fragen, an denen Chirurgen interessiert sind, lauten typischerweise: Ist OP-Verfahren X besser als OP-Verfahren Y? Mit welchen perioperativen Risiken ist bei OP-Verfahren Z zu rechnen? Welche Vorteile bringt eine routinemäßige Antibiotikaprophylaxe? Chirurgische Forschung hat sich demnach sowohl an den Bedürfnissen der Patienten als auch an den Besonderheiten der Disziplin Chirurgie zu orientieren.

Dieser Abschnitt stellt die wichtigsten Studiendesigns vor sowie die Grundzüge der Auswertung der Ergebnisse und die Umsetzung in die Praxis.

Klinische Studien: Konzepte und Methoden

Um die oben angesprochenen Fragen zu klären, ist es notwendig, *klinische Studien* durchzuführen. *Klinisch* heißen diese Studien deshalb, weil sie in einem klinischen Umfeld stattfinden und nicht im Labor unter standardisierten artifiziellen Bedingungen. Dieses Umfeld bringt es mit sich, dass viele Einflussgrößen zum Tragen kommen, die letztlich zu einem verzerrten Bild führen können. Die Kunst der Studienplanung und -durchführung besteht darin, diese Störeinflüsse auszuschalten und die Effekte der wesentlichen Variablen sichtbar zu machen.

Die randomisierte, kontrollierte Studie als Ideal

Prinzip: Bei diesem Studiendesign werden die Probanden randomisiert (s. u.) in eine Versuchs- und eine Kontrollgruppe aufgeteilt. In der Versuchsgruppe wird eine neue Maßnahme gesetzt (neue Operationen, Therapieverfahren oder Medikamente) und in der Kontrollgruppe nicht (bekannte, standardisierte Operationen, Therapieverfahren oder Medikamente, manchmal auch Scheinmedikamente, sog. Placebos). Dieser Studientyp ist deshalb als der hochwertigste anzusehen, weil er am eindeutigsten *Kausalaussagen* zulässt: Medikament X löst Effekt Y aus. Mögliche Störeinflüsse durch andere Variablen und Alternativerklärungen (z. B. wurde der Therapieeffekt Y nicht durch das Medikament X, sondern durch die gleichzeitig verbesserte, weil intensivierte Patientenbetreuung ausgelöst) können durch diese Studienform weitgehend ausgeschlossen werden.

Randomisierung: Dies ist ein zentrales Studienelement: die Zuteilung der Probanden zur Versuchs- oder Kontrollgruppe erfolgt nach dem Zufallsprinzip. Bei genügend hoher Fallzahl verteilen sich die natürlichen Variationen der untersuchten Patientengruppe (z. B. Alter, Geschlecht, Vorerkrankungen) dem Gesetz der Normalverteilung entsprechend gleichmäßig über die verschiedenen Gruppen bzw. Behandlungsbedingungen. Der einzige Unterschied, der dann zwischen Versuchs- und Kontrollgruppen besteht, liegt in der beabsichtigterweise verschiedenartigen Therapie. Ergeben sich messbare Differenzen zwischen Versuchs- und Kontrollgruppe, so sind diese der Therapie zuzuschreiben, und man kann von einer *Kausalaussage* sprechen.

Verblindung: Eine weitere Fehlerquelle ist das Wissen darüber, welcher Versuchsgruppe der Patient zugeordnet ist. Dies kann dazu führen, dass Patienten einer bestimmten Gruppe (bewusst oder unbewusst) besondere Aufmerksamkeit zuteil wird oder dass deren Behandlungseffekt in systematischer Weise verzerrt positiv oder negativ beurteilt wird. Dieses Problem kann dadurch gelöst werden, dass weder Patient noch behandelnde Personen über die Zuteilung zur Therapiegruppe informiert sind – man spricht dann von einer *doppelblinden* Versuchsanordnung. In vielen Studien, gerade im operativen Bereich, ist dieses Ideal der Doppelblindheit allerdings nicht einzuhalten.

! Operationen lassen sich kaum „verblinden".

In diesem Fall kann man versuchen, zusätzliche Kontrollmechanismen einzubauen: Unabhängige Personen sollen die Beurteilung des klinischen Verlaufs und die statistische Auswertung der Studie übernehmen. Eine weitere Möglichkeit besteht darin, im Verlauf der Studie regelmäßig die Erwartungshaltungen (in Bezug auf Gruppenzugehörigkeit und Therapieerfolg) von Patienten und Ärzten zu messen. Diese Erwartungshaltungen können dann mit dem Studienendpunkt (Zielvariable) statistisch in Beziehung gesetzt werden.

Vergleichbare Ungewissheit und ethische Aspekte: Randomisierte, kontrollierte Studien basieren auf dem Prinzip, dass die Versuchsgruppe eine bestimmte Therapie erhält und diese der Kontrollgruppe vorenthalten wird, bzw. die Kontrollgruppe mit der konventionellen Therapie behandelt wird. Dies ist nur dann zulässig, wenn unsicher ist, welche der beiden Therapien tatsächlich die bessere ist, es herrscht also *vergleichbare Ungewissheit*. Patienten dürfen nur dann in eine Studie aufgenommen werden, wenn sie vorher darüber informiert wurden und sie schriftlich ihre Einwilligung gegeben haben. Darüber hinaus sind Ausschlusskriterien festzulegen wie

z. B. Schwangerschaft, hohes medizinisches Risiko (ASA-Klassifikation IV und V, s. SE 5.2, S. 105), niedriges (Kinder, Jugendliche) oder hohes Alter. Patienten, die eines dieser Merkmale aufweisen, kommen als Studienpatienten nicht infrage.

! Jedes Studienprotokoll muss eine Ethikkommission passieren, die über die Einhaltung wissenschaftlicher und ethischer Standards wacht.

Statistische Wahrscheinlichkeiten und Stichprobengröße: Nur bei Zugrundelegung einer genügend großen Anzahl von Patienten (Fallzahl) lassen sich auch kleine Therapieunterschiede erkennen. Die genaue Höhe der benötigten Fallzahl für eine bestimmte Studie wird mit Hilfe von Formeln berechnet, in die die folgenden Größen einfließen: Der **Alpha-Fehler** ist die Wahrscheinlichkeit, die Unterschiede zwischen Gruppen irrtümlicherweise zu *über*schätzen (falsch positiv). Es hat sich eingebürgert, erst dann von einem statistisch signifikanten Ergebnis zu sprechen, wenn diese Irrtumswahrscheinlichkeit kleiner als 5 % beträgt. Bei manchen Studien werden aber strengere Kriterien angelegt (Irrtumswahrscheinlichkeit 1 % oder 0,1 %).
Der **Beta-Fehler** ist die Irrtumswahrscheinlichkeit, die Unterschiede zwischen Gruppen zu *unter*schätzen (falsch negativ). D. h. es liegt ein bedeutsamer Unterschied vor, aber aufgrund von Ungenauigkeiten in der Messung oder eines zu geringen Stichprobenumfanges konnte der Effekt nicht in der erforderlichen Eindeutigkeit nachgewiesen werden. In den meisten klinischen Studien wird der Beta-Fehler mit 20 % angenommen.
Delta ist die Größe, mit der man den erwarteten Unterschied zwischen Gruppen ausdrückt. Die Größe Delta lässt sich z. B. durch Studium der in der Literatur berichteten einschlägigen Ergebnisse, durch Erfahrungen in eigenen Vorstudien oder durch Festlegung der klinischen Relevanz (z. B. eine Verbesserung der Heilungsrate durch ein neues Operationsverfahren um 10 %) festlegen.
Die Fallzahlschätzung erfordert also eine Reihe numerischer Festlegungen. Legt man hohe Anforderungen an das Alpha-, Beta- und Delta-Niveau, erreicht man leicht astronomische Stichprobenumfänge, die in der Praxis nicht zu realisieren sind. Bei zu niedrigen Anforderungen sinkt dagegen der erforderliche Stichprobenumfang; es sinkt allerdings auch die *statistische Macht* (die Möglichkeit, auch kleine Unterschiede zu entdecken) sowie die Generalisierbarkeit und klinische Relevanz der Ergebnisse.

Alternative Studienformen

Nicht alle klinischen Fragestellungen lassen sich mit Hilfe kontrollierter, randomisierter Studien beantworten. Dies kann technische Gründe (OP-Verfahren kann man nicht verblinden) oder inhaltliche Gründe (Kausalaussage steht nicht im Vordergrund, z. B. bei einer Sammelstatistik) haben.
Ein Überblick über die in der Chirurgie gebräuchlichsten Studienformen findet sich in T 1.6. Die Gemeinsamkeit all dieser alternativen Studienformen ist, dass sie leichter durchführbar sind als kontrollierte randomisierte Studien. Daher spielen sie im wissenschaftlichen Alltag eine wichtige Rolle. Allerdings wird dies um den Preis einer geringeren Aussagekraft erkauft. Das muss bei der Interpretation nicht randomisierter Studien immer berücksichtigt werden.

T 1.6 Die gebräuchlichsten Studienformen in der Chirurgie

Studientyp	*Kennzeichen*
kontrollierte, randomisierte klinische Studie	Vergleichs- und Kontrollgruppe, standardisierte, experimentelle Behandlung der Versuchsgruppe, Randomisierung
prospektive Querschnittstudie	Messung eines oder mehrerer Merkmale zu einem bestimmten definierten Zeitpunkt, Beobachtung einer Gruppe oder Vergleich zweier oder mehrerer Gruppen, keine experimentelle Behandlung, keine Randomisierung
Kohortenstudie	Erweiterung der prospektiven Querschnittstudie durch den Faktor Zeit: verschiedene Gruppen werden über einen längeren Zeitraum beobachtet und der Verlauf des Geschehens untersucht
Fall-Kontroll-Studie	umgekehrtes Vorgehen wie bei der Kohortenstudie: Ausgangspunkt ist ein bereits bestehendes Ereignis und man versucht, dessen Ursachen zu ergründen, indem man der Fallgruppe eine passende Kontrollgrupe (gleiche Verteilung bzgl. Alter, Geschlecht usw.) gegenüberstellt
retrospektive Beobachtungstudie ohne Vergleichsgruppe	bereits vorhandenes Datenmaterial wird gesichtet („Krankenaktenstudien“). Hauptproblem: mangelnde Qualität der Dokumentation (Uneinheitlichkeit, Unvollständigkeit, Fehler), fehlende Fälle
Sammelstatistiken	rein deskriptiv, keine Hypothesenprüfung möglich; Beispiele: OP-Dokumentation, Komplikationsraten
Fallberichte, n = 1-Studien	zeitlicher Verlauf der Erkrankung unter Berücksichtigung der durchgeführten Therapie, genaue Beschreibung des Hintergrunds des Patienten, Risikofaktoren, Begleiterkrankungen
Metaanalyse	umfangreiche Literaturrecherchen notwendig, zusammenfassende Auswertung bereits publizierter Studien zu einem Thema, Berechnung neuer Statistiken auf der Basis der berichteten Ergebnisse

Die Frage nach dem richtigen Endpunkt

Mit Endpunkt ist die Zielgröße gemeint, auf die es in der Studie ankommt. Zu den gebräuchlichsten konventionellen Endpunkten in der Chirurgie zählen die Komplikationsrate, die 5-Jahres-Überlebensrate, verschiedene Laborparameter (z. B. CEA) oder Befunde bildgebender Verfahren. Solche Endpunkte werden als **objektiv** bezeichnet, da sie eine Entsprechung in der messbaren Realität haben.

In neuerer Zeit gewinnen **subjektive** Zielgrößen an Bedeutung, d. h. der Patient wird nach seiner persönlichen Sichtweise gefragt. *Lebensqualität* umfasst die Angaben des Patienten in drei Bereichen: körperliche Symptome, psychisches Wohlbefinden und soziale Situation. Mittlerweile existieren eine Reihe standardisierter Fragebögen zur Erfassung von Lebensqualität. Gemäß den Richtlinien einiger Fachgesellschaften, vor allem im onkologischen Bereich, ist die Erfassung von Lebensqualität für eine gut geplante klinische Studie unverzichtbar. Ein wichtiger Schwerpunkt gegenwärtiger Forschung ist eine praxisbezogene Aufbereitung von Lebensqualitätsdaten, wie beispielsweise in Form eines Lebensqualitäts-Profils (**1.1**).

Kriterien der Messgüte: Umgangssprachlich werden die konventionellen, durch apparative oder labordiagnostische Verfahren gemessenen Variablen als „harte" Daten bezeichnet. Im Gegensatz dazu gelten Lebensqualität oder andere Formen der Selbsteinschätzung (z. B. Patientenzufriedenheit) als „weiche" Daten. Damit ist ein bewertender Unterton verknüpft: genaue versus ungenaue Messung. Drei Kriterien sind in diesem Zusammenhang von Bedeutung:

- *Reliabilität:* Zuverlässigkeit und Wiederholbarkeit eines Messergebnisses,
- *Validität:* der Messwert repräsentiert wirklich den Parameter, der gemessen werden soll,
- *Sensitivität:* Veränderungen der objektiven Gegebenheiten lassen sich durch die Messwerte abbilden.

Diese drei Kriterien gelten nicht nur für biochemische Assays, sondern werden auch zur Beurteilung von Lebensqualitätsfragebögen herangezogen. In diesem Sinne können subjektive Messgrößen genauso „hart" sein wie objektive Kriterien. Die Herausforderung für den Forscher besteht darin, diejenigen objektiven und/oder subjektiven Endpunkte heranzuziehen, die zur Beantwortung der klinischen Fragestellung tauglich sind.

1.1 Lebensqualitätsprofil

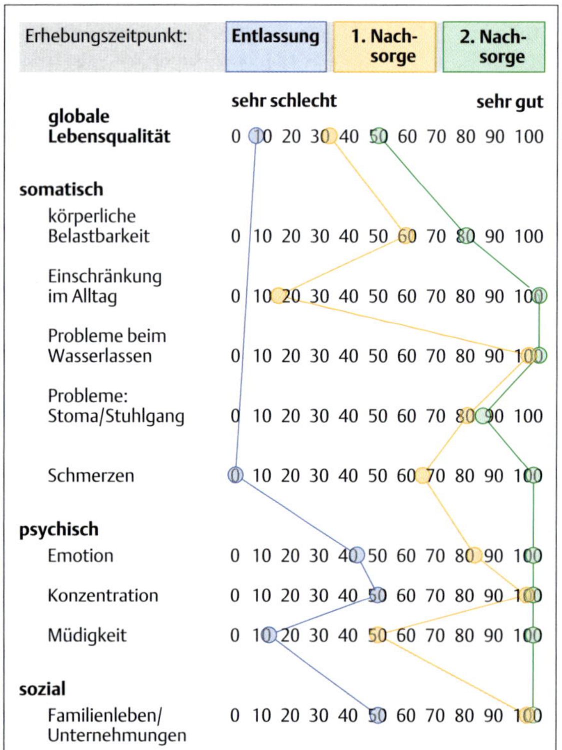

Dieses Beispiel zeigt die Entwicklung der Lebensqualität eines 37-jährigen Patienten nach Operation wegen eines Rektumkarzinoms (pT3 pN2 pM1).

Statistische Prüfverfahren

Sie dienen der Aufbereitung und Analyse einer Vielzahl von Einzeldaten durch die Berechnung von statistischen Kenngrößen. Man unterscheidet zwischen deskriptiven, korrelativen und inferenzstatistischen Verfahren (**T 1.7**). Vor der Wahl des statistischen Verfahrens sind zwei Fragen zu beantworten:

- Welche Aussage soll getroffen werden?
- Welche Qualität haben die Daten?

Bestimmte Prüfverfahren, wie z. B. die Varianzanalyse, erfordern normalverteilte, intervallskalierte Daten. Die Verteilung der Datenpunkte muss einer Glockenkurve gleichen (Normalverteilung) und die Unterschiede benachbarter Messpunkte müssen entlang der ganzen Messskala äquidistant sein (Intervallskala). Andere, sog. nonparametrische Prüfverfahren, haben weniger strenge Voraussetzungen und werden daher bei biomedizinischen Problemen häufig eingesetzt. (z. B. Mann-Whitney-Test, Rangvarianzanalyse nach Kruskal u. Wallis). Alle statistischen Tests lassen sich heute auf handelsüb-

T 1.7 Statistische Methoden

Typ	*Anwendung*	*Prozeduren (Beispiele)*
deskriptiv	Auszählung von Häufigkeiten	absolute Werte, Prozentzahlen, Kreuztabellen, Balkendiagramme
korrelativ	Analyse der Zusammenhänge von Datenpunkten untereinander	lineare Regression, Pearson-Korrelation, logistische Regression
inferenzstatistisch	Analyse von Gruppenunterschieden	Mann-Whitney-Test, Rangvarianzanalyse (Kruskal-Wallis), t-Test, einfache und mehrstufige Varianzanalyse

lichen Computern sehr leicht durchführen. Nur allzuleicht geraten daher methodisch Unversierte in Versuchung, so lange zu rechnen, bis ein statistisch signifikantes Ergebnis erzielt ist. Nach den Gesetzen der Wahrscheinlichkeit ist dies keine Kunst. Legt man einen Alpha-Fehler von 5 % zugrunde, so sind unter 100 signifikanten Testergebnissen 5 zufallsbedingt signifikant und täuschen einen Scheinunterschied vor.

Ein verantwortungsvoller Umgang mit statistischen Verfahren ist unbedingt an die Kenntnis der methodischen Grundlagen und eine inhaltlich sinnvolle Fragestellung geknüpft.

Bewertung: Ein Ergebnis, das auf dem 5 %-Niveau signifikant ist, bedeutet, dass mit 95 %iger Wahrscheinlichkeit ein realer Effekt vorhanden ist, dass aber ein Restrisiko von 5 % besteht, einem Scheinunterschied zu erliegen. Dieses Risiko von Scheinsignifikanzen bei multiplen statistischen Tests lässt sich durch bestimmte Techniken mindern (Bonferroni-Adjustierung).

Medizinische Entscheidungsfindung: formale Strategien als chirurgische Forschung

Formale Entscheidungsstrategien: klinische Algorithmen

Klinische Studien liefern viele singuläre, zum Teil durchaus widersprüchliche Ergebnisse, die erst in einer Zusammenschau als Bausteine für eine Therapiestrategie dienen können. Die Integrationsleistung für die medizinische Entscheidungsfindung kann mit dem formalen Verfahren des klinischen Algorithmus erreicht werden. Klinische Algorithmen machen den Ablauf von Entscheidungsprozessen und therapeutischen Handlungsabläufen in Form von Flussdiagrammen sichtbar (1.2). Der klinische Algorithmus bietet folgende Vorteile:

- übersichtliche Darstellung aller notwendigen diagnostischen Schritte, Einzelentscheidungen und therapeutischen Alternativen,
- Darstellung der logischen Verknüpfung der einzelnen Schritte,
- Handlungsanleitung und Sicherstellung, dass nichts Wesentliches übersehen wird.

Die Entwicklung klinischer Algorithmen in Gruppenentscheidungen

Klinische Algorithmen spiegeln im Idealfall die Meinung einer Fachgesellschaft zu einem Thema wider. Es handelt sich dann um eine Gruppenmeinung, deren Erhebung bestimmter Techniken bedarf.

Bei einer **Konsensuskonferenz** tagt ein Expertenpanel. Der Informationsaustausch der Mitglieder erfolgt durch Vorträge mit anschließender Diskussion. Die Konsensuskonferenz endet mit einem Schlussstatement, das formell beschlossen wird. Hauptproblem ist, dass einzelne Gruppenmitglieder („opinion leader“) oder „pressure groups“ sehr großes Gewicht bekommen.

Dieser Nachteil wird beim **nominalen Gruppenprozess** abgeschwächt. Hier sind nach einem ersten Meinungsaustausch alle Mitglieder zu einer anonymen Entscheidung aufgefordert. Die Verteilung dieser Entscheidung wird allen bekannt gegeben. Nach nochmaliger Diskussion sind wieder anonyme Einzelentscheidungen gefordert, die zu einer Gruppenentscheidung aggregiert werden.

1.2 Algorithmus zum symptomatischen Gallensteinleiden

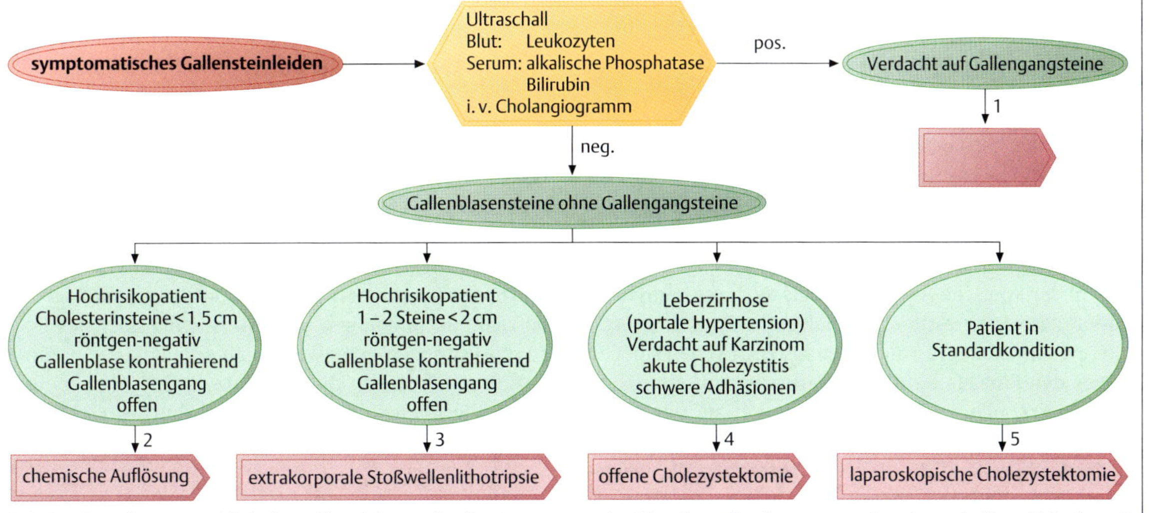

Bei der Erstellung von klinischen Algorithmen bedient man sich einer einheitlichen Notation. Dabei bedeuten *Ellipsen* klinische Zustände, *Rauten* Entscheidungsknoten und *Rechtecke* Handlungsbedingungen. Der konsekutive Ablauf und Zusammenhang dieser Elemente ist durch *Pfeile* und *Ziffern* symbolisiert.

Die anonymste Technik ist die **Delphi-Methode.** Hier kommt es zu keiner direkten Interaktion der Beteiligten, die Meinungen werden durch Fragebögen erhoben. Auch die Bekanntgabe der Ergebnisse der ersten Runde und die Einholung der zweiten Entscheidung erfolgt in dieser schriftlichen Form.
Welche dieser Techniken im Einzelfall am sinnvollsten ist, wird auch durch technische und logistische Gegebenheiten bestimmt. Entscheidend ist, dass man bei der Publikation von klinischen Algorithmen genau angibt, wie diese zustande gekommen sind (Anzahl der Beteiligten, deren Expertise, Anzahl der Befragungsdurchgänge, Prozentsatz der Zustimmung). Eine derartig sorgfältig erhobene Gruppenmeinung wird in vielen Fällen willkürlichen, ungesicherten „Schulmeinungen“ vorzuziehen sein.

Computerunterstützte Diagnostik

Das bedeutendste chirurgische Beispiel in diesem Bereich ist die europäische Studie zum akuten abdominellen Schmerz. Beim abdominellen Schmerz handelt es sich um den wichtigsten chirurgischen Notfall, der mit hoher Wahrscheinlichkeit mit einer Fehldiagnose einhergeht. So wird die Rate der negativen Appendektomien in der Literatur zwischen 20 % und 40 % angegeben. In der Studie wurde eine große prospektive Datenbank mit über 15 000 Fällen angelegt. Es wurde eine standardisierte Diagnostik mit genauer Erhebung der Schmerzsymptomatik (Lokalisation, Dauer, Intensität) und der Patientenmerkmale durchgeführt. Die histologisch oder pathologisch gesicherte endgültige Diagnose wurde mittels verknüpfter Wahrscheinlichkeiten (Bayes-Theorem) mit diesen Basisdaten in Beziehung gesetzt. Bei neuen Patienten vermag dieses Computermodell die Wahrscheinlichkeit einer bestimmten Verdachtsdiagnose angeben. Wichtig ist, dass die Diagnose immer der Arzt stellt, nie der Computer. Der Computer bietet lediglich eine Entscheidungshilfe und weist auf Differenzialdiagnosen hin, die möglicherweise übersehen worden sind. Außerdem wird durch diesen Prozess die gesamte Diagnostik systematischer. Allein durch die Verwendung des standardisierten Diagnosebogens konnte in dieser Studie die Rate der negativen Appendektomien auf 10 % gesenkt werden.

Die Rolle der Intuition im Entscheidungsprozess

Sowohl der klinische Algorithmus als auch die computerunterstützte Diagnostik sind *analytische* Entscheidungshilfen, die in Standardsituationen nützlich sind. Daneben gibt es den Einzelfall, d. h. den Patienten mit einer sehr seltenen Erkrankung, dem atypischen Verlauf oder einer ungewöhnlichen Verknüpfung von Risikofaktoren. Hier ist der Sachverstand des Experten gefordert. Die vielgerühmte Einzelfallentscheidung geschieht häufig ohne erkennbaren Aufwand – der Kliniker ist seiner Intuition gefolgt. Intuition setzt eine Menge Erfahrung voraus, auf deren Hintergrund sich eine besondere Form des synoptischen Gedächtnis- und Abrufprozesses herausbildet: Patienten, Erkrankungen und Behandlungsschritte werden als zusammengehörige Muster abgespeichert. Bei der Präsentation eines neuen Falles läuft ein quasi-automatisches „wenn-dann-Schema“ ab. Intuition und analytische Problemlösungsmethoden (Algorithmen, Computerunterstützung) sollten aber nicht als Gegensätze angesehen werden. Sie sind vielmehr komplementäre Herangehensweisen, die in unterschiedlichen Situationen ihre Stärken haben: analytische Methoden besonders für die Aus- und Weiterbildung, der intuitive Weg besonders für die Einzelfallentscheidung, die immer dem Erfahrensten vorbehalten bleibt.

Tierversuche und Zellkultur: Was heißt „klinikadaptiert“?

Tierversuche und Zellkulturen gehören zum methodischen Standardrepertoire der biomedizinischen Forschung. Auch innerhalb der Chirurgie spielen sie eine Rolle, deren Wert aber maßgeblich davon abhängt, ob es sich um „klinikadaptierte“ Modelle handelt. Deren Kennzeichen lassen sich so zusammenfassen:

- Modellierung des Klinikalltages mit Operation, Anästhesie, Schmerzmittel- und Antibiotikagabe in äquieffektiven Dosen,
- Randomisierung der Versuchstiere,
- Verblindung der Untersucher und Assessoren,
- Setzen relevanter Läsionen im Rahmen von Tieroperationen,
- klinisch relevanter Endpunkt.

Ethische Aspekte: Jeder Tierversuch ist genehmigungspflichtig und muss eine Ethikkommission passieren. Die Ergebnisse klinikadaptierter Tierversuche lassen sich zur Optimierung von Humanversuchen umsetzen, die letztlich einer besseren Patientenversorgung dienen. Klinikadaptierte Modelle sind also von mittelbarem Nutzen für die Patientenversorgung (s. auch 🔎 **1.8**)

Chirurgische Grundlagenwissenschaft

Natürlich beinhaltet die chirurgische Forschung auch grundlagenwissenschaftliche, meist molekulare Arbeitsmethoden im Labor mit der gesamten Spannbreite biomedizinischer Forschung. Einige Fragestellungen seien genannt: Wundheilung, Angiogenese, Transplantationsmedizin, Sepsis, Immunologie des operativen Traumas, postoperative gastrointestinale Motilität, Onkologie, genetische Erkrankungen usw. Stets sollte aber der Bezug zu chirurgischen Fragestellungen erkennbar sein. Ein interdisziplinärer Forschungsansatz ist oft notwendig. In einigen Studieneinheiten dieses Lehrbuches werden solche Forschungsinhalte erwähnt.

1.8 Beispiel für ein klinikadaptiertes Tiermodell und Patientenversorgung

Die Sepsis ist eine häufig tödlich verlaufende Erkrankung, an der in der Bundesrepublik jährlich etwa 100 000 Menschen sterben. In einem laufenden Projekt geht es darum, die Antibiotikatherapie der Sepsis durch die Kombination mit G-CSF (granulocytes colony stimulating factor) zu verbessern. In Tierversuchen mit Ratten wurde zunächst eine Dosis-Wirkungskurve ermittelt. Bei einem todkranken Patienten wurde aufgrund dieser Erfahrungen eine G-CSF-Therapie eingeleitet, nachdem andere Therapiemaßnahmen versagt haben. Der Patient konnte gerettet werden. Wichtig dabei war, dass man aufgrund der Tierversuche Anhaltspunkte dafür hatte, wie die Dosierung vorzunehmen war, da eine zu hohe Dosierung tödlich wirken kann.

Stufenkonzept klinischer Studien zur Einführung eines neuen Medikamentes

Die Prüfung neuer Arzneimittel erfolgt nach den Richtlinien des Arzneimittelgesetzes. Zuvor muss in Tierversuchen eine akut-toxische Wirkung ausgeschlossen sein.

Phase-I-Studie (vorklinische Phase): Dosisabhängige Verträglichkeitswirkung an wenigen Probanden,

Phase-II-Studie: Ermittlung der Wirksamkeit an einem kleinen Patientenkollektiv mit der in Phase-I ermittelten Dosis,

Phase-III-Studie: Vergleich der Wirksamkeit des neuen Medikamentes gegen ein etabliertes Standard-Therapieschema an einem großen Kollektiv.

Erst nach erfolgreichem Abschluss der Phase III darf ein Medikament zugelassen werden.

Phase-IV-Studie: Langzeitkontrolle eines Medikamentes über einen Zeitraum von bis zu 10 Jahren, um alle evtl. Nebenwirkungen zu erfassen.

Organisationsprinzipien chirurgischer Forschung: Konzepte und ihre Umsetzung in operationalen Netzen

Theoretische Chirurgie versteht sich als integratives Konzept, in dem Grundlagenwissenschaftler aus verschiedenen Disziplinen (Biochemie, klinische Pharmakologie, Mathematik/Statistik, kognitive Psychologie) ständig mit Chirurgen zusammenarbeiten.

Wesentliches Organisationselement ist die **integrierte Arbeitsgruppe**. Sie besteht aus einem Grundlagenwissenschaftler als wissenschaftlichem Koordinator, einem chirurgischen Oberarzt, einem chirurgischen Assistenzarzt mit zwei- bis dreijähriger klinischer Erfahrung, Doktoranden und wissenschaftlichem Personal. Die Gruppe hat einen fixen wöchentlichen Besprechungstermin. Die personelle Konstanz über einen mehrjährigen Zeitraum ist die organisatorische Voraussetzung für die erfolgreiche Durchführung klinischer Studien. Die wissenschaftliche Arbeit schafft die Grundlage für die Habilitation sowohl der Chirurgen als auch der Grundlagenwissenschaftler (in theoretischer Chirurgie). Die enge Interaktion zwischen Klinikern und Grundlagenforschern bewahrt auch vor Gefahren, die gerade in der chirurgischen Forschung immer wieder zu beobachten sind: Modetrends, Einjahresforschung, Unterschätzung methodischer und logistischer Probleme bei klinischen Studien.

Die **wissenschaftliche Problemstellung** hat stets einen Bezug zur Klinik. Beim problemorientierten Arbeiten wird eine Balance zwischen Biomedizin und Klinimetrie (Sammelbegriff für metrische Verfahren der klinischen Forschung) gewahrt. Die theoretische Chirurgie als integratives Konzept umfasst somit auch den älteren Ansatz der rein an Tierversuchen orientierten experimentellen Chirurgie (**1.3**).

1.3 Theoretische Chirurgie

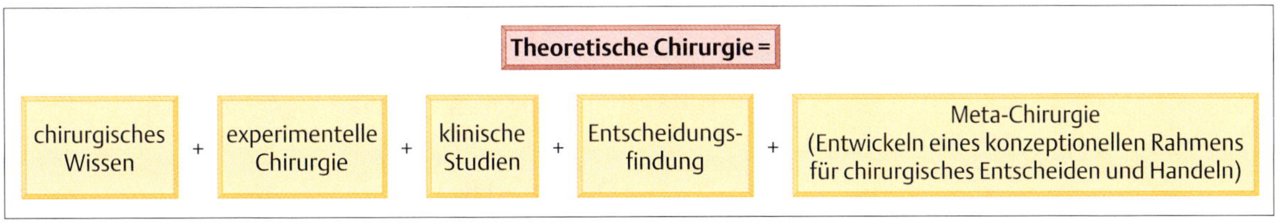

2.1 Wundarten mit unterschiedlichem Verletzungsgrad

Definitionsgemäß versteht man unter einer Wunde die Kontinuitätsunterbrechung unterschiedlicher Gewebearten mit lokaler Vaskularitätsstörung, möglicher Kontamination und verschieden ausgeprägter Substanzeinbuße. Man unterscheidet Wunden mit *niedrigem* von solchen mit *hohem Verletzungsgrad*, was Auswirkungen auf eine situationsangepasste Diagnostik und Therapie hat. Wichtige Parameter zur Beurteilung sind die *Ausdehnung und Tiefe* einer Wunde (z. B. Beteiligung von Körperhöhlen), Art und Umfang von *Begleitverletzungen* (z. B. Knochen), die *Lokalisation* und mögliche *Vorschäden* der betroffenen Region. Weiterhin spielen *systemische Auswirkungen* auf den Gesamtorganismus (z. B. Blutverlust, Schock) und der *Allgemeinzustand* des Patienten (z. B. Diabetes mellitus, Durchblutungsstörungen arteriell/venös usw.) eine Rolle.

Zu Amputationsverletzungen s. SE 14.9, S. 368 ff, thermischen Verletzungen s. SE 10.2, S. 260 ff, chemischen Verletzungen und Strahlenschäden s. SE 10.3, S. 264 f.

2.1 Ätiopathogenese

Aus dem statistischen Jahrbuch der BRD ist zu ersehen, dass sich in Deutschland jährlich mehr als 2 Mio. Patienten eine behandlungsbedürftige akute Oberflächenwunde zuziehen. Die Zahl der Patienten mit chronischen Wunden ist pro Kalenderjahr noch höher zu veranschlagen. Diese Statistiken veranschaulichen, dass der Behandlung dieser Wunden eine immense volkswirtschaftliche Bedeutung zukommt.

Neuere Erkenntnisse zur Physiologie und Pathophysiologie der Wundheilung, die Entwicklung geeigneter Wundauflagen speziell für chronische Wunden, die Therapie von Wundheilungsstörungen sowie die Fokussierung größerer klinischer Einrichtungen auf Probleme der Wundbehandlung hat deren Standard maßgeblich verbessert. So halten heute medizinische Zentren Spezialsprechstunden für Wundheilungsprobleme vor, in welchen Spezialisten mit geeigneten Behandlungsmaßnahmen bemerkenswerte Erfolge erzielen.

Grundsätzlich unterscheidet man die *traumatische Wunde* von einer *chirurgischen* und der *chronischen Wunde*, wobei letztere ihre Ursache in den beiden vorgenannten oder einer lokalen bzw. allgemeinen Erkrankung haben kann. Die *traumatische* Wunde lässt sich bezüglich ihrer Genese wie folgt unterteilen:

Genese traumatischer Wunden:
- mechanische Wunde (z. B. Schürf-, Schnitt-, Riss-/Quetsch-, Stich-, Bisswunde usw.),
- thermische Verletzung,
- chemische Verletzung (z. B. Verätzung),
- Strahlenschäden.

Eine weitere Differenzierung speziell mechanisch verursachter Wunden erfolgt nach ihrer Art.

Differenzierung nach der Wundart:
- offene Wunde,
- geschlossene Verletzung (sog. „innere" Wunde),
- Ablederung oder Décollement,
- Amputationsverletzung.

Während die *offene* Wunde durch äußere Einwirkung wie Schnitt, Stich, Quetschung usw. verursacht wird, ist der *geschlossenen* Wunde ein gleichförmiger Mechanismus unterschiedlicher Intensität zu eigen. Diese *stumpfe Gewalteinwirkung* kann punktuell, flächenhaft oder durch Scherung zustande kommen. Entsprechend der Schwere des Traumas entstehen innere Wunden unterschiedlicher Verletzungsgrade. Mehr oder weniger ausgeprägte Einblutungen und Hämatome bzw. die Zusammenhangstrennung von Gewebeschichten (sog. Décollement, z. B. Ablösung des Unterhaut-Fett- und Bindegewebes von der Faszie) oder dessen ausgedehnte Zerstörung können die Folge sein.

Zusätzlich können (offene) Wunden nach dem Ausmaß ihrer *Kontamination* klassifiziert werden.

Klassifizierung von Wunden nach dem Kontaminationsgrad:
- Klinisch saubere (aseptische) Operationswunde,
- klinisch saubere, gering kontaminierte Verletzungswunde (z. B. Schnitt-, Stichwunde; Weichteilverletzung bei offenen Frakturen mit niedrigem Schweregrad),
- stärker kontaminierte Wunde (z. B. offene Frakturen höherer Schweregrade; Biss-, Riss-, Quetsch-, Schusswunde),
- infizierte Wunde (posttraumatisch, postoperativ, chronische Wundheilungsstörung usw.).

Diagnostik

Neben der wichtigen Erhebung der Anamnese verfügt man über *klinische* und *apparativ gestützte* Diagnosemöglichkeiten. Zu Beginn erfolgt eine *klinische Beurteilung* der Wunde.

Klinische Wunddiagnostik:
- Äußerliche Betrachtung: Lokalisation, Ausdehnung, Tiefe, Kontaminationsgrad, Kolorit, Beschaffenheit der Wundränder, Fremdkörpereinsprengung, Begleitverletzungen (periphere Durchblutungsstörungen, Sensibilität/Motorik), Infektzeichen;

- Palpation: Schwellung und/oder Hämatom (Fluktuation); Temperatur, periphere Pulse, Verschieblichkeit, Austasten einer tiefen Wunde bei der Revision unter sterilen Bedingungen;
- Geruch: z. B. fäkalisch (Infektion), süßlich (Gasbrand).

Apparative Wunddiagnostik:

- Planimetrie: Größenerfassung einer Wunde (eventuell computergestützt), z. B. zur Verlaufskontrolle,
- Volumetrie: bei tiefen Wunden zur Verlaufskontrolle,
- Wundabstrich: zur Keimbestimmung bei Kontamination/Infektion,
- Histologie: bei schweren Infektionen, bei chronischen Wunden,
- Sonographie: bei geschlossenen Verletzungen zur Diagnostik/Größenbestimmung von Seromen/Hämatomen,
- Röntgen: zur Diagnostik von Begleitverletzungen (z. B. Fraktur, Fremdkörpereinsprengung, Verdacht auf Eröffnung von Körperhöhlen),
- Angiographie: bei Verdacht auf Gefäßverletzung,
- Phlebographie: bei Verdacht auf venöse Abflussstörung,
- Lymphographie: bei chronischem Lymphödem,
- Laboruntersuchung: Entzündungsparameter wie CRP, Leukozyten, BSG, Serumreaktionen, Blutzucker usw.
- Molekularbiologische Verfahren: zur Beurteilung der Wundheilung (Bestimmung wundheilungsspezifischer Proteine).

Charakteristika mechanischer Wunden

Schnittwunde

Durch scharfen Gegenstand verursachte, glatt begrenzte Wunde unterschiedlicher Tiefe mit meist geringem Kontaminationsgrad. Abhängig von Lokalisation und Tiefe Möglichkeit einer Begleitverletzung (z. B. Sehnendurchtrennung bei Hand-, Fingerschnittwunden).

Riss-Quetsch-Wunde

Aufgrund stumpfer Gewalteinwirkung verursachte mehr oder weniger ausgedehnte bzw. tiefe Haut-Weichteil-Läsion mit Durchblutungsstörung der Wundränder und mäßigem bis höherem Kontaminationsgrad. Begleitend eventuell Wundhöhlen/-taschen, Fremdkörpereinsprengungen.

Stich-, Schusswunde

Unterschiedlich tiefe und ausgedehnte Gewebezerstörung mit hoher Inzidenz teilweise lebensbedrohlicher Begleitverletzungen (Gefäße, Nerven, Muskulatur, Knochen, Körperhöhlen wie Thorax/Abdomen usw.). Bei Schusswunden erhöhte Kontamination und Gewebezerstörung, kaliber- und projektilabhängig, Fremdkörpereinsprengung. Kleine Eintritts- und größere Austrittsöffnung deutet auf von außen nicht erkennbare Gewebezerstörung in der Tiefe hin. Diagnostisch vor allem Begleitverletzungen ausschließen, Tatwaffe und -hergang geben wichtige Hinweise. Bei Verletzung lebenswichtiger Organe Bedrohung quo ad vitam!

Bisswunde

Spezielle Form einer Riss-Quetsch-Wunde mit besonders hohem Kontaminationsgrad. Verletzungsschwere abhängig vom Verursacher, reicht von der oberflächlichen Riss-Quetsch-Wunde bis zu tiefen Defektwunden mit markantem Gewebsverlust (z. B. Abbiss). Bei Übertragung spezieller Krankheitskeime (z. B. Tollwut) lebensgefährliche Allgemeinerkrankung möglich. Menschenbissverletzungen besitzen einen besonders hohen Kontaminationsgrad.
Diagnostisch ist neben der Wundinspektion insbesondere die Kenntnis des Verursachers (Tier mit Verdacht auf Tollwut usw.) wichtig. Die definitive Diagnostik erfolgt bei der stets notwendigen Revision durch histologische und bakteriologische Untersuchungen. Zusätzlich erfolgt eine gezielte serologische Untersuchung.

Prellungen, Quetschungen

Verursacht durch stumpfe Gewalteinwirkung bei geschlossenem Integument. Das Ausmaß der Gewebeschädigung in der Tiefe ist abhängig von Stärke und Richtung der Gewalteinwirkung. Ödematöse Schwellungen und/oder Hämatoserome können Folge sein, ihre Diagnostik erfolgt mit (gegebenenfalls serieller) Sonographie. Begleitverletzungen sind eher selten, aber möglich (z. B. stumpfe Läsion eines Nerven, Rippenfrakturen/Pneumothorax, Ruptur eines intraabdominellen Organs wie Milz, Leber usw.). Diese werden sonografisch und zusätzlich radiologisch (Standard-Röntgenaufnahmen, MRT usw.) diagnostiziert.

Ablederung, Décollement

Durch tangentiale Gewalteinwirkung verursachte, offene (Ablederung, offenes Décollement) oder geschlossene (geschlossenes Décollement) Zusammenhangstrennung von Haut und Unterhaut-Fett- und -Bindegewebe und/oder von der Faszie mit mehr oder weniger ausgeprägter Vaskularisationsstörung. Letztere ist besonders bei der offenen Décollementverletzung relevant (z. B. Ablederung von Altershaut über dem Schienbein mit Gefahr der Sekundärnekrose). Abhängig von Ausdehnung, Lokalisation, Durchblutungsstörung sowie der Kontamination entsprechend hoher Verletzungsgrad. Geschlossene Décollementverletzungen werden oft primär nicht erkannt. Das sekundär auftretende Hämatoserom (Fluktuation, Sonographienachweis) führt zur Diagnose.

2.2 Physiologie der Wundheilung

Man unterscheidet verschiedene Stadien der Wundheilung, in welchen sich katabole und anabole Heilungsvorgänge einerseits überschneiden, andererseits gegenseitig beeinflussen. Jede Verletzung löst eine *reparative Immunantwort* aus, welche durch eine *Entzündungs-*, eine *Proliferations-* und eine *Reparations- bzw. Modulationsphase* charakterisiert ist. Durch eine Vielzahl biochemischer Prozesse und morphologischer Vorgänge, die in ihrem Ausmaß proportional zu dem der Schädigung ablaufen, wird nahezu gleichzeitig die Infektabwehr organisiert und mit der Ausbildung eines differenzierten Granulationsgewebes begonnen, was in eine mehr oder weniger lang andauernde bzw. vollständige *Regeneration* einmündet. Letztere kann als Restitutio ad integrum bezeichnet werden, d. h. es entsteht keine Narbe im Sinne eines Ersatzgewebes (z. B. bei Epithel-, Schleimhautverletzungen). Im Gegensatz dazu bedeutet *Reparation* die Ausbildung von Ersatzgewebe mit dem Übergang in eine Narbe, deren Ausdehnung abhängig von der Größe der Wunde ist.

Phasen der Wundheilung

Art, Schwere und Lokalisation einer mechanischen, physikalischen, thermischen oder chemischen Gewebeschädigung bestimmen das Ausmaß und den Ablauf der Wundheilungsvorgänge. Diese Reaktion setzt bereits in den ersten Sekunden nach der Verletzung ein und entspricht in ihrer morphologischen Erscheinungsform einer *Entzündung mit exsudativen und proliferativen Vorgängen.*
Die moderne Wundheilungsforschung gibt Einblick in die *immunologischen Vorgänge,* welche durch den entstandenen Gewebeschaden ausgelöst werden. Es lassen sich drei Stadien unterscheiden (👁 **2.1**).

Klinische Relevanz

Die physiologische Entzündungsreaktion im Bereich einer Wunde, die Vorgänge der Gerinnungskaskade und die Immunantwort auf das Gewebetrauma sorgen dafür, dass innerhalb eines kurzen Zeitraumes Gewebetrümmer beseitigt und allfällige Keime in der Wunde unschädlich gemacht werden. Das Ausmaß dieser Reaktion ist abhängig von Art, Schwere, Ausdehnung und Lokalisation einer Wunde. Eine unter aseptischen Bedingungen gesetzte chirurgische Wunde hat eine weniger stark ausgeprägte Reaktion und Immunantwort zur Folge als eine Wunde mit erheblicher Traumatisierung und Kontamination des Gewebes. Kann der direkte Verschluss einer Wunde durch primäre Naht erfolgen und finden ungestörte Heilungsvorgänge statt, so ist je nach Lokalisation und Ausdehnung innerhalb von 7–12 Tagen eine ausreichend feste Narbe entstanden *(Heilung per primam intentionem).* Von dieser Heilungsart differenziert man die *sekundäre Wundheilung (ad secundam intentionem),* welche durch eine kontinuierliche Ausfüllung des Gewebedefektes zunächst mit jungem, wenig differenziertem Granulationsgewebe geprägt ist, das seinerseits im Rahmen des Remodeling durch die Ausbildung und Differenzierung kollagener Phasen strukturiert und durch Wundkontraktion verkleinert wird. Diese Vorgänge können durch Verwendung verschiedener Wundauflagen, aber auch durch das Aufbringen von Wachstumsfaktoren stimuliert werden.

Formen der Wundheilung

Wunden heilen in Abhängigkeit von Genese, Art und Behandlung nach bestimmten Gesetzmäßigkeiten ab. Diese haben Auswirkungen auf eine geeignete Therapie. Man unterscheidet vier Formen der Heilung:

Primäre Wundheilung (per primam intentionem)

Diese beobachtet man typischerweise bei *chirurgisch* gesetzten sowie *traumatischen* Wunden mit glatten Rändern, ohne wesentliche Vaskularisationsstörung bzw. Kontamination (z. B. Schnittwunden). Durch Nahtvereinigung der Wundränder kommt es innerhalb weniger Tage zur Ausheilung mit schmaler Narbe (s. 👁 **6.44**, S. 178).
Wunden, die primär keine derart günstigen Heilungsbedingungen aufweisen (z. B. Riss-Quetsch-Wunden u. a. m.) werden bei der Wundversorgung durch Ausschneiden und Anfrischen der Ränder in einen Zustand gebracht, der eine Heilung per primam intentionem gestattet. Diese Vorgehensweise ist innerhalb der ersten 6–8 Stunden nach dem Trauma, unter günstigen Bedingungen auch bis zu 12 Stunden danach, möglich. Wundausschneidungen im Gesicht bzw. über Gelenken müssen zurückhaltend vorgenommen oder ganz unterlassen werden (Entstellung der Mimik, Hautspannung).

Verzögerte Primärheilung

Besteht ein höherer Kontaminationsgrad der Wunde oder weist diese eine zu große Spannung für die primäre Adaptation ihrer Ränder auf, kann die Vereinigung postprimär erfolgen. Die Wunde wird zunächst revidiert und gesäubert, mit Nähten versehen, die jedoch noch nicht geknotet werden. Die Wunde wird steril abgedeckt, in den Folgetagen kann das Anziehen der Nähte schrittweise erfolgen. Dies führt in günstigen Fällen zur primären Wundheilung.

Sekundäre Wundheilung

Diese kommt zum Tragen, wenn größere Weichteildefekte, Durchblutungsstörungen, ein hoher Kontaminationsgrad oder andere Gründe vorliegen, welche eine primäre oder postprimäre Adaptation der Wundränder verbieten. Dies gilt auch für stärker infizierte und chronische Wunden. Die Therapie besteht in einem primären Débridement (Entfernung sämtlichen minder durchbluteten, nekrotischen, stark kontaminierten oder infizierten Gewebes) und der Wunddeckung mit Hautersatzmaterialien oder ihrer Ausfüllung mittels eines Schaumstoffs (s. SE 2.3, S. 36 ff). Regelmäßige Verbandwechsel oder wiederholte Revisionseingriffe (bei tiefen, stärker kontaminierten oder infizierten Wunden) führen zu einer Auffüllung des Defekts mit Granulationsgewebe, zur Wundkontraktion und schließlich zur Spontanepithelisierung. Regelhaft bleibt eine kosmetisch unbefriedigende, evtl. funktionsbeeinträchtigende Narbe zurück. Mittels plastisch-chirurgischer Eingriffe während oder nach der Wundheilung können diese Folgen verringert oder ganz vermieden werden (s. S. 816 ff).

Regenerative Wundheilung

Diese findet nur bei oberflächlichen Läsionen an der Epidermis und an Schleimhäuten statt. Bei oberflächlichen Schürfungen kommt es praktisch zu einer kompletten Wiederherstellung der Hautoberfläche ohne Narbenbildung. Ähnliches beobachtet man bei Heilungen unter dem Schorf, wobei hier die Gefahr eines Sekretverhalts und einer Heilungsstörung besteht.

Reparation

Diese Heilungsform ist im Gegensatz zur Regeneration immer mit einer Überbrückung des Gewebedefektes durch eine bindegewebige Narbe gekennzeichnet. Sie schließt demnach die primäre, verzögerte und sekundäre Wundheilung ein.

2.1 Immunologische Vorgänge und Stadien bei der Wundheilung

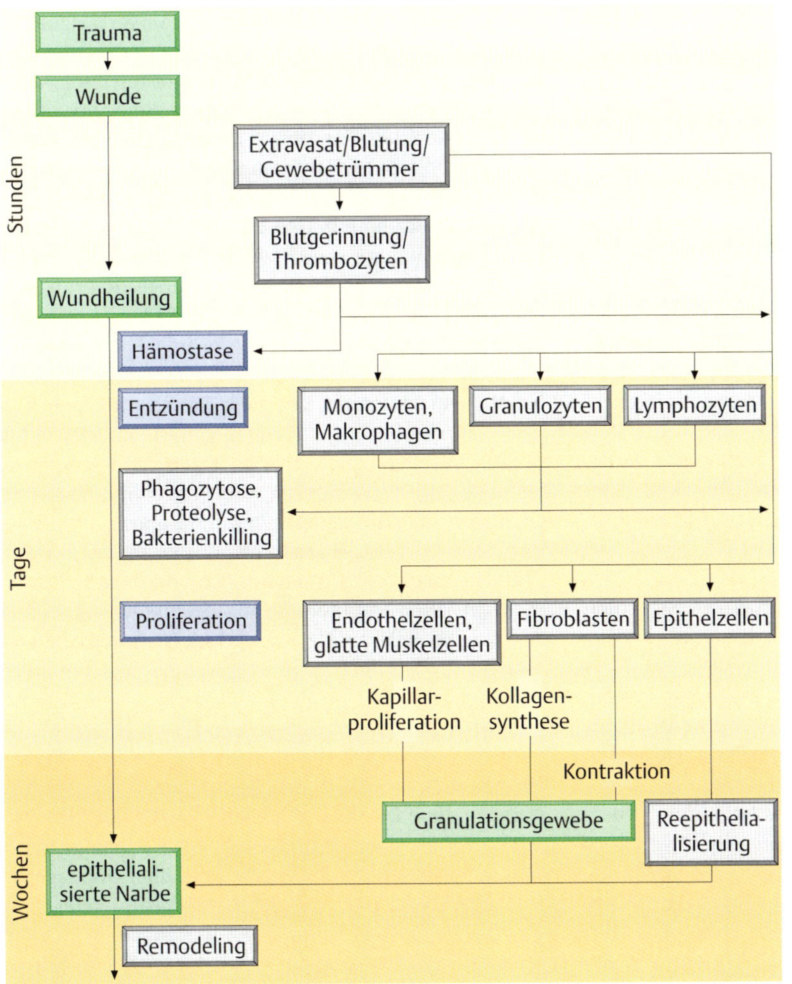

Exsudationsphase (Latenz- oder katabole Phase; 1.–5. Tag p. T. [nach Trauma]): Exsudation von Blut bzw. Plasma infolge Gefäßläsion und lokaler Zirkulationsstörung, Zerfall geschädigten Gewebes. Auswanderung von Leukozyten aus dilatierten Venolen und Kapillaren, Proteolyse der Gewebstrümmer.

Proliferationsphase (anabole Phase; 2.–7. Tag p. T.): Ersatz zugrunde gegangenen Gewebes durch provisorisches Füllmaterial, Proliferation ortsständiger Fibroblasten und Adventitiazellen mit Bildung von Grundsubstanz, Einwanderung von Bindegewebszellen mit Zunahme der Mitosetätigkeit, Gefäßsprossung und Defektfüllung mit Granulationsgewebe (Vorstufen kollagener Fasern).

Reparations- bzw. Modulationsphase (ab 3. Tag p. T.): Ausreifung der Bindegewebszellen, Ausrichtung und Vernetzung kollagener Faserbündel, Wundkontraktion und Narbenbildung, zunehmende Reißfestigkeit (Remodeling).

2.3 Spezielle Techniken der Wundbehandlung

Die adäquate Versorgung einer Wunde hängt maßgeblich von ihrer Beschaffenheit ab. Chirurgische und frische glatt begrenzte traumatische Wunden gestatten eine primäre Naht mit direkter Adaptation der Wundränder. Chirurgische Wunden, deren primäre Nahtvereinigung aufgrund hoher Spannung zu riskant wäre, können durch spezielle Maßnahmen für die Sekundärnaht vorbereitet werden. Unregelmäßige, zerklüftete, kontaminierte oder sehr tiefe Wunden eignen sich nicht für eine primäre Nahtversorgung, sondern bedürfen eines Débridements, der offenen Wundbehandlung und einer sekundären Rekonstruktion.

Chirurgische Wundbehandlung

Ziel einer Wundversorgung ist die komplikationsfreie, primäre Heilung. Dies gilt besonders für die *chirurgische* Operationswunde, aber auch für eine Reihe *traumatischer* Wunden. Für jede Art der Wundbehandlung sind sterile Bedingungen obligat, um die Gefahr einer Infektion gering zu halten. Bei der Versorgung größerer traumatischer Wunden sind daher Operationssaalbedingungen zu fordern. Nachstehende Therapierichtlinien für die Wundversorgung sind einzuhalten:

Anästhesie: kleinere Wunden: Lokal- oder Leitungsanästhesie, große Wunden Allgemeinnarkose.

Wundversorgung: Diese gliedert sich in die Abschnitte Wundrevision, Wundreinigung oder -toilette (Wundausschneidung) und den Wundverschluss:

Wundrevision: Exploration der Wunde bezüglich Ausdehnung, Tiefe, Durchblutung, Kontamination, Verschmutzung, Fremdkörper, Begleitverletzung;

Wundreinigung, -toilette: lokale Spülung (evtl. sogar Jet-Lavage = pulsierender Wasserstrahl), mechanische Wundreinigung;

Wundausschneidung: chirurgische Entfernung stark verschmutzten, minder durchbluteten Gewebes *(Débridement), Second-Look-Revision* bei möglichen sekundären Gewebenekrosen (wiederholtes Débridement). Wenn möglich Schonung wichtiger Gewebestrukturen (Gefäße, Nerven, Sehnen usw.);

Wundverschluss: primär bei glatt begrenzten, gut durchbluteten Wundrändern, bei tiefen Wunden über einer Drainage; spannungs- und stufenfreie Naht mit nicht resorbierbaren atraumatischen Fäden;

Nahttechniken bei tiefen Wunden:

- schichtweise: in der Tiefe Adaptation der Schichten mit resorbierbaren Fäden aus hydrolytisch spaltbarem, synthetischem Material;
- „durchgreifende“ Fäden: wenn möglichst wenig „Fremdkörper“ in der Wunde zurückbleiben sollten; die Naht bezieht alle relevanten Schichten wie Faszie, Korium und Epidermis ein;
- verzögerte Primärnaht: bei Kontamination, Überschreiten der 12-Stunden-Grenze, eingeschränkter Vaskularität, hoher Wundspannung; nach Débridement Vorlegen der Fäden, steriler Wundverband, im weiteren Verlauf schrittweises Nachziehen der Fäden bis zum Verschluss oder
- Sekundärnaht: direkte Vereinigung der Wundränder einige Tage p.tr.;
- Sekundärheilung: bei ungünstigen lokalen Bedingungen, z. B. bei Defektverletzungen, Nekrosen, Infektionsgefahr usw.

Verschluss einer chirurgisch gesetzten Wunde

Die chirurgische Wunde gilt als sauber, die Wundflächen sind unwesentlich kontaminiert, die Vaskularisation der Wundränder ist erhalten. Bei Eröffnung von Körperhöhlen (z. B. Thorax, Abdomen), bei Eingriffen an Knochen und Gelenken ist eine schichtweise Nahtvereinigung angezeigt, d. h. dass die einzelnen Gewebeschichten „Stoß auf Stoß“ mittels Einzelknopf- oder fortlaufenden Nähten zusammengeführt werden. Eine zu große Nahtspannung ist zu vermeiden. Für tiefere Gewebeschichten benützt man resorbierbare Nahtmaterialien, welche sich über einen definierten Zeitraum auflösen. Der Hautverschluss erfolgt mit atraumatischen Nähten, die eine zusätzliche Gewebeschädigung weitgehend vermeiden. Bei zu hoher Wundspannung ist eine verzögerte Primärnaht angezeigt, bei welcher vorgelegte Fäden schrittweise angezogen werden.

Muss die Operationswunde offen gelassen werden, so ist ein Hautersatzmaterial geeignet. Dieses wird täglich gewechselt oder bleibt bis zur sekundären Nahtvereinigung in situ. Wenn möglich müssen Körperhöhlen bzw. Gelenke primär so weit verschlossen werden, dass keine wichtigen Strukturen oder z. B. Implantate frei liegen. Um Serome bzw. Hämatome zu vermeiden, werden Wunden regelmäßig drainiert (Redondrainage, Laschen usw.). In Fällen erhöhter Blutungsneigung im subkutanen Gewebe können zusätzlich Kompressionsverbände zur Anwendung kommen.

Verschluss einer traumatischen Wunde

Frische, glattrandige, wenig kontaminierte sowie tiefe Wunden ohne Defekt und bei guter Vaskularisation werden in Lokal- oder Leitungsanästhesie gereinigt, débridiert, gespült und durch primäre Naht über Drainage verschlossen. Die Nähte müssen spannungsfrei gelegt werden, die Adaptation soll stufenfrei erfolgen. Bei tieferen Wunden gleicher Qualität empfiehlt sich der primäre Wundverschluss unter Operationssaalbedingungen. Ungünstigere Wunden können durch Ausschneiden, Débridement und Reinigung in einen Zustand gebracht werden, der eine *primäre Naht* zulässt. Ansonsten müssen Vorbereitungen zur *verzögerten Primärnaht* oder Maßnahmen für die *sekundäre Wundheilung* getroffen werden. In manchen Fällen sind plastisch-chirurgische Maßnahmen oder lokale bzw. freie Haut-Weichteil-Lappenplastiken erforderlich. Bei ausgedehnten Weichteilschäden müssen wiederholte Revisionseingriffe (Second, Third Look usw.) erfolgen, um durch ein Nachdébridement günstige Heilungsbedingungen zu schaffen.

Behandlungsrichtlinien häufig vorkommender Wundarten

In Abhängigkeit von Art, Ausdehnung und Tiefe bzw. Lokalisation einer Wunde, deren Kontaminations- bzw. Verschmutzungsgrad, von Begleitverletzungen und der möglichen Infektionsgefahr und unter Berücksichtigung der allgemeinen Voraussetzungen des Patienten erfolgt die Versorgung verschiedener Wunden gemäß nachstehender Prinzipien:

Schnittwunde: Nach Exploration in Lokal-, Regional- oder Allgemeinanästhesie sowie nach Ausschluss oder Mitversorgung relevanter Begleitverletzungen (z. B. Sehnen-, Nervenverletzungen usw.) erfolgt die primäre Vereinigung der Wundränder durch atraumatische Einzelknopfnähte oder Intrakutannaht, evtl. über Drainage. Bei (selten!) hohem Kontaminationsgrad offene Wundbehandlung mit temporärer Einlage z. B. von Schaumstoffen und Drainage sowie Sekundärnaht.

Riss-Quetsch-Wunde: Zur Infektionsprophylaxe Revision mit Débridement (Nekrektomie = Abtragung sämtlichen minderdurchbluteten Gewebes), sog. *Friedreich-Wundausschneidung*. Offene Wundbehandlung mit Hautersatzmaterialien (bei oberflächlicher Wunde) bzw. Schaumstoffen (bei tiefen Wunden), nur in Ausnahmefällen primäre Naht. Sekundär Rekonstruktion durch Situationsnähte (spannungsfreie Readaptation der Wundränder).

Stich-, Schusswunde: In Abhängigkeit von relevanten Begleitverletzungen (z. B. Eröffnung von Körperhöhlen an Thorax, Abdomen, Gelenken usw.) oder bei Gefäß-Nerven-Beteiligung chirurgische Exploration der Wunde mit Débridement obligat! Dabei ist insbesondere die Versorgung der Begleitverletzungen wie Pneumothorax, Perikard- oder Herzmuskel- bzw. Lungenverletzungen, die Stabilisierung von Schussfrakturen, die Naht von Gefäßen, Nerven, Sehnen usw. von höchster Bedeutung. Bei stark verschmutzten Wunden statt primärem Wundverschluss offene Behandlung mit Hautersatzmaterialien.

Bisswunde: Grundsätzlich Exzision der Wundränder sowie nekrotischer/kontaminierter Gewebeareale als Infektprophylaxe (Abstrich, Histologie, Serologie usw.). Offene Wundbehandlung unter Verwendung von Schaumstoff bis zur Wundreinigung. Sekundäre Rekonstruktion durch Situationsnähte. Bei Defektverletzungen lokale/freie Weichteil-Lappenplastiken. Systemische Therapie bei Verdacht auf Infektionskrankheiten wie z. B. Tollwut u. a. m.

Schürfwunde: Diese muss lediglich gereinigt und desinfiziert bzw. steril abgedeckt werden. Sie heilt unter dem Schorf.

Ablederung, Décollement: *Offene Ablederungsverletzungen* geringerer Ausdehnung werden gereinigt und desinfiziert. Wenn möglich, wird der abgescherte Hautlappen (Durchblutung?) mit atraumatischen Einzelknopfnähten refixiert. Bei ausgedehntem *offenem Décollement* ist die Versorgung im Operationssaal obligat. Die umfassende Exploration der Wunde, ihre Reinigung, ein Débridement und die Spülung (Jet-Lavage!) ermöglicht den primären Verschluss über Drainagen. Bei *geschlossenem Décollement* kann in Abhängigkeit von Lokalisation und Ausdehnung mittels lokaler Kompression ein Verkleben der Geweschichten angestrebt werden. Ausgedehntere Verletzungen mit größerem Hämatoserom sind operativ zu explorieren. Nach Ausräumen und Spülen der Hämatomhöhle erfolgt die Vereinigung der Gewebeschichten mit durchgreifenden Nähten über Drainagen.

Bei jeder Wundversorgung, auch bei sog. Bagatellverletzungen, ist der Tetanusimpfschutz zu überprüfen (ggf. **Tetanusprophylaxe**).

Folgende **Richtlinien** sind zu beachten:

- Grundimmunisierung: I. m. Injektion des Tetanusimpfstoffes (Tetanol) und Wiederholung nach 4 Wochen bzw. einem Jahr (3 Impfungen). Auffrischimpfung längstens nach 10 Jahren.
- Bei Verletzung: Auffrischimpfung obligat, wenn die letzte Impfung mehr als 5 Jahre zurückliegt. Bei verschmutzten oder verzögert versorgten Wunden Auffrischung großzügiger handhaben (wenn mehr als 1 Jahr nach letzter Impfung vergangen). Ohne ausreichenden Impfschutz ist die Simultanimpfung vorzunehmen (Tetanol 0,5 + 250 IE Tetagam).

Therapie der chronischen Wunde

Chronische Wunden müssen durch verschiedene diagnostische Methoden differenziert werden. Dabei sind nachfolgende Parameter einzubeziehen:

Beurteilung einer chronischen Wunde:

1. Welche Gewebeschichten sind betroffen? (Ausdehnung, Tiefe, Lokalisation usw.)
2. In welchem Zustand befindet sich die Wunde? (Exsudation, Nekrosen usw.).
3. Welche Phase der Wundheilung ist erreicht? (Exsudationsphase, Proliferationsphase, Umfang und Qualität des Granulationsgewebes, Epithelialisierung usw.).

Therapeutisch ist eine chirurgische Revision mit Nekrektomie und Débridement voranzustellen. Bei oberflächlichen Belägen bzw. weniger ausgeprägter Infektion kann dies durch enzymatische Wundreinigung oder mechanisch mittels interaktiver Wundauflage erreicht werden.

Interaktive Auflagen zur Wundkonditionierung

Schaumstoffe (Polyurethanschaumstoffe, Polyvinylalkoholformalschaum [PVA], Silikonschäume):

- wichtigste Materialien für Wundkonditionierung,
- günstige mechanische Eigenschaften (Aufnahme von Exsudat, Detritus, Keimen usw.),
- bewirken Wundreinigung (mechanisches Débridement durch Abziehen der oberflächlichen Granulationsschicht beim Auflagenwechsel),
- ermöglichen Granulationsförderung durch Mitosereiz im Statum basale,
- dienen zum Schutz einer Wunde vor Austrocknung, schützen freiliegende Sehnen, Gefäße und Nerven.

Hydrokolloide aus selbsthaftendem Elastomer (Matrix) mit eingelagerten quellfähigen Mikrogranulaten (Polymere). Mikrogranulate = hydrophil, Matrix = hydrophob, *Wirkung:* durch Fibrinolyse und Förderung der Freisetzung von Wachstumsfaktoren (Bioaktivität); durch Aufnahme von Exsudat Übergang in Gelzustand;
Indikationen: zum Ablösen von Belägen (Débridement bei stärker sezernierenden, nicht infizierten Wunden).
Hydrogele: 3-dimensionale Netzwerke aus hydrophilen Polymeren mit unterschiedlich hohem H_2O-Anteil (nicht wasserlöslich, semipermeable Polyurethan-Deckschicht),
Eigenschaften: durch Quellung hohes Saugvermögen für Exsudat, Detritus, Keime usw.;
Vorteile gegenüber Hydrokolloiden: Besseres Saugvolumen, Flüssigkeitsbalance, Geruchsabsorption. Keine Rückstände auf der Wunde. Transparenz zur besseren Wundkontrolle, Polsterwirkung;
Indikation: nicht infizierte chronische Wunden mit schlechter Heilungstendenz (z. B. Ulcera cruris, Verbrennungswunden usw.).

2.2 Vakuumversiegelungs-Technik

Prinzip: PVA-Schaum mit integrierter Drainage zur flächigen Wunddrainage mit Erhalt eines feuchten Milieus, dadurch Granulationsförderung. Anwendung in Wundhöhlen mit temporärem Verschluss der Haut und Wechsel bzw. Ausbau nach maximal 7 Tagen Einliegezeit. Alternativ bei Haut-Weichteil-Infekten Überkleben des Schaumstoffes mit Operationsfolie zur Erzeugung eines Vakuums, dadurch Erzeugen eines granulationsfördernden und wundreinigenden Milieus.
Indikationen:

- Traumatische Haut-Weichteil-Defekte ohne primäre Verschlussmöglichkeiten (Vorbereitung für Sekundärnaht, z. B. nach Kompartmentspaltung oder nach traumatischem Hautdefekt).
- Zur Wundreinigung nach chirurgischer Revision wegen Hämatom oder Serom bzw. akuter/chronischer Wundinfektion. Wechsel des Schaumstoffes regelmäßig bis zum definitiven Wundverschluss.
- Zur Infektionsprophylaxe bei offenen Wunden (mit oder ohne Fraktur).

Calciumalginate: aus marinen Braunalgen, Kompressen aus weichen textilen Calciumalginat-Fasern; bei Blutkontakt durch dort vorhandene Natrium-Ionen über Ionenaustausch Umwandlung von Calcium in Natriumalginat; Aktivierung des Quellvorganges, Bildung eines schleimigen, stark hydrophilen Gels.
Wirkung: mechanische Wundreinigung mit Aufnahme von Wundsekret, Detritus und Keimen;
Indikation: Großflächige, tiefe, durch Austrocknung gefährdete Wunden, zerklüftete, unterminierte Wundränder.

Biologische Hautersatzpräparate

Präparierte Leichen- oder Schweinehaut:
Indikation: temporäre Wunddeckung bei großflächigen Verbrennungen.

Organische Materialien

Z. B. Keratinozyten-Kulturen aus körpereigenen Keratinozyten (Hautbiopsie) in Kulturmedien unter hochsterilen Bedingungen gezüchtete Transplantate;
Indikation: Zur Deckung von Verbrennungswunden.

Bioaktive Wundauflagen

Wachstumsfaktoren, sind für die molekularbiologische Regulation der Wundheilung verantwortlich. Sie stimulieren Sekretion und Proliferation, ihre Produktion erfolgt zunächst in Form inaktiver Vorstufen. Nach Ankopplung an die Effektorzelle, welche auf der Zellmembran spezifische Rezeptoren besitzt, entfalten sie ihre Wirkung. Konzentration und Kombination der Wachstumsfaktoren sind für die Synthese bestimmter Proteine zuständig.
Indikation: Bei schlecht heilenden Wunden als Stimulanz.

2.3 Wirkmechanismen von Wachstumsfaktoren

- die *mitotische* Wirkung = Stimulation der Zellteilung
- die *chemotaktische* Wirkung = Fähigkeit, Zellen während bestimmter Heilungsphasen in die Wunde zu locken
- die *modulatorische* Wirkung = Veränderung der Effektorzelle, dadurch Produktion und Sekretion neuer Substanzen

Lokale Antiseptika

Wirkprinzip: lokale Anwendung antimikrobiell wirksamer Substanzen.
Eigenschaften:

- breites antimikrobielles Spektrum,
- geringe Gewebeirritation,
- minimale systemische Absorption,
- geringe Allogenizität,
- keine Begünstigung der Keimresistenz.

2.4 Störungen der Wundheilung

Ursachen einer Wundheilungsstörung können bedingt durch eine Verletzung, iatrogen ausgelöst, in individuellen Voraussetzungen des Patienten gelegen oder eine Kombination mehrerer dieser Faktoren sein. Die gestörte Wundheilung läuft im Grundsatz ab wie die physiologische, ist aber zeitlich verzögert und hinterlässt schlechtere funktionelle und ästhetische Ergebnisse. Ziel jeglicher Therapie ist, die pathologischen Abläufe zu unterbrechen und in physiologische Heilungsvorgänge zu überführen.

Ätiopathogenese: **Akute** Wundheilungsstörungen basieren auf einer posttraumatisch oder postoperativ entstandenen Imbalance zwischen lokaler Vaskularität und Immunabwehr sowie dem Ausmaß der Gewebeschädigung bzw. Kontamination einer Wunde. Typische Bedingungen hierfür sind der hochgradige Weichteilschaden mit lokaler Durchblutungsstörung und evtl. massiver Kontamination, ausgelöst durch direkte Quetschung bzw. das Einwirken von Scherkräften. Begünstigend wirken vorbestehende lokale Durchblutungsstörungen wie arterielle Verschlusskrankheiten (s. SE 32.1, S. 712 f) oder die chronisch-venöse Insuffizienz (s. SE 33.4, S. 746 f), Stoffwechselerkrankungen wie Diabetes mellitus und Gerinnungsstörungen oder eine geschwächte Immunabwehr. Iatrogene Ursachen sind schlechte Weichteilbehandlung bei Operationen, z. B. Quetschung der Wundränder durch Hakenzug, Schädigung von Blutgefäßen, eine mangelhafte Blutstillung bzw. Wunddrainage, woraus sich Wundrandnekrosen, Serome/Hämatome und im ungünstigsten Fall eine Infektion entwickeln. Solche Heilungsstörungen sind dann besonders deletär, wenn sich Fremdkörper wie z. B. Implantate im Wundbereich befinden.
Chronische Heilungsstörungen resultieren häufig aus insuffizient behandelten bzw. verschleppten akuten Wundproblemen oder gehen auf dekompensierte lokale Durchblutungsstörungen, gelegentlich auf eine zusammengebrochene Immunabwehr zurück. Typische Beispiele hierfür sind das chronisch-venöse Ulkus mit oberflächlicher Infektion oder die Heilungsstörung auf der Basis eingeschränkter Mikrozirkulation beim Diabetes mellitus.

Ursachen für Wundheilungsstörung (akut und chronisch):
- örtliche Durchblutungsstörungen,
- dekompensierte Immunabwehr,
- Serome, Hämatome,
- Grunderkrankungen (z. B. Diabetes mellitus).

Diagnostik: Wundheilungsstörungen erkennt man vor allem durch klinische Untersuchung, zusätzliche diagnostische Maßnahmen sind auf Laborbestimmungen und das Fahnden nach Grunderkrankungen beschränkt. Apparativ gestützte Untersuchungen haben dagegen untergeordnete Bedeutung (s. SE 2.1, S. 33).

Symptome einer *akuten Wundheilungsstörung* sind Rötung, Schwellung, Schmerz, Überwärmung, Nahtdehiszenz usw. Die *chronische Heilungsstörung* erkennt man an fehlender Epithelisierung, mangelhafter Durchblutung der Wunde und häufig bakterieller Kontamination.

Therapie: Die **akute** Wundheilungsstörung verlangt ein sofortiges bis notfallmäßiges Eingreifen, um die pathophysiologischen Abläufe zu unterbrechen, in der Regel durch Anwendung chirurgischer Maßnahmen. Typische Beispiele sind die Revision eines frischen Hämatoms oder Seroms, deren Ausräumung den Übergang zur Infektkomplikation verhindern soll. Ähnliches gilt für Wundrandnekrosen bzw. -dehiszenzen oder die drohende Infektion, die beherrscht werden können. Bei der operativen Intervention wird alles minderdurchblutete oder abgestorbene Gewebe entfernt (Débridement, Nekrektomie), Hämatome und Serome werden ausgeräumt und drainiert und dadurch die örtlichen Bedingungen für die Wundheilung optimiert (s. auch SE 2.3, S. 36 f).
Bei **chronischen Heilungsstörungen** (s. auch SE 2.3, S. 37 f) kann nach exakter Ursachenforschung ein Therapieplan aufgestellt werden, der im Grundsatz die Beseitigung des auslösenden Agens (z. B. lokale Durchblutungsstörung, schlecht eingestellter Diabetes mellitus, Fremdkörperwirkung, chronisch-venöse Insuffizienz usw.) zum Ziel hat. Am Anfang der Therapie steht meist die chirurgische Revision, gefolgt von lokaler Verbandbehandlung ggf. mit Bädern zur Wundreinigung und die Beseitigung oder Beeinflussung von Grunderkrankungen (z. B. Einstellen des Blutzuckers bei Diabetes mellitus, Sympathektomie bei arteriellen Durchblutungsstörungen usw.). Nicht selten ist die Therapie chronischer Wundheilungsstörungen langwierig und von Rezidiven gefolgt.

2.4 Therapiebeispiele bei akuter Wundheilungsstörung

Postoperatives Auftreten von Schwellung und Ödem im Wundbereich nach Implantation einer Hüftendoprothese wegen Schenkelhalsfraktur, Erhöhung des C-reaktiven Proteins, sonographisch relevante Flüssigkeitsansammlung im epifaszialen Wundbereich. Deswegen **akute/notfallmäßige Wundrevision** mit Entnahme eines Abstriches, Ausräumung des Seroms bzw. Hämatoms, Nekrektomie mit Anfrischen der Wundflächen, umfangreiche Spülung mit Kochsalz oder Ringerlösung, evtl. Einlegen eines Vacuseal-Schwammes mit Drainage, einschichtiger Wundverschluss und Planung der nächsten Revision mit evtl. dann möglichem Ausbau des Vacuseal. Systemisch Antibiotikagabe. Etwas verzögerte Mobilisierung.

Kuno Weise

3.1 Keimbesiedelung des Menschen und Krankenhaushygiene

Die physiologische Keimbesiedelung des Menschen sowie das Keimspektrum häufiger Infektionen werden in 3.1 beschrieben. Nosokomiale, das heißt, im Krankenhaus erworbene Infektionen bedeuten eine unerwünschte zusätzliche Belastung und Gefährdung für die betroffenen Patienten. Die möglichen Folgen sind eine Erhöhung der Krankenhausmorbidität und gegebenenfalls auch der -mortalität, eine Verlängerung des stationären Krankenhausaufenthaltes und damit verbunden eine Steigerung der Behandlungskosten. Am häufigsten treten unkomplizierte Harnwegsinfekte auf, gefolgt von postoperativen Wundinfekten und Pneumonien. Die Vermeidung dieser Komplikationen muss eines der obersten Ziele der Krankenbetreuung sein.

Definitionen:
Antisepsis: Dieser Begriff umfasst Maßnahmen zur Reduktion des Keimgehaltes wie z. B. die Desinfektion von Händen und des Operationsgebietes, aber auch die Flächendesinfektionen. **Antiseptika** sind Substanzen mit mikrobiostatischer oder mikrobiozider Wirkung.
Asepsis bezeichnet im engeren Sinne alle Maßnahmen zur Erzielung der Keimfreiheit, wie z. B. die Sterilisation. Die Zielsetzung der Antisepsis und der Asepsis ist die Prävention der Verschleppung bzw. des Eindringens von Keimen.
Kontamination nennt man eine Verschmutzung oder Verunreinigung von Flächen, Wasser oder Personen (in diesem Zusammenhang mit Mikroorganismen). In der Chirurgie treten Kontaminationen sowohl mit endogenen Keimen (z. B. Kontamination der Peritonealhöhle durch eine intraoperative Darmeröffnung) als auch mit exogenen Erregern auf.

Sterilisations- und Desinfektionsverfahren

Sterilisation

Ziel: Durch die Sterilisation sollen *alle* vermehrungsfähigen Mikroorganismen (einschließlich der Sporen) inaktiviert werden. Die allermeisten operativen Instrumente und Einmalmaterialien müssen steril (wieder-)aufbereitet sein.

Methoden: Die **Dampfsterilisation** im Autoklav ist das Standardverfahren für *thermostabile Güter*. Hierbei erfolgt die Dampfexposition in einer Umgebung mit Überdruck bei definierter Temperatur und Einwirkzeit. Basierend auf der unterschiedlichen Empfindlichkeit einzelner Mikroorganismen gegenüber der thermischen Sterilisation werden diese in Resistenzstufen eingeteilt (T 3.1).
Für *thermolabile Materialien* kommt die **Gassterilisation** mit Ethylenoxid oder Formaldehyd zum Einsatz. Beide Substanzen sind toxisch, kanzerogen und mutagen. Nach der Sterilisation mit Ethylenoxid ist eine Entgasungszeit vor der Verwendung notwendig, da das Ethylenoxid im Gegensatz zu Formaldehyd von Kunststoffen absorbiert werden kann.

T 3.1 Resistenzstufen der Mikroorganismen

Resistenzstufe	*Keime*	*nötige Dampfexposition zur Inaktivierung*
I	Viren, vegetative Bakterienformen, Pilze	100 °C 1–2 min
II	Milzbrandsporen	100 °C 15 min
III	pathogene Erdsporen	121 °C 10 min
IV	thermophile, nichtpathogene Sporen	134 °C 30 min

Desinfektion

Ziel: Die Desinfektion soll zur Abtötung aller *pathogener* Erreger führen.

Methoden: Die Substanzen für die Flächen-, Instrumenten-, Haut- und Schleimhautdesinfektion sind in T 3.2 aufgeführt. Zur Haut- und Schleimhautdesinfektion s. SE 3.10, S. 64 f.
Die *Flächendesinfektion* sollte, wenn möglich, nur als Wischdesinfektion durchgeführt werden, da eine Sprühdesinfektion wesentlich weniger wirksam ist. Eine *Instrumentendesinfektion* erfolgt bei solchen Gegenständen, die nicht in Kontakt mit Wunden oder Blut des Patienten kommen (z. B. Endoskope).

T 3.2 Substanzen zur Desinfektion

Indikation	*Substanz*
Flächen- und Instrumentendesinfektion	Aldehyde, Alkohole oder Phenole
Händedesinfektion (Personal), Hautdesinfektion (Patient)	Alkohole, Iod- oder Ammoniumverbindungen
Schleimhautdesinfektion	Iodverbindungen

3.1 Keimbesiedelung des Menschen

Normale Keimbesiedelung des Menschen
Thorax, Peritonealhöhle, Liquorraum, Blase, Uterus, Tuben, Nasennebenhöhlen, Mittelohr und Magen sind normalerweise keimfrei oder keimarm. Ansonsten ist der Mensch von einer Vielzahl von Mikroorganismen (meist Bakterien) besiedelt:
Körperoberfläche:
typische Keime: Staphylokokken, apathogene Korynebakterien, Propionibakterien, Pilze; *seltener:* α-hämolysierende Streptokokken; *vereinzelt:* aerobe Sporenbildner, Enterobakterien (Enterobateriaceae), apathogene Mykobakterien;
Mund, Nasopharynx, Speiseröhre: α-hämolysierende Streptokokken, Aktinomyzeten, Bacteroidacae *(zahlreich)*; Spirochäten, Mykoplasmen *(häufig)*; Neisserien, Pilze *(vereinzelt)*;
Vagina: Laktobazillen, Streptokokken.
Dünndarm: wie Dickdarm, langsam ansteigende Keimzahl;
Dickdarm: Anaerobier (99 % der Dickdarmflora): Bacteroidacae, Enterobakterien, Klostridien, Enterokokken.
Das reichste endogene Keimreservoir ist der Dickdarm.
Die körpereigene Flora hat **wichtige Funktionen**:
- Sie stimuliert das Immunsystem und
- verhindert eine Ansiedelung oder Überwucherung mit pathogenen Keimen (Kolonisationsresistenz).

Infektionsmöglichkeiten
- Wird das **biologische Gleichgewicht** der endogenen Flora z. B. durch Gabe von *Antibiotika* **gestört**, kann es zu einer Überwucherung nicht therapierter Keime und somit zu erheblichen Erkrankungen kommen (z. B. pseudomembranöse Kolitis).
- Die Haut und die Schleimhäute bilden eine Barriere, die das Eindringen von Mikroorganismen in die keimfreien Körperhöhlen oder in das Gewebe verhindern. Unterstützt wird die Barrierefunktion, insbesondere im Bereich der natürlichen Körperöffnungen, durch (teilweise bakterizide) Körpersekrete und lymphatische Organe. Im Rahmen von *Verletzungen*, *Katheterisierungen* (Blasenkatheter), *Kanüleneinlagen* in Gefäße (peripher venöse Zugänge, zentrale Venenkatheter) oder auch *operativen Eingriffen* können über eine **Keimverschleppung** auch die endogenen, primär apathogenen Mikroorganismen Infektionen verursachen.
- *Fremdkörper* wie z. B. diagnostisch oder therapeutisch verwendete Kunststoffmaterialien bilden durch ihre Oberfläche einen idealen **Besiedlungsort** für endo- und exogene Keime, der durch die vorhandenen Abwehrmechanismen des Organismus schlecht unter Kontrolle gebracht werden kann.
- Bei einer vorbestehenden **Schwächung des körpereigenen Abwehrsystems** kann auch ohne Barriereverletzung durch die primär apathogenen Keime der Normalflora eine klinisch relevante, sog. opportunistische Infektion entstehen.

Keimspektrum häufiger Infektionen
Die Lokalisation des Infektionsherdes lässt auf das mögliche Keimspektrum der Infektion rückschließen. Diese Tatsache erklärt sich durch die örtliche Nähe zu endogenen Erregern und durch eine partielle Affinität der Keime zu bestimmten Geweben:
Haut, Weichteile: Staphylokokken (S. aureus), Streptokokken (S. pyogenes), Enterokokken,
Thorax, Lunge: Pneumokokken, Enterobakterien, Pseudomonas (P. aeroginosa), Staphylokokken (S. aureus),
Harnwege: Enterobakterien (E. coli),
Gastrointestinaltrakt: Rotaviren, Enterobakterien (E. coli), Staphylokokken, (S. aureus), Campylobacter (C. jejuni), Yersinien (Y. enterocolitica), Vibrionen,
Knochen, Gelenke: Staphylokokken.

Körperoberfläche
Haut- und Weichteilgewebsinfekte: Infektionen der Haut, der Hautanhangsgebilde, der Subkutis, der Faszien und der Muskulatur treten überwiegend nach Verletzungen mit Verschleppung von endogenen oder exogenen Keimen auf. Am häufigsten liegen Staphylokokken- oder Streptokokkeninfekte vor, die sich lokalisiert oder flächenhaft ausbreiten können.

! Durch die Vielfalt des oralen Keimspektrums sind (insbesondere humane) Bissverletzungen bezüglich drohender Infektionen besonders gefährlich.

Körperhöhlen
Pneumonien: Liegt eine *ambulant erworbene* Pneumonie vor, so lassen sich häufig Pneumokokken nachweisen (ca. 30 % der Fälle). Seltener finden sich Haemophilus influenzae, Staphylococcus aureus, Klebsiella pneumoniae, Legionella pneumophila oder Mykoplasma pneumoniae.
Bei *nosokomialen*, d. h. im Krankenhaus erworbenen Pneumonien, sind Enterobakterien, Pseudomonas aeruginosa und Staphylococcus aureus häufig.
Liegt eine *Schwächung des Immunsystems* vor (z. B. HIV), lassen sich Pilze, insb. Kandida und Aspergillen, Pneumocystis carinii, Aktinomyzeten oder Mykobakterien nachweisen.

! Nosokomiale Pneumonien stellen ein großes Problem bei Beatmungspflichtigkeit nach ausgedehnten thorax- oder abdominalchirurgischen Eingriffen dar.

Bronchitiden: Als Ursache *akuter Bronchitiden* finden sich häufig Infektionen durch Respiratory-syncytial-Virus, Parainfluenza- oder Influenzaviren. Bei *chronischen Bronchitiden* bzw. einer akuten Exazerbation findet sich ein ähnliches Keimspektrum wie bei ambulant erworbenen Pneumonien.
Harnwegsinfekte: Enterobakterien, insb. Escherichia coli, sind die wichtigsten Erreger bei Infektionen der Nieren und der ableitenden Harnwege. Weitere wichtige Keime sind Enterokokken, Staphylokokken oder Pseudomonaden. Harnwegsinfektionen entstehen meist aszendierend. Blasenkatheter, Abflusshindernisse oder Diabetes mellitus wirken prädisponierend.
Gastroenteritiden: Häufige Erreger sind Rotaviren, Staphylokokken, Escherichia coli, Campylobacter, Yersinien und Vibrionen.
Peritonitiden: Eine *sekundäre Peritonitis* entsteht durch Hohlorganperforation oder Durchwanderung der Darmwand. Die Keime leiten sich von der endogenen Mischflora des Darmes ab.
Die seltene *primäre Peritonitis* (z. B. bei Leberzirrhose und Aszites: sog. spontan bakterielle Peritonitis) kann durch eine hämatogene Streuung verursacht werden. Typische Keime sind Streptokokken oder Enterobakterien.
Knochen- und Gelenkinfektionen: Osteomyelitiden oder Arthritiden resultieren häufig aus einer traumatischen oder operativen Kontamination des Knochens oder der Gelenke. Der häufigste Keim ist dementsprechend Staphylococcus aureus.
Dringen die Keime aus der Umgebung (z. B. aus einem infizierten Ulkus) oder durch hämatogene Streuung ein, entspricht das Spektrum dem der Infektionsquelle.

Maßnahmen in den verschiedenen Krankenhausbereichen

Speziell ausgebildetes Hygienepersonal (Arzt und Pflegekraft) überwacht die allgemeinen und besonderen Hygienemaßnahmen in einem Krankenhaus. Sie sind z.B. auch zuständig für die Rückverfolgung einer MRSA-Quelle (**3.2**).

3.2 Multiresistente Erreger

Durch die unkritische, bzw. zu unselektive und zu häufige Anwendung von Antibiotika kommt es zunehmend zu einer Verbreitung von antibiotikaresistenten Keimen. In erster Linie ist der **M**ethicillin-(Oxacillin-)**r**esistente **S**taphylococcus **a**ureus (**MRSA**) zu nennen. Zunehmend sind aber auch andere Stämme wie Enterokokken oder Pseudomonaden betroffen. Viele dieser Erreger besitzen auch Resistenzen gegen andere Antibiotika. Es besteht die Gefahr einer epidemischen Ausbreitung insbesondere unter resistenzgeschwächten Patienten, z.B. auf einer Intensivstation. Übertragen werden die Erreger meist durch das ärztliche und das Pflegepersonal. Wird eine MRSA-Infektion festgestellt, sind die folgenden Sofortmaßnahmen zu ergreifen:
Verhinderung der Ausbreitung: Isolierung des Patienten, Testung des betreuenden Personals auf MRSA (Nasen- und Axillaabstrich),
Herdsanierung: antiseptische Ganzkörperwaschung, antiseptische Behandlung der Mundhöhle und der äußeren Gehörgänge, endonasale lokale Antibiotika-Applikation, Umgebungsdesinfektion und -reinigung (Kontaktgegenstände, Instrumente, Wäsche),
Meldung bzw. Information: an Hygieneverantwortliche, Personal, Verwandte, Besucher, Gesundheitsamt (nur bei vermehrtem Auftreten des Stammes).

Personal

Das medizinische Personal ist eine der bedeutsamsten Quellen für nosokomiale Infektionen.

Das Verhalten des Personals sollte den hygienischen Erfordernissen zur Vermeidung nosokomialer Infektionen entsprechen (s.a. **3.3**). Zunächst ist hier die **persönliche Hygiene** zu nennen. Hierunter fallen regelmäßiges Duschen, Handpflege, Haarpflege, frequenter Wäschewechsel, Reinigen des Schuhwerkes und der Verzicht auf Schmuck. Träger von Handinfekten (z.B. Panaritium) dürfen nicht am Patienten arbeiten. Während der **beruflichen Tätigkeit** sollten außerdem mögliche Kontaminationsquellen identifiziert, verhindert oder bekämpft werden. Zu den erforderlichen Maßnahmen gehört das Tragen von Handschuhen, die hygienische Händedesinfektion vor und nach der Arbeit am Patienten, die Desinfektion potenziell kontaminierter Flächen, die ordnungsgemäße Entsorgung von infektiösem Material, die Trennung von reiner und unreiner Wäsche, die hygienisch einwandfreie Infusions- bzw. Injektionsvorbereitung und das strikte Einhalten der zusätzlichen Hygieneerfordernisse in Einrichtungen mit hoher Infektionsgefahr (Intensivstation, Operationseinheit usw.).

3.3 Semmelweis und das Kindbettfieber

Einer der ersten Mediziner, der die Rolle des behandelnden Arztes als Krankheitsüberträger erkannte, war Ignatius Semmelweis (1818–1865). Er führte die hohe Rate des Kindbettfiebers darauf zurück, dass Ärzte und Studierende nach Kontakt mit Leichen in der Anatomie oder in der Pathologie ohne Desinfektionsmaßnahmen Krankheitserreger auf Gebärende übertragen können. Schließlich propagierte Semmelweis die Waschung der Hände in einer Desinfektionslösung vor Untersuchungen bzw. Manipulationen am Patienten.

Pflegestation

Die **baulichen Voraussetzungen** der Pflegestationen sind vielerorts sicherlich nicht als optimal zu bezeichnen. Günstig wären kleine Einheiten, getrennt nach der Kategorie der Eingriffe (**T 3.3**). Zumindest sollten aber septische von aseptischen Patienten sowohl räumlich als auch personell getrennt werden. Es sollten vielerorts Dosierspender für Desinfektionsmittel und Seife zur Verfügung stehen.
Durch **therapeutisch verwendete Kunststoffmaterialien** können Mikroorganismen über eine Besiedelung dieser Fremdkörper zu erheblichen systemischen Infektionen führen. Zu nennen sind hier die Zystitis nach Blasenkatheterisierung, die Weichteilinfektion nach peripher venöser Infusionstherapie, die Kathetersepsis bei zentralen Venenkathetern oder das Pleuraempyem durch eine Thoraxdrainage. Zur Prophylaxe dieser Infektionen sollte vor der Einlage eine ausreichende Hautdesinfektion erfolgen, die Eintrittsstellen ausreichend verbunden werden und in der Folgezeit häufig kontrolliert bzw. gepflegt werden.

Bei den geringsten Anzeichen einer Infektion müssen dann, wenn medizinisch vertretbar, die Kunststoffmaterialien umgehend entfernt werden.

Für die **Wundversorgung** sollten septische und aseptische Verbandseinheiten (z.B. Verbandswagen) getrennt zur Verfügung stehen. Aseptische Patienten sind immer vor septischen zu behandeln (und bei den aseptischen zunächst die immunsupprimierten!). Die Verbandseinheiten sollten regelmäßig desinfiziert und die Abfälle ordnungsgemäß nach dem Gebrauch der Einheit entsorgt werden. Das Tragen von Handschuhen (ggf. sterile Handschuhe) beim Verbandswechsel ist obligat.

T 3.3 Kontaminationsgrad operativer Eingriffe

Klassifikation	*Keimbesiedelung*	*OP-Beispiele*
septisch	massiv	Abszessspaltung
kontaminiert	obligat	Kolonresektion
aseptisch-kontaminiert	fakultativ	Magenresektion
aseptisch	keine	Gefäßbypass

Zur **Operationsvorbereitung** auf der Pflegestation zählen das Duschbad des Patienten, die Haarentfernung im Operationsgebiet (s. 3.4) und die Darmreinigung zur Keimreduktion bei abdominellen Eingriffen.

> **3.4 Haarentfernung im Operationsgebiet**
>
> Der hygienische Nutzen der Haarentfernung, insbesondere durch Rasur wird kontrovers diskutiert. In Studien konnte gezeigt werden, dass nach einer präoperativen Rasur die Rate der postoperativen Wundinfektionen sogar höher liegt als ohne Haarentfernung. Aus operationstechnischen Gründen ist eine Haarentfernung aber indiziert. Einigkeit besteht darüber, dass eine Haarentfernung erst kurzfristigst vor der Operation erfolgen solle, um das Entstehen von potenziell infizierten Wunden zu vermeiden. Der Zeitpunkt ist allerdings nicht genau definiert.

Intensivstation

Für die Intensivstation müssen die allgemeinen Hygienemaßnahmen nochmals intensiviert werden, da betroffene Patienten im Rahmen schwerer Krankheitsbilder durch eine Schwächung des Immunsystems zusätzlich gefährdet sind. Hierzu gehören das Tragen von Schutzkleidung sowohl beim Personal als auch bei Besuchern, die Intensivierung der Flächendesinfektion, besondere Sorgfalt bei dem Umgang mit blutgefüllten Kathetersystemen (Dialyse, Hämofiltration) und das keimfreie Absaugen. Dem letzten Punkt kommt vor dem Hintergrund der besonderen Gefährdung beatmeter Patienten, nosokomiale Pneumonien zu erwerben, eine übergeordnete Bedeutung zu (s. auch SE 7.6, S. 198).

Operationsabteilung

Bauliche Voraussetzungen: Sowohl das Personal als auch die Patienten dürfen den Operationstrakt nur über eine **Schleuse** erreichen. Im **Operationsbereich** sind die einzelnen Operationssäle räumlich abgetrennt (3.1).

Verhaltensregeln für das Personal: Das Personal sollte im Umkleideraum die Oberkleidung ablegen und in der Schleuse die vorgesehene Operationskleidung mit Operationsschuhen, Kopfhaar- und Mundschutz anziehen. Nach einer Händewaschung und -desinfektion darf der Operationsbereich betreten werden. Die Operateure und das instrumentierende Pflegepersonal müssen eine weitere Hände- und Unterarmwaschung durchführen (zunächst Seife mit Nagelbürste, dann alkoholische Desinfektionsmittel mit ca. 5 min Einwirkdauer), bevor ein steriler Kittel und sterile Handschuhe angelegt werden.

Patientenvorbereitung: Die Patienten werden mit einem automatischen Schleusensystem von ihrem Bett auf den Operationstisch transportiert und dann in den Anästhesie-Einleitungsraum gebracht, wo sie vor dem Weitertransport in der Operationssaal anästhesiologisch vorbereitet werden. Schließlich erfolgt die Desinfektion des Operationsgebietes durch das Operationspersonal. Das außerhalb des Operationsbereiches gelegene Areal wird dann mit sterilen Tüchern (ggf. Einmalmaterialien) abgedeckt.

Das ***Operationsprogramm*** sollte so gestaltet werden, dass zu Beginn die aseptischen Eingriffe stattfinden und erst zum Ende des Programms die kontaminierten oder septischen Operationen durchgeführt werden.

> **3.5 Operationstextilien**
>
> Operationstextilien, insb. Bekleidung und Abdeckmaterialien müssen eine sichere Flüssigkeits- und Keimbarriere besitzen und dem 1994 erlassenen Medizinproduktegesetz (MPG) entsprechen. Hierdurch soll die Keimübertragung zwischen dem Personal und dem Patienten verhindert werden. Herkömmliche Baumwollprodukte sind aufgrund ihrer mangelnden Barrierewirkung gegenüber Krankheitserregern und einer erhöhten Faserpartikelabgabe ungeeignet. Empfohlen werden: wiederaufbereitbare **Textilien** wie hochdichte Mischgewebe aus Polyester und Baumwolle oder Mikrofasergewebe aus Markenpolyester, die gewaschen, resterilisiert und bei jeder Aufbereitung mit *Fluorcarbonharz* ausgerüstet werden, wiederaufbereitbare **Trilaminate**, d. h. dreischichtiges Gewebe, bei dem zwischen Ober- und Unterschicht eine *mikroporöse Schicht* aus PTFE (Polytetrafluorethylen; wird auch für Gefäßprothesen verwendet) eingebaut ist oder **Einwegmaterialien** wie dreischichtige Zellulosevliese, die mit *Barrierefolien* laminiert sind.

3.1 Grundrissausschnitt einer Operationsabteilung

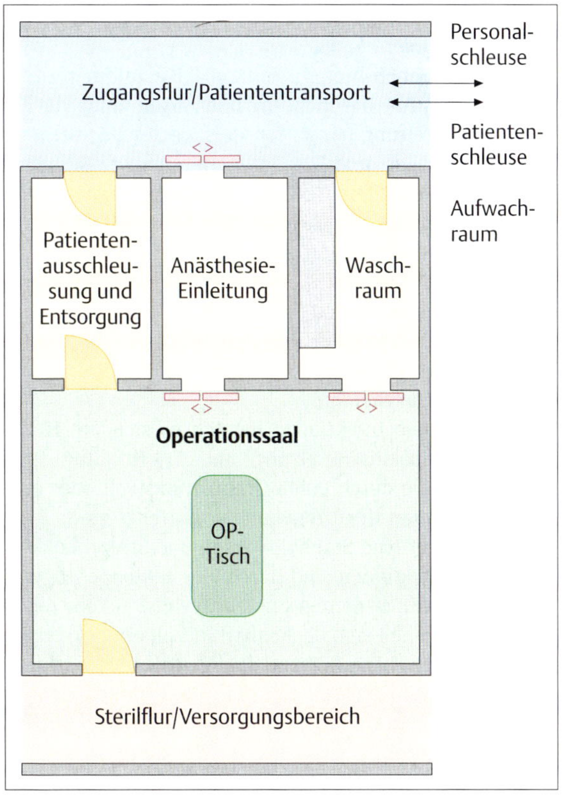

3.2 Chirurgisch relevante Infektionen: Allgemeines

Infektionen werden überwiegend durch Bakterien, aber auch durch Viren, Pilze und andere Mikroorganismen ausgelöst. Einige spezifische Infektionen sind Domäne der systemischen Antibiotikatherapie, andere dagegen bedürfen einer primären oder begleitenden operativen Behandlung. Zum Verständnis der für die Therapieentscheidung wichtigen Infektionsausbreitung und der typischen klinischen Zeichen der einzelnen Infektionen ist die Kenntnis über die zur Verfügung stehenden Abwehrmechanismen notwendig.

Lokale und generalisierte Infektionen

Voraussetzungen für eine Infektion: Ob sich eine Infektion entwickeln bzw. ausbreiten kann, hängt vor allem von den Faktoren **Virulenz** der Erreger und **lokale Abwehr** des Organismus ab. Unter Virulenz versteht man die Pathogenität oder das Eindring- und Vermehrungspotenzial eines Erregers. Wichtig ist in diesem Zusammenhang auch die spezifische Gewebeaffinität des Keimes. Darüber hinaus lassen sich mehrere individuelle lokale oder systemische Faktoren identifizieren, die einen störenden Einfluss auf die Immunantwort haben:

- Verletzung der natürlichen Barriere (z. B. Wunden),
- Gewebetraumatisierung (z. B. Quetschung),
- Fremdkörper (z. B. Venen- oder Blasenkatheter),
- Durchblutungsminderung (z. B. arterielle Verschlusskrankheit),
- Begleiterkrankungen (z. B. Diabetes mellitus),
- Ernährungszustand (z. B. Kachexie),
- iatrogene Schwächung des Immunsystems (z. B. Chemotherapie).

Pathophysiologie:
Lokale Infektionen breiten sich zunächst in einem definierten Areal aus. Die Richtung und Ausdehnung der Infektionsausbreitung hängt von der Spezies der verursachenden Erreger und der anatomischen Lokalisation bzw. der natürlichen Gewebearchitektur ab. Verschiedene anatomische Strukturen bilden Leitschienen für die Infektionsausbreitung, z. B. die Lymphangitis entlang der Lymphbahnen oder die V-Phlegmone der Hand entlang der Sehnenscheiden (s. SE 37.2, S. 823).
In Abhängigkeit von der Erregerspezies sind *einschmelzende* oder *flächenhafte* bzw. *pyogene* oder *putride* Infektionen zu unterscheiden.

- Bei pyogenen Infektionen handelt es sich um Herde mit Gewebeeinschmelzung und Eiterbildung (z. B. Abszess), die durch einen Granulationswall oder eine Membran von der Umgebung abgegrenzt sind. Typische Erreger sind Staphylokokken und Streptokokken.
- Putride Infektionen sind durch eine fehlende Abgrenzung gegenüber dem gesunden Gewebe gekennzeichnet und breiten sich flächenhaft mit einem nekrotisierenden Gewebezerfall und faulig stinkendem, dünnflüssigen Wundsekret aus (z. B. Phlegmone). Erreger sind Fäulnisbakterien (z. B. Anaerobier, bzw. putride Mischinfektion).

Gelingt es dem Organismus nicht, die Infektion durch die Abwehrmaßnahmen einzugrenzen, können sich die Keime lympho- oder hämatogen ausbreiten, und es resultiert eine **generalisierte Infektion**. Aus der Immunantwort des Organismus und den von den Mikroorganismen möglicherweise freigesetzten Noxen resultiert dann das *systemische Entzündungssyndrom.*
In schweren Fällen kann es dauerhaft zu einem Eindringen von pathogenen Keimen und deren Noxen in den Blutkreislauf kommen *(Septikämie)*. Schließlich entwickelt sich das Bild einer *Sepsis.*

Symptomatik:
Entzündung: Die lokale immunologische Entzündungsreaktion führt in dem betroffenen Gewebe zu einer Hyperämie mit einem Gewebeödem. Die typischen klinischen Zeichen sind

- Rötung (rubor),
- Schwellung (tumor),
- Überwärmung (calor),
- Schmerzen (dolor),
- Einschränkung der Beweglichkeit (functio laesa).

Generalisierte Infektion: Fieber, Leukozytose, Erhöhung des C-reaktiven-Proteins (CRP) und eine erhöhte Blutsenkungsgeschwindigkeit.
Sepsis: Fieberschübe und Schüttelfrost, Kreislaufdepression, Knochenmarksveränderungen, Gerinnungsstörungen, Nierenfunktionseinschränkung, oft Hyperventilation und generalisierte Ödeme.

! Die Sepsis führt unbehandelt zum Schock und zum Multiorganversagen (s. SE 7.4, S. 188 ff).

Therapie:
Lokale Infektion:

! Eiteransammlungen müssen entfernt („entlastet") bzw. nach außen eröffnet werden.

Oberflächliche *Einschmelzungen* werden inzidiert bzw. deren kutane Oberfläche exzidiert, in tief liegende werden (ggf. radiologisch assistiert) perkutan Drainagen eingelegt (s. SE 5.10, S. 127).
Die *flächenhaften Infektionen* ohne Einschmelzung (z. B. Erysipel) werden dagegen primär mit einer systemischen Antibiotikagabe behandelt.
Generalisierte Infektion: Lokale Sanierung des Infektionsherdes und systemische Antibiotika-Applikation.

Meldepflichtige Infektionen

Entsprechend dem Bundesseuchengesetz ist ein behandelnder Arzt verpflichtet, das Gesundheitsamt innerhalb von 24 Stunden von bestimmten Erkrankungs-, Verdachts- oder Todesfällen in Kenntnis zu setzen. Unter diese Meldepflicht fallen u. a. Gasbrand, Tetanus, Milzbrand, Tollwut, Tuberkulose, Creutzfeldt-Jakob-Krankheit usw. (s. auch SE 8.1, S. 205), aber auch das gehäufte Auftreten von MRSA- (Methicillin-resistenten-Staphylococcus-aureus-) Stämmen (s. **3.2**, S. 42). Hierdurch werden gezielte präventive Maßnahmen möglich.

Mikrobiologische Diagnostik

Indikation: Obwohl das Keimspektrum chirurgischer Infektionen häufig der bekannten endogenen Flora entspricht und viele Infektionen durch chirurgische Maßnahmen ausreichend saniert werden können, sollte unbedingt versucht werden, den auslösenden Keim durch mikrobiologische Maßnahmen zu identifizieren, da ggf. eine begleitende resistenzadaptierte Therapie mit Antibiotika indiziert sein kann.

Bei jeder chirurgischen Infektionssanierung sollte eine Abstrichentnahme zur mikrobiologischen Untersuchung durchgeführt werden.

Bei systemischen Infektionszeichen sollte außerdem Blut zur Kultivierung entnommen werden.

Entnahme: Bei einer mikrobiologischen Materialgewinnung muss die Kontamination des Materials mit der umgebenden Flora vermieden werden.
Wegen einer möglichen Verunreinigung der Wundränder mit nicht für die Infektion verantwortlichen Keimen sollten **Wundabstriche** nur aus der Tiefe der Infektion gewonnen werden.
Vor einer **Punktion** aus infektionsverdächtigen Herden muss eine ausreichende Hautdesinfektion erfolgen.
Blutkultur: Die Probe wird durch Punktion einer Vene oder einer Arterie gewonnen. Vor der Abnahme muss die Haut sorgfältig desinfiziert werden. Anschließend wird das Blut in die hierfür vorgesehenen Kulturflaschen (aerob und anaerob) gefüllt. Um eine optimale Probengewinnung zu erreichen, sollten drei Entnahmen in jeweils einstündigem Abstand erfolgen.

T 3.4 Transport mikrobiologischer Untersuchungsmaterialien

Transportmedium	*Anwendung*
konservierendes Medium (ohne Nährstoffe)	Wundabstrich, Rachenabstrich
Selektivwachstumsmedium (mit Nährstoffen)	Genitalabstrich
Anreicherungstransportmedium (aerob und anaerob)	Blutkulturen
sterile Röhrchen	Stuhl, Gallesekret

Belüftung der aeroben Flasche nicht vergessen.

Der ***Transport*** des Materials erfolgt in *sterilen Gefäßen* oder *Transportmedien*, die etwa für 48 Stunden das Überleben der Mikroorganismen gewährleisten. Proben mit erwarteten geringen Keimmengen ohne notwendige Bakterienquantifizierung (z. B. Blut oder Liquor) können auch in *Kulturmedien* transportiert werden, um eine frühzeitige Kultivierung zu beginnen (**T 3.4**). Die Zwischenaufbewahrung sollte niemals im Kühlschrank, sondern zumindest bei Zimmertemperatur erfolgen!
Materialuntersuchung: Der **Erregernachweis** wird schließlich im Labor mittels *Mikroskopie* des frischen Materials oder nach Kultivierung in spezifischen Nährmedien geführt.
Gelingt ein Erregernachweis, sollte immer die Empfindlichkeit der Erreger auf verschiedene Antibiotika untersucht werden. Das Ergebnis dieser Untersuchung wird als **Antibiogramm** bezeichnet.

Eine Resistenz liegt vor, wenn das Wachstum von Bakterien nach Zugabe systemisch erreichbarer Antibiotikakonzentrationen nicht gehemmt wird.

Falls der direkte Erregernachweis nicht möglich ist, stehen eine Vielzahl **serologischer Verfahren** zum Nachweis von Antikörpern zur Verfügung: Immunpräzipitation, Immunelektrophorese, Agglutinationsmethode, Komplementbindungsreaktion (KBR), Immunfloureszenz, molekularbiologische Verfahren (PCR = **p**olymerase **c**hain **r**eaction) und radioimmunologische (RIA) oder enzymimmunologische (ELISA) Tests.

3.3 Eitrige Entzündungen

In Abhängigkeit von der zugrunde liegenden bakteriellen Besiedelung und der Lokalisation können sich unterschiedliche Infektionen ausbilden. Je nach Muster der Besiedelungskeime wird zwischen aeroben, anaeroben und Mischinfektionen unterschieden. In dieser SE werden die charakteristischen Merkmale häufiger, typischerweise chirurgisch zu behandelnder bakterieller Infektionen herausgestellt.

Abszedierende Erkrankungen der Haut und deren Anhangsgebilde

Follikulitis

Bakterielle Entzündung eines Haarbalgfollikels, sog. „Pickel" (**3.2a**).
Erreger sind am häufigsten Staphylokokken, gefolgt von Streptokokken und Trichophyten. **Prädisponierend** sind Hautalterationen oder ein Sekretstau in den Haarbalgfollikeln. Typische **Symptome** sind kleinherdige Rötung, Schwellung und Druckdolenz, häufig um Haaraustrittsstellen. Patienten konsultieren in aller Regel den Arzt erst bei einer rezidivierenden oder ausgedehnten Follikulitis. **Diagnostisch** wichtig ist dann eine genaue Anamnese: Medikamenteneinnahme, Diabetes mellitus, Suche nach einem entlegenen Primärherd wie z. B. chronische Tonsillitis, odontogener Abszess, chronische Cholezystitis. Primär **konservative Therapie** mit antiseptischen Salben. Bei einem Übergreifen der Follikulitis auf die Umgebung können Furunkel oder Karbunkel entstehen (s. u.).

Furunkel

Einschmelzende eitrige und tiefgehende Infektion des Haarbalges und der Umgebung (**3.2b**).
Die typischen **Erreger** sind Staphylokokken. Furunkel entstehen durch ein Fortschreiten einer Follikulitis und treten daher nur an behaarten Körperstellen auf. Zu den **prädisponierenden Faktoren** gehören ölige Haut, Akne in der Vorgeschichte, mangelnde Hygiene, Diabetes mellitus sowie fett- und zuckerreiche Ernährung.
Symptome sind über das Hautniveau erhabene stark schmerzhafte Rötung und Schwellung, ggf. im Zentrum ein Eiterpfropf sowie evtl. Vergrößerung regionärer Lymphknoten. Die **Therapie** ist zunächst konservativ mit *antiseptischen Salben* (Povidon-Iod-Salbe, s. **3.18**, S. 65) und *Ruhigstellung*. Im Stadium der Ausreifung (zentral flüssiger Eiter), aber auch nach spontaner Perforation (Rezidivgefahr!) sollte *inzidiert* (mit Exzision der Kuppe!) und die Nekrose ausgeräumt werden (**3.3**). *Antibiotika* sind nur bei Gesichtsfurunkeln oder systemischen Infektionszeichen indiziert.

! Um eine Keimverschleppung bei Lippen- und Gesichtsfurunkeln (septische Thrombose des Sinus cavernosus und eitrige Meningitis) zu vermeiden, sollten Bewegungen der Gesichts- und Kaumuskulatur vermieden werden. Eine stationäre Aufnahme ist notwendig.

Karbunkel

Flächenhafte epifasziale, jedoch ebenfalls abszedierende Infektion mit Nekrosenbildung (**3.2c**).
Pathogenese: Karbunkel entstehen durch die Konfluenz mehrerer Furunkel. Wie bei den Furunkeln handelt es sich um Staphylokokkeninfekte, häufig bei systemischer Abwehrschwäche. **Prädilektionsstellen** sind der Nacken und der Rücken.
Symptome: Ausgeprägt schmerzhaftes, verhärtetes und gerötetes Hautareal, sichtbare Nekrosezonen im Zentrum und ödematöse Gewebeschwellung in der Umgebung des Befundes.
Therapie: Breitflächige *Exzision* der Nekroseareale bis auf die Faszie. Bei systemischen Infektionszeichen *Antibiotikatherapie* (s. SE 3.8, S. 60 ff).

! Cave: Es kann sich eine Sepsis entwickeln.

3.2 Entzündungen der Haarfollikel und der Umgebung

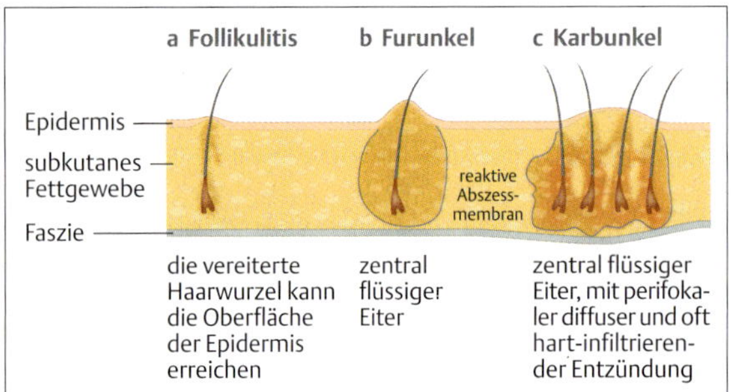

3.3 Operative Therapie subkutaner Abszesse

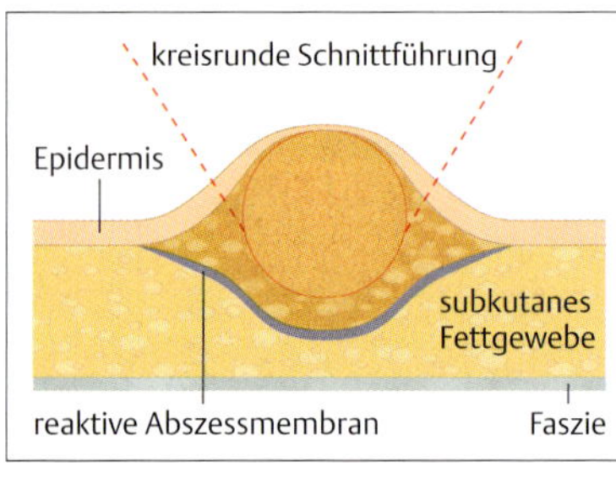

Der Abszess (z. B. Furunkel) wird entdeckelt, die reaktive Abszessmembran bildet den Boden der dann sekundär heilenden Wunde.

Weitere lokalisierte Entzündungsformen

Abszess

Eiteransammlung in einem durch Einschmelzung entstandenen Hohlraum mit Ausbildung einer Abszessmembran. *Beispiele:* Schweißdrüsen-, Schwielen-, perianaler (s. SE 27.3, S. 632) und retroperitonealer Abszess (s. SE 20.8, S. 466), aber auch z. B. in der Leber (s. SE 22.3, S. 514 ff), Milz, Lunge und Niere.
Häufige **Erreger** sind Staphylokokken, seltener E. coli oder eine Mischflora. **Pathogenese:** Abszesse entstehen spontan, nach Verletzungen, durch Streuung aus entfernten Infektionsherden oder iatrogen (z. B. nach Injektionen oder postoperativ). **Symptome:** Je nach Ausprägung führen sie zu Schmerzen, Fieber, Leukozytose und organabhängigen Funktionseinschränkungen.
Therapie von Hautabszessen: Umgehende Entdeckelung (👁 **3.3**), Nekrosenausräumung, Spülung und Drainage.

! Ubi pus, ibi evacua: „Wo Eiter, dort entleere ihn."

Organabszesse sind seltener als Hautabszesse. Sie bedingen Infektionszeichen und organabhängige Funktionseinschränkungen. Sie können durch eine sono- oder computertomographisch gesteuert eingelegte Drainage (s. SE 5.10, S. 127) entleert und ggf. gespült werden, ggf. auch vor der operativen Sanierung der eigentlichen Ursache (z. B. Divertikulitis oder Appendizitis). Lässt sich hierdurch keine ausreichende Sanierung erzielen, kann eine operative Therapie indiziert sein.
Antibiotika sind primär nicht wirksam und nur begleitend bei ausgedehnten Befunden bzw. systemischen Infektionszeichen indiziert.

Empyem

Eine Eiteransammlung in einer anatomisch präformierten Körperhöhle (z. B. Pleuraspalt, Gelenke, Gallenblase).
Pathogenese: Das Empyem entsteht durch hämatogene, lymphogene oder direkte Ausbreitung verschiedenster Erreger.
Die **Symptome** hängen von der Lokalisation der Infektion ab. So zeigt sich bei *Gelenkempyemen* eine ausgesprochen schmerzhafte Bewegungseinschränkung in dem betroffenen Gelenk, begleitet von einer Rötung, Überwärmung und Schwellung. Ein *Gallenblasenempyem* dagegen äußert sich durch eine akute Oberbauchsymptomatik, ggf. mit Peritonitiszeichen.
Die **Therapie** des Empyems hängt von der jeweiligen Lokalisation ab. Gemeinsam ist die notwendige Entlastung bzw. Entfernung des eitrigen Sekretes: z. B. Spülung und Drainage beim Empyemthorax (s. SE 30.6, S. 682 f), Cholezystektomie beim Gallenblasenempyem (s. SE 24.4, S. 544).
Abhängig von Lokalisation und Ausdehnung des Empyems können die **Komplikationen** von der lokalen Gelenkzerstörung bis zur schweren Sepsis reichen.

Flächenhafte Entzündungen

Phlegmone

Diffuse, ausgedehnte, nekrotisierende und nicht demarkierende Entzündung (subkutan, subfaszial, inter- oder intramuskulär, mediastinal und retroperitoneal).
Die **Erreger** sind meist Streptokokken (selten Staphylokokken, Proteus, Enterobakterien oder eine Mischflora). Verschiedene Enzyme der Erreger (z. B. Hyaluronidase, Streptokinase) verhindern die Eingrenzung des Infektionsherdes.
Symptome: Unscharf begrenzte Schwellung mit Rötung, Gewebeödem und starken Schmerzen, häufig schwere infektionstypische Allgemeinsymptome.
In schwach ausgeprägten Frühstadien kann eine **konservative Therapie** mit Ruhigstellung und intravenöser Antibiotikatherapie unter stationären Bedingungen unternommen werden. Zeigt sich durch diese Maßnahmen kein Befundrückgang bzw. besteht eine zentrale Einschmelzung, ist die **operative Therapie** mit einer breitflächigen Eröffnung, Abtragung der Nekrosen, Spülung, Drainagen und Ruhigstellung indiziert.

Erysipel

Flächenhafte, auf die Haut und dermale Lymphbahnen begrenzte Entzündung.
Die **Erreger** sind Streptokokken. **Eintrittsstellen** sind häufig kleine Epitheldefekte durch Mikrotraumen, häufig im Gesicht und am Unterschenkel. Die **Ausbreitung** der Infektion vollzieht sich in den kutanen Lymphbahnen.
Klinisch zeigt sich eine scharf begrenzte, schmerzhafte und rasch zunehmende Rötung. Üblicherweise bestehen systemische Entzündungszeichen mit Schüttelfrost, hohem Fieber und schlechtem Allgemeinbefinden. Bei einem schweren Krankheitsverlauf können ausgedehnte lokale Nekrosen und eine erhebliche Beteiligung des Gesamtorganismus mit Sepsis und Multiorganversagen resultieren (s. SE 7.4f, S. 188 ff).
Bei der **Behandlung** des Erysipels steht die *Antibiotikatherapie* an erster Stelle. Nach Applikation von Penicillin kommt es meistens rasch zu einer deutlichen Befundregredienz. Außerdem sollte eine *Ruhigstellung* der betroffenen Körperregion erfolgen. Eine *chirurgische Therapie* ist nur bei einem Erysipel mit Nekrosenbildung indiziert (Erysipelas gangraenosum).

! Das Erysipel weist eine hohe Rezidivneigung auf: Durch die Zerstörung kutaner Lymphbahnen entsteht ein Lymphödem, was wiederum das Erysipelrezidiv begünstigt.

3.4 Chirurgisch relevante, spezifische Infektionen: Klinik und Therapie

Außer den häufig auftretenden chirurgischen Infektionen gibt es noch eine Reihe weiterer, sehr seltener und spezifischer infektiöser Krankheitsbilder, die wegen ihrer teilweise schwerwiegenden Folgen einer besonderen Aufmerksamkeit bedürfen (Meldepflichten s. T 3.7). Durch eine geeignete Prophylaxe und ein rechtzeitiges Einleiten einer adäquaten Therapie lassen sich viele der oft lebensbedrohlichen Komplikationen vermeiden.

Tetanus

Synonym: Wundstarrkrampf

Definition: Lokale bakterielle Infektion, die durch ein Neuroektotoxin zu Lähmungen und Krämpfen der quergestreiften Muskulatur führt.

Ätiologie und Pathogenese: Über tiefe, verschmutzte Wunden, aber auch über Bagatelltraumen kommt es zu einer lokalen Besiedelung mit Clostridium tetani. Unter anaeroben Bedingungen werden Ektotoxine gebildet, die in Rückenmark und ZNS die hemmenden Motoneurone blockieren (**3.6**), woraus eine erhöhte Krampfbereitschaft resultiert.

3.6 Pathogenese des Wundstarrkrampfes

Clostridium tetani ist ubiquitär (Erde, Kot), sporenbildend und obligat anaerob. Durch den Sauerstoffverbrauch der meist beteiligten aeroben Keime entsteht in der Wunde ein anaerobes Milieu. Nach dem Übergang von der Spore zur Vegetativform werden **Ektotoxine** gebildet (Tetanolysin wirkt hämolysierend und kardiotoxisch, Tetanospasmin neurotoxisch). Die Ektotoxine breiten sich vor allem entlang der Nerven bis zu den motorischen Ganglien aus (Vorderhörner des Rückenmarkes, Medulla oblongata und Hirnrinde). Je nach Entfernung der Wunde vom ZNS beträgt die **Inkubationszeit** 3–60 Tage), bis durch die Blockierung der hemmenden Motoneurone eine erhöhte Krampfbereitschaft auftritt.

Symptome und Befunde: Bei einer Monoinfektion fehlen lokale Entzündungszeichen. Die Symptome des Prodromalstadiums sind **Lichtscheu**, **Schwächegefühl**, **Muskelschmerzen** und **Schluckstörungen mit Wasserphobie** (T **3.5**). Schließlich treten erste Zeichen der **Muskelstarre** *(Rigor)* auf, die sich deszendierend ausbreitet: *Trismus* (Kieferklemme), *Risus sardonicus* (starres „teuflisches“ Grinsen durch eine Kontraktur der mimischen Muskulatur), dann Beteiligung der Nacken- und Rückenmuskeln bis hin zur Hyperlordosierung der Wirbelsäule: der *Opisthotonus*. Schließlich wird die Extremitätenmuskulatur, dann die Interkostal- und die Zwerchfellmuskulatur befallen. Im Verlauf stellen sich zunehmend **Krampfanfälle** ein, die durch visuelle oder taktile Reize ausgelöst werden können. Durch die gesteigerte Muskelaktivität kommt es zu einer **Hyperthermie**. Das Krankheitsbild endet letal mit **Atemlähmung** und **Herz-Kreislauf-Versagen**.

T 3.5 Ausprägungsgrad der Tetanuserkrankung

Grad	*Ausprägung*	*Symptome*
I	leicht	Rigor mit Trismus, Risus sardonicus, Opisthotonus
II	mittel	erhebliche Muskelrigidität, beginnende Krampfanfälle
III	schwer	generalisierte Krampfanfälle, Atem- und Kreislaufinsuffizienz

! Sensibilität und Bewusstsein sind unbeeinträchtigt.

Differenzialdiagnostisch sind neurologische, neuromuskuläre oder epileptologische Krankheitsbilder in Erwägung zu ziehen.

Therapie:
- Sanierung der Infektionsquelle durch ausgedehnte chirurgische Wundrevision bzw. Exzision und Spülung, offene Wundbehandlung,
- Gabe von Tetanus-Hyperimmunglobulin zur Neutralisierung des Toxins (z. B. Tetagam),
- aktive Immunisierung mit Tetanustoxoid (z. B. Tetanol),
- hochdosierte Antibiotikagabe,
- Intensivtherapie mit Sedierung, ggf. Beatmung, Muskelrelaxation, Hyperalimentation und Reizabschirmung.

Prophylaxe: s. SE 3.6, S. 56. Bei stark verschmutzten Wunden sollte auch bei einer weniger als 5 Jahre zurückliegenden Schutzimpfung eine Toxoid- und bei einer schon 5–10 Jahre zurückliegenden Impfung eine Simultanimpfung erfolgen.

Prognose: Die Letalität liegt zwischen 30 % und 50 %.

Gasbrand

Definition: Infektion mit Gasbildung und ausgedehnter Gewebezerstörung.

Ätiologie und Pathogenese: Die Erreger des Gasbrandes sind Gas bildende, obligat anaerobe Clostridien, insb. Clostridium perfringens. Clostridien sind ubiquitär vorhandene Keime (Haut, Darm, Erde, Staub) und breiten sich bevorzugt bei ausgedehnten Weichteilverletzungen mit Gewebetaschen und Nekrosen aus (Inkubationszeit 1–4

Tage). Eine Mangeldurchblutung wirkt hierbei fördernd. Die Besiedelung mit Clostridien führt zu einer Freisetzung von Gewebe auflösenden Endo- und Ektotoxinen. Hierdurch entwickelt sich rasch eine fortschreitende *Nekrotisierung der Muskulatur*. Die Ektotoxine führen außerdem zu einer Toxinämie, die in einer *Organschädigung* und *Hämolyse* resultiert.

> **3.7 Gasbrand und Kriegsverletzungen**
> Während des 1. Weltkrieges starben mehrere hunderttausend Verwundete an Gasbrand (ca. 10 % aller verstorbenen Soldaten). Die gasbrandbedingte Sterblichkeit konnte im 2. Weltkrieg durch eine optimierte Wundbehandlung auf etwa 1 % gesenkt werden.

Symptomatik und Diagnostik: Durch die begleitende Ektotoxinämie entwickeln sich rasch Allgemeinsymptome wie Tachykardie, Hypotonie, Schwächegefühl und Fieber. Schließlich führt die Infektion zu einem Schock mit akutem Nierenversagen. Bei der **klinischen Untersuchung** zeigt sich lokal eine ausgesprochen schmerzhafte Wunde mit nekrotischem Wundgrund und einem faulig riechenden, fleischfarbigen Wundsekret. Begleitend findet sich ein ausgeprägtes Ödem. Durch die Gasbildung lässt sich bei der Palpation ein charakteristisches Knistern fühlen. Bei der **Röntgenuntersuchung** kann aus denselben Gründen eine Muskelfiederung nachgewiesen werden.

! Das Fortschreiten des Gasbrandes ist fulminant.

Als ***Differenzialdiagnose*** sind eitrige, Gas bildende Infektionen ohne Myonekrose und mit leichterem Krankheitsverlauf in Erwägung zu ziehen.

Therapie: Nach der klinischen Diagnosestellung muss umgehend die **operative Therapie** erfolgen: Die Wunde wird breit gespalten, und alle nekrotischen Areale werden großzügig exzidiert. Zusätzlich ausgedehnte Spülung und Drainage. Je nach Lokalisation (z. B. Extremitäten) kann eine offene Amputation (s. SE 14.9, S. 368) indiziert sein. Begleitend wird eine intravenöse **Antibiotikatherapie** mit Penicillin eingeleitet. Falls es die Infrastruktur zulässt, kann außerdem unterstützend eine **hyperbare Oxygenierung** in einer Überdruckkammer durchgeführt werden.

Prognose: Mit einer Letalität von 30–50 % unter der Behandlung ist die Prognose schlecht. Entscheidend ist die schnellstmögliche Erkennung und Therapie.

Prophylaxe:

! Die wichtigsten Maßnahmen zur Vermeidung eines Gasbrandes sind die Reinigung und das Debridement fakultativ verschmutzter Wunden.

Milzbrand

Der Milzbrand (Synonym: Anthrax) ist eine hochakute Infektion mit Bacillus anthracis (Inkubationszeit 1–3 Tage), einem hochpathogenen Erreger vom Tier (nekrotisierendes Exotoxin und vor Phagozytose schützende Polypeptidkapsel). In Deutschland seltene Krankheit! Die Diagnose ergibt sich aus dem Erregernachweis.

Hautmilzbrand (Pustula maligna, meist bei Metzgern, Tierärzten oder Tierhaltern, häufigste Form): Infektion der Haut über Bagatellverletzungen mit schwarzrot gefärbter hämorrhagischer Hautnekrose, oft mit Lymphangitis (gut zu behandeln),
Darmmilzbrand (bei oraler Infektion): blutige Diarrhöen bei hämorrhagischer Enteritis, evtl. in eine systemische Sepsis übergehend,
Lungenmilzbrand (bei Inhalation von Sporen oder erregerhaltigen Staubes): seltenste, aber schwerste Verlaufsform, meist tödlich (s. kriminelle Delikte in den USA Ende 2001).
Die Milz des Menschen ist insb. beim Darmmilzbrand vergrößert und düsterrot.
Therapie der Wahl sind Antibiotika, lokale (Ruhigstellung) und symptomatische (oft intensivmedizinische) Maßnahmen.

! Der Hautmilzbrand darf wegen Ausbreitung der Infektion nicht operativ behandelt werden. Isolation der Patienten!

Zur **Impfung** s. **3.12**, S. 57.

Tuberkulose

Definition: Granulomatöse bakterielle Erkrankung mit meist pulmonaler Manifestation.

Ätiologie und Pathogenese: Mycobacterium tuberculosis wird meist aerogen übertragen, so dass sich die Infektion in 80–85 % der Fälle pulmonal manifestiert. Nur selten kommt es durch andere Infektionswege oder Streuung zu extrapulmonalen Manifestationen.

Symptome, Diagnostik und konservative Therapie: s. Lehrbücher der Inneren Medizin. Für die Chirurgie ist wichtig, dass mit zunehmendem Alter der Patienten, aber auch bei zugrundeliegender konsumierender Erkrankung (z. B. Karzinom) eine begleitende Tuberkulose immer häufiger diagnostiziert wird.

> **3.8 Tuberkulin-Hauttest**
> ***Indikation:*** Verdacht auf Tuberkulose.
> ***Durchführung:*** Eine standardisierte Menge Tuberkulin (= hitzeinaktivierte Tuberkuloseerreger) wird über einen *Stempel* mit vier Spitzen oder als *i. c. Injektion* (Mendel-Mantoux-Test) in die Unterarmhaut eingebracht. Die Reaktion wird nach 72 Stunden abgelesen: Als **positive Reaktion** gilt beim Stempeltest eine mindestens 2 mm große, beim Mendel-Mantoux-Test eine 6 mm große, gerötete Einzelinduration.
> ***Interpretation:*** Ein *positives Ergebnis* besagt, dass der Patient irgendwann in seinem Leben Kontakt mit Tuberkuloseerregern hatte. In diesem Fall müssen sich weitere Untersuchungen anschließen. Eine BCG-Impfung ist kontraindiziert. Ist *keine Reaktion ablesbar*, kann eine Infektion weitgehend ausgeschlossen werden.

Operative Maßnahmen können bei besonderen Situationen und bei Einschmelzungen indiziert sein, z. B. persistierende Kavernen, unklare Lungenrundherde, Lymphknoteneinschmelzungen, Senkungsabszesse (Psoasabszess), Knochenbefall (Wirbelsäulentuberkulose) oder eine (präoperativ kaum zu diagnostizierende) stenosierende Ileozökaltuberkulose.

Syphilis

Synonym: Lues

Definition: Bakterielle, chronisch granulomatöse Infektionskrankheit mit Gewebezerfall im Endstadium.

Ätiologie, Pathogenese und Krankheitsverlauf: Erreger ist Treponema pallidum, Infektion meist durch Geschlechtsverkehr. Chirurgisch relevante Krankheitsbilder bestehen nur im Sekundär- (Condylomata lata) und Tertiärstadium (Gummen, Mesaortitis luetica). Zu weiteren Informationen s. entsprechende Lehrbücher.

Diagnostik: Der Nachweis der Syphilis erfolgt mittels serologischer Untersuchungen: TPHA- und TPPA- Agglutinationsteste (Screening), FTA-Abs-Immunfluoreszenztest (Antikörpernachweis), VDRL-Test (Verlaufskontrolle). Der TPHA-Test bleibt lebenslang, auch nach ausgeheilter Syphilis, positiv!

Therapie: Primär mit Antibiotika (Penicillin, ggf. auch Tetrazykline, Erythromycin oder Cephalosporine). Im Tertiärstadium können Gummen oder die Mesaortitis luetica mit Aortenaneurysma oder Aortenklappeninsuffizienz eine operative Therapie erfordern.

Aktinomykose

Synonym: Strahlenpilzkrankheit

Definition: Chronisch infiltrierende Infektion mit Nekrosen und Fisteln.

Ätiologie und Pathogenese: Der Erreger der Aktinomykose, Actinomyces israeli, ist kein Pilz, sondern ein grampositives anaerobes Bakterium, das zur endogenen Flora der humanen Schleimhäute, insb. der Mundhöhle gehört. Eine Infektion ist häufig mit Staphylokokken und Streptokokken kombiniert. Die Aktinomyzeten-Besiedelung breitet sich in den Gewebsspalten ohne Rücksicht auf Organgrenzen aus, so dass auch Fisteln entstehen können. Die Erkrankung ist überwiegend in der Kopf- und Halsregion lokalisiert: Bei der **orofazialen Form** manifestiert sich die Infektion überwiegend im Gesicht bzw. den Wangen, ausgehend von Entzündungen des Zahnfleisches und der Wangenschleimhaut oder von kariösen Zähnen. Die **zervikale Form** entsteht als Folge von Entzündungen des Rachens, der Tonsillen oder der Speiseröhre. Selten findet sich ein pulmonaler (Pneumonie) oder ein intestinaler Befall (meistens im Bereich der Ileozökalregion).

Symptome: Eine Aktinomykose führt zu einer Ausbildung flächiger, derber Infiltrate. Die Haut ist hierbei livide verfärbt. Später bilden sich Abszesse, gelegentlich auch Fisteln.

! Fistelnde Entzündung: Aktinomykose ausschließen!

Diagnostik: In dem eitrigen Wundsekret sind sog. Drusen, d. h. ca. 1–2 mm große, gelbliche Knötchen **makroskopisch** erkennbar. Unter dem **Mikroskop** entpuppen sie sich als Aktinomyces-Konglomerate (Kolonien aus verzweigten, faden- bzw. „strahlenförmigen“, grampositiven Bakterien) mit einem leukozytären Randwall. Nach der **Kultivierung** erfolgen verschiedene biochemische Tests.

Therapie: Aktinomykoseherde sollten **chirurgisch** durch Fistel- oder Abszessspaltung, ggf. mit Exzision und Drainage behandelt werden. Bei Organbefall kann eine operative Organresektion indiziert sein. Begleitend muss über einen längeren Zeitraum bis zur Ausheilung mit **Antibiotika** behandelt werden. Aktinomyzeten sind auf Penicillin hochempfindlich. Wegen der häufig bestehenden Mischinfektionen sollte jedoch ein Breitspektrumantibiotikum gegeben werden.

Tollwut

Synonym: Lyssa, Rabies

Definition: Virale Infektionskrankheit mit Befall des zentralen Nervensystems.

Ätiologie und Pathogenese: Das neurotrope Tollwutvirus wird meist von Wild- oder Haustieren durch Bisse mit infiziertem Speichel übertragen. Ein Eindringen ist aber auch über unverletzte Schleimhäute möglich.

T 3.6 Stadieneinteilung der Tollwuterkrankung

Stadium	*Symptome*
Prodromalstadium	unspezifisches Krankheitsgefühl, Kopfschmerzen, Fieber
sensorisches Stadium	lokalisierte Parästhesien, Hydrophobie, Speichel- und Tränenfluss, Angstgefühl, Schmerzen an der Eintrittsstelle
Exzitationsstadium	tonisch-klonische Krämpfe
paralytisches Stadium	aufsteigende Paralyse (bei vollem Bewusstsein!), Koma und Asphyxie

Symptome: Nur bei etwa 1/3 der infizierten Personen bildet sich die Tollwuterkrankung aus (Inkubationszeit: 2 Wochen bis mehrere Monate). Die Erkrankung manifestiert sich in 4 Stadien (**T 3.6**).

Diagnostik: Überwachung des verdächtigen Tieres (s. u. „Prophylaxe"), ggf. Erregernachweis durch Immunfluoreszenz in Hautbiopsie.

Therapie: Sind erst Symptome aufgetreten, ist eine Therapie nicht mehr möglich. Die Erkrankung führt innerhalb von wenigen Tagen zum Tod, so dass lediglich symptomatisch durch Sedierung und Muskelrelaxation Hilfe vermittelt werden kann.

Prophylaxe: Bei einer Bissverletzung mit möglicher Tollwutinfektion muss die umgehende **Wundrevision** mit Auswaschen, Desinfektion und Debridement ohne Wundverschluss erfolgen. Zusätzlich ist die **Simultanimpfung** mit aktiver HDC-(Human-diploid-Cell-)Vakzine und Tollwut-Immunglobulin in folgenden Fällen indiziert:

- Eine Überwachung des Tieres ist nicht möglich,
- das überwachte Tier zeigt innerhalb von 10 Tagen tollwutverdächtige Symptome,
- das Tier verstirbt und im Gehirn lassen sich histologisch die typischen zytoplasmatischen Zelleinschlüsse (Negri-Körperchen) nachweisen.

Erysipeloid

Synonyme: Schweinerotlauf, Erysipelas suum

Definition: Das Erysipeloid ist eine erysipelähnliche spezifische Infektion, die sich überwiegend an den Fingern oder den Händen manifestiert.

Ätiologie und Pathogenese: Über kleine Verletzungen kommt es zu einer Übertragung von „Rotlaufbakterien" (Erysipelothrix rhusiopathiae). Diese Bakterien stammen von Tieren oder (insb. faulendem) Fleisch. Häufig sind Metzger und Tierärzte betroffen.

Symptome: Bläulich-rötliche Verfärbung des betroffenen Hautareals mit diskreter Schwellung. In den benachbarten Gelenken können Arthritiden entstehen.

Therapie: Antibiotika, Ruhigstellung und kühlende Umschläge. Keine operativen Maßnahmen! In schweren, septischen Fällen (evtl. auch Endokarditis) Einsatz von Rotlauf-Serum.

T 3.7 Meldepflichtige Erkrankungen

Erkrankung	*Meldepflicht bei* Verdacht	Erkrankung	Tod
Tetanus	–	+	+
Gasbrand	–	+	+
Milzbrand	+	+	+
Tuberkulose	–	+	+
Syphilis	–	+	+
Tollwut*	+	+	+

* außerdem bei Verletzung eines Menschen durch ein tollwutkrankes oder -verdächtiges Tier oder Berührung eines solchen Tierkörpers

Wunddiphtherie

Definition und Ätiologie: Sekundäre Wundinfektion mit Corynebacterium diphtheriae.

Symptome: Schmerzhafte, bläulich-violett verfärbte Wunden mit pseudomembranösem Belag und einer schlechten Heilungstendenz. Es entstehen tiefreichende Nekrosen. Bei einer Membranentfernung treten Blutungen auf.

Therapie: Offene Wundbehandlung mit systemischer Gabe von Antibiotika und Antitoxinen.

3.9 Chirurgisch relevante Pilzinfektionen

Bei einer suffizienten Immunabwehr spielen Pilzinfektionen nur eine untergeordnete Rolle. Bei vorbestehender Schwächung des Immunsystems können jedoch schwerwiegende systemische Pilzinfektionen entstehen (s. hierzu Lehrbücher der Mikrobiologie und der Inneren Medizin).
Risikofaktoren: Krankheitsbedingte Schwächung des Immunsystems und wiederholte Antibiotikagaben insb. nach ausgedehnten operativen Eingriffen, Transplantation, Polytrauma, bei Alkoholikern, HIV-infizierten und onkologischen Patienten.
Häufigste Erreger: Candida albicans, Aspergillus fumigatus, Cryptococcus neoformans.
Die ***wichtigste operative Herausforderung*** ist in diesem Zusammenhang das ***Aspergillom:*** eine lokalisierte Infektion der Lunge mit Aspergillus (höhlenausfüllendes Hyphengeflecht), oft auf dem Boden einer präformierten pathologischen Höhlenbildung, z. B. Kaverne, Zyste oder Abszess.
Symptome: Thoraxschmerz, evtl. Hämoptysen, Pneumonie.

3.5 Parasitäre Erkrankungen

Aufgrund des regen Tourismus und ausländischer Bevölkerungsanteile kommt den parasitären Erkrankungen auch in Deutschland zunehmend Bedeutung zu. Die für den Chirurgen wichtigsten Formen sind Echinokokkose, Askariasis, Amöbiasis und Spul-, Band- oder Madenwurmbefall. Die diagnostische Abgrenzung von anderen Erkrankungen des Gastrointestinaltraktes ist bei zumeist unspezifischer Symptomatik serologisch und durch bildgebende Verfahren möglich. Die Behandlung erfolgt je nach Fall chemotherapeutisch und chirurgisch. Komplikationen wie z.B. eine Askaridenappendizitis werden immer chirurgisch therapiert.

Echinokokkose

Epidemiologie und Pathogenese: Der Mensch wird infiziert durch die Aufnahme von Bandwurmeiern (Hundebandwurm: *Echinococcus granulosus*, Vorkommen in Europa vor allem in den Mittelmeerländern; Fuchsbandwurm: *Echinococcus multilocularis*, Vorkommen in Süddeutschland und den Alpenländern).

Die beiden Krankheitsbilder unterscheiden sich wesentlich und sollten streng auseinandergehalten werden. Die Larven des *E. granulosus* bilden im Menschen geschlossene Zysten („Echinococcus cysticus"), die einen Durchmesser von 20 cm und mehr erreichen können (**3.4b**). Die *E.-multilocularis*-Larve wächst dagegen nicht als Zyste, sondern als unscharf begrenzter, schwammartiger Tumor (klinische Bezeichnung: „Echinococcus alveolaris"), der sich infiltrierend und zerstörend im betroffenen Organ (und darüber hinaus) ausbreitet (**3.5b**). Größere Parasitenmassen werden im Zentrum oft nekrotisch und weisen Verkalkungen auf. Beide Parasiten befallen vor allem die Leber, in zweiter Linie die Lunge, seltener andere Organe, wie Niere, Gehirn, Herz, Knochen.

Die Lokalisation der Parasiten bestimmt im Wesentlichen die ***Symptomatik***. Druckgefühl und Schmerzen im Oberbauch, in fortgeschrittenen Fällen Ikterus, sind charakteristisch für beide Formen der Echinokokkose bei dem typischen Leberbefall. *E.-granulosus*-Zysten werden nicht selten zufällig, bevor Symptome auftreten, bei Untersuchungen mit bildgebenden Verfahren entdeckt.

Für die ***Diagnostik*** einer Echinokokkose sind alle **bildgebenden Verfahren** wichtig, vor allem Ultraschall und CT (**3.4a** und **3.5a**). **3.6** zeigt einen Röntgen-Thorax mit Echinokokkuszysten. Bei den meisten Patienten lassen sich außerdem Antikörper nachweisen. Für die **serologische Diagnostik** einer Echinokokkose müssen wenigstens zwei serologische Reaktionen durchgeführt werden, die auf einem unterschiedlichen Arbeitsprinzip beruhen, wie z.B. ein ELISA plus eine indirekte Hämagglutination oder eine indirekte Hämagglutination plus eine indirekte Immunfluoreszenz. Mit einer Reihe von falsch-negativen Befunden muss jedoch immer gerechnet werden, bei Leberbefall etwa 5 %, bei Lungenbefall etwa 30 %. Die Interpretation der serologischen Ergebnisse erfordert große Erfahrung und eine enge Zusammenarbeit

3.4 Echinococcus granulosus

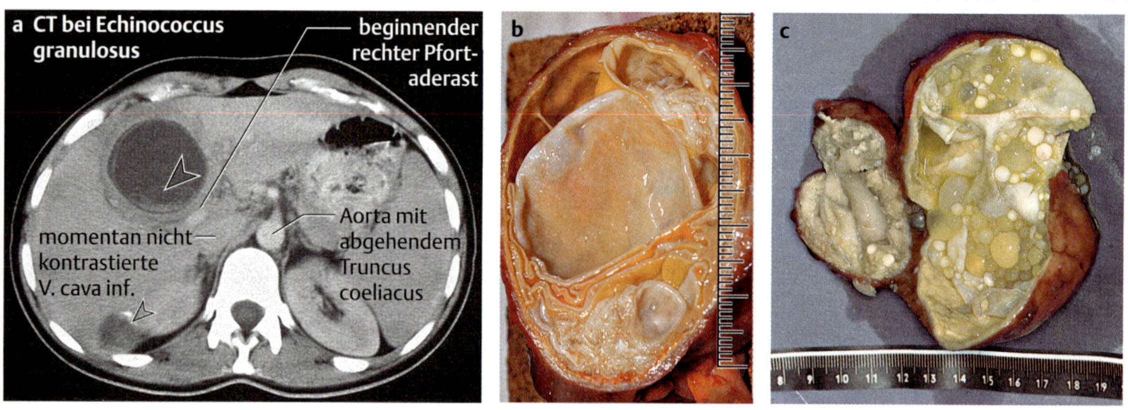

a Der CT-Befund zeigt zwei Echinokokkuszysten: die größere beinhaltet membranöse Binnenstrukturen (großer Pfeil), die kleinere ist partiell wandverkalkt (kleiner Pfeil).
b, c Die Zysten wurden operativ in geschlossenem Zustand aus der Leber entfernt und dann aufgeschnitten. Sie sind gegen das Lebergewebe scharf abgegrenzt. Im Inneren der in **b** abgebildeten Zyste befindet sich ein größerer Hohlraum und mehrere kleinere, die von z. T. gefalteten multiamellären Schichten umschlossen werden (sog. Tochterblasen). In **c** ist ein OP-Präparat (eines anderen Patienten) mit membranösen Innenstrukturen und Anhäufungen von Brutkapseln zu sehen.

3.5 Echinococcus multilocularis

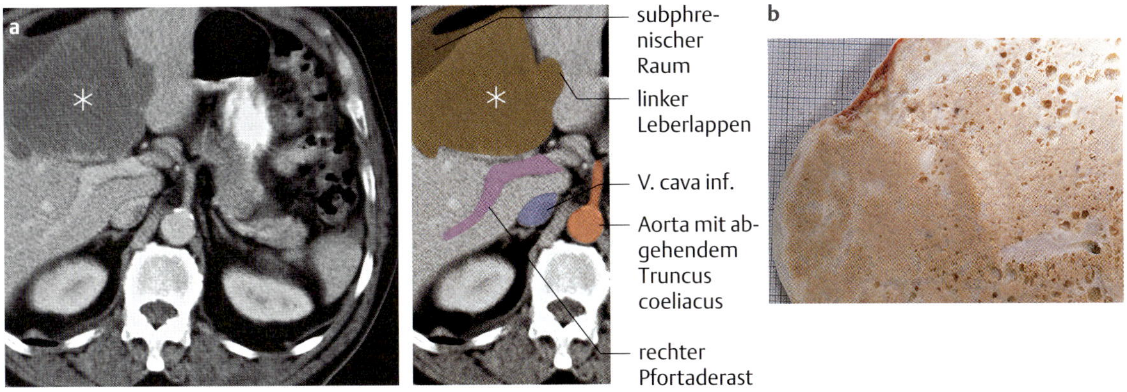

a CT-Befund eines riesigen, zentral sitzenden und damit inoperablen E. multilocularis (*), der ventral in den subphrenischen Raum einbricht und in den anatomisch linken Leberlappen hineinwächst. Der invasiv wachsende derbe Tumor drückt den rechten Pfortaderast nach dorsal.

b Formaldehydfixiertes Operationspräparat nach Leberteilresektion: Das kleinzystisch erscheinende Parasitengewebe geht ohne scharfen Übergang in das verbliebene Leberrestgewebe über, was den destruktiv-infiltrativen Charakter dieser Parasitenlarve demonstriert.

zwischen dem Kliniker und dem ihn beratenden Serologen. Als neue diagnostische Möglichkeit findet die **Polymerase-Kettenreaktion** (PCR) Eingang in die Echinokokkusdiagnostik, ihr Stellenwert ist jedoch noch nicht ausreichend gesichert.

Therapie: Es sollte immer die **chirurgische Entfernung** der Parasiten angestrebt werden, vor allem bei *E.-granulosus*-Zysten. Taktisch wird eine Zystektomie durchgeführt: Belassung der fibrösen Wirtsschicht (durch Druck fibrös umgewandeltes Lebergewebe) und Ausschälen der parasitären Wand (= „Zystektomie") nach Punktion und Abtöten der Scolices mittels verdünnten Povidon-Iods (s. SE 3.10, S. 65). Ein neuartiges, jedoch nur bei ein- oder wenigkammrigen Zysten anwendbares Behandlungsverfahren ist **PAIR** (**P**unktion, **A**spiration, **I**njektion, **R**easpiration; s. **3.10**). Der Befall mit *E. multilocularis* wird fast stets erst dann erkannt, wenn eine vollständige Entfernung des Parasiten nicht mehr möglich ist (**3.5**).
Als **Chemotherapeutika** sind die Benzimidazole Mebendazol (z.B. Vermox) und Albendazol (z.B. Eskazole) geeignet. Sie können auch als Operationsvorbereitung verabreicht werden und müssen wenigstens drei Monate lang gegeben werden, wenn bei der Operation Komplikationen aufgetreten sind, etwa eine Aussaat von Zystenmaterial bei Ruptur einer Zyste. Die Chemotherapie bei *E.-multilocularis*-Befall muss in der Regel lebenslang fortgeführt werden. Bei einer Langzeitbehandlung sollte sich die Dosierung möglichst an einer Bestimmung der Blutspiegel der Medikamente orientieren.
Die Titer der spezifischen Antikörper fallen auch nach erfolgreicher Therapie nur sehr langsam ab. Niedrige positive Titer können auch noch zwei Jahre nach Abschluss der Behandlung beobachtet werden.

Eine serologische Verlaufsbeobachtung ist wichtig, um möglichst früh Rezidive erkennen zu können.

3.10 PAIR-Verfahren bei Echinokokkose

Durchführung: Unter sonographischer Steuerung werden die Zysten perkutan *punktiert*, es wird zunächst flüssiger Zysteninhalt *aspiriert*, dann wird hypertonische Kochsalzlösung oder Alkohol *injiziert* und nach 20 Minuten wieder abgesaugt *(reaspiriert)*. Injektion und Aspiration werden mehrfach wiederholt, um das proliferationsfähige Parasitengewebe abzutöten. Die multilamellären Schichten werden nicht entfernt.
Erfolg und Risiko dieses minimal invasiven Vorgehens hängen ab von einer zuverlässigen präoperativen Diagnostik, einer strengen Indikationsstellung unter strikter Beachtung von Kontraindikationen und einer sorgfältigen Durchführung.

3.6 Lungen-Echinokokkose

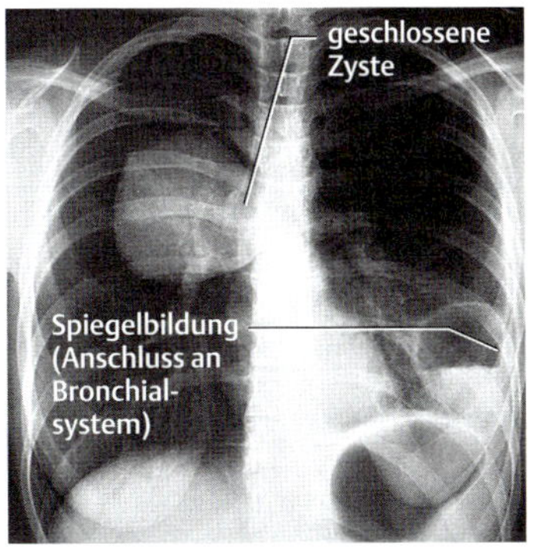

19-jähriger Patient, nach Auslandsaufenthalt. Rechts und links sieht man je eine Echinokokkus-Zyste (rechts geschlossen, links mit Spiegelbildung, d.h. mit Anschluss ans Bronchialsystem). *Therapie:* beiderseits extraanatomische Lungenparenchymresektion als Perizystektomie.

3.7 Leberabszess bei Amöbiasis

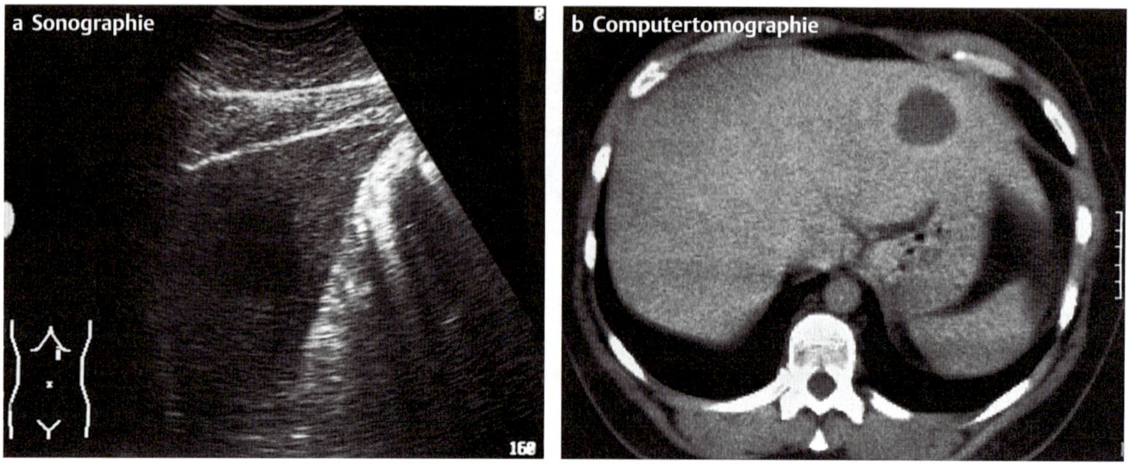

Ultraschall- und Computertomographie-Befunde eines knapp 4 cm großen Amöbenabszesses im anatomisch linken Leberlappen bei gleichzeitiger Amöbenkolitis. Der Titer auf Entamoeba histolytica (IIFT) betrug 1:256. Vor 5 Wochen war der Patient als Tourist im südlichen Mittelmeerraum.

Amöbiasis

Ätiologie und Pathogenese: Erreger der Amöbiasis ist die sog. Ruhramöbe, **Entamoeba histolytica**. Die Infektion erfolgt oral durch Aufnahme von Zysten. Der Parasit kann ein harmloser Bewohner des Dickdarms sein, potentiell pathogene Stämme des Parasiten können jedoch in die Schleimhaut eindringen und *Geschwüre der Schleimhaut* hervorrufen (Amöbenkolitis).

Bei ca. 30 % der Patienten mit einer invasiven Amöbiasis werden Amöben via Portalvene in die Leber eingeschwemmt. Sie vermehren sich im Leberparenchym und führen zu Kolliquationsnekrosen, d. h. zu *Leberabszessen.*

Die Phase der Larvenwanderung durch die Lunge ist bei Infektion mit zahlreichen Eiern häufig von einem Infiltrat des Lungengewebes (etwa 10.–17. Tag nach Infektion) und einer Bluteosinophilie (etwa 12.–21. Tag nach Infektion) begleitet *(flüchtiges eosinophiles Löffler-Lungeninfiltrat).*

Symptomatik: Blut- und Schleimauflagerungen auf dem Stuhl bei wechselnder Stuhlkonsistenz bis hin zu den seltenen ruhrartigen Durchfällen sind typische Zeichen einer invasiven Amöbiasis.

Diagnostik: Eine **auf den Darm beschränkte invasive Amöbiasis** führt in der Mehrzahl der Fälle nicht zur Bildung von spezifischen Antikörpern, so dass die mikroskopische Diagnostik die Methode der Wahl ist. Im Stuhl lassen sich dann die typischen hämatophagen Amöbenformen (Magna-Trophozoiten) nachweisen.

Bei **Leberabszessen** ist dagegen der Nachweis von Amöbenantikörpern ausschlaggebend. Allerdings gelingt er auch hier in Einzelfällen nicht. Eine typische Symptomatik und Befunde in Sonographie (**3.7a**), Computertomogramm (**3.7b**) oder Kernspintomogramm müssen dann als ausreichende Indikation für eine versuchsweise Behandlung gelten. Nach Beginn der Behandlung ist nicht selten eine Serokonversion zu beobachten.

Therapie: Mittel der Wahl für die **medikamentöse Behandlung** sowohl der invasiven Amöbiasis des Darms als auch der Leber sind *Nitroimidazolderivate* (Metronidazol, Tinidazol, Ornidazol und Nimorazol). In einer Dosierung von etwa 30 mg/kg KG/Tag wird in der Regel zehn Tage lang behandelt. Metronidazol kann vor allem zu Beginn der Behandlung auch als intravenöse Infusion gegeben werden. Gegen die im Darmlumen vorhandenen Amöben sind die Nitroimidazolderivate nicht zuverlässig wirksam, weil sie wegen ihrer vollständigen Resorption nicht in die unteren Darmabschnitte gelangen. Am Ende einer Amöbenbehandlung sollte deshalb eine Abschlusstherapie mit *Diloxanidfuroat* (3 x 0,5 g/Tag, 10 Tage lang) stehen. Damit werden fast stets die Darmlumenformen beseitigt und einem Rezidiv bei fortbestehender Darmlumeninfektion vorgebeugt.

Ein **chirurgisches Eingreifen** wird nur notwendig, wenn es im Rahmen der Amöbenkolitis zur Darmperforation oder Abszessperforation kommt. Große, gut zugängliche Abszesse können zur Unterstützung der Chemotherapie punktiert werden.

Bei Versagen der Metronidazoltherapie (weiterbestehendes Fieber und zunehmende Sepsiszeichen) muss an eine Superinfektion des initialen Amöbenabszesses gedacht werden: dann übliche Therapie wie bei allen anderen Leberabszessen (s. SE 22.3, S. 514 ff).

Spulwurmbefall (Askariasis)

Ätiologie und Pathogenese: Spulwürmer (*Ascaris lumbricoides*) sind bis 30 cm lange, bleistiftdicke Nematoden mit weltweitem Vorkommen. Der Mensch infiziert sich durch die orale Aufnahme von larvenhaltigen Spulwurmeiern. Im Dünndarm schlüpfen die Wurmlarven, dringen in die Darmwand ein und werden hämatogen zunächst in die Leber und dann in die Lunge verschleppt. Hier verlassen sie die Blutbahn und treten in den Alveolarraum über. Sie wandern über die Trachea in den Ösophagus, gelangen schließlich wieder in den Dünndarm, wo sie zu adulten Würmern heranwachsen. Frühestens zwei Monate nach der Infektion sind sie geschlechtsreif. Erst dann erscheinen im Stuhl des Infizierten die typischen Askarideneier.

Diagnostik: Der mikroskopische Nachweis von Askarideneiern im Stuhl erlaubt die Diagnose eines Askaridenbefalls. Manchmal sind die Würmer auch bei Untersuchungen mit bildgebenden Verfahren und Kontrastmitteldarstellungen im Darm zu erkennen. Der serologische Nachweis von Antikörpern ist unzuverlässig und spielt nur in Ausnahmefällen eine Rolle.

Symptome treten bei einem Spulwurmbefall nur selten auf.

Therapie: Für die Behandlung einer Askarideninfektion sind Benzimidazole, z.B. Mebendazol oder Albendazol, die Mittel der Wahl. Komplikationen, die ein **chirurgisches Eingreifen** erfordern, sind ein Askaridenileus (s. SE 28.1 , S. 646 ff), eine Appendizitis (s. SE 26.9, S. 602 ff) oder das Eindringen von Würmern in die Gallenwege mit der Folge eines Verschlussikterus (s. SE 24.7 und SE 24.8, S. 250 ff).

Oxyuriasis

Ätiologie und Pathogenese: Der Madenwurm, *Enterobius* (Synonym Oxyuris) *vermicularis*, ist in der Regel ein harmloser Bewohner des Dickdarms, vor allem bei Kleinkindern. Die graviden Weibchen suchen die Perianalgegend auf, um dort ihre Eier zu deponieren. Dies kann zu Juckreiz führen. Gelegentlich entstehen Komplikationen, indem Würmer bei Mädchen oder Frauen über die Scheide und die Tuben in den Peritonealraum einwandern und dort zu lokal begrenzten Entzündungen führen. Madenwürmer werden häufig in chirurgisch entfernten Appendices gefunden. Wieweit sie im Einzelfall zur Entstehung einer Appendizitis beitragen können, ist strittig.

Diagnostik: Makroskopischer Nachweis von Würmern oder mikroskopischer Nachweis von Wurmeiern mit Hilfe des **Tesafilm-Abdruckverfahrens**: Ein Stück durchsichtiger Klebefilm wird am Morgen über die Perianalgegend geklebt, abgezogen, auf einen Objektträger geklebt und dann mikroskopiert. Eine serologische Nachweismethode gibt es nicht.

Therapie: Die Benzimidazole (z.B. Mebendazol oder Albendazol) sind sehr gut wirksam gegen die Parasiten. Reinfektionen sind jedoch sehr häufig.

Zystizerkose

Ätiologie und Pathogenese: Der Mensch infiziert sich fäkal-oral mit Eiern des Schweinebandwurmes, *Taenia solium*. Die sich daraus entwickelnden Finnen können sich in verschiedenen Organen ansiedeln und sog. Zystizerken (blasenartige Gebilde von 5–20 mm Durchmesser) bilden. Bevorzugte Lokalisationen sind Subkutis, Muskulatur, Auge (selten) und Gehirn (Neurozystizerkose). Ob es eine Zystizerkose beim Menschen gibt, die durch *Taenia saginata* verursacht wird, ist zweifelhaft.

Symptome und Diagnostik: Nicht immer verursachen die Parasiten Symptome, vor allem wenn sie in der Muskulatur sitzen. Nicht selten werden sie dann erst nach ihrem Absterben zufällig als Verkalkung bei einer Röntgenaufnahme entdeckt. Häufig werden Zystizerken auch als zunächst nicht näher bestimmter Tumor exzidiert und erst bei der histopathologischen Untersuchung identifiziert.

! Im Allgemeinen ist nur die Neurozystizerkose eine bedrohliche Erkrankung.

Neurologische Symptome, meist fokaler Natur, und charakteristische Bilder im Computer bzw. Kernspintomogramm weisen auf den Parasitenbefall hin. Antikörper sind mit der indirekten Immunfluoreszenz und dem ELISA nachzuweisen, bei der Neurozystizerkose beweisen Antikörper im Immunoblot des Liquors das Vorliegen einer Infektion. Leider muss ein relativ hoher Anteil falsch-negativer Resultate bei der Differenzialdiagnose berücksichtigt werden, vor allem, wenn nur wenige Zysten vorhanden sind.

Therapie: Zur **Chemotherapie** eignen sich Praziquantel und Albendazol. Beide Medikamente sollten jedoch mit Vorsicht eingesetzt werden, weil es zu einer Verschlimmerung der neurologischen Krankheitserscheinungen kommen kann. Von einigen Autoren wird die prophylaktische Gabe von Corticosteroiden, bei Krampfneigung auch von Antikonvulsiva empfohlen. Andere Autoren verabreichen diese Mittel erst bei dem Auftreten einer entsprechenden Symptomatik. Eine sorgfältige klinische Überwachung bei der Behandlung der Neurozystizerkose ist unbedingt zu fordern.
Einzelne, gut zugängliche Parasitenzysten im Gehirn lassen sich **chirurgisch** entfernen.

Hanns Martin Seitz

3.6 Chirurgisch relevante Impfungen

Ziel einer Schutzimpfung ist, ein Individuum gegen bestimmte pathogene Bakterien, Viren oder deren Stoffwechselprodukte zu immunisieren. Bei der aktiven Immunisierung wird ein Primärkontakt mit einem bestimmten Krankheitserreger imitiert, möglichst ohne Krankheitsrisiken einzugehen. Bei der passiven Immunisierung werden Antikörper verabreicht (3.11).

3.11 Passive und aktive Immunisierung

Passive Immunisierung
Die parenterale Gabe von Immunglobulinen (passive Impfstoffe) aktiviert nicht das Immunsystem des Empfängers. **Heterologe Antiseren** stammen in aller Regel von Pferden, die mit einem bestimmten Antigen immunisiert wurden: Gasbrand, Botulismus-, Schlangen-, Skorpion- und andere Gifte. Nebenwirkungen: in ca. 7 % der Fälle allergische Reaktionen auf die speziesfremden Eiweiße.
Homologe (= humane) **Seren:** *Humane normale Immunglobuline* (alte Bezeichnung: Gammaglobulin) werden aus mehr als 1000 Spenderseren extrahiert. *Humanes Immunglobulin Anti X* (X steht für das entsprechende Antigen; alte Bezeichnung: Hyperimmunglobulin) wird aus den Seren bereits immunisierter Spender gewonnen.

Aktive Immunisierung
Dem Impfling werden **Lebendimpfstoffe** (abgeschwächte Erreger) oder **Totimpfstoffe** (abgetötete Erreger oder Teilprodukte wie Toxoid oder Antigen) verabreicht, um eine spezifische Immunantwort zu erzeugen. Aktivierte Lymphozyten werden zu Gedächtniszellen, die eine Lebensdauer von ca. 5 Jahren haben. Diese Zellen werden im Falle einer Inokulation des entsprechenden Erregers schnell „angeschaltet", die ausgeschütteten Immunprodukte können den Organismus vor dem Krankheitsausbruch schützen.

Im hohen Alter nimmt die Gedächtnisleistung der früher einmal spezifisch aktivierten Lymphozyten ab, deshalb im hohen Alter frühere Auffrischimpfungen.

Tetanus

s. auch SE 3.4, S. 48.
Der **Impfstoff** (*Synonym:* Vakzin) gegen Tetanus ist ein Toxoidvakzin (z. B. Tetanol, Tetasorbat SSB, Tetanus-Impfstoff Mérieux), d. h. die Wirkung des Tetanustoxins wurde durch Formalin und Wärmeeinwirkung aufgehoben, seine immunisierende Fähigkeit jedoch erhalten. Die Schutzimpfung verhindert also nicht die Infektion, sondern die Wirkung des Tetanustoxins.
Nebenwirkungen: Fieber und Lymphknotenschwellung treten fast nur bei zu häufiger Impfung auf.
Kontraindikation: Hyperergische Reaktion bei vorausgegangenen Impfungen; bei nicht Verletzten akute Erkrankungen.
Die ständige Impfkommission (STIKO) des Robert-Koch-Instituts empfiehlt bei der Tetanus-Impfung die Hinzufügung von Diphtherie-Toxoid (T 3.9). Allerdings wird häufig doch nur eine reine Tetanus-Impfung durchgeführt.

Hepatitis B

Die Hepatitis-B-Impfung kann heute jedem Menschen empfohlen werden (WHO-Programm), schon in den ersten Lebenswochen. In Deutschland gehört sie jedoch nicht zum Katalog der Grundimmunisierung, sondern ist nur für **Risikogruppen einer HBV-Infektion** vorgesehen: Alle Personen, die mit HBsAG-positivem Blut oder Körpersekret Kontakt haben können, z. B.:

T 3.8 Impfpläne chirurgisch relevanter Imfpungen im Überblick

Erkrankung	*Grundimmunisierung*	*Auffrischung*	*im Verletzungsfall/ postexpositionell*	*Besonderheiten*
Tetanus	3x0,5 ml Tetanol ab dem 3. Lebensmonat, 6 Wochen und 6–12 Monate nach der 1. Impfung	nach 5–10 Jahren	s. T 3.9	keine Antikörpertiterkontrollen
Hepatitis B	*Erwachsene:* 3x1 ml Engerix B Erwachsene oder Gen H-B-Vax D, *Kinder:* 3x0,5 ml z. B. Engerix B Kinder oder Gen H-B-Vax K pro Infantibus; in den Monaten 0, 1 und 6	s. T 3.10	passiv-aktive Immunisierung bei nicht Immunen: 3x1ml Engerix B in den Monaten 0, 1 und 6, zusätzlich 200 IE Hepatitis-B-Immunglobulin-Behring i. m.	Antikörpertiterkontrolle 4 Wochen nach der letzten Impfung
Tollwut	3x1ml Rabivac an den Tagen 0, 7, 28	Risikogruppen: alle 2–5 Jahre	5x1 ml Rabivac an den Tagen 0, 3, 7, 14, 28 (fakultativ Tag 90); zusätzlich 20 IE/kgKG (Tollwut-Immunglobulin (z. B. Berirab)	Antikörpertiterkontrolle 4 Wochen nach der letzten Impfung

- medizinisches, zahnmedizinisches und Reinigungspersonal, insb. im Labor und Operationstrakt, (Unfall-, Kiefer-)Chirurgen, Orthopäden,
- Ersthelfer, Polizisten,
- Pflegepersonal und Patienten in psychiatrischen oder vergleichbaren Fürsorgeeinrichtungen,
- Patienten mit häufiger Übertragung von Blut oder Blutbestandteilen,
- Dialyse und ausgedehnte Operationen mit Einsatz der Herz-Lungen-Maschine,
- Personen mit engem Kontakt zu HBsAG-positiven Personen (z. B. Sexualpartner, Reisende in Endemiegebiete),
- Neugeborene infizierter Mütter (diaplazentare und perinatale Übertragung),
- Strafgefangene, Homosexuelle, promiskuitive Personen, Drogenabhängige, Prostituierte usw.

Bedeutung als nosokomiale Infektion: Hepatitis B kann vom Pflegepersonal und medizinischen Geräten auf Patienten und umgekehrt übertragen werden.

! Die Hepatitis B ist trotz größerer Vorsichtsmaßnahmen im Umgang mit potenziell Infizierten und der breit angewendeten Hepatitis-B-Impfung noch immer eine der häufigsten Berufskrankheiten.

Impfstoff: Totvakzine mit gentechnologisch hergestelltem Oberflächenantigen des Hepatitis-B-Virus (HBsAG).
Indikation:
Präexpositionell: Die WHO empfiehlt, Kinder schon im Säuglingsalter zu impfen. Nach der Empfehlung der ständigen Impfkommission (STIKO) sollten zumindest alle Risikopersonen möglichst frühzeitig immunisiert werden.
Postexpositionell: Nach Inokulation von HBsAG bei Anti-HBsAG-negativen Personen (Nadelstichverletzung, Kontakt lädierter Haut oder Schleimhaut mit kontaminiertem Blut) sowie bei Neugeborenen infizierter Mütter ist so rasch wie möglich eine simultane, d. h. aktive und passive Impfung durchzuführen.
Kontraindikation: akute Erkrankungen.
Maßnahmen zum Schutz vor nosokomialen Infektionen:
- Die aktive Schutzimpfung muss anti-HBsAG-negativem medizinischem Personal dringend angeraten werden,
- jährliche Kontrollen des Hepatitis-B-Immunstatus durch den Betriebsarzt,
- Personal ohne Immunschutz darf nicht für Tätigkeiten eingesetzt werden, die mit einem hohen Risiko einer Hepatitis-B-Infektion einhergehen,
- Risikopatienten (Dialyse, längerfristig Transfusionspflichtige) müssen frühzeitig geimpft werden,
- postexpositionell ist eine schnellstmögliche Simultanimpfung durchzuführen (T 3.8).
- Medizinisch tätige Personen mit einer hohen HBV-Konzentration im Blut sollten sich streng an die üblichen Hygienevorschriften halten. Obwohl Berufsverbote nicht ausgesprochen werden dürfen, sollte eine entsprechende Berufsberatung erfolgen und von Tätigkeiten, die mit invasiven Maßnahmen an Patienten einhergehen, abgeraten werden.

Tollwut

s. auch SE 3.4, S. 50 f.
Impfstoff: Es wird eine inaktivierte, d. h. von enzephalitogenen Proteinen gereinigte Vakzine mit sehr guten Immunisierungseigenschaften verwendet.
Indikation: Die *präexpositionelle Tollwutimpfung* empfiehlt sich bei Berufsgruppen mit Expositionsrisiko wie Tierärzte, Laborpersonal, Jäger, Tierpfleger.
Die *postexpositionelle Tollwutimpfung* ist Teil des 1985 durch das Bundesgesundheitsamt empfohlenen Vorgehens bei möglicher Tollwutinfektion.
Kontraindikation: keine.

3.12 Milzbrand-Impfung

Der Bacillus-anthracis-Stamm mit abgeschwächter Pathogenität wird als *Adsorbatimpfstoff* subkutan in den Oberarm injiziert (*Termine:* Wochen 0, 2, 4 und Monate 6, 12, 18, Auffrischimpfung einmal jährlich). *Anwendung:* derzeitig eigentlich nur bei US-Soldaten (Anthrax gehört zu den biologischen Waffen). *Kontraindikation:* Infekt, Milzbranderkrankung, Schwangerschaft, Immunsuppression. *Nebenwirkungen:* lokales, schmerzhaftes Erythem (ca. 1/3 der Fälle), seltener ausgedehntes, inflammatorisches Ödem des Oberarms, Unwohlsein, Müdigkeit, Fieber und Schüttelfrost.

T 3.9 Tetanusprophylaxe bei Verletzungen (Deutsche Gesellschaft für Chirurgie 1983)

Vorgeschichte (Anzahl der Tetanus-impfungen)	*kleine, saubere Wunden*		*alle anderen Wunden*	
	T oder Td[1]	TIG	T oder Td[1]	TIG
unbekannt	ja	nein	ja	ja
0–1	ja	nein	ja	ja
2	ja	nein	ja	nein[4]
3 oder mehr	ja[2]	nein	ja[3]	nein

T: Tetanustoxoid
D: 50 IE Diphtherietoxoid
d: 2–5 IE Diphtherietoxoid
TIG = Tetanusimmunglobulin
[1] Bei Kindern, die das 7. Lebensjahr noch nicht vollendet haben, TD anstelle Td.
[2] Nein, wenn seit der letzten Impfstoffinjektion weniger als 10 Jahre vergangen sind.
[3] Nein, wenn seit der letzten Impfstoffinjektion weniger als 5 Jahre vergangen sind.
[4] Ja, wenn die Verletzung länger als 24 Stunden zurückliegt.

T 3.10 Hepatitis: Empfehlung der STIKO zur Wiederimpfung (nach Jilg et al. 1988)

anti-HBs-Titer (4 Wochen nach der letzten Impfung)	*Wiederimpfung empfohlen*
< 10 IU/l	sofort
11–100 IU/l	nach 3–6 Monaten
101–1000 IU/l	nach 1 Jahr
1001–10 000 IU/l	nach 3 $^{1}/_{2}$ Jahren
> 10 000 IU/l	nach 7 Jahren

Marcel Kaminski

3.7 Chirurgie bei HIV-Infektionen

Die chirurgische Therapie HIV-Infizierter hat aus drei Gründen eine besondere Bedeutung: Das an der Operation beteiligte Personal unterliegt einem gewissen, wenngleich kleinen Infektionsrisiko, es gibt AIDS-assoziierte Erkrankungen insb. in der Allgemein-, Viszeral- und Thoraxchirurgie, und, je fortgeschrittener das HIV-Infektionsstadium ist, desto höher sind auch die Operationsrisiken.

HIV-Diagnostik

Die ***Indikation*** für die Durchführung der HIV-Diagnostik ist entweder ein **erhöhtes Risiko** des Betroffenen

- *im persönlichen Bereich:* regelmäßiger anorezeptiver und vaginaler Geschlechtsverkehr mit häufig wechselnden Partnern, kontaminierte Injektionsnadel bei i.v. Drogenabusus („needle sharing"), häufige (oder regelmäßige) Transfusion,
- *berufsbedingt:* Nadelstichverletzung, Exposition von Schleimhaut und lädierter Haut mit HIV-belastetem Blut, Serum oder anderen Sekreten von HIV-Infizierten,

oder ein entsprechender **klinischer Verdacht:** Patienten mit einem malignen Lymphom, mit einer ungeklärten B-Symptomatik (Fieber, Nachtschweiß, ungewollte Gewichtsabnahme) oder mit Thrombozytopenie.

Da bisweilen eine HIV-Infektion eine soziale Stigmatisierung bedeuten kann, ist es geboten, sich für die Durchführung der HIV-Diagnostik eine schriftliche Einverständniserklärung des Betroffenen einzuholen.

Diagnostisches Vorgehen: **3.8.**

3.8 Diagnostik bei Verdacht auf HIV-Infektion

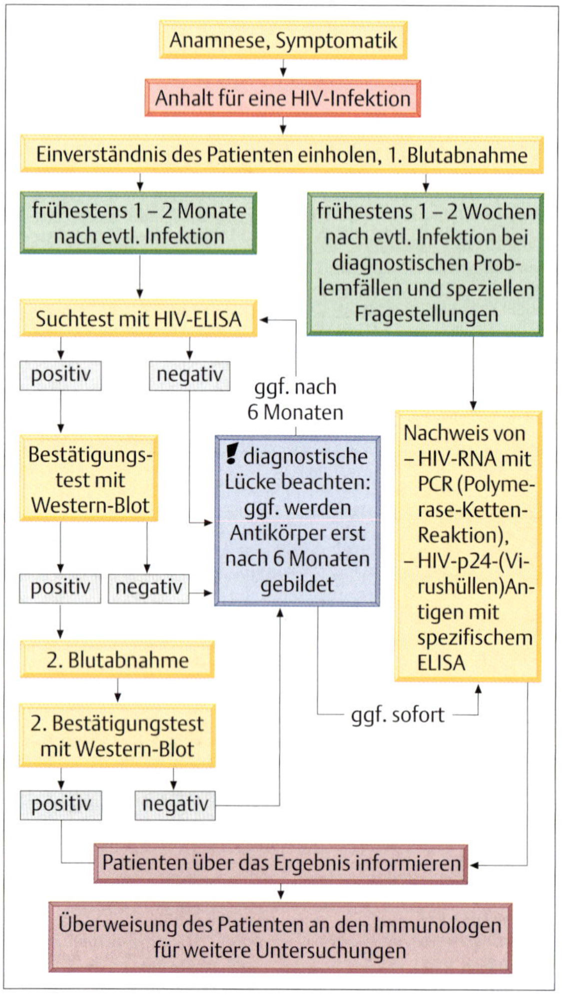

Klassifikation

Die 1993 revidierte **CDC-Klassifikation** der HIV-Infektion berücksichtigt immunologische Parameter. Sie ist für die operative Medizin hinsichtlich Operationsplanung und Abschätzung des individuellen Operationsrisikos nützlich (**3.11**).

Infektionsrisiko und Schutzmaßnahmen

Je nach Tiefe der Verletzung und der inokulierten Virusmenge liegt das **Infektionsrisiko** bei ca. 5–15 %. Dagegen liegt das Risiko einer Hepatitis-B-Infektion mit ca. 20 % deutlich höher.

Stichverletzungen mit massiven Rundnadeln (Nahtmaterial) sind weniger gefährlich als mit Hohlnadeln (Injektionsnadel).

3.11 Die 93er-Klassifikation des Center of Disease Control (CDC): Subgruppen A1 bis C3

Laborkategorie *(CD4-Zellen/μl)*	***klinische Kategorie*** *A (asymptomatisch)*	*B (Symptome, kein AIDS)*	*C (Symptome, AIDS)*
1: < 500	A1	B1	C1
2: 200–499	A2	B2	C2
3: < 200	A3	B3	C3

In die **Kategorie A** gehört die asymptomatische HIV-Infektion, die akute primäre HIV-Infektion und die persistierende Lymphadenopathie.
In die **Kategorie B** fallen Erkrankungen, die zwar nicht AIDS-definierend sind, aber der HIV-Infektion ursächlich zuzuordnen sind, oder auf eine Störung der zellulären Immunabwehr hinweisen (z. B. Candida-Infektionen, Neuropathie etc.).
In die **Kategorie C** fallen AIDS-definierende Erkrankungen (Pneumocystis carinii, Kaposi-Sarkom etc.).
Es hat sich bewährt, die 9 Unterkategorien zu 3 Stadien zusammenzufassen:
Stadium I (Beobachtungsphase): A1, A2, B1
Stadium II (Prophylaxephase): A3, B2, B3,
Stadium III (Therapiephase): C1–C3.

Für eine sichere Chirurgie bei Operationen an HIV-Positiven sind folgende **Maßnahmen** sinnvoll:
Barriere-Maßnahmen: Doppelte Handschuhe, Schutzbrille, wasserdichte Schuhe und Kittel.
Reduktion des Verletzungsrisikos: Verstärkter Einsatz einer lamellenförmigen (stumpfen) anstelle einer nadelförmigen Diathermiesonde und möglichst nur instrumentelle Präparation. Jede Nadel, mit oder ohne Faden, wird nach einmaliger Verwendung sofort entsorgt, was das Risiko einer Inokulation reduziert.
Verhalten im Op-Raum: Disziplin, Konzentration und Ausschaltung exogener Stressfaktoren.
Von 1982 bis 1996 gab es in Deutschland nur 6 gesicherte und 19 wahrscheinliche berufsbedingte HIV-Infektionen im Gesundheitswesen.

Postexpositionsprophylaxe nach HIV-Kontakt

Kommt es zur Risikokontamination im Umgang mit HIV-haltigem Sekret oder Blut, kann durch eine Postexpositionsprophylaxe das Risiko einer Serokonversion halbiert werden.
Physikalische Maßnahmen: Reinigung der Wunde mit Seife und Wasser und anschließend Desinfektion.
Medikamentöse Maßnahmen: Zidovudin: 2x 250 mg/Tag + Lamivudin 2x 150 mg + Indinavir 3x 800 mg/Tag (letzteres nicht bei Schwangeren) für 4 Wochen.

Besonderheiten der Chirurgie AIDS-bedingter Erkrankungen

Schätzungsweise 7 % der männlichen erwachsenen Bevölkerung ist homo- oder bisexuell und benützt das Anorektum zur sexuellen Befriedigung. Nicht abheilende oder untypische perianale Läsionen in dieser Bevölkerungsgruppe sollten Anlass sein, nach einer HIV-Infektion zu fahnden. Analläsionen, die eine HIV-Infektion vermuten lassen, sind: Condylomata acuminata, Ulzera, Herpes simplex und maligne Tumoren.

Allgemeines Operationsrisiko eines HIV-Infizierten

Über das Operationsrisiko eines HIV-Infizierten hinsichtlich allgemeiner und spezieller Operationskomplikationen gibt es kaum Daten. Bei normaler Leukozytenzahl sowie normalen CD4- und CD8-Zellen ist nach jetziger Datenlage das Risiko nicht erhöht. Mit Fortschreiten der HIV-Infektion steigt jedoch das Risiko von postoperativen Komplikationen (z. B. Anastomoseninsuffizienz, Wundinfekte usw.) einschließlich einer raschen Entwicklung opportunistischer Infektionen: Insgesamt steigen Morbidität und Mortalität eines Eingriffs proportional mit dem Erkrankungsstadium.

! Bei fortgeschrittener AIDS-Erkrankung Reduktion des operativen Maßes auf das absolut Notwendige.

3.13 Besonderheiten häufiger und spezifischer chirurgischer Erkrankungen beim HIV- bzw. AIDS-Patienten

Perianalbereich:
Hämorrhoiden: keine operative, sondern konservative Therapie (auch keine Gummibandligatur) wegen Gefahr septischer Komplikationen,
perianaler Abszeß: sofortige (eher kleine) OP wegen der sonst raschen Infektionsausbreitung (immer mit Probeexzision [Differenzialdiagnose Lymphom]),
perianale Fistel: insb. beim AIDS-Patienten Zurückhaltung gegenüber der sonst notwendigen OP-Radikalität,
Analfissur: zunächst konservativ mit Nitroglycerinsalbe, ab 4-wöchiger Persistenz übliche OP-Taktik,
perianales Ulkus: konservatives Vorgehen (z. B. Unterspritzung mit corticoider Kristallsuspension) oder operativ; bei intraktablen Schmerzen und Inkontinenz ist eine Kolostomie zu erwägen,
Condylomata acuminata: es kann auch die Rektumschleimhaut befallen sein! Hohe Inzidenz einer malignen Transformation (Plattenepithelkarzinom)! Therapie bei perianalem Befall konservativ (Imiquimod-Creme 5 % oder Podophyllotoxin-Creme 0,15 %) oder operativ. Hohe Rezidivrate bei HIV-Patienten,
Magen-Darm-Trakt:
intestinale Zytomegalie-Virus-Infektion: ulzeröse, evtl. perforierende Enteritis (imitiert im Kolon die Colitis ulcerosa), oft Resektion ohne/mit primärer Anastomose,
Appendizitis: larvierte Schmerzsymptomatik, deshalb bei Verdacht großzügigere operative Indikationsstellung,
Respirationstrakt:
Pneumothorax: meist Folge einer Pneumocystis-carinii-Pneumonie (oft beidseits), üblicher therapeutischer Algorithmus (s. SE 30.5, S. 680 f),
Aspergillom (👁): opportunistische Lungeninfektion (Aspergillose, Myzetom), Therapie: Lungenresektion,
diffuse Lungenerkrankung: rasche Indikation zur thorakoskopischen Lungenbiopsie, wenn sie anders nicht abgeklärt werden kann.
Malignome:
Kaposi-Sarkom: 40 % der Patienten mit Kaposi-Sarkom der Haut haben auch einen intestinalen Befall; Komplikationen: Blutung, Ileus, Perforation; operative Therapie,
Lymphom: meist Non-Hodgkin-Lymphom der B-Zell-Reihe, auch im Gastrointestinaltrakt; Komplikationen und Therapie s. Kaposi-Sarkom.

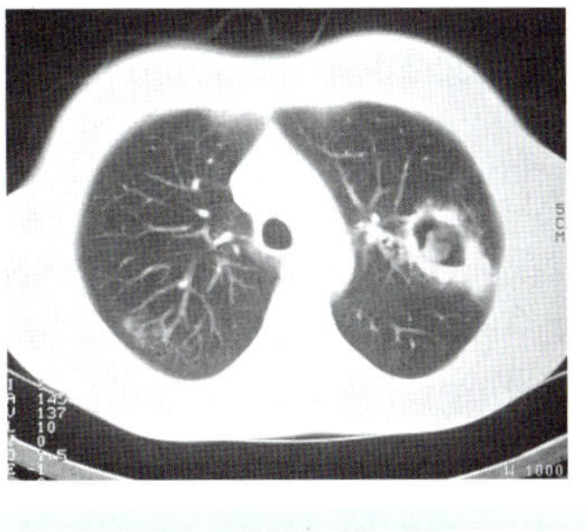

3.8 Rationale Antibiotikatherapie in der Chirurgie

Durch Einführung der Antibiotika konnte die Lebenserwartung der Menschen deutlich verlängert und ein Gewinn an Lebensqualität erzielt werden. Die Entwicklung zielt dahin, eine bessere Wirksamkeit bei Verringerung der Nebenwirkungen zu erreichen. Die Entwicklung von Resistenzen liegt vornehmlich in der Hand der Anwender, z. B. zu kurze, unkritische und falsche Anwendung. Insb. ist bei der Antibiotikatherapie eine „falsche Sparsamkeit“ geeignet, einem Patienten durch Auftreten von Komplikationen Schaden zuzufügen und seine Krankheitsdauer zu verlängern.

Formen der Antibiotikatherapie

Antibiotika ersetzen niemals eine notwendige Therapie vor Ort (z. B. Abszessdrainage, Appendektomie, Gelenkrevision).

Notfalltherapie

Eine notfallmäßige Therapie ist bei schweren septischen Infektionen indiziert, oft in Kombination mit operativen lokalen Maßnahmen. Sie ist zunächst ungezielt und auf Erfahrungswerte (Welches Antibiotikum nützt üblicherweise bei welcher Erkrankung?) gestützt, da noch kein Antibiogramm zur Verfügung steht.
Kombinationen von mehreren Antibiotika sind üblich, um das Wirkungsspektrum zu erweitern. Nach den Empfehlungen der Paul-Ehrlich-Gesellschaft von 1996 kommen Cephalosporine der 3. Generation, Piperacillin/Tazobak oder ein Fluorchinolon der Gruppe 2 in Betracht. Eine Kombination mit einem Antibiotikum einer anderen Gruppe (z. B. Makrolide, Aminoglykoside) ist bei Nichtansprechen der Therapie indiziert.

Gezielte und kalkulierte Therapie

Vor der **gezielten** Antibiotikatherapie wird der Erreger aus Blut, Nasen-Rachen-Abstrich, Sputum, Tracheal- und Bronchialsekret, Urin, Genitalsekret, Duodenalsaft, Galle, Stuhl, Eiter und Wundsekreten, Pleura-, Peritoneal- oder Synovialflüssigkeit isoliert, und es wird 48 Stunden mit dem Therapiebeginn abgewartet, bis das Ergebnis der Bakterienkultur vorliegt. Entnahmetechniken sowie Transport und Lagerung des Abstrichmaterials sind zu beachten.
Indikation: Vorwiegend subakute und chronische Infektionen, durch möglicherweise resistente Erreger verursachte Infektionen (z. B. von Harnwegen, Wunden und sonstigen Geweben) und Osteomyelitis.
Üblich ist jedoch eine vor Erhalt des Antibiogramms begonnene, sog. **kalkulierte** Therapie mit solchen Antibiotika, die am ehesten gegen den erwarteten Erreger wirksam sind (**T 3.12**).

Perioperative Antibiotikumprophylaxe

Definition: Kurzzeitige, meist einmalige Gabe eines Antibiotikums kurz vor oder zu Beginn einer Operation. Das **Ziel** ist die Verhinderung postoperativer Wundinfektio-

T 3.12 Empfehlungen der Paul-Ehrlich-Gesellschaft zur kalkulierten Antibiotikatherapie der Sepsis

betroffenes Organ	*Erreger*	*kalkulierte Initialtherapie*
Sepsis mit unbekannter Infektionsursache		
–	breites Erregerspektrum	Cephalosporine 3. Generation Acylaminopenicillin + BLI* Carbapenem Fluorchinolon Gruppe 2
Sepsis mit vermuteten Organbefund		
Lunge	Streptococcus pneumoniae	Cephalosporine 2. oder 3. Generation Aminopenicillin + BLI Carbapenem Clindamycin Glykopeptid
Dickdarm	aerobe/anaerobe Mischinfektion	Acylaminopenicillin ± BLI Cephalosporine 3. Generation + Metronidazol Fluorchinolon Gruppe 2 + Metronidazol Carbapenem
Gallenwege	Enterobakterien Enterokokken	Acylaminopenicillin ± BLI Cephalosporine 2. oder 3. Generation Fluorchinolon Gruppe 2 Carbapenem
Harnwege	Enterobakterien	Fluorchinolon Cephalosporine 2. oder 3. Generation Acylaminopenicillin ± BLI
Knochen und Gelenke	S. aureus und S. epidermidis, Pseudomonas aeruginosa	Cephalosporine 2. oder 3. Generation
Haut und Weichteile	Staphylococcus aureus hämolysierende Streptokokken	Cephalosporine 2. Generation Aminopenicillin + BLI Isoxazolylpenicillin Clindamycin Carbapenem Glykopeptid
intravenöse Katheter	Staphylococcus aureus koagulasenegative Staphylokokken	Glykopeptid Clindamycin Carbapenem

* BLI = β-Lactamase-Inhibitor

nen und einer sich daraus evtl. entwickelnden Sepsis durch Keime, die während der Operation in das Operationsgebiet gelangen (Kontamination) oder dort schon vorhanden waren.

Indikationen: s. **T 3.13.** Bei den meisten großen Eingriffen wird eine Prophylaxe durchgeführt. In der Unfallchirurgie bei bestimmten Gelenkeingriffen und Risikopatienten.

Durchführung: Das Antibiotikum wird je nach zu erwartendem Erregerspektrum ausgewählt (**T 3.14**). Die Gabe der ersten Dosis erfolgt zum Zeitpunkt der Narkoseeinleitung, 30 Minuten vor Schnitt. Bei einer Operationsdauer von mehr als 3 Stunden erfolgt die Gabe einer zweiten Dosis, abhängig von der Kinetik des entsprechenden Antibiotikums.

T 3.13 Wirksamkeit perioperativer Antibiotikaprophylaxe

Indikation	*Eingriffe(an)*
gesichert	Kolon, Rektum, Ösophagus, Magenkarzinom, Gallenblase, Gallenwege (obstruierende Prozesse), Rekonstruktion der Arterien des Abdomens und der unteren Extremität, vaginale Hysterektomie
akzeptiert	Appendektomie, abdominale Hysterektomie, Kunststoffimplantation
nicht gesichert	Koronar-, Thorax- und Unfallchirurgie

T 3.14 Empfehlungen der Paul-Ehrlich-Gesellschaft zur antibiotischen Prophylaxe in der Chirurgie

Indikation	*empfohlenes Antibiotikum*
Kolon-Rektum-Appendektomie	Aminopenicillin + BLI (s. **T 3.12**), Acylaminopenicillin ± BLI, Cephalosporine 2. Generation + Metronidazol, Cephalosporin 5. Generation
Gallenwegschirurgie	Aminopenicillin + BLI, Acylaminopenicillin/BLI, Cephalosporine 2. Generation, *bei Allergie:* Clindamycin + Aminoglykosid
Magenchirurgie	Aminopenicillin + BLI, Cephalosporine 2. Generation, *bei Allergie:* Clindamycin + Aminoglykosid
Leber-, Pankreas-, Ösophagusresektion	Cephalosporine 2. Generation + Metronidazol, Acylaminopenicillin ± BLI, *bei Allergie:* Clindamycin + Aminoglykosid
Herz-, Gefäß-, Implantationschirurgie	Cephalosporine 2. oder 3. Generation, *bei Allergie:* Glykopeptid
Unfallchirurgie	Aminopenicillin + BLI, Cephalosporine 2. Generation + Metronidazol, *bei Allergie:* Clindamycin + Aminoglykosid
plastische Chirurgie	Cephalosporine 1. oder 2. Generation,
Handchirurgie	Aminopenicillin + BLI, *bei Allergie:* Fluorchinolon Gruppe 3, Doxycyclin
Bissverletzung Mensch/Tier	Aminopenicillin + BLI

Antibiotikatherapie auf der Intensivstation

Die Antibiotikatherapie zum Beginn eines Patientenaufenthaltes auf der chirurgischen Intensivstation erfolgt empirisch als Notfalltherapie.

Auf der Intensivstation des Bonner Universitätsklinikums wird ein **Stufenkonzept** (**T 3.15**) verwendet, das die bisherige Aufenthaltsdauer des Intensivpatienten im Krankenhaus, die Erregercharakteristik, die Infektionslokalisation und ein mikrobiologisches Monitoring (Abstriche aus Oropharynx, Trachea, Wunden, Blut- und Urinkulturen) berücksichtigt.

Nebenwirkungen und Komplikationen

Die Nebenwirkungen der Antibiotika haben für die operative Medizin hohe Wertigkeit und sind zu bedenken bzw. zu kontrollieren.

Toxisch: mögliche Hämato-, Nephro-, Hepato- und Neurotoxizität bei vielen Antibiotika.

Allergisch: Ödeme, Urtikaria, Fieber, Photodermatosen, Immunhämatopathie sowie Kontaktallergien bei lokaler Verwendung von Antibiotika.

Biologisch: Durch Ausmerzen der normalen Bakterienflora auf Haut und Schleimhäuten können Pilze (insb. Kandida) und resistente Keime schwer zu therapierende Infektionen auslösen.

Pseudomembranöse Kolitis

Während einer Antibiotikatherapie (am häufigsten Clindamycin, aber auch Penicilline und Cephalosporine) kann es zu einer Selektion von Clostridium difficile im Darm kommen. Das **Krankheitsbild** ist dem der Colitis ulcerosa ähnlich und geht mit profusen Durchfällen, Erbrechen und einer Schocksymptomatik einher.

Diagnostik: Stuhlkultur, Toxinnachweis in der Gewebekultur, Koloskopie.

Therapie:

Der klinische Verdacht auf eine pseudomembranöse Kolitis rechtfertigt schon die Einleitung der Therapie.

Vancomycin p. o. oder Metronidazol p. o. (Metronidazol kann auch parenteral gegeben werden, es entwickeln sich aber in 10 % Resistenzen). Rezidive sind nach 10-tägiger-Therapie möglich.

Multi- bzw. methicillinresistente Staphylococcus-aureus-Stämme (MRSA)

Tritt eine Infektion mit dem methicillin-(= oxacillin-)resistenten Staphylococcus aureus auf oder ist ein Patient hiermit kolonisiert (Nasen-Rachen-Raum, Haut), ist

T 3.15 Stufenkonzept der Antibiotikatherapie (Bonner Universitätsklinikum)

Stufe	*Indikation*	*Erreger*	*empfohlene Substanz*
1	operative nicht abdominelle Notfälle	überwiegend grampositive aerobe und anaerobe Erreger	Penicillinderivate + BLI (s. T 3.12), bei S. aureus: Isoxazolylpenicillin oder Clindamycin oder Fosfomycin (ZNS, Meningen)
2	chirurgische abdominelle Notfälle, nosokomiale Infektionen (Harnwegsinfekte, Early- und Late-onset-Pneumonien, Sepsis)	polymikrobielle (überwiegend gramnegative) Mischinfektionen, z. B. aus Enterobakterien, Enterokokken und Anaerobiern (Bacteroides-Arten)	Acylaminopenicilline + BLI + Fluorchiholon oder Cephalosporine der 3. Generation + Aminoglykosid + Metronidazol
3	sekundäre Infektionen (nosokomiale Late-onset-Infektionen), persistierende Infektionen, (wiederholter) Erregerwechsel	selektierte Erreger mit erhöhter Resistenz	gemäß Antibiogramm (z. B. Carbapenem + Amicacin) oder sog. Reserveantibiotika (Imipenem)
4	opportunistische Infektionen (z. B. katheterassoziierte Infektionen)	koagulasenegative Staphylokokken, Enterokokken, Corynebakterien	gemäß Antibiogramm (Schmalspektrumantibiotikum)
5	Infektionen mit multiresistenten Erregern (keine Behandlung bei ausschließlicher Kolonisation)	methicillinresistenter Staphylococcus aureus (MRSA), Glycopeptid-intermediär-resistenter Staphylococcus aureus (GISA), vancomycinresistenter Enterococcus (VRE), penicillinresistenter Streptococcus pneumoniae (PRSP)	Vancomycin, Teicoplanin, Streptogramine, Oxazolidinone, Ketolide
6	Pilzinfektionen	Kandida-Arten, Aspergillen	Fluconazol + Amphotericin B, Echinocandine, Voriconazol

rasches Handeln geboten: Da die gängigen Staphylokokken-Antibiotika unwirksam sind, sind die Patienten in höchstem Maße gefährdet. Der Unterbrechung der Infektionskette kommt daher eine hohe Bedeutung zu, notfalls müssen betroffene Krankenhausabteilungen vorübergehend geschlossen werden.

Die betroffenen Patienten müssen isoliert werden, umfangreiche Sanierungs- und Kontrollmaßnahmen (auch des Personals) sind nötig, insb. auch bei Transport und Verlegung des Patienten. Die vom Robert-Koch-Institut vorgegebenen Richtlinien sind in **3.14** aufgeführt (s. auch SE 3.1, S. 40 ff).

3.14 Maßnahmen bei Auftreten von MRSA (Richtlinien des Robert-Koch-Instituts)

Patientenbezogene Hygienemaßnahmen
Ein Patient, bei dem MRSA durch entsprechende Abstriche nachgewiesen wurde, muss in einem Einzelzimmer isoliert werden, d. h. der Patient darf das Zimmer nicht verlassen. Alle Personen, die dieses Zimmer betreten, müssen Kittel, Mund- und Nasenschutz sowie Einmal-Überschuhe, bei ärztlichen oder pflegerischen Maßnahmen am Patienten auch Einmalhandschuhe anziehen. Desinfektion aller Instrumente, Geräte und Pflegeutensilien, Entsorgung der Handschuhe, Überschuhe, Mundschutz und Wäsche im Zimmer in Säcken, Händedesinfektion beim Patienten und allen Personen, die das Zimmer verlassen.

Mikrobiologische Untersuchungen
Wöchentliche mikrobiologische Untersuchung von Abstrichen aus Nase, Rachen, allen Wunden und Hautläsionen, Trachealsekret (bei Beatmung) und Urin (bei Katheterismus). Die Isolierung kann aufgehoben werden, wenn an drei aufeinanderfolgenden Tagen Abstriche von allen besiedelten/infizierten Regionen negativ sind, wobei der Abstand zur letzten Nasensalbenapplikation und Antibiotikatherapie mindestens 72 Stunden betragen muss.

Pflege des Patienten und Sanierung
Dekontamination: Täglich mit antiseptischer Seife waschen, inkl. Kopfwäsche, täglich Bettwäsche, Nachthemd und Waschlappen wechseln, persönliche Gegenstände desinfizieren.

Therapie: Bei Kolonisation der Nase 3 x täglich Octenidinsalbe über 3 Tage, infizierte Hautläsionen 5 Tage lang mit PVP-Iod-Salbe behandeln. Eine systemische antibiotische Therapie ist nur bei einer manifesten Infektion mit MRSA indiziert. Bei *schweren Infektionen oder multiresistenten S. aureus* sind Glykopeptide (Teicoplanin, Vancomycin) indiziert. Bei *leichteren Infektionen* richtet man sich nach dem Antibiogramm: Tetracyclin, Fosfomycin oder Rifampicin können wirksam sein.

Maßnahmen bei Verlegung und Transport des Patienten
Die Klinik oder Station, in die der Patient verlegt wird, oder die untersuchende Abteilung müssen vorher informiert werden: Wunden dicht abdecken, bei Operationen den Patienten an das Ende des Programms setzen, anschließend: Scheuerdesinfektion des Operationsraumes.

Personalbezogene Hygienemaßnahmen
Nasen-Rachen-Besiedlung des Personals mit MRSA: Octenidinsalbe 3 x täglich über 3 Tage in beide Nasenvorhöfe. Kontrollen 72 Stunden nach der letzten Applikation, bis 3 negative Befunde vorliegen. Weitere Kontrollen 10 Tage, 1 Monat und 3 Monate nach Therapieende.
MRSA-kolonisiertes Personal sollte keine Patienten behandeln oder pflegen, insb. auf der Intensivstation, im OP und auf onkologischen Stationen.

3.9 Creutzfeldt-Jakob-Krankheit (CJK)

Die CJK wird der Gruppe der transmissiblen spongiformen Enzephalopathie (TSE) zugeordnet. Dies sind übertragbare, aber keine infektiösen Krankheiten des ZNS. Eine erfolgreiche Übertragung bedarf sowohl eines hochinfektiösen Materials als auch eines definierten Infektionsmodus.

3.15 Vorgeschichte und Ätiologie

Die CJK wurde 1921 erstmals beschrieben, die Übertragbarkeit auf Tiere wurde 1975 nachgewiesen, weshalb eine Slow-Virus-Infektion postuliert wurde. 1982 wurde der Begriff des Prions (= **pro**teinaceous **in**fectious **organ**ism) geprägt, ein infektiöses Agens, das die TSE hervorrufen soll. 1994 wurde in Großbritanien eine neue Variante der Creutzfeldt-Jakob-Krankheit entdeckt: Sie wird durch den gleichen Prionenstamm verursacht wie der, der bei Rindern die bovine spongiforme Enzephalopathie (BSE, Rinderwahnsinn) verursacht. Es ist anzunehmen, dass es trotz aller Vorsichtsmaßnahmen (Tötung von 5 000 000 Rindern in Großbritanien seit 2000) deutlich mehr CJK-Patienten geben wird.

Allgemeines: *Pathomorphologisch* findet sich eine fortschreitende schwammartige Umwandlung des Gehirns. Die *Inzidenz* der CJK liegt seit Jahren bei 0,5–1 Mio/Jahr. Eine spezifische *Therapie* existiert nicht, und die CJK endet immer letal. *Kontakte zur Chirurgie* ergeben sich bei vermuteter oder gesicherter CJK in vielerlei Hinsicht: diagnostische Endoskopien, Anlage einer PEG (s. SE 6.2, S. 145) wegen Schluckunfähigkeit, Anlage von zentral liegenden Kathetersystemen, Dekubitus-Operationen usw. Der *medizinische Umgang mit CJK-Patienten* erfordert spezielle Hygienemaßnahmen, da die Infektiosität von Prionen derzeit nicht abzuschätzen ist (**3.16**).

Einteilung: Die sog. **iatrogene CJK** trat bei Patienten auf, denen menschliche Dura mater oder Kornea implantiert wurde oder die mit menschlichen Hypophysenextrakten (Gonadotropin, STH) behandelt worden waren. Hierbei muss postuliert werden, dass die Spender eine CJK hatten. Diese Produkte sind inzwischen aus dem Handel gezogen.
Daneben gibt es die **sporadische** und die **familiäre** Form der CJK mit einer (Spontan-)Mutation jenes Genes, das für das neuronale Protein kodiert. Von besonderer epidemiologischer Bedeutung ist die **neue Variante der CJK**.

Klinik: Viele Patienten durchlaufen ein Prodromalstadium mit Kopfschmerz, Abgeschlagenheit und Depressionen. Nach einigen Monaten kommt es zu Demenz mit Konzentrationsstörungen, Apraxie, Aphasie, Myoklonien und weiteren zentralen Störungen bis hin zur Dezerebrationsstarre. 90 % der Patienten versterben innerhalb eines Jahres.
Die *Diagnose* wird zu Lebzeiten durch ein pathognomonisches EEG, MRT und Liquorpunktion (Nachweis bestimmter Gewebeproteine) gestellt.

Die **neue Variante der CJK** (bovin-humane Übertragung) bietet im Vergleich zu den bisherigen Formen einige Unterscheidungsmerkmale:
- das jugendliche Alter der Erkrankten,
- psychiatrische Auffälligkeiten,
- langsamerer Verlauf, damit längere Überlebenszeit,
- EEG nicht pathognomonisch,
- differente Pathomorphologie.

3.16 Vorsichtsmaßnahmen beim Umgang mit Creutzfeldt-Jakob-Patienten

Das Hygieneinstitut der Universität Bonn empfiehlt folgende Maßnahmen:
Pflege und Unterbringung des Patienten:
Eine Einzelunterbringung ist nicht erforderlich, Pflege- und Behandlungsmaterialien (Thermometer, Urinflasche usw.) patientenbezogen verwenden, Oberflächen, die mit Liquor kontaminiert sind, mit 2,5 %igem Natriumhypochlorid (NaOCl) 1 Stunde desinfizieren, Raumdesinfektion nach Entlassung des Patienten mit 0,5 %igem Flächendesinfektionsmittel (z. B. Lyso 3025) als Scheuer-Wisch-Desinfektion, Bettwäsche und Handtücher in einem wasserdichten Sack in die Wäscherei geben, Geschirr und Besteck in der Krankenhausspülmaschine reinigen.
Hygienemaßnahmen bei Eingriffen, bei denen Kontakt mit erregerhaltigem Material vorkommen kann (sog. Risikoregion und -gewebe wie z. B. Liquorpunktion, Hirnbiopsie, Eingriffe am Auge):
Jedweder Eingriff hat unter OP-Bedingungen und am Ende des OP-Programms zu erfolgen, möglichst Einmalmaterial und -instrumente verwenden, bei wiederverwendbaren Materialien folgende Schritte:
1. erste Reinigung und Desinfektion (aller!) innerer und äußerer Flächen durch mechanische Reinigung, danach 24 Stunden z. B. in 2,5–5 % NaOCl einlegen,
2. zweite Reinigung in der Instrumentenspülmaschine,
3. Sterilisation durch Autoklavieren bei 134 °C (nicht autoklavierbares Material muss vernichtet werden!).

Schutzbrille, doppelte Handschuhe und wasserundurchlässige Schutzkleidung sind obligatorisch,
kontaminierter Abfall und Einmalmaterialien zur Verbrennung geben,
bei Kontamination mit Liquor Desinfektion mit 2,5 %iger NaOCl-Lösung,
Hygienemaßnahmen nach invasiven Maßnahmen, bei denen kein Kontakt mit Risikoregionen und -geweben vorkommt: Nicht autoklavierbare Instrumente (z. B. Endoskope) werden nach Schritt 1 mit aldehydhaltigem Desinfektionsmittel gereinigt, danach mit 70 %igem Alkohol gespült bzw. gassterilisiert.
Verletzungen mit potentieller Kontamination mit CJK-Material: Spülung mit Wasser und 5-minütige Desinfektion mit 2,5 %igem NaOCl, Wunde ggf. exzidieren. Schleimhäute mit Wasser spülen.

3.10 Antiseptische Lösungen

Mitte des 19. Jahrhunderts hatten Operationen an Extremitäten eine infektionsbedingte Letalität, die an 90 % heranreichte. 1867 gab der britische Chirurg Joseph Lister die Prinzipien der von ihm inaugurierten antiseptischen Wundbehandlung an. Lister desinfizierte Operationsinstrumente, Nähte, Verbandsmaterial sowie die Körperoberfläche mit 5 %iger Carbolsäure. Zur Desinfektion von Operations- und anderen Wunden benutzte er Carbolspray. Durch diese Maßnahmen konnten die Infektionshäufigkeit und die Mortalität von Operationen drastisch gesenkt werden. Es etablierte sich die Lister-Methode („Listern") in den Operationsräumen der Welt. Jedoch überschatteten die systemischen Nebenwirkungen des Carbols Listers Therapieerfolge. Zunehmend setzten Chirurgen zeitgenössische Erkenntnisse aus der Bakteriologie von Louis Pasteur und Robert Koch um, so dass die Asepsis ihren Siegeszug durch die Operationsräume antrat. Um das Jahr 1890 ging die Antisepsis in das Verfahren der Asepsis über: Sterilisationsapparaturen, Operationskleidung, Handdesinfektion, Dampfsterilisation für Verbandsstoffe (s. SE 3.1, S. 40 ff). Dennoch bleibt das Prinzip der antiseptischen Behandlung von kontaminierten und infizierten Wunden bis heute akutell. In dieser SE werden nur jene Substanzen angesprochen, die am Menschen anwendbar sind. Es gibt eine Vielzahl weiterer, meist toxischerer Substanzen, die in der Oberflächendesinfektion von Räumen, Geräten und Materialien angewandt werden.

Allgemeines

Definitionen: Ein **Desinfektionsmittel** ist eine chemische Substanz, die geeignet ist, Keime abzutöten (s. auch SE 3.1, S. 40). Eine **antiseptische Lösung** (Synonym: Antiseptikum) ist ein nichttoxisches Desinfektionsmittel, das schadlos auf Haut, Schleimhaut, Wunden und anderes lebendes Gewebe aufgebracht werden kann.

Ziel dieser topischen Behandlung (Synonym: Antiseptik) ist die Verminderung der am Ort des Geschehens vorhandenen Keimzahl. Idealerweise wird die Dekontamination angestrebt. Hierdurch wird das Risiko septischer Komplikationen, die sich entwickeln könnten, wenn Keime durch Eintrittspforten wie Hautverletzungen und -ulzerationen, Operationswunden, Bauchhöhle und Pleuraraum in den Körper eindringen, verringert.

Anwendungsbereiche: Antiseptische Lösungen werden mit prophylaktischer und therapeutischer Zielsetzung eingesetzt:

Prophylaxe: Desinfektion

- der Haut zur Risikominderung von Infektionen tiefer Gewebsschichten nach Punktionen und Hautinzisionen,
- von Gelegenheits- und Operationswunden sowie Verbrennungen,
- von Bronchusstümpfen nach Lungenresektionen und Darmlumina vor Anastomosierung, um das Risiko von Nahtinsuffizienzen zu verringern.

Therapie manifester Infektionen:

- der Körperoberfäche: Ulzera (**3.17**), Verbrennungen, Wunden, pyogene Hautinfekte,
- in Körperhöhlen: Gelenke, Abdomen, Pleurahöhle.

3.17 Fallbeispiel: Indikation für eine Wundbehandlung mit antiseptischer Lösung

Ein 61-jähriger Patient wird von seinem Hausarzt wegen einer phlegmonösen Infektion am rechten Vorfuß, ausgehend von einem verschorften Ulkus an der 4. Zehe, vorgestellt.

Anamnese: Insulinpflichtiger Diabetes mellitus, koronare Herzkrankheit, arterielle Hypertonie, arterielle Verschlusskrankheit (7 Jahre zuvor Unterschenkelamputation links, ein Jahr danach Rekonstruktion der rechten A. iliaca externa und A. femoralis communis sowie Anlage eines femorokruralen Venen-Bypasses auf die A. fibularis, Fußverschmälerung durch Amputation der 5. Zehe und distalem Os metatarsale).

Diagnostik: Den klinischen Befund zeigt **a**, die Laboruntersuchung ergibt eine Leukozytose (20 600 G/l), C-reaktives Protein (109 mg/l) und Kreatinin (1,9 mg /l) sind erhöht. Ein Abstrich wird bei fehlender Sekretion an der Eintrittsapforte nicht entnommen.

Therapie: Stationäre Aufnahme des Patienten, Auflage von Rivanol-getränkten Kompressen (**b**) und empirische Gabe eines staphylokokkenwirksamen Antibiotikums (Kombination aus Ampicillin und Sulbactam).

Verlauf: Während des stationären Aufenthaltes deutliche Zeichen einer zerebralen Insuffizienz mit nächtlichen Verwirrtheitszuständen. Die Phlegmone ist nach 4 Tagen abgeklungen und das Ulkus nach 6 weiteren Tagen abgeheilt, die sog. Entzündungsparameter sind wieder abgefallen, so dass der Patient nach 10 Tagen nach Hause entlassen wird.

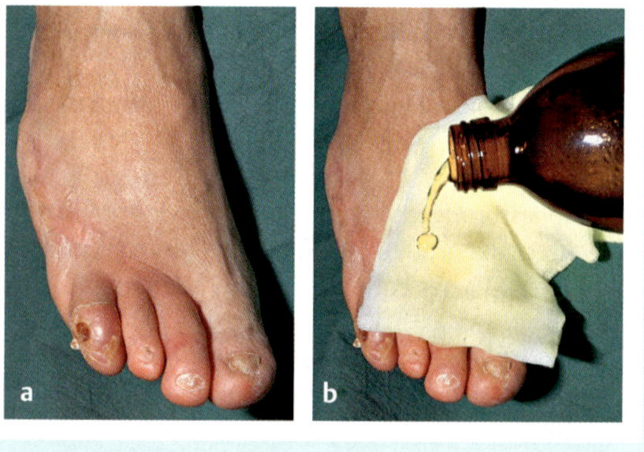

Wichtige antiseptische Lösungen

Zur **Prophylaxe** sind folgende Antiseptika üblich:
vor Hautdurchtrennung: Alkohole (Ethanol, Propanolol), Kombinationen von Alkoholen mit Povidon- (= PVP-)Iod (z. B. Betaseptic) oder mit Chlorhexidin (Skinsept F),
zur Desinfektion von Darm- und Bronchiallumina vor Anastomosierungen sowie zur Spülung von Echinokokkuszysten vor Zystektomie: reines oder verdünntes PVP-Iod,
Gelegenheitswunden, Verbrennungen: PVP-Iod, Octinesept.
Zur **Therapie** manifester Infektionen
der Körperoberfläche: Octinesept, PVP-Iod, Rivanol,
in Körperhöhlen, Peritonitis: Taurolin.
Die Substanzen werden im **3.18** näher beschrieben.

3.18 Eigenschaften wichtiger antiseptischer Lösungen

Alkohole
Wirkstoffe: Ethanol, n-Propanol und Isopropanol.
Darreichungsform: 60–90 %ige Lösung, meist kommt jedoch eine Kombination mit einem weiteren Antiseptikum zur Anwendung: 2-Propanol mit Chlorhexidin (z. B. Skinsept) oder 2-Propanol mit PVP-Iod (z. B. Braunoderm).
Wirkungsspektrum: Alle Bakterien einschließlich Tuberkelbakterien, die meisten Viren inklusive HIV und HBV sowie Pilze.
! Unwirksam gegen Sporen, deshalb muss der Alkohol gefiltert werden.
Nebenwirkungen: Haut- und Gewebereizungen.
Indikation: Mittel der ersten Wahl zur Desinfektion der Hände und der Haut vor invasiven Maßnahmen und operativen Eingriffen.
Kontraindikation: Aufbringen auf Schleimhäute und Wunden (Schmerzen und mögliche Gewebschädigung).

Ethacridinlactat (z. B. Rivanol)
Wirkstoff: Ethacridinlactat ist ein Azo-Farbstoff.
Darreichungsform: 0,025–0,1 % in wässriger Lösung, in Salben mit 2 mg pro Gramm Salbe.
Wirkungsspektrum: Besonders wirksam gegen Staphylokokken und Streptokokken, Pilze, Protozoen und Chlamydien.
Indikation: Da Rivanol Gewebe rasch durchdringt, wird es vorzugsweise bei Infektionen dicht unter der Körperoberfläche (Bursitis, Thrombophlebitis und phlegmonöse Infektion) eingesetzt, wegen der anästhesierenden und kühlenden Wirkung bietet es sich für die Behandlung von infizierten Insektenstichen an.
Nebenwirkungen: Reversible Hautallergien; seltener zentralnervöse Störungen.
Kontraindikation: Bekannte Allergie, Schwangerschaft und Stillzeit.

Iod
Tinctura iodi ist lokal extrem toxisch und wird als Antiseptikum nicht mehr verwendet.
Wirkstoff: Wird Iod an Povidon (**Po**ly**vi**nylpyrroli**don** = PVP) gebunden, wird es aus diesem Depot langsam abgegeben und kann 10 %ig verdünnt als wässrige Lösung oder Salbe verwendet werden (z. B. Betaisodona). Der Gehalt an verfügbaren Iod liegt dann bei 10 %. In der antiseptischen Behandlung kann PVP-Iod auch verdünnt (1:5–1:100) angewendet werden.
Wirkungsspektrum: Grampositive und -negative Bakterien, Mykobakterien, Bakteriensporen, Hefen und Schimmelpilze werden rasch abgetötet, Viren und Protozoen.
Indikation: **Alkoholische Lösung:** Hautdesinfektion vor Operationen, Biopsien, Punktionen. **Als wässrige Lösung oder Salbe:** Antiseptik an Wunden mit hohem Infektionsrisiko (Biss-, Schürf- und Brandwunden) oder manifester Infektion.
Nebenwirkungen: Allergische Reaktionen sind selten, selbst bei Iod-Allergikern. Bei der ersten Applikation kann gelegentlich ein Brennen auftreten.
Kontraindikation: Klinisch manifeste Hyperthyreose, geplante Radioiodtherapie; strenge Indikationsstellung bei Schwangeren, Säuglingen und Patienten mit bekannten Schilddrüsenerkrankungen.
Gefahren der Wundantiseptik mit PVP-Iod über einen längeren Zeitraum: Stagnieren der Epithelisation eines Wunddefektes sowie Zerstörung von Knorpelgewebe.

Taurolidin (z. B. Taurolin)
Wirkstoff: 2 %ige wässrige Taurolidin-Lösung (z. B. Taurolin) oder 0,5 %ige Taurolin-Ringer-Lösung.
Wirkungsspektrum: Gegen alle klinisch bedeutenden Erreger (grampositive, -negative Keime, Anaerobier, Pilze), gleichzeitig vermag es freiwerdende Bakterientoxine zu inaktivieren.
Indikation: **Taurolin 2 %:** Instillation von 250 ml in die Peritonealhöhle bei lokaler und diffuser Peritonitis nach chirurgischer Herdsanierung.
0,5 %ige Taurolin-Ringer-Lösung: Diese verdünnte Form kann in der antiseptischen Wundbehandlung angewendet werden.
Kontraindikation: Terminale Niereninsuffizienz sowie Kinder unter 6 Jahren.
Nebenwirkungen: Reizwirkung bei intraperitonealer Gabe; beim wachen Patienten können bei Instillation von 0,5 %igem Taurolin brennende Schmerzen auftreten.
! **Inkompabilität**: Bei Mischen mit PVP-Iod oder einem anderen starken Oxydationsmittel ensteht Ameisensäure, was zu einer Azidose führen kann.

Octenidindihydrochlorid (z. B. Octinesept)
Wirkstoff: Octenidindihydrochlorid; 100g Lösung enthalten 0,1g Octenidinhydrochlorid und 2g Phenoxyethanol.
Wirkungsspektrum: Grampositive und -negative Bakterien, multiresistenter Staphyloccus aureus (MRSA), Dermatophyten, Chlamydien, Mykoplasmen, Viren u. a. HI- und HB-Viren.
Indikation: Antiseptische Wundbehandlung, zeitlich begrenzte antiseptische Behandlung von Haut und Schleimhaut vor diagnostischen und operativen Maßnahmen (z. B. Harnblasenkatheterismus, Eingriffe im Anogenitalbereich).
Kontraindikation: Intraoperative Peritonealspülungen sowie die Anwendung bei Kindern unter 8 Jahren.
Nebenwirkungen: Gelegentlich Brennen im Anwendungsbereich.
! Bei Desinfektion von Hautarealen nicht mit PVP-Iod vermischen, da es sonst zu braunen bis violetten Verfärbungen der Haut kommen kann.

4.1 Anästhesiologische Zuständigkeiten

Der Anästhesist entscheidet in Absprache mit dem Chirurgen über das der jeweiligen Operation angemessene Narkoseverfahren. Er hat die Aufgabe, das individuelle Narkoserisiko des Patienten zu beurteilen, die Prämedikation und das Narkoseverfahren festzulegen und die erste postoperative Phase bis zur Wiederherstellung der lebensnotwendigen Vitalfunktionen zu überwachen. Während der Operation teilen sich Chirurg und Anästhesist die Verantwortung für den Patienten.

Präoperative Risikoevaluation

Vor einer Operation in Narkose muss der Anästhesist potenzielle Risikofaktoren des Patienten sorgfältig erfassen, um so das individuelle Narkoserisiko und die Narkosefähigkeit des Patienten, ggf. unter Einbeziehung nicht anästhesiologischer Konsiliarbefunde beurteilen zu können. Darüber hinaus unterbreitet er Vorschläge zur Verbesserung des präoperativen Zustandes.

Durchführung der Risikoevaluation: Die Risikoevaluation erfolgt bei asymptomatischen Patienten durch die Erhebung der Anamnese und die körperliche Untersuchung. Ein Ruhe-EKG und eine Röntgen-Thoraxaufnahme sollten routinemäßig lediglich für ältere Patienten veranlasst werden. Ähnliches gilt für die Anordnung von Laboruntersuchungen wie Blutbild, Blutzucker, Elektrolyte, Kreatinin, Gesamteiweiß, Leberenzyme, Gerinnungsstatus und Blutgruppe und weitere notwendige Zusatzuntersuchungen. Anhand dieser und weiterer (s. SE 5.2, S. 104 f) Einzelbefunde kann eine Risikoeinstufung gemäß der Einteilung der „American Society of Anesthesiologists" (ASA) in die **ASA-Risikogruppen I–V** vorgenommen werden. Daraus ergeben sich Prognosen für die anästhesiebedingte Morbidität und Mortalität sowie die Planung und Durchführung der Narkose und des intraoperativen Monitorings.

Prämedikationsvisite

Die präoperative Visite des Anästhesisten sollte möglichst 24 Stunden vor dem Operationstermin erfolgen. Sie dient der Einschätzung des Allgemeinzustandes des Patienten, der Beratung hinsichtlich des zu empfehlenden Narkoseverfahrens, der Klärung von Fragen und dem Abbau von Ängsten. Am Ende einer Prämedikationsvisite steht die Entscheidung für ein bestimmtes Narkoseverfahren und die Prämedikation. Darüber hinaus ist der Patient bzw. sein Vertreter (bei Kindern oder nichtgeschäftsfähigen Patienten) über Details und Risiken des jeweiligen Narkoseverfahrens schriftlich aufzuklären (s. SE 8.2, S. 206 ff).

Ziel der Prämedikation

Das Hauptziel der Prämedikation besteht in einer Anxiolyse und leichten Sedierung des Patienten, um ihn gut auf die eigentliche Narkose vorzubereiten. Daneben können **fakultativ** Medikamente zur Analgesie, Parasympathikolyse, z. B. bei Hypersalivation, sowie zur Aspirations- und Allergieprophylaxe eingesetzt werden.

Medikamente zur Prämedikation

Die Auswahl, Applikationsweise und Dosierung der einzelnen Substanzen (T **4.1**) richtet sich sowohl nach dem Allgemeinzustand des Patienten als auch nach der geplanten Operation und dem Narkoseverfahren.
Die **Kombination eines Benzodiazepins mit einem H_2-Antihistaminikum** (Aspirationsprophylaxe) wird heute als sinnvoll erachtet. Die zusätzliche Gabe eines Analgetikums empfiehlt sich nur bei entsprechender Schmerzsymptomatik, die Gabe eines Anticholinergikums nur bei notwendiger Blockade einer Hypersalivation. Die Prämedikation sollte 60–90 Minuten vor der Narkoseeinleitung auf der Station erfolgen. Häufig werden Benzodiazepine zusätzlich am Vorabend zur Schlaferleichterung verordnet.

Eine Dauermedikation wird grundsätzlich fortgesetzt. Ausnahmen bilden Antidiabetika auf Grund der Gefahr einer intraoperativen Hypoglykämie und gerinnungsaktive Substanzen (s. SE 5.4, S. 108).

Bei bewusstseinsgestörten Patienten, erhöhtem intrakraniellem Druck, Notfalleingriffen und Neugeborenen kann auf eine Prämedikation verzichtet werden.

T 4.1 Medikamente zur Prämedikation

Substanzklasse: Wirkstoff	*Dosierung (mg/70kgKG)*	*Applikationsart*
Benzodiazepine:		
• Midazolam	7,5	i. m., rektal, p. o.
• Flunitrazepam	1,0–2,0	p. o.
• Clorazepat	10–20	p. o.
• Diazepam	10	p. o.
Opioide:		
• Morphin	10–20	i. m.
• Pethidin	50–100	i. m.
• Piritramid	7,5–15	i. m.
Anticholinergika:		
• Atropin	0,5	i. m.
• Glykopyrronium	0,2	i. m.
H_2-Antihistaminika:		
• Ranitidin	150	p. o.

Aufgaben des Anästhesisten in der postoperativen Phase

Die Wiederherstellung und Stabilisierung von Vitalfunktionen wie Atmung und Herz-Kreislauf-Funktion ist das Hauptziel der anästhesiologischen Weiterbetreuung in der unmittelbar postoperativen Phase. Dies gelingt meist unproblematisch innerhalb von 2 Stunden. In dieser Zeit besteht jedoch ein erhöhtes Risiko für einige, z. T. lebensbedrohliche Komplikationen, sodass alle Patienten engmaschig überwacht werden müssen. Daher ist für jedes Krankenhaus mit operativer Tätigkeit ein speziell ausgestatteter und mit Fachpersonal besetzter Aufwachraum zu fordern.

Aufwachraum

Technische Ausstattung: Der Aufwachraum sollte in unmittelbarer Nähe zum Operationsbereich liegen, damit im Falle einer erneut notwendigen operativen Intervention Operateur und Anästhesist ohne Zeitverzug tätig werden können. Seine Größe richtet sich nach dem operativen Aufkommen der Abteilung, sollte jedoch 1,5 Aufwachraumbetten pro Operationssaal nicht unterschreiten. Die technische Ausstattung des Aufwachraumes muss allen Erfordernissen eines erweiterten Monitorings der Vitalparameter entsprechen; zur Therapie von lebensbedrohlichen Komplikationen sind ein Beatmungsgerät, Intubationsinstrumentarium sowie ein Defibrillator unerlässlich.

Personelle Ausstattung: Die personelle Besetzung im Aufwachraum erfolgt in Relation zur Operationsfrequenz, -dauer und Art der operativen Eingriffe. Das zahlenmäßige Verhältnis des eingesetzten **Fachpflegepersonals** zu den Patienten sollte etwa 1:2 bzw. 1:3 betragen. Die ärztliche Verantwortung für alle Belange des Aufwachraumes wie Art und Dauer der postoperativen Überwachung und Therapie, Zeitpunkt und Zielstation der Verlegung trägt der Anästhesist. In größeren Aufwachräumen sollte ein Anästhesist ständig anwesend sein.

Überwachung: Nach Beendigung des operativen Eingriffs erfolgt eine detaillierte Übergabe des Patienten an das diensthabende Personal (Pflegekraft/Arzt) im Aufwachraum. Diese Übergabe umfasst Informationen über Art und Dauer der Operation, Besonderheiten im Operationsverlauf, den Operateur, den Narkoseverlauf, die verabreichten Medikamente, die Flüssigkeitsbilanz und aktuelle Vitalparameter. Im Aufwachraum werden routinemäßig folgende **physiologische Parameter** in maximal 15minütigen Abständen erhoben:

- Bewusstseinslage,
- Atemfrequenz und -mechanik,
- Muskelkraft,
- Blutdruck,
- Herzfrequenz, -rhythmus,
- perkutane Sauerstoffsättigung (SpO_2),
- Hautkolorit,
- Temperatur,
- Flüssigkeitsbilanz.

Bei noch intubierten und beatmeten Patienten wird die Respiratorfunktion mit kontrolliert, wobei die Kontrollabstände hier kürzer sind. Sämtliche Befunde sind als fortgeführtes Narkoseprotokoll zu dokumentieren.

Komplikationen: Nach einem unkomplizierten Operationsverlauf sollte der Patient im Aufwachraum bewusstseinsklar und ansprechbar sein sowie stabile respiratorische und hämodynamische Parameter aufweisen. Ist dies nicht der Fall, muss eine postoperative Komplikation ausgeschlossen werden. Komplikationen im Aufwachraum beinhalten meist eine Störung der Vigilanz, eine hypo- bzw. hypertone Kreislaufdysregulation und/oder eine respiratorische Dysfunktion. Die häufigsten Ursachen für postoperative Komplikationen sind:

- Narkose-/Muskelrelaxansüberhang,
- Schmerzen (s. SE 7.7, S. 200 f),
- Hypovolämie, Anämie (Blutung), Ischämie,
- vegetative Dysfunktion,
- obere Atemwegsobstruktion bei Bronchospasmus,
- Störung des Wasser- und Elektrolythaushaltes.

Verlegungskriterien: Die Verlegung des Patienten aus dem Aufwachraum auf eine Station wird durch den zuständigen Anästhesisten unter Berücksichtigung folgender Kriterien veranlasst:

- klare Bewusstseinslage,
- vorhandene Schutzreflexe,
- suffiziente Spontanatmung,
- subjektives Wohlbefinden: Normothermie, Schmerzfreiheit,
- bei Regionalanästhesieverfahren: abklingende motorische und sensorische Nervenblockade.

Da die Mehrheit der Patienten postoperativ unter starken Schmerzen leidet, sollte eine postoperative Schmerztherapie bereits zum Verlegungszeitpunkt eingeleitet und eine adäquate Weiterführung sichergestellt sein (s. SE 7.7, S. 200 f).

Postoperative Visite

Idealerweise findet am Nachmittag oder Abend des Operationstages auf der Station eine postoperative Visite durch den behandelnden Anästhesisten statt. In dieser Visite geht es – im Sinne einer Qualitätskontrolle – um die Klärung und Dokumentation folgender Fragen:

- Wie hat der Patient die Narkose empfunden? Gibt es postoperative Übelkeit, Erbrechen oder Harnverhalt?
- Ist nach einer Regionalanästhesie der motorische bzw. sensorische Block vollständig abgeklungen?
- Wie stark sind die Schmerzen (Schmerzniveau)? Ist die postoperative Schmerztherapie ausreichend?

Wenn nötig, können anhand dieser Befunde weitergehende Therapieempfehlungen erfolgen oder die Notwendigkeit einer erneuten anästhesiologischen Konsultation abgeleitet werden.

Christian Frenkel / Andreas Hoeft

4.2 Anästhesieverfahren

Ein operativer Eingriff kann grundsätzlich in Regionalanästhesie oder Allgemeinnarkose durchgeführt werden. Beide Verfahren haben Vorteile, beinhalten aber auch spezifische Risiken. Die anästhesiebedingte Mortalität ist jedoch mit 1:100 000–200 000 sehr niedrig (v. a. durch verbesserte Ausbildung und technische Ausrüstung), sodass heute fast alle Patienten mit entsprechend individuellem Narkoserisiko auch narkosefähig sind.

Regionalanästhesie

Zahlreiche, v. a. kleinere chirurgische Eingriffe wie Versorgung kleinerer Wunden, Abszessspaltung, Reposition und Punktion bedürfen einer zuverlässigen Schmerzausschaltung. Die Regionalanästhesie ermöglicht eine zeitlich begrenzte Blockade von nozizeptiven afferenten Nervenimpulsen und damit eine selektive Schmerzausschaltung definierter Areale. Je nach anatomischer Lokalisation des zu anästhesierenden Areals wählt man zwischen folgenden Verfahren:

- Oberflächenanästhesie,
- Infiltrationsanästhesie,
- Leitungsanästhesie: periphere Blockade einzelner Nerven oder Nervenplexus oder zentrale Blockade durch Spinal- oder Periduralanästhesie,
- intravenöse Regionalanästhesie.

Der Einsatz eines dieser Regionalanästhesieverfahren wird durch die anatomische Region und den Umfang der Operation, aber auch durch den Zustand des Patienten bestimmt. Eine Gerinnungsanomalie, Infektion im Punktionsbereich oder neurologische Erkrankung sind vor jeder Regionalanästhesie auszuschließen. Eine gewisse Versagerquote der Regionalanästhesie im Sinne einer mangelnden Anästhesiequalität bzw. -ausbreitung kann den Wechsel des Anästhesieverfahrens notwendig machen. Im Aufklärungsgespräch ist daher auf die ggf. notwendig werdende Allgemeinnarkose hinzuweisen.

Lokalanästhetika

Wirkungsweise: Lokalanästhetika hemmen die Auslösung und Fortleitung neuronaler Aktionspotenziale durch Blockade von Na^+-Kanälen. Durch die Hemmung des Na^+-Ionen-Einstroms in die Nervenzelle haben sie eine membranstabilisierende Wirkung, durch die die Depolarisation der Zelle behindert und die Fortleitung sensorischer Afferenzen (Analgesie, Anästhesie) sowie motorischer und vegetativer Efferenzen (Parese, Gefäßdilatation, Sympathikolyse) reversibel gehemmt werden.

Einteilung und Eigenschaften der Lokalanästhetika: Es werden Aminoester (z. B. Procain, Tetracain) und Aminoamide (z. B. Lidocain, Mepivacain, Bupivacain) unterschieden. **Lokalanästhetika vom Estertyp** besitzen zwar eine zuverlässige klinische Wirksamkeit, haben jedoch – verglichen mit den Lokalanästhetika vom Amidtyp – eine höhere Toxizität und allergische Potenz. Daher werden sie klinisch kaum noch verwendet. Die heutzutage vorrangig eingesetzten **Lokalanästhetika vom Amidtyp** besitzen entsprechend ihrer physikochemischen Eigenschaften wie Lipophilie, pH-Wert, Dissoziationsgrad und Proteinbindung unterschiedliche pharmakologische Wirkungen. Diese betreffen:

- den Wirkeintritt: Lidocain <5min, Bupivacain 10–15min,
- die Wirkdauer: Lidocain 1–2h, Bupivacain 4–12h,
- die Wirkpotenz und
- die Toxizität.

Für jedes Lokalanästhetikum gibt es eine maximale Einzeldosis (**T 4.2**): je höher das benötigte Instillationsvolumen, desto geringer die Konzentration.

Durch Zusatz eines Vasokonstriktors (z. B. Adrenalin) soll der Abtransport des Lokalanästhetikums vom Wirkort

4.1 Nebenwirkungen der Lokalanästhetika und ihre Therapie

Die wichtigsten Nebenwirkungen der Lokalanästhetika sind **toxische Reaktionen des zentralen Nervensystems.** Hierbei besteht eine enge Korrelation zwischen der Höhe des Plasmaspiegels eines Lokalanästhetikums und dem Auftreten von Symptomen. Frühe Warnzeichen für eine toxische Reaktion des ZNS sind Taubheitsgefühle der Lippen und Zunge, metallischer Geschmack, akustische und visuelle Störungen, Unruhe oder Schläfrigkeit, Schwindelgefühle, Muskelzittern und eine verwaschene Sprache. Steigt der Plasmaspiegel schnell an (z. B. bei unbeabsichtigter intravasaler Injektion!), können diese Warnzeichen aber auch fehlen, und es kann plötzlich ein generalisierter Krampfanfall mit Atemstillstand auftreten. Deshalb ist die Injektion des Lokalanästhetikums bei einem Warnzeichen sofort abzubrechen und eine *Behandlung* einzuleiten. Der Patient sollte hyperventilieren, um die Krampfschwelle gegenüber dem Lokalanästhetikum zu erhöhen. Außerdem ist Sauerstoff zu applizieren und ein Benzodiazepin in niedriger Dosierung zu injizieren. Manifeste Krampfanfälle müssen rasch durch antikonvulsive Pharmaka wie Benzodiazepine unterbrochen werden. Eine kurzfristige Beatmung ist häufig notwendig.

Nebenwirkungen am Herz-Kreislauf-System sind seltener und werden i. d. R. durch einen höheren Plasmaspiegel des Lokalanästhetikums verursacht. Es können Blutdruckabfall und Herzrhythmusstörungen auftreten, die dann *symptomatisch behandelt* werden.

Äußerst selten sind **allergische Reaktionen** auf das Lokalanästhetikum. Sie werden hauptsächlich bei Esterverbindungen beobachtet, da ihr Abbauprodukt, die Paraminobenzoesäure, ein potentes Allergen ist. Möglich sind auch allergische Reaktionen auf die in Lokalanästhetika enthaltenen Stabilisatoren wie Methylparaben und Natriumdisulfit.

T 4.2 Lokalanästhetika vom Amidtyp für Infiltrations- und Leitungsanästhesien

Wirkstoff	*Handelsnamen*	*Konzentration in % bei Infiltrationsanästhesie*	*Konzentration in % bei Leitungsanästhesie*	*maximale Einzeldosis (mit Adrenalin 1:200 000) in mg*	*Wirkungseintritt, Wirkungsdauer*
Lidocain	Xylocain	0,5–1	1–2	300 (500)	rasch, 45–120 min
Mepivacain	Meaverin, Scandicain	0,5–1	1–1,5	300 (500)	rasch, 60–180 min
Prilocain	Xylonest	0,5–1	1	400 (600)	rasch, 60–180 min
Bupivacain	Carbostesin	0,25–0,5	0,25–0,5	150	rasch, 3–6 h

verzögert und damit die Wirkdauer verlängert werden. Zusätzlich bewirkt der Vasokonstriktor eine häufig erwünschte relative Blutleere im Operationsfeld.

Der Zusatz eines Vasokonstriktors verlängert die Wirkdauer der meisten Lokalanästhetika, ist jedoch an den Akren (Finger, Zehen, Nasenspitze, Ohren oder Penis) wegen der Gefahr der arteriellen Minderversorgung kontraindiziert.

Die Maximaldosis von Adrenalin als Zusatz zum Lokalanästhetikum beträgt beim Erwachsenen 0,25 mg (entsprechend 50 ml Lokalanästhetikum mit Adrenalin 1:200 000); der Einsatz von Adrenalin bei Patienten mit einer KHK, einem manifesten arteriellen Hypertonus, tachykarden Herzrhythmusstörungen oder einer Hyperthyreose sollte möglichst vermieden werden.

Nebenwirkungen: Mit steigender Dosis nimmt die Gefahr von Nebenwirkungen zu. So sind bei Nichtbeachtung der zulässigen Maximaldosis des Lokalanästhetikums schwere toxisch-zentralnervöse und kardiovaskuläre Nebenwirkungen, selten auch allergische Reaktionen, v. a. bei Esterverbindungen, möglich (**4.1**).

Die höchste kardiodepressive Potenz besitzen Bupivacain und Etidocain.

Die Ursachen für toxische Lokalanästhetika-Plasmaspiegel sind meist in einer relativen Überdosierung der Substanz, artefiziellen intravasalen Injektion oder hohen Resorptionsrate am Injektionsort zu suchen.

Bei jeder Regionalanästhesie ist aufgrund möglicher Nebenwirkungen und Komplikationen das Instrumentarium wie für eine Allgemeinnarkose bereitzustellen und der Patient unmittelbar nach der Injektion des Lokalanästhetikums für ca. 15 min zu überwachen. Dabei ist ein verbaler Kontakt ausreichend.

Oberflächenanästhesie

Zur lokalen, oberflächlichen Schmerzausschaltung, insbesondere der **Schleimhäute**, stehen Lokalanästhetika in zahlreichen Aufbereitungen zur Verfügung. Am weitesten verbreitet ist der Einsatz von Lidocain als Salbe oder Aerosol zur Anwendung im Bereich von Nase, Mund, Rachen, Tracheobronchialsystem oder als Suppositorium im Bereich des Rektums. Für die Anästhesie der **intakten Haut** findet die Emla-Salbe, eine eutektische Mischung von Lidocain und Prilocain, zunehmende Verwendung. Diese muss unter einem Okklusivverband mindestens 45 min auf das entsprechende Hautareal einwirken, um eine ausreichende Wirkung zu erzielen. Gerade für Venenpunktionen bei Kleinkindern hat sich dieses Verfahren der Oberflächenanästhesie sehr bewährt.

Infiltrationsanästhesie

Bei der Infiltrationsanästhesie wird das Lokalanästhetikum intradermal bzw. subkutan am Ort des chirurgischen Eingriffs injiziert. Die Wirkung tritt bei allen Lokalanästhetika sehr rasch ein, die Wirkdauer ist jedoch unterschiedlich. Die Dosis des Lokalanästhetikums hängt von der Größe der zu anästhesierenden Fläche ab. Um bei Bedarf auch größere Volumina des Lokalanästhetikums verwenden zu können, ohne potenziell toxische Dosen zu erreichen, ist dieses zu verdünnen bzw. bei fehlenden Kontraindikationen mit einem Vasokonstriktor zusammen zu applizieren.

Ist das injizierte Volumen des Lokalanästhetikums zu groß, kann eine ausgeprägte Gewebsspannung mit Durchblutungsstörungen der betroffenen Areale die Folge sein.

Leitungsanästhesie

Bei der Leitungsanästhesie wird das Lokalanästhetikum proximal des eigentlichen Operationsgebiets an die dieses Gebiet sensibel versorgenden Nervenbahnen injiziert; eine mehr oder weniger ausgeprägte begleitende motorische Blockade ist jedoch die Regel. Man unterscheidet **zentrale** (Peridural-, Spinalanästhesie) und **periphere Nervenblockaden**. Die zentralen und komplexeren peripheren Blockaden („major nerve blocks") sind Aufgabe des Anästhesisten, während die Leitungsanästhesie der Nerven von Finger und Zehen (Ringblock nach Oberst, **4.2**) oder einzelner peripherer Nerven der oberen Extremität bzw. bei Leistenbruchoperation und die Interkostalblockade meist vom Chirurgen vorgenommen werden.

Peridural – und Spinalanästhesie:
Wirkungsweise: Die Peridural- und Spinalanästhesie (PDA bzw. SPA) sind sog. „rückenmarksnahe" Regionalanästhe-

sien, bei denen das Lokalanästhetikum an den Vorder- und Hinterwurzeln der Spinalnerven wirkt. Es resultiert eine reversible Blockade sensibler und sympathischer Afferenzen sowie motorischer Efferenzen. Der Unterschied der beiden Verfahren besteht im Applikationsort des Lokalanästhetikums (**4.1**).

Indikationen für die PDA bzw. SPA sind:

- Operationen in Regionen unterhalb des Bauchnabels, d. h. unterhalb von Th10, ggf. auch bis unterhalb von Th 4, z. B. bei einer Sectio caesarea,
- Analgesie bei vaginaler Entbindung,
- postoperative Schmerztherapie,
- Sympathikolyse bei arterieller Verschlusskrankheit oder postoperativer Darmatonie.

Bei zu hoher Anlage der PDA bzw. SPA droht eine respiratorische Insuffizienz.

Vergleich von PDA und SPA (**4.3**): Die Blockade durch eine SPA ist durchaus mit einer schnell eintretenden, reversiblen, kompletten Querschnittssymptomatik vergleichbar, währenddessen die PDA eine langsamer anflutende, reversible, segmentale Blockade hervorruft.

Probleme bzw. Komplikationen:

Periduralanästhesie (PDA):

- ungenügende Anästhesiequalität (meist L5/S1, da die Wurzel von S1 sehr dick ist),
- Duraperforation mit Injektion des Lokalanästhetikums in den Subarachnoidalraum: totale Spinalanästhesie, da die applizierte Dosis, ausgerichtet für eine PDA, 10mal höher ist als für eine SPA (Überdosierung!),
- intravasale Lokalanästhetikum-Gabe durch Verletzung periduraler Venen,
- Katheterkomplikationen (Abriss, Dislokation).

Spinalanästhesie (SPA):

- Blasenentleerungsstörung infolge einer prolongierten Parasympathikusblockade,
- postpunktioneller Kopfschmerz oder Liquorverlustsyndrom: Inzidenz 2–25 %, jüngere Patienten sind häufiger betroffen als ältere. Nur bei Auftreten solcher Kopfschmerzen muss Bettruhe mit Flachlagerung eingehalten werden (z. B. 24 h), ansonsten normale Mobilisation nach Abklingen der Anästhesie.

Sowohl bei der PDA als auch bei der SPA sind vasovagale Reaktionen (Hypotonie, Bradykardie), Nervenläsionen, eine Blutung oder Infektion möglich.

Plexusanästhesie: Für Operationen im Bereich des Armes und der Hand kann eine Blockade des Plexus brachialis durchgeführt werden. Dies gelingt durch drei verschiedene *anatomische Zugangswege*:

- Achselhöhle: axillärer Plexusblock (**4.2**),
- oberhalb der 1. Rippe: supraklavikulärer Plexusblock nach Kulenkampff (Risiken: Pneumothorax, Blutung),
- Lücke zwischen M. scalenus anterior und medius: interskalenärer Block nach Winnie (Risiken: hohe Peridural-, Spinalanästhesie).

Aufgrund der geringen Komplikationsrate und einfachen Technik wird in der klinischen Praxis der axilläre Plexusblock am häufigsten durchgeführt, ggf. auch als Katheter-Plexusanästhesie für langandauernde Eingriffe. Allerdings ist auch bei einem erfahrenen Anästhesisten in 5–20 % der Fälle mit einer ungenügenden Anästhesiequalität zu rechnen (septierter Plexus).

4.1 Peridural- und Spinalanästhesie

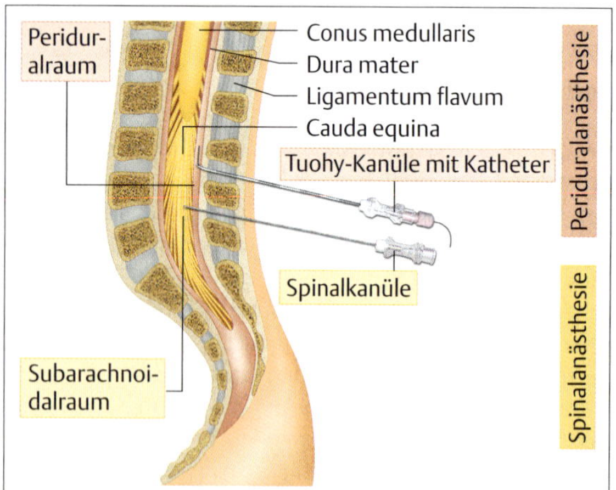

Bei der **PDA** wird das Lokalanästhetikum in den Periduralraum injiziert. Von dort aus diffundiert es an seinen Wirkort, an die aus dem Rückenmark austretenden, mit Pia mater, Arachnoidea und Dura mater umgebenen Nervenwurzeln. Bei der **SPA** wird das Lokalanästhetikum direkt in den Subarachnoidalraum mit den darin enthaltenen Spinalnervenwurzeln injiziert.

4.3 Vergleich von PDA und SPA

Parameter	*PDA*	*SPA*
Punktionsort	zervikal, thorakal, lumbal; am häufigsten lumbal in Höhe des Zwischenwirbelraumes L3/L4	lumbal in Höhe des Zwischenwirbelraumes L4/L5 oder L3/L4, d. h. im Bereich der Cauda equina
Injektionsort	Periduralraum	Subarachnoidalraum
Dosis des Lokalanästhetikums	groß: 10 × höher als bei SPA	klein: $^1/_{10}$ der Dosis, die für eine PDA benötigt wird
Wirkungseintritt	langsam: Operationsbeginn innerhalb von 30 min möglich	schnell: Operationsbeginn innerhalb von 10 min möglich
Wirkungsdauer	beliebig verlängerbar: Lokalanästhetika können über einen Katheter wiederholt appliziert werden	begrenzt: Lokalanästhetikum kann nur einmalig appliziert werden

4.2 Axillärer Plexusblock

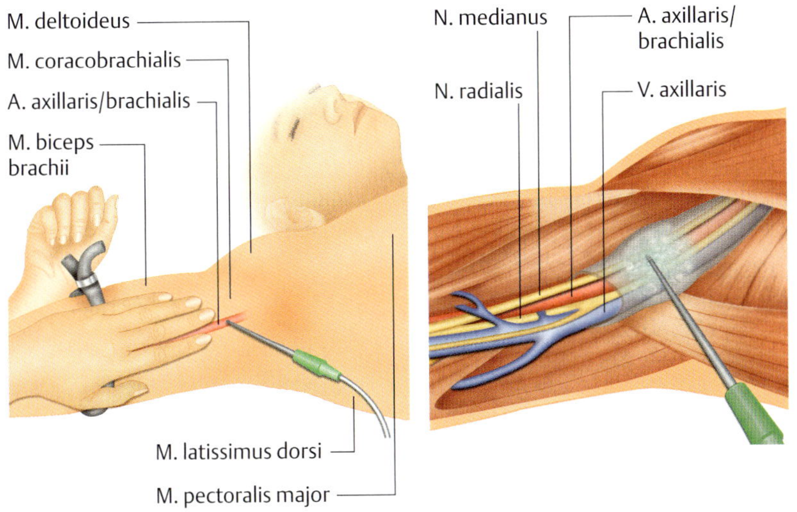

Für die Anlage eines axillären Plexusblocks wird der Arm um 90 Grad abduziert und nach außen rotiert. Unterhalb der Punktionsstelle wird ein Stauschlauch angelegt, um die Gefäß-Nerven-Scheide zu komprimieren und die distale Ausbreitung des Lokalanästhetikums zu reduzieren. Es folgt die Punktion der Gefäß-Nerven-Scheide möglichst weit in der Axilla und oberhalb der A. axillaris. Liegt die Kanüle richtig, kann kein Blut aspiriert und somit das Lokalanästhetikum injiziert werden.

Intravenöse Regionalanästhesie

Bei der intravenösen Regionalanästhesie (*Synonym:* Bier-Anästhesie) wird ein Lokalanästhetikum in eine durch eine Druckmanschette gestaute Vene einer Extremität injiziert. Das Lokalanästhetikum diffundiert aus dem Gefäßbett in das nichtvaskularisierte Gewebe mit seinen Axonen und Nervenendigungen (**4.3**).

Vorteile der intravenösen Regionalanästhesie sind die rasch einsetzende analgetische Wirkung und die i. d. R. sehr gute Analgesiequalität. Von **Nachteil** ist die Gefahr ausgeprägter toxischer Nebenwirkungen infolge eines akzidentellen Einstroms des Lokalanästhetikums in die Blutbahn (s. **4.1**; es kommen relativ große Volumina niedrigprozentiger Lokalanästhetika zur Anwendung), die auf maximal 2 Stunden begrenzte Operationszeit und die Problematik des Auswickelns der Extremität vor Eintritt der Analgesie bei vielen Verletzungen.

Allgemeinnarkose

Eine Allgemeinnarkose sollte immer Bewusstsein (Hypnose) und Schmerz (Analgesie) ausschalten. Darüber hinaus sind eine Muskelrelaxation und vegetative Dämpfung wünschenswert. Zur Einleitung und Aufrechterhaltung einer Allgemeinnarkose werden verschiedene Pharmaka, z. T. allein, oft aber in Kombinationen eingesetzt. Die verwendeten Substanzen werden in die Gruppe der eigentlichen **Narkotika** (Inhalations-, Injektionsnarkotika) und die der **Narkoseadjuvantien** (Opioide, Sedativa, Muskelrelaxanzien und ihre Antagonisten) unterteilt. Die meisten Allgemeinnarkosen werden als balancierte (Kombinations-)Narkose durchgeführt, wobei für die einzelnen Anästhesiequalitäten (s. o.) spezifische Substanzen eingesetzt werden. Dadurch ist eine geringere Dosis der einzelnen Substanzen notwendig, um die gewünschten Effekte wie Hypnose, Analgesie, Muskelrelaxation und vegetative Dämpfung bei möglichst wenig Nebenwirkungen zu erzielen.

! Das dynamische Gleichgewicht, das nach der Prämedikation zwischen den Narkotika herrscht und vom Anästhesisten mit einem Minimum an Substanzgabe einschließlich des Muskelrelaxans so aufrecht erhalten wird, dass ein eben genügend tiefes Narkosestadium resultiert, wird als **balancierte Narkose** bezeichnet.

4.2 Technik des Ringblocks nach Oberst

Finger und Zehen haben jeweils 2 volare und 2 dorsale sensible Nervenäste, die zu beiden Seiten der Phalangen verlaufen. Zunächst werden zwei kleine Hautquaddeln mit kleinster Nadel dorsal auf dem Grundglied, unmittelbar lateral des Knochens, gesetzt. Dann wird die Nadel beiderseits bis zur Volarseite vorgeschoben: Erst beim Zurückziehen wird das Lokalanästhetikum injiziert. Wenige Milliliter des Lokalanästhetikums sind ausreichend; eine zu pralle Infiltration des Fingers muss wegen potenzieller Durchblutungsstörungen vermieden werden. Die Unterbindung des Fingers bzw. der Zehe ist für die Anästhesiequalität unerheblich, also allenfalls chirurgisch indiziert.

4.3 Technik der intravenösen Regionalanästhesie

Nach Anlage eines venösen Gefäßzugangs, möglichst distal an der betroffenen Extremität, wird diese mit einer elastischen Bandage ausgewickelt („Blutleere"). Dann ist die Extremität proximal mit der proximalen Manschette einer Doppel-Manschette zu stauen, wobei der Druck 50–100 mmHg über dem systolischen Blutdruck liegen muss. Das niedrigprozentige Lokalanästhetikum ist nun langsam zu injizieren. Anschließend wird der distale Anteil der Doppel-Manschette über dem bereits anästhesierten Areal gestaut und der Druck aus der proximalen Manschette abgelassen. Frühestens 25 min nach der Injektion des Lokalanästhetikums darf dann intermittierend die Stauung auch aus dem distalen Anteil der Doppel-Manschette abgelassen werden. Danach ist der Patient über mindestens weitere 10 min zu überwachen.

Inhalationsnarkotika

Wirkungsweise: Inhalationsnarkotika (*Synonym:* volatile Narkotika) sind entweder Flüssigkeiten mit niedrigem Siedepunkt (Dampfnarkotika) oder Gase, die über die Lunge in das Blut aufgenommen werden. Die Substanz tritt dabei aus der Alveolarluft physikalisch gelöst in das arterielle Blut über, wobei die Körperaufsättigung von der Wasser-, Blut- und Lipidlöslichkeit des Inhalationsnarkotikums abhängt.

! Je höher die Lipidlöslichkeit des Inhalationsnarkotikums ist, umso geringer ist die Konzentration der Substanz, die eingeatmet werden muss, um eine Narkose zu erzielen und umso langsamer verläuft die Narkoseein- bzw. Narkoseausleitung.

Substanzbeispiele: In der klinischen Praxis werden zur Zeit das **Gasnarkotikum** Stickoxydul (Lachgas, N_2O) sowie die **Dampfnarkotika** (halogenierte Kohlenwasserstoffe) wie Halothan, Enfluran, Isofluran, Sevofluran und Desfluran eingesetzt.

Nebenwirkungen bzw. Komplikationen:
- negativ inotrope Wirkung,
- Vasodilatation,
- Abnahme der Leber- und Nierendurchblutung (Halothan, Enfluran),
- Triggerung der malignen Hyperthermie (**4.4**),
- Diffusionshypoxie infolge einer Diffusion in luftgefüllte Körperhohlräume wie Alveolen (N_2O).

Injektionsnarkotika

Eine Narkose wird in der Regel durch die i. v.-Gabe eines Injektionsnarkotikums eingeleitet und – aufgrund fehlender analgetischer Potenz der Injektionsnarkotika – mit einem Inhalationsnarkotikum in Kombination mit einem Opioid und Muskelrelaxans fortgesetzt.

Substanzbeispiele und ihre Wirkungsweise: Um eine Narkose einzuleiten, können Thiopental und Methohexital als **Barbiturate** oder **Etomidat** und **Propofol** eingesetzt werden. Ihre Vorteile sind der rasche Wirkbeginn sowie die fehlende Exzitation. Methohexital und besonders Propofol eignen sich – per infusionem appliziert – auch zur Aufrechterhaltung der Narkose, da sie aufgrund ihrer kurzen Halbwertszeit sehr gut steuerbar sind. Eine Sonderstellung nimmt das „dissoziative" Narkotikum **Ketamin** ein, das aufgrund seiner guten analgetischen Potenz auch allein zur Einleitung und Aufrechterhaltung einer Narkose eingesetzt werden kann (Nachteile: starke halluzinogene Wirkung, „horrortripartige" Träume).

Kontraindikationen:
- bei Porphyrie: keine Barbiturate,
- bei Epilepsie, KHK, Hypertonie: kein Ketamin,
- bei schwerer Herz-Kreislauf-Insuffizienz: kein Propofol, keine Barbiturate.

4.4 Maligne Hyperthermie (MH)

Der malignen Hyperthermie liegt eine seltene subklinische Myopathie zugrunde, die durch einen heterogenetischen Defekt der myoplasmatischen Calciumhomöostase hervorgerufen wird. Verschiedene **pharmakologische Triggersubstanzen** (u. a. *alle Inhalationsnarkotika, Succinylcholin,* Phenothiazine, trizyklische Antidepressiva) können bei prädisponierten Patienten (geschätzte Häufigkeit 1:10 000) eine lebensbedrohliche Stoffwechselentgleisung induzieren. Diese Entgleisung ist klinisch durch eine hypermetabole Stoffwechsellage mit tachykarden Herzrhythmusstörungen, Hypoxämie, Hyperkapnie, Muskelrigor und exzessivem Temperaturanstieg gekennzeichnet. Die Therapie der MH-Krise beinhaltet u. a. den sofortigen Stopp der Zufuhr von Triggersubstanzen, invasive intensivmedizinische Maßnahmen und die Infusion von Dantrolen (2,5–10mg/kgKG i. v.).

Sedativa

Benzodiazepine werden primär zur Prämedikation, aber auch in der Allgemeinnarkose eingesetzt und wirken sedativ-hypnotisch, anxiolytisch, muskelrelaxierend und antikonvulsiv. Eingesetzte Substanzen wie Midazolam, Flunitrazepam oder Diazepam wirken über spezifische inhibierende Benzodiazepinrezeptoren. Der Einsatz erfolgt v. a. bei kardiovaskulären Risikopatienten zum Ersatz oder zur Reduktion von Inhalationsnarkotika im Rahmen der balancierten Narkose.

Opioide

Zur spezifischen nozizeptiven Blockade werden im Rahmen der balancierten Allgemeinnarkose potente Analgetika vom Opiattyp verwendet. Diese bewirken über eine hochselektive Interaktion mit Opiatrezeptoren, v. a. $\mu_{1/2}$-Rezeptoren, eine Blockade nozizeptiver Afferenzen. Alle klinisch eingesetzten Opioide wie Fentanyl, Alfentanil, Sufentanil und Remifentanil weisen ein ähnliches **pharmakodynamisches Wirkprofil** auf:
- starke Analgesie,
- sedierender Effekt,
- Synergismus mit Injektionsnarkotika,
- hämodynamische Stabilität,
- Atemdepression.

Jedoch unterscheidet sich die **Pharmakokinetik** der einzelnen Substanzen deutlich voneinander, sodass verschiedene Indikationsbereiche und unterschiedliche Dosierungsempfehlungen resultieren (s. SE 7.7, S. 200 f).

Muskelrelaxanzien

Muskelrelaxanzien dienen der zeitlich begrenzten und reversiblen Inaktivierung der Skelettmuskulatur, um den Patienten endotracheal intubieren und/oder die Operationsbedingungen verbessern zu können.

Depolarisierende Muskelrelaxanzien: Depolarisierende Muskelrelaxanzien wie Succinylcholin hemmen an der motorischen Endplatte die Reizübertragung vom motorischen Nerven auf den Muskel, indem sie die nikotinergen Acetylcholinrezeptoren besetzen und eine Depolarisation (intrinsische Aktivität) auslösen.

! Succinylcholin ist immer noch die Substanz der Wahl bei der Blitzintubation eines nichtnüchternen Patienten (**4.4**).

Es sollte zurückhaltend in der Kinderanästhesie eingesetzt werden, da es bereits zu schweren Zwischenfällen mit erschwerter Reanimation bei muskelerkrankten Kindern kam.

Nicht depolarisierende Muskelrelaxanzien: Besetzen nicht depolarisierende Muskelrelaxanzien wie Pancuronium, Vecuronium, Cis-, Atra- oder Mivacurium und Rocuronium die nikotinergen Acetylcholinrezeptoren, fehlt die intrinsische Aktivität; eine Depolaristion der motorischen Endplatte und damit der Muskelfaser wird verhindert. Der Einsatz dieser Substanzen richtet sich nach den klinischen Anforderungen (Operationsdauer, notwendige Blitzintubation) und nach ihrem pharmakologischen Profil einschließlich ihrer Nebenwirkungen.

Antagonisten

Am Ende einer Allgemeinnarkose soll der Patient wieder vigilant, hämodynamisch und respiratorisch stabil sowie schmerzfrei sein. Nicht immer ist eine zeitgerechte Dosierung der eingesetzten Substanzen möglich. Ursachen sind z. B. ein abruptes Operationsende, Medikamenteninteraktionen, eine verlängerte Elimination oder auch eine Überdosierung der Narkotika. Daraus folgt der Wunsch nach selektiven Antagonisten für die einzelnen narkoseadjuvanten Substanzen (**T 4.4**).

! Antagonisten sind nach ihrer klinischen Wirkung titrierend zu dosieren. Ihre Wirkdauer ist oftmals kürzer als die der Agonisten, sodass die Gefahr eines Rebound-Effektes besteht.

Methoden der Allgemeinnarkose

Mit den zur Verfügung stehenden Pharmaka kann die Allgemeinnarkose primär oder allein mit Inhalationsnarkotika (Gas- oder Inhalationsnarkose), mit Injektionsnarkotika (**t**otale **i**ntra**v**enöse **A**nästhesie = **TIVA**) oder aber als eine Kombination beider Narkoseverfahren im Sinne einer balancierten Anästhesie durchgeführt werden. Darüber hinaus besteht die Möglichkeit, eine Regionalanästhesie, z. B. eine PDA, mit einer Allgemeinnarkose zu kombinieren. Die Beatmung des Patienten und die Sicherung seiner Atemwege während der Narkose erfolgt je nach Art und Dauer des operativen Eingriffs als assistierte oder kontrollierte Beatmung:

- Beatmungsmaske: bei Operationsdauer < 30min,
- Larynxmaske oder Endotrachealtubus: bei Operationsdauer > 30min, Aspirationsgefahr oder spezieller Lagerung aufgrund des Operationsgebietes.

Das **Routinemonitoring** umfasst EKG, perkutane Messung der O_2-Sättigung, nicht invasive Blutdruckmessung, Messung von O_2, CO_2 und Narkosegasen in der in-/exspiratorischen Atemluft, Körpertemperatur, ggf. Relaxometrie.

Allgemeinnarkose in der Notfallsituation

Bei einer notfallmäßigen Intervention besteht immer aufgrund des präoperativ reduzierten und in der Notfallsituation auch nicht zu verbessernden Allgemeinzustandes des Patienten sowie des anschließenden operativen Traumas ein stark erhöhtes Narkoserisiko. Notfallsituationen für den Anästhesisten sind:

- fehlende Nüchternheit,
- Kreislaufinstabilität, ggf. Blutung,
- Polytrauma, Schädel-Hirn-Trauma,
- eingeschränkte Bewusstseinslage, ggf. Hirndruck.

Das **Management dieser Situationen** erfordert:

- Sicherung der Atemwege bzw. Wiederherstellung der Atmung: „Blitzintubation“, ggf. wache Intubation, Sauerstoffbeatmung,
- Sicherung bzw. Wiederherstellung der Herz-Kreislauf-Funktion: großlumige Zugänge, Volumen-/Blutersatztherapie, ggf. Katecholamine,
- Einleitung und Aufrechterhaltung einer Narkose: intravenöse Anästhesie mit Opioiden, Benzodiazepinen, Muskelrelaxanzien, Verzicht auf Inhalationsnarkotika, Propofol, Barbiturate,
- erweitertes Monitoring: Routinemonitoring, invasive Blutdruckmessung, Messung des zentralen Venendrucks (ZVD), ggf. Bestimmung des Herz-Zeit-Volumens (HZV) mittels Swan-Ganz-Katheter (s. SE 7.6, S. 197) und Messung der Urinausscheidung.

! In Notfallsituationen ist ein Regionalanästhesie-Verfahren kontraindiziert.

T 4.4 Narkoseadjuvantien und ihre Antagonisten

Narkose-adjuvans (Agonist)	*Antagonist*	*Effekt des Antagonisten*
Benzodiazepine	Flumazenil	verdrängt kompetitiv den Agonisten vom Wirkort, dem Benzodiazepin-GABA-Rezeptor
Opioide	Naloxon	verdrängt kompetitiv den Agonisten vom Wirkort, dem Opiatrezeptor, ohne intrinsische Aktivität zu entfalten
nichtdepolarisierende Muskelrelaxanzien	Cholinesteraseinhibitoren: Neostigmin, Pyridostigmin	hemmt den Abbau von freigesetztem Acetylcholin, sodass die Konzentration von Acetylcholin an der motorischen Endplatte ansteigt und das Muskelrelaxans vom nikotinergen Acetylcholinrezeptor kompetitiv „verdrängt“ wird

4.3 Präoperative kardiologische Diagnostik und Therapie

Um das Risiko kardialer Komplikationen zu minimieren, wird präoperativ eine kardiologische Diagnostik und ggf. Therapie durchgeführt. Hierbei sollte sich die Diagnostik auf möglichst schnell verfügbare Methoden stützen (geringere Verzögerung der Operation und Kosten), und es sollte nur im Einzelfall eine spezielle, zeitintensive, kardiologische Diagnostik (s. SE 35.1, S. 768 f) erfolgen.

Präoperative kardiologische Risikoabschätzung

Anamnese und Untersuchung des Patienten

Die präoperative Risikoabschätzung bzgl. kardiovaskulärer Komplikationen erfolgt primär durch den Chirurgen und Anästhesisten. Ein internistisches Konsil ist nur bei Patienten mit Risikofaktoren und/oder pathologischen Befunden erforderlich.
In der **Anamnese** ist nach kardiovaskulären Vorerkrankungen (arterielle Hypertonie, Herzinfarkt, Herzrhythmusstörungen) sowie nach aktuellen kardialen Symptomen (Belastungsdyspnoe, Angina pectoris) zu fragen. Patienten mit diesen Erkrankungen bzw. Symptomen oder mit pathologischen **Untersuchungsbefunden** wie Herz- und Gefäßgeräuschen haben ein erhöhtes Risiko, was das Auftreten kardiovaskulärer Komplikationen während der perioperativen Phase betrifft (T 4.5).
Wichtig für die präoperative Risikoabschätzung ist auch die Frage nach einer Einschränkung der **körperlichen Aktivität**. Da das Auftreten kardialer Symptome wie z. B. Angina pectoris oft von dem Ausmaß der körperlichen Aktivität abhängt, sind anamnestische Angaben desjenigen Patienten, der z. B. an einer orthopädischen Erkrankung oder peripheren arteriellen Verschlusskrankheit leidet und dadurch bereits in seiner Aktivität eingeschränkt ist, nur von sehr begrenzter Aussagekraft. Bei diesen Patienten kann durch eine Echokardiographie während eines pharmakologischen Belastungstests, z. B. einer Dobutamin- oder Dipyridamolinfusion, eine kardiologische Risikoabschätzung erfolgen.

Präoperative kardiologische Diagnostik

! Das Ausmaß der präoperativen kardiologischen Diagnostik richtet sich nach der Anamnese, dem klinischen Untersuchungsbefund und der Art und Dringlichkeit der anstehenden Operation.

Neben der sorgfältigen Anamneseerhebung und klinischen Untersuchung wird unabhängig von der Art der geplanten Operation oder dem Allgemeinzustand des Patienten – sofern dieser älter als 60 Jahre ist – die Ableitung eines 12-Kanal-EKG's empfohlen. Dagegen sollte eine Röntgenaufnahme des Thorax nicht routinemäßig, sondern ebenso wie andere spezifisch-kardiologische Untersuchungen nur bei entsprechenden anamnestischen oder klinischen Hinweisen erfolgen.
Auch bei dem sorgfältigsten Versuch der präoperativen Risikoabschätzung bleibt immer das Restrisiko, eine relevante Herzerkrankung zu übersehen. Dies liegt u. a. an der begrenzten Sensitivität und Spezifität der jeweiligen Untersuchungsmethode. So sind z. B. über 20 % der Ergometriebefunde und ca. 15 % der Stress-Echokardiographiebefunde falsch negativ (4.5).

T 4.5 Präoperative kardiologische Diagnostik und Therapie

kardiovaskuläre Anamnese		*kardiovaskulärer Untersuchungsstatus*		*körperliche Aktivität*	*präoperative Diagnostik*	*präoperative Therapie*
unauffällig	und	unauffällig	und	normal	Ruhe-EKG	keine
unauffällig	und	unauffällig	und	eingeschränkt durch orthopädische/ neurologische Erkrankung	Ruhe-EKG, evtl. Belastungstest: Thalliumszintigraphie bzw. Echokardiographie mit Dobutamin- oder Dipyridamolinfusion	keine
kardiovaskuläre Vorerkrankungen bzw. aktuelle kardiale Symptomatik	und/ oder	pathologisch	mit/ ohne	eingeschränkt	Ruhe-EKG, Echokardiographie, Röntgen-Thorax, Belastungstest: • Ergometrie oder • Thalliumszintigraphie bzw. Echokardiographie mit Dobutamin- oder Dipyridamolinfusion	Therapie der Herzerkrankung, perioperative Medikation

4.5 Einsatz spezifischer kardiologischer Diagnostik

Da Patienten mit einer nicht ausreichend behandelten koronaren Herzkrankheit perioperativ ein hohes kardiales Risiko haben, muss die Diagnostik im Einzelfall bis zur Linksherzkatheter-Untersuchung mit Koronarangiographie fortgeführt werden. Dieser Eingriff ist aber nur bei den Patienten indiziert, bei denen a priori eine koronare Intervention in Form einer perkutanen transluminalen Koronarangioplastie (PTCA) oder einer Bypass-Operation in Betracht kommt.

Falls eine medikamentöse kardiale Therapie erforderlich ist, sollte diese bis zur Operation und perioperativ parenteral verabreicht werden. Bei Patienten mit koronarer Herzkrankheit ist am 1. postoperativen Tag und am Entlassungstag ein Ruhe-EKG abzuleiten, um einen perioperativen Myokardinfarkt oder andere perioperative Ereignisse auszuschließen. Die perioperative prophylaktische Applikation von β-Rezeptoren-Blockern ist bei (nicht herzchirurgischen) Risikopatienten indiziert, falls keine sonstigen Kontraindikationen vorliegen.

Gerinnungswirksame Medikamente

Patienten mit Herzerkrankungen nehmen häufig gerinnungswirksame Medikamente ein, die nur in Rücksprache mit dem behandelnden Hausarzt oder Internisten in ihrer Dosis reduziert bzw. abgesetzt werden dürfen (s. SE 5.4, S. 108).

Thrombozytenaggregationshemmer: Eine Behandlung mit Thrombozytenaggregationshemmern (z. B. Acetylsalicylsäure, Ticlopidin, Clopidogrel) kann in den meisten Fällen vorübergehend ausgesetzt werden.

Für die vollständige Wiederherstellung der Thrombozytenfunktion muss ein Thrombozytenaggregationshemmer 7 Tage vor dem Eingriff abgesetzt werden.

Eine Antikoagulation mit **Cumarinderivaten** wie Phenprocoumon (z. B. Falithrom, Marcumar) kann i. d. R. nicht ersatzlos unterbrochen werden (insb. bei Patienten mit künstlichen Herzklappen oder früheren thromboembolischen Ereignissen). Als Maß für die Antikoagulation wird die INR (International Normalized Ratio) herangezogen.

Bei *zahnärztlichen Eingriffen* genügt es, die INR auf einen Wert zwischen 2–2,5 zu senken. Das lässt sich durch Unterbrechung der oralen Antikoagulation für 1–3 Tage vor dem geplanten Eingriff erreichen. Oft kann noch am Tag des zahnärztlichen Eingriffs die orale Antikoagulation wiederaufgenommen werden. Eine zwischenzeitliche Heparinisierung ist nicht notwendig.

Vor einem *größeren chirurgischen Eingriff* sollte die INR im Normbereich von 0,9–1,3 liegen, was in den meisten Fällen eine Woche nach Absetzen des Marcumars erreicht wird. In dieser Woche muss die INR wiederholt kontrolliert werden. Sinkt sie schließlich auf Werte unter 2,5, sollte Heparin i. v. verabreicht werden, um die aPTT (aktivierte partielle Thromboplastinzeit) auf das Zweifache des Normwerts zu verlängern.

Die Senkung der INR oder die Entscheidung zur Umstellung auf eine perioperative Heparinisierung richtet sich nach der Art der Operation und der Intensität der oralen Antikoagulation.

Das Heparin kann 2 Stunden vor der Operation abgesetzt und 12–24 Stunden nach der Operation – bei schwerer Operation evtl. auch später – wieder verabreicht werden, wobei die aPTT engmaschig zu kontrollieren ist. In der Rekonvaleszenzphase wird der Patient erneut auf ein Cumarinderivat eingestellt.

Endokarditisprophylaxe

Transiente Bakteriämien sind bei chirurgischen Eingriffen häufig. Sie verursachen eine Endokarditis, wenn abnorme Blutströme oder Turbulenzen im Herzen zu Endothelläsionen geführt haben. Um eine Bakteriämie zu verhindern, ist eine **perioperative Antibiotikaprophylaxe** erforderlich (**T 4.6**). Oft genügt die einmalige Gabe des Antibiotikums 1h vor dem operativen Eingriff. Eine zweite Dosis 6h nach dem Eingriff oder eine längere Antibiotikatherapie ist nur nötig, wenn eine stärkere Bakteriämie (z. B. Abszessspaltung) vermutet wird. Bei kleineren Eingriffen in Lokalanästhesie wird das Antibiotikum oral appliziert.

T 4.6 Endokarditisprophylaxe (nach den Richtlinien der Paul-Ehrlich-Gesellschaft 1999)

Antibiotikum, Dosis, Applikation	*Eingriff*
Amoxicillin, 3g, p. o., i. v. Clindamycin*, 600mg, p. o., i. v.	zahnärztliche Eingriffe mit Blutungsgefahr (Zahnsteinentfernung, Zahnextraktion etc.), Tonsillektomie, Adenotomie, starre Bronchoskopie, Ösophagusvarizensklerosierung, chirurgische Eingriffe an den oberen Luftwegen *Prophylaxe nur bei besonders hohem Risiko:* Gastroskopie, ERCP, TEE, nasotracheale Intubation, flexible Bronchoskopie
Amoxicillin, 3g, p. o., i. v. Vancomycin*, 1g, i. v. (über 1h)	chirurgische Eingriffe inklusive mikroinvasiver Technik an Gastrointestinaltrakt und Gallenwegen, Lithotripsie im Bereich der Gallen-Pankreas-Wege, *Prophylaxe nur bei besonders hohem Risiko:* Rekto-Sigmoideo-Koloskopie (keine Prophylaxe bei Kontrasteinlauf), Zystoskopie, Lithotripsie, chirurgische Eingriffe am Urogenitaltrakt
Flucloxacillin, 2g, p. o., i. v. Clindamycin*, 600mg, p. o., i. v.	Eingriffe an infizierten Herden (Abszesse, Phlegmone etc.)

* Einsatz bei Penicillinallergie

4.4 Stellenwert der Hepatogastroenterologie in der Chirurgie

Die klassische Trennung zwischen Chirurgie und Innerer Medizin bzw. Viszeralchirurgie und Hepatogastroenterologie besteht nicht mehr. Es existiert heutzutage ein integratives Therapiekonzept. Je besser internistischer Hepatogastroenterologe und Viszeralchirurg zusammenarbeiten, desto erfolgreicher wird eine Institution in der Versorgung der Patienten sein.

Allgemeine Zusammenarbeit zwischen Gastroenterologen und Chirurgen

Bei Abwägung und patientenorientiertem Handeln kann die Zusammenarbeit zwischen Hepatogastroenterologen und Viszeralchirurgen enger sein als zwischen spezialisierten Internisten innerhalb des eigenen Faches „Innere Medizin". Dies liegt unter anderem daran, dass der Chirurg auf eine zielführende Diagnostik und optimale Vorbereitung durch den Gastroenterologen angewiesen ist, der Gastroenterologe wiederum auf ein optimales Operationskonzept und eine optimale Operationstechnik des Chirurgen. In jedem Krankenhaus sollten wöchentliche gemeinsame Fallbesprechungen die Regel sein.

! Die Indikation zum operativen Eingriff tragen beide. Beide sind auch für die Behandlung von Folgezuständen nach Operationen zuständig (**T 4.7**).

Endoskopische Therapieverfahren auch beim Hepatogastroenterologen

Die Hepatogastroenterologie ist ein interdisziplinäres Fach. Der gastroenterologisch spezialisierte Internist arbeitet sowohl mit dem Viszeralchirurgen als auch mit dem interventionell tätigen Radiologen eng zusammen. Die Möglichkeiten des Gastroenterologen, im Grenzbereich zur Viszeralchirurgie tätig zu werden, sind vielfältig und waren Anlass für die Entwicklung neuer Operationstechniken.

Mit der Entwicklung flexibler Endoskope bestand die Möglichkeit, über den Arbeitskanal des Endoskops verschiedene Instrumente zu diagnostischen oder therapeutischen Zwecken in den Gastrointestinaltrakt einzuführen (s. SE 6.1, S. 138 ff). Dies führte zur Entwicklung neuer Operationstechniken, die eine Alternative zur offenen Operation darstellen oder sequentiell eingesetzt werden.

Wesentliche Verfahren, die unter endoskopischer Sicht durchgeführt werden, sind:

- Injektion verschiedener Substanzen,
- hochfrequenzvermittelte Elektroinzision bzw. -resektion,
- Applikation einer definierten Strahlendosis,
- Implantation von Prothesen sowie
- Lumendilatation mittels Ballonkatheter oder Bougies.

Diese Techniken kommen in allen endoskopisch erreichbaren Regionen des Gastrointestinaltrakts zum Einsatz, entweder mit kurativem (z. B. Blutstillung oder Steinextraktion) oder palliativem Ziel (z. B. die Überbrückung von Tumorstenosen, s. SE 6.2, S. 144 f).

Ösophagus

Ösophagusvarizenblutung: s. SE 6.2, S. 143 und SE 23.3, S. 530 f.

Blutende Schleimhautläsionen: Diese im Rahmen einer gastroösophagealen Refluxerkrankung (s. SE 21.3, S. 472 f) oder durch Mallory-Weiss-Einrisse (s. SE 21.11, S. 490) hervorgerufenen Blutungen sollten ebenfalls endoskopisch durch Injektion von Adrenalin 1:10 000 (z. B. 1ml Suprarenin auf 10 ml verdünnt) oder mit Fibrinkleber (s. SE 6.6, S. 156) versorgt werden.

Ösophagusstriktur: Kommt es als Folge einer gastroösophagealen Refluxerkrankung zur Entwicklung einer Ösophagusstriktur, besteht die Indikation zur endoskopischen Bougierung, ggf. mit anschließender Fundoplikation (s. SE 21.6, S. 479).

Achalasie: Kontrovers wird die Behandlung der Achalasie (s. SE 21.5, S. 476 f) gesehen. Das Ziel aller Behandlungsmaßnahmen ist es immer, den Tonus im unteren Ösophagussphinkter (UÖS) zu senken, um bei der gleichzeitig gestörten Ösophagusmotilität eine ungehinderte schwerkraftabhängige Passage der Nahrung in den Magen zu gewährleisten. Es können drei verschiedene Therapieverfahren zum Einsatz kommen: zwei endoskopische (**T 4.8**) und ein operatives Verfahren in Form der Kardiomyotomie nach Gottstein-Heller (s. SE 21.5, S. 477).

Ein sequenzielles Therapiekonzept der Achalasie hat sich bewährt. Dieses beinhaltet zunächst eine bis zu dreimalige Ballondilatation. Werden die Patienten dadurch nicht beschwerdefrei, so sollte die transabdominelle Kardiomyotomie nach Gottstein-Heller vorgenommen werden. Die Auswirkungen der Botulinustoxininjektion in den unteren Ösophagussphinkter sind noch nicht hinreichend untersucht. Größere Studien sollten hier abgewartet werden.

! Bei sehr alten Menschen ist die Botulinustoxininjektion der Ballondilatation vorzuziehen, da letztere im Vergleich zur Botulinustoxininjektion mit 1 % eine höhere Perforationsrate hat.

T 4.7 Interdisziplinär zu behandelnde Folgezustände nach Operationen bzw. deren Prävention

Einteilung	*Operation*	*Folgezustand*	*Therapie bzw. Prävention*
Ösophagus, Magen	Gastrektomie oder Billroth-Magenresektion	nach Gastrektomie Vitamin-B12-Mangel (fehlender Intrinsic Faktor),	3-monatliche Vitamin-B12-Substitution (i. m.)
		Dumping-Syndrom: • Frühdumping: Sturzentleerung des Restmagens mit Kreislaufdysregulation, • Spätdumping: reaktive Hyperinsulinämie mit konsekutiver Hypoglykämie,	Diät und Medikamente; nach Magenresektion evtl. Umwandlungsoperation
		Rezidivulkus im Restmagen (oft direkt in der Anastomose, neigt zur Penetration ins Kolon = gastrokolische Fistel)	Nach Abklärung (Helicobacter-pylori-Infektion?, Zollinger-Ellison-Syndrom?, belassener Antrumrest?), konservative Therapie oder Nachoperation
	nach Ösophagusresektionen und durch endoskopische Interventionen (Dilatation, Bougierung)	postoperative Strikturen	Dilatation, Stent, PEG/PEJ, evtl. Nachoperation
Gallenblase	Cholezystektomie	Durchfälle (selten)	Diät und Medikamente
	therapeutisches Splitting bei der Behandlung von Gallenblasen- und Gallengangsteinen	Blutung und Perforation bei Papillotomie (selten), dann kann eine Akut-Operation indiziert sein	endoskopische Papillotomie zur Entfernung der Gallengangsteine und anschließende Cholezystektomie zur Behandlung der Gallenblasensteine
	Anastomosierung, z. B. nach Läsion bei laparoskopischer Cholezystektomie oder nach Lebertransplantation	Gallengangstenosen bzw. -strikturen	biliodigestive Stents, evtl. Folge-Operation im Sinne einer biliodigestiven Anastomose (Hepatikojejunostomie)
Darm	ausgedehnte Darmresektion	Kurzdarmsyndrom	diätetische Maßnahmen: chemisch definierte oder nährstoffadaptierte, fettmodifizierte (MCT-Fette) und/oder laktosreduzierte (Trink-) Ernährung, parenterale Substitutionstherapie von fettlöslichen Vitaminen, evtl. Dünndarmtransplantation
	Kolektomie und ggf. Anlage eines ileoanalen Pouches	Durchfälle durch große (Dünndarm-) Flüssigkeitsvolumina	Antidiarrhoika (z. B. Loperamid), flüssigkeitsadsorbierende Substanzen (z. B. Pektine)
		Pouchitis (relativ häufig: bis zu 30 % bei Patienten mit Colitis ulcerosa)	topisch mit antiinflammatorischen (5-Amino-Salizylsäure, Corticosteroide) oder antibiotisch wirksamen Medikamenten (Metronidazol)
	Anlage eines endständigen Ileostomas	Durchfälle mit Elektrolytstörungen	Diät und Medikamente
	ausgedehntere Resektion des terminalen Ileums	chologene Diarrhö durch Gallensäurenverlustsyndrom, Ausbildung von Oxalatnierensteinen (und/oder Cholesteringallensteinen) wegen verstärkter Resorption von Oxalsäure	Colestyramin, bei dekompensierter chologener Diarrhö (zusätzlich Steatorrhö!) kein Colestyramin, sondern orale Substitution exokriner Pankreasenzyme und Diät (v. a. MCT-Fette)
	Kolonresektionen und Verlust der Ventilfunktion der Bauhin-Klappe	bakterieller Überwuchs des Dünndarms	spezielle Antibiotika und Diät
Pankreas	Whipple-Operation	z. B. exokrine Pankreasinsuffizienz oder rezidivierende Cholangitis	orale Substitution exokriner Pankreasenzyme bzw. Überprüfung der biliodigestiven Anastomose (Stenose?) mit entsprechender Therapie
Milz	vor Splenektomie	Verhinderung fulminanter Pneumokokkeninfektionen	entsprechende Impfungen

4.8 Endoskopische Therapieverfahren der Achalasie

Verfahren	*Ziel*	*Erfolgsrate*
radiologisch-endoskopisch kontrollierte Ballondilatation des UÖS	Zerstörung des UÖS	60–70 % (permanent)
endoskopische Injektion von Botulinustoxin in den UÖS	reversible Lähmung des UÖS	75 % (für ca. 6 Monate)

Ösophaguskarzinom: Die endoskopische Implantation von Lumenprothesen zur palliativen Tumorüberbrückung beim inoperablen Ösophaguskarzinom ist mittlerweile ein Standardverfahren geworden (s. SE 21.8, S. 485) und immer gegenüber der palliativen Operation abzuwägen. Die Wahl des zu implantierenden Tubus wie z. B. Cuff-Tubus bei einer Fistel oder Metallstent erfolgt nach individuellen Gegebenheiten.

Die Implantation von Metallstents ist zwar im Vergleich zur Tubusimplantation viel teurer, jedoch haben Metallstents eine deutlich niedrigere Obstruktionsrate als Tuben.

Alternativ kann bei Patienten, z. B. mit einem Ösophaguskarzinom im Tumorstadium T1 oder einem Barrett-Ösophagus (s. SE 21.3, S. 472 f), eine Neodym-YAG-Laserkoagulation oder die Argon-Plasma-Laserkoagulation erwogen werden (**4.6**).

4.6 Endoskopische Lasertherapie und Mukosektomie

Der Einsatz der endoskopischen Lasertherapie und Mukosektomie in der Behandlung von T1-Tumoren des Ösophagus oder des metaplastischen Zylinderepithels beim Barrett-Ösophagus bleibt vorerst Phase-I- und Phase-II-Studien vorbehalten. Die endgültige Bedeutung dieser Therapie muss noch weiter definiert werden. Gleiches gilt für die wiederholte Argon-Plasma-Laserkoagulation der Barrett-Schleimhaut mit dem Ziel der Reepithelialisierung dieser metaplastisch veränderten Schleimhaut durch Plattenepithel.

Magen

Im Magen kommen endoskopische Verfahren vorrangig zur Behandlung blutender ulzerativer Läsionen (s. SE 6.2, S. 142 f), zur Abtragung von adenomatösen Polypen mit einer Hochfrequenzschlinge (s. SE 6.2, S. 142 und SE 21.13, S. 497) sowie zur Injektion von Bucrylat in blutende Fundusvarizen (s. SE 6.2, S. 143 und SE 23.3, S. 530 f) zum Einsatz.

Ulkusblutung: Sowohl für das blutende Ulcus ventriculi als auch für das blutende Ulcus duodeni ist gesichert, dass die lokale endoskopische Blutstillung die Operationsfrequenz und die Letalität signifikant senkt. Dabei sind die Injektionstechnik und die Substanz, die injiziert wird, von untergeordneter Bedeutung (s. SE 21.12, S. 493 f).

Polypen: Die meisten polypoiden Schleimhautläsionen im Magen entsprechen hyperplastischen Polypen. Selten handelt es sich um Adenome mit der Potenz zur malignen Entartung. Diese Adenome können und sollen endoskopisch mit Hilfe einer Hochfrequenzschlinge abgetragen werden.

Fundusvarizenblutung: s. SE 23.3, S. 530 f.

Duodenum, Gallengangs- und Pankreasgangsystem

Gutartige Duodenaltumoren: Das Duodenum ist bis in die Pars horizontalis endoskopisch gut erreichbar. Neben der endoskopischen Abtragung seltener polypoider Erhabenheiten wie Adenome oder Lymphangiome ermöglicht die Endoskopie den Zugang in das Gallengangs- und Pankreasgangsystem über die Papilla Vateri.

Gallengangs- und Pankreasgangsteine: Die endoskopische Papillotomie mit anschließender endoskopischer Steinextraktion ist die Therapie der Wahl von Gallengangssteinen bei cholezystektomierten Patienten (s. SE 24.8, S. 552 f).

Durch die endoskopische Papillotomie wird auch ein instrumenteller Zugang zum Pankreasgangsystem möglich, sodass Steine extrahiert werden können, ggf. nach vorangegangener extrakorporaler Lithotripsie. Etwa die Hälfte aller Patienten mit chronischer Pankreatitis und papillennahen Pankreasgangsteinen werden auf diese Weise beschwerdefrei. Eine spätere Operation sollte nur im Falle einer persistierenden Symptomatik erfolgen.

Pankreaspseudozysten: Bei Impression der Duodenal- oder Magenwand können sie von erfahrenen Endoskopeuren mittels eines kurzen „double-pigtail" in das Duodenal- oder Magenlumen hinein drainiert werden (s. SE 25.5, S. 568 f).

Tumorbedingte Gallengangsstenose: Um den Gallefluss trotz tumorbedingter Stenose im Ductus hepatocholedochus aufrechtzuerhalten, werden heutzutage erfolgreich Endoprothesen (Platzhalter) endoskopisch platziert. Analog zur Situation bei einer tumorbedingten Ösophagus-

4.3 Stentimplantation bei Klatskin-Tumor

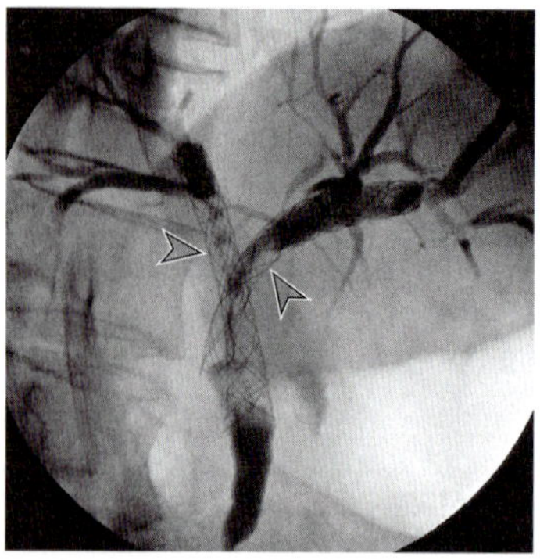

Dargestellt sind zwei Metallstents (Pfeile), die kombiniert, d. h. endoskopisch und radiologisch, implantiert wurden, um die tumorbedingten Stenosen des Ductus hepaticus dexter et sinister zu überbrücken.

stenose (s. SE 6.2, S. 144 und SE 21.8, S. 485) können bei tumorbedingten Gallengangsstenosen Kunststoffprothesen (Tuben) oder Metallstents eingebracht werden (👁 **4.3**).
Dieses endoskopische Verfahren ist dem operativen Vorgehen mit Anlage einer biliodigestiven Anastomose, z. B. bei einem Pankreaskopfkarzinom (s. SE 25.6, S. 570 f), mindestens ebenbürtig bezüglich der Überlebenszeit und der Zurückbildung des Ikterus.

Rektum und Kolon

Polypen: Die Rekto- und Koloskopie sind diagnostisch und therapeutisch nicht mehr aus der Gastroenterologie wegzudenken. Sie ermöglichen das therapeutische Verfahren der endoskopischen Polypektomie. Da ein Polyp als ein wesentlicher Vorläufer für ein kolorektales Karzinom gilt und ein maximal 1 cm großer adenomatöser Polyp bereits mit einer Wahrscheinlichkeit von etwa 1% ein T1-Karzinom trägt, sollte jeder Polyp mit einer Größe über 5 mm endoskopisch abgetragen werden.

Durch eine vollständige Rekto- und Koloskopie mit bedarfsweiser Entfernung vorhandener Polypen wird bei einem 55-jährigen Patienten das Risiko, innerhalb der nächsten 10 Jahre an einem kolorektalen Karzinom zu versterben, um etwa 80% reduziert.

Andere endoskopische Techniken wie die Implantation von Prothesen oder lokale Unterspritzung von Blutungen, werden im Kolon deutlich seltener als im oberen Gastrointestinaltrakt durchgeführt.
Die **chronisch-entzündlichen Darmerkrankungen** sind ebenfalls ein Gebiet, auf dem der Gastroenterologe und der Chirurg eng zusammenarbeiten müssen:
Etwa 50% aller Patienten mit *Morbus Crohn* werden im Laufe ihres Lebens vorwiegend wegen Versagens der konservativen Therapie (bei Strikturen, Stenosen, Fisteln und Abszessen) operiert. Hier ist die Abstimmung mit dem Chirurgen bezüglich einer möglichst sparsamen Operation bzw. einer sog. Strikturoplastik notwendig.
Die *Colitis ulcerosa* bedarf in zwei Situationen einer raschen Absprache mit dem Chirurgen:

- Die schwere, fulminante Kolitis mit toxischem Megakolon (Fieber, Leukozytose, Erweiterung des Kolons auf > 6–7 cm in der Abdomen-Übersichtsaufnahme) kann fünf Tage konservativ (hochdosiert Corticosteroide, Antibiotika, parenterale Ernährung) intensiv therapiert werden, dann muss der Gastroenterologe den Chirurgen an das Patientenbett bitten.
- Patienten, bei denen nach langjähriger Colitis ulcerosa Dysplasien im Kolon auftreten, insbesondere, wenn gleichzeitig erhabene Schleimhautläsionen vorhanden sind, bedürfen ebenfalls nach Absprache mit dem Chirurgen und Pathologen einer Kolektomie, um Früh- und Spätstadien des Karzinoms zu verhindern. Das Risiko, bei einer Pankolitis, die über 20 Jahre lief, ein Karzinom zu entwickeln, beträgt 5–10%.

Gallenblase

Cholezystolithiasis: 80% aller Gallensteine sind sog. Cholesterinsteine. Ihre Pathogenese beruht auf einer Kombination mehrerer Defekte. Dazu gehören eine erhöhte biliäre Cholesterinsekretion, eine Neigung zur Cholesterinkristallbildung in der Galle und eine gestörte Gallenblasenmotilität. Durch die orale Gabe von Gallensäuren, Urso- und Chenodesoxycholsäure, über 6–12 Monate können 80–90% der reinen Cholesterinsteine langsam aufgelöst werden. Für eine solche *medikamentöse Litholyse* eignen sich besonders kleine, sehr cholesterinreiche Steine niedriger Dichte, die im oralen Cholezystogramm als schwebende Konkremente und bei Ultraschalluntersuchungen als Steine mit homogenen internen Echos und nur geringem Schallschatten imponieren. Größere solitäre, cholesterinreiche Steine werden am besten mittels medikamentöser Litholyse und *extrakorporaler Stoßwellenlithotripsie* zerkleinert. Bei sehr guter Zerkleinerung der Gallensteine können die Fragmente auch spontan abgehen.
Der Vorteil dieser nichtoperativen Verfahren besteht darin, dass das Risiko einer Gallengangsverletzung, das bei der laparoskopischen Cholezystektomie ungefähr 0,5% beträgt, umgangen wird. Allerdings ist unter dieser konservativen Behandlung das Risiko einer biliären Pankreatitis etwas höher als bei dem operativen Vorgehen. Außerdem entstehen bei knapp jedem zweiten Patienten in einem Zeitraum von 5 Jahren erneut Gallensteine. Trotzdem stellt die nichtoperative Behandlung von Gallensteinen nach wie vor eine interessante Alternative für gut ausgesuchte Patienten, das sind etwa 10% aller symptomatischen Steinträger, dar.

Leber

Portale Hypertension: s. SE 23.1–23.6, S. 526 f.
Hepatozelluläres Karzinom: 3–5% aller Patienten mit einer Leberzirrhose auf dem Boden einer Hepatitis B oder chronischen Hepatitis C entwickeln im Verlauf von 20–30 Jahren ein hepatozelluläres Karzinom (s. SE 22.4, S. 518 f). Während Karzinome, die kleiner als 3–5 cm sind, bei noch guter Leberfunktion reseziert oder durch eine Lebertransplantation (s. SE 22.7, S. 524 f) behandelt werden können, kommt bei größeren Karzinomen und inoperablen Patienten auch eine sonographisch gesteuerte wiederholte Injektion von Alkohol in den Tumor zur Induktion einer Tumornekrose infrage. In asiatischen Ländern mit einer hohen Prävalenz des hepatozellulären Karzinoms hat sich die wiederholte Injektion von Alkohol in Tumoren (< 2 cm) einer Resektion als ebenbürtig erwiesen.
Bei größeren inoperablen Leberzellkarzinomen wird zur Palliation häufig auch eine lokale Chemotherapie und Chemoembolisation über selektiv eingeführte arterielle Katheter vorgenommen (s. SE 22.4, S. 518 f).

Tilman Sauerbruch

4.5 Radiologie

Die in der Radiologie zu diagnostischen und therapeutischen Zwecken eingesetzten bildgebenden Verfahren beruhen auf 3 physikalischen Effekten: Röntgenstrahlen, Schallwellen (s. SE 6.3, S. 146 ff und SE 6.4, S. 150 f) und Magnetfeldern. Das Spektrum der Radiologie hat sich in den letzten Jahren mit der Einführung der Computertomographie, Magnetresonanztomographie und der digitalen Bildverarbeitung deutlich vergrößert (T 4.9). Für die Indikationsstellung und Durchführung der geeigneten Untersuchung sind eine gezielte Anamnese und wesentliche klinische Angaben erforderlich, die auf dem Anforderungsformular („Röntgenschein") zu vermerken sind.

Wichtiges im Umgang mit ...

...Röntgenstrahlen

Aufgrund der ionisierenden Eigenschaft von Röntgenstrahlen muss bei ihrem Einsatz die „Verordnung über den Schutz vor Schäden durch Röntgenstrahlen" (Röntgenverordnung) vom 08.01.1987 beachtet werden. Nach §24 Abs. 3 dürfen deshalb nur Ärzte, die die Fachkunde besitzen, Röntgenuntersuchungen anordnen.

! Vor jeder Röntgenuntersuchung muss eine Schwangerschaft ausgeschlossen werden.

...Röntgenkontrastmittel

Häufig werden bei Röntgenuntersuchungen Kontrastmittel (KM) zur Verstärkung von Gewebekontrasten oral/enteral oder intravasal verabreicht (T 4.10). Dabei unterscheidet man zwischen **positiven Kontrastmitteln** (iod- oder bariumhaltig), die die Dichte des durchstrahlten Mediums erhöhen, und **negativen** (Luft, CO_2), die die Dichte des durchstrahlten Mediums verringern.

T 4.10 Wichtige Röntgenkontrastmittel und ihre Anwendung

Kontrastmittel	*Anwendung*
positiv, oral	
• wasserunlöslich bariumsulfathaltig (z. B. Micropaque)	Darstellung des Magen-Darm-Traktes
• wasserlöslich (z. B. Gastrografin)	Darstellung des Magen-Darm-Traktes z. B. bei Verdacht auf Darmperforation
negativ, oral	
• Luft	Doppelkontrastuntersuchung des Magen-Darm-Traktes
• Methylzellulose	Doppelkontrastuntersuchung des Dünndarms nach Sellink
positiv, intravasal	
• nichtionisch nierengängig (z. B. Ultravist)	Angiographie, Urographie, Gefäßkontrastierung beim CT
• gallengängig (z. B. Biliscopin)	Cholezystocholangiographie
negativ, intravasal	
• Kohlendioxid	Angiographie

Vor dem intravasalen Einsatz von Kontrastmitteln müssen folgende Fragen geklärt werden:
- Besteht eine allergische Disposition des Patienten?
- Kam es bei früheren KM-Gaben zu allergischen Reaktionen?
- Besteht oder bestand eine Schilddrüsenerkrankung?
- Ist die Nierenfunktion eingeschränkt?

Tödliche Zwischenfälle sind bei Gabe nicht ionischer iodhaltiger Kontrastmittel sehr selten (1:100 000).

! Bariumsulfathaltige Kontrastmittel sind bei Gefahr einer Magen-Darm-Perforation und ca. eine Woche lang nach endoskopisch durchgeführter tiefer Biopsie (z. B. aus der Kolonwand) kontraindiziert, da sie eine schwere Peritonitis verursachen können.
Bei Verdacht auf eine gastrointestinale Perforation oder bei Überprüfung auf Anastomosendichtigkeit darf ausschließlich wasserlösliches Kontrastmittel verwandt werden.

...Magnetfeldern

Magnetfelder, wie sie bei der heutigen Magnetresonanz-(MR-)Technik hinsichtlich ihrer Feldstärke verwandt werden, sind ungefährlich (Ausnahme s. u.). Ein großer Vorteil der MR-Technik ist die bildliche Darstellung aller drei Ebenen. MR-Untersuchungen sind allerdings zeitaufwändiger und teurer als die CT-Untersuchungen.
Eine Magnetresonanztomographie (MRT) darf bei Patienten mit **Metallteilen** aufgrund des Magnetfeldes nur unter strenger Indikationsstellung durchgeführt werden. Fest implantierte Metalle wie verschraubte Osteosynthesen oder Hüftkopfprothesen gefährden den Patienten in der Regel nicht.

! Patienten mit Herzschrittmachern oder frisch implantierten Gefäßklipps aus Metall dürfen im MRT meist nicht untersucht werden.

Das in der MRT häufig verwendete **Kontrastmittel** Gadolinium-DTPA ist gut verträglich, allergoide Reaktionen sind sehr selten. Bei einer **Schwangerschaft** ist die Indikation zur MRT eng zu stellen.

T 4.9 Wichtige diagnostische und therapeutische Verfahren in der Radiologie

diagnostische Verfahren	*therapeutische Verfahren*
Röntgenstrahlen	
konventionelle Röntgenaufnahme, z. B. von: Thorax, Skelett, Abdomen	
Röntgendurchleuchtung, z. B.: Phlebographie, Kolonkontrasteinlauf	Therapie unter Röntgendurchleuchtung, z. B. Reposition einer invaginierten Darmschlinge
Computertomographie (CT), z. B.: Schnittbilddarstellung (von Kopf bis Fuß), CT-gesteuerte diagnostische Punktion	CT-gesteuerter therapeutischer Eingriff, z. B.: Abszessdrainage, Sympathikolyse (s. 4.8)
Angiographie, z. B.: arterielle Becken-Bein-Angiographie, Splenoportographie in digitaler Subtraktionsangiographietechnik	angiographische therapeutische Verfahren, z. B.: perkutane transluminale Angioplastie (PTA), Stentimplantation bei arterieller Verschlusskrankheit, Varikozelenverödung
Schallwellen	
Sonographie, z. B. des Abdomens, diagnostische Leberpunktion	sonographiegesteuerte Einlage von Drainagen, z. B. Pleura- oder Abszessdrainage
Doppler-/Duplexsonographie, z. B.: Karotisdopplersonographie	
Magnetfelder	
Magnetresonanz-Tomographie (MRT), z. B. Schnittbilddarstellung der Leber, Weichteile, Gelenke	MRT-kontrollierte Tumortherapie, z. B. laserinduzierte Tumortherapie (LITT) von Lebermetastasen
Magnetresonanz-Angiographie (MRA), d. h. Gefäßdarstellung von Arterien und Venen (z. B. Gefäßversorgung der Leber, s. SE 22.1, S. 510 f)	
Magnetresonanz-Cholangio-Pankreatikographie (MRCP), d. h. Darstellung des Gallen- und Pankreasgangsystems	
Magnetresonanz-Spektroskopie (MRS), z. B. Metabolitendarstellung des Muskelstoffwechsels	

Häufig vom Chirurgen angeforderte radiologische Untersuchungen

Zuweilen ist es schwierig zu entscheiden, ob eine Untersuchung mittels Ultraschall, CT oder MRT die bessere Aussage erbringt. Das ständige Gespräch mit dem Radiologen ist daher notwendig.

Röntgen-Thorax

Die Röntgen-Thorax-Aufnahme (p.-a. und seitlich) gehört zu den präoperativen Basisuntersuchungen und wird i. d. R. ab dem 60. Lebensjahr routinemäßig zur Beurteilung des präoperativen Status sowie grundsätzlich zur Lagekontrolle von Katheter- und Sondenmaterial durchgeführt. Bei relevanten Vorerkrankungen oder bei pathologischen Aufnahmebefunden werden die Thoraxorgane auch bei jüngeren Patienten präoperativ geröntgt.

Gastrointestinale Kontrastmittel-Untersuchungen

Der Magen-Darm-Trakt kann mithilfe der **Doppelkontrasttechnik** dargestellt werden (T **4.11**): Zunächst wird Bariumsulfat als positives Kontrastmittel verabreicht. Der größte Teil hiervon wird durch ein danach appliziertes negatives Kontrastmittel an die Schleimhaut gedrängt. Unter Durchleuchtung können nun Kontrastmittelpassage, Schleimhautrelief und Lumen beurteilt werden. Zur Dokumentation werden Zielaufnahmen angefertigt. Alle in T **4.11** genannten Untersuchungen können auch mit wasserlöslichem Kontrastmittel (i. d. R. Gastrografin) durchgeführt werden, dann allerdings mit deutlich eingeschränkter Aussagekraft aufgrund des fehlenden Schleimhautbeschlags.

Einen besonderen Stellenwert hat die **„Gastrografin-Passage“** zur Differenzialdiagnose eines paralytischen oder mechanischen Ileus: Nach Trinken oder Applikation über eine Magensonde von wasserlöslichem Kontrastmittel wird die Passage über mehrere Stunden kontrolliert: Nach spätestens 4 Stunden sollte das Kontastmittel im linksseitigen Kolon angekommen sein. Bei mechanischem Hindernis zeigt sich dagegen ein konstanter Stop. Wasserlösliches Kontrastmittel wie z. B. Gastrografin hat bei postoperativer Magen-Darm-Atonie einen positiven Nebeneffekt:

! Gastrografin ist ein starkes Abführmittel.

Darstellung von Fistelsystemen und Abszessen

Bei kutan erscheinenden Fistelgängen und tief liegenden (perkutan drainierten) Abszesshöhlen sollte die radiologische Diagnostik folgende Fragen beantworten:

- Wie tief bzw. wohin reicht die Fistel?
- Besteht ein Fuchsbau-Fistelsystem?
- Hat die Fistel bzw. der Abszess Anschluss an den Gastrointestinaltrakt oder das Gallengangsystem?

4.11 Röntgenuntersuchungen des Magen-Darm-Traktes

Region	*Indikation*	*Applikation von Bariumsulfat*[1]	*negatives Kontrastmittel*	*Besonderheiten*
Ösophagus, Magen	Dysphagie, epigastrische Beschwerden	in kleinen Schlucken trinken	Luft oder CO_2 (z. B. als Brausetablette appliziert)	wird zunehmend durch endoskopische Untersuchung verdrängt
Dünndarm (Sellink-Technik)	unklare Abdominalbeschwerden, intestinale Blutung, Durchfälle	über eine nasal gelegte Jejunalsonde	Methylzellulose (über die gleiche Sonde)	
Dickdarm	unklare Durchfälle oder Obstipation, Blut im Stuhl; Ergänzungsuntersuchung bei endoskopisch nicht erreichbaren Darmabschnitten	durch ein rektal gelegtes Darmrohr	Luft (über das Darmrohr)	meist verdrängt durch endoskopische Verfahren; ! wegen Perforationsgefahr frühestens eine Woche nach tiefer Biopsie möglich

(1) ! Bariumsulfat ist bei Perforationsgefahr kontraindiziert.

- Hat sich die Abszesshöhle nach entsprechender Spülbehandlung verkleinert? Bei dieser Fragestellung sind wöchentliche Untersuchungen sinnvoll.

Hierzu wird in die äußere Fistelöffnung bzw. in die schon drainierte Abszesshöhle intravasal applizierbares Kontrastmittel injiziert, da ein Anschluss zum Gefäßsystem bestehen kann. Die Untersuchung erfolgt dann mittels **Durchleuchtung**, bei unübersichtlichen Verhältnissen mittels **CT**.

Computertomographie (CT)

Die CT ist das Verfahren der Wahl für alle raumfordernden Prozesse (Zysten, Neoplasien, Aneurysmen usw.). Hilfreich sind Kontraststeigerungen (intravasal oder gastrointestinal), wobei dieselben Kontrastmittel wie in **T 4.10** (jedoch verdünnter) appliziert werden. Die zu untersuchende Schichtdicke kann variiert werden; insb. für Pankreaskopf-Fragestellungen sind Dünnschichtuntersuchungen (z. B. 3mm-Abstände) sinnvoll.
Bei schnellen CT-Geräten können die Thoraxorgane vollständig in weniger als 20 Sekunden untersucht werden (sog. Spiral-CT). Insofern eignet sich die CT zunehmend auch für Notfallsituation (rupturiertes Aortenaneurysma, Polytrauma usw.).

Phlebographie

S. SE 33.2, S. 741.
Die Phlebographie ist als diagnostisches Verfahren zur Abklärung von tiefen Venenthrombosen und bei Varikosis im Becken-, Oberschenkel- und Kniebereich weitgehend von nicht invasiven sonographischen Verfahren ersetzt worden; am Unterschenkel ist die Phlebographie den sonographischen Verfahren noch überlegen.
Eine besondere Form der Phlebographie ist die **obere** oder **untere Kavographie** bei Erkrankungen, die zu Verschluss, Stenose oder Kompression der V. cava superior oder inferior führen. Allerdings wird die Kavographie zunehmend durch die MRA (s. **T 4.9**) oder die CT ersetzt.

Angiographie

Arterielle Angiographien benötigen einen perkutanen Punktionszugang zur Arterie: meist Leiste, seltener Ellenbeuge. Bei dieser invasiven Methode können z. T. schwerwiegende Komplikationen auftreten, wie z. B. lebensbedrohliche Blutungen, Aneurysma spurium, AV-Fistel, Thrombosen, Embolien und Infektion. Deshalb steht die Angiographie meist am Ende der diagnostischen Kette.

Indikation: Die Angiographie wird nur noch selten zur qualitativen Art-Diagnostik eingesetzt, sondern beinahe ausschließlich zur **Beurteilung des Krankheitsausmaßes** und damit der lokalen Operabilität:
- Beteiligung von Gefäßen an malignen Prozessen,
- Ausmaß der peripheren arteriellen Verschlusskrankheit,
- Lokalisation von Blutungsquellen,
- Darstellung von Gefäßanomalien usw.

Therapeutische Indikationen betreffen die perkutane Angioplastie, die Embolisation von Blutungen, die lokale intravasale Thrombolyse, die TIPS-Anlage (s. SE 23.5, S. 534) usw. Ein besonderes Beispiel zeigt **4.8**. Auf die vielfältigen technischen Mittel (Ballonkatheter, Spiralen, Stents usw.) wird hier nicht näher eingegangen.

Durchführung: Der Patient ist möglichst 24 Stunden zuvor aufzuklären. Neben der Abklärung von Kontraindikationen für die Applikation intravasaler Kontrastmittel ist der Gerinnungsstatus zu bestimmen (Thrombozyten über 50 000/µl, Quick über 50 %, PTT normal). Über einen perkutan gelegten Zugang können die Gefäße mit speziellen Kathetern, meist in digitaler Subtraktionstechnik (DSA), dargestellt werden. Bei der indirekten Splenoportographie muss zur Darstellung des Pfortadersystems (der Katheter liegt in der A. mesenterica superior bzw. A. lienalis) die Passage über den Darm bzw. die Milz abgewartet werden. Nach Herausziehen der Schleuse ist je nach Gerinnungsstatus für zumindest 10 Minuten eine manuelle Kompression, später eine Sandsackkompression und Bettruhe für 8–24 Stunden notwendig.

4.7 Häufig vom Chirurgen angeforderte radiologische Therapiemaßnahmen

CT- oder sonographisch gesteuerte perkutane Abszessdrainage

Indikation: Die zu drainierende Flüssigkeit muss abgekapselt und perkutan sicher zu erreichen sein. Die Indikation ist nur im interdisziplinären Konsens zu stellen.

Die wesentliche ***Kontraindikation*** liegt in nicht therapierbaren Gerinnungsstörungen (Quick < 50 %; Thrombozytenzahl < 80 000/mm^3).

Durchführung: Nach Aufklärung des Patienten und Legen einer venösen Verweilkanüle wird der günstigste Punktionsweg anhand der Bildgebung geplant (äußere Punktionsstelle, Punktionstiefe und Punktionswinkel). Unter sterilen Bedingungen wird nach Lokalanästhesie der Herd unter Kontrolle des bildgebenden Verfahrens punktiert und der Inhalt zur Bestätigung des Abszesses aspiriert. Über die Punktionsnadel erfolgt dann die Einlage eines Führungsdrahtes (Seldinger-Technik) und anschließend die Aufdehnung des Drainageweges mit Dilatatoren über den Draht bis zum gewünschten Durchmesser. Über den liegenden Führungsdraht wird dann der Drainagekatheter im Abszess platziert. Die korrekte Lage wird bildlich dokumentiert (s. **5.9**, S. 124). Ein regelmäßiges Anspülen der Drainage ist notwendig, um ein Verstopfen zu vermeiden. Tägliche Visiten zur frühzeitigen Erkennung von Therapieversagern sind notwendig.

Erfolg: Die Abheilungsraten erreichen 80 %, wenn dem Abszess keine Hohlorganperforation zugrunde liegt.

Die ***Komplikationsraten*** liegen je nach Lokalisation bei etwa 5-10 % der Fälle. Bei Drainagen im Abdomen kommt es z. B. bei 2 % der Patienten zu Darmverletzungen, bei 2 % zu Pleuraverletzungen und bei 1 % zu anderen Verletzungen wie Blutungen oder Fistelbildungen.

CT-gesteuerte Sympathikolyse des Plexus coeliacus

Indikation: Palliative Therapie von chronischen Schmerzzuständen, z. B. bei fortgeschrittenem metastasierten Tumorleiden im Oberbauch oder chronischer Pankreatitis.

Kontraindikationen sind nicht therapierbare Gerinnungsstörungen oder bekannte Allergien gegen die zu applizierenden Substanzen.

Durchführung: Die Plexus-Blockade ist prinzipiell von dorsal und ventral möglich, der ventrale Zugangsweg sollte jedoch wegen besserer Lagerung und geringerer Komplikatiosrate bevorzugt werden. Nach erfolgter Aufklärung des Patienten und Legen einer venösen Verweilkanüle wird die Region des Truncus coeliacus im CT dargestellt und ein möglichst senkrechter Zugangsweg über dem Truncus eingestellt. Unter sterilen Bedingungen wird nach Lokalanästhesie die Spitze einer Feinnadel (22G) unmittelbar ventral der Aorta knapp ober- oder unterhalb des Truncus coeliacus platziert. Die Feinnadel wird dazu etappenweise unter regelmäßiger Kontrolle im CT vorgeschoben (Darm kann durchstochen werden). Bei korrekter Nadellage erfolgt nach Aspiration die Probeblockade mit 5 ml eines Lokalanästhetikums. Wird die Injektion ohne Beschwerden vertragen, erfolgt die Symphatikolyse mit 20–50 ml eines Gemisches aus Ethanol, Xylonest und Kontrastmittel. Die Verteilung muss abschließend im CT dokumentiert werden.

Erfolg: Eine Schmerzreduktion kann in etwa 75 % der Fälle erreicht werden. Eine dauerhafte Schmerzfreiheit ist hingegen nur bei ca. 15 % der Patienten zu erzielen.

Komplikationen: Beim bevorzugten ventralen Vorgehen sind keine wesentlichen Nebenwirkungen oder Komplikationen zu erwarten.

Lumbale Sympathektomie: s. **32.9**, S. 733.

4.8 Ein Beispiel für exzellente chirurgisch-radiologische Kooperation

Wegen rezidivierender Ösophagus- und Fundusvarizenblutung bei Leberzirrhose und portaler Hypertension wird das Ende der Pfortader in die Ventralwand der V. cava inferior eingepflanzt (portokavale End-zu-Seit-Anastomose, s. SE 23.4, S. 532). Wegen eines falschen Nahtstiches (gleichzeitiges Fassen der vorderen und hinteren Gefäßwand) entsteht eine hochgradige Stenose (**a**: Magnetresonanz-Angiographie). Die portale Hypertension besteht deshalb weiter, und es kommt zur Rezidiv-Varizenblutung.

Über die Leistenvene wird ein Ballonkatheter durch die V. cava inferior und durch die Stenose bis in die prästenotische Pfortader eingebracht. Die Stenose wird aufgedehnt (**b**: intrainterventionelle DSA). Nach Sprengen der Stenose besteht ein freier Abfluss des Pfortaderblutes in die V. cava inferior (**c**: Kontroll-Angiographie über den noch liegenden Katheter): Die portale Hypertension ist jetzt beseitigt.

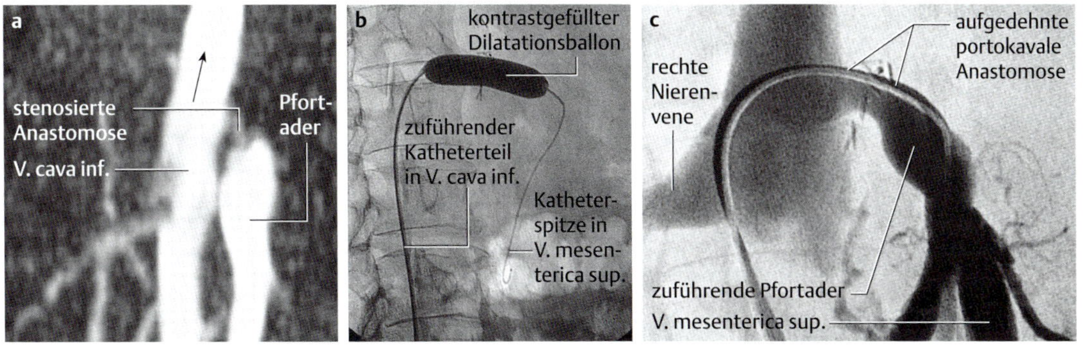

4.6 Nuklearmedizin

In der Nuklearmedizin werden radioaktiv markierte biologische Tracer eingesetzt, deren selektive Radioaktivitätsanreicherung in bestimmten Organen aufgrund von Organ-Partialfunktionen oder -Perfusion zustande kommt. Während *radiologische Verfahren* wie CT und MRT (s. S. 80 ff) in der Regel morphologische Läsionen erfassen, bietet die nuklearmedizinische Diagnostik die Möglichkeit, Aussagen über Metabolismus, Perfusion und Gewebeart zu machen. Die *nuklearmedizinische Therapie* unterscheidet sich von der Diagnostik dadurch, dass die Tracer mit α- oder β-Strahlern markiert werden, sodass das Gewebe, in dem sich der Tracer anreichert, zerstört wird.

Nuklearmedizinische Diagnostik

Lunge

Die **Perfusionsszintigraphie** mit Technetium-(^{99m}Tc-)markierten Makroaggregaten (MAA) erlaubt Aussagen über die Perfusion auf präkapillärer Ebene. Die quantitative Berechnung der Perfusionsanteile gestattet in Kenntnis der Parameter der Lungenfunktionsprüfung prädiktive Aussagen über den postoperativen Verlust bei lungenverkleinernden Eingriffen. Die **Ventilationsszintigraphie** mit ^{99m}Tc-Technegas spiegelt die Ventilation auf alveolärer Ebene wider. Die kombinierte Ventilations- und Perfusionsszintigraphie gestattet die Diagnostik einer Lungenembolie (Mismatch zwischen aufgehobener Perfusion und erhaltener Ventilation).

Endokrinium

Die **Schilddrüsenszintigraphie** mit ^{99m}Tc wird in der Diagnostik des Schilddrüsenkarzinomes, der immunogenen Hyperthyreose (Morbus Basedow) und der Autonomie (unifokal, multifokal, disseminiert) eingesetzt, um Verteilung und Ausmaß des regionalen Funktionszustandes des Gewebes darzustellen. Aussagen über die Dignität des Gewebes können jedoch nicht gemacht werden. Für die **Nebenschilddrüsenszintigraphie** werden Isonitrile (^{99m}Tc-MIBI) verwendet. Eine präoperative Lokalisation von Adenomen gelingt in etwa 80 % der Fälle. Das Verfahren wird vorzugsweise vor Zweit-Eingriffen eingesetzt. Die **Nebennierenrinde** kann mit ^{131}J-Cholesterol dargestellt werden. Die **Nebennierenmarkszintigraphie** mit ^{123}J-Metaiodbenzylguanidin (mIBG) ist in der Diagnostik des Phäochromozytoms z. B. zum Nachweis eines möglicherweise multifokalen Geschehens sowie zur Suche nach einem Karzinoid hilfreich.

Abdomen

Differenzialdiagnose von Lebertumoren: Die in 3-Phasen-Technik (Perfusion, Parenchymphase, biliäre Phase) durchgeführte hepatobiliäre Funktionsszintigraphie mit ^{99m}Tc-HIDA zeigt bei *fokal-nodulärer Hyperplasie* (FNH) die typische Trias von vermehrter Perfusion, normaler Parenchymphase und Galleretention im Tumor. *Adenome* ergeben mit Ausnahme der vermehrten Perfusion ein gleiches Speicherverhalten. Ein *Hämangiom* lässt sich durch die Blut-Pool-Szintigraphie mit ^{99m}Tc-markierten Eigenerythrozyten darstellen.

Leberfunktionsszintigraphie (👁 **4.4**): Die Leberfunktionsszintigraphie erlaubt auf nichtinvasivem Wege Aussagen zur Gallekinetik. Eine Obstruktion, z. B. durch akzidentelle Gallengangsligatur, führt zu einer sofort nachweisbaren Gallestauung (noch bevor eine Erweiterung der Gallengänge nachgewiesen werden kann) bei fehlender Darstellung von distalem Gallengang, Duodenum und Jejunum. Eine außerhalb der Gallenwege gelegene Kontrastierung kann bei Fisteln oder posttraumatisch auftreten.

Motilitäts-Szintigraphie (Ösophagus, Magen, Darm): Mithilfe radioaktiv markierter flüssiger und fester Testmahlzeiten lässt sich die Motilität des Magen-Darm-Traktes quantitativ erfassen. In der Chirurgie sind Achalasie und postoperative Motilitätsstörungen häufige Indikationen.

Shunt-Szintigraphie (Aszites): Häufig stellt sich die Frage nach der Funktionsfähigkeit eines peritoneovenösen (Denver-)Shunts. Durch perkutane Injektion können ra-

👁 **4.4 Leberfunktionsszintigraphie**

a bei Papillenstenose

b nach biliodigestiver Anastomose

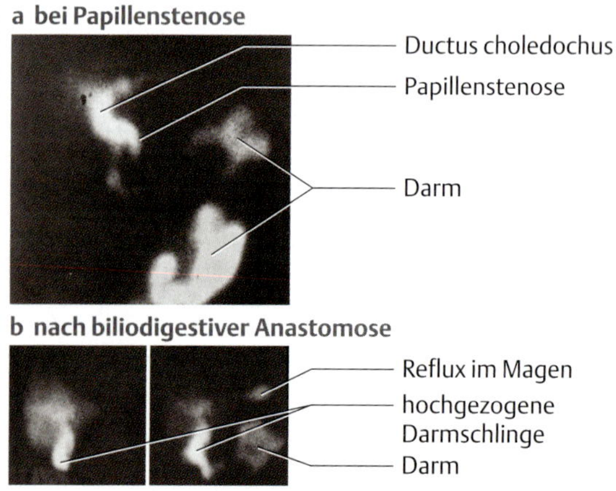

a Die Leberfunktionsszintigraphie mit ^{99m}Tc-HIDA zeigt eine deutliche Aktivitätsretention im dilatierten Ductus choleduchus bis zur Papillenstenose, aber auch radioaktive Galle im Darm (bei inkomplettem Papillenverschluss).

b Nach biliodigestiver Anastomose findet sich bereits in der *Frühaufnahme* (links) Aktivität in der hochgezogenen Darmschlinge. Auf der *Spätaufnahme* (rechts) ist keine nennenswerte Aktivitätsretention mehr im Ductus choleduchus zu erkennen.

dioaktiv markierte Makroaggregate in die Aszitesflüssigkeit eingebracht werden. Bei Funktionstüchtigkeit des Shunts gelangen diese Partikel über die Vena jugularis in die Lunge, sodass sich die Lungen darstellen.

Lebersequenzszintigraphie (Pfortaderhochdruck): Die Lebersequenzszintigraphie nach i.v.-Bolus-Injektion von ^{99m}Tc-Pertechnetat zeigt bei quantitativer Auswertung einen zweigipfeligen Verlauf, wobei der erste Kurvenanteil die arterielle (30%) und der nachfolgende Kurvenanteil die portale (70%) Perfusion widerspiegelt. Bei Pfortaderhochdruck kommt es zu einer Abnahme des portalen Perfusionsanteiles. Bei einem portalen Perfusionsanteil unter 10% wird die Leber nur noch von der Arterie versorgt bzw. perfundiert.

Infektionsszintigraphie: Heute wird vorzugsweise die Szintigraphie mit ^{99m}Tc-markierten Antigranulozyten-Antikörpern durchgeführt. Bei fokalen Infekten kommt es hier zu einer umschriebenen Radioaktivitätsanreicherung. Typische Indikationen sind „Fever of unknown origin" (FUO) sowie der Verdacht auf Infektionen eines Kunststoffshunts oder einer Gefäßprothese.

Tumorszintigraphie

Knochenszintigraphie mit ^{99m}Tc-MDP: Die Skelettszintigraphie dient der Erfassung von Knochenumbauprozessen und insbesondere dem frühzeitigem Nachweis von Knochenmetastasen. Die Knochenszintigraphie wird oft Monate vor dem Röntgenbefund positiv. Auch primäre Knochentumoren lassen sich mit dem Verfahren nachweisen.

Tumoraffine Radiopharmaka: Die Szintigraphie mit Gallium (^{67}Ga) wird heute in Europa nur noch eingeschränkt eingesetzt. Das Verfahren ist durch radioaktiv markierte Tumorantikörper (vorzugsweise gegen CEA) ersetzt worden. Hauptindikation für die Immunszintigraphie ist die Differenzialdiagnose Narbe versus Rezidiv bei kolorektalen Karzinomen. In den letzten Jahren wird zunehmend der myokardaffine Tracer ^{99m}Tc-MIBI für die Tumorszintigraphie eingesetzt. Hierdurch gelingt mit großer Sicherheit beispielsweise der Nachweis von Mammakarzinomen (über 1,5 cm Durchmesser) oder auch von nicht iodspeichernden Metastasen des Schilddrüsenkarzinoms. Die Rezeptorszintigraphie unter Verwendung von Indium-(^{111}In-)Oktreotide (Somatostatin-Rezeptoren) erlaubt den Nachweis von Lungentumoren und -metastasen, Lymphomen, Karzinoiden und Inselzellkarzinomen.

Positronen-Emissionstomographie (PET): Die PET mit ^{18}F-Fluordeoxyglucose (FDG) hat zunehmend klinische Bedeutung für das Grading und das Lymphknotenmetastasen-(N-)Staging von Tumoren erlangt. Da Tumoren einen erhöhten Glucosebedarf haben, führen maligne Prozesse zu einer deutlich gesteigerten Aufnahme von radioaktiver Glucose. Auch das Grading beeinflusst die Glucoseaufnahme: hochmaligne Tumoren haben einen höheren Glucosestoffwechsel als niedrigmaligne Tumoren. Von besonderer Bedeutung ist der Vitalitätsnachweis: Für den Onkologen ist es wichtig zu wissen, ob durch Bestrahlung, Operation oder Chemotherapie eine Avitalisierung des Tumorgewebes eingetreten ist. Bezüglich des N-Staging sei darauf hingewiesen, dass CT und MRT den Verdacht auf einen Lymphknotenbefall in der Regel nur indirekt über die Vergrößerung bekräftigen können. Recht gute klinische Ergebnisse wurden bislang für Lebermetastasen (👁 **4.5**), primäre Lebertumoren, Bronchialkarzinome, Osteosarkome, Mammakarzinome, kolorektale Malignome, Melanome und Lymphome beschrieben. *Falsch-positive Befunde* gibt es bei akuten eitrigen Entzündungen und granulomatösen Erkrankungen (z.B. Sarkoidose oder Tuberkulose): Hier ist der lokale Glucosestoffwechsel ebenfalls erhöht.

👁 4.5 Positronen-Emissionstomographie (PET)

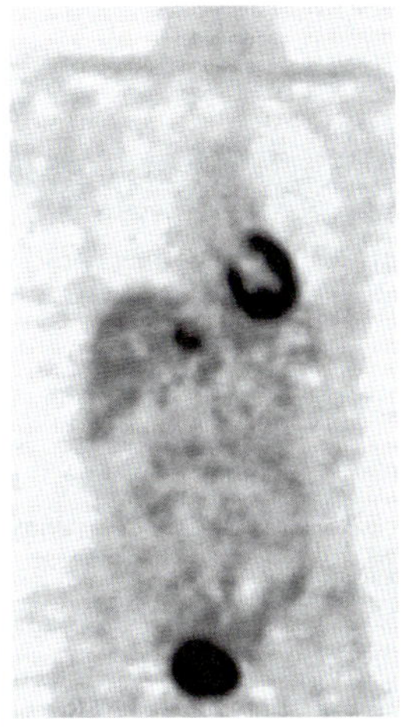

In der Ganzkörper-PET mit F-18-FDG erkennt man außer der physiologischen Aktivitätsanreicherung in Herz und Harnblase eine solitäre Lebermetastase im linken Leberlappen.

Nuklearmedizinische Therapie

Radioiodtherapie der Schilddrüse: Die Anreicherung von I-131 in differenziertem Schilddrüsengewebe bietet bei Schilddrüsenkarzinom, Morbus Basedow und Autonomie die Möglichkeit, Schilddrüsengewebe ergänzend oder alternativ zur operativen Therapie zu entfernen. Bei benignen Erkrankungen wird man insbesondere im höheren Lebensalter der Radioiodtherapie den Vorzug geben. Bei multifokaler Autonomie hat die I-131-Behandlung den Vorteil, selektiv das autonome Gewebe auszuschalten, andererseits ist die Überwachung im Hinblick auf die Entwicklung eines Malignoms erschwert.

Therapie mit I-131-mIBG: Insbesondere (metastasierte) maligne Phäochromozytome, benigne Phäochromozytome bei inoperablen Patienten sowie Neuroblastome werden einer mIBG-Therapie zugeführt.

Intrakavitäre Therapie: Die palliative intrakavitäre Therapie mit Yttrium-90 bietet sich für Pleura- und Peritonealkarzinose an. Hierdurch kann ein Sistieren der Ergussbildung erzielt werden. Die Erfolgsrate liegt bei etwa 70%, auch Wiederholungstherapien sind möglich.

Schmerztherapie von Knochenmetastasen: Für die Schmerztherapie von Knochenmetastasen werden Strontium-89- und Rhenium-186-HEDP eingesetzt, wobei das Strontium aufgrund seiner langen Halbwertzeit eine längere Phase der Schmerzreduktion bei allerdings verzögerter Ansprechphase aufweist.

4.7 Pathologie

„De sedibus et causis morborum" („Über den Sitz und die Ursachen der Krankheiten") – aus diesem Konzept des G. B. Morgagni (1761) ist mit der Pathologie ein Gebiet der allgemeinen und speziellen Krankheitslehre entstanden, auf dessen diagnostischen Möglichkeiten die moderne Medizin und v. a. die operativen Disziplinen essenziell angewiesen sind. Pathologen sind als Diagnostiker gleichzeitig „Lotsen" der Therapie und für die Sicherung der Qualität eines Klinikums unerlässlich.

Zuständigkeiten und Aufgaben

Das Fachgebiet Pathologie ist zuständig für die makro- und mikroskopische Untersuchung von intravital entnommenen Gewebeproben (Biopsie), Organpräparaten (Operationspräparate) und zellhaltigen Materialien (Körperflüssigkeiten, Abstrichpräparate und Feinnadelpunktate). Darüber hinaus untersucht der Pathologe auch Organe und Gewebe Verstorbener (s. u. Autopsie).
Aufgabe des Pathologen ist es, anhand von Gewebe- und/oder Zellproben eine Diagnose zu stellen, d. h. eine Gewebs- und/oder Zellveränderung einer Krankheit zuzuordnen wie z. B.:

- gut- oder bösartiger Tumor (Neoplasie) und dessen Metastasen,
- reaktive Überschussbildung (Hyperplasie),
- Entzündung oder Infektion,
- degenerative oder traumatische Veränderung.

Darüber hinaus liefert der Pathologe wichtige Zusatzinformationen, die für die Prognose der Erkrankung und damit für die (postoperative) Weiterbehandlung von Bedeutung sein können. Diese Zusatzinformationen betreffen bei Tumoren die TNM-Klassifikation sowie die Festlegung eines Malignitätsgrades. Prognosefaktoren sind z. B. auch die Expression von Steroidhormonrezeptoren in einem Mammakarzinom oder der Anteil proliferierender Zellen in einem malignen Tumor.

Untersuchungsmethoden in der Pathologie

Das **Standardverfahren** des Pathologen zur Untersuchung krankhaft veränderten Gewebes ist die Fixierung, Entwässerung und anschließende Einbettung der Gewebeproben in Paraffin sowie die Herstellung und Anfärbung von Schnittpräparaten. Zur molekülspezifischen mikroskopischen Analyse stehen zusätzlich die Verfahren der **Immunhistochemie** und der **In-situ-Hybridisierung** zur Verfügung.
In Kenntnis der histomorphologischen Zusammenhänge kann der Pathologe Teile einer Gewebeprobe ergänzend mit **molekularbiologischen Verfahren** wie der Polymerasekettenreaktion, Sequenzierung oder DNA-Chip-Technologie auf genomische Alterationen untersuchen (Molekularpathologie).

Information und interdisziplinäre Kommunikation

Rationell und zielgerichtet kann der Pathologe nur dann vorgehen, wenn ihm zusammen mit dem Gewebe klinische Informationen übermittelt werden. Dazu gehören Alter und Geschlecht des Patienten, Art und Lokalisation des entnommenen Materials, anamnestische Daten, Ergebnisse der bildgebenden Untersuchung und einschlägige Laborbefunde.

Eine mangel- oder gar fehlerhafte Information des Pathologen durch den Kliniker kann zu einer falschen Diagnose führen.

Erscheint dem Kliniker eine Diagnose nicht „plausibel", so sollte eine gemeinsame Besprechung mit dem Pathologen erfolgen. In manchen Fällen ist es sinnvoll, konsiliarisch die Zweitmeinung eines im betreffenden Spezialgebiet besonders ausgewiesenen Pathologen einzuholen.

Beurteilung von Gewebeproben

In der **präoperativen Phase** gelingt es – dank der heute möglichen endoskopischen oder durch Bildgebung steuerbaren Entnahmetechniken – oft bereits an sehr kleinen, aber gezielt gewonnenen Gewebeproben (Biopsien) eine Diagnose zu stellen. Bei der Entnahme von Gewebeproben ist darauf zu achten, dass die Probe möglichst rasch in die Fixierlösung gebracht wird. Gegebenenfalls kann man die gewonnene Probe vor der Fixation auf einen Objektträger legen (oder auf diesem abrollen), um ein sog. „Imprint-zytologisches" Präparat herzustellen.
Intraoperativ wird die Expertise des Pathologen bei der sog. *Schnellschnittdiagnostik* benötigt. Dabei werden von einer vorher nicht fixierten (!) Gewebeprobe nach Einfrieren mikroskopische Schnitte angefertigt (Kryostat-Mikrotomie) und im Schnellverfahren gefärbt. In einfachen Fällen, z. B. bei einer kleinen Exzision aus einem Tumor zur Klärung der Frage „Karzinom: Ja/Nein?", kann eine histopathologische Diagnose innerhalb von 10 Minuten nach Eingang des Präparates im Pathologischen Institut gestellt werden. Diese Zeitspanne vergrößert sich notwendigerweise dann, wenn bei Operationspräparaten aufwendigere Verfahren erforderlich sind wie die Markierung der Präparatränder, Untersuchung mehrerer Randschnitte oder wenn gleichzeitig aus meh-

reren operativen Abteilungen Proben zur Schnellschnittuntersuchung gesandt werden.

Schon aus Kapazitätsgründen ist eine Schnellschnittuntersuchung nur dann indiziert, wenn vom Ergebnis das weitere operative Vorgehen abhängt.

Nicht indiziert ist die Schnellschnittuntersuchung, wenn lediglich dem Patienten nach Erwachen aus der Narkose eine vorläufige Diagnose mitgeteilt werden soll. Auch ist stets zu bedenken, dass durch das Einfrieren der Gewebeprobe der Erhaltungszustand des Gewebes leidet, sodass in manchen Fällen die Möglichkeit der diagnostischen Zuordnung auch nach anschließender Fixation und Paraffineinbettung weniger gut ist als bei primär konventionellem Vorgehen.

In der **postoperativen Phase** werden die Operationspräparate vom Pathologen umfassend aufgearbeitet. Ziel ist die definitive Festlegung der Diagnose, die bei Tumorerkrankungen auch den Malignitätsgrad und das Tumorstadium nach der pTpNpM-Klassifikation zu enthalten hat. Letztere kann die präoperativ-klinische TNM-Klassifikation ergänzen oder ändern (s. SE 4.9, S. 90 f). Dieser Teil der diagnostischen Arbeit wird erheblich erschwert, wenn der Chirurg aus „Neugierde" in einen Tumor, womöglich mehrfach, einschneidet, bevor der Transport zum Pathologen veranlasst wird.

Alles was während einer Operation an Gewebe entnommen wird, soll vom Pathologen untersucht werden. Auch scheinbar unverdächtiges Gewebe wie z. B. Hämorrhoiden kann schwerwiegende Veränderungen aufweisen, z. B. in Form eines malignen Tumors.

Behandlung und Transport von Gewebeproben

Bei der Entnahme des Gewebes können durch Quetschung (Pinzettendruck), Hitze (Thermokoagulation), Trockenheit oder Aufbewahrung in nicht fixierenden Flüssigkeiten erhebliche Artefakte entstehen, die eine Beurteilung erschweren oder unmöglich machen.

Grundsätzlich sollte jede Gewebsprobe möglichst rasch in eine gepufferte 4 %ige Formaldehydlösung (= 10 % Formalin) gebracht werden. Das Volumen der Formaldehydlösung sollte das 6–10fache des Gewebsvolumens betragen. **Ausnahmen** von dieser Vorgehensweise betreffen die folgenden Fälle:

- Große Präparate von Hohlorganen (z. B. Magen oder Darmresektate) sollten – kurze Wege vorausgesetzt – unfixiert und nicht eröffnet in das Pathologische Institut gebracht werden, damit sie dort sachgerecht eröffnet und in aufgespanntem Zustand fixiert werden können.
- Gewebeproben für die Elektronenmikroskopie werden in gepufferter 2,5 %iger Glutaraldehydlösung fixiert.
- Native (unfixierte) Gewebeproben bei Schnellschnittuntersuchungen sollen möglichst gekühlt (aber nicht gefroren und nicht in wässriger Lösung, z. B. in physiologischer Kochsalzlösung, sondern allenfalls auf einem damit angefeuchteten Tupfer) transportiert werden.

Die meisten immunhistochemischen Methoden sind heutzutage an Paraffinschnitten, d. h. an formalinfixiertem Material verlässlich durchzuführen. Für In-situ-Hybridisierungen und für Verfahren der Molekularpathologie kann natives Material von Vorteil sein. Es empfiehlt sich, das Verfahren jeweils mit dem Pathologen abzusprechen.

Autopsie

Zu den Aufgaben des Pathologen gehört seit jeher auch die Autopsie, d. h. die Untersuchung von Organen und Geweben Verstorbener. Neben **Verwaltungssektionen**, die das Gesundheitsamt im Falle einer möglichen Seuchengefahr anordnen kann, und **Gutachtensektionen** zur Klärung von versicherungsrechtlichen Sachverhalten (z. B. Berufskrankheit) hat das Hauptaugenmerk der **klinischen Sektion** zu gelten.

Klinische Sektion

Trotz immenser Fortschritte der bildgebenden und laborchemischen Diagnostik gibt es in jedem Klinikum Patienten, bei denen die zutreffende Diagnose bis zu ihrem Tode nicht gestellt werden konnte. Im oft schwierigen Gespräch mit den Angehörigen bezüglich einer Einwilligung zur Sektion sollte zur Sprache kommen, dass es sich auch hierbei um eine (letzte) ärztliche Untersuchung handelt, die vielen dient. Dazu gehören:

- die Angehörigen, weil sie dadurch (evtl. auch in Form eines Laienberichtes) erfahren, woran der Verstorbene erkrankt war, und wodurch der Tod eingetreten ist; wird eine potenziell familiäre Erkrankung festgestellt, so können die Familienmitglieder von geeigneten Vorsorgemaßnahmen profitieren;
- die zukünftigen Patienten des Klinikums, weil erwiesen ist, dass bei hoher Sektionsfrequenz der Anteil nicht zutreffender Diagnosen geringer ist als wenn nur selten oder überhaupt nicht obduziert wird; auch für die Bewertung neuer diagnostischer und therapeutischer Verfahren ist die klinische Sektion unerlässlich;
- die klinisch tätigen Ärzte, für die so nicht nur der Einzelfall aufgeklärt, sondern auch eine kontinuierliche Fortbildung in klinisch-pathologischen Konferenzen ermöglicht wird – ein wichtiges Element der Qualitätssicherung;
- die Medizinstudenten, denen im Pathologieunterricht die Kenntnis krankheitsrelevanter Veränderungen an Organen und Geweben anschaulich vermittelt werden kann und muss.

4.8 Psychosomatik und Psychotherapie

„Die Indikationsstellung ist nicht nur ein Sachvorgang, sondern sie findet zwischen zwei Menschen statt. Somit ist ein ganz wesentlicher Bestandteil der Persönlichkeit des Chirurgen Geduld und Einfühlungsvermögen. Kontaktschwache Menschen können gute Operateure, erstklassige Techniker sein, Chirurgenpersönlichkeiten sind sie nicht.“ (Prof. Dr. E. Kern, Tagung der Deutschen Gesellschaft für Chirurgie 1986)

Auch in chirurgischen Kliniken ist bei stationären Patienten eine hohe Prävalenz gravierender *Ängste, depressiver Verstimmungen* und *psychovegetativer Beschwerden* feststellbar. Zumindest bei einem Teil dieser Patienten ist eine, die somatische Behandlung ergänzende **supportive Psychotherapie** angezeigt. Ungeachtet einer mehr situationsbedingten (Belastung durch Krankheit, Klinikaufenthalt, Operation und Narkose) oder auch lebensgeschichtlichen Determiniertheit der psychischen Beeinträchtigungen ist prinzipiell mit wenigen Therapiegesprächen ein Behandlungserfolg möglich. Die durch Reduktion der Ängstlichkeit und Depressivität erreichbare psychische Stabilisierung der Patienten stellt einen wichtigen Beitrag zur **Krankheitsbewältigung (Coping)** dar.
Die supportive Psychotherapie kann in einem ersten Ansatz auch der Chirurg leisten, der dafür Einfühlungsvermögen und Geduld aufbringen und den Kontakt zum Patienten suchen muss:

- Bei einem ängstlich-depressiven Patienten kann eine hilfreiche Beziehung dadurch gefördert werden, dass trotz der Unwägbarkeiten im Chirurgenalltag hinreichend Zeit und Raum für Gespräche mit dem Patienten zur Verfügung gestellt werden.
- Der Arzt sollte seine Bereitschaft ausdrücken, dem Patienten bei der Bewältigung der Ängste und Zweifel behilflich zu sein.
- Akzeptanz soll vermittelt und eine zurechtweisende Haltung vermieden werden.
- Der Patient ist zum Sprechen über seine Ängste, Sorgen und Beschwerden anzuregen, da ihn das Sprechen über sich entlasten wird.
- Durch Informationen und angemessene, die individuellen Ressourcen berücksichtigende Ratschläge sind realistische positive Erwartungen und Zuversicht zu fördern.
- Schon kleine Fortschritte bei der Bewältigung der Angst sind anzuerkennen, Rückschritte sind nicht zu tadeln.
- Die Person ist in keiner Weise herabzusetzen.

Bei den folgenden Erkrankungen und Problemfeldern ist eine Zusammenarbeit zwischen Chirurgen und Psychosomatikern in besonderem Maße angezeigt.

Onkologische Erkrankungen

Bei onkologischen Erkrankungen sind

- eine **aktive Auseinandersetzung** mit der Krankheit und
- eine subjektiv annehmbare **Anpassung** an die veränderte Realität von besonderer Bedeutung.

Gut adaptierte Krebspatienten mit affektiver Stabilität und hoher Konfliktlösungskompetenz vermeiden die Konfrontation mit der Realität nicht, befolgen die ärztlichen Verordnungen und definieren ihre Lebenssituation neu. Bei schlecht angepassten Patienten sind Passivität, Unterdrückung aggressiver Gefühle und stoisches Akzeptieren zu beobachten. Mastektomierte Patientinnen einer Längsschnittstudie, die ihre negativen Gefühle wie Angst, Aggression und Wut äußern konnten, hatten bessere Überlebenschancen als solche Gefühle leugnende oder verdrängende Patientinnen. **Verleugnung** als häufigste Abwehrform bei Krebskranken ist jedoch kein zeitstabiler Vorgang, sondern ändert sich hinsichtlich Intensität und Zeitdauer. Als **„middle knowledge“** ist der Zustand zwischen Wissen und Nichtwissen, zwischen Akzeptanz und Nichtwahrhabenwollen bei terminal Kranken beschrieben worden.
Zur Krankheitsbewältigung gehört auch die gelungene Anpassung an ungewohnte situative Bedingungen wie an den Krankenhausaufenthalt. Der Copingprozess wird durch die **soziale Unterstützung** und emotionale Zuwendung durch den Partner, die Familie und Freunde oder das medizinische Team gefördert, da Angst, Depression und Unsicherheit gemindert werden können. Möglich ist aber auch, dass im Falle unangemessenen Mitleids und unechter oder unpassender Aufheiterung der Patient eher be- als entlastet wird.
Eine Beratung hinsichtlich eines angemessenen Krankheitsverhaltens mit Information über soziale, z. B. Selbsthilfegruppen, und sozialrechtliche Unterstützungsmöglichkeiten sollte allen Patienten zuteil werden. Entspannungsverfahren können bei Nebenwirkungen der Chemotherapie oder Schmerzen hilfreich sein.

Chronisch-entzündliche Darmerkrankungen

Bei Colitis ulcerosa und Morbus Crohn können *psychische Faktoren* bei der Entstehung und im Verlauf bedeutsam sein. Dem Ausbruch der Erkrankung oder einem Krankheitsrezidiv geht oft eine emotionale Belastung voraus. Reale und befürchtete Verlust- und Trennungsereignisse (Objektverlust) oder erhöhte Leistungsanforderungen stellen mögliche Auslösesituationen dar.
Insbesondere Patienten mit einer **Colitis ulcerosa** neigen zu einer engen Anlehnung an eine wichtige Bezugsperson und weisen eine ausgeprägte Aggressionshemmung auf. Verlustängste lassen Gefühle der Hilflosigkeit und des ohnmächtigen Überwältigtseins aufkommen, welche die Krankheit auslösen bzw. Schübe fördern können.

Patienten mit **Morbus Crohn** sind oft aktiver als Kolitis-Patienten und zeigen häufig ein unabhängigeres oder auch pseudounabhängiges Verhalten. Letzteres dient im Sinne einer betonten Selbstsicherheit meist der Abwehr passiver Wünsche und dem Schutz vor Enttäuschungen. Die Ausprägung einiger Persönlichkeitsmerkmale wie emotionale Labilität hängt stark von der aktuellen Symptomatik ab, was den sekundären oder krankheitsabhängigen Anteil der psychologischen Befunde in den Vordergrund rückt.

Insbesondere bei negativen sozialen Entwicklungen, anhaltenden Konflikten, komplizierten Verläufen und operativen Eingriffen sollte ein Psychosomatiker hinzugezogen werden. Eine begleitende stützende Psycho- und Entspannungstherapie haben sich im akuten Stadium chronisch-entzündlicher Darmerkrankungen bewährt, wobei die Akzeptanz psychotherapeutischer Angebote bei Crohn-Patienten geringer ist als bei Kolitis-Kranken. Die operative Therapie der Colitis ulcerosa mit Anlage eines vorübergehenden oder dauerhaften Ileostomas kann für die Betroffenen ein schwer zu bewältigender Eingriff sein. Ein nicht geringer Teil der Patienten erlebt aber die chronische Darmerkrankung als so belastend, dass für sie die Ileostomie eine deutliche Erleichterung bringt. Die Unterstützung durch Betroffene, z. B. in Selbsthilfeorganisationen wie die Deutsche Morbus-Crohn-/Colitis-ulcerosa-Vereinigung (DCCV), kann sehr hilfreich sein.

Organtransplantationen

Wird die Entscheidung für eine Herz-, Nieren- oder Lebertransplantation erstmals ernsthaft erwogen, fühlen sich nicht wenige Patienten in dieser Situation allein gelassen. Dazu trägt auch ein zu kurzes und wenig einfühlsames **Aufklärungsgespräch** über die Notwendigkeit der Transplantation bei. Neben der *Informationsvermittlung* sollte jedoch *Entängstigung* bei der Operationsvorbereitung im Vordergrund stehen, wobei frühzeitig der Lebenspartner und die Familie einzubeziehen sind. Der Einsatz von Informationsschriften und Videofilmen sowie Gespräche mit bereits Transplantierten haben sich als hilfreich erwiesen.

Die notwendige Transplantation eines Organs eröffnet Problemstellungen, die Patienten selten von sich aus ansprechen, sie aber sehr beschäftigen können. Sie müssen auf den Tod eines anderen Menschen hoffen und sich gegen die Freude über das Unglück anderer wehren, was schon vor der Operation zu intensiver gedanklicher Auseinandersetzung mit dem mutmaßlichen Spender und zu Schuldgefühlen führen kann.

Mit erfolgter Transplantation muss das *„fremde" Organ in das Selbstbild integriert* werden. Empfänger einer *Niere* geben nicht selten bald nach der Operation dem Transplantat einen Namen. *Herz*transplantierte Patienten vermeiden oft die aktive gedankliche Auseinandersetzung mit der durchgeführten Operation, dem Organ, dem Spender und dessen Angehörigen. Die Verleugnung hat einerseits protektive und adaptive Funktionen, womit zusammenhängt, dass der Transplantierte in der Regel auch keine Information über die Identität des Spenders erhält. Andererseits scheint die Verleugnung die Möglichkeit von Fehleinschätzungen psychischer und somatischer Probleme zu erhöhen und sich negativ auf die Adaptation und Rehabilitation auszuwirken. Bei *leber*transplantierten Patienten wird die aktive Auseinandersetzung mit dem neuen Organ im Vergleich zu Herztransplantierten vermutlich dadurch erleichtert, dass die Leber weniger stark emotional besetzt ist.

Psychotherapeutische Unterstützung ist v. a. bei Abstoßungskrisen und anderen kritischen Situationen in Anspruch zu nehmen, wozu im weiteren Verlauf auch Partnerschaftskrisen zu rechnen sind, die sich aus veränderten Erwartungen der Partner an die Patienten ergeben können.

Artifizielle Störungen

Diese Erkrankungen sind durch
- heimliche künstliche **Erzeugung**,
- **Aggravation** oder
- **Vortäuschung körperlicher** und/oder **seelischer Krankheitssymptome** gekennzeichnet, die oft Anlass für zahlreiche Krankenhausaufenthalte und medizinische, v. a. auch operative Maßnahmen sind.

Bei zugrunde liegender heterogener psychopathologischer Störung mit traumatisierenden Verlusterlebnissen und/oder Misshandlungserfahrungen in der Kindheit unterliegt die Erzeugung oder Aggravation der Krankheitssymptome unbewussten zwanghaften oder suchtartigen Impulsen.

4.9 Artifizielle chirurgische Symptome

Eine artifizielle Störung kann sich manchmal auf eine vorausgegangene organische Erkrankung aufpfropfen. Häufige artifizielle, d. h. vorgetäuschte oder durch Selbstmanipulation hervorgerufene chirurgische Symptome sind:
- Vortäuschung von abdominellen Schmerzen, Stuhl- und Urinverhalt,
- Wundheilungsstörungen durch Manipulation an Operationswunden,
- Erzeugung von Abszessen durch Einspritzen von infektiösem und Fremdkörpermaterial,
- Blutungen und Infektionen durch Manipulation an zentralvenösen Zugängen, Wunddrainagen, Blasenkathetern.

Der Arzt sollte den betroffenen Patienten nicht unüberlegt oder auf aggressive Weise mit seinem selbstschädigenden Verhalten konfrontieren, sondern in einem einfühlsamen Gespräch die Ernsthaftigkeit der psychischen Störung und die Notwendigkeit einer psychotherapeutischen bzw. psychiatrischen Behandlung vermitteln. Ein zeitlich begrenzter Verbleib auf der chirurgischen Station kann gerechtfertigt sein, um in interdisziplinärer Zusammenarbeit mit dem psychosomatischen oder psychiatrischen Konsiliarius eine Vertrauensbeziehung entstehen zu lassen, über die eine weiterführende Psychotherapie gebahnt werden kann.

Reinhard Liedtke

4.9 Chirurgische Onkologie: Einteilungen und Klassifikationen

Die Begriffe „Neoplasie“ oder „Tumor“ sagen nichts über die Dignität, d. h. die Gut- oder Bösartigkeit einer Gewebsneubildung aus. Es werden benigne, maligne und semimaligne Tumoren unterschieden. Die WHO (Weltgesundheitsorganisation) und die UICC (Union internationale Contre le Cancer) haben sich um eine Vereinheitlichung der Tumornomenklatur bemüht und das TNM-System geschaffen. Dadurch soll eine weltweite Vergleichbarkeit von Tumorentstehung, Therapie und postoperativem Ergebnis („Outcome“) möglich sein.

Einteilung von Tumoren nach der Dignität

Ein Tumor ist im weiteren Sinne jede lokalisierte Anschwellung, im engeren Sinne eine gewebliche Neubildung (Neoplasie) durch autonome überschießende Proliferation körpereigener Zellen, die sich weder funktionell noch strukturell in das Normalgewebe eingliedert. Auch wenn der auslösende Reiz wegfällt, wächst der Tumor weiter.

Der Begriff Neoplasie oder Tumor sagt nichts über das biologische Verhalten, d. h. die Dignität eines Tumors aus. Folgende Formen sind möglich:

Maligne (bösartige) Tumoren sind gekennzeichnet durch invasives, destruierendes Wachstum ohne Respektierung von Organ- oder Gewebegrenzen (z. B. Nerven, Gefäße). Tumorzellen können sich aus dem Gewebsverband lösen und sich in tumorfremdem Gewebe absiedeln, d. h. Metastasen (Tochtergeschwülste) bilden. Die Erkrankung führt i. d. R. unbehandelt zum Tod; Ausnahmen sind einige sehr langsam wachsende Karzinome im hohen Alter wie z. B. ein bisher unerkanntes Prostatakarzinom (Sektionsbefunde).

Semimaligne Tumoren wachsen lokal (am Entstehungsort) invasiv, metastasieren jedoch nicht. Die Tumoren können wie maligne Tumoren lokal nach Entfernung erneut auftreten (rezidivieren).

Benigne (gutartige) Tumoren sind durch ein verdrängendes Wachstum ohne Penetration in umgebendes Gewebe gekennzeichnet. Diese Tumoren sind scharf begrenzt und oft gut verschieblich. Nach vollständiger Entfernung kommt es zu keinem Rezidiv, es erfolgt keine Metastasierung.

Einteilung maligner Tumoren ...

... nach dem Metastasierungsverhalten

Je nach Sitz und Art des Primärtumors zeigt sich ein bevorzugtes Metastasierungsverhalten:

Lymphogen: Die Tumorzellen verbreiten sich über die Lymphbahnen und siedeln häufig in den nächsten Lymphknoten (z. B. metastasiert das Mammakarzinom zunächst in axilläre Lymphknoten). Der zunächst gelegene Lymphknoten wird Sentinel- (= Wachtposten-) Lymphknoten genannt (s. auch SE 16.3, S. 394 f). Bei Befall der Lymphbahnen durch Tumorzellen kommt es zur Lymphangiosis carcinomatosa.

4.6 Typen der hämatogenen Metastasierung

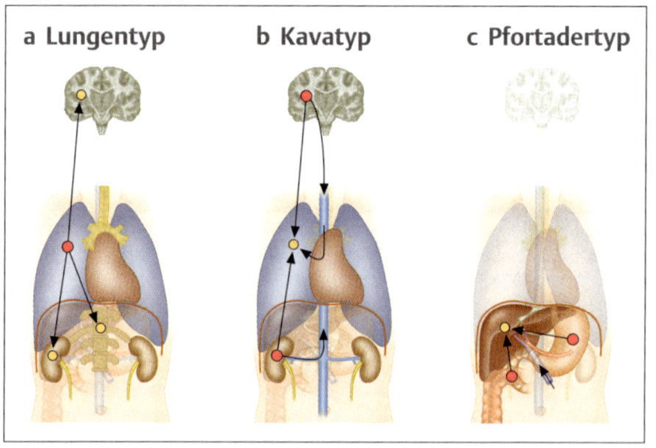

Hämatogen: Kleinere Blutgefäße können von Tumorzellen penetriert werden, sodass die Tumoraussaat über das Blut erfolgen kann. Es lassen sich 3 Grundtypen der hämatogenen Metastasierung unterscheiden (**4.6**).

Kavitär: Tumorzellen brechen in eine Körperhöhle ein und setzen dort Metastasen. Bei Befall von Pleura, Peritoneum oder Perikard entsteht oft ein begleitender Erguss (beinhaltet dann meist maligne Zellen).

Kanalikulär (sehr selten): Metastasierung innerhalb eines mit Epithel ausgekleideten Systems.

... nach dem Ursprungsgewebe

Karzinome gehen von Zellen des Ektoderms und des Entoderms aus. Typische Beispiele sind z. B. das Plattenepithelkarzinom (Haut, Ösophagus, Lunge) und das Adenokarzinom (Darm). **Sarkome** (z. B. Tumoren des Nervengewebes, der blutbildenden Organe und des Stützgewebes) sind mesodermalen Ursprungs.

Einige Malignome bestehen aus **Anteilen mehrerer Keimblätter** und sind daher weder als Karzinome noch als Sarkome zu klassifizieren. Ein Beispiel ist das maligne Teratom, das von den pluripotenten Zellen der Keimdrüsen ausgeht.

TNM-System

Zur stadiengerechten Therapieplanung und Abschätzung der Prognose sind Tumorausbreitung und -differenzierung wichtige Parameter.

Staging

Informationen zur Tumorausbreitung (Staging) werden nach dem **TNM-System** (**T**umor/**N**odulus/**M**etastasis) eingeteilt:
T: Größe und Ausdehnung des Primärtumors,
N: Tumorbefall der regionären Lymphknoten,
M: Nachweis von (Fern-)Metastasen.

T 4.12 TNM-Klassifikation des Magenkarzinoms

Einteilung	*Definition*
T0	kein Anhalt für Primärtumor
Tis	Carcinoma in situ, intraepithelialer Tumor ohne Infiltration der Lamina propria
T1	Tumor infiltriert Lamina propria oder Submukosa
T2	Tumor infiltriert Muscularis propria (T2a) oder Subserosa (T2b)
T3	Tumor penetriert Serosa (viszerales Peritoneum), infiltriert aber nicht benachbarte Strukturen
T4	Tumor infiltriert benachbarte Strukturen (z. B. Milz, Colon transversum, Leber)
N0	keine regionären Lymphknotenmetastasen (Aussage nur erlaubt, wenn > 15 Lymphknoten untersucht sind)
N1	Befall ≤ 6 regionäre Lymphknoten
N2	Befall 7–15 regionäre Lymphknoten
N3	Befall ≥ 16 regionäre Lymphknoten
M0	keine Fernmetastasen
M1	Fernmetastasen
TX, NX, MX	Primärtumor, regionäre Lymphknoten und Fernmetastasen nicht beurteilbar

Ergänzung zu N: Als regionäre LK gelten folgende Lokalisationen: perigastrisch (kleine und große Kurvatur), Aa. gastrica sinistra, hepatica communis, lienalis, coeliaca und hepatoduodenal. Der Befall von retropankreatischen, mesenterialen oder paraaortalen LK gilt als Fernmetastasierung.

T 4.13 Stadieneinteilung nach UICC (Magenkarzinom)

Stadium	*T*	*N*	*M*
0	Tis	N0	M0
IA	T1	N0	M0
IB	T1	N1	M0
	T2a/b	N0	M0
II	T1	N2	M0
	T2a/b	N1	M0
	T3	N0	M0
IIIA	T2a/b	N2	M0
	T3	N1	M0
	T4	N0	M0
IIIB	T3	N2	M0
IV	T1, T2, T3	N3	M0
	T4	N1, N2, N3	M0
	jedes T	jedes N	M1

Je nach Tumorausdehnung wird eine Ziffer von 0 bis 4 ergänzt. Präfixe liefern weitere Informationen:
c: klinische („clinical") Diagnosesicherung,
p: Nachweis erfolgte pathologisch-histologisch,
y: Zustand nach Bestrahlung des Primärtumors,
r: Rezidiv.
Nach Festlegung der T-, N- und M-Kategorien kann eine Einteilung in **UICC-Stadien** (**U**nion **I**nternationale **C**ontre le **C**ancer) erfolgen. Beispielhaft wird in **T 4.12** die TNM-Klassifikation und in **T 4.13** die Stadieneinteilung des Magenkarzinoms dargestellt. Weitere Beispiele finden sich in folgenden Kapiteln:
Mammakarzinom: s. SE 17.4, S. 406 ff,
Ösophaguskarzinom: s. SE 21.8, S. 482 ff,
Pankreaskarzinom: s. SE 25.6, S. 570 ff,
Rektumkarzinom: s. SE 26.14, S. 616 f,
Bronchialkarzinom: s. SE 31.6, S. 702 ff.

Grading

Nach den Richtlinien der UICC können Tumoren auch nach ihrer histopathologischen Differenzierung (= Grading) eingeteilt werden, wobei sich die Prognose einer Tumorerkrankung mit sinkender Differenzierung verschlechtert:
G1: gut differenziert,
G2: mäßig differenziert,
G3: schlecht differenziert,
G4: nicht differenziert,
GX: Differenzierung kann nicht bestimmt werden.
Zur Zeit gibt es Bestrebungen, die Grading-Einteilung zu vereinfachen: Viele Pathologen unterscheiden nur noch G1–3, manche fordern sogar nur eine Beurteilung von G1–2.

R-Klassifikation

Die Residualtumor-(R-)Klassifikation ist sehr wichtig, und sie sollte in jeder abschließenden Befundzusammenfassung (z. B. Arztbrief) angegeben werden:
RX: Vorhandensein von Residualtumor nicht beurteilbar,
R0: kein Residualtumor,
R1: mikroskopischer Residualtumor (z. B. durch den Pathologen im Schnittrand festgestellt),
R2: makroskopischer Residualtumor (i. a. R. vom Chirurgen intraoperativ festgestellt ohne weitere operative Therapiemöglichkeit).

Fakultative Klassifikationen

Darüber hinaus gibt es noch fakultative Deskriptoren, z. B.
LX: Lymphgefäßinvasion nicht beurteilbar,
L0: keine Lymphgefäßinvasion,
L1: Lymphgefäßinvasion
oder
VX: Veneninvasion nicht beurteilbar,
V0: keine Veneninvasion,
V1: mikroskopische Veneninvasion,
V2: makroskopische Veneninvasion.

4.10 Chirurgische Onkologie: Vorsorge, Diagnostik und Nachsorge

Krebserkrankungen bilden immer noch die zweithäufigste Todesursache, jeder Fünfte stirbt an den Folgen einer Tumorerkrankung. Die Fortschritte sind jedoch, verglichen mit der Ausdehnung der onkologischen Therapie, in den letzten 15 Jahren eher gering. Durch entsprechende Vorsorgeuntersuchungen sowie enge peri- und postoperative Betreuung der erkrankten Patienten können vorhandene therapeutische Möglichkeiten frühzeitiger und damit effizienter eingesetzt werden.

Vorsorgeuntersuchungen

Vorsorgeuntersuchungen dienen der frühzeitigen Erkennung von Tumoren im noch symptomfreien Stadium und sind gelegentlich auch als Reihenuntersuchung besonders gefährdeter Bevölkerungsgruppen angezeigt. Die Untersuchungen sollen einfach, komplikationsarm, billig und aussagekräftig sein. Diese Forderungen sind nur für wenige Krebserkrankungen (grenzwertig) erfüllbar: Mamma-, Portio-, Prostata-, Kolon- und Bronchuskarzinom.

Die Hoffnung, das Krebsproblem durch Reihen-Vorsorgeuntersuchungen in den Griff zu bekommen, hat sich nicht oder nur kaum bestätigt.

Dennoch lässt sich durch einfache klinische Untersuchungen und preiswerte apparative Diagnostik eine gezielte Früherkennung für einige Tumoren durchsetzen (z. B. Blutuntersuchung im Stuhl beim kolorektalen Karzinom, digitale Untersuchung der Prostata peranal und Bestimmung des PSA [prostataspezifischen Antigens]).
Die **diagnostische Lücke** zwischen erstem Symptom einer Krebserkrankung und endgültiger Diagnosestellung ist noch immer viel zu lang. Dies hat verschiedene Gründe: Sie liegen

- teils beim Patienten (mangelnde Aufklärung, Verdrängungsmechanismen) und
- teils bei den zunächst involvierten Ärzten (ungenügende Diagnostik, unkritische Therapieempfehlungen mit dadurch bedingtem Zeitverlust).

Würde diese Zeitspanne verkürzt, wäre die Gesamtprognose der Krebserkrankungen besser.

Diagnostik

Die Diagnostik sollte bei den leisesten Symptomen einer malignen Erkrankung konsequent durchgeführt werden – bis zum Beweis des Gegenteils. Die Diagnostik umfasst im Wesentlichen folgende Schritte:

- Erfassung der Familienanamnese: hereditäre Disposition zu (bestimmten) Malignomen?,
- Erfassung der Eigenanamnese:
  - Zweitmalignom?
  - zeitversetzte Realisierung einer multiplen endokrinen Neoplasie (MEN)?
  - in der Vorlaufzeit fehlgedeutete klinische Symptome (z. B. tiefe Venenthrombose bei noch nicht erkanntem Pankreaskarzinom)?
  - zu Malignomen disponierende Grunderkrankungen (z. B. Leberzirrhose, HIV, Kolonadenome)?
- Erfassung der jetzigen Anamnese: B-Symptomatik (Gewichtsabnahme, Leistungsknick, Nachtschweiß) und die Vielzahl der malignomspezifischen Symptome,
- subtile klinische Untersuchung,
- laborchemische Untersuchungen: z. B. Tumormarker und allgemeines Labor,
- apparative Untersuchungen,
- diagnostische Punktionen, Gewebeentnahmen, Operationen. Denn: Viele entdeckte tumoröse Veränderungen müssen zytologisch bzw. histologisch abgeklärt werden. Beispielhaft gilt für die Lunge:

Ein peripherer Lungenrundherd (insb. eines Rauchers) gilt so lange als Bronchialkarzinom, bis das Gegenteil histologisch bewiesen ist.

Chirurgische Eingriffe zur Diagnosesicherung

Oftmals muss zur Sicherung einer Diagnose genügend Material für eine zytologische bzw. histologische Untersuchung gewonnen werden. Folgende Verfahren kommen dabei zur Anwendung:

Punktion:
Indikationen: Flüssigkeitsansammlungen unklarer Dignität.
Aussagewert: hoch.
Komplikationsmöglichkeiten: Fehlpunktion mit Blutung, Hohlorganperforation, Nervenverletzung usw.

Feinnadelbiopsie (z. B. perkutane Leberbiopsie mittels Feinnadel):
Indikationen: Raumforderungen unklarer Dignität.
Aussagewert und Komplikationsmöglichkeiten: s. o.

Biopsie: Entnahme von suspektem Gewebe mittels offenen Zugangs mit Exzision (z. B. Lymphknotenentfernung):
Indikationen, Aussagewert, Komplikationsmöglichkeiten: s. Feinnadelbiopsie.

Diagnostische Laparotomie/Laparoskopie und diagnostische Thorakotomie/Thorakoskopie:
Indikationen: Raumforderungen unklarer Dignität, bei denen mittels interventioneller Untersuchungsmethoden keine histologische Sicherung der Diagnose möglich ist.
Aussagewert: sehr hoch.
Komplikationsmöglichkeiten: s. SE 7.2, S. 182.
Mediastinoskopie (z. B. zur Gewinnung von vergrößerten mediastinalen Lymphknoten):
Indikationen: Lymphknotenvergrößerung im vorderen oberen Mediastinum.
Aussagewert: hoch.
Komplikationsmöglichkeiten: Verletzung von herznahen Gefäßen.

Oftmals wird erst während einer Operation die endgültige (qualitative) Diagnose mittels intraoperativen Schnellschnitts ermittelt. Auch zeigt sich oftmals erst während der Operation das (quantitative) Ausmaß der Erkrankung. Beides zusammen entscheidet dann (neben den funktionellen Reserven) darüber, ob sich eine operativ-kausale Therapie in derselben Narkose anschließen kann.

Nachsorge

Die **onkologische Nachsorge** war entwickelt worden, um in einem engmaschigen System von Kontrolluntersuchungen möglichst frühzeitig ein Rezidiv zu erkennen. Darüber hinaus dient sie noch weiteren Zielen:
funktionelle Nachsorge: Überwachung und Therapie von operationsbedingten funktionellen Defiziten wie z. B. gestörte Nahrungsaufnahme, substitutionsbedürftige Defizite, Defäkationsprobleme,
„psychologische“ Nachsorge: Die meisten Patienten fühlen sich sicher, wenn sie eine Anlaufstelle haben bei Problemen aller Art,
bedarfsgerechte Betreuung der primär palliativ operierten oder inoperablen Patienten: hier steht oft die Schmerztherapie im Vordergrund. Es sollten enge Beziehungen zu einer Palliativstation bestehen.
Das initiale Hauptziel der Nachsorge, durch eine möglichst frühzeitige Erkennung eines lokalen Rezidivs oder von Metastasen die Gesamtprognose zu verbessern, hat sich leider nur für die wenigsten Tumoren erfüllt.

Dies bedeutet, dass dem Patienten in der Nachsorge unnötige und teils belastende Kontrolluntersuchungen erspart werden sollen.

Ausnahmen sind z. B. das Kolon- und Schilddrüsenkarzinom, wo programmierte Kontrolluntersuchungen einen klaren Vorteil für die Lebensverlängerung erbracht haben. So werden die Nachuntersuchungen beim kolorektalen Karzinom in den ersten beiden Jahren nach der Operation zunächst halbjährlich durchgeführt, später jährlich. Sinn machen diese kurzen Untersuchungsintervalle bei kolorektalem Karzinom deshalb, da hier (bei einem entdeckten Rezidiv) oft noch ein kurativer Ansatz möglich ist. Ähnliches gilt für das Schlilddrüsenkarzinom, bei dem die Szintigraphie in der Nachuntersuchung eine große Rolle spielt.
Die Berechtigung zu einer schematischen onkologischen Nachsorge besteht allerdings noch immer bei **klinischen Studien**. Diese sind notwendig, um über neue Behandlungsstrategien klare Aussagen treffen zu können. Natürlich ist hierzu die Einwilligung des Patienten notwendig, auch mit dem Hinweis, dass z. B. nach Resektion eines Ösophaguskarzinoms nach bisherigem Wissenstand eine solche starre Nachsorge in Hinblick auf seine individuelle Prognose keinen Gewinn bringt.

4.11 Chirurgische Onkologie: Therapeutisches Spektrum

Die Operation ist Hauptgegenstand der chirurgischen Onkologie. Therapieziel ist die Heilung einer Tumorerkrankung durch vollständige Entfernung (kurativ) oder bei weit fortgeschrittenem Tumorleiden die Beseitigung oder Minderung von Tumorsymptomen, z. B. Schmerz (palliativ).

Vorsorge

Der **Krebsverhütung** wird heute große Bedeutung beigemessen. Sie ist möglich durch

- Vermeidung kanzerogener Stoffe (z. B. Rauchen, Genuss hochprozentigen Alkohols; s. auch **4.10**),
- zeitgerechte, meist operative Behandlung noch gutartiger Erkrankungen, sog. Präkanzerosen (z. B. familiäre Polyposis coli, Adenome oder Schleimhautveränderungen mit hochgradiger Dysplasie).

4.10 Ätiologie maligner Tumoren und Kanzerogenese

Ätiologie maligner Tumoren
Die ätiologischen Faktoren bei der Entstehung von malignen Tumoren sind größtenteils unbekannt. Gemeinsam ist allen Tumorformen die Veränderung des genetischen Materials der Zelle: die Mutation. Sie kann durch verschiedene Kanzerogene (d. h. krebsauslösende Faktoren) begünstigt oder verursacht werden. Die individuelle Empfindlichkeit gegenüber diesen Noxen scheint genetisch beeinflusst zu sein. In wenigen Fällen ist eine kausale Verknüpfung zwischen Kanzerogen und Krebs bzw. bevorzugt betroffenem Organ herzustellen:
chemische Kanzerogene:
aromatische Amine: Harnblase,
Vinylchlorid: Leber, Gehirn, Lunge,
Arsenverbindungen: Haut, Lunge, Leber,
Nickel: Nasenhöhle, Lunge,
Chromverbindungen: Lunge,
Nitrosamine: Ösophagus,
Benzol: Knochenmark,
physikalische Kanzerogene: z. B. radioaktive Bestrahlung,
Viren mit onkogenem Potential:
HTLV 1 (Retrovirus): T-Zell-Leukämie,
Ebstein-Barr-Virus: Nasopharynx-Karzinom, Burkitt-Lymphom,
Hepatitis-B/C-Virus: hepatozelluläres Karzinom,
Papilloma-Virus: Zervix-Karzinom.

Kanzerogenese
Die Entstehung der Krebserkrankung vollzieht sich in mehreren Stadien:
Initiation, Promotion: Wechselwirkung eines Karzinogens mit der zellulären DNS. Diese führt zu irreversibler Genomschädigung. Wenn jetzt keine Reparaturmechanismen eingreifen oder die Zelle von der Körperabwehr zerstört wird (Krebs entsteht also v. a. bei Versagen der Körperabwehrmechanismen!), kommt es nach individuell unterschiedlicher Latenzzeit (u. U. vielen Jahren) zu
klonaler Expansion, Progression: Aus der veränderten Zelle entstehen durch Klonung transformierte Zellhaufen, die im weiteren Verlauf zum Tumorknoten heranwachsen.
Metastasierung: Die transformierten Zellen verteilen sich nach Einbruch in Blut- oder Lymphbahn über den Körper.

4.11 Fallbeispiel: Asbestexposition und Pleuramesotheliom

Ein 57-jähriger Patient stellt sich mit trockenem, seit ca. 8 Wochen bestehendem Husten und Belastungsdyspnoe beim Hausarzt vor. Anamnese: Nie ernsthaft krank gewesen, beruflich aktiv als Heizungsmonteur, dabei auch Asbestexposition (Asbestsanierung in Schulen). Kein Fieber, Nachtschweiß seit 4 Wochen, kein Gewichtsverlust, körperliche Aktivität reduziert. Auskultatorisch: Pleurareiben, vesikuläres AG. Röntgen-Thorax: thoraxwandständige Vermehrung des Bindewebes. Labor: Leichtgradig erhöhte Entzündungsparameter (CRP 1,3 g/dl, Leukozyten 11,3 G/l). Vom Hausarzt Verdacht auf postpneumonische Pleuritis, antibiotische Behandlung. Darunter keine Verbesserung. Weitere Diagnostik: CT Thorax: Wandständige, flächenhaft der Thoraxwand anliegende Vermehrung des Pleuragewebes mit begleitendem Pleuraerguss (◉). CT-gesteuerte Punktion des Gewebes: Pleuramesotheliom.
Der Patient wird pleuropneumonektomiert, die Anerkennung zur Berufserkrankung ist beantragt.

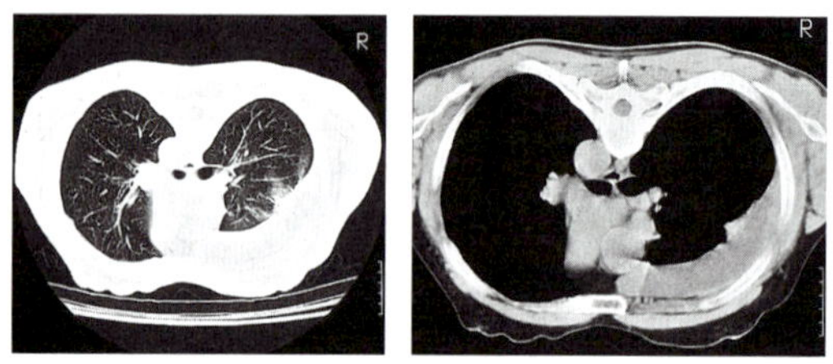

Kurative operative Behandlung

Voraussetzung für eine operative Behandlung mit kurativer Intention ist die lokale Beschränkung der Tumorgröße. Ziel ist die **radikale Resektion,** d. h. die vollständige Entfernung des Tumors mit einem sog. *Sicherheitsabstand.* Um diesen wirklich einzuhalten, ist gelegentlich während der Operation eine Schnellschnittuntersuchung erforderlich. Der Pathologe muss sich festlegen, ob der chirurgische Absetzungsrand im Gesunden liegt **(R0-Resektion)**. Der Sicherheitsabstand ist bei den verschiedenen Tumoren sehr unterschiedlich. So beträgt er beim Magenkarzinom des intestinalen Typs ungefähr 5 cm, vom diffusen Typ jedoch mindestens 8 cm. Beim Karzinom des Rektums ist lediglich ein Sicherheitsabstand von 2–3 cm notwendig und ermöglicht aus diesem Grund selbst bei tief sitzenden Rektumtumoren noch eine kontinenzerhaltende Resektion.
Zu einer kurativ durchgeführten Operation gehört die **Entfernung des entsprechenden Lymphabflussgebietes.**

Dies ermöglicht eine genaue Aussage zur Tumorausbreitung (Staging, s. SE 4.9, S. 90 f) und soll gleichzeitig ein frühes Rezidiv durch bereits befallene Lymphknoten vermeiden helfen.
Für die einzelnen Tumorerkrankungen existieren sog. Regeleingriffe, die die Grundsätze der Tumorchirurgie berücksichtigen. So soll mit der „No-touch-Isolation"-Technik (keine Berührung des Tumors mit den eigenen Handschuhen!), der tumorfernen Präparation sowie der frühen Ligatur von Gefäßen eine intraoperative Tumorzellverschleppung vermieden werden. Typische Regeleingriffe sind z. B. die tiefe anteriore Rektumresektion oder die abdominoperineale Rektumexstirpation beim Rektumkarzinom (s. SE 26.15, S. 618 f).
Das Vorhandensein von **Fernmetastasen** schließt einen kurativen Eingriff nicht in jedem Fall aus. Ist eine lokale Tumorentfernung im Gesunden möglich und besteht lediglich eine Fernmetastase in einem benachbarten Organ, ist prinzipiell eine kurative operative Therapie möglich (z. B. bei einem kolorektalen Karzinom mit einer peripher liegenden Lebermetastase).

Die **kurative** operative Behandlung eines Tumorleidens beinhaltet die radikale Resektion jeglichen Tumorgewebes mit dem geforderten Sicherheitsabstand im Gesunden.

Palliative operative Therapie

Die palliative operative Therapie bestimmter Tumorleiden hat heute in der Chirurgie einen festen Platz. Dazu zählen jedoch im engeren Sinn nicht die Operationen, die primär mit kurativem Ziel begonnen wurden und aufgrund der Ausdehnung des Tumors sich als nicht kurativ erweisen. Es sind vielmehr die Operationen, die ausschließlich symptombezogen sind und damit nicht durchgeführt werden, um eine Verlängerung der Lebenszeit zu erreichen. Der Anteil der palliativen chirurgischen Behandlungen am Gesamtkonzept palliativer Behandlungen macht knapp 10 % aus.
Unterschieden werden dabei 2 Richtungen der palliativen Operation:

- Die Operation als Dienstleistung oder **Hilfestellung zur eigentlichen geplanten Therapie**, z. B. die Implantation von Katheterverweilsystemen zur Chemotherapie (s. SE 5.8, S. 120 f).
- Die Operation mit dem Ziel der **Beseitigung von Tumorsymptomen**. In der Allgemeinchirurgie sind das z. B. Eingriffe am Gastrointestinaltrakt wie die Vorschaltung eines Anus praeternaturalis zur Verhinderung eines Ileus beim Kolonkarzinom, die gastrointestinale Umgehungsanastomose bei inoperablem Magen-Antrum-Karzinom oder die biliodigestive Anastomose bei inoperablem Pankreaskarzinom.

Die Indikationsstellung zur palliativen operativen Medizin hat streng zu erfolgen und setzt ein gutes Patient-Arzt-Verhältnis voraus. Dass die palliative Therapie nicht mit der chirurgischen Behandlung beendet ist, versteht sich von selbst.

Im weiteren Sinne beinhaltet die palliative operative Therapie die Tumorentfernung beim ausgedehnten Tumor soweit wie möglich **(R1- oder R2-Resektion)**. Diese Art der Tumorresektion kann zum Beispiel beim hepatisch metastasierten Kolonkarzinom notwendig werden, um einen Ileus zu verhindern.
Bei sehr großen Tumoren ist oftmals ein sog. **Tumordebulking**, d. h. eine Tumormassenverkleinerung, ggf. auch in mehreren Eingriffen (mehrzeitige Geschwulstentfernung) möglich bzw. nötig. Eine „Metastasenchirurgie" kann notwendig werden, wenn es zu Symptomen kommt, die ausschließlich durch die Metastasen hervorgerufen werden (z. B. Metastase im Wirbelkörper).

Der **palliative** operative Eingriff hat die Beseitigung von Tumorsymptomen zum Ziel unter Verzicht auf Radikalität.

4.12 Fallbeispiel: Kolonkarzinom

Eine 60-jährige Patientin wird mit dem Bild eines akuten Abdomens in die Chirurgische Klinik eingeliefert. Nach eigenen Angaben bestehen seit mehreren Monaten Stuhlgangsunregelmäßigkeiten. Seit 6 Tagen hätte sie nun überhaupt keinen Stuhlgang mehr. Bei der klinischen Untersuchung ist ein druckschmerzhaftes Abdomen mit klingender, spärlicher Peristaltik zu diagnostizieren. In der Röntgenaufnahme des Abdomens in Übersicht und in Linksseitenlage lassen sich Spiegel im Dickdarm und ein massiv überblähter Dünndarm erkennen. Unter dem Bild eines Ileus wird die Patientin laparotomiert. Intraoperativ findet sich ein riesiges Kolonkarzinom im Bereich der linken Flexur mit ausgeprägter Peritonealkarzinose. Der Tumor ist bereits in das Retroperitoneum links eingebrochen und infiltriert die Bauchdecken. Es erfolgt die Anlage eines doppelläufigen Anus praeternaturalis transversalis.

Multimodale Therapie

Das Zusammenspiel operativer Verfahren und **adjuvanter** (d. h. ergänzender) **Maßnahmen** wie z. B. Strahlen-, Chemo- oder Immuntherapie wird besonders in der Behandlung von fortgeschrittenen Tumoren notwendig.
Bereits *präoperativ* kann durch eine Chemo- oder Radio-Chemo-Therapie versucht werden, lokal weit fortgeschrittene Tumoren zu verkleinern und damit ein sog. „Downstaging" zu erreichen. Diese präoperative, sog. **neoadjuvante Maßnahme** wird z. B. beim fortgeschrittenen Ösophaguskarzinom angewendet. Nach einer entsprechenden Radio-Chemo-Therapie erfolgt ein Re-Staging mittels Computertomographie des Thorax und Endosonographie. Bei nachgewiesener Tumorverkleinerung kann dann die Ösophagusresektion erfolgen.
Intraoperative Verfahren wie intrakavitäre Applikation von Chemotherapeutika (Peritoneum) oder die intraoperative Strahlentherapie zur Vermeidung eines frühen lokoregionären Rezidivs haben sich in Viszeral- und Thoraxchirurgie bisher nicht bewährt.
Postoperativ kommt als **adjuvante Maßnahme** zur Verhinderung einer Generalisierung der Tumorerkrankung und zur Elimination disseminierter Tumorzellen haupt-

sächlich die Chemotherapie zum Einsatz. Gesichert ist ihre Wirkung beim lokoregionären Rezidiv und beim Kolonkarzinom nach R0-Resektion im UICC-Stadium III sowie beim Mammakarzinom (längere Überlebenszeiten).

4.7 Radio-Chemo-Therapie bei Ösophaguskarzinom

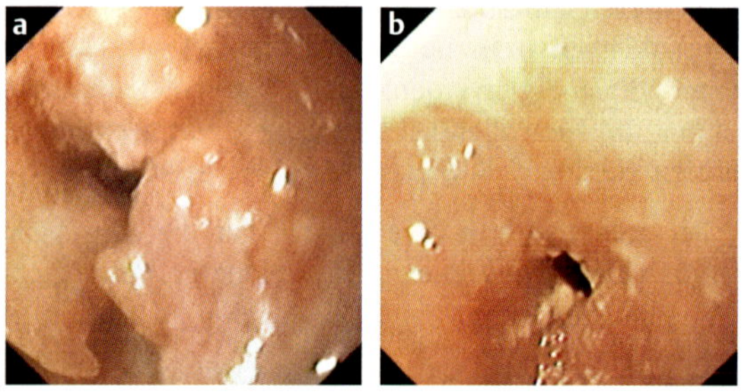

a Endoskopische Aufnahme eines T4-Ösophaguskarzinoms bei einem 48-jährigen Patienten,
b derselbe Patient, 2 Monate später nach kombinierter Radio-Chemo-Therapie; es ist eine deutliche Verkleinerung der Tumormasse erkennbar.

4.14 Strahlentherapie bei Tumoren des Verdauungstraktes

Region	Indikation
Ösophaguskarzinom	*präoperativ* im Rahmen einer neoadjuavanten Radio-Chemo-Therapie, *postoperativ* als adjuvante Therapie
Rektumkarzinom	T4-Tumoren *präoperativ* zur Verkleinerung der Tumormassen, *postoperativ* bei T3/4-Tumoren als kombinierte Radio-Chemo-Therapie
Analkarzinom	alleinige Therapie des Karzinoms, Kombination von Radio-Chemo-Therapie

4.8 Systemische Chemotherapie bei Kolonkarzinom

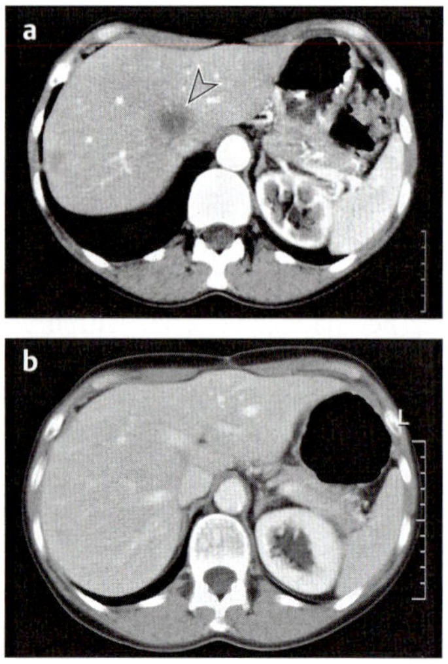

a 60-jährige Patientin mit großer Metastase eines Kolonkarzinoms in der Leber,
b dieselbe Patientin nach ½ Jahr mit mehreren Zyklen systemischer Chemotherapie: es ist kein Nachweis der Metastase mehr im CT möglich.

Durch neoadjuvante bzw. adjuvante Therapie wird die operative Behandlung besonders bei lokal fortgeschrittenen Tumoren überhaupt erst möglich bzw. entsprechend komplettiert.

Strahlentherapie

Die Strahlentherapie spielt in der Chirurgie nach wie vor eine bedeutende Rolle im Rahmen der neoadjuvanten (z. B. Ösophaguskarzinom) und adjuvanten Therapie (z. B. Rektumkarzinom) vor allem bei (lokal fortgeschrittenen) Tumoren des Verdauungstraktes (**4.14**). Hauptziel der Strahlentherapie ist die Zerstörung von möglichst vielen Tumorzellen unter Erhalt des den Tumor angrenzenden normalen Gewebes.

Chemotherapie

Wie die Strahlentherapie ist die Chemotherapie fester Bestandteil der chirurgischen Onkologie. Die Chemotherapie kann als primäre oder adjuvante Therapie im Rahmen eines kurativen Therapieansatzes durchgeführt werden. Im Rahmen einer palliativen Behandlung, also lediglich zur symptombezogenen Therapie ist vorher ein Metastasierungsnachweis zu fordern.
Um optimale Therapieergebnisse zu erhalten, sollten folgende Grundprinzipien der Polychemotherapie eingehalten werden:

- Die Chemotherapie sollte mit hoher Dosierung beginnen,
- der Zyklus sollte früh wiederholt werden, um die Wirkung sekundärer Resistenzen zu minimieren,
- Einsatz mehrerer Zytostatika mit verschiedenen Wirkmechanismen und unterschiedlichen Nebenwirkungen.

Der Erfolg einer Chemotherapie wird in entsprechenden Staginguntersuchungen nach den Chemotherapiezyklen eingeschätzt:

komplette Remission: Verschwinden aller Tumorzeichen, Kontrolle in 2 aufeinanderfolgenden Untersuchungen gefordert,

partielle Remission: Verminderung des Tumorvolumens um mindestens 50 %,

Rezidiv: Auftreten neuer Tumormanifestationen nach bereits erreichter Remission,

Progression: Zunahme der Tumormanifestation unter laufender Therapie um mindestens 25 %.

Immuntherapie

Bei der Immuntherapie werden die **spezifische** und die **unspezifische Immuntherapie** unterschieden (**4.15**). Effektorzellen der spezifischen Immuntherapie sind die zytotoxischen T-Lymphozyten, bei der unspezifischen Immuntherapie die von B-Lymphozyten gebildeten Antikörper.
Die Immuntherapie hat inzwischen einen festen Platz vor allem in der internistischen Tumortherapie. Die genauen Wirkmechanismen auf molekularer Ebene sind noch ungeklärt. Bei geplanter Immuntherapie kann ein chirurgisches Tumor-Debulking sinnvoll sein.

T 4.15 Immuntherapie

spezifische Immuntherapie	*unspezifische Immuntherapie*
• 17-IA- Antikörper beim kolorektalen Karzinom • Anti-CD20-Antikörper bei niedrigmalignen Lymphomen	• Interferon-α bei Haarzell-Leukämie • Interleukin-2 bei Melanomen, fortgeschrittenem Nierenzellkarzinom

Prognose

Die Prognose der Patienten ist abhängig von der Größe des Tumors (T1 besser als T2 usw.), vom Differenzierungsgrad (G1 besser als G2), sowie vom Vorhandensein von Metastasen. Aufgrund dieser Daten ist eine Prognoseeinschätzung bei den einzelnen Tumorentitäten für den Patienten in Abhängigkeit vom Lebensalter möglich.

4.13 Perioperative Fürsorge

Nirgendwo ist die Fürsorgepflicht seitens der behandelnden Personen (Pflegepersonal gleichermaßen wie ärztliches Personal) größer als während des stationären Aufenthaltes wegen einer Karzinomerkrankung. Es vermischen sich beim Patienten

- die seelische Belastung durch die Diagnose selbst,
- der körperlich oft schlechte Allgemeinzustand,
- oft das Gefühl des Ausgeliefertseins an eine apparativ orientierte Medizin (insb. bei aufwendigen Untersuchungen),
- die Angst vor der Operation und
- die Unsicherheit hinsichtlich des langfristigen Ergebnisses mit allen psychosozialen Konsequenzen.

Der Patient befindet sich in einer Lebenskrise, und die Angehörigen können dies oft nicht auffangen. Hilfe ist von allen Behandelnden notwendig. Hierfür wird Zeit benötigt. Die wird aber sowohl bei Pflegepersonal als auch bei Ärzten in einer Zeit zunehmender Budgetierung und Ökonomisierung des Krankenhauswesens immer knapper.

Bei großen und schwierigen Krebserkrankungen vermischen sich während der präoperativen Tage verschiedene Elemente:

Präoperative Komplettierung der Diagnostik:

Im Mittelpunkt stehen

- die meist technisch orientierten Untersuchungen zum Staging der Krebserkrankung (lokale Operabilität? Sinnhaftigkeit einer Operation?) und
- die Untersuchungen zur allgemeinen Belastbarkeit des Patienten (allgemeine Operabilität? präoperative Verbesserbarkeit von Nebenerkrankungen an Herz, Lunge, Niere, Diabetes mellitus, arterieller Hochdruck usw.?). Hier müssen konsiliarisch tätige Ärzte einbezogen werden.

Präoperative Verbesserung des Allgemeinzustandes

Die wichtigsten Aspekte sind hierbei

- Verbesserung des Flüssigkeitshaushaltes und des Ernährungszustandes: s. SE 5.3, S. 106 f. Energiebedarf eines Tumorpatienten:
  - anaboler Bedarf 45-50 kcal/kg/die,
  - Flüssigkeitsbedarf 30 ml/kg/die.
- Bei Anämie Bluttransfusion, zur Therapie von Gerinnungsstörungen s. SE 5.4.
- Behandlung der Koerkrankungen, oft in Zusammenarbeit mit dem Anästhesisten (z. B. Schmerztherapie s. SE 7.7, S. 200 f und SE 7.8, S. 202 f).
- Physikalische Therapie, insb. Atemgymnastik: s. SE 5.13, S. 132 ff. Der Patient muss vor einem großen Eingriff gelernt haben, wie er postoperativ, dann unter schwierigeren Bedingungen, gut atmen und aushusten kann!
- Eigentliche Aufklärung: Natürlich müssen alle möglichen Komplikationen und Risiken besprochen sein: Je besser ein Patient präoperativ die Notwendigkeit und Sinnhaftigkeit aller Maßnahmen verstanden hat, auch wenn sie funktionelle Defizite bedingen, desto eher wird er ihnen zustimmen, und das Vertrauensverhältnis kann trotz einer manchmal kaum zumutbaren „forensischen Aufklärung" weiterbestehen. Je älter ein Patient ist, umso mehr Zeit braucht man hierzu, aber nur in einem solchen Vertrauensverhältnis können große therapeutische Konzepte aufgebaut werden.

Postoperative Fürsorge: Ein großer Teil der schon präoperativ durchgeführten Maßnahmen setzt sich postoperativ kontinuierlich fort. Einige neue Elemente kommen aber hinzu. Die wichtigsten sind:

Der Patient muss *neue Personen kennen lernen*, insb. wenn er auf Intensiv- oder Wachstation verlegt werden muss. Für ältere Patienten ist dies eine große Problematik. Manchmal ist es gut, diese Räumlichkeiten und die Personen schon präoperativ zu zeigen.

Die *Schmerztherapie* kann nicht ernst genug genommen werden (s. SE 7.7, S. 200 f).

! Wenn ein Patient postoperativ Schmerzen hat, ist er nicht ausreichend behandelt.

Schmerzen verschlechtern nicht nur als solche die Lebensqualität, sondern sie bedingen häufig schwere Komplikationen: wegen schlechten Durchatmens und ungenügenden Abhustens kommt es häufig zu Pneumonien, oder Miktion und Defäktion sind erschwert bis unmöglich.

Eine *möglichst rasche Mobilisierung* ist zwar personalintensiv, steht aber für das Selbstvertrauen und für eine Menge körperlicher und psychischer Phänomene an oberster Stelle.

Noch im Krankenhaus wird, wenn notwendig, eine *Anschlussheilbehandlung (AHB) eingeleitet*. Die Sozialfürsorger organisieren dies in Absprache mit dem Patienten, dem Pflegepersonal, den Ärzten und den Angehörigen. Während dieser AHB-Maßnahme stehen krankengymnastische, diätetische und allgemein vitalitätsfördernde Maßnahmen im Vordergrund. Dies umfasst z. B. das Erlernen des Umgangs mit Hilfsmitteln wie Urostoma oder Kolostoma, die Inkontinenzbewältigung, Versorgung mit Brustprothesen oder auch die Sexualberatung.

4.12 Allgemeine Transplantationsmedizin

Die Transplantation von Herz, Lunge, Leber, Niere, Darm oder Bauchspeicheldrüse bedeutet für viele Patienten eine Überlebenschance oder Verbesserung der Lebensqualität. Bei der Übertragung von Organen und Geweben ist das Verständnis für die Immunologie von übergeordneter Bedeutung. Die Erfolgsaussichten und das Transplantatüberleben werden entscheidend beeinflusst von der Qualität des Spenderorgans und von Abstoßungsepisoden und deren Behandlung durch Immunsuppressiva. Zu den rechtlichen Grundlagen s. SE 8.3, S. 210 f, die einzelnen Transplantationen werden in den Organkapiteln beschrieben: Leber s. SE 22.7, S. 524 f, Pankreas s. SE 25.7, S. 574 f, Herz s. SE 35.12, S. 798 f, Niere s. SE 39.6, S. 868 f.

Definitionen

Unter **Transplantation** (Tx) versteht man die Übertragung von (lebenden) Zellen, Geweben und Organen (Transplantaten) in einen lebenden Organismus. Zu den verschiedenen Formen s. T **4.16**.

> **4.14 Transplantierte Gewebe**
>
> Die Transplantation von Kornea und Gehörknöchelchen von Mensch zu Mensch ist heute Routine, die Übertragung von Niere, Leber, Pankreas, Herz und Lungen (teils in Kombination) oder die Knochenmarktransplantation als klinisches Behandlungsverfahren anerkannt. Die Transplantation von Dünndarm und/oder Multiviszeraltransplantation befindet sich noch im Experimentier- und Entwicklungsstadium.

Organgewinnung und -konservierung

Organgewinnung: Eine Altersbegrenzung für die Organspende gibt es prinzipiell nicht, jedoch bestehen folgende Einschränkungen:

- Malignome (Ausnahme: bestimmte Hirntumoren),
- generalisierte Infektionen, HIV-Infektion, Sepsis,
- Drogenmissbrauch in der Anamnese,
- akute Hepatitis-B-Infektion,
- prolongierter Schock,
- fehlendes Einverständnis bzw. Beschränkung des Einverständnisses auf einzelne Organe.

Bei der enormen Bedeutung der Transplantation von Herz, Lunge und Leber als meist alleinige lebensrettende Therapie muss grundsätzlich eine Mehrorganentnahme angestrebt werden.

> **4.15 Prinzipien der Organentnahme**
>
> Bei der **In-situ-Präparation** (konventionelle Technik) werden nach Eröffnung von Brustkorb und Bauchraum nach vorbereitender Präparation und Prüfung der Organe durch Inspektion und Palpation die thorakalen und abdominellen Organe über Aorta und V. portae mit 4 Grad kalter Lösung perfundiert. Gleichzeitig erfolgt eine äußere Kühlung der Organe mit eiskalter Ringer-Lösung. Es folgt die gestaffelte Entnahme der einzelnen Organe.
> Bei der **En-bloc-Organentnahme** werden Leber und Pankreas erst nach Entnahme getrennt. Der Vorteil liegt in der Zeitersparnis und schnelleren Kühlung.

Organkonservierung: Eine lang anhaltende Ischämie durch hormonelle Dysregulation (Hirntod) und Hypotension beim Organspender führen rasch durch Sauerstoff- und Substratmangel zum Zell- und Organtod (zur Konditionierung von Organspendern s. **7.14**, S. 199). Daher ist zur Vermeidung einer Organschädigung intraoperativ eine Reduktion der energieverbrauchenden und azidosefördernden Stoffwechselvorgänge (durch Hypothermie) sowie eine Pufferung bzw. ein Abtransport der schädlichen Stoffwechselprodukte (durch Perfusion mit u. g. Lösungen) wichtig. Darüber hinaus sollen die Gefäße möglichst frei von Blutbestandteilen sein.
Ziel der Organperfusion ist die Vermeidung des interstitiellen (extrazellulären) und des zellulären Ödems, Verhütung einer intrazellulären Azidose, Schutz vor O_2-Radikalen und die Regeneration des zellulären Energiehaushalts. Die Zusammensetzung der Perfusionslösungen (z. B. UW-Belzer-, HTK-Bretschneider- oder Euro-Collins-Lösung) ähnelt der extrazellulären Flüssigkeit.

T 4.16 Verschiedene Formen der Transplantation

Bezeichnung	*Definition: Transplantation...*	*Erfolgsaussichten*
Autotransplantation (Autograft, autogen)	innerhalb eines Individuums von einem Ort zum andern (z. B. Hauttransplantation)	dauerhafte Transplantateinheilung, keine Abstoßung
Isotransplantation (Isograft, isogen)	zwischen genetisch identischen Individuen (eineiigen Zwillingen)	dauerhafte Transplantateinheilung, keine Abstoßung
Allotransplantation (Allograft, allogen)	zwischen genetisch verschiedenen Individuen der gleichen Spezies (z. B. von einem Menschen auf einen anderen Menschen)	dauerhafte Akzeptanz unter einer an das jeweilige Organ angepassten Immunsuppression möglich
Xenotransplantation (Xenograft, xenogen)	zwischen Individuen verschiedener Spezies (z. B. tierische Haut oder Organe auf einen Menschen)	wegen erheblicher Abstoßungsreaktionen ist eine dauerhafte Einheilung nicht zu erwarten

Durch die gleichzeitige Kühlung der Organe auf 4–8 °C lässt sich die Ischämietoleranz deutlich erhöhen. Sie beträgt für

- das Herz 2–4 Stunden,
- die Lunge 6–8 Stunden,
- Leber und Pankreas 12–20 Stunden,
- Nieren 48 Stunden (und länger).

Immunologie bei allogener Transplantation

Jede Übertragung von genetisch verschiedenen Geweben führt zu einer Immunreaktion. Besondere Bedeutung kommt dabei neben dem **AB0-Blutgruppensystem** dem **Human-Leukocyte-Antigen-(HLA-)System** zu, wobei die Zusammenhänge nicht endgültig geklärt sind. Die Gewichtung ist je nach Organ unterschiedlich: Der Einfluss des AB0-Systems ist z. B. bei der Leber viel geringer als bei Herz und Niere (bei AB0-Inkompatibilität sinkt die 1-Jahres-Erfolgsrate der Nierentransplantation um 30 %). Die auf der Oberfläche kernhaltiger Zellen lokalisierten HLA-Antigene sind die primären Auslöser und Ziele der immunologischen Abwehrreaktionen gegen Transplantate. HLA-Klasse-I-Antigene (A, B, C) finden sich auf den meisten Zellen, Klasse-II-Antigene (DR, DQ, DP, DRw) überwiegend auf Zellen des lymphoretikulären Systems. Wegen fehlender Oberflächenantigene auf den Geweben ist die Transplantation von Hornhaut und Knochen ohne Immunsuppression möglich.

Abstoßung

Es muss die hyperakute, akute und chronische Abstoßung unterschieden werden, die prinzipiell vom Empfänger, aber auch vom Transplantat selbst ausgehen kann. Im ersten Fall erkennt der Empfänger das Transplantat als fremd und zerstört es (*Host versus graft reaction*), während im anderen Fall (v. a. Darm) das Transplantat (mit genügend immunkompetenten Zellen) den Wirt als fremd erkennt (*Graft versus host reaction*):

Die **hyperakute Abstoßung** kennzeichnet eine wenige Minuten bis Stunden nach einer Transplantation auftretende, durch humorale Antikörper vermittelte Reaktion. Ursache hierfür kann eine nicht erkannte Sensibilisierung des Empfängers gegen fremde Histokompatibilitätsantigene bereits vor der Transplantation oder auch eine AB0-Inkompatibilität zwischen Spender und Empfänger sein. Die hyperakute Abstoßung ist in der Regel irreversibel und führt zum raschen Transplantatverlust.

Eine **akute, zelluläre Abstoßung** unter Beteiligung von Makrophagen und aktivierten Lymphozyten kommt bei der Mehrzahl aller transplantierten Patienten ein- bis mehrmals vor. Sie tritt meist in der Sensibilisierungsphase einige Tage bis Wochen nach der Transplantation auf und ist nach Diagnosestellung, im Regelfall durch eine Biopsie, durch Steigerung oder Änderung der Immunsuppression gut beherrschbar. Bei Versagen der Abstoßungstherapie kommt es im Verlauf häufig zum Organversagen.

Die **chronische Transplantatabstoßung** ist gekennzeichnet durch eine langsam fortschreitende Organfunktionsstörung, ausgelöst durch humorale und zelluläre Abstoßungsmechanismen. Die genaue Ursache ist letztendlich noch unklar, eine Beeinflussung durch Änderung der Immunsuppression sehr gering. Histopathologisch stehen vaskuläre Veränderungen im Vordergrund; sie führen oftmals zur Retransplantation.

Immunsuppression

Heute stehen eine Vielzahl immunsuppressiver Medikamente zur Verfügung. Zu den **Basisimmunsuppressiva** zählen: *Ciclosporin A* (z. B. Sandimmun Optoral) blockiert die durch Interleukin 2 (IL 2) induzierte Lymphozytenproliferation, *Tacrolimus* (z. B. Prograf) bewirkt in ähnlicher Weise die T-Zellaktivierung, *Azathioprin* (z. B. Imurek) führt über eine Drosselung der Purinsynthese (DNA und RNA) zur Verzögerung der Lymphozytenproliferation, *Corticosteroide* wirken allgemein entzündungshemmend und immunsuppressiv durch Suppression der Interleukin 1-(IL 1-) Produktion, *Mycophenolat Mofetil* (z. B. Cellcept) hemmt die B- und T-Lymphozyten durch Blockierung der De-novo-Purinnukleotidsynthese.

Zur Therapie steroidresistenter Abstoßungsreaktionen oder bei hohem immunologischen Abstoßungsrisiko stehen zur **Induktionstherapie** (Anfangsphase einer Transplantation) polyklonale Antikörper wie Anti-T-Lymphozyten-Globulin (ATG) oder Anti-CD3-Antikörper (OKT3) sowie monoklonale Antikörper gegen den IL 2-Rezeptor wie Basiliximab (z. B. Simulect) und Daclizumab (z. B. Zenapax) zur Verfügung.

In Abhängigkeit vom transplantierten Organ und der Immunsuppression muss mit folgenden **Komplikationen** und **Nebenwirkungen** in unterschiedlicher Ausprägung gerechnet werden:

- erhöhtes Infektionsrisiko,
- erhöhtes Tumorrisiko,
- gastrointestinale Probleme,
- Nephrotoxizität,
- Neurotoxizität,
- psychiatrische Komplikationen,
- Stoffwechselstörungen (z. B. Diabetes mellitus),
- arterielle Hypertonie,
- Katarakt,
- Gingivahyperplasie.

> **4.16 Allgemeine Ergebnisse**
>
> Eine bessere Auswahl der Patienten, eine bessere Intensivmedizin und verfeinerte Operationsmethoden haben das Überleben von Patienten und die Funktionsraten der verschiedenen Organe in den letzten zehn Jahren sprunghaft ansteigen lassen. So überleben heute je nach Organ und Erfahrung des einzelnen Transplantationszentrums ca. 70–90 % der Patienten 1 Jahr bzw. 40–75 % 5 Jahre. Die Funktionsraten liegen dabei im gleichen Zeitraum für die meisten Organe nur unwesentlich darunter. Die Lebenserwartung der Patienten ist mit der Gesunder durchaus vergleichbar, die Lebensqualität meistens besser als vor der Transplantation.

5.1 Indikationsstellung zur Operation

Die Sinnhaftigkeit eines operativen Eingriffes, d. h. die Indikation zum operativen Eingriff ergibt sich ganz allgemein aus zwei gegenläufigen Erkenntnisprozessen: auf der einen Seite der Erfolg bzw. das Risiko nicht-operativer Therapieverfahren (manchmal auch nur die Beobachtung des Spontanverlaufs) und auf der anderen Seite der Erfolg und das mittels einer möglichst guten Risikoevaluation eingeschätzte Gesamtrisiko des operativen Eingriffs. Nur eine nachvollziehbare Risiko-Nutzen-Abwägung (unter besonderer Berücksichtigung des Einzelrisikos) berechtigt den Chirurgen zu einem operativen Eingriff.

Es gibt eine Menge definierter Indikationsbegriffe zu Form und Zeitpunkt einer Operation: Diese sind mit Beispielen in T 5.1 aufgeführt.

Da es bei jeder noch so kleinen Operation auch beim gesunden Menschen (im allerdings sehr seltenen Einzelfall) auch einmal größte Komplikationen und ein Versterben geben kann, stellen Sie niemals leichtfertig eine Indikation! Der größte Chirurg ist jener, der eine Operation als nicht indiziert ansieht.

Indikationsformen

Prophylaktische/diagnostische/therapeutische Indikation

Ein **prophylaktisch** durchgeführter Eingriff soll einen evtl. oder wahrscheinlich eintretenden Schaden verhindern. Dabei hatte die Erkrankung das Symptom bzw. den Schaden, wegen dessen Verhinderung man operiert, bisher nicht verursacht.
Ein **diagnostischer** Eingriff dient nicht zur zeitgleichen Therapie der Grunderkrankung, sondern nur zur Erkennung von Art und Ausmaß.
Bei einer **therapeutischen** Indikation ist die zugrundeliegende Erkrankung bereits symptomatisch oder die Schwere der Diagnose verlangt eine Therapie.

Absolute/relative Indikation

Absolut ist die Indikation dann, wenn die Operation das einzige Heilverfahren ist, durch das die Erkrankung sinnvollerweise behandelt werden kann.
Bei einer **relativen** Indikation ist eine Behandlung durch Operation möglich, es existieren jedoch auch andere Therapieformen, die möglicherweise ebenbürtig sind. Oft kann eine Behandlung bei fehlendem Leidensdruck auch unterbleiben. Da der Eingriff nicht absolut notwendig ist, sollte auch in der Aufklärung detailliert auf alle Komplikationsmöglichkeiten eingegangen werden und das Operationsrisiko sorgfältig gegen den angestrebten Operationserfolg abgewogen werden.

Soziale/medizinische Indikation

Eine **soziale** Indikation liegt dann vor, wenn mittels einer Operation die (Re-)Integration eines Patienten in sein soziales Umfeld erreicht werden kann. Hier überschneiden sich die Grenzbereiche der sozialen und der kosmetischen Indikation (s. u.). Oft entscheidet hier der Medizinische Dienst der Kostenträger, ob die Kosten des Eingriffes von den Kassen übernommen werden (z. B. Resektion einer Fettschürze nach Gewichtsabnahme). Verursacht dieselbe Fettschürze jedoch chronische Hautinfektionen (feuchte Kammer in der Hautfalte) oder Wirbelsäulenprobleme, dann kann sie aus **medizinischer** Indikation (ohne Zwischenschaltung des MdK) operiert werden, und die Krankenkasse muss die Kosten für die Behandlung übernehmen.

Kosmetische Indikation

Eine Operation aus kosmetischer Indikation hat keine medizinische Dringlichkeit, sondern beruht meist allein auf dem Wunsch des Patienten, eine Veränderung seines Äußeren zu erreichen. Die Anforderungen an die präoperative Aufklärung über bestehende Risiken sind daher besonders hoch zu stellen.

Fließende Grenzen zur sozialen bzw. medizinischen Indikation bestehen im Falle einer Operation zur Korrektur von angeborenen oder erworbenen Deformitäten, da hierdurch das psychische Wohlbefinden eines Patienten stark beeinträchtigt sein kann.

Operationszeitpunkt

Elektive Operationen sind Wahleingriffe ohne wesentliche Dringlichkeit. Da der Zeitpunkt der Operation weitgehend variabel ist, besteht die Möglichkeit, das Operationsrisiko für den Patienten durch gezielte Maßnahmen zu senken, z. B. körperliches Training, Gewichtsabnahme, Eigenblutspende usw.
Frühzeitig durchgeführte Operationen haben ihren Stellenwert, wenn die stationäre Aufnahme wegen einer akuten Komplikation erfolgt war, dann aber eine kurzzeitige gezielte Vorbereitung auf den notwendigen operativen Eingriff von Vorteil ist.
Die **notfallmäßige** oder vitale Indikation bedingt einen unaufschiebbaren sofortigen operativen Eingriff bei Vorliegen einer akut lebensbedrohlichen Erkrankung. Die Operationsvorbereitung oder Patientenaufklärung muss auf das absolut notwendige Maß reduziert werden.

T 5.1 Beispiele für verschiedene Indikationsformen

Indikation	*Beispiele*
prophylaktisch	Kolektomie bei Polyposis coli (Entartungsrisiko), Kavaschirm bei drohender Lungenembolie, A.-carotis-Desobliteration im asymptomatischen Stadium I, Resektion eines asymptomatischen infrarenalen Aneurysmas
diagnostisch	Mediastinoskopie mit Lymphknoten-PE, Laparoskopie zum Ausschluss einer Peritonealkarzinose, Muskel-PE bei unklarer (neurologischer?) Muskelerkrankung
therapeutisch	transitorische ischämische Attacke (TIA) bei A.-carotis-Stenose, schmerzhaftes Aortenaneurysma, noch „asymptomatisches" Kolonkarzinom
absolut	diffuse Peritonitis aufgrund Hohlorganperforation, mechanischer Ileus, perforiertes Aortenaneurysma
relativ	Cholezystektomie bei unkomplizierter Cholezystolithiasis, Narbenbruch mit breiter Bruchpforte, Varikosis der Beine ohne postthrombotisches Syndrom
sozial	Operationen an der Körperoberfläche mit dadurch erhoffter sozialer Reintegration, Wiederherstellung der Arbeitsfähigkeit
medizinisch	Mamma-Reduktionsplastik bei Wirbelsäulenproblemen, Korrektur entstellender oder zu Funktionseinbußen führender Narben und Defekte
kosmetisch	Anti-Aging-Chirurgie, Fettabsaugung an „Problemzonen"
elektiv	Herniotomie, Endoprothetik, Strumaresektion
frühzeitig	akute Cholezystitis: 1–2 Tage konservative Therapie, dann Operation, akute Sigmadivertikulitis: 1 Woche konservative Therapie, dann Operation
notfallmäßig, vital	rupturiertes Aortenaneurysma, inkarzerierte Hernie, akute Peritonitis („akuter Bauch"), akuter Gefäßverschluss, Fraktur mit Gefäßverschluss

Inoperabilität

Operabilität bzw. Inoperabilität dürfen in aller Regel nur vom Chirurgen und nicht im Vorfeld von konservativen Fachdisziplinen festgestellt werden. Insb. die Beurteilung der allgemeinen und funktionellen Operabilität gründet sich ganz besonders auf eine jahrelange und dadurch kompetente chirurgische Erfahrung.

Lokale/allgemeine/funktionelle Inoperabilität

Diese drei Begriffe haben bei schwierigen und komplexen Situationen einen hohen Stellenwert. Die Summe der apparativen Diagnostik, aber auch die klinische Erfahrung gehen in die präoperative Erkennung einer Inoperabilität ein.

Bei der **lokalen Inoperabilität** handelt es sich meist um weit fortgeschrittene Malignome: Es ist dann technisch nicht mehr möglich, den gesamten Tumor zu entfernen. Oft entscheidet sich dies aber erst während einer Operation. Seltener gibt es aber auch einmal benigne Erkrankungen, die nicht operabel sind: z. B. Dünndarmleckagen bei „offenem" Abdomen (s. SE 26.5, S. 593) und/oder Peritonitis fibroplastica. Hier hilft nur ein monatelanges Abwarten, bis sich die Lokalsituation gebessert hat und die notwendige Folgeoperation mit einem vernünftigen Risiko durchgeführt werden kann.

Eine **allgemeine Inoperabilität** liegt vor, wenn die Summe nicht verbesserbarer Begleiterkrankungen (fortgeschrittene Multimorbidität) oder z. B. eine schwerste, nicht therapierbare koronare Herzkrankheit eine eigentlich notwendige Operation einschließlich Narkose nicht zulassen. Oft wird auch die mentale Compliance, die bei größeren Operationen und sich anschließender Intensivtherapie eine absolute Voraussetzung ist, unterschätzt. Hier bestehen auch fließende Grenzen hin zur Chirurgie im hohen Alter, insb. wenn es sich um hilflose, pflegebedürftige und sozial nicht mehr orientierte Menschen handelt (s. auch SE 5.2, Karnofsky-Index).

Eine **funktionelle Inoperabilität** liegt vor, wenn z. B. wegen eines Tumors ausgedehnte Organresektionen notwendig wären, es aber dann postoperativ zu einer (letalen) Organinsuffizienz käme. Typische Beispiele hierfür sind:

- Muss ein gesamter Lungenflügel entfernt werden (z. B. wegen eines zentral sitzenden Bronchialkarzinoms), so muss die Kapazität des verbleibenden Lungengewebes zur Oxygenierung ausreichen. Dies ist möglicherweise bei einem vorgeschädigten Organ nicht der Fall.
- Lebergewebe hat normalerweise eine hohe Fähigkeit zur Regeneration, sodass ausgedehnte Resektionen möglich sind. Liegt jedoch eine Leberzirrhose vor, können auch kleinere Resektionen bei der bestehenden Grenzkompensation in eine Organinsuffizienz münden.

Funktionstests können helfen, dieses Risiko abzuschätzen: Oftmals ist es aber doch nur die Erfahrung, sich für das operative oder nicht operative Verfahren entscheiden zu müssen. In diesen Situationen sind aber auch der Wille und die Compliance des Patienten gefragt.

5.1 Machbarkeit und Zumutbarkeit einer Operation

„Machbar" ist vieles, so auch in der Chirurgie. Modernste Operationstechniken, Apparate, Intensivtherapie und konventionelle Basistherapie erlauben eine immer weitere Verschiebung der operativen Indikationsstellung. Dies ist ein Fortschritt, den die Gesellschaft auch einfordert:

! Es ist nicht inhuman, Apparate, auch in Vielzahl, zu benützen, sondern es ist inhuman, sie, wenn sie denn helfen können, nicht zu benützen.

Die Grenze der **Zumutbarkeit** zu erkennen, ist die wohl höchste ärztliche Leistung. Folgende Parameter gehen beispielhaft in diese Entscheidungsfindung ein:

- die Einschätzung des postoperativen Letalitätsrisikos,
- die Einschätzung der zu erwartenden postoperativen Lebensqualität,
- die Beurteilung, ob eine Intensivtherapie bei sich verschlechternder Tendenz noch zielführend sein kann,
- der Respekt vor dem hohen Alter mit einer dann oft immanenten und signifikanten Vitalitätseinschränkung,
- das Endstadium einer in überschaubarer Zeit unabdingbar zu Tode führenden Erkrankung und
- allgemeine gesellschaftliche Grundüberzeugungen.

Obligate Voruntersuchungen

Vor einer jeden Indikationsstellung sind verpflichtend Anamnese und gründlicher klinischer Befund zu erheben; mitgebrachte Befunde müssen kritisch ausgewertet werden. Alle weitergehenden Untersuchungen (abgesehen von jenen Untersuchungen, die den Krankheitsbefund abklären,) sind fakultativ und hängen von den Einzelumständen ab. Es können drei Gruppen unterschieden werden:

- der gesunde Patient in jüngeren Jahren (ASA I) mit einer monosymptomatischen Erkrankung (Beispiele: Verdacht auf Meniskusschaden mit Empfehlung einer Knie-Arthroskopie, Leistenhernie, Bein-Varikosis): Hier sind heute (in Abstimmung mit der Anästhesiologischen Gesellschaft) keine weiteren Voruntersuchungen notwendig (weder EKG noch Röntgen-Thorax noch Labor, ggf. jedoch Gerinnung und Thrombozyten bei geplanter rückenmarksnaher Anästhesie);
- der bis zu 60-jährige Patient (ASA I/II) mit einer monosymptomatischen Erkrankung und fehlenden Nebenerkrankungen (Beispiele: Cholezystolithiasis, Hallux valgus) braucht insb. aus anästhesiologischer Hinsicht ebenfalls kein EKG, keinen Röntgen-Thorax, jedoch aus gemischt chirurgisch-anästhesiologischer Sicht ein mehr oder weniger „kleines Labor", insb. Blutbild, Gerinnung und Elektrolyte; im Hinblick auf häufig verschwiegene oder unbeachtete Gewohnheiten empfehlen sich zusätzlich Kalium (Diuretika, Abführmittel!), Serum-GOT, -GPT, γ-GT und alkalische Phosphatase (Leberschädigungen aller Art, insb. bei Risikogruppen). Dort, wo bestimmte Laborwerte automatisiert erhoben werden, kann dies den Ablauf der präoperativen Befunderhebung erleichtern und die Verweildauer verkürzen: Dies kann damit wirtschaftlicher sein, auch wenn diese Untersuchungen im Einzelfall entbehrlich gewesen wären.
- der komplex oder schwer erkrankte Patient braucht natürlich aus gemischt chirurgisch-anästhesiologischer Sicht die gesamte Palette präoperativer Untersuchungen.

! Üblicherweise wird vor einer geplanten Operation zu viel untersucht. Die Einsicht, dass auch weniger genügt, setzt sich nur langsam durch.

5.2 Präoperative Risikoevaluation

Die heute zur Verfügung stehenden operativen Techniken ermöglichen die Durchführung zunehmend ausgedehnterer Eingriffe und haben das operative Spektrum deutlich erweitert. Gleichzeitig steigt das Durchschnittsalter der Patienten und damit auch deren Morbidität. Eine möglichst exakte präoperative Einschätzung des Operationsrisikos, ggf. die Verbesserung bestehender Probleme (s. folgende SE 5.1), ein auf die Situation abgestimmtes Operationsverfahren und die Anwendung bestmöglicher operativ-anästhesiologisch-intensivmedizinischer Techniken tragen wesentlich zur Minimierung der postoperativen Komplikationen bei.

Risikoevaluation

Das operative Gesamtrisiko umfasst drei ganz unterschiedliche Ebenen:

- das Letalitätsrisiko,
- die (reversible) Komplikationsrate und
- die langfristige Morbidität (oft mit spezifischen Funktionseinschränkungen einhergehend).

Diese drei Ebenen müssen bei der chirurgischen Entscheidungsfindung und im Gespräch mit dem Patienten (s. SE 8.2, S. 206 f) einzeln angesprochen werden.
Während bei einer Cholezystektomie oder einer Leistenhernienreparation eigentlich nur die reversible Komplikationsrate interessiert, sieht das bei einer Ösophagektomie mit zervikalem Magenhochzug wegen Ösophaguskarzinom natürlich ganz anders aus. Dennoch müssen bei jeder geplanten Operation die in das Gesamtrisiko eingehenden Einflussgrößen einzeln abgecheckt werden. Diesen Vorgang des Abcheckens nennt man Risikoevaluation.

> Der erfahrene Chirurg nimmt eine Risikoevaluation oft sehr rasch und unbemerkt vor. Er hat es aber auch nur dadurch gelernt, dass er früher alle Einflussgrößen einzeln abgefragt und bewertet hat.

Es gibt zumindest fünf wesentliche Einflussgrößen:
Physiologische Altersveränderungen (T 5.2): Sie sind vorhanden, obwohl ein Patient „gesund" erscheint. Für alle Organbeispiele gilt, dass die funktionellen Antworten auf eine Belastungssituation eingeschränkt sind (eingeschränkte Leistungsreserve).
Psychosoziale Aspekte: s. SE 1.8, S. 18 ff.
Nebenerkrankungen: Die mögliche Summe von Nebenerkrankungen ist uferlos. Die wichtigsten umfassen kardiovaskuläre, pulmonale, endokrinologische, neurologische, hepatische, renale, immunologische, infektiologische, psychiatrische, hämostaseologische und maligne Erkrankungen. Oft werden Nebenerkrankungen erst im Rahmen einer präoperativen Abklärung erkannt: Dies unterstreicht die Wichtigkeit von Anamnese, klinischem Befund und Interpretation laborchemisch und apparativ erhaltener Daten. Natürlich müssen Nebenerkrankungen mit fehlendem oder geringem Einfluss auf das Gesamtrisiko unterschieden werden von jenen, die einen signifikanten Einfluss haben. Dabei werden neurologische (z. B. Morbus Parkinson) und psychiatrische Nebenerkrankungen (z. B. Depression) in ihrer Wertigkeit häufig unterschätzt.
Besteht präoperativ der Verdacht auf eine eingeschränkte Organfunktion, so helfen Funktionsuntersuchungen wie Belastungs-EKG, Echokardiographie (s. auch T 4.5, S. 74), Lungenfunktionsuntersuchung, Kreatinin-Clearance usw., den Grad der Funktionseinschränkung zu evaluieren.
Bestehen präoperativ Unklarheiten bezüglich der Belastbarkeit eines Patienten oder ist eine verbesserte medikamentöse Einstellung notwendig, sollten großzügig ent-

T 5.2 Physiologische Altersveränderungen

Organ	
Lunge	Altersemphysem und Thoraxrigidität führt zu verminderter FEV 1 und vergrößertem Rechts-Links-Shunt; *aber:* limitierend für die O_2-Transportkapazität ist die kardiovaskuläre Reserve, nicht die O_2-Aufnahme
Herz, Kreislauf	Verlust von bis zu 90 % der Zellen des Sinusknotens, Vermehrung kollagener Fasern im Reizleitungssystem (AV-Block), Verdickung und Kalzifizierung von Herzklappen, verminderte Wirkung von Katecholaminen am Herzen, Verminderung der Elastizität der großen Gefäße
Niere	Verlust von Nephronen (ab 70. Lebensjahr ca. 30 %) führt zu Verminderung von Kreatinin-Clearance und Ausscheidung von K^+ und H^+, erhöhtes Risiko für eine Schädigung durch Ischämie
Blut- und Immunsystem	Volumenreduktion von Knochenmark, Milz und Leber führt zu verminderter zellvermittelter Immunität (T-Zell-Abnahme) und verminderter humoraler Immunität (B-Zell-Abnahme), verminderte Makrophagenaktivität, *damit insgesamt*: verminderte Antwort auf Stress und Infektion

sprechende Fachärzte konsiliarisch zu Rate gezogen werden (s. SE 4.1 ff, S. 66 ff). Häufige Fragestellungen betreffen das Herz-Kreislauf-System (z. B. Vorliegen und Ausmaß einer KHK, Behandlung einer arteriellen Hypertonie), die Verbesserung einer Lungenfunktionsstörung usw.

Vorbestehende Dysfunktionen mehrerer anderer Organe erhöhen das Operationsrisiko exponentiell.

Haupterkrankung: Fortgeschrittenes Stadium und eingetretene Komplikationen der Haupterkrankung beeinflussen selbstverständlich auch das Gesamtrisiko.

Spezifisches Risiko des operativen Vorgehens: Jede Operation hat spezifische örtliche und allgemeine Komplikationsrisiken (z. B. Nerven- und Gefäßverletzung, Nahtinsuffizienz, Nachblutung, Infektion, Pneumonie, Thrombosen). Die Häufigkeit, mit welcher solche Komplikationen auftreten, nennt man Komplikationsrate. Schwere Komplikationen können zum Tod führen: Letalitätsrate. Daneben gibt es operationsbedingte langfristige Funktionseinschränkungen, die die Lebensqualität deutlich beeinflussen können: z. B. gestörte Nahrungsaufnahme nach Magenhochzug oder nach Whipple-Operation, Diarrhö nach Gastrektomie oder Dyspnoe nach Pneumonektomie.

Oft sind die 5 Einflussgrößen nicht klar voneinander zu trennen, da sie sich bei vielen Erkrankungen gegenseitig beeinflussen.

Score-Systeme

Definition: Score ist eine Bewertungsziffer, die mittels eines Punktekatalogs aus mehreren Einzelwerten berechnet wird.

Score-Systeme beziehen sich meist auf einzelne Organsysteme und werden bei den jeweiligen Erkrankungen beschrieben (z. B. Leberzirrhose: Child-Pugh-Score s. SE 22.5, S. 520, akute Pankreatitis: Ranson-Score s. SE 25.3, S. 562): Dabei werden verschiedene Parameter (z. B. Lebensalter, Allgemein- und Ernährungszustand, Kooperationsfähigkeit des Patienten, Ausmaß von Organfunktionsstörungen) mit jeweils unterschiedlichen Punkten bewertet; die Gesamtzahl lässt dann eine Gruppenbildung zu. Dabei korrelieren die Gruppen mit der Prognose bzw. dem Risiko.

Eine Einschätzung des individuellen Patientenrisikos nach solchen objektiven Kriterien ist aus zwei Gründen wünschenswert:

- zur besseren Einschätzung des Ist-Zustandes und damit des Therapierisikos beim einzelnen Patienten, und
- um im Rahmen von klinischen Studien risikogleiche Patientengruppen bilden zu können.

Klinische Klassifikationen

Eine Möglichkeit zur präoperativen Abschätzung des Allgemeinzustandes ist der **Karnofsky-Index** (T 5.3). Allerdings erfolgt die Einschätzung überwiegend subjektiv durch den Untersucher.

Die **ASA-Klassifikation** (**A**merican **S**ociety of **A**nesthesiologists, 1941) wird regelmäßig bei der präoperativen Narkosevisite verwandt (s. SE 4.1, S. 66). Sie korrespondiert gut mit der Morbidität und Mortalität während des postoperativen Verlaufs (T **5.4**).

Die **NYHA-Klassifikation** (**N**ew **Y**ork **H**eart **A**ssociation, 1964) wird häufig von Kardiologen verwandt: Sie beschreibt die kardial bedingte Minderung der körperlichen Leistungsfähigkeit (v. a. Dyspnoe; T **5.5**).

T 5.3 Karnofsky-Index

Index	*Definition*
100 %	normale Aktivität, keine Beschwerden
90 %	geringfügig verminderte Aktivität und Belastbarkeit
80 %	normale Aktivität nur mit Anstrengung, deutlich verringerte Aktivität
70 %	Unfähigkeit zur normalen Aktivität, Patient versorgt sich selbstständig
60 %	Patient benötigt gelegentlich Hilfe, versorgt sich noch weitgehend selbst
50 %	ständige Unterstützung und Pflege notwendig, häufig ärztliche Hilfe erforderlich
40 %	Patient ist überwiegend bettlägerig, geschulte Pflegekraft notwendig
30 %	Patient ist dauernd bettlägerig, geschulte Pflegekraft notwendig
20 %	Patient ist schwerkrank, hospitalisiert, aktive supportive Therapie (z. B. künstliche Ernährung, Sauerstoff-Nasensonde) ist notwendig
10 %	moribund (sterbend)

T 5.4 ASA-Klassifikation: Einordnung der Patienten nach dem klinischen Status

Gruppe	*Definition*
I	normaler, gesunder Patient
II	Patient mit leichter Allgemeinerkrankung
III	Patient mit schwerer Allgemeinerkrankung und Leistungsminderung
IV	Patient mit inaktivierender Allgemeinerkrankung, die eine ständige Lebensbedrohung darstellt
V	moribunder Patient, von dem nicht erwartet wird, dass er die nächsten 24 Stunden überlebt

T 5.5 NYHA-Klassifikation: klinische Symptome aufgrund von Herzinsuffizienz bei kardialen Erkrankungen

Grad	*Definition*
I	keine Beschwerden bei Belastung
II	Insuffizienzzeichen bei starker Belastung
III	Insuffizienzzeichen bei leichter Belastung
IV	manifeste Ruheinsuffizienz

5.3 Präoperative Verbesserung vorbestehender Probleme

Vorbestehende Probleme aufgrund chronischer Insuffizienz oder gar akuter Dekompensation von Organsystemen erhöhen das perioperative Risiko signifikant. Eine bestmögliche Rekompensation bzw. ein Ausgleich von Defiziten ist vor elektiven Eingriffen absolut geboten. Vor Notfalleingriffen erfordert die verantwortliche Abschätzung des möglichen Nutzens solcher Maßnahmen gegenüber der hierdurch bedingten zeitlichen Verzögerung des Eingriffs große Erfahrung. Zu Herz-Kreislauf-Erkrankungen s. SE 4.3, S. 74 f, zu Gerinnungsstörungen die folgende SE 5.4, S. 108 f.

Katabole Stoffwechsellage

Problem: Alle konsumierenden Erkrankungen (z. B. chronische Entzündungen und fortgeschrittene Malignome), ganz besonders aber alle die Nahrungsaufnahme und die gastrointestinale Passage relevant behindernden Prozesse weisen im fortgeschrittenen Stadium als Kardinalsymptom einen reduzierten Ernährungszustand mit kataboler Stoffwechselsituation auf.
Eine katabole Stoffwechsellage ist gekennzeichnet durch einen anhaltenden Netto-Abbau körpereigener Eiweiße, welcher zu einem zunehmenden Verlust an Muskelmasse und zu einem manifesten Mangel kurzlebiger Funktionsproteine führt. Laborchemisch zeigt sich dies durch erniedrigte Serumspiegel von Albumin, Präalbumin, Transferrin, Coeruloplasmin usw. Wichtige Folgen sind eine eingeschränkte Immunabwehr und ein signifikant erhöhtes Risiko von Wundheilungsstörungen und Anastomoseninsuffizienzen.

! Besonders problematisch ist hierbei das Ösophaguskarzinom: Fehlernährung durch Alkoholismus, exogene Mangelernährung wegen der Stenose und endogene Katabolie durch das Karzinom selbst.

Diagnostik: Die katabole Stoffwechsellage ist am einfachsten zu erfassen mit dem Globaltest der Hautreaktion vom verzögerten Typ auf einen dermal gesetzten Reiz mit standardisierten Recall-Antigenen, wobei sich dann eine mehr oder weniger ausgeprägte Anergie zeigt (Mérieux-Test).

Therapie: Zur Vorbereitung auf einen elektiven chirurgischen Eingriff ist in dieser Situation eine 1- bis 2-wöchige Ernährungsbehandlung erforderlich, bei welcher in vollbilanzierter Form Eiweiß, Kohlenhydrate, Fette, Vitamine (Vitamin K bei Ikterus!) und bei längerfristiger Mangelernährung auch Spurenelemente zugeführt werden müssen. Bestehen keine Passage- oder Resorptionsstörungen, ist der gastroenteralen Zufuhr vor der parenteralen der Vorzug zu geben, da die metabolischen Auswirkungen günstiger sind und die Immunabwehr rascher verbessert werden kann.
Eine zu hohe Energie- und Stickstoffzufuhr ist insbesondere unter immunologischen Gesichtspunkten nachteilig. Die Tagesenergiedosis sollte den am Normalgewicht (nicht am aktuellen Untergewicht!) des jeweiligen Patienten orientierten Erhaltungsbedarf nicht überschreiten.

! Auch beim unterernährten Patienten keine „Hyperalimentation"! Die präoperative Ernährungstherapie hat nicht die Gewichtsnormalisierung zum Ziel, sondern die Wiederauffüllung der entleerten Körperkompartimente mit Funktionseiweißen sowie Trägern der humoralen und zellulären Immunität.

Das Ziel dieser präoperativen Alimentation ist erreicht, wenn das Körpergewicht des Patienten soeben zu steigen beginnt; dann sind aller Erfahrung nach Serum-Albumin, Immunglobuline und Immunabwehr wieder normalisiert.

Gestörter Wasser- und Elektrolythaushalt

Klinik und Therapie der wichtigsten Ursachen einer **Dehydratation** sind in **T 5.6** zusammengestellt.
Der Ausgleich des Volumenmangels sollte bei Narkosebeginn zumindest eingeleitet, besser schon vollzogen sein. Vor allem bei Herzinsuffizienz darf dies jedoch nicht zu rasch erfolgen, um nicht eine akute kardiale Dekompensation zu provozieren (engmaschige Kontrolle des zentralvenösen Drucks).
Sehr häufig ist die Dehydratation verknüpft mit Elektrolytverschiebungen; meist liegt eine **Hypokaliämie** vor. Gar nicht so selten ist diese auch Folge einer Diuretikadauermedikation. Es drohen *Herzrhythmusstörungen* (besonders bei gleichzeitiger Digitalismedikation!), *Nierenparenchymschädigung*, sowie eine *eingeschränkte intestinale Motilität*. Muss die Kalium-Substitution rasch auf parenteralem Wege geschehen – z. B. bei Vorbereitung auf eine notfallmäßige Operation –, so sind die folgenden Infusionsgeschwindigkeiten zu beachten, da sonst das Risiko irreversibler Rhythmusstörungen besteht:

- ohne EKG-Monitoring: ≤ 10 mval Kalium pro Stunde,
- mit EKG-Monitoring: ≤ 20 mval Kalium pro Stunde.

! Bei längerer Dauer der Hypokaliämie kommt es auch zum intrazellulären Kaliumverlust, sodass der erforderliche Gesamtbedarf initial nicht zuverlässig abgeschätzt werden kann.

T 5.6 Klinik und Therapie verschiedener Dehydratationsformen

Leitsymptome	*Art der Störung*	*Ursache*	*Therapie*
akut: Tachykardie, Vasokonstriktion, signifikant erniedrigter oder gar negativer zentralvenöser Druck, zu geringe oder ausbleibende Urinproduktion; ***chronisch:*** erniedrigter Hautturgor, stehen bleibende Hautfalten nach Abheben derselben	**normotone** oder **hypotone Dehydratation**	größere Flüssigkeitsverluste durch • Erbrechen oder Durchfall	Infusion von Vollelektrolytlösung
		• erhöhte Kapillarpermeabilität, durch Bildung eines „dritten Raumes" bei Sepsis, akuter Pankreatitis, Ileus, schwerem Verbrennungstrauma, • Eiweißmangel (nutritiv, Synthesestörung in der Leber)	etwa gleiche Mengen kolloidale (Hydroxyäthylstärke, Dextrane, Humanalbumin, Fresh-frozen Plasma) und kristalline Lösungen (Ringerlösung, physiologische Kochsalzlösung u. ä.)
		• akute Blutverluste (innere und äußere)	ggf. zusätzlich Erythrozytenkonzentrate
	hypertone Dehydratation	zu geringe aktive Flüssigkeitsaufnahme insbesondere älterer Menschen	Zufuhr freien Wassers (Halbelektrolyt- oder 5 %ige Glucoselösung)

Bei Niereninsuffizienz, insb. bei Dialysepatienten kann eine **Hyperkaliämie** vorliegen. Hierbei drohen bradykarde Herzrhythmusstörungen bis hin zur Asystolie. Eine präoperative Therapie ist notwendig. Kann aus logistischen Gründen nicht dialysiert werden, kommen Glucose-Insulin-Infusionen (durch Verschiebung von Kalium zusammen mit Glucose in den Intrazellulärraum) und Resoniumeinläufe (als Ionenaustauscher) zum Einsatz.

Störungen des Säure-Basen-Haushaltes

Eine **metabolische Alkalose** kann aus erheblichem Salzsäureverlust durch mehrfaches Erbrechen resultieren (z. B. Magenausgangsstenose). Die sehr viel häufigere **metabolische Azidose** ist Ausdruck entweder erheblicher Verluste von Dünndarmsekret, einer gestörten renalen Elimination saurer Valenzen oder eines erhöhten Anfalls derselben, z. B. bei/nach Gewebsischämie, entgleistem Diabetes mellitus oder schwerer Sepsis.
Da Störungen des Blut-pH-Wertes Konsequenzen für viele Proteine und Enzyme haben, ist zumindest ein partieller Ausgleich des Säure-Basen-Status erforderlich. Eingesetzt werden hierfür bei Alkalose zumeist Argininchloridlösung, bei Azidose zumeist Bikarbonat:
(zuzuführende) mval Säure bzw. Base = 0,3 × Base Excess × kg Körpergewicht.

Im Falle der Azidose wird vor allem bei höhergradiger Dekompensation häufig nur die Hälfte des so errechneten Bedarfs ersetzt, da die Sauerstoffdissoziation und damit die periphere Oxygenierung bei Azidose besser ist als bei Alkalose.

Schlechte Lungenfunktion

Eine schlechte Lungenfunktionsleistung **ohne wesentliche Obstruktion** kann bei entsprechender Motivation durch Atemtraining (unterstützt durch Physiotherapie) meistens verbessert werden. Apparative Hilfsmittel hierfür sind in SE 5.13, S. 134 dargestellt.

Ein deutlich herabgesetzte forcierte Exspirationskapazität (FeV_1) beeinträchtigt den Hustenstoß und stellt dadurch ein erhöhtes Pneumonierisiko dar. Die präoperative Verbesserung der FeV_1 kann deshalb vor Eingriffen im Thorax, im Oberbauch und an den großen Gefäßen nicht ernst genug genommen werden.

Im Falle nennenswerter **obstruktiver Probleme** ist unter stationären Bedingungen die Optimierung der antiobstruktiven Therapie mit Inhalations-β_2-Sympathikomimetika, Theophyllinderivaten und Corticosteroiden erforderlich.

5.4 Perioperative Aspekte der Blutgerinnung

Eine funktionierende Hämostase ist eine weitere Voraussetzung für ein komplikationsarmes chirurgisches Vorgehen. Die zunehmende Verbreitung einer dauerhaften antikoagulatorischen Medikation (z. B. durch Acetylsalicylsäure oder Cumarinderivate) stellt sicher das häufigste Problem einer perioperativ veränderten Blutgerinnung dar. Die hier notwendigen Maßnahmen werden in SE 4.3, S. 75 beschrieben. Aber auch andere (Gerinnungs-)Problemsituationen werden dem Chirurgen regelmäßig begegnen: Thrombozytopenien unter Zytostatikatherapie, Patienten mit fortgeschrittener Leberzirrhose, angeborene oder sepsisbedingte Koagulopathien usw. Bei jeder schweren Gerinnungsstörung ist die engstmögliche Zusammenarbeit mit einem internistischen Hämostaseologen zu suchen.

Präoperative Gerinnungsdiagnostik

Die wichtigste Maßnahme, um Blutungskomplikationen vorzubeugen, ist eine komplette Anamneseerhebung:

- Nimmt oder nahm der Patient die Hämostase verändernde Medikamente?
- Ist eine vermehrte Blutungsneigung bekannt (z. B. bei Zahnextraktionen, Bagatelltraumen, Menstruation)?
- Ist beim Patienten/Blutsverwandten ein Defekt der Blutgerinnung bekannt?
- Liegt eine Störung der Leberfunktion vor?

Sind diese Fragen zu verneinen, so ist bei elektiven Eingriffen ein minimales präoperatives Testen der Blutgerinnung (Bestimmung von INR, PTT und Thrombozytenzahl, ggf. auch der Blutgruppe und Blutkonservenbereitstellung) ausreichend, andernfalls sind gezielte Maßnahmen notwendig (T 5.7).

Bestehen Zweifel, ob noch eine Wirkung von Thrombozytenaggregationshemmern vorhanden ist, kann dies mit einem spezifischen Bluttest überprüft werden: der „primären Hämostase-Kapazität (PHC)", der sog. in-vitro-Blutungszeit.

Maßnahmen bei Gerinnungsstörungen

Therapie mit intravenösem Heparin: Die Therapie mit intravenösem Heparin ist wegen der guten Steuerbarkeit das Mittel der Wahl bei Patienten, die perioperativ eine Antikoagulation benötigen (s. SE 4.3, S. 75). Vor jedem elektiven Eingriff ist die intravenöse Zufuhr von Heparin 4 Stunden vor dem geplanten Operationsbeginn zu stoppen. Ggf. ist intraoperativ die Gabe von Protaminsulfat (1 mg antagonisiert ca. 100 IE Heparin) zu erwägen, sollte der Eindruck einer vermehrten Blutungstendenz bestehen. Dies ist auch bei notfallmäßigen Operationen das geeignete Vorgehen.

Hämophilie: Die kongenitalen Defekte bei der Gerinnungsfaktorensynthese sind eher selten (Prävalenz der Hämophilie A: 1:10 000–1:15 000). Sie erfordern jedoch engmaschige Kontrollen der Hämostase und eine gute Kooperation zwischen Gerinnungsphysiologen, Anästhesisten und Chirurgen. Die operative Behandlung aller Hämophiliepatienten sollte daher in entsprechend spezialisierten Zentren erfolgen.

T 5.7 Prä- und perioperativer Ausgleich von Gerinnungsstörungen

Ursache	*Therapie*
angeborene Gerinnungsstörungen	
Hämophilie A, B, von-Willebrand-Syndrom	Substitution der entsprechenden Gerinnungsfaktoren prä- und postoperativ bis zum Abschluss der Wundheilung
erworbene Gerinnungsstörungen	
Verminderung des Prothrombinkomplexes	
Vitamin-K-Mangel (z. B. parenterale Ernährung, Antibiotikatherapie, Malabsorption)	Vitamin K-Substitution (10mg p. o. oder 2mg i. v. pro Tag)
Ikterus	Vitamin K-Substitution (s. o.)
Cumarintherapie, Lebererkrankungen	Vitamin K-Substitution (s. o.), ggf. Prothrombinkomplex (PPSB), differenzierte Substitution nach Befund, da ggf. komplexe Störung, z. B. Gabe von FFP, Faktorenkonzentrate
Verbrauchskoagulopathie Einschwemmung z. B. von Gewebethromboplastinen oder Endotoxinen, Schockzustände usw.	differenzierte Substitution nach Befund, z. B. Gabe von FFP, Faktorenkonzentraten, Fibrinogen, Heparin usw.
Thrombozytopenie erhöhter Verbrauch (Blutung), toxisch, neoplastisch, zytostatikainduziert, sepsisbedingt	Gabe von Thrombozytenkonzentraten
heparininduziert (HIT) Autoimmunerkrankungen (z. B. Morbus Werlhof)	Absetzen des Heparins u. a. Gabe von Thrombozytenkonzentraten
Thrombozytopathie z. B. durch Acetylsalicylsäure, Dextran	Absetzen von ASS, Vermeidung von zuviel Dextran
überschießende Heparinwirkung	Dosisreduktion, Protamingabe

Störungen der Thrombozytenzahl oder -funktion: Die Störungen der Thrombozytenzahl sind oft die Folge medizinischer Behandlungen: z. B. als Folge einer Chemotherapie oder einer heparininduzierten Thrombozytopenie (HIT). Auch können sie im Rahmen verschiedener Grunderkrankungen wie z. B. der Sarkoidose, Lymphomen oder der portalen Hypertension auftreten. In vielen Fällen tritt oftmals eine Thrombozytendysfunktion hinzu.
Diagnostik: Für jede elektive Operation sollte die Blutungszeit nach Duke < 5 Minuten liegen. Dies ist bei normaler Thrombozytenfunktion ab ca. 50 G Thrombozyten/l der Fall.
Konservative Maßnahmen:
- Bei Alkohol- oder Medikamentenwirkung oder als Folge einer Virusinfektion: Karenz von 2–3 Wochen zur Erholung der Thrombozytenzahl.

Transfusion von Thrombozytenkonzentraten (TK):
- Indikationen: Unmittelbar präoperativ bei Patienten mit ausgeprägter Thrombozytopenie aufgrund einer Knochenmarkdepression oder bei Massentransfusionen mit Blutungskomplikationen, nicht jedoch bei Abbau der Thrombozyten in der Milz oder routinemäßig bei größeren Bluttransfusionen! Fieber, Infektionen und die Gegenwart von Alloantikörpern können die Effektivität der Transfusion erheblich reduzieren.
- Durchführung: Spezielle Thrombozyten-Transfusionssysteme beugen einem zu hohen Verlust durch Adhärenz der Thrombozyten vor. Ein TK enthält ca. $5{,}5 \times 10^{10}$ Thrombozyten und sollte bei 75 kg KG einen Anstieg der Thrombozytenzahl um 10G/l bewirken.

Störungen der Leberfunktion:
Pathophysiologie: Die Leber spielt durch die Synthese der Faktoren I (Fibrinogen), II (Prothrombin), V, VII, und IX–XI, sowie der Koagulationsinhibitoren Antithrombin (AT), Protein C und S eine zentrale Rolle in der Hämostase. Gleichzeitig ist sie verantwortlich für den Abbau von Gerinnungsfaktoren und fibrinolytischen Enzymen. Bei Patienten mit beginnendem oder fortgeschrittenem zirrhotischen Umbau der Leber sind diese Funktionen reduziert.
Erschwerend tritt bei Patienten mit Leberzirrhose hinzu, dass perioperativ ein erhöhtes Blutungsrisiko wegen der portalen Hypertension und einer oft riesigen Milz besteht.
Diagnostik: Vor jedem Eingriff gilt es also, das Ausmaß der Leberfunktionsstörung zu erfassen. Patienten im Child-Pugh-Stadium A (s. SE 22.5, S. 520) benötigen i. d. R. vor kleinen Operationen keine zusätzliche Diagnostik. Patienten der Kategorie B und C benötigen vor jedem, Patienten der Kategorie A vor einem großen elektiven operativen Eingriff eine detaillierte Gerinnungsdiagnostik, um die exakten Defizite an Faktoren und Inhibitoren zu erfassen.
Therapie: Besteht ein isolierter Faktorenmangel, können diese präoperativ substituiert werden, ansonsten ist bei erhöhter Blutungsneigung die großzügige Gabe von Fresh frozen Plasma (FFP) indizert. Allerdings kann dies eine vermehrte hepatische Enzephalopathie und Verschiebungen im Flüssigkeits- und Natriumhaushalt bewirken.

Disseminierte intravasale Gerinnung (DIC):
Ätiopathogenese: Die Ursachen der DIC (T **5.8**) initiieren eine gemeinsame pathophysiologische Kaskade. Hierdurch bilden sich Mikrogerinnsel, die zu ischämischen Gewebsdefekten und Hämolyse führen. Gleichzeitig kommt es über den fortschreitenden Verbrauch an Gerinnungsfaktoren und antikoagulatorische Wirkung der Fibrinspaltprodukte zur diffusen Blutungsneigung.
Symptomatik: Es kommt zu ausgedehnten, u. U. lebensbedrohlichen Haut- und Schleimhauteinblutungen und Blutungen aus chirurgischen Wunden oder Kathetereintrittsstellen, seltener zu sichtbaren Durchblutungsstörungen an Finger, Zehen, Nase oder im Genitalbereich.
Diagnostik: Die Laborveränderungen umfassen eine Thrombozytopenie, eine Verlängerung von PTT und Thrombinzeit (TZ), sowie einen – mit dem Ausmaß der Erkrankung gut korrelierenden – Abfall des Fibrinogenplasmaspiegels.
Die *Therapie* muss unverzüglich eingeleitet werden. Wenn möglich sollte die zugrunde liegende Ursache behoben werden. Die Blutungen werden durch bedarfsadaptierte Gabe von FFP, Thrombozyten- und ggf. Einzelfaktorenkonzentraten zum Stillstand gebracht.
Eine *Prophylaxe* bzw. bei thrombotischen Komplikationen geeignete Behandlung stellt die z. B. niedrig dosierte (z. B. 500 IE/h) intravenöse Heparingabe dar.

5.2 Perioperative Maßnahmen bei Hämophilie

Die Schwere der klinischen Manifestationen sowohl der Hämophilie A als auch B ist direkt proportional zum Ausmaß des Gerinnungsfaktorenmangels. Bei der Hämophilie A ist eine Faktor-VIII-Aktivität von 2–3 % ausreichend, dass ein Patient nicht spontan blutet. Tritt jedoch eine Blutung auf, sind zum Erreichen der Hämostase wesentlich höhere Grade an Faktor-VIII-Aktivität von ca. 30 % nötig. Dementsprechend versucht man in der elektiven wie in der Notfallsituation, nach entsprechender Einzelfaktoranalyse durch die Substitution mit Faktoren gewisse Mindestaktivitäten aufrecht zu erhalten. Diese Werte liegen sowohl für die Hämophilie A als auch B bei 40–50 % Faktor-VIII-Aktivität präoperativ bei kleineren und bei 50–150 % bei größeren Eingriffen. Insb. bei ausgeprägteren Formen der Hämophilie ist eine Faktorensubstitution (auf dann absteigende prozentuale Faktorenaktivitäten) bis zum 10. postoperativen Tag erforderlich.

T 5.8 Ursachen der DIC

Einteilung	*Ursachen*
Freisetzung von Gewebsfaktoren	Schwangerschaft (Plazentaruptur, Amnionembolie), Hämolyse, Neoplasien, Fettembolie, schweres Trauma
Endothelschaden	Aortenaneurysma, akute Glomerulonephritis
Infektionen	Endotoxinfreisetzung gramnegativer Bakterien

5.5 Präoperative Maßnahmen am Magen-Darm-Trakt

Vor Operationen am Magen-Darm-Trakt sind spezielle Reinigungsmaßnahmen erforderlich, während es vor großen extraintestinalen oder gar extraabdominellen Eingriffen eher um eine rein mechanische Entleerung des Kolons geht.

Allgemeines

Als wesentlicher Aspekt der Aspirationsprophylaxe während der Narkoseeinleitung muss vonseiten der Anästhesie **vor Elektiveingriffen** eine Mindestnüchternzeit von 6 Stunden zur Sicherstellung einer kompletten Entleerung des Magens und lediglich basalen Sekretion von Magensaft gefordert werden.

Jeglicher abdominelle, insbesondere aber jeder den Gastrointestinaltrakt eröffnende Eingriff geht postoperativ mit einer mehr oder weniger langen Atonie des Magen-Darm-Traktes einher. Diese Phase ist umso belastender für den Patienten, je intensiver ihr medikamentös begegnet werden muss. Um sie so rasch wie möglich überwinden zu können, ist eine grobmechanische Entleerung des Intestinums vor allen großen, insbesondere abdominalen Eingriffen ratsam.

In Notfallsituationen ist zu einer ausreichenden Vorbereitung meist keine Zeit, da aus vitaler Indikation rasch gehandelt werden muss.

Maßnahmen vor Abdominaloperationen

Vor elektiven Eingriffen

Da der Magen nach einer ohnehin aus anästhesiologischen Gründen erforderlichen Nahrungs- und Flüssigkeitskarenz von 6 Stunden leer ist und auch der Dünndarm – sofern keine mechanische Behinderung seiner Motilität vorliegt – sich nach einem Nahrungsverzicht vom Nachmittag des präoperativen Tages an bis zum Morgen des Operationstages aktiv selbst ins Kolon hinein entleert hat, sind vor Eingriffen an Ösophagus, Magen und Dünndarm über die rein mechanische Kolonentleerung hinaus keine weiteren diesbezüglichen Vorbereitungsmaßnahmen erforderlich.

Bei Operationen mit Eröffnung des erheblich keimbesiedelten Dickdarmes (s. SE 3.1, S. 41) sind infektbedingte Wundheilungsstörungen sowohl der Bauchdecke als auch der Darmnaht bzw. -anastomose ohne spezielle Reinigungsmaßnahmen sehr häufig.

Eine vollständige Entleerung des Kolons und die intraluminale Keimzahlverminderung haben sich als wirksame Maßnahme zur Reduktion der Infekt- und Anastomoseninsuffizienzrate herausgestellt. Zu diesem Zweck sind im Wesentlichen drei Methoden in Gebrauch:

Orthograde Darmspülung: Bei dieser Reinigungsmethode wird der Gastrointestinaltrakt durch 10 und mehr Liter angewärmter Elektrolytlösung ausgespült, welche innerhalb von zwei bis maximal vier Stunden per Magensonde appliziert werden (s. auch **5.3**). Am häufigsten wird heutzutage Ringerlösung angewendet, da hierbei am wenigsten mit Problemen vonseiten des Elektrolyt- und Säure-Basen-Haushalts zu rechnen ist, wie sie bei unkontrollierbarer Teilresorption ungepufferter Lösungen früher häufiger beobachtet wurden.

! Absolute Kontraindikationen:
- **Herzinsuffizienz**: es besteht die Gefahr der akuten Dekompensation, da die resorbierte Menge der Flüssigkeit ein nicht kalkulierbares Ausmaß annehmen kann,
- klinisch relevante **Stenose** im Magen-Darm-Trakt: es droht ein iatrogener manifester Ileus.

Trinken osmotisch aktiver Lösungen: Subjektiv wesentlich besser toleriert als die orthograde 10-Liter-Spülung wird die Darmreinigung durch Trinken von 3 l osmotisch äußerst aktiven Polyäthylenglycols (Golitely) zusammen mit einer ausreichenden Menge klarer Getränke (weitere 2–3 l), da dem Patienten die lästige Magensonde erspart bleibt. Der Reinigungseffekt insbesondere auf die Schleimhaut ist eher noch besser als bei rein mechanischer Spülung.

Kontraindikationen sind wie für die orthograde Spülung relevante Stenosen im Magen-Darm-Trakt und eine höhergradige Herzinsuffizienz.

Ein wichtiger Zusatzeffekt dieser Golitely-Reinigung (weniger der 10-Liter-Ringer-Spülung) ist die signifikante Verminderung der Keimflora im Dickdarm, ca. um den Faktor 10^6. Diese Reduktion der Keimbesiedlung ist einer der Gründe für die heute sehr geringe Insuffizienzrate von Dickdarmanastomosen. Wer dies einem Patienten anschaulich erklärt, wird keine Probleme bei dessen Mitarbeit haben.

! Die 3-Liter-Polyäthylenglycol-Reinigung des Gastrointestinaltraktes ist gleichermaßen sinnvoll wie zumutbar. Durch die mechanische Säuberung und durch die Keimzahlreduktion wird eine höhere operative Sicherheit insbesondere bei Dickdarmanastomosen erreicht. Diese Vorbereitungsform hat sich heute am meisten durchgesetzt.

Konventionell mit schlackenfreier Kost: Können die oben genannten, innerhalb von Stunden zum Ziel führenden Reinigungsmaßnahmen nicht durchgeführt werden, so muss der Patient vor elektiven Dickdarmresektionen mit geplanter Anastomosierung konventionell vorbereitet werden: Er erhält 5–7 Tage lang eine schlackenfreie, im Dünndarm voll resorbierbare Kost (sog. „Astronautenkost") in Kombination mit milden oralen Abführmitteln und wiederholten hohen Einläufen.

Vor Notfall-Eingriffen bei Stenose

Muss notfallmäßig im mechanischen Ileus bei linksseitig stenosierendem Kolonkarzinom operiert werden, kann eine intraoperative Spülung des vor der Stenose gestauten Kolonabschnittes erfolgen (**5.4**). Alternativ kann der Koloninhalt nach Lumeneröffnung (in einem entfallenden Abschnitt) abgesaugt werden.

Maßnahmen bei extraabdominellen Operationen

In diesem Fall zielt die Vorbereitung des Magen-Darm-Traktes vor allem auf die mechanische **Entleerung des Dickdarms** zur Verminderung postoperativer Probleme bei eventueller protrahierter Darmatonie ab, was vor allem bei stuhlgefülltem Kolon ein erhebliches Ausmaß annehmen kann.
Ein ausreichender Effekt wird in diesem Sinn durch eine einmalige adäquate Dosis eines rasch wirkenden oralen Laxans wie z. B. Magnesiumsulfat oder ein Präparat auf der Basis von Senna-Alkaloiden (Liquidepur, X-Prep) erreicht.
Eine besondere Situation stellen Lebereingriffe insbesondere bei vorbestehender Fibrose/Zirrhose dar (Resektionen, portosystemische Shuntchirurgie, Lebertransplantation). Das Prinzip der **selektiven Darmdekontamination** (SDD) ist für diese Risikopatienten entwickelt worden: s. **5.5**. Die SDD hat aber auch ihren Stellenwert bei jedwelchen großen Operationen, wenn eine Leberzirrhose als begleitender Risikofaktor vorliegt.

5.3 Durchführung der orthograden Darmspülung

Da die Aufnahme von 10 und mehr Litern Flüssigkeit nicht durch Trinken bewältigt werden kann, muss sie über eine Magen- oder Duodenalsonde appliziert werden. Die früher für erforderlich gehaltene postpylorische Platzierung der Sondenspitze ist nicht erforderlich, wenn zu Beginn der Spülung eine etwas geringere Einlaufgeschwindigkeit gewählt wird, bis es zu einem anhaltenden Klaffen des Pylorus gekommen ist.
Die Spülung muss solange fortgesetzt werden, bis der Patient peranal klares Wasser absetzt; hierfür sind in der Regel 10 l Flüssigkeit erforderlich.

5.4 Intraoperative Darmspülung

Indikation: Reduzierung des Anastomoseninsuffizienzrisikos bei einem manifesten Ileus (auch bei linksseitiger Kolonresektion).
Durchführung: Das nach der Kolonresektion verbleibende proximale Darmende wird locker aber wasserdicht in ein spezielles Plastikbeutel-Schlauch-System eingeknotet. Die Spülflüssigkeit wird über einen im Zentrum einer Tabaksbeutelnaht in das Zökum eingebrachten dicklumigen Katheter per Schwerkraftinfusion appliziert. Der herausgespülte Koloninhalt kann ohne Kontamination des Abdomens über das Beutelsystem aus dem Situs heraus in einen Auffangbehälter abgeleitet werden.

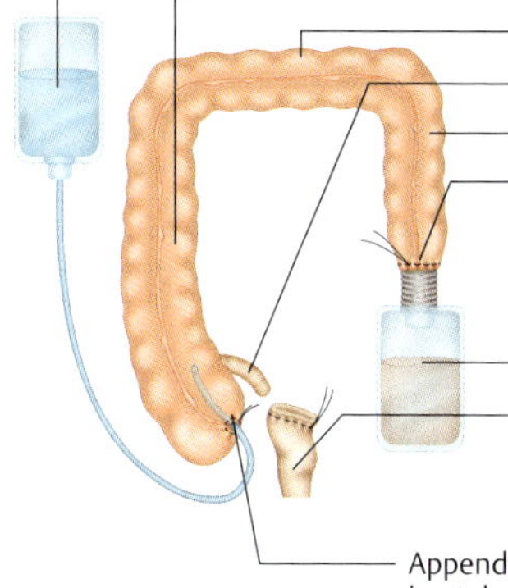

5.5 Selektive Darmdekontamination vor ausgedehnten Leberresektionen

Die physiologischerweise im Darmtrakt vorhandenen gramnegativen Enterobakterien (s. SE 3.1, S. 41) setzen kontinuierlich Endotoxine frei, welche mit dem Portalvenenblut in die Leber gelangen und dort von den Makrophagen des RES abgebaut werden. Übersteigt der Anfall an Endotoxin die Kapazität der Leber, so kann ein sepsisähnliches systemisches Entzündungssyndrom mit nicht unerheblicher Morbidität ausgelöst werden. Da dieses Risiko nach großen Leberresektionen deutlich erhöht ist, sind viele Zentren dazu übergegangen, vor solchen Eingriffen, insbesondere bei vorbestehend zirrhotischer Leber, eine mehrtägige selektive Darmdekontamination (SDD) mit speziell auf die gramnegative Kolonflora zielenden nichtresorbierbaren Oral-Antibiotika durchzuführen, um für die postoperative Phase den Anfall an Endotoxin zu minimieren (z. B. Neomycin als Aminoglykosid oder Polymyxin B). Sinnvoll ist die Kombination mit (oraler) Lactulose-Applikation und einer präoperativen 3-Liter-Golitely-Darmreinigung. Nachteil einer längeren SDD-Vorbehandlung ist die Gefahr der Überwucherung mit grampositiven Bakterien.

5.6 Sonden

Entsprechend ihrer unterschiedlichen Zwecke (Sekretableitung, Ernährung, Varizenkompression, Präparationshilfe und interne Kalibrierung, Darmschienung, Kolondekompression) sind hinsichtlich Länge, Kaliber, Rigidität usw. eine Reihe deutlich differenter Hohlsonden verfügbar, wovon die überwiegende Mehrzahl im oberen Gastrointestinaltrakt zur Anwendung kommt.

Magensonden

Indikationen: Die meist einlumigen Magensonden werden zur Sekretableitung (diagnostisch und therapeutisch), zur Ernährung (dann meist dünnlumiger) und zur intraoperativen Markierung eingelegt.

Sondenplatzierung: Die Sonden werden nach Bestreichen des distalen Endes mit Gleitmittel transnasal zunächst bis in den Pharynx eingeführt. Der wache, am besten sitzende Patient wird sodann aufgefordert, mehrmals zu schlucken. Synchron zu den Schluckbewegungen wird die Sonde durch den Ösophagus bis in den Magen vorgeschoben. Beim anästhesierten Patienten muss die Sonde komplett vorgeschoben werden, manchmal mittels eines transoral eingeführten Fingers (um der Sonde die richtige Richtung zu geben!), manchmal mittels „laryngoskopischer“ Einstellung unter Zuhilfenahme einer langen Zange. Die Sonde wird mit einem Pflaster an der Nase befestigt (**5.6**).
Weiche, eher dünnlumige Ernährungssonden können mit einem flexiblen Mandrin „versteift“ und so vorgeschoben werden.
Auch bei relativ starren PVC-Sonden ist eine Lagekontrolle erforderlich. Oft rollt sich nämlich die Sonde oberhalb des unteren Ösophagusspinkters, also in der distalen Speiseröhre auf, insbesondere bei weichen Silikonsonden.

5.6 Befestigung einer Magensonde

Ein 5–6 cm langer Pflasterstreifen wird an den gestrichelten Linien eingeschnitten, sodass die schraffierten Flächen nach hinten geklappt werden können (**a**): Es entsteht ein schmaler, nicht klebender Steg. Das eine Ende des Pflasters wird auf den Nasenrücken, das andere um die Sonde geklebt (**b**).

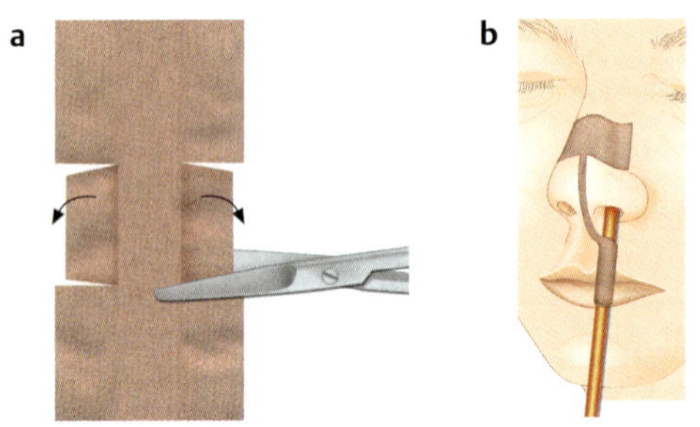

Zur ***Dokumentation der korrekten Lage*** werden mit einer Blasenspritze 20–40 ml Luft in die Sonde injiziert, während gleichzeitig das Epigastrium auskultiert wird (**5.1**). Bei korrekter Lage der Sondenspitze im Magen ist hierbei ein deutliches Spritzgeräusch zu auskultieren. Bleibt dieses aus, so muss die Sondenlage durch Vorschieben und Zurückziehen korrigiert werden. Selten ist eine durchleuchtungsassistierte Platzierung sinnvoll. Bei mehrtägiger Einlage insbesondere dicklumigerer Sonden Pflege des Nasenloches mit Salbe, tägliche Neupositionierung der Sonde (um 1–2 cm) zur Vermeidung endoluminaler Druckläsionen.

5.1 Lagekontrolle einer Magensonde durch Auskultation

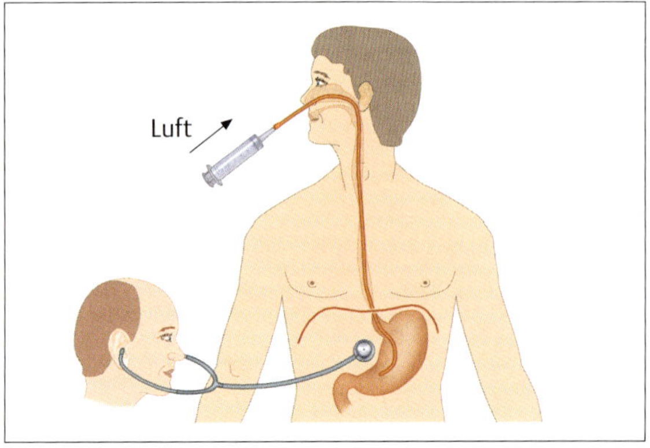

Magensonden zur Sekretableitung

Die wichtigste Indikation für eine Magensonde ist die diagnostische oder therapeutische Sekretableitung.
Erbrechen kann zwei ganz unterschiedliche Ursachen haben: *reflektorisches Erbrechen* (z. B. bei Gallenkolik, Nierensteinkolik oder im Frühstadium der akuten Appendizitis) oder *Überlauferbrechen* bei maximal gefülltem Magen (z. B. bei Magenausgangsstenose, postoperativer Magenatonie, mechanischem Dünn- oder Dickdarmileus mit entsprechendem Aufstau).

Beim reflektorischen Erbrechen nützt eine Magensonde nichts, wohl aber beim Überlauferbrechen.

Bei einer **Blutung** aus dem Ösophagogastroduodenaltrakt wird eine sog. Indikatorsonde platziert, um bei mäßig aktiver Blutung deren Ausmaß im Verlauf abschätzen und nach erfolgreicher endoskopischer Blutstillung ein eventuelles Wiederauftreten rasch erkennen zu können.

Beim **Ileus** mit mehrfachem Erbrechen erfüllt die Magensonde mehrere Zwecke:

- Sie ermöglicht die Beurteilung des abgeleiteten Sekrets (klarer Magensaft, galliges Gastroduodenalsekret oder übelriechend-bräunlicher Dünndarminhalt bzw. -stuhl = Miserere),
- die Überdehnung des Magens, welche bei kompetentem unterem Ösophagussphinkter erhebliche Ausmaße (> 1500 ml) erreichen kann, wird verhindert,
- der Flüssigkeitsverlust kann bilanziert werden,
- subjektiv belastendes anhaltendes Erbrechen wird vermieden, und
- die Aspirationsgefahr wird erheblich reduziert.

! Kein Ileus ohne nasogastrale Ableitungssonde.

Beim Ileus und bei der funktionellen oder mechanischen Magenausgangsstenose sollte die nasogastrale Sonde ein Kaliber von 16–18 Charrière aufweisen.

Magensonden zur Ernährung

Ist die Ernährung die einzige Indikation einer nasogastralen Sonde, so genügt ein Lumen von 5 bis maximal 8 Charrière. Diese Sonden werden aus weichem Silikonkautschuk gefertigt und können längerfristig belassen werden, ohne dass Druckläsionen (vor allem im Kardiabereich) zu befürchten sind.

Für eine längerfristige künstliche Ernährung bei irresektablen oder nicht mit Endoprothesen überbrückbaren Malignomen des Oropharynx und Ösophagus ist es besser, die intragastrale Sonde direkt perkutan-radiologisch oder perkutan-endoskopisch einzubringen (s. Perkutanendoskopische Gastrostomie in SE 6.2, S. 145). In eine Magen-Ernährungssonde kann flüssige Normalkost eingebracht werden, z. B. 6-mal täglich mittels Blasenspritze.

Magensonden zur intraoperativen „Markierung" des Ösophagus

Bei operativen Eingriffen an oder in der Nähe der Speiseröhre wird durch den Anästhesisten eine das Lumen des Ösophagus weitgehend ausfüllende Sonde transoral eingeführt, um die Speiseröhre leichter mobilisieren zu können bzw. die Ösophaguswand nicht zu verletzen.

Ebenfalls wichtig ist diese ca. 36–42 Charrière starke Sonde bei der Kardiomyotomie, um die Ösophagusschleimhaut nicht zu verletzen (s. SE 21.5, S. 477), bzw. bei der Fundoplicatio, um die Fundusmanschette nicht zu eng anzulegen (s. SE 6.7, S. 160 f)

Duodenalsonde

Indikationen: Ist bei langzeitbeatmeten Patienten eine Ernährung über eine Magensonde aufgrund erheblichen gastralen Refluxes nicht möglich, obwohl der Dünndarm eine adäquate Peristaltik aufweist, kann die enterale Ernährung dennoch über eine mit ihrer Spitze im distalen Duodenum oder gar oberen Jejunum einliegende Sonde durchgeführt werden. Bei erheblichem Magensaftreflux ist dann zur Aspirationsprophylaxe eine zusätzliche nasogastrale Ableitungssonde erforderlich.

Sondenplatzierung: Um eine Ernährungssonde transpylorisch platzieren zu können, kommen prinzipiell zwei Methoden in Betracht:

- Es wird eine weiche Silikonkautschuksonde mit einem Ballon an der Spitze verwandt. Der Ballon wird mit Flüssigkeit gefüllt und erlaubt bei funktionierender Magenmotilität den peristaltischen Transport der Sondenspitze über die Pylorusregion hinweg ins Duodenum. Der Ballon wird nach radiologisch dokumentierter intraduodenaler Lage durch weitere Flüssigkeitsinstillation zum Platzen gebracht. Danach kann die Sonde zur Ernährung verwandt werden.
- Die zuverlässigere (weil peristaltikunabhängige), aber aufwendigere Methode ist die Platzierung einer Sonde in Seldinger-Technik über einen durch den Instrumentierkanal eines Gastroskopes ins untere Duodenum platzierten Draht (Manegold-Sonde).

Nahrung, die ins tiefe Duodenum oder obere Jejunum mittels einer kontinuierlichen Pumpe eingebracht wird, sollte einer vollbilanzierten Kost (mit und ohne Ballaststoffe) entsprechen. Hierbei muss wegen deren Diarrhö-Wirkung mit geringen Mengen begonnen und erst nach einigen Tagen (nach Schleimhautadaptation) die volle Menge appliziert werden.

Jejunalsonde, Katheterjejunostomie

Indikation und Prinzip: Da es viele metabolische und immunologische Gründe gibt, insbesondere bei Schwerstverletzten und Patienten nach großen Oberbauch- bzw. Zweihöhleneingriffen, möglichst früh postoperativ mit einer enteralen Ernährung zu beginnen, werden in zunehmendem Umfang bei diesen Patienten intraoperativ Ernährungssonden ins Jejunum und dort mit ihrer Spitze ausreichend weit (40–50cm) aboral von Anastomosen eingebracht, um letztere zuverlässig vor der Belastung durch die Nährlösung zu schützen.

Positionierung:
transnasoösophagogastral: Der Anästhesist schiebt die Sonde bis zu jenem Punkt vor, wo sie der Operateur übernimmt und mittels digitaler Manipulation über die Anastomose(n) bis in den Dünndarm vorführt.
Nachteile: Solche Sonden sind dislokationsgefährdet und aufgrund ihrer großen Länge im Rahmen der Nährlösungszufuhr sehr verstopfungsanfällig.

Katheterjejunostomie

Sind die Bauchdecken eröffnet und die o. a. Möglichkeiten zur enteralen Ernährung nicht durchführbar (z. B. wegen Magenlosigkeit, der technischen Nichterreichbarkeit des Oberbauches oder einer schweren Oberbauchkarzinose), dann kann als Ultima Ratio eine Katheterjejunostomie angelegt werden (s. **5.7**).

5.7 Anlage einer Katheterjejunostomie

Zur Platzierung eines Katheters im Jejunum wird mit einer ersten Metallkanüle die Bauchdecke punktiert und die Kathetersonde nach intraabdominell durchgezogen. Mit einer zweiten Splitkanüle werden sodann Serosa und Muskularis der ausgewählten Jejunalschlinge perforiert und die Kanüle danach zwischen Muskularis und Mukosa ca. 10cm weit nach aboral vorgeschoben. Erst hier wird dann die Mukosa nach lumenwärts perforiert und der Katheter vorgeschoben (**a**), welcher nach Entfernung der Splitkanüle dann ca. 10cm weit submukös getunnelt intramural im Jejunum verläuft. Die Eintrittsstelle in die Seromuskularis wird mit einer Tabaksbeutelnaht gesichert und dann mit Einzelknopfnähten so an der Bauchdecke fixiert, dass auch bei Dislokation des Katheters kein Austritt von Darminhalt bzw. Ernährungslösung ins Abdomen möglich ist (**b**).

Wichtig: Die Katheterjejunostomie muss so weit als möglich lateral an der Bauchwand ausgeleitet werden, um das Risiko eines Ileus durch Torsion von Darmschlingen um die an der Bauchwand fixierte Schlinge herum zu minimieren.

a Platzieren des Katheters im Lumen

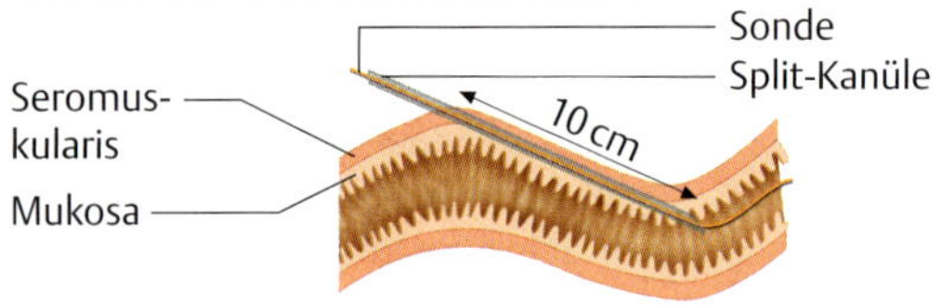

b Aufhängung des Jejunums am Peritoneum parietale

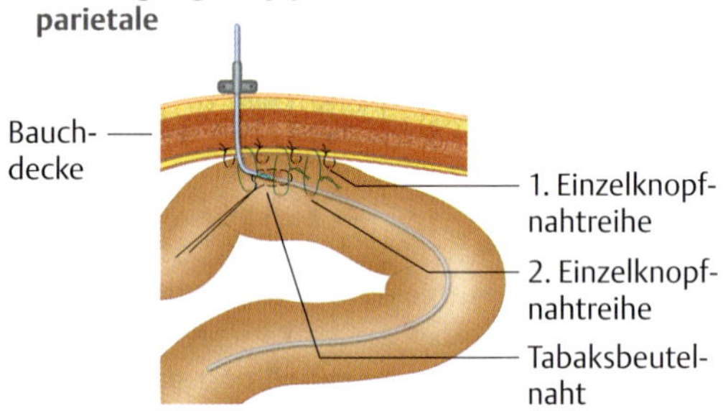

Vorteile sind, wie immer, die Gesichtspunkte der enteralen Ernährung, der wesentliche *Nachteil* der Katheterjejunostomie ist jedoch die höhere postoperative Komplikationsmöglichkeit (z. B. Dehiszenz, Undichtigkeit, mechanischer Ileus).

Ballonkompressionssonden

Indikation: Blutungen aus Ösophagus- und Magenfundusvarizen im Rahmen einer portalen Hypertension können bei Versagen oder Nichtverfügbarkeit einer endoskopischen Therapie mit der Sengstaken-Blakemore- oder Linton-Nachlas-Sonde gestillt werden.

Prinzip: Beide Sonden haben Lumina zur Füllung der jeweiligen Kompressionsballons sowie eine zusätzliche Öffnung zur Entleerung und Spülung des Magens. Die Positionierung der Sonden im Ösophagus und proximalen Magen ist in **23.5**, S. 531 (Portale Hypertension und Aszites) dargestellt.

Keine Ballonkompressionssonde darf, ohne dass deren exakte Lage röntgenologisch kontrolliert worden ist, geblockt werden.
Aufgrund der Gefahr einer Ösophagus-Wandnekrose und -Ruptur dürfen diese Sonden in geblocktem Zustand nicht länger als 6, maximal 12 Stunden liegen bleiben. Die Nekrosegefahr wird durch eine vorausgegangene frustrane Blutstillung in Form der Varizensklerosierung weiter erhöht.

Durch die Blockade des oropharyngealen Sekretabflusses in den Magen ist die Aspirationsgefahr deutlich erhöht: Deshalb sollte der Patient möglichst intubiert werden! Nach zeitgerechter Entblockung (s. o.) können beide Sonden bis zu weiteren 24 Stunden in situ belassen werden.

Sengstaken-Blakemore-Sonde

Diese Kompressionssonde weist zwei Ballons auf: der kugelförmige wird im proximalen Magen, der zylindrische in der distalen Speiseröhre platziert. Der Magenballon wird mit 140 ml Luft gefüllt, nachdem die korrekte Sondenlage im Magen röntgenologisch dokumentiert ist. Dann wird der Magenballon durch Zug an der Sonde in die Kardia hineingezogen und die Sondenposition durch ein Gegengewicht gehalten. Danach wird der Ösophagusballon manometerkontrolliert auf einen Druck von 40–(60) mmHg (und damit sicher über den Pfortaderdruck!) insuffliert.

Linton-Nachlas-Sonde

Die Linton-Sonde (**5.2**) weist im Gegensatz zur Sengstaken-Sonde lediglich einen einzigen, birnenförmigen Ballon auf, welcher mit 400–600 ml Luft gefüllt und durch einen kontrollierten Zug von 500–1000 g in die Kardia und den distalen Ösophagus hineingezogen wird.

5.2 Linton-Nachlas-Sonde

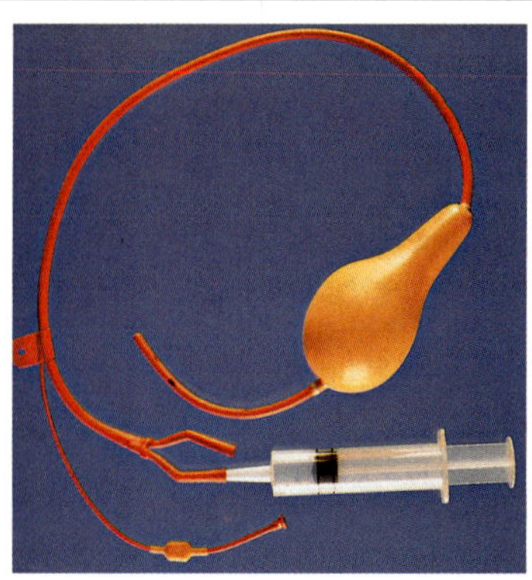

Die Füllung des Kompressionsballons erfolgt über das schmalkalibrige mit Gummikappe verschlossene Einzellumen; die beiden anderen Lumina dienen zum Absaugen des Magens und des distalen Ösophagus oralwärts des Ballons.

Bei gesicherter Blutungslokalisation aus **Fundusvarizen** ist dieser Sonde der Vorzug zu geben.

Miller-Abbott-Sonde

Indikation: Ist zur Beseitigung eines Adhäsionsileus eine ausgiebige Lösung flächiger Verwachsungen zwischen allen Dünndarmschlingen erforderlich, so besteht prinzipiell die Gefahr eines erneuten Ileus aufgrund ungünstiger, innerhalb von Stunden einsetzender Verklebungen der operativ gesetzten Wundflächen. Zur Prophylaxe kann neben der frühzeitig-medikamentösen Stimulation der Darmperistaltik der Dünndarm durch eine > 3 m lange Dünndarmsonde nach Miller-Abbott geschient werden.

Prinzip (**5.3**)***:*** Die Sonde wird intraoperativ vom Anästhesisten bis in den Magen vorgeschoben und sodann vom Operateur durch den Pylorus und das Duodenum manipuliert. Das Auffädeln des gesamten Dünndarms auf die Sonde wird durch Füllung eines an der Spitze befindlichen Ballons mit 20–30ml Luft oder Flüssigkeit erleichtert.

5.3 Miller-Abbott-Sonde

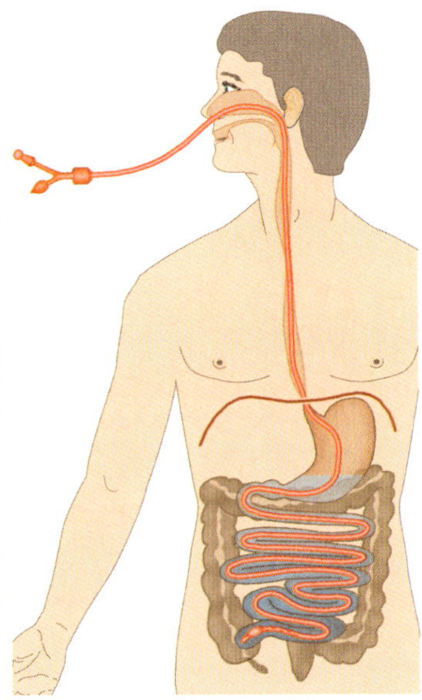

Der gesamte Dünndarm wird durch eine transnasal eingebrachte Miller-Abbott-Dekompressionssonde geschient.

Während des schrittweisen Vorschiebens der Sondenspitze kann der Dünndarm durch kontinuierliches Absaugen dekomprimiert werden. Die Eigensteifigkeit der 12–18 Charrière starken Sonde vermeidet die Abknickung des Intestinums.
Die Sonde wird bis zum Einsetzen der Darmtätigkeit (ca. 3–5 Tage) in situ belassen und danach über mehrere Tage um je 20–30cm zurückgezogen.

Komplikationen wie Darmperforationen und Knotenbildungen der Sonde, die neuerliche Operationen erfordern, sind häufig. Die Miller-Abbott-Sonde wird daher mittlerweile nur noch selten eingesetzt.

Darmrohr

Darmrohre sind 40 cm lange und 20–30 Charrière dicke, mit seitlichen Öffnungen versehene PVC-Schläuche.

Sie sollten nicht über den rekto-sigmoidalen Übergang hinaus vorgeschoben werden, da trotz geschlossener und abgerundeter Spitze eine Perforation erfolgen kann.

Die häufigste Indikation für ein Darmrohr ist die Applikation eines Klysmas in den oberen Rektumabschnitt zur Stimulation der Defäkation.
Bei ausgeprägtem Kolonmeteorismus mit hohem Sphinktertonus kann die peranale Entleerung von Gas und Sekreten durch das Einlegen eines Darmrohres gefördert werden.

Cave: Ein längerfristiges Belassen bedingt oft eine Druckläsion am hämorrhoidalen Gefäßplexus.

Transanale Dekompressionssonde

Ergibt sich bei der protrahierten postoperativen oder posttraumatischen Darmatonie aufgrund eines ausgeprägten Meteorismus auch der höheren Dickdarmabschnitte die Indikation zur koloskopischen Absaugung, so kann ein länger anhaltender Dekompressionseffekt durch eine ca. 1 m lange PVC-Sonde, die auf nahezu ganzer Länge Seitenlöcher und eine Lumenweite von 5–7 mm aufweist, sichergestellt werden. Sie wird über einen Draht bis ins Zökum vorgeschoben, der vorher koloskopisch platziert wurde. An die Sonde kann zusätzlich intermittierend ein Sog angelegt werden.

5.7 Periphere intravaskuläre Punktionen

Punktionen von peripheren Venen und Arterien werden zu diagnostischen (Blutentnahme) und therapeutischen Zwecken (Injektion) vorgenommen. Für die wiederholte Applikation von Medikamenten und die perioperative Volumen- und Kalorienzufuhr eignen sich *periphere Venenverweilkanülen*. Ist während oder nach einem operativen Eingriff ein kontinuierliches Blutdruckmonitoring indiziert, werden *arterielle Verweilkanülen* angelegt.

In dieser SE werden die Gefäßpunktionen dargestellt. Weitere Punktionen betreffen das Einstechen einer Hohlnadel in präformierte Hohlräume (Pleuraspalt, Herzbeutel, Gelenke) oder in Gewebe (Schilddrüse, Lunge, Mamma, Leber, Pankreas, s. SE 5.8 auf S. 118 ff).

Periphervenöse Punktion

Prinzip: Venenverweilkanülen bestehen in aller Regel aus Kunststoff. Die eigentliche Punktion wird mit einer innenliegenden Stahlkanüle ermöglicht, die nach erfolgreicher Punktion unter gleichzeitigem Vorschieben der Kunststoffkanüle entfernt wird.

Durchführung: Die Wahl der Punktionsstelle hängt dabei v. a. von den individuellen Venenverhältnissen ab. Dennoch sollte insbesondere bei der Anlage einer Venenverweilkanüle (**5.4**) folgende Reihenfolge eingehalten werden: 1. Handrücken, 2. Unterarm, 3. Ellenbeuge. In Ausnahmefällen können auch die Venen des Fußrückens punktiert werden (Cave: hohes Risiko für das Auftreten einer Thrombose bzw. Thromophlebitis!).

Eine **absolute Kontraindikation** für eine Venenpunktion im Bereich der oberen Extremität stellt die geplante Anlage eines Dialyseshuntes dar.

Der Stauschlauch, der proximal der Punktionsstelle angelegt wird, sollte nicht zu eng zugezogen werden, da der Kompressionsdruck knapp unterhalb des diastolischen Drucks liegen sollte (der periphere Puls muss weiterhin tastbar sein; in schwierigen Fällen ist eine Blutdruckmanschette hilfreich). Treten die Venen nicht genug hervor, kann durch Absenken des Armes und Beklopfen, notfalls durch Besprühen mit Nitrolingual-Spray oder externer Wärmeapplikation, versucht werden, eine bessere Venenfüllung zu erzielen. Aber:

Die Auswahl der Punktionsstelle sollte nicht über das Auge, sondern über das Fingerspitzengefühl erfolgen.

Eine nicht sicht-, aber prall-elastisch tastbare Vene ist meist besser geeignet als eine „verführerisch“ gut sichtbare, oberflächliche Vene.
Die Punktion erfolgt nach Fixieren des Venenverlaufes in einem Winkel von 30 Grad zur Haut, bis sich Blut am Ende der Kanüle zeigt. Um einer Hämatombildung nach Entfernen der Kanüle vorzubeugen, sollte die Punktionsstelle mit einem Tupfer mindestens 1 Minute kontinuierlich (!) komprimiert werden.

Als mögliche ***Komplikationen*** beim Einsatz von Venenverweilkanülen sind Thrombose, Thrombophlebitis, Lymphangitis und das Auftreten eines Weichteilinfektes zu nennen.

5.4 Anlage einer Venenverweilkanüle

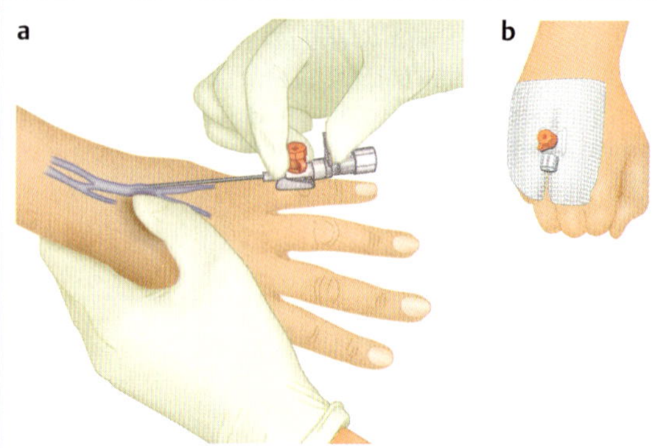

a Punktion einer Handrückenvene. Stichrichtung 30 Grad zur Hand, wobei die Kanüle mit Daumen und Zeigefinger gehalten wird.
b Fixierung der Kanüle mit einem Pflaster.

5.8 Parenterale Teilernährung mittels peripherer Venenverweilkanülen

Eine periphere Vene eignet sich nicht zur **kompletten** parenteralen Ernährung. Jedoch können Ernährungslösungen bis zu einer Osmolarität von 800 mosmol für 2–3 Tage infundiert werden, ohne dass es schon zu einer Venenwandreizung kommt. Dies entspricht einer Kombinationsinfusionslösung, die aus einem 5 %igen Kohlehydratanteil (= 280 mosmol/l) und einen 3 %igen Eiweißanteil (= 290 mosmol/l) sowie einer 1/3 Elektrolytlösung (= 100 mosmol/l) zusammengesetzt sind (z. B. Intramin G, AKE). Damit können aber nur bis zu 1000 Kcal/Tag zugeführt werden. Dies reicht für eine längerfristige (ausschließliche) parenterale Ernährung nicht aus.

Peripherarterielle Punktionen

Die Indikation zur arteriellen Punktion ist wegen möglicherweise schwerer Komplikationen sehr streng zu stellen. Insbesondere kann die versehentliche Applikation einiger Medikamente in einen liegenden arteriellen Verweilkatheter eine Katastrophe darstellen. Die Durchführung der Punktion wird in **5.9** dargestellt.

5.9 Arterielle Punktionen

Arterielle Punktion

Indikation: Einmalpunktionen einer Arterie werden zur Blutentnahme für eine arterielle Blutgasanalyse durchgeführt.

Kontraindikationen für die Kanülierung stellen eine gestörte Gerinnung, Durchblutungsstörungen, Hautmazerationen oder Weichteilinfekte im Bereich der Punktionsstelle sowie bei Kanülierung der A. femoralis inguinale Lymphknotenschwellungen dar.

Utensilien:

- Lokalanästhetikum (z. B. Scandicain 1 %), eine 5 ml-Spritze mit 25 G-Nadel für die Applikation des Lokalanästhetikums,
- 20 G-Punktionskanüle für Erwachsene bzw. 22 G-Kanüle für Kinder mit heparinisierter Monovette für die Blutentnahme.
- Kopfbedeckung, Mundschutz, sterile Handschuhe, steriles Lochtuch, Hautdesinfektionsmittel.

Vorbereitung: Zunächst muss eine geeignete Punktionsstelle gefunden werden. Aufgrund der guten Zugänglichkeit und der sofortigen Erkennbarkeit von punktionsbedingten Komplikationen stellt die A. radialis am Handgelenk der nicht dominanten Hand den häufigsten Zugang zum arteriellen Gefäßsystem dar. A. brachialis, A. femoralis oder A. dorsalis pedis werden deshalb nur in Ausnahmefällen kanüliert.

Vor jeder Punktion gilt es sicherzustellen, dass über einen Kollateralkreislauf eine ausreichende Durchblutung distal der Punktionsstelle gewährleistet ist!

Dies kann für die **A. radialis** mit dem *Allen-Test* geprüft werden, der allerdings nur beim wachen Patienten durchgeführt werden kann: Kompression von A. radialis und A. ulnaris, nachdem der Patient seine Faust geschlossen hat, bis die Haut abblasst. Danach Faustschluss beenden und Durchblutung der A. ulnaris bei weiterbestehender Kompression des Radialisflusses freigeben. Wird die Haut der Hand innerhalb von 5–10 s rosig, ist der Palmarkreislauf intakt. Andernfalls ist die Punktion der A. radialis kontraindiziert. Der Unterarm wird bei überstrecktem Handgelenk auf einer Handtuchrolle gelagert und mit Pflaster fixiert. Für die Punktion der **A. femoralis** wird der Oberschenkel des auf dem Rücken liegenden Patienten leicht außenrotiert und abduziert gelagert. Streng aseptisches Vorgehen ist obligat!

Durchführung: Unter Spannung der Haut wird über der gewählten Punktionsstelle (**A. radialis:** oberhalb des Lig. carpale: **a**; **A. femoralis:** unterhalb des Lig. inguinale) eine Hautquaddel mit 0,5–1 ml des Lokalanästhetikums gesetzt. Der Gefäßverlauf wird ertastet und die Haut zügig punktiert (**A. radialis:** in einem Winkel von ca. 30 Grad zur Haut; **A. femoralis:** 45 Grad zur Haut: medial verläuft die Vene, lateral der Nerv). Die Kanüle wird vorgeschoben, bis als sicheres Zeichen der intravasalen Lage pulssynchron hellrotes Blut austritt und die Monovette gefüllt werden kann. Nach Entfernen der Kanüle wird ein Kompressionsverband angelegt. Eine Punktionsstelle in der Leiste muss nach Entfernen der Kanüle und vor Anlegen eines Kompressionsverbandes für mindestens 5 Minuten manuell komprimiert werden.

Komplikationen: Es können Hämatome, v. a. beim Durchstechen der Arterienhinterwand, Nachblutungen, Durchblutungsstörungen, abnorme Pulse sowie ein falsches Aneurysma entstehen.

Arterielle Katheter

Synonym: arterielle Verweilkanülen

Indikation: Arterielle Katheter werden bei Patienten mit einem entsprechenden Risikoprofil angelegt, um ein kontinuierliches Blutdruckmonitoring und/oder wiederholte Blutentnahmen für arterielle Blutgasanalysen zu ermöglichen. Der Umgang mit ihnen ist wegen der möglichen Komplikationen dem Einsatz im OP und auf der Wach- bzw. Intensivstation vorbehalten.

Durchführung: Zunächst wird die Arterie wie zuvor beschrieben punktiert. Dann kann entweder die Stahlkanüle zurückgezogen und die Teflonverweilkanüle (z. B. Abbocath, **b**) in die Arterie vorgeschoben oder der arterielle Katheter in Seldinger-Technik über einen Führungsdraht im Gefäß positioniert werden. Abschließend erfolgt der Anschluss einer Verlängerung mit Dreiwegehahn zur Blutentnahme und eines Messabnehmers mit Spülsystem zur kontinuierlichen blutigen Druckmessung.

Der arterielle Katheter muss zur Vermeidung einer Dislokation sicher fixiert werden und die Zuleitungssysteme sind auffällig zu kennzeichnen, um eine akzidentelle Applikation von Medikamenten mit schwerwiegenden Folgen bis hin zur Nekrose/Amputation von Extremitäten zu verhindern!

Tägliche Katheterpflege ist obligat. Bei einer Rötung der Kathetereintrittstelle ist dieser umgehend zu entfernen, um einer Kathetersepsis vorzubeugen.

a Punktion der A. radialis

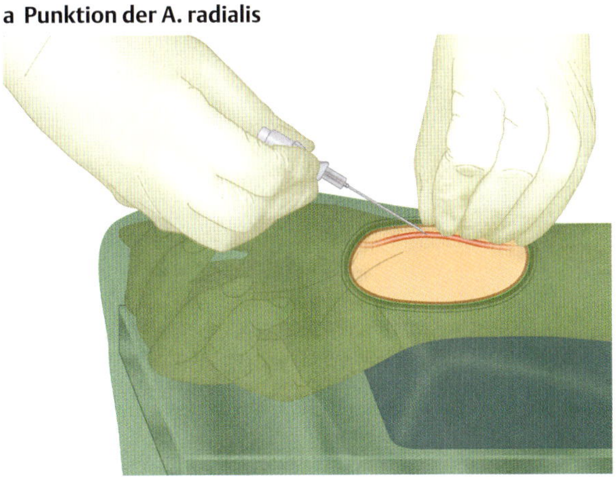

b Utensilien zum Legen eines arteriellen Katheters

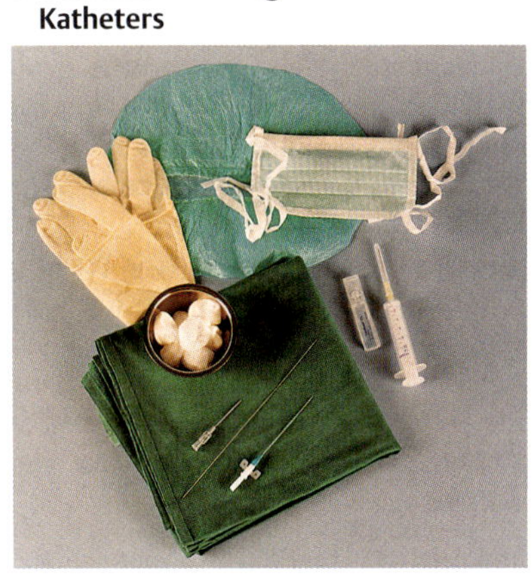

5.8 Zentralvenöse und arterielle Kathetersysteme

Intravaskuläre Katheter sind Bestandteil jeder Flüssigkeitstherapie, parenteralen Ernährung und kontinuierlichen intravenösen Medikamentenapplikation. Bei den intravaskulären Kathetern unterscheidet man zwischen einer peripheren Verweilkanüle, einem zentralen Venenkatheter und einem permanenten Kathetersystem. Für die perioperative Flüssigkeitstherapie ist oft die Anlage einer peripheren Verweilkanüle in Handrücken- oder Unterarmvenen ausreichend. Eine parenterale Ernährung sowie die Überwachung des Flüssigkeitshaushaltes und des Herz-Kreislauf-Systems im Rahmen größerer chirurgischer Eingriffe setzt die Anlage eines zentralen Venenkatheters voraus. Ein permanentes Kathetersystem wird (vom Chirurgen) implantiert, um eine langandauernde Flüssigkeitstherapie oder eine wiederholte Therapie mit venenreizenden Medikamenten bzw. Zytostatika zu ermöglichen. Arterielle Kathetersysteme werden ausschließlich für eine regionale Chemotherapie implantiert. Der Pulmonalis-(Swan-Ganz-)Katheter wird in SE 7.6, S. 197 beschrieben.

Zentralvenöse Kathetersysteme

Zentraler Venenkatheter (ZVK)

Indikationen: Aufgrund möglicher ernsthafter Komplikationen (s. u.) muss die Indikation zur Anlage eines ZVK sehr streng gestellt werden:

- Infusionen von hyperosmolaren Lösungen, z. B. bei parenteraler Ernährung (Osmolarität > 900mosm/l),
- Messung des zentralen Venendrucks (ZVD) zur Flüssigkeitsbilanzierung und Herz-Kreislauf-Überwachung,
- wiederholte parenterale Medikamentengabe und kontinuierliche Infusion vasoaktiver Substanzen,
- notwendige Infusionstherapie bei schlechten peripheren Venenverhältnissen.

Voraussetzungen für die Anlage eines ZVK: korrekte Indikation, ausreichende Gerinnung und Einverständnis des Patienten.

Anlage eines ZVK: Ein zentraler Venenkatheter kann sowohl über eine perkutane Punktion einer größeren peripheren oder zentralen Vene als auch über eine operative Freilegung und Eröffnung einer subkutanen Vene (Venae sectio) in das Hohlvenensystem eingebracht werden. Dort ist er dann soweit vorzuschieben, bis er mit seiner Spitze in der klappenlosen oberen V. cava kurz vor ihrer Einmündung in den rechten Vorhof zu liegen kommt. Unabhängig vom Zugangsweg wird der Patient zur besseren Venenfüllung und zur Vermeidung einer Luftembolie in flache Rückenlage bzw. leichte Kopftieflage gebracht.

Anlage eines ZVK über perkutane Punktion: Der Zugang zum Hohlvenensystem kann über die Punktion *peripherer Venen* (Armvenen: V. basilica, V. cephalica; Beinvenen: V. saphena magna, V. femoralis) oder *zentraler Venen* (V. subclavia, V. jugularis interna oder externa, V. brachiocephalica) entweder in Direktpunktion oder in Seldinger-Technik erfolgen (**5.10**).

Aufgrund der sehr hohen Thromboembolierate sollte die Anlage eines ZVK über die V. femoralis bzw. V. saphena magna Ausnahmesituationen vorbehalten bleiben.

T 5.9 Vor- und Nachteile verschiedener Punktionsorte

Punktionsort	*Vorteile*	*Nachteile*
V. jugularis interna	einfache Punktionstechnik, vergleichsweise niedrige Komplikationsrate	nicht immer durchführbar (z. B. bei Hypovolämie), Pneumothoraxgefahr bei klavikulanaher Punktion, akzidentelle Punktion der A. carotis, kontraindiziert bei Karotisstenose der Gegenseite und bei erhöhtem Hirndruck
V. basilica, V. cephalica	einfache und sterile Vorgehensweise, auch bei schlechten Gerinnungsverhältnissen durchführbar	häufige Fehllage, hohe Thrombophlebitisrate, Lageveränderung der Katheterspitze bei Bewegungen des Armes, Mehrlumenkatheter können nicht eingebracht werden
V. jugularis externa	relativ einfacher Zugangsweg, komplikationsarm, kann auch bei schlechten Gerinnungsverhältnissen gewählt werden	der Katheter lässt sich oft nicht bis in die obere Hohlvene vorschieben
V. subclavia	bessere Beweglichkeit des Patienten, bessere Pflegemöglichkeit der Punktionsstelle, das Lumen der V. subclavia wird immer offengehalten (auch bei ausgeprägter Hypovolämie jederzeit zu punktieren)	relativ hohe Rate schwerwiegender Komplikationen: Pneumothorax 1–2 %, akzidentelle Punktion der A. subclavia mit Ausbildung großer Hämatome oder eines Hämatothorax ist möglich

Jede perkutane Punktion erfordert ein streng steriles Vorgehen, d. h. es darf nur mit sterilen Handschuhen nach zweimaliger Desinfektion der Haut punktiert werden. Möglichkeiten der perkutanen Punktion sind:

- *Direktpunktion:* Hier kann ein geschlossenes Punktionsset benutzt werden, bei dem sich der Katheter in einer Schutzhülle befindet und durch eine Punktionskanüle vorgeschoben wird, die anschließend gezogen wird. Von Vorteil ist, dass mit dieser Methode äußerst steril gearbeitet werden kann, von Nachteil ist das größere Punktionstrauma.
- *Modifizierte Seldinger-Technik:* Über eine dünne Punktionskanüle wird ein flexibler Draht in das punktierte Gefäß vorgeschoben (👁 **5.5**). Dann wird die Punktionskanüle zurückgezogen und anschließend der Katheter über den Führungsdraht platziert. Mit Hilfe dieser vergleichsweise atraumatischen Vorgehensweise können auch Mehrlumenkatheter und großlumige Schleusen in die punktierten Venen eingebracht werden.

🔍 5.10 Anlage verschiedener zentraler Venenkatheter über perkutane Punktion

V.-jugularis-interna-Katheter

Die V. jugularis interna rechts ist der bevorzugte Punktionsort für die Anlage eines zentralen Venenkatheters. Sie verläuft im Gefäß-Nerven-Strang des Halses lateral und etwas ventral der A. carotis communis. Für die Anlage eines Jugulariskatheters wird der Patient in Kopftieflage gebracht und der Kopf wird leicht zur Gegenseite gedreht. Der vorgesehene Punktionsort wird lokal anästhesiert (👁 **a**). Man tastet den Verlauf der A. carotis communis mit den Fingern der linken Hand und führt die Punktionsnadel oberhalb der Kreuzungsstelle zwischen V. jugularis externa und M. sternocleidomastoideus unter ständiger Aspiration transmuskulär in einem Winkel von 30–45 Grad zur Haut in Richtung auf den klavikulären Ansatz des M. sternocleidomastoideus ein. In etwa 3–4,5cm Tiefe erreicht man die V. jugularis interna – erkennbar am Einströmen dunklen Blutes in die Spritze – und kann nun je nach Technik den Katheter bzw. Draht vorschieben.

V.-jugularis-externa-Katheter

Lagerung und Vorbereitung des Patienten für eine V.-jugularis-externa-Punktion entsprechen denen einer V.-jugularis-interna-Punktion. Zur besseren Venenfüllung drückt ein Helfer die V. jugularis externa fingerbreit oberhalb der Klavikula ab, und der Arzt punktiert.

V.-subclavia-Katheter

Die V. subclavia kreuzt die 1. Rippe dorsal des mittleren Klavikuladrittels und liegt ventral zur A. subclavia. Die Punktionsstelle befindet sich dicht unterhalb der Klavikula, etwa 1–2cm lateral der Medioklavikularlinie (👁 **b**). Vor der Punktion ist eine Lokalanästhesie zu setzen, die nicht nur die Kutis und Subkutis erreicht, sondern auch das Periost der Klavikula. Dann wird die Punktionskanüle unter der Klavikula und in ständigem Knochenkontakt in Richtung des Sternoklavikulargelenkes geführt, bis man die V. subclavia in ca. 4–6cm Tiefe erreicht.

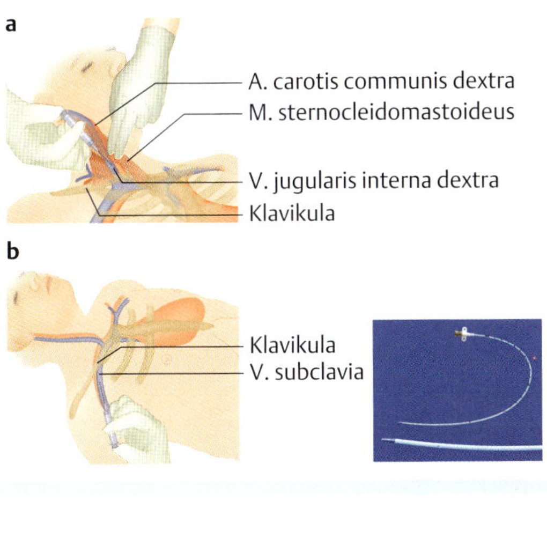

Anlage eines ZVK über Venae sectio: Die Venae sectio, das operative Einbringen eines ZVK, ist dank der verbesserten Technik der perkutanen Punktion selten geworden. Trotzdem muss der Arzt die Technik im Notfall beherrschen (🔍 **5.11**). Es werden die Kubitalvenen bevorzugt.

Lagekontrolle eines ZVK: Vor der Benutzung des ZVK muss seine korrekte Lage nachgewiesen werden. Meist wird eine Röntgen-Thorax-Aufnahme angefertigt:

- Katheterverlauf ist glatt und ohne Schlingenbildung,
- die Spitze liegt in der oberen Hohlvene außerhalb der Perikardumschlagsfalte (Höhe Aortenknopf),
- die Spitze eines von links eingelegten Katheters stemmt sich nicht gegen die rechts-laterale Wand der oberen Hohlvene,
- ein Pneumothorax bzw. seltenere Komplikationen wie ein Hämatothorax oder ein Pneumomediastinum müssen ausgeschlossen werden.

Komplikationen:

- punktionsbedingte Komplikationen: größere Hämatome, versehentliche Arterienpunktion, Pneumo-, Hämato- und Infusionshydrothorax, Verletzung von benachbarten anatomischen Strukturen (z. B. von Nervengeflechten, Ductus thoracicus, Trachea, Ösophagus), Luftembolie, Herzrhythmusstörungen bei Lage der Katheterspitze im rechten Vorhof,
- katheterbedingte Komplikationen: Katheterembolie, Schlingenbildungen des Katheters, Perforation von

👁 5.5 Einführhilfe mit Führungsdraht

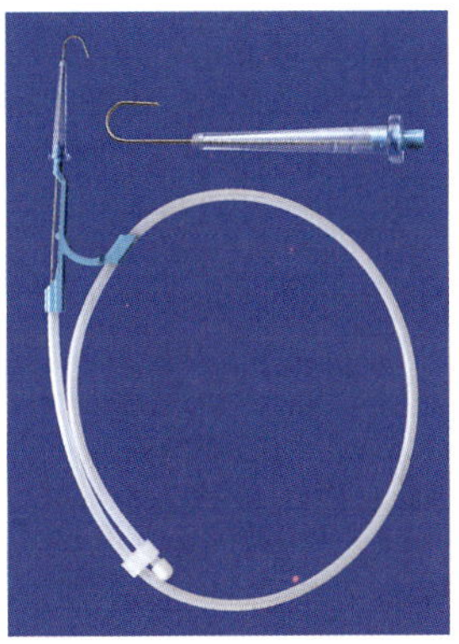

Zur Anlage eines Katheters wird das Gefäß mit einer Kanüle punktiert. Der an der Spitze flexibel gebogene Führungsdraht wird zunächst in die Hülse zurückgezogen, dann gerade durch die Kanüle geführt. Im Gefäß biegt sich der Draht wieder, so dass er „stumpf" vorgeschoben werden kann und das Gefäß nicht perforiert.

5.11 Anlage eines zentralen Venenkatheters über die Venae sectio

Zunächst wird eine geeignete, meist in der Ellenbeuge gelegene Vene ausgesucht (a). Nach Setzen einer Infiltrationsanästhesie werden Haut und Unterhaut über der Vene quer inzidiert (b), sodass die Vene mit einer gebogenen Klemme unterfahren und freipräpariert werden kann (c). Beim Zurückziehen der Klemme werden zwei Fäden mitgenommen, der distale wird zugeknotet, der proximale nur locker angeschlungen und die Venenwand mit einem Skalpell eröffnet (d). Der Katheter wird ca. 2 cm unterhalb der Hautinzision („extravulnär") nach Stichinzision der Haut in die Subkutis eingeführt, bis zur eröffneten Vene hochgeführt und dann in die Gefäßlichtung eingeführt (e). Die Wunde wird mit Hautnaht verschlossen und der Katheter an der Einstichstelle mit einem Faden fixiert (f). Intraoperative Rö.-Durchleuchtung zur exakten Lagekontrolle der Katheterspitze in der V. cava sup.

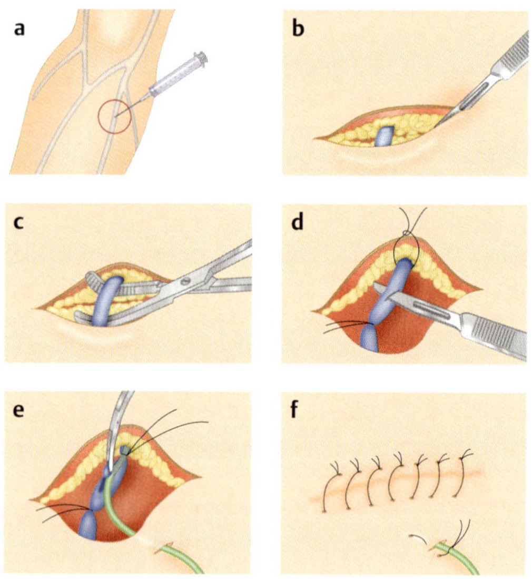

Venenwand bzw. Myokard oder Herzklappen bei hartem Kathetermaterial,

- Thrombosen und Thromboembolien,
- Infektionen: lokal und systemisch (Kathetersepsis), z. B. septische Jugularis-Thrombose.

Messung des zentralen Venendrucks (ZVD)

Mit einem zentralen Venenkatheter kann der zentrale Venendruck, d. h. der Druck in der V. cava im Bereich der Einmündungsstelle in den rechten Vorhof, gemessen werden. Der ZVD erlaubt Aussagen über die Funktion des rechten Herzens sowie den Füllungszustand des Kreislaufs (Volumendefizit bzw. Volumenüberlastung).

Durchführung: Der zentrale Venendruck wird über einen zentralen Venenkatheter in flacher Rückenlage gemessen. Referenzpunkt für die Messung ist der Nullpunkt des Manometers in Höhe des rechten Vorhofs; **5.6.** Bei richtiger Katheterlage schwankt der Druck im Verlauf eines Atemzyklusses.

5.6 Flüssigkeitsmanometrie zur ZVD-Messung

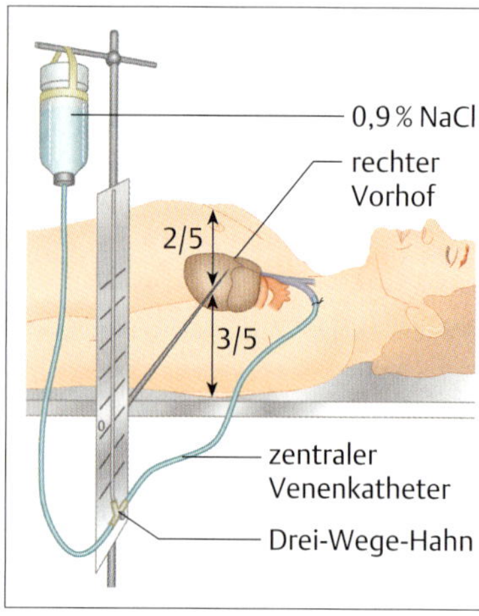

Die intermittierende Messung des zentralen Venendrucks erfolgt nach Anschluss des zentralen Venenkatheters an eine Wassersäule. Die Nulllinie der Messskala liegt auf dem Niveau des rechten Vorhofs. Normalwert: 6–12cmH_2O.

Der Druck kann intermittierend mit einem wassergefüllten Steigrohr **(Flüssigkeitsmanometrie)** gemessen werden. Er wird bei tiefer Inspiration abgelesen und in „Zentimeter Wassersäule" (cmH_2O) angegeben. Diese Messmethode ist technisch einfach und kann auch auf einer Normalstation problemlos durchgeführt werden.
Eine kontinuierliche Messung ist nur mit einem elektronischen Verstärker und Druckaufnehmer über einen Monitor **(Elektromanometrie)** sinnvoll. Hierbei wird der Mitteldruck der zentralen Venendruckkurve als ZVD in „Millimeter Quecksilbersäule" (mmHg) angegeben. 1,36 cmH_2O entsprechen 1mmHg.

Bewertung: Die Normwerte für den ZVD sind je nach der Messmethode unterschiedlich:

- Flüssigkeitsmanometrie: 6–12 cmH_2O,
- Elektromanometrie: 4–10 mmHg.

Zu niedrige Werte weisen auf einen intravasalen Volumenmangel, zu hohe auf eine Rechtsherzbelastung z. B. bei Hypervolämie, Lungenembolie, Herzbeuteltamponade oder Rechtsherzinsuffizienz hin.

Permanente Kathetersysteme

Permanente Kathetersysteme (s. auch **5.12**) ermöglichen über einen längeren Zeitraum einen sicheren Zugang zum venösen oder arteriellen Gefäßsystem. Gleichzeitig sollen sie die Infektionsgefahr deutlich minimieren. Sie werden entweder komplett subkutan versenkt (z. B. Portkatheter) oder über eine längere Strecke subkutan geführt, sodass der Eintritt in die Vene weit entfernt von der Hautinzison ist, durch die der Katheter ausgeleitet wird.
Die Implantation arterieller Kathetersysteme ist ausschließlich für die regionale Chemotherapie, meist von Lebermetastasen, in Einzelfällen auch für die regionale Perfusion von malignen Tumoren im Hals- und Kopf-Bereich indiziert.
Pumpensysteme verwendet man zur kontinuierlichen Medikamentenabgabe im Rahmen einer Chemo- oder chronischen Schmerztherapie.

5.12 Permanente Kathetersysteme

Venöse Kathetersysteme
Die Implantation venöser permanenter Kathetersysteme kann in Allgemein- oder Lokalanästhesie erfolgen.
Broviac-Katheter werden verwendet, um größere Volumina innerhalb kurzer Zeit zu infundieren wie es z. B. bei parenteraler Langzeiternährung oder bei der Knochenmarktransplantation der Fall ist. Der Broviac-Katheter wird meist über die V. jugularis interna oder V. subclavia implantiert und durch eine Hautinzision über dem M. pectoralis major ausgeleitet (👁 **a**). Direkt hinter der Haut wird die Filzmuffe positioniert: durch fibrosierende Verwachsungen mit der Haut guter Schutz vor aszendierenden Infektionen entlang des Katheters.
Hickman- bzw. Demers-Katheter sind große doppellumige Katheter, die für die chronische Hämodialyse bei fehlender Möglichkeit eines peripheren Shunts verwendet werden. Ihre Implantation und Handhabung ist ähnlich dem Broviac-Katheter. Beide Katheterenden werden perkutan ausgeleitet und müssen daher sorgfältig gepflegt und verbunden werden (👁 **b**).
Ein **Portkatheter** (👁 **c**) wird im Gegensatz zu den beiden vorangegangenen Kathetern vollständig subkutan versenkt. Indikationen für einen venösen Portkatheter sind v. a.:
- systemische Chemotherapie,
- wiederholte Medikamentenapplikation bei chronischer Erkrankung, z. B. bei Hämophilie,
- langfristige parenterale Ernährung.

Implantiert werden die Portkatheter ebenfalls über die V. jugularis interna oder V. subclavia. Die Portkammer wird über dem M. pectoralis major subkutan eingesetzt. Ihre Punktion erfolgt transkutan mit einer Spezialnadel, der *Huber-Nadel*, unter sterilen Bedingungen.

Arterielle Kathetersysteme
Arterielle Portkatheter sind weitgehend mit den venösen Portkathetern identisch. Sie unterscheiden sich lediglich darin, dass ein arterieller Portkatheter einen Ventilmechanismus an der Katheterspitze bzw. an der Portkammer besitzt, der das Kathetersystem vor einen Bluteinstrom schützt. Die *Implantation* eines arteriellen Portkatheters zur lokalen Therapie von Lebermetastasen erfolgt per laparotomiam. Der Katheter wird dann in die nach peripher ligierte A. gastroduodenalis eingebracht und in dieser so weit vorgeschoben, bis die Katheterspitze tangential an die A. hepatica zum Liegen kommt. Die Portkammer wird subkutan über dem rechten Rippenbogen implantiert.
Bei dem Umgang mit einem arteriellen Portkatheter ist noch mehr auf Sterilität zu achten als bei einem venösen Portkatheter, denn jede Infektion eines arteriellen Katheters beinhaltet einen sehr viel höheren operativen Aufwand hinsichtlich der Katheterexplantation. Daher ist jede Punktion nur unter absolut sterilen Bedingungen durchzuführen. Nach der Punktion wird die in der Portkammer befindliche Huber-Nadel steril verbunden, so dass nur noch der an der Huber-Nadel befindliche Schlauch angefasst werden muss.

! Um eine Fehlperfusion der Medikamente in Magen und Duodenum zu verhindern, muss vor jedem neuen lokalen Chemotherapiezyklus das arterielle Portsystem mittels Portangiographie auf freie Durchgängigkeit und weiterhin korrekte Lage überprüft werden.

Pumpensysteme
Die Pumpensysteme werden in der Regel in eine subkutane Tasche im Bereich der Bauchwand implantiert. Von der Pumpe ausgehend wird ein Katheter in die Vene bzw. in den Periduralraum geleitet. Die Pumpen geben je nach Modell 0,2–2,0ml/24h ab und müssen je nach Fassungsvolumen der Kammer (20–40ml) perkutan aufgefüllt werden. Der Antrieb der Pumpe erfolgt zumeist über ein Gasdrucksystem. Die Durchflussmenge wird durch eine Kapillare geregelt.

Richtlinien für die Implantation von vollimplantierbaren Kathetersystemen
Die Implantation hat nur unter optimalen, sterilen Bedingungen (Operationssaal) zu erfolgen.
Jede lokale Infektion muss genauestens beobachtet werden. In den meisten Fällen ist das Kathetersystem sofort zu entfernen, spätestens aber bei systemischen Infektzeichen wie Blutbildveränderungen oder Fieber.
Bei unklaren Infektzeichen muss – nach Ausschluss aller sonstigen möglichen Ursachen – das Fremdmaterial entfernt werden.

a Broviac-Katheter

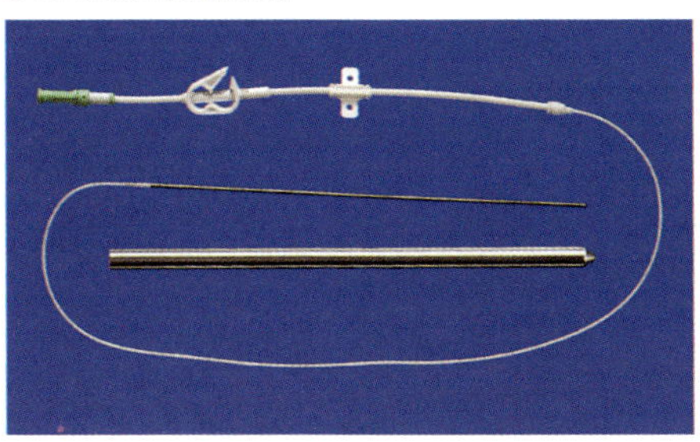

b Demers-Katheter

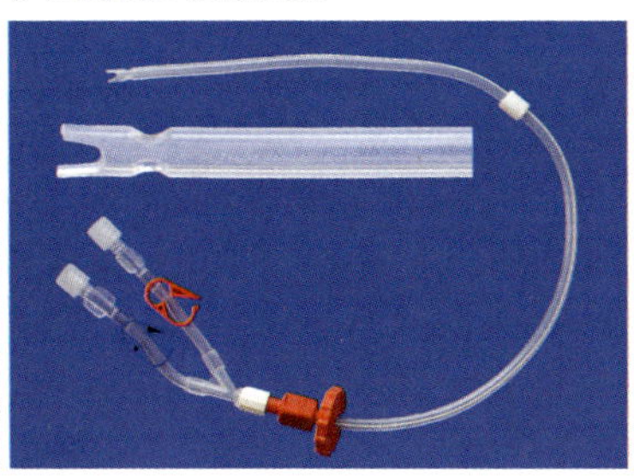

c zentralvenöses Portsystem

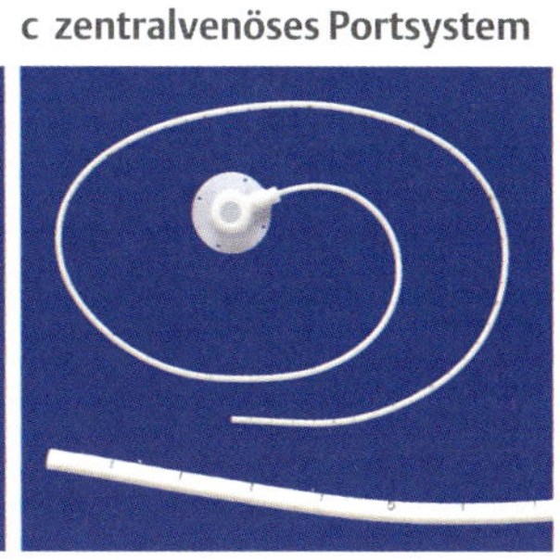

5.9 Punktionen und Drainagen von Pleura und Perikard

Punktionen oder Drainageanlagen des Pleuraspalts und Herzbeutels dienen sowohl der Differenzialdiagnose als auch der Therapie von Ergussbildungen, die in diesen präformierten Spalträumen entstehen können. Eine direkte Punktion der Herzkammern zur Medikamentenapplikation ist heute obsolet.

Pleuraraum

Ein Pleuraerguss kann im Röntgenbild des Thorax ab einer Ergussmenge von ca. 150 ml nachgewiesen werden. Ist die Ursache der Ergussbildung unbekannt, erfolgt die *Klärung der Genese* durch eine **Pleurapunktion** mit anschließender mikrobiologischer, zytologischer oder laborchemischer Aufarbeitung des Aspirates. Führt ein großer Erguss durch Ausbildung einer Kompressionsatelektase zu einer Einschränkung der Lungenfunktion, können pro Sitzung maximal 1000 ml des Ergusses zur *Entlastung* abgelassen werden.

! Werden mehr als 1000 ml Flüssigkeit abgelassen, besteht die Gefahr, dass sich ein Lungenödem (Reexpansionsödem) bildet.

Erstmaßnahme bei klinischer und/oder radiologischer Diagnose eines vital bedrohlichen **Spannungspneumothorax** ist die *Druck-Entlastung* mittels Pleurapunktion. Hierbei kann eine dicklumige Venenverweilkanüle (Viggo orange oder weiß, überall durchführbar) oder, wenn vorhanden, ein Pleurapunktionsset (Pneumocath) verwendet werden. Die Punktion erfolgt in Rückenlage des Patienten im 2. oder 3. Interkostalraum (ICR) in der Medioklavikularlinie (**5.7b**). Im Anschluss an die lebensrettende Erstversorgung muss die Genese geklärt und die weitere Therapie (insb. Anlage einer Thoraxdrainage) eingeleitet werden.

Eine *absolute Indikation* für die Anlage einer **Pleuradrainage** (Synonyme: Thoraxdrainage, Monaldi-Drainge [ventral], Bülau-Drainge [lateral]) stellen der (Mantel-) Pneumothorax, der Hämatothorax bzw. die Kombination von beiden (Hämatopneumothorax), der Chylothorax und das Pleuraempyem dar. Vor Abschluss eines thoraxchirurgischen Eingriffes ist ebenfalls die Anlage einer Thoraxdrainage obligat. Eine *relative Indikation* ergibt sich beim Spitzenpneumothorax und beim geringgradigen Pleuraerguss.

5.7 Pleurapunktion

a Pleuraerguss

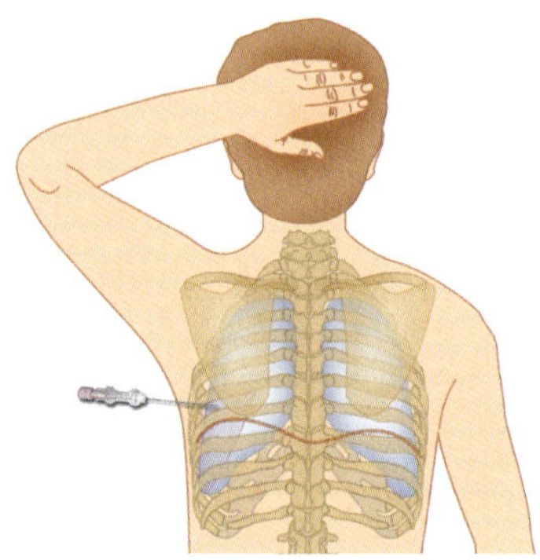

a Wenn möglich, sollte ein Erguss beim sitzenden Patienten im 6. oder 7. ICR punktiert werden. Als Orientierungshilfe können die Skapulaspitze und die Mamille bzw. bei Frauen die Submammärfalte dienen.

b Spannungspneumothorax

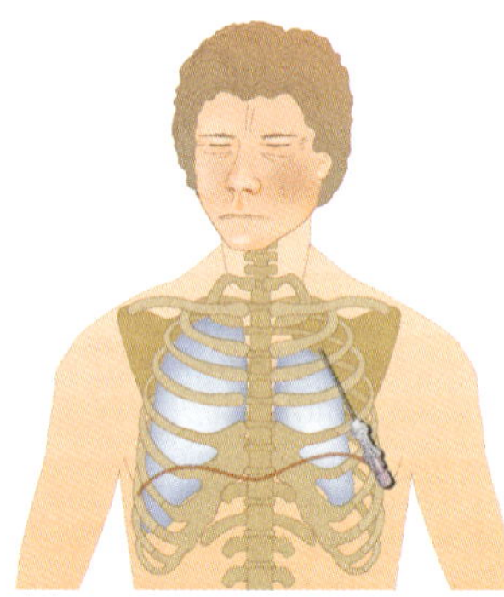

b Ein Spannungspneumothorax wird hingegen beim liegenden Patienten von vorn in der Medioklavikularlinie durch den 3. ICR entlastet.

Perikard

Bei der **Perikardpunktion** (**5.8**) handelt es sich um eine Notfallintervention bei Vorliegen einer Perikardtamponade mit drohendem Pumpversagen des Herzens, verursacht entweder durch eine Aortendissektion, eine Myokardruptur oder eine Perikarditis. Bereits bei einer Füllung des Herzbeutels mit 150–200 ml Blut oder Erguss kann ein Herzstillstand resultieren.

5.8 Perikardpunktion

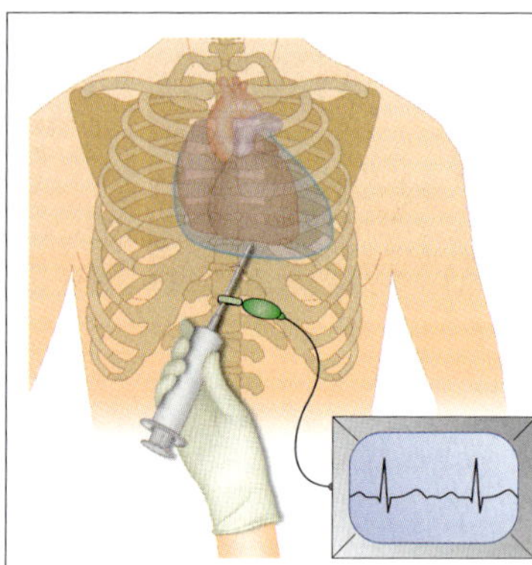

Über die Punktionskanüle erfolgt eine EKG-Ableitung, um das Erreichen des Epikards anhand von ST-Strecken-Hebungen erkennen zu können.

5.13 Durchführung der Punktionen und Drainagenanlagen

Pleurapunktion

Vorbereitung: Die Punktion erfolgt im Sitzen oder in Seitenlage. Die Punktionsstelle wird entweder durch Auskultation (abgeschwächtes oder aufgehobenes Atemgeräusch) und Perkussion (hyposonorer Klopfschall) oder besser ultraschallgesteuert mit direktem Nachweis des Ergusses lokalisiert (👁 **5.7a**).

Utensilien:

- Lokalanästhetikum (z. B. Lidocain 1 %), eine 5 ml-Spritze mit dünner Einmalinjektionskanüle für die Applikation des Lokalanästhetikums,
- Punktions- (70 mm lang, 0,9 mm Durchmesser) oder Venenverweilkanüle (Viggo grün oder orange).
- Ist eine Ergussentlastung geplant, wird ein Punktionsset mit Rotanda-Spritze (👁) oder eine 50 ml-Spritze mit Dreiwegehahn und Schlauchsystem benötigt, um nach Füllen der Spritze bei geschlossenem System den Erguss in ein steriles Auffanggefäß abgeben zu können.
- Kopfbedeckung, Mundschutz, sterile Handschuhe, steriles Lochtuch, Hautdesinfektionsmittel.

Durchführung:

! Streng aseptisches Vorgehen ist obligat.

Zunächst erfolgt die Lokalanästhesie mit Setzen einer Hautquaddel und tiefer interkostaler Infiltration des Lokalanästhetikums. Dann wird die Punktions- oder Venenverweilkanüle senkrecht zur Haut eingestochen. Orientierungspunkt für das weitere Vorschieben der Kanüle ist der Oberrand der nächst höher gelegenen Rippe. Dieses Vorgehen verhindert eine akzidentelle Verletzung der Interkostalgefäße, die am Unterrand der Rippe verlaufen, sowie die Entstehung eines Pneumothorax nach Entfernen der Punktionsnadel. Sobald die Nadelspitze den Pleuraraum erreicht, kann der Erguss aspiriert werden. Eine komplette Ergussentlastung wird durch den Hustenreiz des Patienten, der beim Anlegen der Pleurablätter auftritt, angezeigt. Die Punktionsnadel kann sodann unter einem Vasalva-Manöver entfernt werden. Abschließend wird ein Pflasterverband angelegt.

! Zum Ausschluss eines punktionsbedingten Pneumothorax muss ein Röntgenbild des Thorax in Exspiration angefertigt werden. Zusätzlich kann mit einer Inspirationsaufnahme der verbliebene Resterguss abgeschätzt werden.

Pleuradrainage

Vorbereitung: Information des Patienten über das geplante Vorgehen. Lagerung: Bei seitlicher Anlage der Drainage (Bülau-Drainage) in Rückenlage unter maximaler Abduktion des Armes der betroffenen Seite und Fixierung der Hand unter dem Kopf, bei Anlage der Drainage von ventral (Monaldi-Drainage) liegen die Arme am Rumpf. Bei Unruhe Sedierung des Patienten, dann ist ein entsprechendes Monitoring obligat. Rasur der Haut sowie Abwaschen und steriles Abdecken des OP-Gebietes.

Utensilien:

- Lokalanästhetikum (z. B. Lidocain 1 %), eine 20 ml Spritze mit langer Einmal-injektionskanüle (Sterican gelb 70 mm) für die Applikation des Lokalanästhetikums,
- Einmalskalpell zur Hautinzision,
- steril gepacktes Instrumentenset bestehend aus chirurgischer Pinzette, gebogener Schere, Kornzange, Klemme, Nadelhalter, Auffangschale, Abdecktüchern, Tupfern und Kompressen,
- steril verpackte Thoraxdrainage (18–32 Charr.),
- Nahtmateril der Stärke 0 zur Fixierung der Drainage (z. B. Mersilene),
- Kopfbedeckung, Mundschutz, sterile Handschuhe, steriles Lochtuch, Hautdesinfektionsmittel.

Durchführung: Zunächst wird eine Hautquaddel mit dem Lokalanästhetikum an der gewählten Anlagestelle gesetzt. Dann erfolgt eine tiefe Infiltration des Lokalanästhetikums bis auf das Periost der nächsthöher gelegenen Rippe und der Interkostalmuskulatur am Oberrand dieser Rippe, bis die Pleura parietalis erreicht wird.

! Niemals an Lokalanästhetikum sparen, da die Drainageanlage sonst äußert schmerzhaft ist.

Bei ausreichender Anästhesie wird nach Hautinzision (ca. 1,5 cm) die Thoraxwand in Richtung der nächst höher gelegenen Rippe teils stumpf teils scharf mit der gebogenen Schere präpariert. Diese „getunnelte" Anlage der Drainage beugt Infektionen vor und verhindert beim Ziehen der Drainage das Entstehen eines Pneumothorax. Um eine Verletzung der Interkostalgefäße, die am Unterrand der Rippe verlaufen, zu verhindern, muss kleinschrittig unter digitaler Kontrolle präpariert werden. Der Oberrand der Rippe muss dabei vor einer Präparation der Interkostalmuskulatur immer sicher identifiziert werden. Nach Eröffnung der Pleura (wegen möglicher Pleuraverwachsungen möglichst digital!) wird die Drainage unter Zuhilfenahme der Kornzange in die gewünschte Richtung platziert (beim Erguss nach kaudal, beim Pneumothorax nach kranial). Abschließend wird die Drainage mit 2 Haltenähten fixiert und mit dem geschlossenen Drainagesystem konnektiert sowie ein steriler Verband angelegt.

Die Verwendung des mitgelieferten Trokars zur Platzierung der Thoraxdrainage ist wegen der hohen Komplikationsrate (Fehlplatzierung mit Perforation von Lunge, Herz, Mediastinum, Leber, Milz und Gefäßen) nur Ausnahmesituationen vorbehalten.

! Zur Lagekontrolle der Drainage ist die umgehende Anfertigung eines Röntgenbildes des Thorax obligat.

Perikardpunktion

Utensilien: Dicklumige, 10 cm lange Kanüle mit aufgesetzter 10 ml-Spritze, EKG-Gerät, Notfallausrüstung zur kardiopulmonalen Reanimation, ggf. Perikardkatheter.

Durchführung: Der Oberkörper des liegenden Patienten wird 45 Grad hoch gelagert. Eine Kanüle wird neben dem Xiphoid unter dem linken Rippenbogen in einem Winkel von 30 Grad zur Haut eingestochen und unter ständiger Aspiration in Richtung auf die Mitte der linken Klavikula vorgeschoben. Das Risiko einer akzidentellen Myokardperforation kann mithilfe einer EKG-Ableitung über die Punktionsnadel minimiert werden. ST-Strecken-Hebungen zeigen dann das Erreichen des Epikards an. Bei größeren Ergussmengen und bei Rezidivneigung kann zur längerfristigen Entlastung ein Perikardkatheter in Seldinger-Technik angelegt werden.

! Bei Vorliegen eines Hämatoperikards muss nach initialer Entlastung umgehend die operative Therapie der zugrunde liegenden Ursache erfolgen.

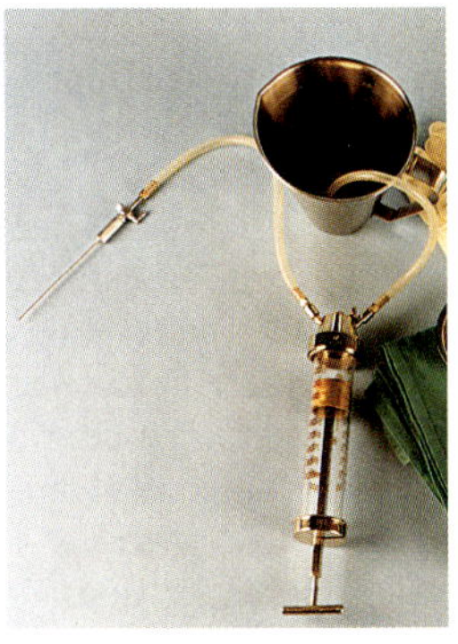

5.10 Sonstige Punktionen und Katheteranlagen

Punktionen sowie Katheter und Drainagen erfüllen sowohl diagnostische als auch therapeutische Aufgaben. Der Einsatz von Kathetern bzw. Drainagen in der interventionellen Radiologie stellt einen enormen Fortschritt in der Medizin dar, da im Körper lokalisierte Prozesse minimal invasiv zugänglich werden und auf diesem Weg sicher diagnostiziert und therapiert werden können. Gelenkpunktionen s. SE 9.5, S. 239.

Außerdem ermöglicht die pathologisch-anatomische Aufarbeitung mittels Punktion gewonnener Gewebematerialen (Zytologie bei Feinnadelaspiration, Histologie bei Stanzzylindergewinnung) u. U. bereits präoperativ eine Artdiagnose bei Raumforderungen unklarer Dignität (insb. Schilddrüse, Lunge, Mamma, Leber, Pankreas).

Harnblase

Katheterisierung der Harnblase

Die **einmalige Katheterisierung** der Harnblase zu diagnostischen Zwecken ist nur noch in Ausnahmefällen erforderlich: Testverfahren wie Urinstix und Uricult können auch mit Spontanurin vorgenommen werden. Die Restharnbestimmung erfolgt heute mithilfe der Sonographie.
Bei der **dauerhaften Harnableitung** muss zwischen einem *transurethralen* und einem *suprapubischen* Zugangsweg zur Harnblase unterschieden werden (**5.14**).
Jede Form der länger andauernden Harnableitung erfolgt in einem geschlossenen System, um Harnwegsinfektionen vorzubeugen.

Eine ***Indikation*** zur Harnableitung besteht während länger dauernder operativer Eingriffe, bei mechanischen und/oder dynamischen Blasenentleerungsstörungen, zur Ruhigstellung der Blase sowie bei Patienten, bei denen eine exakte Bilanzierung mit Bestimmung des Urinzeitvolumens notwendig ist. Pflegerische Probleme beim immobilisierten und/oder inkontinenten Patienten können ebenfalls eine Indikation zur Harnableitung darstellen. Arbeitserleichterung und Bequemlichkeit sind jedoch keine Indikation für eine länger dauernde Harnableitung.

Komplikationen:

Von der streng aseptischen und vorsichtigen Arbeitsweise bei der Anlage eines Dauerkatheters und der korrekten pflegerischen Handhabung des Dauerkathetersystems hängen Komplikations- und Infektionsraten ab.

Häufigste Komplikation bei der transurethralen Katheterisierung der Harnblase sind neben solchen, die aus einer unsachgemäßen Durchführung der Katheteranlage resultieren (Blutung, Perforation der Urethra), Harnwegsinfekte, die entweder durch Keimverschleppung in die Blase bei der Anlage selbst oder durch sekundäre Keimbesiedlung bei zu langer Anwendung des Harnableitungssystems auftreten. Wird der Harnwegsinfekt nicht umgehend diagnostiziert und adäquat therapiert, besteht die Gefahr, dass bei einer aszendierenden Harnwegsinfektion durch das Auftreten einer Bakteriämie eine Urosepsis entsteht. Bei der suprapubischen Harnableitung besteht bei zu weit nach kranial ausgerichteter Punktion die Gefahr einer Peritoneal- oder Darmverletzung. Wird die Punktionskanüle zu weit nach kaudal vorgeschoben, kann eine Prostataverletzung die Folge sein.

Harnblasenpunktion

Eine Harnblasenpunktion zur Entlastung eines akuten, kompletten Harnverhaltes, bei dem ein Katheterismus der Harnblase transurethral technisch nicht möglich ist, ist heute nur noch solchen Notfallsituationen vorbehalten, bei denen ein suprapubisches Dauerkathetersystem (z. B. Cystofix) nicht verfügbar ist (s. **5.14**).

Peritonealhöhle

Aszitespunktion

Die diagnostische oder therapeutische Aszitespunktion erfolgt am liegenden Patienten nach Hautdesinfektion und Lokalanästhesie mit Lidocain entweder im mittleren Drittel der Verbindungslinie zwischen Nabel und Symphyse oder dem ersten Drittel einer gedachten Linie zwischen Spina iliaca anterior superior und Nabel senkrecht zur Bauchdecke (**5.9**). Bei diesem Vorgehen ist eine

5.9 Orientierungspunkte für die Aszitespunktion

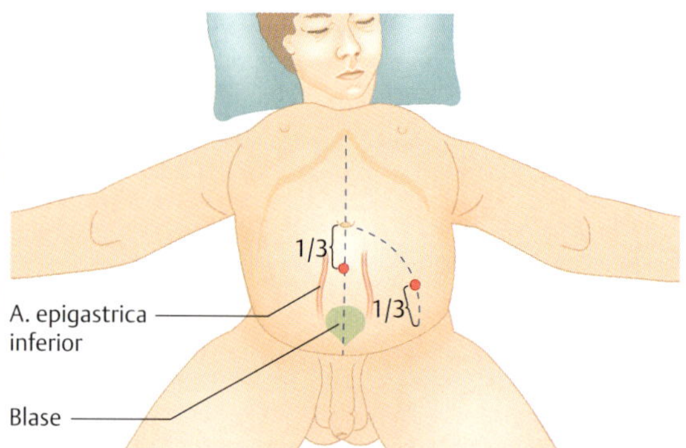

Um eine akzidentelle Punktion der epigastrischen Gefäße, der Harnblase oder von Darmschlingen zu vermeiden, haben sich die eingezeichneten Punktionsorte bewährt.

5.14 Durchführung der Harnableitung

Transurethrale Harnableitung

! Die Katheterisierung der Harnblase erfolgt unter streng aseptischen Bedingungen.

Utensilien: Blasenkatheter (einzeln steril verpackt; 14–18 Charr. für Erwachsene, 8–12 Charr. für Kinder), Urinauffangbeutel, sterilisierte Nierenschale, sterilisiertes Katheterisierungsset mit Abdeckungen, Handschuhen, Desinfektionsmittel (Povidon-Iod), Tupfern, Gleitgel mit Lokalanästhetikum (z. B. Instillagel), Einmalpinzette und Blockerspritze mit 0,9 %iger NaCl-Lösung.

Vorbereitung: Lagerung des Patienten auf dem Rücken, Bereitlegen der Utensilien, sterile Abdeckung, Anziehen der Handschuhe, Übergießen der Tupfer mit Povidon-Iod-Lösung und Entfernen der Verschlusskappen auf dem Gleitapplikator und der Blockerspritze.

Durchführung: **Beim Mann** wird nach steriler Abdeckung das Präputium mit der linken Hand zurückgestreift und die Glans penis mit den Tupfern unter Zuhilfenahme der Pinzette immer zentral beginnend nach peripher desinfiziert. Nach Aufträufeln von etwas Gleitmittel auf das Orfizium und Aufrichtung des Penis wird das Gleitgel vorsichtig in die Harnröhre instilliert. Sodann wird der Katheter steril angereicht und etwa 5 cm unterhalb der Spitze mit der rechten Hand gefasst. Das freie Ende des Katheters, soweit nicht steril umhüllt, wird über den Handrücken hinweg zwischen kleinem und Ringfinger gehalten. Der Penis und damit die Harnröhre wird nun zum Ausgleich der Harnröhrenkrümmung senkrecht nach oben gestreckt und der Katheter in die Urethra eingeführt. Er wird dann so lange vorsichtig vorgeschoben, bis er in Höhe des Bulbus urethrae an der Hinterwand der Harnröhre anstößt. Anschließend ist der Penis soweit abzusenken, bis der Katheter erneut ohne Widerstand vorgeschoben werden kann (👁 **a**).

! Bei Hindernissen darf die Passage nie erzwungen werden, da leicht eine via falsa durch Perforation der Urethra entstehen kann.

Schlägt auch ein Versuch mit dem nächst kleineren Katheter fehl, ist umgehend ein Urologe zu konsultieren.

Sobald Urin fließt, muss der Katheter noch ein Stück vorgeschoben werden, damit er sicher intrakavitär liegt. Der Ballon wird mit 10 ml Kochsalzlösung gefüllt („geblockt", 👁 **b**) und sodann mit dem sterilen, geschlossenen Urinauffangsystem konnektiert.

(Anmerkung: Wird der Katheter nicht umgehend geblockt, besteht die Gefahr, dass er durch Bewegung des Patienten o. ä. disloziert. Der Katheter sollte mit der Hand komprimiert/abgeknickt werden, um zunächst die Blockung vorzunehmen).

Bei der Frau ergibt sich das Vorgehen aus den anatomischen Verhältnissen des äußeren Genitales. Bei gespreizten Beinen werden nach steriler Abdeckung und erster Desinfektion die kleinen Schamlippen mit der linken Hand entfaltet und etwas symphysenwärts verschoben, sodass die Harnröhrenöffnung sichbar wird, die sich oberhalb des Introitus vaginae befindet. Nach erneuter Desinfektion wird der Katheter dann mit der rechten Hand in die Urethra eingeführt und anschließend in die Blase vorgeschoben. Das weitere Vorgehen entspricht dem beim Mann.

Suprapubische Harnableitung

Voraussetzung für die suprapubische Blasenpunktion ist die prall gefüllte Harnblase. Nur so ragt sie aus dem kleinen Becken heraus und hat eine sicher extraperitoneal liegende Vorderseite. Dies kann sonographisch oder mittels Perkussion und Palpation zuverlässig ermittelt werden.

Utensilien: Abdecktücher, Spritze mit Lokalanästhetikum (z. B. Lidocain) und dünner, ca. 7 cm langer Nadel, Skalpell, Spezialbesteck (z. B. Cystofix), Urinbeutel, Nahtmaterial oder Spritze zum Blocken des Katheters.

Vorbereitung: Lagerung des Patienten auf dem Rücken, Rasur, steriles Abwaschen und Abdecken rund um die Punktionsstelle.

Durchführung: Für die Lokalanästhesie wird ca. 4–5 cm oberhalb der Symphyse eine Quaddel gesetzt, dann erfolgt eine Infiltration des Subkutangewebes in gerader Stichrichtung. Je nach Dicke der Bauchdecke kann in einer Tiefe von 4–5 cm Urin aspiriert werden (👁 **c**). Somit sind Tiefe und Stichrichtung bekannt. Die Kanüle wird entfernt, die Haut an der Einstichstelle inzidiert und die Trokarnadel entlang des Stichkanals eingeführt, bis Urin abläuft. Der Katheter kann nun durch die Trokarnadel vorgeschoben werden (👁 **d**). Die Punktionskanüle wird seitlich aufgebrochen und unter Fixierung des Katheters mit der Hand entfernt (👁 **e**). Abschießend wird der Katheter entweder geblockt (wenn es sich um einen Ballonkatheter handelt) oder mit einer Haltenaht fixiert. Die Punktionsstelle verschließt sich nach Entfernung des Katheters spontan.

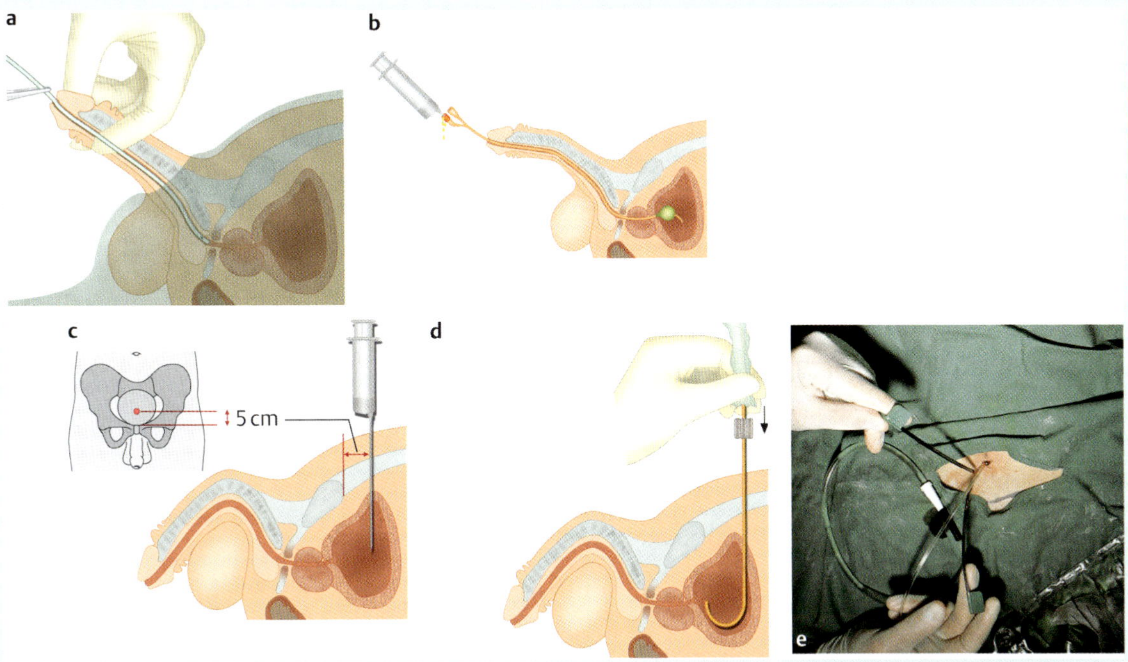

Verletzung der Harnblase bzw. der epigastrischen Gefäße ausgeschlossen. Zur Vermeidung einer Darmperforation sollte die Punktion ultraschallgesteuert erfolgen. Bei Entlastung größerer Aszitesmengen kann statt einer Punktionskanüle eine Venenverweilkanüle verwendet werden, an die dann ein Schlauchsystem zum Ablaufen des Aszites befestigt werden kann. Nach Entfernen der Kanüle wird ein steriler Kompressionsverband angelegt.

Um ein Nachlaufen des Aszites aus der Punktionsstelle zu verhindern, erfolgt die Punktion mit wechselnder Stichrichtung durch die Schichten der Bauchdecke.

Peritoneallavage

Bevor Sonographie und Computertomographie (CT) in der Akutdiagnostik von Verletzungen durch ein stumpfes Bauchtrauma zur Verfügung standen, war die Peritoneallavage (perkutanes Einbringen eines Katheters, Einlaufenlassen von 500 ml physiologischer Kochsalzlösung und Ablaufenlassen bzw. Aspiration der Spülflüssigkeit) ein geeignetes diagnostisches Mittel, zwischen Verletzungen des Gastrointestinaltraktes (Trübung der Spülflüssigkeit), der parenchymatösen Oberbauchorgane (Leber und Milz) oder von großen Gefäßen (Nachweis von Blut), des Pankreas (Nachweis von Amylase) sowie des biliären Systems (Nachweis von Bilirubin) zu unterscheiden. Drei Gründe sprechen heute gegen diese Methode: keine exakte Organdiagnostik möglich, Methode wegen Invasivität nicht wiederholbar und Methode als solche zu komplikationsträchtig.

Liquorraum

Lumbalpunktion

Indikation: Bei Bewusstseinsstörungen oder Koma unbekannter Genese besteht eine Indikation zur Lumbalpunktion (LP), um mittels Liquordiagnostik zwischen Blutungen (intrazerebral, subarachnoidal) und entzündlichen Erkrankungen des zentralen Nervensystems (Meningitis, Enzephalitis) differenzieren zu können.

Kontraindikation: Vor der Punktion muss unbedingt ein erhöhter Hirndruck (z. B. durch Spiegeln des Augenhintergrundes) ausgeschlossen werden, da es sonst durch den Liquorverlust unter der Punktion zu einer Einklemmung der Medulla oblongata im Foramen magnum kommen kann.

Ventrikelpunktion und Liquordrainage

Bei Steigerung des intrakraniellen Druckes durch raumfordernde Prozesse oder infolge einer Ödembildung beim Schädel-Hirn-Trauma (SHT) kann diagnostisch zur kontinuierlichen intrakraniellen Druckmessung und therapeutisch zur druckentlastenden Liquordrainage eine Punktion des Ventrikelsystems notwendig werden. Au-

5.15 Durchführung der Lumbalpunktion

Vorbereitung:

Wichtig ist die Information des Patienten über das Vorgehen.

Lagerung: Die Lumbalpunktion erfolgt bei kooperativen und kreislaufstabilen Patienten im Sitzen, was einer Hilfsperson zum Abstützen des Patienten bedarf, oder in Seitenlage. In beiden Fällen ist der Patient so zu lagern, dass das Gesäß bzw. der Rücken mit der Bettkante abschließt. Der Patient wird aufgefordert, einen „Katzenbuckel" zu machen, um einen maximalen Abstand der lumbalen Dornfortsätze zu erreichen.

Markierung der Punktionsstelle im Schnittpunkt der Verbindungslinien zwischen den Dornfortsätzen LWK 4/5 und den Oberkanten der Darmbeinschaufeln (👁).

Utensilien:

- Kopfbedeckung, Mundschutz, sterile Handschuhe, steriles Lochtuch, Hautdesinfektionsmittel,
- Punktionsset mit scharfer Einführungskanüle und dünnerer, längerer und atraumatischer Spinalnadel mit Mandrin,
- mehrere sterile Plastikröhrchen,
- sterile Kompressen, Pflasterverband.

Durchführung:

Streng aseptisches Vorgehen.

- Die Haut um die Punktionsstelle muss mehrmals desinfiziert werden.
- Für die Lokalanästhesie werden die Haut und der Interspinalraum tief mit Lidocain infiltriert.
- Die Einführungskanüle wird ein Stück weit über den ersten Widerstand (Lig. interspinale) hinausgeschoben und anschließend mit Daumen und Zeigefinger fixiert. Durch diese Kanüle kann dann die Spinalnadel soweit in der Mittellinie vorgeschoben werden, bis nach Passieren von zwei weiteren Widerständen (Lig. flavum und Dura) Liquor abtropft, der möglichst sparsam in sterilen Röhrchen aufgefangen wird.

  Um Komplikationen (Blutungen, Nervenwurzelverletzungen, Duradefekte) während der Lumbalpunktion zu verhindern, muss gewährleistet sein, dass der Patient keine abrupten Bewegungen vornimmt. Andernfalls sofortiger Abbruch der Punktion und erneuter Versuch nach Sedierung des Patienten.
- Abschließend wird nach Kompression der Punktionsstelle ein steriler Pflasterverband angelegt und der Patient angewiesen, für 24 Stunden Bettruhe einzuhalten, um einem Liquorverlustsyndrom mit Auftreten von okzipitalen Kopfschmerzen und Schwindel vorzubeugen.

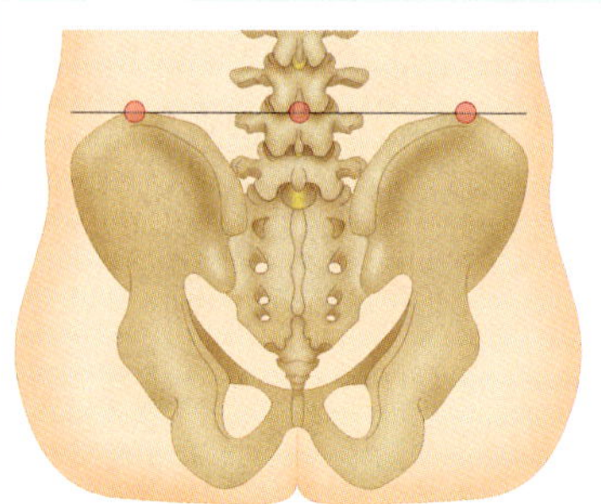

ßerdem ermöglicht die Ventrikelpunktion die Durchführung einer intrathekalen Chemotherapie.

> **5.16 Durchführung der Ventrikelpunktion**
>
> Die Ventrikelpunktion erfolgt unter streng aseptischen Bedingungen am liegenden Patienten unter Sedierung und Fixierung des Kopfes. I. d. R. wird das Vorderhorn punktiert, das auf der gleichen Seite liegt wie die Läsion, die den Hirndruck verursacht (Ödem, Kontusion, Blutung). Nach Rasur, Desinfektion sowie Inzision und Präparation der Kopfschwarte erfolgt die Bohrung der Kalotte an der Kreuzungsstelle einer von der Pupille verlängerten Linie mit der Sutura coronalis ca. 1,5 cm paramedian der Kranznaht. Die Durchführung eines zerebralen Computertomogramms (CCT) zur anschließenden Positionierung der Ventrikelkanüle ist obligat. Die stumpfe Stahlkanüle wird, nachdem die Dura eröffnet wurde, so lange vorgeschoben, bis sich Liquor entleert. Bei diesem Vorgehen wird das Auftreten neurologischer Ausfälle minimiert, da die Punktion durch stumme kortikale Zonen vorgenommen wird. An die Punktionskanüle (= Ventrikelsonde) kann sodann eine **Ableitung** mit skaliertem Auffanggefäß für den Liquor angeschlossen werden, sodass ein geschlossenes System zur permanenten Liquordrainage vorliegt. Wird dieses System mit einem **Manometer** oder Transducer verbunden, kann der intrakranielle Druck (ICP) kontinuierlich gemessen werden, was ein Monitoring der hirndrucksenkenden Therapie ermöglicht.

Perkutane Abszessdrainage

Abszesse werden nach wie vor chirurgisch angegangen, wenn sie oberflächlich gelegen sind. Liegen sie aber tief, insb. in Organen oder Körperhöhlen (Thorax, Abdomen, kleines Becken), können sie perkutan drainiert werden (**5.10**). Der entscheidende Vorteil ist, dass der Patient durch diese in aller Regel nur sehr gering traumatisierende Drainageeinlage zunächst aus der septisch-systemischen Erkrankung herausgeholt werden kann. Natürlich wird durch eine solche perkutane Drainage oft nur die Komplikation (der Abszess) behandelt, nicht aber die ihn auslösende Ursache (Perforation, Fistel usw.). Oft ist deshalb zu einem späteren, elektiven Zeitpunkt eine kausale Nachfolgeoperation notwendig: Diese ist dann aber wegen bestmöglicher Vorbereitung deutlich risikoärmer als wenn sie im Stadium der septisch-systemischen Erkrankung hätte durchgeführt werden müssen (sog. therapeutisches Splitting zur Überlebensverbesserung).

Durchführung: Die perkutane Abszessdrainage wird in Seldinger-Technik angelegt. Zunächst erfolgt unter aseptischen Bedingungen eine sonographisch oder CT-gesteuerte Punktion des Verhaltes. Dann wird ein Draht über die Punktionskanüle vorgeschoben und unter bildgebender Kontrolle im Abszess positioniert. Anschließend kann die Drainage über den Draht eingelegt werden. Abschließend erfolgt eine Fixierung der Drainage mittels Haltenaht. Die Abszessdrainage ist zur Verankerung in der Abszesshöhle schweineschwanzartig aufgerollt, weshalb sie auch als Pigtaildrainage bezeichnet wird. Um die Abszesshöhle gleichzeitig spülen zu können, handelt es sich bei den Pigtaildrainagen häufig um doppellumige Drainagen. Bevor die Drainage gezogen werden kann, muss radiologisch eine vollständige Sanierung des Abszesses nachgewiesen werden.

> Eine perkutane Abszessdrainage darf nicht „blind" gezogen werden, d. h. das Ziehen der Drainage muss radiologisch kontrolliert werden, um Gewebsverletzungen durch zu schnelles Ziehen des aufgerollten Endes der Drainage zu verhindern.

Zytologische Feinnadelpunktion

Palpatorisch, sonographisch oder heute v. a. computertomographisch gesteuerte Feinnadelpunktionen werden zur präoperativen Diagnosesicherung und besseren Therapieplanung bei suspekten Veränderungen von Schilddrüse, Mamma, Lunge, Leber oder Pankreas vorgenommen. Dabei kann durchaus durch andere Organe hindurch punktiert werden (z. B. transhepatisch, transgastral oder transduodenal), um den suspekten Bezirk zu erreichen. Die zytologische Untersuchung des Aspirates ermöglicht bei richtiger Technik und unter Berücksichtigung der klinischen Befunde eine Differenzierung zwischen malignen und benignen Gewebsveränderungen. Die Treffsicherheit und mögliche Komplikationen der Methode variieren je nach Lokalisation stark.
Bei perkutan gut zugänglichen Prozessen kann (ebenfalls ultraschall- oder CT-gesteuert) auch eine Stanzzylinderbiopsie gewonnen werden: Deren histologische Auswertung ist deutlich sicherer als eine zytologische Aufarbeitung nach Feinnadelaspiration.

5.10 Abszessdrainage mit Pigtailkatheter

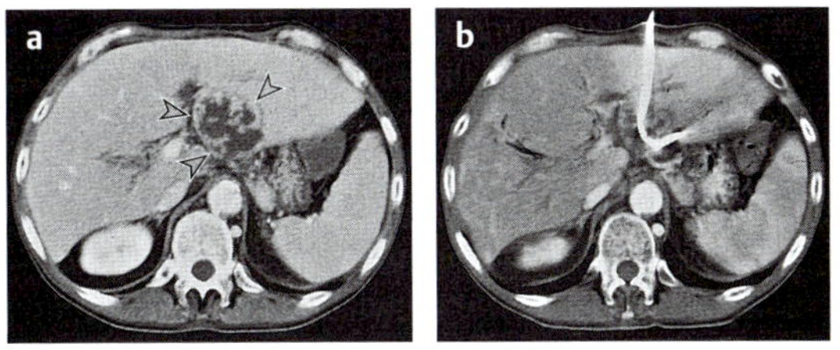

a Hämatogener, z. T. septierter Leberabszess im linken Leberlappen (Pfeile),
b transhepatisch eingelegte Pigtaildrainage.

5.11 Fremdblut sparende Maßnahmen

Um das Risiko der Infektionsgefahr (5.17) sowie immunologisch bedingter Transfusionsreaktionen durch Fremdblut zu vermindern, sind neben einer strengeren Indikationsstellung für die Fremdbluttransfusion blutsparende Operationstechniken und die autologe Transfusion in Betracht zu ziehen. Daneben wird auch über die z. B. für Tumorpatienten relevante Möglichkeit einer Immunmodulation mit Suppression der Immunabwehr durch transfundierte Leukozyten diskutiert.

5.17 Infektionsrisiko durch Fremdblut

Das Infektionsrisiko ergibt sich aus der **Prävalenz der Erreger** bei den Spendern, der **Sensitivität der Tests** und dem Bestehen einer **diagnostischen Lücke** (Latenz zwischen Infektion und Nachweismöglichkeit beim Spender). **Bakterielle Kontaminationen**, z. B. mit Yersinia enterocolica, Enterokokken, Pseudomonas aeruginosa oder Übertragung von Treponema pallidum und Plasmodien sind eher selten. Für das Risiko einer **Virusinfektion** gibt es folgende Schätzwerte: Hepatitis C 1:30000, Hepatitis B 1:50000, HIV-1-Infektion 1:500000–1,5 Mio., HIV-2- und HTLV-1,2-Infektionen sind zu vernachlässigen, CMV-Infektion 1:100 (bedeutsam bei immunsupprimierten Patienten). Dieses Infektionsrisiko kann durch sorgfältige Spenderauswahl (Stammspender), Plasma-Quarantänelagerung (Nachuntersuchung der Spender nach 6 Monaten vor Freigabe des FFP) und Virusinaktivierungsverfahren (z. B. Photoinaktivierung) reduziert werden.

Blutsparende Operationstechniken

Bereits in der Anamneseerhebung ist darauf zu achten, ob evtl. Gerinnungsstörungen bestehen oder vorher gerinnungshemmende Medikamente (z. B. Thrombozytenaggregationshemmer) eingenommen wurden. Die Operationstechniken bzw. Maßnahmen, mit denen sich der intraoperative Blutverlust vermindern lässt, finden sowohl in der elektiven als auch in der Notfallchirurgie ihre Anwendung.

Atraumatisches Operieren: Hierbei handelt es sich um eine gewebe- und gefäßschonende Operationstechnik, bei der Gewebe embryologisch unterschiedlicher Strukturen stumpf voneinander abgeschoben werden, ohne dass in diesen gefäßarmen Grenzzonen größere Blutgefäße eröffnet werden. In der Tumorchirurgie (z. B. bei ausgedehnter Resektion fortgeschrittener Tumoren im kleinen Becken) gelingt dies jedoch oft nicht.

Präliminare zentrale Gefäßligatur: Eine weitere operationstechnische Maßnahme ist die präliminare zentrale Gefäßligatur, die sich bei der geplanten Entfernung eines Organs anbietet. Generell ist die Darstellung und das Anschlingen großer Gefäße eine Vorsichtsmaßnahme, die eine rasche Kontrolle einer eventuellen Blutung ermöglicht. Beim sog. *Pringle-Manöver* wird durch passageres Abklemmen der Gefäße im Ligamentum hepatoduodenale (A. hepatica und V. portae) die Blutzufuhr der Leber unterbrochen und eine Leberischämie herbeigeführt, um eine Blutung im Rahmen einer Leberresektion oder -ruptur zu minimieren. Das gleiche Prinzip – die Anlage einer *Blutsperre* – wird auch in der Extremitätenchirurgie angewandt.

Eine Organ- bzw. Extremitätenischämie ist zeitlich streng auf maximal 60 Minuten zu begrenzen.

Einsatz eines Ultraschalldissektors (CUSA, s. SE 6.6, S. 154 f): Ein Hilfsmittel für die Durchtrennung parenchymatöser Organe ist der Ultraschalldissektor. Mit diesem Gerät können Gefäß- oder Gallengangsstrukturen selektiv geschont und einzeln, z. B. durch Clip-Ligaturen, versorgt werden.

Blutstillung: Eine Blutstillung kann durch unterschiedliche Ligaturen, durch Elektro-, Infrarot- oder Laserkoagulation (Argon-Beam-Koagulation, s. SE 6.6, S. 156) sowie durch evtl. fibrinbeschichtete Kollagenvliese (s. SE 6.6, S. 156) erfolgen.

Im Rahmen von Verletzungen, insbesondere bei Zerreißung großer parenchymatöser Organe oder massiven Blutungen aus dem Retroperitoneum, haben sich *weitere Vorgehensweisen zur Blutstillung* bewährt:

- Tamponade von Körperhöhlen bzw. Organen (speziell der Leber), z. B. mithilfe von Bauchtüchern, die 24–72 Stunden belassen werden können (sog. „packing"),
- kurzfristig-temporäre subdiaphragmale Abklemmung der Aorta bzw. Ballonokklusion bei massiven Blutungen mit Schocksymptomatik,
- Umhüllung verletzter parenchymatöser Organe, z. B. der Milz, durch ein resorbierbares Vicrylnetz.

Präoperative Eigenblutentnahme

Indikation: Eine präoperative Eigenblutentnahme, d. h. die Bereitstellung autologer Blutkonserven, ist bei längerfristig geplanten Operationen möglich, bei denen ein Bedarf von etwa 2–5 Erythrozytenkonzentraten zu erwarten ist. Die begrenzte Haltbarkeitsdauer der Blutkonserven (Vollblut ca. 5 Wochen, Erythrozytenkonzentrat ca. 7 Wochen) schränkt das Verfahren der Eigenblutspende jedoch ein.

Kontraindikationen: Eine Eigenblutspende sollte nicht erfolgen bei:

- Anämie: Hämoglobinkonzentration (Hb) < 11g/dl, Hämatokrit (Hk) < 34 %,
- vorbestehender Herz-Kreislauf-Erkrankung: z. B. Aortenstenose,
- vorbestehender Lungenerkrankung,

- Gerinnungsstörung und Leberinsuffizienz,
- akuter Infektion: Möglichkeit der Bakteriämie und Keimkontamination mit nachfolgender Vermehrung kryophiler Erreger und Endotoxinbildung.

Hohes Alter allein oder eine Tumorerkrankung sind keine Kontraindikationen.

Durchführung: Sind Hb- und Hk-Wert ausreichend hoch, werden dem Patienten wöchentlich etwa 450ml Blut entnommen, in einen Plastikbeutel mit CAPD-1-Stabilisatorlösung eingeleitet und bei 4 °C gelagert. Dann erfolgt eine Fraktionierung des Vollblutes in Erythrozytenkonzentrat und Plasma (**Eigenblutplasmapherese**, **5.18**), da diese von besserer Haltbarkeit und Qualität sind.

5.18 Eigenblutplasmapherese

Das im Rahmen der Erythrozytenkonzentrat-Herstellung gewonnene Plasma (autologes **f**resh **f**rozen **p**lasma, **FFP**) wird bei -80 °C schockgefroren und ist bei -30 °C 1 Jahr lang haltbar. Deshalb kann autologes FFP unabhängig von der Eigenblutspende in fast beliebiger Menge gewonnen werden: Pro Sitzung können bis zu 900ml Plasma entnommen werden. Perioperativ ist FFP ein wertvoller Volumenersatz, der Gerinnungsfaktoren, Immunglobuline etc. enthält.

Symptome wie Schwindel oder Kopfschmerzen infolge arterieller Hypotonie erfordern eine Volumensubstitution, z. B. durch kolloidale Lösungen wie Hydroxyaethylstärke (HAES). Die letzte Blutentnahme findet 3–7 Tage vor der geplanten Operation statt. Eine Eisensubstitution von 300 mg/Tag wird empfohlen.
Auch autologe Blutkonserven werden blutgruppenserologisch untersucht und auf irreguläre Antikörper getestet. Bei der Rücktransfusion sind die gleichen Richtlinien zu beachten wie bei der Transfusion von Fremdblut (Identitätsprüfung, Bedside-Test).

Risiken: Die Möglichkeit einer Verwechslung der Blutkonserve wird mit 1:50000 angegeben. Auch ist eine Kontamination des Blutes mit Keimen nicht immer auszuschließen.

Isovolämische Hämodilution

Indikation: Die isovolämische Hämodilution, die bei stabilen Kreislaufverhältnissen auch in höherem Lebensalter möglich ist, wird bei einem zu erwartenden intraoperativen Blutverlust von mehr als 1 Liter Blut durchgeführt.

Kontraindikationen: Zu den Kontraindikationen für die isovolämische Hämodilution gehören die koronare Herzkrankheit, Herzinsuffizienz, Gerinnungsstörung und Anämie.

Durchführung: Bei der isovolämischen Hämodilution werden auf einfachste Weise autologe Blutkonserven gewonnen, indem dem Patienten unmittelbar präoperativ, oft erst in Narkose, 10–20 ml Vollblut/kgKG langsam entnommen und in spezielle Blutbeutel (Stabilisatorzusatz) gefüllt werden.

Eine Hämoglobinkonzentration von etwa 10 g/dl ist dabei nicht zu unterschreiten.

Das entnommene Blutvolumen wird parallel durch eine kolloidale Lösung ersetzt. Auf diese Weise sinkt präoperativ der Hämatokrit ab, sodass der Patient intraoperativ nur verdünntes Blut verliert. Die entnommenen 1–2 Vollblutkonserven (Warmblutkonserven) verbleiben bei Raumtemperatur und werden dem Patienten später wieder retransfundiert.
Der intraoperative Blutverlust des Patienten wird zunächst ebenfalls durch kolloidale Lösungen ersetzt. Erst wenn die Hb-Konzentration auf einen kritischen Grenzwert – etwa 7,5 g/dl für koronargesunde Patienten – sinkt, erhält der Patient möglichst nach erfolgter Blutstillung die entnommenen Konserven zurück. Dabei erfolgt die Retransfusion in umgekehrter Reihenfolge, d. h. die zuerst entnommene Konserve mit dem höchsten Hämatokrit wird zuletzt gegeben.

Komplikation:

Wichtig ist die Vermeidung einer Hypovolämie.

Wird das entnommene Blutvolumen nicht adäquat ersetzt, kann ein Blutdruckabfall besonders bei vorbestehender koronarer Herzkrankheit oder zerebrovaskulärer Insuffizienz zu einer Ischämie führen.

Mut zur postoperativen Anämie

Beim **herzgesunden** Patienten kann postoperativ eine Hb-Konzentration von bis zu 7,5g/dl durchaus toleriert werden, da kompensatorisch wegen der herabgesetzten Blutviskosität der periphere Widerstand (afterloading) sinkt und das Herzzeitvolumen ansteigt. Beim **herzkranken** Patienten jedoch sollte wegen dessen verminderter „Koronarreserve“ (beim Gesunden Steigerung der Koronardurchblutung bis zu 300 % durch koronare Vasodilatation) eine Hb-Konzentration von 10 g/dl nicht unterschritten werden. Ebenso sollte bei septischen Komplikationen oder Störungen des pulmonalen Gasaustausches (Intensivpatienten) sicherheitshalber eher transfundiert werden.

5.12 Thromboseprophylaxe

Die tiefe Beinvenenthrombose ist eine häufige und gefürchtete Komplikation nach Operationen und Traumen (s. SE 33.3, S. 742 ff). Es besteht das Risiko einer potenziell tödlichen Lungenembolie und eines postthrombotischen Syndroms mit Invalidität (s. SE 33.4, S. 746 f). Die Einschätzung des Thromboserisikos und die entsprechende Prophylaxe haben daher im chirurgischen Alltag große Bedeutung. Trotz Heparinprophylaxe sterben ca. 0,3 % aller hospitalisierten Patienten an den Folgen einer Lungenembolie. Das Risiko und die entsprechende Prophylaxe sollten in jedem Aufklärungsgespräch erwähnt und dokumentiert werden.

5.19 Pathogenese und Epidemiologie venöser Thrombosen

Pathogenese: Durch alle 3 Faktoren der Virchow-Trias (s. SE 33.3, S. 742) kommt es zu einer Aktivierung der Blutgerinnung mit Bildung eines intravasalen Fibringerinnsels unter Einschluss von Blutzellen. Der Wegfall der muskulären „Venenpumpe" durch intraoperative Relaxierung und postoperative Immobilisation fördert die Stase des venösen Abflusses. Die postoperative Entzündungsreaktion, Thromozytose und Hämatokritsteigerungen fördern die Thromboseneigung. Hinzu kommen direkte Gefäßtraumata (Gewebsthromboplastin, „tissue factor").
Epidemiologie: Etwa 40 % aller venösen Thrombosen sind assoziiert mit chirurgischen Eingriffen und Frakturen. Der größte Teil der perioperativ, meist im Unterschenkel entstandenen Thrombosen erfährt eine spontane Lyse und nur in ca. 20 % der Fälle kommt es zu einem Fortschreiten in die Oberschenkel- und Beckenetage mit der Gefahr von Lungenembolien. Etwa 70 % der Thrombosen bei chirurgischen Patienten entstehen intraoperativ oder unmittelbar postoperativ. Dies bedeutet, dass die Prophylaxe bereits *präoperativ* begonnen werden sollte.

Abschätzung des Thromboserisikos

Zur Abschätzung des Thromboserisikos müssen individuelle Risiken des Patienten und allgemeine Risiken durch die Art der Operation oder des Traumas berücksichtigt werden (**T 5.10**).

T 5.10 Risikogruppen für eine perioperative Thrombose

	niedriges Risiko	*mittleres Risiko*	*hohes Risiko*
Eingriff	klein, im Bereich der oberen Körperhälfte	allgemeinchirurgisch	orthopädisch und traumatologisch, postoperative Intensivtherapie
Operationsdauer	< 60 Minuten	> 1 Stunde	> 3 Stunden
Alter	< 40 Jahre	> 40 Jahre	> 50 Jahre
individuelle Risikofaktoren*	keine	mindestens 1	mehr als 1

* *individuelle Risikofaktoren:* Adipositas, Nikotin, Kontrazeptiva, Varikosis (Risiko 2–4fach erhöht), Immobilisation (v. a. nach Schlaganfall, Paraplegie), frühere Thrombose, maligne Erkrankung, hämatologische Erkrankungen, Schwangerschaft

Jeder über 16 Jahre alte und thrombosegefährdete Patient sollte eine medikamentöse Prophylaxe erhalten.

Dies gilt auch für **laparoskopische Eingriffe** (sog. minimalinvasive Chirurgie). Durch die Anlage des Pneumoperitoneums und Lagerung des Patienten kann der Druck in den Beinvenen erheblich ansteigen und die Flussgeschwindigkeit absinken, wodurch das intraoperative Thromboserisiko steigt. Auch bei ambulant behandelten Patienten mit **immobilisierenden Verbänden**, z. B. bei fibularer Bandruptur muss stets eine Thromboseprophylaxe erwogen werden.
Bei **entzündlichen Erkrankungen** und **malignen Tumoren** (z. B. Pankreaskarzinom) ist das Thromboserisiko erhöht, sodass hier bei Immobilisierung auch ohne Operation eine Thrombembolieprophylaxe durchgeführt werden sollte.

Maßnahmen zur Prophylaxe

5.20 Historisches: Maßnahmen zur Prophylaxe

Der Zusammenhang zwischen tiefer Beinvenenthrombose und Lungenembolie wurde 1858 von *R. Virchow* beschrieben. Zur Prophylaxe empfahl er bereits **Verbände** und **Gymnastik**, um der „Blutstockung" entgegenzuwirken.
Unter dem Eindruck der Lehre von der funktionellen Anpassung des Anatomen *W. Roux* setzten sich Chirurgen wie *F. O. Witzel* (1906) und *E. Payr* (1912) energisch für die **postoperative Frühmobilisation** ein: „Fort mit der erzwungenen Ruhe des Körpers und möglichst fort mit der künstlichen Ruhigstellung der verletzten Teile nach Operationen".
Das **Heparin** wurde 1916 vom Medizinstudenten *McLean* entdeckt. Die Bedeutung des Heparins für die Thrombembolieprophylaxe wurde jedoch erst 1937 von *Murray* erkannt und 1941 von *Crafoord* und *Jorpes* bestätigt („Heparin as a prophylactic against thrombosis").

Physikalische Maßnahmen

Durch möglichst **frühzeitige Mobilisierung** und Aktivierung der Muskelpumpe können neue Thrombosen und das Wachstum von Appositionsthromben verhindert werden (s. auch SE 5.13, S. 132 ff).
Graduierte Kompressionsstrümpfe (sog. Antithrombosestrümpfe mit graduierter Kompressionsstärke I–III; s. auch SE 33.2, S. 741) können v. a. bei Patienten mit niedrigem und mittlerem Risiko (s. **T 5.10**) zu einer Verminderung thrombembolischer Ereignisse führen. Strümpfe,

die im Oberschenkelteil schlecht halten, abrutschen und abschnüren, führen nicht zur gewünschten Flussbeschleunigung in den tiefen Beinvenen. Besonders bei adipösen Patienten sind daher Kniestrümpfe zu bevorzugen.

Bei Patienten mit peripheren arteriellen Durchblutungsstörungen sollten keine Kompressionsstrümpfe eingesetzt werden.

Kurzfristige medikamentöse Prophylaxe

Die ***Dosierung*** zur Kurzzeit-Thromboseprophylaxe mit Heparin (s. **5.21**) hat sich am Körpergewicht (KG) und dem Thromboserisiko (**5.10**) zu orientieren. Für Patienten mit *niedrigem und mittlerem Risiko* hat sich die sog. Low-Dose-Prophylaxe durchgesetzt: 200–250 IE/kgKG/Tag **unfraktioniertes Heparin** verteilt auf 2 oder 3 Injektionen (d. h. bei einem 70 kg schweren Patienten 3×5000 IE oder 2×7500 IE s. c.). Durch diese Low-Dose-Heparinisierung kann das Risiko einer tiefen Beinvenenthrombose etwa auf ein Drittel, das einer Lungenembolie auf die Hälfte gesenkt werden. Bei *hohem Thromboserisiko* sollte die Gesamtdosis auf 250–300 IE/kgKG/Tag erhöht werden.

Bezüglich prophylaktischer Wirksamkeit und Blutungskomplikationen besteht kein entscheidender Unterschied zwischen unfraktioniertem und **niedermolekularem Heparin** (NMH). *Vorteil der NMH* ist die längere Halbwertzeit, die eine einmalige s. c. Injektion/Tag erlaubt (ambulante Behandlung) bei allerdings höheren Tagestherapie-Kosten.

Eine **Überwachung der Dosierung** muss nur bei therapeutischer Heparinisierung erfolgen. Hierzu dient die Messung der aktivierten partiellen Thromboplastinzeit (Ziel: Verdopplung der aPTT) für unfraktioniertes Heparin und die Messung der Faktor-Xa-Aktivitit bei NMH. Die Heparinwirkung lässt sich mit Protamin **antagonisieren**.

Unerwünschte Wirkungen bei Heparinanwendung:

Blutungen unter Low-Dose-Heparinisierung können entweder auf chirurgische Blutungen, zusätzliche Gerinnungshemmung (z. B. Leberzirrhose, Thrombopenie) oder vorübergehende Spitzenspiegel zurückgeführt werden. Dann ist natürlich eine Kontrolle der Gerinnungsparameter mit Dosisanpassung angezeigt.

Bei der Langzeitanwendung konventioneller Heparine in Dosen von 15 000–30 000 IE/Tag können Alopezie und **Osteoporosen** beobachtet werden. Bei NMH ist dieses Risiko reduziert.

Bei der **heparininduzierten Thrombozytopenie (HIT)** werden zwei Typen unterschieden: HIT I und HIT II. Die Häufigkeit von *HIT Typ I* liegt bei bis zu 10 %. Der Thrombozytenabfall ist mäßig (meist nicht unter 100 000/μl) und tritt kurz nach Behandlungsbeginn auf. *HIT Typ II* ist mit 0,5–2 % seltener aber auch gefährlicher: die Letalität wird mit 20 % angegeben. Häufig lassen sich Amputationen nicht vermeiden. HIT II entsteht durch Antikörper gegen ein Antigen aus Heparin und Plättchenfaktor 4. Es kommt zu weißen Gerinnseln („white clot syndrome"), die zu multiplen Thrombosen und Embolien führen. HIT II tritt meist zwischen dem 7. und 20. Tag der Heparinanwendung auf und die Thrombozytenzahlen fallen oft unter 50 000/μl. Die Diagnose basiert auf dem Antikörpernachweis. Die Therapie besteht in einem sofortigen Absetzen des Heparins und bei Notwendigkeit einer weiteren Antikoagulation Wechsel auf Danaparoid-Natrium, rekombinanes Hirudin.

Wegen des Risikos einer HIT insb. bei Beginn einer Heparinisierung sind regelmäßige Thrombozytenzählungen (Tag 1, 4, 7, 20) erforderlich.

Längerfristige medikamentöse Prophylaxe

Cumarinderivate (Vitamin-K-Antagonisten) werden in der Langzeitprophylaxe bei besonders thrombosegefährdeten Patienten (frühere Thrombosen, Lungenembolie, erbliche Thrombophilieformen) eingesetzt. Cumarine sollten wegen der schlechten Steuerbarkeit aufgrund der langen Wirkungsdauer (Marcumar z. B. 7–10 Tage) perioperativ auf Heparin umgesetzt werden.

5.21 Substanzen zur Thromboseprophylaxe

Heparin ist ein wasserlösliches, negativ geladenes, sulfatiertes Polysaccharid mit heterogenem Molekulargewicht von 5000–35 000 (im Mittel 15 000). Es wird aus tierischem Ausgangsmaterial gewonnen (Rinderlunge, Schweinemukosa). Die Wirkung beruht auf einer Bindung an einen Kofaktor, das Antithrombin III (AT III). Dieser Komplex inaktiviert Faktor Xa und Thrombin. Ferner wird die Thrombozytenaggregation durch Anlagerung an die Plättchenoberfläche und an das Endothel („coating") gehemmt. Die Halbwertzeit von Heparin liegt bei 60–90 Minuten, wobei aber der Hemmeffekt auf die Plättchenaggregation länger persistiert.

Niedermolekulare, fraktionierte Heparine (NMH) werden aus biologisch gewonnenen Heparinen durch Depolymerisation erzeugt. Das mittlere Molekulargewicht beträgt 2000–6000. NMH haben eine hohe Affinität zu AT III und Faktor Xa, jedoch eine geringe zum Thrombin. Die Effekte von NMH auf Thrombozytenaggregation und Gefäßpermeabilität sind geringer als bei unfraktionierten Heparinen. Die Halbwertzeit nach s. c. Injektion ist etwa doppelt so lange wie bei unfraktioniertem Heparin.

Hirudin ist ein direkter Thrombin-Inhibitor aus dem Speichel des Blutegels (Hirudo medicinalis). Rekombinantes Hirudin kann in Hefezellen produziert werden und ist z. B. bei HIT Typ II indiziert. Dies gilt auch für das Heparinoid Danaparoid-Natrium, ein Gemisch aus niedermolekularen Glykosaminoglykanen tierischer Herkunft, das allerdings in 5 % eine Kreuzreaktion mit heparininduzierten Antikörpern aufweist.

Thrombozytenaggregationshemmer wie Dipyridamol und Acetylsalicylsäure (ASS) sind zur Prophylaxe von Thrombosen im venösen System ungeeignet.

5.13 Physiotherapie in der perioperativen Phase

Für den Erfolg größerer thorax-, abdominal- und gefäßchirurgischer Operationen sind eine intensive Vorbereitung und Nachbetreuung des Patienten wichtig. Um Komplikationen zu vermeiden, den Patienten schnell zu rehabilitieren und ihm bei der Bewältigung der psychischen, physischen und sozialen Belastung des „Traumas" Operation zu helfen, sind neben der medikamentösen Therapie physiotherapeutische und physikalische Maßnahmen indiziert.

Therapieformen

Therapieformen in der Physiotherapie können aktiv oder passiv sein. Meistens kommen sie in Kombination zur Anwendung. Die Physiotherapie (= Krankengymnastik) ist eine aktive, medizinisch notwendige, gezielte Bewegungstherapie. Sie wird besonders in der Prävention und Rehabilitation eingesetzt.
Passive Techniken sind Maßnahmen wie z. B. Lagerungen, entlastende Ausgangsstellungen und passives Bewegen in verschiedenen Formen. Unterstützend wirken die passiven physikalischen Maßnahmen wie z. B. Massagen, Thermo-, Hydro- und Elektrotherapie. Es handelt sich dabei um eine Reiz-Reaktions-Therapie, die durch Einwirkung physikalischer Reize von außen physiologische Reaktionen initiiert.

Physiotherapie in der präoperativen Phase

Durch die präoperative physiotherapeutische Vorbereitung des Patienten sollen postoperativ seine Mitarbeit erleichtert und pulmonale Komplikationen möglichst gering gehalten werden.

Aus physiotherapeutischer Sicht stehen bei den Patienten in der Allgemeinchirurgie perioperativ v. a. **bronchopulmonale Probleme** im Vordergrund. Risikofaktoren für die Entwicklung perioperativer bronchopulmonaler Störungen sind:

- Lebensalter > 60 Jahre, reduzierter Allgemeinzustand, Immobilität und produktiver Husten,
- bronchopulmonale Vorerkrankungen wie chronisch-obstruktive Atemwegserkrankung (chronische Bronchitis, Asthma bronchiale, Emphysem),
- Nikotinabusus,
- Adipositas,
- schmerzbedingte Schonatmung bei Thorax- und Oberbaucheingriffen,
- mangelnde Motivation zur aktiven Teilnahme an der Physiotherapie, z. B. bei Demenz oder Delir.

Für Patienten mit chronisch-obstruktiven Atemwegserkrankungen ist es präoperativ besonders wichtig, ihre Lungenfunktion zu verbessern, Atem- und Hustentechniken zu erlernen und eine Atemschulung an apparativen Hilfen zu üben (**T 5.11**).

Zusätzlich wird die psychische Ausgangslage des Patienten durch Zuwendung und Information von Seiten des Physiotherapeuten verbessert (**5.22**). Die Information sollte dabei auch die Aufklärung über allgemeine Risiken und Komplikationen der Operation umfassen, ohne den Patienten unnötig zu ängstigen. Ferner dient sie der Motivierung des Patienten zur Mitarbeit bei der Thrombose- und Kontrakturprophylaxe sowie bei der Anregung der Darmperistaltik.
Ergänzend zur präoperativen physiotherapeutischen Einzelbehandlung ist auch eine Therapie in der Gruppe möglich.

> **5.22 Präoperative physiotherapeutische Information**
>
> Die Information und Aufklärung des Patienten beinhaltet neben den Möglichkeiten zur Verbesserung seiner Vitalkapazität auch die Darstellung negativer Faktoren. Dazu gehören z. B. der Einfluss des Rauchens auf die Lungenfunktion, die Möglichkeit postoperativer Schmerzen, der Atelektasenbildung oder der Entwicklung einer Pneumonie bis hin zur intensivmedizinischen Überwachung mit apparativer Beatmung. Auf die Wichtigkeit der Thromboseprophylaxe sollte ebenfalls hingewiesen werden. Ferner ist der Patient präoperativ in physiotherapeutische Methoden und apparative Atemhilfen wie in den sog. Atemtrainer bei der Sustained-Maximal-Inspirations-Methode (SMI) oder in die intermittierend positiven Druckbeatmungsgeräte (IPPB-Geräte) einzuweisen und sollte schmerzarme Atemtechniken erlernen. Die Motivation des Patienten zur eigenständigen Mitarbeit hängt wesentlich von der Überzeugungskraft des Physiotherapeuten ab und beeinflusst die Effektivität der perioperativen physiotherapeutischen Maßnahmen. Die Patienten arbeiten postoperativ nur dann unter Schmerzen mit, wenn sie bereits präoperativ die Wichtigkeit gerade der atemtherapeutischen Maßnahmen kennen gelernt haben.

Physiotherapie in der postoperativen Phase

Bei allen operierten Patienten sollte je nach ihrem individuellem Zustand die physiotherapeutische Behandlung am ersten postoperativen Tag, bei sedierten, beatmeten und bettlägerigen Patienten bereits am Operationstag beginnen.
Das wichtigste Behandlungsziel in dieser Phase ist die **Frühmobilisation** zur Pneumonie-, Thrombose- und Kontrakturprophylaxe sowie die Verbesserung der Kreislaufregulation (**T 5.12**). Dies wird erreicht durch:

T 5.11 Präoperative physiotherapeutische Behandlungsziele und -techniken

Behandlungsziel	*Behandlungstechnik*	*Beispiele*
Verbesserung der pathologischen Lungenfunktion:		
• VK + FEV_1	Atemtechnik	Wahrnehmung, Vergrößerung und Lenkung der Atmung durch Handkontakt des Therapeuten nach kostoabdominal, klavikulär, sternal und diaphragmal (Kontaktatmung)
• Atemtiefe	Atemtechnik	Erlernen von Einatemtechniken: tiefes Einatmen mit Spontanatemzügen
• Atemfrequenz	Atemtechnik	Erlernen von Ausatemtechniken: Stenoseatmung, bei Obstruktion Einsatz der „Lippenbremse"
• Perfusion und Diffusion	Atemtechnik	Kombination von Atmung und Bewegung, apparative Atemhilfen, z. B. Atemtrainer bei der Sustained-Maximal-Inspiration-Methode (SMI), intermittierend positive Druckbeatmungsgeräte (IPPB-[intermittend positive pressure breathing]Geräte)
	Lagerung	Wechsel von Körperstellungen beim bettlägerigen Patienten in Verbindung mit Dreh- und Dehnlagen
	Hydrotherapie	kalte Rückenabreibungen, warme Kompressen im Thorax- und Rumpfbereich
Ökonomisierung der Atmung	Atemtechnik	Kontaktatmung (s. o., tief ein- und ausatmen, dabei die Bewegung einer auf dem Thorax liegenden Hand wahrnehmen), gähnende, schnüffelnde Einatmung, über Nasenstenose solange wie möglich einatmen
Erlernen einer produktiven, möglichst schmerzarmen Hustentechnik zur Sekretolyse	Hustentechnik	„Fixationshilfen": manueller Gegendruck an der Operationswunde
Sekretolyse	Inhalationstherapie	Bird, Inhalog, CPAP (continuous positive airway pressure), Atemtrainer (z. B. Mediflo duo, Y-Atemtrainer, Flutter etc.; s. **5.12**), Sprays, Aerosole
Erhaltung bzw. Verbesserung der Thoraxelastizität, d. h. der Elastizität aller Gewebsstrukturen, der Zwerchfellaktivität und Mobilisation der Rippen-Wirbel-Gelenke	Lagerung	Dreh- und Dehnlagen
	Atemtechnik	dehnende Einatemtechniken, sakkadierende Einatmung, Interkostalausstreichungen, apparative Atemhilfen (s. **5.12**)
	manuelle Techniken	manuelle Dehnung: „Packegriffe", manuelle Vibrationen
	Rumpfmobilisation	Drehdehnlage, Rollenlage
Vorbereitung auf die Thrombose- und Pneumonieprophylaxe	freies Bewegen oder Bewegen gegen (geringen) Widerstand in Dauerform kombiniert mit Atemtechnik	Aktivierung der „Muskelpumpe" mittels dynamischer Muskelkontraktionen der Füße und Beine, Kopftief- oder Herzbettlage halbsitzend, Atemübungen (s. o.)
Erhaltung der vorhandenen Bewegungs- und Ausdauerleistung	Intervalltraining in intermittierender Dauerform	Gehen in der Ebene und Treppensteigen

- Verbesserung der Lungenfunktion und Zwerchfellbeweglichkeit,
- Schmerzlinderung,
- Sekretabhusten unter Gabe von Expektoranzien,
- Vermeidung von Schonhaltungen,
- Verbesserung der allgemeinen Ausdauer und Stärkung der lokalen Beinmuskulatur.

Wenn das Operationstrauma, atemdepressive Medikamente und die Lagerung des Patienten nun zu pulmonalen Veränderungen führen, äußern sich diese postoperativ als Lungenfunktionsstörungen (Senkung der Vitalkapazität [VK], des forciert exspirierten Volumens in einer Sekunde [FEV_1] und der funktionellen Residualkapazität [FRC]) und können durch Schmerzen verstärkt werden (**5.11**).

Die Physiotherapie und die physikalische Therapie sind in der Lage, den in **5.11** dargestellten Circulus vitiosus wirksam zu unterbrechen. Voraussetzung ist ein individueller und konsequent durchgeführter Therapieplan. Dabei sind das Operationsgebiet, das Ausmaß der Schmerzen, die Reaktion des Patienten und seine Vor- bzw. Begleiterkrankungen zu berücksichtigen.

Einengende Verbände, operationsbedingte Muskelverletzungen und eine schmerzbedingte Schonatmung führen zu einer postoperativ bedingten pulmonalen Restriktion.

5.11 Circulus vitiosus

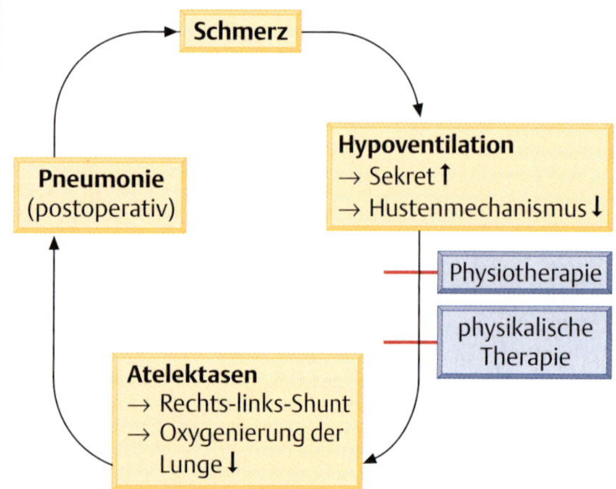

Dargestellt ist der Circulus vitiosus postoperativer bronchopulmonaler Störungen mit den Möglichkeiten, ihn wirksam zu unterbrechen.

Die präoperativ eingeübten Atemtechniken und -hilfen werden durch Maßnahmen zur Sekretolyse unterstützt:
Inhalationstherapie: Hier werden mittels Aerosolen Feuchtigkeit und Medikamente wie z. B. N-Acetylcysteamin verabreicht.
Drainagelagerungen: Diese Lagerungen fördern den physiologischen Sekretabfluss. Außerdem können in diesen Positionen zusätzlich Atemtechniken und physikalische Maßnahmen zur Anwendung kommen wie z. B. die heiße Rolle.
Zu den **apparativen Atemhilfen**, die in den einzelnen Kliniken unterschiedlich eingesetzt werden, gehören u. a. folgende Atemtrainer (**5.12**):

- SMI: (**s**ustained **m**aximal **i**nspiration) bewusstes Inspirationsmanöver,
- Mediflo duo: verstärkte Inspiration und durch einfaches Umrüsten des Gerätes auch zum Exspirationstraining nach der PEP-(positive exspiratory pressure)Methode nutzbar,
- Triflo II: verstärkte Inspiration durch langsames und tiefes Einatmen, die 3. Kugel soll dabei als Kontrollkugel nicht zum Schweben gebracht werden, somit wird ein zu hoher Inspirationsflow verhindert,
- Voldyne 5000 und COACH: volumenorientierter Atemtrainer,
- Giebelrohr: variabler künstlicher Totraumvergrößerer, der zu einem Anstieg des arteriellen PCO_2 und damit zu einer Verstärkung des Atemantriebs führt,
- VRP1-Desitin (früher als Flutter bekannt): verbessert Respiration physiotherapeutisch, die verlängerte Ausatmung bringt die in der „Pfeife" vorhandene Metallkugel zum Schwingen und wirkt über die Vibrationen reflektorisch auf das in den Bronchien vorhandene Sekret; damit vereinigt der Flutter die Wirkungen des positiven Ausatemdrucks (PEP-Prinzip) und der Vibration, die beide den Schleim lösen,

5.12 Atemtrainer

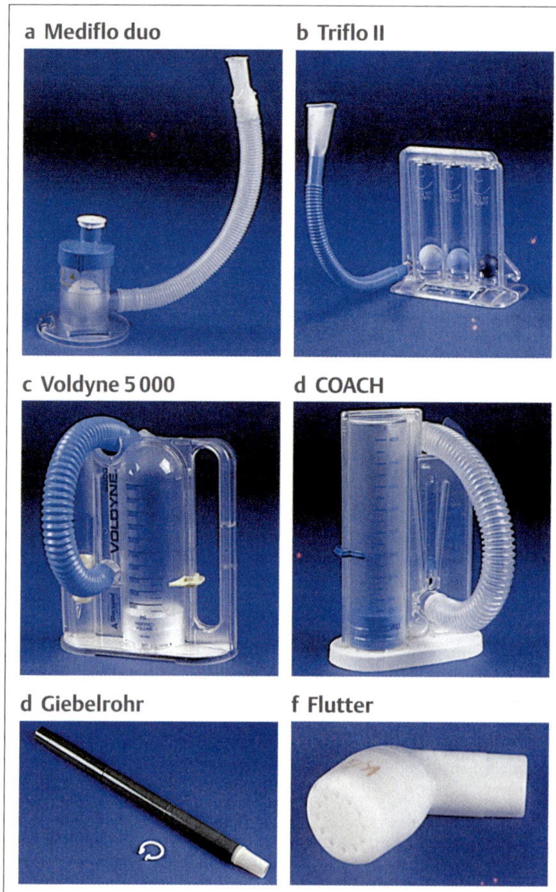

Bei der Physiotherapie ist immer die Schmerzgrenze des Patienten zu respektieren; evtl. sind vor der Behandlung Analgetika notwendig. Ferner sollten die Patienten, sofern keine arteriellen Durchblutungsstörungen vorliegen, Kompressionsstrümpfe bei der physiotherapeutischen Behandlung tragen, um so den venösen Rückstrom des Blutes zu fördern.
Die aufgezeigten physiotherapeutischen Maßnahmen werden individuell in jeder Behandlung entsprechend der Behandlungsziele kombiniert.
Die auch menschliche Zuwendung durch therapeutische „Be-Handlung" bei der Physiotherapie ist für den Heilungsprozess besonders in unserer hochtechnisierten Medizin wichtig.

T 5.12 Postoperative physiotherapeutische Behandlungsziele und -techniken

Behandlungsziel	*Behandlungstechnik*	*Beispiele*
Frühmobilisation zur:		
• Pneumonie- und Thromboseprophylaxe	s. **T 5.11**	
• Kontrakturprophylaxe	passives unterstütztes und freies Bewegen	passives und aktives Bewegen der Gelenke
• Herz-Kreislauf-Anregung	Lagerung und Lagewechsel	Rücken- und Seitenlage, frühe Mobilisation an Bettkante oder Stuhl, Kipptisch (Tilttable)
	passives und aktives Bewegen	assistiertes, aktives Bewegen der Extremitäten unter Einbeziehung der Atmung (soweit schmerzarm möglich)
Schmerzlinderung, Entspannung, Entängstigung	Atemtechnik	manuelle Atemlenkung (Kontaktatmung)
	Entspannungstechnik	progressive Muskelrelaxation nach Jacobson, Wahrnehmung von Körperauflageflächen und der Atembewegungen
	klassische Massage	Streichungen und detonisierende Grifftechniken
	Heißanwendung	heiße Rolle, warme Kompressen
	Kryotherapie	Eisapplikation (Cave: OP-Gebiet!)
Verbesserung der bronchialen Reinigung:		
• Sekretolyse	Atemtechnik	s. **T 5.11**, S. 133, ausatmen auf Laute
	Heißanwendung	heiße Rolle auf dem Sternum
• produktives Abhusten	Hustentechnik	Operationswunde fixieren, dadurch tiefere Einatmung möglich, vorher 1/3 der Luft ausatmen, dann eher hüsteln, räuspern
• Verbesserung von Thoraxelastizität und Zwerchfellaktivität	Atemtechnik	dehnende Einatemtechniken
	manuelle Techniken	manuelle Dehnung: „Packegriffe“
	Rumpfmobilisation	endgradige Bewegungen in Schultergelenken und Rumpf (soweit schmerzfrei möglich), Packegriffe, Dehnlagen, Interkostalausstreichungen
	klassische Massage	Streichungen und detonisierende Grifftechniken
Verbesserung eines gestörten Ventilations-/Perfusionsverhältnisses	Atemtechnik Lagerungen	s. **T 5.11** Beispiele zur Verbesserung der pathologischen Lungenfunktion
Entwöhnen beatmeter Patienten vom Respirator (weaning)	forcierte Atemtherapie	aktive Atemübungen ergänzen die assistierte Beatmung, Atmung und Extremitätenbewegung kombinieren, beruhigende atemvertiefende Maßnahmen, z. B. durch manuellen Druck auf die untere Thoraxapertur
Vermeidung von Schonhaltungen und unfunktionellen Bewegungsabläufen	Haltungs- und Gangschulung	Eigenwahrnehmung für die Haltung in verschiedenen Ausgangsstellungen wie z. B. RL, Sitz und Stand verbessern, Gehen auf ebener Strecke zur Verbesserung der Gangkoordination, Treppensteigen und Fahren auf dem Fahrradergometer je nach individueller Belastung des Patienten (als Ausdauertraining)
Verbesserung der:		
• Herz-Kreislauf-Regulation	Lagewechsel	siehe oben: Frühmobilisation zur Herz-Kreislauf-Anregung
	Thermotherapie	aufsteigendes Armbad, Bürstenmassage
• allgemeinen Ausdauer	Intervalltraining	Gehen auf ebener Strecke, Treppensteigen, z. B. nach Pneumonektomie
• lokalen Beinmuskelausdauer	Intervalltraining	Verlängerung der Gehstrecke, z. B. nach Gefäßbypass der unteren Extremität
	Dauertraining	Ergometertraining
• Entstauung	Lymphdrainage	Schöpfgriffe, stehende Kreise, z. B. nach Brustamputationen, Operationen im Becken- und Oberschenkelbereich
• Darmperistaltik	Thermotherapie	feuchte Wärme
	Kryotherapie	Eisapplikation im Bereich des Abdomens
	Massage	Kolonmassage

5.14 Ambulante Herz- und Gefäßgruppen

Etwa 50 % aller Todesfälle in Deutschland sind auf Herz-Kreislauf-Erkrankungen zurückzuführen. Ihre primäre und sekundäre Prävention hat daher einen hohen Stellenwert. Obwohl die arteriosklerotischen Gefäßerkrankungen ein generalisiertes Leiden sind, werden sie – je nach Lokalisation – unterschiedlich behandelt. Während in der ambulanten Herzgruppe die Ökonomisierung der Herztätigkeit im Vordergrund steht, wird in der ambulanten Gefäßgruppe die lokale aerobe Ausdauer der Beinmuskulatur trainiert.

Ambulante Herzgruppe (AHG)

In Deutschland gibt es heute ca. 4500 ambulante Herzgruppen, in denen v. a. Patienten mit koronarer Herzkrankheit, aber auch mit anderen Herz-Kreislauf-Erkrankungen und nach Herzoperationen behandelt werden. In der kardiologischen Spätrehabilitation und Sekundärprävention eines Myokardinfarktes haben sie ihren festen Platz (**T 5.13**).

Ziele der AHG:

- Ökonomisierung der Herztätigkeit durch Training der peripheren Skelettmuskulatur: Eine Verbesserung der Koordination, Beweglichkeit, Kraft und Ausdauer führt zu einer Senkung der Herzfrequenz und damit des myokardialen Sauerstoffverbrauchs unter Belastung.
- Positive psychosoziale Effekte: Die Teilnehmer einer ambulanten Herzgruppe helfen und kontrollieren sich gegenseitig bei Problemen wie Nikotinentwöhnung oder Gewichtsreduktion.

T 5.13 Behandlungskette bei einem Myokardinfarkt

Phase	*Behandlungsform*	*Behandlungsort*
I	Akuttherapie und Frühmobilisation	Akutkrankenhaus
II	Frührehabilitation	Rehabilitationsklinik: Anschlussheilbehandlung (AHB)
III	Spätrehabilitation (Dauertherapie)	Wohnort: **ambulante Herzgruppe (AHG)**

Formen der AHG: Bei den ambulanten Herzgruppen unterscheiden wir zwischen **Übungs-** und **Trainingsgruppen**. Die Einstufung des Patienten in eine dieser Gruppen erfolgt anhand einer Fahrradergometrie im Sitzen über 3 Minuten (**T 5.14**).

Belastungskriterien beim Training: Die Pulsfrequenz ist das entscheidende objektive Kriterium, um zu überprüfen, ob die angestrebte Belastung erreicht ist. Entsprechend dem Schwellenkonzept liegt beim Untrainierten die **aerob-anaerobe Schwelle** (**5.23**) bei ca. 60–70 % der Leistungsfähigkeit. Dies entspricht etwa einem Puls von 180/min minus Lebensalter. Patienten, die ihre aerob-anaerobe Schwelle bereits bei weniger als 50 % ihrer Leistungsfähigkeit erreichen, sind nicht trainierbar.

Unter Training versteht man die Anhebung der aerob-anaeroben Schwelle.

5.23 Die aerob-anaerobe Schwelle

Der mit zunehmender Belastungsintensität ansteigende Energiebedarf wird zunächst rein **aerob**, d. h. über eine Zunahme der Verbrennung abgedeckt. Beim Untrainierten reicht ab ca. 60–70 % der maximalen individuellen Leistungsfähigkeit die Enzymkapazität nicht mehr aus, um alle anfallenden Brenztraubensäuremoleküle in den Zitronensäurezyklus (aerobe Energiefreisetzung) einzuschleusen. Bei weiterer Belastungssteigerung werden mehr und mehr Brenztraubensäuremoleküle in Milchsäure (Lactat) überführt. Die Energie wird nunmehr nicht ausschließlich aerob, sondern vermehrt auch **anaerob** gebildet. Die **aerob-anaerobe Schwelle** (Lactat 2–4 mmol/l) ist erreicht.

T 5.14 Formen ambulanter Herzgruppen

Kriterium	*Übungsgruppe*	*Trainingsgruppe*
Mindestbelastbarkeit	25–30 W (< 1 W/kgKG)	≥3 75 W (> 1 W/kgKG)
Ziel	Verbesserung der Koordination und Flexibilität, d. h. hauptsächlich der Bewegungsökonomie, sowie der lokalen aeroben Ausdauer einer Muskelmasse, die < 1/7–1/6 der Masse der Skelettmuskulatur entspricht	Steigerung der kardialen Belastbarkeit und damit der allgemeinen Leistungsfähigkeit, v. a. der allgemeinen aeroben Ausdauer durch Anhebung der aerob-anaeroben Schwelle (**5.23**)
Praxis	Gymnastik zur Verbesserung der Beweglichkeit und Koordination, Koordination von Atmung und Bewegung, Körperwahrnehmung, Entspannungstraining, z. B. nach Jacobson, Spielformen und Spiele, Gehen, keine Laufbelastung	Gymnastik zur Verbesserung der Koordination und Flexibilität, Kräftigung, Spiele und Spielformen, Entspannungstraining, Körperwahrnehmung, Ausdauertraining, z. B. als Dreieckslauf zur individuellen Belastung beim Lauftraining

Kontraindikationen:

Patienten, deren Mindestbelastbarkeit weniger als 25 Watt beträgt, sind den Anforderungen einer AHG nicht gewachsen.

Kontraindikationen für eine Bewegungstherapie bzw. körperliche Belastung im Rahmen einer ambulanten Herzgruppe sind:

- akute Herzerkrankungen wie z. B. Myokardinfarkt und Myokarditis,
- unzureichend behandelter arterieller Hypertonus oder Herzrhythmusstörungen,
- operationspflichtige Herzvitien.

Leitung der AHG: Die Gruppen dürfen nur unter ärztlicher Aufsicht und Leitung eines entsprechend lizensierten Therapeuten stattfinden. Neben dem **wöchentlichen Bewegungsprogramm**, das je nach Belastbarkeit als Übungs- oder Trainingsgruppe stattfindet, werden von ärztlicher Seite **Aufklärungsprogramme** durchgeführt (Lebensweise, Risikofaktoren, Ernährung). Die Patienten sollen darüber hinaus auch zu Hause üben.

Ambulante Gefäßgruppe (AGG)

Ziele der AGG:

- Training der lokalen aeroben Ausdauer der Beinmuskulatur: Ein gezieltes Training (Gehen, Laufen, Ergometer) führt zu einer Verbesserung der Bewegungsleistung, insbesondere zu einer Verlängerung der Gehstrecke.
- Ökonomisierung der Gangbewegungen: Dies führt wie Stoffwechselanpassungen innerhalb der Muskulatur zu einer Gehstreckenverlängerung.
- Förderung körpereigener Kompensationsmechanismen: Durch regelmäßige Übungen werden die Muskeln trainiert und verbrauchen dadurch weniger Sauerstoff als untrainierte.

T 5.15 Prognostische Faktoren des Gehtrainings (nach Bollinger 1979)

Faktor	*günstig*	*ungünstig*
Anamnese	kurz (< 1 Jahr)	lang (> 1 Jahr)
Ort des Gefäßverschlusses	einseitig, Femoralisverschluss	doppelseitig, Becken- und Mehretagenverschluss
Fontaine-Stadium	II a und (frühes) II b	(spätes) II b, III
Erkrankung des Bewegungsapparates	nein	ja
Erkrankung des Herz-Kreislauf-Systems	nein	kardiorespiratorische Insuffizienz
Motivation des Patienten	vorhanden	fehlt

Kriterien für eine Aufnahme in die AGG: Die Aufnahme eines Patienten in eine ambulante Gefäßgruppe erfolgt typischerweise im Stadium II b nach Fontaine (schmerzfreie Gehstrecke < 200m, s. SE 32.7, S. 731), wobei eine kardiale Belastbarkeit auf dem Fahrradergometer von mindestens 75W im Sitzen über 3 Minuten und ein Verschlussdruck der Fußpulse von mindestens 50mmHg gesichert sein sollten.

Training in der AGG:

Trainingsaufbau: Die Bewegungstherapie wird in Form eines Intervalltrainings durchgeführt. Dauer und Intensität der Bewegungsphasen hängen dabei von der Schwere und Lokalisation des Gefäßverschlusses ab. Es werden Rollübungen nach Ratschow, Zehenstände und Kniebeugen durchgeführt, eine allgemeine Gymnastik und Spiele runden das Angebot ab. Eine Belastungsischämie ist zu vermeiden. Trainiert wird nach dem Zwei-Drittel-Prinzip, d. h. 70 % der Maximalleistungsfähigkeit sollen erreicht werden.

Insgesamt steht bei Gefäßpatienten das *Ausdauertraining* stärker im Vordergrund als bei Koronarpatienten. Jedoch sollte die Bewegungstherapie nie alleine nur für das Herz oder die Gefäße erfolgen, sondern stets die Freude an der Bewegung berücksichtigen. Belastungen oberhalb der aerob-anaeroben Schwelle (s. **5.23**) sind bei arteriosklerotischen Durchblutungsstörungen gefährlich und trainingsphysiologisch nicht sinnvoll.

Trainingserfolg: Folgende *Kontrollparameter* zeigen den Trainingserfolg an und sind für die Beurteilung der Belastungsintensität wichtig:

- die Länge der absoluten und schmerzfrei zu bewältigenden, standardisierten Gehstrecke in definierter Geschwindigkeit, in der Regel 120m/min oder
- die Zahl der möglichen Zehenstände bzw. Kniebeugen bei Trainingsbeginn und dann in wöchentlichen Abständen.

Der Therapieerfolg des Gehtrainings hängt außerdem von zahlreichen Faktoren ab (**T 5.15**).

Besonders wichtig ist z. B. die *Motivation* des Patienten zum täglichen, selbstständigen Gehtraining, d. h. der Patient muss zügig seine jeweils schmerzfrei zu bewältigende Gehstrecke gehen (**5.24**).

Schmerzen in Form einer Claudicatio intermittens sind zu vermeiden.

5.24 Verlängerung der Gehstrecke

Kurzfristige Gehstreckenverlängerung: Über den Übungseffekt verbessert sich die koordinative Leistung der Muskulatur mit der Folge der O_2-Einsparung.

Langfristige Gehstreckenverlängerung: Über den Trainingseffekt kommt es zu einer muskulären Adaptation im Sinne einer enzymatischen Anpassung der Muskelzelle und damit zu einer Anhebung der aerob-anaeroben Schwelle. Auch die Kollateralisation in den minderdurchbluteten Muskeln verbessert sich.

6.1 Diagnostische Endoskopie

Die Endoskopie erfährt zur Zeit eine Revolution: Große Teile des Gastrointestinaltraktes wie auch des Tracheobronchialsystems sind leicht und sicher zugänglich geworden. Probeentnahmen sind Routine. Die Kombination mit Röntgen-Durchleuchtung und Ultraschall (Endosonographie) verbessert insbesondere die Tumordiagnostik. Der Übergang zu therapeutischen Maßnahmen aller Art ist fließend. Die Endoskopie ist damit Teil der chirurgischen Alltagsarbeit.

Endoskope

Einteilung und Aufbau der Endoskope: Man unterscheidet zwischen starren und flexiblen Endoskopen. Die **starren Endoskope** bestehen aus einem großlumigen Stahlrohr. Dieses Stahlrohr stellt den Arbeitskanal dar, sodass z. B. große Blutmengen in Folge starker Blutungen rasch abgesaugt oder Fremdkörper extrahiert werden können.

Mit Ausnahme der Rektoskopie ist die starre Endoskopie im Vergleich zur flexiblen Endoskopie für den Patienten wesentlich belastender. Sie wird deshalb immer in Narkose durchgeführt.

Die **flexiblen Endoskope** bestehen aus einem Arbeitskanal (sog. Biopsiekanal), einem Spül- und Saugkanal, verschiedenen Glasfaserbündeln zur Licht- und Bildtransmission sowie mehreren Bowdenzügen, die das Endoskop an der Spitze bewegen (**6.1a**). Diese verschiedenen Bausteine sind zur Desinfektion wasserdicht ummantelt. Über den Arbeitskanal können verschiedene Instrumente eingeführt werden (**6.1b**). Mit Hilfe des **Videoendoskops** kann über die in der Endoskopspitze befindliche Chip-Kamera das Bild auf einen Monitor übertragen werden.

6.1 Endoskop

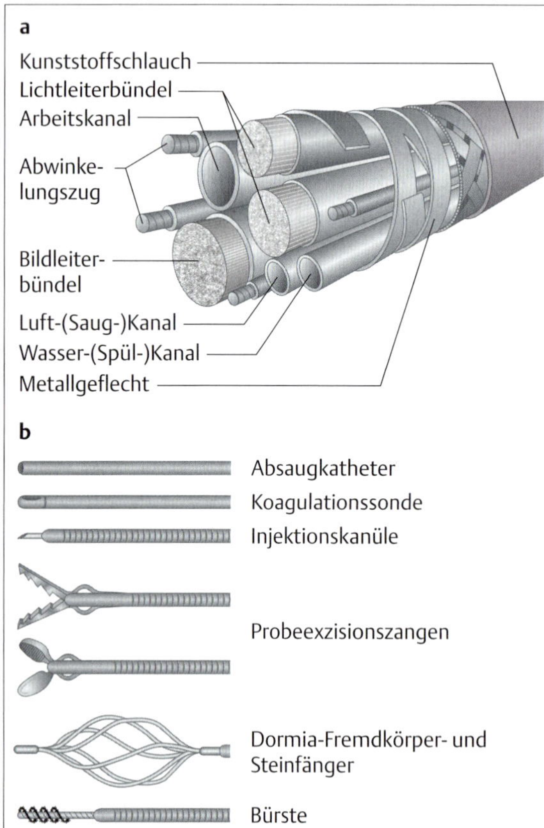

a Aufbau eines flexiblen Endoskops
b In den Arbeitskanal einzuführende Instrumente

Patientenvorbereitung: Vor jeder Endoskopie muss der Patient in einem Gespräch über den Untersuchungsgang und die möglichen Komplikationen aufgeklärt werden. Erfolgt eine Prämedikation mit einem Sedativum, ist der Patient pulsoxymetrisch zu überwachen in Kombination mit einer nasalen Sauerstoffinsufflation.

Ösophagogastroduodenoskopie (ÖGD)

Indikation: Indikationen für eine ÖGD sind unklare Anämie, persistierende Oberbauchbeschwerden, Schluckstörungen (Dysphagie), Dyspepsie, Symptome der Refluxkrankheit, Teerstühle, zur Krebsvorsorge bei Risikopatienten und zur Krebsnachsorge. Sie wird ausschließlich mit flexiblen Geräten durchgeführt.

Die Indikation zur flexiblen ÖGD ist großzügig zu stellen, da sie wenig belastend und ungefährlich ist.

Patientenvorbereitung: Eine Prämedikation ist in der Regel nicht notwendig. Meist reicht eine Lokalanästhesie des Rachens aus (Xylocain-Spray).

Instrumentarium: Das Gastroskop hat eine Länge von ca. 100cm und ist zwischen 8 und 14 mm dick. Der Durchmesser des Gastroskops hängt im Wesentlichen vom Arbeitskanal ab, sodass dicklumigere Geräte besonders bei Blutungen und Fremdkörperentfernungen eingesetzt werden.

Durchführung: In Linksseitenlage wird das Gastroskop in den Ösophagus eingeführt, während der Patient schluckt. Unter Sicht und Luftinsufflation wird es bis in den Magen und nach Intubation des Pylorus bis tief in das Duodenum vorgeschoben. Die genaue Inspektion aller Abschnitte erfolgt beim Zurückziehen:

- Im **Duodenum** erkennt man die zirkulären Falten und selten auch die Papilla Vateri (**6.2a**). Der Bulbus duodeni muss auf Ulzera und Erosionen abgesucht werden.

6.2 Normalbefunde einer ÖGD

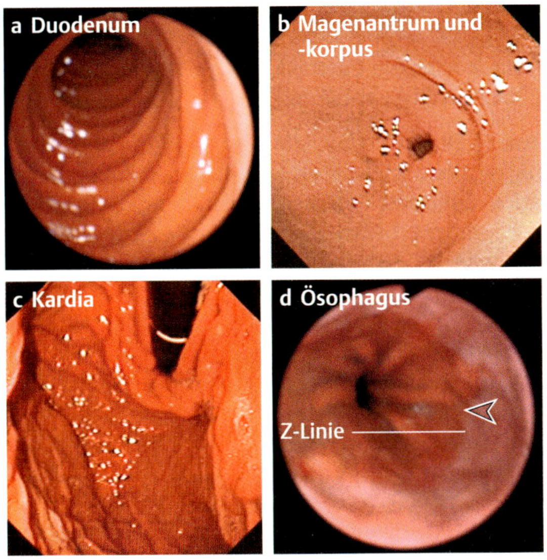

a Zirkuläre Falten im Duodenum. **b** Unauffällige Schleimhaut im Antrum und Corpus des Magens. **c** Die Beurteilung der Kardia erfolgt nach Abwinklung der beweglichen Endoskopspitze um 180°. **d** Bei der Inspektion des Ösophagus fällt der Übergang zwischen der dunkelroten Magenschleimhaut und dem grau-weißen Plattenepithel des Ösophagus auf. Dieser Übergang wird auch als sog. Z-Linie (Ora serrata) des Ösophagus bezeichnet.

- Beim weiteren Zurückziehen des Endoskops wird der **Magen** inspiziert. Hier wird auf Tumoren, Ulzera, Polypen und auf die Magenschleimhautbeschaffenheit geachtet (**6.2b**). Die Kardia wird nach „Inversion“ beurteilt (**6.2c**).
- Den Übergang von Magenschleimhaut zu **Ösophagus** („Z-Line“) erkennt man ebenfalls gut (**6.2d**). Den Ösophagus untersucht man auf Tumoren, entzündliche Veränderungen und Divertikel.

Antrumbiopsien dienen auch zum Nachweis einer Helicobacter-pylori-Infektion. Bei Magenulzera sollte man mindestens fünf Gewebestücke aus dem Ulkusgrund und -rand entnehmen.

Je mehr Biopsien gewonnen werden, um so höher ist die Aussagekraft der Histologie. Blutungen werden durch die Biopsiezange nicht verursacht.

Endoskopische retrograde Cholangiopankreatikographie (ERCP)

Indikation: Die ERCP wird bei Verdacht auf Gallengangserkrankungen aller Art (v.a. Choledocholithiasis), Verschlussikterus und Pankreaserkrankungen durchgeführt.

Patientenvorbereitung: Der nüchterne Patient wird leicht sediert und erhält ein Spasmolytikum, um die Peristaltik des Duodenums zu hemmen.

6.3 Normalbefunde bei einer ERCP

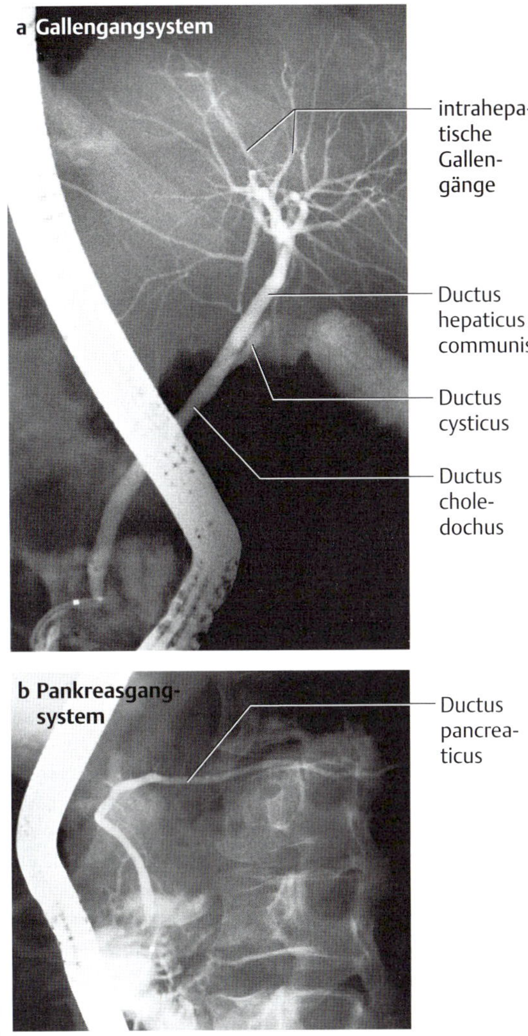

Durchführung: Bei der ERCP wird mithilfe eines Seitblickendoskops die Papille im Duodenum aufgesucht. Dann werden selektiv Ductus choledochus und pancreaticus sondiert und mittels Kontrastmittel unter Durchleuchtung dargestellt (**6.3**).

Hinweise für Tumoren oder Entzündungen sind Gangabbrüche, Stenosen oder Gangunregelmäßigkeiten. Besteht der Verdacht auf ein Malignom, kann versucht werden, mit Hilfe einer Bürste maligne Zellen zu gewinnen (sog. Bürstenzytologie).

Über das Endoskop kann ein Papillotom eingeführt werden, mit dem die Papille (oft einschließlich des muskulären Sphinkters) partiell durchtrennt wird. Danach lassen sich endoskopisch Gallengangssteine entfernen, Drainagen und Stents implantieren (s. SE 24.8 u. SE 25.6, S. 554 f u. S. 573) sowie über einen dicklumigen Arbeitskanal ein Baby-Endoskop (4 mm) in die Gänge zur direkten Choledocho- und Pankreatikoskopie einschieben.

Proktorektoskopie

Indikation: Die Indikation zur Proktorektoskopie ist großzügig bei peranalen Blutabgängen, Inkontinenz, Fisteln, Abszessen und Schmerzen zu stellen.

> Bei starken Schmerzen im Bereich des Anus ist die Proktorektoskopie zu unterlassen, da sich die ursächlichen Erkrankungen klinisch diagnostizieren lassen.

Patientenvorbereitung: Eine spezielle Vorbereitung ist für die Proktorektoskopie nicht notwendig, da die Rektumampulle bei vielen Menschen nach morgendlichem Abführen leer ist; ansonsten Klysma.

Instrumentarium: Prokto- und Rektoskope gehören zu den starren Endoskopen (**6.4**).

Durchführung: Die Prokto- bzw. Rektoskopie kann in Linksseitenlage mit angezogenen Knien oder in Steinschnittlage erfolgen. Bevor die starren Endoskope eingeführt werden, ist die Analregion zu inspizieren und der Analkanal digital auszutasten.
Zuerst wird das **Proktoskop** mit dem inneren Stempel, dem Obturator, unter leichtem Druck vorgeschoben. Nach Entfernen des Obturators wird der Analkanal unter Zurückziehen des Endoskops beurteilt. Dabei sind v. a. Hämorrhoiden und Tumoren auszuschließen.
Das **Rektoskop** wird ebenfalls mit einem Obturator eingebracht, der nach Passieren des Sphinkterapparates gegen einen luftdichten Aufsatz mit Lichtquelle ausgetauscht wird. Unter Luftinsufflation und Sicht wird nun bis ca. 20 cm vorgespiegelt. Beim Zurückziehen wird auf Tumoren, Fistelöffnungen, Entzündungen und die Schleimhautbeschaffenheit geachtet. Eine Probeentnahme ist jederzeit möglich.

Kontraindikation: Als Kontraindikation gilt lediglich die akute Analfissur, die alleine durch Anamnese und klinische Untersuchung diagnostiziert werden kann.

6.4 Prokto- und Rektoskope

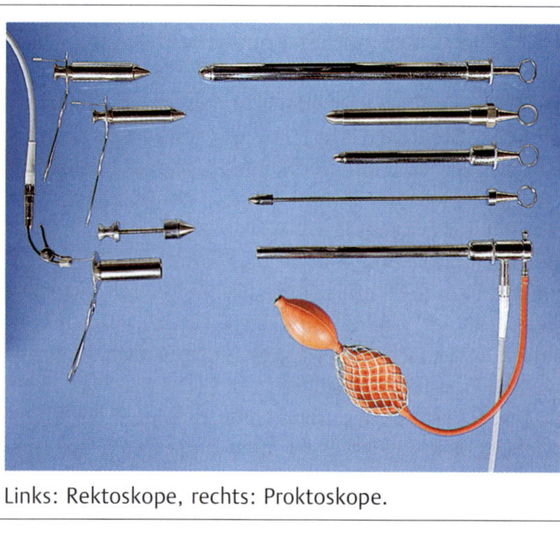

Links: Rektoskope, rechts: Proktoskope.

Koloskopie

Indikationen:

> Die Koloskopie muss bei jeder peranalen Mikro- und Makroblutung zur Tumorsuche erfolgen.

Ferner sollte sie bei Anämie, entzündlichen Darmerkrankungen, Wechsel der Stuhlgewohnheiten, unklarer Obstipation, familiärer Polyposis coli und in der Tumornachsorge erfolgen. In fast allen Fällen ist die totale Koloskopie indiziert, allerdings kann die Bauhin-Klappe nicht immer erreicht werden.

Kontraindikationen: Eine Koloskopie ist bis zu 2 Wochen nach einem Herzinfarkt, in der Akutphase einer Divertikulitis sowie bei erhöhter Perforationsgefahr (starke Darmverschmutzung mit Stuhl, vaskuläre Darmwandnekrose, schwerer Schub einer Kolitis) kontraindiziert.

Patientenvorbereitung: Der Dickdarm des Patienten muss für die Koloskopie vorbereitet werden, da bei sauberem, entleertem Dickdarm die Aussagekraft der Untersuchung steigt. Am einfachsten ist die Vorbereitung mit *Natriumsulfat und Polyäthylenglycol* („Golitely" oder „Cleanprep"). Hiervon trinken die Patienten am Vortag drei Liter, zusätzlich möglichst große Mengen klarer Getränke. Alternativ kann das Kolon mit *Sennapräparaten* (z. B. X-Prep) oder *Bisacodyl* (z. B. Prepacol) gesäubert werden. Die Patienten müssen sich dabei zwei Tage vor der Koloskopie balaststofffrei ernähren.
Die Koloskopie wird von den meisten Patienten als schmerzhaft empfunden. Eine **Prämedikation** ist zwar nicht unbedingt notwendig, kann aber in vielen Fällen erleichternd sein: Kombination von *Midazolam* (Dormicum 2–5 mg) und *Tramadol* (Tramal 50–100 mg); danach keine Teilnahme am Straßenverkehr!

Instrumentarium: Das flexible Standardkoloskop ist 130 cm lang und 13–15 mm dick.

Durchführung: Der Patient liegt in Linksseitenlage; ggf. muss er sich im Laufe der Untersuchung auf den Rücken oder die rechte Seite drehen. Das Endoskop wird in das Kolon eingeführt und unter vorsichtiger Luftinsufflation unter Sicht langsam vorgeschoben (**6.5**).
Beim Zurückziehen ist auf entzündliche Veränderungen, Tumoren, Polypen (**6.5b**), Divertikel und Gefäßmissbildungen zu achten. Aus suspekten Bezirken werden unter Sicht gezielt Proben entnommen. Gestielte Polypen lassen sich mit der elektrischen Schlinge abtragen.

6.5 Koloskopiebefunde

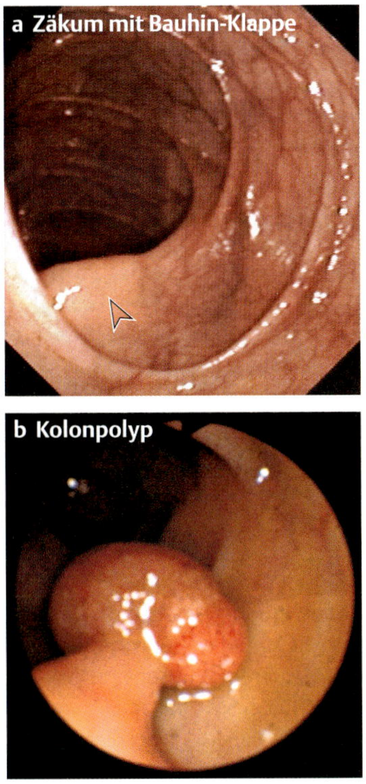

a Es findet sich koloskopisch ein unauffälliges Zäkum. Im unteren Bildabschnitt ist die Bauhin-Klappe (Pfeil) zu sehen.
b Ein sehr häufiger Koloskopiebefund ist ein gestielter Kolonpolyp.

6.6 Normalbefunde bei einer Tracheobronchoskopie

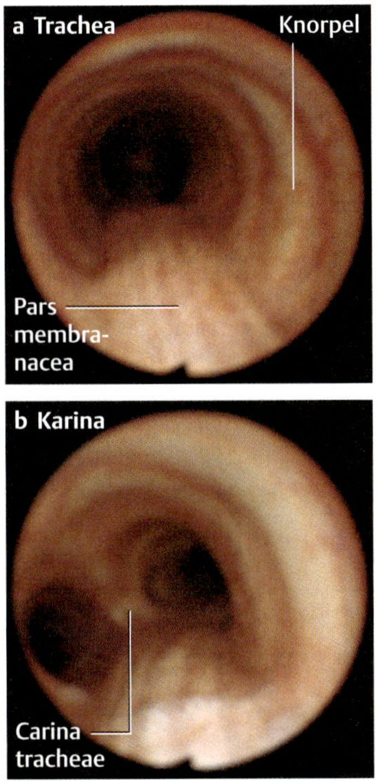

a Die Trachea besteht aus 16–20 hufeisenförmigen Knorpeln, die in der dorsal liegenden Pars membranacea bindegewebig und muskulär zu einem Ring geschlossen werden.
b An der Teilungsstelle der Trachea in den linken und rechten Hauptbronchus ragt ein sagittaler Sporn, die Carina tracheae, nach oben.

Tracheobronchoskopie

Indikationen: Zu den Indikationen der **diagnostischen (Tracheo-)Bronchoskopie** gehören chronischer/persistierender Husten, Bluthusten, Röntgen-Tumorverdacht sowie Ausschluss von Tumoreinbruch anderer Karzinome, z. B. des Ösophaguskarzinoms.
Therapeutisch ist die Bronchoskopie indiziert zur Absaugung von retiniertem Schleim und damit zur Beseitigung postoperativ aufgetretener Atelektasen. Weiterhin können Blutungen gestillt und Stenosen mittels Laseranwendung beseitigt werden.

Patientenvorbereitung: Die Bronchoskopie kann zwar in Lokalanästhesie der Schleimhaut durchgeführt werden, meist erhält der Patient jedoch zusätzlich ein Sedativum (Midazolam) und ggf. ein Antitussivum (dann Pulsoxymetrie und Sauerstoffinsufflation).

Durchführung: Bei der flexiblen Tracheobronchoskopie wird transnasal mit dem 4–6 mm dicken Bronchoskop eingegangen. Nach Passage der Stimmbänder kann mit dem Endoskop bis zu den Subsegmenten der Bronchien vorgespiegelt werden. Man orientiert sich im Tracheobronchialbaum an der Pars membranacea, die dorsal liegt, an der spitzwinkligen Karina und an der üblichen Anatomie des Tracheobronchialbaums (**6.6**). Bei starken Blutungen und Fremdkörperentfernungen ist ggf. das starre Tracheoskop notwendig (dann Vollnarkose!).
Maligne Tumoren, die im einsehbaren Bereich liegen, werden als **zentrale,** Tumoren, die mit dem Endoskop nicht erreicht werden können, als **periphere Bronchialkarzinome** bezeichnet (**6.1**).

6.1 Diagnostische Möglichkeiten der Bronchoskopie bei peripheren Lungentumoren

Ist der Tumor endoskopisch nicht sichtbar, so können mit der transbronchialen Biopsie, der transbronchialen Aspirationszytologie und einer Bronchiallavage dennoch Tumorzellen gewonnen werden. Bei der **transbronchialen Biopsie** wird die PE-Zange in den vermutlich befallenen Segmentbronchus eingeführt. Unter Durchleuchtung wird kontrolliert, ob die PE-Zange im Tumor liegt. Dann werden Gewebsproben „blind" entnommen. Die Trefferquote ist stark vom Untersucher abhängig und erreicht fast 90 %. Hiervon abzugrenzen ist die **transbronchiale Aspirationszytologie**. Hier wird eine Nadel durch die vorgewölbte Bronchuswand in einen vermutlich befallenen Lymphknoten oder in einen Tumor gestochen, um so Zellen mit einer Spritze zu aspirieren. Die Trefferquote dieses Verfahrens liegt bei 20–25 %. Mit Hilfe einer **Bronchiallavage** ist bei einer malignen Lungenerkrankung der Tumor in zirka 60 % der Fälle nachzuweisen.

6.2 Therapeutische Endoskopie

Die therapeutische Endoskopie des Gastrointestinaltraktes beinhaltet die Beseitigung von Stenosen, die Fremdkörperentfernung, die Blutstillung, das Abtragen von Polypen und die Einlage verschiedener Ernährungssonden. Vor solchen Maßnahmen muss der Patient genauso wie vor einer Operation aufgeklärt werden und sein Einverständnis möglichst schriftlich geben.

Polypektomie

Indikation: Aufgrund der Adenom-Karzinom-Sequenz ist eine Polypektomie bei nachgewiesenem adenomatösen Polyp immer indiziert.

Durchführung: Gestielte Polypen, die die Mehrheit der Polypen darstellen, können endoskopisch mit einer Schlinge abgetragen werden (**6.7a**).
Die Schlinge wird unter Sicht über den Polypen gestülpt und sein Stiel angeschlungen. Dabei ist wichtig, dass man nicht versehentlich Darmwand mitfasst. Der Polypenstiel wird dann mit elektrischen Stromstößen verschorft und durchschnitten, während die Schlinge langsam weiter zugezogen wird (**6.2**).

> **6.2 Elektrochirurgie**
>
> Das Prinzip der Elektrochirurgie besteht darin, dass sich das Gewebe beim Durchtritt von elektrischem Strom aufgrund des elektrischen Widerstandes erwärmt. Die Erhitzung ist um so stärker, je geringer der Durchmesser des durchflossenen Gewebes, d. h. des Polypenstiels, ist. So ist die Stromdichte dem Quadrat des Radius umgekehrt proportional, d. h. nimmt der Durchmesser des Polypenstiels um $^{1}/_{10}$ ab, steigt die Stromdichte pro Fläche um den Faktor 100. Zusätzlich besteht eine quadratische Abhängigkeit zwischen Stromdichte und Wärmeentstehung, sodass durch Zuziehen der Schlinge auf $^{1}/_{10}$ des Ausgangswertes eine 10 000fache Steigerung der lokalen Wärmeproduktion auftritt.

Der abgetrennte Polyp wird mit einer endoskopischen Fasszange gegriffen und mitsamt des Koloskops entfernt.

Für die histologische Aufarbeitung ist es besonders wichtig, den Polypenstiel zu markieren, da nur an der Eindringtiefe der neoplastischen Veränderungen entschieden werden kann, ob bereits ein Karzinom vorliegt.

6.7 Polypen

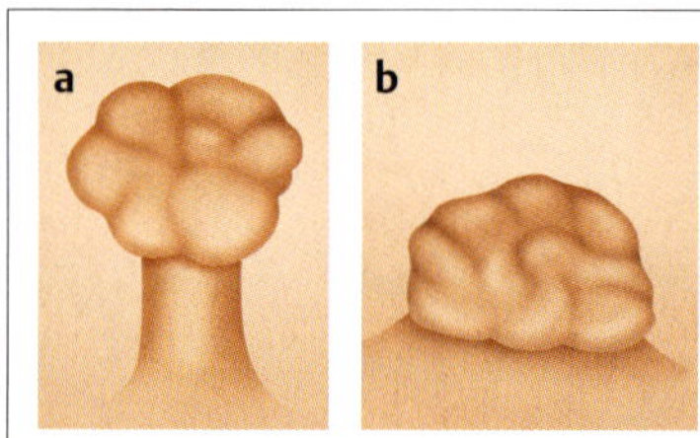

a Gestielter Polyp (kann endoskopisch abgetragen werden), **b** breitbasiger Polyp (nicht für endoskopische Polypektomie geeignet).

Komplikationen: Das Blutungsrisiko bei einer Polypektomie liegt bei ca. 2 %. Die Perforationsrate beträgt ca. 0,3–0,5 %. Perforationen sollten sofort operativ behandelt werden. Blutungen können zumeist endoskopisch gestillt werden, indem die Abtragungsstelle mit Adrenalin (1:10 000 verdünnt) unterspritzt oder ein Metallclip auf der Blutungsquelle platziert wird.

Therapie gastrointestinaler Blutungen

Man unterscheidet zwischen der **oberen gastrointestinalen Blutung (OGIB)**, deren Blutungsquelle proximal der Flexura duodenojejunalis liegt und der **unteren gastrointestinalen Blutung (UGIB)**, deren Blutungsquelle distal der Flexura duodenojejunalis liegt. Je nach Anamnese, Begleiterkrankungen und aktuellem Blutungscharakter kann bereits zwischen beiden Blutungstypen unterschieden werden.

Bei der gastrointestinalen Blutung müssen diagnostische, kreislaufstabilisierende und therapeutische Maßnahmen zeitgleich erfolgen.

Obere gastrointestinale Blutung (OGIB)

Die Blutungslokalisation gelingt bei der OGIB meist einfach durch eine Ösophagogastroduodenoskopie (s. SE 6.1, S. 138 f). Voraussetzung für diese Notfallendoskopie ist die suffiziente Magenspülung mit einem großlumigen Magenschlauch. Nur hierdurch können bei einer aktiven Blutung die Sichtverhältnisse so verbessert werden, dass die Blutung lokalisiert und gestillt werden kann. Der oberen gastrointestinalen Blutung können vielfältige Ursachen zugrunde liegen. Die Häufigkeit der Blutungsursachen ist in **6.1** dargestellt.
Die Blutungsintensität wird durch die **Einteilung nach Forrest** klassifiziert. Sie spielt neben der Blutungsursache

6.1 Ursachen der OGIB und ihre Häufigkeit

Ursache	*Häufigkeit (%)*
Ulcus ventriculi	25
Ösophagus-/Fundusvarizen	22
Ulcus duodeni	20
erosive Gastritis	6
Mallory-Weiss-Läsion	4
Angiodysplasien	2
sonstige Ursachen	21

und den Begleiterkrankungen des Patienten eine wichtige Rolle in der Therapiewahl (T 6.2).

Nach Lokalisation und Klassifikation der Blutung sowie Erkennung der zugrunde liegenden Ursache wird zunächst versucht, die Blutung endoskopisch zu stillen, um den Patienten akut zu stabilisieren. Hierzu stehen verschiedene endoskopische Therapiemodalitäten zur Verfügung, von denen sich heute die **Injektionsmethode** weitgehend durchgesetzt hat. Ihre Wirksamkeit konnte in zahlreichen Studien nachgewiesen werden. Welche Injektionssubstanz Verwendung finden sollte, ist gegenwärtig aber noch unklar. Am häufigsten werden Adrenalin und Fibrinkleber eingesetzt. Konnte die gastrointestinale Blutung endoskopisch erfolgreich gestillt werden, schließt sich je nach Blutungsstärke, -ursache, Forrest-Klassifikation und Riskofaktoren des Patienten die frühelektive Operation an bzw. weitere endoskopische Kontrollen sind erforderlich (s. SE 21.12, S. 493 f).

Sklerosierung eines blutenden Ulkus: Bei einem blutenden Ulkus werden zirkulär um das Ulkus herum Depots von 1–3ml Sklerosierungsmittel injiziert. Es kommt so zuerst zu einer Kompression und nachfolgend zum thrombotischen Verschluss der blutenden Gefäße. Später entsteht je nach Sklerosierungssubstanz eine unterschiedlich starke Entzündungsreaktion mit nachfolgender Vernarbung.

Endoskopische Varizentherapie (s. auch 6.3):

Indikation: Die endoskopische Therapie von Ösophagusvarizen, die bluten (Akuttherapie) oder geblutet haben (Sekundärprophylaxe), ist stets indiziert.

Kontraindikationen: Eine prophylaktische endoskopische Therapie von zufällig entdeckten Varizen des Ösophagus oder des Magens ist bei nicht sicheren Blutungsstigmata kontraindiziert, da lediglich die Hälfte der Patienten mit Ösophagusvarizen im Krankheitsverlauf blutet, während die andere Hälfte der Patienten mit Ösophagusvarizen einer unnötigen und nicht ungefährlichen Therapie unterzogen würde. Die methodenbedingte Letalität liegt bei ca. 1–3 %. Auch durch die Gummibandligatur der Ösophagusvarizen hat sich an dieser Tatsache kaum etwas geändert. Die prophylaktische endoskopische Therapie der Ösophagusvarizen mit Gummibandligaturen vermindert zwar das Blutungsrisiko, führt aber gegenüber einer medikamentösen β-Rezeptoren-Blocker-Therapie nicht zu einer Verbesserung des Überlebens.

Durchführung: Bei der endoskopisch durchgeführten Gummibandligatur werden Gummibänder (kleine Gummiringe) über die Varizen gestülpt, die zur Thrombose der Varizen führen. Das Gewebe, welches die Gummiringe abschnüren, wird nekrotisch und abgestoßen.

6.3 Endoskopische Varizentherapie

Sklerosierungstechnik von Ösophagusvarizen

Bei der Sklerosierungstechnik werden sklerosierende Substanzen in das Gefäßlumen der Varize (intravasale Technik), neben die Varize (paravasale Technik) oder sowohl in das Gefäßlumen als auch neben die Varize (gemischte Technik) injiziert. Durch die Sklerosierungssubstanzen kommt es zu Gewebe- bzw. Endothelschädigung, die wiederum dann zur Thrombose des Gefäßes bzw. zur Narbenbildung in der Submukosa führen.

Keine dieser Techniken ist den anderen überlegen, wenngleich das pathopyhsiologische Konzept sich unterscheidet, denn bei der intravasalen Technik soll eine Thombose der Varizen erreicht werden, wohingegen bei der paravasalen Technik eine submuköse Narbenplatte die Varizen vor der Ruptur schützen soll.

Gummibandligatur

Die Gummibandligatur wird nach der ersten Behandlung in Intervallen von 1–3 Wochen wiederholt, bis die Varizen beseitigt sind.

Die Gummibandligatur von Ösophagusvarizen konnte im Vergleich zur früher üblichen Sklerosierungsbehandlung (s. o.) von Varizen, die geblutet haben, (Sekundärprophylaxe) bei gleicher Blutstillungsrate, die Rezidivblutungsrate und die Letalität senken. In der Akuttherapie blutender Varizen scheinen die Sklerosierungs- und Ligaturbehandlung ähnliche Ergebnisse zu erzielen, wobei die Sklerosierung das einfachere und sichere Verfahren darstellt.

Auch die endoskopische Behandlung der Ösophagusvarizen kann Komplikationen bedingen: Ulzerationen, Stenosen, pulmonale Infekte, Perforationen, Pleuraergüsse und spontan bakterielle Peritonitis (zusammengefasst in 10–30 %).

T 6.2 Einteilung der Blutungsaktivität nach Forrest

Stadium	Forrest-Typ	Kriterium
Zeichen der aktiven Blutung	Ia	arteriell spritzende oder anhaltende Ösophagusvarizen-Blutung (6.8)
	Ib	sickernde Blutung
Zeichen der stattgehabten Blutung	IIa	thrombosierter Gefäßstumpf sichtbar
	IIb	koagelbelegte Blutungsquelle
	IIc	hämatinbelegte Läsion
potenzielle Blutungsquelle	III	Läsion ohne Blutungsstigmata

6.8 Forrest-Ia-Blutung

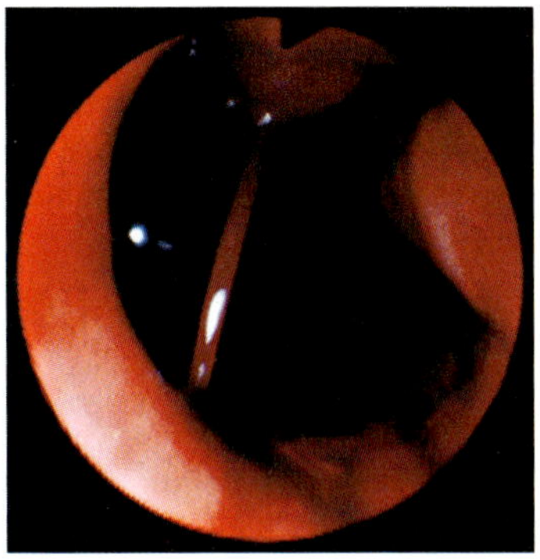

Anhaltende Blutung aus einer distalen Ösophagusvarize (Forrest Ia). Der Blutstrahl spritzt auf die gegenüberliegende Wand auf. Weitere längsgestellte Varizenstränge sind sichtbar.

6.3 Ursachen der UGIB und ihre Häufigkeit

Ursache	*Häufigkeit (%)*
Tumor	24
Divertikel	18
Entzündungen	18
Angiodysplasie	6
Endometriose	3
sonstige Ursachen	31

Untere gastrointestinale Blutung (UGIB)

Die Blutungslokalisation ist bei der UGIB wesentlich schwieriger als bei der OGIB, da nicht der gesamte Darm endoskopiert werden kann und die Möglichkeit, eine rasche Darmspülung durchzuführen, nicht besteht. Einen Überblick über die **Ursachen** der UGIB einschließlich ihrer Häufigkeit gibt **6.3.**

Hält die UGIB unverändert an, muss folgende **Stufendiagnostik** erfolgen:

1. Ösophagogastroduodenoskopie (ÖGD, s. S. 138),
2. Proktorektoskopie (s. S. 140),
3. Koloskopie (s. S. 140),
4. Computertomographie,
5. Angiographie (s. S. 713),
6. Erythrozytenszintigraphie (nur bei mäßiger Blutung),
7. explorative Laparotomie.

Lässt sich mit den diagnostischen Maßnahmen 1–6 keine Blutungsquelle finden und blutet der Patient weiter, muss die explorative Laparotomie als letzter Schritt erfolgen. Die **Therapie** der UGIB besteht meist in einer Resektion des erkrankten Abschnitts; selten ist die endoskopische Blutstillung sinnvoll und definitiv.

Palliative endoskopische Therapie von Stenosen des Gastrointestinaltraktes

Stenosen des oberen Gastrointestinaltraktes

Die Therapie der Wahl für tumorbedingte Stenosen des oberen Gastrointestinaltraktes ist die chirurgische Tumorresektion mit anschließender Rekonstruktion des Digestionsweges. Nur so können die Lebensqualität und -quantität der Patienten am stärksten verbessert werden. Diese operative Therapie ist aber z. B. nur bei weniger als 50 % der Patienten mit einem Ösophaguskarzinom möglich. Der überwiegende Anteil der Patienten wird aufgrund einer lokalen oder allgemeinen Inoperabilität einer palliativen Therapie zugeführt (s. S. 95).

Palliative endoskopische Therapieverfahren sind:

- (palliative) Resektionen,
- Radiotherapie,
- Lasertherapie,
- Bougierung,
- Endoprothesenimplantation (Tuben, Stent).

! Diese palliativen Therapieverfahren unterscheiden sich hinsichtlich der Lebensverlängerung nicht wesentlich. So liegt die mittlere Lebenserwartung nach palliativer Therapie zwischen 4 und 6 Monaten.

Palliative Radiotherapie: Mit einer palliativen Radiotherapie kann die Dysphagie meist erst nach einigen Wochen beseitigt werden, sodass die Patienten für die meiste ihnen noch zur Verfügung stehenden Lebenszeit dysphagisch bleiben.

Palliative Lasertherapie: Auch die Lasertherapie verlängert die Lebenserwartung nicht. Sie sollte bei kurzstreckigen Stenosen, verursacht von exophytisch wachsenden Tumoren, angewandt werden. Der Nachteil der Lasertherapie besteht darin, dass sie alle 4–6 Wochen wiederholt werden muss, da es durch erneutes Tumorwachstum zu Restenosen kommt. Somit ist der Patient immer eng an das Krankenhaus gebunden. Ihr Vorteil ist aber, dass kein Platzhalter implantiert wird und so kein lästiges Druckgefühl entsteht.

Bougierung: Durch Bougierung wird die Stenose lediglich aufgedehnt. Daher kommt es rasch zur Restenose, sodass heute meist ein Platzhalter implantiert wird.

Endoprothesenimplantation: Die Liste der Endoprothesen (Platzhalter) ist lang und belegt damit, dass der ideale Platzhalter noch nicht gefunden wurde. Man unterscheidet zwischen Tuben und Stents.

Der *Tubus* besteht aus einer starren, mit Silikon ummantelten Metallspirale, die proximal eine Erweiterung und distal eine Verdickung besitzt (**6.9a**). Letztere soll die Dislokation des Tubus verhindern. Der Tubus wird meist in Vollnarkose eingesetzt. Da er starr ist, kann er sich nicht den natürlichen Krümmungen des ösophagokardialen Übergangs anpassen, bei sehr proximalem Tubussitz klagen die Patienten trotz beseitigter Stenose über eine Dysphagie. Sitzt der Tubus im geraden Abschnitt des mittleren bis distalen Ösophagus (**6.9b**), werden die besten Ergebnisse erzielt. Ballontuben besitzen einen Schaumstoffballon, der dazu dient, ösophagotracheale oder -mediastinale Fisteln abzudichten.

Stents sind Platzhalter, die lediglich aus einem Drahtgeflecht bestehen oder – besser – mit Folie ummantelt („gecoated") sein können, um so einen Tumordurchwuchs zu verhindern (**6.10a**). Sie werden über ein relativ dünnlumiges Applikationsbesteck eingebracht und dehnen sich erst nach dem Abwerfen aus. Sie haben den Vorteil, dass sie ohne Narkose implantiert werden können (**6.10b**). Die Preise der Stents sind um das 4–5fache höher als die der Tuben.

Alle Tuben und Stents werden nach Anlage radiologisch mit Gastrografin-Kontrastmittel kontrolliert (korrekter Sitz, Ausschluss einer Perforation).

Stenosen des unteren Gastrointestinaltraktes

In der Regel werden maligne Stenosen des unteren Gastrointestinaltraktes operativ behandelt. **Palliativ-endoskopische Therapieverfahren** kommen hier lediglich zum Einsatz, wenn die maligne Stenose im Rektum

6.9 Palliativ-endoskopische Therapie mit Tuben

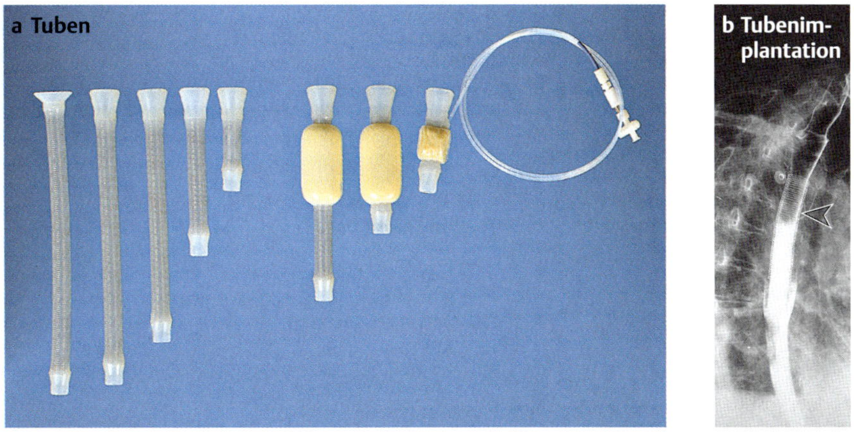

a Links sind Tuben unterschiedlicher Längen, rechts Ballontuben dargestellt.
b Bei einer Patientin mit einem Ösophaguskarzinom des mittleren Drittels wurde ein Tubus implantiert. Dieser ist röntgenologisch gut zu erkennen (Pfeil).

oder distalen Sigma liegt und dem Patienten so die Anlage eines Anus praeter erspart werden kann. In der Regel kommt hier die *Laservaporisierung* der stenosierenden Tumormassen zum Einsatz, die jedoch alle 4–6 Wochen wiederholt werden muss. Bei der *Implantation von Platzhaltern* (Tuben, Stents) handelt es sich noch nicht um ein Standardverfahren.

Perkutane endoskopische Gastrostomie (PEG)

Indikationen: Die PEG ist bei Patienten mit einer persistierenden Dysphagie unterschiedlicher Genese sowie vor größeren Operationen im Gesichts- und Halsbereich, bei denen die Patienten postoperativ längere Zeit nicht schlucken können, indiziert.

Durchführung: Die Anlage einer PEG erfolgt in Rückenlage des Patienten in Lokalanästhesie. Nach Einführen des Gastroskops und Luftinsufflation in den Magen ist im Bereich der Vorderwand des Magenkorpus eine Stelle aufzusuchen, an der sich eine gute Diaphanoskopie beobachten lässt. Hier wird, nachdem eine lokale Betäubung gesetzt wurde, mit einer großlumigen Kanüle durch die Haut vorgestochen, bis die Kanüle im Magen endoskopisch zu sehen ist. Nun wird über die liegende Kanüle ein Faden (Führungsschnur für die Ernährungssonde) eingeführt, der mit einer Fasszange gefasst, oralwärts extrahiert und mit einer Ernährungssonde verknüpft wird. Die Sonde kann nun durch Mund, Ösophagus und Magen nach außen durchgezogen werden, bis ihre Andruckplatte der Magenwand von innen anliegt; von außen wird dann eine Gegendruckplatte aufgesetzt.

6.10 Palliativ-endoskopische Therapie mit Stents

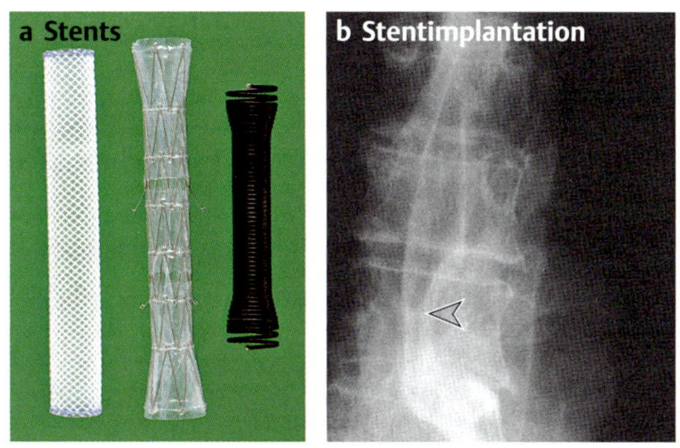

a Von links nach rechts: Polyflex-Stent (selbstexpandierender Silikonstent mit Polyestergeflecht), Gianturco-Z-Stent (Drahtstent mit Kunststoffbeschichtung), Esophacoil.
b Bei einem Patienten mit einem distalen Ösophaguskarzinom wurde ein Stent implantiert, dessen Sitz röntgenologisch zu kontrollieren ist (Pfeil).

! Mithilfe der PEG können die Patienten beliebig lange enteral ernährt werden.

Spätestens 24 Stunden nach Anlage der PEG erfolgt noch vor der ersten Nahrungsapplikation eine radiologische Gastrografin-Kontrastmittel-Kontrolle (Dichtigkeit des Systems, insbesondere kein Kontrastmittelübertritt in die freie Bauchhöhle).

6.3 Sonographie

Der Ultraschall wurde zuerst technisch und militärisch genutzt. Seit den 60iger-Jahren, in denen zum ersten Mal ein zweidimensionales Ultraschallbild in verschiedenen Graustufen erzeugt wurde, findet eine rapide technische Weiterentwicklung dieses Schnittbildverfahrens statt. Die Ultraschalluntersuchung ist eine gefahrlose, nichtinvasive, untersucherabhängige diagnostische Maßnahme, die beliebig oft wiederholt werden kann, da sie den Patienten nicht belastet. Sie kann prä-, intra- (s. SE 6.6, S. 154) und postoperativ durchgeführt werden und stellt daher in der Chirurgie eine wichtige Untersuchungsmethode dar.

Physikalisch-technische Grundlagen

Nur Schallwellen zwischen 20 und 20 000 Hertz (Hz) sind für den Menschen in Form von Geräuschen wahrnehmbar. Schallwellen mit einer Frequenz über 20 000 Hz nennt man Ultraschall.

Bildentstehung

In der Sonographie werden Ultraschallwellen mit Frequenzen von 2–10 MHz eingesetzt.

Je höher die Frequenz der Ultraschallwellen ist, desto besser ist die Auflösung und desto schlechter ist die Eindringtiefe.

Für oberflächlich gelegene Organe werden daher hohe Ultraschallfrequenzen, für Organe in der Körpertiefe niedrigere Ultraschallfrequenzen benutzt. Die Entstehung eines Ultraschallbildes beruht auf dem piezoelektrischen Effekt von polar gebauten Kristallen (**6.4**).

6.4 Piezoelektrischer Effekt

Die Funktion von Ultraschallgeräten basiert auf dem **piezoelektrischen Effekt**. Der piezoelektrische Effekt beinhaltet die Entstehung elektrischer Potenziale an der Oberfläche polar gebauter Kristalle wie z. B. Bariumtitanat bei Kompression, d. h. bei Auftreffen von Ultraschallwellen auf den Kristall. Umgekehrt verursachen elektrische Impulse, angelegt an die Kristalloberfläche, Verformungen des Kristalls und damit mechanische Schwingungen (**umgekehrter piezoelektrischer Effekt**). Diese Schwingungen gibt der Kristall als Ultraschallwellen an das umgebende Medium ab, wo sie sich weiter ausbreiten. Damit ist es möglich, dass ein Kristall gleichzeitig als Sender und Empfänger dient.
Die Kombination dieser beiden Effekte ist die Grundlage der Ultraschallbildentstehung. Mit Hilfe von elektrischer Spannung werden piezoelektrische Kristalle im Schallkopf zu mechanischen Schwingungen angeregt. Diese Schwingungen dringen als Ultraschallwellen in das umgebende Gewebe ein. Treffen sie dort auf eine Grenzfläche zwischen zwei Medien wie z. B. Luft und Wasser, werden sie reflektiert, gebrochen, gestreut und absorbiert. Die zum Schallkopf reflektierten Schallwellen verformen die piezoelektrischen Kristalle, die daraufhin wieder eine elektrische Spannung erzeugen, aus der sich dann das Ultraschallbild errechnen lässt.

Abbildungsverfahren

Es gibt drei verschiedene Verfahren, wie die elektrischen Spannungspotenziale zu Bilder umgewandelt werden können:
A-Bild-Verfahren (A-Mode, Amplituden-Scan): Hierbei wird die Amplitude des reflektierten Ultraschalls der Laufzeit und damit der Tiefe, aus der das Echo stammt, zugeordnet. Die Höhe der Amplitude ist dabei dem Ausmaß der Reflexion proportional. Das A-Bild-Verfahren wird heute lediglich in der Neurologie und Augenheilkunde angewandt.
B-Bild-Verfahren (B-Mode, Helligkeits- oder Brightness-Scan): Beim B-Bild-Verfahren werden die jeweiligen Amplitudenhöhen unterschiedlichen Graustufen einer Grauwert-Skala zugeordnet.

Je höher der reflektierte Schallanteil ist, desto größer ist die Amplitude und desto heller der erzeugte Lichtpunkt.

Durch die große Dichte an Lichtpunkten können *zweidimensionale Bilder* erzeugt werden. Das B-Bild-Verfahren ist die in der Chirurgie üblicherweise genutzte Ultraschallverarbeitung.
TM-Bild-Verfahren (M-Mode, Time-Motion-Verfahren): Bei diesem Abbildungsverfahren wird das B-Bild einer Ebene wie bei einem EKG über den Monitor bewegt, sodass Bewegungsphasen sichtbar werden. Das TM-Bild-Verfahren wird nur in der Kardiologie zur Registrierung von Bewegungsabläufen, z. B. an Herzklappen und Herzwänden, angewandt.

Kriterien der Bildbeurteilung

Als **echoarm** bezeichnet man Gebilde, die kaum Ultraschallwellen streuen wie z. B. Flüssigkeiten. Sie werden im B-Mode schwarz dargestellt.
Als **echoreich** erscheinen Strukturen, an denen die Ultraschallwellen stark gebrochen und reflektiert werden.

Je echoreicher eine Struktur ist, desto heller erscheint sie im B-Mode.

Wenn eine Struktur alle Ultraschallwellen reflektiert, so können die Gewebe hinter dieser Struktur nicht mehr dargestellt werden. Es findet eine Schallauslöschung statt: **Schallschatten**.

Spezielle Anwendungen der Sonographie

Die **Doppler-** und **farbkodierte Duplex-Sonographie** werden in der SE 6.4, S. 150 und die **intraoperative Sonographie** in der SE 6.6, S.154 behandelt.

Die **interventionelle Sonographie** beinhaltet die gezielte ultraschallgesteuerte Punktion einer Läsion oder eines Verhalts. Neben ultraschallgesteuerten diagnostischen Feinnadelpunktionen werden auch therapeutische Eingriffe wie Feinnadelaspirationen und perkutane Drainagen von abdominalen, retroperitonealen und intraparenchymatösen liquiden Raumforderungen durchgeführt.

Die **Endosonographie** wird seit der Entwicklung hochfrequenter Ultraschallsonden, die eine gute Auflösung im Nahbereich besitzen, durchgeführt. Ihr Vorteil besteht darin, dass keine anderen Organe oder Luft das Bild überlagern:

- Bei der mit einem starren Sondenkopf durchgeführten *Endosonographie des Anorektums* lassen sich gut Sphinkterverletzungen, perianale Abszesse und Fisteln sowie Tumoren nachweisen, lokalisieren und in ihrer Tiefenausdehnung (T-Klassifikation) bestimmen. Oft lässt sich auch eine Aussage hinsichtlich regionärer Lymphknoten machen (N-Klassifikation).
- Bei der *Endosonographie des oberen Gastrointestinaltraktes* wird ein flexibles Gastroskop eingesetzt, an dessen Ende sich eine Ultraschallsonde befindet (👁 **21.28**, S. 489). Indikationen für diese Untersuchung sind v. a. Diagnostik und Stadieneinteilung von Tumoren des Ösophagus, Magen und Pankreas (🔎 **6.5**).

> **6.5 Tumorstaging durch Endosonographie**
>
> Durch die **starre Endosonographie des Anorektums** lässt sich das Tumorstadium in ca. 90 % der Fälle präoperativ richtig vorhersagen. Dagegen kann der Befall der Lymphknoten aber nur in 70–80 % der Fälle richtig vorhergesagt werden.
>
> Mithilfe der **flexiblen Endosonographie des oberen Gastrointestinaltraktes** kann das Tumorstadium von Ösophaguskarzinomen in 84 %, von Magenkarzinomen in 80 % und von Pankreaskarzinomen in 90 % richtig vorausgesagt werden. Der Befall von regionalen Lymphknoten lässt sich jedoch ebenfalls nur in ca. 70–80 % der Fälle richtig diagnostizieren.

Allgemeine Aussagemöglichkeiten der Sonographie

Die Aussagekraft der Ultraschalluntersuchung ist zum einen sehr von der Erfahrung des Untersuchers, zum anderen von den Schallbedingungen des Patienten abhängig. So können sowohl die sonographische Untersuchung adipöser Patienten als auch die sonographische Beurteilung darmluftüberlagerter Organe sehr schwierig sein.

Die **Ultraschalluntersuchung des Abdomens** sollte standardisiert, d. h. nach einem bestimmten Untersuchungsschema, erfolgen. Mit Hilfe des Ultraschalls lassen sich Leber, Gallenblase, Milz, Gefäße, v. a. die Aorta, Nieren und Harnblase, aber auch Weichteile oder gar „freie Flüssigkeit im Abdomen“ gut beurteilen. Schwierig gestaltet sich oft die sonographische Untersuchung von Pankreas, Magen-Darm-Trakt oder Lunge.

> Wenn pathologische Befunde erhoben werden, so sind diese immer in zwei Ebenen darzustellen, um Artefakte auszuschließen.

Organbezogene Sonographie

Leber

Die Leber ist aufgrund ihrer oberflächennahen Lage, ohne darüber liegende Darmschlingen, dem Ultraschall gut zugänglich. Mithilfe des Ultraschalls lassen sich Größe, Form und Struktur der Leber ermitteln. Ebenso können meist die Gallenblase, die Leberpforte und z. T. auch der Ductus hepatocholedochus beurteilt werden. Indikationen zur Lebersonographie:

- Abklärung eines Ikterus,
- unklarer Oberbauchschmerz,
- Leberparenchymerkrankung,
- fokale Leberveränderung (z. B. Zyste, Abszess, benigner/maligner Tumor),
- Tumornachsorge, v. a. bei Lebermetastasen,
- Abdominaltrauma.

Außerdem lässt sich schnell und zuverlässig zwischen dem extrahepatischen und dem intrahepatischen **Ikterus** differenzieren. Beim extrahepatischen Ikterus zeigt sich eine Dilatation des Ductus hepatocholedochus und der intrahepatischen Gallenwege. Diese verlaufen parallel und gut sichtbar neben den Pfortaderästen, sodass eine doppelspurige Gangstruktur, ein sog. „Doppelflintenphänomen“, resultiert.

Leberparenchymerkrankungen (Fettleber, Stauungsleber, Leberzirrhose) erkennt man an der Organvergrößerung (Ausnahme: zirrhotische Schrumpfleber), der Abrundung besonders des linken Leberlappens sowie der Zunahme der Echogenität im Vergleich zur Niere.

Das Bild, das die *Zirrhoseleber* im Ultraschall bietet, ist vielfältig (👁 **6.11**). In den Anfangsstadien ist die Leber vergrößert. Die Lebervenen sind zunehmend rarifiziert

👁 **6.11 Grobknotige Leberzirrhose**

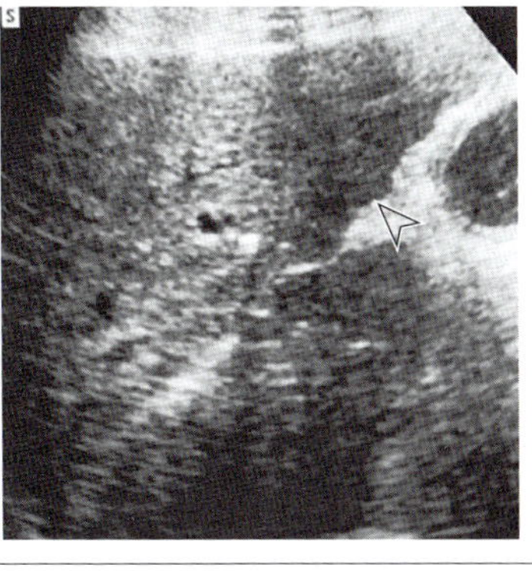

Sonographisch zeigt sich der typische Befund einer grobknotigen Leberzirrhose: der Leberrand (Pfeil) ist höckrig, das Lebergewebe ist echoreicher.

6.12 Leberzysten

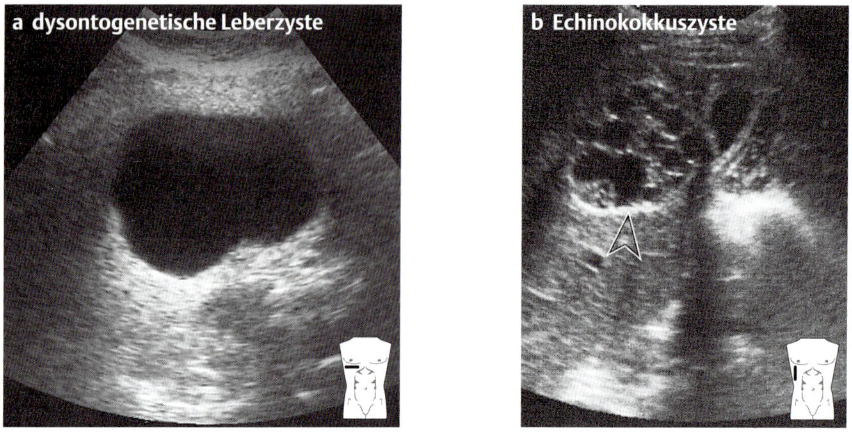

a Sonographisch stellt sich eine große dysontogenetische Leberzyste dar.
b Im rechten Leberlappen findet sich eine Echinokokkuszyste mit verkalkter Zystenwand (Pfeil).

und die Schallabschwächung nimmt zu. Als typisch gilt die relative Vergrößerung des Lobus caudatus im Vergleich zum rechten Leberlappen.

Fokale Leberveränderungen lassen sich je nach Impedanzunterschied zum normalen Lebergewebe bereits ab wenigen Millimetern Durchmesser nachweisen. *Zysten*, die einen großen Impendanzsprung zum normalen Lebergewebe besitzen, können in der Sonographie am besten erkannt werden. Charakteristische Kennzeichen von Zysten sind ein echofreies Lumen mit dorsaler Schallverstärkung und eine glatte Begrenzung. Man unterscheidet zwischen den anlagebedingten, dysontogenetischen Zysten (Leber- und Gallengangszysten, **6.12a**), den parasitären Zysten (Echinokokkuszyste, **6.12b**) und dem (seltenen) Zystadenom.

Kapilläre *Leberhämangiome* sind rundlich, gut abgrenzbar und meist relativ echoreich. Die kavernösen Leberhämangiome besitzen größere, blutgefüllte Hohlräume und sind daher im Vergleich zu den kapillären Hämangiomen echoärmer (**6.13**).

Primär und sekundär maligne Lebertumoren bieten sonographisch ein buntes Bild. Dabei können bei einem Patienten unterschiedliche Metastasentypen ein- und desselben Tumors entdeckt werden.

Gallenblase und Gallenwege

In der Ultraschalluntersuchung können die Gallenblase exzellent und die ableitenden Gallenwege oft gut dargestellt werden.

Für die Sonographie der Gallenblase sollte der Patient nüchtern sein.

Die Gallenblasenwand ist beim gesunden Patienten zart und scharf abgrenzbar. Die Wanddicke beträgt im nicht kontrahierten Zustand 1–2 mm. Das Lumen der Gallenblase ist echofrei. Eine regelrechte Kontraktilität der Gallenblase nach einer Reizmahlzeit spricht für eine ungestörte Funktion.

Für die **Cholezystolithiasis** hat die Sonographie eine hohe Sensitivität. So lassen sich Gallensteine bereits ab einer Größe von 2 mm anhand typischer sonographischer Kriterien nachweisen:

- Sie sind echoreich und führen zu einem dorsalen Schallschatten (**6.14**).
- Sie sind lageverschieblich, da sie schwerer als die Gallenflüssigkeit sind („Rolling-Stone-Phänomen“).

6.13 Leberhämangiom

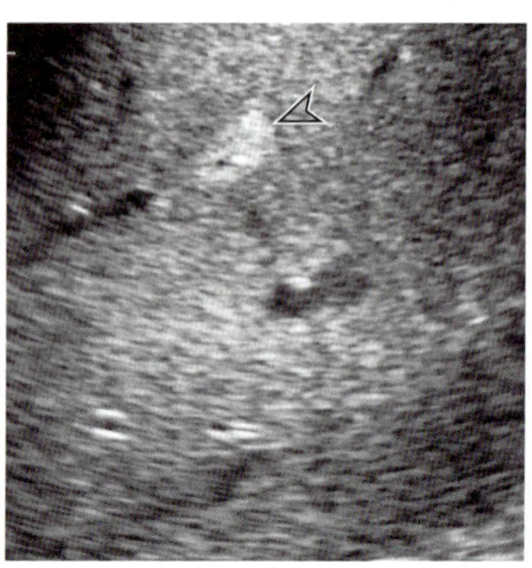

Das Leberhämangiom stellt sich sonographisch als eine runde bis ovaläre, scharf begrenzte, echoreiche Struktur dar (Pfeil).

6.14 Cholezystolithiasis

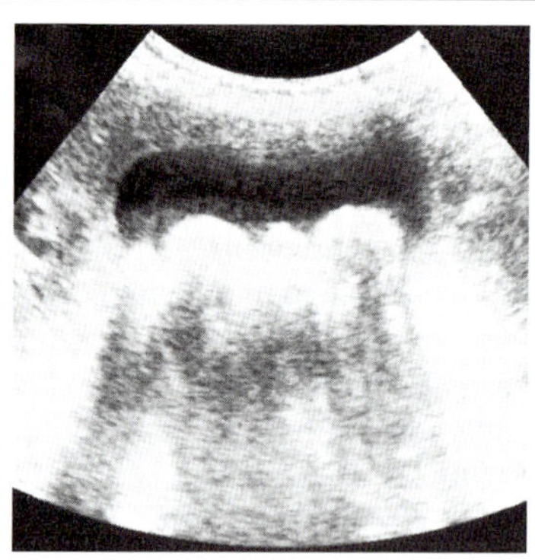

Die „hellen“ Steinreflexe im „dunklen“ reflexfreien Medium der Gallenflüssigkeit führen mit den zugehörigen Schallschatten zu der richtigen Diagnose der Cholezystolithiasis.

! Durch den Nachweis der Lageverschieblichkeit können auch kleine Gallenblasensteine diagnostiziert und von Gallenblasenpolypen abgegrenzt werden.

Sonographische Kriterien für alle Formen von **Gallenblasenpolypen** sind Wandständigkeit und fehlende Lageverschieblichkeit, fehlender Schallschatten und unauffällige Gallenblasenwand.
Bei der **akuten Cholezystitis** findet sich eine Verdickung der Gallenblasenwand auf über 4 mm. Häufig zeigt sich um die Gallenblase ein echoarmer Randsaum als Ausdruck eines entzündlichen Ödems in Folge der Pericholezystitis. Im Ultraschall ist häufig eine Dreischichtung der Gallenblasenwand nachweisbar.
Die Aussagekraft der Sonographie ist bei der **Choledocholithiasis** eingeschränkt. Der direkte Steinnachweis gelingt oft nur erfahrenen Untersuchern bei guten Schallbedingungen. Häufig weist aber die Erweiterung der intra- und extrahepatischen Gallenwege indirekt auf ein Abflusshindernis im Gallengang hin.

Schilddrüse

Die Schilddrüse ist der sonographischen Diagnostik gut zugänglich. Es werden Größe, Form, Echostruktur und -verteilung beurteilt. Zu den **diffusen Veränderungen** gehören die Struma diffusa, der M. Basedow und die Thyreoiditis. Zu den **fokalen Veränderungen** gehören Zysten, Verkalkungen, Adenome und Karzinome. Die Differenzierung zwischen Adenomen und Karzinomen ist sonographisch nicht möglich. Hier hilft die ultraschallgesteuerte Punktion weiter.

Indikationsbezogene Sonographie

Stumpfes Abdominaltrauma

Beim stumpfen Abdominaltrauma hat die Sonographie die Peritoneallavage heute weitgehend abgelöst. Dabei gelingt es sonographisch nicht immer, die Verletzung direkt nachzuweisen.

! Bei entsprechender Anamnese können aber der Nachweis und die Zunahme von freier Flüssigkeit im Abdomen indirekt auf eine Verletzung hinweisen.

Die freie Flüssigkeit kann am sensitivsten an drei Stellen im Abdomen nachgewiesen werden:
- zwischen Leber und rechter Niere (Morrison-Pouch) (👁 **6.15**),
- zwischen Milz und linker Niere,
- im Douglas-Raum, besonders bei gefüllter Blase.

! Die Breite des Flüssigkeitssaums im Morrison-Pouch ist der Blutmenge im Abdomen proportional.

👁 **6.15 Freie Flüssigkeit im Abdomen**

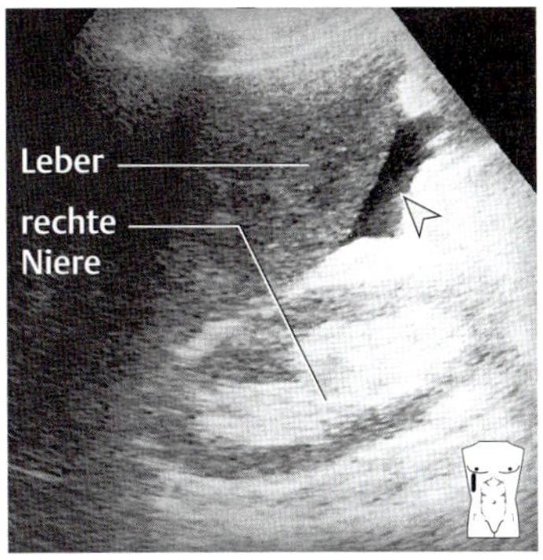

Zwischen der Leber und der rechten Niere ist ein echofreier Saum zu erkennen, der der freien Flüssigkeit entspricht (Pfeil).

Die retroperitoneale Duodenalruptur wird in der Ultraschalluntersuchung häufig übersehen, da sie keine freie Flüssigkeit im Abdomen bedingt. Kleinere Dünn- und Dickdarmeinrisse mit nur geringem Austritt von Darminhalt entgehen auch oft der sonographischen Diagnostik.

! Zeigt ein Patient mit einem stumpfen Abdominaltrauma ein akutes Abdomen, so muss auch bei unauffälliger Sonographie eine explorative Laparotomie erfolgen, um eine Darmverletzung auszuschließen. Dabei ist das Duodenum immer zu mobilisieren und zu inspizieren wie auch die Bursa omentalis.

Pleuraerguss

Mithilfe der Sonographie kann eine thoraxwandnahe Verschattung auf dem Röntgenthoraxbild rasch abgeklärt werden. Die Differenzierung zwischen einem gekammerten bzw. ungekammerten Erguss und einer Atelektase gelingt leicht. Das Zwerchfell ist gut darzustellen, sodass die günstigste Stelle zur Pleurapunktion ausgewählt werden kann (👁 **6.16**).

👁 **6.16 Pleuraerguss**

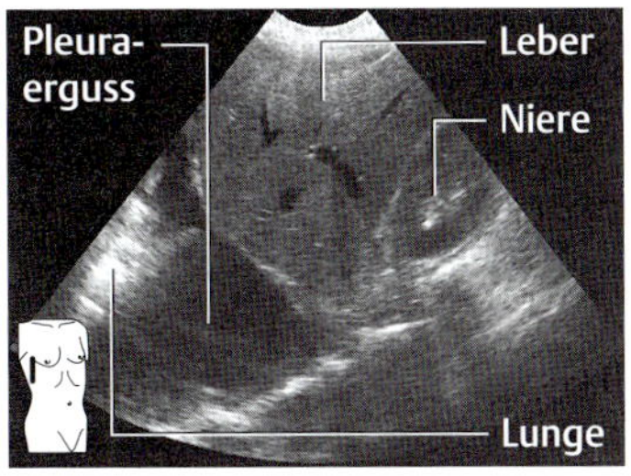

In der Sonographie sind neben dem Zwerchfell und der Leber der Pleuraerguss zu erkennen, in dem die Lunge „schwimmt".

6.4 Spezielle apparative Untersuchungen des Gefäßsystems

Zahlreiche angiologische Untersuchungsmethoden sind zur Beurteilung der unterschiedlichen Gefäßabschnitte in den letzten Jahren entwickelt worden. Dazu gehören vor allem die Doppler-Sonographie und die farbkodierte Duplex-Sonographie (Angiodynographie, FKDS). Die klinische Untersuchung wird hierdurch aber nicht ersetzt, sondern nur ergänzt.

Doppler-Sonographie

Mit Hilfe der Doppler-Sonographie (**6.6**) können Blutflussrichtung und Strömungsgeschwindigkeit in den Gefäßen für den Untersucher hörbar gemacht werden. Es kommt bei arteriellen Gefäßen zu pulssynchronen, hochfrequenten Geräuschen, bei venösen Gefäßen zu atemabhängigen, tieffrequenten Signalen.

6.6 Physikalische Grundlagen der Doppler-Sonographie

Die Doppler-Sonographie beruht auf dem **Doppler-Effekt**, der nach dem Physiker Christian Johann Doppler (1803–1853) benannt ist. 1842 beobachtete er erstmalig, dass die Frequenz von Schallwellen sich verändert, wenn sich Sender und Empfänger relativ zueinander bewegen. Bewegen sie sich aufeinander zu, ist die vom Empfänger aufgenommene Frequenz höher als die von der Schallquelle ausgesandte. Bewegen sich Empfänger und Sender voneinander weg, ist die vom Empfänger aufgenommene Frequenz kleiner als die von der Schallquelle ausgesandte. Gibt nun ein piezoelektrischer Kristall Ultraschallwellen in das umgebende Medium ab, werden diese von den bewegten Blutzellen reflektiert. Die Frequenz der Echos, die von der Schallsonde empfangen wird, unterscheidet sich dabei von der ursprünglich ausgesandten Frequenz des Ultraschallimpulses. In diesem Fall sind Empfänger und Sender ortsfest, und die Frequenzverschiebung wird durch die Bewegung der reflektierenden Blutzelle verursacht. Aus der Frequenzverschiebung lassen sich Strömungsrichtung und Blutflussgeschwindigkeit errechnen.

Die Doppler-Sonographie erlaubt eine grob orientierende Aussage über das untersuchte Gefäßsystem, gewinnt aber als nicht invasive gefahrlose Untersuchung immer mehr an Bedeutung.
Das Ausmaß einer Gefäßerkrankung kann dabei durch die Messung der **arteriellen Verschlussdrücke** genauer bestimmt werden. Der Verschlussdruck ist definiert als der Druck der Blutdruckmanschette, der (von höheren Werten her kommend) erreicht werden muss, um ein systolisches Doppler-Geräusch gerade hörbar zu machen. Bei Verschluss der A. femoralis superficialis, aber noch offenen Unterschenkelarterien wird der systolische Druck in den Knöchelarterien deutlich geringer sein als normal. Bei dem **Doppler-Druckquotienten** handelt es sich um den Quotienten des an Fuß und Arm gemessenen systolischen Druckes. Ist er kleiner als 0,9, spricht das für eine arterielle Verschlusserkrankungen der Beine.

! Lässt sich bei einem polytraumatisierten Patienten ein Doppler-Signal bei nicht tastbaren Pulsen nachweisen, beweist das nicht die Unversehrtheit des vorgeschalteten Gefäßabschnitts. In diesem Fall muss eine weitere diagnostische Abklärung erfolgen.

Farbkodierte Duplex-Sonographie

Bei der farbkodierten Duplex-Sonographie (FKDS, sog. Angiodynographie) werden die Blutflussbewegungen in Bezug auf den Schallkopf in unterschiedliche Farben übersetzt und in das zweidimensionale Grauwertbild (Brightness-Mode-Bild) des Gewebes integriert. Dabei werden zwei sonographische Prinzipien (daher: „Duplex“) angewandt, zum einen die akustische Doppler-Sonographie zur Darstellung der Blutflussrichtung, zum anderen die real-time Darstellung des sonographischen B-Bildes zur Darstellung von Weichteilstrukturen. Auf diese Weise erhält man Informationen zur Morphologie des Objekts und Aussagen zum Blutfluss und zur Strömungsgeschwindigkeit in den Gefäßen. International ist geregelt, dass der Blutfluss in Richtung Schallkopf rot und vom Schallkopf weg blau kodiert ist.
Als nichtinvasives, kostengünstiges und vielfach sehr sensitives Verfahren findet die farbkodierte Duplex-Sonographie zunehmend Anwendung in der Beurteilung aller Gefäßabschnitte.

Extrakranielle hirnversorgende Arterien

Mittels der farbkodierten Duplex-Sonographie kann durch Ermittlung des Quotienten aus der maximalen systolischen Geschwindigkeit in der A. carotis interna und der maximalen systolischen Geschwindigkeit in der präbulbären A. carotis communis auf den Stenosegrad in der A. carotis interna geschlossen werden (**6.17**).
Ebenso ist auch eine Aussage über die Art und Beschaffenheit der Plaquebildung möglich. So können weiche, echoarme Plaques und kavernöse Ulzera, von denen das höchste Risiko einer Embolie und Progressionstendenz ausgeht, von den weniger gefährlichen harten, echoreichen Plaques unterschieden werden.
Die Angiodynographie besitzt eine Sensitivität von 91–95 % und eine Spezifität von 86–97 % im Nachweis von höhergradigen Karotisstenosen und -verschlüssen.

6.17 Stenose der A. carotis interna

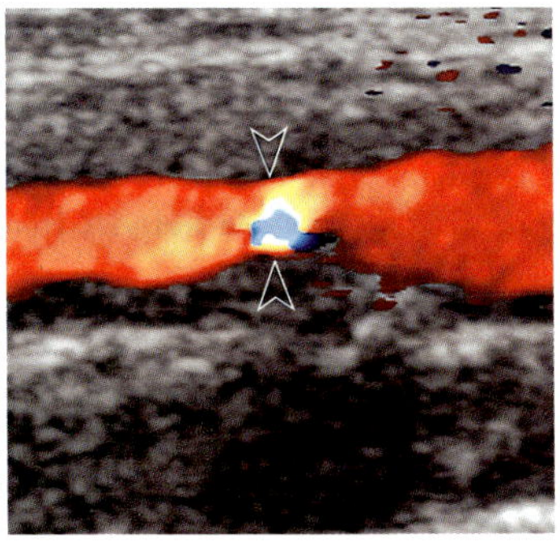

Hochgradige Stenose der A. carotis interna in der farbkodierten Duplexsonographie. Durch die Stenose kommt es zu einer Flussbeschleunigung, die sich in diesem Fall farblich heller darstellt.

6.18 Venenthrombose

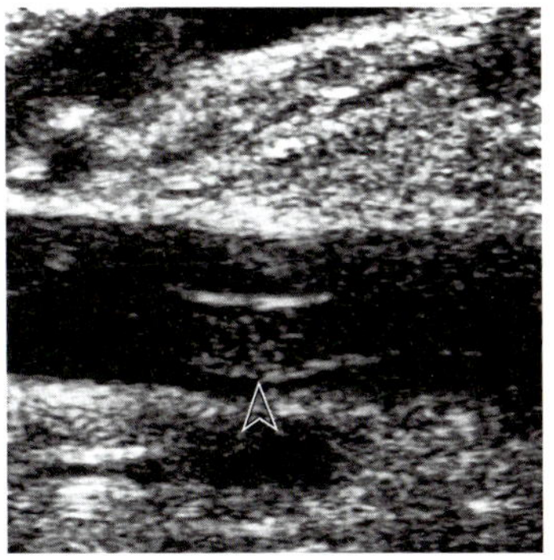

Der Pfeil zeigt auf den umspülten Thrombus.

Extremitätenarterien

Die farbkodierte Duplex-Sonographie wird routinemäßig zur Lokalisation eines akuten peripheren Gefäßverschlusses, zur postoperativen Beurteilung einer Gefäßrekonstruktion und zur Beurteilung einer Lysetherapie oder PTA eingesetzt.

! Eine chronische arterielle Verschlusskrankheit der Beine lässt sich besser angiographisch als duplexsonographisch nachweisen.

Auch die Diagnostik von postoperativen Komplikationen wie Aneurysma spurium, AV-Fistel oder Gefäßprotheseninfekt mit periprothetischem Flüssigkeitssaum ist eine Domäne der Duplex-Sonographie. Ferner ist auch eine duplexsonographisch gesteuerte Therapie eines Aneurysma spurium der A. femoralis möglich (**6.7**).

6.7 Duplexsonographisch gesteuerte Therapie des Aneurysma spurium

Bei einem meist iatrogen bedingten Aneursyma spurium der A. femoralis wird der Aneurysmahals sonographisch lokalisiert und mit dem Schallkopf gezielt komprimiert, bis kein Blutstrom mehr im Aneursymasack nachweisbar ist. In 90 % der Fälle gelingt so eine erfolgreiche Therapie eines falschen Aneurysmas der A. femoralis.

Nieren- und Viszeralarterien

Bei **Nierenarterien** lassen sich mit Hilfe der farbkodierten Duplex-Sonographie lediglich abgangsnahe arteriosklerotische Veränderungen gut nachweisen.
Zur Diagnostik der akuten Durchblutungsstörung der **Viszeralarterien** eignet sich die farbkodierte Duplex-Sonographie nur in wenigen Fällen. Hier ist die rasche Angiographie die Methode der Wahl. Hauptindikationen für eine Angiodynographie sind:

- Verlaufskontrollen der Durchblutung nach Transplantation,
- Nachweis von Aneurysmata, Gefäßmissbildungen und arterioportalen Fisteln,
- Diagnostik der portalen Hypertension,
- Nachweis von Kollateralkreisläufen,
- Kontrolle von Shunts, z. B. von **t**ransjugulären **i**ntrahepatischen **p**ortosystemischen **S**tent-Shunts (**TIPS**) und vieles andere mehr.

Venensystem

Sonographie (**6.18**) und farbkodierte Duplex-Sonographie haben heute auch bei venösen Erkrankungen einen hohen Stellenwert.
Entscheidende **Diagnosekriterien einer Venenthrombose** sind fehlende Komprimierbarkeit des Venenlumens, Zunahme des Venenlumens, fehlende Weitung des Gefäßquerschnitts beim Valsalvamanöver sowie fehlendes Flusssignal im Falle einer kompletten Thrombosierung der Vene.

! Das Alter des Thrombus kann anhand von Kollateralvenen und des Durchmessers der thrombosierten Vene abgeschätzt werden.

Für die Klärung der Frage, ob eine Aszension einer tiefen Bein-/Beckenvenenthrombose in die V. cava vorliegt, ist eine farbkodierte Duplex-Sonographie eher geeignet als die Phlebographie (Sensitivität von 91–96 %).

Elektromagnetische Strömungsmessung

Die elektromagnetische Strömungsmessung ist neben dem Doppler-Ultraschallverfahren eine wichtige Methode zur quantitativen Erfassung der Blutströmung in den Gefäßen. Dabei stellt das Blut einen elektrischen Leiter dar, der durch ein Magnetfeld fließt. Zwischen dem Blutstrom und den Magnetkraftlinien wird eine elektrische Spannung induziert, die an der Gefäßwand mittels Elektroden gemessen werden kann. Bei bekanntem Gefäßquerschnitt lassen sich daraus dann Strömungsgeschwindigkeit und Strömungsvolumen errechnen.

6.5 Laser in der Chirurgie

Laser finden in unserer modernen Welt breite Anwendung wie z. B. in CD-Spielern, Druckern, Lichtshows usw. Ihre Einsatzmöglichkeiten in der Chirurgie wurden anfangs in der Laien- und Fachpresse euphorisch überschätzt. Heute haben sich einige Einsatzgebiete herauskristallisiert, in denen die Laseranwendung eine Weiterentwicklung darstellt. Dazu gehören besonders die Endoskopie, die Laserlithotripsie, die Therapie kutaner Hämangiome und die photodynamische Therapie.

Physikalisches Prinzip

Das Wort **Laser** ist die Abkürzung für „**l**ight **a**mplification by **s**timulated **e**mission of **r**adiation", also die Lichtverstärkung durch induzierte Strahlenemission. Sein Wirkungsprinzip beruht auf der Energieabgabe bei Quantenübergängen in Atomen, Ionen oder Molekülen (**6.8**).

6.8 Entstehung von Laserstrahlen

Durch Absorption von Energie können Elektronen auf ein höheres Energieniveau gehoben werden. Da die Elektronen jedoch immer das Bestreben haben, einen möglichst energiearmen Zustand einzunehmen, fallen sie spontan in den niedrigeren Energiezustand zurück. Dabei wird Energie in Form von Photonen freigesetzt. Diesen Vorgang nennt man **spontane Emission**. Sie verläuft ungeordnet und zufällig. Von einer **induzierten** oder **stimulierten Emission** spricht man, wenn der Elektronenübergang von einem höheren zu einem niedrigeren Energieniveau durch ein Strahlungsfeld erzwungen wird. Wird nun ein angeregtes Elektron, d. h. ein Elektron in einem höheren Energieniveau, von einem Photon der Energie, die es zur Erreichung des angeregten Zustandes benötigt hat, getroffen, so kann das Elektron durch Absorption in ein noch höheres Energieniveau übergehen. Es kann aber auch unter Emission eines zusätzlichen Photons der gleichen Energie in das niedrigere Energieniveau fallen. Die zusätzlichen, induzierten Photonen sind mit den erregenden Photonen identisch. Sie bewegen sich gleichphasig und parallel zu diesen, sodass eine Lichtverstärkung resultiert.
In verschiedenen Lasermedien werden unter Energiezufuhr viele Elektronen auf das höhere Energieniveau gepumpt und dort gehalten, sodass durch Stimulation die Elektronen „koordiniert" auf das niedrigere Energieniveau fallen. Dabei werden Photonen emittiert, d. h. Laserstrahlung wird frei.

Die mit einem Laser erzeugte Strahlung ist:
- monochromatisch (einfarbig),
- von hoher Leistungsdichte,
- kollimiert (gerichtet, parallel, gut gebündelt),
- kohärent (gleiche Phasenbeziehung durch räumliche und zeitliche Zuordnung).

Es gibt viele verschiedene Lasermedien. In der Medizin werden vorwiegend Argon-, Helium-, Nd-YAG- (**N**eo**d**ym-**Y**ttrium-**A**luminium-**G**ranat-Kristall-), CO_2- und Dye-Laser angewandt.
Die einzelnen Lasergeräte zeichnen sich durch unterschiedliche Wellenlängen des Lichtes aus und bedingen damit, natürlich auch in Abhängigkeit der verwandten Energie, eine ganz unterschiedliche Eindringtiefe. Daraus erklären sich ihre unterschiedlichen Eigenschaften und ihre verschiedenen Anwendungsmöglichkeiten.

Je nach Art und Energie der Laserstrahlung kann Gewebe geschnitten, verdampft oder koaguliert werden.

Laseranwendung

Lasergeräte finden v. a. in der Endoskopie, Laserlithotripsie und Behandlung von kutanen Hämangiomen ihre Anwendung. In der laparoskopischen und offenen Chirurgie sowie in der Gefäßchirurgie überwiegt der hohe technische und organisatorische Aufwand im Vergleich zu den Vorteilen des Lasers, sodass er sich bisher im klinischen Alltag nicht durchsetzen konnte.

Endoskopische Laseranwendung

Indikation: Mit Hilfe der endoskopischen Laseranwendung gelingt es, tumorbedingte Stenosen durch Vaporisierung der Tumormassen zu rekanalisieren. Dabei kann die Lasertherapie sowohl im Gastrointestinaltrakt als auch im tracheobronchialen Bereich eingesetzt werden.
Bei **malignen Tumorstenosen** im Gastrointestinaltrakt bieten sich jene Tumoren für die endoskopische Lasertherapie an, die palliativ nur mit hohem Risiko operiert, endoskopisch aber gut zu erreichen sind. Hierzu zählen Tumorstenosen des Ösophagus (**6.19**), Magens, Rektums und Sigmas. Aber auch Tumorstenosen der Trachea, Haupt- und Lappenbronchien können mit der endoskopischen Lasertherapie gut behandelt werden.
Handelt es sich um **benigne Stenosen**, insbesondere kurzstreckige Narbenstenosen nach Operationen, können diese mit einem Nd-YAG-Laser beseitigt werden.
Bei der Therapie von **Blutungen** und **Ulzera** im Gastrointestinaltrakt ist die Lasertherapie den anderen endoskopischen Verfahren wie Unterspritzung und Klippung gleichwertig.

Durchführung: Laserstrahlen können mit Glasfasersonden weitergeleitet werden. Da sich diese dünnlumigen Sonden problemlos über den Arbeitskanal des Endoskops einführen lassen, bietet sich die intraluminale endoskopische Anwendung des Lasers an. Häufig sind dabei mehrere Laseranwendungen notwendig, bis die optimale Lumenweite erreicht ist. Kommt es im Krankheitsverlauf zu

6.19 Maligne Tumorstenose im Ösophagus

a stenosierendes Ösophaguskarzinom b Befund nach zweimaliger Lasertherapie

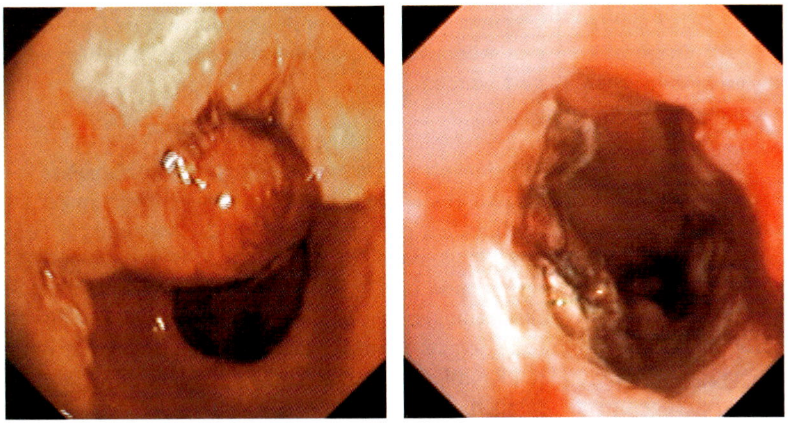

a Endoskopisch stellt sich eine Stenosierung des Ösophagus infolge eines Ösophaguskarzinoms dar.
b Mit zweimaliger Lasertherapie lässt sich eine gute Rekanalisation des Ösophaguslumens erreichen.

erneutem Tumorwachstum, kann die Lasertherapie mehrfach wiederholt werden.

Therapieerfolg: Die Rekanalisation von malignen Stenosen durch den Laser ist ein palliatives Verfahren, welches durch Linderung von Symptomen die Verbesserung der Lebensqualität, nicht aber die Verlängerung der Überlebenszeit zum Ziel hat.

Die Erfolgsquote der endoskopischen Lasertherapie ist im Respirationstrakt mit 75–90 % etwas niedriger als im Gastrointestinaltrakt.

Komplikationen: An Komplikationen der endoskopischen Lasertherapie werden Perforationen und Blutungen mit einer Häufigkeit von 1–7 % beobachtet.

Laserlithotripsie

Durch den Einsatz von großen Strahlungsintensitäten können Gallen-, Harn- und Speichelsteine zertrümmert werden. Dabei darf die Pulsdauer des Lasers nur kurz sein, um eine thermische Schädigung des umgebenden Gewebes zu vermeiden. In der Praxis haben sich Dye- und Nd-YAG-Laser bewährt. Mithilfe eines Endoskops wird die Lasersonde unter Sicht direkt an den Stein herangeführt. Durch die sehr große Energie der Laserstrahlung wird der Stein zertrümmert. Die Steinfragmente können direkt über den Arbeitskanal des Endoskops abgesaugt werden.

Lasertherapie kutaner Hämangiome

In der Therapie der kutanen Hämangiome hat die Laserbehandlung heute einen festen Stellenwert. Der Nd-YAG- und der Argonlaser emittieren Licht einer Wellenlänge, das von Blut bzw. Hämoglobin absorbiert wird. Aufgrund des Blutgefäßreichtums der Hämangiome werden diese daher relativ selektiv geschädigt. Der Wirkungsmechanismus des blitzlampengepumpten Farbstofflasers in der Behandlung der kutanen Hämangiome ist noch ungeklärt.

Photodynamische Therapie

Indikation: Die photodynamische Therapie stellt ein neueres, sich noch in der Entwicklung befindendes Therapieverfahren dar, das dann indiziert ist, wenn Tumorzellen selektiv zerstört werden sollen. Aufgrund der geringen Eindringtiefe des Laserlichts von ca. 1 cm können aber nur oberflächliche Tumoranteile, d. h. frühe Tumorstadien, suffizient behandelt werden. Ausgedehntere Tumoren oder Lymphknotenmetastasen sind diesem Therapieverfahren nicht zugänglich.

Durchführung: Eine photosensible Substanz, vorwiegend ein Hämatoporphyrinderivat oder Dihämatoporphyrinester, wird 48–72 Stunden vor der Laserapplikation injiziert (Dosis: 2–5 mg/kgKG). Zuerst verteilt sich die Substanz gleichmäßig in den Organen; im Verlauf der folgenden 48 Stunden reichert sie sich aber in den Zellen an, die sich schnell teilen. Wird nun die entsprechende Region mit Laserlicht geeigneter Wellenlänge bestrahlt, setzt die photosensible Substanz intrazellulär Radikale frei. Dadurch wird das Tumorgewebe selektiv abgetötet, ohne dass das gesunde umgebende Gewebe in Mitleidenschaft gezogen wird.

Nebenwirkungen: Da die Haut eine hohe Zellteilung besitzt, reichern sich die photosensiblen Substanzen auch hier an. Patienten, die einer photodynamischen Therapie unterzogen werden, müssen daher für 4–6 Wochen direktes Sonnenlicht meiden (Zytotoxizität!).

6.6 Geräteeinsatz während der Operation

In der modernen Chirurgie können während einer Operation zahlreiche technische Geräte z. B. zur Diagnostik, zum Schneiden, zur Blutstillung und zur Retransfusion von Blut eingesetzt werden, wodurch viele Operationen erst möglich bzw. postoperative Komplikationen verringert werden.

Diagnostik: intraoperative Sonographie

Eine Sonographie ist auch intraoperativ am geöffneten Abdomen oder Thorax möglich. Dazu wird ein kleiner sterilisierbarer Ultraschallsondenkopf von 7–10 MHz entweder direkt oder über eine die Nahauflösung verbessernde Wasservorlaufstrecke an das zu untersuchende Organ gehalten (**6.20**).
Voraussetzung für eine aussagekräftige intraoperative Sonographie der **Leber** ist ihre Mobilisierung aus ihren Aufhängebändern. Mit Hilfe der intraoperativen Sonographie lassen sich Größe, Form, Anzahl und Lage von Leberrundherden (Metastasen, primäre Lebertumoren) sowie ihre Beziehung zu hilären und vaskulären Strukturen bzw. zu den Lebersegmenten erkennen. Diese Methode hat zur Erkennung von Leberrundherden mit 95 % die höchste Sensitivität.

Insbesondere bei Rundherden mit einem Durchmesser unter 1 cm ist die intraoperative Sonographie den anderen Verfahren überlegen.

Lediglich die kapselnahen Leberbezirke (bis ca. 1 cm von der Leberoberfläche entfernt) können mit der intraoperativen Sonographie nicht sicher beurteilt werden.
In der Diagnostik der **Gallenwege** kann die intraoperative Sonographie, ausgeführt von einem erfahrenen Untersucher, ähnlich gute Ergebnisse liefern wie die intraoperative Cholangiographie. Dabei ist die Sonographie in der Festlegung der Ausdehnung von Gallenwegstumoren und bei dem Nachweis von intrahepatischen Gallengangssteinen der Cholangiographie überlegen. Die Cholangiographie ermöglicht jedoch bessere Aussagen über Gallengangsanomalien, Sphinkterfunktion und Gallensekretabfluss als die Sonographie.

6.20 Intraoperative Sonographie

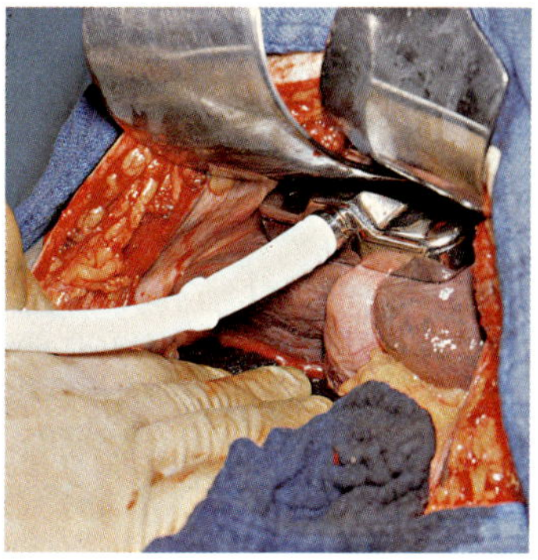

Intraoperativ lassen sich Leber, Gallenblase und -wege, Pankreas, Niere, Lunge und Gefäße sehr gut untersuchen.

Auf eine intraoperative Sonographie der **Gallenblase** kann verzichtet werden, da die Gallenblase bereits in der konventionellen präoperativen Sonographie sehr gut zu beurteilen ist und eine intraoperative Sonographie die Operation unnötig verzögern würde.
Die intraoperative Sonographie des **Pankreas** zeigt eine hohe Sensitivität bezüglich der Lokalisation von isolierten Raumforderungen wie z. B. endokrinen Tumoren. Zusätzlich gibt sie Informationen über die Beziehung der Tumoren zu den Gefäßen.
Mithilfe der intraoperativen Sonographie des Pankreas kann nicht zwischen chronischer Pankreatitis und Pankreaskarzinom differenziert werden, da beide Krankheitsbilder ähnliche Schallmuster aufweisen können. Es kann aber gezielt der veränderte Bezirk im Pankreas punktiert und mittels Schnellschnittuntersuchung histologisch abgeklärt werden.

Geräte zum Schneiden und Koagulieren

Ultraschalldissektor

Prinzip: Der Ultraschalldissektor (cavitational ultrasonic surgical aspirator = CUSA) sendet hochfrequente Ultraschallwellen aus, mit denen energieabhängig Zellverbände aufgelöst werden können. Dabei werden die wasserarmen, bindegewebsreichen, d. h. vaskulären und biliären Strukturen geschont, während die wasserhaltigen Parenchymzellen selektiv zerstört werden. So können intraoperativ Gefäße, Nerven und Gallenwege selektiv dargestellt werden. Dieser Ultraschalldissektor darf nicht verwechselt werden mit dem Ultraschallskalpell (s. u.).

Indikation: In der Chirurgie wird der CUSA in erster Linie in der **resezierenden Leberchirurgie** als „Messer" eingesetzt. Durch seine Anwendung werden die Leberzellen in der Präparationsebene zertrümmert, sodass sich lediglich die Gefäße und Gallenwege in der Resektionsebene aufspannen. Sie können dann unter Sicht problemlos ligiert oder geclipt und dann durchtrennt werden (**6.21**). So lassen sich Leberresektionen ohne größere Blutungen durchführen, die Gallengänge sicher ligieren und postoperative Gallenfisteln verringern. In der **Gynäkologie** wird der CUSA zur Resektion und Zytoreduktion von Ovarialkarzinomen eingesetzt, in der **Neurochirurgie** zur Zerstörung des Tumors selbst.

6.21 Leberresektion mit dem Ultraschalldissektor

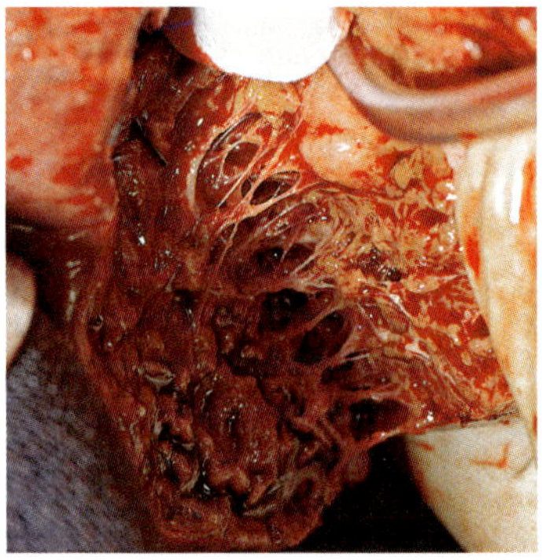

Dargestellt ist die Resektionsebene während des Einsatzes des CUSA. Man erkennt die Gallengänge und Gefäße, die sich in der Resektionsebene aufspannen.

Elektrochirurgie

Bei der Elektrochirurgie (*Synonym:* chirurgische Diathermie, thermische Karbonisierung) wird hochfrequenter Strom durch den Körper geleitet. Es entsteht dabei Wärme, die umgekehrt proportional zur Elektrodenfläche ist, d. h. je kleiner die Kontaktfläche, desto größer die Hitzeentwicklung. Durch die gebildete Hitze denaturieren die Proteine. Gewebe kann durchtrennt und kleinere Blutgefäße können verschlossen werden. Aufgrund der hohen Frequenz werden keine Herzrhythmusstörungen ausgelöst. Während der thermischen Karbonisierung kann das verschorfte Gewebe mit der Elektrode verkleben. Wird nach der Blutstillung die Elektrode vom Gewebe entfernt (insb. bei parenchymatösen Organen wie Leber und Milz), kann die koagulierte, karbonisierte Schicht abgezogen werden und die Blutung erneut auftreten.
Bei der **monopolaren Diathermie** gibt es eine großflächige passive (= neutrale) Elektrode, die auf die Haut des Patienten geklebt wird, und eine aktive Elektrode, z. B. eine Pinzette. An dem Gewebe, das die Pinzette gefasst hat, entsteht Hitze.

Im Gegensatz dazu werden bei der **bipolaren Diathermie** Pinzetten oder Zangen verwendet, deren beide Branchen die Elektroden darstellen. Der Strom fließt hier nur in dem gefassten Gewebe und nicht unkontrolliert durch den Körper. Die möglichen (v. a. kardialen) Nebenwirkungen sind bei dieser Anwendungsform deshalb geringer.

Bei Säuglingen und Patienten mit Herzrhythmusstörungen bzw. Herzschrittmachern wird in der Regel nur bipolare Diathermie angewandt.

Insgesamt wird jedoch die monopolare Diathermie wesentlich häufiger angewandt, da hiermit das Schneiden und Koagulieren leichter und schneller gelingt.

Ultraschallskalpell

Prinzip: Im Gegensatz zur hochfrequenten Elektrochirurgie (s. o.), bei der durch Umwandlung von elektrischer in thermische Energie die gewünschte Wirkung erzielt wird, nutzt man beim Ultraschallskalpell mechanische Energie.
Durch Ultraschall angetrieben, schwingt eine Titanklinge mit einer Frequenz von 55 500 Hz mit einer Auslenkung von 50–100 μm. Durch diese hochfrequenten Schwingungen werden die Wasserstoffbindungen aufgespalten und das Eiweiß denaturiert. Da weder Kriechstrom noch Temperaturen über 100 °C auftreten, ist das Ausmaß der Gewebeschädigung in der Umgebung minimal.

Vorteile: In der endoskopischen Chirurgie sind die Vorteile des Ultraschallskalpells besonders augenfällig. Da mit ein und demselben Gerät präpariert, koaguliert und geschnitten werden kann, entfallen zeitraubende Instrumentenwechsel. Zusätzlich werden die Sichtverhältnisse nicht durch Rauchentwicklung beeinträchtigt (**6.22**).

Nachteile: Den Vorteilen eines Ultraschallskalpells steht als Nachteil ein höherer Kostenaufwand gegenüber, der

6.22 Einsatz des Ultraschallskalpells

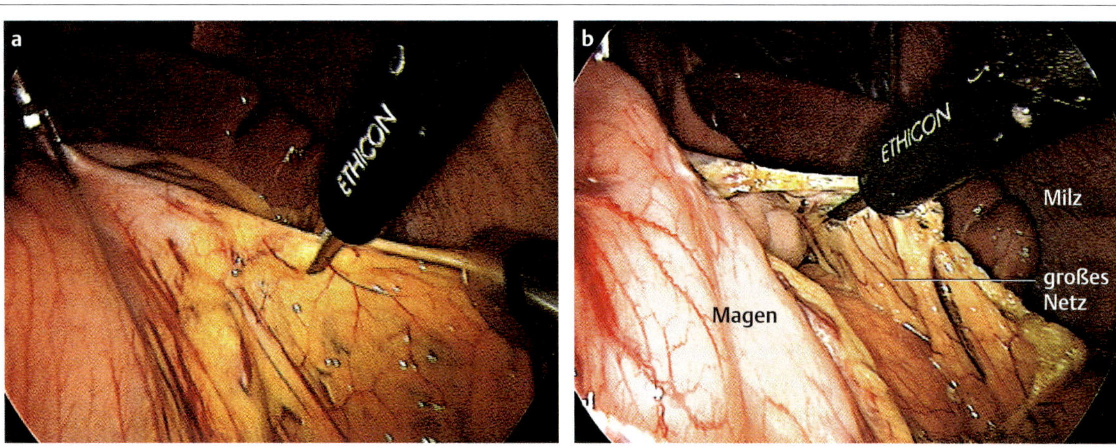

Dargestellt ist die mit einem Ultraschallskalpell vorgenommene Skelettierung der großen Magenkurvatur.

6.23 Argon-Beam-Koagulator

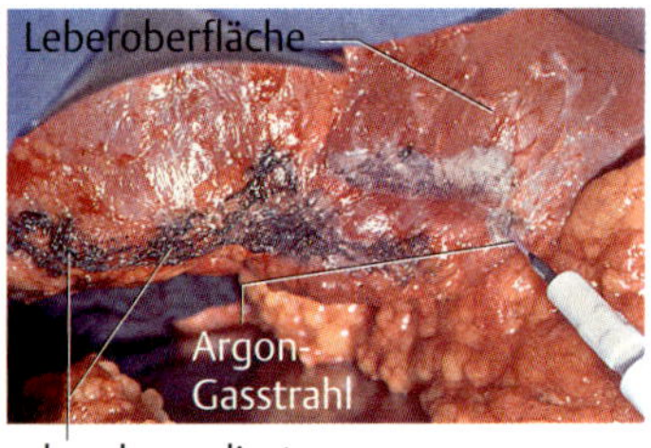

Bei dem Einsatz des Argon-Beam-Koagulators ist der aufleuchtende Gasstrahl, hervorgerufen durch die Ionisierung des Argongases zu erkennen.

6.24 Fibrinsprühapparat

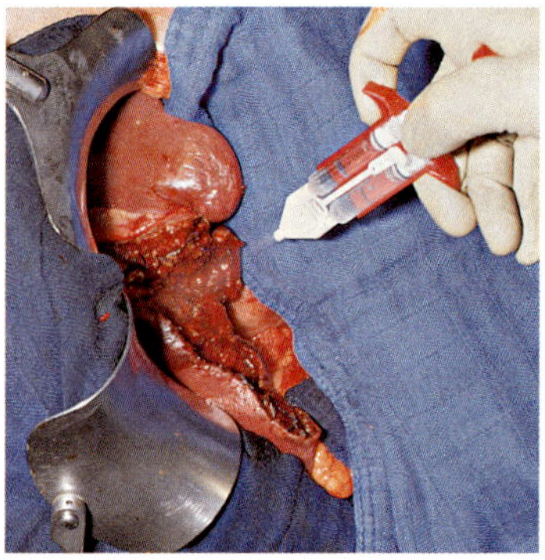

Mithilfe des Fibrinsprühapparates werden die Komponenten des Fibrinklebers vermischt und dünnschichtig aufgebracht.

aber in der Regel bei größeren endoskopischen Operationen durch eingesparte Metallclips zur Blutstillung ausgeglichen wird. Außerdem benötigt der Operateur in jedem Fall eine Eingewöhnungsphase, bis er optimal mit der neuen Technik umgehen kann.

Argon-Beam-Koagulator

Prinzip: An die Applikatorspitze des Argon-Beam-Koagulators wird eine Spannung angelegt, die zur Ionisation des Argongases führt. Die Elektronen des Argongases werden durch die Ionisation so angeregt, dass sie aufleuchten und als bläulich-weißer Strahl sichtbar werden (**6.23**). Die Länge des sichtbaren Elektronenstrahls ist der Spannung, die zwischen Applikatorspitze und Gewebe herrscht, proportional. Höhere Spannung führt zu einem längeren Strahl und umgekehrt. Der Strahl wird dabei durch den kontinuierlichen Gasfluss aufrecht erhalten.

Indikation: In der flexiblen Endoskopie des Gastrointestinaltraktes kommt der Argon-Beam-Koagulator zur Therapie und Blutstillung von Angiodysplasien, Ulzera, Erosionen und Tumoren zur Anwendung. Ebenso wie der Laser kann er zur Rekanalisierung von Tumorstenosen eingesetzt werden.

Die ***Vorteile*** des Argon-Beam-Koagulators sind:

- kein direkter Kontakt zwischen Koagulator und Gewebe, d. h. koaguliertes Gewebe kann nicht (wie bei der Elektrokoagulation) wieder abgerissen werden,
- geringere Rauchentwicklung im Vergleich zur herkömmlichen elektrischen Blutstillung,
- dünnere und damit flexiblere verschorfte Schichten,
- geringere Anschaffungskosten im Vergleich zum Laser (bei ähnlichen Indikationen).

Nachteile: Es müssen teure Einmalhandgriffe und Argongas bevorratet werden.

Fibrinsprühapparat

Zusammensetzung des Fibrinklebers: Der Fibrinkleber setzt sich aus *zwei Komponenten* zusammen, die während der Applikation vermischt werden. Die eine Komponente besteht aus hochkonzentriertem Fibrinogen und Faktor XIII, die andere aus Thrombin und Ca^{2+}-Ionen. Durch die Einwirkung von Thrombin und Ca^{2+}-Ionen auf Fibrinogen wird dieses in monomeres Fibrin umgewandelt, das durch den Faktor XIII, den fibrinstabilisierenden Faktor, zu einem stabilen Polymer wird.

Applikation: Fibrinkleber muss durchmischt und in einer dünnen Schicht aufgebracht werden.
Im **Fibrinsprühapplikator** werden zwei Spritzen mit den jeweiligen Komponenten des Fibrinklebers mit einem Sprühkopf verbunden, der Druckluft als Treibmittel enthält. Mithilfe des Gasflusses werden beide Komponenten des Fibrinklebers durchmischt und in einem dünnen Film auf das Gewebe aufgesprüht (**6.24**).

Indikationen:

- in der Kardio-, Gefäß-, Viszeral- und Thoraxchirurgie sowie in der Urologie zur Blutstillung bei ausgedehnten Wundflächen,
- zum Verschluss von Pleurafisteln infolge von Pleuraverletzungen, z. B. bei Dekortikationen,
- zur Verhinderung von Parenchymfisteln in der Lungenchirurgie,
- zur Unterspritzung von blutenden Ulzera (direkt injiziert),
- zur Vermeidung postoperativer Lymphfisteln.

Trotz dieses breiten Einsatzes des Fibrinklebers wird seine Wirksamkeit kontrovers beurteilt. Auch muss sein Infektionsrisiko (es handelt sich um ein Blutprodukt!) berücksichtigt werden.

Cell-Saver

Mit Hilfe des sog. „Cell-Savers" kann das intraoperativ verlorengegangene und dann aufgefangene Blut nach maschineller Aufbereitung dem Patienten retransfundiert werden (**„maschinelle Autotransfusion"**).
Neben dem Cell-Saver gibt es noch andere, einfachere Autotransfusionssysteme, die ohne maschinelle Aufarbeitung des Blutes auskommen (z. B. Redonsysteme).

Bei diesem Verfahren wird dem Patienten antikoaguliertes Vollblut retransfundiert.
Zeugen Jehovas lehnen aus Glaubensgründen die Gabe von Fremdblut ab; viele lehnen es auch ab, Eigenblut retransfundiert zu bekommen. Manche sind jedoch mit dem Einsatz eines Cell-Savers einverstanden. Dies muss präoperativ geklärt werden.

Indikation: Ein Cell-Saver kann in Notfallsituationen und bei Operationen mit einem größeren Blutverlust wie z. B. bei orthopädischen, herz- und gefäßchirurgischen Operationen sowie bei Lebertransplantationen eingesetzt werden.

Zu den ***Kontraindikationen*** gehören septische und tumorchirurgische Eingriffe sowie Operationen mit Eröffnung des Darmlumens.

Aufbau und Funktionsweise: s. 👁 **6.25.**

Vorteile: Die maschinelle Autotransfusion ist – evtl. in Kombination mit der Eigenblutspende – die effektivste Methode, um Fremdbluttransfusionen zu vermeiden.

Nachteile: Bei der Aufarbeitung des Blutes wird neben den unerwünschten Bestandteilen auch das Plasma mitsamt den darin enthaltenden Gerinnungsfaktoren entfernt. Außerdem ist eine baldige Retransfusion des so gewonnenen Blutes notwendig, da eine Zwischenlagerung bei fehlendem Nährmedium und nicht auszuschließender bakterieller Kontamination nicht möglich ist.

👁 6.25 Aufbau und Funktion des Cell-Savers

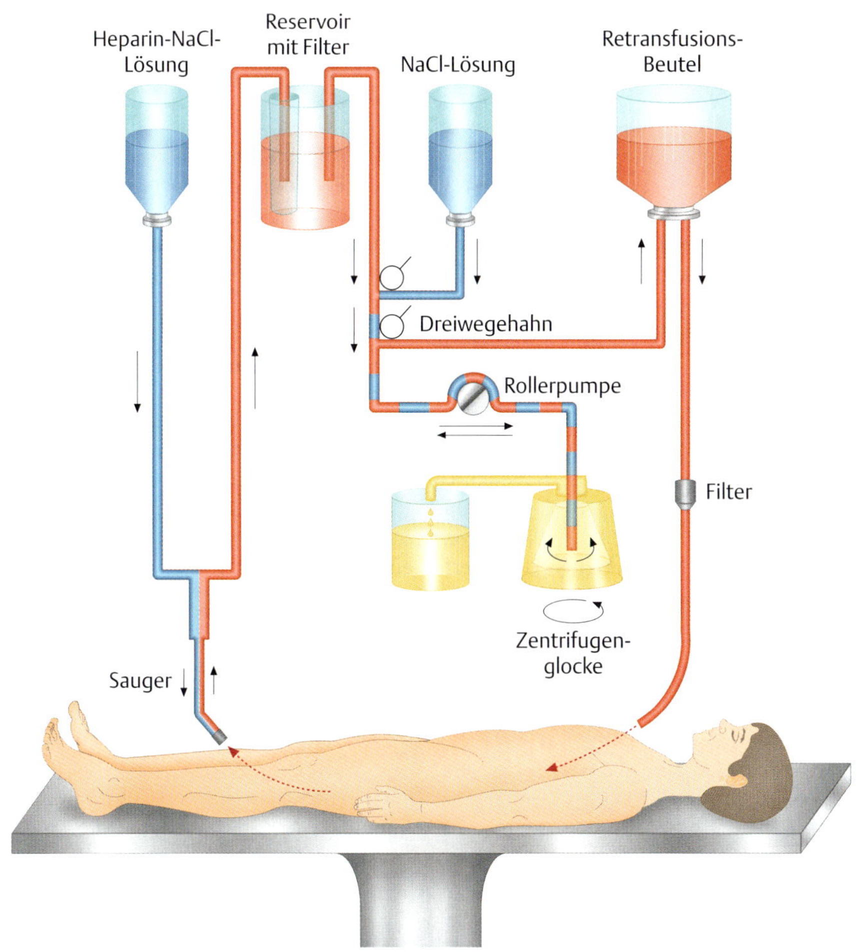

Das anfallende Blut wird intraoperativ mit einem Sauger, an dessen Spitze kontinuierlich ein Antikoagulans (Heparin-NaCl-Lösung) zugetropft wird, aus dem Operationsgebiet abgesaugt (zur Schonung der Erythorzyten mit verminderter Leistung: -100 mmHg). Das aufgefangene Blut gelangt durch einen Filter in ein Reservoir. Von dort wird das gefilterte Blut über eine Rollenpumpe in die Zentrifugenglocke gepumpt und zentrifugiert. Dabei sedimentieren die Erythrozyten an der Zentrifugenwand, während die übrigen Bestandteile der Lösung (Plasma, Zelltrümmer, Thrombozytenaggregate, freies Hämoglobin, Kalium, Heparin) durch einen Überlauf in das Abfallbehältnis fließen. Die Erythrozyten werden nun mit 0,95 %iger NaCl-Lösung gewaschen und als in Kochsalz aufgeschwemmtes Erythrozytenkonzentrat in einen Retransfusionsbeutel gepumpt, aus dem sie retransfundiert werden.

6.7 Endoskopische (minimal-invasive) Chirurgie

Videolaparoskopische und -thorakoskopische Eingriffe erfordern eine spezielle technische Ausrüstung. Sie unterscheiden sich von den konventionellen (offenen) Operationsverfahren durch die Art des Zuganges und z. T. durch das operationstaktische Vorgehen. Die endoskopische Chirurgie verfolgt das Ziel, durch ein geringeres Zugangstrauma das Gesamtoperationstrauma zu reduzieren und somit das Wohlbefinden des Patienten insbesondere im früh-postoperativen Verlauf zu verbessern.

Grundzüge der endoskopischen Chirurgie

Die videoendoskopische Chirurgie (Synonyme: video-laparoskopische/-thorakoskopische Chirurgie, **m**inimal-**i**nvasive **C**hirurgie [= MIC], videointrakavitäre Chirurgie) durchläuft seit Mitte der 80er-Jahre (erste laparoskopische Cholezystektomie 1987 von Mouret) eine rasche Entwicklung in operationstechnischer, instrumenteller und apparativer Hinsicht. Die rasche Entwicklung wird gefördert durch den aufgrund eines verminderten Operationstraumas erhöhten perioperativen Patientenkomfort. Gegenüber den konventionellen Operationsverfahren bietet sie jedoch auch Nachteile (**T 6.4**).

Besonderheiten

Der Einsatz der endoskopischen Chirurgie setzt die Kenntnis typischer Besonderheiten voraus:

- Der notwendige intraabdominelle Arbeitsraum muss zunächst geschaffen werden. Dies geschieht meist durch Insufflation von CO_2 in die Abdominalhöhle (Pneumoperitoneum).
- Die Operationen erfolgen mit speziellem Instrumentarium und modernen Apparaten.
- Die intrakavitäre Exploration geschieht daher ausschließlich instrumentell, die manuelle Palpation entfällt.
- Die visuelle Übertragung erfolgt über einen Monitor.
- Die anatomische Orientierung ist mehrheitlich zweidimensional, je nach Optik (0–30 Grad) verändert sich die Aufsicht auf den Situs.

Indikationen

Die Indikationen zu den diagnostischen und therapeutischen endoskopischen Eingriffen werden im speziellen Teil des Lehrbuches behandelt. Technisch sind viele thorax- und abdominalchirurgische Eingriffe auch videoendoskopisch durchführbar. Die Indikation zum videoendoskopischen Vorgehen wird in Anlehnung an die derzeitigen internationalen Standards und in Abhängigkeit vom Erfahrungsstand des Operateurs gestellt.

T 6.4 Endoskopische Chirurgie: Vor- und Nachteile

Vorteile	*Nachteile*
• raschere postoperative Rekonvaleszenz, • höherer postoperativer Patientenkomfort, • bessere Kosmetik	• größerer instrumenteller und technischer Aufwand, • z. T. größerer zeitlicher Aufwand, • z. T. höhere Operationskosten

Kontraindikationen

Neben den speziellen Kontraindikationen, die bei den einzelnen Operationen abgehandelt werden, sind allgemeine Kontraindikationen für das endoskopische Operieren zu beachten. Hierzu gehören:

- Infektionen der Bauchdecke,
- diffuse Peritonitis,
- schwere Verwachsungen,
- therapierefraktäre Störungen der Blutgerinnung,
- schwerwiegende kardiorespiratorische und anästhesiologische Risiken.

Eine zurückhaltende Indikationsstellung sollte bei onkologischen sowie minimalinvasiven Wiederholungseingriffen erfolgen.

Aufklärung und Patientenvorbereitung

Die Aufklärung der Patienten zu videoendoskopischen Eingriffen erfolgt entsprechend den Kriterien bei konventionellen Operationen. Ergänzend wird der Patient über laparoskopiespezifische Komplikationen (s. u.) und über die Notwendigkeit des Konvertierens zum offenen Operationsverfahren informiert.

! Das Umsteigen auf die konventionelle Operation stellt weder einen Fehler noch eine Komplikation dar.

Die Vorbereitung eines endoskopischen Eingriffs richtet sich nach der Art des geplanten Eingriffs und hat nach den Regeln der Vorbereitung einer elektiven konventionellen Operation zu erfolgen. Bei laparoskopischen Eingriffen mit periumbilikalem Zugang ist eine Nabeldesinfektion vorzunehmen: Nach Reinigung des Nabels wird dieser mit einem Povidon-Iod-getränkten Tupfer, der über Nacht bis zur Operation belassen wird, vorbehandelt.

Eine vollständige **Dekompression des Magens** durch eine Magensonde ist sinnvoll. Dadurch wird das Risiko einer Magenverletzung durch die Trokareinbringung reduziert und die Darstellung der Oberbauchorgane (Leber, Milz, Gallenblase) erleichtert.

Die **Blasenentleerung** vor dem laparoskopischen Eingriff ist grundsätzlich und die Anlage eines Blasenkatheters zur Harnableitung nur bei längerdauernden Eingriffen Standard. Zusätzlich wird ein guter Zugang zu den Beckenorganen gewährleistet.

Die **Patientenlagerung** erfolgt in Abhängigkeit vom vorzunehmenden operativen Eingriff. Zur Anlage eines Pneumoperitoneums ist die Rückenlage gebräuchlich.

Instrumentarium

Zur Durchführung endoskopischer Eingriffe müssen ein automatisches CO_2-Gasinsufflationsgerät mit manometrischer Kontrollvorrichtung zur Konstanterhaltung des intraabdominellen Druckes, ferner ein Bildübertragungssystem bestehend aus Optik, Lichtquelle mit Lichtleiter, Kamera und Monitor und eine Saug-Spüleinrichtung zur Verfügung stehen.

Zur Gasinsufflation dient entweder eine Pneukanüle nach Veress oder (besser), die Anlage des Pneumoperitoneums erfolgt über einen offen eingesetzten Trokar. Sämtliche Arbeitsinstrumente (sowohl für die Bauch- als auch Thoraxhöhle) werden durch Trokarhülsen hindurch eingeführt.

Die instrumentelle Ausstattung nimmt in der laparoskopischen Chirurgie einen weitaus höheren Stellenwert ein als in der konventionellen Chirurgie, da sowohl die visuelle Darstellung als auch der taktile Kontakt zum Operationsfeld ausschließlich indirekt über die Instrumente erfolgen.

Zur Präparation stehen eine Vielzahl von wiederverwendbaren oder Einmalinstrumenten wie Scheren, Fasszangen, Nadelhalter, Clipapplikatoren, Stapler etc. zur Verfügung. Diese sind teilweise dreh- und abwinkelbar und haben einen Anschluss zur Elektrokoagulation (**6.26**).

Durchführung

Videoendoskopische Eingriffe finden in der Regel in Allgemeinnarkose statt. Es erfolgt zunächst die Anlage eines Pneumoperitoneums. Danach werden Trokare (Arbeitshülsen) für Optik und Instrumente eingesetzt (**6.9**).

6.26 Instrumentarium für videoendoskopische Chirurgie

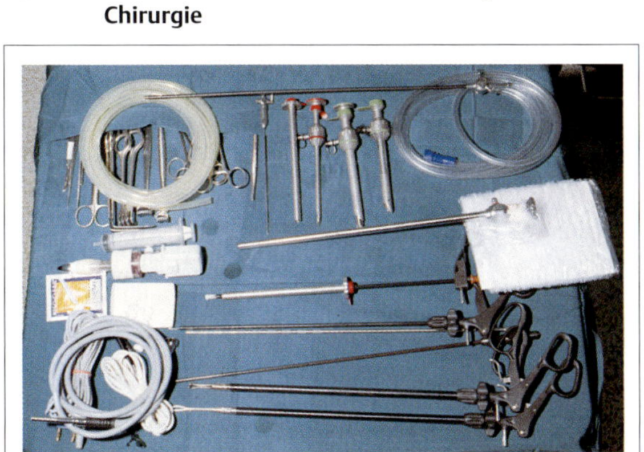

6.9 Operativ-technisches Vorgehen bei der Laparoskopie

Über eine paraumbilikale Inzision wird ein Pneumoperitoneum mit CO_2 angelegt. Der Insufflationsdruck von CO_2 sollte dabei einen Druck von 12–15 mmHg nicht überschreiten. Über einen 10-mm-Trokar (Arbeitshülse) wird eine Optik eingebracht und die Bauchhöhle inspiziert. Danach werden weitere Trokare als Arbeitskanäle unter Sicht in das Abdomen eingeführt. Die Anzahl und Anordnung dieser Trokare richtet sich nach der jeweils durchzuführenden Operation.

Komplikationen

Bei den Komplikationen der Laparoskopie ist zwischen den laparoskopiespezifischen Komplikationen und den Komplikationen verbunden mit dem Operationsvorgang zu unterscheiden. Auf die letztgenannten Komplikationen wird bei den einzelnen Operationsverfahren eingegangen.

Beim Einbringen der Veress-Kanüle und der Trokare kann es zu Blutungen durch Gefäßverletzungen (intraabdominell und in der Bauchdecke) und zu Verletzungen intraabdomineller Organe kommen. Insufflationsbedingte Komplikationen stellen das Haut- und Mediastinalemphysem dar. Durch das Pneumoperitoneum können kardiale, hämodynamische und respiratorische Probleme auftreten.

Einsatzmöglichkeiten der endoskopischen Chirurgie

Die videoendoskopische Chirurgie ist ständig im Fluss. Das Indikationsspektrum wird durch die Verbesserung der technischen Voraussetzungen und durch die zunehmende Erfahrung der videoendoskopisch tätigen Operateure ständig erweitert. Einige videoendoskopische Verfahren haben sich als Standardverfahren bereits etabliert, andere werden nur in wenigen spezialisierten Zentren durchgeführt. Die gegenwärtig zur Verfügung stehenden Einsatzmöglichkeiten sind in **6.5** zusammengestellt.

Cholezystektomie

Indikation und Durchführung: Die laparoskopische Cholezystektomie ist zum Standardverfahren in der Behandlung des symptomatischen Gallensteinleidens geworden (s. SE 24.8, S. 552 ff). Die Indikation zur Operation unterscheidet sich nicht vom konventionellen Vorgehen. Indikationsgrenzen sind eine bestehende ausgeprägte Cholezystitis, eine Schrumpfgallenblase oder schwere Verwachsungen im Oberbauch bei voroperierten Patienten. In diesen Fällen wird das operative Vorgehen vom Erfahrungsstand des Operateurs abhängig gemacht (**6.10**).

Kontraindikationen zur laparoskopischen Cholezystektomie sind neben den allgemeinen Kontraindikationen :

- portale Hypertension (s. S. 526 ff),

T 6.5 Einsatzmöglichkeiten der laparoskopischen Chirurgie

Einteilung	*Einsatzmöglichkeit*
videothorakoskopische Chirurgie	Pleuraveränderungen, Lungenparenchymerkrankungen, Erkrankungen des Mediastinums, Eingriffe am Truncus sympathicus
videolaparoskopische Chirurgie	diagnostische Laparoskopie, Cholezystektomie, Appendektomie, Leber: Zystenfensterung, Milz: Zystenfensterung, Splenektomie, Magen: Fundoplikation, Fundophrenikopexie, Gastrotomie, Gastroenterostomie, Vagotomie, Dickdarm: Sigmaresektion, Rektopexie, Hemikolektomie, Stomaanlage, Adhäsiolyse (Bridenlösung), Nebennierenchirurgie, Hernienreparation

- Gallenblasenkarzinom (s. S. 548 f),
- biliodigestive Fistel (s. S. 544),
- Mirizzi-Syndrom (s. S. 550),
- unklare Anomalie im Calot-Dreieck (s. S. 538).

Zu den ***Komplikationen*** einer laparoskopischen Cholezystektomie gehören:
- Verletzung des Ductus hepatocholedochus,
- Verschluss des Ductus hepatocholedochus durch Clipapplikation,
- Zystikusstumpfinsuffizienz,
- Nachblutung,
- Wundinfektion, Abszess.

Appendektomie

Indikation: Der Stellenwert der videoendoskopischen Appendektomie wird kontrovers diskutiert. Sie gilt derzeit nicht als Standardoperation. Bei unklaren rechtsseitigen Unterbauchbeschwerden (insb. bei Frauen im gebährfähigen Alter) besteht der Vorteil, dass das Abdomen laparoskopisch inspiziert werden kann, bevor mit der eigentlichen Operation begonnen wird. Bei akuter Appendizitis ist die offene Appendektomie weiterhin ein gering traumatisierendes und anerkanntes Verfahren.

Spezielle ***Kontraindikationen*** für die videoendoskopische Appendektomie sind die perforierte Appendizitis und eine bestehende Peritonitis.

Zu den ***Komplikationen*** der videoendoskopischen Appendektomie gehören Appendixstumpfinsuffizienz, Abszess und Nachblutung.

Fundoplikation

Indikation und Durchführung: Am gastroösophagealen Übergang werden die Vorteile des laparoskopischen Operierens besonders deutlich. Dies gilt v. a. für die operative Therapie der Refluxkrankheit. Die videoendoskopisch durchgeführte Fundoplikation (**6.11**) hat sich daher weitgehend zur Standardoperation entwickelt. Die Indikation zum chirurgischen Vorgehen und die Prinzipien der operativen Therapie unterscheiden sich nicht vom offenen Vorgehen. Kontrovers diskutiert wird, welche Art der Fundoplikatio (die 360-Grad-Manschette oder eine Form der Hemifundoplikatio) die beste primäre Operationsmethode darstellt. Das Vorgehen im eigenen Krankengut ist in **6.11** dargestellt (präoperative Diagnostik s. SE 21.2, S. 470 f).

Als ***Kontraindikationen*** für das laparoskopische Vorgehen gelten neben den allgemeinen Kontraindikationen ein

6.10 Operationstechnik der laparoskopischen Cholezystektomie

Die Operation erfolgt in Rückenlage in Vollnarkose. Nach Anlage eines Pneumoperitoneums von 12–15 mmHg mit CO_2 wird eine Winkeloptik durch eine Trokarhülse in der Nabelgrube in das Abdomen eingebracht. Mittels einer Videokamera wird das Operationsfeld auf einen Monitor am Kopfende des Patienten übertragen. Es erfolgt zunächst die Inspektion des Abdomens, wobei bei der laparoskopischen Exploration der Vorteil der Lupenvergrößerung genutzt werden kann. Unter Sicht werden dann drei weitere Arbeitstrokare in das Abdomen eingeführt. Die Leberunterfläche mit der Gallenblase wird dargestellt und die Gallenblase am Hals mit einer Haltezange gefasst (: laparoskopische Sicht auf die Gallenblase). Das Peritoneum im Bereich des Calot-Dreiecks wird inzidiert und abgeschoben (s. **24.13**, S. 553). Es werden der Ductus cysticus und die A. cystica vollständig freipräpariert, mit Clips verschlossen und durchtrennt. Anschließend wird die Gallenblase subserös aus dem Leberbett mittels Elektrokoagulation herausgelöst. Sie wird durch einen Trokar oder nach Entfernung desselben durch die Bauchdeckeninzision aus dem Abdomen entfernt. Nach abschließender Kontrolle des Operationsgebietes mit Überprüfung der gesetzten Clips, wird das Pneumoperitoneum abgelassen.
Die routinemäßige Durchführung einer intraoperativen Cholangiographie zur Gewinnung von anatomischer Sicherheit einerseits und zur Verifizierung asymptomatischer Gallengangskonkremente andererseits wird kontrovers diskutiert.

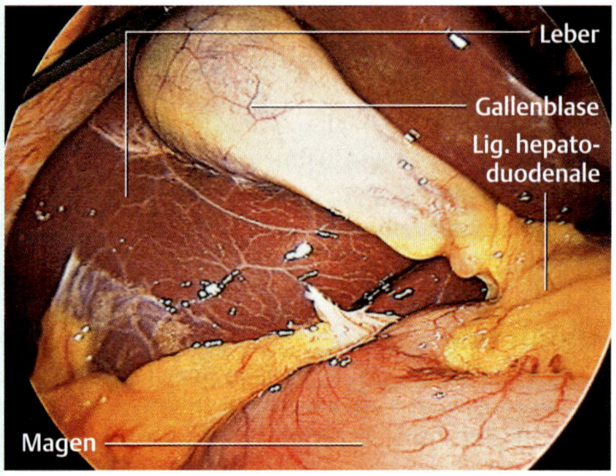

6.11 Operative Therapie der Refluxkrankheit

Bei endoskopisch und pH-metrisch gesicherter Refluxkrankheit wird bei normaler Ösophagusmotilität eine laparoskopische **Nissen-Fundoplikation** durchgeführt (**a**): Nach Mobilisierung des Magenfundus wird eine aus dem Magenfundus gebildete Falte von links dorsal nach rechts locker um den terminalen Ösophagus geschlungen und ventral mit 3–5 Nähten vernäht. So entsteht eine 360-Grad-Manschette, die eine wirksame Anti-Reflux-Barriere am Mageneingang darstellt.

Bei manometrisch gesicherter begleitender Motilitätsstörung des Ösophagus erfolgt laparoskopisch nur die **hintere Hemifundoplicatio nach Toupet** (**b**): Bei diesem Vorgehen wird der mobilisierte Magenfundus ebenfalls von links nach rechts dorsal des terminalen Ösophagus hindurchgeschoben und dann beidseits an den Zwerchfellschenkeln fixiert. Zusätzlich erfolgt die Naht des Fundus beidseits seromuskulär an den Ösophagus. So entsteht eine 270-Grad-Manschette.

a Fundoplicatio nach Nissen

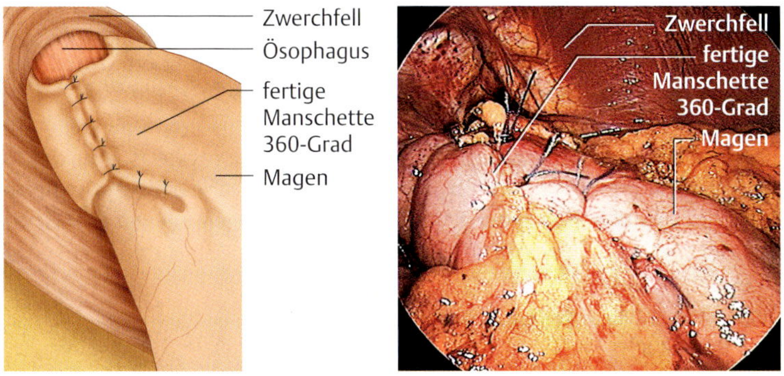

b Hemifundoplicatio nach Toupet

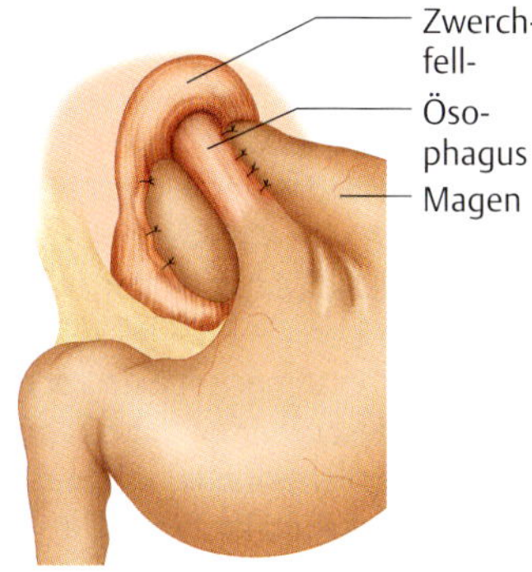

Zustand nach Oberbauchperitonitis bzw. größeren Oberbauchoperationen, insbesondere an Ösophagus und Magen.

Komplikationen: Die Morbidität für das laparoskopische Vorgehen wird zwischen 2–3 % angegeben. Zu den Komplikationen endoskopischer Magenoperationen zählen:
intraoperative Komplikationen:
- Läsion an Ösophagus und Magen, insbesondere an der Kardia,
- Milzverletzung,
- Leberverletzung,

postoperative Komplikationen:
- Dysphagie (Schluckstörungen),
- Gas-bloat-Syndrom,
- Rezidiv der Refluxsymptomatik,
- Teleskopphänomen (Hochrutschen des Magens durch die bestehende Fundusmanschette).

Fundophrenikopexie

Die laparoskopische abdominelle Fundophrenikopexie mit Verschluss des Hiatus oesophageus hat sich als sicheres operatives Verfahren bewährt.

Die ***Indikation*** zur Operation entspricht dem des offenen Vorgehens. Mit der Diagnosestellung der paraösophagealen Hiatushernie (s. S. 478 f), die etwa 10 % aller Zwerchfellhernien ausmacht, ist die Operationsindikation gegeben. Der Grund dafür ist ihre Vergrößerungstendenz, im Extremfall sogar die Ausbildung eines Upside-down-stomach (sog. Thoraxmagen). Außerdem sind Komplikationen der Hernie wie okkulte Blutung, Störung der Nahrungspassage, Perforation, Strangulation, Gangrän oder pulmonale Probleme möglich.

Kontraindikationen: Gegen das laparoskopische Vorgehen sprechen anästhesiologische Risiken, die komplette Verlagerung des Magens in den Thorax und das Komplikationsstadium der paraösophagealen Hernie.

Komplikationen: s. Komplikationen der Fundoplikation.

Gastrostomie

Die laparoskopische Gastrostomie kann als Alternative zur Witzel-Fistel-Operation (s. **21.15**, S. 501) durchgeführt werden.

Leistenhernienoperation

Indikationen: Die videoendoskopische Leistenhernienreparation unterscheidet sich von den konventionellen Operationsverfahren nicht nur durch die Art des Zuganges, sondern sie verfolgen ein vollständig anderes Reparationsprinzip. Während bei den konventionellen Operation meist ein Bruchlückenverschluß mittels Naht erfolgt, wird die Bruchlücke bei den videoendoskopischen Verfahren mit einem Kunststoffnetz abgedichtet. Sie stellen daher eine Alternative zum konventionellen Vorgehen dar. Der Stellenwert der verschiedenen Verfahren wird kontrovers diskutiert. Eine Indikation zum videoendoskopischen Vorgehen mit Implantation eines Kunststoffnetzes besteht bei rezidivierenden und doppelseitigen

Hernien. Bei Patienten mit einer einseitigen Primärhernie ist die videoendoskopische Leistenhernienreparation dann zu befürworten, wenn der Wunsch nach einer raschen Rückkehr in den Arbeitsprozess besteht und wenn von einer hohen Rezidivgefahr bei Hernienreparation ohne Netz, z. B. bei hohem Bauchinnendruck infolge schwerer körperlicher Arbeit, Adipositas, sportlicher Betätigung oder chronischer Bronchitis mit häufigen Hustenattacken, ausgegangen werden muss. Die Anwendung der jeweiligen Operationstechnik erfolgt nach eingehender Aufklärung entsprechend des Wunsches des Patienten.

Durchführung: Zwei Methoden der videoendoskopischen Leistenhernienreparation konnten sich durchsetzen:

- **TAPP** (**t**rans**a**bdominelle **p**räperitoneale **P**atchplastik): Diese Methode war die erste standardisierte videoendoskopische Methode der Leistenhernienreparation (**6.12**).
- **TEPP** (**t**otal **e**xtraperitoneale **P**olypropylene **P**atchplastik): Bei diesem videoendoskopischen Verfahren, das an die konventionelle, offene Hernienplastik nach Stoppa angelehnt ist, wird die Eröffnung der Bauchhöhle vermieden, indem primär in der präperitonealen Schicht zwischen Peritoneum und Fascia transversalis operiert wird (**6.12**).

6.12 Operationstechnik der TAPP und TEPP

Bei der **TAPP** wird ein Pneumoperitoneum mit CO_2 angelegt und das Peritoneum vom Bauchraum aus in der entsprechenden Leistenregion eröffnet und abgehoben. Ein (für den Samenstrang eingeschnittenes) Netz wird auf die Fascia transversalis aufgelegt und fixiert. Danach wird das Peritoneum wieder verschlossen. Ein grundsätzlicher Einwand gegen diese Methode ist der, dass aus einem primär extraperitonealen ein intraperitonealer Eingriff mit einem anderen Risikoprofil gemacht wird.

Bei der **TEPP** () dagegen geht man mit einem Ballon von außen in die präperitoneale Schicht ein. Dieser Ballon wird aufgeblasen, wodurch sich der präperitoneale Raum erweitert. Anschließend wird die Inzision, durch die der Ballon eingeführt wurde, nach außen hin abgedichtet, sodass in diesem neuen, vorher nicht vorhandenen Raum mit Instrumenten gearbeitet werden kann.

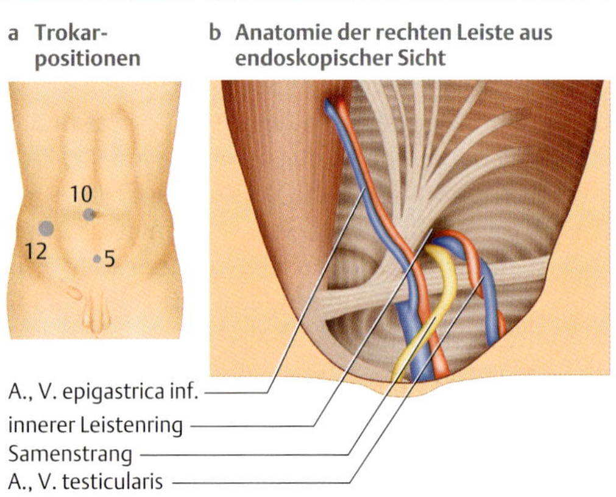

Qualitätskriterien der Leistenhernienreparation sind die Rezidivrate und die Sicherheit des Verfahrens (Komplikationen, Letalität). Daneben spielen sozioökonomische Gesichtspunkte wie die Operationskosten und die Dauer der Arbeitsunfähigkeit des Patienten eine Rolle. Die Operationskosten der videoendoskopischen Leistenhernienreparation sind höher, die Arbeitsunfähigkeit des Patienten ist im Durchschnitt kürzer.

Kontraindikationen: **Allgemeine Kontraindikationen** für das videoendoskopische Vorgehen sind Gerinnungsstörungen und kardiopulmonale Vorerkrankungen. **Spezielle Kontraindikationen** für die TEPP-Technik sind Voroperationen im Unterbauch, z. B. Prostatektomie und aortofemoraler Bypass.

Komplikationen: Die Komplikationsrate ist mit der konventioneller, offener Verfahren vergleichbar. Die Rezidivraten der TAPP und der TEPP liegen in Sammelstatistiken zwischen 0,3 und 7 %.

Nebennierenexstirpation

Die videoendoskopische Chirurgie der Nebennieren gewinnt immer mehr an Bedeutung. Sie kann transabdominell oder retroperitoneoskopisch durchgeführt werden. Die Diagnostik und Operationsvorbereitung entsprechen denen des offenen Vorgehens (s. SE 19.8, S. 443).

Indikationen: Nebennierenerkrankungen, die mit einer hormonellen Überfunktion einhergehen: Indikationen zum videoendoskopischen Vorgehen sind hier ein- und beidseitige benigne Nebennierentumoren wie Phäochromozytom, adrenales Cushing-Syndrom und Conn-Syndrom. Eine weitere Indikation sind hormoninaktive Tumoren mit Größenzunahme. Der Zugang kann transabdominell oder retroperitoneal erfolgen.

Kontraindikationen für das videoendoskopische Vorgehen sind maligne Tumoren und ein Tumordurchmesser > 5 cm.

Kolonchirurgie

Die laparoskopische Chirurgie stellt bei gutartigen Erkrankungen des Kolons oder Rektums in vielen Kliniken ein anerkanntes Therapieverfahren dar (**6.13**). Ihr Einsatz bei malignen Erkrankungen bleibt jedoch umstritten.

Indikationen zur laparoskopischen Kolonchirurgie sind die rezidivierende Sigmadivertikulitis, die benigne Sigmastenose, der breitbasig aufsitzende, endoskopisch nicht abzutragende Polyp sowie die Angiodysplasie eines Kolonabschnitts mit chronisch-rezidivierenden Blutungen. Weitere Indikationen sind die Rektopexie und die Anlage eines Anus praeter naturalis. Die Indikationstellung zu diesen Eingriffen unterscheidet sich nicht vom offenen Vorgehen. Für die laparoskopische Stomaanlage eignen sich die Sigmakolostomie und die Ileostomie am besten.

6.13 Technik der laparoskopisch assistierten Kolonresektion

Die resezierenden Verfahren am Kolon (Kolonsegmentresektion, Hemikolektomie rechts, Sigmaresektion) werden meist **laparoskopisch assistiert** durchgeführt. Die Mobilisierung des Kolons, die Skelettierung und Durchtrennung des Mesokolons und des Darmes erfolgen laparoskopisch. Die Anastomose wird nach Ausleitung des Darmes über eine Minilaparotomie (ca. 6 cm) als End-zu-End-Anastomose per Handnaht (bei der Hemikolektomie rechts, s. S. 169 u. 618 ff) oder als Stapleranastomose (bei der Sigmaresektion, s. S. 177) durchgeführt.

Als ***Kontraindikationen*** für das laparoskopische Vorgehen gelten ausgedehnte abdominelle Voroperationen mit Verwachsungen, Peritonitis und septische Komplikationen. Die laparoskopische Kolonchirurgie bei malignen Erkrankungen sollte nur im Rahmen von Studien erfolgen.

Die ***Komplikationen*** der laparoskopischen Kolonchirurgie entsprechen denen der offenen Verfahren. Verletzungen der Milz und von Hohlorganen sowie Insuffizienzen und Stenosen der Anastomosen können auftreten.

Splenektomie

Die laparoskopische Splenektomie stellt eine sinnvolle Alternative zur offenen Splenektomie dar. Diagnostik und Vorbereitung zur Operation erfolgen entsprechend des offenen Vorgehens.

Indikationen zur elektiven laparoskopischen Splenektomie stellen Stagingoperationen bei M. Hodgkin und gutartige hämatopoetische Erkrankungen mit mittelgradiger Splenomegalie dar. Klinisch bedeutsam sind in diesem Rahmen die idiopathische thrombozytopenische Purpura (M. Werlhof) und die hämolytische Anämie bei hereditärer Sphärozytose.

Zu den ***Kontraindikationen*** zählen eine hochgradige Splenomegalie mit einem Milzgewicht > 500 g (Normalgewicht 120–200 g), eine portale Hypertension bei prä- oder intrahepatischen Block (s. S. 526 f) und Voroperationen im linken Oberbauch.

Komplikationen: Blutungen aus den Aa. und Vv. gastricae breves oder der A. und V. splenica und Pankreasverletzungen sind neben den allgemeinen Komplikationen möglich.

Milzzystenfensterung

Indikationen: Die laparoskopische Milzzystenfensterung ist bei konnatalen und erworbenen symptomatischen Zysten indiziert.

Als ***Kontraindikationen*** gelten Blutungen, Infektionen (Abzess, Empyem) und der Nachweis oder Verdacht auf neoplastische oder parasitäre Zysten.

Die ***Komplikationen*** entsprechen denen des offenen Vorgehens (s. S. 576 ff).

Leberzystenfensterung

Die laparoskopische Fensterung nichtinfektiöser solitärer Leberzysten wird heute nahezu ausnahmslos laparoskopisch durchgeführt.

Indikationen zur laparoskopischen Leberzystenfensterung sind symptomatische solitäre Zysten. Auch periphere benigne Läsionen werden in Einzelfällen laparoskopisch reseziert. Die laparoskopische Durchführung größerer leberchirurgischer Eingriffe ist derzeit technisch nicht sinnvoll.

Kontraindikationen zur laparoskopischen Leberzystenfensterung bestehen bei parasitären Zysten, Zystadenomen, Zystadenokarzinomen, Zystenkomplikationen (Ruptur, Blutung, Abszess, Infektion) sowie bei Zysten mit Anschluss an das Gallengangssystem (posttraumatische und zentral gelegene Zysten).

Komplikationen sind neben den allgemeinen Komplikationen Blutung und Galleleckage aus dem Zystenresektionsrand und dem Inneren der Zystenwand. Bei nicht ausreichender Fenstrierung der Zysten besteht die Gefahr der Rezidivbildung. Es ist deshalb sinnvoll, ein großes Netz in die Restzyste einzuschlagen.

6.8 Allgemeine operative Taktik

Inhalte der allgemeinen operativen Taktik unterliegen oft subjektiven Anschauungen. Sie unterscheiden sich deshalb manchmal bei den verschiedenen operativen „Schulen“. Im folgenden werden nur allgemein anerkannte und akzeptierte Inhalte dargestellt.

Der Ablauf einer jeden Operation muss einem Bilderbuch gleichen: übersichtlich, nachvollziehbar, blutarm, für die Nachbarorgane schonend und deshalb insgesamt ästhetisch.

Lagerung und Lagerungsschaden

Für die Lagerung sind in forensischer Hinsicht Chirurg und Anästhesist je nach anteiliger Notwendigkeit gemeinsam verantwortlich.

Bei allen Lagerungen ist das sorgfältige Abpolstern druckempfindlicher Körperstellen (s. **9.18**, S. 251) besonders wichtig.

Die gebräuchlisten Lagerungen sind (s. auch **6.14**):
Rückenlagerung: für die überwiegende Zahl, insb. der viszeralchirurgischen Operationen,
Seitlagerung: für Thorax- und retroperitoneale Nieren- bzw. Nebenniereneingriffe,
überdrehte Halb-Seitlagerung: wenn gleichzeitig ein abdominaler und ein thorakaler Zugang, wie z. B. bei der Ösophagusresektion, benötigt wird,
Steinschnittlagerung: Eingriffe in der Perianal- und Perinealregion,
Bauchlagerung: seltener benötigt, z. B. für Eingriffe an der unteren Extremität oder bei Eröffnung des Rektums von dorsal (Rectotomia posterior),
Strumalagerung: für Operationen an der Schild- und Nebenschilddrüse, auch zur Mediastinoskopie,
spezielle **Extensionstische:** bei Frakturen der unteren Extremitäten (s. SE 9.2, S. 230).

6.14 Lagerung bei der Operation

Der Kopf darf bei der **Rückenlagerung** (**a**) nicht zu weit rekliniert sein und muss auf einer stabilen Polsterung aufliegen. Die Arme können entweder an den Körper angelegt oder um 90 Grad ausgelagert sein. Bei Auslagerung muss der Nervenplexus geschont werden: Eine Überstreckung kann zu vorübergehenden oder dauernden Nervenläsionen führen. Die Arme werden auf Unterarmschienen gelagert, die die Ellenbogen und Handgelenke freilassen.
Bei der **Seitlagerung** (**b**) muss unter die dem Tisch aufliegende Axilla eine Schaumstoffrolle oder eine aufblasbare Rolle zur Polsterung und Schonung des Nervenplexus gelegt werden. Der andere, freie Arm wird abduziert und an einem Gestänge aufgehängt. Die übereinander liegenden Beine werden ebenfalls abgepolstert und an den Tisch gegurtet. Eine **überdrehte Halb-Seitlagerung** kann durch (thorakales) Unterlegen eines Schaumgummikeiles erreicht werden.
Bei der **Steinschnittlagerung** (**c**) liegt der Patient auf dem Rücken, die Beine werden in Hüfte und Knie um ca. 90 Grad gebeugt, nach außen gespreizt und auf Beinhaltern gelagert (ähnlich der gynäkologischen Lagerung). Das Fibulaköpfchen mit dem dahinterliegenden N. peroneus muss wegen der Gefahr der druckbedingten Peroneuslähmung besonders gut abgepolstert werden.
Bei der **Strumalagerung** (**d**) ist der Kopf zur besseren Zugänglichkeit der Halsweichteile stark rekliniert: jedoch Vorsicht bei degenerativen Veränderungen der HWS! Durch die halb-sitzende Oberkörperposition wird bei Verletzung der V. jugularis int. eine Luftembolie erschwert.
Bei der **Bauchlagerung** wird der Patient entweder flach oder im Becken abgeknickt gelagert. Hierbei müssen Kopf und Becken mit Schaumstoffpolstern unterlegt werden, Gesicht und Augen sind frei.

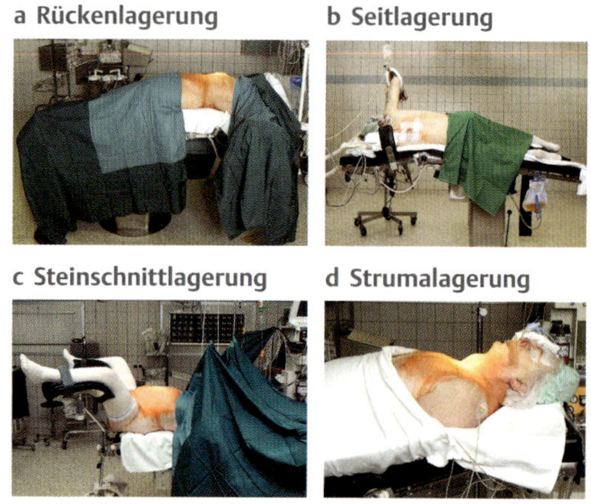

a Rückenlagerung, b Seitlagerung, c Steinschnittlagerung, d Strumalagerung

Vorbereitung des Operationsfeldes und Desinfektion

Die Vorbereitung des Operationsfeldes beginnt bereits auf der Station. Die **Körperbehaarung** wird im Operationsgebiet ausreichend weit entfernt (s. **3.4**, S. 43). Die normale präoperative **Körperreinigung** erfolgt durch Waschen oder Duschen am Vorabend, besser am Morgen des geplanten Eingriffes.
Bei Notoperationen erfolgt die hygienische Reinigung in der Ambulanz bzw. im OP-Vorbereitungsraum.
Vor der eigentlichen **Desinfektion** kann man das Operationsfeld zur Entfettung der Haut (dann bessere Einwirkung des nachfolgenden Antiseptikums) mit 70 %igem Alkohol vorbehandeln. Das Antiseptikum ist meist iodhaltig (bei Allergikern iodfrei) und wirkt antibakteriell, antiviral und antimykotisch (s. SE 3.10, S. 64 f).

Nach Desinfektion muss darauf geachtet werden, dass die Auflageflächen des Patienten (z. B. bei Rückenlagerung insbesondere Rücken und Po) trocken sind: ansonsten Gefahr der „Verbrennung" bei intraoperativer Benutzung von monopolarer Diathermie (s. SE 6.6, S. 155).

Nach Beendigung der Desinfektion wird das **Operationsgebiet steril abgedeckt**, i. d. R. mit selbstklebenden Abdecktüchern. Zusätzlich können transparente selbstklebende Folien verwendet werden, mit denen das Operationsfeld komplett versiegelt wird. Zum Kopf des Patienten hin werden die Abdecktücher so befestigt, dass eine sterile Barriere zwischen dem OP-Feld und dem anästhesiologischen Arbeitsbereich entsteht.

Schnittführung

Die Heilung einer Operationswunde sowie das Entstehen einer unauffälligen elastischen Narbe sind im Wesentlichen von der Schnittführung abhängig. Allerdings wird die Narbenbildung durch individuelle Prädisposition und hormonell metabolische Faktoren beeinflusst (s. **16.2**, S. 391). Wichtig zur Orientierung sind die **Hautspaltenlinien**, die i. d. R. quer zur Muskelzugrichtung verlaufen (bei alten Menschen meist gut sichtbar). Wird der Schnitt in diese Linien gelegt, steht die Narbe nicht unter Längsspannung und bleibt beweglich. Einige Körperareale besitzen keine Hautspaltenlinien (Brustbein, Kopfhaut, Finger- und Zehenstreckseiten): Hier erfolgt die Schnittführung je nach Notwendigkeit.
Die häufigsten Schnittführungen werden in den SE 6.9, s. S. 168 f und SE 6.10, s. S. 170 erwähnt.

Ligaturen

Beim Durchtrennen der Gewebsschichten werden zwangsläufig auch Blutgefäße durchtrennt. **Kleinere Blutungen** werden *elektrokoaguliert* (s. SE 6.6, S. 154 ff). **Größere Gefäße** werden dagegen mit einer Klemme gefasst und mit resorbierbarem Fadenmaterial ligiert. Bei der *Durchstichligatur* wird das gefasste Gefäß zuvor durchstochen (verhindert das Abrutschen) und dann erst unterbunden. Müssen viele feine Gefäße unterbunden werden (z. B. Leberresektionen, Lymphknotendissektionen), werden oft *Metallklips* verwandt.

Drainagen

Die Einlage von Drainagen ermöglicht postoperativ die Ableitung von Wundflüssigkeit und das frühzeitige Erkennen von Komplikationen wie Blutung, Nahtinsuffizienz oder Infekt (trübes, manchmal übelriechendes Sekret). Meist werden sie extravulnär ausgeleitet.

Viszerale Anastomosen sind in aller Regel am 8. postoperativen Tag verheilt: Dann können, wenn das Sekret unauffällig ist, die Sicherheitsdrainagen komplett gezogen werden.

Bei großen intraabdominellen Eingriffen werden i. d. R. Drainagen aus Silikonlaschen (**Easy-Flow**, **6.27a**) eingelegt. Das weiche und flexible Material verringert die Gefahr von Arrosionen benachbarter Strukturen: Silikon härtet trotz längerer Liegezeit nicht so stark aus wie PVC. Das Innere dieser Drainagen ist mit dünnen Längsrippen besetzt, die einerseits ein Verkleben verhindern, andererseits eine Sogwirkung nach außen entfalten. Der extrakorporal ausgeführte Laschenrest wird in einen auf der Haut mit Kautschuk festgeklebten Beutel (z. B. Coloplast-System) eingeführt, evtl. mit Dauerableitung. Häufig werden auch „geschlossene" Drainagesysteme (Drain, Ableitungsschlauch und Beutel bilden ein in sich geschlossenes System) verwandt, z. B. **Robinson-Drainagen** (**6.27b**) zur Verringerung der Keimverschleppungsgefahr von außen nach innen. Spezielle Drainagen sind **doppellumige Silikon-Schläuche** (**6.27c**) als sog. Spül-Saug-Drainagen für in der Tiefe gelegene Abszesshöhlen. Für eine Spül-Saug-Situation können auch zwei unterschiedliche Drainagen eingelegt werden, die sich mit ihrer Spitze im zu spülenden Gebiet berühren.

Drainagen, die lange Zeit gelegen hatten (z. B. bei tiefliegendem Abszess und infiziertem Drainagekanal), werden schrittweise gezogen (jeden Tag z. B. 1 bis 2 cm), damit der Drainagekanal in der Tiefe sukzessive verkleben kann.

6.27 Die wichtigsten Drainage-Typen

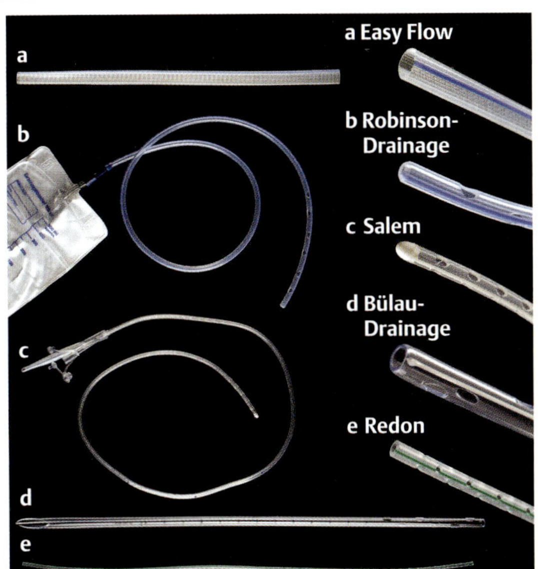

a Weiche Silikonlaschendrainage (Sog nach dem Kapillarprinzip),
b geschlossenes Silikondrainage-Schlauch-Beutel-System (Sog nach dem Heberprinzip),
c zweilumige Silikon-Spül-Saug-Drainage (zumeist Abszessgebiet), sog. Salem-Drainage,
d dicklumige PVC-Drainage im Pleuraspalt (Sog und Drainage),
e subkutane PVC-Drainage (Sog durch Unterdruck).

Bei Thorakotomie erfolgt die Einlage von meist zwei **Bülau-Drainagen** (👁 **6.27d**). Sie schaffen den für die Lungenentfaltung notwendigen Sog und dienen zur Ableitung von pleuraler Wundflüssigkeit.
In das Subkutangewebe wird in aller Regel eine **Redon-Sogdrainage** (👁 **6.27e**) eingelegt. Hierüber wird die entstehende Wundflüssigkeit abgeleitet, was Wundheilungsstörungen vorbeugt. Sie sollen ohne Sog gezogen werden (spätestens am 2. postoperativen Tag).

! Alle Drainagen müssen sorgfältig an der Haut fixiert werden, insbesondere jene, die in Körperhöhlen zurückgleiten können.

Wundverschluss

Für einen stabilen und funktionsgerechten Wundverschluß ist ein schichtgerechtes Vorgehen für alle Körperregionen und Körperhöhlen unabdingbar. Je nach Gewebsschicht wird dabei resorbierbares (häufiger) oder nicht resorbierbares (seltener) Material verwendet.

! Wird postoperativ ein Kompartment-Syndrom (s. SE 9.8, S. 245) befürchtet (z. B. Unterschenkelmuskellogen), wird auf den Faszienverschluss verzichtet.

Bei Abdominalinzisionen besteht in Abhängigkeit von Schnittführung, Größe der Inzision und postoperativer Bauchdeckeninfekte die Gefahr späterer Narbenhernien. Zur Vorbeugung ist v. a. ein spannungsfreier, schichtweiser Verschluss der Bauchdecke notwendig. Der Verschluss des **Peritoneums** erfolgt mittels fortlaufender Naht (👁 **6.28a**). Die **Faszie** wird meist ebenfalls fortlaufend, seltener mit Einzelknopfnähten (👁 **6.28b**) verschlossen. **Muskeln** werden nicht vernäht. Die **Subkutis** kann, muss aber nicht adaptiert werden. Sie adaptiert sich bei Einlage einer subkutanen Redon-Drainage (Sog!) von alleine. Der **Hautverschluss** erfolgt i. d. R. mit nicht resorbierbarem Material, in Rückstichnahttechnik (👁 **6.28c,d**), mittels Klammern (s. SE 6.13, S. 176 f) oder intrakutan (👁 **6.28e**, bei Kindern mit resorbierbarem Material).
Nach mehrfachen Laparotomien ist bisweilen ein durchgreifender Verschluss der Bauchdecke notwendig, ohne Rücksicht auf die Schichten. Bei Gefahr eines Platzbauches (z. B. bei Vorliegen allgemeiner Wundheilungsstörungen wie z. B. aufgrund immunkompromittierender Erkrankungen) kann zusätzlich eine Drahtentlastungsnaht (locker, ohne zu große Spannung auf die Bauchdecke, andernfalls droht eine Bauchdeckeninfektion und -nekrose) angelegt werden (👁 **6.29**).

Besonderheiten der septischen Chirurgie: Wenn immer möglich, werden septische Prozesse (Abszesse, Phlegmonen usw.) **nach außen eröffnet** und **offengelassen**.

! Ubi pus, ibi evacue.

Die dann sekundäre Wundheilung ist der sicherste Schutz vor neuen septischen Prozessen.
Eindrückliche *Beispiele* sind der eitrig infizierte Pilonidalsinus (s. SE 16.1, S. 388 f) oder der perianale Abszess (s. SE 27.3, S. 632 f), welche von der Tiefe aus breit nach außen exzidiert werden. Selten muss auch bei peritonitischen Prozessen das Abdomen (Laparostoma, s. u.) oder bei abgekapseltem, chronischem Pleuraempyem, bei dem die Lunge mit der Thoraxwand verwachsen ist, der Pleuraraum (Thoraxfenster) offen behandelt werden.
Manche Prozesse können nicht nach außen offen gelassen werden (z. B. frisches Pleuraempyem) oder eine offene Behandlung erscheint – zunächst – zu belastend (z. B. bei tiefliegenden Abszessen). Dann ist die operative Einlage von **(Spül-Saug-)Drainagen** oder die interventionelle (Ultraschall- oder CT-gesteuerte) Punktion und Einlage von **Pigtail-Kathetern** notwendig, mit denen eine Säuberung der Abszesshöhle möglich ist. Entweder erfolgt eine (innere) sekundäre Wundheilung durch Granulation (unter langsamem Ziehen dieser Abszessdrainagen) oder der Patient kommt zunächst einmal wenigstens aus dem septischen Krankheitsbild heraus und kann in einem besseren Allgemeinzustand kausal operiert werden.

! Gelingt die Abszessdrainage mit interventionellen Methoden nicht, muss rasch auf chirurgisch-offene Methoden umgestiegen werden.

Eine besondere Herausforderung ist die Kombination eitriger Prozesse in direkter Nähe von **Kunststoff-Implanta-**

👁 6.28 Nahttechniken

a fortlaufende Naht | b einfache Einzelknopfnaht | c Rückstichnaht nach Donati | d Rückstichnaht nach Allgöwer (Halb-Intrakutannaht) | e fortlaufende Intrakutannaht

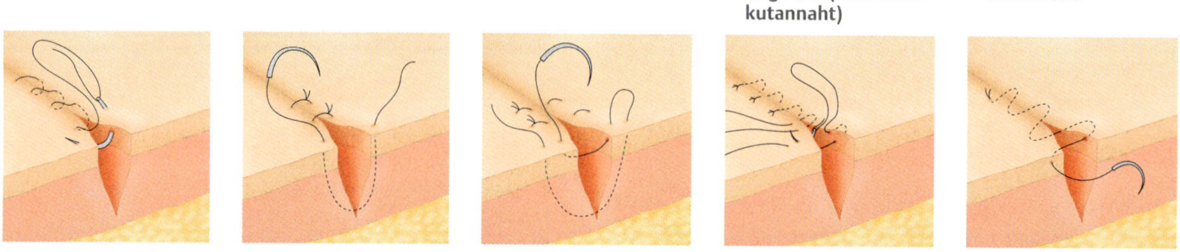

Für die hier gezeigten Nähte wird nicht resorbierbares Nahtmaterial verwendet, welches zwischen dem 7. und 12. postoperativen Tag entfernt werden muss.

ten (Metall, Dacron, Teflon usw.). Hier sind besondere und meist sehr schwierige Vorgehensweisen angezeigt. Als Grundregel mag gelten:

! Eine Heilung (und damit oft der Erhalt des Lebens) ist oft erst nach Exstirpation des Kunststoffs möglich.

Besonderheiten der septischen Abdominalchirurgie: Bei geplanter Etappenlavage (s. u.) wegen schwerster generalisierter Peritonitis (z. B. kotig-eitrige 4-Quadranten-Peritonitis, nekrotisierende Pankreatitis), bei riesigen intra- und retroperitonealen Hämatomen (z. B. perforiertes Aortenaneurysma), aber auch nach „Packing" diffus blutender Organe bzw. Organoberflächen mittels zahlreicher Bauchtücher kann und muss das Abdomen komplett offengelassen werden (unter intensivmedizinischen Bedingungen und Beatmung): Der Darm wird nur mit feuchten Tüchern und Folie abgedeckt.
An der Breite des Laparostomas ist oft auch die zwischenzeitlich notwendige positive Bilanzierung des Patienten aufgrund des anhaltenden septischen Schockes „schuld": Gewichtszunahmen von bis zu 20 kg sind keine Seltenheit!
Mit zunehmender pathophysiologischer Kenntnis um das abdominelle Kompartment-Syndrom (zu hoher intraabdomineller Druck mit negativen Auswirkungen auf die intestinale Durchblutung und auf die Lungenfunktion) wird in den letzten Jahren immer häufiger auf einen primären Bauchdeckenverschluss verzichtet.

! Eine solche Bauchdecke mit Gewalt zusammenzuziehen, wäre das „Aus" für Lunge, für die Durchblutung der intraabdominellen Organe und für die Bauchdecke selbst.

Ein solches **offenes Behandlungskonzept** ist anfangs immer kombiniert mit einer *Etappenlavage.* Dabei erfolgt in normalerweise täglichem Rhythmus die geplante Re-„Laparotomie" mit Säuberung des Abdomens. Eine solche oft sehr breite Bauchdeckenöffnung („Laparostoma") kann entweder – nach erfolgreicher Negativ-Bilanzierung eines zunächst septischen Intensivpatienten – *zweizeitig verschlossen* werden (schichtweise oder nur die Haut, dann mit einkalkuliertem Narbenbruch) oder sie *heilt sekundär* über Monate mittels Granulation, nachdem sich ein flächiges Granulationsgewebe (das Darmkonvolut verklebt und verwächst bei offenem Laparostoma rasch zu einem nicht mehr trennbaren Block!) auf Darmserosa oder großem Netz gebildet hat.
Die eigentliche *Bauchdeckenrekonstruktion* erfolgt frühestens ein halbes Jahr nach (oft nur subtotaler) Haut-Epithelialisierung des Defektes: dann oft mithilfe von Netzimplantaten.

Palliative Verfahren

Oftmals kann durch eine chirurgische Therapie bei fortgeschrittener Erkrankung (z. B. Tumorleiden) keine Heilung mehr erreicht werden. Bei bereits eingetretenen oder drohenden Komplikationen (Stenosierung und Kompression von Intestinalorganen, Bronchien oder großen Venen) kommen dann palliative Verfahren in Frage: z. B. die Anlage eines Anus praeternaturalis (s. SE 26.16, S. 620 f), Umgehungsanastomose wie Gastroenterostomie bei Duodenalstenose, biliodigestive Anastomose bei distaler Choledochusstenose (s. SE 24.8, S. 555 f), Ileotransversostomie (Seit-zu-Seit-Anastomose von Ileum und Colon transversum) bei stenosierenden rechtsseitigen Kolonkarzinomen oder die Einlage von selbstexpandierenden Stents in Bronchien, Venen oder Intestinum.
Bei onkologisch aussichtslosen Situationen sind auch wir Chirurgen gehalten, von sinnlosen, pseudoaktivistischen Operationen Abstand zu nehmen:

! Wir müssen den Zeitpunkt erkennen, ab welchem wir mehr Leiden erzeugen als lindern.

Dann sind sterbebegleitende Maßnahmen gefordert: Gespräche (soweit möglich), Schmerzbekämpfung, Anxiolyse und – ganz im Vordergrund – viel menschliche Hinwendung zusammen mit den anderen Familienangehörigen.

6.29 Drahtentlastungsnaht

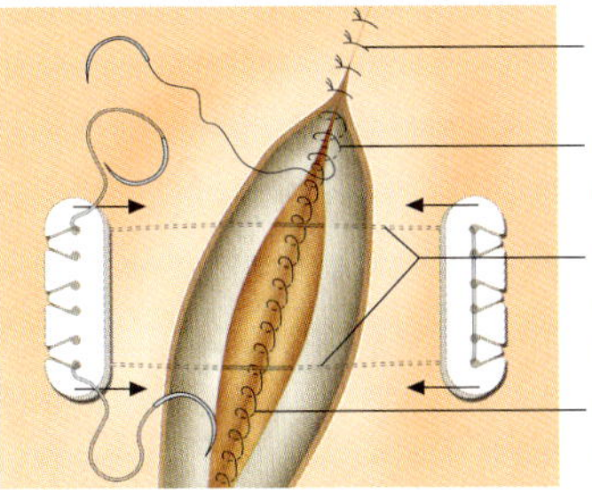

Die für die Bauchdecken vorgesehene Drahtentlastungsnaht (auch Platzbauchnaht) muss locker angebracht werden.

6.9 Viszeralchirurgische Operationsprinzipien

Die Viszeralchirurgie umfasst ein weites Spektrum von Operationen: die gesamte Abdominalchirurgie, aber auch die Chirurgie der endokrinen Organe, der Körperoberfläche und der Hernien.

Präoperative Maßnahmen

Bei der Eröffnung der Bauchhöhle wird – abgesehen von einer peritonealen Reizung – v. a. der Darm durch die chirurgische Manipulation stark beeinflusst, insb. seine Motilität und die Resorption. Eine möglichst gute Vorbereitung des Magen-Darm-Traktes mindert deshalb das perioperative Risiko: s. SE 5.5, S. 110 f.

Der viszeralchirurgische Eingriff erfolgt in aller Regel in Rückenlage. Diese wird nur bei wenigen Eingriffen modifiziert (s. SE 6.8, S. 164), z. B. bei tiefer Rektumresektion zusätzliche Spreizung der Beine, um auch transanal vorgehen zu können.

Operative Maßnahmen

Laparoskopie und Laparotomie

Die **Laparoskopie** (= Bauchspiegelung, s. SE 6.7–6.9, S. 158 ff) hat diagnostischen Charakter, wenn mittels nicht invasiver Untersuchungen eine Krankheit nicht anders geklärt werden kann. Liefert sie nicht genügend Information, dann ist sogar eine explorative **Laparotomie** (als Diagnostikum!) angezeigt. Hierbei ist die mediane Laparotomie Zugang der Wahl. Diese kann bei Bedarf problemlos verlängert werden. Werden während der Laparoskopie Befunde erhoben, die auf diesem Wege nicht zu sanieren sind, muss auf ein offenes Verfahren gewechselt („**umgestiegen**") werden.

! Wichtig dabei ist, dass dieses Konzept präoperativ mit dem Patienten ausführlich besprochen wird, sodass der Chirurg intraoperativ eine größtmögliche Entscheidungsfreiheit hat.

Schnittführung

Bei **laparoskopischen Operationen** sind nur kleine Stichinzisionen zum Einführen der Trokare notwendig (s. SE 6.7, S. 158 f). Die Zugänge für das **offene chirurgische Vorgehen** sind in 👁 **6.30** dargestellt.

Situsvorbereitung

Ist die Abdominalhöhle eröffnet, werden nach Befunderhebung Bauchtücher eingelegt und Haken eingesetzt zur Schaffung eines übersichtlichen Situs. Je besser dies erfolgt, desto sicherer der Eingriff.

Rekonstruktion

Viele viszeralchirurgischen Operationen gliedern sich in zwei Abschnitte: die Herausnahme des krankhaften Befundes (T **6.6**), danach ggf. die Rekonstruktion, d. h. die Wiederherstellung der Passagemöglichkeit, z. B. nach Ösophagusresektion Hochzug des Magens oder ösophagogastrale Interposition von Dünndarm oder Kolon.

Anastomose

Nach Resektion wird der Darm meist anastomosiert.

! Wichtigste Voraussetzungen zur Vermeidung einer Nahtinsuffizienz sind Spannungsfreiheit der Anastomose und gute Durchblutung beider Darmenden.

Die Resektionsgrenzen müssen unter Beachtung der Anatomie der Gefäße entsprechend gewählt werden.
Die Anastomosierung des Darmes erfolgt in den meisten Fällen mittels Handnaht im Sinne einer End-zu-End-

👁 **6.30 Viszeralchirurgische Zugangswege**

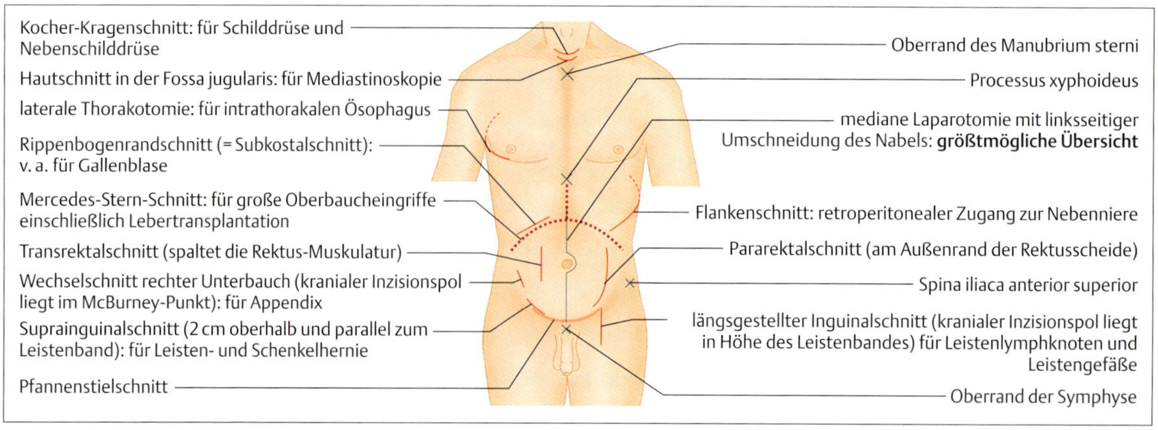

T 6.6 Biopsie, Resektion, Ektomie, Dissektion

Begriff	*Definition*
Biopsie	offene Gewebeentnahme für diagnostische Zwecke
Exzision	Ausschneidung von Gewebe ohne Rücksicht auf Organgrenzen (z. B. Wundexzision); bei der Probeexzision wird nur ein Teil des suspekten Gewebes zur Untersuchung entnommen
Exstirpation	vollständige Entfernung („im Gesunden") eines umschriebenen Gewebeteils (z. B. Tumor oder Organ), evtl. auch der Nachbarstrukturen (z. B. diagnostische Lymphknoten- oder Tumorexstirpation)
Resektion	Entfernung eines krankhaft veränderten Organ- oder Körperteils „im Gesunden" (z. B. Darm- oder Gelenkresektion)
Ektomie	Entfernung des gesamten Organs (z. B. Appendektomie, Gastrektomie)
Dissektion	„Spaltung, Zerschneidung": radikale Entfernung regionaler Lymphknoten (Lymphknotendissektion, z. B. Neck Dissection) oder von Weichteilgewebe; zur arteriellen Dissektion s. SE 32.3, S. 720)

Anastomosierung. Dieses Vorgehen ist jeder anderen Anastomosentechnik überlegen. Die **Hand-Nahttechnik** am Darm wird je nach Schule unterschiedlich durchgeführt (**6.15**). Am häufigsten ist heute die einreihige, allschichtige, fortlaufende Naht mittels 4/0-monofilen resorbierbaren Fadens.

Klammergeräte: s. SE 6.13, S. 176 f.

In den letzten 30 Jahren ist die Rate **gastrointestinaler Anastomoseninsuffizienzen** deutlich gesunken. Verantwortlich für diese positive Entwicklung sind u. a.:

- konsequente präoperative Darmreinigung,
- besseres und resorbierbares Nahtmaterial,
- perioperative Antibiotikaprophylaxe: s. **T 3.14**.

Stoma

Unter einem Stoma versteht man eine künstlich geschaffene Hohlorganmündung bzw. -öffnung zur Körperoberfläche hin, z. B. Anus praeter (künstlicher Darmausgang, Synonym: Anus praeternaturalis), Tracheostoma, Gastrostoma, Nephro-Ureterostoma usw.

Ein Anus praeter kann vorübergehend oder permanent, doppelläufig oder endständig, am Dünndarm oder am Dickdarm angelegt sein. Unter einer **Hartmann-Situation** versteht man die Resektion des krankheitstragenden Darmsegmentes, einen endständigen AP und den intraabdominellen Verschluss des abführenden Darmsegmentes. Ein Anus praeter kann ganz verschiedene Gründe bzw. Zielvorstellungen haben: Diese sind bei den speziellen Studieneinheiten besprochen.

T 6.7 Dauer der postoperativen Nahrungskarenz

Operation	*Dauer der Nahrungskarenz*
Gallen-, Leberoperation	1 Tag
Magen-, Dünndarmresektion, Whipple-Operation	2 Tage
Kolonresektion	2 Tage, anschließend 5 Tage vollresorbierbare Kost, Trinken frei
Gastrektomie	5–7 Tage
Ösophagusresektion	7–10 Tage

Postoperative Nachsorge

Postoperativ ist je nach Eingriff eine **Nahrungskarenz** einzuhalten und auf einen besonderen **Kostaufbau** zu achten (**T 6.7**). Bei größeren Eingriffen bzw. Übelkeit oder Erbrechen wird eine **Magensonde** gelegt.

Nach einigen Operationen ist vor Kostaufbau eine Röntgendarstellung mit wasserlöslichem Kontrastmittel zum **Ausschluss von Nahtinsuffizienzen** sinnvoll (z. B. nach Ösophagusresektion und Gastrektomie).

6.15 Hand-Nahttechniken am Darm

Zweireihige Naht (jeweils Einzelknopfnaht, **a**): Die *äußere Nahtreihe* durchsticht nur Serosa/Subserosa und Muscularis propria (dringt nicht ins Lumen ein!) und heißt deshalb „seromuskuläre Naht". Die *innere Nahtreihe* durchsticht alle Schichten und heißt deshalb „allschichtige Naht". Insgesamt handelt es sich um eine invertierende Naht, da die beiden Darmenden eingestülpt werden und Serosa an Serosa liegt.

Einreihige Einzelknopfnaht (**b**): Sie durchsticht prinzipiell alle Schichten (heißt deshalb allschichtig), fasst jedoch viel von Serosa/Subserosa/Muskularis und nur wenig von der Mukosa. Wir fassen die Mukosa mit (bessere Blutungskontrolle). Manche Schulen fassen nichts von der Mukosa: Dann heißt diese Naht extramuköse Naht. In jedem Fall handelt es sich um eine Stoß-auf-Stoß-Nahttechnik, indem die verschiedenen Darmwandschichten direkt aufeinander stoßen: Dies ermöglicht eine raschere Heilung.

Fortlaufende, allschichtige, einreihige Naht (**c**), wobei wiederum nur wenig von der Mukosa gefasst wird. Wenn mit einem Faden genäht wird, der an beiden Enden eine Nadel trägt („doppelarmierter Faden"), dann braucht für die gesamte Anastomose nur ein einziger Knoten gemacht zu werden. Wir verwenden wie viele andere diese Nahttechnik vom hohen Ösophagus bis zum tiefsten Rektum. Die fortlaufende Naht (unter Mitfassen der Schleimhaut) ermöglicht insb. bei Patienten mit Gerinnungsstörungen gegenüber der Einzelknopfnaht eine noch bessere Blutungskontrolle.

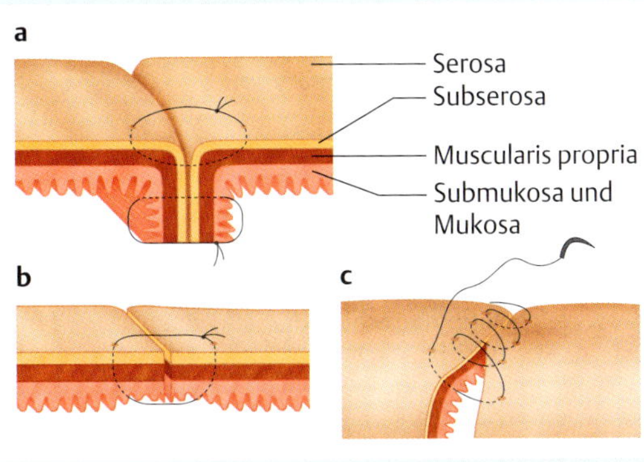

6.10 Thoraxchirurgische Operationsprinzipien

Die Thoraxchirurgie ist wie die Viszeral- und Gefäßchirurgie durch einige Besonderheiten gekennzeichnet. Die wichtigsten sind Intubation, Zugangswege und Notwendigkeit einer Sog-Drainage zur Aufrechterhaltung des für die normale Atmung physiologischen Unterdruckes in der Pleurahöhle.

Intubation und Einseiten-Beatmung

Bei einem thoraxchirurgischen Eingriff in Vollnarkose hat sich die Intubation mit einem Doppellumentubus als günstig erwiesen. Hierbei wird der bronchiale Schenkel des Tubus in den linken Hauptbronchus vorgeschoben, der rechte Hauptbronchus wird über eine zweite, weiter proximal am Tubus liegende Öffnung ventiliert (**6.31**). Durch Abklemmen der einen oder anderen Seite wird eine einseitige Beatmung ermöglicht. Vorteil ist, dass diejenige Lungenhäfte, an der der operative Eingriff vorgenommen werden soll, isoliert entbläht und damit zum Kollabieren gebracht werden kann. Hierdurch wird eine größtmögliche Übersicht in der Thoraxhöhle erreicht und die Gefahr einer Traumatisierung der Lunge reduziert. Thorakoskopische Operationen verlangen eine Einseitenbeatmung (ansonsten hat man keine Übersicht!), aber auch Operationen an der Pleura (z. B. Pleuramesotheliom, Pleuraempyem) werden so durchgeführt.

Zugangswege

Um einen optimalen Zugang zur Thoraxhöhle zu erreichen, ist eine Seit- oder Schräglagerung notwendig (s. SE 6.8 S. 164). Wichtig ist, auf ausreichende Polsterung zu achten, um Lagerungsschäden durch Druck an Nerven (s. **9.18**, S. 251) und Gefäßen zu vermeiden. Zudem kann sich eine mehrstündige seitliche Lagerung negativ auf die Perfusion und Ventilation vor allem der kontralateralen, nicht operierten Lungenhälfte auswirken. Der am häufigsten gewählte Zugang ist die **antero-laterale Thorakotomie** (**6.32a**). Er eignet sich für fast alle Eingriffe an Lunge, Ösophagus und Pleura und ist besonders muskelschonend: Je nachdem, wie weit man die Inzision nach lateral hin ausdehnt, muss der M. latissimus dorsi gar nicht oder nur sehr wenig eingekerbt werden. Je kleiner der Schnitt und je höher die Rigidität des Thorax ist, können nach Einsetzen des Rippenspreizers Rippenfrakturen entstehen. Alternativ kann eine **postero-laterale Thorakotomie** durchgeführt werden (**6.32b**). Auch mit diesem Zugang sind alle Operationen am Thorax möglich, jedoch ist sie funktionell ungünstiger, da große Teile des M. latissimus dorsi und M. subscapularis durchtrennt werden müssen. Bei beidseitigen Lungeneingriffen (z. B. wegen Lungenmetastasen) und bei Operationen im vorderen Mediastinum, wird **median sternotomiert** (**6.32c**). Dies ist im Vergleich zur doppelseitigen lateralen Thorakotomie der schonendere, weniger schmerzhafte Zugang.

Bei medianer Sternotomie und geplanter Eröffnung der Pleura, insb. bei beidseitigem Lungenzugang, müssen die Nn. phrenici geschont werden, ansonsten evtl. beiderseitige Zwerchfellparese mit der Konsequenz häufigerer früh-postoperativer Pneumonien.

6.31 Doppellumentubus

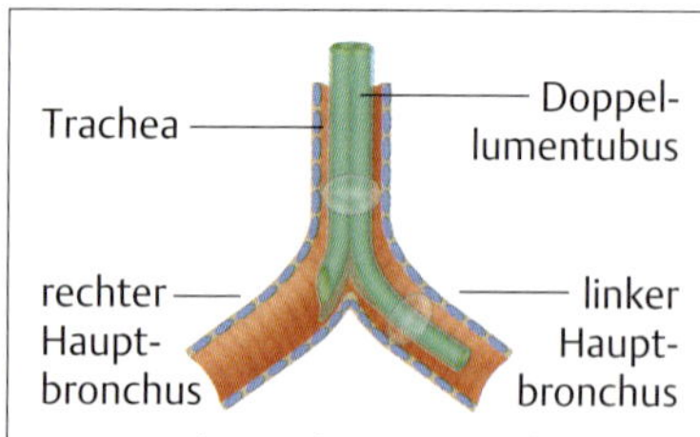

Wegen der sichereren Einlagemöglichkeit wird heute meist, gleichgültig ob rechts oder links operiert wird, nur noch dieser (rechts kürzere) Doppellumentubus eingesetzt. Wenn dann links der Hauptbronchus im Rahmen einer Pneumonektomie abgesezt werden muss, muss der Tubus zuvor etwas zurückgezogen werden.

Pathophysiologische Veränderungen

Durch beinahe jeden thoraxchirurgischen Eingriff verändert sich die Lungenfunktion (besonders früh-postoperativ), aber auch die pulmonale Hämodynamik. Hierauf wird in den organbezogenen Studieneinheiten näher eingegangen. Insb. die Lungenfunktion kann sich aber nicht nur *verschlechtern* (z. B. durch früh-postoperativen Schmerz, Sekretstau und ggf. Phrenikusparese, oder durch die Wegnahme einer ganzen „gesunden" Lunge bei zentral sitzendem Lungenkarzinom), sondern auch *verbessern* (z. B. Therapie eines Pleuraergusses mit Wiederausdehnen der Gasaustauschfläche). Hämodynamisch kommt es z. B. zu einer Verbesserung durch die Wegnahme solitärer oder multipler arteriovenöser Kurz-

6.32 Schnittführungen zur Thorakotomie

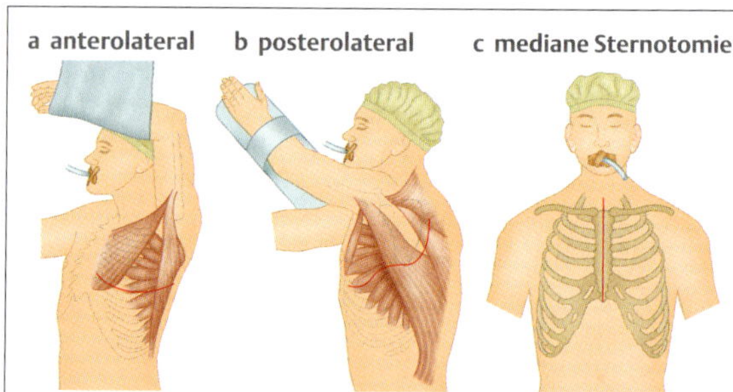

schlussverbindungen bei Malformationen und entzündlichen Prozessen.

Wundverschluss und Thoraxdrainage

Parenchym- und Bronchialverschluss: Um nach einer Thorakotomie wieder eine spontane Ventilation zu ermöglichen, muss der Unterdruck im Pleuraraum wiederhergestellt werden. Voraussetzung hierzu sind luftdichte Nähte an Lungenparenchym bzw. Bronchialsystem und die Einlage von Bülau-Drainagen (s. u.). Es wird deshalb am Ende der Operation bei noch geöffnetem Thorax eine „Wasserprobe" gemacht: Durch den Anästhesisten wird bei Parenchymnähten ein Druck von +20 cm Wassersäule, bei Bronchialverschlüssen ein Druck von +30 cm Wassersäule erzeugt, während die Thoraxhöhle mit physiologischer Kochsalzlösung gefüllt ist. Die Nähte müssen dicht sein (keine entweichenden Luftblasen!).

Bülau-Drainagen (s. SE 5.9, S. 122, SE 6.8, S. 165 f und **6.27**) dienen der Wiederherstellung des Unterdrucks im Pleuraspalt. I. d. R. drainiert die ventrale Drainage aus der Lunge doch noch entweichende Luft bei (feinsten) Parenchymleckagen und die dorsale Sekret und Blut. Nach Einbringen der Drainagen in den Thorax (**6.33**) werden sie mit einem *Sogsystem* verbunden: Üblicherweise wird mit –20 cm Wassersäule gesaugt. **6.34** erklärt das Prinzip der Saugung (**a**) und zeigt ein modernes Einmal-Saugsystem (**b**).

Entfernung der Drainagen: Beide Drainagen sind bei unkompliziertem Verlauf spätestens am 5. postoperativen Tag entfernt. Die ventrale Drainage wird früher als die dorsale gezogen: Bei unauffälliger Auskultation (normales Atemgeräusch bei ausgedehnter Lunge) kann sie ohne Röntgen-Thorax-Kontrolle gezogen werden. Vor Entfernung der 2. Drainage muss die Lunge zum Ausschluss eines evtl. doch noch einmal entstehenden Pneumothorax für einige Stunden abgeklemmt sein und dann geröntgt werden. Die Drainage selbst wird in Atemstillstand (z. B. in tiefer Inspiration mit Verschluss der Stimmritze) gezogen, mit sofortigem luftdichten Verband der Ausleitungsstelle. Anschließende nochmalige Röntgenkontrolle zum Ausschluss eines Pneumothorax.

Wundverschluss: Nach erfolgter *Interkostalblockade* (**6.16**) und Entfernen des Rippenspreizers (welcher den Interkostalraum aufgespreizt hatte) werden die beiden benachbarten Interkostalräume mit starkem, resorbierbarem Faden durchstochen, sodass der eröffnete Interkostalraum zusammengepresst wird. Diese *Perikostalnähte* dienen zusätzlich zur Ruhigstellung evt. frakturierter Rippen (Rippenspreizer!) und damit auch zur Schmerzlinderung.

6.33 Lage der beiden Bülau-Drainagen nach anterolateraler Thorakotomie

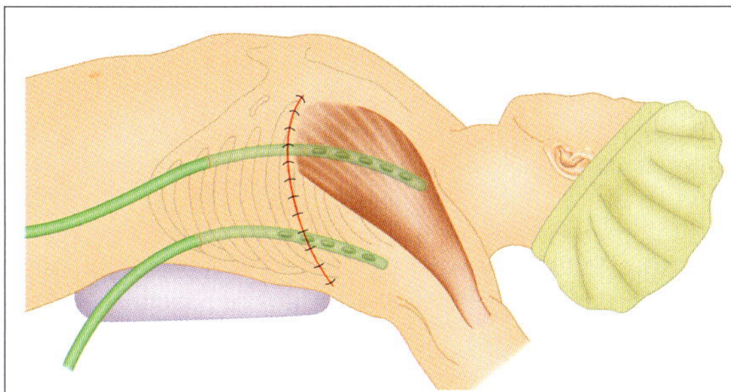

6.34 Thoraxsaugdrainage nach Bülau

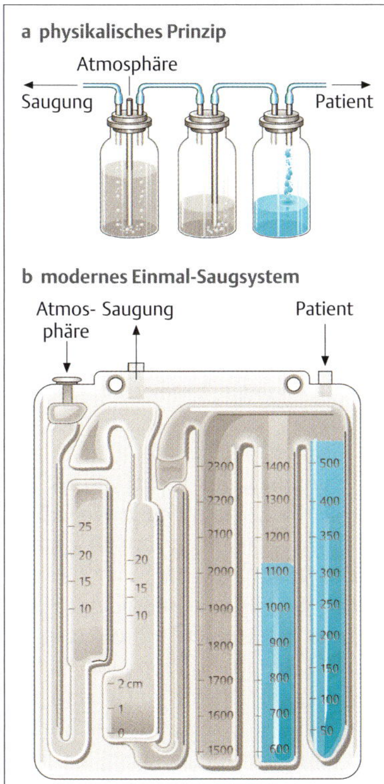

a Die zur Verfügung stehende Saugung ist meist viel zu stark. Über den linken Behälter wird entsprechend der Eintauchtiefe der offenen Glasröhre der Sog auf z. B. –20 cm Wassersäule eingestellt. Der mittlere Behälter (Wasserschloss = Ventil) verhindert ein Einströmen von Luft in den Pleuraraum bei versehentlicher Abstellung der Saugung. Rechts der Sammelbehälter: In ihm ist der Sog von –20 cm Wassersäule.

6.16 Interkostalblockade

Bei jeder interkostalen Schnittführung werden die Interkostalgefäße, insb. die Interkostalnerven lädiert. Dies bedingt einen Teil der postoperativen Schmerzen. Deshalb ist es vorteilhaft (neben einem „hohen" Periduralkatheter), vor Verschluss der Thorakotomie eine Infiltrationsanästhesie der zentralen Interkostalanteile mit einem Lokalanästhetikum vorzunehmen: z. B. bei einer Thorakotomie im 5. ICR Injektion von jeweils ca. 5 ml 0,5 % Bupivacain in den 4., 5. und 6. ICR.

6.17 Historie der Bülau-Drainage

Max Schede (1844–1902) war chirurgischer Lehrstuhlinhaber, zunächst in Hamburg (1880–1895), danach in Bonn (1895–1902). Während seiner Hamburger Zeit entwickelte er zusammen mit dem Internisten Gotthard Bülau eine Drainage nach dem Heber-Prinzip zur Absaugung eines Pleuraempyems. Schede stellte dieses neue Therapieprinzip erstmalig 1888 als „Bülau-Heberdrainage" auf einem Internistenkongress vor. Erst nach langem Widerstand wurde dieses revolutionäre Prinzip akzeptiert. Max Schede wurde noch durch zwei weitere Dinge bekannt: die Einführung des „scharfen Löffels" (seine Habilitation 1872) und seine erstmalige Operation einer Thorakoplastik wegen Empyemresthöhle (1890).

6.11 Gefäßchirurgische Operationsprinzipien

Die moderne Gefäßchirurgie ist erst etwa 40 Jahre alt. Wesentliche Eckpfeiler für ihre rasche Etablierung sind eine inzwischen exzellente Diagnostik, die Entwicklung modernen alloplastischen Gefäßersatzes und Nahtmaterials, moderne Narkoseverfahren und die Entwicklung interventioneller Therapiemaßnahmen. Wie bei der Onkologie ist auch hier eine maximal enge interdisziplinäre Zusammenarbeit zwischen Gefäßchirurgen, Radiologen, internistisch ausgebildeten Angiologen, Neurologen, Dermatologen und Anästhesisten unabdingbar. Weitere Einzelheiten zu Operationsverfahren sind in SE 32.3 (s. S. 719 ff) und SE 33.5 (s. S. 748 ff) dargestellt.

Perioperative Maßnahmen

Patienten mit arteriellen Gefäßerkrankungen sind meist alt.

! Krankheitseinsicht und Compliance sind bei alten und zerebralsklerotischen Patienten oft gering. Ihre Betreuung erfordert deshalb viel Zeit und Verständnis.

Um Komplikationen bei den oft polymorbiden Patienten zu vermeiden, bedarf es einer besonderen perioperativen Fürsorge:

- verständlich gehaltene Aufklärungsgespräche über die Notwendigkeit von Diagnostik und Therapie, oft unter Einschaltung der Angehörigen;
- bestmögliche internistische, besonders kardiopulmonale Vorbereitung;
- hämostaseologische Vorbereitung: Absetzen von Acetylsalicylsäure (7 Tage! s. auch SE 5.4, S. 108 f) und Umstellen von Marcumar auf Heparin (s. SE 5.12, S. 131);

! wichtig ist das interdisziplinäre Vorgehen bei peripheren Gefäßverschlüssen, weil die chirurgische Therapie nicht immer die beste ist. Hierbei können sich radiologische Verfahren wie Ballonkatheter-Angioplastie, Lysetherapie, evtl. kombiniert mit Stent-Einlagen, sowie operative Rekonstruktion ergänzen (s. SE 32.3, S. 719 ff);

- perioperative Infektionsprophylaxe (bei Rezidiveingriffen bzw. Kunststoffmaterial);
- korrekte Lagerung auf dem Operationstisch: Abpolsterung nekrosegefährdeter Körperstellen und Möglichkeit zur intraoperativen Durchleuchtung;
- häufige Kontrolluntersuchungen in der früh-postoperativen Phase zur Sicherung des Operationsergebnisses und zur Erkennung von Komplikationen (z. B. Kompartment-Syndrom);

! Arteriell-gefäßchirurgische Operationen haben gegenüber vielen anderen Operationen eine Besonderheit: Das Ziel einer gut geplanten Operation muss am Ende sofort überprüfbar sein und nachweisbar bleiben, z. B. durch einen wieder tastbaren Fußpuls.

Die **langfristig wichtigste Maßnahme** ist die exakte Therapie der Arteriosklerose-Risikofaktoren: Hochdruck, Rauchen, Übergewicht, zu hohe Blutfettwerte usw. (s. SE 35.2, S. 770 f). Bei peripherer arterieller Verschlusskrankheit ist die Einbindung in Gefäßsportgruppen sinnvoll (s. SE 5.14, S. 137). Eine lebenslange Anbindung an angiologisch kompetente Ärzte ist anzustreben: zur Erhöhung der allgemeinen Compliance und zur Früherkennung einer möglichen Krankheitsprogression.

6.18 IRA-Konzept bei peripheren infizierten Prozessen und chronisch-arterieller Verschlusskrankheit

Peripher-arterielle Durchblutungsstörungen begünstigen akrale Infektionen (z. B. bei schlechter Nagelpflege), die sich dann häufig rasch nach zentral ausbreiten (oft aerob-anaerobe Mischinfektion). Oft kommen Patienten erst zu einer angiologischen Untersuchung und Therapie, wenn eine solche Komplikation bereits eingetreten ist. Dann ist das IRA-Konzept angezeigt: Zunächst lokale aber auch systemische **Infektbekämpfung**; nach Abheilen des Infektes gefäßchirurgische **Rekonstruktion**, abschließend, falls notwendig, **Amputation**. Eine besondere Form der Amputation ist die Grenzzonen-Amputation: Hierbei wird in der Grenze zwischen gut vaskularisiertem Gewebe und Nekrose das abgestorbene Gewebe abgesetzt (s. auch SE 14.9, S. 369).

Nahtmaterial und Nahttechnik

Grundsätzlich wird nur *atraumatisches Nahtmaterial* verwandt mit Fadenstärken von 3×0 bei Aorteneingriffen bis hin zu 7×0 in der Shunt-Chirurgie. Noch feineres Nahtmaterial wird in der Mikrochirurgie (Replantation) eingesetzt. Standard ist die einreihige fortlaufende allschichtige Naht. Bei besonders feinen Gefäßen ist manchmal eine Einzelknopfnaht notwendig, um Stenosen zu vermeiden (s. SE 6.8, S. 166). Nahtmaterial ist grundsätzlich monofil und nicht resorbierbar; bei infektionsgefährdeten peripheren Rekonstruktionen kann resorbierbares Material verwandt werden.

Bei der Adaptation der Gefäßwände ist darauf zu achten, dass die zur Thrombose führende Einkrempelung der Außenwände („invertierende Naht") vermieden wird. Deshalb muss die Intima beider Gefäßenden sorgfältig adaptiert werden (*„evertierende Naht"*, **6.35**).

Intimastufen (s. **32.11**, S. 720), die postoperativ mit dem Blutstrom zu Intimadissektionen führen können, müssen zuvor transmural fixiert werden. Die unterschiedlichen Anastomosenformen werden in **6.19** dargestellt. Nach Freigabe des Blutstromes treten in der Regel kleine Stichkanalblutungen auf, die jedoch nach kurzer Kompression sistieren.

6.35 Evertierende Einzelknopfnaht

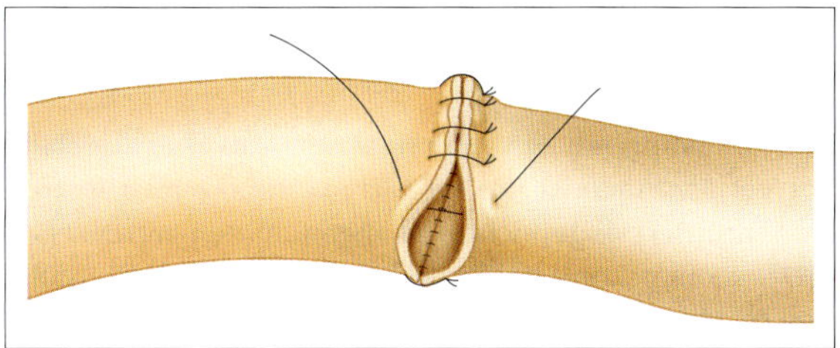

6.19 Anastomosenformen und Intima-Fixationsnähte

s.auch **34.8**, S. 755; **34.12**, S. 759.

End-zu-End: bei größeren Gefäßlumina direkte Naht, bei kleineren Gefäßlumina muss vorher der Anastomosenquerschnitt durch ein Anschrägen der Gefäßenden vergrößert werden, hierdurch Abstimmung unterschiedlich großer Gefäßlumina aufeinander.

End-zu-Seit: v. a. bei Dialyseshunts (s. **34.12**, S. 759) und AV-Fisteln sowie in der peripheren Bypass-Chirurgie, technisch etwas einfacher durchführbar, das größere Gefäß wird in der Regel längs verlaufend eröffnet.

Seit-zu-Seit: bei Shunts, seltener.

Patch („Flicken"): Da die direkte Naht eines längs eröffneten Gefässes zur Stenose führt, wird ein ovales Streifentransplantat (Patch: Kunststoff oder Vene) eingenäht.

Transplantatmaterial

Für den Gefäßersatz kommt biologisches und alloplastisches Material infrage (s. auch **6.20**):

Autogenes Venenmaterial ist für den Ersatz von kleinlumigen Gefäßen ideal, da die zur Vermeidung einer Thrombose erforderliche Flow-Rate für ein Venentransplantat geringer ist als für Kunststoff. Zur Überbrückung kleinkalibriger Arterien unterhalb des Kniegelenkes sollte daher nur körpereigenes Material verwendet werden.

Kunststoffe: Bei großlumigen Gefäßen (Aorta, Beckenstrombahn) kommen alloplastische Materialien wie Dacron oder PTFE (Polytetrafluorethylen) zum Einsatz (s. auch **6.21**). Beide Materialien können extern durch Kunststoffringe oder Spiralen verstärkt werden, um bei z. B. extraanatomischen Verlauf Schutz vor Abknickung oder Kompression zu bieten.

Die **5-Jahres-Offenheitsrate** der Oberschenkeletage ist bei Venen- und Kunststoff-Bypässen in etwa gleich und liegt zwischen 60 und 70 %. Unterhalb des Kniegelenkes liegt die 5-Jahres-Offenheitsrate bei Venenrekonstruktionen (50–60 %) jedoch 30 % höher als bei Kunststoffimplantaten.

6.20 Gefäßersatzmaterial

Autolog (v. a. V. saphena magna): Mindestdurchmesser von 3–5 mm, entweder als sog. In-situ-Bypass (vorherige Klappendestruktion) bzw. als Umkehr-Bypass mit beibehaltenen Venenklappen;

alloplastisch (meist Dacron- oder PTFE-Prothesen): Vorteile sind die kurze Operationszeit und die rasche, komplikationsarme Implantation; experimentiell wird zur Zeit an einer Endothelbeschichtung der Prothesen zur Vermeidung von Thrombenbildung gearbeitet. Bei großkalibrigen Gefäßen eignet sich Kunststoff als Gefäßersatz;

homolog (v. a. die menschliche Nabelschnurvene) und **xenogen** (Kalbs- und Rinderarterien): wegen schlechter Langzeitergebnisse und der Entwicklung guten alloplastischen Materials heute kaum noch üblich.

6.21 Bindegewebiger Einbau von Kunststoffprothesen

Das PTFE ist aufgrund der sehr geringen Porengröße primär dicht, die gestrickten Dacron-Prothesen werden durch Kollagen-Beschichtung primär dicht gemacht. Beide Kunststoffarten werden von körpereigenem Bindegewebe ein- bzw. durchgebaut. An der inneren Oberfläche der Kunststoffprothesen bildet sich nach einigen Monaten eine Neo-Intima: entweder mittels Fibroblasten, die durch die groben Poren gestrickter Dacronprothesen hereingewandert sind oder durch „Niederschlag" monozytärer Zellen aus dem strömenden Blut.

! Je stärker der bindegewebige Einbau, desto stärker deren spätere Infektionsresistenz.

Arterie, körpereigene Vene und Kunststoff können ohne Probleme aneinandergenäht werden. Die Nahtbereiche werden mit der Zeit bindegewebig durchbaut, sodass das Nahtmaterial dann keine Haltefunktion mehr hat. Gefäßabschnitte mit Nähten neigen – bei turbulenzfreier Durchströmung – per se nicht zu einer Stenosierung. Eine *Ausnahme* stellt die unphysiologische Verbindung von Arterie und ableitender Vene im Rahmen der Dialyse-Shunt-Chirurgie dar (s. SE 34.3, S. 758 f): Hier kommt es oft am Übergang zur Vene (wahrscheinlich aufgrund der Druck- und Volumenbelastung) zu einer überschießenden und dann stenosierenden Neo-Intima.

Postoperative Nachsorge

Die postoperative Nachsorge zielt v. a. auf eine *Verbesserung der Rheologie* und *Vermeidung von Thrombenbildung* ab. Alle Patienten werden für einige Tage heparinisiert. Bei **weitlumiger Rekonstruktion** (z. B. Aorteninterponat) mit entsprechend hohem Fluss und niedrigem peripheren Widerstand kann rasch auf einen *Thrombozytenaggregationshemmer* übergegangen werden (z. B. 100 mg Acetylsalicylsäure pro Tag). Bei **Anastomosen kleinerer und kleinster Arterien** (z. B. kruraler Bypass) und bei sehr langen Transplantatwegen (z. B. axillofemoraler Bypass) ist wegen des dabei hohen peripheren Widerstands langfristig eine *Marcumarisierung* empfehlenswert.

6.12 Wichtige chirurgische Instrumente

Inzwischen wurde eine fast unüberschaubare Palette chirurgischer Instrumente entwickelt, wobei hinsichtlich der im einzelnen verwendeten Instrumente große orts- bzw. krankenhausspezifische Unterschiede bestehen. Für die reibungslose Kommunikation während einer Operation ist die Kenntnis der Instrumente und deren Funktion unabdingbar. Ein reibungsloser Ablauf und Schutz vor Verletzungen ist nur möglich, wenn die Instrumente standardisiert angereicht und abgenommen werden (6.22). Laparoskopiegeräte werden in SE 6.7, S. 158 ff beschrieben.

Schneidende Instrumente

Die wichtigsten Vertreter dieser Gruppe sind Skalpelle und Scheren. **Skalpelle** werden überwiegend zur scharfen Durchtrennung von Haut und Fettgewebe verwendet. Wegen der schnellen Abnutzung kommen überwiegend Einmalskalpelle mit Kunststoffgriffen oder sterilisierbare, wiederverwendbare Griffe mit Einmalklingen zum Einsatz (**6.36a,b**). **Scheren** werden zur kontrollierten scharfen Durchtrennung oder zur stumpfen Auseinanderdrängung durch Spreizen von Gewebestrukturen verwendet. Die lokale Gewebetraumatisierung beim Schneidevorgang ist bei der Schere schwerer als bei dem Skalpell (**6.36c-f**).

6.36 Skalpellklingen und Scheren

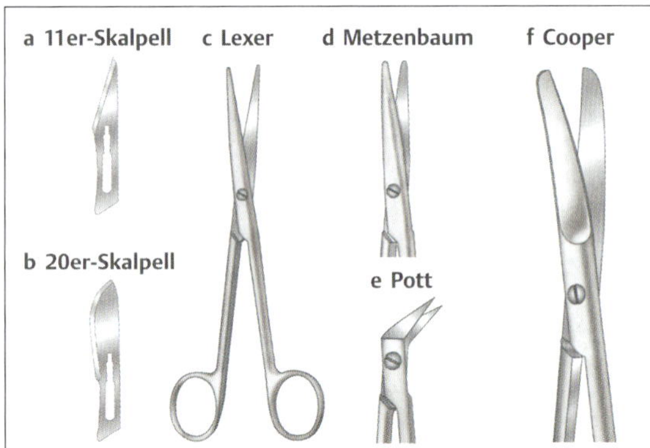

a Das 11er-Skalpell wird für Stichinzisionen, **b** das 20er für Hautschnitte verwendet.

6.37 Zangen

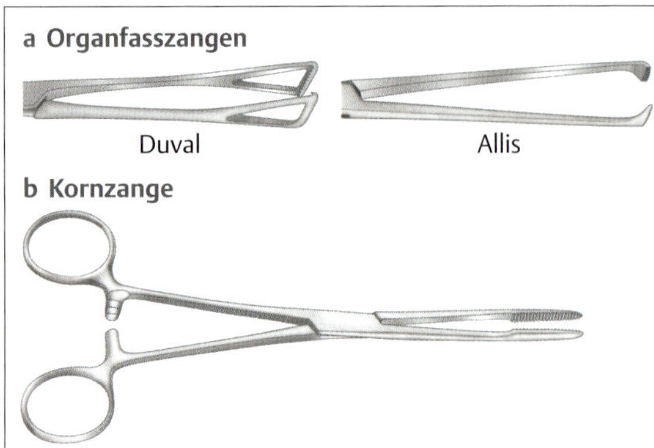

Das elektrische Hochfrequenzmesser, der „CUSA"-Ultraschalldissektor und das Ultraschallskalpell werden in SE 6.6, S. 154 f, der Laser in SE 6.5, S. 152 f beschrieben. Knochen werden mit **Sägen** (Hand-, Draht- oder mit Pressluft angetriebene oszillierende Sägen, die bei korrekter Anwendung das umliegende Weichteilgewebe unversehrt lassen) durchtrennt. Weitere Instrumente zur Knochenbearbeitung sind **Meißel** oder **Raspeln**. Mit einem **Raspatorium** wird das Periost vom Knochen abgelöst.

Zufassende Instrumente

Die wichtigsten „zufassenden" Instrumente sind die **Pinzetten**. In Abhängigkeit von Verletzlichkeit bzw. Festigkeit des Gewebes und der Funktion der Pinzette stehen unterschiedlich konstruierte Maulteile bzw. -flächen zur Verfügung (**6.8**). Häufig ist es notwendig, ein Or-

6.22 Handreichung der Instrumente

Der Instrumentierende fasst die Instrumente immer am „Funktionsende" und legt den Griff dem Operateur in die Hand. Scharfe Instrumente werden von oben gefasst (Obergriff), stumpfe von unten (Untergriff). In dieser Gebrauchshaltung werden sie auch wieder zurückgegeben.
Beispiel: Der Instrumentierende fasst das Skalpell am Klingenende und legt den Griff dem Operateur in die Hand. Dieser gibt ihm das Skalpell so zurück, dass er es wieder am Klingenende (!) von oben annehmen kann.

6.8 Pinzetten

Bezeichnung	*Maulteil, -fläche*		*Eigenschaft*
anatomische Pinzette	stumpf, quergestreift	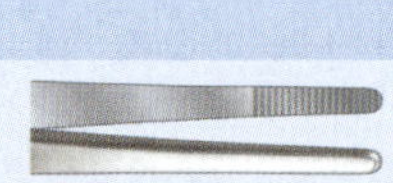	verletzliche Gewebe (z. B. Darm)
atraumatische Pinzette	stumpf, feinere, oft kreuzkarierte Riefung	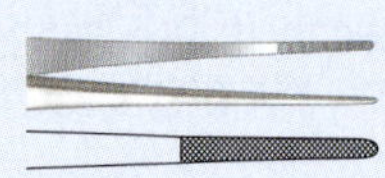	optimierte Haltefunktion (z. B. für Bindegewebe)
chirurgische Pinzette	verzahnt, keine Riefung	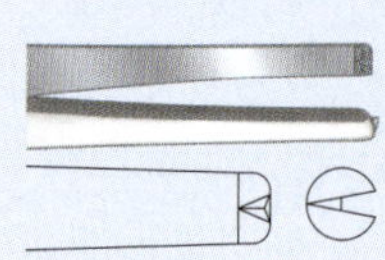	sehr gute Fass- und Haltefunktion (z. B. für Haut)

gan(-teil) mit konstantem Zug aus dem Operationsgebiet zu halten. Hierfür stehen unterschiedliche, teilweise organspezifische **Fasszangen** zur Verfügung (z. B. Duval oder Allis; **6.37a**). **Kornzangen**, gebogen und gerade, halten Tupfer (**6.37b**). **Klemmen** haben vielfältige Funktionen, so können sie z. B. zum Halten, aber auch zum Abklemmen oder zur stumpfen Gewebepräparation verwendet werden (**6.38**).

6.38 Klemmen

a Pean-Klemme

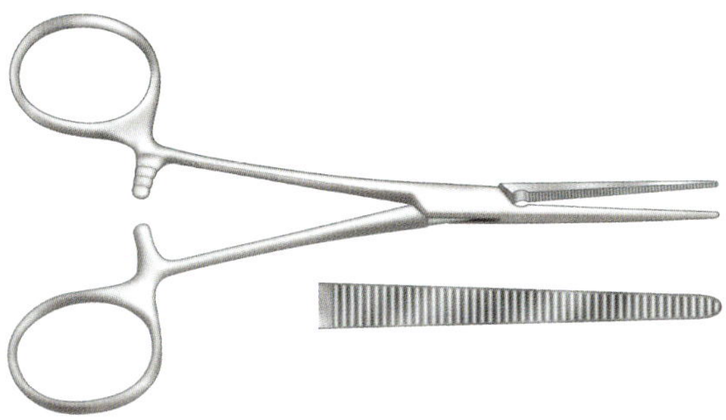

b Kocher-Klemme

c Halsted-Mosquito-Klemme

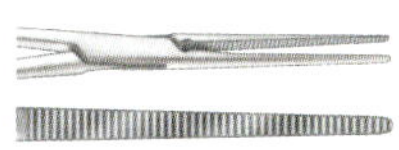

d Mikulicz-Klemme

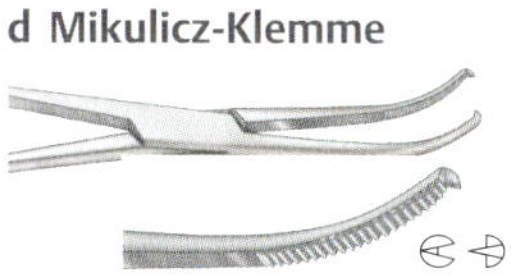

e Overholt-Klemme

f DeBakey-Klemme

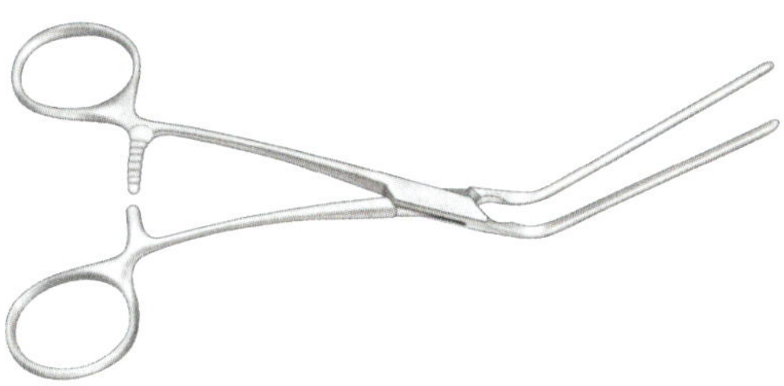

g Bulldogklemmen

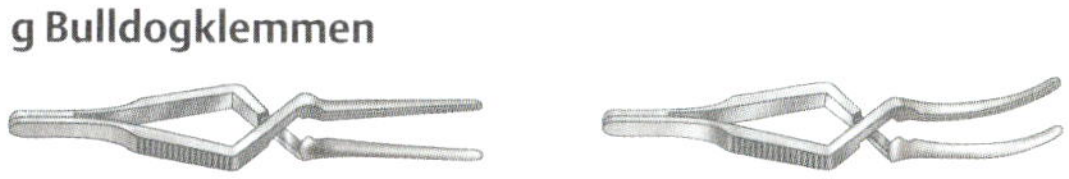

a-c Die **Grundmodelle** der Klemmen sind die atraumatische Pean-Klemme, die hart fassende, wie die chirurgische Pinzette gestaltete Kocher-Klemme und die Halsted-Mosquito-Klemme. **d** Mit der verzahnten Mikulicz-Klemme kann das **Peritoneum**, z. B. beim Bauchdeckenverschluss gehalten werden. **e** Die atraumatische, gebogene Overholt-Klemme kann zur **Gewebepräparation**, aber auch zum Fassen von Gefäßen beim Anlegen einer **Ligatur** eingesetzt werden. Typische Beispiele für **Gefäßklemmen** sind die De-Bakey- (**f**) und die Bulldogklemmen (**g**).

Weghaltende Instrumente

Um eine ausreichende Übersicht des Operationssitus zu gewährleisten oder verdeckte Organe bzw. Strukturen zugänglich zu machen, kommen unterschiedliche Halteinstrumente zum Einsatz (**6.39**).

6.39 Haken

a Lidhaken

b Roux

c Langenbeck

d Volkmann

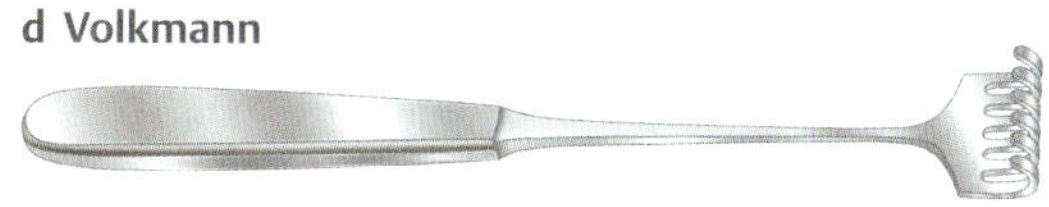

e Mikulicz

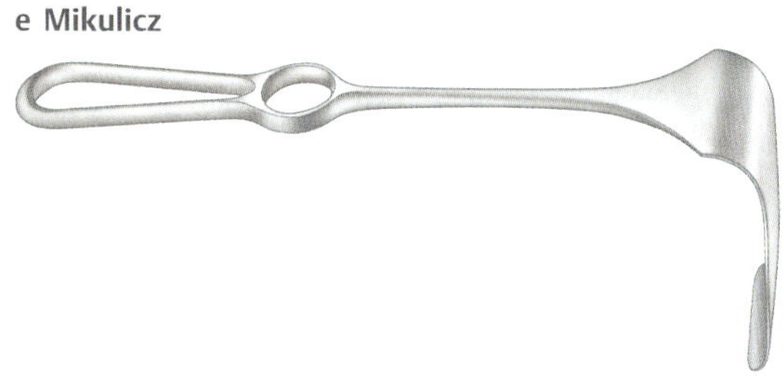

f Fritsch

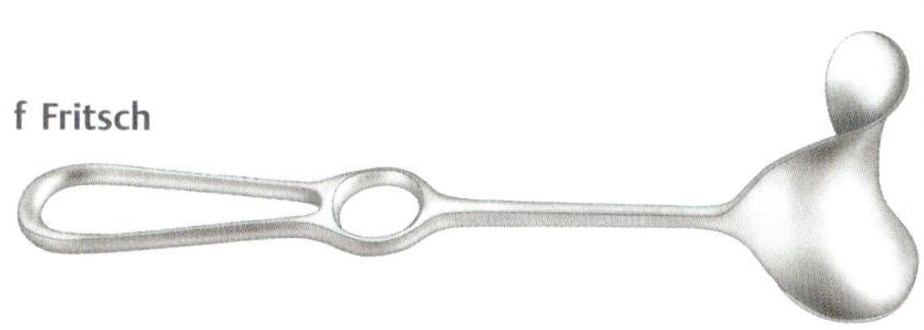

g Allison

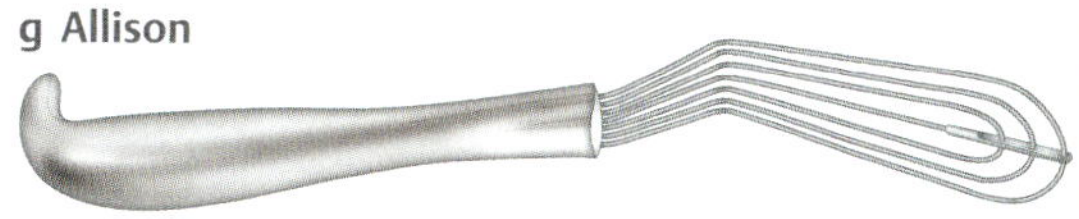

Bei kleinen Wunden oder verletzlichen Gewebestrukturen, die aus dem Operationsgebiet gehalten werden sollen (z. B. Gefäße), eignet sich gut der **Lidhaken** (**a**). Größere Wunden, insb. solche mit einer dicken, subkutanen Schicht werden mithilfe von **stumpfen Wundhaken** nach Roux (**b**) oder Langenbeck (**c**) oder **scharfen Haken** mit 1–6 gebogenen Zinken nach Volkmann (**d**) auseinandergehalten. In der Abdominalchirurgie kommen **Bauchdeckenhaken** nach Mikulicz (**e**) oder Fritsch (**f**) zum Einsatz. Mit dem **Lungenspatel** nach Allison (**g**) wird die kollabierte Lunge während der Einlungenbeatmung zur Präparation des Mediastinums weggehalten.

6.13 Instrumente zur Gewebevereinigung

Gewebe werden üblicherweise durch eine Naht mit Nadel und Faden vereinigt. Für spezielle Situationen (z. B. einfache Hautnähte, Ligaturen oder komplizierte Anastomosen) wurden darüber hinaus Klammergeräte entwickelt: Allerdings stehen hier die Gerätekosten der Zeitersparnis (Personalkosten) gegenüber.

Nadel, Faden, Nadelhalter

Nadeln: Zu unterscheiden sind zunächst die *Öhrnadeln* (👁 **6.40a**; der Faden wird am Nadelende eingefädelt) von den *atraumatischen Nadeln* (👁 **6.40b**; der Faden ist in das Nadelende eingearbeitet, durch den stufenlosen Übergang wird die Gewebetraumatisierung minimiert). Je nach Einsatzort kann zwischen verschiedenen *Nadelformen* (¼-Kreis, ⅜-Kreis, ½-Kreis, ⅝-Kreis, gerade) und je nach Gewebequalität (hart oder weich) zwischen unterschiedlichen Querschnitten bzw. *Schliffen* von Nadelkörper und -spitze gewählt werden (👁 **6.40c**).
Nahtmaterial: Es werden *resorbierbare* und *nicht resorbierbare* Nahtmaterialien verwendet (T **6.9**). Die Zusammensetzung des Materials bedingt die Verweildauer im Gewebe. Nach durchschnittlich 4 Wochen beträgt die Reißfestigkeit von resorbierbarem Nahtmaterial noch ca. 50 % (allerdings große Streubreite).
Die Materialien können gezwirnt (heute nur noch selten), geflochten oder als Monofilament verwendet werden (👁 **6.40d**). Wichtige *Qualitätsmerkmale* sind Gewebeverträglichkeit, Reiß- und Knotenfestigkeit. *Unerwünschte Wirkungen* des Nahtmaterials auf das umgebende Gewebe sind die Dochtwirkung (Aufsaugen und Weiterleiten von Flüssigkeit) und die Fremdkörperreaktion (T **6.9**).
In der Chirurgie werden Nadeln niemals direkt mit der Hand, sondern mit **Nadelhaltern** geführt (👁 **6.41**). Hohlsonden dienen als **Führungsinstrumente** bei der Naht und als Gewebeschutz. Mit der Unterbindungsnadel nach Deschamps werden Ligaturen angelegt, indem der durch die Öse gefädelte Faden um das Gefäß geführt, ausgefädelt und verknotet wird.

👁 6.40 Nadeln und Nahtmaterial

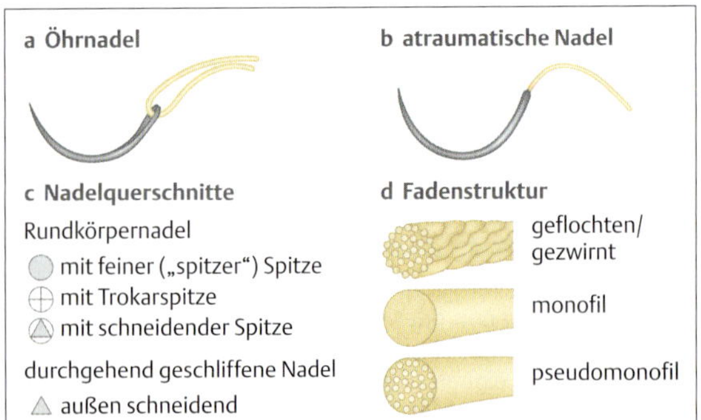

c Die schneidenden Nadeln werden z. B. für die Hautnaht verwendet, Rundkörpernadeln mit einer feinen Spitze eignen sich für weiche Gewebe (z. B. Darmnaht).
d Polyglaktin und Seide werden meist gezwirnt oder geflochten, Polypropylen als Monofilament verwendet. Wird gedrehtes oder gezwirntes Nahtmaterial mit einem Überzug versehen, entstehen pseudomonofile Fäden mit den Eigenschaften eines monofilen Fadens.

Klammergeräte

So einfach und zeitsparend die Handhabung dieser Geräte auch ist: Jeder Operateur muss die Handnaht in all ihren Variationen beherrschen. Sie ist in manchen, insb. schwierigen Situationen unumgänglich.

Die meisten Klammerapparate funktionieren nach dem Prinzip eines einfachen Papierklammergerätes: Eine U-förmige Metallklammer wird O- oder B-förmig zusammengebogen.

👁 6.41 Nadelhalter und Führungsinstrumente

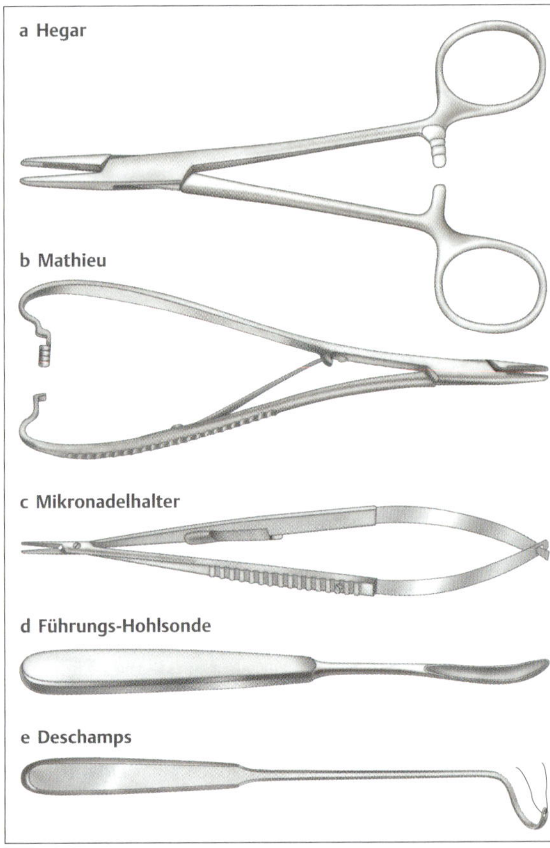

Das **Hautklammergerät** wird über den adaptierten Wundrändern aufgesetzt und biegt die Edelstahlklammern O-förmig um. Zur Entfernung werden die Klammern in der Mitte von einer Zange gefasst und W- förmig aufgebogen (**6.42a**; **6.23**).

Klipp-Applikatoren: Kleine, fragile oder schlecht zugängliche Gefäße (z. B. bei Leberresektion, Lymphknotendissektion oder laparoskopischen Eingriffen) können mit Metall- oder resorbierbaren Kunststoffklipps verschlossen werden (**6.42b**).

Klammergeräte (sog. Stapler) sind mit geraden oder kreisrunden Titanklammer-Magazinen bestückt. Die Klammern sind zwei- oder mehrreihig und gegeneinander versetzt angeordnet. Einige Geräte besitzen zusätzlich eine Schneidevorrichtung. Insb. in schwer oder von Hand nicht mehr zugänglichen Regionen (z. B. im kleinen Becken) können Resektionen und Anastomosen zeitsparend durchgeführt werden (**6.43**).

T 6.9 Eigenschaften chirurgischen Nahtmaterials

Material	*Fremdkörperreaktion*	*Knüpfeigenschaft*	*Anwendungsbeispiele*
resorbierbar			
Poliglecapron (z. B. Monocryl)	((+))	++	Serosa, Darm
Polydioxanon (PDS)	((+))	+	Darm
Polyglaktin (PGS, z. B. Vicryl)	(+)	+ +	Peritoneum, Umstechungen
L-Lactid-Glycolid (z. B. Panacryl)	(+)	++	Faszie
nichtresorbierbar			
Naturseide	+ +	+ +	Serosa
Leinen-Zwirn	+ +	+ +	Ligatur
Metalldraht	∅	–	Sternum
Polypropylen	(+)	+	Haut, Gefäße

6.23 Geschichte der Klammergeräte

Der mechanische Wundverschluss läßt sich bis 600 Jahre vor Christus zurückverfolgen. Der indische Arzt Susruta klammerte Wunden mit Hilfe von **Ameisen**: Nach einer manuellen Wundrandadaptation wurden die Köpfe der Ameisen der Wunde genähert, so dass sie sich festbissen. Schließlich wurden die Rümpfe der Tiere abgedreht.

Eines der ersten **linearen Klammernahtgeräte** entwickelte Aladar von Petz 1924. Der „Petz-Apparat" wurde zum Verschluss des Magenstumpfes bei der Magenresektion eingesetzt. In den 50er Jahren wurden viele Klammernahtgeräte in der Sowjetunion entwickelt. Die Medizinindustrie der USA machte sich diese Konstruktionen schnell zu Nutze und brachte Einmalgeräte auf den Markt.

6.42 Hautklammergerät und Klipp-Applikator

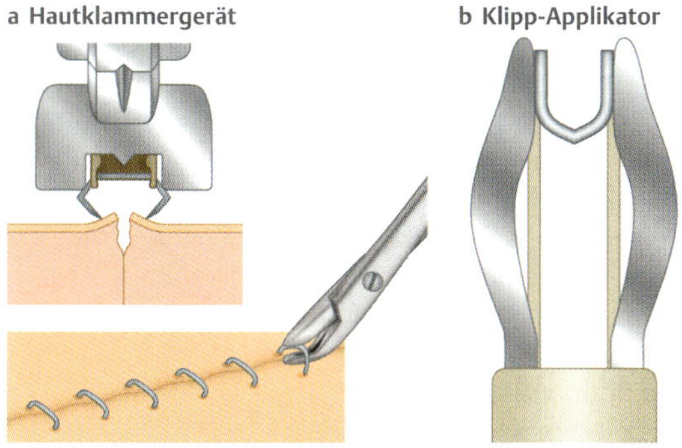

6.43 Klammergeräte

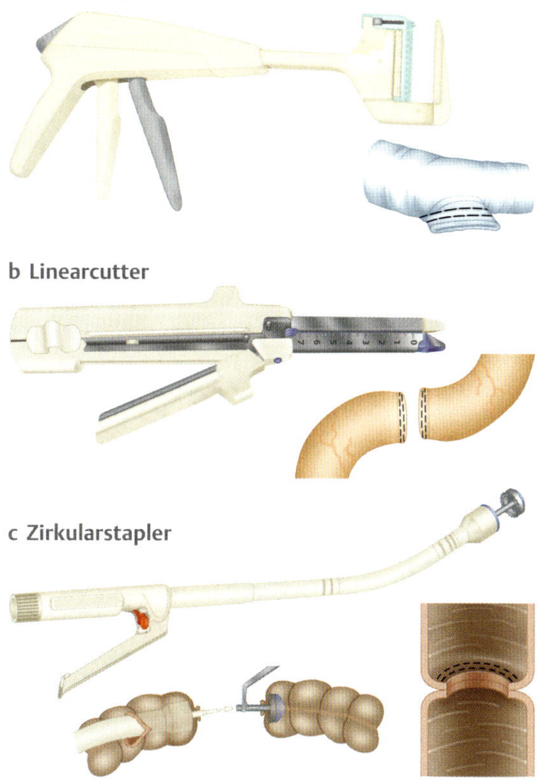

a Der Linearstapler (TA = thoraco-abdominal) eignet sich z. B. zum Verschluss eines Bronchus. Der Stapler wird zugedrückt, die Klammern dabei umgebogen und das Gewebe direkt neben dem Stapler mit einem Skalpell durchtrennt.
b Beim Linearcutter (GIA = gastro-intestinal-anastomotic) wird das Gewebe zwischen den zwei doppelten, gegeneinander versetzten Klammerreihen mit einer integrierten Klinge durchtrennt. Nicht nur die einfache Durchtrennung von Hohlorganen, sondern auch die Anlage von Seit-zu-Seit-Anastomosen (über kleine Inzisionen) ist möglich.
c Mit zirkulären (intraluminalen) Klammergeräten wird Darm anastomosiert. Das Gerät wird über eine Inzision oder transanal in das Lumen eingeführt. Das andere Darmende wird mit dem Klammerkopf besetzt, der dann in das Nahtgerät eingesteckt wird. Mit Betätigung des Handgriffes wird eine zirkuläre Doppelklammernaht gesetzt und das innen überstehende Gewebe mit einem integrierten zirkulären Skalpell abgetrennt (invertierende Naht).

6.14 Allgemeine Verbandlehre

Die Wahl des richtigen Verbandes ist entscheidender Bestandteil einer erfolgreichen Wundbehandlung und damit meist auch Gesamtbehandlung des Patienten. In dieser SE werden zunächst die Grundlagen und allgemeinen Begriffe der Verbandtechnik dargestellt. Neben den lokalen Wundverhältnissen (z. B. trocken, feucht, infiziert) sind für die adäquate Verbandtechnik auch die pathophysiologischen Mechanismen zu berücksichtigen, die zur Entstehung der Wunde geführt haben, bzw. das Abheilen der Wunde verhindern. Hierzu sei auf gesonderte Kapitel verwiesen (z. B. arterielle Durchblutungsstörung SE 32.1, S. 712 f, venöses Ulkus SE 33.4, S. 747, funktionelle Verbände SE 9.10, S. 248 ff, immobilisierende Verbände SE 9.11, S. 251 ff). Die Bedeutung der chirurgischen Wundbehandlung wird in SE 2.3 (S. 36 ff) beschrieben. Innerhalb der letzten Jahre haben sich wesentliche Fortschritte auf dem Gebiet der Wundbehandlung vollzogen. Hervorgehoben seien die sog. interaktiven Wundauflagen.

Verbandmaterialien und -formen

Ein Verband besteht aus der eigentlichen **Wundauflage** und aus dem **Fixierungsverband**. Bei der Herstellung von Wundverbänden finden mittlerweile unzählige unterschiedliche Materialien Verwendung, die entweder natürlichen oder synthetischen Ursprungs sind. Es lassen sich folgende Gruppen unterscheiden:

- natürliche Fasergewebe (Leinen, Baumwolle, Zellstoff),
- Vliesstoffe (Faserverbund aus Natur- und/oder Kunstfasern),
- synthetische Fasergewebe (Polyamid, Polyester, Polyurethan usw.),
- synthetische Sprühverbände.

Bei der Wahl des Verbandmaterials gilt es, die jeweiligen Eigenschaften der Wundauflagen und Fixierungsverbände zu berücksichtigen.

Beachte Pflasterallergien.

So ist die Sekretaufnahmekapazität und Luftdurchlässigkeit natürlicher Fasergewebe meist besser als die synthetischer Materialien. Andererseits bedingt dies auch ein schnelleres Austrocknen der Wunde mit den entsprechenden Nachteilen (mechanische Verletzungen bei Verbandwechsel, ungünstiges Wundmilieu).

Gleiches gilt für die Fixierung durch Pflasterverbände. So besteht insb. bei Pflastern mit starker Haftung und Wasserundurchlässigkeit die Gefahr, zusätzliche Schädigungen zu setzen. Prädisponiert sind hier Patienten mit vorbestehender Hautveränderung, wie z. B. der „Papierhaut" nach langjähriger Cortisoneinnahme. Hier kann es bereits bei der Entfernung normaler Pflasterstreifen zu großflächigen Hautablösungen kommen. Unter gewissen Umständen können ähnliche Verletzungen durch zu straff angelegte Pflasterstreifen (Blasenbildung) oder pflasterbedingte Hautmazeration an feuchten Körperpartien (z. B. Rücken nach längerer Liegezeit) auftreten.

6.44 Verschluss einer sterilen Wunde

a direkt postoperativ

b 2. postoperativer Tag

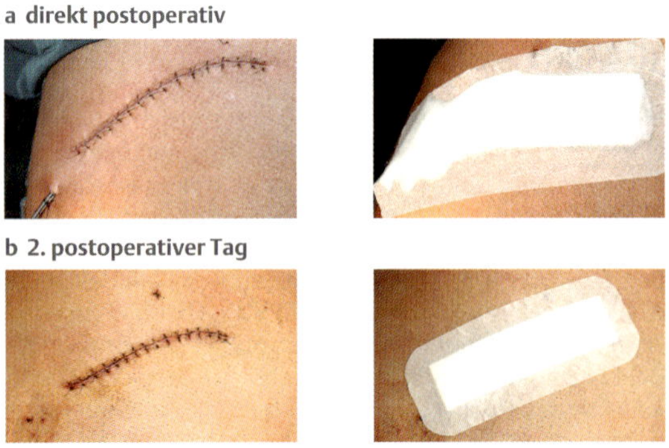

Gezeigt ist ein rechter Subkostalschnitt bei diagnostischer Laparotomie wegen eines Pankreaskopfkarzinoms mit kleinsten Lebermetastasen.

Wundverbände in verschiedenen Situationen

Sterile Wunde

Zu dieser Gruppe zählen neben den Operationswunden auch diejenigen Verletzungen, die innerhalb der ersten 6–8 Stunden primär verschlossen werden konnten.

Der Verband übernimmt hier im Wesentlichen eine Schutzfunktion, bis die Wundränder ausreichend miteinander verklebt sind (innerhalb von 24 Stunden).

Direkt im Anschluss an die Operation, d. h. Beendigung der Hautnaht wird unter sterilen Bedingungen ein polsternder, sekretabsorbierender Mullverband aufgebracht (**6.44a**).

Der erste Verbandwechsel erfolgt i. d. R. am zweiten postoperativen Tag. Liegen dann trockene unauffällige Wundverhältnisse vor, kann prinzipiell ganz auf einen Verband verzichtet werden. Meist wird man sich aber für eine neue Wundauflage entscheiden (**6.44b**). Dies betrifft insb. Areale, in denen durch äußere Einflüsse wie Feuchtigkeit (Körperfalten) oder Reibung (Rücken, Kleidung) die Wundheilung zusätzlich gefährdet ist. Duschen mit Kontamination durch Seife und Duschgel ist ab dem 3. postoperativen Tag bei primärer Wundheilung möglich.

Sekundär heilende Wunde

Es handelt sich entweder um Verletzungen, die primär nicht verschlossen wurden, um Wunden nach septischen Operationen oder sekundär infizierte Operationswunden. Allen gemeinsam ist zunächst eine mit Bakterien, Nekrosen und Sekret gefüllte Wundhöhle. Die Verbandtechnik muss sich diesem Sachverhalt anpassen und in erster Linie eine gute Säuberung durch ausreichende Sekretaufnahme gewährleisten. Besonders geeignet ist das mehrfach tägliche Ausspülen, ggf. auch unter der Dusche. Größere Nekrosen müssen bei Bedarf chirurgisch entfernt werden (Nekrektomie bzw. Débridement: Abtragung oberflächlicher Nekrosen im Sinne der Wundtoilette). Die Wunde sollte feucht gehalten werden. Daher werden mit physiologischer Kochsalzlösung getränkte Mullkompressen eingebracht. Wie bei der Behandlung chronischer Wunden (s. SE 2.3, S. 37 f) haben sich interaktive Auflagen und die Vakuumversiegelungstechnik (s. **2.2**, S. 38) bewährt.

! Eine der billigsten und effizientesten Behandlungen sekundär heilender Wunden ist (zusammen mit Ausduschen) die tägliche Aufbringung von handelsüblichem Zucker: Durch den hygroskopischen Effekt wird Wundsekret aufgesaugt.

Die mittlerweile von der Industrie angebotenen Verbandmaterialien sind außerordentlich vielfältig und reichen von den einfachen Mullkompressen bis hin zu lokal applizierbaren Wachstumsfaktoren (s. auch **6.24**).

Wunden bei Gefäßerkrankungen

! Es ist von eminenter Bedeutung, sich die grundsätzlichen Unterschiede der Pathogenese venöser und arterieller Ulzera zu verdeutlichen. Dann wird auch ein wichtiger Unterschied in der Verbandtechnik klar:
venöses Ulkus: Kompression,
arterielles Ulkus: niemals Kompression.

Im Endstadium der **arteriellen Durchblutungsstörung** kommt es entweder spontan oder nach Bagatelltraumen zur Bildung von Ulzera, typischerweise am Unterschenkel oder Fuß (s. SE 32.1, S. 712).
Selbstredend sind zunächst die Therapiemöglichkeiten zur Verbesserung der Durchblutung im Sinne der Revaskularisation zu überprüfen (s. SE 32.3, S. 717 ff). Oft ist erst durch diese kausale Behandlung eine Besserung zu erwarten. Der Erhalt einer Extremität bei Durchblutungsstörungen wird maßgeblich durch eine korrekte Verbandtechnik mitbestimmt.

! Auch die aufwendigste und kostspieligste Verbandtechnik ist erfolglos, wenn die Ursachen der Ulkusentstehung nicht beseitigt werden.

Für die eigentliche Wundbehandlung gelten die in **6.24** und in SE 2.3 (S. 36 ff) genannten Grundprinzipien.

6.24 Verbände bei arteriellen Durchblutungsstörungen

! Niemals Kompressionsverbände anlegen, sondern Verbände besonders locker wickeln.

Trockene Nekrosen bzw. eine **Gangrän** sind trocken zu belassen (kein oder trockener Verband). Die Nekrosen verhindern das Eindringen von Bakterien und werden später durch das darunter liegende Granulationsgewebe abgestoßen.
Feuchte Nekrosen müssen abgetragen werden, da sie ein idealer Nährboden für Bakterien sind und somit eine potenzielle Eintrittspforte für lokale Infektionen.
Ein **Abstrich** zur mikrobiologischen Untersuchung ist zu entnehmen und großzügig eine **systemische Antibiotikabehandlung** einzuleiten. Lokale Antibiotikagaben zeigen keine Vorteile, sind teuer und fördern unnötig die Ausbildung von Resistenzen und Allergien.
In den letzten Jahren haben sich so genannte **Okklusivverbände** zunehmend etabliert. Selbstklebende beschichtete Verbandplatten aus unterschiedlichsten Materialien werden hierbei auf das Ulkus und die umgebende Haut aufgebracht. In dieser feuchten Kammer bestehen verbesserte Bedingungen für die Wundheilungsvorgänge. Durch unterschiedliche Beschichtungen oder zusätzliche Gele kann die Wundsäuberung bzw. -heilung weiter gefördert werden. Zu berücksichtigen ist hier auch immer das jeweilige Stadium der Wundheilung.
Ein willkommener Nebeneffekt dieser Okklusivverbände sind die nur alle 2–3 Tage notwendigen Verbandwechsel.
Seit kurzer Zeit sind auch lokal applizierbare **Wachstumsfaktoren** erhältlich. Über den Nutzen dieser recht teuren Wundbehandlung werden die kommenden Jahre entscheiden.
Als ein weiterer wichtiger Aspekt der Verbandanlage bei arteriellen Erkrankungen ist eine großzügige **Polsterung** hervorzuheben. Patienten mit einer arteriellen Verschlusskrankheit sind für Druckgeschwüre besonders prädestiniert (s. auch SE 34.7, S. 764 f). Daher gilt der Polsterung, sowohl therapeutisch als auch prophylaktisch, ein wichtiges Augenmerk.

Entsprechend der Überlegungen beim arteriellen Ulkus muss auch im Rahmen **chronisch venöser Erkrankungen** zunächst die Möglichkeit der kausalen Behandlung überprüft werden (s. SE 33.5, S. 748 f: Varizenstripping, Perforansligatur, Faszienspaltung, Abtragung der dermatoliposklerotischen Haut durch sog. Shaving).
Ist die Ursache der chronisch venösen Stauung nicht oder nur unzureichend zu beseitigen, gilt die Kompressionstherapie als wesentlicher Therapiebestandteil (s. SE 33.2, S. 741).

6.25 Verbandtechnik bei einem (sub-)kutanen Abszess

Nachdem bei der Operation der Abszessdeckel ausgeschnitten und der Abszessgrund d. h. die tiefer liegende Abszessmembran mit dem scharfen Löffel gesäubert worden ist, wird am Ende der Operation 200 %ige Iodoform-Gaze aufgelegt (desinfizierende und blutstillende Wirkung) und ein dicker, trockener Gaze-Verband darüber aufgebracht. Spätestens am 2. postoperativen Tag wird die Iodoformgaze (nach Anfeuchtung mit physiologischer Elektrolytlösung) vorsichtig entfernt und durch einen Polividoniod-Salben-Verband ersetzt. Duschen ab dem 3. postoperativen Tag.

Jens Rudolph

7.1 Immunologische Veränderungen nach chirurgischem Trauma

Das operative Trauma zieht wie schwere Verletzungen und inflammatorische Prozesse zahlreiche immunologische Veränderungen nach sich. Die wichtigste Folge dieser Vorgänge ist eine hohe Empfindlichkeit des traumatisierten Organismus gegenüber verschiedenen Infektionen. Je nach Größe des Traumas können durch eine vermehrte Freisetzung proinflammatorischer Faktoren SIRS (systemic inflammatory response syndrome) und MOF (multiple organ failure) die Folge sein.
Die Erforschung der mit einem Gewebetrauma verbundenen immunologischen Vorgänge ist aus der chirurgischen Forschung nicht mehr wegzudenken. Einerseits können elektive chirurgische Operationsverfahren in ihrer immunologischen Schwere beurteilt werden, andererseits kann eine individuelle Risikoeinschätzung der Patienten mit einem erhöhten Risiko für Infektionen und deren Folgen vorgenommen werden. Zusätzlich ist die Erforschung immunologisch-zellbiologischer Vorgänge auch in therapeutischer Hinsicht sinnvoll. Die Kenntnis der Wirk- und Regelmechanismen des Immunsystems ist für den zeitgemäßen Einsatz von Immuntherapeutika und für das Überwachen von Patienten wichtig.

Perioperative Veränderungen der Immunantwort

Im Rahmen einer Gewebeschädigung, sowohl durch chirurgische akzidentielle als auch durch elektive Traumen, wird lokal am Ort der Gewebeschädigung wie auch systemisch eine ungeheuer komplizierte Kaskade von immunologischen Mechanismen induziert (👁 **7.1**):

Im Vordergrund stehen zunächst das Blutgerinnungssystem, Aktivierung von Mastzellen/Gewebemakrophagen, nervale Stimulation der Hypothalamus-Hypophysen-Achse und lokale Zytokinausschüttung.

Unmittelbar nach dem Trauma werden einerseits vier ***Enzymsysteme*** aktiviert:

- Blutgerinnungssystem,
- Kallikrein-Kininsystem,
- fibrinolytisches System,
- Komplementsystem.

Diese Systeme sind eng miteinander verknüpft und beeinflussen sich gegenseitig. Vor allem durch die Bildung humoraler Mediatoren durch das Komplementsystem werden Gewebsmastzellen aktiviert und Phagozyten (Makrophagen, neutrophile Granulozyten) angelockt. Beinahe gleichzeitig findet eine Aktivierung von Makrophagen (z. B. durch opsonierte Antigene) statt. „**A**ntigen-**p**resenting-**c**ells" (APC, Zellen der natürlichen Immunität) aktivieren per se oder über die Ausschüttung von Zytokinen die adaptive Immunantwort. Der Tumornekrosefaktor (TNF), Interleukin-1, Interleukin-2, Interleukin-6, Interleukin-8, Interleukin-12, (IL-1, IL-2, IL-6, IL-8, IL-12) und Interferon-γ (IFN-γ) sind die frühesten Zytokine, die nach einem chirurgischen Trauma im peripheren Blut beobachtet werden.

Sie lösen eine systemische Reaktion aus, welche durch Fieber, Leukozytose, BSG-Erhöhung und Zunahme der Akut-Phase-Proteine in der Leber charakterisiert ist.

Neuroendokrines System: Sowohl über afferente Nervenbahnen vom Ort des Gewebetraumas als auch durch das lokale Freiwerden von Zytokinen aus dem verletzten Gewebe, vor allem durch IL-1, IL-6 und TNF-α, wird das neuroendokrine System aktiviert. Dieses spielt eine wichtige Rolle in der Stressantwort. Der Hypothalamus wird zur Sekretion des Corticotropin-Releasing-Hormons (CRH) und des Arginin-Vasopressins (AVP) angeregt. Die Ausschüttung dieser Mediatoren führt in der Hypophyse und über Adrenokortikotropin (ACTH) auch in der Nebenniere zur Ausschüttung anaboler (z. B. Wachstumshormon, Prolactin, Androgene) und kataboler (z. B. Endorphine, Glucocorticoide, Katecholamine) Hormone. Neben der Aktivierung dieser hypothalamisch-hypophysären Achse können auch Zytokine (z. B. IL-1, IL-6, TNF-α) die Sekretion von ACTH in der Hypophyse und von Glucocorticoiden in der Nebenniere direkt beeinflussen. Eine Sympathikusstimulation führt gleichzeitig zur Freisetzung von Katecholaminen und Glukagon aus der Nebenniere.

Traumainduzierte Veränderungen der zellulären und humoralen Immunität: Die in der ersten posttraumatischen Phase stattfindende erhöhte Ausschüttung anaboler Hormone und die bald einsetzende Produktion und Ausschüttung kataboler Mediatoren rufen nicht nur weitreichende Veränderungen der Gesamtstoffwechselsituation hervor, sondern haben auch wichtige Konsequenzen für die zelluläre und humorale Immunantwort:
Zwei funktionell unterschiedliche Subpopulationen von T-Helfer-Lymphozyten die (TH_1- und TH_2-Zellen) werden u. a. unterschieden. Diese Untergruppen der T-Helfer-Zellen haben spezifische Aufgaben bei der Immunregulation. Die TH_1-Zellen spielen eine wichtige Rolle für die zelluläre Immunantwort, fördern die Aktivierung von Makrophagen und die Induktion zytotoxischer T-Zellen und sezernieren im Wesentlichen die Zytokine IL-2, TNF-β und IFN-γ. Die TH_2-Zellen regeln im Wesentlichen die humorale Immunabwehr. Sie unterstützen die B-Lymphozyten bei der Antikörperbildung und sezernieren die Zytokine IL-4, IL-5, IL-6, IL-10 und IL-13. Die beiden Untergruppen von TH-Zellen können sich gegenseitig beeinflussen; wird eine von ihnen dominant, ist es häufig

7.1 Biologisch-immunologische Veränderungen nach einer Gewebeläsion

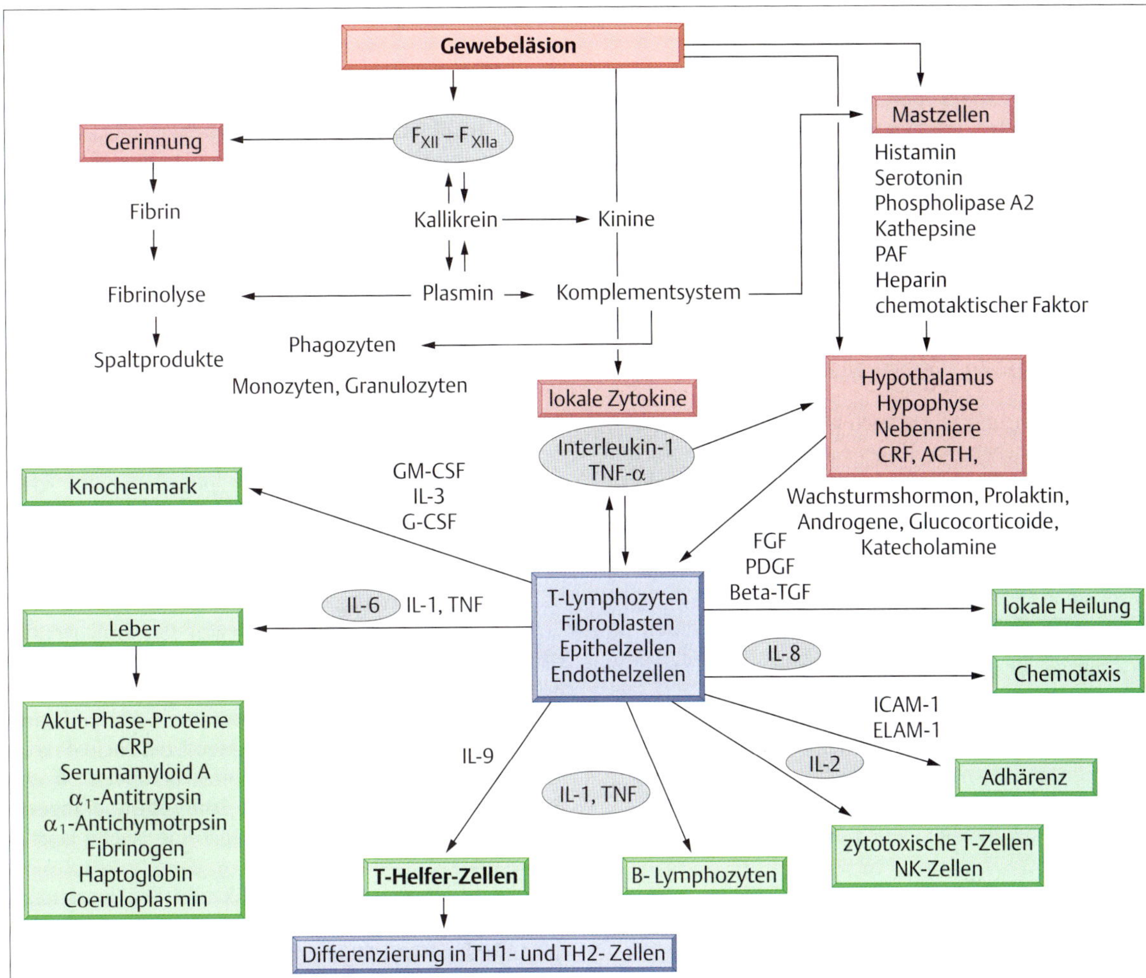

Abkürzungen: Faktor XII = Hagemann-Faktor, IL = Interleukin, CRH = Corticotropin-Releasing-Hormon, AVP = Arginin-Vasopressin, TNF = Tumor-Nekrose-Faktor, TH-Zellen = T-Helfer-Zellen, IFN = Interferon, PAF = Platelet-activating Factor.

schwierig, die Immunantwort wieder zum anderen Typ hin zu verlagern.

Nach einem Trauma werden auf zellulärer Ebene zunächst Makrophagen, dendritische und Langerhans-Zellen aktiviert. Durch Antigenpräsentation führen diese Zellen u. a. zur Aktivierung von T-Zellen. Die nach einem Trauma ausgeschütteten katabolen Hormone wie z. B. Glucocorticoide und Endorphine verstärken die TH_2-Aktivität und hemmen gemeinsam mit IL-4 die zytotoxische Aktivität der TH_1-Zellen. Gleichzeitig führen sie zu einer Suppression der Wirkung von Androgenen (Dehydroepiandrosteron: DHEA, Dehydroepiandrosteronsulfat: DHEAS), die ihrerseits wiederum die TH_1-Aktivität fördern.

So führt das chirurgische Trauma zu einer Verschiebung des TH_1-/TH_2-Gleichgewichtes in Richtung TH_2-Antwort.

Weitere Mechanismen, die zu diesen Veränderungen beitragen (T-Zell-Migrations- und Apoptosevorgänge), sind Gegenstand der Forschung.

Klinische Konsequenzen: Die Verschiebung des TH_1-/TH_2-Gleichgewichts spielt bei verschiedenen Erkrankungen eine Rolle. Die Hemmung der TH_1-Zellen macht den Organismus empfindlicher für Infektionen mit Viren, Protozoen und intrazellulären Bakterien. Die Hochregulierung von TH_2-Zellen führt vermehrt zum Auftreten antikörpervermittelter Autoimmunerkrankungen, vor allem von Allergien. Auch im Alter scheint sich eine Verschiebung des TH_1-/TH_2-Gleichgewichts hin zur TH_2-Antwort zu zeigen.

7.2 Komplikationen am Operationsort

Die Begriffe „Komplikation" und „Fehler" müssen auseinander gehalten werden. Komplikationen sind nicht immer vermeidbar. Sie sind aber mittels einer bestmöglichen Vorbereitung des Patienten auf die Operation und einer optimalen intraoperativen Technik meist verringerbar, und sie sind durch ein subtiles postoperatives Monitoring des Patienten in aller Regel früh erkennbar und durch den gezielten Einsatz moderner Medizin immer häufiger behandelbar. Daneben gibt es aber auch unvermeidbare Komplikationen (meist chronische Folgezustände), die durch das notwendige Ausmaß der Operation in Kauf genommen werden müssen (Aufklärung!).

„Vermeidbare" Komplikationen

Jede Operation, und sei sie noch so klein, kann Komplikationen verursachen, *im Allgemeinen* Nachblutungen und Infektionen. Daneben hat jede Operation *lokal-spezifische* Komplikationsmöglichkeiten wie Parenchymfistel nach Lungenresektionen, Frühthrombose eines arteriellen Bypass oder Insuffizienz einer gastrointestinalen Anastomose (siehe Organkapitel).
In dieser SE soll das Bewusstsein geschärft werden für Vermeidbarkeit, aber auch Erkennen von Komplikationen.
Offensichtlich „einfache" Komplikationen haben aber oft „tiefer liegende" Ursachen. Beispielhaft sei die Fasziendehiszenz nach Laparotomie genannt. Meist liegt dem „Platzbauch" eine infektiöse Ursache zugrunde (**28.3**, S. 653), seltener handelt es sich um einen „sterilen Platzbauch".

Präoperative Situation

Viele Patienten kommen in schlechtem Allgemeinzustand zur stationären Aufnahme, zum Teil bringen sie „harte" Risikofaktoren wie z. B. Leberzirrhose, chronische Hämodialyse, Diabetes mellitus oder konsumierende Erkrankungen (mit katabolem Stoffwechsel) mit. Diese Erkrankungen bzw. Mangelzustände gilt es zu erkennen und wenn immer möglich präoperativ zu behandeln, da hierdurch Komplikationen vermieden werden können.
Beispielhaft sei die Leberzirrhose (insbesondere deren Stadium Child B oder C) genannt: Durch Infektionsgefährdung, Blutungsbereitschaft und Gefahr des hepatorenalen Syndroms (Hypovolämie z. B. durch Absaugen von Aszites) ist das Multiorganversagen geradezu vorprogrammiert. Die postoperative Letalität jedwelcher Operation ist bei Leberzirrhose deshalb um das 5–10fache höher als bei einem Nicht-Zirrhose-Kollektiv.

Intraoperative Situation

Es ist eine Binsenwahrheit, dass gewebeschonendes, subtiles und intellektuell gesteuertes Operieren Komplikationen zu vermeiden hilft. Beispielhaft seien genannt die Sicherheit der Knotentechnik für Gefäßstümpfe und die Durchblutungssituation zweier zu anastomosierender Darmabschnitte für die Anastomosenheilung. Gut platzierte Drainagen leiten Wundsekrete ab und können so einer Superinfektion des Sekretverhaltes vorbeugen. Allerdings können zu lang belassene Drainagen auch eine Infektion von außen nach innen (entlang der Kunststoff-Drainage) fördern. Ein besonderes Problem stellt eine diffuse Blutungsneigung dar, sei es durch notwendige Antikoagulantien oder durch einen Zusammenbruch des Gerinnungssystems bei Sepsis: Hier hilft nur die intraoperative Gerinnungstherapie oder – als ultima ratio – die Tamponade mittels eingelegter Bauchtücher, die ein oder zwei Tage später nach Gerinnungsstabilisation wieder entfernt werden.
Eine besondere Form der intraoperativen Komplikation ist das Übersehen (weil Nicht-Wissen bzw. Nicht-Erkennen) der wahren Ausdehnung eines Befundes. **7.2** zeigt ein eindrückliches Beispiel: Eine subtile präoperative Diagnostik hätte dem Patienten eine zweite Operation erspart.
Eine letzte intraoperative Komplikation am Operationsort soll nicht unerwähnt bleiben: das versehentliche Zurückbelassen von Materialien (**7.3**). Die Medizingeschichte ist voll von skurrilen Einzelberichten, bis hin zu Eheringen und Zahnprothesen von Operateuren. Am häufigsten werden im Situs Bauchtücher zurückbelassen.

7.2 Tumorthrombus in der V. cava inferior

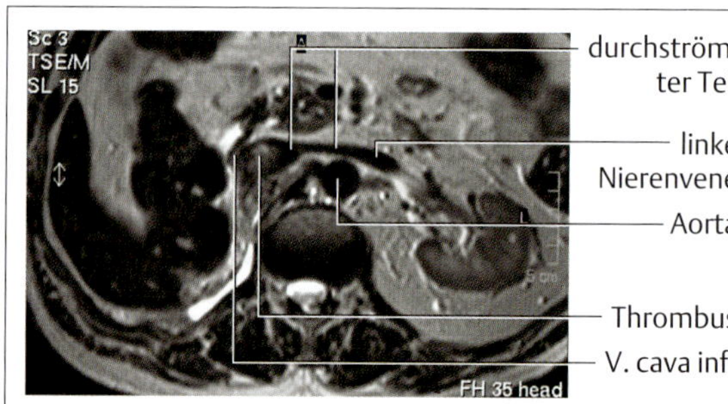

Wenige Tage nach Nephrektomie rechts wegen Nierenzell-Karzinom (72-jähriger Patient) wird ein ca. 4 cm langer Tumorthrombus (graues bis helles Signal, umgeben von dunkel dargestellter Restperfusion) in der V. cava inferior entdeckt. Der Tumorthrombus wird mittels transperitonealen Zugangs entfernt: Kavotomie, Kavawand-Teilresektion und Teflonpatch-Rekonstruktion.

7.3 Vergessener Fremdkörper

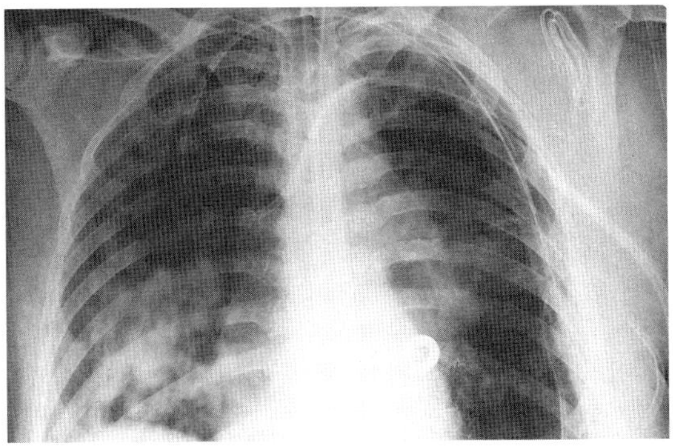

52-jährige Patientin, 1 Tag nach Notfall-Thorakotomie links wegen Schussverletzung. Abgesehen von der Bülau-Drainage sieht man am linken Herzrand einen Metallring (markiertes Bauchtuch). Sofortige Rethorakotomie.

Postoperative Situation

Blutung:

Ursachen: An jeder Stelle des Zugangs oder des Operationsortes kann es nachbluten. Besonders „tückische" Blutungen sind z. B. arrodierte Interkostalarterien (Thorakotomie, Bülau-Drainage), „abgerutschte" Ligaturen, freiliegende Resektionsflächen (Leberresektion), Schleimhaut-Sickerblutungen bei maschinellen Anastomosen und Arrosionsblutungen bei vorbestehendem septischen Prozess (z. B. nekrotisierende Pankreatitis).

Diagnostik: Bei zuvor Gesunden deuten hämodynamische Veränderungen (Tachykardie und Blutdruckabfall), Hb-Verlust und gegebenenfalls ein tastbarer „Tumor", abgesehen von einer sichtbaren Blutung aus einer Drainage, auf eine Nachblutung hin. Im Einzelfall können Hb-Kontrollen in der Drainageflüssigkeit hilfreich sein zur Beantwortung der Frage, ob eine operative Intervention sinnvoll ist. Blutansammlungen von relevanter Menge können mit bildgebenden Verfahren dargestellt werden (Ultraschall, CT); besteht hämodynamisch eine Blutung und kann keine lokale Nachblutung dargestellt werden, muss differenzialdiagnostisch an ein blutendes Ulkus oder eine anders begründete intraintestinale Blutung gedacht werden.

Therapie: Bei akuter, kreislaufwirksamer Nachblutung muss operativ revidiert, die Blutungsquelle eruiert und verschlossen werden. Selten genügen bei oberflächlichen (subkutanen) Blutungen Kompressionsverbände.

Bei Nachblutungen immer auch an iatrogene Gerinnungsstörungen denken – z. B. Heparinüberdosierung oder Heparinüberhang bei kurz zuvor dialysierten Patienten.

Infektion:

Ursachen: Bei primär sterilen Operationen (z. B. Leistenbruch, Schilddrüse, Gefäßoperationen) kann die lokale Infektion entweder iatrogen, durch Verschleppung von Hautkeimen oder bakteriämisch von anderen (präoperativ nicht erkannten) Foci begründet sein. Bei kontaminierten Operationen (z. B. Dickdarm) stammen die Keime meist vom Darmlumen selbst. Mit die häufigste Ursache für eine lokale Infektion nach großen viszeral- und thoraxchirurgischen Operationen ist jedoch die Nahtinsuffizienz: sei es am Gastrointestinaltrakt oder am Bronchialsystem. Je früher am Gastrointestinaltrakt eine Anastomoseninsuffizienz (und damit eine Infektion) auftritt, desto eindeutiger muss operativ revidiert werden. Lediglich bei nach außen gut drainierten Insuffizienzen (z. B. Spätinsuffizienz nach Kolonanastomosen) kann abgewartet werden.

Diagnostik: Schmerzen, Fieber und systemische Infektionszeichen (vor allem Leukozytose, CRP-Erhöhung) sind Alarmzeichen. Die bildgebende Diagnostik zeigt einen „Verhalt", der u. U. diagnostisch feinnadelpunktiert werden kann. Subkutane Wundabszesse (oft nur in einem kurzen Schnittsegment) werden gesehen oder durch Palpation erkannt: umschriebene Rötung, Überwärmung, Schwellung, Schmerz, oft mit systemischen Infektzeichen.

Therapie: In aller Regel erfordert ein lokal entstandener Abszess die operative (s. SE 3.3, S. 47) oder perkutan-interventionelle Entlastung (s. SE 5.10, S. 127). Liegt eine Anastomoseninsuffizienz zugrunde, muss operativ revidiert werden. Je nach lokaler Situation bzw. in Abhängigkeit der Peritonitis wird man sich für eine Neuanlage der Anastomose oder für eine Hartmann-Situation (s. SE 6.9, S. 168 f) entscheiden.

Der subkutane Wundabszess wird durch Hautspreizung eröffnet (eine Lokalanästhesie ist nicht nötig und kontraindiziert!), gespült und mit Iodoform-Gaze ausgelegt, später offene Wundbehandlung. Liegt der Abszess subfaszial, sollte er in Kurznarkose eröffnet werden. Subkutane Abszesse führen oft, subfasziale immer zu einem Narbenbruch.

Abdominelle Notfalloperationen wegen eitriger Peritonitis sind besonders gefährdet für nachfolgende Abszesse, z. B. subphrenische oder subhepatische Abszesse. Sie können heute oft perkutan-interventionell behandelt werden (**7.4**).

„Es gibt in der Medizin nichts, was es nicht gibt". Unter diesem Motto sei eine infektiöse Komplikation erwähnt, die allerdings erst 2 Jahre nach einer transabdominell durchgeführten rechtsseitigen Nierenoperation diagnostiziert wurde. Ab dem Zeitpunkt des Ziehens der damaligen Sicherheitsdrainage (rechter Unterbauch) bestand eine eitrige, stinkende Fistel, direkt aus dem Drainagekanal heraus. **7.5** zeigt Ursache und Therapie.

Ileus: Lokale Peritonitiden (z. B. aufgrund einer abszedierenden gastrointestinalen Insuffizienz) können auch zu einem mechanischen Ileus führen (s. SE 28.1, S. 643).

Komplikationen an Nachbarorganen:

Jede Operation eines Organs kann Läsionen an Nachbarorganen bedingen. Im Einzelfall kann dies erklärbar sein, z. B. Läsion der Milz bei Pankreatitis-Operation

7.4 Subphrenisch-subhepatischer Abszess

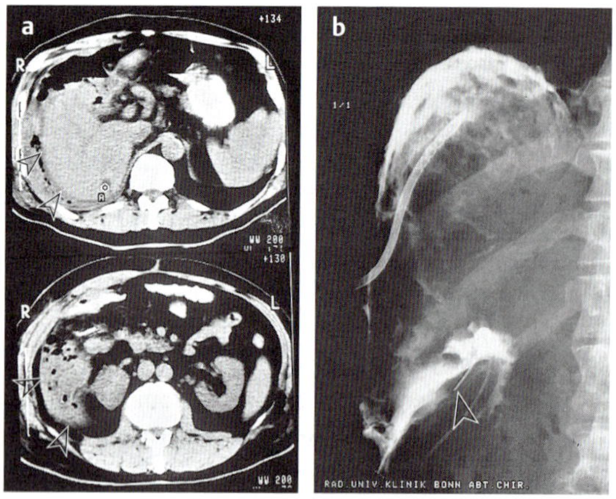

57-jähriger Patient, 6 Tage nach Not-OP wegen diffuser eitriger Peritonitis (perforierte Appendizitis).
a In der CT sieht man oben eine subphrenische und unten eine subhepatische Flüssigkeitsansammlung, durchsetzt von Lufteinschlüssen (gasbildende Bakterien!).
b Nach perkutaner Einlage eines Spülkatheters in den subphrenischen Raum und Applikation von Kontrastmittel stellt sich auch der subhepatische Raum dar (Pfeil). Es muss noch ein zweiter Katheter gelegt werden.

7.5 Appendikokutane Fistel

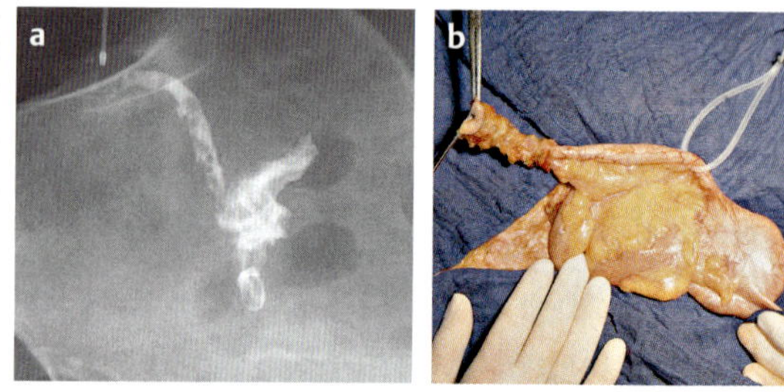

a Es wird Kontrastmittel mit einer Knopfsonde durch die kutane Fistelöffnung injiziert: Es stellen sich Appendix (mit nicht kontrastierten kleinen Kotsteinen) und Zäkum dar.
In **b** der operative Situs: links die Hautöffnung, dann Narbengewebe, dann Appendix (angeschlungen) und Zäkalpol. *Therapie:* Appendektomie und radikale Bauchdecken-Fistelexzision. Die Fistel hätte sich nie mehr schließen können, da sie längst von Schleimhaut ausgekleidet war (Lippenfistel, Histologie).

(mit der Konsequenz einer ein- oder zweizeitigen Splenektomie), Verletzung des N. recurrens bei fortgeschrittenem Schilddrüsenkarzinom oder Ureterläsion bei perforierten Bauchaortenaneurysmata. Allerdings sollten solche immanenten „Risiken" nicht über ein allgemein anerkanntes Maß hinausgehen, z. B. subkutaner Wundinfekt (nach jedwelcher Laparotomie) maximal in 6 % oder eine Rekurrensparese bei Schilddrüsenoperationen in maximal 2 %.

Eine gute und ehrliche Dokumentation schützt den Arzt vor späteren Regressansprüchen.

Unvermeidbare Komplikationen

Im engeren Sinn handelt es sich hierbei nicht um Komplikationen, sondern um aus höherem Interesse notwendigerweise in Kauf genommene passagere Probleme oder permanente Defizite. Der Patient empfindet solche Veränderungen naturgemäß als Verminderung der Lebensqualität. Erklärende prä- und postoperative Gespräche können, insbesondere was die (nachvollziehbare) Vorwurfshaltung des Patienten betrifft, meistens Verständnis und Einsicht bewirken. 2 Beispiele (**7.1**) erläutern diese Problematik.

Es besteht bei den sog. „unvermeidbaren Komplikationen" ein fließender Übergang zu Operationen mit aus Sicht eines einsichtigen Patienten verständlich bleibenden Einschränkungen: Anus praeter, Tracheostoma, Lungenfunktionseinschränkungen, Amputation etc.

7.1 Unvermeidbare Komplikationen: Fallbeispiele

Muzinöses Pankreaskystom (= präoperativ unklarer zystischer Prozess; **a**: Pfeil): Wenn man diese Zyste zunächst nur enukleiert (und mehr ist dann aufgrund des intraoperativen Schnellschnitts [dysontogenetische Zyste, kein Zystadenom oder Zystadenokarzinom] nicht nötig), dann muss man in Kauf nehmen, dass einige Tage lang die exokrine Pankreaswundfläche (trotz Fibrinkleber und Auflage von Kollagen-Vlies) über die eingelegte Zieldrainage eine Pankreasfistel bedingt mit der Notwendigkeit von Null-Diät und parenteraler Ernährung.
Riesiger Mediastinaltumor mit Ausfüllung des aortopulmonalen Fensters (**b**). Wenn ein solcher Tumor überhaupt lokal zu exstirpieren ist, dann muss der linke N. vagus (und damit der linke N. recurrens = Heiserkeit!) reseziert werden.

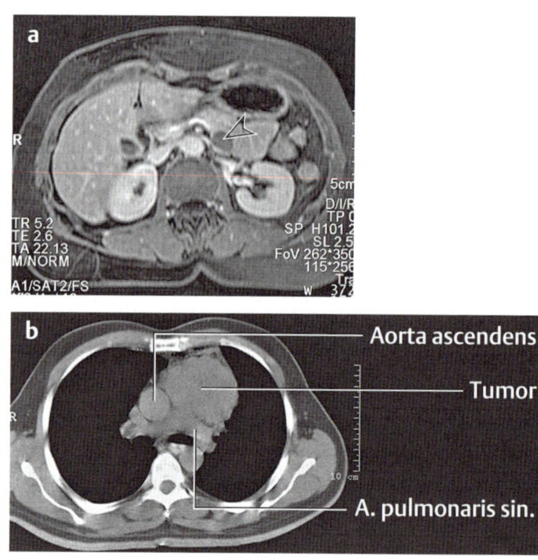

7.3 Allgemeine Komplikationen

Perioperativ wird der Organismus eines Patienten starken Belastungen ausgesetzt. Postoperative Komplikationen sind am ehesten bei vorbestehenden Organinsuffizienzen zu erwarten, deshalb sollte vor geplanten Operationen eine Abklärung erfolgen. Gefährdete Patienten sollten postoperativ engmaschig überwacht werden (Intensiv- bzw. Wachstation).

Herz

Operativ bedingte Volumen- und Elektrolytverschiebungen, eine Anämie oder Hxpoxämie können sich besonders im Rahmen kardialer Vorerkrankungen negativ auswirken. Bei bestehender koronarer Herzkrankheit (s. SE 35.5, S. 780 ff) kann eine Hypovolämie oder Anämie über eine Sauerstoffminderversorgung des Herzens eine **Angina pectoris** oder einen **Herzinfarkt** auslösen.

Symptome sind Thoraxschmerz, Kreislaufreaktionen bis hin zum kardiogenen Schock und evtl. Rhythmusstörungen. *Diagnostisch* sind vor allem die typischen EKG-Veränderungen sowie Enzymerhöhungen (insbesondere Troponin) hinweisend.

Therapie: s. SE 35.5, S. 781 ff und Lehrbücher der Inneren Medizin.

Im Falle einer **Herzinsuffizienz** wird dagegen eher durch ein Flüssigkeitsüberangebot das Risiko einer Dekompensation erhöht.

Symptome: Bei Überlastung des rechten Herzens kommt es eher zu peripheren Ödemen, Aszites und Einflussstauung, bei Linksherzinsuffizienz zu Lungenstauung mit Lungenödem und Dyspnoe etc.

Die *Therapie* besteht u. a. aus Flüssigkeitsrestriktion, ausreichender Oxygenierung, Gabe von Diuretika, Nitroglyzerin, evtl. Katecholaminen und ACE-Hemmern.

Lungenembolie: s. SE 33.4, S. 746.

Bei Auftreten von **Herzrhythmusstörungen** ist eine Differenzierung mittels EKG notwendig. Eine *Sinustachykardie* ist postoperativ nicht selten und oft durch Volumenmangel, Schmerzen, Fieber oder Anämie bedingt. Generell sollte jedoch – um keine ernsteren Ursachen zu übersehen – bei neu auftretenden Rhythmusstörungen eine weitergehende Diagnostik eingeleitet werden (s. Lehrbücher der Inneren Medizin und SE 35.8, S. 790 f und SE 35.9, S. 792 f).

Lunge

Ätiopathogenese: **Prädisponierend** für das Auftreten einer postoperativen respiratorischen Störung sind vorbestehende Lungenerkrankungen, Adipositas, Bettlägerigkeit und die Art des Eingriffs – hervorzuheben sind abdominothorakale und thoraxchirurgische Operationen (Reduktion des Lungenparenchyms) sowie Oberbaucheingriffe. Pathophysiologisch können verschiedene **Ursachen** postoperativer Lungenfunktionsstörungen vorliegen, wobei meist eine Kombination mehrerer Störungen besteht:

Ventilationsstörungen: Erhöhung des Atemwegswiderstandes, z. B. durch Bronchospasmus, Schleimretention usw.,
Diffusionsstörungen: Vergrößerung der alveolokapillären Diffusionsstrecke, z. B. durch ein hydrostatisches Ödem bei Linksherzinsuffizienz oder eine Veränderung der pulmonalkapillären Permeabilität mit entzündlicher Infiltration und Bindegewebsproliferation, z. B. bei ARDS (**7.2**),
Perfusionsstörungen: durchblutungsgeminderte Areale, z. B. nach Embolie oder Ausbildung arteriovenöser Shunts.

Die ***Symptomatik*** ist meistens uniform: Dyspnoe, Tachypnoe, flache Atmung, Unruhe, Einsatz der Atemhilfsmuskulatur. Bei zunehmender Hypoxie treten Kreislaufreaktionen (Tachykardie, Hypertonie) und schließlich Bewusstseinsstörungen auf.

Diagnostik: Die diagnostischen Möglichkeiten beinhalten **klinische Untersuchung** mit **Auskultation** und **Perkussion**, apparativ die konventionelle **Röntgendiagnostik** und **Computertomographie** (Infiltrate, Dys- bzw. Atelektasen, Ergüsse, Ödem, Pneumothorax?), die **Sonographie** (Pleuraergüsse?, **7.6**) und die **Ventilations-** und **Perfusionsszintigraphie** (Lungenembolie?). Auch die **Blutgasanalyse** (BGA; **7.3**) und das **EKG** sind wichtige Hilfsmittel.

Ein Abfall der O_2-Sättigung unter 90 % ist alarmierend.

Die **Bronchoskopie** ist sowohl diagnostisch (Schleimhautbeurteilung, gezielte Sekretentnahme zur mikrobiologischen Untersuchung) als auch therapeutisch einsetzbar (Schleimabsaugung, Eröffnung von Atelektasen, **7.7**).

7.6 Pleuraerguss

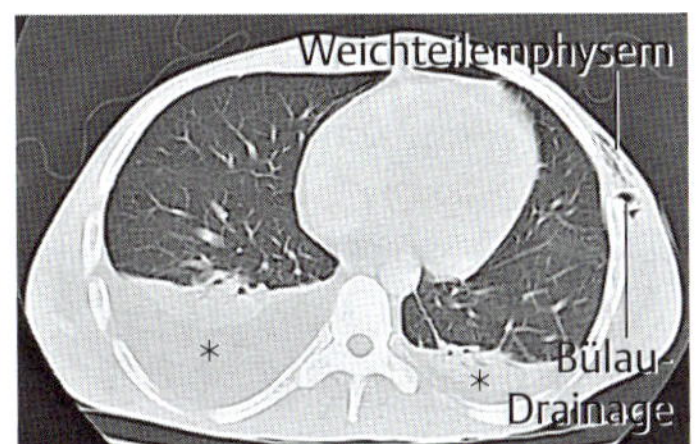

Postpneumonischer Pleuraerguss beidseits (*) bei 76-jähriger Patientin nach notfallmäßiger Cholezystektomie (kompliziertes Gallenblasenempyem).

7.7 Atelektasen

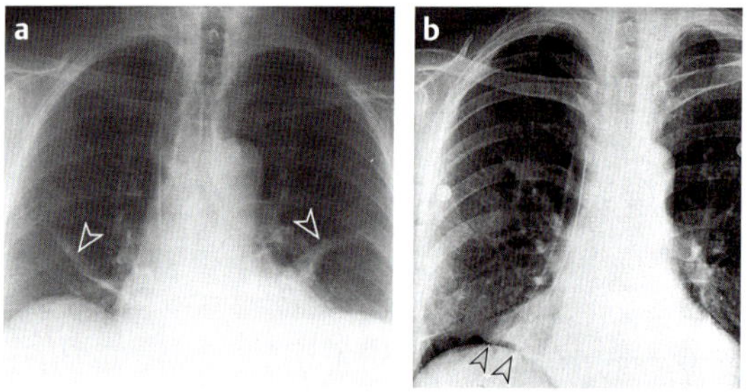

a Schräg nach oben gerichtete Plattenatelektasen bds., 9. po Tag nach Gastrektomie wegen Magenkarzinom (pT1 pN1 M0) bei einer 64-jährigen Patientin.
b Komplette Mittellappenatelektase (2 Pfeile, dreieckige paramediastinale Konfiguration), 4. po Tag nach Unterlappenresektion rechts wegen Bronchialkarzinom (pT2 pN1 M0) bei einem 43-jährigen Patienten. Es liegt noch eine Bülau-Drainage.

7.3 Veränderungen der arteriellen Blutgaswerte

Die arteriellen Blutgaswerte verändern sich in typischer Weise: der Sauerstoffpartialdruck (pO_2) fällt von normalerweise etwa 80 mmHg auf unter 60 mmHg. Aufgrund einer kompensatorischen Hyperventilation kann der Kohlendioxidpartialdruck (pCO_2) unter den Normwert von 35–45 mmHg sinken, es resultiert eine **respiratorische Partialinsuffizienz**.
Bei zunehmender Erschöpfung steigt aufgrund des verminderten Atemminutenvolumens und der erhöhten Totraumventilation der CO_2-Wert an (Hyperkapnie) bis hin zur CO_2-Narkose: **respiratorische Globalinsuffizienz**.

Zusammenhang zwischen Sauerstoffsättigung und -partialdruck:
Die arterielle Sauerstoffsättigung (O_2-Sättigung) kann nichtinvasiv kontinuierlich mittels Pulsoximetrie bestimmt werden. Die Beziehung zwischen O_2-Sättigung und pO_2 wird durch die Sauerstoffbindungskurve dargestellt, wobei eine O_2-Sättigung von 90 % etwa einem pO_2 von 60 mmHg entspricht. Ein weiterer Abfall der O_2-Sättigung entspricht auch einem deutlichen Rückgang des pO_2, da im mittleren Bereich der Sauerstoffbindungskurve eine lineare Beziehung zwischen beiden Werten besteht.

Prophylaktisch wirken Lagerung, Mobilisation, Atemgymnastik, Sekretmobilisation (Mukolytika, Physiotherapie; s. SE 5.13, S. 132 ff), ausreichende Analgesie (s. SE 7.7, S. 200 f), Beseitigung einer Magen-Darm-Distension.

Die ***Therapie*** der akuten respiratorischen Insuffizienz (ARI) ist vom einzelnen Krankheitsbild abhängig:
Aspiration: Disponierend sind Bewusstseinsstörungen (z. B. bis zu 6 Stunden nach Narkose, fulminantes Leberversagen, Polyneuropathie), liegende Magensonde, gastroösophagealer Reflux (besonders bei Kleinkindern), gastrale Sondenernährung bei kritisch kranken Patienten (Reflux möglich!) und besonders die Ösophagusvarizenblutung mit Notfall-Sklerotherapie. Bei Magensaftaspiration kommt es zur chemischen Pneumonitis und bakterieller Superinfektion: Bronchoskopie, Antibiotika, Beatmung.

Bei rezidivierenden Pneumonien kritisch kranker und alter Patienten immer auch an die ursächliche Möglichkeit einer stillen Aspiration denken (z. B. begleitendes Zenker-Divertikel).

Pneumonie: s. **3.1**, S. 41.
Atelektase (minder- oder nicht belüftete Lungenareale, meist basal oder ganze Lappen betreffend). Man unterscheidet *Dystelektasen* (verminderter Luftgehalt eines Lungenbereichs), *Plattenatelektasen* (**7.7a**: flache, bronchosegmentale Atelektase im Untergeschoss als Streifen- oder Bandschatten, besonders nach Oberbaucheingriffen) und *komplette Lappenatelektasen* (**7.7b**). Therapie: Schleim lösende Medikation, Atemtherapie, Drainagelagerung, Bronchoskopie.
Pleuraerguss: s. SE 30.5, S. 680 f.
Lungenembolie: s. SE 33.4, S. 746.

7.2 ARDS (adult respiratory distress syndrome)

Klinisch imponiert eine schwere Hypoxämie, die schlecht auf O_2- Gabe anspricht. ***Radiologisch*** zeigt sich ein nicht hilusbetontes, interstitielles Lungenödem mit streifig-fleckigen Verdichtungen, später eine retikuläre Zeichnung bei zunehmender Fibrose.
Der ***Pathomechanismus*** ist noch nicht vollständig geklärt: über eine Komplementaktivierung heften sich neutrophile Granulozyten an das Kapillarendothel und setzen toxische Substanzen (lysosomale Proteasen, Radikale usw.) frei. Es kommt zu einer erhöhten Gefäßpermeabilität, später zu einer Bindegewebsproliferation, Bildung kollagener Fasern und Verbreiterung der Alveolarsepten.
Prädisponierend sind Pneumonie, Sepsis, Endotoxinämie, Trauma, Schock, akute Pankreatitis, Urosepsis, Verbrennung, Fett- und Fruchtwasserembolie, disseminierte intravasale Gerinnung (DIC), Massivtransfusion, extrakorporaler Kreislauf, ZNS-Hypoxie, Medikamente usw.
Eine spezifische ***Therapie*** existiert nicht. Neben Behandlung der Grunderkrankung erfolgen allgemeine intensivmedizinische Maßnahmen mit differenzierter Beatmung (s. SE 7.5f, S. 192 ff). Das ARDS hat eine hohe Mortalität (40–60 %).

Zentrales Nervensystem

Postoperative Beeinträchtigungen des ZNS in Form von **Durchblutungsstörungen** bis zum **ischämischen Insult** sind besonders bei vorbestehender Sklerose der hirnversorgenden Arterien denkbar, wenn durch perioperativ auftretende Blutdruckschwankungen der Perfusionsdruck unter eine kritische Grenze fällt (s. SE 32.4, S. 724 f). Ohne morphologisches Substrat ist das oft bei älteren Patienten auftretende, durch motorische Unruhe und Desorientiertheit gekennzeichnete **Durchgangssyndrom**. Es wird, wie auch das nicht seltene **Alkoholentzugsdelir**, durch Überwachung, Flüssigkeitszufuhr, ggf. Sedierung therapiert.
Patienten mit vorbestehenden neurologisch-psychiatrischen Erkrankungen (z. B. Depression, Morbus Parkinson) brauchen eine erhöhte pflegerisch-ärztliche Zuwendung,

eine intensive Physiotherapie, regelmäßige Stuhlgangprophylaxe und allgemein eine enge Zusammenarbeit mit dem Neurologen/Psychiater (Veränderung der Medikation?). Ansonsten ist bei der oft bestehenden Inaktivität die Pneumonie vorprogrammiert.

Niere

Postoperative Nierenfunktionsstörungen kündigen sich durch Auftreten einer Oligurie (Urinmenge < 400 ml/Tag) an.

Einteilung: Anhand der Ursachen werden 3 Gruppen differenziert:
Bei der **prärenalen Störung** kommt es zu einer Reduktion des renalen Blutflusses durch Abnahme des Herz-Zeit-Volumens (HZV) bei Hypovolämie oder einer länger andauernden Kreislaufdepression im Rahmen einer Herzinsuffizienz, eines Schocks oder einer Sepsis (s. SE 7.4, S. 188 ff). Eine seltenere Ursache ist der Nierengefäßverschluss.
Therapie: Volumengabe, Diuretika, Katecholamine (z. B. Dopamin), operative Revision bei Nierengefäßverschluss.
Bei dem **akuten renalen Nierenversagen** handelt es sich um eine ischämische oder toxische Schädigung des Nierenparenchyms mit akuter Tubulusnekrose. Auslöser können sein: Schock, Sepsis, nephrotoxische Substanzen (Antibiotika, NSAR, Kontrastmittel, Zytostatika, Tetrachlorkohlenstoff, Schwermetalle), Stoffwechselprodukte (Myo-, Hämoglobin).
Therapie: Absetzen nephrotoxischer Pharmaka, Diuretika, ggf. Volumengabe, ggf. Katecholamine.
Bei **postrenalen Störungen** bestehen Abflusshindernisse in den ableitenden Harnwegen (z. B. Steine, Ureterligatur, retroperitoneale Tumoren, Prostatahypertrophie)
Therapie: abhängig von der Art der Störung.

Ein akuter Harnverhalt kann ein akutes Abdomen vortäuschen (**7.8**).

Diagnostisch hervorzuheben sind Anamnese, klinische Untersuchung, Laboruntersuchungen (Retentionswerte, Serum- und Urin-Elektrolyte, Urin-pH, Osmolarität, Sediment, Berechnung der Kreatinin-Clearence) sowie Sonographie (Nierengröße, Stauung, Steine?) und Röntgendiagnostik (**7.4**).

Therapie: Nach Möglichkeit Beseitigung der Ursache, ggf. Dialyse oder Hämofiltration (**7.4**).

7.8 Akuter Harnverhalt

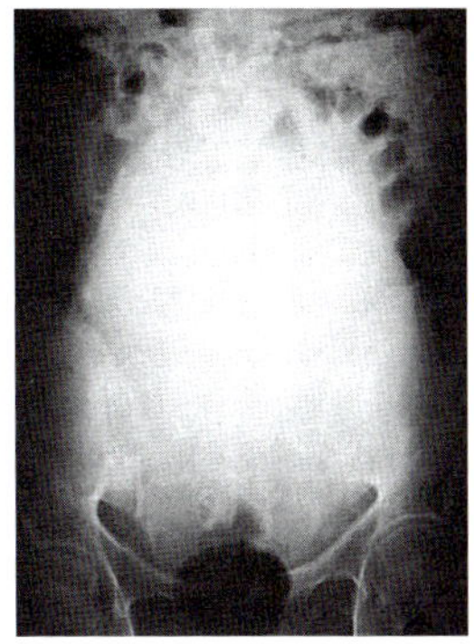

Bei diesem alten Patienten (2 Tage nach Leistenbruch-Operation) wurde wegen „akuten Abdomens" diese Röntgen-Abdomen-Leeraufnahme im Liegen durchgeführt. Man sieht eine Harnblase, die sich bis in den Oberbauch hinauf ausgedehnt hat (10 Liter!). Es war nicht beachtet worden, dass der Patient seit der OP nur tröpfchenweise miktioniert hatte.

7.4 Dialyse- und Hämofiltration

Indikationen: Deutlicher Kreatinin- und Harnstoffanstieg (> 6-8 mg/dl, bzw. > 160 mg/dl), Hyperkaliämie (> 7-8 mmol), therapierefraktäre metabolische Azidose (pH < 7, 1), massive Überwässerung (Lungen-, Hirnödem), Urämie (Enzephalopathie, Perikarditis, Pleuritis, Gerinnungsstörungen).
Eine intermittierende **Dialyse** ist effektiver im kleinmolekularen Bereich, bei Vergiftung mit dialysablen Toxinen, bei Hyperkalzämie und bei massivem Kalium- und Harnstoffanfall. Nachteilig sind intravasale Volumenschwankungen, besonders bei hämodynamischen Störungen.
Die kontinuierliche **Hämofiltration** filtert Moleküle bis in den mittel- bis großmolekularen Bereich, eine Flüssigkeitsbilanzierung und hochkalorische Ernährung (= Volumenzufuhr) ist einfacher. Sie beeinträchtigt den Kreislauf weniger und wird eher bei Sepsis mit Multiorganversagen, schwerer kardialer Erkrankung usw. eingesetzt. Die Elimination von Toxinen bei Sepsis ist nicht gesichert. Nachteile sind der große Personalaufwand und die begrenzte Harnstoff- und Kaliumelimination.

Dekubitus

Ein Dekubitus ist eine lagerungsbedingte Druckschädigung des Haut- und Unterhautgewebes verschiedenen Grades (Rötung, Blasen- bzw. Nekrosenbildung). **Prädilektionsstellen** sind knöcherne Prominenzen, denen Hautareale ohne wesentliche Unterpolsterung aufliegen (z. B. Fersen, Steiß, Trochanteren usw.).
Prädisponierende Faktoren sind eingeschränkte Mobilität (Paresen, Querschnittssyndrom, Apoplex, unzureichende Lagerung eines bettlägerigen Patienten), reduzierter Allgemein- und Ernährungszustand, Durchblutungsstörungen (z. B. Alter > 70 Jahre, pAVK, Diabetes mellitus, arterielle Hypotonie) und Inkontinenz.
Prophylaxe: regelmäßiger Lagewechsel, Unterpolsterung, Lagerung auf speziellen Matratzen usw.
Therapie: Nekrosenabtragung, Lokalbehandlung zur Wundsäuberung, plastische Defektdeckung (Haut-, Muskellappen).

7.4 Schock und Multiorganversagen

Eine *Schocksituation* stellt einen lebensbedrohlichen Zustand unterschiedlicher Genese dar, der gekennzeichnet ist durch ein Missverhältnis zwischen Sauerstoffangebot und Sauerstoffbedarf (7.9). Ziel der Therapie eines jeden Schockgeschehens ist daher neben der Beseitigung seiner Ursache die Optimierung des Sauerstofftransportes und der Sauerstoffaufnahme. Gelingt dieses nicht ausreichend, können die resultierende Zellhypoxie, der mangelhafte Abtransport von Stoffwechselmetaboliten sowie eine unkontrollierte, überschießende Aktivierung körpereigener Mediatorsysteme zu Funktionseinschränkungen mehrerer Organe *(Multiorgandysfunktion = MOD)* führen. Kommt es im weiteren Verlauf gleichzeitig oder in kurzem zeitlichen Abstand schließlich zum Versagen von zwei oder mehr vitalen Organsystemen, spricht man von einem *Multiorganversagen (MOV).*

Schock

Pathogenese: In **7.9** sind die wichtigsten Ursachen sowie der pathophysiologische Ablauf des Schockgeschehens aufgeführt. Es wird deutlich, dass ganz unterschiedliche Auslöser eines Schocks in einem mediatorinduzierten Multiorganversagen (MOV) mit einheitlichem klinischen Erscheinungsbild münden können.
Eine Übersicht über die zunächst charakteristischen hämodynamischen Veränderungen bei den verschiedenen Schockformen gibt **T 7.1.**

Komplikationen: s. **T 7.2.**

Volumenmangelschock

Im chirurgischen Alltag sind Schocksituationen, die durch eine akute Verminderung des zirkulierenden Blutvolumens hervorgerufen werden, am häufigsten.

Ätiologie: Die Reduktion des zirkulierenden Blutvolumens kann durch Blut-, Plasma- oder Wasserverluste hervorgerufen werden *(hypovolämischer Schock).* Ein *hämorrhagischer Schock* entwickelt sich aufgrund eines größeren Blutverlustes im Rahmen von Traumen, operativen Eingriffen oder gastrointestinalen Blutungen. Zu ausgedehnten *Plasmaverlusten* kommt es im Rahmen einer Verbrennungskrankheit, einer exsudativen Pankreatitis oder durch Exsudation in größere Wundhöhlen. Starke *Wasserverluste* entstehen z. B. beim akuten Abdomen durch Sequestrierung von Flüssigkeit in die Bauchhöhle oder bei profusen Durchfällen.
Sonderformen eines Schockgeschehens mit intravasalem Volumenmangel stellen der *neurogene* und der *anaphylaktische Schock* dar. Hier kommt es bei Verlust des Gefäßtonus bzw. durch massiven Flüssigkeitsaustritt in das Interstitium durch eine Blutumverteilung zu einem akuten intravasalen Volumenmangel.

Pathophysiologische Veränderungen: Charakteristisch für den Volumenmangelschock ist ein Abfall des Herzzeitvolumens durch verminderten Rückstrom venösen Blutes zum rechten Herzen bei erhaltener Myokardkontraktilität. Kompensatorisch wird eine sympathoadrenerge Reaktion (**7.9**) ausgelöst.

> Durch die sympathoadrenerge Reaktion kann der arterielle Blutdruck zunächst nicht oder nur geringfügig erniedrigt sein und über das wahre Ausmaß des Blutverlustes hinwegtäuschen.

Aufgrund dieser primär sinnvollen Kompensationsmechanismen führt erst ein Volumenverlust von > 10 % zu einer Verringerung des HZV, und erst ein Verlust von > 20 % zu einem relevanten Blutdruckabfall.

> Ein unbehandelter Verlust von mehr als 40 % des Blutvolumens ist mit dem Leben nicht vereinbar.

Symptomatik: In Abhängigkeit von der Größe des Volumenverlustes besteht eine Tachykardie mit fadenförmigem Puls, eine Hypotonie sowie eine Tachypnoe. Infolge der Kreislaufzentralisation sind die Extremitäten blass und kühl, die Patienten sind oft unruhig und verwirrt, aber auch somnolent bis komatös. Die Urinproduktion ist rückläufig.

Therapie: Durch **Kopf-Tieflagerung** bzw. Anheben der Beine des Patienten kann der venöse Rückstrom zum rechten Herzen unmittelbar erhöht werden.
Zusätzlich müssen die Flüssigkeitsverluste durch rasche ausreichende **Volumensubstitution** über großlumige Venenverweilkanülen ausgeglichen werden: durch kristalloide (z. B. isotone Elektrolytlösungen) und kolloidale Lösungen (z. B. Dextran, Hydroxyäthylstärke, Gelatine) bzw.

T 7.1 Charakterisische hämodynamische Veränderungen bei verschiedenen Schockformen

Parameter	*Volumenmangelschock*	*kardiogener Schock*	*septisch-toxischer Schock**
arterieller Blutdruck (MAP)	↓	↓	↓
Herzzeitvolumen (CO)	↓	↓	↑
peripherer Gefäßwiderstand (SVR)	↑	↑	↓
zentraler Venendruck (CVP)	↓	↑	↓

*hyperdyname Phase: *Abkürzungen:* **MAP** = mean arterial pressure, **CO** = cardiac output, **SVR** = systemic vascular resistance, **CVP** = central venous pressure

7.9 Pathophysiologie des Schocks

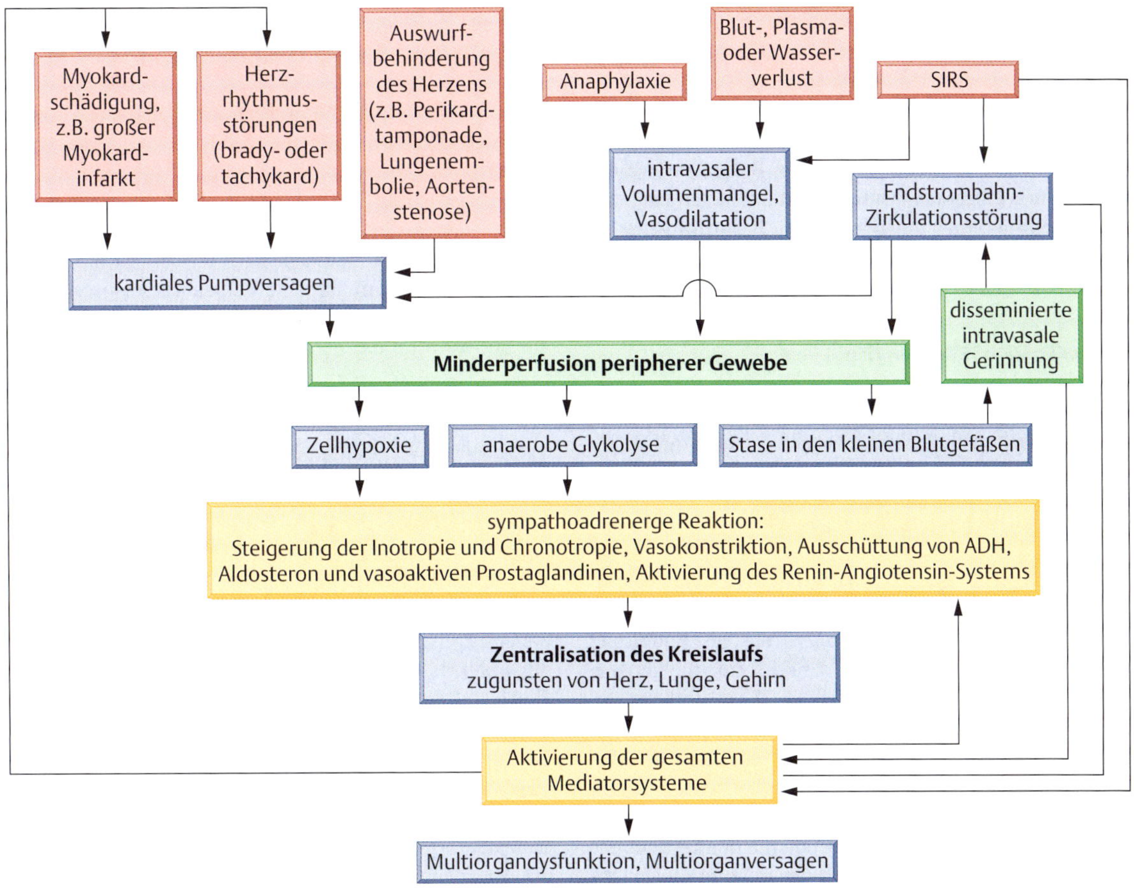

Die Kompensationsmechanismen, die durch die Minderperfusion ausgelöst werden und die die Versorgung lebenswichtiger Organe sicherstellen sollen, führen zu einer weiteren Verschlechterung der Durchblutungssituation in der Peripherie: Es entsteht ein Circulus vitiosus, der über verschiedene Verstärkerschleifen zum Multiorganversagen führt.

Blut und Blutderivate (Erythrozytenkonzentrate, Frischplasma, Humanalbumin, Plasmaproteinlösungen). Als Erstmaßnahme verwendet man isotone Elektrolytlösungen und körperfremde Kolloide, bei einem Blutverlust von mehr als 30 % des Blutvolumens muss auch Blut transfundiert werden. *Primäres Ziel der Volumentherapie* ist das schnellstmögliche Erreichen eines ausreichenden Perfusionsdruckes.

Ist der Volumenmangel Folge eines Traumas, so müssen bei Bedarf flankierend eine adäquate **Sedierung** und **Schmerztherapie** des Patienten sowie die **Sicherung der Atemwege** einschließlich frühzeitiger Intubation mit Beatmung und Sauerstoffgabe erfolgen.

Bei einem fortgeschrittenen Schockgeschehen wird eine **spezifizierte Pharmakotherapie** mit vasoaktiven sowie die Blutgerinnung und Fibrinolyse beeinflussenden Substanzen eingeleitet. Dies erfolgt unter intensivmedizinischen Bedingungen mit einem erweiterten hämodynamischen Monitoring (s. SE 7.6, S. 197), um das drohende Multiorganversagen durch Sicherstellung einer optimierten Sauerstofftransportkapazität sowie durch Aufrechterhaltung der Mikrozirkulation abzuwenden.

Kardiogener Schock

Ätiologie: Die verminderte Pumpleistung ist entweder Folge einer direkten kardialen Störung oder einer Behinderung der Auswurfleistung des Herzens (**7.9**).

Symptomatik: Typisch sind die Symptome der akuten Herzinsuffizienz. Zeichen einer *Linksherzinsuffizienz* sind ein zu niedriger arterieller Blutdruck mit schwachem fadenförmigen, ggf. unregelmäßigem Puls sowie kühle Extremitäten und Dyspnoe bis zum manifesten Lungenödem. Aufgrund einer akuten *Rechtsherzinsuffizienz* kommt es ebenfalls zu einem Blutdruckabfall, oft begleitet von einer bereits klinisch erkennbaren Einflussstauung (**T 7.1**).

Therapie: Erste Maßnahmen dienen der Verbesserung der Sauerstoffaufnahme sowie der Verringerung der kardialen Vorlast durch Senkung des venösen Rückstroms. Dies erfolgt durch Freihaltung der Atemwege und Sauerstoffgabe bzw. durch die Lagerung des Patienten in halbsitzender Position und die Applikation von Nitropräpara-

ten und rasch wirksamen Diuretika. Zusätzlich muss oft eine medikamentöse Steigerung der myokardialen Auswurfleistung durch positiv inotrope bzw. vasoaktive Substanzen vorgenommen werden, ggf. wird der Patient sediert und analgesiert. Im weiteren Verlauf muss die Ursache therapiert werden.
Das kardiogene Schockgeschehen hat eine ungünstige Prognose, wenn es nicht gelingt, die Pumpleistung des Herzens zu verbessern. Unter Umständen ist zur Aufrechterhaltung eines ausreichenden Perfusionsdruckes der Einsatz einer aortalen Gegenpulsation (s. SE 35.3, S. 773) in Erwägung zu ziehen.

Septisch-toxischer Schock

Bei diesem Schockgeschehen kommt es zu einer Kreislaufinsuffizienz mit Minderversorgung der Organe und Abfall des arteriellen Blutdrucks durch eine pathologische Blut- und Flüssigkeitsumverteilung, die im Rahmen einer generalisierten Entzündungsreaktion stattfindet.

Häufigste ***Ursache*** eines septischen Schocks ist eine Infektion mit gramnegativen Bakterien, die in ihrer Zellwand ein Lipopolysaccharid tragen, das als Endotoxin die Mediatorenkaskaden aktiviert und somit die generalisierte Entzündungsreaktion auslöst. Diese verläuft zumeist in zwei Phasen. Typisch für die erste, **hyperdyname Phase** sind ein erhöhtes Herzzeitvolumen, ein erniedrigter peripherer Widerstand und im Verlauf eine erhöhte Kapillarpermeabilität mit Austritt von Flüssigkeit in das Interstitium aller Gewebe. Ohne ausreichende Behandlung geht die hyperdyname oft in eine **hypodyname Phase** über: Das Herzzeitvolumen fällt ab, der periphere Widerstand nimmt wie bei anderen Schockgeschehen zu, und es entwickelt sich eine zunehmende Organdysfunktion.

Symptomatik: Die Patienten können als Frühsymptom einer Sepsis verwirrt oder somnolent sein. In der **hyperdynamen Phase** haben die Patienten meist Fieber mit Schüttelfrost (aber auch Untertemperatur), sie sind oft tachykard und tachypnoeisch. Die warme, gerötete und feuchte Haut unterscheidet sich typisch von der anderer Schockformen. Laborchemisch fällt ein Anstieg oder ein Abfall der Leukozyten, häufig auch eine Thrombozytopenie auf. In der späten, **hypodynamen Phase** ähnelt die klinische Symptomatik der des Volumenmangelschocks.

Im Vordergrund der ***Therapie*** steht die Beseitigung der Ursache des Entzündungsgeschehens – wenn immer möglich die (chirurgische) Infektherdsanierung bzw. die gezielte antibiotische Therapie. Parallel zur kausalen Therapie sind die symptomatischen Maßnahmen (ausreichende Volumensubstitution, Optimierung des Gasaustausches und der differenzierte Einsatz vasoaktiver Substanzen) vorzunehmen.
Weitere potenziell kausale Therapiemöglichkeiten wie der Einsatz von Pharmaka, die die Mediatorenaktivierung hemmen, sind Gegenstand vieler wissenschaftlicher und klinischer Studien. Ihre Wirksamkeit ist bisher nicht eindeutig belegt.

Endokrin bedingte Schockzustände

Auch endokrinologische Erkrankungen können vereinzelt zu einer rasch progredienten Herz-Kreislauf-Funktionsstörung und schließlich zum Vollbild eines Schocks führen. Beispiele hierfür sind eine akute Hypophyseninsuffizienz, eine hochgradige Hypothyreose oder die Nebenniereninsuffizienz (Addison-Krise). Allen diesen Schockformen gemeinsam ist eine schlechte Ansprechbarkeit auf Katecholamine und eine gute Prognose bei frühzeitiger Substitution der entsprechenden Hormone.

Multiorganversagen

Auslöser von MOD und MOV können entweder das Versagen praktisch jedes Einzelorgans sein oder beim sog. primären MOV schwere – zumeist durch systemische Entzündungsreaktionen oder Traumata ausgelöste – Schockzustände. Eine mikrobielle Sepsis ist für etwa die Hälfte aller Fälle eines MOV der primäre Auslöser.
Bei chirurgischen Intensivpatienten tragen neben der Art des Eingriffs oder der Verletzungen vor allem ein reduzierter Allgemein- und Ernährungszustand, Systemerkrankungen, Durchblutungsstörungen und vorbestehende Funktionseinschränkungen einzelner Organsysteme zur Entwicklung eines MOV bei. Daher ist die Inzidenz des MOV stark abhängig von dem jeweiligen Patientenkollektiv, sie liegt bei operativen Intensivstationen etwa bei 10 %. Ein in der Vergangenheit beschriebener Inzidenzanstieg des MOV auf den Intensivstationen ist u. a. Folge einer Zunahme auch ausgedehnter operativer Eingriffe bei älteren und polymorbiden Patienten und der verbesserten Infrastruktur für die Akutbehandlung polytraumatisierter Patienten, die dadurch heute auch bei schwersten Verletzungen die Primärphase häufiger überleben.

Die ***Pathogenese der Organschäden*** ist eher einheitlich. Ursächlich für die Störungen der einzelnen Organsysteme im Rahmen einer systemischen Entzündungsreaktion (**S**ystemic **I**nflammatory **R**esponse **S**yndrome = SIRS) sind freigesetzte Mediatoren (s. SE 7.1, S. 180 f). Diese führen über z. T. sehr komplexe, nicht völlig aufgeklärte Mechanismen primär zur Schädigung des Endothels und der jeweiligen Organzellen. Eine Schlüsselposition nimmt die Störung der Mikrozirkulation ein: Es kommt zu einem lokalen oder globalen Missverhältnis von Sauerstoffangebot und Sauerstoffbedarf, der ischämisch-toxischen Schädigung. Parallel oder in der Folge können Zellstrukturen durch zytotoxische Mediatoren geschädigt werden (metabolisch-toxische Schädigung). Permeabilitätsstörungen der Endothelmembranen bewirken das sog. Kapillarleck-Syndrom (⚲ **7.5**) mit Verlust von intravasaler Flüssigkeit in das Interstitium.
Es können praktisch alle Organsysteme im Rahmen einer MOD insuffizient werden oder eines MOV versagen:

Herz-Kreislauf, Atmung, Nieren, Leber, Gastrointestinaltrakt (u.a. Stressblutung, Cholezystitis, Pankreatitis), Blutgerinnung, zentrales Nervensystem (Bewusstseinsstörungen).

> **7.5 Kapillarleck-Syndrom**
>
> Synonym: Capillary Leakage Syndrome
> Durch eine pathologisch erhöhte Kapillarpermeabilität kommt es vorwiegend im Rahmen schwerer generalisierter Entzündundungsreaktionen zu einem massiven Übertritt von intravasaler Flüssigkeit in den Extravasalraum. Neben schweren Herz-Kreislauf-Funktionsstörungen einschließlich prärenalen Nierenversagens durch den auftretenden relativen Volumenmangel sind Gasaustauschstörungen wegen der erschwerten Diffusion bei interstitiellem Lungenödem, Störungen der intestinalen Integrität bei Darmwandödemen und generalisierte Ödeme typische klinische Befunde.

Die ***Prognose*** des Multiorganversagens ist weiterhin schlecht, die Letalität liegt zwischen 50 und 80%. Insb. die Dauer der Funktionsausfälle und die Anzahl der ausgefallenen Organsysteme bestimmen dabei die Prognose des MOV.

Die ***Diagnose*** eines MOV beruht auf dem Nachweis der einzelnen Organfunktionsstörungen, es bestehen jedoch z.Zt. keine einheitlich definierten Kriterien. Neben relativ einfach erfassbaren klinischen Zeichen sind vor allem auch biochemische Laborparameter von Bedeutung (T 7.2). Zur Diagnostik, insb. aber auch zur Beurteilung des Schweregrades und des Verlaufs einer MOD bzw. eines MOV werden zunehmend Scoresysteme eingesetzt, dabei haben der APACHE-II-Score und der SAPS-II-Score die größte Verbreitung gefunden.

T 7.2 Hinweise für die Entwicklung eines Organversagens

Organsystem	***Hinweise***
Lunge	Dyspnoe, Tachypnoe, erhöhter Sauerstoffbedarf, Notwendigkeit einer maschinellen Beatmung, radiologische Kriterien, steigender Bedarf eines CPAP/PEEP
Herz, Kreislauf	Hypotension, Tachykardie, Herzrhythmusstörungen, Bedarf für vasoaktive und/oder positiv inotrope Pharmaka
Leber	Anstieg von Serum-Bilirubin und -Transaminasen, Abfall der Synthese- (Albumin, Gerinnungsfaktoren) und Clearance-Leistung
Niere	Abfall der Kreatinin-Clearance und Diurese, Anstieg von Serum-Kreatinin und -Harnstoff
zentrales Nervensystem	Lethargie, Stupor, Koma, zerebraler Krampfanfall, pathologische Reflexe und Pupillenreaktionen
Gastrointestinaltrakt	Stressblutung, Cholezystitis, Störungen der Peristaltik
Hämatologie	Störungen der Blutgerinnung, Thrombozytopenie, Leukopenie

Prophylaxe:

! Wegen der schlechten Prognose des Multiorganversagens kommt den prophylaktischen Maßnahmen eine herausragende Bedeutung zu.

Die frühzeitige chirurgische Elimination des Infektionsherdes sowie eine gezielte medikamentöse antimikrobielle Therapie ist unabdingbar. Die frühe osteosynthetische Versorgung dient der Kontrolle der traumatisch-toxischen Ursache eines drohenden MOV, die rasche Giftelimination der des toxisch ausgelösten MOV. Die Verbesserung der Gewebeoxygenation soll der ischämisch-hypoxischen Schädigung vorbeugen. Eine ausreichende O_2-Zufuhr – ggf. durch frühzeitige assistierte oder mechanische Beatmung – und stabile Kreislaufverhältnisse mit einem ausreichenden Perfusionsdruck durch angepasste Volumen- und Katecholamintherapie sind entscheidende Maßnahmen. Gleichfalls ist eine möglichst rasche Normalisierung des Gerinnungsstatus anzustreben, um die Ausbildung einer dissiminierten intravasalen Koagulation (s. SE 5.4, S. 109) zu verhindern.
Die prophylaktische Bedeutung einer frühzeitigen enteralen Ernährung ist erst in jüngerer Zeit erkannt worden, sie kann die schon wenige Tage nach enteraler Nahrungskarenz auftretende Inaktivitätshypotrophie der Darmmukosa begrenzen und damit der bakteriellen Translokation entgegenwirken (s. auch SE 7.5, S. 193 f).

Therapie: Bei manifestem MOV müssen die gesamten symptomatischen Behandlungsverfahren der modernen Intensivtherapie – einschließlich der artefiziellen Unterstützung der gestörten Organsysteme (s. SE 7.6, S. 197 f) – zur Anwendung kommen. Im Vordergrund steht die Aufrechterhaltung bzw. Wiederherstellung der pulmonalen Funktion und der adäquaten globalen Herz-Kreislauf-Funktion, um über eine Erhöhung des Sauerstoffangebots und der Organperfusion die hypoxiebedingten Schäden zu minimieren. In den meisten Fällen sind eine differenzierte Volumentherapie und der Einsatz von vasoaktiven bzw. positiv inotropen Substanzen erforderlich, beides wird durch erweiterte hämodynamische Monitoringverfahren (s. SE 7.6, S. 197) erleichtert. Die Möglichkeiten, regionale Störungen der Hämodynamik zu diagnostizieren und gezielt therapeutisch anzugehen, sind allerdings derzeit noch sehr begrenzt. Gleiches gilt für potenziell kausale Therapieansätze im Sinne von Eingriffen in die Mediatorkaskade oder Modulation der Immunsituation.

7.5 Chirurgische Intensivtherapie: Ernährung und Pflege

Neben dem Einsatz apparativer Maßnahmen (s. SE 7.6) sind die Zufuhr von Nährsubstraten in Form von enteraler oder parenteraler Ernährung und die Pflege eines kritisch kranken Patienten elementare Bestandteile der Intensivtherapie. Am Schluss der Studieneinheit werden ethische Gesichtspunkte zu Indikation und Limitierung intensivmedizinischer Maßnahmen erörtert.

Ernährung

Die Ernährungstherapie des Intensivpatienten muss sich am aktuellen Ernährungs- und Stoffwechselstatus des Patienten und an den zu erwartenden täglichen Substratverlusten orientieren. Die Wahl des Zugangsweges für die Substratzufuhr, enteral, parenteral oder beides, richtet sich nach Art der Erkrankung und der Funktion des Gastrointestinaltraktes.

Beurteilung des aktuellen Ernährungszustandes: Es sollten vor allem Mangelernährungszustände aufgedeckt werden, die bei kritisch Kranken häufig sind. Insbesondere die Glykogenreserven sind auch bei durchschnittlich ernährten Erwachsenen relativ klein. Daher muss im Hungerstoffwechsel Glucose endogen durch Glukoneogenese bereitgestellt werden, wichtige Proteine werden damit im Energiestoffwechsel verbraucht. Kriterien für einen Mangelernährungsstatus gehen aus **T 7.3** hervor, dabei ist jedoch zu berücksichtigen, dass die Konzentrationen der Funktionsproteine durch andere, ernährungsunabhängige Einflüsse, wie z. B. den Hydratationszustand, stark variieren können.

T 7.3 Kenngrößen für Mangelernährung

Parameter	*Mangelernährung bei...*
Klinisch	
Gewichtsabnahme	> 10 % in 3 Monaten, Ödeme, Dekubitus
Fettdepot	
Oberarm- oder subskapuläre Hautfaltendicke	< 15 mm bei Frauen, < 11 mm bei Männern
Muskelprotein	
Oberarmmuskelumfang	< 21 cm bei Frauen, < 23 cm bei Männern
viszerales Protein	
Präalbumin	< 18 mg/dl
Albumin	< 3,5 g/dl
Transferrin	< 200 mg/dl
Cholinesterase	< 3000 U/l
zelluläre Immunität	
Lymphozytenzahl	< 1200/µl
Antigen-Hauttests (Streptokinase, -dornase, Mumps, Kandida, Tuberkulin)	negativ

Stoffwechsellage: Beim kritisch Kranken ist die Stoffwechsellage meist durch einen katabolen, hypermetabolen Zustand, das sog. *Postaggressionssyndrom* gekennzeichnet (**7.6**). Exogen zugeführte Nährstoffe können in dieser katabolen Phase durch die bestehende antiinsulinäre Hormonkonstellation nur ungenügend verstoffwechselt werden, sodass es bei zu früh eingeleiteter Ernährungstherapie zu metabolischen Entgleisungen kommen kann. In der Regel kann 2–3 Tage nach der Aggression, bei ausgeprägter vorbestehender Mangelernährung auch früher, mit dem Aufbau der Ernährung begonnen werden, wobei die Zufuhr von Proteinen und Energieträgern langsam gesteigert werden sollte.

Proteinbedarf: Er beträgt beim Intensivpatienten durchschnittlich 1–2 g/kg Körpergewicht. Er kann durch Berechnung der *Stickstoffbilanz* näherungsweise bestimmt werden:

Stickstoffbilanz = zugeführte Aminosäuren (g) / 6,25 – Harnstoffstickstoff – nicht renale Stickstoffverluste

7.6 Postaggressionssyndrom

Nach einem Trauma, einer Operation oder in der Sepsis ist das vorrangige Ziel des Organismus die rasche endogene Bereitstellung von Energieträgern und Proteinen zur Abwehr der Aggression. Anders als im chronischen Hungerstoffwechsel, in dem der Organismus versucht, durch Absenkung des Energiebedarfs die Energie- und Proteinreserven zu schonen, engleist im anhaltenden Postaggressionssyndrom der Stoffwechsel in einen *Hyperkatabolismus* mit hohem Substratverbrauch und Energieumsatz. Es überwiegen antiinsulinäre Hormone wie Katecholamine, Glukagon, ACTH, Cortisol und Wachstumshormon. Trotz zum Teil erhöhter Insulinspiegel besteht eine *Insulinresistenz* der insulinabhängigen Zellen, sodass auch durch exogene Insulinapplikation die Glucoseoxidation nicht gesteigert werden kann. Daraus resultiert ein *Überwiegen der Glukoneogenese*, die ihre Substrate aus der Lipolyse und Proteolyse peripherer Gewebe erhält. Neben der Bereitstellung von Kohlenstoffgerüsten zur Glukoneogenese dient der durch die *Proteolyse* peripherer Proteine unterhaltene erhöhte Aminosäurefluss nach zentral auch dazu, vermehrt Substrate für die Synthese viszeraler Proteine, z. B. Akutphasenproteine, anzubieten. Klinisch macht sich diese Umverteilung von Proteinen in einer deutlichen Abnahme der Muskelmasse bemerkbar. Auch die Proteine der Herz- und Zwerchfellmuskulatur und möglicherweise der glatten gastrointestinalen Muskulatur sind von der zentripetalen Umverteilung betroffen.

Der größte Teil des Stickstoffes wird als Harnstoffstickstoff renal eliminiert, obligate nicht renale Verluste über Fäzes, Haut, Haare und Drainagen werden mit 2–6 g/Tag bilanziert.
Eine deutlich negative Stickstoffbilanz deutet auf einen Verlust von Proteinen und somit auf eine Katabolie hin (s. auch SE 5.3, S. 106). Größere Verluste über Drainagen, Blutungen, gastointestinale Verluste oder andererseits zusätzliche Zufuhr von Proteinen etwa in Form von Blutprodukten machen eine genaue Stickstoffbilanz im klinischen Alltag jedoch oft unmöglich. Somit lassen sich verlässliche Schlüsse aus der Stickstoffbilanzierung nur dann ziehen, wenn sie über mehrere Tage durchgeführt wurde, in denen sich Steady-State-Bedingungen einstellen konnten.
Substitution mit Proteinen: Sowohl die enteral als auch parenteral gebräuchlichen Lösungen enthalten eine Kombination essenzieller und nicht essenzieller Aminosäuren. Daneben werden für bestimmte Krankheitsbilder Zubereitungen mit speziellen Aminosäureprofilen angeboten. Neben den nutritiven kommen somit auch therapeutische Überlegungen zum Tragen, z. B. Ausgleich neuronaler Transmitterimbalancen durch Supplementierung verzweigtkettiger Aminosäuren bei hepatischer Enzephalopathie oder verminderte Harnstoffsynthese durch Anreicherung mit essenziellen Aminosäuren bei Nierenversagen.

Energiebedarf: In der Regel werden empirische Daten zur Abschätzung des Energiebedarfs herangezogen (T **7.4**). Daneben können gängige Formeln wie die *Harris-Benedict-Gleichung* zur Grundumsatzberechnung auch nur grobe Anhaltspunkte über den wahren Energiebedarf geben. Genauere Angaben liefert die *indirekte Kalorimetrie* durch Bestimmung des Sauerstoffverbrauchs und der Kohlendioxidproduktion über Konzentrationsmessungen in der Inspirations- und Exspirationsluft, die Methode ist jedoch aufwändig und klinisch bislang nicht allgemein verfügbar. Grundsätzlich sollten die zugeführten Nicht-Protein-Kalorien in einem ausgewogenen Verhältnis zur applizierten Proteinmenge stehen, um einerseits eine optimale Verwertung der Proteine als Funktionsproteine zu gewährleisten und andererseits zusätzliche metabolische Belastungen wie Stimulierung der Harnstoffsynthese, hyperglykämische Stoffwechselentgleisungen oder eine Steigerung der Lipogenese (Fettleber) zu verhindern. Abhängig von der Erkrankung (Sepsis, Nierenversagen, Leberversagen etc.) und dem Stoffwechselzustand (katabol, hypermetabol, hypometabol) wird die Zufuhr von 15–30 Nicht-Protein-Kalorien pro Gramm applizierter Proteine empfohlen.

T 7.4 Empirisch ermittelter Energiebedarf

Situation	*Energiebedarf (kcal)*
Grundbedarf	1800
nach großer Operation	2200–2600
Peritonitis, Sepsis	2400–3000
Verbrennungen	3000–4000

Substitution der Nicht-Protein-Kalorien: Hierzu dienen Kohlenhydrate und Fette. Die Energie entfällt dabei meist zu 50–65 % auf Kohlenhydrate und 35–50 % auf Fette. Eine alleinige Kohlenhydratzufuhr sollte nur kurzfristig zu Beginn einer Ernährungstherapie eingesetzt werden, da ein Mangel an essenziellen Fettsäuren negative Auswirkungen auf den Heilungsverlauf haben kann (**7.7**).
Elektrolyte, Vitamine und Spurenelemente: Sie erfüllen wichtige Funktionen im Organismus und müssen regelmäßig zugeführt werden.

7.7 Essenzielle Fettsäuren, mittelkettige Fettsäuren (MCT), Omega-3-Fettsäuren

Langkettige essenzielle Fettsäuren (LCT) und Phospholipide sind als Strukturkomponenten zellulärer Membranen und als Vorstufen der Prostaglandin- und Prostazyklinsynthese wichtig. *Linolsäure* ist die wichtigste essenzielle Fettsäure, der Tagesbedarf beträgt normalerweise 10 g, bei schwerer Hypermetabolie jedoch bis zu 50 g. *Linolen- und Arachidonsäure* sind bedingt essenziell. *Mangelerscheinungen essenzieller Fettsäuren* sind Wundheilungsstörungen, Dermatitis, Hämolyseneigung, Neutro- und Thrombozytopenie und -pathie und Immunopathien.
Gegenüber langkettigen werden ***mittelkettige Fettsäuren (MCT)*** carnitinunabhängig in die Mitochondrien aufgenommen und unmittelbar oxidiert, was insb. bei schweren hypermetabolischen Zuständen vorteilhaft sein soll. Mischlösungen aus LCT- und MCT-Fetten sind erhältlich, deren Kosten-Nutzen-Verhältnis wird jedoch weiter kontrovers diskutiert.
Emulsionen mit einem hohen Gehalt an ***Omega-3-Fettsäuren*** sollen neben der Bereitstellung von Energieträgern spezifische therapeutische Effekte bei septischen Krankheitsbildern haben, indem sie die Thromboxanproduktion hemmen, die Prostazyklinsynthese jedoch steigern.

Enterale Ernährung

Die enterale Ernährung ist die physiologische Form der Nahrungsaufnahme und, wenn immer möglich, der parenteralen Ernährung vorzuziehen oder mit ihr zu kombinieren. Zum einen gilt sie als wichtige prophylaktische Maßnahme der typischen intensivmedizinischen Komplikationen Stressulkus und akalkulöse Cholezystitis. Zum anderen erfüllt der Darm als Organ neben nutritiven Aufgaben auch Funktionen, die der Aufrechterhaltung der Homöostase des gesamten Organismus dienen. Diese Leistungen sind jedoch nur bei einem adäquaten Angebot enteraler Nährsubstanzen möglich, deren Fehlen zur Schleimhautatrophie im Gastrointestinaltrakt führt. Dadurch wird die Barriere für pathogene Keime, Toxine und Mediatoren beeinträchtigt, in der Folge können diese in die Blutbahn gelangen und die Entstehung einer endogenen Sepsis begünstigen.

Auch wenn Hippokrates (ca. 460–375 v. Chr.) die bakterielle Translokation noch nicht kannte, so sagte er immerhin: „Der Tod sitzt im Darm".

Daneben kommt es häufig durch die Mukosaatrophie bei der Wiederaufnahme der enteralen Ernährung im Rahmen des sog. Re-Feeding-Syndrome zur Diarrhö aufgrund einer Malabsorption.

Für die enterale Ernährung kritisch Kranker müssen i. d. R. spezielle ***Sondennahrungen*** bereitgestellt werden. Grundsätzlich müssen diese unter hygienisch einwandfreien Bedingungen hergestellt werden, der Nährstoff-, Vitamin-, und Mineralgehalt dieser in Instantform vorliegenden oder bereits gebrauchsfertigen flüssigen Sondennahrungen muss genau definiert und deklariert sein. Dabei sollten ein optimales Nährstoffverhältnis (Proteine, Kohlenhydrate, Fette) und ein ausreichendes Angebot an essenziellen Aminosäuren und Fettsäuren sowie Vitaminen, Mineralien und Spurenelementen vorliegen. Je nach Indikation zur enteralen Sondenernährung kommen verschiedene Sondennahrungen zum Einsatz (**7.8**).

Die unterschiedlichen ***Sondentechniken*** (Magen-, Duodenalsonde, perkutane endoskopische Gastrostomie, Jejunostomie) werden in SE 5.6 (S. 112 ff) dargestellt.

7.8 Nomenklatur, Eigenschaften und Indikationen der Sondenkostformen

Standardisierte hochmolekulare, nährstoffdefinierte Diät (NDD):
Osmolariät < 450 mosmol/l,
hochwertiges Proteingemisch,
Kohlenhydrate: Poly-, Oligo- und Disaccharide,
Laktosegehalt < 10 %,
Fette: ausreichende Menge ungesättigter FS
Elektrolyte, Vitamine, Spurenelemente: bedarfsdeckend für Normalbedingungen,
Indikationen: gestörte Nahrungsaufnahme und Digestion.
Modifizierte nährstoffdefinierte Diät:
laktosefrei (Laktoseintoleranz),
glutenfrei (Glutenintoleranz),
cholesterinarm (Hypercholesterinämie),
ballaststoffreich, Glucoseersatzstoffe (Diabetes mellitus),
modifizierter Eiweiß-/Elektrolytgehalt (Niereninsuffizienz),
hoher Gehalt verzweigtkettiger Aminos. (Leberinsuffizienz),
fettangereichert (COLD, Entwöhnung von der Beatmung).
Chemisch definierte niedermolekulare Diät (CDD):
Osmolarität: < 600 mosmol/l,
Proteine: Oligopeptide Mol.-gew. < 1500 D,
Kohlenhydrate: Oligo- und Disaccharide, Laktosefrei,
Fette: ausreichend LCT, ansonsten MCT,
purin-, gluten-, cholesterinfrei, ballaststofffrei,
Elektrolyte, Vitamine, Spurenelemente: bedarfsdeckend für Normalbedingungen,
Indikation: Maldigestion, Resorption erhalten.

Parenterale Ernährung

Die **Indikation** zur parenteralen Ernährung ist gegeben, wenn eine ausschließliche enterale Nährstoffzufuhr nicht möglich oder mit wesentlichen Nachteilen verknüpft ist:

- frische gastrointestinale Operationen,
- Ileus, intestinale Obstruktionen,
- akute gastrointestinale Blutungen,
- akute Pankreatitis,
- therapierefraktäre Diarrhö und Erbrechen, Aspirationsgefahr,
- entzündliche Darmerkrankungen, Kurzdarmsyndrom,
- Maldigestions- und Malresorptionssyndrome,
- schwerer Hypermetabolismus (z. B. posttraumatisch, postoperativ),
- technische Schwierigkeiten der gastralen oder enteralen Sondenplatzierung.

Bei einer höherkalorischen parenteralen Ernährung ist ein **zentraler Venenkatheter** obligat (s. SE 5.8, S. 118 ff), da es ab einer Osmolarität der Infusionslösung von über 800 mosmol/l schnell zu Thrombophlebitiden peripherer Venen kommen kann (s. SE 33.3, S. 744).

Risiken der parenteralen Ernährung: Infektiologische und mechanische Probleme stehen meist im Zusammenhang mit dem zentralvenösen Zugang und den Infusionspumpen. Metabolische Komplikationen im Sinne von Substratmangel oder -überladung betreffen meist die schwierige Bilanzierung des Volumens, der Nährstoffe, Elektrolyte, Vitamine und Spurenelemente. Von besonderer Bedeutung sind die negativen Auswirkungen einer ausschließlichen parenteralen Ernährung auf die Barrierefunktion der gastrointestinalen Schleimhäute (s. o.).

Substrate für die parenterale Ernährung: Im Rahmen der Intensivtherapie werden die Substrate im Sinne einer Komponententherapie (Aminosäure-, Kohlenhydrat-, Fettlösungen; s. **7.9**) möglichst kontinuierlich über 24 Stunden parallel zueinander infundiert. Daneben müssen Vitamine, Elektrolyte und Spurenelemente regelmäßig zugeführt werden.

Eiweißersatz

Albumin stellt den größten Anteil am Gesamteiweiß im menschlichen Organismus und nimmt besondere **Funktionen** in der Aufrechterhaltung des kolloidosmotischen Drucks und als Transportprotein, z. B. für Hormone oder Medikamente, wahr. Der **Albumin-Plasmaspiegel** wird durch die hepatische Albuminsynthese einerseits und den Albuminabbau sowie intra-extra-vaskuläre Verteilungsphänomene andererseits beeinflusst. Beim kritisch Kranken ist der Albuminspiegel aufgrund der oftmals bestehenden Einschränkung der hepatischen Synthese und der insb. bei Sepsis transkapillären Verluste aufgrund erhöhter Gefäßpermeabilität meist erniedrigt. In der Praxis wird meist der Gesamteiweißspiegel als Maß für den Albuminspiegel verwendet, die Korrelation beider Größen ist jedoch gerade in der Intensivmedizin nur sehr locker, da hier durch vermehrte Produktion von Akutphaseproteinen oder veränderte γ-Globulinmuster bei chronischen oder Lebererkrankungen häufig die Albuminfraktion an Bedeutung verlieren kann. Daher ist die Bestimmung des Gesamteiweißspiegels zur Beurteilung des Albuminbestands des Organismus beim Intensivpatienten nicht brauchbar, vielmehr sollte die Entscheidung, ob Albumin zu ersetzen ist, von der direkten Albuminbestimmung abhängig gemacht werden.

Humanalbumin wird aus menschlichem Serum hergestellt und durch Hitzedenaturierung behandelt. Da-

7.9 Substrate für die parenterale Ernährung

Aminosäurelösungen

Aminosäurelösungen liefern in 3–15%igen kristallinen Standardlösungen die Substrate für die Proteinsynthese und enthalten eine Kombination essenzieller und nicht essenzieller Aminosäuren. Zubereitungen mit speziellen Aminosäureprofilen werden als sog. Trauma-, Leber- oder Nierenlösungen angeboten.

Kohlenhydrate

Kohlenhydrate werden als parenterale Energieträger (4 kcal/g) überwiegend in Form von **Glucose** verabreicht. Dabei kommen meist 10–20%ige Glucoselösungen, falls eine Volumenrestriktion z. B. bei Nieren- oder Herzinsuffizienz erforderlich ist, auch 40–70%ige Lösungen zum Einsatz. Aufgrund der bei Intensivpatienten häufigen Kohlenhydratverwertungsstörungen mit Neigung zu Hyperglykämien sollte die Glucosedosierung in Abhängigkeit vom Blutglucosespiegel langsam gesteigert und eine Maximaldosis von 3–6 g/kg/Tag nicht überschritten werden. *Insulingaben* beim Nicht-Diabetiker sind möglichst zu vermeiden, da Insulin durch Inhibition der Lipoproteinlipase die energetisch sinnvolle Mobilisation von freien Fettsäuren aus den endogenen Speichern blockiert und die hepatische Liponeogenese fördert. Im Gegensatz zu Glucose wird der **Zuckeraustauschstoff Xylit** insulinunabhängig in die Leber aufgenommen und liefert dieser selektiv Substrate für die Gluconeogenese. Xylit stimuliert die Insulinsekretion nicht, es wird vermehrt Energie aus der Fettsäureoxydation gewonnen und die viszerale Proteinsynthese gefördert. Xylit scheint daher bei Glucoseverwertungsstörungen eine sinnvolle Ergänzung der Glucosezufuhr zu sein. Da es allerdings keine Überwachungsmöglichkeit der Plasmakonzentration von Xylit gibt, muss die empfohlene maximale Tagesdosis von 3 g/kg KG unbedingt beachtet werden. **Fructose** und deren Vorstufe **Sorbit** sollte dagegen aufgrund der bei Intensivpatienten meist nicht sicher eruierbaren Fructoseintoleranz möglichst nicht eingesetzt werden. Schließlich gelten schwere Leberfunktionsstörungen als Kontraindikation für die Glucoseaustauschstoffe.

Fette

Fette, appliziert als plasmaisotone Chylomikronensuspension oder Emulsion von Sonnenblumen- oder Sojaöl, sind obligater Bestandteil einer mittel- und langfristigen parenteralen Ernährung. Nicht nur ihre hohe Energiedichte (9 kcal/g) und ihre Funktion als Trägerlösung für fettlösliche Vitamine, sondern insb. ihr Gehalt an langkettigen essenziellen Fettsäuren und Phospholipiden macht ihre regelmäßige Gabe unentbehrlich. Daneben werden mittelkettigen Fettsäuren (MCT) günstige energetische und Omega-3-Fettsäuren günstige immunologische Effekte zugesprochen (s. **7.7**). Da eine ausreichende Fettclearance stabile Kreislaufverhältnisse mit suffizienter Mikrozirkulation und Sauerstoffversorgung der Gewebe voraussetzt, sind Störungen der Mikrozirkulation und Hypoxämien im Rahmen eines Schocks *Kontraindikationen* für die Fettinfusion. Sind die vitalen Funktionen stabil, kann analog den Kohlenhydraten auch die Fettzufuhr langsam bis zu einer Tagesdosis von 2 g/kg KG unter Kontrolle der Plasmatriglyceridspiegel gesteigert werden. Neben hypermetabolen Zuständen mit hohem Kalorienbedarf und Erkrankungen mit Glucoseverwertungsstörungen, bei denen Fettemulsionen aufgrund ihrer gemessen am Volumen hohen Energiedichte günstig sind, ist eine kohlenhydratarme und entsprechend fettangereicherte Ernährung auch in der Entwöhnungsphase vom Beatmungsgerät sinnvoll. Hier wird durch eine geringere Kohlendioxidproduktion im Verhältnis zur gewonnenen Energie, ausgedrückt in einem niedrigen respiratorischen Quotienten (RQ), eine Verminderung der Atemarbeit gegenüber kohlenhydratreicher Ernährung erzielt.

durch sollen alle viralen Bestandteile eliminiert werden. Humanalbumin wird in isoonkotischer (5%) oder hyperonkotischer (20%) Lösung angeboten und ist gekühlt mehrere Jahre haltbar. Da die Lösungen keine Isoagglutinine enthalten, können sie blutgruppenungleich infundiert werden. Wie auch bei den künstlichen Kolloiden sind auch nach Humanalbumin anaphylaktoide Reaktionen möglich. Ihre Inzidenz beträgt etwa 0,003%.

Die *Indikationsstellung* zur Gabe von Humanalbumin sollte trotz der relativen Virussicherheit und der geringen Inzidenz allergischer Reaktionen nicht zuletzt wegen der hohen Kosten und der begrenzten Verfügbarkeit an Plasmaprodukten strengen Maßstäben unterliegen. So ist eine Überlegenheit von Humanalbumin in der Volumensubstitution bei akutem Volumenmangel gegenüber künstlichen Kolloiden nicht erwiesen. Daher sollten zur Volumensubstitution, sofern keine Kontraindikationen vorliegen, primär künstliche Kolloide wie Hydroxyethylstärke, Gelatinepräparate oder Dextran bis zu ihrer erlaubten Höchstdosis eingesetzt werden. Lediglich bei ausgeprägtem Albuminmangel mit Albuminspiegeln < 2–2,5 g/dl ist die primäre Albuminsubstitution indiziert. Es ist zu berücksichtigen, dass im Falle von septischen Krankheitsbildern mit ausgeprägtem Kapillarleck auch die Albuminmoleküle den Intravasalraum mit einer Halbwertzeit von 1–6 Stunden verlassen und hier wiederum mit einer Halbwertzeit von mehreren Tagen zur Flüssigkeitsretention im Extravasalraum beitragen können.

Pflege des Patienten

Die Körperpflege des Intensivpatienten verfolgt als wichtigste Ziele das allgemeinen Wohlbefinden des Patienten und die Prophylaxe nosokomialer, insb. pulmonaler Infektionen.

Hautpflege: Das Erkennen pathologischer Veränderungen wie Dekubitus, Mykosen und allergischer Reaktionen, sowie die Reinigung der Haut gehört zur täglichen Hautpflege. Zur Ganzwaschung werden Mittel eingesetzt, die die Haut wenig entfetten, den pH-Wert kaum verändern und antimikrobiell wirken.

Mundpflege: Pathologische Keimbesiedlungen, die zu absteigenden Infektionen der Luftwege führen können, sollen durch eine gründliche Mundpflege vermieden werden. Die Sekrete aus Mund und Rachen sind durch regelmäßiges Absaugen und Auswischen, sowie Spülungen des Mund- und Rachenraumes zu entfernen, daneben sollten auch die Kiefergelenke mobilisiert werden.

Augenpflege: Bei analgosedierten oder komatösen Patienten und insbesondere mit hohem PEEP beatmeten Patienten kommt der Augenpflege wegen des fehlenden Lidschlages besondere Bedeutung zu. Zur Reinigung werden sterile in Kochsalzlösung getränkte Tupfer benötigt, anschließend werden Binde- und Hornhaut mit einer geeigneten Augensalbe vor Austrocknung geschützt.

Nasenpflege: Druckulzera an der Nase sind häufig durch Magensonden oder Tuben verursacht. Diese sind daher gut abzupolstern. Daneben sollen durch regelmäßiges

Absaugen von Sekret und Schleimhaut-abschwellenden Maßnahmen Infektionen der Nasennebenhöhlen verhindert werden.

Lagerung und frühzeitige Mobilisation: Die Häufigkeit schwerwiegender Komplikationen wie pulmonale Belüftungsstörungen oder Pneumonien, Thrombosen oder Dekubitus und Kontrakturen kann durch Lagerung und Mobilisation reduziert werden. Bei immobilisierten Patienten sollten die Lagerungen mindestens 2-stündlich erfolgen.

Verneinung einer Intensivtherapie

Die Intensivtherapie verfolgt grundsätzlich das Ziel, die notwendigen Voraussetzungen für die Behandlung des Grundleidens durch **überbrückende Stabilisierung vitaler Funktionen** zu schaffen. Daraus geht hervor, dass die Intensivtherapie nicht zum Selbstzweck werden darf, sondern dass das Intensivbehandlungsteam stets zusammen mit den für die Therapie des Grundleidens zuständigen Fachkollegen die Behandlungsziele diskutiert und daraus Indikationen oder Kontraindikationen für die Intensivtherapie ableitet. Grundsätzlich ist der intensivmedizinisch tätige Arzt berechtigt und verpflichtet, auf die Einleitung oder Fortsetzung der Intensivtherapie zu verzichten, wenn diese nicht mehr die bestmögliche Hilfe im Sinne seines humanitären Auftrags bedeutet, oder wenn der Wille des Patienten der Intensivtherapie entgegen steht. Auch wenn die Entscheidungsbefugnis juristisch durch ein Vormundschaftsgericht im Sinne des § 1904 BGB übernommen wurde, trägt der behandelnde Arzt die moralische Verantwortung für die Therapie. Er entscheidet dabei nicht über Sinn oder Sinnlosigkeit des Patientenlebens, sondern über Sinn oder Sinnlosigkeit seiner ärztlichen Bemühungen.

Primäre Verneinung bei terminaler Erkrankung: Bei Erkrankungen mit sicher infauster Prognose kann eine primäre Verneinung der Intensivtherapie befürwortet werden, wenn zu erwarten ist, dass die intensivmedizinischen Maßnahmen nicht nur den angesprochenen überbrückenden Charakter haben, sondern das Überleben des Organismus dauerhaft von ihnen abhängen wird.

Primäre Limitierung des Ausmaßes: Oftmals ergeben sich im Verlauf einer Operation oder der bereits begonnenen Intensivtherapie Erkenntnisse, die, wären sie vor Behandlungsbeginn bekannt gewesen, zur Verneinung der Intensivtherapie geführt hätten. In diesen Fällen ist eine Limitierung des Ausmaßes der intensivmedizinischen Behandlung gerechtfertigt. Auch die bereits begonnene Intensivtherapie ändert in solchen Fällen nichts an der Tatsache, dass das Ziel der Intensivmedizin, Hilfe zur Selbsthilfe zu leisten, also nur für einen gewissen Zeitraum die vitalen Funktionen zu stabilisieren, bis der Organismus hierzu wieder selbst in der Lage ist, nicht erreicht werden kann. Aus diesem Grunde ist es gerechtfertigt, auf zusätzliche intensivmedizinische Maßnahmen zu verzichten, um das Sterben zuzulassen.

Gezielter Abbruch bei fehlender Prognose: Hierzu lautet eine Stellungnahme der deutschen Ärzteschaft von 1994: „Maßnahmen zur Verlängerung des Lebens dürfen abgebrochen werden, wenn eine Verzögerung des Todes eintritt, die für den Sterbenden eine nicht zumutbare Verlängerung des Leidens bedeutet und das Grundleiden mit seinem irreversiblen Verlauf nicht mehr beeinflusst werden kann". Auch wenn die intensivmedizinischen Maßnahmen abgebrochen werden, so muss die humanitäre Basistherapie in jedem Fall fortgeführt werden. Dazu zählen die Grundpflege, Analgesie, ggf. Sedierung, Linderung von Atemnot und ausreichende Flüssigkeitszufuhr.

Rudolf Hering

7.6 Chirurgische Intensivtherapie: Apparative Maßnahmen

Ein wesentlicher Bestandteil und eine Voraussetzung der heutigen Intensivmedizin ist der Einsatz apparativer Überwachungs- und Behandlungsmaßnahmen. Während die unterschiedlichen Monitoringverfahren sowohl Sicherheits- als auch Diagnostikfunktionen haben, dienen apparative Behandlungsverfahren dem überbrückenden Organersatz bei eingeschränkter oder ausgefallener Funktion einzelner oder mehrerer Organsysteme.

Monitoring

Bei der überwiegenden Zahl der Intensivpatienten bedarf es neben der gründlichen körperlichen Untersuchung, zahlreicher Laboruntersuchungen und des Einsatzes relativ einfacher klinischer Verfahren (Temperaturmessung, Kalorien- und Flüssigkeitsbilanzierung) auch der Verwendung – teils aufwendiger – elektronischer Überwachungsgeräte (sog. Monitore). Während Monitoringsysteme somit eine wichtige **Überwachungsfunktion** haben (z. B. durch die Festlegung von Alarmgrenzen für die Herzfrequenz), sind darüber hinaus die eher **diagnostischen Aufgaben** des Monitorings von zunehmender Bedeutung: Regelhaft eingesetzte Monitoringverfahren können durch spezielle Monitoringmethoden erweitert werden.

Hämodynamisches Basismonitoring: Das Herz-Kreislauf-System wird kontinuierlich durch Registrierung eines **Elektrokardiogramms (EKG)** überwacht, die simultane Darstellung mehrerer Ableitungen ist hierbei möglich. Das EKG gibt Auskunft über Herzfrequenz, -rhythmus und eventuelle Überleitungs- und Erregungsrückbildungsstörungen, wie sie u. a. bei Durchblutungsstörungen des Herzens auftreten. Neuere Systeme erlauben auch eine automatische ST-Strecken-Analyse und verbessern damit die Möglichkeiten, auch passagere myokardiale Ischämien zu erkennen.
Die klassische *nicht invasive Methode* der **Blutdruckmessung** nach Riva Rocci erfolgt mittels einer Manschette um den Oberarm (ersatzweise auch Oberschenkel). Sie wird heute im Rahmen der Intensivmedizin zumeist automatisiert und mit oszillometrisch arbeitenden Geräten in frei zu wählenden, regelmäßigen Zeitintervallen durchgeführt. Die *invasive Blutdruckmessung* erfordert die Platzierung einer intraarteriellen Kanüle (🔍 **5.9**, S. 117).
Gleiches gilt für die Messung des **zentralvenösen Drucks** über einen zentralen Venenkatheter (s. SE 5.8, S. 118 ff).

Eine Beurteilung der Auswurfleistung des Herzens durch das EKG oder die Blutdruckmessung allein ist jedoch nicht möglich. So kann z. B. trotz ausreichenden Blutdrucks eine Kreislaufdepression vorliegen, wenn bei hohem Gefäßwiderstand – etwa bei der sog. Kreislaufzentralisation im Volumenmangelschock – die Auswurfleistung des Herzens gering ist.

Erweitertes hämodynamisches Monitoring: In einigen Fällen schwerstkranker, hämodynamisch instabiler Intensivpatienten sind zusätzliche Informationen über das Herz-Kreislauf-System notwendig, um eine möglichst differenzierte Therapie durchführen zu können. Besondere Bedeutung kommt der Messung des **Herzzeitvolumens** (HZV = kardiales Schlagvolumen × Herzfrequenz) zu.
Vorteil: Im Gegensatz zur alleinigen Messung des Blutdrucks erlaubt die Bestimmung des HZV eine fundiertere Aussage über die Substratversorgung – und hierbei besonders die Sauerstoffversorgung – des Patienten. Die Messung des HZV im klinischen Alltag wurde erst durch die Einführung des *Pulmonalarterien-Katheters* von Swan und Ganz in den 70er-Jahren ermöglicht (auch Swan-Ganz-Katheter, Rechtsherzkatheter oder Einschwemmkatheter; 🔍 **7.10**). Mithilfe eines Indikators (zumeist Kälte), der als Bolusinjektion zentralvenös appliziert wird, und dessen Vermischung im laufenden Blutstrom kann mit entsprechenden Computern das HZV aus der stromabwärts registrierten Indikatorverdünnungskurve berechnet werden.
Zunehmende Bedeutung auch in der operativen Intensivmedizin erlangt die **Echokardiographie**, insb. die transösophageale Echokardiographie. Auch mit dieser Methode können – neben anderem – Aussagen zur Pumpfunktion und den kardialen Füllungsbedingungen getroffen werden.

Monitoring der (Be-)Atmung: Neben den klinischen Methoden der Überwachung der pulmonalen Situation wie Zählung der Atemfrequenz, Beobachtung der Thoraxexkursionen und der Atemmuskulatur, Auskultation, Palpation und Perkussion beinhaltet die apparative Überwachung der Oxygenierung die **Pulsoxymetrie** (🔍 **7.11**). Die Pulsoxymetrie hat jedoch bezüglich der Ventilation nur eine sehr eingeschränkte Aussagekraft; diese kann durch Bestimmung des arteriellen CO_2-Gehalts (p_aCO_2 der Blutgasanalyse) intermittierend – oder durch Messung des endexspiratorischen CO_2-Gehalts (*Kapnometrie*) fortlaufend – überwacht werden.
Bei maschinell beatmeten Patienten sind bestimmte Alarmfunktionen essenzieller Bestandteil der Respiratoren und unverzichtbarer Teil des Sicherheitsmonitorings. So muss beispielsweise eine Diskonnektion des Beatmungsgerätes oder eine akute Abnahme des Atemminutenvolumens unmittelbar erkannt werden, um den Patienten nicht zu gefährden.

Die ***Überwachung und die Therapiesteuerung bei Patienten mit Schädel-Hirn-Trauma*** oder anderen neurologisch/neurochirurgischen Erkrankungen ist in SE 36.2 (s. S. 807 ff) dargestellt.

7.10 Herzzeitvolumenmessung

Noch werden zumeist **Pulmonalarterienkatheter** zur Messung des HZV verwendet. Diese werden über spezielle venöse Schleusenbestecke platziert. Ein an der Spitze des Katheters befindlicher Ballon wird in zentralvenöser Lage mit einer kleinen Menge Luft gefüllt, um dann bei weiterem Vorschieben des Katheters durch den Blutstrom über den rechten Vorhof, rechte Kammer und A. pulmonalis in eine der Segmentarterien „eingeschwemmt" zu werden. Neben der Messung des HZV erlaubt der Pulmonalarterien-Katheter auch die Messung des Pulmonalarteriendrucks und des pulmonalkapillären Verschlussdrucks. Somit können wichtige klinische Größen wie peripherer (SVR) und pulmonaler (PVR) Gefäßwiderstand in Kombination mit der Bestimmung arterieller und gemischt-venöser (= pulmonalarterieller) Blutgase, außerdem das Sauerstoffangebot respektive der Sauerstoffverbrauch der Patienten berechnet werden.
Eine HZV-Messung ist jedoch auch bei Aufzeichnung der **Thermodilutionskurve** im arteriellen System möglich. Bei diesem *trans(kardio)pulmonalen Indikatorverfahren* können unter Verzicht auf den Pulmonalarterienkatheter weitere hämodynamisch relevante Parameter erfasst werden. Insbesondere das *intrathorakale Blutvolumen* und das *extravaskuläre Lungenwasser* erlauben eine bessere Beurteilung des Volumenhaushalts eines Patienten als das mit klinischen Methoden möglich ist.
Nicht invasive Verfahren zur HZV-Messung haben für kritisch kranke Patienten noch keinen relevantes Stellenwert gewonnen.

7.11 Pulsoxymetrie

Pulsoxymetrisch wird der Sauerstoffgehalt des arteriellen Blutes nicht invasiv mittels einer Lichtquelle und eines Photodetektors an Ohrläppchen oder Finger des Patienten bestimmt. Methodische Grundlage ist die Lichtabsorption in durchstrahltem Gewebe in Abhängigkeit von der Hämoglobinkonzentration und der unterschiedlichen Absorptionsspektren für Oxyhämoglobin und reduziertes Hämoglobin.

Beatmung

Der Beatmung des Operierten und des Polytraumatisierten kommt eine zentrale Rolle im intensivmedizinischen Therapiekonzept zu. Historisch betrachtet ist die Intensivmedizin erst entstanden, als Patienten auch außerhalb des Operationssaales längere Zeit beatmet werden sollten. Letztlich dient die Beatmung der ausreichenden Sauerstoffaufnahme (Oxygenierung) und der Abatmung des Kohlendioxids (Ventilation). Hierbei kann die Indikation zur Beatmung sowohl einen präventiven als auch therapeutischen (Notfall-)Charakter haben. Die in **T 7.5** angegebenen Grenzwerte zur Beatmung sind nicht als Absolutwerte zu verstehen. So können die kardiopulmonale Ausgangssituation, aber auch bestimmte Eingriffe, Verletzungsmuster und individuelle Befundkonstellationen erheblich abweichende Entscheidungen erfordern.
Neben der einfachen Sauerstoffinsufflation und verschiedenen Formen der Atemhilfe hat die *maschinelle* Beatmung auf modernen Intensivstationen größte Bedeutung (**7.12**). Voraussetzung hierzu ist die *endotracheale Intubation*. Sie erlaubt den sicheren Zugang zu den Atemwegen und alle Möglichkeiten der Bronchialtoilette bei weitestgehendem Schutz vor einer Aspiration. Die Intubation kann sowohl nasal als auch oral erfolgen. Bei Intubationshindernissen (z. B. Mittelgesichtstraumen, Verbrennungen, Verätzungen) und bei Langzeitbeatmungen besteht oft die Indikation zur Anlage eines Tracheostomas (evtl. mittels kommerzieller Punktions-Sets).

Bei der Einstellung der Beatmungsparameter müssen immer auch die potenziellen Auswirkungen auf das kardiovaskuläre System und die Nierenfunktion beachtet werden.

Die optimierte maschinelle Beatmung ist jedoch nur ein Baustein in der erfolgreichen Therapie respiratorischer Störungen. So sind **begleitende Maßnahmen** wie die medikamentöse Sekretolyse, die regelmäßige endotracheale Absaugung von Sekret (z. T. unter direkter Sicht mittels flexibler Bronchoskopie) und insb. die Lagerungstherapie von allergrößter Bedeutung. Da es in den abhängigen Lungenpartien des beatmeten Intensivpatienten besonders leicht zu einem Sekretverhalt kommt und zudem durch ein Ungleichgewicht von Durchblutung (Perfusion) und Belüftung (Ventilation) zugunsten der Perfusion der pulmonale Shuntanteil zunimmt, sind heute die Vorteile konsequenter Lagerungsmaßnahmen unumstritten. Bei fehlenden Kontraindikationen (wie es bestimmte chirurgische Eingriffe sein können) ist deshalb u. a. eine regelmäßige Bauchlagerung sinnvoll. Bei bestimmten Verletzungs- bzw. Schädigungsmustern kann in sehr seltenen Fällen auch eine seitengetrennte Beatmung der beiden Lungen sinnvoll sein, diese bedarf dann spezieller Doppellumentubi (s. SE 6.10, S. 170) und zweier Beatmungsgeräte.
Unter Ausschöpfung aller dieser Behandlungsmaßnahmen verbleiben nur noch vereinzelte Fälle eines akuten Lungenversagens, bei denen ein extrakorporaler Gasaustausch mittels Membranlungen gerechtfertigt erscheint (s. auch SE 35.3, S. 772).

T 7.5 Grenzwerte, die in der Regel eine Beatmung erfordern

Parameter	*Normalwerte*	*Grenzwerte*
Atemmechanik:		
• Atemfrequenz	12–20	> 35
• Vitalkapazität	60–80 ml/kgKG	< 15–20 ml/kgKG
Atemmotorik: maximaler Inspirationsdruck	70–100 cm H_2O	< -25 cm H_2O
Oxygenierung: p_aO_2	70–100 mmHg	< 50 mmHg
Ventilation: p_aCO_2	35–45 mmHg	> 50–60 mmHg

7.12 Maschinelle Beatmung bei Intensivpatienten

Hier haben starre Formen mit Atemzugvolumen-Kontrolle und -Konstanz ihre frühere Bedeutung verloren. Vielmehr werden mit modernen mikroprozessorgesteuerten Respiratoren Beatmungsformen bevorzugt, die einen bestmöglichen Erhalt bzw. eine Unterstützung der Spontanatmung erlauben. Hiermit werden die einst gefürchteten Barotraumen weitestgehend vermieden, bessere Ventilations-Perfusions-Verhältnisse angestrebt und oft weniger Sedativa benötigt. Moderne Beatmungsgeräte erlauben zumeist fließende Übergänge von einer kompletten maschinellen Beatmung bis zur völligen Spontanatmung. Dabei ist die Beatmungseinstellung individuell an die jeweiligen momentanen Patientenbedürfnisse anzupassen. Eine „Adaptierung" des Patienten an den Respirator ist somit nicht mehr zeitgemäß, eine Muskelrelaxierung im Rahmen der Intensivtherapie auch nur noch in sehr seltenen Ausnahmen gerechtfertigt. Zur Prophylaxe und Therapie der Dys- und Atelektasenbildung sowie zur Verbesserung der Oxygenierung durch Erhöhung der funktionalen Residualkapazität wird die Verwendung eines positiven endexspiratorischen Drucks (PEEP) inzwischen allgemein propagiert. Neben diesem am Beatmungsgerät einstellbaren externen PEEP kann durch die Wahl des Zeitverhältnisses von Inspiration und Exspiration auch ein zusätzlicher, sog. intrinsischer PEEP erzeugt werden, der insb. für Patienten mit sehr unterschiedlich intakten Lungenregionen sinnvoll sein kann.

Sonstige Maßnahmen

Im Rahmen einer Intensivtherapie können zusätzliche, z.T. sehr aufwendige apparative Behandlungsmaßnahmen indiziert sein, um potenziell reversible Organausfälle bzw. die Zeit bis zu einem endgültigen Organersatz (z.B. durch eine Transplantation) zu überbrücken.

Wegen der relativen Häufigkeit des akuten Nierenversagens kommen hierbei den sog. **Nierenersatzverfahren** (**7.13**) besondere Bedeutung zu. Dabei ist nicht nur der Anstieg harnpflichtiger Substanzen eine Indikation zu deren Einsatz, sondern auch die optimale Steuerung des Flüssigkeitshaushalts. Letzterer ist nicht selten durch die Grundkrankheit einschließlich Operation und Trauma, aber auch durch eine Vielzahl intensivmedizinischer Maßnahmen, komplexen Störungen unterworfen. Die potenzielle Elimination bestimmter Mediatoren im Rahmen einer systemischen Entzündungsreaktion (s. SE 7.1, S. 180 f) des Körpers ist für einige Intensivmediziner eine weitere Indikation für ein Nierenersatzverfahren.

Apparative Maßnahmen zur Unterstützung der Herz-Kreislauf-Funktion werden sehr viel seltener eingesetzt. Eine intraaortale Ballonpumpe (IABP; s. 35.5, S. 773) kann vorübergehend bei linksventrikulärer Insuffizienz sinnvoll sein. Weitergehende uni- oder biventrikuläre Assistsysteme sind Ausnahmeindikationen in entsprechenden Zentren mit kardiochirurgischen Abteilungen vorbehalten.

7.13 Nierenersatzverfahren

Die **Peritonealdialyse** ist für den Intensivpatienten insb. wegen der schlechten Steuerbarkeit des Wasserhaushalts praktisch ohne Bedeutung, sodass in diesem Bereich nahezu ausschließlich extrakorporale Dialyseverfahren angewandt werden. Ob **Hämodialyse- oder Hämofiltrationsverfahren** (inzwischen auch als Kombination beider Techniken die **Hämodiafiltration**) eingesetzt werden und ob diese intermittierend oder kontinuierlich durchgeführt werden, ist nicht zuletzt auch von der jeweiligen Verfügbarkeit abhängig. Eine eindeutige Überlegenheit eines Verfahrens über ein anderes konnte bisher nicht nachgewiesen werden. In letzter Zeit scheint sich ein Trend zur **kontinuierlichen venovenösen Hämo(dia)filtration (CVVH)** abzuzeichnen. Insb. bei Patienten mit instabilen Kreislaufverhältnissen sind die kontinuierlichen Verfahren meist mit geringeren Blutdruckschwankungen verbunden als bei den diskontinuierlichen Verfahren. Großlumige Venenkatheter (z. B. Doppellumen-Katheter) erlauben relativ einfache Gefäßzugänge.

7.14 Konditionierung von Organspendern

Hierunter versteht man alle Maßnahmen, die zum Erhalt von Spenderorganen beitragen. Zum Zeitpunkt des Hirntods mit dadurch bedingtem Ausfall zentraler Regelkreise bestehen bei über der Hälfte aller Spender folgende *Komplikationen:* Diabetes insipidus mit schweren Elektrolytstörungen, Hypotonie, Hypothermie, Hyper- oder Hypoglykämie und Gerinnungsstörungen. Ohne eine konsequente intensivmedizinische Überwachung und Intervention kommt es meist innerhalb von Stunden zum Versagen des Gesamtorganismus. Die *symptomatische Therapie* der genannten Störungen ist Voraussetzung für den Erhalt transplantierbarer Organe.

Im Mittelpunkt stehen

- adäquates Sauerstoffangebot und ausreichender Perfusionsdruck (mit differenzierter Volumen- und Katecholamintherapie),
- medikamentöse Therapie des Diabetes insipidus (ADH-Analoga, z. B. Minirin R oder Pitressin R),
- Elektrolyttherapie,
- Therapie der Hyper- oder Hypoglykämie,
- exogene Wärmezufuhr (angestrebte Körpertemperatur 35 Grad C),
- Fresh frozen Plasma,
- differenzierte Beatmungstherapie.

7.7 Postoperative Schmerztherapie

Der Nutzen einer suffizienten postoperativen Schmerztherapie steht heute außer Zweifel. Ein schmerzfreier Patient kann besser mobilisiert werden, was eine sinnvolle Ergänzung der medikamentösen Thromboseprophylaxe darstellt. Der Patient atmet besser durch und hustet besser ab, was für die postoperative Pneumonieprophylaxe (s. auch SE 5.13, S. 132 ff) eine besondere Bedeutung hat. Außerdem erniedrigt eine suffiziente postoperative Schmerztherapie den Sympathikotonus, sorgt für einen geringeren myokardialen Sauerstoffverbrauch, eine vorteilhaftere Immunitätslage, eine weniger ausgeprägte Hyperkoagulabilität und eine Stoffwechselstabilisierung. Trotz einer deutlichen Verbesserung der postoperativen Schmerztherapie im Aufwachraum (s. SE 4.1, S. 67) und auf den Intensiv- und Wachstationen besteht aber noch häufig ein Defizit auf den Allgemeinstationen.

7.15 Information, Aufklärung, Dokumentation, Prophylaxe

Es hat sich bewährt, bereits im **Aufklärungsgespräch** des Anästhesisten (s. SE 4.1, S. 66) den Patienten immer auch über die Möglichkeiten der perioperativen Schmerztherapie zu informieren. Der Patient muss auch darüber informiert werden, welche Schmerzen in der postoperativen Phase zu erwarten sind, wie stark sie sein werden und wie lange sie anhalten werden. Das präoperative Gespräch dient auch zur Erfassung vorbestehender stärkerer Schmerzen und der Klärung, ob nach vorangegangenen Operationen Probleme in der postoperativen Schmerztherapie bestanden.

Anästhesist und Operateur müssen hinsichtlich der **Schmerzprophylaxe** eng zusammenarbeiten. Der *Chirurg* kann durch die Wahl geeigneter chirurgischer Techniken (z. B. operative Zugänge, atraumatische Technik, kurze Operationsdauer, strengere Indikationsstellung für Drainagen und Sonden sowie schonende intra- und postoperative Lagerung) dazu beitragen, postoperativ einen Dyskomfort für den Patienten zu mindern. Der *Anästhesist* kann durch gezielte Auswahl des Narkoseverfahrens zur Prophylaxe postoperativer Schmerzen wesentlich beitragen. Eine kontinuierliche perioperative Schmerztherapie kann zudem chronische Schmerzprobleme wie z. B. den Phantomschmerz nach Amputationen verhindern.

Unabdingbare Voraussetzung für eine adäquate Therapie ist die **standardisierte Schmerzmessung** und deren Dokumentation in der perioperativen Phase. Hierzu stehen *Analogskalen* zur Messung der Schmerzintensität zur Verfügung. Routinemäßig empfiehlt es sich, eine solche Schmerzmessung und Dokumentation in festen Zeitabständen durchzuführen, um eine Verlaufsbeschreibung der Schmerzen und der Therapie zu ermöglichen. Die Messung und Dokumentation muss auch in Bewegung bzw. unter Belastung (Aufstehen, Husten, Ein- und Ausatmen) erfasst werden.

Selbstverständlich wird der Schmerzmittelverbrauch genauestens dokumentiert. Zunehmender Schmerz und/oder Analgetikaverbrauch können einen wichtigen Warnhinweis für Komplikationen darstellen (**T 7.7**).

So werden postoperative Komplikationen durch eine gute Schmerztherapie nicht verschleiert, sondern im Gegenteil sogar rechtzeitig aufgedeckt.

Systemische Schmerztherapie

Applikation

Wegen des schnelleren Wirkungseintrittes ist für die direkte postoperative Phase der **intravenösen Applikation** der Vorzug zu geben. Sollte dies nicht möglich sein, stellt die **subkutane Applikation** eine Alternative dar. Die intramuskuläre Gabe von Analgetika ist heute kein Standardverfahren der postoperativen Schmerztherapie mehr (Gefahr des Hämatoms bei gleichzeitiger Heparinisierung!). Das effektivste Prinzip in der postoperativen Schmerztherapie stellt die patientenkontrollierte Analgesie (PCA) bzw. die kontinuierliche Applikation über Regionalanalgesiekatheter dar:

Die **patientenkontrollierte Analgesie** mit Opioiden wird über Spritzen- und Infusionspumpen durchgeführt, die eine an den Einzelfall adaptierte Programmierung erlauben und somit eine Dosierung entsprechend des individuellen Bedarfs des Patienten ermöglichen. Unter diesem Verfahren treten seltener Nebenwirkungen auf, die Autonomie des Patienten in der postoperativen Phase ist dadurch gesichert. Eine Basalrate ist nur im Rahmen des Würzburger Schmerztropfes (s. **7.16**) sinnvoll. Die kontinuierliche Applikation von Lokalanästhetika über **Regionalanalgesiekatheter** (thorakaler bzw. lumbaler Periduralkatheter, Plexuskatheter usw., s. SE 4.2, S. 70) erfordern ebenfalls spezielle, programmierbare Infusionspumpen.

Systemisch wirksame Analgetika

In **T 7.6** werden die in der postoperativen Schmerztherapie empfohlenen Substanzen vorgestellt. Weiterführende Informationen finden sich in **7.16**.

Regionalanästhesieverfahren

Periphere Nervenblockaden durch Infiltration mit einem Lokalanästhetikum stellen im Rahmen der postoperativen Schmerztherapie eine effiziente und nebenwirkungsarme Methode dar, aber auch die rückenmarksnahe Applikation von Lokalanästhetika und/oder Opioiden hat sich bewährt. Die Verfahren werden in SE 4.2, S. 69 f näher beschrieben.

7.16 Anwendung systemisch wirksamer Analgetika

Opioide

Wirkstoffe: In der Routine werden vor allem die Agonisten *Piritramid* und *Morphin* eingesetzt. *Buprenorphin*, das der Gruppe der Agonisten/Antagonisten (partieller Antagonist) zuzurechnen ist, zeichnet sich häufig durch eine stärkere Sedierung aus. Dies ist besonders bei älteren Patienten zu beachten. Dagegen bietet sich das schwächere Opioid *Tramadol* besonders nach kleinen oder mittleren operativen Eingriffen an, sowie insb. auch für multimorbide Patienten. In Kombination mit Metamizol und Dehydrobenzperidol (sog. **Würzburger Schmerztropf**) hat sich der Einsatz zur kontinuierlichen intravenösen Gabe bewährt. Obligat sind dabei aber programmierbare Infusionspumpen, Tropfenzähler sollten die Ausnahme darstellen.

Die möglichen ***Nebenwirkungen*** der Analgetika vom Morphintyp, die durch Naloxon oder Nalbuphin antagonisiert werden können, sind:

Herz-Kreislauf-System: Bradykardie, Blutdruckabfall.

Atmung: Atemdepression, Bronchokonstriktion; klinisch manifeste Atemdepressionen treten nur noch sehr selten auf.

Eine verminderte Wachheit und ein Abfall der Atemfrequenz unter 10/min sind deutliche klinische Warnzeichen.

Gastrointestinaltrakt: Übelkeit und Erbrechen, Obstipation und Spasmen an Magen und anderen Hohlorganen.

! Deshalb müssen Patienten, die einer intravenösen postoperativen Schmerztherapie zugeführt werden, grundsätzlich in der postoperativen Phase engmaschig überwacht werden.

Nicht-Opioide

Wirkstoffe und Nebenwirkungen: *Metamizol* hat sehr gute analgetische, aber auch spasmolytische Eigenschaften. Schwer beherrschbare Blutdruckabfälle treten insb. bei zu schneller intravenöser Applikation auf.

! Die gefürchtete Komplikation einer Agranulozytose ist extrem selten (Häufigkeit 1 : 250 000). Das Indikationsspektrum sollte daher nicht wesentlich eingegrenzt werden.

Paracetamol wird vor allen Dingen nach kleineren Eingriffen bei Kindern (z. B. nach Tonsillektomien) zur postoperativen Schmerztherapie eingesetzt. *Diclofenac* sollte nach Tonsillektomien wegen des möglichen Einflusses auf die Thrombozytenaggregation nicht eingesetzt werden.

Kontraindikationen für diese Substanzen sind Störungen der Homöostase, Nierenfunktionsstörungen, Hypovolämie, Herzinsuffizienz und Asthma bronchiale. Bezüglich Paracetamol gelten entsprechende Höchstdosierungen (maximal 3–5 g/Tag). Paracetamol ist bei Leber- und Nierenfunktionsstörungen kontraindiziert.

Postoperative Schmerztherapie bei Kindern

Obwohl Kinder kein geringeres Schmerzempfinden haben als Erwachsene, erhalten Kinder bei identischen Eingriffen seltener und oftmals schwächere Analgetika.

! Es sollten aber auch bei Kindern postoperativ starke Analgetika konsequent eingesetzt werden.

7.17 Postoperative Schmerztherapie bei Kindern

Paracetamol, Diclofenac und Metamizol stellen die am häufigsten eingesetzten Nicht-Opioid-Analgetika in der postoperativen Schmerztherapie bei Kindern dar. **Paracetamol** in einer Einzeldosierung von 10 mg/kg/KG wird am häufigsten eingesetzt. Die Gabe von Suppositorien bereits bei Narkoseeinleitung hat sich bewährt.

Aufgrund der möglichen Leberschädigung durch Paracetamol darf eine Höchstdosierung von 60 mg/kg/Tag nicht überschritten werden.

Diclofenac empfiehlt sich bei Kindern ab 2 Jahren.

Metamizol soll im Rahmen einer Dauerinfusion 30–75 mg/kg/Tag eingesetzt werden. Besonders bei abdominellen oder knochenchirurgischen Eingriffen ist Metamizol zu empfehlen. Eine Kombination mit Tramadol in einer Spritzenpumpe im Rahmen einer kontinuierlichen Applikation ist möglich.

Sowohl **schwache** als auch **starke Opioide** können im Rahmen der postoperativen Schmerztherapie bei Kindern eingesetzt werden. Eine **patientenkontrollierte Analgesie** kann ab dem 6. Lebensjahr wie beim Erwachsenen auf der Normalstation durchgeführt werden.

Besonders bewährt haben sich **regionalanästhesiologische Verfahren** und **Nervenblockaden** im Rahmen der postoperativen Schmerztherapie bei Kindern. Besonders die Infiltration der Wundräder vor dem endgültigen Wundverschluss erzeugt eine gute mehrstündige Analgesie. Eine sog. *Kaudalanästhesie* kann gerade bei größeren urogenitalen, anorektalen oder orthopädischen Operationen eingesetzt werden. Die Kaudalanästhesie wird zumeist nach Einleitung der Allgemeinanästhesie angelegt. Eine *lumbale Epiduralanalgesie* kann bei abdominellen und thorakoabdominellen Operationen, aber auch nach Operationen im Bereich der unteren Extremität, wenn eine besonders schmerzhafte postoperative Physiotherapie notwendig ist, in Betracht gezogen werden.

T 7.6 Analgetika zur postoperativen Schmerztherapie

Nichtopioide	*Opioide*
Metamizol*	Piritramid*
Acetylsalicylsäure	Morphin*
Diclofenac*	Tramadol*
Paracetamol*	Buprenorphin
Naproxen	Pethidin
Ibuprofen	Sufentanil

* für Kinder geeignet

T 7.7 Mögliche Ursachen bei verschiedenen Schmerzlokalisationen

Schmerzlokalisation	*mögliche Komplikation*
thorakale Schmerzen	Myokardinfarkt, Lungenembolie, Pneumonie, Pleuritis
abdominelle Schmerzen	Ulkus, Pankreatitis, Ileus, Cholezystitis, Harnverhalt
Extremitätenschmerzen	Infektionen, Ischämie, Thrombose

7.8 Chronische Schmerzen

Nach einer Definition der Internationalen Gesellschaft zum Studium des Schmerzes aus dem Jahre 1979 ist Schmerz „ein unangenehmes Sinnes- und Gefühlserlebnis, das mit aktueller oder potenzieller Gewebsschädigung verknüpft ist". Diese Definition weist darauf hin, dass Schmerz ein Vorgang ist, der nicht allein durch körperliche Prozesse erklärbar ist. Schmerz ist ein Erleben und damit subjektiv.

Schmerz: chronisch/akut?

Während akute Schmerzen einen Signalcharakter haben und auf eine Gewebeschädigung oder funktionelle Störungen hinweisen, haben chronische Schmerzen diesen Signalcharakter verloren. Sie haben sich verselbstständigt und sind nutzlos geworden. Oft besteht sogar die ursprüngliche Ursache der Schmerzen schon lange nicht mehr. Schmerz wird zur eigentlichen Krankheit.
Auch wenn die Ursache der Schmerzen nicht behoben werden kann, so ist es möglich, die Schmerzleitung auszuschalten und dem Betroffenen damit wieder eine bessere Lebensqualität zu bieten.

Entstehung chronischer Schmerzen

Chronische Schmerzen können entstehen,
- wenn die ursprüngliche Erkrankung mit oder ohne Gewebeveränderungen chronifiziert,
- wenn durch neuroplastische Veränderungen das Nervensystem dauerhaft überaktiv bleibt,
- wenn psychische Faktoren die Chronifizierung begünstigen.

Chronischer Schmerz wird in neuropathisch und nozizeptiv unterteilt. Diese Unterscheidung ist für die Wahl der richtigen Behandlungsmethode wichtig.
Der **neuropathische Schmerz** wird durch eine Schädigung des Nervengewebes ausgelöst. Der Schmerzcharakter ist oft brennend oder stechend, oft in Arm oder Bein ausstrahlend. **Nozizeptiver Schmerz** wird durch eine Schädigung des Körpers außerhalb des Nervensystems verursacht. Der Schmerzcharakter ist oft lang anhaltend und dumpf oder drückend.

Behandlung chronischer Schmerzen

Neben der Schmerzreduktion sind auch die Verbesserung der Lebensqualität bei fortbestehenden Schmerzen und die Minderung der schmerzbedingten Beeinträchtigungen wichtige **Behandlungsziele**. Die Behandlung sollte schon frühzeitig verschiedene Behandlungsverfahren (psychologische Therapie, medikamentöse und krankengymnastische Behandlung) sinnvoll kombinieren und aufeinander abstimmen.
Zwischen Patient und Therapeut muss ein Vertrauensverhältnis bestehen, es müssen psychische und psycho-

7.10 WHO-Stufenschema zur (Tumor-)Schmerztherapie

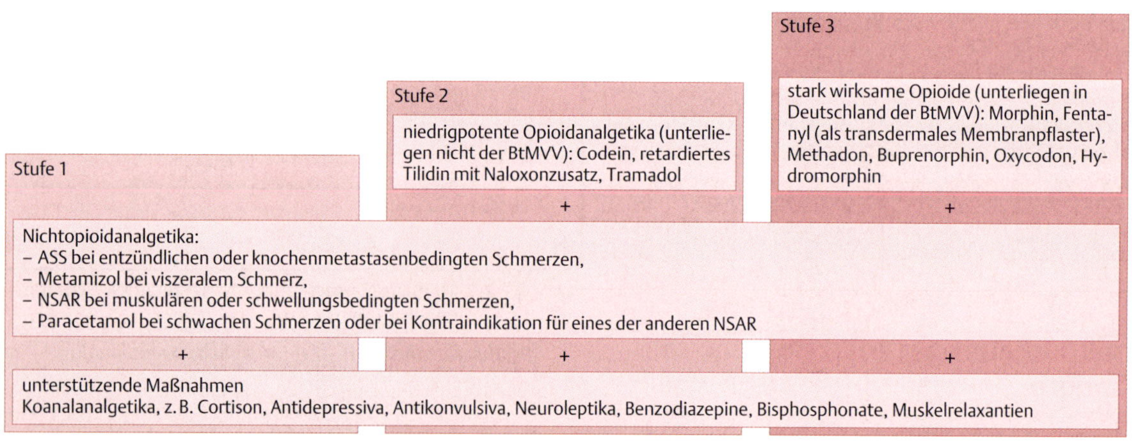

Folgende Regeln sind zu beachten:
Analgetika der WHO-Stufe 1 sollten **nicht unterdosiert** werden,
die Medikamenteneinnahme soll nach einem **festen Zeitplan** erfolgen, der sich an der Wirkdauer des Medikaments orientiert und nicht nach dem Bedarf; das Führen eines Schmerztagebuches ist sowohl in der Einstellungsphase als auch zur laufenden Therapiekontrolle hilfreich,
bei chronischen Schmerzen sind wegen einer gleichförmigen und lang anhaltenden Wirkung **retardierte** Darreichungsformen geeignet, **nicht retardierte** Medikamente nutzt man dagegen, um die intermittierenden Schmerzspitzen zu kupieren,
orale Applikationsformen sollen nur bei unbeherrschbaren Nebenwirkungen wie Nausea verlassen werden,
keine sinnlosen Kombinationen (schwache und starke Opioide) oder Mischpräparate einsetzen.

soziale Einflussfaktoren berücksichtigt werden, und die Behandlung ist meist langwierig, oft lebenslang.

Die ***medikamentöse Behandlung*** bei chronischen Schmerzen ist ein Grundpfeiler jeder Schmerztherapie. Grundlagen dafür sind langjährige Erfahrungen mit dem WHO-Stufenschema (**7.10**) und Empfehlungen der einzelnen Fachgesellschaften. Trotzdem werden etwa 65 % aller Patienten mit chronischen Schmerzen nicht ausreichend behandelt.

7.18 Koanalgetika (Adjuvantien)

In niedriger Dosierung wirkt **Cortison** appetitanregend, allgemein aufbauend, stimmungsaufhellend und antiemetisch. In höherer Dosierung hat Cortison eine gute schmerzlindernde Wirkung, insbesondere wenn ein Tumor eine Schwellung des umgebenden Gewebes ausgelöst hat. Wird durch einen Tumor oder durch Metastasen in der Lunge die Atemtätigkeit erschwert, so kann Cortison die Atemwege erweitern und so die Atmung erleichtern. Bei Gehirnmetastasen wird es erfolgreich zur Beseitigung des begleitenden Gehirnödems eingesetzt.
Antidepressiva können bei neuropathischen Schmerzen mit Dysästhesien erfolgreich eingesetzt werden.
Bei den sog. „einschießenden Nervenschmerzen" kann die Anwendung von **Antikonvulsiva** sinnvoll sein.
Die beruhigende Wirkung von **Benzodiazepinen** ist wichtig bei innerer Unruhe und Schlafstörungen. Ein wesentlicher Nachteil ist das hohe Abhängigkeitspotenzial.
Zentrale **Muskelrelaxanzien** werden zur Behandlung von Muskelverspannungen erfolgreich eingesetzt.

Therapeutische Neurolysen: Hauptsächlich handelt es sich hierbei um rückenmarksnahe Betäubungen, Blockierungen der großen Nervenplexus und der vegetativen Ganglien im Bauchraum, besonders des Ganglion coeliacum. Mit einem Lokalanästhetikum sorgt man entweder für eine zeitweilige oder für eine dauerhafte Blockade. Darüber hinaus gibt es die Möglichkeit einer einmaligen sog. neurolytischen Blockade mit Alkoholen, Hitze oder Kälte, die die Schmerzleitung dauerhaft unterbrechen.

Andere Therapieformen bei chronischen Schmerzen:
- psychosomatische Begleitbehandlung (Verhaltenstherapie, Schmerzbewältigungsstrategien),
- Akupunktur (traditionelle Chinesische Medizin),
- Neuraltherapie,
- TENS (transkutane Nervenstimulation),
- Krankengymnastik (neurophysiologische Methoden),
- intrathekale Medikamentenapplikationen (Implantationen von gasgesteuerten Medikamentenpumpen zur intrathekalen Applikation von Opioiden),
- Implantation von Neurostimulatoren.

Tumorschmerz

Bei Tumoren kann man folgende Schmerzarten unterscheiden:
Knochenschmerzen lassen sich häufig durch eine Radiatio verbessern. Vor allem aber verringert die Bestrahlung das Risiko einer pathologischen Fraktur (s. SE 14.1 und SE 14.2, S. 352 ff). Zur medikamentösen Therapie s. **7.19**.
Neuropathische Schmerzen entstehen bei Tumoren z. B. durch die Infiltration eines Nervenplexus. Sie sind durch ihren brennenden Charakter gekennzeichnet. Häufig verstärkt sich der Schmerz in der Nacht.
Kapseldehnungsschmerz bei Infiltration eines inneren Organes wird als dumpfer, ziehender, schlecht lokalisierbarer Schmerz im medianen Ober- und Unterbauch wahrgenommen (viszeraler Schmerz).
Vor Beginn eine Therapie von „Tumorschmerzen" muss sorgfältig geprüft werden, ob ein kurativer oder auch palliativer Therapieansatz in Form von Chemotherapie, Strahlentherapie oder auch ein operativer Eingriff einen positiven Einfluss auf die Schmerzen haben kann.

7.19 Therapie von Tumorschmerzen

Knochenschmerzen
Hemmung der Osteoklastenaktivität: Das Voranschreiten der Osteolysen und somit eine Schmerzreduktion kann durch eine Therapie mit Clodronsäure (z. B. Ostac) oder Pamidronsäure (z. B. Aredia) erreicht werden.
Therapie mit Analgetika: Die Therapie von Knochenschmerzen soll gemäß dem WHO-Stufenschema (s. **7.10**) erfolgen (bei Opiaten und Opioiden retardierte Applikationsform). Zusätzlich muss man dem Patienten eine *Bedarfsmedikation* zur Verfügung stellen, da bei Knochenmetastasen erfahrungsgemäß Schwankungen der Schmerzintensität auftreten. Als Bedarfsmedikation eignen sich schnell wirksame, nicht retardierte Applikationsformen. Als vorteilhaft hat sich die Kombination aus Opioid und Metamizol erwiesen.

Neuropathische Schmerzen
Therapie mit Analgetika und Koanalgetika: Neben der o. g. symptomatischen Therapie mit einem retardierten Opioid und einer Bedarfsmedikation kann eine Therapie mit Antidepressiva erfolgreich sein. Bei neuropathischen Schmerzen mit einschießender Komponente ist die Anwendung von Antikonvulsiva von Nutzen.
Therapie mit regionalanalgetischen Kathetern: Bei nicht ausreichender Wirksamkeit der üblichen Medikation mit Analgetika auf oralem, transdermalem oder intravenösem Wege kann auch eine Therapie mittels Schmerzkatheter (z. B. einem Periduralkatheter) erfolgen, der mit Lokalanästhetika und/oder Opioiden beschickt werden kann.

Kapseldehnungsschmerz
Bereits durch eine Gabe von Cortison ist eine Besserung der Beschwerden möglich. Der Effekt tritt allerdings erst nach 1–2 Tagen auf. Das Prinzip ist eine Verminderung des perimetastatischen Ödems, durch die der Druck auf die Kapsel abnimmt. Auch bei diesem Schmerz ist eine symptomatische Schmerztherapie nach WHO-Stufenschema indiziert.

8.1 Dokumentation, Schweige- und Meldepflicht

Im Rahmen einer ärztlichen Behandlung fallen zahlreiche personenbezogene Daten an. Immer wieder wird der Arzt vor die Frage gestellt, welche Aufzeichnungen dürfen bzw. müssen davon angefertigt werden und unter welchen Bedingungen dürfen oder gar müssen solche Aufzeichnungen – trotz ärztlicher Schweigepflicht – weitergegeben werden?

Dokumentation

Die ärztliche Dokumentation dient grundsätzlich zwei Zielen, der Gewährleistung eines **personenbezogenen Behandlungsprotokolls** und der Gewinnung von Daten zu Zwecken der **Betriebsführung** und **Beantwortung wissenschaftlicher Fragen**.

Personenbezogenes Behandlungsprotokoll

Therapeutischer Aspekt: Da sich Krankheitsbilder in ihrem Verlauf sehr stark ändern können, sollen klinische Befunde und diagnostisch relevante Erhebungen genau dokumentiert werden.
Rechtlicher Aspekt:

Individuelle Krankenakten erlauben das Nachvollziehen der bei Diagnostik und Therapie zugrunde liegenden Vorgehensweise.

Grundsätzlich gilt, dass im Fall einer Rechtsstreitigkeit ein Patient einen Behandlungsfehler nachweisen muss. Nur wenn die im Rahmen der Behandlung gemachten Aufzeichnungen nicht genügen, um den Verlauf von Diagnostik und Therapie nachvollziehen zu können, tritt die sog. Beweislastumkehr ein, d. h. in diesem Fall muss der Arzt nachweisen, dass er keinen Fehler gemacht hat (s. SE 8.2, S. 208 f). Zur Aufklärung des Patienten und zur Dokumentation des Aufklärungsgespräches s. SE 8.2 S. 206 ff. Die Aufzeichnungen sind i. d. R. mindestens 10 Jahre nach Abschluss der Behandlung aufzubewahren.
Auf Wunsch ist den Patientinnen und Patienten grundsätzlich Einsichtnahme in die ärztlichen Aufzeichnungen zu gewähren bzw. sind diese gegen Kostenerstattung zu kopieren. Ausgenommen sind lediglich subjektive ärztliche Wahrnehmungen und Eindrücke.
Betriebsführung: Die Erhebung der für die Abrechnung mit den Kostenträgern erforderlichen Daten bedarf nicht der Zustimmung der Patienten.

Beantwortung wissenschaftlicher Fragen

Daten zu allgemeinen Zwecken müssen soweit wie möglich in anonymisierter Form gespeichert und weiterverarbeitet werden. Sollte der Rückschluss auf die Einzelperson bei Forschungsvorhaben weiter möglich oder notwendig sein, muss ggf. eine Ethik-Kommission darüber befinden, ob und unter welchen Auflagen eine solche Datensammlung möglich ist. Nach Abschluss des Projekts sind personenenbezogene Daten zu löschen (**8.1**).

8.1 Datenerhebung

Die im Rahmen einer Behandlung erhobenen Daten genügen zwar meist der Darstellung des Krankheitsverlaufs, erlauben aber häufig nicht die *retrospektive* Zusammenfassung von Patientenkollektiven zur statistischen Auswertung, weil die erforderlichen Werte nicht bei allen Patienten erfasst wurden. *Prospektive* Datenerhebungen unter definierten Bedingungen hingegen erlauben die
- Vollständigkeit und Vergleichbarkeit der Daten,
- Validität (Gültigkeit der Aussage in Bezug auf die zugrunde liegende Fragestellung), Objektivität (Ausschluss subjektiver Verfälschungen) und Reliabilität (Reproduzierbarkeit) der Daten und eine
- ökonomische Datenerhebung mit geringstmöglichem Aufwand.

Soweit möglich sollten immer internationale (ICD, TNM) oder nationale (OP-Schlüssel nach § 301 SGB V) Klassifikationen und Scores (CHILD, ASA, VISICK, APACHE-II) eingesetzt werden. Sie erleichtern die Vergleichbarkeit der Untersuchungsergebnisse mit denen anderer Studien. In Bereichen, in denen geeignete erprobte Klassifikationen nicht zur Verfügung stehen, ist der Einsatz einer anhand der Fragestellung entwickelten Klassifikation bei der Datenerhebung sinnvoll, um auch hier die Einhaltung der o. g. Bedingungen und eine EDV-gerechte Eingabe und Auswertung zu erlauben. Eine solche Klassifikation sollte erzwingen, dass jeder Sachverhalt genau einer Klasse zugeordnet wird. Bei der Dokumentation numerischer Werte sollten Auffälligkeitsgrenzen festgelegt werden, bei deren Überschreiten eine Überprüfung der Eingabe empfohlen wird (z. B. Blutzucker > 200 mg/dl, Körpergewicht > 150 kg, systolischer Blutdruck < 50 mmHg). Wenn möglich, sollten Plausibilitätskontrollen eingebaut werden, die die Angabe eines Uterusmyoms beim Mann oder eines mehrjährigen Altersdiabetes beim Neugeborenen ausschließen.

Es muss gewährleistet sein, dass eine nachträgliche Ergänzung oder Änderung als solche erkennbar ist.

Schweigepflicht

Die Berufsordnung für Ärztinnen und Ärzte aller Bundesländer schreibt vor, dass unter die Schweigepflicht alle Informationen fallen, die ihnen in ihrer ärztlichen Eigenschaft anvertraut oder bekannt geworden sind. Dazu zählen auch schriftliche Mitteilungen der Patientin bzw. des Patienten, ärztliche Aufzeichnungen, Röntgenaufnahmen und sonstige Untersuchungsbefunde. Die Schweigepflicht gilt ebenso für alle den Ärzten unterstellte Personen, die darüber schriftlich aufzuklären sind. Auch der patientenbezogene Informationsaustausch mit anderen Ärzten ist nur zulässig, wenn dies für die Behandlung erforderlich und das Einverständnis des Patienten anzunehmen ist oder dessen Genehmigung vorliegt.

Die Schweigepflicht gilt auch gegenüber den Angehörigen des Patienten.

Es ist daher unbedingt erforderlich, vor einer Auskunft auch an Angehörige die Zustimmung des Patienten einzuholen. Im Rahmen geplanter größerer Eingriffe mit Nachbeatmung auf der Intensivstation sollte vorab geklärt werden, gegenüber wem der Arzt vom Patienten von der Schweigepflicht entbunden wird. Die ärztliche Schweigepflicht gilt auch gegenüber der Krankenkasse des Patienten. Sofern die Krankenkasse Auskunft über Details einer Erkrankung oder Behandlung verlangt, muss sie zuvor beim Patienten eine Entbindung von der Schweigepflicht einholen. Die Auskunft darf dann an den **m**edizinischen **D**ienst der **K**rankenkassen (MDK) gegeben werden. Bei sonstigen Auskunftsbegehren (private Versicherungen, Gerichtsgutachten etc.) muss in jeder Situation eine separate Schweigepflichtentbindung eingeholt werden.
Eine *rechtliche Grauzone* stellt in der Praxis gelegentlich der Wunsch von Angehörigen eines Patienten dar, über dessen gesundheitliche Situation Auskunft zu erhalten, wenn dieser aufgrund eines Unfalls oder einer plötzlichen schweren Erkrankung nicht in der Lage war, den Arzt für diesen Fall von seiner Schweigepflicht zu entbinden.

Hier ist der Arzt berechtigt, im mutmaßlichen Willen des Patienten zu handeln und zu unterstellen, dass eine Auskunft gegenüber dem Lebensgefährten oder Eltern bzw. Kindern dem Willen des Patienten entspricht.

Die Sorgfaltspflicht gebietet jedoch auch hier, keine telefonischen Auskünfte an nicht persönlich bekannte und am Telefon nicht eindeutig zu identifizierende Personen zu geben und sich vor Auskunftgabe von der Identität des Auskunftersuchenden und seiner Beziehung zum Patienten zu überzeugen. Schon manche vermeintliche gütige Großmutter hat sich im nachhinein als Mitarbeiterin der Boulevardpresse entpuppt, die versucht, Informationen zu erschleichen.

Auf gerichtliche Anordnung zur Wahrung eines höheren Rechtsgutes ist eine Auskunftserteilung auch ohne Zustimmung des Patienten möglich.

Meldepflicht

Bei **Fahruntüchtigkeit** und fehlender Einsichtigkeit des Patienten *kann* eine Meldung an die Straßenverkehrsbehörden erfolgen. Sollte der Arzt bei der Behandlung Kenntnis über einen geplanten Mord oder kriegerischen Angriff erhalten, so ist dies anzuzeigen.

Unerwünschte Arzneimittelwirkungen sollten der Arzneimittelkommission der deutschen Ärzteschaft mitgeteilt werden.
Das **Infektionsschutzgesetz** (IfSG) vom 20. 07. 2000 löst das bisherige Bundesseuchengesetz ab. Von den sehr detaillierten Obliegenheiten behandelnder Ärzte bei der Behandlung von Patienten mit bestimmten Infektionskrankheiten sollen hier nur die für die Chirurgie wichtigsten aufgelistet werden:
Dem Gesundheitsamt ist unverzüglich das gehäufte Auftreten nosokomialer Infektionen, bei denen ein epidemischer Zusammenhang wahrscheinlich ist oder vermutet wird, als Ausbruch nicht namentlich zu melden.
Dem Gesundheitsamt ist mitzuteilen, wenn Personen, die an einer behandlungsbedürftigen Lungentuberkulose leiden, eine Behandlung verweigern oder abbrechen.
Namentlich durch den behandelnden Arzt sind zu melden

- der Krankheitsverdacht, die Erkrankung sowie der Tod an Botulismus, Cholera, Diphtherie, humaner spongiformer Enzephalopathie (außer familiär-hereditärer Formen), akuter Virushepatitis, enteropathischem hämolytisch-urämischem Syndrom (HUS), virusbedingtem hämorrhagischen Fieber, Masern, Meningokokken-Meningitis oder -Sepsis, Milzbrand, Poliomyelitis (als Verdacht gilt jede akute schlaffe Lähmung, außer wenn traumatisch bedingt), Pest, Tollwut, Typhus abdominalis/Paratyphus sowie die Erkrankung und der Tod an einer behandlungsbedürftigen Tuberkulose, auch wenn ein bakteriologischer Nachweis nicht vorliegt,
- der Verdacht auf und die Erkrankung an einer mikrobiell bedingten Lebensmittelvergiftung oder an einer akuten infektiösen Gastroenteritis, wenn eine Person betroffen ist, die eine Tätigkeit im Sinne des IfSG § 42 Abs. 1 (z. B. Lebensmittelherstellung und Köche in Gaststätten oder Gemeinschaftsküchen) ausübt, zwei oder mehr gleichartige Erkrankungen auftreten, bei denen ein epidemischer Zusammenhang wahrscheinlich ist oder vermutet wird,
- der Verdacht einer über das übliche Ausmaß einer Impfreaktion hinausgehenden gesundheitlichen Schädigung,
- die Verletzung eines Menschen durch ein tollwutkrankes, -verdächtiges oder -ansteckungsverdächtiges Tier sowie die Berührung eines solchen Tieres oder Tierkörpers,
- soweit nicht nach den vorhergehenden Punkten meldepflichtig, das Auftreten einer bedrohlichen Krankheit oder von zwei oder mehr gleichartigen Erkrankungen, bei denen ein epidemischer Zusammenhang wahrscheinlich ist oder vermutet wird, wenn dies auf eine schwerwiegende Gefahr für die Allgemeinheit hinweist und Krankheitserreger als Ursache in Betracht kommen, die nicht in § 7 genannt sind.

8.2 Das Recht auf körperliche Unversehrtheit

„Jeder Mensch hat das Recht auf Leben und körperliche Unversehrtheit. Die Freiheit der Person ist unverletzlich. In diese Rechte darf nur aufgrund eines Gesetzes eingegriffen werden." Der hohe Rang dieses Rechtsanspruchs wird dadurch deutlich, dass er im Artikel 2 des Grundgesetzes der Bundesrepublik Deutschland festgeschrieben ist. Ein Verstoß gegen dieses Recht bedroht den Verursacher einer Körperverletzung mit Strafe und gesteht dem Geschädigten zivilrechtliche Ansprüche zu. Das Arzt-Patienten-Verhältnis sollte von gegenseitigem Vertrauen geprägt sein. Gelegentlich kommt es dennoch zu Auseinandersetzungen. Wie können sich Ärzte vor unberechtigten Vorwürfen schützen und wie lässt sich vermeiden, dass Patienten zur Durchsetzung berechtigter Ansprüche Hilfe vor Gericht suchen müssen?

Aufklärung

Es ist eigentlich selbstverständlich, dass Patienten vor einer ärztlichen Maßnahme über den Sinn und auch die Risiken aufgeklärt werden. Vor der juristischen Verpflichtung sollte der Arzt auch persönlich und medizinethisch dazu motiviert sein, mit den Patienten offen über die geplante Diagnostik und Behandlung zu sprechen, Fragen zu beantworten und die Patienten dazu in die Lage zu versetzen, ihr Selbstbestimmungsrecht uneingeschränkt ausüben zu können.

Mehrere Faktoren können im Arbeitsalltag jedoch dazu führen, dass dieser Pflicht nicht immer oder nicht in vollem Umfang nachgekommen wird:

Zeitliche Überlastung des Arztes, die Angst, durch zu ausführliche Darstellung der Risiken das Vertrauen zu untergraben oder die Patienten zu verunsichern; sprachliche oder sachliche Verständigungsprobleme und der Wunsch, zögerliche Patienten zu einer aus ärztlicher Sicht indizierten Maßnahme zu drängen.

Alle diese Gründe sind im Sinne der Rechtsprechung nicht stichhaltig, zudem untergraben sie das Vertrauen zwischen Arzt und Patient.

Die Rechtslage hat sich durch zahlreiche Einzelentscheidungen entwickelt, somit gibt es kein Gesetz, an dem man sich allein orientieren könnte. Es ist damit zu rechnen, dass durch zukünftige Gerichtsurteile eine Weiterentwicklung eintritt. Daher muss jedem Arzt dringend empfohlen werden, die Kenntnis der aktuellen Lage zu gewährleisten.

Inhalte des Aufklärungsgesprächs

Der Arzt sollte Fachausdrücke, die der Patient nicht versteht, vermeiden. Sind sie unvermeidlich, muss er nachfragen, ob der Patient diese verstanden hat und sie ggf. erklären. Das Aufklärungsgespräch sollte folgende Inhalte umfassen:

Art der geplanten Maßnahme:
- Art und Umfang des geplanten Eingriffs,
- Vorgehensweise bei ggf. erst während eines Eingriffs erkennbarer Notwendigkeit, Art und Umfang des Eingriffs auszuweiten oder zu beschränken,
- alternative Behandlungsmöglichkeiten,
- Kenntnisstand des/der ausführenden Arztes/Ärzte,
- ggf. auch auf Behandlungsmöglichkeit hinweisen, die nur anderen Orts durchgeführt werden,
- Möglichkeit für den Patienten einräumen, sich eine zweite Meinung einzuholen,

Erfolgsaussichten:
- zu erwartender Verlauf mit und ohne Behandlung,

mit der Maßnahme verbundene Belastungen:
- Schmerzen oder sonstige Beschwerden nach dem Eingriff,
- temporärer oder dauerhafter Einfluss eventueller Folgen des Eingriffs auf Probleme der täglichen Lebensführung (wie Gehstrecke, Treppen steigen, Lasten heben, Fahrtauglichkeit, berufliche Erfordernisse, Urlaubsreisen, Ernährungsprobleme),
- Sonderfälle nicht vergessen: z. B. Unterbrechung der oralen Kontrazeption durch Gastroskopie oder Gabe von Laxanzien, Nachweis des Verlusts der Zeugungsfähigkeit nach Vasektomie erst nach negativem Spermiogramm,

Risiken (s. auch **8.2**):
- typische Risiken (einschließlich Lagerungsschäden),
- seltene, aber möglicherweise die Entscheidung des Patienten beeinflussende schwerwiegende Risiken,
- ggf. Indikationen und Gefahren von Bluttransfusionen oder der Gabe von Blutbestandteilen.

Zuletzt sollte sich der Arzt immer **nach noch offenen Fragen erkundigen**, das Aufklärungsgesprächs ist erst nach Beantwortung aller Fragen des Patienten abgeschlossen.

8.2 Aufklärung über seltene, schwerwiegende Risiken

Selbstverständlich können nicht sämtliche Risiken erschöpfend dargestellt werden, gemäß derzeitiger Rechtsprechung muss jedoch über alle diejenigen aufgeklärt werden, die **häufig** und für die geplante Maßnahme **typisch** sind oder die so **schwerwiegend** sind, dass sie auch bei äußerst seltenem Auftreten die Entscheidung der Patienten für oder gegen die vorgeschlagene Behandlung beeinflussen könnten. ***Beispiel:*** Sollte evtl. die Notwendigkeit einer Bluttransfusion als Folge einer Operation absehbar sein, muss über das *Risiko der HIV-Übertragung* aufgeklärt werden, auch wenn diese nur so selten auftritt, dass sie gegenüber anderen potenziell tödlichen Risiken weit im Hintergrund steht. Eine HIV-Infektion gilt jedoch als so schwerwiegend, dass die Gefahr ihres Eintretens für den Patienten ein maßgeblicher Entscheidungsgrund sein kann.

Dokumentation

Die Einwilligung in einen Eingriff setzt nach gängiger Rechtsprechung eine vollständige Aufklärung voraus. Als Gedächtnisstütze für die Vollständigkeit werden vielfach vorgedruckte Aufklärungsbögen eingesetzt, die für fast alle gängigen diagnostischen und therapeutischen Eingriffe von kommerziellen Anbietern vertrieben werden. Der *Vorteil* kann sein, dass keine wesentlichen Inhalte eines Aufklärungsgesprächs vergessen werden. Ein *erheblicher Nachteil* ist allerdings, dass gerade solche Formulare vor Gericht eben ausdrücklich nicht als Nachweis für ein ausführliches persönliches Aufklärungsgespräch anerkannt werden, denn es ist auch möglich – und leider auch noch üblich –, dass ein solcher Bogen dem Patienten auf den Nachttisch gelegt wird mit dem Hinweis, dass man ihn nach 10 Minuten unterschrieben abholen würde.
Auf die Nachteile einer Beweislastumkehr im Streitfall wird in **8.3** ausführlich eingegangen, wichtig ist daher die Dokumentation des Gesprächs und die Tatsache, dass alle erforderlichen Inhalte abgedeckt worden sind. Der Nachweis wird daher am besten im Rahmen der individuellen Aufzeichnung solcher Gespräche geführt.

Zeitpunkt des Aufklärungsgesprächs

Zum Zeitpunkt des Aufklärungsgespräches gibt es eine große Zahl von Gerichtsurteilen, die den erforderlichen zeitlichen Abstand zum **geplanten Eingriff** in der Tendenz immer großzügiger bemessen haben.

! Auf ganz typische und wichtige Komplikationen sollte schon beim ersten Patientenkontakt hingewiesen werden: z. B. Stimmbandparese bei empfohlener Schilddrüsenoperation.

Hintergrund dieser Urteile ist es, dem Patienten die freie Entscheidung zu ermöglichen. Dazu muss ausreichend Bedenkzeit eingeräumt werden und beim Patienten der Eindruck vermieden werden, dass er unter Druck steht, weil er beispielsweise schon auf dem Operationsplan steht und eine Absage der Operation erhebliche organisatorische Probleme nach sich zieht und damit eine Belastung des Arzt-Patienten-Verhältnisses bewirkt. Maßgeblich für die Gerichtsentscheidungen ist dabei der subjektive Eindruck des Patienten, auch wenn objektiv die Verschiebung eines Operationstermins keine derartigen Folgen hätte.
Als geeigneter Termin für ein Aufklärungsgespräch wird in vielen Gerichtsentscheidungen der Termin angesehen, an dem die Indikation für einen Eingriff gestellt wird. Das berücksichtigt auch, dass der Zeitraum zwischen Indikationsstellung und Ausführung bei dringlichen Eingriffen kürzer ist und bei elektiven Eingriffen länger.

! Unwirksam ist eine Aufklärung i. d. R. erst am Operationstag oder unter der Wirkung die Willenskraft beeinflussender Medikamente.

Vor Notfalleingriffen, bei deren Verzögerung erhebliche Schäden oder der Tod des Patienten drohen, kann selbstverständlich kein ausführliches Aufklärungsgespräch geführt werden. Hier darf sich die Aufklärung auf das beschränken, was ohne Zeitverzögerung möglich ist. Die Erfahrung lehrt, dass schwerkranke Patienten meist von sich aus den Wunsch äußern, dass die notwendigen Maßnahmen möglichst schnell vorgenommen werden. Dieser Wunsch sollte unter Zeugen dokumentiert und erfüllt werden.

Einwilligung

Das Selbstbestimmungsrecht der Patienten leitet sich aus dem Grundgesetz her, in dem die Unantastbarkeit der Menschenwürde und Unverletzbarkeit des Körpers prinzipiell festgelegt sind. Eine auch in gutem Willen ausgeführte ärztliche Maßnahme verletzt aber ohne Einwilligung des Patienten nach unserer Rechtsprechung auf jeden Fall dessen Selbstbestimmungsrecht und damit die Menschenwürde.

! Unabdingbare Voraussetzung für eine rechtsgültige Einwilligung ist somit, dass der Patient Sinn, Umfang, Erfolgsaussichten und Risiken einer Behandlung dargelegt bekommen und auch verstanden hat.

Der Textumfang der Abschnitte über Aufklärung und Einwilligung macht deutlich, dass der Schwerpunkt eindeutig auf Seiten der Aufklärung liegt. Die Einwilligung ist dann lediglich die schriftliche Erklärung, dass der Patient nach Abwägung der Vor- und Nachteile sich entschieden hat, das Angebot des Arztes, den Eingriff durchzuführen, anzunehmen. Selbstverständlich behält der Patient das Recht, diese Einwilligung jederzeit zurückzuziehen.
Für diesen Regelfall sind keine weiteren Ausführungen notwendig. Einige Sonderfälle bedürfen aber der näheren Betrachtung:
Bei **Minderjährigen** entscheiden i. d. R. die Eltern oder andere Träger des Sorgerechts. Das Kind sollte seinem Alter und seiner Verständnisfähigkeit entsprechend einbezogen werden. Bei fast volljährigen Kindern ist – entsprechende Reife vorausgesetzt – eine Einwilligung im Einzelfall auch durch einen Minderjährigen möglich, sicherheitshalber sollten – wenn immer möglich – die Eltern oder deren Vertreter (z. B. Lehrer oder Begleitpersonen bei Schulausflügen, wenn die Eltern nicht erreicht werden können) einbezogen werden.
Sollte die Entscheidung der Eltern geeignet sein, das Leben des Kindes zu gefährden (z. B. die Verweigerung von Transfusionen bei *Zeugen Jehovas*), kann das Vormundschaftsgericht angerufen werden. Allerdings kann damit die spätere Ablehnung des Kindes durch die Eltern bewirkt werden, sodass dieser Weg nicht leichtfertig gegangen werden darf. Übrigens ist die Ablehnung einer Transfusion durch einen einsichts- und entscheidungsfähigen volljährigen Patienten dessen freie Entscheidung – selbst wenn sie den Tod zur Folge hat. Aus der freien Selbstbestimmung leitet sich auch das Recht her, eine Behandlung abzulehnen.

8.3 Haftungsgründe

Es gibt mehrere Haftungsgründe für ärztliches Tun. Vertragliche Haftung kann aus der Nichterfüllung des Behandlungsvertrages resultieren, deliktische Haftung aus der Verletzung des Strafrechts und – als häufigste Ursache – die zivilrechtliche Haftung, also die Schadenersatzpflicht nach fehlerhafter Behandlung.

Vertragliche Haftung

I. d. R. kommt zwischen Patient und Arzt ein Dienstleistungsvertrag zustande. Charakteristisch hierfür ist, dass sich der Arzt verpflichtet, eine bestimmte **Dienstleistung** zu erbringen. Hierbei wird nur für die korrekte Erbringung der Dienstleistung gehaftet, nicht jedoch für ihren tatsächlichen Erfolg.

Nur in Ausnahmefällen und juristisch nicht unumstritten kommt auch die Haftung im Rahmen eines **Werkvertrages** zustande (z. B. bei der Zahnprothetik). Hier haftet der Arzt für den tatsächlichen Erfolg der vereinbarten Leistung.

Bei gesetzlich angeordneten Behandlungen kommt zudem noch die *Amtshaftung* infrage, auf die hier nicht näher eingegangen werden soll.

Nicht immer ist der behandelnde Arzt auch der direkte Vertragspartner des Patienten. Insb. bei der stationären Krankenhausbehandlung einschließlich der vor- und nachstationären Behandlung ist das Krankenhaus Vertragspartner und Haftungsträger.

Deliktische Haftung

Aus juristischer Sicht erfüllt auch ein nach den Regeln der ärztlichen Kunst ausgeführter diagnostischer oder therapeutischer Eingriff den Tatbestand der Körperverletzung. Es besteht jedoch nach einwandfreier Aufklärung und Einwilligung keine Strafandrohung. Sollten im Rahmen einer gerichtlichen Auseinandersetzung Mängel bei der Einwilligung festgestellt werden, dann kommt grundsätzlich auch die strafrechtliche Belangung des Arztes infrage.

Bei sehr schwerwiegenden Verstößen gegen die ärztliche Berufsordnung sehen diese je nach Kammerbereich auch die Möglichkeit eines befristeten oder dauerhaften Ausschlusses von der ärztlichen Berufsausübung vor.

Zivilrechtliche Haftung nach schuldhaftem ärztlichem Verhalten

Im Rahmen des Dienstleistungsvertrages schuldet der Arzt dem Patienten die Erbringung der den geltenden Standards entsprechenden Leistungen. Ein Fehler kann sowohl in einer Untererfüllung als auch in der Durchführung überflüssiger Maßnahmen bestehen. Für die Frage, was zum aktuellen medizinischen Standard gehört, ist ein gewisser Entscheidungskorridor gegeben. Beispielsweise gehören Maßnahmen, die der Kostenträger nicht vergütet, in aller Regel nicht dazu. Allerdings kann es von dieser Regel auch Ausnahmen geben, wenn allgemeine ethische Grundsätze für die Leistungserbringung sprechen.

Es kann viele Gründe haben, dass eine zunächst vertrauensvolle Patient-Arzt-Beziehung vor einem Gericht endet. Eine solche gerichtliche Auseinandersetzung hat zudem in der öffentlichen Meinung häufig den Beigeschmack, dass keine Waffengleichheit herrscht und Ärzte als Gutachter sich gegenseitig wider besseren Wissens nach dem Motto „eine Krähe hackt einer anderen kein Auge aus" begünstigen. Diese Vorurteile können dazu führen, dass ein gerichtliches Urteil im Rahmen eines „Kunstfehlerprozesses" zugunsten des beklagten Arztes in der öffentlichen Meinung im Umfeld in das Gegenteil verkehrt wird und somit seine wirtschaftliche Existenz infrage gestellt wird.

Dabei wird völlig außer Acht gelassen, dass es Juristen sind, die Recht sprechen und nicht die ärztlichen Gutachter, und dass selbst da, wo Ärzte im Rahmen von Schiedskommissionen außergerichtliche Einigungen zu erzielen versuchen, es einen hohen Prozentsatz an Schiedsgerichtsentscheidungen gibt, in denen Ärzten Behandlungsfehler bescheinigt werden.

Um Waffengleichheit vor Gericht zu gewährleisten, hat der Bundesgerichtshof (BGH) in einer Grundsatzentscheidung 1978 vorgegeben: *„Der Grundsatz der ‚Waffengleichheit' im Arztfehlerprozess erfordert zunächst, dass der Arzt dem klagenden Patienten Aufschluss über sein Vorgehen in dem Umfang gibt, in dem ihm dies ohne weiteres möglich ist, und insoweit auch zumutbare Beweise erbringt. Dieser Beweispflicht genügt der Arzt weithin durch Vorlage einer ordnungsgemäßen Dokumentation im Operationsbericht, Krankenblatt oder der Patientenkarte, wie sie auch gutem ärztlichen Brauch entspricht. Vertrauenswürdigen Unterlagen dieser Art soll i. d. R. der Tatrichter bis zum Beweis der Unrichtigkeit Glauben schenken. ... die Waffengleichheit erfordert es, dass die Beklagtenseite gleichzeitig in zumutbarem Umfang Umstände darlegt und unter Beweis stellt, aus denen sich die allgemeine Vertrauenswürdigkeit der Aufzeichnung ergibt."*

Als Konsequenz dieser BGH-Entscheidung wird eine unterlassene oder unzureichende Dokumentation einer Maßnahme als Indiz angesehen, dass diese Maßnahme unterblieben ist. Weiterhin bewirkt eine fehlende Vertrauenswürdigkeit der ärztlichen Dokumentation eine Beweiserleichterung für den klagenden Patienten bis hin zum Anscheinsbeweis und der **Beweislastumkehr**, d. h., nicht mehr der Patient muss beweisen, dass bei der Behandlung ein Fehler gemacht wurde, sondern der Arzt muss beweisen, dass er keinen gemacht hat, was wegen der mangelnden Dokumentation kaum gelingen wird. Aus Erfahrung, hier den leichtesten Weg zum Erfolg zu finden, wird die ärztliche Dokumentation häufig als erstes vom Anwalt eines klagenden Patienten unter die Lupe genommen.

Die häufigste Ursache einer Verurteilung eines Arztes wegen eines Behandlungsfehlers ist die mangelhafte ärztliche Dokumentation.

Sollte die ärztliche Dokumentation so gut sein, dass daraus Beweiserleichterungen für die klagende Seite nicht abgeleitet werden können, besteht eine oft geübte Strategie der Kläger darin, dem Arzt Fehler bei der Aufklärung und Einholung der Einwilligung nachzuweisen (s. o.). Auch hier können neben inhaltlichen Fehlern auch Dokumentationsfehler für eine nachfolgende Verurteilung des Arztes ursächlich sein. Hier kommt übrigens neben der zivilrechtlichen Haftung auch die deliktische Haftung (Strafbarkeit einer Körperverletzung) infrage.

Für einen Arzt, der wegen der genannten formalen Probleme verurteilt wird, ist dies besonders ärgerlich, weil aus seiner Sicht die eigentliche Frage, ob wirklich eine fehlerhafte Behandlung vorlag, nicht mehr im Mittelpunkt der gerichtlichen Auseinandersetzung steht.

Der Arzt schuldet dem Patienten die Behandlung nach den Regeln anerkannter und üblicher Behandlungsmethoden. Gründe für Behandlungsfehler können neben der Missachtung dieser Vorgabe u. a. auch organisatorische Mängel (z. B. vermeidbare Verzögerungen, Übermüdung durch zu lange Arbeitszeiten) als auch Übernahmeverschulden sein. Ein Übernahmeverschulden besteht dann, wenn ein Arzt eine Behandlung durchführt, für die er entweder nicht ausgebildet oder in erforderlichem Umfang ausgerüstet ist und den Patienten nicht an eine geeignete Stelle überweist. Die bei korrekter Behandlung schicksalhaft aufgetretenen Komplikationen stellen keinen Behandlungsfehler dar.

Die **Anordnung einer ärztlichen Behandlung** aufgrund eines Gerichtsurteils ist in der Chirurgie so selten, dass sie hier keiner weiteren Erläuterung bedarf.

Bei **Patienten, die ihren Willen nicht äußern können** und bislang keinen Vormund für Gesundheitsangelegenheiten haben, ist nach Dringlichkeit zu unterscheiden: Bei das Leben bedrohenden oder ohne sofortige Behandlung bleibende Schäden verursachenden Erkrankungen eines Bewusstlosen oder aus anderen Gründen nicht einsichts*fähigen* Patienten ist der Arzt verpflichtet, diejenigen Maßnahmen zu ergreifen, die einer weiteren Schädigung des Patienten vorbeugen. Wenn die Zeit dafür noch vorhanden ist, muss durch das Vormundschaftsgericht eine Person bestimmt werden, die die Rechte des Patienten hinsichtlich seiner Gesundheitsfürsorge wahrnimmt.

! Die Einwilligung in einen Eingriff ist nur auf der Grundlage einer vollständigen Aufklärung rechtsgültig. Ohne diese Voraussetzung gilt auch ein indizierter und korrekt ausgeführter ärztlicher Eingriff als Körperverletzung.

8.4 Vorgehen bei vorgeworfenem Behandlungsfehler

Verhalten im Schadensfall

Aus den in **8.3** genannten Gründen sollte ein wesentliches **Ziel** sein, die Eröffnung eines Hauptverfahrens zu vermeiden, schon um die psychische Belastung eines i. d. R. lang dauernden Zivil- oder Strafrechtsverfahrens zu umgehen. Im Falle des Vorwurfs eines Behandlungsfehlers ist Aussitzen also nicht die geeignete Strategie. Auf der anderen Seite können sämtliche Aussagen des beklagten Arztes gegen ihn verwendet werden, durch unbedachte Äußerungen kann also großer Schaden angerichtet werden.

Es gilt bei vielen Ärzten als unethisch, einen begangenen Fehler zu leugnen. Je nach Schwere des Vorwurfs sollte hier eine **angemessene Strategie** verfolgt werden: Sollte der Behandlungsfehler möglicherweise Schuld am *Tod des Patienten* haben, stellt sich die Frage, welche Todesursache im Totenschein angegeben wird. Der Totenschein sollte – wenn möglich – von einem nicht in den Behandlungsfehlervorwurf verwickelten Arzt ausgefüllt werden. Je nach Länderrecht ist „ungeklärte Todesursache" zu vermerken und die Polizei zu verständigen. Der Versuch, die Ursache des Todesfalls zu vertuschen, kann zusätzliche strafrechtliche Konsequenzen haben. Insb., wenn der Arzt sich nach seiner Ansicht einem grundlosen Tötungsvorwurf ausgesetzt sieht, sollte unbedingt bei der Staatsanwaltschaft eine Obduktion beantragt werden. Eine Selbstanzeige kann hier den Vorwurf der Vertuschung entkräften und einen positiven Einfluss auf den weiteren Gang des Ermittlungsverfahrens haben.

Bei Behandlungsfehlern *ohne Todesfolge* ist keine automatische Strafverfolgung von Amts wegen gegeben, eine Selbstanzeige verhindert möglicherweise die außergerichtliche zivilrechtliche Einigung.

Dem **Gespräch mit dem Patienten** bzw. seinen Angehörigen kommt i. d. R. eine richtungsweisende Wirkung für den weiteren Verlauf des Verfahrens zu, weil es oft entscheidend dafür ist, ob aus Misstrauen juristische Schritte eingeleitet werden. Es kann sinnvoll sein, nicht direkt nach einem Zwischenfall in der noch emotionalen Anspannung ein Gespräch zu führen, sondern mit einem vertretbaren zeitlichen Abstand und nach entsprechender Vorbereitung in unmissverständlicher Wortwahl. Die Teilnahme von Vorgesetzten, soweit vorhanden, und möglichst eines neutralen Zeugen an einem solchen Gespräch ist anzuraten.

Insb. wenn ein Behandlungsfehler zu notwendigen Nachbehandlungen oder Revisionsmaßnahmen führt, sollte dies in einem solchen Gespräch klargestellt werden, um weiteren Schaden durch unterlassene Korrekturmaßnahmen abzuwenden. Hinsichtlich sich daraus ableitender Schmerzensgeldansprüche sollte eine direkte Einigung mit der Versicherung oder, wenn dieser einfachste Weg abgelehnt wird, die Anrufung einer Schiedsstelle angeregt werden (s. u.).

! Vorsicht ist geboten hinsichtlich der **Einflussnahme auf mögliche Zeugen**.

Neben einem denkbaren direkten Einfluss sollte auch die Beeinflussung durch Teilnahme des möglicherweise schuldigen Arztes an Besprechungen über den Zwischenfall oder durch gemeinsam unterschriebene Protokolle unterbleiben.

Sehr anzuraten ist, sich **von sämtlichen Beweismitteln Kopien anzufertigen** (während des Ermittlungsverfahrens besteht kein Rechtsanspruch auf Akteneinsicht) und sich genaue Aufzeichnungen über Ablauf, Beteiligte und Besonderheiten des Zwischenfalls zu machen und diese an einer Stelle zu hinterlegen, an der sie nicht beschlagnahmt und dann als Beweismittel gegen den Beschuldigten verwendet werden können.

! Vor Aufnahme jedweder ärztlichen Tätigkeit sollte man sich vergewissern, welcher **Versicherungsschutz** ggf. über eine Police des Arbeitgebers besteht und die nicht eingeschlossenen Risiken selbst versichern lassen.

Schlichtungsverfahren

Bei den Ärztekammern gibt es Gutachterkommissionen für ärztliche Behandlungsfehler. Sie sind in der Lage, bundesweit deutlich mehr Streitfälle zu schlichten als es Gerichtsentscheidungen zu Behandlungsfehlern gibt. Im Bereich der Ärztekammer Nordrhein werden beispielsweise bei ca. 1500 Verfahren jährlich bei über einem Drittel Behandlungsfehler festgestellt. Das Schlichtungsverfahren hat für die Beteiligten mehrere Vorteile: kürzere Verfahrenszeiten, geringere Verfahrenskosten, ausschließlich zivilrechtliche Entscheidungen (keine strafrechtlichen Verfahren). Das Schiedsverfahren ist ein Vergleichsangebot, das von den Parteien nicht angenommen werden muss. Der Weg zu einer gerichtlichen Klärung bleibt nach wie vor frei, in der Praxis werden aber nur wenige Schiedsverfahren nochmals vor Gericht ausgetragen, denn die Erfahrung hat gezeigt, dass es nur wenige Gerichtsurteile gibt, die zu einer deutlich anderen Entscheidung kommen als die vorangegangene Entscheidung der Gutachterkommission.

8.3 Rechtliche Grundlagen der Transplantationschirurgie

Als einer der letzten Staaten in Europa hat Deutschland 1997 ein Transplantationsgesetz (TPG) verabschiedet. Vorausgegangen war ein engagiertes Ringen um eine Lösung, die die Persönlichkeitsrechte aller Beteiligten schützt. Das Transplantationsgesetz eröffnet jedem Menschen die Möglichkeit, dass seiner eigenen Auffassung zu diesem sensiblen Thema Folge geleistet werden muss. Einzige Voraussetzung ist, dass man seinen Willen auch zu Lebzeiten äußert. Leider hat von dieser Möglichkeit bislang erst ein kleiner Teil der Bevölkerung Gebrauch gemacht. So erklärt sich die Tatsache, dass weit weniger Organentnahmen möglich sind, als der bei Umfragen in der Bevölkerung ermittelten Zustimmungsrate entsprechen würde.

Spender

Lebendspende

Bei der Lebendspende besteht die Gefahr, dass die Spendebereitschaft durch materielle Anreize erkauft oder durch psychosozialen Druck erpresst wird. Um diesen Gefahren vorzubeugen, ist die Lebendspende nur unter ganz fest umrissenen Bedingungen zulässig.
Die Spende eines nicht regenerierungsfähigen Organs (z. B. Niere) ist nur zwischen Personen, die sich in offensichtlicher enger persönlicher Verbundenheit nahestehen (darunter zählen z. B. Verwandte 1. und 2. Grades, Ehegatten, Verlobte) zulässig. In einem geregelten Verfahren wird überprüft (Ethikrat und/oder psychosoziale Evaluationsgespräche), ob der Spendewillige über die Risiken und Erfolgsaussichten aufgeklärt wurde und nicht Druck oder geldwerte Vorteile Grund für die Spendebereitschaft sind.

Organentnahme bei einem Toten

Auch gegen die Organentnahme bei Toten bestehen vielfach Vorbehalte: Im Mittelpunkt stehen hier die Umstände der Feststellung des Todes und des Todeszeitpunktes, aber auch die Ängste, dass Patienten willkürlich für tot erklärt bzw. gar lebenserhaltende Maßnahmen unterlassen werden, weil die mit der Behandlung oder Todesfeststellung befassten Ärzte auf finanziellen oder anderen Anreiz hin eine Organentnahme bevorzugen könnten, statt mit ganzer Kraft auf die Gesundung eines Schwerkranken hinzuarbeiten.

Voraussetzungen für die Organentnahme bei Verstorbenen

Das Transplantationsgesetz (TPG) von 1997 regelt die Bedingungen, unter denen die Organentnahme bei einem Verstorbenen zulässig ist. Maßgeblich ist in erster Linie der Wille des Verstorbenen. Dieser ist am einfachsten festzustellen, wenn zu Lebzeiten eine entsprechende Absichtserklärung abgegeben worden ist. Diese ist an keine Form gebunden, empfehlenswert ist das Mitführen eines Organspendeausweises nach §2 TPG. In diesem Ausweis kann man selbst seine Zustimmung oder Ablehnung einer möglichen Organentnahme bekunden und damit den Angehörigen beim Zeitpunkt des Todes die in diesem Moment sicher immer belastende Auseinandersetzung mit diesem Problem ersparen. Das Transplantationsgesetz sieht nämlich vor, dass, wenn keine Erklärung des Verstorbenen vorliegt, die nächsten Angehörigen zum mutmaßlichen Willen des Verstorbenen befragt werden.

! Die Angehörigen sollen also nicht gemäß ihrer persönlichen Auffassung entscheiden, sondern mitwirken, den Willen des Verstorbenen aus Kenntnis der Person und früherer Äußerungen zu ermitteln.

Häufig sind die Angehörigen in dieser Situation überfordert; auch für Ärzte, die ein solches Gespräch zur Ermittlung des Willens des Verstorbenen führen müssen, ist das eine erhebliche psychische Belastung.
Allen diesen Problemen kann man durch die rechtzeitige Willensbekundung im kostenlos erhältlichen Organspendeausweis (oder in einer Kopie der **8.1**) vorbeugen.
Um der Befürchtung zu begegnen, dass bei der Todesfeststellung Fehler gemacht werden oder der Wille des Verstorbenen bzw. der Angehörigen nicht beachtet wird, sieht das TPG entsprechende Vorkehrungen vor:

! Die Todesfeststellung (Hirntoddiagnostik; s. **8.5**) muss unabhängig von zwei dafür qualifizierten Ärzten vorgenommen werden, die zudem mit der Organentnahme und der Transplantation nichts zu tun haben dürfen.

Die Angehörigen (der Kreis dieser Personen ist im Gesetz definiert) haben ein Recht auf Einsichtnahme in die ärztliche Dokumentation, um sich vom korrekten Ablauf überzeugen zu können. Verstöße gegen das TPG sind mit entsprechenden Strafen bedroht. Ebenso ist der gewinnorientierte Umgang mit menschlichen Organen strafbar.

Zuteilung der Spenderorgane

Spenderorgane müssen hinsichtlich Blutgruppe, Größe und ggf. auch weiteren Merkmalen für den Empfänger verträglich sein. Dies kann nur durch eine überregionale

Zuteilung erreicht werden, bei der neben den genannten Faktoren noch die Dringlichkeit und die Wartezeit sowie weitere medizinische Kriterien berücksichtigt werden. Die Regelungen hierzu werden immer weiter ausgefeilt, geht es doch bei fast allen Empfängern bei der Frage der Organzuteilung letztlich um Leben oder Tod. Bislang sterben immer noch zahlreiche Menschen auf den Wartelisten.

Die Vermittlung von laut TPG vermittlungspflichtigen gespendeten Organen in Belgien, Deutschland, Luxemburg, den Niederlanden, Östereich und Slowenien wird derzeit von der gemeinnützigen Stiftung Eurotransplant in Leiden/Niederlande vorgenommen. Die Organisation der Organspende und Organentnahme fällt der Deutschen Stiftung Organtransplantation (DSO) zu. Die Akzeptanz eines Spenderorganes obliegt dem transplantierenden Arzt. Diese organisatorische Trennung sorgt für Transparenz des Organspendeverfahrens.

Selbstverständlich sind gesetzliche Vorkehrungen getroffen worden, anderen als medizinischen Kriterien bei der Organvergabe einen Riegel vorzuschieben und Verstöße unter Strafe zu stellen.

8.1 Vorder- und Rückseite des Organspendeausweises

Organspendeausweis

nach § 2 des Transplantationsgesetzes

Organspende

Name, Vorname — Geburtsdatum

Straße — PLZ, Wohnort

Bundeszentrale für gesundheitliche Aufklärung

Organspende schenkt Leben.

Kostenlose Auskunft erhalten Sie beim Infotelefon Organspende der Bundeszentrale für gesundheitliche Aufklärung in Zusammenarbeit mit der Deutschen Stiftung Organtransplantation unter der Telefonnummer 0800/90 40 400.

Erklärung zur Organspende

Für den Fall, dass nach meinem Tod eine Spende von Organen/Geweben in Frage kommt, erkläre ich:

- ◯ **JA,** ich gestatte, dass nach der ärztlichen Feststellung meines Todes meinem Körper Organe und Gewebe zur Transplantation entnommen werden.
- ◯ **JA,** ich gestatte dies, mit **Ausnahme** folgender Organe/Gewebe:
- ◯ **JA,** ich gestatte dies, jedoch **nur** für folgende Organe/Gewebe:
- ◯ **NEIN,** ich widerspreche einer Entnahme von Organen oder Geweben zur Transplantation.
- ◯ Ich habe die **Entscheidung übertragen** auf:

Name, Vorname — Telefon

Straße — PLZ, Ort

Anmerkungen/Besondere Hinweise

Datum — Unterschrift

8.5 Feststellung des Todes

Der Übergang von Leben zum Tod

Die Feststellung eines Todeszeitpunktes auf die Minute genau suggeriert dem medizinischen Laien, dass der Übergang vom Leben zum Tod ein zeitlich kurz bemessenes Ereignis sei. Je nach Todesursache kann jedoch längere Zeit verstreichen, bis auch die letzte Zelle des Körpers abgestorben ist und der vollständige Tod des Organismus eingetreten ist. Da man den Zeitpunkt nicht ermitteln kann, wann auch die letzte Zelle abgestorben ist, hat man sich seit jeher auf die viel pragmatischere Methode besonnen, als Todeszeitpunkt denjenigen Augenblick zu bezeichnen, an dem erstmals sichere Zeichen dafür festgestellt werden können, dass eine Rückkehr zum Leben zweifelsfrei nicht mehr möglich ist. Diese Art der Todesfeststellung hat das Ziel, keinen Menschen irrtümlich für tot zu erklären. Allen Berichten über wiedererwachte Tote liegt die Tatsache zugrunde, dass bei diesen eben nicht die sicheren Todeszeichen Grundlage für die Todesfeststellung waren.

Neben den seit altersher bei der äußeren Leichenschau feststellbaren sicheren Todeszeichen (wie Totenflecke und Leichenstarre) hat man mit zunehmenden technischen Möglichkeiten der Diagnostik auch den völligen Ausfall der Gehirnfunktion als sicheres Zeichen für das irreversible Erlöschen des individuellen Lebens erkannt.

Die dreistufige Hirntoddiagnostik

1. Sind die Voraussetzungen erfüllt?

- Es liegt eine akute primäre (z. B. Schädel-Hirn-Trauma, Subarachnoidalblutung) oder sekundäre Hirnschädigung (z. B. Intoxikation, Hypoxie) vor,
- andere Ursachen für die Bewusstlosigkeit wie z. B. Hypothermie, metabolische oder endokrine Störungen, fortbestehende Intoxikation müssen ausgeschlossen werden.

2. Klinische Untersuchungen

Wesentlich für die Hirntodfeststellung sind u. a. folgende Untersuchungsergebnisse:

- der Patient liegt im Koma mit lichtstarren Pupillen,
- die Hirnstammreflexe (okulozephaler, Korneal-, Pharyngeal- und Trachealreflex) sind erloschen,
- Spontanatmung ist ausgefallen (Apnoe-Test).

3a. Nachweis der Irreversibilität

Werden diese Befunde nach folgenden Zeitintervallen erhoben, ist der Hirntod irreversibel:

primäre supratentorielle Hirnschädigung:
Erwachsene: 12 Stunden,
Kleinkinder: 24 Stunden,
Neugeborene: 72 Stunden,
sekundäre Hirnschädigung: generell 72 Stunden.

3b. Apparative Diagnostik

Bei primärer Hirnschädigung ist die Irreversibilität mit einer zweiten Untersuchung durch beide Untersucher nach o. g. Zeitintervallen nachzuweisen. Bei sekundärer Hirnschädigung sind Zusatzuntersuchungen obligat wie:

- Null-Linien-EEG (bei infratentorieller Schädigung obligatorisch),
- erloschene frühe akustisch-evozierte Potenziale,
- angiographischer Nachweis des zerebralen Zirkulationsstillstandes.

8.4 Versicherungswesen und berufsgenossenschaftliches Heilverfahren

Der Begriff „Versicherungswesen“ umfasst in seinem medizinischen Part unterschiedliche Rechtsgebiete (Zivilrecht, öffentliches Recht und Sozialrecht) und unterschiedlichste Risiken (Unfall, Krankheit, Pflege, Arbeitsunfähigkeit, Berufs- und Erwerbsunfähigkeit, Tod). Im Zusammenhang mit diesen Risiken können die unterschiedlichsten Leistungen (Sachleistungen, geldwerte Vorteile und Geldleistungen, Verletzten-, Krankenhaustage- und Krankengeld, Rente, Einmalzahlung) versichert sein. Die einzelnen Rechtsgebiete und Gesetze haben jeweils einen in sich geschlossenen Regelungsinhalt. Es können also selbst wortgleiche Begriffe und Bewertungen nicht von dem einen zum anderen Rechtsgebiet übernommen werden. Innerhalb der Versicherungssysteme kommt der gesetzlichen Unfallversicherung (GUV) eine herausragende Rolle zu. Ihre Träger sind die Berufsgenossenschaften (BG). Sie sind für Leistungen, die infolge eines Arbeitsunfalls oder einer Berufskrankheit zu erbringen sind, ausschließlich zuständig (§ 11 Abs. 4 SGB V). Als Korrelat hat der Versicherte einen Rechtsanspruch auf diese Leistungen, u. a. auf Heilbehandlung. Das Heilverfahren ist geregelt in den §§ 26–34 des siebten Sozialgesetzbuches (SGB VII).

Versicherungswesen

Die ***private Unfallversicherung (PUV)*** ist Teil des Zivilrechts. Der PUV liegen die allgemeinen Unfallversicherungsbedingungen (AUB), also allgemeine Geschäftsbedingungen zugrunde, von denen es mehrere Fassungen bei weitgehend gleichem Inhalt gibt. Aktuell sind die AUB 88 und 99, die sich in dem für den ärztlichen Sachverständigen relevanten Bereich nur redaktionell unterscheiden.

Die PUV ist eine **Summenversicherung** – im Gegensatz zur Schadensversicherung. Die jeweils vereinbarten Leistungen und deren Höhe ergeben sich – unter Berücksichtigung der konkreten Unfallfolgen (Invalidität) – aus dem Vertrag (§ 7 AUB 88), also aus der abgeschlossenen Versicherungssumme. Der Versicherungsnehmer bestimmt diese selbst durch die Höhe seiner Prämienzahlungen. Die PUV ist ein in sich geschlossenes Regelungswerk, dessen Leistungen streng unfallbezogen sind. Dem entsprechen eine Reihe von Ausschlusstatbeständen (§ 2 AUB 88), wobei anderseits die versicherte erhöhte Kraftanstrengung (§ 1 IV AUB 88) als „Unfall“ in den Versicherungsschutz eingeschlossen ist. Der Leistungsbegrenzung auf Unfallfolgen entspricht die Kausalitätstheorie der **Partialkausalität**.

„Haben Krankheiten oder Gebrechen bei der durch ein Unfallereignis hervorgerufenen Gesundheitsschädigung oder deren Folgen mitgewirkt, so wird die Leistung entsprechend dem Anteil der Krankheit oder des Gebrechens gekürzt, wenn dieser Anteil mindestens 25 % beträgt“ (§ 8 AUB 88).

Wettbewerbsbedingt sind die Leistungsarten (§ 7 AUB 88) vielfältiger geworden. Der Kern ist die Invaliditätsleistung. Diese richtet sich nach dem Grad der Invalidität, den voraussichtlich auf Dauer verbleibenden Beeinträchtigungen der körperlichen oder geistigen Leistungsfähigkeit zum Ende des 3. Unfalljahres (§§ 7 I [1], 11 IV AUB 88). Fest vereinbart ist die „Gliedertaxe“ (§ 7 [2] AUB 88). Sind also die individuellen Unfallfolgen in der „Gliedertaxe“ geregelt, ist diese der Bewertung zwingend zugrunde zu legen. Ansonsten folgt die Bewertung allein „medizinischen Gesichtspunkten“, also unabhängig z. B. von individuellen beruflichen oder sportlichen Auswirkungen.

Das ***Haftpflichtrecht*** hat verschiedene gesetzliche Grundlagen. Schwerpunkt sind die §§ 823 ff BGB. Gehaftet wird für den durch einen Dritten verursachten Schaden. Dies gilt auch für den Schmerzensgeldanspruch (§ 847 BGB), der eine „billige Entschädigung“ für den „nicht Vermögensschaden“, also für den immateriellen Schaden, vorsieht. Haftpflichtansprüche sind also reine Schadensersatzansprüche. Eine Haftpflichtversicherung entschädigt den individuellen/konkreten Schaden. Aufgabe des ärztlichen Sachverständigen ist vor allem, die Unfallfolgen zu sichern und die daraus resultierenden Funktionseinbußen (Bewegungs- und/oder Belastungseinschränkungen) zu beschreiben, damit sich der Auftraggeber ein Bild von den daraus resultierenden Folgen machen kann. Ist – im Rahmen des Schmerzensgeldes – die MdE erfragt, sind die „Anhaltspunkte für die ärztliche Gutachtertätigkeit im sozEntschR und nach dem SchwbG“ der Einschätzung zugrunde zu legen.

Haftpflichtansprüche sind reine Schadensersatzansprüche, die dem Ausgleich des materiellen und immateriellen Schadens dienen.

Das ***soziale Entschädigungsrecht*** (sozEntschR) umfasst die
- Kriegsopferversorgung (BVG),
- Versorgung der Soldaten der Bundeswehr (SVG),
- Versorgung der Zivildienstleistenden (ZDG),
- Entschädigung der Opfer von Gewalttaten (OEG),
- Entschädigung von Impfschäden (BSeuchG).

Die Sicherung des individuellen/konkreten Gesundheitsschadens als Schädigungsfolge erfolgt nach den gleichen Kausalitäts- und Beweisanforderungen wie zur GUV. Die Einschätzung folgt jedoch eigenen MdE-Tabellenwerten (z. B. §§ 30 BVG). Die Beurteilung richtet sich nach den

„Anhaltspunkten“. Eine Besonderheit des sozEntschR ist die „Kann-Versorgung“ (z. B. § 1 [3] BVG). Gesundheitsstörungen können als Schädigungsfolge anerkannt werden, wenn über ihre Ursachen in der medizinischen Wissenschaft Unklarheit herrscht.

Die Sicherung des schädigungsbedingten Gesundheitsschadens folgt grundsätzlich den Regeln der GUV. Die Einschätzung („Anhaltspunkte“) und die Entschädigung erfolgt jedoch eigenständig.

Die **„Teilhabe schwerbehinderter Menschen“** (vor dem 1. 7. 2001 SchwbG) ist im Sozialgesetzbuch IX (SGB IX) geregelt. Die Regelungen und das Ziel des SchwbG, die berufliche und gesellschaftliche „Teilhabe“, wurde übernommen. Ausdrücklich in das Gesetz aufgenommen und mit einer Entschädigungspflicht sanktioniert wurde das Verbot der Benachteiligung schwerbehinderter Menschen im Arbeitsleben. Dem Arzt fällt die Sicherung und Einschätzung des Grades der Behinderung (GdB) zu. Diese richtet sich nach den o. g. „Anhaltspunkten“.

Die ***gesetzliche Krankenversicherung (GKV)*** ist im fünften Sozialgesetzbuch (SGB V) geregelt. Träger dieser Pflichtversicherung sind die gesetzlichen Krankenkassen. Versicherte Personen sind grundsätzlich alle gegen Arbeitsentgelt Beschäftigte sowie u. a. Auszubildende, Studenten, Rentner, wobei es eine Vielzahl Ein- und Ausschlußtatbestände gibt (§ 5 SGB V). Neben der *Krankenbehandlung* und *Rehabilitation* gehört die *Prävention* zu den Leistungen der Krankenkassen (§§ 23 SGB V).

Die GKV deckt als Pflichtversicherung das Krankheitsrisiko ab.

Krankheit ist ein regelwidriger Körper- oder Geisteszustand, der von der Norm abweicht, die durch das Leitbild des gesunden Menschen geprägt ist. Diese Definition ist allen Rechtsgebieten gemeinsam, wobei in aller Regel die Erfüllung der o. g. Voraussetzung zur Entstehung von Ansprüchen nicht ausreicht. Hinzukommen muss die klinisch-funktionelle Relevanz. Diese Einschränkung ist von zunehmender Bedeutung, weil die modernen diagnostischen Hilfsmittel vielerlei Regelwidrigkeiten – ohne Krankheitswert – erkennen lassen. In der GKV sind Anspruchsvoraussetzung:

- der regelwidrige Körper- oder Geisteszustand,
- die Behandlungsbedürftigkeit und/oder
- die Arbeitsunfähigkeit.

Unter den Begriff der Krankheit fallen auch alle Suchterkrankungen (körperliche und/oder psychische Abhängigkeit z. B. von Alkohol und Drogen). In Randbereichen ist der Krankheitsbegriff fließend.

Die **Leistungen** müssen ausreichend, zweckmäßig und wirtschaftlich sein (§ 12 SGB V). Sie bestehen mit Ausnahme des Krankengeldes i. d. R. aus Dienst- bzw. Sachleistungen. Der Anspruch auf Krankengeld ist Lohnersatzleistung. Er setzt Arbeitsunfähigkeit voraus (§ 21 SGB V).

Arbeitsunfähig ist, wer infolge einer Erkrankung nicht oder nur mit der Gefahr, seinen Zustand zu verschlimmern, seiner bisher ausgeübten Erwerbstätigkeit nachgehen kann.

Grundsätzlich sind die Bedingungen des letzten Arbeitsplatzes der Beurteilung zugrunde zu legen. In der Krankenversicherung gibt es keine Teilarbeitsfähigkeit – wohl aber eine stufenweise Wiedereingliederung in den Arbeitsprozess (§ 74 SGB V).

Gesetzliche Pflegeversicherung (SGB XI): Von den bei den Krankenkassen errichteten aber rechtsfähigen Pflegekassen, werden seit dem 01. 04. 1995 die Leistungen der gesetzlichen Pflegeversicherung erbracht. Es handelt sich um eine Pflichtversicherung zur Absicherung der Pflegebedürftigkeit (§ 1 SGB XI). Die Leistungen erfolgen nach Pflegestufen (I, II und III; § 15 SGB XI). Die Spitzenverbände der Kassen haben – zur Sicherung einer gleichmäßigen Rechtsanwendung – Richtlinien entwickelt, die die einzelnen Verrichtungen auf die Minute genau erfassen. Diese Richtlinien werden der Zuordnung zu der jeweiligen Pflegestufe zugrunde gelegt. Diese binden zwar die Gerichte nicht, bestimmen aber faktisch die Umsetzung des Gesetzes.

Die Gesetzliche Pflegeversicherung ist eine Pflichtversicherung zur Absicherung des Pflegerisikos.

Gesetzliche Rentenversicherung (GRV): Die gesetzliche Rentenversicherung ist im sechsten Sozialgesetzbuch geregelt (SGB VI). Es ist eine Pflichtversicherung (§ 1 SGB VI), die im Kern – wie die GKV – gegen Arbeitsentgelt Beschäftigte umfasst. Sie erbringt neben Leistungen zur Berufsförderung und Rehabilitation (§ 9 SGB VI) insb. Alters- und Hinterbliebenenrenten sowie Rentenleistungen bei verminderter Erwerbsfähigkeit (vorzeitiger Berufs- oder Erwerbsunfähigkeit). Deren Festlegung ist eine Rechtsfrage. Dem ärztlichen Sachverständigen obliegt die Beurteilung, welche Arbeiten der Versicherte nicht mehr ausüben kann. Ob aus diesen medizinischen Fakten die Rechtsfolge der Berufs- oder Erwerbsfähigkeit resultiert, hängt von einer Vielzahl von Faktoren, u. a. von der Verweisbarkeit des Versicherten auf andere Berufe ab. Der Arzt ist zu diesen Fragen nicht sachverständig.

Berufsunfähigkeit und Erwerbsfähigkeit sind Rechtsbegriffe. Der medizinische Part beschränkt sich auf Aussagen zur Restleistungsfähigkeit.

Gesetzliche Unfallversicherung (GUV): Die GUV ist im siebten Sozialgesetzbuch geregelt (SGB VII). Es handelt sich um eine Pflichtversicherung. Zum versicherten Personenkreis gehören alle Arbeitnehmer sowie z. B. Lernende, Kinder während des Besuchs von Tageseinrichtungen, Pflegepersonen und ein Vielzahl anderer Personengruppen. Die Aufgaben der GUV sind:

- Die Verhütung von Arbeitsunfällen und Berufskrankheiten, die Prävention (§ 1 [1] SGB VII),

- die Wiederherstellung der Gesundheit und Leistungsfähigkeit nach Arbeitsunfällen und Berufskrankheiten (§ 1 [2] SGB VII) und
- die Entschädigung der Versicherten bzw. Hinterbliebenen durch Geldleistungen (§ 1 [2] SGB VII).

Die GUV wurde konzipiert zur Ablösung der Schadensersatzverpflichtung der Unternehmer, wurde aber zwischenzeitlich auf weitere Risiken – Wegeunfälle und Berufskrankheiten – und weitere Personengruppen erweitert. Von der ursprünglichen Konzeption erhalten geblieben ist die kausale Verknüpfung (Kausalitätslehre der wesentlichen Bedingung) zwischen versicherter Tätigkeit und versichertem Risiko.

- Arbeitsunfälle sind Unfälle von Versicherten infolge versicherter Tätigkeit (§ 8 [1] SGB VII).
- Auch die Berufskrankheit muss mit der versicherten Tätigkeit in ursächlichem Zusammenhang stehen.

Die **Kausalität** im Sozialrecht richtet sich nach der Lehre von der wesentlichen Bedingung. Die versicherte Tätigkeit muss nicht die alleinige Ursache sein. Es reicht aber auch nicht jede Ursache im medizinisch-naturwissenschaftlichen Sinn. Es muss sich um eine wesentliche – nicht nur um eine Gelegenheitsursache – gehandelt haben. Wesentlich ist aus ärztlicher Sicht jede für den Gesundheitsschaden ursächliche unphysiologische, bestimmungswidrige Belastung. Die **Beweisregel** für den Ursachenzusammenhang ist die Wahrscheinlichkeit. Die Möglichkeit eines Unfall- bzw. Berufskrankheiten-Zusammenhangs ist nicht ausreichend. Alle Fakten – versicherte Tätigkeit, Gesundheitsschaden – sind im Vollbeweis (ohne vernünftigen Zweifel) zu beweisen.

Rentenleistungen richten sich nach der individuell zu ermittelnden **unfall-** bzw. **berufskrankheitsbedingten Minderung der Erwerbsfähigkeit (MdE)** bezogen auf den allgemeinen Arbeitsmarkt. Es wird also nicht der tatsächlich entstandene Schaden – z. B. Verdienstausfall – erstattet, sondern der erlittene Gesundheitsschaden wird anhand von sog. MdE-Tabellen abstrakt – bezogen auf den allgemeinen Arbeitsmarkt – eingeschätzt (§ 56 SGB VII). Ein Rentenanspruch setzt grundsätzlich eine MdE von 20% voraus. Bis zum Ende des 3. Unfalljahres wird eine vorläufige Entschädigung gewährt (§ 62 SGB VII). Innerhalb dieses Zeitraums kann die MdE jederzeit neu festgestellt werden. Nach Ablauf des 3. Unfalljahres wird die vorläufige Entschädigung als Rente auf unbestimmte Zeit gewährt, d. h. sie kann nur noch in festen Abständen und nur noch bei wesentlicher Verbesserung/Verschlimmerung der Unfallfolgen geändert werden.

! Der Gesundheitsschaden wird individuell (konkret) ermittelt, der Schadensersatz (MdE) dagegen abstrakt (Bezugspunkt: allgemeiner Arbeitsmarkt).

Berufsgenossenschaftliches Heilverfahren

Mit diesem Verfahren erfüllt die GUV einen Teil ihrer Verpflichtung zur medizinischen Rehabilitation. **Ziele** und **Umfang** der Heilbehandlung ergeben sich aus

- dem Grundrecht auf körperliche Unversehrtheit (Qualitätstandard),
- der Tatsache, dass die gesetzliche Unfallversicherung die Schadensersatzpflicht der Unternehmer und anderer befreiter Personen ablöst,
- dem Grundsatz der Gleichbehandlung aller Versicherten und
- dem – dem System der Versichertengemeinschaft immanenten – Gebot der Wirtschaftlichkeit.

Beherrscht wird das berufsgenossenschaftliche Heilverfahren durch das Sachleistungsprinzip. Es werden also Naturalleistungen zur Verfügung gestellt. Die Sicherstellung der Heilbehandlung unterliegt der alleinigen Verantwortung der Träger der gesetzlichen Unfallversicherung. Der Versicherte ist grundsätzlich zur Mitwirkung verpflichtet.

Art und Umfang der Heilbehandlung ist allein durch den medizinischen Zweck geprägt (§ 27 SGB VII). Sie umfasst das gesamte Spektrum, beginnend mit

- der „Erstversorgung“ (erste Hilfe; s. SE 10.1, S. 256 ff), fortgesetzt durch
- die „ärztliche Behandlung“ (§§ 28, 34 SGB VII – Durchgangsarzt [D-Arzt], H-Arzt [an der **H**eilbehandlung beteiligter Arzt], kassenärztliche bzw. vertragsärztliche Behandlung),
- die „zahnärztliche Behandlung, einschließlich der Versorgung mit Zahnersatz“ (§§ 34, 28 SGB VII),
- die „Versorgung mit Arznei-, Verband-, Heil- und Hilfsmitteln“ (§§ 30, 31 SGB VII),
- die „häusliche Krankenpflege“ (§ 32 SGB VII),
- die „Behandlung in Krankenhäusern und Rehabilitationseinrichtungen“ (§§ 33, 34 SGB VII – Verletztenartenverfahren, §§ 33 [3], 34 [1] Satz 3 SGB VII), endend mit
- „Leistungen zur medizinischen Rehabilitation einschließlich Belastungserprobung und Arbeitstherapie“ (§ 35 SGB VII).

Der Träger der GUV hat „mit allen geeigneten Mitteln“ (§ 26 SGB VII)

- den „Gesundheitsschaden zu beseitigen oder zu bessern, seine Verschlimmerung zu verhüten und seine Folgen zu mildern“ (§ 26 [2] 1. SGB VII),
- die Versicherten „möglichst auf Dauer“ beruflich einzugliedern (§ 26 [2] 2. SGB VII),
- „Hilfen zur Bewältigung der Anforderungen des täglichen Lebens“ zu geben (§ 26 [2] 3. SGB VII),

Hinzu kommen „ergänzende Leistungen zur Heilbehandlung und zur Rehabilitation“ und bei „Pflegebedürftigkeit“ (§ 26 [2] 4. und 5. SGB VII).

In § 26 SGB VII sind die Grundsätze zusammengestellt, welche die Heilbehandlung prägen. Art und Ausmaß der Leistungen sind nicht – wie in der gesetzlichen Krankenversicherung (§ 12 SGB V) – auf notwendige oder auf wirtschaftliche Leistungen beschränkt. Das Wirtschaftlichkeitsprinzip (d. h. die Kosten-Nutzen-Analyse) bestimmt zwar das Gesamthandeln der Träger der GUV, nicht jedoch die Maßnahmen im Einzelfall. Die Qualitätsanforderungen sind im Einzelnen in § 34 SGB VII kodifiziert. Die berufsgenossenschaftliche Heilbehandlung hat möglichst frühzeitig nach dem Versicherungsfall einzusetzen. Sie ist möglichst schnell abzuschließen. Sie hat sachgerecht (qualifiziert) und bedarfsgerecht zu erfolgen – keine Unter- oder Überversorgung.

Die Träger der GUV haben die Heilbehandlung mit allen geeigneten Mitteln sicherzustellen.

Besondere Verfahren der Heilbehandlung (§ 34 [1] Satz 3 SGB VII): Das am 01. 01. 1997 in Kraft getretene SGB VII hat für das Durchgangsarztverfahren (D-Arzt-Verfahren) und für das Verletzungsartenverfahren eine entscheidende Rechtsänderung gebracht. Ärzte und Krankenhäuser, die die sachlichen und persönlichen Voraussetzungen erfüllen, haben einen Rechtsanspruch auf Zulassung zur berufsgenossenschaftlichen Heilbehandlung (§ 34 [2] SGB VII), es sei denn, es kommt zu einer nicht mehr bedarfsgerechten Überversorgung (§ 59 SGB X). Der in § 34 [1] Satz 1 SGB VII festgelegten Pflicht der Berufsgenossenschaften zur Sicherung der Heilbehandlung entspricht das in § 34 [1] Satz 2 und 3 festgelegte Recht, ein persönliches und sachliches Anforderungsprofil für Ärzte und Krankenhäuser zu erstellen und besondere Heilbehandlungsverfahren vorzusehen. Es handelt sich um das

- Durchgangsarztverfahren,
- Beratungsarztverfahren,
- Augen-, HNO- und Hautarztverfahren,
- H-Arzt-Verfahren und
- Verletzungsartenverfahren.

Die Beteiligung der Ärzte und Krankenkassen an der Heilbehandlung ist durch öffentlich-rechtliche Verträge zu regeln. Diese sind bei nachfolgendem Unterschreiten der Anforderungen oder bei Überversorgung kündbar. Die Einzelheiten sind im sog. Ärzteabkommen (AbkÄBg) geregelt.

Der Schwerpunkt der berufsgenossenschaftlichen Heilbehandlung liegt beim *D-Arzt*. Jeder arbeitsunfähige Versicherte ist unverzüglich und möglichst noch vor der ersten Inanspruchnahme eines Kassenarztes dem D-Arzt vorzustellen. Dieser hat darüber zu entscheiden, welche Art der Heilbehandlung durchzuführen ist. Er kann sie, wenn es zur Wiederherstellung der Arbeitsfähigkeit sachgerecht ist, selbst durchführen. I. d. R. entlässt er den Versicherten in die – zu Lasten der Berufsgenossenschaften durchzuführenden – Behandlung des Kassenarztes. In diesem Fall hat der D-Arzt die Heilbehandlung zu überwachen, den Versicherten also z. B. wiedereinzubestellen, wenn die Arbeitsunfähigkeit über einen bestimmten Zeitraum andauert.

Das gleiche gilt für die o. g. Facharztverfahren, die insgesamt den Behandlungserfolg sicherstellen sollen.

Der *H-Arzt* darf in bestimmten durch Richtlinien festgelegten Fällen die Heilbehandlung durchführen, wenn er als erster Arzt aufgesucht wird. Der H-Arzt muss also den Versicherten nicht sofort dem D-Arzt vorstellen.

Das *Verletzungsartenverfahren* soll anhand eines Verletzungsartenkataloges sicherstellen, dass schwer Unfallverletzte in Zentren behandelt werden, die sowohl von ihrer sachlichen und persönlichen Ausstattung her als auch aufgrund der Zahl der durchgeführten Behandlungen gewährleisten, dass eine qualifizierte unfallmedizinsiche Erfahrung besteht.

Mitwirkungspflichten: Die Träger der GUV können ihrer Verpflichtung zur Heilbehandlung nur nachkommen, wenn der Betroffene (Versicherte) dabei mitwirkt. „Der Versicherte ist verpflichtet, sich auf Verlangen des zuständigen Leistungsträgers einer Heilbehandlung zu unterziehen, wenn zu erwarten ist, dass sie eine Besserung seines Gesundheitszustands herbeiführen oder eine Verschlechterung verhindern wird" (§ 63 SGB 1).

Die Mitwirkung umfasst die persönliche Mitarbeit und die Einwilligung in die einzelnen Maßnahmen. Verweigert der Versicherte medizinisch notwendige und ihm zumutbare Maßnahmen der Diagnostik, Therapie, Rehabilitation oder Belastungserprobung, so verstößt er damit gegen Rechtspflichten. Diese können aber nicht unmittelbar erzwungen werden. Ihre Nichterfüllung kann aber Rechtsnachteile, also die Verweigerung/den Entzug von Leistungen nach sich ziehen – z. B. wenn der Unfallzusammenhang nicht zu klären ist. In Ausgestaltung des persönlichen Freiheitsrechts (Art. 2 GG) und des Sozialstaatsprinzips (Art. 20 GG) sind dem Versicherten Rechte zur Verweigerung der Mitwirkung gegenüber nicht zumutbaren Maßnahmen eingeräumt (§ 65 SGB 1).

8.5 Begutachtung und Gutachtenerstellung

Ärztliche Gutachten sind die Anwendung der medizinisch-wissenschaftlichen Erkenntnisse auf einen Einzelfall im Hinblick auf eine bestimmte, meist außerhalb des direkten medizinischen Bereichs liegende Frage. Sie sind ein förmliches Beweismittel in der Zivilprozessordnung (§§ 402–414 ZPO). Sie sind ein „faktisches Präjudiz", eine wichtige Entscheidungsgrundlage für eine Vielzahl von Ansprüchen auch außerhalb eines Rechtsstreits.

Das ärztliche Gutachten ist nicht streitentscheidend. Seine Funktion ist die Wissensvermittlung an einen Dritten. Es besteht i. d. R. aus drei Teilen. Dies sind die Anknüpfungstatsachen, die Befundtatsachen und die Beurteilung. Inhalt und Sprache haben sich der Aufgabe, den Kenntnisstand des Auftraggebers auf medizinisch-naturwissenschaftlichem Fachgebiet zu speziellen Fragen zu erweitern, anzupassen.

Funktion: Das ärztliche Gutachten dient als Entscheidungshilfe einem konkreten Zweck, der vom Auftraggeber vorgegeben wird. Inhalt und Umfang der Feststellungen und Beurteilungen haben sich dem Auftrag streng unterzuordnen. Der ärztliche Gutachter ist der „Lotse" zu einer sachgerechten Entscheidung. Die Aufgabe des medizinischen Sachverständigen ist begrenzt auf die Feststellung von Befundtatsachen und die Beurteilung von Befund- und Verlaufstatsachen aufgrund der ihm zur Verfügung stehenden diagnostischen Möglichkeiten und des Aktenstudiums (Vorbefunde, Verlaufsinformationen). Zu unterscheiden ist zwischen Gutachten zum aktuellen Gesundheitszustand *(Zustandsgutachten)* und Gutachten zum Ursachenzusammenhang zwischen einer – versicherten – Tätigkeit (Ereignis, Unfall, versicherte – berufliche – Belastung) und einem Körperschaden *(Zusammenhangsgutachten)*. Die Erörterung/Erläuterung von Rechtsfragen ist nicht Aufgabe des ärztlichen Sachverständigen.

! Die Funktion des ärztlichen Gutachtens ist ausschließlich die Ausfüllung medizinischer Wissenslücken des Auftraggebers.

Rechtsstellung: Beteiligte der ärztlichen Begutachtung sind der Auftraggeber, der Proband (Anspruchsteller, z. B. Versicherte, Kläger, Verletzte) und der ärztliche Sachverständige. Es handelt sich also in aller Regel um ein Dreiecksverhältnis:

Zwischen dem ärztlichen Sachverständigen und dem Auftraggeber besteht ein Sonderrechtsverhältnis (Bestellung als Gerichtssachverständiger, Werkvertrag).

Ein Sonderrechtsverhältnis besteht auch *zwischen Auftraggeber* (öffentliche Verwaltung, Schadensversicherer) *und dem Probanden.*

Proband und ärztlicher Sachverständiger: Zwischen diesen besteht keine Sonderrechtsbeziehung. Es gelten die allgemeinen – deliktischen, deliktähnlichen und standesrechtlichen – Pflichten. In der Begutachtungssituation können relevant werden die Neutralität sowie der Schutz der körperlichen Integrität, des Eigentums, der eigentumsähnlichen Rechte (unerlaubte Handlung, §§ 823 BGB) und vor allem des Sozialgeheimnisses (ärztliche Schweigepflicht). Der Proband ist also nicht schutzlos. Dies gilt auch für den ärztlichen Sachverständigen. Die entstellende Wiedergabe ärztlicher Sachverständigengutachten bzw. grundsätzlicher gutachtlicher Aussagen in den Medien – zur begleitenden Unterstützung finanzieller Ansprüche im Einzelfall oder zur populistischen Darstellung eines Problembereiches – kann den Tatbestand der unerlaubten Handlung erfüllen und Entschädigungsansprüche nach sich ziehen.

! Zwischen ärztlichem Gutachter und Probanden besteht kein Sonderrechtsverhältnis. Es gilt aber das Standesrecht. Für beide Seiten verbindlich sind die absoluten Rechte und Pflichten (Strafrecht, Zivilrecht).

Das Gerichtsgutachten: Das ärztliche Gutachten ist im Rechtsstreit ein förmliches Beweismittel mit – dementsprechend – festen Regeln. Diese sind in der Zivilprozessordnung (ZPO) kodifiziert, auf die die anderen für den ärztlichen Sachverständigen relevanten Prozessordnungen ganz überwiegend verweisen. Der ärztliche Sachverständige unterliegt aufgrund seiner Staatsbürgerpflichten den im Gesetz festgelegten Handlungs- und Wahrheitspflichten. Die Honorierung ist ebenfalls hoheitlich geregelt (ZSEG). Der approbierte Arzt ist zur Ausübung ärztlicher Tätigkeit – Therapie und Begutachtung – öffentlich bestellt und ermächtigt. Wenn er im Einzelfall vom Gericht zum Sachverständigen bestellt ist, kann er sich deshalb dieser Pflicht nicht entziehen (§ 407 ZPO).

Das Gutachten ist vom beauftragten Sachverständigen *persönlich zu* erstatten (§ 407a II ZPO). Persönlich bedeutet nicht eigenhändig. Die Delegation hat sich aber auf praktische Hilfestellungen zu beschränken. Die für die Befundung und/oder Beurteilung maßgeblichen Meßdaten, Informationen, Beurteilungen sind eigenhändig zu erheben/zu verfassen.

Befangenheit: Wehren kann sich der Proband gegen einen *„befangenen"*, nicht aber gegen einen „dummen" ärztlichen Sachverständigen (§§ 42, Abs. I und II, 406 ZPO). Insofern bleibt – nur – das Vertrauen in die Selbstkontrolle der Gerichte. Es kommt nicht darauf an, ob der Sachverständige befangen ist. Es reicht aus, dass Tatsachen vorliegen, die erhebliche Zweifel an seiner Unparteilichkeit rechtfertigen. Diese können sich aus der persönlichen Nähe zum Auftraggeber, zur anderen Partei (Anstellungsvertrag, „Haus"-Sachverständiger, Therapeut) oder aus dem Verhalten des Sachverständigen selbst ergeben. Persönliche Verknüpfungen, die aus der Sicht eines Dritten die Besorgnis der Befangenheit objektiv rechtfertigen können, hat der Sachverständige offen zu legen. Ablehnungsgründe sind einseitige Kontaktaufnahme oder abwertende Bemerkungen über eine Partei, aber auch über Vorgutachter, die über die rein medizinische Argumentation hinausgehen, mit dem Ziel den eigenen Argumenten einen Vorsprung zu verschaffen und die abweichenden Argumente „aus dem Rennen zu werfen". In seinen „Gedanken, Worten und Werken" hat sich der Sachverständige absoluter Neutralität und Sachlichkeit zu befleißigen.

! Für den Gerichtsgutachter gelten der Kontrahierungszwang und die Verpflichtung zur Unparteilichkeit.

Das Parteigutachten: Ein parteiliches Gutachten gibt es nicht bzw. sollte es nicht geben. Der ärztliche Gutachter ist nicht Sachwalter einer Partei. „Bei der Ausstellung ärztlicher Gutachten und Zeugnisse hat der Arzt mit der notwendigen Sorgfalt zu verfahren und nach bestem Wissen seine ärztliche Überzeugung auszusprechen" (§ 16 Berufsordnung). Auch ein sog. Parteigutachten kann als Urkunde bzw. substantiierter (d. h. medizinisch fundierter) Parteivortrag „gerichtsfest" sein, wenn es den sachlichen Anforderungen eines Gerichtsgutachtens entspricht.

! Auch der Parteigutachter ist seinem ärztlichen Gewissen unterworfen.

Zuständigkeit/Fachkompetenz: In unserer komplizierten und spezialisierten Gesellschaft ist ein wesentliches Qualitätsmerkmal der Grundsatz: „Schuster bleib bei deinem Leisten". Die Einhaltung dieser Grenzen gilt nicht nur für den Schuster, sondern auch für den ärztlichen Sachverständigen, gemeint ist die Beschränkung auf das eigene Fachwissen. Der ärztliche Gutachter hat darauf zu achten, dass er nur zu den Fragen Stellung nimmt, zu denen er primär zuständig ist (**8.6**).
Richtungsweisend für die Auswahl des „richtigen" Sachverständigen sind die Zuständigkeitsverteilungen innerhalb der Therapie, wobei abzustellen ist auf das gesamte Spektrum entsprechender Schadens-/Beschwerdebilder – rein subjektive Beschwerden bis hin zu schweren strukturellen Verletzungen.

! Das Fachgebiet ist für die Begutachtung zuständig, das schwerpunktmäßig für die Behandlung des Krankheits-/Verletzungsbildes in seiner ganzen Breite zuständig ist.

Ärztliche Schweigepflicht, Datenschutz: Die ärztliche Schweigepflicht ist in der Berufsordnung festgelegt (§ 3). Eine unbefugte Offenbarung zum persönlichen Lebensbereich gehörender Geheimnisse wird strafrechtlich geahndet (§ 203 StGB). Der Geheimhaltungspflicht unterliegen alle Umstände, die der Arzt im Rahmen der Begutachtung erfahren hat, beginnend mit der Tatsache der Begutachtung, dem Sachverhalt, den Befunden und endend mit der Beurteilung.
Die Weitergabe des Gutachtens setzt eine Befreiung von der Geheimhaltungspflicht voraus. Befugt ist eine Weitergabe stets dann, wenn die geschützte Person einverstanden ist oder wenn eine gesetzliche Offenbarungspflicht besteht. Im Verhältnis zum Auftraggeber kann der ärztliche Sachverständige davon ausgehen, dass der Versicherte/Verletzte mit der Bereitschaft zur gutachtlichen Untersuchung auch der Weitergabe seiner geschützten Daten an den Auftraggeber zustimmt. Auch zwischen Personen, die ihrerseits verpflichtet sind, das Sozialgeheimnis zu wahren, ist der Austausch auf das sachlich Notwendige begrenzt, auf das zur Erfüllung des Auftrags unvermeidbare bzw. stillschweigend Genehmigte (Weiterreichung von Gutachtenaufträgen an Kliniken).

! Die Verletzung der ärztlichen Schweigepflicht ist strafbar. Die Weitergabe von Geheimnissen einer Person ist nur erlaubt, wenn deren Zustimmung ausdrücklich oder stillschweigend vorliegt.

Fristen: Das Gutachten ist in „angemessener" (§ 16 Berufsordnung) Frist zu erstatten. Die im sog. Ärzteabkommen (Abkommen Ärzte/Unfallversicherungsträger) vorgesehene Frist von längstens 3 Wochen (Leitnummer 67) hat Vorbildfunktion. Eine Selbstverständlichkeit sollte ggf. eine Verzögerungsnachricht an den Auftraggeber sein. Für den vom Gericht beauftragten Sachverständigen ist dieser partnerschaftliche Umgang ein Muss zur Vermeidung von Sanktionen (Ordnungsgeld, § 409 ZPO).
Die Absetzung des Gutachtens hat unmittelbar auf die klinische Untersuchung zu folgen. Der unmittelbare Eindruck kann nicht über Notizen wach gehalten werden. Ein längeres Intervall entwertet das Gutachten und kann zum Wegfall des Vergütungsanspruchs führen.

Aufbau und Inhalt des ärztlichen Gutachtens: Oberstes Prinzip ist die Wissensvermittlung. Alles, was Teil des speziellen Fachwissens des ärztlichen Sachverständigen ist und zum Ausgleich von Wissensdefiziten des Auftrag-

8.6 Beispiel für die Zuständigkeit von Gutachtern

Der Unfallchirurg bzw. der Traumatologe (Facharzt, der sich schwerpunktmäßig mit der Behandlung/Begutachtung von Unfallfolgen befasst) – nicht z. B. der (nicht traumatologisch tätige) Orthopäde, der Neurologe, der Neurochirurg oder der Rechtsmediziner – ist primär zuständig für die Unfallbegutachtung. Das besondere Wissen anderer Fachrichtungen, die sich mit den biomechanischen Auswirkungen von Unfallmechanismen (Rechtsmediziner) und der Diagnose/Behandlung von Unfallfolgen (Neurologe, Radiologe, Pathologe, Neurochirurg, Otologe, Augenarzt, Internist) beschäftigen, hat selbstverständlich auch in die Begutachtung einzufließen. Der Traumatologe hat sich also insofern „schlau" zu machen. Das „Sagen" – die Steuerung und die Gesamtverantwortung – aber hat die Unfallchirurgie/Traumatologie – nicht Fachgebiete, die andere Schwerpunkte gesetzt haben.

gebers erforderlich ist, ist in das Gutachten aufzunehmen. Alles andere ist unnötiger und störender Ballast. In Abwandlung eines Werbeslogans einer Wochenzeitschrift kann das anzustrebende Ziel wie folgt gefasst werden:

Fakten, Fakten, Fakten und immer an die Fragen denken.

Sachverhalt: Das ärztliche Gutachten beginnt mit dem Sachverhalt bzw. der Vorgeschichte. Die Erstellung eines Aktenauszugs gehört nicht zu den Aufgaben des ärztlichen Gutachters. Dies kann der Auftraggeber in aller Regel besser. Unter *Aktenauszug* ist eine gebündelte Wiedergabe des Akteninhalts zu verstehen. Davon zu unterscheiden ist aber die Aufbereitung des Akteninhalts. Alle die Befund- und Verlaufsinformationen sind mit Angabe der jeweiligen Fundstelle (Seitenzahl) chronologisch zusammenzutragen, die für die Beantwortung der Beweisfragen erheblich sind. Es ist also der medizinische Sachverhalt zu kennzeichnen, auf den sich die Beurteilung stützt. Der Auftraggeber muss die Fakten, die der ärztliche Gutachter der Beurteilung zugrunde legt, nachprüfen können. Zu den Aufgaben des ärztlichen Sachverständigen gehört nicht die Ermittlung der Anknüpfungstatsachen, insb. des Unfallmechanismus. Dazu stehen dem Auftraggeber – Gerichte, Verwaltungen, Privatversicherer – in aller Regel bessere Erkenntnismöglichkeiten zur Verfügung.

Klagen: Gemeint sind die von der untersuchten Person anlässlich der gutachtlichen Untersuchung angegebenen Beschwerden/Funktionseinbußen. Diese sind möglichst vollständig und in wörtlicher Rede wiederzugeben. Sie sind in Gegenwart des Untersuchten niederzulegen.

Befund: Der Schwerpunkt ärztlicher Tätigkeit ist die Erhebung der Befundtatsachen. Die klinische, bildtechnische, laborchemische, feingewebliche und/oder sonstige apparative Untersuchung ist auf das zur Beantwortung der gestellten Fragen Notwendige zu begrenzen. Folgende Reihenfolge der Befunderhebung hat sich für das unfallchirurgische/orthopädische Gutachten bewährt:

- Angaben zur Person: Alter, Körperlänge, Gewicht, ggf. Händigkeit, Visus usw.,
- Inspektion der verletzten Struktur im Seitenvergleich bzw. in der Funktionseinheit,
- Palpation: Muskeltonus, Hautturgor, Hautwärme, Pulse, Weichteilschwellungen,
- Funktionsprüfung (aktiv und passiv) unter Verwendung der Neutral-0-Methode.

Die Neutral-0-Methode liegt den Messbögen zugrunde, mit denen die Bewegungsausschläge der Gelenke erfasst werden und die jedem Gutachten zu Gliedmaßenverletzungen und Verletzungen des Achsenorgans beizufügen sind. Die Neutral-0-Stellung ist der aufrechte Stand mit gestreckten Armen und Beinen mit Blick nach vorne und nach vorne gerichteten Daumen und Füßen. Das gestreckte Handgelenk z. B. hat die Winkelbezeichnung 0 Grad. Es kann nach handrückenwärts regelhaft bis mindestens 35 Grad bewegt werden und nach hohlhandwärts bis mindestens 50 Grad. Die Messbögen erfassen die Beweglichkeit in jew. 3 Ebenen, wobei die Neutral-0-Stellung in der Mitte steht, also: Handgelenk, handrückenwärts/hohlhandwärts 35/0/50 Grad. Neben den Messbögen für Gliedmaßen gibt es einen Messbogen für das Achsenorgan und Skelettskizzen.

Die **Beurteilung** beginnt mit der Auswertung der Befunde. Die Wertigkeit der Befunde unterliegt einer doppelten Rangordnung. Die Befunde gliedern sich einmal nach der Sicherheit und zum anderen nach der Spezifität ihrer Aussage. Die *objektiven* (von der Mitarbeit unabhängigen) Befunde sind den *semi-objektiven* (von der Mitarbeit abhängigen) und *subjektiven* (von den Angaben des Versicherten abhängigen) Befunden übergeordnet, die *verletzungs-* bzw. *funktionsspezifischen* (auf eine Verletzung/Funktionseinbuße hinweisenden) den *unspezifischen* Befunden. Die „Krönung" ist also der objektive, verletzungs- und funktionsspezifische Befund. Beispielhaft dafür sind als klar umschriebene Unfallfolgen Gliedmaßenverluste/-teilverluste und Gelenkversteifungen.

Das Gutachten endet mit einer Zusammenfassung des Körperschadens. Dieser ist unter funktionellen Gesichtspunkten (Muskelminderung, Bewegungseinschränkung, Schwellneigung) zu beschreiben.

Kausalität: I. d. R. „tragen" die Schadens-/Verletzungsbilder ihre Ursache „auf der Stirn". Problematisch ist die Sicherung/Abgrenzung von Unfallfolgen bei vorbestehenden degenerativen Veränderungen, Systemerkrankungen (Zuckerkrankheit, Krampfaderleiden, Durchblutungsstörung) und bei subjektiven Beschwerdebildern ohne morphologisches Substrat (sog. Syndrome – v. a. im Bereich der Wirbelsäule).

Die Kausalitätsüberlegungen der Medizin, Kernpunkt ärztlicher Gutachten zur Zusammenhangsfrage, sind medizinisch-naturwissenschaftlich, die der Rechtswissenschaft juristisch wertend (**8.7**).

Beweisregeln: Der **Erstkörperschaden**, der erste Verletzungserfolg unterliegt in allen Rechtsgebieten dem Vollbeweis. Erforderlich ist eine Sicherheit, sodass kein vernünftiger, den medizinischen Sachverhalt Überblickender noch Zweifel hat. Die Beweis-Schwelle ist hoch. Sie ist erst überschritten, wenn entweder verletzungsspezifische Befunde gesichert sind und/oder eine gefestigte ärztliche Erfahrung der Fachrichtung besteht, die sich schwerpunktmäßig mit der Behandlung/Begutachtung des gesamten Spektrums der zur Diskussion stehenden Veränderung/Verletzung befasst.

Für **Folgeschäden** – sekundäre Unfallfolgen – bzw. für deren weitere Ausprägung sind die Beweisanforderungen in den einzelnen Rechtsgebieten unterschiedlich. Die bloße Möglichkeit eines Folgeschadens reicht unter keinen Umständen aus. Es muss also stets mehr für einen unfallbedingten Körperschaden (Folgeschaden) sprechen als dagegen (Wahrscheinlichkeit). Die gleiche Beweisanforderung – Wahrscheinlichkeit – ist auch die Mindest-

8.7 Kausalitätstheorien

Wenn der Mediziner über Kausalitätsfragen, über die Ursachen von Verletzungen und Krankheiten diskutiert, sind v. a. **naturwissenschaftlich-medizinische Kausalketten** gemeint, d. h. die Kausalität im natürlichen Sinne (conditio sine qua non). Die **juristischen Kausalitätstheorien** sind dagegen nicht den Naturwissenschaften zuzuordnen. Vielmehr werden unter dem Begriff „Kausalität" – juristisch-wertend – die Grenzen festgesetzt, unter denen eine Haftung zugemutet wird.
So ist es zu erklären, dass das Strafrecht (Äquivalenztheorie) einer anderen Kausalitätstheorie folgt als das Zivilrecht (Adäquanztheorie), als das Sozialrecht (Theorie der wesentlichen Bedingung) und als die private Unfallversicherung (konkurrierende Kausalität bzw. Partialkausalität). Die Argumentationsschiene des ärztlichen Gutachtens sind anatomische und unfall-/biomechanische Überlegungen, sowie das Verhältnis von Regel und Ausnahme.
Beispiel: Ein isolierter Meniskusschaden (ohne Kapsel-Band-Beteiligung) erklärt sich unter unfall-/biomechanischen Überlegungen nur durch den sog. Drehsturz bei fixiertem Unterschenkel. Die Degeneration ist die Regel; die unfallbedingte Verursachung die Ausnahme. Folglich lässt sich ein Zusammenhang dieses Schadensbildes mit dem Hochkommen aus der Hocke nicht begründen.

anforderung für den Ursachenzusammenhang zwischen schädigendem – versicherten – Handeln und Körperschaden. Die Unterschiede zwischen den Anforderungen an den Beweis des Ursachenzusammenhangs sind zwischen den einzelnen Rechtsgebieten eher gering, weil in allen Rechtsgebieten Beweiserleichterungen zur Anwendung kommen, die aus der allgemeinen Lebenserfahrung abgeleitet sind – Anscheinsbeweis, Regelverläufe, typische Geschehensabläufe.

! Die Beweisregeln sind in den einzelnen Rechtsgebieten teilweise unterschiedlich. Besonders hoch sind die Beweisanforderungen an den Erstkörperschaden. Dieser unterliegt in allen Rechtsgebieten dem Vollbeweis. Die Möglichkeit einer Tatsache (Sachverhalt, Körperschaden) reicht in keinem Rechtsgebiet aus.

Herrschende Meinung: Erfragt ist vom Gutachter die herrschende Meinung, nicht weil sie herrscht, sondern weil Gutachten vor dem Hintergrund der Rechtsordnung erstellt werden, die vom Konsens und von dem in der Verfassung verankerten Grundsatz der Gleichbehandlung geprägt ist. Eine Meinung wird dann zur herrschenden, wenn sich in der medizinischen Wissenschaft Erkenntnisse gebildet haben, die so überzeugend sind, dass generell bestimmte Ursachenzusammenhänge bejaht bzw. verneint werden.

Sprachdisziplin: Eng verbunden mit der Rolle als Wissensvermittler sind die sprachlichen Anforderungen. Die Sprache des ärztlichen Sachverständigen ist Deutsch. Die Wortwahl ist dem medizinisch-naturwissenschaftlichen Inhalt entsprechend klar und beschreibend, nicht wertend. Fremdworte/Fachausdrücke sind zu vermeiden. Worte sind mit der Bedeutung zu verwenden, wie dies dem allgemeinen Sprachgebrauch entspricht (**8.8**).
Die Diktion hat sich dem jeweiligen Rechtsgebiet anzupassen, für das Gutachten erstattet werden. In der gesetzlichen und privaten Unfallversicherung wird der „Versicherte" – nicht der Patient – begutachtet. In der Haftpflichtversicherung ist es der „Verletzte" oder – wenn dies erst zu prüfen ist – Herr/Frau X. In der gesetzlichen Unfallversicherung wird die „MdE" eingeschätzt, in der privaten Unfallversicherung wird die „Invalidität" bewertet usw.

8.8 Beispiel: allgemeiner vs. medizinischer Sprachgebrauch

Eingeschliffen hat sich z. B. die Bezeichnung von Zusammenhangstrennungen im Bereich der Menisken, Sehnen und Bandscheiben als „Ruptur" bzw. „Riss". Der Duden kennzeichnet deren Bedeutung mit den Sätzen: „Der Löwe zerreißt die Antilope"; „Der Vorhang des Tempels riss entzwei". In beiden Fällen ist nicht gemeint, dass der Tod der Antilope bzw. die symbolträchtige Zerreißung des Tempelvorhangs durch Alterschwäche bzw. Verschleiß eintritt/-trat. Der Begriff „Ruptur", vermittelt also fälschlicherweise eine Zusammenhangstrennung durch äußere Gewalteinwirkung, obwohl gemeint ist eine unspezifische – i. d. R. verschleißbedingte – Veränderung. Es gibt kein Deutsch für Mediziner.

8.6 Rehabilitation und Kuren

Rehabilitation ist Hilfe zur Selbsthilfe mit dem Ziel der Wiedereingliederung behinderter Menschen in Beruf und Gesellschaft. Historische Gründe hatten zu einer breiten Streuung der Gesetzesgrundlagen geführt mit der Folge einer Vielzahl von Anspruchsgrundlagen. Das IX. Sozialgesetzbuch (SGB IX) hat insofern eine Bündelung gebracht. Geblieben sind aber eine Vielzahl von Zuständigkeiten. Rehabilitation ist nicht nur eine staatliche Aufgabe, sondern eine Aufgabe aller, denen in verantwortlicher Stellung die Notwendigkeit rehabilitativer Maßnahmen bekannt wird (z. B. Ärzte, Eltern). Für das gesamte Rehabilitationsverfahren gilt „Rehabilitation vor Rente". Medizinische Rehabilitation ist ein Teilbereich des Gesamtkonzepts und umfasst alle zur Verhinderung bzw. Verbesserung von Behinderungen erforderlichen präventiven und kurativen medizinischen Maßnahmen. Die Mitwirkungspflicht des Betroffenen hängt von der Duldungspflicht der Einzelmaßnahmen ab.

Gesetzliche Grundlagen

Die Rehabilitation behinderter Menschen ist Ausfluss des Sozialstaatprinzips und ein „soziales Recht" (§ 10 SGB I). Als einheitliches, die „Teilhabe behinderter Menschen" abschließend regelndes Gesetz ist am 1. 7. 2001 das SGB IX in Kraft getreten. Es enthält im 1. Teil Regelungen für behinderte und von Behinderung bedrohte Menschen und im 2. Teil besondere Regelungen zur Teilhabe schwerbehinderter Menschen. Das SGB IX fasst im 1. Teil im Wesentlichen das Recht auf Rehabilitation zusammen. Aufgehoben wurde durch das SGB IX das Gesetz über die Angleichung der Leistungen zur Rehabilitation (RehaAnglG v. 07. 08. 1974), das auch schon die Leistungsträger zur Zusammenarbeit verpflichtete. Zuständig sind:

- die Krankenkassen (allgemeine Zuständigkeit) für die *medizinische* Rehabilitation (SGB V),
- die Arbeitsämter (allgemeine Zuständigkeit) für die *berufliche* Rehabilitation (AFG),
- die Träger der gesetzlichen Unfallversicherung für die *medizinische und berufliche* Rehabilitation nach Arbeitsunfällen und Berufskrankheiten (SGB VII),
- die Träger der gesetzlichen Rentenversicherung für die *medizinische und berufliche* Rehabilitation ihrer Versicherten (SGB VI)

sowie eine Vielzahl weiterer Träger im Rahmen z. B. des sozialen Entschädigungsrechts und Sozialhilferechts. Die Aufzählung der einzelnen Rehabilitationsträger zeigt, dass es sich grundsätzlich um eine staatliche Aufgabe handelt. Es bestehen aber eine Vielzahl von Melde- und Informationspflichten von Medizinalpersonen, Arbeitgebern und Betriebsräten sowie Eltern und Vormünder, die einerseits die Beratung behinderter Menschen und anderseits die Information der zuständigen Rehabilitationsträger sicherstellen.

Das SGB IX hat die Rehabilitationsleistungen im Kernbereich vereinheitlicht. Die Zuständigkeit der Rehabilitationsträger richtet sich nach den Einzelgesetzen.

Leistungen

Bis zum Rentenreformgesetz im Jahre 1957 waren der Kernbereich rehabilitativer Maßnahmen die Durchführung medizinischen Maßnahmen, insb. von Kurmaßnahmen. Das im Grundgesetz verankerte Sozialstaatprinzip hat jedoch die Einstellung gegenüber behinderten Menschen grundlegend geändert. Leistungen zur Rehabilitation sind alle

- medizinischen,
- berufsfördernden und
- ergänzenden Leistungen,

die erforderlich sind, körperlich, geistig und/oder seelisch behinderte Menschen möglichst auf Dauer wieder in Arbeit, Beruf und Gesellschaft einzugliedern. Es handelt sich grundsätzlich um Sachleistungen. Anspruch besteht – im Rahmen des pflichtgemäßen Ermessens der Rehabilitationsträger – auf die Rehabilitationsmaßnahme, nicht auf Kostenerstattung von z. B. selbst gewählten Maßnahmen. Die medizinischen Leistungen umfassen alle Hilfen, die erforderlich sind, um:

- drohenden Behinderungen vorzubeugen,
- bestehende Behinderungen zu beseitigen und
- Verschlimmerungen zu verhüten.

Sie reichen von der ärztlichen und zahnärztlichen Behandlung bis zur Arbeitstherapie und Belastungserprobung. Ein wichtiges **medizinisches Instrument** ist die Gewährung von Heilverfahren und Kuren. Zu unterscheiden ist zwischen der Anschluss-Heilbehandlung (AHB) und Rehabilitationskuren:

- Die *Anschluss-Heilbehandlung* schließt sich unmittelbar an eine Akutbehandlung im Krankenhaus an, wenn nach deren Abschluss eine weitere gezielte Behandlung in Spezialeinrichtungen erforderlich ist (z. B. dosiertes Training nach Herzoperationen). Der AHB entspricht im Rahmen des berufsgenossenschaftlichen Heilverfahrens die BGSW (berufsgenossenschaftliche stationäre Weiterbehandlung). Die Berufsgenossenschaften halten dafür spezielle Abteilungen vor.
- *Rehabilitationskuren* dürfen nur gewährt werden, wenn sie unter Berücksichtigung der o. g. Ziele streng indiziert sind und ambulante Maßnahmen nicht ausreichen. Die Bewilligung von Kurmaßnahmen wird zunehmend restriktiv behandelt. Ursächlich dafür

sind einmal knappe Ressourcen, zum anderen aber auch die Erkenntnis, dass in einer Vielzahl von Fällen die Einbindung in den Alltag bessere bzw. gleiche Voraussetzungen für den Erfolg rehabilitativer Maßnahmen bietet. Einer besonders strengen Indikation bedürfen Wiederholungskuren, wenn in der Vergangenheit ein Kurerfolg nicht von Dauer war, weil z. B. die Lebensführung (Übergewicht, Nikotin- und/oder Alkoholabusus) nicht geändert wurde.

- Die *erweiterte ambulante Physiotherapie (EAP)*, die zwischenzeitlich flächendeckend möglich ist, ist z. B. eine von den Trägern der gesetzlichen Unfallversicherung getragene ambulante Behandlungsmöglichkeit nach schweren Verletzungen des Bewegungsapparates. Die gesetzliche Krankenversicherung bietet diese Maßnahme neuerdings ebenfalls an. Im präventiven Bereich sind dies z. B. die sog. Rückenschule.
- Leistungen medizinischer Rehabilitation können auch *Entziehungsbehandlungen* Suchtkranker sein.

Die **berufsfördernden Leistungen** zur Rehabilitation reichen von Berufsfindungsmaßnahmen bis zu Hilfen bei der Einrichtung eines behindertengerechten Arbeitsplatzes. Zur Erleichterung der Wiedereingliederung in die beruflichen Tätigkeiten nach schweren Verletzungen (Arbeitsunfällen) oder Berufskrankheiten wird von den Berufsgenossenschaften eine ärztlich gesteuerte betriebliche Belastungserprobung praktiziert mit einem anfänglich stundenweisen täglichen Arbeitseinsatz, der im Abstand von 2 bis höchstens 4 Wochen jeweils gesteigert werden und in absehbarer Zeit abgeschlossen sein soll. Der Betroffene ist während dieser Phase weiterhin arbeitsunfähig und erhält Verletztengeld. Dieses Verfahren wurde von der gesetzlichen Krankenversicherung – zwar modifiziert – übernommen. Das öffentliche Recht (z. B. Beamtenrecht) sieht als vergleichbare Eingliederungshilfe eine zeitlich begrenzte Teilzeitarbeit bei voller Bezahlung vor. Alle diese Maßnahmen setzen voraus, dass voraussichtlich der Volleinsatz wieder zu erzielen ist, sie sind also keine Vorstufe zur Berentung.

Die **ergänzenden Maßnahmen** sind im Wesentlichen finanzielle Leistungen im Zusammenhang mit der medizinischen und beruflichen Rehabilitation.

Leistungen zur Rehabilitation sind medizinische und berufliche Eingliederungshilfen sowie die zur Erreichung dieses Ziels erforderlichen insbesondere finanziellen Hilfen. Zum Kern medizinischer Rehabilitation gehören die Anschluss-Heilbehandlung und Rehabilitationskuren.

„Rehabilitation vor Rente"

Ausfluss des Sozialstaatprinzips ist die Abkehr vom Versorgungsprinzip hin zum **Wiedereingliederungsprinzip**. Dem behinderten Menschen soll Hilfestellung gegeben werden, um Selbstvertrauen zurückzugewinnen und sich möglichst auf Dauer einen festen, anerkannten Platz in allen Lebensbereichen zu schaffen. Rehabilitation und Rentenleistungen beinhalten gemeinsam Wiedergutmachung im weitesten Sinn für erlittene Unbill. Die Zielsetzung ist aber eine andere. Während die Rente Schadensersatz für behinderungsbedingte finanzielle Einbußen leistet, beinhaltet die Rehabilitation die Beseitigung/Linderung der behinderungsbedingten Einbußen in allen Lebensbereichen. Im gesamten Rehabilitationsverfahren gilt der Grundsatz „Rehabilitation vor Rente". Renten wegen Minderung der Erwerbsfähigkeit, Berufsunfähigkeit oder Erwerbsunfähigkeit sollen grundsätzlich erst gewährt werden, wenn die Rehabilitationsmöglichkeiten ausgeschöpft sind. Ziel der Rehabilitation ist die Hilfe zur Selbsthilfe. Der Rehabilitationsvorgang ist eine Gemeinschaftsaufgabe aller Sozialleistungsträger, der sich nicht in Einzelleistungen erschöpft, sondern den behinderter Menschen im Rahmen eines *Rehabilitationsplans* rasch und dauerhaft einzugliedern und ggf. unterstützend zu begleiten hat. Die Verpflichtung zu Rehabilitation ist also mit der Wiedereingliederung in den Arbeitsprozess nicht beendet.

Ziel der Rehabilitation ist die Wiedereingliederung in allen Lebensbereichen, nicht der Ersatz materieller oder immaterieller Einbußen.

II

Allgemeine Unfallchirurgie und Notfallsituationen

9 Frakturen und Gelenkverletzungen

10 Besondere Verletzungen und Polytrauma

9.1 Allgemeine Frakturenlehre, Physiologie und Pathophysiologie der Frakturheilung

Die Systematik der Frakturenlehre ist unverzichtbare Grundlage für das Verständnis von Physiologie und Pathophysiologie der Bruchheilung sowie der möglichen konservativen und operativen Therapieverfahren. Es ist daher erforderlich, Kriterien für Art, Lokalisation und Schweregrad knöcherner Verletzungen aufzustellen, welche zu einer brauchbaren Einteilung im Sinne einer Klassifikation beitragen. Diese Typisierung von Knochenbrüchen ermöglicht die Vergleichbarkeit im Rahmen von Studien (Qualitätssicherung) sowie im günstigsten Fall die Ableitung der jeweils geeigneten Therapie. Grundsätzlich unterscheidet man das konservative vom operativen Behandlungskonzept (Osteosynthese) und die immobilisierende von der funktionellen Begleit- und Nachbehandlung. Ziel ist stets die Restitutio ad integrum, die aber bei schweren Verletzungen nicht immer erreicht werden kann.
In Abhängigkeit von der lokalen „*Biologie*" sowie von der *Stabilität* im Bruchbereich gibt es die direkte und die indirekte Form der Knochenbruchheilung. Während bei Frakturen mit Gelenkbeteiligung eine anatomische Reposition und stabile Fixation der gelenkbildenden Skelettanteile anzustreben ist, kann bei diaphysären Frakturen auf den fugenlosen Kontakt einzelner Fragmente verzichtet und eine überbrückende Stabilisierung mit Wiederherstellung von Achse, Länge und Rotation des betroffenen Knochens herbeigeführt werden.

Frakturenlehre: Definitionen

Ist eine auf den Knochen einwirkende Kraft größer als dessen Elastizität, kommt es zur Fraktur, d. h. zur Kontinuitätsunterbrechnung. Frakturen lassen sich nach verschiedenen Gesichtspunkten definieren und einteilen.

Definition nach Ätiologie

Traumatische Fraktur: Um einen gesunden Knochen durch ein Unfallereignis zu frakturieren, bedarf es einer von außen einwirkenden Gewalt. Denkbare Mechanismen sind Schlag, Stoß und Schuss als *direkte* Traumatisierung sowie Stauchung, Biegung, Scherung, Torsion und/oder Zug als *indirekte* Bruchmechanismen.
Pathologische Fraktur: Bricht ein Knochen ohne adäquates Unfallereignis, weil er krankhafte Veränderungen, z. B. durch eine Osteogenesis imperfecta, Osteoporose oder eine Osteolyse aufgrund maligner Entartung aufweist, spricht man von einer pathologischen Fraktur.
Ermüdungsbruch: Als Mischform gelten ständig sich wiederholende Mikrotraumatisierungen, die im Sinne der Wechselbiegebelastung eines Röhrenknochens durch eine Art „Materialermüdung" zur Fraktur führen (z. B. sog. „Marschfraktur").

Definition nach der Frakturart

Vollständige Fraktur: Hier ist die Kontinuität eines Knochens vollständig unterbrochen, die Frakturenden sind mehr oder weniger gegeneinander verschoben, d. h. disloziert. Ausmaß und Richtung der *Dislokation* sind abhängig von Richtung und Heftigkeit der Gewalteinwirkung und der an den Fragmentenden angreifenden Muskelzüge. Somit bestehen je nach Lokalisation der Fraktur regelhafte Dislokationsrichtungen und Fehlstellungen. Man unterscheidet Dislokationen in Längsrichtung von solchen mit Seitverschiebung, Verdrehung oder Achsenknick (**T 9.1**). Meist ist die Fehlstellung eine kombinierte.
Durch die Kontinuitätsunterbrechnung kommt es zur Instabilität, woraus sich die sog. *sicheren Frakturzeichen* ableiten:

- pathologische Beweglichkeit,
- Achsenfehlstellung,
- Krepitation.

Unsichere Frakturzeichen sind:

- Schwellung,
- Schmerz,
- Bewegungseinschränkung.

Unvollständige Fraktur: Unter einer *Infraktion* versteht man die Impression der Kortikalis. Sog. *Grünholzbrüche* sind typisch für das Wachstumsalter. Sie ähneln dem Bruch eines frischen Astes, bei welchem die Rinde und die äußeren Schichten nicht unterbrochen sind. Sinngemäß ist das Periost teilweise intakt, da dieses bei Kindern erheblich dicker ist als beim Erwachsenen. *Fissuren* weisen eine spaltförmige Linie ohne Frakturverschiebung auf.
Weichteilschaden: Jede Fraktur geht mit einem mehr oder weniger ausgedehnten Weichteilschaden (geschlossen, offen) einher.

Höhergradige Weichteilschäden mit gestörter Durchblutung (Vaskularität) des örtlichen Gewebes (Knochen, Weichteile) haben erhebliche Auswirkungen auf die Knochenbruchheilung.

Diagnostik und Klassifikation werden ab S. 226 ff beschrieben.

Definition nach der Frakturform

Die deskriptive Einteilung der Frakturen unterscheidet **Quer-** von kurzen oder langen **Schrägbrüchen**, außerdem

T 9.1 Dislokationsformen

Bezeichnung	*Beschreibung*	*Beispiel*
Dislocatio ad latus	Seitverschiebung	diaphysäre Frakturen langer Röhrenknochen 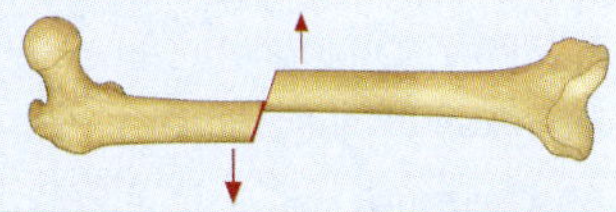
Dislocatio ad longitudinem	Längsverschiebung mit Verkürzung (cum contractione) oder Verlängerung (cum distractione)	Femurfraktur 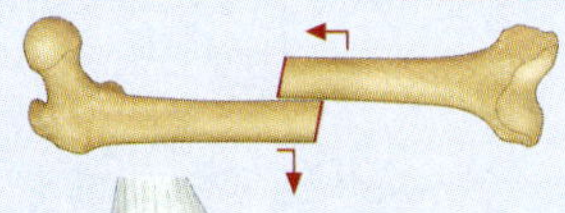 Patellafraktur 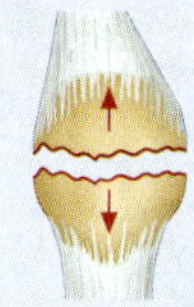
Dislocatio ad axim	Achsenknick/Fehlstellung – in der Frontalebene: O-Stellung (Varus) oder X-Stellung (Valgus) bzw. – in der Sagittalebene: Ante- oder Rekurvation	alle Röhrenknochen 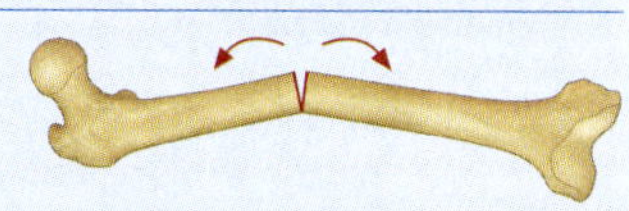
Dislocatio ad peripheriam	Rotationsfehler (sog. Torsionsabweichung); Fehlstellung infolge Verdrehung der Fragmente gegeneinander (Innen-, Außenrotation);	alle Röhrenknochen 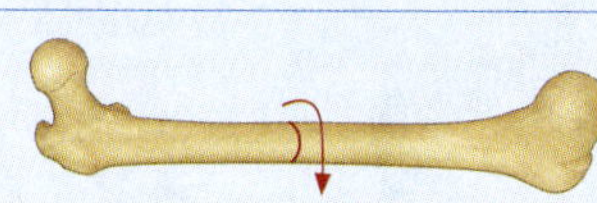

Spiral- und **Längsfrakturen**. **Trümmerbrüche** sind Folge stärkerer direkter Gewalteinwirkung (z. B. sog. Stoßstangenverletzung, Schussverletzungen). Sie gehen meist mit einem höhergradigen Weichteilschaden einher. Ähnliches gilt für sog. **Mehrfragmentbrüche**, die meist weniger und größere Einzelfragmente aufweisen. **Mehretagenbrüche** sind Frakturen unterschiedlicher Höhenlokalisation an *einem Knochen,* als **Kettenverletzungen** bezeichnet man Frakturen an *zwei oder mehreren Knochen* einer Extremität (**9.1a**).

Schließlich differenziert man noch Frakturen mit oder ohne **Gelenkbeteiligung** und **Verrenkungsbrüche** bzw. **Luxationsfrakturen**, bei welchen die Fraktur mit der Aufhebung der gelenkigen Bindung zweier Knochen einhergeht.

Definition nach der Entstehung

Spezielle Unfallmechanismen hinterlassen typische Bruchformen mit charakteristischen Dislokationsformen. In der Regel sind Rückschlüsse auf Art und Ausmaß des Weichteilschadens möglich. Typische Bezeichnungen für Knochenbrüche gemäß ihrer Entstehung sind

Biegungsbrüche: Wirkt auf einen Knochen eine *direkte* (**9.1b**) oder *indirekte* (**9.1a**) Biegekraft, kann durch Zugspannungen auf der Konvexseite eine *Querfraktur* entstehen. Auf der Konkavseite wird dabei ein sog. *Biegungskeil* herausgesprengt. Handelt es sich um einen direkten Frakturmechanismus, ist der Weichteilschaden auf der Konkavseite meist beträchtlich, bei indirektem Biegemoment hängt der Weichteilschaden vom Ausmaß der Frakturdislokation ab.

Drehbrüche (Synonym: **Torsionsfrakturen**): Sie entstehen typischerweise auf indirektem Weg, indem der Knochen am einen Ende fixiert ist und auf der Gegenseite einem Torsionsmechanismus unterliegt (**9.1c**), z. B. beim Drehsturz des Skiläufers. Bei Kombination mit Biege- und Stauchungskräften entsteht typischerweise ein separates Fragment, der sog. *Dreh- oder Biegungskeil.*

Abscherfrakturen: An der Grenze zwischen abgestütztem und nicht abgestütztem Knochen (z. B. an der lateralen Konsole des Tibiakopfes, am Schenkelhals, aber auch an langen Röhrenknochen) kann der Schermechanismus eine Fraktur verursachen (**9.1a,d**). Gleichfalls durch einen Schermechanismus entstehen *osteochondrale Frakturen* in einem Gelenk, sog. *Flake Fractures.*

Abrissfrakturen: Der Abrissbruch imponiert als knöcherner Ausriss eines Muskelansatzes bzw. seiner Sehne, z. B. an der Patella (**9.1a**), am Olekranon bzw. an den Epikondylen.

Stauchungsbrüche (Synonym: **Kompressionsfrakturen**): Durch axiale Gewalteinwirkung, z. B. beim Sturz aus größerer Höhe, kommt es vorwiegend in spongiösen Knochen (Wirbelkörper, Fersenbein u. a.) zu einer irreversiblen Kompression der Knochenbälkchen (**9.1**). Die Krafteinleitung bei Entstehen eines Stauchungsbruches kann entweder *direkt* (z. B. am Fersenbein) oder *indirekt* (z. B. am Wirbelkörper oder Schienbeinkopf) stattfinden.

! Versucht man, die ursprüngliche Form eines komprimierten spongiösen Knochens wiederherzustellen, entsteht ein mehr oder weniger großer ossärer Defekt.

Dieser bedarf regelhaft einer Auffüllung durch z. B. körpereigenen Knochen.

9.1 Frakturmechanismen an Röhrenknochen

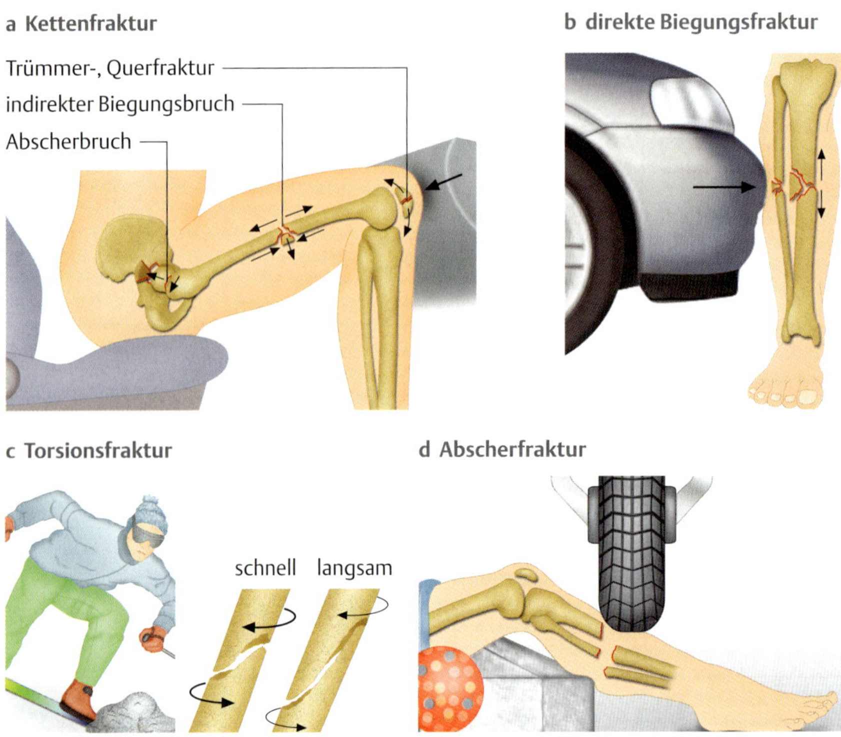

a Bei einem Knieanpralltrauma sind häufig mehrere Knochen betroffen. Typisch sind eine Fraktur der Patella, ein *indirekter Biegungsbruch* des Femurs, eine *Abscherfraktur* am Hüftkopf und/oder *Absprengungen* am hinteren Pfannenrand evtl. mit Luxation des Hüftkopfes.
b Bei direkten Biegungsbrüchen ist konkavseitig mit schweren Weichteilschädigungen zu rechnen.
c Abhängig von der Torsionsgeschwindigkeit verhält sich der Winkel der Bruchlinie zur Knochenlängsachse: je höher die Torsionsgeschwindigkeit, desto flacher der Winkel der Bruchlinie zur Knochenlängsachse.
d In diesem Beispiel verursacht die direkte Gewalteinwirkung einen erheblichen Weichteilschaden.

9.1 Mechanismus einer Kompressionsfraktur am Wirbelkörper

Stürze auf das Gesäß können infolge axialer Stauchung eine Wirbelfraktur verursachen. Speziell am thorakolumbalen Übergang kommt es zu einer Art Klappmessermechanismus. Die Kompression des Wirbelkörpers hinterlässt infolge Zerstörung der Spongiosaarchitektur eine keilförmige *Deformierung*. Deren Ausmaß reicht in Abhängigkeit von der Gewalteinwirkung von leichten Deckplattenimpressionen mit intakter Hinterkante (**a**) bis zum kompletten Verlust der Form des Wirbelkörpers und erheblicher Instabilität (sog. Berstungsbruch; **b**). Die Therapie richtet sich nach dem Ausmaß der Schädigung. Eine gute Orientierung bietet die computertomographische Untersuchung. Konservative oder operative therapeutische Maßnahmen haben stets die stabile Aufrichtung der Fraktur zum Ziel.

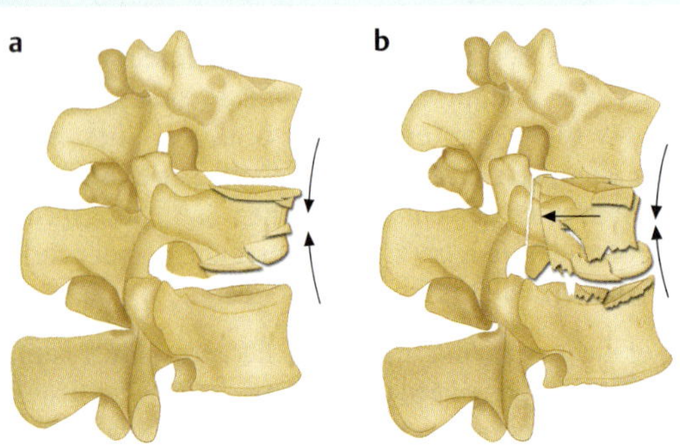

Eine spezielle Form der Kompressionsfraktur durch direkte Gewalteinwirkung ist der *Berstungsbruch*, z. B. an der Schädelkalotte.

Definition nach der Lokalisation

Bei langen Röhrenknochen differenziert man die Diaphyse von der Meta- und Epiphyse. *Diaphysäre* oder *Schaftfrakturen* haben infolge des dort bestehenden Knochenaufbaus mit einer dicken, weniger gut durchbluteten Kortikalis bezüglich der Heilung andere Bedingungen als Frakturen im mehr spongiösen *meta-* und *epiphysären* Bereich. Während bei *diaphysären* eine anatomische Reposition und Fixation nicht zwingend erforderlich ist (Länge, Achse und Torsion sind dennoch zu beachten), müssen Frakturen mit Beteiligung von *Gelenkflächen* oder der *noch offenen Wachstumsfuge* anatomisch rekonstruiert werden.

Klassifikationen

Anerkannte und allgemein gültige Klassifikationen erleichtern die Kommunikation und sind unverzichtbare Grundlage der Qualitätskontrolle. Ohne die exakte Klassifikation von **Frakturen** sind keine vergleichenden Aussagen zur Wertigkeit bestimmter Therapieverfahren möglich. Währen die *AO-Klassifikation* (s. u.) auf das gesamte Skelettsystem anwendbar ist, existieren zahlreiche Einteilungen für bestimmte anatomische Regionen. Beispiele hierfür sind die *Neer-Klassifikation* für Oberarm-

9.2 AO-Klassifikation der Frakturen (nach M. E. Müller)

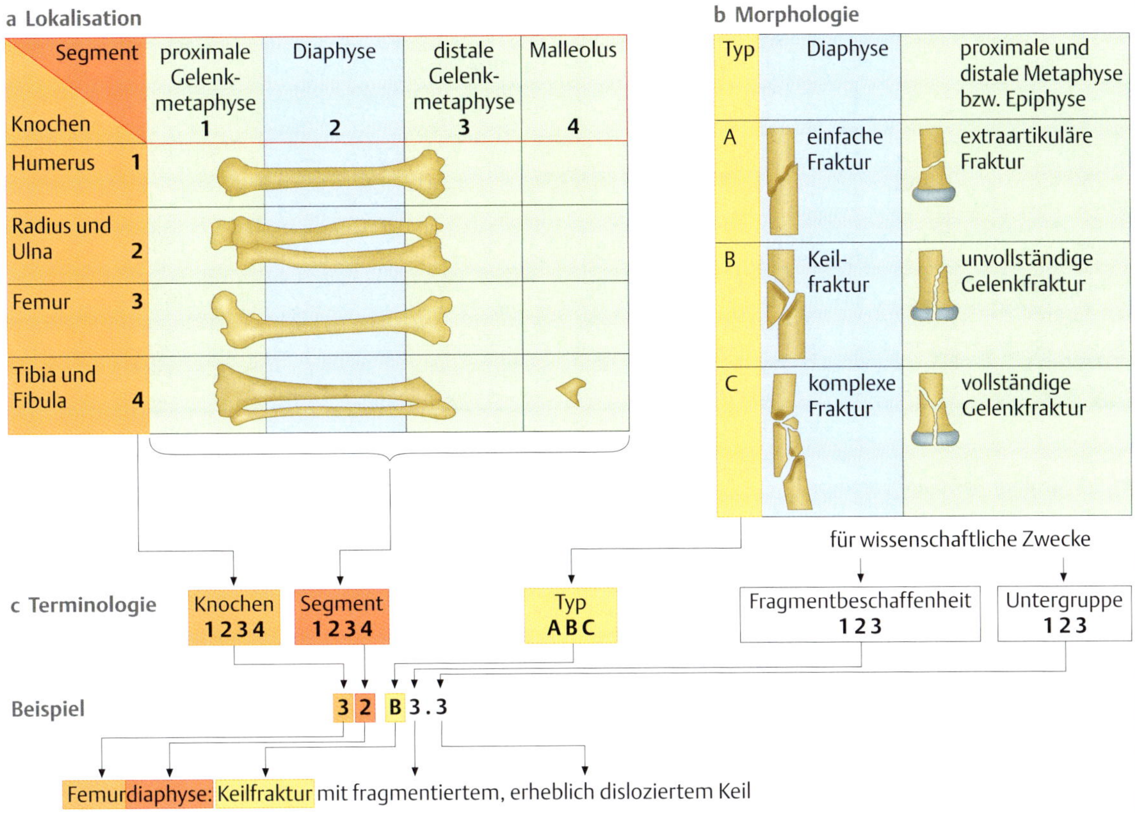

a Lokalisation: Jeder Röhrenknochen hat eine Zahl, welche in Kombination mit dem Segment eine zweistellige Ziffer ergibt.
b Morphologie: An jeder anatomischen Region unterscheidet man abhängig vom Schweregrad A-, B- und C-Typen).
Die weitere Differenzierung nach Gruppen (z. B. Beschaffenheit der Fragmente) und speziell definierten Untergruppen ist vornehmlich für wissenschaftliche Nachuntersuchungen gedacht.

kopfbrüche, die Einteilung von *Letournel/Judet* für Azetabulumfrakturen oder diejenige nach *Garden* bzw. *Pauwels* für Schenkelhalsbrüche. Sofern eine Klassifikation von klinischer Bedeutung ist, wird sie jeweils bei der Abhandlung der speziellen Frakturen erwähnt.
Von Wichtigkeit ist zudem die Einteilung nach Art und Schweregrad von **Weichteilschäden**. Durchgesetzt haben sich die Klassifikationen von *Anderson/Gustilo* sowie diejenige von *Tscherne/Oestern*. Letztere hat den Vorteil, dass sie auch den geschlossenen Weichteilschaden erfasst (s. „Weichteilschaden", S. 224).

AO-Klassifikation

Diese alphanumerische Klassifikation der Frakturen wurde von *M. E. Müller* für die *Arbeitsgemeinschaft für Osteosynthesefragen (AO)* erarbeitet und beinhaltet Aussagen zu Lokalisation, Morphologie und Schwergrad eines Knochenbruches. Zusätzlich zu der in **9.2** dargestellten Nomenklatur existieren für Skelettabschnitte wie z. B. die Wirbelsäule, das Becken, den Handbereich usw. spezielle Einteilungen.

Klassifikation epiphysärer Verletzungen

Eine intakte Epiphysenfuge (**9.3**) garantiert das Längenwachstum. Voraussetzung ist die Unversehrtheit der Wachstumszone, des Stratum germinativum. Fugenlösungen mit oder ohne metaphysäres Fragment gehören zu den Wachstumsfugenverletzungen, welche bei exakter Reposition eher keine Wachstumsstörung erwarten lassen. Wird das Stratum germinativum von einer Fraktur gekreuzt oder wird es durch Stauchung geschädigt, kann durch Verknöcherungen ein vorzeitiger Verschluss und damit ein Fehlwachstum ausgelöst werden. In diesen Fällen muss die Osteosynthese zur anatomischen, sog. wasserdichten Reposition führen, um Folgeschäden möglichst zu vermeiden.
Die Klassifikationen von *Aitken* bzw. *Salter/Harris* geben Hilfestellung bei der Einordnung epiphysärer Verletzungen, sodass therapeutische Optionen und mögliche Spätschäden abgeleitet werden können (T **9.2**).

T 9.2 Einteilung epiphysärer Verletzungen nach Aitken und Salter/Harris

Verletzung	Epiphysen-fugenlösung	Epiphysen-fugenlösung mit metaphysä-rem Fragment	Epiphysen-fugefraktur ohne metaphy-säres Fragment	Epiphysen-fugefraktur mit metaphysä-rem Fragment	Crush-Verletzung	Flake Fracture
		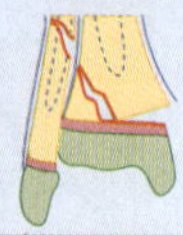	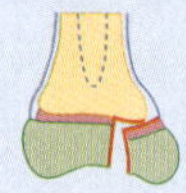	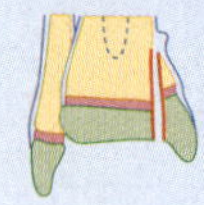	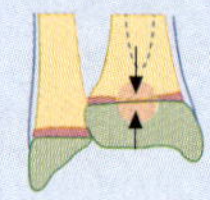	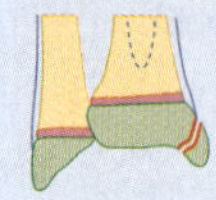
Aitken	-	**I**	**II**	**III**	-	-
Salter/Harris	**I**	**II**	**III**	**IV**	-	-
Therapie	konservativ	konservativ	operativ	operativ	-	unterschiedlich
Wachstums-störung möglich	bei exakter Reposition: nein	bei exakter Reposition: nein	ja	ja	ja	nein

9.3 Struktur der Epiphysenfuge

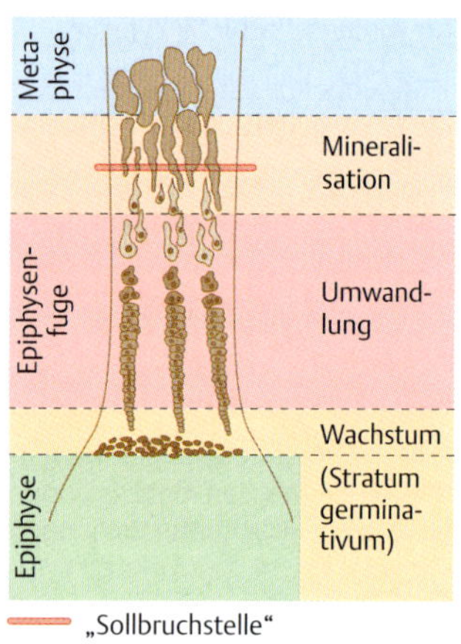

Epiphysenlösungen finden normalerweise in der Mineralisationszone statt („Sollbruchstelle"), sodass Wachstumsstörungen nur zu erwarten sind, wenn eine Fraktur mit epiphysärem Fragment das Stratum germinativum kreuzt oder diese Schicht durch Stauchung beschädigt wird.

Diagnostik bei Verdacht auf Frakturen

Die Diagnostik von Frakturen sollte stets nach einem bestimmten Algorithmus erfolgen:

Anamnese: Erfragen von Unfallhergang, Erstbehandlung, früheren Verletzungen, allgemeinen und speziellen (d. h. den Knochen betreffenden) Vorerkrankungen sowie Schmerzart, -intensität und -lokalisation nach dem Ereignis. Zusätzlich muss stets die Frage nach Störungen der Sensibilität oder Motorik im Verletzungsbereich gestellt werden.

Klinische Untersuchung: Die *Inspektion* erfasst Fehlstellung, Schonhaltung, Schwellung, Hämatombildung, Hautläsionen usw. Mit der *Palpation* werden Schwellung, Schmerzhaftigkeit, Fehlstellung, Krepitation usw. geprüft.

Bei jeder Fraktur muss die periphere Durchblutung, Sensibilität und Motorik geprüft und das Ergebnis dieser Untersuchung dokumentiert werden.

Bildgebende Verfahren: Grundlage der Diagnostik sind Röntgenbilder in 2 Ebenen, die nach Bedarf durch *Spezialaufnahmen* zu ergänzen sind (z. B. Schrägaufnahmen bei bestimmten Bruchformen wie der Tibiakopffraktur, Spezialprojektionen bei Hüftpfannenbrüchen, Schichtaufnahmen oder eine CT bei Gelenkfrakturen usw.).

Röntgenaufnahmen ermöglichen die Diagnostik nahezu aller Frakturen, indem eine Kontinuitätsunterbrechung an der Kortikalis (im Schaftbereich) oder eine Stufe bzw. Impression der Gelenkfraktur nachzuweisen ist. Frische Frakturen sind scharfrandig gezeichnet, ältere Frakturen weisen eher verschwommene Frakturlinien bzw. Resorptionszonen oder Kallusformationen auf.

Spezielle Schnittbildverfahren wie die *Computertomographie* oder die *Magnetresonanztomographie* gehören nur ausnahmsweise zur Routinediagnostik. Bei Gelenkverletzungen (z. B. Azetabulumfrakturen, Beckenbrüche, Kalkaneusfraktur usw.) dient eine CT auch dazu, die operative Rekonstruktion präoperativ besser planen zu können. Die *MRT* eignet sich zur Diagnostik larvierter knöcherner Verletzungen (sog. „bone bruises" = ödematöse Veränderungen aufgrund beginnender Läsion der Spongiosaarchitektur). Die *Szintigraphie* wird speziell bei Knocheninfektionen und in der Tumordiagnostik eingesetzt.

Physiologie der Frakturheilung

Formen der Frakturheilung

Direkte (primäre) Frakturheilung: Bei absoluter Stabilität (Osteosynthese mit sog. interfragmentärer Kompression) heilt die Fraktur ohne Kallusbildung (Wiederherstellung der ursprünglichen Form). Zur Unterscheidung zwischen *Kontakt-* und *Spaltheilung* s. **9.4a**.

Indirekte (sekundäre) Frakturheilung (**9.4b**): Bei *relativer Stabilität* wird die Kallusbildung durch Mikrobewegungen (Dehnung im Frakturspalt) angeregt. Dies gilt sowohl für die konservative Knochenbruchbehandlung als auch für manche Osteosynthesen (z. B. überbrückende Plattenosteosynthese, Marknagelung). Die „indi-

9.4 Direkte und indirekte Frakturheilung

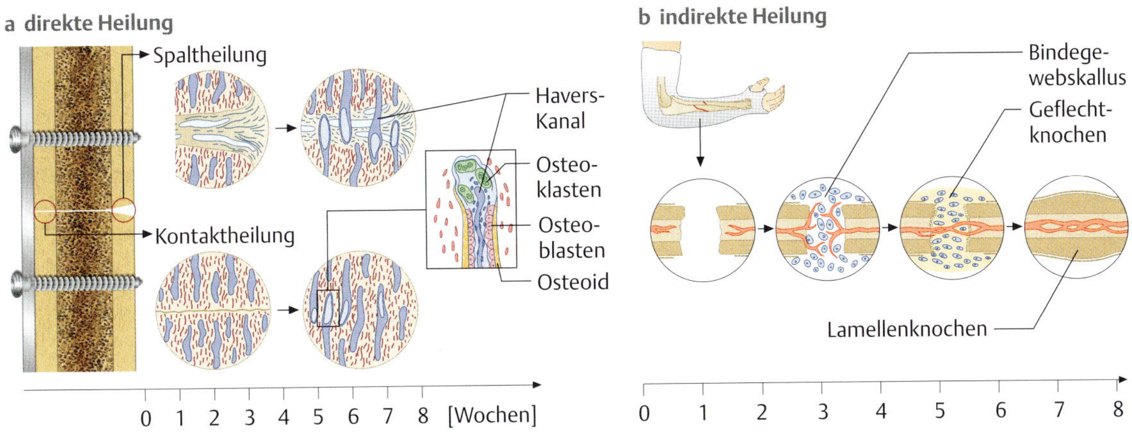

a Bei der direkten Frakturheilung werden Kontakt- und Spaltheilung unterschieden. Die interfragmentäre Kompression ermöglicht eine **Kontaktheilung**, d. h. der Frakturspalt wird durch sog. Osteone überbrückt und verzahnt: Nach der *Latenzphase* mit Aktivierung der Heilungsvorgänge erfolgt durch Osteoklasten die *Resorption* von Knochensubstanz mit Bildung breiter Kanäle, worauf Osteoblasten die Kanäle mit *neuer Knochensubstanz* auskleiden. **Spaltheilung** findet in solchen Fällen statt, wo zwischen stabil fixierten Fragmenten ein Spalt verbleibt, also kein direkter Knochenkontakt besteht. Der nach dem Einsprossen endostaler Gefäße gebildete *Geflechtknochen* wird allmählich in *Lamellenknochen* umgewandelt.
b Nach Resorption an den Fragmentenden bildet sich bei indirekter Frakturheilung ein *Bindegewebskallus*, der dann in *Geflecht-* und später in *Lamellenknochen* umgebaut wird.

rekte Frakturheilung" stellt keine zweitrangige Heilungsform dar. Durch die Kallusbildung kann die Stabilität im Röntgenbild besser beurteilt werden.

Dauer der Frakturheilung

Diese ist abhängig von der Frakturart, ihrer Lokalisation, dem Alter des Patienten und von der Art der Behandlung. Schaftfrakturen bei **Erwachsenen** benötigen 8–16 Wochen zur knöchernen Durchbauung (in Abhängigkeit von direkter/indirekter Heilung bzw. meta-/diaphysärer Lokalisation). Im **Wachstumsalter** ist die Heilungsdauer deutlich kürzer (ca. 3–6 Wochen).

Gestörte Frakturheilung

Von **verzögerter Knochenbruchheilung** spricht man, wenn die Fraktur nach 4 Monaten noch nicht knöchern durchbaut ist (sog. „delayed union"). Ist dies nach 6 Monaten noch nicht erfolgt, kann man verschiedene Formen der **Pseudarthrose** (Synonyme: Falschgelenkbildung, „non-union") unterscheiden:

Hypertrophe („straffe") Pseudarthrose (sog. Elefantenfußkallus; **9.5a**): Der Knochen ist gut durchblutet, bildet Kallus. Die Stabilität ist unzureichend, daher gelingt keine Überbrückung der Fraktur.

Atrophe Pseudarthrose (**9.5b**): beruht auf einer Vaskularisationsstörung des Bruchbereiches (z. B. offene Brüche, mangelhafte Operationstechnik), sodass kein Kallus gebildet wird.

Die *Kombination* einer Vaskularisationsstörung mit Infekt und Instabilität ist besonders deletär. Sie wird z. B. bei Infektpseudarthrosen beobachtet. Diese kann zudem noch mit einem knöchernen Defekt vergesellschaftet sein (Infekt-Defekt-Pseudarthrose).

Heilungsstörungen werden begünstigt durch einen schlechten Allgemeinzustand, Durchblutungsstörungen, Osteoporose, hohes Alter.

Zeichen einer Pseudarthrose sind Belastungsschmerzen, evtl. pathologische Beweglichkeit, Schwellungs- und Reizzustände und eine Fehlstellung. Beweisend sind Röntgenaufnahmen, bei Unsicherheit Tomographie.

9.5 Pseudarthroseformen und deren Therapie

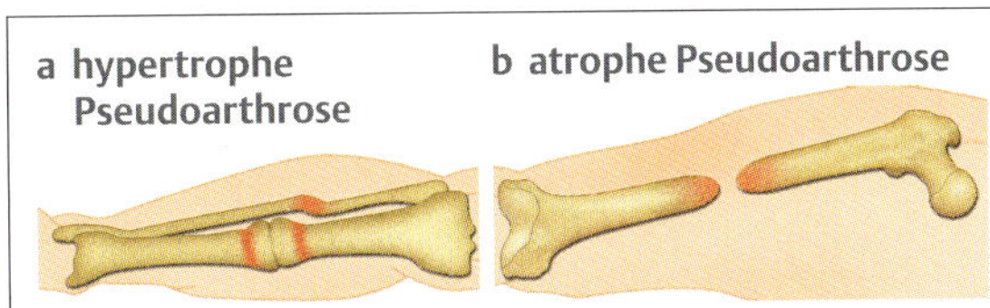

Atrophe Pseudarthrose: Resektion minderdurchbluteten Knochens, Knochenübertragung (Spongiosaplastik, autolog vom Beckenkamm), stabile Osteosynthese.
Hypertrophe Pseudarthrose: Stabile Osteosynthese (interfragmentäre Kompression), Durchblutungsreiz durch Dekortikation (Abheben der äußeren Kortikalisschicht mit anhängenden Weichteilen mittels Meißel).
Defektpseudarthrose: Auffüllen kleiner Defekte durch Spongiosaplastik, größerer durch sog. Segmenttransfer (Transport eines Anteils der Diaphyse nach Durchtrennung im gesunden Bereich, sog. Kortikotomie; s. auch SE 9.4, S. 236 f).

9.2 Konservative Frakturbehandlung

Die Therapie von Knochenbrüchen ohne Operation nimmt in der modernen Unfallchirurgie ungeachtet der Weiterentwicklung der Osteosyntheseverfahren einen wichtigen Platz ein. Eine Reihe von Frakturen kann auf konservativem Wege in akzeptabler Zeit zu einer funktionsgünstigen Ausheilung gebracht werden. Bietet die operative Behandlung gegenüber dem konservativen Vorgehen keine Vorteile, ist letzterem der Vorzug zu geben. Das Operationsrisiko einerseits und das Erreichen von Übungsstabilität durch eine Osteosynthese andererseits müssen bei der Einschätzung der geeigneten Therapie gegeneinander abgewogen werden. Im Einzelfall bestimmen die individuellen Voraussetzungen des Patienten die Art der Behandlung.

Prinzipien der Frakturbehandlung

Ziel jeder Therapie eines Knochenbruches ist die möglichst komplette Wiederherstellung von Form und Funktion (sog. Restitutio ad integrum).

! Konservative und operative Frakturbehandlung basieren grundsätzlich auf den Grundprinzipien **R**eposition, **R**etention und **R**ehabilitation.

Reposition: Sowohl bei konservativer als auch bei operativer Reposition diaphysärer Frakturen orientiert man sich an der Wiederherstellung von *Länge, Achse* und *Torsion* eines Röhrenknochens. Bei Gelenkverletzungen wird die geforderte anatomische Reposition operativ erzielt.
Retention: Die durch Reposition erreichte Fragmentstellung muss bis zu deren knöcherner Ausheilung erhalten und regelmäßig radiologisch kontrolliert werden. Dies erfolgt durch immobilisierende Verbände (s. SE 9.11, S. 251) und/oder die Techniken der Extension.
Rehabilitation: Die frühzeitige Übungstherapie dient dem Erreichen einer möglichst optimalen Funktion. Bei *konservativer* Therapie ist eine funktionelle Behandlung aller nicht fixierter Gelenke anzustreben. Jede Immobilisierung ist auf das unbedingt Notwendige zu beschränken.

Konservative Therapieverfahren

! Die konservative Frakturbehandlung stellt gegenüber der Osteosynthese kein minderwertiges Therapieverfahren dar.

Sie ist teilweise aufwendiger und schwieriger als die Osteosynthese und erfordert die Kenntnisse der gängigen Techniken (Gips, funktionelle Verbände, Extensionen usw.) und engmaschige radiologische Kontrollen.

Indikation: Besonders geeignet für die konservative Therapie sind stabile oder stabil reponierte Frakturen, deren Retention unproblematisch ist. Durch begrenzte Immobilisierung sind Sekundärschäden vermeidbar (z. B. Frakturen im Wachstumsalter, wenig dislozierte Frakturen). Bei Patienten in schlechtem Allgemeinzustand oder mit besonderen Risikofaktoren kann die konservative Therapie einzige Möglichkeit sein.

Möglichkeiten:
Rein funktionelle Behandlung: Bei unverschobenen, stabilen Frakturen (z. B. Fissuren oder Grünholzbrüchen) kurze Ruhigstellung zur Schmerzbekämpfung, dann kann die betroffene Region für die Übungstherapie freigegeben werden.
Reposition: Die Einrichtung des Bruches erfolgt in Abhängigkeit von Art und Lokalisation in Lokal-, Regional- oder Allgemeinanästhesie. Therapeutisches Prinzip sind Zug und Gegenzug mit lokalem Druck an den Fragmentenden, kontrolliert wird mittels Bildverstärkers.

! Bei manchen Brüchen wie z. B. der distalen Radiusfraktur sind mehrfache Repositionsmanöver gefährlich und begünstigen die Entstehung einer Reflexdystrophie (s. u.).

Retention:
- **mit immobilisierenden oder funktionellen Verbänden** wie z. B. Gipsverbände, Schienen, Orthesen, Tapeverbände usw. (s. SE 9.10–9.12, S. 248 ff). Die Auswahl ist danach zu treffen, dass im Bereich der betroffenen Extremität so viel wie nötig, aber so wenig wie möglich immobilisiert wird;
- **durch Extensionstechnik** (👁 **9.6**): Streckverbände kommen überwiegend an der unteren Extremität zum Einsatz, entweder temporär (z. B. bei Frakturen des Azetabulums vor der operativen Versorgung) oder bei Frakturen des Ober- oder Unterschenkels im Wachstumsalter (Dauerzug).

! Immobilisierung so viel wie nötig, so wenig wie möglich.

! Frühfunktionelle Verbandtechniken sind immobilisierenden vorzuziehen. Die Auswahl des geeigneten Verfahrens erfolgt individuell.

Grenzen: Führt die konservative Therapie erkennbar nicht zum Ziel, ist ein operatives Vorgehen indiziert. Ein solcher Verfahrenswechsel kann selbst nach längerem konservativem Therapieversuch notwendig werden.

Komplikationen: Frakturheilungsstörungen sind in SE 9.1 auf S. 229 beschrieben worden. Weitere Komplikationen im Gipsverband können Druckstellen, Nervenschäden oder Durchblutungsstörungen sein.

9.6 Extensionstechniken

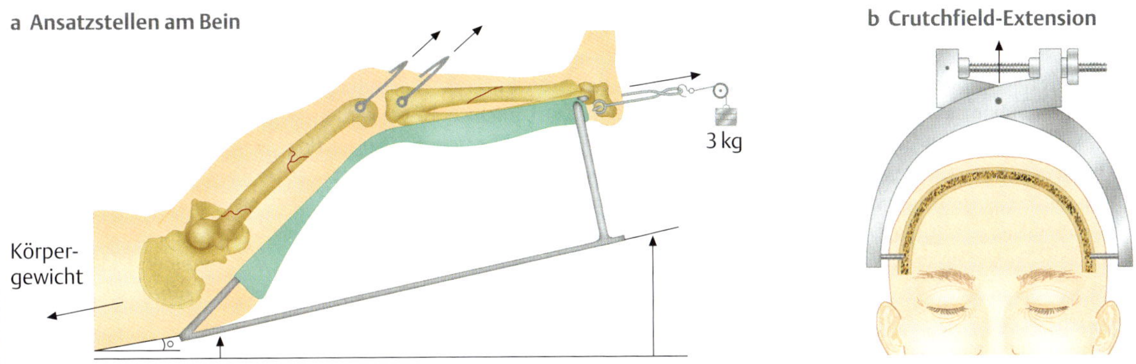

a Bei Oberschenkelfrakturen wird suprakondylär oder am Tibiakopf ein Steinmann-Nagel eingeschlagen. An diesem wird ein Extensionsbügel befestigt, an welchem das Gewicht angehängt werden kann. Das Bett wird zum Kopfende hin abgesenkt, sodass das Körpergewicht als Gegenzug wirken kann. Eine gleiche Anordnung kann bei suprakondylären Frakturen oder bei Brüchen am koxalen Femurende bzw. der Hüftpfanne angewendet werden. Analog wird bei der Unterschenkelfraktur die Extension am Fersenbein angelegt.
b Bei Verletzungen der Halswirbelsäule wird der Extensionsbügel klammerartig an der temporären Schädelkalotte befestigt.

Bei Extensionsverbänden sind Lagerungsschäden oder Infektionen im Bereich der Drahtdurchtrittsstellen möglich. Bei letzteren muss die Extension notfallmäßig entfernt oder ausgesetzt werden.

Durch eine lang dauernde Immobilisierung kann eine sog. **Frakturkrankheit** (Synonym: Inaktivitätsdystrophie) ausgelöst werden. Hiervon ist die **sympathische Reflexdystrophie** (Synonym: Morbus Sudeck, Algodystrophie; **T 9.3**) als eigenständiges Krankheitsbild abzugrenzen:

Ursachen dieser neurovaskulären Fehlregulation sind teilweise noch unbekannt. Individuelle psychogene Faktoren, wiederholte Repositionsversuche und unzureichende Gipsverbände begünstigen die Erkrankung.

9.2 Beispiel einer konservativen Frakturbehandlung

Ein 10-jähriger Junge erleidet beim Skifahren einen **geschlossenen Tibiaspiralbruch** mit mäßiger Dislokation. Wegen der offenen Wachstumsfugen und einer zu erwartenden raschen Heilung ohne Immobilisierungsschäden wird die Indikation zur konservativen Behandlung gestellt: In Allgemeinnarkose Anlage einer **Fersenbeindrahtextension**, Einrichten des Bruches unter Bildverstärkerkontrolle, Anmodellieren eines **Oberschenkelliegegipses** in Funktionsstellung (5–10 Grad Kniebeugung, Rechtwinkelstellung am Sprunggelenk), ventrales Spalten des Gipses, Lagerung auf einer flachen Schiene, Extensionsgewicht 2–3 kg, Anheben des Fußendes des Bettes (Gegenzug des Körpers), **Röntgendokumentation**. Im weiteren Verlauf regelmäßig klinische und radiologische Kontrollen. Nach Rückgang der Schwellung **Schließen des Gipses** durch zirkuläre Touren. Aufgrund leichter Achsabweichung **Keilen des Gipses:** zirkuläres Aufschneiden des Gipses in Frakturhöhe, **Nachreposition**, Auffüllen der Lücke mit Polstermaterial, danach „Schließen" des Gipses durch zirkuläre Touren. **Gipswechsel** nach Rückgang der Schwellung. Abnahme der Extension nach 2–3 Wochen, Mobilisierung mit Teilbelastung und **Gehschulung**. Immobilisierung ca. 5–6 Wochen.

Die *Diagnostik* der Reflexdystrophie stützt sich überwiegend auf die Symptomatik (**T 9.3**). Das Vollbild der Erkrankung zeigt im Röntgenbild eine ausgeprägte Kalksalzminderung mit fleckförmiger Knochenzeichnung.

Therapie: Die mögliche Entwicklung einer Reflexdystrophie muss vorausschauend diagnostiziert und frühzeitig therapiert werden, um den Übergang in das irreversible 3. Stadium zu verhindern. Die Physiotherapie mit aktiver Bewegungstherapie unterhalb der Schmerzgrenze, Lagerung, Kälteanwendung u. a. m. müssen dem jeweiligen Stadium angepasst sein. Zudem werden durchblutungsfördernde Maßnahmen, Calcitonin- und Cortisoninjektionen, Antiphlogistika, Antidepressiva und Nervenblockaden in der Therapie eingesetzt.

Prognose: Bei rechtzeitiger und sachgerechter Behandlung der Stadien I und II ist die Prognose günstig bzw. gering eingeschränkt. Das Stadium III hat wegen irreversibler Schäden eine sehr ungünstige Prognose.

T 9.3 Reflexdystrophie (Morbus Sudeck)

Stadium	*klinisches Bild*
I	Überwärmung und bläulich-lividrote Verfärbung der Haut, ausgeprägtes Weichteilödem mit Glanzhaut, vermehrte Schweißabsonderung, ausgeprägter Schmerz in Ruhe und bei passiver Bewegung
II	bläulich oder blasse kühle Haut, vermehrte Schweißsekretion, fortgeschrittene Demineralisation des Knochens, Atrophie der Weichteile, schmerzarme jedoch stärkere Bewegungseinschränkung der Gelenke
III	erhebliche Funktionsbeeinträchtigung bis hin zur Gebrauchsunfähigkeit der Extremität (irreversibel)

Kuno Weise

9.3 Allgemeine Osteosyntheseverfahren

Die operative Knochenbruchbehandlung kennt eine Reihe biomechanischer Prinzipien, die mithilfe unterschiedlicher Verfahren und zugeschnitten auf die jeweilige Fraktur umgesetzt werden können. Diese Grundprinzipien sind die *intra- und extramedulläre Schienung* ebenso wie die *interfragmentäre Kompression*. Als Basisimplantate kennt man verschiedene *Marknägel* sowie *Platten und Schrauben* unterschiedlicher Größe und Form. Hinzu kommen diverse Systeme für die *äußere Fixation* (Fixateur externe) und spezielle Implantate wie Bohrdrähte, Cerclagen, elastische Rundnägel u. a. m. Es ist wichtig zu wissen, dass die Umsetzung eines der biomechanischen Grundprinzipien mit verschiedenen Implantaten verwirklicht werden kann. So ist die Schienung einer Fraktur *intramedullär* mit einem Marknagel oder *extramedullär* mit einer Platte bzw. einem Fixateur externe umsetzbar. Mit ein und demselben Plattenmodell ist sowohl eine *extramedulläre Schienung* als auch eine *interfragmentäre Kompression* zu erzielen.

Allgemeines zur Osteosynthese

Definition: Unter einer Osteosynthese versteht man die operative Stabilisierung einer Fraktur mithilfe eines sog. *Implantates*. Diese sind aus gewebefreundlichen Werkstoffen (Edelstahllegierungen, Reintitan) geformte Fixationselemente unterschiedlicher Form, Steifigkeit und Dimensionierung. Grundsätzlich ist bei jeder Osteosynthese ein ausgewogenes Verhältnis zwischen der für die Frakturheilung erforderlichen *Stabilität* und der örtlichen *Biologie* (Vaskularität im Bereich der Bruchenden) zu schaffen, da ansonsten Heilungsstörungen drohen. Mit einer Osteosynthese werden die nämlichen Grundprinzipien verfolgt wie bei der konservativen Frakturenbehandlung (Merke: 3 x „Re"):

- **Re**position (offen = direkt; gedeckt = indirekt),
- **Re**tention (mittels Implantat),
- **Re**habilitation.

Indikationen: Eine Osteosynthese kommt dann in Betracht, wenn die konservative Knochenbruchbehandlung Nachteile hat (zu lange Immobilisierung) oder nicht zum Ziel führt (unzureichende Reposition/Retention). Ein Beispiel hierfür ist die dislozierte Femurschaftfraktur beim Erwachsenen, die schwer zu reponieren und weder mit Gipsverband noch Extension stabil zu retinieren ist.

Kontraindikationen für eine Osteosynthese bestehen in den Fällen, bei welchen die Operation gegenüber der konservativen Therapie keine Vorteile bietet (z. B. Klavikulafraktur). *Allgemeine* Kontraindikationen sind schlechter Allgemeinzustand, schwere Begleiterkrankungen und/oder ein hohes Operationsrisiko. *Spezielle* Kontraindikationen bestehen in ungünstigen lokalen Bedingungen wie Haut-Weichteil-Erkrankungen, ausgeprägter Schwellung und/oder arteriellen/venösen Durchblutungsstörungen.

Anforderungen an ein Implantat: Wichtigste Anforderungen an ein Implantat sind verlässliche Funktionen bei geringen Nebenwirkungen. Materialeigenschaften, Design und Dimension bestimmen seine *Steifigkeit*, *Dehnbarkeit* und seine *Biokompatibilität*. Die Osteosynthese mit einem Implantat stellt die Steifigkeit eines frakturierten Knochens zeitlich begrenzt wieder her, die dauerhafte Stabilität gewährleistet die knöcherne Heilung.

Prinzipien der Osteosynthese

Schienung

Das Prinzip der Schienung einer Fraktur mittels Implantat ist vom Grundsatz her nichts anderes als die Immobilisierung mit einem Gipsverband. Es muss dabei so viel Stabilität gewährleistet sein, dass die Frakturheilung ungestört vonstatten gehen kann.

Intramedulläre Schienung: Dieses Prinzip basiert auf der Implantation unterschiedlicher *Marknägel*. Basismodelle sind Nägel in sog. *gebohrter Technik*, i. d. R. Hohlnägel mit einem bestimmten Design, welche *mit oder ohne Verriegelung* eingebracht werden. Marknägel mit *unaufgebohrter Implantationstechnik* sind massiv und im Durchmesser regelmäßig kleiner. Diese werden zur Erhöhung der Stabilität der Montage ausnahmslos als *Verriegelungsnägel* implantiert.

Unter der *Verriegelung eines Marknagels* versteht man dessen Transfixation mit Schrauben proximal und distal der Fraktur durch Bohrlöcher mit rundem oder ovalärem Design. Dadurch wird die Stabilität der Osteosynthese im Hinblick auf Länge, Achse und Torsion signifikant erhöht, sodass auch instabile bzw. Frakturen im metaphysären Knochenanteil fixiert werden können. Die Besetzung der runden Bohrlöcher dient der *statischen Verriegelung*, während die einseitige Besetzung nur des ovalären Bohrlochs als *dynamische Verriegelung* bezeichnet wird (👁 **9.7**). Letztere ermöglicht ein Sintern im Frakturbereich unter axialer Belastung, was die knöcherne Abstützung fördert und die Frakturheilung begünstigt *(dynamische interfragmentäre Kompression)*. Überführt man eine primär statische Verriegelung im Interesse einer verbesserten interfragmentären Kompression durch einseitige Entfernung der statischen Verriegelungsschraube in eine dynamische, spricht man von *Dynamisierung* (siehe später). *Marknägel in aufgebohrter Technik* besitzen eine höhere Stabilität als Nägel in *unaufgebohrter Technik*. Diese

9.7 Verriegelung bei intramedullärer Schienung

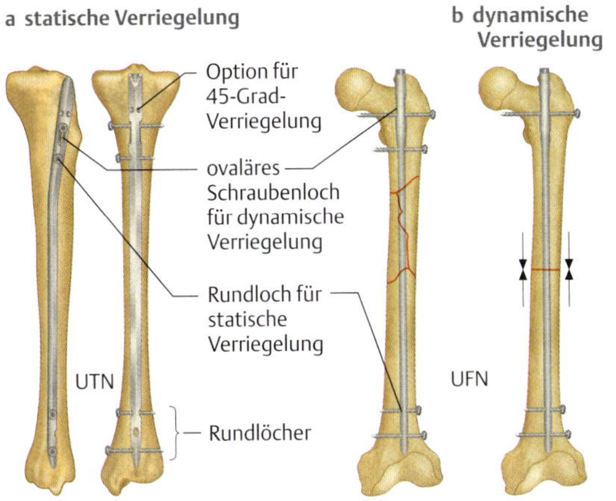

a Verriegelungsschrauben proximal und distal in Rundlöchern, damit ist unter Belastung keine Dynamisierung (Sintern im Frakturbereich) möglich.
b Proximale Verriegelungsschraube nur im ovalären Loch, unter Belastung Sintern im Frakturbereich (Dynamisierung und interfragmentäre Kompression).

9.3 Intramedulläre Schienung

Für die intramedulläre Schienung an Humerus, Femur und Tibia existieren unterschiedlich geformte Marknägel, deren Design und Durchmesser an Form und Größe des jeweiligen Markraumes sowie am Zugangsweg orientiert ist. Am Femur wird die Krümmung des Marknagels durch die physiologische Antekurvation der Diaphyse vorgegeben, der Tibianagel besitzt eine sog. Herzog-Krümmung proximal, um ihn von der Tuberositas tibiae aus in den Markraum einführen zu können (**9.7a**). Im Bereich des Femurs gibt es für die ante- bzw. retrograde Nagelung spezielle Implantate (**a, b**). Am Humerus kann ebenfalls ante- oder retrograd genagelt werden, abhängig von der Lokalisation der Fraktur (**c**).

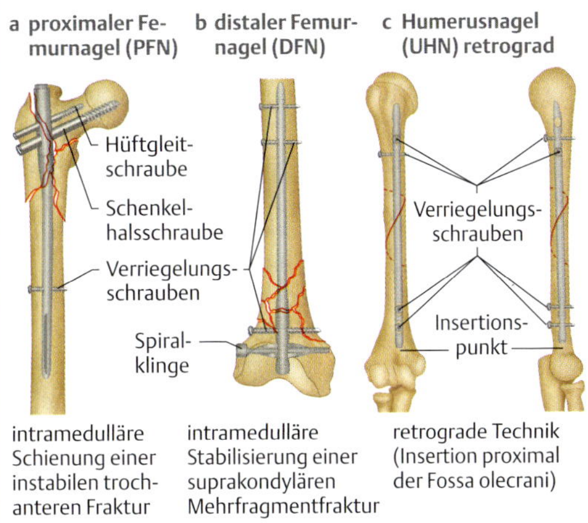

haben Vorteile bezüglich des Erhalts der lokalen Vaskularität. Aus letztgenanntem Grund werden frische Frakturen überwiegend mit Marknägeln in unaufgebohrter Technik versorgt. Indikationen für die Marknagelung in *unaufgebohrter Technik* sind auch Frakturen mit Weichteilschaden sowie langstreckige Trümmerbrüche oder solche bei polytraumatisierten Patienten (geringere lokale bzw. systemische Begleitschädigung). Die Marknagelung in aufgebohrter Technik ist dann sinnvoll, wenn ein erhöhter Stabilitätsbedarf besteht, z. B. bei der Reosteosynthese einer hypertrophen Pseudarthrose (s. „Pseudarthrosen“ in SE 9.4, S. 236 f).

Extramedulläre Schienung: Diese kann mit einer am Knochen proximal und distal der Fraktur fixierten *überbrückenden Platte* vorgenommen werden. Dadurch verwirklicht man adäquate Stabilität mit Erhalt der Vaskularität (sog. *„biologische Osteosynthese“*, **9.8a**). Wird das Implantat in eingeschobener Technik verwendet, wird es über proximal und distal der Frakturzone gelegene Inzisionen fixiert. Diese sog. *Brückenplatte* ist besonders bei längerstreckigen Trümmerfrakturen geeignet. Zum Erhalt der Vaskularität sind spezielle Plattendesigns entwickelt worden, welche durch Unterschneidung der knochenzugewandten Plattenfläche (punktueller Kontakt mit dem Periost) und durch Fixation mit winkelstabilen Schrauben (feste Verbindung zwischen Platte und Schraube) besonders vorteilhaft sind (**9.8b**).

Extramedulläre Schienung ist auch mit einem *Fixateur externe* möglich. Über Stichinzisionen in den Knochen eingebrachte Schrauben und deren äußere Verstrebung durch Längsrohre schienen die Fraktur. Bestimmte Techniken erleichtern das Einrichten des Bruches (z. B. 3-Rohr-Modular-Technik, s. **9.11b**, S. 235).

Die äußere Stabilisierung eignet sich speziell zur Schienung von Frakturen an langen Röhrenknochen mit höhergradigem Weichteilschaden, bei Trümmerbrüchen, zur temporären Gelenküberbrückung sowie zur Stabilisierung primär instabiler Beckenfrakturen. Eine gute Indikation ist die Primärstabilisierung von Frakturen an Röhrenknochen bei Polytraumatisierten.

9.8 Extramedulläre Schienung

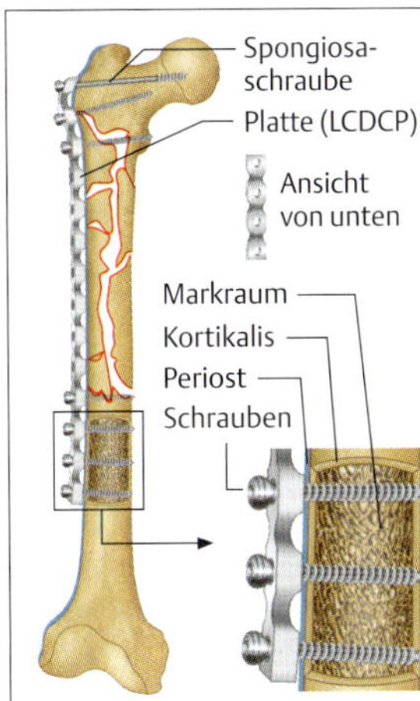

a Extramedulläre Schienung einer langstreckigen Mehrfragmentfraktur am Femur. Inzisionen nur ober- und unterhalb des Frakturbereichs, das Implantat wird über den Bruch auf dem Periost eingeschoben.
b Sog. **L**imited **C**ontact **D**ynamic **C**ompression **P**late (LCDCP) mit Unterschneidung an der Unterseite zur Schonung des Periostes aufgrund eines Teilkontaktes.

Kompression

Basis der *interfragmentären Kompression* ist die *Zugschraube*. Sie fußt auf dem Prinzip des schraubenkopfnahen *Gleit-* und des kopffernen *Gewindeloches*. Letzteres hat einen kleineren Durchmesser als das Gleitloch, wird also mit einem Bohrer geringeren Kalibers vorgeschnitten. Das *Zugschraubenprinzip* ist bei allen Schraubengrößen von Kortikalis- und Spongiosaschrauben anwendbar. Bei letzterem ist nur 1 Bohrvorgang erforderlich, wenn man Schrauben ohne durchgehendes Gewinde einsetzt (s. **9.9**). Wird die Schraube angezogen und ist sie im korrekten Winkel zum Frakturspalt eingebracht, kommt es zum Aufeinanderpressen der Fragmentflächen. Zugschrauben werden entweder isoliert oder durch ein Plattenloch verwendet.

Weitere Möglichkeiten zur Erzeugung interfragmentärer Kompression bestehen bei Verwendung von Platten nach dem *dynamischen Kompressionsprinzip* oder unter Einsatz eines *Plattenspanngeräts*. Ovalär geformte und speziell konfigurierte Plattenlöcher führen beim Eindrehen des Schraubenkopfes zu einer Verschiebung des Implantates gegen den Knochen (**9.9b**). Das Knochenfragment wird zum Frakturspalt hin befördert und dieser damit unter Kompression gesetzt. Der nämliche Effekt wird erzielt, wenn man ein Plattenspanngerät außerhalb der Platte am Knochen befestigt und im letzten Schraubenloch einhängt. Über eine Gewindespindel entsteht eine gegenläufige Bewegung zwischen Platte und dem darunter liegenden Knochen, sodass damit die Fraktur unter Druck gebracht wird. Welches Verfahren im Einzelfall Anwendung findet, hängt vom erforderlichen Spannweg und dem Ausmaß der angestrebten Kompression ab (**9.9c**).

Interfragmentäre Kompression kann auch mit einer sog. *Drahtzuggurtungsosteosynthese* erzielt werden. Deren Prinzip beruht darauf, dass die Adaptation von Gelenkfragmenten (z. B. Olekranon, Patella, Innenknöchel) mittels Bohrdrähten und Cerclagen erfolgt, und durch Anlegen von Zwirbeln an den Drahtenden eine Kompression der Bruchflächen entsteht. Bei Bewegung wird die Zugspannung in eine interfragmentäre Druckspannung umgewandelt (**9.9d**).

Weitere Möglichkeiten für die Erzeugung interfragmentärer Kompression sind der dynamisierte Marknagel oder äußere Festhalter. Die Umwandlung statischer intra- (Marknagel) oder extramedullärer (Fixateur externe) Schienung in eine dynamische ist dann angezeigt, wenn es sich um verzögert heilende Quer- oder kurze Schrägfrakturen langer Röhrenknochen handelt.

Möglichkeiten für interfragmentäre Kompression:

1. Kortikalisschrauben mit Gleit- und Gewindeloch, Spongiosa-Zugschrauben mit kurzem/langem Gewinde,
2. Platten mit speziellen Schraubenlöchern (dynamisches Kompressionsprinzip),
3. Platten unter Verwendung des Plattenspanngerätes,
4. Drahtzuggurtungen,
5. dynamisierte Marknägel, Fixateur externe.

Neben extramedullärer Schienung bzw. interfragmentärer Kompression können Platten **zusätzliche biomechanische Funktionen** ausüben:

Werden Platten zum Schutz einer Osteosynthese verwendet, dienen sie zur *Neutralisation* der einwirkenden Kräfte. Eine Osteosynthese mit solitärer Zugschraube wäre nicht übungsstabil. Die zusätzlich applizierte sog. Schutzplatte schient den Bruch extramedullär und erhöht die Stabilität (**9.10a**).

9.9 Erzeugung interfragmentärer Kompression

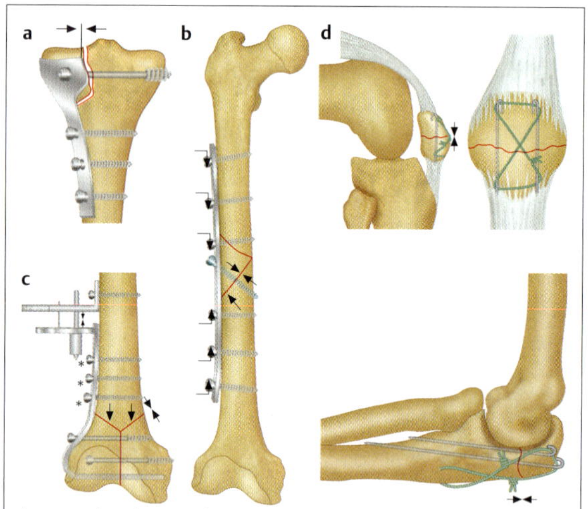

*Diese Schrauben werden erst nach dem Spannen eingebracht.

a Abstützplatte bei Tibiakopfspaltbruch, interfragmentäre Kompression durch Spongiosaschraube mit kurzem Gewinde (jenseits Frakturspalt).
b Kompressionsplatte bei Quer- und kurzen Schrägfrakturen (exzentrisches Bohren des Schraubenloches). Separate oder durch die Platte geführte zusätzliche Zugschraube.
c Interfragmentäre Kompression mittels **Plattenspanngerät**.
d Interfragmentäre Kompression mit **Drahtzuggurtung** an Patella und Olekranon. Durch das Anziehen der Zwirbel entsteht Druck an den Fragmentenden.

9.10 Biomechanische Prinzipien einer Platte

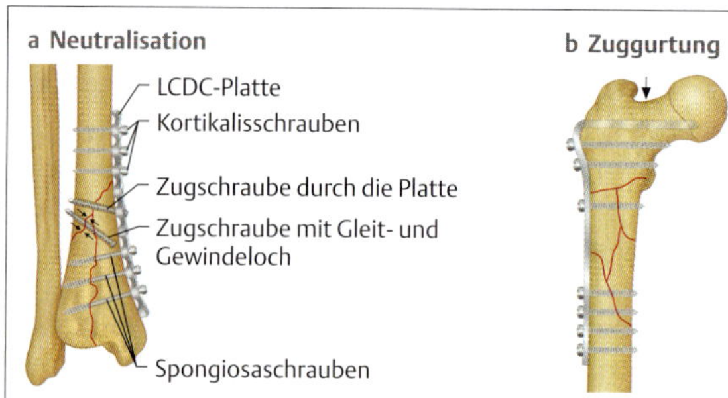

a Eine separate Zugschraube erzeugt interfragmentäre Kompression (eigentliche Osteosynthese). Die Neutralisations- oder Stützplatte gibt lediglich zusätzliche Stabilität, da die Schraube alleine überfordert ist. Eine Zugschraube ist durch die Platte geführt.
b Zuggurtungsplatte am proximalen Femur. Die lateral angelegte Platte fängt die Zugspannung auf, welche durch die exzentrische Konfiguration des Schenkelhalses bedingt ist.

Abstützung kann durch verschiedene Plattenmodelle verwirklicht werden: Dislozierte Fragmente im Gelenkbereich werden durch das Implantat in reponierter Stellung gehalten. Die Platte dient durch extramedulläre Schienung zur Abstützung, Schrauben erzeugen zusätzlich interfragmentäre Kompression (👁 **9.10b**).

Das *Zuggurtungsprinzip* kann mit anderen biomechanischen Prinzipien kombiniert werden: Zugkräfte werden aufgefangen und in Druckkräfte umgewandelt. Eine am proximalen Femur lateral angelegte Platte schient extramedullär, fängt aber auch Zugkräfte auf und wandelt sie in Druckkräfte auf der Medialseite um. Gleichzeitig kann eine solche Platte als Überbrückungs- oder Kompressionsplatte wirken (👁 **9.10c**).

Indikationen

Für die gleiche Frakturart, -form und -lokalisation kann es unterschiedliche Optionen der Osteosynthese geben. Die individuellen Bedingungen des Patienten ebenso wie die Erfahrungen des Operateurs und der Charakter der Verletzung bestimmen die Planung für die jeweilige Versorgung. So kann beispielsweise eine Fraktur der Femurdiaphyse im Einzelfall primär mit einem Marknagel oder einer Platte, bei Vorliegen eines schweren Weichteilschadens oder Polytraumas anfänglich mit Fixateur externe stabilisiert werden.

Wegen des indirekten Zugangs mit Erhalt der lokalen Vaskularität und des Frakturhämatoms und dank spezieller Modifikationen (Verriegelung) hat sich die *intramedulläre Stabilisierung* für die Osteosynthese von Schaftfrakturen langer Röhrenknochen etabliert. Durch die Möglichkeit der Verriegelung wurde die Indikation für diese Technik in die metaphysären Knochenabschnitte ausgeweitet, wo der Marknagel mit der Platte konkurriert. In einigen Fällen wird die intramedulläre Stabilisierung als sekundäres Osteosyntheseverfahren eingesetzt (Verfahrenswechsel nach primär äußerer Stabilisierung).

Die *Platte* hat ihre Hauptindikation bei Gelenk- oder gelenknahen Frakturen, häufig kombiniert mit Zugschrauben für die interfragmentäre Kompression. An Gelenken sind indirekte Repositionsverfahren nur eingeschränkt möglich (offene Techniken zur anatomischen Rekonstruktion). Platten können im Gegensatz zu Marknägeln durch Biegen und/oder Schränken der Knochenkontur angepasst werden.

Platten erfüllen verschiedene Aufgaben. Am Unterarmschaft kann eine Platte als Kompressionsplatte eingesetzt werden, wenn es sich um Quer- oder Schrägfrakturen handelt, wohingegen Frakturen mit Trümmerzonen mit einer Überbrückungsplatte zu stabilisieren sind. In ersterer Technik führt *absolute Stabilität* zu direkter Frakturheilung, als Überbrückungsplatte bei *relativer Stabilität* zu indirekter Heilung.

Der *Fixateur externe* gilt als Osteosyntheseverfahren für den Sonderfall. Seine speziellen Einsatzmöglichkeiten beruhen auf der Tatsache, stabile und auf die individuelle Situation ausgerichtete Montagen vornehmen zu können. Dieses Verfahren stellt gleichsam eine Art Erweiterung der primär konservativen Behandlung dar, indem die stabile Retention einer Fraktur anstatt mit Gips oder Extension über im Knochen verankerte und durch die Haut ragende Schrauben sowie deren Verstrebung mittels Längsrohren gewährleistet wird. Mit wenigen Grundelementen, den *Schanz-Schrauben*, sog. *Steinmann-Nägeln*, unterschiedlichen *Verbindungsbacken* und *Längsrohren* können Frakturen unterschiedlichster Art und Lokalisation stabilisiert werden (s. 👁 **9.11a**). Individuell adaptierte Montageformen und spezielle Repositionstechniken gestatten es, die Schanz-Schrauben beliebig zu platzieren. Zudem sind gelenkübergreifende Montagen möglich.

Für Sonderfälle sind sog. *Hybrid-Fixateure* (👁 **9.11c–e**) oder solche nach der Ilizarow-Technik geeignet.

👁 9.11 Fixateur externe mit Rohrsystem

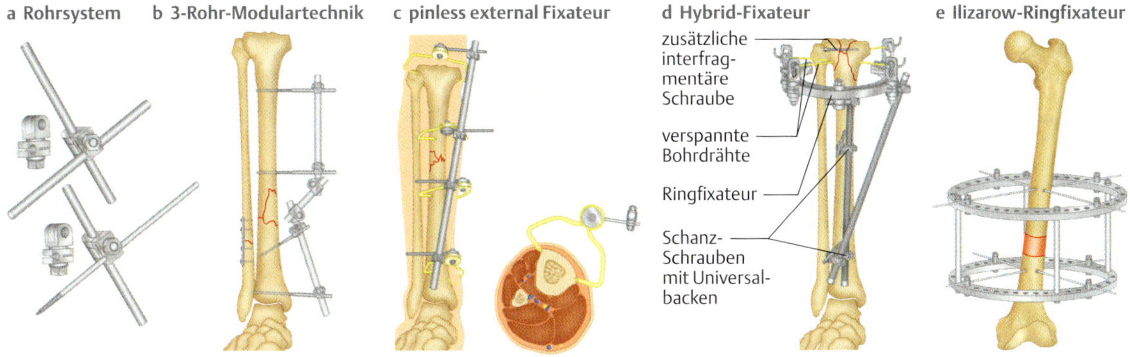

a Bestandteile des Rohrfixateurs mit Schanz-Schrauben, Verbindungsrohren und -backen (Universal- und Rohr-zu-Rohr-Backen).
b 3-Rohr-Modulartechnik zur freien Platzierung der Schanz-Schrauben (abhängig von Fraktur und Weichteilschaden) mit der Möglichkeit, durch das mittlere Verbindungsrohr Repositionen in allen 3 Dimensionen vorzunehmen.
c Pinless external Fixator mit speziellen zangenförmigen Backen, die nicht durch den Markraum geführt werden müssen (Vereinfachung eines Verfahrenswechsels zur intramedullären Schienung).
d Hybrid-Fixateur für gelenknahe oder Gelenkfrakturen (metaphysär Drahtverspannung, diaphysär Schanz-Schrauben).
e Ringfixateur nach Ilizarow zur Stabilisierung von Frakturen bzw. zum Segmenttransport. Verankerung im Knochen alleine mittels verspannter Bohrdrähte.

Kuno Weise

9.4 Osteosynthese in speziellen Situationen

Besondere Bedingungen in der Beschaffenheit des Knochens erfordern im Fall einer Fraktur spezielle Osteosyntheseverfahren. Sowohl während des Wachstums als auch im hohen Lebensalter und bei krankhaften Veränderungen zeigt die Reaktion des Knochens auf eine Fraktur Abweichungen vom Normalverhalten. Art und Dimensionierung des Implantates sowie eventuell zusätzliche stabilisierende Maßnahmen orientieren sich an den jeweils vorliegenden Gegebenheiten. In bestimmten Fällen ist die Verwendung spezieller Implantate und/oder Instrumentarien erforderlich. So können bei manchen Knochenerkrankungen mit Formabweichung des Skeletts Sonderanfertigungen eines Marknagels oder einer Platte notwendig werden.

Frakturen im Wachstumsalter

Am wachsenden Skelett dient ein Implantat zeitlich begrenzt als Repositions- und Retentionshilfe und kann regelmäßig rasch wieder entfernt werden. Die große osteogenetische Potenz, die Fähigkeit zur spontanen Achsenkorrektur sowie eine geringe Gefährdung im Hinblick auf Immobilisierungsschäden machen verglichen mit Frakturen beim Erwachsenen andere Stabilisierungsmethoden möglich. Sog. *Minimalosteosynthesen*, häufig unter Verwendung von Bohrdrähten und kleineren bzw. kürzeren Implantaten, dienen zur Adaptation der Fraktur. In Kombination mit äußerer Immobilisierung (z. B. Gipsverband) kann der Zeitraum bis zur knöchernen Durchbauung einer Fraktur überbrückt werden. Osteosynthesen am wachsenden Skelett sind:

9.12 Typische Osteosynthesetechniken bei Frakturen im Wachstumsalter

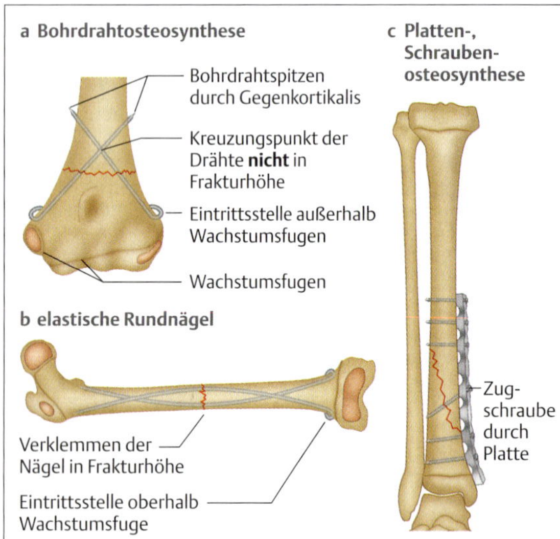

a Suprakondyläre Humerusfraktur im Wachstumsalter; perkutane oder offene Bohrdrahtosteosynthese mit gekreuzten Kirschner-Drähten.
b Femurschaftfraktur im Wachstumsalter. Stabilisierung mittels elastischer Rundnägel von distal her über Stichinzisionen. Platzierung der Nägel im Markraum dergestalt, dass sie sich in Frakturhöhe verklemmen und damit ausreichende Stabilität geben.
c Schrägfraktur der distalen Tibia bei offenen Wachstumsfugen mittels LCDC-Platte und Plattenzugschraube.

Bohrdrahtosteosynthese

Dieses perkutan über Stichinzisionen oder in offener Technik verwendete Osteosyntheseverfahren kommt v. a. an der oberen Extremität bei subkapitalen und suprakondylären Humerusfrakturen, bei Abrissfrakturen des Epikondylus ulnaris, bei intraartikulären Frakturen am Ellenbogen und proximalen Unterarm sowie bei distalen Radiusfrakturen zur Anwendung. An der unteren Extremität können Epiphysiolysen des distalen Femur bzw. der proximalen/distalen Tibia mit Bohrdrähten stabilisiert werden. Je jünger das Kind, umso mehr sind Bohrdrahtosteosynthesen angezeigt. Beim Durchkreuzen der Wachstumsfugen muss auf die Bohrrichtung (möglichst senkrecht zur Fuge) und darauf geachtet werden, dass mehrfache Bohrversuche für den Epiphysenknorpel schädigend sein können (**9.12a**).

Elastische Rundnägel

Diese finden bei Frakturen der langen Röhrenknochen sowohl an der unteren als auch an der oberen Extremität Verwendung. Vorteile dieser Technik sind der kleine frakturferne Zugang und die infolge gegenläufiger Verklemmung im Markraum beträchtliche Stabilität. Eine besondere Indikation haben diese Implantate bei Radiushals- bzw. metaphysären Frakturen, wenn das Gelenkfragment ausreichend groß ist (**9.12b**).

Platten, Schrauben

Gelenknahe oder Gelenkfrakturen beim älteren Kind und Jugendlichen werden mit Vorteil mittels Platte und Schrauben stabilisiert (**9.12c**).

Pseudarthrosen

Für die Therapie der unterschiedlichen Formen einer Pseudarthrose benützt man besondere Techniken und Implantate. Bei *Infekt- und Defektpseudarthrosen* kommen Metallplatten zur Anwendung, welche im mittleren Teil keine Schraubenlöcher aufweisen, wodurch sich die Stabilität erhöht. Metallische Fremdkörper in solchen Bereiche müssen auf ein Minimum beschränkt sein. Für die speziellen Techniken der *Segmentverschiebung mit Kallusdistraktion* stehen äußere Montagen wie der Ringfixateur

9.13 Osteosynthesen bei Pseudarthrosen

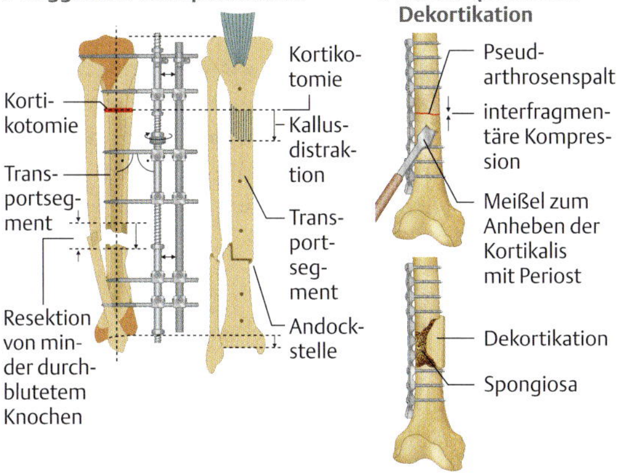

a Segmenttransport an der Tibia bei ossärem Defekt distal. *links* seitliche Ansicht vor Beginn des Transports, *rechts* Abschluss des Transports mit Kallusdistraktion und Andocken distal.
b Dekortikation und Brückenplatte bei hypertropher Pseudarthrose am Femur. Mittels Meißel erfolgt das Abheben eines Teiles der Kortikalis mit daran anhängenden Weichteilen; die zusätzliche autologe Spongiosaplastik ist fakultativ; vielfach genügt alleine der Vaskularisierungsreiz durch die Dekortikation für eine Überbrückung der Pseudarthrose.

nach Ilizarow (s. **9.11e**, S. 235) oder der Transportfixateur nach Reggazzoni zur Verfügung (**9.13a**). *Besondere Marknägel mit Seilzugvorrichtung* sind für diese Indikationen gleichfalls geeignet.
Das Prinzip aller dieser Verfahren ist, dass geschädigter Knochen bis in den gesunden Bereich radikal reseziert wird. Nach der sog. *Kortikotomie* im gelenknah gelegenen metaphysären Knochenanteil erfolgt der *Segmenttransport* in definierten Zeiträumen (z. B. 1 mm pro Tag). Der entstehende Defekt im gesunden metaphysären Knochenanteil wird durch die Entstehung eines kontinuierlich reifenden Kallus (*Kallusdistraktion*) spontan ausgefüllt (**9.13b**; s. auch **9.11**, S. 235).

Infektionen

Metallische Implantate werden im Falle einer Knocheninfektion am oder im Knochen vom Organismus als Fremdkörper angesehen. Dies bedeutet, dass in Abhängigkeit vom Schweregrad des Infektes situationsangepasste Osteosyntheseverfahren eingesetzt werden müssen. Im akuten Stadium, bei hochgradigen Infektzeichen und ungünstiger Vaskularität im Fraktur- oder Pseudarthrosenbereich ist auf externe Stabilisierungsverfahren zurückzugreifen. Im Falle blander örtlicher Verhältnisse kann eine Platte Verwendung finden. Ein Implantat beim blanden Infekt muss von einer Dauersaugdrainage begleitet werden, welche im Sinne einer *„kontrollierten Fistel"* zur Ableitung des entstehenden Sekretes beiträgt. Das Implantat bleibt nur so lange in situ, bis der knöcherne Durchbau erreicht ist. Bezüglich der Gewebeverträglichkeit von Implantaten beim Infekt haben sich Titanwerkstoffe gegenüber den herkömmlichen Stahllegierungen als überlegen erwiesen.

Pathologische Frakturen

Knochenbrüche, welche spontan (d. h. ohne adäquate Krafteinleitung) aufgrund von meist bösartigen Knochenerkrankungen entstehen, bedürfen besonderer Stabilisierungsmethoden. Ein Therapieprinzip ist die Verstärkung des Knochens mit Zement zusätzlich zur Schienung mittels Platte oder Marknagel (sog. *Verbundosteosynthese*; s. SE 14.2, S. 354).

Verfahrenswechsel

Ungünstige lokale oder allgemeine Bedingungen können die primäre Definitivversorgung von Frakturen verhindern. Bei höhergradigem Weichteilschaden, bei reduziertem Allgemeinzustand des Mehrfachverletzten oder Polytraumatisierten sind interne Osteosyntheseverfahren primär oft zu gefährlich. Um die gestörte lokale Vaskularität durch iatrogene Manipulationen nicht zusätzlich zu kompromittieren, bietet sich bei derartigen Frakturen als Notfallmaßnahme die externe Fixation an. Bei schwer verletzten Patienten müssen aus Gründen der *„Intensivstationsfähigkeit"* speziell stammnahe Frakturen langer Röhrenknochen oder instabile Beckenverletzungen primär mit einem Fixateur stabilisiert werden. Diese Maßnahmen ermöglichen die intensive Pflege und Lagerung des Polytraumatisierten ebenso wie die weitere Diagnostik und tragen zur Stabilisierung des Allgemeinzustandes bei.

Nachteile längerfristiger Fixateur-externe-Behandlung sind:
- Transfixation von Muskulatur,
- Immobilisierung von Gelenken,
- Gefahr der Pin-Tract-Infektion,
- Verzögerte Knochenbruchheilung,
- Eingeschränkter Patientenkomfort.

Aufgrund der Nachteile äußerer Stabilisierung über längere Zeit sollte sie möglichst früh durch eine interne Osteosynthese abgelöst werden. Im Rahmen eines festgelegten Behandlungskonzeptes erfolgt der geplante Verfahrenswechsel diaphysär vielfach zum Marknagel, bei gelenknahen oder Gelenkfrakturen zur Platten- und/oder Schraubenosteosynthese (**9.4**).

9.4 Verfahrenswechsel

Früher Verfahrenswechsel: Innerhalb der ersten drei Wochen; bei unauffälligen Durchtrittsstellen der Pins direkt mit Antibiotikaprophylaxe, intraoperativem Abstrich und Drainage.
Später Verfahrenswechsel: Mehr als drei Wochen nach dem Trauma; häufig zweizeitig nach Abbau des Fixateur externe mit temporärer Gipsruhigstellung oder Extension und Antibiotikaprophylaxe, intraoperativer Abstrich und Drainage.

9.5 Grundsätzliches zur Gelenkverletzung

Die gelenkige Verbindung langer Röhrenknochen reagiert auf eine Verletzung besonders sensibel. Schmerz und Schwellung, Instabilität und strukturelle Schäden verlangen eine mehr oder weniger lange Immobilisierung. Daraus resultiert eine temporäre, im ungünstigsten Fall auch bleibende funktionelle Behinderung. Ziel aller konservativen und operativen Maßnahmen muss daher sein, die Zeit der Ruhigstellung auf ein Mindestmaß zu begrenzen. Eine eventuell notwendige Osteosynthese sollte *Übungsstabilität* garantieren. Orientiert an der Physiologie und Pathophysiologie großer Gelenke sind alle therapeutischen Strategien an einer frühfunktionellen Therapie orientiert.

Physiologie der Gelenke

Überwiegend knöchern geführte gelenkige Verbindungen (z. B. Hüftgelenk) unterscheiden sich von muskulär stabilisierten (z. B. Schultergelenk) hinsichtlich ihrer Funktion, der Stabilität und damit auch der relevanten Verletzungsmuster. Der hyaline Gelenkknorpel ist mangels eigener Blutversorgung auf die Ernährung über die Synovialflüssigkeit angewiesen.

Für die Nutrition des Knorpels sind die Zusammensetzung der Synovialflüssigkeit (pH-Wert!) und die Gelenkbewegung von herausragender Bedeutung.

Dies bedeutet, dass durch langfristige Immobilisierung Störungen der Knorpelernährung drohen, welchen durch eine aktive Bewegungstherapie und die Belastung, aber auch durch geführte passive Bewegung mittels elektrisch betriebener Schienen (sog. **C**ontinuous **P**assive **M**otion = CPM) begegnet wird.

Formen der Gelenkverletzung

Je nach Art und Schwere der Gewalteinwirkung auf ein Gelenk kommt es zu Verletzungen unterschiedlicher Strukturen, wobei das Spektrum von der Monoverletzung über komplexe ossäre und/oder kapsuloligamentäre Läsionen reicht. Grundsätzlich unterscheidet man Verletzungen *ohne* oder *mit Instabilität* und solche *ohne* oder *mit knöcherner Beteiligung*.

Kontusion

Die Prellung (Synonym: Kontusion) eines Gelenkes entsteht durch direkte Gewalteinwirkung. *Symptome* sind die schmerzhafte Bewegungseinschränkung, der Gelenkerguss und die periartikuläre Schwellung. Begleitschäden am Kapsel-Band-Apparat bzw. Knorpel an und Knochen sind auszuschließen.

Distorsion

Unter einer Distorsion versteht man Gelenkverletzungen durch Dehnung oder Zerrung

- ohne Ruptur von Kapsel-Band-Anteilen sowie
- ohne konsekutive Instabilität.

Zwischen Dehnung und Zerrung sowie einer Teilruptur bestehen fließende Übergänge. Eine Abgrenzung ist oft nicht ohne weiteres möglich.

Symptome der Distorsion sind Schmerz, Schwellung und Funktionsbeeinträchtigung.

Kapsel-Band-Ruptur

Diese im Sport häufig vorkommende Verletzung kann sich als mehr oder weniger ausgeprägte Ruptur kapsuloligamentärer Strukturen manifestieren. Im Schweregrad bestehen fließende Übergänge von der Teilruptur mit noch erhaltener Stabilität bis zur kompletten Kapsel-Band-Zerreißung und Luxation.

Luxation

Darunter versteht man die partielle (Subluxation) oder komplette Verrenkung eines Gelenkes mit Teil- oder Totalverlust der Stabilität. Von der traumatischen muss die *angeborene* oder die *gewohnheitsmäßige* (sog. *habituelle) Luxation* abgegrenzt werden. *Posttraumatisch* oder *gewohnheitsmäßig wiederkehrende Verrenkungen* werden als *rezidivierende Luxation* bezeichnet (T 9.4).

T 9.4 Luxationsformen

Einteilung	*Definition*
traumatisch	Verrenkung eines Gelenkes durch adäquaten Verletzungsmechanismus mit ausgedehnten Kapsel-Band-Schäden
angeboren	infolge Fehlanlage eines Gelenkes, z. B. Luxatio coxae congenita
habituell	ohne adäquates Trauma aufgrund anlagebedingter laxer Bandführung
rezidivierend	entweder posttraumatisch oder habituell ohne adäquates Unfallereignis wiederkehrende Luxation

Verletzungen an Knorpel und Knochen

Isolierte Verletzungen des Gelenkknorpels durch Kontusion oder Abscherung sind eher selten. *Osteochondrale Frakturen („Flake Fractures")* entstehen durch Abschermechanismen. Gelegentlich sind freie Gelenkkörper („Gelenkmäuse") Folge solcher osteochondraler Läsionen. Stets muss an begleitende Kapsel-Band-Läsionen gedacht werden.

Verletzungen besonderer Gelenkstrukturen

In der Regel sind bei Gelenkverletzungen mehrere Anteile betroffen. Neben Kapsel-Band- bzw. Knorpel-Knochen-Schädigungen können Gelenklippen (z. B. Labrum glenoidale am Schultergelenk), Menisken oder Diszi sowie spezielle Knochen-Kanten oder -Vorsprünge mitbeteiligt sein. Viele Gelenke weisen spezielle Verletzungsfolgen wie die Abschlagfragmente am Ellbogengelenk oder die ulnare Seitenbandläsion am Daumengrundgelenk („Skidaumen") auf.
Meniskus: Der akute Riss eines gesunden Meniskus ist die Ausnahme, meist handelt es sich um Rupturen auf degenerativer Basis. Die Kombination einer medialen Seitenbandruptur mit einer Meniskusverletzung an dessen Aufhängung ist bei Rotationsverletzungen des Kniegelenkes oder Schienbeinkopfbrüchen häufig. Demgegenüber sind die Risse im nicht vaskularisierten Anteil eines Meniskus überwiegend durch degenerative Schäden infolge Strukturauflösung und begleitender Mikrorisse bedingt (**9.5**).
Diskus: Die Inkongruenz von Gelenkflächen z. B. im Akromio- oder Sternoklavikulargelenk wird durch knorpelige Gelenkscheiben ausgeglichen. Bei Ausrenkungen der Gelenke kann es zu Rissen oder Ausrissen dieser Diszi kommen.
Schleimhaut: Verletzungen der Synovia bei Gelenktraumen sind relativ häufig und führen zu *Einblutungen* (Hämarthros). Von größerer Bedeutung sind *chronische Reizungen* der Synovia nach Gelenkverletzungen, insbesondere am Kniegelenk. Die verdickte oder gereizte Schleimhaut produziert vermehrt Gelenkflüssigkeit. Indirekte Folgen des veränderten Gelenkmilieus sind Ernährungsstörungen und Knorpeldestruktionen. Ein ähnlicher Mechanismus liegt Gelenkinfektionen zugrunde.

9.5 Rissformen der Menisken

Rissverletzungen sind am medialen Meniskus häufiger als am lateralen. Eine spezielle Form des Meniskusrisses ist die **Längsruptur** im intermediären Anteil (sog. *Korbhenkelriss*). **Abrissverletzungen** der Menisken können an Vorder- oder Hinterhorn medial oder lateral lokalisiert sein. **Querrisse** sind weniger häufig, machen geringere Beschwerden und erfordern nicht immer eine therapeutische Intervention.
Symptomatik: Eingerissene Menisken können zu schmerzhaften Einklemmungen mit Bewegungsbehinderung (häufig Streckbehinderung) führen.

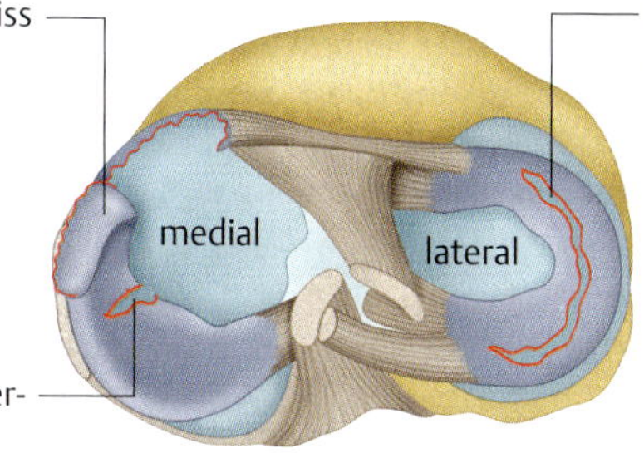

Diagnostik

Anamnese: Diese muss sorgfältig erhoben werden, da der Unfallhergang häufig Rückschlüsse auf den eingetretenen Gelenkschaden zulässt.
Klinische Untersuchung:

Der Einsatz bildgebender und invasiver diagnostischer Verfahren setzt stets eine gründliche klinische Untersuchung voraus.

Inspektion, Palpation und Funktions- bzw. Stabilitätsprüfung geben Hinweise auf Art und Schweregrad der Verletzung. Beispiele für spezifische Tests sind das *Klaviertastenphänomen* bei der Akromioklavikulargelenkssprengung (s. **11.1**, S. 279), die *ulnare Aufklappbarkeit* beim „Skidaumen" (s. **11.11**, S. 301) sowie der sog. *Lachman-Test* bei vorderer Kreuzbandruptur (s. S. 318 f).

Gelenkpunktion: Ist ein Gelenk nach frischem Trauma flüssigkeitsgefüllt, ist zu klären, ob der Erguss serös oder blutig ist. Ein verbleibender Hämarthros kann zu Knorpelschäden führen. Deswegen werden traumatisch entstandene ausgeprägtere Gelenkergüsse punktiert, um das Gelenk zu entlasten und den Hämarthros zu beseitigen.
Bildgebende Verfahren:

- *Röntgenaufnahmen in 2 Ebenen* sind Basis der radiologischen Diagnostik, hilfreich sind spezielle Projektionen wie Schräg- oder Tangentialaufnahmen;
- *gehaltene Aufnahmen:* Stressaufnahmen eines Gelenkes in der gezielten Prüfung einer Bandstruktur (z. B. laterale Aufklappbarkeit bei Außenbandverletzung des Sprunggelenkes) können zum Nachweis und zur Dokumentation einer Instabilität herangezogen werden;
- *Sonographie:* Die Ultraschalluntersuchung eignet sich insbesondere zur Beurteilung der Rotatorenmanschette am Schultergelenk, kann aber auch zu speziellen Untersuchungen anderer Gelenkstrukturen herangezogen werden;
- *konventionelle Schichtaufnahmen* dienen zum Nachweis knöcherner Verletzungen mit Gelenkbeteiligung;
- *Computertomographie:* ebenfalls bei Verdacht auf knöcherne Verletzung oder als sog. *Arthro-CT* in Verbindung mit Kontrastmittel- und Luftinstillation, z. B. am Schultergelenk;
- *Magnetresonanztomographie* gibt Informationen über Verletzungen der Kniebinnenstrukturen, z. B. Bänder, Knorpel, Meniskus und einen fallweise vorliegenden Gelenkerguss;
- *Szintigraphie:* angezeigt bei entzündlichen Gelenkveränderungen.

9.6 Therapie der Gelenkverletzungen

Die Behandlung von Gelenkverletzungen basiert grundsätzlich auf den drei Eckpfeilern Reposition, Retention und Rehabilitation. Ziel ist stets die anatomiegerechte Wiederherstellung. Kapsel-Band-Läsionen und Frakturen mit Gelenkbeteiligung, welche keine Instabilität oder nennenswerte Stufenbildung der Artikulationsfläche aufweisen, können konservativ behandelt werden. Instabile Verletzungsformen, Brüche mit Gelenkbeteiligung und Stufenbildung und/oder Impression der Gelenkflächen müssen operativ rekonstruiert werden. Nach konservativer wie operativer Therapie kann eine kurzfristige Immobilisierung wegen Schwellung und Schmerzen notwendig sein, muss aber frühestmöglich durch eine funktionelle Übungstherapie abgelöst werden. Dadurch wird die ligamentäre Heilung ebenso wie die Knorpelernährung bei Gelenkfrakturen gefördert.
Minimal invasive Techniken haben den Vorteil, dass die operative Manipulation weniger in die Funktionseinheit „Gelenk“ eingreift. Die Morbidität durch den Eingriff selbst ist im Vergleich zu offenen Verfahren geringer. Besonders am Knie- und Schultergelenk sind mittlerweile arthroskopische oder arthroskopisch gestützte Operationstechniken standardisiert.

Reposition

Jedes luxierte Gelenk ist umgehend zu reponieren.

Dieses kann auf konservativem wie auf operativem Wege geschehen. Letzterer ist dann einzuschlagen, wenn die konservative Reposition nicht gelingt.
Bei geschlossener Reposition eines Gelenkes wird der Luxationsmechanismus in umgekehrter Reihenfolge nachgeahmt (s. **9.6**). Repositionstechniken der einzelnen Luxationsformen werden in den Kapiteln der speziellen Unfallchirurgie ab S. 276 beschrieben.

- Vor der Reposition ist stets eine klinische Untersuchung und eine Röntgenaufnahme zum Ausschluss knöcherner Verletzungen durchzuführen.
- Nach Reposition ist die Stabilität des Gelenkes zu überprüfen und zu dokumentieren.
- Gelingt die geschlossene Reposition nicht, ist sie umgehend auf operativem Wege herzustellen.

9.6 Fallbeispiel: Diagnostik und Therapie der Hüftgelenkluxation

Unfallmechanismus: Bei einem Frontalzusammenstoß prallt ein 21-jähriger Pkw-Fahrer bei gebeugtem Knie- und Hüftgelenk gegen das Armaturenbrett (sog. *Dashboard-Verletzung*, s. **9.1a**, S. 226). Durch die von vorne einwirkende Kraft kommt es zu einer Patellafraktur, einer Femurfraktur und einer hinteren Pfannenrandfraktur am Hüftgelenk durch Ausrenkung des Hüftkopfes.
Klinische Symptome: Das betroffene Bein zeigt im Hüftgelenk eine Adduktions-, Innenrotations- und Flexionsstellung, am Femurschaft typische Frakturzeichen mit Verkürzung und Krepitation und im Bereich der Kniescheibe eine ausgeprägte Schwellung mit Schmerzhaftigkeit und Krepitation.
Therapie: Notfallmäßige Reposition in Narkose zur Beseitigung der Hüftluxation nach Stabilisierung der Oberschenkelfraktur mittels Fixateur externe, der zur Überbrückung des Kniegelenkes (wegen Patellafraktur) bis zum Unterschenkel geführt wird. Sekundär erfolgt die Rekonstruktion des Hüftgelenkes mittels Platten- und Schraubenosteosynthese, des Oberschenkels mittels unaufgebohrtem Femurnagel und der Patella durch Zuggurtung.

Bei operativer Reposition werden die verletzten Gelenkstrukturen rekonstruiert. In manchen Fällen ist der postprimäre oder frühsekundäre plastische Ersatz vorzuziehen (z. B. Ersatzplastik des vorderen Kreuzbandes). Bei gewaltsamen Luxationen müssen nicht selten Begleitschäden an Nerven und Gefäßen bzw. am Knorpel mitversorgt werden.

Retention

Gelenkverletzungen geringerer Schweregrade (Zerrung, Distorsion usw.) werden konservativ behandelt, ebenso einige Bandrupturen (z. B. isolierte Innenbandruptur am Kniegelenk, Außenbandverletzung des oberen Sprunggelenkes niedrigerer Schweregrade, stabil reponierte Luxationen z. B. am Ellbogengelenk u. a. m.). Die temporäre Ruhigstellung mit immobilisierenden Verbänden und einem Gips ist häufig hilfreich. Art und Dauer der Immobilisierung orientieren sich am Ausmaß der Instabilität und den Besonderheiten des Gelenkes.

Die Immobilisierung eines Gelenkes ist so kurz wie möglich und so lange wie nötig vorzunehmen.

Eine primär konservative Therapie muss gelegentlich postprimär bzw. frühsekundär durch operative Maßnahmen abgelöst werden. Beispiele:

- *Hüftgelenkluxation mit Pfannenrandfraktur:* konservative Reposition mit suprakondylärer Drahtextension; postprimär Rekonstruktion der Hüftpfanne (Luxationsgefahr!).
- *Rezidivierende posttraumatische Schultergelenkluxation:* sekundär sind Stabilisierungsoperationen wie das sog. Kapselshifting (Raffung der vorderen Gelenkkapsel), die vordere Spananschraubung, die Doppelung der Subskapularissehne bzw. eine Rotationsosteotomie indiziert (s. S. 280 f).
- *„Schleichende Reluxation“ am Ellbogengelenk:* s. **9.7**.

Gelenke, die nach der Erstluxation zur rezidivierenden Ausrenkung neigen, bedürfen einer sekundären Rekonstruktion.

Läsionen, welche die Gelenkführung und damit die Stabilität beeinträchtigen, sind zu rekonstruieren (z. B. Labrumdissektion bei vorderer Schultergelenkluxation). Gelegentlich ist eine temporäre Arthrodese oder Gelenktransfixation mit einem Fixateur externe erforderlich, um die Retention zu sichern (z. B. perkutane Bohrdrahtfixation des unteren Sprunggelenkes, ellenbogen- oder kniegelenküberbrückender Fixateur externe).

Während der Retentionsphase eines ehemals ausgerenkten Gelenkes muss man sich vergewissern, dass die Reposition erhalten bleibt.

9.7 „Schleichende" Reluxation am Ellbogengelenk

Die sog. „schleichende" Reluxation des Ellbogengelenkes nach einer konservativen Reposition ist bedingt durch eine unzureichend stabile Gelenkführung. Sie kann selbst im Gipsverband nach Rückgang der Schwellung eintreten. Zusätzliche Ursachen sind Abschlagfragmente am Processus coronoideus oder im Bereich der Bandansätze. Daher ist nach einer Reposition während der Ruhigstellung eine wöchentliche Röntgenkontrolle angezeigt. Die Immobilisierung sollte 10–14 Tage nicht überschreiten. Ist die Reposition nicht zu halten, muss eine Kapsel-Band-Rekonstruktion bzw. Refixation von Abschlagfragmenten oder die temporäre Gelenküberbrückung in 100 Grad Beugestellung des Ellbogens mit Fixateur externe erfolgen.

Rehabilitation

Während bei Knorpelläsionen und Meniskusschäden infolge fehlender Gefäßversorgung dieser Strukturen eine Spontanheilung nicht zu erwarten ist, sind Bandverletzungen in manchen Fällen alleine durch eine frühfunktionelle Behandlung zur Abheilung zu bringen.

Je früher die Begleit- und Nachbehandlung einsetzt, desto günstiger ist das funktionelle Endergebnis.

Gelenkverletzungen oder gelenknahe Frakturen müssen übungsstabil versorgt werden. Funktionelle Bewegungstherapie muss zum frühestmöglichen Zeitpunkt einsetzen. Bleibende funktionelle Behinderungen z. B. durch *periartikuläre Ossifikationen* (z. B. Ellbogengelenk) sind nicht selten. Diese äußern sich durch eine eher zurückgehende Beweglichkeit des beübten Gelenkes, die Röntgenaufnahme zeigt wolkige Verschattungen der periartikulären Strukturen. In solchen Fällen muss die funktionelle Übungstherapie reduziert werden.

Prognose

Prognosen nach Gelenkverletzungen sind abhängig von deren Schwere und Lokalisation. Schwere Gelenkverletzungen mit strukturellen Schädigungen des hyalinen Knorpels, verbleibende Gelenkstufen oder Achsenfehler nach unzureichender Rekonstruktion, chronische Instabilitäten mit Reizzustand (Synovitis) und wiederkehrende Luxationen sind die Ursache für eine **posttraumatische Arthrose**. Diese kann anfangs mit konservativen Mitteln therapiert oder durch rekonstruktive Eingriffe günstig beeinflusst werden (z. B. Achsenkorrektur bei Fehlstellung). Bei höherem Arthrosegrad ist ein teil- oder totalendoprothetischer Gelenkersatz notwendig (z. B. am Hüft- bzw. Kniegelenk).

Spezielle Operationsverfahren

Während bei akuten Verletzungen meist eine Rekonstruktion möglich ist, dienen spätere operative Maßnahmen mehr der Wiederherstellung der Gelenkstabilität bzw. korrekter Achsenverhältnisse.

Kapsel-Band-Verletzungen: Verstärkungs- oder Ersatzplastiken (z. B. für das vordere Kreuzband) können sowohl im Rahmen der Primärmaßnahme als auch im Intervall nach Abklingen akuter Verletzungszeichen vorgenommen werden.

Gelenkbinnenläsionen: Freie Gelenkkörper, Meniskusläsionen, Verletzungen des Labrum glenoidale am Schultergelenk u. a. m. können in vielen Fällen arthroskopisch angegangen werden.

Knorpelverletzungen: Handelt es sich um osteochondrale Abscherfrakturen, ist eine Refixation arthroskopisch oder in offener Technik möglich.

Chronische Knorpelschäden: Für lokalisierte Knorpelschäden stehen eine Reihe von operativen Möglichkeiten wie das Anbohren, die Knorpel-Knochen-Transplantation und neuerdings die Züchtung bzw. Vermehrung sowie Retransplantation körpereigener Knorpelzellen zur Verfügung.

Knöcherne Gelenkverletzungen: Frakturen mit Gelenkbeteiligung werden im Sinne einer anatomischen Rekonstruktion nach den Regeln der operativen Knochenbruchbehandlung versorgt.

Chronische Instabilitäten: Diese sind häufig Folge einer schweren Kapsel-Band-Verletzung oder einer Gelenkluxation. Zur Behebung solcher Instabilitäten stehen eine Reihe arthroskopisch gestützter, halboffener wie auch offener Operationsverfahren zur Verfügung (s. Darstellung in der speziellen Unfallchirurgie). Gelegentlich können weichteilplastische und ossäre Techniken miteinander kombiniert werden. Beispiele:

- Labrumrekonstruktion und Rotationsosteotomie bei vorderer Schultergelenkluxation,
- intraligamentäre additive Tibiakopfaufrichtungsosteotomie bei Varusstellung und Innenbandlockerung des Kniegelenkes.

9.7 Diagnostik und Einteilung des Weichteilschadens

Eine erfolgreiche Therapie von Frakturen ist wesentlich abhängig vom Zustand der umgebenden Weichteile. Ist deren Vaskularität nachhaltig gestört, kommt es regelmäßig zu verzögerter Knochenbruchheilung, in einigen Fällen zur Pseudarthrose und nicht selten zu einer Infektkomplikation. Osteosynthesen, welche den aktuell vorliegenden Zustand des umgebenden Integumentes nicht berücksichtigen sind von vornherein zum Scheitern verurteilt. Diesem Zustand tragen moderne Behandlungsstrategien durch größtmögliche Weichteilschonung während der Frakturstabilisierung Rechnung.

Voraussetzung für eine erfolgreiche Therapie ist das Erkennen des Schweregrades eines Weichteilschadens. Diesbezüglich macht der weniger augenfällige geschlossene Weichteilschaden größere Schwierigkeiten. Durch exakte Klassifizierung der Fraktur und ihres Weichteilschadens kann die geeignete Primärbehandlung abgeleitet werden. Gängige Klassifikationen des Weichteilschadens sind so konzipiert, dass sie die jeweils geeignete Therapie bestimmen können.

Diagnostik

Die Beurteilung eines Weichteilschadens erfolgt primär durch klinische Untersuchung. Der Unfallhergang, die lokalen Bedingungen bei Klinikaufnahme bzw. im Operationssaal sind entscheidende Grundlage. Apparative Untersuchungen stehen demgegenüber an Bedeutung zurück. Die Diagnostik muss es ermöglichen, den Schweregrad des Weichteilschadens zu definieren. In manchen Fällen ist das gesamte Ausmaß der Schädigung erst postprimär, z. B. anlässlich von Verbandwechseln oder eines Débridements erkennbar. Gelegentlich muss die primäre Klassifikation des Schadens revidiert werden. Von großer Bedeutung ist eine regelmäßige fotografische Dokumentation.

Anamnese

Diese gibt Auskunft über den potenziellen Weichteilschaden. Typisches Beispiel ist die *Stoßstangenverletzung am Unterschenkel beim Zweiradfahrer*, welche infolge der geringen Weichteilbedeckung der Tibia regelmäßig zu schweren offenen oder geschlossenen Frakturen führt. Der Knochenbruch selbst kann dabei relativ einfach sein. Sog. *Rasanztraumen* durch Anprall, Absturz, Quetschung usw. hinterlassen zwangsläufig höhergradige Weichteilläsionen. Wichtig ist speziell beim Polytraumatisierten die Befragung von Notarzt bzw. Rettungspersonal bezüglich des Unfallhergangs.

Klinische Untersuchung

Die Beurteilung der peripheren Durchblutung und Nervenfunktion steht am Anfang jeder Untersuchung. Geschlossene Frakturen werden im Hinblick auf Schwellung, lokale Komplikationen sowie die Beschaffenheit der Haut (Kolorit, Spannung) untersucht. Ist der Patient kontaktfähig, werden Angaben zur Schmerzintensität registriert; starker bohrender Schmerz kann auf die Ausbildung eines Kompartmentsyndromes hinweisen. Diese werden überwiegend am Unterschenkel beobachtet. Die dort vorhandenen 4 Kompartments sind unterschiedlich häufig betroffen. Besonderes Augenmerk verlangen die vordere (Extensoren-) Loge wegen ihrer exponierten Lage sowie das von außen schwer beurteilbare tiefe hintere Kompartment (tiefe hintere Flexorenloge). Ellenbogenregion, Unterarm, Oberschenkel und Fuß können gleichfalls von Kompartmentsyndromen betroffen sein.

Ein Kompartmentsyndrom des Unterschenkels kommt eher bei geschlossener Fraktur, seltener bei offenen Brüchen vor. Beim ansprechbaren und kooperativen Patienten sind zunehmender und bohrender Schmerz sowie beginnende Sensibilitätsstörungen zwischen 1. und 2. Strahl am Fußrücken wichtige diagnostische Hinweise. Starke Schwellung und Ödembildung mit lividroter und glänzender Haut sowie eine starke Spannung der Weichteile bei Palpation stellen weitere klinische Symptome dar. Beim bewusstlosen Patienten bietet sich neben der klinischen Beurteilung die apparative Druckmessung in den Muskellogen an. Mit einem einfachen Messinstrument wird über eine in die betreffende Loge eingeführte Sonde die direkte Messung des Kompartmentdruckes vorgenommen. Der Vergleich mit Referenzwerten unter

9.8 Präoperative Maßnahmen bei offenen Frakturen

- Abnahme des Notverbandes unter sterilen Bedingungen,
- Prüfung von arterieller und venöser Durchblutung, evtl. Einsatz der Doppler-Sonographie,
- Antibiotikatherapie, Tetanusprophylaxe,
- Entnahme eines Abstriches,
- Fotodokumentation,
- mechanische Reinigung und Rasur (evtl. Jet-Lavage),
- Information des OP-Pflegepersonals über Art und Weise des Eingriffes und die benötigten Instrumente bzw. Implantate,
- Einschlagen der Extremität in ein steriles Tuch,
- Anlegen einer Blutsperre (ohne Schließen derselben),
- schriftliche Dokumentation der erhobenen Befunde (Klassifikation der Fraktur und des Weichteilschadens).

normalen Bedingungen lässt eine Beurteilung evtl. pathologischer Druckverhältnisse zu (s. **9.14**, S. 245).
Im Falle offener Frakturen muss die Beurteilung des Weichteilschadens im Operationsvorbereitungsraum erfolgen. In Narkose erfolgt die Abnahme des Notverbandes unter sterilen Bedingungen. Die einzelnen Schritte zur Diagnostik und Operationsvorbereitung sind im **9.8** dargestellt.

Spezielle Untersuchungen

Apparative Untersuchungen in der präoperativen Phase können auf ein Mindestmaß reduziert werden. Unabdingbar ist die Anfertigung von Röntgenaufnahmen in 2 Ebenen. Doppler-Sonographie und Kompartmentdruckmessung (s. **9.14**, S. 245) können angezeigt sein. Der Stellenwert sonographischer Untersuchungstechniken ist noch nicht eindeutig validiert. Die Bestimmung von Keimart und -zahl mit Antibiogramm ist eher von untergeordneter Bedeutung.

Definitionen

Jede Fraktur erfordert neben der Definition und Klassifizierung der knöchernen Verletzung die Beurteilung des Weichteilschadens. Die *AO-Klassifikation für Weichteile* differenziert den Zustand der Haut nach geschlossenen (**c**losed) und offenen (**o**pen) Weichteilverletzungen, Läsionen an Muskeln (**M**uscles) und Sehnen (**T**endons) sowie an Nerven (**N**erves) und Gefäßen (**V**essels).
Die Klassifikation nach *Tscherne/Oestern* (**T 9.5**) unterscheidet geschlossene von offenen Frakturen unterschiedlicher Schweregrade. Dabei wird neben der Weichteilschädigung die Art der Fraktur sowie das Ausmaß der Kontamination in die Beurteilung einbezogen. Die Klassifikation nach *Anderson/Gustilo* (**T 9.6**) differenziert 3 Schweregrade, welche in Erweiterung der früheren einfachen Unterteilung außer der Entstehung (Durchspießung, Kontusion von außen, massive lokale Gewalteinwirkung) die Größe der Wunde, die örtliche Vaskularität, den Schockzustand und andere zusätzliche Parameter berücksichtigen. Dazu wird noch der Schweregrad III in A-, B- und C-Typen unterteilt. Der sog. MESS-Score (**M**angled **E**xtremity **S**everity **S**core) gibt Aufschluss über die Frage, ob bei schweren Weichteilschäden ein Erhaltungsversuch gerechtfertigt ist.

T 9.5 Klassifikation des Weichteilschadens nach Tscherne/Oestern

Einteilung	*geschlossene Fraktur*	*offene Fraktur*
Grad **0**	keine oder nur unbedeutende Weichteilschäden	–
Grad **I**	oberflächliche Schürfung oder Kontusion, Fragmentdruck von innen	Durchtrennung der Haut mit fehlender oder geringer Weichteilkontusion, unbedeutende bakterielle Kontamination (Fragmentdurchspießung von innen)
Grad **II**	tiefe kontaminierte Schürfung, lokalisierte Haut- oder Muskelkontusion, drohendes Kompartmentsyndrom	Durchtrennung der Haut, umschriebene Haut- und Weichteilkontusion, mäßige Kontamination
Grad **III**	ausgedehnte Hautkontusion , Hautquetschung, Zerstörung der Muskulatur, dekompensiertes Kompartmentsyndrom, Verletzung des Hauptgefäßes	Hautdurchtrennung mit ausgedehnter Weichteildestruktion, zusätzlich Gefäß- und Nervenverletzungen, starke Wundkontamination, jede offene Fraktur mit Ischämie
Grad **VI**	–	totale und subtotale Amputation; letzteres bedeutet immer eine komplette periphere Ischämie

T 9.6 Klassifikation des Weichteilschadens nach Gustilo und Anderson

Einteilung	*Weichteilschaden*
Grad **I**	Hautläsion < 1cm, nicht verschmutzt; Durchspießung von innen, minimale Muskelkontusion; einfache Quer- oder Schrägfraktur
Grad **II**	Hautläsion > 1 cm, ausgedehnter Weichteilschaden mit Lappenbildung oder Décollement; geringe bis mäßige Muskelquetschung; einfache Quer- oder kurze Schrägfraktur mit kleiner Trümmerzone
Grad **III**	ausgedehnter Weichteilschaden unter Einbeziehung von Haut, Muskulatur und neurovaskulären Strukturen; oft Rasanztrauma mit schwerer Gewebsquetschung
IIIA	ausgedehnter Weichteilschaden mit noch adäquater Knochendeckung; Stückfrakturen; Schussverletzungen
IIIB	ausgedehnter Weichteilschaden mit Deperiostierung und frei liegendem Knochen; massive Kontamination
IIIC	rekonstruktionspflichtige Gefäßverletzung

9.8 Prinzipien der Therapie bei höhergradigen Weichteilschäden

Der Schweregrad des begleitenden Weichteilschadens bestimmt maßgeblich die Erfolgschancen der Knochenbruchbehandlung. Behandlungsprinzipien sind eine Art Richtschnur, Details des therapeutischen Vorgehens werden dem Einzelfall angepasst. Die Grundlagen der Primärbehandlung offener Frakturen sind ein umfassendes Débridement, die äußere Stabilisierung und die primär offene Wundbehandlung.
Die Versorgung einer Fraktur mit höhergradigem offenen oder geschlossenen Weichteilschaden muss primär erfolgen. Je früher die mechanische Wundreinigung bzw. die Stabilisierung der Fraktur einsetzen, um so geringer ist nachweislich die Infektionsgefahr. Das Motto der Osteosynthese einer Fraktur mit Weichteilschaden ist, mit möglichst wenig iatrogener Schädigung der Vaskularität ein Höchstmaß an Stabilität zu erzielen. Bei primären Erhaltungsversuchen schwerst verletzter Extremitäten muss stets die vitale Gefährdung des Patienten mit dem zu erwartenden Erfolg in Beziehung gebracht werden. Ist das Risiko für einen Erhaltungsversuch zu groß, muss die primär offene Amputation vorgezogen werden („life before limb“, s. SE 14.9, S. 368).

Débridement

Darunter versteht man die Entfernung stark verschmutzten, kontaminierten, mangelhaft durchbluteten oder nekrotischen bzw. infizierten Gewebes. Das Débridement soll primär so umfassend sein, dass sämtliches irreversibel geschädigte Gewebe exzidiert wird. Probleme entstehen bei der Identifikation von Vitalitätsgrenzen bzw. der Notwendigkeit, für die Funktion einer Extremität bedeutsame Strukturen wie Nerven, Gefäße oder Muskeln/Sehnen resezieren zu müssen. Zonen mit fraglicher Durchblutungsschädigung können einem Nachdébridement beim Second-Look-Eingriff überlassen werden. Grundsätzlich darf man bei Nekrektomien keine Kompromisse eingehen, da ansonsten die Infektionsrate drastisch ansteigt.
Das Débridement wird vor der Osteosynthese mit einem separaten Instrumentarium vorgenommen, welches nur einige wenige Instrumente umfasst. Im Anschluss daran folgen Handschuh- und Instrumentenwechsel sowie die Erneuerung der sterilen Abdeckung.

Osteosynthese

Vorzugsweise erfolgt die Stabilisierung bei Frakturen mit höhergradigen Weichteilschäden mittels *Fixateur externe* (s. SE 9.3, S. 233). Dieses System besitzt eine große Variabilität in der Anwendung und kann individuell eingesetzt werden. Die Platzierung der Schanz-Schrauben wird auf die Lokalisation des Weichteilschadens, die Art der Fraktur sowie auf die anatomischen Gegebenheiten abgestimmt. Art und Umfang der Montage orientieren sich am Instabilitätsgrad der Fraktur. Angrenzende bzw. mitbetroffene Gelenke werden fallweise in die Montage einbezogen. Frakturen mit gering- oder mittelgradigen Weichteilschäden können primär mit internen Osteosynthesen versorgt werden. Vorzugsweise benützt man hierfür Marknägel in unaufgebohrter Technik und aus Titan. Im Zweifelsfall soll das Verfahren mit dem geringsten Risiko eingesetzt werden.

Offene Gelenkverletzungen werden nach Débridement, Spülung und Stabilisierung über Drainagen verschlossen. Bei Verschmutzung finden Spül-Saug-Drainagen Verwendung.
Große Defekte an Weichteilen und Knochen können im Interesse des Weichteilverschlusses primär unter Verkürzung stabilisiert werden. Nach Sanierung der Weichteile erfolgt die sekundäre Verlängerung des Knochens nach dem Prinzip der Kortikotomie mit Stimulation von Knochenneubildung (Kallotaxis).
Die äußerliche Stabilisierung mit Fixateur externe ist als temporäres Osteosyntheseverfahren anzusehen. Sind die Weichteile saniert, erfolgt der *Verfahrenswechsel* zu inneren Osteosynthese (s. SE 9.4, S. 237).

Offene Wundbehandlung mit Hautersatzmaterialien (HEM)

Debridierte Wunden bei offener Fraktur werden primär nicht verschlossen. Gleiches gilt für Faszien und die Haut im Gefolge einer Kompartmentspaltung. Knochen, Nerven und Gefäße sowie Implantate müssen von vitalem Gewebe bedeckt sein. Auf planen, gut durchbluteten Wundflächen dienen Hautersatzmaterialien (s. SE 2.3, S. 38) zum Schutz der Wunde vor Kontamination, Austrocknung und Sekretverlust. Regelmäßiger Wechsel des Materials (alle 24–28 Stunden) führt zur Ausbildung eines gut vaskularisierten Granulationsrasens. Tiefere Wunden, freiliegende, deperiostierte Knochen oder Sehnen werden mit der Methode der Vakuumversiegelung behandelt (s. SE 2.3, S. 38).

Second-Look-Eingriffe

Bei Frakturen mit höhergradigem Weichteilschaden bzw. primären Erhaltungsversuchen müssen die ersten Verbandswechsel in Narkose und unter Operationssaalbedingungen erfolgen. Dabei besteht die Möglichkeit eines Nachdébridements. Nach dem Motto Life before Limb ist die Absetzung einer irreversibel geschädigten, infektionsgefährdeten Extremität notfallmäßig erforderlich. Besonders gefürchtet sind Infektionen mit Clostridium perfringens (Gasbrand, s. SE 3.4, S. 48 f), welche eine Notfalloperation bzw. -amputation erforderlich machen. Second-Look-Eingriffe dienen auch zur Vorbereitung und Planung größerer weichteilplastischer Eingriffe.

Kompartmentspaltung

Besteht ein manifestes Kompartmentsyndrom, werden die jeweiligen Muskellogen durch Fasziotomie notfallmäßig gespalten (**9.14**). Faszien und Haut bleiben offen, der Defekt wird temporär mit einem Hautersatzmaterial abgedeckt. Nach Rückgang von Schwellung und Ödem wird die Wunde mittels Sekundärnaht oder Spalthautübertragung verschlossen (**9.9**).

9.14 Kompartmentsyndrom am Unterschenkel – Muskellogen und Zugangswege

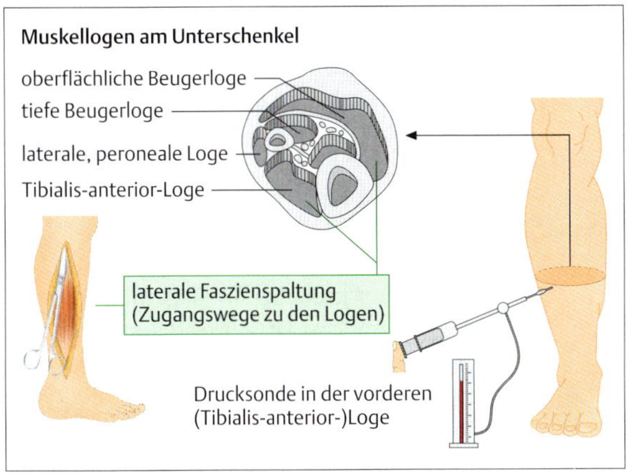

9.9 Behandlung eines manifesten Kompartmentsyndroms am Unterschenkel

Kompartmentsyndrome treten am häufigsten nach direkten Traumen des Unterschenkels bei geschlossenen Frakturen auf. Die Druckentlastung durch Fasziotomie erfolgt notfallmäßig. Durch laterale Inzision werden alle 4 Kompartments erreicht. Die Logen werden auf die gesamte Unterschenkellänge gespalten. Faszie und Haut bleiben offen. Spezielle Techniken mit vorgelegten Nähten verhindern ein weites Auseinanderklaffen der Wundränder und ermöglichen deren schrittweise Wiederannäherung. Im Idealfall gelingt dies bis zur kompletten Adaptation. Alternativ wird die verbliebene Wundfläche nach Konditionierung mit Spalthaut bedeckt (s. **9.14**).
Bei Kompartmentsyndromen an Ober- und Unterarm, Oberschenkel und Fuß ist sinngemäß zu verfahren.

Definitive Weichteilsanierung

Art und Zeitpunkt des definitiven Weichteilverschlusses sind abhängig vom Ausmaß der primären Schädigung bzw. dem weiteren Verlauf. Grundsätzlich sollten die Weichteile zum frühestmöglichen Zeitpunkt geschlossen sein. Sowohl nach Faszienspaltung als auch bei offenen Frakturen kann der definitive Verschluss regelmäßig innerhalb der ersten beiden Wochen erreicht werden. In Einzelfällen müssen größere Weichteildefekte bei freiliegendem deperiostiertem Knochen bzw. Sehnen, Nerven und Gefäßen durch lokale Verschiebelappen bedeckt werden. Besonders ausgedehnte Haut-Weichteil-Defekte verlangen nach freien Transplantaten mit mikrovaskulärem Anschluss.

Spezielle Therapieverfahren

Spalthaut- und Meshgrafttransplantation: Die freie Übertragung körpereigener Haut ist das Standardverfahren *bei gut vaskularisierten oberflächlichen Wunden.* Die Entnahme der Spalthaut erfolgt mit einem sog. Dermatom (s. SE 37.1, S. 817), welches auf unterschiedliche Dicken eingestellt werden kann. Bevorzugte Entnahmestellen sind die Außen- und Vorderseite des Oberschenkels sowie die laterale Hüftregion. Durch Zurichtung mit einem Spezialinstrument wird die Spalthaut scherengitterartig geschnitten *(Meshgraft)* und dadurch auf ein Mehrfaches ihrer ursprünglichen Größe erweitert.
Lokale Verschiebelappen: Ihr Vorteil besteht darin, dass durch *örtliches Einschwenken vitalen Muskelgewebes* auch größere Defekte verschlossen werden können. Nachteile sind die begrenzte Verfügbarkeit und „Schwenkfähigkeit". Typisches Beispiel sind *Gastrocnemius- oder Soleuslappen* bei Defekten im proximalen und mittleren Unterschenkeldrittel.
Frei transplantierte mikrovaskuläre Lappen: Die *freie Übertragung vitaler Gewebe mit Gefäßanschluss* stellt ein ebenso universelles wie anspruchsvolles Verfahren dar. Vorteil ist, dass große Defekte an exponierten Körperstellen wie dem distalen Unterschenkel durch vitales Gewebe gedeckt werden können. Diese Technik ist bei Erhaltungsversuchen oft essenziell.
Häufig frei übertragene Lappen sind der *Latissimus-dorsi-Lappen*, der *Radialis-* und *Unterarmlappen*, der *Rectus-abdominis-Lappen* und andere mehr.

Spezielles Instrumentarium

Sämtliche Techniken des Weichteilverschlusses durch Gewebeübertragung machen ein spezielles Instrumentarium erforderlich. Lokale Verschiebelappen in einem traumatisch geschädigten Bereich bedürfen der vorherigen Sonographie bzw. der Angiographie, um Vitalität und Durchblutung beurteilen zu können. Dies gilt noch mehr für die frei übertragenen Lappen. Bei deren Übertragung ist ein *Instrumentarium für Gefäßeingriffe* sowie ein *Operationsmikroskop* unentbehrlich.

Nachbehandlung

Nach Spalthaut- oder Meshgrafttransplantation bleibt die Wunde 3–5 Tage verschlossen, bis das Transplantat Anschluss an die Wundfläche gefunden hat. Bei lokalen bzw. freien Lappen ist die postoperative Überwachung der Vitalität erforderlich, um ggf. durch eine operative Revision Probleme in der Zirkulation zu beseitigen.

Kuno Weise

9.9 Spezielle bildgebende Verfahren in der Unfallchirurgie

Nach der klinischen Untersuchung stehen zur weiterführenden Diagnostik von knöchernen, Gelenk- und Weichteilverletzungen bildgebende Verfahren zur Verfügung: die Sonographie ist in der Lage, Flüssigkeitsansammlungen sowie Kontinuitätsunterbrechungen von Strukturen abzubilden. Die Computertomographie gibt in kurzer Zeit Aufschluss über knöcherne Verletzungen an konventionell radiologisch schwierig zugänglichen Bereichen. Kernspintomographisch lassen sich Weichteilprozesse verschiedener Ätiologie darstellen. Nuklidanreicherungen bei szintigraphischen Untersuchungen helfen, knöcherne Umbauaktivitäten (3-Phasen-Skelettszintigraphie) oder ein bakterielles Infektionsgeschehen am Skelettsystem nachzuweisen. Arthroskopisch gewinnt man Einblicke in Gelenke zu diagnostischen oder therapeutischen Zwecken. Spezielle Röntgentechniken ergänzen bei speziellen Fragestellungen trotz eingeführter Schnittbildtechniken die diagnostische Palette.

Sonographie

Zum Nachweis oder Ausschluss von **pathologischen Flüssigkeitsansammlungen** (Hämatom, Serom, Abszess, s. SE 6.3, S. 146 ff) in großen Körperhöhlen oder zu deren kontinuierlicher Verlaufskontrolle bei z. B. intensivpflegebedürftigen Patienten hat sich die Sonographie bestens bewährt. Sie ermöglicht die Ad-hoc-Abgrenzung von traumatischen und nicht traumatischen Befunden und gehört in der Notfalldiagnostik von Thorax, Abdomen und Becken zum Nachweis von pathologischen Flüssigkeitsansammlungen zur Basisdiagnostik.

Arthrosonographie: Sie ist prinzipiell an allen Gelenken möglich. Standardisiert sind die Untersuchungsverfahren vor allem am Schulter- und Kniegelenk. Am Schultergelenk eignen sich die nachstehend aufgeführten pathologischen Veränderungen besonders zur sonographischen Diagnostik: Die Rotatorenmanschettenruptur mit der Abgrenzung der frischen Läsion von degenerativen Veränderungen im Seitenvergleich; ferner Verkalkungen, Verklebungen, Strukturveränderungen der Bursa subacromialis; dann Rupturen und degenerative Veränderungen der langen Bizepssehne; Instabilitäten am Schulter- und Schultereckgelenk, insb. die Schultergelenksubluxation nach ventral oder dorsal und die Beurteilung des vorderen Pfannenrandes.

Am Kniegelenk ist die Sonographie ein hilfreiches Verfahren zum Nachweis z. B. einer Baker-Zyste, solider Tumoren wie Lipome, Fibrome, Synovialome usw. oder von einem Meniskusganglion. Die Diagnostik von Meniskusverletzungen und -schäden bleibt dem erfahrenen Untersucher vorbehalten.

Weichteilsonographie: Sie dient vor allem dem Nachweis und der Verlaufsbeobachtung von traumatischen oder intramuskulär gelegenen Hämatomen. Hämatome lassen sich unter sonographischer Kontrolle sehr gezielt punktieren. Ferner können Muskel- und Sehnenrisse (z. B. der Oberschenkelstrecker, der Wadenmuskeln und der Achillessehne) diagnostiziert werden.

Computertomographie (CT)

Kopf: Mit der CT können intrakranielle (Sub- und Epiduralhämatome) wie auch intrazerebrale Blutungen sowie Raumforderungen durch Ödembildungen nach Schädel-Hirn-Trauma mit einer nicht invasiven Untersuchungsmethode festgestellt werden (s. SE 36.2, S. 807). Mittelgesichts- und Orbitafrakturen sowie für konventionelle Röntgenuntersuchungen schwer zugängliche Bereiche wie das Felsenbein werden mit der CT diagnostiziert (s. S. 418 ff).

Im **Thorax- und Abdominalbereich** wird die CT zur Feststellung von Aortenrupturen bei Mediastinalverbreiterung im Röntgen-Thorax, zur Diagnosestellung von ausgedehnten Lungenparenchymverletzungen (Kontusionsherde), zur Bestimmung der Ausdehnung von Pneumothoraces und im Abdominalbereich zur Diagnostik von Organverletzungen mit und ohne zusätzliche Kontrastmittelgabe eingesetzt.

Bewegungsapparat: Die CT sichert die Diagnose von knöchernen und diskoligamentären Verletzungen an der Wirbelsäule auch an röntgenologisch schwer zugänglichen Bereichen wie am zerviko-thorakalen Übergang und gibt den Grad der Spinalkanaleinengung bei protruhierenden Wirbelkörperfrakturen wieder (s. 👁 **13.10**, S. 341). Weitere Einsatzbereiche sind Beckenring- (s. SE 13.4, S. 346 ff) und Azetabulumfrakturen (s. SE 12.1, S. 306 f), Fersenbeinfrakturen wie auch Läsionen im Handwurzelbereich. Bei der chronischen Osteitis bilden sich Sequester in der CT ab. Die Ausdehnung des knöchernen Wachstums von Tumoren und Metastasen lässt sich mit der CT bestimmen.

Magnetresonanztomographie (MRT)

Die MRT ist grundsätzlich der CT in der **Weichteildiagnostik** überlegen. So lässt die MRT an der Wirbelsäule Aussagen zum Alter der Verletzung (frisch/alt) und zur Genese von Veränderungen (traumatisch/degenerativ) zu oder es kann die Ausdehnung eines Weichteiltumors beurteilt werden. Zunehmend mehr Erfahrung besteht auch in der Gelenkdiagnostik, so z. B. bei Sehnen- und Muskelverletzungen an der Schulter (Rotatorenmanschettenläsion) oder in der Band- und Meniskusdiagnostik am Kniegelenk. Aufschlussreich sind Signalveränderungen im Knorpel-, subchondralen und intramedullären Bereich bezüglich Durchblutungsveränderungen bei traumatischen oder idiopathischen Knorpel-/Knochennekrosen (Hüftkopfnekrose, Osteochondrosis dissecans usw.).

Szintigraphie

Mit der **3-Phasen-Szintigraphie** können am Skelettsystem knöcherne Umbauvorgänge dargestellt werden, die der Röntgendiagnostik nicht zugänglich sind. So ist bereits ca. 3 Tage nach Frakturverdacht z. B. am Os scaphoideum im positiven Falle eine Nuklidanreicherung zu erkennen. Somit ist diese Methode zum Ausschluss oder Bestätigung einer Fraktur ohne sicheren klinischen oder röntgenologischen Befund geeignet, steht jedoch in Konkurrenz zur CT. Die Skelettszintigraphie kann als flankierende Maßnahme zur Aktivitätsbestimmung von heterotopen Ossifikationen (HO) eingesetzt werden und damit Einfluss auf den günstigsten Operationszeitpunkt ausüben, da HO erst nach Beendigung der knöchernen Umbauvorgänge entfernt werden sollen.
In der Diagnostik einer akuten Infektion am Bewegungsapparat spielt neben der 3-Phasen-Szintigraphie die Szintigraphie mit in vivo oder in vitro **markierten Leukozyten** eine Rolle. Mit der **Nanokolloid-Szintigraphie**, bei der Gefäßpermeabilitätsveränderungen aufgrund eines Infektgeschehens abgebildet werden, lässt sich kostengünstig, schnell und effizient das Vorliegen eines Infektes bestätigen oder ausschließen.

Spezielle Röntgentechniken

Die fast flächendeckend eingeführte CT macht die *konventionelle Tomographie* in der Traumatologie fast überflüssig. Lediglich bei der intramedullären Sequestersuche im Rahmen der Osteomyelitisdiagnostik, bei der Suche nach strahlendichten freien Gelenkkörpern oder in der Frakturdiagnostik am Dens axis werden Röntgenschichtaufnahmen noch angefordert. *Kontrastmittel* werden in der Röntgendiagnostik zur Darstellung von Fistelgängen und beim Arthro-CT zur Darstellung von knöchernen und Kapselverhältnissen z. B. am Schultergelenk eingesetzt. Besondere Fragestellungen verlangen *besondere Röntgeneinstelltechniken:* Am Dens axis erfolgen a. p. Aufnahmen durch den geöffneten Mund; unter Belastung der Arme mit einem Gewicht von wenigstens 5 kg wird die Stabilität am Schultereckgelenk überprüft; am Knie- und Sprunggelenk können gehaltene Aufnahmen mit einer Belastung von 15 kp im a. p. und seitlichen Strahlengang durchgeführt werden; Funktionsaufnahmen im seitlichen Strahlengang geben an der HWS und LWS mit Neigen des Körpers nach vorne und hinten (Anteflexion und Reklination) Aufschluss über diskoligamentäre Instabilitäten; bei radiologisch unsicheren Frakturzeichen im Gelenkbereich am kindlichen wie am erwachsenen Skelett empfehlen sich Schrägaufnahmen in 45 Grad Rotation und/oder Vergleichsaufnahmen der Gegenseite.

Arthroskopie

Definition: Die Arthroskopie (Gelenkspiegelung) erlaubt minimalinvasiv über punktförmige Zugänge (Stichinzisionen) Einblicke in Gelenke zu diagnostischen und therapeutischen Zwecken.

Ausstattung: Das Endoskop besteht aus einer Optik im Gelenkinneren mit verschiedenen Blickrichtungen (30 und 70 Grad), einem Lichtkabel aus Fiberglas sowie einer Lichtquelle (Kaltlicht und/oder Xenon). Über eine Videokamera wird das Bild auf einen Monitor übertragen (Videokette). Diese Bilder stehen dem Operateur zur Verfügung, können zur Dokumentation ausgedruckt oder auf einen Videorekorder aufgezeichnet werden. Neben dem Zugang für das Arthroskop werden über weitere Stichinzisionen Instrumente eingebracht. Sie arbeiten mechanisch (Punch = Stanze oder Knipszange; Fasszange; Scheren; Messer) oder motorgetrieben (Shaver = Resektor). Elektrochirurgische Instrumente werden zum Schneiden und zur Blutstillung eingesetzt. Das Laserprinzip (s. auch SE 6.5, S. 152 f) kann zum Schneiden und Koagulieren aber auch zur Oberflächenglättung und -versiegelung von z. B. Knorpelgewebe angewendet werden. Spezialinstrumente lassen bestimmte Operationstechniken zu wie z. B. Meniskusrefixation oder Kreuzbandersatzoperation am Kniegelenk. Zur Aufweitung und damit besseren Sichtbarmachung des Gelenkinnenraumes wird ein Auffüllmedium und dort meist eine elektrolytfreie Lösung (Purisole TM) verwendet.
Alle zu einer Arthroskopie notwendigen Geräte (Monitor; Lichtquelle; Steuereinheiten für Kamera, Elektrochirurgie und motorisierte Instrumente; Videorekorder; Videoprinter usw.) werden auf einem „Arthroskopieturm“ zusammen positioniert.

Anwendung: Die Haupteinsatzgebiete für arthroskopische Eingriffe sind das Knie-, Schulter-, Hand- und Sprunggelenk. Seltener werden Ellbogen-, Hüft-, Finger- und Zehengelenke arthroskopiert. Als Indikationen seien beispielhaft für das Kniegelenk Eingriffe an den Menisci und Bandersatzoperationen, für das Schultergelenk Maßnahmen zur Erweiterung des Subakromialraumes oder zur Gelenkstabilisierung und für alle Gelenke die Entfernung von freien Körpern, Verwachsungen oder Eingriffe an Gelenkinnenhaut oder -knorpel genannt.

9.10 Funktionelle Verbände

Verbände dienen dem Schutz und der Ruhigstellung verletzter oder erkrankter Körperteile. Verbandstoffe bestehen aus Fasern auf verschiedener Grundlage. Funktionelle Verbände erlauben Belastungen in begrenztem Ausmaß und verhindern extreme Bewegungen. Kompressionsverbände und -strümpfe stellen eine besondere Form von funktionellen Verbänden dar. Sie fördern den venösen Rückfluss und verhindern Flüssigkeitsansammlungen im interstitiellen Gewebe (Ödem) sowie in Wunden oder Gelenken. Wundauflagen und Verbände werden in SE 2.3, S. 36 ff beschrieben.

Allgemeines zu funktionellen Verbänden

Der funktionelle Verband erhält oder schafft das physiologische Gleichgewicht zwischen Stabilität und Mobilität. Er schützt und stützt sowohl passiv als auch aktiv und entlastet selektiv die verletzten Anteile einer Funktionseinheit. Er erlaubt die funktionelle Belastung im schmerzfreien Bewegungsraum und verhindert extreme Bewegungen.

Die ***Anwendungsbereiche*** reichen in der Akuttraumatologie von Muskel-, Sehnen- und Gelenkkapselzerrungen und -(teil-)zerreißungen bis zu funktioneller Teilimmobilisation nach Luxationen (z. B. Schulter, Finger) oder nicht

9.10 Anfertigung funktioneller Verbände

Rucksackverband

Material: Mit Watte gefüllte Schlauchbinde oder Schaumstoff mit Trikotüberzug (von der Rolle) oder konfektioniert.

Technik (👁 **9.15a**): Der Schlauchmull wird von hinten über den Nacken gelegt, die Enden von vorne durch die Achseln geführt und auf dem Rücken unter Spannung mit dem Nackenteil verknotet. Der Verband muss häufig nachgezogen werden.

! Kontrolle der Blutzirkulation in den Armen.

Semizingulum

Material: Klebevlies (20 cm breit), Pflasterstreifen (5 cm breit).

Technik (👁 **9.15b**): Abdecken der betreffenden Thoraxregion mit Klebevlies, evtl. vorher Schutz der Mamille durch Verbandsmull, in Exspiration Aufbringen der Pflasterstreifen (1/3 bis 1/2 überlappend) von ventral nach dorsal. Der Verband wird von kaudal nach kranial aufgebaut und abschließend längs fixiert.

Maximale Liegedauer: 1 Woche, danach wechseln.

! Cave: allergische Hautreaktion gegen Pflaster.

Cuff-and-Collar-Verband

Synonym: Halsschlinge nach Blount

Material: Schaumstoff mit Trikotüberzug (von der Rolle).

Technik (👁 **9.15c**): Die Hand des verletzten Armes wird mit einer durch Schaumstoff gepolsterten Schlinge am Hals aufgehängt.

! Gefahr: starke Schwellung der Ellenbeuge durch venöse Stauung.

Pflasterverbände

Synonym: Tape-Verbände

Material: Unelastische und elastische Pflasterbinden unterschiedlicher Breite und Länge, Unterzug (zum Hautschutz).

Technik: Am Beispiel des Sprunggelenkes sind die Hauptbestandteile eines funktionellen Pflasterverbandes in der nebenstehenden 👁 dargestellt.

! Tape-Verbände bedürfen neben einer exakten Anlagetechnik der besonderen Kontrolle wegen des erhöhten Risikos von Hautreaktionen sowie Störungen von Motorik, Durchblutung und Sensibilität.

Maximale Liegedauer: 1 Woche, danach wechseln.

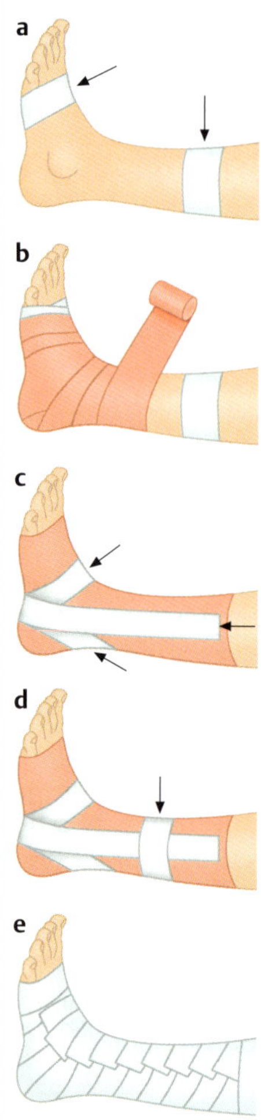

a **Ankerstreifen** aus unelastischem Tape sind die ersten Elemente des Verbandes, an denen die Zügel aufgehängt werden. Sie liegen an den Enden des Verbandes und werden ohne Zug angelegt.

b **Basistouren** werden mit elastischen Pflasterbinden als Grundverband mit dosiertem Zug angelegt, wenn zusätzlich eine Kompressionswirkung erzielt werden soll.

c **Zügel** sind die tragenden Teile des Verbandes und entlasten Muskeln, Bänder, Innenstrukturen und andere Gelenkanteile und führen Bewegungen. Je nach Aufgabe sind sie aus elastischen oder unelastischen Pflasterbinden mit hoher Klebekraft.

d Mit **Fixierstreifen** werden die Zügel Lage für Lage auf den Ankerstreifen befestigt, so dass sie sich nicht ablösen können. Fixierstreifen werden meist semizirkulär und quer zu den Zügeln angelegt.

e Durch **Verschalungsstreifen** wird der Verband geschlossen (gleiches Material wie die Zügel). Durch sie bekommen die Zügel untereinander einen festen Halt, und der Verband erhält eine feste, geschlossene Hülle.

9.7 Indikationen funktioneller Verbände

Verband	*Indikation*
Rucksackverband (**9.15a**)	Klavikulafraktur (s. auch SE 11.1, S. 276 f)
Pflaster- (Synonym: Tape-)verbände (**9.10**)	Distorsion der kleinen (Finger, Hand, Fuß; **9.15b**) und großen (Sprunggelenk, Knie, Ellbogen) Gelenke, Muskelzerrungen und Muskelfaserrisse am Ober- und Unterschenkel, vor allem nach Sportverletzungen
Cuff-and-Collar-Verband (Halsschlinge nach Blount, **9.15c**)	nicht oder gering dislozierte suprakondyläre Oberarmfraktur beim Kind (s. auch SE 11.7, S. 288)

9.15 Funktionelle Verbände

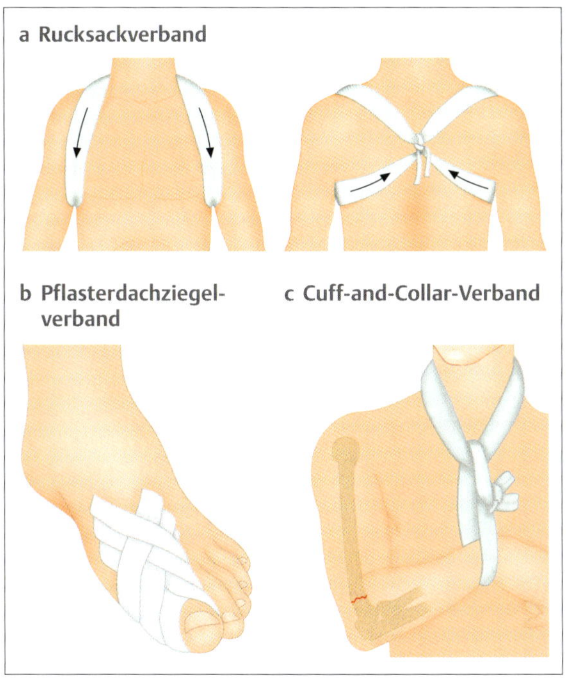

dislozierten Frakturen (z. B. Phalangen, Ulnaschaft, Außenknöchel, Klavikula). Degenerative oder Überlastungsschäden und Insuffizienzen an Kapsel-Band-Strukturen lassen sich ebenfalls wirkungsvoll mit funktionellen Verbänden versorgen (**9.7**).

9.11 Matierialien funktioneller Verbände

Elastische Binden bestehen aus Polyamid, Baumwolle und einem kleinen Anteil Polyurethan. Durch Lateximprägnierung entstehen kohäsive (nur in sich selbst klebende) Binden.

Polyurethan-Schaumstoffe werden als Polstermaterial und Kompressionshilfen eingesetzt.

Kompressionsverbände und -kleidung

Ein **Schaumstoffkompressionsverband** kann bei posttraumatisch oder postoperativ aufgetretenen Kniegelenkergüssen, Hämatomen oder Seromen am Stamm und an den Extremitäten angelegt werden (**9.12**).

9.12 Anfertigung eines Schaumstoffkompressionsverbandes

Material: 1 cm dicke Schaumstoffplatte von der Rolle, Mullkompresse, elastische Binden.

Technik: Schaumstoffplatte passend zuschneiden (am Knie mit Loch für die Patella, s.), die Mullkompresse zum Schutz zwischen Haut und Schaumstoff legen und die elastische Binde von peripher nach zentral im Kornährenmuster um die Extremität wickeln.

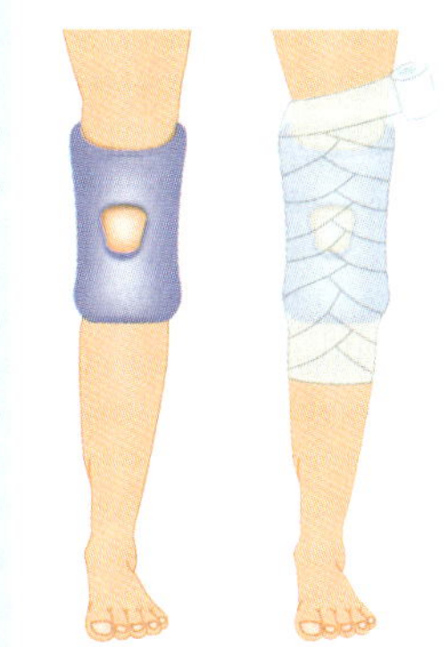

9.16 Beispiele für maßgefertigte Kompressionskleidung

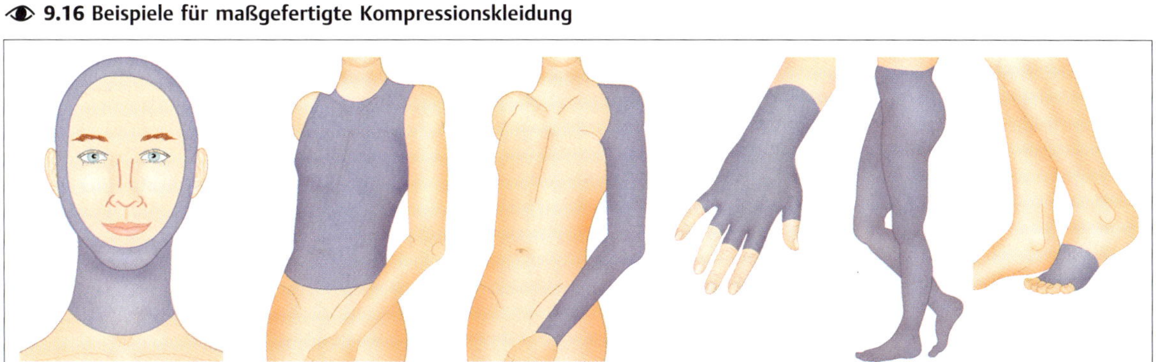

Kompressionsstrümpfe haben ihren Indikationsbereich in der Prävention und Therapie thromboembolischer Komplikationen sowie posttraumatischer oder postoperativer Schwellungszustände durch Blutumlaufstörungen und werden in SE 33.2, S. 741 beschrieben.

Kompressionskleidung verringert oder verhindert die Ausbildung von Wucherungen (Keloidbildung; s. auch **16.2**, S. 391) z. B. nach Verbrennungen oder Verbrühungen durch eine tangential zur Epidermis entstehende Druckentwicklung (**9.16**). Dies wirkt der Hyperämie und damit der unkontrollierten Fibroblastenproliferation im Narbengewebe entgegen. Damit kommt es auch nicht zu der für Narbenkeloid typischen ungeordneten Häufung von kollagenen Fasern. Kompressionskleidung wird maßgefertigt.

Schulterverbände

Zur funktionellen Behandlung mit limitierter Bewegung im Schultergelenk nach Verletzungen stehen verschiedene Verbandanordnungen zur Verfügung (Armschlinge oder -tragetuch, Desault- und Gilchrist-Verband), die alle ein gemeinsames Ziel verfolgen: die Beweglichkeit nur soweit einzuschränken, dass eine funktionelle Beübung möglich und eine Einsteifung des Schultergelenkes vermieden wird. Das Armtragetuch (Mitella = „Leichentuch der Schulter") ist besser als sein Ruf. Ähnlich wie eine einfache Armschlinge stellt es den Arm am Oberkörper nur begrenzt ruhig und lässt vor allem im Schultergelenk eine funktionelle Beübung zu. Bei allen Schulterverbänden ist darauf zu achten, dass durch ein Verrutschen des Verbandes der Ellbogen nicht zu weit nach dorsal gezogen und damit zuviel Druck nach ventral auf den Oberarmkopf erzeugt wird. Dies ist wegen der Gefahr der Redislokation besonders wichtig bei Ruhigstellung nach Schulterluxationen, konservativer Behandlung oder nach nicht ausreichend stabiler oder minimaler Osteosynthese von Oberarmkopfbrüchen.

Indikationen: Prellungen, Distorsionen und Luxationen des Schultergelenkes, nicht oder wenig dislozierte proximale Oberarmfrakturen, Skapulafrakturen, prä- und postoperativ bei Eingriffen am Schultergürtel. Wann welche Verbandanordnung zur Anwendung kommt, ist von den individuellen Gegebenheiten eines Patienten und der Begleitumstände abhängig (**9.8**).

9.8 Indikationen verschiedener Schulterverbände

Armschlinge, Armtragetuch	*Gilchrist-, Desault-Verband*
junger, kooperativer Patient,	alter, wenig kooperativer Patient,
kardiopulmonale Erkrankung beim alten Patienten,	keine kardiopulmonale Erkrankung beim alten Patienten,
wenig schmerzhafte Verletzung,	schmerzhafte Verletzung,
sommerliche Außentemperaturen.	normale Außentemperaturen.

9.13 Anlage eines Gilchrist- und Desault-Verbandes

Gilchrist-Verband

Material: Schlauchmull von 4-facher Armlänge, 2 Sicherheitsnadeln. Der Verband steht auch konfektioniert zur Verfügung.

Technik(**9.17a**): Der Schlauchmull wird bei 2/3 der Länge eingeschnitten und der Arm durch den Einschnitt in das längere Ende eingeführt. Das kurze Ende wird um den Hals geführt, um das Handgelenk gelegt und dort befestigt. Nach dem Einschneiden des Schlauches über dem Handgelenk und Herausführen der Hand wird das lange Ende des Schlauches über dem Rücken zum distalen Oberarm geführt und dort befestigt.

Modifizierter Desault-Verband

Material: 1 synthetische Polsterwattebinde 12 cm breit, 2 gepuderte Wattepolster, elastische Schlauchbandage (doppelt so lang wie der Oberkörper), Schaumstoff mit Trikotüberzug von der Rolle (Armschlinge), Pflasterstreifen (5 cm breit, ca 50 cm lang).

Technik(**9.17b**): Ellbogen und Unterarm mit Watte umwickeln, zusätzlich Wattepolster in die Achselhöhle und zwischen Unterarm und Körper legen, den Arm in einer um den Hals gelegten Schlinge aus Schaumstoff und Trikotüberzug aufhängen, Schlauchbandage wie einen Pullover den Kopf ziehen, die betroffene Schulter und der Arm bleiben im Verband, Kopf und gesunder Arm sind frei, Einschnitt zum Herausführen der Hand, Fixieren durch Pflasterstreifen.

9.17 Schulterverbände

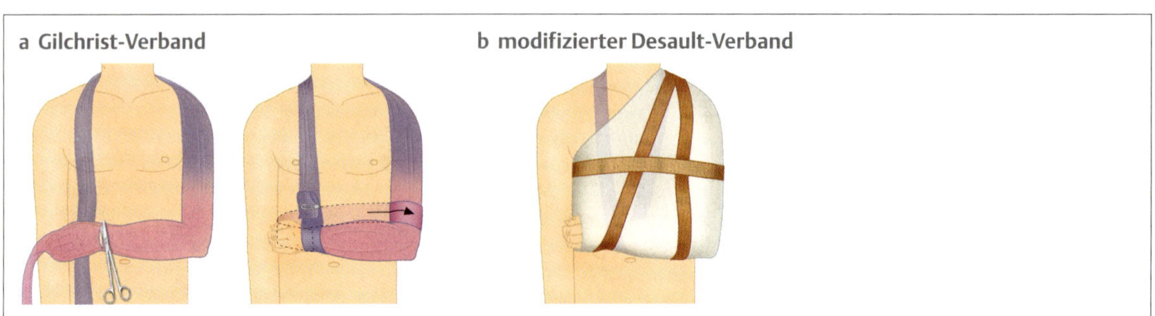

Karl-Heinrich Winker

9.11 Immobilisierende Verbände

Mit immobilisierenden Verbänden können bewegliche Körperabschnitte ruhiggestellt werden. Der Übergang zu funktionellen Verbänden ist fließend. So haben beispielsweise Desault- und Gilchrist-Verband (Schulterverbände) immobilisierende wie auch funktionelle Eigenschaften (s. SE 9.10, S. 250). Die wichtigsten Vertreter immobilisierender Verbände sind zirkuläre Gips- und synthetische Stützverbände. Sie werden gepolstert oder ungepolstert angelegt und dienen der Retention von Frakturen und Luxationen sowie der Ruhigstellung und Lagerung von Extremitäten nach operativen Eingriffen oder bei Verletzungen und Entzündungen.

Allgemeines

Prinzip und Indikationen: Stützverbände sind immobilisierende Verbände, die Begriffe können synonym verwendet werden. Sie dienen der Ruhigstellung verletzter oder erkrankter Körperteile zur Aufhebung oder Verminderung der schmerzhaften Beweglichkeit und Retention von Frakturen und Luxationen.

9.14 Materialien für immobilisierende Verbände

Je nach Indikation stehen mehr oder weniger rigide Materialien zur Verfügung. Der härteste Werkstoff ist noch immer der herkömmliche Gips, Polstermaterial ist aus Watte oder Polyurethanschaumstoffen gefertigt. Schienen oder sog. Casts werden aus plastisch verformbaren Materialien anmodelliert und härten dann entsprechend Herstellungsmaterial und Indikation unterschiedlich stark aus.
Gips: Der gemahlene Gips wird mit einem wasserlöslichen Bindemittel auf dem Mullträger fest verankert. Diese Gipsbinden werden in Wasser getaucht und indikationsgerecht verarbeitet (s. u.). Die volle Belastbarkeit wird nach ca. 24 Stunden erreicht.
Kunststoff: Trägermaterialien wie Baumwolle, Polyester oder Fiberglas werden mit einem selbsthärtenden Polyurethanharz aus vernetzten Fadenmolekülen (mit oder ohne Silikonzusatz) beschichtet. In Wasser getaucht härten diese dann aktivierten Stoffe je nach Wassertemperatur in 4–8 Minuten aus. Die volle Belastbarkeit wird nach ca. 30 Minuten erreicht. Synthetische Stützverbände haben im Vergleich zu Gips ein um ca. 60–70 % geringeres Gewicht, sind röntgentransparent und gegen Feuchtigkeit und Wasser resistent. Sie sind allerdings erheblich teurer und schwieriger zu verarbeiten.

9.18 Druckgefährdete Körperpartien

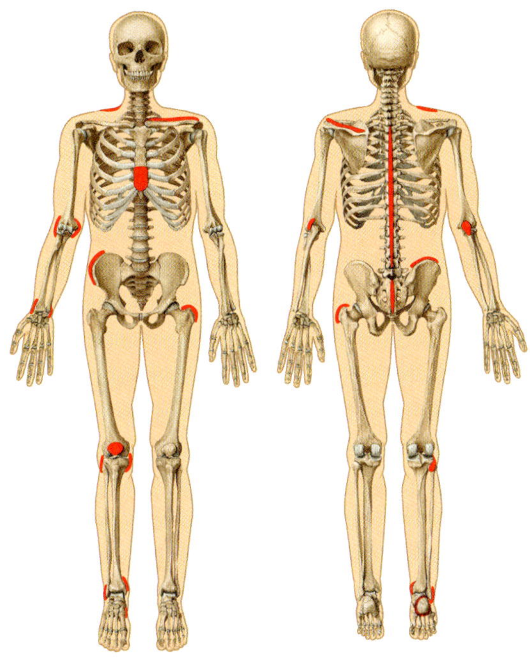

Gefahr von Druckstellen bei Gipsverbänden: besonders Ellbogen (N. ulnaris), Ferse, Innen- und Außenknöchel sowie Fibulaköpfchen (N. peroneus).

Allgemeine Hinweise für die Anwendung von Gips- und synthetischen Stützverbänden:

- Das Anlegen der Verbände geschieht unter ärztlicher Verantwortung.
- Zur Vermeidung von Druckschäden an Haut oder Nerven werden gefährdete Stellen gepolstert (**9.18**) und die Extremität mit flacher Hand gehalten.
- Um Einschnürungen zu vermeiden, müssen die Binden beim Anwickeln „locker laufen", es wird von peripher nach zentral gewickelt.
- Zur Verhinderung von Kompressionsschäden (z. B. Kompartmentsyndrom, s. SE 9.7, S. 242 f) muss ein zirkulärer Gipsverband zur Behandlung einer frischen Verletzung „bis auf den letzten Faden" längs gespalten und der Patient über Störungen von Durchblutung, Motorik und Sensibilität (DMS) belehrt werden. Bei entsprechenden Beschwerden erfolgt im Zweifelsfalle die sofortige Entfernung des Gipsverbandes nach dem Grundsatz:

  ! Der Patient hat bei Schmerzen im Gipsverband – bis zum Beweis des Gegenteils – immer recht.
- Am folgenden Tag muss jeder Patient mit einem Gipsverband vom Arzt untersucht werden.
- Nach Rückgang der Schwellung sind zur Sicherung der Retention Gipswechsel vorzunehmen.
- **Gipsschienen** und **-schalen** (**9.19a**) werden mit einer elastischen Binde an die Extremität gewickelt. Im Vergleich zum zirkulären Gips sind sie von eingeschränkter Retentionsfähigkeit.
  Indikationen: Distorsionen, Weichteilverletzungen, Entzündungen oder postoperativ als Lagerungsschalen.

9.19 Häufig verwendete zirkuläre Gipsverbände und Gipsschienen

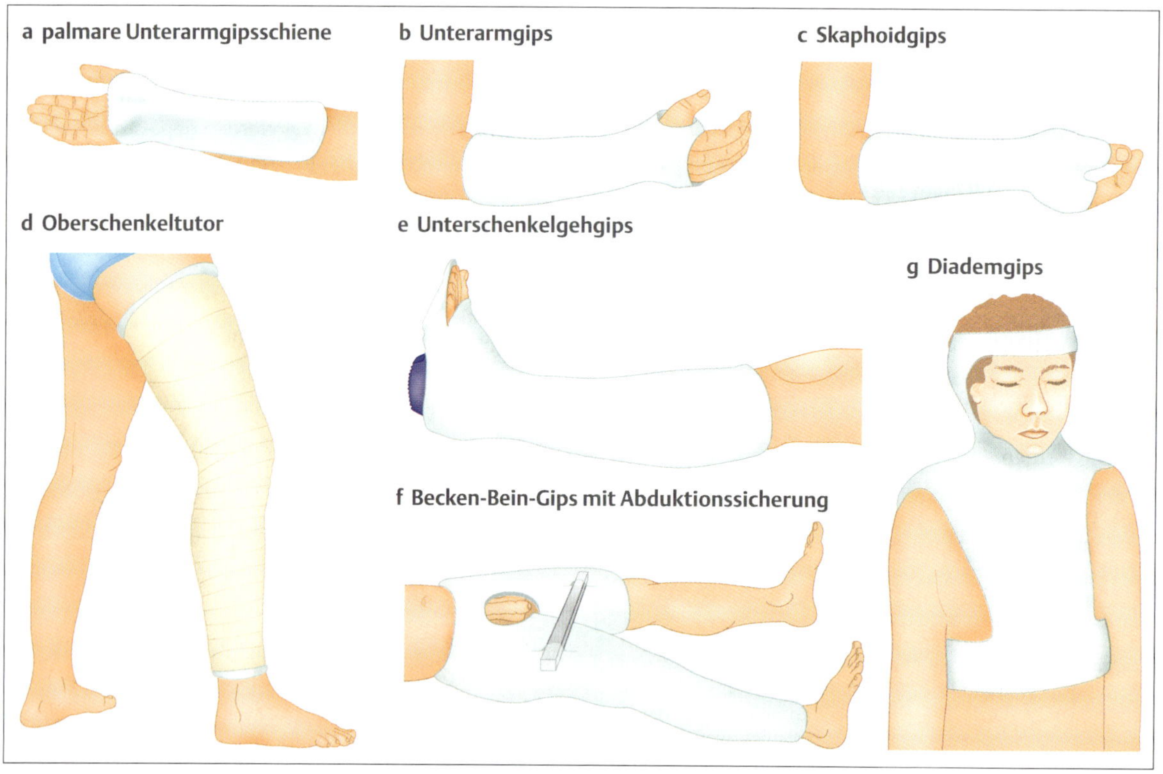

9.9 Indikationen spezieller Gipsverbände

Verband	*Indikation*
Unterarmschienen: dorsal, palmar, dorso-palmar (**9.19a**)	stabile Fraktur (konservativ, postoperativ), Distorsion, Entzündung, N.-radialis-Läsion
palmare Unterarm-Finger-Gipsschiene	nicht dislozierte Fraktur, Distorsion von Mittelhand und Fingern
Unterarmgips (**9.19b**)	stabile Radiusfraktur loco typico (konservativ, postoperativ)
Skaphoidgips (**9.19c**)	Fraktur des Os scaphoideum
Oberarmgips	nicht dislozierte Fraktur Unterarmschaft, Ellbogen, distaler Oberarm, Epicondylitis humeri radialis („Tennisellbogen") und ulnaris
Oberschenkeltutor (**9.19d**)	Kniebinnenverletzungen, Patellafraktur und -luxation, nicht dislozierte Schienbeinkopffraktur, Entzündungen (Bursitis), postoperative Lagerung
Unterschenkelgips (**9.19e**)	Sprunggelenk- und Fußfrakturen, Distorsion, Entzündung, Weichteilverletzung
Thoraxabduktionsgips	Verletzungen, Erkrankungen, Entzündungen des Schultergürtels, postoperativ (Refixation der Rotatorenmanschette)
Beckengips (**9.19f**)	Frakturen und Entzündungen des Hüftgelenks, vor allem bei Kindern
Gipsmieder	nicht dislozierte Frakturen der Brust- und Lendenwirbelsäule
Diademgips (**9.19g**)	Fraktur, Luxation und diskoligamentäre Instabilität der Halswirbelsäule

- **Zirkuläre Gipsverbände** (👁 **9.19b–f**) werden gepolstert (Gefahr von Druckschäden, hohe Retentionsfähigkeit) oder ungepolstert angelegt. Über einer Wunde kann ein sog. *Gipsfenster* ausgesägt werden, welches jedoch zur Vermeidung eines Fensterödems wieder eingepasst und fixiert werden muss.
- Zur Verhinderung von Inaktivitätsschäden (Muskelatrophie, knöcherne Entkalkung, thromboembolische Komplikationen) ist an den unteren Extremitäten frühestmöglich ein Gehgips anzulegen.
- Bei länger als 3 Wochen geplanter Immobilisierung im Gehgips ist ein Sohlenausgleich am Schuh der Gegenseite vorzunehmen.

! Zur Immobilisierung von Frakturen an den Extremitäten gilt grundsätzlich, dass die angrenzenden Gelenke in den Gips mit einzubeziehen sind.

Spezielle Gipsverbände

Die Indikationen verschiedener Gipsverbände sind in **T 9.9** zusammengefasst, die Anfertigung der Verbände beschreibt **9.15**.

9.15 Anfertigung verschiedener Gipsverbände

Unterarmschienen von dorsal, palmar und dorso-palmar (👁 **9.19a**)
Material: Schlauchverband, 1 Gipslonguette 12 cm breit, 1 Polsterwattebinde 15 cm breit, 1 Haftbinde 8 cm breit.
Lagerung: Unterarm liegt auf dem Tisch auf. Handgelenk palmar, dorsal bzw. ulnar mit Papierrolle als Lagerungshilfe unterstützt. Handgelenk in Ulnardeviation und 20 Grad Dorsalextension.
Technik: Doppelt gelegte Longuette von Ellenbeuge bis Fingergrundgelenke abmessen, Schlauchbinde über die Longuette stülpen, feuchte Longuette anmodellieren (dorso-palmare Schiene mit Daumenloch), trockene Schiene polstern und mit Haftbinde anwickeln.

Palmare Unterarm-Finger-Gipsschiene
Material: Schlauchverband, Longuette 12 cm breit, 1 Polsterwattebinde 15 cm breit, 1 elastische Mullbinde 8 cm breit.
Lagerung: Ellbogen aufgestützt, Handgelenk 20 Grad Dorsalextension, Finger im Grundgelenk 90 Grad gebeugt, PIP und DIP gestreckt (Intrinsic-plus-Stellung).
Technik: Doppelt gelegte Longuette von Ellenbeuge bis Fingerspitzen palmarseitig abmessen, Schlauchbinde über den trockenen Gips stülpen, feuchte Longuette anmodellieren, Schiene mit elastischer Mullbinde anwickeln.

Unterarmgips (👁 **9.19b**)
Material: Schlauchverband in 1½facher Länge von Unterarm mit Hand, 1 Polsterwattebinde 6 cm breit, 1 Krepppapierbinde 4 cm breit, 2 Gipsbinden 8 cm breit.
Lagerung: Patient liegt oder sitzt, Ellbogen aufgestützt. Handgelenk in ca. 20 Grad Dorsalextension und leichter Ulnardeviation.
Technik: Überstülpen des Schlauchverbandes (Loch für den Daumen schneiden). Anwickeln von Polsterwatte und Papierbinde. Zirkuläres Anwickeln der Gipsbinde von distal nach proximal. Umschlagen der Schlauchenden. Anwickeln der 2. Gipsbinde von proximal nach distal.

Skaphoidgips (👁 **9.19c**)
Material: Schlauchverband für den Daumen und in 1½facher Länge des Unterarms mit Hand, 1 Polsterwattebinde 6 cm breit, 1 Krepppapierbinde 4 cm breit, 2 Gipsbinden 8 cm breit.
Lagerung: Patient liegt oder sitzt, Ellbogen aufgestützt, Spitzgriff vom Daumen zum Zeigefinger, 20 Grad Dorsalextension im Handgelenk, leichte Ulnardeviation der Hand.
Technik: Kleine Schlauchbinde über den Daumen, größere in über den Unterarm und Hand stülpen, Anwickeln von Polster- und Papierbinde, auch am Daumen. Zirkuläres Anwickeln der Gipsbinden unter Einschluss des Daumens. Daumenkuppe bleibt frei. Daumen steht in Oppositionsstellung zum Zeigefinger, Palmarfalte und Fingergelenke sind frei.

Oberarmgips
Material: Schlauchverband, 2 Polsterwattebinden 6 und 10 cm breit, 2 Krepppapierbinden 4 und 6 cm breit, 2 Gipsbinden 8 cm breit, 2 Gipsbinden 10 cm breit.
Lagerung: Patient sitzt, liegt oder steht. Der Arm wird vom Arzt im Ellbogengelenk in 90 Grad Beugung, im Unterarm in leichter Supination und im Handgelenk in 20 Grad Dorsalextension gehalten.
Technik: Überstülpen des Schlauchverbandes, Anwickeln von Polster- und Papierbinden unter besonderem Schutz des Olekranons. Zirkuläres Anwickeln der Gipsbinden wie am Unterarm.

Oberschenkel-Tutor (👁 **9.19d**)
Material: Schlauchbinde, 3 Polsterwattebinden 10 cm breit, 2 Krepppapierbinden, 3–4 Gipsbinden 12 cm breit, Filz- oder Schaumstoffstreifen.
Lagerung: Patient liegt oder steht, Knie ca. 15 Grad gebeugt,
Technik: Überstülpen des Schlauchverbandes, Anwickeln von Polster- und Papierbinden unter besonderer Polsterung des Fibulaköpfchens (N. peroneus), distaler Abschluss mit Filz- oder Schaumstoffstreifen, zirkuläres Anwickeln der Gipsbinden von distal nach proximal, Umschlagen der Schlauchbinde vor 2. Gipslage.

Unterschenkel-(geh-)gips (👁 **9.19e**)
Material: Schlauchverband in 1½facher Länge von Unterschenkel und Fuß, 2 Polsterwattebinden 10 cm breit, 1 Krepppapierbinde 6 cm breit, Gipslonguette 15 cm breit, 3 Gipsbinden 12 cm breit, bei Gehgips Gehstollen.
Lagerung: Patient liegt, Bein über Kniestütze gelagert, Rechtwinkelstellung im Sprunggelenk (korrekte Position vom Arzt gehalten).
Technik: Überstülpen des Schlauchverbandes, Anwickeln von Polster- und Papierbinden sowie einer Gipsbinde zirkulär von distal nach proximal, dorsales Anlegen der Longuette mit doppelt gelegter Sohle. Beim **Gehgips** wird die Longuette in Sohlenlänge geschlitzt, über den Gehstollen gelegt und mit einer Gipsbinde befestigt.

Beim **Oberschenkel-Gips** analoges Vorgehen, wobei das Bein nicht auf einer Kniestütze sondern frei gelagert und von einer Hilfsperson mit flachen Händen in ca. 15 Grad Kniebeugung gehalten wird.

! Auf besondere Polsterung des Fibulaköpfchens ist zu achten.

Bei allen genannten Gipsverbänden analoges Vorgehen mit Kunststoffmaterial.

Karl-Heinrich Winker

9.12 Hilfsmittel in der Traumatologie

Hilfsmittel unterstützen die traumatologischen Behandlungsmaßnahmen aktiv und passiv durch Erleichterung von Lagerung, Retention, Stabilisierung oder Funktion (z. B. Schienen) in der akuten posttraumatischen oder postoperativen Phase wie auch nach abgeschlossener Behandlung zum Ausgleich dauerhaft verbliebener Funktionsdefizite (z. B. Prothesen, Orthesen usw.). Zur korrekten Indikation, Anfertigung und Patientenschulung sowie Einsatz der Hilfsmittel ist das gesamte Behandlungsteam (Ärzte, Ergotherapeuten, Orthopädietechniker) gefordert. Extensionen werden in SE 9.2, S. 230 f beschrieben.

Lagerungs- und Behandlungsschienen

Lagerungsverbände dienen zur vorübergehenden Ruhigstellung von Frakturen und Distorsionen sowie zur postoperativen Lagerung als schmerzlindernde und antiödematöse Maßnahme.

Gepolsterte Drahtgitterschienen (Kramer-Schiene; 👁 9.20a) eignen sich in der posttraumatischen Akutphase zur temporären Ruhigstellung von Frakturen, Distorsionen und Weichteilverletzungen an den oberen und unteren Extremitäten. Sie stehen in verschiedenen Breiten und Längen zur Verfügung und lassen sich indikationsgerecht leicht anbiegen.

Maßgefertigte oder konfektionierte **Schienen aus** teilweise thermoplastisch formbarem **Kunststoff** werden als Lagerungsschienen (z. B. am Unterarm bei N..radialis-Lähmung oder am Unterschenkel zur Spitzfußprophylaxe), aber auch im Rahmen der Begleit- und Nachbehandlung von Sehnen-, Band- und Weichteilverletzungen an der Hand eingesetzt.

Am Bett montierte **Metallrahmenschienen** (z. B. Braun- oder Volkmann-Ewerwahn-Schiene, **👁 9.20b**) oder **Schaumstoffschienen** als flache oder hohe Lagerungshilfen (**👁 9.20c**) werden zur Ruhigstellung der unteren Extremitäten angewendet. **Motorgetriebene Bewegungsschienen** unterstützen überwiegend passiv die funktionelle Übungsbehandlung am Knie- (**👁 9.20d**), Ellbogen-, Schulter-, Hüft- und Sprunggelenk.

Zur konservativen Behandlung von Oberarmschaftbrüchen oder Stabilisierung von instabilen Pseudarthrosen am Unterarm oder Unterschenkel stehen **Kunststoffschalen (Brace)** zur Verfügung (**👁 9.21**). Sie sind entweder in verschiedenen Größen konfektioniert oder maßgefertigt und werden zur Hautschonung mit einem untergezogenen Schlauchverband angelegt.

👁 9.20 Lagerungsschienen

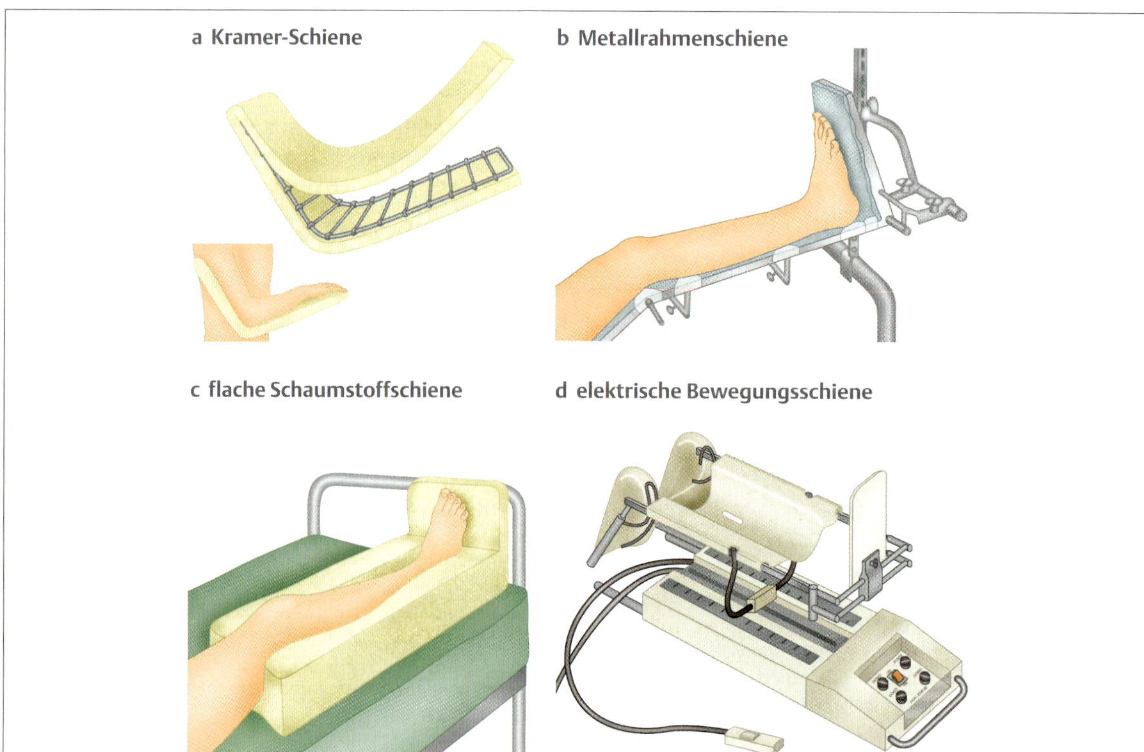

Orthesen sind gelenkstabilisierende, meist aus Kunststoff, Leder und/oder Leichtmetall (Aluminium, Titan) vor- oder maßgefertigte Schienen, die Gelenke ganz oder teilweise in ihrem Bewegunsausmaß limitieren können. Hauptindikationen sind Verletzungen und postoperative Zustände des Kniebandapparates (**9.22a**) aber auch der Wirbelsäule (Hyperextensionsorthese), des Unterschenkels (**9.16**), des Schulter-, Hand- (z. B. bei N.-radialis-Parese, **9.22b**) und Sprunggelenks (**9.22c**).

9.16 Unterschenkel-Orthesen

Unterschenkel-Orthesen (Synonym: Einsteckschienen) stützen den Unterschenkel bei noch nicht vollständiger knöcherner Durchbauung von Frakturen oder Pseudarthrosen und erlauben so eine (Teil-) Belastung des Beines. Die Einsteckschiene besteht aus medial und lateral längsgeführten Metallschienen sowie 2 Ledermanschetten, von denen sich die proximale am Tibiakopf abstützt. Distal ist die Schiene an einem in die Schuhsohle integrierten Metallbügel befestigt.

9.21 Oberarmkunststoffschale

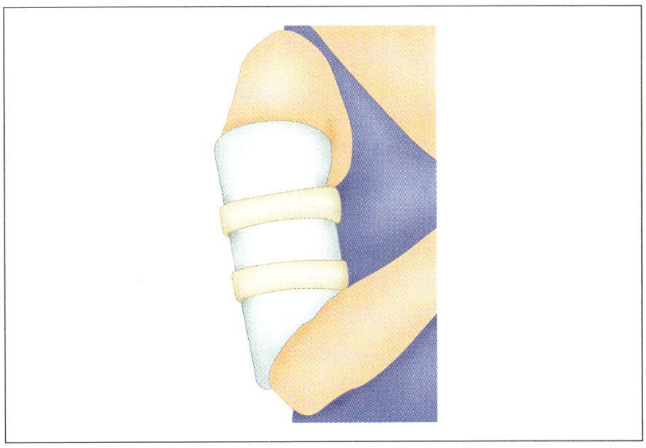

9.22 Orthesen

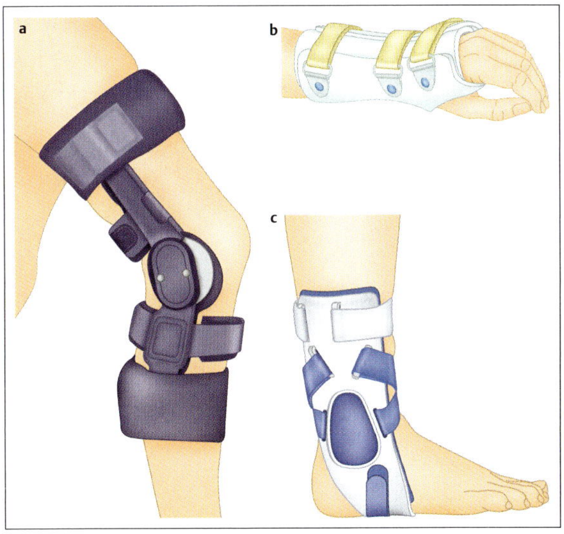

Funktionshilfen

Hilfsmittel zur Erleichterung der Aktivitäten des täglichen Lebens (engl.: activities of daily living, ADL): Bei Behinderungen nach schweren Verletzungen des Kopfes, der Wirbelsäule, der oberen oder unteren Extremitäten stehen eine Vielzahl der verschiedensten Hilfsmittel wie Greifzangen, Ankleide- und Esshilfen, Rollstuhl- und Gehzubehör zur Verfügung.

Prothesen ersetzen Körperteile in Funktion und Form ganz oder teilweise. In der Traumatologie überwiegen Indikationen nach (Teil-) Verlust der oberen oder unteren Extremitäten. Unterschieden werden *Interimsprothesen* an den unteren Extremitäten im Rahmen der Frührehabilitation, die sich leicht an sich ändernde Weichteilverhältnisse anpassen lassen, und *definitive Prothesen* nach abgeschlossener Weichteilschrumpfung.

Orthopädische Schuhe: Formveränderung und Achsfehlstellung des Fußes durch massive Schwellung, Narbenbildung nach Quetschverletzungen oder nach Frakturen verlangen einen maßgefertigten Schuh als Hausschuh, Halbschuh oder Stiefel. Durch Verwendung leichter Materialien und entsprechende äußere Gestaltung sind orthopädische Schuhe kaum mehr von konfektioniertem Schuhwerk zu unterscheiden.

Leichtere Fehlstellungen oder Formveränderungen lassen sich durch **orthopädietechnische Zurichtung** von Konfektionsschuhen ausgleichen (z. B. Schuhinnen-/-außenranderhöhung bei Varus-/Valgusstellungen, Absatzerhöhungen, Abrollsohlen usw.).

Schuheinlagen aus passgerecht geformtem Kunststoff oder aus Leder/Kork nach Gipsabdruck oder apparatetechnischer (CAD) Ganganalyse ergänzen die orthopädietechnischen Möglichkeiten.

Bei posttraumatischer Schwächung oder Lähmung des N. peroneus können zur passiven Unterstützung von Dorsalextension und Pronation im Sprunggelenk **Peroneusfedern** oder ein **Peroneusinnenschuh** angewendet werden.

10.1 Präklinische Maßnahmen, Organisation des Rettungswesens und Katastrophenmedizin

Akute Verletzungen mit und ohne Lebensbedrohung erfordern die Primärversorgung am Unfallort. Die Reihenfolge der rettungstaktischen Maßnahmen ist in der Rettungskette festgelegt, nach der die vorliegende SE gegliedert ist. Zu den Sofortmaßnahmen gehören die Bergung des Verletzten, die Unfallmeldung (Rettungsleitstelle für Rettungswagen und Notarzt), die erste Hilfe durch Laien oder inzwischen eingetroffenen Rettungs-Sanitäter, die Erstversorgung durch den Notarzt mit Untersuchung, Triage (Verletztenauswahl) und Elementartherapie sowie der Transport in die Klinik in adäquater Lagerung (Vakuummatratze, Luftkissenschiene) mit einem geeigneten Rettungsmittel (Rettungswagen, Rettungshubschrauber).

Sofortmaßnahmen: Zur Abwendung von Gefahren für Verletzte und Helfer muss zunächst die **Unfallstelle gesichert** werden. Der Verletzte wird mit dem Rautek-Handgriff (👁 **10.1a**) **geborgen** und an einem sicheren Ort gelagert. Ist er bewusstlos, kann durch **stabile Seitenlagerung** (👁 **10.1b**) eine Aspiration vermieden werden.

Meldung: Noch vor der eigentlichen ersten Hilfe sollte qualifizierte Hilfe angefordert werden.

Rettungsdienst: Der (inzwischen eingetroffene) Notarzt führt die Erstversorgung durch:
Um sich zur **Befunderhebung** in kurzer Zeit einen Überblick zu verschaffen, empfiehlt sich ein standardisiertes Vorgehen nach einer Checkliste (**T 10.1**). Typische Symptomkonstellationen sind in **T 10.2** dargestellt.

T 10.1 Befunderhebung: Notfall-Checkliste

Parameter	***Befunde*** (zum Ankreuzen)		
Bewusstsein	klar	schläfrig	bewusstlos
Schmerzreaktion	gezielt	ungezielt	keine
Atmung	normal	oberflächlich	keine
Herzaktion	regelmäßig	unregelmäßig	keine
Hautfarbe	rosig	blass	blaugrau
Blutung	keine	mäßig	heftig
Spontanbewegungen	ja		nein
Krämpfe	nein		ja
kalter Schweiß	nein		ja

T 10.2 Typische Symptomkonstellationen

Symptome	***Verletzung***
Dyspnoe, Thoraxschmerzen, perkutorische Dämpfung	Thoraxverletzung
Entblutungsschock und Bewusstseinstrübung bei äußerlich nicht erkennbarer Blutung	innere Verletzungen
Bewusstlosigkeit und Lähmungen	Wirbelsäulentrauma, Schädel-Hirn-Trauma

👁 10.1 Bergung und Lagerung des (bewusstlosen) Notfallpatienten

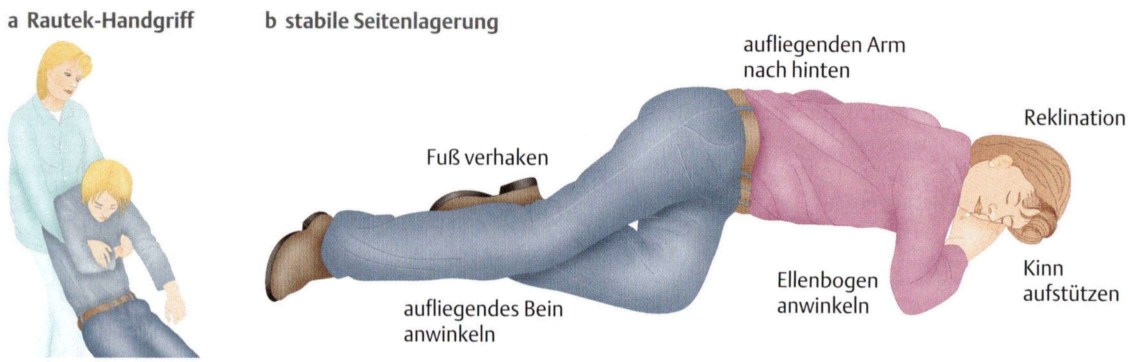

a Der Helfer greift von hinten unter den Achseln des Patienten hindurch und fasst mit beiden Händen einen (unverletzten) Unterarm. Rückwärts gehend zieht er den Patienten an einen sicheren Ort.
b Soll ein bewusstloser, noch nicht intubierter Patient auf der linken Seite liegen, wird zunächst das linke Bein angewinkelt und aufgestellt, der linke Arm liegt dem Körper eng an, das rechte Bein ist gestreckt. Vorsichtig wird er auf die linke Seite gerollt, der linke Arm wird unter dem Körper hervorgezogen, der linke Fuß in der rechten Kniekehle verhakt. Der Kopf wird leicht rekliniert und die Wange auf dem rechten Handrücken gelagert.

Wichtig ist die Abgrenzung der Schmerzunruhe von der Schockunruhe.

Triage (Terminus der Katastrophenmedizin, s. **10.3**): am Unfallort gilt folgende Dringlichkeitsabstufung:

1. extreme Atem- und Kreislaufstörungen,
2. heftige Blutungen mit Schockzustand (Blässe und Bewusstlosigkeit),
3. Gesichts- und Augenverletzungen, Frakturen, Gelenkverletzungen, Weichteilwunden.

Die **Schmerzbekämpfung** bessert das Zustandsbild durch Reflexhemmung und -unterbrechung sowie ihre angstdämpfende Wirkung. Als Schmerzmittel kommen Fentanyl (1–2 µg/kgKG) oder Ketamin (0,25–0,5 mg/kgKG) in Frage.

Die **Elementartherapie** erfolgt nach einem standardisierten Grundschema. Bewährt hat sich das ABC von Safar (**10.3**). Ziele sind die

- Behebung der akuten Vitalgefährdung (Atem- und Kreislaufstillstand) am Unfallort,
- Bekämpfung von Schock und Schmerzen,
- Herstellung der Transportfähigkeit in die Klinik.

Transport: Unter fortgesetzter Elementartherapie und Beobachtung wird der Patient nach Vorankündigung in die nächstgelegene geeignete (d. h. nicht unbedingt in die nächstgelegene!) Klinik transportiert.

Klinikaufnahme: s. folgende SE.

10.1 Erstmaßnahmen am Unfallort

Respiratorischer Notfall, Atemstillstand: Sofortmaßnahmen: Lagerung mit überstrecktem Nacken, Vorziehen des Unterkiefers (*Esmarch-Handgriff*, **a**). Tritt keine Besserung ein, erfolgt die *Intubation*. Ist dies nicht möglich, wird die *Punktion der Trachea* (mit dicker Kanüle) oder die *Koniotomie* (mit Trokar oder Skalpell) notwendig (**b**; wichtig: das Inzisionsinstrument erst zurückziehen, nachdem eine Kanüle zum Freihalten der Öffnung eingeführt wurde!).

Bei Verdacht auf Aspiration wird der *Heimlich-Handgriff* angewendet (**c**): Der Helfer steht hinter dem Patienten und umklammert dessen Thorax. Zieht er die Arme ruckartig an und drückt gleichzeitig die zur Faust verschränkten Hände kraniodorsal in das Epigastrium, kann das Aspirat durch die intrathorakale Druckerhöhung herausgeschleudert werden.

Thoraxnotfälle: Beim Spannungs- oder Ventilpneumothorax (s. SE 30.5, S. 680 f) wird eine Thoraxdrainage in der Technik nach Minaldi im 2. ICR medioklavikular gelegt. Bei instabilem Thorax muss intubiert werden.

Schädel-Hirn-Verletzungen: Als Notfallmaßnahme erfolgt der Transport in die Klinik mit um 30 Grad angehobenem Oberkörper und gestreckter Halswirbelsäule.

Wirbelsäulenverletzungen: Motorische und/oder sensible Ausfälle deuten auf eine Wirbelsäulenverletzung hin. Ziel ist es, den Wirbelverletzten ohne weitere Schädigung transportfähig zu machen durch Lagerung mit mindestens 3 Personen auf die Vakuummatratze (**d**). Diese ist zunächst mit Luft und kleinen Plastikkügelchen gefüllt und weich. Nach Ablegen des Patienten wird die Luft abgesaugt, sodass er in einer exakt angepassten festen Form liegt. Bei Verletzungen der HWS muss zusätzlich eine starre Halskrawatte angelegt werden. Generell ist bei Wirbelverletzten mit neurologischer Symptomatik der Lufttransport zu erwägen.

Extremitätenverletzungen: *Weichteilverletzungen* werden steril verbunden. Bei starken venösen Blutungen wird die Extremität hochgelagert, bei arteriellen Blutungen zusätzlich ein Kompressionsverband angelegt (s. SE 6.14, S. 179).

Cave: keine Stauung provozieren.

Bei typischen *Frakturzeichen* (Achsenabweichung, Krepitation, abnorme Beweglichkeit; s. SE 9.1, S. 224) soll eine Ruhigstellung unter dosiertem Längszug in einer Luftkissenschiene (**e**) erfolgen.

Luxationen sollten nur im Ausnahmefall reponiert werden. Nach einem misslungenen Repositionsversuch keine weiteren Versuche unternehmen.

Erstmaßnahmen bei *Amputationsverletzungen* werden in **14.12**, S. 366 beschrieben.

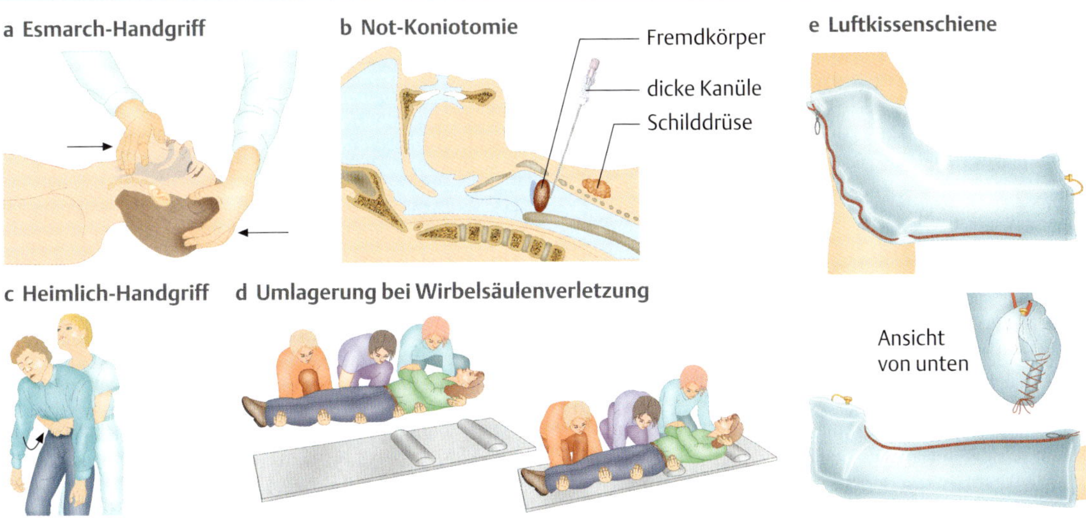

10.3 Notfall-ABC nach Safar

Einteilung	*Maßnahmen*
Atemwege freimachen	s. **10.1**, zusätzlich Kopf tief lagern und reklinieren, ggf. Zahnprothese entfernen
Beatmung	Mund zu Mund, Mund zu Nase, Tubus
Circulation (Kreislauf)	extrathorakale Herzdruckmassage zur Durchblutung der zentralen Organe: *ein Helfer:* 2 x Beatmung, 15 x Herzmassage, *zwei Helfer:* 1 x Beatmung, 5 x Herzmassage
Drogen	*intratracheal:* Adrenalin (1,5–2 ml verdünnt in 10 ml 0,9 %iger NaCL-Lösung), *intravenös: Natriumbikarbonat (1molar, 250 ml),* *Xylokain (5 ml, 2 %ig)*
EKG	Dreipunktableitung von der Brustwand, bei Kammerflimmern/-flattern externe Defibrillation beginnend mit 150 Ws, ansteigend bis 400 Ws
Flüssigkeiten	Volumenersatz mit Elektrolytlösungen und Plasmaexpandern; eine Bluttransfusion wird nur im Ausnahmefall möglich sein
Gewissheit über Erfolgsaussichten	sind mindestens 30 min eines effektiven Reanimationsversuches ohne Erfolg geblieben (d. h. haben sich weder spontane Herzaktionen noch Spontanatmung gezeigt) und liegt weder eine Vergiftung noch eine Unterkühlung vor, ist die Reanimation als erfolglos zu beenden
Hypothermie	kommt vor allem nach längerer, letztlich erfolgreicher Reanimation infrage, wenn die zerebrale Erholungsphase noch andauert
Intensivtherapie	nach erfolgreicher Reanimation und Einlieferung in das Krankenhaus

10.2 Organisation des Rettungswesens

Das organisierte Rettungswesen hat zum **Ziel**, Notfallpatienten am Notfallort bestmöglich zu versorgen, sie transportfähig zu machen und zur definitiven Behandlung in ein geeignetes Krankenhaus zu befördern.

Aufbau und Organisation des Rettungswesens werden in Deutschland durch die Bundesländer geregelt. Diese legen *Rettungsbereiche* fest, die von einer *Rettungsleitstelle* gesteuert werden. Die *Leitstelle* ist über eine einheitliche kostenfreie Telefon-Notrufnummer sowie über Notrufsäulen an den Bundesautobahnen und an Bundes- und Landesstraßen zu erreichen. Die *rettungsdienstlichen Aufgaben* werden entweder auf *Hilfsorganisationen* (Deutsches Rotes Kreuz, Malteser Hilfsdienst, Arbeiter-Samariter-Bund und Johanniter-Unfallhilfe), auf die *Berufsfeuerwehr* und vereinzelt auf private Organisationen übertragen. Diese Einrichtungen müssen in Relation zur Einwohnerzahl im zugeordneten Bereich *nichtärztliches Rettungspersonal* sowie *Rettungsmittel* zur Verfügung halten; sie treffen Absprachen mit den Krankenhäusern über Festlegungen von Notfallaufnahmebereichen und über die Bereitstellung des *ärztlichen Rettungspersonals (Notarzt, leitender Notarzt).*

Nichtärztliches Rettungspersonal

Der Begriff des **Rettungssanitäters** stellt kein abgeschlossenes, staatlich anerkanntes Berufsbild dar, obwohl es sich zumeist um hauptberufliche, fachlich hochqualifizierte Helfer im Rettungswesen handelt. Diesem Missstand wurde durch die Einführung des **Rettungsassistenten** Abhilfe geschaffen. Es handelt sich dabei um einen gesetzlich definierten Beruf mit einem vorgeschriebenen Ausbildungsgang und staatlicher Abschlussprüfung.

Ärztliches Rettungspersonal

Die Tätigkeit als **Notarzt** setzt spezielle Kenntnisse, Erfahrungen und einem 3-teiligen Kursus voraus, wodurch der „Fachkundenachweis Rettungsdienst“ erworben werden kann. Zumeist ist die Teilnahme als Notarzt im Rettungsdienst bei angestellten Ärzten vertraglich geregelt. Die Aufgaben des Notarztes bestehen darin, am Einsatzort *lebensrettende Sofortmaßnahmen* durchzuführen, die Transportfähigkeit des Patienten herzustellen und diesen in ein geeignetes Krankenhaus zu bringen.

Der **leitende Notarzt** verfügt über umfassende Kenntnisse und Erfahrungen in der Notfallmedizin und muss sich durch weitere spezielle Fortbildungen qualifizieren. Seine Aufgabe besteht darin, bei einem *Massenanfall von Verletzten oder Erkrankten unterhalb der Katastrophenschwelle* die medizinischen Maßnahmen am Schadensort zu leiten und zu koordinieren, in dieser Tätigkeit ist er weisungsbefugt. Auch im *Katastrophenfall* übernimmt er mit anderen Organen zusammen Leitungsaufgaben.

Rettungsmittel

Ausstattung und Abmessungen der Rettungsmittel sind gemäß der DIN-Norm festgelegt.

Bei dem **Rettungswagen (RTW)** handelt es sich um einen Kleinlastwagen mit umfangreicher medizinischer, technischer und apparativer Ausstattung. Er ist mit 2 hauptberuflichen, erfahrenen *Rettungssanitätern bzw. -assistenten* besetzt. Ist der RTW zudem mit einem Notarzt besetzt, spricht man vom **Notarztwagen (NAW).**

Das **Notarzteinsatzfahrzeug (NEF)** ist mit einem hauptberuflichen, erfahrenen *Rettungssanitäter bzw. -assistenten* und einem Notarzt besetzt. Es handelt sich um einen gut motorisierten PKW mit einer medizintechnischen Ausrüstung, welche eine Wiederherstellung und Sicherung der vitalen Funktionen erlaubt.

Der **Rettungshubschrauber (RTH)** stellt eine wichtige Ergänzung der bodengebundenen Rettungsmittel dar, wenn Art und Schwere einer Verletzung oder Erkrankung einen kürzestmöglichen Transport erfordern (z. B. in eine weiter entfernte Spezialklinik bei Wirbelsäulen- oder Verbrennungsverletzungen). Er ist mit 1–2 *Piloten*, einem *Rettungssanitäter/-assistenten* und einem *Notarzt* besetzt.

Einsatzsysteme

Der Einsatz des Rettungspersonals und der *Rettungsmittel* erfolgt von der *Rettungsleitstelle* aus, wo ein sehr erfahrener Rettungssanitäter/-assistent die Notrufe entgegennimmt. Dabei sind 2 Einsatzsysteme zu unterscheiden.

Beim **Kompakt-System** begeben sich 2 Rettungssanitäter/-assistenten und ein Notarzt im Notarztwagen (NAW) zusammen zum Notfallort und dann mit dem Patienten zum Krankenhaus.

Beim **Rendezvous-System** wird der Notarzt im Notarzteinsatzfahrzeug (NEF) zum Notfallort gefahren, führt dort mit dem begleitenden Rettungssanitäter/-assistenten die Erstversorgung durch und trifft sich mit dem Rettungswagen (RTW). Nötigenfalls begleitet er den Patienten im NAW in das Krankenhaus, ist dies nicht erforderlich, steht er umgehend für neue Einsätze zur Verfügung. Dieses System findet immer mehr Verbreitung, da es sich durch hohe Schnelligkeit und große Flexibilität auszeichnet.

10.3 Katastrophenmedizin

Definition: Eine Katastrophe liegt vor, wenn durch ein Schadensereignis so viele Menschen verletzt oder erkrankt sind, dass deren medizinische Versorgung nur durch Hilfsmaßnahmen möglich ist, die den Rahmen der Regelversorgung überschreiten.

Ziel der Katastrophenmedizin ist es:

- das Bestmögliche
- für die größte Zahl
- zur rechten Zeit
- am richtigen Ort

zu tun, um das Überleben möglichst vieler Katastrophenopfer zu sichern.

Hält die *Rettungsleitstelle* aufgrund der Schadenslage die Mitwirkung von Kräften des *Katastrophenschutzes* für notwendig, so wird die *Katastrophenschutzbehörde* informiert. Diese überprüft die Notwendigkeit ihres Einsatzes und übernimmt dann fallweise die Einsatzleitung der Hilfemaßnahmen. Diese Behörde trifft vorbereitende Maßnahmen, wobei Rettungskräfte und -mittel erfasst und deren Alarmierung, Einsatz und Zusammenwirkung geplant werden (Ablaufdiagramme, Checklisten). Die Krankenhäuser bereiten sich auf den Katastrophenfall durch Alarm- und Einsatzpläne vor.

Wichtigste ***ärztliche Aufgabe am Katastrophenort*** ist die **Sichtung**, d. h. die Triage (frz. „Auslese") der Verletzten und Erkrankten, um **Dringlichkeitskategorien** festzulegen. Anhand dieser wird über die Dringlichkeit der Patientenversorgung, über Priorität des Transportes, Wahl des Transportmittels und über das Transportziel entschieden.

! Die Sichtung muss immer durch den erfahrensten Arzt vor Ort durchgeführt werden.

Es handelt sich hierbei zumeist um einen speziell geschulten **ärztlichen Einsatzleiter**, in aller Regel um einen Chirurgen. Die Sichtung ist ein dynamischer und kontinuierlicher Prozess, da sich Befinden der Patienten sowie Hilfsmöglichkeiten bei der Erst- und Weiterversorgung ändern können.

Der ärztliche Einsatzleiter wird bei der Sichtung der Verletzten von Ärzten und Sanitätern begleitet, welche die angeordneten medizinischen und organisatorischen Maßnahmen durchführen. Nach dem Ergebnis der Sichtung wird für jeden Verletzten eine *Verletztenkarte* erstellt, welche am Patient befestigt wird (👁).

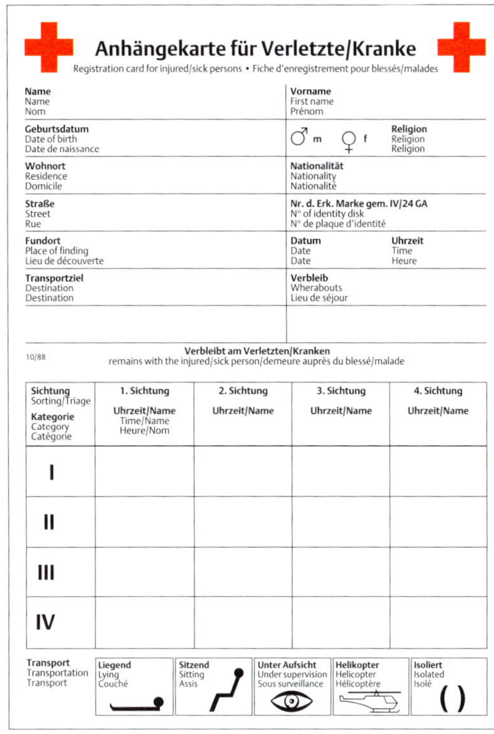

Anhängekarte für Verletzte/Kranke
Registration card for injured/sick persons • Fiche d'enregistrement pour blessés/malades

Name / Name / Nom	Vorname / First name / Prénom
Geburtsdatum / Date of birth / Date de naissance	♂ m ♀ f — Religion / Religion / Religion
Wohnort / Residence / Domicile	Nationalität / Nationality / Nationalité
Straße / Street / Rue	Nr. d. Erk. Marke gem. IV/24 GA / N° of identity disk / N° de plaque d'identité
Fundort / Place of finding / Lieu de découverte	Datum / Date / Date — Uhrzeit / Time / Heure
Transportziel / Destination / Destination	Verbleib / Wherabouts / Lieu de séjour

10/88 — Verbleibt am Verletzten/Kranken / remains with the injured/sick person/demeure auprès du blessé/malade

Sichtung / Sorting/Triage; Kategorie / Category / Catégorie	1. Sichtung Uhrzeit/Name Time/Name Heure/Nom	2. Sichtung Uhrzeit/Name	3. Sichtung Uhrzeit/Name	4. Sichtung Uhrzeit/Name
I				
II				
III				
IV				

Transport / Transportation / Transport	Liegend / Lying / Couché	Sitzend / Sitting / Assis	Unter Aufsicht / Under supervision / Sous surveillance	Helikopter / Helicopter / Hélicoptère	Isoliert / Isolated / Isolé ( )

International hat sich die Einteilung in **4 Dringlichkeitskategorien** bewährt:

Definition	***Maßnahmen***
Kategorie 1 (erfahrungsgemäß bei nicht atomarer Katastrophe ca. 20 % aller Verletzten)	
vital gefährdende Störungen (respiratorische Störungen, manifester Schock, schwere äußere Blutungen, schwere Verbrennung von Gesicht und Atemwegen)	lebensrettende Sofortmaßnahmen müssen am Notfallort durchgeführt werden, die Verletzten sind zunächst nicht transportfähig, nach Herstellung der Transportfähigkeit: Transportpriorität 1.
Kategorie 2 (ca. 20 % aller Verletzten)	
a: intraabdominelle Verletzungen, schwere Extremitätenverletzungen, offenes Schädel-Hirn-Trauma (SHT), SHT mit Hirndruckzeichen, Querschnittsymptomatik, schwere Verbrennungen mit Überlebenschancen, Augenverletzungen	am Notfallort sollte nur eine einfache Erstbehandlung zur Vermeidung irreversibler Schäden durchgeführt werden (Schienung, Kompressionsverband, Infusionsbehandlung) dringliche Behandlung innerhalb von 6 Stunden erforderlich, Transportpriorität 1
b: Frakturen, Luxationen, SHT ohne Hirndruckzeichen, Verbrennungen 2.–3. Grades über 30–40 % der Körperoberfläche, ausgedehnte Weichteilverletzungen, Gliedmaßenverletzungen mit Amputationsnotwendigkeit	Behandlung kann im Katastrophenfall über die 6-Stunden-Grenze hinaus aufgeschoben werden, Transportpriorität 2
Kategorie 3 (ca. 40 % aller Verletzten)	
leicht verletzte Personen, die später und meist ambulant versorgt werden können	dürfen Sichtung, Sofortbehandlung und Transport der Schwerverletzten nicht behindern und sind möglichst rasch vom Notfallort zu entfernen
Kategorie 4 (ca. 20 % aller Verletzten)	
Schwerstverletzte ohne oder mit minimaler Überlebenschance	werden in der Nähe des Triageplatzes untergebracht, ihr Zustand ist vom Triagearzt wiederholt zu prüfen; wichtigste Maßnahmen sind Analgesie, Pflege und Zuwendung.

10.2 Thermische Verletzungen

Für das therapeutische Vorgehen bei Brandverletzten ist die Kenntnis des Schweregrades der Verbrennung entscheidend. Erst in der Mitte des 20. Jahrhunderts wurde die gesetzmäßig ablaufende Verbrennungskrankheit und die Notwendigkeit ihrer suffizienten Therapie erkannt, nachdem zuvor lediglich die Brandwunden behandelt wurden. Neben dem Schweregrad der Verbrennung und dem Ablauf der Verbrennungskrankheit ist das Vorliegen eines Inhalationstraumas für die Prognose bestimmend. In der Behandlung der Verbrennungswunden hat sich die frühzeitige Nekrektomie mit anschließender Hauttransplantation durchgesetzt. Diese Therapieprinzipien haben zu einer erheblichen Verbesserung der Überlebenschancen und der posttraumatischen Lebensqualität von Brandverletzten geführt.

Verbrennung

Brandwunden

Ätiologie: Folgende thermische Schädigungen führen zu Brandwunden: direkte Flammeneinwirkung, heiße, inerte Massen (Fett, Teer), elektrische und chemische Verbrennung und Verbrühung.

Schweregrade: Der Begriff Schweregrad drückt die Tiefe der Brandwunde und ihre Flächenausdehnung aus. Die Verbrennungswunde wird bezüglich Ihrer **Tiefe** in 4 Grade eingeteilt (**10.2**; **10.4**). Die **Flächenausdehnung** der Verbrennungswunde (angegeben in % der Körperoberfläche [KOF]) ist ein wichtiger prognostischer Parameter (**10.3**). Man unterscheidet die leichte Verbrennung, die lediglich ein Wundheilungsproblem darstellt, und die schwere Verbrennung (ab 15–20% tiefgradig verbrannter Hautfläche), die durch die „Verbrennungskrankheit" (s. u.) kompliziert ist.

10.2 Tiefengrade der Verbrennung

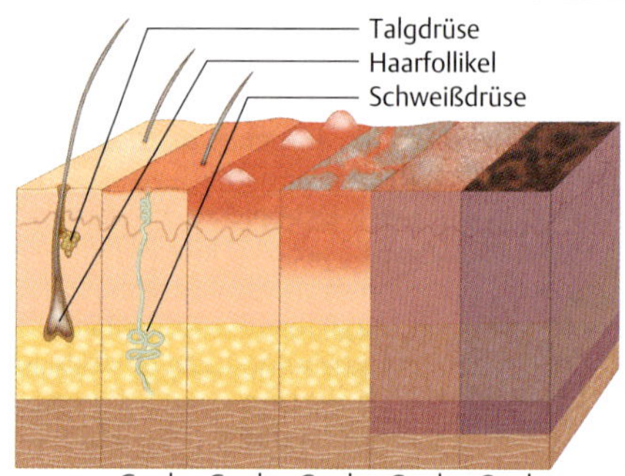

10.4 Tiefengrade und Prognose der Verbrennung

Grad	*Pathophysiologie*	*Symptomatik*	*Prognose*
I	Erythem, Ödem der Epidermis und Hyperämie des Koriums. Ursache: extrem kurze Einwirkung hoher Temperatur oder längere Einwirkung niedriger Temperatur um 50°C (Sonnenbrand, Bettflasche)	Rötung, Schwellung, Schmerz	spontane Heilung innerhalb einer Woche ohne Narbenbildung
II a (oberflächlich)	bullöse Verbrennung, Exsudation zwischen Korium und Epidermis, das Exsudat hebt die Epidermis ab	Blasenbildung, Schmerz	Ausheilung ohne Narbenbildung, Pigment- und Strukturveränderungen der Haut sind möglich
II b (tief)	tiefe dermale Verbrennung mit Ausbildung von Nekrosen auch im Korium	abhängig vom Ausmaß der Nekrose: grau/weißlicher, fleckiger Aspekt, evtl. Sensibilitätsstörungen	Regeneration ausgehend von den Hautanhangsgebilden möglich, häufig jedoch Narbenbildung
III	Nekrose der gesamten Haut (Epidermis, Korium und Subkutis) einschließlich der Hautanhangsgebilde	Haut weiß, rötlich-bräunlich, lederartig, asensibel, Analgesie betroffener Areale	keine Regeneration mehr möglich; Demarkation nach 3–4 Wochen, häufig Defektheilung mit instabilen, kontrakten Narben (Keloidneigung; s. **16.2**, S. 391)
IV	Verkohlungsnekrose aller Gewebeschichten bis auf die Faszie/Muskulatur	Haut verkohlt, asensibel	keine Regeneration möglich

Diagnostik: Die Beurteilung der **Tiefenausdehnung** der Verbrennung ist in den ersten Tagen oft mit Unsicherheiten verbunden, häufig wird die Verbrennungstiefe erst bei der Nekrektomie definitiv erkannt. Sie kann neben der *Inspektion* wie folgt abgeschätzt werden:

- *Sensibilitätsprüfung* mit einer Nadel,
- Prüfung der Rekapillarisierung und Nachweis intradermaler Thrombosen: bei intakter *Kapillardurchblutung* blasst die Haut bei Druck ab (sichtbar mit einem Glasspatel) und blutet bei Einritzung (Skarifikation).

Zur Abschätzung der **Flächenausdehnung** s. **10.3**.

10.3 Beurteilung der Verbrennungsausdehnung

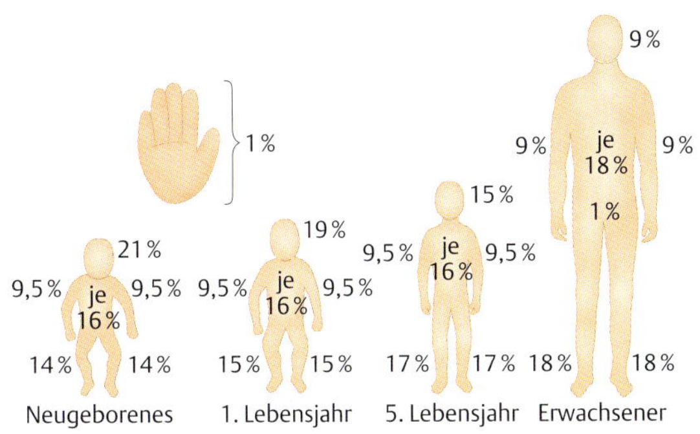

Die Verbrennungsausdehnung kann mithilfe der Handflächengröße des Verletzten abgeschätzt werden (gesamte Handfläche ≈ 1 % der KOF). Sind größere Flächen betroffen, bedient man sich **bei Erwachsenen** der *„Neuner-Regel“:* Demnach entsprechen der Kopf und ein Arm jeweils 9 %, die Rumpfvorder- und -rückfläche sowie ein Bein jeweils 18 % und das Genitale 1 % der KOF. Bei der Berechnung werden Grad-I- und -II-a-Verletzungen zu 50 % zur tiefgradigen Verbrennung (Grad II b, III und IV) hinzugerechnet (*Beispiel:* 30 % Grad I und II a + 35 % Grad II b und III = 50 % tiefgradige Verbrennung). **Bei Kindern** sind die Proportionen anders verteilt.

10.4 „Verbrennungsschema“

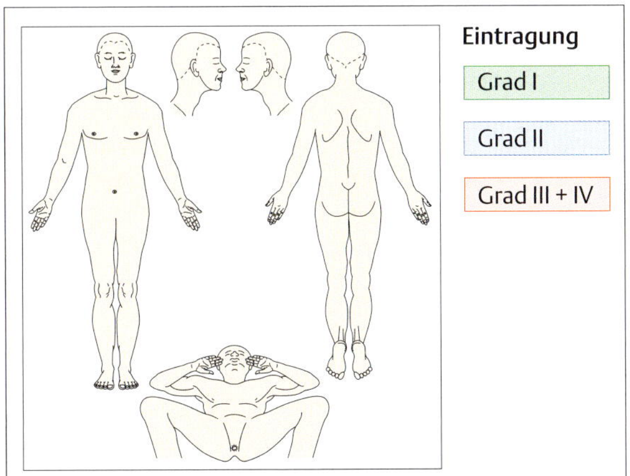

Die betroffenen Flächen werden je nach Verbrennungstiefe in unterschiedlichen Farben schraffiert.

Die Befunde über die Verbrennungstiefe und -fläche sind fotografisch und durch Eintragungen in ein „Verbrennungsschema“ (**10.4**) zu dokumentieren.

Für die **Abschätzung der Prognose quoad vitam** kann folgende Faustregel gelten: kritische Prognose bei Lebensalter + drittgradige Verbrennung in % >100.

Verbrennungskrankheit

Die als Verbrennungskrankheit bezeichneten Allgemeinstörungen treten beim Erwachsenen ab ca. 15 %iger und bei Kindern ab ca. 10 %iger tiefgradiger Verbrennung auf. Sie ist durch gesetzmäßig ablaufende Phasen charakterisiert, die in **10.5** dargestellt sind.

Inhalationstrauma

Ätiopathogenese: Es liegt zumeist eine Kombinationsverletzung durch Kohlenmonoxidvergiftung bei Rauchentwicklung und hitzebedingter Schädigung des Tracheobronchial- und Alveolarsystemes vor. Das Kohlenmonoxid steigert die verbrennungsbedingte lokale Gewebehypoxie. Durch chemische Reaktionen des Rußes oder durch andere inhalierte toxische Substanzen wird die Gewebeschädigung vertieft.

10.5 Phasen der Verbrennungskrankheit

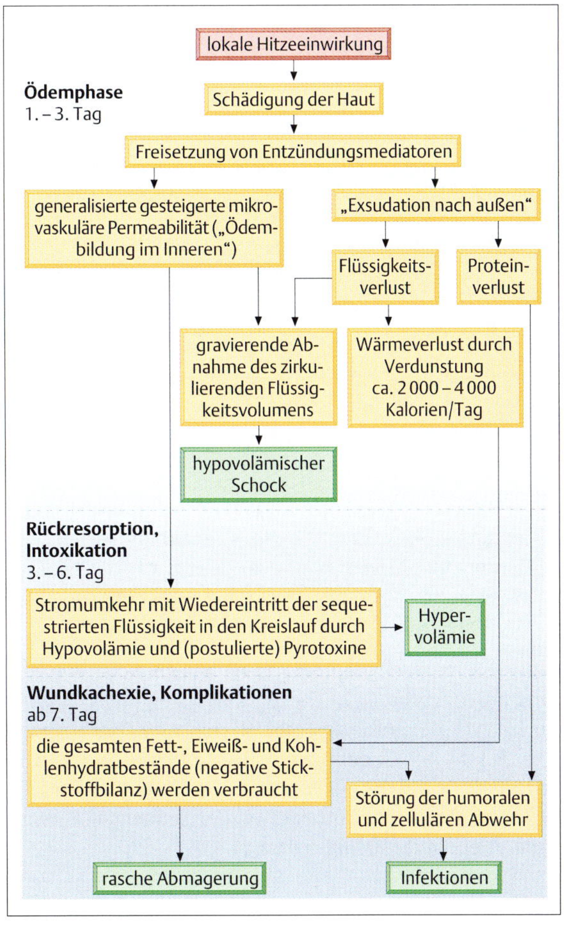

Diagnostik: Eine Inhalationsverbrennung muss angenommen werden, wenn eine manifeste respiratorische Insuffizienz vorliegt und/oder perinasale und -orale Rußbeläge oder Verbrennungen festzustellen sind. Die Diagnostik wird komplettiert durch Anamnese, Blutgasanalyse und insb. die Bronchoskopie.

Die ***Behandlung*** umfasst bei schwerwiegenden Inhalationstraumen die endotracheale Intubation und Beatmung (100% O_2, PEEP), die endobronchiale Absaugung sowie die medikamentöse Therapie (Theophyllin-Präparate, Mukosekretolytika, Azidose-Behandlung, antibiotische Infektionsprophylaxe und vorsichtige Diuresebehandlung des Lungenödems; systemische Steroidbehandlung nur bei strenger Indikation, da diese bei Verbrennungspatienten die Letalität steigert).

Behandlung Brandverletzter

Notfallversorgung am Unfallort:
Lokale Therapie: Nach *Löschen* von brennendem Material (mit Wasser, Decke, durch Wälzen des Patienten) ist dieses von der Haut des Patienten umgehend zu entfernen. So rasch wie möglich (jedoch nicht mehr nach Ablauf von 30 Minuten nach der Verletzung) sollten die verbrannten Hautflächen mit 15–20 °C kaltem Wasser (fließendes Leitungswasser, wassergetränkte Tücher) für mindestens 30 Minuten *gekühlt* werden.
Hierdurch wird die Wirkung der thermischen Energie unterbrochen, tiefergehende Hautschäden durch „Nachbrennen" werden vermieden, zudem hat die Kühlung einen analgetischen Effekt. Nach der Kühlung sollten für den Transport des Patienten dessen *Brandwunden sauber und trocken abgedeckt* werden.

! Keinesfalls darf man Salben, Puder o. ä. auf die Brandwunden auftragen.

Systemische Therapie: Die primäre allgemeine Therapie bei Schwerbrandverletzten hat vor allem den *Ausgleich des enormen Flüssigkeitsverlustes* (s. **10.5**) zu berücksichtigen. Die parenterale Flüssigkeitssubstitution ist zu bevorzugen. Die Menge der notwendigen Infusionen richtet sich nach dem Ausmaß der tiefgradig verbrannten Körperoberfläche und nach dem Körpergewicht des Patienten (**10.4**).

! Im klinischen Alltag ist die Volumensubstitution in den ersten Stunden häufig zu gering, bei der Notfallversorgung am Unfallort kann die Volumengabe praktisch nie zu hoch sein.

Fallweise ist eine symptomatische analgetische Behandlung durchzuführen.
Ab 15% verbrannter Körperoberfläche beim Erwachsenen und ab 10% bei Kindern sollte die **stationäre Einweisung** erfolgen. Großflächig tiefgradig verbrannte Patienten (Schwerbrandverletzte) bedürfen der sofortigen Einweisung in ein *Verbrennungszentrum*.

10.4 Volumenbedarf bei Verbrennung

Allgemeingültig ist derzeit der isotonische Volumenersatz z. B. mit Ringerlactat-Lösung nach diversen, jedoch sehr ähnlichen Schemata, beispielhaft sei das **Baxter-Schema** aufgeführt:
% verbrannte KOF × kg KG × 4 = Flüssigkeitsbedarf in den ersten 24 h (davon die Hälfte in den ersten 8 h)
Beispiel: Ein 70 kg schwerer Patient mit 40%iger drittgradiger Verbrennung benötigt in den ersten 24 Stunden 11,2 l Ringerlactat-Lösung, davon 5,6 l in den ersten 8 Stunden.

Definitive klinische Versorgung:
Lokale Therapie: *Nach der stationären Aufnahme* ist unter Operationsbedingungen (Narkose, Asepsis) ein sorgfältiges Débridement (Abtragen, Abbürsten aller Nekrosen) durchzuführen, nachdem zuvor Wundabstriche gewonnen wurden. Die gesamte Körperbehaarung (außer den Augenbrauen) ist zu entfernen. Entsprechend den örtlichen Gegebenheiten werden diverse Wundbehandlungsverfahren durchgeführt (**10.5**). Parallel zu diesen Maßnahmen wird die allgemeine Therapie eingeleitet (s. u.)
Als weiterführende lokale Therapiemaßnahme *nach Überwindung der Ödemphase* hat sich bei den tiefgradigen (ab Grad II b) Verbrennungen in den letzten Jahren mehr und mehr die frühzeitige Nekrektomie durchgesetzt. Dabei erfolgt die Abtragung der Brandwunde in dünnen, tangentialen Schichten bis in eine Zone der Koriums, in der punktförmige Blutungen auftreten, und die einen transplantationsfähigen Wundgrund darstellt. Idealerweise erfolgt eine sofortige Deckung mit autogener Spalthaut (s. SE 37.1, S. 817 f). Diese Eingriffe sind mit hohen Blutverlusten verbunden, daher sollten in einer Sitzung nicht mehr als 30% der Körperoberfläche nekrektomiert und gedeckt werden.
Allgemeine Therapie: Der Patient wird in die *Intensiv-Verbrennungseinheit* verlegt, wo er in einem isolierten, aseptischen und klimatisierten Raum untergebracht ist und in einem Spezialbett (Schaumstoffmatratze, Air-Flow-Bett) gelagert wird. Bei hoher Raumtemperatur liegt der Patient ohne Verbände und Bekleidung auf sterilen Metallfolien. Therapie und Überwachung haben die spezifischen Merkmale der Verbrennungskrankheit zu beachten:

- *ausreichende Volumenzufuhr* in der „Ödemphase",
- Sicherung und Überwachung einer *suffizienten Nierenleistung* (eine mangelnde Ausscheidung weist auf ein Flüssigkeitsdefizit hin, daher keine Diuretikagabe[!]); eine genaue Bilanzierung ist erforderlich.
- parenterale Gabe von *Kohlenhydrat-, Eiweiß- und Vitaminpräparaten*,
- die Gabe von *Blutprodukten* ist selbst bei schweren Verbrennungen selten primär erforderlich, häufig jedoch nach Hauttransplantationen mit großen Blutverlusten.
- *systemische Antibiotikabehandlung* entsprechend dem Antibiogramm der täglich durchgeführten Wund- und Rachenabstriche,
- *analgetische und sedierende Medikation*,

- *Prophylaxe eines Ulcus ventriculi* oder *duodeni* mit H_2-Rezeptoren-Blockern und Antazida,
- *„Low-dose-Heparinisierung"* zur Thromboembolieprophylaxe, bei Störungen der Gerinnungsfunktion (Verbrauchskoagulopathie) höher dosierte Heparingabe (s. auch SE 5.4, S. 108),
- Überprüfung der *Tetanus*-Immunisierung (s. SE 3.6, S. 56),
- *Pneumonieprophylaxe* (medikamentös, physio-therapeutisch; s. SE 5.13, S. 132 ff),
- bei offener Wundbehandlung: *Raumtemperatur* 32 °C, Raumluftfeuchtigkeit 70 %,
- Prophylaxe von Immobilisationsschäden mittels intensiver *Physiotherapie* (s. SE 5.13, S. 132 ff),
- medikamentöse (Sub-)Ileusprophylaxe.

10.5 Primäre Brandwundbehandlung

Bei der primären Brandwundbehandlung kommen verschiedene **Antiseptika** und **Antibiotika** als Externa zur Anwendung. Hiervon hat sich im klinischen Alltag Sulfadiazin-(= Sulfonamid-)Silber (z. B. Flammazine-Creme) bewährt. Im Gesicht sollte Sulfadiazin-Silber nicht angewendet werden, hier ist das Auftragen von Dexpanthenol (z. B. Bepanthen-Salbe) angezeigt.
Bei der **Gerbung** wird nach dem Débridement 5 %ige Tanninlösung und nach Trocknung 10 %ige Silbernitratlösung aufgetragen. Unter der entstehenden Schicht vollzieht sich eine Epithelialisierung. Allerdings wird dem Gerbeverfahren eine Reihe lokaler und systemischer Komplikationen nachgesagt.
Escharotomie: Ist bei zirkulärer drittgradiger Verbrennung die Perfusion der Extremitäten gestört oder die Atemexkursion des Thorax behindert, so müssen längs- und z-förmige dermatofasziale Entlastungsschnitte gelegt werden.

Systemische Unterkühlung

Es handelt sich um eine hypothermische Schädigung des Gesamtorganismus. Besonders disponiert sind Kinder, alte oder in ihrem Allgemeinzustand reduzierte (z. B. durch Alkoholismus) Menschen.
Man unterscheidet 3 Stadien:
Erregungsstadium (bei 37–34 °C Körperkerntemperatur) mit Kältezittern und Verwirrtheit,
Erschöpfungsstadium (bei 34–30 °C) mit Muskelstarre und Apathie bis zur Bewusstlosigkeit,
Lähmungsstadium (bei 30–24 °C) mit Bewusstlosigkeit und Kammerflimmern.

Therapie:
Notfallversorgung:
- ggf. nasse Kleidung entfernen, wärmende Maßnahmen (Decken, Wärmepackung, Alu-Rettungsdecke),
- bei unzureichender spontaner Atmung: Atemspende,
- bei Kreislaufstillstand: Herzmassage, Beatmung.

Versorgung in der Klinik:
- weiterführende Aufwärmungsmaßnahmen wie warme Infusionen, Wasserbad mit 40–42 °C;

! Cave: Keine zu rasche Aufwärmung, da sonst Kammerflimmern auftreten kann.

- Monitoring von EKG, Körpertemperatur, Ausscheidung, ZVD, Laborparameter (Elektrolyte, Nierenfunktionswerte, Blutgasanalyse, Glucose, Blutbild),
- sofern erforderlich: Intubation, Beatmung, Behandlung einer Herzrhythmusstörung,
- ultima ratio: rasche zentrale Aufwärmung mittels Herz-Lungen-Maschine (s. SE 35.3, S. 772 f).

Erfrierung

Bei der Erfrierung handelt es sich um eine lokale Gewebeschädigung, die bei einer Temperatur von unter 0 °C entsteht. Nicht nur tiefe Außentemperaturen, sondern auch Wärmekonvektion durch Wind und Wasser verursachen Kälteschäden.

Pathogenetisch wird die Erfrierung bestimmt durch:
- Blutzirkulationsstörung infolge Vasokonstriktion,
- Störung der biochemischen Zellfunktion (Proteindenaturierung und Enzyminaktivierung durch die Kälte),
- mechanische Kältewirkung (Eiskristalle sprengen die Zellmembranen).

Schweregrade und Symptome:
Grad I: Haut hellrot (durch Vasodilatation), ödematöse Schwellung, Sensibilität intakt,
Grad II: wachsfarbene Haut (Gewebsischämie), Blasenbildung, Dysästhesien,
Grad III: tiefe Gewebenekrosen, irreversible Sensibilitätsstörungen.

Behandlung: Das **Ziel** ist die Ischämieüberwindung durch lokale Wiedererwärmung und Vasodilatation. Erst wenn die Körperkerntemperatur wieder normalisiert ist, kann sich der periphere Gefäßspasmus lösen.
Die Behandlung zur **Wiedererwärmung** umfasst
- körperwarme Infusionen, heiße Getränke, Vollbad (40 °–42 °C, Extremitäten aus dem Wasser heraushalten), bis die Kerntemperatur normal ist,
- ggf. aktive Physiotherapie.

Mit vasodilatierenden und perfusionsverbessernden Medikamenten (z. B. Ergotamin) sehr zurückhaltend sein!

! Keine mechanische Reizung der erfrorenen Hautareale (Massagen, „Schnee-Einreibungen").

Weitere Behandlungsmaßnahmen:
- Hochlagerung der betroffenen Extremitäten,
- mehrfach tägliche Desinfektion sowie Anlegen trockener, steriler Verbände,
- Überprüfung des Tetanusimpfschutzes.

! Vor frühzeitigen Amputationen ist abzuraten, stets ist die trockene Demarkation abzuwarten.

10.3 Andere akut bedrohliche Unfälle

Bei ösophagogastralen Verätzungen, Barotraumen, Elektro- und Strahlenunfällen sowie beim Ertrinken handelt es sich um physikalische Einflüsse auf den menschlichen Organismus, deren genaue Kenntnis für das therapeutische Vorgehen von großer Bedeutung ist. Ösophagogastrale Verätzungen werden in SE 21.7 (S. 480 f) und SE 21.11 (S. 490 f) beschrieben.

Strahlenunfall

Definition: Akute und langfristige biologische Auswirkungen ionisierender Strahlung.

Epidemiologie: Das „Radiation Accident Registry" in den USA registrierte zwischen 1946 und 1990 rund 123 000 Strahlenunfälle weltweit, wobei es sich um ca. 1900 schwerwiegende Expositionen mit rund 100 Toten handelte.

T 10.5 Bedeutung der Strahlendosis bei Gesamtkörperexposition

Strahlendosis	*Folgen*
0–1,25 Gy	keine oder wenig Symptome
1,25–2 Gy	reversible Symptome
2–4 Gy	irreversible Schädigung, evtl. letal
5 Gy	50 % Letalität
> 7 Gy	100 % Letalität

Ätiopathogenese: Die durchschnittliche jährliche Strahlenbelastung des Menschen beläuft sich auf etwa 3,6 mSv (1 Sv = 100 rem), wovon 2/3 eine natürliche (kosmische und terrestrische) Strahlenbelastung darstellen. Bei nuklearen Explosionen, bei Reaktorunfällen und durch Zwischenfälle bei der Strahlentherapie kommt es zu erheblich höherer Strahlung und in Abhängigkeit von deren Dosis zu unterschiedlichen Symptomen.

! Eine Strahlung von 2 Gy (1 Gy = 100 rad) gilt als Schwelle für das Auftreten schwererer Symptome der *Strahlenkrankheit*.

Symptomatik: Bei einer Belastung **unter 2 Gy** treten milde gastrointestinale Symptome auf, hämatologische Komplikationen sind selten, eine Erholung findet nach 2–5 Wochen statt. Eine Belastung zwischen **2–10 Gy** führt zum *„hämatopoetischen Syndrom"*: nach einer bis zu 3 Wochen asymptomatischen Periode treten Folgen einer Thrombozytopenie und einer Agranulozytose auf (Schleimhautulzerationen, Petechien, Blutungen). Bei einer Exposition zwischen **10–50 Gy** kommt es nach nur wenigen Tagen zum *„gastrointestinalen Syndrom"* mit intestinalen Ulzerationen, Infekten und Blutungen und nachfolgendem massivem Flüssigkeits-, Protein- und Elektrolytverlust, der Tod tritt nach wenigen Tagen ein. Personen mit einer Gesamtstrahlenbelastung von **50 Gy** und mehr sterben meist innerhalb von 24–48 Stunden am *„zerebralen Syndrom"* (Übelkeit, Erbrechen, Gehörverlust, Tremor, Ataxie, Konvulsionen).
Bei einer nuklearen Explosion entstehen neben den Strahlenschäden zusätzliche Schäden durch den **Druckstoß** und durch **thermische Strahlen**, sodass hier von Kombinationsschäden auszugehen ist. Die wichtigste Spätfolge des Stahlenunfalles ist die erhöhte Karzinominzidenz.

Die ***Diagnostik*** richtet sich nach der individuellen Symptomatik. Bei eindeutigem Hergang ergeben sich keine ***Differenzialdiagnosen***.

! Die Erkennung des *Schweregrades* eines Strahlenunfalles ist schwierig, wenn keine Strahlungsmessdaten vorliegen. Ein hilfreicher Indikator ist die Verlaufsbestimmung der Granulozytenzahl.

Maßnahmen bei Strahlenunfällen:
- Entkleidung und mechanische Dekontamination,
- Personen aus dem Strahlungsgebiet sofort in eine Spezialeinheit bringen (Isolierung, Intensivmonitoring, Vorbereitung für Knochenmarktransplantation),
- entsprechend der immunsupprimierten Situation: Antibiotika, Immunglobuline, antivirale und antifungale Medikamente, Thrombozytentransfusionen,
- bei Strahlendosis zwischen 5 und 15 Gy: allogene Knochenmarktransplantation erwägen.
- falls Operationen wegen der möglichen Kombinationsschäden erforderlich sind: innerhalb der ersten 5–10 Tage vor dem Eintritt der Immunsuppression.

! Eine spezifische Therapie für Strahlenschäden des Gewebes gibt es nicht, durch eine Reihe von Maßnahmen kann jedoch die Morbidität und Mortalität der kontaminierten Personen reduziert werden.

10.6 Andere akut bedrohliche Unfälle

Barotrauma

Synonyme: Caisson-Krankheit, Druckfallkrankheit, Dekompressionskrankheit, engl.: diver's paralysis

Definition: Schäden durch Gasembolien, welche durch eine plötzliche Änderung des atmosphärischen Druckes entstehen.

Epidemiologie: Erkrankungshäufigkeit bei Tauchern ca. 0,8 %, bei Druckluft-(Caisson-)Arbeitern 1–4 %.

Ätiopathogenese: Der in den Körpergeweben physikalisch gelöste Stickstoff (N_2) der Atemluft (Zusammensetzung: ca. 21 % O_2, 79 % N_2 und andere Inertgase) wird bei plötzlicher Änderung des atmosphärischen Druckes in Bläschenform frei („Selterswasserflascheneffekt"). Zu solchen raschen Druckänderungen kommt es durch Nichteinhalten vorgeschriebener Dekompressionsstops nach längeren Tauchgängen in über 15 m Tiefe („Panikaufstieg"), bei U-Boot-Unfällen, bei plötzlichem Druckabfall in Flugzeugen und bei Druckluftarbeitern. Diese arbeiten unter Wasser in Senkkästen (frz. Caisson) mit erhöhtem Luftdruck, der das Eindringen von Wasser verhindert. Beim Ein- und Ausschleusen kann es zu starken Druckschwankungen kommen (meldepflichtige Berufskrankheit).

Symptomatik: Anzeichen eines **akuten** Barotraumas sind Gelenkschmerzen, Bauchschmerzen, retrosternale Schmerzen mit Dyspnoe und Husten, ferner Zeichen des Hautemphysems. Bei zentralnervösen Gasembolien kommt es zu sensomotorischen Störungen bis hin zur Querschnittsymptomatik, zu Schwindel bis Bewusstlosigkeit sowie zu neuropsychologischen Störungen (Euphorie).

Hiervon ist die **chronische Form** abzugrenzen, bei der sich aseptische Knochennekrosen im Bereich der Humerus- und Femurköpfe sowie in kniegelenknahen Abschnitten finden.

Diagnostik: Neben der spezifischen Anamnese ist in der Klinik eine symptomorientierte Diagnostik (ZNS, Herz, Lunge) durchzuführen.

Differenzialdiagnostisch ist bei Tauchern an eine O_2- und CO_2-Vergiftung sowie an Kreislauf- und Stoffwechselstörungen zu denken.

Die ***Therapie*** des Barotraumas besteht in einer möglichst frühzeitigen, ausreichend hohen (3–5 bar Überdruck) und ausreichend langen (Stunden oder Tage) Rekompression in einer Druckluftkammer mit anschließender Dekompression nach Therapietabelle. Unverzüglich und während des Transportes dorthin: 100 %ige O_2-Gabe (4–6 l/min). Ein Wiederabstieg bei Tauchern ist sehr riskant.

Elektrounfall

Definition: Von Stromspannung, -stärke und -art sowie Einwirkdauer abhängige Gewebeschädigung (Muskelkrämpfe, Störung der kardialen Reizleitung sowie thermische Schäden).

Epidemiologie: In Deutschland ereignen sich pro Jahr rund 1000 schwere Elektrounfälle, davon etwa 10 % mit tödlichem Ausgang.

Ätiopathogenese: In 85 % der Fälle handelt es sich um **Niederspannungsunfälle** (bis 1000 V) in industriellen und gewerblichen Betrieben und um häusliche Unfälle, die mit sichtbaren Strommarken, Muskelkrämpfen, Frakturen und Luxationen (durch die Krämpfe oder Stürze) einhergehen. Stromstärken- und -spannnungsabhängig kann es zu Störungen am Reizleitungssystem des Herzens in Form eines hyperdynamen (Kammerflimmern) oder adynamen (Asystolie) Herzstillstandes kommen.

Hochspannungsunfälle (über 1000 V) ereignen sich vornehmlich bei Arbeiten in Transformatoren und Schaltstationen sowie bei Blitzschlag (bis 50 Mio V). Er bewirkt thermische Schäden durch Flammenbogen oder Kontaktverbrennungen.

Diagnostik: Die Anamnese ist meist eindeutig. Die Inspektion weist Strommarken, Verbrennungen und fallweise Extremitätenverletzungen auf. Die vitalen Parameter (Atmung, Pulse und neurologischer Status) sind zu erheben und deren Verkauf zu kontrollieren. Bei Herzstillstand ist umgehend dessen Ursache (Asystolie, Kammerflimmern) abzuklären (EKG), um entsprechende Therapiemaßnahmen einleiten zu können. Möglicherweise sekundär auftretende Arrhythmien sind zu bedenken (Kontroll-EKG nach 24 h). Durch direkte Stromschädigung, durch massive Weichteilnekrosen und Hämolyse kann es zu einem akuten Nierenversagen kommen.

Differenzialdiagnose: Sekundäre Sturzfolgen sind gegen primäre Stromschäden abzugrenzen.

Therapie:

! Bergung des Verletzen aus dem Gefahrenbereich erst nach Ausschalten des Stromkreises (bei Hochspannung nur durch Fachkräfte!) oder, falls dies nicht möglich ist, unter guter Isolierung (mit Gegenständen aus Gummi, Holz, Leder oder mit Seil).

Bei Herz-Kreislauf-Stillstand kardiopulmonale Reanimation. Bei Verbrennungen primäre und sekundäre Therapiemaßnahmen. Nötigenfalls Therapie des akuten Nierenversagens. Versorgung von Thorax-, Wirbelsäulen- und Extremitätenverletzungen nach den üblichen Richtlinien.

Ertrinken

Definition: (Drohender) Erstickungstod durch Untertauchen im Wasser.

Epidemiologie: 1994 kamen in Deutschland 775 Personen durch Ertrinken ums Leben (Gesamtzahl der tödlichen Unfälle in Deutschland 1994: 25 122).

Ätiopathogenese: Bei etwa 30 % der Ertrunkenen ist keine Wasseraspiration nachweisbar (Erstickung durch reflektorischen Laryngospasmus und Glottisverschluss). Hier bestehen sehr gute Restitutionschancen, sofern noch keine irreversiblen Anoxieschäden vorliegen. Bei der Aspiration von hypotonem **Süßwasser** wird die Flüssigkeit rasch in das zirkulierende Volumen aufgenommen, es kommt zur Hämodilution, Hämolyse und zur Gerinnungsstörung. Gelangt hypertones **Meerwasser** in die Alveolen, so ist der Diffusionsweg umgekehrt. In beiden Fällen ist jeweils die Hypoxie mit nachfolgender metabolischer Azidose die Todesursache.

Symptomatik: Tachy- oder Apnoe, Hustenreiz, Zyanose, neuropsychologische Veränderungen, Krämpfe, Bewusstlosigkeit sowie Herz-Kreislauf-Insuffizienz, häufig Unterkühlung.

***Diagnostik:* Vor Ort:** Prüfung und Verlaufskontrollen der vitalen Parameter; **im Krankenhaus:** EKG, Röntgen-Thorax, Blutgasanalysen, Blutbild, Gerinnungsstatus, Fibrinogenspaltprodukte, Elektrolyte, Nierenfunktionsanalysen, Kontrollen des Neurostatus, Temperaturmessung.

Differenzialdiagnose: Andere Ereignisse kardialer oder zerebraler Genese.

Therapie: Oberstes Gebot: Hypoxie und Azidose so schnell wie möglich beseitigen! Unverzüglicher Beginn mit der Atemspende (Mund zu Mund) nach Freimachen und -halten der Atemwege. Bei fehlenden Pulsen externe Herzmassage.

! Keine Zeit damit verschwenden, Wasser aus den Lungen zu entfernen (Heimlich-Handgriff ist nicht geeignet, Wasser aus den unteren Atemwegen zu entfernen, er führt eher zum gastralen Reflux mit der Gefahr der Aspiration).

Weiterführende Maßnahmen: Magensonde, nötigenfalls endotracheale Intubation und PEEP-Beatmung, $NaHCO_3$-Infusion, Behandlung des Lungenödems bzw. der Hypovolämie, Therapie der Hypothermie und ggf. Therapie der Niereninsuffizienz, des Hirnödems und der Gerinnungsstörung. Pneumoniegefahr (Aspiration)!

10.4 Polytrauma

Für den polytraumatisierten Patienten beginnt in der Notaufnahme des Krankenhauses die rasche Beurteilung der Verletzungsschwere und gleichzeitig die Einleitung adäquater diagnostischer und therapeutischer Maßnahmen unter Hinzuziehung aller notwendigen Fachdisziplinen.
Die Koordination von diagnostischen und operativen Maßnahmen beim polytraumatisierten Patienten obliegt dem Chirurgen / Unfallchirurgen (Traumaleader), der zum adäquaten Zeitpunkt die zuständigen Fachdisziplinen konsiliarisch hinzuzieht. In einer Klinik der Maximalversorgung stehen alle hierfür erforderlichen Abteilungen zur Verfügung. Es ist Aufgabe des Koordinators, zusammen mit den Vertretern der beteiligten Fachgebiete einen Ablauf der verschiedenen Behandlungsschritte zu organisieren, der zuallererst den Bedürfnissen des Patienten (z. B. sollten alle diagnostischen Schritte ohne Umlagerung und Ortswechsel des Patienten möglich sein) aber auch den infrastrukturellen Gegebenheiten des Krankenhauses Rechnung trägt.

Definition

Man bezeichnet als Polytrauma die gleichzeitig entstandene Verletzung mehrerer Körperregionen oder Organsysteme, wobei wenigstens eine Schädigung oder die Kombination mehrerer lebensbedrohlich ist (ISS > 16; s. u.).

Prinzipien der interdisziplinären Zusammenarbeit

Die aussagekräftige Voranmeldung des Patienten über Funk sowie kompetente mündliche und schriftliche Berichterstattung des Notarztes an den Klinikarzt in der Schnittstelle Notfallaufnahme ist von entscheidender Bedeutung für eine reibungslose Fortführung geeigneter diagnostischer und therapeutischer Maßnahmen.

Ein Facharzt für Chirurgie mit Schwerpunktbezeichnung Unfallchirurgie ist Leiter und Koordinator der Notfallmaßnahmen im Schockraum (Traumaleader). Er wird ergänzt durch ein Aufnahmeteam (Anästhesisten, Pflegepersonal, radiologischer Dienst für Röntgen- und CT-Diagnostik). Je nach Verletzungsmuster stehen Ärzte entsprechender Spezialgebiete (Augenheilkunde, Gefäßchirurgie, HNO, Mund-/Kiefer-/Gesichtschirurgie, Neurochirurgie, Neurologie, Radiologie, Thoraxchirurgie, Urologie, Viszeralchirurgie) nach Anmeldung schon bei Ankunft des Patienten zur Verfügung.
Die interdisziplinäre Zusammenarbeit wird exemplarisch anhand eines Fallbeispiels in SE 10.5, S. 270 ff dargestellt.

Schweregrade

Die Prognose polytraumatisierter Patienten wird u. a. von Art und Schwere der Verletzungen bestimmt. Zu einer möglichst frühzeitigen Risikoeinschätzung sowie zur Qualitätskontrolle stehen eine Vielzahl sog. Scores (Bewertungsskalen) zur Verfügung. Einige konnten sich in der Praxis durchsetzen:

Glasgow Coma Scale (GCS): Einfache und sehr praktikable Beurteilung des Bewusstseinszustandes (s. SE 36.2, S. 807). Man kann Werte zwischen 3 (schlecht) und 15 Punkten (normal) erreichen. Patienten mit GCS > 9 sind immer wach, < 7 immer komatös.
Abbreviated Injury Scale (AIS): Katalog von über 2000 Diagnosen und Symptomen, die 6 Schweregraden zugeordnet werden können (1 = leicht; 2 = mäßig; 3 = ernst; 4 = schwer; 5 = kritisch; 6 = tödlich).
Injury Severity Score (ISS): errechnet sich aus der Summe der Quadrate der höchsten AIS-Schweregrade der 3 am schwersten betroffenen Körperregionen. Bei einem polytraumatisierten Patienten besteht definitionsgemäß ein ISS > 16.
Polytraumaschlüssel (PTS): Anatomisch orientierter Score. Die Gesamtverletzungsschwere wird durch Addition der für Glasgow Coma Scale, Einzelverletzungen, Alter und biochemische Parameter vergebenen Punkte bestimmt.
Trauma and Injury Severity Score (TRISS): Zur Berechnung der individuellen Überlebenswahrscheinlichkeit kombiniert der TRISS den sog. Revised Trauma Score (Bewusstseinslage, systolischer Blutdruck und Atemfrequenz), ISS, Patientenalter und Verletzungsmechanismus. Er gilt heute als internationales Standardverfahren zur Bestimmung von Verletzungsschwere und Überlebenswahrscheinlichkeit.

Stufenplan bei der Behandlung Polytraumatisierter

Diagnostik

Die Akutdiagnostik folgt einem standardisierten Ablauf (**10.6**), damit die bedrohlichsten Verletzungen frühzeitig erkannt und möglichst keine Verletzungen übersehen werden (s. **10.9**).

10.7 Ursachen und typische Verletzungen beim Polytrauma

Epidemiologie und Ursachen
Hauptursache für Polytraumata stellen Dezelerationsvorgänge mit stumpfen Verletzungen im Rahmen von Straßenverkehrsunfällen oder Stürzen aus großer Höhe dar.
Bei einer prospektiven und multizentrischen deutschlandweiten epidemiologischen Untersuchung mit mehr als 2000 Patienten zwischen 1993 und 1997 (Traumaregister der Deutschen Gesellschaft für Unfallchirurgie) war der *Verkehrsunfall* mit 57 % die häufigste Unfallursache, das Durchschnittsalter der Verunfallten betrug 39 Jahre, Männer waren fast dreimal häufiger betroffen als Frauen. Die Verletzungsschwere ergab einen durchschnittlichen ISS (Injury Severity Score; s. S. 266) von 22,2 Punkten. Bei überwiegend stumpfen Verletzungsformen stand prognostisch das stumpfe Thoraxtrauma und bezüglich der Kliniketalität von 19 % das Schädel-Hirn-Trauma im Vordergrund. Fast 70 % der Verunfallten hatten Extremitätenverletzungen.
Eine andere Erhebung aus dem Jahr 1996 analysierte den Zusammenhang zwischen Unfallart und Verletzungsmuster.

Region	*Unfallart*	*Anteil*
Kopf	Pkw-Frontalunfall ohne Gurt	76 %
Thorax	Pkw-Lateralunfall	80 %
Abdomen	Pkw-Frontalunfall mit Gurt	83 %
Becken	Sprung mit suizidaler Absicht	69 %
Beine	Motorrad	90 %
	Sprung mit suizidaler Absicht	65 %
	Zugunfall	67 %
Wirbelsäule	Sturz	41 %
	Sprung	30 %
	Pkw-Frontalunfall mit Gurt	25 %

Die häufigsten Verletzungskombinationen sind die des Schädels und der Extremitäten (63 %) sowie der Extremitäten und des Thorax (52 %).

Typische Verletzungen
Stumpfes Thoraxtrauma: Hauptursachen sind Prellungen und Quetschungen. Häufigste Folge ist der Pneumothorax, nicht selten in Form eines Spannungspneumothorax mit akuter Lebensgefahr (s. SE 30.5, S. 680 f). Aber auch Rissverletzungen des Lungenparenchyms und des Trachealbaumes sowie Zerreißungen der V. cava, der V. brachiocephalica und vor allem der Aorta (s. u.) sind keine Seltenheit.
Aortenruptur: Als Folge von Dezelerationsverletzungen kann die Aorta unterhalb des Abganges der A. subclavia einreißen (s. SE 34.1, S. 753).
Das **stumpfe Bauchtrauma** entsteht durch Gewalteinwirkungen wie Kontusion und Kompression (Einklemmungen im Fahrzeug, Lenkrad, Sturz aus großer Höhe usw.). Die Prognose hängt entscheidend von der Geschwindigkeit der Diagnosestellung und einsetzenden Therapie ab (s. SE 28.5, S. 650 f).

10.8 Schockraumausstattung

Eine zentrale Notfallaufnahme (Notfallzentrale) benötigt mindestens einen Schockraum, ausgestattet mit einem strahlendurchlässigen, mobilen Patiententisch, Möglichkeiten der schnellen apparativen Diagnostik (Röntgen von Thorax und Becken, Sonographie von Abdomen und Thorax, Bildverstärker) sowie Röntgenabteilung mit (Spiral-)CT, Angiographie und Labor in räumlicher Nähe. Weitere Ausstattungsmerkmale sind:

Anästhesie
Beatmungsgerät (stationäres und Transportsystem), Überwachungsmonitor, Absauggerät, Defibrillator, Notfallmedikamente und Infusionen, Kathetersysteme (für arterielle, peripher und zentralvenöse Zugänge), Infusionsgerät und invasive Druckmessung, Temperiersysteme für Patienten, Infusionen und Blut

Chirurgie
Notoperationssets:
- Kraniotomie,
- Tracheotomie,
- Thorakotomie,
- Thoraxdrainage,
- Bronchoskopie,
- Erstversorgung Schwerstverbrannter,

sterile Sets für kleinere und größere chirurgische Versorgungen, Luftkammerschienen, Halskrawatte (Stiff-Neck), Urinkatheter, Sonographiegerät, fakultativ: mobiles Röntgengerät

10.9 Übersehene Verletzungen

Häufigkeit: ca. 4 % aller Verletzungen,
Art: meist Frakturen, seltener Band- und Nervenverletzungen,
Ursachen:
- primäre Bewusstlosigkeit des Patienten,
- unzureichende Eingangsuntersuchung (Erfahrung des Untersuchers, Qualität der Röntgenaufnahmen, Untersuchungssystematik).

Lokalisation: s. 👁.

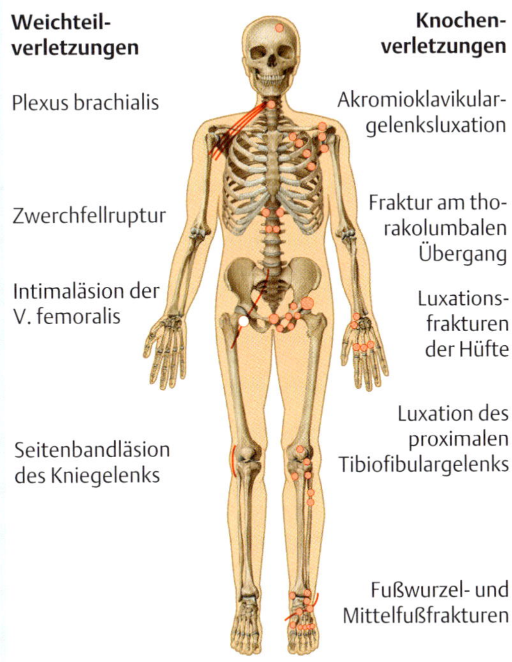

Behandlungsplan

Akut- oder Reanimationsphase (1.–3. Stunde):
- Wiederherstellung und Sicherung von Atmung (Intubation) und Kreislauf (venöse Zugänge),
- Volumensubstitution,
- Thoraxpunktion, -drainage bei Pneumo- oder Hämatothorax,
- Kompressionsverband bei großen äußeren Blutungen,
- Schienung von Extremitätenfrakturen.

Bei klinisch klarer Indikation oder lebensbedrohlicher Situation (Massenblutung, penetrierende Thoraxverletzung mit Herzbeuteltamponade usw.) Abbruch der diagnostischen Maßnahmen und
erste Operationsphase (Day-1-Surgery): Notoperationen zur unaufschiebbaren Versorgung lebensbedrohlicher Zustände wie
- Laparotomie bei Milzruptur, Leberruptur,
- Thorakotomie bei Herzverletzungen oder Aortenruptur, Punktion bei Herzbeuteltamponade,
- Kraniotomie bei epiduraler oder subduraler Blutung mit Einklemmungssymptomatik,
- Tamponade von Blutungen im Pharynxraum,
- Beckenstabilisierung bei unstillbaren Blutungen (Fixateur externe, Beckenzwinge),
- Wirbelsäulenstabilisierung bei drohender Querschnittlähmung.

Stabilisierungsphase: aggressive Intensivtherapie zur raschen Normalisierung der physiologischen Systeme, umfassende Diagnostik (👁 **10.6**) und Vorbereitung auf die
zweite Operationsphase (Day-1-Surgery): dringliche Operationen wie
- offene Frakturen,
- Hohlorganverletzungen,
- Kompartmentsyndrome,
- instabile Becken- und Wirbelsäulenfrakturen,
- Luxationen,
- instabile Frakturen langer Röhrenknochen (z. B. Femur).

Dritte Operationsphase: ab Tag 5 nach Polytrauma erfolgen verzögerte Operationen wie
- Verfahrenswechsel (Fixateur externe auf Marknagel oder Platte),
- ergänzende Osteosynthesen (Becken, Azetabulum, Wirbelsäule, Hand- und Fußverletzungen, Weichteilrekonstruktionen, MKG- (Mund-Kiefer-Gesichts-) chirurgische, neurochirurgische, urologische u. a. Eingriffe),

Erholungsphase: intensive Maßnahmen zur bestmöglichen Rehabilitation.

10.10 Maßnahmen bei häufigen Verletzungen

Thoraxverletzungen
Hämatothorax: zunächst Drainage (28 Charrière), ist die Blutung stärker als 200 ml/h über 5 Stunden: Thorakotomie,
Mediastinalblutung (Mediastinalverbreiterung in der Röntgen-Thorax-Aufnahme, Diagnose im Angio-Spiral-CT): Notfallthorakotomie,
Perikardtamponade: Punktion,
Aortenruptur (meist nach Dezelerationstrauma; s. SE 34.1, S. 753): Operationszeitpunkt am besten im Intervall nach Stabilisierung des Allgemeinzustandes; bei anhaltender Blutung über die Thoraxdrainagen (>500 ml/h): sofortige Operation mit direkter Rekonstruktion oder prothetischem Ersatz unter Einsatz der Herz-Lungen-Maschine.

Abdominelle Verletzungen
Intraabdominelle Blutung: Bei sonographisch festgestellter „freier Flüssigkeit" > 500 ml und hämodynamisch stabilem Patienten laparoskopische Abklärung, bei hämodynamisch instabilem Patienten sofortige Laparotomie (Milz, Leber, Mesenterium, Retroperitoneum).
Zwerchfellruptur: Wird häufig erst sekundär klinisch und im Röntgen-Thorax diagnostiziert (dran denken!). Meist Versorgung durch transabdominelle Naht.

Intrakranielle Blutungen
Epidurales, seltener akutes subdurales Hämatom: Als Konsequenzen der in der kranialen Computertomographie (CCT) diagnostizierten Schädel-Hirn-Verletzungen (s. SE 36.2, S. 807) ergibt sich in der 1. Operationsphase die Entlastung der Hämatome. In der 2. Operationsphase kann die Implantation einer Hirndrucksonde oder die Versorgung offener Schädel-Hirn-Verletzungen erfolgen.

Augen- und Mittelgesichtsverletzungen
Perforierende Augenverletzung und starke Blutungen der Gesichtsweichteile: sofortige operative Behandlung;
Mittelgesichtsfrakturen: akut: intermaxilläre Verdrahtung, definitive Versorgung in der 3. Operationsphase.

Pelvine Massenblutung
Besteht der Verdacht auf eine pelvine Massenblutung (z. B. nach Überrolltrauma bei anhaltender Kreislaufinsuffizienz und fehlenden äußeren Blutungen) muss im Abstand von 5–10 Minuten geprüft werden, ob die Maßnahmen (s. 👁 **10.6**) ausreichen, d. h. ob der Patient kreislaufstabil ist und die weitere routinemäßige Diagnostik fortgesetzt werden kann.

Komplikationen

Die schwerwiegendsten Komplikationen sind der hämorrhagische Schock und das Multiorganversagen (s. SE 7.4, S. 188 f) sowie das ARDS (adult respiratory distress syndrome). Heilungsstörungen von traumatischen oder Operationswunden können durch die Schwächung der Immunsystems entstehen. Bei Mehrfachfrakturen langer Röhrenknochen ist beim polytraumatisierten Patienten das Auftreten einer knöchernen Heilungsstörung (Pseudarthrose, s. SE 9.1, S. 229) wahrscheinlicher und häufiger als bei Einfachverletzungen.

Prognose

Die Überlebenswahrscheinlichkeit wird überwiegend von der Schwere der Kopfverletzung und dem Alter des Patienten bestimmt. Hierauf gehen die Bewertungstabellen ein (Scores: s. o.). Je weniger systemische Komplikationen im Heilverlauf auftreten, desto günstiger ist die Prognose der Gesamtverletzung anzusehen.

10.6 Handlungsablauf im Schockraum

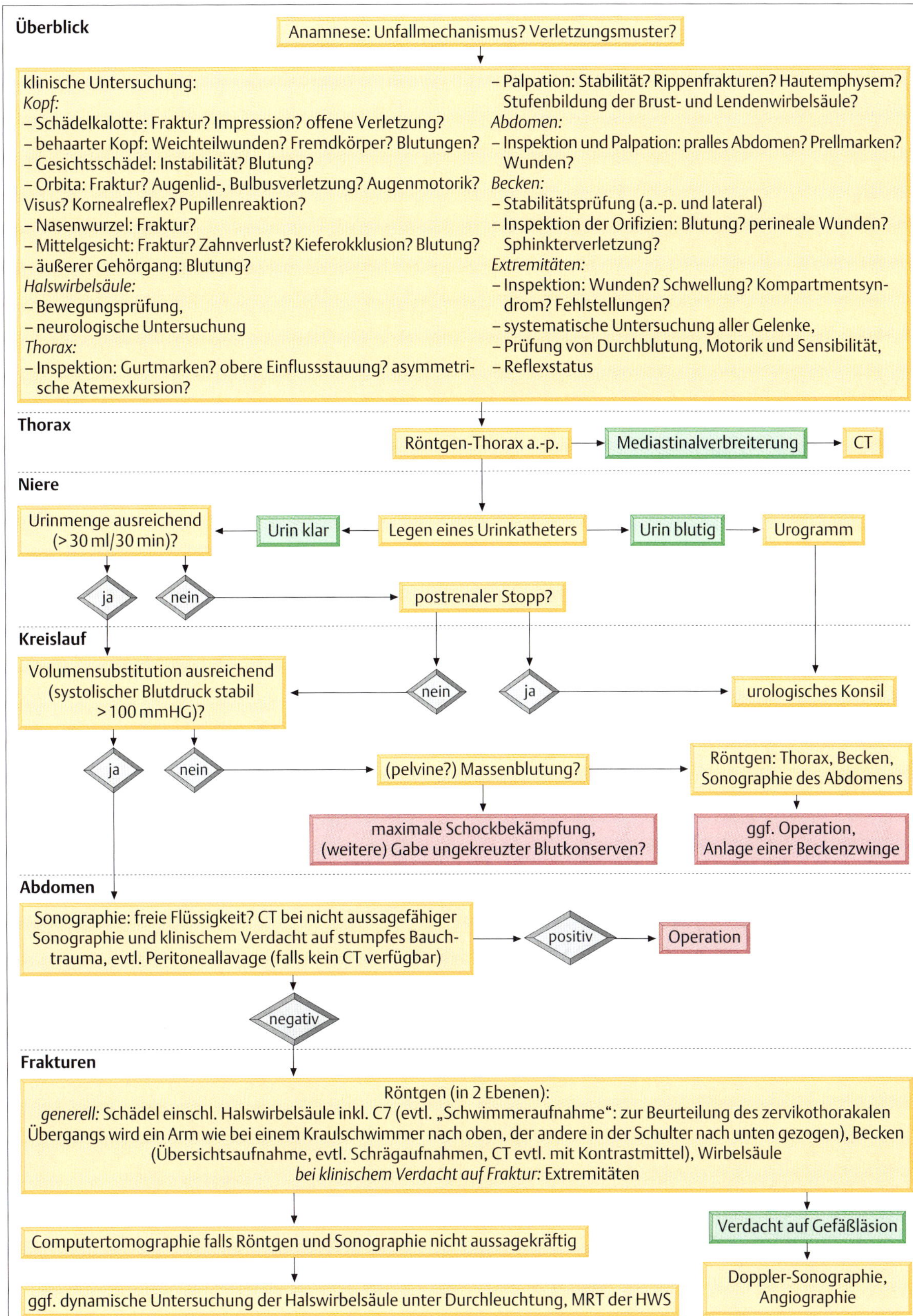

10.5 Polytrauma: Fallbeispiel

In dieser SE soll das in SE 10.4 dargestellte Vorgehen anhand eines typischen Fallbeispiels verdeutlicht werden. Hinzuweisen ist auf den zeitlichen Ablauf und die Mitwirkung der verschiedensten Fachgebiete in Diagnostik und Therapie.

Unfalltag:

11.35 Uhr: Der 20-jährige Mann prallt mit seinem privaten Pkw gegen einen Baum. Er ist angeschnallt, der Airbag löste aus.

11.42 Uhr: Alarm in der Rettungsleitstelle (s. SE 10.1, S. 256 ff).

11.50 Uhr: Ankunft des NAW (Notarztwagens) am Unfallort.

11.54 Uhr: Ankunft des Rettungshubschraubers am Unfallort.

Befund am Unfallort:

- primär bewusstloser Patient,
- Atemnot,
- Herdblick nach links,
- Glasgow Coma Scale (GCS) 4,
- systolischer Blutdruck 70 mmHg, diastolisch nicht messbar, Puls 120/min.

Verletzungen:

- stumpfes Thoraxtrauma,
- Schädel-Hirn-Trauma,
- Abdominaltrauma,
- offene Oberschenkelfraktur links,
- geschlossene Unterschenkelfraktur links.

Maßnahmen:

- Bergung, Lagerung (s. SE 10.1, S. 256),
- Legen eines venösen Zugangs, Infusion mit Elektrolyt- und kolloidaler Lösung,
- Intubation,
- Analgetika: Piritramid (z. B. Dipidolor), Fentanyl; Sedativum: Midazolam (z. B. Dormicum).

12.27 Uhr: Abflug vom Unfallort.

12.38 Uhr: Übergabe des Patienten an die Notaufnahme einer Klinik der Maximalversorgung.

Personal: Unfallchirurg (Oberarzt, Traumaleader), Allgemeinchirurg (Facharzt), Radiologe, Neurologe, Pfleger.

Aufnahmebefund in der Klinik:

- analgosedierter, beatmeter Patient,
- systolischer Blutdruck 80 mmHg,
- Sonographie des Abdomens: freie Flüssigkeit,
- klinische Untersuchung: offene Oberschenkelfraktur links, instabiles Becken,
- Röntgen:
  - Becken: komplexe Beckenfrakturen (👁 **10.7a**),
  - Thorax: Verschattung links (👁 **10.8a**),
  - Halswirbelsäule seitlich: unauffällig,
  - Schädel-CT: Kontusionsblutung links okzipital (👁 **10.9a**).
  - wegen der zeitlichen Dringlichkeit (Schock, freie Flüssigkeit im Abdomen) wurde auf die Röntgenaufnahmen des Ober- und Unterschenkels präoperativ verzichtet.

👁 **10.7 Röntgenübersichtsaufnahmen des Beckens**

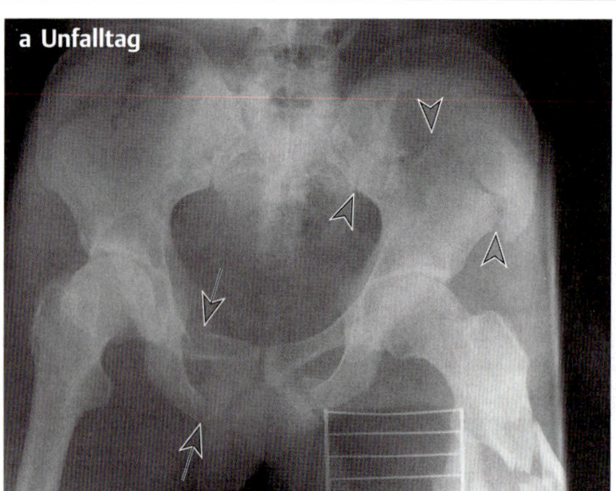

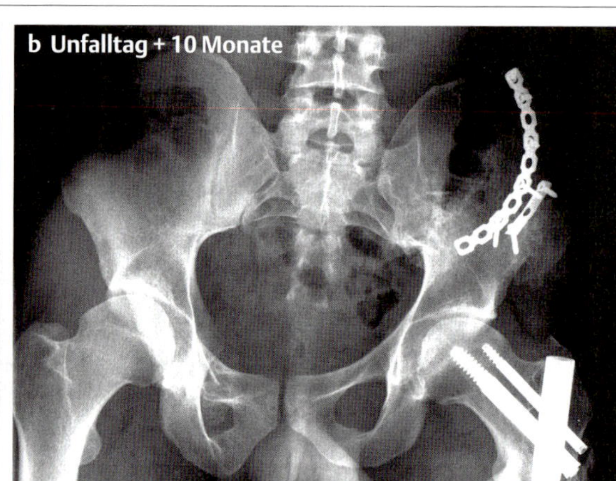

a Beckenschaufelfraktur links (große Pfeile), dislozierte vordere Beckenringfraktur rechts (Sitz- und Schambeinfraktur; kleinere Pfeile). Die weißen Linien rechts unten im Bild gehören zur Beinschiene.

b Knöcherne Heilung und anatomische Wiederherstellung des Beckenskelettes nach Plattenosteosynthese der linken Beckenschaufelfrakturen und konservativer Therapie der Sitz- und Schambeinfrakturen rechts.

10.8 Röntgenaufnahmen des Thorax

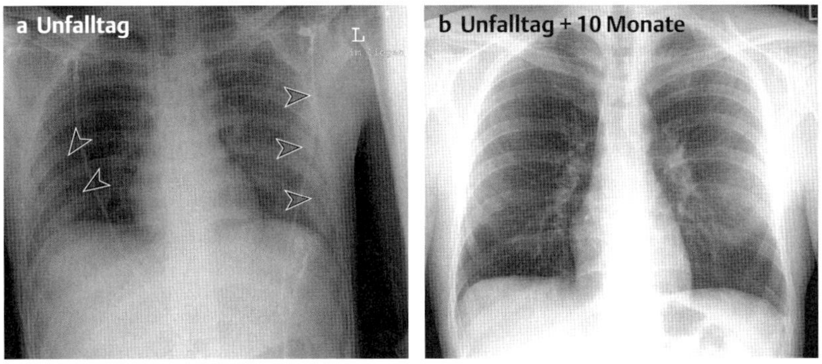

a Im linken Lungenflügel und rechts basal Kontusionsareale (Pfeile),
b keine wesentlichen Folgen 10 Monate nach Lungenkontusion.

10.9 Computertomographie des Schädels

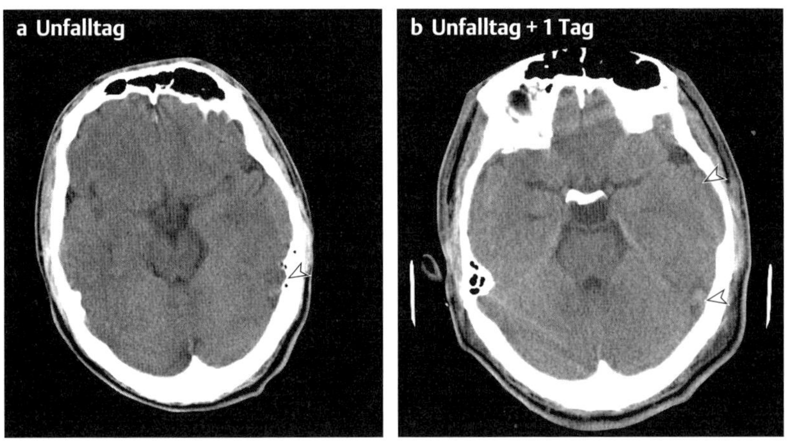

a Kontusionelle Rindenblutung von 8,4 mm im Durchmesser links okzipital (Pfeil),
b Kontusionsherd links okzipital unverändert nachweisbar, zusätzlich links temporookzipital weiterer Herd von 8 mm Durchmesser.

10.10 Röntgenaufnahmen des linken Oberschenkels

a Unfalltag b Unfalltag + 10 Monate

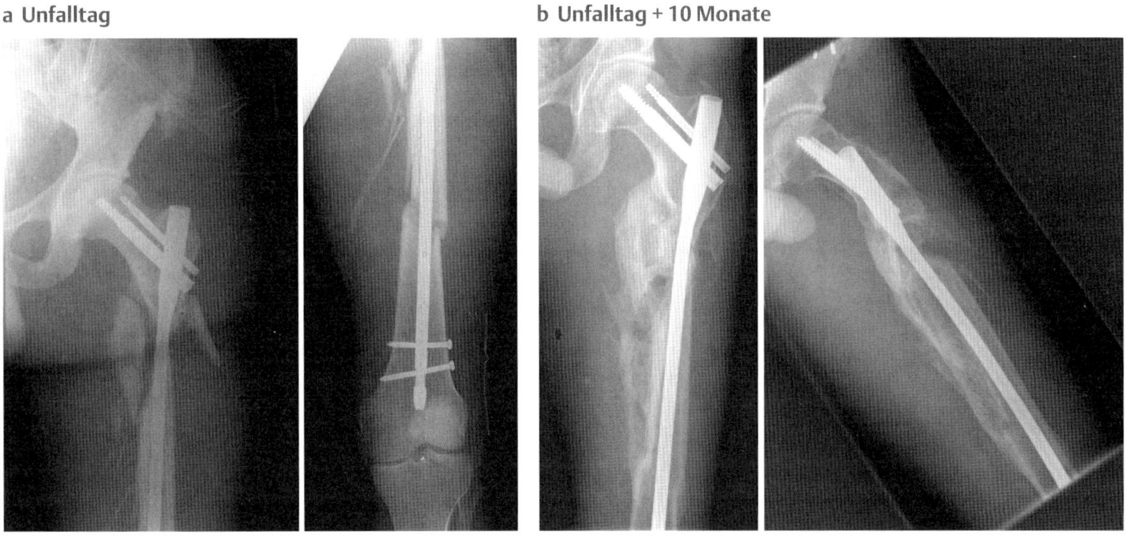

a Langstreckige subtrochantere und diaphysäre Oberschenkeltrümmerfraktur (AO-Typ 32 C 3), am Unfalltag versorgt durch Verriegelungsmarknagelosteosynthese (langer proximaler Femurnagel, PFN),
b in achsengerechter Stellung vollständige knöcherne Heilung des Oberschenkeltrümmerbruches mit reizlos einliegendem Marknagel (PFN).

10.11 Röntgenaufnahmen des linken Unterschenkels und oberen Sprunggelenks

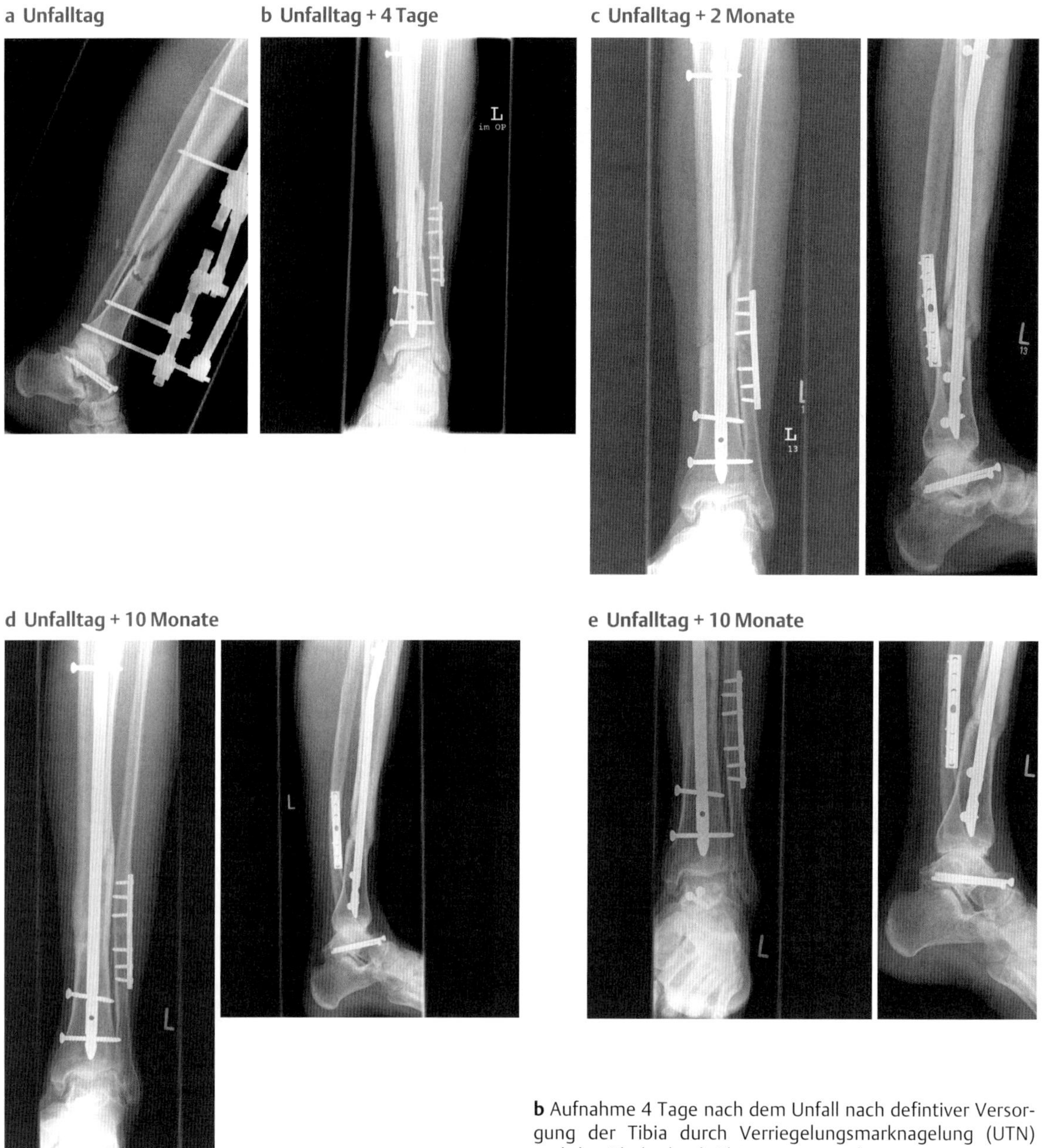

a Unterschenkelbruch im seitlichen Strahlengang mit Tibiastückbruch (AO-Typ 42 C 2) am Übergang vom mittleren zum körperfernen Drittel und Wadenbeinbruch auf gleicher Höhe ohne wesentliche Verschiebung, im Fixateur externe am Unfalltag postoperativ achsgerecht stehend.

b Aufnahme 4 Tage nach dem Unfall nach defintiver Versorgung der Tibia durch Verriegelungsmarknagelung (UTN) und der Fibula durch Plattenosteosynthese,
c 2 Monate später.
d 10 Monate später sind beide Frakturen knöchern in achsengerechter Stellung fest verheilt.
e Aufnahmen des oberen Sprunggelenks.
Alle Implantate liegen reizlos und ungelockert ein.

10.12 Nachuntersuchung 10 Monate nach dem Unfall

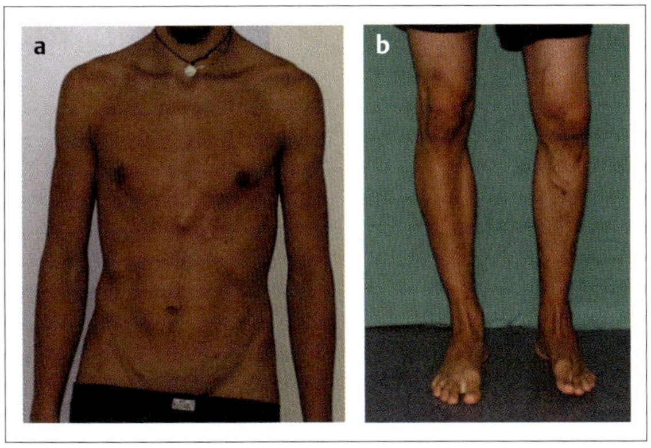

13.00–15.30 Uhr:

Transport in den OP, dort 1. Operation:

- Legen einer Thoraxdrainage beidseits (Thoraxchirurg),
- Laparotomie (Abdominalchirurg):
  - Lebernähte und -klebung bei Ruptur im 3. und 4. Segment,
  - Milznaht und -klebung bei Ruptur,
  - Zwerchfellnaht und Thorraxdrainage links bei Hämatopneumothorax und Zwerchfellruptur,
- Marknagelosteosynthese am linken Oberschenkel (Unfallchirurg; **10.10a**),
- Fixateur-externe-Osteosynthese am linken Unterschenkel (Unfallchirurg; **10.11a**),

Verlegung auf Intensivstation,

Ergänzung der Diagnostik:

- Laboruntersuchungen,
- weitere Röntgenuntersuchungen,

Diagnosen:

- Schädel-Hirn-Trauma II. Grades (s. **36.5**, S. 808) mit okzipitaler Kontusionsblutung,
- offene Oberschenkelfraktur links: AO 32-C3 (AO-Klassifikation s. **9.2**, S. 227), Weichteilschaden Grad II nach Tscherne/Oestern (O II; s. **9.5**, S. 243),
- geschlossene Unterschenkelfraktur links: AO 42-C2, Weichteilschaden G II,
- Klavikulafraktur rechts,
- instabile Beckenringverletzung (AO 61-C1),
- stumpfes Bauchtrauma mit Leber-, Milz- und Zwerchfellruptur, Bauchdeckeneinriss, Pankreaskontusion,
- stumpfes Thoraxtrauma mit Hämatopneumothorax beidseits.

Unfalltag + 1 Tag:

- 2. Operation:
  - Thorakotomie links wegen weiterer Blutung (Thoraxchirurg): Zwerchfellblutung,
  - Relaparotomie (Second Look; Abdominalchirurg): unauffällig,
- Schädel-CT (Kontrolle): Kontusionsblutung unverändert, konservative Behandlung (s. SE 36.2, S. 807).

Unfalltag + 4 Tage:

- 3. Operation (Unfallchirurg):
  - Verriegelungsnagelung der linken Tibia,
  - Plattenosteosynthese an der linken Fibula (**10.11b**).

Unfalltag + 5 bzw. 7 Tage:

- Entfernung der beiden Thoraxdrainagen.

Unfalltag + 12 Tage:

- 4. Operation (Unfallchirurg): Beckenosteosynthese.

Unfalltag + 14 Tage:

- Verlegung von Intensiv- auf die unfallchirurgische Normalstation.

Unfalltag + 30 Tage:

- Entlassung nach Hause.

Unfalltag + 10 Wochen:

- stationäre Rehabilitationsmaßnahme für 3 Wochen.

Unfalltag + 3 Monate:

- ambulante Rehabilitationsmaßnahmen,
- Vollbelastung des linken Beins.

Unfalltag + 8 Monate:

- Wiederaufnahme des Studiums.

Unfalltag + 10 Monate:

- Patient wiederhergestellt (**10.11e** und **10.12**).

III

Spezielle Unfallchirurgie

11.1 Schultergürtel und Schultergelenk: Frakturen

Der Schultergürtel besteht aus Schlüsselbein und Schulterblatt. Gelenkige Verbindungen zwischen diesen beiden Knochen und zum Brustbein erweitern die Beweglichkeit im eigentlichen Schultergelenk. Die Verbindung des Armes mit dem Rumpf erfolgt über das Schultergelenk. Die Skapula ist über ihre muskuläre Einbettung mit der Thoraxrückwand beweglich verbunden.
Frakturen am Schultergürtel können meist konservativ behandelt werden. Die häufig vorkommende Klavikulafraktur ist trotz deutlicher Fehlstellung nur in Einzelfällen Indikation zu einer Osteosynthese. Ähnliches gilt für die selten vorkommende Skapulafraktur. Lediglich Frakturen mit Beteiligung der angrenzenden Gelenke oder in Gelenknähe werden operativ versorgt, Gleiches gilt für irreponible oder stark dislozierte Brüche.
Spezielle Verletzungen sind Abrissbrüche am Akromion bzw. am Processus coracoideus, Ähnliches gilt für Brüche des Schulterblatthalses mit Gelenkbeteiligung.

Ätiopathogenese: Frakturen am Schultergürtel betreffen mehrheitlich das **Schlüsselbein.** Es handelt sich um einen der häufigsten Brüche überhaupt. Betroffen sind meist Kinder und jüngere Erwachsene. Stürze auf die Schulter und den ausgestreckten Arm wirken als *indirekte Unfallmechanismen.* Sie ereignen sich vielfach bei Sport und Spiel, z. B. beim Fall von einem Sportgerät oder Zweirad. Eine *direkte Gewalteinwirkung* erfolgt durch den Sicherheitsgurt bei Verkehrsunfällen, seltener durch Aufprall eines schweren Gegenstandes. *Häufigste Bruchform* sind die einfache Quer- oder Schrägfraktur mit/ohne Biegungskeil. Betroffen ist vorzugsweise das mittlere Schaftdrittel. Ganz laterale oder mediale Frakturen können das angrenzende Gelenk tangieren.
Schulterblattbrüche sind seltene Ereignisse. Die Skapula liegt dem Rumpf direkt an und ist in schützende Muskulatur eingebettet, welche sie beweglich am Rumpf hält. Nur ausgeprägte *direkte Gewalteinwirkung,* z. B. durch direkten Anprall bei Stürzen auf die Schulter sind als geeignete Frakturmechanismen anzusehen. Daher werden diese Verletzungen überwiegend bei Polytraumatisierten im Rahmen von Verkehrsunfällen oder Stürzen aus größeren Höhen beobachtet.
Abrissfrakturen des Korakoids bzw. Brüche am Akromion sind ebenfalls selten und durch ein direktes Trauma verursacht.

Diagnostik: **Klavikulafrakturen** kann man aufgrund der exponierten Lage des Schlüsselbeins klinisch gut erkennen. Röntgenaufnahmen in 2 Ebenen zeigen das Ausmaß an Dislokation und Verkürzung. Die angrenzenden Gelenke müssen in die radiologische Diagnostik einbezogen sein.
Schulterblattbrüche werden nicht selten übersehen. Lokale Kontusionsmale, Schwellung und Hämatom im rückwärtigen Schulterbereich sind zu beachten. Röntgenaufnahmen in 2 Ebenen sind ausreichend. Evtl. bieten sich Tangentialaufnahmen an. Bei Gelenkbeteiligung eignet sich die CT.
Abrissfrakturen am Korakoid oder Akromion erkennt man auf Röntgenaufnahmen des Schultergelenkes. Auch diese Verletzungen werden oft nicht primär diagnostiziert.

Differenzialdiagnose: **Schlüsselbeinbrüche** im randständigen Anteil des medialen oder lateralen Drittels müssen von reinen Luxationen des Sternoklavikular- bzw. Akromioklavikulargelenkes abgegrenzt werden. Ganz medial oder lateral gelegene Klavikulafrakturen wirken sich funktionell wie Verrenkungsbrüche dieses Gelenkes aus, indem Bänder und Gelenkkapsel mitverletzt sind. **Skapulafrakturen** sind von hinteren Thoraxwandverletzungen abzugrenzen. Bei Brüchen mit Gelenkbeteiligung muss die Position des Oberarmkopfes zur Pfanne überprüft werden. Abrissbrüche an den Fortsätzen der Skapula (**Korakoid, Akromion**) werden oft übersehen.

Begleitverletzungen: Randständige **Schlüsselbeinbrüche** wirken sich auf die Stabilität des Akromioklavikular- (AC-) bzw. Sternoklavikular- (SC-)Gelenkes aus. Durch schwere direkte Gewalteinwirkung mit starker Fragmentdislokation kann es zur Läsion der A. subclavia kommen. Der Armplexus sowie die Pleura bzw. der Lungenoberlappen sind gefährdet. Bei **Skapulafrakturen** aufgrund schwerer lokaler Traumatisierung besteht die Gefahr einer Schädigung der Nn. subscapularis/axillaris. Brüche der Schultergelenkspfanne sind selten von einer Luxation des Oberarmkopfes begleitet (s. auch SE 11.2, S. 278 ff).

Konservative und operative Therapie: **Frakturen an Klavikula und Skapula** gelten als Domäne der konservativen Therapie. Nur unter speziellen Voraussetzungen ist ein operatives Management angezeigt.
Schlüsselbeinbrüche im mittleren Drittel stellt man im *Rucksackverband* (s. SE 9.10, S. 249) ruhig. Durch diesen werden beide Schultern nach hinten gezogen, was zum Ausgleich der Verkürzung in der Fraktur und zu deren Reposition beiträgt. Durch regelmäßiges Nachziehen dieses Verbandes soll die Reposition über den erforderlichen Zeitraum von 3–4 Wochen erhalten bleiben. Während der Tragezeit des Verbandes sind Röntgenkontrollen anzufertigen. Bei kleineren Kindern ist die Frakturheilung nach 2–3 Wochen so weit fortgeschritten, dass der Verband weggelassen werden kann.

Folgende Situationen sind eine Indikation zur *operativen Versorgung*:

- offene Frakturen,
- Gefäß- und Nervenverletzungen,
- drohende Fragmentperforation,
- verzögerte Heilung, Pseudarthrose (s. SE 9.1, S. 229).

Stark dislozierte, nicht reponible oder offene Frakturen können Indikation zur Plattenosteosynthese sein (**11.1**). Wegen der exponierten Lage des Schlüsselbeines muss der Eingriff besonders weichteilschonend vorgenommen werden. Die Osteosynthese ist biomechanischen Belastungen ausgesetzt. 3 Schrauben pro Fragment sind daher unerlässlich. Grundsätzlich besteht auch die Möglichkeit der intramedullären Schienung. Bei Beteiligung der angrenzenden Gelenke erfolgt die Versorgung mittels Zuggurtung oder bei lateraler Fraktur mit einer sog. Hakenplatte (AC-Gelenk), die Fraktur wird in diese Versorgung einbezogen (**11.1**).

11.1 Therapie der Klavikulafraktur

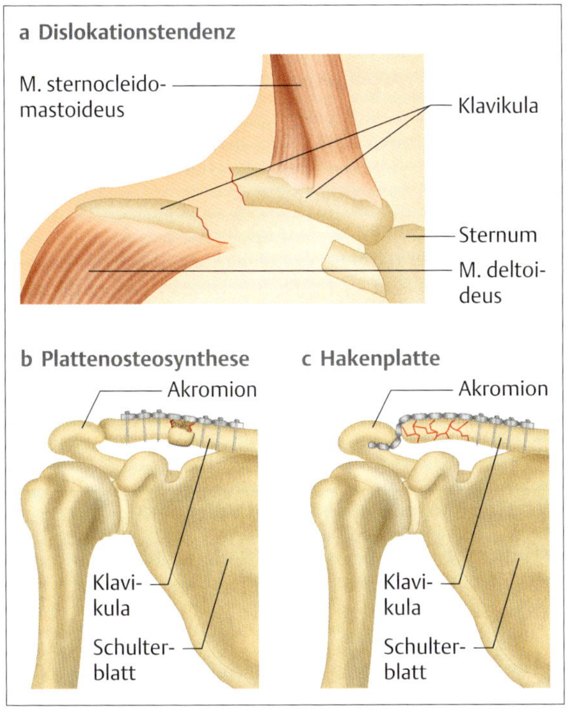

Schulterblattfrakturen werden überwiegend *konservativ* im Desault- oder Gilchristverband behandelt. Nach Abklingen der akuten Beschwerden beginnt eine frühfunktionelle Therapie. Nur stark dislozierte Frakturen oder solche am Skapulahals mit oder ohne Beteiligung der Schultergelenkspfanne sind Anzeige zur *Plattenosteosynthese* (**11.2**).

Abrissfrakturen an Akromion oder Korakoid werden mit Zugschrauben bzw. kleinen Plättchen refixiert. Die Kombination einer Klavikulafraktur mit einem Schulterblattbruch ist eine besonders instabile Situation meist nach schwersten direkten Traumen (sog. Floating Shoulder). In solchen Fällen muss zumindest die Klavikulafraktur operativ stabilisiert werden.

Komplikationen: Bei **Schlüsselbeinbrüchen** kommt es in einigen Fällen zur *Pseudarthrose* (s. SE 9.1, S. 229). Ursachen sind eine verbliebene starke Dislokation, der Zustand nach offener Fraktur und, gar nicht so selten, eine vorangegangene Osteosynthese mit Denudierung der Fragmente. Letzteres führt durch starke biomechanische Belastung dieses Knochens und der lokalen Vaskularisationsstörung zum Ausbleiben des knöchernen Durchbaus. Therapie der Wahl ist dann die stabile Plattenosteosynthese, evtl. mit zusätzlicher autogener Spongiosaplastik. Weitere Komplikationsmöglichkeiten sind die Fehlheilung unter starker *Verkürzung* oder *Stufenbildung*. Letztere sowie eine *keloidartige Narbenbildung* (s. **16.2**, S. 391) beeinträchtigen das kosmetische Resultat.

Nach **Pfannen- oder Halsfrakturen der Skapula** kann es zur *Einschränkung der Schultergelenkfunktion* kommen.

Die ***Prognose*** ist bei einfachen Klavikula- und Skapulafrakturen sehr gut. Selbst bei größerer Fehlstellung kommt es zur problemlosen Heilung bei günstiger Funktion. Nach offenen Schlüsselbeinbrüchen oder mangelhaften Osteosynthesen kann die Funktion der Schulter limitiert sein. Relevante Begleitverletzungen an Nerven und Gefäßen verschlechtern die Prognose nachhaltig. Ähnliches gilt für den Schulterblattbruch.

11.2 Skapulafrakturen

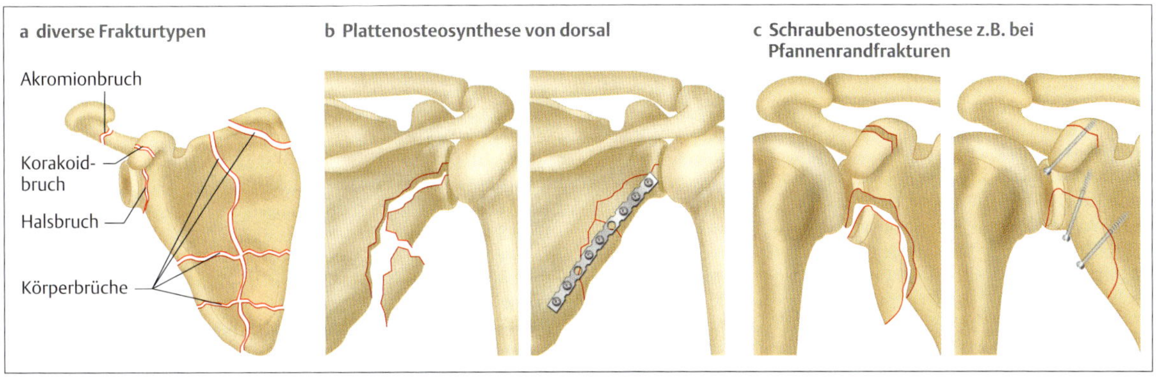

11.2 Schultergürtel und -gelenk: Weichteilverletzungen

Neben lokalen Prellungen und Kontusionen durch direkte Traumen sind es vornehmlich Gelenkverletzungen, welche am Schultergürtel bzw. -dach eine Rolle spielen. Während Verletzungen des Sterno- bzw. Akromioklavikulargelenkes durch adäquate Gewalteinwirkung meist indirekter Art verursacht werden, entstehen Läsionen der Rotatorenmanschette überwiegend auf der Basis degenerativer Veränderungen. Allen frischen Verletzungen dieser Bereiche ist zu eigen, dass sie primär oft nicht erkannt werden. Außerdem existieren sehr unterschiedliche Vorstellungen zu einer adäquaten Therapie.
Eine besonders häufig vorkommende Verletzung im Schulterbereich ist die Luxation des Oberarmkopfes. Aufgrund der anatomischen Gegebenheiten (großer Gelenkkopf, kleine Gelenkpfanne, muskuläre Führung, kaudale Muskellücke) mit großem Bewegungsspielraum sind anlage- und traumatisch bedingte Verrenkungen vorprogrammiert. Nach dem Erstereignis ist der Luxationsweg gebahnt, sodass es vielfach zum Rezidiv kommt. Ursache hierfür sind strukturelle Läsionen am vorderen Pfannenrand und/oder am Oberarmkopf. Moderne Behandlungsstrategien sehen eine Rekonstruktion dieser Areale vor, um der Rezidivgefahr vorzubeugen. Basis hierfür sind nicht invasive (Sonographie, MRT) und invasive (Arthro-CT, Arthroskopie) Verfahren der Diagnostik. Zusätzliche knöcherne Verletzungen bzw. Weichteilschäden speziell nach traumatischer Luxation müssen beachtet werden.

Ätiopathogenese: **Sprengungen des Akromioklavikular-(AC-)Gelenkes** sind Folge indirekter Gewalteinwirkung beim Sturz auf die Schulter bzw. den ausgestreckten Arm. Sie kommen besonders häufig im Rahmen sportlicher Betätigung vor (z. B. Fußball, Skilaufen usw.). Nach Tossy unterscheidet man 3 Schweregrade (**T 11.1**).
Die **Luxation** des **Sternoklavikular- (SC-) Gelenkes** ist Folge stärkerer Gewalteinwirkung, z. B. bei Thoraxkontusionen im Rahmen von Verkehrsunfällen. Das mediale Schlüsselbeinende kann in verschiedene Richtungen dislozieren (nach ventral, dorsal, kranial). Entsprechend gibt es prä-, retro- und suprasternale Luxationsformen.

Läsionen der Rotatorenmanschette (RM) beruhen überwiegend auf degenerativen Veränderungen mit Ausdünnung der Sehnenplatte. Leichtere Traumen können daher bereits zur Rissbildung bzw. zum Defekt führen. Der frische traumatische Riss der RM bedarf spezieller Unfallmechanismen.
Eine besonders häufige Verletzung ist die **Luxation im Schultergelenk** (macht ca. die Hälfte aller Gelenkluxationen aus; **T 11.2**). Sie entsteht (überwiegend bei jungen Männern) traumatisch durch indirekte Gewalteinwirkung beim Abfangen eines Sturzes oder durch plötzliches Verdrehen des Armes (z. B. bei Fußball, alpinem Skilauf).

T 11.1 Einteilung der AC-Sprengungen nach Tossy

Definitionen	*Röntgenbefund*	
Tossy I Distorsion	unauffällig	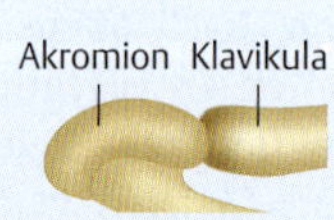
Tossy II Subluxation mit Teilruptur der Ligg. coracoclavicularia und acromioclaviculare	das laterale Klavikulaende ist bei gehaltener Aufnahme (s. **11.1**) um eine halbe Schaftbreite nach kranial verlagert	
Tossy III komplette Luxation im AC-Gelenk mit vollständiger Ruptur aller Bänder	vollständige Luxation des äußeren Schlüsselbeinendes mit deutlichem Hochstand bei gehaltener Aufnahme	

T 11.2 Luxationsformen am Schultergelenk

Definitionen	*Aussehen*
Luxatio subcoracoidea häufigste Form (nahezu 90 % aller Fälle), Verlagerung des Oberarmkopfes nach vorn-unten durch gewaltsame Abduktion und Außenrotation des Oberarms	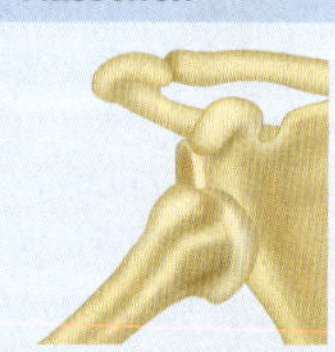
Luxatio axillaris Verlagerung des Oberarmkopfes nach distal (häufig mit Tuberculum-majus-Abrissen vergesellschaftet)	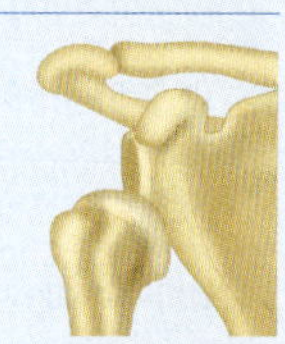
Luxatio posterior Oberarmkopf hinter den dorsalen Gelenkpfannenrand verlagert, kommt eher selten, gelegentlich auch als willkürliche Luxationsform vor	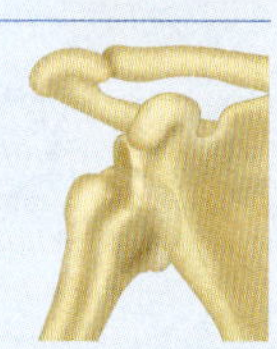
Luxatio erecta seltene Luxationsform, Arm steht direkt nach oben	

Bei der häufigsten *vorderen Luxation* kommt es zu einer Abscherung des vorderen Glenoidalrandes mit oder ohne knöcherne Beteiligung und zur Kapseldissektion (Bankart-Läsion). Am Oberarmkopf entsteht aufgrund einer Impression durch den vorderen Pfannenrand im hinteren äußeren Quadranten eine sog. Hill-Sachs-Delle. Derartige Begleitverletzungen sind ursächlich für die in 80 % der Fälle auftretende *rezidivierende posttraumatische Luxation*. Abzugrenzen davon ist die *habituelle Schultergelenkluxation*, welcher kein echtes Trauma zugrunde liegt und die dem Missverhältnis von Gelenkpfanne und -kopf sowie einer laxen Kapselbandführung zuzuordnen ist. Die habituelle Ausrenkung tritt bei normalen Verrichtungen des täglichen Lebens auf.

Diagnostik: **Luxationen im AC-Gelenk** werden abhängig vom Schweregrad schon bei äußerlicher Betrachtung deutlich (Hochstand des lateralen Klavikulaendes, sog. *Klaviertastenphänomen*). Dies ist beim Schweregrad Tossy III gut zu erkennen (**11.1**).

11.1 Diagnostik bei Verletzungen des AC-Gelenkes

Bei Verdacht auf Sprengung des AC-Gelenkes mit sichtbarer Schwellung, Hämatomverfärbung und Stufenbildung im AC-Gelenk wird das sog. **Klaviertastenphänomen** geprüft. Der Druck auf das laterale Klavikulaende führt zur Reposition desselben, was wie die Betätigung einer Klaviertaste imponiert.
Bei unvollständigen Ausrenkungen wird die **Horizontalverschieblichkeit des Schlüsselbeinendes** geprüft. Das laterale Klavikulaende wird mit 2 Fingern in horizontaler Richtung hin und her geschoben, dieses Symptom ist bei fehlendem Hochstand Beweis für eine Tossy-II-Verletzung.
Die Diagnostik wird durch **gehaltene Röntgenaufnahmen** vervollständigt. Eine gleichzeitige Aufnahme beider Schulterpartien (sog. Panoramaaufnahme) mit Gewichtsbelastung von 10–15 kg am herabhängenden Arm lässt im Seitenvergleich eine komplette Ausrenkung des äußeren Schlüsselbeinendes nachweisen.

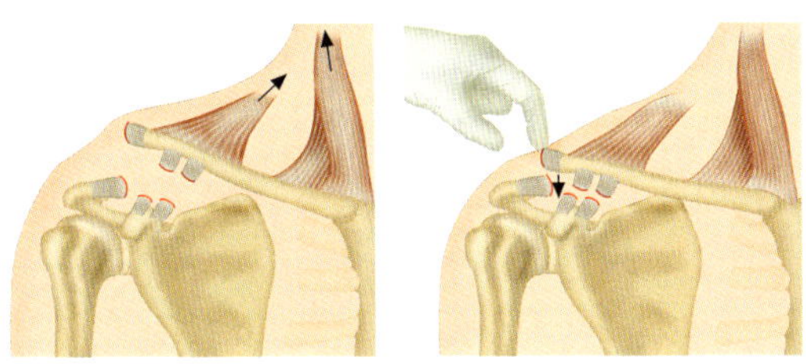

Luxationen im SC-Gelenk sind dagegen schwierig zu diagnostizieren. Die klinische Untersuchung mit Schwellung, tastbarer Prominenz (nach vorne oben luxiertes mediales Klavikulaende) oder „leerer Pfanne" (Luxation nach dorsal) legen die Verdachtsdiagnose nahe. Manchmal kommt es infolge der Verkürzung des vorderen Schultergürtelbereiches zur Scapula alata (Abstehen des Schulterblattes von der hinteren Thoraxwand). Konventionelle Röntgenaufnahmen lassen die Verrenkung kaum erkennen. In Zweifelsfällen ist eine Computertomographie empfehlenswert.

Bei **Läsionen der Rotatorenmanschette** muss zwischen der traumatischen Ruptur und einem chronischen Schaden differenziert werden. Bei frischer Verletzung sind Schwellung und Hämatom mit einer erheblichen schmerzhaften Bewegungseinschränkung kombiniert. Der Verletzte ist unfähig, den Arm in angehobener Stellung zu halten (sog. Drop Arm). Im chronischen Zustand stehen Einklemmungserscheinungen (Impingement = ausgelöst durch Ausdünnung oder Defekt in der Rotatorenmanschette mit Hochstand des Oberarmkopfes) im subakromialen Raum im Vordergrund. Beim Anheben des Armes besteht ein sog. *schmerzhafter Bogen* zwischen ca. 60 und 120 Grad. Der Nachweis einer Läsion der RM gelingt durch Sonographie oder mit der MRT. Ein weiteres invasives Diagnoseverfahren ist die Arthroskopie des Schultergelenkes.

Schultergelenkluxationen gehen mit einer typischen Klinik einher. Neben starken Schmerzen fällt eine *„federnde Fixation"* des am Körper gehaltenen Armes auf. Die Kontur der Schulter ist verändert, die Pfanne kann als „leer" getastet werden. Beweisend ist das Röntgenbild, welches die Verlagerung des Oberarmkopfes aus der Pfanne dokumentiert. Begleitverletzungen an Armplexus, Gefäßen und/oder Abrissfrakturen am Tuberculum majus bzw. ein Abscherbruch am vorderen unteren Pfannenrand (Bankart-Läsion) sind zu beachten. Als weiterführende diagnostische Maßnahme stehen die Sonographie (Beurteilung von Begleitschäden der RM oder von Gelenkergüssen), das MRT und das Arthro-CT zur Verfügung. Letztere geben Hinweise zu Läsionen des Glenoidalrandes und der vorderen Gelenkkapsel. Die Arthroskopie als invasives Verfahren erlaubt in gleicher Sitzung operative Maßnahmen (Refixation des vorderen Glenoidalrandes bzw. der Gelenkkapsel).

Differenzialdiagnose: **Luxationen im AC- oder SC-Gelenk** werden von im lateralen bzw. medialen Drittel lokalisierten Klavikulafrakturen abgegrenzt. Diese Unterscheidung gelingt mittels Röntgenaufnahme/CT.

Läsionen der Rotatorenmanschette können mit anderen degenerativen Veränderungen dieser Region verwechselt werden. Dazu zählen das Supraspinatussyndrom, Beschwerden im Gleitlager der langen Bizepssehne sowie solche im Sinne der Bursitis calcarea. Von der frischen Ruptur der RM müssen Kontusionen und Distorsionen des Schultergelenkes abgegrenzt werden.

Reine **Schultergelenkluxationen** werden von solchen mit Begleitfrakturen (z. B. Abriss des Tuberculum majus) differenziert. Dafür genügen Standard-Röntgenaufnahmen des Schultergelenkes in 2 Ebenen. Bedeutsame Begleitverletzungen am vorderen Pfannenrand bzw. am Humeruskopf müssen primär erkannt werden, da sie die Rezidivgefahr erhöhen.

Begleitverletzungen: **AC- und SC-Gelenkverletzungen** können mit randständigen Klavikulafrakturen einhergehen. In seltenen Fällen kommt es zur Schädigung der A. subclavia, bei dorsaler Luxation der Klavikula im SC-Gelenk zur Kompression der zentralen Gefäße. SC-Gelenksprengungen sind gelegentlich mit Frakturen der ventralen Rippenanteile kombiniert. Eine weitere mögliche Begleitverletzung ist die Sternumfraktur.

Läsionen der Rotatorenmanschette werden bei Schultergelenkluxationen beobachtet. Bei Pseudoparalysen nach Reposition muss daran gedacht und eine Sonographie vorgenommen werden.

Im Rahmen von **Schultergelenkluxationen** kommen Zusatzverletzungen an Gelenkpfanne und -kopf ebenso wie Läsionen des Armplexus oder des N. axillaris vor. Seltener sind Schäden der A. axillaris. Diese Begleitverletzungen müssen primär erkannt und dokumentiert werden.

Konservative und operative Therapie: **Distorsionen** im AC- und SC-Gelenk ohne wesentliche Instabilität werden konservativ behandelt (Schweregrad I und II nach Tossy). Durch kurzfristige Immobilisierung, lokale Maßnahmen wie Kälteanwendung und/oder Geleinreibungen und Physiotherapie wird die Funktion wiederhergestellt.

Komplette Luxationen im AC-und SC-Gelenk bedürfen der operativen Versorgung. Ziel des Eingriffs ist die Wiederherstellung der Gelenkkongruenz. Am **AC-Gelenk** werden *direkte* oder *indirekte Stabilisierungsverfahren* eingesetzt. Beiden Methoden ist zu eigen, dass die rupturierten Ligg. coracoclavicularia und das Lig. acromioclaviculare stabil ausheilen können. Zur Anwendung gelangen die *Zuggurtungsosteosynthese*, die Fixation mit sog. *Hakenplatten* (s. **11.1**, S. 277) und Stabilisierungen mit sich auflösenden *Kunststoffkordeln* bzw. temporärer Verbindung zwischen Klavikula und Korakoid mittels *Drahtzerklage* oder *Schraube* (**11.3**).

Luxationen im **SC-Gelenk** werden operativ reponiert, die Fixation erfolgt mittels doppelter Drahtzuggurtung zwischen medialer Klavikula und Sternum. Bänder und Gelenkkapsel werden durch Naht versorgt (**11.4**).

Die **frische Ruptur der RM** bedarf der Revision und Nahtversorgung. Dafür existieren spezielle, auch arthroskopische Techniken. Beim chronischen Defekt kann in geeigneten Fällen eine plastische Versorgung angezeigt sein. Im Falle chronischer Schmerzzustände mit Impingement wird die Akromioplastik nach Neer empfohlen (Erweiterung des subakromialen Raumes durch Abschleifen der Unterseite des Akromions sowie Resektion des Lig. coracoacromiale).

Die Reposition eines **luxierten Schultergelenkes** muss notfallmäßig erfolgen. Sie wird unter Analgesie oder Kurznarkose vorgenommen, abhängig von der Art der Luxation. Bei *habituellen Luxationen* ist vielfach eine Narkose entbehrlich. Da diverse Repositionstechniken zur Verfügung stehen, muss die Wahl des geeigneten Verfahrens individuell erfolgen (**11.5**). Nach Reposition muss immer eine *Röntgendokumentation in 2 Ebenen* durchgeführt werden.

Komplikationen: Bei allen Operationsverfahren am **AC- und SC-Gelenk** ist die Wundheilung gefährdet. Außer *Wunddehiszenzen* beobachtet man häufig *keloidartige Narben* (s. **16.2**, S. 391). Dagegen sind Läsionen der nahegelegenen großen Gefäße selten. Bei Osteosynthesen (cave: Bohrdrähte) am SC-Gelenk sind *Gefäßläsionen* möglich.

Weitere postoperative Komplikationen sind *Implantatbrüche* (Bohrdrähte, Drahtzuggurtung) oder die *Reluxation*. Erstere basieren auf zu starker Belastung, z. B. durch regelmäßiges Anheben des Armes über die Horizontale bei Zuggurtungsosteosynthesen (Wechselbiegebelastung!), letztere auf unzureichender Stabilität. Liegt eine chronische Instabilität vor, bietet sich die Angulationsosteotomie am AC-Gelenk (**11.7**) bzw. eine plastische Operation an der Kapsel des SC-Gelenkes an.

Bei Operationen an der **Rotatorenmanschette** besteht die Gefahr einer Läsion des *N. axillaris* durch den Zugang. Eine weitere Komplikation ist der *erneute Defekt nach plastischer Versorgung.*

11.3 Versorgungstechniken bei AC-Sprengung

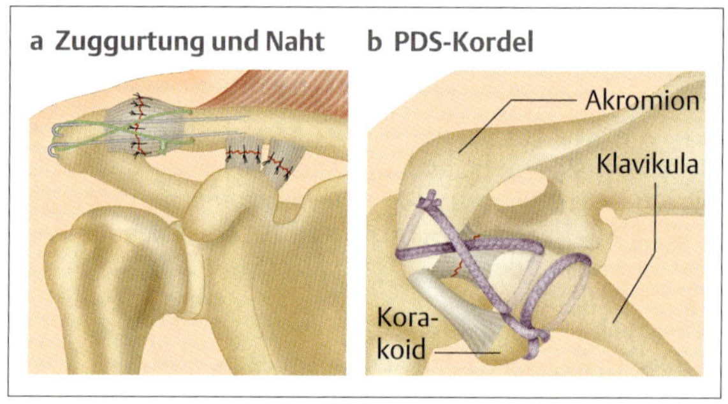

11.4 Drahtzuggurtung bei SC-Gelenk-Sprengung

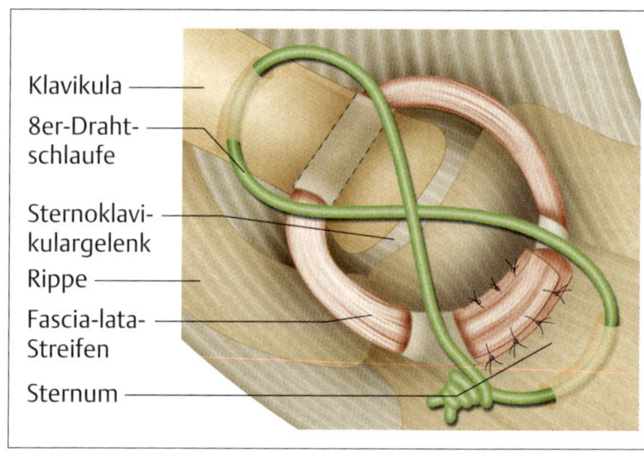

11.5 Repositionstechniken bei Schultergelenkluxation

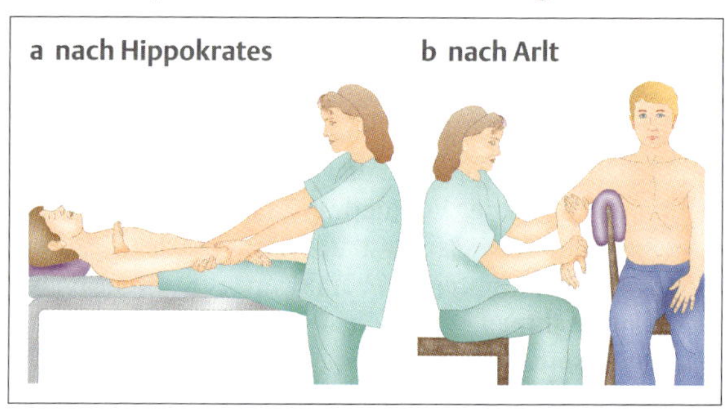

11.6 Operationstechniken bei chronischer Schultergelenkinstabilität

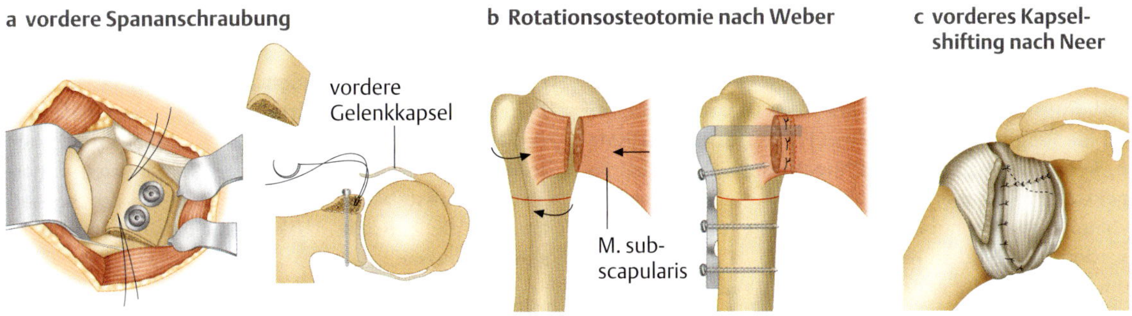

Häufigste Komplikation nach **Schultergelenkluxationen** ist das *Rezidiv*. Nach traumatischen Ausrenkungen des Gelenkes kann wegen der Begleitverletzungen am vorderen Pfannenrand der Luxationsweg vorgebahnt sein. Die Schultergelenksluxation tritt dann ohne adäquates Trauma auf. *Weitere Komplikationen an Nerven und Gefäßen* sind entweder durch das Trauma selbst oder durch unsachgemäße Repositionsmanöver möglich. Bei häufiger Reluxation muss mit *zunehmenden Gelenkschäden* gerechnet werden.

11.2 Therapie der Schultergelenkluxation

Nach Reposition einer Schultergelenkluxation ist die **radiologische Dokumentation** obligat (a.-p. und axial). Die Aufnahme ist mittels gebogener Platte und in Beisein des behandelnden Arztes anzufertigen. Spezialaufnahmen sind die sog. Y-Aufnahme und die transthorakale Projektion. Diese beiden Röntgentechniken haben den Vorteil, dass der Arm nicht abgehoben werden muss.
Zur **Immobilisierung** nach Reposition einer Schultergelenksluxation kann ein Desault- oder Gilchristverband (s. SE 9.10, S. 250) dienen. Die Ruhigstellung soll 1–2 Wochen nicht überschreiten.
Bei nachgewiesenen Begleitverletzungen am vorderen Glenoidalrand und an der Gelenkkapsel werden **operative Techniken** empfohlen. Die arthroskopische oder offene Refixation abgescherter Anteile an der vorderen Kapsel bzw. Gelenklippe sollen die Rezidivgefahr senken (Verfahren nach Bankart und Neer).
Die Mehrzahl operativer Eingriffe wird bei rezidivierender oder habitueller Luxation vorgenommen. Nach präoperativer Diagnostik (Röntgenaufnahme, MRT, Arthro-CT) kommen arthroskopische oder offene Verfahren zur Anwendung. Grundsätzliches Bestreben der zahlreichen Operationsverfahren ist entweder die Rekonstruktion der vorderen Gelenklippe und -kapsel oder die Erweiterung der Pfanne nach vorn durch Anschrauben eines Knochenspans. Ein weiteres Verfahren ist die subkapitale Rotationsosteotomie, welche das Einhaken der Hill-Sachs-Delle am vorderen Pfannenrand vermeiden soll (**11.6**).

Prognose: **Verrenkungen im AC- und SC-Gelenk** haben bei rechtzeitigem Erkennen und fachgerechter Therapie eine gute Prognose. Diese ist dann zurückhaltend zu beurteilen, wenn Komplikationen wie Wundheilungsstörungen, Implantatbrüche oder Reluxationen verzeichnet werden. Durch die operative Versorgung **traumatischer Rotatorenmanschettenrupturen** ist ein gutes Ergebnis möglich. Dieses wird oft erst nach längerer Zeit erreicht. Nach operativen Defektverschlüssen bei degenerativen Veränderungen ist die Prognose ungünstiger. Eine Akromioplastik führt vielfach zur Schmerzreduktion und damit besseren Beweglichkeit.
Nach **traumatischer Erstluxation des Oberarmkopfes** ist in einem hohen Maße mit Reluxationen zu rechnen. Deren Häufigkeit hängt direkt vom Ausmaß des Begleitschadens an Gelenkpfanne und -kapsel ab. Häufig wiederkehrende Luxationen haben eine schlechte Prognose hinsichtlich einer Verschleißerkrankung.

11.7 Technik der Angulationsosteotomie

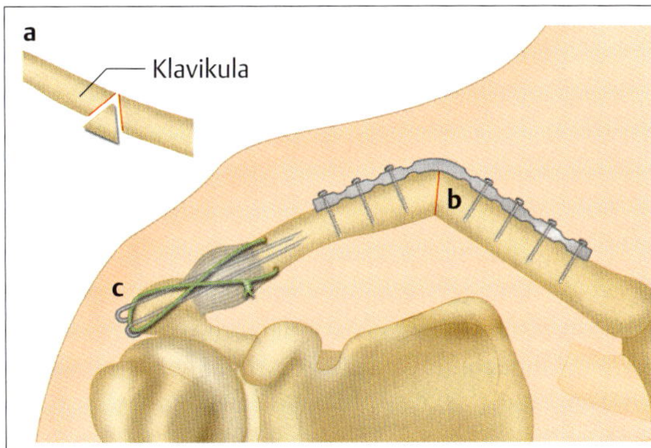

a Zunächst erfolgt eine Osteotomie der Klavikula mit Entnahme eines Keils, die mithilfe einer abgewinkelten Platte stabilisiert wird (**b**). **c** Zusätzlich wird das AC-Gelenk durch Zuggurtung stabilisiert.

11.3 Proximaler Oberarm: Frakturen

Frakturen am proximalen Humerus bieten unterschiedliche Voraussetzungen für das jeweilige Therapieverfahren und die Prognose. Abhängig von Frakturform, Lokalisation, Begleitverletzungen und Knochenqualität reicht das Spektrum vom einfach zu behandelnden eingestauchten subkapitalen Bruch bis zur komplexen Mehrfragmentluxationsfraktur des Humeruskopfes. In Abhängigkeit vom Frakturtyp ist entweder ein konservatives Behandlungsregime oder die möglichst stabile Rekonstruktion, in Einzelfällen auch der primäre endoprothetische Ersatz des Humeruskopfes Therapie der Wahl. Für die Rekonstruktion haben sich neben sog. Minimalosteosynthesen auch winkelstabile Plattenosteosynthesen durchgesetzt, welche die sensible Vaskularität des Oberarmkopfes schonen sollen.

Epidemiologie und Ätiopathogenese: Frakturen am proximalen Humerus betreffen vorwiegend ältere Patienten. Frauen sind gegenüber männlichen Patienten im Verhältnis 4:1 häufiger betroffen. Grund hierfür sind die höhere Lebenserwartung sowie die postklimakterische Osteoporose. Als häufige Begleitverletzung der Schultergelenkluxation gelten Abrissfrakturen des Tuberculum majus. Epiphysenlösungen oder -frakturen beobachtet man bei älteren Kindern.

Typische Unfallmechanismen beim älteren Patienten sind Stürze auf Ellenbogen oder Hand bzw. direkt auf die Schulter. Bei älteren Kindern kommen der Fall von einem Sportgerät oder Zweirad infrage, bei jungen und mittelalten Erwachsenen der Sturz auf die Schulter.

Einteilung: Oberarmkopfbrüche und subkapitale Humerusfrakturen werden **nach Neer** in 2- bis 4-Fragmentfrakturen mit oder ohne Luxation unterteilt. Diese Klassifikation gibt einen guten Hinweis zur geeigneten Therapie und der Langzeitprognose.

Die **AO-Klassifikation** (s. auch **9.2**, S. 227) differenziert uni- und bifokale extraartikuläre Brüche von eigentlichen Gelenkfrakturen (**11.8**).

Diagnostik: **Anamnese** und **klinische Untersuchung** lassen eine Verdachtsdiagnose zu. Lokale Schwellung, Fehlstellung und Functio laesa sind typische Symptome. Der Arm wird schmerzbedingt am Körper gehalten. Bei Luxationsfrakturen imponiert die Schultergelenkspfanne als „leer". Beweisführend sind **Röntgenaufnahmen** in 2 Ebenen (a.-p. und axial). Im Beisein des untersuchenden Arztes sowie unter Analgesie kann der Arm fast in allen Fällen soweit angehoben werden, dass die Aufnahme mit einer gebogenen Röntgenplatte möglich wird. Eine transthorakale Aufnahme ist unzureichend. Spezielle Aufnahmen können die axiale Aufnahme ersetzen.

Differenzialdiagnose: Frakturen am gelenknahen Oberarm müssen von Schultergelenkverletzungen, vor allem der Luxation abgegrenzt werden (s. SE 11.2, S. 278 ff). In besonders ungünstigen Fällen sind Humeruskopffrakturen mit Luxationen vergesellschaftet.

Begleitverletzungen: Außer der Schultergelenkluxation sind Begleitverletzungen am Armplexus bzw. den großen Gefäßen möglich. Luxationsfrakturen bedürfen der exakten klinischen Untersuchung und Befunddokumentation. Die notfallmäßige Reposition ergibt nahezu immer eine komplette Restitution. Bei Verdacht auf Gefäßläsion muss eine Angiographie durchgeführt werden. Bei einer Unterbrechung oder Intimaläsion ist die umgehende Revision erforderlich. Plexusläsionen erholen sich oft erst nach Wochen und Monaten.

Therapie: *Stabile oder stabil reponierte subkapitale Humerusfrakturen* lassen eine **konservative Behandlung** zu. Diese besteht aus kurzfristiger Ruhigstellung und frühfunktioneller Übungstherapie. Die Immobilisierung kann im Desault- oder Gilchristverband erfolgen (s. SE 9.10, S. 250). Ist die Fraktur fest eingestaucht, beginnt man unter Analgesie mit hubarmer geführter Bewegungsthe-

11.8 AO-Klassifikation der poximalen Humerusfraktur

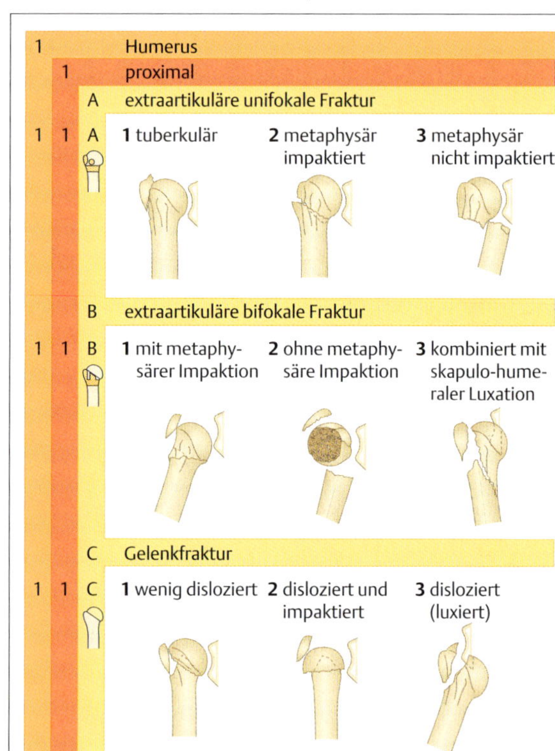

rapie. Eine längere Fixation des Armes am Rumpf ist wegen der möglichen Kontraktur der Schultergelenkkapsel obsolet.

Instabile oder nicht reponible Frakturen mit oder ohne Luxation bedürfen der **operativen Stabilisierung**. Lässt sich der Bruch geschlossen einrichten, bietet sich die perkutane Bohrdrahtstabilisierung an (**11.9a**). Bei osteoporotischem Knochen ist dieses Verfahren nur bedingt übungsstabil. Zudem ist die Bewegung im Schultergelenk wegen der überstehenden Bohrdrahtenden schmerzhaft. Gute Alternativen sind halboffene Verfahren mit perkutaner Schraubenfixation und zusätzlichen Bohrdrähten oder die Auffädelung mit elastischen Rundnägeln von distal. Bei *stark dislozierten Mehrfragmentbrüchen oder Luxationsfrakturen* muss offen reponiert werden. Zur Stabilisierung eignen sich Bohrdrähte mit oder ohne Zuggurtung (**11.9b**), Zugschrauben (**11.9c**) oder eine Plattenosteosynthese. Letztere verhilft zu guter Stabilität und ist besonders bei subkapitalen Frakturen indiziert. Neuere Plattenmodelle mit winkelstabiler Schraubenfixation erhöhen die Übungsstabilität beträchtlich. Trotz radiologisch guter Ergebnisse hinterlässt die Plattenosteosynthese häufig bleibende Funktionseinschränkungen.

Bei *Mehrfragment- (Luxations-)Frakturen* und ungünstiger Knochenqualität bietet sich wegen der Gefahr einer Kopfnekrose ein primärer **endoprothetischer Ersatz** an (**11.9d**). Behandlungsziel beim endoprothetischen Ersatz ist die schmerzfreie Abduktion und Elevation des Armes bis zur Horizontalen.

Komplikationen: Übersehene Luxationen und die Kopfnekrose sind die häufigsten Komplikationen beim Oberarmkopfbruch. Sekundärdislokationen infolge Zurücklaufens von Bohrdrähten oder eine unzureichende Stabilität der Osteosynthese beruhen auf mangelhafter Operationstechnik. Ein weiterer Faktor sind die eingeschränkte Knochenqualität und damit schlechtere Frakturheilung bzw. problematische Verankerungsmöglichkeiten für die Implantate. Außerdem muss bei den meist älteren Patienten mit eingeschränkter Kooperationsfähigkeit gerechnet werden. Als Rückzugsmöglichkeit verbleibt die endoprothetische Ersatzoperation. Iatrogene Schäden an Nerven und Gefäßen sind selten. Nur bei Plattenosteosynthesen über den anterolateralen Zugang wird gelegentlich der N. radialis geschädigt. Bei transdeltoidalen Zugängen ist der N. axillaris gefährdet. Kontrakturen oder Verkalkungen in der Schultergelenkkapsel führen zu erheblichen Funktionseinbußen.

Prognose: Je schwerer die Verletzung und je ungünstiger die Knochenqualität, desto eingeschränkter die Prognose. Kopfnekrose und Kapselkontrakturen hinterlassen eine ausgeprägte funktionelle Einschränkung. Bei Indikation zur Kopfprothese muss der Patient auf die zu erwartende Funktionsbehinderung hingewiesen werden. Vorrangiges Ziel dieser Operation ist Schmerzarmut bei akzeptablen Bewegungsausmaßen.

11.9 Osteosyntheseverfahren bei Frakturen des proximalen Humerus

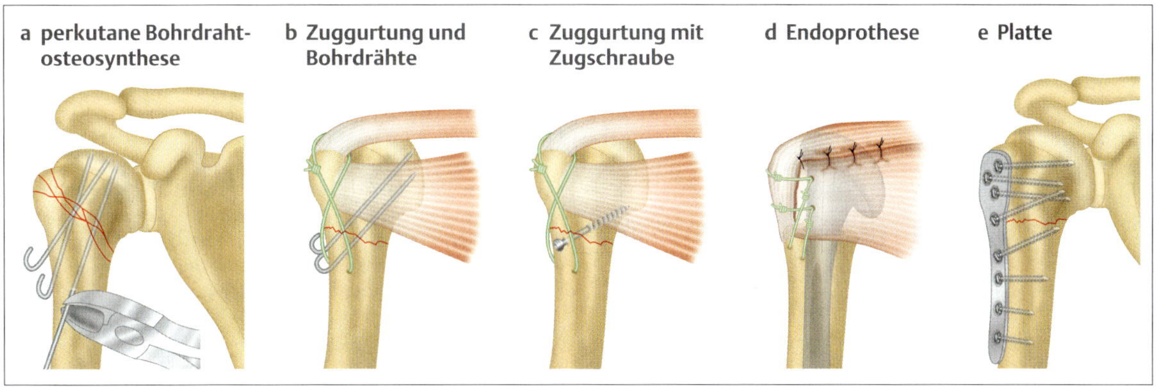

11.4 Proximaler Oberarm: Weichteilverletzungen

Schwerere Kontusionen am proximalen Oberarm sind selten. Durch ihre anatomische Nachbarschaft zum Schultergelenk ist dessen Funktion regelmäßig mitbetroffen (s. SE 11.1, S. 276 f). Eine überwiegend auf degenerativen Veränderungen beruhende Weichteilverletzung im vorderen proximalen Oberarmanteil ist die Ruptur der langen Bizepssehne. Die Wahl der geeigneten Therapie hängt vom Alter des Patienten und dem Zeitpunkt der Diagnosestellung ab.

Ätiopathogenese: **Direkte Traumen** wie Quetschverletzungen und Kontusionen entstehen am proximalen Oberarm meist bei Verkehrsunfällen, Stürzen aus größerer Höhe oder im Rahmen von Arbeitsunfällen. Der **Riss der langen Bizepssehne** hat selten traumatischen Charakter. Vielmehr ereignet er sich bei sog. arbeitsüblichen Handlungen wie dem Anheben eines schweren Gegenstandes. Die degenerativ veränderte Sehne reißt an der Stelle ihrer größten mechanischen Beanspruchung im Sulcus intertubercularis. Selten ist die traumatische Ruptur bei Oberarmkopfbrüchen.

Diagnostik: Weichteilverletzungen werden klinisch diagnostiziert. Eine Röntgenuntersuchung unter Einbeziehung des Schultergelenkes ist obligat, um knöcherne Mitverletzungen oder Luxationen auszuschließen. Rupturen der langen Bizepssehne bieten nicht immer eindeutige Symptome. Anfänglich ist die beweisende Konturveränderung der Oberarmvorderseite („herabgerutschter Muskelbauch") kaum zu erkennen. Die typische Anamnese, der Tastbefund sowie eine Kraftminderung bei Beugung im Ellbogengelenk legen die Diagnose nahe.

Differenzialdiagnose: Der Abriss der langen Bizepssehne kann mit einer reinen Distorsion des Schultergelenks verwechselt werden, wenn die typischen klinischen Symptome fehlen. Daraus und aus den anfänglich meist geringen Beschwerden erklärt sich, dass viele Patienten erst verspätet ärztliche Behandlung in Anspruch nehmen.

Therapie: Reine Kontusionen bzw. Zerrungen werden **konservativ** behandelt. Kurzfristige Immobilisierung, Analgesie und eine frühfunktionelle Behandlung reichen i. d. R. aus.

Die Entscheidung, ob eine Ruptur der langen Bizepssehne operativ oder konservativ zu behandeln ist, wird von individuellen Voraussetzungen des Patienten abhängig gemacht. Hohes Alter, ein länger zurückliegendes „Rissereignis" und Gegenanzeigen zur Narkose schließen die Operation aus.

Bei jüngeren und mittelalten Patienten sowie frischer Ruptur erfolgt die **operative** Refixation der Bizepssehne am Knochen (sog. Schlüssellochtechnik, **11.3**) oder am kurzen Bizepskopf (Durchflechtungsnaht). Sinn des Eingriffes ist, durch den Erhalt der Spannung die Dystrophie des Muskels und eine Veränderung der Kontur des Oberarmes zu vermeiden. Allerdings ist der Kraftverlust bei Verzicht auf eine Rekonstruktion nicht sehr groß. Nach der Operation wird kurzfristig (2–3 Wochen) in einem Verband mit 90-Grad-Position des Ellbogengelenkes immobilisiert.

Komplikationen: Bei schweren Quetschungen und Kontusionen kann es zu Weichteilproblemen kommen. Wegen der Schmerzhaftigkeit der Verletzung besteht die Neigung, den Arm am Körper zu halten. Dies kann zu länger währender Bewegungseinschränkung im Schultergelenk führen. Nach Refixation der langen Bizepssehne kann die Verankerung unzureichend sein, was zur Insuffizienz und Muskeldystrophie führt.

Prognose: Diese ist bei suffizienter Behandlung der angrenzenden Gelenke auch nach schweren Kontusionen gut. Konservativ behandelte Rupturen der langen Bizepssehne hinterlassen eine leichte bis mäßige Kraftminderung und ein ungünstiges kosmetisches Resultat. Beides kann durch die operative Intervention graduell verbessert werden.

11.3 Schlüssellochtechnik zur Refixation der Bizepssehne

Das proximale Sehnenende der Bizepssehne wird verknotet und mit einem resorbierbaren Faden gesichert. Das Ellbogengelenk wird um 90 Grad gebeugt, der Unterarm supiniert und das Sehnenende nach proximal gezogen. In Höhe des Knotens (d. h. etwa in Höhe des chirurgischen Halses) wird im Sulcus intertubercularis ein 7–8mm großes Loch gebohrt und keilförmig ca. 1cm nach distal aufgemeißelt (**a**). Wird das Ellbogengelenk nun stärker flektiert, kann der Knoten in das Loch eingehängt werden (**b**).

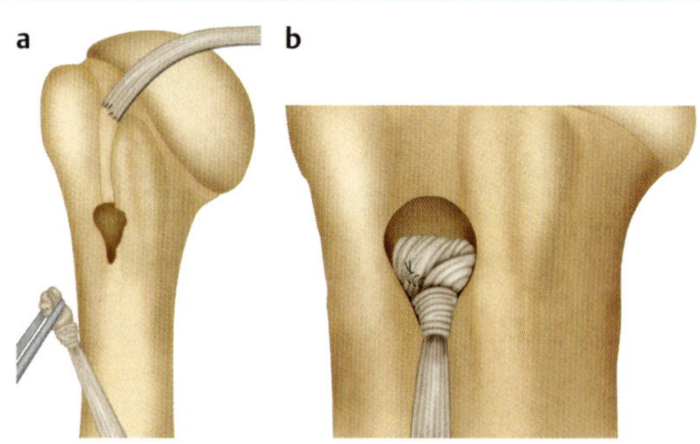

11.5 Nervenverletzungen der oberen Extremität

Nervenverletzungen der oberen Extremität führen, auch wenn sie nur die Fingernerven betreffen, zu gravierenden Funktionsausfällen und Behinderungen im täglichen Leben. Neben rein funktionellen Gesichtspunkten des Greif- und Bewegungsorganes Arm und Hand, kommt dieser Extremität noch eine besondere Bedeutung durch die Aufrechterhaltung des psychosozialen Kontaktes zu. Arm und Hand vereinigen sowohl sensitive wie rein motorische Funktionen in einem Organ, wenn man sich allein vor Augen hält, was die Vorgänge des Tastens, Greifens, Begreifens, der Gebärden, Verteidigens, Angreifens und Arbeitens in unserem Leben bedeuten.

11.4 Innervation der Arm- und Handfunktionen

Die Innervation der Arm- und Handfunktionen erfolgt über den Plexus brachialis (i. d. R. Wurzel C5–Th 1). Die **dorsalen Äste** des Plexus brachialis versorgen Muskeln des Halses, der Skapula und des Schultergürtels, sowie Verbindungsmuskeln von Thoraxwand und Oberarm. Die **ventralen Äste** des Plexus brachialis versorgen die Muskeln von Ober- und Unterarm sowie der Hand, hinzu kommen noch der N. subclavius zum gleichnamigen Muskeln an der Klavikula und die Nn. pectoralis medialis et lateralis zu den Mm. pectoralis major und minor.

Als Faustregel gilt: Je zentraler Verletzungen der peripheren Nerven des Armes liegen (also je näher an der Halswirbelsäule), desto gravierender sind die Funktionsausfälle der betroffenen Extremität.

Die ***Diagnostik*** des Frischverletzten beinhaltet die Testung der **aktiven motorischen Funktionen** und die Prüfung der **Sensibilität** proximal und distal der Verletzungsstelle (**T 11.3**). An den Fingern wird die bewegliche **2-Punkte-Diskriminierung** getestet (s. Lehrbücher der Neurologie).

Die klinische Testung von motorischer Funktion und Sensibilität beeinflusst die Zielsetzung des Operateurs bei der intraoperativen Exploration maßgeblich. Der Genauigkeit der primären Untersuchung kommt daher eine wesentliche Bedeutung zu.

Bei zeitlich länger zurückliegenden nervalen Verletzungen (Wochen, Monate) kommt zum erstgenannten klinischen Aspekt noch der Neuromschmerz im Bereich der Verletzungsstelle als Hoffmann-Tinel-Zeichen, Muskelatrophien, Veränderungen des Papillarleistenmusters der Finger sowie die verminderte Schweißsekretion hinzu. Hier sollte nach Möglichkeit der klinische Aspekt noch durch eine **elektrophysiologische Untersuchung** ergänzt werden.

Therapie: Verletzungen der Nerven des Plexus brachialis und des Armes unterliegen den gleichen Versorgungsrichtlinien wie alle peripheren Nerven.

T 11.3 Klinik wichtiger Nervenverletzungen am Arm

Nerv	*häufige Schädigung*	*ausgefallene Funktion*	*Merksatz*
N. axillaris	bei vorderer unterer Schulterluxation	Abduktion des Armes zur Seite, Elevation nach vorn	
N. medianus	Oberarm (Lagerung, suprakondyläre Humerusfrakturen) Handgelenk (Schnittverletzung)	Schwurhand bei Ausfall der Flexoren der radialen Finger, aufgehobene Tastsensibilität D1 bis radial D4 (Fingerkuppen) s. Karpaltunnelsyndrom (SE 37.2, S. 822)	Ich schwöre beim heiligen Medianus, 
N. radialis	proximales Speichenende Oberarmschaft (Canalis n. radialis) Axilla (Krücken)	Fallhand bei Ausfall der langen Handgelenk- und Fingerstrecker, Taubheitsgefühl an der Streckseite 1. Interdigitalraum D1–D3 zusätzlich Supination bei ausgestrecktem Ellbogen zusätzlich Streckung im Ellbogen bei Parese des M. triceps	dass, wenn ich vom Rad fall', 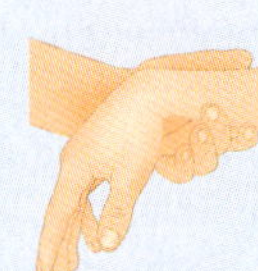
N. ulnaris	Ellbogen (Sulcus n. ulnaris): Lagerung, Schnittverletzung, Frakturen des Epikondylus medialis	Krallenhand bei Ausfall der kleinen Handmuskeln, Froment-Zeichen: zwischen Daumen und Zeigefinger kann bei gestrecktem Daumengelenk kein Blatt Papier festgehalten werden; Ausfall der Tastsensibilität ulnar D4 und D5 (Fingerkuppen)	ich mir die Ulna krall. 

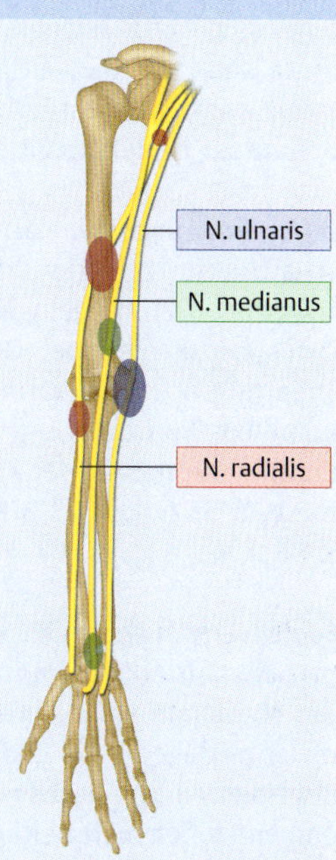

11.6 Oberarmschaft

Art und Entstehung knöcherner Verletzungen am Humerus weisen individuell große Unterschiede auf. Eine adäquate Therapie muss auf diese Verschiedenartigkeit der Verletzungen abgestimmt sein. Konservative Behandlungstechniken haben in geeigneten Fällen ihre Indikation. Bei einer Anzeige zur Operation kommen grundsätzlich alle 3 Standardverfahren der Osteosynthese (Platte, Marknagel, Fixateur externe) in Betracht. Begleitende Weichteilverletzungen schwereren Ausmaßes sind selten und Rasanztraumen mit direkter Krafteinleitung vorbehalten.

Ätiopathogenese: Wie bei allen diaphysären Frakturen unterscheidet man am Oberarm einfache Frakturen, Keilfrakturen und komplexe Frakturen.
Direkte Gewalteinwirkung ist bei Rasanztraumen im Rahmen von Verkehrs- und Arbeitsunfällen sowie bei Stürzen aus größerer Höhe ursächlich. Solche Unfallmechanismen erzeugen überwiegend Quer- und kurze Schräg- oder Mehrfragmentbrüche. **Indirekte Torsionsfrakturen** sind meist Monotraumen und entstehen durch Verdrehung, z. B. beim Sturz auf die Hand. Osteoporotische Veränderungen des Knochens wirken begünstigend, daher tritt die Verletzung nicht selten beim weiblichen Geschlecht nach der Menopause auf. **Pathologische Frakturen** des Oberarmschaftes gehen auf eine metastasenbedingte Osteolyse des Knochens zurück (s. SE 14.1, S. 350 f). Sie sind überwiegend im proximalen Schaftanteil lokalisiert.

Diagnostik: Die typische Klinik führt zur Verdachtsdiagnose, Röntgenaufnahmen bestätigen den Frakturverdacht. Sie ermöglichen die Klassifikation des Bruches. Die angrenzenden Gelenke sind in die radiologische Untersuchung einzubeziehen. Eine häufige Begleitverletzung ist die primäre **Parese des N. radialis** (**11.5**), seltener sind **Gefäßläsionen**. Die klinische Erstuntersuchung muss stets auf die periphere Sensibilität und Motorik sowie auf die Durchblutung achten. Der dabei erhobene Befund ist zu dokumentieren.

Differenzialdiagnose: Normalerweise bietet die Humerusschaftfraktur keinerlei differenzialdiagnostische Schwierigkeiten. Bei pathologischer Knochenstruktur infolge Osteoporose oder bei Osteolyse durch tumoröse Veränderungen (Sekundärmetastase) muss die Grunderkrankung berücksichtigt werden. Sie hat wesentlichen Einfluss auf die Art der Therapie (z. B. Verbundosteosynthese, s. SE 9.4, S. 237; Palliativoperationen, s. SE 4.11, S. 95).

Begleitverletzungen: Bei stärkerer Dislokation einer Humerusschaftfraktur im mittleren Drittel sind **Paresen des N. radialis** nicht selten (s. auch Diagnostik). Sie sind meist passagerer Art und durch Überdehnung bzw. Einblutung bedingt. **Gefäßverletzungen** sind die Ausnahme und entstehen mehrheitlich im Rahmen schwerer Weichteilläsionen (**11.10**).

Gelegentlich ist die Humerusschaftfraktur mit Frakturen im Oberarmkopf- und/oder -halsbereich vergesellschaftet. Daher muss die klinische und radiologische Diagnostik regelmäßig auch auf diese Region ausgedehnt werden. Begleitverletzungen am ipsilateralen Ellenbogengelenk sind dagegen seltener.

Therapie: Die **konservative Therapie** bei Oberarmschaftfrakturen ist abhängig von bestimmten Voraussetzungen. Lange Schräg- oder Mehrfragmentbrüche ohne gravierenden Weichteilschaden im mittleren bzw. am Übergang zum distalen Drittel können kurzfristig im Oberarmgips mit Schulterkappe oder im Desault-Verband (s. SE 9.10, S. 250) danach mit einem Brace (s. SE 9.12, S. 254) behandelt werden. Vorteil ist das Freibleiben der angrenzenden Gelenke mit der Möglichkeit frühzeitiger Übungstherapie. Frakturstellung und Bruchheilung sind regelmäßig radiologisch zu überprüfen. Bei längeren Schrägfrakturen im mittleren Drittel kommt es i. d. R. zu raschem knöchernem Durchbau.
Quer- und kurze Schrägbrüche sowie Frakturen im proximalen und distalen Schaftanteil stellen eine **Operationsindikation** dar. Gleiches gilt für Mehretagen- bzw. Trümmerbrüche sowie für Frakturen mit höhergradigem Weichteilschaden. Bei sog. Kettenverletzungen, d. h. gleichzeitig vorhandenen Brüchen am Ober- und Unterarm sowie bei Patienten mit Polytrauma ist ebenfalls eine Osteosynthese angezeigt. Die Art der Stabilisierung

11.10 Begleitverletzung bei Humerusschaftfrakturen

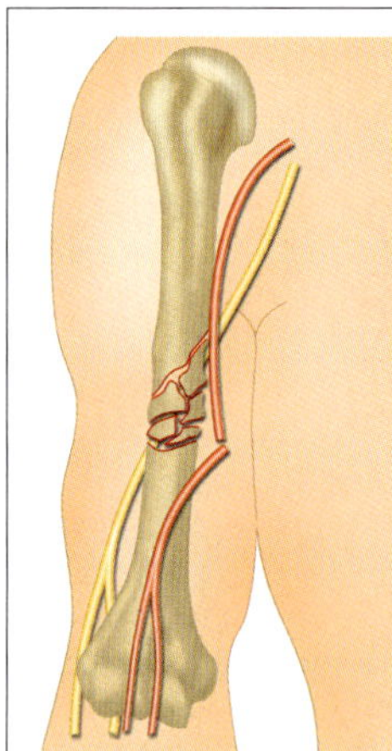

Knochenfragmente können die A. brachioradialis verletzen. Wird der dem Humerus dorsal anliegende N. radialis beschädigt, resultiert die typische Fallhand.

11.5 Fallbeispiel: Humerusschaftfraktur mit primärer Radialisparese

25-jähriger Patient nach Motorradsturz, Einweisung in die Klinik mit multiplen Prellungen und Schürfungen. Am linken Oberarm typische Frakturzeichen mit Krepitation, Schwellung, Fehlstellung und pathologischer Beweglichkeit. Der Arm wird schmerzbedingt am Körper gehalten. Die Überprüfung der peripheren Sensibilität und Motorik weist auf eine Parese des N. radialis hin (Fallhand). Der Patient hat streckseitig am Unterarm bzw. der Hand Ausfälle der Berührungsempfindlichkeit. Die Röntgenaufnahme zeigt eine dislozierte Fraktur des Humerusschaftes im mittleren Drittel, wo der N. radialis auf der Dorsoradialseite nahe am Knochen verläuft. Es handelt sich demnach um eine primäre Radialisparese; die Stabilisierung mittels Plattenosteosynthese von dorsal nach sorgfältiger Darstellung des Nervs ist angezeigt.

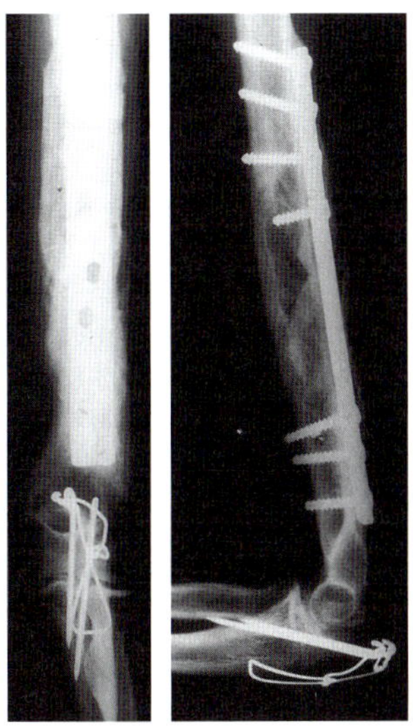

ist dem Frakturtyp, der Lokalisation sowie dem Ausmaß des begleitenden Weichteilschadens anzupassen. Quer- und kurze Schrägfrakturen eignen sich für die Druckplattenosteosynthese, evtl. mit Plattenzugschraube. Im körpernahen Anteil des Humerusschaftes erfolgt der Zugang und die Plattenanlagerung von anterolateral, im mittleren und distalen Drittel von dorsal. Bei primärer Radialisparese führt man die Revision des Nervs in Bauchlage oder in Rückenlage mit spezieller Armstütze von dorsal her durch. Die Fraktur wird nach Freilegen des Nervs mittels Platte stabilisiert (s. SE 9.4, S. 236).

Für die gleiche Indikation sowie bei Mehrfragment- und 2-Etagen-Brüchen ist eine intramedulläre Stabilisierung möglich. Unterschiedliche Implantate (massive Nägel mit proximaler und distaler Verriegelung, elastische Rundnägel) können über kleine Inzisionen von proximal oder distal in den Markkanal eingeführt werden. Die intramedulläre Stabilisierung eignet sich auch für Palliativeingriffe bei pathologischen Frakturen (s. SE 9.4, S. 236 f). Bei ausgedehntem Weichteilschaden (Frakturen G III bzw. O III u. IV; s. SE 9.7, S. 243) bietet sich der Fixateur externe als primäre Osteosyntheseform an. Zusätzliche iatrogene Weichteilschäden bei der Primärosteosynthese können dadurch minimiert werden. Bei der Implantation der Schanz-Schrauben ist der Verlauf des N. radialis zu beachten. Nach Sanierung der Weichteile wird vielfach ein Verfahrenswechsel zur internen Osteosynthese vorgenommen (Platte, Marknagel, s. SE 9.3, S. 232 f).

Die **Begleit- und Nachbehandlung** operativ versorgter Oberarmfrakturen richtet sich nach Stabilitätsgrad und Weichteilschaden. Normalerweise wird Übungsstabilität erreicht, sodass postoperativ aktive Bewegungsübungen im Schulter- und Ellenbogengelenk möglich sind.

Komplikationen: Bei Plattenosteosynthesen droht die iatrogene Schädigung des N. radialis. Bei intramedullärer Stabilisierung und bei Anlegen eines Fixateur externe kann es ebenfalls zur Läsion dieses Nervs kommen. Verzögerte Knochenbruchheilung und Pseudarthrosen werden gehäuft bei Quer- und kurzen Schrägfrakturen bzw. bei unzureichender Osteosynthesetechnik beobachtet. In solchen Fällen ist eine Reosteosynthese mit interfragmentärer Kompression, evtl. unter Anlagerung autologer Spongiosa angezeigt.

Prognose: Humerusschaftfrakturen ohne Radialisparese haben bei adäquater Versorgung eine gute Chance zur Restitutio ad integrum. Primäre Radialisparesen erholen sich bis auf wenige Fälle innerhalb von Wochen bis Monaten vollständig. Die Prognose der iatrogenen Radialisparese ist weniger günstig. Bei frühzeitiger krankengymnastischer Begleit- und Nachbehandlung und übungsstabiler Osteosynthese bleiben nur selten Bewegungseinschränkungen im Schulter- und Ellenbogengelenk zurück.

11.7 Frakturen am distalen Oberarm

Distaler Humerus und proximale Elle bzw. Speiche bilden durch ihre Artikulation im Ellenbogengelenk eine funktionelle Einheit (s. auch SE 11.8, S. 290 f). Frakturen und Gelenkverletzungen dieser anatomischen Region weisen infolge ihrer Vielgestaltigkeit sowie spezieller Probleme in der Versorgung einige Besonderheiten auf. Das funktionelle Endergebnis nach operativer Rekonstruktion ossärer ebenso wie ligamentärer Verletzungen ist nicht selten durch die Ausbildung periartikulärer Ossifikationen bzw. durch Kontrakturen limitiert. Infolge der schwierigen Wiederherstellung der Gelenkflächen, des geringen Weichteilmantels sowie der komplizierten Gelenkmechanik stellen alle operativen Maßnahmen hohe Anforderungen an Osteosynthesetechnik und Weichteilbehandlung. Knöcherne Verletzungen des Ellenbogens betreffen alle Altersgruppen und sind im Wachstumsalter besonders häufig.

Ätiopathogenese: Gemäß der AO-Klassifikation werden am distalen Humerus extraartikuläre Frakturen sowie partielle und vollständige Gelenkfrakturen differenziert (👁 **11.11**).

Die **extraartikuläre** distale Humerusfraktur, auch suprakondyläre Humerusfraktur genannt, kommt abhängig vom Unfallmechanismus als häufige Extensions- und seltene Flexionsfraktur vor. Sie gehört zu den häufigsten knöchernen Verletzungen im Kindesalter. Gleiches gilt für die **Abrissfraktur des Epicondylus ulnaris (apophysäre extraartikuläre Fraktur)**.

Im Erwachsenenalter sind extraartikuläre Frakturen selten. Der Entstehungsmechanismus kann ein direkter Sturz auf den Ellenbogen sein, häufig ist eine indirekte Genese durch Sturz auf die Hand bei gestrecktem Ellenbogengelenk. Abrissfrakturen des Epikondylus sind Folge eines Valgusstresses. Die meisten Brüche dieser Region entstehen bei Sport und Spiel, z. B. durch Sturz von einem Sportgerät (Schaukel, Fahrrad, Turngerät usw.).

Partielle Gelenkfrakturen am distalen Humerus, d. h. Brüche des *Condylus ulnaris* und *radialis* sowie des *Capitulum humeri* sind selten. Sie werden meist im Wachstumsalter beobachtet. Epidemiologie und Pathomechanismus ähneln denjenigen extraartikulärer Frakturen.

Die **vollständige Gelenkfraktur** des distalen Humerus kommt ganz überwiegend beim Erwachsenen vor. Es handelt sich hierbei um eine sehr anspruchsvolle Verletzung bezüglich der Osteosynthese, da nur über eine ausgefeilte Technik und eine sorgfältige Weichteilbehandlung gute Behandlungsergebnisse erwartet werden können.

Die vollständige Gelenkfraktur entsteht durch direkten Sturz oder Schlag gegen die Ellenbogenregion oder indirekt durch Sturz auf die Hand. Vielfach gehen diese Verletzungen mit ausgedehnten Weichteilschäden einher.

Diagnostik: Anamnese und klinische Untersuchungen ergeben den Frakturverdacht. Typische Frakturzeichen sind bei *extraartikulären Frakturen* und *vollständigen Gelenkbrüchen* festzustellen. Röntgenaufnahmen in 2 Ebenen reichen zur Bestätigung der Diagnose aus. Im Wachstumsalter können Vergleichsaufnahmen der gesunden Seite sinnvoll sein.

Differenzialdiagnose: Extra- und intraartikuläre Frakturen beim Erwachsenen machen keine differenzialdiagnostischen Probleme. Bei kleinen Kindern ist die exakte Diagnostik wegen des unvollständig angelegten Skeletts schwierig. Durch Vergleichsaufnahmen der gesunden Seite gelingt die Abgrenzung einer knöchernen Läsion von reinen Prellungen und Distorsionen.

Begleitverletzungen: Suprakondyläre Frakturen beim Kind gehen oft mit starker Dislokation und Schwellung einher. Bei Extensionsfrakturen ist eine Läsion der A. brachialis möglich. Folge einer Läsion des beugeseitigen Gefäß- und Nervenbündels ist die *Volkmann-Ischämie/-Kontraktur* (👁 **11.12**). Massive Schwellungen und Ödeme können ein Kompartmentsyndrom verursachen. Primäre Verletzungen der Nn. ulnaris et radialis sind selten.

👁 11.11 AO-Klassifikation Humerus distal

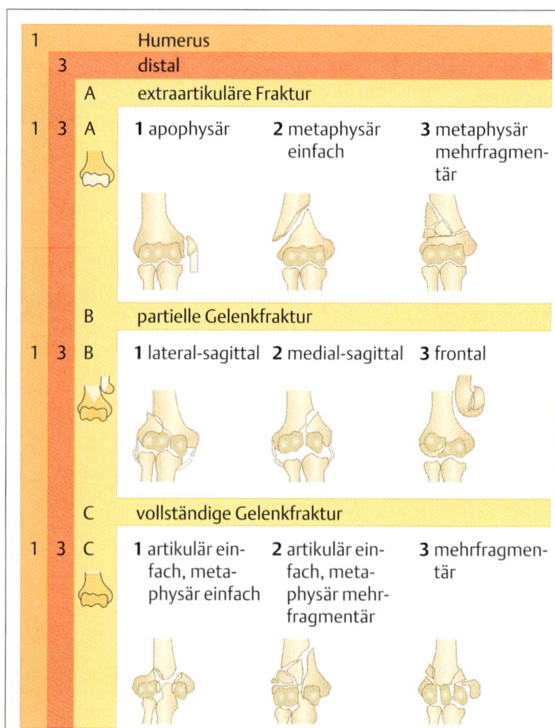

11.12 Begleitverletzungen bei distalen Humerusfrakturen

a dislozierte suprakondyläre Humerusfraktur mit Nerven- und Gefäßläsion

b Volkmann-Kontraktur

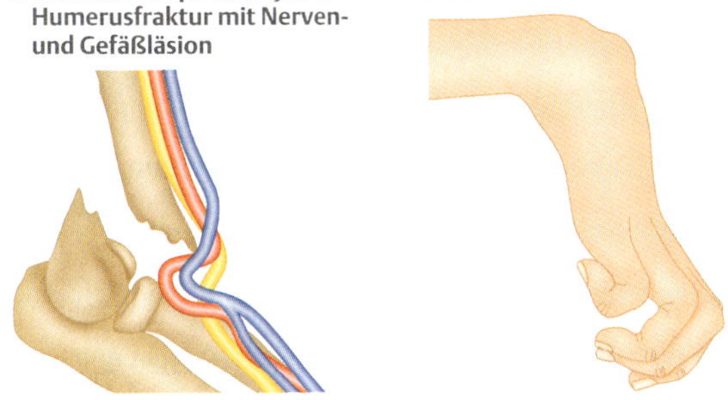

11.13 Osteosynthese einer intraartikulären distalen Humerusfraktur

a Plattenosteosynthese bei intraartikulärer distaler Humerusfraktur (Sicht von dorsal)

b Schrauben- und Plattenosteosynthese mit Olekranonzuggurtung (rechter Ellenbogen)

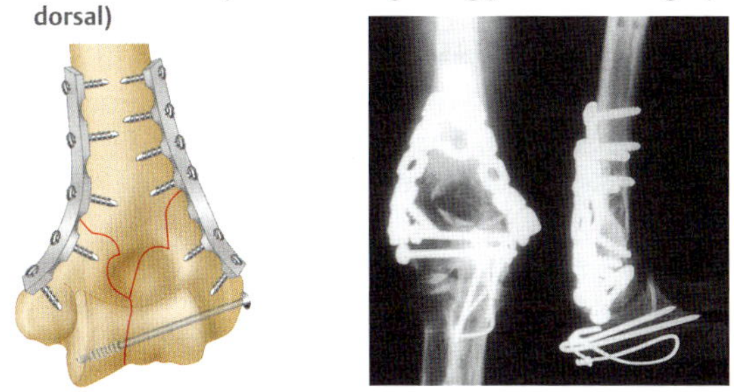

Therapie: **Abrissfrakturen des Epicondylus ulnaris** im Wachstumsalter werden offen reponiert und mit Bohrdrähten oder einer Zuggurtung anatomisch refixiert (s. SE 9.4, S. 236). **Suprakondyläre Humerusfrakturen** im Wachstumsalter können bei fehlender Dislokation konservativ behandelt werden. Die Ruhigstellung erfolgt im Oberarmgips mit Schulterkappe; Extensionsfrakturen mit geringer Dislokation stellt man in der Blount-Schlinge (Cuff-and-collar-Verband, s. SE 9.10, S. 249) ruhig. **Dislozierte suprakondyläre** und **andere Frakturen im Metaphysenbereich** sind eine klare Operationsindikation. Die Reposition gelingt vielfach geschlossen, die Fixation erfolgt perkutan. Ist dies nicht möglich, muss eine offene Osteosynthese erfolgen (s. SE 9.3, S. 232 ff).

Extraartikuläre Frakturen beim Erwachsenen werden durch Plattenosteosynthese vom medialen oder lateralen Zugang, in Einzelfällen mit gekreuzten Bohrdrähten stabilisiert.

Partielle Gelenkfrakturen eignen sich für Zugschraubenosteosynthesen.

! Noch offene Wachstumsfugen dürfen nicht von Schrauben durchkreuzt werden.

Vollständige Gelenkfrakturen erfordern die Rekonstruktion der Trochlea. Nach temporärer Fixation der einzelnen Fragmente mittels Bohrdrähten erfolgt die Fixation durch eine Trochleazugschraube und mit 3,5-mm-Rekonstruktionsplatten. Diese werden dorsomedial bzw. -lateral entlang des ulnaren und radialen Pfeilers fixiert. Bei schwieriger Gelenkrekonstruktion ist eine temporäre Olekranonosteotomie hilfreich; deren Osteosynthese kann mit Zuggurtung oder Schraube erfolgen (**11.13**).

Die **Begleit- und Nachbehandlung** muss individuell gestaltet werden. Sie ist abhängig von der Schwere der Verletzung, der durch die Osteosynthese erreichten Stabilität und eventuellen Begleitverletzungen. Der Operateur muss den Physiotherapeuten genaue Anweisungen geben. Passive Maßnahmen zur Motilitätssteigerung sind zu vermeiden. Beim Auftreten von Kontrakturen oder Ossifikationen ist die Intensität der Übungstherapie zu verringern. Auf immobilisierende Verbände sollte frühestmöglich oder gänzlich verzichtet werden.

Komplikationen: Nach perkutaner Bohrdrahtosteosynthese extraartikulärer Frakturen im Wachstumsalter können Rotationsfehler verbleiben. Diese sind im seitlichen Röntgenbild an der sog. ventralen „Nase" zu erkennen, verursacht durch eine Verdrehung der Fragmente gegeneinander. In bis zu 50 % der suprakondylären Humerusfrakturen kommt es zu bleibendem Fehlwachstum im Sinne eines Cubitus varus. Stärkere Achsabweichungen werden nach Wachstumsabschluss operativ korrigiert.

Die **Volkmann-Ischämie** hinterlässt ausgeprägte Kontrakturen am Vorderarm (**11.12b**). Eine alsbaldige Versorgung stark dislozierter Frakturen hilft, diese Komplikation zu vermeiden.

Abrissfrakturen am Epicondylus ulnaris können nach unvollständiger Reposition zur Pseudarthrose führen. **Intraartikuläre Frakturen** *im Wachstumsalter*, z. B. Condylus-radialis-Frakturen oder Abscherbrüche des Capitulum humeri, führen nicht selten zur Varusfehlstellung und verzögerten knöchernen Konsolidierung.

Intraartikuläre Frakturen *beim Erwachsenen* neigen infolge Ossifikation und Kontraktur zu dauerhafter funktioneller Beeinträchtigung. Läsionen des N. ulnaris können iatrogen oder durch Vernarbungen/Osteophyten im Sulcus n. ulnaris bedingt sein. Die Indikation zum wiederherstellenden Eingriff (Arthrolyse, Dekompression/Ventralverlagerung N. ulnaris, s. dort) ist individuell zu stellen.

Prognose: Alle schweren ossären und ligamentären Verletzungen des Ellenbogengelenks hinterlassen eine mehr oder weniger starke Einschränkung der Funktion. Der Erfolg rekonstruktiver Eingriffe muss daher zurückhaltend dargestellt werden. Knöcherne Verletzungen mit Beteiligung der Wachstumsfuge haben das Risiko eines Fehlwachstums.

Kuno Weise

11.8 Frakturen am proximalen Unterarm

Durch die funktionelle Einheit des Ellenbogengelenks, welches aus 3 Kompartimenten besteht (Articulatio humeroulnaris, Articulatio humeroradialis, Articulatio radioulnaris proximalis) gelten für Brüche der körpernahen Elle und Speiche ähnliche Gesichtspunkte wie für diejenigen des distalen Humerus. Die komplizierte Gelenkmechanik, der geringe Weichteilmantel und die Schwierigkeiten in der Rekonstruktion limitieren die Langzeitresultate. Postoperativ sind Kontrakturen und Ossifikationen nicht selten, im Wachstumsalter kommt es zu Achsenfehlstellungen und bleibenden Störungen der Funktion.

Ätiopathogenese: In der AO-Klassifikation werden extraartikuläre Frakturen sowie Gelenkfrakturen eines oder beider Knochen unterschieden.

Extraartikuläre Frakturen des proximalen Radius und/oder der Ulna ereignen sich im Wachstums- und Erwachsenenalter gleichermaßen häufig, auf direktem ebenso wie auf indirektem Weg. *Radiusfrakturen* sind häufiger bei Kindern, während *extraartikuläre Frakturen der Ulna* bzw. beider Knochen mehr bei Erwachsenen beobachtet werden.

Gelenkfrakturen eines Knochens reichen von einfachen Spalt- oder Meißelbrüchen des Radiusköpfchens bis zu dessen vollständiger Zertrümmerung, an der Elle von der einfachen Olekranonquerfraktur bis zum Mehrfragmentbruch der Ulnazange. Die proximale Elle wird meist bei direkter Gewalteinwirkung verletzt, während das Speichenköpfchen durch indirekte Mechanismen beim Sturz auf die Hand frakturiert.

Gelenkfrakturen beider Knochen sind Folge stärkerer direkter oder indirekter Gewalteinwirkung, z. B. bei Sport- und Verkehrsunfällen oder während der Arbeit. Es kommen alle Formen vom einfachen Quer- bzw. Spaltbruch bis zur kompletten Gelenkzertrümmerung vor. Von letzterer sind insbesondere Erwachsene betroffen.

11.14 AO-Klassifikation proximaler Radius- und Ulnafrakturen

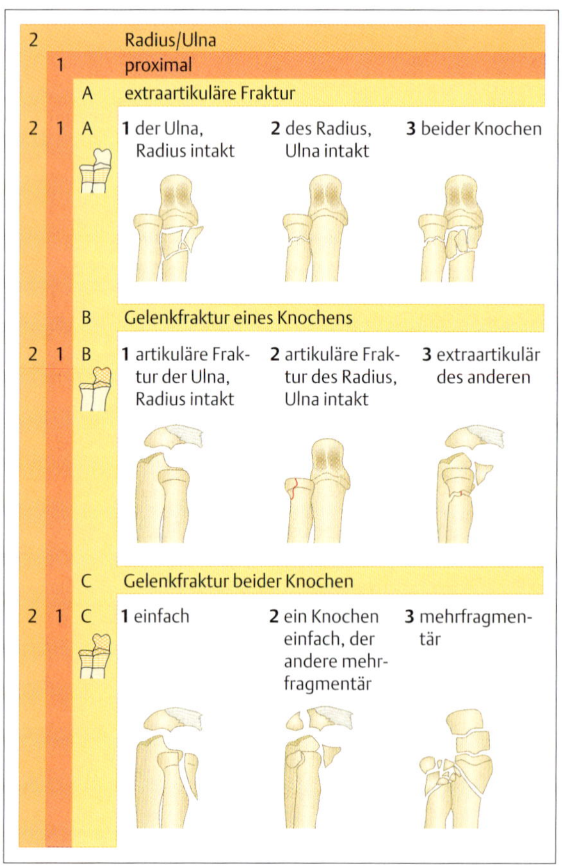

Diagnostik: Anamnese, klinische Untersuchung und Röntgenaufnahmen führen zur Diagnose, im Wachstumsalter werden zum Vergleich Aufnahmen der Gegenseite angefertigt.

Differenzialdiagnose: Schwierigkeiten bieten lediglich Frakturen bei jüngeren Kindern (s. SE 11.7, S. 288).

Die *dislozierte proximale Ulnafraktur* geht häufig mit einer Luxation des Speichenköpfchens einher (**Monteggia-Läsion**; **11.15a** u. S. 295). Bei Kindern ist diese Luxation eher mit einer Olekranonfraktur vergesellschaftet *(atypische Monteggia-Läsion)*.

Begleitverletzungen: Bei direkter Krafteinwirkung sind schwere Weichteilschäden zu erwarten, in manchen Fällen kommt es zu Begleitverletzungen der Nn. radialis (Speichenköpfchen) bzw. ulnaris (Olekranonfraktur, Monteggia-Schaden).

Therapie: *Extraartikuläre* Frakturen der proximalen Ulna werden operativ mit Platte stabilisiert. Beim *Monteggia-Schaden* muss die Radiusköpfchenluxation geschlossen oder offen beseitigt werden (**11.15b**).

Extraartikuläre Frakturen am proximalen Radius, sog. Radiushalsfrakturen beim Kind, werden mit gekreuzten Bohrdrähten (von distal nach proximal) stabilisiert (**11.15c**). Auch die Auffädelung von distal mit elastischen Rundnägeln ist möglich.

Artikuläre Frakturen der proximalen Ulna d. h. *Olekranonfrakturen* sind eine Indikation zur operativen Rekonstruktion mittels Zuggurtungs- oder Plattenosteosynthese. Ersteres ist das Standardverfahren (**11.16a,b**).

Mehrfragmentäre Frakturen des Olekranon mit oder ohne Fraktur des Radiusköpfchens werden mit Zuggurtung und interfragmentärer Schraube oder durch Plattenos-

11.15 Versorgung extraartikulärer proximaler Radiusfrakturen

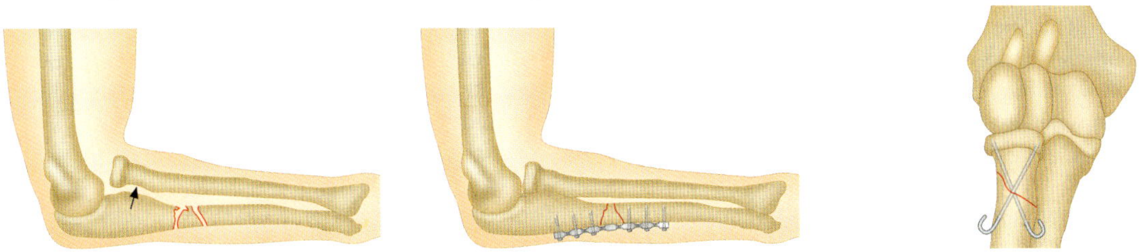

a Monteggia-Fraktur (proximale Ulnafraktur und Radiusköpfchenluxation)

b Versorgung mit Plattenosteosynthese und Reposition des Radiusköpfchens

c Osteosynthese mit gekreuzten Bohrdrähten bei Radiushalsfraktur

11.16 Versorgung von Olekranonfrakturen

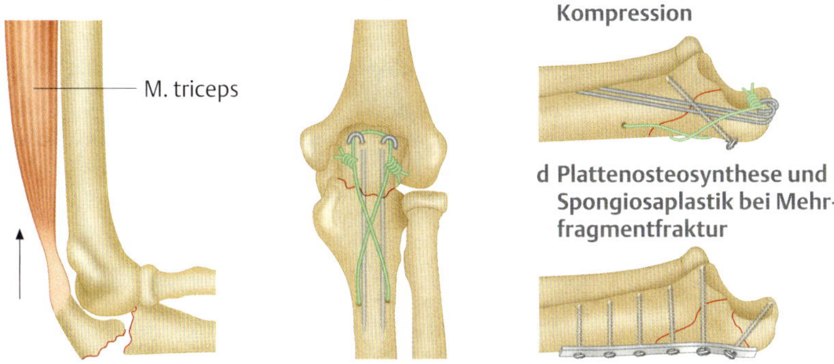

a Olekranonquerfraktur mit Dislokation

b Zuggurtungsosteosynthese

c zusätzliche Zugschraube zur interfragmentären Kompression

d Plattenosteosynthese und Spongiosaplastik bei Mehrfragmentfraktur

teosynthese versorgt. Wenn erforderlich, wird die Gelenkfläche mittels Spongiosa unterfüttert (**11.16c,d**). Bei *Mehrfragmentfrakturen des Speichenköpfchens* muss entschieden werden, ob eine Rekonstruktion möglich oder die Resektion angezeigt ist. Für Osteosynthesen verwendet man Schräubchen und Plättchen aus dem Mini-Instrumentarium (**11.17**).
Die *Begleit- und Nachbehandlung* erfolgt nach den gleichen Prinzipien wie am distalen Humerus (s. SE 11.7, S. 288 f).

Komplikationen: Intraoperativ sind die Nn. ulnaris (Olekranon) und radialis (Radiusköpfchen) gefährdet. Radiusköpfchenfrakturen neigen nach Rekonstruktion zur periartikulären Ossifikation oder zur Synostose mit der proximalen Ulna. Bei erheblicher Einschränkung der Diadochokinese kann die frühsekundäre Radiusköpfchenresektion angezeigt sein. Synostosen werden in geeigneten Fällen reseziert. In Fehlstellung verheilte *Monteggia-Frakturen* mit fortbestehender Radiusköpfchenluxation korrigiert man im Frühstadium mittels Osteotomie. Hat die Ulna die richtige Länge und Achse, kann das Speichenköpfchen reponiert werden. In Einzelfällen wird eine Plastik für das Lig. anulare erforderlich.
Olekranonfrakturen neigen bei instabiler oder fehlerhafter Osteosynthese zur Redislokation mit Implantatlockerung. Dies macht eine Reosteosynthese und temporäre Immobilisierung im Gips erforderlich.

11.17 Schraubenosteosynthese bei Radiusköpfchenfraktur

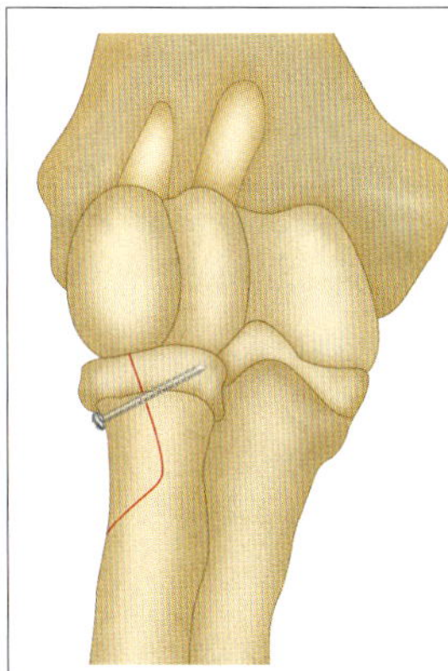

Prognose: Extra- und intraartikuläre Frakturen im Wachstumsalter hinterlassen manchmal Fehlstellungen mit funktioneller Behinderung. Die Eltern sind über diese Möglichkeit aufzuklären. Proximale Unterarmfrakturen bei Erwachsenen haben das Risiko einer bleibenden funktionellen Behinderung durch Kontrakturen und Ossifikation.

11.9 Weichteilverletzungen am Ellenbogen

Weichteilverletzungen am Ellenbogen umfassen neben dem Integument den Kapsel-Band-Apparat und gelenkübergreifende Strukturen. Akute Verletzungen gehen oft mit Gelenkinstabilität einher. Konservative und operative Behandlung schützen vielfach nicht vor funktioneller Behinderung. Neben Folgeschäden wie dem Kompressionssyndrom des N. ulnaris sind Läsionen der Bursa, der distalen Bizepssehne sowie des Knorpels möglich. Eine chronische Erkrankung ist die Epicondylitis lateralis humeri („Tennisarm").

Ätiopathogenese: Verletzungen des Kapsel-Band-Apparates einschließlich der Ellenbogen- oder Radiusköpfchenluxation entstehen ganz überwiegend indirekt durch Sturz auf die Hand. Kinder und junge Erwachsene sind häufig betroffen, z. B. bei Sportunfällen. *Knorpelverletzungen*, sog. Flake Fractures (s. SE 9.1, S. 225), können begleitend vorkommen, ebenso sog. Abschlagfragmente (knöcherne Bandabscherungen, -abrisse). Eine Sonderform der Bandverletzung ist die *Radiusköpfchensubluxation Chassaignac* (**11.6**). Direkte Gewalteinwirkung ist Ursache für die *Bursitis olecrani*. Die *Ruptur der distalen Bizepssehne* ist Folge einer ruckartigen Überbelastung bei angespanntem Muskel. Das *Kompressionssyndrom des N. ulnaris* entsteht durch Vernarbungen und Verkalkungen im gleichnamigen Sulkus, die *Epicondylitis lateralis humeri* („Tennisarm") durch unphysiologische Beanspruchung der Unterarmstreckmuskulatur.

Diagnostik: Anamnese und Klinik ergeben die Verdachtsdiagnose, Röntgenaufnahmen in 2 Ebenen schließen knöcherne Mitverletzungen aus (**T 11.4**).

Differenzialdiagnose: Sie ist normalerweise unproblematisch. Das Ausmaß der Instabilität sollte erkannt werden, Abschlagfragmente im Röntgenbild sind zusätzliche Hinweise. Der *Riss der distalen Bizepssehne* ist von reinen Distorsionen abzugrenzen. Bei *Epikondylitiden* und dem *Kompressionssyndrom des N. ulnaris* ist ein Zervikobrachialsyndrom auszuschließen.

Begleitverletzungen: Schwere *Kapsel-Band-Verletzungen* können mit Abschlagfragmenten und osteochondralen Frakturen einhergehen. Außer bei offenen *Weichteilverletzungen* sind Gefäß- und Nervenläsionen eher selten.

11.6 Radiusköpfchensubluxation Chassaignac

Ein 4-jähriges Mädchen kommt in Begleitung der Eltern weinend in die Klinik. Es schont den linken Arm. Zur Anamnese geben die Eltern an, dass das Kind vom Vater an diesem Arm im Kreis gedreht wurde. Die örtliche Untersuchung unter Ablenkung des Kindes besteht in einer forcierten Supination unter Zug und Gegenzug, dabei ist ein Schnappen zu spüren. Anschließend benutzt das Kind den betroffenen Arm ohne Einschränkung (Prüfung durch Festhalten des gesunden Armes und Reichen eines Spielzeugs). Durch die Untersuchung ist damit bereits die Therapie erfolgt. Die Verletzung ist nicht selten, sie betrifft vorwiegend Kleinkinder, bei entsprechender Anamnese muss daran gedacht werden.

Therapie: **Konservativ** behandelt man *Kapsel-Band-Verletzungen* ohne ausgeprägte Instabilität. Bei *Ellenbogenluxationen* kann nach der Reposition oft im Gipsverband be-

T 11.4 Diagnostik bei Weichteilverletzungen am Ellenbogen

Art der Verletzung	*Diagnostik*	*Kommentar*
Kollateralbandläsion	Röntgen, gehaltene Aufnahme	meist ulnar. seltener radial, oft kombiniert mit Abschlagfragmenten oder Radiusköpfchenfraktur
Abschlagfragmente (z. B. am Processus coronoideus)	Röntgen	Abschlagfragmente sind Zeichen erhöhter Instabilität
osteochondrale Fragmente	Röntgen	rein chondrale Fragmente sind im Röntgenbild nicht zu sehen
distale Bizepssehnenruptur	klinische Diagnostik	sichtbarer „Muskelbauch", „leere Ellenbeuge"
Kompressionssyndrom des N. ulnaris	Röntgen, Bestätigung durch den Neurologen	häufig sind im Röntgenbild Verkalkungen sichtbar
Bursitis olecrani	klinische Diagnostik (traumatische Ursache) bzw. Röntgen zum Ausschluss eines Olekranonsporns	die chronische Bursitis olecrani kann Folge eines Olekranonsporns sein, der im Röntgenbild zu erkennen ist
Radiusköpfchensubluxation	klinische Diagnostik	die Untersuchung der Unterarmdrehbewegung in Supination ist meist schon die Therapie (Reposition, **11.6**)
Epikondylitiden	klinische Diagnostik	lokaler Druckschmerz, spezielle Epikondyluszeichen

11.18 Therapie der Ellenbogenluxation

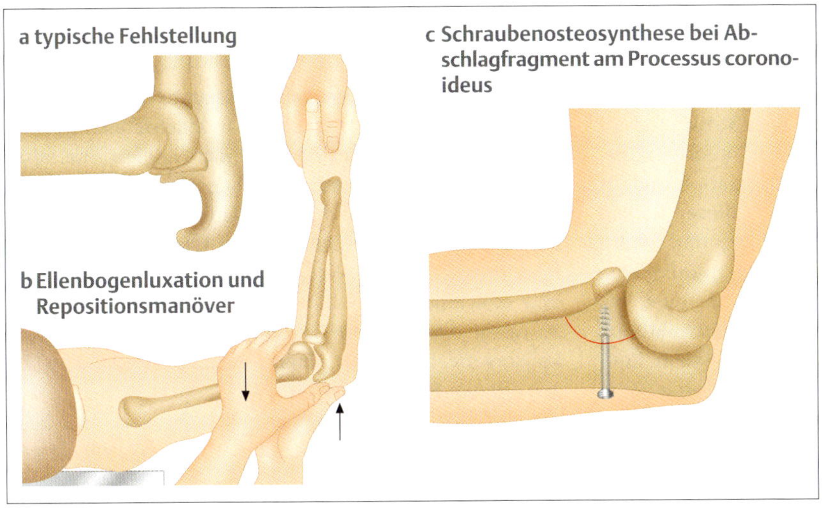

11.19 Ellenbogen überbrückender Fixateur externe

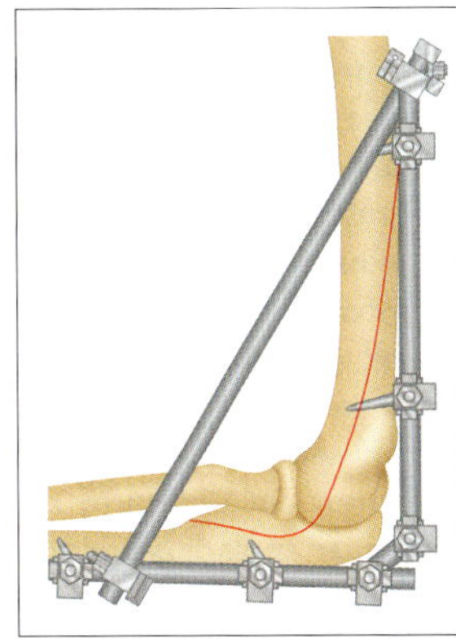

handelt und eine frühfunktionelle Therapie angeschlossen werden (11.18a,b) Bei *Epikondylitiden* und der *Bursitis olecrani* ist in vielen Fällen ein konservativer Therapieversuch gerechtfertigt. Die *Radiusköpfchensubluxation* wird schon im Rahmen der Diagnostik beseitigt (**11.6**).

Eine Indikation zu **operativem Vorgehen** besteht bei *ausgeprägten Instabilitäten* und *Reluxationsneigung*. Die gerissenen Strukturen müssen genäht, bei chronischer Instabilität Bandplastiken vorgenommen werden. *Abschlagfragmente und osteochondrale Frakturen* sind vielfach Anzeige zur Refixation, z. B. mit kleinen Schräubchen oder resorbierbaren Pins (**11.18c**). *Ausgedehnte Weichteilverletzungen* oder *Instabilitäten* werden temporär mit Fixateur externe behandelt (**11.19**).

Die *distale Bizepssehnenruptur* kann mittels verschiedener Techniken an der Tuberositas radii refixiert werden (**11.20**).

Bei *Bursitiden* ist die Exstirpation des Schleimbeutels angezeigt. Das *Kompressionssyndrom des N. ulnaris* macht eine Neurolyse mit oder ohne Ventralverlagerung des Nervs erforderlich. Die *Epicondylitis lateralis humeri*

11.20 Reinsertion der distalen Bizepssehne nach Abrissverletzung

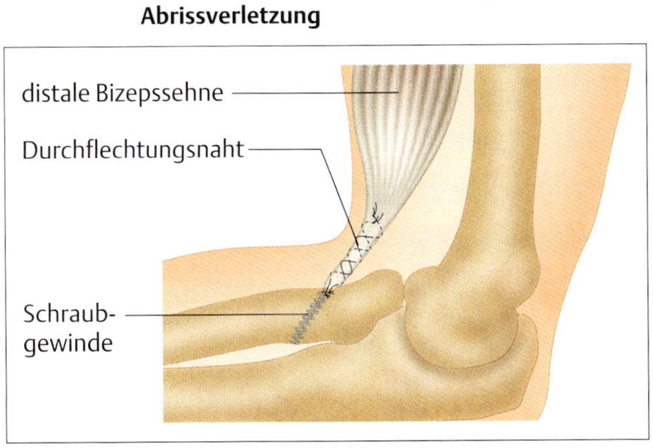

kann eine Indikation zur Operation nach Hohmann/Wilhelm sein (Einkerbung der Muskelursprünge, Denervierung des Epikondylus).

Für die **Begleit- und Nachbehandlung** muss die Tendenz zu Kontrakturen beachtet werden. Die Immobilisierung sollte je nach Art der Verletzung bzw. Ausmaß der Instabilität möglichst kurz sein. Beim Auftritt von Ossifikationen wird die fachangeleitete Übungsbehandlung limitiert oder temporär ausgesetzt. Nach Refixation der distalen Bizepssehne, Bursektomien, Nervendekompressionen und der Hohmann-Wilhelm-Operation wird kurzzeitig im Gipsverband ruhig gestellt.

Komplikationen: Bei allen operativen Maßnahmen können Gelenk überschreitende Nerven und Gefäße lädiert werden. Schwere Verletzungen der Gelenkkapsel und der Bänder neigen zu Kontrakturen und Ossifikationen.

! Nach Luxationen des Ellenbogengelenkes kommt es nicht selten unbemerkt zur erneuten Ausrenkung, der sog. „schleichenden Reluxation" auch im Gipsverband.

Dies bedeutet, dass nach Reposition einer Ellenbogengelenkluxation oder einer Luxationsfraktur regelmäßige Röntgenkontrollen, insbesondere im seitlichen Strahlengang stattfinden müssen. Der Oberarmgipsverband ist statt in 90-Grad- in 100-Grad-Beugestellung anzulegen, um dieser Komplikation entgegenzuwirken.

Nach Bursektomie, Dekompression sowie Operationen bei Epikondylitis drohen Rezidive. Die Refixation der distalen Bizepssehne neigt zu örtlichen Verkalkungen. Die Radiusköpfchensubluxation wird oft übersehen.

Prognose: Wie bei ossären Verletzungen ist das funktionelle Endergebnis ausgedehnter Weichteilverletzungen vielfach ungenügend. Chronische Schäden neigen zum Rezidiv. Eine vollständige Erholung des N. ulnaris im Gefolge der Dekompression ist ungewiss.

Kuno Weise

11.10 Unterarm und Handgelenk: Frakturen

Die komplizierte Topographie des Unterarms und Handgelenkes mit zahlreichen anatomischen Strukturen ist Grundlage der Befähigung der Hand zum Greiforgan. Dieser Umstand und die hohe Verletzungsexposition sind für die Häufigkeit knöcherner Verletzungen dieser Region verantwortlich. Von Brüchen an Unterarm und Handgelenk werden alle Altersgruppen betroffen. Häufigkeitsgipfel bestehen im Kindes- und Jugendalter sowie bei Frauen nach dem Klimakterium (distale Radiusfraktur).
Frakturen am Unterarm sind entweder an einem Knochen oder an Radius *und* Ulna lokalisiert. Die Behandlung ist bei Kindern überwiegend konservativ, bei Erwachsenen wird die Osteosynthese bevorzugt. Therapieziel bei distalen Radiusfrakturen ist die möglichst anatomische Reposition und Retention, um die Längenverhältnisse zwischen beiden Unterarmknochen ebenso wie die Gelenkkongruenz wiederherzustellen. Das Management bei körperfernen Speichenbrüchen trägt der Bruchform, fallweiser Gelenkbeteiligung, der Qualität des Knochens und individuellen Umständen des Patienten Rechnung. So reicht das Spektrum an Behandlungsmethoden vom konservativen Regime über perkutane Fixationen bis zur offenen Rekonstruktion.

Epidemiologie und Ätiopathogenese: *Unterarmfrakturen* entstehen durch direkte oder indirekte Gewalteinwirkung. Typisches Beispiel für den **direkten Verletzungsmechanismus** ist die sog. Parierfraktur der Elle. Bei direkter Traumatisierung kann es zu Unterarmfrakturen mit *höhergradigem Weichteilschaden* kommen. Für das Entstehen von Brüchen an Elle und Speiche sind auch **indirekte Mechanismen** wie Stürze auf die Hand möglich. Unterarmfrakturen gehören zu den häufigsten *knöchernen Verletzungen im Wachstumsalter.* In ähnlicher Häufigkeit sind junge und mittelalte Erwachsene von dieser Bruchform betroffen.
Für *körperferne Speichen- und Ellenbrüche* mit oder ohne Gelenkbeteiligung ist meist ein *indirekter Mechanismus* ursächlich. *Distale Radiusfrakturen im Wachstumsalter* gehen mit Beteiligung der Epiphysenfuge einher. Am häufigsten sind Frakturen am körperfernen Speichenende bei Patienten im *höheren Lebensalter.* Frauen werden von dieser Verletzung öfter betroffen als Männer (Verhältnis ca. 7 : 1). Insgesamt ist die distale Radiusfraktur mit ca. 25 % aller Brüche die *häufigste knöcherne Verletzung* überhaupt.
Für die Wahl der geeigneten Therapie bildet die *AO-Klassifikation* wesentliche Grundlage (**11.21**). Sie differenziert am Unterarm *einfache Frakturen der Ulna, des Radius oder beider Knochen* (22 A1–A3), *Keilfrakturen eines oder beider Knochen* (22 B1–B3), und *komplexe Frakturen eines Knochens mit einfacher oder komplexer Fraktur des anderen* (22 C1–C3). Letztere sind häufig mit höhergradigen Weichteilschäden vergesellschaftet.
Am körperfernen Vorderarmende unterscheidet die AO-Klassifikation *extraartikuläre* (23 A1–A3) von *partiellen Gelenkfrakturen* (23 B1–B3) und dort lokalisierten *vollständigen Gelenkfrakturen* (23 C1–C3).

Diagnostik: Durch die klinische Untersuchung wird der Frakturverdacht erhärtet. Fehlstellung, Krepitation, Schwellung und Functio laesa an Unterarm bzw. Handgelenk sind leicht zu erkennen (**11.22**).

! Stets ist auf die periphere Durchblutung und Nervenversorgung zu achten, der Befund zu dokumentieren.

11.21 AO-Klassifikation der distalen Radius- und Ulnafrakturen

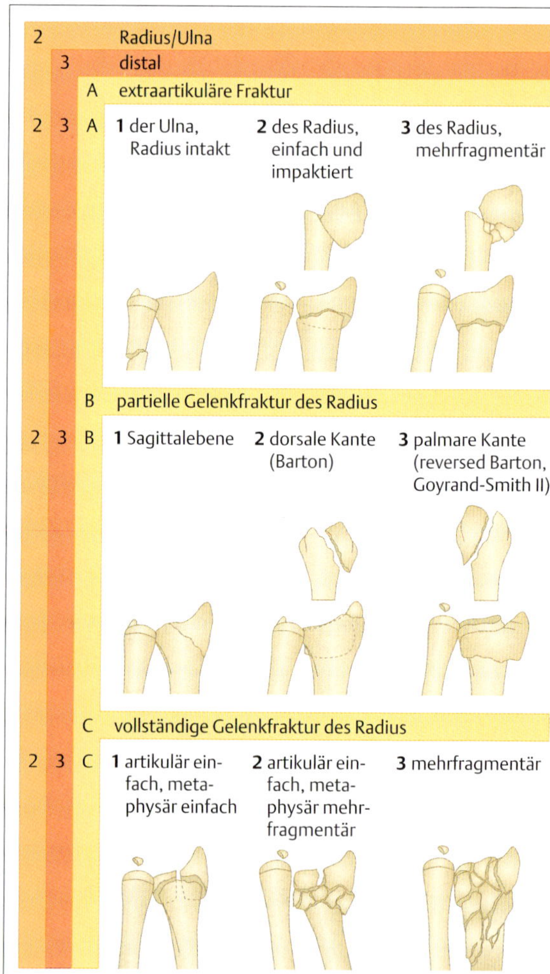

s. auch 9.2, S. 227.

Beweisend ist die Röntgenaufnahme in 2 Ebenen. Sie sollte bei Unterarmfrakturen stets die angrenzenden Gelenke einbeziehen. Nur auf diese Weise sind spezielle Kombinationsverletzungen wie Monteggia- oder Galeazzi-Frakturen zu verifizieren (👁 **11.23**).
Am Handgelenk muss besonders auf Begleitverletzungen der Handwurzelknochen geachtet werden. In solchen Fällen sind Spezialaufnahmen (z. B. sog. Navikulare-Quartett) erforderlich. Als bildgebende Verfahren kann die CT oder MRT wertvoll sein, um Informationen über das DRU-Gelenk bzw. die dort gelegenen Gelenkstrukturen und Bandverbindungen zu erhalten (Subluxation des DRU-Gelenks, Diskusverletzungen).

Differenzialdiagnose: Am *Unterarm* müssen einfache Schaftfrakturen von solchen mit Beteiligung der angrenzenden Gelenke abgegrenzt werden (Monteggia-, Galeazzi-Fraktur). *Isolierte Ulna- oder Radiusschaftbrüche* legen den Verdacht auf eine Mitverletzung der Membrana interossea nahe. Durch diese kommt die spezielle Kombination mit der Radius- oder Ulnaköpfchenluxation zustande.
Distale Radiusfrakturen gehen gelegentlich mit Skaphoidbrüchen oder Verrenkungen von Handwurzelknochen einher. Zusatzverletzungen am Handgelenk müssen durch spezielle Röntgenaufnahmen verifiziert werden.

👁 **11.22 Extensions- und Flexionsfraktur**

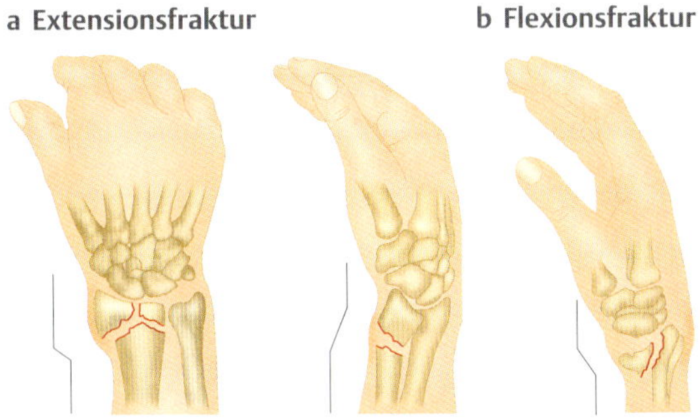

👁 **11.23 Kombinationsverletzungen**

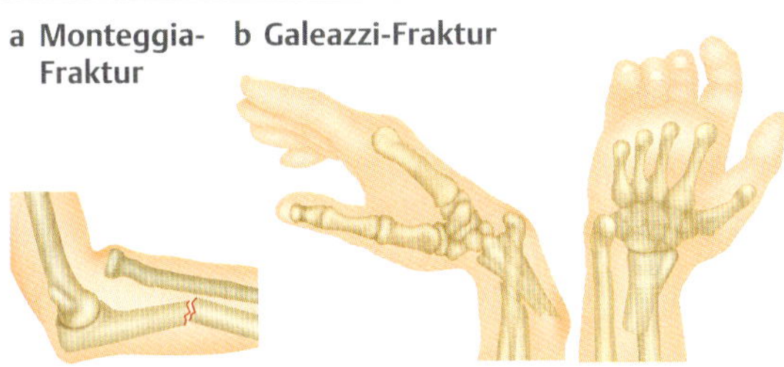

a Monteggia-Fraktur: proximale Ulnafraktur mit Luxation des Radiusköpfchens,
b Galeazzi-Fraktur: Radiusschaftfraktur am Übergang mittleres/distales Drittel mit Luxation des Ellenköpfchens im distalen Radio-Ulnar-(DRU-)Gelenk. Die operative Versorgung ist in 👁 **11.15** (s. S. 291) dargestellt.

Begleitverletzungen: *Direkte Gewalteinwirkung am Unterarm* führt zum Weichteilschaden. Dieser kann geschlossen *(Kompartmentsyndrom)* und/oder offen *(Haut-Weichteil-Defekte)* sein. Insb. im mittleren und distalen Unterarmdrittel sieht man gelegentlich relevante Nerven- und Gefäßverletzungen.
Am *Handgelenk* entsteht bei Flexions- und Extensionsfrakturen mitunter ein *Kompressionssyndrom des N. medianus.* Dieser kann entweder durch ein disloziertes Fragment oder durch ein akutes Engpasssyndrom im Karpaltunnel druckgeschädigt werden. Begleitverletzungen der übrigen Nerven, der A. radialis bzw. der Beuge-/Strecksehnen sind beim schweren Weichteilschaden ebenfalls möglich.

Therapie: *Unterarmfrakturen im* **Wachstumsalter** können meist konservativ im Oberarmgipsverband behandelt werden. Dies gilt besonders für Grünholzbrüche bei Kindern unter 10 Jahren (s. SE 9.1, S. 224). *Instabile Frakturen* bei älteren Kindern werden operativ stabilisiert, da sie im Gipsverband nicht zu halten sind. An Stabilisierungsverfahren stehen die Markraumdrahtung von Elle und Speiche, bei Jugendlichen auch die Plattenosteosynthese zur Verfügung.
Unterarmbrüche des **Erwachsenen** sind Anzeige zur stabilen Plattenosteosynthese, um auf eine zusätzliche Immobilisierung im Gipsverband verzichten zu können (👁 **11.24**). Damit soll eine verbleibende funktionelle Behinderung durch Schrumpfen der Membrana interossea vermieden werden. Beim schweren Weichteilschaden ist in Einzelfällen eine temporäre äußere Stabilisierung, je nach Lokalisation unter Einbeziehung des Ellenbogen- oder Handgelenkes vorzuziehen. Die Verriegelungsmarknagelung befindet sich am Unterarm noch im Stadium der klinischen Überprüfung.

👁 **11.24 Plattenosteosynthese am Unterarm**

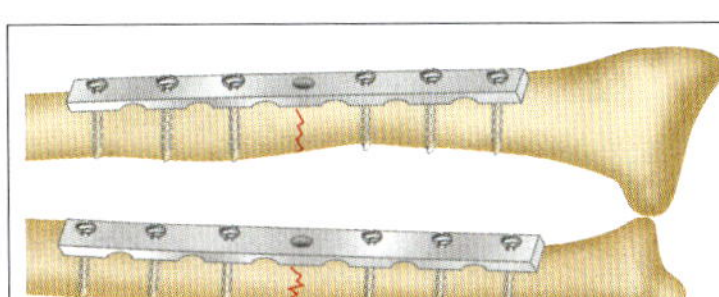

👁 **11.25 Repositionstechnik bei distaler Radiusfraktur**

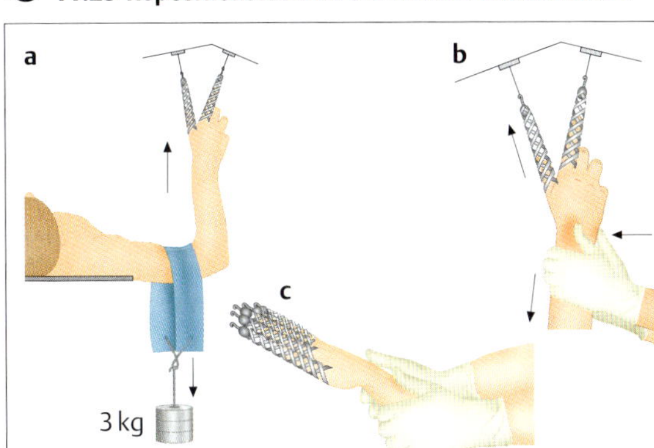

Distale Radiusfrakturen behandelt man entsprechend der Bruchform. Stabil reponierte Frakturen werden im Unterarmgipsverband ruhig gestellt (**11.25**). Bei instabilen Verhältnissen ist präventiv eine *perkutane Bohrdrahtosteosynthese* empfehlenswert (**11.7**).
Frakturen der distalen dorsalen oder palmaren Radiuskante sowie mehrfragmentäre Frakturen (partielle bzw. komplette Gelenkfrakturen) eignen sich zur Osteosynthese mit *Abstützplättchen.* Dieses wird je nach Dislokationsrichtung über einen palmaren oder dorsalen Zugang eingebracht. Der quere oder schräge T-Bügel wird mit Schrauben versehen und verhindert die Sekundärdislokation (**11.26b**). Beim osteoporotischen Knochen besitzen winkelstabile Platten deutliche Vorteile.
Komplexe Gelenkfrakturen und Brüche mit höhergradigem Weichteilschaden werden primär mit einem *handgelenksübergreifenden Fixateur externe* stabilisiert (**11.26c**). Die Reposition erfolgt geschlossen über die sog. Ligamentotaxis (Zug an den Weichteilen). Nach Rückgang von Schwellung und Ödemen kann der Verfahrenswechsel zur Plattenosteosynthese angezeigt sein, um eine funktionelle Behandlung zu ermöglichen.

11.26 Osteosynthesetechniken am distalen Unterarm

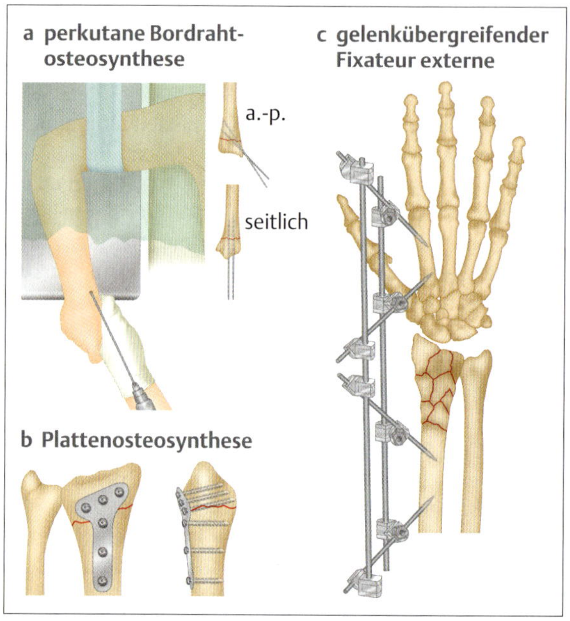

11.7 Bohrdrahtosteosynthese des distalen Radius

65-jährige Patientin mit dislozierter extraartikulärer Mehrfragmentfraktur des Radius. Infolge der dorsalen Trümmerzone ist die Fraktur im Gipsverband nur schwer zu erhalten. Um unnötige Repositionsmanöver zu vermeiden, wird die Indikation zur primären Bohrdrahtosteosynthese gestellt. In Plexusanästhesie (s. SE 4.2, S. 70) erfolgt die Reposition der Fraktur im sog. Aushang, d. h. durch Fixation der Finger mit „Mädchenfängern“ und Gewichtsbelastung am Oberarm (**11.25**). Unter sterilen Bedingungen können dann 2 Bohrdrähte vom Processus styloideus radii her eingebracht werden (**11.26a**). Der dort verlaufende Radialisast ist zu schonen. Die Bohrdrähte sollen die Fraktur in unterschiedlichen Winkeln kreuzen und die Gegenkortikalis perforieren. Die Immobilisierung erfolgt im Unterarmgipsverband in Funktionsstellung (s. SE 11.12, S. 300). Dieser wird mit einem kleinen Gipsfenster zur Kontrolle der Drahtdurchtrittsstellen versehen.

Komplikationen: Zu den **intraoperativen Komplikationen** gehören Läsionen der Nerven und Gefäße. Der motorische Radialisast beim Zugang zur körpernahen Speiche und der N. medianus bei der palmaren Plattenosteosynthese sind besonders gefährdet. Bei Gelenkfrakturen des distalen Radius kann die Einstellung der Länge und Rotation von Radius und Ulna Probleme bereiten. Am körperfernen Speichenende ist der oberflächliche Radialisast im Rahmen von Bohrdrahtosteosynthesen gefährdet. Bei dorsaler Plattenosteosynthese drohen Läsionen der Strecksehnen.

Häufigste **postoperative Komplikation** ist die Sekundärdislokation, speziell bei distalen Radiusfrakturen. Diese können bei primär konservativer Therapie abrutschen. Besonders ungünstig ist die Verkürzung der Speiche mit sog. relativem Ellenvorschub und Subluxationsstellung im distalen Radio-Ulnar-Gelenk. Derartige Fehlstellungen müssen entweder sofort oder nach der knöchernen Heilung korrigiert werden. Ein akut auftretendes *Karpaltunnelsyndrom* (s. SE 37.2, S. 822 f) nach Fraktur und/oder Operation ist alsbald zu dekomprimieren (Retinakulumspaltung).

Die ***Prognose*** bei Unterarmfrakturen und Brüchen des körperfernen Speichenendes ist bei korrekter Behandlung gut. Schwierigkeiten sind bei ausgedehntem Weichteilschaden sowie bei Gelenkfrakturen der Unterarmknochen zu erwarten, meist in Form von Einschränkung der Unterarmdrehbewegung. Bei Auftreten eines sog. Brückenkallus zwischen Radius und Ulna kann die Umwendung vollständig aufgehoben sein. Verbliebene Fehlstellungen und Achsenfehler am Unterarmschaft oder distalen Radius beeinträchtigen die Gelenkbeweglichkeit. Begleitverletzungen an Nerven und Gefäßen oder zusätzliche Läsionen der Beuge- bzw. Strecksehnen hinterlassen mehr oder weniger starke Funktionsbehinderungen. Unterarm- und distale Radiusfrakturen im Wachstumsalter können Anlass zu Fehlwachstum und/oder Achsenfehlern sein.

11.11 Unterarm und Handgelenk: Weichteilverletzungen

Weichteilläsionen an Unterarm und Handgelenk gehören zu den häufigen Verletzungen, bedingt durch die hohe Gefährdung des Greiforgans bei Arbeit, Sport und Verkehrsunfällen. Stumpfe Kontusionen und Quetschungen stehen Schnitt- und Stichverletzungen gegenüber. Letztere sind nicht selten suizidaler Genese. Das Ausmaß der Weichteilverletzung am Unterarm ist sehr unterschiedlich, demzufolge auch Art und Schwere der Begleitverletzungen, die das funktionelle Endergebnis überwiegend bestimmen. Besonders gefürchtet ist das Kompartmentsyndrom (s. SE 9.8, S. 244 f).

Ätiopathogenese: Höhergradige Weichteilschäden am Unterarm gehen meist auf Arbeitsunfälle zurück. Direkte stumpfe oder spitze Traumen führen zu Nekrosen, zu Defekten von Haut und Unterhautfett- und -bindegewebe sowie zu Begleitverletzungen der Sehnen, Nerven und Gefäße. Problematisch sind Weichteilverletzungen suizidaler Genese, die häufig mit Verletzungen der Beugesehnen, des N. medianus und der A. radialis bzw. ulnaris kombiniert sind.
Eine Besonderheit ist das *Kompartmentsyndrom*, welches beuge- oder streckseitig auftreten oder den gesamten Unterarmquerschnitt betreffen kann. Der Pathomechanismus besteht in einer schwellungsbedingten Druckerhöhung innerhalb der Faszienlogen, wodurch die Versorgung der Muskulatur über die Arteriolen mechanisch beeinträchtigt wird. Daraus resultiert eine Permeabilitätsstörung, welche ihrerseits zur Druckerhöhung innerhalb der Faszienloge beiträgt und damit in einen Circulus vitiosus führt.
Druckschäden können auch durch eine akute oder chronische Kompression des N. medianus im Karpaltunnel entstehen. Ferner kann es durch Überlastung im Sehnenhüll- und -gleitgewebe zu chronischen Veränderungen kommen.

Diagnostik: **Weichteilverletzungen** an Unterarm und Handgelenk sind klinisch gut zu diagnostizieren. Zusätzliche Läsionen an Sehnen, Nerven und Gefäßen müssen primär verifiziert werden (Funktionsausfall beim Beugen und Strecken der Finger, Sensibilitätsausfälle im Versorgungsbereich der 3 Unterarmnerven, Störung der arteriellen Durchblutung). Bei tiefen Wunden ist das genaue Ausmaß der Verletzung häufig erst während der operativen Revision zu erkennen.
Knöcherne Begleitverletzungen werden durch Röntgenbilder in 2 Ebenen ausgeschlossen. Ein **Kompartmentsyndrom** wird aufgrund der klinischen Symptomatik (s. SE 9.7, S. 242 f) und mittels direkter Druckmessung (s. SE 9.8, S. 245) festgestellt.

! Auch beim manifesten Kompartmentsyndrom sind die peripheren Pulse tastbar.

Das akute oder chronische **Karpaltunnelsyndrom** bedarf einer neurologischen Abklärung (s. SE 37.2, S. 822 f).

Therapie: *Geschlossene Weichteilverletzungen* durch Quetschung oder Kontusion können **konservativ** behandelt werden. Kurzfristige Ruhigstellung, Kühlung und Hochlagerung sowie eine frühfunktionelle Behandlung führen zum raschen Rückgang der Symptomatik.
Ein manifestes *Kompartmentsyndrom* muss dagegen notfallmäßig **operativ** mittels langstreckiger Fasziensaltung dekomprimiert werden. Der definitive Weichteilverschluss erfolgt postprimär bzw. frühsekundär.
Beim akuten oder chronischen *Karpaltunnelsyndrom* ist die Dekompression des N. medianus erforderlich.
Offene Wunden werden revidiert, debridiert (s. SE 2.3, S. 36) und auf relevante Begleitverletzungen untersucht. Dies gilt besonders für Schnitt- und Stichverletzungen im distalen Unterarmdrittel und am Handgelenk. Begleitverletzungen an Sehnen, Nerven und Gefäßen sind nach Möglichkeit primär, ggf. mikrochirurgisch, zu versorgen. Bei ausgeprägten Weichteildefekten bietet sich zur temporären Immobilisierung eine äußere Fixation unter Einbeziehung der angrenzenden Gelenke (Handgelenk, Handwurzel, Grundgelenk, Zeigefinger) an.

Komplikationen: Übersehene Begleitverletzungen relevanter Strukturen und ein nicht rechtzeitig verifiziertes Kompartmentsyndrom hinterlassen funktionelle Defizite (z. B. Volkmann-Kontraktur mit Bewegungseinschränkung der Finger und Verlust der Greiffähigkeit). Ausgedehnte Weichteildefekte können zu Kontrakturen und zur funktionellen Behinderung speziell der Unterarmdrehung und des Handgelenks führen.

Prognose: Durchblutungsstörungen, periphere neurologische Ausfälle sowie ausgedehnte oder unzureichend versorgte Sehnenverletzungen limitieren die Funktion der Hand. Bei schweren Weichteilschäden muss mit Kontrakturen gerechnet werden. Nicht dekomprimierte Kompartmentsyndrome hinterlassen erhebliche Funktionsdefizite durch Muskeldegeneration mit nachfolgender Kontraktur. Anhaltender Druck im Karpaltunnel führt zur irreversiblen Schädigung des N. medianus.

Kuno Weise

11.12 Hand: Knochen- und Gelenkverletzungen

Die Hand vereinigt auf engstem Raum eine Vielzahl von Knochen und Gelenken, z. T. nur von einem dünnen Hautmantel umgeben, unter dem sich nahezu zirkulär Streck- und Beugesehnen sowie deren verbindende Faserzüge und die differenzierte sog. kleine Handmuskulatur ausbreiten. Die wesentlich häufigeren offenen Frakturen oder solche mit Dislokation müssen operativ behandelt werden. Bei der Operation wird versucht, eine bewegungsstabile Fixierung zur sofortigen dynamischen Behandlung herzustellen. Bei komplexen Verletzungen mit schweren Weichteilschädigungen (s. SE 11.14, S. 304 f) ist die Knochenstabilisierung nachrangig.

Handwurzel

Skaphoidfrakturen

Der Wiederherstellung des Kahnbeins nach Frakturen kommt besondere Bedeutung zu, um einer Kahnbeinpseudarthrose vorzubeugen und konsekutive arthrotische Veränderungen des Handgelenkes mit karpalem Kollaps zu verhindern (**11.27**).
Das diagnostische und therapeutische Vorgehen bei Verdacht auf Kahnbeinfraktur ist in **11.28** dargestellt.

! Die frische Kahnbeinfraktur ist eine klinisch und radiologisch häufig übersehene Fraktur.

Luxationen der Handwurzel

Luxationen der Handwurzel kommen isoliert und in Kombination mit Frakturen des Kahnbeins (DeQuervain-Luxationsfraktur) und/oder des Os capitatum, Os triquetrum und der Processus styloidei radii oder ulnae vor. Neben den zerstörerischen Folgen der übersehenen Frakturen spielen die unbehandelten Bandläsionen eine weitere Rolle für die Instabilität des Handgelenkes und der späteren Arthrose.
Unfallmechanismus: Sturz auf die dorsal flektierte Hand, meistens als Rasanztrauma. *Klinisch* steht der starke

11.27 Anatomie der Handwurzelknochen

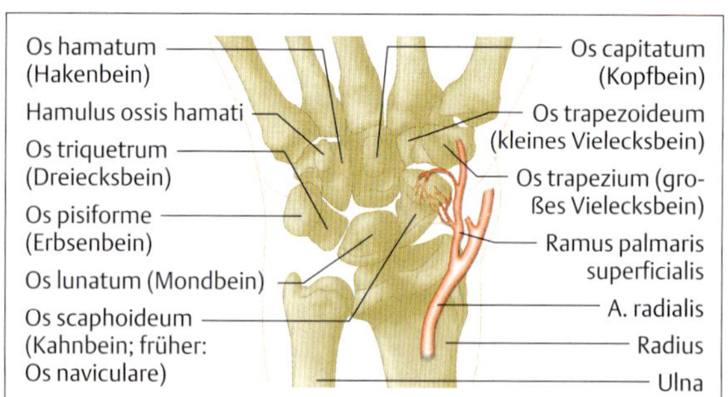

Das Os scaphoideum ist durch seine Artikulation mit insgesamt 5 Knochen an allen Bewegungen des Handgelenkes beteiligt und besonderen Scher- und Druckkräften ausgesetzt. Die *Gefäßversorgung* dieses wichtigen Knochens geschieht i. d. R. über den distalen Pol, sodass die Durchblutung des proximalen Fragmentes bei einer Fraktur durch das Kahnbein unterbrochen wird.

11.28 Diagnostik und Therapie der Skaphoidfraktur

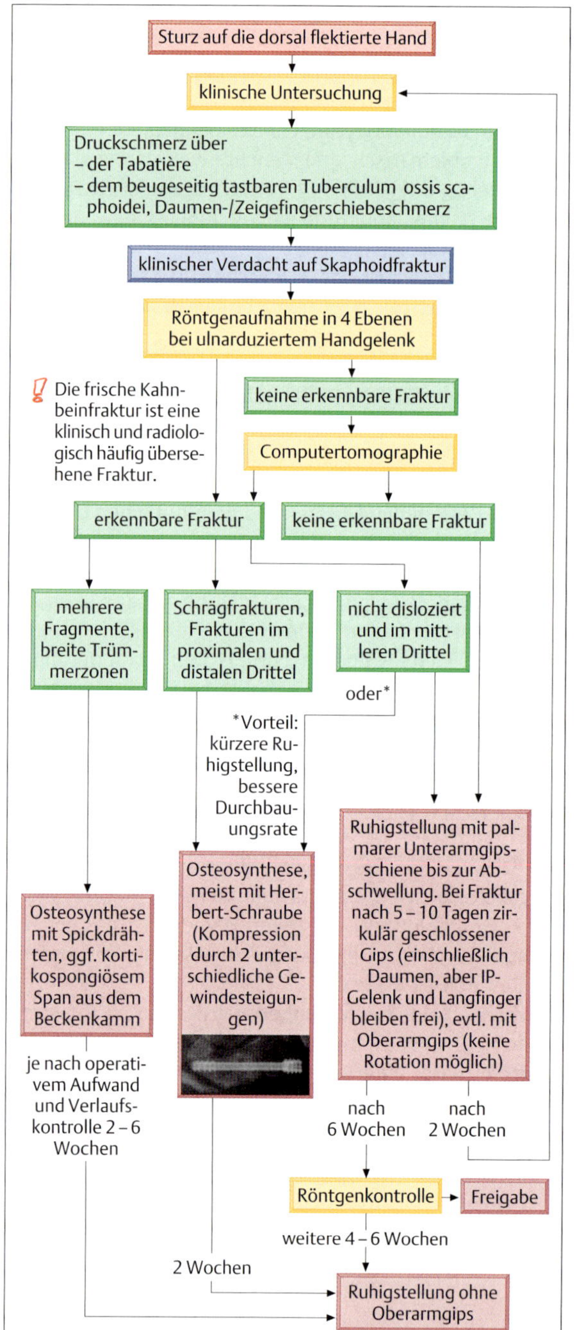

Schmerz mit einer massiven Schwellung und u. U. hochgradigen Sensibilitätsstörungen der Finger im Vordergrund. Die sofort durchgeführte *Röntgenaufnahme* des Handgelenkes in 2 Ebenen stellt den Ungeübten häufig vor Schwierigkeiten (s. **11.8**). *Therapie der Wahl* ist die sofortige Reposition, evtl. notwendige Karpaltunnelspaltung und die operative Versorgung der Frakturen und des Bandapparates (letztere wegen der speziellen Erfordernisse in einer Fachabteilung für Handchirurgie!).

11.8 Röntgen bei V. a. Luxationen der Handwurzel

Bei der Interpretation von Röntgenaufnahmen ist wichtig, auf den Umriss des Mondbeines im **dorsopalmaren Strahlengang** zu achten: Liegt hier eine *Dreiecksform* vor (**a**), so ist mit ziemlicher Sicherheit eine Luxation vorhanden. **b** zeigt den (wieder hergestellten) *normalen, trapezförmigen Umriss* nach Osteosynthese. Auf der **streng seitlichen Aufnahme** erscheint die *sichelförmige Kontur* des Mondbeines in der Lage verändert und aus dem Verband der proximalen Handwurzelreihe herausgedrängt (**c**, Pfeil). Begleitende Frakturen von Skaphoid, Kapitatum und Triquetrum sind je nach dem Verlauf der Luxationslinie vorhanden.

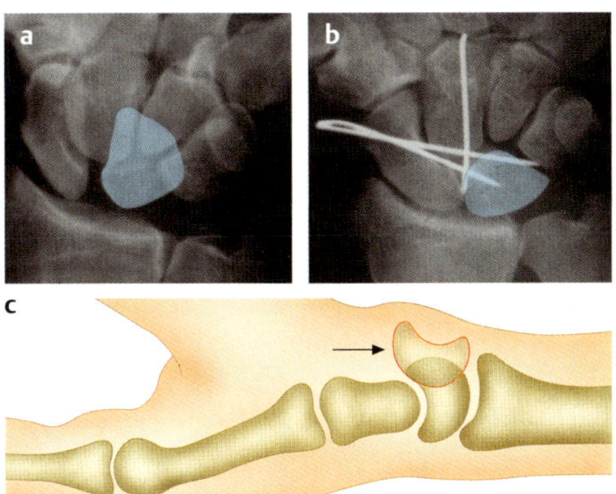

Mittelhand und Finger

Knöcherne Verletzungen

Ursachen: Als exponiertes Greif- und Tastorgan ist die Hand durch Schlag, Quetschung, Fräsen, Kreissägen und Rasanztraumen gefährdet. Pathologische Frakturen (s. SE 14.1, S. 350 f) sind an der Hand selten.

Diagnostik: Genaue Anamnese, exakte klinische Untersuchung (Inspektion, Bewegungsprüfung, Palpation), gezielte Röntgenuntersuchung (**11.9**).

Begleitverletzungen: Bei *gelenknahen Frakturen mit starker Verschiebung* sind häufig Mitverletzungen der Gelenkbänder und -kapseln anzunehmen, meist mit Beteiligung der Beuge- und Strecksehnen und den Ansätzen der Mm. interossei und lumbricales (**11.29a**). Im Röntgenbild sichtbare kleinere Ausrissfragmente (**11.29b–d**) können ein Hinweis darauf sein und dürfen nicht vernachlässigt werden.

11.9 Röntgenuntersuchung bei V. a. knöcherne Verletzungen der Mittelhand und der Finger

Geröntgt werden die betroffenen Bereiche und alle benachbarten Gelenke in mindestens 2 Ebenen (a.-p., streng seitlich, ggf. im 45-Grad-Winkel oder spezielle Gelenkebenen), u. U. auch die Gegenseite (die kleinen Fingergelenke sind oft nur schwer zu beurteilen). Besondere Aufmerksamkeit erfordern knöcherne Absprengungen an Sehnen- oder Bänderansätzen, dabei können sog. Vergrößerungsaufnahmen sehr sinnvoll sein. CT oder MRT sind i. d. R. überflüssig.

Ist der *Tractus intermedius* des Strecksehnenapparates über dem Mittelgelenk *knöchern ausgerissen* und das Fragment disloziert, ist eine operative Reinsertion unbedingt notwendig.

Weichteilverletzungen müssen vorrangig behandelt werden (s. SE 11.14, S. 304 f).

Konservative Therapie: *Indikationen:* Unverschobene oder kurze Schrägfakturen nach stabiler Reposition im Bereich der Dia- und Metaphyse der Mittelhandknochen sowie der Grund- und Mittelglieder, kleinere Ausrisse dorsal am Endglied oder sog. Nagelkranzfrakturen. *Voraussetzung* für die konservative Behandlung ist die exakte, oft schwierige Schienenanpassung, ein zuverlässiger Patient sowie häufige Kontrollen (auch Röntgen). *Durchführung:* Die Ruhigstellung (1–2 Wochen bei Frakturen, 6–12 Wochen bei knöchernen Sehnen- und Kollateralbandausrissen) erfolgt in Funktions- oder Intrinsic-plus-Stellung (**11.30**). Die distale Hohlhandbeugefalte muss frei bleiben.

Fälschlicherweise in Streckstellung ruhig gestellte Grundgelenke können nach 3 Wochen bereits irreparabel eingesteift sein!

11.29 Frakturen im PIP-Gelenk

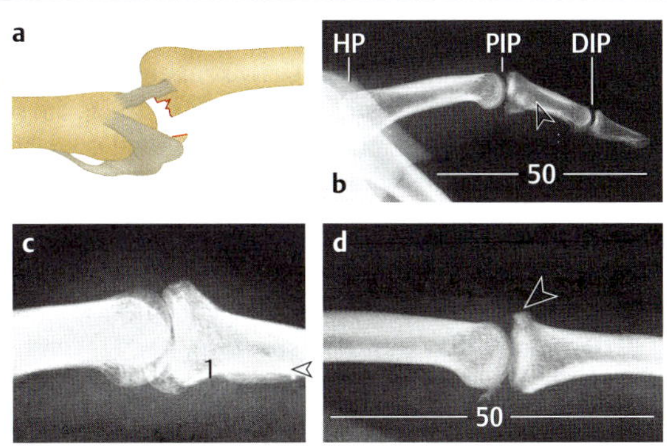

MP = Metakarpophalangealgelenk, **PIP** = proximales Interphalangealgelenk, **DIP** = distales Interphalangealgelenk.
Konservativ behandelbar: **a** Die beugeseitigen Bänder sind ausgerissen,
b kleiner knöcherner Ausriss ohne wesentliche Verschiebung an der Basis des Mittelgliedes (Pfeil),
c Ausriss der palmaren Platte (Pfeile) ohne wesentliche Gelenkbeteiligung und ohne größere Schädigung der Seitenbänder.
Operativ zu behandeln: **d** knöcherne Ausrissfigur im Bereich des Tractus intermedius dorsal über der Basis des Mittelgliedes (Pfeil).

11.10 Therapie bei Verletzungen am wachsenden Skelett

Bei Aitken-I-Frakturen (s. 9.2, S. 228) kann die einfache Reposition ausreichend sein, meist muss jedoch wie auch bei den Verletzungen der Gruppe Aitken II und III eine Reposition und Freilegung der Fraktur erfolgen. Die offene Behandlung, die sehr schonend vorgenommen werden muss, hat den Vorteil der exakten Reposition, wobei gleichzeitig die typischerweise in den Bruchspalt eingeschlagenen Periostlappen herausgelöst und wieder vernäht werden können. Nur in seltenen Fällen ist eine zusätzliche Knochenfixierung notwendig, die zur Schonung der Epiphysenfuge optimal mit resorbierbaren Knochennähten oder paraossären Kirschner-Drähten vorgenommen werden kann (: Im Röntgenbild zeigt sich eine Fraktur an der Basis der IV. proximalen Phalanx.

Operationstechnik: Keine großräumige Freilegung der Frakturen; weitgehende Schonung der Sehnen und Bänder sowie der Gleitgewebe durch Zugang im sog. sehnenfreien Dreieck bzw. durch die Strecksehne mit anschließender intratendinöser Naht; exakte Fixierung der Reposition.

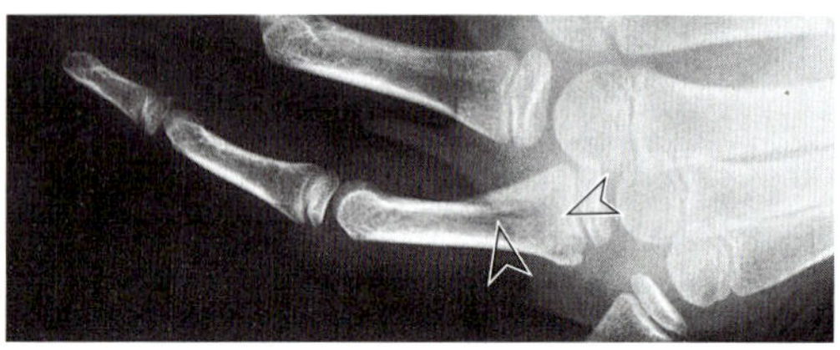

11.30 Handstellungen zur Ruhigstellung

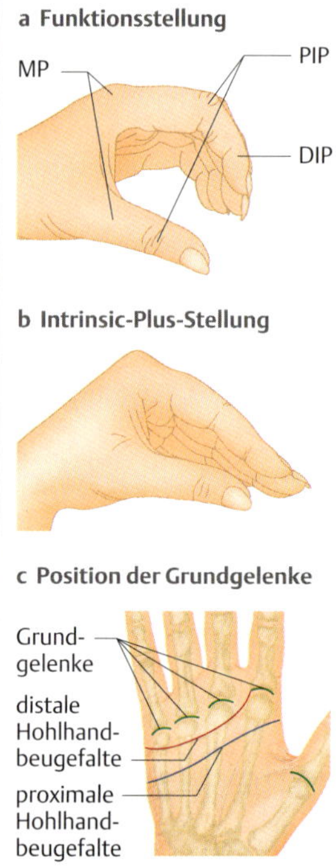

a Beugung in den Grundgelenken von 40–60 Grad und annähernde Streckung in den Mittel- und Endgelenken.
b Die maximale Beugung der MP-Gelenke bis ca. 90 Grad sowie Streckstellung der PIP- und DIP-Gelenke führt zur Anspannung sämtlicher Kollateralbänder und beugt so deren Schrumpfung vor. Der Daumen wird bei beiden Varianten in mittlerer Oppostitionsstellung (30-Grad-Abduktions- und 30-Grad-Oppositionsstellung), ebenfalls mit gestrecktem Grund- und Endgelenk fixiert.
c Die Grundgelenke werden oft zu weit nach distal projiziert, dadurch führen viele zu lang angelegte Gipsverbände zu Einsteifungen.

Operative Therapie: Eine *absolute Operationsindikation* besteht bei Gelenkfrakturen mit Dislokation (**11.31**), vielfach auch bei Schrägfakturen im meta- und diaphysären Bereich, die durch die Muskel- und Sehnenspannung nach proximal zur sekundären Dislokation neigen (**11.32**). Die geplante Osteosynthese hat zum *Ziel,* ab dem 2. postoperativen Tag eine Übungsbehandlung ohne statische Belastung zu ermöglichen. Hierdurch können Verklebungen der Sehnen sowie Gelenkeinsteifungen vermieden werden. Trotz Weichteilschädigung muss die sofortige Stabilisierung mit einer sog. Kondylenplatte (Kleinfragmentinstrumentarium) erfolgen. Bei der Operation ist unbedingt auf die Korrektur eventuell vorhandener Rotationsfehlstellungen zu achten (**11.31b**).

Eine Drehung um 5 Grad im proximalen Mittelhandbereich führt zu einer Überkreuzung der Fingerkuppen von etwa 1,5–1,8 cm. Im Grund- oder Mittelgliedbereich erzeugt ein offener Fragmentspalt von 1 mm eine Fehlstellung um 20 Grad und damit eine erhebliche Störung der Funktion.

Komplikationen:

- Instabilität oder Auslockern des Osteosynthesematerials durch unzureichende Technik,
- Infektion durch traumatisierende Weichteilbehandlung oder Hitzenekrosen,
- Rotationsfehlstellung durch inkomplette Reposition,
- Verklebung der Gleitschichten von Beugesehnen und Strecksehnen sowie Gelenkeinsteifungen,
- zu spät einsetzende Krankengymnastik und Ergotherapie: Beginn am 1. oder 2. postoperativen Tag (mit aktiven Bewegungsübungen!),
- ungenügende Kontrolle während der Nachbehandlung, dadurch zu späte Diagnose einer sympathischen Reflexdystrophie (s. SE 9.2, S. 231).

11.31 Brüche der Gelenkrollen

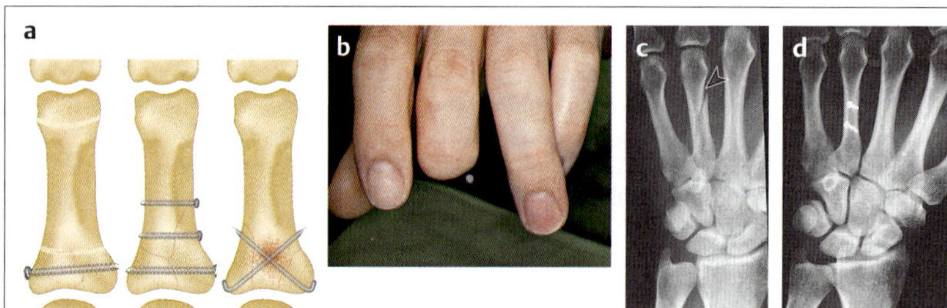

a Bei Brüchen der Gelenkrollen ist eine exakte Wiederherstellung der Gelenkflächen unbedingt erforderlich.
b, **c** Torsionsfraktur (Pfeil) mit Rotationsfehlstellung, die mit einzelnen Zugschrauben versorgt wurde (**d**).

11.11 Besondere Verletzungsformen der Mittelhand und der Finger

Die **Bennett-Fraktur** ist eine intraartikuläre Basisfraktur des I. Mittelhandknochens, die zu einer Luxation des großen Schaftfragmentes aus dem Daumensattelgelenk führt. Das kleinere ulnare Fragment wird durch den Bandapparat meist in seiner anatomiegerechten Lage im Sattelgelenk gehalten (**a**, Pfeil). Diese Fraktur stellt eine *absolute Operationsindikation* dar: Nach Reposition durch Zug am Daumen und gleichzeitigen Druck auf das dislozierte Fragment führt in den meisten Fällen eine Schraubenosteosynthese zur kongruenten Gelenkwiederherstellung.

Köpfchennahe Mittelhandfrakturen ereignen sich zu 60–65 % am Kleinfinger (**b**; Fragment [Pfeile] mit Knickbildung nach palmar, **c** nach Osteosynthese). Ausgeprägte Knickbildungen sind funktionell störend.

Knöcherne Ausrisse am Ansatz des ulnaren Seitenbandes des Daumengrundgelenkes sind häufig. Kleinere Einrisse ohne wesentliche Dislokation und Seitenbandinstabilität können durch 4-wöchige Ruhigstellung behandelt werden. Größere gelenkbildende Fragmente (**d**, **e** knöcherner Strecksehnenausriss am Daumengrundgelenk) müssen operiert werden, gelegentlich liegt zusätzlich noch eine Ruptur des Seitenbandes vor. *Operationstechnik:* Fixation mit Kirschner-Draht, ggf. kombiniert mit Zuggurtung, bei größeren Fragmenten Zugschraube.

Knöcherne Strecksehnenabrisse am Endglied neigen zur Luxation in Beugestellung (**f**). Die frühe Operation (Drahtnaht, evtl. Fixation mit Kirschner-Draht; **g**) ist deshalb dringend angezeigt.

Verletzungen der Gelenkkapsel und des Bandapparates ohne knöcherne Beteiligung: Die häufigste derartige Verletzung betrifft das ulnare Seitenband des Daumengrundgelenkes meist durch direktes Trauma (Skidaumen). Die *Diagnose* kann durch exakte klinische Untersuchung gestellt werden. Leitsymptome sind eine deutlich vermehrte Aufklappbarkeit im Gelenk im Vergleich zur Gegenseite, gut tastbare Vorwölbung des rupturierten Seitenbandes. Gehaltene Röntgenaufnahmen sind nicht nötig. Aufnahmen in 2 Ebenen genügen, um etwaige knöcherne Abrisse nachweisen zu können. Mittlerweile lassen sich diese sog. Stener-Läsionen zunehmend besser mit sonographischen Verfahren nachweisen. Wenn sich das rupturierte Seitenband über die Streckaponeurose stülpt, sodass eine narbige Überbrückung ausbleibt, ist die *operative Naht* indiziert. Seltener finden sich derartige Seitenbandrupturen an den Grundgelenken der Finger. Dort ist eine operative Versorgung nur in Ausnahmefällen, meist an den randständigen Fingern notwendig. Die *konservative Behandlung* besteht in einer Ruhigstellung von 1–2 Wochen mit unmittelbar danach anschließender Bewegungstherapie mit Fixierung an die Nachbarfinger.

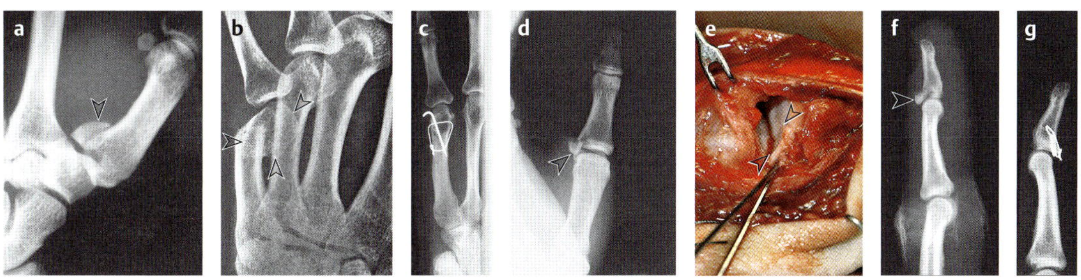

11.32 Schräg- und Torsionsfrakturen der Phalangen

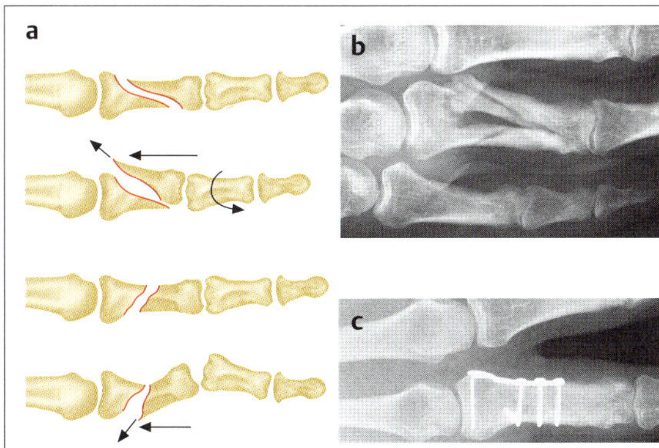

a Diese Frakturen sollten operativ (z. B. mit Schrauben, Platten, Kirschner-Drähten) stabilisiert werden.
b Mehrfragmentfraktur nach Quetschung, die trotz Weichteilverletzung mit einer Kondylenplatte versorgt wurde (**c**), um ab dem 2. postoperativen Tag eine aktive Bewegungstherapie zu ermöglichen.

Eine Reihe von Komplikationen in der postoperativen Phase sind auf mangelnde Aufklärung und/oder Mitarbeit der Patienten zurückzuführen.

Bei guter Technik sind die **Ergebnisse** gut. Beim Erwachsenen verbleiben i. d. R. nur funktionell bedeutungslose endgradige Beuge- und Streckhemmungen.

Gelenkluxationen

Jede Luxation führt zu einem erheblichen Schaden des umgebenden Bandapparates. Je leichter eine Luxation zu beseitigen ist, um so ausgedehnter ist der Schaden an den Bandstrukturen. Besteht nach Beseitigung der Luxation eine erhebliche Instabilität, ist die operative Behandlung indiziert, eventuell verbunden mit einer temporären Kirschner-Draht-Fixierung. Die konservative Behandlung besteht in einer Ruhigstellung für 3–5 Wochen. Zur operativen Behandlung sind Band- und Kapselnähte angezeigt.

Gelegentlich kommen Luxationen insb. am Daumen- und Zeigefingergrundgelenk vor, die konservativ nicht beseitigt werden können. Meist handelt es sich dabei um eine Luxation, die zu einer Art Knopflochmechanismus geführt hat, der operativ beseitigt werden muss.

Eberhard Schaller

11.13 Hand: Sehnenverletzungen

Nach Sehnenverletzungen an der Hand entscheidet die Qualität der Diagnostik, Operation und Nachbehandlung über die wieder zu erwartende Funktion.

Ätiopathogenese: Die *traumatische Sehnendurchtrennung* geht meist ohne Substanzverlust einher, während die degenerative durch autolytische Prozesse (z. B. Rheuma) oder Aufreiben über scharfen Knochenkanten mit einem Substanzverlust verbunden ist.

Diagnostik:
Beugesehnen: Sind *beide Beugesehnen* eines Langfingers durchtrennt, so kann dieser weder im Mittel- noch im Endgelenk gebeugt werden. Das Grundgelenk kann jedoch durch die Handbinnenmuskulatur weiterhin gebeugt werden.
Ist nur die *tiefe Beugesehne* durchtrennt, so kann das Endgelenk nicht mehr gebeugt werden. Grund- und Mittelgelenk bleiben funktionstüchtig.
Ist nur die *oberflächliche Beugesehne* durchtrennt, so kann dies leicht übersehen werden, weil die intakte tiefe Beugesehne neben dem Endgelenk auch indirekt im Mittelgelenk beugt. Der Nachweis gelingt durch funktionelles Ausschalten des tiefen Beugers (**11.33**). Bei durchtrennter oberflächlicher Beugesehne des Zeigefingers ist ein fester Spitzgriff zum Daumen bei gestrecktem Endgelenk nicht mehr möglich.
Strecksehnen: *Abrisse vom Endglied, Ausrisse mit Knochen vom Endglied* und *distale Durchtrennungen* führen zum Hammerfinger, der im Endgelenk nicht mehr gestreckt werden kann.
Strecksehnendurchtrennungen *über dem Mittelgelenk* sind mit einem Streckdefizit dort verbunden. Ist nur der *Mittelzügel* betroffen, so kommt es durch eine Verlagerung der Seitenzügel nach palmar zur „Knopflochdeformität“: Das Mittelgelenk steht in Beugung, das Endgelenk in Überstreckung.
Liegt die Strecksehnendurchtrennung weiter proximal, aber noch *distal der Conexus intertendinei* (Querbrücken, die die Sehnen des M. extensor digitorum verbinden), so entsteht ein Streckdefizit im Grundgelenk. *Proximal der Conexus intertendinei* gelegene Durchtrennungen können jedoch leicht übersehen werden, weil die unverletzten Nachbarsehnen über die Conexus den betroffenen Finger in die Streckung ziehen.
Bei Durchtrennung *aller Langfingerstrecksehnen* entsteht die Intrinsic-Plus-Stellung (s. **11.30**, S. 300).

11.33 Prüfung der oberflächlichen Beugesehnenfunktion

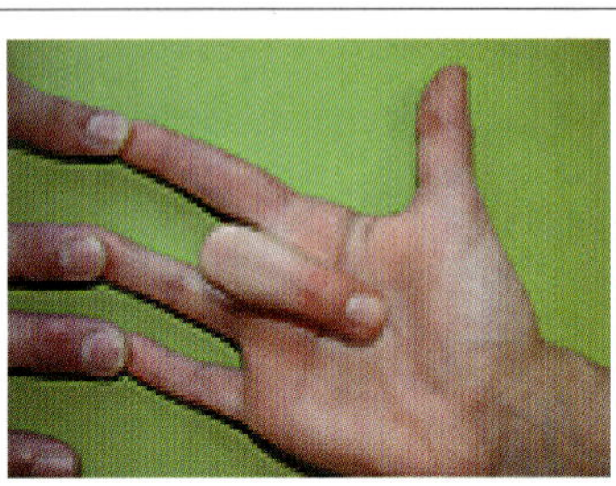

Durch Überstreckung der nicht verletzten Finger kann eine Kontraktion des tiefen Beugers verhindert werden (gemeinsamer Muskelbauch).

Differenzialdiagnose: Bei Nervenschäden oder psychogenen Lähmungen bewegt sich der entsprechende Finger bei Druck auf die Muskelbäuche am Unterarm.

Therapie:
Konservative Therapie: *Strecksehnenabrisse vom Endglied* und offene Durchtrennungen in dieser Höhe werden mit der Winterstein-Schiene konsequent 12 Wochen in Hyperextension des Endgelenkes gehalten. Das Mittelgelenk bleibt dabei frei beweglich (**11.34a**).
Operative Therapie: *Offene Sehnendurchtrennungen* werden in Oberarmblutleere innerhalb der 6-Stunden-Grenze versorgt. Später oder bei schlechten Weichteilverhältnissen (z. B. starken Quetschungen) sollte primär nur die Wunde débridiert und zur Abheilung gebracht werden. Nicht nur wegen der häufig gleichzeitig zu versorgenden Begleitverletzungen ist die Operation in einer entsprechend ausgerüsteten Einrichtung (Operationsmikroskop, Mikroinstrumentarium) notwendig. Es wird nicht resorbierbares Fadenmaterial zur Sehnennaht verwendet, weil der Heilungsvorgang 3 Monate und mehr Zeit beansprucht.
Ist der Querschnitt der durchtrennten Sehne rund oder oval, so wird sie mit Kernnaht (4x0) und anschließender fortlaufender Feinadaptation (5/6x0) genäht (**11.35a**). Bei mehr flächigen Querschnitten empfehlen wir Einzelknopf- oder Flaschenzugnähte. Beugesehnenabrisse vom Knochen eines Endgliedes oder ansatznahe Durchtrennungen werden mit der Schnürsenkelnaht nach Bunnell transossär auf dem Fingernagel über einem Knopf verknotet (**11.35b**).
Knöcherne Sehnenausrisse werden bei Dislokation oder bestimmter Größe mit Osteosynthese (Zuggurtung oder Mini-Schräubchen; **11.35c**) versorgt.
Sehnenrupturen mit Substanzverlust können mit Sehneninterponaten oder -umlagerungen (z. B. Extensor-indicis-proprius-Sehne auf rupturierte Extensor-pollicis-longus-Sehne) behandelt werden. Ist das Zeitintervall nach einer Sehnenverletzung zu lang oder die Sehne zerstört, so wird sie entfernt und die Funktion durch eine Sehnentransplantation wiederhergestellt (**11.12**).

11.34 Polyform-Schienen

a Winterstein-Schiene

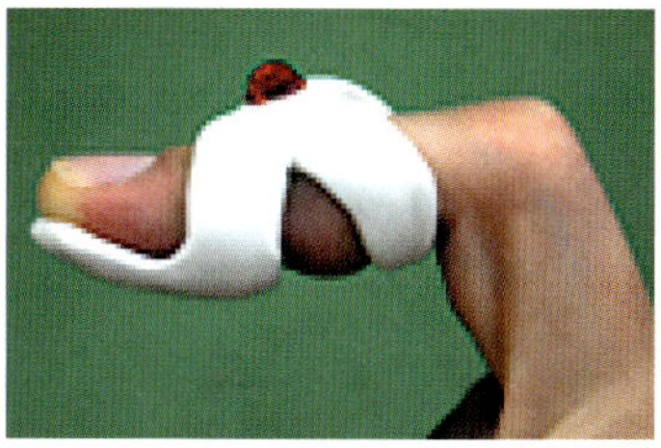

b dynamische Beugesehnenschiene nach Kleinert

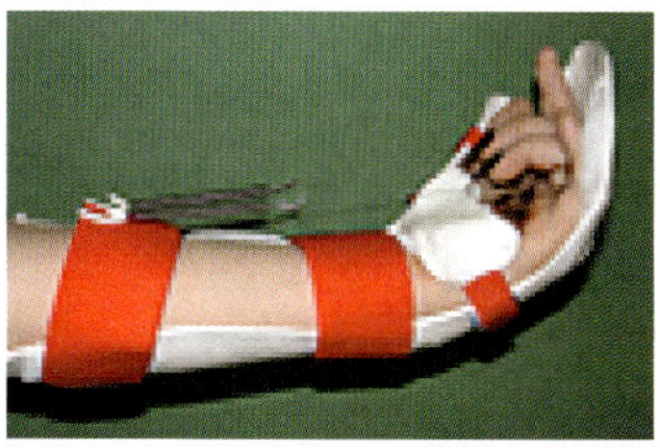

b Die streckseitige Schiene hält das Handgelenk in 30 Grad und die Grundgelenke in 70 Grad Beugung (Schutz der genähten Sehnen vor Überdehnung), Mittel- und Endgelenke sind frei beweglich. Die betroffenen Finger erhalten am Fingernagel einen Gummizügel (oder eine Feder), der den Finger in die Beugung zieht und die Sehnennaht entlastet. Mittel- und Endgelenke müssen nun 3 Wochen lang gegen den Federzug voll gestreckt werden, um Beugekontrakturen und das Verkleben der Sehnennaht mit der Umgebung zu verhindern. Danach wird der Gummizügel entfernt und die Schiene nochmals für 2 Wochen Tag und Nacht angelegt. Teilbelastung wird nach 8 Wochen, Vollbelastung bei Schwerarbeitern erst nach 12 Wochen erlaubt.

11.12 Sehnentransplantation

Bei reizlosen Weichteilen wird zunächst ein Silastikstab in das Sehnenbett eingelegt, um den sich eine Pseudo-Sehnenscheide bildet. Frühestens nach 6 Wochen wird dann der Silastikstab entfernt und durch eine Sehne ersetzt. Als Spendersehnen eignen sich Sehnen des M. palmaris longus, M. plantaris, M. extensor digitorum longus der Zehen II–V, ohne wesentliche Funktionsverluste zu hinterlassen. Die transplantierte Sehne wird distal am Endglied nach Schnürsenkelnaht (Bunnell) transossär fixiert (s. **11.35b**), proximal in den noch gesunden und gleitfähigen Sehnenrest eingeflochten (Pulvertaft).

Nachbehandlung: **Beugesehnennähte** werden in der dynamischen Schiene nach Kleinert nachbehandelt (**11.34b**). Bei fehlender Kooperation (z. B. Kleinkinder) erfolgt die Ruhigstellung im Faustgips mit regelmäßigem passiven Durchbewegen.
Strecksehnennähte werden in Abhängigkeit von ihrer Lokalisation ruhiggestellt: *Über dem Endgelenk* empfehlen wir die Winterstein-Schiene (**11.34a**). Nähte über dem Mittelgelenk werden für 6 Wochen auf einer Mittelhandfingerschiene aus Polyform entlastet, proximal des Grundgelenks reichen 3 Wochen.

11.35 Operative Versorgung bei Sehnenverletzung

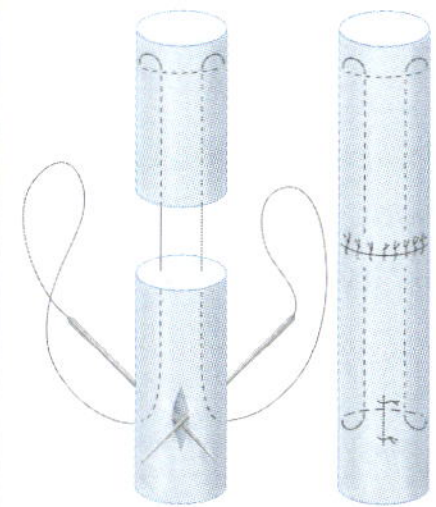

a Sehnennaht nach Zechner

b transossäre Fixation nach Bunnell

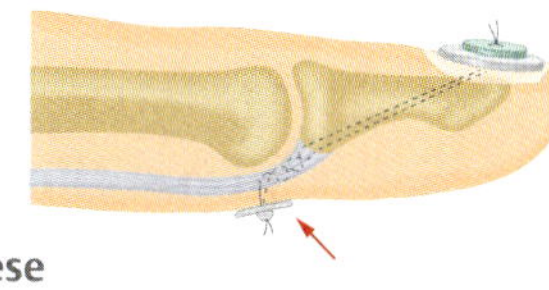

c Schraubenosteosynthese

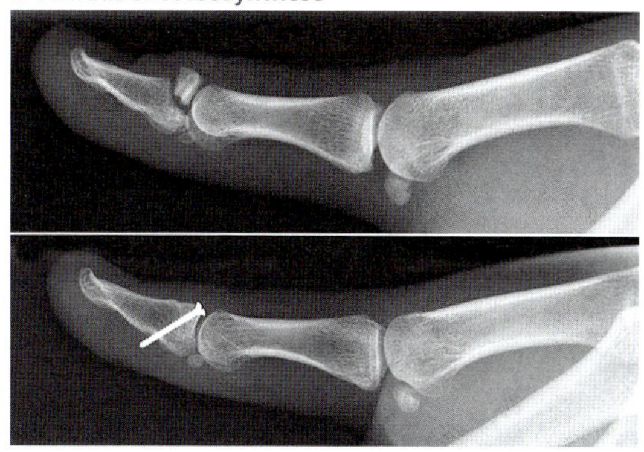

a Da die Blutversorgung einer Beugesehne im Fingerbereich von dorsal über die Vincula kommt, sollte die Kernnaht im palmaren Drittel der Sehne liegen.
b Die Naht wird wieder entfernt, indem der Knopf auf dem Fingernagel abgeschnitten und das Nahtmaterial am verknoteten Ende (Pfeil) herausgezogen wird.

Komplikationen: **Rupturen** der genähten Sehnen können durch korrekte Nahttechnik und das Verwenden nicht resorbierbarer Fäden in der richtigen Stärke (s. o.) sowie durch die korrekte Betreuung bei der Kleinert-Nachbehandlung auf ein Minimum reduziert werden.
Eine **Infektion** der genähten Sehne kann durch ausreichendes Débridement der Wunde, das Einhalten der 6- bis 8-Stunden-Grenze und ein atraumatisches Operieren vermieden werden. Sollte es dennoch zu einer Infektion der Sehne kommen, so muss sie entfernt werden und nach Abheilen der Wunde – frühestens nach 6 Wochen – ein Silastikstab zur Transplantationsvorbereitung eingelegt werden (s. **11.12**). In dieser Zeit muß der Finger passiv intensiv beübt werden, um eine freie Beweglichkeit zu erhalten.
Verklebungen der genähten Sehne werden durch die frühfunktionelle Kleinert-Behandlung vermieden (s. **11.34b**). Eine Tenolyse sollte frühestens 6 Monate nach der Sehnennaht durchgeführt werden.

Prognose: Art der Verletzung, korrekte Indikationsstellung, chirurgisches Können, ungestörte Wundheilung und vor allem eine standardisierte konsequente Nachbehandlung bestimmen das Ausmaß der zu erreichenden Funktion.

11.14 Hand: Weichteilverletzungen

Wegen des dünnen Haut-Weichteil-Mantels der Hand einerseits und der besonderen Funktion als sensibles Greif- und Tastorgan andererseits, die dieser Haut-Weichteil-Mantel funktionell zu erfüllen hat, kommt der Wiederherstellung von Weichteilschäden im Bereich der Hand eine besondere Bedeutung, aber auch Problematik zu.

Allgemeine Behandlungsprinzipien

Diagnostik: Es gilt zu differenzieren zwischen glatten Stich- und Schnittverletzungen sowie Quetsch- und Defektverletzungen.

Bei *jeder* Verletzung des Haut-Weichteil-Mantels muss eine Inspektion und Prüfung der Sehnenfunktionen sowie der Sensibilität erfolgen.

Falls die Verletzung zu tief oder zu ausgedehnt ist, erfolgt diese Inspektion in geeigneter Anästhesieform.
Bei der Inspektion sind die Kautelen der Sterilität zu beachten.

Therapie. Selbst bei glatten Schnittwunden ohne Verletzung funktionell wichtiger Strukturen gehört ein **Débridement** zur Wundversorgung (s. auch SE 2.3, S. 36), d. h. in diesem Fall Anfrischung der Wundränder. Stark gequetschtes Gewebe muss in jedem Fall bis ins Gesunde débridiert werden, das gilt auch für Sehnen, Gefäße, Nerven und knöcherne Strukturen. Erst nach dem Débridement soll die Überlegung der Defektdeckung stehen.

Keinesfalls darf der in Frage kommende Defektverschluss die Art und Weise des Débridements bestimmen.

Ungenügend débridiertes Gewebe führt im Endstrombahngebiet der Hand und der Finger schnell zu sich infizierenden Nekrosen mit nachfolgender stärkerer Zerstörung wichtiger Strukturen, wie Sehnen, Nerven, Gefäßen und Knochen, die in enger Nachbarschaft auf kleinstem Raum zusammenliegen. Dadurch wirkt sich ein solcher Pathomechanismus besonders verheerend auf die Funktion der Hand aus.

Bei Handverletzungen und vielen Handerkrankungen ist primär besonders das Débridement bis ins Gesunde schicksalsentscheidend.

Nach dem Débridement ist der nächste Schritt die zeitgerechte und suffiziente **Weichteildeckung** möglichst innerhalb der ersten 72 Stunden nach dem Unfallereignis, um freiliegende wichtige Strukturen, wie Sehnen, Nerven, Gefäße und Knochen nicht einer Exsudation, Evaporation oder Infektion und dadurch Zerstörung anheim fallen zu lassen. Zur Defektdeckung kommen sämtliche Arten von Lappenplastiken infrage (s. SE 37.1, S. 819).
Bei der Wahl der Lappenplastiken steht der Aspekt der *Funktionalität und Ästhetik* der Hand im Vordergrund, da sie als Organ zur Herstellung und Aufrechterhaltung des psychosozialen Kontaktes eine wichtige Funktion erfüllt. Angestrebt wird die adäquate Wiederherstellung
- des Haut-Weichteil-Mantels (als Schutz der darunter liegenden funktionellen Strukturen),
- der Sensibilität zur Funktionserfüllung des Tastsinnes,
- der äußeren Form als ästhetische Einheit.

Weichteilverletzungen der Fingerendglieder

Nagel und Nagelbett

Verletzungen des Nagelbettes ohne Zerreißung des Nagels gehen häufig mit einem subungualen Hämatom einher. Da dieses keinen Abfluss nach außen findet, kommt es zu sehr schmerzhaften subungualen Kompressionssyndromen. Hier ist leicht Abhilfe zu schaffen durch Trepanation des Nagels mit einem kleinen Bohrer oder mit einer heißen Büroklammer. Bei Austritt des Hämatoms spüren die Patienten sofort Erleichterung.
Quetsch- und Rissverletzungen des Nagelbettes bei Zerstörung des Nagels oder bei teilweiser Abhebung des Nagels führen in unbehandeltem Zustand i. d. R. nach Abheilung zu einem Nagelfehlwachstum. Daher ist die Rekonstruktion des Nagelbettes mit einem resorbierbaren Faden der Stärke 7×0–10×0 nötig. Nach Versorgung des Nagelbettes wird der abgehobene Fingernagel zur Schienung wieder reponiert und unter den Nagelfalz gebracht, damit die Nagelfalzränder nicht miteinander verkleben und auf diese Weise ein Nagelfehlwachstum hervorrufen. Falls kein Nagel mehr verfügbar ist, sollte ein Kunstnagel statt dessen eingefügt werden (z. B. aus Silikonfolie). Zudem dient dieses zum äußeren Schutz des sehr empfindlichen Nagelbettes. Verletzungen des Nagelwalls werden entweder durch primäre Naht rekonstruiert oder durch lokale Lappenplastiken (Transpositions-, Rotationslappen) in ihrer Kontinuität wiederhergestellt.

Verletzungen der Fingerkuppen

Oberflächliche Verletzungen: Liegt nur eine Defektverletzung der Haut vor, so kann diese, wenn sie *kleiner als 0,5 cm* ist, die besten Heilungsergebnisse mit einer kontrollierten Granulation erreichen. *Bei größeren Defekten* ist die Transplantation eines Vollhauttransplantates i. d. R. vom Unterarm zu empfehlen. Meistens ist bei diesen Verletzungen die spätere Sensibilität der Fingerkuppen nicht beeinträchtigt.

11.13 Indikationen verschiedener Lappenplastiken zur Defektdeckung an der Hand

Grundsätzlich gilt, dass ***bei gut erhaltenem Gleitgewebe*** eine **Vollhauttransplantation** möglich ist. Wegen der geringeren Schrumpfungstendenz und des besseren mechanischen Schutzes ist an der Hand ein Vollhauttransplantat vorzuziehen. Bei Hauttransplantaten ist stets zu bedenken, dass sie, verglichen mit Nah- und Fernlappenplastiken, den schlechteren mechanischen Schutz der funktionellen Strukturen an der Hand bieten. Auch führen derartige Defektdeckungen u. U. zu längeren Ruhigstellungszeiten als Lappenplastiken und bilden dadurch eine größere Gefahr der Einsteifung der Fingergelenke. Falls die Möglichkeit einer Wahl besteht, sollte **Nahlappenplastiken** aus ortsständigem Gewebe der Vorzug gegeben werden.

Bei **Fernlappenplastiken** bilden die erste Wahl mikrovaskulär gestielte Fernlappen oder mikrovaskulär frei transplantierte Lappenplastiken. Bei den frei transplantierten Lappenplastiken werden möglichst wenig auftragende Lappen gewählt, wie zum Beispiel der Temporalis-Faszien-Lappen, der dann frei transplantiert mit Vollhaut gedeckt wird und den Vorteil hat, dass er dünn ist und ein gutes Gefäßnetz als Gleitgewebe zwischen Sehnen und Haut zur Verfügung stellt.

Bei schweren Defektverletzungen mit sehr großen zirkulären Defekten, bei denen in der Folgezeit häufig nicht abzusehen ist, welche Strukturen sich auf Dauer erhalten lassen, bieten sich die alten **konventionellen Fernlappenplastiken**, wie Leistenlappen oder Muffplastiken aus der Bauchhaut an. Diese haben den Nachteil, dass der Patient unter Fixierung der Hand über 3 Wochen immobilisiert wird und zahlreiche Folgeoperationen, zum Beispiel zur Trennung der verbliebenen Finger erforderlich werden. Außerdem tragen diese Lappenplastiken unförmig stark auf und besitzen keinerlei taktile Sensibilität, sondern allerhöchstens eine Schutzsensibilität.

Das ***Fallbeispiel*** zeigt in **a** eine Quetschverletzung der Finger II – V durch eine Heißwalze. Nach Débridement erfolgt streck- und beugeseitig eine Defektdeckung mit Vollhauttransplantaten (**b, c**). **d** zeigt das Einheilungsergebnis.

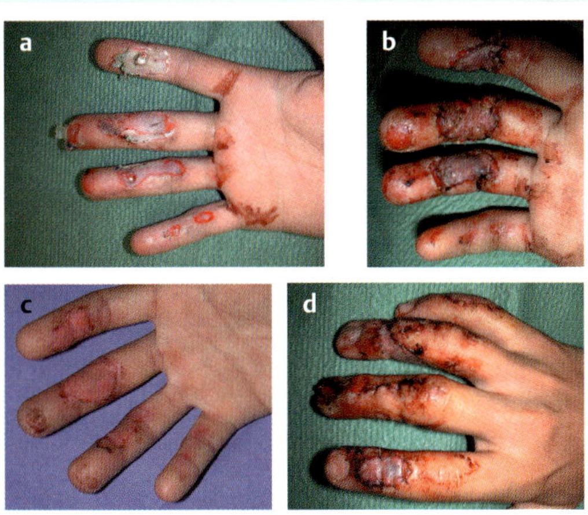

11.36 Cross-Finger-Lappen

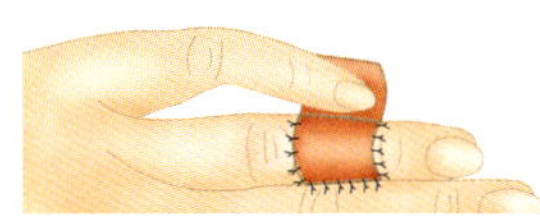

Die streckseitige Haut des Mittelgliedes vom Nachbarfinger wird rechteckig umschnitten und türflügelartig zurückgeklappt zur Defektdeckung der Fingerkuppe.

Neben den vorgenannten Therapien gibt es *bei tieferen und größeren Fingerkuppendefekten* u. a. die Möglichkeit durch Deckung mit einem Cross-Finger-Lappen (**11.36**) oder einem gefäßgestielten Lappen (s. SE 37.1, S. 819).

Tiefere Verletzungen: Weichteildefekte unter Einbeziehung des Haut-Weichteil-Mantels mit freiliegendem Knochen (Nagelkranz) sollten möglichst vollständig wieder rekonstruiert werden. Da der Weichteilmantel der Fingerkuppe beim Greifen und Tasten eine wichtige Rolle spielt, sollte bei der Wiederherstellung eines Defektes die erste Wahl auf ortsständiges Gewebe fallen. Beim Erwachsenen lassen sich distale Fingerspitzendefekte bis zu 1 cm gut mit einem V-Y-Gleitlappen decken, der in verschiedenen Formen entweder als bilateraler Lappen oder als zentraler Lappen angewendet wird (s. **14.11**, S. 368). Er wird mikrochirurgisch so präpariert, dass möglichst viele seitlich einstrahlende Gefäß- und Nervenverbindungen belassen werden und sein Untergrund nur teilweise vom Knochen abgelöst wird. Dadurch ist er auch nur begrenzt mobilisierbar.

Größere Defekte der Fingerkuppe werden am besten mit homodigitalen oder heterodigitalen Insellappen versorgt.

Defektverletzungen von Mittel- und Grundphalangen sowie der Mittelhand

Bei Lappenplastiken im Bereich der Grund- und Mittelphalangen, sowie der Hohlhand und des Handrückens, spielt der funktionelle Aspekt des mechanischen Schutzes eine größere Rolle als bei der Fingerkuppe. Die Auswahl der geeigneten Technik zur Defektdeckung erfolgt je nach Schadensausmaß (**11.13**).

11.14 Verletzungen durch Hochdruckspritzpistolen

Eine Besonderheit von Weichteilschäden stellen Verletzungen durch Hochdruckspritzpistolen dar. Hierbei ist in der Regel der Fälle nur eine winzig kleine Eintrittspforte mit einem minimalen Weichteilschaden vorhanden. Das zu spritzende Mittel wird aber mit Hochdruck in die Weichteile, hauptsächlich der Hand und des Unterarmes gedrückt.

! Hochdruckspritzpistolenverletzungen stellen eine absolute Indikation zur operativen Revision dar.

Ist die Sprühflüssigkeit kontrastgebend, bringt eine präoperative **Röntgenaufnahme** u. U. eine Übersicht über das Schadenausmaß. Ein **sofortiges großzügiges Débridement** verhindert in der Regel der Fälle katastrophale nekrotische toxische Einschmelzungen.

12.1 Azetabulum: Frakturen

Azetabulumfrakturen sind relativ selten. Da jedoch eines der lastaufnehmenden Gelenke an der unteren Extremität betroffen ist, haben sie eine große klinische Bedeutung. Wie für alle anderen lastaufnehmenden Gelenke der unteren Extremität gilt auch hier, dass die anatomische Reposition entscheidend ist, um ein gutes Langzeitergebnis für das Hüftgelenk zu erzielen. In einigen wenigen Fällen ohne Dislokation oder wenn nicht Last tragende Teile betroffen sind, kann eine gute anatomische Reposition durch ein nicht operatives, geschlossenes Vorgehen erzielt werden. Häufiger aber ist die offene Reposition und stabile interne Fixation, die eine frühzeitige Bewegung des Gelenkes ermöglichen soll.

Ätiopathogenese: Das Frakturausmaß ist abhängig von der Position des Hüftkopfes im Moment seines Einstoßes in die Pfanne. Es lassen sich 2 grundsätzliche Verletzungsmechanismen unterscheiden:
Direkte Gewalteinwirkung: Ein direkter Schlag auf den großen Trochanter verursacht i. d. R. eine quere Azetabulumfraktur.
Dashboardverletzung: Das gebeugte Knie schlägt gegen das Armaturenbrett eines Motorfahrzeugs (s. **9.1a**, S. 226). Die dabei außenrotierte Hüfte verursacht häufig Verletzungen des vorderen, die nach innen rotierte Hüfte Verletzungen des hinteren Pfeilers (Typ A, **12.1**). Die abduzierte Hüfte verursacht eine untere, die adduzierte eine hohe Querfraktur (Typ B). Eine 2-Säulen-Fraktur entsteht meist durch eine größere Gewalteinwirkung.

Symptomatik:
- Verkürzung/Fehlstellung der betroffenen Extremität,
- lokale Verletzungszeichen (z. B. Hämatom usw.),
- Functio laesa.

Diagnostik: Anamnese und klinischer Untersuchungsbefund (Schmerz, Schwellung, eingeschränkte Funktion) ergeben den Verdacht auf das Vorliegen einer Hüftpfannenfraktur. Eine Beckenübersichtsaufnahme sowie die Schrägaufnahmen der betroffenen Hüftpfanne (sog. Ala- [„Ala ossis ilii"] und Obturatoraufnahme; **12.2**), sichern die Diagnose. Bei ausgedehnteren Verletzungen kann das Anfertigen eines Computertomogrammes und die 3-D-Rekonstruktion hilfreich sein.

Differenzialdiagnostisch müssen reine Verrenkungen des Hüftkopfes ohne begleitende Pfannenfraktur abgegrenzt werden, des Weiteren begleitende Verletzungen des Beckenringes, im Bereich der Beckenschaufel und Verletzungen des Hüftkopfes, die mit Luxationen und Luxationsfrakturen kombiniert sein können.

Begleitverletzungen: Eine Komplikation bei den Luxationsfrakturen des Azetabulums ist die Läsion des N. ischiadicus. Bei sog. Dashboardverletzungen ist auch eine Beteiligung des distalen Femurs oder der Patella möglich.

Therapie (**T 12.1**): Verschiebungen von weniger als 2 mm (s. **12.2**) können einer **konservativ-funktionellen**

12.1 AO-Klassifikation der Azetabulumfrakturen

6 Becken

6 2 Azetabulum

A Beteiligung von nur einem Pfeiler des Azetabulums, während der zweite Pfeiler intakt ist

6 2 A: **1** Frakturen des hinteren Pfannenrandes mit Varianten; **2** Frakturen des hinteren Pfeilers mit Varianten; **3** Frakturen des vorderen Pfannenrandes und Pfeilers

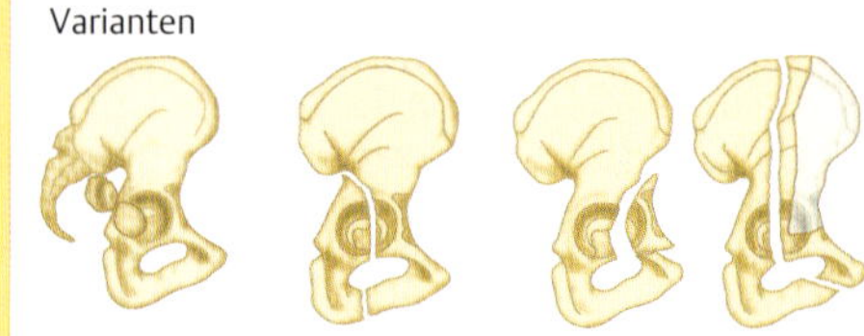

B querverlaufende Frakturkomponente, wobei mindestens ein Teil des Pfannenrandes intakt und in Verbindung mit dem Os ilium bleiben muss

6 2 B: **1** Querfrakturen durch die Gelenkpfanne mit oder ohne Fraktur des hinteren Pfannenrandes; **2** T-förmige Frakturen mit verschiedenen Varianten; **3** Frakturen des vorderen Pfeilers oder Pfannenrandes, verbunden mit hinterem, „hemitransversalem" Bruch

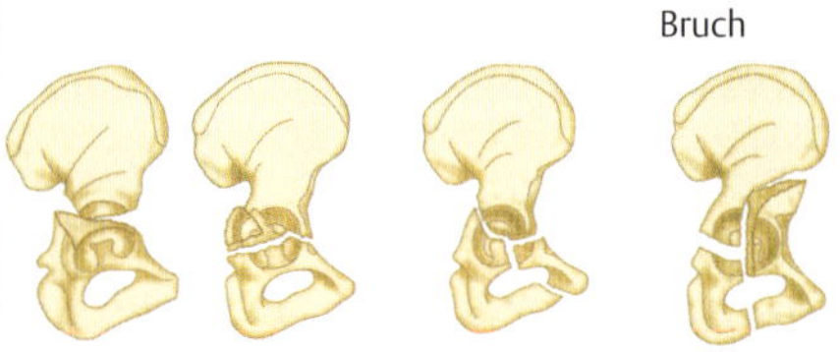

C Frakturen beider Pfeiler: Die Frakturlinien verlaufen im vorderen und hintere Pfeiler. Im Unterschied zu den B-Frakturen sind alle gelenkbildenden Fragmente einschließlich des Pfannenrandes vom restlichen Os ilium getrennt

6 2 C: **1** Fraktur des vorderen Pfeilers mit Verlauf bis zur Crista iliaca; **2** Fraktur des vorderen Pfeilers mit Verlauf bis in die vordere Begrenzung des Os ilium; **3** Querfrakturen mit Ausdehnung bis in das sakroilikale Gelenk

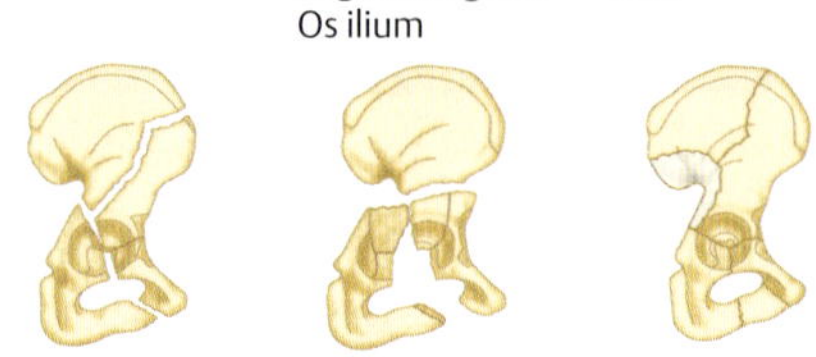

12.2 Röntgendiagnostik der Azetabulumfraktur

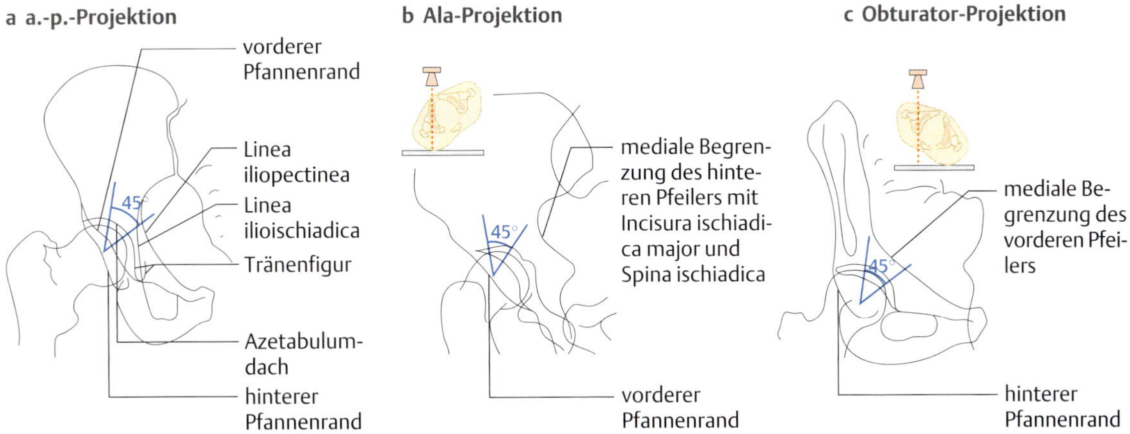

a Die Beckenübersichtsaufnahme zeigt die zentrale Verschiebung des Hüftkopfes.
b Die Ala-Aufnahme (a.-p.-Strahlengang bei Anheben der gesunden Hüfte um 45 Grad) zeigt Frakturlinien im Alaverlauf und am Pfannenboden.
c Die Obturatoraufnahme (Anheben der betroffenen Seite) lässt die Dorsalverschiebung des Kopfes, abgesprengte Fragmente am hinteren Pfannenrand oder auch die leere Pfanne erkennen.

Interpretation: Hilfreich ist die Identifikation wichtiger Leitlinien, deren Unterbrechung auf eine Fraktur schließen lässt. Die festgestellten Frakturverläufe können dann in eine Schemazeichnung übertragen werden. Eine Gelenkinkongruenz um mehr als 2 mm in einem der blau eingezeichneten Bereiche zeigt eine Operationsindikation an.

Behandlung ohne Belastung zugeführt werden und zeigen gute Ergebnisse unabhängig vom Frakturtyp.
Bei einer geringen Verschiebung ist eine **Extensionsbehandlung** (s. SE 9.2, S. 230) nicht erforderlich, es sein denn, es verbleibt eine Instabilität. Dies kann unter Bildwandler geprüft und ggf. eine Extension angelegt werden.
Das Prinzip der **operativen Behandlung** besteht in der Reposition und übungsstabilen Retention der Fraktur mittels Schrauben oder Schrauben und Platten.

Die allgemeinen ***Komplikationen*** der **Extensionsbehandlung** sind in SE 9.2 (s. S. 230 f) beschrieben. Bei **Osteosynthese über dorsale Zugänge** ist der N. ischiadicus zu beachten, der nicht überdehnt oder in seiner Kontinuität verletzt werden darf. In Abhängigkeit von der Zeitdauer zwischen Unfall und operativer Versorgung kann es zum Auftreten von Verknöcherungen kommen. Bei den **vorderen Zugängen** zum Azetabulum sind Hautnerven gefährdet, die gedehnt oder dauerhaft geschädigt werden können. Die Verläufe der großen Leitungsbahnen im Bereich der Leiste sind zu beachten.

Prognose: Das funktionelle Ergebnis ist abhängig vom begleitenden Weichteilschaden im Bereich von Gelenkkapsel und Muskulatur, auf längere Sicht vom Ausmaß der Gelenkzerstörung, v. a. des Gelenkknorpels, und von der primär nicht sicher zu beurteilenden Schädigung des Hüftkopfes durch das Trauma. Spätfolge kann eine Durchblutungsstörung des Hüftkopfes mit konsekutiver, rasch fortschreitender Hüftgelenkarthrose sein. Nervenschäden zeigen eine schlechte Erholungstendenz.

12.1 Indikationen zur konservativen bzw. operativen Therapie bei Azetabulumfrakturen

konservative Therapie	*operative Therapie*
• stabiles und kongruentes Hüftgelenk, • nicht oder nur geringfügig dislozierte Frakturen (2 mm und weniger), • tiefe vordere Pfeilerfraktur, • tiefe Querfraktur, • Frakturen mit sekundärer Kongruenz	Instabilität: Hüftgelenkverrenkung mit • hinterer oder vorderer Pfannenrandfraktur, • vorderer Pfeilerverschiebung; Inkongruenz: • Frakturen im Bereich des Pfannendachs mit verschobenem Pfannendachfragment, • Quer- oder T-Typ-Frakturen, • 2-Säulen-Frakturen mit Inkongruenz, • Fragmente im Gelenk, • dislozierte Femurkopffrakturen, • Weichteilinterposition

12.2 Hüftkopf, Schenkelhals und Trochanterregion: Frakturen

Frakturen des Schenkelhalses und der Trochanterregion sind Verletzungen des älteren Menschen (> 65 Jahre), bei dem die Knochenfestigkeit nachlässt (Frauen > Männer). Hüftkopffrakturen sind seltene Verletzungen bei jüngeren Patienten, i. d. R. bedingt durch große Gewalteinwirkung, manchmal verbunden mit einer Hüftgelenkluxation.

Ätiopathogenese: Frakturen der **Trochanterregion** (Typ A, AO-Klassifikation, **12.3**) und des **Schenkelhalses** (Typ B) sind *Verletzungen des älteren Menschen* ab dem 65. Lebensjahr. Schenkelhalsfrakturen entstehen bei diesen durch indirekte Mechanismen wie Abduktion oder Adduktion. Aufgrund der geringen Knochenfestigkeit können Frakturen der Trochanterregion auch durch direkte Gewalteinwirkung (beim Sturz) entstehen. *Bei jüngeren Personen* treten derartige Frakturen aufgrund der deutlich höheren Knochenfestigkeit nur infolge großer Gewalteinwirkung auf.
Frakturen des **Hüftkopfes** (Typ C) sind von der Ätiopathogenese her von den o. g. Frakturen zu unterscheiden. I. d. R. entstehen sie durch die Dislokation des Hüftkopfes, wobei große Knochenfragmente abgerissen werden können. Häufig hängen diese auch an einem intakten Ligamentum teres. Dieser Verletzungstyp kann bei einer reinen Luxation oder einer begleitenden Azetabulumfraktur (s. SE 12.1, S. 306 f) auftreten, wenn das Fragment groß genug ist, um eine Instabilität des Hüftgelenkes zu provozieren.

Diagnostik: Ein führendes **klinisches Zeichen** für die hüftgelenknahe Fraktur ist neben den Schmerzen im Bereich der Hüftgelenkregion das verkürzte und nach außen rotierte Bein. Jede klinische Untersuchung und jeder Versuch, das Bein in irgendeiner Form zu bewegen, führt zu einer deutlichen Vergrößerung der Schmerzen. **Röntgenaufnahmen** des Hüftgelenkes im vorderen und seitlichen Strahlengang bestätigen die Diagnose.

Differenzialdiagnose: Die hüftgelenknahe Fraktur ist gegenüber der Hüftgelenkluxation (s. SE 12.3, S. 310 f), der Beckenfraktur (s. SE 13.4, S. 346 ff), aber auch gegenüber weiter distal gelegenen Femurfrakturen (s. SE 12.4, S. 312 f) abzugrenzen. Auch ist darauf zu achten, ob es sich dabei um eine pathologische Fraktur handelt (s. SE 14.1, S. 350 f). Nicht dislozierte Frakturen sollten erkannt und entsprechend behandelt werden.

Begleitverletzungen in dieser Region sind selten. Bei direktem Trauma kann es zu ausgedehnten Hämatomen und nachfolgenden Weichteilschäden kommen.

Therapie: **Schenkelhalsfrakturen** werden in Abhängigkeit vom Alter des Patienten behandelt:
Bei jüngeren Patienten, d. h. Patienten, die jünger als 65 Jahre und in einem biologisch guten Zustand sind, wird

12.3 AO-Klassifikation der proximalen Femurfrakturen

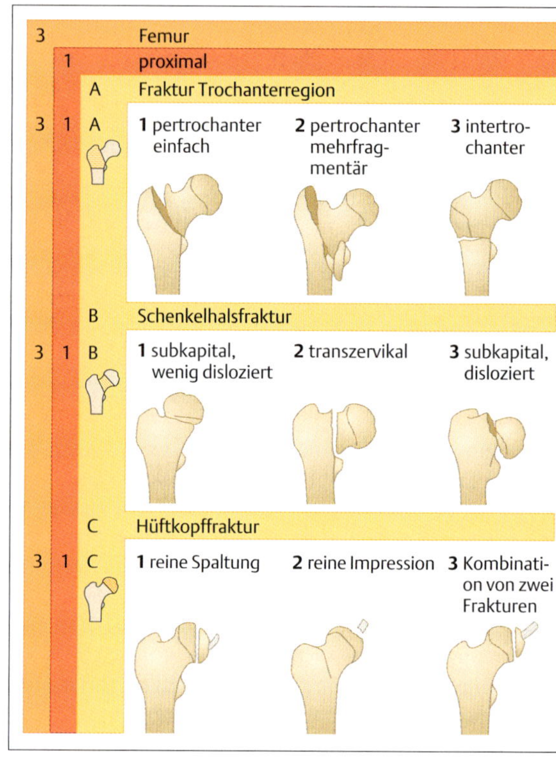

man immer versuchen, eine kopferhaltende Operation durchzuführen (**12.4a**).

Dies muss umgehend (notfallmäßig!) geschehen, da sonst das Risiko einer Hüftkopfnekrose rasant ansteigt.

Bei älteren oder vorgealterten Patienten und bei *pflegebedürftigen Patienten*, bei denen die körperliche Leistungsfähigkeit bereits eingeschränkt ist, ist die Versorgung mit einem künstlichen Hüftgelenk vorzuziehen, da dadurch die Pflege erleichtert ist und die Patienten rascher wieder auf die Beine gestellt werden können (**12.4b**). Da er nicht teilbelasten kann, muss nach Möglichkeit ein Verfahren gewählt werden, das postoperativ Vollbelastung zulässt.

Für den alten Menschen kann die rasche operative Versorgung einer hüftgelenknahen Fraktur lebensrettend sein.

👁 12.4 Operative Therapie bei Schenkelhalsfraktur

a Schraubenosteosynthese

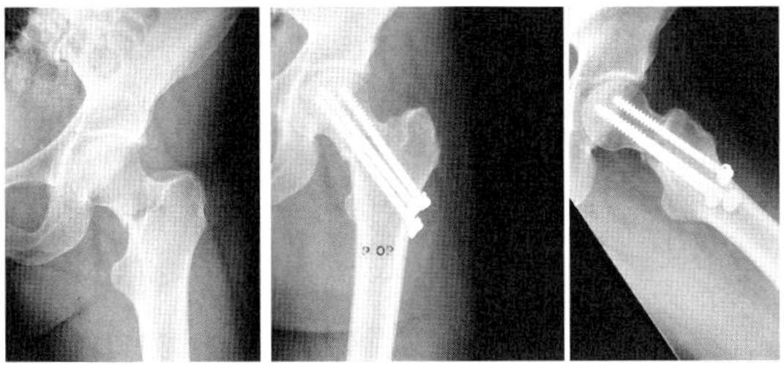

b Hüfttotalendprothese

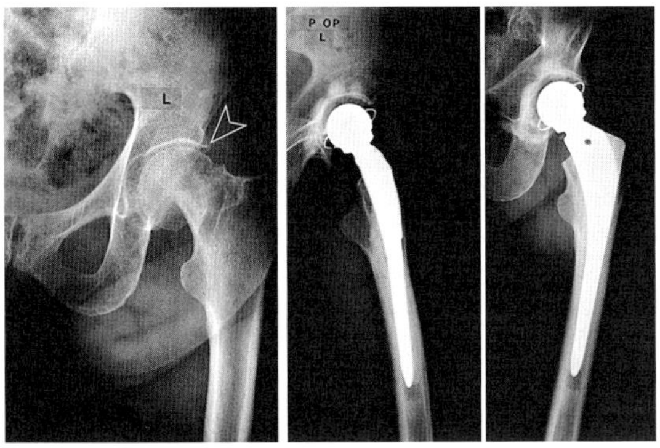

Hüftkopf-, per- und subtrochantere Fraktur: Dynamische Hüftschraube (👁 **12.5**) und proximaler Femurnagel (PFN; s. 👁 **a** in 🔍 **9.3**, S. 233).

Die **Begleit- und Nachbehandlung** muss zum einen die Beweglichkeit des Hüftgelenkes mit endgradiger Streckung und einer ausreichende Beugefähigkeit anstreben. Zum anderen muss das muskuläre Gleichgewicht im Bereich des Beckens und der betroffenen Seite stabilisiert werden, um ein durch muskuläre Insuffizienz bedingtes Hinken zu vermeiden. Nach derartigen Verletzungen ist eine intensive Gehschulung notwendig.

Komplikationen: Nach kopferhaltenden stabilisierenden Eingriffen am **Schenkelhals** droht immer die Hüftkopfnekrose. Gleichzeitig sind diese Frakturen mit einer erhöhten Pseudarthroserate behaftet (s. u.). In Abhängigkeit vom Frakturtyp, vom Neigungswinkel der Fraktur und bei Vorliegen einer dorsalen Trümmerzone sind diese Frakturen vermehrt instabil.

Gleiches gilt für **Frakturen des Hüftkopfes**, bei denen es sehr rasch zum Auftreten einer progredienten posttraumatischen Arthrose kommen kann. Im Vordergrund steht ebenfalls die Durchblutungsstörung.

Frakturen der Trochanterregion zeigen weniger häufig Komplikationen bei der Frakturheilung. Allerdings kommt es auch hier zu einem Wettlauf zwischen Frakturheilung und „Implantatversagen", d. h. wenn die Frakturheilung nicht rechtzeitig eintritt, kommt es durch die

👁 12.5 Osteosynthese einer pertrochantären Fraktur mit dynamischer Hüftschraube

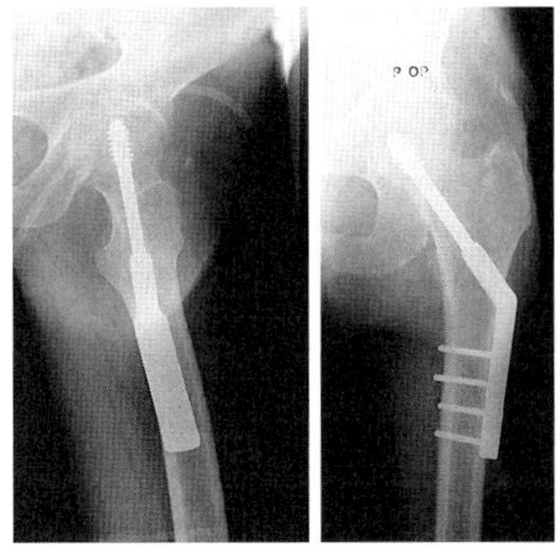

hohe Wechselbiegebelastung in diesem Bereich sehr frühzeitig zu einem Implantatbruch. Dies macht eine erneute Stabilisierung notwendig.

Die ***Prognose*** einer **Hüftkopf- und Schenkelhalsfraktur** ist immer mit einer gewissen Unsicherheit in Bezug auf die Durchblutungsverhältnisse in dieser Region behaftet. Das Auftreten einer Pseudarthrose kann u. U. durch eine anlässlich der Primäroperation durchgeführte Umlagerungsoperation verhindert werden, bei der eine sehr steile Bruchfläche, mit überwiegend Scherkräften, umgelagert wird in eine weniger steile Bruchfläche, bei der die Fraktur unter Druckbelastung kommt (👁 **12.6**). Im Bereich der **Trochanterregion** sind keine Durchblutungsstörungen zu beobachten. Hier ist die Heilung i. d. R. unproblematisch, sofern nicht eine ausgiebige Devastierung des Knochens erfolgt.

👁 12.6 Umlagerungsosteotomie

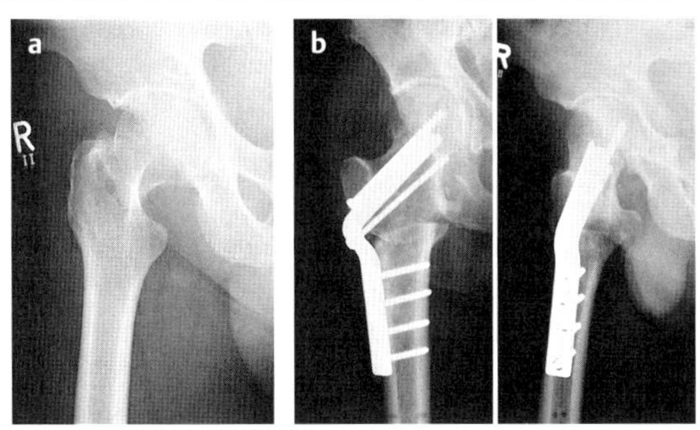

Um das Entstehen einer Pseudarthrose zu vermeiden, wird der steile Bruchlinienverlauf
(**a**) in einen biomechanisch günstigeren flacheren Verlauf umgewandelt, indem ein Keil entnommen wird. Durch Einbringen einer sog. Osteotomieplatte
(**b**) wird die Fraktur im angestrebten Winkel stabilisiert.

12.3 Hüftgelenk- und Trochanterbereich: Weichteilverletzungen

Weichteilverletzungen im Bereich des Hüftkopfes, des Schenkelhalses und der Trochanterregion können das Integument betreffen, sind hier aber eher selten. Die schwerwiegendste Weichteilverletzung ist die Hüftgelenkluxation. Da die anatomische Form des Hüftgelenkes eine große Stabilität garantiert, sind Hüftgelenkverrenkungen beinahe immer durch ein Hochenergietrauma bedingt.

Ätiopathogenese: Die pathologischen Kräfte, die auf das Hüftgelenk übertragen werden, stammen aus drei Quellen:

- der Vorderfläche des gebeugten Knies oder der vorderen proximalen Tibia, welche gegen einen Widerstand stoßen (z. B. Dashboardtrauma, s. **9.1**, S. 226),
- der Fußsohle mit dem gestreckten Kniegelenk und
- dem großen Trochanter.

Einteilung: Es werden vier Luxationsformen unterschieden (hinten/vorn, oben/unten: **12.7**).

Symptome: Die Patienten verspüren starke Schmerzen.

Diagnostik: Die **Inspektion** ergibt schon erste Hinweise auf die Art der Luxation: ein in Innenrotation fixiertes Hüftgelenk ist nach hinten, ein in Außenrotation fixiertes nach vorn luxiert (**12.7**).

Dieses äußere Bild kann allerdings durch Begleitverletzungen verändert werden.

Wichtige Hinweise sind auch Schürfungen über der Patella oder der vorderen proximalen Tibia als Hinweis für das mögliche Vorliegen einer begleitenden Hüftgelenkverletzung.

Bildgebende Diagnostik: Bei jedem Patienten mit einem Hochenergietrauma und Mehrfachverletzungen sollte in jedem Fall eine orientierende Aufnahme des Beckens im a.-p.-Strahlengang erfolgen, um eine Verletzung auszuschließen. Sofern eine Hüftgelenksverrenkung diagnostiziert wird, muss nach erfolgter Reposition durch weitere Aufnahmen ausgeschlossen werden, dass begleitende knöcherne Verletzungen vorliegen. Im Zweifel ist es sinnvoll eine Computertomographie durchzuführen, um das Vorliegen von intraartikulären abgesprengten Fragmenten auszuschließen.

Begleitverletzungen: Bei der hinteren Hüftgelenkluxation können vor allen Dingen Verletzungen des N. ischiadicus auftreten, die zu einer dauerhaften sensiblen und motorischen Störung führen. Außerdem sind begleitende Verletzungen des Azetabulums (s. SE 12.1, S. 306 f) und des Hüftkopfes abzuklären.

Therapie: Jede Hüftgelenkverrenkung stellt eine schwere Verletzung dar. Da eine Korrelation zwischen der Verrenkungsdauer und der Inzidenz einer Hüftkopfnekrose besteht, muss eine Verrenkung notfallmäßig reponiert werden. Dies geschieht unter Schmerzausschaltung und Relaxierung. Dabei bedarf es häufig eines erheblichen Kraftaufwandes, um die Verrenkung zu beseitigen. Es muss mit gleichmäßiger Kraft bei gebeugtem Hüftgelenk gezogen werden, bis der Hüftkopf hörbar in die Pfanne reponiert ist. Außerdem muss immer auf abgesprengte hintere Pfannenanteile geachtet werden, sofern es sich um gelenktragende für die Stabilität wichtige Fragmente handelt, müssen diese operativ refixiert werden (s. SE 12.1, S. 306 f).

Komplikationen können bei der hinteren Verrenkung Nervenschäden sein, die bei der ersten klinischen Untersuchung erkannt werden sollten. Hindernis für eine Reposition ist gelegentlich einmal das Einschlagen von Weichteilen aus dem Labrum. In diesen Fällen ist die Magnetresonanztomographie zur Aufdeckung hilfreich.

Prognose: Die Möglichkeit einer Hüftkopfnekrose nach Hüftgelenkverrenkung liegt zwischen 1–17 %. Eine posttraumatische Arthrose ist die häufigste Langzeitkomplikation nach einer Hüftgelenkverrenkung. Eine Voraussage, ob und wann einer solche Komplikation eintritt, ist schwierig.

12.7 Luxationsformen am Hüftgelenk

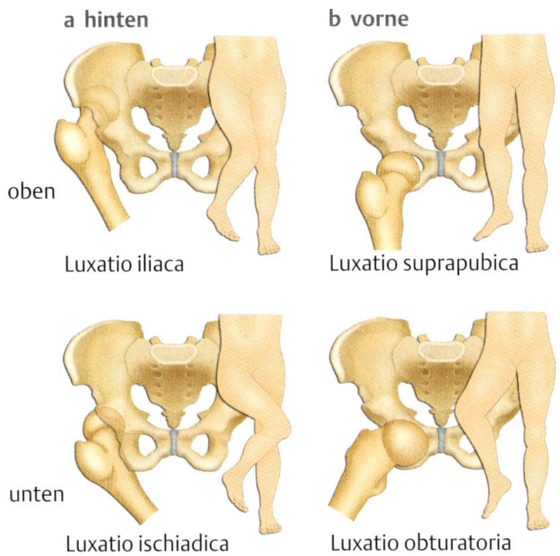

a Bei der **hinteren Luxation**, der häufigsten Form, liegt das Bein meist innenrotiert und adduziert,
b bei der selteneren **vorderen Luxation** abduziert und außenrotiert.

12.1 „Fallbeispiel": Das fängt ja gut an

Auf der Empfangsstation einer Engadiner Klinik liegt fröstelnd Fred Jucker und kann es immer noch nicht fassen: Sein Oberschenkel ist gebrochen.
Seit 1961 fährt er unfallfrei Ski, goldenes Skiabzeichen bereits mit sechzehn, jugendlicher Sieger mehrerer Gästeskirennen in den späten sechziger Jahren, Tiefschneekönig seiner Batterie als Oberleutnant der Gebirgsartillerie, und jetzt das: Oberschenkel gebrochen. Auf der Treppe der Seilbahnstation ausgerutscht, vor den Augen eines vorwiegend jugendlichen Publikums aus übernächtigten Snowboardern und gelangweilten Nachwuchs-Top-Models die sechs Stufen runtergepoltert und liegen geblieben wie ein Sack Zement. Als sich der Applaus der Snowboarder gelegt hat und Jucker keine Anstalten macht aufzustehen, alarmiert der Kassierer den Pistendienst und dieser einen Krankenwagen. (Der Unfall hatte sich in der Talstation ereignet.)
Der junge Arzt in der Aufnahme diagnostiziert einen Oberschenkelbruch. „Sind Sie sicher?" fragt Jucker durch zusammengebissene Zähne.
„Ziemlich. Die Diagnose eines Oberschenkelbruchs gehört seit Wilhelm Conrad Röntgen zu den einfacheren Aufgaben des Osteologen."
Jucker fasst sofort eine Abneigung gegen sarkastische, braungebrannte Assistenzärzte in Gebirgskliniken. „Was schlagen Sie vor?"
„Operieren."
„Geht nicht, ich reise morgen ab."
Der Arzt schüttelt den Kopf. „Ich fürchte, das müssen Sie verschieben."
„Verschieben?" Jucker lächelt nachsichtig. „Sie verstehen nicht. Ich habe eine Firma zu leiten. Am Montag um halb acht muss ich im Büro sein."
„Ich glaube, Sie sind es, der nicht versteht. Ihr rechter Oberschenkel ist gebrochen." Der Arzt hält eine Röntgenaufnahme gegen das Licht. „Sehen Sie diese zwei Knochen?" Er zeigt mit dem Kugelschreiber auf zwei längliche, bläuliche Umrisse. „Das sollte eigentlich nur einer sein."
„Ich zweifle überhaupt nicht an der Diagnose." Juckers Geduld geht zur Neige. „Nur was die Therapie angeht, da müssen Sie mir schon ein paar praktikablere Vorschläge liefern."
Der Arzt schaut ihn ungläubig an.
„Vielleicht kann man etwas Provisorisches machen", hilft Jucker, „und das Definitive so legen, dass es nicht meinen ganzen Terminkalender durcheinanderbringt. Sie haben keine Vorstellung, was in einem Unternehmen wie dem unseren zum Jahresbeginn alles anfällt. – Verschieben!" Juckers Auflachen geht in einen Schmerzensschrei über.
„Was verstehen Sie unter etwas Provisorischem?"
„Spritzen Sie mich fit, geben Sie mir Morphium, einen Notverband, einen Gehgips. Was weiß ich, Sie sind der Arzt." Jucker ist es gewohnt, die Details an die Spezialisten zu delegieren.
„Niemand ist unentbehrlich." Der Satz ist tröstlich gemeint. Aber er trifft Jucker so tief in seinem Selbstwertverständnis, dass er sich zu einer unbedachten Antwort hinreißen lässt.
„Das gilt vielleicht für Sie", stößt er hervor.
Seitdem liegt Fred Jucker fröstelnd auf der Empfangsstation einer Engadiner Klinik und kann es immer noch nicht fassen: Sein Oberschenkel ist gebrochen.
aus: **Martin Suter *Business Class***
Geschichten aus der Welt des Managements

Andreas Wentzensen

12.4 Oberschenkelschaft

Das Femur, der größte Röhrenknochen des Körpers, ist von einer großen Muskelmasse umgeben und widersteht größeren Kräften als jeder andere Knochen. Femurfrakturen sind immer das Ergebnis von großer Gewalt und können lebensbedrohliche Formen annehmen. Dabei handelt es sich nicht nur um unmittelbare Komplikationen, wie Blutungen oder Begleitverletzungen, sondern auch um indirekte Komplikationen im Zusammenhang mit der Frakturbehandlung oder von Begleitverletzungen.

Ätiopathogenese: Das **Frakturmuster** variiert entsprechend der einwirkenden Kraftrichtung. Kräfte, die direkt *senkrecht auf die Achse* des Knochens auftreffen, bewirken Quer- oder kurze Schrägfrakturen mit örtlichem Weichteiltrauma. Kräfte, die *in axialer Richtung* auf das Femur einwirken, können mit Verletzungen der Hüfte und des Knies einhergehen. Bei älteren Patienten resultieren die knöchernen Verletzungen am Femur aus *Rotationskräften*, welche eine Schräg- oder Spiralfraktur mit nur geringer Zertrümmerung hervorrufen. Das Ausmaß der Zertrümmerung im Frakturbereich steigt in direkter Relation zur Energie an, die durch das Femur zum Verletzungszeitpunkt absorbiert wird (s. auch SE 9.1, S. 224 ff).

Begleitverletzungen: Begleitende *Nervenverletzungen* sind bei Femurschaftfrakturen selten, da der Ischiasnerv durch Muskulatur gut geschützt ist und nur eine extreme Dislokation eine direkte Verletzung des Nervs ermöglicht. Allenfalls bei penetrierenden Traumen, wie Schussverletzungen, kann der Nerv verletzt werden. Die meisten neurologischen Begleitverletzungen im Zusammenhang mit einer Femurschaftfraktur sind eher das Ergebnis von Schwierigkeiten oder Problemen bei der Behandlung als durch die Verletzung selbst.

Gefäßverletzungen im Zusammenhang mit Femurschaftfrakturen sind ebenfalls ungewöhnlich (ca. 2 % der Fälle). Eine Verletzungsmöglichkeit bei stumpfen Traumen besteht im distalen Viertel des Femurschaftes, wo es zu einem Riss der A. femoralis in Höhe des Abduktorenkanals kommen kann.

> ! Frakturen des Oberschenkelschaftes gehen mit erheblichen Blutvolumenverlusten (gute Durchblutung der Knochen) einher, die bei einer beidseitigen Femurfraktur ca. 3–4 l betragen können.

Symptome: Der Patient klagt i. d. R. über heftigste Schmerzen und ist nicht in der Lage, Hüfte, Knie oder Unterschenkel zu bewegen, weil sich die Schmerzen bei jeder geringsten Bewegung noch verstärken.

Diagnostik:

Diagnosesicherung: Bei der *klinischen Untersuchung* fällt auf, dass das Bein verkürzt ist und eine deutliche Deformität und Instabilität, verbunden mit einer Abknickung nach vorne und lateral vorliegt. *Röntgenaufnahmen des gesamten Oberschenkels in zwei Ebenen* zeigen das genaue Frakturausmaß und erlauben, die Behandlungsstrategie festzulegen. Es muss immer darauf geachtet werden, ob neben der Schaftfraktur eine distale oder proximale ipsilaterale Femurfraktur vorliegt. Dies hat entscheidenden Einfluss auf die therapeutische Strategie. Eine zusätzliche Beckenübersichts-Aufnahme zum Ausschluss von Hüftgelenkverletzungen ist obligat.

Suche nach Begleitverletzungen: Begleitverletzungen der *Kniebänder* sind relativ häufig.

> ! Jeder Kniegelenkerguss bei einer gleichzeitig vorliegenden Femurschaftfraktur bedeutet eine schwere Bandverletzung, die bei einer instabilen Femurschaftfraktur klinisch schwierig abzuklären ist.

Es ist wichtig, nach Stabilisierung der Femurschaftfraktur den Zustand des Kapselbandapparates des betroffenen Knies zu prüfen, da viele Bandverletzungen einer chirurgischen Versorgung bedürfen.

Weichteilverletzungen: Erst- oder zweitgradig offene Femurschaftfrakturen (s. SE 9.7, S. 242 f) sind relativ häufig, haben aber aufgrund der guten Weichteildeckung in dieser Region eine relativ gute Prognose. Drittgradig offene Femurschaftfrakturen sind extrem schwere Verletzungen.

> ! Das Trauma der tieferen Weichteilstrukturen kann stärker ausgeprägt sein als die äußere Hautverletzung dies erkennen lässt.

Auch wenn begleitende Gefäß- und Nervenverletzungen selten sind, ist es wichtig, einen kompletten *Nerven- und Gefäßstatus* bei der Erstaufnahme zu erheben. Am einfachsten lässt sich eine Nerven- und Gefäßverletzung unter gleichzeitigem vorsichtigem Längszug des betroffenen Beines feststellen. Hierbei wird die Fraktur stabilisiert und jeder Druck oder Spasmus des Gefäßes wird vermindert. Die neurologische Untersuchung erfasst den N. femoralis, der die Quadrizepsmuskulatur innerviert (Anspannen der Quadrizepsmuskulatur, Sensibilitätsprüfung), aber auch den N. peroneus und die tibialen Äste des Ischiasnervs (Anheben des Fußes, Sensibilitätsprüfung).

> ! Immer müssen auch die *anderen großen Körperregionen* nach weiteren Verletzungen abgesucht werden.

Suche nach Komplikationen: Wichtig ist die Feststellung, ob Zeichen eines Volumenmangelschocks vorliegen (s. SE 7.4, S. 188).

Differenzialdiagnose: Oberschenkelschaftfrakturen machen normalerweise keine differenzialdiagnostischen Schwierigkeiten.

Therapie: Die einzige Indikation für eine **konservative Therapie** (Anlegen eines Becken-Bein-Gipses; s. **9.19f**, S. 252) bilden kindliche Frakturen im Alter bis zu 3–4 Jahren.

Das ideale Verfahren zur **operativen Therapie** einer Oberschenkelschaftfraktur ist die unaufgebohrte Oberschenkelmarknagelung (s. SE 9.3, S. 232 f). Dadurch ist es mit einem relativ geringen Trauma für Knochen und Weichteile gedeckt möglich, die Fraktur nicht nur achsengerecht zu reponieren, sondern auch mittels der Verriegelungstechnik so zu stabilisieren, dass sie sofort übungs- und teilbelastungsstabil ist. Für diese Verfahren existiert so gut wie keine Einschränkung (**12.2**).

Die *Begleit- und Nachbehandlung nach operativer Versorgung* einer Femurschaftfraktur mittels Verriegelungsmarknagel richtet sich nach dem Zustand des Verletzten. Unmittelbar nach operativer Versorgung kann mit einer Umlagerung und nach Abklingen der akuten Schmerzen auch mit einer zunehmenden Physiotherapie begonnen werden, die eine Wiedererlangung der vollen Bewegungsfähigkeit der benachbarten Gelenke anstrebt. U. U. kann es zunächst hilfreich sein, mit einer passiven Bewegung auf einer elektrischen Bewegungsschiene und erst nach und nach mit aktiven Bewegungsübungen zu beginnen.

Kann aus irgendeinem Grund eine sofortige Stabilisierung der Oberschenkelschaftfraktur nicht durchgeführt werden (einschließlich einer Fixateur-externe-Versorgung), dann muss vorübergehend eine Drahtzugbehandlung im Sinne einer **suprakondylären Extension** angelegt werden (s. SE 9.2, S. 230 f).

12.2 Kontraindikationen und Alternativen der Femurmarknagelung

Bei polytraumatisierten Patienten mit einer begleitenden primären Thoraxverletzung, bei denen allein schon durch das Einbringen des unaufgebohren Nagels Druckerhöhungen im Knochenmarkraum entstehen, die zu Fetteinschwemmungen in den Blutkreislauf und zu pulmonalen Komplikationen führen können, sollte eine primäre Marknagelung nicht erfolgen.

Bei diesen Patienten, aber auch bei Patienten mit schweren zweit- und drittgradig offenen Frakturen oder bei Mehrfachverletzten kann es u. U. angezeigt sein, die Oberschenkelfraktur temporär auf einfache Weise mit einem unilateralen Fixateur externe zu stabilisieren, um dann nach Besserung des Allgemeinzustandes und lokaler Abheilung der Weichteile ein möglichst frühzeitiges Umsteigen auf den unaufgebohrten Marknagel durchzuführen. Für die Plattenosteosynthese bei der operativen Behandlung gibt es eigentlich nur Ausnahmeindikationen.

Fallbeispiel: Bei einer polytraumatisierten (u. a. Thoraxtrauma, beidseitige Femurfrakturen), 30-jährigen PKW-Fahrerin werden die Femurfrakturen zunächst mit zwei Fixateur externes stabilisiert, nach einer Woche werden beide Oberschenkel mit einem unaufgebohrten Verriegelungsnagel versorgt (s. SE 9.3, S. 232 ff).

Typische ***Komplikationen*** nach Marknagelversorgung einer Femurschaftfraktur sind **Achsenfehler** bei nicht anatomischem Auffädeln der Fragmente, besonders häufig aber auch Torsionsdifferenzen durch unsachgemäße Reposition und Lagerung. Komplikationen der operativen Versorgung durch Marknägel können auch **schleichende Frakturen** (d. h. die Bruchlinie ist nicht erkennbar, es tritt aber im weiteren Verlauf eine Dislokation auf) des Schenkelhalses sein, wenn der Marknagel nicht an der korrekten Eintrittsstelle, sondern zu weit medial am Übergang des Trochantermassivs zum Schenkelhals eingebracht wird. Intraoperativ kann es gleichzeitig zu **Komplikationen an der Einschlagstelle** (z. B. zum Ausbrechen von Fragmenten) kommen, wenn der Nagel zu weit lateral eingeführt wird.

Neurologische Komplikationen sind selten. Man sollte allerdings daran denken, dass auch Peronäusparesen als Ergebnis einer lang andauernden Extension des Beines in Außenrotation auftreten können.

Weitere Komplikationsmöglichkeiten sind eine **ausbleibende knöcherne Heilung** und **heterotope Ossifikationen**, die u. U. erhebliche Ausmaße insb. im Bereich der Fraktur annehmen können und zu grotesken, die Beweglichkeit erheblich störenden Knochenanlagerungen führen können und dann abgetragen werden müssen.

Prognose: Bei korrekter Versorgung haben Femurschaftfrakturen eine gute Chance zur vollständigen Wiederherstellung von Form und Funktion. Begleitende Verletzungen müssen allerdings entdeckt und versorgt werden. Bei einer konsequenten physiotherapeutischen Begleit- und Nachbehandlung können Bewegungseinschränkungen im Bereich der Hüft- und Kniegelenke weitgehend vermieden werden.

12.5 Frakturen des distalen Femurs und der Patella

Kniegelenknahe Oberschenkelfrakturen am Übergang von der Diaphyse zur Metaphyse können die Epiphyse mit einbeziehen und imponieren dann zusätzlich als Gelenkfrakturen. Die Anforderungen an die exakte anatomische Wiederherstellung sind bei den Frakturen mit Gelenkbeteiligung besonders hoch. Verschobene Kniescheibenbrüche führen immer zu einem Ausfall der Streckfunktion am Kniegelenk.

Frakturen des distalen Femurs

Ätiopathogenese: Distale Femurfrakturen entstehen durch ein direktes Trauma auf das gebeugte Kniegelenk. *Bei jüngeren Menschen* sind sie Folge eines Hochenergietraumas und häufig kombiniert mit Weichteilverletzungen und Zertrümmerungen. *Bei älteren Patienten,* v. a. bei Frauen, genügt ein einfacher Sturz. Frakturen in diesem Bereich führen charakteristischerweise zu einer *Verkürzung* des Femurs mit Abknickung und Verschiebung des distalen Fragmentes nach dorsal (**12.8**). Bei Frakturen höheren Schweregrades mit Beteiligung der Kondylen kommt es zusätzlich zu einer *Rotationsfehlstellung* (Muskelzug).

Begleitverletzungen: Aufgrund des Verletzungsmechanismus finden sich begleitend Hüftgelenkluxationen sowie Azetabulum-, Schenkelhals-, Femurschaft-, Patella- und (insb. bei Polytraumatisierten) Tibiakopffrakturen, aber auch Weichteilverletzungen in der Kniegelenkregion (z. B. bei ca. 20 %: Kapselbandverletzungen des Kniegelenkes).

! Besonders gefährdet ist die A. femoralis im Adduktorenkanal, da sie hier in unmittelbarer Nähe zur medialen Kortikalis des distalen Femurs verläuft.

Diagnostik: Bei der sorgfältigen **klinischen Untersuchung** zeigt sich eine erhebliche *Weichteilschwellung* des Kniegelenkes und der suprakondylären Region mit einer deutlichen Deformierung und Druckschmerzhaftigkeit bei der Palpation. Die klinische Prüfung des *Kapselbandapparates* des Kniegelenks ist i. d. R. erst nach Stabilisierung der supra- und perkondylären Fraktur möglich. Die *Durchblutung* der Extremitäten muss sorgfältig durch Palpation der Fußpulse, ggf. durch eine **Doppleruntersuchung** geprüft werden. Beim geringsten Zweifel ist eine **Arteriographie** zwingend erforderlich.

Ggf. ist es notwendig, die **Kompartmentdrucke** zu messen (s. SE 9.8, S. 22 f). **Röntgenaufnahmen** des Kniegelenkes und des suprakondylären Oberschenkels in zwei Ebenen sind Standarduntersuchungen. Bei Trümmerfrakturen ist eine exakte Klassifizierung der Fraktur (**12.9**) oft schwierig, ggf. ist hier eine CT hilfreich.

Therapie: Die **konservative Behandlung** kann in Ausnahmefällen bei nicht dislozierten Frakturen zur Anwendung kommen. Eine absolute Indikation für die **operative Versorgung** stellen dislozierte intraartikuläre Frakturen, offene Frakturen, begleitende Gefäßverletzungen, ipsilaterale Frakturen des Tibiaschaftes, ipsilaterale Frakturen des Schienbeinkopfes, bilaterale Femurfrakturen, suprakondyläre Frakturen beim Polytraumatisierten und operationspflichtige begleitende ligamentäre Verletzungen am Kniegelenk dar. Der günstigste Zeitpunkt für die operative Versorgung ist unmittelbar nach dem Unfall.

12.8 Suprakondyläre Femurfraktur

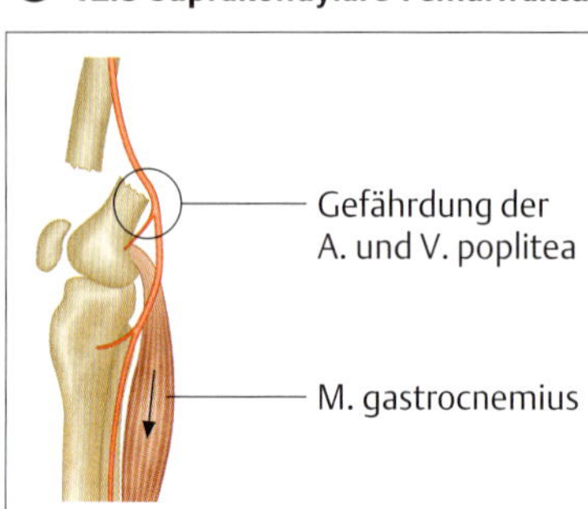

Das distale Fragment wird typischerweise durch den Zug des M. gastrocnemius nach dorsal in Richtung A. und V. poplitea disloziert.

12.9 AO-Klassifikation des distalen Femurs

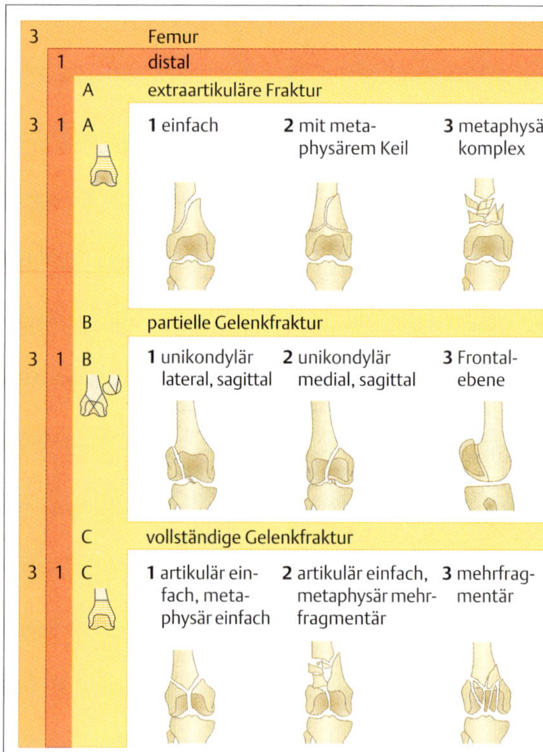

Bei der operativen Versorgung ist ein sorgfältiger Umgang mit dem Weichteilgewebe wichtig.

Durch indirekte Repositionstechniken wird die Vaskularität der Frakturfragmente geschont. Die anatomische Reposition der Gelenkflächen sowie die korrekte Achsenausrichtung, Rotation und Beinlänge sind in jedem Fall anzustreben, da dies für ein gutes Langzeitergebnis von außerordentlicher Bedeutung ist (s. auch **12.3**). Eine stabile interne Fixation (s. **9.9c**, S. 234) ist erforderlich, um die für die Kniegelenkfunktion wichtige **frühzeitige funktionelle Übungsbehandlung** zu gewährleisten. Es ist sinnvoll, zunächst mit einer Passivbewegung auf der elektrischen Bewegungsschiene zu beginnen und den Patienten dann diese Funktionen aktiv umsetzen zu lassen.

12.3 Anforderungen an die Reposition

Die operative Versorgung ist auch immer dann angezeigt, wenn bei extraartikulären Frakturen eine anatomische Reposition nicht erreicht werden kann. Bei polytraumatisierten Patienten sollte bei distalen Femurfrakturen mit Gelenkbeteiligung nicht um jeden Preis primär eine anatomische Reposition angestrebt werden. In diesen Fällen kann es sinnvoll sein, die Fraktur mit einem Fixateur kniegelenküberbrückend ruhig zu stellen und unter optimierten Allgemeinbedingungen später definitiv zu versorgen.

Komplikationen: Die **Infektion** stellt wie an anderen Regionen auch die schwerwiegendste Komplikation nach operativer Versorgung dar. Prädisponierende Faktoren sind Hochenergieverletzungen mit ausgedehnter Knochendevaskularisierung, offene Frakturen, ausgedehnte chirurgische Freilegungen, die die Blutversorgung des Knochens zusätzlich schädigen, lange Operationszeiten und eine instabile Fixation.

Auch **Pseudarthosen** entstehen nach Knochenverlusten bei Hochenergieverletzungen mit ausgedehnten Weichteilablösungen und Verlust der Knochenvaskularität sowie bei instabiler Osteosynthese.

Weitere Komplikationen sind die knöcherne Ausheilung in einer **Varus-Achsenfehlstellung**, die ggf. eine Korrekturosteotomie erforderlich machen. **Rotationsfehlstellungen** in diesem Bereich sind eher selten. Eine verbleibende **eingeschränkte Beweglichkeit**, macht ggf. eine Arthrolyse erforderlich.

Die ***Prognose*** ist bei achsengerechter Versorgung und Wiederherstellung der artikulären anatomischen Form günstig. Ausgedehnte Weichteilverletzungen können zu Bewegungseinschränkungen führen, Knochendefekte u. U. zu Achsfehlstellungen, die einer späteren Korrektur bedürfen.

Patellafrakturen

Bei Frakturen der Patella ist häufig der Streckapparat betroffen, da die Patella als Umlenkung für den das Kniegelenk überspannenden Streckapparat dient.

Ätiopathogenese: Patellafrakturen entstehen i. d. R. durch direkte Anpralltraumen, indirekte Frakturmechanismen werden sehr selten beobachtet. Die Weichteile über der Patella sind mitbeteiligt. Man unterscheidet Quer-, Längs-, Schräg- und Mehrfragmentbrüche, von denen anlagebedingte Teilungen der Patella (Patella bi- oder tripartita abgegrenzt) werden müssen.

Typische ***Begleitverletzungen*** sind Knorpelverletzungen im Bereich der Kondylen, Verletzungen der Bursa sowie (bei Anpralltrauma mit gebeugtem Knie) eine Hüftgelenkverletzung.

Für die ***Diagnostik*** sind neben der klinischen Untersuchung Röntgenaufnahmen in zwei Ebenen erforderlich. Eine Tangentialaufnahme der Patella stellt eine sinnvolle Ergänzung dar, wenn es sich um eine Längsfraktur handelt.

Differenzialdiagnose: Eine Quadrizepssehnen- oder Patellarsehnenruptur führt ebenfalls zum Ausfall des Streckapparates, sie müssen deshalb durch klinische Untersuchung ausgeschlossen werden.

Therapie: Nicht dislozierte und fest im Verbund des Reservestreckapparates (Retinakula) stehende Fissuren oder Längsfrakturen können **konservativ** mit einer Gips- oder Kunststoffhülse für vier Wochen ruhig gestellt werden, danach ist eine intensive physiotherapeutische Behandlung zur Wiedererlangung der Funktion erforderlich.

Operative Therapie: Dislozierte Frakturen bedürfen der *stufenlosen Reposition* der Patellagelenkfläche und der *übungsstabilen Versorgung*, die eine frühfunktionelle Behandlung ermöglicht (Vollbelastung ist nach etwa 6 Wochen möglich). Querfrakturen werden mit einer Zuggurtungsosteosynthese (s. **9.9d**, S. 234), Schräg- oder Randfrakturen mit Schrauben versorgt. Bei ausgedehnten Zertrümmerungen der Patella ist eine primäre *Patellektomie mit Naht des Streckapparates* sinnvoll.

Komplikationen: Wundheilungsstörungen der Weichteile, Dislokation der Fragmente unter der frühfunktionellen Behandlung und ein ausgeprägter Kniegelenkerguss stellen typische Frühkomplikationen dar, Spätkomplikationen sind Knorpelschäden an der Patellagelenkfläche.

Prognose: Bei stufenfreier Adaptation der Fragmente ist die Wiedererlangung der vollen Funktion möglich. Typische Folgen sind jedoch Bewegungseinschränkungen und eine posttraumatische Arthrose.

Andreas Wentzensen

12.6 Knie: Frakturen des proximalen Unterschenkels

Verletzungen der lateralen Gelenkfläche sind häufig, die selteneren Verletzungen der medialen Gelenkfläche Ausdruck einer stärkeren Gewalteinwirkung mit begleitenden Verletzungen der Weichteile.

Anatomie: Das mediale und laterale Tibiaplateau unterscheidet sich in der anatomischen Form deutlich voneinander. Das *mediale Plateau* ist größer und konkav geformt. Das *laterale Plateau* ist kleiner und höher als das mediale und konvex ausgebildet. Beide Gelenkflächen sind voneinander durch die Eminentia intercondylaris getrennt, die dem vorderen Kreuzband als Ansatz dient. Der äußere Teil jeder Gelenkfläche ist durch die Meniscii bedeckt, wobei der laterale Meniskus einen viel größeren Anteil der Gelenkfläche bedeckt als der mediale (s. auch **9.5**, S. 239).

Ätiopathogenese: Verletzungen des Schienbeinkopfes entstehen als Resultat einer Gewalteinwirkung, die entweder medial im Sinne einer Varusdeformierung oder lateral nach einer Valgusdeformierung als axiale Kompression oder als Kombination aus axialer Kompression und zusätzlicher Gewalteinwirkung von der Seite wirksam wird. Dabei übertragen die Femurkondylen die Scher- und Kompressionskräfte auf das darunter liegende Schienbeinplateau. In Abhängigkeit von der altersabhängigen Knochenqualität entstehen Spaltfrakturen oder – bei älteren Patienten – Impressions-Depressions-Frakturen. Die einwirkende Kraft bestimmt das Ausmaß der Zertrümmerung und der Verschiebung. Bei Hochenergietraumen kann das Schienbeinplateau in viele Einzelfragmente zerbrechen, das Prinzip der Scher- und Kompressionskräfte ist jedoch immer erkennbar.
Aus diesen Verschiebungen können auch zusätzliche Weichteilverletzungen wie z. B. Verletzungen des medialen Kollateralbandes, Risse des vorderen Kreuzbandes in Kombination mit einer lateralen Schienbeinkopffraktur, Rupturen des lateralen Kollateralbandes, der Kreuzbänder und des N. peronaeus zusammen mit einer Verletzung der Kniekehlengefäße bei einer zusätzlichen Fraktur des medialen Schienbeinkopfes resultieren.
Bei Einwirken einer axialen Kraft auf das völlig gestreckte Knie, z. B. beim Sturz aus einer Höhe, kann eine bikondyläre Spaltfraktur entstehen (**12.10**).

Diagnostik: Der Patient ist selten in der Lage, den genauen Unfallmechanismus zu schildern. Trotzdem ist die **Vorgeschichte** wichtig, um die Richtung der einwirkenden Gewalt festzustellen, die zur Deformierung geführt hat und um festzustellen, ob es sich um eine hohe oder niedrige Gewalteinwirkung gehandelt hat. Dies hat u. U. Bedeutung für zusätzlich vorliegende Weichteilverletzungen.
Ebenso wichtig ist die **klinische Untersuchung**, die analog wie bei Frakturen des distalen Femurs durchgeführt wird (s. SE 12.5, S. 314).

12.10 AO-Klassifikation Tibia/Fibula proximal

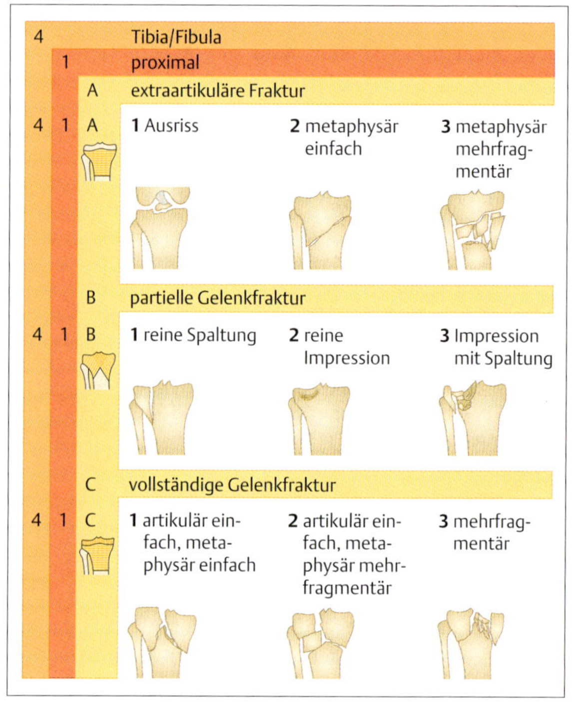

Die **bildgebende Diagnostik** beginnt mit *Standardaufnahmen* in zwei Ebenen. Dabei reichen diese beiden Einstellungen i. d. R. nicht aus, sondern es sind zusätzlich *Schrägaufnahmen* in Innen- und Außenrotation erforderlich (**12.11**).
Hilfreich sind *Schichtaufnahmen* im antero-posterioren oder lateralen Strahlengang. Diese Schichtaufnahmen machen das Ausmaß und die Position von wichtigen Frakturlinien erst in der Komplexität deutlich. Die *Computertomographie* kann bei komplexen Frakturtypen ein dreidimensionales Bild der Fraktur erstellen und die operative Planung erleichtern.

Begleitverletzungen: Tibiakopffrakturen können mit einem akuten Kompartmentsyndrom einhergehen, wenn die Fraktur in die Diaphyse hineinreicht. **Mediale Schienbeinkopfbrüche** sind häufig Folge stärkerer Gewalteinwirkungen, die zu Kniegelenkluxationen führen können, die sich spontan reponieren können. Schwere Weichteiltraumen, Risse oder periphere Ablösungen der Meniscii sowie Ein- und Abrisse der Kollateralbänder oder Kreuzbänder können jedoch die Folge sein. Auch Abrisse der Patellarsehne zusammen mit der Tuberositas tibiae sind

12.11 Schrägaufnahmen in Innen- und Außenrotation

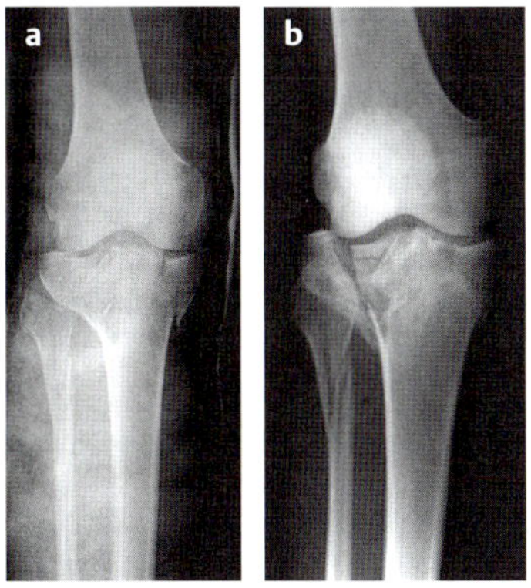

Die Schrägaufnahme in Innendrehung gibt einen besseren Einblick auf das laterale und die Schrägaufnahme in Außendrehung auf das mediale Plateau.

möglich. Diese Verletzungen des Kapselbandapparates müssen erkannt werden, da sie in Verbindung mit knöchernen Ausrissen sonst zu Instabilitätsproblemen nach knöcherner Ausheilung führen. Verletzungen des N. peronaeus oder der Gefäße in der Kniekehle sind ebenfalls häufig. Arterielle Verletzungen stellen sich selten als akute Blutung dar, häufiger ist das Vorliegen eines Verschlusses, entweder als kompletter Riss des Gefäßes oder als akute oder verzögerte Thrombose (s. SE 34.1, S. 752 ff).
Frakturen des **lateralen Schienbeinkopfes** weisen selten Gefäß- oder Nervenverletzungen auf.

Therapie: Auch bei den Schienbeinkopfbrüchen ist es das Ziel, eine posttraumatische Arthrose zu verhindern. Voraussetzung dafür ist die anatomische Wiederherstellung der Gelenkflächen, eine korrekte Achseinstellung sowie eine schmerzfreie Beweglichkeit in Verbindung mit Gelenkstabilität. Die **konservative Behandlung** stellt bei den Verletzungen der proximalen Tibia daher eher die Ausnahme dar, da sie in jedem Fall mit einer längerfristigen Ruhigstellung kombiniert ist. Allenfalls bei Jugendlichen mit Spaltfrakturen (Typ B-1) oder bei sehr alten Menschen kann eine Ruhigstellung mit einem Gipstutor und einer Teilbelastung erfolgen.

Mit Ausnahme der o. g. Fälle ist bei Tibiakopffrakturen, insb. bei Gelenkbeteiligung, die **operative Therapie** indiziert (s. SE 9.3, S. 232 ff und **12.12**). Eine Schnittführung von medial und lateral sollte vermieden werden, da sie mit einem erhöhten Risiko eines Weichteilschadens und Infektion verbunden ist. Das vordere Kreuzband kann mit einer Schraube oder einem Stahldraht reinseriert werden. Sind die Gelenkflächen eingesunken, müssen diese angehoben und ggf. mit Spongiosa aufgefüllt werden.

Der begleitende Abriss des Meniskus vor allem lateral erleichtert die Repositionskontrolle, weil man dann besser die Gelenkfläche kontrollieren kann. In jedem Fall muss der Meniskus dann reinseriert werden.

Unmittelbar postoperativ schließt sich eine intensive Physiotherapie an (s. SE 12.5, S. 315).
Bei begleitenden Weichteilschäden muss ggf. zweizeitig vorgegangen werden, d. h. es erfolgt zunächst eine gelenküberbrückende Stabilisierung mittels Fixateur externe. Dabei ist zu überlegen, ob die Hauptfragmente mit einer adaptierenden Schraubenosteosynthese stabilisiert werden können. Nach Abheilung der Weichteile kann die interne Osteosynthese erfolgen.

Neben den ***Komplikationen*** wie Infektion, Kompartmentsyndrom oder Wundheilungsstörungen können Korrekturverluste der reponierten Gelenkflächen auftreten. In seltenen Fällen kommt es zu einer verzögerten Knochenbruchheilung oder zum Verlust mit Achsenfehlstellung. Hier muss im Einzelfall entschieden werden, welche weiteren Maßnahmen erforderlich sind.

Prognose: Da es sich bei den B- und C-Frakturen um Gelenkfrakturen handelt, hängt es bei diesen Verletzungen vom Schaden an den Gelenkflächen und einer anatomischen Reposition ab, wann und in welchem Ausmaß eine posttraumatische Arthrose eintritt.
Gegebenenfalls muss man überlegen, ob durch eine frühzeitig korrigierende Osteotomie oder einen unikondylären Gelenkflächenersatz auftretende Schmerzen gelindert werden können.

12.12 Rekonstruktion der Gelenkfläche bei Schienbeinkopfbruch

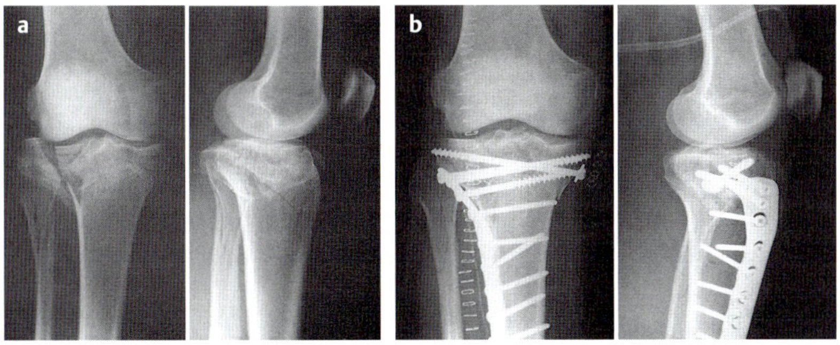

12.7 Knie: Weichteilverletzungen

Das Knie ist das größte und mit der kompliziertesten Kinematik aufgebaute menschliche Gelenk. Die Weichteile einschließlich der primär statischen Kapselbandverbindungen und der Meniscii sowie der dynamischen sekundären muskulotendinösen Stabilisatoren kontrollieren in Abstimmung miteinander das Knie und erlauben multidirektionale Bewegungen. Das Knie ist keinesfalls nur ein einfaches Scharniergelenk, sondern es hat sechs Freiheitsgrade mit Beugung und Streckung, Innen- und Außenrotation sowie Ab- und Adduktionsbewegungen.

Ätiopathogenese: Größe und Richtung der einwirkenden Kräfte auf das Kniegelenk können sehr unterschiedlich sein. Sie variieren von Kräften, die mit hoher Geschwindigkeit auf das Kniegelenk direkt einwirken (z. B. Dashboardverletzung), bis hin zu Non-Contact-(Sport-)Verletzungen (Rotationskräfte, die auf die Kniebänder übertragen werden). Auch Kombinationen aus indirekten und direkten Krafteinwirkungen sind möglich, wie das Beispiel einer Valgusrotationsverletzung eines Fußballspielers zeigt, der einen Schlag auf sein ausgestrecktes Bein erhält.

Diagnostik:
Anamnese: Fragen nach Unfallmechanismus (Bestimmung der einwirkenden Kraft), Schmerzlokalisation- und -charakteristik, Ergussneigung, Einklemmungserscheinungen (abgerissener Meniskus, Knorpel-Knochen-Fragment);
klinische Untersuchung:
Inspektion: Suche nach Narben, Weichteilverletzungen, verstrichenen Konturen;
Palpation: Kapselverdickung, Erguss, Meniskuszeichen, retropatellares Reiben;
Stabilitäts- und Funktionsprüfungen sollten insb. bei frischen Verletzungen vorsichtig und nach einem speziellen Algorithmus durchgeführt werden (**T 12.2**). Bei isolierten vorderen Kreuzbandverletzungen deckt die klinische Untersuchung allein nicht immer eine derartige Verletzung auf. Die diagnostische Treffsicherheit wird durch eine Untersuchung unter Schmerzausschaltung verbessert. Für Seitenvergleich und Verlaufskontrolle sind sog. Ligamentarthrometer hilfreich, indem sie objektivere Hinweise auf die Laxizität, insb. die vordere und hintere Instabilität geben.
Punktion:

> Ein Kniegelenkerguss nach einem Trauma bedarf der Abklärung. Durch eine Punktion werden das Kniegelenk entlastet und die Schmerzen reduziert.

Ein wichtiger Hinweis ist die Ausbildung eines Hämarthros nach einer Knieverletzung, da es i. d. R. auf eine bedeutende, d. h. operationspflichtige intraartikuläre Verletzung hinweist (z. B. in etwa 60–70 % aller Fälle Verletzung des vorderen Kreuzbandes; andere Ursachen: Meniskusrisse, osteochondrale Frakturen, Patellaluxationen).
Die bis hierhin beschriebenen Untersuchungen sind zunächst die für die Diagnosestellung führenden Verfahren.

Bildgebende Diagnostik: Zur weiteren diagnostischen Abklärung gehören Standard-*Röntgenaufnahmen* (a. p., seitlich, schräg) und Patella-Tangentialaufnahmen. Abrissfragmente der ligamentären Ansätze am Knochen können Hinweise auf ligamentäre Verletzungen geben.
Die Verwendung der *Magnetresonanztomographie* zur Diagnostik bei Kniegelenkverletzungen nimmt zu. Der Vorteil der MRT bei der akuten Kniegelenkverletzung liegt im Ausschluss von Meniskusverletzungen bei isolierten Bandverletzungen, die sonst erfolgreich ohne Operation behandelt werden können. Sie ist nicht invasiv, vermeidet ionisierende Strahlen und hat auf diese Weise die Arthrographie weitgehend ersetzt. Dennoch sollte die MRT nicht als Ersatz für die sorgfältige klinische Untersuchung und für die Standardröntgentechnik herhalten. Die *Sonographie* wird nicht routinemäßig eingesetzt.
Die **Arthroskopie** (s. auch SE 9.9, S. 31) ist hilfreich zur Abklärung eines Hämarthros.

Differenzialdiagnose: Bei Knieverletzungen können durchaus konkurrierende Verletzungungsmuster vorliegen. Aus diesem Grunde müssen bei einem posttraumatischen Hämarthros operationspflichtige Verletzungen (z. B. Rupturen des vorderen Kreuzbandes oder osteochondrale Frakturen) erkannt werden.

Begleitverletzungen: Verletzungen des Gelenkknorpels als osteochondrale Abscherfrakturen oder Impressionen. Sog. „bone bruises" sind ödematöse Veränderungen in der MRT, die einer Stauchung der Spongiosabälkchen mit beginnender Schädigung der Architektur entsprechen.

Therapie: Eine frische Ruptur des **vorderen Kreuzbandes** kann in Abhängigkeit vom Risstyp entweder durch Naht oder eine Ersatzplastik z. B. mit einem Streifen aus dem Ligamentum patellae versorgt werden. Gebräuchlich ist auch der arthroskopisch gestützte Ersatz durch die Semitendinosus- evtl. verstärkt durch die Grazilissehne. Dadurch sollen die Stabilität des zentralen Pfeilers wiederhergestellt und Folgeschäden an Knorpel und Meniszi durch die Instabilität verhindert werden. Im höheren Lebensalter kann eine funktionell-konservative Behandlung erfolgen.
Die operative Versorgung einer frischen Verletzung des **hinteren Kreuzbandes** ist von höchster Priorität, da im Gegensatz zu einer vorderen Schubladeninstabilität die hintere Instabilität kaum kompensiert werden kann.

12.2 Stabilitäts- und Funktionstests am Kniegelenk

Test	*Durchführung*	*Interpretation*
vorderes Kreuzband		
Lachman-Test*	der Patient liegt entspannt, das Bein 20 Grad gebeugt; eine Hand des Untersuchers fixiert das Femur, die andere zieht die Tibia nach ventral 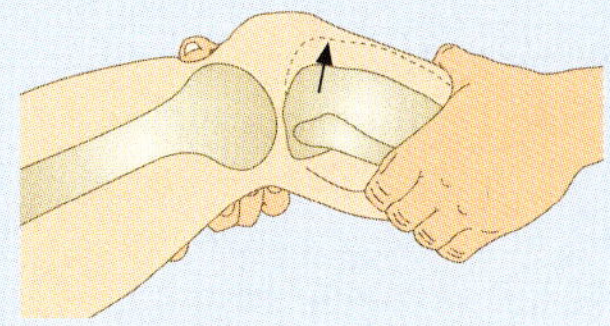	der Test ist positiv bei Auslösen der „vorderen Schublade“ (d. h. die Tibia lässt sich nach ventral ziehen)
hinteres Kreuzband		
Reversed-Lachman-Test	wie Lachman-Test, die Tibia wird jedoch nach dorsal verschoben 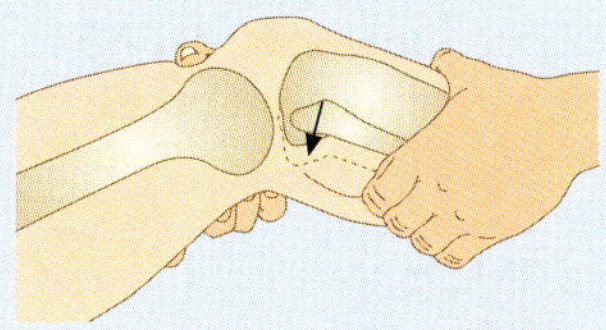	der Test ist positiv bei Auslösen der „hinteren Schublade“
hinteres Schubladenphänomen	Hüfte und Knie sind 90 Grad gebeugt 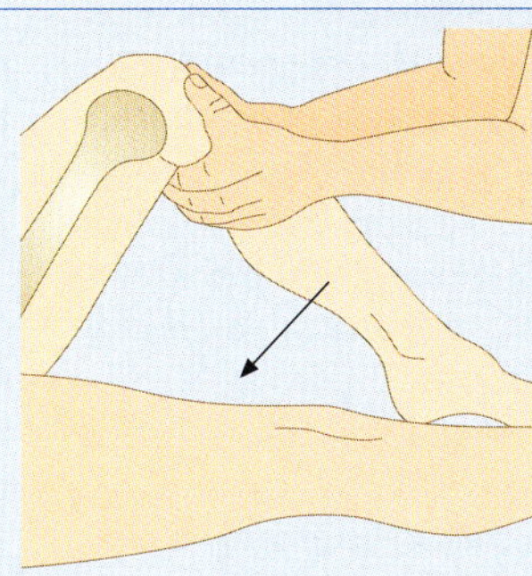	der Test ist positiv, wenn die Tibia nach dorsal sinkt (Seitenvergleich wichtig!)
Kollateralbänder		
Varus- und Valgus-Stress-untersuchungen	bei voller Streckung sowie in 20–30-Grad-Beugung wird das Knie unter Varus- (laterale Instabilität?) und Valgusstress (mediale Instabilität?) gesetzt 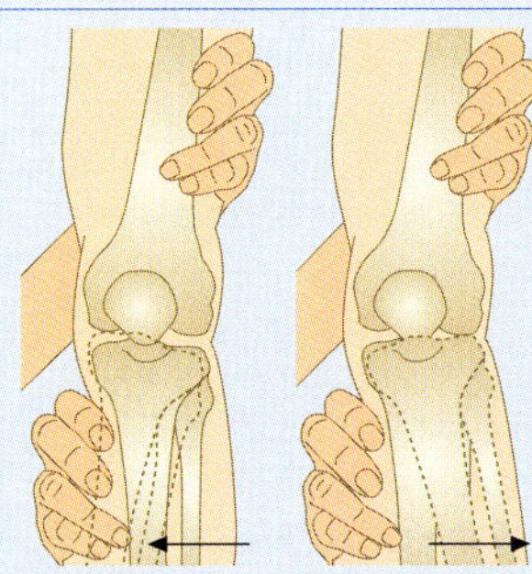 Varusstress Valgusstress	die Instabilität wird je nach Aufklappbarkeit des Gelenkspaltes in 3 Grade eingeteilt**: Grad +: < 5 mm, Grad ++: 5–10 mm, Grad +++: > 10 mm
Kniegelenkkapsel		
Rotationsinstabilität	Aufsetzen des außenrotierten Fußes in einer Kniebeugestellung von ca. 80 Grad und Fixation desselben, Auslösen einer vorderen Schublade	das Vorliegen einer Rotationsinstabilität bedeutet ein Shiften im Zentrum der Rotation (d. h. es besteht eine kombinierte Instabilität von vorderen und medialen Kapsel-Band-Strukturen) und einen Verlust der sekundären Kapselstabilisatoren

* Der Lachman-Test ist sensitiver als die klassische Schubladenprüfung, d. h. das Hervorziehen des Unterschenkels bei rechtwinklig gebeugtem Knie.

** Eine **mediale Instabilität in Streckung** bedeutet immer einen kompletten, d. h. drittgradigen Riss des Kollateralbandes und ist i. d. R. kombiniert mit einer Verletzung im hinteren kapsulären Quadranten und häufig auch mit einer Dehnung des hinteren Kreuzbandes. **Stabilität in Streckung** schließt i. d. R. eine gravierende Kapselverletzung und eine Verletzung des hinteren Kreuzbandes aus.

Die *Begleit- und Nachbehandlung* bei diesen Verletzungen nach deren Versorgung unterliegt Gesetzmäßigkeiten, die sich an der Heilung parallelfaserigen Kollagengewebes orientieren und dabei auch die dazugehörige Muskulatur zu berücksichtigen hat.
Verletzungen der **medialen Kollateralbänder** werden nur versorgt, wenn sie im Rahmen einer Kombinationsverletzung mindestens eine mittelgradige (++) bis deutliche (+++) Instabilität bei der klinischen Prüfung aufweisen. Im Falle einer Naht erfolgt diese mit verzögert resorbierbarem Nahtmaterial, die Refixation von Bandansätzen erfolgt mit Schrauben und Unterlegscheiben. Besondere Beachtung bedarf die dorso-mediale Kapselecke, der für die mediale Stabilität eine besondere Bedeutung zukommt.
Meniskusverletzungen werden, sofern sie frisch sind, wenn immer möglich erhaltend, d. h. mittels Naht oder Reinsertion des Meniskus angegangen. Dies kann unter arthroskopischer Sicht und Kontrolle erfolgen. Es hat sich mittlerweile ein abgestuftes Behandlungskonzept etabliert, bei welchem die primäre Arthroskopie zur Beseitigung des Hämarthros, der Rekonstruktion von Meniskus- und Kollateralbandverletzungen und die Kreuzband-Ersatzplastik erst nach einem Intervall vorgenommen wird.

Komplikationen: Die ausbleibende Wiedererlangung des vollen Bewegungsumfanges kann Ursache einer Fehlplatzierung des Transplantates oder einer überschüssigen Narbenbildung sein. Die postoperative Infektion ist die schwerwiegendste Komplikation, die unbehandelt zum völligen Funktionsverlust des Gelenkes führen kann. Hier ist die notfallmäßige Revision mit arthroskopischer Spülung, Spül-Saug-Drainage und Antibiotikabehandlung nach Erregerbestimmung erforderlich.

Prognose: Auch bei sachgemäßer Versorgung einer Kapselbandverletzung am Kniegelenk ist die weitere Prognose vom Ausmaß der Primärverletzung, von individuellen Faktoren und von den Ansprüchen des Patienten abhängig. Kontaktsportarten mit hohem Verletzungsrisiko (90% dieser Verletzungen ereignen sich beim Sport) wird man nicht empfehlen.

Patellaluxationen

Ätiopathogenese: Die Verrenkung der Kniescheibe ist in den meisten Fällen Folge eines nicht adäquaten Traumas in Verbindung mit prädisponierenden Faktoren wie genu valgum, genu recurvatum, Patelladysplasie etc.

Diagnostik: Die nicht reponierte Luxation ist klinisch zu erkennen, bei bereits erfolgter Reposition ist bei Verdacht eine subtile klinische Diagnostik und anamnestische Befragung vorzunehmen um festzustellen, ob eine Patellaluxation stattgefunden hat. Dabei muss auch nach osteochondralen Abscherfragmenten gesucht werden.

Differenzialdiagnose: Kapsel-Band-Verletzung des Kniegelenkes.

Begleitverletzungen: Chondrale oder osteochondrale Abscherfragmente.

Therapie: Wiederherstellung des gerissenen Kapsel-Band-Apparates durch Naht, da eine konservative Behandlung Rezidivraten bis 50% zur Folge hat. Bei Vorliegen von osteochondralen Abscherfragmenten Refixation derselben mit resorbierbaren Stiften, um die Gelenkkongruenz wiederherzustellen.

Komplikationen: Luxationsrezidiv bei konservativer Behandlung.

Quadrizepssehnenruptur

Ätiopathogenese: Quadrizepssehnenrupturen entstehen typischerweise durch eine plötzliche maximale Beugung unter Belastung, z. B. beim Sturz auf das gebeugte Knie. Die Verletzung tritt gehäuft bei älteren Menschen auf.

Die ***klinische Diagnostik*** mit dem Nachweis einer Lücke in der Sehne oberhalb der Patella und des aktiven Streckverlustes im Kniegelenk ist führend, durch die Sonographie kann ebenfalls der Nachweis gelingen.

Begleitende ligamentäre Verletzungen am Kapselbandapparat des Kniegelenkes sind selten.

Therapie: Die **operative Therapie** ist aufgrund der funktionellen Bedeutung des stärksten Kniestreckers i. d. R. notwendig. Die Naht erfolgt mit resorbierbarem Nahtmaterial, zur Sicherung der Naht ist eine zusätzliche Augmentation (d. h. die Verstärkung der Sehne mit resorbierbaren Kunststoffkordeln) angezeigt.
Bei Abrissen am knöchernen Ansatz muss eine Reinsertion an der Patella über Bohrkanäle erfolgen (👁 **12.13**). Im Anschluss an die operative Versorgung muss eine dreiwöchige Ruhigstellung erfolgen, nach dieser Zeit wird das Bewegungsausmaß durch eine sich steigernde Übungsbehandlung wiederhergestellt.

Komplikationen: Nahtversagen mit Dehiszenz kann zu einem Funktionsverlust des Streckapparates führen. Bei Augmentation durch Kunststoffkordeln werden Fremdkörperreaktionen beobachtet.

Bei komplikationsloser Heilung ist die ***Prognose*** als gut anzusehen.

Patellarsehnenruptur

Ätiopathogenese: Ähnlich wie bei der Quadrizepssehnenruptur. Die Patellarsehnenruptur als indirekte Verletzung ist selten. Sie ist dann Folge einer maximalen Beugebelastung des Streckapparates des Kniegelenkes.

12.13 Reinsertion der Quadrizepssehne

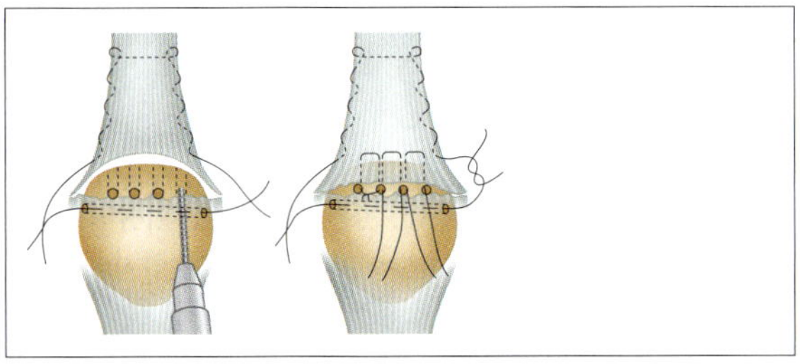

12.14 Naht der Patellarsehne

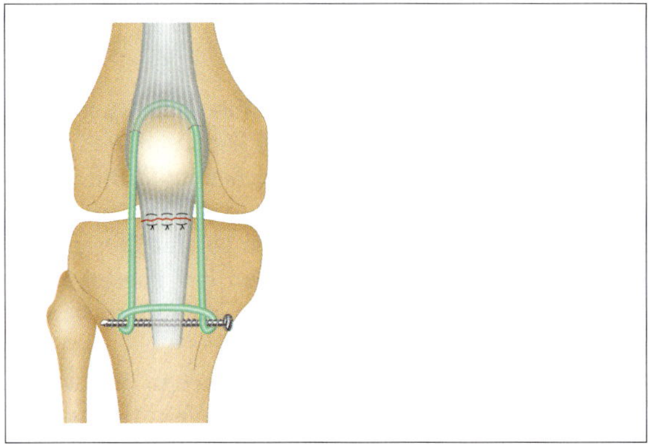

Diagnostik: Klinisch steht der Verlust der aktiven Streckfähigkeit im Vordergrund. Im seitlichen Röntgenbild erkennt man einen Hochstand der Patella. Röntgenaufnahmen zum Ausschluss einer knöchernen Verletzung sind immer anzufertigen.

Differenzialdiagnose: Eine knöcherne Verletzung des Tibiakopfes oder der Kniescheibe muss ausgeschlossen werden.

Begleitverletzungen: In Begleitung einer seitlichen Kniegelenkluxation finden sich Rupturen der Patellarsehne.

Therapie: Der operativen Versorgung mit exakter Naht oder Reinsertion bei knöchernem Abriss ist der Vorzug zu geben, da der wichtigste Strecker des Kniegelenkes indirekt betroffen ist. Die Naht wird durch eine Augmentation geschützt (**12.14**). Im Anschluss an die operative Versorgung ist zu klären, in welchem Bewegungsausmaß postoperativ funktionell behandelt werden kann. Eine absolute Ruhigstellung ist i. d. R. nicht erforderlich.

Komplikationen: Nahtinsuffizienz mit Verlust eines Teiles der aktiven Streckung oder eine Bewegungseinschränkung sind typische Komplikationen. Gelegentlich treten Fremdkörperreaktionen infolge der Augmentation durch Kunststoffkordeln auf.

Prognose: Bei korrekter Versorgung und Wiedererlangen der Funktion ist die Prognose gut.

12.8 Unterschenkel: Frakturen

Knöcherne Verletzungen an der Tibia entstehen durch direkte und indirekte Gewalteinwirkung und weisen dadurch eine Vielfalt an Frakturformen auf. Die unterschiedliche Weichteilbedeckung und die kritische Blutversorgung im distalen Drittel muss bei der Therapieplanung berücksichtigt werden. Neben der konservativen Behandlung kommen überwiegend operative Behandlungsverfahren zur Anwendung.
Bei der Auswahl der Verfahren spielt neben dem vorliegenden Frakturmuster vor allem die Weichteilsituation eine entscheidende Rolle. Der Fixateur externe ist kritischen Weichteilsituationen und komplexen Frakturmustern vorbehalten, die Plattenosteosynthese den gelenknahen Frakturen. Einen hohen Stellenwert bei der Frakturversorgung haben die verschiedenen Verfahren der Marknagelosteosynthese erlangt. Die genaue Analyse der Fraktursituation und die richtige Auswahl des Therapieverfahrens müssen individuell erfolgen.

Ätiopathogenese: Direkte oder indirekte Gewalteinwirkung bestimmen das entstehende Frakturmuster (Biegungsbrüche, Stauchungsbrüche, Torsionsbrüche, Segmentbrüche) und die Art der Fraktur (offen oder geschlossen). Dabei ist die Haut der medialen Tibiafläche besonders gefährdet. Hoch- und Niedrigenergietrauma bestimmen den Gefäß- und Weichteilschaden (Hautkontusionen, Décollement, Kompartmentsyndrom). Der Spiralbruch des älteren Menschen als minimales Trauma mit geringer Schädigungsfolge und der offene Mehrfragmentbruch nach Stoßstangenanpralltrauma stellen die Extreme der Frakturmuster dar.
Frakturen im Übergangsbereich zwischen mittlerem und distalem Drittel sind wegen der dort kritischen Durchblutungssituation besonders heilungsgefährdet.

Diagnostik: Das Feststellen der typischen Frakturzeichen führt zur Verdachtsdiagnose, das Röntgenbild des *gesamten* Unterschenkels mit Darstellung der angrenzenden Gelenke bestätigen den Verdacht und erlauben eine Klassifikation der Fraktur (s. SE 9.1, S. 226 ff).
Fehlstellungen als Achsabweichungen und Verkürzungen, Weichteilschwellungen, Hämatome, Hautablederungen und/oder offene Wunden müssen erkannt und genau dokumentiert werden. Sie sind wesentlicher Bestandteil der Einschätzung der Fraktur und mitentscheidend für die Wahl der Therapieform. Daneben ist die Durchblutung, periphere Motorik und Neurologie exakt zu erheben.

Immer ist der Ausschluss einer Sprunggelenkverletzung durch eine Röntgenuntersuchung des Sprunggelenkes in 2 Ebenen obligat.

Differenzialdiagnostisch kann die Unterscheidung eines Kompartmentsyndroms (s. SE 12.11, S. 332 f) von einem peripheren Schaden des N. peroneus profundus gelegentlich Schwierigkeiten bereiten. Eine nicht adäquate Gewalteinwirkung in der Unfallanamnese muss an die sehr seltene pathologische Fraktur denken lassen.

Therapie: Alle **Unterschenkelfrakturen**, die die Voraussetzung für eine konservative Behandlung nicht erfüllen (s. SE 9.2, S. 230 f), sollen einer operativen Therapie zugeführt werden. Dabei stehen eine Vielzahl von Verfahren zur Auswahl: Plattenosteosynthese, Marknagelosteosynthese als gebohrter und ungebohrter Marknagel, Fixateur externe als Klammerfixateur oder als Ringfixateur (s. **12.4** und SE 9.3, S. 232 ff).

12.4 Verfahrenswahl bei operativer Behandlung von Unterschenkelfrakturen

Quer- oder Schrägfrakturen werden durch die gebohrte Marknagelosteosynthese biomechanisch stabil versorgt; ein begrenzter Durchblutungsschaden der Kortikalis durch das Aufbohren ist methodenbedingt und stört die Frakturheilung in der Regel nicht. Bei **Mehrfragmentfrakturen** oder bei **offenen Frakturen** wirkt sich der zusätzliche Durchblutungsschaden des Knochens jedoch negativ aus und es wird aus diesem Grund die Anwendung des Marknagels ohne vorheriges Aufbohren bevorzugt. Die Stabilität und Belastbarkeit der Osteosynthese wird dann durch eine obligate Verriegelung am proximalen und distalen Nagelende erreicht.
Frakturen im proximalen oder distalen **Übergangsbereich Schaft/Metaphyse** werden am besten durch eine Plattenosteosynthese unter sorgfältiger Schonung der Weichteile zum Erhalt der Durchblutung des Knochens stabilisiert (eingeschobene Platte).
Frakturen mit einer **stärkeren Schädigung der Weichteile** werden zur Vermeidung einer zusätzlichen Durchblutungsstörung und zur Verminderung des Infektionsrisikos mit einem Fixateur externe (Klammerfixateur) versorgt. Dabei wird bei distaler Lokalisation eine gleichzeitige Fibulastabilisierung mit vorgenommen. Wegen der Weichteilschädigung droht ein Kompartmentsyndrom, sodass häufig eine Faszienspaltung notwendig ist. Ein Verfahrenswechsel vom Fixateur externe zum Marknagel ist zur endgültigen Versorgung der Fraktur in aller Regel notwendig. Für offene Frakturen gilt die gleiche Empfehlung. Hier sind jedoch Maßnahmen der Weichteildeckung vor der definitiven Versorgung einzuplanen (s. SE 12.11, S. 333).
Bei **kindlichen Frakturen** stehen wegen der guten Heilungstendenz diese Punkte nicht im Vordergrund. Die Stabilisierung mit der elastischen Markraumschienung (Prevot-Nägel) bei dislozierten Schaftfrakturen führt zu einer raschen und komplikationslosen Heilung.
Nähere Informationen zu den verschiedenen Verfahren finden sich in SE 9.3 (S. 232 ff) und SE 9.4 (S. 236 f).

Die **isolierte Tibiafraktur** ist wie eine Unterschenkelfraktur zu behandeln mit dem Vorteil der erhaltenen Stabilität der Fibula. Die **isolierte Fibulafraktur** ist Folge einer direkten Gewalteinwirkung und wird durch Ruhigstellung im Unterschenkelgipsverband (s. SE 9.11, S. 251 f) oder alternativ Kompressionsverband mit Zinkleim oder Tapeverband (s. SE 9.10, S. 249 f) behandelt.

Nach Gipsanlage Hochlagern des Beines, Kontrolle der Durchblutung, Motorik und Sensibilität, Prüfen der Zehenbeweglichkeit, Erfragen von Schmerzen des Patienten, an ein sich entwickelndes Kompartmentsyndrom denken (s. SE 12.11, S. 333).

Die ***Begleit- und Nachbehandlung*** muss individuell geplant werden. Hochlagerung bis zur Wundheilung und zum Abschwellen der Weichteile, eine Teilbelastung mit Übergang zur vollen Belastung bei erkennbarer Kallusbildung sind ebenso wie die Mobilisierung der angrenzenden Gelenke wesentliche Bestandteile. Eine Thromboseprophylaxe ist bis zur Vollbelastung notwendig (s. SE 5.12, S. 130 f). Röntgenkontrollen in 3-wöchentlichen Abständen erlauben eine Beurteilung des Frakturheilungsverlaufes, der nach ca. 9 Wochen abgeschlossen sein sollte.

Komplikationen: **Kompartmentsyndrom** und **Infektion** sind mögliche Komplikationen in der Frühphase. Eine sorgfältige Beurteilung der Weichteilsituation in dieser Zeit hilft, diese weitgehend zu vermeiden.
Die **verzögerte Frakturheilung** ist nach 9 Wochen röntgenologisch erkennbar, wenn die Kallusbildung ausbleibt und der Frakturspalt nicht unscharf wird. Die Dynamisierung des Marknagels bei verzögerter Konsolidierung nach 6–9 Wochen durch Entfernen von Verriegelungsbolzen oder die Spongiosaplastik sind hilfreiche Maßnahmen, um diese Komplikation zu beseitigen. Die Pseudarthrosenbildung (s. auch SE 9.1, S. 229) liegt definitionsgemäß erst nach 6 Monaten vor und bedarf einer angepassten Therapie (s. SE 9.4, S. 236 f).

Prognose: In den meisten Fällen ist bei Unterschenkelschaftfrakturen mit einer folgenlosen Ausheilung zu rechnen, lediglich bei begleitenden schweren Weichteilschäden oder höhergradig offenen Frakturen ist mit einem verbleibenden Dauerschaden zu rechnen. Auch eine Infektion, die in einer Häufigkeit von ca. 7 % bei allen Unterschenkelfrakturen auftritt, ist mit einem bleibenden Schaden verbunden.

12.5 Fallbeispiel: Versorgung einer offenen Unterschenkelfraktur

Ein 34 jähriger Mann wird bei einem Frontalzusammenstoß zweier PKW mit dem linken Bein von der Pedallerie eingeklemmt. Nach einer 1,5 stündigen Bergungsphase wird er aus dem Auto befreit und es findet sich eine Varusfehlstellung und Rekurvation im distalen Unterschenkel sowie eine 3 cm lange quer verlaufende Wunde ca. 1 Handbreit oberhalb des Sprunggelenkes über der Medialseite der Tibia. An weiteren Verletzungen finden sich eine Thoraxprellung vom Gurt und dem Airbag herrührend sowie geschlossene Frakturen der Mittelhandknochen 4 und 5 links.
Die Wunde wird vom Notarzt steril abgedeckt und der Verletzte wir auf einer Vakuummatraze mit Stabilisierung des Unterschenkels gelagert.
In der Klinik erfolgt die Diagnostik mittels klinischer Untersuchung der Durchblutung, Motorik und Sensibilität und der Röntgenuntersuchung des gesamten linken Unterschenkels (**a**). Die Unterschenkelfraktur wird festgestellt und als 42-B2 (nach AO Klassifikation) klassifiziert. Da der Patient kreislaufstabil ist, wird er sofort operativ versorgt. Im Operationssaal erfolgt unter sterilen Bedingungen die Entfernung des Notverbandes und die Beurteilung der Weichteilverhältnisse (**b**).
Die Diagnose wird komplettiert: offener Weichteilschaden Grad II, keine Muskel-, Gefäß- und Nervenverletzungen.
Es erfolgt die Wundausschneidung; das aus der Wunde herausragende Fragment der Tibia wird mechanisch und mit Spülung gesäubert. Die knöcherne Stabilisierung wird mit einer DC-Platte an der Fibula als überbrückende Platte und mit einem ungebohrten, verriegelten Marknagel an der Tibia vorgenommen. Ein Kompartmentsyndrom kann klinisch bei nicht prall tastbaren Muskellogen ausgeschlossen werden. Die Wunde am distalen Unterschenkel wird durch Abdeckung mit einem Hautersatz behandelt und nach 4 Tagen mit einem fasziokutanen Schwenklappen definitiv geschlossen.
Nach einer Teilbelastung des Beines mit 20 kg für 3 Wochen erfolgt die Vollbelastung. Röntgenkontrollen werden 3, 6, und 9 Wochen nach dem Unfall vorgenommen. Nach 9 Wochen ist die Fraktur knöchern fest und die Funktion des Beines wiederhergestellt; der Patient geht wieder zurück zur Arbeit.
Röntgenologischer Verlauf: **c, d, e**.

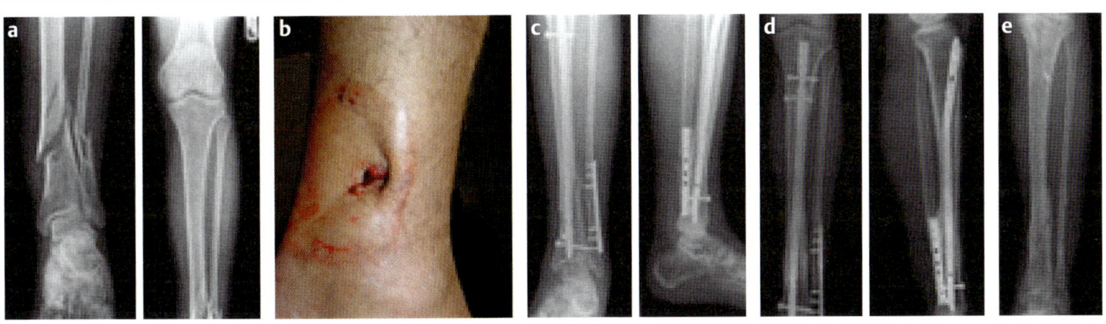

12.9 Sprunggelenk: Frakturen

Die Art und Entstehung von Frakturen und ligamentären Verletzungen am Sprunggelenk sind von dem Ausmaß, der Art und Richtung der einwirkenden Gewalt abhängig. Indirekt einwirkende Gewalt ist der häufigste Unfallmechanismus. Konservative und operative Behandlungsmaßnahmen werden eingesetzt. Bei der operativen Behandlung kommen Platten-, Schrauben- und Zuggurtungsosteosynthesen zum Einsatz. Weichteilschwellungen machen oft eine verzögerte Versorgung nötig und erfordern zunächst eine Gipsruhigstellung und konsequente Hochlagerung. Die Verfahrenswahl erfolgt in Abhängigkeit von Dislokationsgrad und Frakturmuster.

Frakturen des Sprunggelenks

Ätiopathogenese: Bei der Frakturentstehung im Sprunggelenkbereich spielen indirekte Gewalteinwirkungen neben der axialen Stauchung die entscheidende Rolle. Fehltritte oder Drehstürze sind die häufigsten Unfallmechanismen; nur sehr selten ist eine direkte Gewalteinwirkung Ursache der Fraktur.
Adduzierende und abduzierende Kräfte mit Verdrehungen führen zu den Sprunggelenkfrakturen. Die axialen stauchenden Kräfte verursachen durch die hohe Festigkeit der Talusrolle eine Frakturierung der distalen Tibia (Pilon tibiale; s. u.).

Einteilung: Die Frakturen des oberen Sprunggelenks (OSG) werden pathogenetisch entsprechend der Klassifikation nach **Lauge-Hansen** eingeteilt (👁 **12.15**); für die operative Therapie hat sich die **AO-Klassifikation**, die auf der Einteilung nach Danis und Weber beruht, durchgesetzt (👁 **12.16**). Sonderformen wie die hohe Fibulafraktur oder die Volkmann-Fraktur zeigt 👁 **12.17**.

Diagnostik: Die Anamnese und der klinische Untersuchungsbefund mit Schwellung, Funktionsstörung und lokalem Druckschmerz ergeben den Frakturverdacht.

👁 12.15 Frakturen des Sprunggelenkes: Klassifikation nach Lauge-Hansen

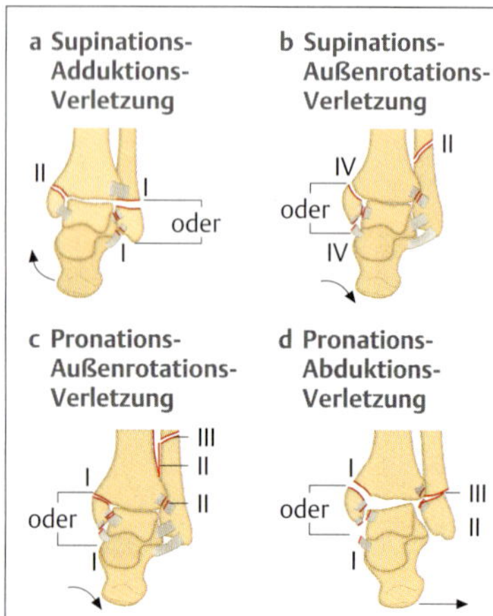

je nach Richtung der einwirkenden Gewalt werden 4 Frakturtypen unterschieden. Der Supinations-Außenrotations-Bruch tritt am häufigsten auf. Die Kenntnis der Frakturentstehung ist beim Repositionsmanöver und der anschließenden Gipsruhigstellung hilfreich.

ⓖ Die Fibula ist stets auf der gesamten Länge zu palpieren, um eine hohe Fibulafraktur nicht zu übersehen. Der klinische Verdacht muss röntgenologisch abgeklärt werden.

👁 12.16 Frakturen des Sprunggelenkes: AO-Klassifikation

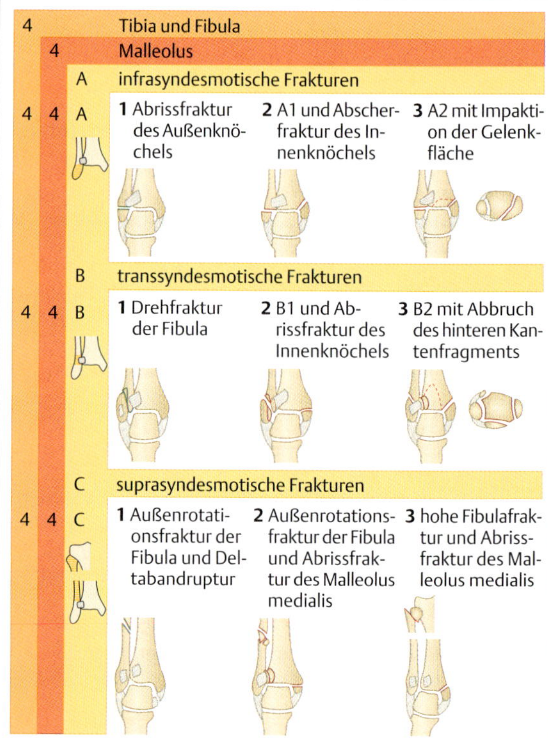

Die AO-Klassifikation der Sprunggelenkfrakturen mit dem ABC-Prinzip richtet sich nach der Stabilität der Sprunggelenkgabel in Beziehung zur stabilisierenden Syndesmose. Entscheidend ist die Höhe der Fibulafraktur in Beziehung zur Syndesmose.
Supination und/oder Adduktion führen zu einer Abrissfraktur des Außenknöchels und zu einer Abscherfraktur des Innenknöchels (Typ **A**). Pronation und oder Abduktion führen zu einer Abrissfraktur des Innenknöchels und einer Schrägfaktur des Außenknöchels in Höhe der Syndesmose (Typ **B**). Supination und Eversion oder Pronation und Eversion führen zu einer Verletzung im Innenknöchelbereich und einer Fraktur des Außenknöchel oberhalb der Syndesmose (Typ **C**).

12.17 Sonderfälle der OSG-Frakturen

a hohe Fibulafraktur

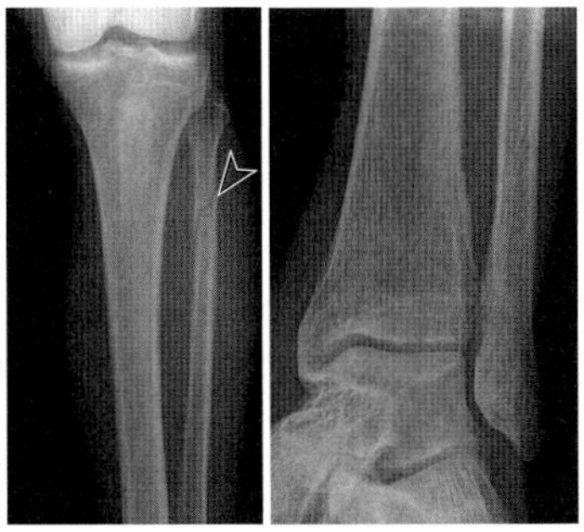

b Volkmann-Fraktur

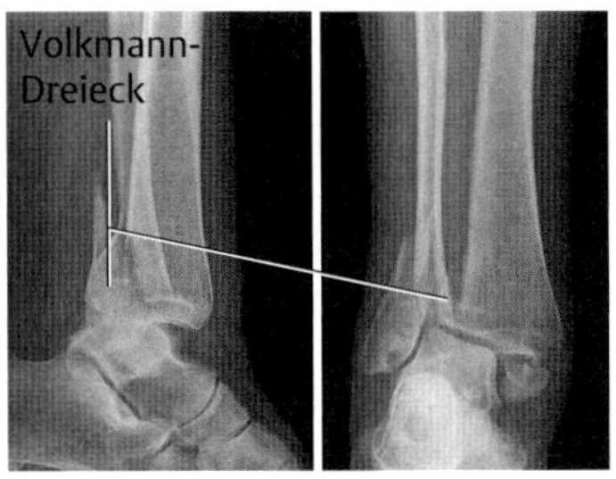

a Die hohe Fibulafraktur (Maisonneuve; Pfeil) stellt einen Sonderfall der Typ-C-Verletzung dar. Im unteren Bereich (rechtes Bild) ist keine Fraktur zu sehen.
b Randfrakturen der Tibiakante (Abbruch des dorsalen Volkmann-Dreieckes oder des ventrolateralen Tubercule de Chaput) sind Ausdruck der Syndesmosenbegleitverletzung.

12.18 Röntgenaufnahme des OSG in 2 Ebenen

a a.-p. Aufnahme in 20 Grad-Innenrotation **b seitliche Aufnahme**

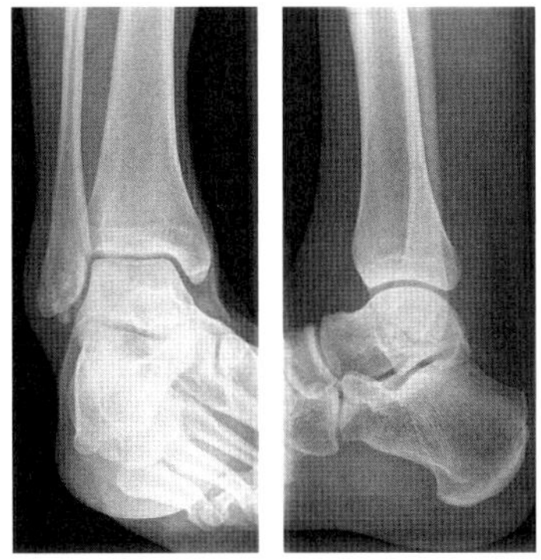

Die a. p.-Aufnahme muss in 20 Grad Innenrotation angefertigt werden, um auch geringe Verschiebungen oder eine Verkürzung der Fibula erkennen zu können.

Fehlstellungen des Fußes in der Sprunggelenkgabel ergeben Hinweise auf die verletzten knöchernen Strukturen und sind Ausdruck einer Luxationsstellung im Gelenk. Die Prüfung der Durchblutung und der Sensibilität des Fußes ist obligat.
Röntgenaufnahmen in 2 Ebenen sind zur Sicherung der Diagnose nötig (**12.18**).

Begleitverletzungen: Bei gröberen Dislokationen kann es zu Überdehnungen der Haut mit Blasenbildungen und Drucknekrosen kommen. Direkte Gewalteinwirkungen können offene Hautverletzungen hervorrufen. Eine rasche Reposition der Fehlstellung, möglichst noch am Unfallort in Analgosedierung (d. h. Gabe eines starken Analgetikums und Sedativums, z. B. Flunitrazepam und Ketamin) beugt sekundären Weichteilproblemen vor.

Therapie: Die **konservative Behandlung** ist bei unverschobenen Brüchen ohne Verletzung der Syndesmose angezeigt. Dazu sind korrekt eingestellte Röntgenaufnahmen nötig, um eine Verkürzung der Fibula und eine Erweiterung des Gelenkspaltes sicher auszuschließen. Die Ruhigstellung erfolgt bis zum Abschwellen der Weichteile im *Spaltgips* (Hochlagerung!), danach für insgesamt 6 Wochen im gut sitzenden *Unterschenkelgehgips* (s. SE 9.11, S. 251 ff), der voll belastet werden kann.
Stabile Außenknöchelbrüche können rein funktionell mit *Knöchelschienen* behandelt werden.
Lokale und allgemeine Kontraindikationen für eine Operation sind ebenfalls Gründe für eine konservative Therapie auch von dislozierten Sprunggelenkfrakturen. Es muss dann ein *Repositionsmanöver* durchgeführt werden, das den Entstehungsmechanismus der Fraktur, wie er von Lauge-Hansen beschrieben ist, umgekehrt nachahmt.
Die **operative Therapie** ist bei allen dislozierten und offenen Sprunggelenkfrakturen angezeigt. Dabei muss die Versorgung bei den offenen Frakturen oder bei einem drohenden Kompartmentsyndrom notfallmäßig sofort erfolgen und ohne Anlage einer Blutsperre vorgenommen werden.
Liegt bereits eine erhebliche Schwellung vor, so ist eine verzögerte Versorgung der Fraktur nach Abschwellen innerhalb von 3–4 Tagen angezeigt. Zwischenzeitlich erfolgt eine konservative Behandlung mit Reposition, Gipsruhigstellung und konsequenter Hochlagerung. Kann die Fraktur im Gipsverband nicht ausreichend fixiert werden, so muss vorübergehend ein Fixateur externe angelegt werden.
Die operative Therapie besteht in einer offenen Reposition der Frakturen und einer anschließenden Fixation mit Platten und Schrauben (**12.19**).
Bei instabilen Syndesmosenverletzungen (z. B. Maisonneuve-Fraktur) wird nach Reposition durch Zug an der Fibula eine Stellschraube eingebracht und damit die Stellung der Sprunggelenkgabel bis zur Ausheilung der Bandverletzung gesichert.
Postoperativ wird ein Unterschenkelgipsverband angelegt und der Patient übt aus dem geschalten Gips heraus die Funktion des Sprunggelenkes. Eine Teilbelastung von 20 kg ist immer möglich. Bei stabil versorgten Frakturen ist nach der Wundheilung ein Übergang auf volle Belastung im Unterschenkelgehgips wünschenswert.

Komplikationen: Postoperative **Hämatome** treten häufiger auf und müssen sofort ausgeräumt werden. **Spannungsblasen** und oberflächliche **Hautnekrosen** werden konservativ abwartend behandelt. Tiefe Nekrosen müssen plastisch gedeckt werden.
Infekte müssen entsprechend den Regeln der septischen Chirurgie angegangen werden. Débridement, Drainageneinlage und Belassen von stabilen Implantaten sind meist möglich, in seltenen Fällen muss der Außenknöchel

12.19 Operative Versorgung der Sprunggelenkfrakturen

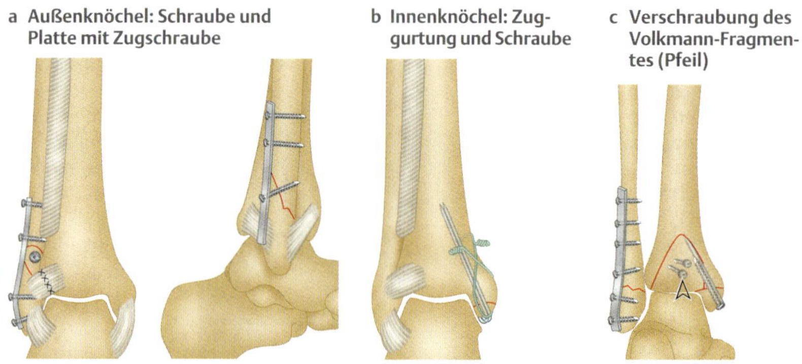

a Bei der Versorgung des *Außenknöchels* ist die korrekte Wiederherstellung der Länge wichtig.
b Zuggurtung des *Innenknöchels*.
c Indirekte Fixierung des *hinteren Tibiakantenfragments (Volkmann)* von ventral her mit einer Schraube (Pfeil). Seine Versorgung ist allerdings nur nötig, wenn es der tibialen Gelenkfläche betrifft.

nach Entfernung der Implantate mit einem Fixateur externe ruhig gestellt werden. Bei einer Ausbreitung des Infektes in das Gelenk hinein ist dieses zu spülen und zu drainieren; eine Arthrodese (operative Versteifung) des OSG kann später notwendig werden. Unzureichende Osteosynthesen mit verbliebenen Fehlstellungen sind möglichst vor knöcherner Heilung der Fraktur zu korrigieren.

Prognose: In den meisten Fällen lassen sich gute bis sehr gute Ergebnisse erzielen. Posttraumatische Arthrosen sind bei unzureichender Reposition und schweren Knorpelschäden oder Impressionsfrakturen der Gelenkflächen zu erwarten.

Frakturen des Pilon tibiale

Frakturen des Pilon tibiale entstehen durch axiale oder exzentrische, axiale Einwirkung des Talus auf das distale Tibiaende mit der Folge einer Frakturierung der tibialen Gelenkfläche und häufig auch der distalen Fibula (**12.20**). Die Verletzung ist meist von einem schweren Weichteilschaden mit Schwellung, Hämatomen und Bildung von Spannungsblasen begleitet, verschlimmernd ist eine offene Wunde im Frakturbereich (offene Fraktur).

12.20 Frakturmuster des Pilon tibiale

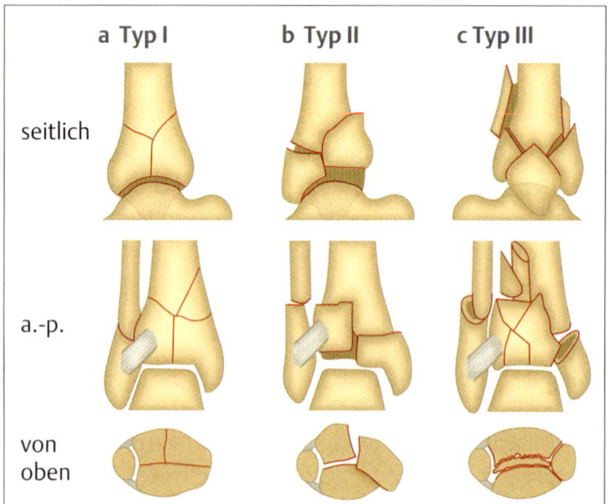

Das ***klinische Bild*** ist durch eine massive Schwellung und Deformierung der Sprunggelenksregion gekennzeichnet.

Die ***Diagnostik*** erfolgt durch Röntgenaufnahmen der distalen Tibia und des Sprunggelenks in 2 Ebenen.

Therapie: Entscheidend ist eine *rasche* **operative Versorgung** der Verletzung zur Verhütung zusätzlicher Weichteilschäden. Sie besteht in 3 Schritten:

1. Reposition und Fixation mit Wiederherstellung der Länge der Fibula (gelenküberbrückender Fixateur externe und Fibulaplattenosteosynthese),
2. Konsolidierung der Weichteile,
3. definitive knöcherne Rekonstruktion der Tibiagelenkfläche mit Platten und Schrauben oder Hybridfixateur und Schrauben zur Rekonstruktion der Gelenkfläche (s. SE 9.4, S. 236).

Eine **konservative Behandlung** ist nur bei nicht oder nur minimal dislozierten Frakturen ohne Gelenkstufe angezeigt.

Komplikationen: In der Frühphase können Spannungsblasen und Hautnekrosen entstehen. Im weiteren Verlauf ist insb. bei offenen Frakturen mit eine Osteitis zu rechnen. In der Spätphase der Versorgung verlangt die ausbleibende knöcherne Heilung zusätzlich Maßnahmen wie eine Spongiosaplastik

Prognose: Die Verletzung heilt in der Regel mit verbleibenden Folgen aus. Häufig findet sich eine posttraumatische Arthrose oder verbleibende Varus- oder Valgusfehlstellungen. In einem Teil der Fälle ist eine spätere Arthrodese des OSG unumgänglich.

12.10 Fuß: Frakturen

Die Verletzungen der knöchernen Strukturen des Fußes sind nach Art und Bedeutung sehr vielfältig und in ihrer Komplexizität vom Rückfuß zum Vorfuß hin abnehmend. Ihre Zahl hat durch die Verbesserung der passiven Sicherheit der Autos paradoxerweise zugenommen.
Sie machen weniger als 5 % aller Frakturen aus. Gerade ihre geringe Anzahl und ihr breites Spektrum der Verletzungsschwere stellen an die Behandlung gelegentlich hohe Anforderungen. Ziele sind die Wiederherstellung der Statik und damit der Belastbarkeit des Fußes sowie die Wiederherstellung einer belastbaren Weichteildeckung. Die Therapie muss auf die Verschiedenheit der Verletzungen abgestimmt sein. Operative, die Anatomie wiederherstellende Verfahren sind in den Vordergrund getreten, da sie die Spätergebnisse positiv beeinflussen. Das Übersehen oder die unterlassene Behandlung von Fußverletzungen ist für die Gesamtrehabilitation der Polytraumapatienten jedoch häufig von entscheidender Bedeutung. Die nicht behandelte Fußverletzung bleibt ein ganzes Leben lang ein Handikap, da ein funktionswichtiger Teil der belasteten unteren Extremität gestört bleibt.

12.6 Anatomische Vorbemerkungen

Biomechanisch wird die Last im Fußbereich zu 40–50 % auf den Fersenbereich und zu 50–60 % auf den Vorfußbereich verteilt; die Gesamtbeanspruchung übersteigt selten 200 % des Körpergewichtes. Die Verteilung der Hauptkraftvektoren im Vorfußbereich mit 2/5 Belastung des I. Strahles und 3/5 Belastung des II.–V. Strahles bedeutet eine gleichmäßige Belastung des inneren und äußeren Fußrandes. Die Schraubenarchitektur des Fußes erlaubt über eine knöchern vielgliedrige, ligamentär vielgelenkig gedämpfte Struktur eine Einleitung der Belastung ohne Überlastung der knöchernen und ligamentären Strukturen des Fußskelettes. Die Metatarsalknochen sind für die Abrollbewegung des Fußes verantwortlich. Biomechanisch ist der I. und V. Strahl als Rahmen für den Vorfuß wesentlich (👁 **a, b**), während die Stellung des II. Strahles das Quergewölbe garantiert (👁 **c**) und damit auch die Lastverteilung zwischen I. und V. Strahl beeinflusst.

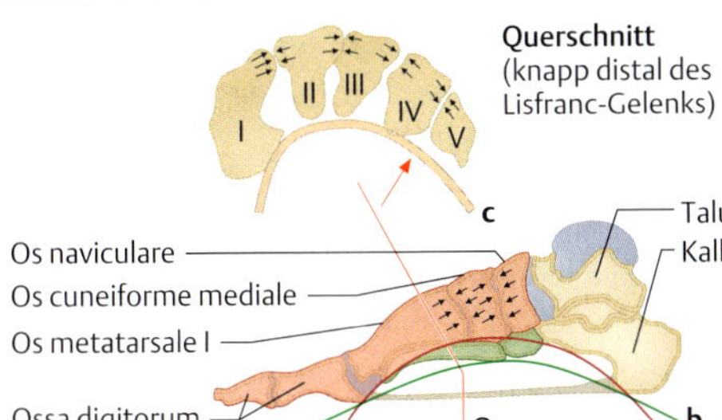

Entstehung der Frakturen und Luxationen:
Talus: Die *Frakturen des Talus* sind immer als Folge einer großen Krafteinwirkung wie bei Stürzen aus großer Höhe oder Rasanztraumen bei Pkw-Unfällen zu finden (Bremsbeinverletzung). Die *osteochondralen Läsionen der Talusrolle* treten nach Bandverletzungen des Sprunggelenkes auf. Ein Schermechanismus zwischen Tibiavorderkante und Sustentaculum tali des Kalkaneus führt zu dem häufigen *Talushalsbruch* (ca. 50 % aller Fälle) bei dorsalflektiertem Fuß und zu den *Korpusfrakturen* bei plantarflektiertem Fuß. Axiale Stauchungen führen zu den *zentralen Berstungsfrakturen. Randfrakturen* (ca. 20 %) sind nur bei Rotationskräften (Pronation oder Supination) zu finden. 1/5 der Talusfrakturen sind offene Frakturen.
Kalkaneusfrakturen (👁 **12.21**): Die Epidemiologie der Kalkaneusfraktur entspricht der der Talusfraktur; bilaterale Frakturen (ca. 15 %) finden sich häufig bei Suizidversuchen. Bei ca. 30 % der Frakturen finden sich Begleitfrakturen vor allem im Bereich der thorakolumbalen Wirbelsäule.
Die Längsstauchung des Beines trifft den Schlussstein des Fußgewölbes. Pathomechanisch entscheidet die Richtung der einwirkenden Kraft, die Fußstellung zum Unfallzeitpunkt und der Kalksalzgehalt über die Frakturform. Extreme Zugbelastung durch die Achillessehne führt zum sog. Entenschnabelbruch, einer Abrissfraktur. Processus-anterior-Frakturen oder Impressionsfrakturen der kuboidalen Gelenkfläche sind Folgen eines Supinationstraumas bzw. einer Adduktion im Vorfuß. Die intraartikulären Frakturen sind mit 80 % jedoch die klassischen Formen des Fersenbeinbruches. Sie entstehen durch axiale Gewalteinwirkung. Der Processus fibularis des Talus dringt wie ein Meißel am Winkel nach Gisane in das Fersenbein ein (👁 **12.21a**). Es entsteht das superomediale, Sustentakulum tragende Fragment und das posterolaterale, die hintere Gelenkfacette einschließende 2. Fragment. Bei weiter einwirkender Gewalt entstehen sog. Sekundärfrakturen als Impressionen der posterioren Gelenkfacette („joint depression type"; 👁 **12.21d**) oder als Abrissfrakturen mit Einschluss der Gelenkfacette („tongue type"; 👁 **12.21d**). Damit verbunden ist ein Ausbeulen der lateralen Fersenbeinwand (👁 **12.21b**).
Fußwurzelknochen und Ossa metatarsalia: Direkte Gewalteinwirkungen und Verdrehungen des Mittel- und Vorfußes führen zu knöchernen Verletzungen.
Auch im Zehenbereich sind diese Ursachen führend.
Peritalare Luxationen, Chopart- und Lisfranc-Luxationen: Die Luxatio pedis cum talo und sub talo gehören neben der Chopart-Luxation zu den Luxationsformen, die zu einer Zerreißung von Bandverbindungen am Talus führen. Die Statik des Fußes ist nach exakter Reposition wiederhergestellt. Diese sehr seltene Verletzung ist Ausdruck einer erheblichen Gewalteinwirkung und ist immer von einem schweren Weichteiltrauma begleitet.

12.21 Fersenbeinfrakturentstehung

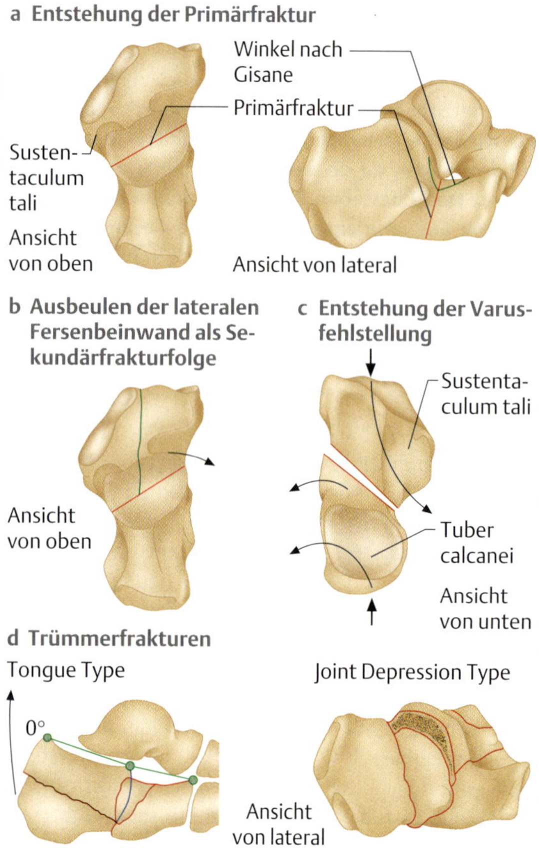

a verdeutlicht, warum das Sustentakulum zuerst abbricht. Die nachträglichen Fragmentverschiebungen sind in **b** in der Ansicht von oben und in **c** von unten dargestellt.

Die Chopart- (**12.22**) und Lisfranc-Luxationen führen zu einer erheblichen Störung der Statik des Fußes, die nur durch eine sorgfältige Rekonstruktion wiederhergestellt werden kann. Wegen der hohen Energie beim Trauma finden sich häufig begleitend Impressionsfrakturen der benachbarten Knorpelflächen des Kalkaneus, Kuboids, Os naviculare, Taluskopfes sowie der Fußwurzel- und Mittelfußknochen.
Biomechanisch kann nur bei plantarflektiertem, supiniertem oder proniertem Fuß die kräftige Bandverbindung

12.22 Unfallmechanismus bei der Chopart-Luxation

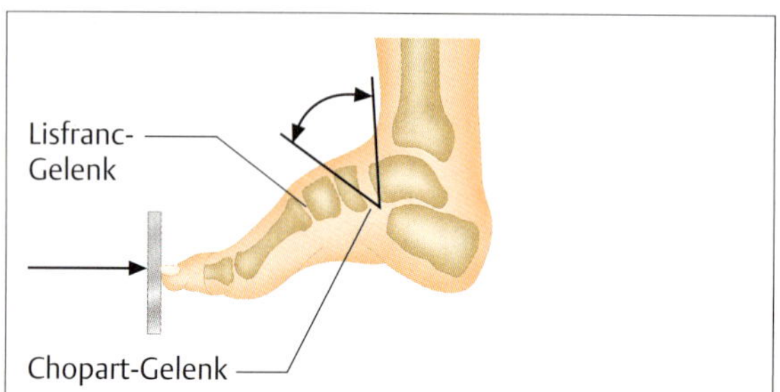

12.23 Verzahnung des II. Mittelfußstrahles

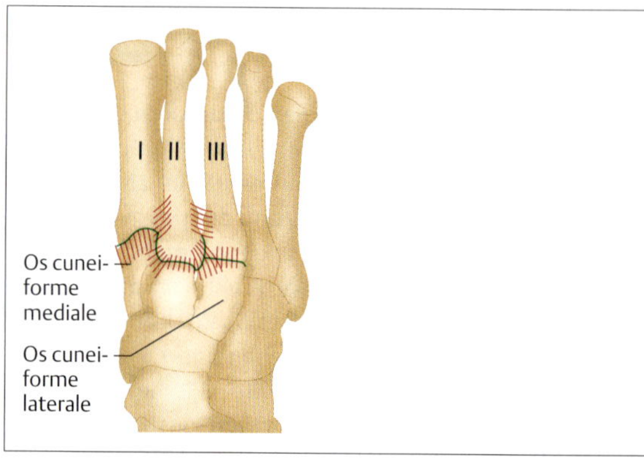

des Chopart-Gelenkes zerrissen werden. Knöcherne Begleitverletzungen sind häufig mit dieser Verletzung vergesellschaftet.
Im Lisfranc-Gelenk ist der Vorfuß mit dem Mittelfuß verbunden. Dieses tarsometatarsale Gelenk ist sehr stark ligamentär stabilisiert, vor allem plantar; zusätzlich ist eine knöcherne Verzahnung des II. Mittelfußstrahles mit dem Os cuneiforme mediale (I. Strahl) und Os cuneiforme laterale (III. Strahl) vorhanden, die außerdem ligamentär erheblich gesichert ist (**12.23**).
Biomechanisch kommt es wegen der Bandverteilung durch direkte und indirekte Gewalteinwirkung am häufigsten zur dorsalen Luxation. Die 2. Luxationsebene betrifft die seitliche Verschiebung der Mittelfußknochen entweder homo- oder kontralateral.
Die häufig zu findende Zerreißung der dorsalen Gefäßarkaden erhöht den Weichteilschaden und die Nekrosegefahr deutlich. Inkarzerationen der Peroneus-longus-Sehne oder der Tibialis-posterior-Sehnen können ein Repositionshindernis darstellen.
Frakturen und Luxationen der Phalangen: Direkte Gewalteinwirkung oder Verdrehtraumen führen zu Trümmer-, Quer- oder Luxationsfrakturen.

Diagnostik: Die **klinische Untersuchung** des Fußes unmittelbar nach der Verletzung ergibt das uniforme Bild eine deutlichen Schwellung, offene Verletzungen sind an der Hautverletzung sichtbar, Fehlstellungen sind noch palpatorisch erfassbar. Die Durchblutung, Motorik und Sensibilität muss immer geprüft werden.

! Der Fuß muss in die initiale Untersuchung eines Polytraumatisierten eingeschlossen werden.

Klinisch ist bei allen axialen Stauchungstraumen an eine Talus- oder Kalkaneusfraktur zu denken. Ein Kompartmentsyndrom des Fußes ist klinisch durch palpatorische Kontrolle des Kompartmentdruckes immer auszuschließen.
Die Luxationen und Luxationsfrakturen im Fußbereich sind von den reinen Frakturen klinisch nur schwer zu unterscheiden, da die zu findende Schwellung der Weichteile kein unterscheidendes Kriterium ist. Diagnostisch

12.24 Röntgen-Standardprojektionen des Fußes

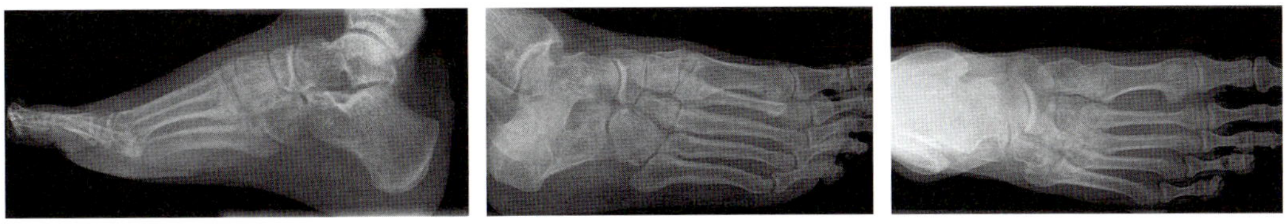

können klinisch die Verkürzung einer der Fußsäulen und gelegentlich Stufenbildungen erfasst werden, solange noch keine massive Schwellung vorhanden ist. Bei der Lisfranc-Luxation fällt eine Abflachung des Fußgewölbes (plantare Luxation) oder eine Pes-cavus-Bildung (dorsale Dislokation) auf. Der Vorfuß zeigt eine Achsabweichung in a.-p.-Richtung. Palpatorisch kann vor Auftreten einer (meist rasch einsetzenden!) Schwellung die Gelenkstufe getastet werden.

Die **Röntgenuntersuchung** des Fußes in seitlicher und dorsoplantarer Projektion (**12.24**) ergeben die ersten Hinweise auf die knöchernen Verletzungsfolgen und eventuelle ligamentäre Instabilitäten. Spezialprojektionen helfen, die Verletzung genauer zu diagnostizieren und zu klassifizieren:

Talus: Die Standardröntgenaufnahmen des oberen Sprunggelenks (s. SE 12.9, S. 324 f), ergänzt mit einer a.-p.-Fußaufnahme in maximaler Plantarflexion (zentriert auf den Talus) genügen als diagnostische Maßnahmen. Gelegentlich sind Schrägaufnahmen nötig, eine CT ist nur zur Klärung der Rekonstruierbarkeit des Talus angezeigt.

Kalkaneus: Die Standardröntgendiagnostik (**12.25**) umfasst die Fersenbeinaufnahme seitlich und axial sowie eine dorsoplantare Fußwurzelaufnahme. Die Spezialaufnahmen nach Broden in 20 und 40 Grad Innenrotation decken eine subtalare Gelenkbeteiligung auf. Sie lassen eine Klassifizierung der Frakturen in Tongue Type und Joint Depression Type (**12.21d**) zu. Für die Operationsplanung ist eine semikoronare und axiale Computertomographie hilfreich (**12.26**).

Für Frakturen der *Fußwurzel-* und *Mittelfußknochen* genügen die Standardprojektionen. Differenzialdiagnostisch ist bei Verdacht auf eine Os-naviculare-pedis-Fraktur an ein Os tibiale externum oder ein Os supratalare zu denken.

12.26 CT-Projektionen bei Kalkaneusfrakturen

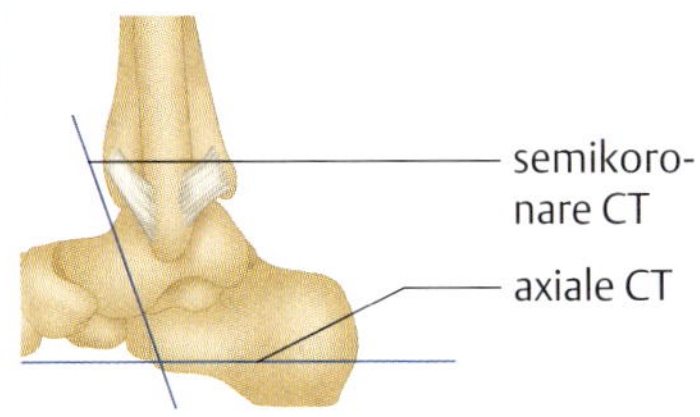

Radiologisch kann die Diagnose einer *Luxation* bzw. *einer Luxationsfraktur* mit 3 Standardaufnahmen erfasst werden: dorsoplantare Aufnahme des Fußes mit 20 Grad gekippter Röhre, exakt seitliche Aufnahme des Fußes und dorsoplantare Projektion des Fußes (**12.24**).

In der seitlichen Aufnahme ist der Nachweis der intakten Cyma-Linie (s. **12.8**, S. 334) oder der Lisfranc-Gelenklinie wesentlich. Eine CT ist nützlich bei begleitenden Impressionsfrakturen.

Therapie der Frakturen: Die generellen **Therapieziele** der Frakturbehandlung im Fußbereich sind eine Wiederherstellung der Form, eine Entlastung der Weichteile und die Ermöglichung einer frühfunktionellen Nachbehandlung mit Teilbelastung und baldiger Vollbelastung.

Alle nicht dislozierten Frakturen werden konservativ behandelt. Im gut anmodellierten Unterschenkelgips erfolgt eine Teilbelastung mit 15–20 kp für 6 Wochen, die gipsfreie Vollbelastung ist ab der 8. Woche erlaubt.

Beim **Talus** sind *dislozierte zentrale Frakturen* die Indikation für ein notfallmäßiges Vorgehen. Die operative Behandlung erfolgt durch eine offene Reposition und anschließende Zugschraubenosteosynthese (**12.27**). Sie

12.25 Röntgen-Standardprojektionen des Fersenbeins

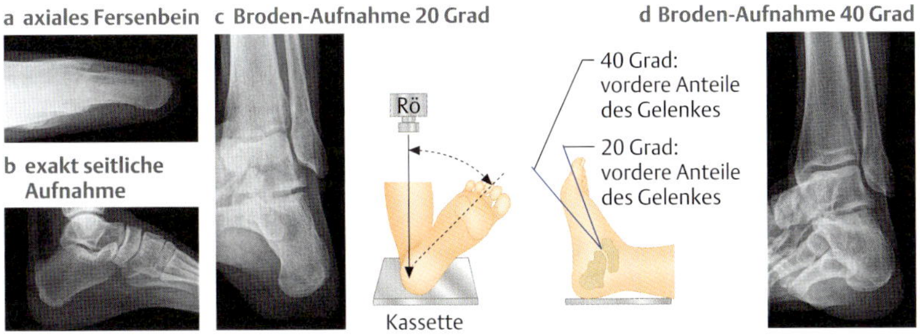

12.27 Versorgungsbeispiele einer Talusfraktur

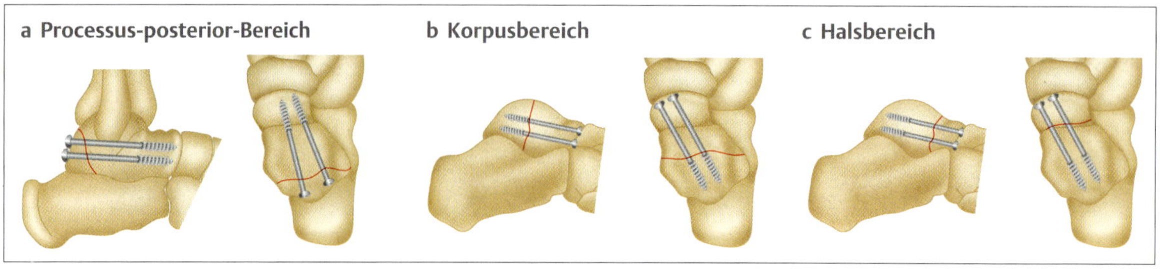

bringt den Vorteil der Übungsstabilität und damit die Möglichkeit zur funktionellen Nachbehandlung mit sich. Spickdrahtosteosynthesen sollten deshalb vermieden werden.

Bei **Kalkaneusfrakturen** ist die *konservative Therapie* bei allen extraartikulären Frakturen ohne relevante Dislokation und Rückfußverkürzung angezeigt. Sie besteht in Bettruhe, Hochlagerung, Eiskühlung und frühzeitiger aktiver Physiotherapie. Nach Abschwellung kann im Unterschenkelgips die Teilbelastung mit 15–20 kp aufgenommen werden. Je nach Frakturausmaß sollte nach 6–12 Wochen die Vollbelastung angestrebt werden.

Die *semioperative Therapie* ist bei allgemeinen oder lokalen Kontraindikationen für eine Operation angezeigt. Die Aufrichtung des Fersenbeins mit einem Distraktor und Fixierung der Einzelfragmente mit perkutanen Spickdrähten erlaubt eine frühe Teilbelastung nach 3 Wochen. Die Entfernung der Gelenktransfixation und der Spickdrähte nach 6 Wochen sind von der Vollbelastung nach 7–12 Wochen gefolgt. Wegen der meist ungenügenden Rekonstruktion sind zur Rehabilitation Schuheinlagen, Abrollhilfen und orthopädische Schuhzurichtungen nötig.

Die *operative Therapie* ist bei allen intraartikulären Frakturen mit Verwerfungen der Gelenkfläche und bei allen relevanten Verkürzungen und Fehlstellungen des Rückfußes sowie bei einer erheblichen Verbreiterung des Fersenbeins indiziert. Bei den extraartikulären Tongue-Type-Frakturen sind die Indikationen durch die Dislokation oder den Rückfußkollaps gegeben. Die operative Therapie hat bei korrekter Indikationsstellung mit vertretbaren Risiken und Komplikationsraten zu einer deutlichen Verbesserung der funktionellen Ergebnisse geführt. Die Operation sollte nach Abschwellen zwischen dem 8. und 10. Tag nach dem Trauma durchgeführt werden. Je nach Frakturform wird ein lateraler oder medialer Zugangsweg für die Stabilisierung mit Platten und Schrauben (**12.28**), gelegentlich auch mit einer Spongiosaplastik, gewählt. Bei der *Nachbehandlung* gelten die Prinzipien der konservativen frühfunktionellen Behandlung. Wichtig sind ab dem 2. Tag einsetzende Kreiselübungen des Fußes und eine Teilbelastung von 15–20 kp mit Abrollen des Fußes. Die Vollbelastung ist nach 6–9 Wochen meist möglich.

Os-naviculare-pedis-Frakturen: Die Therapie der Abrissfrakturen (des Sehnenansatzes des M. tibialis posterior) ist lediglich bei Dislokation operativ. Zuggurtungen oder Zugschraubenosteosynthesen sind die Regel zur Refixation der Sehnenansätze.

Korpusfrakturen werden durch perkutane Spickdrähte oder eine Verschraubung versorgt. Bei *Trümmerfrakturen* kann die Spickdrahtosteosynthese oder die überbrückende, die Distanz sichernde Plattenosteosynthese (Metallentfernung nach 6–8 Wochen) oft die einzige Methode zur Sicherung der Form sein. Diese Verletzungen sind meist mit Luxationen im Chopart-Gelenk verbunden (s. o.).

Os-cuboideum-Frakturen entstehen durch eine Art Nussknackermechanismus zwischen dem Kalkaneus und den Metatarsalia IV und V. Der meist verkürzte laterale Fußrand muss rekonstruiert werden (s. u. bei Chopart-Luxationsfrakturen).

Ossa-cuneiformia-Frakturen sind meist Ausdruck einer Verletzung der Lisfranc-Gelenklinie. Hier kommen bei Dislokation geschlossene Repositionen und perkutane Spickdrahtosteosynthesen zum Einsatz.

12.28 Operative Fersenbeinversorgung

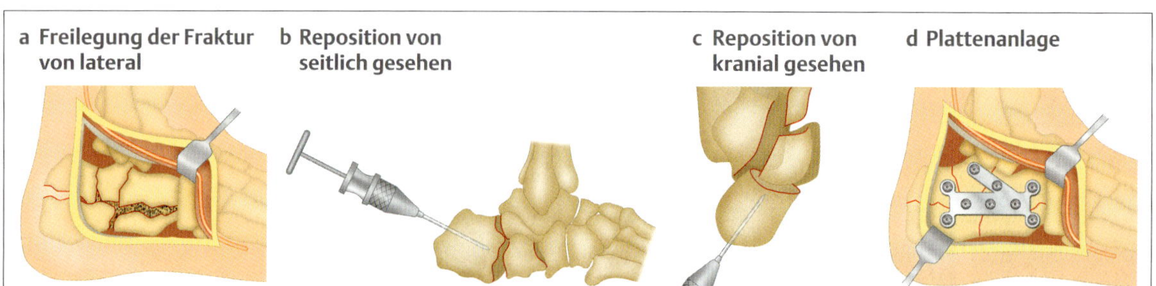

12.29 Versorgung einer Fraktur des Os naviculare

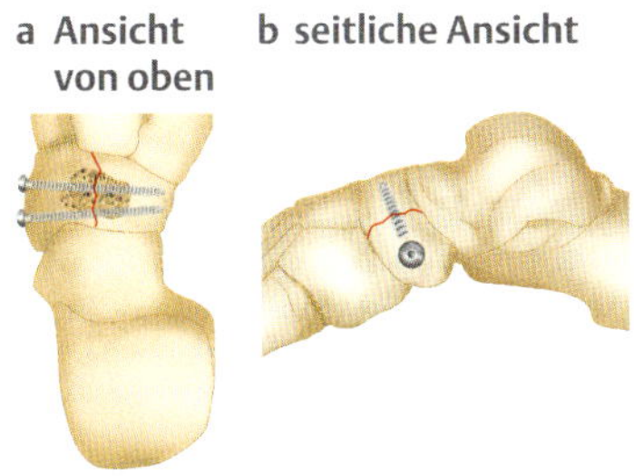

Bei einem Spaltbruch ist eine Verschraubung ausreichend, bei einem Kollaps ist eine Spongiosaplastik notwendig.

Therapie der Luxationen: Die Nichtbeachtung von groben Fehlstellungen und der dadurch verursachten Druckschäden der Haut verschlechtert bereits in dieser Phase der Versorgung entscheidend die Prognose dieser Verletzungen und führt zu Komplikationen. So besteht bei der peritalaren Luxation eine starke Gefährdung der Haut und der subkutanen Weichteile, die eine Reposition zum frühestmöglichen Zeitpunkt bereits am Unfallort notwendig macht. Unter Gabe eines Analgetikums ist ein Repositionsversuch am Unfallort in entgegengesetzter Richtung zur Luxationsrichtung gerechtfertigt.
Bei der **Chopart-Luxation** ist die Ausrichtung des I. und V. Fußstrahles wiederherzustellen und die ligamentäre Begleitverletzung zur Ausheilung zu bringen. Auch Begleitfrakturen der Nachbarknochen sind anzugehen (z. B. Os-cuneiforme-Frakturen). Spickdrähte sind das bevorzugte Osteosynthesematerial.
Die **Lisfranc-Luxation** verlangt ein genaue Herstellung der Gelenklinie und des Quergewölbes des Fußes. Diese wird häufig erst nach offener Reposition wegen Kapselinterpositionen mit Spickdrähten oder Einzelschrauben möglich.

12.30 Versorgung einer divergierenden Lisfranc-Luxation

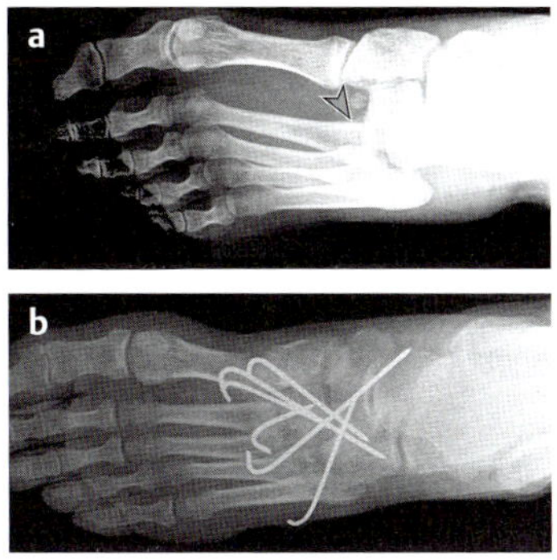

a Ausgangsbefund,
b Röntgenaufnahme nach erfolgter Reposition und Spickdrahtfixation.

Nachbehandlung: Durch die frühfunktionelle Behandlung wird die Gelenktrophik verbessert, die ligamentäre Verstarrung des Fußes vermindert und zusammen mit der lokalen Eisbehandlung die Resorption von Hämatomen und Schwellung verbessert. Die Hochlagerung ist obligat. Eine Teilbelastung von 15–20 kp ist praktisch immer möglich, die Vollbelastung sollte nach 8 Wochen erreicht sein. Eine Teilbelastung über die 12. Woche hinaus ist nicht sinnvoll.

Prognose: Die Risiken der operativen Behandlung werden durch die erreichbaren Ergebnisse gerechtfertigt: Die *konservative Behandlung* ergibt ca. 1/3 gute bis sehr gute Ergebnisse bei ca. 30 % Arthrodesen und einer MdE von ca. 40 %. Die *prinzipiengerechte operative Behandlung* ergibt dagegen 2/3 gute bis sehr gute Ergebnisse bei einer Halbierung der MdE.

12.11 Weichteilverletzungen des Unterschenkels und Sprunggelenkes

Die knöchernen Strukturen des Unterschenkels und Sprunggelenkes sind exzentrisch von Weichteilen bedeckt. Dadurch sind sie bei Frakturen und Luxationen erheblich gefährdet. Offene Wunden, Décollement oder Kontusionen der Kutis und Subkutis und Substanzdefekte der Weichteile sind neben dem Kompartmentsyndrom der Muskulatur komplizierende Situationen, die erkannt werden müssen und die unbedingt Berücksichtigung in der Therapieplanung bei der Frakturversorgung finden sollten. Erst dann kann eine zeitgerechte Heilung der knöchernen Verletzungen ohne Funktionsverlust und ohne erhöhtes Risiko einer Infektion erwartet werden.

Weichteilverletzungen des Unterschenkels

Ätiopathogenese: Direkte oder indirekte Gewalteinwirkungen führen zur Schädigung der Haut und Weichteile am Unterschenkel und Sprunggelenk. Neben der Durchtrennung der Strukturen kommt es auch zur Kontusion und Quetschung, die ebenfalls eine Durchblutungsstörung und Einblutung nach sich zieht. Damit ist sowohl bei offenen als auch bei geschlossenen Frakturen das Risiko einer Verschlimmerung durch eine zunehmende Schwellung und das spätere Aufkommen einer bakteriellen Infektion im Bereich des geschädigten, meist kontaminierten Gewebes gegeben.

Der primäre Weichteilschaden kann durch eine schockbedingte Minderperfusion verstärkt werden. Sekundär kann eine nicht korrekt behandelte geschlossene oder offene Weichteilverletzung die allgemeine Situation der Patienten durch Toxineinschwemmungen aus untergegangenem Gewebe und im Rahmen einer Infektion beeinträchtigen. Damit ist das Kompartmentsyndrom nur ein besonderer Aspekt des Weichteilschadens am Unterschenkel.

Das Kompartmentsyndrom ist definiert als ein Zustand, in welchem bei geschlossenem Haut- und Weichteilmantel ein erhöhter Gewebsdruck zur Verminderung der Gewebedurchblutung mit nachfolgenden, daraus resultierenden neuromuskulären Störungen führt.

Kritisch ist dabei die Verschlimmerung der Schädigung der Muskulatur in kurzer Zeit bei anhaltendem Druck durch Schwellung, Hämatom und Fehlstellung zu werten.

Diagnostik: Entweder erfolgt die Beurteilung direkt am Unfallort vor Anlage des Verbandes oder im Operationssaal nach Abnahme des Erstverbandes. Besonderes Augenmerk ist dabei auf die Schädigung der Weichteile bei geschlossenen Hautverhältnissen zu richten. Sensibilitätsstörungen in verdächtigen Hautarealen sind Hinweise für ein ausgedehntes, darunter liegendes Décollement.

Generell wird neben den verletzten Strukturen die arterielle Durchblutung und der venöse Blutabfluss aus dem geschädigten Bereich beurteilt. Auch der distale Gliedmaßenabschnitt wird hinsichtlich arterieller Durchblutung und neurologischer Situation überprüft.

Ein weiterer wichtiger Gesichtspunkt in der Beurteilung ist die Bedeckung der knöchernen Strukturen, insbesondere die Bedeckung mit Periost, das den Knochen vor Austrocknung schützt. Neben der reinen Weichteilschädigung muss ein Kompartmentsyndrom (s. **12.7** und SE 9.7f, S. 242 ff) ausgeschlossen werden.

Zur **Klassifizierung** der Weichteilschäden (z. B. nach Oestern/Tscherne) wird auf SE 9.7 (s. S. 243) verwiesen. Ergebnis der Klassifizierung muss eine Beschreibung der Ausdehnung hinsichtlich Fläche, Tiefe und beteiligter Strukturen sein.

12.7 Klinik des Kompartmentsyndroms

Die Klinik des Kompartmentsyndroms beginnt schleichend. Das Vorliegen des Vollbildes ist Ausdruck der bereits erfolgten definitiven Schädigung der Muskulatur. Es ist deshalb wichtig, die Stufen der Kompartmententwicklung zu kennen:

- Schmerzhafte, verhärtete Muskulatur,
- Muskeldehnungsschmerz,
- spontaner Schmerz der Muskulatur als Ischämieschmerz,
- Sensibilitätsstörung als Spätzeichen.

Erhaltene Fußpulse sprechen nicht gegen ein vorhandenes Kompartmentsyndrom.

Differenzialdiagnostisch muss die direkte Nervenschädigung im Frakturbereich abgegrenzt werden.

Therapie: Die **Behandlung der Weichteilverletzungen** soll zusätzliche Schäden vermeiden. Dabei muss die Wundkontamination durch Ausschneidung und Débridement verringert werden (s. SE 2.3, S. 36).

Ist ein *Kompartmentsyndrom* vorhanden, so muss die notfallmäßige Spaltung der Muskellogen im Unterschenkelbereich vorgenommen werden. Dazu erfolgt entweder eine bilaterale oder eine laterale parafibulare Inzision am Unterschenkel mit Eröffnung aller 4 Faszienräume (s. **9.14**, S. 245). Die Haut wird erst sekundär nach Abklingen der Schwellung wieder verschlossen.

Der nächste Schritt besteht in der **Stabilisierung der Fraktursituation** meist unter Verwendung eines Fixateur externe (s. SE 9.3, S. 233 f). Dies ist gleichzeitig eine infektionsvermindernde Maßnahme, die auch bei alleinigen Weichteilverletzungen Anwendung finden kann. Unterstützend wird nach Abstrichentnahme eine perioperative **Antibiotikatherapie** durchgeführt.

12.31 Möglichkeiten der plastischen Deckung am Unterschenkel und Sprunggelenk

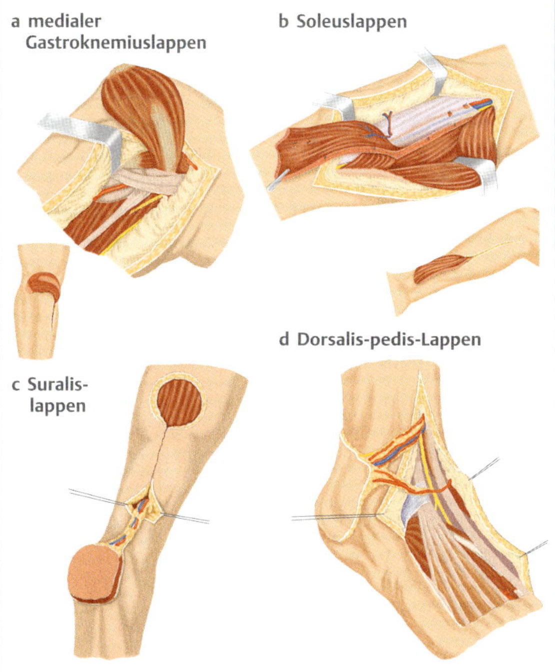

Die **Wiederherstellung des Weichteilmantels** ist der nächste Therapieschritt. Bei guten Wundgranulationen und erhaltener Periostbedeckung des Knochen kann dies durch eine Spalthauttransplantation als Mesh Graft erfolgen. Sonst muss der Defekt durch einen lokoregionären Lappen gedeckt werden. Kleinere Defekte könnnen durch einen fasziokutanen Lappen verschlossen werden. Größere müssen durch einen gestielten Muskellappen aus den M. gastrocnemius oder M. soleus in Verbindung mit einem Mesh-Graft-Transplantat aufgefüllt werden. Für Defekte im lateralen Sprunggelenkbereich eignet sich ein gestielter Suralislappen, am medialen Sprunggelenk kann der Dorsalis-pedis-Lappen Anwendung finden. Große Defekt müssen mit freien Lappen frühzeitig gedeckt werden (s. SE 37.1, S. 819). Erst nach Konsolidierung der Weichteile wird die **definitive Stabilisierung der Fraktur** vorgenommen.

Prognose: Gelegentlich verläuft ein Kompartmentsyndrom schleichend oder wird nicht erkannt. Als funktionsbehindernde Spätfolgen finden sich bei den Patienten Krallenzehen und ein kontrakter Hohlfuß als Ausdruck der Muskelfibrosierung im tiefen posterioren Kompartment.

Bandverletzungen des oberen Sprunggelenks

Ätiopathologisch führen Supinationstraumen zu Verletzungen der lateralen Bänder des oberen Sprunggelenks. Dabei reißen die Bänder von ventral nach dorsal (Lig. fibulotalare anterius – Lig. fibulocalcaneare – Lig fibulotalare posterius) ein und führen zu einer zunehmenden lateralen Aufklappbarkeit des OSG und zu einer Dorsalverschieblichkeit des Talus im OSG.

Diagnostisch kann diese Weichteilverletzung durch die klinische Prüfung der lateralen Aufklappbarkeit des Sprunggelenkes, durch eine sonographische Untersuchung unter Varusstress des Rückfußes oder durch gehaltene Röntgenaufnahmen unter Varusstress verifiziert werden. Erst eine Aufklappbarkeit von 20 Grad im Sprunggelenksspalt oder eine Subluxation des Talus im OSG stellt eine operative Behandlungsindikation dar.

Therapeutisch erfolgt bei geringeren Instabilitäten die Anlage einer das Sprunggelenk stabilisierenden U-Schiene (konfektioniert auch als Articast erhältlich) für 6 Wochen und Vollbelastung. Höhere Instabilitätsgrade bedürfen der operativen Naht der Bandrupturen gefolgt von einer 6-wöchigen Ruhigstellung im Unterschenkelgehgips bei Vollbelastung.

Die Anzeige zur operativen Therapie wird mit zunehmender Zurückhaltung gestellt. Bandplastiken finden bei der Behandlung verbliebener Instabilitäten nach konservativer Behandlung Anwendung.

Rupturen der Achillessehne

Schleichende Degenerationen der Achillessehne wegen kritischer Durchblutungverhältnisse der Sehne oberhalb des Ansatzes am Tuber calcanei führen pathogenetisch zur meist degenerativen Ruptur bei alltäglicher sportlicher Belastung. Auch traumatische Durchtrennungen kommen vor.

Diagnostisch kann die Ruptur an einer tastbaren Delle im Sehnenverlauf erkannt werden. Der Thompson-Handgriff (Kompression der Wadenmuskulatur) führt zu keiner Plantarflexion des Fußes; der Zehenspitzenstand ist nicht mehr möglich. Die Weichteilsonographie zeigt die Unterbrechung der Sehnenkontinuität.

Therapeutisch muss die Sehnenkoninuität wiederhergestellt werden, um ein normales Gangbild zu ermöglichen. Lässt sich im Sonogramm ein guter Kontakt der Sehnenstümpfe in Plantarflexion des Fußes nachweisen, so kann eine konservative Behandlung erfolgen. Es erfolgt die Anlage eines Unterschenkelgehgipses in 105 Grad Spitzfußstellung für 3 Wochen und in Rechtwinkelstellung für weitere 3 Wochen unter Vollbelastung.

Lässt sich keine Annäherung der Sehnenstümpfe erreichen, so muss eine operative Sehnennaht (s. SE 11.13, S. 302 f) als gedeckte subkutane Naht erfolgen. Alternativ ist eine direkte offene Naht der Sehne mit gleichzeitiger Umkippplastik des gestielten Sehnenspiegels der Trizepssehne zur Nahtverstärkung die Therapie der Wahl. Beide Verfahren führen zu einer belastbaren Narbe in der Achillessehne und sind als gleichwertig anzusehen.

12.12 Fuß: Weichteilverletzungen

Die knöchernen und ligamentären Verletzungen im Fußbereich haben durch die verbesserten Rückhaltesysteme in den Autos zugenommen. Die korrekte Diagnostik der Verletzungsschwere ermöglicht eine vollständige Behandlung aller verletzten Strukturen. Ein wesentlicher Gesichtspunkt ist dabei die Beteiligung der Weichteile hinsichtlich der Ausdehnung und der Tiefe. Erst die adäquate Behandlung der Weichteilstrukturen erlaubt eine volle Belastbarkeit und Gebrauchsfähigkeit des wiederhergestellten Fußes. Hierbei spielt die Vermeidung von sekundären Kontrakturen durch eine rechtzeitige Behandlung des Kompartmentsyndroms und die Wiederherstellung einer belastbaren Weichteildeckung vor allem im Fußsohlenbereich die entscheidende Rolle.

Diagnostik: Die klinische Untersuchung ist in der Erstversorgungsphase wichtig, um frühzeitig Entscheidungshilfen für weitere therapeutische Maßnahmen wie z. B. Rekonstruktion oder Amputation zu haben. Schwellungen und offene Verletzungen sind sichtbar, Fehlstellungen sind palpatorisch erfassbar. Störungen der arteriellen Durchblutung und der Sensibilität deuten auf eine schwere Zerstörung des Fußes hin und sind Zeichen einer hohen Versorgungsdringlichkeit. Mit der klinischen Untersuchung lassen sich die Weichteilsituation, Durchblutung, Motorik, Sensibilität, Gefäß-, Nerven- und Sehnenverletzungen erfassen. In der Regel haben jedoch andere Verletzungen eine höhere Dringlichkeit bei der Diagnostik und Versorgung.

Die Nichtbeachtung von groben Fehlstellungen und der dadurch verursachten Druckschäden der Haut verschlechtert bereits in dieser Phase der Versorgung entscheidend die Prognose dieser Verletzungen und führt zu Komplikationen, die die definitive Versorgung erschweren und oft sogar verzögern.

Die weitergehenden diagnostischen Maßnahmen entsprechen denen jeder Extremitätenverletzung und sind in SE 12.10 (s. S. 328 f) abgehandelt.

Schweregradbeurteilung: Die Schwere einer Fußverletzung variiert von der singulären Verletzung bis zum Komplextrauma mit knöchernen und Weichteilschäden. Von Zwipp wurde ein Punkteschema für die Schweregradbeurteilung eines Fußtraumas angegeben (**12.8**). Bei 5 Punkten liegt ein Komplextrauma des Fußes vor. Zusammen mit dem MES (mangled extremity severity score) sind damit Entscheidungshilfen für die Therapie vorhanden, insb. ob ein Erhaltungsversuch sinnvoll ist. Besteht aufgrund der Verletzungsschwere eine Amputationsnotwendigkeit, so sind jetzt schon die Gesichtspunkte die für die jeweilige Amputationsform im Fußbereich zu berücksichtigen (s. SE 14.9, S. 368 f).

12.8 Schweregradbeurteilung des komplexem Fußtraumas nach Zwipp

Ausschlaggebend für die Schweregradbeurteilung ist die Anzahl der von einer Luxation oder Fraktur betroffenen Ebenen sowie der Schweregrad der dort jeweils vorhandenen Weichteilschäden.
Anzahl der betroffenen Ebenen (): Für jede betroffene Ebene wird 1 Punkt vergeben, wobei unerheblich ist, ob eine Fraktur oder eine Luxation vorliegt.
In jeder betroffenen Ebene wird der dort vorhandene **Weichteilschaden** beurteilt und nach Tscherne/Oestern in Grad I–IV eingeteilt (s. **9.5**, S. 243). Für Grad I wird 1 Punkt, für Grad II werden 2 Punkte vergeben usw.
Die ermittelten Punktzahlen werden addiert.
Interpretation: Ist mehr als eine Ebene verletzt, werden mindestens 5 Punkte vergeben.
Ein komplexes Fußtrauma liegt bei ≥ 5 Punkten vor.
Beispiele: Zweitgradig offene Fraktur des oberen Sprunggelenks und geschlossene Kalkaneusfraktur mit drittgradiger Weichteilverletzung:
2 Ebenen (2 Punkte) + Weichteilverletzung im OSG (2 Punkte) + Weichteilverletzung am Kalkaneus (3 Punkte) = 7 Punkte.

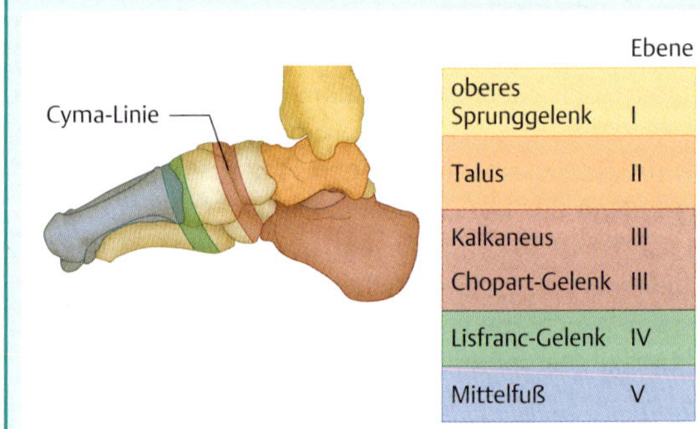

Therapie: Bei der peritalaren Luxation besteht eine starke Gefährdung der Haut und der subkutanen Weichteile, die eine **Reposition zum frühestmöglichen Zeitpunkt** bereits am Unfallort notwendig macht. Unter Gabe eines Analgetikums ist ein Repositionsversuch am Unfallort in entgegengesetzter Richtung zur Luxationsrichtung gerechtfertigt. Nur so lassen sich sekundäre Hautnekrosen über dem prominenten Talushals vermeiden. Gelingt das Repositionsmanöver nicht leicht, so ist die Tibialis-posterior-Sehne interponiert; weitere Versuche sollten dann unterlassen werden.

Offene Wunden werden grundsätzlich steril abgedeckt und die Abdeckung wird bis zur definitiven Versorgung belassen. Der verletzte Fuß soll hochgelagert werden und sobald als möglich mit Eis gekühlt werden. Ruhigstellende Schienenverbände erübrigen sich meist. Bei subtotalen Amputationsverletzungen und Weichteilablederungen ist eine notfallmäßige Amputation oder Abtrennung nicht sinnvoll, da Teile des zerstörten Gewebes häufig bei der Rekonstruktion verwendet werden können (z. B. Haut als Mesh-Graft-Quelle; s. SE 37.1, S. 818 und SE 14.8, S. 366 f).

Vor allem **bei komplexen Fußtraumen** (s. im **12.8**) haben sich einige Prinzipien bei der Versorgung herauskristallisiert, die beachtet werden sollen. Auch bei den isolierten Verletzungen lassen sich einzelne Prinzipien mit Gewinn für den Patienten einsetzen (**12.9**).

12.9 Prinzipien bei der Versorgung von Fußverletzungen

Ein aggressives Débridement aller avitalen Strukturen und Redébridement, falls Strukturen von zweifelhafter Vitalität zurückgeblieben sind.
Eine Minimalosteosynthese ist massiven Implantaten vorzuziehen. Falls eine ausreichende Stabilität nicht zu erreichen ist, ist eine tibiotarsale Fixation mit einem Fixateur externe für 2–3 Wochen anzustreben.
Eine frühe Weichteildeckung ist anzustreben; freie Lappen oder Mesh-Graft-Transplantate innerhalb von 8 Tagen sind geeignete Mittel.
Osteosynthesen sind von proximal nach distal vorzunehmen.
Knochenaufbauplastiken sind vor einer deckenden Lappenplastik vorzunehmen; PMMA-Ketten (Polymethylmethacrylat-Kugeln, die wie bei einer Perlenkette auf einer Schur aufgereiht sind) können als temporäre Platzhalter eingesetzt werden.
Eine funktionelle Nachbehandlung ist zum frühestmöglichen Zeitpunkt anzustreben.
Eine frühe Teilbelastung ist notwendig; in der Regel sind von Anfang an 15–20 kg möglich, spätestens in der 9. Woche muss die Vollbelastung erreicht sein.

12.32 Kompartimente des Fußes

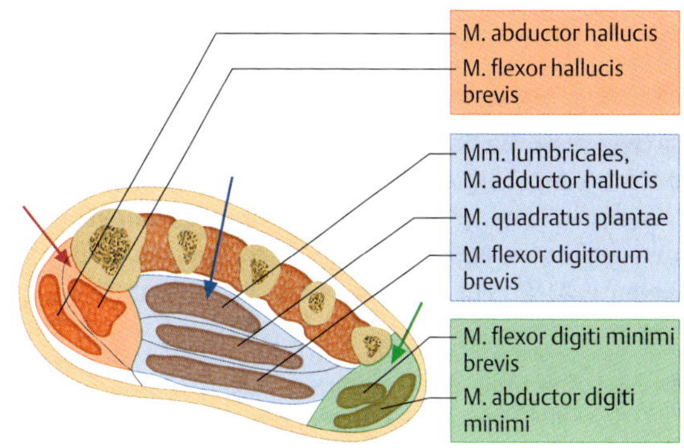

Dargestellt sind drei Zugangswege zu den verschiedenen Kompartimenten des Fußes, die ggf. gespalten werden müssen, wobei die seitlichen Inzisionen nur selten notwendig sind.

12.33 Klinisches Bild nach Kompartmentspaltung

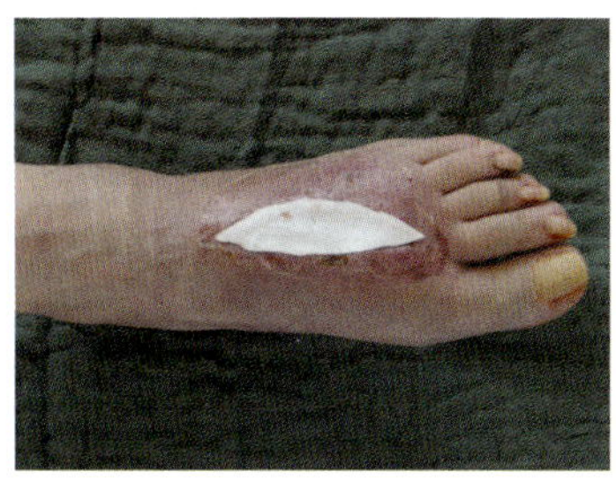

Klinisches Bild einer Kompartmentspaltung am Fuß über eine lange dorsale Inzision, die mit Hautersatz (s. SE 2.3, S. 38) abgedeckt wird.

Kompartmentsyndrom des Fußes

Ein Kompartmentsyndrom des Fußes ist meist eine Folge einer schweren geschlossenen Quetschverletzung oder von Luxationen im subtalaren, Chopart- oder Lisfranc-Gelenk und selten im Rahmen einer Talus- oder Kalkaneusverletzung.

Der Fuß weist 4 Kompartimente auf (**12.32**), die spätestens bei klinischem Verdacht (s. SE 12.11, S. 332) oder einem gemessenen Logendruck (s. SE 9.8, S. 245) von 30 mmHg gespalten werden müssen. Bei Druckwerten von 20–25 mmHg ist eine Kryotherapie und Hochlagerung als konservative Maßnahme hilfreich. Die eigentliche Ursache für die Auslösung muss berücksichtigt und falls möglich beseitigt werden.

Beim isoliertem Kompartmentsyndrom des Fußes genügt in der Regel eine lange, dorsale mediale Inzision der Haut und der Faszie mit Durchtrennung der Fascia cruris bzw. dorsalis pedis und der distalen Retinakula (**12.33**). Die übrigen Faszienlogen werden meist traumatisch durch die Frakturen zerstört, eine Eröffnung ist nur bei postischämischem Kompartment-Syndrom zwingend notwendig.

13.1 Verletzungen der Halswirbelsäule

Halswirbelsäulentraumen treten nicht selten auf. Sie sind durch eine große Bandbreite möglicher Verletzungsarten von der einfachen leichten Zerrung bis zur hohen Querschnittlähmung (Tetraplegie) gekennzeichnet. Dies muss auch die Diagnostik berücksichtigen. Gutachterlich spielen v. a. die Folgezustände nach Auffahrunfällen mit HWS-Distorsionen eine immer größere Rolle. Häufig langwierige Heilungsverläufe lassen eine konsequente Primärdiagnostik und -therapie besonders bedeutungsvoll erscheinen. Die Therapie orientiert sich an der funktionellen Wiederherstellung der HWS als „Stützorgan" des Kopfes (👁 13.1).

👁 **13.1** Anatomie der Halswirbelsäule

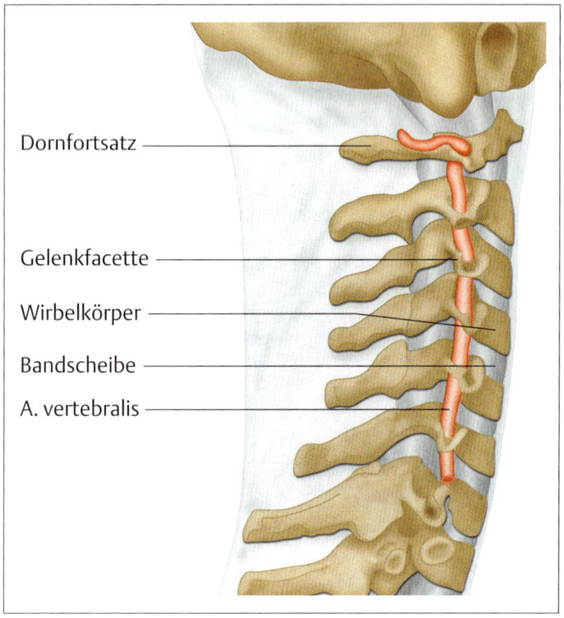

👁 **13.2** Typische Unfallmechanismen der Halswirbelsäule

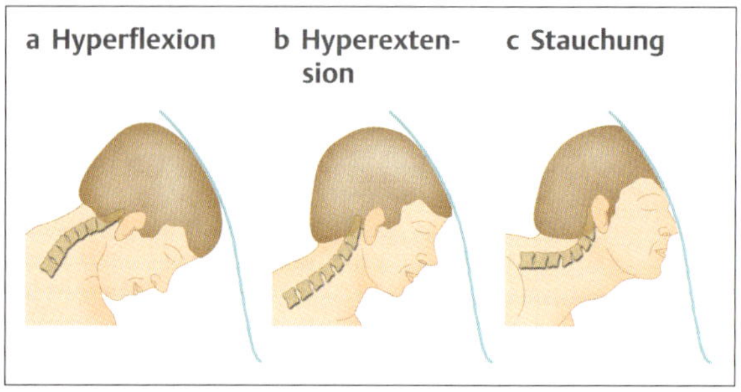

Ligamentäre Verletzungen sind sehr viel häufiger als *Frakturen*. zu den ligamentären Verletzungen gehören auch die häufigen *Distorsionen* der HWS, früher als HWS-Schleudertrauma (Synonym: Peitschenschlagverletzung, engl. whiplash injury) bezeichnet. Es werden 3 Schweregrade der HWS-Distorsion unterschieden (**T 13.1**). Zunehmend werden **pathologische Instabilitäten** bzw. **Frakturen** bei Knochenmetastasen unterschiedlichster Primärtumoren beobachtet (s. SE 14.1, S. 350 f).

Ätiologie

Die **direkten Schädigungen** der Halswirbelsäule (HWS) sind selten. Meist handelt es sich um **indirekte Traumen** durch Sprung in seichtes Wasser, Beschleunigung bei schweren Verkehrs-, insb. Auffahrunfällen, Reitunfälle und Stürze von Zweirad- oder Snowboardfahrern (👁 **13.2**).

Pathomechanismus

Es werden je nach Richtung der einwirkenden Kraft Flexions-, Hyperextensions-, Translations- und Kompressionsverletzungen unterschieden, wobei Kombinationen möglich sind. Es kommt immer dann zu einer Verletzung, wenn unter Einwirkung unphysiologischer Kräfte Bewegungsausschläge über die Belastungsgrenze der Strukturen hinaus erfolgen.

T 13.1 Einteilung der HWS-Distorsionen nach Schweregraden (modifiziert nach Erdmann)

Symptome	*Schweregrad I*	*Schweregrad II*	*Schweregrad III*
annähernd schmerzfreies Intervall	häufig (12–16 Stunden)	seltener (4–8 Stunden)	nicht vorhanden
totale Haltungsinsuffizienz des Kopfes	nicht vorhanden	fehlt als Sofortphänomen	immer vorhanden
„steifer Hals"	häufig, Sekundärsymptom nach 1–2 Wochen	meist vorhanden	immer vorhanden, länger als 2 Monate
Schluckbeschwerden	3–4 Tage	3–4 Tage	?
primäre Parästhesien in Händen und Unterarmen	selten	häufig, ohne motorische Lähmungen	?
Dauer der unfallbedingten Arbeitsunfähigkeit	1–3 Wochen	2–4 Wochen	über 6 Wochen

Diagnostik

Anamnese: Die Unfallanamnese, die initiale Beschwerdeschilderung und -symptomatik sind auch aus gutachterlichen Gründen von größter Bedeutung.
Klinische Untersuchung: Die orientierende neurologische Untersuchung muss bei jeder HWS-Verletzung erfolgen (s. auch SE 36.3, S. 811 f). Die klinische Untersuchung berücksichtigt Mobilität, Ruhe-, Stauchungs- und Bewegungsschmerzen. Manchmal bestehen Schluckbeschwerden sowie Schwindel. Die Haltungsinsuffizienz der HWS ist ein wichtiges Zeichen für eine Instabilität. Äußere Verletzungszeichen fehlen meist.
Bildgebende Diagnostik: *Standard-Röntgenaufnahmen in 2 Ebenen* müssen die gesamte HWS darstellen.

Knöcherne Verletzungen der unteren HWS am thorakalen Übergang werden aufgrund insuffizienter Aufnahmen nicht selten übersehen.

Daher muss die korrekte Bildgebung der HWS ggf. erzwungen werden! Beim Verdacht auf eine ligamentäre Instabilität sind *Funktionsaufnahmen*, meist einige Tage nach dem Trauma bei persistierenden Schmerzen in Inkliniation und Retroflexion von großem Wert. Bei Bedarf ergänzen *Schräg- und Schichtaufnahmen* die Standard-Bilder. Manchmal sind spezielle *Zielaufnahmen* (z.B. zur Darstellung des Dens axis a.p. durch den geöffneten Mund) erforderlich. Bei knöchernen Verletzungen ist häufig eine *Computertomographie* notwendig. Die *Kernspintomographie* deckt intra- bzw. paramedulläre Hämatome auf. Die *Myelographie* ist (seit Einführung von CT bzw. MRT) nur noch selten indiziert.

Die komplette Befunddokumentation ist wegen der gutachterlichen Problematik von großer Wichtigkeit.

Differenzialdiagnose

Differenzialdiagnostische Probleme ergeben sich beim gleichzeitigen Vorliegen alter Verletzungsfolgen bzw. degenerativer Veränderungen. Hier ist eine möglichst frühe Abgrenzung vorzunehmen. Die Beiziehung alter Befunde ist bei Bedarf sinnvoll und hilfreich. Vaskuläre Probleme (A. carotis, A. vertebralis) können Anlass zur Fehlinterpretation neurologischer HWS-Befunde geben.

Begleitverletzungen

Häufig liegen gleichzeitige Verletzungen im Schädel-Hirn-Bereich vor (s. SE 36.1–36.2, S. 802 ff). Bei polytraumatisierten Patienten steht oft nicht die HWS im Vordergrund, dennoch muss sie in das diagnostische Prozedere eingebunden werden (s. SE 10.4, S. 266 ff).

Das Übersehen einer schweren HWS-Verletzung hat für Patienten und Behandler weit reichende Folgen.

Daher sind Röntgenaufnahmen der HWS in 2 Ebenen obligater Bestandteil der orientierenden Diagnostik beim Mehrfachverletzten, v.a. beim Vorliegen einer Bewusstseinstrübung. Wenn immer möglich, sollte der Notarzt am Unfallort vor der Intubation einen Neurostatus erheben (s. auch SE 10.1, S. 256 f).

Klassifikation der HWS-Verletzungen

Es existieren verschiedene Klassifikationen zur Einteilung von Wirbelfrakturen. Sie haben gemeinsam die sog. 3-Säulen-Architektur mit dorsalem und ventralem Pfeiler (**13.3**). Die modernen Klassifikationen beschreiben das funktionelle Gesamtsystem der HWS, ohne sich nur auf den Knochen zu beschränken: das Verletzungsausmaß der ligamentären Strukturen und der Bandscheibe als Kraftüberträger haben die gleiche Bedeutung wie das des Knochens! Die Entscheidung, ob eine stabile bzw. instabile Verletzung vorliegt, ist maßgeblich für die einzuschlagende Therapie. Häufig ist aber gerade diese Unterscheidung sehr schwierig (**T 13.2**).

Konservative und operative Therapie

Therapie ligamentärer Verletzungen

Die **HWS-Distorsion 1. Grades** erfordert häufiger die Immobilisierung mit einer weichen Halskrawatte (Schanz-Krawatte, **13.4a**). Bei **schweren Distorsionsformen** ist eine länger dauernde Immobilisierung in der starren

13.5 Fraktur der Halswirbelsäule

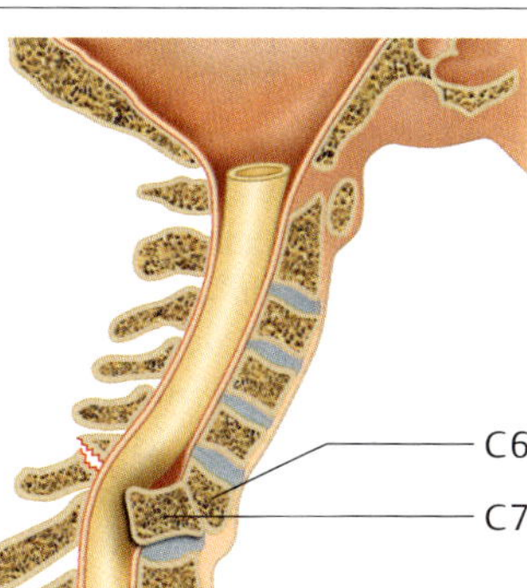

Die Verletzung des Rückenmarks durch das Wirbelkörperfragment (C7) führt zur Querschnittssymptomatik (s. SE 36.3, S. 810 ff).

13.3 3-Säulen-Architektur der Wirbelsäule

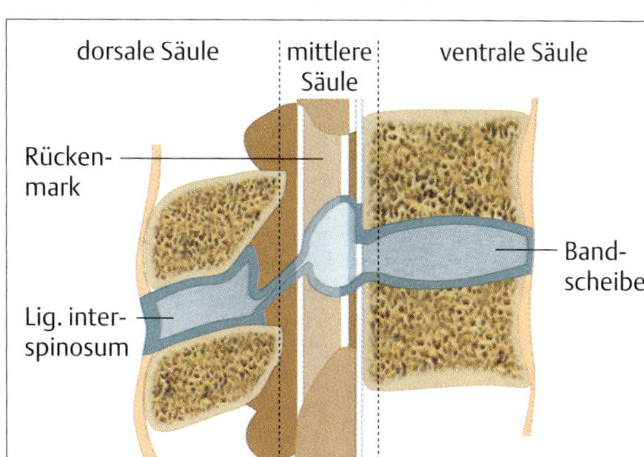

T 13.2 Klassifikation der HWS-Frakturen und schweren Bandverletzungen (modifiziert nach Aebi und Nazarian)

		A ventraler Anteil der HWS	*B* dorsaler Anteil der HWS	*C* ventrale und dorsale HWS
1	**rein oder vorwiegend ossäre Läsion:**	z. B. Kompression, Kantenabbruch, Keilfraktur	Fraktur der Dornfortsätze, Bögen, kleinen Wirbelgelenke	Berstungsfraktur
2	**osteoligamentäre Läsion:**	mehrfragmentäre Fraktur, Einbruch von 2 Deckplatten mit Bandscheibenverletzung, Trümmerfraktur	dorsale Elementfraktur, Facettenfraktur mit Subluxation, Ausbruch der Massa lateralis	vollständige Luxationsfraktur, Keilfrakturen mit Ligamentzerreißung
3	**rein oder vorwiegend ligamentäre Läsion:**	traumatische Diskushernie, Riss des vorderen Längsbandes nach Hyperextension	Ruptur des hinteren Ligamentkomplexes mit Subluxation	Luxation uni- oder bilateral verhakt mit Diskuszerreißung, Riss des dorsalen Ligamentkomplexes

Halskrawatte (Stiff Neck) die Therapie der Wahl. Wichtig ist die Analgesie mit Schmerzmitteln und Antirheumatika. Die frühzeitig einsetzende krankengymnastische Begleitbehandung spielt eine entscheidende Rolle. Hierzu gehört das rasche „Abtrainieren" der Halskrawatte, um einer Insuffizienz der Nackenstreckmuskulatur vorzubeugen. Physikalische Maßnahmen (Kurzwelle, Ultraschall und Elektrotherapie) unterstützen die Krankengymnastik.

Therapie knöcherner Verletzungen

Die knöchernen Verletzungen sind genau zu analysieren, um die adäquate Therapie einleiten zu können.

Frakturen ohne wesentliche Knickbildungen werden in der starren Halskrawatte für ca. 6 Wochen ruhig gestellt (👁 **13.4b**). Parallel hierzu muss eine isometrisch arbeitende frühzeitig einsetzende Krankengymnastik durchgeführt werden. Die früher noch oft angelegten aufwendigen Gipsverbände („Minerva-Gips") sind wegen der schweren Nachteile zugunsten einer frühfunktionellen Behandlung weitestgehend verlassen.

Instabile Verletzungen mit und ohne neurologische Ausfälle sind heutzutage eine Domäne der operativen Therapie. Die operativen Maßnahmen haben die Wiederherstellung der Stabilität zum Ziel. Bei begleitenden neurologischen Ausfällen sind knöcherne Hindernisse im Spinalkanal nach Möglichkeit zu entfernen (👁 **13.5**).

Die operative Behandlung hat jedoch nur begrenzten Einfluss auf die Erholung der nervalen Strukturen. Sie erleichtert aber beim Gelähmten die Pflege und Rehabilitation erheblich: Die Herstellung der „Rollstuhlfähigkeit" ist das Ziel. Die krankengymnastische Begleitbehandlung sowie die sonstige Rehabilitation sind von größter Wichtigkeit. Daher müssen diese Patienten möglichst rasch nach dem Unfall in spezielle Querschnittszentren verlegt werden.

Operatives Standardverfahren ist die ventrale interkorporelle Spondylodese mit Ausräumung der verletzten Bandscheibe, Knochenspaninterposition und stabiler Plattenosteosynthese. Gelegentlich ist eine zusätzliche dorsale Instrumentierung mit speziellen Implantaten erforderlich; dies ist abhängig vom Stabilitätsgrad der Verletzung. Intraoperativ muss immer die Gesamtstabilität geprüft werden. Abhängig davon ist manchmal eine Erweiterung des Eingriffes notwendig.

Durch die ventrale Fusion (👁 **13.6**) kann eine nur kurzstreckige Wirbelfusion ohne wesentliche Beeinträchtigung der HWS-Beweglichkeit erzielt werden. Die Traumatisierung durch die Operation ist meist nur gering, insb. bei der ventralen Spondylodese. Die Wiederherstellung der normalen HWS-Lordose sowie die Kongruenz der kleinen Zwischenwirbelgelenke sind Voraussetzung für ein gutes funktionelles Ergebnis.

Isolierte Frakturen des Dens axis stellen je nach Frakturtyp eine Indikation zur Schraubenosteosynthese dar (s. 👁 **13.7**, 👁 **13.8** und SE 9.3, S. 232 ff).

Spezielle Frakturformen am 1. und 2. HWK erfordern subtile Osteosynthesetechniken. Eine temporäre Ruhigstellung kann in Form der Crutchfield-Extension (s. 👁 **9.6b**, S. 231) oder mit einem Halo-Fixateur (👁 **13.9**) erzielt werden. Diese für den „Patientenkomfort" sehr belastenden Verfahren dienen vielfach der Vorbereitung zu definitiven Osteosynthese (👁 **13.8**) und sollten nur kurzfristig angewandt werden. Manchmal ist eine funktionell ungünstige Fusion im Bereich des kraniozervikalen Überganges unvermeidlich.

Metastasenbedingte Frakturen erfordern eine langstreckige Fusion mit Knochenzement und Platten (s. auch

👁 **13.4 Schanz-Halskrawatten**

a halbstarr b starr

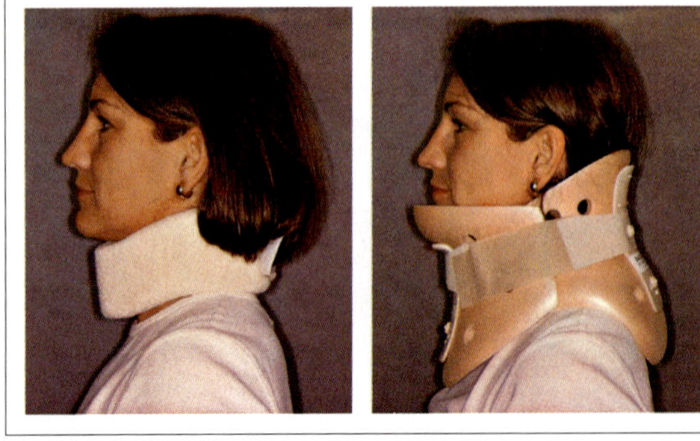

SE 9.4, S. 236 f und SE 14.2, S. 352 ff). In Sonderfällen wird ein Wirbelkörperersatz mit Endoprothesen durchgeführt.

Komplikationen

Eine ebenso gefürchtete wie seltene Komplikation stellt das sekundäre Auftreten einer Tetraplegie dar. Bei neurologischer Befundverschlechterung besteht immer eine Notfallindikation zur stabilisierenden Operation unter gleichzeitiger Entlastung des Myelons. Sekundäre Instabilitäten nach operativer Versorgung können Folgeeingriffe erforderlich machen. Metallentfernungen an der HWS nach ventraler Fusion sind nur ausnahmsweise angezeigt. Muskuläre Dysbalancen und Atrophien sind Folge aufwendiger dorsaler Eingriffe. Persistierende Beschwerden bei Vorschäden sind versicherungsrechtlich von großer Bedeutung und erfahren nicht selten eine Verselbstständigung der Unfallfolgen.

Prognose

Die Prognose von HWS-Verletzungen ist abhängig von der ursprünglichen Verletzungsschwere. Die Komplexität der verschiedenen betroffenen Strukturen erlaubt die Bewertung des gesamten Schadensausmaßes besonders bei den Beschleunigungstraumen erst Wochen nach dem Unfall. Frakturen ohne neurologische Beteiligung können bei korrekter Therapie weitgehend folgenlos ausheilen. Die Prognose der Querschnittlähmung ist letztlich abhängig vom nervalen Initialtrauma. Erstaunliche Verbesserungen sind bei konsequenter Therapie immer wieder zu konstatieren. Die entscheidende Rolle hierbei spielt die konsequente und umfassende Rehabilitation.

13.6 Ventrale Fusion zweier Halswirbelkörper

a Ansicht von ventral

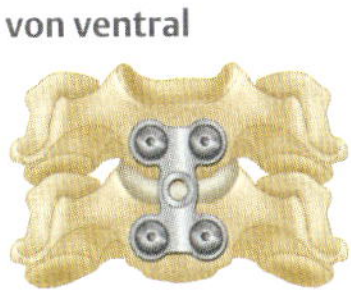

b Ansicht von kranial

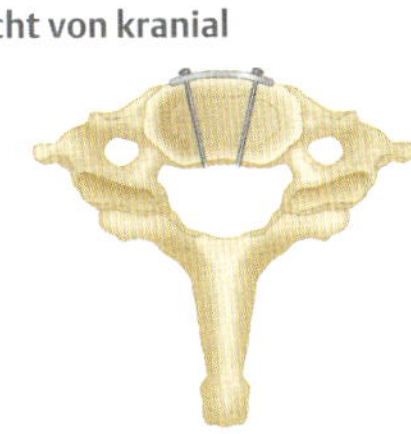

c Röntgen-Aufnahme im schrägen Durchmesser

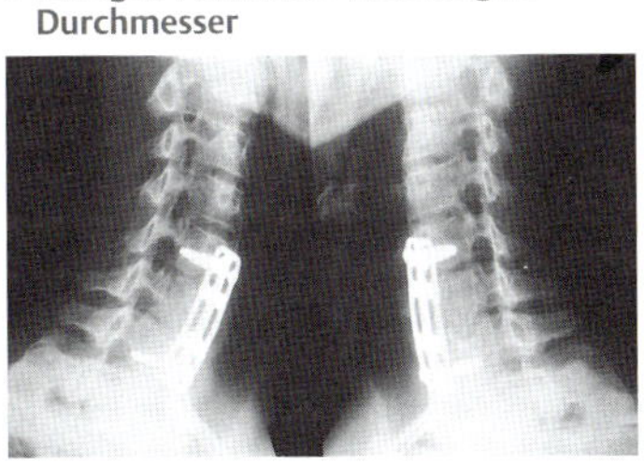

13.7 Schraubenosteosynthese des Dens axis

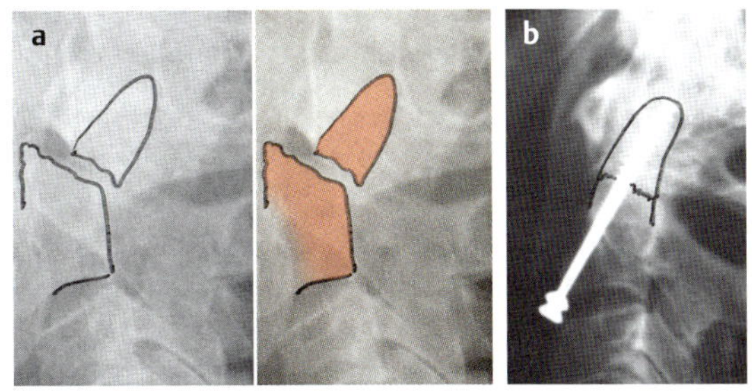

a Das Röntgenbild zeigt eine verschobene Fraktur des Dens axis.
b Über einen ventralen Zugang wurde der Dens axis mit einer Zugschraube am Wirbel fixiert.

13.8 Dens-Verschraubung und dorsale Fusion

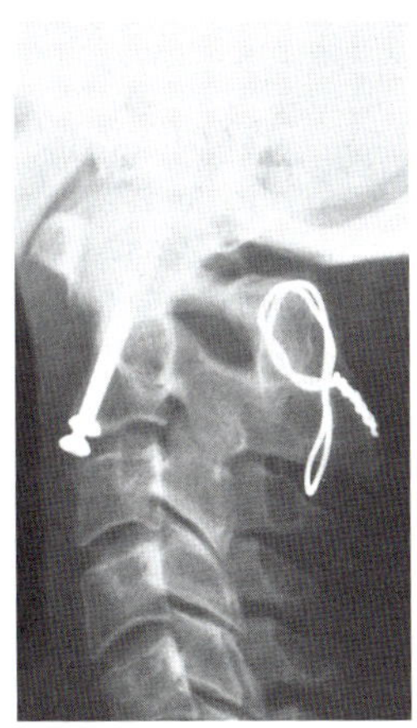

Die Dens-axis-Fraktur wurde mit einer Dens-Schraubenosteosynthese (über einen ventralen Zugang durch die Wirbelkörper C2/C3 in den Dens axis hinein) versorgt. Durch die zusätzliche Drahtzerklage (über einen dorsalen Zugang) zwischen C2 und C1 wird die Rotationsstabilität erhöht.

13.9 Halo-Fixateur

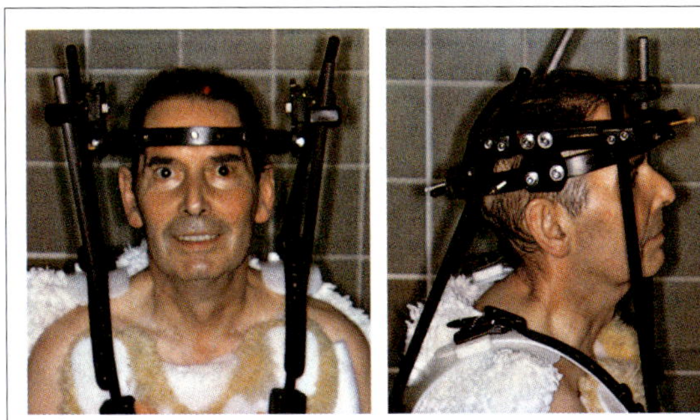

Nach Anbringen von i. d. R. 4 Knochenschrauben im Schädel werden diese mit einem Ring („Halo") verbunden. Die Last- und Kraftübertragung erfolgt durch ein Gestänge auf eine Weste. Hierdurch wird die Halswirbelsäule entlastet.

13.2 Verletzungen der Brust- und Lendenwirbelsäule

Brüche der Wirbelsäule machen 1–2 % aller Frakturen aus. Die Tendenz ist leicht steigend. Am häufigsten betroffen ist mit über 50 % dieser Frakturen der thorakolumbale Übergang. Wie an der HWS stellt die traumatische Querschnittlähmung (Paraplegie) die Hauptkomplikation dar. Früher monatelang andauernde Immobilisierungen sind kürzeren frühfunktionell arbeitenden Behandlungskonzepten gewichen. Die operative Therapie erfährt derzeit eine stürmische noch nicht abgeschlossene Entwicklung. Alle Behandlungsrichtlinien haben zum Ziel, das Gesamtsystem der Wirbelsäule und nicht nur die knöchernen Strukturen wiederherzustellen.

Ätiologie

Verletzungen der **Brustwirbelsäule** (BWS) kommen hauptsächlich durch Stürze auf den Rücken zustande. Im Gegensatz zur Halswirbelsäule werden auch direkte Traumen beobachtet. Häufig kommt es beim *betagten Patienten* ohne entsprechendes Unfallereignis zu osteoporotisch bedingten Sinterungsfrakturen (s. auch SE 14.1, S. 350 f). Das sog. „Verhebetrauma“ ist immer wieder Anlass zu Auseinandersetzungen zwischen Patient, Arzt und Kostenträgern. Hier spielen meist erhebliche Vorschäden ohne adäquates Trauma eine große Rolle. Gleiches gilt für die Frage des traumatisch bedingten Bandscheibenschadens.

Bei *Kindern* sind Frakturen in diesem Bereich wegen des noch elastischen Knochens eine Rarität.

Am häufigsten betroffen ist der biomechanisch ungünstig gestaltete **thorakolumbale Übergang** mit dem Wechsel von der BWS-Kyphose zur Lendenlordose (T 13.3).

Die typischen Verletzungen der **Lendenwirbelsäule** (LWS) lassen sich in Prellungen, Zerrungen und Frakturen unterteilen, wobei auch hier wie an der HWS den Bandscheiben sowie den ligamentären Strukturen große Bedeutung zukommt.

Stürze auf den Rücken mit gleichzeitiger Rotation der Wirbelsäule sind die Hauptursache von Frakturen: Sturz vom Pferd oder Sportgerät, Treppenstürze, Fall vom Hocker oder Gerüst.

Fortgeleitete Verletzungen werden bei Leiterabstürzen mit Aufkommen auf den Füßen beobachtet.

Etwa 25 % aller operationspflichtigen BWS- und LWS-Frakturen treffen polytraumatisierte Patienten. Die metastasenbedingten pathologischen Frakturen werden mit den Erfolgen der Malignomtherapie zunehmend häufiger beobachtet. Eine besondere Bedeutung haben hier die stabilitätsgefährdenden Läsionen im Sinne einer drohenden Fraktur.

T 13.3 Bewegungsausmaß pro Segment der BWS und LWS (nach Trentz)

	Flexion/Extension	*Seitwärtsneigung*	*Rotation*
obere BWS	4 Grad	6 Grad	10 Grad
thorakolumbaler Übergang	12 Grad	8 Grad	2 Grad
untere LWS	15 Grad	6 Grad	0 Grad

Kreuzbeinbrüche kommen häufig zusammen mit Beckenbrüchen vor, insb. bei Verletzungen des dorsalen Beckenringes (s. SE 13.4, S. 346 ff). Sie imponieren klinisch dann wie Sprengungen der Ileosakralfuge.

Die seltenen **Steißbeinbrüche** entstehen meist durch ein direktes Trauma wie Sturz oder Fall auf eine scharfe Kante.

Klassifikation

An der Stammwirbelsäule haben sich wie an der Halswirbelsäule diejenigen Klassifikationen durchgesetzt, die eine 3-Säulen-Konstruktion der Wirbelsäule zur Grundlage nehmen. Diese Klassifikationen beziehen ausdrücklich den ligamentären Komplex mit in die Beurteilung ein. An der LWS besonders wichtig ist die Reaktion der Bandscheiben auf das knöcherne Trauma. Der Diskus ist besonders bei Berstungsbrüchen an der LWS mitverletzt. Isolierte traumatische Bandscheibenläsionen ohne begleitende Fraktur sind eine Rarität, wenngleich sie oft schwierige gutachterliche Fragen aufwerfen (T 13.4).

Diagnostik

Wie stets kommen der **Alt-** wie auch der **Unfallanamnese** große Bedeutung zu. Die initiale Erhebung des **Neurostatus** ist obligat. Im Falle eines bewusstlosen Patienten müssen die Ersthelfer nach möglichen peripheren neurologischen Ausfällen befragt werden.

Die **klinische Untersuchung** beurteilt Schmerzen, Bewegungseinschränkungen, äußere Verletzungszeichen (Hämatome und Schürfmarken!) sowie die intrathorakalen und abdominellen Organe. BWS-Frakturen können erhebliche Einblutungen ins Mediastinum und die Pleura verursachen. LWS-Frakturen bedingen regelhaft eine durch das retroperitoneale Hämatom verursachte mehrtägige Darmatonie. Das Urogenitalsystem ist ebenfalls nicht selten mitbetroffen und bedarf initial der orientierenden Diagnostik, besonders bei der Blasenlähmung des paraplegischen Patienten. Bei Steißbeinverletzungen sollte eine rektale digitale Untersuchung erfolgen.

Beim Mehrfachverletzten muss zumindest eine orientierende Diagnostik der BWS und LWS gefordert werden.

Bildgebende Diagnostik: Die obligate *Thoraxaufnahme* lässt die Mitbeurteilung der BWS zu. Der Standard der

13.4 Klassifikation der BWS- und LWS-Frakturen (nach Magerl, Harms, Gertzbein, Aebi, Nazarian)

	A **Wirbelkörperkompressionsfrakturen**	*B* **Distraktionsverletzungen mit Schädigung ventraler und dorsaler Elemente**	*C* **Rotationsverletzungen**
1	Impaktionsfrakturen	Flexions- Distraktionsverletzung mit dorsaler Zerreißung durch die Intervertebralgelenke	Typ-A-Verletzung mit Rotation
2	Spaltfrakturen	Flexions-Distraktions-Verletzung mit dorsaler Zerreißung durch den Wirbelbogen	Typ-B-Verletzung mit Rotation
3	Berstungsbrüche	Hyperextensions-Scherverletzung *mit* ventralem Bandscheibenriss	Rotations-Scher-Fraktur

Es existieren noch zahlreiche weitere Untergruppierungen, die für die Therapieentscheidung und die Prognose wichtig sind.

Röntgen-Diagnostik besteht jedoch aus *Aufnahmen der BWS bzw. LWS in 2 Ebenen* (**13.10**).

Beim Polytrauma sollten im Rahmen der Basisdiagnostik Röntgen-Aufnahmen der Wirbelsäule in 2 Ebenen angefertigt werden. Die Sonographie des Thorax und Abdomens lässt größere intrapleurale bzw. intraabdominelle Flüssigkeitsansammlungen erkennen.

Im Einzelfall sind *Schicht- und Schrägaufnahmen* erforderlich. Die Auswertung der Übersichtsbilder ergibt die Notwendigkeit aufwendigerer Untersuchungen: die *Computertomographie* (ggf. mit Kontrastmittel) erlaubt eine umfassende Beurteilung der knöchernen Strukturen. Sie ist bei allen instabilen WS-Frakturen obligat, um die Operationsindikation und -planung zu konkretisieren. Die Weite des Spinalkanals wie auch die Einsprengung knöcherner Partikel können sicher dokumentiert werden (**13.11**).

Die *Magnetresonanztomographie* deckt v. a. beim Vorliegen einer Lähmung intra- und paraspinale Hämatome auf. Es gehört derzeit aber noch nicht zur Basisdiagnostik. Eine präoperative *Myelographie* ist beim Vorhandensein einer CT bzw. MRT nicht mehr erforderlich. Bei multiplen Querfortsatzbrüchen können erhebliche retroperitoneale Hämatome mit Nierenfunktionsstörungen auftreten. In solchen Fällen ist gelegentlich ein *i. v. Pyelogramm* erforderlich.

13.10 Fraktur des 1. Lendenwirbelkörpers

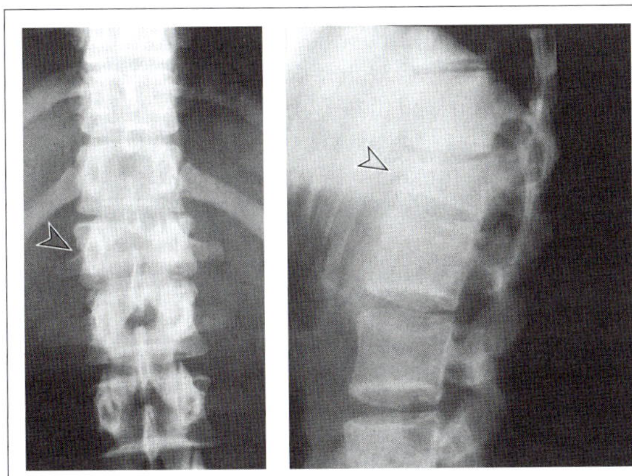

Funktionsaufnahmen haben an der BWS und LWS auch gutachterliche Bedeutung, um die Entfaltbarkeit der verschiedenen WS-Abschnitte zu dokumentieren. Seit Einführung der CT sind sie in der Standard-Diagnostik jedoch meist entbehrlich. Kreuz- und Steißbeinfrakturen lassen sich nur durch eine *Beckenübersichtsaufnahme* bzw. eine CT feststellen – bei entsprechender Symptomatik muss eine *seitliche Zielaufnahme* des Steißbeins erfolgen.

Eine besondere Rolle spielt die moderne **intraoperative Diagnostik der nervalen Strukturen**, die mittels Myelographie, Sonographie sowie durch instrumentelle Palpation beurteilt werden können (**13.12**).

13.11 CT einer Lendenwirbelkörperfraktur

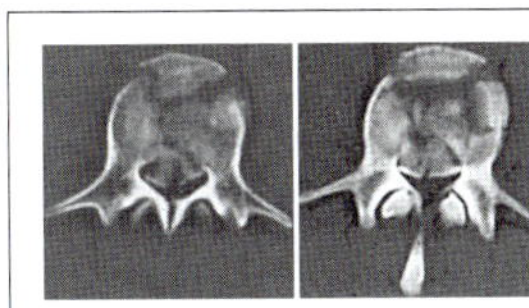

Die fast vollständige Verlegung des Markkanals durch Knochenfragmente, initial eine inkomplette Querschnittlähmung.

13.12 Intraoperative Myelographie bei Querschnittlähmung

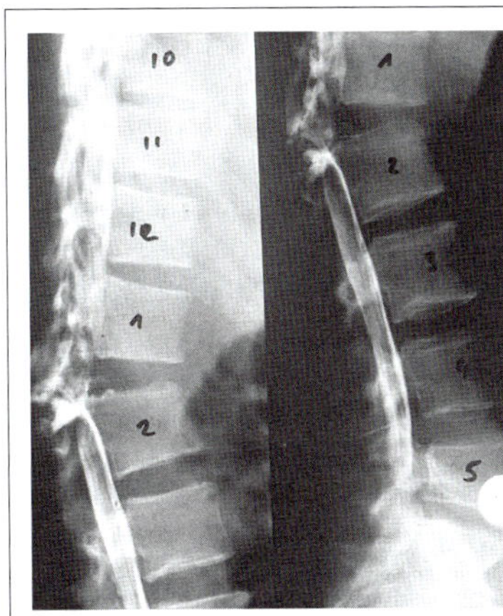

Es ist ein Kontrastmittelstopp durch Knochenfragmente zu erkennen.

Differenzialdiagnose

Bei korrekter Anamneseerhebung und anschließender klinischer und apparativer Untersuchung gibt es wenig diagnostische Probleme. Beim älteren Menschen sollte immer an ein Aortenaneurysma gedacht und dieses ausgeschlossen werden. Die Abgrenzung zu älteren Verletzungsfolgen und degenerativen Veränderungen ist jedoch mitunter schwierig und bedarf der Beiziehung früher erhobener Befunde. An Nierentumoren sowie gynäkologische Prozesse ist differenzialdiagnostisch zu denken.

Begleitverletzungen

Verletzungen der oberen und mittleren BWS zeigen oft Einblutungen ins Mediastinum und die Pleura. Der möglichen Entwicklung einer Schocklunge muss daher besonders Rechnung getragen werden. An der LWS sind Begleitverletzungen der Nieren zwar selten, aber bei Nichterkennung folgenreich. Gleiches gilt für die intraabdominellen Läsionen. Fersenbeinbrüche sind nach typischen Leiterstürzen in ca 30% mit LWS-Frakturen vergesellschaftet.

Therapie

Konservative Therapie

Etwa 90% aller Verletzungen an BWS und LWS werden konservativ behandelt. Die reinen **Weichteilverletzungen** (ohne Wirbelluxation) sind eine Domäne der Physiotherapie und bieten im Regelfall keine therapeutischen Probleme. Wichtig ist eine ausreichende Analgesie.

Stabile Wirbelfrakturen ohne relevante Knickbildung werden frühfunktionell konservativ behandelt. Durch die Starre des knöchernen Thorax werden Frakturen im *BWS-Bereich* sozusagen spontan retiniert. Sie bedürfen daher nur einer wenige Tage dauernden Bettruhe unter Beachtung einer evtl. Mitbeteiligung der intrathorakalen Organe. Die Patienten können dann unter ausreichender Analgesie mobilisiert und krankengymnastisch behandelt werden.

Die früher bei *LWS-Frakturen* geübten Aufrichtungsmanöver im ventralen oder dorsalen Durchhang mit lang dauernden mehrmonatigen Gipsmiedern sind weitgehend verlassen. Es dominiert nach Abklingen der reflektorischen Darmatonie mit parenteraler Ernährung die rasche physiotherapeutisch unterstützte Remobilisierung. Die Dauer der Bettruhe ist unterschiedlich und abhängig vom jeweiligen Frakturtyp. Generell gilt, dass längeres Sitzen vermieden werden muss, da beim Sitzen die Wirbelsäule den stärksten Kyphosierungseffekt erfährt.

Liegen, Stehen und Gehen sind v.a. in den ersten 4 Wochen günstiger. Die Verwendung eines sog. 3-Punkte-Stützkorsetts bzw. eines Mieders wird unterschiedlich beurteilt. Diese Orthesen haben Vorteile bei gleichzeitiger schwerer Osteoporose.

Die krankengymnastische Therapie muss ca. 8–12 Wochen durchgeführt werden. Nach diesem Zeitraum kann die Arbeitsfähigkeit des Patienten wieder eintreten abhängig vom Beruf und dem Ausheilungsergebnis. Eine röntgenologisch sichtbare Blockwirbelbildung mit dem der Fraktur benachbarten Wirbel ist bei korrekter Achsstellung erwünscht, da hierdurch eine pathologische Hypermobilität vermieden wird. I. d. R. ist der Funktionsverlust durch die Blockwirbelbildung nicht bedeutend. Die konservative Wirbelfrakturbehandlung stellt *keinen* therapeutischen Nihilismus dar. Das Therapiekonzept muss während der gesamten Heilungszeit konsequent eingehalten werden.

Operative Therapie

Ziel der operativen Therapie ist – wie bei anderen Osteosynthesen auch – die Erlangung von Übungsstabilität, um den durch das Trauma entstandenen Funktionsverlust möglichst rasch zu neutralisieren. Die korrekten Achs- und Schwingungsverhältnisse der BWS bzw. LWS müssen nach Möglichkeit wiederhergestellt werden.

Die **Indikation** zur Operation wird individuell gestellt, wobei folgende Befunde für ein chirurgisches Vorgehen sprechen:

- Kyphosewinkel über 20 Grad,
- aufsteigende Querschnittlähmung,
- diskoligamentäre Instabilität,
- ossäre Instabilität.

Instabile Wirbelfrakturen ohne neurologische Ausfälle brauchen im Regelfall nicht notfallmäßig operiert zu werden. Anders verhält es sich *bei polytraumatisierten Patienten*. Hier stellt die Stabilisierung einen wesentlichen Beitrag zur Intensivtherapie dar. Eine *Verschlechterung der neurologischen Initialsymptomatik* bedarf in jedem Falle der sofortigen operativen Intervention. An der BWS sind Frakturen mit kyphotischer Knickbildung von mehr als 20 Grad eine OP-Indikation. Die schwere BWS-Kyphose wird sich ohne Osteosynthese verstärken und kann dann zu erheblichen Atembehinderungen führen. Die Instabilität ist in an der BWS meist nicht das Hauptproblem. *Funktionell ungünstige frakturbedingte Knickbildungen* am thorakolumbalen Übergang werden heutzutage meist operiert. Die operative Versorgung beim Vorliegen einer initialen Paraplegie ist bei der instabilen Fraktur heutzutage Standard. Knöcherne Einsprengungen in den Markkanal müssen entfernt werden. Die Rehabilitation kann bei stabilen Verhältnissen sehr viel rascher beginnen.

Metastasenbedingte Frakturen oder drohende Instabilitäten erfordern ein auf den Einzelfall abgestimmtes Behandlungskonzept, wobei Wirbelkörperersatzprothesen, Knochenzementimplantation und metallische Implantate kombiniert werden. Eine begleitende Strahlen- oder Chemotherapie wird bei stabilen Verhältnissen vom Patienten sehr viel besser toleriert.

Instabile Kreuzbeinfrakturen werden durch Schraubenosteosynthesen stabilisiert, meist kombiniert mit der Versorgung der oft begleitenden Beckenverletzung (s. SE 13.4, S. 346 ff).

Manchmal sind Arthrodesen des *Ileosakralgelenkes* angezeigt. *Steißbeinfrakturen* werden fast immer konservativ

13.14 Osteosynthese mit Fixateur interne

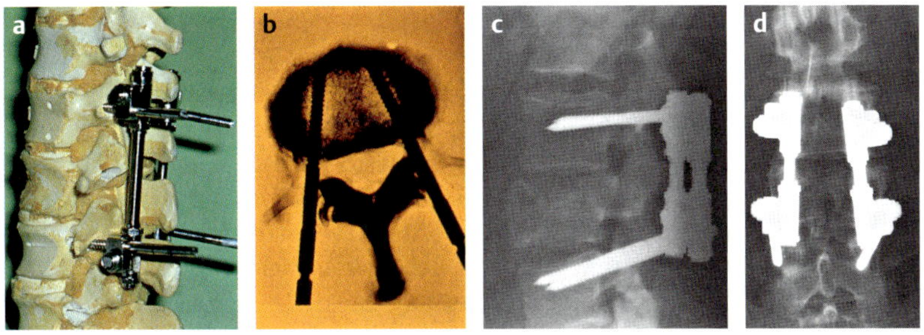

Bei einer LWK-2-Fraktur werden je 2 Pedikelschrauben über einen dorsalen Zugang in die Wirbelkörper der LWK 1 und 3 eingebracht und über Backen mit dem Gewindestab des Fix. int. verbunden. Hiermit kann in allen Raumrichtungen reponiert werden. **a** und **b** zeigen die Position des Fix. int. an der Wirbelsäule, **c** und **d** sind die Röntgen-Kontrollen des Patienten aus **13.11**.

behandelt; das Sitzen wird durch entsprechende Sitzringe und -polster erleichtert.

OP-Verfahren: Man unterscheidet ventrale und dorsale Stabilisierungen. Die Zugänge bei der ventralen Instrumentierung sind sehr viel aufwendiger als die dorsale Technik. Abhängig vom Frakturtyp sind auch manchmal kombinierte Verfahren (ein- oder zweizeitig) erforderlich. Meist wird eine indirekte Repositionstechnik mit anschließender Osteosynthese vorwiegend im Sinne einer Spondylodese mit dem benachbarten Wirbel ggf. kombiniert mit einer autologen Knochentransplantation angewandt (**13.13**).

Die Segmentüberbrückung sollte möglichst kurz gehalten werden, um einen größeren Funktionsverlust zu vermeiden. Langstreckige Fusionen sind nur noch sehr selten erforderlich. Die modernen Implantate bieten genügend Stabilität für eine kurzstreckige Stabilisierung, wobei hier die Entwicklung noch nicht abgeschlossen ist (**13.14**). Minimal-invasive endoskopische Stabilisierungsverfahren sind auf dem Vormarsch.

13.13 Dorsale Stabilisierung bei instabiler LWK-Fraktur

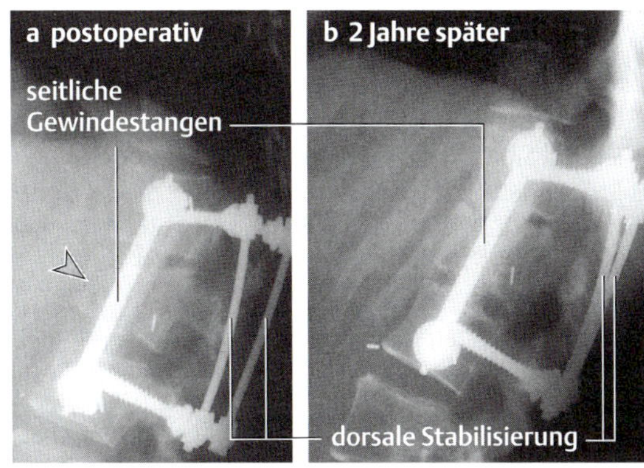

Über einen ventralen Zugang erfolgt die Interposition eines Knochenspans zur Verblockung der Wirbel zueinander (Pfeil) und die dorsale Stabilisierung mit dem Fixateur interne. Die ventrale Säule wird mit einem seitlich angebrachten Gewindestab mit Schrauben fixiert.

Komplikationen

Die sekundär auftretende Paraplegie ist eine Rarität. Sie kommt nur bei extremen, nicht erkannten Instabilitäten vor. Die intraoperativ iatrogen gesetzten Läsionen am Myelon sind oft schwerwiegend. Sie werden meist erst postoperativ erkannt. Dann ist durch eine rasche CT- bzw. MRT-Untersuchung zu klären, ob Fehllagen der Implantate, ausgesprengte Knochenfragmente oder Hämatome eine notfallmäßige operative Revision erfordern. Sekundäre Korrekturverluste kommen nach konservativer wie operativer Behandlung vor. Es ist einzelfallabhängig, ob korrigierende Eingriffe im Sinne von Aufrichtungsspondylodesen indiziert sind. Manchmal treten Sekundärinstabilitäten mit vermehrter schmerzhafter Mobilität in frakturfernen Wirbelsegmenten auf. Die postoperative Infektion im Sinne einer Spondylitis stellt ein außerordentlich schwieriges Krankheitsbild mit oft zahlreichen Folgeeingriffen dar.

Prognose

Die Prognose orientiert sich naturgemäß an der Schwere der Verletzung. Die Kompensationsfähigkeit der Wirbelsäule ist groß. BWS-Frakturen haben trotz der oft erheblichen Keilwirbelform ein klinisch gutes Ausheilungsergebnis. An der LWS sind funktionelle Beeinträchtigungen häufiger. Schmerzhafte Bewegungseinschränkungen haben ihre Ursache oft in einer Muskelatrophie mit Dysbalance sowie einer posttraumatischen Arthrose der kleinen Zwischenwirbelgelenke. Auch nach operativer Stabilisierung kann es zu einem Nachsintern der Wirbelhöhe mit entsprechender Funktionsstörung kommen. Nicht selten beobachtet man eine Diskrepanz des klinischen Beschwerdebildes und den Röntgenbefunden. Ein ungünstiger radiologischer Befund muss nicht mit Beschwerden korrelieren. Andererseits können diskrete Röntgenbefunde mit starken Schmerzen vergesellschaftet sein. Ob durch eine rasche operative Entlastung des Myelons die Prognose der neurologischen Läsion verbessert werden kann, ist eher fraglich. Kreuzbeinfrakturen haben dann eine ungünstige Prognose, wenn eine Instabilität des hinteren Beckenringes resultiert. Gelegentlich entwickelt sich nach einer Steißbeinfraktur eine schmerzhafte und oft sehr therapieresistente Kokzygodynie. Die operative Steißbeinresektion stellt dann häufig den letzten nicht immer erfolgversprechenden Ausweg dar.

13.3 Rippen und Brustbein

Frakturen von Rippen und Brustbein sind meist Folge massiver stumpfer Gewalteinwirkungen auf den Thorax (s. auch SE 30.8, S. 686 ff). Ursächlich sind Verkehrsunfälle, Arbeits- und private häusliche Unfälle: typische Unfallmechanismen sind die Impression (z. B. Lenkradaufprall, Sturz auf die Tischkante) und die Kompression (Beispiel: Einklemmung oder Verschüttung). Seltener sind Frakturen des knöchernen Thorax in Folge pathologischer Prozesse (s. SE 14.1, S. 350 f). Achtung: Je jünger der unfallverletzte Patient ist, desto elastischer ist sein knöcherner Thorax. Deshalb gibt es im Kindes- und Jugendalter häufig schwere innere Thoraxverletzungen ohne Rippenfrakturen, während beim alten Menschen zuerst der knöcherne Brustkorb bricht.

Rippenfrakturen

Die häufigste Thoraxverletzung sind Rippenfrakturen.

Frakturlokalisatonen: Meistens sind die Rippen 4–9 betroffen. Mögliche Lokalisationen sind parasternal, ventral, lateral und dorsal, auch kombinierte Verletzungen, d. h. **Stückbrüche** kommen vor (**13.15a**). Sind 3 Rippen oder mehr frakturiert, spricht man von einer **Rippenserienfraktur**.

Symptomatik: Bei einer einfachen Rippenfraktur ohne Begleitverletzung (**T 13.5**) ist der Schmerz das führende Symptom. Er verstärkt sich typischerweise bei tiefer In- und Exspiration, beim Husten, Niesen und bei Bewegung. Zunehmende Ateminsuffizienz und/oder Kreislaufdepression sind Folgen einer komplexen Thoraxverletzung (s. SE 30.8, S. 686 ff).

13.15 Instabiler Thorax bei Rippen(serien)frakturen

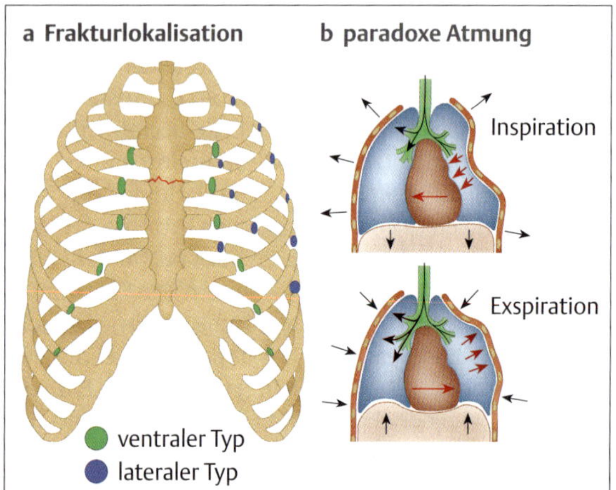

a Der **ventrale Typ** mit parasternaler oder ventraler Rippenserienfraktur ist oft kombiniert mit einer Sternumfraktur (rote Linie), beim **lateralen Typ** liegen die Rippenfrakturen lateral und dorsal als Rippenserienstückbrüche vor.
b Instabiler Thorax mit paradoxer Atmung: Bei **Inspiration** Einziehung des Thoraxwanddefektes und Verschiebung des Mediastinums zur gesunden Seite, bei **Exspiration** Umkehrung der Verhältnisse mit Prominenz der instabilen Thoraxwand und Verschiebung des Medistinums zur verletzten Seite. Die gesunde Seite wird zunehmend nicht belüftet.

Diagnostik: Die Diagnose einer **einfachen Rippenfraktur** ergibt meist schon sich aus der Anamnese zum Unfallhergang, der Symptomatik sowie aus der klinischen Untersuchung: die betroffene Region ist bei lokalem Druck und bei seitlicher oder sagittaler Thoraxkompression schmerzhaft.
Gestützt wird die Diagnose durch Röntgenaufnahmen des knöchernen Hemithorax in zwei Ebenen (s. **30.25**, S. 687).

Ein negativer Erst-Röntgenbefund schließt Rippenfrakturen nicht aus, oftmals werden Frakturen erst nach Wochen röntgenologisch (durch Kallus) diagnostiziert.

T 13.5 Begleitverletzungen bei Rippen- und Sternumfrakturen

mögliche Begleitverletzungen	*abgestufte Diagnostik*
alle Lokalisationen	
Pneumo- und Hämatothorax, Lungenkontusion/-läsion, Pneumomediastinum	Röntgenthorax, CT, Sonographie
Herzkontusion/-läsionen	EKG, Enzyme, Echokardiographie (s. SE 35.10, S. 794)
1.–3. Rippe	
A. und/oder V. subclavia, Truncus brachiocephalicus,	Angiographie bei abgeschwächtem/aufgehobenem A.-radialis-Puls,
Aorta	verbreitertes Mediastinum im Röntgenbild: Spiral-CT
Trachea, Bronchus	Bronchoskopie
Herz	s. o.
Plexus brachialis	neurologisches Konsil
kaudale Rippen	
Leber, Milz, Nieren, Zwerchfell	Sonographie, CT, ggf. i. v.-Pyelogramm
Sternum	
Herzkontusion	*obligat:* EKG, Enzyme, ggf. Echokardiographie
Brustwirbelsäule	Röntgen der BWS, evtl. CT

Trotzdem sollte bei der Erstuntersuchung eine röntgenologische Kontrolle des knöchernen Thorax nicht unterbleiben. Das Spiral-CT des Thorax hat sich in Studien als zuverlässige und sensible Methode bewährt.
Bei Rippenverletzungen (insb. der durch den Schultergürtel und Weichteile geschützten 1.-3. Rippe – Ausdruck erheblicher Gewalt!) muß grundsätzlich nach *Begleitverletzungen* gefahndet werden (**T 13.5**).
Bei Patienten mit **komplexen Verletzungen** der Thoraxwand fällt bei der Inspektion u. U. schon der instabile Thorax auf (**👁 13.15b**). Eine schmerzbedingt oberflächliche Atmung kann eine Instabilität und damit eine paradoxe Atmung der Thoraxwand verschleiern. Erst die tiefe In- und Exspiration deckt diese komplikationsreiche Ursache für eine Ateminsuffizienz auf.

Therapie: Das Ziel der Behandlung der **isolierten unkomplizierten Rippenfraktur** ist die suffiziente *Schmerztherapie* durch orale Analgetika und/oder interkostale Leitungsanästhesie, unterstützt durch eine *physikalische Therapie:* Anleitung zur vertieften Atmung, Unterstützung zum Abhusten, verstärkte Sekretolyse durch forcierte Atemtechnik und Inhalation von Sekretolytika, Anleitung zur Brust- und Zwerchfellatmung (s. auch SE 5.13, S. 132 ff). Die früher geübte Fixation durch äußere Verbände – Dachziegelverband – ist weitgehend verlassen, da dies i. a. nur der Sekretanschoppung, Atelektasenbildung und einer Pneumonie Vorschub leistet. Bei adäquater Therapie und täglicher Kontrolle kann die Behandlung eines Patienten mit Rippenfraktur ambulant erfolgen.

Über die Möglichkeit eines Pneumothorax und seiner Symptome ist der Patient aufzuklären.

Rippenserienfrakturen, Frakturen der 1.–3. oder kaudaler Rippen sollten stets Anlaß zu einer stationären Aufnahme des Patienten zur konsequenten Überwachung und zielgerichteten Diagnostik möglicher Begleitverletzungen und Komplikationen sein. Die Rippenserienfraktur sowie der instabile Thorax stellen für sich allein noch keine Indikation zur Intubation und Beatmung wegen der damit verbundenen Komplikationsmöglichkeiten dar (z. B. Spannungspneumothorax). Sie sind konservativ zu behandeln (s. o.). Erst die *respiratorische Insuffizienz* ($pO_2 < 60$ mmHg unter Sauerstoffzufuhr; s. auch **13.1**) erzwingt die Beatmung des dann vital bedrohten Patienten und ist unter diesen Bedingungen auch bereits am Unfallort notfallmäßig durchzuführen.

Prognose: Im allgemeinen sind eine oder mehrere Rippenbrüche nach 4–6 Wochen knöchern verheilt. Über diesen Zeitpunkt hinaus bestehende Beschwerden können verursacht werden durch verzögerte Knochenbruchheilung oder in seltenen Fällen durch eine schmerzhafte Pseudarthrose.

13.1 Ateminsuffizienz bei instabiler Thoraxwand

s. auch SE 30.8, S. 686 ff
Pathogenese: Die Mechanismen, die zur Ateminsuffizienz führen, sind für das ventrale und das laterale Verletzungsmuster (**👁 13.15a**) identisch:
- Störung der Atemtechnik,
- Atelektasenbildung auf der erkrankten Seite,
- Schaffung intrapulmonaler Shunts,
- Lungenkontusionen,
- ARDS-Syndrom (**A**cute **R**espiratory **D**istress **S**yndrome; *Synonym:* Schocklungensyndrom).

Therapie: Die bei Ateminsuffizienz indizierte „innerpneumatische Schienung der Thoraxwand durch PEEP-(**P**ositive **E**nd**e**xpiratory **P**ressure)Beatmung" wird 10–14 Tage, d. h. bis zur Stabilisierung der Brustwand, aber nicht bis zur knöchernen Heilung durchgeführt.
In besonderen Situationen, d. h., wenn zur Versorgung stumpfer oder penetrierender/perforierender Traumen sowieso eine Thorakotomie durchgeführt wird oder wenn bei unfallunabhängigen Erkrankungen oder hohem Alter des Patienten eine Entwöhnung des Patienten vom Respirator nicht wahrscheinlich ist, kann eine operative Stabilisierung vorgenommen werden. Hierzu eignen sich Metallstäbe (z. B. Stahlschienen nach Sulamaa oder konventionelle Platten [s. SE 9.3, S. 233 f]) bzw. die Hakenplatten nach Judet.

Sternumfrakturen

Pathogenese und Frakturlokalisation: Sternumfrakturen sind selten und entstehen meist durch frontale, direkte Gewalteinwirkung, so z. B. beim Auffahrunfall durch Anprall am Lenkrad. Sie sind überwiegend Querfrakturen von Corpus oder Manubrium sterni, seltener Abrissfrakturen des Manubriums oder des Processus xiphoideus des Sternums.

Symptomatik: Auffällig ist die deutliche lokale Druckschmerzhaftigkeit der Sternumfraktur. Bei starker Dislokation ist häufiger eine Stufenbildung palpabel, gelegentlich ist bei der Auskultation ein Knochenreiben zu hören.

Die ***Diagnostik*** erfolgt klinisch und röntgenologisch durch die Brustbeinspezialaufnahme (seitlich), durch ein CT oder die seitliche Tomographie des Brustbeins. Zur Diagnostik von Begleitverletzungen s. **T 13.5**.

Die ***Therapie*** von Sternumfrakturen ist meist konservativ, nur bei grober Dislokation ist eine Osteosynthese durch Zerklagen oder Platte (s. SE 9.3, S. 233 f) indiziert. Stets sollte der Patient jedoch wegen der möglichen komplexen Begleitverletzungen stationär aufgenommen werden. Brustbeinfrakturen sind im allgemeinen nach 6–8 Wochen knöchern verheilt. Äußerst selten entstehen Pseudarthrosen, die bei entsprechender Symptomatik durch autogene Spongiosaplastik und stabile Plattenosteosynthese zu versorgen sind.

13.4 Becken

Das Becken ist ein Knochenring, der aus Darm-, Scham- und Sitzbeinen sowie dem Kreuzbein und einem kräftigen Bandapparat gebildet wird. Das Spektrum der traumatischen Schädigung reicht von der einfachen stabilen Fraktur über die Beckenringverletzung mit Rotationsinstabilität bis hin zur komplexen Verletzung mit Rotations- und Vertikalinstabilität, wobei sowohl ossäre als auch ligamentäre Strukturen betroffen sein können. Die Instabilität ist das entscheidende Kriterium für die Indikation zur operativen Versorgung. Mit typischen Begleitverletzungen, wie z. B. Läsionen der ableitenden Harnwege und größeren Blutverlusten, muss gerechnet werden. Azetabulumfrakturen werden in SE 12.1, S. 306 f besprochen.

Ätiologie und Pathomechanismus: Beckenverletzungen entstehen durch direkte oder indirekte starke Gewalteinwirkung auf das Becken, wobei die häufigste Ursache Verkehrsunfälle sind, an zweiter Stelle stehen Stürze.
Es kann dadurch zu Frakturen und/oder Verletzungen des Bandapparats kommen, wobei vor allem die Schädigung der wichtigen iliosakralen Ligamente von Bedeutung ist.
Bei **direkter Krafteinwirkung auf einen umschriebenen knöchernen Bereich** kommt es zu isolierten Beckenrandfrakturen. Die Stabilität des Beckens bleibt erhalten (T **13.6**, Typ A). Diese stabilen Verletzungen des Beckenrings (typisch sind Scham- und/oder Sitzbeinfrakturen des alten Menschen) werden am häufigsten durch einfache Stürze verursacht und zeigen radiologisch keine Verschiebung. Sie machen über 60 % der stationär zu behandelnden Beckenverletzungen aus.
Die **Abrissfrakturen der Muskelursprünge** im Beckenrandbereich nehmen eine Sonderstellung ein. Sie treten aufgrund einer unkoordinierten Muskelkontraktion, meist im Rahmen von sportlichen Aktivitäten, auf.
Eine **Gewalteinwirkung** kann in folgenden Richtungen erfolgen:

- in der *Sagittalebene* (a.-p.-Richtung): typischer Unfallmechanismus beim Überrolltrauma; bewirkt eine Außenrotation der Beckenhälften,
- in der *Frontalebene:* es kommt zu einer Innenrotation.

T 13.6 Klassifikation der Beckenverletzungen nach Pennal und Tile

Einteilung	*Typ A* *stabile Beckenverletzung*	*Typ B* *Beckenringverletzung mit Rotationsinstabilität*	*Typ C* *Beckenringverletzung mit Rotations- und Vertikalinstabilität*
Skizze	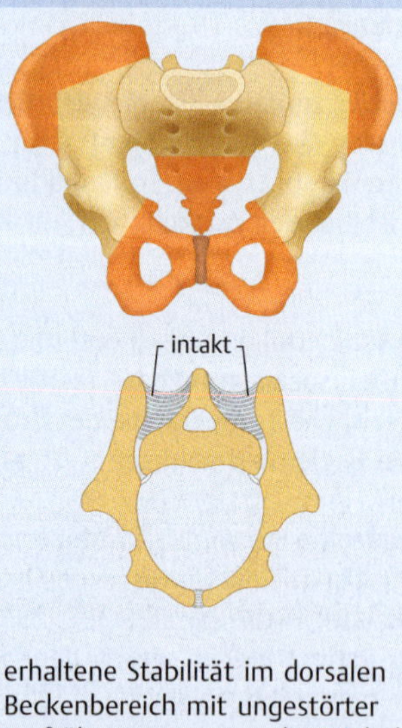	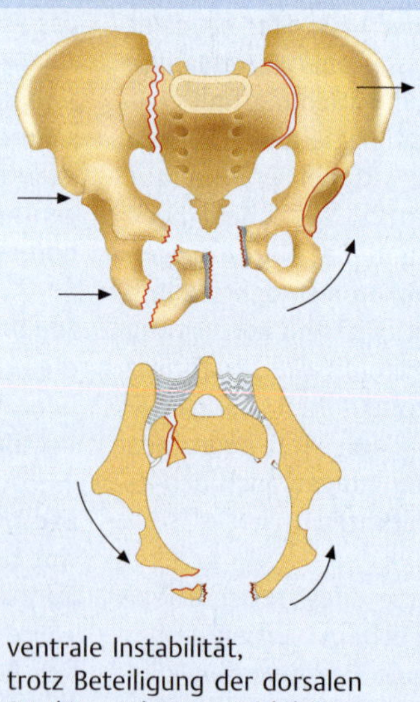	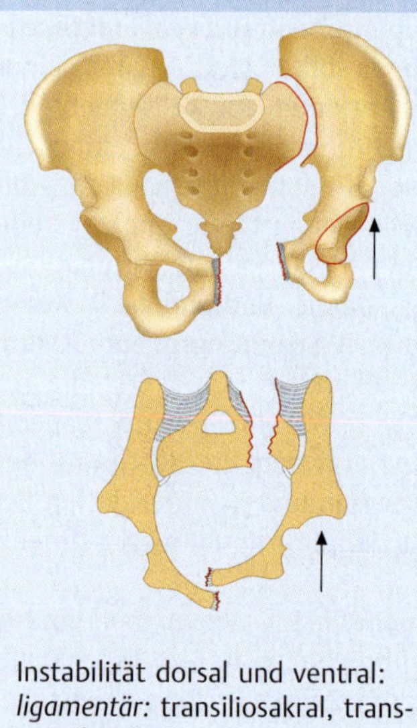
Beschreibung	erhaltene Stabilität im dorsalen Beckenbereich mit ungestörter Kraftübertragung von der Wirbelsäule auf die Hüftgelenke	ventrale Instabilität, trotz Beteiligung der dorsalen Strukturen hintere Stabilität	Instabilität dorsal und ventral: *ligamentär:* transiliosakral, transsymphysär, *köchern:* transsakral, transiliakal
Vorkommen	Beckenrandfrakturen, Querfraktur des Os sacrum ohne Sakroiliakalgelenkbeteiligung, Abrissfrakturen, wenig verschobene vordere Beckenringfraktur ohne ligamentäre Beteiligung	Symphysensprengung, verschobene vordere Beckenringfrakturen	Sakroiliakalgelenkluxation mit Symphysensprengung, Sakrumfraktur mit vorderer (beidseitiger) Beckenringfraktur

In beiden Fällen kann es je nach Schwere und Lokalisation der Verletzung zu einer Rotationsinstabilität des Beckens kommen (T 13.6, Typ B).

- *axial entlang der Körperlängsachse:* es resultieren meistens schwere Verletzungen mit gleichzeitig vorhandener Vertikal- und Rotationsinstabilität (T 13.6, Typ C).

Einteilung: In der Praxis hat sich die Einteilung der Beckenfrakturen nach Pennal und Tile etabliert, auf der die AO-Klassifikation basiert (T 13.6).

Diagnostik:

Anamnese: Sofern der Patient ansprechbar ist, gibt die Anamnese, insb. die Angabe von Schmerzen im Unterbauch, Becken- und Kreuzbeinbereich, bereits erste wichtige Hinweise auf das Vorliegen einer Beckenverletzung.

Klinische Untersuchung: Sie ist die Grundlage jeder weiterführenden Diagnostik. Bei der initialen Inspektion der Beckenregion muss auf lokale Verletzungszeichen wie Schwellung, Hämatomverfärbung, Fehlstellung, Deformierung und Beinlängendifferenz geachtet werden. Blutungen aus Urethra oder Anus lenken den Verdacht auf eine Beteiligung des Urogenitaltrakts oder Darms.

Häufig kann ein Schmerz bei Druck auf die Symphyse bzw. seitlich auf die Darmbeinschaufeln ausgelöst werden. Auch ein schmerzbedingter Funktionsverlust der Hüftgelenke kann ein Hinweis auf eine Beckenfraktur sein.

Bei schweren Verletzungen lässt sich die Instabilität des Beckens bereits klinisch nachweisen (z. B. Prüfung durch seitliche Kompression).

Unabdingbar ist die rektal-digitale und ggf. auch die vaginale Untersuchung. So kann beim Mann eine pathologisch bewegliche Prostata als relativ sicherer Hinweis auf eine Harnröhrenverletzung gewertet werden.

Die Beurteilung der Durchblutungssituation im Bereich der unteren Extremitäten erfolgt durch Palpation der peripheren Pulse. Keinesfalls sollte die orientierende neurologische Untersuchung vergessen werden. Wichtige Hinweise liefern Sensibilitätsstörungen und motorische Ausfälle der unteren Extremitäten.

Bildgebende Verfahren: Der *sonographische* Ausschluss einer intraabdominellen Blutung ist insb. bei Kreislaufinstabilität unabdingbar. In Zweifelsfällen ist eine engmaschige (z. B. stündliche) sonographische Verlaufskontrolle sinnvoll.

Auf den klinischen Befunden baut die zielgerichtete radiologische Diagnostik auf. Ausgangsuntersuchung ist die *Beckenübersichtsaufnahme*, auf der über 90 % der Beckenverletzungen zu sehen sind (13.16). Als Ergänzung dieser Standarduntersuchung bieten sich die Schrägprojektionen des Beckens mit einem um ca. 45 Grad gekippten Strahlengang an (13.17), sofern kein CT angefertigt wird.

Die *Computertomographie* gilt als die exakteste Methode zur Beurteilung von Beckenverletzungen insb. im dorsalen Abschnitt (13.18). Die Indikation besteht bei allen Beckenverletzungen mit fraglicher Stabilität, v. a. zur Be-

13.16 Beckenübersichtsaufnahme

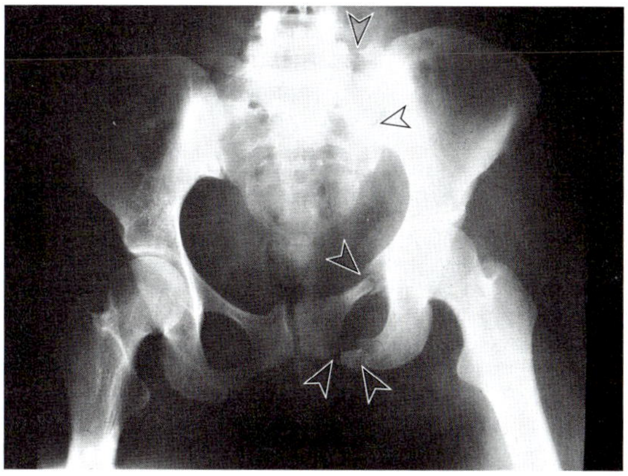

Auf der Röntgenaufnahme ist eine Querfortsatzfraktur des linken 5. Lendenwirbelkörpers, die Sprengung des Sakroiliakalgelenks links mit Vertikalverschiebung sowie eine Fraktur des linken oberen und unteren Schambeinastes zu sehen.

13.17 Beckenaufnahmen nach Pennal

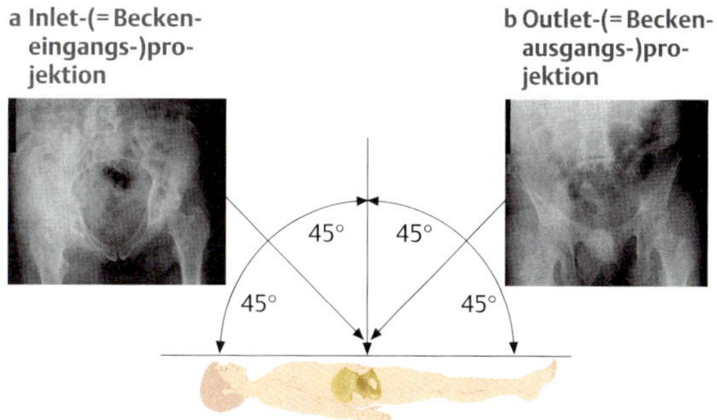

a In der Beckeneingangs-Projektion (kraniokaudaler Strahlengang) können Dislokationen in der Transversalebene erkannt werden.
b Die Beckenausgangs-Projektion ist geeignet, um Verschiebungen in der Vertikalebene sowie Sakrumfrakturen (s. SE 13.2, S. 341) abzubilden.

13.18 Computertomographie des Beckens

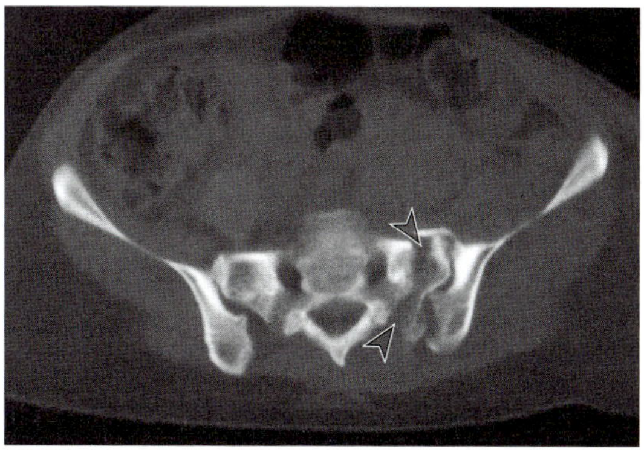

Darstellung des dorsalen Beckenrings mit einer Os-sacrum-Fraktur links (Pfeile).

13.7 Begleitverletzungen bei Beckenfrakturen

Begleitverletzung	*Symptomatik*	*Diagnostik*	*Therapie*
Harnröhre, Harnblase	Blutung aus der Urethra s. auch SE 39.5, S. 866 f	! Nach Harnröhren- und Blasenverletzungen muss routinemäßig gesucht werden.	s. SE 39.5, S. 866 f
Gefäße (meist präsakraler Venenplexus)	Kreislaufinstabilität bis hin zum Schock (Blutverluste bis 4l sind möglich!)	Kontrolle von Herzfrequenz und Blutdruck, Sonographie und CT des Abdomens	meist sistiert die Blutung durch Selbsttamponade, sonst evtl. Beckenzwinge, Laparotomie mit Tamponade oder interventionelle Embolisation
Nerven (Plexus lumbosacralis)	Sensibilitätsstörungen, Paresen	klinische Prüfung von Sensibilität, Motorik, Reflexen	Dekompression durch Reposition bei starker Dislokation, sonst konservativ
Rektum	Blutung aus dem Anus	rektal-digitale Untersuchung, Endoskopie	befundbezogen konservativ (z. B. bei Schleimhauteinrissen) bis zur temporären Anlage eines Anus praeter
intraabdominelle Organe	Abdominalschmerz, Kreislaufinstabilität; s. SE 28.2, S. 644 f	Sonographie des Abdomens; s. SE 28.2, S. 647	Laparotomie oder sonographische Verlaufskontrolle
Abrissfrakturen der beckennahen Lendenwirbel-Querfortsätze	s. SE 13.2, S. 340 f	s. SE 13.2, S. 340 f	s. SE 13.2, S. 342 f

! Aufgrund der hohen Gewalteinwirkung bei Beckenverletzungen sind die Patienten häufig polytraumatisiert (s. SE 10.4 ff, S. 266 ff).

urteilung des dorsalen Beckenrings. Eine dreidimensionale Rekonstruktion ist aber nur für die Diagnostik der Azetabulumfraktur (s. SE 12.1, S. 306 f) von Bedeutung.
Bei Verdacht auf eine arterielle Blutung ist eine *Angiographie* indiziert, die auch die Möglichkeit einer Therapie durch selektive Embolisation des betroffenen Gefäßes eröffnet.
Bei Verdacht auf eine Verletzung der Harnwege ist vor Einlegen eines Dauerkatheters eine *retrograde Urethrozystographie* mittels Kontrastmittelinstillation erforderlich.

Differenzialdiagnose: Neben reinen Weichteilverletzungen kommen differenzialdiagnostisch Frakturen und Luxationen des Azetabulums (s. SE 12.1, S. 306 f) sowie Frakturen des koxalen Femurs (s. SE 12.2, S. 308 f) infrage. Die Symptomatik von Verletzungen der LWS und des lumbosakralen Übergangs ähnelt ebenfalls der der Beckenverletzungen (s. SE 13.2, S. 340 f).

Therapie:

! Stabile Verletzungen werden konservativ, instabile operativ behandelt.

Konservative Therapie: Die Therapie stabiler Verletzungen des *vorderen und hinteren Beckenrings* besteht in Bettruhe für einige Tage. Mit Abklingen der akuten Schmerzsymptomatik ist eine frühzeitige Mobilisation mit raschem Übergang zur Vollbelastung möglich.
Stabile *vordere Beckenringfrakturen*, die aber mit einer deutlichen Verschiebung des Schambeins und dadurch bedingter Einengung der Beckeneingangsebene einhergehen, stellen bei Frauen im gebärfähigen Alter eine relative Operationsindikation zur Rekonstruktion des Geburtswegs dar.

Operative Therapie: Bei Mehrfachverletzung oder Polytrauma ist eine zeitaufwändige Definitivversorgung oft primär nicht möglich. In diesem Fall erfolgt die *notfallmäßige Stabilisierung* des instabilen Beckens durch Anlage eines Fixateur externe von ventral. Dabei werden jeweils zwei Schanz-Schrauben supraazetabulär in den Beckenknochen eingebracht und mit einer Querverstrebung verbunden (◉ **13.19a**).
Für die notfallmäßige Stabilisierung des hinteren Beckenrings hat sich die nach dem Prinzip einer Tischlerzwinge funktionierende Beckenzwinge bewährt (◉ **13.19b**). Durch die dorsale Kompression kann auch ein Blutstillungseffekt erzielt werden. Starke Dislokationen sollten vorher reponiert werden.
Die *definitive Versorgung* einer instabilen Beckenverletzung erfolgt operativ durch eine interne Stabilisierung.
Im Bereich des vorderen Beckenrings ist die Überbrückung der Symphyse mit einer Platte das Verfahren der Wahl (◉ **13.20a**). Für Frakturen des Schambeins und der Beckenschaufeln werden Rekonstruktionsplatten oder isolierte Schrauben verwendet (◉ **13.20b,d**).
Im Bereich des hinteren Beckenrings wird die Iliosakralfuge durch von ventral eingebrachte Platten überbrückend stabilisiert (◉ **13.20c**). Als Alternative kommen vom Os ilium aus einzubringende Spongiosazugschrauben infrage. Dadurch kann die Darmbeinschaufel gegenüber dem Kreuzbein fixiert werden (◉ **13.21**). Von dorsal angebrachte Zuggurtungen und sog. Sakralstäbe (◉ **13.21**) stellen außergewöhnliche, nicht routinemäßig durchgeführte Verfahren dar.

13.19 Notfallmäßige Stabilisierung des Beckenrings

a Fixateur externe

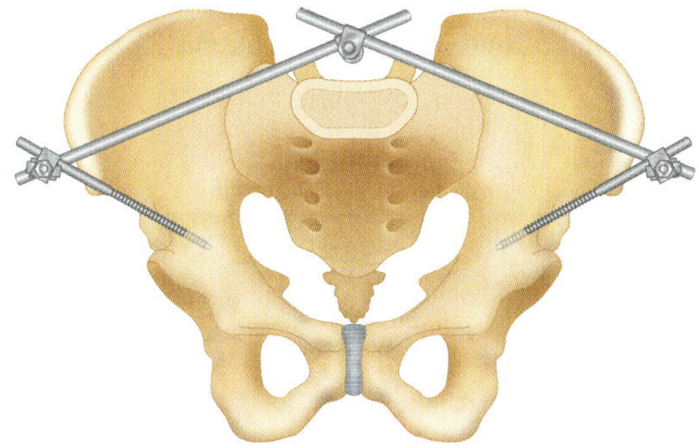

b Beckenzwinge

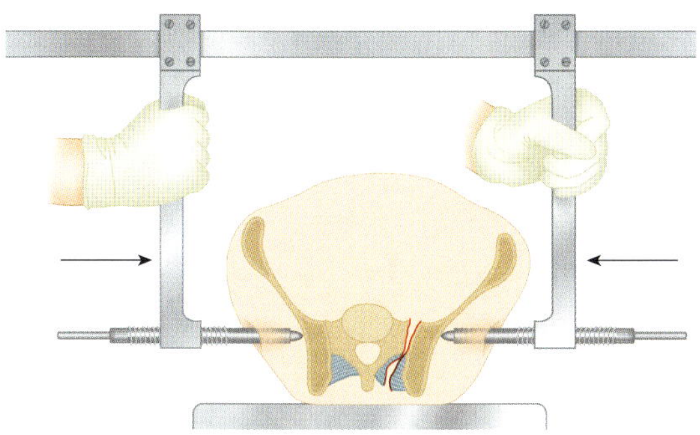

a Stabilisierung bei instabiler Beckenverletzung mittels Fixateur externe von ventral. Die Schanz-Schrauben werden supraazetabulär platziert und über eine zeltförmige Konstruktion miteinander verbunden.
b Für die dorsale Stabilisierung mittels Beckenzwinge werden Verankerungsnägel über Stichinzisionen in die äußere Kortikalis des Os iliums eingebracht. Nach Montieren der Spannarme und der Verbindungsschiene erfolgt die Reposition und Kompression durch Anziehen der Verankerungsnägel.

13.20 Definitive Versorgung instabiler Beckenverletzungen

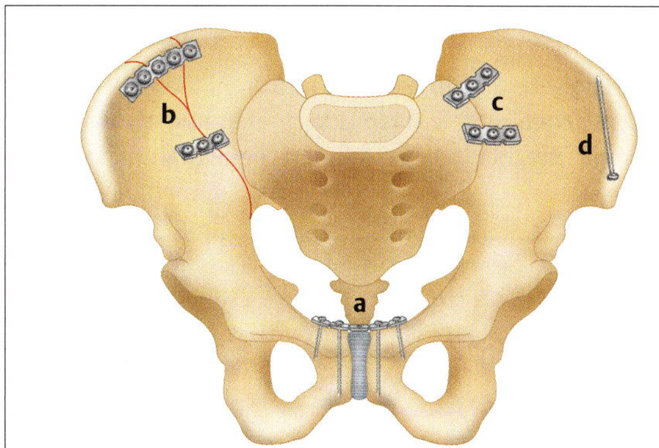

Die Versorgung erfolgt je nach Lokalisation der Instabilität mit einer von ventral eingebrachten Platte zur Stabilisierung der Symphyse (**a**), einer oder mehreren Platten an der Beckenschaufel innen (**b**), mehreren Platten, die das Sakroiliakalgelenk überbrücken (**c**) oder einer Schraube am Beckenkamm (**d**).

13.21 Stabilisierung der Sakroiliakalfuge

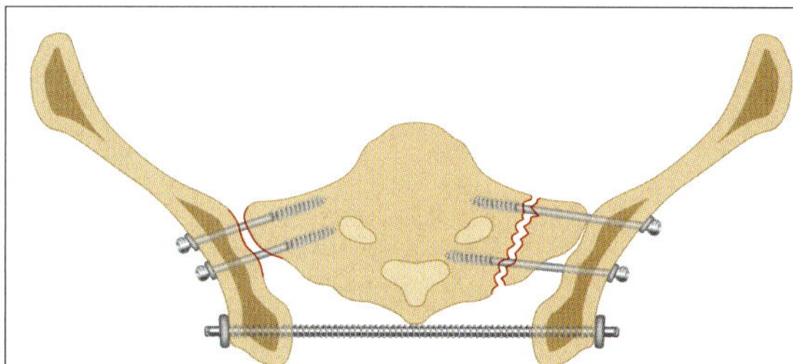

Die Sakroiliakalfuge wird entweder durch mehrere von ventral eingebrachte Platten (s. **13.20c**) oder von außen eingebrachte Spongiosazugschrauben stabilisiert.

Da die instabilen Beckenringverletzungen i. d. R. operativ behandelt werden, haben spezielle Lagerungstechniken wie die Beckenschwebe oder die Extensionsbehandlung an Bedeutung verloren.

Komplikationen und Prognose: Neben den **allgemeinen Komplikationen** wie Hämatombildung und Infekt, die sich zur Maximalvariante eines hämorrhagischen Schocks (s. SE 7.4, S. 188) bzw. einer Sepsis mit Multiorganversagen (s. SE 7.4, S. 190 f) entwickeln können, birgt die **operative Versorgung spezielle Risiken**: Ein Implantatbruch ist wegen der beim Gehen ständig auftretenden Relativbewegungen und damit der Wechselbelastung des Implantats bei Überbrückung von Symphyse oder Sakroiliakalfuge häufig. Bei der operativen Stabilisierung des ventralen Beckenrings können Blase, Harnröhre, Samenstrang oder die inguinalen Gefäß-Nerven-Bahnen verletzt werden. Am hinteren Beckenring ist v. a. der Plexus lumbosacralis bei operativen Manipulationen gefährdet.

Die **Folgen einer fehlgeschlagenen Behandlung** von Beckenverletzungen sind bleibende Instabilität, Beckenasymmetrie, Beckenschiefstand mit Beinlängendifferenz, schmerzhafte Pseudarthrosen des Beckenrings sowie Arthrosen im Bereich von Sakroiliakalgelenk und Symphyse. Sie machen bei entsprechender Beschwerdesymptomatik Sekundäreingriffe erforderlich.
Nicht selten machen sich neurologische Defizite erst mit einer gewissen Latenz bemerkbar. Typisches Beispiel hierfür ist die erektile Dysfunktion beim Mann nach einem Beckentrauma. Die Prognose dieser Störungen ist abhängig von der Art der Nervenschädigung.

14.1 Pathologische Fraktur: Ätiologie und Diagnostik

Pathologische Frakturen sind Frakturen, die an einem aus systemischen oder lokalen Ursachen krankhaft veränderten und mechanisch vermindert belastbarem Knochen ohne adäquate äußere Gewalteinwirkung „spontan" auftreten.

T 14.1 Ursachen von pathologischen Frakturen (nach Mutschler, Wirbel 1997)

Einteilung		*Ursachen*
Osteopathien	Osteoporosen	primär (generalisiert), sekundär • generalisiert: endokrin (Cushing-Syndrom), metabolisch, medikamentös (Corticosteroide, Zytostatika) • lokalisiert: Immobilisierung (Polio, Paraplegie), rheumatisch, Kollagenosen
	Osteomalazie	Vitamin-D-Mangel, Vitamin-D-Stoffwechselstörungen, renale tubuläre Funktionsstörungen, Phosphatasemangel
	Ostitis fibrosa generalisata	
Konstitutionsanomalien	Modellierungsstörungen des Skeletts	spondyläre Dysplasien, Enchondromatosen, fibröse Dysplasien, mit Stoffwechselabweichungen (z. B. Mukopolysaccharidosen)
	Dysostosen	Osteogenesis imperfecta (Vrolic, Lobstein), Marmorknochenkrankheit (Albers-Schönberg-Syndrom)
myelogene Osteopathien	Erkrankungen der Hämatopoese	Anämien (Eisenmangel, Thalassämie), Blutungsneigung, Leukämie, Myelofibrose, Osteomyelosklerose
	Erkrankungen des retikulären Systems	Sarkoidose, Morbus Gaucher, Histiozytosis X, Plasmozytom, Lymphogranulomatose
entzündliche Knochenerkrankungen	Osteomyelitis	durch hämatogene Streuung, Tuberkulose, Echinokokkose, Ostitis deformans (Morbus Paget), ankylosierende Spondylitis (Morbus Bechterew)
	rheumatische Knochenveränderungen	
Tumoren	primäre Knochentumoren	tumorähnliche Läsionen (juvenile/aneurysmatische Knochenzyste, fibröser metaphysärer Defekt, nicht ossifizierendes Fibrom, intraossäres Ganglion), benigne Knochentumoren, maligne Knochentumoren
	Knochenmetastasen	
	maligne Weichteiltumoren	
posttraumatische/postoperative Ursachen		lokale Osteitis, Refraktur, Knochendefekt, Knochentransplantation (auto-/allogen), Alloarthroplastik, Algodystrophie (Morbus Sudeck)
andere Ursachen		Leberzirrhose, Gicht, chronische Dialyse, Lebertransplantation, multiple Sklerose, massive Osteolyse (Gorham), Osteoarthropathie (neurogen, diabetisch: s. SE 34.7, S. 764), Bestrahlungsfolge = Osteonekrose

14.1 Diagnostisches Vorgehen bei Verdacht auf eine pathologische Fraktur

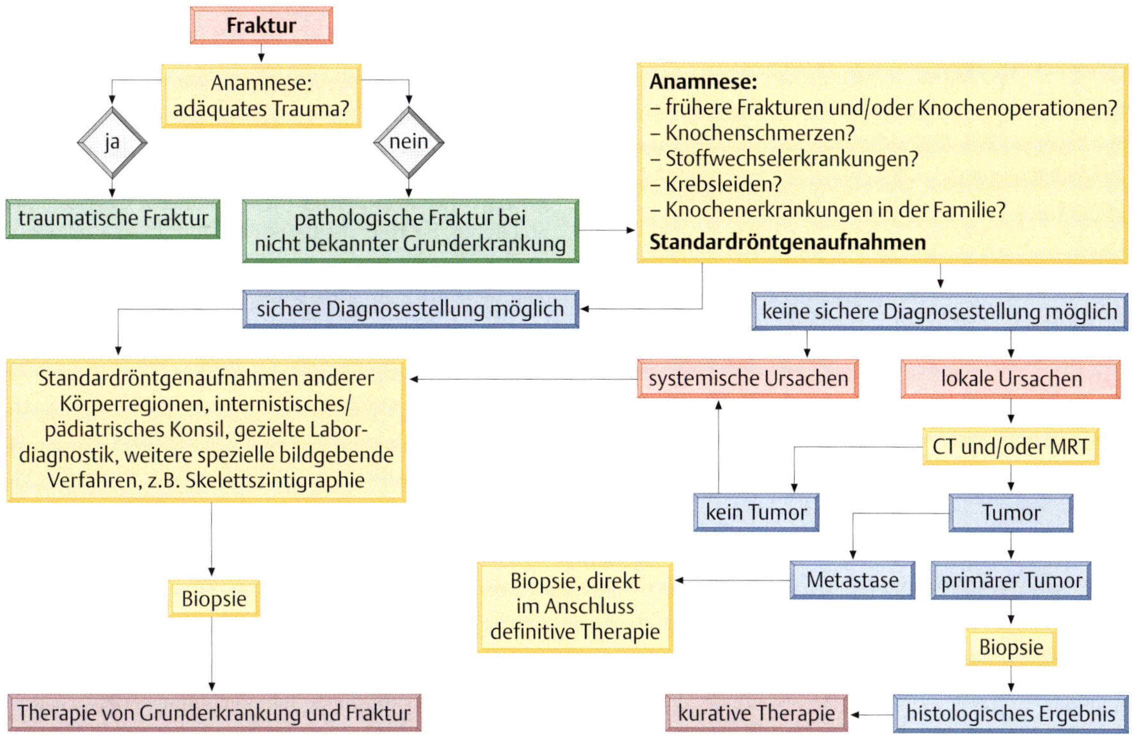

nach Mutschler, Wirbel 1997;

Ätiologie

Ursächlich für pathologische Frakturen können u. a. Osteopathien, Konstitutionsanomalien, myelogene Osteopathien, entzündliche Knochenerkrankungen, Tumoren sowie posttraumatisch/operative Ursachen sein (**T 14.1**). Ihre Häufigkeit liegt – ohne Berücksichtigung der osteoporotischen Frakturen – etwa bei 5 % aller behandelten Frakturen.

Diagnostik

In der täglichen Praxis ergibt sich am ehesten die problematische Situation, dass der Patient aufgrund der Anamnese, des klinischen Befundes und der Röntgennativaufnahme eine pathologische Fraktur erlitten hat und die kausale Ursache bis dahin nicht bekannt ist. Zur Differenzialdiagnostik s. **14.1**.
Einfacher ist die Diagnosestellung einer pathologischen Fraktur bei bekannter Grunderkrankung.
Besondere Probleme ergeben sich dann, wenn die Diagnose „pathologische Fraktur" erst intraoperativ gestellt wird.

Hier ist es besonders bei Kindern und Jugendlichen mit Verdacht auf primären Knochentumor erforderlich, die Operation abzubrechen, genügend Material für eine histologische Untersuchung sicherzustellen und keine Schritte zu unternehmen, die eine kurative onkologische Therapie unmöglich machen.
Das Frakturrisiko bei Metastasen langer Röhrenknochen kann anhand eines Scores nach Mirels abgeschätzt werden (**T 14.2**).

T 14.2 Ermittlung des Frakturrisikos bei Metastasen der langen Röhrenknochen (nach Mirels)

Punktwert	*1*	*2*	*3*
Lokalisation	obere Extremität	untere Extremität	peritrochantär
Schmerz	gering	mäßig	stark
Struktur	osteoplastische Metastase	gemischte Metastase	osteolytische Metastase
Ausdehnung	< 1/3	1/3–2/3	> 2/3

Auswertung: Frakturrisiko bis 7 Punkte: < 5 % (keine prophylaktische Operation indiziert), 8 Punkte: 15 % (individuelle Entscheidung), 9 Punkte: 33 % (prophylaktische Operation dringlich empfohlen).

14.2 Pathologische Fraktur: Therapie

Die Therapie der pathologischen Fraktur ist abhängig zu machen von dem Grundleiden. Alle Maßnahmen der konservativen (s. SE 9.2, S. 230 f) oder operativen Knochenbruchbehandlung (s. SE 9.3, S. 232 ff) sind grundsätzlich einsetzbar und müssen demzufolge beherrscht werden. Die onkologisch-chirurgischen Therapieprinzipien werden in SE 4.11, S. 94 ff beschrieben.

Wichtig für die Lebensqualität des Patienten sind flankierende Maßnahmen wie *adäquate Schmerztherapie* und *Therapie der Grunderkrankungen* in enger interdisziplinärer Zusammenarbeit.
Ein allgemein akzeptiertes Therapiekonzept ist schwierig zu etablieren, da stets die Besonderheiten des Einzelfalles zu berücksichtigen sind. In dieser Studieneinheit können deshalb nur allgemeine Therapieprinzipien dargestellt werden.

Entsprechend der Mannigfaltigkeit der zugrunde liegenden Störungen des Halte- und Bewegungsorgans sind vielfältige therapeutische Maßnahmen der **konservativen und operativen Therapie** möglich und notwendig. Bei Läsionen durch sytemische Grunderkrankungen ist die ursächliche Erkrankung stets zu berücksichtigen und, sofern möglich, zu therapieren. Die nachfolgenden **T 14.3** und **14.4** geben einen orientierenden Überblick.
Bei der symptomatischen **Schmerztherapie** haben sich Analgetika und Psychopharmaka bewährt, im finalen Stadium maligner Erkrankungen Schmerzpflaster und -pumpen.
In der Praxis und in der Klinik spielt die pathologische Fraktur bei Knochenmetastasen im Vergleich zu primären Knochentumoren und den insgesamt seltenen hereditären Knochenerkrankungen eine überragende Rolle. Deshalb wird im Folgenden detailliert auf diese Krankheitsentität eingegangen.

Knochenmetastasen

Die Lebenserwartung von Patienten mit malignen Tumoren ist durch verbesserte primärchirurgische Behandlungsstrategien und eine moderne onkologische Radio- und Chemotherapie angestiegen. Mit dieser Lebensverlängerung ist gleichzeitig das Erleben von Metastasen als eine der wesentlichen Komplikationen des Tumorleidens möglich geworden.
Nach den Filterorganen Lunge und Leber ist das Skelettsystem von der Metastasenbildung am häufigsten betroffen. Da mit dem Nachweis von Knochenmetastasen als hämatogener Tumordissemination eine kurative Therapie des Leidens im Allgemeinen nicht mehr möglich ist, gilt die Metastasierung als Beweis der Prognoseverschlechterung.

Häufigkeit: Ossäre Metastasen manifestieren sich in unterschiedlicher Häufigkeit bei den verschiedenen Tumorerkrankungen, am häufigsten treten sie bei Mamma-, Prostata- Bronchial-, Nierenzell- und Schilddrüsenkarzinomen auf (**T 14.5**).

Verteilungstypen:
- Stamm-Skelett-Typus: Wirbel, Rippen, Brustbein, Schulter- und Beckengürtel, proximale Metaphyse von Humerus und Femur, Schädel,
- Gliedmaßen-Typus: Skelettabschnitte distal der Knie- und Ellenbogengelenke,
- Typus des periostalen Metastasenbefalles langer Röhrenknochen.

In der Regel treten Knochenmetastasen multipel oder disseminiert auf, Solitärmetastasen sind selten.

T 14.3 Therapie der pathologischen Fraktur bei systemischer Grunderkrankung

Erkrankung	*systemische Therapie*	*Indikation für... konservative Therapie*	*operative Therapie*
Osteoporose	Vitamin D, Calcium, Bisphosphonate, Parathormon	s. allgemeine Richtlinien zur Knochenbruchbehandlung in SE 9.2, S. 230 f	
Osteomalazie	Vitamin D	bevorzugt	proximaler Femur
fibröse Dysplasie	experimentell: Bisphosphonate	bevorzugt	proximaler Femur, Pseudarthrose, Fehlstellungen
Osteogenesis imperfecta	experimentell: Bisphosphonate	-	rezidivierende oder multilokuläre Frakturen, schwere Fehlstellungen, Pseudarthrosen
Osteopetrosis	Calcitriol, Interferon γ	bei Kindern	bei Erwachsenen v. a. am koxalen Femur
Morbus Paget	Bisphosphonate (i. v. oder p. o.)	bevorzugt	proximaler Femur durch Osteosynthese oder Alloarthroplastik

T 14.4 Therapie der pathologischen Fraktur bei lokalisierter Ursache (nach Mutschler, Wirbel 1997)

Erkrankung	*systemische Therapie*	*Indikation für... konservative Therapie*	*operative Therapie*	*Operationstechnik*
tumorähnliche Veränderungen	-	bevorzugt obere Extremität	bevorzugt untere Extremität	Ausräumung, marginale Resektion, Osteosynthese, Knochentransplantation
benigne Knochentumoren	-	-	alle	je nach Tumor marginale oder weite Resektion, extremitäten- und gelenkerhaltende Osteosynthese, Knochentransplantation, selten Gelenkersatz oder Arthrodese
maligne primäre Knochentumoren	Radio- und/oder Chemotherapie*	-	alle	weite oder radikale Resektion, ggf. Amputation, Gelenkersatz durch Tumorprothese, selten Arthrodese
Knochenmetastasen	ggf. Radio- und/oder Chemotherapie	ggf. im finalen Stadium	Wirbelsäule, Extremitäten	belastungsstabile Verbundosteosynthese, Spondylodese, Endoprothese
Radionekrose	-	-	bevorzugt	Osteosynthese mit/ohne Knochentransplantation, Endoprothese
Osteitis	adjuvante systemische und/oder lokale Antibiotikatherapie	-	alle	Ausräumung, externe/interne Osteosynthese, evtl. autogene Spongiosatransplantation, Kallusdistraktion nach Ilizarow (s. SE 9.4, S. 237)
posttraumatischer Knochendefekt	-	-	alle	Osteosynthese, autogene Spongiosatransplantation, Kallusdistraktion nach Ilizarow (s. SE 9.4, S. 237)

*z. B. Osteosarkome: COSS 96 (Cooperative Osteosarcom Study Group); Ewing-Sarkome: EICESS (European Intergroup Cooperative Ewing's Sarcoma Study Group)

T 14.5 Häufigkeit von Skelettmetastasen bei verschiedenen Primärtumoren (nach Nyström JS 1977)

Primärtumor	*Häufigkeit*
Mammakarzinom	50–85 %
Prostatakarzinom	50–75 %
Bronchialkarzinom	30–50 %
Nierenzellkarzinom	30–50 %
Schilddrüsenkarzinom	39 %
Pankreaskarzinom	5–10 %
kolorektale Karzinome	5–10 %
Magenkarzinom	5–10 %
Leberzellkarzinom	8 %
Ovarialkarzinom	2–8 %

Pathogenese: Aus **Mikrometastasen** – definiert als Tumorherde bis zu einem Durchmesser von 2 mm – werden **Makrometastasen** durch Wachstum und Konfluenz von Mikrometastasen. Sie verändern das physiologische Gleichgewicht der kontinuierlich ablaufenden An- und Abbauvorgänge des Skelettsystems. Mikrometastasen im Knochenmark können durch monoklonale Antikörper im Knochenmarkpunktat nachgewiesen werden.

Osteolytische Metastasen entstehen durch tumorbedingte Stimulation der Osteoklastengenese und Osteoklastenaktivität und dadurch bedingter vermehrter Knochenresorption, **osteoplastische Metastasen** durch tumorbedingte Knochenbildung durch Osteoblastenstimulation (👁 **14.2**).

Als **Tumorosteopathie** bezeichnet man die von den im Knochenmark wachsenden Tumorzellen ausgelösten Veränderungen der Skelett- und Calciumhomöostase.

Das ***Therapieziel*** für die obere Extremität ist die primäre Übungsstabilität, an der unteren Extremität und für die Wirbelsäule die primäre Belastungsstabilität. Mit Ausnahme der seltenen Situation einer isolierten Skelettmetastase mit Möglichkeit der radikalen onkologischen Kuration (👁 **14.2**) ist i. a. die palliative Stabilisierung des Halte- und Bewegungsorganes indiziert, da onkologisch radikale Operationen in diesem Stadium der Erkrankung die Lebensqualität des Patienten nicht verbessern und ihn nur gefährden.

Systemische Therapien:

- Hormonelle Therapie endokrin abhängiger Tumoren und/oder Chemotherapie nach den jeweils gültigen onkologischen Leitlinien.
- Hemmung des durch Osteoklasten vermittelten Knochenabbaues bei osteolytischen Metastasen durch Clodronsäure (Bisphosphonat) und andere Osteoklastenhemmer.

14.2 Osteolytische Metastasen des koxalen Femurs eines Hypernephroms

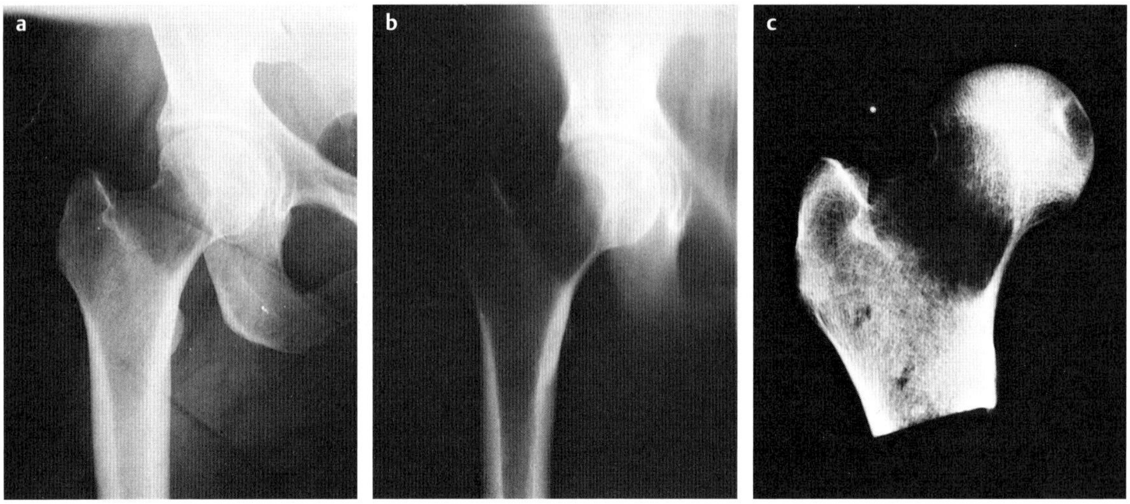

a Konventionelles Röntgenbild und
b Tomographie der Hüfte a.-p, **c** Röntgenbild des resezierten coxalen Femurs a.-p.

Lokale Therapien:
Die **Strahlentherapie** ist indiziert bei akuten oder chronischen Knochenschmerzen, bei drohenden oder manifesten pathologischen Frakturen, besonders der Wirbelsäule und hier bevorzugt bei Rückenmark- oder Nervenkompression durch tumorbedingte paraossäre Weichteilinfiltrationen.
Bei gegebener allgemeiner Operabilität des Patienten konkurrieren **chirurgische Maßnahmen** mit der Strahlentherapie. Eine Operation von Skelettmetastasen ist dann zu erwägen und durchzuführen, wenn die Metastasen zur Destabilisierung lastübertragender Knochenabschnitte führen und/oder die Gelenkfunktionen beeinträchtigen, weiterhin an der Wirbelsäule bei drohender Querschnittlähmung durch Progression des Tumors in den Wirbelkanal.
Als bewährte *Stabilisierungsmethoden* gelten:

- Verbundosteosynthesen: Kombination metallischer Osteosynthesematerialien (z. B. Platten, Marknägel, dynamische Hüftschraube, s. auch SE 9.3, S. 232 f) mit Knochenzement (**P**oly**m**ethyl**m**et**a**crylat = PMMA, z. B. Palakos). In **14.3** ist beispielhaft eine Doppelplattenverbundosteosynthese dargestellt.
- Endoprothetische Gelenkersatzoperationen mit Standardprothesen oder speziellen Tumorprothesen bei Destruktion von Gelenken oder gelenknahen Skelettabschnitten.
- Diaphysäre Resektionen mit Schaftverkürzung und stabiler Plattenosteosynthese oder mit Interposition einer Schaftprothese am Humerus bzw. mit einer Doppelplattenverbundosteosynthese für Femur und Tibia (**14.4**).

Eine krankengymnastisch angeleitete Mobilisierung des operierten Patienten ist obligat, damit der Patient möglichst rasch in seine gewohnte, häusliche Umgebung entlassen werden kann, um dort den Rest seines Lebens möglichst lang schmerzarm und mobil gestalten zu können.
Bei einer Verbundosteosynthese ist das Ausräumen einer Metastase nicht kurativ. Dies verfolgt nur den Zweck, dem Knochenzement ausreichend Platz zu gewähren, damit er die Tragefunktion des metastatisch zerstörten Knochens sicher übernehmen kann. Eine Entlastung einer operierten Extremität nach Verbundosteosynthese sollte nicht für notwendig erachtet werden müssen (**14.5**).
Für die Therapie von Wirbelsäulenmetastasen gilt, dass die alleinige dorsale Dekompression und Stabilisierung im Hinblick auf die Beherrschung neurologischer Komplikationen als genauso effektiv erachtet wird, wie das ventrale Vorgehen, und dass dies in der Regel den kleineren chirurgischen Eingriff darstellt. Der ventrale Eingriff soll dem Patienten in noch ausreichendem Allgemeinzustand vorbehalten bleiben. Ein kombiniertes ventrales und dorsales Vorgehen ist angezeigt bei vollständiger Destruktion des Wirbelkörpers und synchroner Tumorinvasion in die dorsalen Wirbelsäulenabschnitte.
Bei fehlender Operabilität oder im Finalstadium des Leidens können orthopädietechnische Versorgungen, d. h. **Orthesen** eine Beschwerdelinderung erreichen, auch wenn sie nur noch als Lagerungshilfen angewandt werden.

14.3 Doppelplattenverbundosteosynthese

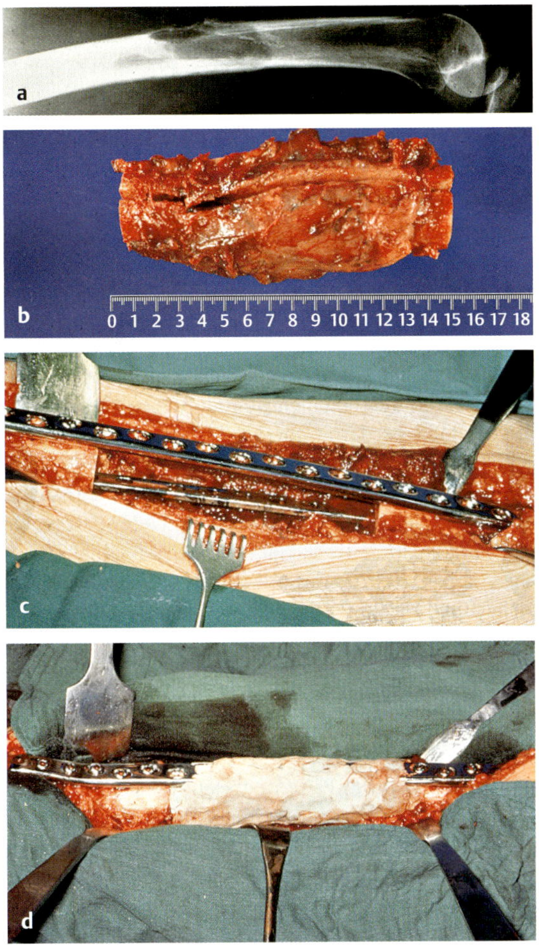

a Röntgenbild einer osteolytischen Metastase eines kleinzelligen Bronchialkarzinoms am Übergang des mittleren zum distalen Drittel des Femurs mit drohender pathologischer Fraktur.
b Resektion der Metastase en bloc und
c, d Doppelplattenverbundosteosynthese des Femurs.

14.4 Belastungsstabile Doppelplattenverbundosteosynthese

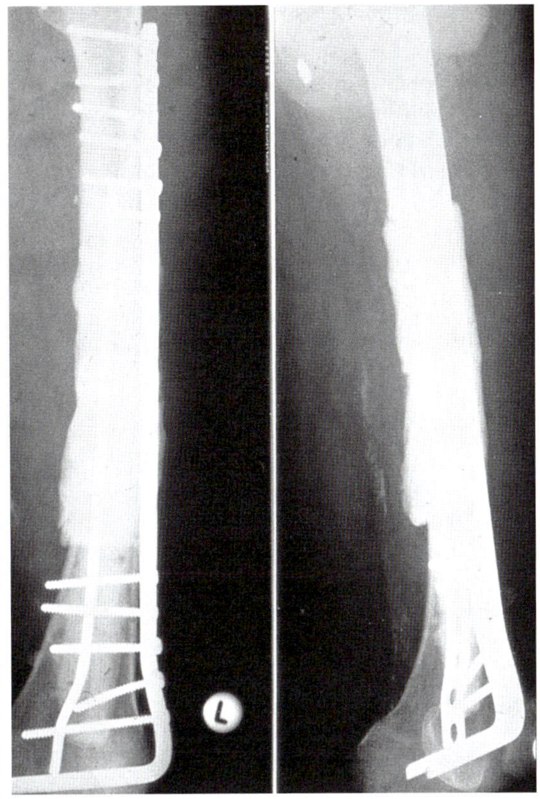

Röntgenkontrolle des Femurs nach Doppelplattenverbundosteosynthese mit Belastungsstabilität nach Abschluss der Wundheilung.

14.5 Zementierte Tumorprothese zum Ersatz des koxalen Femurs

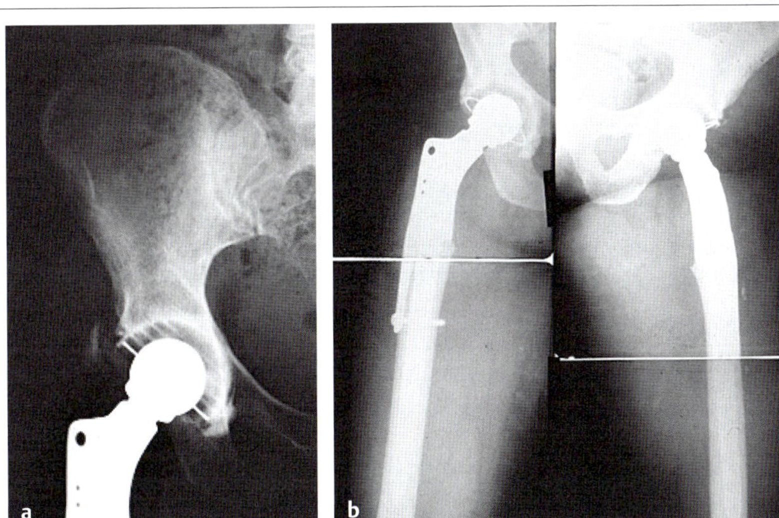

a Röntgenkontrolle des Beckens postoperativ und
b 3 Jahre nach Implantation.

14.3 Ursachen der postoperativen und posttraumatischen Infektion

Jede postoperative Infektion ist das Produkt aus einer örtlichen Keimeinsaat einerseits und einer Schwächung der örtlichen Infektabwehr andererseits. Die Manifestation der Infektion besteht in einem Zusammenbruch der örtlichen Infektabwehr und einer ungehemmten Keimvermehrung. Diese führt darüber hinaus zur örtlichen Destruktion körpereigenen Gewebes und zu systemischen Krankheitserscheinungen.

Ursachen und Pathogenese

Für postoperative/posttraumatische Infektionen an Knochen, Gelenken und Weichteilen kennt man folgende Ursachengruppen (s. auch **14.1**):

Allgemeine Abwehrschwäche

Eine erhöhte Infektanfälligkeit wird erwartet bei Patienten im höheren Lebensalter, mit Diabetes mellitus, bei Erkrankungen oder medikamentöser Behandlung mit Immunsuppression. Weiterhin können möglicherweise allergische Reaktionen (z. B. auf bestimmte Metallimplantate; s. **14.2**) systemisch die Infektanfälligkeit fördern.

Örtliche Wirtsschädigung

Die **traumatisch bedingte**, durch den Unfall direkt hervorgerufene örtliche Zerstörung von Knochen und Weichteilen, einschließlich der traumatisch bedingten Entblößung des Knochens und seiner Durchblutung, sind wichtige prädisponierende Faktoren für das Angehen einer späteren örtlichen Infektion. Stark kontusionierte Weichteile, ein ausgedehntes „subkutanes Decollement“, ausgedehnte Zerquetschungen der Muskulatur, eine starke Ausdünnung des Subkutangewebes, ein schweres intrakutanes Ödem mit „Spannungsblasen“ und ähnliche unmittelbare Traumafolgen verschlechtern die örtliche Infektabwehr.
Hinzu tritt eine **operativ bedingte** Wirtsschädigung: Jeder operative Eingriff wird zusätzlich zur rein traumatischen Schädigung eine weitere iatrogene in teilweise unvermeidlichem Umfang hinzufügen: Scharfe Durchtrennung von Haut und Unterhautfettgewebe, Längs- oder Querspalten der Muskulatur, Abdrängen der Weichteile vom Knochen, Kompression der Weichteile durch Hakenzug, Aufbohren der Markhöhle für die Marknagelung und ähnliches führen zu einer weiteren Schädigung der Weichteile und zu einer Minderdurchblutung derselben sowie des Knochens.

Keimeinschleppung

Unfallbedingt: Im Rahmen offener Frakturen (s. u.) kommt es (theoretisch) obligat zum Einbringen von pathogenen und apathogenen Keimen in die Wunde. Definitionsgemäß ist damit sowohl die Weichteilwunde als auch der frakturierte Knochen keimbesiedelt. Es ist zwar bekannt, dass die am Unfallort eingebrachten Keime i. d. R. nicht verantwortlich sind für spätere, sich dort manifestierende Infektionen; möglicherweise haben diese Keime des Unfallortes jedoch „Schrittmacherfunktion“, um eine spätere Besiedlung mit hospitaleigenen Keimen zu erleichtern (**T 14.6**).
Operativ bedingt: Es kann nachgewiesen werden, dass auch bei aseptischen Eingriffen mindestens die Hälfte aller Wunden zum Operationsende keimbesiedelt ist. Diese Keime stammen entweder von der unmittelbaren Umgebung (Haut des Patienten, Haut und Haare des OP-Personals) oder aus der Luft. In der Regel sind diese Inokula jedoch offenbar nicht massiv genug, um eine manifeste Infektion hervorrufen zu können.

Eine posttraumatische/postoperative Infektion an Knochen, Gelenken und Weichteilen ist stets die Folge einer örtlichen Keimeinsaat und einer örtlichen Wirtsschädigung; die Eintretenswahrscheinlichkeit wird modifiziert durch etwa bestehende systemische Abwehrdefekte.

T 14.6 Häufig nachgewiesene Keime bei frischen Knochen- und Weichteilinfektionen

Keim	*Häufigkeit*
S. aureus	57 %
S. epidermidis	23 %
β-hämolysierende Streptokokken	5 %
Pseudomonas aeruginosa	3 %
Clostridien	2 %
andere	10 %

14.1 Manifestation der Infektion

Nachdem es im Rahmen von Unfall und Operation zur Keimeinschleppung einerseits und zur örtlichen Wundgrundschädigung andererseits gekommen ist, wird der Körper versuchen, die Manifestation der Infektion (die ungehemmte Keimvermehrung einschließlich der sekundär destruierenden Folgen) durch Mobilisierung der humoralen und zellulären Infektabwehr zu vermeiden. In der Regel gelingt dies:
Trotz theoretisch obligater Kontamination kommt es nach offenen Frakturen nur in ca. maximal 10 %, trotz häufiger Kontamination nach aseptischen Eingriffen nur in ca. 1–2 % zur manifesten Infektion. Unter welchen quantitativen Bedingungen (der örtlichen Schädigung und der Keimeinsaat) sich die Infektion manifestiert, ist nicht bekannt. Prinzipiell kann jedoch von einer Beziehung zwischen Wirtsschädigung und Keimbesiedlung sowie Infektmanifestation ausgegangen werden, wie in **14.6** skizziert. Wahrscheinlich sind nicht nur verschiedene Individuen unterschiedlich infektanfällig, sondern bei der selben Person auch verschiedene Körperregionen.

14.2 Einfluss von Operationstechnik und Metallallergie auf die Infektionsrate

Einfluss der Operationstechnik auf die Infektionsrate: Die Einführung der biologischen Osteosyntheseverfahren, der zwei- oder mehrzeitigen Verfahren bei komplexen Verletzungen, der initial offenen Wundbehandlung bei offenen Frakturen sowie der präliminaren Fixateur-externe-Stabilisierung hat nachhaltig zur perioperativen Infektionsprophylaxe beigetragen. Wenn heute nach auch ausgedehnten aseptischen Eingriffen am Stütz- und Bewegungsapparat Infektionsraten von ca. nur 2 % erwartet werden und auch nach offenen Frakturen Infektionsraten von unter 10 %, dann ist dies in erster Linie Folge einer immer mehr situationsadäquat werdenden Operationstechnik. Eine Übersicht über aktuelle Infektionsraten in der Unfallchirurgie konnte zeigen, dass die alleinige Öffnung des Integuments (offene Fraktur) offenbar unter den aktuellen operationstaktischen Gegebenheiten keinen Einfluss mehr auf die Infektionsrate hat: bei ca. 70 % der Patienten stand offenbar eine örtliche Schädigung im Vordergrund, bei 30 % die Keimbesiedlung.
Einfluss einer Metallallergie auf die Infektionsrate: Für Allergien gegen Legierungskomponenten von Osteosyntheseimplantaten (z. B. Nickel) wird eine Prävalenz in der Bevölkerung von 4 % (steigende Tendenz) angegeben. Eine klinische prospektive randomisierte Studie zeigte bei Patienten, welche mit Titanimplantaten intern osteosynthetisch versorgt wurden, tendenziell etwas weniger manifeste Infekte, statistisch haltbar war diese Differenz jedoch nicht. Im Tierexperiment ist die zur Infektauslösung notwendige Inokulationsdichte am Titanimplantat um eine Zehnerpotenz höher als am Stahlimplantat.

Klinische Konsequenzen

Ziel jeder Infektprophylaxe wird es sein, dafür zu sorgen, dass es nicht zur Dekompensation der örtlichen Infektabwehr (zum Überschreiten der in **14.6** skizzierten Grenze) kommt. Hierzu müssen sowohl die Wundkeimbesiedlung als auch die örtliche Wundschädigung möglichst gering gehalten werden. Von den oben genannten infektfördernden Faktoren (bzw. Faktorengruppen) sind tatsächlich nur zwei der unmittelbaren ärztlichen klinischen Prophylaxe zugänglich:

- Die intraoperative Keimeinsaat und
- die intraoperative Wundtraumatisierung.

Eine gute und wirkungsvolle Infektprophylaxe sucht stets gleichermaßen die operativ/iatrogene Gewebeschädigung und die operativ/iatrogene Keimeinschleppung zu minimieren.

Eine vorgegebene Depression der systemischen Infektabwehr bei einzelnen Patienten ist ebenso als gegeben und unabänderlich hinzunehmen wie die vorgegebene unfallbedingte Gewebeschädigung und eine unfallbedingte Keimbesiedlung (bei offenen Frakturen).

Vielmehr ist es ärztlich-therapeutisches Ziel, gerade unter schlechten Ausgangsbedingungen die zusätzlich infektfördenden Faktoren möglichst gering zu halten, sodass sich auch gerade in einer ungünstigen Situation ein Infekt dennoch nicht manifestiert.

14.6 Pathophysiologie der Infektentstehung

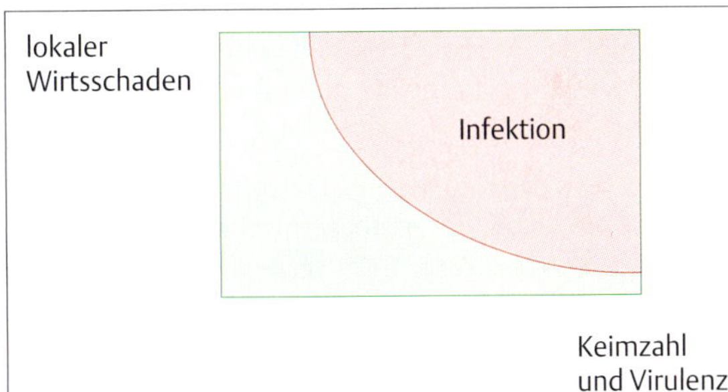

Gedachte Beziehung zwischen örtlichem Wirtsschaden und Keimbesiedlung: überschreiten beide Parameter eine bestimmte Größe, kommt es zum Überschreiten der Grenze zur Infektion.

14.4 Diagnostik der postoperativen und posttraumatischen Infektion

Die Diagnostik der posttraumatischen/postoperativen Infektion geschieht überwiegend klinisch; die Frühdiagnose einer Infektion ist äußerst schwierig, verlässliche technische Hilfsmittel hierzu existieren nicht. Entscheidend ist die tägliche ärztliche Beobachtung des Wundheilungsverlaufes. Wenn erst einmal die örtliche massive Keimbesiedlung zu der ihr eigenen sekundären Zerstörung von Gewebe führt, wird dadurch ein Circulus vitiosus in Gang gesetzt, welcher die Infektausheilung immer unwahrscheinlicher werden lässt.

Die Frühdiagnose einer postoperativen Wundinfektion ist entscheidend für gute Behandlungsaussichten.

Techniken zur Infektdiagnostik

Klinische Beobachtung der Wunde

Jede postoperative Wunde zeigt in den ersten 48–72 Stunden ein intra- und subkutanes Ödem. Der Rückgang dieses intrakutanen Ödems zeichnet sich durch Auftreten feinster Fältchen in der unmittelbaren Umgebung der Wunde aus. Diese feine Wundfältelung 2–4 Tage post operationem sind das erste und sicherste Zeichen für eine voraussichtlich ungestörte Wundheilung. Der **fehlende Rückgang des intrakutanen Ödems** (**14.7**: der Wundrand ist weiterhin gespannt, glatt und aufgeblasen wie ein Wasserball!) weist auf problematische örtliche Zirkulationsverhältnisse und auf eine möglicherweise beginnende Infektion hin.

Die ungewöhnlich glatte Hautoberfläche und starke Vorwölbung der Haut zwischen den Fäden ist spätestens 72 Stunden nach Operation als bedrohlich anzusehen.

Synchron mit dem Rückgang des intrakutanen Ödems gehen der Rückgang der *postoperativen Hyperämie, Sekretion und Schmerzen*: Auch eine vermehrte **Wundrötung**, welche über einen Zeitraum von 2–3 Tagen hinaus besteht, weist auf eine gestörte Normalisierung der Zirkulation und auf einen beginnenden Frühinfekt hin. Dasselbe gilt für den **Sekretaustritt** aus der Wunde. Eine normal heilende aseptische Operationswunde wird nach 48 bis spätestens 72 Stunden trocken, verklebt und geschlossen sein. Jede Ödemsekretion, die über diesen Zeitraum hinausgeht, ist unphysiologisch; sie kann einerseits Folge einer schweren präoperativen Quetschung sein (welche längere Zeit zur Normalisierung braucht), sie kann jedoch ebenso Zeichen eines Frühinfektes sein. Stärkere **Wundschmerzen** in den ersten 2 Tagen nach einem operativen Eingriff sind zu erwarten. Da auch sie jedoch in ihrer Stärke wesentlich durch die Ausprägung des Ödems bestimmt sind, ist ein fehlender Rückgang der postoperativen Schmerzen ein wichtiges Frühwarnzeichen für eine sich anbahnende Infektion.

Röntgenologische und laborchemische Hilfsmittel

Eine Erhöhung der Körpertemperatur, der Leukozyten, der BSG oder des CRP ist nur bei lokalen Infekten mit systemischer Reaktion zu beobachten. Die Sonographie kann einen indirekten Hinweis auf eine Infektion geben, die Leukozytenszintigraphie kann schwer zu interpretieren sein (**14.3**). Eine Verschiebung in der Zusammensetzung von Spurenelementen könnte in Zukunft möglicherweise zur Infekt-Frühdiagnostik dienen (**14.8**).

Fazit: Bislang ist das beste Frühdiagnostikum eine tägliche Beobachtung der Wunde.

14.7 Beispiele für infizierte Operationswunden

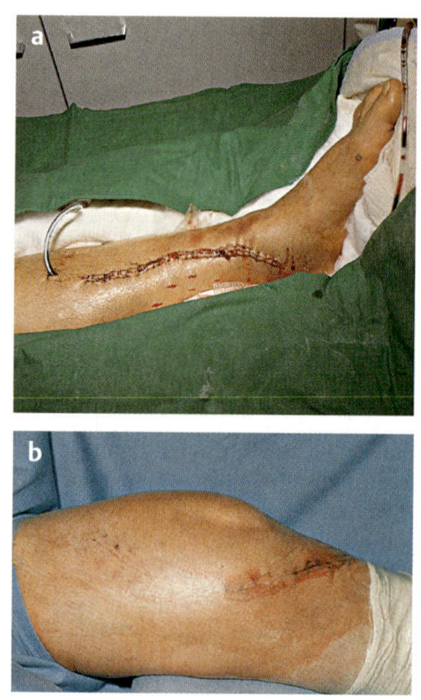

a Die klinischen Infektzeichen (hier 3 Tage nach Plattenosteosynthese einer distalen Unterschenkelfraktur) sind ausgeprägt und vollständig vorhanden.
b Schon das Neuauftreten eines Gelenkergusses nach einer gelenkbeteiligenden Operation (hier am 12. postoperativen Tag) kann Anzeichen eines postoperativen Infektes sein.

14.8 Algorithmus der Infektdiagnostik

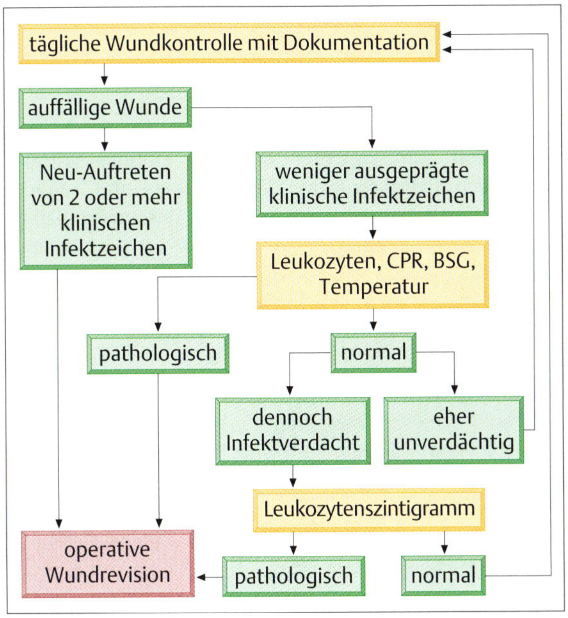

14.3 Diagnostische Hilfstechniken

Leukozyten, Körpertemperatur, CRP, BSG: Hohe Leukozytenwerte (bei Erwachsenen über 10 000/µl) können ein Hinweis auf eine sich anbahnende Infektion sein. Einerseits haben jedoch hohe Leukozytenwerte oft außerhalb der OP-Region liegende Gründe, andererseits werden immer wieder dramatische örtliche Wundinfektionen beobachtet, ohne dass es (systemisch) zu Leukozytenreaktionen kommen muss. Sinngemäß dasselbe gilt für die Erhöhung der Körpertemperatur, der CRP oder der BSG.

Sonographie: Ein großes Hämatom oder ein auffallend ausgeprägtes diffuses Ödem können sonographisch nachgewiesen werden. Die Sonographie vermag jedoch nicht zwischen einem sauberen und einem kontaminierten Hämatom zu differenzieren, ebenso ist die Sonographie nicht in der Lage, eine physiologische von einer pathologischen oder bedrohlichen Ödembildung zu unterscheiden.

In bestimmten Fällen kann ein **Leukozytenszintigramm** einen diagnostischen Beitrag liefern zur Unterscheidung zwischen einem bakteriellen Reizzustand und einer manifesten Infektion: Für die Leukozytenszintigraphie werden handelsfertige monoklonale Antikörper mit ^{99}Tc markiert und anschließend dem Patienten injiziert. Dort kommt es zu deren Bindung an Granulozyten. I. d. R. weist eine örtliche (asymmetrische) Granulozytenansammlung auf eine bakterielle Infektion hin.

Bakteriologische Untersuchungen sind in aller Regel nur begrenzt geeignet, die Frühdiagnose einer postoperativen/posttraumatischen Infektion zu erleichtern: Kommt es aus aseptischen, geschlossenen Wunden zum Sekretaustritt und wird dieses Sekret bakteriologisch untersucht, dann kann das Ergebnis einerseits falsch negativ sein (zu wenig Sekret um Keime nachweisen zu können); andererseits können bei der Probeentnahme Hautkeime „mitgenommen" werden, welche das Abstrichergebnis verfälschen.

Das **Standardröntgenbild** leistet zur Frühdiagnose eines Infektes an Knochen, Gelenken oder Weichteilen keinen Beitrag.

Gewebshormone: Es wurde versucht, durch die Bestimmung von Gewebshormonen (z. B. Elastase) einen Rückschluss auf eine Frühinfektion zu erhalten. Da jedoch die vermehrte Expression von Gewebshormonen gleichermaßen als Signum für eine vermehrte traumatische und operative Gewebsschädigung anzusehen ist, war es bislang nicht möglich, mit hinreichender Sicherheit aus dem Verlauf von Gewebshormon-Spiegeln spezifisch auf das Auftreten einer Frühinfektion zu schließen.

14.5 Postoperative und posttraumatische Knocheninfektion

Bei der posttraumatischen/postoperativen Infektion am Knochen kommt es zur Bildung von intraossären Mikroabszessen und zur sekundären infektbedingten Destruktion des Knochens. Dies führt zur Minderdurchblutung und schließlich zum Absterben einzelner Knochenareale (Sequesterbildung); bei nicht verheilten Frakturen kommt es anstatt zur knöchernen Brückenbildung (Callusbildung) zur weiteren Vergrößerung des Bruchspalts und damit zum Eintreten in einen Circulus vitiosus. Schließlich bedingen intraossäre Abszesse und fragliche Zirkulationsverhältnisse am Knochen, dass prinzipiell lebenslang mit kleinsten keimbesiedelten intraossären avitalen Arealen zu rechnen ist und damit prinzipiell mit dem Wiederaufflackern des Infektes.

14.4 Pathogenese der Knocheninfektionen

Sobald die eingebrachten Keime (z. B. im Rahmen der plattenosteosynthetischen Versorgung einer Fraktur) die örtliche Infektabwehr „überrollt" haben und deren ungehemmte Vermehrung begonnen hat, kommt es zur Ausbildung eines zunächst periostalen Abszesses, welcher sich alsbald in die Havers-Kanäle hinein fortsetzt. Durch Bakterientoxine sowie bakterienseitige Enzymabscheidungen (z. B. Hyaluronidase, Koagulase) und weitere Ausbreitung der Mikroabszesse werden einzelne, immer größere Areale des Knochens von der Umgebung und der Zirkulation abgesondert, sodass es zur Bildung von zunächst kleinen, dann größeren abgestorbenen Knochenstücken (Sequestern) kommt. Ist ein solcher Sequester im Knocheninneren von einem Abszess umgeben, sprechen wir von einer „Totenlade". Die Sequestrierung des Knochens wird vor allem dort ihren Fortgang nehmen, wo bereits traumatisch bzw. operativ bedingt die Zirkulation schlecht ist, d. h. in Höhe der Fraktur. Auf diese Weise kommt es bereits kurz nach Beginn des Infektes zu einem zunehmenden Knochenverlust an der Fraktur einerseits und an der Grenze zwischen Implantat und Knochen andererseits. Dies führt nicht nur zur Vergrößerung des Frakturspaltes, sondern gleichzeitig zur zunehmend mangelhaften Verankerung des Implantates im Knochen; beides zusammen ergibt eine infektbedingte zunehmende Instabilität der Fraktur bzw. Osteosynthese. Diese Instabilität ihrerseits bedingt eine vermehrte örtliche Unruhe und damit eine verschlechterte örtliche Abwehr. Auf diese Weise wird ein Circulus vitiosus in Gang gesetzt, welcher (undurchbrochen) zur langstreckigen Destruktion des Knochens bis zum Verlust einer halben Diaphyse oder mehr führen kann.
Je nachdem, ob die Infektion bevorzugt den Knochen selbst oder auch die Markhöhle betrifft, spricht man von **Osteitis** oder **Osteomyelitis**. Die *hämatogene* Keimeinschleppung (hämatogene Osteomyelitis) spielt heute zahlenmäßig keine große Rolle mehr. Da bei ihr zunächst weder ein Gewebeschaden noch ein Mangeldurchblutung vorliegt, ist sie (zumindest in den Frühstadien) durch eine systemische Therapie mit Antibiotika gut behandelbar.

Therapie

Die Bestandteile der **operativen Infekttherapie** am Knochen ergeben sich aus den pathophysiologischen Vorbemerkungen zwanglos: Der Circulus vitiosus muss durchbrochen werden. Dies ist an drei Stellen möglich:

Beseitigung des eitrigen Verhaltes: Bereits die großzügige Eröffnung eines bakteriellen Verhaltes an Weichteilen und Knochen, das Reinigen und Ausspülen der Wunde und evtl. zusätzlich die örtliche Keimreduktion (s. u.) führen über eine drastische Reduktion der Keimzahl zu einer Verbesserung der Abwehrlage; die Wahrscheinlichkeit der Ausbildung von intraossären Abszessen und von Sequestern bzw. der Förderung der infektbedingten Destruktion wird damit deutlich geringer.
Entfernung alles „toten Gewebes": Jedes tote Gewebe (Nekrosen an Knochen und Weichteilen, innere Implantate, Fäden oder sonstige Fremdmaterialien) ist prinzipiell keimbesiedelt und Ausgangspunkt einer weiteren Keimvermehrung sowie einer weiteren örtlichen infektbedingten Destruktion. Je früher und radikaler alles tote Gewebe entfernt wird, um so weniger ausgeprägt kann die sekundäre infektbedingte sukzessive Gewebeschädigung und damit die sekundären infektbedingten Komplikationen (Instabilität und ähnliches) sein.
Erzeugung einer Stabilität: Ohne eine stabile Osteosynthese ist eine Sanierung eines Infektes am Knochen nicht möglich. Da jedoch ein inneres Implantat (z. B. Platte oder Nagel) gleichzeitig als Fremdkörper und damit prinzipiell infektfördernd wirkt, wird man es in aller Regel entfernen und durch eine stabile Montage

14.5 Spezielle Techniken zur knöchernen Nekrektomie bzw. zum knöchernen Wiederaufbau

Schalenförmige Sequester an der Kortikalis können anlässlich einer operativen Revision mit dem bloßen Auge problemlos gesehen und entfernt werden. Kleinere Sequester im Knocheninneren (in der Markhöhle) können nur erreicht werden, wenn die Markhöhle durch ein Fenster zuvor eröffnet wird. Langstreckige Kortikalisnekrosen, welche ein Viertel der Zirkumferenz oder mehr ausmachen, können nicht ersatzlos entfernt werden; hier muss ein sekundärer Wiederaufbau der Knochenkontinuität (durch eine autologe Spongiosaplastik) erfolgen. Betrifft die Sequestration die Hälfte der Zirkumferenz des Knochens oder mehr, so wird in aller Regel diese durch eine „Segmentresektion" entfernt, anschließend wird die Knochenkontinuität durch einen Segmenttransport (s. SE 9.4, S. 236 f) wiederhergestellt. Fremdknochen (allogene oder xenogene Spongiosaplastik) wird im Infekt normalerweise nicht angewendet. Vor derart einschneidenden Maßnahmen muss das Ausmaß der knöchernen Nekrose exakt abgeschätzt werden; hierzu dient vornehmlich die MRT.

eines Fixateur externe ersetzen. Eine Ausnahme liegt lediglich dann vor, wenn (bei einem wenig ausgeprägten Infekt) das innere Implantat einerseits eine optimale Stabilität gewährleistet und andererseits durch entsprechende Zusatzmaßnahmen dafür gesorgt wird, dass die von dort ausgehende Keimvermehrung und Sekretion nicht überhand nimmt (s. u.).
In Abhängigkeit von der örtlichen Durchblutung und der Keimdichte ist es notwendig, die operative Therapie z. B. durch lokale oder systemische **Antibiotikatherapie** zu ergänzen (s. auch SE 14.6, S. 362 f).
Eine Infekttherapie wird nicht erfolgreich sein, wenn sie in gedankenloser Polypragmasie alle zur Verfügung stehenden Techniken gleichermaßen abspult oder eine einmal begonnene therapeutische Richtung (zum Beispiel eine örtliche Antisepsis oder eine Stabilisierung im Fixateur externe) gedankenlos und, ohne sich auf die neue Situation einzustellen, über Monate fortführt.

Sie wird nur erfolgreich sein, wenn es gelingt, das jeweils im Vordergrund stehende pathophysiologische Agens zu identifizieren und gezielt anzugehen (**T 14.7**).

T 14.7 Synopsis der Therapieverfahren bei Infekten an Knochen (K), Weichteilen (W) und Gelenken (G)

pathogenetisch führendes Prinzip		*Erscheinungsformen*	*Therapie*
eitriger Verhalt	W	Weichteilabszess	Eröffnung
	K	Totenlade	Eröffnung, Drainage
	G	Gelenkempyem	Eröffnung, Saug-Spül-Drainage
Nekrose	W	Weichteilnekrose	großzügige Exzision
	K	knöcherner Sequester	Entfernung
	G	eitrige Synovitis	Synovektomie
Defekt	W	Weichteildefekt	Spalthaut oder andere Verfahren
	K	knöcherner Defekt	Spongiosaplastik, Segmenttransport
	G	Gelenk-destruktion	Arthrodese
Instabilität	K	Instabile oder fehlende Osteosynthese	bevorzugt Fixateur externe
übermäßige bakterielle Besiedlung		Bakteriämie	systemische antibiotische Therapie
		Phlegmone	systemische und lokale antibiotische Therapie
		lokale massive Keimbesiedlung	v. a. lokale antibiotische/antiseptische Therapie

Das intelligente Aufeinanderfolgen der einzelnen Maßnahmen innerhalb eines sorgfältig strukturierten und immer wieder neu überdachten Konzepts ist der Schlüssel zum Erfolg der Infektbehandlung. Hierzu ist es allerdings notwendig, dass der Behandler stets prinzipiell alle therapeutischen Möglichkeiten zur Verfügung hat („auf dem gesamten Klavier der Therapiemöglichkeiten spielen kann").

14.6 Fallbeispiel: Behandlung einer manifesten Infektion nach Marknagelosteosynthese

Ein 27-jähriger Patient erleidet im Rahmen eines Polytraumas u. a. eine komplette zweitgradig offene Unterschenkelfraktur. Diese wird in üblicher Weise zunächst im Fixateur externe und mittels Fibulaplatte stabilisiert. Verzögert erfolgt ein Umstieg auf eine Marknagelung. 5 Tage nach durchgeführter Marknagelung kommt es zur Rötung und Schwellung an der unteren Verriegelungsschraube. Die notfallmäßig durchgeführte Revision zeigt dort einen eitrigen Verhalt (Staphylococcus aureus). Es erfolgt ein ausgiebiges Débridement (Entfernung alles nekrotischen Materials aus den Weichteilen sowie – soweit sichtbar – oberflächlich vom Knochen). Da die Infektion auf die untere Verriegelungsschraube begrenzt erscheint und da die Osteosynthese stabil ist, wird eine Drainage eingelegt. Diese Drainage soll (so die Planung) so lange belassen werden, bis die Fraktur durchbaut und der Marknagel entfernt ist. Auf diese Weise soll dafür gesorgt werden, dass es an der unteren Verriegelungsschraube nicht erneut zum Verhalt kommt. Mit dieser Technik soll mithin erreicht werden, dass das Knochen- und Weichteilgewebe, auch bei bestehendem Infekt, ein inneres Implantat toleriert.
Nach anfänglich problemlosem Verlauf kommt es jedoch weitere 3 Wochen später zu Infektzeichen, auch in Frakturhöhe und erneuten Infektzeichen an der ehemaligen Revisionsstelle. Ganz offenbar war demnach die Dauerdrainage nicht in der Lage, eine weitere allmähliche Keimvermehrung bzw. einen erneut sich bildenden Verhalt zu vermeiden. Es ist deswegen eine sekundäre infektbedingte Destruktion von Knochen und Weichteilen zu erwarten. Aus diesem Grunde wird der Marknagel entfernt und durch einen Fixateur externe ersetzt; im gleichen Zuge werden erneut die erkennbaren Nekrosen an Knochen und Weichteilen abgetragen.
Im Fixateur externe kommt es zum zunehmenden knöchernen Durchbau der Fraktur; dieser wird beschleunigt durch eine Spongiosaplastik zwischen Fibula und Tibia. Nach Frakturdurchbau wird der Fixateur externe entfernt.
Prognose: Zum Zeitpunkt der Berichterstattung ist der Unterschenkel des Patienten voll belastbar, die Weichteile sind geschlossen und reizlos, der Patient örtlich beschwerdefrei. Prinzipiell muss jedoch damit gerechnet werden, dass an der einen oder anderen Stelle der Tibia weiterhin kleine und kleinste keimbesiedelte knöcherne Nekrosen (Sequester) vorliegen, welche dazu führen können, dass auch nach Jahren oder Jahrzehnten ein Infektrezidiv manifest wird.

Prognose

Meist gelingt es, den **akuten** Infekt zu beherrschen; oft gelingt es auch, **chronische** Infekte zu beruhigen. Prinzipiell muss aber nach allen Infektionen an Knochen oder Gelenken lebenslang mit Rezidiven gerechnet werden.

Martin Hansis

14.6 Postoperative und posttraumatische Gelenkinfektion

Bei der postoperativen und posttraumatischen Gelenkinfektion tritt neben die Ziele der Behandlung der knöchernen Infektion (Infektberuhigung, Wiederherstellung der Kontinuität) und die Ziele der Behandlung der Weichteilinfektion (Infektberuhigung und Wiederherstellung der Weichteilbedeckung) ein drittes Ziel – der Erhalt bzw. die Wiederherstellung einer guten Stabilität und einer guten Beweglichkeit im Gelenk. Vor allem letzteres Ziel zu erreichen, kann ausgesprochen schwierig sein: Die der Infektion eigentümlichen sekundären Destruktionsvorgänge betreffen nämlich auch den Kapselbandapparat und den Knorpelüberzug der Gelenke. Andererseits führen die (im Rahmen der Infekttherapie erwünschten) Reparationsmechanismen u. a. auch zum Teil zu einer ausgeprägten periartikulären Narbenbildung (mit der Folge einer ausgeprägten postinfektiösen Bewegungseinschränkung).

14.7 Besondere pathophysiologische Erscheinungen bei Gelenkinfektionen

Infiziertes Hämarthros bzw. Gelenkempyem: Die sekundäre Keimbesiedlung eines Hämarthros bzw. eines serösen Gelenkergusses endet in einer Ansammlung reinen Eiters im Gelenk (Gelenkempyem). Diese infizierte Gelenkflüssigkeit führt zur rasch fortschreitenden Nekrose des Knorpels (wobei dieser wiederum sekundär als Sequester wirkt) und zur Ausbildung von subchondralen intraossären Abszessen. Auch bei einer erfolgreichen Behandlung der Infektion wird die infizierte Gelenkflüssigkeit organisiert; sie wird mithin in Fibrin und schließlich in fibröses Bindegewebe umgebaut. Die „physiologische" Folge dieses Vorganges ist die bindegewebige Ausfüllung des Gelenkinnenraumes – die fibröse Gelenksteife.
Paraartikuläre Phlegmone: Geht die Infektion vornehmlich von den paraartikulären Weichteilen aus (z. B. Infektion nach einer Kapselbandnaht), so wird sich die Entzündung zunächst im Kapselbandapparat des Gelenkes (und weniger im Gelenkinnenraum) abspielen. Da dort keine physiologisch begrenzten Räume vorliegen, findet sich häufig dort nicht das Bild eines Abszesses, sondern einer Phlegmone. Die paraartikuläre Phlegmone wird ihrerseits (wie erwartet) einerseits zur Destruktion von Kapselbandstrukturen führen – mit der Folge einer sekundären mangelhaften ligamentären Führung. Andererseits führt (gerade beim erfolgreich behandelten Infekt) die paraartikuläre Phlegmone dort zur vermehrten bindegewebigen Reaktion, zur vermehrten Narbenbildung. Dies bedingt eine zunehmende bindegewebige „Ummauerung" des Gelenkes mit einer zunehmend schlechten Beweglichkeit.

Therapie

Operative Therapie und Begleitbehandlung:
Notfallmäßige Infektentlastung und Nekrektomie: Auch der Gelenkinfekt wird notfallmäßig revidiert: Die paraartikuläre Phlegmone bzw. das Gelenkempyem werden eröffnet, erkennbare Nekrosen werden abgetragen, das eitrige Sekret wird reichlich ausgespült; anschließend werden die periartikulären Weichteile bzw. der Gelenkinnenraum großzügig drainiert, um einen erneuten Verhalt zu vermeiden.
Vorübergehende Immobilisierung: Wie jede Infektion, so bedarf auch die Infektion am Gelenk zunächst einer vorübergehenden Ruhigstellung (durch Gips oder gelenkübergreifenden Fixateur externe) bis die akuten Infektzeichen abgeklungen sind. Gelenknahe Frakturen bedürfen selbstverständlich einer stabilen Osteosynthese (interne oder externe) – entsprechend den oben skizzierten Prinzipien.
Frühzeitige begrenzte Mobilisierung: Aus Tierexperimenten sowie aus zahlreichen klinischen Beobachtungen ist bekannt, dass die Ausheilung einer Infektion des Gelenkinnenraumes um so günstiger ist, je besser die Synoviaflüssigkeit im Gelenk bewegt und verteilt wird. Eine frühzeitige Mobilisierung des Gelenkes wird vor allem die Knorpelernährung fördern bzw. der Sequestration (dem Absterben) des Knorpels entgegen wirken. Andererseits ist das Ausmaß und die Intensität einer frühzeitigen Bewegungsbehandlung dadurch limitiert, dass zum einen durch eine vorangegangene Operation möglicherweise die Bandführung des Gelenkes nicht mehr ausreichend stabil ist (eine instabile Situation würde den Infekt wieder „anheizen"!) und dass zum anderen die Unruhe durch eine frühzeitige Bewegungsbehandlung die Beherrschung des Infektes erschweren kann (s. o.).
Saugspüldrainage: Die kontinuierliche Spülung eines infizierten Gelenkes ist mit physiologischer Kochsalzlösung (ca. 2–6 l täglich) hat im Akutstadium einer Infektion mehrere Vorteile: Sie führt zum kontinuierlichen Abtransport von nekrotischem Material, sie verhindert (auf rein mechanische Weise durch Verdünnung) die erneute Keimvermehrung und sie erleichtert die frühzeitige Bewegungsbehandlung (da das Gelenk wie auf einem „Wasserkissen schwimmt"). Die Handhabung einer solchen Saugspüldrainage ist jedoch klinisch anspruchsvoll; negative Sekundärphänomene (Auslaufen des Spülsekrets in die umgebenden Weichteile, Sekundärbesiedlung des Spülsekrets, Knorpelschädigung durch Additiva beim Spülsekret) müssen dringend vermieden werden.

Antibiotische Behandlung: Eine antibiotische/antiseptische Behandlung bei Infektionen an Knochen, Gelenken und Weichteilen verfolgt **3 Ziele**:
- Verringerung der Keimbesiedlung im infizierten Areal,

- Vermeidung oder Begrenzung einer Keimaussaat (per continuitatem, lymphogen oder hämatogen) in den übrigen Körper,
- Vermeidung einer Sekundärbesiedlung von Implantaten oder Transplantaten im ehemals infizierten Bereich.

Gute örtliche Durchblutungsverhältnisse und die Gefahr einer Infektausbreitung machen beim Gelenkinfekt eine systemische antibiotische Behandlung nicht nur sinnvoll sondern unabdingbar. Sie endet mit Abklingen der akuten Infektzeichen. Verwendet wird ein gut weichteilgängiges Präparat, welches die erwarteten oder bekannten Keime adäquat erreicht (z. B. Cephalosporin der 2. Generation; s. auch **14.9** und SE 3.8, S. 60).

14.8 Fallbeispiel: Behandlung einer Gelenkinfektion

Ein 25-jähriger sportlicher Mann erleidet beim Fußballspiel ein schweres Distorsionstrauma des Kniegelenkes. In der nachfolgenden Operation wird eine vollständige Zerreißung des vorderen Kreuzbandes gefunden; dieses wird durch ein freies Transplantat („Brückner-Plastik"; s. SE 12.7, S. 318 ff) ersetzt. 4 Tage nach dem Eingriff kommt es zu einer auffallenden erneuten Schwellung des Gelenkes mit leichter Rötung und (im Rahmen der frühzeitigen Bewegungsbehandlung) zu erneut zunehmenden Schmerzen. Dies gibt Anlass zur notfallmäßigen Revision: Im Gelenk finden sich eine verdickte, aufgeraute und gerötete Synovia und ca. 150 ml „trüber Erguss". Es wird eine eingehende Nekrektomie vorgenommen, die Synovia wird, soweit makroskopisch verändert, entfernt, das Gelenk reichlich gespült und eine Saugspüldrainage installiert. Diese wird in den ersten 24 Stunden mit 8 l, für weitere 4 Tage mit jeweils 4 l pro Tag steriler Kochsalzlösung befahren. Parallel systemische antibiotische Behandlung (intravenös) für 7 Tage.
12 Stunden nach der Revision sind Schwellung und Schmerzhaftigkeit zunächst deutlich rückläufig. Es wird jetzt eine Bewegungsbehandlung in einem Bewegungsausmaß von 0/10/60 Grad (Neutral-0-Methode; normales Bewegungsausmaß für das Kniegelenk: Extension/Flexion 5–10/0/120–150 Grad) begonnen, wobei das Bein auf einer elektrischen motorbetriebenen Schiene gelagert und 24 Stunden kontinuierlich bewegt wird. 24 Stunden nach Beginn der genannten Bewegungstherapie zeigt das Gelenk wieder eine vermehrte Rötung und Schwellung, aus diesem Grunde wird die Bewegungstherapie in ihrer Intensität reduziert; es wechseln sich jeweils achtstündige Phasen von Bewegung und Ruhigstellung ab. Unter dieser Therapie kommt es erneut zum Rückgang von Rötung, Schwellung und Schmerzen; die Saugspüldrainage kann wie geplant nach 5 Tagen beendet werden, die Bewegungsbehandlung weitere 2 Tage später erneut intensiviert werden.
3 Wochen nach der notfallmäßigen infektbedingten Revision sind die Wundverhältnisse geschlossen und reizlos, das Gelenk weist einen minimalen Resterguss auf ohne weitere Infektzeichen, das Bewegungsausmaß beträgt 0/10/85 Grad. Der Patient hat keine wesentlichen Schmerzen; das Bein kann (unter Zuhilfenahme von 2 Gehstützen) voll belastet werden.
Ab diesem Zeitpunkt kann die Nachbehandlung wie für die Bandplastik ursprünglich vorgesehen fortgesetzt werden. Zum Behandlungsabschluss (nach 12 Monaten) findet sich ein stabiles Gelenk, die Beweglichkeit ist noch auf 0/0/120 Grad eingeschränkt; Infektzeichen liegen nicht vor, ebenso keine Zeichen einer frühzeitigen Arthrose.

Prognose

s. SE 14.5, S. 361.

14.9 Antibiotische und antiseptische Behandlung bei Infektionen von Knochen, Gelenken und Weichteilen

Systemische antibiotische Behandlung
Frischer postoperativer Infekt: Hier rechnet man noch mit einer guten Durchblutung, auch der infizierten Areale an Knochen, Knorpel und Weichteilen. Es ist deswegen sinnvoll, zusammen mit der operativen Therapie eine systemische antibiotische Behandlung einzuleiten.
Chronischer Infekt mit beginnender Streuung: Besteht ein chronischer Infekt an Knochen oder Weichteilen, so ist dieser in aller Regel lokal begrenzt. Die infizierten Areale können meist (da nicht mehr oder vermindert perfundiert) von parenteral oder oral gegebenen Antibiotika nicht erreicht werden. Der chronische Infekt selbst ist deswegen *keine* Indikation für eine systemische antibiotische Behandlung. Kommt es jedoch ausgehend von dort zu einer Streuung per continuitatem, lymphogen oder hämatogen, so dient eine systemische antibiotische Behandlung dazu, den Infekt wieder „örtlich zu begrenzen". Parallel hierzu müssen in aller Regel operative Maßnahmen erfolgen.
Vermeidung einer Besiedlung bei Sekundäreingriff im infizierten Gebiet: Sofern im ehemals (oder noch) infizierten Gebiet ein sekundärer Eingriff erfolgen soll (erneute innere Osteosynthese, Spongiosaplastik, Muskelschwenklappen oder ähnliches), so möchte man dafür sorgen, dass das eingebrachte Material oder Gewebe nicht unmittelbar erneut in vermeidbarer Weise keimbesiedelt wird. Hierzu dient eine parallel durchgeführte antibiotische Behandlung.

Lokale antibiotische/antiseptische Behandlung
Eine lokale antibiotische bzw. antiseptische Behandlung ist dann nicht sinnvoll, wenn im Vordergrund der Infektpersistenz ein Verhalt, Nekrosen an Knochen oder Weichteilen oder eine instabile Situation steht. Nur dann, wenn zum jeweiligen Zeitpunkt keine chirurgische Therapie notwendig ist und dennoch eine übermäßige örtliche Keimbesiedlung vorliegt, ist es sinnvoll, diese übermäßige örtliche Keimbesiedlung durch eine vorübergehende örtliche antibiotische bzw. antiseptische Maßnahme anzugehen: Eine solche Situation liegt zum Beispiel dann vor, wenn ein Abszess frisch revidiert, der Verhalt sicher eröffnet ist, die Nekrosen sicher entfernt sind; hier gilt es für wenige Tage, die nunmehr neu entstandene breitflächig offene Wunde gezielt zu dekontaminieren.
Hierzu dienen folgende Möglichkeiten:
Antibiotikahaltige Ketten oder Schwämme: Sie können in Wundhöhlen eingelagert werden, über ihnen kann auch eine Wunde verschlossen werden. Sie werden vorübergehend Antibiotika in sehr hoher Konzentration freisetzen.
Antiseptikumhaltige Verbände: Es stehen handelsfertige antiseptikumhaltige Gazen zur Verfügung (s. SE 3.10, S. 64 f); ebenso können Verbandmaterialien durch antiseptikumhaltige Salben oder Lotionen getränkt werden. Diese können in Wundhöhlen eingelegt werden, um deren Reinigung und Heilung über eine pharmakologische Keimreduktion zu beschleunigen.

14.7 Postoperative und posttraumatische Weichteilinfektion

An den Weichteilen (Haut, Subkutis, Faszie und Muskulatur) summieren sich, ebenso wie am Knochen, die unfallbedingte Schädigung, die operativ bedingte Schädigung und die Sekundärschäden durch eine eingetretene Infektion. Häufig führt der Weichteilinfekt zu derart ausgeprägten Defekten an Haut und Subkutis, dass der Knochen nicht mehr durch Weichteile gedeckt ist. Auf diese Weise kann der Weichteilinfekt Schrittmacher eines späteren knöchernen Infektes sein (s. SE 14.5, S. 360 f). Mehr als beim knöchernen Infekt ist deswegen beim Weichteilinfekt bezüglich der Rekonstruktion (Wiederherstellung der Weichteilbedeckung) Eile geboten. Spezielle phlegmonöse Weichteilinfekte können lebensbedrohlichen Charakter annehmen, auch ohne dass diese zunächst lokal besonders dramatisch wirken (14.10). Spezifische Infektionen, wie z. B. der Gasbrand werden in SE 3.4 (S. 48 ff) beschrieben.

> **14.10 Pathophysiologie**
>
> Ebenso wie bei der knöchernen Infektion führen an Haut, Subkutis, Faszie und Muskulatur der ursprüngliche traumatische Schaden und der iatrogene Schaden zu einem gewissen Ausmaß an örtlicher Zirkulationsstörung und Gewebeverlust. Kommt es zum „Kippen" der Infektabwehr, so wird vor allem die subkutane bzw. subfasziale Eiteransammlung sehr rasch (binnen weniger Stunden bzw. Tage) zur sekundären Destruktion von Muskulatur, Subkutis und Haut führen. Gerade der „innere Druck" eines Verhaltes kann innerhalb kurzer Zeit zur Folge haben, dass eine zuvor eben noch geschlossene Haut sekundär von innen zerstört wird, sodass bereits wenige Tage nach Beginn des Infektes eine langstreckige Wunddehiszenz besteht mit der Konsequenz eines freiliegenden Knochens und eventuell freiliegenden inneren Implantates. Auch wenn zu diesem Zeitpunkt im engen Sinne eine Infektion des Knochens noch nicht besteht, ist dieser Zustand Schrittmacher für eine solche: Gelingt es nicht, den freiliegenden Knochen alsbald erneut durch gesunde, vitale Weichteile zu decken, so muss dieser sich zwangsläufig infizieren. Der nicht behandelte bzw. schlecht behandelte Weichteilinfekt ist mithin in häufigen Fällen Vorläufer eines späteren chronischen (und möglicherweise schwer therapierbaren) knöchernen Infekts.

Therapie

Abszess

Ein frischer, subkutaner oder subfaszialer Abszess (s. auch SE 3.3, S. 47) wird notfallmäßig in ganzer Länge unter Operationssaalbedingungen in adäquater Narkose (nicht in Lokalanästhesie!) gespalten. Alle „Taschen" der Infekthöhle müssen sicher erreicht werden. Alles nekrotische Material wird ausgeräumt, die Wunde reichlich gespült. Am günstigsten ist anschließend in aller Regel die „offene Wundbehandlung": Auslegen der Wundhöhle durch eine Tamponade (welche mit einem Desinfizienz (s. SE 3.10, S. 64 f) getränkt sein kann und Bedecken mit einem großvolumigen Verband. Nach Reinigung des Wundgrundes und der Wundränder kann alsbald auf eine Bedeckung durch sog. Kunsthaut (s. SE 37.1, S. 819) übergegangen werden, in der Folge kann die Wunde entweder über einer Drainage sekundär verschlossen oder auch der sekundären Wundheilung überlassen werden. Alternativ kommt eine Kombination aus Drainagen und Kunsthaut (Vakuumversiegelungs-Technik; s. **2.2**, S. 38) infrage.

Nur bei äußerst günstigen Verhältnissen wird nach Spaltung des Abszesses die Wunde über einer (oder mehreren) Drainagen verschlossen. Im Rahmen der sorgfältigen täglichen Nachkontrolle muss sichergestellt werden, dass es trotz dieses Wundverschlusses nicht zum Aufflackern des Infektes kommt; sollte ein solches beobachtet werden, wird die Wunde erneut revidiert und dann tatsächlich offen behandelt.

Phlegmone

Weichteilinfekte in anatomisch nicht begrenzten Räumen (zum Beispiel Infekte von Faszien oder Faszienräumen, Infekte an der Hand [s. SE 37.2, S. 823] oder am Kapselbandapparat von Gelenken) haben die Tendenz, sich ungehemmt (phlegmonös) auszubreiten (s. auch SE 3.3, S. 47). Bemerkenswerterweise sind derartige Infekte auch gehäuft von Streptokokken besiedelt – von Keimen also, welche sich (im Gegensatz zu Staphylokokken) keine eigene „Membran" bauen. Ob die spezifische Keimbesiedlung Folge der Infektlokalisation oder ihrerseits Ursache für die phlegmonöse Ausbreitung ist, ist nicht im Einzelnen bekannt.

Phlegmonen führen – da ohne anatomisch vorgegebene Schranken – eher zu systemischen Infektionen. Grundlagen der Therapie sind die vollständige Eröffnung des Eiterherds, die Entfernung der Nekrosen und die sekundäre Weichteilrekonstruktion.

Eine besonders schwere Verlaufsform ist die nekrotisierende Fasziitis (**14.11**).

Weichteilverschluss

Wie bereits ausgeführt, kommt dem Wiederverschluss der Weichteile nach Beherrschung einer Infektion große Bedeutung zu, insb. zur Vermeidung weitergehender Infektionen (z. B. am Knochen oder bei freiliegenden Gelenken). Die zur Verfügung stehenden Techniken sind in **T 14.8** zusammengefasst.

14.11 Nekrotisierende Fasziitis

In seltenen Fällen breiten sich phlegmonöse, die Faszie betreffende Weichteilinfekte innerhalb von Stunden oder Tagen rasch nach proximal aus. Derartige „maligne Phlegmonen" zeichnen sich durch eine *schwere Beeinträchtigung des Allgemeinzustandes* aus: Oft werden Organversagen (Nierenversagen, Leberversagen) beobachtet. In Kontrast hierzu kann der Lokalbefund stehen: gelegentlich imponiert anfangs lediglich ein diffuses, allerdings sich über die ganze Extremität erstreckendes Ödem und eine leichte Rötung. Bakteriell vermutet man häufig eine aerob-anaerobe Mischbesiedlung. Therapeutisch steht hier die alsbaldige großzügige Spaltung von Haut, Subkutis und Faszie an; meist lässt sich auf diese Weise die Extremität retten und der Allgemeinzustand binnen Stunden bessern. Nur in seltenen Fällen bedarf es einer „super-radikalen" Nekrektomie oder auch einmal einer lebensrettenden Amputation.

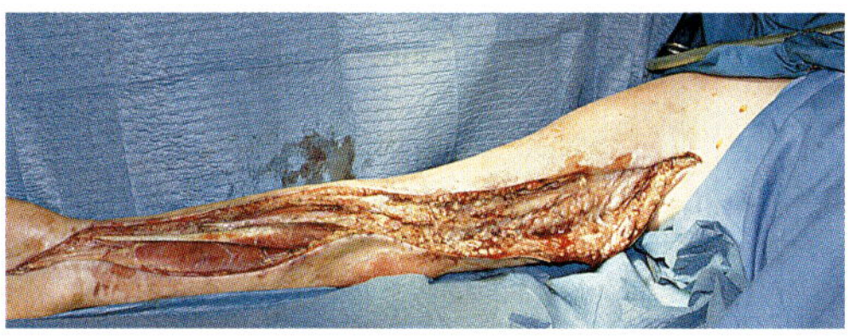

Prognose

Die Behandlung von Infektionen an Weichteilen ist durch eine hervorragende Operationstechnik und die Wahl des richtigen Behandlungsverfahrens zum richtigen Zeitpunkt sehr gut steuerbar. Wo alle Techniken beherrscht und jeweils richtig ausgewählt werden, sind die Heilungschancen gut. Auch das Risiko von Spätrezidiven (s. SE 14.5, S. 361) ist gering. Sind jedoch Weichteile einmal durch einen Infekt zerstört (z. B. durch ein zu zögerliches Vorgehen), ist die Rekonstruktion schwer oder unmöglich; es droht dann z. B. eine Gliedmaßenamputation.

14.9 Lokaler Muskelschwenklappen

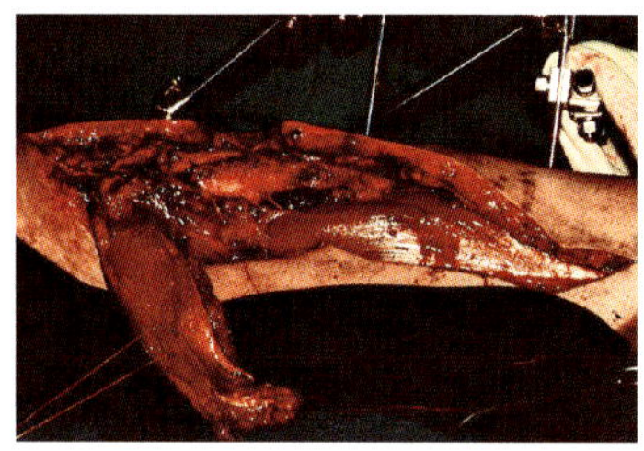

Der mediale Gastrocnemiusbauch ist von distal nach proximal gestielt. Er kann nun zur Deckung eines Defekts an der proximalen Tibia verwendet werden.

14.8 Wundverschlusstechniken nach Beherrschung einer Weichteilinfektion

Technik	*Indikation, Voraussetzung*	*Vor- und Nachteile*
Sekundärnaht (s. o.)	weitgehende Infekt- und Keimfreiheit, gut durchblutete Wundränder, spannungsfreier Verschluss möglich	*Vorteile:* kosmetisch gutes Ergebnis, Zeitersparnis; *Nachteile:* an enge Voraussetzungen gebunden (s. links), kann zum erneuten Verhalt führen
sekundäre Wundheilung (s. SE 2.2, S. 34 f)	chronisch infizierte Weichteile, keine Sekundärnaht möglich; keine freiliegenden Knochen, Sehnen oder Implantate	*Vorteil:* auch bei anhaltendem Infektzustand möglich; *Nachteile:* zeitaufwändig, es kann zur sekundären Keimbesiedlung kommen
Verschluss durch Spalthaut (s. SE 37.1, S. 817 f)	oberflächlicher Hautdefekt, gut durchbluteter Wundgrund (z. B. Muskulatur, Subkutis), wenig ausgeprägter Infektzustand, keine freiliegenden Knochen, Sehnen oder Implantate	*Vorteile:* elegantes, Zeit sparendes Verfahren, eignet sich auch für große Wundflächen; *Nachteile:* kosmetisch weniger befriedigend, Transplantat später mechanisch nicht gut belastbar
örtlicher Haut-Subkutan-Schwenklappen (s. SE 37.1, S. 819)	Haut-Subkutan-Defekte, auch mit tieferen Höhlen und freiliegenden Sehnen; nur möglich, wenn ein Haut-Subkutan-Lappen ohne Nachteile gewonnen werden kann	*Vorteile:* technisch einfaches Verfahren, rascher Verschluss auch problematischer Defekte; *Nachteil:* setzt einen Defekt an anderer Stelle, der seinerseits (z. B. durch Sekundärnaht) gedeckt werden muss
örtlicher Muskelschwenklappen (s. SE 37.1, S. 819, **14.9**)	tief gehender Weichteilinfekt, freiliegender Knochen, freiliegende Implantate, auch bei chronischen Infektzuständen; es muss ein Muskelbauch gewonnen und eingeschwenkt werden, auf den ohne wesentlichen Funktionsverlust verzichtet werden kann	*Vorteile:* auch bei ehemals schweren Infektzuständen, bei großen Defekten und bei freiliegenden Implantaten/freiliegenden Knochen einsetzbar; kann auch bei noch nicht ganz sauberen Wundverhältnissen durchgeführt werden; *Nachteile:* technisch anspruchsvoll, ggf. Funktionseinschränkung, ggf. kosmetisch störend
freies Muskeltransplantat (s. SE 37.1, S. 819)	wie „örtlicher Muskelschwenklappen"; kann im Gegensatz zu diesem auch dort eingesetzt werden, wo kein örtlicher Muskel zur Verfügung steht (z. B. körperferner Unterschenkel); einzige Voraussetzung: anastomosenfähige Arterie und Vene	*Vor- und Nachteile:* wie „örtlicher Muskelschwenklappen"; außerdem technisch sehr anspruchsvoll

14.8 Replantation

In Deutschland haben zahlreiche Fachabteilungen Replantationsdienste mit 24-Stunden-Bereitschaft eingerichtet. Für den Arzt, der außerhalb eines solchen Zentrums oder Fachabteilung mit einer Amputationsverletzung konfrontiert wird, ist es wichtig, die Grundvoraussetzungen für eine Replantation zu kennen, damit er zügig und gezielt (aber ohne übertriebene Hektik und Konfusion) die notwendigen Schritte einleiten kann. Auch nach langjähriger Aufklärungsarbeit passieren immer noch entscheidende Fehler beim Amputattransport und bei der Einschätzung der Indikation bzw. der prinzipiellen Replantierbarkeit eines Amputates. Wichtige Informationen hierzu stehen im 🔎 14.12.

Indikationen zur Replantation

Die Entscheidung für oder gegen eine Replantation wird neben den unten genannten prinzipiellen Indikationen durch den Allgemeinzustand, die berufliche Situation und nicht zuletzt den Wunsch des Patienten beeinflusst. Wichtig sind z. B. (biologisches) Alter, Grunderkrankungen (Arteriosklerose, Diabetes mellitus, Tumorleiden), Beruf und Kooperationsbereitschaft (mehrmonatige intensive Physiotherapie und ggf. Folgeoperationen). Der

🔎 14.12 Erstmaßnahmen bei Amputationsverletzungen

Erstbehandlung des Patienten

Die **Amputationswunde** des Patienten wird nur mit trockenen sterilen Kompressen abgedeckt und mit einer Binde überwickelt. **Arterielle Blutungen** im Finger- und Handbereich können in aller Regel durch mäßige Kompression bereits nach kurzer Zeit gestillt werden.

Strangulierende oder venös stauende Verbände sind kontraindiziert, ebenso Blutstillungsversuche durch ungezieltes Setzen von Klemmen oder Ligaturen, da hierbei neben dem Gefäß selbst häufig noch begleitende Nervenstämme geschädigt werden (z. B. N. ulnaris).

In Ausnahmefällen, wenn z. B. eine Blutung aus einer längsgeschlitzten Arterie spontan nicht sistiert, ist die Anlage einer *kontrollierten Blutsperre* angezeigt: eine Blutdruckmanschette wird am Oberarm mit 250–300 mm Hg und am Oberschenkel mit 350–400 mm Hg aufgepumpt. Hierbei ist allerdings die *maximale Blutsperrezeit von 2 Stunden* zu beachten und zu dokumentieren!

Versorgung des Amputats

Das **vollständig abgetrennte Amputat** (Finger, Hand, Ohr, Unterschenkel usw.) wird in *trockene sterile Kompressen* (oder Bauchtücher) eingewickelt und gekühlt.

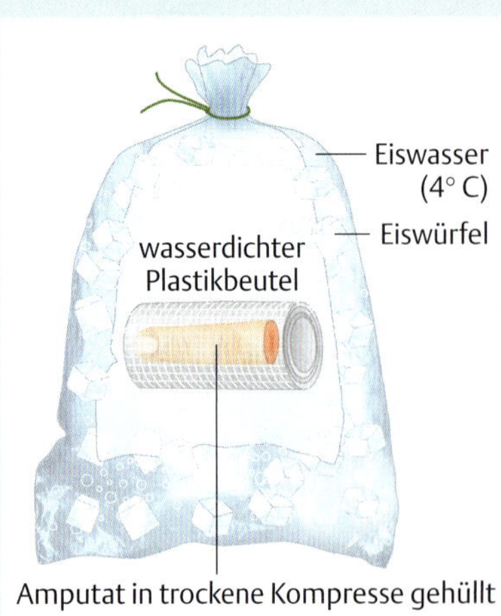

Folgende Maßnahmen sind absolut kontraindiziert:
- Anlegen nasser Verbände oder Einlegen des Amputats in physiologische Kochsalzlösung,
- jedwede Reinigungsversuche,
- desinfizierende Salben oder Puder,
- Perfusion mit physiologischen Lösungen.

Zur *Kühlung* (ideale Temperatur: +4 °C) bieten sich für kleinere Amputate (Finger) Beutel-im-Beutel-Systeme an (👁), größere Amputate können in Tücher gewickelt auch auf Trockeneis oder sog. Cold-Packs gelagert und in einer Kühltasche transportiert werden. Hierbei ist streng darauf zu achten, dass kein direkter Kontakt des Amputates zum Eis besteht:

Gefrorene Amputate sind irreparabel geschädigt und nicht mehr replantierbar.

Die maximale kalte Ischämiezeit des Amputates hängt von seiner Gewebezusammensetzung ab und ist für muskelhaltige Amputate am kürzesten:
- Finger: 20–24 Stunden,
- Mittelhand: 8–10 Stunden,
- Unterarm: 5–6 Stunden.

Subtotal abgetrennte Gliedmaßen werden trocken und steril verbunden. Eine Kühlung erfolgt nicht.

Selbst schmale Hautbrücken sollten am Unfallort oder durch den erstbehandelnden Arzt nicht durchtrennt werden, da sie noch wertvolle Hautvenen enthalten können.

Transport

Der Transport sollte generell mit dem schnellsten verfügbaren Transportmittel erfolgen (z. B. Hubschrauber).

Leider kommt es immer wieder vor, dass absolut nicht replantationsfähige Amputate mit hohem Kostenaufwand mit dem Hubschrauber verlegt werden und dabei bei den betroffenen Patienten nicht erfüllbare Erwartungen an die Replantationschirurgie geweckt werden. Sicher ist es für den Arzt, der sich nicht selbst mit Replantationen beschäftigt im Einzelfall schwer, eine Entscheidung zu treffen. Oft hilft hier ein kurzes **Telefonat mit dem Replantationszentrum**, wobei möglichst eine genaue Befundbeschreibung und Angaben zum Unfallmechanismus vorliegen sollten. *In Zweifelsfällen* ist es aus forensischen Gründen sicher besser, einmal einen unnötigen Transport zu veranlassen und die Entscheidung dem Replantationszentrum zu überlassen. Die im Abschnitt „Indikationen" aufgeführten Richtlinien können hierbei nur eine allgemeine Hilfestellung bieten.

Patient muss für eine u. U. mehrstündige Operation narkosefähig sein. Bei Mehrfachverletzung gilt die Regel: *Life before Limb!*

Absolute Indikationen:

- Daumenabtrennung,
- Abtrennung von mehreren Langfingern,
- Abtrennung in Mittelhand- oder Handgelenkhöhe,
- alle Amputationsverletzungen im Kindesalter (**14.13**).

Relative Replantationsindikationen:

- Endgliedamputationen an Langfingern,
- Abtrennung einzelner Langfinger, insb. bei zusätzlicher Zerstörung von Grund- oder Mittelgelenk oder langstreckigen Nervendefekten. Die Indikation ist individuell und nach eingehender Beratung mit dem Patienten zu stellen,
- Mittelfuß, Fußwurzel und Unterschenkel unter günstigen Voraussetzungen (glatte Abtrennung, kurze Ischämiezeit bis zur Operation). Funktionelle Defizite sind an der unteren Extremität leicht(er) durch orthopädische Schuhe und Prothesen auszugleichen.

Keine Replantationsindikationen sind beim Erwachsenen von Ausnahmen abgesehen Kuppenamputate, Langfingerendgliedamputationen distal der Nagelwurzel und Zehenamputate, weil die Heilungschancen schlecht und i. d. R. keine oder geringe funktionelle Ausfälle zu erwarten sind.

Operationstechnik

Definitionen: Von **Mikroreplantation** spricht man bei Fingern und Handanteilen bis zur Handwurzel respektive Zehen und Fußteilen. Die Grenze zur **Makroreplantation** ist definitionsgemäß der radiokarpale Gelenkspalt bzw. der obere Sprunggelenksspalt. Die Begriffe beziehen sich also nur auf die Höhe der Verletzung, nicht auf die Operationstechnik: auch die Makroreplantation wird selbstverständlich mit mikrochirurgischen Techniken ausgeführt.

Durchführung: Für die Mikroreplantation hat sich folgende Reihenfolge bewährt:

- radikales **Débridement** (s. SE 2.3, S. 36),
- ggf. glatte Resektion knöcherner Trümmerzonen (Verkürzung vorteilhaft für die Gefäß-, Nerven- und Weichteiladaptation),

14.13 Fingerkuppen- und Zehenreplantate beim Kind

Die Sonderstellung der Amputationsverletzung beim Kind basiert einmal auf den generell besseren Anheilungschancen und den durchschnittlich besseren funktionellen Ergebnissen, zum anderen aber auch auf der Tatsache, dass bei Kindern auch Kuppenamputate jenseits des proximalen Nagelwalls als freies Transplantat ohne Gefäßanschluss (Composite Graft) fixiert und über sekundäre Gefäßeinsprossung zur Einheilung gebracht werden können.

- **knöcherne Stabilisierung** stabil und zeitsparend durch Osteosynthese oder Arthrodese (intraossäre Drahtnähte, Kirschner-Drähte oder Mikroimplantate aus Titan),
- **Beuge- und Strecksehnen**naht (s. SE 11.13, S. 302 f),
- Anastomosierung der palmaren **Arterien** und dorsalen **Venen**, ggf. Überbrückung längerstreckiger Defekte mit Veneninterponaten (z. B. vom Unterarm),
- epi- und perineurale Naht der **Nerven** (langstreckig zerstörte Nerven werden erst sekundär durch Transplantate ersetzt; ggf. kann aber ein nicht mehr verwendbares Amputat primär als „Nerven-Ersatzteillager" dienen),
- locker adaptierender Verschluss des **Hautmantels** ggf. unter Verwendung von Hauttransplantaten, -verschiebeplastiken oder Kunsthaut.

Bei Makroreplantationen kann es sinnvoll sein, von obiger Vorgehensweise abzuweichen (d. h. zuerst Arterien- und Venennaht), um die Ischämiezeit für das muskelhaltige Amputat möglichst kurz zu halten.

Prognose

Die **Erfolgsraten** von Replantationen werden in der Literatur mit 60 bis über 90 % angegeben, abhängig von Unfallmechanismus, Amputationshöhe und Patientenselektion. Zahlenmäßig sind die Makroreplantationen wesentlich seltener und prognostisch aufgrund der Zerstörung von größeren Muskelmassen, häufigen Ausriss- und Quetschverletzungen (s. **14.14**) und der relativ kurzen tolerierbaren Ischämiezeit generell ungünstiger einzuschätzen. Die erste und folgenschwerste **Komplikation** nach Replantation ist die arterielle oder venöse Thrombose, meist im Bereich der Mikroanastomosen. Nur eine frühzeitige Revision kann hier in manchen Fällen das Replantat noch retten. Die **Nachbehandlung** dauert auch bei planmäßigem, komplikationsfreiem Verlauf 2–4 Monate.

14.14 Typische Unfallmechanismen

Bei den häufigen Amputationen im Finger- und Handbereich sind die **Säge**verletzungen (Kreissägen, Band- u. Kettensägen) die mit Abstand häufigste Einzelunfallursache. **Quetsch**amputationen durch Pressen oder ähnliche schwere Arbeitsgeräte sind ebenfalls nicht selten und prognostisch eher ungünstig.

Wirklich glatte Abtrennungen durch **scharfe Schneidewerkzeuge** (Beilhieb, Papierschneidemaschine usw.) sind eher selten. Amputationsverletzungen durch **Tierbisse** spielen vor allem im Bereich des Gesichtes eine Rolle (Ohr, Nase).

Gliedmaßenabtrennungen im Unterschenkel- oder Armbereich setzen derart hohe Gewalteinwirkungen (z. B. **Rasanztraumen**) voraus, dass aufgrund des Unfallmechanismus mit erheblichen und langstreckigen Gewebezerstörungen zu rechnen ist, die die Replantationsmöglichkeiten beschränken.

Auch bei **Ausriss**amputationen oder **Avulsionsverletzungen** (z. B. durch den Pferdezügel abgerissener Daumen beim hochsteigenden Pferd oder skelettierter Ringfinger durch Hängenbleiben an einem Schmuckring beim Sprung über einen Zaun) ist wegen langstreckiger Gewebeschäden eine Replantation oft nicht mehr erfolgreich.

14.9 Amputation

Amputationen können in verschiedenen Bereichen der Chirurgie notwendig werden aus traumatischer, angiologischer, septischer oder onkologischer Indikation. Die Anforderungen an eine Amputation bzw. Stumpfbildung unterscheiden sich je nach Indikationsbereich und Extremitätenabschnitt ganz erheblich. Die Amputationschirurgie wird nicht nur beeinflusst durch Veränderungen der chirurgischen Technik, sondern maßgeblich auch durch Fortschritte der Orthopädietechnik, die durch Entwicklung neuer Prothesenformen früher als ungünstig beurteilte Amputationshöhen heute als geeignet oder sogar empfehlenswert erscheinen lassen.

Einleitung

Definitionen: Bei einer **Amputation** handelt es sich um eine Abtrennung oder Entfernung eines vorhandenen Körperteils. Bei Abnahme eines replantierten, aber nicht durchbluteten Körperteils, d. h. bei einem gescheiterten Replantationsversuch (s. auch SE 14.8, S. 366 f) spricht man von **Reamputation**.

Die Amputationswunde wird durch **Stumpfbildung** versorgt. Eine **Nachamputation** oder **Stumpfkorrektur** ist notwendig, wenn ein vorhandener, nicht belastungsfähiger oder ungünstig geformter Amputationsstumpf verbessert werden muss.

Indikationen:

traumatologisch: nach Verletzungen mit schwersten Schädigungen des Hautweichteilmantels, der Durchblutung und des Knochengerüsts einer Extremität,

angiologisch: nicht behebbare Durchblutungsstörungen mit Hautweichteilnekrosen in der Peripherie durch Verstopfung größerer Gefäße (Arteriosklerose, Embolie), kleiner Arteriolen oder Störung der Mikrozirkulation (Diabetes mellitus, Kollagenosen),

septisch: nicht beherrschbare Infektion, z. B. ausgedehnte Osteomyelitis nach einem Trauma oder feuchte Gangrän bei Durchblutungsstörung.

onkologisch: durch Tumorexstirpation oder Kompartimentresektion nicht beherrschbare maligne Weichteil- oder Knochentumoren im Bereich der Extremitäten.

Grundzüge der Amputationstechnik

Einteilung: Je nachdem, ob die Amputationswunde sofort oder bei einer zweiten Operation verschlossen wird, spricht man von einer **offenen** oder **geschlossenen Amputation** (**14.15**).

14.15 Offene Amputation

Die sog. offene, d. h. zweizeitige Amputation hat ihre Bedeutung historisch erworben in Kriegs- und Katastrophenfällen (s. „Gasbrand" in SE 3.4, S. 48 f) und ist mit erheblichen Nachteilen wie Weichteil- und Muskelretraktion und Knochenaustrocknung verbunden. Durch neuere Drainage- und Vakuumversiegelungstechniken im Rahmen der modernen septischen Chirurgie ist die Notwendigkeit, einen Stumpf völlig offen zu lassen, nur noch selten gegeben.

Letztere, d. h. die definitive Stumpfformung in einem Operationsschritt ist heute das Standardverfahren.

Prinzipien: Eine starre Festlegung der Amputationshöhe durch sog. Amputationsschemata mit Einteilung in wertvolle, entbehrliche und hinderliche Extremitätenabschnitte ist überholt und abzulehnen. Im Bereich des Fußes sind verschiedene Amputationshöhen und -formen mit Eigennamen belegt (**14.10**).

An den unteren Extremitäten muss der Belastungsfähigkeit und Eignung des Stumpfes zur Aufnahme einer Prothese besondere Aufmerksamkeit geschenkt werden, während *im Bereich der Hand* neben der Belastbarkeit Stumpflänge (Daumen!), Sensibilität, Gelenksbeweglichkeit und die möglichen Greifformen beachtet werden müssen.

14.10 Bezeichnung der Fußwurzelstümpfe

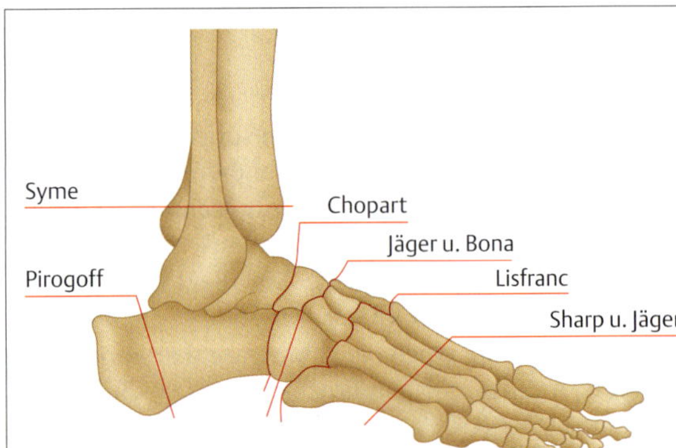

Chopart = **pro**ximale Linie
Lisfranc = **dis**tale Linie

14.11 V-Y-Plastik

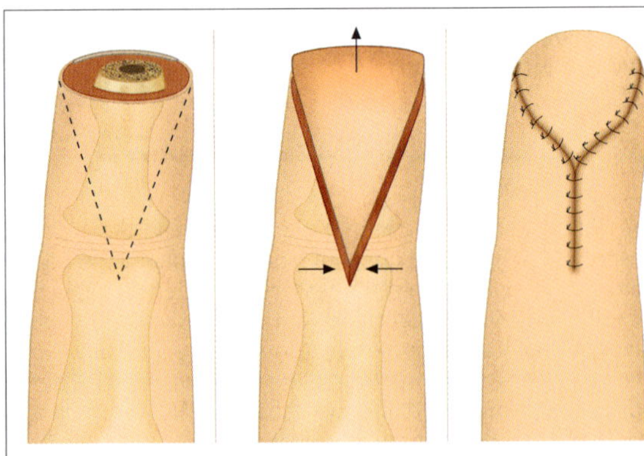

14.16 Amputationsverfahren an Hand und unterer Extremität

Hand

Bei Amputationen im Bereich des Daumens und bei Kuppenamputationen im Bereich der Langfinger mit zumindest teilweise erhaltenem Nagelorgan sollte immer die Möglichkeit des **Längenerhalts** durch plastische Stumpfdeckungsverfahren wie VY-Lappen (s. **14.11**), aber auch Cross-Finger-Lappen, Dehnungslappen oder neurovaskuläre Insellappen geprüft werden. Hierzu ist ggf. die Verlegung in eine handchirurgische Fachabteilung angezeigt.

Der **Knochen** ist möglichst sparsam zu kürzen und abzurunden. Bei Stumpfbildung in Höhe der Grund- oder Mittelgliedköpfchen sind die Kondylen abzutragen und die gelenkbildenden Abschnitte zu entknorpeln.

Die **Sehnen** sind zurückzukürzen, wobei der Streckapparat sparsam gekürzt werden kann, die Beugesehnen jedoch kräftig, insb. die tiefe Beugesehne bei erhaltener oberflächlicher Beugesehne im Langfingerbereich, um Verklebungen und Funktionsbehinderungen zu vermeiden. Aus dem gleichen Grund ist das Vernähen von Beuge- und Strecksehnen über dem Stumpf kontraindiziert.

Die palmaren **Fingernerven** müssen nach proximal präpariert und außerhalb des Stumpfbereiches gekürzt werden, um schmerzhafte Neurombildungen zu vermeiden.

Die Stumpfbedeckung durch den **Hautweichteilmantel** muss ausreichend und gut durchblutet sein (Öffnen der Blutleere), um Wundheilungsstörungen und Nachamputationen zu vermeiden.

Wesentlich für die Gebrauchsfähigkeit nicht nur eines teilamputierten Fingers sondern der ganzen Hand sind eine frühzeitige **Stumpfabhärtung** und **ergotherapeutische Behandlung**.

Bereits bei der Planung und Indikationsstellung zur Amputation bzw. Stumpfbildung ist an die Möglichkeit **sekundärrekonstruktiver Maßnahmen** zu denken:

Zehentransplantation: mikrochirurgische Verpflanzung einer Zehe (2. Zehe, selten Großzehe) zum Daumenersatz oder Wiederherstellung eines Zangengriffs.

Pollizisation: Umsetzung eines Langfingers (i. d. R. Zeigefinger) oder Fingerstumpfes in die Daumenposition.

Distraktion: Kontinuierliche Verlängerung eines Fingerstumpfes durch spezielle Fixateur-Systeme (s. SE 9.4, S. 236 f).

Phalangisation: Vertiefung der 1. Zwischenfingerfalte zwischen 1. und 2. Mittelhandknochen.

Fuß

Bei Mittelfuß- und Fußwurzelstümpfen ist generell darauf zu achten, dass die besonders tragfähige Fußsohlenhaut mit der darunter liegenden Fett-Faszien-Schicht und den kurzen Fußbeugermuskeln zur Stumpfbedeckung verwendet wird und Narben streckseitig außerhalb der Belastungszone liegen.

Die verschiedenen Stumpfbildungen unter Einbeziehung des Fersenbeins (Spitzy, Pirogoff u.diverse Modifikationen) haben die Besonderheit, dass sie die ursprüngliche Beinlänge voll oder annähernd wiederherstellen und endbelastungsfähig sind. Wegen der Umgestaltung des knöchernen Stumpfes werden diese Verfahren auch als *osteoplastische* Verfahren bezeichnet (s. u.). Eine Sonderform der Amputation im Vorfuß- und Zehenbereich ist die *Grenzzonenamputation*, z. B. bei diabetischer Mikroangiopathie und trockener Gangrän.

Unterschenkel

Die distalste Amputationsform am Unterschenkel, bei der praktisch die gesamte Unterschenkellänge erhalten wird, ist der Syme-Stumpf. In den meisten Fällen wird jedoch eine Stumpfbildung weiter proximal erforderlich, wobei als ideale Stumpflänge der Übergang vom proximalen zum mittleren Unterschenkeldrittel gilt. Plastische Operationsverfahren haben am Unterschenkel besondere Bedeutung (s. u.). Die Stumpfbedeckung kann durch eine Myoplastik oder einfacher durch einen von dorsal nach ventral geklappten Muskel-Haut-Lappen erfolgen (zur Schnittführung s.).

Knie

Die Exartikulation im Kniegelenk wurde früher von vielen Chirurgen wegen der „spärlichen“ Stumpfdeckung ohne Muskulatur und der angeblich schwierigen prothetischen Versorgung abgelehnt. Gerade in der Stumpflänge (Hebelarm) und in der Kraft (erhaltene Oberschenkelmuskulatur) liegen jedoch die Vorteile dieser Versorgung, die inzwischen auch für Gefäßpatienten (AVK) empfohlen wird. Eine Entknorpelung der Femurkondylen ist nicht erforderlich, ebenso wenig eine Fixierung der Patella.

Oberschenkel

Die Amputationshöhe richtet sich beim Gefäßpatienten nach der Durchblutung der Muskulatur, liegt generell am günstigsten im mittleren Oberschenkeldrittel. Der Knochenstumpf muss gegenüber dem Hautweichteilmantel deutlich mehr gekürzt werden, damit die antagonistischen Muskelgruppen über dem Femur vernäht werden können. Die großen Gefäße sind sicher zu unterbinden (2-fach). Der N. ischiadicus wird ebenfalls ligiert (Zentralarterie) und proximal der Ligatur zusätzlich gequetscht, was Neurombildungen verhindern soll.

Hüftgelenksexartikulation

Technisch schwieriger Eingriff mit großer Weichteilwunde, hohe Letalität. I.a.R. nur indiziert bei einer weitergehenden, schwersten Infektion/Gangrän eines Oberschenkelstumpfes.

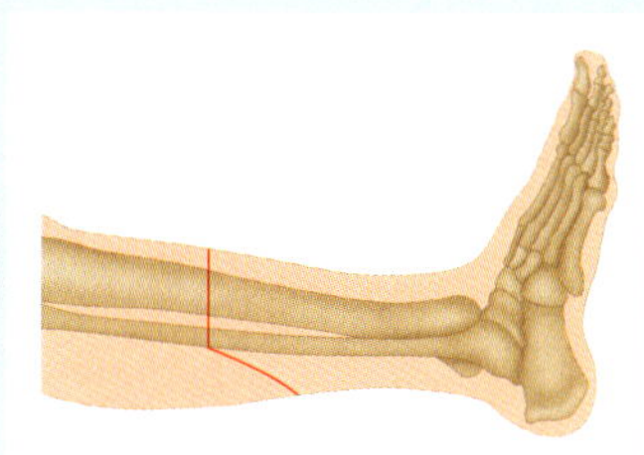

Weiterführende Informationen zur Amputationstechnik finden sich im **14.16**.

Besondere Stumpfbildungsverfahren

Osteoplastische Verfahren dienen zum einen dem Verschluss des Markraumes, z. B. durch vernähte Periostreifen, zum anderen der Verlängerung (Pirogoff) oder Stabilisierung des knöchernen Stumpfes, z. B. am *Unterschenkel.* Ziel ist hier eine stabile Knochenverbindung zwischen Tibia und Fibula, um ein Zusammendrücken der beiden Knochenstümpfe im Prothesenschaft zu vermeiden. Hierzu stehen verschiedene Methoden zur Verfügung (Periostreifen, Fibula, Knochenspan).

Die **myoplastischen Verfahren** kommen in erster Linie am *Oberschenkel* zur Anwendung und bestehen in einer Fixierung der einzelnen Muskelgruppen am Femur (Myodese) und einer Vernähung der jeweiligen Antagonisten über dem Knochenstumpf. Hierdurch wird die normale Muskelspannung und damit Muskelaktivität erhalten und gleichzeitig ein gut geformter, gepolsterter und durchbluteter Stumpf geschaffen.

Stumpfkrankheiten und -probleme

Häufigstes **Problem bei Stumpfbildungen** ist die mangelhafte Funktionalität in Form fehlender Belastbarkeit und Gebrauchsfähigkeit, verursacht durch unzureichende Weichteilbedeckung, schmerzhafte Neurombildung oder ungünstige Stumpflänge.

Unter dem Sammelbegriff **Stumpfkrankheiten** werden chronische Stumpfprobleme und Komplikationen subsummiert wie z. B. instabile Narbenbildungen, hervorstehende Knochenstümpfe, Fistelbildungen, durchblutungsgestörte und schmerzhafte Stumpfspitzen. Sie sind häufig verursacht durch ungeeignete Operationsverfahren oder schlechte prothetische Versorgung und generell an der unteren Extremität häufiger anzutreffen aufgrund der hier auftretenden Belastungen.

Prothetische Versorgung

Grundsätzlich soll nach Amputationen sowohl an der oberen als auch an der unteren Extremität eine prothetische Sofortversorgung durchgeführt werden. Wichtig ist hierfür eine unmittelbar postoperativ einsetzende Stumpfformung. Die Bauweisen der Prothesen unterliegen einem ständigen technischen Wandel, der nicht nur die Funktionalität verbessert hat (z. B. myoelektrische Prothesen nach Unterarmamputation), sondern auch die traditionell als geeignet angesehenen Amputationshöhen teilweise verschoben hat.

Im Bereich der Hand und des Unterarmes ist die prothetische Versorgung immer abzuwägen gegen sekundär-rekonstruktive Maßnahmen auf operativem Wege (s. **14.16**). Eine Prothese wird immer ein nicht zum Körper gehörender Fremdkörper bleiben, der an- und abgelegt werden muss und der niemals die beim Greifen so wichtige Sensibilität vermitteln kann.

15.1 Spezielle Verletzungsmuster beim Sport

Spezielle Verletzungsmuster können vielfach einzelnen Sportdisziplinen zugeordnet werden, weil sie durch besondere Gefährdung bestimmter anatomischer Regionen bzw. morphologischer Strukturen dort gehäuft vorkommen. Folgerichtig werden daher bestimmte Sportverletzungen nach der jeweils ausgeübten Sportart benannt, bei welcher sie häufig vorkommen. Beispiele hierfür sind der sog. Skidaumen, der Basket- oder Baseballfinger, der Werferellenbogen, der Tennisarm und die Fußballerleiste. Andere Begriffe nennen zum einen akute Läsionen spezieller anatomischer Gebilde, zum anderen aber auch den chronischen Sportschaden auf der Basis rezidivierender Mikrotraumen. Diese Differenzierung ist deswegen von Bedeutung, weil sie sich auf die therapeutischen Ansätze ebenso wie auf die diversen Möglichkeiten der Prävention auswirkt. Naturgemäß gibt es Sportarten, bei welchen ein größeres Spektrum denkbarer Verletzungen existiert (z. B. Risikosportarten), andere Disziplinen wiederum können auf einige wenige Läsionen eingegrenzt werden (z. B. Golfer-Schulter).

Allgemeine Ätiopathogenese: Sportverletzungen betreffen ganz überwiegend Anteile des Haltungs- und Bewegungsapparates. Einzelne anatomische Strukturen sind abhängig von der jeweils ausgeübten Disziplin in unterschiedlicher Häufigkeit betroffen. Der alpine Skilauf ist dafür ein typisches Beispiel. Ursachen für eine grundlegende Veränderung in der Zusammensetzung häufiger Verletzungen sind Trendsportarten wie Volleyball (Finger-, Sprunggelenkverletzungen), Inlineskating (Frakturen an der oberen Extremität), Golf (Überlastungsschäden am Schulter- und Ellbogengelenk sowie an der Wirbelsäule), Radfahren (Schädelverletzungen, Frakturen und Kapsel-Band-Verletzungen an der Schulter), Skilanglauf (Verletzungen an der Schulter, Knie- und Sprunggelenkverletzungen) usw. (s. **15.2**).

Die Zuordnung spezieller Verletzungsmuster zu einzelnen Sportarten berücksichtigt nur die besonders oft beobachteten Läsionen und differenziert zwischen der akuten Verletzung sowie dem chronischen Überlastungsschaden. Unterteilt werden diese Verletzungen weiterhin nach verschiedenen anatomischen Strukturen im Bereich des Haltungs- und Bewegungsapparates.

Kapsel-Band-Verletzungen

Ätiopathogenese: Kapsel-Band-Verletzungen sind Folge *direkter* (Kontusion, Quetschung), mehr noch *indirekter* Gewalteinwirkung (Distorsion, Dehnung, Zerrung, Teil- oder Totalruptur) auf Anteile des Kapsel-Band-Apparates. Während die *Distorsion* als **Zerrung** oder **Dehnung** kapsuloligamentärer Strukturen nicht mit einer stabilitätsgefährdenden Rissbildung einhergeht, ist die **Ruptur** mit einer mehr oder weniger ausgeprägten *Instabilität* verknüpft. Diese Definitionen der unterschiedlichen Schweregrade einzelner Kapsel-Band-Verletzungen lassen die jeweils angezeigte Therapie ableiten.

Allgemeine Symptome bei Kapsel-Band-Verletzungen sind der Schmerz (lokal, bei Bewegung), die mehr oder ausgeprägte Schwellung und/oder das Hämatom sowie die Functio laesa. Bei der Ruptur kommt eine mehr oder weniger ausgeprägte Instabilität des betroffenen Gelenkes hinzu.

Die ***Diagnostik*** umfasst demzufolge nach Erhebung der **Anamnese**, – für eine Reihe von Kapsel-Band-Verletzungen gibt es typische Unfallmechanismen –, eine umfassende **klinische Untersuchung** mit äußerlicher Betrachtung, Palpation und Stabilitätsprüfung. Regelmäßig werden Standardaufnahmen des betroffenen Gelenkes in 2 Ebenen angefertigt, um allfällige knöcherne Begleitverletzungen auszuschließen. Für einige Verletzungstypen sind *gehaltene* oder *Stressaufnahmen* etabliert, wie z. B. die Panoramaaufnahme der Schultereckgelenke mit Gewichtsbelastung am herabhängenden Arm oder die Taluskippung und -schublade bei der lateralen Bandverletzung am Sprunggelenk (**15.1**).

Spezielle **bildgebende Verfahren** wie die *Sonographie* und die *Kernspintomographie*, weniger das *Computertomogramm*, ergänzen die Palette diagnostischer Möglichkeiten. Ferner kommen *invasive Verfahren* wie die *Gelenkpunktion*, die *Arthrographie* und die *Narkoseuntersuchung* vor der *Arthroskopie* zur Anwendung. Letztere wird immer dann durchgeführt, wenn klinische und radiologische Untersuchungstechniken keine eindeutigen Befunde ergeben haben.

15.1 Die laterale Bandverletzung am Sprunggelenk

Die laterale Bandverletzung am Sprunggelenk ist eine der häufigsten Sportverletzungen überhaupt. Sie geht einher mit einer ausgeprägten Schwellung über der Außenknöchelspitze, die Patienten geben in der Regel einen typischen Unfallmechanismus im Sinne eines Umknicktraumas an. Bei der klinischen Untersuchung findet sich neben der Schwellung und dem Druckschmerz an typischer Stelle über dem vorderen und mittleren Zügel des Außenbandapparates eine im Seitenvergleich erhöhte Instabilität bei Taluskippung und -schublade. Die klinisch festgestellte Instabilität kann durch Anfertigung von gehaltenen Aufnahmen im Seitenvergleich dokumentiert werden.

Therapie: Bei der **Kapsel-Band-Läsion** ist die Therapie abhängig von der Verletzungsschwere. Während die Distorsion allenfalls kurzfristig im Gipsverband oder alternativen immobilisierenden Verbänden, dann aber frühfunktionell behandelt wird, muss die Ruptur bei entsprechendem Ausmaß und abhängig vom betroffenen Gelenk nicht selten operativ rekonstruiert werden. Dies gilt z. B. für instabile Kapsel-Band-Läsionen am Kniegelenk. Andere Verletzungen des Kapsel-Band-Apparates wie die Außenbandruptur am Sprunggelenk behandelt man bis zu mittlerer Verletzungsschwere konservativ frühfunktionell, bei kompletter oder chronischer Instabilität wird mit Vorteil operativ rekonstruiert. Sowohl bei konservativer als auch bei operativer Vorgehensweise sollte die Begleit- und Nachbehandlung früh einsetzen und funktionell ausgerichtet sein.

Eine Sonderform der Kapsel-Band-Verletzung ist die **Luxation**, welche mit einer komplexen Diskontinuität der gelenkbildenden anatomischen Strukturen, d. h. einer Zerreißung des Kapsel-Band-Apparates, einhergeht. Dies gilt zumindest für die *traumatische Luxation*, d. h. die gewaltmäßig verursachte Ausrenkung eines vordem stabilen und gesunden Gelenkes. Die Besonderheiten der habituellen, der angeborenen bzw. der rezidivierenden posttraumatischen Luxation sind in SE 9.5 (S. 238) dargestellt.

Obwohl die Diagnose einer Luxation infolge der Fehlstellung und der functio laesa im Prinzip einfach ist, wird eine nicht unerhebliche Zahl dieser Verletzungen primär nicht verifiziert. Durch exakte Erhebung der Anamnese, eine sorgfältige klinische Untersuchung und Röntgenaufnahmen in 2 Ebenen kann die richtige Diagnose gestellt und die geeignete Therapie angeschlossen werden. Zusätzliche bildgebende Verfahren wie vor allem die MRT sind in den meisten Fällen hilfreich, wenn die Diagnose zweifelhaft oder anzunehmen ist, dass Begleitverletzungen vorliegen. Ähnliches gilt für die Arthroskopie eines ehemals luxierten Gelenkes, wobei wegen der Invasivität der Verfahrensweise auch gleich die Möglichkeit der operativen Rekonstruktion gegeben sein sollte.

Die *Therapie* der Luxation besteht grundsätzlich in deren raschest möglicher Reposition. Diese muss ebenso schonend wie komplett vorgenommen werden, der Repositionserfolg ist radiologisch zu dokumentieren.

Je leichter die Reposition eines luxierten Gelenkes gelingt, desto größer ist die Gefahr der Reluxation.

Ist das Gelenk nach Reposition nicht stabil, muss die Wiederherstellung operativ erfolgen, wobei eine möglichst anatomische Rekonstruktion der einzelnen anatomischen Strukturen anzustreben ist. Wichtig ist auch das Erkennen und die suffiziente Behandlung relevanter Begleitverletzungen, da diese regelhaft der operativen Versorgung bedürfen (z. B. Kreuz- oder Seitenbandläsion, Meniskusrisse, Diskusverletzungen, Knorpelschäden usw.).

Die ***Begleit- und Nachbehandlung*** steht unter dem Motto der kürzestmöglichen Immobilisierung, welche aber auch so lange wie nötig vorzunehmen ist. Moderne Orthesen und Braces gestatten im Rahmen der Physiotherapie und anderer geeigneter Maßnahmen wie der Ergo- und Balneotherapie ein frühfunktionelles Behandlungsregime bis hin zur medizinischen Trainingstherapie.

Sehnenverletzungen

Sehnen gehören zum Kraft übertragenden System und leiten die Muskelarbeit auf das Erfolgsorgan weiter. Gerade im Rahmen sportlicher Betätigung sind sie großen mechanischen Belastungen unterworfen. Als bradytrophes Gewebe neigen Sehnen zur Degeneration, im Verletzungsfalle zu verzögerter Heilung. Verletzungen von Sehnengewebe entstehen entweder durch einen abrupten Unfallmechanismus oder durch eine chronische Überlastung der abnützungsbedingt minderbelastbaren Sehnenstruktur. Sehnenverletzungen durch ein akutes Trauma bei völlig intaktem Gewebe treten zahlenmäßig eher zurück. Typisches Beispiel für eine sog. Gelegenheitsursache bei degenerativen Veränderungen ist die Achillessehnenruptur, z. B. während eines schnellen Antritts oder Absprungs.

Sehnenverletzungen machen einen bedeutenden Anteil an Sportverletzungen aus. Sie sind in der Regel unschwer zu diagnostizieren, die Behandlungsstrategie hat sich von der längerfristigen immobilisierenden zur frühfunktionellen gewandelt, was in besonderem Maße sportlich aktive Individuen betrifft.

Ätiopathogenese: Sehnenverletzungen kommen durch eine Überschreitung der Zerreißgrenze infolge mechanischer Belastung zustande und treten häufig an typischer Stelle auf. Infolge maximaler Anspannung der Muskulatur, abruptem Abstoppen einer aktiven Bewegung, einer passiven Muskelüberdehnung bei Anspannung der Antagonisten oder seltener eines direkten Traumas bei angespannter Sehne kommt es zum Riss. Sehnenrupturen können komplett oder inkomplett sein, sie können im Verlauf der Sehne selbst oder an der Insertion zum Knochen bzw. am Übergang zur Muskulatur selbst gelegen sein.

Diagnostisch gibt eine vielfach typische **Anamnese** wertvolle Fingerzeige. Die **klinisch-funktionelle Untersuchung** mit Feststellung einer Schwellung, eines Hämatoms, von Bewegungsschmerzen und einer functio laesa ergibt weitere Hinweise. Unter der Haut liegende Sehnen lassen bei Palpation eine Unterbrechung im Verlauf (sog. Delle) erkennen. Ein wertvolles diagnostisches Instrument ist die **Sonographie**, welche speziell im Seitenvergleich eine Kontinuitätsunterbrechnung der Sehne, fallweise vorliegende degenerative Veränderungen, das Ausmaß des Begleithämatoms oder Ödems veranschaulichen kann. Herkömmliche **Röntgenaufnahmen** dienen allenfalls zum Ausschluss einer knöchernen Begleitverletzung, eine **MRT** ist bei eindeutigem Befund entbehrlich.

Die ***Therapie*** der Sehnenverletzung ist abhängig davon, welche Sehne betroffen ist bzw. ob es sich um eine „scharfe" Durchtrennung infolge eines direkten Traumas oder um eine Ruptur bei degenerativen Veränderungen handelt. Bestimmte Sehnenverletzungen können kurzfristig immobilisiert und nachfolgend mit frühfunktionellen Verbänden zu günstigen Ausheilungsergebnissen gebracht werden. Andere meist große Sehnen werden besonders beim Sportler mit Vorteil operativ rekonstruiert. Bei diversen Verletzungen wie der Achillessehnenruptur wird die geeignete Therapie kontrovers diskutiert. Neben unterschiedlichen, teilweise minimal invasiven Nahttechniken sind auch konservative Behandlungstechniken etabliert.

Bezüglich der ***Begleit- und Nachbehandlung*** besteht weitgehende Einigkeit darüber, dass ein frühfunktionelles Regime die Heilung des bradytrophen Sehnengewebes fördert und immobilisierungsbedingte Schäden vermeiden hilft. Orthesen und Braces sind in vielen Fällen hilfreich.

Muskelverletzungen

Mehr oder weniger ausgeprägte Muskelverletzungen machen ebenfalls einen großen Teil des sporttraumatologischen Krankengutes aus. Sie reichen von der schmerzhaften Prellung oder Kontusion über Muskelfaserrisse bis zum kompletten Riss oder Abriss eines Muskels. Muskelverletzungen findet man sowohl beim untrainierten Freizeit- und Gelegenheitssportler als auch beim maximaltrainierten Hochleistungsathleten. Mangelhafte Vorbereitung, unzureichende Technik und ungünstige Bedingungen bei sportlicher Betätigung begünstigen Verletzungen der kontraktilen Elemente. Begleitsymptom ist ein scharfer Schmerz, therapeutisch kann in vielen Fällen konservativ vorgegangen werden.

Die ***Ätiopathogenese*** der Muskelverletzung ist gekennzeichnet durch ein Überschreiten der Grenze von Festigkeit bzw. Elastizität der kontraktilen Elemente im Muskel, d. h. der einzelnen Muskelfasern. Fehlendes Aufwärmen oder Dehnen der Muskulatur vor deren sportlicher Belastung, aber auch Übermüdung und mangelhafte Koordination spielen hierbei eine wichtige Rolle. Muskelverletzungen zeigen unterschiedliche Schweregrade, die fließend ineinander übergehen. Bei der **Muskeldehnung** wird die Grenze von Festigkeit und Elastizität eben erreicht bzw. gerade überschritten. Bei der **Muskelzerrung** bzw. dem **-faserriss** kommt es zu partiellen Einrissen der Muskelfaserbündel, bei **Teilrupturen** bzw. **kompletten Rupturen** ist eine mehr oder weniger ausgeprägte Unterbrechung des Muskelbauches eingetreten. Komplette Abrissverletzungen eines Muskels finden meist an dessen sehnigem Ursprung oder Ansatz statt. Der sog. **Muskelkater** ist – nach neueren Erkenntnissen – Folge rezidivierender Mikrotraumen und Ausdruck des Missverhältnisses zwischen Trainingszustand und stattgehabter Beanspruchung.

Die ***Diagnostik*** der Muskelverletzung basiert regelmäßig auf der Erhebung der **Anamnese** mit der Angabe eines bei sportlicher Betätigung plötzlich einschießenden scharfen Schmerzes und der danach eingetretenen Funktionsbehinderung. Je nach Lokalisation des betroffenen Muskels kann die **klinische Untersuchung** mit Inspektion und Palpation weitere Hinweise geben. Ein wichtiges diagnostisches Hilfsmittel ist wiederum die **Sonographie**, welche Kontinuitätsunterbrechung und Hämatombildung nachweisen kann. **Röntgenaufnahmen** dienen zum Ausschluss knöcherner Begleitverletzungen, eine **MRT** ist nur ausnahmsweise erforderlich.

Die ***Therapie*** des Muskelrisses ist abhängig von dessen Schweregrad, der Lokalisation, dem Umfang des Hämatoms und von individuellen Voraussetzungen des Sportlers. In den allermeisten Fällen kann **konservativ** mit kurzfristiger Immobilisierung bis zum Abklingen des Schmerzes und der Schwellung sowie unterstützt durch lokale Maßnahmen wie Kälteapplikation und adjuvante physikalische Anwendungen behandelt werden. Die **operative Nahtversorgung** kommt nur bei großen Muskelrissen zur Vermeidung umfangreicher Narbenbildungen und zum Ausräumen des Hämatoms in Betracht. Ggf. muss ein Muskel bzw. seine Sehne durch transossäre Nähte an Ursprungs- oder Ansatzstellen refixiert werden.

Die ***Begleit- und Nachbehandlung*** beinhaltet die kurzfristige Immobilisierung, gefolgt von frühfunktioneller Belastungssteigerung. Konsequente Dehnübungen und regelmäßiges Aufwärmen sind präventive Maßnahmen, um das gefürchtete Rezidiv zu vermeiden. Die Wiederaufnahme sportlicher Betätigung muss in Abhängigkeit von Verletzungsschwere, Art der Therapie sowie den individuellen Umständen des Sportlers selbst und der ausgeübten Sportart erfolgen.

Knorpel-, Knochenverletzungen

Frakturen beim Sport gehören zu den häufigen Verletzungen. Knorpelläsionen haben gleichfalls eine hohe Inzidenz und hinterlassen nicht selten Dauerschäden mit der Folge eingeschränkter sportlicher Belastbarkeit.
Frakturen beobachtet man vorwiegend bei solchen Sportarten, die mit höherer Geschwindigkeit, mit Körperkontakt oder als Mannschafts-/Ballsportart ausgeübt werden. Typische Beispiele sind Radfahren, Kampfsportarten wie Ringen, Boxen und Judo usw., Inlineskating und Skateboard- bzw. Rollschuhfahren sowie alpiner Skilauf und Snowboardfahren. Risikosportarten wie Freeclimbing, Drachenfliegen bzw. Paragliding, Fallschirmspringen und Motorsportarten haben ein entsprechend höheres Risiko für die Entstehung von Frakturen.
Knorpelverletzungen sind regelmäßig Folge direkter Kontusionen oder Distorsionen eines Gelenkes. Sie entstehen als Begleitverletzung bei kapsuloligamentären Läsionen oder Frakturen. Da sie sich vielfach des direkten radiologischen Nachweises entziehen, werden sie oft primär nicht erkannt. In solchen Fällen ist der Übergang zum chronischen Knorpelschaden vorprogrammiert. Dieser kann auch Folge regelmäßiger Überbelastung durch Mikrotraumen sein. Ausgedehnte Knorpelschäden führen zu arthrotischen Veränderungen.

Die ***Ätiopathogenese*** der **Fraktur** ist in SE 9.1 (s. S. 224 ff) ausführlich abgehandelt.

Knorpelverletzungen entstehen infolge Scherwirkung auf ein Gelenk oder im Rahmen einer Gelenkfraktur. Chronische Knorpelschäden sind Folge langjähriger Fehl- oder Überbelastung, gelegentlich auch einer Durchblutungsstörung an der Knorpel-Knochen-Grenze als angeborene Läsion. Häufiger als die reine Knorpelverletzung ist die sog. *osteochondrale Fraktur*, d. h. die traumatische Abscherung eines Gelenkknorpelareals mit anhängendem knöchernem Anteil.

Die ***Diagnose*** einer Knorpelverletzung erfolgt meist zufällig im Rahmen zum Beispiel einer Arthroskopie. *Osteochondrale Frakturen* sind im Röntgenbild zu erkennen, die tatsächliche Größe des Flakes (des abgelösten Knorpel-Knochen-Anteiles) wird auf den Aufnahmen regelmäßig unterschätzt. Bei speziellen Verletzungsmechanismen wie z. B. der Patellaluxation muss an die Knorpelschädigung gedacht werden. Meist entsteht ein ausgeprägter Hämarthros verbunden mit einer schmerzhaften Bewegungseinschränkung. Zusätzlich zur Röntgenaufnahme kann insb. die *MRT* diagnostische Hinweise geben.

Die ***Therapie*** der Knorpelläsion hängt von Art, Ausmaß und Lokalisation der Verletzung ab. Während reine Knorpelläsionen oft nicht refixiert werden können, sodass der chondrale Flake lediglich zu entfernen ist, sollten osteochondrale Fragmente bei Intaktheit und gut durchblutetem Lager nach Möglichkeit refixiert werden. Dafür stehen verschiedene Fixationstechniken wie die Fibrinklebung, die tangentiale Bohrdrahtfixation bzw. die Anheftung mit biodegradablen Stiften zur Verfügung. Kleinere Knorpeldefekte können angebohrt oder einer Mikrofrakturierung mit speziellen Instrumenten zugeführt werden. Dadurch wird die Ausbildung von Ersatz-(Faser-)Knorpel angeregt. Knorpeldefekte bis zu einer Größe von 3–4 cm^2 eignen sich zur Transplantation autologer Knorpel-Knochen-Zylinder (sog. „Mosaik-Plastik"), die aus weniger belasteten Gelenkarealen entnommen werden.

Eine moderne Behandlungstechnik bei traumatisch bedingten Knorpel-Knochen-Läsionen ist die Übertragung von körpereigenen, im Labor gezüchteten Chondrozyten. Mit einer speziellen Technik kann nach arthroskopischer Entnahme eines kleinen Knorpelareals aus einer unbelasteten Region im Labor die Knorpelzellzüchtung bzw. -vermehrung vorgenommen werden. Unter hochsterilen Bedingungen werden die entnommenen Knorpelzellen isoliert und mit bestimmten Wachstumsfaktoren in einem Nährmedium innerhalb von 2–3 Wochen um ein Vielfaches vermehrt. Sie können dann retransplantiert werden, wobei sie nach Einnähen eines Periostlappens über den Defekt unter diesen appliziert werden. Die Indikation für dieses Verfahren ist momentan noch auf jüngere Patienten bis maximal 50 Jahre sowie auf Defekte > 3–4 cm Durchmesser bei gesunder Knorpelumgebung beschränkt.

Die ***Begleit- und Nachbehandlung*** beinhaltet frühzeitige Bewegungsübungen und eine etwas längere Teilbelastung der betroffenen Extremität. Längere Immobilisierung ist nach Möglichkeit zu vermeiden. Die Therapie ebenso wie die Begleit- und Nachbehandlung von Frakturen beim Sport ist ab SE 9.1 (s. S. 224 ff) ausführlich dargestellt worden.

T 15.1 Jährliche Inzidenz von Sportverletzungen nach Menke

Sportart	*Anzahl*	*jährliche Inzidenz (%)*
Fußball	722	13,0
Basketball	517	10,6
Handball	397	10,5
Volleyball	508	8,9
Turnen	745	8,0
Leichtathletik	678	7,7

15.2 Epidemiologie von Sportverletzungen

Sportverletzungen machen zahlenmäßig einen beträchtlichen Anteil des traumatologisch-orthopädischen Krankengutes aus. Die stetige Zunahme von Verletzungen bei sportlicher Betätigung geht auf unterschiedliche Ursachen zurück: Eine steigende Zahl von Personen auch höheren Alters betreibt regelmäßig Sport, sei es unter gesundheitsfördernden Erwägungen, sei es infolge zunehmender Freizeit und gestiegener Lebenserwartung. Zudem haben sich eine Reihe von Risikosportarten etabliert, welche per se eine höhere Unfallgefährdung aufweisen.

Die Optimierung von Diagnostik und Therapie der Sportverletzung lassen differenzierte Behandlungstechniken zu, welche stets eine möglichst vollständige Wiederherstellung verletzter Körperareale zum Ziel haben. Dies gilt in besonderem Maße im Leistungs- und Hochleistungssport, wo eine umfangreiche Palette an Möglichkeiten der Begleit- und Nachbehandlung zur Verfügung steht. Selbst Gelegenheits- und Freizeitsportler beanspruchen eine rasche und vollständige Rehabilitation, um die geliebte Freizeitsportart innerhalb eines überschaubaren Zeitraumes wieder ausüben zu können.

Über die Inzidenz von Sportverletzungen gibt es zahlreiche Statistiken, die sich zum einen auf die sog. *Unfallquote*, d. h. die Zahl der Verletzten pro 100 Sporttreibende pro Jahr beziehen, zum anderen sportartspezifisch und unter Würdigung spezieller Kriterien ganz unterschiedliche Gefährdungen aufzeigen. Man geht davon aus, dass in Deutschland pro Jahr mehr als 1,5 Millionen Sportverletzungen zustande kommen. Die Verteilung dieser Verletzungen auf verschiedene Sportarten, Körperregionen bzw. auf Altersgruppen zeigt **T 15.1**.

Die epidemiologischen Untersuchungen zur Inzidenz einer bestimmten Sportverletzung, eruiert nach unterschiedlichen Kriterien wie der ausgeübten Disziplin, der Verletzungsart, des Entstehens bei Training oder Wettkampf und andere mehr sollten stets in Überlegungen zur Prävention einmünden. Geht man davon aus, dass ca. 20 % der verletzten Sportler einer mehr oder weniger kostenaufwendigen ärztlichen Behandlung bedurften, so muss der Verletzungsprophylaxe hohe Aufmerksamkeit geschenkt werden. Die durch Sportverletzungen bzw. deren Folgezustände verursachten Kosten schätzt *Steinbrück* auf ca. 5 Milliarden DM pro Jahr. Dieser beträchtliche Kostenfaktor, der aufgrund neuerer Zahlen nicht geringer geworden ist, verdeutlicht die Prävention unter den Schlagworten „Training und Technik", „Ausrüstung und Umfeld", mithin derjenigen Bedingungen, welche die Rahmenbedingungen bei der Ausübung einer Sportart ausmachen. Dazu kommt noch die individuelle Einschätzung des Verletzungsrisikos bezogen auf die Sport ausübende Person und die jeweilige Sportart.

Einzelne epidemiologische Studien zum Verletzungsrisiko insgesamt, gegenübergestellt demjenigen spezieller Sportarten, gelangen zu ganz unterschiedlichen prozentualen Ergebnissen. Während in Regionen, in welchen überwiegend Wintersport betrieben wird, diese Sportart in der Inzidenz einer bestimmten Sportverletzung (z. B. Knie-Band-Verletzung) deutlich an der Spitze liegt, zeigt in anderen Regionen die Unfallquote ein völlig anderes Bild. Eine ältere Statistik von *Hess* aus 1982 an ca. 25 000 Sportlern zeigte bereits, dass in den alten Bundesländern der Fußball bezüglich der Unfallquote mit Abstand an erster Stelle steht. *Menke* bestätigt dies 1997 mit Untersuchungen von 5299 Verletzungen bei Sportstudierenden aus einem Zehn-Jahres-Zeitraum zwischen 1984 und 1994 (**T 15.1**).

Derselbe Autor sieht bezüglich des absoluten Anteils der jeweiligen Disziplin an der Gesamtzahl (n = 5299) Verletzungen im Turnsport an erster Stelle. Somit liegt das sportartspezifische Risiko beim Fußball am höchsten, die absolute Häufigkeit an Sportverletzungen weist das Geräteturnen auf. Betrachtet man einzelne Verletzungstypen wie z. B. Kapsel-Band-Läsionen, so zeigt sich eine besondere Gefährdung beim Basketball (mehr als 50 % aller Verletzungen). Eine weitere epidemiologische Betrachtungsweise orientiert sich am Verletzungsmuster von Mode- bzw. Trendsportarten oder an Sportarten, welche generell mit einem deutlich erhöhten Risiko einhergehen. Typisch für erstere Gruppe ist das Inlineskating, bei dessen Ausübung ein relativ hohes allgemeines Verletzungsrisiko, bei Differenzierung nach Verletzungsart und -lokalisation eine besondere Betroffenheit der oberen Extremität, speziell des Handgelenkes bzw. Unterarmes zu erkennen ist. Beim Snowboardfahren ist neben der oberen Extremität vor allem das Kniegelenk gefährdet, beim Radfahren stehen Verletzungen des Schultergürtels und der Schulter, aber auch Schädel-Hirn-Traumen im Vordergrund. Diese drei beispielhaft herausgestellten Sportarten machen deutlich, dass präventive Maßnahmen wie Handgelenk- und Unterarmschützer bei Inlineskaten, das Erlernen einer guten Technik beim Snowboardfahren oder das Tragen eines Fahrradhelmes zu einer signifikanten Verringerung des Verletzungsrisikos beitragen.

Besonders gut untersucht im Hinblick auf die Inzidenz von Verletzungen ist der alpine Skisport. Aus einer epidemiologischen Studie von *Haury* et al. über Wintersportverletzungen im Raum Innsbruck bezogen auf drei Zehnjahresabschnitte zwischen 1973/74, 1983/84 bis 1993/94 ist zu ersehen, dass durch Präventivmaßnahmen die absolute Zahl an Verletzungen deutlich zurückgeführt werden konnte. Während der Anteil an Unterschenkel- und Sprunggelenkfrakturen von ca. 30 % der Verletzungen aus der ersten Dekade auf zuletzt ca. 8 % zurückgeht, nimmt im gleichen Zeitraum die Zahl der Knie-Band-Verletzungen signifikant zu. Dies muss zuallererst dem Umstand zugeschrieben werden, dass sich durch die höheren Stiefelschäfte der Verletzungsschwerpunkt in Richtung Kniegelenk verlagert hat, auf der anderen Seite infolge Optimierung der Diagnostik (MRT, Arthroskopie u. a.) Kapsel-Band-Läsionen am Kniegelenk besser erkannt werden. Die Zunahme von Verletzungen an der oberen Extremität sowie am Kopf oder am Körperstamm ist auf die angestiegene Gefahr von Kollisionsverletzungen, auf höhere Geschwindigkeiten bzw. auf das Skifahren abseits der Pisten zurückzuführen.

Untersuchungen zum Verletzungsmuster in verschiedenen Sportarten durch *Menke* verdeutlichen, dass Kapsel-Band-Läsionen der Gelenke numerisch eine herausragende Rolle spielen. Konsequenz daraus muss sein, durch präventive Maßnahmen wie Taping (Fingertape bei Volleyballspielern, Sprunggelenktape bei Turnern oder Basket-/Volleyballspielern oder das Tragen von Orthesen) eine Verringerung des Verletzungsrisikos anzustreben. Ähnliches gilt für das Tragen eines Schutzhelmes beim Radfahren, von speziellen Gelenkschützern beim Inlineskating und Skateboardfahren, von Schienbeinschonern beim Fußball usw.

Aufgrund der hohen Zahl von Sportverletzungen bzw. deren wirtschaftlichen Auswirkungen auf die Kosten im Gesundheitswesen müssen auf der Basis epidemiologischer Untersuchungen weiterhin Anstrengungen unternommen werden, die Inzidenz einer Verletzung durch sportartspezifisches Training, bessere Technik und Ausrüstung bzw. die Berücksichtigung des Umfeldes stetig zu senken.

Kuno Weise

15.2 Arbeit und Sport

Nicht nur unter sozioökonomischen Aspekten stellen Prävention und Rehabilitation sinnvolle Maßnahmen dar, um die Gesundheit und damit die Erwerbsfähigkeit des Einzelnen zu sichern. Schrittweise Wiederaufnahme der Arbeitsbelastung wie auch dosierte sportliche Aktivität gelten als bewährte Behandlungskonzepte im Rahmen der Rehabilitation. Darüber hinaus kommt vor allem dem Sport unter dem Gesichtspunkt eines verstärkten Gesundheitsbewusstseins breiter Bevölkerungsschichten eine ganz neue Bedeutung zu. Als besondere Entwicklungen sind die konstante Zunahme von Sportverletzungen insgesamt und das Auftreten von Überlastungsbeschwerden bereits bei jugendlichen (Leistungs-) Sportlern anzusehen.

Dem Sport kommt anerkanntermaßen eine überragende **Bedeutung in der Prävention von Erkrankungen** der inneren Organe (bes. des Herz-Kreislauf-Systems) sowie Störungen des Bewegungsapparates infolge Bewegungsmangel zu. Gleichzeitig ist aber vielen sportlichen Aktivitäten ein **gesundheitsgefährdendes Potenzial** immanent. Dieses Gefährdungspotenzial erwächst nicht nur aus Sportarten mit hohen Verletzungsrisiken; viele Sportverletzungen sind allein schon auf mangelhafte Technik, ungenügendes Training, falsche Belastung oder eine ungünstige Sportart zurückzuführen. Aufgabe einer **sportmedizinischen Untersuchung** vor Aufnahme einer sportlichen Aktivität – insb. in höherem Alter – ist es, unter den Aspekten von körperlichen Voraussetzungen, gewünschter Sportart und angestrebtem Belastungsumfang Kontraindikationen zu diagnostizieren.

Die überwiegende Anzahl der Sportausübenden sind **Freizeit- und Breitensportler.** Diese sind im Rahmen der gesetzlichen Krankenversicherung und zum Teil auch über eine private Unfallversicherung bei der Ausübung ihrer sportlichen Aktivitäten versichert.

Die meisten **Leistungssportler** sind Berufssportler, sie erhalten Versicherungsschutz über eine gesetzliche Unfallversicherung. Darüber hinaus bestehende private Unfallversicherungen werden davon nicht berührt. Für diese Gruppe von Berufs- und Leistungssportlern gelten hinsichtlich ihrer „Berufstätigkeit" besondere Bedingungen. Hier kollidieren oft rein sportliche Interessen mit den Ansprüchen von Funktionären und Sponsoren, was den Sportler zu einem Raubbau an seinem Körper veranlasst. Die Überschreitung der Grenzen von anatomischer und physiologischer Belastbarkeit schlagen sich in rezidivierenden Verletzungen sowie Überlastungsbeschwerden nieder. In diesem Umfeld spielt auch das Doping mit seinen langfristig gesundheitsschädigenden Auswirkungen eine Rolle.

Für den besonderen Fall des Sports als einer Maßnahme der **Rehabilitation** wird die sportliche Aktivität in das Gesamtkonzept der Rehabilitation eingepasst, auf die speziellen Erfordernisse des Einzelnen zugeschnitten, gleichzeitig aber oft in Gruppen durchgeführt. Die ärztliche Steuerung und Überwachung dieser Therapiemaßnahme soll den Rehabilitanden vor Gesundheitsschäden schützen.

Die ***Wiederaufnahme der vor dem Unfall ausgeführten Tätigkeit*** erweist sich in vielen Fällen mit einem verbliebenen gesundheitlichen Dauerschaden als problematisch. Eine innerbetriebliche (vorübergehende) Umsetzung ist meist nur in größeren Betrieben möglich. Nicht selten ist der Arbeitsplatz bei längeren Ausfallzeiten bereits neu besetzt worden. Umschulungsmaßnahmen kommen insb. bei Arbeitnehmern über 50 Jahre kaum mehr infrage. Eine schwierig zu nehmende Hürde stellen Verweigerungshaltung mit Streben nach vorzeitiger Berentung oder Angst des Unfallverletzten vor der Rückkehr ins Erwerbsleben dar. Die Wiedereingliederung eines Verletzten nach einem Arbeitsunfall erfordert so oft die Zusammenarbeit zwischen dem Verletzten selbst, behandelndem Arzt, Unfallversicherungsträger, Berufshelfer und Arbeitgeber. Als besondere Möglichkeit für eine schrittweise Reintegration in das Erwerbsleben steht die sog. **Belastungserprobung** zur Verfügung. Der Unfallverletzte soll dabei schrittweise an die „normale" Arbeitsbelastung herangeführt werden. Während dieser Maßnahme bleibt der Unfallverletzte arbeitsunfähig krank.

15.3 BGSW und EAP

Ziel der **berufsgenossenschaftlichen stationären Weiterbehandlung (BGSW)** ist es, den Unfallverletzten unter dem Aspekt einer Optimierung der Heilbehandlung bestimmten Rehabilitationseinrichtungen zur Durchführung gezielter Reha-Maßnahmen zuzuführen. Von den Unfallversicherungsträgern werden dafür spezielle BGSW-Kliniken bestimmt, welche besondere personelle und einrichtungsmäßige Voraussetzungen erfüllen.

Die **erweiterte ambulante Physiotherapie (EAP)** ist als Ergänzung von stationärem und ambulantem Behandlungsspektrum anzusehen. Sie umfasst eine Kombination von verschiedenen Behandlungselementen, insb. Physiotherapie und Ergotherapie, zur intensiven Therapie schwerer Funktions- und Leistungsbeeinträchtigungen des Stütz- und Bewegungsapparates, welche jedoch keine durchgehende stationäre Behandlung erfordern. Die EAP setzt ein qualifiziertes Behandlungsteam voraus (Physiotherapeut, Masseur, Bademeister, Ergotherapeut, Sportlehrer). Die EAP soll täglich ggf. auch mehrfach und am Wochenende über einen längeren Zeitraum durchgeführt werden.

Franz Maurer

15.3 Therapeutische Besonderheiten der Sportverletzungen

Die Behandlung der Sportverletzungen ist grundsätzlich ohne Unterschied zur allgemeinen und speziellen Therapie auf andere Weise entstandener Verletzungen. Ungeachtet dessen hat der Hochleistungssport mit seiner speziellen Anforderung an eine raschestmögliche und vollständige Rehabilitation Einfluss auf Behandlungstechniken und die Möglichkeit der Begleit- und Nachbehandlung genommen. In diesem Zusammenhang ist besonders die frühfunktionelle Therapie von Verletzungen zu nennen, d. h. der weitestmögliche Verzicht auf immobilisierende Verbände mit der Option, nach einem kurzen Intervall Gelenkfunktion, Muskelkraft und Koordination zu beüben sowie sportartspezifisch trainieren zu können. Zudem benötigt der Sportler Möglichkeiten, dem sog. *Entlastungssyndrom* vorzubeugen, indem er die nicht verletzten Körperregionen intensiv weitertrainiert.
Problematisch kann die Führung des Sportlers im Hinblick auf die Wiederaufnahme sportlicher Betätigung sein. Eine zu frühe Belastung verletzter Körperareale bei noch nicht abgeschlossener Heilung, unzureichender muskulärer Führung und mangelhafter Koordination führt nicht selten zum Verletzungsrezidiv und damit zu verlängerter Rekonvaleszenz. Ein Aufbautraining mit sportartspezifischen Übungen zur Reintegration in das vorbestehende Leistungsniveau erfordert eine intensive und vertrauensvolle Kooperation zwischen Arzt, Physiotherapeut und Trainer zum Wohle des im Mittelpunkt der Bemühungen stehenden Patienten.

Erste Hilfe bei Sportverletzungen

Darunter versteht man die therapeutischen Möglichkeiten, die sich am Unfallort, speziell auf dem Sportplatz bzw. in der Sporthalle, anbieten. Ein Teil dieser Maßnahmen dient im Sinne der Akuttherapie dem Ziel, die Weiterführung sportlicher Betätigung zu ermöglichen. Dem Arzt kommt in dieser Situation eine große Verantwortung zu, indem er ohne diagnostische Hilfsmittel entscheiden muss, ob das weitere Ausüben der Sportart möglich oder eine sofortige Aufgabe sportlicher Betätigung notwendig ist. Bei schweren Verletzungen ist diese Entscheidung eher leicht, bei Zerrungen und Dehnungen bzw. Anrissen von Bändern nicht immer einfach zu treffen.
Bei **höhergradigen Verletzungen**, die eine sofortige Unterbrechung der sportlichen Betätigung bedeuten, müssen die allgemeinen Grundsätze der Ersten Hilfe wie die Anlage eines Wundverbandes oder einer Schiene, Maßnahmen der Analgesie, erforderlichenfalls die Überwachung von Kreislauf und Atmung und den schnellstmöglichen Transport in das nächste Krankenhaus beinhalten (s. auch SE 10.1, S. 256 ff).
Leichtere Verletzungen wie Prellungen und Kontusionen, Distorsionen geringerer Art, kleinere Wunden oder oberflächliche Schürfungen, mithin sog. Bagatelltraumen, können vor Ort behandelt werden. Weit verbreitet ist die primäre Kälteapplikation, das Anlegen eines Schutzverbandes oder auch eines Stützverbandes bei entsprechenden Verletzungen.

Die ***lokale Kältebehandlung (Kryotherapie)*** bewirkt mit der biphasischen Reaktion der Arteriolen auf dem Wege der primären Konstriktion und der sekundären Hyperämie eine geringere Ausdehnung von Hämatom und Ödem sowie zusätzlich eine Schmerzlinderung. Kryotherapie ist in Form vorgefertigter Kältepacks, welche nach Knickung im Sinne einer chemischen Reaktion sofort Kälte abgeben, als Kühlpackung mit Eiswürfeln und kaltem Wasser sowie mittels Kältespray möglich. Kältepacks oder Kühlmanschetten können über einem dünnen Verband angewickelt werden und entfalten bis zu 30–40 Minuten ihre Wirksamkeit. Ähnliches gilt für die Eispackungen mit kaltem Wasser. Kältesprays sind verbreitet, haben nur eine kurzzeitige und oberflächliche Wirkung und können bei zu intensiver Anwendung zu Erfrierungen führen.

> Die Gefahr von Erfrierungen besteht auch bei Eispackungen, weswegen diese nie auf bloßer Haut zur Anwendung kommen dürfen.

Die Kryotherapie kann auch in Kombination mit Kompressionsverbänden zum Einsatz kommen. Dafür verwendet man elastische Binden, die von distal nach proximal gewickelt werden.

Funktionelle Verbände: Als Erste-Hilfe-Maßnahmen auf dem Sportplatz werden im Wesentlichen Tape-Verbände (s. SE 9.10, S. 248 ff) appliziert. Diese als Kompressions-Stütz-Verband ausgelegte Maßnahme gestattet bei geringerer Verletzungsschwere eine Fortsetzung der sportlichen Betätigung, z. B. bei Fingerdistorsionen im Rahmen von Ballsportarten, bzw. bei leichteren Distorsionen am Sprunggelenk.

Typische Sportverletzungen und ihre therapeutischen Besonderheiten

Schultereckgelenk: Kontusion, Distorsion, Luxation

Das Schultergelenk reagiert auf stärkere Gewalteinwirkungen ausgesprochen sensibel. Viele Verletzungen der Kapsel sowie des umgebenden Muskelmantels (z. B. der Rotatorenmanschette) entziehen sich der primären Diag-

nostik. Kardinalsymptom ist der Schmerz mit der Folge einer Schonhaltung und Bewegungsbehinderung.
Die **Diagnostik** umfasst nach der Erhebung des Unfallherganges eine sorgfältige klinische Überprüfung, den radiologischen Ausschluss einer knöchernen Begleitverletzung und bei entsprechender Klinik die sonographische Abklärung einer Verletzung der Rotatorenmanschette bzw. der langen Bizepssehne.
Die **Therapie** kann, sofern keine schwer wiegenden und damit operativ zu behandelnden Läsionen vorliegen, in einer kurzfristigen Ruhigstellung mittels Desault- oder Gilchristverband (s. SE 9.10, S. 250), der lokalen Kryotherapie und physiotherapeutischer Maßnahmen sowie Geleinreibungen bestehen und sollte baldmöglichst in eine krankengymnastische Übungsbehandlung einmünden. Die Behandlung der Schultergelenkluxation sowie der knöchernen und kapsuloligamentären Verletzungen am Schultergürtel ist identisch wie bereits in SE 11.2 (S. 280 f) dargestellt.

Lange Bizepssehne: Ruptur

Diese Verletzung beobachtet man gehäuft bei Turnern und Werfern entsprechend der ausgeprägten Belastung. **Diagnostisch** sind der veränderte Muskelbauch, ein Hämatom, der meist eher geringe Schmerz sowie die typische Anamnese zu beachten. Die **Therapie** besteht beim Sportler in der sog. Schlüssellochplastik (s. SE 11.4, S. 284), welche eine frühfunktionelle Behandlung ohne wesentliche Immobilisierung erlaubt. Mit der Wiederaufnahme belastender Sportarten sollte nach einem vorgeschalteten Muskeltraining nicht vor Ablauf von 12 Wochen begonnen werden.

Ellenbogengelenk: Distorsion, Luxation

Diese Verletzungen entstehen meist indirekt durch Sturz auf die Hand bei ausgestrecktem Arm. Bestandteile der Gelenkkapsel einschließlich ihrer Verstärkungsbänder sind je nach Gewalteinwirkung in unterschiedlichem Schweregrad betroffen. Die **Diagnose** der Verletzung basiert auf der klinischen Untersuchung einschließlich einer Stabilitätsprüfung. Während die komplette Luxation kaum zu übersehen ist, können unilaterale Kapsel-Band-Risse leichter verkannt werden. Die Ausbildung eines Hämatoms bzw. einer Schwellung, die schmerzhaft eingeschränkte Beweglichkeit und die beeinträchtigte Funktion geben gute Hinweise. Zum Ausschluss einer knöchernen Beteiligung (sog. Abschlagfragmente) ist ein Röntgenbild anzufertigen. Die **Therapie** ist abhängig von der Stabilität bzw. allfälligen Begleitverletzungen. Liegt keine nennenswerte Instabilität vor, kann konservativ mit kurzfristiger Immobilisierung zur Schmerzbekämpfung, mit lokaler Kälteanwendung und frühfunktioneller Übungsbehandlung vorgegangen werden. Dieses Behandlungsregime eignet sich auch bei Kapsel-Band-Einrissen, wenn die Gelenkführung insgesamt ausreichend stabil ist. Die Luxation erfordert eine sofortige Reposition und vorübergehende Ruhigstellung. (s. SE 11.9, S. 292 f).

Schwerere Ellbogenverletzungen hinterlassen nicht selten eine längerwährende oder bleibende Funktionsbeeinträchtigung, zum Teil auf der Basis periartikulärer Ossifikationen. Besonders beim Sportler ist dann die Frage einer Arthrolyse zu stellen.

Suprakondyläre Fraktur am distalen Humerus im Wachstumsalter

Diese Verletzung gilt als häufigste Sportverletzung beim Kind und Jugendlichen. Sie entsteht durch Sturz auf die ausgestreckte Hand, seltener direkt auf den Ellbogen. Typisch ist der Sturz von einem Turn- oder Spielgerät, vom Fahrrad oder beim Inlineskating bzw. Skateboard fahren. Die **Diagnostik** beruht auf der klinischen Untersuchung mit häufig charakteristischer Fehlstellung, ausgeprägter Schwellung und typischen Frakturzeichen. Die Röntgenaufnahme ist beweisend. Als **Therapie** muss vielfach die operative Rekonstruktion durchgeführt werden, anschließend die Immobilisierung im Oberarmgipsverband (s. SE 9.11, S. 251 ff).

„Tennisarm", „Werferellenbogen"

Dabei handelt es sich um typische Überlastungsschäden im Sinne einer Insertionstendopathie, deren Ursache eine Fehl- oder Überbelastung an den Ursprüngen der Unterarmstreck- und -beugemuskulatur ist. Mangelhafte Technik, hohe Spielfrequenz, ein unzureichender Trainingszustand bzw. inadäquates Spielgerät (ungeeigneter Schläger, zu straffe Bespannung) sind anzuschuldigen. Beim *Werferellenbogen* müssen die extremen Belastungen der Muskelinsertionen bei der Aushol- und Schleuderbewegung eines Speerwerfers, Kugelstoßers oder Diskuswerfers angeschuldigt werden. **Diagnostisch** ist der punktuelle Druckschmerz im Bereich der Epikondylen wegweisend, zusätzlich können sog. Epikondylitiszeichen ausgelöst werden, die auf die aktive Anspannung der jeweiligen Muskelgruppe zurückgehen. Die **Therapie** ist anfangs grundsätzlich konservativ, wobei Sportpause, Lokalmaßnahmen wie Kälteapplikation, Geleinreibungen, lokale Cortisoninjektionen kombiniert mit Antiphlogistika und die kurzzeitige Immobilisierung in einem ruhig stellenden Verband zum Einsatz kommen. Eine weitere Therapieoption bieten sog. Epikondylitisbandagen. Ergänzend können physikotherapeutische Maßnahmen wie eine *Ultraschallbehandlung* oder *Iontophorese* eingesetzt werden. Bei Therapieresistenz kommt eine *operative Behandlung* mit Einkerbung und Desinsertion der Sehnenansätze sowie die Denervierung der betroffenen Regionen infrage.

Skidaumen

Hierunter versteht man die intraligamentäre Ruptur des ulnaren Seitenbandes bzw. dessen knöchernen Abriss an der Grundgliedbasis. Ursache hierfür ist der Sturz auf den ausgestreckten Daumen, wobei der Skistock oder ein Hockeyschläger als „Hypomochlion" dienen. **Di-**

agnostisch ist die Stabilitätsprüfung im Seitenvergleich entscheidend; die Röntgenaufnahme lässt die knöcherne Begleitverletzung ausschließen und kann als geeignete Aufnahme zur Dokumentation der Instabilität geeignet sein. Die **Therapie** der instabilen Verletzung besteht in der operativen Nahtversorgung oder Refixation mit nachfolgender Immobilisierung für drei Wochen. Bei veralteten Fällen bedarf es einer Ersatzplastik.

Basket-, Baseballfinger

Dazu zählen Distorsionen der Fingergelenke ebenso wie Luxationen bzw. Strecksehnenabrisse. Sie entstehen auf der Basis von Fangfehlern, z. B. bei Basket-, Volley-, Hand- und Baseball, wobei der Ball auf die Fingerspitzen auftrifft. Die **Diagnostik** berücksichtigt Schwellung, schmerzhafte Bewegungseinschränkung und das Röntgenbild, welches eventuell knöcherne Ausrisse speziell bei Strecksehnenläsionen erkennen lässt. Die geeignete **Therapie** orientiert sich an Art und Schweregrad der Verletzung. Distorsionen ohne Instabilität können kurzfristig immobilisiert und dann frühfunktionell behandelt werden. Bei markanter Instabilität oder knöchernen Ausrissen kann die Naht oder Refixation angezeigt sein.

Fußballerleiste (sog. „weiche Leiste"), Adduktorensyndrom, Abrissfrakturen am Becken

Verletzungen oder Sportschäden im Bereich der Leiste werden besonders häufig bei Fußballspielern beobachtet. Die sog. „weiche Leiste" mit chronischen Schmerzen am Ursprung der Adduktorenmuskulatur beruht auf einer Überlastung, Abrissfrakturen am Becken sind eher Folge eines akuten Ereignisses bei Start oder Sprung und kommen überwiegend bei Jugendlichen mit noch wachsendem Skelett vor. **Diagnostisch** ist die Erhebung der Anamnese mit Differenzierung zwischen chronischem Sportschaden bzw. akuter Schmerzhaftigkeit wichtig, ebenso eine exakte klinische Untersuchung mit Lokalisation der Beschwerden. Die Röntgenaufnahme dient zur Verifizierung knöcherner Beteiligungen zum Beispiel bei Abrissfrakturen. Die **Therapie** orientiert sich an Art und Schwere der Verletzung. Konservativ wird mit Sportpause, Antiphlogistika, Krankengymnastik im Sinne von Dehnübungen bei adjuvanter physikotherapeutischer Maßnahme behandelt. In Einzelfällen können lokale Injektionen und Anästhetika oder Cortisonapplikationen angezeigt sein. Größere und dislozierte Abrissfrakturen werden operativ refixiert, z. B. mit Schrauben oder einer Zuggurtung. Bei chronischen Insertionstendopathien und Therapieresistenz eignet sich die operative Entlastung der Ursprungszonen, z. B. der Adduktorenmuskulatur am Schambein.

Sehnenverletzungen am Kniestreckapparat

Diese entstehen durch indirekte, seltener durch direkte Gewalteinwirkung. Meist sind ältere Sportler betroffen. Die Sehnenruptur basiert überwiegend auf degenerativen Vorschäden. Das Missverhältnis zwischen Muskelspannung und Belastung der Sehne ist entscheidende Vorbedingung. **Diagnostisch** stehen neben einer eingeschränkten Streckfunktion die lokalen Symptome mit Schwellung, Hämatom, Druckschmerzhaftigkeit und Dellenbildung im Vordergrund. Das Röntgenbild lässt zum einen knöcherne Abrissverletzungen, zum anderen einen Patellahoch- oder -tiefstand erkennen. Die Sonographie leistet zusätzlich wertvolle Dienste. Bei der **Therapie** geht man regelmäßig operativ vor, indem man eine Reinsertion oder Naht der Sehnen mit zusätzlicher Augmentation mittels Drahtzuggurtung oder resorbierbarer Kunststoffkordeln vornimmt. Abrissverletzungen direkt an der Kniescheibe werden transossär refixiert. In jedem Fall muss die postoperative Bewegungstherapie über vier Wochen limitiert, das Knie mit einer stabilisierenden Orthese geschient und eine Krankengymnastik mit Muskelaufbautraining vorgenommen werden.

Kapsel-Band-Verletzungen am Kniegelenk

Sie gehören zu den häufigsten Sportverletzungen überhaupt und entstehen durch Verdrehung oder forcierte Überstreckung bzw. Varus-/Valgusstress oder eine Kombination dieser verschiedenen Krafteinwirkungen. Die Verletzungsschwere reicht von der leichten Distorsion mit Dehnung bis zur kompletten Luxation.

Diagnostik und **Therapie** sind in SE 12.7 (S. 318) ausführlich abgehandelt. Ergänzend ist anzumerken, dass die Therapie insb. der Kreuzbandverletzung nach wie vor uneinheitlich und dementsprechend vielgestaltig ist. Gegenüber der Rekonstruktion im Sinne der Refixation hat speziell bei intraligamentären Rissverletzungen die plastische Versorgung mit autogenem Sehnengewebe im Intervall besondere Verbreitung erfahren. Außerdem gibt es die Möglichkeit der arthroskopischen bzw. der offenen/halboffenen Ersatzplastik, wobei die Ergebnisse nicht wesentlich differieren. Von entscheidender Bedeutung ist die differenzierte **Begleit- und Nachbehandlung** mit aufbauender funktioneller Belastung des Transplantates unter Verzicht auf längere Immobilisierung und mit dem Schwergewicht auf Muskelkräftigung und Koordinationsschulung. Stabilisationshilfen wie Orthesen, ein angeleitetes Gerätetraining einschließlich der Isokinetik sowie die sportartspezifische Trainingsgestaltung mit individuell gesteuerter Rückkehr ins Sportgeschehen nach 6–12 Monaten sind weitere Besonderheiten.

Muskelverletzungen an der unteren Extremität

Diese kommen besonders häufig in der Leichtathletik, aber auch bei Ballspielern, speziell beim Fußball, sowie bei Kraftsportlern, in Racketsportarten sowie beim Wintersport vor. Während die *direkte Verletzung* im Sinne der Prellung/Kontusion (sog. „Pferdekuss" beim Fußballspieler) lokale Schmerzhaftigkeit, Schwellung und Hämatom sowie eine schmerzhafte Funktionsbeeinträchtigung hinterlässt, führt der *indirekte Mechanismus* zu Dehnung, Zerrung, Faserriss bzw. partieller oder totaler Ruptur. Dadurch kommt es zu ausgeprägter Schmerzhaftigkeit und functio laesa. Die **Diagnostik** umfasst die klinische und sonographische Untersuchung, wobei sich in der Tiefe gelegene Verletzungen der Erkennung leicht entziehen können. **Therapeutisch** reicht die Palette von der konservativen Lokalbehandlung mit Sportpause über lokal-invasive Maßnahmen mit Hämatompunktion und Installation resorbierender Substanzen bis zur operativen Revision mit Hämatomausräumung, Naht und/oder Refixation. Die **Begleit- und Nachbehandlung** berücksichtigt das Verletzungsausmaß, die Art der Therapie und die jeweils ausgeübte Sportart im Hinblick auf deren Wiederaufnahme.

Achillessehnenrupturen

Diese gehören zu den am häufigsten beobachteten Sportverletzungen, speziell bei Ballsportarten, in der Leichtathletik, bei Racketsportlern sowie bei Turnern und Skiläufern. Degenerative Veränderungen im Sehnengewebe, nachgewiesenermaßen schon mit der dritten Lebensdekade beginnend, und ein bei spezieller sportlicher Betätigung ausgeführter Absprung, Start und schneller Antritt sind Ursachen für Überbelastung. Deutlich seltener werden direkte Traumen beobachtet. Fehlendes Aufwärmen, Fußfehlformen, die sog. Achillodynie (schmerzhafte Schwellung im Sehnenverlauf durch Über- oder Fehlbelastung) sind anamnestisch bzw. klinisch häufig zu beobachten. Die Sehne reißt in der Regel komplett, mitunter mit hörbarem Knall. **Diagnostisch** ist neben der lokalen Schwellung und Hämatombildung eine verstrichene Kontur, die tastbare Delle und ein nicht möglicher Zehenspitzenstand festzustellen. Ergänzend weist die sonographische Untersuchung die Rissbildung nach. Weiter führende bildgebende Verfahren sind entbehrlich.

Die **Therapie** der Achillessehnenruptur wird kontrovers diskutiert und teilt sich grundsätzlich in ein sonographiegesteuertes konservatives Regime unter Zuhilfenahme eines Spezialschuhs mit Absatzerhöhung und in verschiedene, teilweise minimalinvasive Operationstechniken auf. Die Entscheidung zur geeigneten Behandlung ist individuell zu treffen, beide Behandlungsverfahren sind akzeptiert. Von Wichtigkeit bei konservativem Vorgehen ist zum einen die Kooperationsfähigkeit und Verlässlichkeit des Patienten, zum zweiten die anfängliche regelmäßige sonographische Kontrolle der Diastase zwischen den Sehnenstümpfen, welche in Spitzfussstellung 0,5 cm nicht überschreiten sollte. *Operativ* kann entweder mit einfacher Naht zur Adaptation, mit Fibrinklebung oder mit Naht und zusätzlicher Verstärkungsplastik gearbeitet werden. Bei beiden Behandlungsformen wird eine frühfunktionelle Therapie mit schrittweise zurückgehender Spitzfußstellung propagiert. Größtes Problem ist die *Reruptur* bei zu früh aufgenommener sportlicher Belastung und noch nicht ausreichend konsolidierter Sehnennaht.

Laterale Bandruptur am Sprunggelenk

Kapsel-Band-Verletzungen am Sprunggelenk gehören mit zu den häufigsten Sportverletzungen überhaupt. In großen Patientenkollektiven macht diese Verletzung bis zu 20% des gesamten Krankengutes aus. Vor allem in Ballsportarten wie Fuß- und Volley-, Basket- und Handball, bei Ausübung von Racketsportarten wie Tennis, Squash und Badminton sowie in den verschiedenen leichtathletischen Disziplinen kommen Umknicktraumen unterschiedlicher Schweregrade vor. Das sog. *Supinationstrauma* führt zu Überdehnung, Teil- oder Totalruptur des lateralen Kapsel-Band-Komplexes, in welchem sich drei Bandzügel differenzieren lassen. Die *Diagnose* wird durch Erheben der Anamnese, die klinische Untersuchung mit Stabilitätsprüfung des Gelenkes im Seitenvergleich und fallsweise ergänzenden Stressaufnahmen gestellt. Die Prüfung der sogenannten *Taluskippung und -schublade im Seitenvergleich* gibt gute Hinweise auf die Verletzungsschwere. *Therapeutisch* kann ein großer Teil der Verletzungen konservativ geführt werden, bei massiver Aufklappbarkeit und dem Verdacht auf eine Doppelbandläsion ist die operative Rekonstruktion eine gute Option. Auch nach operativer Versorgung erfolgt eine frühfunktionelle *Begleit- und Nachbehandlung* mittels Orthese. Diese wird auch bei konservativem Vorgehen angewendet. Chronische Instabilitäten können bandplastisch versorgt werden, wofür verschiedene Operationstechniken beschrieben sind (Periostlappenplastik, Rekonstruktion aus Narbengewebe, Tenodesen). Auch danach findet eine frühfunktionelle Behandlung statt.

Verletzungen an Schädel, Rumpf und Wirbelsäule

Sportverletzungen dieser anatomischen Regionen bis hin zum Polytrauma werden überwiegend bei der Ausübung sog. Risikosportarten, aber auch beim Radfahren, beim alpinen Skilauf, seltener bei Inlineskatern bzw. Skateboardfahrern beobachtet. Bei Radfahrern sind es insb. Schädel-Hirn-Traumen, die unter Umständen einen letalen Ausgang nehmen. In diesem Zusammenhang muss auf die Möglichkeiten der Prävention, z. B. mittels Helm, hingewiesen werden. Auch in den Risikosportarten sollten alle Möglichkeiten der Verletzungsprophylaxe einschließlich einer möglichst optimalen Schulung der Technik wahrgenommen werden.

Diagnostik und **Therapie** von Verletzungen dieser Körperregionen unterliegen den allgemeinen Gesichtspunkten (siehe jeweils dort).

15.4 Physiotherapie in der Unfallchirurgie

Die Physiotherapie umfasst weit mehr als der althergebrachte Begriff „Krankengymnastik" auszudrücken vermag. Die unterschiedlichsten Therapiemöglichkeiten können unter den beiden Rubriken aktive und passive Physiotherapie zusammengefasst werden. Insb. die technische Entwicklung hat zu einer Erweiterung an Behandlungsmöglichkeiten auf beiden Gebieten geführt; viele Konzepte wurden aus dem Bereich des Leistungssports übernommen. Zweifellos wären ohne die Anwendung der verschiedenen physiotherapeutischen Maßnahmen zeitlicher Verlauf und Endergebnis der Rehabilitation vor allem bei komplexen Verletzungen trotz aufwendiger operativer Maßnahmen bedeutend schlechter.

Neben der rein medizinischen Behandlung und der Ergotherapie (s. SE 15.5, S. 384 f) stellt die Physiotherapie einen weiteren Grundpfeiler in der Behandlung von unfallchirurgischen Patienten dar. Eine vorbereitende Behandlung ist in der Regel nur bei elektiven Eingriffen möglich, ansonsten begleitet die Physiotherapie bereits die diagnostischen Maßnahmen so früh wie möglich. Ziel der Physiotherapie ist ein Teilaspekt der Gesamtrehabilitation, wobei sich die Physiotherapie vor allem auf die somatischen Verletzungsfolgen konzentriert.

Ziele und Indikationen: Verletzungsbedingt und infolge von Immobilisation drohen

- Muskelatrophie,
- Bewegungseinschränkung von Gelenken,
- Störung der Koordination,
- Atem- und Kreislaufprobleme (s. SE 5.13, S. 135),
- Thrombose (s. SE 5.12, S. 130 f).

Zur Prophylaxe und Therapie dieser Störungen steht ein weites Spektrum an Behandlungsmaßnahmen zur Verfügung, wobei viele Erkenntnisse aus der Sportmedizin in die Behandlungsmethoden eingeflossen sind. Im Besonderen soll die Physiotherapie durch eine systematische Behandlung von Läsionen oder Funktionsstörungen des aktiven Bewegungsapparates, des passiven Stütz- und Halteapparates, des neuromuskulären Systems sowie des kardiopulmonalen Systems diese beheben und sie in ihrer Normalfunktion wiederherstellen. In der Unfallchirurgie spielen von den konditionellen Grundeigenschaften vor allem **Koordination**, **Beweglichkeit** und **Kraft** eine Rolle. Grundsätzlich kann in der Physiotherapie zwischen aktiven und passiven Therapieformen unterschieden werden (**T 15.2**).

T 15.2 Aktive und passive physiotherapeutische Maßnahmen

aktive Physiotherapie	*passive Physiotherapie*
PNF	Massage
Krafttraining	Elektrotherapie
Beweglichkeitstraining	Lichttherapie
Ausdauertraining	Thermotherapie

Aktive Physiotherapie

Die ***propriozeptive neuromuskuläre Fazilitation (PNF)*** soll schwerpunktmäßig koordinative Defizite ausgleichen und so dreidimensional komplexe Aktionen von Agonistenketten über gezielte Reizung von Rezeptoren fazillieren, d. h. bahnen. Sie basiert auf der Annahme, dass der Bewegungsablauf eines Musters auf einer funktionellen Bewegungsdiagonalen stattfindet. Proximal einer Läsionsstelle werden Reize gesetzt, die über die entsprechenden Muskelschlingen weiterlaufen können und auf die distal der Verletzung befindliche Muskulatur übergehen.

Krafttraining: Durch Immobilisation kommt es zu einem schnellen und enormen Verlust an Muskelmaximalkraft. So wird die Maximalkraft nach 3 Tagen Immobilisation um 10 %, nach 7 Tagen um 20 % und nach 4 Wochen um 50 % reduziert. Krafttraining ist möglich als Übung gegen Widerstände. Hierbei wird in der Anfangsphase eine Unterstützung durch den Therapeuten mit Abnahme der Schwere des Körperteils durchgeführt, bei den apparativen Widerständen sind Übungen mit Hanteln und an Zugapparaten und Kraftmaschinen möglich. Insgesamt müssen die unterschiedlichen Reizintensitäten (Widerstände) berücksichtigt werden.

Die ***Beweglichkeit*** als Schwingungsweite der Gelenke wird nach der Neutral-0-Methode gemessen (s. SE 8.5, S. 218). Sie ist von vielen Faktoren wie z. B. vom Zustand der Gelenke und der Weichteile abhängig. Die Elastizität der Weichteile entscheidet über ihre Dehnbarkeit. Der Skelettmuskel kann sich bis auf 2/3 der Ruhelänge verkürzen. Die Elastizität von Sehnen als kraftübertragende Elemente beträgt dagegen nur 3–4 %. Aktive Beweglichkeit hängt sowohl von der Kraft der Agonisten wie auch dem Dehnungsgrad der Antagonisten ab. Zur Verbesserung der Beweglichkeit werden verschiedene Dehntechniken angewendet.

Die Krankengymnastik soll funktionseinschränkende Beweglichkeitsdefizite ausgleichen und normale Gelenkflexibilität wieder herstellen. Durch längere Immobilisation entstehen zum Teil hartnäckige Kontrakturen der passiven, bindegewebigen Strukturen. Für ihre Lösung spielen die Behandlungstechniken der manuellen Therapie eine entscheidende Rolle.

Ausdauer: Rückgewinnung der kardiopulmonalen Ausdauer spielt in der ersten Rehabilitationsphase eine zweitrangige Rolle. Keine andere konditionelle Grundeigenschaft hat eine derartige rasche und vergleichbar hohe Einbuße zu verzeichnen. Beim bettlägrigen Patienten besteht Ausdauertraining in einer Kombination von statischer und dynamischer Muskelarbeit. Effektives dynamisches Training mit dem Fahrradergometer ist im Rahmen der Mobilisation und mit zunehmender Belastbarkeit des Patienten oder seiner verletzten Extremität möglich.

Passive Physiotherapie

Massage: Schwerpunkt ist die Beseitigung hypertoner Spannungszustände und die Beschleunigung des Abtransports von Stoffwechselabbauprodukten in der Muskulatur. Durch die verschiedenen Techniken wie Kneten, Streichen und apparative Vibrationen wird eine unterschiedliche Hyperämiereizung bewirkt.

Elektrotherapie: Es wird zwischen verschiedenen Methoden auf dem Sektor der Nieder-, Mittel- und Hochfrequenztherapie unterschieden.
Gleichstromtherapie: Die *niederfrequente Gleichstromtherapie (Galvanisation)* wirkt vor allem hyperämisierend und analgetisch. Indikationen sind Prellungen, Verstauchungen und Zerrungen sowie Überlastungsbeschwerden und Neuralgien.
Sonderformen stellen das Stangerbad und die Iontophorese dar:
Beim *Stangerbad* wird neben der thermischen und physikalischen Wirkung des Vollbades durch eine entsprechende (absteigende) Elektrodenschaltung eine allgemeine Dämpfung und Sedierung des Erregungszustandes erreicht.
Mit der *Iontophorese*, deren Effekt auf einer strombedingten Wanderung von geladenen Molekülen (in der Regel von Externa) beruht, können vorwiegend oberflächliche Verletzungszustände therapiert werden. Nachteile sind mangelhafte Dosierbarkeit und geringe Tiefenwirkung.
Impulstherapie: Niederfrequente Stromimpulse wirken auf erregbare Nerven und Muskeln ein. Varianten dieser Therapieform sind Schwellstrom und diadynamischer Reizstrom. Indikationen für den *Schwellstrom* sind Verletzungszustände, wenn es durch schmerzbedingte Schonung oder posttraumatischer Ruhigstellung zur Inaktivitätsatrophie gekommen ist. Insbesondere in der Frühbehandlung ist es durch hochintensive Elektrostimulation möglich, stärkere Muskelkontraktionen zu erzielen als durch willkürliche Innervation. *Diadynamische Reizstromtherapie* hat in erster Linie einen schmerzlindernden und durchblutungsfördernden Effekt.
Bei der *Interferenzstrombehandlung* durch tetrapolare Elektrodenanordnung kommt es im Kreuzungsbereich zu therapeutisch erwünschten Schwingungen (Schwebungen). Indikationen sind Überlastungsbeschwerden und Muskelverspannungen.
Die Anwendung von *Ultraschall* als hochfrequente Elektromechanotherapie mit Umsetzung von Elektrizität in mechanische Schwingungen führt zu einer thermischen Wirkung auf der Grundlage von Absorption und Reflexion der Ultraschallenergie. Die Hyperämie und Stoffwechselsteigerung sowie Permeabilitätszunahme an der Zellmembran durch den Vibrationseffekt sind erwünschte Folgen.

Bei der ***Lichttherapie*** ist vor allem die Infrarot-Therapie von Bedeutung. Da infrarote Strahlung aus relativ energiearmen Lichtquanten besteht, kann lediglich eine Oberflächenwirkung erzielt werden. Neben einer Vasodilatation kommt es zu einer Sedierung mit Muskelrelaxation und Resorptionsförderung.

Thermotherapie: Ihre Hauptwirkung beruht auf der unterschiedlichen Temperatur der verabreichten bzw. angewendeten Medien.

Kryotherapie: Die allgemeine Erfahrung hat gezeigt, dass Kälte Schmerzen lindert. Je früher kryotherapeutische Maßnahmen *nach akuten Verletzungen* angewendet werden, desto besser ist die Ausgangssituation nach dem Trauma.
Durch den lokalen Wärmeentzug kommt es zu einer vor allem in der Behandlung von *älteren Verletzungen* erwünschten reaktiven Hyperämie. Die Kryotherapie in der Behandlung von Verletzungsrückständen dient damit in erster Linie der Stoffwechselsteigerung und Resorptionsförderung. In der Regel wird die Kryotherapie mit anderen Behandlungsmethoden wie z. B. Massage oder Krankengymnastik kombiniert.
Wärmetherapie: Wärme wirkt durchblutungsfördernd und entspannend. Sie kommt in der späteren Behandlungsphase zur Anwendung.
Hydrotherapie: Es handelt sich um eine Unterform der Thermotherapie. Bei der akuten Verletzung kennt man hier die Therapie mit kaltem Wasser (Verbrennung!). In der Nachbehandlung sind lokale Kaltwasseranwendungen zur Durchblutungsförderung und Muskeldetonisierung sowie Resorptionsförderung möglich. Bei der Ganzkörperhydrotherapie spielt die Unterwassermassage mit Kombination von thermischen und mechanischen Reizen eine wichtige Rolle. Der Whirlpool mit seinem leichten Massagereiz erfreut sich vor allem bei Sportlern großer Beliebtheit.
Die **Sauna** als Randgebiet der Thermotherapie führt neben einer Herz-Kreislauf-Belastung vor allem auch zu einer Entmüdung und Regeneration.

15.5 Ergotherapie

Die Ergotherapie stellt mit ihrem breiten Spektrum an Möglichkeiten eine wertvolle Maßnahme für die stationäre wie auch ambulante Rehabilitation eines Verletzten dar. Dabei steht nicht ausschließlich die Behebung eines physisch-funktionellen Defizits im Vordergrund, sondern es wird auch auf die Unterstützung der Psyche mit einem Zugewinn an Selbstvertrauen hingearbeitet. Wesentliche Aufgaben der Ergotherapie liegen darüber hinaus auf dem Gebiet der Prävention mit einer ergonomischen Gestaltung von Arbeitsplatz und Werkzeugen.

Definition: Unter Ergotherapie versteht man alle Maßnahmen, die zur Verbesserung oder Wiederherstellung krankheitsbedingter Funktionsstörungen dienen und damit eine Rehabilitation ermöglichen.

Nichts zu tun hat Ergotherapie mit bloßer „Beschäftigungtherapie" oder Beschäftigung mit Freizeitcharakter.

Das ***Ziel*** aller ergotherapeutischen Bemühungen bleibt die Wiederherstellung und Förderung der Selbstständigkeit in allen Lebensbereichen. Die Ergotherapie hat in den letzten Jahren sowohl im stationären wie auch ambulanten Bereich nicht zuletzt durch ihr zunehmend facettenreiches Spektrum und fortschreitende Spezialisierung erheblich an Bedeutung gewonnen und ist aus dem Gesamtkonzept der Rehabilitation nicht mehr wegzudenken. Sie ermöglicht wegen der Unterstützung der Reintegration des Patienten in sein vormaliges soziales Umfeld eine Verminderung von Pflegebedürftigkeit und leistet durch eine Abkürzung der Zeiten stationärer Behandlung auch einen Beitrag zur Kostendämpfung im Gesundheitswesen.
Speziell in der Unfall- und Wiederherstellungschirurgie ist es Aufgabe der Ergotherapie durch spezielle, ausgewählte Aktivitäten und Tätigkeiten die traumatisch bedingte Gesundheitsstörung unter physischen und psychischen Aspekten zu bessern, einer weiteren Behinderung vorzubeugen und den Patienten bei Erreichung optimaler Funktionen und größtmöglicher Unabhängigkeit in Familie und Beruf zu unterstützen.
Die ergotherapeutischen Behandlungsziele bestehen damit in der Heranführung an Belastungssituationen und Gewöhnung an Anforderungen. Die Verdeutlichung verbliebener Fähigkeiten soll das Selbstbewusstsein stärken und damit letztendlich zu selbstständigem Üben über den unmittelbaren Therapiebereich hinaus motivieren. Als Behandlungmittel stehen adaptierte Vorrichtungen für motorische funktionelle Übungen zur Verfügung.

Auf diesem Grundgedanken basieren eine Vielzahl von ***Maßnahmen*** zur Wiederherstellung, Verbesserung oder Kompensation von durch eine Gesundheitsstörung eingeschränkten Fähigkeiten der Betroffenen, wie z. B.
- handwerkliche Techniken,
- funktionelle Spiele,
- Hilfsmittelversorgung,
- Selbstständigkeitstraining,
- Beratung der Angehörigen.

Einen ganz wesentlichen aber immer wieder vergessenen Teilaspekt der Ergotherapie stellt die Ergonomie dar, die Wissenschaft von der menschengerechten Arbeitsgestaltung. In ihrem Rahmen werden wissenschaftliche Grundlagen zur Anpassung der Arbeitsbedingungen an die Fähigkeiten und Gegebenheiten der arbeitenden Menschen entwickelt. Unter Beachtung der physiologisch-anatomischen Voraussetzungen soll eine Optimierung des Systems erzielt werden. Dazu gehört die „ergonomische" Dimensionierung des Arbeitsplatzes und die entsprechende Gestaltung von Werkzeugen vor allem auch unter den Gesichtspunkten der Prävention.

Indikationen: Auch die Ergotherapie muss durch den behandelnden Arzt indiziert und unter seiner Kontrolle durchgeführt werden. Sie ist nur dann korrekt angezeigt, wenn durch sie eine Besserung des gegenwärtigen traumabedingten Zustands möglich scheint.
In der Unfall- und Wiederherstellungschirurgie gibt es für ergotherapeutische Maßnahmen ein weites Indikationsspektrum, es reicht von Prellungen, Distorsionen, Luxationen und Frakturen bis hin zu Verbrennungen, Amputationen, Polytraumen, Schädel-Hirn-Traumen und Querschnittlähmungen. Über die Behandlung von Traumafolgen hinaus stellt die Ergotherapie auch eine sinnvolle Maßnahme nach den verschiedensten operativen Eingriffen mit Osteosynthesen, endoprothetischem Gelenkersatz, Arthrodese und Arthrolyse, Band-, Nerven- und Sehnennaht sowie Stumpfbildung bei Amputation und plastischen Weichteilrekonstruktionen dar. Im Verlauf der Behandlung ist eine enge Kooperation zwischen behandelndem Arzt und Ergotherapeut(in) unumgänglich.
Ein Behandlungsschwerpunkt sind Schmerzzustände nach Operationen und Traumen. Sie bedingen häufig eine Bewegungseinschränkung und verminderter Belastbarkeit mit einer Inaktivitätsatrophie bis hin zur Sudeck-Dystrophie. Neurologische Ausfälle mit Paresen und Sensibilitätsstörungen erfordern ebenfalls eine zum Teil langwierige Nachbehandlung, in deren Mittelpunkt die Ergotherapie steht.
Neben den rein physischen Verletzungsfolgen kommt in der Traumatologie sehr oft begleitend eine psychische Beeinträchtigung des Verletzten zum Tragen. Angst und Resignation führen zu regressiven Verhaltensmustern und Unselbstständigkeit. Damit sind Berufs- und Arbeitsfähigkeit gefährdet und es droht nicht selten der Verlust des Arbeitsplatzes, was die Situation des Verunfallten insgesamt noch verschlimmert.

Techniken und Möglichkeiten: Für die in der Regel als Einzelbehandlung durchgeführte Ergotherapie eignen sich besonders konkrete handwerkliche Techniken wie z. B. Weben, Seidenmalerei, Herstellen von Keramik, Batik, Makramee und Emaille. Ein ganz wesentlicher Aspekt besteht dabei darin, dass der Patient zusätzlich zum direkten Therapieeffekt mit Besserung seiner gesundheitlichen Störung auch durch die Herstellung eines Produkts ein konkretes Erfolgserlebnis sozusagen greifbar vor Augen hat. Ergänzend zu den bisher genannten handwerklichen Möglichkeiten stellen verschiedene funktionelle Spiele sowie Beschäftigung mit dem Computer und anderen elektronischen Geräten weitere sinnvolle Alternativen dar.

Die Versorgung mit den verschiedensten Hilfsmitteln, Training in Übungsbüro, -küche und -bad bis hin zu Fahrstunden in einem bedarfsgerecht umgebauten Fahrzeug sollen die Reintegration in den beruflichen und privaten Bereich ermöglichen.

Thermoplastisches Schienenmaterial dient zur Lagerung und Stabilisierung von funktionsbeeinträchtigten Extremitäten. Im Rahmen der Behandlung von schweren Verbrennungen werden Kompressionsbandagen angepasst (s. SE 9.10, S. 249 f). Amputierte Patienten werden zur Stumpfpflege, Desensibilisierung des Stumpfes und Prothesentraining angeleitet.

Bei längerfristig bestehenden Beeinträchtigungen, welche im Rahmen der Akutbehandlung nicht behoben werden können, gehört die Beratung der Angehörigen unter ergotherapeutischen Gesichtspunkten ebenfalls zu den wesentlichen Aufgaben der Ergotherapie.

15.4 Beispiele für ergotherapeutische Hilfsmittel

Arbeiten am **Webstuhl** (👁 **a**) eignen sich zur Behandlung von Muskeldefiziten und zur Koordinationsschulung bei Funktionsstörungen auch an den unteren Extremitäten.

Bei fortbestehender Bewegungseinschränkung der großen Gelenke an den unteren Extremitäten (Hüft-, Kniegelenk) stellen einfache Hilfsmittel wie eine **Strumpfanziehhilfe** (👁 **b**) eine wertvolle Unterstützung zur Sicherung der Selbstständigkeit des Patienten dar.

Ergotherapeutische Maßnahmen wie **Peddigrohrflechten** (👁 **c**) schulen Koordination und Beweglichkeit der oberen Extremitäten, vor allem von Fingern und Händen.

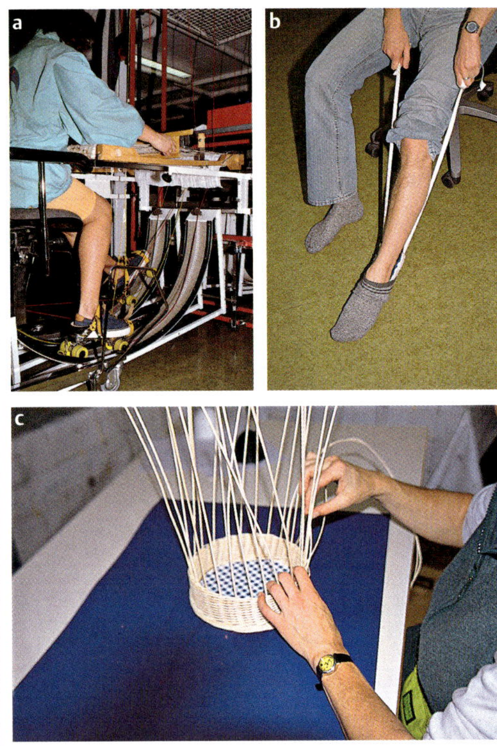

IV

Allgemeine und viszerale Chirurgie

23 Portale Hypertension und Aszites

24 Gallenblase und Gallenwege

25 Pankreas, Milz und Omentum majus

26 Dünn- und Dickdarm

27 Anus mit Proktologie

28 Akutes Abdomen

16.1 Verschiedene Hauterkrankungen mit chirurgischer Relevanz

Die Haut stellt das größte menschliche Organ dar, erfüllt sowohl synthetische (Vitamin D), exkretorische als auch metabolische Funktionen und verbindet den Organismus mit der Außenwelt. Zwar gehören Hauterkrankungen in das Fachgebiet der „Dermatologie", jedoch gibt es eine Reihe von Einzelerkrankungen, die der gezielten chirurgischen Fürsorge bedürfen. Sie werden in dieser Studieneinheit locker aneinandergefügt, wobei natürlich eine Grauzone hin zur Dermatologie besteht.

Hämatom

Definition: Blutansammlung außerhalb eines Gefäßes (Blutextravasat), d. h. im Gewebe, oder in einem vorgebildeten Hohlraum wie Gelenk (Hämarthros) oder Pleuraraum (Hämatothorax).

Ätiopathogenese: Ein Hämatom kann die Folge einer Zerreißungs- oder Durchtrittsblutung sein, z. B. nach einer unfall- oder operationsbedingten Gefäßverletzung, einer Gefäßarrosion oder bei hämorrhagischer Diathese. Das Wundhämatom ist eine der häufigsten postoperativen Komplikationen, bei der das Blut nur allmählich gerinnt und bindegewebig durchbaut wird (sog. organisiertes Hämatom).

Symptome und Diagnostik:
Subkutanes Hämatom: Ein Hämatom im Unterhautgewebe durchläuft typischerweise markante farbliche Veränderungen: anfangs blaurote, später infolge des Hämoglobinabbaus gelbliche bis grünliche Farbe. Es kann nach seiner Organisierung verkalken und zu Begleitsymptomen wie z. B. Blutarmut, Schmerz, Paralyse und bakterielle Superinfektion führen.
Periorbitales Hämatom: Das sog. Monokelhämatom entsteht typischerweise nach Schädel-Hirn-Trauma und deutet auf einen Schädelbruch mit Orbitabeteiligung hin.

Ein Bluterguss in der Leiste (z. B. nach arterieller Punktion der Leistengefäße) kann sich auch nach retroperitoneal hinaufwühlen (CT-Diagnostik!).

Bei **arteriell gespeisten Hämatomen** kann ein pulssynchrones Pulsieren getastet werden.

16.1 Subkutanes Hämatom am Unterschenkel

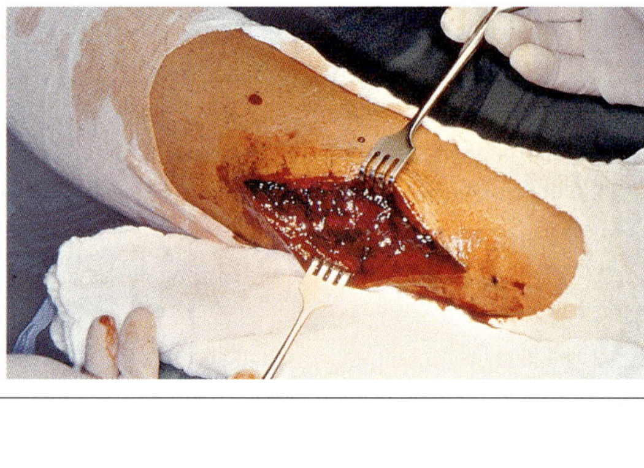

Die Ausdehnung eines Hämatoms wird klinisch und sonographisch bestimmt, tiefer gelegene durch eine CT-Untersuchung.

Therapie:

Vor jeder Therapie sind Gerinnungsstörungen wie Hämophilie oder Marcumareinnahme abzuklären, um einer Progression des Hämatoms vorzubeugen.

Ein kleines posttraumatisches Hämatom wird konservativ behandelt (z. B. Heparin-Salbe, kühlende Umschläge). Ist das Hämatom progredient oder entwickeln sich periphere Durchblutungsstörungen und Nervenausfälle, sind zügige Hämatomentlastung (**16.1**) und intraläsionale Blutstillung notwendig.
Postoperative Hämatome (im Wundbereich) erfordern eine sorgfältige Gerinnungs- und Hämoglobinkontrolle. Die klinischen Symptome sind je nach Lokalisation unterschiedlich. Nach Schilddrüsenoperationen können sie sich rasch ausbreiten und respiratorische Probleme verursachen. Eine zügige Wundrevision ist auch hier entscheidend.

Intraoperativ ist eine strenge Asepsis wichtig, da insbesondere Hämatome zur raschen Keimbesiedelung neigen.

Entzündliche Erkrankungen

Pilonidalsinus und -fistel

Definition: Bei einem Pilonidalsinus handelt es sich um eine behaarte Hauteinsenkung in der Medianlinie der Kreuz-Steißbein-Region, die sich in eine zur Tiefe hin blind endenden Fistel umbilden kann. Diese kann bis auf das Periost herabreichen und bei chronischem Verlauf ein fuchsbauartiges Fistelsystem verursachen.

Ätiologie: Betroffen sind v. a. stark behaarte, dunkelhaarige Patienten und Patienten mit höherer präsakraler Druckbelastung (Reiter, Autofahrer usw.) bei mangelhafter Hygiene. Die genaue Ursache der Erkrankung ist jedoch bis heute umstritten.

Die ***Symptome*** entsprechen denen eines lokalisierten Weichteilinfekts, der je nach Ausdehnung abszedieren kann (**16.2a**).

16.2 Pilonidalsinus

a präoperativer Befund b Markierung der Fistelgänge mit Methylenblau c Operationspräparat

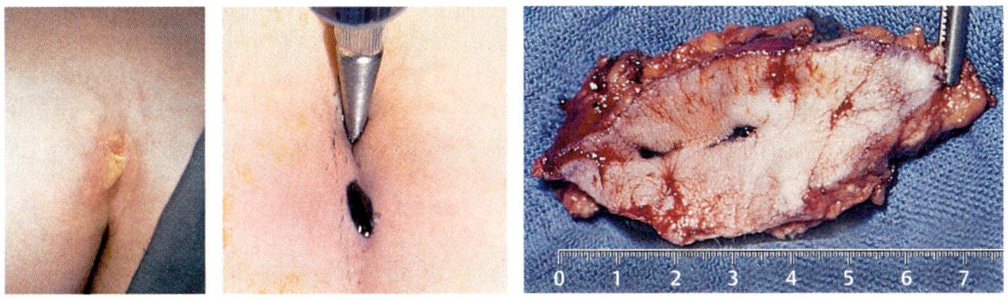

a Äußerlicher präoperativer Aspekt.
b Zur intraoperativen Kontrolle der Fistelausdehnung werden die Fistelgänge mit Methylenblau ausgespritzt.
c Das im Gesunden (d. h. außerhalb der Blaufärbung) exzidierte Operationspräparat zeigt die tatsächliche Ausdehnung des Befundes.

Therapie: In allen Fällen sollte das Fistelsystem einschließlich möglicher Abszedierungen im Gesunden exzidiert werden (s. auch SE 3.3, S. 47). Hierzu erfolgt eine intraoperative Darstellung aller Fistelgänge durch Methylenblauinjektion (**16.2b**). Für den Wundverschluss gibt es verschiedene Möglichkeiten:

Offene Wundbehandlung: *Nachteil:* langwierige sekundäre Wundheilung, oft bis zu 8 Wochen. *Vorteil:* Sicherste Erreichung einer lebenslang stabilen Narbe (ohne Rezidiv). Voraussetzungen: stets breit nach außen offene Wunde, kein „Hereinhängen" seitlicher Haare!

Primärer Wundverschluss durch Hautplastiken (s. SE 37.1, S. 817 ff): *Vorteil:* Die Wundheilung ist bereits nach etwa 12 Tagen abgeschlossen, *Nachteil:* erhöhte Inzidenz von Frührezidiven bzw. erneuten Abszessen.

Postoperativ sind regelmäßige Wundkontrollen und Verbandswechsel sowie sorgfältige Hygiene wichtig.

Das Hauptproblem der Pilonidalsinuschirurgie ist in beinahe 20 % das Rezidiv. Deshalb ist eine radikale Primärchirurgie wichtig.

Pyodermia fistulans sinifica

Definition: Die Pyodermia fistulans sinifica ist eine chronische, zu Rezidiven neigende Hauterkrankung, die überwiegend apokrine Drüsen und deren benachbartes Bindegewebe betrifft. Wichtigste Erreger sind Streptokokken und Staphylococcus aureus.

Epidemiologie: Die Inzidenz liegt bei 1:300, dunkelhäutige Personen sind bevorzugt betroffen. Das Prädilektionsalter für die Erstmanifestation liegt zwischen dem 30. und 40. Lebensjahr.

Ätiopathogenese: Im Allgemeinen geht man von einer Okklusion der apokrinen und follikulären Drüsen aus mit nachfolgender Infektion des gestauten Drüseninhaltes (Abszess), sodass eine bakterielle Infektion entlang der Haarwurzel einen lokalen Abszess verursacht. Die Erkrankung respektiert die Faszie: Letztere und das subfasziale Gewebe sind nie mitbetroffen.

Prädisponierend sind die lokale Anwendung von Deodorantien, Rasiergewohnheiten, Diabetes mellitus oder Adipositas. Auch wird eine genetische Disposition bzw. Vererbbarkeit vermutet (bis zu 25 %).

Symptomatik: **Prädilektionsorte** sind die Inguinoperinealgegend (**16.3a**), die Axillen (**16.3b**) und die vordere Thoraxwand. Betroffene Patienten entwickeln im **akuten Stadium** zunächst in Abszesse übergehende, derbe, subkutane Knoten. Im **fortgeschrittenen Stadium** imponieren persistierende Schmerzen, Sepsis und purulent sezernierende, breitflächige Fisteln. Die chronische Pyodermia fistulans kann in seltenen Fällen maligne entarten.

Differenzialdiagnose: Eine Unterscheidung von einer Furunkulose, einer Analfistel oder einem Pilonidalsinus ist schwierig, die Erkrankungen können koexistieren.

Therapie: Die Behandlung der Pyodermia fistulans erfolgt **im Frühstadium** i. d. R. konservativ. Durch Anwendung lokaler antiphlogistischer Maßnahmen und Gabe von Anti-

16.3 Pyodermia fistulans sinifica

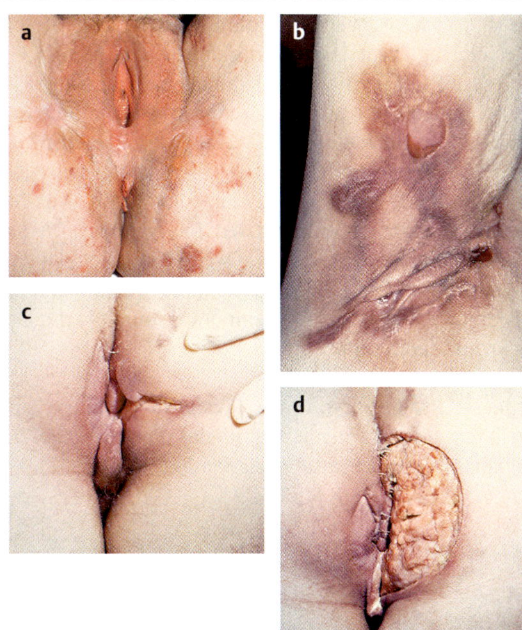

Die Abbildungen zeigen Befunde an den Prädilektionsorten, d. h. in der Inguinoperinealgegend (**a**) und in der Axilla (**b**). Der Befund in **c** wurde durch breite Exzision und offene Wundbehandlung therapiert (**d**).

16.1 Fasciitis necroticans

Synonym: Fournier-Gangrän

Definition: Die Fasciitis necroticans ist eine foudroyant verlaufende Infektion der fasziennahen Weichteile des (insbesondere männlichen) Genitales mit Teilnekrosen und Gangrän des Hodensackes und Dammes. Auch andere Lokalisationen an Armen, Beinen und Füßen usw. werden beschrieben.

Ätiologie: Die genauen Ursachen für dieses schwere Krankheitsbild sind unklar. Diabetes, Drogenabhängigkeit, Immunsuppression, Nierenversagen oder höheres Alter sind typische **Prädispositionsfaktoren**.

Epidemiologie: In Deutschland erkranken jährlich zumindest etwa 100 Menschen an der Fasciitis necroticans.

Symptomatik: Die meist scharf begrenzten Hautnekrosen breiten sich rasend schnell aus. Die Patienten werden septisch und intensivpflichtig und sind je nach Schwere der Erkrankung lange hospitalisiert.

Diagnostik: Die Diagnose wird zunächst anamnestisch gestellt. Charakteristisch sind der plötzliche, schwere Krankheitsbeginn mit Schmerz, Hautrötung, -überwärmung sowie Schwellung der erkrankten Körperregion (👁). Exzidiertes Gewebe wird sowohl mikrobiologisch als auch histologisch untersucht.

Typischerweise lassen sich eine bakterielle Mischflora, insbesondere Streptokokken der Gruppe A, und Candida albicans nachweisen. Bildgebende Verfahren wie Sonographie, CT oder Kernspintomographie können wertvolle diagnostische Hilfe leisten.

Differenzialdiagnostisch müssen arterielle Verschlusskrankheiten, bullöse Hauterkrankungen, Gasbrand sowie ausgedehnte phlegmonöse Infekte berücksichtigt werden.

Therapie: Aufgrund der raschen Verschlechterung des Gesundheitszustandes ist rasches Handeln wichtig. Nach klinischem Ausschluss der Differenzialdiagnosen stehen zunächst **operative** und **intensivmedizinische Maßnahmen** im Vordergrund. Die scharf begrenzten entzündeten oder gangränösen Hautareale werden mitsamt der darunter liegenden gangränösen Weichteile (einschließlich Faszie) exzidiert. Es schließen sich tägliche Verbandswechsel an (der Patient bleibt in aller Regel beatmet). Erneut infizierte Wundanteile werden reseziert. Infolge des foudroyanten Verlaufs sind eine aggressive Intensivbehandlung und frühzeitige Therapie mit Breitbandantibiotika entscheidend. Die ausgedehnten Hautdefekte werden nach gesichertem Abklingen der Infektion mit Hauttransplantaten gedeckt.

Prognose: Die Überlebensrate beträgt zwischen 30–50 % und wird ganz entscheidend vom richtigen Zeitpunkt des operativen Eingreifens bestimmt.

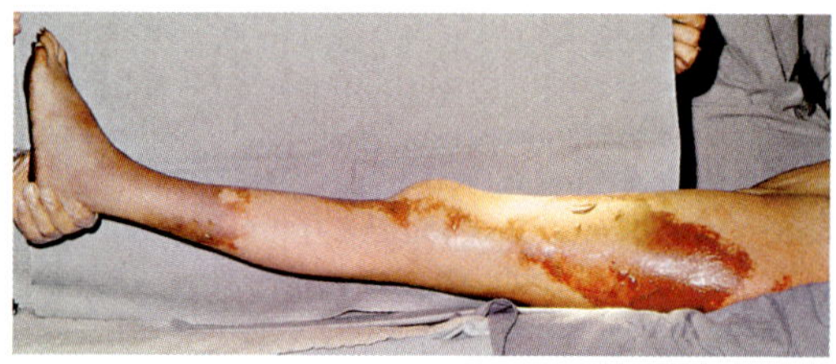

biotika können akute Entzündungen erfolgreich behandelt werden.

Bei **chronischen oder weit fortgeschrittenen Erkrankungen** ist die *chirurgische* Behandlung indiziert. Sie besteht aus einer radikalen Entdeckelung der Abszesse und Fisteln mit lokaler Inzision und Drainage oder aus einer lokalen Exzision des gesamten Hautbezirks bis auf die Faszie herab (👁 **16.3c,d**). Je nach Größe des Defektes folgt entweder eine sekundäre Wundheilung mit spontanem Wundverschluss oder eine zweizeitige Mesh-graft-Deckung nach guter Granulation des Untergrundes. Die Fistelausdehnung wird intraoperativ mit Methylenblauausspritzung markiert. Bei ausgedehnten Fistelungen im Anogenitalbereich kann die temporäre Anus-praeter-Anlage erforderlich sein.

Prognose: Die Rezidivrate der Pyodermia fistulans sinifica hängt vom Radikalitätsgrad des Eingriffes ab. Sie schwankt in der Literatur zwischen 3–50 %.

Geschwulstähnliche Erkrankungen

Warze

Warzen (*lat.:* verruca) sind scharf umschriebene, rundliche, papillomatöse und mehr oder weniger hyperkeratotische Epidermiswucherungen, die durch das **h**umane **P**apilloma**v**irus (**HPV**), ein DNA-Virus, verursacht werden.

! Das HPV wird mit Karzinomen im Genitalbereich und Nagelbett in Verbindung gebracht.

Warzen werden in der chirurgischen Praxis häufig angetroffen und werden je nach Lokalisation und Untergruppe unterschiedlich behandelt.

Die **gemeine Warze** (*Synonym:* Verruca vulgaris) imponiert als stecknadelkopfgroßer Tumor, der sich über das Hautniveau erhebt. Häufigste *Lokalisation* sind die Hände. Beim älteren Patienten muss die gemeine Warze *differenzialdiagnostisch* von der seborrhoischen Keratose und von pigmentierten, warzenförmigen Naevi unterschieden werden. Eine suggestive *Therapie* kann speziell bei Kindern erfolgreich sein. Bei Erwachsenen und Jugendlichen mit solitären, kleinen Warzen wird der Tumor am besten elektrochirurgisch entfernt. Warzenrezidive sind nach einer Entfernung im Gesunden selten. Im Nagelgebiet besteht eine hohe Rezidivrate, sodass zusätzlich zur Warzenexzision eine Resektion der angrenzenden Nagelfläche notwendig wird. Bei multiplen Warzen ist die lokale, tägliche Applikation einer salizylsäurehaltigen Salbe eine erfolgversprechende Alternative. Die absterbenden Hautschichten werden wiederholt mit scharfer Klinge abgetragen.

Filiforme Warzen (*Synonym:* Verruca filiformis) besitzen Hautausläufer und entstehen gewöhnlich auf dem behaarten Kopf, den Augenlidern und im Nacken. *Differenzialdiagnostisch* werden sie von gestielten Fibromen und von Hornhautbildungen bei aktinischer Keratose unterschieden. Filiforme Warzen werden elektrochirurgisch reseziert oder mit einer Schere lokal exzidiert.

Flache Warzen (*Synonym:* Verruca plana oder juvenilis) entstehen in der Kindheit oder Jugend und sind z.T. schwer erkennbar. Es handelt sich um meist gruppierte, leicht rötliche und gering hyperkeratotische Papeln. Typische Lokalisationen sind Stirn und Handrücken, aber auch Penis und Zervix.

Die *Behandlung* flacher Warzen im Gesichtsbereich erfolgt vorsichtig mit flüssigem Stickstoff oder sparsamer Elektrochirurgie, um Narbenbildung zu vermeiden. Im Genitalbereich wird die Warze lokal mit Trichloracetatlösung oder flüssigem Stickstoff behandelt und dann elektrochirurgisch entfernt.

Condylomata acuminata haben eine charakteristische, weiche, nicht verhornende Struktur und entstehen gewöhnlich im Anogenitalbereich oder Mundwinkel.

! Im Kindesalter können Kondylome im Anogenitalbereich auf sexuellen Kindesmissbrauch hindeuten.

Condylomata acuminata werden überwiegend vom HPV-Typ 6, 11, 16, 18 und 31 verursacht, wobei die HPV-Typen 16 und 18 wiederum mit der Entstehung von Karzinomen im Zervix- und Anogenitalbereich assoziiert werden. Die *Behandlung* erfolgt durch lokale Applikation alkoholischer Podophyllinlösung, lokale Exzision der Warzen (Laser) oder Imiquimodsalbe (z.B. Aldara), s. SE 27.4, S. 636 f.

Plantarwarzen entstehen typischerweise an der Fußsohle. Sie sind flach, reichen aber tief in die Hautschichten hinein. Sie können auf Druck sehr schmerzhaft sein. *Differenzialdiagnostisch* werden sie von einem Klavus durch das Vorhandensein der winzigen, punktförmigen Blutungsstellen bei der Inzision unterschieden (die exakte Diagnosestellung ist vor der Erstbehandlung maßgebend!). *Therapie:* Die elektrochirurgische Exzision unter Lokalanästhesie wird bei einzelstehenden Warzen am häufigsten durchgeführt. Aber auch die wiederholte Behandlung mit Acetylsalicylsäure und Abhobelung der sich ablösenden Hornhautschichten kann effektiv sein.

16.2 Narbenkeloid

Synonym: fibroplastische Diathese

Definition: Narbenkeloide sind gutartige Bindegewebswucherungen, die in der Regel nach traumatischen Hautverletzungen entstehen.

Ätiologie: Bevorzugt neigen schwarz- und dunkelhäutige Personen zur Keloidbildung.

Der ***charakteristische Befund*** eines Narbenkeloids ist auf der 👁 zu sehen. Prädilektionsorte sind Brust und Rücken.

Differenzialdiagnostisch werden Narbenkeloide von hypertrophischen Narben, sog. Pseudokeloiden, unterschieden, die sich trotz ähnlicher Histologie nach mehreren Jahren meist dem Hautniveau anpassen.

Die ***Behandlung*** von Narbenkeloiden ist Aufgabe des plastischen Chirurgen. Gelegentlich werden verschiedene Behandlungsformen wie lokale Wundexzision und intraläsionale Kortisoninjektionen miteinander kombiniert.

! Jede korrigierende chirurgische Maßnahme bei Patienten mit Narbenkeloiden sollte sorgfältig überdacht werden.

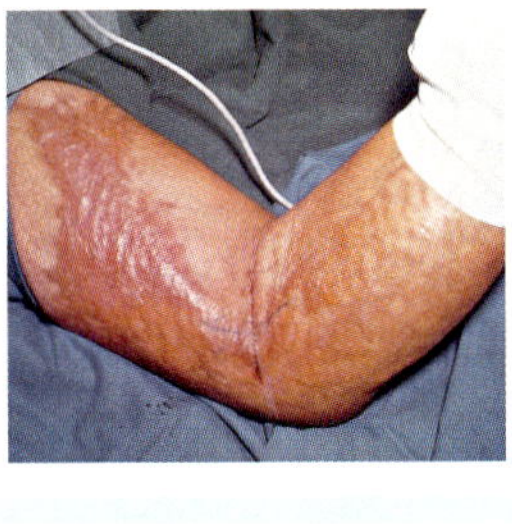

16.3 Atherom und Hautzyste

Atherom

Es werden echte und falsche Atherome unterschieden. Ein **echtes Atherom** ist ein kugeliger, glatter und prallelastischer Tumor der Haut und Unterhaut, der oft in Gruppen auftritt und vererbt sein kann. Hauptlokalisationen sind Hodensack und Kopfhaarbereich. Das **falsche Atherom** hingegen entspricht einer Talgretentionszyste mit einer punktförmigen Follikelmündung. Echte und falsche Atherome können sich bakteriell infizieren und sollten in diesen Fällen exzidiert und zur histologischen Untersuchung eingeschickt werden.

Hautzyste

Hautzysten können sowohl epidermaler als auch adnexaler (Schweißdrüsen, Haarfollikel) Herkunft sein. Man unterscheidet Hornzysten (traumatische Epithelzysten, Milien) und Trichilemmalzysten (seborrhoische Zysten). Die Genese der verschiedenen Zystentypen ist dabei sehr unterschiedlich.

Differenzialdiagnostisch werden Hautzysten von Lipomen (festere Konsistenz, entleeren nach Inzision kein käsiges Material), Dermoidzysten (gewöhnlich solitär auftretend) oder Schleimhautzysten abgegrenzt.

Therapeutisch gibt es verschiedene Vorgehensweisen, wobei die komplette Exzision der Zystenwand immer erforderlich ist, um einem Rezidiv vorzubeugen.

16.4 Klavus

Synonym: Hühnerauge, Leichdorn

Im Gegensatz zu Warzen ist ein Klavus nicht viral bedingt, sondern die Folge einer Fehl- oder Überbeanspruchung knochennaher Hautareale mit Ausbildung einer schmerzhaften Hyperkeratose.

Die ***Therapie*** besteht gewöhnlich aus fußpflegerischen Maßnahmen und der Entlastung des Hautareals. Eine chirurgische Exzision des Hornhautdornes ist schmerzhaft und nicht sinnvoll, da das Hühnerauge bei gleicher, fortbestehender Belastung rezidiviert.

16.2 Gutartige Hauttumoren

Gutartige Hauttumoren sind in ihrer Erscheinungsform gelegentlich schwer von malignen Tumoren zu unterscheiden. Die oftmals symptomlosen Tumoren werden zumeist spät diagnostiziert, eine chirurgische Entfernung ist meist nur bei Symptomatik und bei Verdacht auf Malignität indiziert.

Diagnostik

Bei der Inspektion und Palpation von Haut- und Unterhauttumoren sollte auf folgende Aspekte geachtet werden:

- Tumorform: rund, unregelmäßig, elliptisch?
- Tumorgröße: Tiefen-, Weiten- und Längenausdehnung?
- Hautoberfläche: Erhalt des Oberflächenreliefs?
- Konsistenz: hart, weich, fluktuierend?
- Hautfarbe, insb. Pigmentierung?
- Tumorbegrenzung: scharf, unscharf, keine Abgrenzung möglich?
- Tumorverschieblichkeit im Verhältnis zu Hautoberfläche, Faszie und Muskulatur?

Gutartige Tumoren

Papillom

Synonym: Fibroma pendulans
Papillome sind benigne Tumoren, die durch eine Proliferation aller Hautschichten entstehen. Sie sind normalerweise gestielt und von weicher Konsistenz, können ubiquitär entstehen und von unterschiedlichster Form und Größe sein. Prädilektionsstellen sind Axilla, Leiste und Hals. Selten infizieren sie sich oder bluten durch wiederholten mechanischen Reiz. Eine Exzision ist meist nicht nötig, es genügt ein einfaches Shaven oder ein Scherenschlag.

Lipom

Synonym: Fettgewebsgeschwulst
Lipome sind gutartige mesenchymale Geschwülste aus vergrößerten Fettgewebszellen und entstehen bevorzugt im Unterhautzellgewebe (**16.4**). Sie können angeboren (fetales bzw. fetal-zelluläres Lipom) oder erworben sein und solitär oder multipel bis systematisiert (Lipomatose) auftreten.

Morphologie: Die meist langsam wachsenden Fettgewebsgeschwülste sind von kugeliger, gestielter (Lipoma pendulum) oder zottiger Form (L. arborescens). Lipomatöse Tumoren können zentral verknöchern (L. ossificans), verschleimen (L. myxomatodes) oder verkalken (L. petrificans) oder auch mit vermehrter Bindegewebs- und Kapselbildung (L. fibrosum) oder Blutgefäßneubildung (L. teleangiectodes) einhergehen. Selten entarten Lipome zu Liposarkomen (eigentlich nur bei tiefer Lokalisation, d. h. subfaszial und retroperitoneal).

Therapie: Bei kleinen Lipomen wird gewöhnlich konservativ verfahren und der Tumor in seiner Entwicklung beobachtet. Verursacht der Tumor Beschwerden, wird er exstirpiert bzw. bei ausgedehnten Lipomen (z. B. Lipomatose) wird die Liposuktion empfohlen.

Fibrom und Neurofibrom

Ein Fibrom ist eine gutartige, meist rundlich-kugelige Geschwulst aus faser- oder zellreichem Bindegewebe (Fibroma durum), und kann vereinzelt oder multipel (Fibromatose) bestehen. Das faserreiche und zellarme „harte" Fibrom ähnelt oft einem Keloid (s. **16.2**, S. 391). Die Therapie entspricht der des Lipoms (s. o.).
Bei der autosomal dominant vererbbaren **Neurofibromatose** (*Synonym:* Morbus von Recklinghausen) bilden sich u. a. peripher (Neurofibromatose 1, s. auch SE 26.13, S. 615) oder zentral (Neurofibromatose 2) multiple, derb abgekapselte Schwann-Zell-Tumoren, die in etwa 5 % der Fälle maligne entarten können. Es gibt zahlreiche klinische Abwandlungen dieses Krankheitsbildes. Symptomatik und Diagnosekriterien sind in **16.5** dargestellt. Jährliche körperliche und ophthalmologische Untersuchungen werden bereits im Schulalter empfohlen, wobei insb. auf die Wachstumsgeschwindigkeit geachtet wird. Nur in Ausnahmefällen (plötzliche Größenzunahme mit entsprechendem Entartungsrisiko oder Schmerzen)

16.4 Lipome

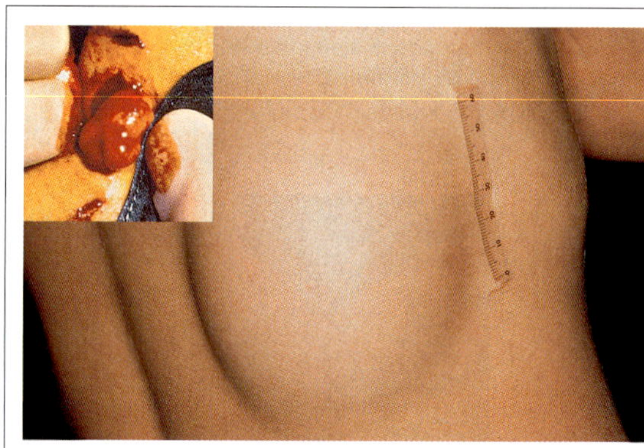

Lipome entstehen überwiegend retroperitoneal und subkutan im Bereich der Extremitäten und am Stamm, wo sie ab einer gewissen Größe äußerlich sichtbar werden. **a** zeigt ein subkutan gelegenes Lipom im Bereich der rechten Thoraxwand. **b** An diesem subkutanen Lipom am Unterarm wird deutlich, dass sich die Fettgeschwulst meist gut vom umgebenden Gewebe abgrenzen und in toto exstirpieren lässt.

ist ein chirurgischer Eingriff indiziert. Der Langzeitnutzen der chirurgischen Exzision der Hauttumoren ist unsicher.

16.5 Neurofibromatosis 1: Symptomatik und Diagnosekriterien

Sind zwei oder mehr der folgenden diagnostischen Kriterien erfüllt, kann die Diagnose Neurofibromatosis 1 gestellt werden:

- mindestens sechs Café-au-Lait-Flecken (sie bilden sich meist früher als die Tumoren):
  - mindestens 0,5 cm bei präpubertären Patienten,
  - mindestens 1,5 cm bei postpubertären Patienten,
- mindestens zwei Neurofibrome (s. **16.5**) oder mindestens ein plexiformes Neurofibrom,
- sommersprossenartige Hautverfärbungen in den Achseln oder der Schamgegend (Crowe-Zeichen),
- ein Gliom des Auges,
- mindestens zwei knötchenförmige Läsionen der Iris (Lisch-Knoten),
- eine Knochenläsion (die z. B. mit einer Skoliose einhergehen kann),
- ein Verwandter ersten Grades mit Neurofibromatosis 1.

16.6 Glomustumor (Synonym: Glomangiom)

Glomustumoren (nicht zu verwechseln mit dem Tumor des Glomus caroticum, einem Paragangliom!) sind seltene, meist benigne Neoplasien der Haut und anderer Epithelien, deren Zellen modifizierten, glatten Muskelzellen aus dem Glomusorgan der Haut (steuert die Hautdurchblutung und die Thermoregulation) ähneln. Diese ungewöhnlichen Tumoren kommen typischerweise als kleine solitäre, bläulich-rote Knoten subungual (druckschmerzhaft!) sowie in Lunge, Trachea, Mediastinum, Knochen oder Gastrointestinaltrakt vor. Der Erkrankungsgipfel liegt zwischen dem 20. und 40. Lebensjahr.
Therapie: Zumindest bei Symptomatik Exzision, bei infiltrativem Wachstum: weit im Gesunden.

Nävus

Definition und Einteilung: Melanozytische Nävi sind pigmentierte oder unpigmentierte Hauttumoren, die Nävuszellen enthalten, einer fortlaufenden Weiterentwicklung unterliegen und zu malignen Melanomen (s. SE 16.3, S. 394 f) entarten können. Es werden zwei unterschiedliche Formen unterschieden:
Erworbene, d. h. melanozytäre und nävozelluläre Nävi: hier werden pigmentierte von unpigmentierten, meist dermalen Nävi unterschieden.
Angeborene (kongenitale behaarte) Nävi: histologisch werden sie in epidermale, dermale und junktionale Nävi unterteilt, meist jedoch besteht eine histologische Mischform.

Ätiologie und Vorkommen: Der Ursprung der Nävuszellen ist umstritten. Nävi lassen sich in unterschiedlicher Häufigkeit bei nahezu allen Erwachsenen (meist an Kopf und Rücken) beobachten. Beim dysplastischen Nävus-Syndrom findet sich eine größere Anzahl von Nävi, die häufiger zu malignen Melanomen entarten können (**16.6**). Hier werden familiäres Aufkommen (BK-mole-Syndrom) von einer sporadischen Entartung unterschieden.

Diagnostik: Neben dem typischen klinischen Aspekt kann das Pigmentnetz dermatoskopisch (auf das eingeölte Hautareal wird eine beleuchtete, zehnfach vergrößernde Lupe aufgesetzt) näher beurteilt werden.

Differenzialdiagnostisch müssen folgende Erkrankungen erwogen werden:
bei pigmentierten Tumoren:

- pigmentierte seborrhoische Warze,
- pigmentiertes Basaliom,
- Melanom;

bei nicht pigmentierten Tumoren:

- Fibrom,
- Histiozytom,
- Basaliom,
- Merkel-Zell-Karzinom.

Therapie: Nävi sollten exzidiert und histologisch untersucht werden. Eine elektrochirurgische Behandlung ist daher kontraindiziert. Beim hochgradigen Verdacht auf ein malignes Melanom sollte bei der Exzision ein Sicherheitsabstand eingehalten werden, wobei nach Erhalt der endgültigen Histologie möglicherweise eine mehr oder weniger ausgedehnte Nachexzision erfolgen sollte.

16.5 Neurofibrome

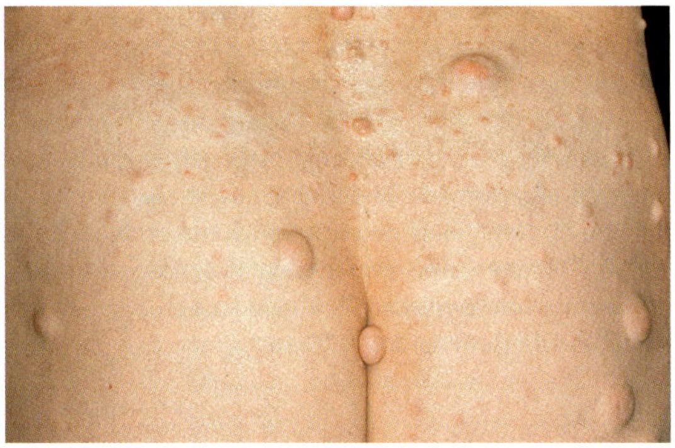

16.6 Nävus

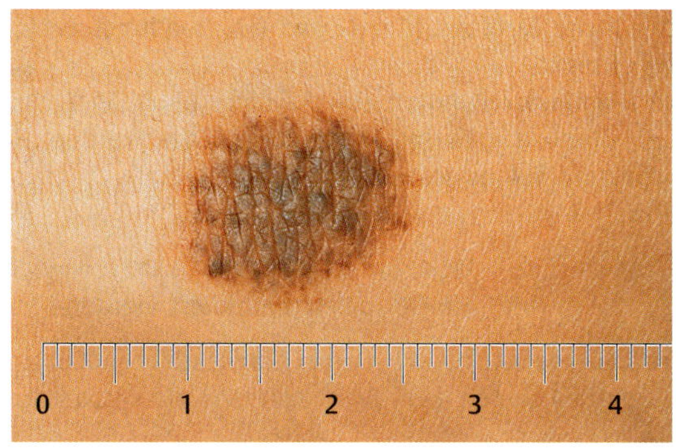

16.3 Malignes Melanom

Das maligne Melanom ist ein früh metastasierender Hauttumor. Seine initiale Erscheinungsform ist den gutartigen Nävi sehr ähnlich, sodass die Diagnose oft verzögert gestellt wird. Die Therapie der ersten Wahl ist die chirurgische Entfernung des Tumors.

Definition: Das maligne Melanom entsteht aus Melanozyten oder Nävuszellen der Epidermis und kann sich am gesamten Integument, aber auch in der Mundschleimhaut und selten intrazerebral bilden.

Epidemiologie: Etwa 1–3 % aller Malignome und 20 % aller bösartigen Hauttumoren entfallen auf das maligne Melanom. Die Inzidenz liegt bei 14:100 000, die Morbidität bei 0,8–39:100 000 und die Mortalität bei 0,1–3,3:100 000. Frauen sind in Europa 1,5-mal häufiger betroffen als Männer. Der Häufigkeitsgipfel liegt bei 40–60 Jahren.
Patienten mit dysplastischen Nävi bzw. familiärem Melanomleiden oder mit großen kongenitalen melanozytären Nävi sind ebenso prädisponiert für die Entstehung maligner Melanome wie ausgesprochen weißhäutige oder immunsupprimierte Menschen.

! Sonnenbrände mit Blasenbildung infolge kurzzeitiger exzessiver Sonnenexpositionen gehen mit einem deutlich höheren Risiko (6–10fach) der Melanomentwicklung einher als eine chronische Sonnenexposition ohne Sonnenbrand.

Klassifikation: Das maligne Melanom wird nach Erscheinungsform (**T 16.1**), Tumorausbreitung (UICC) und histologischem Parameter (**T 16.2**: Tumordicke nach Breslow) eingeteilt.

Der ***klinische Befund*** wird durch die Tumorausdehnung bestimmt. Entsprechend ihrer histologischen Abstammung sind die malignen Melanome meist braun bis rötlich pigmentiert, können aber auch nicht pigmentiert sein (amelanotisches Melanom).

! Pigmentmale, die sich stark in Größe, Form, Farbe oder Oberfläche verändern, sind malignomverdächtig.

Entsprechend der **ABCD**-Regel nach Friedmann sind somit **A**symmetrie, unregelmäßige **B**egrenzung, unterschiedliche Farbtöne (**C**olor) und ein **D**urchmesser > 6 mm suspekt.
Die **Diagnosestellung** ist stark erfahrungsabhängig und kann durch das Dermatoskop unterstützt werden. Bei suspektem Befund ist der Tumor histologisch zu untersuchen:

! Ein fragliches Melanom darf nicht biopsiert, sondern muss in toto („im Gesunden") exzidiert werden.

Der Sicherheitsabstand bei einer diagnostischen Exzision braucht nicht den kurativen Kriterien zu entsprechen und kann wenige Millimeter betragen. Das weitere **Staging** umfasst die klinische Untersuchung zur Erfassung pathologisch vergrößerter Lymphknoten, Röntgenthorax und Abdomensonographie zur Detektion von Metastasen. Ergänzend können eine Computertomographie, Knochenszintigraphie und neuerdings eine Positronen-Emissions-Tomographie (PET) hilfreich sein.

Therapie: Bei den **UICC-Stadien I–III ohne Lymphknotenmetastasen** wird der *Primärtumor* mit einem Sicherheitsabstand *exstirpiert:*
- Tumordicke 0–1 mm: 1 cm Sicherheitsabstand,
- Tumordicke 1–2 mm: 2 cm Sicherheitsabstand,
- Tumordicke > 2 mm: 3 cm Sicherheitsabstand.

Bei **Befall regionärer Lymphknotenstationen** sollte die Indikation zur *radikalen Lymphknotendissektion* gestellt werden. Im axillären Bereich wird – im Gegensatz zur Therapie beim Mammakarzinom – auch die Dissektion der Lymphknoten kranial der V. axillaris gefordert. Beim Befall der inguinalen Lymphknoten müssen sowohl die Lymphknoten in der Leiste als auch die Lymphknoten entlang der Iliakalgefäße exstirpiert werden.

! 40 % der Patienten mit palpablen Leistenlymphknoten besitzen tumorbefallene Lymphknoten entlang der Iliakalgefäße. Lässt sich histologisch ein Befall der Leistenlymphknoten nachweisen, steigt dieser Prozentsatz auf 75 % an.

Eine prophylaktische Lymphknotenexstirpation oder -dissektion ist indiziert, wenn ein Befall des sog. Sentinel-(= Wachtposten-)Lymphknotens (SNLD) nachgewiesen wurde oder im Ultraschall oder anderen bildgebenden Verfahren ein Verdacht auf einen Lymphknotenbefall geäußert wird. Der Sentinel-Lymphknoten wird markiert, indem das Gewebe um den Tumor präoperativ mit Farbstoff- oder Isotopenlösung infiltriert wird.
Zu den **palliativen Therapiemaßnahmen** gehören tumorverkleinernde Maßnahmen wie Debulking-(d. h. Tumorverkleinerungs-)Operationen, Metastasenexstirpationen, Bestrahlungs-, Chemo- und Immuntherapien.

Prognose: Als prognostisch ungünstig gelten große, erhabene und ulzerierende Melanome sowie Melanomlokalisationen an Kopf, Hals, Stamm und Schleimhäuten. Auch besitzen Männer eine schlechtere Prognose als Frauen. Zur Korrelation zwischen Breslow-Tumordicke und der 10-Jahres-Überlebensrate s. **T 16.2**.

16.1 Morphologische Einteilung des malignen Melanoms

Melanomtyp		*Morphologie*	*Häufigkeit*	*Klinischer Befund*
SSM	oberflächlich spreitendes Melanom (engl.: **s**uperficial **s**preading **m**elanoma)	wächst primär oberflächlich-horizontal und zeigt typischerweise eine partielle zentrale Regression	40–70 %	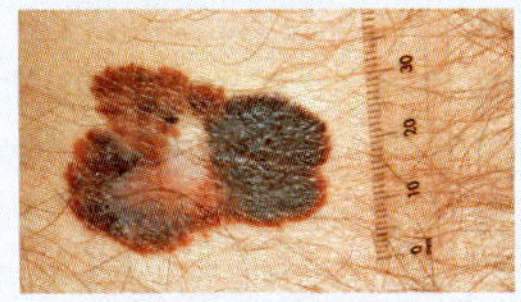
NMM	**n**oduläres **m**alignes **M**elanom	halbkugelig-glatt, flächenhaft oder verrukös, scharf begrenzt, vertikal invasiv wachsend, teilweise amelanotisch	15–35 %	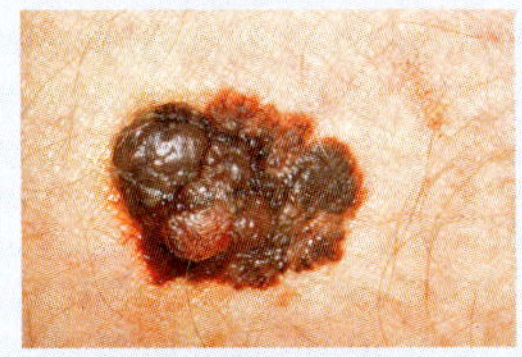
LMM	**L**entigo-**m**aligna-**M**elanom	entsteht auf einer Lentigo maligna, ist buntscheckig (hell- bis schwarzbraun) und wächst (erst) nach vielen Jahren vertikal invasiv	4–13 %	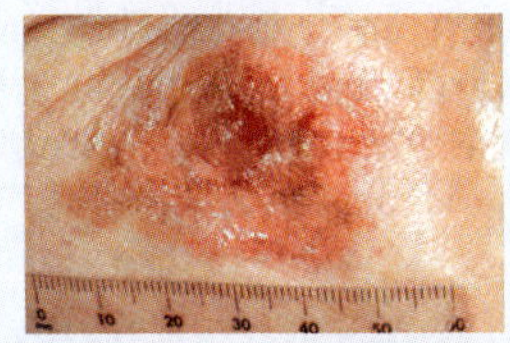
ALM	**a**kral-**l**entiginöses **M**elanom	ist buntscheckig (evtl. grau bis weiß gefleckt infolge Regression; rosa bis rötlich bei Entzündung), tritt an Händen und Füßen, peri- und subungual auf	2–9 %	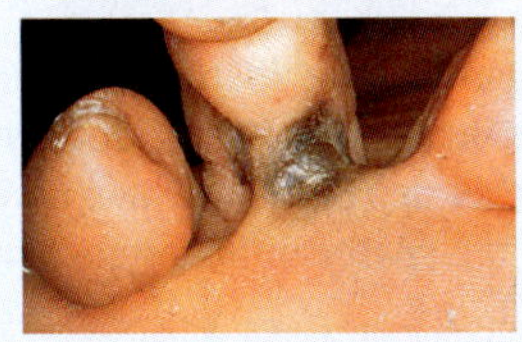
Sonderformen	Melanome des Auges, der Vulva, des Anorektums oder im HNO-Bereich			

16.2 Stadieneinteilung des malignen Melanoms (Deutsche Dermatologische Gesellschaft 2000)

Stadium UICC[1]	*Primärtumor: Tumordicke nach Breslow*[2]	*regionäre Lymphknoten*[3]	*Fernmetastasen*[4]	*10-Jahres-Überlebensrate*
I a	pT1 (≤ 0,75 mm)	N0	M0	97 %
I b	pT2 (0,76–1,5 mm)	N0	M0	90 %
II a	pT3 (1,51–4,0 mm)	N0	M0	67 %
II b	pT4 (> 4,0 mm)	N0	M0	43 %
III a	jedes pT, zusätzlich Satellitenmetastasen[5] (= pT1–4a) oder In-transit-Metastasen[6] (= pT1–4b)	N0	M0	28 %
III b	jedes pT	N1, N2	M0	19 %
IV	jedes pT	jedes N	M1	3 %

(1) UICC: United International Cancer Classification
(2) N_0: keine Lymphknotenmetastase; N_1: Metastase < 3 cm in den regionären Lymphknoten; N_2: Metastase > 3 cm oder Hautmetastase zwischen Tumor und regionären Lymphknoten
(3) wird am histologischen Präparat bestimmt
(4) M_0: keine Fernmetastase; M_1: Fernmetastase
(5) Satellitenmetastasen: Tumorzellen innerhalb der reaktiven Zone eines Tumors (bis zu 2 cm), aber abgesetzt von der Tumormasse (lokoregionäre Metastase)
(6) In-Transit-Metastasen: Metastasen der Haut oder Subkutis, die mehr als 2 cm vom Primärtumor entfernt sind, aber nicht jenseits der regionären Lymphknoten liegen

16.4 Weitere maligne Hauttumoren

Abgesehen vom malignen Melanom gibt es noch eine Vielzahl an bösartigen Neoplasien, die in der Haut entstehen können. Ursache dieser Vielfalt sind die vielen unterschiedlichen Zelltypen in diesem Bereich. Das Basaliom ist der häufigste bösartige Tumor der Haut. Es wird in SE 18.4, S. 416 f besprochen.

Einteilung: Die unterschiedlichen Hauttumoren werden in benigne Tumoren, die durch Hyperplasie oder Fehlbildungen entstehen, Präkanzerosen und maligne Tumoren unterteilt.
Präkanzerosen im weiteren Sinn zeichnen sich durch eine Prädisposition zur malignen Entartung aus, Präkanzerosen im engeren Sinn entarten häufig maligne. Zu den Präkanzerosen zählen z. B. die aktinische und chemische Keratose, die Leukoplakie, der Morbus Bowen, die Bowenoide Papulose und die Lentigo maligna.

Plattenepithelkarzinom der Haut

Definition: Das Plattenepithelkarzinom (*Synonym:* Spindelzellkarzinom) der Haut geht vom verhornten Plattenepithel der Epidermis aus und wächst zunächst intraepithelial, später infiltrierend und destruierend.

Ätiologie: Die Entstehung eines Plattenepithelkarzinoms wird begünstigt durch Sonneneinstrahlung, insb. bei hellem Hauttyp, Einwirkung ionisierender Strahlen oder chemischer Noxen (Teer, Tabak, Arsen, u. a.), durch chronisch-degenerative Prozesse (z. B. chronisches Ulcus cruris, s. S. 746 f, Fistelöffnung bei chronischer Osteomyelitis, s. S. 360 f), virale Hauterkrankungen (Papillomaviren: Condylomata acuminata, s. S. 391) und spezielle Hauterkrankungen (Lichen ruber, Lupus vulgaris, kutane Tuberkulose). Außerdem haben Patienten mit Immunsuppression ein 100fach erhöhtes Risiko, an einem Plattenepithelkarzinom zu erkranken.

Klinik: Das Plattenepithelkarzinom ist oft von derber Konsistenz, die Oberfläche ist i. d. R. keratotisch-schuppig (👁 **16.7**). Der Übergang einer aktinischen Keratose in ein Spindelzellkarzinom ist oft klinisch nicht erkennbar. Das Plattenepithelkarzinom metastasiert meist lymphogen. Ungünstige Karzinomlokalisationen sind Anus, Penis und Vulva.

Diagnostik: Inspektion, Biopsie und anschließende histologische Untersuchung des suspekten Herdes.

Therapie: Die Standardtherapie besteht in der **Tumorexzision** mit einem Sicherheitsabstand von 0,5–1 cm. Bei kleinen Karzinomen werden äquivalente Ergebnisse mit der Kürettage, der Elektrodissektion sowie der Laser- und Kryotherapie erreicht. Die letztgenannten Therapieverfahren sind v. a. bei kosmetisch ungünstigen Karzinomlokalisationen angezeigt. Hierbei besteht aber keine Möglichkeit der histologischen Kontrolle, ob der Tumor in toto entfernt wurde. Bei klinischem Hinweis auf eine lymphogene Aussaat sollte die **radikale Dissektion der regionären Lymphknoten** erfolgen (nicht jedoch prophylaktisch!). Im *Halsbereich* ist eine Neck Dissektion, in den *Axillen* die Ausräumung der Level I und II (entsprechend der Einteilung beim Mammakarzinom, s. S. 406 ff) und in der *Inguinalregion* die Exstirpation der oberflächlichen und tiefer gelegenen iliakalen Lymphknoten indiziert.
Die primäre **Strahlentherapie** ist aufgrund vergleichbarer Ergebnisse eine gute Alternative zur operativen Therapie. Bei Inoperabilität, Non-in-sano-Resektion oder Rezidivtumoren besteht die typische Indikation zur Strahlentherapie.
Bei primär inoperablem oder fortgeschrittenem Lokalbefund kann eine **Chemotherapie** durchgeführt werden: Die Behandlung ist i. d. R. nicht kurativ, obwohl die Ansprechrate der Tumoren hoch ist. Da kein Standardschema vorliegt, sollte eine adjuvante Chemotherapie oder multimodale Therapie möglichst im Rahmen von Studien erfolgen.

Die ***Prognose*** hängt von Tumorgröße, -lokalisation sowie auch von der histologischen Klassifikation und der Metastasierung ab.

👁 **16.7 Spindelzellkarzinome**

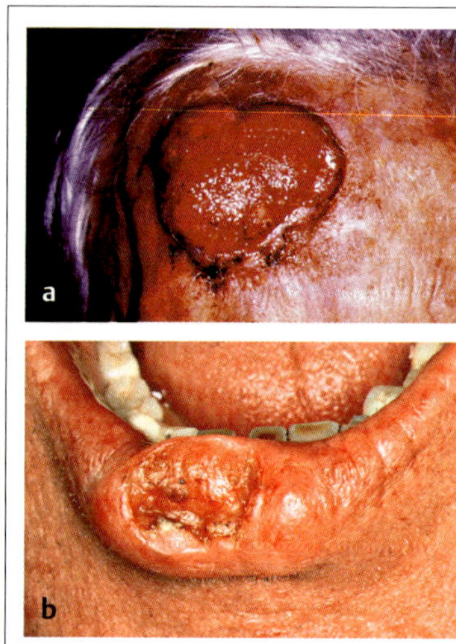

Typische Lokalisation eines Spindelzellkarzinoms **a** an der Stirn, **b** an der Unterlippe.

Morbus Paget

Definition: Der Morbus Paget ist ein Adenokarzinom der Haut, ausgehend von den Drüsengängen der apokrinen Hautdrüsen. Meist tritt er an der Mamma auf, selten im Genital- oder Analbereich, in der Axilla, am Oberschenkel oder Gesäß (extramammärer Morbus Paget).

Klinik und Diagnostik: Der Morbus Paget imitiert ein Ekzem und wird daher meist spät diagnostiziert. Die Histologie ist bei der Diagnosestellung beweisend. Beim Staging sind in 20 % der Fälle vorliegende Adenokarzinome der unter dem extramammär diagnostizierten Morbus Paget zu berücksichtigen.

Die ***Therapie*** der Wahl ist die **Exzision in toto**, beim Befall der Mamma die **Mastektomie**. Problematisch ist, dass häufig nur 50 % der Tumorausdehnung makroskopisch zu sehen ist und damit Lokalrezidive in 30–60 % aller Fälle auftreten.

Die ***Prognose*** ist nach Tumorexstirpation im Gesunden i. a. gut (10-Jahres-Überlebensrate 80–90 %).

Merkel-Zellkarzinom

Definition: Das Merkel-Zellkarzinom ist ein seltener, maligner Tumor der Merkel-Zellen aus dem Stratum basale der Epidermis sowie Stratum papillare der Dermis. Aufgrund ihrer neuroendokrinen Fähigkeiten werden sie dem APUD-System (s. S. 436 ff) zugeordnet.

Klinik und Diagnostik: Das Merkel-Zellkarzinom tritt häufig am Kopf und den oberen Extremitäten durch derbe, indolente, teils livide Knötchen in Erscheinung. Es metastasiert in 98 % der Fälle lymphogen; in 50 % der Fälle liegt bei Diagnosestellung (Abdomensonographie, Röntgenthorax) bereits eine Metastasierung vor. Die Zellen sind typischerweise positiv für die **n**euron**s**pezifische **E**nolase (NSE).

Therapie: Im **Stadium I**, in dem nur ein lokaler Tumor vorliegt, wird dieser mit 2–3cm Sicherheitsabstand exzidiert. Dabei muss in 30–40 % der Fälle mit Lokalrezidiven gerechnet werden, sodass eine adjuvante Radiatio diskutiert wird. Im **Stadium II**, in dem bereits Lymphknoten befallen sind, sind eine Lymphknotendissektion und postoperative Radiatio indiziert. Im **Stadium III** liegen Fernmetastasen vor, sodass ausschließlich eine chemotherapeutische Behandlung indiziert ist.

Prognose: Bei adäquater Therapie beträgt die mediane Überlebenszeit im Stadium I (ohne Lymphknotenbeteiligung) 40 Monate, ab Stadium II (mit Lymphknotenbeteiligung) 13 Monate.

Histiozytom

Histiozytome sind meist benigne Hauttumoren, die Hämosiderin und Lipoide speichernde Hisiozyten enthalten. Makroskopisch imponieren sie gewöhnlich derb, dunkler als hautfarben und halbkugelig. Ihre Lokalisation ist vorwiegend an Extremitäten, aber auch am Körperstamm. Ihre **Therapie** ist gewöhnlich konservativ, selten ist die chirurgische Exstirpation indiziert. **16.8** zeigt das seltenere maligne Histiozytom.

Karzinome der Hautanhangsgebilde

Diese Gruppe maligner Tumoren geht von den ekkrinen oder apokrinen Schweißdrüsen, den Talgdrüsen oder Haarfollikeln aus. Prädilektionsstellen sind Handteller, Fußsohlen, Kopf, Nacken, Axillen und Genitalbereich. Die therapeutischen Richtlinien entsprechen denen der Plattenepithelkarzinome. Mit einer Inzidenz von < 1:100 000 sind sie sehr selten.

Maligne Weichteiltumoren

Der Begriff Weichteiltumoren steht für alle nichtepithelialen Tumoren, die aus Zellen des extraskelettalen Gewebes einschließlich des peripheren Nervengewebes hervorgehen. Bei den malignen Weichteiltumoren handelt es sich um Sarkome (Fibro-, Lipo-, Leiomyo-, Rhabdomyo- und Angiosarkom, letzteres mit den Abkömmlingen Kaposi-Sarkom, maligner Glomustumor und malignes Hämangioperizytom). Sie sind insgesamt **sehr selten**.
Klinisch fallen die Tumoren meist erst relativ spät aufgrund einer Schwellung oder Verdrängungssymptomatik auf.

! Jede wachsende Weichteilschwellung ist malignomverdächtig.

Die **Diagnose** wird histologisch gestellt, das Staging erfolgt mit bildgebenden Verfahren.
Die **Behandlungskonzepte** sollten multimodale Ansätze einschließen, damit können 5-Jahres-Überlebensraten von durchschnittlich ca. 60 % erreicht werden.

16.8 Malignes Histiozytom

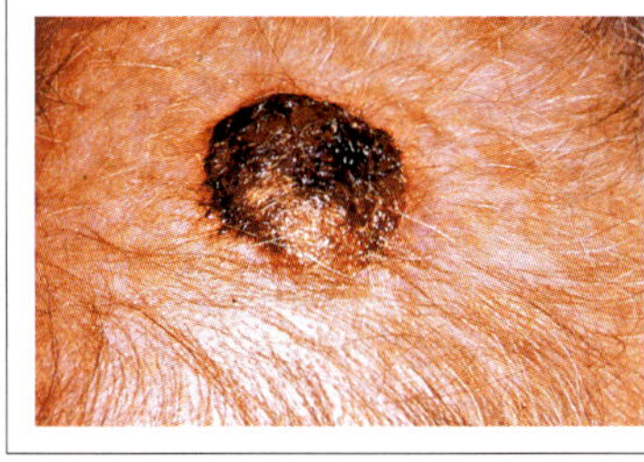

Typisch konfiguriertes Histiozytom der Kopfhaut.

16.5 Lymphknotentumoren

Lymphknoten spielen eine wichtige Rolle in der Körperabwehr. In ihnen sind die Elemente der unspezifischen und spezifischen Abwehr vereinigt. Eine Lymphknotenschwellung deutet auf eine Aktivität des Lymphknotens, jedoch nicht auf die Ursache hin. Weitere Untersuchungen sind erforderlich, um die richtige Diagnose zu stellen und entsprechende Therapien einleiten zu können. Wenn die nichtinvasive Diagnostik ergebnislos bleibt, wird ein pathologisch vergrößerter Lymphknoten exstirpiert. Die Diagnosestellung erfolgt dann über den histologischen Befund.

Diagnostisches Vorgehen

Lymphknotenschwellungen werden, falls asymptomatisch, meist bei der klinischen Untersuchung wegen anderer Leiden diagnostiziert.

Die Palpation ist das Mittel der Wahl zur Entdeckung von Lymphknotenschwellungen.

Die **Sonographie** kann als Screeningverfahren, z. B. in der Nachsorge paraaortaler Lymphome, eingesetzt werden. Sie gibt Detailinformationen über Größe und Lagebeziehung der Lymphknoten zu benachbarten Strukturen, z. B. zu Gefäßen. Um das Ausmaß und Verteilungsmuster der Lymphadenopathie abzuklären, empfiehlt sich die **Computertomographie**. Kann die zugrunde liegende Erkrankung nicht durch das Begleitmuster oder durch serologische Untersuchungen diagnostiziert werden, sollte ein Lymphknoten **exstirpiert** und **histologisch untersucht** werden (s. auch **16.7**).

Differenzialdiagnosen

Eine erhöhte Anzahl benigner Lympho- und Monozyten, Infiltration proinflammatorischer oder maligner Zellen oder Einlagerung phagozytierender Makrophagen können Lymphknotenschwellungen verursachen.

T 16.3 Differenzialdiagnostik lokalisierter Lymphknotentumoren

Erkrankung	*Anamnese*	*Symptome und Untersuchungsbefunde*	*Labor- und bildgebende Diagnostik*
entzündliche Genese			
Tuberkulose (Tbc)	frühere Tbc, positive Familienanamnese, Kontakt zu Tbc-Kranken	Kachexie, „kalte" Abszesse (d. h. ohne Rötung und Überwärmung), Lymphadenopathie	Tuberkulintest, Röntgenthorax
Lues	Kontakt zu Erkrankten	*Lues I:* Ulkus (Primäraffekt) meist im Genitalbereich, seltener extragenital, vergrößerte Leistenlymphknoten *Lues II:* vielfältige Symptome, evtl. generalisierte Lymphknotenschwellungen	*Suchtests:* RPR (Rapid-Plasma-Reagin-Test) und TPHA (Treponema-Pallidum-Hämagglutinations-Test); *Bestätigungstest:* FTA (Fluoreszenz-Treponema-Antikörper-Absorptionstest)
Lymphogranuloma inguinale	Kontakt zu Erkrankten	Primäraffekt an der Eintrittspforte (meist im Genitalbereich), schmerzhafte Schwellung der regionalen (meist inguinalen) Lymphknoten	KBR (Komplementbindungsreaktion)
Toxoplasmose	Katzenkontakt	Lymphknotenschwellungen (oft nuchal, zervikal, retroaurikulär)	IgM-, IgG-Nachweis
neoplastische Genese			
Metastasen	Tumoranamnese	Tumorsymptome: spezifisch oder unspezifisch (B-Symptomatik: Fieber > 38 °C, Nachtschweiß, Gewichtsverlust von 10 % des Körpergewichts in 6 Monaten)	Blutbild: Anämie, Tumormarker, Röntgenthorax, Sonographie, Computertomographie
Morbus Hodgkin, Non-Hodgkin-Lymphom	Infektanfälligkeit	B-Symptomatik, Lymphknotenschwellungen (bei Morbus Hodgkin meist zervikal, selten axillär oder inguinal)	Differenzialblutbild, Lymphknotenhistologie

Lokalisation, Konsistenz und Schmerzhaftigkeit der Lymphadenopathie sind wichtige Kriterien bei der Diagnosefindung.

Entzündlich bedingte Lymphknotenschwellungen sind meist weich und schmerzhaft, tumorbedingte hart und erst bei massiver Verdrängung von Nachbarstrukturen schmerzhaft.

T 16.3 gibt einen Überblick über die Erkrankungen, die mit lokalisierten Lympknotenschwellungen einhergehen, **T 16.4** über die mit einer generalisierten Lymphadenopathie.

T 16.4 Differenzialdiagnostik generalisierter Lymphknotentumoren

Erkrankung	*Anamnese*	*Symptome und Untersuchungsbefunde*	*Labor- und bildgebende Diagnostik*
entzündliche Genese			
Mononucleosis infectiosa	Speichelkontakt zu Infizierten („Kissing disease")	Fieber, Angina tonsillaris, Pharyngitis, Splenomegalie, generalisierte Lymphknotenschwellungen (50 %)	Blutbild: Leukozytose mit 40–90 % mononukleären Zellen und Reizformen der Lymphozyten (Pfeiffer-Zellen), AK-Nachweis gegen verschiedene Antigengruppen
Zytomegalie	Immunsuppression bei malignen Krankheiten, angeboren, erworben (AIDS) oder nach Organtransplantation	mononukleoseähnliches Krankheitsbild mit generalisierter Lymphadenopathie	Virus-, pp65-Antigen- und CMV-DNA-Nachweis, AK-Nachweis
HIV-Infektion	häufige Infekte, Zugehörigkeit zu einer Risikogruppe	Stadium I (akute HIV-Krankheit): mononukleoseähnliches Krankheitsbild mit generalisierter Lymphadenopathie, Stadium III (Lymphadenopathie-Syndrom): generalisierte Lymphadenopathie (> 3 Monate persistierende Lymphknotenschwellungen an mindestens 2 extrainguinalen Stellen)	AK-Nachweis
Röteln	Schulkindalter, (80–90 % der Erkrankten sind < 20 Jahre)	schwaches, nichtkonfluierendes Exanthem an Hals und Brust, generalisierte Lymphknotenschwellung, bes. im Kopf-Hals-Bereich (retroaurikulär, nuchal)	HHT (Hämagglutinations-Hemmtest), AK-Nachweis
Masern	typische Kinderkrankheit	hohes Fieber, Rhinitis, Konjunktivitis, bellender Husten, Koplik-Flecken an der Wangenschleimhaut, grobfleckiges, konfluierendes Exanthem mit kraniokaudaler Ausbreitung, Halslymphknotenschwellung	KBR, HHT (Hämagglutinations-Hemmtest), AK-Nachweis
Tularämie	Kontakt zu infizierten Nagetieren oder Hauskatzen	Schüttelfrost, Mattigkeit, Fieber, Primärläsion an der Eintrittspforte des Erregers, regionale Lymphknotenschwellung oder -vereiterung	Langsamagglutination
Sarkoidose	junge Frauen erkranken bevorzugt an akuter Sarkoidose, positive Familienanamnese	*akute Sarkoidose:* (Sprunggelenk-)Arthritis, Erythema nodosum, bihiläre Adenopathie; *chronische Sarkoidose:* evtl. Reizhusten, Belastungsdyspnoe	ACE-Spiegel; Röntgenthorax
neoplastische Genese			
chronisch lymphatische Leukämie	im Beginn der Erkrankung symptomarm, vorwiegend höheres Lebensalter	derbe, indolente Lymphknotenschwellungen, Hauterscheinungen wie Pruritus und Herpes simplex, Splenomegalie	Differenzialblutbild (hoher Lymphozytenanteil), Knochenmarkpunktion (Infiltration durch Lymphozyten), Immunzytologie

Metastasen

Bei der lymphogenen Metastasierung werden maligne Zellen über die Lymphabflussbahnen der entsprechenden Region verschleppt (T 16.3). Sie setzen sich im Randsinus der Lymphknoten fest, proliferieren dort und führen zu einer Schwellung des Lymphknotens.
Die **Diagnostik** verfolgt im Wesentlichen zwei **Ziele**: Diagnosesicherung und Staging (s. auch SE 4.9f, S. 90 ff).

> **16.7 Virchow-Drüse**
>
> Die Virchow-Drüse ist ein Lymphknoten bzw. eine Lymphknotengruppe im Bereich der linken Supraklavikulargrube. Sie stellt die letzte Lymphknotenstation des Ductus thoracicus dar, der im linken Venenwinkel mündend die Lymphe aus dem Abdominalraum in das Blut drainiert. Bei einem Magenkarzinom gilt eine Vergrößerung der Virchow-Drüse als klinisches Zeichen für die lymphogene Metastasierung, da alle vier Lymphabflussbahnen des Magens über die zöliakalen Lymphknoten in den Ductus thoracicus drainieren.

Maligne Lymphome

Es handelt sich um bösartige Neubildungen des lymphatischen Systems. Die Diagnose wird durch histologische Untersuchung eines befallenen Lymphknotens gesichert. Der **Morbus Hodgkin** (Synonym: Lymphogranulomatose; Symptomatik s. T 16.3) betrifft meist jüngere Menschen und ist durch Radio- und Chemotherapie gut therapierbar. Seitdem die Chemotherapie erfolgreicher wurde und die alleinige Radiotherapie nur noch in wenigen Fällen indiziert ist, ist die früher oftmals durchgeführte Staging-Laparotomie (Splenektomie bzw. Milzpolresektion, multiple Leberbiopsien aus beiden Lappen, intraabdominelle und retroperitoneal-paraaortale Lymphknotenexstirpationen) nicht mehr routinemäßig indiziert (s. SE 25.8, S. 578 f).
Niedrig maligne **Non-Hodgkin-Lymphome** (NHL) werden in lokalen Stadien entfernt, im generalisierten Stadium im Verlauf beobachtet. Hoch maligne NHL werden im allgemeinen polychemotherapiert, evtl. mit zusätzlicher Radiatio.

Lymphknotenexstirpation und ihre Komplikationen

Auch für Lymphknotenexstirpationen gelten die Grundregeln der chirurgischen Therapie wie Aufklärung und Vorbereitung des Patienten sowie Asepsis. Ob in lokaler, regionaler oder systemischer **Anästhesie** durchgeführt – es ist wichtig, dass keine Kompromisse bei der Anästhesiequalität gemacht werden.
Die **Zugangswege** für die zervikale, axilläre und inguinale Lymphknotenexstirpation werden in **16.8** beschrieben. Die Hautinzision sollte immer entlang der Hautspaltenlinien erfolgen (s. **16.9** und SE 6.8, S. 165). Einzelne Lymphknoten sollten *in toto* und unter Ligatur der Lymphgefäße exstirpiert werden, um Lymphfisteln zu vermeiden. Das Operationstrauma sollte dabei so gering wie möglich gehalten werden. Durch **intraoperative Schnellschnittuntersuchungen** wird sichergestellt, dass das exstirpierte Lymphknotenmaterial zur histologischen Diagnosesicherung ausreicht.

Risiken:
Hals: Durchtrennt man die Kutis, das Platysma und die Subkutis, trifft man auf die oberflächliche Halsfaszie. Hierbei sind die V. jugularis externa und die Hautnerven, die aus dem Punctum nervosum entspringen und von der mittleren Hinterkante des M. sternocleidomastoideus radiär ausstrahlen, zu schonen. Bei tiefer Präparation sind A. carotis und V. jugularis interna sowie der N. vagus gefährdet. Weitaus häufiger und funktionell beeinträchtigend ist jedoch die Läsion des N. accessorius, der auf der Innenseite des M. trapezius verläuft.
Axilla: Wichtig ist die Schonung des N. thoracodorsalis, der auf der Innenfläche des M. latissimus dorsi verläuft. Ebenfalls gefährdet ist der N. thoracicus longus entlang dem M. serratus anterior. Bei kranialer axillärer Präparation werden die V. axillaris und der Plexus brachialis erreicht. Neben Lymphfisteln kann sich auch ein Lymphödem im entsprechenden Arm durch die Ligatur von Lymphbahnen entwickeln. Dieses Risiko ist bei der Präparation kranial der V. axillaris deutlich erhöht.

> ! Das Lymphödem des Armes ist meist Ausdruck eines gemischt venös-lymphatischen Schadens, insb. bei zusätzlicher Radiatio.

Leiste: Bei der Exstirpation tief liegender Lymphknoten bestehen die Hauptgefahren in der Verletzung der Venen, der Entwicklung einer Lymphfistel und im postoperativen Wundinfekt. Durch eine optimale Technik unter aseptischen Bedingungen können diese Gefahren vermieden werden.

16.9 Hautspaltenlinien

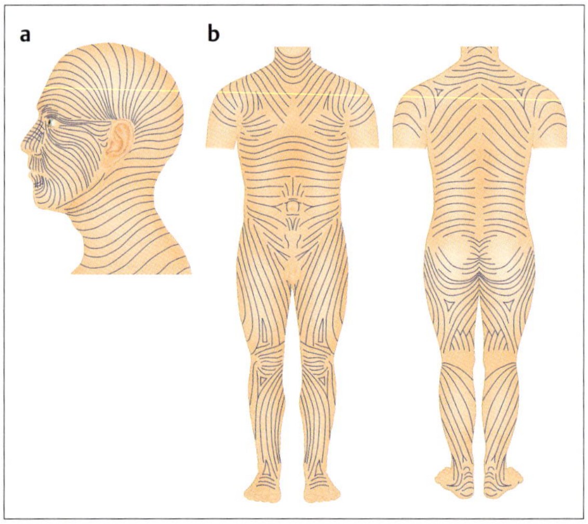

16.8 Zugangswege bei Lymphknotenexstirpation

Hals

Anatomie (**👁 a, b**): Das seitliche Halsdreieck wird ventral durch den Hinterrand des M. sternocleidomastoideus, dorsal durch den M. trapezius und inferior durch die Klavikula begrenzt. Die Lymphknoten im seitlichen Halsdreieck werden in die *oberflächlichen* (entlang der V. jugularis externa) und die *tief liegenden* (entlang der V. jugularis interna) unterschieden. ***Zugang*** (**👁 c**): Falls möglich, eignen sich die *oberflächlichen Lymphknoten* zur diagnostischen Exstirpation (Schnittführung entlang der Hautspaltenlinien über dem Tumor). Um *tief liegende Lymphknoten* zu erreichen, wird ein Zugang entlang der Vorderkante des M. sternocleidomastoideus gewählt.

Axilla

Anatomie(**👁 d**): Die Axilla wird ventral durch die Mm. pectorales major und minor, dorsal durch den M. latissimus dorsi, medial durch die Thoraxwand mit dem M. serratus anterior und lateral durch den Humerus mit dem Caput breve m. bicipitis und dem M. coracobrachialis begrenzt. In der Tiefe ist sie mit Fettgewebe, Gefäßen, Nerven und Lymphknoten ausgefüllt. Die Lymphknoten liegen oberflächlich (Nodi lymphatici pectorales, subscapulares und laterales) und tief (Nodi lymphatici centrales und apicales; **👁 e**). Die tiefen Lymphknoten nehmen die Lymphe aus den oberflächlichen Lymphknoten auf und stellen damit die 2. und 3. Filterstation dar. Der ***operative Zugang*** kann je nach Lage des zu exstirpierenden Lymphknotens vertikal an der Hinterkante des M. pectoralis oder horizontal zwischen den beiden Axillarlinien vorgenommen werden.

Leiste

Anatomie (**👁 f**): Die *oberflächlichen* Leistenlymphknoten liegen im Bereich der inguinalen Hautfalte: suprainguinal als schräg und parallel zum Leistenband verlaufende Kette (Rosenmüller-Lymphknoten), infrainguinal entlang der Endstrecke der epifaszial verlaufenden V. saphena magna. Die *tiefen* Lymphknoten liegen im Hiatus saphenus, an der Einmündung der V. saphena magna in die V. femoralis.
Der ***operative Zugang*** (**👁 g**) erfolgt bei den tiefen Lymphknoten durch einen senkrechten Schnitt über der Hüftbeugefalte, bei oberflächlichen Lymphknoten über dem Lymphknoten selbst entlang der Hautspaltenlinien.

a Anatomie des lateralen Halsdreiecks

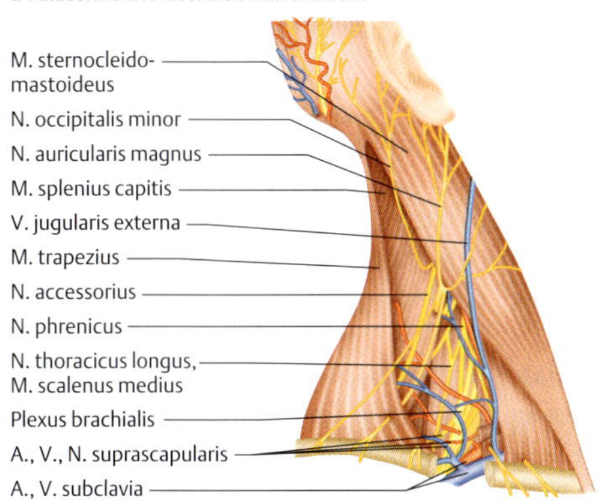

b Übersicht zu den Halsregionen

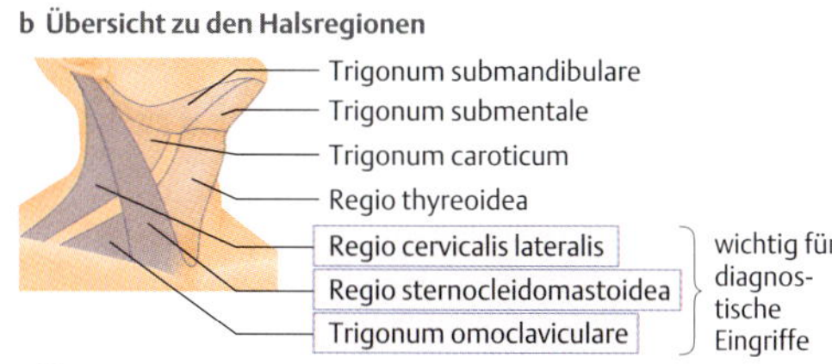

c Zugangswege

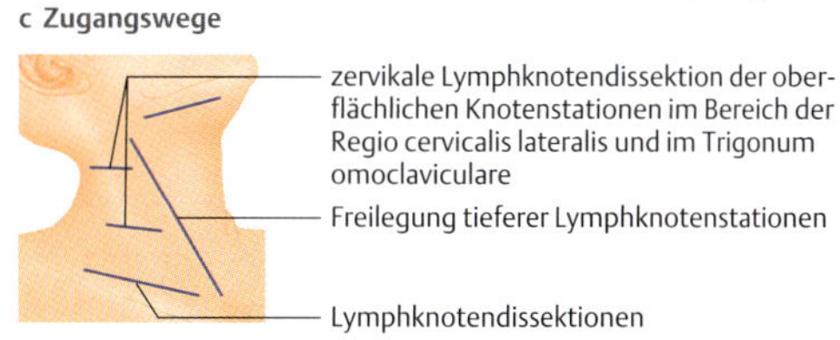

d Anatomie der Axilla

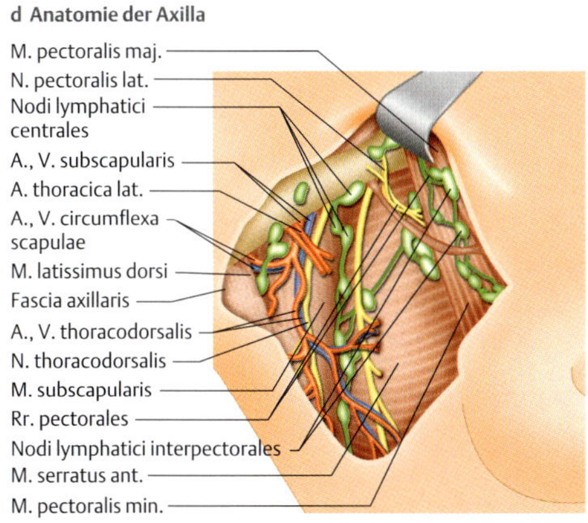

f Topographie der Leistenlymphknoten

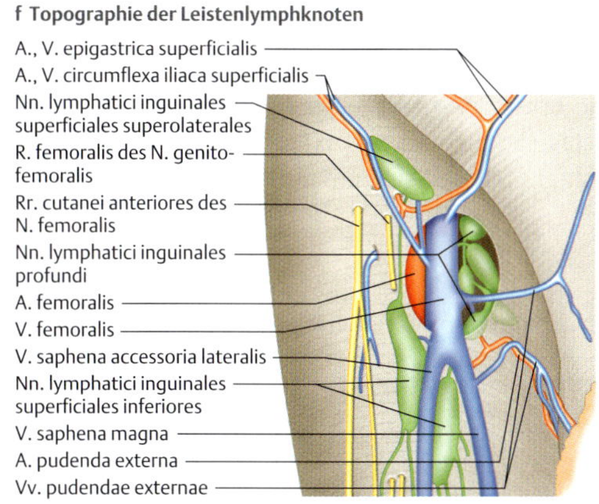

e Lymphknotenetagen in der Axilla

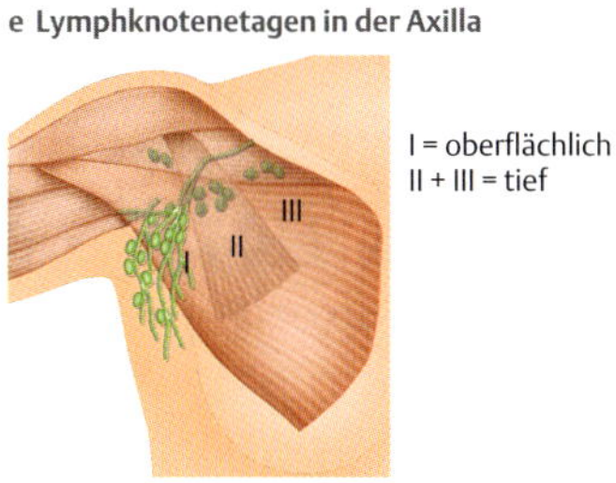

g Hautspaltenlinien und Zugangswege in der Leistenregion

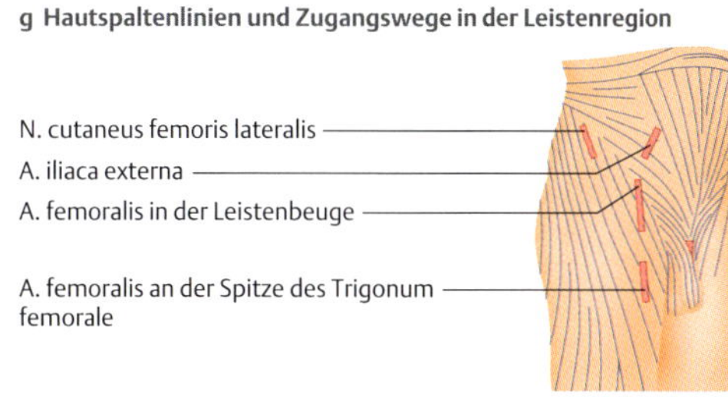

17.1 Angeborene und erworbene Fehlbildungen der Mamma

Die angeborenen und erworbenen Fehlbildungen der Mamma sind selten. Es werden *angeborene* (Agenesie, Aplasie, Mamma aberrans, Hypoplasie) von *erworbenen* Fehlbildungen (Makromastie, Hypertrophie, Ptosis mammae und Involutionshypoplasie) unterschieden. Die plastisch-ästhetische Chirurgie kann hier mit einer Aufbauplastik (mit allogenem oder autogenem Material) bzw. Reduktionsplastik regulierend eingreifen. Die Durchführung solcher Korrektureingriffe bedarf einer kritischen Indikationsstellung, wobei immer auch psychologische Faktoren bei der Patientin berücksichtigt werden müssen.

Angeborene Fehlbildungen

Agenesie

Es fehlt die gesamte Brustanlage einschließlich der Brustwarze.

Therapie: Nach Abschluss des Wachstums kann durch eine Augmentationsplastik (**17.1**) mit Rekonstruktion der Mamille ein befriedigendes kosmetisches Ergebnis erreicht werden.

Aplasie

Es handelt sich um eine fehlende Anlage des Brustdrüsenkörpers, während die Mamille angelegt ist (**17.1**).

Die ***Therapie*** besteht nach Abschluss des Wachstums in der Implantation einer Prothese im Sinne einer Augmentationsplastik. Die Prothese wird hinter den M. pectoralis major platziert.

Mamma aberrans/accessoria

Zusätzliche Brustdrüsenanlagen im Verlauf der embryonalen Milchleiste, die von der Axilla bis in die Inguinalregion reicht. Es handelt sich um eine harmlose Variante, die durch das Einschießen von Milch in den rudimentären Drüsenkörper Beschwerden verursachen kann. Ein erhöhtes karzinogenes Risiko wird diskutiert, ist jedoch nicht bewiesen. Die Indikation zur Exstirpation wird bei Beschwerden und aus kosmetischen Gründen gestellt.

Erworbene Fehlbildungen

Hypoplasie

Bei dieser Fehlbildung ist die Brustwarze normal angelegt, während der Brustdrüsenkörper nur rudimentär vorliegt (**17.2**). Hierzu zählt auch die sog. tubuläre, d. h. schlauch- oder glockenförmig veränderte Mamma (**17.3**).

Therapie: Nach Abschluss des Wachstums kann durch Augmentation mit einer Gelprothese oder durch die operative Ausbreitung des Drüsenkörpers ein Ausgleich geschaffen werden. Beim alloplastischen Aufbau erfolgt die Implantation der Prothese von transaxillär oder submammär hinter den Drüsenkörper (**17.2**). Das Prothesenmaterial, heute meistens silikonfrei, ist sehr inert. Spätkomplikation ist die Kapselbildung (ca. 5–8 %; s. **17.1**).

17.1 Brustkorbdeformation bei Pollandt-Syndrom

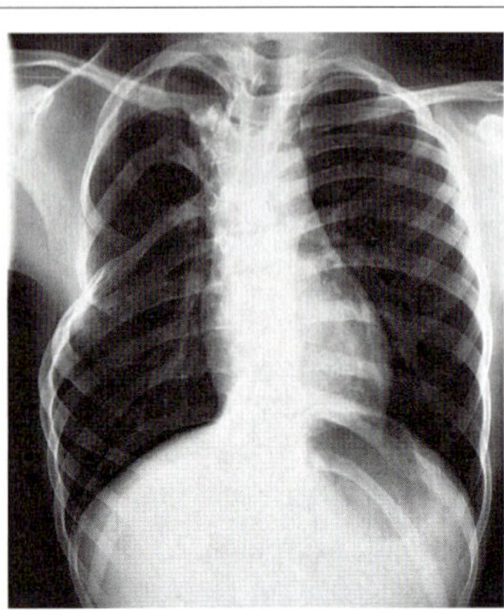

Das Poland-Syndrom ist ein rezessiv erblicher Fehlbildungskomplex mit einseitiger Syn- bzw. Brachydaktylie, Aplasie des M. pectoralis major und Thoraxwanddeformität (Pfeile) einschließlich einer Aplasie der Brustdrüse.

17.2 Mammahypoplasie

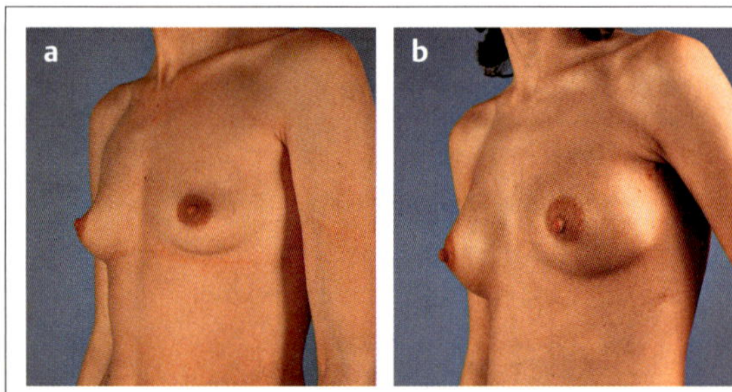

In die hypoplastische Mamma (**a**) wurden transaxillär Brustimplantate eingesetzt.
b zeigt den Befund 3 Wochen nach der Operation.

17.1 Aufbau- und Augmentationsplastik

1962 wurde durch Caonin die Implantationstechnik mit einer Silikongelprothese eingeführt. Durch die Implantation der Prothese zwischen Brustdrüse und M. pectoralis major bleibt die Beweglichkeit der Brustdrüse bei der Untersuchung sowie die Stillfähigkeit erhalten. Für die Patienten bleibt das **Risiko der Kapselfibrose**, deren Pathogenese nicht eindeutig erklärt ist, die jedoch zu einer mitunter extremen Verformung der Prothese und der gesamten Brustkontur führen kann. Durch Veränderungen der Oberflächenstruktur der Prothesen konnte das Risiko von knapp 20 % auf 5–8 % gesenkt werden.

Mammahyperplasie und -hypertrophie

Definitionen: Bei der (echten, zellulären) **Mammahyperplasie** handelt es sich um eine isolierte unverhältnismäßige Vergrößerung der Mammae bei sonst unauffälligem und normalem Habitus. Diese echten Mammahyperplasien und Makromastien treten bereits im jugendlichen Alter auf, in dieser Zeit sollte dann auch die operative Behandlung durchgeführt werden.
Im Gegensatz dazu entsteht die („unechte“) **Mammahypertrophie** im Rahmen einer allgemeinen Adipositas.

Symptomatik: Brustvergrößerungen treten oft familliär gehäuft auf und sind mit einer Ptosis mammae verknüpft (**17.4a**). Die Patientinnen klagen häufig über HWS- und BWS-Beschwerden (Fehlhaltungen und Myogelosen), Schnürfurchen und schmerzhafte Druckstellen auf den Schultern infolge der übermäßigen Gewichtsbelastung, intertriginöse Ekzeme in den Inframammärfalten,

17.3 Mammahypoplasie

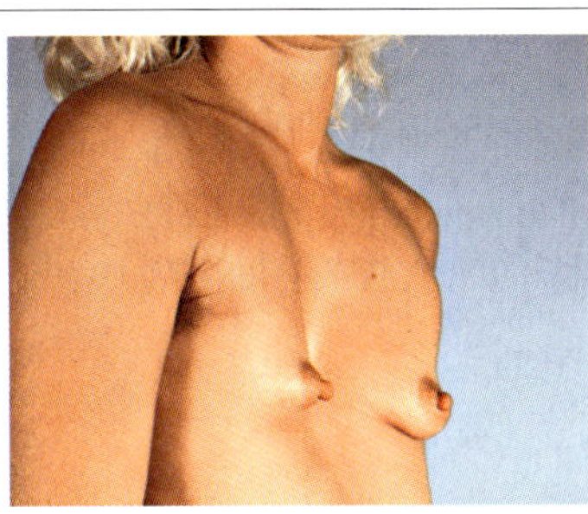

Die Mammahypoplasie ist kombiniert mit einem Pectus excavatum. Die Mamma ist „tubulär“, d. h. glockenförmig verändert.

17.4 Mammahypertrophie und Reduktionsplastik

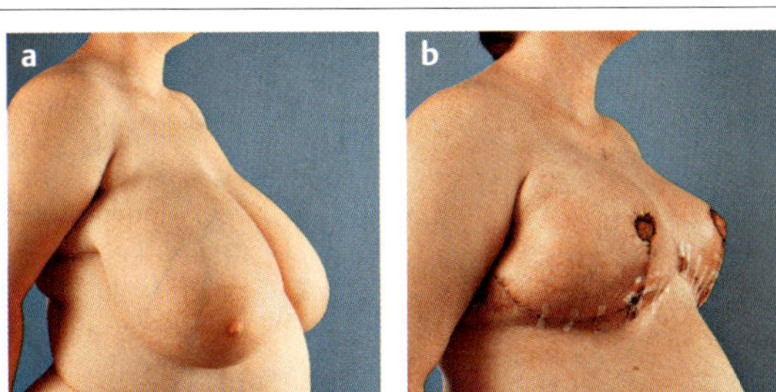

aber auch über psychische Störungen mit Kontaktscheu, Unsicherheit und Minderwertigkeitsgefühl.

Therapie: Die Grenze zwischen medizinischer und kosmetischer/ästhetischer **Indikation** ist fließend. Ein Reduktionsgewicht von über 400 g Brustgewebe stellt jedoch eine medizinische Indikation dar.
Das verbreitetste **Verfahren** ist die Resektion der unteren Brustquadranten mit einer Transposition der Mamille nach kranial (**17.4b**).

Gynäkomastie

Eine Gynäkomastie ist eine abnorme Größenzunahme der männlichen Brust (**17.5a**). Im jugendlichen Alter bedeutet eine Gynäkomastie, die jedoch oft spontan reversibel ist, i. d. R. eine erhebliche psychische Belastung. Liegt eine tatsächliche Hyperplasie des Drüsenkörpers vor (**17.5b**), so sollte die Indikation zur operativen Korrektur gestellt werden.

Therapie: subkutane Mastektomie (s. SE 17.3, S. 405).

Handelt es sich um eine Vergrößerung im Rahmen einer Adipositas, besteht keine operative Indikation.

Vor der subkutanen Mastektomie ist der Ausschluss neoplastisch bzw. endokriner Erkrankungen erforderlich. Dazu gehören:
- Hypogonadismus,
- Nebennierenrindentumoren,
- Leydig-Zell-Tumoren,
- HCG produzierende Tumoren,
- Lebererkrankungen, Hyperaldosteronismus,
- Lebertumoren,
- Leberzirrhose,
- Hyperthyreose,
- Medikamenteninduktion (z. B. durch Östrogene oder Spironolacton).

17.5 Gynäkomastie

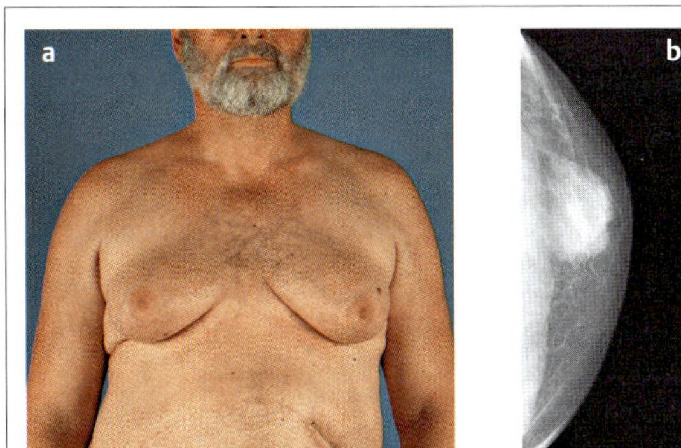

a Die hier gezeigte Gynäkomastie wird durch einen Hyperaldosteronismus verursacht.
b Mammographiebefund einer einseitigen Gynäkomastie mit deutlich sichtbarer Hyperplasie des Drüsenkörpers.

Jens Jakschik

17.2 Entzündungen der Mamma

Das Eindringen pathogener Keime (Staphylokokken, seltener Streptokokken) über kleine Hautläsionen (Rhagaden) führt häufig zur Ausbildung einer Entzündung, die sich über die Drüsengänge weiter ausdehnen kann.

Mastitis puerperalis

Der akute pyogene Infekt, hervorgerufen meist durch Staphylococcus aureus, ist die häufigste Infektion der Brustdrüse. Sie wird fast ausschließlich während der Laktation beobachtet. Es werden zwei Infektionswege beschrieben (👁 **17.6**):

- Die lymphogene Infektion über Rhagaden der Brustwarze. Das klinische Bild ist eine interstitielle Mastitis im Sinne einer Phlegmone. In der Spätphase können subareoläre (= retromamilläre) oder retromammäre Abszesse resultieren (👁 **17.7**).
- Eine Infektion über die Milchgänge: eitrige Infektion der Ausführungsgänge mit leukozytärer Infiltration des Stroma.

Symptomatik: Eine umschriebene druckdolente Infiltration mit Rötung in Kombination mit Fieber in den ersten 7 Tagen des Wochenbettes müssen an eine Mastitis puerperalis denken lassen.

Diagnostik: Die Diagnose ergibt sich aus dem klinischen Bild mit starken (Druck-) Schmerzen, Rötung, Schwellung in der postpartalen Phase. Wichtig ist die Feststellung, ob bereits eine Fluktuation im Sinne eines Abszesses vorliegt (Ultraschall!).

Therapie: Im Anfangsstadium besteht die Behandlung in ausgiebiger Entleerung der Brust, Antibiotika (z. B. Cephalosporine der 2. Generation) und Antiphlogistika, in Kombination mit lokalen antiphlogistischen Maßnahmen wie z. B. kühlende Umschläge. Eine „Ruhigstellung" der Brust kann mit Prolaktinhemmern erreicht werden. Es muss in jedem Falle abgestillt werden.
Bei **Einschmelzungen** darf nicht zu lange mit der chirurgischen Entlastung gezögert werden: Inzision, evtl. mit Gegeninzision und Drainage (s. SE 3.3, S. 47), evtl. Spülung mit Povidon-Iod-Lösung (s. SE 3.10, S. 65).

Differenzialdiagnose: Bei der seltenen Verlaufsform der Mastitis mit diffuser Hautinfiltration muss immer auch an ein inflammatorisches Karzinom gedacht werden (s. SE 17.4, S. 406 ff).

Mastitis nonpuerperalis

Die Mastitis außerhalb des Wochenbettes ist selten und liegt meist retromamillär. Ursächlich sind Verletzungen. Oft sind hier auch anaerobe Erreger beteiligt. Bei älteren Frauen muss auch an ein Karzinom gedacht werden. Die Therapie ist die gleiche wie bei der Mastitis puerperalis. Nach Abheilung muss ggf. der Restknoten zum Tumorausschluss exstirpiert werden.
Darüber hinaus existieren eine Reihe sehr seltener Ursachen für chronische Infektionen der Brust, insbesondere Tuberkulose (🔍 **17.2**) und Aktinomykose.

> **🔍 17.2 Tuberkulöse (chronische) Mastitis**
>
> Besteht eine chronische abszedierende Entzündung mit Fistelbildung, muss eine tuberkulöse Mastitis ausgeschlossen werden.
> Typisch ist das unilaterale Auftreten. Die Erkrankung betrifft in Europa meistens zugereiste Frauen.
> Die Tuberkulome entstehen hämatogen. Meistens sind sie die einzige Manifestation.
> Die Therapie besteht in der tuberkulostatischen Behandlung und der vollständigen Exstirpation der Tuberkulome.

Bei der chronischen Mastitis muss mittels PE und Histologie immer ein Karzinom ausgeschlossen werden.

👁 **17.6 Lokalisation der Mammaabszesse**

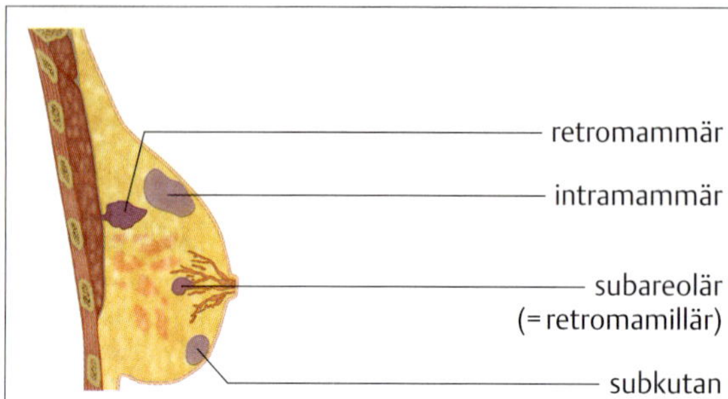

👁 **17.7 Mammaabszess**

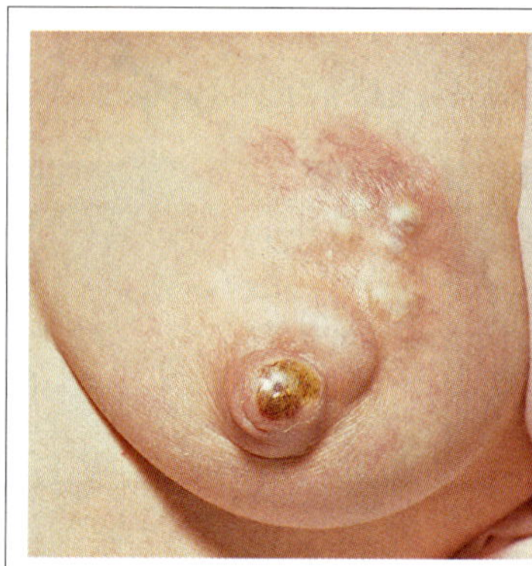

28-jährige, adipöse, postpartale Patientin; der Abszess (mit Mamillennekrose) geht von retromamillär aus. Absolute Operationsindikation mit Opferung der Mamille und mehreren Inzisionen und Drainagen.

Jens Jakschik

17.3 Mastopathie und gutartige Mammatumoren

Prinzipiell sind rein epitheliale Tumoren aus Zellen der Drüsenläppchen und der Milchgänge (intraduktales Papillom, Mamillenadenom) von epithelial-mesenchymalen Mischformen (Fibroadenom, Phylloidestumor) zu unterscheiden. Daneben existieren tumorähnliche Veränderungen (Mastopathie).

Mastopathie

Definition: Proliferation der hormonabhängigen, epithelialen und mesenchymalen Mammastrukturen, die mit Zystenbildung und regressiven Veränderungen einhergehen und klinisch als Knoten palpiert werden.

Epidemiologie: Die Mastopathie ist die häufigste Erkrankung der weiblichen Brust. 40–90% aller Frauen zwischen 35 und 50 Jahren haben eine Mastopathie.

Ätiologie: Die Ursache ist bis heute unklar. Es muss jedoch eine hormonelle Dysregulation angenommen werden: Entstehung regressiver Veränderungen während Schwangerschaft, Stillzeit und Menopause, evtl. auch durch Kontrazeptiva.

Symptomatik: Es imponieren klinisch knotige, multiple, meist im oberen äußeren Quadranten auftretende Indurationen. Bei der rein **fibrösen Mastopathie** ist die Brust eher diffus verhärtet.
Mitunter sind die Symptome gutartiger Tumoren nicht vom Karzinom zu unterscheiden: palpabler Knoten, Schmerzen, zyklusabhängige Schwellung, Galaktorrhö und Blutung.

Diagnostik: Sonographie und Mammographie werden durch zytologische Untersuchung nach Feinnadelpunktion ergänzt. Die exakte Diagnose erfolgt nach chirurgischer Exstirpation. I. d. R. bleibt es bei der einmaligen Operation. Pathologisch-anatomisch werden zwei Mastopathieformen unterschieden: die **nicht-proliferierende Mastopathie** (fibrös-zystische Mastopathie s. o., Grad I, ca. 75%) und die **proliferierende Mastopathie** ohne (Grad II, ca. 20%) und mit Zellatypien (Grad III, ca. 5%). Bei der Mastopathie Grad III ist ein Carcinoma in situ manchmal sehr schwer abzugrenzen.

Therapie: Bei über 50-jährigen Patientinnen mit familiärer Brustkrebsbelastung und mit Mastopathie Grad II kann und bei Grad III sollte eine subkutane Mastektomie mit sofortiger Rekonstruktion durchgeführt werden.

Prognose: Bei Mastopathie Grad I besteht kein erhöhtes Karzinomrisiko. Bei der **proliferativen Form** Grad III ist die Wahrscheinlichkeit einer malignen Entartung auf das fünffache erhöht.

Gutartige Mammatumoren

Bei pathologischer Mamillensekretion muss ein (intraduktales) **Papillom** ausgeschlossen werden. Pathogenetisch gehen die Papillome von den Gangepithelien aus (bis 3 cm groß). Typischerweise liegen die gut tastbaren Tumoren im retromamillären Bereich. Der Erkrankungsgipfel liegt jenseits des 30. Lebensjahres. Die operative Entfernung ist immer indiziert. Oft handelt es sich um multiple Papillome (dann Gefahr der malignen Transformation).
Adenome sind seltene Mammatumoren (oft intramamillär gelegen, bis Erbsgröße). Die klinische Bedeutung ist gering.
Das **Fibroadenom** (👁 **17.8**) ist der häufigste Mammatumor, insb. zwischen dem 20. und 40. Lebensjahr. Es ist meist 1–2 cm groß und in den oberen Quadranten lokalisiert. Das Wachstum ist östrogenabhängig, daher kommt es in der Schwangerschaft oft zu einer Größenprogredienz. Einzelnes oder multiples Auftreten ist möglich.
Diagnostisch richtungsweisend sind Ultraschall (glatte Begrenzung, dorsale Schallverstärkung), Feinnadelpunktion, Mammographie und MRT. Ab dem 25.–30. Lebensjahr sollen Fibroadenome exstirpiert werden.
Der **Phylloidestumor** ist selten. Er ist größer als das Fibroadenom (bis 5 cm), bildet fingerartige Ausläufer in das umgebende Mammagewebe („Cystosarcoma phylloides") und durch die druckatrophierte Haut hindurch nach außen, hat oft Zellatypien und muss weit im Gesunden exstirpiert werden (sonst Gefahr des Lokalrezidivs).

Symptomatik, Diagnostik: s. o.

👁 17.8 Typisches Fibroadenom der Mamma

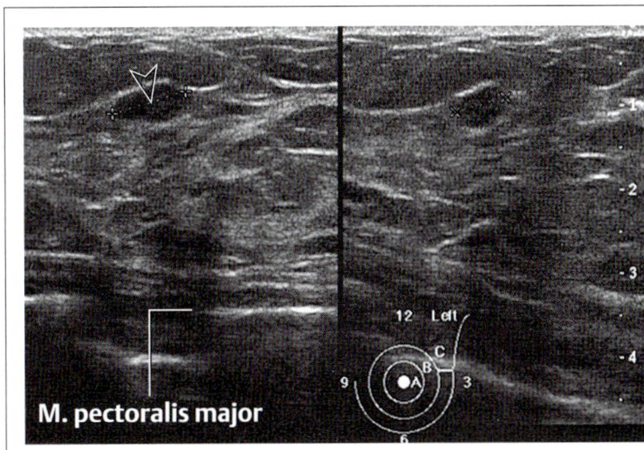

Ovaläres Fibroadenom (Pfeil) bei einer 40-jährigen Patientin im äußeren oberen Quadranten links. Die Längsachse des Fibroadenoms liegt parallel zum M. pectoralis maior.

17.4 Mammakarzinom

Das Mammakarzinom ist das häufigste Karzinom der Frau. Die Inzidenz liegt bei 13 auf 100 000 Einwohnern. Aufgrund der Zunahme der Lebenserwartung ist abzuschätzen, dass jede 8. Frau im Laufe ihres Lebens an einem Mammakarzinom erkranken wird. Epidemiologische Studien haben gezeigt, dass es einen deutlichen Unterschied in der Erkrankungshäufigkeit in Industrie- und Entwicklungsländern gibt.

Mammakarzinom bei der Frau

Epidemiologie und Risikofaktoren: Ethnische Unterschiede spielen eine untergeordnete Rolle. Das Vorliegen einzelner Risikofaktoren (T **17.1**) führt zu einer signifikanten Steigerung des Mammakarzinomrisikos. Der stärkste Dispositionsfaktor ist die Familienanamnese. Für die familiäre Prädisposition sind zwei Prädispositionsgene gefunden worden: BRCA 1 (**Br**east **Ca**ncer) auf Chromosom 17 und BRCA 2 auf Chromosom 13. Bei molekulargenetisch nachgewiesener BRCA-1-Mutation kann heute die beiderseitige (einfache) Mastektomie mit Brustaufbau als Prophylaxe empfohlen werden. Allerdings führt BRCA 1 auch zu einer erhöhten Inzidenz des Ovarialkarzinoms.

T 17.1 Risikofaktoren für ein Mammakarzinom

Menopause nach dem 55. Lebensjahr, Menarche vor dem 12. Lebensjahr, Nulliparität, ggf. mit epithelialer Hyperplasie, Adipositas in der Postmenopause
erstes Kind nach dem 35. Lebensjahr, (extreme) Strahlenexposition, Mastopathie Grad III mit Zellatypien, Mammakarzinom bei Mutter oder Schwester, vorausgegangenes Ovarial-, Endometrium- oder Kolonkarzinom
Zustand nach Mammakarzinomoperation, Mammakarzinom bei Mutter und Schwester (BRCA-Gen 1, dann meist prämenopausal!) ! Frauen mit BRCA 1-Mutation haben für ein Mammakarzinom ein 85 %iges Lebenszeitrisiko

Pathologisches Erscheinungsbild: Morphologisch ist das Erscheinungsbild nicht einheitlich. Neben einheitlichen Tumortypen existieren Mischformen:

- intraduktale Karzinome:
  - nicht infiltrierend: papillär, solide,
  - infiltrierend: papillär, solide, szirrhös, gallertig, medullär,
- lobuläre Karzinome: Carcinoma in situ, infiltrierendes lobuläres Karzinom.

Metastasierungswege: Das Mammakarzinom metastasiert meist zunächst lymphogen und bildet lokale und regionäre Lymphknotenmetastasen (axillär, supraklavikulär oder retrosternal; der Sentinel-Lymphknoten [s. SE 4.9, S. 90 und SE 16.3, S. 394] nimmt eine diagnostische Sonderstellung ein), dann hämatogen mit Fernmetastasierung in Knochen, Lunge und Leber.

Tumorklassifikation: Hinsichtlich der **Prognosefaktoren** werden morphologische, zellkinetische und tumorbiologische unterschieden (T **17.2**). Inwieweit durch diese Faktoren Therapieentscheidungen in Zukunft beeinflusst werden, ist derzeit noch offen.
Die **Klassifikation** des Mammakarzinoms erfolgt nach der TNM-Klassifikation (s. Pathologie-Lehrbuch und **17.9**).

T 17.2 Differenzierung der Prognosefaktoren bezüglich ihrer Bedeutung

Prognosefaktor	*günstig*	*ungünstig*
axilläre Lymphknoten vorhanden		x
Anzahl befallener Lymphknoten	1–3	> 3
Größe des Primärtumors	< 2,5 cm	> 2,5 cm
histologischer Typ:		
• tubulär	x	
• medullär	x	
• duktal		x
Tumoreinbruch in Gefäße und/oder Lymphbahnen		x
Nachweis zytokeratinpositiver Zellen		erhöhtes Rezidivrisiko
Thymidinlabeling-Index	gering	hoch
Ki 67	niedrig	hoch
Östrogen-Rezeptorstatus	negativ	positiv
Rezeptor für epidermalen Wachstumsfaktor (EGF)	negativ	positiv

Symptomatik: Im Allgemeinen kann zwischen frühen und späten Symptomen differenziert werden:

Frühsymptome:

- palpabler, neu aufgetretener Tumor (in ca. 50 % im oberen äußeren Quadrant),
- Hauteinziehung im Bereich der Mamille,
- Sekretion aus der Mamille,

Spätsymptome:

- Asymmetrie zur Gegenseite,
- tastbare Lymphknoten,
- eingeschränkte Beweglichkeit,
- Hautbeteiligung mit Exulzeration.

Die ***Diagnostik*** gliedert sich in drei Phasen:
Früherkennung: Im Vordergrund steht die Palpation: Die meisten Karzinome werden durch die Patientin selbst getastet! Für die Verlaufsbeurteilung sollte generell eine Ausgangsmammographie um das 35. Lebensjahr

17.9 TNM-Klassifikation des Mammakarzinoms

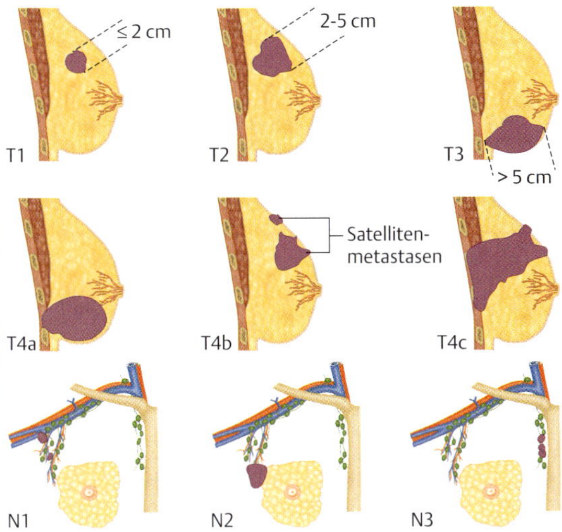

Dargestellt sind verschiedene TNM-Stadien des Mammakarzinoms.

erfolgen. Je nach Risikofaktoren (s. T 17.1) wird 1- bis 2-jährlich eine Mammographie empfohlen. Mit der MR-Tomographie steht eine weitere Untersuchungsmethode (Sensitivität 85–90%) zur Verfügung. Bei jedem suspekten Befund kann präoperativ mit der Punktionszytologie (ggf. unter sonographischer Kontrolle) die Diagnosesicherung angestrebt werden. Pneumozystographie, Galaktographie und Xeroradiographie spielen in der klinischen Routine keine Rolle.

Die **Diagnosesicherung** muss immer histologisch, d.h. durch Biopsie bzw. Exstirpation erfolgen (**17.10a**). Kann hiermit kein eindeutiges Ergebnis erzielt werden (z.B. radiologische Läsion besteht trotz unauffälliger „Tumor-Exstirpation" weiter), ist die histologische Klärung des Befundes nach Markierung (Methylenblau, Kohlestaub, Nadelmarkierung) erforderlich, in Kombination mit der intraoperativen Präparatradiographie (**17.11**).

17.10 Schnittführungen bei Mammaoperationen

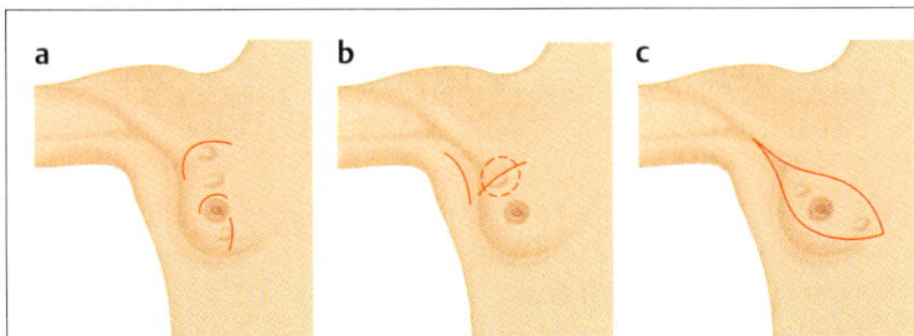

a bei benignen Mammatumoren: Schnittführung im oberen Teil der Mamma eher zirkulär, im unteren Teil eher radiär. Periareolär können Tumoren bis zu 5 cm entfernt erreicht werden (kosmetisch bester Schnitt).
b bei Mammakarzinom: Bei brusterhaltender operativer Therapie können durchaus 2 Schnitte angelegt werden: ein erster zur Lumpektomie, der zweite entlang des Außenrandes des M. pectoralis maior zur axillären Lymphknotendissektion.
c für die Mastektomie (Patey-Operation): Schrägovale Umschneidung der Mamille mit Schnittverlängerung entlang des Außenrandes des M. pectoralis major zur Exstirpation des gesamten Brustdrüsenkörpers, en bloc mit den axillären und interpektoralen Lymphknoten.

17.11 Diagnostik eines Mammakarzinoms

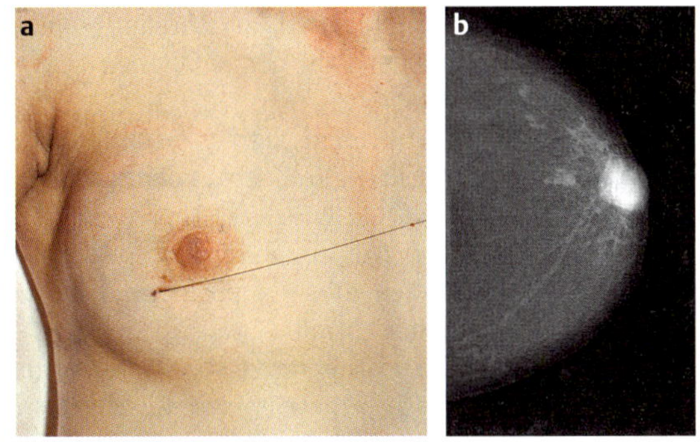

a Präoperative Markierung eines suspekten Knotens (mittels perkutan eingebrachten Drahtes),
b Mammographie derselben Patientin.

Die ***Therapie*** des Mammakarzinoms ist heute gekennzeichnet durch die Individualisierung der Therapie. Das Ausmaß des operativen Eingriffes wird von klinischem und histologischem Befund bestimmt. Das operative Konzept ist neben der früher generell gängigen Ablatio mammae aufgrund neuer Erkenntnisse über die Tumorbiologie und der Krankheitsdynamik durch die brusterhaltende Chirurgie ergänzt worden: Über die Hälfte aller Patientinnen wird heute brusterhaltend operiert. T **17.3** beinhaltet die wesentlichen Einflussgrößen für das eine oder andere Verfahren.

Neben dem Aspekt, ein möglichst intaktes weibliches Aussehen zu gewährleisten, steht aber auch hier der kurative Therapieaspekt im Vordergrund.

Das **brusterhaltende Konzept** (**17.10b**) umfasst die Tumorexstirpation (Lumpektomie), die axilläre Lymphknotendissektion, die Radiato und ggf. eine antiöstrogene Therapie (z.B. Tamoxifen).

Indikationen: Eine obere Tumorgröße von 2 oder 2,5 cm ist heute nicht mehr bindend. Wichtig ist aber ein jeweiliger Sicherheitsabstand von 2 cm. Die Tumoren müssen beweglich sein, und es darf keine Hautinfiltration bestehen.

Kontraindikationen: Inkomplette Tumorexstirpation, multizentrisches Karzinom, multifokale Herde, ausgedehnte lymphatische Beteiligung (Lymphangiosis). Das kosmetische Ergebnis der brusterhaltenden Therapie ist bei zu kleinem Brustvolumen schlechter als die Mastektomie mit zweizeitiger Rekonstruktion (im Rahmen einer Lumpektomie sollte nicht mehr als ein Drittel des Brustvolumens entfernt werden).

Berücksichtigt man alle Kontraindikationen, so kommen 50–66% aller Patientinnen für die brusterhaltende Therapie infrage, vor allem Patientinnen im Stadium I und II (d.h. bis T2 N1 bzw. T3 N0, keine Fernmetastasen;

s. 👁 17.9). Finden sich keine befallenen Lymphknoten in der Axilla, so ist die erhaltene Brust nur zu bestrahlen. Finden sich positive Lymphknoten, so richtet sich die adjuvante Therapie nach der Zahl der befallenen Lymphknoten (🔍 17.3).

Die Axilladissektion mit dem daraus resultierenden Lymphknotenstatus stellt ein ebenso wichtiges Prognosekriterium (s. T 17.2) dar wie der Östrogen- und Progesteronrezeptorstatus: Wie in zahlreichen Studien gezeigt werden konnte, bedeutet ein positiver Östrogenrezeptor einen Überlebensvorteil.

Die Diskussion über die **postoperative adjuvante Behandlung** ist zurzeit noch nicht abgeschlossen. Gesichert sind der Nutzen einer *zytostatischen Chemotherapie* bei Patientinnen prämenopausal mit befallenen axillären Lymphknoten und einer antiöstrogenen Therapie bei Patientinnen postmenopausal mit befallenen axillären Lymphknoten und positivem Östrogen-Rezeptor-Status (z. B. Therapie mit Tamoxifen).

! Bei ausgedehntem Lymphknotenbefall besteht nur ein geringer Nutzen durch adjuvante Chemotherapie.

Die lokoregionäre **Strahlentherapie** ist grundsätzlich indiziert bei verbliebenem Tumorrest, bei Tumoren über 5 cm Durchmesser, bei Infiltration des Primärtumors in Haut, Faszie oder Muskulatur, bei Lymphknotenmetastasen, nicht radikaler Lymphknotendissektion (weniger als 8 exstirpierte Lymphknoten) und bei periklavikulären Lymphknotenfiliae.

Durch die Radiatio werden die Rate von Lokalrezidiven und Fernmetastasen reduziert; eine signifikante Verlängerung des Überlebens ist nicht gesichert.

Eine **Kombination von Radiatio und Chemotherapie** vermag bei Patienten mit mehr als vier befallenen Lymphknoten und/oder T3-/T4-Tumoren die Rate an Lokalrezidiven im Gegensatz zur alleinigen Chemotherapie zu senken.

Hormontherapie: Außerhalb kontrollierter Studien kommt als adjuvante hormonelle Maßnahme nur Tamoxifen infrage.

Ist eine brusterhaltende Therapie nicht möglich, besteht die Therapie in der **Ablatio mammae** mit axillärer Lymphknotendissektion unter Erhalt des M. pectoralis maior (OP nach Patey, 👁 17.10c). Die von Patey noch vorgeschriebene Exstirpation des M. pectoralis minor (um an die hohen axillären bzw. interpektoralen Lymphknoten heranzukommen, sog. Level III) wird wegen fehlendem Überlebensvorteil kaum noch durchgeführt.

Die vor Jahrzehnten noch häufig angewandte radikale Mastektomie nach Rotter-Halsted (Mitnahme des M. pectoralis major) wird heute nicht mehr durchgeführt (schlechtes funktionelles Ergebnis ohne Prognoseverbesserung!).

Die **Rekonstruktion der Brust** sollte fester Bestandteil der Therapie sein. Neben dem primären Aufbau kann die Brustrekonstruktion auch nach 3–6 Monaten auf folgende Weise erfolgen:

- Expander (👁 17.12) und anschließende alloplastische Prothese,
- Implantation einer Prothese (Silikon, NaCl, Biogel) mit Mamillenrekonstruktion (👁 17.13),
- Latissimus-dorsi-Lappen, gestielter Rektusmuskellappen (TRAM-Flap).

T 17.3 Einflussgrößen für bzw. gegen eine brusterhaltende Therapie beim Mammakarzinom

Einteilung	*Gründe*
Gründe für Brusterhalt	Patientin wünscht dies, Tumorgröße und -lokalisation sprechen für ein gutes kosmetisches Ergebnis, unifokaler Tumor, nur kleine intraduktale Tumorkomponente, Patientin muss der späteren Radiotherapie zustimmen
Gründe für Mastektomie	Patientin wünscht dies, Tumorgröße und -lokalisation sprechen für ein schlechtes kosmetisches Ergebnis bei Brusterhalt, Beteiligung der Mamille, multifokaler Tumor, ausgedehnte intraduktale Tumorkomponente, keine Möglichkeit zur Nachsorge, wenn bei brusterhaltender Therapie keine freien Lymphknoten erreicht werden können, Kontraindikation zur Radiotherapie
irrelevante Einflussgrößen	Tumorgröße, Brustgröße, Lymphknotenstatus, sonstige histologische Tumortypen, Alter der Patientin, spätere adjuvante Chemotherapie

🔍 17.3 Gruppeneinteilung und Therapiekonzept

Bezogen auf den axillären Lymphknotenstatus und die Prognosefaktoren (s. T 17.2) bestehen verschiedene Therapieempfehlungen. Insbesondere muss zwischen den prä- und postmenopausal entstehenden Karzinomen unterschieden werden, da sich hieraus therapeutische Konsequenzen ergeben:

axilläre Lymphknoten nicht befallen:

- Prämenopause, jünger als 50 Jahre:
  - nur günstige Prognosefaktoren: keine adjuvante Therapie,
  - mehr als ein ungünstiger Prognosefaktor: adjuvante Therapie in Studien,
- Postmenopause, älter als 50 Jahre:
  - nur günstige Prognosefaktoren: keine adjuvante Therapie,
  - mehr als ein ungünstiger Prognosefaktor, Hormonrezeptor positiv: Tamoxifen, sonst Chemotherapie in Studien,

axilläre Lymphknoten befallen:

- Prämenopause, jünger als 50 Jahre, hormonrezeptorpositiv oder -negativ: adjuvante Therapie in Studien,
- Postmenopause, älter als 50 Jahre:
  - Hormonrezeptor positiv: Tamoxifen,
  - Hormonrezeptor negativ: adjuvante Therapie in Studien.

17.12 Hautexpander zum Aufbau nach Ablatio

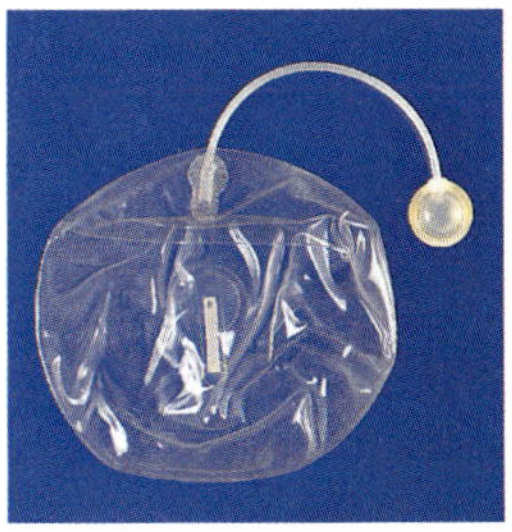

Der Hautexpander wird an die für die Prothese vorgesehene Stelle implantiert und über einen Zeitraum von bis zu 6 Monaten langsam mit physiologischer Kochsalzlösung gefüllt.

17.13 Rekonstruktion nach Ablatio mammae

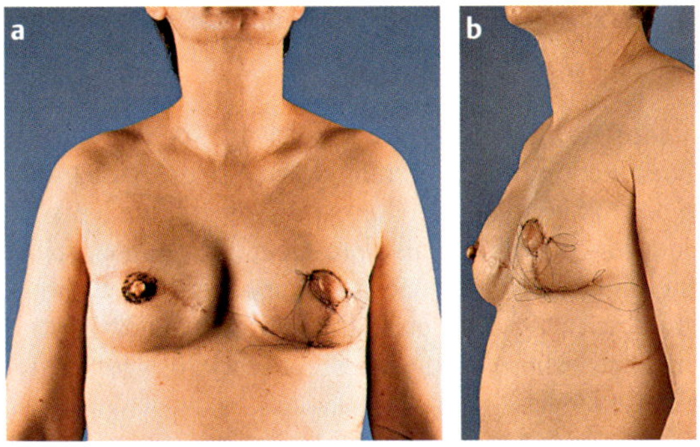

Zustand nach Ablatio der rechten Mamma; Aufbau mit einer Biogelprothese und korrigierende Reduktion der Gegenseite.

17.14 Lokalrezidiv eines Mammakarzinoms

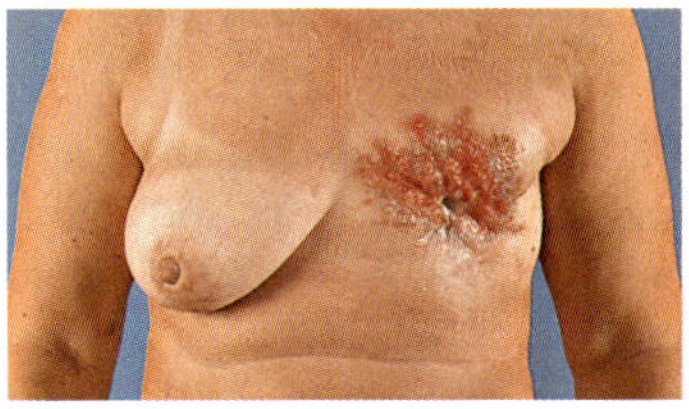

Panzerartiger, teils ulzerierender Befund. Therapie: Exzision und plastische Dehnung (z. B. Lattisimus-dorsi-Lappen).

17.15 Inflammatorisches Mammakarzinom

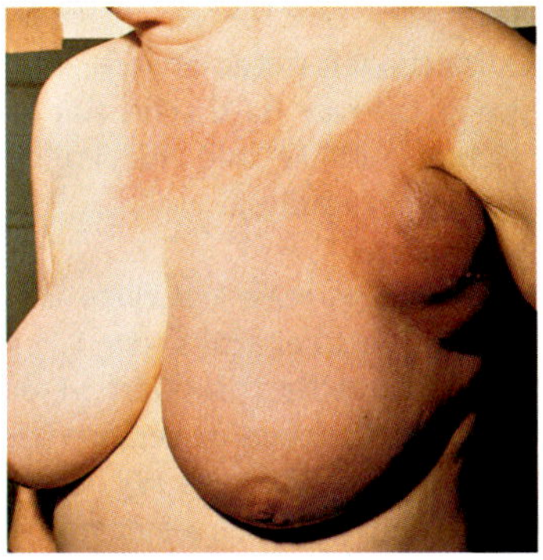

Die Abbildung zeigt das typische klinische Bild eines inflammatorischen Mammakarzinom mit diffuser derber Infiltration der Haut, Erythem, Schwellung und Apfelsinenhaut.

Prognose:

- Die Prognose des Mammakarzinoms ist generell stadienabhängig.

Für Patientinnen ohne Lymphknotenmetastasen liegt die 10-Jahres-Überlebenswahrscheinlichkeit zwischen 50 und 55 %, beim T1-Stadium (s. **17.9**) zwischen 85 und 90 %.
Die Wahrscheinlichkeit des metastasenfreien Überlebenszeitraumes liegt nach 10 Jahren bei 60 %.
Aufgrund der differenzierten operativen Therapie sind Komplikationen wie das Stewart-Treves-Syndrom (ausgedehntes Lymphödem des Armes) seltener geworden. Zum Lymphödem kommt es aber meist nur bei kombinierter lymphatischer und venöser Abflussstörung.

Die ***Nachsorge*** nach erfolgreicher Tumoroperation umfasst Selbstuntersuchung, Zwischenanamnese, körperliche Untersuchung, Mammographie, Röntgenthorax und Lebersonographie. **17.14** zeigt das klinische Bild eines Lokalrezidivs.

Sonstige Mammatumoren

Der **Morbus Paget**, ein Adenokarzinom der apokrinen Hautdrüsen, wird in SE 16.4 (S. 397) beschrieben.

Eine weitere Besonderheit stellt das **inflammatorische Mammakarzinom** dar. Es besteht eine dichte Tumorzellaussaat in den kutanen Lymphbahnen. Typisch ist eine diffuse derbe Infiltration der Haut mit Erythem, evtl. erysipeloidem Saum, Schwellung und Apfelsinenhaut (**17.15**). Die *Prognose* ist sehr schlecht. Fernmetastasen sind früh vorhanden und eine radikale Operation meist nicht möglich. Die *Primärbehandlung* besteht in der systemischen Therapie mit 5-FU, Adriamycin und Cyclophosphamit (FAC-Schema). Kann eine Remission erreicht werden, sollte die Patey-Operation folgen, ansonsten Bestrahlung.
Beim **Cancer en cuirasse** handelt es sich um das Bild einer ausgedehnten kutanen Metastasierung.

Mammakarzinom beim Mann

Das Mammakarzinom beim Mann umfasst ca. 2 % aller Mammakarzinome. BRCA 1 führt auch bei Männern häufiger zu einem Mammakarzinom, nicht aber BRCA 2. Standardoperation ist die Ablatio mammae mit axillärer Lymphknotendissektion und oft Wegnahme des M. pectoralis major (früher Tumoreinbruch in die Tiefe).
Eine Rezeptoranalyse ist obligat. In der Regel erfolgt eine Nachbestrahlung der parasternalen, supraklavikulären und axillären Lymphknotenstationen.
Über postoperative adjuvante Chemo- und Hormontherapien liegen z. Zt. noch keine Erfahrungen vor.

18.1 Halszysten und -fisteln

Halszysten und -fisteln sind dysontogenetische Fehlbildungen des Kiemenbogenapparates. Sie müssen bei allen Schwellungen und Fisteln im Halsbereich differenzialdiagnostisch erwogen werden. Die chirurgische Therapie der Halszysten und -fisteln orientiert sich an den anatomischen Strukturen ihrer Entwicklungsgeschichte.

Laterale Halszyste und -fistel

Synonym: branchiogene Halszyste, -fistel

Epidemiologie: Laterale Halszysten treten oft erst in der Adoleszenz in Erscheinung. Laterale Halsfisteln sind dagegen schon bei der Geburt auffällig und im Vergleich zu lateralen Halszysten viermal häufiger.

Ätiologie und Pathogenese: Die laterale **Halszyste** ist in der Regel ein Überrest des Sinus cervicalis, der 2. Kiemenfurche oder der 2. Schlundtasche. Diskutiert werden aber auch entzündliche Veränderungen in versprengten Epithelkeimen der Halslymphknoten (**18.1a**).
Bei den lateralen **Halsfisteln** wird unterschieden zwischen äußeren und inneren Fisteln. Die *äußere branchiogene Fistel* entsteht meist dadurch, dass die zweite Kiemenfurche nicht vollständig obliteriert; der Fistelgang mündet dann im unteren Halsdrittel am Vorderrand des M. sternocleidomastoideus (**18.1b**). Die Fistel, die sich in den Pharynx (Fossa tonsillaris, Arcus palatopharyngeus) öffnet, wird als *innere branchiogene Fistel* bezeichnet. Sie entsteht aus Resten der 2. Schlundtasche.
Eine laterale Halszyste kann durch eine äußere Fistel mit der Hautoberfläche, durch eine innere Fistel mit dem Pharynx in Verbindung stehen.

Symptomatik: Die laterale **Halszyste** wölbt sich als prallelastisches, schmerzloses Gebilde am Vorderrand des M. sternocleidomastoideus vor (**18.1b**). Meist wird sie, langsam größer werdend, erstmals in der Adoleszenz bemerkt, nicht selten aufgrund einer akuten Entzündung. Die oft sezernierende laterale **Halsfistel** hat ihre Öffnung im unteren Halsdrittel, am Vorderrand (**18.1c**) oder über dem M. sternocleidomastoideus. Akute Infektionen (Schmerz, Rötung, eitrige Sekretion) kommen gelegentlich vor.

Diagnostik: Neben Inspektion und Palpation ist für die Diagnosestellung einer lateralen **Halszyste** die Sonographie, im Einzelfall auch die Kernspintomographie entscheidend. Eine laterale Halszyste stellt sich sonographisch als eine echoarme bis -leere, homogene, glatt begrenzte Raumforderung dar; bei akuter Infektion der Zyste ist der Inhalt echoreich, da es sich um dickflüssiges, eitriges Sekret handelt.
Die äußere laterale **Halsfistel** ist an der typischen Lage ihrer Fistelöffnung zu erkennen. Die innere laterale Halsfistel ist seltener: sie mündet in der Gegend der Gaumentonsille. Diagnostisch bietet sich die Sondierung oder Röntgenkontrastdarstellung an, wobei die Halsfistel typischerweise bereits nach wenigen Zentimetern endet.

Differenzialdiagnostik: Bei der lateralen **Halszyste** sind differenzialdiagnostisch alle Schwellungen, die von der Halsgefäßscheide ausgehen, in Erwägung zu ziehen wie z. B. Lymphadenitis oder Lymphom. Entzündlich veränderte Halszysten müssen von dentogenen oder Lymphknotenabszessen abgegrenzt werden.

18.1 Laterale Halszyste und -fistel

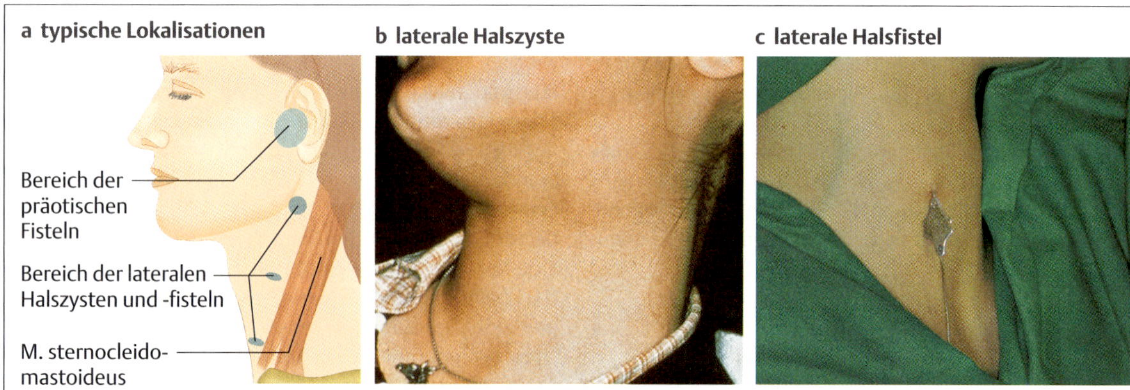

a Bei der weichen eindrückbaren Schwellung am Vorderrand des kranialen Anteils des M. sternocleidomastoideus handelt es sich um eine laterale Halszyste ohne entzündliche Zeichen. **b** In die Öffnung einer lateralen Halsfistel vor dem M. sternocleidomastoideus wurde eine Sonde eingeführt.

Bei einer lateralen **Halsfistel** muss differenzialdiagnostisch an das Vorliegen einer Lymphknotentuberkulose oder Aktinomykose gedacht werden.

Therapie: Die laterale **Halszyste** wird radikal exstirpiert. Dabei muss sorgfältig nach einem Gang zur Fossa supratonsillaris gesucht werden, der ggf. verfolgt und umschnitten werden muss, da sonst Rezidivgefahr besteht. Eine gleichzeitige Tonsillektomie ist dann obligat. Eine laterale **Halsfistel** wird nach intraoperativer Methylenblaufärbung umschnitten. Enge Verflechtungen der Fistelgänge mit den Halsgefäßen und Nerven (N. accessorius, N. vagus, N. hypoglossus, N. recurrens) sowie entzündliche Verwachsungen machen den Eingriff oft schwierig.

Mediane Halszyste und -fistel

Synonym: Thyreoglossuszyste, -fistel

Epidemiologie: Die medianen Halszysten manifestieren sich am häufigsten vor dem sechsten, bevorzugt im ersten Lebensjahr. Eine maligne Entartung ist sehr selten.

Ätiologie und Pathogenese: Die Pathogenese medianer Halszysten und -fisteln ist eng mit der embryonalen Entwicklung der Schilddrüse verknüpft. Mediane **Halszysten** entstehen infolge einer unvollständigen Obliteration bzw. Resorption des Ductus thyreoglossus. Sie können überall auf dem Abstiegsweg der Schilddrüse vom Foramen caecum der Zunge bis zur Trachea lokalisiert sein (👁 **18.2a**). Mediane **Halsfisteln** entstehen durch eine (entzündungsbedingte) Perforation einer medianen Halszyste nach außen oder infolge ärztlicher Maßnahmen (z. B. Punktion).

Symptomatik: Die mediane **Halszyste** tritt typischerweise als eine sich langsam vergrößernde, prallelastische Schwellung in der Medianlinie zwischen Kinn und Schilddrüse in Erscheinung, die sich beim Schlucken mit dem Zungenbein mitbewegt (👁 **18.2b**). Nicht selten fällt sie erst durch einen Entzündungsprozess auf. Die mediane **Halsfistel** öffnet sich in der Medianlinie oberoder unterhalb des Zungenbeins; Entzündungen mit Sekretverhalt und Abszedierung können vorkommen (👁 **18.2c**).

Diagnostik: Die Verdachtsdiagnose wird durch Inspektion und Palpation gestellt. Charakteristisch sind Lage und Schluckverschieblichkeit. Sonographisch zeigt sich eine glatt begrenzte, ovaläre, echoarme bis -leere Raumforderung mit distaler Schallverstärkung. Die mediane Halsfistel wird mit Hilfe einer Röntgenkontrastdarstellung verifiziert.

Differenzialdiagnostik: Infrage kommen Lymphangiome, Dermoidzysten, Lymphome, Teratome der Schilddrüse, eine kaudal verlagerte Retentionszyste der Mundschleimhaut (Ranula) oder die sehr seltene Bursitis praehyoidea. Bei entzündlich veränderten medianen Halszysten ist ein submandibulärer Abszess abzugrenzen.

Therapie: Die mediane **Halszyste** muss radikal exstirpiert werden. Die Exzision sollte dabei zusammen mit der Resektion des Zungenbeinkörpers und der Exzision von Resten des Ductus thyreoglossus erfolgen, um ein Rezidiv infolge zurückgelassener Epithelreste zu vermeiden. Die mediane **Halsfistel** muss ovalär umschnitten und in toto exstirpiert werden. Bei vorausgegangenen entzündlichen Veränderungen ist die radikale Entfernung schwierig, da die Fistel schlecht von der Umgebung abgegrenzt werden kann (dann intraoperative Darstellung des Fistelganges mit Farbstoff).

Prognose: nach radikaler Exstirpation selten.

👁 18.2 Mediane Halszyste und -fistel

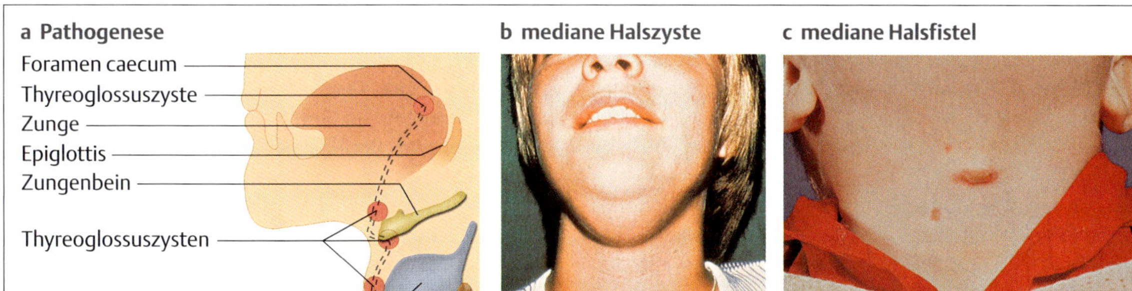

a Auf dem Abstiegsweg der Schilddrüsenanlage (gestrichelt dargestellt) können überall Zysten auftreten; am häufigsten sind sie jedoch im Bereich des Zungenbeins lokalisiert.

b Die mediane Halszyste imponiert hier als weiche, symmetrische, eindrückbare Schwellung in der medianen Submandibularregion. Entzündliche Zeichen fehlen.
c Im medianen Submandibularbereich findet sich die Öffnung einer medianen Halsfistel. Durch permanente Sekretion hat sich in der Umgebung der Fistelöffnung Granulationsgewebe gebildet.

18.2 Entzündungen im Kopf-Hals-Bereich

Der Großteil der Entzündungen im Kopf-Hals-Bereich ist dentogen oder dermatogen bedingt. Sie werden abgestuft konservativ oder chirurgisch behandelt. Bei schweren Entzündungen des Kopf-Hals-Bereiches müssen intraorale Ursachen stets ausgeschlossen werden.

Mandibular- und Maxillarabszess

Ätiopathogenese:

Abszesse des Ober- und Unterkiefers gehen in der Regel von entzündlichen Veränderungen des Zahnsystems, seltener von Affektionen der Tonsillen und der Nasennebenhöhlen aus.

Es kommt zunächst zu einem lediglich intraoral auffälligen submukösen Infiltrat. Breitet sich dieses aus, kann es in Logen wie der Fossa canina sowie im Parapharyngeal-, Submandibular- oder Retromaxillarraum zur Abszessbildung kommen. Die verursachenden Keime, meist Streptokokken, sind typische Mundhöhlenkeime.

Symptomatik: Die foudroyante schmerzhafte Schwellung, später auch Rötung und Überwärmung im Wangen- oder Submandibularbereich sind charakteristisch. Ist die Kiefermuskulatur entzündlich infiltriert, kann es zur Kieferklemme und Schluckstörungen kommen.

Diagnostik: Eine rasch entstandene, druckschmerzhafte Schwellung berechtigt die Verdachtsdiagnose. Später ist die durch bidigitale Palpation ausgelöste Fluktuation typisch. Bei größeren Abszessen kann die Sonographie hilfreich sein.
Bei allen Abszessen des Ober- und Unterkiefer-Bereiches muss eine kompetente klinische und röntgenologische Abklärung des Gebisszustandes, der Tonsillen und der Mundschleimhaut, ggf. der Nasennebenhöhlen erfolgen.

Differenzialdiagnostik: Bei Kindern muss an submandibuläre, spezifische oder unspezifische Lymphknotenabszesse, die mit nahezu gleichem Erscheinungsbild einhergehen, gedacht werden. Ferner können Abszesse im Gesichts- und Halsbereich auch von infizierten Hautaffektionen ausgehen.

Therapie:
Dentogene Entzündungen: Im *frühen Stadium* der Infiltration (ohne Fluktuation) reicht eine hochdosierte, im Zweifelsfall parenterale Antibiotikatherapie aus, um die Entzündung in ein subakutes Stadium zu überführen. Zum Einsatz kommen Penicillin oder Breitspektrum-Penicilline.
Beim *Vollbild* des submukösen Abszesses muss dieser initial von intraoral, im späteren Stadium von extraoral inzidiert werden, um einen sicheren Abfluss zu gewährleisten. Bei der Inzision ist auf die regionale Anordnung von Nerven- und Gefäßstrukturen (N. facialis, N. alveolaris inferior, N. lingualis, N. facialis, V. retromandibularis) zu achten.

Die Sanierung des Befundes (z. B. Zahnextraktion) darf bei Erwachsenen erst im subakuten oder chronischen Stadium erfolgen, da sonst die Gefahr einer Osteomyelitis besteht. Bei Kindern erfolgt die Zahnsanierung gleichzeitig mit der Abszessinzision.

Dermatogene Entzündungen: Sie werden primär lokalantibiotisch, z. B. mit Tetrazyklinen, Neomycin und Bacitracin, bei Fortschreiten zusätzlich systemisch, z. B. mit Cephalosporinen, behandelt. Im Einzelfall kann, bevor eine Inzision durchgeführt wird, die Einschmelzung durch Wärme- oder Rotlichtapplikation provoziert werden.

Prognose: Ohne sekundäre Ursachenbeseitigung sind Rezidive unvermeidbar.

Gesichtserysipel

Synonym: Gesichtsrose

Definition: Das Gesichtserysipel ist eine phlegmonöse Streptokokkeninfektion mit intradermaler Ausbreitung.

Epidemiologie: Betroffen sind vornehmlich ältere, immungeschwächte Personen.

Ätiopathogenese: Kleine Hautläsionen stellen die Eintrittspforten für die Streptokokken dar; die Infektion breitet sich innerhalb weniger Stunden im Interstitium der Epidermis als phlegmonöse Entzündung aus. Ihre Begrenzung erscheint unregelmäßig, eine Sekretbildung findet nicht statt.

Symptomatik und Diagnostik: Der Patient klagt über starke Schmerzen im Bereich des hochroten Erysipels, insbesondere bei Berührung. Charakteristisch ist außerdem der foudroyante Fieberanstieg auf Temperaturen von über 40 Grad. Das Erysipel breitet sich rasch, flammenzungenartig aus (👁 **18.3**); zentral ist oft noch die Eintrittsläsion erkennbar.

Therapie: Im Prinzip reicht eine hochdosierte **parenterale Therapie** mit Penicillin G bzw. heute auch mit β-Lactam-Penicillin aus. Unter der antibiotischen Therapie kommt es zu einer raschen Verbesserung der Symptomatik und Entfieberung innerhalb von ein bis zwei Tagen. Eine zusätzliche **lokale Therapie**, z. B. mit Rivanol-Umschlägen, ist erst nach Abklingen der Akutsymptomatik möglich.

18.3 Gesichtserysipel

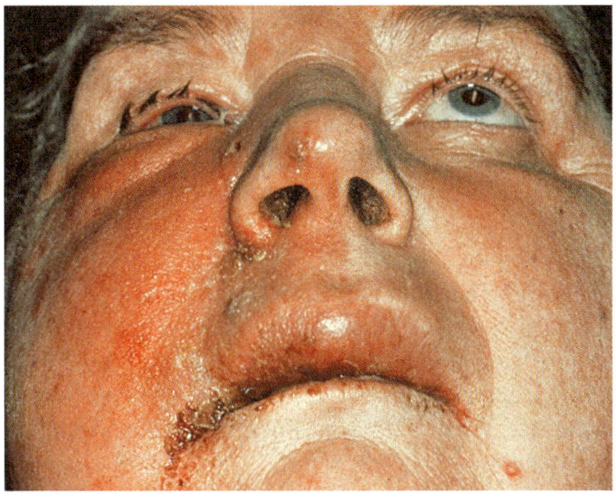

Das Erysipel, hier im rechten Gesichtsbereich, imponiert als hochrote, flammenzungenartig begrenzte, schmerzhafte Hautinfiltration mit Schuppenbildung.

Die Therapie sollte mindestens eine Woche lang durchgeführt werden.

Prophylaxe: Chronische Hautläsionen, z. B. Faulecken im Mundwinkelbereich, müssen zur Prophylaxe eines Erysipels konsequent behandelt werden.

Aktinomykose im Kiefer- und Gesichtsbereich

Definition: Die Aktinomykose (s. auch S. 50) ist eine seltene, in der Regel lokal begrenzte Erkrankung, die durch Aktinomyzeten (Actinomyces israelii) hervorgerufen wird und zur chronischen Verlaufsform neigt.

Ätiopathogenese: Der in der Mundhöhle lebende Keim **Actinomyces israelii** benötigt ein anaerobes Milieu (kariöse Zähne, Tonsillenaffektion, operatives Trauma) zur Entwicklung einer Virulenz.

Die Aktinomykose ist eine endogene Infektion, die in der Regel eine pyogene Begleitinfektion (dentogen, tonsillär) voraussetzt.

18.4 Aktinomykose

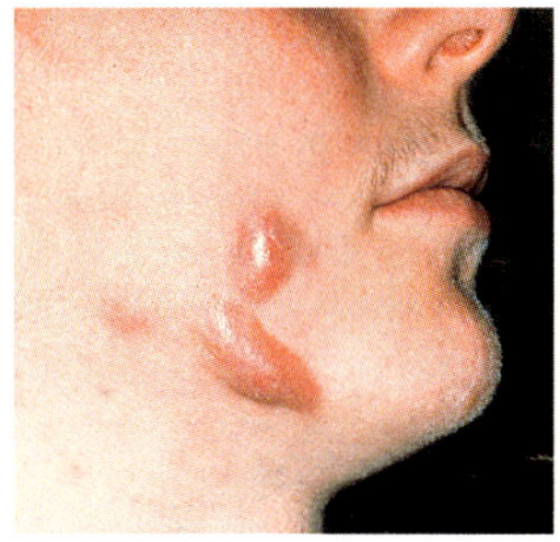

Dargestellt ist der charakteristische Befund einer Aktinomykose mit bläulich-lividen, derben Infiltraten der rechten Wange bei einer chronischen dentogenen Infektion im rechten Unterkiefer.

Symptomatik: Charakteristisch sind chronische Entzündungen, multiple, extraoral lokalisierte Abszesse, z. T. mit Fistelbildung, und bläulich-livide, brettharte Infiltrationen, z. B. im Wangen- und Submandibularbereich (**18.4**).

In 60–70 % der Fälle liegt eine zervikofaziale Infektion vor.

Diagnostik: Diagnostisch beweisend sind der mikroskopische Drusennachweis in Abstrich oder Histologie sowie der kulturelle Nachweis des Keims.

Differenzialdiagnostik: Infrage kommen die chronisch granulierende Parodontitis (hierbei niemals mehrere, sondern immer nur eine singuläre extraorale Fistelbildung) sowie chronisch-entzündliche, unspezifische dentogene Infiltrate oder auch flächenhafte Infiltrationen durch maligne Tumoren (vor allem Plattenepithelkarzinom).

Therapie: Der Abszess wird von extraoral breit, evtl. mehrfach inzidiert, um aerobe Verhältnisse herzustellen. Eine hochdosierte antibiotische Therapie, am besten mit β-Lactam-Antibiotika über mindestens 14 Tage, muss mit einer chirurgischen Revision der verursachenden Veränderung gekoppelt sein. Gelegentlich wird zusätzlich noch die Iod-Iontophorese eingesetzt. Sie führt zu einer Hyperämie im Entzündungsbereich und damit zur verbesserten Elimination der Keime. Die flächenhafte Abtragung oberflächlicher Hautschichten in den befallenen Arealen ist nur bei der subkutanen Abszedierung gerechtfertigt.

Prognose: Nach konsequenter Therapie, Sanierung der Ursache und vollständiger Abheilung besteht nur eine geringe Rezidivgefahr.

18.3 Erkrankungen der Speicheldrüsen

Erkrankungen betreffen die großen paarigen Speicheldrüsen der Glandula parotis, Glandula submandibularis und Glandula sublingualis sowie die kleinen, in der Mundschleimhaut verteilten Speicheldrüsen. Hauptsächlich handelt es sich um Entzündungen und Tumoren. Wegen der vielfältigen Beziehungen zu wichtigen Nervenstrukturen im Kopf-Bereich sind bei der chirurgischen Therapie Besonderheiten zu beachten.

Entzündungen

Ätiopathogenese: Entzündungen (Synonym: Sialadenitiden) sind immunologisch (z. B. myoepitheliale Sialadenitis beim Sjögren-Syndrom), viral (z. B. Parotitis epidemica bei Mumps) oder bakteriell (z. B. purulente Parotitis) bedingt.
Bakterielle Entzündungen entstehen oft aszendierend über den Ausführungsgang der Drüse, insbesondere bei Störungen der Sekretbildung (z. B. mangelnde Flüssigkeitszufuhr) oder des -abflusses (z. B. Steinbildung).

Symptomatik: Bei der ein- oder beidseitig auftretenden **Parotitis epidemica** kommt es durch die schmerzhafte Anschwellung der Ohrspeicheldrüse zu einem Anheben des Ohrläppchens. Die **Glandula sublingualis** und **submandibularis** können ebenfalls anschwellen und schmerzen. Während des Essens kann es durch den vermehrten Speichelfluss zu einem Kapsel- und Stauchungsschmerz kommen (Colique salivaire).

Diagnostik: Inspektion und bidigitale Palpation führen zur Verdachtsdiagnose. Bei der Spiegeluntersuchung zeigen sich die Ausführungsgänge der Drüsen gerötet und geschwollen. Der exprimierte Speichel ist bei einer viralen Entzündung getrübt, bei einer bakteriellen Entzündung purulent. Die Parotitis epidemica kann serologisch durch die Komplementbindungsreaktion nachgewiesen werden. Bei einer bakteriellen Entzündung muss klinisch, sonographisch und röntgenologisch nach einer Stenosierung des Ausführungsganges, z. B. durch Speichelsteine, gefahndet werden.

Differenzialdiagnostik: Speicheldrüsenzysten lassen sich sonographisch abgrenzen. Tumorerkrankungen machen in der Regel keine Schmerzen. Dentogene submandibuläre Abszesse können klinisch sehr ähnlich sein; im Zweifelsfall ist ein klinischer und röntgenologischer Zahnstatus zum Ausschluss erforderlich.

Therapie:
Bakterielle Infektion: In *leichten Fällen* genügt es, ausreichend Flüssigkeit zuzuführen und den Speichelfluss durch Kauen von Kaugummi oder Lutschen saurer Bonbons anzuregen. Lässt sich ein Stein im peripheren Anteil des Ausführungsganges nachweisen, kann er nach Abklingen der akuten Symptomatik von intraoral selektiv entfernt werden. Die Lithotrypsie führt nicht immer zu guten Dauerergebnissen.

In *schweren Fällen* ist zunächst die akute Entzündung in ein subakutes oder chronisches Stadium zu überführen (parenterale Breitbandantibiotika und lokal kalte Kompressen). Bei eitriger Einschmelzung infolge einer akuten, purulenten Sialadenitis sind Abszesseröffnung und Drainage indiziert.

! Jede Inzision geht mit einer Narbenbildung einher, die die spätere Drüsenexstirpation mit Schonung der umgebenden Nervenstrukturen wie des N. facialis, N. lingualis und N. hypoglossus erschweren kann.

Im chronischen Stadium der Sialadenitis wird die Drüse durch Exstirpation von intraoral (Glandula sublingualis) oder extraoral (Glandula submandibularis) oder durch eine Parotidektomie unter Erhaltung der umliegenden Nerven, insbesondere des N. facialis, exstirpiert.
Virale Infektion: In der Regel erfolgt eine symptomatische Therapie mit körperlicher Schonung, Schonkost und Schmerzmitteln.

Prognose: Eine Einschränkung der Speichelproduktion aufgrund der Entfernung einer Ohrspeicheldrüse ist nicht zu befürchten, da 75 % des Speichels durch die beiden Glandulae submandibulares gebildet wird. Bei der Entfernung von Speicheldrüsen nach rezidivierenden Entzündungen muss auf mögliche postoperative Ausfallssymptome der Nerven hingewiesen werden.

Gutartige Tumoren

Die wichtigsten gutartigen Tumoren der Speicheldrüsen sind das pleomorphe Adenom, das Zystadenolymphom (Synonym: Whartin-Tumor) und das monomorphe Adenom.

Epidemiologie: Die Hälfte dieser gutartigen Tumoren kommt in der Glandula parotis vor. Pleomorphe Adenome gehen auch von den kleinen Speicheldrüsen im Gaumenbereich und anderenorts aus.

Symptomatik und Diagnostik: Gutartige Speicheldrüsentumoren wachsen langsam innerhalb von ein bis zwei Jahren zu derben, gut gegen die Umgebung abgrenzbaren Tumorknoten heran. Am Gaumen können sie die Schleimhaut deutlich vorwölben. Bei sehr langem Verlauf kann es, v. a. in der Glandula parotis, zur Entwicklung übergroßer Tumoren von mehreren Kilogramm Gewicht kommen. Die Größenausdehnung des Tumors lässt sich ebenso wie das Vorhandensein zystischer Areale sonographisch ermitteln. Bestehen Unsicherheiten bezüglich der Dignität, sind eine Sialographie, eine CT- oder MRT-Untersuchung indiziert.

Die differenzialdiagnostische Abklärung mithilfe einer Probeexzision birgt bei den großen Speicheldrüsen die Gefahr operationstechnischer Nachteile für den Folgeeingriff.

Die endgültige Diagnose bei Speicheldrüsentumoren sollte möglichst durch die Schnellschnitthistologie im Rahmen der Exstirpation der Drüse gestellt werden.

Differenzialdiagnostik: Im Gaumenbereich bietet insbesondere das adenoidzystische Karzinom ein ähnliches klinisches Bild. Dort ist daher zuvor immer eine Gewebeprobe erforderlich.

Therapie: Bei **pleomorphen Adenomen** wird die betroffene Speicheldrüse wegen der großen Rezidivgefahr stets vollständig entfernt. Bei **Whartin-Tumoren** ist ebenfalls die vollständige Entfernung der Drüse der Tumorenukleation vorzuziehen. Lediglich die **monomorphen Adenome** können zum Drüsenerhalt isoliert ausgeschält werden.

Prognose: Bei unvollständiger Tumorresektion kommt es zum Rezidiv. Eine maligne Transformation pleomorpher Adenome ist selten.

Bösartige Tumoren

Epidemiologie: Bösartige Speicheldrüsentumoren machen etwa 1% aller Kopf-Hals-Malignome aus. In absteigender Häufigkeit sind bekannt:

- adenoidzystisches Karzinom (40%),
- Mukoepidermoidkarzinom (30%),
- Azinuszellkarzinom (15%),
- Adenokarzinom (10%),
- Plattenepithelkarzinom, ausgehend vom Ausführungsgang (10%).

Das adenoidzystische Karzinom geht vorzugsweise von den kleinen Speicheldrüsen im Gaumenbereich aus; die anderen bösartigen Tumoren werden überwiegend in den großen Speicheldrüsen beobachtet.

Pathogenese: Das **adenoidzystische Karzinom** breitet sich initial strangartig entlang der Gefäßnervenscheide aus. Es kommt daher in einem frühen Stadium zur Funktionseinschränkung der betroffenen Nerven. Bei einer Primärlokalisation im Gaumenbereich ist relativ rasch ein Mitbefall der Schädelbasis möglich. Lokale Metastasen werden fast nie angetroffen, dagegen später Lungenmetastasen. Das **Mukoepidermoidkarzinom** wächst langsam, ohne Metastasen. **Azinuszell-, Adeno- oder Plattenepithelkarzinome** zeigen eine lymphogen-regionale Metastasierung.

Symptomatik: Der Patient bemerkt zunächst nur eine rundliche Schwellung, evtl. mit rötlicher Färbung. Im Gaumenbereich kann der Sitz der Prothese beeinträchtigt sein. Große maligne Tumoren der Glandula parotis führen zur Fazialisparese.

Diagnostik: Die Diagnose eines malignen Tumors kann nur histologisch nach vollständiger Tumorexstirpation gestellt werden.

Ein sicheres Malignitätskriterium ist der Funktionsausfall von Nerven.

Differenzialdiagnostik: Klinisch unterscheiden sich im Frühstadium die malignen nicht von den benignen Speicheldrüsentumoren.

Therapie:

Das operative Vorgehen hängt von der histologischen Schnellschnittuntersuchung ab, sodass der Patient präoperativ sorgfältig aufgeklärt werden muss.

Alle malignen Speicheldrüsentumoren erfordern eine radikale Exstirpation der betroffenen Drüse. Dies bedeutet – in Abhängigkeit von der Lokalisation – nicht selten auch die Resektion des N. facialis, N. lingualis oder N. hypoglossus. Unter günstigen anatomischen Voraussetzungen ist eine mikrochirurgische Nervrekonstruktion (z.B. Nervtransplantation) zur Rehabilitation der Funktion in gleicher Sitzung sinnvoll (andernfalls sekundäre Ersatzplastiken). Das adenoidzystische Karzinom muss besonders radikal operiert werden, wodurch große, später epithetisch zu versorgende Defekte entstehen. Eine adjuvante Strahlentherapie wird empfohlen.
Im Halsbereich sind auch die nächsten, nicht befallenen Lymphknotenstationen auszuräumen (suprahyoidale Ausräumung oder Neck dissection).

Prognose: Ist aufgrund lokaler Gegebenheiten ein radikales operatives Vorgehen nicht möglich, z.B. an der Schädelbasis, muss mit einer intrakraniellen Tumorausbreitung gerechnet werden. Eine nach einem Jahrzehnt oder später auftretende Metastasierung in die Lunge, auch bei adäquater Primärtherapie, ist beim adenoidzystischen Karzinom gefürchtet.

18.4 Spezielle Tumoren und tumorähnliche Erkrankungen im Kopf-Hals-Bereich

Unter den vielfältigen intra- und extraoral lokalisierten Tumoren im Kopf-Hals-Bereich ist die große Häufigkeit des Basalioms und Plattenepithelkarzinoms hervorzuheben. Die radikale Resektion der Kopf-Hals-Tumoren erfordert aufgrund ihrer Auswirkungen auf Ästhetik oder Funktion besondere chirurgische Techniken.

Zungengrundstruma

Definition: Dysontogenetisch bedingte strumige Umwandlung ektopen Schilddrüsengewebes im Bereich des Foramen caecum am Zungengrund.

Ätiopathogenese: Bei der entwicklungsgeschichtlichen Wanderung der Schilddrüse entlang des Ductus thyreoglossus verbleiben Reste des Schilddrüsengewebes im Bereich des Foramen caecum und wandeln sich strumig um.

Symptomatik: Schluck- und Atembeschwerden, häufiges Verschlucken, kloßige Sprache.

Diagnostik: Bei der Spiegelung der Mundhöhle ist in leichten Fällen eine rötliche, rundliche Geschwulst im Zungengrundbereich oberhalb der Epiglottis erkennbar. In fortgeschrittenen Fällen hebt sich das proximale Zungendrittel an. Zur Bestimmung der Tumorgröße und zur differenzialdiagnostischen Abklärung sind Sonographie und Kernspintomographie sinnvoll. Hier zeigt sich stets ein kugeliger und nicht infiltrativer Tumor. Vor jeder weiteren Maßnahme sind die Schilddrüsenwerte (T_3, T_4, TSH) zu bestimmen und eine Schilddrüsen-Szintigraphie zu veranlassen.

Differenzialdiagnostik: Das Zungengrundkarzinom zeigt primär Erosivität. Zystenbildungen oder andere Tumoren können sonographisch bzw. durch Kernspintomographie nahezu ausgeschlossen werden.

Therapie:

Wie viel ektopes Schilddrüsengewebe reseziert werden kann, hängt von der Funktion der orthotopen Schilddrüse ab.

Fehlt orthotopes Schilddrüsengewebe, sind durch operative Maßnahmen lediglich die Sprech- und Schluckstörungen zu beseitigen. Dazu werden Teile des ektopen Gewebes in Nachbargewebe, z. B. nach submandibulär, in den Hyoidbereich oder in andere Körperregionen verlegt bzw. frei transplantiert, damit die Versorgung mit Hormonen auch weiterhin gesichert ist. Die Operation wird von extraoral-submandibulär unter Hyoid-Spaltung vorgenommen.
Ist ausreichend orthotopes Schilddrüsengewebe vorhanden, kann je nach Größe des Befundes eine Resektion von intraoral oder extraoral-submandibulär erfolgen. Wegen der Gefahr der Zungengrundschwellung mit Verlegung der Atemwege und der Blutungsgefahr muss eine engmaschige postoperative Kontrolle mit Schwellungsprophylaxe (evtl. Nachbeatmung) erfolgen.

Basaliom

Synonym: Basalzellepitheliom, Basalzellkarzinom

Definition: Das Basaliom ist ein lokal infiltrierend und destruierend wachsender Tumor der äußeren Haut. Eine Metastasierung kommt nicht, allenfalls äußerst selten vor.

Epidemiologie: Das Basaliom ist mit 65 % der häufigste maligne Hauttumor. In Deutschland entstehen 17000–20000 Basaliome pro Jahr. Der Häufigkeitsgipfel liegt zwischen dem 60. und 70. Lebensjahr ohne Geschlechtsbevorzugung.

Ätiopathogenese: Basaliome entstehen hauptsächlich in lichtexponierten Hautregionen, insbesondere im Kopf-Hals-Bereich. Ihre Entstehung wird daher v. a. mit dem kumulativen Effekt der UV-Einstrahlung erklärt; zusätzlich können auch lokal wirksame Karzinogene eine Rolle spielen.

85 % aller Basaliome sind im Kopf-Hals-Bereich angesiedelt.

Histomorphologie: Histologisch lässt sich eine Vielzahl von Basaliomen unterscheiden. Für die Klinik ist jedoch eine grobe Einteilung in folgende 5 Haupttypen sinnvoll:

- noduläres Basaliom,
- oberflächlich wachsendes und verhornendes Basaliom,
- erosives Basaliom (Synonym: Ulcus rodens),
- pigmentiertes Basaliom,
- sklerosierendes Basaliom.

Symptomatik: Aus einem rötlich-bräunlichen Knötchen, das zu rezidivierenden Blutungen neigen kann, entwickeln sich innerhalb von Monaten bzw. Jahren derbere Knoten, oft mit zentraler Ulzeration und Randsaum (👁 **18.5**). Schmerzen treten nicht auf.

Therapie: Die operative radikale Tumorentfernung ist die Therapie der Wahl. Dabei wird im Kopf-Hals-Bereich – wo dies aus anatomischen Gründen möglich ist – ein mehrzeitiges Vorgehen im Sinne der **fraktionierten, histologisch kontrollierten Exzision** bevorzugt. Grund ist die sehr hohe Rezidivgefahr bei nicht vollständiger Tumorentfernung sowie die Unsicherheit bei der Tumorbeurteilung in der Schnellschnitthistologie. In der ersten Sitzung erfolgt daher eine radikale Tumorresektion mit histologischer Schnittrandkontrolle; der Defekt wird primär nur durch einen Verband abgedeckt. Diese Resektion wird so lange wiederholt, bis die Tumorfreiheit histologisch gesichert ist; danach erfolgt die Defektdeckung durch regionale oder freie Lappenplastiken, die im Gesichtsbereich wegen ästhetischer und funktioneller Aspekte besonders anspruchsvoll sein können. Die Strahlentherapie ist aufgrund der langfristig karzinogenen Wirkung nur bei älteren Patienten und bei inoperablen Tumoren zu diskutieren.

Prognose: Bis auf extrem große Tumoren, sog. „verwilderte" Basaliome mit Plattenepithelkarzinomentwicklung (Ulcus terebrans), lässt sich mit der angegebenen Technik eine Dauerheilungsrate von über 95 % erreichen.

Plattenepithelkarzinom der Mundschleimhaut, Zunge und Lippen

Epidemiologie: Das Plattenepithelkarzinom ist der häufigste bösartige Tumor im Kiefer- und Gesichtsbereich. Im Bereich der Mundhöhle und des Hypopharynx gehört er zu den zehn häufigsten Tumoren in Deutschland. Der Altersgipfel liegt zwischen dem 50. und 70. Lebensjahr.

Ätiopathogenese: Wichtige Risikofaktoren für die Entwicklung eines Plattenepithelkarzinoms sind ein Nikotin- und Alkoholabusus.

Bei Rauchern besteht ein 5fach erhöhtes Risiko für die Entwicklung eines Plattenepithelkarzinoms in der Mundschleimhaut im Vergleich zu Nichtrauchern.

Werden Alkohol und Nikotin gleichzeitig konsumiert, besteht ein synergistischer Effekt auf die maligne Transformation des Plattenepithels. Fakultative Vorläufer eines Plattenepithelkarzinoms sind intraoral **Leukoplakien** und auf den Lippen **aktinische Keratosen**. Das Plattenepithelkarzinom metastasiert primär regionär-lymphogen, Fernmetastasen sind selten.

18.5 Basaliom

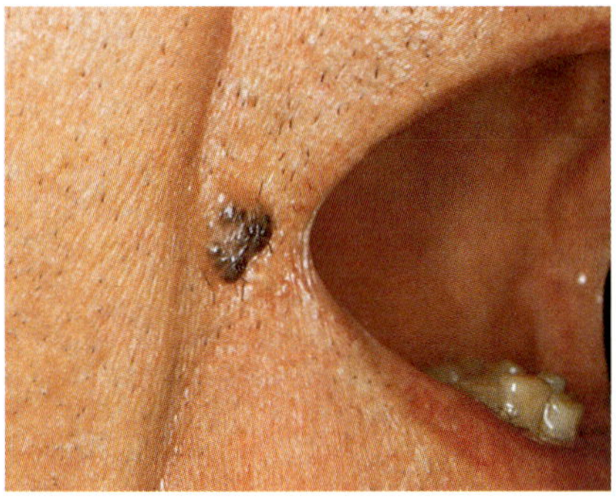

Symptomatik: Subjektive Symptome können – je nach Lokalisation und Tumorgröße – zunächst ganz fehlen. Mit zunehmendem Wachstum treten aber Blutungen aus dem ulzerierenden Tumor, Foetor ex ore, Sprech- und Schluckstörungen sowie Schmerzen auf.

Diagnostik: Die Läsionen können in allen Regionen der Mundhöhle entstehen, vorzugsweise im Mundboden-, Hypopharynx- oder Gaumenbogenbereich.

Etwa 70 % der Plattenepithelkarzinome liegen im hinteren Zungendrittel.

Stets sind erosive Areale oder exophytisches Tumorwachstum zu beobachten. Jede nicht erklärbare und trotz konservativer Maßnahmen (Prothesenkarenz, Schleimhautdesinfektion) über vier Wochen persistierende Läsion ist bis zum Beweis des Gegenteils tumorverdächtig, sodass eine Gewebsprobe erforderlich ist. Zur Therapieplanung werden die Tumoren mithilfe des TNM-Systems eingestuft.

Differenzialdiagnostik: Ein ähnliches klinisches Bild zeigen chronische spezifische oder unspezifische sowie granulomatöse Entzündungen, Leukoplakien oder andere Tumoren der Mundhöhle.

Therapie: Prinzipiell ist die radikale Tumorresektion indiziert. Ab dem Stadium T2 (Tumordurchmesser 2–4 cm) ist auch die Ausräumung der nächsten, nicht befallenen Lymphknotenstation erforderlich (submandibuläre Ausräumung, Neck dissection). Außerdem wird zur Prognoseverbesserung eine neoadjuvante präoperative Radiochemotherapie empfohlen. Die Tumorresektion in der Mundhöhle kann zu erheblichen Funktionsdefiziten an Zunge, Kiefer und Gaumen führen. Diese können durch aufwendige plastisch-rekonstruktive Verfahren abgemildert werden, z. B. durch ein mikrovaskulär reanastomosiertes freies Jejunumtransplantat zur Deckung eines halbseitigen Zungen- und Mundbodendefekts. In bestimmten Fällen wird eine hochdosierte Vitamin-A-Therapie zur Rezidivprophylaxe diskutiert.

Prognose:

Die Prognose der Plattenepithelkarzinome ist um so schlechter, je weiter proximal sie in der Mundhöhle lokalisiert sind, je größer ihr Durchmesser ist und je mehr regionäre Lymphknoten bereits befallen sind.

Durchschnittlich beträgt die 5-Jahres-Überlebensrate bei einem T2-Tumor mit submandibulärem Lymphknotenbefall 40–50 %. Fernmetastasen werden selten und dann meist in Spätstadien gesehen. Zweittumoren kommen in etwa 5 % der Fälle vor, auch daher ist eine langjährige Tumornachsorge unabdingbar.

Rudolf Reich

18.5 Gesichtsschädel: Frakturen und Weichteilverletzungen

Weichteilverletzungen und Frakturen im Gesichtsbereich unterliegen im Wesentlichen den gleichen Prinzipien bezüglich Pathomechanismus und Heilung wie in der Extremitätentraumatologie (s. SE 2.1 – SE 2.4, S. 32 ff, SE 9.1, S. 224 ff). Aufgrund anatomischer Besonderheiten (Knochenstruktur, zahntragende Knochenareale, ausgezeichnete Vaskularisierung) sind jedoch im Kopfbereich einige Besonderheiten zu beachten. Interdisziplinäre Zusammenarbeit aller beteiligten Fachdisziplinen (Anästhesie, Chirurgie, Unfallchirurgie, Neurochirurgie, MKG-Chirurgie, Augen- und HNO-Heilkunde) ist bei der Therapie für eine Prognose unabdingbare Voraussetzung.

Epidemiologie: Die Unfallzahlen im orofazialen Bereich sind in den letzten 30 Jahren um das 2–3fache angestiegen. Neben einem überdurchschnittlichen Anstieg der Mittelgesichtsfrakturen ist insb. die Erhöhung von Kombinationsverletzungen im Rahmen eines Polytraumas zu verzeichnen.

Mittelgesichtsfrakturen

Durch Gewalteinwirkung können ausgedehnte Teile des Mittelgesichtes mit dünnem, monokortikalem Knochen an typischer Stelle frakturieren. Eine Mitbeteiligung der Frontobasis (s. SE 18.6, S. 420 f) ist nicht selten gegeben und sollte bei Verdacht (Liquorrhö, Lufteinschlüsse im Neurokranium, s. 👁 **36.8**, S. 808) immer ausgeschlossen werden.

Laterale Mittelgesichtsfrakturen

Hierzu zählen Jochbeinfrakturen mit oder ohne Orbitabodenbeteiligung sowie Jochbogenfrakturen.
Klinisch imponieren Eindellungen über dem Jochbogen, Abflachung der Jochbeinprominenz, Mundöffnungsbehinderung (Ansatzstelle Kaumuskulatur), Monokelhämatom, Gefühlsstörungen im Ausbreitungsgebiet des N. infraorbitalis (Frakturlinie infraorbital) oder Doppelbilder (👁 **18.6**). Stufenbildungen sind entsprechend lateroorbital, infraorbital oder über der Crista zygomaticoalveolaris zu palpieren.
Die genannten Stufen sind in den konventionellen **Röntgen**bildern (Schädel in 2 Ebenen) zu erkennen, die Nasennebenhöhlen- (NNH-)Aufnahme gibt Hinweise auf prolabierten Orbitainhalt (hängender Tropfen) in die Kieferhöhle, eine axiale Schädelaufnahme auf die Impression des Jochbogens.
Therapeutisch wird das dislozierte Jochbein oder der Jochbogen durch perkutanen Hakenzug reponiert (👁 **18.6**) und bei ungenügender Stabilität durch Miniplattenosteosynthese (👁 **18.7**) fixiert. Der Orbitabodendefekt wird durch Einlage resorbierbarer Folien verschlossen.

👁 18.6 Jochbeinfraktur mit Orbitabodenbeteiligung

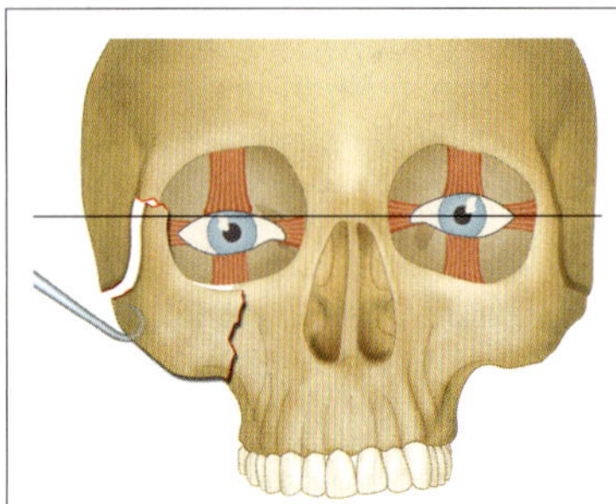

Absinken des Orbitainhaltes nach kaudal (Doppelbilder), Reposition des Jochbeines durch Hakenzug.

Zentrale Mittelgesichtsfrakturen

Die zentralen Mittelgesichtsfrakturen werden üblicherweise nach LeFort I–III eingeteilt (👁 **18.7**). Diese systematische klassische Einteilung wird jedoch durch Kombination mit lateralen Mittelgesichtsfrakturen oder bei einseitigem Auftreten mit Sagittalfraktur oftmals erschwert.
Bei der **klinischen Untersuchung** fällt neben einem Brillenhämatom, einem eingesunkenen Mittelgesicht (Dish Face) oder Gefühlsstörungen die abnorme Beweglichkeit des Oberkiefers auf. Bei der bimanuellen Überprüfung ist der Oberkiefers schubladenartig in der Ebene der jeweiligen Le-Fort-Fraktur gegen das feste Mittelgesicht, ggf. unter Krepitation, verschiebbar (👁 **18.7**). Durch die Beteiligung des zahntragenden Oberkieferanteiles wird

👁 18.7 Zentrale Mittelgesichtsfrakturen: Einteilung nach LeFort und Untersuchung

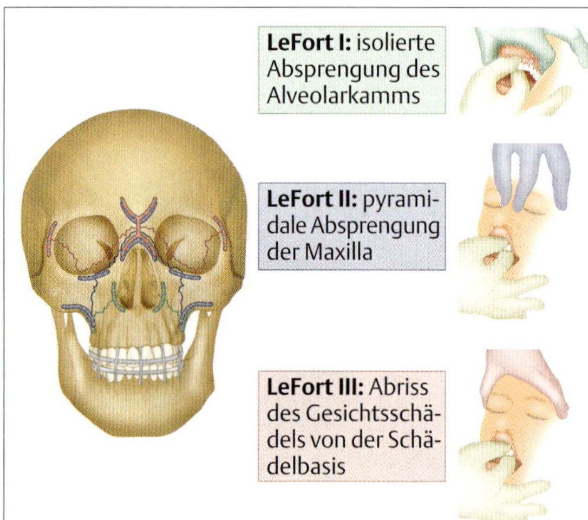

i. d. R. vom Patienten eine Störung der Okklusion angeben. **Radiologisch** ist neben konventionellem Röntgen eine CT zur Beurteilung benachbarter Strukturen wie Orbita, Nase und Neurokranium notwendig.
Bei der **Therapie** wird zunächst durch Schienenverbände an den Zähnen und intermaxilläre Fixation die ursprüngliche Neutralokklusion in Bezug zum Unterkiefer hergestellt. Anschließend kann dieser rekonstruierte mandibulo-maxilläre Komplex wieder durch Miniplattenosteosynthese am restlichen, festen Gesichtsschädel anatomisch positioniert werden (👁 **18.7**).

Unterkieferfrakturen

Für die Frakturmechanismen und -heilung des bikortikalen Unterkieferknochens gelten die gleichen Grundsätze wie in der Extremitätentraumatologie.

Unterkieferkörperfrakturen

Neben den allgemeinen Frakturzeichen (s. SE 9.1, S. 224) fallen **klinisch** wiederum eine gestörte Okklusion und ggf. Gefühlsstörungen im Ausbreitungsgebiet des N. mandibularis auf. Durch Verletzungen des Gefäß-Nerven-Bündels im Mandibularkanal können ausgeprägte Hämatome im Mundboden mit nachfolgender Verlegung der Atemwege auftreten. Ebenso wie bei En-bloc-Frakturen im Kinnbereich mit Zurückfallen der Mundbodenmuskulatur ist dann u. U. die notfallmäßige Intubation angezeigt.
Auch bei Unterkieferfrakturen ist wie bei den Extremitätenfrakturen eine **Röntgendiagnostik** in 2 Ebenen zum Frakturausschluss obligat. Hilfreich ist eine Panoramaaufnahme der Kiefer (Zahnarzt, MKG-Chirurg).
Bei der **Versorgung** der Unterkieferkörperfrakturen ist zunächst die Reposition über dentale Schienenverbände mit Neutralokklusion nötig (👁 **18.7**), dann anschließende stabile Osteosynthese mit Platten oder Zugschrauben.

Frakturen des Kiefergelenkfortsatzes

Klinisch gibt eine präaurikuläre Schwellung mit Schmerzen bei Mundöffnung, Mundöffnungsbehinderung und Stauchungsschmerz, häufig mit Vorliegen einer Kinnplatzwunde (Frakturmechanismus), Hinweise auf eine Kiefergelenkfraktur. Durch die Verkürzung des aufsteigenden Unterkieferastes besteht beim Zusammenbiss auf der frakturierten Seite ein Frühkontakt der Zähne mit offenem Biß auf der kontralateralen Seite.
Das frakturierte Kiefergelenk ist durch eine p. a.-**Schädelröntgenaufnahme** bei maximal geöffnetem Mund (Clementschitsch) darstellbar. In der CT-Untersuchung fällt das dislozierte Kiefergelenk ggf. bei leerer Fossa articularis auf.
Im Gegensatz zu Unterkieferkörperfrakturen steht bei der **Behandlung** der Kiefergelenkfrakturen ein funktioneller Ansatz im Vordergrund. Da die Spätergebnisse bei osteosynthetischer Versorgung nicht besser sind als nach konservativer Therapie, wird wegen der Operationsrisiken (Verletzung N. facialis, Nekrose des kleinen Fragmentes) eher von einer operativen Versorgung abgesehen. Wegen der unmittelbaren Nähe zur Schädelbasis besteht besonders im Kindesalter mit hoher osteogenetischer Potenz die Gefahr einer Kiefergelenkankylose (Vogelgesicht). Daher ist nach kurzfristiger Ruhigstellung (10–14 Tage) mit Schienenverbänden (👁 **18.7**) eine Übungsbehandlung mit einem kieferorthopädischen Apparat (Aktivator) unbedingt erforderlich.

👁 18.8 Kiefergelenkluxation und Reposition nach Hippokrates

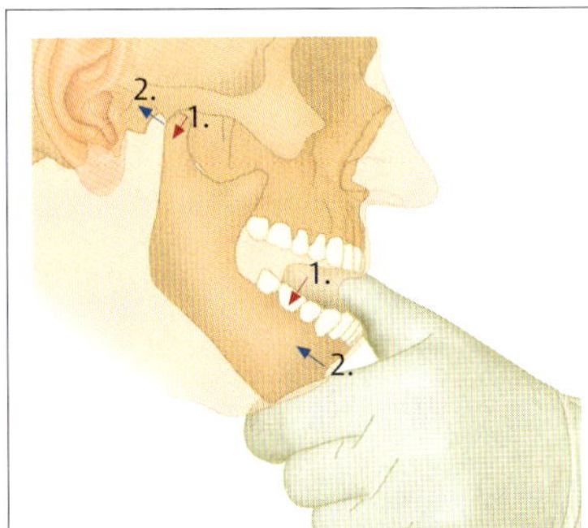

Reposition des Kondylus in die Fossa articularis.

Kiefergelenkluxation

Ursache einer Kiefergelenkluxation sind i. d. R. Extrembewegungen des Unterkiefers vor allem bei debilen oder dementen Patienten. Durch die Verlagerung des Kondylus vor das Tuberculum articulare sind die Patienten bei beidseitiger Luxation nicht in der Lage, den Mund zu schließen. **Klinisch** imponiert bei einseitigem Auftreten im Gegensatz zur Kiefergelenkfraktur eine Verlagerung des Unterkiefers zur gesunden Seite.
Eine traumatische Genese ist eher selten.
Die **Therapie** besteht in der Reposition nach dorso-kranial (Handgriff nach Hippokrates, 👁 **18.8**), ggf. in Lokalanästhesie, Sedierung oder Narkose mit anschließender kurzfristiger Ruhigstellung (Kopf-Kinn-Verband).

Weichteilverletzungen im Gesicht

Aufgrund der guten Vaskularisierung des Kopf-Hals-Bereiches sind Wundheilungsstörungen im Gesicht eher die Ausnahme. Bei Weichteilverletzungen ist wegen der ästhetischen Rehabilitation immer eine primäre Versorgung anzustreben. Verschmutzte oder infizierte Verletzungen (auch Bissverletzungen) können nach Debridement unter Antibiotikaschutz sofort verschlossen werden. Defektverletzungen sind nach den Regeln der plastischen Chirurgie entsprechend der Hautspannungslinien zur Erzielung eines optimalen ästhetischen Ergebnisses unter Zuhilfenahme von Lappen- oder Verschiebetechniken bei der primären Wundversorgung unmittelbar zu versorgen (s. SE 37.1, S. 819). Bei gleichzeitigem Vorliegen von Frakturen gilt die Grundregel „von innen nach außen“, d. h. es werden zunächst die Frakturen versorgt, gefolgt von der anschließenden Weichteilversorgung.

18.6 Schädelbasisfrakturen

Eine stumpfe indirekte Gewalteinwirkung auf den Schädel führt zur Fraktur der Schädelbasis. Über die Hälfte dieser Frakturen treten nach Verkehrsunfällen auf. Beim überwiegenden Teil der Patienten mit Schädelbasisfrakturen wird das klinische Bild und die Prognose durch die begleitende Hirnverletzung bestimmt (s. SE 36.2, S. 806 ff). Die begleitende Läsion von Hirnnerven (s. SE 36.1, S. 803), großen Gefäßen, Auge und Innen- bzw. Mittelohr kann den weiteren Verlauf richtungsweisend bestimmen. Für den Verletzten kann die Zerreißung der im Basisbereich fest anhaftenden Dura schicksalhafte Bedeutung erlangen.

Einteilung: Es werden **frontobasale** (mit Beziehung zu den Nasennebenhöhlen), **frontolaterale** (mit Beziehung zu den Orbitae) und **laterobasale Frakturen** (mit Beziehung zu den Felsenbeinen) unterschieden. Quer verlaufende Frakturen in der mittleren Schädelgrube, einschließlich des Felsenbeines, resultieren aus bilateralen Kompressionen, Längsfrakturen mit Beteiligung der vorderen Schädelbasis haben eine Kompression in Längsrichtung zur Ursache (**18.9**).

Begleitverletzungen:
Verletzung der Dura mater mit Austritt von Liquor und Infektionsgefahr (s. u.).
Nervenverletzungen: Ein Abriss der *Fila olfactoria* ist als primäre Traumafolge möglich und führt zur Anosmie. Bei frontobasalen Frakturen, die eine transfrontale operative Revision erfordern, sollte eine zusätzliche iatrogene Läsion der Fila vermieden werden.
N. opticus: Ein direktes Trauma des Auges ist von einer traumatischen Optikusschädigung zu differenzieren. Bei progredienter Optikusläsion kann in den ersten posttraumatischen Stunden eine operative Dekompression von transethmoidal, in sehr seltenen Fällen von transfrontal durchgeführt werden.
Okulomotorius-, Trochlearis- und Abduzensläsionen sind bei frontobasalen Frakturen möglich.
Bei laterobasalen Frakturen ist neben dem *N. statoacusticus* der *N. facialis* gefährtet, wobei zentrale und periphere Läsionen zu differenzieren sind. Selten sind die *basalen Hirnnerven V, IX, X, XI, XII* betroffen (s. **T 36.1**, S. 803).

18.9 Typische Frakturlinien der Schädelbasis

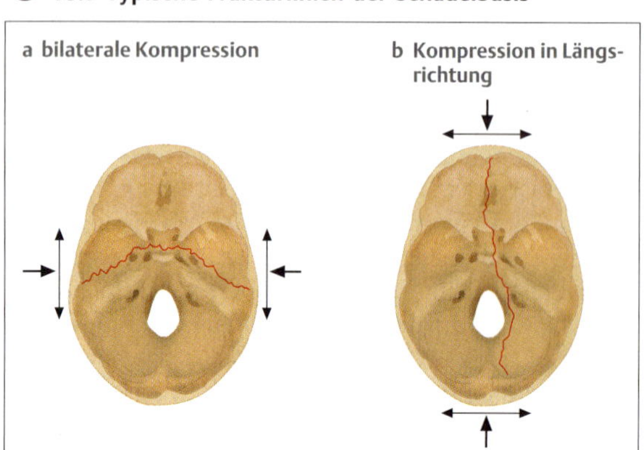

Gefäßverletzungen: Intrakranielle Raumforderung durch basale Verletzungen von Arterien und Venen (s. u.).

Diagnostik: Im Vordergrund steht die **klinische Diagnostik.** Bei *frontobasalen Frakturen* gelten Brillenhämatom (**18.10**) bzw. Monokelhämatom (bei einseitiger Fraktur) als pathognomonisch. Die Duraläsion bei Frakturen im Bereich der Lamina cribrosa führt zur Rhinoliquorrhö (Austritt von Liquor aus der Nase; Nachweis s. **T 18.1**).

Eine nicht permanent nachweisbare Rhinoliquorrhö schließt eine Duraverletzung nicht aus, da der Liquorabfluss auch über die Tuba auditiva (Eustachio-Röhre) erfolgen kann.

Bei *frontolateralen Frakturen* kommt es zu Verbindungen des Intraduralraumes mit der Orbita, die Augenlider schwellen stark an, bei massiven Verletzungen läuft Liquor aus der Augenhöhle. Bei Frakturen des Orbitabodens (Blow-out-Fracture) kommt es zum Tiefertreten des Bulbus (mit Doppelbildern; s. **18.6**, S. 418), Fettgewebe tritt in die Fraktur ein.
Bei *laterobasalen Schädelfrakturen* tritt Liquor aus dem äußeren Gehörgang (Otoliquorrhö) oder das Mittelohr ist blutgefüllt (Hämatotympanon).
Zur klinischen Untersuchung gehört die Prüfung der basalen Hirnnerven (s. **T 36.1**, S. 803) sowie der großen Gefäße.
Eine *Verletzung des Sinus sigmoideus* bei laterobasalen Frakturen bedingt Blutaustritt aus dem betroffenen Gehörgang; verletzte basale Arterien und Venen führen zu intrakranieller Raumforderung (s. SE 36.2, S. 806 ff). Selten sind *Verletzungen der A. carotis* im Bereich der Schädelbasis:

T 18.1 Nachweis einer Rhinoliquorrhö

Methode	*Interpretation*
Tupferprobe	blutiger Liquor zeigt einen charakteristischen hellen Hof um den dunkleren blutigen Fleck
Glucosebestimmung (Teststreifen)	im Liquor ist die Glucosekonzentration höher als in einer rein blutigen Absonderung
RIHSA-Test	intrathekale Gabe von ^{131}Iod-markiertem Albumin (nur selten notwendig)

18.10 Brillenhämatom

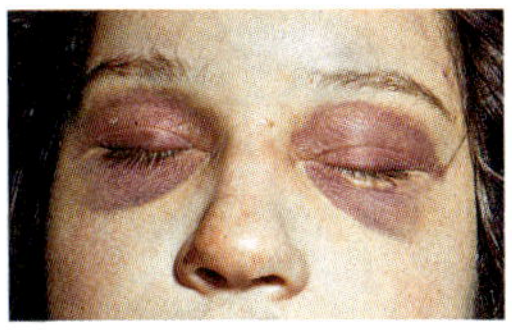

18.11 Pneumatocephalus im Röntgenbild

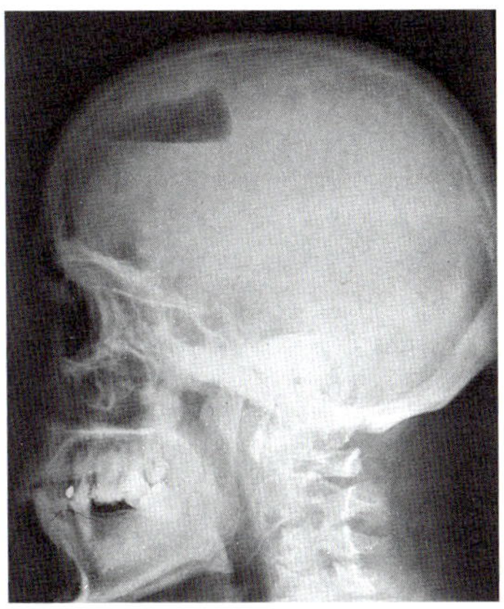

- bei direkter Zerreißung resultiert eine perakute intrakranielle Raumforderung (meist tödlich),
- bei Verletzungen im Bereich des Sinus cavernosus kommt es zum Übertritt des arteriellen Blutes in den venösen Sinus cavernosus mit Arterialisierung der V. ophthalmica *(Karotis-Sinus-cavernosus-Fistel).* Mit dem Stethoskop ist ein pulssynchrones Rauschen hörbar, in einigen Fällen sieht man einen pulssynchronen Exophthalmus mit Chemosis (Ödem der Bindehaut). Da durch die Wand des Sinus der N. abducens, N. oculomotorius und N. trigeminus ziehen, können diese Hirnnerven mitbeteiligt sein. Häufig klagen die Patienten über Doppelbilder. Es droht eine Optikusatrophie.

In **Röntgenaufnahmen** werden Schädelbasisfrakturen meist nicht dargestellt, sie haben deshalb initial nur eine untergeordnete Bedeutung. Ein wesentliches Hinweiszeichen ist allerdings die im Röntgenbild sichtbare, in das Schädelinnere eingedrungene Luft (Pneumatocephalus; **18.11**). Eine Blow-out-Fraktur ist in der Nasennebenhöhlen-Übersichtsaufnahme durch den sog. „hängenden Tropfen" im Sinus maxillaris zu erkennen (**18.12**).
CT-Aufnahmen stellen, besonders in Dünnschnitt-Technik, Frakturen, Knochensequester und intrakraniell eingetretene Luft dar (s. **36.8**, S. 808).

Therapie: Im Vordergrund der Behandlung steht die **allgemeine Intensivtherapie** des Schädel-Hirn-Traumas (s. SE 36.2, S. 807 f). Nachfolgende Aspekte sind zusätzlich zu beachten:

18.12 Blow-out-Fraktur

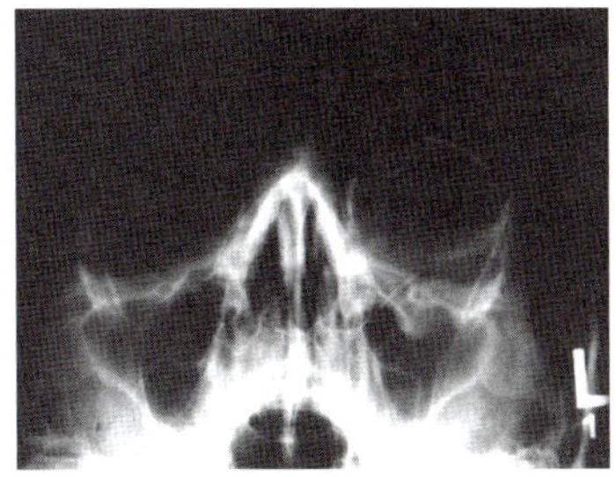

In der NNH-Übersichtsaufnahme ist der Orbitainhalt am Oberrand des Sinus maxillaris als sog. „hängender Tropfen" zu erkennen (Pfeil).

Eine **persistierende Liquorfistel** stellt als Verbindung zwischen intrakraniellem Raum und Außenwelt eine potenzielle Infektionsquelle dar und fordert den operativen Verschluss. Eine *Otoliquorrhö* bei laterobasalen Frakturen versiegt schnell, eine aufsteigende Infektion ist selten: Im Regelfall ist die konservative Behandlung (steriles Abdecken, HNO-Kontrolle des Hämatotympanons) angezeigt. Die *Rhinoliquorrhö* der frontobasalen Frakturen erfordert die Lokalisation des Defektes (am häufigsten im Bereich der Lamina cribrosa).

! Bei persistierender Liquorrhö und bei dislozierten Knochenfragmenten der vorderen Basis besteht eine absolute Operationsindikation.

Die Lokalisation der Liquorfistel bestimmt den operativen Zugang: beim Duradefekt im Bereich der Keilbeinhöhle und hinteren Siebbeinzellen transethmoidal; bei Beteiligung der Stirnhöhlenhinterwand und der Frontobasis transfrontal.
Frontolaterale Frakturen (Blow-out-Frakturen) verlangen die **Rekonstruktion des Orbitabodens.**
Der **Zeitpunkt der Operation** wird durch die Schädel-Hirn-Verletzung (oder den Zustand des Polytraumatisierten) bestimmt. Nur Basisfrakturen, die eine akute intrakranielle Raumforderung zur Folge haben, und offene Basisfrakturen müssen *akut* versorgt werden. Alle anderen Operationen bei Schädelbasisfrakturen sollten nach der akuten Hirnödemphase *mit aufgeschobener Dringlichkeit* durchgeführt werden – im Regelfall zwischen dem 3. und 6. posttraumatischen Tag. Über eine Antibiotikaprotektion sind die Meinungen geteilt.
Die Therapie der Wahl zur **Versorgung der Karotis-Sinus-cavernosus-Fistel** stellt heute das interventionsneuroradiologische Verfahren mit intravasalem Fistelverschluss dar. Ein direktes operatives Angehen mit definitivem Karotisverschluss wird nur noch in außergewöhnlichen Fällen ausgeführt.

Spätkomplikationen: Übersehene und postoperativ persistierende Liquorfisteln stellen ein hohes Infektionsrisiko für den Betroffenen dar und können noch nach Monaten zu Meningitis und Hirnabszess führen. Diese Komplikationen sind auch heute noch mit erheblicher Morbidität und Mortalität belastet.

Ekkehart Vitzthum

19.1 Anatomie, Physiologie und Pathophysiologie der Schilddrüse

Die Kenntnis der Anatomie der Schilddrüse sowie ihrer Nachbarschaftsbeziehungen zu Gefäßen, Nerven und den Epithelkörperchen (s. S. 432 f) ist Grundvoraussetzung für ein komplikationsarmes Operieren. Rationale Therapieentscheidungen setzen ein prinzipielles Verständnis der (Patho-)Physiologie der Hormonbildung und -ausschüttung sowie der Einbindung der Schilddrüse in die entsprechenden endokrinen Regelkreise voraus.

Anatomie und Topographie

Topographie: Die Schilddrüse (Synonym: Glandula thyreoidea) liegt, bedeckt von der geraden Halsmuskulatur, unterhalb des Schildknorpels vor und beidseits neben der Trachea. Sie besteht aus den beiden Seitenlappen, die in Höhe des 2. und 3. Trachealknorpels durch den Isthmus miteinander verbunden sind und die Hauptmasse des Parenchyms ausmachen (👁 **19.1a,b**). Die normale Größe der Schilddrüse beträgt insgesamt 18–25 ml. Dies kann sonographisch ermittelt werden.
Die paarig angelegte **arterielle Gefäßversorgung** erfolgt zum einen über die aus der A. carotis externa entspringende und zum oberen Pol des jeweiligen Lappens ziehende *A. thyreoidea superior*, zum anderen über die aus dem Truncus thyreocervicalis stammende und sich noch außerhalb der latero-dorsalen Schilddrüsenkapsel verzweigende *A. thyreoidea inferior*.
In enger Nachbarschaft zur hinteren Kapsel liegen die den Kehlkopf versorgenden **Vagusäste**: der *N. laryngeus superior* zieht dorsal die oberen Polgefäße begleitend zum Kehlkopf, und in der tracheo-ösophagealen Rinne verläuft von kaudal kommend der *N. laryngeus recurrens*, welcher auf Höhe des Übergangs vom mittleren zum kranialen Lappendrittel in den Kehlkopf einstrahlt.
Der dorsalen Schilddrüsenkapsel liegen beidseits je zwei **Nebenschilddrüsen** (Synonyme: Epithelkörperchen (EK), Glandula parathyreoidea) in enger topographischer Beziehung zum N. recurrens und den Ästen der A. thyreoidea inferior an. Die beiden oberen EK liegen kranial und dorsal der Kreuzung von N. recurrens und A. thyreoidea inf., die beiden unteren EK kaudal und ventral derselben.

! Aufgrund ihrer anatomischen Nähe zur hinteren Schilddrüsenkapsel sind die Epithelkörperchen und der N. laryngeus recurrens bei operativen Eingriffen an der Schilddrüse besonders gefährdet.

Histologie: Die Thyreozyten sind zu kolloidhaltigen Follikeln angeordnet. Im Bindegewebe zwischen den Follikeln befinden sich gruppiert die durch ihre Calcitonin-Produktion für die Calcium-Homöostase bedeutsamen C-Zellen (zugehörig zum APUD-System).

Physiologie

Da die Schilddrüsenhormone eine zentrale Rolle in der Regulation der Stoffwechselvorgänge spielen, muss eine bedarfsgerechte Bereitstellung jederzeit gesichert sein. Ist dies der Fall, spricht man von einer euthyreoten Stoffwechsellage (Euthyreose). Ein Überangebot geht mit den Symptomen einer Hyperthyreose, ein Mangel mit denen einer Hypothyreose einher (s. S. 426).

Iodstoffwechsel, Hormonsynthese und -inkretion

Von elementarer Bedeutung für die adäquate Produktion von Schilddrüsenhormonen sind die ausreichende Iodaufnahme mit der Nahrung sowie die ungestörte Verarbeitung des Iodids in den Thyreozyten.
Die Speicherung der Syntheseprodukte Thyroxin (T_4) und Triiodthyronin (T_3) erfolgt an Thyreoglobulin gebunden im intrafollikulären Kolloid.
Zur bedarfsgesteuerten Abgabe von freiem T_3 und T_4 in das Blut resorbieren die Thyreozyten Kolloid, spalten die Hormone vom Thyreoglobulin ab und sezernieren sie ins Plasma. Dort wird der überwiegende Teil sofort an Plasmaproteine gebunden.

Regelkreise

Die Steuerung des Schilddrüsenhormonbedarfs in der Peripherie unterliegt einem doppelten Regelkreis, in welchen als weitere endokrine Zentren der Hypothalamus und die Hypophyse eingebunden sind (👁 **19.2**). Regelgröße ist der periphere Hormonspiegel. Bei Absinken der Konzentration an stoffwechselaktivem Hormon unter den Normwert wird im Hypothalamus Thyreotropin Releasing Hormon (TRH) ausgeschüttet, welches seinerseits im Hypophysenvorderlappen die Freisetzung von thyreoidstimulierendem Hormon (TSH) bewirkt. Dieses stimuliert nach Bindung an die TSH-Rezeptoren der Thyreozyten die Abgabe von T_3 und T_4 in das Blut sowie deren Synthese. Steigt die Konzentration der Schilddrüsenhormone über einen Grenzwert, so wird die Produktion von TRH und konsekutiv TSH gehemmt (negatives Feedback).

Pathophysiologie

Iodmangelstruma

Ist die Iodversorgung in der Nahrung oder die Iodidverwertung durch die Schilddrüse gestört, löst der Schilddrüsenhormonmangel in der Peripherie über die steuernden Regelkreise eine vermehrte TSH-Ausschüttung aus (s. 👁 **19.2**). Der erhöhte TSH-Spiegel führt u.a. zu einem vermehrten Schilddrüsenwachstum.

Eine zunächst homogene Schilddrüsenparenchymvermehrung (*Struma diffusa*) geht nach (jahre)langem Bestehen infolge regressiver Veränderungen (Zystenbildungen, Fibrosierungen, Verkalkungen usw.) in eine Knotenstruma (Synonym: *Struma nodosa*) über. Riesige „Kröpfe" sind heute eine Seltenheit geworden.

Schilddrüsenautonomie

Eine thyreoidale Autonomie liegt dann vor, wenn sich die gesamte Schilddrüse bzw. ein umschriebenes Areal derselben (unifokal, multifokal, disseminiert) der Steuerung durch die übergeordneten Zentren entzieht.

Abhängig vom Ausmaß der Hormonproduktion im autonomen Gewebe können die gesunden Schilddrüsenzellen die Situation durch Drosselung der eigenen Syntheseleistung kompensieren, sodass u.U. eine euthyreote Stoffwechsellage aufrechterhalten werden kann (**T** **19.3**, S. 426).

👁 19.1 Anatomie der Schilddrüse

a Gefäßversorgung und Rekurrensverlauf

b Querschnitt durch die Schilddrüsenregion

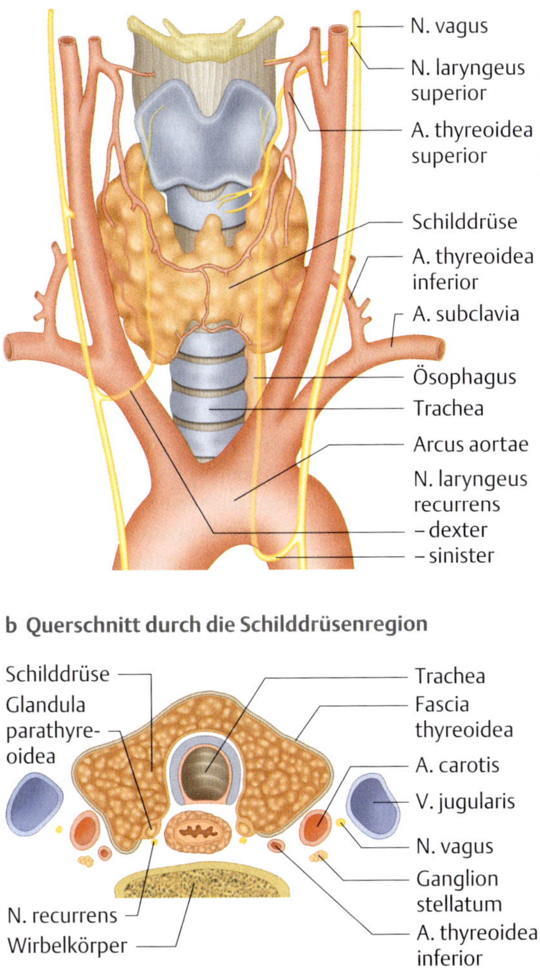

a Die A. thyreoidea superior entspringt beidseits aus der A. carotis externa und zieht zum oberen Schilddrüsenpol, die A. thyreoidea inferior entstammt dem Truncus thyreocervicalis. Der N. laryngeus recurrens versorgt alle Kehlkopfmuskeln (außer M. cricothyreoideus).
b Der Querschnitt durch den Hals in Höhe der Schilddrüse verdeutlicht nochmals die anatomische Nähe der Schilddrüse zu N. laryngeus recurrens, A. thyreoidea inf. und Nebenschilddrüse.

👁 19.2 Steuerung der Schilddrüsenfunktion

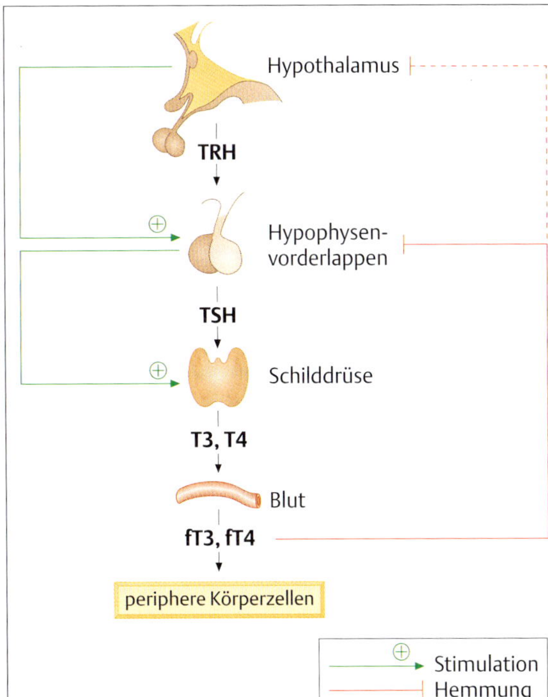

Die bedarfsgerechte Versorgung der peripheren Körperzellen mit Schilddrüsenhormon (T_3, T_4) wird durch mehrere Regelkreise abgestimmt: Die übergeordneten Zentren Hypothalamus und Hypophyse stimulieren über TRH und TSH die Schilddrüse, während die Syntheseprodukte der Schilddrüse über ein negatives Feedback die Produktion von TRH und TSH hemmen.

19.2 Diagnostik bei Schilddrüsenerkrankungen

Nicht nur aus Gründen abgestufter Invasivität für den Patienten, sondern auch aus ökonomischen Gründen ist ein zielgerichteter und abgestufter Einsatz der diagnostischen Möglichkeiten erforderlich. Neben der Erfassung von Störungen der Hormonproduktion steht die Eingrenzung potenziell maligner Befunde im Vordergrund.

Klinische Untersuchung

Zur Palpation der Schilddrüse steht der Untersucher hinter dem Patienten. Mit den Fingern beider Hände werden Größe, Konsistenz und Homogenität der Drüse palpiert. Lässt man den Patienten schlucken, steigt die Schilddrüse zusammen mit dem Kehlkopf hoch („Schluckverschieblichkeit").
Ist die Schilddrüse vergrößert, spricht man von einer Struma. Die Einteilung der Strumagröße in drei Grade erfolgt klinisch unter Berücksichtigung der funktionellen Auswirkungen (**T 19.1**).

T 19.1 Klinische Einteilung der Strumagröße (WHO 1974)

Grad	*Merkmal*
I	Schilddrüse deutlich tastbar vergrößert bzw. Nachweis von Einzelknoten in sonst unveränderter Drüse
II	Struma bei normaler Kopfhaltung sichtbar, Palpation nicht erforderlich
III	sehr große Struma bzw. mediastinale Ausdehnung oder Lage bzw. mechanische Auswirkungen (Trachea, Ösophagus)

Labordiagnostik

In-vitro-Funktionsparameter

TSH: Der basale TSH-Wert ist zu Screeningzwecken ausreichend, da der hypothalamisch-hypophysäre Regelkreis (s. **19.2**, S. 423) meist intakt ist. Bei einem normalen TSH-Wert liegt definitiv eine euthyreote Stoffwechsellage vor.
TRH-Test: die Stimulierbarkeit der TSH-Ausschüttung kann durch Applikation von TRH (z. B. als Nasenspray) getestet werden. Insbesondere subklinische Hyper- oder Hypothyreosen (TSH erhöht/erniedrigt, T3, T4 normal) können damit erkannt werden.
fT3, fT4: die freien, nicht plasmaeiweißgebundenen Fraktionen von T3 und T4 geben Auskunft über die Versorgung der Peripherie mit Schilddrüsenhormon.
Erhöhtes Thyreoglobulin im Serum hat keine differenzialdiagnostische Bedeutung in der Abgrenzung benigne Struma zu Malignom.

Autoantikörper

Bei den Immunthyreopathien (s. S. 428) können folgende Arten schilddrüsenspezifischer Antikörper nachgewiesen werden:
anti-TG: Thyreoglobulin-Antikörper (= TAK),
anti-TPO: Antikörper gegen Schilddrüsenperoxidase (alte Bezeichnung: mikrosomale Antikörper = MAK),
TRAK: TSH-Rezeptor-Antikörper (pathognomonisch für Morbus Basedow, auch als TSH-RAK bezeichnet).

Tumormarker

Thyreoglobulin sinkt nach totaler Thyreoidektomie unter die Nachweisgrenze, und jeder Wiederanstieg ist verdächtig auf ein Rezidiv. Thyreoglobulin ist somit in der Nachsorge differenzierter Schilddrüsenkarzinome ein idealer Tumormarker.
Analog hierzu wird **Calcitonin** nach Thyreoidektomie bei einem C-Zell-Karzinom als Verlaufsparameter eingesetzt.

Bildgebende Diagnostik

Sonographie

Die grundlegenden Prinzipien sind auf S. 146 ff beschrieben. Die sehr gute optische Auflösung ermöglicht im Gegensatz zu Palpation und Szintigraphie die Darstellung bis 2mm großer Befunde.

Ein sonographisch solitärer Knoten hat ein größeres Malignitätsrisiko als ein Befund, bei dem weitere evtl. auch regressiv veränderte Herde nachweisbar sind.

19.3 Schilddrüsen-Ultraschall

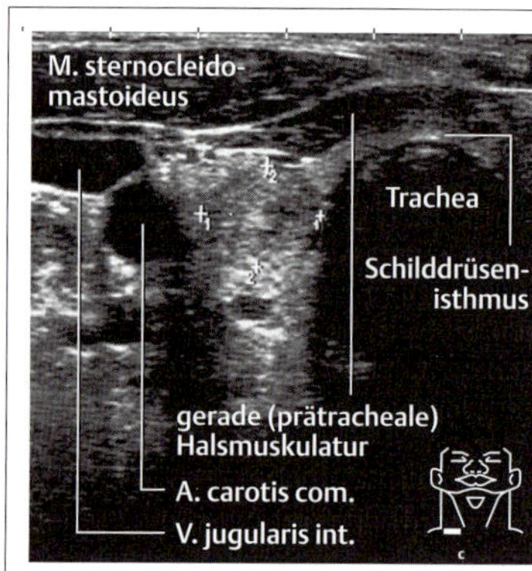

Die Ultraschall-Untersuchung der Schilddrüse zeigt einen echoarmen Knoten im rechten Lappen (begrenzt durch die vier Kreuze). Der Ultraschallkopf ist horizontal am rechten kaudalen Hals aufgesetzt (s. kleine Skizze).

Die Echogenität des Schilddrüsenparenchyms erlaubt Rückschlüsse auf die Art der pathologischen Veränderung (👁 **19.3**):
Echoreiche Knoten entsprechen Adenomen oder regressiven Veränderungen,
echofreie Knoten entsprechen Zysten,
echoarme Bereiche können sowohl regressiv veränderten Adenomen als auch Entzündungen („Tigerfellmuster") entsprechen; im typischen Fall sind jedoch auch Malignome echoarm. Findet sich eine Mischung von echodifferenten Bereichen, Zysten (echofrei) und/oder Verkalkungen (Schallschatten!), so liegt eine regressive Veränderung nahe.

Szintigraphie

Die nuklearmedizinische Darstellung der Schilddrüse spiegelt die anatomische Verteilung der Schilddrüsenfunktion wider (s. auch SE 4.6, S. 84 f). Umschriebene minderspeichernde Areale werden als „kalte Knoten", vermehrt speichernde als „warme Knoten" (wenn das Restparenchym noch speichert) bzw. als „heiße Knoten" (wenn das Restparenchym nichts mehr speichert) bezeichnet (👁 **19.4**). Während sich hinter warmen und heißen Knoten fokale Autonomien verbergen, kommen für kalte Knoten folgende Differenzialdiagnosen in Betracht:

- funktionsgeminderte mikrofollikuläre Adenome,
- degenerative Veränderungen: Fibrosen, Verkalkungen, Zysten und Blutungen
- Entzündungen,
- Malignome: 3 % aller kalten Knoten sind das szintigraphische Korrelat eines Malignoms. Handelt es sich um einen solitären kalten Knoten, erhöht sich das Risiko auf 15 %.

👁 19.4 Schilddrüsenszintigramm

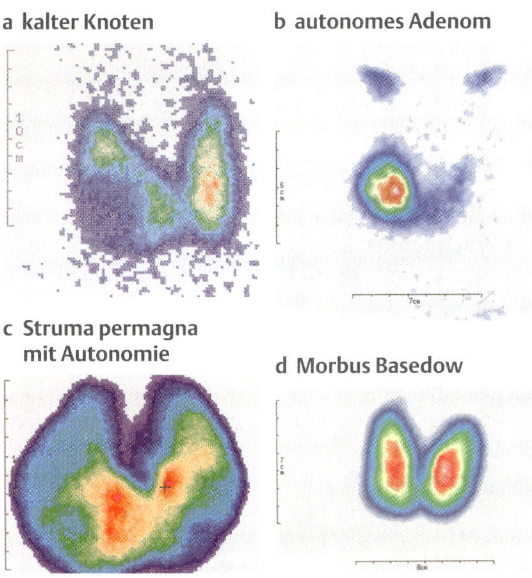

Die farbliche Darstellung der Technetium-Speicherung (= Uptake) geht regenbogenförmig von rot (zu starke, pathologische Speicherung) über gelb, grün, hellblau, dunkelblau bis grau (keine Speicherung).
a Kalter Knoten im rechten kaudalen Schilddrüsenlappen, ansonsten normale Größe und normale Speicherung der restlichen Schilddrüse: ein Karzinom ist nicht auszuschließen.
b Autonomes Adenom im rechten Schilddrüsenlappen, das restliche Schilddrüsengewebe ist supprimiert (keine Speicherung).
c Struma permagna mit kühlem/kalten Knoten im rechten Lappen und autonomen Bereichen (im Isthmus noch ausgeprägter als im linken Lappen): gerade im Isthmus dürfte es nicht zu einer roten (= sehr starken) Speicherung kommen.
d Typischer Basedow-Befund: zentral heiße Bezirke, die regenbogenförmig zur Seite hin an Aktivität abnehmen (bei normaler Schilddrüsengröße).

Röntgen

Um bei einer Struma mit Verdacht auf eine Trachealeinengung mögliche Intubationsprobleme abschätzen zu können, empfehlen sich präoperative Röntgenaufnahmen der Halsweichteile in zwei Ebenen (👁 **19.6**, S. 427).

Feinnadelpunktionszytologie (FNP)

Indikation: jeder solitäre Herdbefund, insbesondere szintigraphisch kalte und sonographisch echoarme Knoten, sofern nicht ohnehin operiert wird.

> **19.1 Durchführung der Feinnadelpunktion**
>
> Der zu punktierende Knoten wird mit zwei Fingern der linken Hand fixiert oder sonographisch dargestellt, während das Zellmaterial durch eine 12g-Kanüle angesaugt wird. Das Punktionsmaterial wird sofort auf einem Objektträger ausgestrichen und getrocknet.

Klassifikation: s. **T 19.2**.

! Ein papilläres Karzinom ist bei Nachweis papillärer Formationen in der FNP gesichert, während der Nachweis einer follikulären Proliferation nicht die Unterscheidung zwischen einem hochdifferenzierten follikulären Karzinom und einem Adenom zulässt (s. S. 430).

T 19.2 Feinnadelpunktionszytologische Befunde von Schilddrüsenknoten

Befund	*Merkmale*
positiv	papilläre Formationen (pathognomonisch für ein papilläres Karzinom) hochgradige Kernpolymorphie ! Cave: Zustand nach thyreostatischer Therapie
verdächtig	hohe Zellzahl, follikuläre Anordnung (follikuläre Proliferation/Neoplasie)
negativ	mäßige Anzahl isomorpher Thyreozyten
unzureichendes Material	zu geringe Zellzahl ! Cave: zystische oder faserreiche Tumoren

19.3 Benigne Erkrankungen der Schilddrüse

Die häufigsten gutartigen Schilddrüsenerkrankungen sind Autoimmunthyreopathien und – in Iodmangelgebieten, wie z. B. den küstenferneren Teilen Deutschlands – die endemische Struma. Letztere hat in Süddeutschland eine Prävalenz von 20 %. Die Erkrankungen gehen nicht einheitlich mit einer Unter- oder Überfunktion der Schilddrüse einher. Die klinische Einteilung der Strumagröße ist in T 19.1, S. 424 beschrieben.

Hyper- und Hypothyreose

Hyper- und Hypothyreose sind keine Erkrankungen per se, sondern nur die Symptomatik, die aus einem zu hohen (Hyperthyreose) oder zu geringen (Hypothyreose) Schilddrüsenhormonangebot in der Körperperipherie resultiert. Dieser nicht bedarfsgerechten Hormonproduktion können die unterschiedlichsten Erkrankungen zugrunde liegen (s. u.). Die wichtigsten Symptome sind in **T 19.3** aufgeführt.

Insbesondere bei Kindern und älteren Menschen ist eine Schilddrüsenfehlfunktion häufig oligo- oder asymptomatisch.

T 19.3 Symptome der Hyper- und Hypothyreose

Hyperthyreose	*Hypothyreose*
Wärmeintoleranz, erhöhte Schweißneigung, Schweißausbrüche	Frieren
tachykarde Herzrhythmusstörungen, Vorhofflimmern	Perikarderguss, Myxödem
Durchfall	Obstipation
Haarausfall	dünne struppige Haare
leichte Erregbarkeit, Unruhe, Schlaflosigkeit, psychotische Störungen	Apathie, Parästhesien, zerebellare Ataxie, verlangsamte Sehnenreflexe, Müdigkeit, Verlangsamung, depressive Verstimmung
Osteopenie	

Iodmangelstruma

Synonym: endemische Struma, Kropf
Die Pathophysiologie wird auf S. 423 besprochen.

Symptomatik: Eine klinisch manifeste Hypothyreose tritt in der Regel nicht auf. Lediglich Kälteintoleranz und leichtere Ermüdbarkeit werden beobachtet.

19.5 Struma

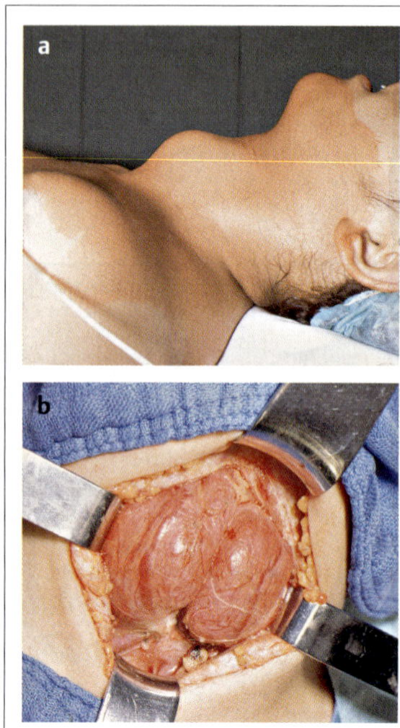

a Der Patient mit der großen, sich vorwölbenden Struma liegt auf dem OP-Tisch. **b** Nach Kocher-Kragenschnitt, querer Durchtrennung des Platysmas und medianer Trennung der geraden Halsmuskulatur (durch Roux-Haken zur Seite gehalten) sind die Schilddrüsenlappen freigelegt. Isthmus und untere Pole sind gut zu sehen, die oberen Pole noch nicht entwickelt.

Eine sehr große Struma (**19.5**) kann zu mechanischen Problemen führen: bei einer asymmetrischen Schilddrüsenvergrößerung kommt es häufig zu einer bogigen Verdrängung der Trachea (**19.6**). Eine beidseitige Struma mit kräftigem Isthmus und ausgeprägter Dorsalausdehnung der Seitenlappen („Ringstruma") kann durch die Trachealeinengung eine **Belastungsdyspnoe**, bei starker Ausprägung auch einen **inspiratorischen Stridor** hervorrufen.
Schluckstörungen durch mechanische Behinderung des Hypopharynx und/oder des zervikalen Ösophagus werden heutzutage bei benignen Strumen nur noch sehr selten beobachtet. Eine **obere Einflussstauung** durch eine (benigne) Struma permagna stellt mittlerweile eine absolute Rarität dar.

Therapie: Bei einer Struma **ohne regressiv-knotige** Veränderungen kann in der Regel durch Supprimierung der TSH-Sekretion mittels L-Thyroxin und/oder Iodid eine deutliche Volumenreduktion erzielt werden.
Hat bereits ein **regressiv-knotiger Umbau** stattgefunden, kann medikamentös lediglich das weitere Strumawachstum verhindert werden. Eine wesentliche Verkleinerung der Schilddrüse ist dann nur noch durch eine Resektion möglich.
Eine klare **Indikation zur Schilddrüsenresektion** ist die mechanische Beeinträchtigung der umgebenden Halsweichteile. Ziel des Eingriffs ist die Dekompression der betroffenen Nachbarorgane. Angestrebt wird eine funktionsorientierte Resektion, bei der lediglich das regressiv

19.6 Verlagerung der Trachea durch Strumen

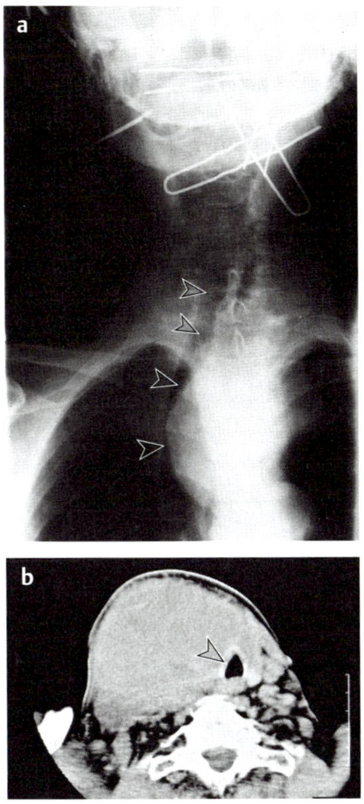

a Die Nativ-Röntgenaufnahme der Halsweichteile (p. a.) zeigt die linksseitige, retrosternal „eintauchende“ Struma, die die nach rechts (bogig) verlagerte Trachea (Pfeile) um 70 % einengt.
b CT einer riesigen, v. a. rechtsseitigen (benignen) Struma. Die Trachea (Pfeil) ist nach links verschoben.

veränderte, knotige Gewebe entfernt wird. Bei der Struma multinodosa bleiben oft nur noch sehr kleine Reste normalen Parenchyms zurück.

Rezidivprophylaxe: Postoperativ sollte ein TSH-Wert im unteren Normbereich durch die Gabe von Iodid und L-Thyroxin (bei sehr kleinen Schilddrüsenresten nur L-Thyroxin) angestrebt werden.

Schilddrüsenautonomie

Eine thyreoidale Autonomie liegt dann vor, wenn sich die gesamte Schilddrüse bzw. ein umschriebenes Areal derselben der Steuerung durch die übergeordneten Zentren entzieht.

Abhängig vom Ausmaß der Hormonproduktion im autonomen Gewebe können die gesunden Schilddrüsenzellen die Situation durch Drosselung der eigenen Syntheseleistung kompensieren, sodass u. U. eine euthyreote Stoffwechsellage erreicht werden kann (**T 19.4**).
Je nachdem, wie die autonomen Zellen in der Schilddrüse verteilt sind, unterscheidet man
monofokale Autonomie (Synonym: autonomes Adenom): die Zellen sind in einem solitären Knoten angeordnet,
multifokale Autonomie: es existieren mehrere umschriebene autonome Gewebsareale,
disseminierte Autonomie: die autonomen Zellnester sind nicht gruppiert angeordnet, sondern mikronodulär über die gesamte Drüse verteilt.

Therapie:
Unifokale Autonomie: Beim klassischen solitären autonomen Adenom stellt die Radioiodtherapie (s. SE 4.6, S. 84 f) für jede Altersgruppe die Therapie der Wahl dar. Entscheidet sich der Patient nach entsprechender Aufklärung trotzdem für ein operatives Vorgehen, ist die reine Enukleation des Adenoms obsolet, da sie eine doppelt so hohe Rezidivquote aufweist wie die Radioiodtherapie. Nur durch Resektion des Knotens mit einem Saum gesunden Schilddrüsenparenchyms lassen sich gleich gute Ergebnisse erzielen wie mit der Radioiodtherapie (Rezidivquote ca. 5 %).
Multifokale Autonomie: Im Gegensatz zum solitären autonomen Adenom ist bei der autonomen Knotenstruma die Resektion des gesamten knotig veränderten Gewebes die Therapie der Wahl. Die Radioiodtherpie ist aus chirurgischer Sicht problematisch, da die multiplen Knoten nach erfolgreicher nuklearmedizinischer Therapie in minderspeichernde Bezirke übergehen und damit die Überwachung im Hinblick auf die Entwicklung eines Malignoms erschwert und unzuverlässig wird.
Disseminierte Autonomie: Wie bei allen Autonomien besteht die klare Indikation zu einer ablativen Therapie, wobei bei fehlenden Knotenbildungen Radioiodtherapie und chirurgische Therapie konkurrieren. Im Falle einer operativen Therapie muss zur Minimierung des Rezidivrisikos die sehr großzügige „subtotale“ Resektion („near total resection“, < 4 ml Restvolumen) durchgeführt werden.

T 19.4 Schweregrade der thyreoidalen Autonomie

Schweregrad	*Pathomechanismus*	*periphere Stoffwechsellage*
kompensierte Autonomie	Hormonproduktion in nicht autonomem Parenchym erhalten	euthyreot
dekompensierte Autonomie	Hormonproduktion nur noch in autonomen Arealen; normales Parenchym inaktiv (supprimiert); Hormongesamtausschüttung noch normal	euthyreot
dekompensierte Autonomie mit Hyperthyreose	zu hohe Hormoninkretion in die Peripherie allein durch die autonomen Parenchymanteile	hyperthyreot

Abweichend von diesem Schema kommen insbesondere bei älteren Patienten mit multifokalen Autonomien auch kompensierte Autonomien mit peripherer Hyperthyreose vor.

Immunthyreopathien und andere Thyreoditiden

Morbus Basedow

Beim Morbus Basedow sind Antikörper gegen den TSH-Rezeptor (TRAK) pathognomonisch. Meist handelt es sich um stimulierende Antikörper, sodass die Erkrankung auch Immunhyperthyreose genannt wird. Ein charakteristisches, aber nicht bei allen Basedow-Patienten vorhandenes Begleitsymptom ist die **endokrine Orbitopathie**, welche durch ein Anschwellen des retroorbitalen Bindegewebes zum Exophthalmus mit mittelfristiger Gefährdung der Sehkraft (bei nicht mehr vollständigem Lidschluss) führen kann.
Die Immunhyperthyreose hat (im Gegensatz zur Autonomie) eine gewisse spontane Rückbildungstendenz, sodass nach einer 12- bis 18-monatigen medikamentösen thyreostatischen Therapie (evtl. in Kombination mit Schilddrüsenhormonen) nur bei ca. der Hälfte der Patienten eine definitive ablative Therapie – operativ oder durch Radioiod – erforderlich ist. Die chirurgische Therapie ist indiziert bei Rezidiv der Hyperthyreose trotz thyreostatischer Langzeittherapie, bei ausgeprägter Struma (> 50 ml) und bei Struma nodosa. Die Operation bietet den Vorteil des raschen Wirkungseintritts im Hinblick auf das Erreichen der Euthyreose. Bei adäquat durchgeführter radikaler Operation im Sinne der Near total Resection liegt die Rezidivrate unter 2 % und damit deutlich niedriger als bei der Radioiodtherapie.
Die Therapie des M. Basedow (Thyreostatika, Radioiod, Operation) hat in aller Regel keinen Einfluss auf die endokrine Orbitopathie. Diese muss nach Ausschöpfen der konservativen Therapie (Cortison, Retrobulbärbestrahlung) mittels augenärztlicher Operationen angegangen werden.

Hashimoto-Thyreoiditis

Synonym: Struma lymphomatosa
Diese Form der Immunthyreopathie ist gekennzeichnet durch eine dichte lymphozytäre Infiltration des Schilddrüsenparenchyms, Autoantikörper gegen Thyreoglobulin (anti-TG), Follikelepithelien und Schilddrüsenperoxidase (anti-TPO).
Nach einer fakultativen passageren Frühphase mit latent hyperthyreoter Stoffwechsellage kommt es schließlich zur progredienten Zerstörung der Follikel mit konsekutivem fibrosierendem Umbau und zur anhaltenden Hypothyreose.
Therapie: Bei Hypothyreose konservativ mit L-Thyroxin. Nur bei sehr großen Strumen (selten bei Hashimoto) kann einmal die operative Verkleinerung indiziert sein.

Weitere Thyreoiditiden

Es gibt eine Menge weiterer Thyreoiditiden, wie z. B. strahleninduziert, de Quervain, Riedel. In aller Regel haben sie keine chirurgische Relevanz.

Chirurgisch relevante Aspekte zur Hyperthyreose

Iodinduzierte Hyperthyreose

Insbesondere bei alten Menschen besteht öfters eine unerkannte latente Hyperthyreose bei funktioneller Autonomie. Im Rahmen ausgedehnter diagnostischer Maßnahmen wegen ganz anderer Erkrankungen muss häufig iodiertes Kontrastmittel intravenös appliziert werden. Es besteht dann die Gefahr der schweren Hyperthyreose bis hin zur thyreotoxischen Krise. Diese *iodinduzierte Schilddrüsenüberfunktion* ist therapeutisch schwer zugänglich. In Zweifelsfällen sollte deshalb häufiger – vor der Iodexposition! – die Schilddrüsenstoffwechsellage kontrolliert werden.
Eine **thyreotoxische Krise** wird in aller Regel konservativ-intensivmedizinisch behandelt. Bei iodinduzierter Ätiologie muss allerdings öfters als ultima ratio eine *operative Ablation* durchgeführt werden.

Operationsvorbereitung bei Hyperthyreose

Muss eine hyperthyreote Schilddrüse operiert werden, sollte in jedem Fall präoperativ mittels **Thyreostatika** eine periphere Euthyreose erreicht worden sein.
Ist dies einmal nicht möglich, dann kann die Schilddrüse **„geplummert"** werden: 5–7 Tage lang Applikation von Kalium iodatum (Lugol-Lösung): Hierdurch wird die Schilddrüse blockiert, darüber hinaus wird die Vaskularisation gedrosselt (Abnahme des Schwirrens über einer hyperthyreoten Schilddrüse).

Nach Ablauf dieser Tage **muss** operiert werden, sonst besteht die hochgradige Gefahr einer thyreotoxischen Krise.

Schilddrüsenoperation

Operationstechnik und mögliche Komplikationen sind in **19.2** dargestellt.

Vor und direkt nach jeder Schilddrüsenoperation ist die Funktion des N. recurrens durch einen HNO-Arzt zu überprüfen.

19.2 Operationstechnik und mögliche Komplikationen bei der Schilddrüsenresektion

Operationstechnik

Der **Zugang** erfolgt über einen *Kocher-Kragenschnitt* (👁). Die vordere Halsfaszie wird in der Medianlinie längs gespalten und die geraden Halsmuskeln nach lateral verzogen. Bei sehr großen Strumen können diese auch durchtrennt und ohne postoperative kosmetische Beeinträchtigung wieder adaptiert werden (👁 **19.5**). Nach Ligatur und Durchtrennung der nach lateral drainierenden Venen kann die seitliche Schilddrüsenkapsel durch Abschieben des lockeren Bindegewebes freipräpariert werden. Bei einer ausgedehnten Resektion müssen die oberen Polgefäße zur **Schonung des N. laryngeus superior** (s. S. 422 f) kapselnah in mehreren kleineren Portionen durchtrennt werden. Nach Durchtrennung der kaudalen Venen sowie des Isthmus kann die Resektion des entsprechenden Seitenlappens vorgenommen werden.

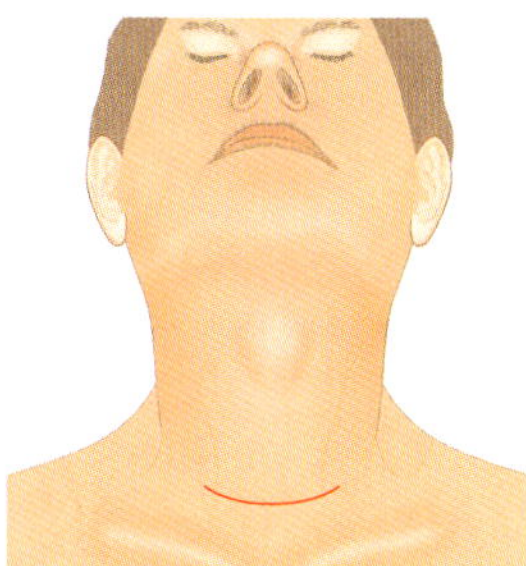

Zur **Schonung von N. laryngeus inferior (Rekurrens) und Nebenschilddrüsen** wird die laterodorsale Schilddrüsenkapsel bei der Resektion benignen Schilddrüsengewebes großzügig belassen und pathologisch verändertes Gewebe intrakapsulär reseziert. Dennoch sollte regelhaft der Rekurrens zuvor dargestellt (nicht unbedingt angeschlungen) sein, insbesondere wenn die A. thyreoidea inferior bzw. ihre Äste kapselnah durchtrennt werden müssen. Manche Operateure verwenden intraoperativ einen Neurostimulator, welcher die Funktion des N. recurrens fortlaufend überprüft.Abschließend wird das verbliebene Parenchym mit einer fortlaufenden **Kapselnaht** adaptiert, Die Größe des Schilddrüsenrestes sollte als Ausgangsbefund für sonographische Kontrolluntersuchungen im OP-Bericht dokumentiert werden.

Komplikationsmöglichkeiten

Die *Rekurrensparese* ist mit 3–4 % unmittelbar postoperativ die häufigste Komplikationsmöglichkeit. Allerdings bildet sich der größere Teil der Paresen innerhalb von 4–12 Wochen zurück. Bei 1 % aller Operationen bleibt sie dauerhaft bestehen. Etwas seltener ist der permanente *Hypoparathyreoidismus* durch Schädigung oder akzidentielle Entfernung aller vier Epithelkörperchen. Die Häufigkeit liegt bei ausgedehnter beidseitiger Resektion unter 1 %.

Beim Wiederholungseingriff, insbesondere in den ersten 1–6 Wochen, sind beide Risiken signifikant erhöht und verwirklichen sich in 10 % und mehr aller Fälle. Dies ist der Grund dafür, dass heute bei onkologisch verdächtigem Gewebe (z. B. bei Feinnadelzytologie mit follikulärer Proliferation) schon beim Ersteingriff auf der entsprechenden Seite eine komplette Lobektomie durchgeführt wird.

19.4 Maligne Erkrankungen der Schilddrüse

Schilddrüsenmalignome stellen weder in pathoanatomischer Hinsicht noch im Hinblick auf Krankheitsverlauf und Prognose eine einheitliche Entität dar. In Strumaendemiegebieten haben sie trotz geringer Häufigkeit große Bedeutung, da sie differenzialdiagnostisch bei einem sehr großen Patientenkollektiv in Erwägung gezogen werden müssen. Der Ausschluss eines malignen Befundes stellt häufig die Indikation für einen operativen Eingriff an der Schilddrüse dar.

Epidemiologie: Bei einer Gesamtinzidenz von 3/100 000 und einer Mortalität von 1,4/100 000 machen Schilddrüsenmalignome in Deutschland lediglich 0,5 % aller bösartigen soliden Tumoren aus.

Einteilung: Neben malignen Lymphomen, intrathyreoidalen Metastasen anderer solider Tumoren und den sehr seltenen Schilddrüsenmalignomen mesenchymaler Herkunft kommen vier verschiedene Typen von Schilddrüsenkarzinomen vor:

- papilläres Karzinom (40–60 %; **19.7a**),
- follikuläres Karzinom (30–40 %; **19.7b**),
- medulläres Karzinom (5–7 %),
- anaplastisches Karzinom (5–15 %).

19.7 Histologie der häufigsten Schilddrüsenkarzinome

a papilläres Karzinom

b follikuläres Karzinom

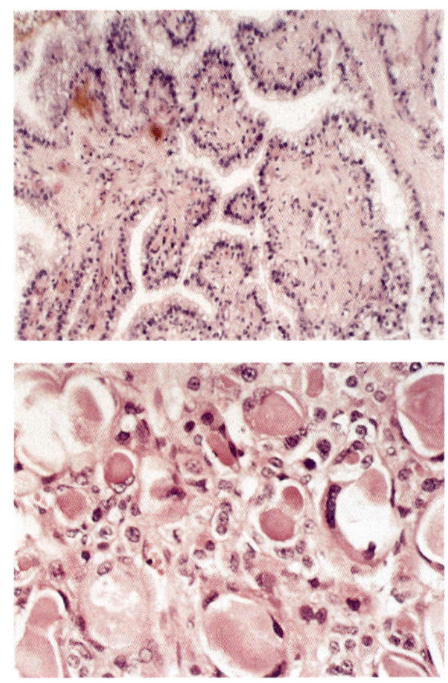

Differenzierte Thyreozytenkarzinome

Papilläres Karzinom

Das papilläre Karzinom weist sowohl gegenüber den anderen Schilddrüsenkarzinomen als auch gegenüber den meisten anderen soliden Karzinomen einige Besonderheiten auf:

- Es gibt einen deutlichen Altersgipfel im zweiten und dritten Lebensjahrzehnt.
- Die Metastasierung ist lange Zeit auf die zervikalen und mediastinalen Lymphknoten begrenzt.

Eine wesentliche Verschlechterung der günstigen Prognose tritt bei jüngeren Patienten erst dann ein, wenn der Tumor Fernmetastasen setzt. Das Vorhandensein von Lymphknotenmetastasen sowie die Ausdehnung des Primärtumors beeinflussen die Heilungsaussichten nicht signifikant, solange die Schilddrüsenkapsel nicht überschritten wird. Insgesamt beträgt die 5-Jahres-Überlebensrate ca. 90 %.

19.3 Lindsay-Tumor

Die Klassifikation eines Schilddrüsenkarzinoms als papilläres Karzinom erfolgt immer anhand des Nachweises papillärer Strukturen. Der überwiegend follikulär differenzierte Lindsay-Tumor mit papillären Elementen stellt dementsprechend die **follikuläre Variante des papillären Karzinoms** dar. Dies ist vor allem von prognostischer Bedeutung.

Nicht selten wird der Tumor klinisch erstmals durch eine palpable oder sichtbare Halslymphknotenmetastase manifest, deren histologische Abklärung dann erst die spezifische Schilddrüsendiagnostik nach sich zieht.
Eine Variante ist der Lindsay-Tumor (**19.3**).

Follikuläres Karzinom

Das hochdifferenzierte follikuläre Karzinom ist histologisch sehr schwierig von einem atypischen Adenom abzugrenzen. Zytologische Parameter versagen, sodass den Kriterien „Tumorkapsel- (nicht Organkapsel-) Invasion" und „Blutgefäßeinbruch" entscheidende diagnostische Bedeutung zukommt. Das follikuläre Karzinom metastasiert vorzugsweise hämatogen (**19.8**).

pa-pil-lär metastasiert lym-pho-gen,
fol-li-ku-lär metastasiert hä-ma-to-gen

Die Prognose ist insgesamt deutlich schlechter als beim papillären Karzinom; die 5-Jahres-Überlebensrate beträgt in Abhängigkeit vom histologischen Differenzierungsgrad des Tumors 60–75 %.

19.8 Metastasierungswege

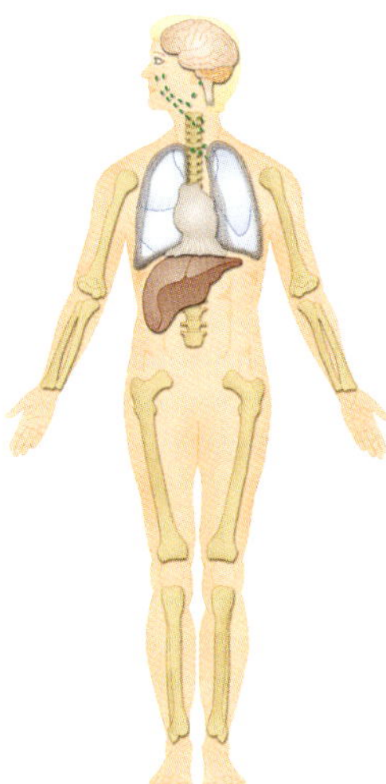

Das follikuläre Schilddrüsenkarzinom metastasiert bevorzugt auf hämatogenem Weg in die eingezeichneten Organe.

Therapie differenzierter Thyreozytenkarzinome

Bei differenzierten Schilddrüsenkarzinomen ist eine totale **beidseitige Thyreoidektomie** unter Schonung der obligat darzustellenden Nn. recurrentes und der Epithelkörperchen indiziert (**19.2**, S. 429). Da der Nachweis von Lymphknotenmetastasen nach heutigem Kenntnisstand keine prognostische Relevanz hinsichtlich der Überlebenszeit hat, ist bei diesen beiden Tumortypen eine systematische zervikale Lymphknotendissektion (engl.: neck dissection) nicht erforderlich, wohl aber die Exstirpation klinisch auffälliger Knoten.
Postoperativ ist bei iodspeicherndem Tumorgewebe die **Radioiodtherapie** (s. S. 84 f) indiziert. Dies ist bei fast allen follikulären Karzinomen und bei ca. 60 % der papillären Tumoren der Fall. Da bei diesen differenzierten Tumorformen die Radioiodspeicherung meist geringer ist als im gesunden Schilddrüsenparenchym, ist neben der potentiellen Multizentrizität des Tumors auch die Reduktion des gesunden Schilddrüsenparenchyms zur Optimierung der Speicherung und damit der Wirkung des Radiopharmakons in den Lymphknoten- und Fernmetastasen eine weitere Begründung für die vollständige Thyreoidektomie.

Medulläres Karzinom

Synonym: C-Zell-Karzinom
Das medulläre Karzinom gehört von der Systematik her nicht zu den Thyreozytenkarzinomen, sondern geht von den C-Zellen aus (Calcitonin als Tumormarker!) und gehört damit zu den APUD-Zell-Tumoren (s. S. 436 ff). Der Tumor kommt nicht nur sporadisch oder isoliert vor, sondern in bis zu 20 % aller Fälle familiär gehäuft oder im Rahmen einer sog. *multiplen endokrinen Neoplasie* (MEN, s. **19.11**, S. 439). Daher ist sowohl die Suche nach Zweittumoren als auch ein Familienscreening unbedingt erforderlich (s. S. 436). Das medulläre Karzinom metastasiert frühzeitig in die zervikalen und mediastinalen Lymphknoten. Aufgrund fehlender Radioiodspeicherung erfordert es von allen Schilddrüsentumoren das radikalste Vorgehen im Hinblick auf die Entfernung der regionären Lymphknoten.

Therapie: Die radikale Entfernung der Lymphknoten sowohl in den medialen als auch in den lateralen Kompartimenten (medial und lateral der Halsgefäßscheide) und im oberen Mediastinum ist erforderlich, da die chirurgische Behandlung die einzig relevante Therapiemodalität darstellt und das medulläre Karzinom häufig und frühzeitig lymphogen metastasiert.

Undifferenziertes Karzinom

Synonym: anaplastisches Karzinom
Das anaplastische Schilddrüsenkarzinom wächst vorzugsweise per continuitatem über die Schilddrüsenkapsel hinaus in die umgebenden Weichteile und Organe. Eine direkte Invasion von Kehlkopf und Trachea kommt relativ häufig vor. Verlegung der Atemwege und Arrosionsblutungen der großen Gefäße sind insbesondere präfinal häufige Komplikationen.

Therapie: Nur in Ausnahmefällen ist eine Operation mit kurativer Intention möglich. Aufgrund des meist fortgeschrittenen Lokalbefunds mit Infiltration von Kehlkopf und/oder Trachea besteht das wesentliche Therapieziel in der Sicherung der Atemwege, wozu nicht selten ein Tracheostoma erforderlich ist. Radiatio und Chemotherapie haben höchstens palliative Zielsetzung.

Prognose: Die Prognose quoad vitam ist beim undifferenzierten Schilddrüsenkarzinom mit und ohne Operation gleich schlecht und beläuft sich auf durchschnittlich vier Monate. Langzeitüberlebende gibt es vermutlich nur in den Untergruppen mit nennenswerter Radioiodspeicherung wie z. B. der großzelligen Variante.

Vorgehensweise bei einem suspekten Befund

Ein suspekter Knoten wird zunächst mit einem Saum gesunden Gewebes in toto exzidiert. Das weitere Procedere hängt vom Ergebnis der noch intraoperativ angefertigten Gefrierschnitthistologie ab.
Eine Ausnahme stellt die durch präoperative Feinnadelpunktion nachgewiesene follikuläre Proliferation dar. Da die definitive Sicherung bzw. der Ausschluss eines follikulären Karzinoms erst in der postoperativen Paraffinschnitthistologie möglich ist, sollte in diesem Fall der betroffene Schilddrüsenlappen komplett entfernt werden (Hemithyreoidektomie), um im Falle eines Karzinoms auf dieser Seite nicht nachoperieren zu müssen.

19.5 Erkrankungen der Nebenschilddrüse

Unter den Erkrankungen der Epithelkörperchen stehen deren Überfunktionszustände ganz im Vordergrund. Aufgrund „routinemäßiger" Bestimmung des Serum-Calciums werden diese häufig schon im asymptomatischen Stadium erkannt. Fortgeschrittene Stadien der Knochenentkalkung sind selten geworden.

> **19.4 Pathophysiologie und -morphologie**
>
> Das Produkt der Nebenschilddrüsen, das **Parathormon**, reguliert zusammen mit Vitamin D und Calcitonin den Calciumstoffwechsel: Es ist der Antagonist des in den C-Zellen der Schilddrüse gebildeten Calcitonins. Ein Abfall des Serum-Calciums führt dabei zur vermehrten Parathormon-Inkretion und somit zu einer Steigerung des Knochenabbaus (Calciumfreisetzung) und erhöhter Calciumrückresorption in Niere und Darm.

Überfunktion

Ätiopathogenese: Es kann generell zwischen der **autonomen** und der **regulativen Form** des Hyperparathyreodismus (HPT) unterschieden werden. Die autonome Form, der klassische **primäre HPT (pHPT)**, beruht in den allermeisten Fällen auf einem singulären Nebenschilddrüsenadenom (85 %). Mehrdrüsenerkrankungen wie Doppeladenome (5 %) oder gar eine Vier-Drüsen-Hyperplasie (10 %) sind sehr viel seltener. Der regulative, **sekundäre HPT (sHPT)** betrifft Patienten mit lange bestehender und meist dialysepflichtiger Niereninsuffizienz, bei denen es infolge des Vitamin-D-Mangels zur chronischen Hypokalzämie mit konsekutiver (sekundärer) Hyperplasie aller vier Epithelkörperchen kommt. Er ist bei Korrektur der Niereninsuffizienz (z. B. Transplantation) aufgrund des funktionsfähigen Regelkreises wieder reversibel. Gerät dieser Feedback-Mechanismus bei lange bestehendem sHPT außer Kontrolle und verselbstständigt sich, so spricht man vom **tertiären HPT (tHPT)**. Es kommt beim Niereninsuffizienten zu einem Anstieg des zuvor erniedrigten Serum-Calciums oder beim erfolgreich Transplantierten zur Persistenz des HPT.

Die ***Symptomatik*** des HPT ist aufgrund der Mitbeteiligung unterschiedlichster Organsysteme sehr vielfältiger Natur. Am häufigsten treten **renale Symptome** auf, da es infolge der erhöhten Calciumlast im Urin zur Bildung *calciumhaltiger Konkremente* im harnableitenden System und zur *diffusen Calciumablagerung* im Nierenparenchym (Nephrokalzinose) kommen kann.

> Der Nachweis calciumhaltiger Konkremente in den harnbildenden und -ableitenden Organen sollte immer den Ausschluss eines HPT nach sich ziehen.

Ossäre Probleme mit *Knochenentkalkung* bis hin zur *Ostitis fibrosa cystica generalisata*, dem Morbus Recklinghausen, treten erst im späteren Verlauf auf, waren aber früher oft erst der Anlass zur spezifischen Diagnostik. *Knochenschmerzen* ohne röntgenologisch fassbares Korrelat sind dagegen auch schon im Frühstadium möglich. Unspezifische **abdominelle Beschwerden** können in *gesteigerter Peristaltik* und *Ulcusdiathese* bestehen; ob es aufgrund der Hyperkalzämie auch häufiger zur *akuten Pankreatitis* kommt, ist umstritten. Oft verkannt werden **psychische Symptome** im Sinne *depressiver Verstimmungen* und *Antriebsstörungen*. Viele Patienten realisieren diese erst nach erfolgreicher Therapie. Selten kommt es bei langjähriger Hyperkalzämie zum Calciumausfall in Arterienwänden (sog. Mediasklerose; **19.9**).

> Akut kann es beim HPT zur **hyperkalzämischen Krise** kommen (Exsikkose, Anurie, Koma, manchmal „akutes Abdomen" und „paranoide Wahnvorstellungen"), welche unbehandelt innerhalb von Tagen letal verläuft. *Therapie:* Intensivmedizin, Calcitonin, Hämodialye, Operation. Letalität bis zu 20 %.

Diagnostik: Aus chirurgischer Sicht haben diejenigen Maßnahmen absolute Priorität, welche der Sicherung der Diagnose dienen. Im Gegensatz hierzu hat die präoperative Lokalisationsdiagnostik (wo sitzt das Adenom?) nur untergeordnete Bedeutung.

Diagnosesicherung: Die Diagnose des pHPT beruht auf dem Nachweis des erhöhten *Serum-Calciums* in Kombination mit einem erhöhten Spiegel des *„intakten" Parathormons* (Messung des vollständigen Hormons). Liegt das Serum-Calcium noch an der oberen Normgrenze, so ist die Diagnose aufgrund der Kombination aus erhöhtem Parathormon und erniedrigtem Serum-Phosphat zu stellen. Zur Sicherheit ist in diesem Fall jedoch zusätzlich die quantitative Erfassung der *Urin-Calcium-* (und -Phosphat-)*Ausscheidung* zu empfehlen (erhöhte Kalziurie). Die Erfassung des „intakten" Parathormons ist insb. im Hinblick auf die beiden zahlenmäßig häufigsten **Differenzialdiagnosen** von Bedeutung, der malignen Genese durch Skelettmetastasen (Mamma- und Prostatakarzinom) oder als paraneoplastisches Phänomen (v. a. Bronchialkarzinome sezernieren ein parathormonähnliches Polypeptid).

19.9 Natives Röntgenbild bei Mediasklerose

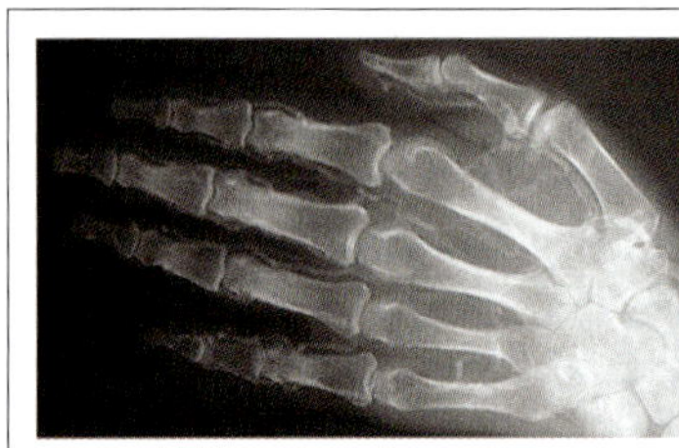

Aufgrund eines langjährig bestehenden sHPT kam es bei diesem Patienten zur sog. Mediasklerose: Verkalkte Interdigitalarterien.

Lokalisationsdiagnostik:

Bildgebende Verfahren braucht man nicht zur Absicherung oder Verwerfung der Verdachtsdiagnose eines pHPT, allenfalls sind sie nützlich für eine bessere Operationsplanung.

Mit der laborchemischen Sicherung eines pHPT ergibt sich die Indikation zur chirurgischen *Exploration* und Therapie (s. SE 19.6, S. 434 f). Oft wird präoperativ eine Ultraschalluntersuchung (**19.10a**) oder Subtraktionsszintigraphie (**19.10b**) durchgeführt.
Bei *postoperativ persistierendem HPT* (wenn kein Adenom gefunden wurde) kommen zur Planung des Zweiteingriffs die gesamte Schnittbilddiagnostik (Ultraschall, CT, MRT) und ggf. die selektive Venenblutentnahme zum Einsatz (**19.5**). Dies ist v. a. dann wichtig, wenn der ausgebliebene Erfolg nicht aus einem inadäquat durchgeführten Ersteingriff, sondern aus einem überzähligen, ektop im Mediastinum lokalisierten Epithelkörperchen resultiert.

19.5 Seitengetrennte etagenweise Venenblutentnahme

Über V. femoralis via V. cava inf. und sup. werden lange, superselektiv zu platzierende Katheter eingebracht. Es folgen unter Durchleuchtung und jeweiliger Markierung beiderseits bis zu je 5 Venenblutentnahmen im Hals- und Mediastinalbereich. Dort, wo gegenüber den peripherereren Parathormon-Konzentrationen ein großer Anstieg besteht, muss der Einstrom jener Seitenastvene liegen, welche das Adenom drainiert.

19.10 Bildgebende Diagnostik bei NSD-Adenom

a Sonographie | b Subtraktionsszintigraphie

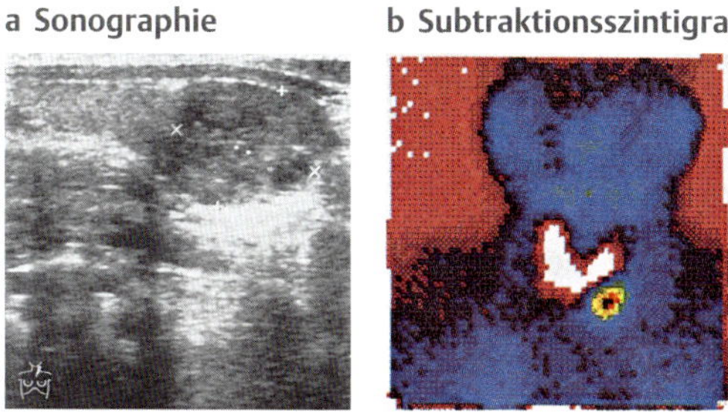

a Querschnitt eines runden, ca. 3 cm großen Adenoms.
b Sequenzielle Injektion von (markiertem) Pertechnetat (Aufnahme nur in die Schilddrüse), dann von Technetium 99m-markiertem MIBI (Methoxy-Iso-Butyl-Isonitril): Aufnahme in Schilddrüse und Nebenschilddrüse. Abschließend wird das Pertechnetat- vom MIBI-Szintigramm subtrahiert: Es verbleiben ein rot umrandetes weißes Schilddrüsenfeld und das noch immer MIBI-markierte Nebenschilddrüsenadenom links.

Karzinom

Etwa 90 % aller Nebenschilddrüsenkarzinome sind endokrin aktiv und werden als pHPT symptomatisch. Sie werden jedoch nur in ca. 0,5 % aller Operationen als kausale Ursache des pHPT ausgemacht.

Unterfunktion

Ätiologisch beruht die Unterfunktion der Nebenschilddrüsen, von seltenen Ursachen des **primären Hypoparathyreoidismus** (Agenesien, Infektionsfolgen usw.) abgesehen, fast immer auf einem **sekundären Hypoparathyreoidismus** infolge von Operationen an Schilddrüse oder Epithelkörperchen.

Bei allen Schilddrüsenoperationen ist der sekundäre Hypoparathyreoidismus als unbeabsichtigte Folge aufklärungspflichtig.

Die Häufigkeit eines postoperativen Hypoparathyreoidismus liegt bei maximal 1 %, wobei er öfter im Rahmen von Thyreoidektomien als von Teilresektionen der Schilddrüse auftritt. Ursachen: unerkannte Exstirpation aller Epithelkörperchen oder Schädigung der Durchblutung. Der vollständige Ausfall der Parathormoninkretion führt postoperativ meist erst nach > 24 Stunden zu Symptomen.

Nach ausgedehnten Schilddrüseneingriffen und Operationen wegen HPT ist für 1–2 Tage ein Monitoring des Serum-Calciums erforderlich.

Symptomatisch wird der postoperative Hypoparathyreoidismus durch eine manifeste Tetanie mit schmerzhaften symmetrischen Krämpfen der Muskulatur. In der latenten Form kann die erhöhte Krampfbereitschaft anhand eines positiven Chvostek- (Zuckung im Gesicht bei Beklopfen des N. facialis vor dem Kiefergelenk) und/oder Trousseau-Zeichens (Pfötchenstellung bei Kompression des Oberarms) oder eines positiven Hyperventilationsversuches erkannt werden.

Therapeutisch sollte während einiger Wochen der Serum-Calciumspiegel ausschließlich durch (orale) Calciumzufuhr knapp oberhalb der Tetanieschwelle im noch deutlich hypokalzämischen Bereich gehalten werden. Dies stellt den maximalen Regenerationsreiz auf noch vorhandenes, passager inaktives Epithelkörperchengewebe dar. Erst bei ausbleibender Regeneration oder bei definitiver Entfernung aller Epithelkörperchen ist die Einstellung der Patienten auf Vitamin-D-Analoga indiziert.

19.6 Operative Therapie der Nebenschilddrüse

Der Erfolg bei Operationen wegen Hyperparathyreoidismus liegt in der genauen Kenntnis der normalen Topographie der Epithelkörperchen sowie möglicher ektoper Positionen und einer sehr subtilen, absolut bluttrockenen Operationstechnik.

Darstellung der Epithelkörperchen (= EK)

Aufgrund der geringen Treffsicherheit der bildgebenden lokalisationsdiagnostischen Methoden (s. SE 19.5, S. 432 f) ist die primäre chirurgische Exploration z. Zt. Methode der Wahl. Da in 15 % der Fälle eine Mehrdrüsenerkrankung vorliegt, wird grundsätzlich eine Darstellung aller vier EK vorgenommen.

Nur 80 % aller EK liegen in „normaler" Position (in, an oder in direkter Nähe der Schilddrüsenkapsel), ca. 20 % liegen „ektop" (19.11). Eine weitere Variation betrifft in ca. 10 % die Gesamtzahl der EK: dabei häufiger 5 als seltener nur 3 EK.

19.6 Taktik und Technik der NSD-Resektion

Ein-Drüsen-Erkrankung: Finden sich drei normal kleine Nebenschilddrüsen und **nur 1 deutlich vergrößerte Drüse** (**19.12a**), so kann vom Vorliegen eines Adenoms ausgegangen werden. Dieses sollte komplett exstirpiert und die Diagnose durch einen intraoperativen Schnellschnitt bestätigt werden. Auf eine Biopsie der anderen Drüsen kann dann verzichtet werden.

Mehr-Drüsen-Erkrankung: Sind **2 oder 3 Epithelkörperchen pathologisch vergrößert**, so kann entweder ein Doppeladenom oder eine Mehrdrüsenhyperplasie zugrunde liegen. Auch in diesem Fall sollten die vergrößerten Drüsen komplett entfernt und die Diagnose schnellschnitthistologisch gesichert werden.

Vier-Drüsen-Erkrankung: Bei einer **Vergrößerung aller 4 Epithelkörperchen** (sog. Vier-Drüsen-Hyperplasie) gibt es zwei operativ-taktische Möglichkeiten: Entweder werden die 3½ größten Epithelkörperchen entfernt (unter Beachtung, dass die vierte Drüse mit einem Metallclip markiert wird und deren Gefäßstiel erhalten bleibt), oder es werden alle vier Drüsen exstirpiert mit gleichzeitiger Autotransplantation (s. u.).

Manchmal ist im Schnellschnitt die Unterscheidung Adenom und Hyperplasie sehr schwierig. Man muss sich dann auch auf den intraoperativ-makroskopischen Eindruck verlassen.

Fehlendes Epithelkörperchen: Können auch unter Berücksichtigung der Lagevariabilität nur weniger als vier Epithelkörperchen aufgefunden werden, so ist ein differenziertes Verhalten indiziert:

- Sind **1 offensichtliches Adenom und 2 weitere normal große Drüsen** dargestellt, so wird der Eingriff nach Exstirpation des Adenoms abgeschlossen. 13 % aller Patienten haben lediglich 3 Epithelkörperchen.
- Wurden lediglich **3 normal große Drüsen** aufgefunden, so wird beim *Fehlen eines*
  - *unteren Epithelkörperchen* alles Weichteilgewebe zwischen unterem Schilddrüsenpol und Thymushorn einschließlich der beiden Thymushörner exstirpiert; lässt sich beim Lamellieren kein Epithelkörperchen nachweisen, so werden beide Schilddrüsenlappen subtotal reseziert;
  - *oberen Epithelkörperchens* beiderseits der paraösophageale Raum ins hintere obere Mediastinum hinein exploriert; lässt sich kein Adenom nachweisen, so werden ebenfalls beide Schilddrüsenlappen subtotal reseziert.

Taktik und Technik der Resektion

Primärer Hyperparathyreoidismus

Mit der Entfernung von Nebenschilddrüsengewebe soll im Regelfall erst nach kompletter Darstellung aller vier Drüsen begonnen werden.

Hierdurch kann die Gewebeentnahme aus makroskopisch unverdächtigen Epithelkörperchen vermieden und das Risiko des iatrogenen Hypoparathyreoidismus mini-

19.11 Lokalisationen der Epithelkörperchen

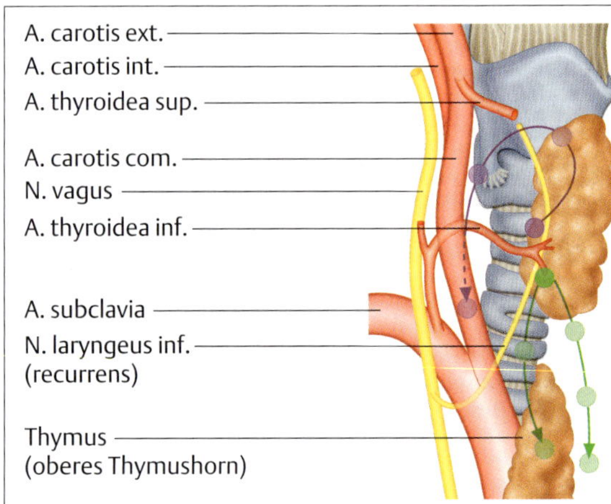

Das obere Epithelkörperchen befindet sich typischerweise kranial und dorsal der Kreuzung zwischen N. recurrens und A. thyreoidea inferior, das untere kaudal und ventral dieser „Landmarke". Die Lage der oberen EK ist konstanter als diejenige der unteren EK. Die **oberen** aus der 4. Schlundtasche stammenden Epithelkörperchen liegen **bei ektoper Lage** am bzw. hinter dem oberen Schilddrüsenpol („perikrikoidal") bis (seltener) paraösophageal im hinteren Mediastinum. Die **unteren** aus der 3. Schlundtasche stammenden Epithelkörperchen liegen **bei ektoper Lage** entweder am unteren Schilddrüsenpol bzw. im Weichteilgewebe zwischen ihm und oberem Pol des Thymushorns (Lig. thyreothymicum) oder (seltener) intrathymal bzw. im vorderen oberen Mediastinum.

19.12 Adenomatöse und hyperplastische Nebenschilddrüsen

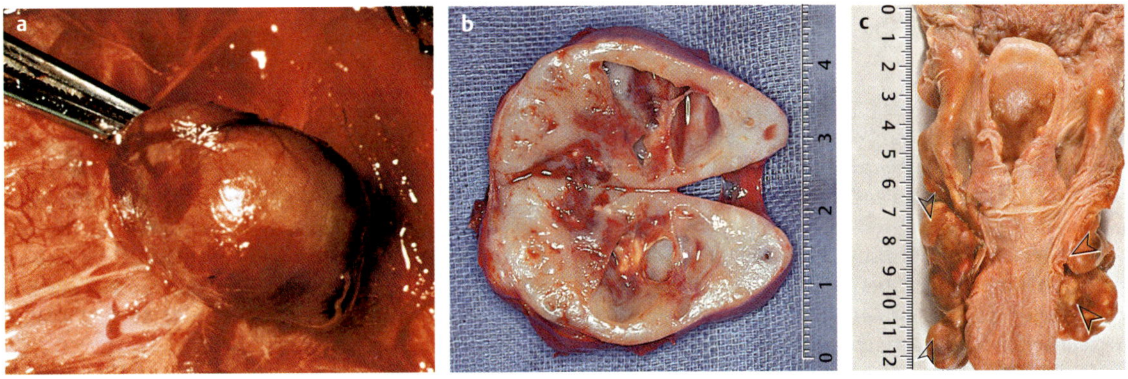

a Stark vergrößertes linkes unteres Epithelkörperchen bei pHPT.
b Manche NSD-Adenome haben eine ausgeprägt zystische Struktur. In der Zystenflüssigkeit wird das Parathormon „gespeichert“.
c Sektionspräparat bei sHPT: Der Ösophagus ist längs aufgeschnitten, Blickrichtung von dorsal. Die 4 knollig, deutlich vergrößerten NSD sind mit Pfeilen gekennzeichnet.

miert werden. Das unterschiedliche Vorgehen bei Ein-, Mehr- und Vier-Drüsen-Erkrankung ist in **19.6** dargestellt. Eine Sternotomie wird bei einem Ersteingriff nicht vorgenommen.

Sekundärer Hyperparathyreoidismus

! Beim sekundären Hyperparathyreoidismus werden alle vier Drüsen komplett exstirpiert.

Grund ist eine nicht unerhebliche Rezidivrate nach subtotaler Parathyreoidektomie im Falle der fortbestehenden Niereninsuffizienz, d.h. Dialysesituation. Eine im Hinblick auf eine Rekurrensparese risikoreiche zweite Revision sollte unbedingt vermieden werden. Um einen **Hypoparathyreoidismus** zu vermeiden, werden ca. 20 Würfel von 1 mm Kantenlänge aus der kleinsten der 4 Drüsen herausgeschnitten, und es erfolgt deren **Autotransplantation** am proximalen Unterarm in den M. brachioradialis (**19.13**). Dort werden sie bis zum Einsprossen von Kapillaren per diffusionem ernährt. Üblicherweise benützt man hierzu den Nicht-Shunt-Arm. Die Position des Autotransplantats wird mit einem Metallclip markiert. Im Falle eines Rezidivs kann das Gewebe auf diese Weise rasch aufgefunden und in seinem Volumen reduziert werden (in Lokalanästhesie). Die Angehrate des Autotransplantats beträgt deutlich über 90 %. In manchen Zentren werden zusätzlich weitere 50–60 „Gewebewürfel“ sofort nach dem Schneidevorgang in flüssigem Stickstoff schockgefroren gelagert (Kryopräservation), um im Falle ausbleibender oder nicht ausreichender Transplantatfunktion weiteres Gewebe autotransplantieren zu können.

Nebenschilddrüsenkarzinom

In ca. 0,5 % aller Operationen wegen eines primären Hyperparathyreoidismus findet sich ein Nebenschilddrüsenkarzinom (s. SE 19.5, S. 433). Oft besteht wegen deren infiltrativen Wachstums in die Halsweichteile schon eine Rekurrensparese. Aus Radikalitätsgründen ist in diesen Fällen auch eine Lobektomie des entsprechenden Schilddrüsenlappens, ggf. unter Opferung des N. recurrens, erforderlich. Die regionären Lymphknoten werden analog zum Schilddrüsenkarzinom exstirpiert (s. SE 19.4, S. 430 f).

Komplikationen und Prognose

Neben den allgemeinen Operationsrisiken (Blutung, Infektion) stellt v. a. die Rekurrensparese eine Hauptkomplikation dar. Ihre Häufigkeit beträgt bei Ersteingriffen 1–2 %, bei Zweiteingriffen bis zu 10 %. Die Erfolgsrate bei Ersteingriffen liegt bei 95 %, bei Zweiteingriffen mit 60–70 % deutlich niedriger. Nebenschilddrüsenkarzinome metastasieren selten und spät; die 5-Jahres-Überlebensrate liegt bei 50 %.

19.13 Autotransplantation nach Parathyreoidektomie

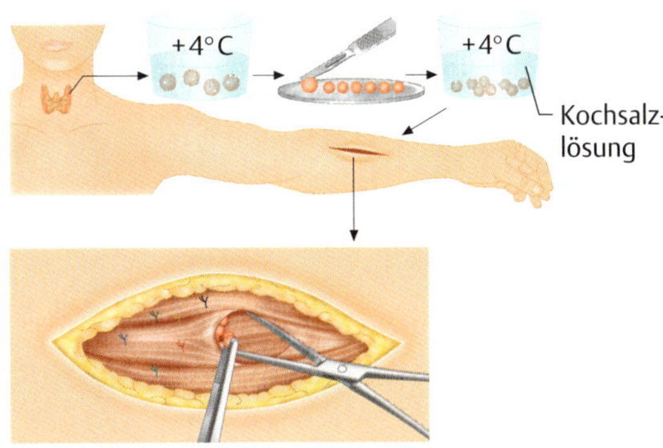

Totale Parathyreoidektomie und Autotransplantation in den linken M. brachioradialis.

19.7 Endokrine Tumoren des gastropankreatischen Systems

Den endokrinen Anteil des Pankreasgewebes bilden die Langerhansinseln. Sie sind Teil des gastroenteropankreatischen Systems und produzieren eine Vielfalt von Hormonen. Die *Tumoren des endokrinen Pankreas* (meist Insulinom und Gastrinom) treten klinisch durch Sekretion dieser Hormone oder Neuropeptide in Erscheinung. Sie können solitär oder multipel auftreten, eine maligne Entartung kann mit unterschiedlicher Häufigkeit erfolgen. Die sehr seltenen Glukagonome, das VIPome, Somatostatinome, pankreatische Polypeptid produzierende Tumoren sowie Tumoren mit ektoper Hormonproduktion sind in > 50 % der Fälle zum Zeitpunkt der Diagnosestellung bereits metastasiert. Die Lokalisationsdiagnostik der endokrinen Pankreastumoren ist schwierig. Die wichtigsten *extrapankreatischen Apudome* sind neuroendokrine Tumoren des Gastrointestinaltraktes und der Bronchien sowie Paragangliome (s. auch SE 19.9, S. 444).

Einleitung

Im Bereich des Gallengangssystems, im Pankreas und in der Mukosa von Magen und Darm befinden sich neuroendokrine Zellen, die verschiedene Polypeptide und Amine produzieren. Diese unterschiedlichen Syntheseorte werden als **g**astro**e**ntero**p**ankreatisches System **(GEP-System)** zusammengefasst. Aufgrund der Fähigkeit dieser Zellsysteme, biogene Amine aufzunehmen und zu dekarboxylieren, gehören sie zum **APUD-System** (= **A**mine **p**recursor **u**ptake and **d**ecarboxylation; nach Pearse 1977). 30–40 Polypeptidhormone werden im GEP-System produziert, bei der Mehrzahl sind keine Mangel- oder Hypersekretionserscheinungen bekannt.
Die Neuroendokrinen Tumoren (NET) des GEP-Systems werden nach ihrem embryologischen Ursprung in „Foregut"- (Magen, Duodenum, oberes Jejunum, Pankreas), „Midgut"- (unteres Jejunum, Ileum, Appendix, Zökum) und „Hindgut"- (Kolon, Rektum) Tumoren eingeteilt. Die Tumoren sind sehr selten (Autopsiefrequenz 1 %). Weniger als die Hälfte dieser Tumoren wird durch Sekretion von Hormonen klinisch apparent, wobei oftmals mehrere Hormone sezerniert werden können, eines von ihnen bestimmt jedoch die klinische Symptomatik.

T 19.5 Klassifikation der neuroendokrinen Pankreastumoren

Tumor	*Hormon*	*Klinik*
entope Tumoren		
Insulinom	Insulin	Hyperinsulinismus
Glukagonom	Glukagon	Diabetes, Exanthem
Somatostatinom	Somatostatin	Steatorrhö, Cholelithiasis, Diabetes
PP-om	pankreatisches Polypeptid	unklar; (gemeinsam mit VIP: Diarrhö)
ektope Tumoren		
Gastrinom	Gastrin	Zollinger-Ellison-Syndrom
VIPom	vasoaktives intestinales Polypeptid	Verner-Morrison-Syndrom
Kortikotropinom	Kortikotropin	Cushing-Syndrom
Parathyrinom	Parathormon	ektopes Hyperkalzämiesyndrom

Endokrines Pankreas

Über 90 % der neuroendokrinen Tumoren sind im Pankreas lokalisiert. Hier können sie entweder entop (aus primär im Pankreas vorhandenen Zelltypen) oder ektop (aus im gesunden Pankreas nicht vorhandenen Zelltypen) entstehen (**T 19.5**).

Insulinom

19.7 Epidemiologie des Insulinoms

Insulinome sind die häufigsten NET des Pankreas. Über 90 % treten solitär auf. Bei den ca. 5 % multiplen Insulinomen sollte das Krankheitsbild der multiplen endokrinen Neoplasie, das MEN-1-Syndrom (Nebenschilddrüsenadenom, Hypophysentumor, neuroendokriner Pankrastumor) differenzialdiagnostisch in Erwägung gezogen werden, insb. bei Auftreten Insulin produzierender Tumoren im jugendlichen Alter.
5 % der Insulinome sind maligne, sie metastasieren primär in die Lymphknoten und in die Leber.

Insulinome sind Tumoren, die von den B-Zellen der Langerhansinseln im Pankreas ausgehen. Von den Insulinomen abgegrenzt werden muss die Nesidioblastose, eine diffuse Hyperplasie des Inselzellapparates bei Neugeborenen meist diabetischer Mütter.
Die klinische **Symptomatik** ist durch die Folgen der Hypoglykämie charakterisiert (**T 19.6**). Durch den Versuch,

T 19.6 Symptome des Insulinoms

Einteilung, Häufigkeit	*Symptome*
Stoffwechsel (90 %)	Adipositas
neurologisch, psychatrisch (90 %)	Konzentrationsstörung, Sprach- und Sehstörung, Verwirrtheit, Somnolenz, Bewusstlosigkeit, Krampfanfälle, Depression, Psychose
vegetativ (30 %)	Tachykardie, Schweißausbruch, Zittern, Müdigkeit, Blässe

die Symptome durch Kohlehydratzufuhr zu kupieren, besteht bei den meisten Patienten bei Diagnosestellung eine erhebliche Adipositas.

Das Krankheitsbild ist durch die **Whipple-Trias** charakterisiert:

- morgendliche Hypoglykämiesymptomatik (Verwirrtheit, Bewusstseinsstörung, Schock),
- Blutzuckerwerte unter 45 mg/dl,
- Besserung der Symptomatik durch Glucosegabe.

Differenzialdiagnostisch müssen eine Epilepsie und andere Hypoglykämieformen in Erwägung gezogen werden.

Diagnostik:

Laborchemisch: Die Diagnostik stützt sich auf die Whipple-Trias. Laborchemisch beweisend für einen organischen Hyperinsulinismus sind neben Blutzuckerwerten unter 45 mg/dl eine erhöhte Insulinsekretion und ein parallel erhöhtes C-Peptid.

Hungerversuch: Der Hungerversuch über maximal 72 Stunden ist der aussagekräftigste Test. Als Beweis gilt der Abfall des Blutzuckerspiegels im Hungerversuch ohne adäquaten Abfall von Insulin und C-Peptid.

Bildgebend: Der Lokalisationsnachweis mit bildgebenden Verfahren ist schwierig, da Insulinome meist sehr klein sind. Präoperativ kommen die perkutane Sonographie, die Endosonographie, die Spiral-Computertomographie mit Kontrastmittelapplikation (**19.14a**) und die Magnetresonanztomographie zum Einsatz. Die Sensitivität der Verfahren liegt bei 70–80 %. Die intraoperative Auffindungsrate über 95 % ist der präoperativen Lokalisationsdiagnostik deutlich überlegen. Es wird daher oftmals auf eine präoperative Lokalisationsdiagnostik verzichtet.

19.8 Somatostatin-Rezeptor-Szintigraphie

Die Somatostatin-Rezeptor-Szintigraphie dient dem Nachweis einer metastasierten Erkrankung. Voraussetzung zum positiven Nachweis sind somatostatinrezeptorpositive, 1–2 cm große Tumoren.

Therapie der Wahl ist die operative Entfernung des Tumors (**19.14b,c**). *Präoperativ* muss eine Hypoglykämie durch Glucosegabe ggf. durch Gabe von Diazoxid oder Somatostatin vermieden werden.

Die *intraoperative Lokalisation* erfolgt mittels Palpation. Zusätzlich wird zum Ausschluss weiterer Insulinome und zur Verifizierung der Beziehung des Tumors zum Pankreasgang eine intraoperative Sonographie durchgeführt (s. SE 6.6, S. 154). Die *operative Entfernung* ist bei benignen Tumoren meist durch Enukleation möglich. Ansonsten kommen resezierende Verfahren der Pankreaschirurgie zum Einsatz.

Bei malignen, meist metastasierten Tumoren sollte eine Tumorentfernung auch bei Fernmetastasierung so weit als möglich erfolgen. Multiviszerale Resektionen sind aufgrund der meist günstigen Prognose indiziert. Bei nicht R0-resektablen Tumoren ist eine weitestgehende Tumorreduktion (Debulking) indiziert.

Nach operativer Therapie kommt es häufig für einige Wochen zu einer reaktiven Hyperglykämie. Danach sind die Patienten bei vollständiger Tumorentfernung geheilt.

Gastrinom

Gastrinome sind sehr seltene, Gastrin produzierende Tumoren und Ursache des **Zollinger-Ellison-Syndroms**.

Die Trias exzessive Magensäuresekretion, rezidivierende, therapierefraktäre, peptische Ulzera in Magen, Duode-

19.14 Insulinom

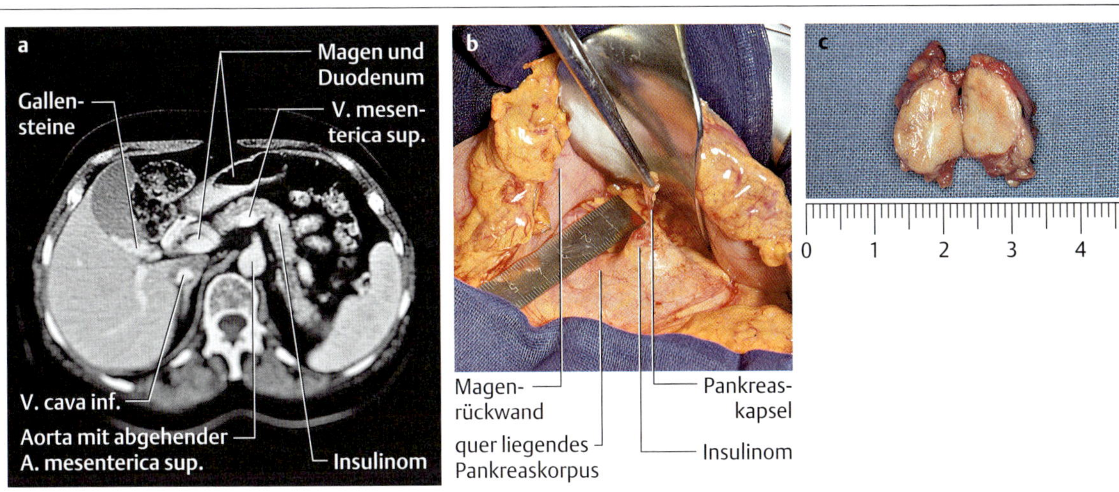

a Das CT mit vaskulärer Kontrastierung zeigt ein Insulinom am Übergang von Pankreaskorpus zu -kauda, nebenbefundlich eine Cholezystolithiasis; Magen und Duodenum wurden oral mit Kontrastmittel gefüllt.

b Blick in die geöffnete Bursa omentalis, mit der Pinzette ist die Pankreaskapsel gefasst: Das Insulinom wölbt sich halbkugelig aus der Pankreasoberfläche heraus; Therapie: Enukleation.

c Enukleiertes, aufgeschnittenes Insulinom. Die Abbildungen stammen von 3 unterschiedlichen Patienten.

num oder Jejunum in Gegenwart eines nicht Insulin produzierenden Pankreastumors wird als Zollinger-Ellison-Syndrom bezeichnet (Zollinger und Ellison 1955).
Die Tumoren liegen zu etwa gleichen Teilen extrapankreatisch in der Magen- bzw. Duodenalwand oder im Pankreas. Sie treten in 70 % multipel auf, 60 % sind maligne und zum Zeitpunkt der Diagnosestellung bereits in die regionalen Lymphknoten oder/und in die Leber metastasiert. Die duodenalen, multiplen Gastrinome sind oftmals mit einem MEN-1-Syndrom assoziiert (s. u.).
Klinik: Im Vordergrund steht die schwere oft therapierefraktäre *Ulkuserkrankung* mit deren Komplikationen (Blutungen, Perforationen; s. SE 21.12, S. 493) bei 80–90 % der Patienten. 30 % der Patienten weisen zusätzlich schwere sekretorische *Diarrhöen* auf (durch Inaktivierung der Pankreaslipase infolge des hyperaziden Magensaftes) oder eine *Refluxerkrankung* (s. SE 21.3, S. 472 f).
Diagnostik:
Laboruntersuchungen: Die Diagnosestellung erfolgt durch die Bestimmung des Serum-Gastrins, welches um das 3–10fache der Norm erhöht ist. Gleichzeitig liegt der pH-Wert des Magensaftes < 2,5. Die Diagnose kann durch einen Sekretintest erhärtet werden (**19.9**).
Lokalisationsdiagnostik: Neben dem Primärtumor sollen Lymphknoten und Lebermetastasen nachgewiesen werden. Da die meisten Gastrinome positive Somatostatin-Rezeptoren besitzen, gilt die Somatostatin-Rezeptor-Szintigraphie (s. **19.8**) als sensitivste Methode. Weiterhin obligate Untersuchungen sind die Endosonographie, die CT und die Ösophagoduodenoskopie. Als fakultativ gelten MRT, Sonographie und venöse Gastrinbestimmung nach selektiver venöser Katheterisierung und Sekretininjektion.

Zusätzlich muss geklärt werden, ob es sich um eine sporadische oder um eine familiäre *MEN-1-assoziierte Tumorform* (s. u.) handelt, da die Therapie entscheidend von dieser Differenzierung abhängt.

19.9 Sekretintest

Nach Bestimmung des basalen Gastrins werden dem nüchternen Patienten 2 IE/kgKG Sekretin als Bolus i. v. verabreicht. Bei fast allen Patienten mit Gastrinom zeigt sich ein paradoxer Anstieg des Serum-Gastrins auf das Doppelte des Ausgangswertes. Bei Patienten mit basal schon sehr hohen Gastrinwerten kann der Anstieg ausbleiben.

Differenzialdiagnostisch abzugrenzen sind die Hypergastrinämie bei
- antraler G-Zell-Überfunktion bei H.-pylori-Infektion,
- chronischer Niereninsuffzienz,
- nach distal unvollständiger Bilroth-II-Magenresektion (blind verschlossener Antrumrest als sog. Duodenalstumpf).

Therapie: Es stehen unterschiedliche Behandlungswege zur Verfügung:
Medikamentöse Therapie: Die Behandlung mit Protonenpumpenhemmern hat ihren Stellenwert in der präoperativen Phase und bei Patienten mit metastasiertem Gastinom.
Operative Entfernung des Gastrin bildenden Tumorgewebes: Sporadische Gastrinome werden bei kurativer Intention aufgrund der häufigen Malignität mit einem Randsaum vom gesunden Gewebe entfernt. Eine Lymphknotenentfernung und ggf. Leberresektion (ein- oder zweizeitig) schließt sich bei Malignität an. Familiäre MEN-1-assoziierte Gastrinome werden ebenfalls operiert. Eine Exploration des Duodenums ist hier obligat. Zuerst sollte der bestehende Hyperparathyreoidismus behandelt werden, da die Hyperkalzämie die Hypergastrinämie verstärkt.
Ergebnisse: Die biochemische Heilungsrate nach operativer Therapie liegt bei 40–70 %.

Glukagonom

Der Glukagon produzierende Tumor ist durch 4 wesentliche klinische **Symptome** gekennzeichnet:
- migratorisch-nekrolytisches Exanthem, begleitet von Schleimhaut- (Glossitis, Vulvitis, Stomatitis) und Nagelveränderungen,
- milde diabetische Stoffwechsellage,
- katabole Stoffwechsellage (Kachexie, Anämie, niedriges Albumin und Cholesterin),
- Neigung zu Thromboembolien.

Die **Diagnosestellung** erfolgt durch das typische klinische Bild in Kombination mit einem deutlich erhöhten Glukagonspiegel. Die Lokalisationsdiagnostik erfolgt mittels Sonographie, Endosonographie, CT und MRT.
Therapie der Wahl ist die Tumorexstirpation. Bei Inoperabilität werden Somatostatinanaloga eingesetzt.

VIPom

Synonyme: Verner-Morrison-Syndrom, pankreatische Cholera, diarrhöogener Tumor, WDHA-Syndrom (**w**ässrige **D**iarrhö, **H**ypokaliämie und **A**chlorhydrie)
Etwa 50 % der VIPome (**v**asoaktives-**i**ntestinales-**P**olypeptid-produzierende Tumoren) sind maligne und zum Zeitpunkt der Diagnosestellung bereits metastasiert. Über 80 % sind im Pankreas lokalisiert.
Wichtigstes **Symptom** sind sekretorische, wässrige Durchfälle. Sie sind bedingt durch die Stimulation der intestinalen Flüssigkeitssekretion durch VIP. In der Folge treten Hypovolämie, Exsikkose, Hypokaliämie sowie Hypo- bzw. Achlorhydrie auf.
Die **Diagnostik** erfolgt durch den Nachweis hoher Plasma-VIP-Spiegel. Die Lokalisationsdiagnostik entspricht der der Glukagonome.
Therapie: Eine chirurgische Exstirpation des Tumors ist die Therapie der Wahl. Bei bestehenden Lebermetastasen sollte eine Debulking-Operation (s. SE 4.11, S. 95) erfolgen; medikamentös ist die Gabe von Streptozotocin, Somatostatin und/oder Zytostatika (z. B. 5-Fluorouracil) indiziert.

Somatostatinom

Sehr seltene Tumoren des endokrinen Pankreas. Aufgrund der vielfältigen pharmakologischen Effekte von Somatostatin sind eine Vielzahl von Symptomen beschrieben, z. B. milder Diabetes mellitus, Cholezystolithiasis und Steatorrhö. **Therapie** der Wahl ist die Exstirpation. Eine Heilung ist aufgrund der meist bereits vorliegenden Metastasierung selten möglich.

19.10 Neuroendokrine Tumoren des Gastrointestinaltraktes

Synonym: Karzinoide
Es handelt sich um maligne, langsam wachsende neuroendokrine Tumoren, die im wesentlichen Serotonin, daneben aber auch zahlreiche andere Amine wie Bradykinin, Kallikrein, Prostaglandine etc. produzieren. Prädilektionsstellen sind vor allem Appendix (45 %), unterer Dünndarm (28 %), Rektum (16 %) und Magen (5–10 %).
Die *Appendixkarzinoide* sind oftmals Zufallsbefunde und metastasieren selten. Die *Dünndarm- und Kolonkarzinoide* metastasieren häufig, vorwiegend in die mesenterialen Lymphknoten und in die Leber.

! Erst bei ausgedehnter Lebermetastasierung entsteht das Vollbild des Karzinoidsyndroms, da von prähepatisch kommendes Serotonin (Primärtumor) in der Leber abgebaut wird (First-pass-Effekt).

Die **Klinik** hängt im Wesentlichen von der Tumorlokalisation und von der Hormonausschüttung ab. Beim Karzinoidsyndrom treten Übelkeit, Erbrechen, Diarrhöen und krampfartige abdominelle Schmerzen infolge gastrointestinaler Hypermotilität, Bronchokonstriktion mit Asthma, Flush (durch Vasodilatation bedingte, plötzlich auftretende rot-blaue Verfärbung des Gesichts, des Halses, evtl. auch des Oberkörpers und der Extremitäten, verbunden mit Hitzewallungen), Ödeme und eine endokardiale Fibrose auf.
Diagnostik: Der biochemische Nachweis gelingt durch die Bestimmung von 5-Hydroxytryptamin (Serotonin) im Blut, welches dann in 5-Hydroxyindolessigsäure abgebaut und im Urin nachweisbar wird. Das Staging erfolgt mittels Sonographie und CT sowie mit der MIBG- und Somatostatinszintigrafie (s. auch SE 4.7, S. 86 f).
Therapie: Primärtumor und Metastasen sollten (unter Somatostatinschutz) reseziert werden. Auch eine Tumorreduktion und wiederholte palliative Eingriffe sind bei langsamem Wachstum der Tumoren indiziert. Bei Appendixkarzinoiden < 2 cm ist eine Appendektomie ausreichend, bei basisnahen Karzinoiden und bei Tumoren > 2 cm sollte eine Ileozökalpolresektion mit Lymphknoten-Dissektion erfolgen. Bei ausschließlicher Lebermetastasierung (extrahepatisch tumorfrei!) kann an eine Lebertransplantation gedacht werden.

Neuroendokrine Tumoren des Magens
Neuroendokrine Tumoren des Magens nehmen eine Sonderstellung ein. Sie treten solitär oder multipel auf. Oftmals nach langjähriger Säureblockade, bei chronisch atrophischer Gastritis und bei erhöhten Serum-Gastrin-Konzentrationen. Je nach Größe und histologischer Klassifizierung sind sie benigne bis hoch-maligne. Hormonaktive Tumoren sezernieren Histamin, das insb. nach Genuss von gewürzten Speisen zu Flush-Symptomen führt.
Biochemischer Nachweis: Bestimmung von Histamin im Urin und 5-Hydroxytryptophan (Vorstufe des Serotonins) im Blut.
Die **Art der Entfernung** (endoskopisch, Exzision, Resektion) richtet sich nach Tumorgröße und Dignität.

Weitere sehr seltene Apudome

Weitere **endokrin aktive Tumoren** treten als ACTH-, CRF-, MSH-, ADH- oder Prostaglandin produzierende Tumoren oder als Karzinoide (Serotoninome, s. u.) auf. Sie sind jedoch nicht spezifisch im Pankreas lokalisiert.

Hormoninaktive neuroendokrine Tumoren

Etwa 30 % der NET des Pankreas sind klinisch unauffällig. Entweder sind sie gänzlich hormoninaktiv oder sie bilden funktionslose „Precursor"-Substanzen. Deshalb fallen sie erst im Sonogramm oder CT bzw. durch große tastbare Tumormassen auf.

19.11 Multiple endokrine Neoplasie (MEN)

Synonym: multiple endokrine Adenomatose (MEA)
Das multiple Auftreten verschiedener endokrin aktiver Neoplasien (Apudome) wird als multiple endokrine Neoplasie (Adenomatose) bezeichnet. Sie tritt häufig familiär oder dominant vererblich, aber auch sporadisch auf. Die wichtigsten Apudom-Kombinationen sind im Folgenden aufgeführt:

Syndrom	*Vererbung*	*Tumoren*
MEN I = Wermer-Syndrom	autosomal dominant (MENIN-Supressorgen-Mutation)	Hypophysenadenom, Apudom des Pankreas (Gastrinom, Insulinom, VIPom, Glukagonom, Somatostatinom), Nebenschilddrüsenadenom
MEN IIa Sipple-Syndrom	autosomal dominant (RET-Protoonkogen-Mutation)	C-Zell-Karzinom der Schilddrüse (medullär, *niedrig* maligne), Phäochromozytom *(25 % bilateral)*, Nebenschilddrüsenhyperplasie
MEN IIb	teils familiär, teils Neumutation (RET-Protoonkogen-Mutation)	C-Zell-Karzinom der Schilddrüse (medullär, *hoch* maligne), Phäochromozytom *(häufig bilateral)*, Nebenschilddrüsenhyperplasie

Der Unterschied zwischen dem MEN IIa und MEN IIb ist, dass das klassische Sipple-Syndrom (MEN IIa) dominant vererbt wird und keinen spezifischen Phänotypus aufweist. Das MEN IIb ist oftmals eine Neumutation. Die Patienten haben einen marfanoiden Habitus oder Skelettanomalien. Konsequenz der Kenntnis dieser Syndrome ist einerseits, dass bei Auftreten eines Apudoms der frühzeitige Ausschluss weiterer Neoplasien – auch im weiteren Verlauf – erfolgen sollte (die einzelnen Krankheitsbilder können bis zu Jahrzehnte versetzt auftreten!).
Andererseits können Patienten durch eine prädiktive Diagnostik einem Früherkennungsprogramm zugeführt werden. Ggf. ist bei Patienten mit MEN-II-Mutation eine prophylaktische Thyreoidektomie indiziert.

! Beim Vorliegen eines Phäochromozytoms ist der Ausschluss eines (medullären) Schilddrüsenkarzinoms besonders wichtig.

19.8 Nebennierenrinde

Die Nebennieren sind kappenförmige Gebilde, die beidseits retroperitoneal den oberen Nierenpolen aufsitzen. Ihre Größe beträgt maximal 6 × 3 × 1 cm, ihr Gewicht 5–8 g. Sie bestehen aus zwei embryologisch getrennten Strukturen, der Nebennierenrinde (NNR) und dem Nebennierenmark (NNM; s. SE 19.9, S. 444 f). Chirurgisch relevante Erkrankungen der Nebennierenrinde sind selten. Es sind Tumoren oder Hyperplasien, die aus den einzelnen Schichten der Rinde entstehen. 70 % sind hormonaktiv und führen schon bei geringer Tumorgröße zu ausgeprägten systemischen Auswirkungen und metabolischen Entgleisungen. Für die operative Therapie sind neben der hormonellen Aktivität die Lokalisation, die Dignität und die Pathogenese (primär, sekundär, familiär oder sporadisch) der Nebennierenerkrankung von entscheidender Bedeutung.

19.12 Klinische Anatomie und Physiologie der Nebennierenrinde

80–90 % des Gesamtgewichtes der Nebenniere macht die Nebennierenrinde aus. Sie entstammt dem Mesoderm und entsteht in der 4.–5. Fetalwoche. Sie ist Produktionsort der Steroidhormone und besteht von außen nach innen aus 3 Schichten, die jeweils eine bestimmte Hormongruppe produzieren:
Zona glomerulosa: Mineralocorticoid Aldosteron,
Zona fasciculata: Glucocorticoide Cortisol und Cortison,
Zona reticularis: Androgene, vor allem Dehydroandosteron.

Tumoren der NNR:
- Hyperaldosteronismus (Conn-Syndrom),
- Hyperkortisolismus (Cushing-Syndrom, Morbus Cushing),
- Syndrome und Tumoren mit Androgen- oder Östrogenüberproduktion (AGS = **a**dreno**g**enitales **S**yndrom),
- hormoninaktive benigne Tumoren,
- Nebennierenkarzinom.

Diagnostik: Die von der Nebenniere ausgehenden Krankheiten werden meist durch ihre Hormonproduktion apparent und fordern daher ein jeweils angepasstes **Hormonscreening**.
Bei der **Lokalisationsdiagnostik** spielen neben der Sonographie vor allem die CT und MRT eine entscheidende Rolle:
Sonographie: sie hat orientierenden Charakter, größere Tumoren (> 2 cm), Lebermetastasen und Inzidentalome können aufgedeckt werden,
CT: bildgebende Methode der Wahl zur Darstellung der Invasion und Beziehung zu Nachbarorganen,
MRT: Es können sehr kleine Veränderungen diagnostiziert werden,
Arteriographie und *selektive venöse Blutentnahmen* spielen lediglich beim Morbus Cushing eine Rolle.

Benigne Tumoren und Hyperplasie

Primärer Hyperaldosteronismus

Definition: Es handelt sich um eine autonome Überproduktion von Aldosteron in der Nebennierenrinde.

Ursache des primären Hyperaldosteronismus ist in ca. 70 % ein singuläres Adenom (Conn-Syndrom), bei etwa 30 % liegt eine bilaterale (manchmal noduläre) Hyperplasie vor, bei 1–2 % der Patienten ein Aldosteron produzierendes Karzinom. Die **Pathogenese** der bilateralen Hyperplasie ist unklar. Möglicherweise besteht eine erniedrigte Sensitivität gegenüber ACTH oder Angiotensin II.

Differenzialdiagnose: Vom primären Hyperaldosteronismus abzugrenzen ist der sekundäre Hyperaldosteronismus: z. B. bei Leberzirrhose, Nierenarterienstenose und Herzinsuffizienz. Hierbei kommt es zur Stimulierung des Renin-Angiotensin-Systems mit konsekutiv erhöhten Renin- und Aldosteronspiegeln im Plasma.

Symptome: Die Verdachtsdiagnose des primären Hyperaldosteronismus ergibt sich aus dem klinischen Bild: Betroffen sind vor allem jüngere Patienten zwischen dem 20. und 30. Lebensjahr, Frauen dreimal häufiger als Männer. Meist besteht (schon seit mehreren Jahren)
- ein mittelschwerer Hochdruck (Hypervolämie bei renaler Na^+-Rückresorption) mit Kopfschmerzen, Retinopathie und Proteinurie,
- eine exzessive Hypokaliämie (renaler K^+-Verlust) mit Müdigkeit, Muskelschwäche, Darmträgheit und einer verminderten Sensitivität gegenüber ADH mit folgender Polyurie und Polydipsie sowie
- die Neigung zur metabolischen Alkalose (renaler H^+-Verlust) mit konsekutiver Hyperkalzämie.

! Leitsymptome des primären Hyperaldosteronismus sind arterielle Hypertonie und Hypokaliämie.

Diagnostik: Vor Beginn der Diagnostik müssen alle Diuretika und Laxanzien abgesetzt werden.
Nachweis des primären Hyperaldosteronismus: Der Schwerpunkt der Diagnostik liegt auf der Durchführung von Laboruntersuchungen. Das Diagnoseschema ist in **19.15** dargestellt. Der Nachweis gelingt durch wiederholte Blutdruckmessung und Bestimmung des (erniedrigten) Serum-Kaliums. Zur *Differenzierung des primären vom sekundären Hyperaldosteronismus* werden Plasma-Renin und Aldosteron bestimmt. Das daraus gebildete Verhältnis ist bei primärem Hyperaldosteronismus > 400, da das Renin supprimiert ist. Zur *Diagnosesicherung* dient die Bestimmung der Na^+- und K^+-Konzentration im Urin.

Differenzierung zwischen Conn-Adenom und bilateraler Hyperplasie:

- hoch auflösende CT/Sonographie (👁 **19.16a**; bei > 10 mm in 75 % zutreffend),
- Nebennierenvenenkatheter (in 90 % zutreffend): selektive Blutentnahme und seitengetrennte Bestimmung von Aldosteron und Cortisol,
- ^{131}I-Cholesterin-Szintigraphie (in 50–80 % zutreffend): evtl. Dexamethason-Suppression,
- Dexamethason-Test: periphere Blutabnahme und Bestimmung von Desoxycorticosteron, Corticosteron und Aldosteron.

! Die Differenzierung zwischen Conn-Adenom und Hyperplasie ist therapeutisch wichtig: Adenome werden exstirpiert, Hyperplasien werden mit Spironolacton behandelt.

Therapie:
Medikamentös: Bei beidseitiger Hyperplasie bzw. präoperativ ist die Behandlung mit Aldosteronantagonisten (Spironolacton) indiziert.
Operativ: Die Indikation zur operativen Exstirpation besteht beim Adenom (👁 **19.16b,c**) und Karzinom. Präoperativ ist eine mehrwöchige Vorbehandlung mit dem Aldosteronantagonisten Spironolacton (200–400 mg/Tag) erforderlich. Adenome können durch video-endoskopische Adrenalektomie entfernt werden. Bei Karzinomen sollte eine offene Adrenalektomie und anschließende Chemotherapie durchgeführt werden.

Prognose: Bei über 70 % der Patienten ist nach einer Operation mit einer dauerhaften Normalisierung der Hypertonie zu rechnen.

👁 **19.15 Diagnostik des primären Hyperaldosteronismus**

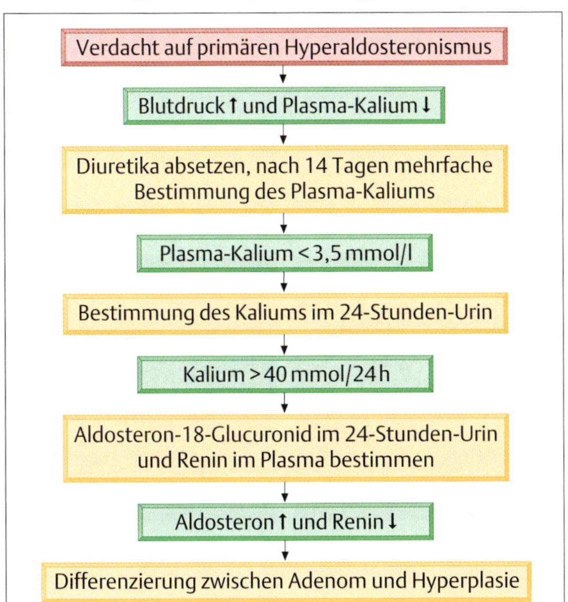

Differenzialdiagnostisch müssen andere Krankheitsbilder, die zu einer Hypokaliämie führen, abgegrenzt werden wie auch Krankheiten mit sekundärem Hyperaldosteronismus (z. B. Renin produzierende Nierentumoren, maligne Hypertonie, renovaskuläre Hypertonie).

Cushing-Syndrom und Morbus Cushing

Definition: Der Begriff **Cushing-Syndrom** (Synonym: Hyperkortisolismus) beschreibt eine Reihe von Symptomen, die durch einen permanent erhöhten Plasmacortisolspiegel (Hyperkortisolismus) mit Aufhebung des biphasischen Tagesverlaufes auftreten. Der Begriff **Morbus Cushing** bezieht sich nur auf die zentrale ACTH-Überproduktion durch Adenome des Hypophysenvorderlappens (HVL).

Ätiopathogenese: Die Ursachen des Cushing-Syndroms sind in **T 19.7** aufgeführt. Die häufigste Ursache ist mit 60 % eine ACTH-Überproduktion durch ein basophiles Mikroadenom des HVL (Morbus Cushing; **19.13**). Die zweithäufigste Ursache ist eine paraneoplastische Produktion von CRF oder ACTH durch vom Hypothalamus-Hypophysen-Nebennieren-System unabhängige Tumoren.

👁 **19.16 Conn-Adenome**

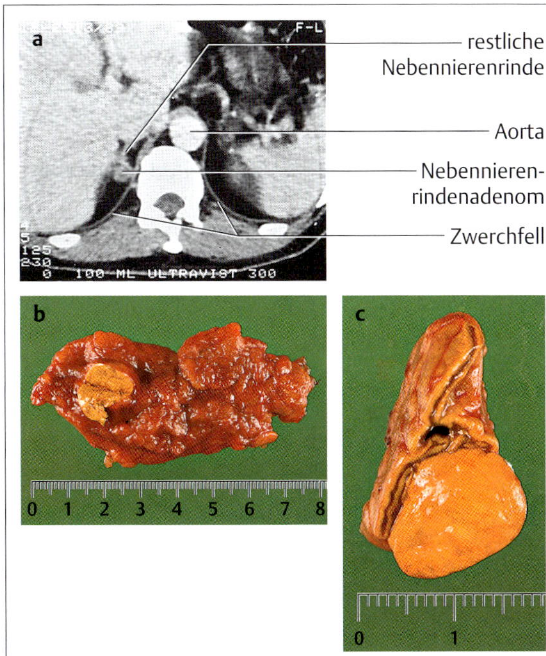

a CT eines 52-jährigen Patienten mit Conn-Syndrom aufgrund eines rechtsseitigen NNR-Adenoms,
b die exstirpierte Nebenniere mit dem aufgeschnittenen Adenom desselben Patienten.
c Exstirpierte linke Nebenniere mit großem Conn-Adenom.

19.7 Ursachen des Cushing-Syndroms

primäres oder ACTH-unabhängiges Cushing-Syndrom (25 %)	*sekundäres oder ACTH-abhängiges Cushing-Syndrom (75 %)*
NNR-Adenom, NNR-Karzinom, Nebennierenhyperplasie, bilaterale makro- oder mikronoduläre Nebennierenhyperplasie, nahrungsmittelabhängiges Cushing-Syndrom	ACTH-sezernierendes Hypophysenadenom (Morbus Cushing), exzessive hypothalamische CRH-Produktion, ektope paraneoplastische ACTH-Produktion, alkoholinduziertes Cushing-Syndrom

19.13 Pathogenese der Hypophysenadenome

Hypophysenadenome werden wahrscheinlich durch eine massive Produktion von Cortikotropin-releasing Factor (CRF) im Hypothalamus induziert. Infolge der erhöhten ACTH-Produktion kommt es dann beim Morbus Cushing zu einer bilateralen diffusen adenomatösen Nebennierenhyperplasie.

Symptome: Leitsymptom des Cushing-Syndroms ist der cushingoide Habitus mit Stammfettsucht, Stiernacken und Striae rubrae (**19.17**). Bei Frauen zusätzlich Hirsutismus, Virilismus und Amenorrhö. Weitere Symptome sind arterielle Hypertonie, Diabetes mellitus und die Neigung zu Magen-Darm-Ulzera. Zudem bestehen eine gestörte Wundheilung und eine erhöhte Infektanfälligkeit.

Diagnostik:
Die **Diagnosestellung** erfolgt anhand des klinischen Erscheinungsbildes und biochemisch durch Messung des erhöhten Serum-Cortisols (Serum-Cortisol um 8 Uhr morgens > 3 µg/dl). Zusätzlich Bestimmung des freien Cortisols bzw. des 17-Hydroxycorticosteroids im 24-Stunden-Sammelurin und Dexamethasonhemmtest (**19.14**).
Die **Ursachenbestimmung**, d. h. die Differenzierung zwischen primärem und sekundärem Cushing-Syndrom, erfolgt mittels ACTH-Bestimmung im Serum und hochdosiertem Dexamethason-Hemmtest (mit 3 mg Dexamethason; s. **19.14**).
Die **Seitenlokalisation** beim primären Cushing erfolgt mittels Sonographie, CT oder selektiver Katheterisierung der Nebennierenvene zur Blutentnahme.

19.14 Dexamethasonhemmtest

Nach Gabe von 1–2 mg Dexamethason oral um 23 Uhr am 1. Tag erfolgt am 2. Tag die Serum-Cortisol-Bestimmung zwischen 8 und 9 Uhr.
Beim Cushing-Syndrom besteht eine fehlende Suppression des Cortisols. Es liegt > 3 µg/dl.

Therapie: Jedes Cushing-Syndrom ist grundsätzlich behandlungsbedürftig. Die Therapie richtet sich nach der Ursache der Erkrankung:
primäres Cushing-Syndrom: Exstirpation der betreffenden Nebenniere (**19.18**),
ektopes Cushing-Syndrom: Entfernung des neoplastischen Tumors,
Morbus Cushing: operative Exstirpation eines HVL-Adenoms; falls dies nicht möglich ist, Bestrahlung bzw. medikamentös-konservative Therapie,
bilaterale Hyperplasie: Eine bilaterale Adrenalektomie mit autologer Transplantation von Nebennierengewebe in Muskelgewebe kann bei fortbestehendem Hyperkortisolismus indiziert sein. Eine lebenslange medikamentöse Substitution von Nebennierenhormonen muss dennoch meist erfolgen.

19.15 Komplikation der beidseitigen Adrenalektomie

Die beidseitige Adrenalektomie birgt mit einer Latenz von mehreren Jahren das Risiko der Entwicklung eines ACTH-bildenden Hypophysentumors (Nelson-Tumor) in 10–20 % der Fälle.

Adrenogenitales Syndrom

Es werden zwei Formen unterschieden:
Kongenital, durch Enzymdefekt: Das kongenitale AGS entsteht durch einen Enzymdefekt in der Synthese der Steroidhormone mit konsekutiver ACTH-Stimulation

19.17 Morbus Cushing

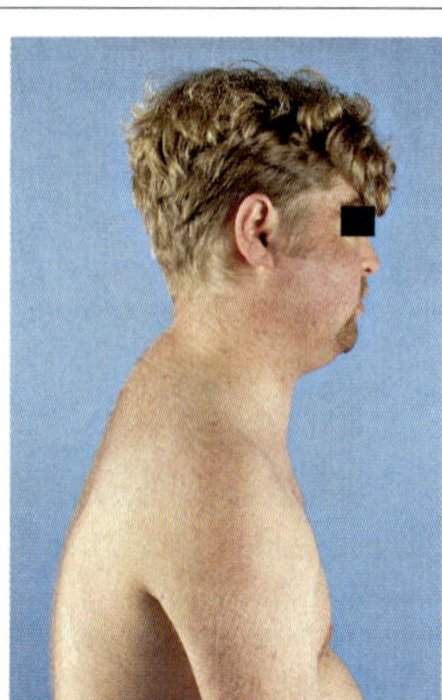

Junger Patient mit zentralem Morbus Cushing.

19.18 Nebennierenrindenadenom

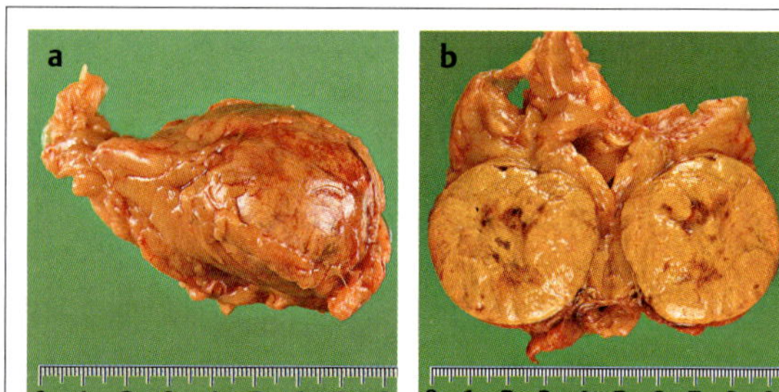

Operationspräparat (**a** intakt, **b** aufgeschnitten) einer 45-jährigen Frau mit großem linksseitigen Cushing-Adenom.

und Nebennierenrindenhyperplasie. Klinisch zeigt sich bei Mädchen eine intersexuelle Genitalentwicklung bzw. Virilisierung, bei Knaben eine isosexuelle Genitalentwicklung bzw. Pubertas praecox. Therapie: frühzeitige Cortisolsubstitution.

Erworben durch NNR Tumor: Selten, zumeist durch maligne Tumoren der NNR bedingt. Klinische Symptome bei Frauen sind Virilisierung, Hirsutismus und Amenorrhö, bei Männern Hodenatrophie, Gynäkomastie und Infertilität. Das erworbene AGS mit Tumor stellt eine Operationsindikation dar.

Hormoninaktive benigne NNR-Tumoren

Sie sind oftmals klinisch asymtomatisch und werden dann als Zufallsbefunde (Inzidentalome) entdeckt oder sie machen sich aufgrund ihrer Größe durch mechanische Verdrängungserscheinungen bemerkbar.

Inzidentalome

Es handelt sich um zufällig entdeckte Nebennierentumoren. Oftmals besteht eine pathologische Hormonsekretion, die klinisch jedoch nicht apparent wird. Die häufigsten Tumoren sind: Zysten, Lipome, Adenome, Karzinome und Metastasen.

Diagnostik: Zum Auschluss einer Hormonüberproduktion muss eine sorgfältige biochemische Analyse erfolgen. Bildgebende Verfahren wie CT, MRT, PET und Szintigraphie dienen der Definition des Malignitätsrisikos der Raumforderung (**19.19**).

Therapie: Bei hormoneller Aktivität ist eine Operationsindikation gegeben. Bei hormoninaktiven Tumoren und fehlendem Malignitätsverdacht empfiehlt sich bei kleinen Tumoren (3–5 cm Durchmesser, Malignitätswahrscheinlichkeit < 5 %) zunächst einmal eine Kontrolluntersuchung nach 3 Monaten. Bei malignitätsverdächtigen oder an Größe zunehmenden Läsionen sollte eine operative Therapie erfolgen.

19.19 Diagnostisches Vorgehen bei einem Inzidenztalom

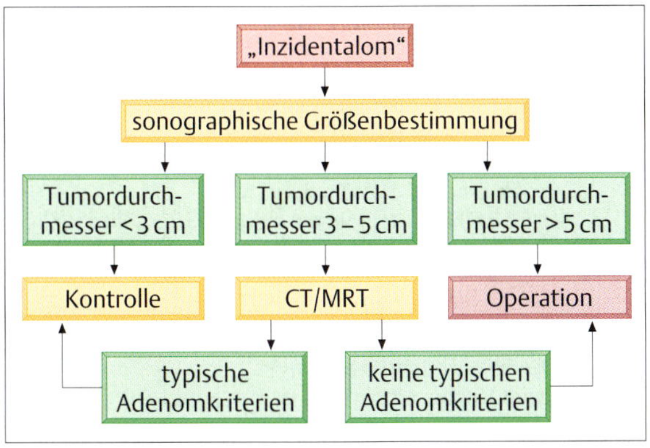

Nebennierenrindenkarzinom

NNR-Karzinome sind sehr selten. Die meisten sind über 6 cm groß und sehr maligne. 50 % der Nebennierenkarzinome sind hormonell inaktiv. Bei hormoneller Aktivität besteht meist eine Mischsekretion adrenokortikaler Hormone mit Androgenen und Östrogenen. Das klinische Bild ist daher uncharakteristisch. Oftmals werden die Nebennierenkarzinome erst durch Schmerzen, Verdrängungserscheinungen, Fieber, Gewichtsverlust und Leistungsknick apparent. Die Metastasierung erfolgt in die Lymphknoten und in Leber, Lunge und Knochen.

Primärtumoren, die bevorzugt in die Nebenniere metastasieren sind: kleinzellige Bronchial-, Mamma-, Schilddrüsen-, Ösophagus-, Magen-, Pankreas-, Kolonkarzinome und Melanome.

Diagnostik: Laborchemisch muss eine hormonelle Aktivität nachgewiesen bzw. ausgeschlossen werden. Die bildgebende Diagnostik erfolgt mittels CT und MRT.

Therapie: Eine operative Therapie ist bei Malignomverdacht indiziert. Bei Inoperabilität erfolgt eine medikamentös-symptomatische Behandlung.

Die **Prognose** ist abhängig vom Tumorstadium (s. Lehrbücher der Pathologie).

Allgemeine Nebennieren-Operationstechnik

Verschiedene offene und minimal-invasive Zugangswege zur Nebenniere stehen zur Verfügung:

- transabdominell (Subkostalschnitt): bei großen Tumoren > 5 cm Durchmesser, bei Verdacht auf Malignität oder wenn zusätzlich andere chirurgische Interventionen durchgeführt werden müssen,
- retroperitoneal (dorsal/lateral) im Sinne eines Flankenschnitts,
- laparoskopisch (transabdominell oder retroperitoneoskopisch): Tumoren < 5 cm,
- selten thorakoabdominal: große Tumoren.

Die frühe Unterbindung der V. suprarenalis beim Phäochromozytom wurde schon erwähnt. Allgemein muss subtil präpariert werden, unter Respektierung aller benachbarter Organe (links besonders Pankreasschwanz und Milz, rechts besonders intrahepatische V. cava inferior).

19.9 Nebennierenmark

Die wichtigste Erkrankung des Nebennierenmarks ist das Phäochromozytom. Daneben treten fast ausschließlich bei Kindern Neuroblastome und Ganglioneuroblastome auf, Ganglioneurome findet man auch bei Erwachsenen. Das Fehlen des Nebennierenmarks führt i. d. R. nicht zu Krankheitssymptomen.

19.16 Physiologie des Nebennierenmarks

Die Neurone des Nebennierenmarks (NNM) sind wie die sympathischen postganglionären Neurone neuroektodermalen Ursprungs. Sie sind aus Zellen entstanden, die aus der Neuralleiste ausgewandert sind. Beide Zellsysteme synthetisieren Katecholamine. In den chromaffinen Zellen des NNM wird zu 80 % Adrenalin und zu 20 % Noradrenalin gebildet. Die sympathischen postganglionären Neurone produzieren fast ausschließlich Noradrenalin. Die Katecholaminwirkung erfolgt über spezifische adrenerge Rezeptoren. Adrenalin wirkt hauptsächlich auf die β_1-Rezeptoren des Herzens und die β_2-Rezeptoren der peripheren Gefäße. Noradrenalin wirkt vor allem auf α-Rezeptoren.

Phäochromozytom

Phäochromozytome sind hormonaktive Tumoren der chromaffinen Zellen des Nebennierenmarks, die Katecholamine, im Wesentlichen Adrenalin, produzieren (**19.20**).

Phäochromozytome treten in 10 % bilateral, in 10 % extraadrenal, in 10 % familiär (im Rahmen eines MEN II) und in 10 % maligne auf.

Die extraadrenalen Katecholamin produzierenden Tumoren werden Paragangliome genannt (**19.17**). 80 % der Tumoren treten bei Erwachsenen im Alter von 30–50 Jahren auf, bei Frauen häufiger als bei Männern. In 20 % sind Kinder betroffen. Bei Kindern sind die Hälfte der Fälle bilateral, multiple oder extraadrenal. Bei bilateralem Auftreten muss besonders an eine familiäre Form im Rahmen eines MEN II (s. SE 19.7, S. 439) und eines Hippel-Lindau-Syndroms gedacht werden.

19.20 Phäochromozytom des linken NNM

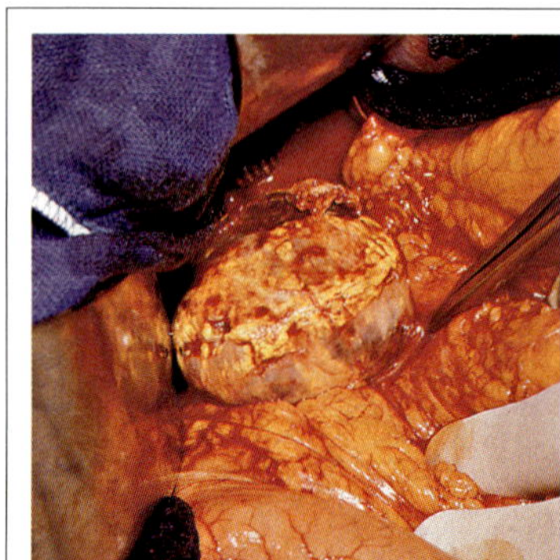

19.17 Paragangliome

Paragangliome sind sehr selten. Sie sind entlang der Gefäßstämme der A. carotis, der Aorta thorakalis und abdominalis, der A. iliaca, am Abgang der A. mesenterica inferior (Zuckerkandl-Organ) sowie an der Harnblase lokalisiert. Die Paragangliome der sympathischen retroperitonealen Ganglien produzieren überwiegend Noradrenalin oder Dopamin, die der parasympathischen mediastinalen Ganglien sind meist hormoninaktiv.

Klinik: Leitsymptom des Phäochromozytoms ist die arterielle Hypertonie, die dauerhaft oder als paroxysmale Form mit hypertonen Krisen auftreten kann. 0,1–1 % der Hypertoniker haben ein Phäochromozytom. Zusätzlich treten Herzrhythmusstörungen (Tachyarrhythmien) und vegetative Symptome wie Kopfschmerzen, Schwindel, Schwitzen, Nervosität, Unruhe, Gewichtsverlust und Blässe auf.

Diagnostik: An den anamnestischen Verdacht schließt sich der **laborchemische Nachweis** an. Hier erfolgen Katecholaminstoffwechseluntersuchungen im 24-Stunden-Sammelurin und im Plasma. Neben der Bestimmung der Vanillinmandelsäure als Stoffwechselprodukt im 24-Stunden-Urin kann eine direkte Messung von Adrenalin und Noradrenalin im Urin und Plasma erfolgen. Der diagnostische Algorithmus ist in **19.21** dargestellt.
Die **Lokalisationsdiagnostik** erfolgt erst nach biochemischer Diagnosestellung mittels CT (**19.22a**) und MRT. Ein weiters wichtiges Verfahren ist die MIBG-Szintigraphie (^{131}I-Meta-Iod-Benzyl-Guanidin-Szintigraphie; **19.23**), die bei positivem Befund das Vorliegen eines Phäochromozytoms beweist und zusätzlich extraadrenale Tumoren nachweisen kann.

19.18 Clonidintest

Nach 1 Stunde Ruhephase Blutentnahme zur Bestimmung der Plasma-Katecholamine. 180 Minuten nach oraler Gabe von Clonidin erneute Blutabnahme.
Der Test ist pathologisch, wenn die primär erhöhten Plasma-Katecholamine nicht in den Normbereich abfallen.

Therapie und Ergebnisse: Mit dem Tumornachweis besteht eine Operationsindikation.
Präoperative Vorbereitung: Da es intraoperativ durch die Manipulation an dem Tumor zu einer exzessiven Ausschüttung von Katecholaminen kommen kann, ist bereits 10–14 Tage präoperativ eine α-Rezeptoren-Blockade mit Phenoxybenzamin in ansteigender Dosierung unter ausreichender Volumensubstitution zu beginnen. Bei persis-

tierenden Arrhythmien oder Tachykardien > 100/min kommen (*nach* Beginn der α-Rezeptoren-Blockade!) zusätzlich β-Rezeptoren-Blocker zum Einsatz.

Intraoperative Behandlung: Sie erfordert eine enge Zusammenarbeit zwischen Anästhesist und Operateur, um

19.21 Diagnostik bei Verdacht auf Phäochromozytom

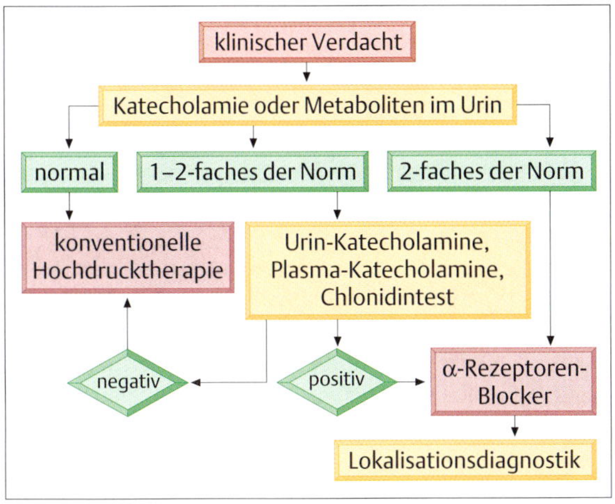

19.22 Phäochromozytom

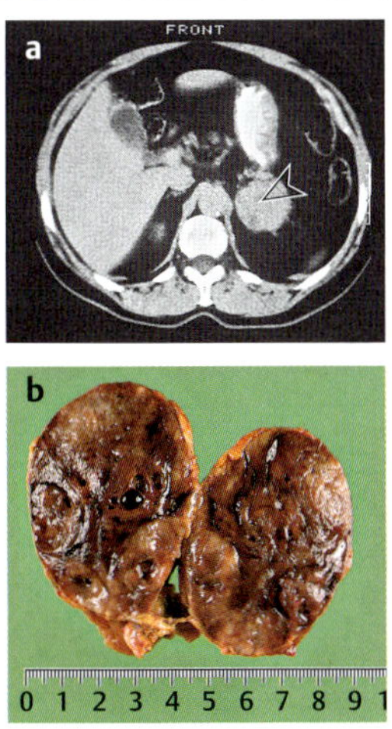

a CT eines großen Phäochromozytoms links (Pfeil) bei einer 39-jährigen Frau.

b Das aufgeschnittene Operationspräparat mit wabig-schwammigem Aufbau.

19.23 MIBG-Szintigraphie bei Phäochromozytom

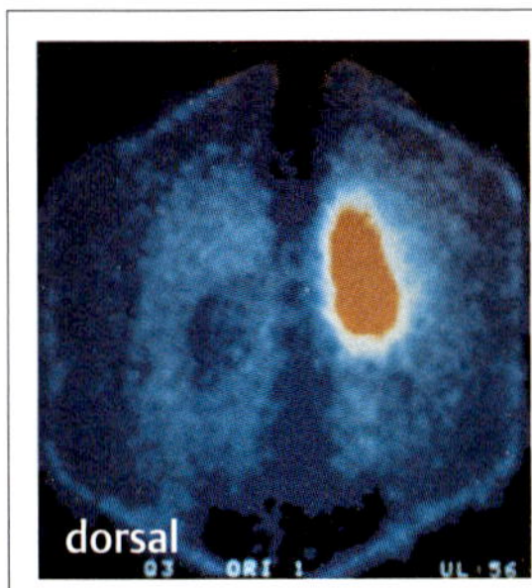

Originalaufzeichnung einer MIBG-Szintigraphie. Man schaut von dorsal auf den Patienten, deshalb handelt es sich um ein rechtsseitiges Phäochromozytom.

krisenhafte Hypertonie- und Tachykardiephasen zu vermeiden. Ein invasives Kreislaufmonitoring ist wichtig. Intraoperativ ist eine kontrollierte Blutdrucksenkung mit Nitroglycerin ggf. der Einsatz von Natriumnitroprussid notwendig.

Operationsverfahren: Beim sporadischen unilateralen Phäochromozytom erfolgt die einseitige Adrenalektomie. Beim hereditären Phäochromozytom z.B. im Rahmen einer MEN-II-Erkrankung sollte eine organ- bzw. funktionserhaltende subtotale Resektion der Nebenniere erfolgen. Bei beidseitiger Adrenalektomie ist eine Autotransplantation von Nebennieren*rinden*gewebe in die Unterarmmuskulatur indiziert (s. SE 19.8, S. 442). Beim Phäochromozytom in der Schwangerschaft ist eine Adrenalektomie im 2. Trimenon anzustreben.

Eine frühzeitige Ligatur der V. suprarenalis ist notwendig, um die systemische Einschwemmung von Katecholaminen bei Tumormanipulation zu vermeiden. Tumoren bis 5 cm Durchmesser können minimal invasiv entfernt werden, entweder transabdominell oder retroperitoneoskopisch.

Postoperativ muss eine engmaschige Herz-Kreislauf-Überwachung erfolgen. Die antihypertensive Therapie sollte abgesetzt werden. In 70–80 % wird kurz- und langfristig Normotension erreicht.

! Eine jährliche Nachsorge-Untersuchung ist aus zwei Gründen notwendig: Zum einen ist histomorphologisch im Einzelfall eine Unterscheidung zwischen benignem und malignem Phäochromozytom extrem schwierig, zum anderen kann das Phäochromozytom die Erstmanifestation eines MEN IIa oder IIb sein (s. SE 19.7, S. 439).

Malignes Phäochromozytom

Diagnostik: Neben der o. g. *bildgebenden Diagnostik* sollte eine ^{111}Octreotid-Szintigraphie zur Tumorlokalisation und zum Metastasennachweis durchgeführt werden. Die *histopathologische Diagnosestellung* kann nur schwer erfolgen. Eine extrarenale Manifestation und ein großer Tumordurchmesser sind Hinweise auf Malignität. Verlässliche Kriterien der Malignität sind Invasion in Nachbarstrukturen und Metastasierung.

Die *Metastasierung* erfolgt vor allem in die Lymphknoten (prävertebral, zervikal, mediastinal und abdominell), in Lunge und Leber sowie ossär.

Therapie: Bei Malignitätsnachweis ist ein radikales chirurgisches Vorgehen indiziert. Bei nicht kurativ resektablen Tumoren ist ein Tumordebulking durchzuführen. Bei inoperablen Tumoren, die MIBG aufnehmen, ist die ^{131}I-MIBG-Therapie das Mittel der Wahl. Bei progredientem Verlauf ist eine Chemotherapie indiziert.

Eine symptomatische Behandlung der Hypertonie spielt bei malignen, multizentrischen, rezidivierenden Phäochromozytomen eine entscheidende Rolle.

Die **Prognose** ist abhängig vom Stadium der Erkrankung. Die mittlere Lebenserwartung liegt zwischen 1 und 5 Jahren.

Dorothee Decker / Andreas Hirner

20.1 Leisten- und Schenkelhernie: pathologische Anatomie, Klinik und Diagnostik

Die geraden und schrägen Bauchmuskeln sind mit ihren sehnigen Aponeurosen am Thorax, den Querfortsätzen der Lendenwirbel und am Becken aufgespannt und halten durch ihren Tonus die Eingeweide in der Bauchhöhle. Treten zwischen den Aponeurosen Lücken auf, können Eingeweide durch die Bauchdecke vorfallen (Hernien).

Mehr als 90 % der Hernien finden sich in der Leistenregion. Die Operation einer Leistenhernie zählt zu den häufigsten chirurgischen Eingriffen überhaupt. Die Gefahr jeder Hernie besteht in der Einklemmung (Inkarzeration), welche zu einem lebensbedrohlichen Zustand führen kann.

Einführung

Definition: Hernien (gr. hernios: Knospe) sind Ausstülpungen des Peritoneum parietale durch Lücken zwischen den Aponeurosen der Bauchdeckenmuskeln.

Aufbau: Hernien bestehen aus einer Bruchlücke, einem Bruchsack (z. B. Peritoneum) sowie einem Bruchinhalt, z. B. Netz (44 %), Dünndarm (36 %), Dickdarm (16 %), Appendix (3 %), Adnexe (1 %).

Einteilung: Je nach Bruchlücke (👁 **20.1**) werden folgende Hernien unterschieden:
Leistenhernien (Synonym: Inguinalhernien) sind mit ca. 80 % die häufigsten Hernien:

- *direkte Leistenhernien* (s. auch **T 20.1**) treten an der schwächsten Stelle der Bauchdecke, der Fossa inguinalis medialis in die Bauchdecke ein,
- *indirekte Leistenhernien* hingegen in der Fossa inguinalis lateralis und nur sie folgen dem Leistenkanal (👁 **20.2**).

Alle Leistenhernien verlassen die Bauchdecke durch den äußeren Leistenring, d. h. oberhalb des Leistenbandes.
Schenkelhernien (Synonym: Femoralhernien; ca. 8 % aller Hernien) treten wie die direkten Leistenhernien in der Fossa inguinalis medialis aus der Bauchhöhle aus, folgen der V. femoralis (medialer Pol der Lacuna vasorum) und treten am Hiatus saphenus unterhalb des Leistenbandes aus (👁 **20.2b**).
Daneben gibt es auch **Hernien an der Bauchwand und in der Lumbalregion** (Nabel-, Narben- und epigastrische Hernie, Spieghel-Hernie), **dem Beckenboden** (perineale, ischiadische und Obturatorhernien) oder **innere Hernien**. Sie werden in den folgenden beiden SE besprochen.
Sonderformen im allgemeinen Aufbau einer Hernie werden in **T 20.2** beschrieben.

👁 20.1 Bruchpforten der Leisten- und Schenkelhernien

a Ansicht von innen (Eintrittspforten)

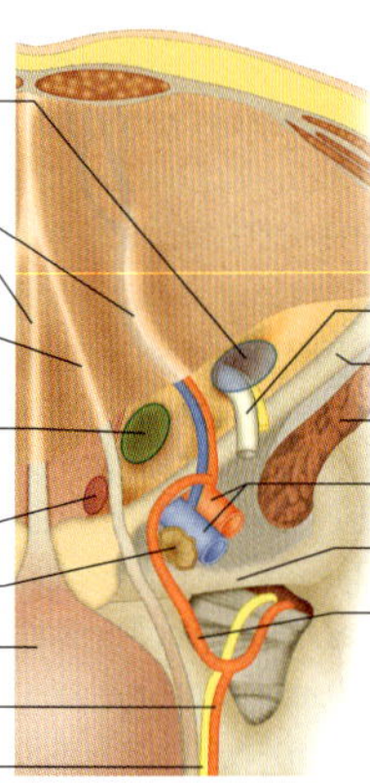

b Ansicht von außen (Austrittspforten)

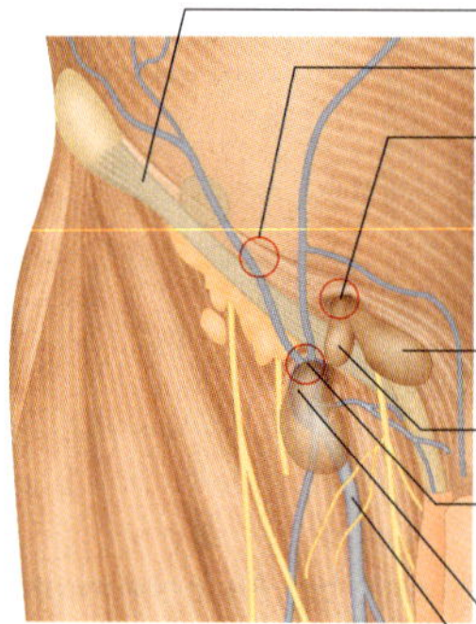

a Die Plica umbilicalis mediana (obliterierter Urachus), umbilicalis medialis (obliterierte Umbilikalgefäße) und umbilicalis lateralis (untere epigastrische Gefäße) unterteilen die Fossa inguinalis lateralis et medialis und supravesicalis.
b Die Aponeurose des M. obliquus abdominis externus geht nach kaudal in das Leistenband über. Die Schenkelhernie folgt dem Schenkelkanal, der ventral vom Tractus iliotibialis, kranial vom Leistenband, dorsal vom oberen Schambeinast und Cooper-Band (= Lig. pectineum), kaudal von der Fascia ileopectinea (= Faszie des M. iliopsoas und M. pectineus), medial vom Lig. lacunare sowie lateral von der V. femoralis gebildet wird. Die Bruchpforte der Schenkelhernie nach außen ist der Hiatus saphenus.
Während die direkten Hernien die Bauchwand auf direktem Weg (= sagittal) „durchqueren“, „wandern“ die indirekten entlang des Leistenkanals etwa in der Frontalebene von innen lateral nach außen medial.

20.1 Unterscheidung von direkter und indirekter Leistenhernie

Merkmale	*direkte Leistenhernie*	*indirekte Leistenhernie*
angeboren oder erworben?	erworben (Hernia accquirata)	angeboren (offener Processus vaginalis peritonei, Hernia congenita) oder erworben
Eintritt	*medial* der epigastrischen Gefäße durch Fossa inguinalis medialis	*lateral* der epigastrischen Gefäße durch inneren Leistenring in Fossa inguinalis lateralis
Durchtritt, Verlauf	ohne Beziehung zu Samenstrang bzw. Mutterband	entlang des offenen bzw. obliterierten Processus vaginalis peritonei gemeinsam mit Samenstrang bzw. Mutterband
Austritt	am äußeren Leistenring	am äußeren Leistenring

Ätiopathogenese: Begünstigend auf die **Entwicklung einer Leistenhernie** wirken folgende Faktoren:

- erhöhter intraabdomineller Druck, z. B. bei Adipositas, häufigem Husten, chronischer Obstipation, Schwangerschaft, Prostatahyperplasie und Aszites,
- Veränderungen des Bindegewebes, v. a. des Kollagenstoffwechsels.

Die Entwicklung einer Hernie ist immer multikausal: Gewichtheber weisen keine Häufung von Leistenbrüchen auf. Ebenso haben gut ein Fünftel aller Menschen lebenslang einen offenen Processus vaginalis, ohne je eine Leistenhernie zu entwickeln.

Wird die Blutversorgung des Bruchinhaltes (meistens Netz oder Darm) gestört, kommt es zunächst zum Ödem des Bruchinhaltes. Aufgrund der Größenzunahme des Bruchinhaltes verschlechtert sich die Blutversorgung zusätzlich, sodass eine Nekrose des Bruchinhaltes, die **Inkarzeration**, resultiert (20.3) mit möglicher nachfolgender Peritonitis (s. SE 28.2, S. 544 f).

Epidemiologie: Die Häufigkeit von der Lokalisation der Hernien (ausgenommen Narben- und Nabelhernien) unterscheidet sich zwischen den Geschlechtern (**20.3**).

Besonderheiten der kindlichen Leistenhernie

Im Kindesalter spielen praktisch nur Leistenhernien eine Rolle. Die Leistenhernie des Kindes ist immer angeboren, stellt einen Bruchinhalt im offen gebliebenen Processus vaginalis testis dar (indirekte Leistenhernie) und manifestiert sich am häufigsten in den ersten 6 Monaten. Jungen sind häufiger betroffen als Mädchen, die rechte Seite häufiger als die linke (verzögerter Deszensus des rechten Hodens und damit späterer Verschluss des Processus vaginalis testis). Von der Hernie zu unterscheiden ist die immer asymptomatische (!) **Hydrocele testis** bzw. **Hydrocele funiculi spermatici**, bei der der Processus vaginalis bzw. der Funiculus spermaticus mit Flüssigkeit angefüllt sind. Ebenfalls differenzialdiagnostisch abzugrenzen ist der **Leistenhoden**. Bei Mädchen ist das Ovar der häufigste Bruchinhalt (Inkarzerationsgefahr!).

Klinik und Diagnostik der Leisten- und Schenkelhernien

Eine Hernie wird in aller Regel bei der klinischen Untersuchung diagnostiziert. In unklaren Fällen können bildgebende Verfahren indiziert sein.

Anamnese: Typischerweise wird eine Schwellung in der Leiste, verbunden mit ziehenden Schmerzen – vor allem bei der Bauchpresse (Husten, schweres Heben etc.) –, beobachtet.

20.2 Anatomie des Leistenkanals

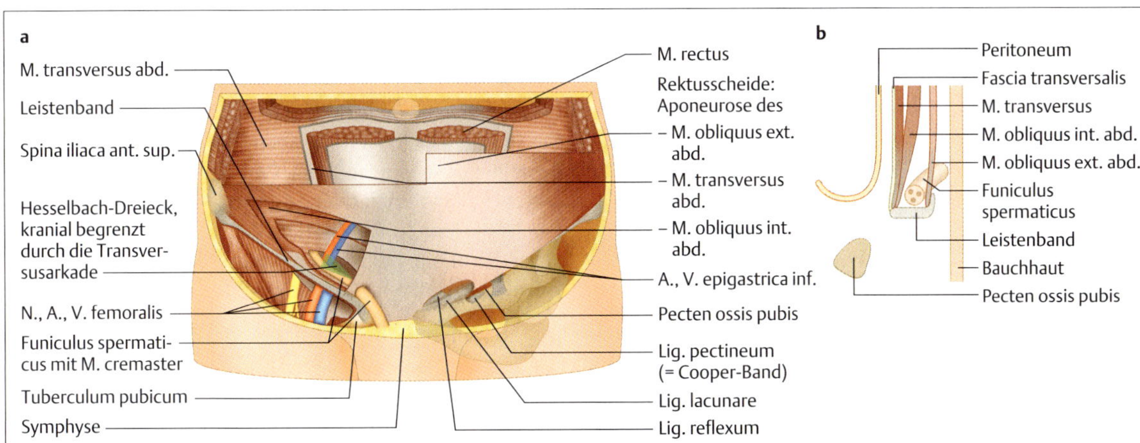

Begrenzungen des Leistenkanals: *Vorderwand und äußerer Leistenring:* Sehnenplatte des äußeren queren Bauchmuskels, *Hinterwand und innerer Leistenring:* innere Bauchwandfaszie, *unten:* Leistenband (geht am Tuberculum ossis pubis in das Lig. lacunare [Verbindung mit Lig. ileopectineum = Cooper-Band] über), *oben:* Unterrand des queren und des inneren schrägen Bauchmuskels.

T 20.2 Sonderformen der Leistenhernien

Bezeichnung, Definition

Hernia accreta:
Der Bruchinhalt verklebt mit dem Bruchsack.

Hernia scrotalis:
Der Bruchsack erstreckt sich bis in den Hoden (Maximalvariante einer indirekten Leistenhernie, 👁 **20.4**).

stenosierende Hernie:
Durch den Vorfall der Darmeingeweide kommt es zu deren Abklemmung.

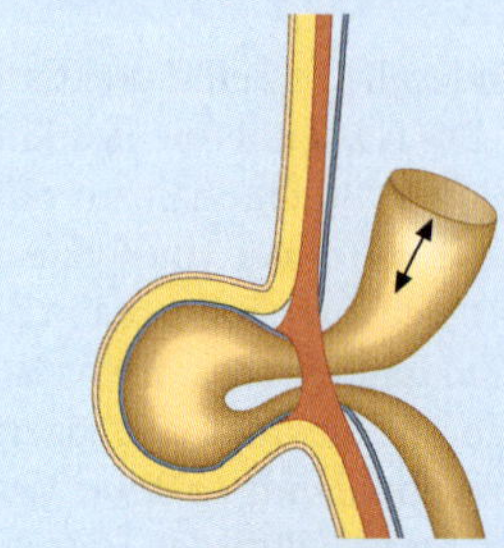

Sonderform:
Maydl-Hernie
(Doppelklinge mit möglicher Inkarzeration der inneren Schlinge).

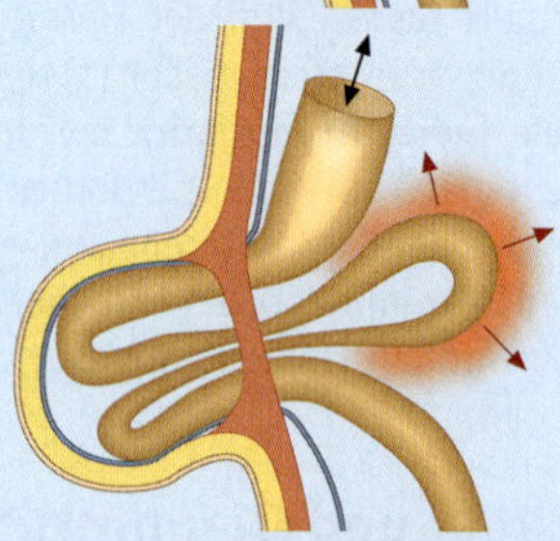

Gleithernie:
nicht vollständig von Peritoneum überzogene Organe (z. B. Zökum, Colon ascendens und descendens, Blase) fallen in den Bruchsack vor, der Bruchsack ist deshalb nicht vollständig von Peritoneum umgeben.

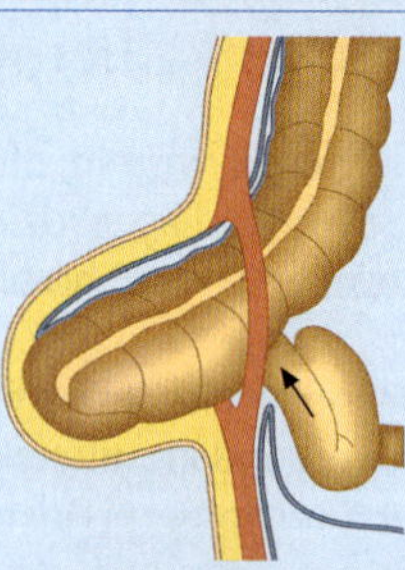

Richter-Hernie
(Synonym: inkomplette Hernie):
Der Bruchinhalt besteht nur aus einem Teil der Darmwand (auch dieser kann inkarzerieren).

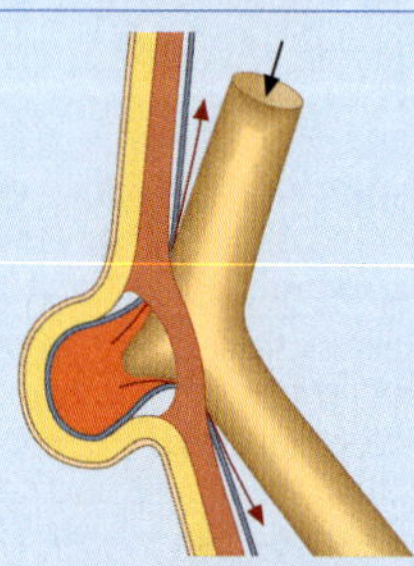

Littré-Hernie:
Der Bruchsack beinhaltet ein Meckel-Divertikel (kann inkarzerieren).

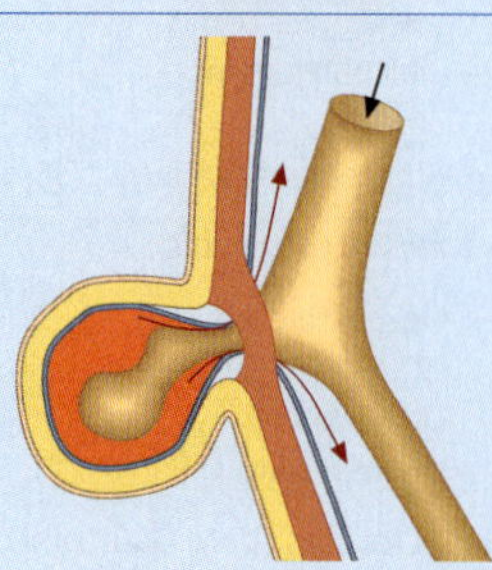

Die in die freie Bauchhöhle zeigenden roten Pfeile weisen auf die zunehmende Peritonitis hin.

T 20.3 Epidemiologie der Hernien

Lokalisation	***Häufigkeit***	***Anteil Männer***	***Anteil Frauen***
Leistenhernien	90 %	80 %	20 %
Schenkelhernien	8 %	20 %	80 %
sonstige (z. B. Spieghel-Hernie, perineale und innere Hernien)	2 %	50 %	50 %

! *Zeichen der Inkarzeration:* Ruheschmerzen, Druckempfindlichkeit, Infektzeichen, Erbrechen und Übelkeit.

Klinische Untersuchung:

Palpation: Der Patient steht, der Untersucher sitzt und tastet mit seinem Zeigefinger (beim Kind mit dem Ringfinger) zunächst vom Skrotum (bei der Frau von der Leistenhaut aus) den äußeren Leistenring. Dann wird bei tieferer Palpation entlang des Verlaufes des Leistenkanals (👁 **20.2**) versucht, den inneren Leistenring zu tasten. Der Patient wird aufgefordert zu husten bzw. zu pressen (Vasalva-Manöver). Bei einer Hernia incipiens wird hierbei ein Bruchsack an der Fingerspitze anschlagen. Gleichzeitig kann bei dieser Untersuchung geprüft werden, ob ein eventuell vorhandener Bruchsack reponibel ist oder nicht.

Eine Reposition kann unmöglich werden bei Verwachsungen (Hernia accreta; s. T **20.2**), bei Inkarzerationen oder dann, wenn die Bauchhöhle im Laufe der Zeit sich an den immer größer werdenden Bruch so adaptiert hat, dass er in ihr nicht mehr Platz hat („Der Bruchinhalt hat sein Heimatrecht verloren"). Sofern keine Inkarzeration vorliegt, kann auch eine irreponible Hernie über Jahre hinweg asymptomatisch bleiben.

Zur Abgrenzung einer Leistenhernie gegen eine Hydrocele testis kann eine **Diaphanoskopie** durchgeführt werden. Hierbei wird die tastbare Schwellung am Hoden mit einer Lichtquelle durchleuchtet und auf Verschattungen z. B. durch Bruchinhalt geachtet.

Bildgebende Verfahren:

Sonographie: Gute Darstellbarkeit der Faszienlücke mit Bruchsack und Bruchinhalt in unklaren Fällen. Mithilfe des Vasalva-Manövers können Hernien aufgrund ihrer Beweglichkeit von anderen Prozessen wie Lymphomen, Lipomen, Abszessen oder Seromen differenziert werden.
CT, MRT: Nur in Einzelfällen bei unklaren sonographischen Befunden oder zur Diagnostik von inneren oder perinealen Hernien bzw. der Spieghel-Hernien.

Differenzialdiagnose: s. T **20.4**.

20.4 Riesige Skrotalhernie

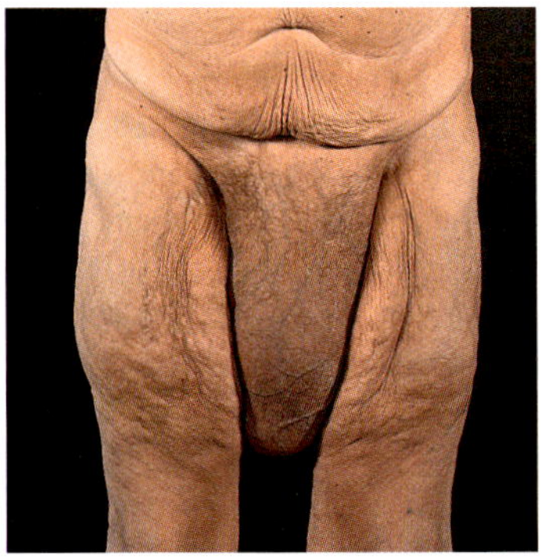

Das Skrotalfach reicht bei dem 75-jährigen Mann fast bis zum Knie herab. Der Penis ist nicht mehr sichtbar.

20.5 Skrotalhernie

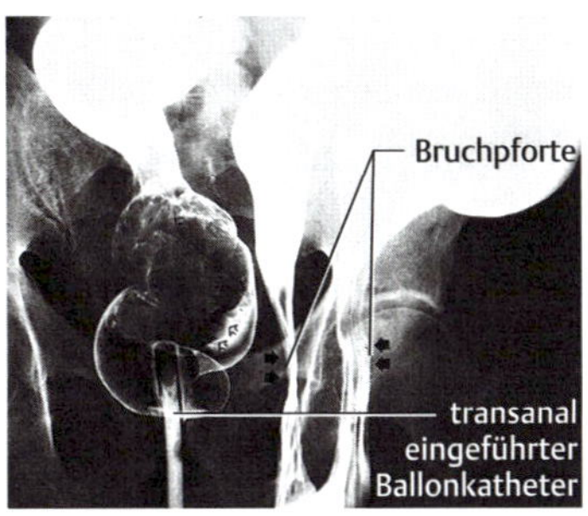

Der Kolonkontrasteinlauf wurde wegen eines tubulovillösen Adenoms im Rektum durchgeführt: Der Bruchinhalt besteht aus Colon sigmoideum.

20.4 Differenzialdiagnosen der Leisten- oder Schenkelhernie

Differenzialdiagnose	*typisches Unterscheidungsmerkmal*
Lymphadenitis	nicht verschiebliche Lymphknoten, harte Konsistenz, keine atemabhängige Verschieblichkeit, u. U. lokale oder systemische Entzündungszeichen
Lipom	weiche Konsistenz, keine atemabhängige Verschieblichkeit
Bauchwandrelaxation nach Flankenschnitt	Narbe an typischer Stelle, keine tastbare Faszienlücke, sonographisch alle Bauchwandschichten darstellbar
Varikozele	Anamnese des Gefühls im Skrotum als „Beutel voller Würmer“
Varikosis der V. saphena magna	weiche Konsistenz, gut reponibel, meist begleitet von Varikose auch weiter distal
Hydrozele	Größenkonstanz, kein Bruchinhalt bzw. Bruchsack in der Diaphanoskopie und Sonographie
Leistenhoden	fehlender Hoden im Skrotum

20.3 Inkarzerierte Hernien

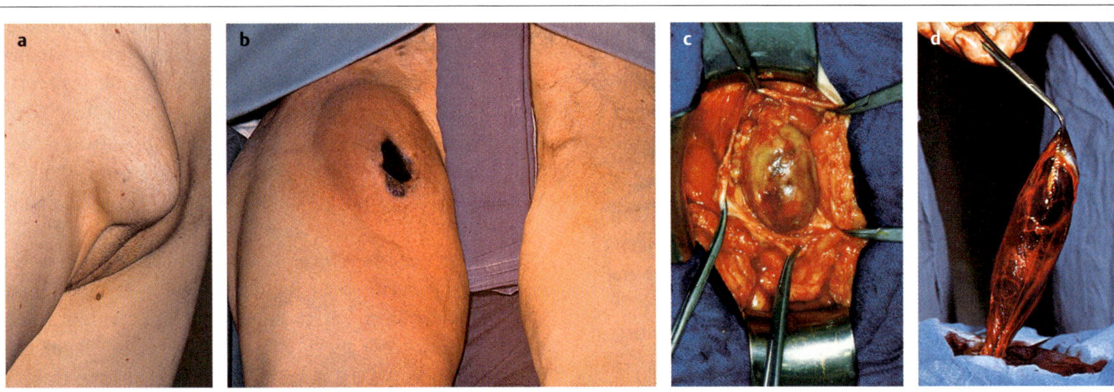

a Inkarzerierte Leistenhernie rechts bei einer Frau mittleren Alters, mit Notfalloperation.
b Inkarzerierte Schenkelhernie rechts bei einer 75-jährigen Frau (Notfall-OP). Der große entzündliche Tumor hat schon zu einer zentralen Hautnekrose geführt.
c Freigelegter gangränöser Bruchinhalt der Patientin in **b**.
d Inkarzerierte Leistenhernie rechts bei einem älteren Mann: Bruchsack mit nekrotischem Darminhalt.

20.2 Therapie der Leisten- und Schenkelhernie

Aufgrund der Gefahr der Inkarzeration besteht mit der Diagnose einer Leistenhernie in aller Regel und einer Schenkelhernie immer bereits deren Operationsindikation. Misslingt die Reposition, ist eine Notfalloperation notwendig. In der elektiven Chirurgie der Leistenhernie kommt ein differenziertes Vorgehen zur Anwendung. Neben der konventionellen Rekonstruktionstechnik nach Shouldice kann insb. bei Rezidivhernien durch Implantation eines Netzes eine nicht ausreichend starke Faszie ersetzt werden. Die früher favorisierte Technik nach Bassini ist heute wegen hoher Rezidivquote (bis 15 %) weitgehend verlassen worden.

Reposition

Indikation: Ist die Hernie eingeklemmt und droht zu inkarzerieren, stellt die Reposition in der Frühphase, d. h. bis zu 6 h nach einer bemerkten Einklemmung eine Notfallmaßnahme dar.

Bei bestehenden Komplikationen einer Inkarzeration (akutes Abdomen, lokale Rötung, mechanischer Ileus) sollte nicht Zeit durch Repositionsversuche verloren gehen, sondern sofort operiert werden.

Durchführung der bimanuellen Reposition:
- Der Patient liegt entspannt mit einer Rolle unter den Knien in leichter Kopftieflagerung,
- evtl. i.v. Zugang legen und Analgetika geben (z. B. 7,5 mg Piritramid).
- Die linke Hand umfasst den Bruchsack und übt kontinuierlich Druck aus, um das Ödem zu entlasten, die rechte Hand streicht gleichzeitig wiederholt den Bruchinhalt in Richtung Bruchlücke aus.

Nach einer Reposition sollte eine stationäre Überwachung zur Kontrolle des Abdominalbefundes und zum Ausschluss des Auftretens einer Peritonitis erfolgen.

Dieselben Kriterien gelten für Neugeborene und Säuglinge (stets indirekte Hernie bei noch offenem Processus vaginalis). Bei Mädchen ist das Ovar ein häufiger Bruchinhalt. Auch dieses kann bei enger Bruchlücke innerhalb von 6 Stunden venös infarzieren. Kann das Ovar nicht reponiert werden (ggf. mit rektaler Applikation von Sedativa), dann muss notfallmäßig operiert werden. Dasselbe Vorgehen gilt für Jungen.

Differenzierte operative Therapie der Leistenhernien

Indikation: Eine nicht eingeklemmte Hernie wird **elektiv** operiert, ausgenommen bleiben lediglich schwerstkranke Patienten mit zu hohem operativen Risiko. Die Operation als Elektiveingriff hat insgesamt eine geringe Komplikationsrate und ist praktisch ohne Letalität.
Notfalloperationen sind indiziert bei:
- klinischer Verschlechterung nach Reposition,
- länger als 6 Stunden andauernder Inkarzeration,
- mechanischem Ileus,
- akutem Abdomen, Peritonitis.

Operationstechniken:

Gemeinsames Prinzip der unterschiedlichen Operationsverfahren ist die Präparation von Bruchhüllen und Bruchsack und deren Reposition in die Bauchhöhle, **Unterschiede in der Operationstechnik** liegen in der Reparation der Bruchlücke (z. B. Doppelung der Faszien, Vernähen der unterschiedlichen Schichten untereinander und an benachbarte Strukturen, Einlage eines Kunststoffnetzes).

Leistenhernienoperationen können konventionell (d. h. offen) oder minimal invasiv durchgeführt werden. Einen Überblick gibt **20.5**, die Zugangswege zeigt **20.6**. Die Prinzipien der offen durchgeführten Verfahren sind in **20.7** dargestellt. Die zahlreichen Varianten zur Therapie der wesentlich selteneren Schenkelhernie sind in **20.1** aufgeführt.
Im Gegensatz zu Erwachsenen besteht die **Operation der kindlichen Leistenhernie** nur aus einer hohen Abtragung des Bruchsackes (*Operation nach Czerny*) ohne Rekonstruktion der Bruchlücke. Bewährt hat sich eine Verstärkung der Vorderwand des Leistenkanals durch Annähen des M. obliquus internus an das Leistenband (*Operation nach Halsted-Ferguson*). Bei Mädchen ist nach Abpräparation des Bruchsackes vom Lig. rotundum dieses wieder durch eine sog. *Bastianelli-Naht* an der Hinterwand des M. obliquus internus zu fixieren.

Wahl des Operationsverfahrens: Obwohl die Reparation einer Leistenhernie zu den häufigsten abdominalchirurgischen Eingriffen zählt, existiert weder international noch national ein einheitliches Therapiekonzept. Die seit dem Ende des 19. Jahrhunderts entwickelte unüberschaubare Zahl der Verfahren zeigt, dass es die eine in allen Fällen Erfolg versprechende Operation zur Therapie der Leisten- und Schenkelhernie nicht gibt. Für die Wahl des jeweiligen Operationsverfahrens ist die Einteilung nach Nyhus hilfreich (**20.2**). **Die kindliche Hernie** (Typ 1 nach Nyhus) wird nach Czerny operiert. **Beim Erwachsenen** spielen die Beschaffenheit der Hinterwand des Leistenkanals und die Art der Hernie (Vorliegen eines Rezidives, Femoralhernie) eine wesentliche Rolle. Bei primären Hernien mit intakter Hinterwand (Typ 2 nach Nyhus) empfiehlt sich die Reparation nach Shouldice. Bei Hernien mit Schwäche der Hinterwand (Typ 3 nach Nyhus) oder Rezidiven (Typ 4 nach Nyhus) ist die Netzimplantation hilfreich. Die Wahl der Technik zur

20.3 Bruchband

Die 👁 **a** zeigt eine Werbeseite aus dem Lancet (1898) mit den angeblichen Vorteilen dieses waschbaren und damit auch täglich in der Badewanne tragbaren Bruchbandes. Die Verschreibung von Bruchbändern bei Leistenhernien hat sich – leider – bis heute gehalten. Aber: *Bruchbänder sind Unsinn*: Der Bruchsackinhalt tritt neben der Pelotte dennoch nach außen vor (👁 **b**: hier nach mediokaudal), kann aber wegen der Pelotte nicht spontan zurückgleiten. Zudem schädigen Pelotten durch ihren Druck die Haut und verursachen superinfizierte Ekzeme (👁 **c**: Ausschnittsvergrößerung der mazerierten Haut unter der Pelotte), die bei einer Notfalloperation eine Wundinfektion signifikant begünstigen.

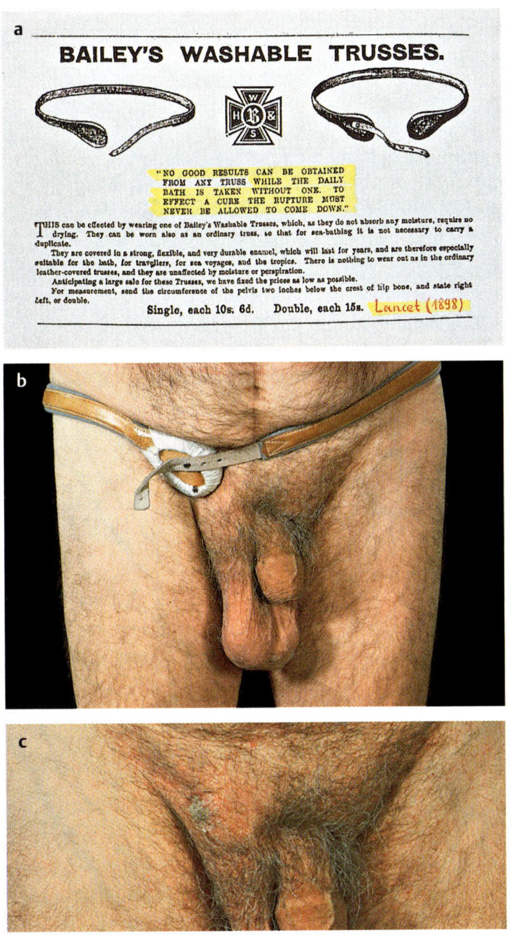

20.4 Kunststoffnetze

Netze sind Weiterentwicklungen der bekannten Kunststoffe, die bereits seit langem als Nahtmaterialien eingesetzt werden (s. SE 6.13, S. 176). Es wird zwischen voll resorbierbaren Netzen und Netzen mit nicht resorbierbarer Komponente unterschieden. Ziel der Netzimplantation ist entweder die mechanische Stabilität durch das Netz selbst oder die Induktion einer möglichst reißfesten Narbenplatte.

- **PTFE (= GoreTex, Polytetrafluorethylen):** geringe Porengröße von 1–6 µm. *Vorteil:* aufgrund der Porengröße kein Einsprossen von Fibroblasten, d. h. keine Adhäsion am Darm; *Nachteil:* keine Makrophagenaktivität bei Infektion und damit Notwendigkeit der Explantation bei Infektion.
- **Polypropylen:** *Vorteil:* durch Porengröße relativ unempfindlich gegenüber Infektionen; *Nachteil:* Bildung von Adhäsionen und Fisteln bei direktem Darmkontakt, entzündliche Begleitreaktion mit Ausbildung von Seromen. Durch Neuentwicklungen wie dem Vypro-Netz, das aus Gründen der besseren Handhabung mit einem Anteil resorbierbaren Materials ausgestattet ist, konnte die nach 6 Wochen verbleibende Menge Fremdmaterials und damit die chonische Entzündung erheblich reduziert werden.
- **Polyglactin (Vicryl):** voll resorbierbares Netz; *Vorteil:* keine Bindegewebseinsprossung; *Nachteil:* ausgeprägte entzündliche Begleitreaktion; *Indikation:* temporärer Bauchdeckenverschluss.

20.2 Klassifikation der Leistenhernie nach Nyhus

Typ 1		indirekte Leistenhernie, unauffälliger Leistenring (kindliche Hernie)
Typ 2		indirekte Leistenhernie, erweiterter innerer Leistenring, Hinterwand intakt
Typ 3		Defekt der Hinterwand:
	a	direkte Hernie (reiner Hinterwanddefekt),
	b	indirekte Hernie (erweiterter innerer Leistenring und Defekt der Hinterwand),
	c	Femoralhernie
Typ 4		Rezidivbrüche:
	a	direkter Rezidivbruch,
	b	indirekter Rezidivbruch,
	c	Femoralrezidivhernie,
	d	kombinierte Rezidivhernie

Netzeinlage (TEP, TAPP, Stoppa, Lichtenstein) obliegt im Wesentlichen der Erfahrung des Operateurs.

Komplikationen:

Allgemeine Komplikationen bei konventionellem Vorgehen:

- Rezidive (0,5–5 %), bei Rezidivhernien 5–10 %,
- ischämische Orchitis (bis 1 %): geschwollener schmerzhafter Hoden am 1.–3. postoperativen Tag; Diagnostik bei Verdacht: Angiodynographie der Hodengefäße, sofortige Nach-OP,
- Hodenatrophie (Verletzungen/Kompression des Plexus pampiniformis),
- Nachblutung,
- postoperatives Hämatom (u. a. Skrotalhämatom, Peniswurzelhämatom),
- Wundinfektionen,
- Leistenschmerzen nach Verletzung oder Zug des N. ilioinguinalis und des R. genitalis des N. genitofemoralis (beide verlaufen durch den Leistenkanal).

20.5 Übersicht über die gängigen Leistenhernien-Operationsverfahren

	offene Verfahren	*minimal invasive Verfahren (MIC)*
ohne Netzeinlage	Shouldice (**20.7a**), Bassini (**20.7b**),	–
mit Netzeinlage	Stoppa (**20.7d**), Lichtenstein (**20.7e**), TIPP (**trans**inguinale **p**räperitoneale Netz**p**lastik)	TEP (**t**otale **e**xtraperitoneale **P**atchplastik), TAPP (**trans**abdominale **p**räperitoneale **P**atchplastik)

20.6 Vergleich der verschiedenen Operationsverfahren

	Shouldice	*Lichtenstein*	*TEP*	*TAPP*
bevorzugte Indikation	Primärhernie	ältere Patienten, Rezidiv aufgebrauchte Faszie	Rezidivhernie	Rezidivhernie
Netzeinlage	keine	ja	ja	ja
Anästhesie	Lokal-, Spinal- oder Allgemeinanästhesie	Lokal-, Spinal- oder Allgemeinanästhesie	obligat Allgemeinanästhesie	obligat Allgemeinanästhesie
Vorteil	kein Fremdmaterial, bewährte Langzeiterfahrung	Verstärkung einer insuffizienten Faszie	minimal invasives Verfahren; auch Beurteilung der kontralateralen Seite möglich	intraabdominale Umfelddiagnostik möglich
Nachteil	nicht immer ist die Fascia transversalis zur Reparation geeignet	Folgen der Netzeinlage	Folgen der großflächigen Netzeinlage (z. B. bei späteren Gefäß- oder Prostataeingriffen)	Folgen der Netzeinlage (s. links), intraabdominale Verletzungen (Darm, Blase), Adhäsionen

20.1 Operative Verfahren zum Verschluss einer Schenkelhernie

Da bei Männern in über der Hälfte der Fälle – auch neben einer Schenkelhernie – ein meist direkter Leistenbruch vorliegt, empfiehlt sich ein *inguinaler Zugang*. Bei Frauen kann ein *kruraler Zugang* (ohne Eröffnung der Externusaponeurose) gewählt werden. Bei der Wahl des Anästhesieverfahrens ist zu berücksichtigen, dass Schenkelhernien in etwa 30 % der Fälle zum Operationszeitpunkt bereits inkarzeriert sind, was u. U. eine Laparotomie erfordern kann. Ansonsten empfiehlt sich beim kruralen Zugang auch eine Lokal- bzw. Spinalanästhesie.

Kruraler Zugang
OP nach Fabricius: Naht des Leistenbandes an das Cooper-Band,
OP nach Kummer: Verknüpfen von Fascia iliopectinea und Cooper-Band mit allschichtiger Naht der Bauchdecke,
OP nach Salzer: halbkreisförmiges Ausschneiden der Fascia iliopectinea und verknüpfen mit Cooper-Band nach ventralem Umstülpen des ausgeschnittenen Lappens,
präperitoneale Umbrella-Mesh-Plastik: präperitoneal vorgeschobenes kreisrundes, ca. 5 cm großes Netz.

Inguinaler Zugang
OP nach Lotheissen/McVay: s. **20.7c**, heute favorisierte OP-Methode,
OP nach Moschkowitz: Verknüpfen von Leisten- und Cooper-Band,
OP nach Moschkowitz mit Shouldice-Modifikation: Verknüpfen von Cooper-Band an der Rückseite des Leistenbandes mittels fortlaufender zweireihiger Naht, dann inguinaler Verschluss wie bei Shouldice-Operation,
transinguinale präperitoneale Prothese: Anheftung eines Netzes am Cooper-Band,
modifizierte OP nach Lichtenstein: wie bei Leistenhernie (s. **20.7e**), nur mit kaudaler Fixation des Netzes am Cooper-Band.

20.6 Zugangswege der Operationsverfahren

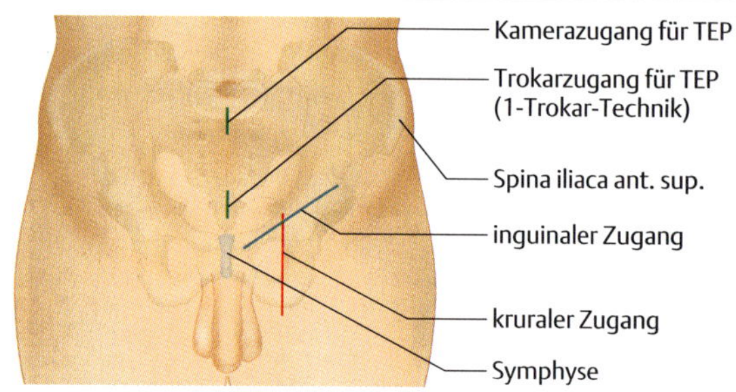

Der Hautschnitt für den inguinalen Zugang verläuft ca. 1 Querfinger entlang der Verbindungslinie zwischen Symphyse und Spina iliaca anterior superior.

Netzspezifische Komplikationen (s. auch **20.4**):
- Fehlende Erfahrung der biologischen Langzeitsauswirkungen des Netzes (persistierender Fremdkörper),
- entzündliche Begleitreaktion der Samenstrangstrukturen, v. a. Ductus deferens bei Netzimplantation in der Leiste (z. B. Lichtenstein-Operation),
- Netzinfektionen (auch noch 6 Monate nach Implantation möglich),
- Netzschrumpfung,
- Netzmigration (Verrutschen, Einrollen),
- Induktion einer Fistel (Darm, Blase).

Komplikationen bei minimal invasiven Verfahren:
- Trokarhernien,
- Skrotalemphysem (üblicherweise reversibel).

Nachoperationen nach großflächiger minimal-invasiver Netzimplantation sind in aller Regel extrem schwierig und für die Begleitstrukturen (z. B. Ductus deferens, Samenstrang-Gefäße, begleitende Nerven) risikoreich (**20.8**).

20.7 Leisten- und Schenkelhernie: Operationsverfahren

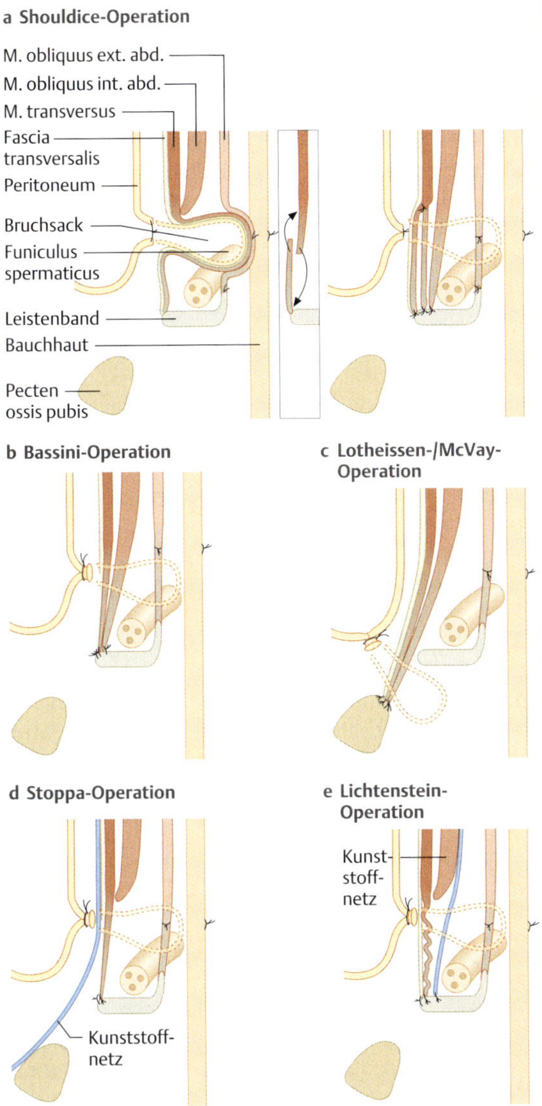

Bei allen Verfahren wird zunächst der Bruchsack abgetragen und vernäht.
a Bei der **Shouldice-Operation** wird die Transversalisfaszie horizontal gespalten. Zunächst wird in einer ersten Naht die untere unter die obere Lefze genäht, sodass diese übersteht. In einer zweiten Naht wird die überstehende Lefze auf die ehemalig untere Lefze genäht, sodass hierdurch die Transversalisfaszie gestrafft und gedoppelt wird. Nun werden in einer dritten und vierten Nahtreihe M. transversus und M. obliquus internus an das Leistenband genäht.
b Bei der **Bassini-Operation** werden M. transversalis und M. obliquus internus am Lig. reflexum (s. **20.2**, S. 447: Verbindung von Leistenband mit Linea alba als mediale Begrenzung des äußeren Leistenringes), Schambeinperiost und Leistenband fixiert. **c** Die **Operation nach Lotheissen/McVay** erfolgt wie bei der Bassini-Operation, nur werden die Muskeln bzw. Aponeurosen statt an das Leistenband an das Cooper-Band angeheftet. Bei der **Stoppa-Operation** (**d**) wird präperitoneal, bei der **Lichtenstein-Operation** (**e**) auf M. transversus und internus ein Kunststoffnetz eingelegt.

20.8 Netz-Exstirpation

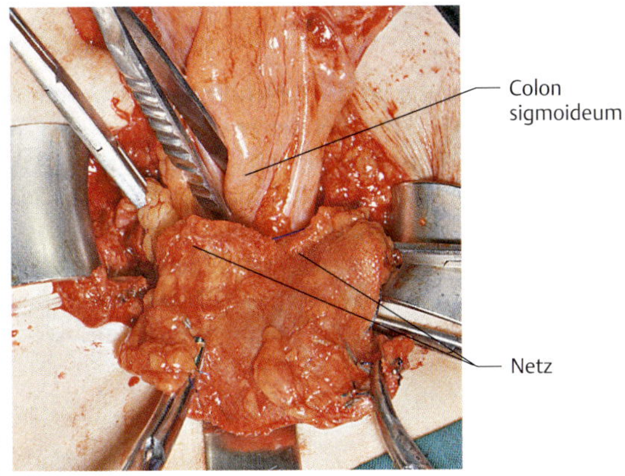

Wegen Rezidivbruch mit starken Schmerzen (nach minimal-invasiver Netzimplantation) Freilegung des schon nach kaudal umgeklappten Netzes, Eröffnen des Bruchsackes: Dieser enthielt eine chronisch inkarzerierte Appendix epiploica sigmoidalis, die entfernt wurde. Das Colon sigmoideum ist hervorluxiert. Pinzette und Stieltupfer reichen in die freie Bauchhöhle hinein. Ein „einfacher" Shouldice hat abschließend einen sicheren Bruchlückenverschluss erbracht.

20.3 Narben- und Nabelhernien

Keine Schnittführung an der Bauchdecke ist frei vom Risiko einer Narbenhernie. Bei der am häufigsten gewählten medianen Laparotomie mit Durchtrennung der Linea alba treten in etwa 5–10 % der Fälle Narbenhernien auf. In der Linea alba vereinigen und überkreuzen sich die Muskelaponeurosen der Mm. obliquii interni et externi und der Mm. transversi. Deshalb bieten die beim Bauchverschluss angelegten Nähte guten Halt, wenngleich niemals mehr die Haltefestigkeit wie vor der Operation erreicht werden kann. Bei durchblutungsgestörter oder infizierter Bauchdecke ist eine Narbenhernie häufig schon vorprogrammiert. Die Nabelhernie ist streng genommen ein Narbenbruch im Zuge einer gestörten Entwicklung zur physiologischen Nabelnarbe. Adipositas und Aszites sind die häufigsten Ursachen eines Nabelbruches im Erwachsenenalter.

Narbenhernie

Entstehung und Häufigkeit: Risiken für die Entwicklung eines Narbenbruches sind: Wundinfektion, Adipositas, höheres Lebensalter, Vitamin-C-Mangel, Z. n. häufigen Bluttransfusionen, Ikterus, Urämie und Darmparalyse.
Während die Hälfte der Narbenhernien in den ersten 6 Monaten nach der Operation auftritt, sind auch Narbenhernien noch bis zu 5 Jahre postoperativ zu beobachten. Eine durchgeschnittene Aponeurose erreicht erst nach einem Jahr ihre ursprüngliche Festigkeit.

20.5 Prophylaxe der Narbenhernie: bewährte Regeln für einen haltbaren Bauchdeckenverschluss

- Spannungsfreie Naht (Schutz vor Durchblutungsstörungen),
- Verwendung von nur langsam resorbierbarem Nahtmaterial,
- fortlaufende Naht,
- Fadenstärke Nr. 2 (beim Erwachsenen),
- ein Stichabstand der Wunde von 1 cm (Kompromiss zwischen Haltekraft und Abschnüren des Gewebes),
- die Länge des Schnittes durch die Faszie sollte nicht größer sein als die Länge der Hautinzision, um so ein Unterminieren und dementsprechend technisch schwieriges Vernähen der Wundränder zu vermeiden,
- optimales Verhältnis von Fadenlänge zu Wundlänge: 4 : 1.
- allgemeine Regeln: Vermeidung von schwerem Heben, Tragen oder Pressen für 3 Monate ab Operation, Stuhlgangprophylaxe und Reduktion von Übergewicht.

Symptome und Komplikationen: Narbenhernien sind i. d. R. klinisch durch die tastbare Bruchlücke mit dem hervortretenden Bruchsack einfach zu diagnostizieren (**20.9**). Je kleiner die Bruchlücke, desto größer die Gefahr der Inkarzeration, d. h. monströse Narbenbrüche mit vollständiger Lateralisation der Mm. recti inkarzerieren praktisch nie. Kriterien zur Charakterisierung eines Narbenbruches sind:

- Größe der Bruchpforte,
- Lokalisation im Ober- oder Unterbauch oder an einem Kolostoma,
- Vorwölbung und spontane Reposition im Stehen oder Liegen,
- Reponierbarkeit.

Die ***operative Technik*** der Narbenbruchoperation besteht prinzipiell in:

- Exzision der Narbe und des subkutanen Gewebes bis zur Faszienschicht, sowie Exzision ausgedünnter oder vernarbter Faszienschichten,
- vorsichtiger Präparation und Resektion des Bruchsackes bis herab auf das Faszienniveau,
- Rekonstruktion der Bauchdecke durch Verschluss der Faszienränder (mit und ohne Kunststoffnetz).

Häufig ist ein spannungsfreier Verschluss der vorgeschädigten Faszienränder nicht möglich, bzw. mit dem hohen Risiko eines Narbenhernienrezidives (bis zu 50 %!) vergesellschaftet. Eine hohe Rezidivrate wurde auch bei der sog. Fasziendoppelung nach Mayo, bei der die Rektusscheide dachziegelförmig übereinander vernäht wurde, beobachtet. Offenbar führt dieses Verfahren zu einer minderdurchbluteten und damit halteschwachen Faszie. Größere Narbenbrüche (i. d. R. ab 5 cm Durchmesser) sind heute deshalb Domäne der Implantation nicht resorbierbarer (Polipropylen-) Kunststoffnetze (**20.6**).

Polipropylen-Netze dürfen niemals mit der Serosa des Darms in Kontakt kommen: Gefahr der Fibrosierung (mechanischer Ileus) oder Penetration ins Darmlumen.

20.9 Narbenbruch

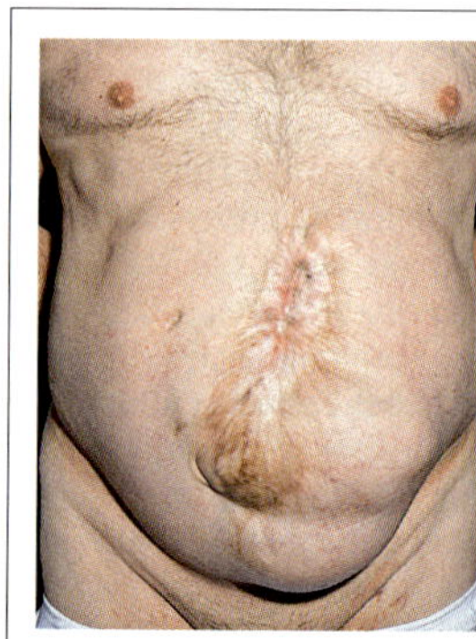

Riesiger Narbenbruch (Bauchwandhernie), 1 Jahr nach nekrotisierender Pankreatitis (damals mit zahlreichen Bauchwaschungen).

20.6 Narbenbruchverschluss

Wird ein Narbenbruch (**a**) mithilfe eines Netzes verschlossen, kann dieses in verschiedenen Schichten eingesetzt werden:

Sublay (**b**): Aufnähen eines Netzes auf das hintere Blatt der Rektusscheide. Hierzu muss der M. rectus vom hinteren Blatt der Rektusscheide unter Schonung der Vasa epigastica und der von lateral einstrahlenden Segmentnerven abpräpariert werden. Der Bruchsack wird mit Peritoneum und hinterem Blatt der Rektusscheide (unterhalb der Linea arcuata: mit der Transversalisfaszie) verschlossen. Dann folgt das Netz, welches diese Naht zumindest je 2 cm zu beiden Seiten hin überragt und dann mit dem M. rectus bedeckt wird. Zum Abschluss erfolgt das Vernähen des vorderen Blattes der Rektusscheide in der Linea alba. Hierzu ist gelegentlich eine Entlastungsinzision am lateralen Rand des vorderen Blattes der Rektusscheide notwendig.

Onlay (**c**): Aufnähen des Netzes auf das vordere Blatt der Rektusscheide (epifaszial), nachdem zunächst das Peritoneum mit dem hinteren Blatt der Rektusscheide und dann die vordere Rektusscheide jeweils fortlaufend verschlossen werden konnte. Wie bei der Sublay-Technik werden die Ränder des Netzes mit der darunter liegenden Schicht fortlaufend vernäht. *Nachteil:* Höhere Infektionsgefahr des Kunststoffnetzes im subkutanen Raum.

Bei Sub- und Onlay-Technik wird die Bauchdecke in Schichten primär verschlossen, und das Netz wird *zusätzlich* eingebracht. Ganz anders bei der Inlay-Technik:

Inlay (**d**): Interposition des Netzes bei fehlender Bauchdecke, da ein primärer Bauchdeckenverschluss wegen zu großer Spannung der Faszienränder nicht möglich ist. Kommt ein solches Netz in Kontakt mit dem Darm, darf kein Polipropylen-Netz, sondern nur Teflon-(PTFE-) Gewebe verwandt werden. *Nachteil:* Gefahr des Ausreißens der Naht an der halteschwachen Faszie.

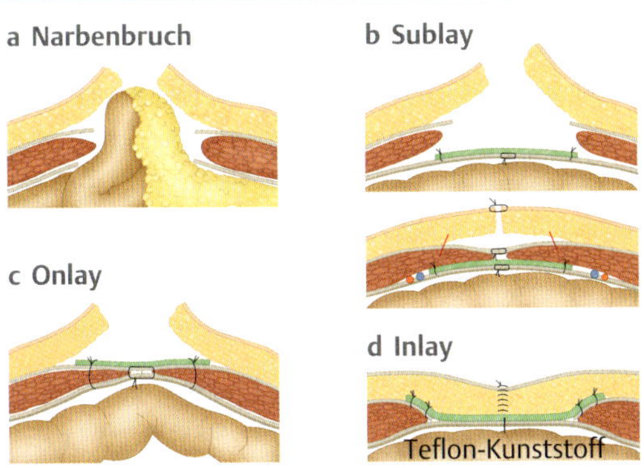

20.10 Nabelhernien

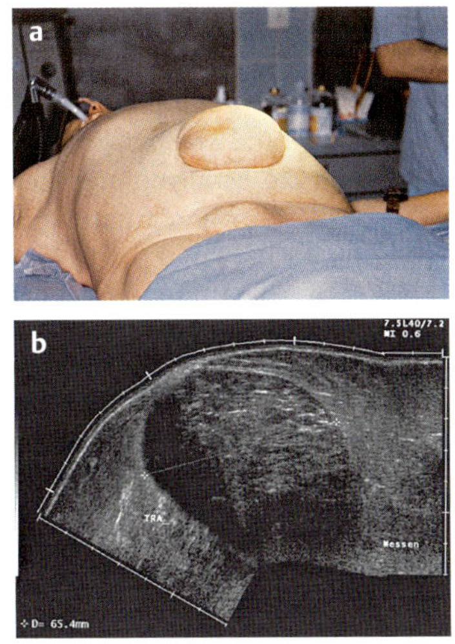

a Patient mit riesiger Nabel- und kleinerer Leistenhernie, die beide in einer Operation versorgt werden.
b Ultraschallbild einer mit Dünndarmschlinge gefüllten Nabelhernie (64-jährige Patientin). Sofortige Notoperation. Das inkarzerierte Dünndarmsegment konnte nicht erhalten werden (Resektion).

Nabelhernie

Bis zum 2. Lebensjahr ist ein peristierender Nabelbruch mit einem Gleiten des von Wharton-Sulze und Amonion bedeckten Peritoneums im Nabel physiologisch und keine Indikation zur Operation. Im Kindesalter ist das Risiko einer Inkarzeration praktisch nicht gegeben. Zu Schulbeginn sollte der Nabel verschlossen sein. Im Erwachsenenalter führen ein Anstieg des intraabdominalen Druckes wie bei Adipositas oder Aszites zu einem Nabelbruch (**20.10**). Im Gegensatz zu Kleinkindern ist bei Erwachsenen eine Spontanheilung nicht möglich. Aus diesem Grunde ist im Erwachsenenalter mit der Diagnose eines Nabelbruches immer auch die Indikation zur Operation gegeben.

20.7 Operationstechnik eines Nabelbruchs

Es bestehen zwei Zugangswege:

- Am Unterrand des Nabels halbkreisförmiges Umschneiden (Methode nach Spitzi),
- linksseitiges Umschneiden des Nabels (Methode nach Drachter),

Der Bruchsack wird vom ehemaligen Nabelgrund und von umliegenden Verwachsungen gelöst. Darstellung der Bruchlücke d. h. der Faszienränder. Zur besseren Übersicht kann die Faszie etwas eingeschnitten werden. Dann erfolgen die Eröffnung des Bruchsackes (ggf. Resektion von inkarzeriertem großen Netz), dessen Resektion und Verschlussnaht. Konventioneller Faszienverschluss (fortlaufend): Eine einfache fortlaufende Naht scheint ebenso gute Ergebnisse zu erbringen wie die gedoppelte fortlaufende Naht (Original-Spitzi). Vor dem Hautverschluss muss der Nabelgrund noch mit Einzelknopfnähten an der Faszie refixiert werden.

20.4 Seltene Hernien

Hernien des Beckenbodens und innere Hernien sind sehr selten. Häufig fallen sie erst als Befund einer Laparotomie auf, wenn die Patienten durch die Einklemmung einen Ileus bekommen. Vor allem die Hernia obturatoria als Hernie des Beckenbodens kommt praktisch immer erst im Stadium der Einklemmung zur Operation. Für die Versorgung der dargestellten Hernien gelten die allgemeinen Prinzipien der Hernienchirurgie (s. SE 20.2, S. 450 ff).

Diagnostik: Palpation des Bruchsacks (s. auch SE 20.1, S. 448), bei unklaren Befunden, bei zu kleinen, d. h. nicht palpablen, oder schlecht erreichbaren Hernien bildgebende Verfahren wie Sonographie, Magen-Darm-Passage und/oder CT.

Hernien der Bauchwand

Die Bauchhöhle ist nach ventral durch die Rektusscheide, nach dorsal durch die Wirbelsäule mit der daran aufgespannten Muskulatur wie zwischen zwei Platten eingespannt. Relativ selten entstehen im Übergangsbereich dieser beiden Platten oder im oberen Drittel der vorderen Platte Hernien:

- in der Linea alba (zwischen Xiphoid und Nabel, meist im unteren Drittel) **epigastrische Hernie.** Klinisch findet sich beim Husten und Pressen eine schmerzhafte Vorwölbung. Sie kann durch rezidivierende Einklemmung eines peritonealen Zipfels auch im Alltag radiär ausstrahlende Schmerzen machen,
- ventral am lateralen Rand der Rektusscheide in Höhe der Linea arcuata die **Spieghel-Hernie** (**20.11a**). Sie führt nur selten zur Einklemmung,
- dorsal zwischen Rippen und Beckenkamm die **lumbalen Hernien** (**20.11b**), die häufiger inkarzerieren.

Wichtigste Differenzialdiagnose ist die Bauchdeckenrelaxation (Innervationsstörung nach Flankenschnitt, keine Bruchlücke).

Hernien des Beckenbodens

Am Beckenboden gibt es eine Vielzahl von möglichen Bruchlücken (**20.12**). Häufig stellt sich die genaue Lokalisation erst intraoperativ bei einer Laparotomie heraus. Indikation zur Laparotomie ist meist das akute Abdomen bei Inkarzeration oder mechanischem Ileus.

Innere Hernien

Innere Hernien machen aufgrund des fehlenden Peritonealüberzuges eine Ausnahme vom klassischen Aufbau einer Hernie. Sie finden sich an den Stellen, an denen der Gastrointestinaltrakt seine Lagebeziehung von retroperitoneal zu intraperitoneal ändert:

- am Foramen epiploicum (Winslowii),
- an der Flexura duodenojejunalis: bei dieser sog. **Treitz-Brösicke-Hernie** (häufigste innere Hernie) wölbt sich der Dünndarm unter das Meso des Colon transversum/descendens (**20.13**).
- am ileozökalen Übergang, sog. mesokolische Hernie.

20.11 Hernien der Bauchwand und der Lumbalregion

a Spieghel-Hernie

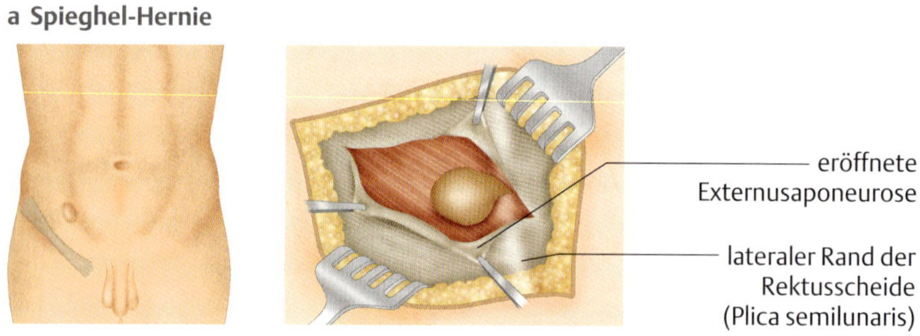

a Die **Spieghel- Hernie** liegt im Kreuzungsbereich der Linea semilunaris (lateraler Rand der Rektusscheide) und der Linea arcuata, wo Fasern der Externusaponeurose in das vordere Blatt der Rektusscheide einstrahlen.

b lumbale Hernien

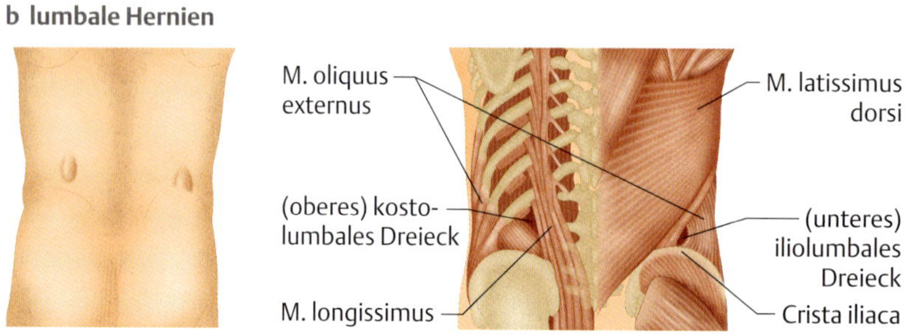

b Lumbalhernien treten durch die Rückenmuskulatur unterhalb der 12. Rippe oder oberhalb des Darmbeinkamms (kostolumbales bzw. iliolumbales Dreieck).

20.12 Hernien des Beckenbodens

a Obturatorhernie

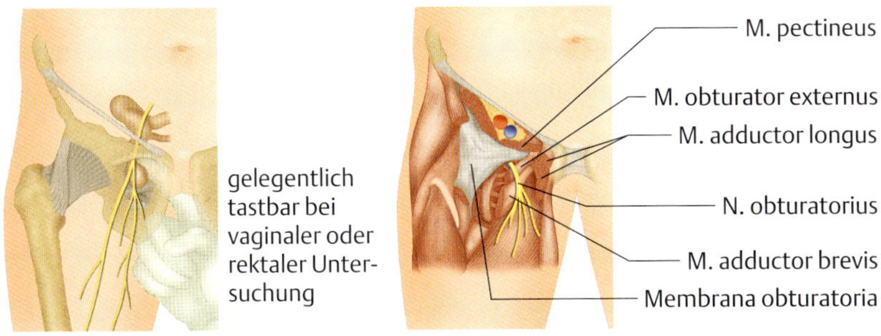

a Obturatorhernie (meist bei älteren Frauen): Romberg-Zeichen bei Kompression des N. obturatorius (stechende Schmerzen oder Parästhesien an der Innenseite des Oberschenkels).

b ischiadische Hernien

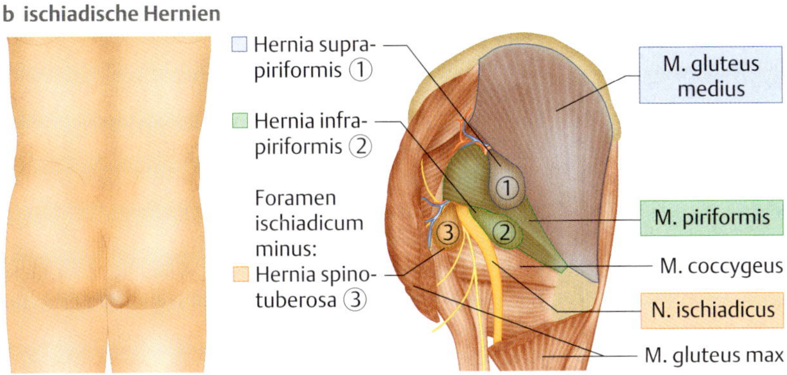

b Ischiadische Hernie (sehr selten): häufig asymptomatische Schwellung über der Glutealregion, bei Irritationen des N. ischiadicus treten Beschwerden wie bei einem Diskusprolaps auf.

c perineale und ischiorektale Hernien

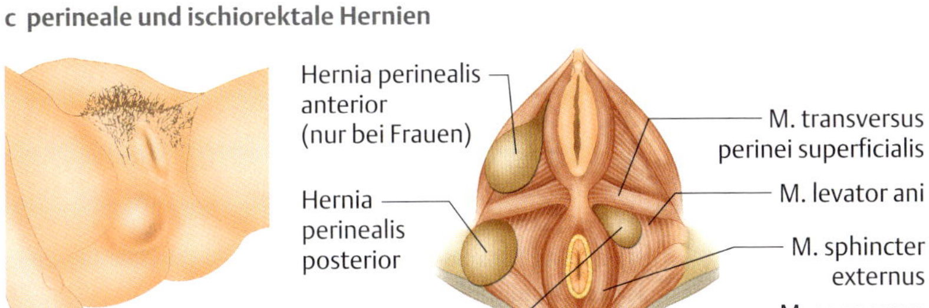

Darstellung in Steinschnittlage

c Perineale Hernien: Vorwölbungen am Damm, uncharakteristische Beschwerden im Sitzen, Enddarmobstipation (Outlet Constipation), Beckenbodeninkontinenz. Wichtige Hinweise liefert bei der Frau zusätzlich die bimanuelle rektovaginale Untersuchung. Ursachen sind hauptsächlich vorhergegangene Operationen oder Geburten.

20.13 Treitz-Brösicke-Hernie

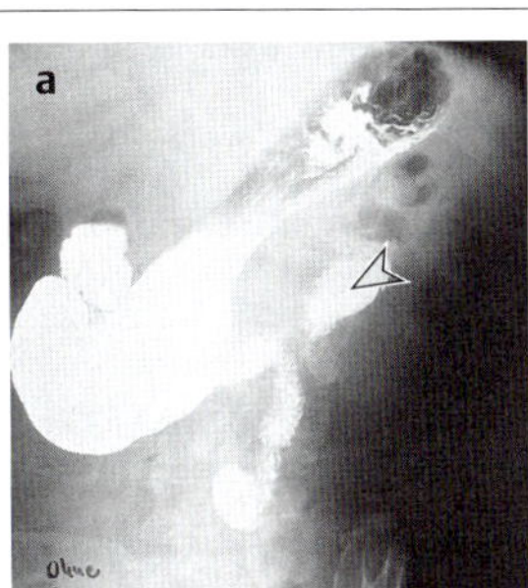

a zeigt in der Magen-Darm-Passage die Treitz-Hernie (mit Pfeil markiert das in der Hernie verfangene Jejunalsegment): 52-jähriger Patient mit rezidivierenden Schmerzen, begleitet von der Klinik einer Magenausgangsstenose.

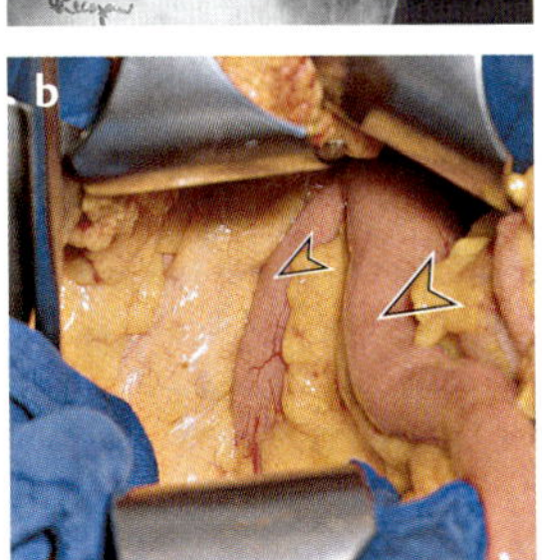

b zeigt den intraoperativen Befund: Unter dem Mesocolon transversum (von den Haken hochgehalten), zur linken Flexur hin, zieht das proximale Jejunum in diese „Bruchlücke" hinein (kleiner Pfeil) und hinaus (großer Pfeil), mit der Konsequenz einer Passagebehinderung.

Innere Hernien weisen insgesamt eine hohe Inkarzerationsrate auf. Ihre Letalität bei Auftreten eines mechanischen Ileus (s. SE 28.2, S. 644 f) ist hoch.

Postoperative innere Hernien: Nach Darmresektionen muss das durchtrennte Mesokolon bzw. Mesenterium wieder sorgfältig verschlossen werden. Erfolgt dies nicht, kann der Dünndarm durch einen verbleibenden Schlitz hindurchschlüpfen und sich einklemmen (s. SE 28.1, S. 642 f.

! Bei Auftreten eines mechanischen Ileus bzw. akuten Abomens in der Frühphase (1–3 Tage) nach Darmoperation immer an die Möglichkeit einer Mesenterialschlitzhernie denken.

Stefan Scheingraber / Dorothee Decker

20.5 Zwerchfell: ein schwieriges Organ

Das Zwerchfell ist eine stark bewegliche fibromuskuläre Grenzschicht zwischen Thorax- und Abdominalraum. Es ist eine Besonderheit der Säugetiere und stellt als willkürlicher Inspirationsmuskel den wichtigsten Teil der Atemmuskulatur dar.

Entwicklungsgeschichte

Das Zwerchfell (*Synonym*: Diaphragma) entwickelt sich zwischen der 4. und 12. Fetalwoche. Aus der Kenntnis der stammesgeschichtlichen Entwicklung lassen sich die wesentlichen angeborenen Erkrankungen verstehen (**20.8**).

20.8 Entwicklung des Zwerchfells

Im embryonalen Zustand sind Herz, Lunge und Darm zunächst von einem gemeinsamen Spaltraum (Zölom) umgeben, in diesen ragt von ventral das Septum transversum hinein. Dorsal verbleiben zwei Durchgänge, die sog. Perikardioperitonealkanäle (Zölomkanäle), welche in der 7. Woche durch die aus den Pleuroperitonealfalten entstehenden Pleuroperitonealmembranen verschlossen werden (👁). Bei einem unvollständigen Verschluss kommt es hier zu den sog. *lumbokostalen Hernien (Bochdalek)*.
Das Septum transversum entsteht ursprünglich in Höhe der Zervikalsegmente, was die Innervation des Zwerchfells durch den N. phrenicus erklärt. Wahrscheinlich bedingt durch das stärkere Wachstum der dorsalen embryonalen Strukturen gegenüber den ventralen senkt sich das Zwerchfell bis zum Beginn des 3. Monats auf die Höhe des 1. Lendenwirbels. Die Muskulatur des Zwerchfells wird zum einen aus Myozyten aus dem Zervikalsegment gebildet, zum anderen aus einsprossenden Myoblasten aus der lateralen und dorsalen Körperwand. Sie bildet einen muskulären Ring um das bindegewebige Zentrum. Gelegentlich unterbleibt die Entwicklung eines kleineren Teiles der Zwerchfellmuskulatur v. a. ventral, es kommt zu sog. *parasternalen Hernien (Morgagni, Larrey)*.

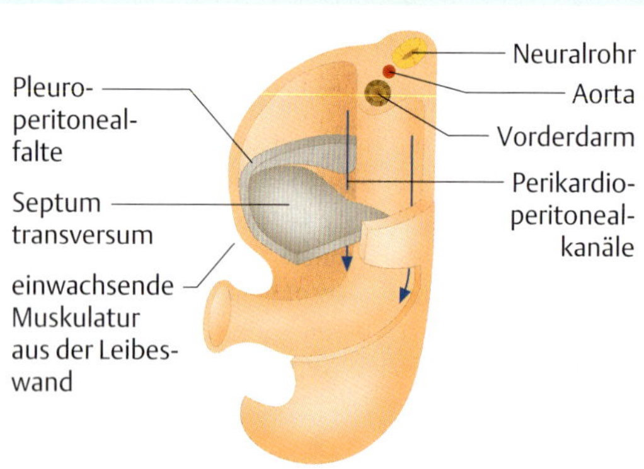

Topographische Anatomie

Das Zwerchfell ist eine doppelgipfelige gewölbeartige fibromuskuläre Struktur. Die rechte Kuppel steht bedingt durch die darunter liegende Leber normalerweise etwas höher als die linke (👁 **20.14**).

Fibromuskulärer Aufbau: Die Muskelgruppen entspringen an der Wirbelsäule, den Rippen und dem Xyphoid. Dementsprechend erfolgt die Einteilung in eine Pars lumbalis, Pars costalis und Pars sternalis. Diese vereinigen sich nach oben zu einer zweigipfeligen Sehnenplatte, dem Centrum tendineum (*embryolog.*: Septum transversum). Die Muskelteile sind miteinander durch Bindegewebsbrücken verbunden (Trigonum sternocostale und lumbocostale). Da der gewebliche Widerstand in diesen Bereichen nicht sehr hoch ist, kann es hier bei Erhöhung des intraabdominellen Druckes zur Verlagerung von Baucheingeweiden in den Brustraum kommen, d. h. es können hier Hernien entstehen.

Durchtrittsstellen: Das Zwerchfell besitzt drei physiologische Öffnungen. Durch den *Hiatus aorticus* (BWK 12) als hinterster Öffnung treten die Aorta, der Ductus thoracicus, weiter Lymphgefäße und die V. hemiazygos. Der *Hiatus oesophageus* (BWK 10) dient als Durchtrittsstelle für den Ösophagus, beide Nn. vagi, A. und V. gastrica sinistra sowie Lymphgefäße. Die höchstgelegene Öffnung (BWK 8) ist das *Foramen V. cavae.*

Innervation: Entsprechend der Anlage entspringt die nervale Versorgung dem Halsbereich (**20.8**). Die motorische, aber auch sensible Innervation erfolgt über den N. phrenicus (vorwiegend C 4), der bds. entlang des M. scalenus anterior zur medialen Fläche der Pleurakuppel zieht. Ein Funktionsausfall bedingt den gleichseitigen Zwerchfellhochstand. Die sensibel-sensorische Versor-

👁 20.14 Zwerchfell: topographische Anatomie und Lokalisation der häufigsten Lücken

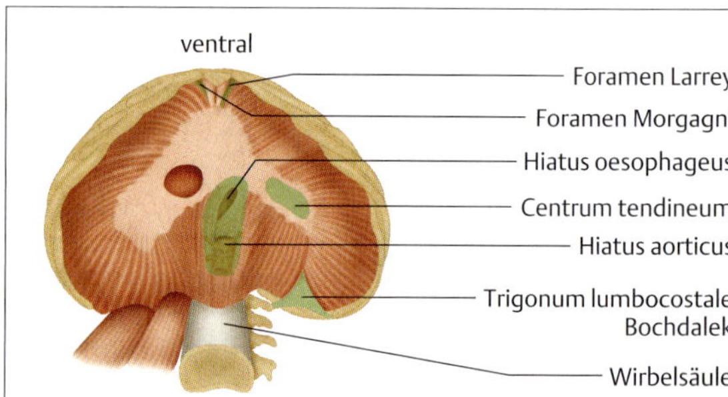

Gezeigt ist die Ansicht von abdominell.

gung kommt aus den Nn. intercostales VII–XII. Ihr Verlust hat keine klinische Relevanz.

Gefäßversorgung: Die *arterielle Versorgung* erfolgt von kranial hauptsächlich über die A. musculophrenica (A. thoracica interna) und von kaudal aus der A. phrenica inferior (Aorta abdominalis). Der *Lymphabfluss* erfolgt kranial ins Mediastinum oder kaudal paraaortal.

Funktion

Bei ruhiger Atmung übernimmt das Zwerchfell 75 % der Atemleistung. Gesteuert werden Kontraktion (Inspiration) und Erschlaffung (Exspiration) vom Atemzentrum. Bei der Inspiration flacht das Zwerchfell ab, sodass das Thoraxvolumen zu Lasten des intraabdominellen Raumes vergrößert wird. Die Zwerchfellkuppeln heben und senken sich um 5–7 cm. Werden größere Thoraxvolumina benötigt, muss zusätzlich die Atemhilfsmuskulatur eingesetzt werden.

Diagnostik

Anamnese: Es sollten eigenständige Zwechfellsymptome (direkte Zeichen) und indirekte Folgen einer Zwerchfellerkrankung (indirekte Zeichen) erfragt werden (**T 20.7**). Je nach Beschwerdebild ist auch auf ein zurückliegendes Thorax- oder Bauchtrauma einzugehen.

Klinische Untersuchung: Bei der körperlichen Untersuchung kommt v. a. der perkutorischen und auskultatorischen Bestimmung der Zwerchfellgrenzen und der atemabhängigen Verschieblichkeit des Zwerchfells, der Erkennung von Pleuraergüssen sowie pathologischer Geräusche (z. B. Darmgeräusche) Bedeutung zu.

Apparative Untersuchung:

Röntgen-Thorax p. a. und seitlich: Es können ein Zwerchfellhochstand, Herzgrößenveränderungen, Mediastinalverlagerungen und Verbreiterungen des Mediastinums, die Ausdehnung der Lungen und pathologische Lungenprozesse und ggf. in den Thoraxraum verlagerte Darmabschnitte dargestellt werden (**20.15**).

T 20.7 Klinische Symptome

Einteilung		*Symptome*
direkte Zeichen		Schmerz, Singultus
Indirekte Zeichen	Ateminsuffizienz	Dyspnoe, Tachypnoe, Hypoxie, Zyanose
	gestörte Atemmechanik	Husten, Infekt
	kardiovaskuläre Insuffizienz	Tachykardie, Hypotonie
	gastroenterologische Symptome	Völlegefühl, Aufstoßen, Sodbrennen, Refluxbeschwerden, Erbrechen, akutes Abdomen bei Inkarzeration

Röntgen-Durchleuchtung: Sie dient der Funktionsdiagnostik und ist eine wertvolle Ergänzung der Thoraxübersichtsaufnahme, da sie dynamische Vorgänge erfasst und pathologische Veränderungen sicher lokalisieren lässt. Die Atembeweglichkeit des Zwerchfells und der Thoraxwand können im Seitenvergleich untersucht werden (**20.9**).

Eine eingeschränkte Zwerchfellbeweglichkeit sowie eine Erschlaffung des Zwerchfells einseitig bzw. beidseits deuten auf pathologische Prozesse im Thorax, im Mediastinum oder im Bauchraum hin.

20.9 Funktionsdiagnostik zur Zwerchfellbeweglichkeit

Unter Röntgendurchleuchtung muss der Patient tief ein- und ausatmen, husten, gegen die geschlossene Stimmritze pressen (Erhöhung des intrathorakalen Druckes, Valsalva-Versuch) und bei zugehaltener Nase versuchen, zu inspirieren (Senken des intrathorakalen Druckes, Müller-Versuch).

Erweiterte bildgebende Verfahren:

Kontrastmitteluntersuchungen des oberen Gastrointestinaltraktes (MDP)**:** Durch Kontrastierung in den Thoraxraum vorgefallener Darmabschnitte können Hernien dargestellt werden. Bei Hiatushernien kann ggf. ein pathologischer Reflux dokumentiert werden.

Sonographie: Sie dient zur Lokalisation und Mengenbestimmung von Flüssigkeiten im subphrenischen und pleuralen Raum. Pathologische Flüssigkeitsansammlungen können unter sonographischer oder CT-Kontrolle punktiert oder drainiert werden.

Computer- und Kernspintomogramm: Sie sollten v. a. bei Verdacht auf raumfordernde Prozesse durchgeführt werden.

Weitere spezielle Untersuchungsmethoden richten sich nach dem jeweiligen Krankheitsbild und werden dort besprochen.

20.15 Traumatische Zwerchfellruptur links

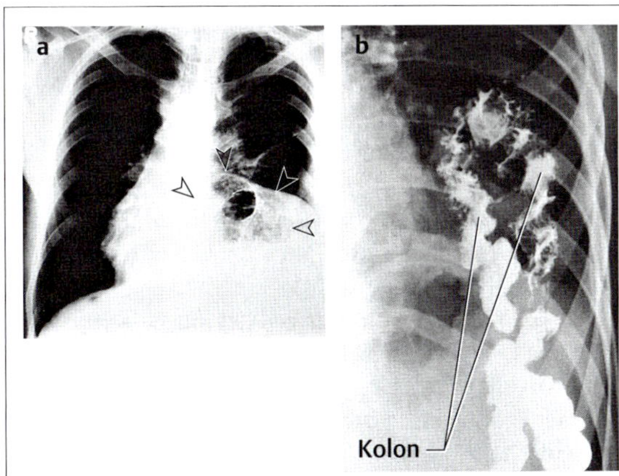

a Röntgenaufnahme des Thorax: Verlagerung luftgefüllter Hohlorgane (Pfeile) in den linken Hemithorax.
b Darstellung des linken Hemithorax: Verlagerung des Kolons (mit Kontrastmittel gefüllt) in den Thorax.

20.6 Erworbene extrahiatale Zwerchfellhernien

Unter einer Zwerchfellhernie versteht man den Vorfall von Baucheingeweiden durch kongenitale oder erworbene Defekte in den Thoraxraum (zu kongenitalen Hernien s. SE 38.2, S. 824 f). Prädilektionsstellen erworbener Hernien sind neben den physiologischen „Schwachstellen" (extrahiatale Hernien) v. a. präformierte Lücken (Hiatushernien; s. SE 21.6, S. 478 f). Der Bruchinhalt kann bei großen Defekten neben Magen, Dick- und Dünndarm auch aus Leber, Omentum majus und Milz bestehen.

Allgemeines

Ursachen: Erworbene extrahiatale Zwerchfellhernien beruhen zumeist auf der **Erweiterung präformierter Lücken** oder **struktureller Schwachstellen** des Zwerchfells (s. SE 20.5, S. 458) durch Erhöhung des intraabdominellen Druckes (u. a. Adipositas, intraabdominelle Raumforderung) wie besonders bei **traumatischer Ruptur**.

Nicht traumatische Hernien weisen im Unterschied zu den traumatisch bedingten Hernien einen Bruchsack (Peritoneum) auf.

Klinik: Alle Hernien können je nach Größe und Lokalisation ein breites klinisches Bild von vollkommener Symptomlosigkeit über ein unspezifisches Beschwerdebild bis hin zu einer ausgeprägten, ggf. auch akuten kardiologischen, respiratorischen und gastroenterologischen Symptomatik bieten.
Kardiopulmonale Erscheinungen: Tachykardie, Rhythmusstörungen, Dyspnoe und Tachypnoe infolge intrathorakaler Raumforderung durch vorgefallene Baucheingeweide.
Gastrointestinale Symptome: Akutes Abdomen (Ileus, Blutung) infolge einer Inkarzeration oder Torsion von Darmanteilen.
Begleiterscheinungen: Respiratorische Probleme durch Pleuraergüsse, Pleuritis, Pleuraempyem, Pneumonie und Mediastinitis.

Diagnostik:
Klinische Untersuchung: Perkutorisch können ein tympanitischer Klopfschall, auskultatorisch Darmgeräusche im Thorax hinweisend sein.
Apparative Untersuchung: In der *Röntgenaufnahme* des Thorax in zwei Ebenen stellen sich Hernien durch Konturunregelmäßigkeiten des Zwerchfells, durch Darmschlingen im Thorax, durch Verschattungen oder durch eine Mediastinalverlagerung dar. Zur weiteren Abklärung dienen *Kontrastmitteldarstellungen des Magen-Darm-Traktes* (s. auch SE 20.5, S. 459). Eine *CT* oder *MRT* sollte zum differenzialdiagnostischen Ausschluss anderer Ursachen für eine Thoraxverschattung durchgeführt werden. Bei traumatischer Zwerchfellhernie kann die *Sonographie* zur Klärung der Lokalisation der Leber, zur Diagnose der rechtsseitigen Zwerchfellruptur und zum Ausschluss anderer intraabdomineller und thorakaler Begleitverletzungen beitragen.

Bei Verdacht auf Zwerchfellruptur keine vorschnelle Pleurapunktion oder Bülaudrainageneinlage wegen der Gefahr der Darmverletzung.

20.14 (s. S. 458) zeigt die Lokalisation der häufigsten Zwerchfelllücken.

Parasternale Hernie

Synonym: Hernia diaphragmatica sternocostalis; *rechts:* Morgagni-Hernie (**20.16**); *links:* Larrey-Hernie
Sie entwickelt sich durch das Trigonum sternocostale hindurch und tritt rechts 10-mal häufiger auf als links, da links Perikard und Herz die Schwachstelle abdichten.

Symptome: s. Allgemeines. Sie treten meist erst im Erwachsenenalter auf, überwiegend bei Frauen.

Differenzialdiagnose: Mediastinale Raumforderungen, Lungen- und Pleuratumoren, Pleuraempyem, Lungenabszesse, Perikarderkrankungen und primäre Zwerchfelltumoren sowie die Relaxatio diaphragmatica.

Therapie: Eine *absolute Operationsindikation* besteht bei Vorliegen von Komplikationen wie Ileus, Blutung, Perforation und kardio-respiratorischen Problemen. Eine *relative Operationsindikation* besteht bei asymptomatischen oder symptomarmen Hernien. Vor einer Gravidität sollte zur Operation geraten werden, da die Inkarzeration bei Schwangeren eine gefürchtete Komplikation darstellt.

20.16 Morgagnie-Hernie

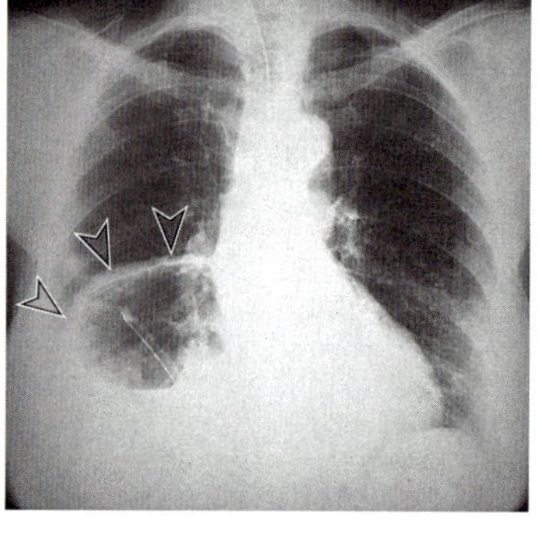

Im Röntgen-Thorax sieht man eine blasige Struktur (Pfeile) im rechtsbasalen Lungengeschoss. In deren Zentrum liegt die Spitze einer Magensonde. Es handelt sich um eine Morgagni-Hernie, wobei Magenanteile nach rechtssupradiaphragmal prolabiert sind.

Operationsverfahren: Da Bauchorgane, die in den Thorax verlagert waren, sich besser von einem abdominellen Zugang als von einem thorakalen Zugang aus reponieren lassen, wird ein transabdominelles Vorgehen empfohlen (s. SE 6.9, S. 168). Es erfolgen die Reposition des Bruchinhaltes und der Bruchlückenverschluss entweder mittels direkter Naht oder unter Verwendung eines Kunststoffnetzes.

Prognose: Sehr gut.

Lumbokostale Hernie

Synonym: Bochdaleck-Hernie, posterolaterale Hernie
Die Hernierung erfolgt durch eine kleine Muskellücke (Trigonum lumbocostale), meist linksseitig, da der Defekt rechtsseitig durch die Leber gedeckt wird.
Symptomatik: s. Allgemeines.
Differenzialdiagnose, Therapie und **Prognose:** Entsprechend der Morgagni-Hernie.

Perikardiodiaphragmale Hernie

Als seltene Fehlentwicklung des Septum transversum kommt es zur Verbindung zwischen Perikardhöhle und Abdomen mit dem Prolaps gastrointestinaler Organe.
Symptomatik: Herzrhythmusstörungen, Tachykardien und Herzinsuffizienz stehen klinisch im Vordergrund.
Differenzialdiagnose, Therapie und Prognose: Entsprechend der Morgagni-Hernie.

Traumatische Hernien (Prolaps)

Traumatische Zwerchfellrupturen mit ein- oder zweizeitigem Vorfall (Prolaps) der Bauchorgane in den Brustraum sind meist Folge eines abdomino-thorakalen **Kompressions-** oder **Perforationstraumas** (**T 20.8**).

T 20.8 Verletzungsmuster

Typ	*Ursache*	*Folge*
indirektes Trauma	schlagartige Erhöhung des pleuroperitonealen Druckes bei stumpfem Abdominal- oder Thoraxtrauma	Zwerchfelleinriss am Übergang vom muskulären zum sehnigen Anteil des Centrum tendineum. In 90 % linksseitig (Stoßdämpfung durch Leber rechts)
direktes Trauma	penetrierende oder perforierende Traumata (Stich-, Schuss-, Pfählungsverletzungen)	Mitbeteiligung anderer Organe für Symptomatik und Prognose entscheidend
spontane Ruptur (sehr selten)	physiologische Druckerhöhung im Abdomen (Geburt, Defäkation, Husten)	

Symptomatik und ***Diagnostik*** entsprechen der der nicht traumatischen extrahiatalen Zwerchfellhernien. Die Zwerchfellruptur ist eine häufig verkannte Unfallfolge des polytraumatisierten Patienten (**20.10**). Sie kann klinisch unauffällig bleiben und z. T. erst Jahrzehnte später zufällig oder aufgrund einer Beschwerdesymptomatik erkannt werden. Das aktive Erfragen eines früheren Traumas ist für die Diagnosestellung sehr wichtig.

20.10 Ursachen für die verspätete Diagnosestellung der traumatischen Zwerchfellruptur

- Überlagerung der Symptomatik durch Begleitverletzungen (akutes Abdomen, thorakaler Notfall, Schädel-Hirn-Trauma) in der akuten Polytraumasituation,
- Unterlassen einer sorgfältigen Exploration des subphrenischen Raumes bei der Notfall-Laparotomie aus anderer Ursache,
- durch PEEP-Beatmung findet initial kein Prolaps von Bauchorganen in den Thorax statt,
- die Ruptur ist initial oft asymptomatisch.

Differenzialdiagnose: *Klinisch* müssen kardiale und abdominelle Erkrankungen anderer Genese in Betracht gezogen werden. *Röntgenologisch* müssen folgende Erkrankungen differenziert werden:
Frische Ruptur: Atelektase, Hämatothorax, Lungenkontusion, Pneumothorax.
Alte Ruptur: Relaxatio diaphragmatis, Zwerchfellhernien anderer Genese, Zwerchfell- und Pleuratumoren, Lungenabszesse und -zysten.

Therapie:

Je nach Begleitverletzungen (häufig Polytrauma!) erfolgt zunächst die Versorgung der lebensbedrohlichen Verletzungen.

Frische Rupturen: Die Versorgung erfolgt i. d. R. über einen abdominellen Zugang. Dieser hat den Vorteil, dass die abdominellen Organe (Leber, Milz, Pankreas) inspiziert und begleitende Organverletzungen therapiert werden können. Stehen thorakale Begleitverletzungen im Vordergrund, sollte die Ruptur von thorakal versorgt werden (s. SE 6.10, S. 170 f); ggf. ist zusätzlich eine Laparotomie erforderlich. Es erfolgt die Reposition der abdominellen Organe und das Einlegen einer Bülau-Drainage. Die Naht des Zwerchfells erfolgt fortlaufend (zur Blutstillung) und zusätzlich mit Einzelknopf-U-Nähten.
Alte Rupturen: Sie werden meist von thorakal versorgt, da Verwachsungen so, unter Schonung der Lunge, übersichtlicher freipräpariert werden können. Es erfolgt die Reposition der abdominellen Organe und das Einlegen einer Bülau-Drainage. Der Zwerchfelldefekt wird durch direkte Naht oder selten mit Fremdmaterial (Kunststoffnetz) verschlossen.

Die ***Prognose*** hängt bei der akuten Ruptur von der Schwere des Gesamttraumas ab, bei späterer Versorgung sind die Ergebnisse sehr gut.

20.7 Weitere Zwerchfellerkrankungen

Die häufigsten Zwerchfellerkrankungen sind Hernien (s. SE 20.6, S. 460 f, SE 21.6, S. 478 f und SE 38.2: kongenitale Zwerchfelldefekte mit Enterothorax, S. 828 f). Trotzdem gibt es weitere angeborene und erworbene Erkrankungen, von denen die Zwerchfellrelaxation die klinisch relevanteste ist.

Zwerchfellrelaxation

Bei der Zwerchfellrelaxation handelt es sich um einen extremen Zwerchfellhochstand infolge eines erschlafften und bewegungslosen Zwerchfells. Unterschieden werden die angeborene und die erworbene Relaxation.

Angeborene Zwerchfellrelaxation

Synonym: Eventeration
Sie ist selten (Häufigkeit 1 : 8500) und kann komplett, inkomplett, links- oder rechtsseitig auftreten (**20.11**).
Klinik: Das Ausmaß der Beschwerden ist abhängig von der Ausprägung des Zwerchfellhochstandes, welcher für die Lungenkompression und die Mediastinalverschiebung verantwortlich ist. Bei *kompletter einseitiger Relaxation* tritt eine schwere respiratorische Insuffizienz (Zyanose, Dyspnoe, Tachypnoe, Hypoxie) und in Folge eine kardiale Insuffizienz auf. Die *inkomplette einseitige Relaxation* bleibt meist symptomlos. Bei zusätzlich auftretenden thorakopulmonalen Erkrankungen oder Belastung kann es jedoch zur Dekompensation in Form einer respiratorischen Insuffizienz kommen.

> **20.11 Ätiologie der Eventeration**
>
> Ätiologisch liegt eine mangelhafte Anlage der Zwerchfellmuskulatur (fehlendes Einsprossen der Myoblasten), eine fehlende angeborene Innervation durch den N. phrenicus bei sonst normal ausgebildeter Muskulatur (Häufigkeit 1 : 450 000) oder eine Phrenikusschädigung zugrunde. Letztere findet man als Entbindungsfolge bei Schädigungen des vierten Zervikalsegmentes oft in Kombination mit einer Erb-Duchenne-Lähmung (obere Armplexuslähmung). Die Prognose der geburtshilflichen Nervenlähmung ist im allgemeinen sehr gut. Meist bildet sich die Lähmung von selbst innerhalb von Tagen bis Monaten zurück.

Diagnostik: Die diagnostische Abgrenzung zur Zwerchfellhernie ist schwierig und radiologisch nicht immer möglich. In der Röntgenthoraxaufnahme und der Thoraxdurchleuchtung lässt sich manchmal das hochgestellte und funktionslose Zwerchfell darstellen. Ggf. helfen Sonographie, Kontrastmitteluntersuchungen des oberen und unteren Gastrointestinaltraktes und CT bei der weiteren Abklärung.
Differenzialdiagnose: Zwerchfellruptur bzw. angeborene Zwerchfellhernie und angeborene Herzfehler.
Therapie: Beim Neugeborenen mit ausgeprägter klinischer Symptomatik sollte die Operation (geschlossene Faltung des Zwerchfells; **20.17**) innerhalb der ersten 48 Stunden durchgeführt werden.

Erworbene Zwerchfellrelaxation

Synonym: Paralyse
Sie entsteht durch eine Phrenikusverletzung verschiedener Ursachen. Bei Traumen, Tumoren und Entzündungen ist die Relaxation meist einseitig. Der beidseitigen Relaxation liegen oftmals Myelopathien oder Neuropathien zugrunde.
Klinik: Die erworbene Zwerchfellrelaxation ist meistens asymptomatisch und wird im Erwachsenenalter als röntgenologischer Zufallsbefund entdeckt. Die Atrophie des Zwerchfells kann jedoch auch so ausgeprägt sein, dass die Zwerchfellmembran durch die Abdominalorgane fast bis zur Pleurakuppel verdrängt und die Lunge komprimiert wird. Es treten dann infolge Lungenkompression und Mediastinalverschiebung kardiopulmonale Störungen wie Dyspnoe, Husten, Tachykardien, Rhythmusstörungen sowie gastrointestinale Störungen auf (**20.12**).

> **20.12 Römheld-Symptomenkomplex**
>
> *Synonym:* gastro-kardialer Symptomenkomplex, Effort-Syndrom
> Durch einen geblähten Magen und Darmschlingen kommt es zu einer Verschiebung des Herzens nach oben rechts. Tierexperimententellen Untersuchungen zufolge wird die Koronardurchblutung über einen viszero-viszeralen Reflex vermindert. Die resultierenden Symptome sind Herzbeschwerden, Extrasystolen, eventuell Magenschmerzen, Übelkeit, Stenokardien.

Diagnostik: s. „angeborene Zwerchfellrelaxation".
Therapie: Eine Operationsindikation besteht nur bei symptomatischen Formen. Unter Schonung des Nervus phrenicus erfolgt eine Raffung und Doppelung des Zwerchfells (**20.17**).

20.17 Relaxatio diaphragmatica : Operation (Zwerchfellraffung)

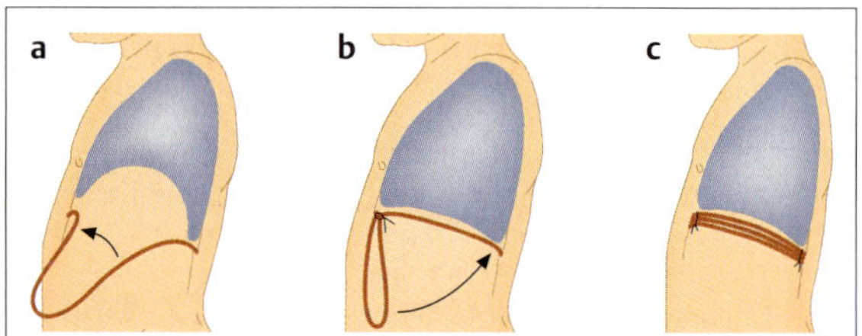

a *vor Korrektur:* schlaffe Zwerchfellmembran,
b, c *Korrektur:* Raffung und dorsale Doppelung des Zwerchfells. Bei sehr dünnem Zwerchfell ist eine Muskelplastik aus dem Musculus latissimus dorsi oder eine Verstärkung des Zwechfells mittels Kunststoffmaterial notwendig.

20.13 Gedoppeltes Zwerchfell (Doppelung)

Synonym: akzessorisches Diaphragma

Es handelt sich um eine sehr seltene angeborene Anomalie des Zwerchfells, die stets einseitig, meist rechtsseitig vorkommt. Auf der betroffenen Thoraxseite wird die Lunge durch ein fibromuskuläres Septum in zwei Kompartimente unterteilt. Das akzessorische Diaphragma verläuft im Interlobärspalt zwischen Mittel- und Unterlappen (👁).

Die ***Ätiologie*** ist unklar. Vermutlich handelt es sich um einen inkompletten „Deszensus" des Septum transversum während der Embryonalentwicklung. Die zusätzliche fibromuskuläre Membran besteht aus quergestreifter Muskulatur, kollagenen Fasern, Gefäßen und Nerven und ist auf beiden Seiten von Pleura bedeckt.

Klinik: In der Neonatalperiode kommt es häufig zu Atemstörungen, später können bis ins Schulalter rezidivierende, oft therapieresistente Infekte der Atemwege auftreten.

Diagnostik: Röntgen-Thorax (unklarer Interlobärprozess), CT, Bronchographie bis hin zur Angiographie.

Differenzialdiagnose: Interlobärerguss bzw. Schwarte, pulmonale Sequestration, Mittellappenatelektase und tumoröse Infiltration des Interlobärspaltes.

Therapie: Eine Operationsindikation besteht lediglich bei unsicherer Diagnose und ausgeprägter klinischer Symptomatik.

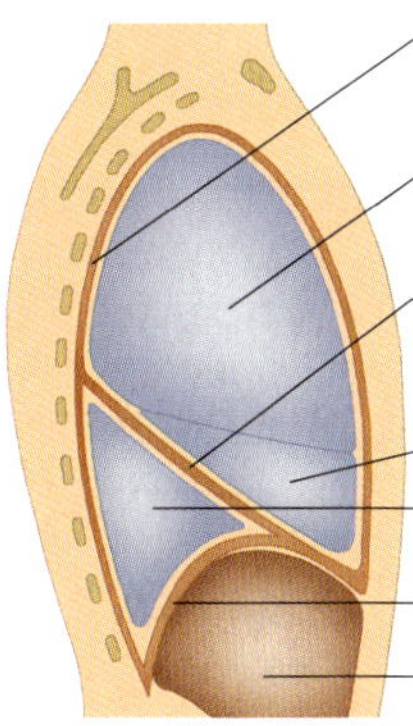

Entzündungen

Primäre Entzündungen des Zwerchfells sind umstritten. Entzündlich-eitrige Prozesse können jedoch von abdominal oder thorakal auf das Zwerchfell übergreifen (peridiaphragmale Abszesse, suphrenischer Abszess, Pleuraempyem). Eine transdiaphragmale Passage von entzündlichen Prozessen ist auf lymphatischem Wege möglich, es entstehen transdiaphragmale Fisteln.

Klinik: Die klinische Symptomatik richtet sich nach dem Ausgangspunkt der entzündlichen Erkrankung. Respiratorische, kardiale und gastrointestinale Symptome können auftreten.

Diagnostik: Typische Zeichen eines entzündlichen Prozesses sind ein Zwerchfellhochstand, Ergussbildungen und Verschwartungen in der Thoraxübersichtsaufnahme sowie eine fehlende Atemverschieblichkeit des Zwerchfells unter Thoraxdurchleuchtung. Sonographie, CT und MRT werden zur weiteren Differenzierung eingesetzt.

Therapie: Sie richtet sich nach dem Ausgangspunkt des Prozesses und umschließt Punktionen, Drainagen, Antibiotikatherapie und operative Therapien.

Zysten und Tumoren

Zysten

Bei den Zwerchfellzysten werden kongenitale und erworbene unterschieden. Bei den kongenitalen Zysten handelt es sich u. a. um teratoide oder bronchogene Zysten. Erworbene Zysten können posttraumatisch oder selten durch einen Echinokokkus (s. SE 3.5, S. 52 f) entstehen. Die Klinik entspricht der der benignen Tumoren.

Tumoren

Primäre Zwerchfelltumoren sind sehr selten. Benigne Tumoren sind Fibrome, Angiome, Lipome und Myome. Als maligne Form findet sich in Einzelfällen ein Sarkom. Häufiger sind **sekundäre Tumoren** (lymphogene oder haematogene Metastasierung im Rahmen der Carcinosis peritonei) oder eine **Infiltration** des Zwerchfells durch Tumoren der Nachbarorgane (Magen, Leber, Kolon, Lunge).

Klinik: Primäre Zwerchfelltumoren sind meistens Zufallsbefunde. Symptomatisch werden sie oftmals erst, wenn Verdrängungserscheinungen auftreten. Bei Infiltration des Zwerchfells durch maligne Tumoren können u. a. pleurale Schmerzen, Pleuraergüsse, Dyspnoe und Husten auftreten.

Diagnostik: Der raumfordernde Prozess lässt sich in der Röntgenuntersuchung des Thorax und in der CT darstellen. Ggf. sollte eine Feinnadelpunktion, Thorakoskopie oder explorative Laparotomie bzw. Thorakotomie zur histologischen Abklärung erfolgen.

Differenzialdiagnose: Umschriebene Zwerchfellhernien, die Netz oder ein parenchymatöses Organ (Milz, Leber) beinhalten.

Die **Therapie** ist abhängig von der Art des Primärtumors und dem Stadium der Erkrankung. Erfolgt eine Tumorexstirpation, so müssen entstehende Zwerchfelldefekte evtl. mittels Kunststoffmaterial plastisch gedeckt werden.

Prognose: Sie ist abhängig von der Histologie, der Grunderkrankung und dem Tumorstadium.

20.8 Erkrankungen im Retroperitoneum

Die Veränderungen im Retroperitonealraum (Synonym: Spatium retroperitoneale) werden häufig aufgrund der versteckten Lage und der Nicht-Zugänglichkeit einer direkten klinischen Untersuchung spät erkannt. Eine Vielzahl von organgebundenen (z. B. Nierenkarzinom) aber auch organungebundenen Erkrankungen (z. B. Entzündungen, Zysten) stellt den Untersucher vor differenzialdiagnostische Schwierigkeiten und braucht zur Abklärung zahlreiche Untersuchungsverfahren bis hin zur CT-gesteuerten Biopsie. Auf die spezifischen Erkrankungen der retroperitoneal gelegenen Organe wird in den einzelnen Kapiteln des Buches eingegangen.

20.14 Anatomie des Retroperitonealraums

Ausdehnung: Der Retroperitonealraum reicht nach kranial bis zum Zwerchfell (hat aber Spaltverbindungen zum Mediastinum), kaudal geht er in die extraperitonealen Räume des kleinen Beckens über, er hört lateral der Nieren auf, ventral wird er vom dorsalen Blatt des Peritoneum parietale, dorsal von der hinteren Bauchwand (Fascia transversalis) begrenzt.
Inhalt: Von Binde- und Fettgewebe durchzogen, enthält er die Nieren, Nebennieren, Harnleiter und Blase, die großen Gefäße (Aorta abdominalis, V. cava) und die sekundär retroperitoneal liegenden Organanteile von Pankreas, Duodenum, Leber und Kolon. Außerdem enthält es den Bauchteil des sympathischen Grenzstranges, Ganglien, Nerven, Lymphgefäße, Lymphknoten und die Cisterna chyli.

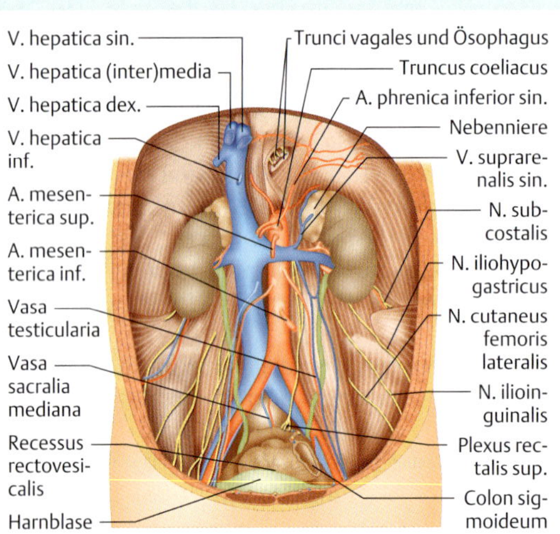

Präoperative Diagnostik

Durch eine sinnvolle Diagnostik lassen sich präoperativ Veränderungen im Retroperitonealraum darstellen; Größenveränderungen, Lokalisation von Raumforderungen und insb. die Abgrenzung von umgebenden Strukturen und Organen sind für die Operationsplanung von entscheidender Bedeutung.

Erstes Verfahren der Wahl ist orientierend die **Sonographie** des Abdomens und des retroperitonealen Raumes. Bei erfahrenen Untersuchern wird eine Treffsicherheit von 70–80 % in der Darstellung einer retroperitonealen Raumforderung erreicht. Tumoren können sich echoarm oder echoreich darstellen, es gibt keinen spezifischen sonographischen Befund, der die Dignität oder Art des Tumors eingrenzen lässt (s. auch SE 6.3, S. 146 ff).

Die **Röntgenabdomenübersicht** kann besonders Tumorverkalkungen und Verlagerungen des M. psoas oder dessen unscharfe Randbegrenzung zeigen. Mit der **i. v. Urographie** lassen sich Verlagerungen oder Stenosen des Ureters als Ausdruck einer Raumforderung im Retroperitoneum darstellen. Die höchste Aussagefähigkeit über den retroperitonealen Raum erhält man mit der **Computertomographie** mit intravenöser Applikation von Kontrastmittel. Durch die CT-Untersuchung können die umgebenden Organe und Gefäße beurteilt werden, gleichzeitig kann der Nachweis von intraabdominellen Metastasen erbracht werden.

Als zusätzliche Verfahren bietet sich heute die **Magnetresonanztomographie** (MRT) an, bei der eine verbesserte Weichteilgewebsdifferenzierung und die Darstellung des Spinalkanals oder möglicher Nervenkompression und -infiltration möglich ist (**20.18**). Zusätzlich lassen sich

20.18 MRT eines retroperitonealen Schwannoms

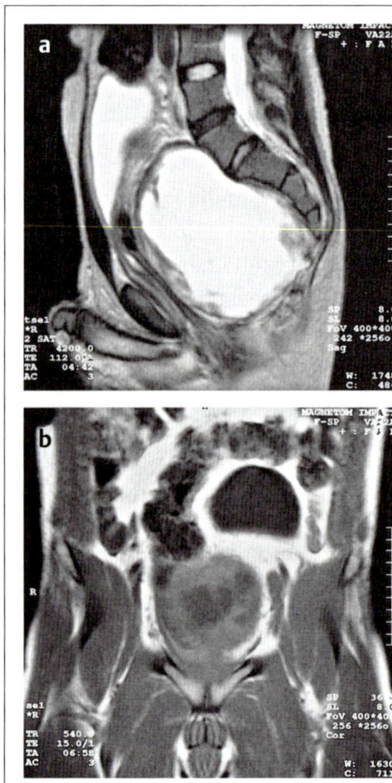

32-jähriger Patient mit riesigem präsakralen benignen Schwannom, das das gesamte kleine Becken ausfüllt, mit Verdrängung von Rektum und Harnblase. Aufgrund anderer MRT-Gewichtungen ist der Tumor in **a** (Longitudinalschnitt) weiß und in **b** (Frontalschnitt) dunkel dargestellt. In **a** ist die Harnblase ventrokranial plattgedrückt (ebenfalls weiß), in **b** nach links kranial abgedrängt (ebenfalls dunkel).

sowohl die Vaskularisation eines Tumors, die räumliche Beziehung zu umgebenden Organen als auch eine mögliche Gefäßinfiltration besser darstellen.

Gutartige Erkrankungen

Retroperitoneales Hämatom

Ätiologie: Nach schweren stumpfen oder penetrierenden **Bauchtraumen** (**20.19**), aber auch bei **Wirbel-** und **Beckenfrakturen** treten retroperitoneale Blutungen auf, die riesige Ausmaße annehmen können. Hierbei ist es entscheidend wichtig für die Prognose des Patienten, Begleitverletzungen der im Retroperitoneum liegenden Organe frühzeitig zu diagnostizieren. Die Einteilung des Retroperitonealraumes in 3 Zonen gibt wichtige Entscheidungshilfen für das weitere Prozedere (**20.20**).

20.19 Traumatisches retroperitoneales Hämatom links

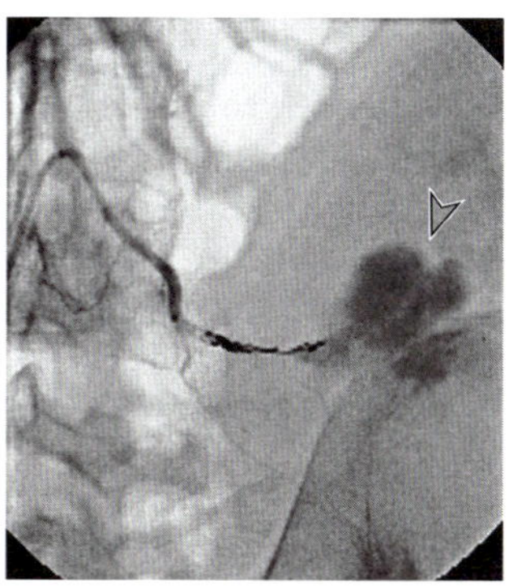

Die ursächlich blutende A. lumbalis (auf Höhe L 5) wird angiographisch-superselektiv mit Spiralen verschlossen: Noch ist der KM-Austritt sichtbar (Pfeil); die Spiralen stellen sich tiefschwarz dar.

20.20 Zoneneinteilung des Retroperitonealraums

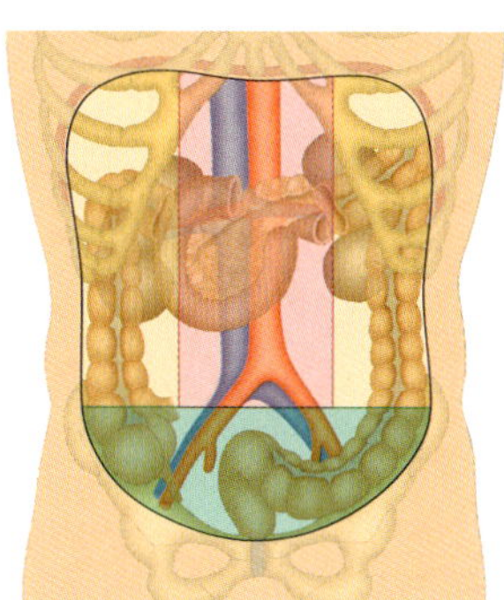

Zone 1: zentrales Retroperitoneum mit Aorta, V. cava inf., Nierenstielgefäßen, V. portae und Duodenum

Zone 2: Flankenregion mit Nieren, Ureteren, rechtem und linkem Hemikolon

Zone 3: Beckenregion mit Rektum, Harnblase und mündungsnahem Bereich der Ureteren

Hämatome in der zentralen **Zone 1** bei einem stumpfen Bauchtrauma müssen den Verdacht auf eine Duodenal- oder Pankreasverletzung wecken und fordern eine aktive Diagnostik zum Ausschluss derartiger Verletzungen und ggf. die operative Intervention. Hämatome in den **Zonen 2 und 3** werden konservativ behandelt, wenn keine Organverletzungen vorliegen.

Weitere Ursachen können spontane Hämatome unter **Antikoagulanzien-Therapie** sowie **Tumoreinblutung**, aber auch eine **gedeckte Aortenaneurysmaruptur** sein.

In zumindest 1 % kommt es bei antikoagulierten Patienten pro Jahr zu einer schweren spontanen Blutung, mit absteigender Häufigkeit Retroperitoneum („Psoas-Hämatom"), Bauchdecke (innerhalb der Rektusscheide) und Darmwand (meist Dünndarm).

Symptomatik: Klinisch fallen diese Blutungen häufig durch einen unklaren Hämoglobin-Abfall bei symptomarmem Abdomen auf. Bei massiver Blutung kann es zum hämorrhagischen Schock kommen und sich das primär retroperitoneale Hämatom in die freie Bauchhöhle einbrechen, was dann zu diagnostischen und therapeutischen Schwierigkeiten führen kann.

Therapie: Ein unter Antikoagulation entstandenes Hämatom wird nur bei neurologischer Symptomatik (N. femoralis, N. genitofemoralis, N. femoralis cutaneus lateralis), bei drohendem abdominellen Kompartmentsyndrom (d. h. Störung der örtlichen Blutzufuhr und Nervenkompression durch Druckerhöhung im Kompartiment; s. auch SE 9.7, S. 242 f) oder bei Infektion ausgeräumt und kann dann oft nur durch ein Packing mit Bauchtüchern beherrscht werden.
Bei nachgewiesenen Organverletzungen oder bei hochgradigem Verdacht hierauf ist eine Revision des Retroperitoneums obligat.

Retroperitoneale Fibrose (Morbus Ormond)

Bei dieser seltenen Erkrankung führt eine bindegewebige Verhärtung der Gerota-Faszie (einem Teil der Fascia subperitonealis zwischen Mastdarm und Kreuzbein) zu einer Ummauerung der großen Gefäße (fast ausschließlich infrarenale Aorta und Iliakalgefäße) und der Ureteren und somit u. U. zu postrenalem Nierenversagen.

Ursachen: Es wird die primäre oder idiopathische (vermutet wird eine Autoimmunreaktion) von der sekundären Form, entstehend durch Bestrahlung, Trauma, Medikamenteneinnahme (Methysergid) oder Gefäßaneurysmen (Aorta) unterschieden.

Differenzialdiagnose: Die Differenzierung zu echten Tumoren kann insb. bei asymmetrisch angeordneten Gewebsvermehrungen extrem schwierig sein.

Therapie: Bei der sekundären Form müssen die Fibrose erzeugenden Medikamente sofort abgesetzt werden, bei der primären Form werden Cortison und Immunsuppressiva eingesetzt. Bei der Obstruktion der Ureteren erreichen offene chirurgische Maßnahmen mit Ureterolyse und Verlagerung der Ureteren nach intraabdominell (mit Umhüllung durch großes Netz) gute Langzeitergebnisse.

Entzündungen

Retroperitoneale Abszesse entstehen als Komplikation bei einer Appendizitis perforata, bei einem Morbus Crohn, einem septischen Prozess der Nieren oder als kalter Abszess bei Tuberkulose. Ebenso ist auch an eine hämatogene Streuung z. B. bei einer Endokarditis oder Tonsillitis zu denken. Klinisch zeigen sich die typischen Entzündungszeichen mit Fieber, Leukozytose und CRP-Erhöhung; bei der körperlichen Untersuchung ist insb. sowohl auf einen Flanken- und Klopfschmerz als auch auf das Psoaszeichen (d. h. Schmerz des M. psoas bei Innenrotation des gestreckten Beines) zu achten. Ein Senkungsabszess durch die Lakuna vasorum zum medialen Oberschenkel im Verlauf des M. psoas ist ebenfalls möglich. Die retroperitoneale Eröffnung und Entlastung des Abszesses, evtl. die CT-gesteuerte perkutane Drainage (s. SE 5.10, S. 127) und die Behandlung der Grundkrankheit ist die Therapie der Wahl.

Bösartige Erkrankungen

Grundsätzlich sind retroperitoneale Tumoren ausgesprochen selten (0,1 % aller Tumoren).
Die **nicht organgebundenen primären Tumoren** entspringen aus dem ortsständigen Gewebe und entstammen dem Mesenchym (45–60 %), dem neurogenen einschließlich sympathischen Gewebe (15–25 %) oder sind dysontogenetische Tumoren (5–25 %). Diese Tumoren können (in 20–30 %) benigne sein, sind aber wesentlich häufiger maligne, daher muss immer eine histologische Klärung erzwungen werden.
Im Gegensatz dazu gehen **die sekundären, d. h. organbezogenen Tumoren** von den im Retroperitoneum liegenden Organen aus, es handelt sich meist um Karzinome. Auch muss an Systemerkrankungen (malignes Lymphom) oder Metastasen eines Hodentumors differenzialdiagnostisch gedacht werden.
Eine Übersicht über die benignen und malignen Tumoren des Retroperitoneums gibt **T 20.9.**
Das Erkrankungsalter der Patienten mit gutartigen Tumoren ist ab der 2. Altersdekade gleichmäßig verteilt, die bösartigen zeigen einen Altersgipfel im Kindesalter (Neuroblastom, embryonale Rhabdomyosarkome) und einen im 5.–7. Lebensjahrzehnt.

Klinik: Aufgrund ihrer versteckten Lage ist das häufigste Erstsymptom der palpable Bauchtumor, 70–80 % der Tumoren werden durch sekundäre Komplikationen wie Verdrängung, Kompression oder Infiltration von Nachbarorganen klinisch manifest. Durch die retroperitoneale Raumforderung wird häufig ein unspezifischer, schwer lokalisierter Schmerz mit Ausstrahlung in den Rücken ausgelöst. Die Symptomatik ist vielfältig und reicht von Bauchschmerzen, Völlegefühl, Gewichtsverlust, Obstipation, Miktionsbeschwerden bis hin zu neurologischen Ausfällen. Die diagnostische Lücke vom Auftreten der ersten Symptome bis zur Diagnosestellung beträgt wegen der unspezifischen Symptomatik 5 (1–36) Monate.

Diagnostik: Vor einer apparativen Diagnostik ist eine ausführliche körperliche Untersuchung mit sorgfältiger Palpation der Hoden und der Leistengegend selbstverständlich. Sonographie, CT des Abdomens, evtl. mit Punktion zur Histologiegewinnung, i. v. Urogramm und MRT stehen zur Verfügung.

Therapie: Alle Tumoren im Retroperitoneum werden einer chirurgischen Resektion zugeführt, wenn die Diagnostik eine Resektabilität erwarten lässt. Auch gutartige Tumoren sind nicht selten schwierig oder nicht zu entfernen, da sie häufig eine erhebliche Größe erreicht haben. Die radikale Tumorentfernung ist absolut entscheidend für die Prognose des Patienten und, wenn immer möglich, sollte angrenzendes Gewebe – falls notwendig sogar Organe (Niere) – mit exstirpiert werden. Strahlensensible Tumoren, Lymphknotenmetastasen von Hodentumoren und Lymphome werden i. d. R. durch die CT-gesteuerte Punktion erkannt und zusätzlich zur Operation strahlentherapeutisch behandelt.

Jeder retroperitoneale solide Tumor sollte radikal entfernt werden.

Besondere Tumorformen

Liposarkom: Sie erreichen häufig eine riesige Größe (**20.21**) mit Ausbildung einer Pseudokapsel. Trotz der scharfen Begrenzung finden sich meist mikroskopische Tumorabsiedlungen, was die hohe Rezidivrate des Tumors erklärt. Oft sind hier jedoch Folgeoperationen möglich. Differenzialdiagnostisch kann es außerordentlich

T 20.9 Differenzialdiagnose häufiger retroperitonealer Tumoren ohne Berücksichtigung von Metastasen

Gewebe	*maligne*	*benigne*
Mesenchym	Leiomyosarkom Fibrosarkom Liposarkom Rhabdomyosarkom malignes fibröses Histiozytom	Leiomyom Fibrom Lipom aggressive Fibromatose (Desmoid) Morbus Ormond
Lymphgewebe	Non-Hodgkin-Lymphome Morbus Hodgkin Lymphangiosarkom	Lymphangiom (**20.22**) entzündliche Veränderungen
Nervengewebe (mit Sympathikus)	Ganglioneuro(blasto)m	Paragangliom/Ganglioneurom (**20.23**, s. auch SE 19.9, S. 444), Neurinom (Schwannom; s. **20.18**)
Nebenniere	Nebennierenrindenkarzinom Neuroblastom	Adenom Angiomyolipom Phäochromozytom

20.22 Benignes retroperitoneales Lymphangiom

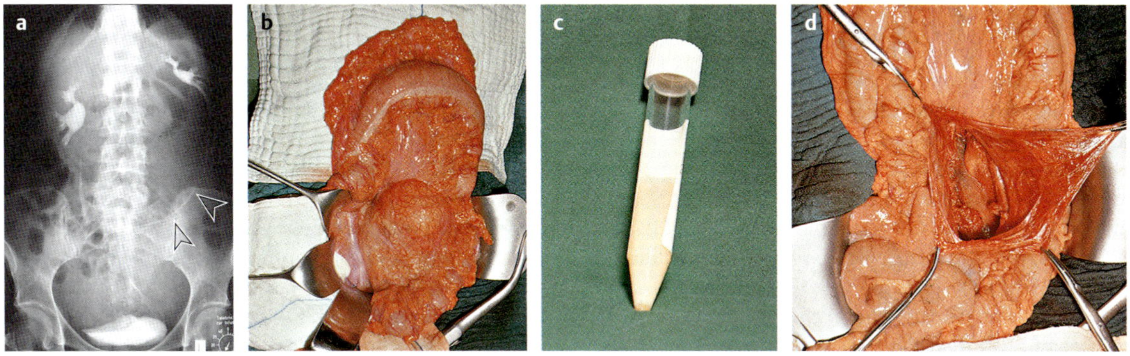

38-jährige Patientin mit links-retroperitonealem benignen Lymphangiom.
a Der Tumor führt zu einer weitbogigen Verlagerung von linker Niere und linkem Ureter (Pfeile) nach lateral.
b Aufsicht auf den teils groß-, teils kleinzystischen Tumor bei nach kranial (hier: oben im Bild) ausgelagertem Querkolon; links-lateral des Tumors ziehen das Colon descendens und das Sigma herab.
c Der Zysteninhalt ist milchig (eingedickte Lymphe).
d Abschluss-Situs: Der Tumor ist komplett aus dem Retroperitoneum ausgelöst; das aufgehaltene operative „Fenster“ geht durch das Mesocolon descendens hindurch; in der Tiefe sieht man den M. psoas und seitlich den Ureter.

20.15 Prognose retroperitonealer Weichteilsarkome

Die Prognose der Patienten mit einem retroperitonealen Weichteilsarkom hängt entsprechend von einer sog. R0-Resektion (s. SE 4.11, S. 94) ab. Nur für diese Patienten ergibt sich ein signifikanter Überlebensvorteil. Jedoch gelingt es nur bei 27 %–78 % der Fälle, eine R0-Resektion zu erreichen, da die Tumoren nicht innerhalb eines einzelnen Organs wachsen und häufig diffus in die Umgebung infiltieren. Daher werden zu über 80 % der Fälle multiviszerale Resektionen notwendig, die OP-Letalität beträgt 5–10 %. Da eine vollständige Tumorentfernung nur selten gelingt, erleiden innerhalb von 10 Jahren bis zu 90 % der Patienten (nach vermeintlicher R0-Resektion) Lokalrezidive, an denen die meisten von ihnen versterben. In wieweit die multimodalen Therapiekonzepte eine Verbesserung der Ergebnisse bewirken können, ist z. Zt. noch nicht geklärt.

20.21 Liposarkom

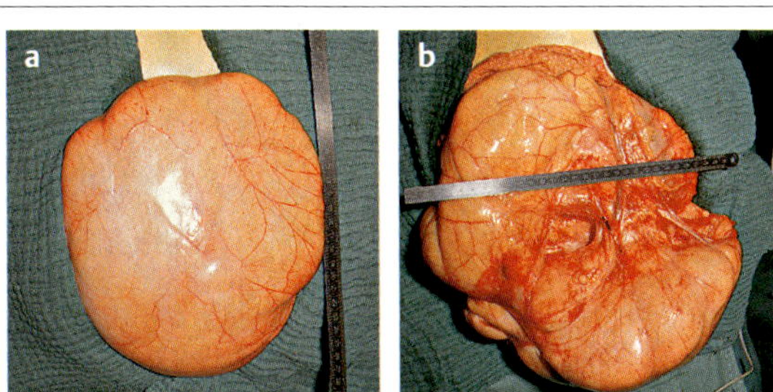

14 kg schweres, von links-retroperioneal ausgehendes Liposarkom bei einer 60-jährigen Patientin. a) nach Laparotomie quellen frei bewegliche Anteile hervor (von einer Kapsel umhüllt), b) der retroperitoneale Ansatz ist schwierig zu präparieren: Bei „24 cm“ sieht man Colon descendens.

schwierig sein, den histologischen Subtyp des Sarkoms vom Lipom zu differenzieren. Die Metastasierung erfolgt (relativ spät) hämatogen in die Lunge.

Malignes fibröses Histiozytom: Es handelt sich um einen seltenen hochmalignen Tumor, der manchmal von Blutungen durchsetzt ist. Er zeigt eine häufige Metastasierung in die Lunge.

Retroperitoneale Tumoren im Kindesalter: Wilms-Tumor u. Neuroblastom (s. SE 38.12, S. 851).

20.23 Benignes Ganglioneurom

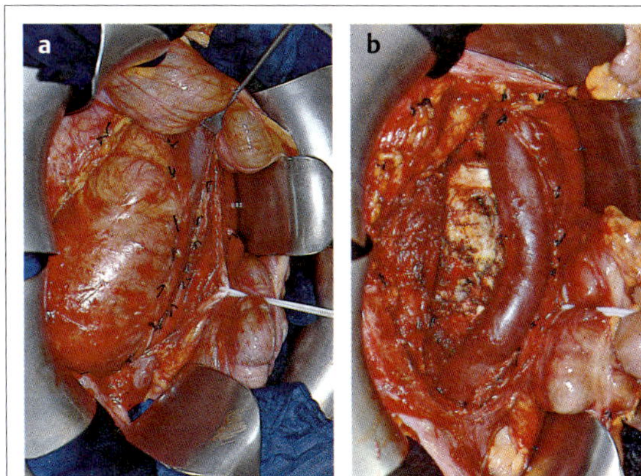

19-jähriger Patient mit riesigem rechts-retroperitonealen benignen Ganglioneurom, infrarenal, an V. cava inferior und rechtem Ureter, der Wirbelsäule aufsitzend.
a Teilpräparierter Tumor, das Colon ascendens ist nach medial abgedrängt. Der rechte Ureter ist angezügelt, in der Tiefe sieht man allmählich die V. cava inferior (blau).
b Abschluss-Situs mit freiliegender Wirbelsäule, bogig verlaufender V. cava inferior, noch immer angeschlungenem Ureter und abgedrängten Colon ascendens bzw. Caecum (Taenia libera!).

21.1 Anatomie und Physiologie des Ösophagus

Die Speiseröhre ist ein ca. 25 cm langer Muskelschlauch, der den Pharynx mit dem Magen verbindet. Ihre Aufgabe ist der Nahrungstransport und der physiologische Verschluss zwischen Umwelt und Organismus.
Aufgrund der hauptsächlich thorakalen Lage des Ösophagus war dieser in der Ära vor der Intubationsnarkose chirurgisch kaum angehbar. Als Begründer der modernen Ösophaguschirurgie gilt dennoch Torek (1861–1938), der 1913 die erste transthorakale Ösophagusresektion bei einer 67-jährigen Frau im Deutschen Hospital New York durchführte. Auch in Deutschland gab es in diesen Jahren (1911–1922) viele Versuche, die noch heute gültige Operation beim Ösophaguskarzinom (v. a. Kümmell jr., s. SE 21.8, S. 482 ff) zu realisieren, aber es gab damals (gleichermaßen in den USA) wegen mangelnder Infrastruktur (z. B. Intubationsnarkose, Bluttransfusion, Antibiotika, Intensivmedizin) noch keinen Durchbruch.
Andererseits wurden auch erst in den letzten Jahrzehnten für einige wichtige (gutartige) Ösophaguserkrankungen die jeweils genauen pathophysiologischen Ursachen erkannt. Zusammen mit einer präzisen Diagnostik ermöglicht dies heute verlässliche Operationsverfahren z. B. beim Pulsionsdivertikel, bei der Achalsie oder bei der Refluxkrankheit.

Der Ösophagus wird in drei ***Abschnitte*** unterteilt: Pars cervicalis, thoracica und abdominalis (👁 **21.1a**).

Muskulatur: Die Speiseröhre besteht aus innerer Quer- und äußerer Längsmuskulatur mit einem apolaren Schraubensystem. Die obere Begrenzung bildet der *obere Ösophagussphinkter* (oÖS, direkt unterhalb des Larynx), besonders wichtig ist jedoch der *untere Ösophagussphinkter* (uÖS, intraabdominell direkt vor der Kardia), da er die Grenze zwischen dem sauren Magenmilieu und der Ösophagusschleimhaut bildet. Beim Schluckakt wird nicht nur eine peristaltische Welle ausgelöst, sondern es müssen auch zeitgerecht der obere und der untere Ösophagussphinkter erschlaffen (👁 **21.2**).

Ein Serosaüberzug fehlt, das ***Epithel*** der Speiseröhre besteht aus mehrschichtigem unverhornten Plattenepithel. Zwischen 35 und 45 cm von den Schneidezähnen ausgehend geht das unverhornte Plattenepithel der Speiseröhre in das Zylinderepithel des Magens über. Diese Epithelübergangszone (Z-Linie) ist für klinisch operative Fragestellungen als gastroösophageale Übergangszone

👁 **21.1 Anatomie des Ösophagus**

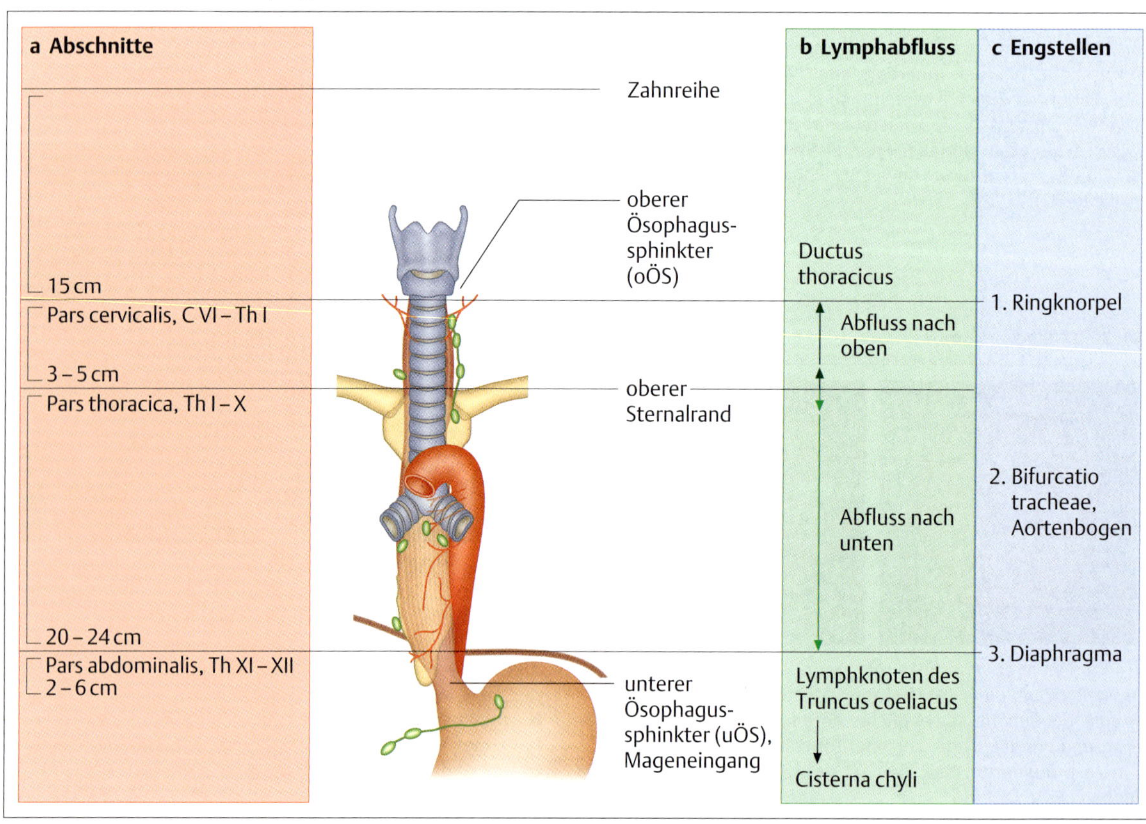

21.2 Drucke im intraluminalen Ösophagus während des Schluckaktes

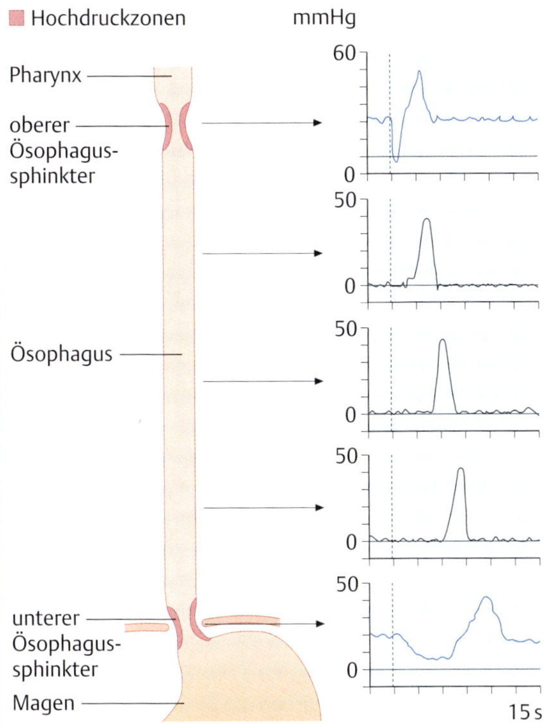

Gezeigt sind die normalen Druckwerte in Ruhe und während eines Schluckvorgangs im Verlauf des Ösophagus. Im oÖS beträgt der Ruhedruck bis 30 mmHg, im uÖS 20 mm Hg. Die beiden Sphinkteren werden deshalb auch Hochdruckzonen genannt. Im Bild nicht eingezeichnet ist der zumindest 60 mmHg hohe Druck, welcher im Pharynx beim Auslösen des Schluckaktes aufgebaut wird.

(5 cm oral und aboral der Z-Linie) wichtig, da die Adenokarzinome des gastroösophagealen Überganges hiernach klassifiziert und unterschiedlich therapiert werden (s. Magenkarzinome in SE 21.14, S. 498, bzw. Karzinome des gastroösophagealen Übergangs in SE 21.8, S. 482).

Die ***arterielle Blutversorgung*** ist sehr variabel. Im oberen Abschnitt erhält der Ösophagus Äste von der A. subclavia, im mittleren Abschnitt über die Rami ösophagei links aus der Aorta, rechts aus den Interkostalarterien stammend und im distalen Abschnitt von der A. gastrica sinistra und der A. phrenica inferior sinistra.

Aufgrund der spärlichen arteriellen Blutversorgung im thorakalen Anteil, des fehlenden Serosaüberzuges und der elastischen Eigenspannung sind Anastomosen der Speiseröhre besonders insuffizienzgefährdet.

Der ***venöse Abfluss*** erfolgt im oberen Drittel über die Vv. thyroideae inferiores, im mittleren Drittel über die Vv. azygos und hemiazygos und im unteren Abschnitt über die V. gastrica sinistra und damit zur V. portae. Durch diese wichtige Anastomose zwischen Pfortader und V. cava superior können einerseits die Ösophagusvarizen bei portaler Hypertension entstehen (s. SE 23.3, S. 530 f), und es ergeben sich andererseits zwei **hämatogene Metastasierungswege**.

Lymphgefäße: Sowohl in der Tunica mucosa als auch in der Tunica muscularis der Speiseröhre finden sich Geflechte von Lymphgefäßen, die untereinander in Verbindung stehen. Sie drainieren sich zur Außenseite der Speiseröhre und finden Anschluss an das zervikale, tracheobronchiale, mediastinale, aortale und gastrale Lymphbahnsystem (**21.1b**).
Typisch für das Ösophaguskarzinom ist die frühe lymphogene Schleimhautmetastasierung und die intramurale Karzinomausdehnung.

Die drei physiologischen ***Engstellen*** des Ösophagus (**21.1c**) haben in der Praxis als mögliche mechanische Hindernisse ihre besondere Bedeutung. Hier können geschluckte Fremdkörper oder Speisestücke in der Speiseröhre hängenbleiben.

Der ***Schluckvorgang*** unterliegt einer höchst komplizierten neurogenen Steuerung. Es führen deshalb zahlreiche neurologische Krankheitsbilder (z. B. Polyneuropathie) zu diesbezüglichen Problemen, z. B. Entwicklung von Pulsionsdivertikeln (s. SE 21.4, S. 474 f). Eine andere, gefürchtete Störung liegt vor, wenn sich der oÖS nach dessen Erschlaffung nicht sofort mit beinahe doppelter Druckhöhe wieder verschließt: als Schutz vor einem ösophagopharyngealen Reflux von Nahrungsbrei bei dann reflektorisch wieder geöffneter Epiglottis mit der Konsequenz einer rezidivierenden (oft auch nur „stillen") Aspiration.

21.2 Symptome und Diagnostik bei Ösophaguserkrankungen

Die Leitsymptome der Speiseröhrenerkrankungen sind in ihrer Anzahl eher gering (Dysphagie, Sodbrennen, retrosternaler Schmerz, Foeter ex ore). Aus ihrer anamnestischen Verknüpfung (was war zuerst?) können aber Rückschlüsse auf die Diagnose gezogen werden. Darüber hinaus besteht heute ein ganzes Repertoire von zielführenden Diagnoseverfahren, sodass beinahe jede Ösophaguserkrankung präoperativ gut abgeklärt werden kann.

Symptome

Das Hauptleitsymptom funktioneller, aber auch organischer Ösophaguserkrankungen ist die **Dysphagie** (Schluckstörung bzw. Schluckschwierigkeit): Der Patient hat das Gefühl, feste, aber auch flüssige Speisen würden während des Schluckens stecken bleiben. Zusätzlich können Würgereiz, Husten und Erbrechen evtl. mit Aspiration auftreten.

Jede Dysphagie muss diagnostisch abgeklärt werden.

Unter **Regurgitation** versteht man einen unwillkürlichen Rückfluss (Hochwürgen) unverdauter Speisen aus dem Ösophagus (selten auch aus dem Magen).
Sodbrennen bezeichnet ein pharyngeales Brennen mit saurer Geschmacksempfindung.
Schmerzen entstehen als Folge von Motilitätsstörungen (Muskelkrämpfe!) oder durch entzündliche Schleimhautveränderungen. Der retrosternale Schmerz ist oft wellenförmig, stets wieder von unten aufsteigend.
Husten, **Foetor ex ore** oder **Hypersalivation** können weitere Zeichen von Ösophaguserkrankungen sein.

Diagnostik

Da die Ursachen der Schluckstörungen des Ösophagus sehr vielfältig sind (**T 21.1**) und die Symptome einerseits sowohl vom Patienten als auch vom Arzt bagatellisiert werden, andererseits erst bemerkt werden, wenn zwei Drittel des Lumens verlegt sind, entsteht leider oft eine *„fatale Pause"* in der diagnostischen Abklärung. Mit klinisch-physikalischen Untersuchungsmethoden lassen sich Ösophaguserkrankungen kaum erfassen, jedoch können durch eine exakte **Anamnese**, d. h. Fragen nach der zeitlichen Abfolge der o. g. Symptome entscheidende Hinweise gewonnen werden.
Zur weiteren Klärung stehen eine ganze Reihe von diagnostischen Methoden, die, je nach vermuteter Erkrankung, stufenweise sinnvoll aufeinander folgend eingesetzt werden, zur Verfügung:

Bildgebende Verfahren

Röntgenkontrastuntersuchung (s. auch SE 4.5, S. 80 ff): orientierende Untersuchung, Aussage über Peristaltik, Stenosen, Schleimhautveränderungen.

Bei Verdacht auf Fistel oder Perforation darf kein Barium benutzt werden (Gefahr der Mediastinitis).

Endoskopie mit Biopsie (ggf. Stufenbiopsien; s. auch SE 6.1, S. 138 f): Betrachtung des Lumens, Histologiegewinnung.
CT und MRT: Tumorstaging, Infiltration von Nachbarorganen, Abklärung der Operabilität.
Endosonographie: Beurteilung der Wandinfiltration bei bösartigen Tumoren, Lymphknotenvergrößerungen, Tumorstaging. *Nachteil:* bei hochgradigen Stenosen nicht einsetzbar.

Manometrie des Ösophagus

Verfahren und Indikationen: Die Druckmessung im Ösophagus, d. h. die Ösophagusmanometrie ist bei funktionellen Erkrankungen des Ösophagus indiziert. Sie kann im Zusammenhang mit anderen Untersuchungsverfahren

T 21.1 Mögliche Ursachen einer Dysphagie

Lokalisation	*Ursachen*
systemisch	Kollagenosen (z. B. Sklerodermie), Plummer-Vinson-Syndrom (bei komplexem Vitamin- und Eisenmangel)
zentral	Bulbärparalyse (amyotrophe Lateralsklerose, ALS), multiple Sklerose, Morbus Parkinson, diabetische Polyneuropathie, Poliomyelitis, Hirnstammtumoren, Neurose
zervikal	Zenker-Divertikel, Schilddrüsenvergrößerungen, Veränderungen der Halswirbelsäule, Tumoren
thorakal	Mediastinaltumoren, vaskuläre Kompressionssyndrome (thorakales Aortenaneurysma, A. lusoria = atypisch aus der Aorta descendens entspringende A. subclavia dextra), Bronchialkarzinom, Verätzungsstrikturen (s. SE 21.7, S. 480 f), epiphrenales Divertikel, benigne Ösophagustumoren (**21.3**), Ösophaguskarzinom
abdominal	Kardiakarzinom, peptische Stenosen

21.3 Intramurale Ösophaguszyste

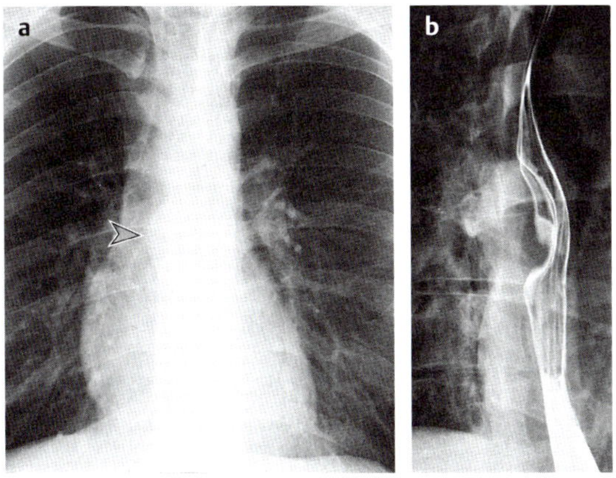

24-jährige Patientin mit ausgeprägter Dysphagie.
a Im Röntgen-Thorax sieht man eine halbkugelige Vorbuckelung des Mediastinums nach rechts.
b Im Barium-Ösophagogramm sieht man eine von glatter Schleimhaut begrenzte Impression des Lumens. Die Endoskopie zeigt eine unauffällige Schleimhaut über einem in das Lumen des Ösophagus hereinragenden kugeligen Tumors. In solchen Fällen darf keine Biopsie erfolgen, da dann notwendigerweise die Schleimhaut verletzt wird. Bei der späteren operativen Exstirpation des Tumors (von außen) könnte ansonsten die Schleimhaut an der früheren Biopsie-Stelle leicht zerreißen mit dadurch bedingter Erhöhung eines Nahtinsuffizienzrisikos. Histologie: benigne, schleimgefüllte Zyste, eventuell bronchogene Zyste.

(Endoskopie, pH-Metrie, Röntgenuntersuchungen) die Diagnose erhärten und für die Therapiewahl entscheidende Informationen liefern.
Man kann grundsätzlich zwei Arten von Druckmessungen im Ösophagus unterscheiden; die Mehrpunktmanometrie und die Durchzugsmanometrie. Beide Verfahren sollten gemeinsam durchgeführt werden, da sie sich in ihren Aussagen ergänzen. So ist bei der Mehrpunktmanometrie das Zusammenspiel von koordinierten Kontraktionen des tubulären Ösophagus und des unteren Ösophagussphinkters gut zu beurteilen (Diagnostik bei diffusem Ösophagusspasmus und ösophagealer Beteiligung bei Sklerodermie, Kollagenosen und Neuropathien). Durch die Durchzugsmanometrie hingegen kann die Länge der Ösophagussphinkteren und deren Kontraktionskraft bestimmt werden.

Ergebnisse: Bei der **Achalasie** zeigen sich in der Durchzugsmanometrie ein erhöhter Ruhetonus sowie eine ungenügende und unkoordinierte Relaxation des uÖS. Je nach Druck und Frequenz der Kontraktionen in der Mehrpunktmanometrie unterscheidet man die hyper-, hypo- und amotile Form der Achalasie.
Bei der **gastroösophagealen Refluxkrankheit** findet sich fast immer eine Schwäche des uÖS in der Durchzugsmanometrie. Typisch ist das *„Common-cavity-Phänomen"*: Eine intraabdominelle Druckerhöhung (Bauchpresse) führt nomalerweise reflektorisch zum Druckanstieg im uÖS. Dadurch kommt es zu keinem Druckanstieg im Ösophagus. Bei der primären Refluxkrankheit hingegen steigt der Druck im uÖS nicht genügend an, und es resultiert ein Druckanstieg im Magen und Ösophagus (Common Cavity). Findet sich bei einem Patienten mit Refluxösophagitis kein Common-cavity-Phänomen, so liegt eine sekundäre Refluxerkrankung (z. B. bei Magenentleerungsstörung) vor.

21.1 Prinzip der Manometriemessung

Die Manometrie wird als Perfusionsmanometrie durchgeführt. Dies bedeutet, dass jedes Lumen einer insgesamt mehrlumigen Sonde mit einer Perfusionslösung (0,5 ml/min) durchspült wird. In jedem Kanal wird der Druck, der zur Perfusion des Lumens notwendig ist, aufgezeichnet. Dieser Druck entspricht dem intraluminären Druck.
Bei der **Mehrpunktmanometrie** wird eine Sondenöffnung in den Magenfundus, eine in den unteren Ösophagussphinkter (uÖS) und mehrere in den Ösophagus platziert. Bei gesunden Patienten zeigt sich beim Schlucken eine koordinierte Kontraktion des tubulären Ösophagus mit einer zeitlich abgestimmten Erschlaffung des uÖS (s. **21.2**).
Bei der **Durchzugsmanometrie** wird die Sonde vom Magen mit konstanter Geschwindigkeit durch den unteren Ösophagussphinkter gezogen. So lässt sich dann der Ruhedruck und die Länge des uÖS bestimmen. Nach Pentagastringabe sollte der Ruhedruck ansteigen. Bei der Achalasie sollte der Druck nach Nifedipingabe abfallen.

Ösophagogastrale pH-Metrie

Verfahren und Indikationen: Mithilfe der Langzeit-pH-Metrie lässt sich über einen längeren Zeitraum, normalerweise 24 Stunden, der pH in der Speiseröhre oder dem Magen bestimmen. Die Langzeit-pH-Metrie ist für den Patienten wenig belastend.
Die Indikation zur Langzeit-pH-Metrie sollte bei Refluxbeschwerden ohne endoskopisch nachweisbare Ösophagitis, vor geplanter antirefluxiver Chirurgie und zur Überprüfung der Therapieergebnisse nach Antirefluxchirurgie gestellt werden. Zusätzlich ist sie bei Versagen der konservativen Therapie indiziert.

Prinzip: Die Messergebnisse einer dünnlumigen pH-Elektrodensonde, die transnasal in den Ösophagus eingelegt wurde, werden in einem kleinen tragbaren Gerät gespeichert. Der Patient kann seinen Tagesablauf ungehindert erledigen und führt ein kurzes Protokoll, indem er Tätigkeiten und Schmerzepisoden festhält.
Der Festspeicher wird dann mit einem analog-digitalen Datenkonverter ausgewertet.

Auswertung: Als gastroösophagealer Reflux wird ein **pH-Wert** unter 4 oder über 7 gewertet. Die **Refluxdauer** ist jene Zeit, während der der pH im Ösophagus nicht zwischen diesen Werten liegt, sie soll 7 % der Gesamtzeit nicht überschreiten. Die **Anzahl an Refluxepisonden** soll unter 47/24 Stunden liegen. Physiologisch sind Refluxepisoden während und nach Mahlzeiten sowie in der ersten Nachthälfte.

21.3 Refluxkrankheit und Refluxösophagitis

Die Refluxkrankheit ist die häufigste benigne Erkrankung des oberen Gastrointestinaltrakts. Mit dem Einsatz von Protonenpumpeninhibitoren wurde zunächst eine zunehmend konservative und gleichzeitig effiziente Therapieform favorisiert, heute wird jedoch eine frühzeitigere minimal-invasive Operation diskutiert.

Definitionen: Bei der **Refluxkrankheit** findet sich ein gehäufter Reflux von saurem Mageninhalt in den Ösophagus mit Beschwerden wie retrosternales Brennen, saures Aufstoßen und epigastrische Beschwerden, jedoch ohne endoskopisch nachweisbare Ösophagitis.
Bei der **Refluxösophagitis** zeigen sich bei der Endoskopie makroskopisch nachweisbare Epithelläsionen oder histologisch nachweisbare Mukosaveränderungen. Ursache ist ein gehäufter gastroösophagealer Reflux bei Verschlussinsuffizienz des unteren Ösophagussphinkters (uÖS) und ein aggressives Refluat.

Ätiopathogenese: Die **Refluxkrankheit** ist eine typische Erkrankung der westlichen Welt, sie entsteht primär durch die Insuffizienz des unteren Ösophagussphinkters. Für die *primäre Form* werden Ernährungsgewohnheiten (Übergewicht, Überkonsum von Fetten) verantwortlich gemacht, da sie zu einer Verlangsamung der Magenentleerung und damit zu einer Distension der Kardia mit Verkürzung und Dehnung des unteren Ösophagussphinkters mit nachfolgender Inkompetenz führen. *Sekundär* (organisch) kann sie z. B. durch Schwangerschaft, besonders im letzten Trimenon, oder durch eine Magenausgangsstenose oder Sklerodermie entstehen.
Die **Refluxösophagitis** ist eine mögliche Folge der Refluxkrankheit und zeigt makroskopisch oder histologisch nachweisbare Veränderungen an der Ösophagusschleimhaut.
Wenn das Plattenepithel des distalen Ösophagus durch Zylinderepithel ersetzt wird, entsteht der sog. **Endobrachyösophagus** (*Synonym:* Barrett-Ösophagus).

Wegen der erhöhten Gefahr der malignen Entartung muss diese Veränderung intensiv therapiert (Protonenpumpenblocker) und endoskopisch kontrolliert werden mit multiplen (Stufen-)Biopsien.

Die Zusammenhänge werden durch die 10er-Regel noch mal verdeutlicht:
10% der Bevölkerung haben gelegentlich Beschwerden einer Refluxkrankheit,
10% der Menschen mit einer axialen Hiatushernie haben eine Refluxkrankheit,
10% der Refluxkranken entwickeln eine Refluxösophagitis,
10% der Patienten mit Refluxösophagitis entwickeln ein Barrett-Syndrom (Zylinderzellmetaplasie am distalen Ösophagus),
10% der Patienten mit Barrett-Syndrom entwickeln ein Adenokarzinom!

Symptome: Typische Beschwerden sind Sodbrennen und Säureregurgitation, die gehäuft nach dem Essen auftreten und sich im Liegen verschlimmern. Der Schweregrad der Erkrankung korreliert nur schlecht mit den klinischen Symptomen der Patienten, häufig führen erst Symptome wie Schluckstörungen, Schmerzen beim Schlucken, Gewichtsverlust, Anämie, Hämatemesis oder Meläna die Patienten zum Arzt.
Die Beschwerden werden durch erhöhten abdominellen Druck (Liegen, Bauchpresse, Anstrengung), bestimmte Nahrungsmittel (Wein, süße Speisen) und Arzneimittel (die den Tonus des unteren Ösophagussphinkters senken, z. B. Calciumantagonisten, Nitropräparate) verstärkt.

Diagnostik:
Endoskopisch wird die Refluxösophagitis in vier Schweregrade nach Savary und Miller eingeteilt (**T 21.2**).
24-Stunden-pH-Metrie: Sie ist heute der Goldstandard zur Erfassung des gastroösophagealen Refluxes (s. **21.4** und SE 21.2, S. 471). Diese Untersuchung ist wichtig, da bei vielen Patienten mit Refluxbeschwerden kein endoskopisches Korrelat vorliegt.
Manometrie (s. SE 21.2, S. 470 f): Manchmal ist die gleichzeitige Manometrie des Ösophagus sinnvoll, um relevante Motilitätsstörungen ausschließen zu können. Dies gilt insb. vor einer geplanten Antirefluxoperation.

Die **pH-Metrie** ermöglicht als aussagekräftigstes Verfahren die Diagnosestellung der Refluxkrankheit. Die **Endoskopie** weist den Schweregrad der entzündlichen Veränderungen nach, und die **Manometrie** des Ösophagus kann die Pathogenese erklären.

T 21.2 Schweregrade der Refluxösophagitis nach Savary und Miller

Grad		Definition
I		nicht konfluierende Epitheldefekte
II		konfluierende Epitheldefekte
III		zirkulärer Epithelverlust durch Erosion und Ulzera
IV	a	ein oder mehrere Ulzera bei gleichzeitiger Striktur der gesamten Zirkumferenz oder longitudinale Verkürzung und/oder Ausbildung von Zylinderepithelmetaplasien
	b	peptische Striktur ohne erosive oder ulzerative Läsionen in der verengten Region (irreversibles Narbenstadium)

Die Röntgendiagnostik ist zum Nachweis eines relevanten Refluxes nicht geeignet, zeigt jedoch oft die Hiatusgleithernie als solche (s. **21.11**, S. 478).

Differenzialdiagnose:

- Sekundäre Formen der Refluxkrankheit (s. o.),
- Motilitätsstörungen der Speiseröhre, z. B. diffuser Ösophagusspasmus (s. SE 21.5, S. 477),
- andere Erkrankungen der Speiseröhre wie Ulkus, Karzinom (s. SE 21.8, S. 482 ff) und Divertikel (s. SE 21.4, S. 474 f) sowie
- nicht ösophageale Erkrankungen wie koronare Herzkrankheit und Oberbaucherkrankungen.

Die ***Therapie*** ist zunächst immer **konservativ** mit Allgemeinmaßnahmen wie Normalisierung des Gewichtes, Vermeidung von auslösenden Noxen, kleine Abendmahlzeit, Schlafen bei hochgestelltem Bettkopfteil. Im nächsten Schritt kommen dann H_2-Rezeptoren-Blocker (s. SE 21.9, S. 487; 75–80 % Erfolg bei Therapie über 3–6 Monate) oder Protonenpumpenblocker zur Anwendung, die die höchste Erfolgsrate (95–100 %) haben. Oft kommt es nach Absetzen der Medikamente zum Rezidiv (bis zu 50 %), weswegen die medikamentöse Therapie dann lebenslang fortgeführt werden muss.

Die Indikation zur **operativen Therapie** der Refluxösophagitis hängt von verschiedenen Faktoren ab, wie

- *Leidensdruck* des Patienten,
- *Komplikationen* der Refluxösophagitis (Stenosen, Blutungen, therapieresistente Ösophagitis),
- *nachgewiesener Inkompetenz des unteren Ösophagussphinkters* (da alle Antirefluxoperationen den Schließmechanismus verstärken) und
- *Allgemeinzustand* des Patienten.

Letztendlich ist zu bedenken, ob eine lebenslange Säureblockadetherapie im Sinn einer Kosten-Nutzen-Analyse in der heutigen Zeit sinnvoll ist, wo es eine effektive operative Behandlungsmethode mit niedriger Morbidität u. Mortalität gibt. Dies gilt insb. für jüngere Patienten.

Das Verfahren der Wahl ist die Fundoplicatio nach Nissen, die minimal-invasiv (s. SE 6.7, S. 160 f) oder offen durchgeführt werden kann.

Ergebnisse: OP-Letalität: <1 %, Refluxverhütung: in über 90 % der Fälle effektiv, aber bei circa 8 % postoperative Beschwerden:

- Rezidivbeschwerden,
- Gas-bloat-Syndrom (fehlende Möglichkeit aufzustoßen),
- Probleme durch die Manschette: Stenose, erneuter Reflux durch Auflösung der Manschette, Teleskopphänomen (Hochgleiten von Magen durch die Manschette hindurch).

21.4 Befunde der pH-Metrie

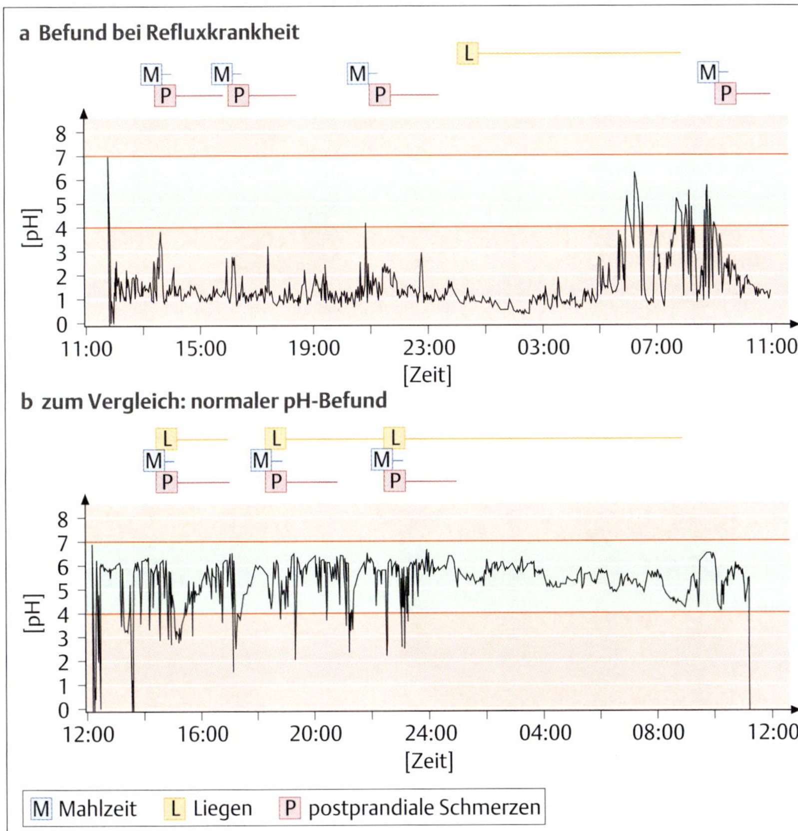

a Pathologische pH-Metrie mit 154 Refluxepisoden und 87,5 % Refluxdauer,
b normale pH-Metrie: einige Refluxepisoden nach den Mahlzeiten und in der ersten Nachthälfte sind pyhsiologisch; Gesamtrefluxdauer 1,7 % bei 14 Refluxepisoden. Die Normalwerte gehen bis 4,2 % Gesamtrefluxdauer und 50 Refluxepisoden. Die bei diesem Patienten bestehenden postprandialen Schmerzen haben eine andere Ursache: trotz Liegen kein pathologischer Reflux.

21.4 Ösophagusdivertikel

Typische gutartige Veränderungen der Speiseröhre sind Divertikel, die aber ähnliche Symptome wie bösartige Erkrankungen machen können. Man unterscheidet sie nach Sitz, Entstehung und beteiligten Wandanteilen.

Definition: *Falsche* Divertikel sind umschriebene Mukosa- und Submukosaausstülpungen durch eine Muskularis-Lücke nach außen (häufig). *Echte* Divertikel entsprechen einer Ausziehung bzw. Ausstülpung der gesamten Wand, also einschließlich des Muskelmantels (selten).

Einteilung und Pathogenese: Die meisten Divertikel sind **Pulsionsdivertikel.** Sie entstehen als Folge einer pathologischen intraluminalen Druckerhöhung typischerweise direkt vor den beiden Sphinkteren, häufiger am Hals als sog. Zenker-Divertikel (direkt vor dem oÖS) und seltener epiphrenal (direkt vor dem uÖS). Es prolabiert nur die Schleimhaut durch ein muskelschwaches Areal (falsches Divertikel). **Traktionsdivertikel** entstehen durch Zug von außen (meist durch entzündliche Nachbarprozesse wie z. B. tuberkulöse Lymphknoten). Sie betreffen die gesamte Wand (echtes Divertikel) und bilden sich fast ausschließlich im Bifurkationsbereich der Trachea; **21.5**).

Zervikales Pulsionsdivertikel

Synonym: Zenker-Divertikel

Pathogenese: Das Zenker-Divertikel entwickelt sich typischerweise in einer muskelschwachen Region oberhalb des M. cricopharyngeus (Killian-Dreieck) an der pharyngealen Hinterwand. Es entwickelt sich meist nach links und kann faustgroß werden. Ursache ist ein Überdruck im Hypopharynx durch eine Koordinationsstörung des oberen Ösophagussphinkters. Noch bevor die Entleerung des Pharynx beendet ist, kommt es zum vorzeitigen Sphinkterverschluss. Durch den entstehenden Überdruck prolabiert die Schleimhaut durch das Killian-Dreieck (**21.5**)

Symptome: Kleine Divertikel provozieren eine spastische Dysphagie, große komprimieren die Speiseröhre von außen. Druckgefühl, Regurgitation von unverdauter Nahrung, Foetor ex ore, Aspiration, beim Schlucken gurgelnde Geräusche und Hustenreiz sind typische Zeichen.

Diagnostik: Röntgenkontrastdarstellung (**21.2**) und Endoskopie (*Vorsicht:* Perforationsgefahr!).

21.5 Ösophagusdivertikel: Lokasisation und Häufigkeit

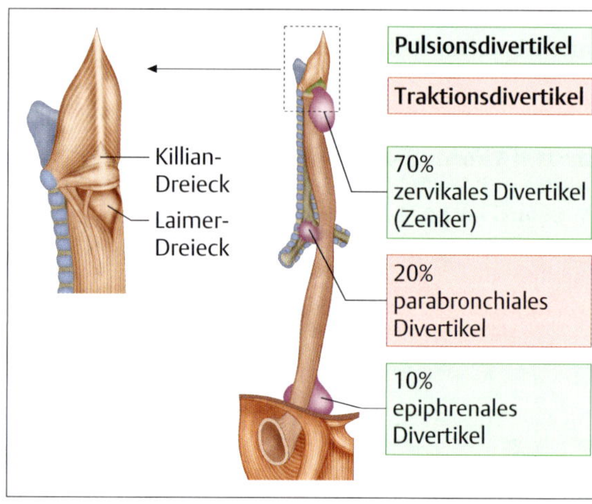

21.2 Fallbeispiel: Zenker-Divertikel

72-jährige Patientin, die seit Monaten unter Schluckbeschwerden und Foetor ex ore leidet. Der Röntgenbreischluck zeigte das fast faustgroße Zenker-Divertikel (mit Kontrastmittel gefüllt: **a**). Der Operationssitus (**b**) zeigt das freigelegte Divertikel (Pfeile) durch einen links-zervikalen Längsschnitt. Der N. recurrens ist nicht zu sehen. In **c** ist das vollständig entfernte und abgesetzte Präparat gezeigt.

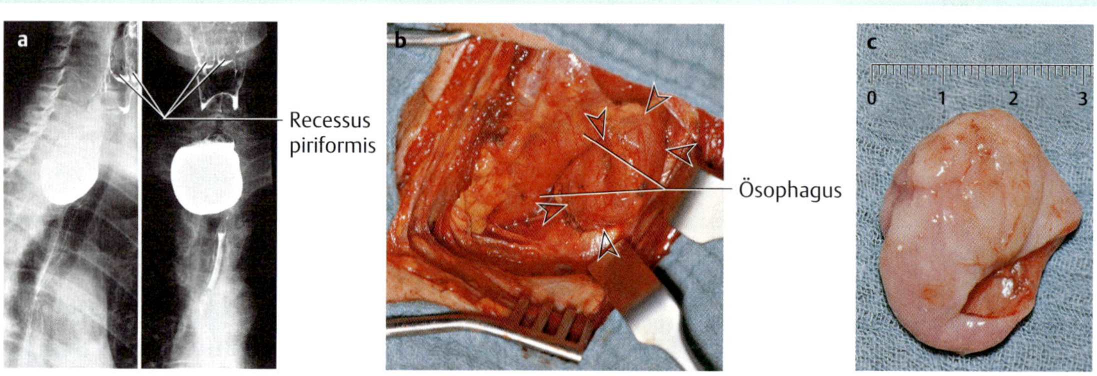

21.6 Operation des Zenker-Divertikels

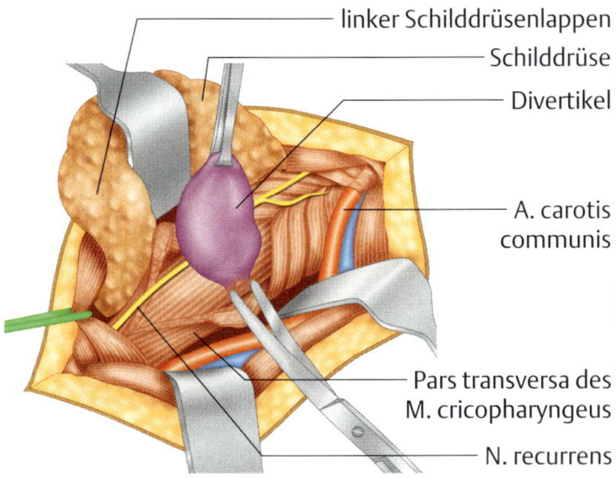

Die Speiseröhre wird von links zervikal freigelegt, sodass nach Hochklappen des linken Schilddrüsenlappens N. recurrens und Divertikel dargestellt werden können. Nach Abtragung des Divertikels wird die Speiseröhre längs oder quer verschlossen. Wichtig ist die zusätzliche Myotomie des oÖS (Durchtrennen der Pars transversa des M. cricopharyngeus auf 3 cm unter Intaktlassen der Schleimhaut), um Rezidiven vorzubeugen: Hierdurch wird der Widerstand des nicht zeitgerecht geöffneten oÖS reduziert.

Therapie: Unabhängig vom Beschwerdebild ist das Zenker-Divertikel eine OP-Indikation (s. **21.6**). Die Komplikationsrate und die Letalität sind gering. Alternativ wird heute zunehmend endoskopisch (transoropharyngeal) operiert: Der kaudale Pol des Divertikelabgangs wird zum Lumen des Ösophagus hin (meist mit Laser) durchtrennt. Damit wird auch der M. cricopharyngeus durchtrennt, und der Divertikelsack wird hierdurch in das Hypopharynx- und Ösophagusgebiet einbezogen.

Epiphrenales Pulsionsdivertikel

Die Pulsionsdivertikel des unteren Speiseröhrendrittels sind selten. Sie entstehen wie beim Zenker-Divertikel durch einen erhöhten intraluminalen Druck infolge einer Funktionsstörung des unteren Ösophagussphinkters (nicht zeitgerechte Öffnung des uÖS im Rahmen des Schluckaktes). Die präoperative Manometrie des Ösophagus (s. SE 21.2, S. 470 f) ist sinnvoll.

Operationsindikation: Wegen der möglichen Komplikationsgefahren wie Speiseretention mit nachfolgender ulzerophlegmonöser Entzündung bis hin zu Blutung und Perforation sollen sie operiert werden, wenn keine Kontraindikationen gegen eine Thorakotomie bestehen.

Therapie: Das Divertikel wird abgetragen (Thorakotomie oder -skopie). Die extramuköse Myotomie zur Therapie des uÖS wird gleichzeitig mit einem Reflux verhütenden Eingriff durchgeführt (**21.7**).

Traktionsdivertikel

Traktionsdivertikel werden im Bereich der Trachealbifurkation gefunden und waren früher häufig Folge schrumpfender, chronisch entzündlicher Hiluslymphknotenveränderungen bei Tuberkulose. Heute diskutiert man eine Persistenz von embryonalen Gewebebrücken zwischen Trachea und Ösophagus, welche die möglichen Fistelverbindungen zwischen beiden Strukturen erklärt.

Hauptsymptome sind Dysphagie und Husten, evtl. mit Aspiration (Bronchiopneumonie und Lungenabszess).

Therapie: Nur bei Komplikationen, rechtsseitige Thorakotomie, Divertikelabtragung. Bei Fistelnachweis ist die Operation immer indiziert.

21.7 Operationsverfahren bei epiphrenalem Divertikel

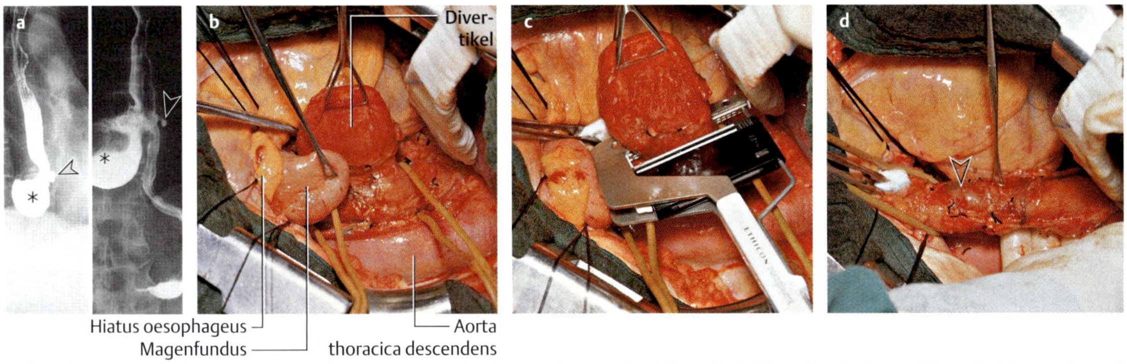

a Ösophagogramm bei einem 66-jährigen Mann. Riesiges epiphrenales Divertikel (*), mit winzigem Divertikel kontralateral (Pfeil). **b** Nach linksseitiger Thorakotomie ist der Situs vorbereitet: Der mit einer dicken Magensonde geschiente Ösophagus ist ober- und unterhalb des Divertikels angeschlungen, das Divertikel ist freipräpariert und mit einer breiten Duval-Klemme gehalten, der Magenfundus ist transhiatal nach operativer Erweiterung des Hiatus oesophageus mobilisiert, hochgezogen und mit einer schmalen Duval-Klemme gehalten. Dorsal verläuft die Aorta thoracica descendens. **c** Maschineller Klammernahtverschluss des Divertikelhalses, parallel zur Außenwand des Ösophagus. **d** Nach Abtragen des Divertikels folgt die Myotomie (nach kaudal). Die Schleimhaut (Pfeil) quillt nach Spaltung der Ringmuskulatur des uÖS hervor. Abschließend wird die freiliegende Schleimhaut mittels einer Semifundoplicatio (hochgezogener Magenfundus) gedeckt, (Refluxverhütung).

21.5 Motilitätsstörungen des Ösophagus

Auch die Motilitätsstörungen des Ösophagus zeigen als Leitsymptom die Dysphagie. Nur durch eine differenzierte Diagnostik können die unterschiedlichen Krankheitsbilder zugeordnet werden.

Achalasie

Definition: Die Achalasie ist eine neuromuskuläre Erkrankung der glatten Ösophagusmuskulatur mit

- der Unfähigkeit des unteren Ösophagussphinkters (uÖS), beim Schlucken zu erschlaffen, und
- der ungeordneten bzw. fehlenden Peristaltik des Ösophagus.

Die ***Ätiologie und Pathogenese*** der Achalasie ist nicht vollständig geklärt. Es werden in Einzelfällen eine hereditäre Genese, eine Autoimmunerkrankung oder eine infektiöse Ursache durch Enteroviren diskutiert. Ein achalasieähnliches Krankheitsbild zeigt in Südamerika die Chagas-Krankheit, die durch Trypanosoma cruzi hervorgerufen wird.

Da die Krankheit bei Kindern so gut wie nie auftritt, handelt es sich wahrscheinlich um eine erworbene Schädigung.

Histologisch besteht eine Verminderung der intramuralen Ganglienzellen im Plexus myentericus sowohl im tubulären Ösophagus als auch im uÖS. Zusätzlich finden sich eine Verminderung von Ganglienzellen im Vaguskern des Hirnstammes und eine Waller-Degeneration der Vagusfasern.

Die Denervierung der glatten Muskulatur (ungenügende cholinerge Innervation) führt zu einer Erhöhung des Ruhedruckes im tubulären Ösophagus, zur verringerten Motilität des tubulären Ösophagus und zur unzureichenden Erschlaffung des unteren Ösophagussphinkters. Klinisch kommt es dadurch zur Stase und Passagebehinderung mit zunehmender Dilatation des oralwärts gelegenen Ösophagus.

Symptome (T **21.3**): Leitsymptom ist die Dysphagie, die sehr unterschiedlich ausgeprägt sein kann. Je nach Dilatation des Ösophagus kann es zu Regurgitation von Speiseresten und Speichel kommen. Da das Ausmaß der Dysphagie wechselt und die Symptome nur langsam zunehmen, ist der Gewichtsverlust meist schleichend.

T 21.3 Symptome der Achalasie

Symptom		***Häufigkeit***
Dysphagie	feste Nahrungsmittel flüssige Nahrungsmittel	98 % 70 %
Regurgitation	aktiv passiv (Aspirationsgefahr, nächtliche Hustenanfälle)	70 % 10 %
retrosternale Schmerzen		60–70 %

Diagnostik:

Röntgenkontrastschluck: Es zeigt sich eine Speiseröhrendilatation, bei stehendem Patienten lässt sich ein Flüssigkeitsspiegel im Ösophagus nachweisen, der beim Schlucken von Kontrastmittel ansteigt. Weitere radiologische Zeichen sind eine weinkelchartige Verengung am gastroösophagealen Übergang und die fehlende Luftblase im Magen.

Manometrie (s. SE 21.2, S. 470 f): Im unteren Ösophagussphinkter lassen sich nach dem Schluckakt kein oder nur ein unvollständiger Druckabfall nachweisen. Der Ruhedruck ist normal bis erhöht.

Endoskopie: Es findet sich ein aufgeweiteter Ösophagus, häufig mit fest an der Wand haftenden Speiseresten und einer Ösophagitis. Die meist kurze distale Stenose lässt sich problemlos überwinden. Die Untersuchung wird auch zum Tumorausschluss und zur tiefen Biopsieentnahme durchgeführt.

Stadieneinteilung: Nach röntgenologischen und manometrischen Untersuchungen werden drei Stadien unterschieden (T **21.4**).

Therapie: Asymptomatische Patienten werden nicht behandelt, Patienten mit Beschwerden **im Stadium I und II** werden einer *pneumatischen Dilatation* des uÖS unter Röntgenkontrolle (**21.8**) zugeführt, die eine Symptombesserung in bis zu 60–80 % der Fälle erreicht. Jedoch werden im weiteren Verlauf bei circa 60 % der Patienten weitere Dilatationen notwendig, Hauptrisiko hierbei ist die Perforation bei 4–7 % der Behandlungen.

> **21.3 Behandlungsalternativen bei Achalasie**
>
> Die medikamentöse Behandlung mit Calciumantagonisten und Nitropräparaten hat enttäuscht. Eine neue Therapieform besteht in der direkten endoskopischen Injektion von Botulismus-Toxin in den uÖS, die eine persistierende Symptombesserung in ca. 80 % erbringen soll. Langzeitergebnisse dieser Methode stehen allerdings noch aus.

Bei **Erfolglosigkeit der mehrfachen pneumatischen Dilatation** und im **Stadium III** ist die *extramuköse Ösophagokardiomyotomie nach Gottstein/Heller* die Therapie der Wahl (**21.9**). Vermehrt wird dieser Eingriff auf laparoskopischem Weg minimal-invasiv durchgeführt. Nach jeder Myotomie kommt es zwangsläufig zu einem unterschiedlich ausgeprägtem Reflux von Mageninhalt in die distale Speiseröhre, daher wird zusätzlich eine Antirefluxoperation, d. h. eine Fundoplicatio bzw. Semifundoplicatio durchgeführt (s. **6.11**, S. 161).

21.4 Stadieneinteilung der Achalasie

Parameter		**Achalasie**		
		Grad I	***Grad II***	***Grad III***
tubulärer Ösophagus	Dilatation	keine	deutlich	extrem
	Motilität	spärlich	nur Kräuselung	keine
unterer Ösophagussphinkter	Tonus	erhöht bis normal	erhöht bis normal	normal bis erhöht
	Erschlaffung	unkoordiniert	meist unmöglich	unmöglich

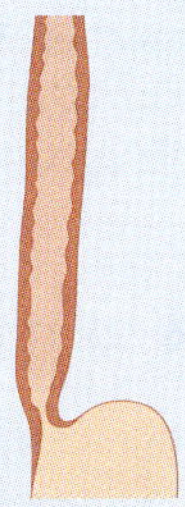
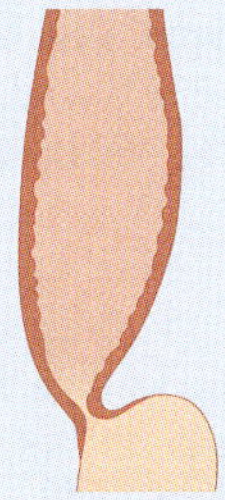
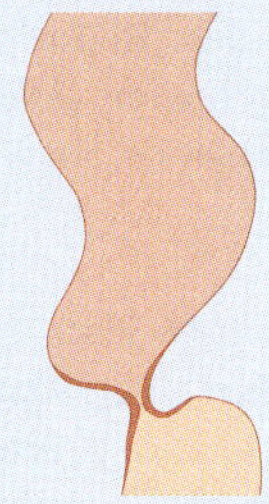

Ergebnisse: Die Letalität der Ösophagokardiomyotomie beträgt ca. 1 %, in ca. 4 % ist mit einer Mukosaverletzung zu rechnen. In über 80 % der Fälle ist das Operationsergebnis gut, jedoch haben ca. 20 % der Patienten einen relevanten postoperativen gasto-ösophagealen Reflux.

Diffuser Ösophagusspasmus

Leitsymptom dieser gutartigen Ösophaguserkrankung ist die Dysphagie, verbunden mit retrosternalen Schmerzen. Die Beschwerden können zwischenzeitlich (manchmal über Jahre) verschwinden, das Auftreten ist häufig an psychische Belastungen gebunden.

Diagnostik: In der **Manometrie** (s. SE 21.2, S. 470 f) findet man wiederholte spastische Kontraktionen, die sich mit normaler Peristaltik abwechseln. Der untere Ösophagussphinkter ist bei dem Großteil der Patienten unauffällig, bei einem anderen Teil ist der Ruhedruck erhöht.

Beim **Ösophagusbreischluck** findet man bei (zeitlich) fortgeschrittenem Verlauf einen sog. Korkenzieherösophagus mit Divertikelbildung und Kontrastmittelresten, bei 1/3 der Patienten finden sich zunächst Hiatushernien (s. SE 21.6, S. 478 f).

Differenzialdiagnose: Weitere schwer klassifizierbare Motilitätsstörungen des Ösophagus können heute durch die Langzeitmanometrie unterschieden werden.

Therapie: Die Patienten müssen über die Gutartigkeit der Erkrankung aufgeklärt werden. Durch Gabe von Spasmolytika, Glyceroltrinitrat (z. B. Nitrolingual) oder Nifedipin (z. B. Adalat) können die Beschwerden gelindert werden. Nur in Ausnahmefällen wird eine chirurgische Behandlung mittels extrasphinkterer langstreckiger Myotomie (s. **21.9**) durchgeführt.

21.8 Pneumatische Dilatation

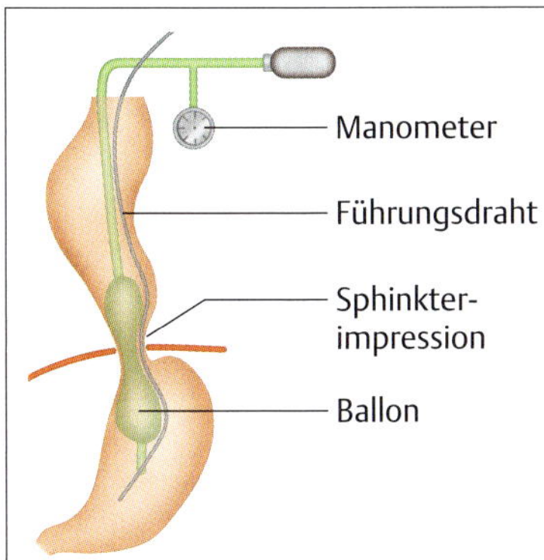

Mithilfe des Führungsdrahtes wird der Ballon im uÖS platziert und mit ca. 200–300 mmHg aufgepumpt. Ist der Sphinkter völlig aufgedehnt, verschwindet die Sphinkterimpression im Röntgenbild.

21.9 Anteriore Myotomie nach Gottstein/Heller

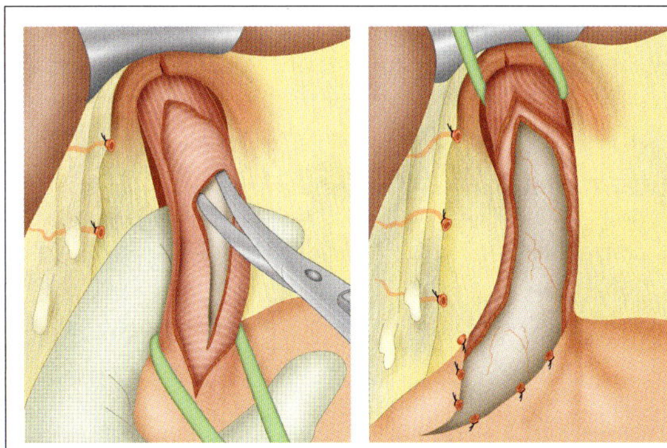

Der Ösophagus wird mit einer Ballonsonde oder dem dicksten roten Magenschlauch „geschient“, sodass die äußere Muskelschicht mit einem Skalpell gespalten werden kann. Danach können die zirkulären Fasern vorsichtig von der Mukosa abgehoben und bis hinunter auf die Magenvorderwand aufgetrennt werden. Die Myotomie muss zumindest über eine Strecke von 6 cm erfolgen.

21.6 Hiatushernien

Von den Hiatushernien abzutrennen sind angeborene Zwerchfelldefekte (s. SE 38.2, S. 828 f) und erworbene extrahiatale Hernien (s. SE 20.6, S. 460 f). Die hier besprochenen Hiatushernien treten in zwei Formen auf: axiale Gleithernie (s. auch SE 21.3, S. 472 f) und die paraösophageale Hernie.

Definition: Verlagerung von Kardia und/oder Magenanteilen durch den Hiatus oesophagus (s. 👁 **38.6**, S. 828) vom Bauch in den Brustraum, entsprechend des physiologischen abdominothorakalen Druckgefälles.

Klassifikation:

Axiale Hiatushernie (Gleithernie, 👁 **21.10b**): Der ösophagogastrale Übergang gleitet durch den Hiatus in Längsrichtung des Ösophagus in das Mediastinum. Diese häufigste Hernienform lässt sich durch Kopftieflage bzw. abdominelle Druckerhöhung provozieren. Anfangs ist sie reversibel. 90 % der Gleithernien sind harmlose Zufallsbefunde; sie werden klinisch erst relevant, wenn es durch die gleitende Kardia zu einer Störung des Ventilmechanismus am Mageneingang kommt mit gleichzeitiger Inkompetenz des uÖS – die Folge ist dann ein gastroösophagealer Reflux (s. SE 21.3, S. 472 f). Mit fortgeschrittener Erkrankung ist die Kardia dann häufig supradiaphragmal im (hinteren unteren) Mediastinum fixiert. 👁 **21.11** zeigt ein röntgenologisch typisches Beispiel.

Paraösophageale Hernie (👁 **21.10c**): Die Kardia ist regelrecht positioniert, es findet sich eine Verlagerung von Magenanteilen neben dem Ösophagus in das Mediastinum. Meist handelt es sich um einen partiellen proximalen Magenvolvolus, die paraösophageale Hiatushernie neigt zur Progression bis zum Vollbild des totalen Thoraxmagens oder Upside-down-Magens (👁 **21.12**). Häufig kommt es aufgrund der venösen Stauung (abgedrückte Magenvenen durch den Hiatusring!) zu einer schleichenden Blutungsanämie, zu Passagestörungen (postprandiale Krämpfe in der Herzgegend) und Verdrängungssymptomen (Völlegefühl, Aufstoßen).

👁 21.11 Fixierte axiale Hiatusgleithernie

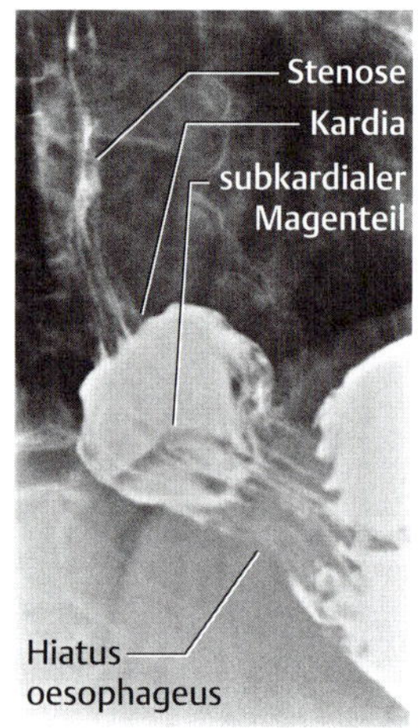

Im seitlichen Strahlengang (Barium-Kontrastmittel) ist die Ösophagusschleimhaut unregelmäßig und zeigt eine Stenose. Die Kardia ist im unteren Mediastinum fixiert, der subkardiale Magenteil ist nach supradiaphragmal verlagert. Das Zwerchfell (Hiatus oesophageus) bedingt eine relative Einschnürung des Magens.

Die paraösophageale Hernie ist (nach Tumorleiden) der zweithäufigste Grund für eine bislang ungeklärte Eisenmangelanämie beim älteren Menschen.

Weitere Komplikationen sind Magenvolvolus bis hin zum Spannungsgastrothorax (👁 **21.13**), mit der Folge eines akuten Abdomens bei „unklarer" Verbreiterung des unteren Mediastinums: Indikation zur Notfalloperation.

👁 21.10 Einteilung der Hiatushernien

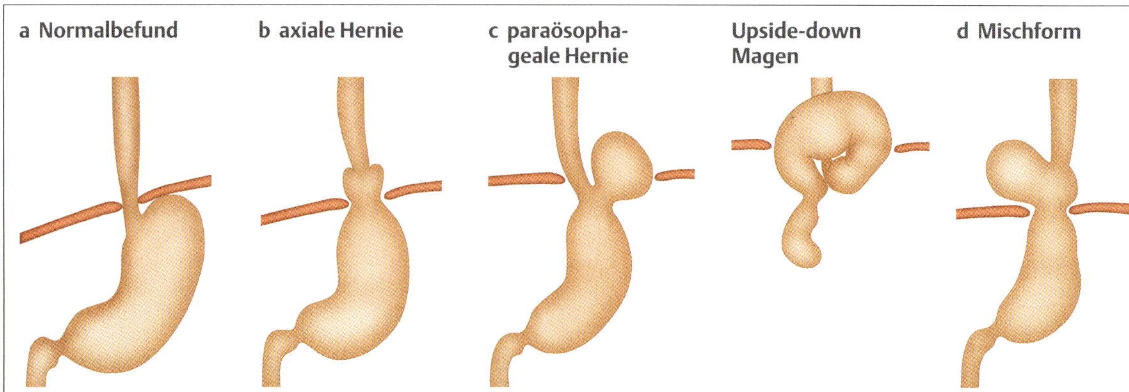

Häufigkeit	80 %	< 10 %		10 %

21.12 Upside-down-Magen

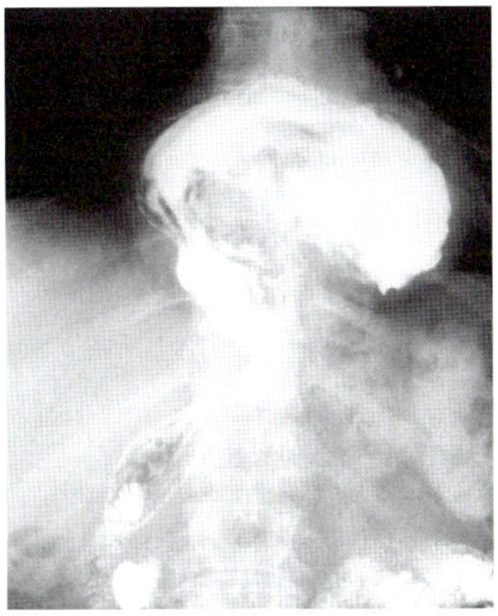

66-jährige Patientin mit seit einem Jahr bestehenden Oberbauchschmerzen und Dyspnoe, keine Zeichen einer Refluxösophagitis, keine kardiopulmonale Erkrankung. Leichte Eisenmangelanämie. Die Kontrastmitteluntersuchung zeigt das Vollbild einer paraösophagealen Hernie im Sinne eines Upside-down-Magens. Absolute Operationsindikation.

21.13 Spannungsgastrothorax

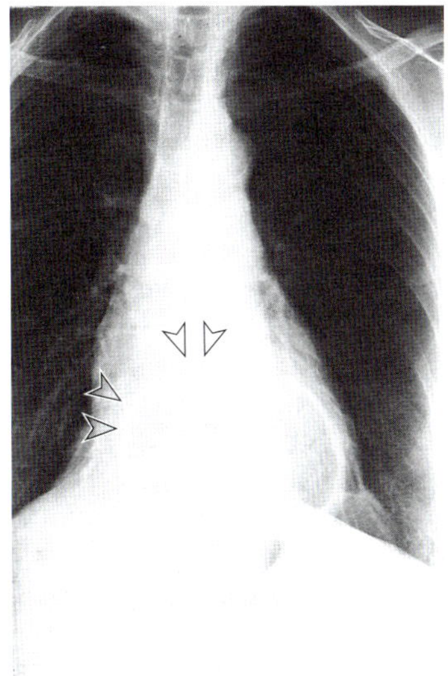

63-jährige Patientin mit akutem Oberbauch. Das Röntgen-Thorax-Bild (im Stehen) zeigt eine kugelige Blase (Pfeile), die bei noch engem Hiatus oesophageus dem inkarzerierten Magenanteil entspricht: akute Operationsindikation.

Gemischte Hiatushernien (**21.10d**): Bei den häufigen gemischten Hernien findet man neben der paraösophagealen Hernie auch die Kardia im Mediastinum. Diese Bruchform entsteht durch Vergrößerung einer primär rein axialen Gleithernie.

Pathogenese: Mit fortschreitendem Alter kommt es zu einer zunehmenden Schwäche des ligamentären Bandapperates am ösophagogastralen Übergang (Lig. gastrohepaticum, Lig. gastrophrenicum, Lig. gastrolienale etc.) und zu einer Aufweitung des Hiatus oesophageus. Adipositas, Schwangerschaft und Lungenemphysem begünstigen die hiatale Bruchbildung.

Diagnostik: Die paraösophagealen Hiatushernien werden i. d. R. röntgenologisch nach Einnahme von Barium-Kontrastmittel dargestellt. Eine axiale Gleithernie kann auch endoskopisch sicher erkannt werden, jedoch ist endoskopisch die Abgrenzung einer paraösophagealen Hernie von einer gemischten Hiatushernie schwierig. Wichtig ist die Endoskopie zum Ausschluss einer Refluxkrankheit bzw. Refluxösophagitis und eines Karzinoms.

Therapie: **Axiale Hiatushernien** stellen nur bei gleichzeitiger Refluxkrankheit (Ösophagitis Grad III–IV; s. SE 21.3, S. 472 f) eine Indikation zur heute meist laparoskopisch durchgeführten Fundoplicatio dar (s. SE 6.7, S. 160 f).

Paraösophageale Hernien stellen wegen der Gefahr der Strangulation und Einklemmung eine absolute Operationsindikation dar, zumal es keine alternativen Behandlungsverfahren gibt. Technisch wird (heute ebenfalls meist laparoskopisch)

1. der Bruchinhalt in das Abdomen reponiert (**21.14**),

21.14 Laparoskopischer Situs bei paraösophagealer Hernie

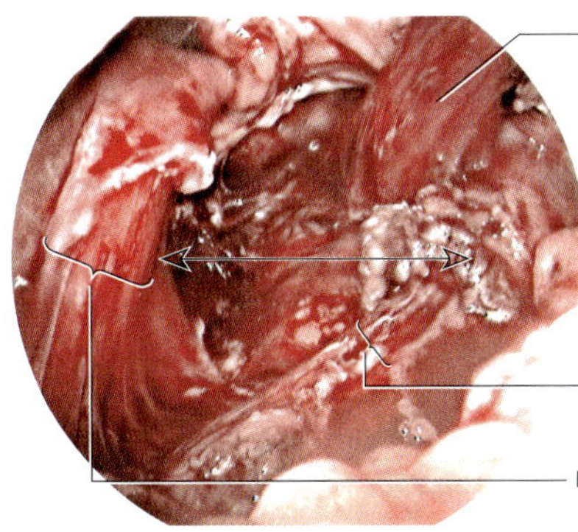

Blick vom Oberbauch nach oben. Der Ösophagus ist freipräpariert und nach links-oben abgehalten. Der linke Zwerchfellschenkel biegt um den Ösophagus herum. Der extrem weite Hiatus oesophageus (Doppelpfeil) gibt den Blick frei in die mediastinale Höhle, in welcher der (initial reponierte) Magenteil gelegen hatte. *Weitere Therapie:* hintere Hiatoplastik (in Höhe des Doppelpfeils) und Fundopexie (s. Text).

2. der Hiatusring eingeengt (Hiatoplastik), als hintere Hiatoplastik, d. h. die Zwerchfellschenkel werden dorsal des Ösophagus mittels Einzelknopfnähten zusammengeführt, und
3. die Magenfundus-Vorderwand am Zwerchfell und an der Vorderwand der Bauchdecke befestigt (Fundopexie).

Bei **gemischter Hernie** und gleichzeitiger Refluxkrankheit wird zusätzlich eine Fundoplikatio durchgeführt.

21.7 Verletzungen des Ösophagus

Die Verletzungen des Ösophagus erfordern ein individualisiertes Diagnostik- und Behandlungsschema. Die Prognose ist meist ernst.

Verätzung

Die Verätzung des Ösophagus durch Säuren oder Laugen stellt in den allermeisten Fällen einen schweren Notfall dar, der mit einer hohen Letalität behaftet ist. Er erfordert obligat die schnelle Behandlung, nicht selten einhergehend mit einer operativen Revision.

Definition, Ätiopathogenese und Grad der Verätzung: s. SE 21.11, S. 490 f.

Stadien:
Initialstadium: Akute Phase der Verletzung bis zum 4. Tag. Das initiale toxische Gewebeödem geht in ein entzündliches Stadium über. Hier kann es zu nekrosebedingten Perforationen kommen, dann mit Mediastinitis. Die Endoskopie zeigt zwar die Schleimhautnekrose, jedoch nicht die transmurale Nekrose. Hier ist nur die Gastrografin-Untersuchung beweisend.
Granulationsphase: Fibröse Umwandlung des Gewebes nach Abstoßung von nekrotischem Material. Diese Phase dauert etwa 30 Tage.
Vernarbungsphase: Durch kollagenes Narbengewebe kommt es in diesem Spätstadium zu Vernarbungen und daraus resultierenden Strikturen bzw. langstreckigen Stenosen. Gleichzeitig steigt das Risiko der Karzinomentstehung in diesem Gewebe deutlich an (nach ca. 20 Jahren).
Akuttherapie: Antibiotika, orale Nulldiät, Cortison, weiche Magensonde, vorsichtigster Nahrungsaufbau
Spättherapie: bei langstreckiger Stenose des Ösophagus (trotz peroraler Bougierungstherapie) und fehlender Motilität subtotale Ösophagusresektion und Magenhochzug (Magenschlauchbildung): **21.15**.

21.15 Langstreckige Ösophagusstenose nach Verätzung

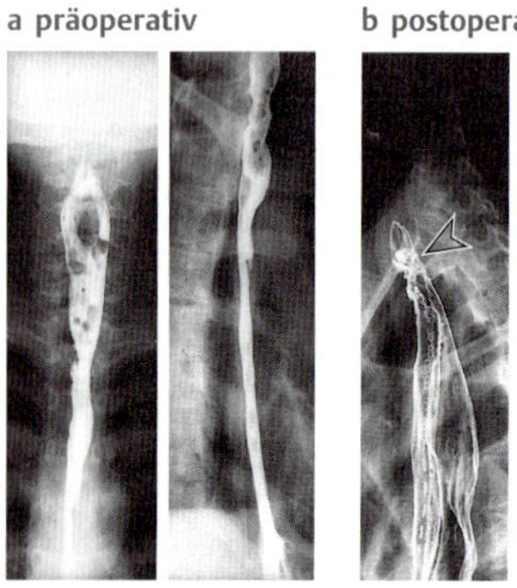

a 41-jährige Patientin mit langstreckiger Stenose und fehlendem Schleimhautrelief, 32 Jahre nach Verätzung.
b Nach Magenhochzug ungehinderte Passage, Pfeil: zervikale Anastomose.

Boerhaave-Syndrom

Definition: Spontanruptur des Ösophagus im unteren Drittel (zur linken Seite hin) meist durch explosionsartiges Erbrechen. Das Boerhaave-Syndrom stellt die Maximalvariante des Mallory-Weiss-Syndroms dar (s. **21.9**, S. 490).

21.4 Geschichte des Boerhaave-Syndroms

Der Großadmiral der Holländischen Flotte, Baron von Wassenaer, frönte zusammen mit seinem Freund Prof. Boerhaave (Amsterdam, Inhaber von fünf medizinischen Lehrstühlen, 1668–1738) zügellosen Ess- und Trinkgelagen, die nur mittels aktiver Emetik (Brechwurzel = Radix Ipecacuanhae) weiter fortgesetzt werden konnten. Wassenaer verstarb 18 h nach Erbrechen einer mit Olivenöl gerösteten Ente unter heftigsten retrosternalen Schmerzen. Boerhaave, in der Absicht, die verwirrende Natur des Todes durch eine Sektion zu erleuchten, sah zu seiner Überraschung, wie die nicht verdauten Reste des Wasserflugtieres im Pleuraexsudat badeten. Die Ursache für den Tod des Großadmirals erkannte er in der Ruptur des distalen Ösophagus in den linken Pleuraraum hinein, als Folge des heftigen Erbrechens. In den Niederlanden wurde Boerhaave eine Briefmarke gewidmet ().

Symptomatik: Direkt nach dem explosionsartigen Erbrechen setzen anhaltende, vernichtende linksseitige thorakale Schmerzen ein, oft zusammen mit Oberbauchschmerzen.

Diagnostik: In der Röntgendarstellung des Ösophagus mit einem wasserlöslichen Kontrastmittel (z. B. Gastrografin) als Ösophagogramm oder als CT-Untersuchung kann die Perforation des Ösophagus mit Austritt des Kontrastmittels in das Mediastinum bzw. in die linke Pleurahöhle dargestellt werden (**21.16a**).

Therapie: Die Spontanruptur des Ösophagus (Boerhaave) erfordert immer die operative Therapie, je früher desto

21.16 Ösophagusruptur (Boerhaave-Syndrom)

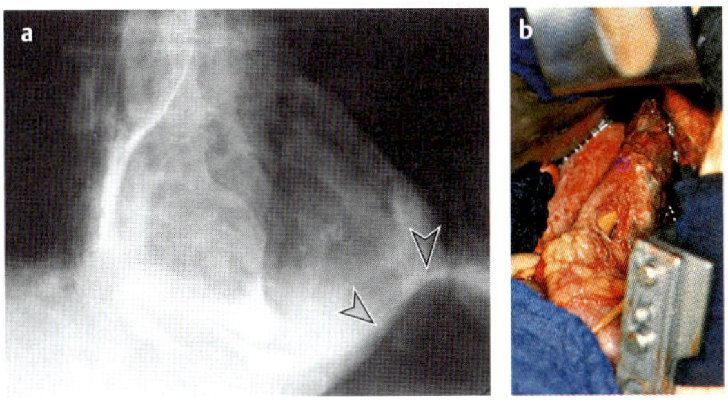

a Ösophagusruptur bei einer 78-jährigen Frau nach heftigem Erbrechen bei bekanntem chronischem Alkoholabusus. Kontrastmittelaustritt beim Gastrografin-Ösophagogramm in die linke Pleurahöhle (Pfeile).
b Intraoperativer Situs mit Darstellung der Perforation im Ösophagus und (dadurch sichtbarem gelbem) Magenschlauch. Da die Perforation sehr früh erkannt wurde (6 Stunden nach Erbrechen) und sofort operiert wurde, überlebte die Patientin.

besser. Innerhalb 6 bis maximal 12 Stunden kann der Ösophagus primär genäht werden (**21.16b**); die Naht wird überdeckt durch eine Semifundoplicatio, abschließend großzügige Drainage. Wenn die Perforation später entdeckt wird, können nur Drainagen eingelegt werden.

Prognose: Letalität bis 50 % trotz früher operativer Versorgung, unbehandelt 100 %ige Letalität.

Eine erfolgversprechende operative Therapie des Boerhaave-Syndroms ist nur innerhalb von 6 Stunden möglich.

Traumatische Verletzungen

Hierbei sind zu unterscheiden Verletzungen von außen, z. B. Schuss- und Stichverletzungen, und Verletzungen von innen, z. B. iatrogene Perforationen im Rahmen von Ösophagoskopie und Bougierungen oder durch Fremdkörper und Ballonsonden (**21.17**). Eine Sonderform nimmt das stumpfe Thoraxtrauma ein: Infolge einer Druckerhöhung während des Thoraxtraumas kommt es zu einem Einriss der Pars membranacea, und aufgrund der gleichzeitigen Krafteinwirkung auf den Ösophagus kommt es zu einer Minderdurchblutung und nachfolgenden Nekrose der Speiseröhrenwand. An dieser Stelle kann nach ungefähr 5 Tagen eine ösophago-tracheale Fistel entstehen.

21.17 Linton-Ballonsonde bei Ösophagusvarizenblutung

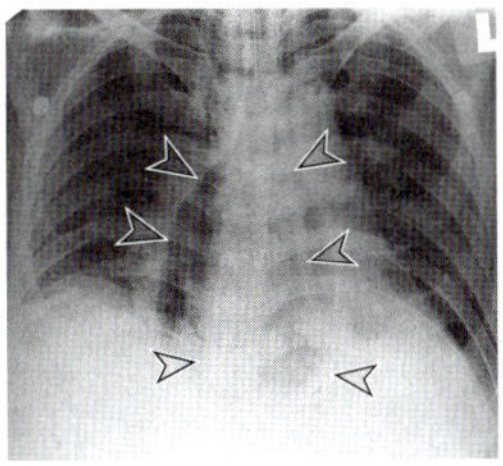

52-jähriger Patient mit massiver Ösophagusvarizenblutung bei Child-C-Leberzirrhose. Die geblockte Linton-Ballonsonde liegt zu hoch (Pfeile): Die untere Ösophagushälfte ist wegen Überdehnung längs eingerissen.

Cave: Jede Linton-Sonde muss nach Platzierung röntgenologisch lagekontrolliert werden.

Symptomatik: Bei Schuss- und Stichverletzungen ist die Ösophagusperforation meist nur ein initial begleitendes Symptom. Iatrogene Perforationen sind meist durch eine verzögert einsetzende Symptomatik gekennzeichnet (langsame Entwicklung der Mediastinitis). Fremdkörper machen aber, anders als beim Magen, fast immer deutliche Beschwerden im Sinne von Schmerzen und Dysphagie. Fieber, Verschlechterung des Allgemeinzustand oder gar ein Hautemphysem lassen eine Perforation der Speiseröhre vermuten. Die hierdurch bedingte Mediastinitis macht oft eine operative Therapie erforderlich.

Therapie: Bei iatrogenen Perforationen, z. B. bei Bougierung, wird zunächst konservativ mit Therapie mit Antibiotika, Nulldiät und vollständiger parenteraler Ernährung therapiert. Bei kleinen Perforationen im oberen Drittel des Ösophagus können von zervikal her Drainagen ins Mediastinum mit Erfolg eingelegt werden, bei langstreckigen Perforationen muss oft primär operiert werden. Die Art der Therapie wird aber immer individuell gestellt in Abhängigkeit vom Ausmaß der Perforation (**21.5**).

21.5 Fallbeispiel: iatrogene Ösophagusruptur

2-jähriges Mädchen mit benigner, entzündlich bedingter Ösophagusstriktur knapp unterhalb der Trachealbifurkation aufgrund einer Hochdosis-Chemotherapie bei metastasiertem Neuroblastom, 7-malige Bougierung. Bei 8. **Bougierung** Ösophagusruptur, nachfolgend Thorakotomie mit Ösophagusresektion und Schlauchmagenhochzug. Die zeigt bei noch liegendem Endoskop und Applikation von wasserlöslichem Kontrastmittel die Perforation nach linksmediastinal.

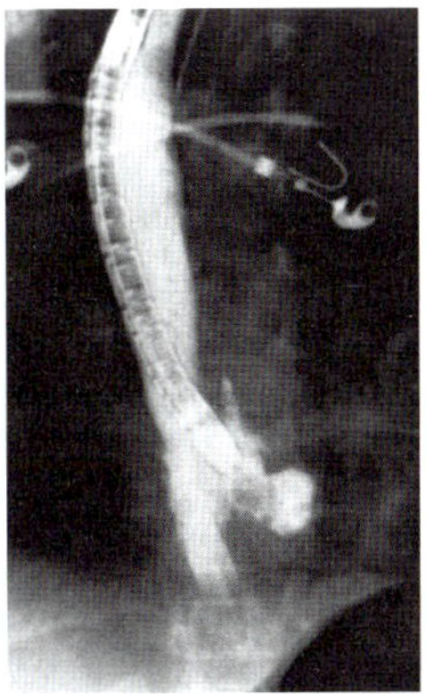

21.8 Ösophagustumoren

Da die Dysphagie ein Spätsymptom einer bösartigen Ösophaguserkrankung darstellen kann, ist die Frühdiagnose beim Ösophaguskarzinom schwierig, und häufig ist der Tumor schon wandüberschreitend gewachsen. Daher muss grundsätzlich jede Dysphagie schnellstmöglich abgeklärt werden.

Benigne Tumoren

Sie sind an der Speiseröhre selten: nur ca. 3 % aller Speiseröhrentumoren. Es werden, ausgehend von der glatten Muskulatur, überwiegend **Leiomyome** (über 70 % der gutartigen Tumoren der Speiseröhre) in den unteren zwei Dritteln des Ösophagus gefunden. Sie wachsen intramural und können zu einer Verlegung des Speiseröhrenlumens führen. Da die Schleimhaut des Ösophagus bei diesen Veränderungen intakt ist, sollte hier eine endoskopische Biopsie unterbleiben, da sonst eine operative Entfernung des Tumors aus der Wand ohne Schleimhauteröffnung wegen deren Entzündungsreaktion kaum möglich ist.
In seltenen Fällen findet man **Fibrome**, **Lipome** und andere Geschwülste aus der mesenchymalen Reihe. Die meisten dieser Tumoren gehören zur GIST-Reihe (**26.6**, S. 599); im Einzelfall ist deren Dignität schwer zu beurteilen.

Therapie: Die **intramuralen Tumoren** werden wegen ihrer Symptomatik (Dysphagie) operativ wenn immer möglich ohne Schleimhauteröffnung aus der Ösophaguswand enukleiert (thorakaler oder abdominaler Zugang, **21.6**). Die noch selteneren **intraluminalen Tumoren** werden endoskopisch abgetragen.

21.6 Fallbeispiel: Leiomyom

26-jähriger Patient, der seit 3 Monaten Schluckprobleme hat. Bei der Ösophagogastrographie (**a**) sieht man eine glatt begrenzte hochgradige Stenose (Pfeile) mit einer poststenotischen Aufweitung. Der intraoperative Situs (**b**) zeigt von einem transhiatalen Zugang aus das gutartige große Leiomyom (Pfeile), welches sich aus der Ösophaguswand auch nach außen entwickelt. Der Ösophagus ist mit einem dicken Magenschlauch geschient.

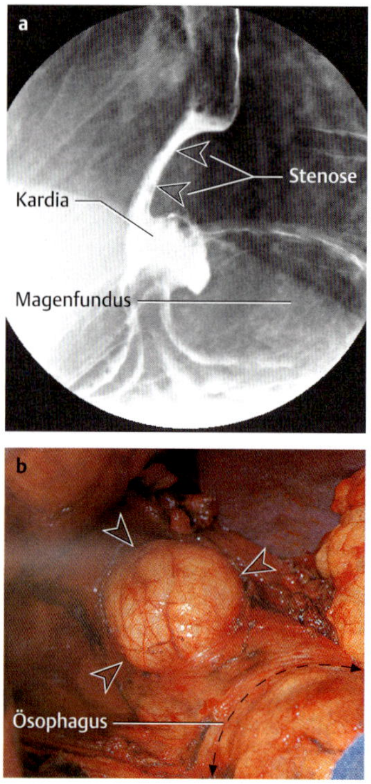

Maligne Tumoren

Epidemiologie: Das Ösophaguskarzinom manifestiert sich in der 6. Lebensdekade und ist bei Männern 5-mal häufiger als bei Frauen. Bei 5 Neuerkrankungen/Jahr und 100 000 Einwohnern steht das Ösophaguskarzinom in Deutschland an 11. Stelle der Malignom-Sterbefälle. In Südostasien (entlang des „Ösophaguskarzinomgürtels", der sich vom Iran über die Mongolei nach China erstreckt,), Südafrika, Frankreich und Finnland ist das Erkrankungsrisiko für ein Ösophaguskarzinom deutlich höher. Der Anteil an Adenokarzinomen liegt bei ca. 50 %.

Die ***Ätiologie*** ist im Wesentlichen unbekannt, jedoch werden aufgrund der verschiedenen Inzidenzen (s. o.) der Ösophaguskarzinomerkrankung exogene Noxen als wichtigste Ursache angesehen (**21.5**).

Lokalisation und Histologie: Das **Plattenepithelkarzinom** kann in allen Abschnitten der Speiseröhre auftreten (**21.18**), häufig jedoch im Bereich der drei physiologischen Engen (s. **21.1**, S. 468). Das **Adenokarzinom** tritt typischerweise am Übergang von der Speiseröhre in den Magenfundus auf als Ausdruck eines vorgewachsenen Kardiakarzinoms, oder es entsteht auf dem Boden eines Barrett-Syndroms (Ersatz des Plattenepithels der distalen Speiseröhre durch Zylinderepithel als Komplikation einer Refluxösophagitis; s. SE 21.3, S. 472 f).

Wachstum und Metastasierungsverhalten: Da dem Ösophagus der Serosaüberzug fehlt, können die Karzinome frühzeitig in benachbarte Strukturen infiltrierend einwachsen. Durch die longitudinal verlaufenden intramuralen Lymphgefäße und die Längsmuskulatur der Speiseröhre erfolgt eine schnelle Ausdehnung des Tumors mit Lymphknotenmetastasen.

21.5 Risikofaktoren für ein Ösophaguskarzinom

Einteilung	*Risikofaktor*
chemische Noxen	konzentrierter Alkohol, Tabak, Nitrosamine
physikalische Noxen	heißes Essen und Trinken
Erkrankungen	Narbenstenosen nach Laugenverätzung, Achalasie, Plummer-Vinson-Syndrom (komplexer Eisen- und Vitaminmangel), sekundärer Endobrachyösophagus bei Refluxösophagitis

21.18 Ösophaguskarzinom

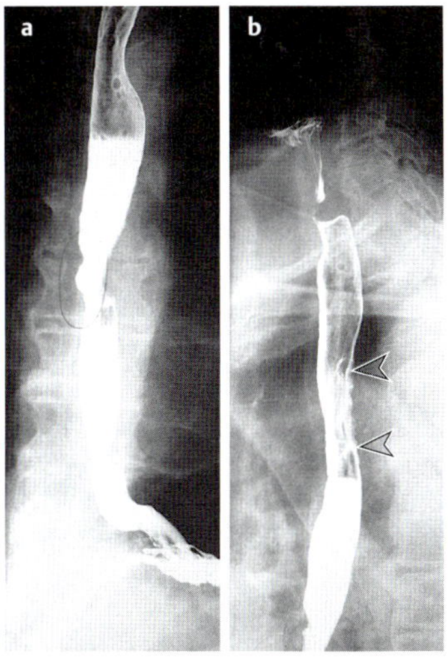

Plattenepithel-Ösophaguskarzinom im mittleren Drittel.
a Vom Radiologen wurde der stenosierend wachsende Tumor eingekreist.
b Das unruhige Schleimhautrelief (dem Tumor entsprechend) ist durch zwei Pfeile gekennzeichnet.

Die ***Symptome*** sind uncharakteristisch und führen dazu, dass die meisten Tumoren zu spät entdeckt werden. Das **Leitsymptom** ist die Dysphagie (s. SE 21.2, S. 470).

Jede Dysphagie muss diagnostisch abgeklärt und ein Ösophaguskarzinom ausgeschlossen werden.

Die Dysphagie ist häufig ein Spätsymptom, da i. d. R. schon 2/3 des Lumens des Ösophagus verlegt sind. **Weitere Symptome** sind Gewichtsabnahme, Kachexie, Heiserkeit (Infiltration des N. recurrens), retrosternale Schmerzen und Foetor ex ore (Tumorzerfall).

Trotz dieser Symptome dauert es i. d. R. 4 Monate bis zur Diagnosestellung (fatale Pause).

Zu diesem Zeitpunkt haben schon 70 % der Patienten einen wandüberschreitenden Tumor mit Lymphknoten- und/oder Fernmetastasen, daher beträgt die mittlere Überlebenszeit des unbehandelten Ösophaguskarzinoms nur ca. 8 Monate.

Diagnostik: Zur weiteren Abklärung und insb. zur Beantwortung der Frage einer möglichen Resektabilität und

21.19 Primär inoperables Ösophaguskarzinom

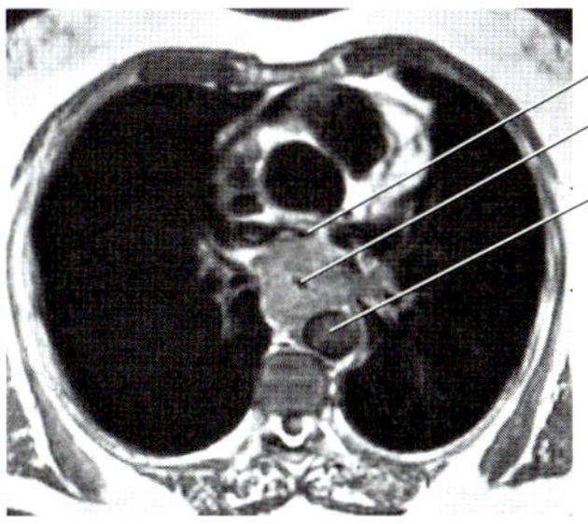

In der MRT sieht man das stark verdickte Ösophaguskarzinom-Segment mit partiellem Umwachsen der Aorta thoracica descendens und Erreichen des dorsalen Lungenhilus. Eine neoadjuvante Chemoradiotherapie wird begonnen: Je nach Ansprechen folgt eine spätere Operation.

Operabilität werden heute folgende Untersuchungsverfahren eingesetzt:
Basisuntersuchungen sind eine gründliche **körperliche Untersuchung** (subtile Suche nach Lymphknoten, insb. zervikal, ggf. deren Abklärung durch Punktion oder Exstirpation), eine **Röntgenaufnahme des Thorax** und eine **Ultraschalluntersuchung des Abdomens**.
Durch die **Endoskopie** kann sowohl die Ausdehnung des Tumors intraluminal begutachtet als auch eine histologische Sicherung erreicht werden.
Die **Röntgenkontrastuntersuchung** kann insb. bei submuköser Ausbreitung des Tumors (Wandstarre) wichtige Hinweise auf dessen Ausdehnung geben.
Mittels **Endosonographie** kann die Infiltrationstiefe, die lokale Resektabilität und ein Lymphknotenbefall beurteilt werden.
Zur Klärung der Frage von Fernmetastasen als auch des lokalen Befundes (Frage der Infiltration von Nachbarstrukturen) wird eine kombinierte Thorax- und Abdomen-CT oder eine **MRT** (**21.19**) durchgeführt.
Bei fraglicher Infiltration des Bronchialbaumes muss eine **Bronchoskopie** mit Biopsie erfolgen.
Die allgemeine Risikoevaluation (Herz, Lunge etc.) hat überragende Bedeutung.

Stadieneinteilung: TNM- und UICC-Klassifikation s. **21.6**, Stadieneinteilung s. **21.7**.

Indikationsstellung: Nur ca. 1/3 der Ösophaguskarzinompatienten können unter kurativen Gesichtspunkten operiert werden. Daher ist für diesen großen abdomino-thorakalen (ggf. zusätzlich zervikalen) Eingriff eine extrem sorgfältige Indikationsstellung notwendig. Insb. muss präoperativ eine Fernmetastasierung ausgeschlossen werden. Unter therapeutischen Gesichtspunkten teilt man die Tumoren des Ösophagus in zwei Gruppen:
Tumoren oberhalb der Trachealbifurkation: Eine primäre Resektion kommt nur für die Stadien T1 und T2 infrage. Wegen der engen Lagebeziehung zur Trachea werden heute fortgeschrittene Tumoren neoadjuvant mit einer kombinierten Radiochemotherapie vorbehandelt (Down-

T 21.6 TNM-Klassifikation des Ösophaguskarzinoms

Einteilung	*Definition*
Tis	Carcinoma in situ
T1	Tumor infiltriert Lamina propria oder Submukosa
T2	Tumor infiltriert Muscularis propria
T3	Tumor infiltriert Adventitia
T4	Tumor infiltriert benachbarte Strukturen
N0	keine regionären* LK-Metastasen (Aussage nur erlaubt, wenn > 6 LK untersucht)
N1	regionäre* LK-Metastasen
MX	Vorhandensein von Fernmetastasen nicht beurteilbar
M0	keine Fernmetastasen
M1	Fernmetastasen **a** *für intrathorakale Tumoren oberhalb der Bifurkation:* Metastasen in zervikalen LK, *für Tumoren unterhalb der Bifurkation:* Metastasen in zöliakalen LK **b** andere Fernmetastasen

*: Als regionäre LK gelten folgende Lokalisationen:
zervikaler Ösophagus: zervikale LK einschließlich supraklavikulärer LK,
intrathorakaler Ösophagus: mediastinale und perigastrische mit Ausnahme der zöliakalen LK.

T 21.7 Stadieneinteilung des Ösophaguskarzinoms nach UICC (1997)

Stadium	*T*	*N*	*M*
0	Tis	N0	M0
I	T1	N0	M0
IIA	T2, T3	N0	M0
IIB	T1, T2	N1	M0
III	T3 T4	N1 jedes N	M0 M0
IV	jedes T	jedes N	M1

staging), um eine Resektion zu ermöglichen (s. SE 4.11, S. 95).

Tumoren unterhalb der Trachealbifurkation: Hier sind Tumoren auch im T3-Stadium (Wandüberschreitung) häufig resektabel, daher stellen sie meist eine primäre Operationsindikation dar. T4-Tumoren (Wandeinbruch in Nachbarorgane) werden präoperativ vorbehandelt (s. o.).

Therapie: Nach Abklärung der lokalen und allgemeinen Operabilität und nach bestmöglicher präoperativer Allgemeintherapie (Ernährung, Flüssigkeitshaushalt!) kommen verschiedene Operationsverfahren in Betracht, die sich hinsichtlich ihres Zugangsweges, der Höhe der Anastomose (zervikal oder thorakal) und der Radikalität der Lymphknotendissektion unterscheiden.

Prinzipiell wird der Ösophagus subtotal mit den regionalen Lymphknoten entfernt und der Defekt möglichst mit Magen (sog. „Schlauchmagen"), alternativ mit Kolon, selten Dünndarm, überbrückt.

Resektionsverfahren: Es handelt sich zumindest um einen Zweihöhleneingriff, d. h. es werden sowohl der rechte Thorax als auch das Abdomen eröffnet. Bei Tumoren unterhalb der Trachealbifurkation erfolgt die Anastomose zwischen Rest-Ösophagus und hochgezogenem Magenschlauch (s. **21.7**) meist hoch-intrathorakal, bei Tumoren oberhalb der Trachealbifurkation erfolgt die Anastomose grundsätzlich zervikal (sog. Dreihöhleneingriff: zusätzlich links-zervikale Freilegung des Hals-Ösophagus).

Neben der Resektion erfolgt selbstverständlich auch eine radikale abdominelle und mediastinale Dissektion der regionären Lymphknoten (bei hoch sitzendem Karzinom auch des Halses). Die Frage des nach oral hin notwendigen Sicherheitsabstandes ist auch heute noch nicht endgültig geklärt; auf alle Fälle muss der ösophageale Schnittrand im intraoperativen Schnellschnitt tumorfrei sein.

Nur noch selten wird die *transmediastinale stumpfe Ösophagektomie* (ohne Thorakotomie) mit abschließender zervikaler Anastomose durchgeführt, weil es kaum Gegengründe gegen eine zusätzliche Thorakotomie gibt: Nur mittels der zusätzlichen Thorakotomie können eine übersichtliche En-bloc-Resektion von Tumor und mediastinalem Fett-Lymphknoten-Gewebe (einschließlich des über dem Ösophagus liegenden Pleurastreifens) und eine radikale Lymphknotendissektion durchgeführt werden. Auch gibt es keinen zwingenden Grund, den Magenschlauch grundsätzlich bis zum Hals heraufzuführen.

Eine Sonderform nimmt das extrem hoch sitzende Ösophaguskarzinom ein, welches dann oft auf den Larynx übergegriffen hat. Hier kann nach neoadjuvanter Chemoradiotherapie das in **21.20** gezeigte Operationsverfahren eingesetzt werden: pharyngeo-ösophageale Segmentresektion mit Laryngektomie, bleibendes Tracheostoma, Interposition eines frei transplantierten Jejunal-

21.20 Therapie bei extrem hoch sitzendem Ösophaguskarzinom

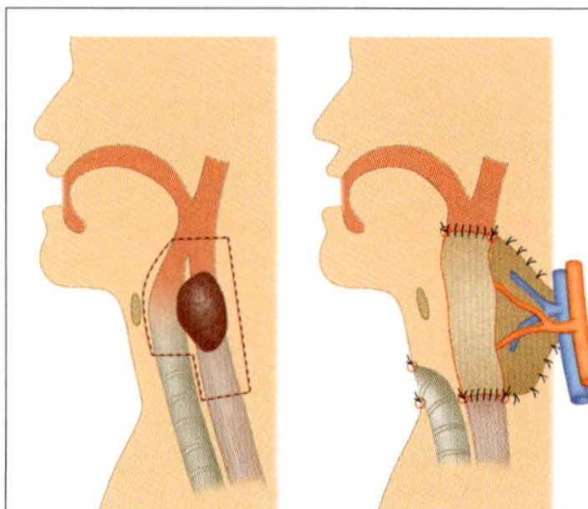

Pharyngeoösophageale Segmentresektion mit Laryngektomie, bleibendes Tracheostoma, Interposition eines frei transplantierten Jejunalsegments mit vaskulären Mikroanastomosen.

segments mit vaskulären Mikroanastomosen (in Zusammenarbeit mit MKG- oder HNO-Chirurgen).

Komplikationen: Die *Transplantatischämie* ist neben dem zu kurzen Transplantat eine gravierende Komplikation, die den Operateur zwingt, ein neues Tansplantat herzustellen oder aber ein zweizeitiges Vorgehen zu wählen. Die Ischämie kann arteriell oder venös bedingt sein. Eine vollständige Nekrose des Transplantates zwischem dem 2.–5. Tag ist ein katastrophales Ereignis, einhergehend mit hoher Mortalität.

21.7 Magenschlauch

Die sicherste und technisch einfachste Überbrückung erfolgt mit dem an der A. gastroepiploica dextra gestielten Magen, wobei der Magenschlauch parallel zur großen Magenkurvatur gestaltet wird (👁 **a**): Resektion von kleiner Kurvatur (ab Angulus) und Kardia, Skelettierung der gesamten großen Kurvatur unter zwingendem Erhalt der A. und V. gastroepiploica dextra und fakultativem Erhalt der A. und V. gastrica dextra. Notwendig ist eine ausgedehnte Kocher-Mobilisation des Duodenums einschließlich Pankreaskopf; abschließende Pyloroplastik.

Die Anastomose wird entweder intrathorakal (maschinell mit Staplergerät oder per Handnaht, 👁 **b**) oder extrathorakal, d. h. zervikal, vom linken Hals aus (👁 **c**) durchgeführt. Bei der intrathorakalen Anastomose führen wir mit der Spitze des Magenschlauches eine Semifundoplicatio der Anastomose durch: zur Erhöhung der Anastomosensicherheit, vielleicht auch zur Erreichung einer Ventilfunktion gegen einen möglichen Reflux. Damit der Magenschlauch spannungsfrei nach oben transponiert werden kann, ist ein ausgedehntes Kocher-Manöver notwendig. Abschließend führen wir zur Verbesserung der Magenentleerung eine Pyloroplastik nach Heineke-Mikulicz durch.

Das Transplantat wird meist *orthotop* im ehemaligen Ösophaguslager hochgezogen. Nur selten wird es *retrosternal* positioniert, z. B. in zweizeitigen Situationen, wenn initial der Ösophagus wegen Verätzung notfallmäßig exstirpiert oder ein Magenschlauch wegen Transplantatischämie entfernt werden musste; dann besteht im hinteren Mediastinum eine erhebliche Fibrosierung.

a Gestaltung des Magenschlauchs

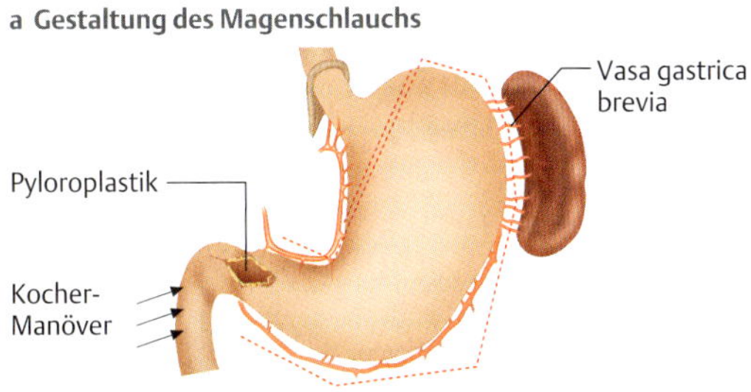

b intrathorakale Ösophagogastrostomie

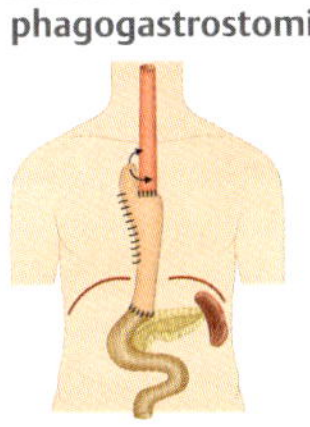

c zervikale Ösophagogastrostomie

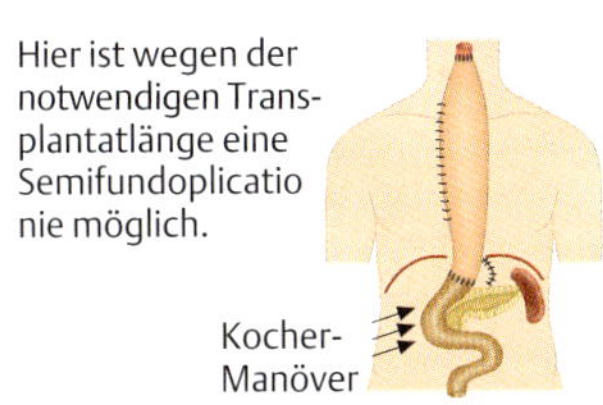

Die zervikale Anastomose zeigt eine höhere Rate an *Nahtinsuffizienzen*. Diese sind jedoch im Gegensatz zur thorakalen Nahtinsuffizienz ungefährlicher, da sie eigentlich stets unter konservativer Therapie und bei guter Drainage ausheilen. Allerdings besteht dann die Neigung zur narbigen *Stenosierung*, welche jedoch transoral bougiert werden kann.

Weitere häufige Komplikationen sind intraoperativer *Milzverlust, Nachblutungen, Verletzungen des Ductus thoracicus* (Chylothorax) *bzw. des N. recurrens* (Heiserkeit) und *Pneumonie.*

Die **Letalität** liegt heute bei diesem schwierigen Eingriff in entsprechenden Zentren bei 5–8 %.

Ergebnisse: Bei einer R0-Resektion, d. h. bei einer vollständigen Tumorresektion mit ausreichendem Sicherheitsabstand sowohl im Bereich des Primärtumors als auch im Lymphabstromgebiet, kann heute eine 5-Jahres-Überlebensrate von ca. 40 % erzielt werden.

Es bleibt abzuwarten, ob durch eine multimodale Therapie die Resektionsrate und die Überlebenszeit der Patienten verbessert werden können. Dies wird z. Zt. in klinischen Studien untersucht.

Palliativmaßnahmen: Bei inoperablen Patienten kann der Tumor durch einen Metallstent oder durch eine Kunststoffprothese überbrückt werden, um dem Patienten die normale Nahrungsaufnahme zu ermöglichen (👁 **21.21**). Alternativ kann durch Laserbehandlung (Tumorvaporisierung; s. auch SE 6.5, S. 152 f) die Passage offen gehalten werden. Diese palliativen Maßnahmen sollen die Lebensqualität der Patienten bei einer mittleren Überlebenszeit von 6–8 Monaten verbessern. Um das Tumorwachstum zu verlangsamen, kann eine Strahlen- und Chemotherapie begleitend durchgeführt werden.

👁 21.21 Überbrückung eines inoperablen Ösophaguskarzinoms im mittleren Ösophagusdrittel

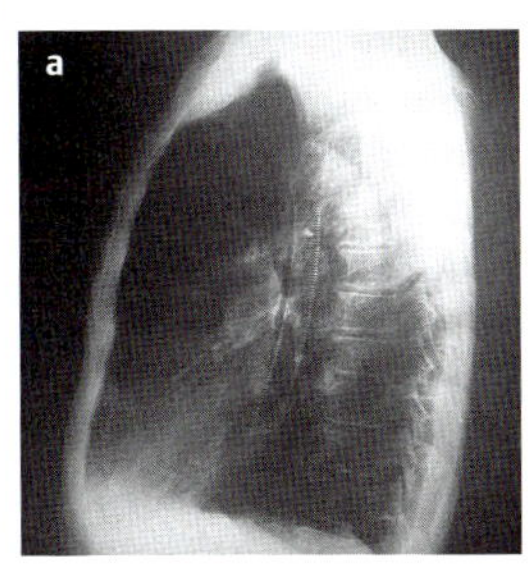

a Der eingelegte Metallstent ist im seitlichen Röntgenthorax gut sichtbar.

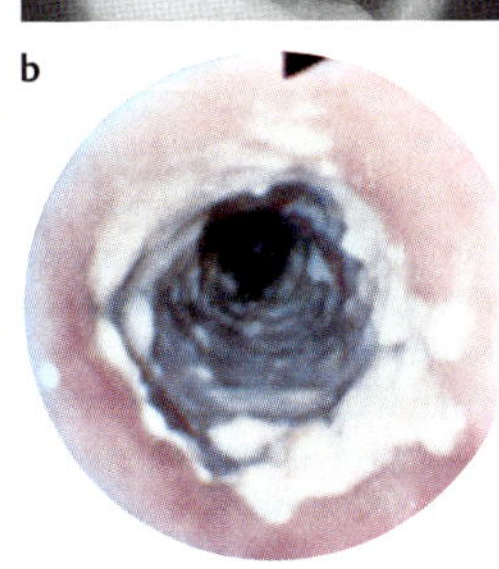

b Endoskopische Einsicht in den Metallstent.

21.9 Magen und Duodenum: Anatomie und Physiologie

Der Magen bildet zusammen mit Duodenum, Leber und Pankreas eine funktionelle Einheit. Physiologische Aufgaben von Magen und Duodenum sind Durchmischung mit Verdauungssäften und Weitertransport in den Dünndarm. Die Koordinierung des Verdauungsablaufes unterliegt der Steuerung durch eine Vielzahl regulatorischer Peptide (s. a. SE 25.1, S. 559).

Magen

Anatomie

Durch die embryonale Drehung der Magenschleife bilden sich eine *kleine Kurvatur*, die über das Omentum minus am linken Leberlappen angeheftet ist, und eine *große Kurvatur*, von der das Omentum majus ausgeht. Von proximal nach distal werden am Magen die **Regionen** Kardia, Fundus, Korpus, Antrum und Pylorus unterschieden. Die **Gefäßversorgung** des Magens ist so luxuriös gestaltet, dass eine der 4 Magenarterien für die suffiziente Sauerstoffversorgung ausreichend wäre (👁 **21.22**). Im Bereich des distalen Ösophagus bestehen venöse *Kollateralverbindungen* zwischen Pfortader und ösophagealem Venenplexus, die bei der portalen Hypertension eine pathophysiologische Bedeutung erlangen können (s. SE 23.2, S. 528 f).

👁 21.22 Gefäßversorgung

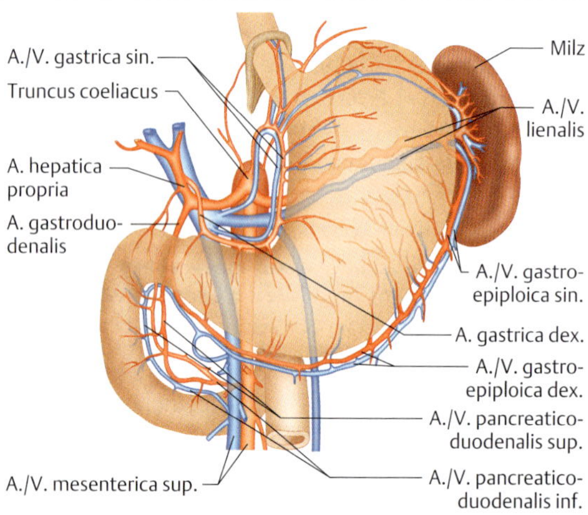

Magen: Die kleine Kurvatur wird durch die *A. gastrica sinistra* als kräftigem Ast des Truncus coeliacus und der *A. gastrica dextra* als kleinerem Ast der A. hepatica communis, die große Kurvatur durch die *A. gastroepiploica dextra* als Endast der A. gastroduodenalis und die *A. gastroepiploica sinistra* als Endast der ebenfalls aus dem Truncus coeliacus abgehenden A. lienalis versorgt. Das **Duodenum** wird zusammen mit dem Pankreas aus Gefäßen des Truncus coeliacus und der A. mesenterica superior versorgt. Die A. gastroduodenalis gibt eine *vordere und hintere A. pancreaticoduodenalis superior*, die A. mesenterica superior eine *vordere und hintere A. pancreaticoduodenalis inferior* ab, die bogenförmig an der Konkavseite des Duodenums verlaufen und miteinander anastomosieren. Die venöse Entsorgung von Magen und Duodenum erfolgt über die gleichnamigen Venen in die Pfortader.

Der **Aufbau der Magenwand** ist in 👁 **21.23** dargestellt.

Zu den übrigen Organen des Oberbauches bestehen enge **topographische Beziehungen**: Direkt benachbart sind Zwerchfell, Milz, Querkolon, Bauchspeicheldrüse, Gallenblase und Leber. Magen und oberer Teil des Omentum majus (Lig. gastrocolicum) bilden die vordere Begrenzung der Bursa omentalis, die durch das Foramen epiploicum am Hinterrand des Ligamentum hepatoduodenale mit der übrigen Peritonealhöhle in Verbindung steht.

Physiologie

Die **Magenmotilität** wird primär durch das Nervensystem des *Plexus myentericus* vegetativ gesteuert. Während des Schluckaktes kommt es zur vagal gesteuerten Erschlaffung des unteren Ösophagussphinkters und des proximalen Magens. Dabei ist Stickoxyd (NO) der entscheidende Neurotransmitter. Die lokale Reizung der Magenschleimhaut führt zusammen mit psychisch nervalen und humoralen Einflüssen zur Auslösung der Magensaftsekretion (s. u.) und zur Stimulation der Peristaltik im distalen Magen. Im mittleren Korpusdrittel ist eine *Schrittmacherzone* lokalisiert, die durch Auslösung koordinierter peristaltischer Wellen eine Durchmischung der Nahrung mit dem Magensaft bewirkt. Motilin (s. u.) wirkt stimulierend auf den

👁 21.23 Aufbau der Magenwand

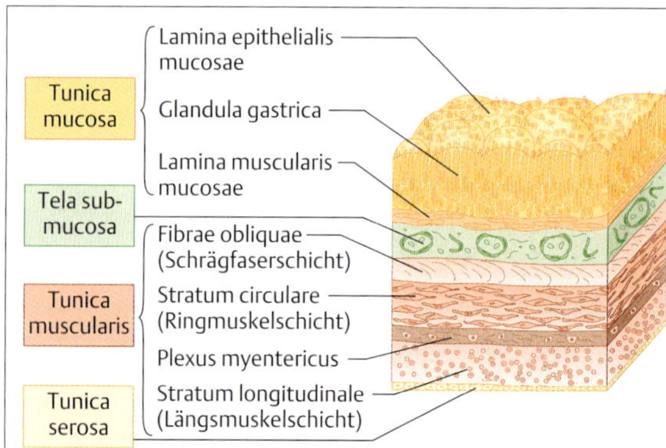

Die 6 Zelltypen der Lamina epithelialis mucosae sind in **T 21.8** beschrieben. In der lockeren Tela submucosa verlaufen die größeren Blut- und Lymphgefäße sowie die Schleimhautnerven. Die Ringmuskelschicht wird zum Pylorus hin immer kräftiger und bildet schließlich den Verschlussmechanismus mit dem M. sphincter pylori.

Schrittmacher und beschleunigt die Magenentleerung, während andere Peptidhormone wie Cholezystokinin, Sekretin, Glukagon-like Peptide-1 und Somatostatin die Magenentleerung hemmen. Der Pylorus kontrahiert sich am Ende der peristaltischen Welle, um feste Nahrung zurückzuhalten, und bei Kontraktionen des Duodenums, um einen Reflux zu verhindern. Die **Passagezeit** der Nahrung im Magen ist sehr unterschiedlich: Sie liegt zwischen 10 Minuten und 10 Stunden. Die **Bestandteile des Magensaftes**, von dem bis zu 3 l pro Tag sezerniert werden, sind Eiweiß spaltende Enzyme (Pepsine), Schleim (Muzin), Salzsäure und Intrinsic-Faktor (essenziell für die Vitamin-B_{12}-Resorption im unteren Ileum). Bei maximaler HCl-Sekretion sinkt der pH-Wert des Magens auf etwa 1,0 ab. Dies bewirkt neben einer Bakterizidie eine Denaturierung der zu verdauenden Proteine und Aktivierung der Pepsinogene zu den aktiv wirksamen Pepsinen. Die **Steuerung der Säuresekretion** ist abhängig von Durchblutung der Schleimhaut, nervalen Einflüssen und Hormonen (**21.24**).

Mukosabarriere: Der *Schleim* dient dem Schutz der Magenoberfläche vor dem aggressiven Magensaft. Weitere Schutzmechanismen beruhen auf der aktiven *HCO_3^--Ionen-Sekretion* der Mukosa und der *hohen Turn-over-Frequenz des Oberflächenepithels* mit Tight Junctions, die die H^+-Ionen-Rückdiffusion verhindern.

Duodenum

Anatomie

Das Duodenum umläuft C-förmig den Kopf und den Processus uncinatus des Pankreas. Postpylorisch ist die **Pars superior** zum Bulbus duodeni erweitert und liegt noch intraperitoneal. Unterhalb des Bulbus liegt das Duodenum dann retroperitoneal. An der Pars superior setzt das Ligamentum hepatoduodenale mit den Strukturen Ductus choledochus, A. hepatica und V. portae an. Etwa in der Mitte der **Pars descendens** münden Gallen- und Pankreasgang (im Regelfall in einer gemeinsamen Papille, es sind jedoch mehrere Variationen möglich). Die **Pars ascendens** unterkreuzt die mesenteriale Gefäßachse, steigt über die Medianlinie hinweg zur Flexura duodenojejunalis an, geht dort in das Jejunum über und wird wieder intraperitoneal. Die hier regelmäßig vorkommende Bauchfellduplikatur wird auch als *Treitz-Band* bezeichnet und kann im Sinne einer inneren Hernie stark erweitert sein, sodass Dünndarmanteile in den Recessus duodenalis superior und inferior eindringen können.

T 21.8 Zelltypen der Magenschleimhaut

Lokalisation	*Zelltyp*	*Syntheseprodukte*
überwiegend im Magenfundus	Hauptzellen Nebenzellen	Pepsinogene Magenschleim, HCO_3^-
Magenfundus und -korpus	Belegzellen (Parietalzellen)	Salzsäure, Intrinsic-Faktor
Magenkorpus	ECL-Zellen	Histamin
Antrum	G-Zellen D-Zellen	Gastrin Somatostatin

Gefäßversorgung: s. **21.22**.

Enge **topographische Beziehungen** bestehen auch zur V. cava inferior und zur Aorta abdominalis.

Physiologie

Wesentliche Aufgabe des Duodenums ist die Durchmischung des im Magen angedauten Speisebreis mit Galle- und Pankreassaft. Die **Galle** führt zur Emulgation der Fette, die im **Pankreassaft** enthaltenen Proteasen, Lipasen und die α-Amylase spalten Proteine, Fette und Kohlenhydrate auf, die während ihrer weiteren Passage im Dünndarm weitgehend resorbiert werden. Der Bicarbonatanteil des Pankreassaftes und der von den Brunner-Zellen gebildete Schleim schützen die duodenale Mukosa vor der aggressiven Magensäure.

In den Lieberkühn-Krypten finden sich u.a. **endokrine Zellen**, die auf der Lumenseite Rezeptoren haben und abhängig von pH-Wert und Zusammensetzung des Speisebreis regulatorische Peptide in die Blutbahn abgeben, die das Zusammenspiel mit Pylorus und Sekretionsleistung von Leber, Pankreas und Magen regulieren. Es handelt sich um die Hormone Sekretin, Cholezystokinin, Motilin, Somatostatin, Neurotensin und GIP (s.a. **21.24**).

Resorptive Leistungen des Duodenums betreffen das Calcium und das Eisen, sodass bei operativer Ausschaltung des Duodenums aus der Nahrungspassage (z.B. Blindverschluss nach Gastrektomie; s. **21.35b**, S. 496) ein Eisen- bzw. Calciummangel resultieren kann.

21.24 Regulierung der Säureproduktion

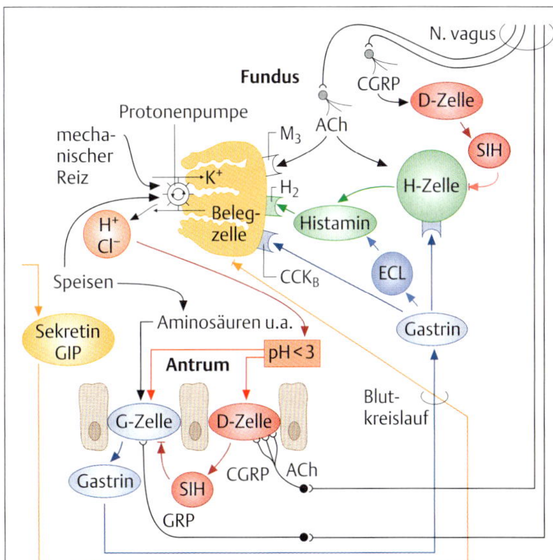

Die Belegzelle weist Rezeptoren für Acetylcholin (M_3), Gastrin (CCK_B) und Histamin (H_2) auf, über die unabhängig voneinander die Säuresekretion stimuliert werden kann. Hemmende Einflüsse werden über den Somatostatin-(SIH-)Rezeptor der H- und G-Zelle, über einen niedrigen pH-Wert im Lumen und im Duodenum sezerniertes Sekretin und GIP (Glucose-dependent insulinotropic peptide) vermittelt. GRP: Gastrin releasing Peptide, CGRP: Calcitonin Gene-related Peptide.

21.10 Symptome und Diagnostik bei Gastroduodenalerkrankungen

Die Vielfalt der möglichen Erkrankungen an Magen und Duodenum äußern sich klinisch durch Schmerzen im Oberbauch, Störungen der Nahrungspassage und Beeinträchtigung des Allgemeinbefindens.

Leitsymptome

Die **Dysphagie** ist charakteristisch für benigne und maligne Stenosen des Ösophagus, aber auch für stenosierende Tumoren im Bereich des ösophagogastralen Überganges, bei denen es sich i. d. R. um von der Magenschleimhaut ausgehende Adenokarzinome handelt und die vom Adenokarzinom des Ösophagus abgegrenzt werden müssen. Bei hoch sitzenden Stenosen, insb. im ösophagogastralen Übergang, kann es *unmittelbar nach Nahrungsaufnahme* zur Regurgitation von unverdauten Nahrungsbestandteilen kommen. Das *Erbrechen saurer Nahrungsbestandteile* mehrere Stunden postprandial ist dagegen typisch für eine Magenausgangsstenose, wobei diese durch ein Karzinom oder ein gastroduodenales Ulkus bzw. dessen Narbe bedingt sein kann.
Durch Magenerkrankungen bedingte **Schmerzen** projizieren sich entsprechend der Head-Zonen in den Bereich des 8. Interkostalnervs. Lokalisation, Intensität und zeitlicher Verlauf der Schmerzen können erste diagnostische Hinweise geben. Der *plötzlich auftretende, intensive Dauerschmerz* ist typisch für eine Ulkusperforation, während der *langsam einsetzende Dauerschmerz* beim penetrierenden Ulkus, aber auch beim Karzinom angetroffen wird. Bei diesen Schmerzarten handelt es sich um einen somatischen Schmerz, der durch die Schmerzrezeptoren des Peritoneums fortgeleitet wird. Viszerale Schmerzen, die in die Head-Zonen projiziert werden, sind das Leitsymptom des Ulkus. Der *Frühschmerz* bis ca. 1 Stunde nach Nahrungsaufnahme wird beim Ulcus ventriculi der oberen Magenhälfte und der kleinen Kurvatur angetroffen. Als *Spätschmerz* wird der 1–3 Stunden nach dem Essen auftretende Schmerz bezeichnet, der für das Ulcus ventriculi im Antrum- und Korpusbereich charakteristisch ist. Dagegen abzugrenzen ist der *Nüchternschmerz*, der ab 4–6 Stunden postprandial, häufig nachts auftritt und typisch für das Ulcus duodeni ist. Nach erneuter Nahrungsaufnahme kommt es zur Linderung der Beschwerden, sodass die Ulcus-duodeni-Patienten häufig übergewichtig sind.
Störungen des Allgemeinbefindens beinhalten Inappetenz, Gewichtsverlust, Leistungsknick und Widerwillen gegen bestimmte Speisen oder Getränke. Sie können hinweisend auf ein Magenkarzinom sein. Typisch ist der relativ plötzlich einsetzende Widerwillen gegen Fleisch, geräucherte Speisen oder Zigaretten (👁 **21.25**). Gewichtsverlust und Leistungsknick sind Spätsymptome eines fortgeschrittenen Tumorleidens.

Diagnostik

Bei der **Anamneseerhebung** können zusätzliche Informationen gewonnen werden. Die regelmäßige Einnahme von nicht steroidalen Antirheumatika wird den Verdacht auf ein Ulkusleiden lenken. Beim Auftreten von Teerstuhl (Melaena) ist ein blutendes Ulkus hochwahrscheinlich. Bei Verdacht auf das Vorliegen einer malignen Erkrankung kann die Familienanamnese wertvolle Hinweise geben.
Vor jeder apparativen Diagnostik ist die **klinische Untersuchung** des Patienten obligatorisch. Im Mittelpunkt steht die Untersuchung des Abdomens. Fortgeschrittene Magenkarzinome sind bereits durch die Bauchdecke hindurch tastbar. Bei fortgeschrittener Tumorerkrankung können Lymphknotenmetastasen links supraklavikulär auftreten (sog. Virchow-Drüse). Das Vorliegen von Aszites spricht für eine Peritonealkarzinose.
Ein unkompliziertes Ulkus zeigt sich durch einen Druckschmerz bei tiefer Palpation. Bei frischer Ulkusperforation findet sich ein ubiquitärer Druckschmerz mit Abwehrspannung, der sog. brettharte (initial kahnförmig eingefallene) Bauch. Eine Ulkusblutung verursacht oft keinerlei Schmerzen.
Die folgende **apparative Diagnostik** wird nach den Ergebnissen der Anamneseerhebung und der klinischen Untersuchung ausgerichtet. Sie soll so sparsam wie möglich, aber so umfangreich wie nötig ausfallen. Hierbei spielen nicht nur wirtschaftliche Gesichtspunkte eine Rolle, der Patient soll in erster Linie nicht durch überflüssige diagnostische Maßnahmen belästigt werden.

Röntgenuntersuchungen

Die **Abdomenleeraufnahme** dient in erster Linie dem Nachweis von freier Luft bei Ulkus- oder Tumorperforation. Am empfindlichsten gelingt der Nachweis freier Luft in linker Seitenlage (👁 **21.26**).

! Das Fehlen von freier Luft schließt die Perforation jedoch nicht aus.

Die Kontrastmitteluntersuchungen des Magen-Darm-Traktes werden in SE 4.5 (S. 81) beschrieben.

Endoskopie

Diagnostisches Verfahren der Wahl ist die Gastroduodenoskopie mit flexiblen Fiberglasoptiken. Schleimhaut von Magen und Duodenum sind der direkten Beobachtung zugänglich und können in gleicher Sitzung biopsiert werden. Die Feinbeurteilung der Schleimhaut ist den

21.25 Leitsymptome bei Magenkarzinom

Appetitlosigkeit (Anorexie) mit Widerwillen gegen Fleisch und Tabak ist immer verdächtig auf Magenkarzinom.

21.26 Abdomenübersicht in Linksseitenlage

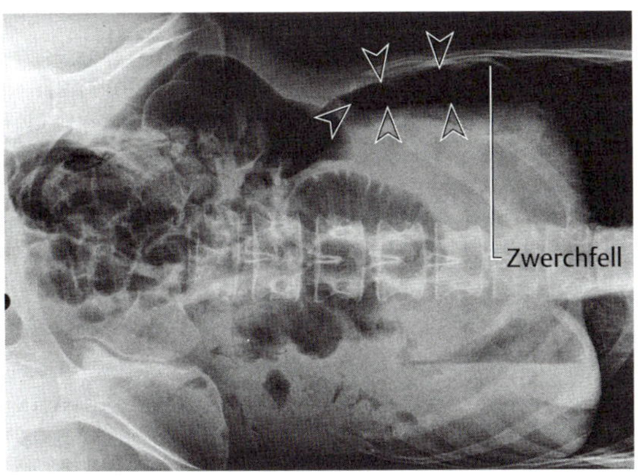

Es zeigt sich freie Luft zwischen Leber und rechtem Zwerchfell (Pfeile). Quelle: Klose KJ, s. S. 870.

Röntgenverfahren überlegen und insb. bei der Diagnostik des Magenfrühkarzinoms (s. SE 21.14, S. 498 ff) wichtig. Auch in der Notfallsituation, d. h. bei einer Blutung im oberen Gastrointestinaltrakt, ist die Endoskopie das Verfahren der Wahl, da in gleicher Sitzung die definitive Therapie erfolgen kann (s. SE 23.3, S. 530). Die Verbesserung der endoskopischen Blutstillungsverfahren hat zu einem deutlichen Rückgang der chirurgischen Notfalleingriffe bei der Blutung geführt. Auch Fremdkörper (**21.27**) können endoskopisch entfernt und Polypen der Magenwand abgetragen werden.

Durch die Kombination eines Endoskops mit einem intraluminalen Ultraschallkopf (**21.28**) kann präoperativ das T- und N-Stadium beim Magenkarzinom bestimmt werden (s. S. 91).

Ergänzende diagnostische Verfahren

Sonographie und **Computertomographie** sind von untergeordneter Bedeutung. Sie werden ergänzend bei Nachweis eines Magenkarzinoms zum Ausschluss von Lebermetastasen oder einer direkten Infiltration von Nachbarorganen eingesetzt. Differenzialdiagnostisch kann die Sonographie eine Abgrenzung von der akuten Cholezystitis liefern.

21.28 Spitze eines Endosonographiegerätes

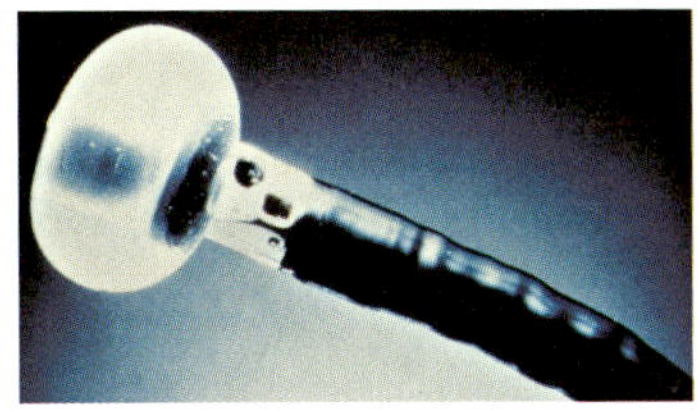

Der wassergefüllte Ballon dient der besseren Schallankopplung des Gewebes zum in der Spitze befindlichen Schallkopf.

21.27 Fremdkörper im Magen

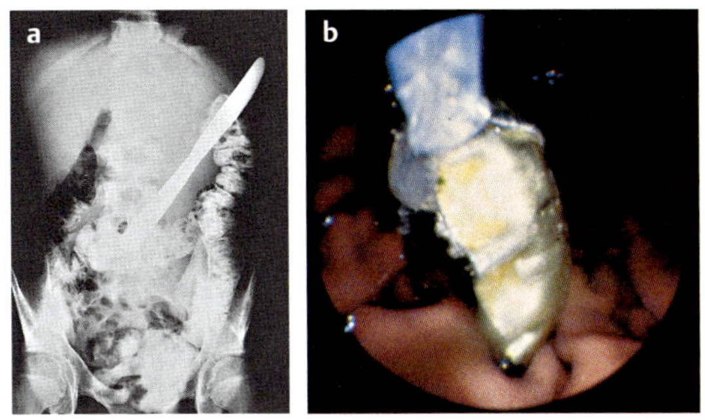

a 19-jähriger Sträfling, der ein Anstalts-Messer verschluckt hat. Es liegt komplett im Magen. Der Darm ist mit Gastrografin kontrastiert, zum Ausschluss einer Perforation. Die endoskopische Extraktion gelang nicht, deshalb Laparotomie und Gastrotomie. **b** Gastroskopische Extraktion eines verschluckten Kronkorkens (blaue Greifzange, im Hintergrund Magenschleimhaut).

Zur Überprüfung der Resektabilität eines Magenkarzinoms wird zunehmend die **Staging-Laparoskopie** eingesetzt, die meist unmittelbar vor der Laparotomie in Narkose durchgeführt wird. Durch sie können Lebermetastasen und eine Peritonealkarzinose gesehen und bioptisch gesichert werden. Bei gesichertem Nachweis der Metastasierung kann dem Patienten die schmerzhaftere diagnostische Laparotomie erspart bleiben.

21.8 Sekretionstests

Die Sekretionstests haben kaum noch eine Bedeutung. Sie dienten in der Ära der Vagotomie der Qualitätskontrolle postoperativ. Der **Pentagastrinstimulationstest** wird nur noch bei Verdacht auf Zollinger-Ellison-Syndrom eingesetzt. Interpretiert werden kann er nur in Verbindung mit dem Ergebnis von Gastrinbestimmungen basal und stimuliert mit Sekretin (Normalwert $<$ 100 pg/ml nüchtern).

Ergänzend werden **Laboruntersuchungen** durchgeführt, die routinemäßig das Blutbild, den Gerinnungsstatus (vor Endoskopie mit Biopsie), Leberenzyme und Elektrolyte umfassen. Beim Magenkarzinom werden die Tumormarker CEA und CA 19-9 bestimmt, bei akuter Symptomatik die Lipase und Amylase zur Abgrenzung der akuten Pankreatitis.

21.11 Entzündungen und Verletzungen des Magens

Entzündungen und Verletzungen des Magens sind selten, aber vielgestaltige Ereignisse, die sich nur schwer systematisieren lassen. Der Schweregrad der Erkrankung umfasst sowohl leichte Empfindlichkeitsreaktionen bis zum lebensbedrohlichen Krankheitsbild.

21.9 Mallory-Weiss-Syndrom

Beim Mallory-Weiss-Syndrom handelt es sich um einen Schleimhauteinriss am gastroösophagealen Übergang. Die Schleimhautruptur (meist dorsal) ist häufig die Folge heftigen Erbrechens. Der Pathomechanismus entspricht dem des Boerhaave-Syndroms (s. SE 21.7, S. 480f). Klinisch imponiert das Mallory-Weiss-Syndrom durch eine massive, teils arterielle Blutung. Ein Großteil der Blutungen sistiert spontan oder nach endoskopischer Koagulation bzw. Sklerosierung, in 10% der Fälle jedoch muss die Schleimhautruptur durch Gastrotomie im Bereich der Vorderwand des Magenfundus und Umstechung der Mallory-Weiss-Läsionen operativ versorgt werden (👁). Bei ca. ¾ der Patienten mit Mallory-Weiss-Syndrom liegt gleichzeitig eine Hiatushernie vor, sodass bei der Operation die Hiatushernie in gleicher Sitzung durch Fundoplicatio mitversorgt werden sollte, wenn dies der Allgemeinzustand des Patienten zulässt (s. SE 6.7, S. 161).

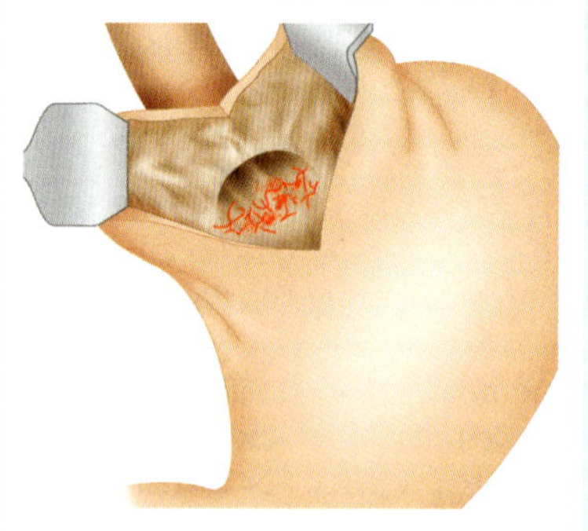

Magenwandphlegmone

Definition: Sehr seltene, putride Infektion aller Magenwandschichten, verursacht durch das Eindringen von anaeroben und aeroben Keimen (häufig Escherichia coli und hämolysierende Streptokokken) in die Submukosa. Eintrittspforte können Schleimhautnekrosen, Ulzera oder ein Karzinom sein. Auch bei Verletzungen durch Fremdkörper oder iatrogen durch Endoskopie sowie postoperativ nach Magenoperationen kann eine Magenwandphlegmone entstehen.

Bei **akutem** Verlauf mit Ausbildung eines akuten Abdomens wird die Diagnose häufig erst intraoperativ gestellt. Liegen bereits Nekrosen der Magenwand vor, so muss eine Resektion bis hin zur Gastrektomie erfolgen. Bei der **chronischen** Form finden sich uncharakteristische Oberbauchschmerzen, subfebrile Temperaturen und ein vergröbertes Schleimhautrelief in der Magen-Darm-Passage. Dieser Verlauf ist prognostisch günstiger und kann i. d. R. durch einen magenerhaltenden Eingriff oder eine perkutane Drainageeinlage behandelt werden. Abzugrenzen ist die **fulminante** Verlaufsform mit perakutem Beginn und schnell einsetzendem septischen Schock, die mit einer Letalität von etwa 80% einhergeht.

Verätzung

Definition: Reversible oder irreversible Schädigung der Magenwand durch Ingestion von Säuren oder Laugen.

Ätiopathogenese: In 80% der Fälle sind Kinder durch akzidentelles Verschlucken von Säuren oder Laugen (**21.10**) betroffen, bei Erwachsenen geschieht dies meist in suizidaler Absicht. Der Pathomechanismus der Wandschädigung ist bei Säuren- und Laugenverätzungen unterschiedlich:

Säureverätzungen führen zu einer mehr oberflächlichen Koagulationsnekrose, die ein weiteres Eindringen der Ätzsubstanz in tiefere Schichten verzögert.

Bei der **Laugenverätzung** tritt eine Kolliquationsnekrose mit Verflüssigung des Gewebes ein, die das Eindringen der Substanz in die Tiefe begünstigt. Laugenverätzungen führen daher häufiger zu einer transmuralen Nekrose bis hin zur Perforation.

Während schwächer konzentrierte Laugen vorwiegend den **Ösophagus** schädigen (s. SE 21.7, S. 480), bewirken höhere Konzentrationen von Säuren und Laugen auch eine Verätzung des **Magens**, vorwiegend kleinkurvaturseitig entlang der Magenstraße und präpylorisch. Der durch das Agens ausgelöste Pylorospasmus führt zu einer verlängerten Verweildauer im Antrum und distalen Korpus, bei vorausgegangener Magenresektion kann es zum Übertritt der Substanzen in tiefer gelegene Dünndarmabschnitte kommen.

21.10 Ätzende Agenzien

Die Anzahl der schädigenden Substanzen ist fast unübersehbar groß. Ätzende Agenzien sind alkalische Substanzen wie Natronlauge (in vielen üblichen Haushaltsreinigern und Waschmitteln enthalten!) und Ätzkalk, organische und anorganische Säuren (letztere zusammen mit Ammoniak in Abflussreinigern), Silbernitrat, Steinkohlenteer, chemische Kampfstoffe wie Stickstofflost und Phosphorverbindungen.

Einteilung: Für das therapeutische Vorgehen und die Prognose ist die Objektivierung der Verätzungstiefe wichtig, die in 3 Grade unterteilt wird (**T 21.9**).

21.9 Einteilung der Verätzungstiefe

Grad	*Definition*	*Folgen*
I	oberflächlichen Mukosaschädigung mit Schleimhautdefekten und Ödem	mit konservativer Therapie: Restitutio ad integrum
II	Zerstörung der Mukosa und einer partiellen Schädigung von Submukosa und Muscularis	narbige Abheilung
III	vollständige Nekrose aller Wandschichten	frühzeitige Wandperforation mit Peritonitis oder Arrosion tiefer gelegener Gefäße mit Blutung

Diagnostik und Therapie müssen in der **Akutphase** einer intestinalen Verätzung simultan erfolgen (**21.29**).

„Erste-Hilfe-Maßnahmen" wie Magenspülung, Neutralisation oder provoziertes Erbrechen sind kontraindiziert.

Die hierbei einsetzende Druckerhöhung kann zur frühzeitigen Perforation von Ösophagus und Magen führen. Die Neutralisierung ist wegen der möglichen Hitze- und Dampfentwicklung durch die Neutralisationswärme eher schädlich.

Nach der Akutphase kann durch *hochdosierte Cortisontherapie* die Entwicklung von Strikturen von etwa 25–80% auf 5–10% gesenkt werden. Durch gleichzeitige Applikation von *Antibiotika* (z. B. Cefuroxim) kann die Nekrosephase durch Beherrschung der Infektion verkürzt und die reparativen Vorgänge beschleunigt werden. Frühzeitige *Bougierungen* sind bei der Ösphagusverätzung wichtig, beim Magen kann sekundär nach konservativer Therapie eine *Resektion* erforderlich werden. Wegen der langfristigen Gefahr einer Karzinomentstehung müssen die Patienten lebenslang endoskopisch überwacht werden.

21.29 Vorgehen bei akuter intestinaler Verätzung

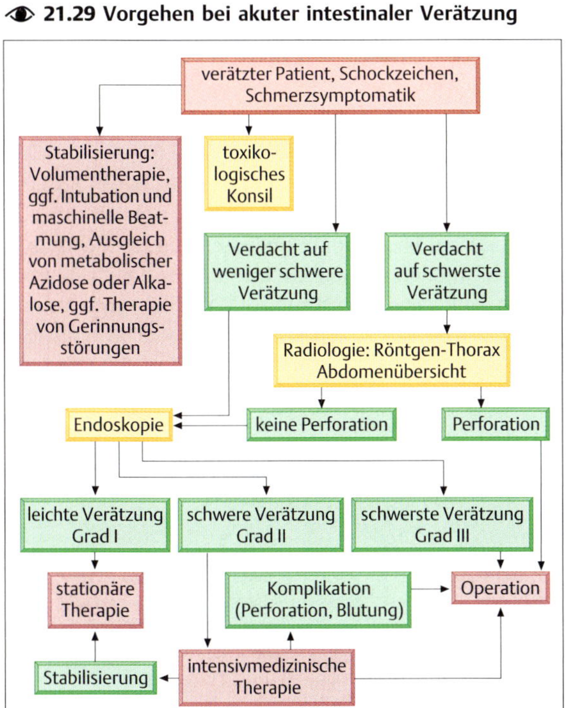

Fremdkörperverletzungen

Das Verschlucken von Fremdkörpern erfolgt im Kindesalter akzidentell, aber auch absichtlich beim Erwachsenen im Zusammenhang mit psychiatrischen Krankheitsbildern oder bei Strafgefangenen zur Erreichung von Hafterleichterung.

Symptomatik: Kleine, stumpfe Fremdkörper können völlig symptomlos bleiben, größere oder unregelmäßig geformte verursachen Schmerzen, Dysphagie oder auch Asphyxie bei Verlegung der Atemwege. Hämatemesis und Peritonitis sind Zeichen einer Magenwandverletzung bzw. Perforation.

Diagnostik: Röntgendichte Fremdkörper können durch Abdomenübersichtsaufnahmen dargestellt werden. Die Endoskopie bietet neben der Schleimhautbeurteilung die Möglichkeit der gleichzeitigen Fremdkörperentfernung.

Therapie: Die Indikation zur Fremdkörperentfernung hängt ab von Form, Größe und evtl. toxischer Inhaltsstoffe des Fremdkörpers. Viele Fremdkörper gehen per via naturalis ab, der Patient sollte jedoch unter stationärer Beobachtung stehen. Ist eine endoskopische Bergung technisch nicht möglich, muss der Fremdkörper operativ entfernt werden.

Komplikationen können durch Wandpenetration mit Auslösung einer Peritonitis sowie durch Passageverlegung entstehen.

Die ***Prognose*** ist günstig, wenn der Fremdkörper vollständig entfernt werden konnte und kein Austritt toxischer Substanzen stattfand.

Traumatische Verletzung

Magenwandverletzungen können vom Lumen her oder von extern entstehen. Eine Magenruptur kann durch Fehlintubation beim Notfallpatienten gesetzt werden, insb. beim vollen Magen. Verletzungen durch Endoskope oder Sonden sind dagegen selten. Stumpfe und penetrierende Verletzungen entstehen durch direkten Stoß oder scharfe Gewalt (z. B. Messerstich, Schussverletzung). Die **Therapie** ist abhängig vom Verletzungsausmaß: bei kleinen Läsionen wird die Perforation gelegentlich durch Netz abgedeckelt und kann konservativ ausheilen. Bei größeren Perforationen oder einer Ruptur muss der freie Defekt durch operative Freilegung und Naht verschlossen werden.

21.12 Gastroduodenale Ulkuskrankheit

Gastroduodenalen Ulzera liegt meist eine Infektion mit Helicobacter pylori zugrunde. Durch eine antibakterielle Therapie ist eine Heilung konservativ möglich. Im Notfall und bei Komplikationen eines Ulkus (z. B. Magenausgangsstenose) hat die Operation weiterhin ihre Berechtigung.

> **21.11 Gastritis**
>
> **Akute Gastritis**
> Die akute Gastritis zeigt eine vielfältige klinische Symptomatik, die in ausgeprägten Fällen ein akutes Abdomen vortäuschen kann und differenzialdiagnostisch von der akuten Appendizitis, Cholezystitis und vom Herzinfarkt abgegrenzt werden muss. Sie wird i. d. R. exogen durch chemische (z. B. hochprozentiger Alkohol, Pharmaka, Chemikalien) und thermischen Noxen ausgelöst und ist nach Ausschaltung derselben schnell reversibel. *Sonderformen* sind die hämorrhagisch erosive Gastritis, die zu massiven Blutungen führen kann, und die akut phlegmonöse Gastritis.
>
> **Chronische Gastritis**
> Die chronische Gastritis wird nach dem „Sydney-System" eingeteilt:
>
> ***A-Gastritis (autoimmune Genese)***
> ***Häufigkeit:*** ca. 5 % der Fälle.
> ***Ätiopathogenese:*** Autoimmunerkrankung mit Bildung von Antikörpern gegen Belegzellen (ca. 90 % der Fälle) und/oder intrinsic-Faktor (ca. 50 %), wodurch es zu einer u. U. vollständigen Atrophie der Korpus- und Fundusschleimhaut kommen kann.
> ***Komplikationen:*** Vitamin-B_{12}-Mangelzustände (z. B. neurologische u. psychische Störungen) bis hin zur perniziösen Anämie, wobei sich eine erhöhte Karzinominzidenz bisher nicht nachweisen ließ.
>
> ***B-Gastritis (bakterielle Genese)***
> ***Häufigkeit:*** ca. 85 % der Fälle.
> ***Ätiopathogenese:*** Weit überwiegend Infektion mit Helicobacter pylori, sehr selten mit H. Heilmanii (bis 0,3 %); extrem selten virale Gastritis (z. B. CMV) oder Gastritis durch invasive Bakterien. Es ist primär das Antrum befallen.
> ***Komplikationen:*** Bei längerem Krankheitsverlauf kann es zusätzlich zu den Erosionen zur intestinalen Metaplasie kommen, sodass Helicobacter pylori nicht nur als Schrittmacher des gastroduodenalen Ulkus, sondern auch des malignen Non-Hodgkin-Lymphoms bzw. Karzinoms angesehen werden kann.
>
> ***C-Gastritis (chemische Genese)***
> ***Häufigkeit:*** ca. 10 % der Fälle.
> ***Ätiopathogenese:*** Die C-Gastritis ist ebenfalls überwiegend im Antrum lokalisiert, sie wird ausgelöst durch nicht steroidale Antirheumatika, Acetylsalicylsäure oder durch einen duodenogastralen Reflux mit Gallensäuren.
> ***Komplikationen:*** Ähnlich wie bei der B-Gastritis kann es zu Erosionen, Ulcus ventriculi und intestinaler Metaplasie kommen.

Epidemiologie: In Deutschland liegt die Prävalenz des peptischen Ulkus bei ca. 2000/100 000 Einwohner, wobei die Ulkusinzidenz (ca. 20–60 Neuerkrankungen/100 000 Einwohner/Jahr) in den letzten beiden Jahrzehnten international abnimmt. Das Ulcus duodeni wird etwa doppelt so häufig wie das Ulcus ventriculi angetroffen. Der Altersgipfel liegt beim Ulcus duodeni in der 5. Lebensdekade, während Patienten mit einem Ulcus ventriculi 10–15 Jahre älter sind.

Ätiologie und Pathogenese: Ein Ulkus entsteht immer dann, wenn aggressive Faktoren überwiegen oder defensive Faktoren geschwächt sind (s. **T 21.10** und SE 21.9, S. 486 f). **„Ohne Säure kein Ulkus"** – dieses Diktum von Schwarz aus dem Jahre 1910 gilt also auch heute noch für die Pathogenese des peptischen Ulkus. Als wesentlicher Faktor für die *Induktion* sowohl des Ulcus ventriculi als auch des Ulcus duodeni ist jedoch die **Infektion mit Helicobacter pylori** verantwortlich (**21.11**), die bei annähernd 100 % der Patienten mit Ulcus duodeni und bei ca. 50 % der Patienten mit Ulcus ventriculi vorliegt. In den restlichen Fällen ist das Ulcus ventriculi durch die Einnahme von **nicht steroidalen Antirheumatika** bedingt. Eine seltene Ursache für peptische Ulzera ist das Zollinger-Ellison-Syndrom, bei dem es durch die exzessive Bildung von **Gastrin** in Gastrinomen (s. SE 19.7, S. 437 f) zu einer übermäßigen Säureausschüttung kommt. Die Pathogenese des Ulcus duodeni ist in **21.30** dargestellt. Die **Prädilektionsstellen** werden nach Johnson in Typ I–III eingeteilt (**21.31**).

> Vom gastroduodenalen Ulkus abzugrenzen sind akut entstehende gastroduodenale Läsionen wie **Stressgastritis und Stressulkus**, die als Komplikation einer Intensivtherapie auftreten können.

Die Inzidenz dieser Stressläsionen ist besonders hoch bei Verbrennung, Sepsis und Schock. Ursächlich ist eine Ischämie von Magen und Duodenum, die die Mukosabarriere zusammenbrechen lässt. In einem hohen Prozentsatz treten schwere gastrointestinale Blutungen auf, die bei den i. d. R. vorgeschädigten Patienten prognostisch ungünstig sind. Wichtigste Maßnahme ist die Prophylaxe, die in der Anhebung des pH auf etwa 4 durch H_2-Blo-

T 21.10 Aggressiv und defensiv wirkende Faktoren auf die Magenschleimhaut

defensive Faktoren	*aggressive Faktoren*
Schleim, Bicarbonat, Oberflächenepithel, intrazelluläre Abpufferung eingedrungener Protonen, Prostaglandine	Salzsäure, Pepsin, nicht steroidale Antirheumatika, Acetylsalicylsäure, hochprozentiger Alkohol

21.30 Pathogenese des Ulcus duodeni

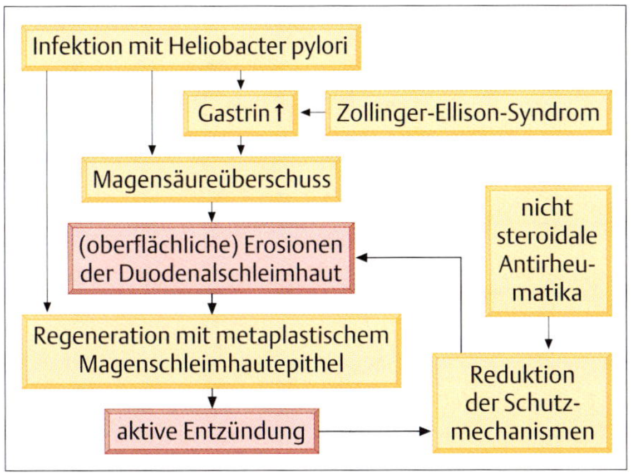

21.31 Verteilungsmuster des Ulcus ventriculi

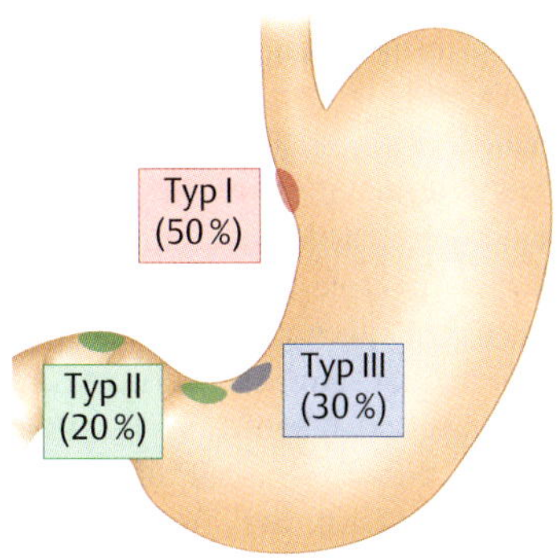

Angegeben sind die Ulkustypen nach Johnson und ihre Häufigkeit. Schleimhautfalten („Säurestraßen") und ein zirkuläres Muskelbündel (lokale Minderperfusion) erklären die Häufung von Typ I.

cker oder Protonenpumpenhemmer bestehen sollte. Eine Prophylaxe hat jedoch auch Nachteile, da die bakterielle Besiedelung des Magens zunimmt und durch unbemerkte Aspiration beim langzeitbeatmeten Patienten nosokomiale Pneumonien entstehen können.

Diagnostik: Vor der Eradikationstherapie (s. u.) muss der diagnostische Nachweis des Helicobacter pylori erfolgen. Klassisches Verfahren ist der **histologische Nachweis** des Keimes. Besonders schnell gelingt die Diagnostik mit dem **Urease-Schnelltest** (z. B. HUT-Test), der an der frisch entnommenen Magenbiopsie durchgeführt wird. Die Sensitivität des Urease-Schnelltests liegt bei einer einzelnen Biopsie um 90 % und wird bei gleichzeitiger Durchführung des Tests an zwei Biopsien auf 95 % angehoben. Zunehmende Bedeutung gewinnt der **^{13}C-Atemtest** (Synonym: Kohlenstoff-13-Exhalationstest), der als nicht invasives Verfahren für den Patienten besonders angenehm erscheint. *Prinzip des Tests* ist die Ureaseenzymaktivität des Keimes, durch die Harnstoff zu CO_2 und Ammoniak (NH_3) abgebaut wird. Vor und nach Einnahme einer ^{13}C-haltigen Testmahlzeit werden Atemproben genommen und der Gehalt an ^{13}C in der CO_2-Ausatmungsluft gemessen. Die Sensitivität des Tests liegt zwischen 90 und 98 %. Der Test eignet sich auch zur Kontrolle nach Eradikationstherapie.

Komplikationen treten bei etwa 20 % aller Ulzera auf und umfassen am häufigsten die Blutung, weniger häufig die freie und gedeckte Perforation, die Penetration und die Stenose. Für das Ulcus ventriculi wird eine maligne Entartung in seltenen Fällen diskutiert (ca. 1 %). Da der Altersgipfel für das Ulcus ventriculi und das Magenkarzinom gleich ist und die Risikofaktoren ähnlich, ist es wahrscheinlicher, dass es sich bei den malignen Ulcera ventriculi meist um primäre Magenkarzinome mit Ulzerationen handelt.

Die **Ulkusblutung** gilt als gefährlichste Komplikation des Geschwürsleidens und kann lebensbedrohliche Ausmaße annehmen. *Blutungsquelle* sind arrodierte Gefäße der Gastroduodenalwand, am häufigsten die A. gastroduodenalis an der Hinterwand des postbulbären Duodenums (**21.22**, **21.34b**). Postpylorische, hinterwandseitige Ulzera duodeni gehen daher mit der höchsten Blutungsintensität einher und führen bei konservativer Therapie zu häufigen Rezidivblutungen.

Als *Ulcus Dieulafoy* (Synonym: Exulceratio simplex) wird die Sonderform eines blutenden Ulkus überwiegend an der Fundushinterwand bezeichnet, wobei die Blutung durch die Arrosion einer submukös gelegenen, spiralförmigen Arteriole bedingt ist. Die endoskopische Blutstillung gelingt häufig, muss operiert werden, ist eine Umstechung ausreichend.

Symptome: Je nach Lokalisation der Ulzera und Intensität der Blutung können die Leitsymtome Hämatemesis, Melaena oder ein hämorrhagischer Schock auftreten. Bei blutenden, postpylorischen Ulzera kann es auch zum transanalen Absetzen von hellrotem Blut kommen, da der Kontakt mit der Magensäure fehlt.

Daher muss bei jeder unteren gastrointestinalen Blutung auch routinemäßig eine Gastroduodenoskopie durchgeführt werden.

Diagnostische Methode der Wahl ist die Endoskopie, wobei der Magen bei kräftiger Blutung zuvor über eine dicke Magensonde freigespült werden muss. Das Blutungsstadium wird endoskopisch nach Forrest in drei Stadien eingeteilt (**21.11**).

Therapie: In gleicher Sitzung kann in ca. 90 % der Fälle durch Unterspritzung mit Suprarenin, Polidocanol oder Fibrinkleber eine definitive Blutstillung erzielt werden. Obligat ist die routinemäßige Kontrollgastroskopie nach 24–48 Stunden mit erneuter Unterspritzung. Die hinterwandseitigen, postbulbären Duodenalulzera (s. o.) soll-

21.11 Klassifikation der gastrointestinalen Blutung nach Forrest

Stadium	***Definition***
I	aktiv blutendes Ulkus
II	Zeichen einer abgelaufenen frischen Blutung mit sichtbarem Gefäßstumpf, Thrombus auf dem Ulkus sowie Blutresten in Magen und Duodenum
III	Blutungsquelle nicht mehr nachweisbar

ten, insb. beim älteren oder risikobehafteten Patienten, primär operiert werden.

Freie und gedeckte Perforation: Breitet sich das Ulkus transmural aus, kommt es zum Austritt von Magensaft in die freie Bauchhöhle. Diese *freie Perforation* setzt plötzlich ein und führt innerhalb kurzer Zeit zu einer diffusen Peritonitis. Charakteristischerweise kann der Patient den genauen Zeitpunkt des Schmerzeintrittes angeben. In 90% der Fälle wird in der Abdomenübersichtsaufnahme freie Luft nachgewiesen (s. **21.26**, S. 489), ggf. hilft auch eine Untersuchung mit wasserlöslichem Kontrastmittel weiter (s. SE 21.10, S. 488). Differenzialdiagnostisch muss an akute Pankreatitis, akute Cholezystitis, andere Hohlorganperforationen und den Hinterwandinfarkt gedacht werden.

In seltenen Fällen kann die *Perforation gedeckt* erfolgen, insb. wenn es zu einer langsamen Ulkusprogression kommt und die Perforationsstelle rechtzeitig, z. B. durch Omentum majus abgedeckt wird. Diese Fälle verlaufen klinisch weniger dramatisch und können im Einzelfall konservativ behandelt werden.

Stenose: Rezidivierende Ulzera im Pyloruskanal können bei narbiger Abheilung zur fibrotischen Enge des Magenausganges mit Entleerungsstörungen und konsekutiver Magenektasie führen. Durch die Überdehnung des Antrums kommt es zur Hypergastrinämie, sodass durch die erhöhte Säureausschüttung nicht selten eine sekundäre Geschwürbildung auftritt. Leitsymptom ist das Regurgitieren und Erbrechen älterer Speisen. Nach dem Erbrechen besteht Beschwerdefreiheit. Im Intervall bestehen Druck- und Völlegefühl im Oberbauch, Inappetenz, längerfristig kommt es zur Gewichtsabnahme. Durch das rezidivierende Erbrechen mit Verlust von Flüssigkeit und Elektrolyten kann es zur Entgleisung des Elektrolyt- und Säure-Basen-Haushaltes kommen. Röntgenologisch kann eine *ausgeprägte Magenektasie* zur Darstellung kommen („Ochsenmagen"; **21.32**). Eine besondere Stenoseform ist die von einem rezidivierenden Korpusulkus ausgehende *Sanduhrenge* des Magens.

21.32 Ochsenmagen

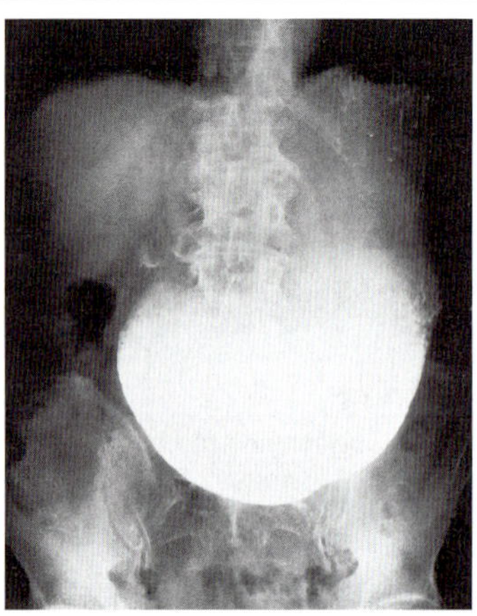

Bei der monströsen Magendilatation bei Magenausgangsstenose kann es sich um eine benigne oder maligne Magenausgangsstenose handeln. Darstellung mit Bariumfüllung. Quelle: Klose KJ, s. S. 870.

Entscheidend ist die differenzialdiagnostische Abgrenzung einer malignen Magenausgangsstenose, die durch ein distales Magenkarzinom, aber auch ein Pankreaskopfkarzinom bedingt sein kann. Obligat ist daher die endoskopische Untersuchung mit multiplen Biopsien.

Konservative Therapie: Das unkomplizierte gastroduodenale Ulkus ist eine Domäne der konservativen Therapie. Die Erkennung der Helicobacter-pylori-Infektion als pathogenetischer Faktor der Ulkusentstehung hat dazu geführt, dass das Ulkusleiden durch die Eradikation des Keimes dauerhaft geheilt werden kann. Neben der Ausschaltung von exogenen, ulzerogenen Faktoren wie nicht steroidale Antirheumatika (NSAR), Acetylsalicylsäure und Rauchen steht daher die Eradikation des Helicobacter pylori im Mittelpunkt der therapeutischen Bemühungen. Bei der alleinigen Therapie mit **H^+/K^+-Protonenpumpenhemmern** oder **H_2-Rezeptor-Blockern** beträgt die Heilungsrate ca. 75% in 4 Wochen, nach Absetzen sind innerhalb eines Jahres Rezidive bei 80% der Patienten zu erwarten. Es wird daher auch beim Erstulkus eine Eradikationstherapie des Helicobacter pylori empfohlen. Die **Dualtherapie** mit einem Antibiotikum (z. B. Amoxicillin) und einem Protonenpumpenhemmer (z. B. Omeprazol) führt zu einer Eradikationsrate von 80–90%. Alternativ kann eine **Tripel-Therapie** angewandt werden, bei der das Amoxicillin durch die Antibiotika Clarithromycin und Metronidazol ersetzt wird. Bei Versagen dieser Therapieschemata kann auch auf die **klassische Therapie** unter Einschluss von Bismutsubsalicylat zurückgegriffen werden. I. d. R. wird die Therapie über 7 Tage durchgeführt. Eine weitere Langzeittherapie mit H_2-Rezeptor-Blockern oder Protonenpumpenhemmern ist nach den bisherigen Erfahrungen nicht notwendig. Die jährliche Reinfektionsquote liegt zwischen 0,5 und 2%.

Eine ***operative Therapie*** ist nur noch bei Komplikationen (Perforation, Blutung und Stenose) unumstritten. Prinzip der Resektion ist die effektive Säurereduktion.

Nicht resezierende Operationsverfahren werden häufiger beim Ulcus duodeni eingesetzt. Vorteil der nicht resezierenden Verfahren ist das geringere Operationsrisiko, nachteilig jedoch die hohe Ulkusrezidivrate.

Standardeingriff ist die *selektiv proximale Vagotomie* (SPV), die eine Reduktion der Säureproduktion um etwa 50% erzielt. Bei der SPV werden alle vagalen Magenfundus- und -korpusfasern durchtrennt, die zum Antrum und Pylorus ziehenden Fasern bleiben jedoch erhalten. Dadurch wird eine Unterbrechung der Acetylcholinstimulation an den Belegzellen erreicht (s. a. **21.24**, S. 487), die Motilität des Magenausganges bleibt jedoch erhalten. Entscheidend für den Operationserfolg ist die vollständige Durchtrennung aller Fasern zum Fundus und Korpus, die am ehesten durch eine Skelettierungstechnik der kleinen Kurvatur und des distalen Ösophagus sichergestellt wird (**21.33a**). Eine Pyloroplastik (s. u.) ist bei glatter Passage und bei geringgradiger Stenose fakultativ, sonst obligat.

Bei der *trunkulären Vagotomie* werden die beiden Vagushauptstämme am distalen Ösophagus vollständig durchtrennt, damit auch die hepatischen und zöliakalen Äste sowie der Pylorusast (**21.33b**). Obligat ist daher die Kombination mit einer Drainageoperation des Pylorus, die als *Pyloroplastik* bezeichnet und am häufigsten in der Technik nach Heineke-Mikulicz durchgeführt wird (**21.34a**). Die Pyloroplastik kann auch bei der Ulkusperforation im Pylorusbereich angewandt werden, dabei wird das Ulkus für eine histologische Untersuchung sparsam exzidiert. Die Nahtreihe wird zusätzlich durch das Aufnähen eines Netzzipfels gesichert. Beim blutenden Ulcus duodeni im Pyloruskanal wird die Pyloroplastik mit einer intraduodenalen Umstechung des Ulkus und einer extraluminalen Unterbindung der A. gastroduodenalis infra- und suprapylorisch kombiniert (**21.34b**). Auch bei der benignen ulkusbedingten Magenausgangsstenose ist die Pyloroplastik sinnvoll. Sie sollte regelhaft mit einer SPV kombiniert werden, da bei der trunkulären Vagotomie durch Unterbrechung der zöliakalen Äste eine länger persistierende Diarrhö auftreten kann.

Grundprinzip der **resezierenden Operationsverfahren** ist die distale 2/3-Resektion des Magens mit vollständiger Ausschaltung des gastrinproduzierenden Antrums und Reduktion der Haupt- und Belegzellmasse im Korpus. Die Kontinuitätswiederherstellung der Intestinalpassage erfolgt entweder durch *Gastroduodenostomie* (Billroth I; **21.35a**) unter Erhaltung der physiologischen Nahrungspassage über das Duodenum oder durch die *Gastrojejunostomie* mit Blindverschluss des Duodenums (Billroth II; **21.35b**). Verfahren der ersten Wahl ist die Billroth-I-Rekonstruktion, da sie technisch einfacher ist und mit einer besseren postoperativen Lebensqualität durch den Erhalt der Duodenalpassage einhergeht. Kann die Anastomose bei der B-I-Resektion nicht spannungsfrei durchgeführt werden oder liegen Ulkuskomplikationen wie die Penetration in das Pankreas vor, muss auf die B-II-Rekonstruktion ausgewichen werden. Dabei wird nach Blindverschluss des Duodenums die erste Jejunalschlinge mit dem Magen anastomosiert und etwa handbreit unterhalb des Querkolons eine Entero-Entero-Anastomose (Braun-Fußpunktanastomose) durchgeführt, um den Gallereflux in den Magen zu verhindern. Nachteil dieser Operationstechnik ist die unphysiologische Ausschaltung des Duodenums, der evtl. auftretende Gallereflux und das möglicherweise erhöhte Risiko eines Magenstumpfkarzinoms nach einer Latenzzeit von ca. 25 Jahren.

Operative Ergebnisse: Abzugrenzen sind die Frühergebnisse der Operation mit Morbidität und Operationsletalität von den Spätergebnissen, die die Ulkusrezidivrate und postoperative Folgezustände betreffen. Die *nicht resezierenden Operationsverfahren* haben beim Elektiveingriff die niedrigste Morbidität und Operationsletalität, die um 0,2 % liegt. Bei den Ulkuskomplikationen kommt es zu einem sprunghaften Anstieg der Letalität, die bei der Blutung bei 20–40 % liegt, da heute nur die „Negativauslese", d. h. die endoskopisch nicht stillbaren Blutungen operiert werden. Die Ulkusrezidivrate wird nach SPV mit 10 % innerhalb der ersten 5 Jahre angegeben,

21.33 Vagotomie bei gastroduodenalem Ulkus

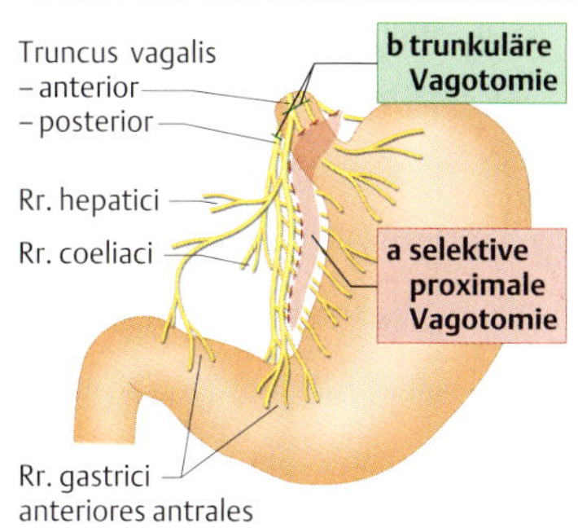

a Bei der SPV werden beide Hauptäste sowie die Rr. gastrici anteriores antrales, Rr. hepatici und die Rr. coeliaci erhalten.
b Vollständige Durchtrennung der beiden Hauptstämme.

21.34 Pyloroplastik und Versorgung einer Ulkusblutung

a Pyloroplastik

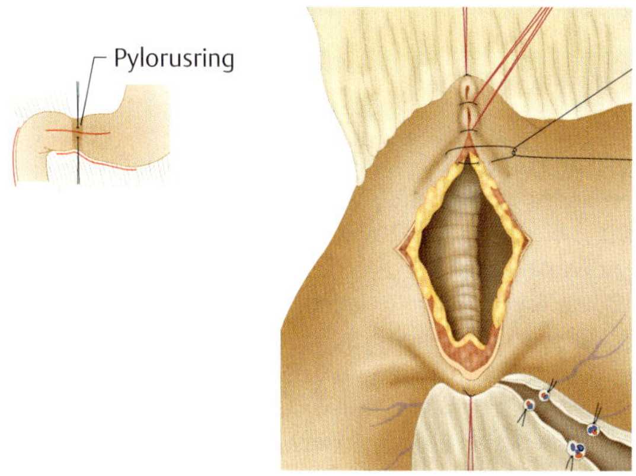

b Versorgung der ulkusbedingten Blutung der A. gastroduodenalis

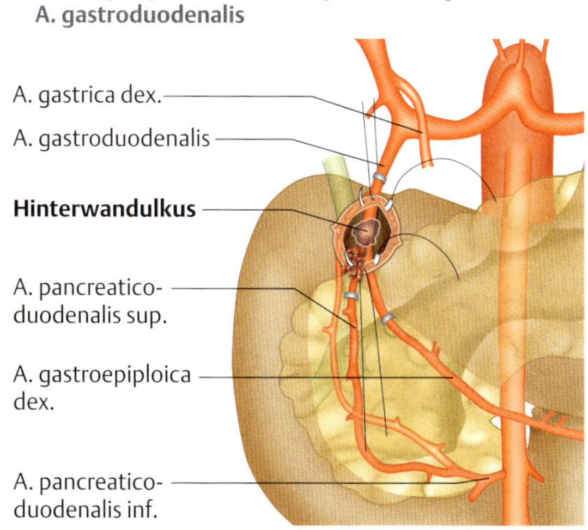

a Die Inzision der parapylorischen Region im mittleren vorderen Achsenstrahl von Magen und Duodenum umfasst alle Wandschichten, ist ca. 6–8 cm lang, und der Scheitelpunkt entspricht dem Pylorusring, der durch queren Nahtverschluss aufgeweitet wird.
b Das Hinterwandulkus hat die A. gastroduodenalis arrodiert, die durch intraluminale Umstechung sowie extraluminale Ligatur am Ober- und Unterrand des Duodenums unterbunden wird.

21.35 Billroth-I- und -II-Magenresektion

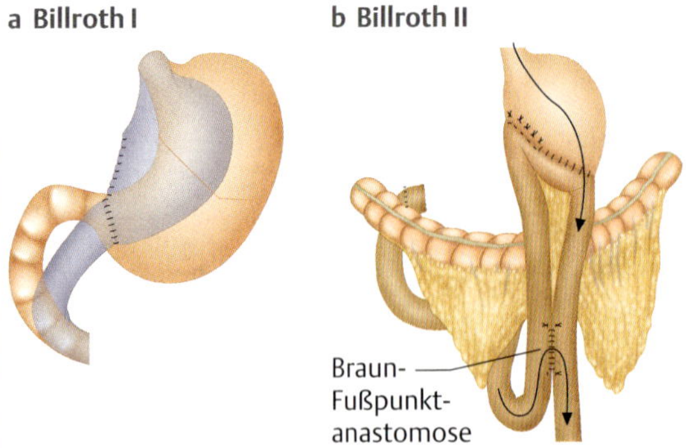

a Duodenum und Restmagen werden spannungsfrei miteinander anastomosiert.
b Anastomose zwischen Restmagen und hochgezogener Jejunumschlinge bei „ausgeschaltetem“ Duodenalstumpf. Etwa handbreit unterhalb des Colon transversum werden zu- und abführendes Darmsegment durch eine laterolaterale Entero-Entero-Anastomose kurzgeschlossen.

sie hängt mit der Ulkuslokalisation zusammen und ist besonders hoch beim prä- und intrapylorischen Ulkus, sodass dieses für die SPV nicht geeignet erscheint (Ulkusrezidivrate ca. 30 %).

Bei den *resezierenden Verfahren* liegt die Rezidivrate unter 5 %, sie wird mit einer erhöhten Letalität erkauft, die bei der B-I-Resektion zwischen 0,5 % und 2 %, bei der B-II-Resektion zwischen 1 % und 5 % liegt. Insbesondere nach B-II-Resektionen können verschiedene postoperative Folgezustände auftreten (**21.12**).

Können die postoperativen Folgezustände nicht durch eine konservative Therapie oder eine Umstellung der Essgewohnheiten gemildert werden, sind die besten Ergebnisse durch eine Umwandlungsoperation mit B-I-Rekonstruktion zu erzielen.

21.36 Störungen nach Billroth-II-Magenresektion

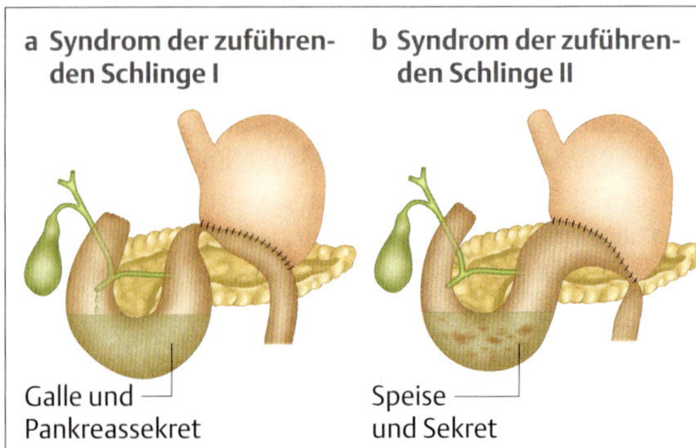

a Proximale Stenose (mit reinem Galleerbrechen),
b distale Stenose mit Speisen- und Galleerbrechen.

21.12 Morbus Ménétrier

Definition: Hochgradige, foveoläre Hyperplasie der Magenschleimhaut mit Ausbildung von Riesenfalten und gastralem Eiweißverlust mit Hypoproteinämie.
Pathogenese: Der Morbus Ménétrier entsteht auf dem Boden einer Helicobacter-pylori-induzierten B-Gastritis (**21.11**), die bei starker Ausprägung mit einer hochgradigen entzündlichen Infiltration, vorwiegend im Fundus und Korpus, auftreten kann. Der Morbus Ménétrier ist durch das zusätzliche Auftreten einer Hypoproteinämie durch den gastralen Eiweißverlust gekennzeichnet.
Therapie: Durch die Eradikation des Helicobacter pylori kann der Morbus Ménétrier zur Ausheilung gebracht werden. Bleiben nach Eradikationstherapie endoskopische Veränderungen zurück, so muss durch multiple Biopsien ein Magenkarzinom ausgeschlossen werden.

21.12 Folgezustände nach Magenresektion

Syndrom	*Häufigkeit*	*Auftreten*	*Pathophysiologie*	*Klinik*
Syndrom der zuführenden Schlinge	1 %	½–8 h	Stase von Nahrung und Duodenalsaft durch eine Stenose an der Gastrojejunostomie (**21.36**)	schwallartiges, galliges Erbrechen, ggf. mit Speiseresten
postalimentäres Frühsyndrom (Frühdumping)	10 %	10–30 min	Volumenmangel nach kohlehydratreicher Mahlzeit, durch Darmüberdehnung und Sekreteinstrom in den Darm	Schwitzen, Völlegefühl, vagale Symptome
postalimentäres Spätsyndrom (Spätdumping)	5 %	2–3 h	Hypoglykämie, durch übersteigerte Insulininkretion bei rascher Kohlehydratresorption	Schwitzen, Kollapserscheinungen, Hypoglykämie

21.13 Gutartige Tumoren und Präkanzerosen des Magens

Die klinische Bedeutung gutartiger Tumoren des Magens liegt in ihrer Potenz zur malignen Entartung. Sie können von jeder Struktur der Magenwand ausgehen und umfassen daher von der Schleimhaut ausgehende epitheliale polypöse Prozesse und von den tieferen Wandschichten ausgehende nicht epitheliale Tumoren wie Leiomyome und Neurinome. Dabei ist der Begriff Polyp rein deskriptiv und berücksichtigt nicht die histologische Struktur oder Dignität. Von den benignen Tumoren abzugrenzen sind die Krebsrisikoerkrankungen, bei denen präkanzeröse Läsionen und präkanzeröse Bedingungen unterschieden werden.

Definition und Ätiologie: **Präkanzeröse Läsionen** sind krankhafte Gewebsveränderungen, die überdurchschnittlich häufig entarten können. **Präkanzeröse Bedingungen** sind klinisch-anamnestisch fassbare Voraussetzungen, bei denen gehäuft Karzinome auftreten können.
Die höchste Karzinominzidenz findet sich bei der atrophischen Gastritis, daneben gibt es eine Reihe von weiteren Krebsrisikoerkrankungen mit geringerer Entartungsfrequenz (T **21.13**).
Unklar ist derzeit noch, ob die intestinale Metaplasie, bei der regelrechte Magenschleimhaut durch Dünn- oder Dickdarmmukosa ersetzt wird, eine Präkanzerose darstellt oder eine Begleiterscheinung des Magenkarzinoms ist.

Hyperplastischer Polyp

Der hyperplastische Magenpolyp (*Synonym*: hyperplasiogener Polyp) ist der häufigste gutartige Magentumor. Eine gegenüber der Normalbevölkerung erhöhte Karzinominzidenz konnte bei Follow-up-Untersuchungen nach Polypektomie nicht bestätigt werden. Er tritt aber gehäuft in der Gegend von Magenkarzinomen auf, sodass er eine Bedeutung als Indikator für ein gleichzeitig bestehendes Magenkarzinom hat.

Adenom

Adenome sind im Gegensatz zum hyperplastischen Polypen echte epitheliale Neubildungen, die nach den Merkmalen tubulär, tubulopapillär und papillär (villös) unterteilt werden. Die Adenome sind wesentlich seltener als die hyperplastischen Polypen und können sich in allen Magenabschnitten entwickeln. Auffällig ist die häufige Lokalisation an der Grenze zur Ösophagus- oder Duodenalschleimhaut. Adenome können maligne entarten und gelten daher als Präkanzerosen. Die Entartungshäufigkeit liegt zwischen 3 und 9 %.
Weder radiologisch noch endoskopisch kann sicher zwischen Adenomen und hyperplastischen Polypen unterschieden werden. Hinweise für Adenome sind singuläres Auftreten, Lokalisation an den Grenzen zum Ösophagus oder zum Duodenum und flach aufsitzende, glatt begrenzte polypöse Schleimhautläsionen von hellerer Farbe. Ein sicherer Ausschluss von Malignität ist nur durch vollständige Entfernung des Polypen mit der Elektroschlinge und histologische Abklärung möglich. Damit ist gleichzeitig die definitive Therapie erfolgt. Nach der Polypektomie sollten gastroskopische Kontrollen in ein- bis zweijährigem Abstand erfolgen.

T 21.13 Krebsrisikoerkrankungen des Magens

Präkanzerosen	*präkanzeröse Bedingungen*
• chronisch atrophische Gastritis, • Morbus Ménétrier, • Adenom	• Blutgruppe A, • chronisch kallöses Ulkus, • operierter Magen

Atrophische Gastritis

Bei Patienten mit chronisch atrophischer Gastritis treten Magenkarzinome dreimal häufiger auf als beim Gesunden. Verlaufsbeobachtungen haben gezeigt, dass nach einer Zeitspanne von 20 Jahren in 10 % der Fälle Magenkarzinome entstehen. Die atrophische Gastritis entsteht auf dem Boden einer längere Zeit bestehenden A-Gastritis mit Lokalisation im Magenkorpus (s. **21.11**, S. 492). Es kommt zu einer fortschreitenden Zerstörung der Korpusdrüsen bis hin zur vollständigen Schleimhautatrophie. Dabei kann die Antrumschleimhaut weitgehend unverändert bleiben. Häufig besteht bei diesen Patienten eine perniziöse Anämie. Im weiteren Verlauf kommt es zu einem vollständigen Verlust an differenzierten Drüsenstrukturen. Es finden sich epitheliale Dysplasien mit Umdifferenzierung des Oberflächenepithels und intestinaler Metaplasie. Der Dysplasiegrad wird mit den Abstufungen leicht, mittelgradig und stark unterteilt.

Gastrointestinale Stromatumoren (GIST)

Auch im Magen können GIST mit wechselnder Dignität vorkommen: Ihre Leitsymptome sind (abgesehen von Zufallsbefunden) Blutung und unklare Schmerzen. Zur Beschreibung der GIST: s. **26.6** S. 599.

21.14 Magenkarzinom

Die Chirurgie ist der Hauptpfeiler in der Therapie des Magenkarzinoms. In den letzten Jahren zeigte sich jedoch ein Trend zur zunehmenden Individualisierung des Therapiekonzeptes unter Einbindung neoadjuvanter und adjuvanter Ansätze. Die Symptomatik wird in SE 21.10 (S. 488) beschrieben.

Epidemiologie: Obwohl die Inzidenz des Magenkarzinoms in den letzten 10 Jahren rückläufig ist, steht es in der Krebstodesursachenstatistik an 4. Stelle. Insgesamt sind Männer häufiger betroffen. Der Erkrankungsgipfel liegt bei Männern im 6., bei Frauen im 5. Lebensjahrzehnt. Magenkarzinome werden aber auch bei wesentlich jüngeren Patienten angetroffen.
Bezüglich der Lokalisation sind die proximalen Magenkarzinome in den letzten Jahren relativ zu den distalen häufiger geworden. Der früher als Kardiakarzinom bezeichnete proximale Magentumor wird heute als Karzinom des gastroösophagealen Überganges benannt (**T 21.14**).

T 21.14 Klassifikation der Karzinome des gastroösophagealen Übergangs (nach Siewert)

Typ	*Definition*
I	Barrett-Karzinom. *Therapie:* Magenschlauchbildung mit Ösophagogastrostomie
II	in der Kardia entstandenes Karzinom. *Therapie:* Magenschlauchbildung mit Ösophagogastrostomie (siehe SE 21.8) oder Gastrektomie und distale Ösophagusresektion mit Ösophagojejunostomie
III	subkardiales (oft Fundus-)Karzinom mit Übergreifen auf die Kardia. *Therapie:* Gastrektomie und distale Ösophagusresektion mit Ösophagojejunostomie

21.37 Makroskopische Wachstumsformen

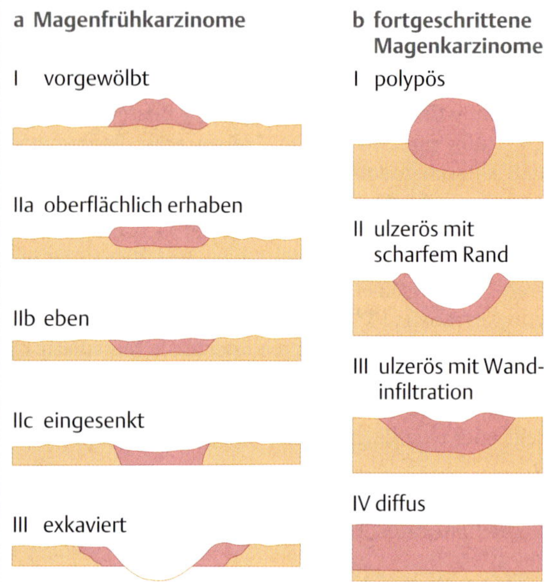

a Makroskopische Typen des Magenfrühkarzinoms, Klassifikation der Japanischen Gesellschaft für gastroenterologische Endoskopie,
b Borrmann-Klassifikation der Wachstumsformen fortgeschrittener Magenkarzinome.

Ätiologie: Die Genese des Magenkarzinoms ist nicht sicher geklärt. Besonderes Augenmerk gilt den Krebsrisikoerkrankungen (s. SE 21.13, **T 21.13**, S. 497).

Wachstum und Metastasierung: Das **Wachstum** kann uni- oder multizentrisch sein. Hinsichtlich des Ausbreitungsgrades werden Magenfrühkarzinome mit günstiger Prognose von den fortgeschrittenen Magenkarzinomen abgegrenzt.
Die Wachstumsformen des *Magenfrühkarzinoms* sind für die endoskopische und röntgenologische Frühdiagnostik von besonderer Bedeutung (**21.37a**). Das Magenfrühkarzinom ist definiert durch die Beschränkung des Tumorbefalls auf Mukosa (T1a) und Submukosa (T1b). Die Prognose des Magenfrühkarzinoms ist deutlich günstiger, obwohl in 5–20 % Lymphknotenmetastasen vorliegen können.
Alle Magenkarzinome, die über das T1-Stadium hinausgehen, werden als *fortgeschrittene Magenkarzinome* bezeichnet. Sie werden nach der Borrmann-Klassifikation eingeteilt (**21.37b**), die auch heute noch für die Prognoseabschätzung herangezogen werden kann. Dabei sind die Formen III und IV mit einer ungünstigen Prognose vergesellschaftet.
Die **Metastasierung** erfolgt sowohl lymphogen als auch hämatogen. Zum Zeitpunkt der Operation liegen in 65 % der Fälle Lymphknotenmetastasen vor. Die hämatogene Metastasierung ist weniger häufig und betrifft vorwiegend die Leber. Hat der Magenkrebs die Serosa durchbrochen, können Tumorzellen in die Peritonealhöhle abgeschilfert werden und eine Peritonealkarzinose hervorrufen. Eine Peritonealkarzinose liegt zum Zeitpunkt der Diagnose bei 15–20 % der Patienten vor.

Diagnosesicherung: s. SE 21.10, S. 488 f.

OP-Planung und Prognoseabschätzung (s. auch SE 21.10, S. 489): Das **Typing**, d. h. die Einordnung des histologischen Typs orientiert sich an der *WHO-Klassifikation* des Magenkarzinoms (**21.13**).
In der klinischen Praxis hat sich jedoch die von *Laurén* vorgeschlagene Unterteilung in den intestinalen und diffusen Typ des Magenkarzinoms besser bewährt

(T 21.15). Diese Einteilung gilt nur für Adeno- und undifferenzierte Karzinome.
Zum **Grading**, d. h. zur Feststellung des histologischen Malignitäts- bzw. Differenzierungsgrades s. SE 4.9, S. 90 f.
Stadieneinteilung (Staging): Für die Wahl des Operationsverfahrens und die Vergleichbarkeit von Behandlungsergebnissen ist die Stadieneinteilung des Magenkarzinoms von besonderer Bedeutung. Fernmetastasen werden durch bildgebende Verfahren (s. SE 4.6, S. 84 f), eine Peritonealkarzinose oder kleinherdige Lebermetastasierung durch Staging-Laparoskopie erfasst (s. SE 21.10, S. 489). Das Staging erfolgt nach der international gültigen *TNM-Klassifikation der UICC* (s. T **4.12**, S. 91). Verschiedene pTNM-Formeln mit vergleichbarer Prognose werden unter den *Stadien I–IV* subsumiert (s. T **4.13**, S. 91).

21.13 WHO-Klassifikation des Magenkarzinoms

- Adenokarzinom:
  a) papilläres Adenokarzinom,
  b) tubuläres Adenokarzinom,
  c) muzinöses Adenokarzinom,
  (bei a–c wird weiter unterteilt in gut, mäßig und schlecht differenziert)
  d) Siegelringzellkarzinom,
- adenosquamöses Karzinom,
- Plattenepithelkarzinom,
- undifferenziertes Karzinom.

T 21.15 Einteilung des Magenkarzinoms nach Laurén

	intestinaler Typ	*diffuser Typ*
Differenzierung	vergleichsweise gut	weitgehend aufgehoben
Abgrenzung	relativ scharf	unscharf
Ausbreitung	jenseits der makroskopischen Grenze nur wenige Millimeter	diffuse Durchsetzung der makroskopisch unauffälligen Randbezirke

Chirurgische Therapie: Eine Heilung ist beim Magenkarzinom nur dann durch die Operation möglich, wenn weder Fernmetastasen noch eine Peritonealkarzinose vorliegen. Die **Verfahrenswahl** orientiert sich also an Lokalisation, präoperativem Staging und Laurén-Klassifikation.
Resektionsausmaß: Grundsätzlich gilt der Satz:

! Je umschriebener der Tumor, desto radikaler die Operation.

Ausnahmen von diesen Regeln gibt es in Ländern mit hoher Magenkarzinominzidenz wie z. B. Japan, wo auf die Schleimhaut begrenzte T1-Magenkarzinome mit alleiniger **e**ndoskopischer **M**ukosa**r**esektion (EMR) therapiert werden. In Europa hat sich die EMR für das T1-Karzinom (im Gegensatz zur Ablation von Barrett-Schleimhaut mit Dysplasien) bisher nicht durchsetzen können, da eine flächendeckende, routinemäßige Anwendung der Endosonographie (noch) nicht die verlässliche Abgrenzung des T1-Stadiums sicherstellen kann. Die Technik der EMR ist anspruchsvoll und stellt besondere Anforderungen an die pathologische Aufarbeitung. Die onkologische Sicherheit ist zumindest im europäischen Raum nicht ausreichend, da es bei T1-Karzinomen in 5–20 % Lymphknotenmetastasen gibt. Andere lokal ablative Verfahren wie die Laser- oder Argon-Beam-Koagulation können gelegentlich beim älteren Patienten mit hohem Risikoprofil sinnvoll sein, eine generelle Anwendung verbietet sich, weil bei diesen Verfahren im Gegensatz zur EMR keine Histologie gewonnen werden kann.
Der *Sicherheitsabstand* muss beim diffusen Typ 10 cm nach proximal betragen, beim intestinalen Typ sind 5 cm ausreichend. Distal liegt die Resektionsebene 1–2 cm hinter dem Pylorus. Daher muss in aller Regel das gesamte Organ entfernt werden.
Aus onkologischer Sicht am günstigsten ist die *„En-bloc-Gastrektomie"*, bei der der Magen in einem Verbund mit Omentum minus, Omentum majus, regionären Lymphknoten und bei milznahem Tumorsitz inklusive der Milz entfernt wird. Nur bei Tumorlokalisation im Antrum und Vorliegen eines intestinalen Typs oder bei palliativer Therapie darf das Resektionsausmaß auf die *subtotale Magenresektion* unter Belassung des proximalen Magenfünftels, aber ebenfalls unter Mitnahme des großen und kleinen Netzes sowie der regionären Lymphknoten begrenzt werden.
Bei Übergriff des Tumors auf Nachbarorgane kann durch die *erweiterte Gastrektomie* noch Tumorfreiheit erzielt werden: Bei Einbruch des Tumors in das Querkolon wird eine *simultane Querkolonresektion* durchgeführt, bei Einbruch in den linken Leberlappen eine *Resektion der Segmente 2 und 3* (s. SE 22.1, S. 510) angeschlossen. Greift der Tumor auf das proximale Duodenum bzw. auf den Pankreaskopf über, kann durch die *partielle Pankreatoduodenektomie nach Kausch-Whipple* (s. SE 25.6, S. 572) eine R0-Resektion erreicht werden, wenn der Patient aufgrund seines Allgemeinzustandes für diese ausgedehnte Operation geeignet erscheint. Operationsverfahren beim Karzinom des gastroösophagealen Überganges: s. T **21.14**.
Lymphknotendissektion: Rationale der routinemäßigen Lymphknotendissektion ist der beim Magenkarzinom häufige Lymphknotenbefall, der makroskopisch nicht eindeutig beurteilbar ist. Daher müssen alle regionären Lymphknotenstationen im Bereich der großen und kleinen Kurvatur, des Milzhilus, des Omentum majus und des Truncus coeliacus sowie am Pankreasoberrand mit ausgeräumt werden. Annähernd 10 % der Patienten profitieren prognostisch von der Lymphknotendissektion. Neben der Prognoseverbesserung kann nur durch eine ausgedehnte Lymphknotendissektion ein zuverlässiges pTNM-Staging erfolgen, um Behandlungsergebnisse vergleichbar zu machen.
Rekonstruktionsmaßnahmen: Die in der Literatur mitgeteilte, fast unübersehbare Vielfalt der Rekonstruktionsmöglichkeiten nach Gastrektomie zeigt, dass es ein ideales Verfahren nicht gibt. Das am häufigsten verwendete Rekonstruktionsverfahren ist die *Roux-Y-Gastro-* bzw.

21.38 Roux-Y-Gastro- bzw. Ösophagojejunostomie

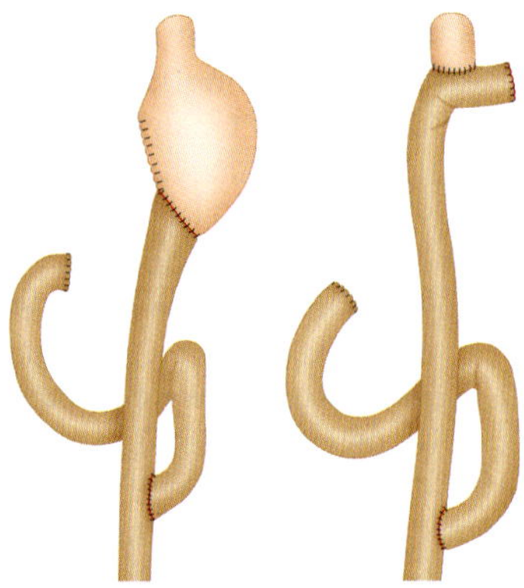

Das Duodenum wird blind verschlossen und der Magenstumpf (bzw. der distale Ösophagus) mit einer 60–70 cm langen Jejunumschlinge anastomosiert (Maschinen- oder Handnaht).

Ösophagojejunostomie (**21.38**). Das Verfahren ist technisch einfach durchführbar, wenig komplikationsträchtig und geht mit einer zufrieden stellenden postoperativen Lebensqualität einher. Es hat jedoch nicht an Versuchen gefehlt, diese erstmals 1907 von Roux angegebene Rekonstruktionsform mit Ausschaltung des Duodenums aus der Intestinalpassage und vollständigem Verlust des Magenreservoirs zu verbessern, die im **21.14** beschriebenen Verfahren konnten sich wegen erhöhter Komplikationsraten und postoperativen Folgezuständen wie z. B. Pouchitis aber nicht in breitem Umfang durchsetzen. Nach subtotaler Magenresektion erfolgt die Rekonstruktion analog der Billroth-II-Operation (**21.35b**).

Adjuvante Therapie: Durch eine *adjuvante postoperative Chemotherapie* wurde versucht, die insgesamt schlechte Prognose des Magenkarzinoms zu verbessern. Eine Vielzahl verschiedener Chemotherapieschemata sind in Studien untersucht worden, ohne dass eine signifikante Verlängerung der Überlebenszeit resultiert hätte. Eine *adjuvante Strahlentherapie* ist nachgewiesenermaßen wirkungslos. Außerhalb von Studien ist daher die adjuvante Therapie derzeit nicht zu rechtfertigen.

Neoadjuvante Therapie: Bei primär inoperablem Magenkarzinom kann durch eine der Operation vorgeschaltete Chemotherapie eine Verkleinerung des Tumors und damit die Operabilität erzielt werden.

21.14 Alternativen zur Roux-Y-Gastroenterostomie

Bei der *Rekonstruktion nach Longmire-Gütgemann* (**a**) wird ein am Mesenterium gestieltes Jejunumsegment zwischen distalem Ösophagus und Duodenum interponiert. *Lawrence und Rodino* haben vorgeschlagen, die Reservoirfunktion des Magens durch die Pouchbildung mit einer gedoppelten Jejunumschlinge zu ersetzen (**b**).

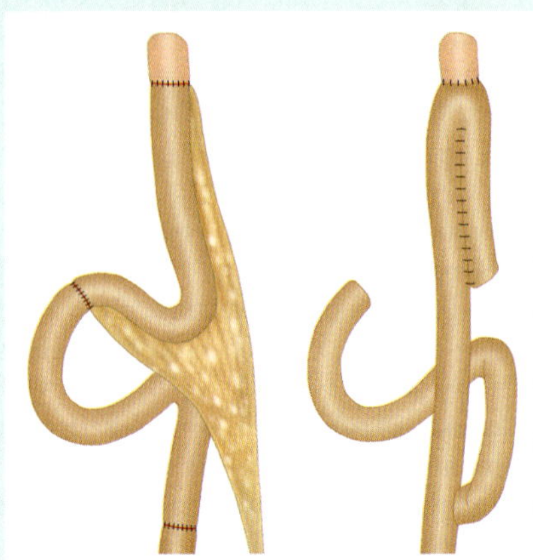

Palliativmaßnahmen: Kann der Tumor nicht radikal entfernt werden oder liegen Fernmetastasen vor, müssen palliative Maßnahmen diskutiert werden. Diese sind abhängig von den Beschwerden und dem Allgemeinzustand des Patienten.

! Immer muss die Lebensqualität des Patienten gegen eventuelle Nebenwirkungen abgewogen werden.

Bei manifester Stenosesymptomatik kann bei proximaler Tumorlokalisation durch die interventionelle **Einlage eines Stents** die Passage wieder hergestellt werden. Bei distaler Tumorlokalisation sind interventionelle Maßnahmen i. d. R. nicht erfolgreich, hier kann eine **Umgehungsanastomose** im Sinne einer Gastroenterostomie sinnvoll sein. Bei gutem Allgemeinzustand des Patienten kann in Einzelfällen auch eine **palliative Magenresektion** oder eine **Gastrektomie** zur Wiederherstellung der Intestinalpassage indiziert sein, insb. bei Totalbefall des Magens. Auch bei Tumorblutung oder Perforation muss eine palliative Resektion erfolgen. Im Vordergrund steht hierbei nicht die Verbesserung der Prognose, sondern die Therapie der akuten Lebensbedrohung.

Nachsorgemaßnahmen: Nach Abschluss der Wundheilung ist eine Ernährungsberatung zu veranlassen, die insb. auf die verringerte Reservoirfunktion und Unverträglichkeiten bei bestimmten Speisen hinweisen muss. Insb. beim berufstätigen Patienten sollte auf die Möglichkeit einer **A**nschluss**h**eil**b**ehandlung (AHB) oder einer anderen Kurmaßnahme hingewiesen werden. Im Rahmen der AHB können sowohl die diätetische Beratung als auch Hilfestellung zur psychischen Verarbeitung der Tumorerkrankung erfolgen. Ziel ist die vollständige psychosoziale Wiederherstellung des Patienten und das Erreichen einer optimalen Lebensqualität.

Die Möglichkeiten, bei nachgewiesenem Lokalrezidiv oder Fernmetastasen durch weitere Therapien Tumorfreiheit oder eine Lebensverlängerung zu erzielen, sind so gering, dass eine Tumornachsorge, die Markerbestimmungen und Anwendung bildgebender Verfahren einschließt, nicht sinnvoll ist.

! Hauptaufgabe der Nachsorge ist daher die Betreuung des Tumorpatienten hinsichtlich der Verbesserung seiner Lebensqualität.

Hierzu gehören neben der o. g. diätetischen Beratung die Korrektur postoperativer Folgezustände. Durch das Fehlen des Intrinsic-Faktors muss regelmäßig Vitamin B_{12} parenteral substituiert werden. Durch die Ausschaltung des Duodenums kann bei verminderter Vitamin-D- und Calciumresorption eine Osteoporose entstehen, die durch Vitamin D behandelt werden kann. Nicht selten tritt alkalischer Reflux auf, insb. bei zu kurzer ausgeschalteter Jejunumschlinge, in diesen Fällen können übliche Antazida wirksam sein.

Prognose: Trotz Verbesserung der chirurgischen Therapie und Ausweitung der Radikalität bleibt die Prognose speziell des fortgeschrittenen Magenkarzinoms unbefriedigend. Die 5-Jahres-Überlebensraten schwanken je nach Stadium zwischen 5 und 95 %.

Auffallend sind die deutlich höheren 5-Jahres-Überlebensraten in Japan im Vergleich zu westlichen Ländern. Es ist unklar, ob die Unterschiede durch die intensiven Vorsorgeprogramme in Japan, epidemiologische Faktoren, die Rate der R0-Resektionen oder von Prognosefaktoren (= klinische oder tumorbiologische Merkmale, die einen messbaren Einfluss auf die Prognose haben) abhängt. Für das Magenkarzinom gibt es bewiesene und fragliche Prognosefaktoren, die tumorbezogen, patientenbezogen und therapiebezogen sein können (**T 21.16**). Von den bewiesenen Prognosefaktoren ist einzig und allein die Rate der R0-Resektionen durch den Chirurgen zu verbessern, während die übrigen Prognosefaktoren als gegeben hingenommen werden müssen.

T 21.16 Prognosefaktoren des Magenkarzinoms

Faktoren	***bewiesen***	***fraglich***
tumor-bezogen	TNM Stadium, Tumormarker (in Serum und Lavage), freie Tumorzellen, Knochenmarkbefall	Tumorlokalisation, Histologie, Ploidie, tumorbiologische Marker
patienten-bezogen	Ko-Morbidität	Geschlecht, Allgemeinzustand
therapie-bezogen	R0-Resektion, Erfahrung des Zentrums, Lymphknoten-quotient	Ausmaß der Lymphadenektomie (D1 vs. D2*)

* D1 und D2 beschreiben verschiedene Lymphknotenkompartimente, D2 umfasst mehr Lymphknoten als D1

21.15 Witzel-Fistel

Oscar Witzel: 1856–1925, Düsseldorfer Chirurg

Bei dieser Ernährungsfistel handelt sich um eine direkte Verbindung des Magenlumens nach außen durch die vordere Bauchwand hindurch (meist linker Oberbauch) mittels eines dicklumigen Katheters. Früher war dies die einzige Möglichkeit, Patienten mit Passageproblemen aufgrund jedwelcher stenosierenden Erkrankung oder Motilitätsstörung von Ösophagus und Kardia zu ernähren. Alternativ kann ein Katheter auch in das Jejunum eingelegt werden (sog. Jejunocath).

Nach Laparotomie wird die Magen- bzw. Jejunumvorderwand mit zwei parallelen Nahtreihen an das Peritoneum parietale der vorderen Bauchwand angeheftet. Zwischen beiden Nahtreihen wird (stark angeschrägt: Mukosa-Tunnelierung!) beim Magen ein dicklumiger, beim Jejunum ein dünnlumiger Katheter in das Organlumen eingelegt und durch die Bauchdecke herausgeleitet. Der Magenkatheter kann nach einiger Zeit, wenn sich ein stabiler Fistelkanal etabliert hat, zwischen den „Mahlzeiten" herausgezogen werden: Er wird nur eingeführt zur „Nahrungsaufnahme" (beim Magen passierte Normalkost, beim Jejunum Elementardiät).

Heute ist die (per laparotomiam) operative Anlage einer Magen-Witzel-Fistel ersetzt durch die **p**erkutan **e**ndoskopische **G**astrostomie (PEG, s. SE 6.2, S. 145) bzw. radiologisch-perkutane Gastrostomie-Anlage (nach perkutaner Punktion des Magenlumens unter Ultraschall- oder CT-Kontrolle). Die Jejunum-Witzel-Fistel wird meist im Rahmen diagnostischer Laparotomien als ultima ratio angelegt, z. B. bei Magenausgangsstenose wegen kompletter Oberbauchkarzinose mit technischer Unmöglichkeit der Anlage einer Umgehungs-Gastroenterostomie.

21.15 Magenlymphom

Die Lymphome des Magens nehmen in ihrer relativen Häufigkeit zu und stellen ca. 5 % der malignen Tumoren des Magens. Die Lymphome werden in Hodgkin- und Non-Hodgkin-Lymphome unterteilt. Beide Lymphomtypen können den gesamten Gastrointestinaltrakt befallen, wobei in der ganz überwiegenden Mehrzahl ein Non-Hodgkin-Lymphom vorliegt. Während die Non-Hodgkin-Lymphome des lymphatischen Systems als nodal bezeichnet werden, nennt man die Lymphome des Gastrointestinaltraktes extranodal. Letztere befallen in ca. 50 % der Fälle den Magen.

Pathologie der Magenlymphome

Der gesunde Magen enthält kein lymphatisches Gewebe, dieses kann sich aber im Rahmen einer Immunreaktion bei chronischer Helicobacter-pylori-Gastritis (**21.11**, S. 492) entwickeln. In diesem MALT (**m**ucosa **a**ssociated **l**ymphatic **t**issue) kann sich im weiteren Verlauf ein Lymphom bilden, sodass die Helicobacter-pylori-Infektion als Schrittmacher des malignen Magenlymphoms angesehen werden muss.

Einteilung

Je nach Ausgangspunkt der malignen Entartung werden nach Isaacson die primären gastrointestinalen Non-Hodgkin-Lymphome in B- und T-Zell-Lymphome unterteilt (T **21.17**).

Am häufigsten sind die Lymphome des MALT. Nach der aktuellen WHO-Klassifikation (2001) wird das MALT-Lymphom den extranodalen Marginalzonenlymphomen des B-Zell-Typs zugeordnet. Wegen unterschiedlicher Prognose und Therapie werden entsprechend dem Proliferationsverhalten niedrig- und hochmaligne MALT-Lymphome unterschieden. Für die Stadieneinteilung sind eine ganze Reihe von Klassifikationen vorgeschlagen worden. Am weitesten verbreitet ist die für die nodalen Non-Hodgkin-Lymphome gültige Ann-Arbor-Klassifikation, die von Musshoff für die speziellen Belange des primären gastrointestinalen Non-Hodgkin-Lymphoms modifiziert wurde. Nach einem Konsensusbeschluss der Deutschen Arbeitsgemeinschaften für Onkologie wird die Lugano-Klassifikation angewendet (T **21.18**).

T 21.17 Klassifikation der primären gastrointestinalen Non-Hodgkin-Lymphome (Isaacson, 1994)

Ursprung	*Non-Hodgkin-Lymphome*
B-Zellen	• niedrigmalignes Lymphom des MALT (überwiegend im Magen), • hochmalignes Lymphom des MALT (überwiegend im Magen), mit oder ohne niedrigmaligem Tumoranteil, • IPSID (**immunpro**liferative **s**mall **i**ntestinal **d**isease) des Dünndarms (niedrig-, gemischt-, hochmaligne, auch MALT-Lymphom), • Mantelzell-Lymphom (lymphomatoide Polypose), • Burkitt- oder burkittähnliches Lymphom, • andere B-Zell-Lymphome entsprechend nodaler Äquivalente
T-Zellen	• **E**nteropathie-**a**ssoziiertes **T**-Zell-**L**ymphom (EATL) • andere nicht Sprue-assoziierte T-Zell-Lymphome

Klinik

Die **Symptomatik** des Magenlymphoms ist der des Magenkarzinoms sehr ähnlich (s. SE 21.10, S. 488). Es kommt jedoch häufiger zu Komplikationen wie Blutung oder Perforation. Der **endoskopische Aspekt** ist vielgestaltig und reicht von vergröberten Schleimhautfalten über flächige Infiltrationen bis zu tiefen ulzerösen Läsionen (**21.39**). Für die bioptische Sicherung sind multiple Biopsien aus verschiedenen Bereichen der Läsion unabdingbare Voraussetzung, wobei durch Verbesserung der immunhistochemischen Diagnostik die Trefferquote auf 90 % angehoben werden konnte. Neben der Endoskopie ist die **Endosonographie** für die Beurteilung der Infiltrationstiefe für die Therapieplanung von zentraler Bedeutung. Bei der **klinischen Untersuchung** ist nach Befall in allen übrigen lymphatischen Regionen wie den peripheren Lymphknoten und dem Waldeyer-Rachenring zu fahnden. Zur Abgrenzung vom sekundären Gastrointestinalbefall bei

21.39 Ulzeriertes Magenlymphom

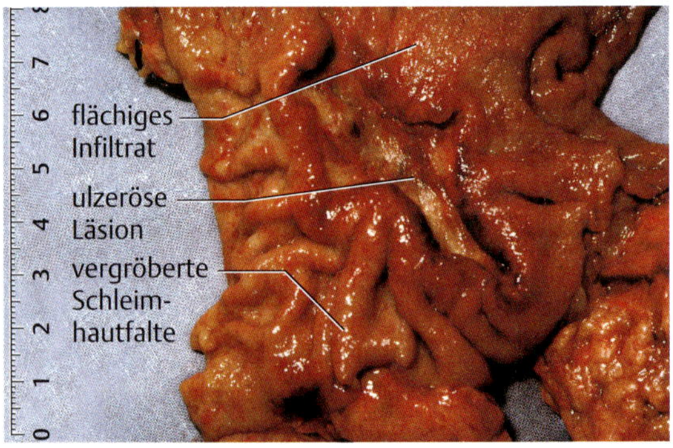

Die Makrofotografie des Resektates zeigt die typischen Aspekte des Magenlymphoms: vergröberte Schleimhautfalten, flächige Infiltration und eine zentrale Ulzeration.

T 21.18 Stadieneinteilung der Non Hodgkin-Lymphome des Magens

erweiterte Lugano-Klassifikation	*Magenbefall*	*Lymphknotenbefall regionär*	*Lymphknotenbefall nicht regionär infradiaphragmatisch*	*Lymphknotenbefall nicht regionär supradiaphragmatisch*	*kontinuierlicher Befall von Nachbarorganen/-geweben*	*diskontinuierlicher/disseminierter Befall extragastraler Organe*	***modifizierte Ann-Arbor-Klassifikation***
I1	Mukosa, Submukosa	0	0	0	0	0	**E I1**
I2	Muscularis propria, Subserosa, Serosa	0	0	0	0	0	**E I2**
II1	×	+	0	0	0	0	**E II1**
II2	×	×	+	0	0	0	**E II2**
IIE	×	0	0	0	+	0	**E I2**
II1E	×	+	0	0	+	0	**E II1**
II2E	×	×	+	0	+	0	**E II2**
IV	×	×	×	+	×	+	**E III, EIV**

+ = vorhanden, 0 = nicht vorhanden, × = jede Ausprägung möglich

primär nodalem Non-Hodgkin-Lymphom sind die **Computertomographie** des Thorax und des Abdomens sowie eine **Knochenmarkbiopsie** zu fordern.

Therapie

Die Therapie des gastrointestinalen Non-Hodgkin-Lymphoms wird seit Jahren kontrovers diskutiert und kann derzeit noch nicht abschließend beurteilt werden. Gründe hierfür sind die relative Seltenheit der Magenlymphome, die unterschiedlichen histologischen Typisierungen und die Anwendung verschiedener Klassifikationsschemata. Weitere Klarheit kann nur durch das Einbringen der Patienten in Therapiestudien erzielt werden. Die derzeitige Therapie orientiert sich an den Konsensusempfehlungen der Deutschen Arbeitsgemeinschaften für Onkologie.

Therapie des niedrigmalignen Magenlymphoms: Bei lokal begrenzten Stadien (I 1, I 2, II 1) wird die R0-Resektion entsprechend der operativen Therapie des Magenkarzinoms empfohlen (s. SE 21.14, S. 499). Zusätzlich sind bei der Operation die Anforderungen einer Staging-Laparotomie zu erfüllen. Bei der Exploration des Abdomens ist auf einen eventuellen extragastralen Befund zu achten. Nicht regionäre Lymphknotengruppen sollten selektiv biopsiert werden. Biopsien und Keilbiopsien müssen aus beiden Leberlappen gewonnen werden. Eine grundsätzliche Splenektomie ist nicht notwendig.
Die **Prognose** ist nach R0-Resektionen der regionär begrenzten Tumorstadien mit einer 5-Jahres-Überlebensrate von annähernd 90 % als sehr günstig einzustufen. Im Rahmen von Therapiestudien kann beim Stadium I1 eine ausschließliche Eradikation des Helicobacter pylori ausreichend sein. Die fortgeschrittenen Stadien ab II2 werden durch eine alleinige Strahlentherapie oder mit zusätzlicher Chemotherapie behandelt.

Therapie des hochmalignen Magenlymphoms: Auch hier gilt für die regional begrenzten Magenlymphome der Stadien I1–II1 die **Operation** als primäre Therapie. Abhängig vom Ergebnis der pathohistologischen Aufarbeitung werden aber **adjuvante Therapien** nachgeschaltet, die eine Chemotherapie und/oder Strahlentherapie umfassen. Die disseminierten Stadien werden primär einer kombinierten Radio-Chemo-Therapie zugeführt.

21.16 Maßnahmen bei Fettsucht

Ungefähr 40 % der Bevölkerung in Deutschland weisen ein Übergewicht auf, welches behandlungpflichtig ist. Mit der Adipositas sind erhebliche Gesundheitsrisiken verbunden, die zu einer verkürzten Lebenserwartung führen. Zusätzlich leiden die meisten extrem adipösen Patienten an den Einschränkungen im täglichen Leben. Die konservative Therapie der Adipositas ist die Therapie der Wahl. Leider führt sie jedoch oft nicht zu dem gewünschten Erfolg, sodass die Chirurgie gefordert sein kann.

Definition: Unter Adipositas versteht man eine pathologische Vermehrung der Körperfettmasse. Sie wird am besten durch den „Body-Mass-Index" erfasst. Der Body-Mass-Index (BMI) ist wie folgt definiert:
BMI = Körpergewicht (kg)/ Größe $(m)^2$.
Der ideale BMI beträgt 22. Die Adipositas wird anhand des BMI in verschiedene Schweregrade eingeteilt (**T 21.19**).

Pathogenese: Eine Gewichtszunahme tritt immer dann auf, wenn die Kalorienaufnahme den Kalorienverbrauch übersteigt. Die Nahrungsaufnahme wird durch verschiedene Mechanismen geregelt. Die Nahrungsaufnahme führt durch die Distension des Magens über afferente Fasern des N. vagus im Regelzentrum des Hypothalamus zu einem Sättigungsgefühl. Zusätzlich werden wahrscheinlich bisher unbekannte Hormone durch Dehnung des Magens freigesetzt und führen ebenfalls zu einem Sättigungsgefühl. Infolge von Störungen dieser Regelkreise kommt es zu einer höheren Kalorienaufnahme als für die Homöostase benötigt wird. Die überschüssigen Kalorien werden in Form von Fettspeichern abgelagert.

Die ***Ursachen*** der Adipositas sind vielfältig. Heute werden genetische Faktoren ebenso wie psychische und psychosoziale Belastungen für die Entstehung der Adipositas verantwortlich gemacht. Nur in seltenen Fällen lässt sich ein endokrines Krankheitsgeschehen (z. B. Hypercortisolismus, Hypothyreose) als Ursache finden.

Die ***Folgeerkrankungen*** der Adipositas sind vielfältig. Die Inzidenz an Diabetes mellitus, Hypertonie, Cholelithiasis, Hyperlipidämien, Kolon- und Mammakarzinomen ist gegenüber normgewichtigen Patienten deutlich erhöht (**T 21.20**).

Die ***Therapie*** der ersten Wahl bei der Adipositas stellt die **konservative Therapie** dar. Aufgrund der multifaktoriellen Genese der Adipositas hat sich ein interdisziplinäres Behandlungsregime, welches von Ärzten, Psychologen, Diätassistenten und Physiotherapeuten festgelegt wird, bewährt. Hierbei muss dem behandelnden Team und dem Patienten klar sein, dass es sich um eine Langzeittherapie handelt. Führt die konservative Therapie jedoch nicht zum gewünschten dauerhaften Erfolg, ist der Chirurg u. U. berechtigt, eine **operative Therapie** durchzuführen, um den Patienten vor den somatischen und psychischen Folgen der Erkrankung zu bewahren. Die Indikationsstellung sollte im interdiziplinären Gespräch aller beteiligten Fachrichtungen gestellt werden, um jene Patienten herauszufinden, die am besten von der Operation profitieren.
Indikation zur operativen Adipositastherapie: Bei Patienten mit Adipositas Grad III ist eine operative Therapie indiziert, wenn konservative Therapieversuche frustran verliefen und der Patient einen Therapiewunsch hat. Ausgeschlossen werden sollten Jugendliche bis zum Abschluss ihrer Entwicklung und psychisch kranke Patienten, da sie nicht die notwendige Compliance aufweisen. Bei älteren Patienten über 60 Jahre muss die Indikation ebenfalls sehr streng gestellt werden, da sie zum einen ein höheres Operationsrisiko aufweisen und zum anderen von der Beseitigung der Folgeerkrankungen weniger profitieren (aufgrund der dann geringeren Lebenserwartung).

! Die Adipositas-Chirurgie ist nur dann indiziert, wenn alle konservativen Therapieversuche fehlgeschlagen sind. Ziel der chirurgischen Therapie ist die Beseitigung und Verhinderung von Folgeerkrankungen der Adipositas.

Obwohl mehr als 50 Methoden in der operativen Behandlung der Adipositas beschrieben sind, führt die chirurgische Therapie lediglich über zwei Mechanismen zur Gewichtsreduktion:

T 21.19 Klassifizierung der Adipositas

Klasse	*Schweregrad*	*BMI*
Normalgewicht		20–24,9
Übergewicht	Adipositas Grad I	25–29,9
Adipositas	Adipositas Grad II	30–39,9
extreme Adipositas	Adipositas Grad III	> 40

T 21.20 Erhöhte Inzidenz an Folgeerkrankungen

Erkrankung	*Erhöhung der Inzidenz*
Diabetes mellitus	× 20
Cholezystolithiasis	× 10
arterielle Hypertonie	× 4,3
koronare Herzkrankheit	× 3,3
Kolonkarzinom	× 1,3
Mammakarzinom	× 1,3

- Durch die Operation wird iatrogen ein Kurzdarmsyndrom geschaffen, sodass eine Malabsorption mit den bekannten negativen Folgen entsteht (s. SE 26.6, S. 596).
- Durch Schaffung eines kleinen „Neomagens" wird über die Dehnungsrezeptoren bereits bei kleineren Mahlzeiten ein Sättigungsgefühl im Hypothalamus erzeugt.

Aufgrund der erheblichen und zum Teil tödlichen Komplikationen infolge von Stoffwechselentgleisungen hat man die erstgenannte Methode heute verlassen (**21.16**).

Operationsverfahren: Heute hat sich das laparoskopische *Gastric Banding* (**21.40**) allgemein durchgesetzt, da es einen relativ kleinen Eingriff darstellt, der eine hohe Effizienz bei geringen Nebenwirkungen zeigt und problemlos in einer kleinen Operation rückgängig werden kann (**21.16**).

Nur in engster Absprache mit Internist, Endokrinologe, Psychiater, Psychotherapeut, Anästhesist bzw. anderen beteiligten Ärzten und in einem hierauf trainierten Zentrum sollte „Adipositas-Chirurgie" durchgeführt werden.

Ergebnisse: Bei Patienten mit einer Adipositas Grad III (BMI > 40), bei der bereits alle anderen Therapieversuche gescheitert sind, führt die Operation innerhalb von zwei Jahren in 2/3 der Fälle zu einer Gewichtsreduktion auf eine BMI < 35 und in ca. 1/3 auf ein BMI < 30. Kommt es nicht zu dem gewünschten Gewichtsverlust, so liegt entweder mangelnde Compliance vor (Patienten stillen ihren Hunger durch hochkalorische Getränke) oder das „Magenband" ist nicht korrekt lokalisiert bzw. disloziert.

Infolge der Gewichtsreduktion kommt es bei den meisten Patienten zu einer Normalisierung des Blutdrucks, des Glucosestoffwechsels sowie einer Reduktion der Blutfette. Somit wird das angestrebte Ziel, die Folgeerkrankungen zu beseitigen, in vielen Fällen erreicht und daher wahrscheinlich auch die Lebenserwartung verlängert. Die **Komplikationsrate** dieser Operationsmethode liegt bei den multimorbiden und sehr adipösen Patienten bei 30 %, die Letalität des Eingriffs zwischen 0,2 und 2 %.

Insgesamt muss in ca. 20 % der Patienten mit **Folgeoperationen**, meistens aus kosmetischen Gründen, gerechnet werden: Bei einem Teil der operierten Patienten werden in der Folge Narbenhernienreparationen, Revisonen des „Neomagens" und plastische Korrekturoperationen wegen Fettschürzen, die sich durch die Gewichtsreduktion bilden, notwendig.

Die Adipositas-Chirurgie erreicht in vielen Fällen eine Gewichtsreduktion und somit auch eine Verringerung der Begleiterkrankungen und deutliche Verbesserung der Lebensqualität. Sie weist aber aufgrund der massiven Adipositas auch eine hohe Komplikationsquote auf.

21.16 Historie der Adipositas-Chirurgie

Anfang der 60er-Jahre wurde zur chirurgischen Therapie der Adipositas durch **Jejunokolostomien** künstlich ein Kurzdarmsyndrom geschaffen (s. SE 26.6, S. 596). Aufgrund der extrem kurzen Resorptionsstrecke kam es zu Elektrolyt- und Eiweißverlusten, und es wurden viele Todesfälle beschrieben.

In den 70er-Jahren wurde daher die **Jejunoileostomie** (**a**) als Operationsmethode eingeführt. Aufgrund der längeren Resorptionsstrecke waren die Nebenwirkungen zwar geringer, aber immer noch inakzeptabel hoch.

In der zweiten Hälfte der 70er entwickelte Mason den **Magenbypass** (**b**), der durch ein extrem kleines Reservoir und eine enge Anastomose zur Verlangsamung der Magenentleerung führt.

Heute hat sich das laparoskopische **Gastric Banding** (**21.40**) durchgesetzt. Dabei wird ein regulierbares Kunststoffband um den proximalen Magen gelegt. Die kleine proximale Tasche des Magens, dessen Ausgang das Magenband darstellt, führt bereits bei kleinen Nahrungsmengen zu einer Füllung dieser Tasche und damit zu einem Sättigungsgefühl. Der Durchmesser des neuen „Magenausgangs" lässt sich über einen Ballon, der in dem Band integriert ist, verändern. Dies ist dadurch möglich, dass der Ballon mit einem subkutan platzierten Port verbunden ist. Die Patienten müssen ihr Essverhalten ändern, da bereits nach kleinen Mahlzeiten ein Druck- und Sättigungsgefühl auftritt. Hochkalorische Getränke dürfen die Patienten nicht zu sich nehmen, da sie sonst die gewünschte Wirkung der Operationsmethode umgehen. In neuerer Zeit kann wird diese Operationsmethode auch laparoskopisch durchgeführt.

a Jejunoileostomie   b Magenbypass

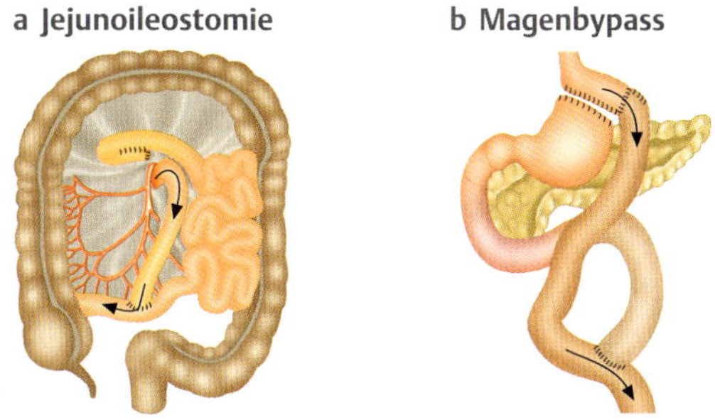

21.40 Gastric Banding

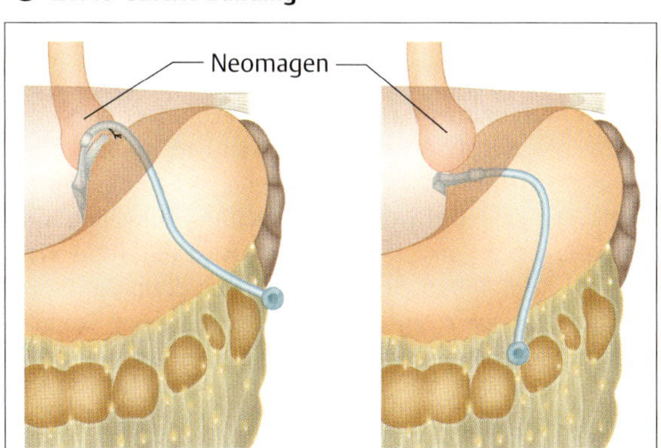

21.17 Duodenalerkrankungen und -verletzungen

Duodenalerkrankungen, ausgenommen das Ulcus duodeni (s. SE 21.12, S. 492 ff), sind eher selten. Sie können eine Reihe ganz verschiedener Symptome hervorrufen. Dabei lässt sich durch die genaue Anamnese und klinische Untersuchung häufig bereits die Diagnose einer Duodenalerkrankung stellen. Diagnostisch kommen die Endoskopie mit Biopsie und Röntgenuntersuchungen zum Einsatz.

Traumatische Ruptur des Duodenums

Ätiopathogenese: Das Duodenum liegt gut geschützt im rechten Oberbauch. Daher sind Verletzungen des Duodenums selten und immer Ausdruck großer Gewalteinwirkung.
Aufgrund des Unfallmechanismus kann man Verletzungen des Duodenums in zwei große Gruppen einteilen:

- spitze (perforierende) Gewalteinwirkungen,
- stumpfe Gewalteinwirkungen.

Die Häufigkeitsverteilung zwischen diesen beiden Gruppen variert je nach Patientenkolletiv; die penetrierenden Verletzungen überwiegen jedoch stark.
Bei den stumpfen Duodenalverletzungen werden meist Scherkräfte wirksam, wobei die Wirbelsäule als Widerlager wirkt.

Symptome: Die Klinik ist bei der **stumpfen Duodenalverletzung** im Anfangsstadium blande. Sie wird meist durch die Begleitverletzungen bestimmt. Wird die Verletzung übersehen, kommt es zur Infektion des Retroperitoneums mit all seinen klinischen Symptomen (Fieber, Leukozytose, Sepsis). Die Symptomatik der **perforierenden Duodenalverletzung** äußert sich durch ein akutes Abdomen bei sichtbarer Stichverletzung (s. SE 28.1 ff, S. 642 f).

Diagnostisch werfen die **penetrierenden Gewalteinwirkungen** aufgrund von Anamnese und äußeren Verletzungen die geringsten Probleme auf und werden selten übersehen. Die Diagnose der perforierenden (spitzen) Duodenalverletzung wird bei der Laparotomie gestellt.
Die **stumpfen Duodenalverletzungen** hingegen zeigen uncharakteristische Symptome und werden daher oft verspätet erkannt. Wichtig ist das „daran Denken", wenn große Gewalt auf das Abdomen einwirkt. Bei Laparotomien im Rahmen von Versorgungen von Schwerverletzten muss immer das Duodenum exploriert werden.
Bei radiologischen Untersuchungen ist Luft im Retroperitoneum ein Hinweis auf die Duodenalverletzung. Peritoneallavage und Ultraschalluntersuchung hingegen sind häufig falsch negativ. Die Diagnose wird durch die Gastrografingabe mit Durchleuchtung oder Computertomographie gesichert. Im Computertomogramm können auch intramurale Hämatome erkannt werden.

Therapie: Die chirurgische Therapie ist abhängig von dem Schweregrad der Verletzung und den Begleitverletzungen (**T 21.21**). **Wandkontusionen** können primär konservativ behandelt werden. Sie können ausheilen, sekundär rupturieren oder zu Stenosen führen. **Isolierte Duodenalwandrupturen** werden übernäht. **Schwere Verletzungen von Duodenum und Pankreas** verlangen individuelle chirurgische Maßnahmen, die bis zur partiellen Duodenopankreatektomie reichen. Zusätzlich müssen die häufigen Begleitverletzungen mittherapiert werden.
Bei den **penetrierenden Duodenalverletzungen** wird die Duodenalwunde angefrischt und quer zur Längsachse vernäht, um Stenosen zu verhindern.

T 21.21 Schweregrad der Duodenalverletzungen

Einteilung	*Verletzungen*
Grad I	Kontusion, Wandhämatom
Grad II	isolierte Wandruptur
Grad III	Duodenalwandruptur mit Parenchymverletzung des Pankreas
Grad VI	schwere Zertrümmerung des Duodenums und des Pankreas

Prognose: Die Letalität des stumpfen Duodenaltraumas liegt bei ca. 16 %, wobei dies Ausdruck der großen Gewalteinwirkung ist, die in über zwei Drittel der Fälle zu weiteren Abdominalorganverletzungen führt. Penetrierende Duodenalverletzungen weisen eine halb so hohe Letalität auf, da sie zum einen fast nie übersehen werden und zum anderen meist mit unkompliziert zu behandelnden Verletzungen kombiniert sind.

Divertikel

Divertikel des Duodenums sind Pseudodivertikel und kommen bei 3–5 % der Bevölkerung vor.

Duodenaldivertikel sind meist asymptomatisch. Sie stellen fast immer einen Zufallsbefund dar.

Sie sind meist an der konkaven Seite des Duodenums in der Nähe der Papille lokalisiert. Nachfolgend werden die extraluminalen, d. h. nach außen gestülpten Divertikel besprochen. Zu den intraluminalen, d. h. in das Lumen hineinragenden Divertikeln s. **21.19**.

Symptome: Symptomatisch werden Duodenaldivertikel meist erst durch Komplikationen. Es kann durch Speiserestretentionen in den Divertikeln zu Ulzerationen kommen, die Oberbauchbeschwerden hervorrufen. Das Ulkus kann perforieren oder bluten. Durch Druck des gefüllten Divertikels auf die Papille ist eine intermittierende Ver-

21.17 Seltene Duodenalerkrankungen

Angiomesenteriale Duodenalstenose

Definition: Bei der angiomesenterialen Duodenalstenose handelt es sich um ein sehr seltenes Krankheitsbild, bei dem das Duodenum durch die A. mesenterica superior komprimiert wird.

Pathogenese: Besonders asthenische Patienten – mit wenig Fettgewebe – werden von diesem Krankheitsbild betroffen.

Die A. mesenterica superior verläuft parallel zur Aorta bzw. zur Wirbelsäule, und sie weist einen geringeren Abstand zu diesen Strukturen auf. Durch den lageabhängigen Zug an der Gekrösewurzel wird das aufsteigende Duodenum in Rückenlage und in aufrechter Haltung komprimiert.

Symptome: Die arteriomesenteriale Duodenalstenose ist durch intermittierende, lageabhängige Stenosen des Duodenums gekennzeichnet. Es kommt zu Übelkeit, Völlegefühl und Erbrechen.

Die ***Diagnostik*** ist schwierig und kann nur radiologisch erfolgen. Es sollten simultan eine Arteriographie und eine Magen-Darm-Passage durchgeführt werden. So kann die Stenose des Duodenums eindeutig der Überkreuzung der A. mesenterica superior zugeordnet werden. In Knie-Ellenbogen-Lage fließt das Kontrastmittel sofort ab.

Therapie: Zunächst sollte ein konservativer Therapieversuch gemacht werden (entsprechende Lagerung und Gewichtzunahme). Führt dies nicht zum Erfolg, kann eine Duodenojejunostomie mittels einer nach Y-Roux ausgeschalteten Dünndarmschlinge (s. **21.38**, S. 500) oder eine Billroth-II- Magenresektion erfolgen (s. **21.35b**, S. 496).

Angiodysplasie des Duodenums

Die Angiodysplasie ist meist im unteren Gastrointestinaltrakt, d. h. distal der Flexura duodenojejunalis lokalisiert. Die Angiodysplasie des Magens und Duodenums besitzt unter den Angiodysplasien lediglich eine Inzidenz von ca. 1 %.

Symptome: Etwa die Hälfte der betroffenen Patienten ist asymptomatisch und je 25 % zeigen als Symptom eine gastrointestinale Blutung oder eine chronische Anämie.

Diagnostik: Die Diagnose wird durch die Gastroduodenoskopie gestellt. Es zeigen sich hellrote, unregelmäßig begrenzte Läsionen auf unveränderter Schleimhaut.

Therapie: Es kommt primär die endoskopische Unterspritzung mit sklerosierenden Substanzen oder die Elektrokoagulation zum Einsatz. Bei Versagen der endoskopischen Verfahren kommt lediglich die operative Umstechung der Läsionen im Duodenum infrage.

legung des Ductus pancreaticus oder choledochus möglich. Hierdurch kann sich eine Pankreatitis oder ein Ikterus entwickeln. In Divertikeln können (extrem selten) Sarkome und Karzinome entstehen.

Diagnostik: Duodenaldivertikel stellen sich gut bei der Magen-Darm-Passage als kontrastmittelgefüllte sackartige Ausstülpungen dar. Aber auch endoskopisch erkennt man die Aussackungen gut, wenn sie eine gewisse Größe besitzen (**21.41**).

Therapie: Lediglich symptomatische Divertikel werden therapiert. Meist können sie abgetragen und das Duodenum mit einer Naht verschlossen werden (**21.18**). Sind die Divertikel in der Nähe der Papille gelegen, so muss die Papille identifiziert und eine sog. Papillenplastik durchgeführt werden. Die postoperative Komplikationsrate beträgt dann ca. 7–10 %.

21.18 Abtragung eines Duodenaldivertikels

Nach Markierung der Papilla duodeni major mit einer Sonde wird das nach extraluminal gestülpte Divertikel mit der Klemme gefasst und nach innen gezogen (**a**). Das Divertikel wird am Ansatz der normalen Wand – unter Schonung der Papillenregion und des Ductus choledochus – ausgeschnitten. Die Duodenalwand wird mit einer Naht verschlossen (**b**).

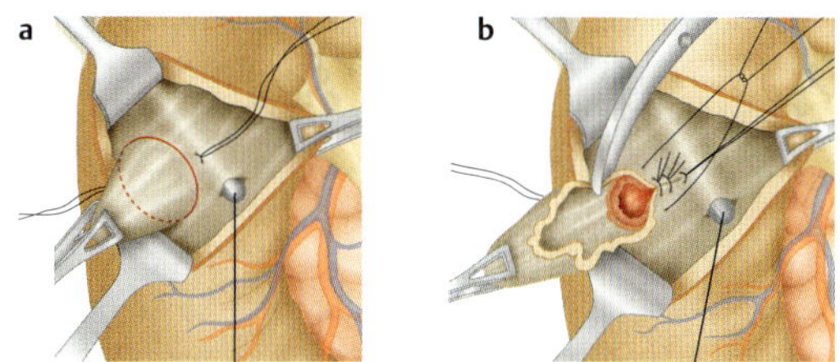

21.41 Duodenaldivertikel

a Röntgenkontrastdarstellung

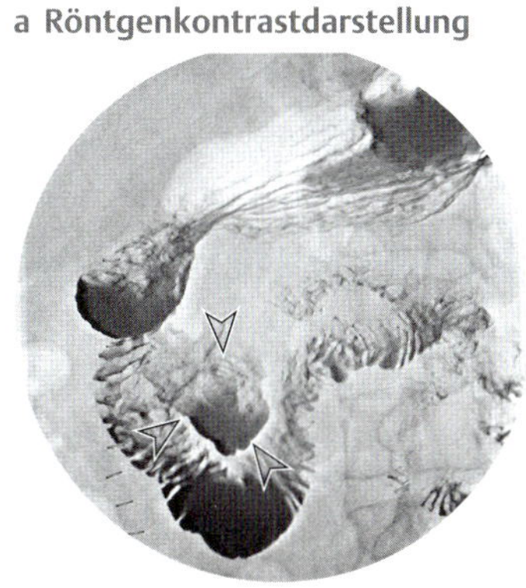

a Man erkennt an der Konkavseite das Duodenaldivertikel (Pfeile).

b endoskopischer Befund

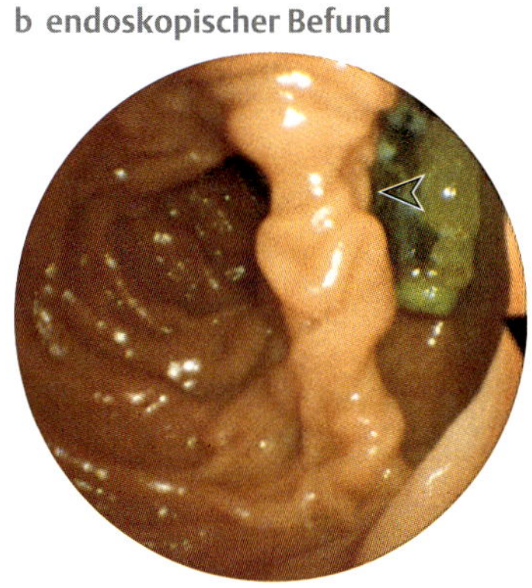

b Das Divertikel ist noch mit Speiseresten (Pfeil) gefüllt.

Membran und Atresie des Duodenums

Duodenalatresien werden wegen des kompletten Passagestopps direkt postnatal erkannt und behandelt (s. SE 38.5, S. 835 f). Stenosen, Atresien und Membranen kommen im Duodenum in einer Häufigkeit von 1 : 7500 Geburten vor.

Morphologie: Die Duodenalmembranen sind meist aboralwärts der Papille lokalisiert; in ganz selten Fällen kann der Ductus choledochus auch in den freien Rand der Membran münden.

Symptome: Die Membranen verursachen je nach Größe der Öffnung unterschiedlich ausgeprägte Symptome der Magenausgangsstenose wie postprandiale Übelkeit, Oberbauchbeschwerden und Erbrechen. Oft werden sie erst im Erwachsenenalter symptomatisch.

Diagnostik: Kennt man das Krankheitsbild der verschiedenen Formen der Duodenalmembranen, so kann die Diagnose endoskopisch mittels *Duodenoskopie* oder radiologisch mittels *hypotoner Duodenographie* (Kontrastmitteluntersuchung, bei der das Duodenum durch Medikamente in der Beweglichkeit eingeschränkt wird, sodass sich die Konturen besonders gut darstellen; s. **21.19**, sog. hypotone Duodenographie) gestellt werden. Für die Therapieplanung ist die Lokalisation der Mündung des Ductus choledochus von entscheidender Bedeutung.

Therapie: Mündet der Ductus choledochus nicht in den freien Rand der Membran, so kann diese heute meist endoskopsich mittels Laser abgetragen werden. Andernfalls muss die Membran offen reseziert und eine Papillenplastik (**21.20**) durchgeführt werden.

21.19 Pathogenese des intraluminalen Duodenaldivertikels

Es spricht viel dafür, dass sich das intraluminale Duodenaldivertikel aus einer Duodenalmembran im Laufe des Lebens entwickelt. Durch die Aussackung eines Teils der Membran bildet sich ein intraluminal gelegener Sack, der sich mit Speisebrei füllt und dann das Lumen verlegt (**a**).

b zeigt ein intraluminales Divertikel, das mittels hypotoner Duodenographie dargestellt ist (flüssigkeitsgefüllte Struktur, die von einer Membran umgeben ist; Pfeile).

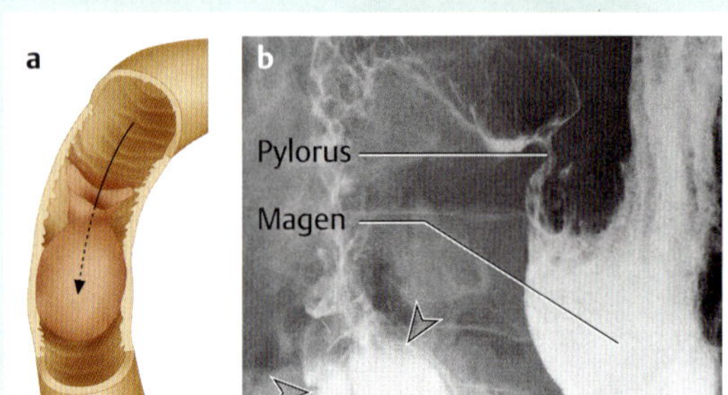

Prognose: Nach der Therapie sind keine weiteren Probleme zu erwarten.

Duodenaladenom

Duodenaladenome sind selten und kommen vorwiegend im 5.–6. Dezennium vor. Sie verteilen sich nicht gleichmäßig im Duodenum, sondern sind vorwiegend in der peripapillären Region lokalisiert. Diese Adenome werden als *obligate Präkanzerosen* gewertet, da sich die meisten Karzinome des Duodenums aus Adenomen entwickeln. Daher müssen alle Adenome des Duodenums oder der Papille endoskopisch im Gesunden abgetragen werden. Wenn dies nicht gelingt oder es sich um breitbasige Adenome handelt, müssen diese offen chirurgisch entfernt werden. Dies kann transduodenal erfolgen oder aber bei sehr ausgedehnten Befunden kann auch ein partielle Duodenopankreatektomie nach Whipple (s. SE 25.6, S. 572) notwendig sein.
Bei benignen Papillenadenomen, die endoskopisch nicht in sano abgetragen werden können, wird die Papille mit der Ampulle exstirpiert und der Pankreas- und Gallengang reinseriert (Papillenplastik; **21.20**).

21.20 Papillenexzision

Die Papillenexzision oder Ampullektomie kommt bei gutartigen Tumoren der Papille zur Anwendung. Dabei sollten die Tumoren eine Größe von 3 cm nicht überschreiten und sie dürfen nicht weiter als 1,5 cm in das Gallengangssystem hineingewachsen sein. Man führt die Papillenexzision wie folgt durch: Das Duodenum wird nach Kocher mobilisiert und eine Duodenotomie angelegt. Es wird eine Sonde in den Ductus choledochus vom Ligamentum hepatoduodenale aus eingeführt und dann das Adenom exzidiert. Die Ductus pancreaticus und choledochus werden anschließend in die Duodenalwand reinseriert.

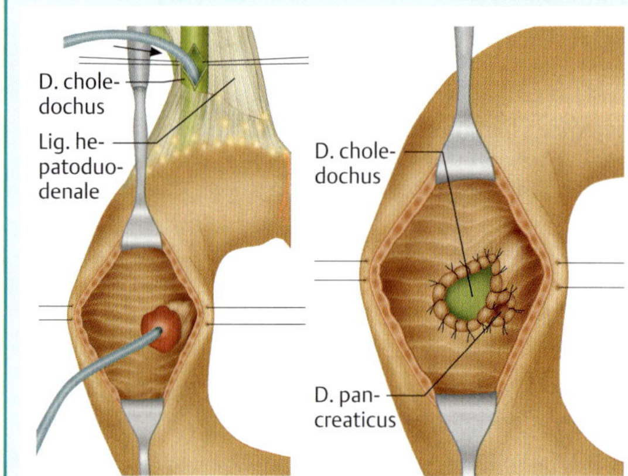

Karzinom des Duodenums

Adenokarzinome sind die häufigsten Malignome des Dünndarms, wenngleich sie insgesamt sehr selten sind (**21.21**).

21.42 Duodenalkarzinom

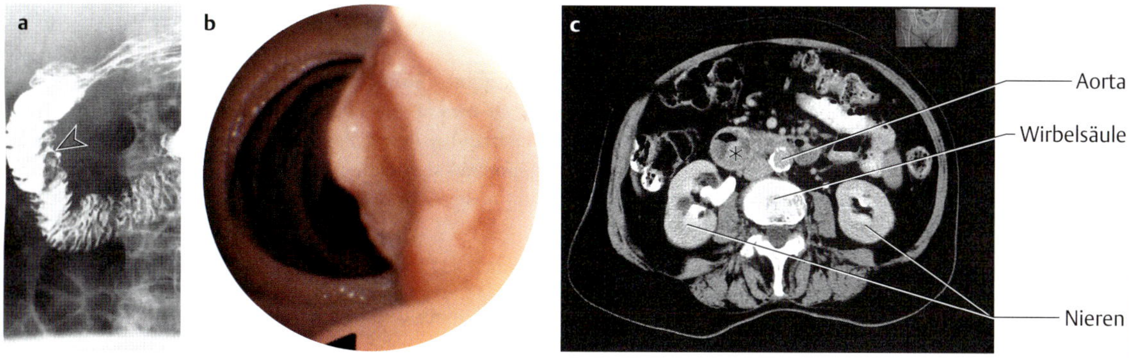

a Die Magen-Darm-Passage mit bariumhaltigen Kontrastmittel zeigt eine papillennahe Lumeneinengung des Duodenums (Pfeil). **b** In der Endoskopie ist ein unregelmäßig begrenzter Tumor zu sehen. **c** Die CT zeigt einen Tumor der Duodenalwand (*).

21.21 Epidemiologie des Duodenalkarzinoms

Das Adenokarzinom des Dickdarms ist 50-mal häufiger als das des Dünndarms. 40 % der Dünndarmkarzinome treten im Duodenum auf, obwohl das Duodenum lediglich ca. 10 % der Länge des gesamten Dünndarms ausmacht. Somit ist das Duodenalkarzinom unter Berücksichtigung der unterschiedlichen Darmlängen relativ häufig. Im Duodenum ist es meist in der Nähe zur Papilla Vateri lokalisiert. Mesenchymale Malignome (Sarkome) kommen im Duodenum nur extrem selten vor.

Das Spektrum der ***Symptome***, die durch Duodenaltumoren hervorgerufen werden können, ist groß. Es reicht von der Anämie bei ulzerierenden Tumoren über postprandiales Druckgefühl und der Symptomatik von Magenausgangsstenosen bei obstruierend wachsenden Tumoren bis hin zum Ikterus bei Tumoren, die in der Papillennähe lokalisiert sind und so die Papille komprimieren (**21.42**).

Die kurative ***Therapie*** stellt die partielle Duodenopankreatektomie nach Whipple dar. Mit dieser Therapie erreicht man 5-Jahres-Überlebensraten von 8–30 %. An palliativen Verfahren kommt die Anlage einer Gastroenterostomie, biliodigestiven Anastomose oder die endoskopische Stenteinlage über die Papille infrage.

Entscheidende Bedeutung für die ***Prognose*** hat der Lymphknotenbefall. Sind Lymphknoten befallen, beträgt die Überlebenszeit wie bei palliativen Eingriffen 4–6 Monate. Unbehandelt überleben die Patienten ca. 3 Monate.

Prinzipien der operativen Therapie bei Duodenalerkrankungen

Zur operativen Therapie der Ulcera duodeni s. SE 21.12, S. 493 ff.

21.43 Mobilisation des Duodenums nach Kocher

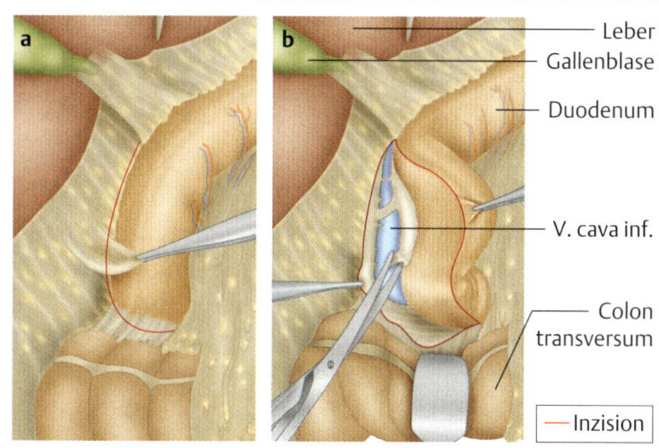

Lateral des Duodenums wird das Peritoneum inzidiert (**a**) und das Duodenum einschließlich gesamtem Pankreaskopf abgeschoben und angehoben (**b**). Es wird dorsal die V. cava sichtbar.

Um am Duodenum operieren zu können, ist es in den meisten Fällen notwendig, die fetalen Verwachsungen des Duodenums mit der Bauchwand und dem Retroperitoneum zu lösen (sog. „Kocher-Manöver"; **21.43**).
Wie im gesamten Dünndarm sollte auch im Bereich des Duodenums das Lumen ähnlich wie bei der Pyloroplastik *längs eröffnet* und *quer vernäht* werden, da hierdurch das Lumen erweitert und so eine Stenosenbildung verhindert wird (**21.34a**).
Bei malignen Erkrankungen des Duodenums, des distalen Ductus choledochus sowie des Pankreaskopfes, die mit kurativem Ziel therapiert werden sollen, ist die partielle Duodenopankreatektomie nach Kausch-Whipple indiziert, wobei die Gallenblase, der distale Ductus choledochus, die distalen 2/3 des Magens, das Duodenum, der Pankreaskopf und die drainierenden Lymphknoten entfernt werden (s. SE 25.6, S. 572).

22.1 Anatomie und Physiologie der Leber

Die anatomische und physiologische Struktur der Leber bildet die Voraussetzung für die chirurgischen Möglichkeiten der Leberchirurgie. Ein entscheidender Schritt zur standardisierten Chirurgie der Leber war die Unterteilung der Leber in 8 Segmente durch Couinaud. Jedes Segment ist hierbei anatomisch definiert durch eine unabhängige Blutversorgung und Gallendrainage. Hierdurch nimmt die Leber eine Sonderstellung ein, da die Versorgung durch zwei Gefäßsysteme (A. hepatica und V. portae) sowie die ausgeprägte Fähigkeit zur Regeneration ausgedehnte operative Eingriffe ermöglichen.

Anatomie

Die genaue Kenntnis der Leberanatomie ist für die Durchführung der modernen Leberchirurgie unerlässlich. Im Gegensatz zur morphologischen Anatomie ist die chirurgische Anatomie der Leber nach funktionellen Gesichtspunkten definiert. Dennoch gibt es viele relevante strukturelle Varianten der Leberanatomie und hier insb. der arteriellen Blutversorgung und der Gallendrainage. Die individuelle Anatomie lässt sich gezielt mithilfe des intraoperativen Ultraschalls darstellen (s. SE 6.6, S. 154).

Topographie: Die Leber ist das größte Organ des Menschen mit einem Gewicht von 1200–1600 Gramm. Sie liegt hauptsächlich im rechten Subphrenium, nimmt Teile des Epigastriums ein und reicht mit dem linken Leberlappen bis in das linke Subphrenium. Die Leber dehnt sich im Stehen vom 9. BWK bis zum 1. LWK aus. Sie liegt rechts kranial etwa im Bereich des 4. ICR bzw. der 5. Rippe und reicht bis zur 10. oder 11. Rippe in der rechten Medioaxillarlinie (die Pleura reicht hier bis zur 10. Rippe, die Lunge bis zur 8.). Der Unterrand der Leber kreuzt den Rippenbogen etwa in Höhe des Pylorus und reicht etwa 3 Querfinger unterhalb des Xyphoids im Epigastrium bis unter den linken Rippenbogen.

Morphologische Anatomie: Die Leber besteht anatomisch aus zwei Leberlappen (rechter und linker) und zwei akzessorischen Lappen (Lobus quadratus und caudatus). Der rechte Leberlappen ist vom linken durch das Ligamentum falciforme in der Fissura umbilicalis getrennt. Damit ergibt sich ein großer rechter und kleiner linker Lappen.

Funktionelle (chirurgische) Anatomie: Insb. durch Couinaud (1957) wurde eine „chirurgische" Anatomie definiert, die der funktionellen Unterteilung der Leber Rechnung trägt. Hiernach wird die Leber ebenfalls in den **linken** und **rechten Lappen** unterteilt. Die Grenze der beiden Lappen ergibt sich aufgrund der Blutversorgung und des Galleabflusses.

Die anatomische Leberlappen-Grenze entspricht also nicht der chirurgischen (22.1).

Unterteilt man das Leberparenchym oberflächlich entlang der 3 Hauptlebervenen (rechte, mittlere und linke Lebervene), so erhält man **4 Sektoren**. Jeder dieser Sektoren kann in zwei Segmente unterteilt werden. Diese **8 Lebersegmente** sind funktionell unabhängig, weil sie jeweils mit einem eigenen portalen Bündel, bestehend aus einem Ast der A. hepatica, der V. portae und des Ductus hepaticus, versorgt werden (**22.1**). Der linke Lappen besteht aus den Segmenten 2–4 (unterteilt in 4 a und b), der rechte Lappen aus den Segmenten 5–7. Das Segment 1 entspricht dem Lobus caudatus und ist funktionell autonom, da es über eine unabhängige Gefäßversorgung verfügt. Das Segment 1 wird dem linken Leberlappen zugerechnet. Der Lobus quadratus entspricht dem Segment 4b.

Gefäßversorgung und Gallendrainage: Alles Blut aus Magen, Dünn- und Dickdarm, Milz und Pankreas drainiert in den **Pfortaderkreislauf** und somit in die Leber, sodass zwei Kapillarsysteme hintereinandergeschaltet sind. Etwa 2/3 des hepatischen Blutflusses kommt aus der Pfortader. Dieses venöse Blut mischt sich mit dem

22.1 Chirurgische Anatomie der Leber

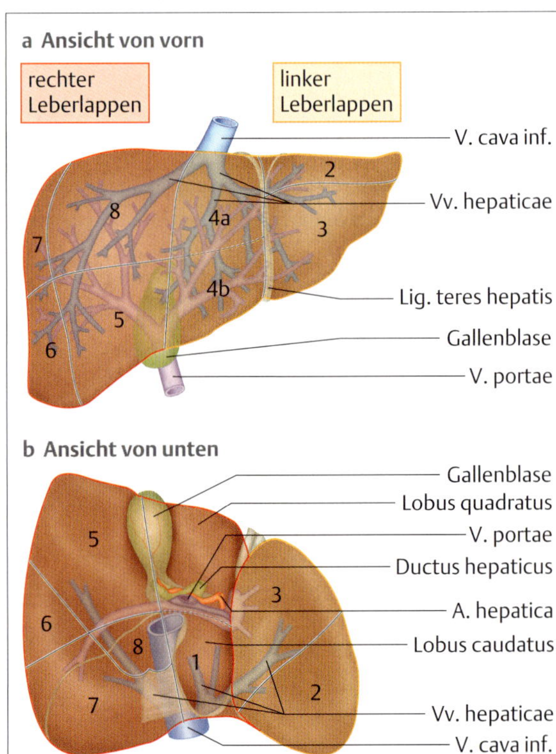

sauerstoffreichen Blut der **A. hepatica** in den Sinusoiden (**22.2**). Die **venöse Drainage** erfolgt über die Lebervenen direkt in die suprahepatische V. cava inferior. Die in der Leber produzierte Galle wird über ableitende Kanäle in das **Gallenwegssystem** transportiert.

Funktioneller Feinbau: Die funktionellen Einheiten der Leber bilden die Leberläppchen (= Zentralvenenläppchen) mit einer Aufreihung der Hepatozyten in Schichten um die Zentralvene (**22.2**).

> **22.1 Physiologie**
>
> ***Metabolisierung:*** Die Leber übernimmt multiple Funktionen (**22.1**): Sie ist physiologisch in den Intestinaltrakt eingebunden, sodass sie dank ihrer Feinstruktur (**22.2**) der primären Metabolisierung von Nährstoffen aus dem Gastrointestinaltrakt dient.
> Als „Entgiftungsorgan" metabolisiert sie Fremdsubstanzen (z. B. Medikamente), Abbauprodukte (z. B. das beim Hämoglobinabbau anfallende Bilirubin) und Hormone (z. B. Steroide), indem sie sie konjugiert, d. h. polare Gruppen anhängt und diese somit wasserlöslich werden. Konjugierte Substanzen verlassen den Körper entweder über die Galle in die Fäzes oder nach erneutem Eintritt ins Blutsystem über die Nieren.
> Es gibt aber auch andere Entgiftungswege als die Konjugation: So werden z. B. Ammoniumionen und Bicarbonat (fallen beim Proteinabbau an) zu Harnstoff metabolisiert und über die Nieren ausgeschieden.
> Einige Substanzen können über die Metabolisierung in der Leber jedoch erst toxisch werden, was bei Vergiftungen eine Rolle spielen kann.
> Die Entgiftungsleistung lässt mit dem Alter nach, und die Metabolisierung von Medikamenten kann somit anderen Kinetiken gehorchen. Die Dosierung muss dann dem Alter angepasst werden.
> ***Synthese:*** Durch die Synthese von Plasmaproteinen, Hormonen, Gerinnungsfaktoren, Komplementfaktoren, Lipoproteinen (Cholesterintransport), Angiotensinogen u. a. kommt der Leber zudem eine Rolle in der Aufrechterhaltung von onkotischem Druck des Plasmas, Blutgerinnung, Cholesterinstoffwechsel und Abwehrsystem zu.

Regeneration: Jede Leber regeneriert sich auch nach ausgedehntester Resektion. Dies unterscheidet die Leber von den meisten anderen (parenchymatösen) Organen: z. B. Niere, Pankreas, Darm, Lunge. Im Durchschnitt hat die Leber ihr ehemaliges Volumen 3 Monate nach Resektion wieder erreicht.

22.2 Funktioneller Feinbau der Leber

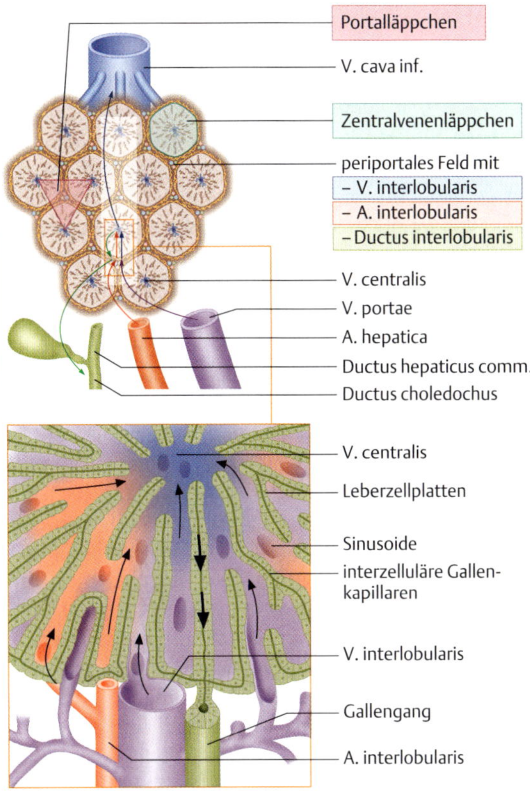

Je nachdem, ob man die Zentralvene oder das periportale Feld ins Zentrum rückt, gliedert sich das Leberparenchym in polygonale Zentralvenenläppchen oder dreieckige Portalläppchen. Der Blutzufluss erfolgt über das periportale Feld (Synonym: Glisson-Dreieck): Äste der A. hepatica und V. portae münden in die Sinusoide, das Blut mischt sich, umspült die Hepatozyten und fließt in Richtung Zentralvene, die es über die Lebervenen in die V. cava inf. drainiert. Die Galle, von Hepatozyten gebildet, fließt durch Gallekanälchen zwischen den Hepatozyten den periportalen Feldern entgegen. Somit findet sich in jedem Glisson-Dreieck die Trias aus zwei zuführenden Blutgefäßen und einem ableitenden Gallengang.

Somit sind große resezierende Lebereingriffe wiederholbar. Die genaue Steuerung dieses exakten Regenerationsprozesses („hepatotrophe Faktoren") ist noch unbekannt.

22.1 Funktionen der Leber (modifiziert nach Moffett)

Vorgang	*Produktion*	*Wirkung*
Verdauung	Gallensäuren und -salze, Lecithin, Cholesterol	Fettverdauung, enterohepatischer Kreislauf
Entgiftung	Harnstoff, Hormon- und Medikamentenmetabolite	Metabolisierung zur Detoxifikation, Anhängen von polaren Gruppen zur Ausscheidung über die Nieren
Biosynthese	Hormone, Enzyme, Plasmaproteine (u. a. Albumin), Lipoproteine	Synthese der Gerinnungs- und Komplementfaktoren sowie aller Plasmaproteine (außer Immunglobuline)
Energiestoffwechsel	Glucose, Fettsäuren, Ketonkörper	Glucoselagerung als Glykogen, Metabolisierung von Aminosäuren zu Glucose, Synthese und Abbau von Lipiden
Eisenstoffwechsel	Häm, Transferrin	Abbau alter und geschädigter Erythrozyten

22.2 Diagnostik der Lebererkrankungen

Die Diagnostik von Lebererkrankungen umfasst neben Anamnese und klinischer Untersuchung das gesamte Spektrum biochemischer und apparativer Medizin. Oftmals handelt es sich um Spezialuntersuchungen, die Zentren vorbehalten sind. Sinnvoll ist ein möglichst früher Dialog von Internist zu Chirurg bei einer möglicherweise operativen Fragestellung. Oft erbringt aber erst eine diagnostische Laparotomie einerseits die genaue Diagnose, andererseits die lokale Operabilität.
Besonderheiten zur Diagnostik bei Zirrhose und portaler Hypertension s. SE 23.1, S. 526 f und vor Lebertransplantation s. SE 22.7, S. 524 f.

Die Diagnostik bei chirurgisch therapierbaren Erkrankungen der Leber umfasst verschiedene Organsysteme. Die Anzahl der Maßnahmen hängt in erster Linie vom Allgemeinzustand des Patienten und dem geplanten Operationsausmaß ab. Die in **T 22.2** dargestellten spezifischen Untersuchungen sind Standard.
Die klinische Untersuchung beinhaltet die Suche nach den sekundären Zeichen der Leberinsuffizienz. Ausschlaggebend für den Erfolg der operativen Therapie bei allen resezierenden Eingriffen der Leber ist die **Leberfunktion**, denn eine große Resektion bei vorgeschädigter Leber kann postoperativ zur Leberinsuffizienz führen und endet meist letal. Die Planung des Resektionsausmaßes bei bestehender Funktionseinschränkung (z. B. Leberzirrhose) ist individuell festzulegen und umfasst neben der Leberfunktion auch die Funktionstüchtigkeit anderer Organsysteme (Herz, Lunge, Gerinnung, Niere etc.). Quantitative Leberfunktionstests haben sich in der klinischen Routine zur Beantwortung der Frage, ob ein spezieller Patient noch oder nicht mehr operiert werden kann, nicht durchgesetzt. Für Langzeit-Verlaufsbestimmungen und in ganz bestimmten Situationen (z. B. Indocyaningrün-Test direkt nach Lebertransplantation) sind sie jedoch wertvoll. Dies gilt gleichermaßen für den Galaktose-Toleranztest, für den ^{14}C-Antipyrin-Atemtest und den Koffein-Eliminations-Test.
Neben der Leberfunktion ist die **lokale Operabilität des Befundes** von großer Bedeutung, und eine weitergehende (meist apparative) Diagnostik zur Klärung ist dringend notwendig.
Die **Differenzialdiagnose von Lebertumoren** stellt teilweise ein Problem dar. Einige spezifische Untersuchungen können pathognomonische Befunde ergeben. Letzte Klarheit erbringt häufig jedoch erst die histologische Untersuchung einer Biopsie.

Laborchemische Untersuchungen: Neben den **allgemeinen Blut- und Serumwerten** (z. B. kleines Blutbild, Elektrolyte, Nierenretentionswerte, Gerinnungsparameter) kommen spezifische Untersuchungen der Leber hinzu:
Neben den **Transaminasen** (GOT, GPT), die einen hepatozellulären Schaden anzeigen, werden Funktionsparameter wie INR (früher: Quick), Cholinesterase und Albumin, daneben **Cholestaseparameter** wie Bilirubin, γ-GT und alkalische Phosphatase bestimmt. Hohe Bedeutung haben die **Hepatitis-** und bei Verdacht die **Echinokokkus-Serologie**.

T 22.2 Standarduntersuchungen bei Lebererkrankungen

Einteilung	*Untersuchungen*
klinische Untersuchung	• Lebergröße und -konsistenz, • Milzgröße, • Ikterus, • Spider nävi, Palmarerythem, Aszites, Caput medusae, Gynäkomastie u. a.
Labor	• totales und konjugiertes (direktes) Bilirubin, GOT, GPT, GGT, AP, GLDH, CHE, • Ammoniak, • Elektrophorese, • Cholesterin, Triglyceride, • Tumormarker: AFP, CEA, CA 19-9, • Großer Gerinnungsstatus, • Hepatitis-Serologie, • Echinokokkus-Serologie (Zysten mit Echinokokkus Verdacht)
apparative Maßnahmen	• Ultraschall, • Computertomographie, bei Tumoren portal verstärkt (Anmeldung zusammen mit Angiographie!), sonst vorzugsweise dynamisch mit i. v. Kontrastmittel, • Angiographie, als Zöliako-, Mesenteriko- und indirekte Splenoportographie (arterielle Punktion in der Leiste, daher 24 h Liegedauer post interventionem!) • Szintigraphie, als Hepato-BIDA (hepatobiliäre Ausscheidungs-Szintigraphie), • Cholangiographie, als i. v. Galle, ERCP oder PTC, • MRT (bei Tumoren), in Kombination mit MRC und MRA, • Leberbiopsie, meist ultraschallgesteuert oder mit Menghini-Nadel als Blindpunktion, • Laparoskopie, zur Klärung der Operabilität, Zirrhose und Histologie, • Kavographie (bei großem Tumor oder dorsalem Sitz)

An **Tumormarkern** spielt das α-Fetoprotein (AFP) die bedeutendste Rolle. Mehr als die Hälfte aller hepatozellulären Karzinome (HCC) exprimieren dieses Onkofetoprotein. Erhöhte Serumspiegel finden sich jedoch auch bei Zirrhose und anderen Nekroseformen. Das Vorliegen eines HCC ist bei einem Spiegel über 400 μg/l sehr wahrscheinlich. Ein weiterer Tumormarker für das HCC liegt mit dem Des-γ-Carboxyprothrombin vor (DCP). Dieser neuere Marker wird aber klinisch noch nicht breit eingesetzt. Für das cholangiozelluläre Karzinom (CCC) spielen das karzinoembryonale Antigen (CEA) und das CA 19-9 eine größere Rolle. Beide sind bei mehr als der Hälfte der Patienten mit CCC erhöht. Das CEA ist aufgrund seines gehäuften Vorkommens bei kolorektalen und anderen intestinalen Karzinomen nicht spezifisch. Auch das CA 19-9 wird bei anderen Karzinomen (vor allem Pankreaskarzinom) zur Diagnostik genutzt, es deutet in hohen Konzentrationen (> 1000 U/l) aber auf einen fortgeschrittenen Befund hin. Beide Tumormarker können auch bei entzündlichen Erkrankungen wie z. B. der primär sklerosierenden Cholangitis (PSC) erhöht sein. Die Abgrenzung zu einem Malignom ist dadurch erschwert.

Bildgebende Diagnostik: Die **Ultraschall-Untersuchung** hat einen bedeutenden Stellenwert in der primären Diagnostik von raumfordernden Prozessen der Leber und anderer parenchymatöser Organe. Die Erweiterung durch die farbkodierte Duplexsonographie kann auch die Leberdurchblutung (Pfortaderthrombose!) und Beziehungen zu den Gefäßen beurteilen. Die Grenzen des Ultraschalls werden jedoch bei der fortgeschrittenen Zirrhose erreicht. Neben dem Screening-Verfahren des Ultraschalls haben sich zur weiterführenden Diagnostik von Tumoren die **Computertomographie** (insb. als Spiral-CT oder in Verbindung mit einer indirekten Splenoportographie als portalvenös verstärktes CT; s. **22.2**) und die **Magnetresonanztomographie** (ggf. unter Einsatz von Kontrastmitteln) durchgesetzt. Durch die Kombination von MR mit MR-Angio und MRCP (MR-Cholangiopankreatikographie) können wichtige Zusatzinfomationen (Einbruch in zentrale Gefäße oder Gallengänge) gewonnen werden. Die invasive Cholangiographie als ERCP oder PTC hat dadurch an Wertigkeit verloren. Auch der Einsatz der Angiographie hat sich hierdurch verringert.

Spezielle Fragestellungen z. B. hinsichtlich der Differenzialdiagnose einer fokal nodulären Hyperplasie (FNH) können durch eine **Szintigraphie** abgeklärt werden. Die **Kavographie** bleibt Sonderfällen zur Abklärung einer möglichen V.-cava-Beziehung vorbehalten. Die **Leberbiopsie** zur allgemeinen Beurteilung des Lebergewebes (Zirrhose, Fibrose, Fettleber) erfolgt „blind" nach Lagekontrolle der Leber im orientierenden Ultraschall. Zielgerichtete Punktionen von Raumforderungen werden US- oder CT-gesteuert durchgeführt (cave: Tumorverschleppung und Impfmetastasen).

Laparoskopie: Zur Klärung einer oberflächlichen, kleinknotigen Lebermetastasierung oder Peritonealkarzinose, einer Leberzirrhose oder –fibrose sowie einer Fettleber kann eine Laparoskopie (auch mit einer Biopsie unter Sicht) durchgeführt werden. Die moderne bildgebende Diagnostik hat die Rolle der Laparoskopie jedoch maßgeblich übernommen, sodass diese nicht routinemäßig zum Einsatz kommt.

Explorative (diagnostische) Laparotomie: Bei einer ausgeprägten Leberzirrhose mit großknotigem Umbau der Leber fällt jedoch auch der modernen radiologischen Diagnostik die Differentialdiagnose zwischen Regeneratknoten und Malignom sehr schwer. Zudem ist ein extrahepatischer Tumorbefall (Lymphknoten, Peritonealkarzinose) nur in fortgeschrittenen Fällen radiologisch darstellbar. In diesen Fällen kommt der diagnostischen offenen Laparotomie (mit Biopsien der Leber, von Lymphknoten und anderen Geweben) zur Klärung der Resektabilität eine entscheidende Bedeutung zu.

22.2 Fallbeispiel: Hepatozelluläres Karzinom

38-jährige Patientin, Z. n. Chemotherapie bei Morbus Hodgkin (Stadium IIIb), in der Routinediagnostik (Ultraschall) fiel ein Rundherd im linken Leberlappen auf. In der CT (**a**) zeigte sich ein 3 cm großer Tumor zentral im linken Leberlappen. Erste Verdachtsdiagnose: Hämangiom oder Lymphombefall. In der MRT wurde der V. a. einen malignen Befund erhärtet und es erfolgte eine Feinnadelpunktion. Die Histologie ergab einen hepatozellulären Tumor ohne direkten Malignitätsnachweis, jedoch war ein fibrolamelläres hepatozelluläres Karzinom nicht auszuschließen. Entschluss zur operativen Resektion. Zuvor erfolgte eine Angiographie (**b**), die ein starke Vaskularisation des Tumors im Vergleich zum umgebenden Lebergewebe ergab. Es wurde eine Hemihepatektomie links durchgeführt. Das Präparat (**c**) zeigt den im linken Leberlappen komplett entfernten Tumor. Es handelte sich um ein fibrolamelläres hepatozelluläres Karzinom in einer nichtzirrhotischen Leber (pT2 N0 M0).

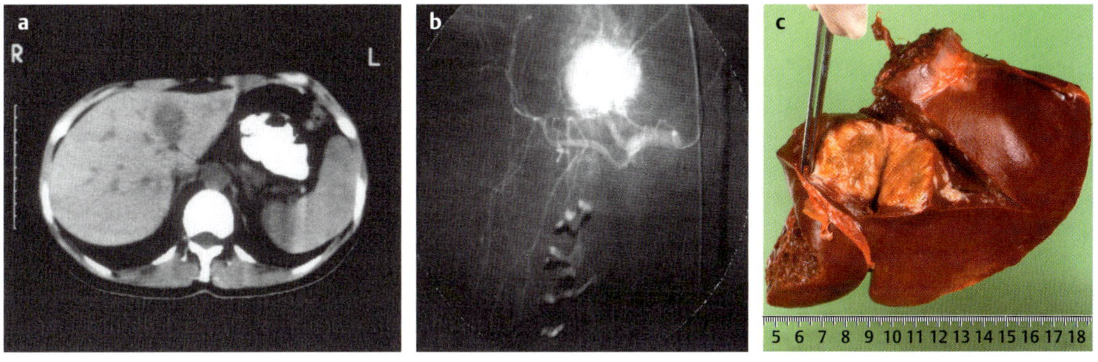

22.3 Benigne Raumforderungen der Leber

Zu den Raumforderungen der Leber, die zumeist als Zufallsbefund im Rahmen einer bildgebenden Diagnostik (Ultraschall) gefunden werden, gehören zystische, tumoröse und infektionsbedingte Leberveränderungen. *Zysten* sind häufige Veränderungen der Leber. Dabei kann es sich um angeborene oder erworbene Zysten handeln. Kongenitale Zysten kommen singulär oder multipel vor, entspringen unterschiedlichen Geweben, sind meist mit einem Epithel ausgekleidet und oft mit weiteren Organfehlbildungen kombiniert. Erworbene Zysten sind entweder nichtparasitär oder parasitär bedingt; besondere Bedeutung hat das Zystadenom mit seinem Übergang in das Zystadenokarzinom.

Solitäre Zysten können von multiplen unterschieden werden, eine Sonderform ist die Zystenleber, die häufig in Verbindung mit Zystennieren und Pankreaszysten (s. SE 25.5, S. 568) vorkommt.
Den Hauptanteil der chirurgisch behandelten Erkrankungen der Leber machen *Tumoren* aus (T 22.3). Zahlenmäßig überwiegen die benignen Tumoren (Hämangiom). Unter den raumfordernden *Infektionen* der Leber spielen pyogene Leberabszesse und parasitäre Lebererkrankungen (s. SE 3.5, S. 52 ff) eine besondere Rolle.

T 22.3 Lebertumoren

Einteilung	*Tumoren*
benigne	Hämangiom, fokal noduläre Hyperplasie (FNH), Adenom (Adenomatose), Zystadenom
maligne	
primär	hepatozelluläres Karzinom (HCC), Sonderform: fibrolamelläres HCC (bessere Prognose), cholangiozelluläres Karzinom (CCC), Adenokarzinom, Zystadenokarzinom, Sarkom u. a.
sekundär	Metastasen bei • Kolon- und Rektumkarzinomen (am häufigsten), • Magen-, Pankreas-, Gallenblasen- und Gallenwegskarzinomen u. a.

Benigne Tumoren

Hämangiom

Das Hämangiom ist ein gutartiger Gefäßtumor (s. auch SE 34.6, S. 763) und der häufigste Tumor der Leber. Es handelt sich meistens um solitäre Tumoren, es kommen jedoch auch multiple Hämangiome vor, was die Abgrenzung zu Metastasen erschweren kann.

Symptomatik: Die Mehrzahl der Hämangiome ist asymptomatisch. Große (meist kavernöse) Hämangiome können durch Verdrängungserscheinungen symptomatisch werden und zu abdominellen Schmerzen und Kapselspannungsschmerz führen.

Diagnostik: Die Erstdiagnose erfolgt zumeist im Rahmen einer orientierenden Oberbauchsonographie. Hämangiome imponieren hierbei zumeist als gut abgrenzbare, homogen hyperdense Raumforderungen ohne Randsaum. Die Sonographie sollte immer durch geeignete Zusatzuntersuchungen wie z. B. Computertomographie oder Magnetresonanztomographie erhärtet werden. Szintigraphie, Angiographie und Laparoskopie bleiben Einzelfällen vorbehalten und spielen bei einer fragwürdigen Diagnose oder Änderung von Größe und Charakter als erweiterte Diagnostik eine Rolle.

Eine Punktion sollte aufgrund der Blutungsgefahr nur vom Erfahrenen mittels Feinnadelpunktion nach Ausschöpfung der nicht invasiven Diagnostik durchgeführt werden.

Therapie: Asymptomatische Hämangiome von mittlerer Größe können konservativ mittels sonographischer Größenkontrolle beobachtet werden, die Rupturgefahr ist gering (ca. 2,5 %). Nur im Fall ausgeprägter Symptome oder eines großen Befundes (sog. Riesenhämangiome) stellen sie eine Operationsindikation dar. Die operative Therapie besteht je nach Größe in einer anatomiegerechten oder nicht anatomiegerechten (= atypischen) Resektion (s. SE 22.6, S. 522 f).

Komplikationen: Die potenzielle Gefahr der Ruptur und Blutung (z. B. in das Gallenwegssystem [Hämobilie] oder in die Bauchhöhle [Hämoperitoneum]) ist selten und abhängig von der Tumorgröße. Große Tumoren können zur Hohlorganobstruktion führen (z. B. Duodenum, Colon transversum, D. choledochus).

Fokal noduläre Hyperplasie (FNH)

Die fokal noduläre Hyperplasie (FNH) zeigt histologisch eher Zeichen einer lokalisierten Zirrhose und erfüllt *nicht* die Kriterien eines Tumors. Dennoch stellt die FNH eine häufige Differenzialdiagnose raumfordernder Prozesse der Leber dar. Sie kommt gehäuft bei Frauen vor, und ein Zusammenhang mit Kontrazeptivaeinnahme (hierdurch eventuell Wachstumsförderung) wird diskutiert, kann aber auch Männer und Kinder betreffen.

Klinik: Im Regelfall (90 %) ist die FNH asymptomatisch. Das Risiko von Ruptur oder Blutung ist deutlich geringer als bei Adenomen oder Riesenhämangiomen.

22.3 Zystische Lebererkrankungen

Singuläre Leberzyste

Ätiologie und Vorkommen: Es handelt sich meist um eine kongenitale Malformation, bei der ein Gallengang ohne Anschluss an die ableitenden Gallenwege besteht. Seit Einführung des Ultraschalls zählt sie zu den häufigsten Veränderungen der Leber und ist, da meist asymptomatisch, i. d. R. ein Zufallsbefund. Das Verhältnis Frau : Mann von 1,5 : 1 bei asymptomatischen, unkomplizierten Zysten steigt bei Symptomen und Komplikationen auf 9 : 1 an. Große Zysten treten meistens bei Frauen über 50 Jahren auf. Der Durchmesser von Leberzysten reicht von wenigen Millimetern bis zu 20 cm. Kleinere Zysten werden von normalem Lebergewebe umgeben, größere führen zur Atrophie der angrenzenden Hepatozyten. Zumeist sind die Zysten einkammerig ohne Septen und mit klarer Flüssigkeit gefüllt. In 50 % der Fälle handelt es sich um solitäre Zysten, bei Multiplizität liegen meist 2–3 Zysten vor.

Symptome wie Druckgefühl im Oberbauch, Appetitlosigkeit, Übelkeit und Ikterus treten meist erst bei Zysten über 10 cm Durchmesser durch Kapselspannung, Verdrängungserscheinungen und Sekundärinfektion auf.

Diagnostik: Große Zysten sind klinisch als praller, solider Tumor tastbar. Die Zysten imponieren im Ultraschall als echofreie, scharf abgegrenzte Hohlräume mit verstärkten Echos der Hinterwand. Eine Punktion ist nur selten zur Diagnosesicherung nötig. CT (👁 **a**), Szintigraphie, MRT und Angiographie kommen nur selten zur Differenzialdiagnose zum Einsatz.

Differenzialdiagnostisch ist die Abgrenzung von der Echinokokkuszyste am schwierigsten. Letztere weist aber Septen, Kalzifizierung, Tochterzysten, evtl. eine Verbindung zu Gallenwegen und eine positive Serologie auf. Die Abgrenzung von Abszess, Hämatom oder Tumor bereitet lediglich in Einzelfällen Schwierigkeiten. Metastasen neuroendokriner Tumoren können auch asymptomatisch und scharf begrenzt sein und müssen durch CT oder MRT ausgeschlossen werden. Zusätzliche Nierenzysten können vorhanden sein, müssen jedoch von der autosomal dominant vererbbaren polyzystischen Erkrankung unterschieden werden.

Komplikationen sind selten: Blutung, Ruptur, Infektion, Torsion, Kompression der V. cava, Fistelbildung zum Duodenum, Ikterus oder portale Hypertension durch Kompression. Eine ***Therapie*** ist nur bei Symptomen und Komplikationen angezeigt. Die Therapie der Wahl besteht in der *Zystenfensterung* entweder mittels laparoskopischer Verfahren oder Laparotomie. Hierbei wird die Zyste entdeckelt und ein mobilisierter Teil des Omentum majus in die Zyste eingelegt (Resorptionshilfe). Ein Teil der Zystenwand sollte der pathologischen Untersuchung zugeführt werden, um ein Zystadenom oder Zystadenokarzinom (s. o.) auszuschließen. Die *Punktion und Instillation von Sklerosierungsmitteln* ist nur bei großen, symptomatischen Zysten und hohem OP-Risiko anzuwenden. *Resektionen* bleiben nur Sonderfällen vorbehalten.

Zystenleber

Auch die Zystenleber (👁 **b**) ist eine angeborene Malformation. Sie tritt gehäuft mit polyzystischen Erkrankungen der Nieren und des Pankreas (s. SE 25.5, S. 568 f) auf. Die Leberfunktion bleibt i. d. R. erhalten.

Symptome und Komplikationen ergeben sich aus Kompression und Verdrängung anderer Strukturen.

Therapie: Eine Linderung der Symptome kann durch *Punktion* der größten Zysten nur für einen kurzen Zeitraum herbeigeführt werden, da es meist zu einer erneuten Füllung der Zysten kommt. *Zystenfensterung, Sklerosierung und Resektion* sind selten erfolgreich. Bei schwerwiegenden Komplikationen und großen Ausmaßen ist die *Leberresektion* erfolgreicher als die Fensterung. Disseminierte kleine Zysten in Kombination mit extremer Hepatomegalie können erfolgreich durch eine *Lebertransplantation* therapiert werden.

Prognose: Ein Rezidiv ist häufig, symptomfreie Intervalle bis zu mehreren Jahren können jedoch erreicht werden.

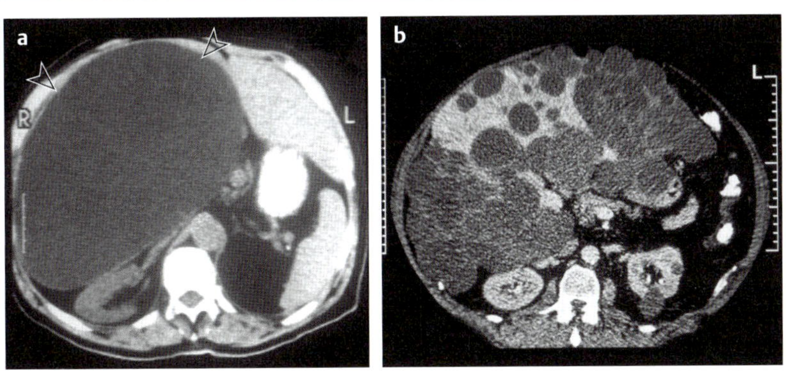

Diagnostik: Auch hier kommt der Sonographie die größte Bedeutung zu. Charakteristisch ist die zentrale Sternfigur (Radspeichen-Phänomen, „zentrale Narbe") aufgrund einer zentralen Fibrose. Diese kann auch mit anderen radiologischen Methoden nachgewiesen werden (Computertomographie, MRT). Der Einsatz der Lebersequenzszintigraphie (HIDA-Scan) kann in der Differenzialdiagnostik entscheidend sein, s. SE 4.6, S. 84 f. Lässt sich konservativ keine Klärung erbringen, so ist eine Biopsie durch Laparoskopie oder Laparotomie angezeigt.

Therapie: Eine unklare Diagnose, anhaltende Schmerzen bzw. Verdrängungserscheinungen anderer Organe und eine deutliche Größenzunahme (trotz z. B. Absetzen von Kontrazeptiva) sollten zur operativen Therapie führen, die in der Resektion des Befundes besteht.

Prognose: Die FNH wächst nur sehr langsam, bleibt benigne und macht nur selten Komplikationen. Im Rahmen der Präkanzerosen wird für die FNH die potenzielle Gefahr des Überganges in ein fibrolamelläres hepatozelluläres Karzinom diskutiert (selten).

Adenome

Ätiologie und Pathogenese: Es handelt sich bei den Adenomen um gutartige Tumoren der Leberzellen. Sie kommen gehäuft vor

- bei Einnahme von Kontrazeptiva oder Steroiden,
- bei Diabetes mellitus, Glykogenspeicherkrankheit oder im Rahmen einer Schwangerschaft.

Das Vorkommen von Leberzelladenomen war vor Einführung der oralen Kontrazeptiva in den 60er-Jahren gering. Frauen sind häufiger betroffen als Männer.

22.4 Adenomatose der Leber

Bei mehr als 10 Adenomen in einer ansonsten unauffälligen Leber spricht man von einer Adenomatose der Leber. Die Ätiologie der Adenomatose ist ungeklärt, es besteht kein Zusammenhang zu oralen Kontrazeptiva, Frauen und Männer sind gleichermaßen betroffen. Das Risiko der Blutung, Ruptur und malignen Umwandlung ist im Vergleich zu einzelnen Adenomen erhöht. Therapeutisch kommt häufig nur die Lebertransplantation in Betracht.

Symptomatik: Adenome sind häufig symptomatisch durch Oberbauchbeschwerden.

Diagnostisch kommen Sonographie, Computertomographie, NMR, Angiographie, Biopsie und ggf. Laparoskopie zur Anwendung. In der Sonographie imponieren Adenome meist isodens. Inhomogenitäten können durch Einblutungen resultieren, die beim Adenom häufiger vorkommen (im Gegensatz z. B. zur FNH). Diese Blutungen sind auch in der CT nachweisbar, nach Kontrastmittelinjektion kommt es zu einer kurzzeitigen Anreicherung.

Die ***Differenzialdiagnose*** zur FNH ist schwierig. Die Unterscheidung von einem hochdifferenzierten hepatozellulären Karzinom (HCC) ist teilweise nicht möglich. Biopsie und Laparoskopie liefern hier häufig den Beweis.

Komplikationen: Die Adenome haben ein hohes Rupturrisiko, etwa 50–60 % zeigen Einblutungen in den Tumor oder frei in die Bauchhöhle mit möglichem lebensbedrohlichem Blutverlust. Das Risiko ist höher bei großen Befunden und unter Kontrazeptivaeinnahme. Eine maligne Transformation ist beschrieben (ca. 2 %).

Therapie: Die operative Resektion des Befundes ist aufgrund der Komplikationen notwendig und indiziert.

Zystadenom

Beim Zystadenom handelt es sich um eine seltene Erkrankung (Zystadenom:Zyste = 1 : 1000), die morphologisch einer Zyste gleicht. Betroffen sind meist Frauen über 40 Jahre. Lediglich durch histologische Untersuchung (einschichtiges Innenschichtepithel) ist das Zystadenom zu diagnostizieren. Das Zystadenom ist ein benigner Tumor mit hoher Rezidivneigung und möglicher maligner Transformation (Zystadenokarzinom; s. u.). Es liegt meist als solitärer Befund mit einer Größe zwischen 10–20 cm vor. Der Zysteninhalt ist muzinös. Kleinere Tumoren sind asymptomatisch, größere machen sich durch rechtsseitigen Oberbauchschmerz, Unwohlsein, Gewichtsverlust und Übelkeit bemerkbar. Die Darstellung ist durch Ultraschall oder CT möglich, die Differenzialdiagnose zur Zyste (**T 22.4**) oder Echinokokkus jedoch meist nur histologisch zu sichern. Der Verlauf zeigt ein langsames Wachstum. Komplikationen ergeben sich aus Blutung, Ruptur, Cholestase und maligner Transformation. Die Therapie der Wahl besteht in der kompletten Exzision der Zyste mittels (meist atypischer) Resektion. Die histologische Untersuchung des gesamten Präparates ist obligat.

T 22.4 Differenzialdiagnose Zystadenom/Zyste

Merkmal	*Zystadenom*	*Zyste*
Anzahl	1	1 – multipel
Septen	+	–
papilläre Ausläufer	+	–
Flüssigkeit	muzinös	serös
Rezidiv	+	selten
maligne Transformation	+	–(?)

Leberabszesse

Ätiologie und Pathogenese: Leberabszesse entstehen durch Absiedelung meist bakterieller Krankheitserreger, die in der Mehrzahl der Fälle aszendierend über die Gallenwege, aber auch über die Pfortader, die A. hepatica oder per continuitatem aus benachbarten Strukturen (meist perforiertes Ulcus duodeni oder Gallenblasenempyem) verschleppt werden (👁 **22.3**).
Von besonderer Bedeutung sind **Risikofaktoren** wie Diabetes mellitus, hämatologische Erkrankungen (z. B. Leukämien), Immunsuppression, Drogenabusus, Alkoholismus und Malignome. Inwiefern das Immunsystem eine Rolle bei der bakteriellen Translokation und damit der portalen Bakteriämie spielt, ist noch nicht eindeutig geklärt.

Mikrobiologie: Mikrobiologisch werden in ca. 30 % der Fälle E. coli nachgewiesen. Die grampositiven Erreger Staphylokokken und Streptokokken machen etwa je 20 % der positiven mikrobiolgischen Punktatbefunde aus. Blutkulturen sind nur in etwa der Hälfte der Fälle positiv und repräsentieren nur in ca. 30 % den Erreger des Punktats. Die Inzidenz von Anaerobier- und Pilzinfektionen nimmt mit dem Anteil immunsupprimierter Patienten zu.

Das Spektrum der ***Symptome*** reicht von asymptomatischen Zufallsbefunden bis zum Bild eines akuten Abdo-

22.3 Leberabszesse: Ursachen und Ausbreitungswege

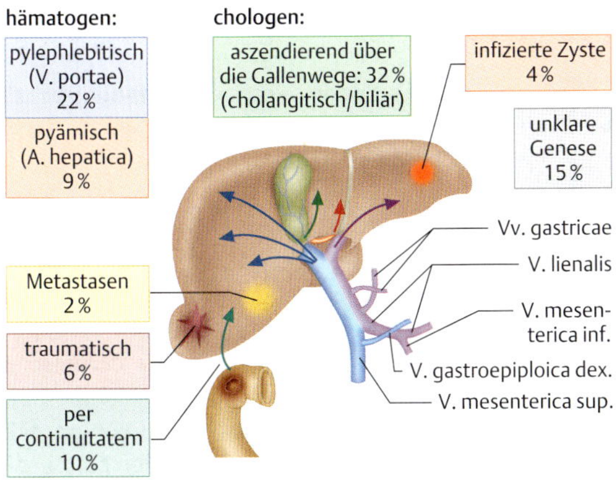

Der rechte Leberlappen (insb. das posterio-superiore Segment 7 nahe der Zwerchfellkuppel, s. **22.1**, S. 510) ist am häufigsten und meist mit singulären Abszessen betroffen. Im linken Leberlappen ist das Vorkommen in 95 % der Fälle multipel. Ursächlich liegt wahrscheinlich der portale Blutzufluss aus den verschiedenen Organsystemen zugrunde. Der rechte Leberlappen erhält hauptsächlich Blut aus der V. mesenterica superior und damit aus dem gesamten Dünndarm und beginnenden Dickdarm. Die Prozentangaben zeigen die Häufigkeit der verschiedenen Ursachen.

22.4 Zentral gelegener Leberabszess

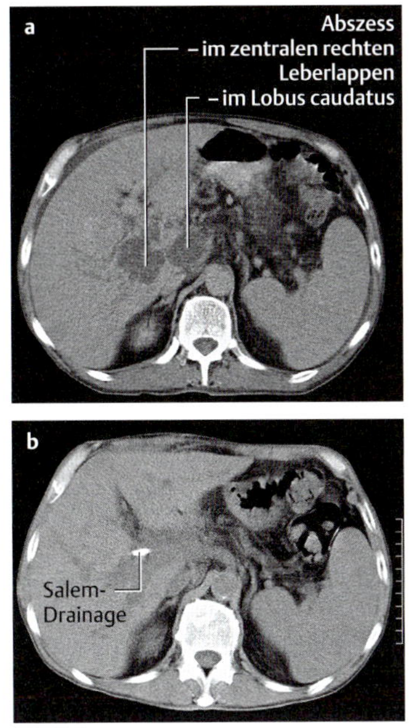

59-jähriger ikterischer Patient, vor vielen Jahren Cholezystektomie.
a Die CT zeigt zwei benachbart liegende zentrale Leberabszesse im Lobus caudatus (Segment I) und im zentralen rechten Leberlappen, die das zentrale Gangengangsystem komprimieren (Verschlussikterus). Ersttherapie: nasobiliäre Sonde zur Entlastung der gestauten Galle. Dann operative Eröffnung beider Abszesse mit Freilegung der Leberhilusstrukturen und Einlage zweier Salem-Drainagen (hierüber postoperative Spülung) und zusätzlicher Silikon-Easy-Flow-Drainagen.
b Nach 12 Tagen ist keine Abszesshöhle mehr darstellbar. Es liegt nur noch eine Salem-Drainage. Eine Ursache für den Leberabszess wurde nicht gefunden.

mens oder einer Sepsis. Die häufigsten Symptome sind Schwäche und Fieber, gefolgt von Bauchschmerzen, die im rechten Oberbauch oder im gesamten Abdomen lokalisiert sind, etwa 1/3 der Patienten leidet unter Übelkeit und Erbrechen. Zentral gelegene Abszesse können durch Kompression zu einem Ikterus führen (**22.4a**). Häufig kommt es zu einem septisch-toxischen Zustandsbild mit progredienter Verschlechterung des Allgemeinzustands.

Diagnostik: Bei der **klinischen Untersuchung** fallen die vergrößerte Leber und ein evtl. vorhandener Ikterus auf.
Auffällige **Laborbefunde** sind eine Leukozytose, Anämie und Hyperbilirubinämie. In etwa der Hälfte der Fälle sind die Transaminasen erhöht.
Auf der Röntgen-Thorax-Aufnahme können indirekte Zeichen wie Pleuraerguss, Zwerchfellhochstand und basale rechtsseitige Dystelektasen den Weg weisen.
Der breite Einsatz von **Sonographie** und **Computertomographie** ermöglicht heute die frühzeitige Diagnose. Zudem ermöglichen beide Verfahren die gesteuerte Punktion zur mikrobiologischen Untersuchung und ggf. die Drainage durch Kathetereinlage.

Komplikationen: Im Vordergrund steht die Ruptur des Abszesses, sowohl lokalisiert als auch als freie Ruptur mit Peritonitis, die besonders bei großen Abszessen auftreten kann. Es kann auch zu Rupturen in andere Organe kommen (Magen, Kolon, Pleura, Bronchus) sowie zur Ausbildung einer kutanen Fistel. Die drohende septische Streuung aus dem Abszess mit Beeinträchtigung entfernter Organe und metastatischer Absiedlung insb. in Milz, Lunge und auf dem Endokard stellt den hauptsächlichen Grund für die notfallmäßige Soforttherapie nach Diagnosestellung dar.

Die ***Therapie*** der Wahl ist die Drainage des Abszesses, die überwiegend perkutan unter sonographischer oder computertomographischer Kontrolle erfolgt (s. SE 5.10, S. 127). Kontraindikationen sind die notwendige operative Intervention bei benachbartem Entzündungsprozess, die Ruptur bzw. der Verdacht auf eine Ruptur, Gerinnungsstörungen, Aszites, Rezidivneigung insb. bei multiplen und septierten Abszessen und die schwer zugängliche Lage mit Gefahr der Pleurapunktion oder Hilusverletzung. Hier ist die operative Drainage angezeigt (**22.4b**).
Eine systemische Antibiotikatherapie ist obligat, hierzu werden zunächst Breitspektrumantibiotika z. T. in Kombination eingesetzt, später muss nach erfolgtem Antibiogramm therapiert werden.

Prognose: Unbehandelt ist die Letalität 100 %, bei Therapie je nach Grunderkrankung bis zu 40 %!

22.4 Maligne Raumforderungen der Leber

Die häufigsten malignen Tumoren sind Metastasen insb. von Primärtumoren aus dem Pfortadergebiet. Aus der Gruppe der primär der Leber entstammenden Malignome spielt das hepatozelluläre Karzinom (HCC) insbesondere auf dem Boden einer vorbestehenden Zirrhose die bedeutendste Rolle. Die Diagnostik ist in SE 22.2 (s. S. 512 f) dargestellt.

Übersicht der verschiedenen Karzinome

Hepatozelluläres Karzinom (HCC)

Synonym: Leberzellkarzinom

Epidemiologie: Das HCC ist das häufigste Karzinom weltweit. Die Inzidenz ist steigend und variiert in den verschiedenen Regionen, führend ist Afrika mit mehr als 100 Fällen pro 100 000 Einwohnern pro Jahr, gefolgt von Asien und Europa. Die Rate der Resektabilität primärer Lebertumoren schwankt zwischen 10–20 %. Gründe für diese geringe Zahl sind zum einen das Stadium der Erkrankung zum Zeitpunkt der Diagnose (etwa 85 % weisen im europäischen Krankengut ein fortgeschrittenes Tumorstadium T3/T4 auf), zum anderen die Koinzidenz einer Leberzirrhose, die in Asien ca. 85 % (Hepatitis B) und in Europa 65–75 % (Alkoholzirrhose) betrifft. Eine Sonderform des HCC stellt das fibrolamelläre HCC dar, welches aufgrund einer Kapselbildung eine bessere Prognose aufweist. Andere primäre Malignome wie das cholangiozelluläre Karzinom (CCC) der Leber sind seltener.

Ätiologie:

Die posthepatitische Leberzirrhose nach Hepatitis B und C stellt den Hauptrisikofaktor für die Entstehung eines HCC dar.

Die Hepatitis-B-Infektion zeigt die höchste onkogene Potenz mit einem etwa 100- bis 200fach erhöhten Risiko bei vorhandener Zirrhose. Auch die Hepatitis-C-Zirrhose weist eine hohe Gefährdung auf. 30 % der betroffenen Patienten entwickeln ein HCC innerhalb von 8 Jahren. Neben den virusinduzierten Zirrhosen birgt die Zirrhose per se ebenfalls ein Malignomrisiko. So geht die äthylische Zirrhose mit einem deutlich erhöhten Risiko der Malignomentstehung einher; nach 10 Jahren beträgt die Inzidenz etwa 20 %. Weitere Präkanzerosen sind Hämochromatose, primär sklerosierende Cholangitis, Morbus Wilson, Autoimmunhepatitis, Zirrhose unklarer Ursache und chemische Substanzen wie das PVC und Aflatoxine.

Symptomatik: Das HCC ist im Frühstadium asymptomatisch, bei Größenzunahme kommt es zu unspezifischen Symptomen wie Gewichtsverlust, Druck-, Völlegefühl, Verdrängungserscheinungen und abdominellen Oberbauchschmerzen mit Ausstrahlung in die rechte Schulter aufgrund einer Kapselspannung der Leber. Auch in der Zirrhoseleber treten im Frühstadium der HCC-Entwicklung keine wegweisenden Symptome auf. Die bekannten Beschwerden aufgrund des zunehmenden chronischen Leberversagens wie Gewichtsabnahme, Adynamie, Muskelschwund, Ikterus, Aszitesentwicklung, Splenomegalie und Entwicklung einer portalen Hypertension sind unabhängig von der Karzinomentstehung. Die rasch progrediente Dekompensation einer vorbekannten stabilen Zirrhose kann jedoch ein Zeichen für ein HCC sein. Fortgeschrittene Tumoren können aufgrund von Verdrängungserscheinungen und Tumorruptur mit Einblutung in das Abdomen symptomatisch werden.

Cholangiozelluläres Karzinom (CCC)

Epidemiologie: Das CCC ist ein seltener Tumor, der vom Gallengangssystem ausgeht und je nach Region zwischen 5 und 20 % der primären Lebermalignome ausmacht. Die wichtigsten Differenzialdiagnosen sind Metastasen und das HCC.

Ätiologie: Entgegen dem HCC entsteht das CCC überwiegend in einer nicht zirrhotisch veränderten Leber. Als Risikofaktor für die Entwicklung eines cholangiozellulären Karzinoms gilt die Colitis ulcerosa mit einer primär sklerosierenden Cholangitis (PSC). Im Rahmen der PSC stellt das CCC die Haupttodesursache dar. Das kumulative Risiko einer CCC-Entwicklung beträgt nach 10 Jahren etwa 10 %. Weitere Risikofaktoren sind intrahepatische Gallensteine, zystische Veränderungen des Gallenwegssystems (z. B. Choledochuszysten und Caroli-Syndrom, S. SE 38.4, S. 833 f), parasitäre Erkrankungen des Gallenwegssystems und chemische Substanzen wie Nitrosamine und Dioxin. Auch Medikamente wie Isoniazid, Methyldopa und orale Kontrazeptiva wurden mit einem erhöhten Risiko für ein CCC in Verbindung gebracht.

Symptomatik: Wie auch das HCC ist das CCC im Anfangsstadium häufig asymptomatisch. Unspezifische Symptome sind Oberbauchbeschwerden und eine B-Symptomatik. Da die Leberzirrhose beim CCC keine Rolle spielt, sind Symptome der zunehmenden Leberinsuffizienz lediglich bei fortgeschrittenen Tumoren anzutreffen. Aufgrund der Ausbreitung des CCC entlang der Gallenwege kann es jedoch auch frühzeitig zu einem Ikterus mit Pruritus kommen. Im Rahmen einer primär sklerosierenden Cholangitis kann die Bildung von intra- und extrahepatischen Gallenwegskonkrementen und rezidivierenden Cholangitiden auf ein CCC hinweisen.

Andere primäre Malignome

Seltene maligne Tumoren, die in der Leber entstehen, sind: Adenokarzinome, Sarkome, das Hämangiosarkom, das Hepatoblastom und das Zystadenokarzinom. Das **Hepatoblastom** ist der häufigste maligne Lebertumor bei Kindern und geht mit einem sehr hohen Serumspiegel des α-Fetoproteins (AFP) einher. Prädisponierende Faktoren für die Entwicklung eines **Hämangiosarkoms** sind Vinylchlorid (PVC), Thorotrast und Arsen. Es handelt sich hierbei um einen sehr aggressiv wachsenden Tumor, der eine äußerst schlechte Prognose hat. Das **Zystadenokarzinom** ist ein seltenes Malignom, das sich aus einem Zystadenom (s. SE 22.3, S. 516) durch maligne Transformation entwickelt. Es wächst invasiv und setzt Fernmetastasen. Die Prognose fortgeschrittener Stadien ist schlecht.

Metastasen

Die sekundären Malignome der Leber haben ihren Ursprung überwiegend im Zustromgebiet der Pfortader (Kolon, Rektum, Magen, Pankreas, Ösophagus). Sie sind deutlich häufiger als primäre Malignome. Bei fortgeschrittener Metastasierung weisen auch andere Malignome Lebermetastasen auf (Lunge, Hoden, Mamma, etc.). Die häufigste Metastasierung der Leber findet sich beim kolorektalen Karzinom. Etwa 40–70 % der Patienten mit kolorektalem Karzinom weisen zum Todeszeitpunkt Lebermetastasen auf.
Lebermetastasen sind meistens asymptomatisch und werden häufig erst bei der Untersuchung zur oder nach Diagnose des Primärtumors bzw. in der Nachsorge entdeckt.

Therapie

Grundsätzlich gilt für die malignen Tumoren, dass eine Resektion solange als indiziert anzusehen ist, bis ein kurativer Erfolg nicht mehr möglich erscheint.

Von Bedeutung sind die Indikationen und Kontraindikationen für die Operation.
Der *präoperativen Diagnostik* kommt somit eine besondere Bedeutung in der Beurteilung des geeigneten Therapieverfahrens zu. Durch die Darstellung von fortgeschrittenen Tumorstadien, unter Umständen mit extrahepatischer Ausbreitung, kann eine ansonsten notwendige diagnostische Operation, z. B. eine Laparoskopie oder Laparotomie, in einigen Fällen vermieden werden. Da die Zirrhose jedoch entscheidenden Einfluss auf die Prognose und damit die Therapiewahl hat, ist deren bioptische und inspektorische Sicherung notwendig.

Die ***Therapieverfahren*** sowohl von primären als auch sekundären malignen Läsionen der Leber wurden in den letzten Jahren um einige Alternativen bereichert, dennoch ist die operative Sanierung durch Resektion oder Organersatz die einzig potenziell kurative Möglichkeit. Die chirurgische Therapie stellt daher bei richtiger Indikationsstellung die Therapie der ersten Wahl dar.
Voraussetzung für eine große Resektion (Lobektomie, erweiterte Lobektomie, s. SE 22.6, S. 522 f) ist eine ausreichende Funktion des residualen Lebergewebes, insbesondere bei Zirrhose. Bei zirrhotischen Lebern mit kleinem primärem Malignom ist in einigen Fällen eine Transplantation indiziert. Die alternativen Behandlungsformen, ob chirurgisch oder konservativ, sind von nachgeordneter Bedeutung.
Liegt eine Kontraindikation zu einem resezierenden Vorgehen vor, bieten sich einige Alternativen an: in erster Linie die arterielle Chemoembolisation bzw. Chemoperfusion, die perkutane Alkoholinjektion, die Kryotherapie, die Radio-Frequenz-Ablation (RFA) oder die laserinduzierte interstitielle Thermotherapie (LiTT). Neue adjuvante oder multimodale Behandlungskonzepte, radikale, erweiterte Resektionsformen wie Ex-situ-Resektion (Entnahme der Leber, Resektion außerhalb des Körpers und Replantation des Organs) oder multiviszerale Transplantation (s. SE 4.12, S. 98 f und SE 22.7, S. 524 f) bedürfen der weiteren Evaluierung.
Die verschiedenen Resektionsverfahren werden in SE 22.6 (S. 522 f) beschrieben.

Prognose

Beim **HCC** sind die prognoserelevanten Faktoren das Tumorstadium, die begleitende Zirrhose sowie eine zugrunde liegende Virushepatitis. Der Spontanverlauf ohne Therapie (mittlere Überlebenszeit etwa 6 Monate) rechtfertigt die operativen und konservativen Konzepte mit einer Gesamt-5-Jahres-Überlebensrate nach Resektion zwischen 12 und 50 %. Eine Tumorgröße über 5 cm und ein multifokales Wachstum gehen mit einem deutlich erniedrigten Überleben einher.
Das **CCC** hat eine sehr schlechte Prognose, und die Mehrzahl der Patienten ist bei Diagnosestellung inoperabel. Die mittlere Lebenszeit liegt bei 1–2 Jahren mit einer 5-Jahres-Überlebensrate zwischen 15 und 40 %. Das CCC neigt zu Rezidiven. Daher wird eine Lebertransplantation zunehmend abgelehnt.
Der Spontanverlauf von Patienten mit **Lebermetastasen bei kolorektalem Karzinom** weist eine durchschnittliche Lebenszeit von 3–24 Monaten auf, die 5-Jahres-Überlebensrate liegt bei nur 1–2 %. Nach kurativer Resektion liegt die 5-Jahres-Überlebensrate zwischen 20 und 40 %. Kommt es bei primärem oder sekundärem Malignom zu einem **Rezidiv** bzw. zu weiteren Metastasen in der Leber, so sind erneute Resektionen möglich.

22.5 Leberzirrhose und ihre Komplikationen

Die Entstehung einer Leberzirrhose ist vornehmlich auf bisherige Lebensgewohnheiten des Patienten und auf iatrogene Ursachen zurückzuführen (Alkohol, Acquirierung von Hepatitis B/C, Transfusionen etc.). Da eine wirksame kausale Therapie – von der Lebertransplantation abgesehen – fehlt, haben prophylaktische Maßnahmen (Aufklärung, Hepatitis-B-Impfung, Alkoholabstinenz) übergeordnete Bedeutung.

Die Leberzirrhose bedingt zahlreiche Komplikationen. Sie stellt aber auch eine Präkanzerose für das hepatozelluläre Karzinom dar (insb. bei Hepatitis-B/C-Zirrhose). Lange Zeit wurde unterschätzt, dass die Leberzirrhose per se einen ganz wesentlichen Risikofaktor für jedwelche Operation darstellt. Auf diese wichtige Problematik wird am Ende der SE eingegangen.

Klinik der Leberzirrhose

22.5 Entstehung der Zirrhose

Die durch Zytokine angeregte Fibrogenese geht vorwiegend von den Ito-Zellen (perisinusoidale „stellate cells") aus. Diese transformieren sich in myofibroblastenähnliche Zellen und bilden eine kollagenhaltige extrazelluläre Matrix, welche im Disse-Raum und um die portalen bzw. zentrolobularen Venen herum abgelagert wird: je stärker die Fibrose im Disse-Raum, desto höher die portale Hypertension.

Klinische Zeichen: Leberhautzeichen (Spider naevi, Palmarerythem, Ikterus), Tastbefund einer zirrhotischen Leber, Aszites (s. SE 23.6, S. 536 f), „muscle wasting" (= zunehmende Muskelatrophie, besonders an Armen und Beinen) und Foeter hepaticus. Wenn ein Patient mit einer frischen Ösophagusvarizenblutung zur stationären Aufnahme kommt, ist es notwendig, rasch zu einer Arbeitsdiagnose zu gelangen. Wie schwer dies im Einzelfall sein kann, demonstriert die Kasuistik im **23.3** (S. 529).

Diagnostik: Die folgenden Untersuchungen sind nach ihrer Wichtigkeit geordnet. Sie beantworten nicht nur die Frage, ob überhaupt eine Leberzirrhose vorliegt, sondern auch die Frage nach den Funktionsreserven der Leber bzw. welches Child-Stadium vorliegt (s. **T 22.5**). In komplizierten Situationen bedarf es aber weiterer Spezialuntersuchungen: enge Zusammenarbeit mit dem Hepatologen!

Labor: Allgemeine und leberbezogene Blutuntersuchungen, immer auch Bestimmung des Tumormarkers α-Fetoprotein (AFP) wegen häufiger Entwicklung eines Leberzellkarzinoms.

Aszitespunktion: Bakteriologie und Zytologie klären die Frage der spontan bakteriellen Peritonitis und maligner Zellen (s. auch SE 23.6, S. 536).

Histologie: Leberpunktion mit oder ohne Laparoskopie zum Nachweis bzw. Ausschluss einer Zirrhose und eines Leberzellkarzinoms.

Leberfunktionstests: Antipyrin- und MegX-Test zur Quantifizierung der Funktionsreserven. Gemessen wird die leberabhängige Metabolisierungsrate von Antipyrin bzw. Lidocain. Weitere Leberfunktionstests s. SE 22.2, S. 512 f.

Ultraschall, CT und MRT: insb. zum Nachweis bzw. Ausschluss eines Leberzellkarzinoms.

Therapie. Wenn es im Endstadium der Leberzirrhose (Child C) zu einer Varizenblutung kommt und der Patient die allgemeinen Voraussetzungen erfüllt (s. **T 22.6**, S. 524), ist eine Lebertransplantation zu erwägen (s. SE 22.7, S. 524 f).

T 22.5 Child-Pugh-Klassifikation bei Leberzirrhose

Punkte	***1***	***2***	***3***
Aszites	keiner	mittlerer	erheblicher
Enzephalophathie	keine	mäßige	schwere
Bilirubin (mg/dl)	< 2	2–3	> 3
Albumin (g/l)	> 35	35–30	< 30
Quick-Wert (%)	> 70	70–50	< 50

Child A 5–6, Child B 7–9, Child C 10–15 Punkte

Komplikationen der Leberzirrhose

Leberinsuffizienz und Leberversagen: Sie sind Ausdruck der progredienten Grunderkrankung. Die wichtigste Klassifikation ist das *Score-System nach Child-Pugh*, mit welchem die Leberleistung mittels 5 Parametern erfasst und entsprechend der erreichten Punktzahl in 3 Kategorien (A, B, C) eingeordnet wird (**T 22.5**). Aus Child C ist ein rascher Übergang in ein Leberkoma möglich mit Multiorganversagen (Leber, Niere, Lunge, Kreislauf, Hirndruck; s. SE 7.4, S. 188 ff).

Gerinnungsstörungen:

- verminderte Syntheseleistung der Vitamin-K-abhängigen Gerinnungsfaktoren (II, VII, IX und X), messbar im erniedrigten *Quick-Wert*;
- die pathologische Aktivierung der Gerinnung (verminderte Synthese von Gerinnungshemmstoffen Protein C, Protein S und Antithrombin),
- die Hyperfibrinolyse,
- die disseminierte intravasale Koagulation (DIC = Verbrauchskoagulopathie) und die
- Thrombozytopenie mit oft zusätzlich gestörter Plättchenfunktion.

Bilirubinspiegel: In der geschädigten Leber kommt es zu einer verminderten Umwandlung von indirektem in direktes Bilirubin. Ab 2 mg/dl ist ein Sklerenikterus sichtbar.

Albuminspiegel: Der erniedrigte Albuminspiegel ist Ausdruck der verminderten Syntheseleistung der Leber, infolge der es zu einem erniedrigten osmotischen Druck mit Ödemen und Aszites kommt.

Mangelernährung und Stoffwechselstörung: Typisch sind Zunahme des Gesamtkörperwassers, der gesteigerte Eiweißumsatz, die Erniedrigung der Glucoseutilisation und die gesteigerte Fettoxidation, ähnlich den Symptomen beim Hungern. Klinisch imponiert die zunehmende Muskelatrophie („muscle wasting"). Bei der alkoholischen Zirrhose kommt die Fehlernährung hinzu: Kalorienabdeckung durch Alkohol.

Aszites: Da der Aszites häufig als Einzelzeichen dominiert, ist ihm eine eigene Studieneinheit gewidmet (s. SE 23.6, S. 536 f).

Pulmonale arterielle Hypertonie: Sie ist in ca. 2–5 % der Fälle Folge der hyperdynamen Zirkulation bei Zirrhose und kann größere operative Eingriffe unmöglich machen.

Hepatorenales Syndrom: Hyperaldosteronismus, Aszites und effektive Hypovolämie bedingen eine Reduktion der Nierenperfusion bis hin zur Dialysepflicht. Die Veränderungen sind potenziell reversibel, insb. nach Lebertransplantation.

Erworbene Immuninsuffizienz: Verminderte Komplementsynthese, Phagozyten- bzw. RES-Funktionsstörung und Defekte der zellvermittelten Immunität (schlechtere T-Zell-Immunität) führen zu verminderter Abwehr bakterieller Infektionen; hinzu kommt die verminderte Clearance-Leistung der Leber hinsichtlich bakterieller Bestandteile (Lipopolysaccharide = LPS) aus der Darmzirkulation: Bagatellinfektionen (z. B. Zähne) können rasch zu Bakteriämie und Sepsis führen. Deshalb ausreichend lange Antibiotikatherapie und großzügige Prophylaxe bei invasiven Maßnahmen aller Art. Eine besondere Form dieser Infektanfälligkeit ist die *spontane bakterielle Peritonitis* bei Aszites (s. SE 23.6, S. 536).

Portosystemische (= hepatische) Enzephalopathie (PSE): Es handelt sich um eine komplexe, meist reversible neuropsychiatrische Störung (**22.6**): Es besteht ein Ungleichgewicht zwischen exzitatorischen und inhibitorischen Neurotransmittern einschließlich der toxischen Wirkung des Ammoniaks. Die wichtigste Einzelursache ist zuviel Eiweiß im Darm (tierisches Eiweiß in der Nahrung, auch eigenes Blut): Hieraus wird durch ortsständige Bakterien Ammoniak gebildet, das durch die Darmwand resorbiert wird und wegen des bei Leberzirrhose fehlenden First-pass-Effektes unverstoffwechselt in das Gehirn gelangt. Die (häufigere) *episodische Form* ist durch erkennbare Ursachen ausgelöst: gastrointestinale Blutung, Infektionen, Eiweißdiätfehler und Medikamente, z. B. Diuretika, Tranquilizer und Sedativa. Die (seltenere) *chronische Form* korreliert mit der zunehmenden Leberinsuffizienz.

22.6 Diagnostik und Therapie der PSE

Die ***Diagnose*** wird klinisch gestellt: Störungen des Antriebs und Affektes, Einschränkungen der kognitiven Leistungsfähigkeit bis hin zu Bewusstseinstrübungen, gestörter Schlaf-Wach-Rhythmus, neuromuskuläre Symptome (Hyperreflexie, Ataxie, Asterixis bzw. „flapping tremor") und Foetor hepaticus. Laboruntersuchungen (mit Ausnahme der Ammoniakerhöhung) und bildgebende Verfahren haben nur differenzialdiagnostische Bedeutung. Psychometrische Testverfahren wie z. B. der Zahlenverbindungstest oder der d2-Test können eine latente Enzephalopathie aufdecken.

Stadieneinteilung: Es werden 5 Stadien unterschieden:

- 0: latente PSE,
- I: Konzentrations- und Merkstörungen,
- II: Schläfrigkeit und Verwirrtheit, Asterixis etc.,
- III: Somnolenz bis Stupor, Desorientiertheit,
- IV: Coma hepaticum.

Therapie: Behandlung der auslösenden Ursache (s. o.), Eiweißrestriktion, Reinigung des Darms und orale Verabreichung von Laktulose (dadurch pH-Absenkung der Fäzes) und nicht resorbierbarer Antibiotika zur Darmdekontamination (meist Neomycin; s. auch **5.5**, S. 111).

Malignomrisiko: Unabhängig von der Ursache ist jede Zirrhose als Präkanzerose für die Entstehung eines hepatozellulären Karzinoms (HCC) anzusehen (s. auch SE 22.4, S. 518).

Prognose der Leberzirrhose

Die Leberzirrhose hat eine schlechte Prognose, schlechter als viele maligne Erkrankungen. Bei Child A ist noch eine nahezu normale Lebenserwartung gegeben, die 5-Jahres-Überlebensrate bei Child B beträgt aber nur knapp 50 %, bei Child C nur noch ca. 15 %.

Zirrhose als Risikofaktor in der Chirurgie

Zahlreiche intra- und extraabdominelle Eingriffe müssen trotz Vorhandensein einer Leberzirrhose durchgeführt werden.

! Die o. g. Komplikationen der Leberzirrhose bedingen ein ca. 10fach erhöhtes operatives Letalitätsrisiko.

Die wesentlichen Gründe für diese signifikant erhöhte Letalität sind die erhöhte Infektionsbereitschaft, die erhöhte Blutungsrate (schlechte plasmatische Gerinnung, Thrombozytopenie und portale Hypertension), der Aszitesverlust mit umverteilungsbedingter intravasaler Hypovolämie, das hepatorenale Syndrom, kardiopulmonale Dekompensation wegen schon präoperativ bestehender Erhöhung des Herzzeitvolumens (auf oft über 10 l/min) mit pulmonal-arterieller Hypertonie und die Enzephalopathie. All dies mündet rasch in ein Nieren- und Multiorganversagen.

22.6 Allgemeine Operationsverfahren an der Leber

Die Kenntnis der Anatomie der Leber ist für die operative Therapie eine Basisvoraussetzung (s. SE 22.1, S. 510 f). Ohne genaue Vorstellungen über die arterielle sowie portale Gefäßversorgung und insb. die venöse Drainage der einzelnen Lebersegmente sind Resektionen an der Leber nicht durchführbar. Chirurgisch therapierbare Erkrankungen der Leber lassen sich in verschiedene Gruppen einteilen: Traumata, Zysten, Abszesse, benigne und maligne Tumoren. Hinzu kommen Erkrankungen der Leber, die andere Organsysteme beeinflussen und somit einer chirurgischen Therapie bedürfen. Zu nennen sind hier z. B. die Leberzirrhose mit portaler Hypertension (s. SE 23.1 ff, S. 526 ff), das akute und chronische Leberversagen (s. SE 22.5, S. 520 f) mit Störung des Gerinnungssystems (s. SE 5.4, S. 108 f) bzw. der Nieren- und Lungenfunktion, zentrale Gallenwegsprozesse und Stoffwechselerkrankungen.

Operationsvorbereitung

Die Vorbereitung des Patienten beginnt mit der stationären Aufnahme. Bei Zeichen der **Zirrhose mit Leberinsuffizienz** sollte präoperativ mit einer Darmreinigung durch Laktulose, ggf. in Kombination mit einem nicht resorbierbaren Antibiotikum (z. B. Neomycin; cave: Ototoxizität!), zur Senkung der Eiweißbelastung begonnen werden (selektive Darmdekontamination, s. SE 5.5, S. 111). Zusätzlich sollte eine Eiweißreduktion der Nahrung erfolgen. Bei **Aszites** ist eine diuretische Therapie neben einer Flüssigkeitsbeschränkung notwendig (s. SE 23.6, S. 536 f; *Cave:* Serum-Natrium und -Kalium!). Bei **portaler Hypertension** ist eine protektive Therapie mit Antazida, Schleimhaut-Protektoren, H_2-Rezeptoren-Blockern oder Protonenpumpen-Hemmern angezeigt.
Vor der Operation sind Abführmaßnahmen dringend notwendig, hier sollte zumindest ein Hebe-Senk-Einlauf, evtl. nach Laxanzien-Gabe durchgeführt werden. Besser ist aber die orthograde Darmspülung (s. SE 5.5, S. 110; Serum-Elektrolyt-Kontrolle!). Zur Operation erhält der Patient eine Thromboseprophylaxe (s. SE 5.12, S. 130 f) sowie eine Antibiotikaprophylaxe (s. T **3.14**, S. 61).

22.7 Allgemeine Operationsschritte

Die **Lagerung** des Patienten ist von großer Bedeutung, da gerade ausgedehnte Eingriffe an der Leber eine maximale Exposition des Organs notwendig machen. Die geschützte Lage der Leber unter dem Zwerchfell erschwert den direkten Zugang insb. zu den Segmenten 6, 7 und 8. Nach **Hautdesinfektion** (s. SE 3.1, S. 42 u. SE 3.10, S. 64 f) des Abdomens von den Mamillen bis zu den Leisten erfolgt die **Abdeckung**. Xyphoid und Symphyse bleiben frei.
Hautinzision: Die Standardinzision ist ein rechtsseitiger Rippenbogenrandschnitt, der nach laterodorsal ausläuft. Dieser Schnitt wird über die Mittellinie hinaus als linksseitiger Rippenbogenrandschnitt erweitert. Bei ausgedehnten Eingriffen erfolgt die mediane Verlängerung nach kranial bis zum Xiphoid (sog. „Mercedes-Stern-Schnitt"; s. **6.30**, S. 168).
Präparation: Nach der Hautinzision wird die Leber inspiziert und palpiert. Nach Inspektion des Abdomens erfolgt die Präparation des Lig. hepatoduodenale. Dieses wird umfahren und angeschlungen. Hierdurch kann das Ligament später okkludiert (sog. *„Pringle-Manöver"*) und somit der Blutverlust bei Resektionen vermindert werden. Ein komplettes Abklemmen des Ligaments sollte nicht länger als 30 Minuten andauern, bei längeren Operationen sollte nach 15–20 Minuten die Hilusokklusion jew. für einige Minuten geöffnet werden (Entlastung des gestauten Pfortadersytems, sukzessive Freigabe der angesammelten Stoffwechselprodukte).
Zur Festlegung des Resektionsausmaßes sowie zum Ausschluss weiterer Läsionen empfiehlt sich der intraoperative Ultraschall der Leber (s. SE 6.6, S. 154). Eine Hilfe bei der Resektion stellt der Ultraschall-Dissektor (CUSA, s. SE 6.6, S. 156) dar, wodurch der intraoperative Blutverlust beträchtlich reduziert wird. Die Resektionsebene des verbleibenden Anteils kann mit Fibrinkleber (s. SE 6.6, S. 154) und Kollagenvlies abgedichtet werden.
Bei ausgedehnten Resektionen kann die Verwendung eines Cell-Savers (s. SE 6.6, S. 156 f) nützlich sein. Die Notwendigkeit sowie die Möglichkeit einer präoperativ durchgeführten isovolämischen Hämodilution sollte präoperativ mit dem Anästhesisten besprochen werden.

Besonderheiten bei ausgedehnten Eingriffen
Bei den größeren Resektionen (Hemihepatektomie und größer) muss immer an die Funktionsreserve der Leber gedacht werden. Besteht eine Zirrhose oder eine ausgeprägte Fettleber, so kann der verbleibende Leberrest insb. bei rechter Hemihepatektomie zur Funktion nicht ausreichen. Bei der Präparation muss sorgfältig auf die Erhaltung der Strukturen der Gegenseite geachtet werden. Die Ischämietoleranz der Leber kann durch hypotherme Perfusion erhöht werden (Perfusion der Leber in situ mit kalter Konservierungslösung).
Das Ausmaß der Resektion hat sowohl auf die Prognose der primären als auch der sekundären Malignome keinen Einfluss, solange die Resektionsgrenzen im Gesunden liegen.

22.8 Operationsverfahren an der Leber

Drainage

Indikationen: Abszesse, Biliome und Serome, die direkt der Leber anliegen (z. B. subphrenischer oder subhepatischer Abszess) oder im Parenchym lokalisiert sind (z. B. intrahepatisches Biliom oder Abszess).

Durchführung: Die Abszessdrainage wird zunehmend über eine perkutane Punktion durchgeführt (s. SE 5.10, S. 127). Selbst ausgedehnte postoperative Abszesse können hiermit häufig austherapiert werden. Eine operative Drainage kommt nur noch in Einzelfällen, meist nach vorangegangener, unzureichender perkutaner Drainage zum Einsatz.

Zystektomie/Perizystektomie

Indikationen: Therapie parasitärer Leberzysten (Echinokokkus).

Prinzip: Die **Zystektomie** ist die Entfernung der Zyste mit ihrer eigenen Wand, ohne die entstandene reaktive Kapsel des Wirtes zu entfernen (s. SE 3.5, S. 52). Bei der **Perizystektomie** erfolgt die Resektion im „gesunden" Wirtsgewebe, d. h. unter Mitnahme der reaktiven Wirtskapsel. Dieses Verfahren kommt bei der Leber nur selten zum Einsatz.

Zystenfensterung

Indikation: Große dysontogenetische Leberzysten mit Komplikationen (Verdrängung, Obstruktion, Kapselspannung mit Schmerzen) werden durch eine Zystenfensterung behandelt.

Durchführung: Hierbei wird die an die Leberkapsel reichende Zystenwand exzidiert und damit ein Ablauf der Zystenflüssigkeit in die freie Bauchhöhle geschaffen. Voraussetzung ist der Ausschluss von biliärer Flüssigkeit, da es ansonsten zu einer Peritonitis kommen kann. In die eröffnete Zyste wird ein gestielter Teil des großen Netzes eingelegt und fixiert (Auskleidung der Höhle, gesteigerte Resorption und Verhinderung des schnellen Verschlusses). Das Verfahren wird zunehmend laparoskopisch durchgeführt.

Anatomiegerechte Resektion

Die Resektion von Leberanteilen richtet sich nach Möglichkeit nach den anatomischen Gegebenheiten. Eine nicht anatomisch orientierte Resektion ist die atypische Resektion (s. u.). Im Folgenden werden die verschiedenen Resektionsformen und ihre Indikationen beschrieben (👁):

Die **Segmentresektion** kann ein oder zwei (Bisegmentresektion) Segmente (nach Couinaud; s. 👁 **22.1**, S. 510) umfassen. *Indiziert* ist sie bei benignen und malignen Tumoren, selten bei Parenchymeinrissen und beim infiltrierten Gallenblasenkarzinom im Stadium T2 (Segmente 4b und 5).

Die **Lobektomie links** umfasst die Segmente 2 und 3 des linken Leberlappens, jedoch nicht die Segmente 1, 4a und 4b, also nur das Parenchym links vom Lig. faciforme. Somit wird nicht der gesamte (chirurgisch-)linke Lappen, sondern nur der anatomisch linke Lappen entfernt. Hierin liegt der Unterschied zur Hemihepatektomie links.

Indikationen sind Tumoren der Leber im linken lateralen Anteil ohne Überschreiten des Ligaments.

Hemihepatektomie: Die Entfernung eines Leberlappens orientiert sich an der chirurgischen Grenze. Die Lappen werden durch eine gedachte Linie getrennt, die von der suprahepatischen V. cava zum Gallenblasenbett verläuft. Der Parenchymdurchtrennung geht die Darstellung der Hilusstrukturen voraus. Die Arterie und der Pfortaderast der entfallenden Seite werden isoliert, ligiert und durchtrennt. Dadurch demarkiert sich die Resektionsgrenze. Die drainierende Vene und die Gallengänge werden möglichst vor der Parenchymdurchtrennung oder aber im Rahmen der Parenchymdurchtrennung dargestellt und ebenfalls ligiert und durchtrennt.

Indikation: Die Hemihepatektomie ist indiziert bei malignen Tumoren oder ausgedehnten Parenchymverletzungen. Riesenhämangiome, große Adenome und FNH sowie große Zystenareale können jedoch auch eine Hemihepatektomie notwendig machen.

Erweiterte Hemihepatektomie: Die erweiterte Hemihepatektomie erfolgt in ähnlicher Weise wie die klassische Hemihepatektomie. Zusätzlich zur Hemihepatektomie rechts werden die Segmente 4a und b entfernt, bei der linken Erweiterung gehören die Segmente 5 und 8 zum Resektionsausmaß dazu.

Die *Indikationen* sind wie bei der Hemihepatektomie, jedoch bei ausgedehnterem Befall der Leber bzw. Übergreifen von Tumoren auf den anderen Lappen, zudem häufig bei Klatskin-Tumoren.

Atypische Resektion

Die atypische Resektion hält sich nicht an anatomisch definierte Grenzen und umfasst sowohl kleine Resektionen im Sinne von Keil- oder größeren Probeexzisionen als auch ausgedehnte Resektionen z. B. nach Trauma, bei denen Anteile der Leber entfernt werden, die nicht die Segment- oder Lappengrenzen respektieren.

Anwendungsgebiete sind die diagnostische Resektion kleiner Tumoren im Bereich der Leberoberfläche mit unbekannter Dignität (bei einem primären malignen Befund sollte anschließend eine entsprechende anatomisch definierte Nachresektion erfolgen), des Weiteren die Resektion mehrerer Lebermetastasen in verschiedenen Leberlappen, traumatische Leberläsionen, adhärente oder per continuitatem infiltrierte Malignome anderer Organe und anhängende benigne Tumoren (z. B. FNH oder Adenom) als Zufallsbefund bei Laparotomie.

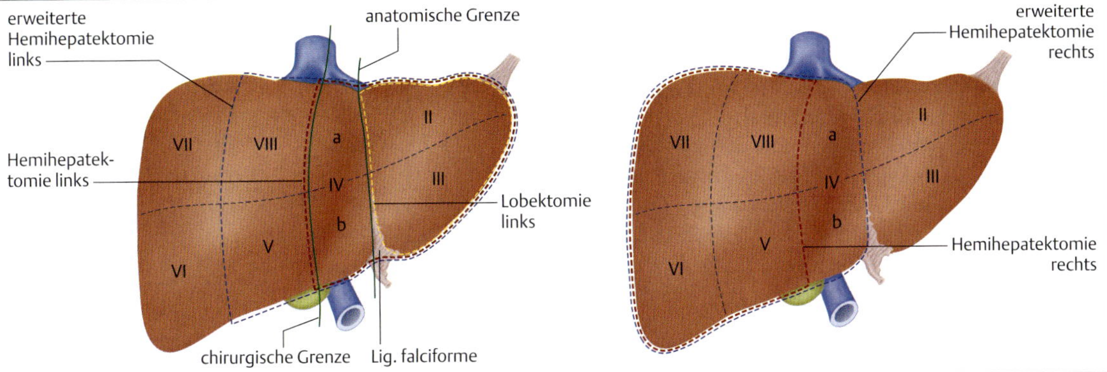

22.7 Lebertransplantation

Die erste Lebertransplantation am Menschen führte T. E. Starzl 1963 in Denver, Colorado durch, die erste in Deutschland erfolgte 1969 durch A. Gütgemann in Bonn. Weltweit wurden bis heute mehr als 35 000 Lebertransplantationen an über 150 (in Deutschland 24) Transplantationszentren durchgeführt. Die Lebertransplantation bedeutet bei einer Vielzahl von Lebererkrankungen eine kausale Therapie.

Allgemeines: Da im Gegensatz zu anderen Organen wie z. B. der Niere keine Alternative i. S. eines Organersatzes zur Verfügung steht, ergibt sich bei Ausfall der Leberfunktion eine vitale Indikation. Aufgrund der möglichen Komplikationen ist die Transplantation allerdings fortgeschrittenen Erkrankungsstadien vorbehalten, bei denen trotz Ausnutzung aller konservativer Maßnahmen die Überlebenswahrscheinlichkeit deutlich herabgesetzt ist.

Der ***Zeitpunkt der Transplantation*** ist von entscheidender Bedeutung für das Gelingen. Die besseren Resultate einer frühzeitigeren Transplantation vor Auftreten schwerer Komplikationen müssen gegen das Operationsrisiko und die Immunsuppression abgewogen werden.
Es sind folgende Dringlichkeitsstufen zu unterscheiden:
Notfall: Diese ist beim akuten Ausfall der Leberfunktion (sog. akutes oder fulminantes Leberversagen) gegeben, wobei keine Lebervorerkrankung vorliegen darf.
Dringlich: Der Ausfall der Leberleistung oder anderer Organsysteme (Enzephalopathie, hepatorenales Syndrom, pulmonales Versagen) schreitet rasch voran. Der Patient ist intensivpflichtig.
Elektiv: Der Patient befindet sich in der Spätphase seiner chronischen, progredienten Erkrankung mit Leistungsknick, Müdigkeit, deutlicher Verschlechterung der Leberfunktion oder Aszites. Eine schwerwiegende Komplikation ist noch nicht eingetreten.

Indikationen und Kontraindikationen beim Empfänger: s. **T 22.6.**

T 22.6 Indikationen und Kontraindikationen zur Lebertransplantation

Einteilung	*Erkrankungen*
Indikationen	
chronische Lebererkrankungen	Leberzirrhose: • posthepatitisch (Hepatitis B und C), • primär/sekundär biliär (PBC), • alkoholtoxisch oder autoimmun, • unklare Genese, • bei Hämophilie A, • bei primär sklerosierender Cholangitis (PSC), Budd-Chiari-Syndrom, Gallengangsatresie bei Kindern, extreme Zystenleber, diffuser Echinokokkus alveolaris
Stoffwechselerkrankungen	Alpha-1-Antitrypsin-Mangel, Morbus Wilson, Hämochromatose, Hyperlipoproteinämie Typ II, Crigler-Najjar-Syndrom Typ I, Glykogenspeicherkrankheiten Typ I und IV, Tyrosinämie
fulminantes Leberversagen (oft nicht klärbar!)	viral (v. a. Hepatitis-Viren A – D), medikamentös (z. B. Halothan, Paracetamol), toxisch (z. B. Knollenblätterpilz, Drogen), traumatisch, selten: akutes Budd-Chiari-Syndrom, HELLP-Syndrom, Reye-Syndrom
maligne Lebererkrankungen	(lokal begrenztes und kleines) hepatozelluläres Karzinom (HCC), insb. bei Leberzirrhose, Hämangioendotheliom, Klatskin-Tumor (s. SE 24.6, S. 548), Lebermetastasen neuroendokriner Tumoren
Kontraindikationen	
	extrahepatisch manifeste Infekte, Sepsis, extrahepatische Metastasen, Tumoreinbruch in die großen Lebervenen, kardiopulmonale Insuffizienz, AIDS (fraglich: HIV-Infektion*), fortgesetzter Alkohol- und Drogenabusus

* HIV-Trägern (mit einer guten Lebenserwartung) kann die Leber eines HIV-infizierten Spenders transplantiert werden.

Komplikationen: **Akute Abstoßungsreaktionen** nach Lebertransplantation sind i. d. R. deutlich milder als bei anderen Organen, bedingt durch eine enorme Immunkompetenz der Leber. Dennoch ist eine lebenslange Immunsuppression notwendig (s. SE 4.12, S. 99).
In der **Frühphase** nach der Transplantation stehen chirurgische Komplikationen im Vordergrund:
Nachblutungen aus Anastomosen oder Retroperitoneum zwingen in 10–15 % zur Reoperation. Prophylaxe: ausreichende Versorgung mit Gerinnungsprodukten (die Blutgerinnung stabilisiert sich erst mit der Funktionsaufnahme des Transplantats) und Vermeidung einer Hypothermie während der Operation.
Gefäßthrombosen sind meist chirurgisch-technisch bedingt. Sie fallen durch eine Verschlechterung der Transplantatfunktion auf und sind durch die farbkodierte Duplexsonographie oder Angiographie erkennbar. Die

22.9 Technik der Lebertransplantation

Orthotope Vollorgantransplantation
Indikation: Die orthotope Transplantation des gesamten Organs ist heute die Standardtechnik.
Prinzip (**a**): Nach Entfernung der kranken Leber wird das Transplantat an gleicher Stelle implantiert. Oft wird während der anhepatischen Phase eine Biopumpe (**b**) eingesetzt.

Orthotope Teilorgantransplantation
Indikation: Bei Kindern können häufig wegen der Größeninkongruenz nur Teile einer Leber verpflanzt werden.
Prinzip:
Reduced Size Liver: Teile der Spenderleber werden reseziert und verworfen. Problem: häufigere Nachblutung aus der Resektionsfläche.
Bei der **Split-Liver-Technik** wird das Spenderorgan entweder im Situs des Spenders oder nach Entnahme des Organs geteilt. Es können dann zwei Empfänger mit einem Organ versorgt werden. Problem: erhöhtes Risiko für Gefäßprobleme durch die notwendigen Gefäßrekonstruktionen.

Heterotope, auxiliäre Transplantation
Indikation: Die auxiliäre Lebertransplantation eines ganzen Organs oder auch von Teilen ist ein Ausnahmeverfahren bei fulminantem Leberversagen.
Prinzip (**c**): Nach Implantation einer Spenderleber kann die Regeneration des eigenen Organs abgewartet werden. Später wird das auxiliäre Transplantat entweder wieder entfernt oder der Abstoßung überlassen.

Lebendspende
engl.: living related transplantation
Indikation: Überwiegend bei Kleinkindern und Säuglingen, aber zunehmend bei Erwachsenen.
Prinzip: Ein Elternteil oder Lebenspartner spendet nach entsprechender Voruntersuchung die Segmente II und III nach Couinaud (s. SE 22.1, S. 510).
Vor- und Nachteile: Der vorteilhaft wählbare Zeitpunkt der Operation muss gegen die mögliche Gefährdung des Spenders abgewogen werden.

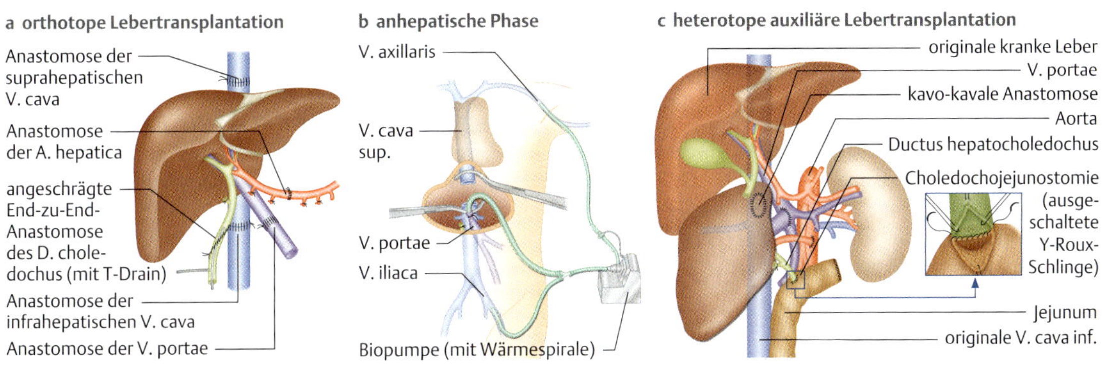

Thrombose der Leberarterie findet sich in 3–10 %, ist nach Leberteiltransplantationen häufiger als nach der Vollorgantransplantation und muss in der Frühphase operativ korrigiert werden, da ansonsten meist eine Retransplantation notwendig wird. Die Pfortaderthrombose (2–5 %) kann ebenfalls frühzeitig erkannt und korrigiert werden. Auch hier stellt die Retransplantation bei schlechter Organfunktion eine Alternative dar. Eine Thrombose der V. cava ist aufgrund des großen Lumens und hohen Flusses eine Seltenheit.
Häufiger als Gefäßthrombosen finden sich *Gallengangskomplikationen*, die oft durch arterielle Perfusionsstörungen verursacht sind. Kleine Anastomosenlecks oder Stenosen können endoskopisch mit einem Stent versorgt werden. Größere Lecks führen zur Relaparotomie mit Neuanlage der Anastomose oder Umwandlung in eine biliodigestive Anastomose. Bei intrahepatisch veränderten Gallengängen (oft Folge einer arteriellen Thrombose) ist die Retransplantation indiziert.
Die **Spätkomplikationen**, die durch die *Langzeitimmunsuppression* bedingt sind (z. B. Infektionen, De-novo-Malignome), werden in SE 4.12 (S. 99) beschrieben.
Rezidive der Grunderkrankung sind insb. bei der Hepatitis B und C zu beobachten. Das Risiko einer Hepatitis-B-Reinfektion ist von einer konsequenten Langzeitprophylaxe mit Hepatitis-B-Antikörpern abhängig. Ohne Prophylaxe steigt dieses auf bis zu 83 % mit der Folge schwerer Funktionsstörungen des Transplantates. Die Hepatitis C rezidiviert zu 100 % und führt bei 30 % der Patienten im Verlauf zu schweren Transplantatdysfunktionen. Eine Prophylaxe ist hier bislang nicht möglich. Moderne Virostatika bieten neue Ansätze.
Malignome können rezidivieren oder durch die Immunsuppression neu entstehen.
Die Rezidiventstehung ist bei einigen Erkrankungen (z. B. bei primärer biliärer Zirrhose) nicht geklärt.

Ergebnisse: Die 1-Jahres-Überlebensraten liegen heute in Abhängigkeit von der körperlichen Verfassung des Patienten zum Zeitpunkt der Transplantation und der Grunderkrankung bei 80–90 %, die 5-Jahres-Überlebensraten weltweit zwischen 55 und 70 %. Es werden Überlebenszeiten von weit mehr als 20 Jahren erzielt. Viele haben dann ein praktisch normales Leben einschließlich Beruf, Zeugungsfähigkeit und Schwangerschaft.
Die 1-Jahres-Überlebensrate nach Operation wegen fulminanten Leberversagens ist aufgrund der extrem schlechten Ausgangssituation schlechter und liegt bei 50–70 %.

23.1 Portale Hypertension: Pathophysiologie und Ursachen

Hauptursache für die portale Hypertension ist der Widerstandshochdruck, verursacht durch eine prähepatische, intrahepatische (z. B. bei Leberzirrhose) oder posthepatische Blockform (23.2). Daneben gibt es als extrem seltene Ursache die hyperkinetische portale Hypertension (23.2). Das rasche Erkennen der jeweiligen Ursache und das Verständnis der komplexen hämodynamischen Veränderungen beeinflussen den Behandlungserfolg bei akuten Komplikationen (s. SE 23.3, S. 530 f). In Zentraleuropa ist die Leberzirrhose (s. SE 22.5, S. 520 f) die häufigste Ursache der portalen Hypertension.

Definition: Für die Definition der portalen Hypertension (Synonym: Pfortaderhochdruck) ist die Differenz von Pfortader- zu Lebervenendruck (= Druck im rechten Vorhof) entscheidend (Δ p). Das normale Druckgefälle beträgt 5 mmHg, ab 12 mmHg besteht eine portale Hypertension mit dem Risiko einer Varizenblutung.

Kausalbeziehung zwischen Zirrhose und portaler Hypertension

In Zentraleuropa ist die häufigste Ursache der portalen Hypertension die Leberzirrhose (s. SE 22.5, S. 520 f). Allerdings entwickelt nur die Hälfte aller Patienten mit Zirrhose eine klinisch relevante portale Hypertension. Zur Kausalbeziehung von Zirrhose und portaler Hypertension gibt es zwei Theorien:
Früher ging man nur von einem erhöhten Widerstand aufgrund des verminderten sinusoidalen Querschnitts aus (**„Backward-Theorie“**).
Heute wird diese Erkenntnis um die **„Forward-Theorie“** erweitert: Insbesondere der zirrhosebedingte Anstieg von Vasodilatatoren (z. B. Gallensäuren, Bradykinin, Gastrin, Glukagon, Neurotensin, Prostaglandine, NO, LPS [Lipopolysaccharide]) bedingt einen erniedrigten peripheren Widerstand mit konsekutiver hyperdynamer Zirkulation sowohl im systemischen Kreislauf als auch im Pfortaderstromgebiet. Das Herzminutenvolumen ist bei Patienten mit Zirrhose erhöht, manchmal bis zum Dreifachen der oberen Norm (**23.1**).

> **23.1 Besonderheiten der Leberperfusion bei Zirrhose**
>
> Die gesunde Erwachsenenleber hat eine Gesamtperfusion von 1500 ml/min (500 ml arteriell, 1000 ml portalvenös). Bei Zirrhose kann der verminderte portalvenöse Durchblutungsanteil durch arterielle Mehrperfusion („arterial buffer response“) kompensiert werden: Der portalvenöse Perfusionsanteil beträgt durchschnittlich nur noch 30 %. Bei ca. 10 % aller Zirrhosepatienten kommt es sogar zu einer Stagnation bzw. Umkehr der Flussrichtung in der Pfortader (retrograder Fluss). Gründe hierfür sind ein hoher Leberwiderstand und das Einströmen arteriellen Blutes in das intrahepatische Pfortadersystem (arterioportale Shunts in Höhe der Periportalfelder).

Zusammenfassend gilt das Ohm-Gesetz:
$\Delta p = R \times Q$
Dabei stellt R den eher statisch bedingten intrahepatischen Widerstand dar, Q die aufgrund der Vasodilatation meist erhöhte Splanchnikusperfusion.
Das unter erhöhtem Druck stehende Pfortaderblut sucht sich an der Leber vorbei Abflussmöglichkeiten zum Niederstromgebiet der V. cava (**23.1**). Die Erweiterung solcher präexistenter Kollateralen ist das wichtigste Merkmal der portalen Hypertension: Es entstehen bis zu daumendicke **venöse Kollateralen** (**23.1**). Aufgrund des submukösen Verlaufs und des dadurch bedingten Blutungsrisikos sind die gastroösophagealen Kollateralen prognostisch am wichtigsten (s. SE 23.3, S. 530).

Häufigste Ursache: Widerstandshochdruck

Prähepatischer Block

Die Leber selbst ist gesund: Dies bedingt die signifikant bessere Prognose im Vergleich zur Zirrhose. Die wichtigsten Symptome sind Varizenblutung und Hypersplenismus wegen Splenomegalie (Panzytopenie; **23.2**).
Periphere Form: Milzvenenthrombose (= segmentale oder lienale portale Hypertension). *Ätiologie:* Pankreatitis, Z. n. Splenektomie, hämatologische Erkrankungen (z. B. myeloproliferatives Syndrom), Erkrankungen des Gerinnungssystems (z. B. Antithrombinmangel, Protein-C-Mangel).
Folgen: Der venöse Kollateralkreislauf geht über die Vasa gastrica brevia zum Magenfundus und zum terminalen Ösophagus (Fundus- und Ösophagusvarizen).
Zentrale Form: Pfortaderthrombose. *Ätiologie:* s. o., zusätzlich aszendierendes Thrombuswachstum aus einer Milzvenenthrombose heraus und durch Nabelvenenkatheterinfektion beim Neugeborenen (die Nabelvene mündet in den linken Pfortaderast).
Folgen: Mit der Zeit kommt es zu multiplen Teilrekanalisationen der Pfortader: Diese schwammartige venöse Kollateralisation des Lig. hepatoduodenale nennt man „kavernöse Transformation der Pfortader“.
Isolierte Mesenterialvenenthrombose: Sie führt ganz selten einmal zur Blutung atypisch lokalisierter Varizen im Dünn- und Dickdarm.

23.1 Portosystemische Kollateralen

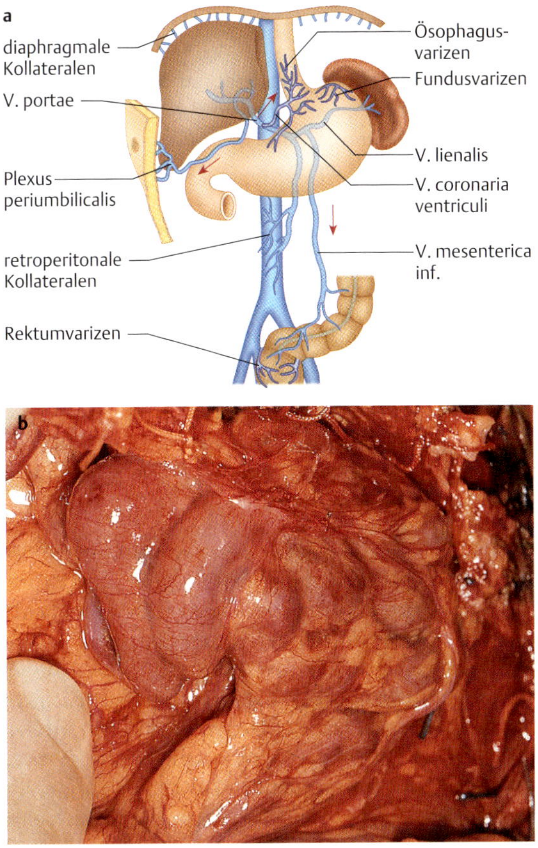

a Die wichtigsten portosystemischen Kollateralen bei portaler Hypertension. Beachte die Umkehr der Flussrichtung in der V. coronaria ventriculi, der V. mesenterica inferior und der wiedereröffneten V. umbilicalis (Pfeile).
b Oberbauchsitus eines Patienten mit starker portaler Hypertension. Das Retroperitoneum ist durchzogen von bis zu fingerdicken portosystemischen Kollateralen.

Panthrombose des gesamten Pfortadersystems: Dies ist die Maximalvariante des prähepatischen Blocks; sie kann auch bei Zirrhose vorhanden sein.

Intrahepatischer Block

Der erhöhte Widerstand liegt in der Leber selbst.
Präsinusoidal: Die *weltweit* häufigste Ursache der portalen Hypertension ist die Schistosomiasis (Bilharziose). Die kleinen Wurmeier in den portalen Venolen führen zu einer präsinusoidal fibrosierenden Fremdkörperreaktion bis hin zur Leberfibrose bei weitgehend erhaltener Leberfunktion. Krankheitszeichen der chronischen Bilharziose sind Diarrhö, Schwäche, Bauchschmerzen; im Vordergrund stehen Hepatosplenomegalie, portale Hypertension (Varizenblutung) und Hypersplenismus (Panzytopenie). Bei uns sehr seltene präsinusoidale Blockformen sind die kongenitale Leberfibrose (Ätiologie unklar) und das Banti-Syndrom (= inkomplette septale Fibrose aufgrund einer Degeneration der kleinen peripheren Portalfelder mit Portalvenenverschlüssen).

23.2 Blockformen der portalen Hypertension

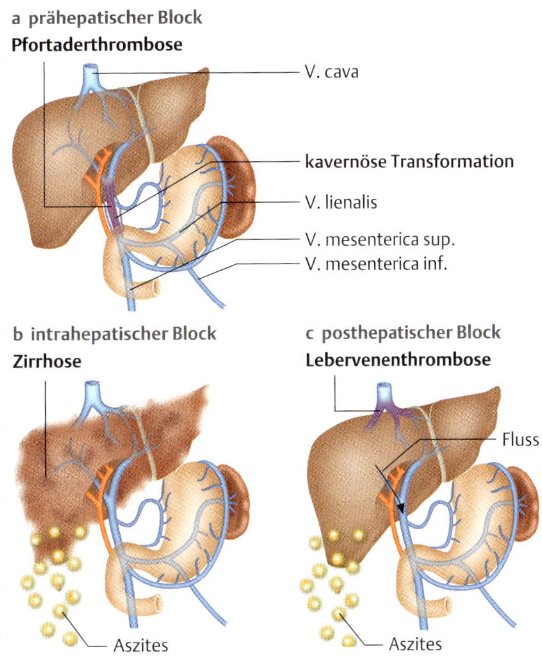

Ein **postsinusoidal** gelegener Block ist bei der klassischen postnekrotischen Zirrhose zu finden, die in Zentraleuropa vornehmlich alkoholischer, viraler (Hepatitis B, C und D) und biliärer Genese (primäre oder sekundäre biliäre Zirrhose, primär sklerosierende Cholangitis) ist.

Posthepatischer Block

Ursächlich besteht ein thrombotischer Verschluss der Lebervenen (Budd-Chiari-Syndrom) mit und ohne Beteiligung der suprahepatischen V. cava inferior (z. B. kongenitale Membranen in Höhe der einmündenden Lebervenen). Dem Verschluss der großen Lebervenen liegen meist hämatologische Störungen zugrunde, der Verschluss der kleinen Lebervenen („venous occlusive disease") wird bei Chemotherapie (Alkaloide) oder nach Knochenmarktransplantation beobachtet.
Einteilung: Es werden eine fulminante Verlaufsform mit akutem Leberversagen (seltener) und eine chronische Verlaufsform mit Entwicklung einer Leberfibrose oder -zirrhose (häufiger) unterschieden. Typische Symptome sind dann Aszites, Hepatomegalie und Schmerzen im rechten Oberbauch.

23.2 Hyperkinetische portale Hypertension

Die Erkrankung ist sehr selten. Ursächlich handelt es sich um eine arteriovenöse, oft aneurysmatische Fistel im Bauchraum, z. B. nach Voroperation oder nach Einbruch eines Milzarterienaneurysmas in die V. lienalis. Die Leber selbst ist gesund. Das arterialisierte Pfortaderblut sucht dieselben Kollateralwege wie bei Zirrhose. Die Varizenblutung ist meist das erste *Symptom*. Spezielle *Diagnostik*: Auskultation des Abdomens (pulssynchrones Fistelgeräusch) und Angiographie.

23.2 Portale Hypertension: Klinik und Diagnostik

Die pathophysiologischen Folgen der portalen Hypertension und deren Symptome betreffen alle Organsysteme, besonders wenn eine Zirrhose zugrunde liegt. Die Komplikationen des Pfortaderhochdrucks, die fortschreitende Lebererkrankung und die zirrhosebedingte Abnahme der Immunabwehr führen zu hoher Morbidität und Mortalität. Die Varizen, die prognostisch das entscheidende Symptom der portalen Hypertension sind, und der Aszites, der klinisch oft als Einzelzeichen dominiert, werden jeweils in einer eigenen Studieneinheit besprochen (s. SE 23.3, S. 530 f und SE 23.6, S, 536 f). Im klinischen Alltag vermischen sich die diagnostischen Schritte hinsichtlich Varizenblutung (s. SE 23.3, S. 530 f), portaler Hypertension und Zirrhose (s. SE 22.5, S. 520 f). Oftmals ist bei der Notaufnahme eines Patienten mit Varizenblutung nicht bekannt, ob eine Zirrhose vorliegt oder nicht.

Klinische Zeichen: Typisch sind das **Caput medusae** (👁 **23.3**) und eine **verstärkte abdominelle Hautvenenzeichnung**.

Hämorrhoiden sind arteriell gespeiste Schwellkörper und damit kein Hinweis auf eine portale Hypertension.

Davon abzugrenzen sind (seltene) Rektumvarizen als atypisch lokalisierte Varizen (bei prähepatischem Block). Klinisches Korrelat der zirrhosebedingten peripheren Vasodilatation sind Palmarerythem und Spider naevi („Lebersternchen"; s. SE 1.6, S. 15).
Bei portaler Hypertension ist die Milz gestaut, meist vergrößert und damit palpabel. Die vergrößerte Milz (Splenomegalie) führt zur vermehrten Sequestration von Blutzellen mit konsekutiver Thrombo- und Leukopenie **(Hypersplenismus)**. Das Knochenmark ist hyperplastisch transformiert. Sollte die Panzytopenie einmal klinische Probleme bedingen, kann eine druckentlastende Maßnahme (Shunt-Operation) erwogen werden (s. SE 23.4, S. 532 f). Eine Splenektomie ist bei offener Milzvene wegen der immunologischen Wertigkeit der Milz und der operativen Risiken kontraindiziert; sinnvoll ist die Splenektomie nur bei Milzvenenthrombose mit Varizenblutung bei gesunder Leber.

Notfallmäßige Diagnostik der Varizenblutung:
Endoskopie: Die akute Varizenblutung führt nur selten ausschließlich zu Teerstuhl. Meist besteht ein schwallartiges Bluterbrechen mit hämorrhagischem Schock. Besteht eine anhaltende Blutung mit der Gefahr der Aspiration (Regurgitation und Erbrechen), muss der Patient wegen der zur Endoskopie oft notwendigen Sedierung frühzeitig intubiert werden.

Ob eine akute Varizenblutung vorliegt, kann ausschließlich mittels der Ösophagogastroskopie (obere Endoskopie) festgestellt werden.

Die Hälfte aller Zirrhosepatienten mit einer akuten oberen Gastrointestinalblutung blutet nicht aus Varizen, sondern aus einem gastroduodenalen Ulkus (erhöhte Ulkusinzidenz beim Zirrhotiker wegen Hypergastrinämie). Deshalb ist bei *jeder* Blutung die Notfallendoskopie von Ösophagus, Magen und Duodenum unumgänglich. Die anhaltende Blutung aus Varizen wird wie die arterielle spritzende Blutung mit Forrest Ia bezeichnet (s. 👁 **6.8**, S. 143). Forrest II bezeichnet den Zustand nach einer Blutung: Auf der Varizenkuppe sieht man gelegentlich einen Hämatin- oder Fibrinpfropf. Ist der Magen mit Koageln gefüllt, muss er während bzw. zur Endoskopie gespült werden; nur dann lassen sich Fundusvarizen oder eine blutende Gastropathia hypertensiva (S. 530) einwandfrei erkennen bzw. andere Blutungsquellen wie z. B. gastroduodenales Ulkus, Mallory-Weiss-Syndrom, Ulkus simplex Dieulafoy ausschließen.
Angiographie: Im Darm atypisch gelegene Varizen (s. SE 23.3, S. 530 f) können während einer anhaltenden Blutung mittels Kontrastmittelaustritt ins Darmlumen hinein lokalisiert werden.

👁 23.3 Caput medusae (Plexus periumbilicalis)

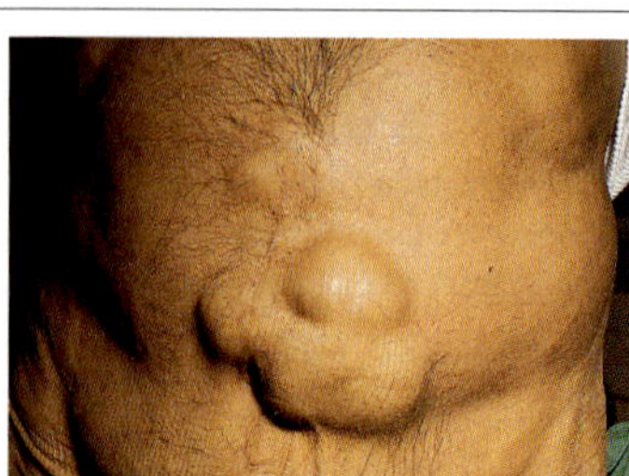

Extremes Caput medusae bei einem männlichen Zirrhosepatienten. Bei einer früheren Nabelbruchoperation wurde der eigentliche Nabel entfernt.

Elektive Diagnostik der portalen Hypertension:
Farbkodierte Duplexsonographie: Bei günstigen Bedingungen (keine Darmgasüberlagerung) können die Offenheit, die Flussrichtung und semiquantitativ die Flussmenge in der Pfortader bestimmt werden.
Messung des Pfortaderdrucks: Dieser wird heute mit der transjugulären Lebervenenverschlussdruckmessung (🔎 **23.4**) bestimmt.
Druckmessung der Ösophagusvarizen: Mit einem im Ösophaguslumen aufblasbaren Ballon wird der intraluminale Druck in den Ösophagusvarizen semiquantitativ gemessen.
Angiographie: Bei der indirekten Splenoportographie wird das Kontrastmittel selektiv in die A. lienalis bzw. A. mesenterica superior injiziert. Nach Durchströmen des ersten Kapillarbettes (Milz bzw. Darm) wird dann das prä- und intrahepatische Pfortadersystem dargestellt.

23.3 Extrem seltene Ursache der portalen Hypertension

Eine 43-jährige adipöse Patientin wird mit einer endoskopisch gesicherten Ösophagusvarizenblutung stationär aufgenommen. Anamnese: 2 Flaschen Bier pro Tag, leicht erhöhte Leberenzyme (Transaminasen, γ-GT), erniedrigte Thrombozyten, 1 Spider naevi, stark vergrößerte Milz, Quick-Wert 60 %. Die klinische Arbeitsdiagnose lautet deshalb zu Recht „alkoholische Zirrhose". Ganz überraschend ergeben Ultraschall und Angiographie ein (ätiologisch nicht klärbares) **zentrales Pfortaderaneurysma**. Die vom Aneurysma nach intrahepatisch abgehenden Pfortaderäste sind weitgehend thrombosiert: Dies bedingt die portale Hypertension. Bei der rasch durchgeführten portokavalen End-zu-Seit-Anastomose war die Leber unauffällig, abgesehen von einer mäßigen Leberverfettung.

! Apparative Untersuchungen des Pfortaderstromgebietes und Leberhistologie gehören also zwingend zur exakten Diagnosefindung. Sonst unterliegt man vielleicht einer falschen Arbeitsdiagnose, und die Patienten werden nicht zielführend behandelt. Deshalb wird diese Kasuistik dargestellt.

In ◉ **a** ist das zentrale Pfortaderaneurysma im Ultraschall und in ◉ **b** in der lineal-venösen Phase bei der indirekten Splenoportographie zu sehen. Die Milz ist stark vergrößert.

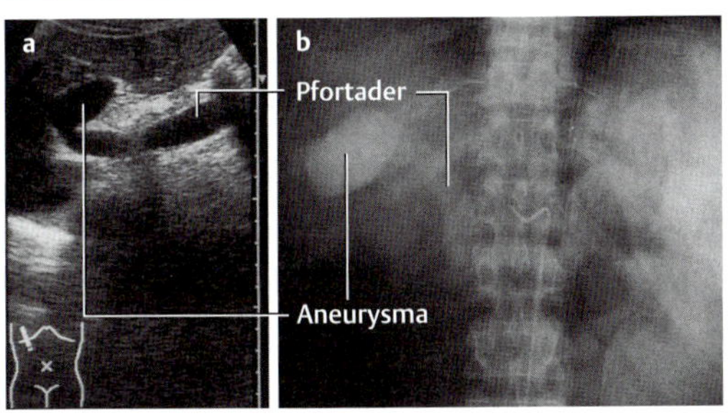

(◉ **23.4**). So ergeben sich Hinweise zur Ursache der portalen Hypertension und damit manchmal zu deren Therapie. Auch lässt sich bei geplantem portosystemischen Shunt die Frage der technischen Anastomosierungsfähigkeit der Portalvenen beantworten.

Lebersequenzszintigraphie (s. auch SE 4.6, S. 85): Hiermit wird der arterielle und portalvenöse Durchblutungsanteil der Leber semiquantitativ errechnet. Besteht kein portaler Durchblutungsanteil mehr, kann unbedenklich ein kompletter Shunt angelegt werden (s. auch SE 23.4, S. 532 f).

Obere Endoskopie: Sie ist unerlässlich zur Beurteilung der Ösophagus- und Fundusvarizen bzw. der Gastropathia hypertensiva (s. auch SE 23.3, S. 530 f).

! Die wichtigsten Blutungsquellen wegen portaler Hypertension sind Ösophagusvarizen, Fundusvarizen und Gastropathia hypertensiva.

23.4 Messung des Lebervenenverschlussdrucks

Perkutan-transjuguläre Einbringung eines langen, an der Spitze gebogenen und mit einem Ballon versehenen Katheters über die V. cava superior/inferior (◉). Unter Durchleuchtungskontrolle wird dieser in eine (meist rechte) Lebervene eingeführt und der „freie" sowie der durch den Ballon geblockte Lebervenendruck (= Wedge-Druck) gemessen. Letzterer entspricht dem fortgeleiteten Druck des sinusoidalen Gefäßbettes und damit im Normalfall dem Druck in einer frei durchgängigen V. portae. Die Subtraktion des freien vom geblockten Lebervenendruck ergibt die Höhe der portalen Hypertension.

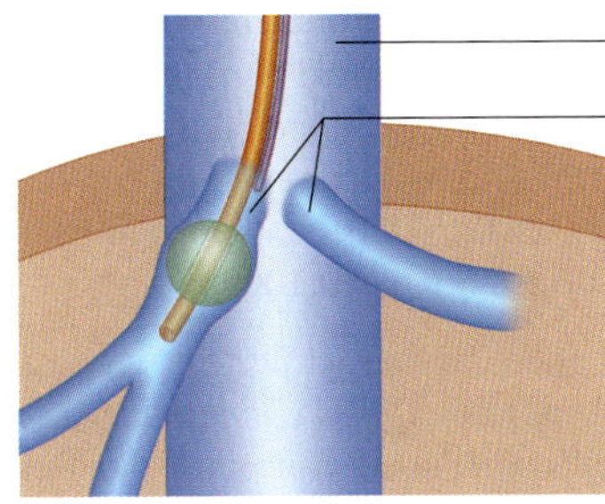

◉ 23.4 Indirekte Splenoportographie bei Zirrhose

a venöse Phase nach selektiver Kontrastierung der A. mesenterica sup.

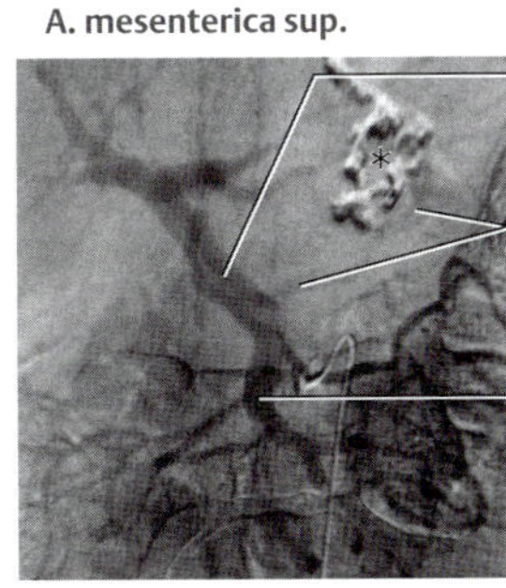

b venöse Phase nach selektiver Kontrastierung der A. lienalis

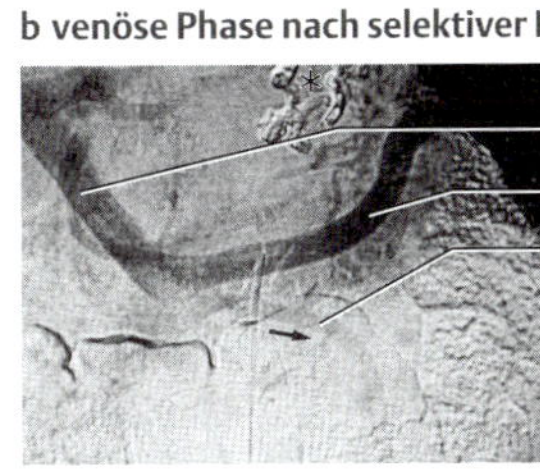

V. mesenterica superior, V. lienalis und V. portae sind offen. Die V. coronaria ventriculi ist zart kontrastiert und „speist" in umgekehrter Flussrichtung die Ösophagus- und Fundusvarizen. Darüber hinaus sieht man auf beiden Bildern das Lipiodol-kontrastierte Cyanoacrylat nach notfallmäßiger Sklerosierung von Fundusvarizen (*).

23.3 Akute Varizenblutung

Viele der durch portale Hypertension entstehenden Komplikationen können heute gut behandelt werden. Das wesentliche Problem jedoch ist die akute Blutung aus Ösophagus- und Fundusvarizen, weil sich dann Blutung und limitierte Leberfunktionsreserve gegenseitig negativ beeinflussen.

Entwicklung von Varizen

Aufgrund der portalen Hypertension kommt es zur Ausbildung portosystemischer Kollateralkreisläufe (s. **23.1a**, S. 527). Besonders eindrücklich ist das periumbilikal sichtbare „Caput medusae" (s. **23.3**, S. 528), intra- und retroperitoneal sind bis zu daumendicke Varizen keine Seltenheit (**23.1b**). Unbehandelt beträgt das Risiko von Rezidivblutungen nahezu 100 %,

Etwa die Hälfte aller Zirrhosepatienten entwickeln während ihres Lebens Ösophagus- und Fundusvarizen, davon blutet jedoch wiederum nur etwa die Hälfte. Das Blutungsrisiko steigt mit sich verschlechternder Leberfunktion.

Ursachen einer Varizenblutung

Letztlich ist die jeweils auslösende Ursache nicht bekannt. Gesicherten Einfluss haben **lokale Faktoren** (Ausprägung und Größe der Varizen, intraluminaler Druck, entzündliche Zeichen auf der Kuppe der Varizenstränge wie Red Colour Signs oder Cherry red Spots) und **systemische Faktoren** (schlechte Leberfunktion wie Gerinnungsstörungen, Aszites usw., vasoaktive Substanzen und Hustenstöße mit kurzzeitiger Erhöhung des Pfortaderdrucks). Infektionen, z. B. spontan bakterielle Peritonitis, sind ebenfalls häufige Auslöser einer Blutung.

Blutungslokalisationen

Fasst man die 3 Blutungsquellen Ösophagusvarize, Magenvarize und Gastropathia hypertensiva als 100 % zusammen, dann besteht eine Häufigkeitsverteilung von ca. 80 : 10 : 10 %.

Ösophagusvarizen: Retroperitoneale Venen finden in Höhe des ösophagokardialen Übergangs Anschluss an das Venensystem des terminalen Ösophagus. In den letzten 5 cm des Ösophagus liegen diese Venen in der Lamina propria mucosae, nach oben hin eher in der Submukosa.

Die distalen Ösophagusvarizen sind besonders blutungsgefährdet.

Endoskopisch werden sie entsprechend der Ausdehnung in die Stadien I–IV klassifiziert. Oft sind 3 longitudinal-parallel verlaufende Stränge vorhanden (**6.8**, S. 143).

Magenvarizen: Sie sind sub- und perikardial lokalisiert (Fundusvarizen). Ob sie nach Dauersklerosierung von Ösophagusvarizen an Bedeutung zunehmen, ist ungeklärt.

Gastropathia hypertensiva: Stauungsbedingte Kongestion und hyperdyname Zirkulation führen zur Dilatation der mukosalen Blutgefäße, besonders im oberen Magenanteil. Klinisch bedeutsam ist die schwere Form: kirschrote Flecken, Erosionen, diffuse Blutung. Bei Blutung sind resezierende Verfahren kontraindiziert. Statt dessen Therapie mit β-Rezeptoren-Blockern oder druckentlastende Operationen.

Die Gastropathia hypertensiva wird in den letzten Jahren zunehmend diagnostiziert.

Atypische Varizen: Insbesondere bei der prähepatischen Thrombose des Pfortadersystems bilden sich selten einmal atypisch lokalisierte (ebenfalls submuköse) Varizen im Bereich der *Flexura duodenojejunalis*, der *Bauhin-Klappe* oder des *Rektosigmoids*, an Stellen, wo venöse Kollateralen zum Niederstromgebiet der V. cava entstehen können. Die Blutungsquelle kann oft nur während der Blutung mittels Angiographie erkannt werden: Dann kommt es zum Kontrastmittelaustritt ins Darmlumen hinein. Therapeutisch kommen Sperroperationen und/ oder β-Rezeptoren-Blocker infrage.

Therapie der akuten Varizenblutung

Jeder Patient mit einer akuten Varizenblutung sollte auf eine Wach- oder Intensivstation verlegt werden.

Die Überwachung des Patienten auf einer Wach- oder Intensivstation ist aus Gründen der zeitlichen Dichte von diagnostischen und therapeutischen Maßnahmen sowie aus Gründen der Qualität der Behandlung („Personalintensität") geboten.

Die akute Blutstillung hat übergeordnete Wichtigkeit; sie wird am besten durch die Notfallsklerosierung erreicht. Ist sie nicht verfügbar, wird eine Ballonsonde gelegt (**23.5**), evtl. mit nachfolgender Verlegung des Patienten in ein Zentrum.

Allerdings sistieren über die Hälfte aller Varizenblutungen spontan. Weitere Gründe für die Behandlung auf einer Intensivstation sind die Erreichung einer Kreislaufhomöostase, die Volumentherapie und adjuvante Maßnahmen.

Blutstillung durch Sklerosierung

Ösophagusvarizen: Während der Notfallendoskopie werden die Varizen (s. SE 23.2, S. 528) mittels para- und intravasaler (submuköser) Injektion von 1 %igem Polidocanol *sklerosiert* (**23.5a**). Hierdurch wird die zuführende Varize komprimiert und das Venenendothel chemisch

23.5 Methoden zur endoskopischen Varizenbehandlung

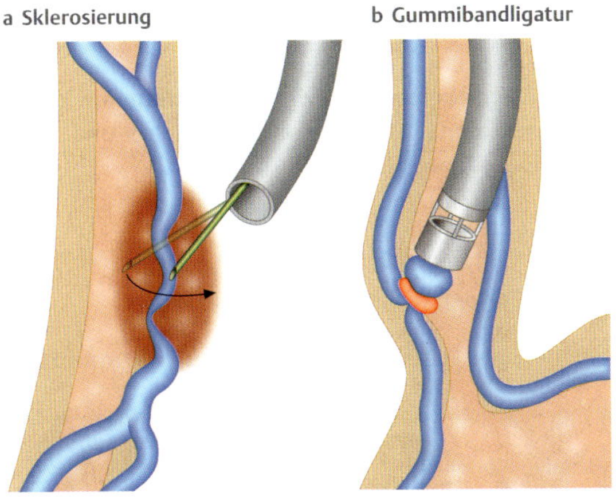

a Intra- und paravasale Sklerosierung während der akuten Blutung: es werden mehrere Depots von 1%igem Polidocanol gesetzt.
b In der elektiven Situation kann ein Gummiband über einen jeweils in das Endoskop zuvor „eingesaugten" Varixknoten übergestreift werden.

gereizt, was zur Thrombosierung („Sklerosierung") führt. Die früheste Wiederholung einer Sklerosierung ist nach 3–5 Tagen möglich, ansonsten droht die Gefahr der transmuralen Nekrose. Alternativ kann die Varize (auch bei aktiv anhaltender Blutung) durch ein Gummiband ligiert werden (**23.5**).

Die Sklerosierung oder Gummibandligatur führt bei über 90% aller akut blutenden Patienten zum sofortigen Blutungsstillstand (primäre Blutstillungsrate). Dies beeinflusst die Prognose nur partiell: Durch frühe Rezidivblutungen, Leberinsuffizienz und sekundäres Multiorganversagen sind die Patienten weiterhin gefährdet.

Magenvarizen: Sie werden mit dem Gewebekleber „Cyanoacrylat" verplombt (s. **23.4**, S. 529), was zu einer oberflächlichen Nekrose führt: diese Form der Sklerosierung ist nicht wiederholbar.

Notoperation

Die notfallmäßige Anlage einer portokavalen Anastomose bzw. Sperroperation ist nur indiziert, wenn alle anderen Therapiemöglichkeiten erfolglos sind und sich der Allgemeinzustand noch nicht zu sehr verschlechtert hat (Leberversagen, Multiorganversagen).

Allgemeine Maßnahmen

Allgemeine Intensivmaßnahmen: Monitoring, zentralvenöser Katheter, Volumentherapie, parenterale Ernährung, weiche Magensonde, Blasendauerkatheter, nasale Sauerstoffinsufflation, Antibiotika, Pflege usw.

Leberfunktion sicherstellen: Dekontamination des blutgefüllten Darmes mittels Abführmaßnahmen (insbesondere Lactulose-Einläufe bei Enzephalopathie). Verbesserung der Leberperfusion mittels Dobutamin. Ersatz von Gerinnungsfaktoren und Albumin, Therapie einer Hyperfibrinolyse, orale Eiweißrestriktion usw.

Senkung von Pfortaderfluss und Pfortaderdruck: Einsatz vasoaktiver Substanzen wie Vasopressin (Analogon: Glypressin), Somatostatin oder Nitroglycerin.

Lunge: Frühzeitige Intubation zur Vermeidung oder Therapie einer Aspirationspneumonie, z. B. beim präkomatösen Patienten oder wenn zur Endoskopie wegen Unruhe des Patienten Sedativa gegeben werden müssen.

Die Aspirationspneumonie ist hinsichtlich des Überlebens einer der prognoserelevantesten Faktoren.

23.5 Blutstillung mit Ballonsonden

Zur örtlichen Blutstillung kann bei anhaltender Blutung eine Ballonsonde (unter 500 g Zug) eingelegt werden. Die birnenförmige **Linton-Sonde** (**a**) und die **Sengstaken-Blakemore-Sonde** (**b**: kugeliger Ballon an der Kardia und zylindrischer Ballon im Ösophagus) vermindern durch Aufdehnung des ösophagokardialen Übergangs den venösen Einstrom in die Ösophagusvarizen und komprimieren direkt die Varizen. Diese Sonden sollten nur bei intubierten Patienten angewendet werden. Der Speichel wird über die (ösophagealen) Sondenlöcher abgesaugt.
Komplikationen: **Aspiration**, da das Schlucken von Speichel unmöglich ist, **Nekrose** bei länger als 12 Stunden liegender Sonde, Wandruptur der Speiseröhre bei Fehllage der Sonde.
Heute ist die Ballonsonde durch die Sofortsklerosierung weitgehend ersetzt. Sie hat aber z. B. ihre Berechtigung zur Verlegung des Patienten in ein Zentrum.

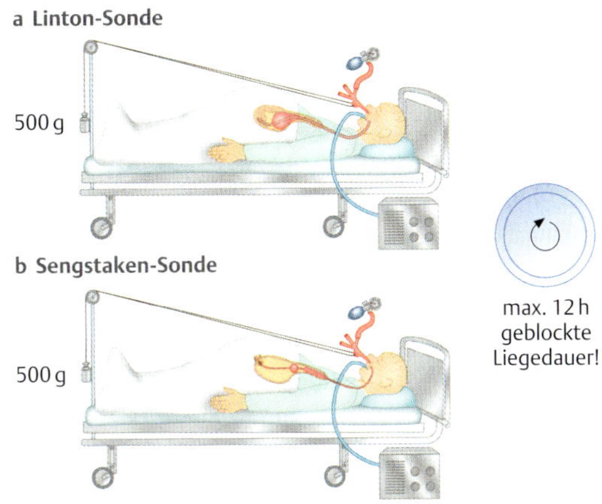

Prognose der akuten Varizenblutung

Nach der ersten Blutung sterben im Krankenhaus trotz guter Therapie und trotz Blutstillung 20–30% der Patienten mit einer akuten Varizenblutung bei Zirrhose. Die Hauptgründe sind Leberversagen, Pneumonie, Sepsis und Multiorganversagen. Weitere 30% versterben innerhalb des ersten Jahres wegen Rezidivblutung und Leberinsuffizienz. Besonders gefährdet sind ältere Patienten mit schlechter Leber- oder Nierenfunktion.

Andreas Hirner / Martin Wolff

23.4 Shunt-Chirurgie zur Verhütung von Rezidivblutungen

Die in SE 23.3 (S. 530 f) dargestellten Notfallmaßnahmen verhüten mit Ausnahme der portokavalen Anastomose keine Rezidivblutungen. Somit muss in den ersten Tagen nach Varizenblutung auch über die einzuschlagende Dauertherapie nachgedacht werden. T 23.1 zeigt anerkannte Entscheidungshilfen pro und contra Shunt-Operation.

T 23.1 Shunt-Operationen oder Dauersklerosierung nach initial erreichter Blutstillung?

pro Shunt-Operation	*pro Sklerosierung*
• Child-Stadium A (und gutes Stadium B), • starke initiale Blutung (≥ 4 Erythrozytenkonzentrate) • früh rezidivierende Blutung (trotz Sklerosierung), • Fundusvarizenblutung, • blutende Gastropathia hypertensiva, • geringe portale Restperfusion	• geringe Blutungsintensität, • Hepatomegalie starken Ausmaßes, • anhaltende Alkoholkrankheit, • hepatozelluläres Karzinom, • bei Zirrhose thrombosiertes Pfortadergebiet, • pulmonales, renales und hepatisches Versagen

! Weder die Lebensqualität noch die Langzeitüberlebensrate sind nach Shunt schlechter als unter Dauersklerosierung: Für die Shunt-Operation spricht daher, dass sie nur einmal durchgeführt werden muss und dass sich die Angst des Patienten vor einer weiteren Blutung vermindert.

23.6 Portosystemische Shunt-Formen

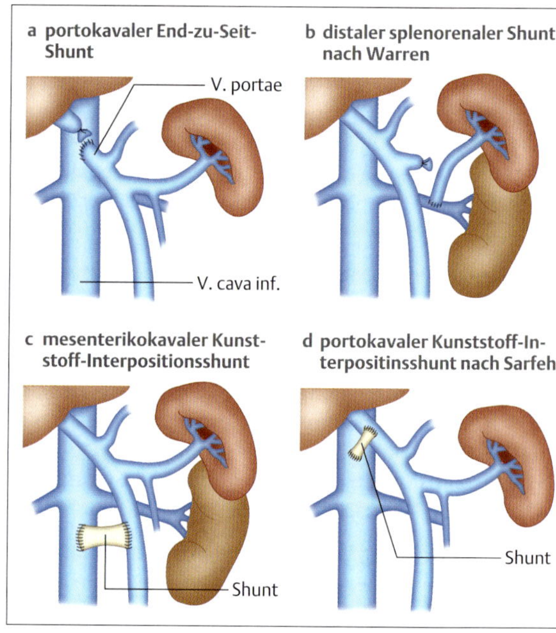

Portosystemische Shuntformen

Durch direkte Anastomosen zwischen dem Stromgebiet der Pfortader und der V. cava inferior wird eine nachhaltige portale Drucksenkung erreicht (**23.6**): Dies ist der sicherste Schutz vor weiteren Blutungen. Es werden komplette und inkomplette Shunts unterschieden. Bei den **kompletten Shunts** wird der Leber das gesamte Pfortaderblut entzogen: Sie wird dann nur noch von der Leberarterie versorgt. Prototyp ist die *portokavale End-zu-Seit-Anastomose* (PCA). Bei den **inkompletten** (oder **selektiven**) **Shunts** bleibt zunächst eine portale Restperfusion der Leber erhalten. Prototypen sind der *distale splenorenale Shunt nach Warren* oder der (schmalkalibrige) *portokavale Interpositionsshunt nach Sarfeh.*

Wichtige Anastomosen

Portokavale End-zu-Seit-Anastomose (PCA)

s. **23.6a**
Indikation: Bei guter Leberfunktion (Child A), nach massiver Blutung, bei schon präoperativ nur noch geringer Pfortaderperfusion, in der Notsituation der anhaltenden Blutung und wenn wegen schlechter Milzvene kein Warren-Shunt möglich ist.
Nachteile: Postoperativ kommt es häufig zu Aszitesbildung. Wegen der Gefahr der portosystemischen Enzephalopathie wird postoperativ die oral verabreichte Menge tierischen Eiweißes stufenweise erhöht (von 40 bis maximal 70 g/d).
Vorteile: Die PCA bringt die beste Drucksenkung und hat mit 5 % die geringste Thromboserate (sicherer Langzeiterfolg).
Zur *Durchführung* der Operation s. **23.7**.

Distaler splenorenaler Shunt

Synonym: Warren-Shunt
s. **23.6b**
Indikation: In der Elektivsituation, bei guter Milzvene (> 9 mm Durchmesser), auch bei mäßiger Leberfunktion (Child B) und nach Voroperationen im rechten Oberbauch.
Vor- und Nachteile: Das Thromboserisiko liegt allerdings bei bis zu 20 % mit der Konsequenz von Rezidivblutungen. Zunächst bleibt eine prograde Pfortaderperfusion er-

halten (👁 23.7). Nach Jahren kommt es aber wegen zwischenzeitlich entstandener Kollateralen zum Niederdruckgebiet hin dennoch zum retrograden Pfortaderfluss. Dann ist der initiale Vorteil dieses Shunts verloren.
Zur *Durchführung* der Operation s. **23.7**.

Portokavaler Seit-zu-Seit-Kunststoff-Interpositionsshunt nach Sarfeh

Synonym: H-Shunt (kurze H-förmige Interposition einer 8 mm durchmessenden Kunststoffprothese)
s. 👁 **23.6c**
Indikation: Bei offenem Pfortaderstromgebiet.
Vorteile: Erbringt als inkompletter Shunt eine ausreichende Druckentlastung, bei noch erhaltener portaler Leberperfusion.
Nachteile: Er ist nur bei günstigem Situs möglich, das Thromboserisiko beträgt ca. 10 %.

23.6 Sonstige Shunt-Operationen

Es gibt noch eine Vielzahl von portosystemischen Anastomosen: Die direkte **portokavale Seit-zu-Seit-Anastomose** (👁 **23.6c**) hat ihre Berechtigung zur Aszitesbehandlung beim Budd-Chiari-Syndrom, ansonsten hat sie wegen des retrograden Pfortaderflusses aus der Leber heraus gegenüber der End-zu-Seit-Anastomose eine ungünstigere Langzeitüberlebensrate. Der **mesenterikokavaler Seit-zu-Seit-Kunststoff-Interpositionsshunt** (👁 **23.6d**) stellt bei Pfortaderthrombose eine gute Alternative dar. Der **laterolaterale splenorenale Shunt nach Cooley** wurde bei Kindern mit Pfortaderthrombose entwickelt, wird heute aber auch bei Erwachsenen durchgeführt. Der **proximale splenorenale Shunt nach Linton**, bei dem nach Splenektomie das milznahe Ende der Milzvene mit der linken Nierenvene anastomosiert wird, wird heute wegen des notwendigen Milzverlustes und der sehr hohen Thromboserate nicht mehr durchgeführt.

23.7 Operationstechnik der 2 wichtigsten portosystemischen Anastomosen

PCA: Rückenlage. Rippenbogenrandschnitt rechts. Entwicklung der Pfortader am Unterrand des Lig. hepatoduodenale. Darstellen der Vorderwand der infrahepatischen V. cava inferior. Abbinden der Pfortader leberwärts, deren queres Durchtrennen, Längsvenotomie der Kavavorderwand und fortlaufende Gefäßnaht zwischen zuführender Pfortader und V. cava im Sinne einer End-zu-Seit-Anastomose (nicht-resorbierbarer monofiler5/0-Faden). Durchschnittliche OP-Zeit: 1 Stunde.
Warren-Shunt: Rückenlage. Querer Oberbauchschnitt beiderseits. Darstellen von linker Nierenvene und Milzvene durch die Bursa omentalis hindurch. Unterbinden der V. lienalis direkt vor deren Konfluens mit der V. mesenterica superior. Dann queres Durchtrennen, Längsvenotomie der Vorderwand der V. renalis sinistra und fortlaufende Gefäßnaht zwischen zuführender Milzvene und Nierenvene im Sinne eines End-zu-Seit-Shunts. Wichtig ist die zusätzliche Skelettierung der distalen Magenhälfte einschließlich der gezielten Unterbindung der V. coronaria ventriculi. Nur hierdurch erreicht man die selektive Druckentlastung des Gebiets von Ösophagus, oberem Magen und Milz hinein in die Nierenvene. Durchschnittliche OP-Zeit: 3 Stunden.

👁 23.7 Indirekte Splenoportographie nach Warren-Shunt

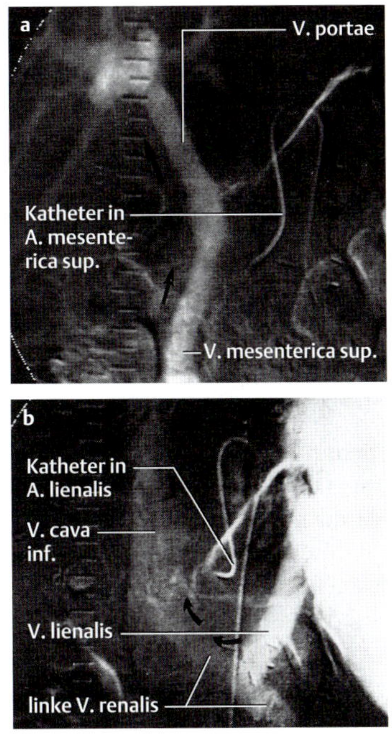

Zu sehen ist die jeweils venöse Phase nach Warren-Shunt bei einer 68-jährigen Zirrhosepatientin. **a** Nach Injektion in die A. mesenterica superior erhaltene prograde Pfortaderperfusion aus der V. mesenterica superior. **b** Nach Injektion in die A. lienalis sofortiger Abstrom des Milzvenenblutes durch die splenorenale End-zu-Seit-Anastomose hindurch in die V. cava inferior hinein.

Nachsorge

Für alle Patienten, die sich einer Shunt-Operation unterzogen haben, ist die ambulante Nachsorge von eminenter Bedeutung, insb. wegen der Gefahr der sich verstärkenden portosystemischen Enzephalopathie.

Im Mittelpunkt stehen Diätberatung (tierisches Eiweiß bis 70 g/d), Therapie neu auftretender Infektionen, Vermeidung zu hoher Diuretikatherapie und Anmahnen der Alkoholabstinenz. **T 23.2** zeigt erreichbare Ergebnisse nach portosystemischer Anastomose.

T 23.2 Klinische Symptome und allgemeines Befinden nach Shunt-Operation*

Symptome	*Häufigkeit*
Patienten die mit dem Ergebnis der Operation insgesamt zufrieden sind	88 %
Patienten, die wieder Urlaubsreisen unternehmen können	80 %
Patienten, die wieder arbeitsfähig sind	57 %
periphere Ödeme	34 %
Leberinsuffizienz**	29 %
Enzephalopathie (gering 12 %, schwer 3 %)**	15 %

* Bonner Patienten-Kollektiv
** oft grundkrankheitsbezogen, auch schon präoperativ vorhanden (Child-Stadium)

23.5 Weitere Maßnahmen zur Verhütung von Rezidivblutungen

Die in der vorhergehenden Studieneinheit dargestellten Shunt-Operationen sind nicht unumstritten: Randomisierte Studien und Metaanalysen haben bisher keine Klärung erbracht, ob zumindest beim Child-A-Patienten die verschiedenen Shuntformen bessere bzw. schlechtere Langzeitergebnisse erbringen als die im Folgenden u. a. dargestellte Langzeitsklerosierung. Bei den Child-C-Patienten jedoch hat der operativ durchgeführte Shunt schlechtere Ergebnisse. In den letzten 10 Jahren hat sich bei vielen Patienten das nicht-operative TIPS-Verfahren durchgesetzt: eine wie die Shuntoperation drucksenkende Maßnahme.

Medikamentöse Dauertherapie

Sie erfolgt meist mit dem **β-Rezeptoren-Blocker** Propranolol, anfänglich 80 mg täglich mit Steigerung bis zu 160 mg je nach Bradykardie und allgemeiner Verträglichkeit. Auf diese Weise wird durch verminderten arteriellen Einstrom der Pfortaderdruck gesenkt: Der Prozentsatz von Patienten, die 2 Jahre lang frei von Rezidivblutungen bleiben, steigt von 35 auf 57 %. Aber:

Knapp die Hälfte aller Patienten blutet wieder, dann jedoch unter schlechteren hämodynamischen Reaktionsmechanismen.

Dauersklerosierung von Ösophagusvarizen

Zumeist wird sie mittels Polidocanol durchgeführt, seltener mittels Gummibandligatur (s. **23.5**, S. 531). Nach anfänglich häufigeren „Sitzungen" (z. B. wöchentlich) erfolgen die Sklerosierungen alle 3 Monate, jeweils für 1–2 Tage stationär. Das häufigste Langzeitproblem ist die zirkuläre Stenose am distalen Ösophagus (fibrose- und narbenbedingt) mit Dysphagie, was eine Bougierung notwendig macht. Selten ist ein methodenbedingter Exitus nach transmuraler Nekrose wegen Mediastinitis oder Peritonitis. Trotz suffizienter Langzeitsklerosierung kommt es in ca. 30 % der Fälle zu weiteren Rezidivblutungen.

TIPS

Der **t**ransjuguläre **i**ntrahepatische **p**ortosystemische **S**hunt (TIPS) ist ein interventionelles Stent-Verfahren (**23.8**). De facto ist dies ein **kompletter portokavaler Seit-zu-Seit-Shunt**. Oft sind Korrektureingriffe wegen bindegewebiger Stenosen bzw. Verschlüsse notwendig. Die methodenbedingte Letalität ist niedrig. Das häufigste Langzeitproblem ist eine Verstärkung der portosystemischen Enzephalopathie, ähnlich wie bei einem kompletten chirurgischen Shunt (s. SE 23.4, S. 532 f). Bestehen rezidivierende Varizenblutungen und ist eine Lebertransplantation indiziert, kann mit dem TIPS die Wartezeit (derzeit 6–9 Monate) überbrückt werden.

23.8 Technik der TIPS-Einlage

In Lokalanästhesie wird transjugulär ein Führungsdraht eingebracht, der unter Durchleuchtung über die rechte Lebervene bis in den rechten Pfortaderast (durch das zirrhotische Parenchym hindurch) vorgeschoben wird. Über diesen Draht werden ein oder mehrere Metall-Stents (Palmaz-Stent) zwischen Pfortaderast und Lebervene intrahepatisch implantiert und auf 8–12 mm Durchmesser aufgedehnt. Die **zeigt** eine Angiographie nach Einlage eines TIPS: Der perkutan-transjugulär eingeführte Angiographiekatheter liegt mit seiner eingerollten Spitze in der V. lienalis. Das Kontrastmittel strömt über die Pfortader und durch den intrahepatischen Gittermaschen-Stent-Shunt direkt in die V. cava inferior ab. Die V. coronaria ventriculi (kleine Pfeile) ist noch immer retrograd durchströmt.

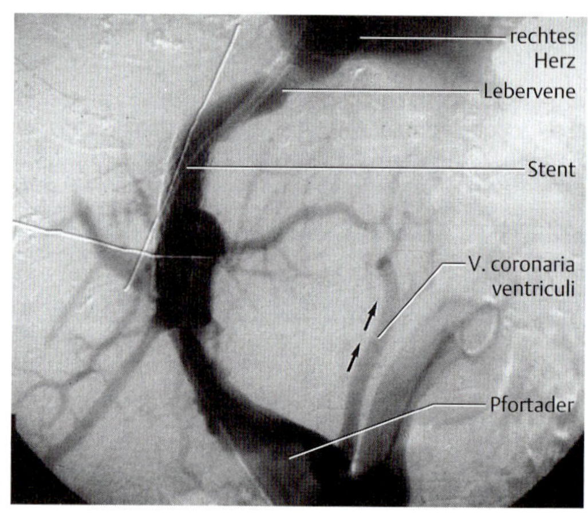

Sonstige Operationen

Operation bei hyperkinetischer portaler Hypertension: Die Diagnose einer arterioportalen Fistel ist die Indikation für die Operation mit Exstirpation des Aneurysmas bzw. Resektion des fisteltragenden Gastrointestinalabschnittes. Bei intrahepatischen Fisteln (Folge von zu tiefen Leberpunktionen) wird die zuführende Arterie durch den Radiologen superselektiv embolisiert.
Splenektomie: Sie ist indiziert bei isolierter Milzvenenthrombose, insb. bei gesunder Leber.

Sperroperation: Wenn beim Vorliegen einer Panthrombose mit und ohne Zirrhose die (Dauer-) Sklerosierung, evtl. in Kombination mit β-Rezeptoren-Blockern, nicht zum definitiven Blutungsstillstand führt, dann sind Sperroperationen indiziert.

Ziel der Sperroperation ist die Unterbrechung des venösen Zuflusses vom Bauchraum hin zur blutenden Läsion im terminalen Ösophagus.

Die sinnvollste und technisch risikoärmste Operation ist die zirkuläre *Totalskelettierung* des proximalen Magens einschließlich des abdominellen Ösophagus bis hinein in den Hiatus oesophageus (**23.8**) mit geplantem Erhalt der Milz Eine zweite Sperroperation ist die sog. *„Transsektion"* des distalen Ösophagus. Mittels maschineller Raffung und Naht der zirkulären Ösophaguswand werden die längs verlaufenden Varizen durchtrennt. Da jedoch die meisten Patienten an dieser Stelle vorsklerosiert sind, besteht ein hohes Risiko der Anastomoseninsuffizienz. Weitere „Sperroperationen" sind *kurzstreckige Darmresektionen* bei atypisch lokalisierten Varizen.
Fundusresektion: Ist es aufgrund Sklerosierung oder Verwendung einer Ballonsonde zur Nekrose und Perforation des distalen Ösophagus gekommen, muss als Ultima ratio eine Resektion des ösophagokardialen Übergangs (Fundusresektion) durchgeführt werden: Letalität weit über 50 %, ohne Operation jedoch 100 %.

23.9 Prophylaktische Maßnahmen

Lokale Maßnahmen zur Verhinderung einer ersten Varizenblutung werden „prophylaktische" Maßnahmen genannt. Sie sind in ihrer Wirkung auf die Überlebenszeit der Patienten mit einer Zirrhose umstritten. Sicher erscheint die Applikation von **β-Rezeptoren-Blockern**: Hierdurch wird die Blutungsinzidenz verringert und die Überlebensrate erhöht. Die **prophylaktische Sklerosierung** scheint nur in den Untergruppen mit großen Varizen, bei dekompensierter Zirrhose, bei alkoholischer Genese und beim Vorhandensein von „red colour signs" sinnvoll zu sein. Vielleicht erbringt die technisch risikoärmere **Gummibandligatur** der Varizen eine Renaissance der Prophylaxe.
Auf jeden Fall sind Operationen kontraindiziert.

Zusammenfassende Wertung der verschiedenen Therapiemöglichkeiten bei Rezidivblutungen

Alle Ereignisse (z. B. Blutung oder Infektion) und alle therapeutischen Maßnahmen haben im Child-Stadium A eine wesentlich bessere Prognose als im Stadium B oder C (**23.9**). **23.1** (s. S. 532) beinhaltet die wesentlichen Argumente, welche nach initial erreichter Blutstillung für oder gegen einen Shunt sprechen.

Shunt-Operationen sind gleichermaßen sichere wie effiziente Maßnahmen, die trotz ihrer vielfach irrationalen Negativbeurteilung („lieber verbluten als verblöden") berechtigt sind und deshalb neuerdings eine Renaissance erleben.

23.8 Sperroperation

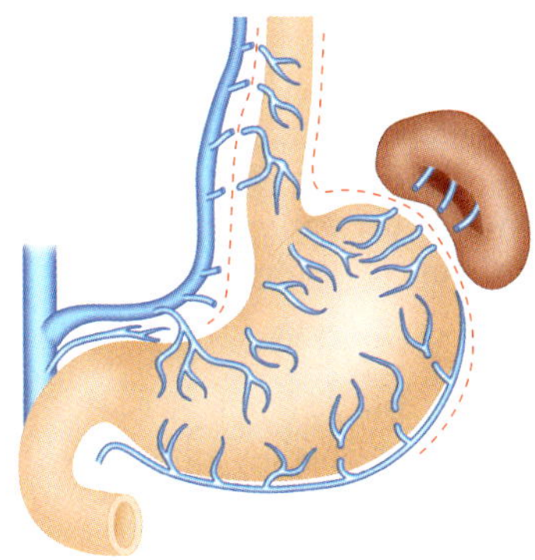

Zirkuläre Totalskelettierung von abdominalem Ösophagus, ösophagokardialem Übergang und proximaler Magenhälfte (unter Erhalt der Milz)

Wichtig ist die richtige Selektion der zu operierenden Patienten: Child-A-Stadium und gutes -B-Stadium, geringe portale Restperfusion, keine Hepatomegalie, keine Voroperation im operativen Situs und vorsichtige Indikation beim anhaltend alkoholkranken Patienten.
Die 3-Jahres-Überlebensrate nach Varizenblutung und rascher Shunt-Operation beträgt (einschließlich der initialen Krankenhaussterblichkeit) ca. 50 % und ist wesentlich von der Leberfunktion abhängig (Child-Pugh-Score). Diese geringe Überlebensrate ist Ausdruck der Grunderkrankung und unterscheidet sich nicht von der Überlebensrate bei ausschließlicher Sklerosierung. Auch hat ein portosystemischer Shunt keinen negativen Einfluss auf eine spätere Lebertransplantation.
Zurzeit fehlen randomisierte Studien, die den portosystemischen Shunt mit dem TIPS vergleichen.

Wahrscheinlich bestimmen die richtige Auswahl der für die jeweilige Therapie geeigneten Patienten, die Qualität der jeweiligen Therapiemodalität (Sklerosierung, Shunt, TIPS) und eine engmaschige Nachsorge ganz wesentlich das Langzeitergebnis.

23.9 Überlebensraten nach portosystemischen Shunt

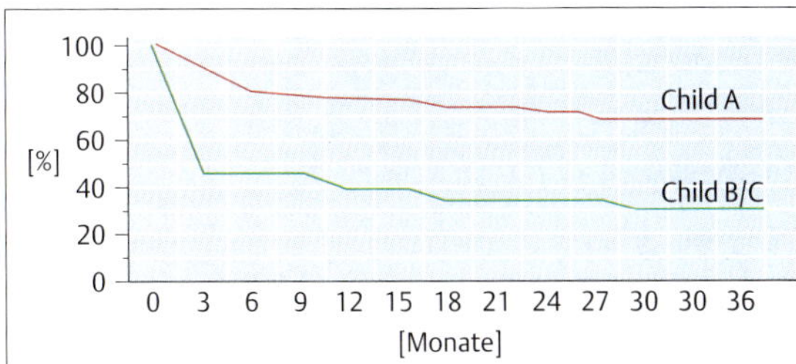

Überlebensraten nach portosystemischem Shunt aufgrund einer Varizenblutung kurz zuvor. Patienten im initialen Child-Stadium A (n = 45, Bonner Patientenkollektiv) haben während der ersten 3 Monate ab Operation eine wesentlich bessere Überlebensrate als jene im Child-Stadium B und C (n = 41). Die späteren Überlebensraten verlaufen parallel und sind Ausdruck der Grundkrankheit „Zirrhose".

23.6 Aszites

Aszites ist die Ansammlung von Flüssigkeit in der freien Bauchhöhle. Häufigste Ursache ist die Leberzirrhose. Trotz Therapie sterben 50 % der Patienten mit Zirrhose und Aszites innerhalb des folgenden Jahres (es sei denn, es folgt eine Lebertransplantation). Die Behandlung des Aszites kann das Fortschreiten der Zirrhose nicht aufhalten, jedoch weitere Komplikationen vermeiden und die Lebensqualität entscheidend verbessern.

Ursachen und Pathogenese: Die häufigste Ursache des Aszites ist die Leberparenchymerkrankung. Weitere Ursachen sind in **23.10** zusammengefasst. Die Pathogenese ist nicht endgültig geklärt (**23.10**).

23.10 Aszites: Pathogenese bei Leberzirrhose

Für die Pathogenese des Aszites werden mehrere Mechanismen diskutiert:
Die **„Underfill"-Theorie** besagt, dass durch den gesteigerten intra- oder posthepatischen Widerstand eiweißreiche Flüssigkeit aus der Leber durch die Leberkapsel in die freie Peritonealhöhle hinausgepresst wird. Der Körper reagiert auf diesen Volumenverlust mit einer Natrium- und Wasserretention, wodurch das Plasmavolumen steigt und sich wieder mehr Flüssigkeit vor und in der Leber staut: Der Circulus vitiosus schließt sich.
Im Zentrum der Pathogenese steht heute die **Theorie der peripheren Vasodilatation**: Auch hier ist es die verstärkte Natrium- und Wasserretention, die zur Erhöhung des zirkulierenden Blutvolumens führt, vermittelt durch die Aktivierung des Renin-Angiotensin-Aldosteron-Systems und des Sympathikus. Diese Aktivierung ist die Gegenregulation auf den relativen Volumenmagel bei peripherer Vasodilatation (s. SE 23.1, S. 526). Das Endstadium des Symptoms „Aszites" ist das hepatorenale Syndrom.

23.10 Ursachen für Aszitesbildung

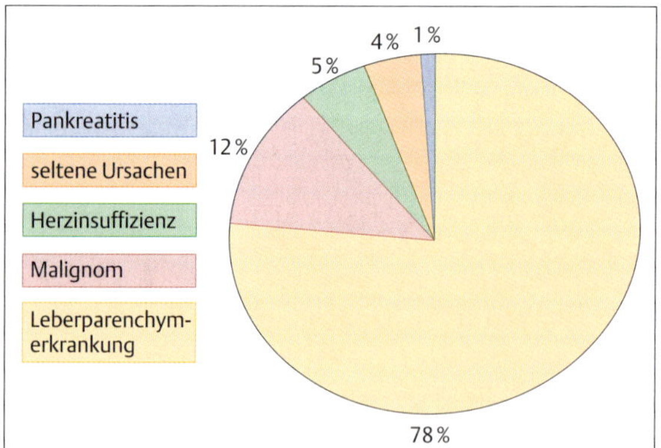

Leberparenchymerkrankung: meist Zirrhose,
Malignom: meist Peritonealkarzinose,
Herzinsuffizienz,
seltene Ursachen: Peritonealtuberkulose, prä- und posthepatischer Block, Hypothyreose, gutartiger Ovarialtumor (Meigs-Syndrom), Kollagenose, Eiweißmangel z. B. bei nephrotischem Syndrom,
Pankreatitis: mit pankreoperitonealer Fistel, sog. pankreogener Aszites: erhöhte Lipase/Amylase.

Untersuchung und Diagnostik:
Klinische Zeichen: Flankendämpfung und undulierende Bauchdecke bei Flüssigkeitsmengen ab 1,5 l.
Sonographie: Zur Feststellung geringer Mengen freier Flüssigkeiten (ab 300 ml) ist die Abdomensonographie Standard. Gleichzeitig können Aszitesursachen untersucht werden.
Punktion: Die zytologische, bakteriologische und biochemische Untersuchung des Aszites ist für die Abklärung einer Infektion bzw. einer malignen Ursache wichtig. Die herkömmliche Unterscheidung zwischen *Exsudat* mit hohem Eiweißgehalt (maligne) gegenüber *Transsudat* mit niedrigem Eiweißgehalt (benigne) mit einem Diskriminationswert von 3 g/dl ist ungenau. Eine höhere Aussagekraft hat die Bestimmung des *Albumingradienten*, d. h. die Differenz zwischen Albuminkonzentration in Plasma und Aszites. Ein Albumingradient > 1,1 g/dl (auch ein Cholesteringehalt < 45 mg/dl) spricht gegen eine Peritonealkarzinose. Weitere Informationen bringt die *Bestimmung von Tumormarkern* wie CEA im Aszites.

Klinik und Komplikationen:
Allgemeine Folgen: Der Aszites manifestiert sich durch eine zunächst schmerzlose Zunahme des Bauchumfanges und des Körpergewichts. Bis zu 15 l Aszites sind keine Seltenheit. Besonders in Rückenlage führt die Kompression der V. cava inferior zu einem Anstieg des hydrostatischen Druckes mit der Folge von Beinödemen. Die allgemeine Ödemneigung wird durch Eiweißverlust aus dem Intravasalraum in den Aszites und durch die Wasserretention verstärkt. Typisch sind Anasarka (Flankenödeme) und teilweise monströse Nabelbrüche durch die intraabdominelle Druckerhöhung (**23.11** und **23.11**). Pleuraergüsse und Zwerchfellhochstand führen zur Dyspnoe und Pneumonie. Refluxösophagitis und weitere Hernien sind die Folge der intraabdominellen Drucksteigerung. Die Patienten werden bettlägerig.
Infektiöse Folgen: Bei 15 % aller stationär aufgenommenen Patienten mit Aszites und Zirrhose infiziert sich der Aszites ohne erkennbaren Anlass. Dies wird als *spontane bakterielle Peritonitis (SBP)* bezeichnet. Infektionsquelle ist der Darm: Einzelne Bakterienstämme gelangen über mesenteriale Lymphknoten in den Aszites. Mischinfektionen sprechen eher für eine Perforation. Die SBP ist klinisch sehr schwer zu erkennen. Oft äußert sie sich nur in einer Verstärkung der portosystemischen Enzephalopathie oder in einer zunehmenden Nierenfunktionsstörung.

23.11 Nabelhernie bei Aszites

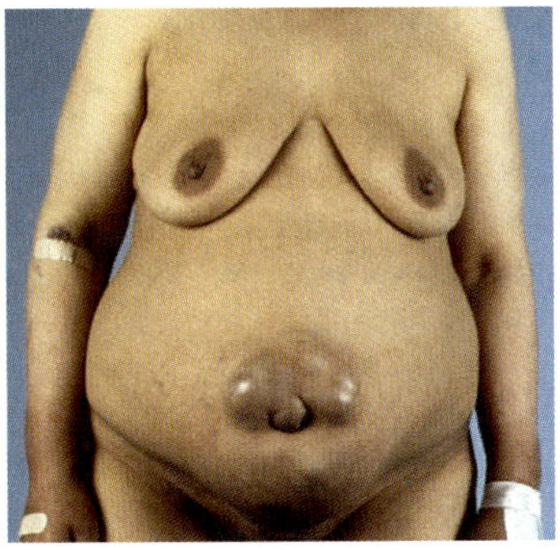

Die Letalität beträgt selbst unter antibiotischer Therapie bis zu 70 %.

23.11 Nabelhernien bei Zirrhose mit Aszites

Diese Hernien dürfen nicht vorschnell versorgt werden, sondern es gelten folgende Regeln: Alkoholkarenz, Behandlung des Aszites, präoperative Darm-Dekontamination, beste perioperative Fürsorge (z. B. Thrombozyten, plasmatische Gerinnung, Antibiotikaprophylaxe), Bruchsack möglichst nicht eröffnen, möglichst kein Kunststoffnetz verwenden, am besten erst im Rahmen einer Lebertransplantation versorgen.

Therapie:

Konservative Therapie: Geringe Mengen Aszites (unter ca. 1,5 l) und geringe periphere Ödeme bedürfen keiner Behandlung. Bei stärkerem Aszites kann in 85 % der Fälle durch Beschränkung der Flüssigkeitszufuhr auf 1–1,5 l/d und der Kochsalzzufuhr auf 3 g/d unter zusätzlicher diuretischer Therapie eine Ausschwemmung erreicht werden. Bettruhe führt auch zu einer verbesserten Rückresorption des Aszites.

Antazida und Antibiotika können große Natriummengen enthalten und so eine scheinbare Therapieresistenz verursachen.

Diuretika der Wahl sind Aldosteronantagonisten (Spironolacton 100–400 mg/d) und Schleifendiuretika (z. B. Furosemid 40–160 mg/d). Engmaschige Kontrollen der Serum-Elektrolyte sind notwendig.

Übertriebene Diuretikatherapie richtet mehr Schaden an als sie nutzt, weil sie die portosystemische Enzephalopathie und das hepatorenale Syndrom durch Verringerung des zirkulierenden Blutvolumens auslösen bzw. verstärken kann.

Punktion: Bei riesigen Mengen Aszites ist eine schnelle Reduktion notwendig. Dies erreicht man durch tägliche Punktion von jeweils etwa 5 l unter gleichzeitigem intravenösem Ersatz von 8–10 g Albumin pro Liter entnommenem Aszites (sog. Parazentesebehandlung). Eine Diuretikatherapie schließt sich an.

Operative Therapie: Versagen trotz stationärer Behandlung alle bisher genannten Maßnahmen, spricht man vom *therapierefraktären Aszites*. Dann sind interventionelle bzw. operative Maßnahmen angezeigt:

- Bei stabiler Leberfunktion (keine Enzephalopathie und Bilirubin < 3 mg/dl) kann eine Dekompression des Pfortadersystems durch einen *TIPS* erfolgreich sein (funktioneller Seit-zu-Seit-Shunt): Hierdurch wird die Leber entlastet, und es bildet sich weniger Aszites. Früher wurde bei dieser Situation ein portokavaler Seit-zu-Seit-Shunt angelegt.
- *Peritoneovenöses Aszitesventil* (**23.12**): Bei der Hälfte der Patienten verschließt sich das Shunt-System innerhalb des ersten Jahres. Oft helfen kleine Korrekturoperationen.
- *Lebertransplantation:* Ist der Aszites Zeichen einer terminal dekompensierten Leberzirrhose, sollte die Indikation zur Lebertransplantation geprüft werden (s. SE 22.7, S. 524 f).

23.12 Peritoneovenöser Shunt (Denver-Ventil)

Obligate Voruntersuchungen: Ausschluss einer
- schweren **Herz- und Niereninsuffizienz**,
- **Keimbesiedlung** des Aszites (SBP) und
- möglichen Aktivierung der systemischen **Gerinnung** durch die Aszites-Einleitung: Häufig enthält der Aszites gerinnungsaktive Substanzen wie z. B. Gewebethrombokinase, Fibrinspaltprodukte oder Komplement; diese können im Blut zu einer Aktivierung der Fibrinolyse führen. Deshalb wird probatorisch eine i. v.-Injektion von 50 ml steril entnommenen Aszites unter Kontrolle der Blutgerinnung vorgenommen. Wichtigster Laborparameter ist die Reptilasezeit: Bei starkem Anstieg nach 50 ml Reinfusion ist ein Aszitesventil kontraindiziert.

Prinzip (): Das schlauchartige Kunststoffsystem besteht aus Kollektor (liegt in der Peritonealhöhle), Rückschlagventil mit Pumpkammer (über dem Rippenbogen fixiert) und venösem Katheter (in der V. jugularis interna). Über den Druckgradienten zwischen Abdomen und rechtem Vorhof (ca. 10 cm H_2O), ggf. verstärkt durch Rückenlage, tiefe Inspiration oder Betätigung des Ventils, wird der Aszites in den Kreislauf zurückgeführt.

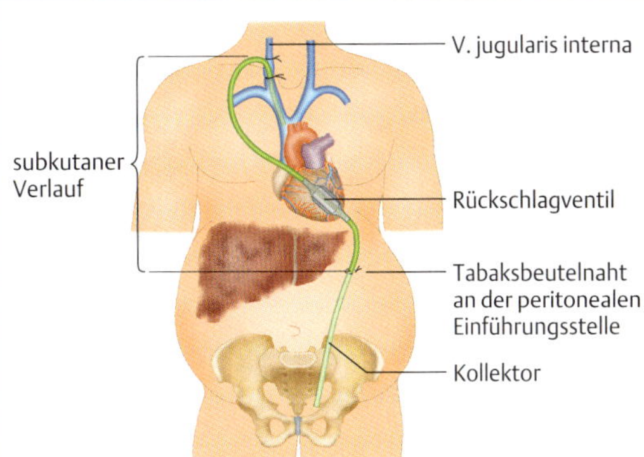

24.1 Gallenblase und Gallenwege: Anatomie und Physiologie

Entscheidend für die operative Therapie der Gallenblasen- und Gallenwegerkrankungen ist nicht nur die Kenntnis der regelhaften Anatomie, sondern das Wissen um die große Variabilität der arteriellen Blutversorgung der Leber und Gallenblase sowie des Verlaufs der extrahepatischen Gallenwege (👁 24.1). Eine mangelhafte Orientierung kann intraoperativ schwerwiegende Verletzungen dieser Strukturen zur Folge haben.

Anatomie

Die **extrahepatischen Gallenwege** beginnen in der Leberpforte mit dem rechten und linken Lebergang (Ductus hepaticus dexter et sinister). Beide Gänge vereinigen sich zum Hauptlebergang (Ductus hepaticus communis). Dieser verläuft am rechten freien Rand des Lig. hepatoduodenale des kleinen Netzes neben der Pfortader und der A. hepatica propria abwärts zum Duodenum, bis in ihn der Gallenblasengang (Ductus cysticus) mündet. Es entsteht der ca. 5 mm weite, „bleistiftdicke" Hauptgallengang (Ductus choledochus). Dieser verläuft weiterhin im Lig. hepatoduodenale abwärts, zunächst oberhalb des Duodenums (Pars supraduodenalis), dann hinter dem Duodenum (Pars retroduodenalis) und schließlich, in den Kopf der Bauchspeicheldrüse eingebettet (Pars pancreatica), zum medialen Rand des absteigenden Zwölffingerdarms. Er tritt nun in die Wand des Duodenums ein, vereinigt sich im Regelfall dort mit dem Ductus pancreaticus und mündet in der Papilla vateri major in den Zwölffingerdarm. Bei etwa jedem dritten Menschen münden beide Gänge getrennt.

👁 24.1 Extrahepatische Gallenwege und Gallenblase

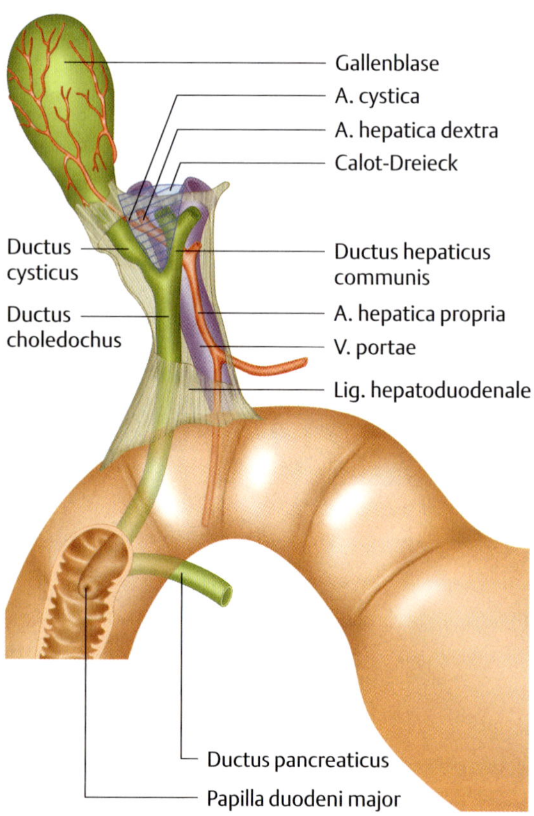

Dargestellt werden die Anatomie der extrahepatischen Gallenwege und Gallenblase einschließlich der Topographie des Calot-Dreieckes.

Die **Gallenblase** (Vesica fellea), ein birnenförmiges Hohlorgan mit einem Fassungsvermögen von etwa 50 ml, liegt im Seitenschluss der extrahepatischen Gallenwege am Unterrand der Leber. Der Fundus der Gallenblase überragt den Leberrand leicht und liegt unmittelbar über der rechten Kolonflexur. Weitere Abschnitte der Gallenblase sind das Corpus und Infundibulum. Letzteres geht als Gallenblasenhals in den Ductus cysticus über. Die der Leber anliegende Seite der Gallenblase ist mit dem Leberbett durch Bindegewebe verbunden. In diesem können sog. akzessorische Gallengänge verlaufen (besonders bei chronischer Cholezystitis), die infolge einer Verletzung bei einer Cholezystektomie zu postoperativen Gallenleckagen führen können. Die Unterfläche der Gallenblase besitzt zur Bauchhöhle hin einen peritonealen Überzug; hier entstehen nach abgelaufenen Entzündungen häufig Verwachsungen.

Die **Gefäßversorgung der Gallenblase** erfolgt im Regelfall aus der A. hepatica propria, welche sich auf der Höhe der Lebergänge in die rechte und die linke Leberarterie teilt. Aus der rechten Leberarterie entspringt dann die *A. cystica*, die im Bereich des Infundibulums in die Gallenblasenwand eintaucht und nur hier eindeutig identifiziert werden kann.

Aus chirurgischer Sicht ist jedoch nicht allein die Kenntnis der regelhaften Anatomie von Bedeutung, sondern v. a. das Wissen um die große *Variabilität*, die im Bereich des sog. *Calot-Dreieckes* (👁 **24.1**) besteht.

Das Calot-Dreieck ist der Raum, der durch den Ductus hepaticus dexter und communis einerseits und den Ductus cysticus andererseits begrenzt wird. Von besonderem Interesse sind hier die Einmündung des Ductus cysticus in den Ductus hepaticus communis sowie Ursprung und Verlauf von A. hepatica dextra und A. cystica. Die Bandbreite der Variabilitäten füllt ganze Kataloge, sodass nur die subtile Präparation der wichtigen Leitstrukturen bzw. eine genaue intraoperative Orientierung hilft, schwere Verletzungen bei der Operation zu vermeiden.

Beispielhaft sei ein parallel zum Ductus hepaticus communis verlaufender Ductus cysticus genannt, sodass intraoperativ eine Verletzung bzw. Durchtrennung des Hauptgallenganges möglich ist (s. SE 24.5). Auch ein durch chronisch-rezidivierende Entzündungen verkürzter Ductus cysticus kann dazu führen, dass dieser insbesondere bei einer laparoskopischen Gallenblasenentfernung nicht als solcher identifiziert wird und der Hauptgallengang anstelle des Ductus cysticus durchtrennt wird. Hier hilft im Einzelfall nur die intraoperative Röntgenkontrastdarstellung der ableitenden Gallenwege, um eine sichere Orientierung zu erlangen. Beobachtet werden ebenfalls Verletzungen der A. hepatica dextra durch Verwechslung mit der A. cystica.

Physiologie der Gallensekretion

Pro Tag werden etwa 700–1200 ml Gallensekret gebildet, das sich zu 95–98 % aus Wasser und zu 2–5 % aus anorganischen (Elektrolyte) und organischen Feststoffen zusammensetzt. Letztere bestehen im Wesentlichen aus Gallensalzen, Phospholipiden, Cholesterin und Proteinen. Die charakteristische grün-braune Farbe wird durch Bilirubin hervorgerufen, das jedoch nur etwa 2 % der Feststoffe ausmacht.

Galle wird zunächst durch Hepatozyten gebildet (kanalikuläre Galle) und durch Sekretion und Resorption in den Gallengängen verändert (duktuläre Galle). Diese Galle, auch als **Lebergalle** bezeichnet, gelangt mit einem Druck von 10–15 cm Wassersäule in die extrahepatischen Gallenwege. Ist der M. sphincter Oddi an der Ampulla hepatopancreatica geschlossen (interdigestive Periode), fließt die Lebergalle über den Ductus cysticus in die Gallenblase. Dort wird die Galle gespeichert und durch Rückresorption von Wasser und Elektrolyten eingedickt (**Blasengalle**). Die Konzentration an Gallensalzen und -farbstoffen wird dabei auf das bis zu 20fache gesteigert.

Die Gallenblase kann die gesamte Tagesproduktion an Galle aufnehmen, ohne dass sie sich entleeren müsste.

Während der Nahrungsaufnahme, insbesondere von Reizstoffen wie Fett, Sahne, Röstprodukten oder Alkohol, wird nun unter dem Einfluss verschiedener gastrointestinaler Hormone und Peptide sowie des autonomen Nervensystems die Galle durch Kontraktionen der Gallenblasenmuskulatur einerseits und Erschlaffung des M. sphincter Oddi andererseits entlang einem Druckgradienten in den Zwölffingerdarm abgegeben (**24.1**). Mit den Gallensäuren und den Gallenfarbstoffen werden Lezithin, Cholesterin, die alkalische Phosphatase sowie verschiedene Medikamente wie z. B. Digitoxin ausgeschieden. Die Funktion der Gallensäuren besteht in der Mizellenbildung mit ingestierten Fetten, sodass diese wasserlöslich und resorbierbar werden.

24.1 Gastrointestinales Hormon Cholezystokinin

Auch wenn die z. T. sehr komplexe neurohormonale Regulation der Gallensekretion noch nicht vollständig aufgeklärt ist, so kann doch festgestellt werden, dass das gastrointestinale Hormon Cholezystokinin (CCK) hier eine bedeutende Rolle spielt. Dieses, aus 33 Aminosäuren bestehende regulatorische Peptid wird hauptsächlich in der Mukosa des Duodenums und Jejunums gebildet und insbesondere nach Aufnahme fettreicher Mahlzeiten in die Blutbahn sezerniert. Hierdurch kommt es zu einer Kontraktion der Gallenblasenmuskulatur einerseits und zu einer Relaxation des M. sphincter Oddi andererseits, sodass sich nun der Inhalt der Gallenblase in das Duodenum entleert. Nach bestimmten Magenoperationen wie z. B. der Billroth-II-Operation oder der Gastrektomie kann diese physiologische Gegebenheit deswegen eine gewisse Bedeutung erlangen, weil der Speisebrei nun nicht mehr durch das Duodenum, sondern unter Umgehung des Zwölffingerdarmes in den Dünndarm abfließt. Dies bedingt eine verzögerte Gallenblasenentleerung, die jedoch ohne klinische Bedeutung ist.

Es ist zu berücksichtigen, dass die sog. Duodenalgalle zu unterschiedlichen Anteilen aus Lebergalle und konzentrierter Blasengalle bestehen kann. Der Großteil der Gallensäuren, d. h. bis zu 95 %, wird im terminalen Ileum, aber auch im Restdünndarm und Kolon nach Dekonjugierung und Dehydroxylierung als Desoxycholsäure und Lithocholsäure rückresorbiert (**enterohepatischer Kreislauf**); nur ca. 5 % der Gallensäuren gehen mit den Fäces verloren. Wie oft der gesamte Gallensäurepool täglich rezirkuliert, hängt sehr stark vom Fettgehalt der Nahrung ab. Für die Verdauung einer „normalen" Mahlzeit rezirkuliert der Gallensäurepool zweimal, bei sehr fettreicher Mahlzeit hingegen fünfmal und öfter.

24.2 Gallenblase und Gallenwege: Diagnostik

Bei der Erstuntersuchung von Patienten mit einem Gallensteinleiden stehen Anamnese, klinische Untersuchung, Labordiagnostik und Sonographie im Vordergrund. Hiermit gelingt meist die richtige Diagnosestellung. Nur bei Komplikationen oder speziellen Fragestellungen sind eine direkte oder indirekte Cholangiographie und weitere Spezialuntersuchungen erforderlich.

Anamnese

Die Anamneseerhebung hat bei dem Gallensteinleiden eine besondere Bedeutung, da nur durch das gezielte Erfragen typischer Beschwerden die Grenze zwischen einem sog. Steinträger und Steinkranken gezogen und somit entschieden werden kann, ob die Gallensteine therapiert werden müssen oder nicht. Von Interesse sind v. a. kolikartige Oberbauchbeschwerden nach dem Genuss von fetten Speisen oder Kaffee.

Eine Schmerzausstrahlung in den linken Oberbauch kann eine Begleitpankreatitis anzeigen.

Wichtig sind ebenfalls eine passagere Gelbverfärbung der Skleren, eine Dunkelverfärbung des Urins oder eine Stuhlentfärbung, da sie auf Steinwanderungen mit entsprechendem Galleaufstau hinweisen.

Klinische Untersuchung

Bei der unkomplizierten Cholelithiasis ist der Untersuchungsbefund meist blande. Das klinische Bild ändert sich jedoch mit dem Auftreten von Komplikationen wie Gallenblasenhydrops oder -empyem. Hauptkriterien für die Diagnose „akute Cholezystitis" sind Druckschmerz und Abwehrspannung im rechten Oberbauch.
Bei einem Gallenblasenhydrops oder -empyem kann eine schmerzhafte, pralle Raumforderung unter dem Rippenbogen getastet werden, evtl. lässt sich das **Murphy-Zeichen** nachweisen: Bei Exspiration wird durch tiefe Palpation des unteren Leberrandes kein Schmerz ausgelöst. Bei tiefer Inspiration stoßen Leber und Gallenblase unter dem Rippenbogen schmerzhaft an; dies führt zu einem Stopp der Inspiration.
Im Unterschied dazu gibt es das **Courvoisier-Zeichen**: Hier lässt sich eine vergrößerte Gallenblase palpieren, ohne dass Schmerzen ausgelöst werden. Dieser Befund spricht für einen chronischen Verschluss des Ductus choledochus bei noch fehlender Entzündung.

Labordiagnostik

Die unkomplizierte Cholelithiasis führt laborchemisch nicht zu Veränderungen, erst bei Komplikationen kann die Labordiagnostik richtungsweisend sein. Bei einer, wenn auch nur passageren Gangverlegung mit **Cholestase** steigen die klassischen Cholestaseparameter Bilirubin, Gamma-Glutamyltransferase (GGT) und alkalische Phosphatase (AP) an. Liegt eine **Entzündung** vor, lassen sich eine Leukozytose, Erhöhung der Blutsenkungsgeschwindigkeit und der Akutphaseproteine nachweisen. Ein Anstieg der Transaminasen spricht für eine Beteiligung des Leberparenchyms bzw. der kleinen Gallengänge, z. B. bei der aszendierenden Cholangitis.

Sonographie

Die Sonographie hat den radiologischen Steinnachweis fast vollständig verdrängt, da sich mit ihr ohne Strahlenbelastung, billiger und treffsicherer Gallensteine dokumentieren lassen. Nach Anamneseerhebung, klinischer Untersuchung und Labordiagnostik erfolgt sie gleich zu Beginn der Untersuchung. Es gelingt so nicht nur der zuverlässige Steinnachweis (**24.2a**), vielmehr lässt sich

24.2 Typische sonographische Befunde bei Cholezystolithiasis

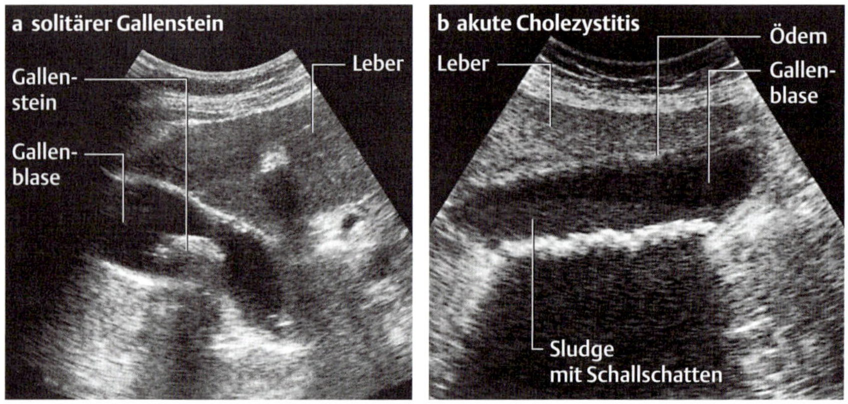

a „Heller", beweglicher („Rolling-stone-Phänomen") Steinreflex in „dunkler" reflexfreier Galleflüssigkeit mit zugehörigem Schallschatten.
b Schwebende Gallensteine, Sludge und lamelläre Wandverdickung (sog. Dreischichtung) sowie ein echoarmer Randsaum (entzündliches Ödem im Gallenblasenbett der Leber).

die Gallenblasenwand auch auf akute Entzündungszeichen wie z. B. Wandödem hin untersuchen (**24.2b**). Außerdem kann der Durchmesser des Ductus choledochus bestimmt werden, was für die Beurteilung eines Verschlussikterus von Bedeutung ist.

Cholangiographie

Indirekte Cholangiographie

Für die Röntgenkontrastdarstellung der Gallenblase und ableitenden Gallenwege kann das Kontrastmittel oral oder intravenös verabreicht werden. Am Vorabend oral verabreichtes Kontrastmittel wird resorbiert und in der Gallenblase konzentriert, sodass diese dann sichtbar wird (**orale Cholezystographie**). Ist die Gallenblase, z. B. bei chronischer Entzündung, funktionslos oder ist der Ductus cysticus verlegt, kommt es zu keiner Anreicherung in der Gallenblase: sog. negatives Cholezystogramm. Bei intravenös verabreichtem Kontrastmittel (**i. v. Cholezysto-/Cholangiographie**) kommen die intra- und extrahepatischen Gallengänge besser zur Darstellung (evtl. mittels Schichtaufnahmen–Tomographie). Bei Zystikusverschluss besteht natürlich auch ein negatives Cholezystogramm. Bei Leberfunktionsstörungen mit erhöhtem Serum-Bilirubin misslingt die Darstellung u. U. völlig. Die indirekte Cholangiographie wird zunehmend durch Sonographie und ERCP verdrängt.

Direkte Cholangiographie

Die direkte Cholangiographie erfolgt in erster Linie über die **e**ndoskopisch-**r**etrograde **C**holangio**p**ankreatikographie (**ERCP**, **24.3**). Hauptindikation für eine ERCP ist der Verschlussikterus (s. **24.8**, S. 546 und **24.11**, S. 549). Diagnostisch kann mit einer Biopsiezange oder feinen Bürste die Biopsieentnahme erfolgen. Ferner lassen sich über das Duodenoskop auch ein sog. Baby-Endoskop einführen und der Ductus choledochus direkt inspizieren (**Choledochoskopie**). Therapeutisch ist es möglich, über den Arbeitskanal einen Steinzertrümmerer oder ein sog. Dormia-Körbchen in den Gallengang einzuführen, um die Gangsteine zu entfernen.

Die zweite Möglichkeit der direkten Cholangiographie besteht in der **p**erkutanen **t**ranshepatischen **C**holangiographie (**PTC**), bei der über eine Leberpunktion ein Gallengang direkt mit Kontrastmittel gefüllt wird. Diese Untersuchung kommt v. a. dann zum Einsatz, wenn eine ERCP nicht möglich ist, z. B. nach einer Magenresektion, oder wenn hochsitzende Gallengangstumoren präoperativ von beiden Seiten zu beurteilen sind (**24.2**).

24.3 Durchführung einer ERCP

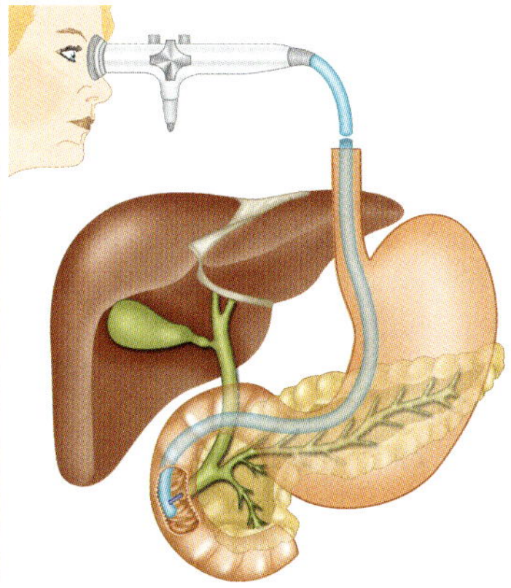

Über den Arbeitskanal eines Duodenoskops mit 90-Grad-Optik wird ein dünner Katheter in die Papille vorgeschoben und Kontrastmittel appliziert. Damit werden die abführenden Gallenwege und der D. pancreaticus unter Durchleuchtung sichtbar.

24.2 Magnetresonanzcholangiopankreatikographie

Neuerdings gibt es mit der **M**agnet**r**esonanz**c**holangio**p**ankreatikographie (**MRCP**) die Möglichkeit, ohne zusätzliche Kontrastmittelapplikation der ERCP vergleichbare Bilder zu erhalten. Einen MRCP-Normalbefund zeigt **a**. Allerdings fehlt bei der MRCP die Möglichkeit der Intervention, sodass bei einem Verschlussikterus oder bei erforderlicher Biopsie die ERCP vorgezogen wird. Sollte die ERCP jedoch nicht möglich sein (z. B. nach Billroth-II-Magenresektion) oder gar misslingen, dann können mit der MRCP der Gallen- und Pankreasgang doch noch dargestellt werden. Außerdem kann die MRCP in einer einzigen Untersuchung mit einer **M**agnet**r**esonanz**a**ngiographie (**MRA**) und einer MRT der Bauchspeicheldrüse kombiniert werden. Dies ist z. B. wichtig für die Einschätzung der Resektabilität eines periampullären Karzinoms oder eines Pankreaskopfkarzinoms. Einen auf ein Malignom hochverdächtigen MRCP-Befund zeigt **b**. Hier stellen sich ein dilatierter Ductus hepatocholedochus und Ductus pancreaticus mit Gangabbruch dar (sog. Double Duct Sign).

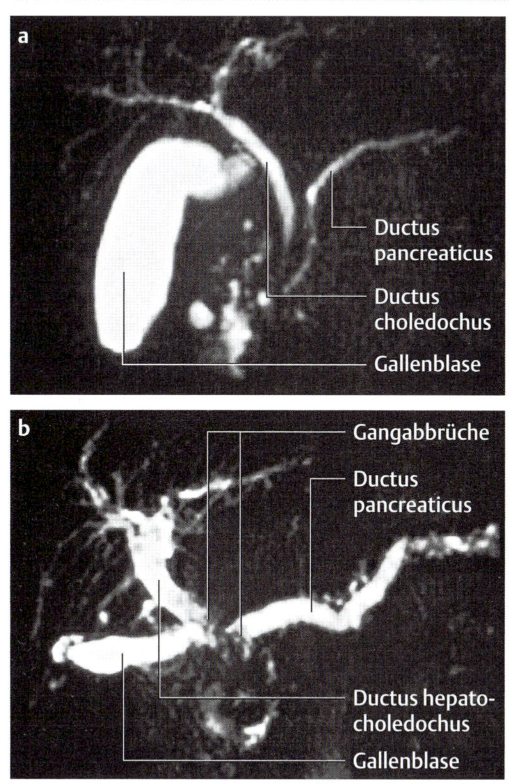

24.3 Unkomplizierte Cholelithiasis

Etwa jeder 10. Einwohner Deutschlands ist Gallensteinträger, wobei der exakte Entstehungsmechanismus von Gallensteinen im Einzelnen noch ungeklärt ist. Therapeutisch relevant ist die Unterscheidung zwischen asymptomatischer, symptomatischer und komplizierter Cholelithiasis, denn danach entscheidet sich, ob eine abwartende Haltung gerechtfertigt ist oder ob elektiv oder gar notfallmäßig gehandelt werden muss.

Epidemiologie

Gallensteine werden in Deutschland bei etwa 12 % der Bevölkerung gefunden. Dabei sind Frauen deutlich häufiger betroffen als Männer. Jenseits des 40. Lebensjahres hat fast jede dritte Frau Gallensteine; eine Gallenstein*krankheit* wird jedoch nur bei der Hälfte der Steinträgerinnen erwartet.

Die typische Gallensteinträgerin erfüllt die Fünf-F-Regel: fat, female, fair, forty, fecund.

Pathophysiologie der Steinbildung

Die organischen Substanzen der Galle, v. a. Cholesterin, Gallensalze und Phospholipide, sind schwer wasserlösliche Stoffe, die nur durch Mizellenbildung wasserlöslich werden. Voraussetzung für die Mizellenbildung ist jedoch ein bestimmtes Konzentrationsverhältnis dieser Substanzen. Erhöht sich die Konzentration der Gallenfarbstoffe, des Cholesterins oder des Calciumcarbonats, fällt die entsprechende Substanz aus. Es entsteht die **lithogene Galle**, d. h. eine Galle, die zur Steinbildung neigt (24.4). Entstehungsort der Gallensteine ist fast ausschließlich die Gallenblase.

24.4 Ursachen der Gallensteinbildung

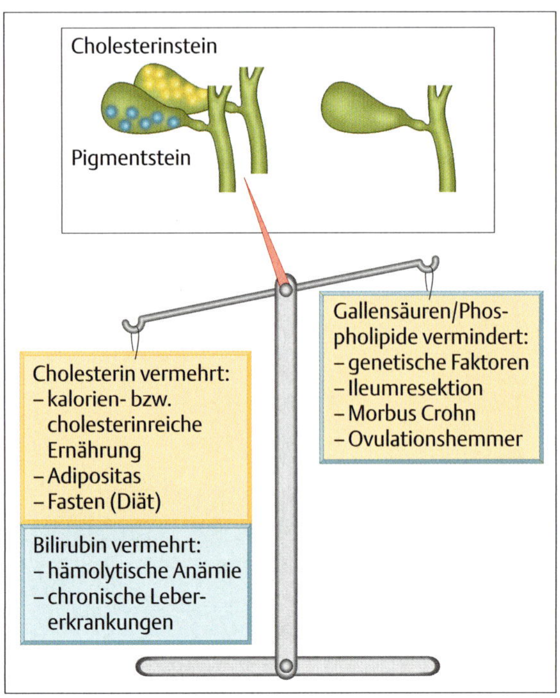

Gallensteine setzen sich vornehmlich aus Cholesterin, Pigmenten (v. a. Bilirubin) und Calciumsalzen zusammen, sodass je nach Hauptkomponente von Cholesterin-, Pigment- oder Calciumsteinen gesprochen wird.
In den westlichen Ländern stellen die **gemischten Cholesterinsteine** aus Cholesterin, Bilirubin und Calciumsalzen mit etwa 80 % den Hauptanteil dar. **Reine Cholesterinsteine** und **Pigmentsteine** finden sich bei weniger als 10 %; **Calciumsteine** sind extrem selten.

Asymptomatische Cholelithiasis

Definition: Verursachen Gallensteine keinerlei Beschwerden und sind sie ein Zufallsbefund, handelt es sich um eine asymptomatische Cholezystolithiasis. Der Betreffende wird als *Steinträger* bezeichnet.

Therapie: Eine Therapiepflicht besteht in diesem Erkrankungsstadium nicht, da schwerwiegende Komplikationen bei asymptomatischen Patienten extrem selten sind.

Prognose: Etwa ein Drittel bis die Hälfte aller Gallensteinträger bleibt lebenslang asymptomatisch. Bei den verbleibenden Patienten kommt es später zur symptomatischen Cholelithiasis mit oder ohne Komplikationen.

Symptomatische Cholelithiasis

Definition: Treten zu einer bisher asymptomatischen Cholelithiasis Beschwerden hinzu, so spricht man von einer symptomatischen Cholelithiasis. Damit wird aus dem Stein*träger* ein Stein*kranker*.

Symptomatik: Symptome entstehen zunächst durch Irritation der Mukosa in Form eines viszeralen Oberbauchschmerzes und eines postprandialen Völle- bzw. Druckgefühls. Schreitet die Erkrankung fort, so wird die somatisch innervierte Serosa alteriert. Es resultieren einerseits eine Schmerzausstrahlung in das rechte Schulterblatt (Head-Zone), andererseits kommt es in Folge der Steinwanderung in das Infundibulum bzw. in den Ductus cysticus hinein zu maximalen Kontraktionen der glatten Muskulatur dieser Gangabschnitte mit der Konsequenz kolikartiger Beschwerden (24.5). Klassische Gallenkoliken gibt es jedoch nur bei einem Drittel aller Steinkranken; die Mehrzahl berichtet über uncharakteristische Oberbauchschmerzen.

24.6 Gallensteine in der Gallenblase

Operationspräparat einer Gallenblase mit zahlreichen Gallensteinen.

24.5 Cholelithiasis: Verlaufsformen und Komplikationen

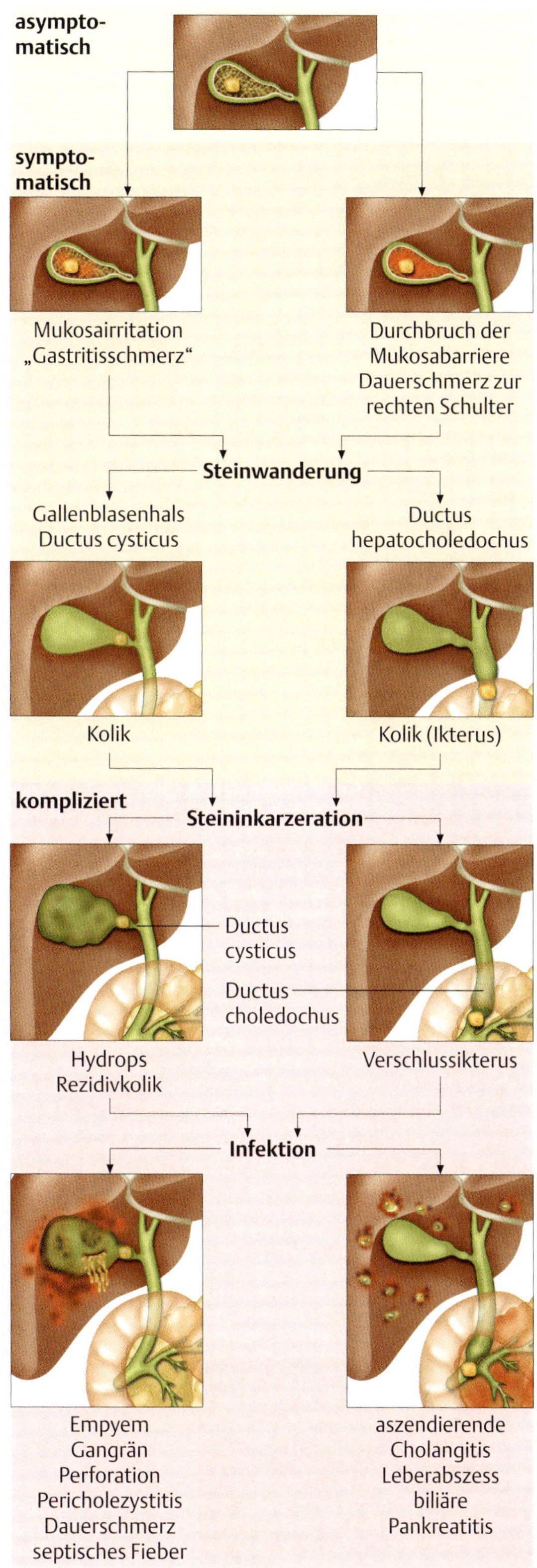

Diagnostik: Sie umfasst im Wesentlichen die typische Symptomatik und den sonographischen Steinnachweis. Ferner können nach transpapillären Steinabgängen flüchtige Erhöhungen der alkalischen Phosphatase und anderer Leberenzyme festgestellt werden.

Therapie:

Eine symptomatische Cholelithiasis **muss** behandelt werden. Therapie der Wahl ist die Entfernung der Gallenblase, die Cholezystektomie (**24.6**).

Eine „nichtchirurgische Therapie“ wird derzeit nur in Ausnahmefällen bei symptomatischen Gallensteinträgern mit einem zu hohen Operationsrisiko durchgeführt (**24.3**); bei einer komplizierten Cholelithiasis (akute Cholezystitis, Empyem) kommt sie nicht in Frage.

24.3 „Nichtchirurgische Therapie“ der Cholelithiasis

Eine **medikamentöse Steinauflösung mit oral verabreichten Gallensäuren (Chenodesoxycholsäure, Ursodesoxycholsäure)** ist grundsätzlich bei allen röntgennegativen, d. h. nicht kalksalzhaltigen Steinen, mit einem Maximaldurchmesser von unter 1,5 cm möglich. Eine Behandlungsdauer von 1–2 Jahren ist die Regel. Dabei ist die Rezidivquote mit 30–60 % hoch, da die Lithogenität der Galle nach Absetzten der oral verabreichten Gallensäuren weiter besteht.
Die **Steinauflösung mit tertiärem Methyl-Butyl-Äther (MTBE)** ist ein noch in der Entwicklung befindliches Verfahren, mit dem ebenfalls nur röntgennegative Steine (kein Calcium!) aufgelöst werden können. Nach perkutan-transhepatischer Punktion der Gallenblase wird ein Spülkatheter eingelegt und regelmäßig mit MTBE gespült. Die Erfolgsrate ist initial mit fast 90 % ebenso hoch wie die Rezidivrate nach einigen Monaten, da die Lithogenität der Galle bestehen bleibt.
Für die **Steinzertrümmerung mittels extrakorporaler Stoßwellenlithotripsie (ESWL)** eignen sich ebenfalls nur einzelne, reine, bis zu 3 cm große Cholesterinsteine. Da nach der ESWL Steinfragmente entstehen, muss einerseits eine Papillotomie erfolgen (schmerzhafte Steinfragmentabgänge!), andererseits muss sich über das folgende Jahr eine medikamentöse Litholyse anschließen. Die Rezidivquote der ESWL entspricht damit derjenigen der medikamentösen Litholyse.

24.4 Komplizierte Cholelithiasis

Komplikationen der symptomatischen Cholezystolithiasis entstehen initial immer durch *Steininkarzeration*. Sie betreffen in absteigender Reihenfolge Gallenblase, Gallenwege und Pankreas (👁 24.5, S. 543). Oft haben sie lebensbedrohlichen Charakter, und die Operationstechnik kann extrem schwierig sein. Deshalb: „Die Chirurgie sollte am Anfang der Gallensteinerkrankung und nicht am Ende einer Tragödie stehen" (Hans Kehr, Chirurg, Halberstadt, 1862–1916).

Akute Cholezystitis

Definition: Unter einer akuten Cholezystitis wird jede Form der akuten Gallenblasenentzündung verstanden.

Pathogenese: Ausgangspunkt einer akuten Cholezystitis ist in der Regel eine **Galleabflussstörung**, verursacht durch Steininkarzeration im Infundibulum oder Ductus cysticus. Bleibt die Verschlusssituation bestehen, kann es durch Schleimproduktion in der Gallenblase zu einem **Gallenblasenhydrops** kommen („weiße" Galle). Drucknekrosen und Blutzirkulationsstörungen der Wand führen zu einer Schädigung der Mukosa mit sekundärer Keimbesiedelung der Gallenblasenwand. Die bakterielle Entzündung (meist E. coli) kann phlegmonös, gangränös oder abszedierend verlaufen. Oft resultiert eine prall-elastisch mit Eiter gefüllte Gallenblase, das **Gallenblasenempyem**. Bei zusätzlicher Gangrän der Gallenblasenwand ist eine **Perforation** möglich. Eiter und Galle gelangen in die freie Bauchhöhle und verursachen zunächst eine lokale, dann generalisierte eitrige Peritonitis.
Bei gedeckter Perforation (= Penetration) kann, wenn auch selten, ein Gallenstein über die so entstandene biliodigestive Fistel in das nahegelegene Kolon oder Duodenum gelangen und im nach unten enger werdenden Dünndarm zu einem **Gallensteinileus** führen (👁 **24.7**).

Symptomatik: Klinisch gehen der akuten Cholezystitis Gallenkoliken voraus. Diese werden dann von einem nahrungsunabhängigen, teilweise heftigen Dauerschmerz im rechten Oberbauch mit typischer Ausstrahlung in die rechte Schulter abgelöst. Zusätzlich bestehen hohe Temperaturen, evtl. mit Schüttelfrost. Bei Perforation der Gallenblase kommt es zum Vollbild des akuten Abdomens.

👁 24.7 Gallensteinileus

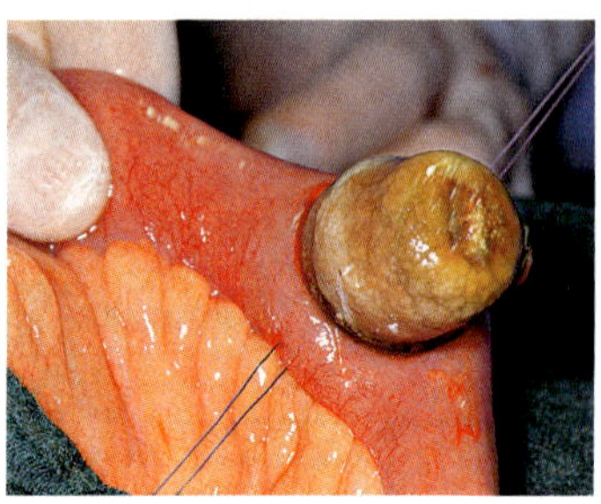

Dargestellt ist, wie der Gallenstein, der in das Duodenum penetriert war und durch Verschluss des Jejunums einen Ileus hervorgerufen hat, geborgen wird.

Diagnostik:
Klinische Untersuchung: Der rechte Oberbauch ist deutlich druckschmerzhaft mit lokaler Abwehrspannung; die gestaute Gallenblase kann bisweilen unter dem rechten Rippenbogen palpiert werden (Murphy-Zeichen, s. S. 540). Ein Ikterus fehlt oder ist geringgradig, da der Ductus choledochus nicht betroffen ist.
Labor: Charakteristisch sind eine Leukozytose mit Linksverschiebung und eine Erhöhung der Akutphase-Proteine. Die Leberenzyme sind nicht oder nur mäßig erhöht, die alkalische Phosphatase ist normal.
Sonographie: Die Diagnosesicherung erfolgt in der Regel durch die Sonographie. Neben dem Nachweis von Gallensteinen kann meist eine Wandverdickung sowie ein entzündungsbedingter Flüssigkeitssaum um die Gallenblase festgestellt werden (s. 👁 **24.2b**, S. 540).

Therapie: Die Therapie der Wahl ist die **Frühcholezystektomie**. Dabei wird die Operation nicht als Notfalleingriff, sondern frühelektiv, nach etwa ein- bis dreitägiger Vorbereitung (Nahrungskarenz, Analgesie, Elektrolytausgleich, Antibiose) durchgeführt. Lediglich bei der Gallenblasenperforation mit lokaler oder generalisierter Peritonitis oder bei starken, therapieresistenten Schmerzen wird notfallmäßig operiert.

Chronische Cholezystitis

Definition: Durch dauerhafte Reizungen und Entzündungen der Mukosa sowie der übrigen Gallenblasenwand kann eine chronische Cholezystitis entstehen. Endzustand ist die sog. **Schrumpfgallenblase**, bei der die Gallenblase durch multiple Entzündungsschübe funktionslos und fest mit dem Leberbett verwachsen ist. Bei zusätzlicher Kalkeinlagerung in die Gallenblasenwand spricht man von einer **Porzellangallenblase**.

Typische ***Symptome*** sind rezidivierende Gallenkoliken und postprandiale rechtsseitige Oberbauchschmerzen mit Unwohlsein und dyspeptischen Beschwerden.

Die ***Therapie*** der Wahl ist die Cholezystektomie.

Die chronische Cholezystitis ist ein Risikofaktor für die Entwicklung eines Gallenblasenkarzinoms.

Choledocholithiasis mit Steininkarzeration

Definition: Unter einer Choledocholithiasis versteht man das Vorliegen von Gallensteinen im Ductus choledochus.

Pathogenese: Kommt es bei einer Steinwanderung zu einer Inkarzeration im Ductus choledochus, so resultiert eine Abflussstörung von Blasen- *und* Lebergalle. Die Folgen dieser Abflussstörung sind in **24.5**, S. 543 dargestellt.

! Prädestinierend für den Verschluss des Ductus choledochus sind kleine Steine, denn mittelgroße und große Steine inkarzerieren bereits im Ductus cysticus.

Symptomatik: Das klinische Bild einer Steininkarzeration im Ductus choledochus besteht in rechtsseitigen kolikartigen Oberbauchschmerzen, Zeichen eines Verschlussikterus sowie evtl. in einer akuten Cholezystitis.

Diagnostik: Bei der **klinischen Untersuchung** findet man ein druckschmerzhaftes rechtes oberes Abdomen, u. U. mit lokaler Abwehrspannung, Fieber sowie Zeichen der Cholestase mit Ikterus, acholischen Stühlen und bierbraunem Urin. **Laborchemisch** zeigt sich eine Erhöhung der Cholestaseparameter.

Therapie:

! Eine Choledocholithiasis mit Steineinklemmung stellt einen Notfall dar.

Es wird primär nicht operiert, sondern endoskopiert. Die **endoskopische Papillotomie** mit oder ohne Steinextraktion wird notfallmäßig durchgeführt, um den inkarzerierten Stein zu entfernen. Im Intervall erfolgt dann die definitive Behandlung des Gallensteinleidens in Form der **Cholezystektomie**. Dieses sog. „therapeutische splitting" wird heute bevorzugt eingesetzt, um das erhöhte perioperative Risiko der notfallmäßig durchgeführten Cholezystektomie mit Gallengangsrevision zu umgehen.

Akute eitrige Cholangitis

Definition: Eine akute bakterielle Infektion der Gallenwege infolge einer Galleabflussstörung wird als akute Cholangitis bezeichnet.

Pathogenese: Ähnlich der akuten Cholezystitis steht auch hier die **Galleabflussstörung** pathogenetisch im Vordergrund. Diese ist in der Regel auf eine Choledocholithiasis zurückzuführen (meist präpapillär inkarzerierter Stein). Aber auch andere, den Hauptgallengang obstruierende Prozesse können zu einer Cholangitis führen, denn die Cholestase infolge der Galleabflussstörung erleichtert die Bakterienaszension aus dem Duodenum in die Gallenwege. Aufgrund dieses Mechanismus spricht man auch von einer aszendierenden Cholangitis.

Symptomatik: Das klinische Bild wird von der **Charcot-Trias** bestimmt: Ikterus, rechtsseitiger Oberbauchschmerz und intermittierend Schüttelfrost mit Fieber. Häufig kommt es zum septischen Schock.

Diagnostik: Laborchemisch lassen sich erhöhte Cholestase- und Entzündungsparameter feststellen, ebenso ein deutlicher Anstieg der Transaminasen.

Therapie: Zeitgleich zu den **konservativen Maßnahmen** (Antibiotika, Analgetika, Flüssigkeitsbilanzierung etc.) muss das **Galleabflusshindernis (z. B. Steine) beseitigt** werden, möglichst endoskopisch. Bei eitriger Cholangitis insb. aufgrund tumoröser Stenosen im distalen Gallengang ist die nasobiliäre Sonde als Ersttherapie indiziert (**24.4**).

Prognose: Insgesamt handelt es sich um ein schweres Krankheitsbild. Bei etwa jedem fünften Patienten ist eine drohende Sepsis konservativ nicht zu beherrschen; die Sterblichkeit steigt dann auf 40–60 % an.

24.4 Nasobiliäre Sonde

Die nasobiliäre Sonde wird (meist nach Papillotomie) in den prästenotischen Gallengangabschnitt eingelegt. Durch die „Heberfunktion" der langen, herabhängenden Sonde entsteht ein Sog, wodurch die eitrige, gestaute Galle abgesaugt wird.

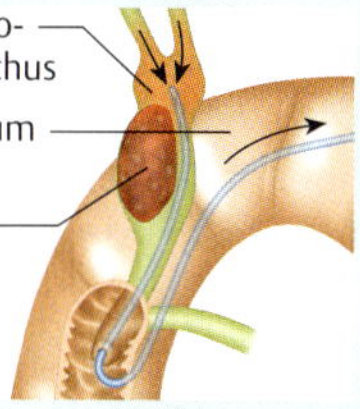

Biliäre Pankreatitis

Definition: Als biliäre Pankreatitis wird eine akute Bauchspeicheldrüsenentzündung bezeichnet, deren Ursache im Bereich der abführenden Gallenwege liegt.

Pathogenese: Bei etwa $^{2}/_{3}$ aller Menschen münden Gallen- und Pankreasgang gemeinsam in der *Papilla Vateri*. Abflussstörungen der Galle durch Steine, die auf der Höhe der Papille lokalisiert sind, können sich deshalb auch auf den Fluss des Pankreassekretes auswirken.

! In Europa erkrankt etwa jeder zwanzigste Gallensteinträger (5 %) an einer biliären Pankreatitis.

Symptomatik: Außer den charakteristischen Symptomen einer akuten Pankreatitis (s. S. 562 ff) finden sich häufig typische Gallensteinsymptome in der Anamnese, die entweder ignoriert oder nicht entsprechend therapiert wurden.

Therapie: Neben der Behandlung der Pankreatitis steht hier besonders die endoskopische Beseitigung des Abflusshindernisses im Vordergrund.

24.5 Gallenblase und Gallenwege: Sonstige Erkrankungen und Verletzungen

Diese Gruppe der Gallenblasen- und Gallenwegserkrankungen tritt im Vergleich zur Cholelithiasis zahlenmäßig in den Hintergrund. Allerdings stellen gerade intraoperative Verletzungen der Gallenwege ein erhebliches therapeutisches Problem dar. Seltene Erkrankungen wie die sklerosierende Cholangitis, Gallenblasenpolypen oder das Caroli-Syndrom haben im klinischen Alltag v. a. differenzialdiagnostische Bedeutung.
Zu Gallengangszyste und -atresie s. SE 38.4, S. 832 ff.

Benigne Tumoren der Gallenblase

Benigne Tumoren (*Gallenblasenpolypen*) sind entweder echte Neoplasien (Adenome, Fibrome, Neurinome) oder entzündliche Veränderungen (Cholesterinpolypen = Cholegranulom). Sie sind sehr selten und spielen v. a. bei differenzialdiagnostischen Überlegungen eine Rolle, da sie von malignen Tumoren sonographisch nicht zu unterscheiden sind.

Es ist anzunehmen, dass Gallenblasenadenome ähnlich wie Kolonadenome maligne entarten können.

Da Gallenblasenpolypen keine **Symptome** verursachen, werden sie meist zufällig sonographisch **diagnostiziert**. Dann sollten sie aber in vierteljährlichen Abständen kontrolliert werden. Ab einem Durchmesser von 10 mm ist eine Cholezystektomie indiziert.

Cholecystitis sine calculo

Besteht klinisch und sonographisch eine Gallenblasenentzündung, ohne dass Steine nachweisbar sind, liegt eine *akalkulöse Cholezystitis* vor. Die **Ursache** ist eine funktionelle Galleabflussstörung z. B. bei Missbildung der ableitenden Gallenwege mit Torsion, parasitärer Erkrankung oder Einengung der Gallenwege von außen (Entzündung, Tumor). Am wichtigsten ist heute die Stressgallenblase (sog. „Intensivgalle", **24.5**).
Die **Therapie** der Wahl ist die Cholezystektomie: bei Nichtintensivpatienten spätestens ab dem zweiten Entzündungsschub, bei Intensivpatienten nur dann, wenn die akute Cholezystitis Ursache der aktuellen Verschlechterung des Allgemeinzustandes ist.

24.5 Die Stressgallenblase

Mit zunehmender Häufigkeit (<50 % aller Intensivpatienten) wird die sog. Stressgallenblase beobachtet. Dabei handelt es sich v. a. um ein **sonographisches Phänomen**, das nach großen abdominalchirurgischen Eingriffen und schweren Traumen beobachtet wird. Die Gallenblase zeigt sonographisch alle **Kriterien einer akuten Cholezystitis**, d. h. Hydrops, Wandverdickung und Sludge. Gallensteine finden sich jedoch nicht. Die Ursache für diese Veränderungen ist bisher unklar. Diskutiert werden Gallenblasenentleerungsstörungen durch fehlende enterale Ernährung, Sedierung, Infektion und Schock. Bei klinischer Symptomatik im Sinne eines „akuten Oberbauches" oder anderen Infektparametern wie Leukozytose, Fieber und Sepsis ist eine Therapie einzuleiten (meist Operation).

Papillenstenose

Definition: Als Papillenstenose wird eine gutartige Einengung des abführenden Gallen- und/oder Pankreasganges auf Höhe der Papilla Vateri bezeichnet, sodass Leber und/oder Bauchspeicheldrüse ihre Sekrete nur mit erhöhtem Druck abgeben können.

Ätiopathogenese: **Primäre Papillenstenosen** sind selten und in ihrer Entstehung bisher unklar, wobei Störungen der autonomen Innervation durch Ganglienzelldegeneration diskutiert werden. Häufiger sind **sekundäre Papillenstenosen**, die überwiegend durch rezidivierende Steinabgänge mit Mikrotraumatisierung der Papille, aber auch durch iatrogene Traumen (Gallengangsrevision, nach ERCP) oder periampulläre Entzündungen bei Pankreatitis oder Duodenalulkus verursacht werden.

Symptomatik: Häufig besteht Beschwerdefreiheit oder nur ein (uncharakteristischer) Oberbauchschmerz. Später kommt es zu einem progredienten Verschlussikterus. Weitere Komplikationen sind eine eitrige Cholangitis und/oder Pankreatitis.

Diagnostik: Erhöhung der Cholestaseparameter, ggf. Entzündungsparameter. Zielführend sind ERCP (**24.8**) und endoskopische Druckmessung.

15 % der sog. Papillenstenosen sind Karzinome (Papillen-, Choledochus- und Pankreaskopfkarzinom). Zur Aussage „benigne Papillenstenose" sind zahlreiche Biopsien notwendig.

24.8 ERCP bei Papillenstenose

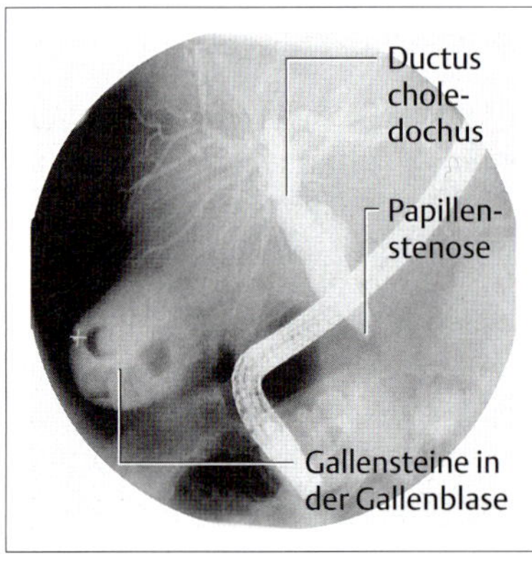

Bei bekannter Cholezystolithiasis und progredientem Verschlussikterus fällt in der ERCP ein deutlich dilatierter Ductus choledochus infolge einer Papillenstenose auf (V. a. Papillenkarzinom).

Therapie: Mittels ERC Sphinkterotomie (= erweiterte Papillotomie), ansonsten Operation: entweder transduodenale Papillotomie oder – technisch risikoärmer – Anlage einer biliodigestiven Anastomose.

Primär sklerosierende Cholangitis (PSC)

Die PSC ist eine chronisch-progressive cholestatische Lebererkrankung aufgrund einer diffusen Entzündung der intra- und extrahepatischen Gallengänge mit perlschnurartigen Stenosen. Sie tritt häufiger bei Männern auf und ist oft mit Colitis ulcerosa, seltener mit Autoimmunarthritis und -thyreoiditis assoziiert. Die **Ursache** ist wahrscheinlich eine Autoimmunerkrankung. Im Vordergrund stehen die **Symptome** eines Verschlussikterus mit starkem Juckreiz. Die **Diagnose** wird durch Laborparameter (v.a. Antikörper), ERCP und Histologie gestellt. Eine kausale **Therapie** gibt es noch nicht; symptomatisch wird u.a. mit Ursodesoxycholsäure behandelt. Bei geeigneten Patienten wird eine Lebertransplantation durchgeführt.

Caroli-Syndrom

Das Caroli-Syndrom ist eine extrem seltene, kongenitale Erkrankung, bei der die intrahepatischen Gallenwege multiple Zysten und Dilatationen aufweisen. Gleichzeitig kann eine intrahepatische Cholelithiasis bestehen; die extrahepatischen Gallenwege sind unauffällig. Es können beide oder nur ein Leberlappen (diffuser oder lokalisierter Typ) beteiligt sein. **Klinisch** stehen rezidivierende Cholangitiden mit Ikterus im Vordergrund. Bei dem lokalisierten Typ ist die kurative **Therapie** eine Hemihepatektomie. Die Prognose ist schlecht.

Benigne Tumoren der Gallengänge

Gallengangsadenome sind sehr selten; sie können sowohl intra- als auch extrahepatisch lokalisiert sein. Bei intrahepatischer Lokalisation sind sie in die Differenzialdiagnose unklarer (meist sehr kleiner) Leberrundherde einzubeziehen, bei extrahepatischer Lage können sie zum Verschlussikterus führen. Insbesondere bei Papillenadenomen ist die Adenom-Karzinom-Sequenz gesichert. Extrem selten ist die Adenomatose des gesamten Gallengangssystems.

Verletzungen der Gallenwege

Ätiopathogenese: Verletzungen der Gallenwege sind **iatrogen** oder **traumatisch** bedingt. So kann z.B. bei einer Cholezystektomie der Hauptgallengang primär eröffnet, akzidentell reseziert oder eingeengt werden.

Die Ursachen für eine intraoperative Gallengangsverletzung sind in einer „gefährlichen Pathologie" (z.B. schwere Cholezystitis), einer „gefährlichen Anatomie" (große Variabilität der Strukturen des Calot-Dreieckes) und einer „gefährlichen Chirurgie" (unerfahrener Chirurg) zu suchen.

Außerdem können nach der Cholezystektomie Strikturen der Gallengänge entstehen, verursacht durch fortgeleiteten Koagulationsstrom („Kriechstrom") oder durch Durchblutungsstörungen der Gallengangswände.
Ein weiterer Verletzungsmechanismus ergibt sich in Folge eines stumpfen oder penetrierenden Bauchtraumas. Hier muss zwischen der *intrahepatischen (zentralen) Gallengangsläsion* bei einer Leberruptur und der *extrahepatischen (peripheren) Gallengangsläsion*, z.B. bei einer Verletzung von Pankreas und Duodenum, unterschieden werden (**24.9**).

Symptomatik: **Intraoperative** Verletzungen werden oft übersehen, sodass sie sich erst postoperativ als Peritonitis durch Galleaustritt oder Ikterus durch Unterbindung oder Einengung des Hauptgallenganges bemerkbar machen. Ischämisch bedingte Strikturen können erst Wochen und Monate nach der Operation durch eine Cholestase oder rezidivierende Cholangitis auffallen. Bei der **traumatisch** bedingten intrahepatischen Gallengangsverletzung steht die Blutung durch die Leberruptur im Vordergrund.

Therapie: Die Versorgung einer **intrahepatischen Gallengangsverletzung** muss u.U. mit aufgeschobener Dringlichkeit erfolgen, da zuerst die Blutung infolge der Leberruptur unter Kontrolle gebracht werden muss. Bei einer **Verletzung der extrahepatischen Gallenwege** ist nach einer Begleitverletzung des Pankreas und Duodenums zu suchen. Hierzu sind die Eröffnung der Bursa omentalis und ein sog. Kocher-Manöver erforderlich. Dabei wird der Zwölffingerdarm aus dem Retroperitoneum mobilisiert, sodass auch die Dorsalseite von Pankreaskopf und Duodenum kontrolliert werden kann. In Abhängigkeit vom Verletzungsmuster kommen für **intra- und extrahepatische Gallengangsverletzungen** zwei operative Verfahren zur Anwendung:
- Die primäre, direkte Gallengangsnaht (mit/ohne Kehr-T-Drainage) kann nur bei Verletzungen ohne wesentlichen Substanzverlust durchgeführt werden.
- Häufiger muss eine biliodigestive Anastomose angelegt werden (technisch oft höchst anspruchsvoll).

24.9 Zentrale und periphere Gallengangsverletzung

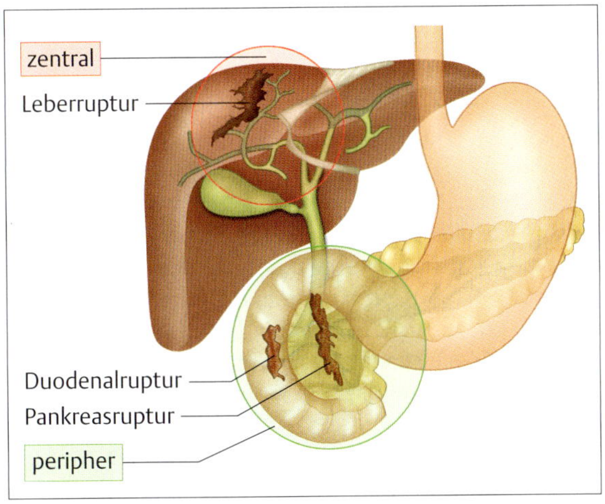

24.6 Gallenblase und Gallenwege: Maligne Erkrankungen

Tumoren der Gallenblase und der Gallenwege sind mit Ausnahme von Gallenblasenpolypen und den sehr seltenen Gallengangsadenomen praktisch immer maligne. Ihre Prognose ist ausgesprochen schlecht. Nur bei frühzeitiger Diagnose besteht Aussicht auf eine kurative operative Therapie. Auf experimentell-palliative Therapieansätze wie photodynamische Therapie oder endoskopische Afterloading-Radiatio wird in dieser Studieneinheit nicht eingegangen.

Gallenblasenkarzinom

Epidemiologie: Gallenblasenkarzinome sind die häufigsten Tumoren des biliären Systems, obgleich sie im Vergleich zu den übrigen Karzinomen des Verdauungstraktes insgesamt sehr selten sind. Immerhin findet sich bei etwa jeder hundertsten Cholezystektomie ein Karzinom. Frauen sind entsprechend der Gallensteininzidenz bevorzugt betroffen, das Geschlechtsverhältnis entspricht Männer : Frauen = 1 : 4. Über 2/3 aller Karzinome finden sich jenseits des 70. Lebensjahres.

Pathogenese: Es scheint einen Zusammenhang zwischen der **Cholelithiasis** und dem Gallenblasenkarzinom zu geben, denn über 90 % aller betroffenen Patienten weisen eine Cholelithiasis auf.

Das Risiko, an einem Gallenblasenkarzinom zu erkranken, ist bei einer Cholelithiasis etwa zehnmal höher als bei steinfreier Gallenblase.

Entscheidend für die Karzinogenese sollen jedoch nicht die Steine an sich sein, sondern vielmehr die dadurch verursachte **chronische Entzündung**. Gallenblasenkarzinome sind überwiegend im Gallenblasenfundus lokalisiert. Meist handelt es sich um Adenokarzinome.

Symptomatik: Klinische Symptome wie Oberbauchbeschwerden, Zeichen einer chronischen Cholezystitis oder Ikterus (durch Wachstum per continuitatem in den D. hepaticus communis hinein) sowie indirekte Tumorzeichen wie Gewichtsverlust und Leistungsknick treten erst spät auf und sind dann prognostisch ungünstig, da der Tumor praktisch nicht mehr kurativ anzugehen ist.

Diagnostik: Sichere diagnostische Verfahren zur Frühdiagnose gibt es nicht. Im Sonogramm zeigt sich in fortgeschrittenen Tumorstadien eine Wandverdickung der Gallenblase mit evtl. Infiltration der Leber. Zur Abklärung der intrahepatischen Ausdehnung werden eine CT oder MRT durchgeführt. Bei Ikterus sind zusätzlich eine ERCP und PTC erforderlich. Präoperativ kann mittels einer sonographisch oder computertomographisch gesteuerten Punktion häufig die Diagnose gestellt werden.

Therapie: Karzinome in frühen Tumorstadien werden aufgrund ihrer geringen klinischen Symptomatik nahezu ausschließlich zufällig im Rahmen einer Cholezystektomie gefunden. Nach der histologischen Diagnosestellung ist dann u. U. eine Folgeoperation mit „extraanatomischer“ Resektion des angrenzenden Lebersegments (sog. „wedge resection“) und Entfernung der lokoregionären Lymphknoten angezeigt. Da das Karzinom aber häufig bereits fortgeschritten ist, wird manchmal nur eine palliative Cholezystektomie (z. B. bei gedeckter Perforation) sinnvoll sein, häufiger muss der Eingriff aber als explorative Laparotomie beendet werden. Im Vordergrund stehen dann palliative Maßnahmen, z. B. endoskopische Stentimplantation in einen tumorös stenosierten Ductus hepaticus communis. Bei noch ausreichendem Allgemeinzustand ist eine Chemotherapie möglich.

Prognose: Das Gallenblasenkarzinom zählt zu den Malignomen mit den schlechtesten Prognosen. Die 5-Jahres-Überlebensrate beträgt etwa 5 %. Nur bei Frühformen (pT1 pN0), die meist als Zufallsbefund im Rahmen einer Stein-Cholezystektomie entdeckt werden, kann eine Heilung erreicht werden.

Gallengangskarzinom

Epidemiologie: Werden Karzinome der sog. periampullären Region (s. SE 25.6, S. 570) außer Acht gelassen, so sind die Gallengangskarzinome noch seltener als die Gallenblasenkarzinome.

Klassifikation: Grundsätzlich wird zwischen **intra- und extrahepatischen Karzinomen** unterschieden, wobei die intrahepatischen von den kleinen oder mittleren, die extrahepatischen von den großen Gallengängen ausgehen. Die extrahepatischen Gallengangskarzinome werden je nach ihrer Lage zur Leberpforte einerseits und zur Papille andererseits dem oberen, mittleren oder unteren Drittel zugeordnet (**24.10**). Im oberen Drittel finden sich die Hepatikusgabelkarzinome (sog. *Klatskin-Tumoren*), die je nach Ausdehnung nach Bismuth unterschieden werden können. Das Karzinom des distalen Ductus choledochus und das Karzinom der Papilla Vateri werden mit dem (proximalen) Pankreaskopfkarzinom als *periampulläres Karzinom* zusammengefasst (**24.10**).

Pathogenese: Anders als bei dem Gallenblasenkarzinom besteht hier keine Koinzidenz mit der Cholelithiasis: deshalb keine Bevorzugung des weiblichen Geschlechts.

24.10 Extrahepatische Gallengangskarzinome

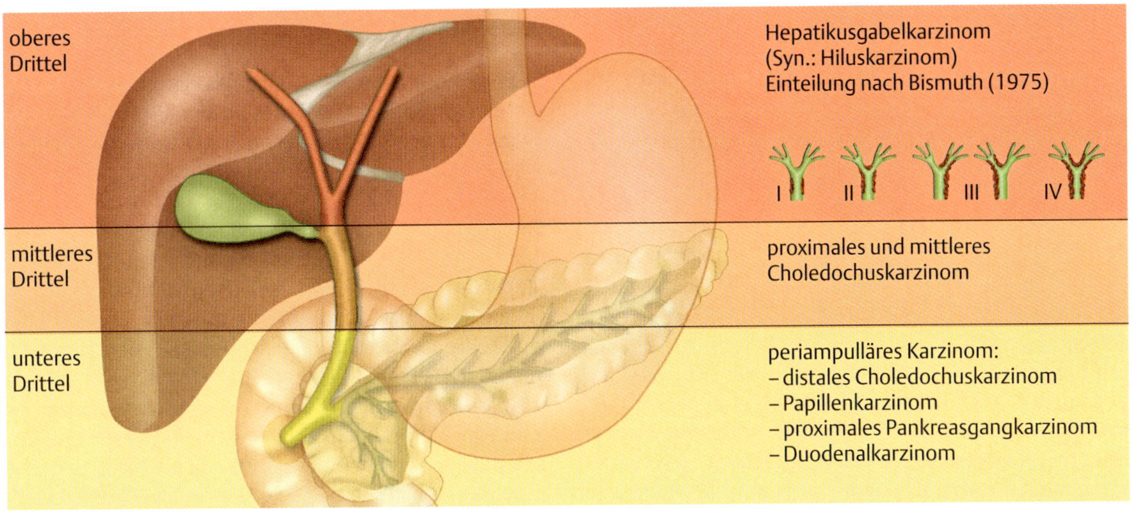

Symptomatik: Im Gegensatz zum Gallenblasenkarzinom kommt es hier früher zu der klassischen klinischen Symptomatik, dem **schmerzlosen Verschlussikterus**, da auch ein noch relativ kleiner Tumor bereits zu einer Gallengangsstenosierung führen kann.

! Ein schmerzloser Ikterus muss immer – bis zum Beweis des Gegenteils – als durch ein Malignom bedingter Ikterus angesehen werden.

Diagnostik: Bei Karzinomen im mittleren und unteren Choledochus-Drittel (distal der Einmündung des D. cysticus) lässt sich im rechten Oberbauch die schmerzlose, vergrößerte Gallenblase als Tumor palpieren (**Courvoisier-Zeichen**). Die Diagnose wird durch Röntgenkontrastdarstellung der Gallenwege (ERCP, PTC) und (endoskopische) Bürstenzytologie, selten einmal durch eine endoskopische Biopsie gestellt (**24.11**). CT, MRT und Angiographie komplettieren die präoperative Diagnostik.
Ein beträchtlicher Teil der Gallengangskarzinome wird erst intraoperativ gesichert, da die bioptische Sicherung des Karzinoms schwierig ist.

24.11 Gallengangskarzinom

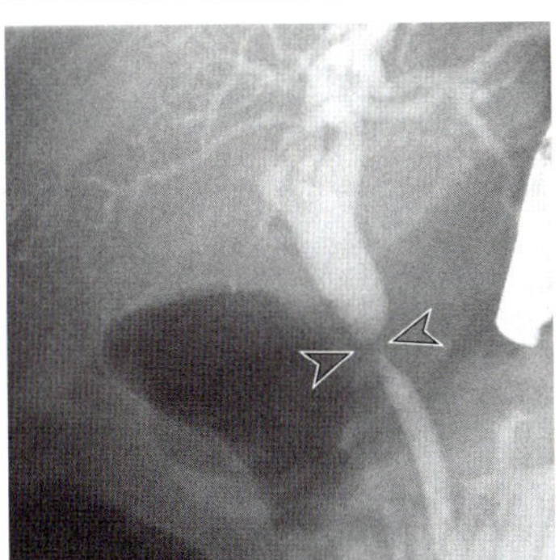

In der ERCP stellt sich eine Stenosierung des Ductus choledochus dar (Pfeile), bedingt durch ein Gallengangskarzinom.

Therapie: Bei Gallengangskarzinomen besteht wegen des weniger aggressiven Wachstums und der frühen Symptomatik eine höhere kurative Chance als beim Gallenblasenkarzinom.
Bei **Tumoren des oberen Drittels** (Klatskin-Tumoren) erfolgt wenn möglich eine Resektion des Ductus hepatocholedochus inklusive der Hepatikusgabel und der großen Lebergänge; u. U. wird auch eine Leberteilresektion erforderlich sein (**24.6**).
Bei **Tumoren des mittleren Drittels** sind die Resektion des Ductus choledochus, die Cholezystektomie sowie die biliodigestive Anastomose in Form der Hepatikojejunostomie (s. SE 24.8, S. 556) angezeigt.
Die **Tumoren des unteren Drittels**, so auch das periampulläre Karzinom, werden mit der partiellen Duodenopankreatektomie nach Kausch-Whipple oder Traverso-Longmire behandelt. Die Rekonstruktion des Galleabflusses erfolgt auch hier durch eine biliodigestive Anastomose in Form der Hepatikojejunostomie. Das Pankreassekret wird über eine Pankreogastro- oder Pankreojejunostomie abgeleitet.

24.6 Lebertransplantation beim Klatskin-Tumor

Nach heutiger Sicht erscheint eine orthotope Lebertransplantation nur bei einem kleinen, lokal begrenzten Klatskin-Tumor (Tumorstadium $T_{1-2}N_0M_0$) gerechtfertigt, der aufgrund seiner zentralen Lage nicht kurativ durch eine Hepatikusgabel- und Leberteilresektion zu entfernen ist. In diesen Fällen können durch eine Lebertransplantation 5-Jahres-Überlebensraten von nahezu 75 % erreicht werden.

Prognose: Zum Diagnosezeitpunkt können aufgrund lokaler Inoperabilität, schon vorliegender Metastasen oder allgemeiner Inoperabilität maximal ein Viertel aller Patienten noch einer Operation zugeführt werden. Weiterhin versterben etwa die Hälfte aller operierten Patienten schon während des ersten postoperativen Jahres. Nur nach kurativer R0-Resektion (s. S. 94 ff) ist die Prognose deutlich besser (5-Jahres-Überlebensrate: 30 %).

24.7 Verschlussikterus

Der Verschlussikterus ist kein eigenständiges Krankheitsbild, sondern Folgezustand unterschiedlicher Grunderkrankungen. Von klinischer Bedeutung sind v. a. steinbedingte und tumoröse Gallengangsstenosen. Der Verschlussikterus bedarf der dringlichen Abklärung, bei Vorliegen von Komplikationen auch der Notfalltherapie.

Definition: Unter einem Verschlussikterus versteht man einen Rückstau von Galleflüssigkeit verursacht durch ein Abflusshindernis in den abführenden Gallenwegen.

Ätiologie: Es gibt zahlreiche Ursachen für ein Abflusshindernis in den Gallenwegen (**T 24.1**). In der chirurgischen Praxis sind die steinbedingten und neoplastischen Gallengangsstenosen sowie die Gallengangskompression von außen infolge einer Pankreaserkrankung von herausragender Bedeutung. Missbildungen sind selten und verursachen dann wie die Autoimmunerkrankungen sklerosierende Cholangitis oder primäre biliäre Zirrhose einen Verschlussikterus.
Bei dem seltenen **Mirizzi-Syndrom** handelt es sich um eine isolierte Stenose des Ductus hepaticus communis verursacht durch einen im Gallenblasenhals oder Ductus cysticus inkarzerierten Gallenstein, der von außen den Ductus hepaticus komprimiert (**24.12**). Die Folgen sind eine Cholezystitis als Leitsymptom, ein Gallerückstau sowie eine rezidivierende Cholangitis. In der Cholangiographie wirkt der Ductus hepaticus stenosiert, nach der Cholezystektomie ist diese „Stenose" jedoch behoben.

Symptomatik: Klinische Symptome entstehen durch den Rückstau der Galle in den abführenden Gallenwegen (**Cholestase**). Es kommt zur Hyperbilirubinämie; bei einem Gesamtbilirubin im Serum von über 2 mg/dl wird eine Gelbverfärbung der Skleren sichtbar, später auch der Haut und Schleimhäute. Der Ikterus kann mit lehmfarbenem, entfärbtem (= acholischem) Stuhl und dunklem, bierbraunem Urin einhergehen. Die Ablagerung von Bilirubin in der Haut verursacht Juckreiz. Bei länger dauernder Cholestase ist die Fettverdauung gestört. Die Folgen sind eine Steatorrhö (Fettstühle) sowie eine intestinale Resorptionsstörung fettlöslicher Vitamine (A, D, E, K). Der Mangel an Vitamin K führt zu Gerinnungsstörungen.
Tritt komplizierend noch eine Cholangitis hinzu, lassen sich Entzündungszeichen feststellen bis hin zur systemischen Sepsis. Liegt das Abflusshindernis auf Höhe der Papille, kann es u. U. zu einer Begleitpankreatitis kommen.

Diagnostik: Nach Anamneseerhebung und körperlicher Untersuchung erfolgen Ultraschall und Labordiagnostik. Laborchemisch fällt eine Erhöhung des Gesamtbilirubins auf, zudem zeigt sich ein deutlicher Anstieg der klassischen Cholestaseparameter alkalische Phosphatase und

T 24.1 Ursachen des Verschlussikterus

Erkrankung	
Cholelithiasis	Cholangiolithiasis, Mirizzi-Syndrom
Tumor	Gallengangskarzinom, Papillenkarzinom, Pankreaskopfkarzinom, Gallenblasenkarzinom, hepatozelluläres Karzinom, Lebermetastasen
Gallengangsstenose	Gangstriktur, Papillenstenose
Autoimmunerkrankung	sklerosierende Cholangitis, primär biliäre Zirrhose
Entzündung der Umgebung	Duodenalulkus, Pankreatitis, Pankreaskopfpseudozyste
Missbildung	Atresie, Choledochuszyste, Duodenaldivertikel
postoperativ	akzidentelle Unterbindung, Klippung, Anastomosenstenose

24.12 Mirizzi-Syndrom

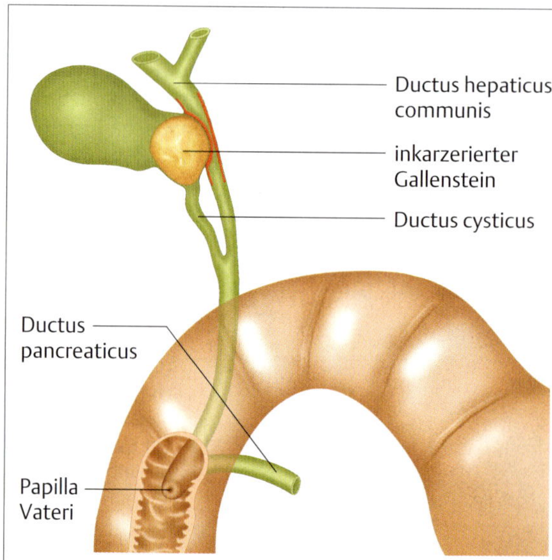

Ein im Ductus cysticus inkarzerierter Gallenstein komprimiert den Ductus hepaticus communis von außen. Die Folgen sind eine Cholezystitis und Zeichen der Cholestase.

Gamma-Glutamyltransferase. Die Transaminasen und die LDH sind nur mäßig erhöht.

Sonographisch lässt sich eine Gangdilatation feststellen oder ausschließen. Liegt eine Gangdilatation vor, erfolgt im Anschluss eine direkte Cholangiographie in Form einer **e**ndoskopisch-**r**etrograden **C**holangio**p**ankreatikographie (**ERCP**). Die Diagnostik der zweiten Wahl ist die **p**erkutane **t**ranshepatische **C**holangiographie (**PTC**), jedoch nur bei guter Gerinnung. Mittels dieser Verfahren wird die Ursache des Verschlussikterus meist erkannt, u. U. wird eine Biopsie durchgeführt. Sollte eine Gangkompression von außen her vorliegen (Pankreatitis, Pankreaskopfkarzinom etc.), lässt sich diese in CT und MRT objektivieren. Eine beträchtliche Anzahl der Diagnosen wird jedoch erst intra- oder postoperativ mittels der feingeweblichen Untersuchung gestellt, da Malignome wie z. B. ein Pankreaskopfkarzinom oder ein hochsitzendes Gallengangskarzinom einer präoperativen Biopsie nur schwer zugänglich sind.

Ziel der Diagnostik eines jeden Ikterus ist zunächst die rasche Klärung der Frage, ob es sich um einen Verschlussikterus, d. h. um einen posthepatischen Ikterus handelt oder ob andere Ursachen vorliegen, die für einen prä- oder intrahepatischen Ikterus sprechen. Bei einem Verschlussikterus muss die Ursache des Gallestaus so rasch wie möglich gefunden und beseitigt werden, um Komplikationen in Folge der Cholestase zu verhindern.

! Die Differenzialdiagnose des postoperativen, nach laparoskopischer Cholezystektomie aufgetretenen Verschlussikterus ist in jüngster Zeit von zunehmender Bedeutung.

Therapie: Die entscheidende therapeutische Maßnahme bei einem Verschlussikterus ist die Beseitigung des Galleabflusshindernisses. Dieser Eingriff erfolgt – je nach ursächlicher Erkrankung – endoskopisch oder operativ. Bei operativ zu behandelnden Erkrankungen, z. B. bei distalem Choledochusverschluss, ist aber dennoch oft eine präliminäre endoskopische Drainage erforderlich: zum einen, um für die notwendige Gesamtdiagnostik Zeit zu gewinnen (z. B. mittels biliodigestiven Stents), zum anderen, um eine eitrige Cholangitis so rasch wie möglich in den Griff zu bekommen (z. B. mittels nasobiliärer Sonde). Handelt es sich um einen postoperativen Verschlussikterus nach Cholezystektomie, kann die Gallengangsrekonstruktion technisch anspruchsvoll sein (**24.7**).

24.7 Verschlussikterus nach Cholezystektomie

Bei einem 42-jährigen Patienten wird wegen eines symptomatischen Gallensteinleidens eine laparoskopische Cholezystektomie durchgeführt. Am 3. postoperativen Tag fällt ein Sklerenikterus auf. Laborchemisch zeigt sich eine deutliche Erhöhung der Cholestaseparameter (Bilirubin 12 mg/dl, AP 714 U/l, GGT 323 U/l). Sonographisch stellen sich gestaute intrahepatische Gallenwege dar. In der am 5. postoperativen Tag durchgeführten ERCP findet sich ein Gangabbruch des distalen Gallenganges; dort sieht man einen Metallclip.

In der MRCP (**a**) zeigt sich ein Abbruch des Ductus hepaticus communis unmittelbar unterhalb der Hepatikusgabel. Es wird die Diagnose einer Gallengangsverletzung nach laparoskopischer Cholezystektomie gestellt. Der Ductus hepatocholedochus wurde akzidentell langstreckig reseziert, da er mit dem Ductus cysticus verwechselt worden war (**b**). Am 7. postoperativen Tag erfolgt eine Revisionslaparotomie zur Defektrekonstruktion mittels intrahepatischer Hepatikojejunostomie nach Hepp-Couinaud (**c**).

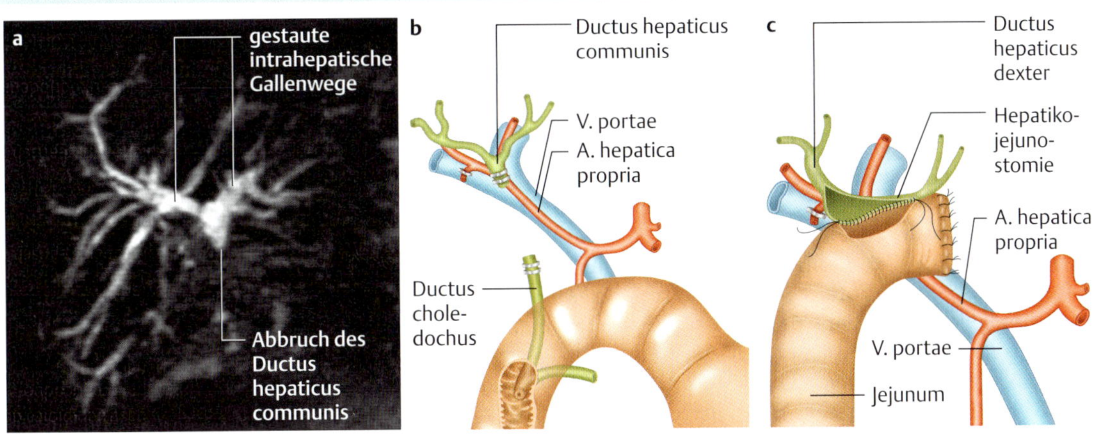

24.8 Gallenblase und Gallenwege: Operative Therapie

Die kausale bzw. kurative Therapie von Gallenblasen- und Gallenwegserkrankungen erfolgt überwiegend operativ. Dabei hat die laparoskopische Cholezystektomie den Boden bereitet für die allgemeine Akzeptanz jedweder minimalinvasiven Chirurgie. Die endoskopisch-interventionelle Therapie hat ihren Stellenwert in der Operationsvorbereitung oder der Palliation inkurabler Situationen; in ausgewählten Fällen kann sie jedoch auch kausal angelegt sein wie z. B. bei der benignen Papillenstenose. Eine möglichst enge Kooperation zwischen Hepatogastroenterologen und Chirurgen ist die Vorbedingung für ein „center of excellence".

Cholezystektomie

24.8 Geschichte der Cholezystektomie

Die Cholezystektomie wurde 1882 erstmals von dem Berliner Chirurgen **Carl Langenbuch** durchgeführt. Langenbuch hat erkannt, dass „der entscheidende Vorteil der Cholezystektomie darin besteht, dass man nicht nur das Krankheitsprodukt, sondern auch die Krankheitsursache respektive den Sitz der Krankheit entfernen kann". Die bloße Entfernung der Gallensteine würde der Pathogenese der Cholelithiasis nicht gerecht werden, da es aufgrund der krankhaft veränderten Gallezusammensetzung (lithogene Galle) immer wieder zum Rezidiv kommt.

Nach komplikationsloser erster Cholezystektomie empfahl Langenbuch diese Operation allerdings nur dann, wenn „Patient und Arzt am Ende ihrer Geduld angelangt" seien. Heute stellt die Cholezystektomie zusammen mit der Appendektomie, der Leistenbruchoperation und der Schilddrüsenresektion eine der häufigsten Operationen im viszeralchirurgischen Krankengut dar und ist in ihrer Ausführung standardisiert. Somit ist die Cholezystektomie zwar keine kausale Therapie, der Ort der Steinentstehung wird jedoch entfernt und der Patient dauerhaft geheilt.

Indikationen:

Absolute Operationsindikationen zum Erhalt des Lebens stellen die Gallenblasenperforation in die freie Bauchhöhle und die trotz konservativer Therapie rasch progrediente akute Cholezystitis (akutes Abdomen) dar. Hier handelt es sich um eine *Notfallindikation*. Die unkomplizierte symptomatische Cholezystolithiasis stellt im Regelfall ebenfalls eine eindeutige Operationsindikation dar. Eine abwartende Haltung ist hier nicht sinnvoll, weil einerseits die Beschwerdesymptomatik anhält, andererseits Komplikationen eintreten können, die dann u. U. lebensgefährlich sind (Steinwanderung, Penetration, Perforation, biliäre Pankreatitis, Verschlussikterus, eitrige Cholangitis). Zudem ist bekannt, dass die Operationsletalität für die unkomplizierte Cholezystektomie bei unter 60-Jährigen etwa 0,1 % beträgt, ab dem 60. Lebensjahr aber auf das Zehnfache ansteigt. Eine weitere absolute Therapieindikation stellt die Cholangiolithiasis dar, unabhängig davon, ob Beschwerden bestehen oder nicht. Hier wird allerdings die primäre ERCP mit Papillotomie und Versuch der Steinextraktion der operativen Sanierung der Gallenwege (Choledochusrevision) vorgezogen; die Cholezystektomie wird dann zweizeitig im freien Intervall durchgeführt (sog. therapeutisches Splitting).

Eine **relative Operationsindikation** stellt die asymptomatische Cholelithiasis dar. Hier ist eine abwartende Haltung gerechtfertigt. Eine Operation kann auch erwogen werden, wenn häufig und für längere Zeit kein Arzt aufgesucht werden kann (Schiffsreise etc.) oder als „Fokussanierung" vor infektionsgefährdeten Eingriffen (z. B. Herzklappenoperation). Dies sind jedoch Ausnahmeindikationen; eine besonders ausführliche Aufklärung über die Risiken des Spontanverlaufs und eines operativen Vorgehens ist dann zwingend erforderlich.

Kontraindikationen: Nichtkompensierte Begleiterkrankungen und nichttherapierbare Gerinnungsstörungen gelten bei der elektiven Cholezystektomie als Kontraindikation. Dies gilt nicht für die Notfallcholezystektomie, bei der individuell entschieden werden muss.

Operationsrisiken: Die perioperative Sterblichkeit nach elektiver Cholezystektomie liegt unter 0,5 % und ist verständlicherweise vom Patientenalter, den Begleiterkrankungen und dem Schweregrad der Erkrankung abhängig. Neben den allgemeinen Operationsrisiken wie Blutung, Infektion, Verletzung angrenzender Organe und Narbenhernie ist v. a. die Verletzung des Hauptgallenganges sowie der Leberarterien zu bedenken. Zusätzlich können Gallefisteln durch eine Insuffizienz des Zystikusstumpfes oder durch Verletzung akzessorischer Gallengänge im Bereich des Gallenblasenbettes entstehen. Über diese spezifischen Risiken ist der Patient aufzuklären.

Operationsvorbereitung: Nach Diagnosesicherung und Therapie etwaiger Begleiterkankungen ist eine spezielle präoperative Vorbehandlung nicht erforderlich. Mit der Narkoseeinleitung wird eine einmalige intravenöse Verabreichung eines Antibiotikums zur Infektprophylaxe empfohlen.

Operationstechniken: Für die Cholezystektomie ist heute das minimalinvasive, laparoskopische Verfahren das Standardverfahren und hat die konventionelle (offene) Cholezystektomie weitestgehend verdrängt. Nach mehrfachen Oberbauchlaparotomien, bei schweren Herz- oder Lungenerkrankungen, Verdacht auf ein Gallenblasenkarzinom oder bei einer Gallenblasenperforation in die freie Bauchhöhle muss jedoch weiterhin konventionell, d. h. mittels Schnittführung operiert werden. Der

Eingriff wird in Intubationsnarkose und Rückenlage ausgeführt; das OP-Gebiet sollte intraoperativ durchleuchtbar sein.

Konventionelle Cholezystektomie: Bei dem konventionellen Verfahren haben sich als Zugangswege der rechtsseitige *Rippenbogenrandschnitt* oder der *Transrektalschnitt* des rechten Oberbauches etabliert (s. SE 6.9, S. 168 f). Die Gallenblase wird zunächst mit Fasszangen nach ventro-kranial luxiert. Nur so lassen sich der Gallenblasenhilus und die Strukturen des Calot-Dreieckes, d. h. der Ductus cysticus, der Ductus hepatocholedochus und die A. cystica darstellen (**24.13a**). Nach eindeutiger Identifizierung dieser Strukturen werden der Ductus cysticus und die A. cystica unterbunden, und die Gallenblase wird aus ihrem Leberbett herausgeschält. Auf die Einlage einer Drainage wird in der Regel verzichtet.

Laparoskopische Cholezystektomie: Bei dem minimalinvasiven, laparoskopischen Verfahren (**24.13b**) wird die Abdominalhöhle mit CO_2 bis zu einem Druck von 12 mmHg angefüllt, sodass genügend Raum entsteht, um intraabdominell zu operieren. Dann wird über den Nabel eine Video-Optik eingebracht und die Abdominalhöhle inspiziert. Anschließend werden drei weitere Trokare entlang des rechten Rippenbogens eingebracht, und die Gallenblase wird in fast analoger Weise zur offenen Cholezystektomie entfernt.

Intraoperative Diagnostik: Intraoperativ kann bei beiden Verfahren eine Röntgenkontrastdarstellung der intra- und extrahepatischen Gallenwege, d. h. eine *intraoperative Cholangiographie*, erfolgen. Dabei wird unter Durchleuchtung ein Kontrastmittel in den Zystikusstumpf eingespritzt, sodass Gallengangssteine oder Papillenstenosen dargestellt werden können. Außerdem ist es möglich, über eine Messung des Drucks, mit dem das Kontrastmittel aus den Gallengängen wieder abfließt, eine Galleabflussstörung zu diagnostizieren. In aller Regel besteht jedoch keine Notwendigkeit zu dieser intraoperativen Radiomanometrie.

Postoperatives Vorgehen: Mit Beendigung des Eingriffs kann die für die Operation gelegte Magensonde gezogen werden. Am Abend des Operationstages kann der Patient Tee, am Morgen des Folgetages ein leichtes Frühstück zu sich nehmen. Die Einhaltung einer „Gallediät" nach Cholezystektomie ist in keinem Fall sinnvoll. Die Entlassung in die ambulante Behandlung erfolgt zwischen dem 3. und 5. postoperativen Tag (nach Ultraschallkontrollen des OP-Gebietes).

Postoperative Ergebnisse: Die Cholezystektomie ist ein schnelles, sicheres, risikoarmes und damit effizientes Verfahren zur Behandlung der Cholelithiasis. Alternative Verfahren wie die medikamentöse Litholyse oder extrakorporale Stoßwellenlithotripsie treten im Vergleich zur Cholezystektomie in den Hintergrund, da nur die Gallenblasenentfernung in 98–99 % zu einer dauerhaften Heilung führt. Defektsyndrome, die auf der Entfernung des Organs Gallenblase beruhen, treten nicht auf.

Persistieren die Beschwerden, die ursprünglich zur Cholezystektomie geführt haben, so sprach man früher von einem sog. Postcholezystektomiesyndrom. Dieser Begriff wird heute abgelehnt, da die persistierenden Beschwerden entweder auf postoperative Komplikationen (**24.14a**) oder Folgezustände (**24.14b**) oder auf andere, von dem biliären System unabhängige Erkrankungen (**24.15**) zurückzuführen sind.

24.13 Cholezystektomie

a konventionelle Cholezystektomie

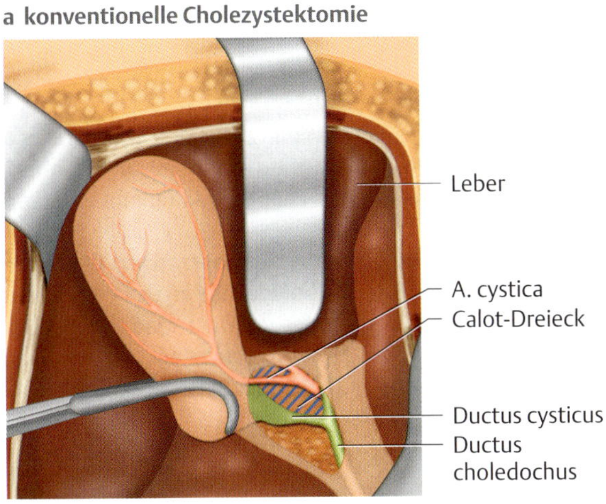

a Die Gallenblase wird mit Fasszangen nach ventro-kranial luxiert, um den Gallenblasenhilus und die Strukturen des Calot-Dreieckes, d. h. den Ductus cysticus, den Ductus hepatocholedochus und die A. cystica darzustellen. Dann werden der Ductus cysticus und die A. cystica unterbunden, und die Gallenblase wird aus ihrem Leberbett herausgeschält.

b laparoskopische Cholezystektomie

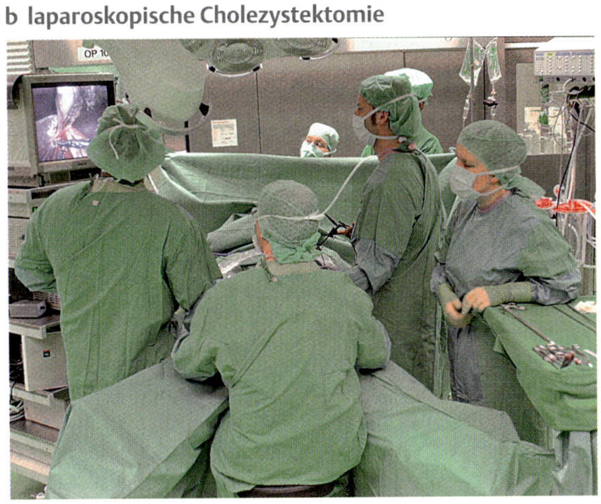

b Die Abdominalhöhle wird zuerst mit CO_2 bis zu einem Druck von 12 mmHg angefüllt. Dann wird über den Nabel eine Video-Optik eingebracht und die Abdominalhöhle inspiziert. Mittels dreier weiterer Trokare wird in fast analoger Weise zur offenen Cholezystektomie die Gallenblase entfernt. Die dargestellte Anordnung des Operationsteams und des Monitors kann variieren.

24.14 Cholezystektomie: Postoperative Beschwerden

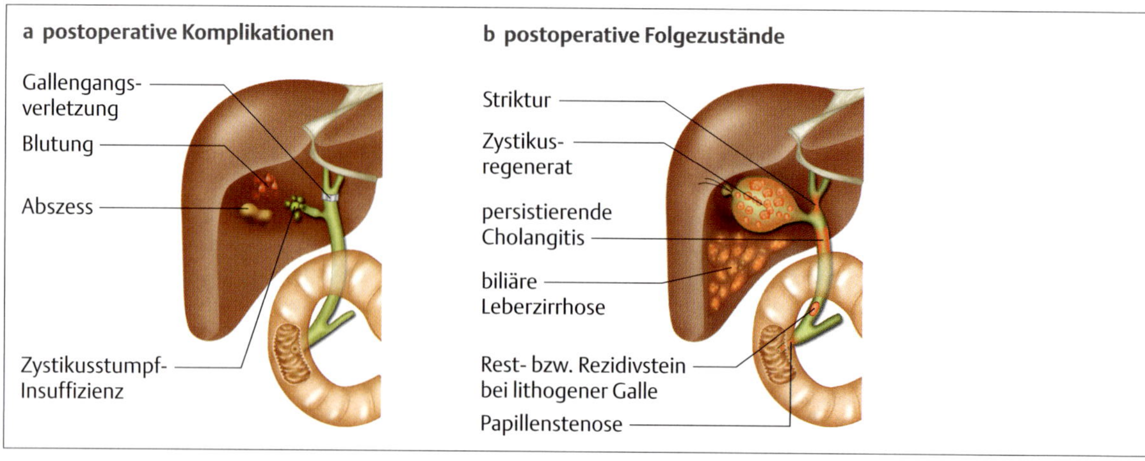

24.15 Differenzialdiagnose gallenunabhängiger Erkrankungen

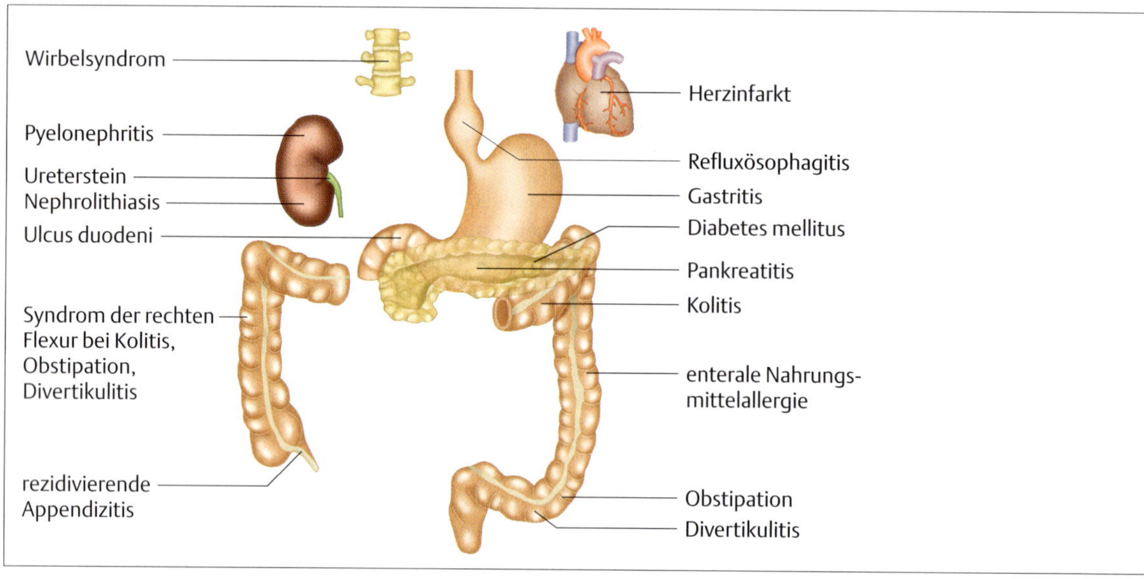

! Bei persistierenden postoperativen Beschwerden muss zuerst an die Möglichkeit einer postoperativen Komplikation gedacht werden, z. B. an einen belassenen Gallengangsstein. Erst dann ist eine weitere differenzialdiagnostische Abklärung erforderlich.

Choledochusrevision

Vor jeder Gallenblasenentfernung muss der Patient durch Anamneseerhebung und klinische, laborchemische und sonographische Untersuchungen auf eine Cholangiolithiasis untersucht werden. Besteht der Verdacht auf Gallengangssteine, wird in der Regel eine ERCP durchgeführt, um so bei geringer Morbidität die Cholangiolithiasis zu sichern und ggf. zu behandeln. Aus diesem Grund entfällt die früher obligatorische intraoperative Cholangiographie häufig und wird nur dann durchgeführt, wenn die ERCP nicht möglich oder die präoperative Steinentfernung nicht erfolgreich war.

Indikationen: Die Indikation zur Choledochusrevision besteht bei endoskopisch-interventionell nicht entfernbaren Gallengangssteinen oder bei Malignomverdacht.

Operationstechnik: Nach der intraoperativen Cholangiographie wird der Ductus choledochus an der Vorderwand distal des Zystikusstumpfes eröffnet und das Gallengangskonkrement mit einer Fasszange oder einem Fogarty-Katheter entfernt. Oft ist hierzu das Duodenum mit dem *Kocher-Manöver* zu mobilisieren.

! Das Kocher-Manöver beinhaltet das Herauslösen des Duodenums einschließlich des Pankreaskopfes aus dem Retroperitoneum, sodass Duodenum und Pankreaskopf bimanuell zu palpieren sind.

Mit Hilfe einer intraoperativen Endoskopie des Ductus choledochus (Choledochoskopie) kann der Erfolg der Steinextraktion kontrolliert werden.

24.16 Kehr-T-Drainage

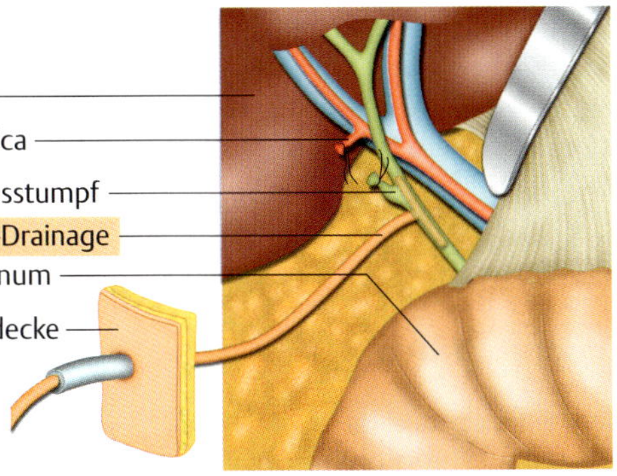

Bis zur Rückbildung des postoperativen Papillenödems wird eine Kehr-T-Drainage in den Ductus choledochus eingelegt, um die Galle nach außen abzuleiten.

24.17 Papillotomie und Steinextraktion

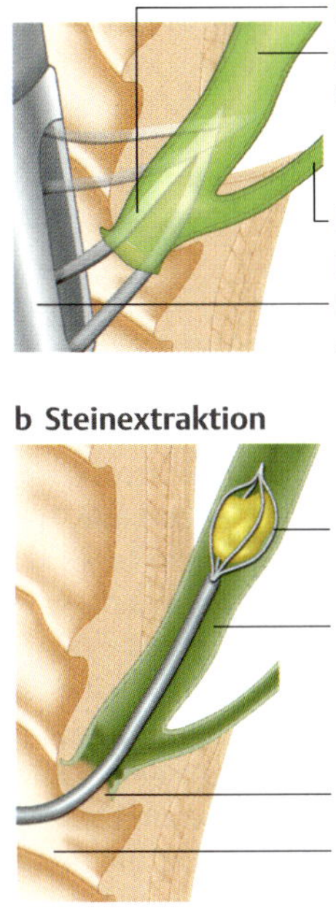

a Über den Arbeitskanal des Duodenoskops wird ein Papillotom eingeführt und die Papilla Vateri mittels Diathermiestrom gespalten.
b Mit Hilfe eines Dormia-Körbchens wird der Gallenstein aus dem Ductus choledochus extrahiert.

Durch die Manipulationen am Gallengang und an der Papille entwickelt sich postoperativ oft ein Papillenödem, das zu einer passageren Galleabflussstörung führt. Die Inzision des Ductus choledochus kann deshalb meist nicht einfach verschlossen werden. Vielmehr erfolgt die Naht über einer sog. **Kehr-T-Drainage** (nach Hans Kehr, Halberstadt, 1912). Dabei handelt es sich um eine Drainage aus Latexgummi, die zur passageren Galleableitung nach außen bis zum Abschwellen der Papille in den Ductus choledochus eingelegt wird (**24.16**). Nach anfänglicher Fördermenge von bis zu 1000 ml/Tag kann das T-Drain ab dem 3. postoperativen Tag abgeklemmt bzw. der Drainagebeutel über Körperniveau „hochgehängt" werden. Nach Röntgenkontrastdarstellung der Gallenwege, die nun konkrementfrei sind und einen freien Galleabfluss ermöglichen, kann das T-Drain ca. am 7. Tag gezogen werden.
Liegt zusätzlich eine Papillenstenose vor, sollte intraoperativ das Duodenum eröffnet und die Papille gespalten werden (transduodenale Papillotomie).

Endoskopische Papillotomie und Steinextraktion

Die **e**ndoskopisch-**r**etrograde **C**holangio**p**ankreatikographie (**ERCP**) ermöglicht nicht nur die Darstellung der Gallenwege und des Pankreasganges, sondern eröffnet auch therapeutische Alternativen zu der operativ durchgeführten Gallengangsrevision mit Steinextraktion und transduodenaler Papillotomie.

Indikationen: Der Verdacht auf eine Cholangiolithiasis, einen postoperativ persistierenden Gallengangsstein oder die Abklärung eines Verschlussikterus stellen gesicherte Indikationen zur ERCP mit Papillotomie und Steinextraktion dar.

Technik: Nach der Cholangiographie wird über den Arbeitskanal des Duodenoskops ein sog. Papillotom eingeführt und die Papilla Vateri mittels Diathermiestrom teilweise (Papillotomie) oder ganz (Sphinkterotomie) gespalten (**24.17a**). Sollte der Stein nicht spontan abgehen, kann er mit einem ebenso eingebrachten Lithotriptor zertrümmert oder mit einem Ballonkatheter und Dormia-Körbchen (**24.17b**) geborgen werden. Über 90 % aller Gallengangsteine können so entfernt werden.

Risiken: Neben der Perforation und Blutung ist nicht sicher geklärt, ob eine „Zerstörung" des M. sphincter Oddi (insb. bei der Sphinkterotomie) nicht doch unerwünschte Spätfolgen wie z. B. eine aszendierende Cholangitis provozieren kann. Deshalb wird die Sphinkterotomie vor dem 30. Lebensjahr nur ungern durchgeführt.

Partielle Duodenopankreatektomie

s. SE 25.6, S. 572

Lebersegmentresektion bei Gallenblasenkarzinom

s. SE 22.6, S. 523

Biliodigestive Anastomose

Die biliodigestive Anastomose ist eine operative Verbindung der Gallenwege mit dem Gastrointestinaltrakt.

Indikationen: Die Notwendigkeit zur Anlage einer biliodigestiven Anastomose besteht nach (Teil-)Resektion des Ductus hepatocholedochus, z. B. bei Gallengangstumoren, sowie bei nicht resezierbaren Stenosen oder langstreckigen Strikturen der ableitenden Gallenwege. Hier muss zur Umgehung des Abflusshindernisses eine Kurzschlussverbindung angelegt werden.

! Eine biliodigestive Anastomose dient zum einen der Defektrekonstruktion nach kurativer Tumorresektion, zum anderen als Therapie einer benignen oder malignen Galleabflussstörung (24.9).

Technik: Grundsätzlich können intrahepatische Gallenwege, Ductus hepaticus, Ductus choledochus oder die Gallenblase selbst mit dem Gastrointestinaltrakt anastomosiert werden. Das am häufigsten praktizierte Verfahren ist die **Hepatiko- oder Choledochojejunostomie**. Hierbei wird nach Resektion des distalen Gallenganges eine nach Y-Roux ausgeschaltete Jejunumschlinge End-zu-Seit mit dem Gallengangsstumpf verbunden (**24.18**). Bei irresektablen Stenosen kann auch eine Seit-zu-Seit-Anastomose angelegt werden. Somit wird weitestgehend verhindert, dass das biliäre System direkt mit dem Speisebrei in Kontakt kommt und eine aszendierende Cholangitis auftritt. Aufgrund dieser Komplikation ist die direkte Verbindung des Ductus choledochus mit dem Duodenum (Choledochoduodenostomie) fast vollständig verlassen worden. Bei einem sehr weit distal gelegenen, irresektablen Verschluss des Ductus choledochus wie z. B. bei einem Pankreaskopfkarzinom kann, wenn der Ductus cysticus frei ist, auch die technisch einfachere **Cholezystojejunostomie** erfolgen.
Hochsitzende, leberhilusnahe Verschlüsse der Gallenwege, z. B. nach iatrogener Gallengangsläsion bei laparoskopischer Cholezystektomie, können nur durch die technisch problematische, bis nach intrahepatisch reichende Hepatikojejunostomie beherrscht werden. Dabei wird eine nach Y-Roux ausgeschaltete Jejunumschlinge mit der Hepatikusgabel und dem proximalen Anteil des linken Ductus hepaticus anastomosiert (**Hepatikojejunostomie nach Hepp-Couinaud**).
Eine ausschließlich intrahepatische biliodigestive Anastomose kann nach der Resektion eines Klatskin-Tumors erforderlich sein (24.9).

Weitere Maßnahmen

Endoprothesen

Neben der operativen Palliativtherapie von tumorbedingten Galleabflussstörungen gibt es endoskopisch-interventionelle Techniken, die einen passageren Galleabfluss ermöglichen.

Indikationen: Bei Patienten mit einem fortgeschrittenen Gallengangs- oder Pankreaskopftumor, der bereits zu einem Verschlussikterus geführt hat, ist oft eine Tumorresektion nicht mehr möglich. In diesem Fall ist die Gallengangsstenose mit einer Kunststoff- oder Metallprothese endoluminal zu überbrücken. So können Ikterus und Pruritus behoben sowie einer eitrigen Cholangitis vorgebeugt bzw. diese behandelt werden. Auch ist eine präoperative Entlastung des gestauten Gallesystems möglich.

Technik: Im Rahmen einer ERCP wird zunächst eine minimale Papillotomie durchgeführt und die Stenose mittels Dilatatoren bougiert. Dann wird über den Arbeitskanal des Endoskops ein Teflonkatheter in dem Gallengang platziert, der die Stenose überbrückt. Alternativ dazu werden in ähnlicher Technik selbstexpandierende Metallgitterprothesen, sog. Stents, implantiert, die sich nach Platzierung im Gallengang selber entfalten. Dadurch bleiben sie besser in einer Stenose „haften" und sind

24.18 Biliodigestive Anastomose

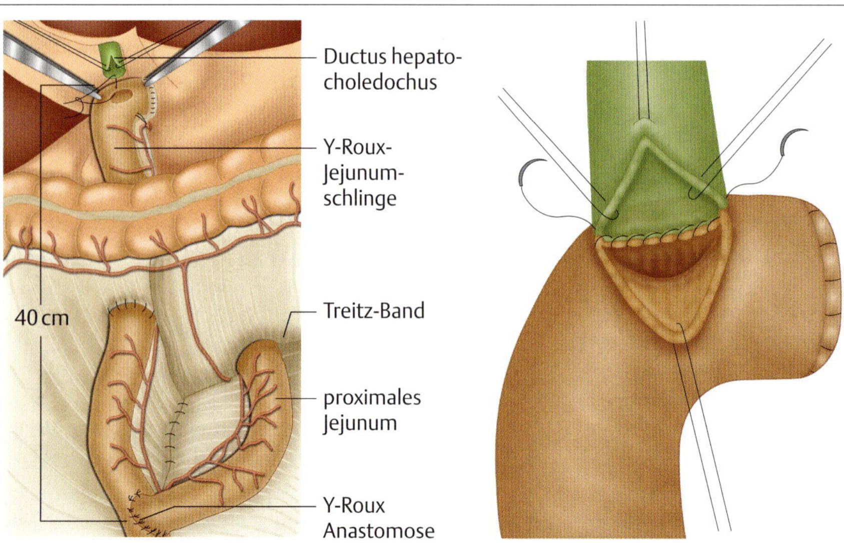

Nach Resektion des distalen Ductus choledochus wird eine nach Y-Roux ausgeschaltete Jejunumschlinge End-zu-Seit mit dem Gallengangsstumpf verbunden.

24.9 Biliodigestive Anastomose bei einem Klatskin-Tumor

Ist es bei einem Klatskin-Tumor notwendig, die gesamte Hepatikusgabel zu resezieren, so ist die Defektrekonstruktion durch eine biliodigestive Anastomose technisch schwierig. Nach zentraler Hepatikusgabelresektion verbleiben 5–7 dünnlumige Segmentgallengänge. Die einander benachbarten Segmentgallengänge werden an ihren gegenüberliegenden Wänden miteinander anastomosiert (**a**); die gemeinsame freie Wand wird jeweils in die nach Y-Roux ausgeschaltete Jejunumschlinge eingepflanzt (**b**). Die Nahtleckagerate dieser dann insgesamt drei biliodigestiven Anastomosen ist wegen der technisch schwierigen Anlage natürlich erhöht. Oft werden dünne Latex-Gummi-Drainagen durch die Anastomosen hindurch eingelegt und nach ein bis zwei Wochen entfernt. Diese Drainagen werden durch die an der vorderen Bauchwand angeheftete Jejunumschlinge „ausgewitzelt“ (Begriff „Witzel-Fistel“ s. SE 6.2, S. 145).

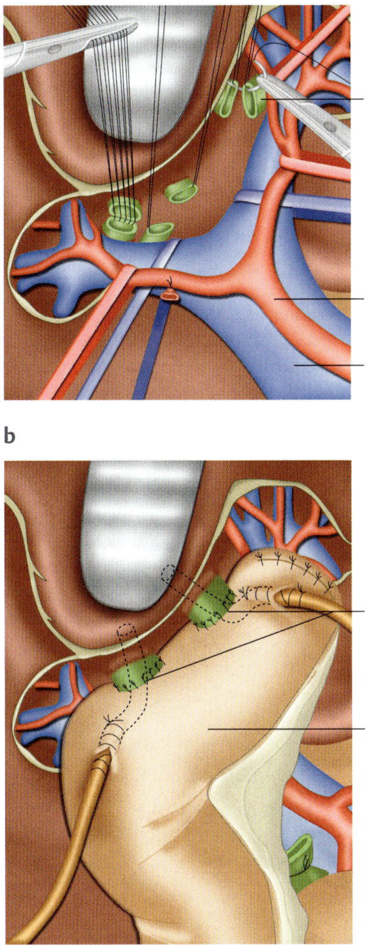

24.19 Gallengangsstent

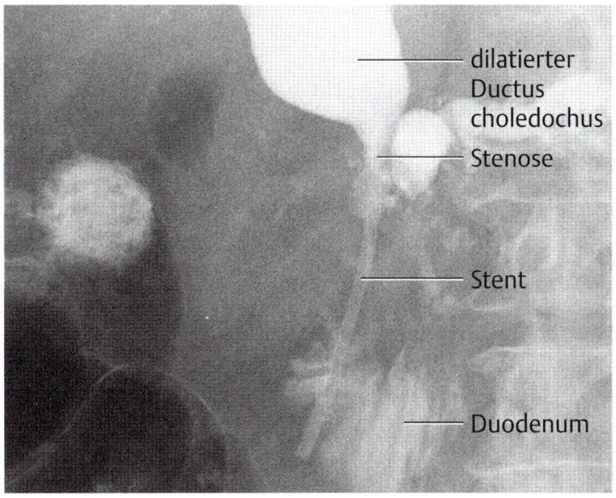

ERCP-Befund nach Implantation eines Stents in den Ductus choledochus.

in entfaltetem Zustand auch großlumiger als die starren Teflonkatheter, wodurch einem vorzeitigen Verschluss entgegengewirkt wird (**24.19**). Sollte eine ERCP nicht möglich sein, z. B. nach einer Billroth-II-Magenresektion oder bei vollständigem Gallengangsverschluss, so kann die Prothese auch nach ultraschallgezielter, perkutaner transhepatischer Punktion eines intrahepatischen Gallenganges von außen in den stenosierten Gallengang eingebracht werden (mehrzeitiges extern-internes Verfahren). Gallengangsendoprothesen obstruieren allerdings nach etwa 1/4 bis 1/2 Jahr, sie müssen dann u. U. gewechselt werden.

Extrakorporale Rezirkulation der Galle

Bei einem totalen Verschluss der Gallenwege ist die Implantation einer Endoprothese gelegentlich unmöglich. Auch bei sehr hoch sitzenden, leberhilusnahen Verschlüssen kann die endoluminale Überbrückung der Gallengangsstenose technisch unmöglich sein. Als einzige Palliativmaßnahme bleibt dann die perkutane Ableitung der Galle über einen Katheter, der in einen dilatierten Gallengang ultraschallgestützt eingelegt wird. Da auf diese Weise pro Tag etwa ein Liter elektrolytreiche Galleflüssigkeit verloren geht, ist es sinnvoll, die Galleflüssigkeit wieder dem enterohepatischen Kreislauf zuzuführen. Daher wird ein zweiter Katheter in den Gastrointestinaltrakt eingebracht, ebenfalls endoskopisch-interventionell über eine **PEG**-Sonde (**p**erkutane **e**ndoskopische **G**astrostomie). Insgesamt handelt es sich hier um eine Behandlungsform, die nur bei Versagen der oben genannten Palliativmethoden als ultima ratio zur Anwendung kommt.

25.1 Anatomie und Physiologie des Pankreas

Pankreas, Duodenum und die Gallenwege bilden anatomisch eine enge Verbindung. Daher betreffen Erkrankungen der einzelnen Organe häufig den gesamten Organverbund. Die Kenntnis der genauen Anatomie und Physiologie sind für das Verständnis, die Planung und die Durchführung der Therapie unerlässlich.

Anatomie

Das Pankreas ist eine weiche, lobulierte Drüse von ca. 12–15 cm Länge und 70–90 g Gewicht. Es liegt retroperitoneal (Höhe zweiter Lendenwirbel) hinter dem Magen und der Mesenterialwurzel, vom Duodenum bis zur Milz reichend. Der rechte Anteil, dem Duodenum anliegend, wird als **Kopf** (Caput pancreatis) bezeichnet und wird vom **Körper** (Corpus) und dem **Schwanzbereich** (Cauda) unterschieden. Der Kopfbereich läuft nach kaudodorsal in den Processus uncinatus aus. Dieser umgreift dabei von rechts her die V. mesenterica superior und reicht an die rechts-laterale Wand der A. mesenterica superior heran.

Aufgrund seiner Lage ist der chirurgische Zugang zum Pankreas schwierig und muss mit besonderer Sorgfalt für die angrenzenden Organe erfolgen.

Das Pankreas entwickelt sich aus einer dorsalen und ventralen Anlage. Der **Ausführungsgang** der ventralen Anlage bildet den Ductus Santorini (Ductus pancreaticus minor) und die dorsale Anlage den Ductus Wirsungianus (Ductus pancreaticus major), die gemeinsam (ca. 60–70 %) in der Papilla Vateri (Papilla duodenalis) oder getrennt im Duodenum münden. Die separate Einmündung des Ductus Santorini bildet eine häufige anatomische Variante.

Topographie (**25.1a**): Das Pankreas bildet mit den peritonealisierten Teilen von Korpus und Schwanz die dorsale Wand der Bursa omentalis. Der Zugang in die Bursa und damit zur Bauchspeicheldrüse besteht physiologischerweise durch das Foramen Winslowii und erfolgt chirurgisch meist durch das Ligamentum gastrocolicum, seltener transmesokolisch oder von kranial durch das Omentum minus.

Das Pankreas liegt in enger Nähe zur V. cava inferior, zum Konfluenz der V. mesenterica superior und der V. lienalis sowie der V. portae, zur Aorta und zur A. mesenterica superior. Pankreaskopf- bzw. Proc.-uncinatus-Karzinome infiltrieren (je nach topographischem Ausgangspunkt) relativ früh die V. mesenterica superior, erst später (nach dorsal hin) die Vorderwand der V. cava inferior. Pankreatitiden bedingen oft eine Thrombose der V. lienalis, da diese langstreckig an der Dorsalwand des Pankreas verläuft.

Die kombinierte Ablösung von absteigendem Duodenum und Pankreaskopf von der Vorderwand der V. cava inferior nennt man „Kocher-Manöver". Dieses Manöver wird für zahllose Operationen benötigt.

25.1 Anatomie des Pankreas

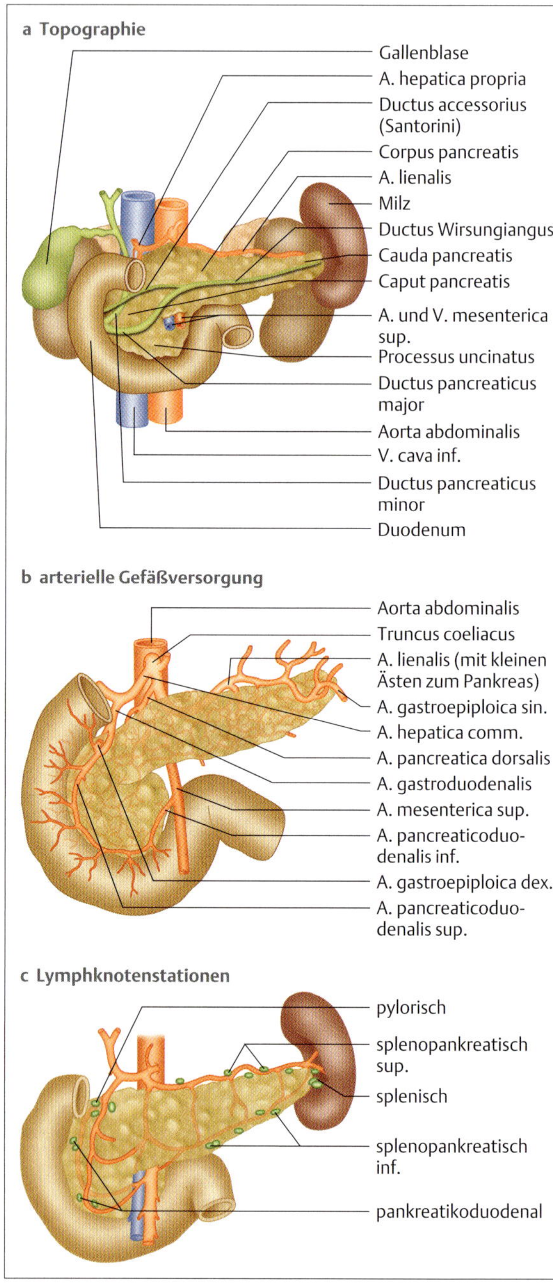

Die **arterielle Versorgung** des Kopfes erfolgt über zwei Hauptstämme, die eine Anastomosenarkade bilden: die *A. pancreaticoduodenalis superior* über die Arteria gastroduodenalis aus der Arteria hepatica communis (Truncus coeliacus) und die *A. pancreaticoduodenalis inferior* aus der A. mesenterica superior (👁 **25.1b**). Die Korpus- und Kaudaanteile werden über kleine Äste aus der *A. lienalis* versorgt. **Venös** drainieren die den Arterien parallel laufenden Venen in das *Pfortadersystem* (Kaput = V. mesenterica superior, Korpus und Kauda = V. lienalis).

Das Pankreas ist stark **innerviert** aus dem *Plexus coeliacus*. Neben cholinergen Fasern enthalten die Nervenfasern auch verschiedene gastrointestinale Neurotransmitter wie Substanz P, Cholezystokinin, Neuropeptid Y, vasoaktives Polypeptid, Gastrin releasing Polypeptid u. a.

Das Pankreas ist aus zwei **unterschiedlichen Drüsenarten** aufgebaut, die eng topographisch miteinander verbunden sind. Den größten Anteil macht das *exokrine Gewebe* (Azini) aus, in das die *endokrinen Inseln* eingebettet sind.

Physiologie

Exokrine Funktion

Die Synthese der exokrinen Enzyme und Inhibitoren findet in den Azinuszellen statt. Die Gangepithelien und Schaltstückzellen sezernieren Wasser und Elektrolyte.

Das Pankreas ist der größte Proteinproduzent des Körpers und gibt täglich eine Menge von 6–20 g Verdauungsenzyme in das Duodenum ab.

Pro Tag werden etwa 1,5–2 Liter exokriner bikarbonatreicher Saft mit einem pH von 8–8,5 gebildet. Der alkalische Pankreassaft schafft durch Neutralisierung des sauren Chymus ein günstiges Milieu für die Pankreasenzyme. Die Proteasen Trypsin und Chymotrypsin werden zum Schutz vor Autolyse in inaktiven Vorstufen produziert und erst im Darmlumen durch Enterokinasen und autokatalytisch aktiviert. Zum Abbau der Fette werden α-Amylase und Lipase bereits in aktiver Form sezerniert. Die Pankreassekretion wird zu Beginn reflektorisch über die Nn. vagi eingeleitet und dann hauptsächlich über die Freisetzung gastrointestinaler Hormone (Cholecystokinin-Pankreozymin und Sekretin) reguliert.

Endokrine Funktion

Mit ca. 1–2 % der Zellmasse machen die Langerhans-Inseln nur einen geringen Teil des Pankreasgewebes aus (10^5–10^6 Inseln mit je ca. 1000 endokrinen Zellen). 50–70 % der Inseln sind die insulinproduzierenden *B-Zellen*. In den *A-Zellen* wird Glukagon (ca. 20–30 %) und in den *D-Zellen* (ca. 10 %) Somatostatin gebildet. Daneben existieren als vierte endokrine Zellart die *PP-Zellen*, die das pankreatische Polypeptid synthetisieren.

Insulin ist der hauptsächliche Regulator anaboler, metabolischer Vorgänge und vermittelt die Aufnahme von Glucose und Aminosäuren in die Zellen zur Energiebereitstellung und Speicherung (Glykogen). Es besteht aus einer A-Kette mit 21 Aminosäuren und einer B-Kette mit 30 Aminosäuren, deren Verknüpfung für die biologische Wirksamkeit unbedingt erforderlich ist. Der Tagesbedarf an Insulin liegt beim Erwachsenen bei ca. 40 Einheiten. Aus dem menschlichen Pankreas sind etwa 150–250 Einheiten extrahierbar, und daraus ergibt sich ein Speicher für ca. 3–6 Tage. Die Insulinsekretion wird durch verschiedene in der Nahrung enthaltene Substanzen ausgelöst. Der stärkste Stimulus ist die Mischung von Eiweiß und Glucose. Neben Somatostatin, ACTH, Sekretin und Gastrin stimuliert auch Glukagon, welches seinerseits zur Steigerung des Blutzuckers führt, die Produktion von Insulin.

Bei vorbestehend fehlender diabetischer Stoffwechsellage bedingt die operative Volumenreduktion des Pankreas von bis zu 50 % keinen Diabetes mellitus, abgesehen von früh-postoperativen Störungen.

25.2 Pankreas-Diagnostik

Aufgrund der beschriebenen Nähe zu den Nachbarorganen muss bei der Diagnostik im Rahmen von Affektionen des Pankreas auch an die Leber (Gallenwege), die Nahrungsmittelpassage (Magen und Duodenum) und das Retroperitoneum gedacht werden. Die frühen Symptome der drei häufigsten Erkrankungen des Pankreas, der akuten und chronischen Pankreatitis und des Pankreaskarzinoms, sind unspezifisch und hängen primär vom Ausmaß der Entzündung, der Raumverdrängung und infiltrativer Prozesse ab. Nicht selten imponieren Entzündungen des Pankreas neben den Oberbauchbeschwerden auch wie Rückenschmerzen. Zur Diagnose ist zumeist eine zusammenfassende Beurteilung von klinischen, labormedizinischen und bildgebenden Verfahren notwendig.

Klinische Zeichen: Im Fall der **akuten Pankreatitis** ist der abdominelle Schmerz das vorherrschende Symptom. Die *Schmerzlokalisation* wird zumeist im Epigastrium und linken Oberbauch angegeben. In der Hälfte der Fälle besteht eine Ausstrahlung in den Rücken. Die *Schmerzstärke* wird häufig als maximal angegeben. Es kann aber auch eine akute Pankreatitis ohne klinische Symptome vorliegen. Neben den Schmerzen sind *Übelkeit* und *Erbrechen* häufige Begleitsymptome.

Bei der **chronischen Entzündung** der Bauchspeicheldrüse stehen *starke Schmerzattacken* im linken Oberbauch bzw. im Mittelbauch im Vordergrund.

> Die gürtelförmige Ausstrahlung in den Rücken ist charakteristisch, führt aber nicht selten zur Fehldiagnose einer Lumbago.

Zusätzlich Symptome insb. bei fortgeschrittener Entzündung sind *Diarrhö, Diabetes mellitus und Ikterus.*

Das **Pankreaskarzinom** ist in der Mehrzahl der Fälle *asymptomatisch*. Erst im fortgeschrittenen Stadium kommt es sekundär zu Symptomen aufgrund der Beziehung zu Nachbarorganen: *Bauchschmerz, Ikterus und Gewichtsverlust* bilden dann das typische klinische Bild. Der Beginn eines *Diabetes mellitus* im fortgeschrittenen Alter sollte auch an ein Karzinom der Bauchspeicheldrüse denken lassen.

> Leitsymptom des Pankreaskopfkarzinoms ist der schmerzlose Ikterus (Stenose des intrapankreatischen D. choledochus), Leitsymptom des Pankreaslinkskarzinoms der Schmerz (Infiltration des Retroperitoneums, dann oft schon inoperabel).

Labordiagnostik: Neben klinischen Zeichen nimmt die Labordiagnostik einen wichtigen Stellenwert in der Diagnose der Pankreaserkrankungen ein.

Amylase und *Lipase* im Serum stellen weiterhin den Standard der **Diagnostik** bei der akuten Pankreatitis dar. Zur **ätiologischen Unterscheidung** zwischen biliärer und nichtbiliärer Pankreatitis können die *Lebertransaminasen* (GOT, GPT, γ-GT und AP) hilfreich sein.

Die **Abschätzung des Entzündungsgrades** ist durch das Akut-Phasen-Protein *CRP (C-reaktives Protein)* mit einer Sensitivität und Spezifität von über 80 % möglich. Es wird auch für die Verlaufskontrolle der Entzündung bestimmt.

Bei der chronischen Pankreatitis spielen Laborwerte lediglich eine untergeordnete Rolle. **Funktionelle Tests** bezüglich der exkretorischen Pankreasfunktion im Sinne direkter Stimulationsteste der exokrinen Funktion (z. B. Sekretin-Zärulein-Test; **25.1**) können zur Beurteilung des Stadiums der Erkrankung eingesetzt werden.

Endokrine Funktionstests spielen lediglich in der Diagnostik eines Diabetes mellitus oder eines Inselzelltumors eine Rolle und werden erst im Spätstadium der chronischen Pankreatitis oder des Pankreaskarzinoms pathologisch.

Der **Tumormarker** CA 19-9 spielt eine wichtige Rolle in der Diagnose eines Pankreaskopfkarzinoms. Neben der Differenzialdiagnostik wird er auch zur Abschätzung des Tumorstadiums benutzt; dabei korreliert ein hoher CA 19-9 Wert positiv mit fortgeschrittenen Tumorstadien und nicht resektablen Befunden.

25.1 Funktionstests

Zur Beurteilung der exokrinen und endokrinen Pankreasfunktion haben sich einige standardisierte Funktionstests bewährt, die direkt oder indirekt die Bikarbonat- und/oder Enzymfreisetzung nach Stimulation messen.

Der **Sekretin-Stimulationstest** dient zur Messung der exokrinen Funktion. Ein pathologischer Test ist jedoch erst nach einer Einschränkung der Funktion von ca. 60 % nachweisbar. Durch i. v. Gabe des Hormons Sekretin, ggf. in Verbindung mit Cholezystokinin-Pankreozymin (CCK-PZ, alternativ das synthetische Polypeptidhormon Cerulein), wird das exokrine Pankreas stimuliert. Über eine zuvor unter radiologischer Kontrolle eingebrachte Duodenalsonde wird Duodenalsaft vor und nach der Stimulation gewonnen und die Bikarbonatmenge in mEq/l bestimmt (pathologisch bei Werten unter 80–90 mEq/l). *Nachteil:* Der Test ist unangenehm und aufwendig.

Ferner werden der Pankreolauryltest und die Bestimmung von Chymotrypsin oder Elastase im Stuhl zur Beurteilung der exokrinen Funktion herangezogen. Klinisch hat sich die Messung der **Stuhlelastase** durchgesetzt, da sie wenig aufwendig ist und eine ausreichende Sensitivität und Spezifität aufweist.

Bildgebende Diagnostik:

Konventionelle Röntgenaufnahmen des Abdomens weisen auf Pankreasverkalkungen, röntgenpositive Gallenkonkremente und Pleuraergüsse hin. In der Differenzialdiagnose können Zeichen eines Ileus (s. SE 28.1, S. 643) und freie intraabdominelle Luft wegweisend sein.

Der abdominellen **Ultraschalluntersuchung** sind bei Erkrankungen des Pankreas Grenzen gesetzt, und sie spielt meist lediglich eine orientierende Rolle. Bei der *akuten Pankreatitis* sind Veränderungen der Pankreasstruktur wenig verlässliche Parameter zur Feststellung des Erkrankungsstadiums. Die Sonographie zielt daher primär auf die Abklärung der Ätiologie mit einer Beurteilung der Gallenwege und möglicher Konkremente ab. Nach der Ausbildung von intraabdominellen Flüssigkeitsansammlungen und Pseudozysten kann der Ultraschall in der Verlaufsbeobachtung und bei der Platzierung von Drainagen hilfreich sein. Sein Einsatz hat den Vorteil der allgemeinen Verfügbarkeit und geringer Kosten. Im Rahmen der *chronischen Entzündung* kann die Diagnose durch die Ultraschalluntersuchung gestellt werden. Unregelmäßigkeiten des Ganges, Verkalkungen, Pseudozysten und die Abnahme des Gewebevolumens sind sicher darstellbar. In Abwesenheit von kalzifizierten Veränderungen kann die Diagnose jedoch mit allen bildgebenden Verfahren schwierig sein. Im Falle eines *Pankreaskarzinoms* stellt der Ultraschall die erste orientierende Untersuchung dar. Größere Raumforderungen, gestaute Gallenwege und Lymphknotenvergrößerungen können im Ultraschall hinweisend sein. Aufgrund des meist fortgeschrittenen Stadiums im Rahmen der Erstdiagnose (80% Metastasen) finden sich häufig bereits multiple Lebermetastasen. Die transgastrale bzw. transduodenale *Endosonographie* hat nur in wenigen Zentren einen Stellenwert (hinsichtlich T- und N-Stadium).

Die **Computertomographie** ist die Standarduntersuchung unter den bildgebenden Verfahren. Sie ist bei der *akuten Pankreatitis* nach wie vor die Methode der ersten Wahl zur Diagnosestellung (Sensitivität ca. 80%), Stadieneinteilung, Verlaufsbeobachtung und Diagnostik von Komplikationen. Schwierigkeiten können milde Verlaufsformen bereiten.

Bei der *nekrotisierenden Pankreatitis* können durch ein kontrastmittelverstärktes CT Perfusionsdefekte des Pankreas, Nekrosen, extrapankreatische Flüssigkeitsansammlungen und begleitende Komplikationen erkannt und diagnostisch punktiert werden.

Die Diagnostik der *chronischen Pankreatitis* und des Pankreaskarzinoms wird durch die CT komplettiert, den Standard stellt hier die ERCP dar (s. u.).

Die **Spiral-CT** bietet sich heute durch kurze Untersuchungszeiten, dreidimensionale Verarbeitung und hohe Auflösung als Diagnostik für fast alle Pankreaserkrankungen an. Kleine Läsionen unter 1 cm und initiale Veränderungen entziehen sich jedoch weiterhin häufig dem Nachweis.

Die **Magnetresonanztomographie** hat durch die stetige Verfeinerung der Technik mit höherer Auflösung und dreidimensionaler Nachverarbeitung, die zusätzlich zur Organstruktur auch die Darstellung der Gefäße (MR-Angiographie) und der Gallen- und Pankreasgänge (MR-Cholangiopankreatikographie) ermöglicht (s. auch SE 4.5, S. 80f), einen festen Platz in der Pankreasdiagnostik. Die MRCP bietet bereits jetzt z. T. ebenbürtige Darstellungen zur ERCP. Aufgrund der Kombinationsmöglichkeiten von Angiographie, Cholangiographie, Pankreatikoduodenographie und Darstellung der Organe wird die MR-Untersuchung einigenorts als alleinige Untersuchung propagiert.

Die **Angiographie** hat durch CT und MRT an Bedeutung verloren und wird nur in seltenen Fällen unter speziellen Fragestellungen in der Diagnostik von Pankreaserkrankungen angewendet. Im Rahmen der präoperativen Diagnostik bei Pankreaskarzinomen ist die Angiographie weiterhin weit verbreitet und kann durch den Nachweis einer Gefäßbeteiligung oder -invasion bzw. von Gefäßanomalien die Frage nach der Resektabilität klären. Auch hier werden jedoch zunehmend CT- und MR-Angiographie eingesetzt.

Endoskopische Diagnostik:

Die **endoskopische retrograde Cholangiopankreatikographie (ERCP)** hat heute einen festen Stellenwert in der Diagnostik und Therapie von Pankreaserkrankungen. Durch die weite Verbreitung besteht hierdurch eine weitere valide Methode in der Diagnostik benigner und maligner Pankreaserkrankungen. Die ERCP ist dabei weniger als konkurrierendes sondern als komplementäres Verfahren zu den vorgenannten bildgebenden Verfahren zu sehen. Aufgrund der zunehmenden Sensitivität und Spezifität der bildgebenden Verfahren, die aufgrund der geringeren Invasivität im Algorithmus der Diagnostik zumeist vorgeschaltet sind, ist eine Diagnose zum Zeitpunkt einer dann häufig therapeutisch durchgeführten ERCP jedoch bereits gestellt. Mit einer untersuchungsbedingten Pankreatitisrate von bis zu 3% ist diese Methode bei einer Vielzahl von Patienten einsetzbar.

Bei *kleinen Tumoren* haben die bildgebenden Verfahren der Sonographie und das CT nur eine geringe Bedeutung, die ERCP ist hier das Verfahren der Wahl.

Bei der *akuten biliären Pankreatitis* ist die therapeutische ERCP innerhalb der ersten 24 Stunden angezeigt. In etwa 90% können damit Gallengangskonkremente entfernt werden (nach Papillotomie).

Im Rahmen der *chronischen Pankreatitis* sollte die ERCP bei unklarer Situation und bei Komplikationen angewendet werden. Gangunregelmäßigkeiten, Kalibersprünge, Stenosen und Gangabbrüche stellen jedoch eine eindeutige Indikation zur ERCP dar.

Die Möglichkeit der Histologiegewinnung spielt dabei eine große Rolle in der Abgrenzung zum *Pankreaskopfkarzinom*. Bei ikterischen Patienten bietet die ERCP neben der Diagnostik und der Biopsie auch die Möglichkeit einer Dekompression durch Stent- oder Drainage-Einlage.

Zur *therapeutischen Nutzung* der ERCP wird in SE 25.3 (S. 564) Stellung genommen.

25.3 Akute Pankreatitis

Die akute Pankreatitis ist definiert durch akute Oberbauchbeschwerden und eine signifikante Erhöhung der Serum-Pankreasenzyme Amylase und Lipase (> 3fach). Die häufigsten Ursachen sind Gallensteinleiden und Alkoholkonsum (gemeinsam ca. 80–90 %). Die akute Pankreatitis muss von einem akuten Schub einer chronischen Pankreatitis (zumeist Alkohol) unterschieden werden. Die jährliche Inzidenz liegt bei 25–30/100 000 Einwohner. Meistens liegt eine leichte Verlaufsform vor (ödematöse Pankreatitis), schwere Formen (nekrotisierende Pankreatitis) machen ca. 15 % aus. Die Letalität liegt bei 1 bzw. bis 20 %.

Ätiologie und Pathogenese

In der **Ätiologie** der akuten Pankreatitis zeichnen Gallensteinleiden und Alkoholexzess für 80–90 % der Erkrankungen verantwortlich. Die alkoholbedingte Verlaufsform scheint jedoch hauptsächlich durch einen exazerbierten Schub einer chronischen Pankreatitis ausgelöst zu werden. Seltenere Ursachen gehen aus **T 25.1** hervor. Die genaue **Pathogenese** der Pankreatitis bleibt weiterhin ungeklärt. Nach momentanen Vorstellungen enden alle Ursachen in einer intrapankreatischen Aktivierung und Freisetzung von Pankreasenzymen mit nachfolgender Zellschädigung. Es kommt zur Auslösung von Schutzmechanismen (Inhibitoren, Antiproteasen). Wird die kompensatorische Kraft dieser Mechanismen überfordert, kommt es zum Fortschreiten der Erkrankung. Zudem wird diskutiert, ob die Autolyse den ersten Schritt in der Kaskade darstellt, oder aber ob ein anderer Auslöser (z. B. ischämischer Schaden, lokale zelluläre Entzündung, Freisetzung freier Radikale) initial von Bedeutung ist. Da sich die pathophysiologischen Erkenntnisse hauptsächlich auf tierexperimentelle Untersuchungen stützen mit zum Teil widersprüchlichen Resultaten, ist ein zur Zeit noch unbekannter Pathomechanismus durchaus vorstellbar.

T 25.1 Ursachen der akuten Pankreatitis

Einteilung	*Ursachen*
toxisch und metabolisch	Gallensteinleiden, Alkohol, Medikamente (Azathioprin, Sulfonamid, Thiazide, Furosemid, Tetrazykline, Östrogene, Isoniazid u. v. a.), Hyperlipidämie, Hyperparathyreoidismus, Urämie
mechanisch	Trauma, ERCP, Tumoren, Duodenaldivertikel
infektiös	Viren (Mumps, Hepatitis A, B und C, Coxsackie, CMV, VZV, HIV), Parasiten (Askariden, Klonorchis), Bakterien (Yersinien, Salmonellen, Typhus, Mykobakterien, Leptospiren), Pilze (Kandida, Kryptokokken)
vaskulär	Schock, Embolie, Periarteriitis nodosa
kongenital	Pancreas divisum, Pancreas anulare, Strikturen, Choledochuszysten, hereditäre Pankreatitis

Klinische Klassifikation

Die Entzündung der Bauchspeicheldrüse kann eine Vielzahl unterschiedlicher klinischer Verlaufsformen aufweisen, von leichten Oberbauchbeschwerden bis zum Multiorganversagen (s. SE 7.4, S. 190 f). Der entzündliche Prozess kann dabei auf das Pankreas beschränkt bleiben oder aber die gesamte Abdominalhöhle und entfernte Organe betreffen. 1992 wurde in Atlanta eine **klinische Klassifikation** der akuten Pankreatitis erstellt:

- akute Pankreatitis:
  - leichte akute Pankreatitis,
  - schwere akute Pankreatitis,
- interstitielle ödematöse Pankreatitis,
- nekrotisierende Pankreatitis:
  - sterile nekrotisierende Pankreatitis,
  - infizierte nekrotisierende Pankreatitis,
- Flüssigkeitskollektion,
- Pseudozyste,
- Pankreasabszess.

Mehrere **klinische Scoresysteme** wurden entwickelt (z. B. Ranson-Kriterien), um frühzeitig den Verlauf der Pankreatitis beurteilen zu können. Klinisch haben sich diese Scores jedoch außerhalb von Studien nicht durchgesetzt, da sie aufwendig und kompliziert sind. Den besten prädiktiven Wert stellen momentan die CRP- und IL-6-Bestimmung im Serum dar.

Klinik

Das vorherrschende Symptom der akuten Pankreatitis ist der akute Schmerz, meist im Oberbauch lokalisiert, zum Teil mit gürtelförmiger Ausstrahlung in den Mittelbauch und den Rücken. Die Schmerzintensität ist dabei gravierend, nimmt anfangs eher zu und führt zum frühzeitigen Arztbesuch. Neben den Schmerzen sind häufig Übelkeit, Erbrechen, elastische Bauchdeckenspannung und eine Darmparalyse bis hin zum Ileus vorhanden.

Diese Symptomatik ist bei den leichten und schweren Formen initial identisch.

Der Patient präsentiert sich agitiert, tachypnoeisch, tachykard und kaltschweißig mit mäßiger Abwehrspannung.
Bei der **nekrotisierenden Verlaufsform** treten zusätzlich Blutdruckabfall, Kreislaufschock, Nieren- und Multiorganversagen auf. **Asymptomatische Verläufe** sind auch dokumentiert, hier veranlassen erst die extrapankreatischen Komplikationen die Diagnostik. Bei diesen **fortgeschrittenen Befunden** kann es durch retroperitoneale, retrokolische Nekrosestraßen zur Ausbildung einer zyanotischen Flankenfärbung (sog. Grey-Turner-Zeichen) kommen.
Im Verlauf der **schweren Formen** treten Organversagen und Infektionen komplizierend auf und bestimmen dann die Prognose der Erkrankung.

Die bakterielle Superinfektion der primär sterilen Pankreasnekrosen stellt die prognostisch entscheidende Verschlechterung bei der nekrotisierenden Pankreatitis dar.

Diagnostik

Die **Erhöhung** (> 3fach) von Amylase und Lipase im Serum beweist bei entsprechender Symptomatik das Vorliegen einer akuten Pankreatitis. Der Amylase allein kommt eine geringere Bedeutung zu, da extrapankreatische Isoenzyme die Bestimmung verfälschen können. Die Höhe der Enzyme korreliert nicht mit dem Schweregrad der Erkrankung. Länger anhaltende Erhöhungen der Enzyme sind meist mit Komplikationen verbunden (Zysten). CRP und IL-6: s. o.
Verlaufskontrollen der akuten Pankreatitis erfolgen mit der *Sonographie*, hierdurch lassen sich auch Komplikationen (Aszites, Zysten- und Abszessbildung) kontrollieren. Der Nachweis von Gallensteinen (insb. bei gleichzeitiger Transaminasenerhöhung) deutet auf eine biliäre Genese hin. Eine Mikrolithiasis ohne Darstellung von Konkrementen kann jedoch ebenfalls für eine akute Pankreatitis verantwortlich sein. Bei Verdacht auf infizierte Nekrosen sollte (ggf. auch schon in der primären CT) eine *Feinnadelpunktion* durchgeführt werden, da sich hieraus richtungsweisende Konsequenzen für die weitere Therapie ergeben. Zur Verlaufsbeobachtung hat sich die CT insb. bei der nekrotisierenden Verlaufsform bewährt. Neben Ödem, peripankreatischem Exsudat, Perfusionsausfällen und Nekrosen können sich auch Hinweise auf infizierte Nekrosen finden (Lufteinschlüsse).

In der i. v.-Kontrastmittel-CT können nicht perfundierte (d. h. nicht kontrastierte) Pankreasabschnitte erkannt werden (**25.2**).

In die **Differenzialdiagnose** müssen ein Myokardinfarkt, Mesenterialinfarkt oder eine Ulkusperforation eingeschlossen werden.

25.2 CT einer nekrotisierenden Links-Pankreatitis

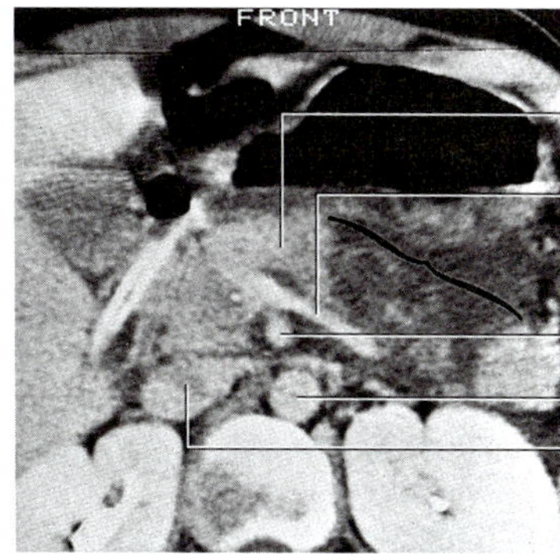

I. v.-Kontrastmittel-CT am 3. Tag der Erkrankung (16-jährige Patientin, unklare Ätiologie). Mit einer Klammer markiert ist der Perfusionsausfall des linken Pankreas, mit peripankreatischem Exsudat in die Bursa omentalis hinein, bis zur Rückwand des Magens.

Allgemeine Therapie

Die initiale Therapie der akuten Pankreatitis besteht in der konservativen Behandlung. Initial ist es wichtig, das Erkrankungsausmaß festzustellen. Im Fall der leichten, ödematösen Form ist der Patient lediglich stationär zu überwachen. Besteht eine schwere, nekrotisierende Entzündung, so ist zunächst auch die konservative, meist intensivmedizinische Behandlung indiziert. Eine chirurgische Intervention wird dann notwendig, wenn es zu Infektionen der Nekrosen und damit zum fortschreitenden Organversagen kommt.

Konservative Therapie bei akuter Pankreatitis

Kausale Therapieansätze haben sich bisher als nicht erfolgreich erwiesen. Die konservative Therapie der akuten Pankreatitis ist daher symptomatisch und beinhaltet im Einzelnen:

- Schmerztherapie,
- Verhinderung von Komplikationen,
- Verhinderung eines Erkrankungsfortschritts,
- Behandlung von Spätkomplikationen.

Die **Beseitigung der Ursache** bei biliärer Genese sollte frühzeitig erfolgen (z. B. endoskopische Entfernung der Gallengangskonkremente).
Zur Therapie gehört vor allem die **ausreichende parenterale Flüssigkeitssubstitution** bei vorübergehender Nahrungskarenz (mindestens 3 Tage). Diese Substitution lässt sich am besten über einen zentralen Venenkatheter (ZVK) monitoren, denn der Flüssigkeitsbedarf (z. T. > 6 l/Tag, bevorzugt Kristalloide) kann aufgrund der interstitiellen Entzündung des Retroperitoneums sehr hoch sein und macht die Messung des zentralen Venendrucks notwendig.
Die Ableitung des Magensekrets durch eine **Magensonde** zur Behandlung der Atonie des Gastrointestinaltrakts ist

nicht generell notwendig, bei schwereren Formen jedoch indiziert.
Bei leichten Formen ist der **schrittweise Nahrungsaufbau** nach 3–4 Tagen möglich und damit eine parenterale Ernährung überflüssig. Bei nekrotisierender Pankreatitis jedoch ist eine bilanzierte parenterale Ernährung frühzeitig zu beginnen. Neben Kohlenhydraten und Aminosäuren ist auch die Verabreichung von Fettemulsionen angezeigt, es sollte jedoch der Trigyzeridspiegel kontrolliert werden. Prinzipiell hat die spezielle enterale Ernährung über eine Jejunalsonde Vorteile bezüglich der Prävention von Infektionen und mukosalen Schutzfunktion (Immunonutrition).
Die symptomatische Therapie schließt insb. die **Schmerztherapie** ein. Eine kontinuierliche Gabe von Analgetika (z. B. über Periduralkatheter, PCA-Pumpe oder Opioide wie Pentazocin oder Tramadol) ist einer diskontinuierlichen Gabe vorzuziehen. Die Schmerztherapie muss häufig kontrolliert und ggf. angeglichen werden.

25.2 „Ruhigstellung" der Bauchspeicheldrüse

Die „Ruhigstellung" der Bauchspeicheldrüse wurde in vielen Studien anhand von Substanzen, die direkt oder indirekt die Pankreassekretion blockieren (z. B. Somatostatin, Glukagon und Calcitonin), untersucht. Ein positiver Effekt konnte bisher nicht eindeutig nachgewiesen werden.

Die Diagnose einer schweren akuten Pankreatitis (Organversagen, hohes CRP > 120 mg/l) macht die **Intensivbehandlung** des Patienten notwendig. Nach Durchführung einer CT zur Beurteilung des Nekroseausmaßes, möglicher Nekrosestraßen und begleitender Organbeteiligungen steht die symptomatische Therapie des Patienten im Vordergrund. Neben der parenteralen Therapie sollten die sich verschlechternden Organfunktionen z. B. von Lunge, Niere, Kreislauf, Leber und Gastrointestinaltrakt gestützt und therapiert werden, um ein Multiorganversagen zu verhindern. Die Indikation zur Intubation und maschinellen Beatmung sollte engmaschig kontrolliert werden und bei Progredienz frühzeitig erfolgen.

Einer der häufigsten Fehler bei der Behandlung der akuten nekrotisierenden Pankreatitis ist die ungenügende Volumensubstitution. Oft sind mehr als 10 Liter notwendig, um die Verluste in den „dritten Raum" auszugleichen.

Die Flüssigkeitssubstitution sollte bei beginnender Oligurie und Ansteigen der Retentionswerte (Kreatinin und Harnstoff) durch Diuretika- und Dopamingabe unterstützt werden. Führt der Verlauf zum Nierenversagen, so kommen Hämofiltration oder Hämodialyse zur Anwendung. Bei insuffizientem Kreislauf trotz Volumengabe sind Katecholamine (z. B. Dopamin, Dobutamin, Noradrenalin) einzusetzen. Metabolische Entgleisungen wie Hyperglykämie, Hyperkalziämie und metabolische Azidose müssen korrigiert werden. Weitere Organsysteme, welche komplizierend insuffizient werden, sind die Leber, der Darm (Ileus) und das Gerinnungssystem.

Neben den Organversagen besteht die Gefahr der Infektion der vorhandenen Nekrosen mit einhergehender deutlicher Verschlechterung der Prognose. Das Keimspektrum entspricht dabei meist der enteralen Darmflora. Daher ist eine **frühzeitige breite antibiotische Therapie** indiziert. Diese Indikation ergibt sich jedoch nicht bei der leichten, ödematösen Form. Besteht der Infektverdacht bei septischem Zustandsbild, so ist die Feinnadelpunktion der Nekrosen mit Gramfärbung und Bakteriologie durchzuführen, und bei positivem Nachweis ist eine operative Therapie indiziert.

Operative Therapie

Die chirurgische Intervention ergibt sich bei biliärer Ursache, Infektion der Nekrosen, Komplikationen und zunehmender Verschlechterung des Patienten trotz adäquater intensivmedizinischer Therapie.
Besteht eine **biliäre Ursache** mit Nachweis von Gallengangskonkrementen, so ist die endoskopische Entfernung der Gallensteine mittels *ERCP* frühzeitig innerhalb von 24 Stunden angezeigt. Die *operative* Therapie der Cholezysto- und Choledocholithiasis ist initial nicht zu empfehlen und geht mit einer Steigerung der Mortalitätsrate einher. Nach Abklingen der Symptome und Rückgang der Entzündung (ca. 5–10 Tage) sollte bei der leichten Pankreatitis die Cholezystektomie noch vor Entlassung aus dem Krankenhaus durchgeführt werden (s. SE 24.8, S. 552 ff). Diese Operation kann bei der nekrotisierenden Entzündung im Rahmen anderer operativer Eingriffe simultan oder vor Entlassung erfolgen.
Bei der **akuten nekrotisierenden Pankreatitis** ist eine Operation beim Nachweis infizierter Nekrosen (ca. 1–3 Wochen nach Beginn) indiziert (**25.3**). Bei Auftreten von Komplikationen wie Blutung, Ischämie benachbarter Organe (Colon transversum), Peritonitis und Pankreasabszess sind operative Verfahren ebenfalls einzusetzen. Umschriebene Abszedierungen außerhalb des Pankreas in der Spätphase können dabei radiologisch-interventionell punktiert und drainiert werden. Auch Pseudozysten können in dieser Phase zumindest vorübergehend mit

25.3 Nekrotisierende Links-Pankreatitis

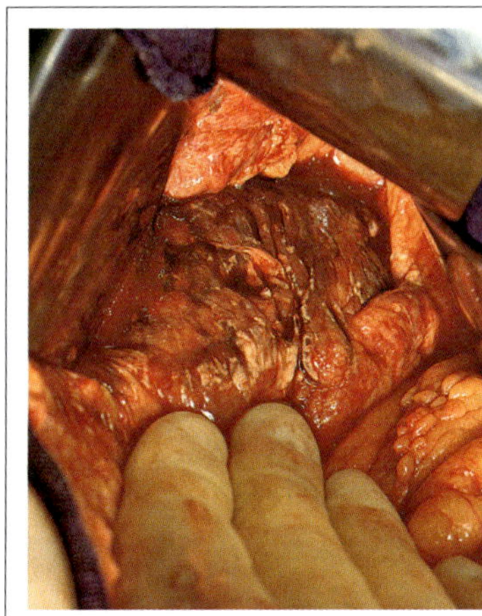

Der 47-jährige Alkoholiker wurde wegen superinfizierter Nekrosen operiert. Der Blick in die linke Bursa omentalis nach Skelettierung des Lig. gastrocolicum zeigt zahlreiche Kalkspritzer und nekrotisierendes Gewebe inner- und außerhalb des Pankreas.

einer perkutanen oder internen Drainage versorgt werden.

Ist der **Nachweis einer Infektion** der Nekrosen mit diffuser Ausbreitung im Retroperitoneum („Nekrosestraßen") erfolgt, ist nur eine *chirurgische Therapie* sinnvoll. Die Entfernung der Nekrosen (Nekrosektomie) ist das Verfahren der Wahl. Dabei ist die Ausdehnung der Operation initial zu beschränken, um Nachbarorgane zu schonen und nachfolgende Blutungen zu umgehen. Das therapeutische Vorgehen beinhaltet eine weiterführende Spülung und Nekrosenentfernung aus dem Bauchraum.

! Die wichtigsten Nekrosestraßen sind die Bursa omentalis, beiderseits der para- und retrokolische Raum (zwischen Niere und Kolon) und das Mesenterium commune.

Taktisch kommen unterschiedliche offene und geschlossene Verfahren zum Einsatz:

- das offene Abdomen mit täglicher operativer Spülung (sog. „Etappenlavage"),
- die programmierte Relaparotomie und
- die geschlossene Spülung (**25.4**).

Allen diesen Verfahren liegt das Prinzip der kontinuierlichen Entfernung von Nekrosen, Pankreassekret, infizierten Gewebeanteilen und Verminderung toxischer und proinflammatorischer Mediatoren zugrunde. Ein einzelnes Standardverfahren hat sich bisher nicht herauskristallisiert, viele favorisieren aber die Etappenlavage. Die ausgedehnte Pankreasresektion unter Mitnahme auch nicht nekrotischer Anteile ist aufgrund einer hohen Komplikationsrate und Mortalität heutzutage obsolet.

Bei unklarer Diagnose kann auch zum Ausschluss anderer Ursachen (Ulkusperforation, mechanischer Ileus, Mesenterialinfarkt, symptomatisches BAA) eine Operation indiziert sein. Eine zunehmende Verschlechterung des Patienten trotz adäquater Intensivtherapie stellt eine weitere Indikation zur Operation dar.

Prognose

Ödematöse Pankreatitiden heilen in der Regel folgenlos ab und hinterlassen eine normale exokrine und endokrine Pankreasfunktion. Voraussetzung ist jedoch die Ausschaltung der Ursache (Gallensteine, Alkoholabusus). Die Letalität ist mit ca. 1 % gering.

Anderseits ist bei der *nekrotisierenden* Pankreatitis in ca. 50 % mit einer Defektheilung zu rechnen. Hierbei kann es zu Diabetes mellitus, exokriner Insuffizienz und Einschränkungen anderer Organsysteme kommen, z. B. Milzvenenthrombose (**25.5**). Die Letalität beträgt 10–20 %. Die schlechte Prognose ist vor allem durch die Ausdehnung der Nekrosen und die bakterielle Superinfektion begründet.

25.4 Geschlossene Spülung bei nekrotisierender Pankreatitis

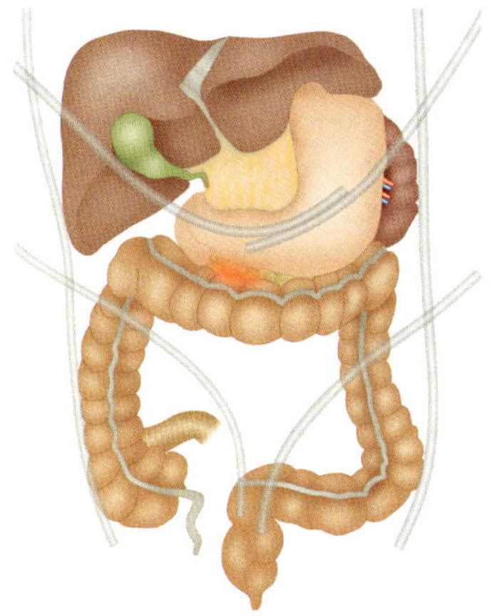

Hier ist die Lage der eingelegten Drainagen gezeigt: 2 in der Bursa omentalis, 2 im tiefsten Punkt der Bauchhöhle (Douglas-Raum). Es können auch noch weitere Drainagen (z. B. parakolisch) eingelegt werden, je nach Ausdehnung der Nekrosestraßen. Üblicherweise wird die Spülflüssigkeit dorsokaudal (Douglas) eingelassen und ventrokranial (Bursa omentalis) abgelassen.

25.5 Milzvenenthrombose nach nekrotisierender Pankreatitis

a Angiographie der Milz

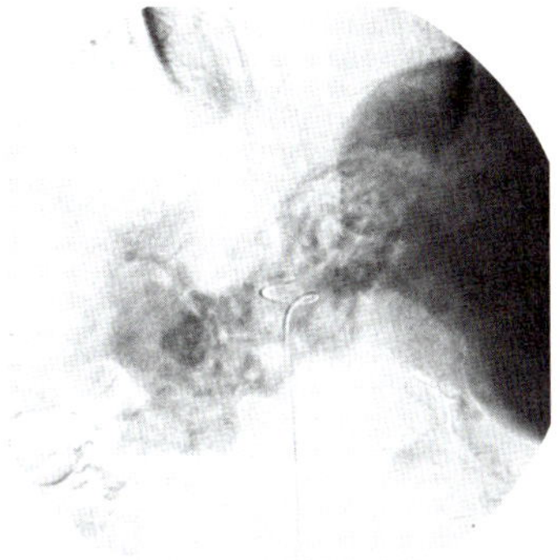

a Der Angiographiekatheter ist in der A. lienalis des 42-jährigen Patienten platziert. In der venösen Phase sieht man statt einer Milzvene viele dünnlumige venöse Kollateralen bei Splenomegalie.

b endoskopische Darstellung der Fundusvarizen

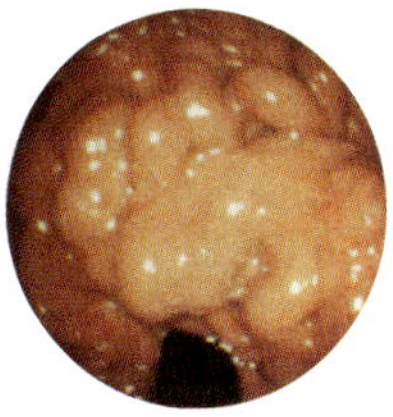

b Aufgrund der Milzvenenthrombose haben sich (blutende) Fundusvarizen gebildet. *Therapie:* Splenektomie.

25.4 Chronische Pankreatitis

Die chronische Entzündung der Bauchspeicheldrüse geht einher mit rezidivierenden oder persistierenden Oberbauchschmerzen und endet in der Regel in der Fibrose und Insuffizienz des exokrinen und (später) endokrinen Anteils (Maldigestion und Diabetes mellitus). Die chronische Pankreatitis ist morphologisch gekennzeichnet durch fokale Nekrose, segmentale oder diffuse Fibrose mit/ohne Verkalkungen.

Epidemiologie: Die Inzidenz der Erkrankung liegt bei etwa 8 Neuerkrankungen/Jahr auf 100000 Einwohner und wird regional durch die Häufigkeit des Alkoholabusus bestimmt.

Ätiologie und Pathogenese: Die häufigste **Ursache** in industrialisierten Ländern mit 80–90% ist der *Alkoholabusus*. Das Risiko steigt logarithmisch mit der täglichen Menge des Alkoholkonsums. Eine kritische Schwelle beträgt 40 g/Tag bei Frauen und 80 g/Tag bei Männern, jedoch können auch deutlich geringere Mengen zur chronischen Pankreatitis führen. Seltener ist die Entzündung bedingt durch *Erkrankungen der Gallenwege, angeborene Varianten* (z. B. Pankreas divisum oder anulare, s. SE 38.5, S. 836 f), *obstruktive Prozesse* oder einen *Hyperparathyreoidismus*. Die *hereditäre Pankreatitis* ist eine weitere seltene Ursache. Humangenetische Untersuchungen über Mutationen des kationischen Trypsins (hereditär) oder des Zystische-Fibrose-Gens (idiopathisch und alkoholisch) haben bereits neue Aspekte zur Genese der Erkrankung erbringen können.
Die **Pathogenese der alkoholinduzierten chronischen Pankreatitis** ist weiterhin unklar. Die Art des Alkohols spielt keine Rolle. Die Autoaktivierung proteolytischer Enzyme durch Alkohol, gefolgt von Gewebsnekrose, Fibrose und Vernarbung wird aufgrund pathomorphologischer Befunde postuliert. Tierexperimentell scheint die primäre Eindickung des Pankreassekrets (Proteinpfropfen) mit folgender Obstruktion der kleinen Pankreasgänge eine Rolle zu spielen. Des Weiteren werden Veränderungen des Gangsystems, Dysfunktion des Sphinkters und eine verstärkte Bildung von freien Sauerstoffradikalen angeschuldigt.
Die **Pathogenese der Schmerzen** bei der chronischen Pankreatitis wurde lange auf die Erhöhung des Gangdruckes, Kalzifikationen und akute Schübe zurückgeführt. Neuere Untersuchungen zeigen jedoch strukturelle Veränderungen der Nerven und legen daher eine direkte Genese ausgehend von Pankreasnerven nahe.

Symptome und Komplikationen: Die chronische Entzündung der Bauchspeicheldrüse ist gekennzeichnet durch die **Leitsymptome** abdominelle Schmerzen, Steatorrhö und Diabetes mellitus. Gemeinsam treten diese Symptome spät im Verlauf der Erkrankung auf. Die klinischen Symptome zum Zeitpunkt der Diagnosestellung zeigen eine große Variationsbreite, und nicht selten wird die Erkrankung für Jahre verkannt und der Patient aufgrund der Schmerzen z. B. wegen Lumbago behandelt. Der Schmerz wird häufig im Oberbauch lokalisiert, z. T. mit Ausstrahlung in den Rücken.

> **25.3 Genetische Aspekte**
>
> Molekularbiologische und genetische Techniken haben in den letzten Jahren neue Einblicke in die Pathogenese der chronischen Pankreatitis erbracht. Die Erkenntnis, dass die hereditäre Pankreatitis durch eine Mutation des kationischen Trypsinogen-Gens hervorgerufen wird, eröffnete eine Reihe von genetischen Untersuchungen. Eine genetische Prädisposition liegt bei Mutationen des CFTR-Gens (cystic fibrosis conductance regulator) und des SPINK1-Gens (serine protease inhibitor Kazal type 1) vor. Zum Ausbruch der Erkrankung sind jedoch weitere Faktoren notwendig. Als Risikofaktoren haben sich **t**oxisch-metabolische, **i**diopatische, **g**enetische und **a**utoimmune Faktoren neben **r**ekurrenten Schüben akuter Pankreatitiden und **o**bstruktive Veränderungen gezeigt (sog. TIGAR-O Klassifizierung).

Der **Schmerz** ist meist durch intermittierend auftretende Schmerzattacken charakterisiert. Akute Schmerzereignisse führen dabei den Patienten zum Arzt, die Unterscheidung zur akuten Entzündung ist aber schwierig. Mit Fortschreiten der Erkrankung häufen sich die Schmerzattacken von zu Beginn wenigen Attacken pro Jahr zu wöchentlich und täglich auftretenden Schmerzschüben. Eine zunehmende Schmerzfreiheit aufgrund des sog. „Ausbrennens der Entzündung“ tritt im Spätstadium bei etwa 50% der Patienten auf.
Die **exokrine Insuffizienz** – die Maldigestion – äußert sich in Gewichtsverlust, Vitaminmangel, Muskelschwund und Steatorrhö, und ist ein Spätsymptom. Der **Verlust der endokrinen Funktion** (Diabetes mellitus) tritt unabhängig von der exokrinen Insuffizienz auf und ist im weit fortgeschrittenen Verlauf vorzufinden.
Komplikationen treten bei über 50% der Patienten auf: Pseudozysten, Stenosen des Gallengangs und benachbarter Organe (Duodenum, Kolon), Pleuraergüsse, Aszites, gastrointestinale Blutungen und fraglich das Pankreaskarzinom.

Therapie: Die Behandlung der chronischen Pankreatitis ist eine Domäne der **konservativen Medizin**. Im Vordergrund stehen eine ausreichende und individuell angepasste *Schmerztherapie*. Neben der Alkoholabstinenz kommen Pankreasenzympräparate zur Anwendung. Erst bei Nichtansprechen dieser Therapie sollten peripher oder zentral wirkende Analgetika eingesetzt werden. Bei Therapieresistenz oder Opiatabhängigkeit sollten eine weitere, auch invasive Diagnostik (z. B. ERCP), später auch eine operative Therapie erwogen werden. Neben der Analgesie ist eine *bilanzierte Diät* mit Begrenzung der Fettmenge und ggf. Diabetesdiät erforderlich. Die fettlöslichen Vitamine A, D, E und K sollten bei schwereren Fällen parenteral substituiert werden. Orale Antidiabetika sind zeitlich meist nur begrenzt wirksam bei raschem Übergang in eine Insulin-Pflichtigkeit.

Operative Therapieverfahren kommen erst in Betracht, wenn die konservative Therapie insb. hinsichtlich der Schmerzen keine Linderung ergibt. Es kommen zwei grundsätzliche Verfahren zur Anwendung: Drainageverfahren und Resektionen (**25.4**). Dilatierende Gangveränderungen („large duct disease“: D. pancreaticus 7–10 mm) werden eher mit einem drainierenden Verfahren (z. B. Pankreatikojejunostomie mit einer nach Roux-Y ausgeschalteten Jejunumschlinge) therapiert. Resektionen (z. B. Beger-Operation) werden hingegen bei stenosierenden Formen („small duct disease“) angewendet. Eine Entzündung des Kopfes mit Schmerzen und der Verdacht auf ein malignes Geschehen werden ebenfalls durch Resektion behandelt.

Die ***Prognose*** der chronischen Pankreatitis ist unabhängig von konservativer oder operativer Therapie. Sie hängt ab von der Genese und begleitenden Risikofaktoren (z. B. Rauchen und Leberzirrhose). Der anhaltende Alkoholkonsum und das Alter erhöhen die Mortalität deutlich.

25.4 Operatiosverfahren bei Pankreatitis

Drainageverfahren

Bei Gangerweiterungen wird auch der Innendruck für die Schmerzen verantwortlich gemacht. Eine Dekompression unter weitgehender Schonung des Pankreasgewebes wird durch die Gangeröffnung und eine interne Drainage erreicht. Die heute favorisierte OP-Technik ist die ***Seit-zu-Seit-Pankreatikojejunostomie*** mit langstreckiger Spaltung des Ganges und Anastomose an eine längs aufgeschnittene Jejunalschlinge (Puestow-Mercadier bzw. Partington-Rochelle) ohne Linksresektion, mit Milzerhalt und Spaltung bis in den Kopfbereich **a**.

Resezierende Verfahren

Resektionen der Bauchspeicheldrüse reichen von der Linksresektion über die Kopfresektion bis zur totalen Pankreatektomie. Der entzündliche Tumor im Pankreaskopf wird auch ursächlich für die Schmerzen und Kompression verantwortlich gemacht. Daraus haben sich *Verfahren zur Pankreaskopfresektion* ergeben. Das klassische Verfahren der Resektion von Pankreaskopf, Duodenum, distalem Magen und Choledochus wurde von Whipple 1946 beschrieben (s. SE 25.6, S. 572). Weitere Verfahren zur Resektion des Pankreaskopfes unter Erhalt des Pylorus wurden durch Traverso und Longmire 1978 berichtet. Beger und Frey entwickelten Ende der 80er Jahre Operationsverfahren zum Erhalt des Duodenums (**Beger-Operation**; **b**).

Prinzip: Unter Belassen eines kleinen Pankreas-Parenchymsaumes zum Duodenum wird der Pankreaskopf selektiv reseziert. In den resultierenden Defekt wird eine nach Y-Roux ausgeschaltete Jejunumschlinge anastomosiert. Der retro- bzw. intrapankreatische Ductus choledochus wird bei Bedarf, d. h. im Falle einer Stenosierung ebenfalls in die Jejunumschlinge implantiert.

Indikation: Die sog. Beger-Operation ist ein technisch sehr anspruchsvoller Eingriff. Hauptindikation sind entzündliche Pankreaskopftumoren bei chronischer Pankreatitis und gutartige Tumoren.

Ist die Entzündung auf den Pankreasschwanz beschränkt, so kommt die ***Linksresektion*** zur Anwendung. Die totale Pankreatektomie stellt aufgrund hoher Morbidität lediglich ein Ausnahmeverfahren dar.

Sonstige Operationen

Bei der transduodenalen Sphinkterplastik erfolgt eine Spaltung der Papille nach Duodenotomie mit einer Pankreatiko-(Choledocho)-Reinsertion. Dieses Verfahren kann bei Patienten mit isolierter Stenose der Papilla Vateri erfolgreich sein. Ein ähnliches Prinzip liegt auch endoskopischen Methoden der Papillenspaltung und Stenteinlage zugrunde. Diese neuen Verfahren stellen interessante Erweiterungen des therapeutischen Repertoires bei chronischer Pankreatitis dar, können jedoch zur Zeit noch nicht abschließend bewertet werden.

a gangdrainierende Pankreatikojejunostomie mit einer Y-Roux-Schlinge

b Beger-Operation

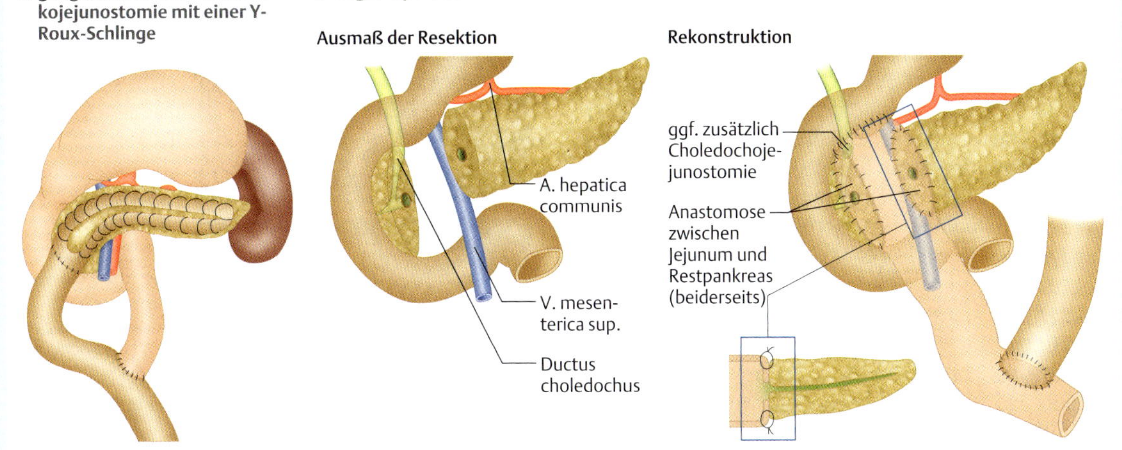

25.5 Sonstige Pankreaserkrankungen

Neben den entzündlichen und tumorösen Veränderungen der Bauchspeicheldrüse spielen weitere Erkrankungen lediglich eine geringe chirurgische Rolle. Das Pancreas anulare und die zystische Fibrose betreffen hauptsächlich Kinder und erfordern selten eine operative Therapie. Pankreaspseudozysten stellen eine Komplikation nach akuter oder chronischer Pankreatitis dar. Eine Indikation zur Operation ergibt sich bei Persistenz, Infektion und Komplikation der Pseudozyste. Das Pankreas ist durch seine retroperitoneale Lage selten im Rahmen von abdominellen Verletzungen betroffen, stumpfe Traumen insbesondere in sagittaler Ebene (vor der Wirbelsäule) können jedoch zu einer Ruptur des Pankreaskörpers führen.

Pankreas anulare

Die Erkrankung wird in SE 38.5 (s. S. 836 f) beschrieben. Symptomatisch wird diese Fehlbildung im Säuglings- oder auch erst im Erwachsenenalter durch Stenoseerscheinungen des Duodenums. Häufig bleibt die Veränderung auch asymptomatisch und wird als Zufallsbefund erhoben.

Zysten

Echte Pankreaszysten sind sehr selten. Sie kommen als dysontogenetische Zysten oder Retentionszysten vor und müssen von den Pseudozysten und Zystadenomen unterschieden werden. Histologisch findet man eine Auskleidung der Zyste mit einem Epithel. Der Zysteninhalt zeigt im Gegensatz zur Pseudozyste keine Pankreasenzyme. Zysten des Pankreas können in Verbindung mit Zysten anderer parenchymatöser Organe vorkommen (Leber: s. SE 22.3, S. 515, Nieren). Sie sind zumeist ohne Symptome und bedürfen in aller Regel keiner weiteren Therapie.

Pseudozysten

Ätiologie und Pathogenese: Die Pankreaspseudozyste besitzt im Gegensatz zu echten Zysten (z. B. dysontogentischen Zysten) keine Epithelauskleidung. Sie entsteht nach akuter oder chronischer Pankreatitis intra- oder extrapankreatisch durch Gewebsnekrosen und Flüssigkeitsansammlung. Pathogenetisch liegt eine Läsion des Gewebes mit Austritt von Pankreassekret in das umliegende Gewebe zugrunde. Liegt ein Abflusshindernis im Pankreasgang vor (z. B. durch Stein oder Stenose), so kommt es zu einem Wachstum der Pseudozyste. Um lokaliserte Flüssigkeitsansammlungen bildet sich eine reaktive Kapsel innerhalb einiger Wochen aus. Lokale Kollektionen von Flüssigkeit kommen postentzündlich häufig passager vor, und erst der Nachweis der Pseudokapsel und die Persistenz über Wochen rechtfertigen die Diagnose einer Pseudozyste. Pankreaspseudozysten kommen solitär oder multipel vor. Sie können im Pankreas lokalisiert sein (häufig bei chronischer Pankreatitis) oder über eine Expansion im peripankreatischen Gewebe bis in die Pleura oder das Becken reichen (nach akuter Pankreatitis).

Die klinischen ***Symptome*** sind häufig unspezifisch, wie Oberbauchschmerzen, Übelkeit, Erbrechen und Druckgefühl. In Abhängigkeit der Größe und Lage können benachbarte Strukturen und Organe verdrängt oder komprimiert werden. So kann es zur Magenausgangsstenose, Ikterus, Gefäßkompression und Ileus kommen. Fistelbildungen in die Abdominal- oder Pleurahöhle, das Mediastinum, das Perikard oder benachbarte Organe sind beschrieben: Dabei handelt es sich um den sekundären Einbruch einer Pseudozyste z. B. in den Pleuraraum mit hoher Lipase- und α Amylase-Konzentration im Pleuraexsudat.

Diagnostik: Die Anamnese einer Pankreatitis kann diagnostisch wegführend sein. Laboruntersuchungen sind diagnostisch nicht richtungsweisend. Die Darstellung der Pseudozysten im Abdomen-Ultraschall oder -CT erbringt zumeist die Diagnose (**25.6**). Differenzialdiagnostisch zur Abgrenzung von Zysten oder Tumoren kann die Punktion des Zysteninhalts (Amylase, Lipase, CEA, CA 19-9) erfolgen. Eine weiterführende Diagnostik (ERCP) ist bei Verdacht auf Stenose, Fistel oder Malignom indiziert.

25.6 Pankreaspseudozysten nach akuter Pankreatitis

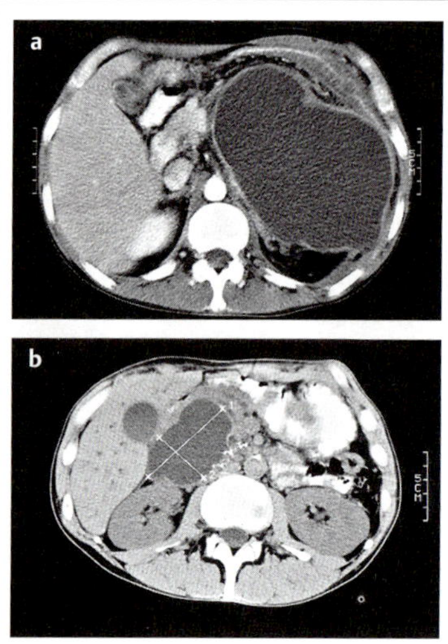

a 40-jähriger Patient mit riesiger, vom Pankreasschwanz ausgehender Pseudozyste,

b 48-jähriger Patient, dessen Pseudozyste vom Pankreaskopf ausgeht und den D. choledochus verdrängt (Verschlussikterus).

Wahl der geeigneten Therapie: Beim Nachweis einer Pankreaspseudozyste spielen die Ausdehnung, die Lagebeziehung zu anderen Organen, die Kapselbeschaffenheit, die mögliche Einblutung und bakterielle Superinfektion eine entscheidende Rolle in der Wahl der geeigneten Therapie:
Da die Möglichkeit einer spontanen Rückbildung besteht, ist das **Alter** der Pseudozyste wichtig. Jenseits von 6 Wochen nach Entstehung einer Pseudozyste bei der akuten Pankreatitis ist die spontane Resorption unwahrscheinlich. Ältere Pseudozysten nach chronischer Pankreatitis weisen bei Diagnosestellung zumeist bereits eine deutliche vernarbte Pseudokapsel auf und können auch ohne Kontrolle kurzfristig chirurgisch therapiert werden.
Infizierte, blutende oder rupturierte Pseudozysten müssen direkt therapiert werden. Hier handelt es sich meist um schwierige und komplexe Eingriffe.

Eine besonders schwerwiegende Komplikation einer infizierten Pseudozyste ist deren Einbruch in die A. lienalis (Arrosionsblutung).

Therapieverfahren:
Die **perkutane Punktion** von Pseudozysten ist zur weiteren Diagnostik (Verbindung zum Pankreasgang, Infektion, Einblutung, Malignom) wichtig, hat jedoch keinen Stellenwert in der definitiven Therapie.
Die Punktion und **Drainage in den Magen oder das Duodenum** unter Einsatz eines internen Stents wird bei geeigneten Fällen mit gutem Erfolg durchgeführt.
Chirurgische Therapieoptionen: Die *Drainage der Pseudozyste nach außen* durch die Haut ist bei Komplikationen (Infektion, Blutung, Ruptur) und bei frischen Pseudozysten nach akuter Pankreatitis indiziert (Marsupialisation).
Reife und unkomplizierte Pseudozysten werden meist durch *interne Drainageverfahren* behandelt. Die Ableitung kann je nach Lage der Pseudozyste entweder in den Dünndarm, den Magen oder das Duodenum erfolgen. Die Zystojejunostomie stellt das am häufigsten angewendete Verfahren mit guten Resultaten dar. Eine nach Roux-Y ausgeschaltete obere Jejunalschlinge wird hierbei seitlich mit der eröffneten Zystenwand anastomosiert.
Pankreasresektionen (z. B. Linksresektion) kommen hauptsächlich bei Pseudozysten des Korpus und Schwanzes durch eine chronische Pankreatitis zum Einsatz. Bei proximalen Gangstenosen mit nachfolgender Dilatation ist die zusätzliche Drainage des Pankreasendes an eine terminale Jejunalschlinge indiziert.

Zystische Fibrose des Pankreas (Mukoviszidose)

Die zystische Fibrose (Mukoviszidose) ist die häufigste angeborene Stoffwechselerkrankung. Es handelt sich hierbei um eine autosomal-rezessiv vererbte Erkrankung der exokrinen Drüsen. Der Gendefekt ist auf Chromosom 7 im CFTR-Gen (Cystic Fibrosis Transmembran Regulator) lokalisiert und weist eine Vielzahl von Mutationen auf. Der Proteindefekt führt zu einer Störung des Chloridkanals, und es kommt zum Wasserentzug aus Sekreten auf der Zelloberfläche mit einer daraus resultierenden Viskositätszunahme. Es sind alle Drüsen des Körpers und insbesondere die Epithelzellen des Respirationstrakts und des Pankreas- und Gallengangssystems betroffen. Neben der obstruktiv-restriktiven Lungenerkrankung mit Bronchiektasen kommt es zur Pankreasfibrose mit Diabetes mellitus und zur Cholestase mit Ausbildung einer biliären Zirrhose. Die Erkrankung manifestiert sich zumeist bereits im Säuglingsalters (z. B. Mekoniumileus, s. SE 38.10, S. 846 f), kann jedoch auch erst im Erwachsenenalter symptomatisch werden.

Verletzung

Pankreasverletzungen sind selten (0,5–1 % aller Abdominalverletzungen). Aufgrund der retroperitonealen Lage des Pankreas bedarf es eines massiven stumpfen Bauchtraumas, um eine Schädigung auszulösen. Eine typische Verletzung ist die Abquetschung des Pancreascorpus vor der Wirbelsäule mit Ausbildung eines linksseitigen Pankreassequesters (unterbrochener D. pancreaticus). Oft liegen hierbei Mehrfachverletzungen anderer abdomineller Organe (Leber, Milz, Magen) vor. Penetrierende Traumen sind in Mitteleuropa seltener als in Nordamerika und nur selten für isolierte Pankreasverletzungen verantwortlich.

Die ***Diagnose*** einer isolierten Pankreasläsion ist schwer zu stellen. **Laboruntersuchungen** (Amylase, Lipase) und auch **bildgebende Verfahren** haben nur eine geringe Aussagekraft. Die Sonographie ist aufgrund von Luftüberlagerung und Adipositas selten wegweisend. Auch in der CT-Untersuchung wird eine Läsion der Bauchspeicheldrüse häufig primär übersehen.

Das Daran-Denken und gezieltes Fahnden nach einer Verletzung und möglichen Zeichen ist von besonderer Bedeutung.

Schwere stumpfe Traumen und Perforationen mit Peritonealeröffnung führen über die **explorative Laparotomie** zur Diagnose. Wichtig ist daher die routinemäßige Exploration des Pankreas mit Eröffnung der Bursa omentalis durch das Ligamentum gastrocolicum hindurch und die Mobilisation des Duodenums durch eine Kocher-Mobilisation.

Therapie: Drainierende Verfahren werden gegenüber Resektionen bevorzugt. Starke Parenchymzerreißungen können jedoch auch Resektionen notwendig machen. Je nach Lokalisation kommen im Korpus- und Schwanzbereich eine Linksresektion oder im Pankreaskopf sogar eine partielle Duodenopankreatektomie infrage. Ausgedehnte Resektionen gehen jedoch mit einer hohen Mortalität einher. Daher sollte ein zweizeitiges Vorgehen (initiale Resektion und Drainage, sekundäre Rekonstruktion) favorisiert werden.

25.6 Pankreastumoren

Der bei weitem häufigste Tumor des Pankreas ist das duktale Adenokarzinom. Die Prognose dieser Erkrankung ist äußerst schlecht. Daran hat sich aus chirurgisch-onkologischer Sicht seit den Anfängen der Pankreaschirurgie vor über 50 Jahren nichts wesentliches verändert. Lediglich die noch von A. O. Whipple beschriebene hohe Mortalität (30–35 %) der partiellen Duodenopankreatektomie hat sich durch verbesserte Möglichkeiten der perioperativen Betreuung deutlich senken lassen (5 %).

Einteilung:
Primäre Tumoren nehmen ihren Ausgang von einem beliebigen Gewebe der Bauchspeicheldrüse (**T 25.2**).
Sekundäre Tumoren sind extrapankreatischen Ursprungs (z. B. Lymphome, Metastasen) und sehr selten.
Der im klinischen Alltag oft anzutreffende Begriff des **periampullären Karzinoms** schließt neben dem Pankreaskarzinom auch Papillen- und distale Gallenwegskarzinome ein (sämtlich Adenokarzinome). Gemeinsames Merkmal ist ihre Lokalisation in der periampullären Region des Ductus choledochus. Da das Papillenkarzinom am frühesten, dann das distale Choledochuskarzinom und zuletzt das Pankreaskopfkarzinom zum Verschlussikterus führt, hat das operierte Papillenkarzinom unter diesen drei Karzinomen mit 38 % 5-Jahres-Überlebensrate die beste Prognose (distales Choledochuskarzinom 20 %, Pankreaskopfkarzinom 10 %).

T 25.2 Einteilung der primären Pankreastumoren (WHO-Klassifikation)

Einteilung	*Tumoren*
endokrin	s. SE 19.7, S. 436 ff
exokrin	
benigne	seröses/muzinöses Zystadenom, intraduktal papillär-muzinöses Adenom
Borderline	muzinöses Zystadenom mit Dysplasie, intraduktal papillär-muzinöser Tumor mit Dysplasie, solid-pseudopapillärer Tumor
maligne	duktales Adenokarzinom, seröses Zystadenokarzinom, muzinöses Zystadenokarzinom, Azinuszellkarzinom, solid-pseudopapilläres Karzinom, intraduktal papillär-muzinöses Karzinom

Pankreaszystadenom

Serös- und **muzinös-zystische Tumoren** machen jeweils höchstens 2 % der exokrinen Pankreastumoren aus (**T 25.2**). Die Therapie besteht in der Entfernung des meist links gelegenen Tumors durch Pankreaslinksresektion. Eine maligne Entartung ist beim muzinösen Zystadenom häufig und kann erst nach sorgfältiger Untersuchung der gesamten Zystenwand ausgeschlossen werden. Es handelt sich um einen zystisch-epithelialen Tumor mit honigwabenartiger Struktur (viele kleine Zysten mit serösem Inhalt) und kommt beinahe nur bei Frauen vor (50–70 Jahre alt).

Pankreaskarzinom

Unter den Pankreasgeschwülsten kommt dem **duktalen Pankreaskarzinom** die Hauptbedeutung zu. Es macht 80–90 % der Pankreastumoren aus und entsteht aus den Epithelien der Drüsenausführungsgänge.

Epidemiologie: In den westlichen Staaten beträgt die jährliche Inzidenz des duktalen Pankreaskarzinoms 4–12 pro 100 000 Einwohner. Somit ist in Deutschland jährlich mit ca. 8000 Neuerkrankungen zu rechnen.
Es besteht ein ungleiches Geschlechtsverhältnis (2 : 1): Männer sind häufiger betroffen, was sich jedoch nach Einsetzen der Menopause zunehmend ausgleicht. Offenbar wirken Östrogene protektiv in der Entstehung von Pankreaskarzinomen.

Die ***Ätiologie*** des duktalen Pankreaskarzinoms ist weitgehend unklar. Vermutlich handelt es sich um einen multifaktoriellen, mehrstufigen Prozess unter Einfluss endo- und exogener Faktoren.
Ein Hinweis für die Bedeutung **endogener, d. h. genetischer Prädispositionen** ergibt sich z. B. aus der Beobachtung einer unterschiedlichen Pankreaskarzinominzidenz unter der männlichen Bevölkerung Neuseelands (Maori 12,1/100 000, Nicht-Maori 7,5/100 000) und dem Auftreten im Zusammenhang mit hereditären Malignomen. Darüber hinaus konnten kürzlich auch Keimbahnmutationen nachgewiesen werden, die mit einem deutlich erhöhten Pankreaskarzinomrisiko einhergehen und teilweise mit anderen Malignomen assoziiert sind (**25.5**).
Unter den **exogenen Faktoren** kommt dem *Rauchen* die wichtigste Bedeutung zu. Es soll das Risiko um das 1,6–10fache erhöhen. Auch eine *fettreiche Ernährung* kann die Entstehung eines Pankreaskarzinoms begünstigen. Dagegen scheinen Kaffee und Alkohol keine ursächliche Rolle zu spielen. Die *chronische Pankreatitis*, alkoholischer oder anderer Genese, erhöht vermutlich ebenfalls das Risiko der Karzinomentwicklung. Bei der hereditären chronischen Pankreatitis entwickeln bis zu 30 % der Patienten ein Pankreaskarzinom.

Der ***Prozess der Tumorentstehung*** folgt offenbar, wie auch beim kolorektalen Karzinom, einem sog. Progessionsmodell. Infolge unterschiedlicher genetischer Alteratio-

nen geht die Kontrolle über das Zellwachstum mehr und mehr verloren.
Als morphologisches Korrelat für diese Entwicklung findet sich zunächst hyperplastisches, später dysplastisches Gangepithel. Nach vollständigem Verlust der Zellwachstumskontrolle entsteht als Endstadium ein invasiver Tumor – das duktale Pankreaskarzinom.

25.5 Genetische Abnormitäten beim duktalen Pankreaskarzinom

Beim sporadischen, d. h. nicht vererbten Pankreaskarzinom wurden bisher somatische Mutationen in folgenden Genen nachgewiesen: p53, p16, DPC4 (Tumorsuppressorgene) und K-ras-Onkogen. Diese Veränderungen werden als wesentliche Schritte in der Tumorgenese (Verlust der Zellwachstumskontrolle) angesehen.
Darüber hinaus schätzt man, dass ca. 5 % der duktalen Pankreaskarzinome familiär gehäuft auftreten, d. h. die Veranlagung durch Keimbahnmutationen weitergegeben werden. Dies konnte für die Tumorsuppressorgene p16 und BRCA2 nachgewiesen werden. Angehörige dieser Familien tragen ferner ein erhöhtes Risiko an einem malignen Melanom (p16) oder einem Mammakarzinom (BRCA2) zu erkranken.

Häufigste ***Symptome*** des Pankreaskopfkarzinoms sind schmerzloser Ikterus (Kompression bzw. Tumorinfiltration des intrapankreatischen D. choledochus) und Gewichtsverlust (80–90 %). Geht der Ikterus mit einem Gallenblasenhydrops einher, spricht man vom **Courvoisier-Zeichen** (**25.7**). Die Häufigkeit und Charakteristik der Symptome hängt selbstverständlich von der Tumorlokalisation ab: So fällt das Pankreaslinkskarzinom am häufigsten durch Schmerzen auf.
Das Auftreten von **Schmerzen** signalisiert i. d. R. ein bereits fortgeschrittenes Tumorstadium. Hierfür ist die besondere Eigenschaft des Pankreaskarzinoms verantwortlich zu machen, sich bevorzugt perineural in Nervenscheiden auszubreiten. Neben dem Befall intrapankreatischer Nervenscheiden kommt es relativ rasch zu einer Infiltration des Plexus coeliacus. Da Korpus- und Schwanztumoren meist erst durch Schmerzen klinisch in Erscheinung treten, wird klar, dass diese Tumoren in aller Regel nicht mehr kurativ resektabel sind. Zudem bestehen zum Diagnosezeitpunkt in bis zu 70 % der Fälle bereits Lymphknotenmetastasen.

25.7 Courvoisier-Zeichen

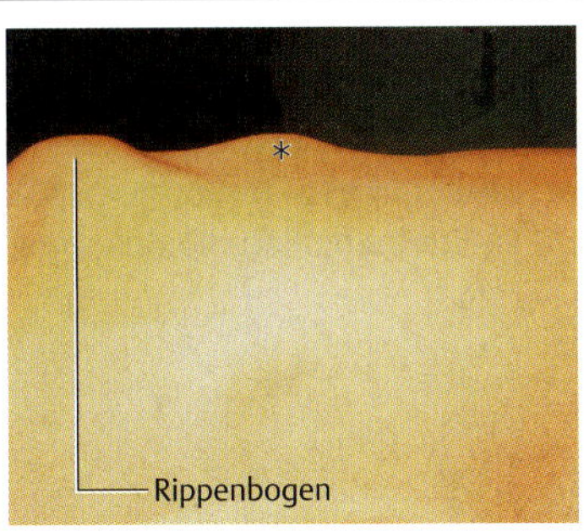

Ikterisches Abdomen mit deutlich sichtbarem Gallenblasenhydrops (*).

Gelegentlich zu beobachtende **Verdauungsstörungen** wie Diarrhö, Steatorrhö, Übelkeit und Erbrechen sind meist Folge einer exokrinen Pankreasinsuffizienz oder einer Passagestörung durch eine Verlegung des Magenausganges oder Duodenums.
Unter den Malignomen, die **paraneoplastisch** zu Thrombosen der tiefen Beinvenen führen, ist das Pankreaskarzinom besonders häufig vertreten (Trousseau-Syndrom). Ursachen sind v. a. die vermehrte Freisetzung von Tumorgewebethromboplastin sowie eine Hyperfibrinogenämie, Thrombozytose und Erhöhung des Plasminogen-Aktivator-Inhibitors (PAI).

Klassifikation: Die Stadieneinteilung des Pankreaskarzinoms erfolgt nach den Festlegungen der UICC (1997; **25.3**).

25.3 TNM-Klassifikation des Pankreaskarzinoms

Tis	Carcinoma in situ
T1	Tumor auf Pankreas begrenzt, < 2 cm
T2	Tumor auf Pankreas begrenzt, > 2 cm
T3	Tumor breitet sich jenseits des Pankreas aus, jedoch ohne Infiltration des Truncus coeliacus oder der A. mesenterica superior
T4	Tumor-Infiltration von Truncus coeliacus oder A. mesenterica superior
N0	keine regionären LK-Metastasen (bei ≥ 10 untersuchten LK)
N1	regionäre LK-Metastasen
M0	keine Fernmetastasierung
M1	Fernmetastasen

Die ***Prognose*** des Pankreaskarzinoms hat sich trotz intensivster Bemühung der letzten Jahrzehnte nicht wesentlich verändert. Weniger als 10 % des Gesamtkollektives überleben ein Jahr und weniger als 1 % überleben mehr als 5 Jahre.
Statistisch gesehen führt der Spontanverlauf des Pankreaskarzinoms in 2–3 Monaten zum Tode. Nach palliativer Therapie erhöht sich dieser Zeitraum auf maximal 6 Monate. Das durchschnittliche Überleben nach einer radikalen Tumorentfernung beträgt 9–18 Monate.

Operative Verfahren bei Tumoren

Partielle Duodenopankreatektomie

Synonym: Kausch-Whipple-Operation
Prinzip: Bei der Whipple-Operation erfolgt eine En-bloc-Resektion von Pankreaskopf, Duodenum, distalem Magen, Gallenblase mit Ductus choledochus (**25.8a**), einschließlich der regionären (= peripankreatischen) Lymphknoten. Seit Einführung dieser Operationsmethode (**25.6**) wurden unzählige Rekonstruktionsverfahren beschrieben. Wir favorisieren die in **25.8b** dar-

25.8 Kausch-Whipple-Operation

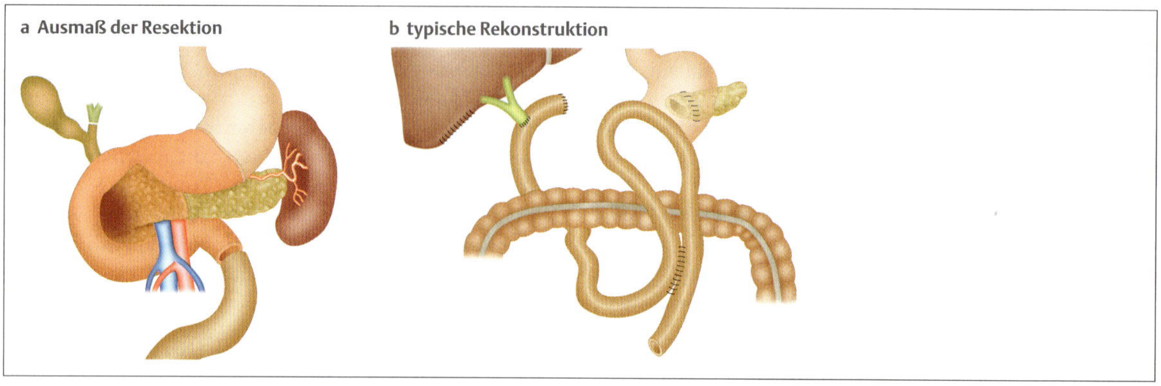

25.6 Geschichte der Kausch-Whipple-Operation

Bereits im Sommer 1909 führte **Walter Kausch** (1867–1928) die erste erfolgreiche Pankreatoduodenektomie im Auguste-Viktoria-Krankenhaus Berlin durch. Es handelte sich um einen 49-jährigen Mann mit einem periampullären Karzinom. Aufgrund des bestehenden Verschlussikterus mit entsprechenden Gerinnungsstörungen (gestörte Vitamin-K-Resorption!) erfolgte zunächst nur die Anlage einer biliodigestiven Anastomose. In einer zweiten Sitzung 6 Wochen später nahm Kausch die eigentliche Resektion vor. Der Patient überlebte 9 Monate.
Nach Jahren nur vereinzelter Fallbeschreibungen griff **Allen Oldfather Whipple** (1885–1963, USA) diese Operationsmethode in den 30er-Jahren erneut auf und entwickelte sie zu einem einzeitigen Standardverfahren.

gestellte Rekonstruktionsform. Andere Chirurgen favorisieren statt der Pankreogastrostomie (Anastomose des Restpankreas mit der Magenhinterwand) eine Pankreojejunostomie (Anastomose des Restpankreas mit einer ausgeschalteten Jejunalschlinge).

Indikation: Obgleich diese Operation auch gegenwärtig die einzige Chance auf eine dauerhafte Heilung verspricht, kann sie nur im Frühstadium des Pankreaskarzinoms durchgeführt werden. Dies betrifft höchstens 10–20 % aller Patienten. In den übrigen Fällen besteht bereits Inoperabilität. Ursache hierfür sind die enge Lagebeziehung zu großen Gefäßen (V. portae, V. mesenterica superior, **25.9**), die fehlenden anatomischen Grenzschichten (Retroperitoneum) und das überaus aggressive Wachstumsverhalten des Pankreaskarzinoms.

Die **Letalität** der Whipple-Operation beträgt heute weniger als 5 %. Eine sehr wichtige methodenspezifische **Komplikation** ist weiterhin die Insuffizienz der pankreatointestinalen Anastomose. Neben einer ausgefeilten Anastomosentechnik wird eine perioperative Pankreassekretionshemmung mit dem synthetischen Somatostatinanalogon Octreotid (z. B. Sandostatin, 3 × 100 µg s. c. für 5 Tage) empfohlen.

25.9 Indirekte Splenoportographie beim Pankreaskopfkarzinom

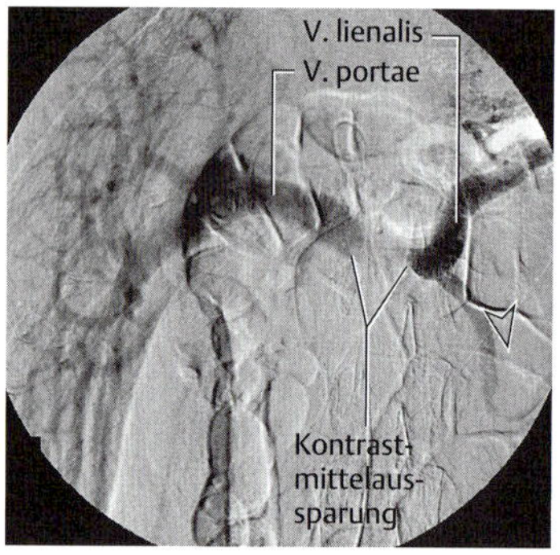

Venöse Phase einer selektiven A. lienalis-Angiographie (54-jähriger Patient): Kontrastmittelaussparung im Anfangsteil der V. portae bzw. direkt in Höhe des Konfluens von V. lienalis und von unten kommender (derzeit natürlich nicht kontrastierten) V. mesenterica superior. Sie zeigt die hochgradige Stenose der V. portae aufgrund deren maligner Infiltration. Es besteht deshalb ein retrograder Fluss in der V. mesenterica inferior (Pfeil). Das Pankreaskopfkarzinom ist deshalb lokal inoperabel.

Pylorus erhaltende Pankreatoduodenektomie

Seit Ende der 70er-Jahre findet eine Modifikation der Whipple-Operation zunehmende Verbreitung: die Pylorus erhaltende Pankreatoduodenektomie nach Traverso-Longmire. Sie soll die Physiologie des oberen Gastrointestinaltraktes weniger kompromittieren und insb. durch die Erhaltung der physiologischen gastroduodenojejunalen Nahrungspassage eine verbesserte Lebensqualität ermöglichen. Aufgrund der geringeren onkologischen Radikalität wird sie bisher bei gutartigen Tumoren, periampullären und kleinen Pankreaskopfkarzinomen eingesetzt.

Pankreaslinksresektion

Zur Exstirpation von Korpus- und Schwanztumoren kann eine Pankreaslinksresektion durchgeführt werden, aus onkologischen Gründen bei Karzinom unter Mitnahme der Milz. Häufige **Indikationen** für diesen Eingriff sind zystische Pankreastumoren. Das duktale Pankreaskarzinom kommt dagegen nur selten infrage, da es praktisch immer erst in einem lokal fortgeschrittenen Stadium diagnostiziert wird (**25.10**).

Pankreatektomie

Zusätzlich zum Ausmaß der partiellen Pankreatoduodenektomie werden hier auch das gesamte restliche Pankreasorgan und die Milz mit entfernt. Für diesen sehr radikalen Eingriff ergeben sich zwei **Indikationen**:

- ein Pankreaskopfkarzinom reicht bis über den Pankreasabsetzungsrand nach links,
- ein Korpus- oder Schwanzkarzinom reicht zu weit nach rechts.

In Einzelfällen kann sich die totale Pankreatektomie der Whipple-Operation in zweiter Sitzung anschließen, wenn die histologische Aufarbeitung, entgegen der intraoperativen Befundung, einen Tumorbefall an der Pankreasabsetzungsfläche ergibt. Ein Sicherheitsabstand von zumindest 2 cm wird gefordert.

Insgesamt ist zu betonen, dass die totale Pankreatektomie nur sehr selten durchgeführt wird. Gründe sind der fragliche onkologische Nutzen und der sehr schwer einzustellende pankreoprive Diabetes mellitus.

! Die Gefahr der tödlichen Hypoglykämie ist hier besonders hoch, da neben dem Insulin auch sein Gegenspieler, das Glukagon, fehlt.

Palliative Therapie

Zu den wesentlichen Komplikationen, die das Pankreaskarzinom verursacht, zählen die Verlegung des extrahepatischen Gallenwegssystems oder des Magen-Darm-Lumens meist im Bereich des Magenausganges oder des Duodenums.

Chirurgische Verfahren: Patienten mit gutem Allgemeinzustand, bei denen im Rahmen einer explorativen Laparotomie ein lediglich lokal nicht operabler Tumor bei gleichzeitiger Cholestase nachgewiesen wird, profitieren sicher am ehesten von einer **biliodigestiven Anastomose** (Choledochojejunostomie), die eine längere Offenheitsrate als Stenteinlagen aufweist. Eine gastroduodenale Passagestörung lässt sich durch eine **Gastroenterostomie** (Gastrojejunostomie) einfach und sicher beheben. Die früher bei schweren Schmerzzuständen gelegentlich erfolgte chirurgische **Ablation des Plexus coeliacus** ist heute eine Domäne der Radiologie (CT-gesteuerte Alkoholinjektion).

25.10 Peritonealkarzinose bei Pankreasschwanzkarzinom

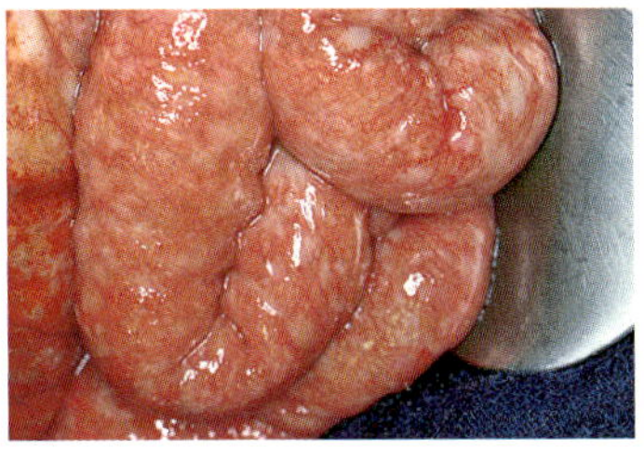

Flächige weiße Beläge auf den Dünndarmschlingen entsprechen der Peritonealkarzinose (68-jährige Patientin). Eine gezielte Therapie ist nicht mehr möglich.

Palliativ-interventionelle Verfahren:
Endoskopische Stenteinlage: Ein aus der täglichen Praxis nicht mehr wegzudenkendes endoskopisches Therapieverfahren ist die Stentimplantation in den Ductus choledochus im Rahmen einer ERC (**e**ndoskopisch **r**etrograde **C**holangiographie). *Indikation* ist i. d. R. eine maligne Stenose (Pankreastumoren, Gallenwegstumoren). *Ziel* der Stentung ist hier meist die palliative Beseitung des Verschlussikterus.

Häufig wird diese Maßnahme auch vor einer geplanten Tumorexstirpation (Whipple-Operation) durchgeführt, um die Folgen des extrahepatischen Gallestaus präoperativ zu vermindern (Verbesserung der Leberfunktion). Ob dies dann tatsächlich zu einer verminderten postoperativen Morbidität und Mortalität führt, ist umstritten.

Perkutan-transhepatische Stentverfahren: In einigen Fällen ist es auf endoskopischem Weg (ERC) nicht möglich, eine Entlastung der Gallenwege herbeizuführen. Ursache sind meist veränderte anatomische Verhältnisse durch ein fortgeschrittenes Tumorwachstum (Verlagerung oder Zerstörung der Papille) oder vorangegangene Operationen (Magenresektionen mit Rekonstruktion nach Billroth II).

Durch eine perkutane transhepatische Punktion kann in diesen Situationen eine Galleableitung nach außen erfolgen (PTCD – **p**erkutane **t**ranshepatische **C**holangio**d**rainage). Da ein vollständiger Galleverlust zu entsprechenden Störungen führt, sollte eine PTCD nur als Übergangslösung angesehen werden. In den meisten Fällen gelingt es anschließend, die externe Ableitung in eine innere umzuwandeln (z. B. Yamakawa-Prothese). Hierbei wird von außen eine Drainage über den Ductus choledochus bis ins Duodenum eingebracht.

Die ***Chemo- und Radiotherapie*** spielt beim Pankreaskarzinom nur eine palliative Rolle. Als Zytostatikum werden hauptsächlich 5-FU und Gemcitabine eingesetzt. In einigen Fällen kann durch die palliative Chemotherapie die ohnehin geringe Überlebenszeit von nur wenigen Monaten etwas verlängert werden. Meist ist aber nur die Verbesserung des Allgemeinzustandes mit Gewichtszunahme der entscheidende Therapieerfolg. Der Nutzen einer neoadjuvanten oder adjuvanten Radio- und/oder Chemotherapie konnte bisher nicht überzeugend belegt werden.

25.7 Pankreastransplantation

Die erste Pankreastransplantation wurde 1966 durch Kelly und Lillehei an der University of Minnesota durchgeführt. Die Ergebnisse der Pankreasorgantransplantation als Therapie für den Diabetes mellitus Typ I haben sich in den letzten Jahrzehnten deutlich verbessert und liegen heute mit einer 1-Jahres-Funktionssrate der Transplantate von ca. 75 % beinahe im Bereich anderer Organtransplantationen. Neben der Pankreasorgantransplantation steht die Transplantation isolierter Inselzellen zur Verfügung. Auch wenn zur Zeit die Resultate nicht konkurrenzfähig sind, so erscheint diese Technik vielversprechend. Die bestehenden Sekundärveränderungen diabetischer Patienten sind durch eine Transplantation nicht reversibel. Das Fortschreiten der Schäden scheint jedoch bei funktionierendem Transplantat gebremst oder vorteilhaft beeinflusst zu werden mit dadurch bedingter höherer Lebensqualität. Allerdings tauschen die Patienten die lebenslange Insulinabhängigkeit gegen eine lebenslange Immunsuppression ein.

Die ***Indikation*** zur Pankreastransplantation ist der Diabetes mellitus Typ I. Die Auswahl der Patienten ist von besonderer Bedeutung, da es sich nicht um ein akut bedrohliches Krankheitsbild handelt, bei dem Alternativen ohne Operation und Immunsuppression zur Verfügung stehen (Insulingabe). Aus diesem Grund wird die Mehrzahl an Pankreastransplantationen zurzeit in Kombination mit einer Nierentransplantation beim diabetischen Patienten mit Urämie durchgeführt. Viele dieser Patienten weisen jedoch bereits fortgeschrittene Sekundärveränderungen auf, die den Operationserfolg limitieren und durch die Transplantation nicht reversibel sind.
Hauptziel ist (durch die Normalisierung des Glucosestoffwechsels) die Beeinflussung der Sekundärveränderungen des Diabetes (Nephropathie, Mikroangiopathie, Retinopathie und Neuropathie). Patienten, die neben einer endgradigen Nierenschädigung bisher nur geringe weitere Sekundärschäden aufweisen, profitieren aus diesen Gründen am meisten von einer Pankreastransplantation.
Die Pankreastransplantation kann in vier verschiedenen Ansätzen durchgeführt werden:

- primäre singuläre Pankreasorgantransplantation (nur in extrem seltenen Einzelfällen z. B. Lebendspenderorgan für junge Patienten [bessere Langzeitergebnisse, geringere Immunsuppression]),
- kombinierte Nieren- und Pankreasorgantransplantation (am häufigsten durchgeführt),
- sekundäre Pankreasorgantransplantation nach bereits erfolgter Nierentransplantation,
- isolierte Inselzelltransplantation, dies auch in Kombination mit Nierentransplantation oder singulär vor oder nach Nierentransplantation: Die Langzeitergebnisse sind jedoch noch nicht konkurrenzfähig und die Indikation daher sehr individuell zu stellen. Vorteil dieser Methode ist für die Inselzelltransplantation das fehlende operative Trauma, da die Zellsuspension über die Pfortader injiziert wird.

Spenderoperation: Die Entnahme des Pankreas wird zumeist im Rahmen einer Multiorgan-Entnahme durchgeführt (s. auch SE 4.12, S. 98). Die Planung der Entnahme richtet sich in erster Linie nach den anderen zu entnehmenden Organen. Eine enge Absprache mit dem Team der Leberentnahme ist erforderlich (s. **4.15**, S. 98). Im Zweifelsfall haben die Organe mit vitaler Transplantationsindikation (Herz, Lunge, Leber) Vorrang. Der Pankreasentnahme folgt die der Nieren.

Empfängeroperation: Es stehen eine Vielzahl technischer, von den Resultaten her gleichwertiger Varianten zur Verfügung (s. auch **25.7**). Grundsätzlich steht die Verwendung des gesamten Organs der Teilorganverpflanzung gegenüber. Hinzu kommen die Variationen der Platzierung der exokrinen Drainage (Darm oder Blase) oder die Gangokklusion (primär oder verzögert), der Verwendung von Spenderduodenum und der Lage des Transplantats (intra- oder extraperitoneal). Eine zurzeit häufig verwendete Methode ist die Verwendung des gesamten Pankreas einschließlich Duodenum mit Drainage des Duodenum (damit des Pankreasganges) in die Blase.

Komplikationen (s. auch SE 4.12, S. 99):
Frühkomplikationen: Neben operationsbedingten, technischen Komplikationen (Gefäßthrombose, Nahtinsuffizienz, Blutung) kann auch eine akute Abstoßung frühzeitig zur Graftschädigung führen. Infektionen sind frühzeitig häufig Folge einer technischen Komplikation insb. bei Verwendung eines Duodenalsegments oder bei enteraler Drainage.
Späte Komplikationen sind meist Folge der Immunsuppression. Infektion und Abstoßung sind am häufigsten. Die Verfahrenswahl bringt spezifische Komplikationen mit sich, so treten bei Blasendrainage Hämaturie, Harnwegsinfektionen und Urethrastenosen auf. Eine Umwandlung in eine enterale Drainage kann notwendig werden. Die septischen Komplikationen sind jedoch nach enteraler Ableitung aufgrund der potenziellen Kontamination des OP-Gebietes unter Immunsuppression höher und durch eine Leckage der enteralen Anastomose bedingt.

Die ***Ergebnisse*** der Transplantations-Register zeigen eine deutliche Verbesserung der Resultate innerhalb der letzten Jahre. Die Pankreasorgantransplantation ist mit anderen Organtransplantationen vergleichbar. Die 1-Jahres-Graft-Überlebensrate liegt für die kombinierte Pankreas-

25.7 Verschiedene Implantationsverfahren

Gesamtorgantransplantation

Die Entnahme des gesamten Pankreas wird als pankreatoduodenales Graft durchgeführt. Die En-bloc-Entnahme des Pankreas erfolgt unter Belassen des Duodenums (Pylorus bis Treitz) und der Milz. Der Truncus coeliacus und die A. mesenterica superior werden in einem gemeinsamen Aortenpatch erhalten. Die Kürzung des Duodenums bis auf ein kleines Segment im Bereich der Papilla duodeni erfolgt in vitro. Die Absetzung der Milz kann in vitro oder nach erfolgter vaskulärer Anastomosierung im Rahmen der Implantation erfolgen.

Bei der zurzeit noch häufig durchgeführten **Drainage in die Blase** liegt das Transplantat intraperitoneal und die Gefäßanastomosen erfolgen mit den Iliakalgefäßen (👁 **a**). *Vorteile* liegen in der Möglichkeit der Transplantatfunktionsüberwachung durch Urinuntersuchungen und eine einfachere Technik. Zu den *Nachteilen* zählt insb. der zum Teil hohe Verlust von Bikarbonat mit der Notwendigkeit zur postoperativen Substitution.

Bei der **enteralen Drainage** erfolgt eine Seit-zu-Seit-Anastomose des kurzen Duodenalsegments an die erste Jejunalschlinge. Das Transplantat liegt auch intraperitoneal. Die Gefäßanastomosierung erfolgt über die Iliakalgefäße, die venöse Drainage wahlweise auch über die V. cava inferior (👁 **b** und **c**). Von *Vorteil* ist die Vermeidung des Bikarbonatverlusts und die natürliche exokrine Drainage in den Darm. Die Eröffnung des Darmes führt jedoch zu einer potenziellen Kontamination des Operationsgebietes mit einer Steigerung infektiöser Komplikationen und der Anastomoseninsuffizienz. Diese Technik setzt sich in den letzten Jahren zunehmend durch.

Teilorgantransplantation

Die Verwendung eines Teils des Pankreas, bestehend aus dem Pankreaskorpus und -schwanz, kommt hauptsächlich im Rahmen der Gangokklusion durch Polymere (z. B. Prolamin, Neopren) zur Anwendung. Ein Teilorgan kann jedoch auch zur Blasendrainage verwendet werden. Dieses Verfahren hat zunehmend an Bedeutung verloren.

Inselzelltransplantation

Prinzip: Durch die technischen Möglichkeiten der Zellseparierung ist es gelungen, Pankreasinselzellen in gereinigter Form von Spenderorganen zu isolieren. Die Inseln werden über die Pfortader in die Leber ausgesät. Die Transplantation einer ausreichenden Zahl von Inseln (> 6000 Inseläquivalente/kgKG) und eine geringe Ischämiezeit (< 8 Stunden) sind Grundvoraussetzung für einen erfolgreichen Einsatz.

Immunsuppression

Die Standardimmunsuppression besteht aus einer hochdosierten Kombinationstherapie aus Tacrolimus, Mycophenolat-Mofetil, Prednisolon und zur Induktion einer Antilymphozyten-Präparation (z. B. ATG).

a Blasendrainage **b** enterale Drainage **c** abdomineller Situs nach Pankreastransplantation

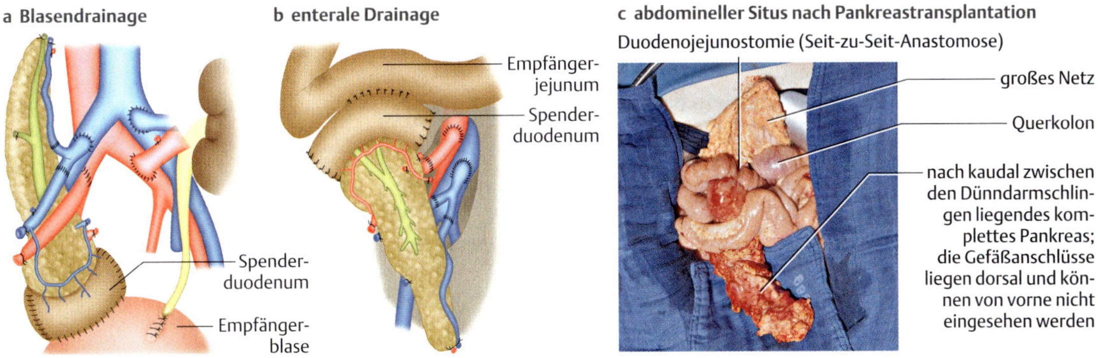

und Nierentransplantation bei etwa 75 %, und für isolierte Pankreastransplantationen bei etwa 50 %. Inselzelltransplantationen haben bisher lediglich in Einzelfällen zu einer längerfristigen Insulinunabhängigkeit geführt.

Nachsorge: Nach erfolgter Transplantation ist die **Beurteilung der Funktionstüchtigkeit** des Transplantats von besonderer Bedeutung, aber schwierig. Aufgrund der postoperativ meist noch notwendigen Insulinsubstitution ist die Messung von Insulinspiegel oder Blutglucose nicht aufschlussreich. Im weiteren Verlauf erfolgt die Messung von C-Peptid und HbA1c, akut fehlen jedoch gute Parameter der Pankreasfunktion.

Im Falle der kombinierten Transplantation von Niere und Pankreas läßt sich das immunologische Monitoring relativ einfach über die sensible Nierenfunktion gestalten. Bei Anschluss des Pankreas an die Blase kann durch Messung von Urin-Amylase, Urin-pH und anderen Pankreasmetaboliten (z. B. pankreasspezifisches Protein) eine Abstoßungsreaktion erkannt werden.

25.8 Milz

Neben den primären Verletzungen und Erkrankungen ist die Milz mit ihren erworbenen Erkrankungen wie ein Kaleidoskop an vielen internistischen bzw. allgemeinen Erkrankungen beteiligt. Für die Chirurgie ist es wichtig, die Pathophysiologie der primären und erworbenen Erkrankungen zu verstehen, denn dieses Verständnis ist die rationale Basis für den Einsatz operativer Eingriffe.

Physiologie und Pathophysiologie

Die normale Milz hat drei prinzipielle ***Funktionen:***

Aussonderung überalterter oder abnormer Erythrozyten: Hierbei kommt der Milz im Rahmen des pathologischen Erythrozytenabbaus bei hämatologischen Erkrankungen eine besondere Bedeutung zu. Während in der Fetalperiode die Milz Hauptlokalisation der Erythropoese ist, übernimmt diese Funktion postpartal das Knochenmark. Die Fähigkeit zur Erythrozytenbildung bleibt der Milz jedoch erhalten.

Reservoir zellulärer Blutelemente: Z. B. sind ein Drittel der Thrombozyten in der Milz gespeichert. Beim Hypersplenismus (s. SE 23.2, S. 528) kann dieser Anteil auf 90 % ansteigen.

Immunorgan: Die Milz ist das größte lymphatische Organ. Es ist deshalb bei Verletzungen bedeutsam, die Milz möglichst zu erhalten. Retikulumzellen in der weißen Milzpulpa sind zur Phagozytose von partikulären Antigenen (Bakterien, zelluläre Bestandteile) in der Lage. In der Milz gebildete Opsonine (Tuftsin) stimulieren die Phagozytose. Daneben werden in der Milz IgM-Antikörper nach primärer Sensibilisierung synthetisiert. Nach Splenektomie kommt es zu einem Abfall dieser Antikörper.

Bei bis zu 30 % aller Menschen gibt es kleine ***Nebenmilzen*** (i. d. R. nicht größer als 1 cm), in 75 % im Hilusbereich gelegen. Bei der chirurgischen Therapie hämatologischer Erkrankungen hängt der Operationserfolg von deren kompletter Mitnahme ab. Nebenmilzen können manchmal in der Milzszintigraphie erkannt werden, entscheidend ist aber die intraoperative Revision.

25.11 Sonographische Darstellung einer normalen Milz

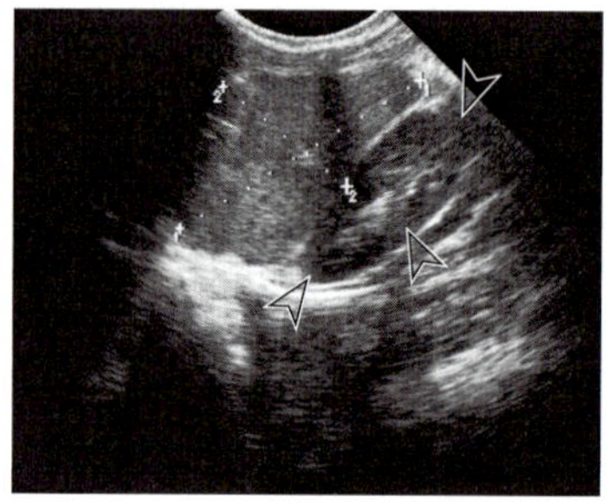

In diesem Fall beträgt die Größe der Milz 10,5 × 6 cm (s. gestrichelte Linien). In unmittelbarer Nachbarschaft ist die Niere zu sehen (Pfeile).

25.4 Ursachen einer Splenomegalie

Einteilung	*Ursachen*
Infektionen	*viral*: EBV, HIV, Hepatitis, *bakteriell*: Sepsis, *parasitär*: Malaria, Histoplasmose
Zirkulationsstörungen	Leberzirrhose, Milzvenen- und Pfortaderthrombose
Erkrankungen der Erythrozyten	Sphärozytose, Sichelzellanämie, Thalassämia major
Verdrängung des Milzgewebes	*benigne*: Amyloidose, Speicherkrankheiten, extramedulläre Blutbildung, Tumoren, *maligne*: Leukämien, Lymphome, myeloproliferative Erkrankungen, weitere primäre und sekundäre Tumoren
verschiedenes	einige (auto-)immunologische Erkrankungen, Morbus Boeck, Hyperlipidämien etc.

Splenomegalie

Der Begriff Splenomegalie beschreibt die Vergrößerung der Milz. Die Größenbestimmung der Milz erfolgt i. d. R. sonographisch (**25.11**), aber auch palpatorisch und auskultatorisch.

4711: normale Maße der Milz = 4 × 7 × 11 cm.

Für eine Vergrößerung kommen viele Erkrankungen in Betracht (**25.4**). Die Splenomegalie ist primär nur eine morphologische Beschreibung und ist nicht zwangsläufig mit dem Hyperspleniesyndrom (s. u.) verknüpft.

Hypersplenismus

Unter dem Begriff Hypersplenismus wird die qualitative und quantitative Zunahme aller oder einzelner Milzfunktionen zusammengefasst. Eine Größenzunahme ist nicht obligat.

Es resultiert eine periphere Zellverarmung, Anämie, Leukopenie und Thrombozytopenie mit gleichzeitiger Knochenmarkhyperplasie. Es wird ein **primärer** Hypersplenismus (Banti-Krankheit; **25.8**) von der **sekundären** Form unterschieden. Zu den Ursachen der sekundären Form gehören v. a. portale Hypertension, Infektionskrankheiten, Lymphome, Speicherkrankheiten und Autoimmunkrankheiten (s. **25.4**).

Bei fehlenden konservativen kausalen Therapiemöglichkeiten ist die Splenektomie indiziert.

25.8 Banti-Krankheit

Bei der Banti-Krankheit handelt es sich um einen Hypersplenismus unklarer Ursache. Es werden 3 Stadien unterschieden:
Stadium 1: Fibroadenie (Vermehrung des Bindegewebes der Follikel), beginnende Panzytopenie,
Stadium 2: splenopathische Knochenmarkhemmung,
Stadium 3: Aszites, Leberzirrhose, Kachexie.

Milzruptur

Ursachen: Milzverletzungen entstehen durch stumpfe oder perforierende Gewalteinwirkungen. Geschlossene Verletzungen sind häufiger als offene. Indirekte Gewalteinwirkungen wie z. B. Sturz aus großer Höhe können ebenfalls zur Milzruptur führen.

Pathogenese: Unterschieden wird die einzeitige von der zweizeitigen Ruptur (**25.12**). Eine zweizeitige Ruptur ist oft auch nach Wochen möglich. Die Milzverletzungen können in 5 Typen klassifiziert werden:
Typ I: subkapsuläres Hämatom/Kapselriss,
Typ II: oberflächlicher Parenchymeinriss,
Typ III: tiefer Parenchymeinriss,
Typ IV: Organfragmentierung,
Typ V: Organberstung/Abriss im Hilus.

Symptomatik: Schmerzen (diffus mit punctum maximum im linken Oberbauch), Abwehrspannung, Schmerzen in der linken Schulter, Zeichen des beginnenden oder bereits manifesten hämorrhagischen Schocks.

! Beim polytraumatisierten Patienten darf nicht infolge der Dominanz anderer Verletzungen (z. B. neurochirurgischer Läsionen) die Milzverletzung übersehen werden.

Eine sonographische Untersuchung des Abdomens ist daher mitunter auch wiederholt erforderlich.

Therapie: Bei Milzverletzungen ist i. d. R. immer die Laparotomie angezeigt. In Abhängigkeit vom Verletzungsmuster sollte bei Typ I–III ein Milzerhalt angestrebt werden (insb. mittels Einwickeln der Milz in ein Vicryl-Netz, das am Hilus verknotet wird, **25.13**), bei IV und V ist jedoch meist eine Splenektomie (Entfernung der Milz) notwendig, insb. bei hilusnahen Verletzungen. Selten ist eine Milzteilresektion möglich.
Selten kommt es im Rahmen von Malaria, Mononukleose und schwerer Sepsis zu einer **spontanen Milzruptur** (**25.14**). Hier ist meist eine Splenektomie indiziert.

25.12 Schema einzeitige und zweizeitige Ruptur

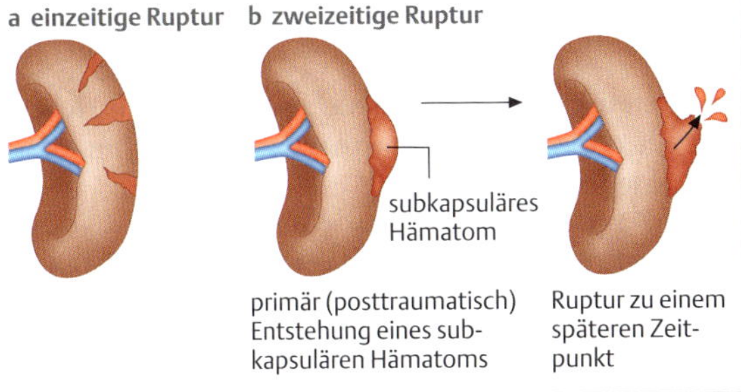

25.13 Traumatische Milzruptur (Grad II)

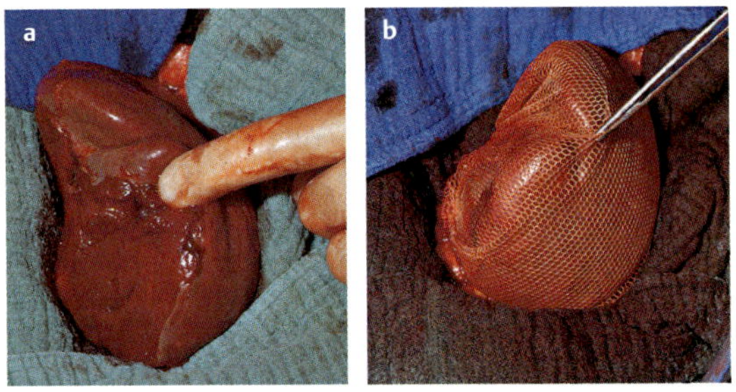

a Die Milz ist mobilisiert und mit Tüchern hinterlegt: mehrere Kapsel- und Parenchymeinrisse in deren kaudaler Hälfte (junger polytraumatisierter Patient nach Motorradunfall).
b Die Umhüllung mit dem resorbierbaren Vicryl-Netz („Milz-Wrapping") erbringt einen Blutungsstillstand.

25.14 Spontane Milzruptur (Grad III)

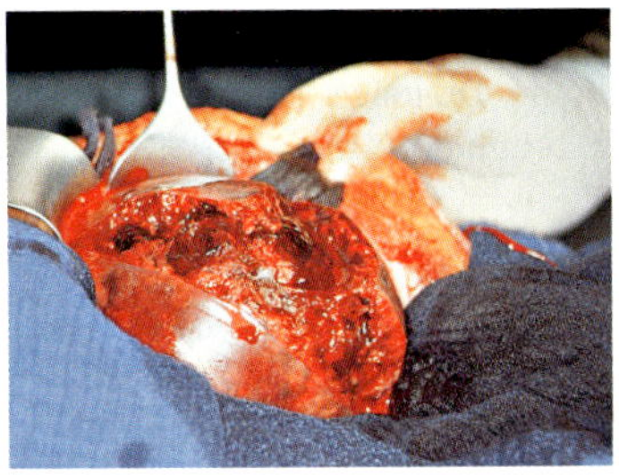

Kardiochirurgischer, septischer Intensivpatient im Multiorganversagen mit tief reichender spontaner Milzruptur. *Therapie:* Splenektomie; wegen schlechter Gerinnung keine Milz erhaltende Operationstechnik.

Zystische Milzläsionen

Milzzyste

Milzzysten sind selten. Man kann primäre d. h. echte Zysten (Epithel/Endothel-ausgekleidet) von Pseudozysten (posttraumatisch, nach arteriellem Milzinfarkt) unterscheiden. Große Zysten bedürfen wegen des Spannungsschmerzes und der Rupturgefahr sowie des Einblutungsrisikos einer chirurgischen Behandlung, heute in Form einer laparoskopischen Fensterung (**25.15**). Zur Vermeidung eines Rezidivs sollte ein Stück großes Netz in die Zyste eingelegt werden.

25.15 Posttraumatische Milzzyste

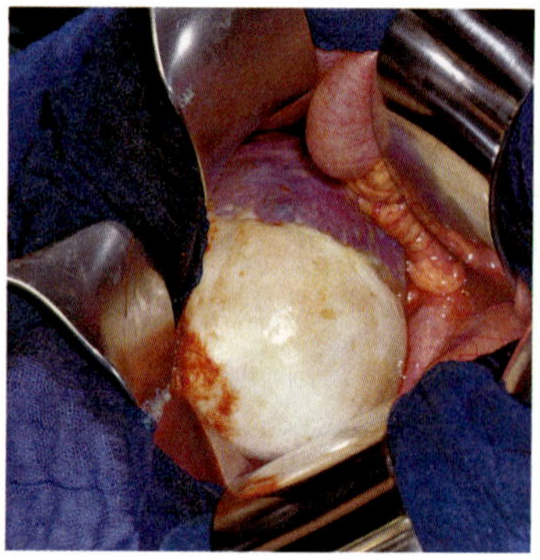

Die untere Hälfte der Milz ist im Sinne einer weißen, derben Zyste verändert, mit Verdrängungserscheinungen auf die linke Kolonflexur. *Therapie:* Fensterung der Zyste mit „Netz-Plombe" (s. SE 25.9, S. 581).

Milzabszess

Im Rahmen einer bakteriellen Sepsis kommt es (selten) zu einem Milzabszess. Schmerzen, persistierend hohes Fieber und tastbare Milz sind wegweisend, Ultraschall und CT beweisend. Therapeutisch kann bei dicker Abszesswand eine perkutane Drainage eingelegt werden, oft aber ist die Splenektomie notwendig (**25.16**).

25.16 Exstirpierte Milz bei Milzabszess

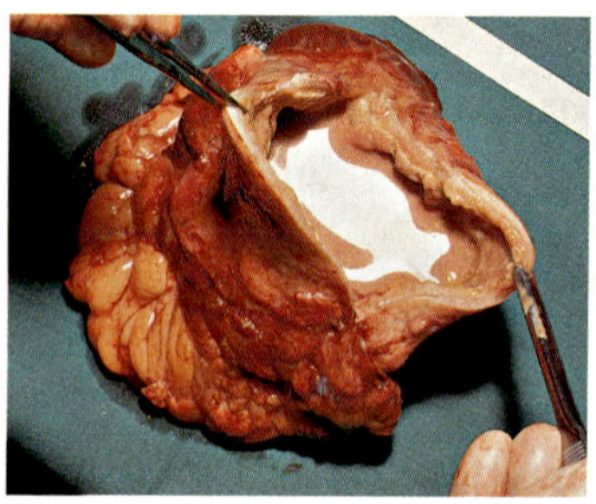

Chronischer Milzabszess mit verdickter Abszessmembran, welcher bei der 45-jährigen Patientin mittels perkutaner Drainage nicht ausheilte.

Parasitäre Zyste

Die seltene Manifestation eines Echinokokkus in der Milz unterliegt der gleichen Therapierichtlinie wie der hepatische Echinokokkus-Befall (s. SE 3.5, S. 52). Oftmals wird primär aber doch eine Splenektomie durchgeführt.

Tumoren

Primäre Tumoren umfassen Hämangiome (benigne) und Sarkome (maligne). Sie sind sehr selten. Sekundäre Tumoren sind Metastasen verschiedenster Primärtumoren (**25.17**). Therapeutisch kommt bei den malignen Tumoren und bei Sinnhaftigkeit eines operativ-ablativen Verfahrens nur eine Splenektomie infrage.

25.17 Milzmetastasen

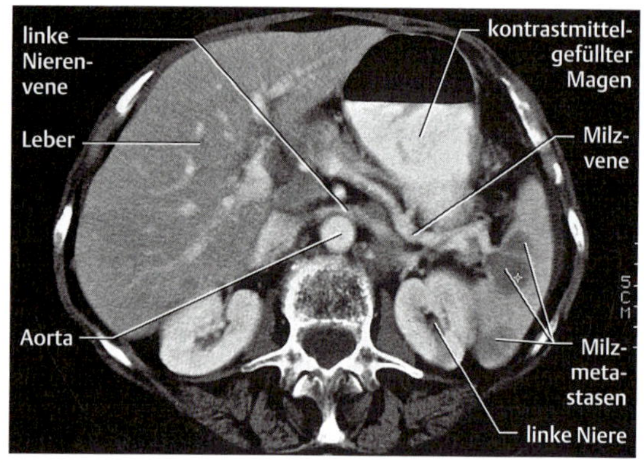

Die 83-jährige Patientin mit Ovarialkarzinom hat keine Lebermetastasen, in der CT zeigen sich hingegen 3 Milzmetastasen.

Aspekte bei hämatologischen Erkrankungen

Idiopathische thrombozytopenische Purpura (ITP)

Synonyme: autoimmunthrombozytopenische Purpura, Morbus Werlhof

Epidemiologie: Die idiopathische thrombozytopenische Purpura (ITP) ist die häufigste erworbene Thrombozytopenie. Die Inzidenz liegt bei 0,2 %. Der erste Häufigkeitsgipfel liegt um das 3. Lebensjahr, der zweite Gipfel um das 50. Lebensjahr.

Ätiologie und Pathogenese: Die akute ITP tritt in 80–85 % der Fälle 2–3 Wochen nach einem unspezifischen fieberhaften viralen Infekt auf.
Es handelt sich um eine isolierte Thrombozytopenie durch Umsatzsteigerung (d. h. gesteigerte Synthese bei noch stärker gesteigertem Abbau) ungeklärter Ursache.
Es wird eine akute von einer chronischen Form unterschieden. Bei der chronischen Genese wird zwischen idiopathischer und symptomatischer ITP unterschieden: Die idiopathische ITP findet man bei Panmyelopathien oder Markhypoplasien, die symptomatische Form bei Karzinosen und Leukosen durch Markverdrängung, Vitaminmangel, als toxische Folge (Ethanol), Bestrahlung oder splenogener Knochenmarkhemmung.

Symptomatik: Die ITP kann Wochen, Monate oder lebenslang mit Wechsel von hämorrhagischen und symptomlosen Phasen andauern.

Diagnostik: Laborchemisch typisch ist eine Thrombozytopenie unter 10 000/µl, eine Megakaryozytose im Knochenmark bei unauffälliger Thrombozytenfunktion.

Therapie der Wahl ist eine Corticosteroidbehandlung, bei „Therapieversagern“ auch 3–4 Wochen lang Azathioprin oder Cyclophosphamid.
Eine hochdosierte Immunglobulintherapie (30 g innerhalb von 5 Tagen) kann zu einem effektiven Thrombozytenanstieg führen. Immunglobuline blockieren den Plättchenumsatz durch Hemmung der Phagozytose der IgG-behafteten Thrombozyten durch mononukleäre Zellen in Milz und Leber.
Bei fehlendem Erfolg der medikamentösen Therapie oder ab dem zweiten Rezidiv besteht die Indikation zur Splenektomie, nach Immunglobulin-Vorbereitung.

! Voraussetzung für eine operative Therapie ist die eindeutige Bestimmung des Abbauortes.

Prognose: Die Remissionsrate nach Cortisongabe liegt bei 20 % und die Teilremissionsrate bei 50 %. Durch eine Splenektomie kann eine 30 %ige Vollremissionsrate und in 50–60 % eine Teilremissionsrate erzielt werden. In weniger als 20 % kommt es zu keinem Thrombozytenanstieg.

25.18 Riesige Milz bei CLL

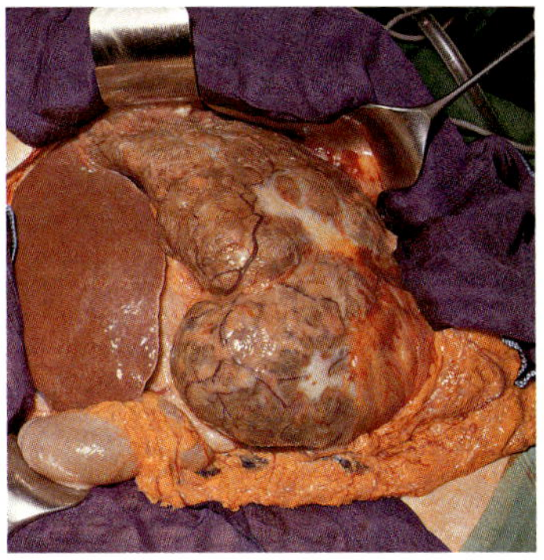

12 kg schwere Milz bei chronisch-lymphatischer Leukämie (77-jährige Patientin), bis in den linken Unterbauch herabreichend. Wegen mechanischer Probleme und peripherer Panzytopenie Indikation zur Splenektomie. Die Milz ist durchsetzt von lymphatischem Gewebe, vereinzelt sieht man eine Kapselfibrose.

Hämolytische Anämien

Bei den angeborenen hämolytischen Anämien (Kugelzellanämie, Elliptozytose und Thalassämia major) führt die Splenektomie zu einer klinischen Heilung bzw. zu einer klinischen Besserung, wenn zuvor die Milz als der wesentliche Ort des Erythrozytenabbaus identifiziert worden ist. Bei der Kugelzellanämie (Sphärozytose) ist dies eigentlich immer der Fall.
Bei autoimmunhämolytischen Anämien (s. internistische Lehrbücher) kann eine Splenektomie ebenso zur Besserung des Krankheitsbildes beitragen; die Rezidivrate ist allerdings hoch.

Maligne Lymphome, chronisch lymphatische Leukämie (CLL) und Haarzell-Leukämie

Wenn bei diesen Erkrankungen periphere Zytopenie, Hypersplenismus und mechanische Verdrängung der Abdominalorgane durch eine riesige Milz zusammenkommen, ist eine Splenektomie indiziert. Die Operation kann bei bis zu 15 kg schwerer Milz sehr schwierig und deshalb verantwortlich sein (**25.18**). Die periphere Zytopenie kann hierdurch in bis zu 90 % aufgehoben werden.
Die früher noch häufig durchgeführte **Staging-Laparotomie** bei Morbus Hodgkin mit der Frage, welche Ausdehnung die Erkrankung hat (Splenektomie, Leberprobeexzisionen, parailiakale, paraaortale und mesenteriale Lymphknotenexstirpationen), hat heute aufgrund der verbesserten bildgebenden Diagnostik stark an Bedeutung verloren.

25.9 Splenektomie

Der ***Zugang*** erfolgt entweder als Rippenbogenrandschnitt links oder im Notfall über eine Medianlaparotomie (Beurteilungsmöglichkeit der übrigen abdominellen Organe; s. SE 6.9, S. 168). Nach Eröffnung der Bursa omentalis Darstellung des Milzhilus, getrennte Versorgung und Durchtrennung von A. und V. lienalis, anschließende Durchtrennung der Vasa gastrica brevia, des Lig. gastrolienale und lienocolicum. Zuletzt wird die Milz aus ihrem retroperitonealen Lager mobilisiert nach Inzision der peritonealen Umschlagsfalte hinter der Milzkonvexität.
Teilresektionen der Milz können nach deren ausreichender Mobilisierung mit Kapselnähten unter Verwendung von Kollagenvlies und Fibrinkleber oder mittels maschineller Nahtklammergeräte durchgeführt werden. Weitere technische Hilfen zur Blutstillung sind Infrarot- (oder besser) Argon-Beam-Koagulation, darüber hinaus eine genügend lange Kompression mit Bauchtüchern (z. B. eine halbe Stunde).
Komplikationen:
Operative Komplikationen: Nachblutung, Magenwandläsion und Verletzung des Pankreasschwanz. Postoperativ muss auf das Auftreten eines Pleuraergusses bzw. subphrenischer Abszesse geachtet werden.
Beim **OPSI** (overwhelming postsplenectomy infection) handelt es sich um eine fulminante bakterielle Sepsis mit dem Vollbild eines septischen Schocks, oft mit hämorrhagischem Infarkt der Nebenniere. Ursächlich handelt es sich meist um Pneumokokken, es können aber auch andere Keime verantwortlich sein (z. B. Haemophilus influenzae und Neisseria meningitidis). Die Letalität liegt bei 70–80 %. Nach Splenektomie ist deshalb eine Impfung gegen Pneumokokken (Pneumovax) obligat. Ohne Impfung sind 1 % aller splenektomierter Patienten (besonders Kinder und Jugendliche) betroffen, zumeist während der ersten Jahre nach Splenektomie. Bei Kindern und immunsupprimierten Patienten wird deshalb neben weiteren Impfungen (Keime s. o.) auch eine Langzeit-Antibiotika-Prophylaxe gefordert.
Eine nach Splenektomie auftretende **Thrombozytose** ist erst ab 1 000 000 Thrombozyten/µl therapiebedürftig (z. B. 100 mg Acetylsalicylsäure).

25.9 Omentum majus

Bei Eröffnung des Bauchraumes tritt das große Netz als mehr oder weniger stark verfettete Bindegewebsplatte in Erscheinung. Sie hängt schürzenartig von Magen und Colon transversum herunter. Es hat eine Fülle von Funktionen: thermischer Schutz der Bauchorgane, Regelung der Zusammensetzung der Peritonealflüssigkeit durch sekretorische und resorptive Leistungen und immunologische Abwehrmechanismen.

Erkrankungen

Primäre Erkrankungen des Omentum majus sind selten.

Verletzungen

Kontusionen mit Hämatombildung und Zerreißungen unterschiedlichen Ausmaßes werden beobachtet. Die Therapie besteht in Blutstillung, Naht oder Resektion von Netzanteilen. Die Prognose ist abhängig vom allgemeinen Verletzungsmuster.

Hernien

s. auch SE 20.4, S. 456 f.

Transomentale (transepiploische) Hernien sind selten. Darmanteile treten hierbei durch Lücken des großen Netzes und können torquiert und infarziert sein.

Therapie: Reposition, Verschluss der Netzlücke.

Bei **Herniationen des Netzes** (Omentozele, Epiplozele) liegt das Netz selbst in einem Bruchsack, meist in Bauchwandhernien (z. B. Leistenhernie, Nabelhernie) oder in einer inneren Bruchlücke (z. B. Treitz-Band, Zwerchfelllücken). Es kann reponibel, fixiert oder inkarzeriert sein.

25.10 Anatomie und Physiologie des Omentum majus

Anatomie

Lage: Das große Netz ist eine intraabdominelle Peritonealfalte, deren erster Teil von der großen Kurvatur des Magens zum Colon transversum reicht (Ligamentum gastrocolicum). Der zweite Teil ist frei beweglich und somit in seiner Lage variabel, bedeckt meist den Dünndarm und reicht zipflig ausgezogen oftmals bis ins kleine Becken.

Struktur: Das Grundgerüst bilden bindegewebige Stränge und Membranen, in die multiple Fettanteile unterschiedlicher Größe eingelagert sind. Je nach Dicke und Alter führen sie zu einer hell- oder dunkelgelben Farbe. Zusätzlich sind Gefäße, Lymphbahnen und Makrophageninseln eingelagert. Letztere werden als Ranvier-Milchflecken (Ranvier, 1874) bezeichnet.

Gefäßversorgung: Die 👁 zeigt die arterielle Versorgung des großen Netzes. Sie ist variabel und erfolgt im Wesentlichen aus der A. gastro-omentalis dextra (aus der A. gastroduodenalis) und aus der A. gastro-omentalis sinistra (aus der A. splenica), von denen Rr. omentales verschiedener Länge in das große Netz ziehen. Eine zusätzliche Versorgung erfolgt durch kleinere, inkonstante Verbindungen von Magen, Pankreas und Colon transversum.

Der venöse Abfluss erfolgt über die Vv. gastro-omentales und die V. mesenterica superior in das Pfortadersystem.

Das Netz hat ein ausgeprägtes ***Lymphgefäßsystem***. Der Lymphabfluss erfolgt über den Milzhilus und den Ductus thoracicus.

Die ***Innervation*** erfolgt aus den paraaortalen Nervengeflechten.

Physiologie

Aufgrund seiner physiologischen Eigenschaften erfüllt das große Netz eine Reihe von Funktionen:

- Durch eine hohe Plastizität und Verklebungstendenz können lokalisierte Prozesse (z. B. durch Infektionen, Verletzungen, Ischämie) abgekapselt und an ihrer Ausbreitung gehindert werden.
- Das kapillare Neuwachstum dient der Geweberevaskularisierung und Drainage.
- Lymphozyten, Makrophagen und Granulozyten werden über die „Milchflecken" rasch in die Bauchhöhle sezerniert. Es dient daher der Immunabwehr und wird als „Polizist der Bauchhöhle" bezeichnet (Rutherford, Morison 1906).
- Es bietet durch seine große Oberfläche einen thermischen Schutz der Abdominalorgane.
- Durch seine Sekretions- und Resorptionsleistung reguliert es Zusammensetzung und Menge der Peritonealflüssigkeit.

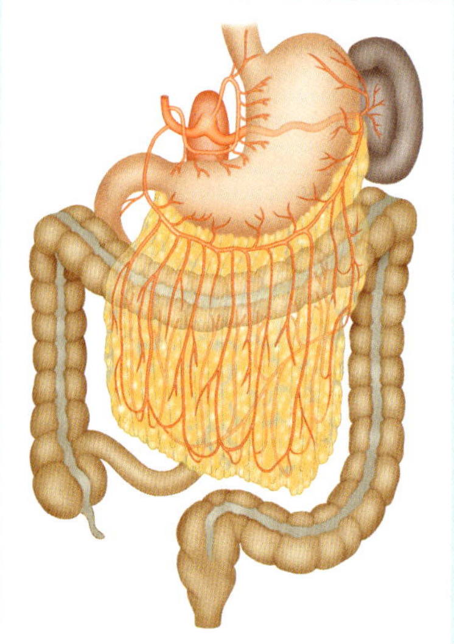

Therapie: Reposition, ggf. Resektion des inkarzerierten Netzanteiles, Verschluss der Bruchlücke.

Das große Netz ist der häufigste Bruchsackinhalt.

Infarkte

Primäre Netzinfarkte: Vaskuläre Netznekrosen ohne erkennbare äußere Ursache sind selten. Die Pathogenese ist ungeklärt.
Sekundäre Netzinfarkte: Sie treten durch mechanische Drosselung der Blutzufuhr, z. B. durch Torsion oder Inkarzeration auf.
Therapie: Resektion des erkrankten Netzsegmentes.

Entzündungen (Omentitis)

Eine auf das große Netz begrenzte Entzündung kann durch Infektionen (spontane Omentitis), postoperativ (durch Fremdkörper, Nahtmaterial, Puder, Iod etc.) oder posttraumatisch (nach Kompression oder Inkarzeration von Netzteilen) auftreten. Durch die hohe Absorptionskraft werden Fremdkörper und Parasiten vom großen Netz eingeschlossen. Fremdkörpergranulome, entzündliche Pseudotumoren und Netzadhäsionen können die Folge sein.
Die **Symptomatik** reicht von unspezifischen Beschwerden bis zum akuten Abdomen.
Therapie: Die Indikation zur Operation richtet sich nach dem Beschwerdebild. Meist ist dann eine Netzresektion bzw. Exstirpation indiziert.

Tumoren

Primäre Netztumoren sind sehr selten (**25.11**). Bei den sekundären Netztumoren handelt es sich um Metastasen.
Klinik: Kleine Tumoren sind in der Regel asymptomatisch. Erst durch Größenzunahme mit Raumverdrängung und Kompressionserscheinungen werden sie auffällig. Meist ist eine Omentum-Metastasierung mit einer allgemeinen Peritonealkarzinose vergesellschaftet. Dies führt im Spätstadium zu Aszites (s. SE 23.6, S. 536 f).
Therapie: Eine gezielte Exstirpation sollte nur bei Komplikationen benigner Tumoren und bei malignen Tumoren im Rahmen der Primärtumorexstirpation (z. B. fortgeschrittenes Ovarialkarzinom) erfolgen.

25.11 Einteilung der primären Netzneubildungen

Primäre Netztumoren gehören zu der Gruppe der Weichteiltumoren. Zysten, gutartige Tumoren (Lipome, Fibrome, Neurinome, Chondrome etc.) und bösartige Tumoren (Fibrosarkome, Liposarkome, fibröse Histiozytome etc.) werden beschrieben.

Gestielte Transposition des Netzes

Aufgrund seiner physiologischen Eigenschaften wird das große Netz häufig zur Defektdeckung oder zur Füllung größerer Hohlräume innerhalb des Abdomens, des Thorax oder an Bauch- und Brustwand verwendet. Um eine ausreichende Netzlänge zur Transposition zu erreichen (oft bis auf das Doppelte seiner ursprünglichen Länge!), werden unterschiedliche Techniken verwandt. Dabei ist es wichtig, die variable Gefäßversorgung des Netzes zu beachten und die Durchblutung zu erhalten:
rechts gestielter Lappen: den Gefäßstiel bildet die A. gastroepiploica dextra (Basis: Pylorus),
links gestielter Lappen: den Gefäßstiel bildet die A. gastroepiploica sinistra (Basis: Milzunterrand).

Indikationen:
Deckung größerer Gewebedefekte: Deckung von Weichteildefekten (z. B. Brustwand; **25.19**) oder Rekonstruktion des Beckenbodens nach abdominoperinealer Rektumexstirpation,
Füllung von Hohlräumen, z. B. nach Zystenentdeckelungen oder Zystektomien an Leber und Milz oder nach Abszessausräumungen,
Anastomosenschutz: Durch die Netzauflage soll eine klinisch manifeste Nahtinsuffizienz verhindert werden z. B. bei kritischem Verschluss von Duodenalstümpfen, nach Übernähung perforierter Ulzera oder zur Interposition zwischen operativ getrennten Fisteln z. B. nach enterovesikaler Crohn-Fistel. Auch zur **Deckung infizierter Gefäßrekonstruktionen** z. B. am Hals und in der Leiste kann das große Netz verwendet werden,
Blutstillung, z. B. an der Schnittfläche parenchymatöser Organe. Nach Leberresektionen oder Milzverletzungen kann durch Netztransposition eine zusätzliche Blutstillung erzielt werden.

Kontraindikationen:
- unzureichende Vaskularisation des Netzes,
- hypotrophisches Netz.

25.19 Omentumtransposition bei einem Strahlenulkus der Thoraxwand

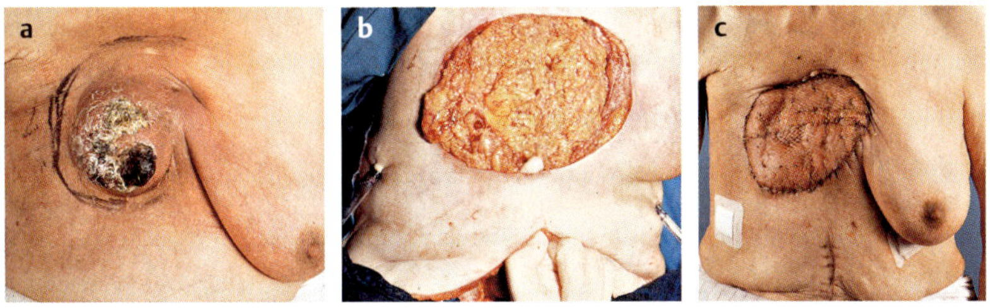

a Ein Strahlenulkus wird exzidiert.
b Der verbliebene Defekt wird mit einem Omentum-majus-Lappen gedeckt (subkutan hochgezogen, nach Laparotomie).
c Ergebnis.

26.1 Anatomie und Physiologie des Darms

Für den Viszeralchirurgen von besonderer Bedeutung ist die Kenntnis der arteriellen Gefäßversorgung des Dünn- und Dickdarmes. Während der Dünndarm der Digestion und Resorption der Nahrung dient, ist der Dickdarm für eine ausreichende Eindickung und kontrollierte Entleerung des nicht verwertbaren Darminhaltes zuständig.

Anatomie

Dünndarm

Im viszeralchirurgischen Sinne wird unter „Dünndarm" meist nur Jejunum und Ileum (ab Flexura duodenojejunalis) bis zur Valvula ileocaecalis (Bauhini) subsummiert, während das am Pylorus beginnende, überwiegend retroperitoneal liegende und bis zur Flexura duodenojejunalis reichende Duodenum aus pathophysiologischen und operationstechnischen Gründen teils in Verbindung mit dem Magen (s. SE 21.9, S. 486 f), teils mit dem Pankreas dargestellt wird.

Jejunum und Ileum sind zusammen mit ihrem Mesenterium lediglich an der von links-kranial nach rechts-kaudal ziehenden Mesenterialwurzel fixiert und damit relativ frei intraperitoneal mobil. Die Gesamtlänge von Jejunum und Ileum (antimesenterial gemessen) beträgt 4–6 Meter, wovon rund 60 % auf das Jejunum entfallen.

Die **Gefäßversorgung** des Dünndarmes ist im Vergleich zum Dickdarm luxuriös mit einer mehrfachen Arkade von Anastomosen zwischen den multiplen aus der A. mesenterica superior entspringenden Aa. jejunales et ilei, deren radiäre Endäste in dichter Folge in die Darmwand einstrahlen.

Die **Wand** des Dünndarmes (👁 **26.1a**) gliedert sich von außen nach innen in den viszeralen Peritonealüberzug der Tunica serosa, die zweiteilige Tunica muscularis mit einer die ganze Zirkumferenz umfassenden Längsmuskelschicht über der lumenwärts davon angeordneten Ringmuskulatur sowie die Tunica mucosa.

Die Schleimhaut erreicht durch Ausbildung von Kerckring-Falten (mit Muscularis mucosae), Zotten und Mikrozotten eine enorme Oberflächenvergrößerung (im Jejunum um einen Faktor 600!). Faltenausmaß und Zottenhöhe nehmen im Ileum allmählich ab, während die zwischen den Zotten liegenden Krypten an Tiefe zunehmen.

Die Submucosa ist nicht nur die gefäßführende Schicht für die Schleimhaut, sie weist auch wichtige **lymphatische Strukturen** auf (mukosaassoziiertes lymphatisches Gewebe). In Form der *Peyer-Plaques* ist dieses insbesondere im terminalen Ileum konzentriert.

Dickdarm

Kolon und Rektum umgeben „wie ein Rahmen" das den Mittel- und Unterbauch einnehmende Dünndarmkonvolut: Gesamtlänge ca. 120 cm. Durch die seitliche Einmündung des Ileums entsteht ein mehrere Zentimeter langer Blindsack, das Zökum, an welchem die Appendix vermiformis zusammen mit ihrem Mesenteriolum aufgehängt ist. Colon ascendens und descendens sind retroperitoneal fixiert; an ihrer lateralen Zirkumferenz befin-

👁 **26.1 Anatomie des Darms**

a Aufbau der Wandschichten des Jejunums

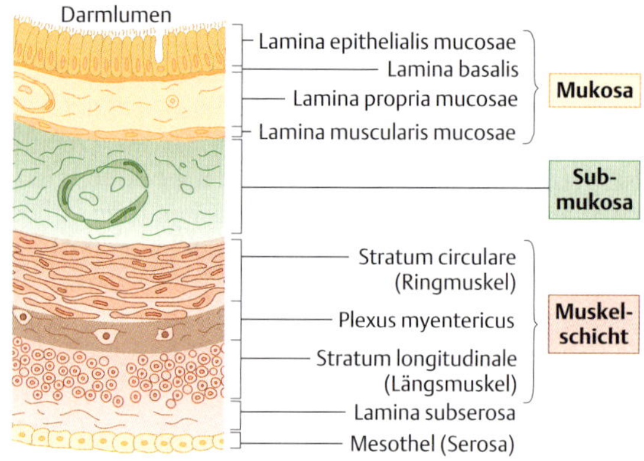

b arterielle Versorgung des Dickdarms

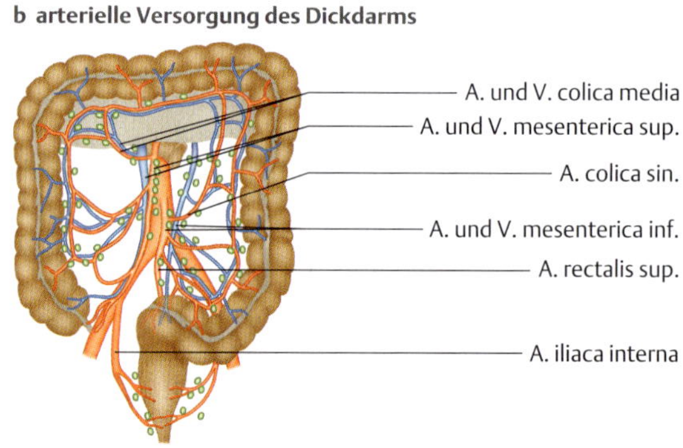

c Lymphdrainage des Rektums

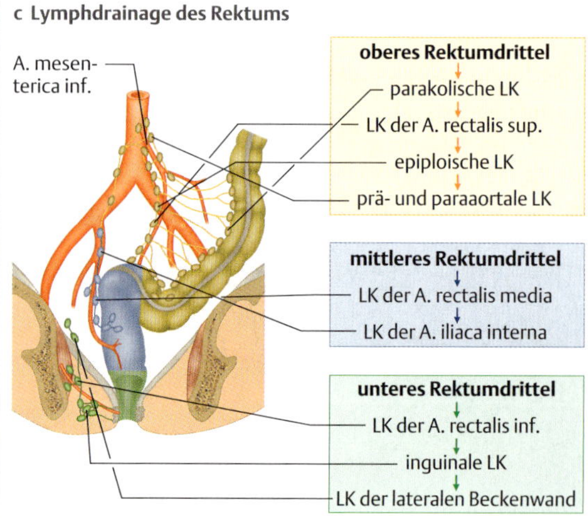

det sich jeweils die peritoneale Umschlagsfalte. Colon transversum und sigmoideum liegen dagegen intraperitoneal. Das Rektum liegt größtenteils wieder retro- bzw. extraperitoneal (16 cm Länge) und wird in drei Drittel unterteilt. In Höhe des Beckenbodens geht das Rektum durch das muskuläre Diaphragma hindurch: Hier besteht nicht zuletzt wegen der Puborektalisschlinge eine starke Knickbildung. In Höhe der Linea anorectalis (Linea dentata) beginnt der Analkanal (s. SE 27.1, S. 628 f).

Die arterielle **Gefäßversorgung** des Dickdarmes (👁 **26.1b**) resultiert vom Zökum bis zur linken Flexur aus der A. mesenterica superior. Das linksseitige Kolon wird einschließlich des oberen Rektums aus der A. mesenterica inferior versorgt, das untere Rektum von Ästen der A. iliaca interna.

Aufgrund der Tatsache, dass die im Mesokolon darmwandnah verlaufende Randarkade unterschiedlich gut ausgebildet ist und in diese im Vergleich zum Dünndarm relativ wenige radiäre Gefäße einstrahlen, gibt es am Dickdarm besser und schlechter vaskularisierte Zonen, deren Kenntnis zur Planung von Resektionen und Anastomosen unerlässlich ist. Ein zweiter wichtiger Grund für die genaue Kenntnis der Gefäßanatomie ist die Tatsache, dass die das Kolon drainierenden **Lymphbahnen** entlang der arteriellen Gefäße verlaufen und daher Karzinomoperationen aus Gründen der onkologischen Radikalität unter Berücksichtigung der Gefäßversorgung vorgenommen werden müssen: Die besondere Lymphdrainage aus Rektum und Anus zeigt 👁 **26.1c**.

Die Längsmuskulatur der **Kolonwand** umfasst im Gegensatz zum Dünndarm nicht die gesamte Zirkumferenz, sondern ist in drei Längsbündeln, den Tänien konzentriert: Eine verläuft im Mesokolonansatz (Taenia mesocolica), eine im Ansatz des Omentum majus (T. omentalis) und eine auf der freien Kolonzirkumferenz (T. libera). Die Schleimhaut des Kolons weist keine Zotten, dafür umso tiefere Krypten auf.

Physiologie

Der Intestinaltrakt hat neben den Funktionen der Digestion und Resorption der Nahrungsbestandteile auch wichtige motorische, endokrine, immunologische und Barrierefunktionen. Während die für die Nahrungsassimilation und deren Pathophysiologie relevanten Vorgänge vor allem das internistisch-gastroenterologische Fachgebiet betreffen, ist die Motilität auch von großem chirurgischem Interesse.

Da Gallensäuren und Vitamin B_{12} ausschließlich im (terminalen) Ileum resorbiert werden, kann ein Verlust des Ileums schlechter kompensiert werden als ein solcher des Jejunums.

Motilität

Der interdigestive Motorkomplex stellt eine auch im Nüchternzustand regelmäßig von oral nach aboral ablaufende peristaltische Welle dar, welche dafür sorgt, dass der Dünndarm sich nach einer Mahlzeit relativ rasch (innerhalb von Stunden) leert. Pendelperistaltik im Dünndarm ist immer pathologisch, z. B. vor stenosierenden Prozessen.

Im Dickdarm ist dagegen in größeren Intervallen neben der analwärts gerichteten Propulsion auch sog. Pendelperistaltik mit entgegengerichteten retropulsiven Anteilen zu beobachten. Die normale **Kolontransitzeit** von Ingesta beträgt **12–48 Stunden.**

> **26.1 Physiologische postoperative Magen-Darm-Atonie**
>
> Nach operativen Eingriffen kommt es durch eine lokale Entzündungsreaktion innerhalb der Darmwand zur Funktionsstörung der glatten Darmmuskulatur und somit zur Darmatonie. Bei der Induktion der lokalen Entzündungsreaktion spielen residente und infiltrierende Leukozyten der Tunica muscularis des Darmes eine entscheidende Rolle. Kinetisch-aktive Substanzen (z. B. Prostaglandine, freie Sauerstoffradikale) und Entzündungsmediatoren (z. B. Zytokine, NO) werden freigesetzt, welche die Funktion der glatten Muskelzellen hemmen und die ablaufende Entzündungskaskade lokal und entfernt weiterführen. Erst die Aufdeckung molekularer und zellulärer Grundlagen dieser postoperativen intestinalen Pathophysiologie ermöglicht es, eine elektive, gegebenenfalls medikamentöse Prophylaxe der (kostenintensiven) postoperativen Darmatonie zu entwickeln.

Mikrobielle Besiedlung und Barrierefunktion

Der Dünndarm ist in „nüchternem" Zustand mit einer Keimzahl von 10^3–10^5/ml im Vergleich zum Kolon nur spärlich mikrobiell besiedelt. Für die Aufrechterhaltung dieses Zustandes ist vor allem eine ungestörte propulsive Peristaltik verantwortlich, welche daher auch als das Stubenmädchen („housekeeper") des Dünndarmes bezeichnet wird. Die mikrobielle Kolonisation steigt dann im distalen Ileum zunehmend an und erreicht im rechten Hemikolon Werte von 10^9, im linken Hemicolon sogar Populationsdichten von bis zu 10^{12}/ml (s. auch **3.1**, S. 41).

Der Gastrointestinaltrakt stellt ein immenses Reservoir mikrobieller Organismen dar, wobei die gastrointestinale Schleimhaut und ihr spezielles Immunsystem deren Eindringen in den menschlichen Makroorganismus verhindern. Zu diesem Zweck weist der Intestinaltrakt eine ganze Reihe von Barrieremechanismen auf. Besondere Bedeutung kommt in dieser Hinsicht dem speziellen Immunsystem des Darmes zu (GALT = Gut associated lymphoid Tissue), dessen Zellen bis zu 15 % der gesamten Schleimhautmasse ausmachen. Humoraler Parameter dieses Immunsystems ist das sekretorische Immunglobulin A, welches auf der die innere Darmoberfläche auskleidenden Mukusschicht geradezu einen „antiseptischen Anstrich" darstellt. Die zelluläre Immunabwehr in intraepithelialen Lymphfollikeln und bis zu zentimetergroßen Peyer-Plaques ist besonders im terminalen Ileum massiert.

26.2 Mikrobiell verursachte Erkrankungen

In dieser Studieneinheit sind mit der Yersiniose, der Aktinomykose und der Ileozökaltuberkulose drei Infektionskrankheiten im engeren Sinne zusammengefasst, während die pseudomembranöse Enterokolitis und das bakterielle Überbesiedelungssyndrom auf der Selektionierung pathogener bzw. nicht ortsständiger Keime durch Antibiotikatherapie oder auf unphysiologischen, meist postoperativen Stasebedingungen beruhen.

Yersiniose

Die Yersiniose ist eine durch die gramnegativen Stäbchenbakterien „Yersinia enterocolitica" und „Yersinia pseudotuberculosis" auf oralem Wege übertragene Infektionskrankheit.
Die Patienten klagen im Rahmen des subakut enteritischen bzw. enterokolitischen Krankheitsbildes mit einer Dauer von wenigen Tagen bis zu zwei Wochen vor allem über Fieber und kolikartige Bauchschmerzen, evtl. mit dünnen bis wässrigen Stühlen.

Die Yersiniose ist eine wichtige Differenzialdiagnose zur akuten Appendizitis (s. SE 26.9, S. 602 ff).

Zu Beginn der Erkrankung lassen sich die Erreger im Stuhl nachweisen, danach kann die Diagnose nur noch durch Antikörpertiteranstieg gesichert werden.
Wird bei der pseudoappendizitischen Form laparotomiert, so findet sich typischerweise das Bild einer ausgeprägten *Lymphadenitis mesenterialis* im Ileozökalwinkel. Aus Lymphknotenbiopsien lässt sich dann mikrobiologisch der Erregernachweis führen.
Eine Therapie (mit β-Laktam-Antibiotika) ist bei unkompliziert verlaufenden Fällen nicht erforderlich.

Aktinomykose

Die aufgrund ihres histologischen Erscheinungsbildes als „Strahlenpilz" bezeichnete Infektionserkrankung wird durch das grampositive anaerobe Bakterium „Actinomyces israelii" hervorgerufen.
Neben der sehr viel häufigeren zervikofazialen Form (s. SE 3.4, S. 50) kommt auch ein intestinaler Befall vor, dort am häufigsten im Ileozökalbereich.
Charakteristisch sind derbe, infiltrierend auf die Umgebung und die Bauchdecke übergreifende Resistenzen (vom makroskopischen Erscheinungsbild her drängt sich ein Malignomverdacht auf!), welche zur Fistelbildung neigen. Es entleert sich mit gelb-körnigen Partikeln (Drusen) durchsetzter Eiter. Eine wichtige Differenzialdiagnose ist die Ileozökaltuberkulose (s. u.).
Therapie: s. SE 3.4, S. 50.

Ileozökaltuberkulose

Der Befall mesenterialer Lymphknoten mit Tuberkulose (s. auch SE 3.4, S. 49 f) – früher häufig durch kontaminierte Milch erworben – wird klinisch meist durch ein appendizitisähnliches Krankheitsbild manifest.
Zur Einleitung der antituberkulostatischen Kombinationstherapie ist die bioptisch-mikrobiologische Sicherung der Diagnose im Rahmen der Appendektomie erforderlich. Die verkäsenden Lymphknoten weisen histologisch Granulome auf. Der direkte Nachweis säurefester Stäbchen gelingt mit der Ziehl-Neelsen-Färbung.

Pseudomembranöse Enterokolitis

Die durch die Toxine von Clostridium difficile verursachte pseudomembranöse Enterocolitis tritt häufig als Folge systemischer oder luminaler Antibiotikatherapie auf, welche zu einer Selektion und Überwucherung mit diesem Erreger führt.
Risikogruppen sind insb. kritisch Kranke, Immunsupprimierte und abdominal operierte Patienten.
Wässrig-schleimige, seltener blutige Durchfälle von hoher Frequenz in Zusammenhang mit Fieber und Leukozytose, fakultativ auch mit abdominalen Krämpfen, sind in Zusammenhang mit einer Antibiotikatherapie verdächtig auf das Vorliegen einer pseudomembranösen Enterokolitis.
Gesichert wird die Diagnose durch das typische endoskopische Bild (**26.2**) und den direkten Clostridien- oder Toxinnachweis im Stuhl, in der rektalen Spülflüssigkeit oder der koloskopisch gewonnenen Biopsie.
Bedrohlich kann das Krankheitsbild einerseits durch ein toxisches Megacolon (s. SE 26.4, S. 588) bis hin zur Kolonperforation werden, andererseits durch ein septisch-toxisches Kreislaufversagen (s. SE 7.4, S. 188).
Die Therapie der pseudomembranösen Kolitis besteht in der sofortigen Beendigung der vorbestehenden Antibioti-

26.2 Endoskopischer Aspekt bei pseudomembranöser Kolitis

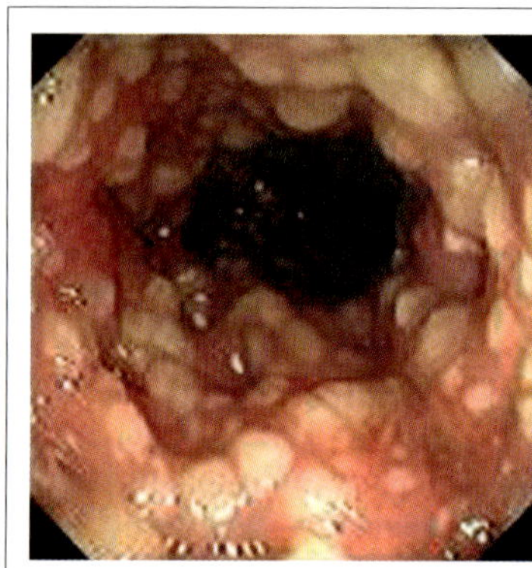

63-jähriger Patient; komplizierter Verlauf nach Whipple-OP wegen Pankreaskopfkarzinom. Die Dickdarmschleimhaut ist von erhabenen weiß-gelben Plaques übersät, entzündet und ist leicht verletzlich.

kagabe, einer adäquaten Flüssigkeitszufuhr und der enteralen Therapie mit Vancomycin bzw. Teicoplanin.

Syndrom der bakteriellen Überbesiedelung des Dünndarmes

Synonym: Blindsack-Syndrom, blind loop syndrome

Ätiologie: Unterliegt aufgrund spezifischer Erkrankungen oder chirurgischer Eingriffe der Inhalt bestimmter Dünndarmabschnitte nicht mehr dem zeitgerechten analwärts gerichteten Transport (s. SE 26.1, S. 582 f), so kann es in den betreffenden Darmabschnitten zu ausgeprägter Keimvermehrung und Verschiebung des Spektrums hin zu kolontypischer, überwiegend anaerober Flora kommen.

Ein besonderes Risiko stellen in diesem Zusammenhang von der normalen Passage aufgrund von Umgehungsanastomosen ausgeschaltete Dünndarmabschnitte dar, z. B. Seit-zu-Seit Ileoaszendostomie bei belassener Stenose des distalen Ileums (z. B. Morbus Crohn) (**26.3a**), ebenso Seit-zu-Seit-Anastomosen nach Resektion mit allmählich dilatierenden blinden Enden (**26.3b**). Gleichermaßen gilt dies für fehlbesiedelte Divertikel insbesondere des Jejunums (**26.3c**) und für die vor kompensierten Stenosen vorgeschalteten dilatierten Darmabschnitte (**26.3d**).

Da der Ausschluss eines Darmabschnittes aus dem direkten Passagestrom nur eine mögliche Ursache des Syndroms ist und eine regionale relative Stase des Dünndarminhaltes zum gleichen klinischen Problem führt, ist der Begriff des „bakteriellen Überbesiedelungssyndroms" derjenige, welcher die eigentliche Ursache benennt.

Pathophysiologie: Aufgrund der Überbesiedlung des Dünndarmes kommt es zur Beeinträchtigung der Digestion und Resorption von Nahrungsbestandteilen bis hin zum **Malassimilationssyndrom:**

- Bereits im fehlbesiedelten Dünndarmabschnitt werden größere Mengen konjugierter Gallensäuren dekonjugiert. Das Unterschreiten der kritischen mizellaren Gallensäurekonzentration führt zu signifikant geringerer *Fettresorption* und zur Steatorrhö.
- Dekonjugierte Gallensäuren und bakterielle Proteasen beeinträchtigen über eine Abnahme der enterozytären Bürstensaumdisaccharidase die Resorption von *Kohlenhydraten.*
- Die mikrobielle Metabolisierung von *Aminosäuren* führt zur Proteinmalassimilation.
- Kompetitive Bindung durch Bakterien beeinträchtigt die *Vitamin-B_{12}-Resorption.*
- Die bakterielle Metabolisierung von *Fettsäuren* kann Durchfälle auslösen.

26.3 Blindsackbildungen

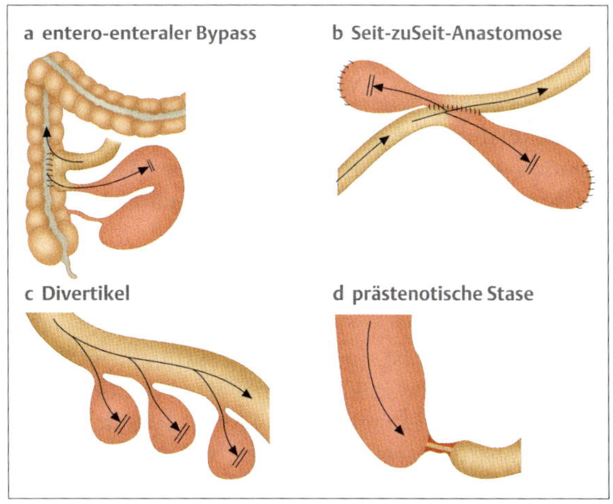

Im Falle eines echten Blind-Loop-Syndroms (z. B. bei einer Seit-zu-Seit-Anastomose) ist eine Latenz von 5–20 Jahren bis zum Auftreten von Malabsorptions- oder gar mechanischen Symptomen aufgrund von Torsion oder Abknickung eines großen Blindsacks möglich.

Symptome: Das klinische Bild variiert in Abhängigkeit von der Ursache des Syndroms und dem Spektrum der fehlbesiedelnden Bakterien.

Leitsymptome sind eine makrozytäre (Vitamin-B_{12}-Mangel) oder normozytäre (zusätzlicher Eisenmangel) Anämie, eine teilweise ausgeprägte Steatorrhö, Gewichtsverlust, periphere Ödeme, Exsikkose und Adynamie. Manchmal stehen Mangelerscheinungen vonseiten der fettlöslichen Vitamine A, D (Osteomalazie), E und K ganz im Vordergrund.

Therapie. Konservativ therapeutisch steht die antibiotische Dekontamination des fehlbesiedelten Dünndarmes (z. B. mit Acylureidopenicillinen und Metronidazol) im Vordergrund, zusätzlich natürlich der parenterale Ausgleich von Vitamin- und Proteinmangelzuständen.

Chirurgisch kommt die Resektion der blinden Schlinge insb. bei Seit-zu-Seit- oder Seit-zu-End-Anastomosen und die Neuanlage einer echten End-zu-End-Verbindung in Betracht. Obligat ist die Operation im Falle mechanischer Lumenverlegungen bzw. Stenosen (wenn der in der blinden Schlinge befindliche Inhalt zu keiner Seite hin mehr abfließen kann!) oder bei Blutungen.

Die beste ***Prophylaxe*** des bakteriellen Überbesiedelungssyndroms ist die Vermeidung von Seit-zu-Seit-Anastomosen, insb. bei chronisch entzündlichen Darmerkrankungen.

26.3 Morbus Crohn

Chirurgische Maßnahmen sind beim Morbus Crohn so zurückhaltend wie möglich einzusetzen, da eine operative Kuration nicht möglich ist und ausgedehnte Resektionen langfristig die Gefahr des Kurzdarmsyndroms bergen. Dennoch müssen die meisten Crohn-Patienten im Laufe ihrer Erkrankung aufgrund von spezifischen Komplikationen operiert werden.

Klinik und konservative Therapie

Der Morbus Crohn ist eine chronisch entzündliche Darmerkrankung, welche **schubweise** mit akuten Phasen hochsymptomatischer Erkrankung und Remissionsphasen unvorhersehbarer Dauer abläuft. Bei **diskontinuierlichem Ausbreitungsmuster** können prinzipiell alle Abschnitte des Gastrointestinaltraktes von den Lippen bis zum Anus befallen werden. Die häufigste Lokalisation der „Enteritis regionalis“ sind das terminale Ileum („Ileitis terminalis“; **26.4**) und proximale Kolon. Makroskopisch kennzeichnend ist das Übergreifen des mesenterialen Fettes auf die Darmwand (creeping fat). Auch ein isolierter Kolonbefall („Colitis Crohn“) kommt vor.
Extraintestinale Manifestationen wie Erythema nodosum, Arthritis, Konjunktivitis, sklerosierende Cholangitis etc. reflektieren häufig den Aktivitätsgrad der Erkrankung.
Die **Symptomatik** besteht am häufigsten in abdominellen Schmerzen, oft krampfartigen Charakters, Durchfällen und Fieberschüben.
Die **Diagnostik** umfasst Anamnese, klinisches Bild, Röntgen-Kontrastmitteluntersuchungen und Endoskopie mit PE (z.B. Koloskopie mit Intubation des terminalen Ileums).
Die **konservative Therapie** besteht in der Gabe von Aminosalicylsäurederivaten, beim Dünndarmbefall und im akuten Erkrankungsschub („Akutphasentherapie“) auch in einer Cortisonmedikation. Wichtig ist die diätetische Compliance im Hinblick auf eine faserarme Diät, im akuten Schub sogar eine vollresorbierbare Elementardiät. Die oft chologene Durchfallproblematik kann symptomatisch durch Cholestyramin gebessert werden. Vitamin- und Eisenmangelzuständen muss durch entsprechende Substitution begegnet werden.

26.4 Ileitis terminalis Crohn

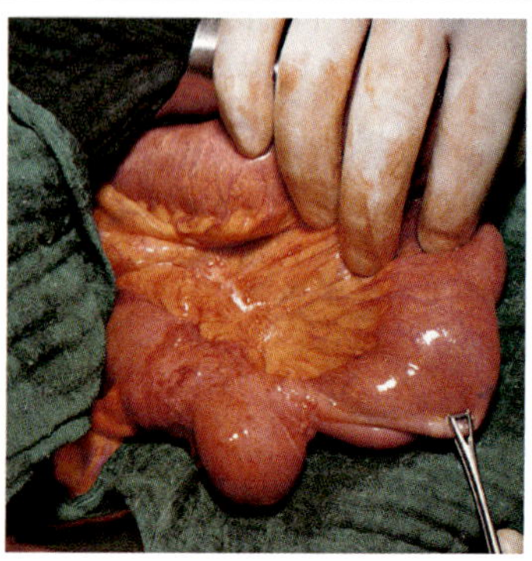

Ileitis terminalis Crohn mit Stenosierung wechselnden Ausmaßes und „Girlandenphänomen“ durch zusätzliche narbige Schrumpfung des Mesenterialansatzes in Längsrichtung.

Komplikationen

Der **transmurale Befall** der erkrankten Darmabschnitte führt im Rahmen der Vernarbung zu **Stenosierungen**, welche eine zunehmende Ileussymptomatik bedingen können. Diese Situation ist die häufigste Operationsindikation beim Morbus Crohn.
Fistelbildungen (s. SE 26.5, S. 592 f) zwischen Dünn- und Dickdarmschlingen (interenterisch) oder vom Dünndarm zum Urogenitaltrakt (enterovesikal) bzw. zur Bauchdecke (enterokutan) sind ein zweiter wichtiger Komplikationskomplex. Perianale Fisteln (s. SE 27.3, S. 633 f) stellen in ihrer harmloseren Variante extraintestinale Crohnmanifestationen dar, in ihrer komplizierteren Form gehen sie dagegen vom Intestinum oder vom crohnbefallenen Rektum aus.
Bei sehr aktivem Entzündungsschub und transmuralem Befall mehrerer Dünndarmschlingen entsteht oft ein **entzündlicher Konglomerattumor** mit interenterischen Abszedierungen, welche ein mehr oder weniger schleichendes septisches Krankheitsbild unterhalten. Dessen klinische Beurteilung kann unter der zu diesem Zeitpunkt meist durchgeführten Cortisontherapie außerordentlich schwierig sein.
Bei noch rascherem Entzündungsablauf („hot Crohn“) kommt es gar zur **freien Perforation** einer noch nicht mit umgebenden Organen abgedeckten Darmschlinge. Eine fulminante Kolitis Crohn kann wegen akuter Blutung oder toxischer Dilatation zur Notfalloperation führen.

Operative Therapie

Da Patienten im Verlauf ihrer Erkrankung häufig mehrfach operiert werden müssen, droht ihnen grundsätzlich ein Kurzdarmsyndrom (s. SE 26.6, S. 596). Die Verwirklichung dieses Risikos darf nicht durch evtl. mehrfache, großzügige Dünndarmresektionen leichtfertig herbeigeführt werden. Hier kommt dem Chirurgen sowohl hinsichtlich Indikationsstellung als auch Operationstechnik hohe Verantwortung zu.
Ohnehin lässt sich das Rezidivrisiko der Erkrankung nicht durch ausgedehnte („radikale“) **Resektionen** reduzieren. Einige Studien weisen sogar das Gegenteil nach!

! Dünndarmresektionen müssen beim Morbus Crohn wenn möglich vermieden, wenn nötig so sparsam wie möglich durchgeführt werden.

Anastomosen sollten grundsätzlich *nur End-zu-End* angelegt werden, da Seit-zu-Seit-Verbindungen ein Blindsacksyndrom (s. SE 26.2, S. 585) begünstigen und sich überdies im Blindsack rasch ein lokales Crohn-Rezidiv entwickelt.
Einer einreihigen, allschichtigen (evtl. extramukösen) Nahttechnik mit resorbierbarem Material ist der Vorzug zu geben, da diese das geringste Risiko der Fistelbildung aufweist. Aus diesem Grund sollten auch keine Klammernahtgeräte zum Einsatz kommen.

! Auf intraabdominelle Drainagen sollte beim M. Crohn möglichst verzichtet werden, da diese zum Ausgangspunkt enterokutaner Fisteln werden können.

Stenosen

Die klarste Operationsindikation ist die Ileussymptome verursachende *narbige* Crohn-Stenose, während einer im akuten Schub auftretenden und unter oraler Karenz und nasogastraler Ableitung „kompensierten" *ödematös-entzündlichen* Stenose die Chance zur Rückbildung unter adäquater Akutphasentherapie gegeben werden sollte.
Noch Dünndarmresorptionsfläche sparender als eine kurzstreckige Resektion (mit Anastomosierung durchaus im makroskopisch crohnbefallenen Abschnitt!) ist die in Analogie zur altbewährten Pyloroplastik (s. **21.34**, S. 495) von Alexander Williams inaugurierte Strikturoplastik. Hierbei wird der stenosierte Darmabschnitt längs eröffnet und quer vernäht.

Fisteln

Enterokutane Fisteln (s. SE 26.5, S. 592 f) entstehen fast nur postoperativ. Sie entspringen häufig *vor* einer (Anastomosen-)Stenose und stellen wegen des dann hohen Fistelvolumens über kurz oder lang eine Operationsindikation dar. Ansonsten bestimmen (wie auch bei den perianalen Fisteln, s. u.) Symptomatik und individueller Leidensdruck die Anzeige zur Operation.
Interenterische Fisteln (s. SE 26.5, S. 592 f) sollten dann operiert werden, wenn sie aufgrund weitstreckiger Ausschaltungen zu erheblichen Durchfällen führen oder wenn eine hohe Entzündungsaktivität mit entsprechenden Allgemeinsymptomen einhergeht. Entweder liegen sie innerhalb eines Konglomerattumors – wobei sie dann nur selten diagnostiziert werden – oder sie entspringen aus einem aktiv crohnbefallenen Darmsegment und münden in ein nicht befallenes Segment, häufig in das Colon sigmoideum („Fisteleinschuss"): Dann muss die Fistelmündung am Sigma lediglich exzidiert werden.
Enterovesikale Fisteln stellen immer, **enterovaginale** meist eine Indikation zur Resektion des erkrankten Darmabschnittes dar. Die Exzisionsstelle aus Harnblase bzw. Vagina wird lediglich übernäht und mit gut vaskularisiertem großem Netz abgedeckt.
Perianale Fisteln (s. SE 27.3, S. 633 f) haben beim Crohn-Patienten eine unterschiedliche Bedeutung je nachdem, ob das Rektum crohnbefallen ist oder nicht. Grundsätzlich gilt, dass solche Fisteln im asymptomatischen Stadium gar nicht therapiert werden sollen und dass bei Handlungsbedarf – v. a. bei Abszedierungen – zur bestmöglichen Schonung des gefährdeten Sphinkterapparates sehr zurückhaltend operiert werden soll (lediglich drainierende Eingriffe).
Unkomplizierte Fisteln (subkutan, submukös, transsphinkter) können bei nicht miterkranktem Rektum auch durch Fistelspaltung wie beim Nicht-Crohn-Patienten angegangen werden.
Bei crohnbefallenem Rektum besteht dagegen ohnehin die Gefahr der Zerstörung des Kontinenzorgans durch das Fortschreiten der Entzündung. Hierbei können zu aggressive chirurgische Maßnahmen die Entstehung der Sphinkterinsuffizienz beschleunigen. Andererseits sind in dieser Situation perianale Fisteln praktisch nie definitiv zu sanieren.

! Die progrediente Zerstörung des Kontinenzorgans durch anhaltende Crohn-Aktivität im distalen Rektum führt über kurz oder lang zur Proktektomie mit definitivem Stoma.

Bei noch potenziell erholungsfähigem Schließmuskelapparat kann zur Unterstützung der Abheilung abszedierender Fistelsysteme ein passagerer doppelläufiger Anus praeter im Sinne eines Deviationsstomas (engl. deviation = Ableitung) angelegt werden.

Konglomerattumoren

Auch hier ist eine möglichst sparsame Operationstechnik anzuwenden, wobei nach Auflösung des entzündlichen Konglomerates durchaus mehreren kleineren Segmentresektionen gegenüber einer einzigen größeren Resektion der Vorzug zu geben ist (Risiko des Kurzdarmsyndroms, s. o.).

Prognose

Bis zu 80 % aller Crohn-Patienten werden in ihrem Leben zumindest einmal operiert, davon die Hälfte zumindest ein zweites Mal. Die Letalität der Gesamterkrankung ist gering, die Morbidität hoch (siehe internistische Lehrbücher). Das Darm-Karzinomrisiko ist gegenüber der Normalpopulation erhöht.

26.4 Colitis ulcerosa

Die Colitis ulcerosa ist prinzipiell chirurgisch heilbar, jedoch um den Preis einer vollständigen Entfernung der kolorektalen Schleimhaut. Mit der ileoanalen Pouchoperation steht zwar mittlerweile eine Methode der Kontinenzerhaltung des natürlichen Anus zur Verfügung, aber auch nach einem solchen Eingriff droht aufgrund von Komplikationen hin und wieder ein endständiger Ileumanus.

Klinik und konservative Therapie

Die Colitis ulcerosa ist eine, mit Ausnahme fulminanter Verläufe, auf die Mukosa des Dickdarmes beschränkte chronisch-entzündliche Darmerkrankung, welche sich **kontinuierlich** vom stets befallenen Rektum aus unterschiedlich weit nach proximal ausbreitet.
Das führende **Symptom** sind blutig-schleimige Durchfälle, wobei die Defäkation auch sehr schmerzhaft sein kann. Abdominelle Schmerzen sind dagegen selten.
Morphologisch ist die erkrankte Mukosa durch ein samtartiges, feingranuläres Aussehen gekennzeichnet. Punktförmige Erosionen gehen in hochgradig entzündlich veränderten Bereichen auch in echte Ulzerationen über. Nach Abklingen akuter Entzündungsphasen kommt es durch Hyperplasie der zwischen den Ulkusnarben erhaltenen Schleimhautinseln zur Ausbildung charakteristischer Pseudopolypen (**26.5**).
Ist die Schleimhaut in Kolonabschnitten zirkulär zerstört, so entwickelt sich das Bild des mehr oder weniger funktionslosen, „ausgebrannten Fahrradschlauches“ (**26.6**).
Diagnostisch führen Sigmoidoskopie/Koloskopie mit PE und Röntgen-Kontrastmitteluntersuchungen, nach Ausschluss infektiöser Kolonerkrankungen (z. B. spezifische oder opportunistische Entzündungen).
Klinisch kann die Colitis ulcerosa in drei unterschiedlichen Formen verlaufen:
Die *chronisch-rezidivierende Verlaufsform* kommt am häufigsten vor, wobei sich unterschiedlich lang anhaltende und ausgeprägte Rezidive mit monate- bis jahrelangen Remissionen abwechseln. Im Rahmen der Rezidive kann es zu einer zunehmenden Ausbreitung nach proximal kommen.

26.6 Kolonkontrasteinlauf

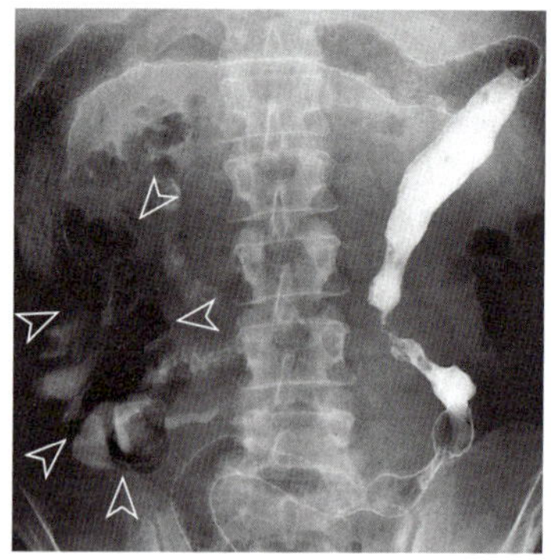

Funktionsloses Kolon („Fahrradschlauch“) mit Ausnahme des Colon aszendens (Pfeile).

Die *akut-fulminante Verlaufsform* kommt sowohl als Erstmanifestation vor als auch als Exazerbation oder Beginn eines Rezidivschubes. Ausgeprägt blutige Durchfälle, Fieber und septische Allgemeinsymptome können bis zum lebensbedrohlichen Krankheitsbild des toxischen Megakolons eskalieren (s. u.). Häufig ist das ganze Kolon beteiligt.
Die ebenfalls seltene *chronisch-kontinuierliche Verlaufsform* kann ohne wesentliche Remissionsphasen in unterschiedlichem Schweregrad jahrelang bestehen.
Die **konservative Therapie** besteht in oraler Gabe von Aminosalicylsäurederivaten und Cortison. Bei vorzugsweise rektalem Befall können beide Agentien in Form von Suppositorien und Klysmen auch peranal verabreicht werden. Bei akut-fulminantem Verlauf ist unter engmaschiger gastroenterologisch-chirurgischer Überwachung ein Versuch mit hoch dosiertem Cortison angezeigt.

26.5 Endoskopischer Aspekt bei Colitis ulcerosa

a floride Colitis ulcerosa b Pseudopolypen

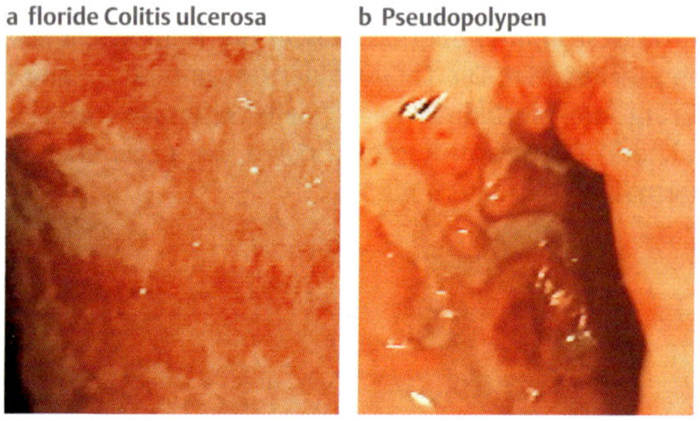

Komplikationen

Toxisches Megakolon

Die toxische Kolondilatation ist die gefährlichste Ausprägung eines akut fulminanten Kolitisschubes. Der röntgenologisch sichtbare Verlust der Haustrierung zeigt dabei das Übergreifen der Entzündung von der Schleimhaut auf die gesamte Darmwand mit konsekutivem Verlust des Muskeltonus an. Pathognomonisch ist dabei eine Zunahme des Colon-transversum-Durchmessers auf >6 cm (**26.7**) in Verbindung mit septischen Temperaturen, Durchfällen, Schockzeichen und Bewusstseinstrübung.

26.7 Toxisches Megakolon

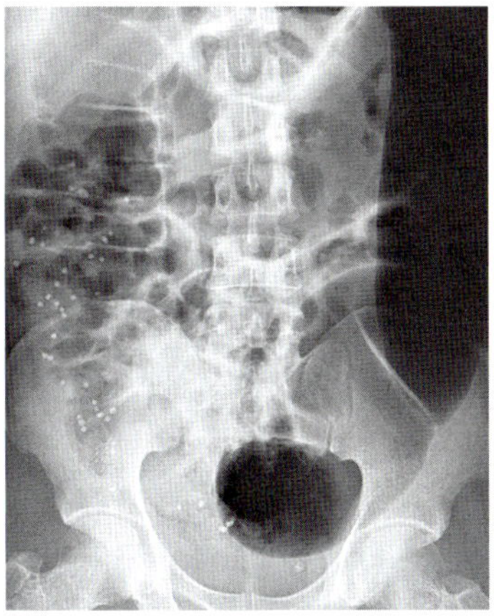

29-jähriger Patient mit chronischer Kolitis. Die Kügelchen im rechten Hemikolon waren zur Messung der Transitzeit gedacht. Jetzt Megakolon (linkes Hemikolon 12 cm Durchmesser). *Akuttherapie:* koloskopische Luftabsaugung.

Ein konservativer Behandlungsversuch von maximal 3 Tagen mit hoch dosierter Cortisongabe, Antibiotika-Kombinationstherapie und adäquater Elektrolyt- und Volumentherapie gelingt aller Erfahrung nach bereits bei Körpertemperaturen über 38 °C und einer Stuhlfrequenz in den ersten 24 Stunden von mehr als 5 nur noch in einer kleinen Minderheit der Fälle.

Um den Zeitpunkt eines vom Risiko her noch tolerablen operativen Eingriffs nicht zu verpassen, ist die frühzeitige Einschaltung des Viszeralchirurgen in die Betreuung eines Patienten mit toxischem Megakolon unbedingt anzuraten.

Weitere akute Komplikationen

Der **Blutverlust** aus akut entzündeten Kolonabschnitten kann ein massives und bedrohliches Ausmaß annehmen und die Indikation zum chirurgischen Handeln notfallmäßig erfordern.
Perforationen ohne Vorliegen eines toxischen Megakolons sind dagegen deutlich seltener als massive Blutungen.

Unter Cortisonmedikation ist eine erhöhte diagnostische Wachsamkeit geboten, da hierbei ein akutes Abdomen mit Abwehrspannung nur selten in klassischer Form vorliegt, d.h. häufig larviert ist.

Karzinomrisiko

Patienten mit Colitis ulcerosa stehen unter einem signifikant höheren Risiko, ein Kolonkarzinom zu entwickeln, wobei hier die Erkrankungsdauer und die Ausdehnung des Kolonbefalls von Bedeutung sind.
Ein Anstieg der Malignomrate ist bei mehr als 10-jährigem Verlauf *und* Befall des gesamten Kolonrahmens („Pankolitis") zu beobachten. Bei mehr als 10 Jahre zurückliegender Erstmanifestation sind also auch im symptomfreien oder -armen Intervall regelmäßige Endoskopien mit Entnahme multipler Biopsien angezeigt. Finden sich gehäuft Dysplasien und sind diese gar höhergradig, so ist die Operation prinzipiell indiziert.

Bei ausgeprägter Pseudopolypenbildung werden immer wieder auch vom erfahrenen Endoskopiker schon fortgeschrittene Tumorstadien makroskopisch verkannt.

Operative Therapie

Hinsichtlich der Methodenwahl der operativen Kolitistherapie ist es von Bedeutung, ob notfallmäßig interveniert werden muss oder ob eine Elektivindikation besteht.

Elektivoperation

Indikation: Eine Elektivoperation ist indiziert, wenn auch mit konsequenter konservativer Therapie über Jahre **keine Remission zu erzielen** ist und der Patient aufgrund seines Allgemeinzustandes oder lokaler Probleme invalide ist; bei Kindern und Jugendlichen darüber hinaus zusätzlich dann, wenn aufgrund der Erkrankung oder der notwendigen Therapie (Cortison!) Wachstums- oder Reifungsstörungen vorliegen. Die **Karzinomprävention** bei langem Verlauf, Pankolitis und Dysplasien stellt die zweite Säule der Elektivindikation dar.

Operationsverfahren: Das **Ziel** des Elektiveingriffs ist die komplette Entfernung der Kolon- und Rektumschleimhaut.
Die Standardoperation war hierfür lange Zeit die **Proktokolektomie** (vollständige Kolonentfernung plus Rektumexstirpation) und die definitive Stuhlableitung über ein endständiges Ileostoma, welches zur besseren Versorgbarkeit prominent angelegt wird (s. SE 26.16, S. 620f).
Techniken der Konstruktion kontinenter Ileostomata zur Erhöhung von Komfort und Akzeptanz des künstlichen Ausganges – am bekanntesten war der durch Katheterisierung zu entleerende Kock-Pouch – sind mittlerweile aufgrund hoher Komplikationsraten und der Weiterentwicklung zur im Folgenden beschriebenen Operationsmethode weitgehend verlassen.
Das Ziel der kompletten kolorektalen Mukosektomie wird unter Vermeidung eines definitiven künstlichen Darmausganges durch die **ileoanale Pouchoperation** (*Synonym:* restaurative Proktokolektomie; **26.8**) erreicht. Dieses Vorgehen setzt voraus, dass keine ausgeprägte Proktitis vorliegt und der Sphinkterapparat in seiner Funktionsfähigkeit nicht beeinträchtigt ist. Im optimalen Fall ist dann eine Stuhlfrequenz von 5–6 pro 24 Stunden zu erreichen.
Eine hartnäckige Entzündung im Pouch, die sog. *Pouchitis* kann neben vom Patienten auf Dauer nicht akzeptierten nächtlichen Kontinenzproblemen auch sekundär noch zur Entfernung des Pouches und zur Anlage eines Ileostomas zwingen.

26.8 Ileoanale Pouchoperation

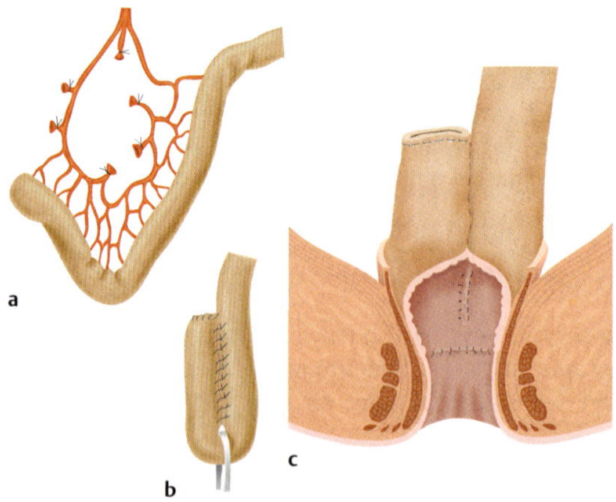

Das Kolorektum wird darmwandnah reseziert. Nur der Muskelmantel der letzten 3–5 cm des Rektums einschließlich der Sphinktermuskulatur bleibt erhalten. Dieser Rektumabschnitt wird lediglich mukosektomiert, sodass der als Ersatz für die exstirpierte Rektumampulle geschaffene Ileumpouch (**a** und **b**) in den Sphinktermuskelmantel hineingezogen und direkt mit dem Analkanal in Höhe der ehemaligen Linea anorectalis anastomosiert werden kann (**c**): transanal durchgeführte Handnaht.

Weist das Rektum wenig entzündliche Aktivität auf, so kommt als dritte Möglichkeit auch die **Kolektomie mit ileorektaler Anastomose** in Betracht, wobei dann sowohl hinsichtlich weiterer Krankheitsaktivierung als auch hinsichtlich der Rektumkarzinomprävention eine regelmäßige rektoskopische Überwachung erforderlich ist. Ergibt sich hierbei sekundär die Notwendigkeit der Entfernung des Rektums, so kann unter günstigen Voraussetzungen (s. o.) auch dann noch ein Pouch angelegt werden.

Notfalloperation

In der Notsituation besteht das Operationsziel in der möglichst raschen und schonenden Beseitigung der vital bedrohlichen Komplikation unter Vermeidung von Operationsschritten, welche die spätere Pouchoption beeinträchtigen. Dies betrifft die sorgfältige Schonung der A. ileocolica.

! Die Anlage eines ileoanalen Pouches verbietet sich in der Notsituation.

Liegt eine **Perforation ohne toxische Dilatation** vor, so stellt insb. bei diffuser Peritonitis die Diskontinuitätsresektion des perforierten Kolonabschnittes mit Ausleitung des proximalen Kolons als endständiger Anus praeter und Blindverschluss des distalen Abschnitts (Operation nach Hartmann, s. SE 26.16, S. 620) den kleinstmöglichen Eingriff dar.

Im Falle der **massiven Blutung** wird die Kolektomie ebenfalls mit einem Blindverschluss des Rektums möglichst ohne Eröffnung der peritonealen Umschlagsfalte vorgenommen. Lediglich bei ausgeprägter Blutung auch aus den distalen Rektumabschnitten wird in dieser Situation das gesamte Rektum exstirpiert.

Befindet sich der Patient mit toxischem Megakolon bereits in so **schlechtem Zustand**, dass ihm die Kolektomie nicht zugemutet werden kann, so kommt zur Entlastung des überdehnten Dickdarmes die Anlage mehrerer Stomata in Betracht („blow-hole-procedure" nach Turnbull; **26.9**).

26.9 „Blow-hole-procedure" nach Turnbull

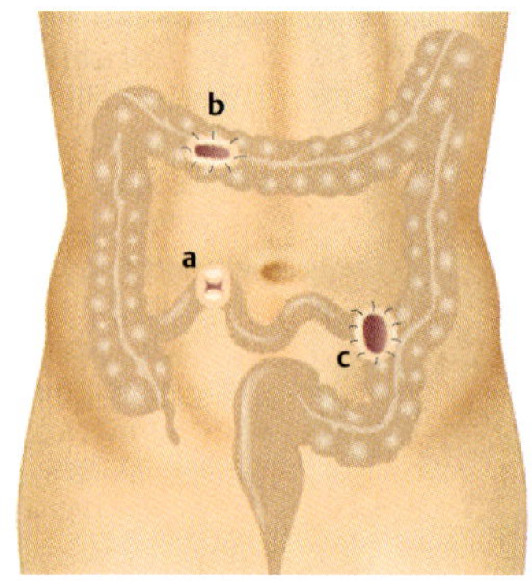

Die Entlastung des überdehnten Megakolons erfolgt durch ein doppelläufiges Ileostoma (**a**), ein rechtsseitiges Transversostoma (**b**) und ein ebenfalls doppelläufiges Sigmoideostoma (**c**).

Prognose

Eine Heilung ist erst nach kompletter Entfernung der Kolon-Rektum-Schleimhaut erreicht. Insofern ist die Prognose der Gesamterkrankung abhängig vom Zeitpunkt der restaurativen Proktokolektomie (operative Letalität 1–3 %). Das wichtigste Langzeitproblem ist die Durchführung der kausalen Operation *vor* der Entstehung eines Karzinoms. Die Lebenserwartung entspricht dann der Normalbevölkerung. Akutoperationen (insbesondere bei toxischem Megakolon) haben altersabhängig eine bis zu 20 %ige Letalität.

Georg Späth / Andreas Hirner

26.5 Darmfisteln

Vom Darm ausgehende Fistelungen sind sowohl hinsichtlich ihrer Genese als auch hinsichtlich der therapeutischen Konsequenzen eine sehr inhomogene Entität. Die häufigsten Ursachen stellen postoperativ-technische Komplikationen oder Komplikationen des Spontanverlaufs zugrunde liegender chronischer Zustände bzw. Erkrankungen dar.

Ätiologie und Pathogenese: Von den operativ angelegten kutanen „Fisteln" abgesehen (welche besser als *Stomata* bezeichnet werden; s. SE 26.16, S. 620 f) entstehen vom Darmlumen ausgehende Fistelungen einerseits als direkte Folge operativer Eingriffe, andererseits „spontan" aufgrund entsprechender Präkonditionen.

Postoperativ kommen als Ursachen für Darmfisteln in Betracht:

- auf schlechter Vaskularisation oder intraperitonealer Chemotherapie beruhende **Anastomosenspätinsuffizienzen** (Frühinsuffizienzen ohne ausreichende Abdeckung zur Peritonealhöhle sollten nicht irreführenderweise als Fisteln bezeichnet werden),
- intraoperativ nicht erkannte, zunächst nicht lumeneröffnende **Darmwandschädigungen**:
  - nach schwierigen Adhäsiolysen und bei Peritonitis,
  - Druck- oder gar Sogschäden durch falsch platzierte oder zu lang einliegende Drainagen,
  - nicht ausreichend vitale Dünndarmschlingen nach Reposition von (Hernien-)Inkarzerationen oder beim Mesenterialinfarkt,
  - beim Bauchdeckenverschluss partiell in der Naht mitgefasste Darmwände.

Präkonditionierend für die Ausbildung von Fisteln – mit und ohne operative Manipulation – sind Schädigungen der Mikrozirkulation, vor allem als direkte *Strahlenfolge* nach Radiotherapie (z. B. von gynäkologischen Tumoren oder malignen Lymphomen), sowie im Rahmen ihres natürlichen Verlaufes zur Fistelbildung neigende chronisch-entzündliche Darmerkrankungen, allen voran der *Morbus Crohn*, aber auch die *Kolondivertikulitis*.

Einteilung, Symptomatik:

Entero-/kolokutane Fistel: Fistelungen vom Darmlumen zur Bauchdecke gehen je nach „Höhe" der Fistel, d. h. Nähe zum Magen, mit sehr unterschiedlicher Symptomatik einher.

„Hohe", d. h. *aus dem oberen Jejunum entspringende enterokutane Fisteln* führen aufgrund der dem Chymus entsprechenden Alkalinität des Fistelsekretes zu einer mehr oder weniger starken Verätzung der Haut. Bei gleichzeitig hoher Förderrate (> 1000 ml/Tag) droht ein Malassimilationssyndrom. Es ist daher entweder die dringliche operative Korrektur oder eine passagere parenterale Ernährung (bei oraler Null-Diät!) bis zur aufgeschobenen Operation erforderlich.

Bei *kolokutanen Fisteln* steht die Geruchsbelästigung und Verschmutzung der Wäsche im Vordergrund. Kann eine nachgeschaltete Stenose und/oder eine chronisch entzündliche Darmerkrankung ausgeschlossen werden, so ist die Prognose hinsichtlich eines Spontanverschlusses günstig und rechtfertigt zunächst ein konservatives Vorgehen (**26.10a**).

Interenterische und enterokolische Fistel: Fistelverbindungen zwischen einzelnen Dünndarmabschnitten (interenterisch) oder zwischen Dünn- und Dickdarm (enterokolisch **26.10b**) sind in der Regel Ausdruck einer subakut bis chronisch entstandenen lokalen Wandschwäche entzündlicher (z. B. Morbus Crohn) oder (mikro-)vaskulärer Genese (Strahlenschaden), welche (zur Abwendung einer drohenden freien Ruptur) von einem anderen, meist gesunden Darmabschnitt abgedeckt wird. Beim Dünndarmkonglomerattumor unter fakultativer Einbeziehung des Zökums beim Morbus Crohn können solche „Kurzschluss"-Verbindungen auch zwischen mehreren befallenen Darmanteilen entstehen.

Entero-/kolorektovesikale Fistel: Falschverbindungen aus dem Intestinaltrakt zur Harnblase, insb. wenn sie vom Kolorektum ausgehen (**26.10c**), stellen aufgrund der Gefahr rezidivierender Harnwegsinfekte immer eine Operationsindikation dar. Ursache ist meist eine komplizierte Sigmadivertikulitis, seltener ein Zustand nach Strahlentherapie, meist eines gynäkologischen Tumors.

Leitsymptom ist bei kleineren Fisteln ohne makroskopisch sichtbaren Übertritt von Fäzes die Pneumaturie, d. h. der Abgang von Luft mit dem Urin.

26.10 Darmfisteln

a enterokutan

b enterokolisch

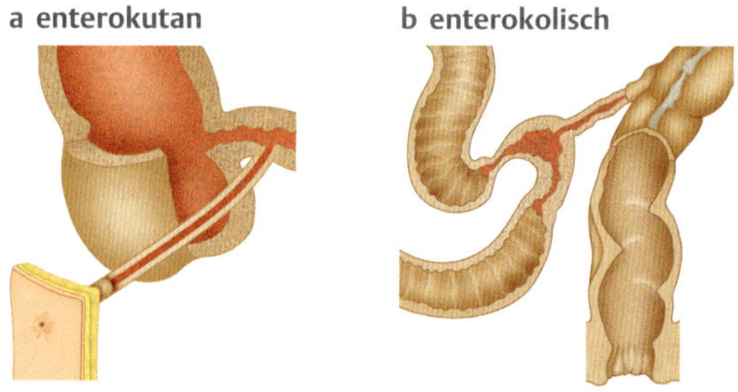

c kolovesikal

d enterokolovaginal

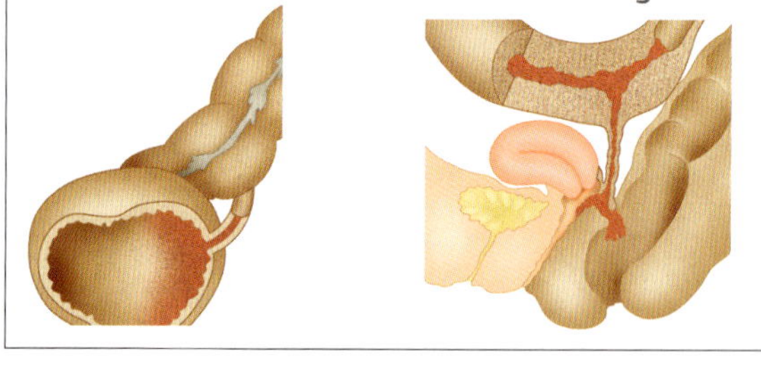

Entero-/kolorektovaginale Fistel: Eine Darmfistel zum weiblichen Genitale stellt wegen ihrer schweren Beeinträchtigung der sozialen Kontaktfähigkeit der Patientinnen aufgrund des unwillkürlichen Stuhlabganges über die Vagina – abgesehen von Patientinnen in sehr schlechtem Allgemeinzustand – eine absolute Operationsindikation dar.

Rektovaginale Fisteln haben ihre häufigste Ursache in einem Geburtstrauma mit Dammriss Grad III; seltener entstehen sie spontan bei Morbus Crohn, als Folge von Bestrahlung gynäkologischer Tumoren oder postoperativ nach tiefster rektaler Anastomosierung (z. B. nach zirkulärer Klammernaht bei mitgefasster Vaginalhinterwand). Zur Therapie s. **27.1**.

Neben den für die Fisteln zur Harnblase genannten Ursachen sind auch Tumorrezidive und iatrogene Komplikationen nach Sklerosierungsbehandlung des Hämorrhoidalleidens zu erwähnen.

„Lippenfistel": Im Gegensatz zur „Röhrenfistel", bei welcher der Fistelkanal von nicht epithelialisiertem Granulationsgewebe ausgekleidet ist, ist bei der „Lippenfistel" der Fistelkanal mit Schleimhaut ausgekleidet (vom Darmlumen her eingewachsen).

! Im Gegensatz zur Röhrenfistel kann sich die Lippenfistel spontan nicht mehr verschließen.

Kommt es im Rahmen einer Etappenlavage bei offenem Abdomen als typische Komplikation zu einer (Dünn-)Darmfistel, so resultiert bei allmählicher Granulation über den Darmschlingen und Epithelialisierung der Wunde eine Lippenfistel. Diese muss immer operativ angegangen werden, zusammen mit einer Bauchdeckenrekonstruktion: frühestens 1/4–1/2 Jahr nach weitgehender oder abgeschlossener Hautepithelialisierung.

Die ***Diagnostik*** aller Fisteln umfasst die direkte Inspektion (Kolposkopie, Prokto-Rektoskopie, Zystoskopie), ggf. mit Sondierung, radiologische Gastrografin-Darstellungen, CT mit Kontrastierung des Fistelgangs und MRT.

Therapie: Die Therapiemöglichkeiten einerseits und die Behandlungsnotwendigkeit andererseits sind von der Genese der Fistel, dem Zeitpunkt ihres Auftretens und ihrer Produktivität (Fördermenge pro Zeiteinheit), sowie ihrer Lokalisation abhängig.

Fisteln bei chronisch-entzündlichen Darmerkrankungen müssen im Kontext der Grunderkrankung behandelt werden (s. SE 31.1, S. 690 ff und SE 26.11, S. 608).

Konservative Therapie: Handelt es sich um eine spätpostoperativ (nach dem 7. Tag) entstandene und zur Peritonealhöhle abgedeckte Dünndarmfistel mit *geringer* Förderrate (< 500 ml/Tag), so bietet der Versuch der „Trockenlegung" der Fistel durch orale Nahrungs- und Flüssigkeitskarenz und Minimierung der gastro-duodeno-pankreatischen Sekretproduktion durch Gabe von *Somatostatin* über 10–14 Tage eine reale Chance des kontinuierlichen Rückgangs der Fördermenge und schließlich des spontanen Verschlusses der Fistel. Oftmals kommt es aber nach Wiederaufnahme der oralen Ernährung zum Wiederaufbrechen der Fistel, dann muss operiert werden.

Operative Palliation: Liegt primär eine „*High-output*"-Fistel vor, welche im Rahmen einer erst kurzzeitig zurückliegenden lokalen Adhäsiolyse, Darmresektion o. ä. entstanden ist, so kann die unumgängliche operative Sanierung (Resektion und Anastomosierung des fisteltragenden Darmabschnittes) wegen des lokal-technischen Risikos oft nicht sofort vorgenommen werden. Die Vorschaltung eines blockierenden Stomas kann dann – ggf. unter passagerer parenteraler Ernährung – das Ziel der „Trockenlegung" erreichen: Ein operativ angelegtes Stoma ist besser zu versorgen als eine Dünndarmfistel in einem gar offenen Laparostoma!

Sind solitäre oder multiple Fisteln aufgrund nicht kurierbarer Schädigung der Darmwand entstanden, d. h. sind z. B. mehrere Operationen bei chronischem Strahlendarm schlussendlich erfolglos verlaufen, so stellt die Vorschaltung eines blockierenden doppelläufigen Enterostomas auch die einzig mögliche definitive Palliation zur bestmöglichen Fistel-Trockenlegung dar.

Operative Sanierung (Kuration): Eine *frühpostoperativ* aufgetretene Dünndarmfistel (ca. bis zum 7. postoperativen Tag) erfordert die sofortige operative Revision und weist für eine lokale Übernähung bzw. sparsame Resektion und Anastomosierung eine gute Prognose auf.

Die *Spätfistel* bzw. die im Rahmen einer offenen Bauchbehandlung/Etappenlavage bei diffuser Peritonitis entstandene Fistel erfordert zunächst das genügend lange Abwarten bis zum Rückgang stark vaskularisierter intraperitonealer Adhäsionen. Hierfür reichen die generell empfohlenen 6 Wochen Karenz zum letzten operativen Eingriff nicht aus. 3 Monate sind das minimale Intervall. Erst dann ist die erforderliche komplette Adhäsiolyse zur Resektion des fisteltragenden Darmabschnittes en bloc mit der äußeren Fistelöffnung und die nachfolgende End-zu-End-Anastomosierung gefahrlos ohne zu hohes Risiko der erneuten Fistelverursachung möglich. Zum Zeitpunkt einer solchen Elektivoperation muss der Patient einen optimalen Ernährungs- und Allgemeinzustand aufweisen, um günstige Ausgangsbedingungen für eine ungestörte Wund- und Anastomosenheilung zu gewährleisten (s. SE 5.3, S. 106 f).

Operationsprinzip: Der „Fisteleinschuss" in bis auf die Fistelmündung nicht pathologisch veränderte Darmanteile oder extraintestinale (urogenitale) Organe wird lediglich sparsam exzidiert und übernäht. Zur Fistelrezidivprophylaxe empfiehlt sich die Interposition eines Anteiles des großen Netzes zwischen das übernähte Organ und das (übrige) Darmkonvolut (s. SE 25.9, S. 580 f). Besonders schwierige Situationen sind in **1.2**, S. 11, und in **26.7**, S. 600, dargestellt.

26.6 Spezielle Darmerkrankungen

In dieser SE findet sich eine Reihe inhaltlich lediglich durch ihr Zielorgan „Darm“ zusammenhängender Erkrankungen. Es fallen hierunter akute Motilitäts-(Ogilvie-Syndrom) und Durchblutungsstörungen (nekrotisierende Enterokolitis), funktionelle Störungen ohne morphologisches Korrelat (Colon irritabile), chronische strahlenbedingte komplexe Schädigungen und das Kurzdarmsyndrom, bei welchem nicht mehr genügend Dünndarm vorhanden ist, um eine normale Nahrungsassimilation zu gewährleisten. Dünndarmdivertikel äußern sich im symptomatischen Fall als „akutes Abdomen“ (s. SE 28.1, S. 642 f) oder durch eine intestinale Blutung, das komplizierte Meckel-Divertikel speziell als Differenzialdiagnose der Appendizitis.

Verletzungen

Fremdkörper

Haben Fremdkörper erst einmal den Pylorus passiert, so stellt allenfalls die Bauhin-Klappe nochmals ein Passagehindernis dar, an welchem es zur Impaktierung kommen kann, während der Transport durch den Dünn- und Dickdarm mehr oder weniger unbehindert vonstatten geht.
Probleme auf dem Wege durch das Intestinum können allerdings bei sehr spitzen Fremdkörpern durch Wandeinspießung überall auftreten, weswegen allgemein empfohlen wird, in solchen Fällen faserreiche Kost, speziell größere Mengen Sauerkraut zu sich zu nehmen. Die Passage metallischer Fremdkörper kann mit seriellen Abdomenübersichtsaufnahmen verfolgt werden; in allen anderen Fällen bleibt lediglich die genaue Untersuchung der Fäzes bis zur „Erfolgsmeldung“.
Chirurgisches Eingreifen ist lediglich im Falle der Penetration/Perforation oder der Passagebehinderung erforderlich.

Darmverletzung und -ruptur

Nicht transmurale Einrisse der Darmwand sind im Rahmen stumpfer Bauchtraumen häufige Mitverletzungen, bedingen jedoch nur selten eine Symptomatik sui generis, da nach einem Abdominaltrauma ohnehin eine passagere Motilitätsstörung fast regelhaft auftritt.
Zuweilen „komplettieren“ sich zunächst nicht transmurale Wandeinrisse oder Dünndarmkontusionen zu (zweizeitigen) **transmuralen Defekten**. Diese sind oft schwierig zu diagnostizieren, insbesondere wenn beim polytraumatisierten Patienten (oft sediert und beatmet) keine typischen Peritonitiszeichen bestehen. Bei entsprechendem Verdacht aufgrund anderweitig nicht ausreichend erklärbarer entzündlicher Konstellation (klinisch und laborchemisch) hilft die Bestimmung der α-Amylasekonzentration in der sonographisch gesteuerten Aszitespunktion weiter. Liegt diese signifikant über der Serumkonzentration, so ist eine diagnostische Laparotomie mit anschließender Versorgung der Verletzung durch Naht oder umschriebene Resektion unumgänglich (s. auch SE 28.3, S. 646 f).

Hohe intraperitoneale Konzentrationen an α-Amylase sind bei ausgeschlossener Pankreasfistel hinweisend für ein Dünndarmleck (Wandruptur oder Anastomoseninsuffizienz).

Penetrierende Verletzungen sind eher selten: Meist handelt es sich um Stich- und Schussverletzungen, wobei die Größe der äußeren Hautwunde keinen Hinweis erlaubt auf das Ausmaß innerer Verletzungen. Im Zweifelsfall wird sofort laparotomiert, und es erfolgt eine subtile Inspektion der inneren Organe.

26.2 Chilaiditi-Syndrom

Als Chilaiditi-Syndrom wird die Interposition der rechten Kolonflexur zwischen Leber und Zwerchfell bezeichnet (👁).
Diese Lageanomalie des Kolons hat keinen Krankheitswert. Unspezifische rechtsseitige Oberbauchbeschwerden führen lediglich zur Erkennung dieser Situation.

In der Abdomenleeraufnahme kann das beim Chilaiditi-Syndrom direkt subphrenisch gelegene luftgefüllte Kolon zur Fehldiagnose eines subphrenischen Abszesses führen.

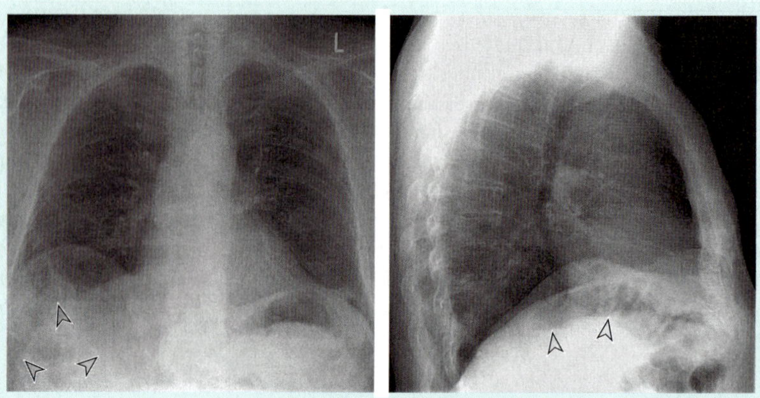

26.3 Ogilvie-Syndrom

Nach dem Erstbeschreiber wird eine fast ausnahmslos bei kritisch Kranken, Traumaopfern oder nach großen operativen Eingriffen zu beobachtende akute Überdehnung des Zökums und rechten Hemikolons ohne mechanische Ursache als Ogilvie-Syndrom oder **akute Pseudoobstruktion des Kolons** bezeichnet. Der Begriff der Pseudoobstruktion rührt daher, dass die Distension typischerweise abrupt – wie vor einem mechanischen Hindernis – endet.
Als ***Ursache*** wird am ehesten eine Funktionsstörung des autonomen Nervensystems mit gesteigerter Sympathikusaktivität im Splanchnikusgebiet angenommen.
Ab einer Zökumweite von 10–12 cm nimmt die ***Perforationsgefahr*** rapide zu, wobei es zunächst zum Auseinanderweichen der Tänien mit Hernierung der Mukosa kommt. Neben der mechanischen Überdehnung erhöht die unter diesen Bedingungen reduzierte Perfusion der Darmwand die Perforationsgefahr weiter.
Therapie: Kausal greift die **Blockade der Sympathikusaktivität** über einen Periduralkatheter in das Geschehen ein. Hat die Distension die kritische Weite von 12 cm überschritten, so ist die **koloskopische Absaugung** und peranale Platzierung einer Dekompressionssonde zur Rezidivprophylaxe die Therapie der Wahl. Die medikamentöse Therapie im Frühstadium bzw. nach erfolgreicher Absaugung besteht in der Gabe von **Erythromycin** und **Cisaprid**. Beim Nachweis oder Verdacht der Perforation ist die Operation mit **Resektion des perforierten und minderperfundierten Zökums** unerlässlich. Bestätigt sich der Perforationsverdacht intraoperativ nicht, so bringt ein Zökostoma definitive Entlastung.
Fallbeispiel: (👁): Kritisch kranker, 63-jähriger Patient mit dilatativer Kardiomyotomie und absoluter Arrhythmie bei Z. n. Myokarditis vor 6 Jahren mit seither bestehender Motilitätsproblematik. Wenige Wochen vor der OP wurde mittels koloskopischer PE eine neuronale intestinale Dysplasie diagnostiziert (ätiologischer Zusammenhang mit der Myokarditis?). *Therapie:* subtotale Kolektomie mit Ileorektostomie: Das Kolon war bis zu 25 cm aufgedehnt, ab proximalem Rektumdrittel unauffälliges Lumen.

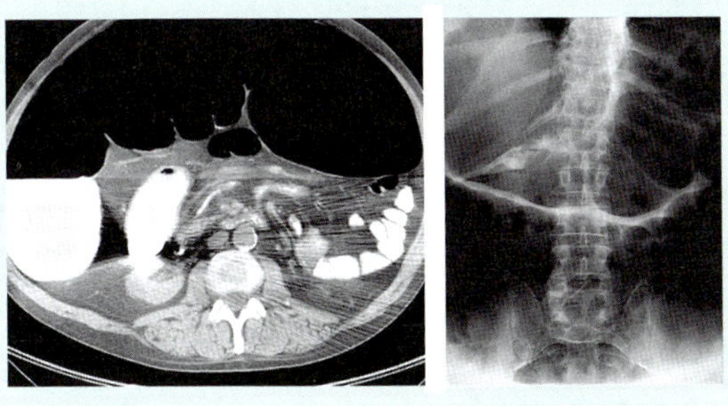

Nekrotisierende Enterokolitis (NEC)

Ätiologie und Pathogenese: Die ohne rechtzeitige chirurgische Therapie letal verlaufende nekrotisierende Enterokolitis ist eine Erkrankung des Neugeborenenalters, wobei vor allem Frühgeborene und untergewichtige (Small-for-Date-)Babys betroffen sind. Eine eindeutige kausale Zuordnung ist gegenwärtig nicht möglich, **prädisponierende Faktoren** sind mesenteriale Ischämien begünstigende Zustände, insb. Hypoxie, Hypothermie und Sepsis. Die Überwucherung der Darmflora mit Enterotoxin bildenden Bakterien scheint für die Unumkehrbarkeit der Darmwandperfusionsstörung ebenfalls von Bedeutung zu sein.

👁 26.11 Operationssitus einer NEC

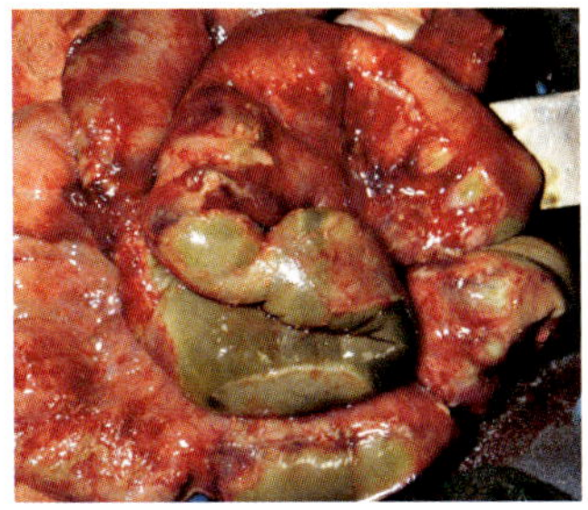

Die segmentalen Dünndarmnekrosen stehen kurz vor der Perforation, zusätzlich ist eine ausgeprägte fibrinöse Peritonitis zu erkennen.

Klinik: Initial findet sich eine Darmparalyse mit Erbrechen und blutig-schleimigen Stühlen. Im Röntgenbild zeigen sich stehende Schlingen mit Spiegelbildungen, häufig bereits in diesem Stadium Luftansammlungen in der Darmwand im Sinne einer Pneumatosis intestinalis. Im weiteren Verlauf kommt es zum Vollbild der bakteriellen Peritonitis aufgrund von Keimdurchwanderung durch die avitale Darmwand (👁 **26.11**). Schließlich können beim Weiterschreiten der Sepsis röntgenologisch auch eine oder mehrere Darmperforation(en) nachgewiesen werden.
Aufgrund uncharakteristischer Anfangssymptome, relativ schlechter Ausgangssituation der häufig früh geborenen, untergewichtigen Säuglinge und nicht selten zu später chirurgischer Intervention beträgt die Letalität 30–40 %.

Die ***Therapie*** der Wahl stellt die sparsame Resektion der erkrankten Darmabschnitte und die Anlage zweier Enterostomata dar. So wird eine im fortgeschrittenen Stadium riskante Anastomosierung vermieden, und es kön-

26.4 Colon irritabile

Definition: Das Syndrom des irritablen Kolons (*Synonym*: Reizdarm) ist gekennzeichnet durch mehr oder weniger schmerzhafte Abdominalsymptome mit Stuhlunregelmäßigkeiten, ohne dass organische Veränderungen vorliegen.
Hinsichtlich der ***Symptome*** steht oftmals eine spastische Obstipation mit sehr kräftiger Haustrierung des Kolons im Vordergrund. Zwar ist der Stuhl häufig stark eingedickt und schafskotartig segmentiert, aber es kommen auch Reizdarmformen mit vorherrschenden Durchfallbeschwerden und Klagen vermehrten Schleimabgangs vor (Colica mucosa), ohne dass die Tagesstuhlmenge vermehrt ist. Wieder andere Patienten aus dem inhomogenen Kollektiv mit irritablem Kolon klagen über ausgeprägte Blähungen, ohne dass ein vermehrter Darmgasgehalt vorliegt. Man geht mittlerweile überwiegend von einer psychosomatischen Genese aus. Typischerweise sind die subjektiven Beschwerden nach dem Stuhlgang geringer.
Die ***Diagnose*** wird per exclusionem gestellt und ergibt sich aus Negativbefunden (grundsätzlich erforderlicher!) objektiver Untersuchungen in Kombination mit einer charakteristischen Anamnese.

nen grenzwertig gut durchblutete Areale zur Vermeidung eines Kurzdarmsyndroms eher erhalten werden.

Pneumatosis cystoides intestinalis

Bei diesem meist als radiologischem Zufallsbefund entdeckten Syndrom finden sich in der Wand von Dick- und/ oder Dünndarm, evtl. auch im Mesenterium, multiple gasgefüllte Zysten von wenigen Millimetern bis zu mehreren Zentimetern Durchmesser. Bei der Koloskopie erwecken diese den Eindruck multipler Lymphangiome oder sessiler Polypen.

Der Ursprung der Gasansammlungen wird einerseits aus rupturierten Lungenbläschen, gastrointestinalen Ulzera, Anastomosen oder anderen Schleimhautdefekten angenommen, andererseits aus einer überschießenden Produktion durch bakterielle Fermentation im Darmlumen.

Tritt eine Pneumatosis oder freies intramurales Gas als Komplikation intestinaler Ischämien oder nekrotisierender Entzündungen auf, so hat es eminent negative prognostische Bedeutung.

An Symptomen können vor allem bei Beteiligung des linksseitigen Kolons Bauchkrämpfe, peranale Blut- und Schleimabgänge, Tenesmen und Wechsel zwischen Obstipation und Diarrhö auftreten.

Eine Therapie ist – von den erwähnten ischämischen Darmnekrosen als Ursache abgesehen – nur selten nötig. Durch Stellung der korrekten Diagnose kann eine Laparotomie in der Regel vermieden werden.

Strahlendarm

Bei der Strahlentherapie abdomineller und retroperitonealer oder im kleinen Becken liegender Tumoren kommt es unvermeidlich zur Mitbestrahlung des Darmes mit entsprechenden Schädigungsfolgen.

Akut kann es zur aktinischen Enteritis, insbesondere im Bereich anatomisch oder narbig fixierter Dünndarmabschnitte, sowie zur akuten Strahlenproktitis mit Tenesmen, häufigem Stuhldrang und Abgang blutig-schleimiger Stühle kommen.

Der **chronische** Strahlenschaden am Darm ist die Folge einer obliterierenden Mikrogefäßschädigung, welche einerseits zu Schleimhautatrophie, Ulzera, Fisteln (s. SE 26.5, S. 592 f) und Resorptionsstörungen führt, andererseits zur narbigen Schrumpfung der Darmwand mit chronisch-rezidivierenden Subileusproblemen.

Werden aufgrund fixierter Stenosen, Fisteln zum Urogenitaltrakt oder gar Perforationen resezierende Eingriffe erforderlich, so ist die Komplikationsrate sehr hoch. Sollen Anastomosen angelegt werden, so muss wenigstens einer der beiden Darmstümpfe frei von Strahlenschädigung sein (im Zweifelsfall histologische Schnellschnittuntersuchung!), da es sonst sehr häufig zu Insuffizienzen kommt. In der am häufigsten von narbiger Schrumpfung betroffenen Rektosigmoidalregion muss daher häufig zur Diskontinuitätsresektion mit Anlage eines Anus praeter Zuflucht genommen werden. Bei primärer Anastomosierung empfiehlt sich die großzügige Umhüllung der Anastomose mit einer Manschette aus gestieltem Omentum majus (s. SE 25.9, S. 581).

Kurzdarmsyndrom

Bei ausgedehntem Mesenterialinfarkt oder nekrotisierender Enterokolitis kann eine so ausgedehnte Dünndarmresektion erforderlich werden, dass eine enterale Ernährung ohne spezielle Diät nicht mehr möglich ist. Gleichermaßen zum Kurzdarmsyndrom können mehrfache Dünndarmresektionen beim Morbus Crohn führen.

Besonders gravierend schlägt der Verlust des Ileums wegen dessen aktiver Resorption von Gallensäuren und Vitamin B_{12} zu Buche. Der permanente Verlust von Gallensäuren führt zu teilweise symptomatisch ganz im Vordergrund stehender, auch mit Cholestyramin kaum beherrschbarer chologener Diarrhö. Dies insbesondere dann, wenn auch die Ileozökalklappe nicht erhalten werden konnte.

Zwar ist altersabhängig eine teilweise erhebliche Adaptation des verbliebenen Dünndarmes mit entsprechender Vergrößerung der Resorptionsfläche möglich und kann durch Oligopeptiddiäten noch unterstützt werden, bei verbleibender Restdünndarmlänge von weniger als 80–100 cm (einschließlich des Duodenums) ist insbesondere bei älteren Erwachsenen oft auch mit Spezialdiäten und Peristaltik verlangsamender Medikation auf Dauer keine ausreichende enterale Ernährung möglich. Es verbleibt dann, abgesehen von einer Dünndarm-Transplantation, lediglich die Option der Langzeit-parenteralen Ernährung mit ihren Risiken der Infektion, der Elektrolyt- und Stoffwechselentgleisung und der Leberschädigung bis hin zur Leberzirrhose.

26.5 Dünndarmtransplantation beim Kurzdarmsyndrom

Befand sich bis zur kürzlichen Entwicklung des Immunsuppressivums Tacrolimus (FK 506) die Dünndarmtransplantation noch im Experimentalstadium, so wird sie mittlerweile an einer wachsenden Zahl von Zentren beim Kurzdarmsyndrom vorgenommen. Die Probleme der Infektion und Anastomoseninsuffizienz unter Immunsuppression bei der Transplantation des mikrobiell kolonisierten Dünndarms scheinen jetzt gelöst, sodass sich insbesondere jüngeren Patienten in zunehmendem Umfang diese Chance eröffnet, oft kombiniert mit einer Lebertransplantation.

Dünndarmdivertikel

Dickdarmdivertikel: s. SE 26.11, S. 608 ff.

Dünndarmdivertikel kommen vor allem im Duodenum (s. SE 21.17, S. 506 f) und im oberen Jejunum vor. Den kongenitalen echten Divertikeln mit Ausstülpung aller Wandschichten stehen die erworbenen Pseudodivertikel (transmuskuläre Mukosaaustülpungen) gegenüber.

Lediglich in einem Drittel aller Fälle handelt es sich um solitäre Befunde. Bei zwei Dritteln der betroffenen Patienten liegt eine regelrechte Divertikulose vor (**26.12**).

Die meisten Jejunaldivertikel bleiben dauerhaft asympto-

26.12 Dünndarmdivertikulose

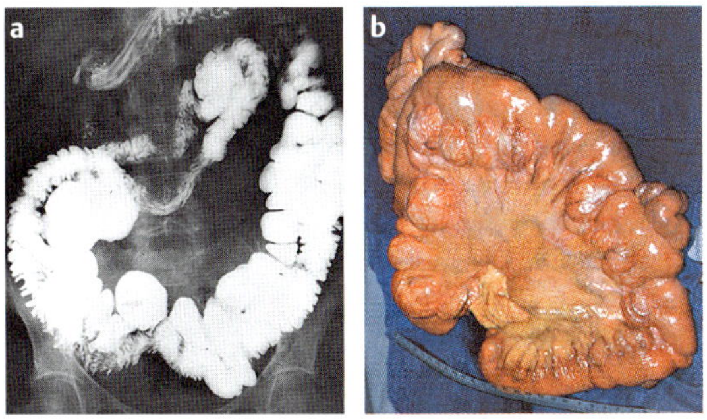

65-jährige Patientin mit einer ausgeprägten Jejunaldivertikulose (klinisch Diarrhö bei Fehlbesiedlung). Die Divertikel entspringen mesenterialwärts und reichen in das Mesenterium commune hinein: **a** Röntgen-KM-Untersuchung, **b** intraoperativer Situs (vor Resektion).

matisch. Therapeutischer Handlungsbedarf (Resektion) ist erst im Falle von Symptomen oder gar Komplikationen gegeben:

- Divertikulitis,
- intraluminale Blutung,
- funktioneller Ileus (z. B. infektionsbedingt),
- mechanischer Ileus (z. B. durch divertikelbedingte Invagination bzw. Obstruktion des Lumens von außen durch das Divertikel),
- Ausgangsort innerer Fisteln,
- Blindsacksyndrom (s. SE 26.2, S. 585).

Meckel-Divertikel

Das Meckel-Divertikel ist der Rest des embryonalen Ductus omphaloentericus, welcher sich bei 2 % aller Individuen nicht komplett zurückbildet. Das Divertikel entspringt antimesenterial am Ileum, meist 40–80 cm oral der Bauhin-Klappe (**26.13**).
Am häufigsten entdeckt wird es bei einer Ileumrevision anlässlich einer Appendektomie.

Ein entzündetes Meckel-Divertikel kann exakt dieselben Symptome hervorrufen wie eine akute Appendizitis.

Über die bereits für die übrigen Dünndarmdivertikel dargestellten Komplikationen hinaus kommen beim Meckel-Divertikel aufgrund makro- und mikromorphologischer Besonderheiten weitere Komplikationsmöglichkeiten in Betracht:
Ulzera mit Blutung oder Perforation durch heterotope Magenschleimhaut bzw. heterotopes Pankreasgewebe (ca. ein Drittel aller Meckel-Divertikel-Komplikationen).

Bei bisher gesunden Kindern und Jugendlichen ist die häufigste Ursache einer akuten unteren Gastrointestinalblutung ein kompliziertes Meckel-Divertikel.

26.13 Meckel-Divertikel mit ektoper Magenschleimhaut

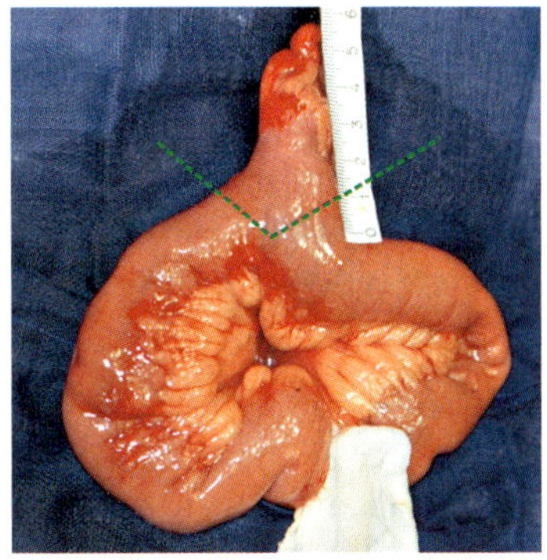

Mit gestrichelter Linie ist die anschließend durchgeführte Keilresektion angedeutet.

Strangulation einer Darmschlinge mit Ileus durch ein in Relation zur Basis langes Divertikel,
Nabelfisteln mit Kommunikation bis ins Ileumlumen (intermittierende Stuhlfistel!) und **Omphalozelen** bei unvollständiger Rückbildung des Ductus omphaloentericus auch im Bereich des Nabels.
Komplikationen durch Meckel-Divertikel nehmen mit zunehmendem Lebensalter des Trägers ab. Im Erwachsenenalter übersteigt die Komplikationsrate der Divertikelresektion deutlich die spontane Komplikationsrate.

Asymptomatische Meckel-Divertikel sollten beim Erwachsenen belassen werden; im Kindesalter ist dagegen die Resektion zu empfehlen.

Besteht die Indikation zur Entfernung eines Meckel-Divertikels, so sollte diese entweder in Form einer Keilresektion oder – bei sehr breiter Basis – in Form einer kurzen Segmentresektion vorgenommen werden (s. SE 26.8, S. 600). Die lediglich Einstülpung und Übernähung bietet das Risiko der Ileumfistel; bei der tangentialen Abtragung besteht die Gefahr, ektopes Gewebe zurückzulassen mit der Möglichkeit weiterer entzündlicher und anderer Komplikationen.

Einblutung in die Darmwand

Unter den Bedingungen der (iatrogenen) **Antikoagulation** bzw. der **kongenitalen Gerinnungsstörung** kann es im Rahmen spontan auftretender Blutungsprobleme auch zu Einblutungen in die Darmwand kommen. Symptomatisch wird ein daraus resultierendes intramurales Hämatom vor allem im Dünndarm zum Passagehindernis.
Therapeutisch wird möglichst konservativ vorgegangen: unter Verbesserung der Gerinnung mit Frischplasma oder spezifischen Gerinnungsfaktorpräparaten (bei Hämophilie; s. auch SE 5.4, S. 108 f) wird die Vergrößerung des raumfordernden Hämatoms verhindert. Die Passage kommt in der Regel nach passagerem Subileus wieder spontan in Gang. Nur in seltenen Fällen muss wegen persistierender Ileussymptomatik operiert werden.

26.7 Dünndarmtumoren

Die überwiegende Mehrzahl der – insgesamt relativ seltenen – Dünndarmtumoren ist benigner Natur. Lediglich 30 % sind adenomatöser Genese, 70 % dagegen mesothelialer Herkunft (T 26.1). Von den malignen Tumoren ist das Adenokarzinom der relativ häufigste, gefolgt von Lymphom, Karzinoid (s. SE 19.7, S. 439) und Leiomyosarkom. Der hinsichtlich seiner Dignität unklare gastrointestinale Stromatumor (GIST; s. 26.6) wird zunehmend häufiger diagnostiziert (v. a. früher klassifizierte Leiomyome bzw. Leiomyoblastome).

Klinik und Diagnostik

Zuvor asymptomatische Dünndarmtumoren können zu einer Reihe chirurgischer Notfälle führen:

- Blutung (intraluminal oder intraperitoneal),
- Invagination (im Erwachsenenalter treten Invaginationen nahezu ausschließlich im Zusammenhang mit Dünndarmtumoren auf; **26.14**),
- Stenose, Ileus,
- Ruptur.

Kommt der Patient mit einem **akuten Abdomen** in Form von Ileus oder beginnender Peritonitis durch Ruptur eines Dünndarmtumors zur Aufnahme, kann aufgrund der eindeutigen Klinik und ggf. einer Abdomenleeraufnahme die akute Operationsindikation gestellt und auf weitere Diagnostik verzichtet werden.

Ist das präsentierende Symptom dagegen die **peranale Blutung**, so muss die gesamte Palette der Lokalisationsdiagnostik eingesetzt werden (Gastroskopie, Koloskopie, Angiographie, CT). Kann die Blutung eindeutig in den Dünndarm lokalisiert werden (mit der Angiographie!), liegt praktisch immer ein intraoperativ mühelos aufzufindender tumoröser Prozess vor, und es erfolgt als nächster Schritt die Laparotomie.

Bei den mit **uncharakteristischen Symptomen** einhergehenden (meist kleineren) Tumoren wird die Diagnose häufig erst nach einem längeren Zeitintervall gestellt, da nach Ausschluss vielfältigster anderer Ursachen der Nachweis in der Doppelkontrastuntersuchung nach Sellink nicht immer gelingt und die sensitivere Enteroskopie – von der intraoperativen Durchführung abgesehen – spezialisierten gastroenterologischen Institutionen vorbehalten bleibt (z. B. Videokapsel-Endoskopie).

26.14 Fibrom im Ileum

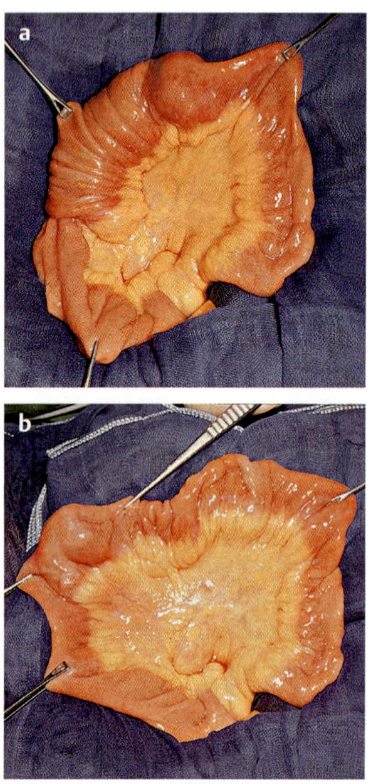

50-jähriger Patient mit einem Ileum-Fibrom; **a** notfallmäßiger Eingriff bei Invagination, **b** nach manueller Desinvagination (bei noch vitalem Darm). Es folgt dann die kurzstreckige Resektion.

Benigne Tumoren

Benigne Dünndarmtumoren sind häufig asymptomatisch. Über die histologische Vielfalt und die relative Häufigkeit gibt **T 26.1** Auskunft, s. auch GIST, **26.6**.

T 26.1 Benigne Dünndarmtumoren und ihre relative Häufigkeit

Tumor	*Häufigkeit*
Adenom	30 %
Leiomyom	25 %
Lipom	20 %
neurogene Tumoren (Neurofibrom, Schwannom, Ganglioneurom)	10 %
Angiom	10 %
Fibrom	5 %
Endometriose, ektopes Pankreas	Rarität

Maligne Tumoren

60 % der malignen Dünndarmtumoren sind epithelialen Ursprungs, von denen 3/4 auf Adenokarzinome und 1/4 auf Karzinoide (s. SE 19.7, S. 439) entfallen. 40 % sind mesenchymaler Herkunft, wobei Lymphome und Sarkome zahlenmäßig dominieren.

Karzinom

Fast jeder zweite maligne Dünndarmtumor ist ein Adenokarzinom, das häufiger im oberen Dünndarm als im Ileum lokalisiert ist. Es entsteht in der Regel im Rahmen der Adenom-Karzinom-Sequenz aus einem adenomatösen Polypen. Unter einem besonders hohen Risiko stehen

Patienten mit einer familiären Polyposis coli, wenn sie zusätzlich Duodenalpolypen aufweisen. Daher muss nach dieser Präkanzerose bei Polyposis-Patienten durch regelmäßige tiefe Duodenoskopie aktiv gesucht werden! Symptomatisch werden Dünndarmkarzinome in der Regel durch Stenosesymptome. Das radiologische Korrelat ist meist eine konzentrische zirkuläre Lumenverlegung. Bei frühzeitiger Ulzeration kann eine gastrointestinale Blutung bereits vor Erreichen des Obstruktionsstadiums auftreten.

Lymphom

Primäre maligne Dünndarmlymphome sind im terminalen Ileum aufgrund der dortigen Häufung lymphatischen intra- und submukösen Gewebes sehr viel häufiger als in den proximalen Intestinalabschnitten.
Werden sie präoperativ ohne das Vorliegen einer Notfallsituation wie luminale oder intraperitoneale Blutung, Perforation oder Ileus diagnostiziert, so richtet sich ihre Therapie nach dem Ausbreitungsstadium und dem Malignitätsgrad. Primär chirurgisch ist die Therapie im auf die Darmwand begrenzten Stadium I und im Falle hochmaligner Lymphome, da letztere unter der Chemotherapie aufgrund guten Ansprechens zur Perforation neigen.
Meist werden intestinale Lymphome jedoch erst am Resektat nach Notfalloperation histologisch diagnostiziert. Je nach Stadium kommt dann adjuvant oder palliativ eine (Radio-)Chemo-Therapie in Betracht.

Sarkome

Das häufigste mesenchymale Malignom im Dünndarm ist das **Leiomyosarkom**. Es erreicht oft beträchtliche Größe und fällt gar nicht so selten als tastbarer abdomineller Tumor auf. Die histologische Abgrenzung zum gutartigen Leiomyom gelingt oft nur anhand der Mitoserate (s. GIST). Die teils mehr submukös, teils mehr subserös wachsenden Tumoren können neben Stenoseerscheinungen zu massiven intestinalen oder intraperitonealen Blutungen führen. Darüber hinaus wird jeder elfte von ihnen als Ursache einer Dünndarmruptur diagnostiziert.
Das **Kaposi-Sarkom** tritt gehäuft bei Patienten mit einer HIV-Infektion im Stadium der manifesten AIDS-Erkrankung auf (s. auch SE 3.7, S. 58 f). Fast alle Patienten mit intestinalen Kaposi-Sarkomen weisen auch die typischen Hautläsionen auf. Im Dünndarm zeigt es sich an verdickten, unregelmäßig geformten Falten infolge submuköser Infiltrate. Für gewöhnlich bleibt der Darmbefall klinisch stumm.
Raritäten sind intestinale Lipo- und Fibrosarkome, Neurosarkome, maligne Schwannome und Angiosakome.

Stromatumor

Ein auch in der Ösophagus- und Magenwand vorkommender Tumor zweifelhafter Dignität ist der von den mesenchymalen Wandanteilen ausgehende, die Schleimhaut in der Regel nicht miteinbeziehende gastrointestinale Stromatumor (GIST; 26.15 und 26.6). Bei der Aufarbeitung des Resektates sprechen eine hohe Mitoserate, eine irreguläre Oberfläche im histologischen Schnittpräparat und ein maximaler Durchmesser über 5 cm für Malignität.
Die tatsächliche Dignität stellt sich häufig erst im Verlauf einer anzuratenden regelmäßigen Tumornachsorge heraus.

26.15 Gestielter Stromatumor des Ileums

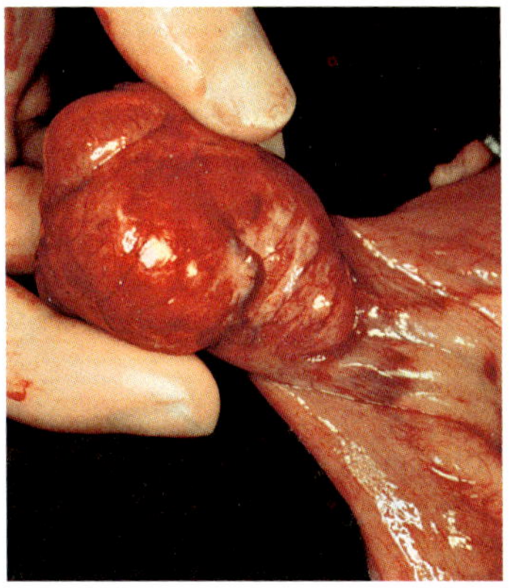

Der Tumor wurde bei der 38-jährigen Patientin symptomatisch durch rezidivierende peranale Blutungen. Verdachtsdiagnose (MRT): Ovarialtumor. Operationspräparat: keine eindeutigen Malignitätskriterien.

26.6 Gastrointestinale Stromatumoren (GIST)

Bis vor wenigen Jahren war nicht bekannt, dass sich viele dieser früher als Leiomyom, Neurinom, Neurofibrom, aber auch Leiomyosarkom etc. bezeichneten Tumoren aus der intramuralen Nervenzelle, der Cajal-Zelle, ableiten. Diese Herkunft ist immunhistochemisch zu erkennen: Sie exprimieren neurale und/oder glattmuskuläre Antigene oder nur Vimentin. Ihre Dignität ist oft schwer einzuschätzen. Aufgrund ihres besonderen Stoffwechsels kann bei malignem Wachstumsverhalten systemisch mit dem Tyrosinkinase-Inhibitor Imatinib (Glivec) oft ein deutlicher Rückgang erreicht werden (Anwendung zur Zeit nur unter Studienbedingungen).

Operative Therapie

Da in der Regel intraoperativ die Dignität eines Dünndarmtumors letztlich unklar bleibt, empfiehlt sich grundsätzlich die onkologisch adäquate Resektion unter Einhaltung von beiderseits mindestens 10 cm Sicherheitsabstand am Darmrohr und unter Mitnahme des Lymphabflussgebietes in Form einer radiären Resektion des Mesenteriums bis zur zentralen Gefäßarkade.
Zur Nahttechnik s. SE 26.8, S. 601.

26.8 Allgemeine Operationstechniken am Darm

Operationstechniken am Darm umfassen die adäquate Resektion pathologischer Befunde sowie Darmnaht- und Anastomosierungstechniken (s. auch SE 6.9, S. 168 f und SE 6.13, S. 176 f). Die Ausschaltung entsprechend langer Dünndarmsegmente zum Ersatz resezierter oder zur Ableitung gestauter Lumina (z. B. Gallengang, Pankreasgang, vorgeschaltete Darmsegmente) nimmt mittels der Roux-Y-Methode einen besonderen Stellenwert ein.

Enukleation, Keilresektion

Zur Entfernung umschriebener, weniger als ein Drittel der antimesenterialen Zirkumferenz einnehmender gutartiger Befunde am Gastrointestinaltrakt kommen diese beiden limitierten Techniken zum Einsatz.

Enukleation: Liegt der pathologische Befund lediglich in der Tunica muscularis ohne Schleimhautbeteiligung, so kann die Raumforderung nach Inzision der Tunica serosa aus der Tunica muskularis ohne Schleimhauteröffnung enukleiert werden. Die Muskel- und Serosawunde wird danach quer adaptiert.

Ist es hierbei definitiv zu keiner Schleimhauteröffnung gekommen, so hat die Enukleation vor allen anderen in dieser SE beschriebenen Techniken den Vorteil, dass kein Nahtinsuffizienzrisiko besteht.

Betrifft der pathologische Prozess auch die Mukosa, so kann er **durch keilförmige Vollwandexzision** im Gesunden entfernt werden, ebenfalls mit querem Verschluss (zur Vermeidung einer operativ bedingten Stenose).

Resektion

Aufgrund der sehr guten Vaskularisation des Dünndarmes mit aus der darmwandnahen Gefäßarkade (s. SE 32.6, S. 728) im Abstand jeweils nur weniger Zentimeter radiär zur Darmwand ziehenden arteriellen Gefäßen kann von der Vaskularisation her betrachtet an jeder Stelle des Jejunums und Ileums eine Resektionslinie mit nachfolgender Anastomosierung gelegt werden.

Ausschaltung eines Dünndarmsegments

Von Bedeutung ist die genauere Gefäßtopographie des Dünndarmes immer dann, wenn Intestinalsegmente aus der Passagekontinuität ausgeschaltet und an mehr oder weniger entfernter Stelle als Ersatz für andere Hohlorgane verwendet werden sollen, wie zum Beispiel Ösophagus, Magen und Harnblase. Um die so auszuschalten-

26.7 Komplizierte enterokutane Fisteln

Nach komplizierten abdominellen Operationen entstehen manchmal, aufgrund von Anastomoseninsuffizienzen oder sekundären Spontanperforationen des Dünndarms (Vaskularisationsstörung, iatrogene seromuskuläre Wandschäden), enterokutane Dünndarmfisteln, oft verbunden mit einem Fuchsbaufistelsystem in der Bauchdecke. Die Hautverhältnisse sind aufgrund des chemisch aggressiven Dünndarmstuhls meist schlecht. Üblicherweise muss man ca. 6 Monate mit konservativer Therapie überbrücken (parenterale Langzeit-Ernährung, „Stoma"-Versorgung, Haut-Protektion mit Salben) und direkt präoperativ das Sekretvolumen zusätzlich mit Sandostatin reduzieren. Solche Operationen sind ausgesprochen verantwortungsvoll und beinhalten z. B. multiple Fistelexzisionen aus der Bauchdecke, eine extrem schwierige Adhäsiolyse, Segmentresektionen der fisteltragenden Abschnitte und meist einen provisorischen Bauchdeckenverschluss (Faszienersatz durch resorbierbares Kunststoffnetz und Verschiebelappenplastiken der Haut zum primären Hautverschluss).

Fallbeispiel: **a** zeigt einen solchen Bauchdeckenzustand 1 Jahr nach Ileus-Operation mit sekundär entstandenen enterokutanen Fisteln: Mal fördert die eine, mal die andere Fistel. **b** zeigt wenige Tage nach der großen Revisionsoperation (3-malige Dünndarmsegmentresektion) die Bauchdecke mit der Haut-Verschiebelappen-Plastik. **c** zeigt den abgeheilten Zustand nach 6 Monaten: Die Patientin kann sich wieder komplett oral ernähren, trotz nur noch 2 m erhaltenen Dünndarms.

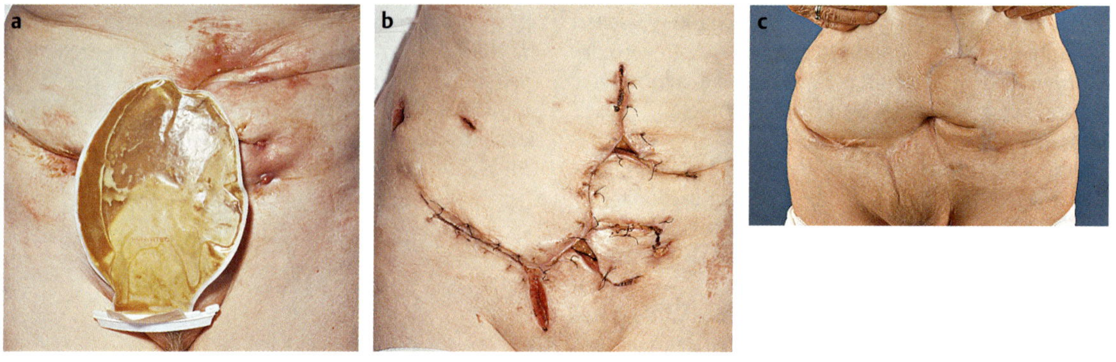

den Dünndarmsegmente und ihren Mesenterialstiel ausreichend mobilisieren zu können, müssen die erste und zweite Gefäßarkade durchtrennt werden. Um zu gewährleisten, dass das auszuschaltende Darmsegment dennoch arteriell und venös vaskularisiert bleibt, muss die Gefäßanatomie in diesem Bereich genau beurteilbar sein. Um dies ohne Mesopräparation zu erreichen, bedient man sich der Methode der Transillumination (**26.16**), bei welcher die Gefäße deutlich zum umgebenden Mesenterialfett kontrastieren.

Der Schweizer Chirurg Roux hat 1908 (aus Anlass des Magenersatzes nach Gastrektomie) das Prinzip der später nach ihm benannten Roux-Y-Ausschaltung entwickelt: Das Jejunum wird in der ersten Jejunalschlinge durchtrennt und das Mesenterium unter Erhalt der Vaskularisation (für beide Seiten!) genügend weit nach zentral skelettiert. Dann wird die nach aboral führende Schlinge zu dem Ort hin transponiert, wo sie zur Ableitung gebraucht wird (Ösophagus, Magenresektionsebene [**26.17**], Gallengang, Pankreaspseudozyste etc.). Zur Wiederherstellung der Darmkontinuität ist dann noch eine End-zu-Seit-Fußpunktanastomose notwendig, die zumindest 40 cm unterhalb der ursprünglichen Durchtrennungsebene liegen muss (Vermeidung eines alkalischen Refluxes).

Eine besondere Form der Jejunalausschaltung ist die komplette Entnahme eines ca. 10–15 cm langen Segments und dessen freie Transplantation in den Hals als ösophagealer Ersatz bei hoch sitzendem Ösophaguskarzinom, mit mikrovaskulärem Anschluss der Arterie und der Vene an die A. carotis externa bzw. V. jugularis interna.

Anastomosierungstechnik

Grundsätzlich werden am Dünndarm folgende Anastomosenformen unterschieden: **End-zu-End:** Standardtechnik nach Dünndarmsegmentresektion oder Anastomose des Duodenum mit dem großkurvaturseitigen Magenstumpf bei Billroth-I-Operation (s. **21.35a**, S. 496), *Vorteil:* keine Blindsäcke (s. SE 26.2, S. 585);

End-zu-Seit: Standardfußpunktanastomose nach Ausschaltung einer einläufigen Dünndarmschlinge zur Anastomosierung mit dem Ösophagusstumpf nach Gastrektomie (z. B. Y-Anastomose nach Roux; **26.17**), zur Anastomosierung mit dem Gallengang, dem Restpankreas nach partieller Duodenopankreatektomie oder einer Pankreaspseudozyste), *Wichtig:* Wenn die Fußpunktanastomose zumindest 40 cm unterhalb des Beginns der (meist hochgezogenen) einläufigen Jejunalschlinge liegt, besteht keine Gefahr des alkalischen Refluxes hinauf z. B. zur Ösophagojejunostomie oder Gastrojejunostomie (s. **26.17**).

26.16 Identifikation eines ausreichend vaskularisierten Darmsegmentes

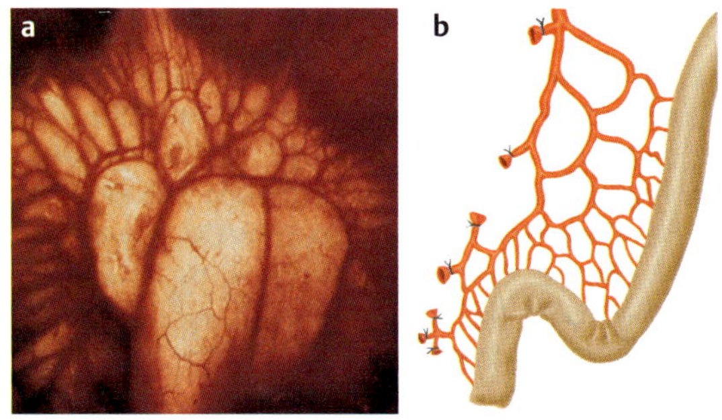

a Die Transillumination (*Synonym:* Diaphanoskopie) des Jejunalmesos zeigt Möglichkeiten der Skelettierung des Mesenteriums zum Erhalt einer parallel zum Dünndarm verlaufenden Gefäßarkade (damit auch Erhalt der Vaskularisation des Dünndarms). In **b** ist der Erhalt einer solchen „Randarkade" bei Roux-Y-Ausschaltung dargestellt.

26.17 Y-Roux-Anastomose

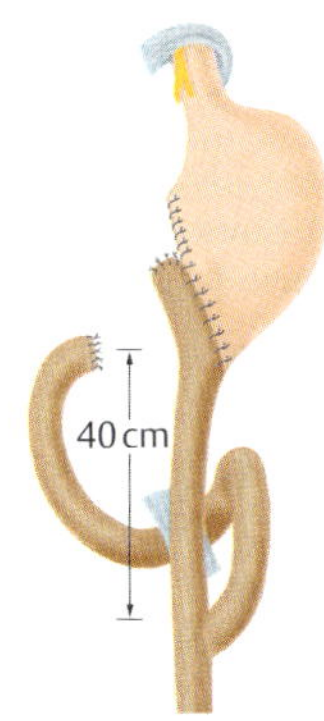

Nach distaler Magenresektion Wiederherstellung der Kontinuität mittels einer Roux-Y-Jejunalanastomose. Der Abstand zwischen Magen- und Fußpunktanastomose muss zumindest 40 cm betragen.

Seit-zu-Seit: Braun-Fußpunktanastomose nach Magenresektion Billroth II mit doppelläufiger Gastrojejunostomie (s. **21.35b**, S. 496), Umgehungsanastomose ohne Resektion. *Vorteil:* im unmittelbaren Nahtbereich theoretisch bessere Vaskularität, da im Gegensatz zur End-zu-End-Anastomose in Höhe des Anastomosenquerschnitts von der gegenüberliegenden Darmwand Gefäße in die Darmwand einstrahlen:

! Eine optimale Vaskularität (Durchblutung) der Nahtlager ist (neben der Spannungsfreiheit) der entscheidende Parameter der Anastomosensicherheit, nicht die Anzahl der Nahtreihen oder der einbezogenen Darmwandschichten (s. SE 6.9, S. 168 f).

26.9 Akute Appendizitis

Die akute Appendizitis stellt wegen ihrer hohen Variabilität in Erscheinungsform und Ausprägung ein differenzialdiagnostisches Problem dar: es ist das Chamäleon der entzündlichen Baucherkrankungen. Aufgrund der schweren Komplikationsmöglichkeiten (intraabdomineller Abszess, Peritonitis, Sepsis) ist trotz diagnostischer Unsicherheit eine rasche Therapie erforderlich. Auch heute sterben noch Patienten an einer Appendizitis! Bei der Diagnostik der Appendizitis gilt es, ein besonderes Augenmerk auf Kinder, ältere Patienten und Schwangere zu werfen. Die Therapie der Appendizitis ist die Appendektomie. Der Eingriff ist konventionell und laparoskopisch möglich. Bei komplizierten Verläufen sind über diese Eingriffe hinausgehende operative Schritte erforderlich.

Epidemiologie: Durchschnittlich erkrankt jeder 10. Mensch im Verlauf seines Lebens an einer Appendizitis, nicht jeder davon wird operiert. Der Häufigkeitsgipfel liegt zwischen dem 10. und 30. Lebensjahr. Männer sind dreimal häufiger als Frauen betroffen.

Ätiologie: Die Appendizitis wird durch pathogene Keime, die in die Appendixwand eingedrungen sind, hervorgerufen. Bei komplizierten Verläufen findet man Bacterioides fragilis und Escherichia coli in den Abstrichen. Auch andere Keimspektren sind möglich. Begünstigend oder auslösend für die Appendizitis sind die Kryptenarchitektur der blind endenden Appendix, Kotsteine (**26.18**), Abknickungen, Adhäsionen, Narben, Fremdkörper und Askariden.

Der ***klassische Krankheitsverlauf*** zeichnet sich in der Anfangsphase durch einen dumpfen Schmerz im Epigastrium mit Übelkeit/Erbrechen aus. Später (im Mittel nach 12–24 Stunden) wandert dieser Schmerz, nun von hellerer Intensität, in den rechten Unterbauch. Zusätzlich finden sich häufig Inappetenz, Stuhl- und Windverhalt sowie Fieber.

26.18 Kotstein in der Appendix

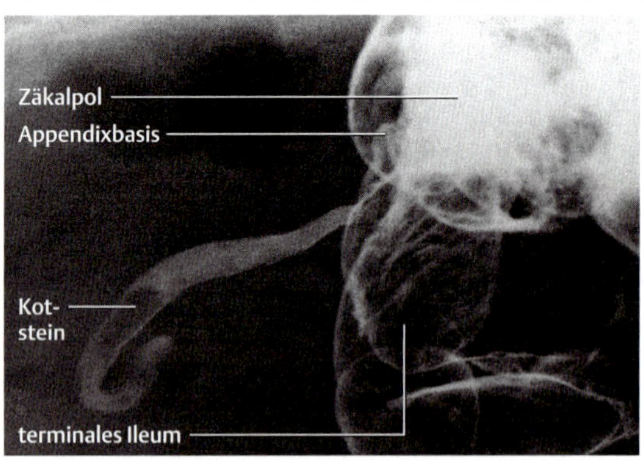

71-jähriger Patient mit unklaren rezidivierenden Bauchschmerzen: Im Rahmen einer oralen Barium-Kontrastmittel-Passage kontrastiert sich das Lumen der Appendix. Die Kontrastmittelaussparung entspricht einem Kotstein. Die Basis der Appendix scheint stenosiert. Ein solcher Kotstein kann im Sinne einer Druckläsion der Auslöser für eine akute Appendizitis sein.

Wichtig ist der klinische Symptomenwechsel zwischen unbestimmten, schlecht lokalisierbaren viszeralem Oberbauchschmerz mit Übelkeit und dem hellen, gut lokalisierbaren somatischen Schmerz im rechten Unterbauch.

Letzteres zeigt an, dass die Entzündung das Organ überschreitet. Gewebsischämie, Sauerstoffradikale und Entzündungsmetabolite führen zu einer Reizung der somatischen Afferenzen im benachbarten Peritoneum parietale und lassen sich durch die klassischen Zeichen einer lokalen Peritonitis nachweisen (Druckschmerz, Loslassschmerz etc.).
Für die Variation des oben skizzierten klassischen Verlaufes sind die Variabilität der Lage der Appendix (s. u.), der Ausprägungsgrad der Entzündung und die Wechselwirkung zwischen dem Individuum und der Entzündung verantwortlich.

Altersabhängige Klinik der Appendizitis:
Appendizitis im Kleinkindesalter: Da bei Kleinkindern lediglich über eine Fremdanamnese die offensichtlichsten Symptome zu erhalten sind und keine oder nur sehr ungenaue Angaben der Beschwerden zum Ausdruck gebracht werden, kann vom Behandelnden häufig keine frühzeitige Diagnose gestellt werden. Prinzipiell können fast alle Infekte im Kleinkindesalter mit abdominellen Beschwerden einhergehen. Die Entzündung ist damit meist weiter fortgeschritten als bei Erwachsenen, und die Differenzialdiagnose ist schwierig. Es vergeht oft vom Beginn der Erkrankung bis zur Therapie vergleichsweise viel Zeit, sodass eine erhöhte Rate an bereits perforierten Wurmfortsätzen beobachtet wird. Wahrscheinlich verläuft die Erkrankung im Kleinkindesalter aber auch rascher als beim Erwachsenen.
Appendizitis im hohen Alter: Bei alten Patienten verläuft die Appendizitis häufig vonseiten der Klinik und der Laborbefunde sehr laviert. Es ist bei diesem Kollektiv nichts Ungewöhnliches, dass sich bei normwertigen Entzündungsparametern im Labor und lediglich einem Druckgefühl im rechten Unterbauch bei der Operation perforierte Appendizitiden zeigen. Diese Diskrepanz ist oft Ausdruck der eingeschränkten Abwehrfunktionen.

Beim alten Menschen müssen bereits diskrete Befunde zur Operation führen, da von diesen Patienten auch Komplikationen entsprechend schlecht toleriert werden.

50 % der Appendizitiden bei über 60-Jährigen sind bereits perforiert, 80 % der durch eine Appendizitis und ihre Folgen Verstorbenen gehören in diese Altersgruppe.

Appendizitis bei Schwangeren (👁 26.19): Die Diagnosefindung ist durch die veränderte Anatomie und durch ohnehin in einigen Fällen bestehende Symptome wie schmerzhaftes Abdomen, Erbrechen, Leukozytose oder Pulsbeschleunigung erschwert. Das Zäkum wird durch den extraperitoneal liegenden Uterus nach kranial gedrängt, sodass die üblichen Lagebeziehungen und damit Schmerzlokalisation keine Gültigkeit mehr haben (👁 **26.20**).

Weiterhin sind die diagnostischen Methoden durch Vermeidung ionisierender Strahlen eingeschränkt. Die Indikation zu einer diagnostischen Laparotomie wird ebenfalls strenger gestellt als bei Nichtschwangeren, um Frucht schädigende Einflüsse zu vermeiden.

Pathologisch-anatomische Formen der Appendizitis: Die Einteilung erfolgt in drei Formen. Die **katarrhalische Appendizitis** zeigt eine Hyperämie, eine Schwellung und den Austritt entzündlichen Exsudates. Die **ulzeröse Appendizitis** zeigt zusätzliche flächige Schleimhautnekrosen. Die **phlegmonöse Appendizitis** steht für einen Befall aller Wandschichten. Aus ihr können sich entweder ein Empyem oder eine transmurale Gangrän der Appendix entwickeln. Die **Appendicitis perforata** entspricht einer lokalen transmuralen Nekrose, wobei die Perforation an allen Abschnitten der Appendix liegen kann. Schwierig zu versorgen sind die basisnahen Perforationen wegen des Übergriffs der entzündlichen Veränderungen auf den Zäkalpol.

Lagevarianten: Da das Mesenteriolum die Appendix nicht stark fixiert, kann sich diese in der Achse des Zäkums fortsetzen (👁 **26.21**: regulär oder im kleinen Becken), nach retrozäkal umgeschlagen sein und nach medial zeigen. Je nach Lage des Zäkums (hoch/tief/nach medial) kommen weitere Varianten hinzu. Klinische Relevanz erhalten sie dadurch, dass der Hauptschmerz in jeweils das Dermatom projiziert wird, dessen parietales Peritoneum der Appendix am nächsten liegt. Bei retrozäkal/retroaszendal hochgeschlagenen Appendices steht, nach der initial vegetativ-epigastrisch empfundenen Problematik, oft ein Flanken- bzw. Rückenschmerz im Vordergrund, und wegen der Nähe zum rechten Ureter kommt es oft zu Erythro- und Leukozyturie.

Eine ***Komplikation*** der Appendizitis bedeutet das Übergreifen der entzündlichen Prozesse auf Nachbarstrukturen. Bleibt die Wand der Appendix trotz der Entzündung zunächst intakt, bilden sich durch die Fibrinexsudation Verklebungen und eine auf diesen Bereich beschränkte Entzündung, die **Perityphlitis** bzw. ein perityphlitischer Abszess (🔎 **26.8**).

👁 26.19 Perforierte Appendizitis bei hoher Schwangerschaft

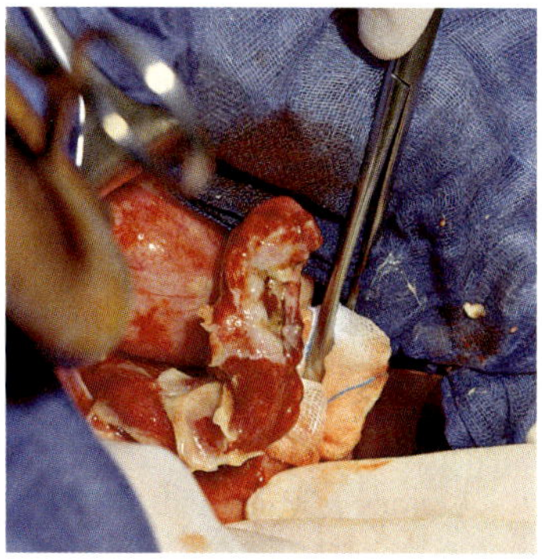

Siphonartig verlaufende Appendix mit dunkel erscheinender Perforation an der seitlichen Spitze. Die Fibrinbeläge sind Ausdruck der lokalen Peritonitis; Mutter (19 Jahre) und Kind haben alles gut überstanden.

👁 26.20 Lage des Zäkalpoles im Verlauf der Schwangerschaft

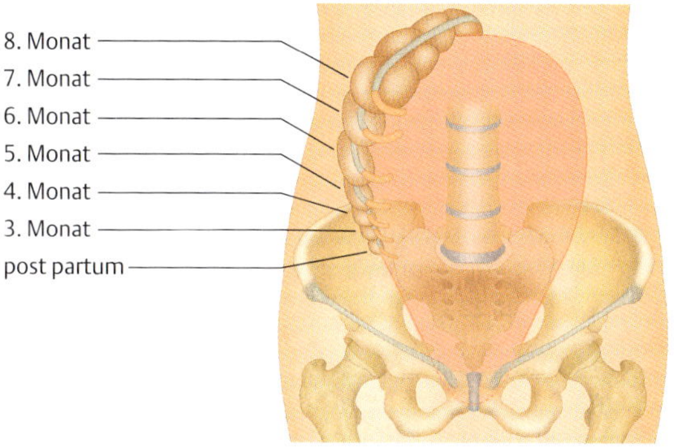

👁 26.21 Lagevarianten der Appendix

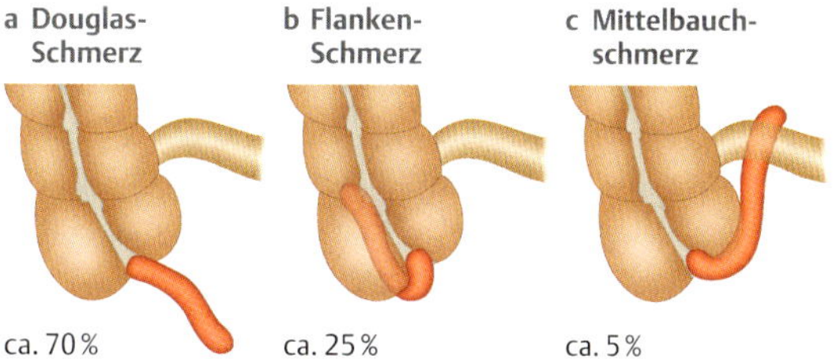

🔎 26.8 Perityphlitischer Abszess

Kommt es bei komplizierter Appendizitis zu einer örtlichen Abszedierung, nennt man diese einen perityphlitischen Abszess. Zugrunde liegt praktisch immer eine perforierte Appendizitis; dabei ist die freie Bauchhöhle durch großes Netz oder die terminale Ileumschlinge abgedeckt. Es bestehen hohes Fieber (> 39 °C) und eine hohe Leukozytose (> 20 000/mm^3). Heute kann ein solcher perityphlitischer Abszess zunächst perkutan drainiert werden; die Appendix selbst wird dann erst einige Tage später herausgenommen.

Alternativ kann es bei nicht stattgefundener Abklebung zu einer **freien Perforation** kommen. Der Eiter tritt in die freie Bauchhöhle (z. B. Douglas-Raum); ein Douglas-Abszess ist die Folge. Perityphlitischer und Douglas-Abszess führen ohne Therapie im weiteren Verlauf zur Peritonitis und zur Sepsis. **Fortgeleitete Komplikationen**, die heute nur noch selten gesehen werden, sind Leberabszesse oder die septische Phlebothrombose des Pfortadersystems.

Die ***Diagnostik*** stützt sich auf die Anamneseerhebung, die klinische Untersuchung und flankierende apparative Untersuchungen, die eine Appendizitis wahrscheinlich und die unten genannten Differenzialdiagnosen unwahrscheinlich machen. Die **Anamnese** entspricht im klassischen Fall dem o. g. Befundmuster. Abweichungen sind aus den o. g. Gründen häufig.

Die klinische Untersuchung umfasst, abgesehen von der üblichen Ganzkörperuntersuchung, vor allem die Palpatation und Auskultation des Abdomens und die rektaldigitale Untersuchung:

Die **Palpatation** gibt Informationen über das Punktum maximum des Schmerzes, lokale Abwehrspannung, Luft- und Flüssigkeitsansammlungen im Darm und über das Vorhandensein eines Peritonismus.

Die durch die Appendizitis ausgelöste lokale Peritonitis verursacht an charakteristischen Stellen (z. B. McBurney-Punkt) Reizungen, Druck- und Loslassschmerzphänomene, die in 👁 **26.22** gezeigt sind.

Der McBurney-Punkt liegt am Übergang von lateralem zu mittlerem Drittel der Verbindungslinie Bauchnabel zu Spina iliaca anterior superior, der Lanz-Punkt am Übergang von lateralem zu mittlerem Drittel der Verbindungslinie beider Spinae iliacae anteriores superiores.

👁 26.22 Wichtige Zeichen der Appendizitis

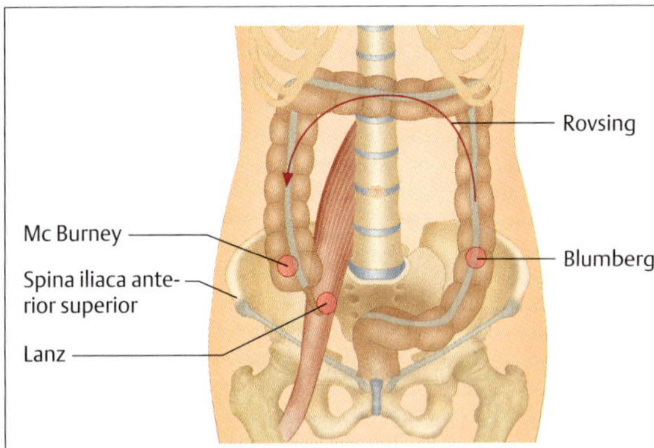

Je nach Lage der Appendix entsteht ein Schmerz bei Druck auf den **Lanz-** oder **McBurney-Punkt**; der sog. kontralaterale Loslassschmerz (**Blumberg-Zeichen**) entsteht bei plötzlichem Loslassen nach langsamem Druck auf den Blumberg-Punkt (man drückt links, und es schmerzt beim Loslassen rechts); der Versuch, das (rechte) Bein gegen einen Widerstand von der Unterlage zu heben, verursacht Schmerzen im Bereich des **M. psoas**; ein retrogrades Ausstreichen des Kolons (d. h. gegen den Uhrzeigersinn) schmerzt im Zäkalbereich (**Rovsing-Zeichen**).

Die rektodigitale Untersuchung ist obligat. Dabei besteht häufig ein Druckschmerz Richtung rechter Unterbauch bzw. eine Vorwölbung im Douglas-Raum.

Die **Auskultation** ist für das Erkennen möglicher Differenzialdiagnosen und Komplikationen wichtig:

- Eine Gastroenteritis führt zur Hyperperistaltik,
- ein Ileus führt zu klingenden hoch gestellten Darmgeräuschen evtl. in Kombination mit Pressstrahlgeräuschen,
- eine Peritonitis oder ein älterer Ileus führt zur Totenstille im Abdomen infolge paralysebedingter fehlender Peristaltik.

Die **Körpertemperatur** wird vergleichend axillär und rektal gemessen (oft erhöhte axillorektale Temperaturdifferenz, z. B. $\geq 1\,°C$)

Laboruntersuchungen umfassen im Regelfall ein Blutbild (Leukozytose?), das CRP (Erhöhung?), Urinsediment (Infekt der ableitenden Harnwege?) und ggf. Lipase/Amylase (Pankreatitis?).

Die **apparativen Untersuchungen** dienen dazu, die Entzündung nachzuweisen und morphologische Veränderungen des betreffenden Organs zu zeigen oder für andere Organe auszuschließen. Die *Sonographie* vermag in einigen Fällen das durch die Entzündung hervorgerufene Darmwandödem durch die Ausbildung eines sog. Kokardenphänomens abzubilden (👁 **26.23**). Abszesse und die Perityphlitis können sonographisch erkannt werden, freie Perforationen durch *Röntgen-Abdomenübersicht* in Linksseitenlage durch den Nachweis freier Luft. Die Sonographie ist außerdem in der Lage, viele der Differenzialdiagnosen auszuschließen (s. u.). Sollten diese Maßnahmen oder weitere Spezialuntersuchungen in Richtung der Differenzialdiagnosen und der Befund eine klinische Verlaufsbeobachtung nicht zulassen, ist die Durchführung einer *Computertomographie* indiziert.

Die Appendizitis ist eine klinische Diagnose. Apparative Untersuchungen können sie nicht ausschließen und oft auch nicht nachweisen. Im Zweifel ist die Indikation zur Operation zu stellen.

👁 26.23 Akute Appendizitis (Ultraschall)

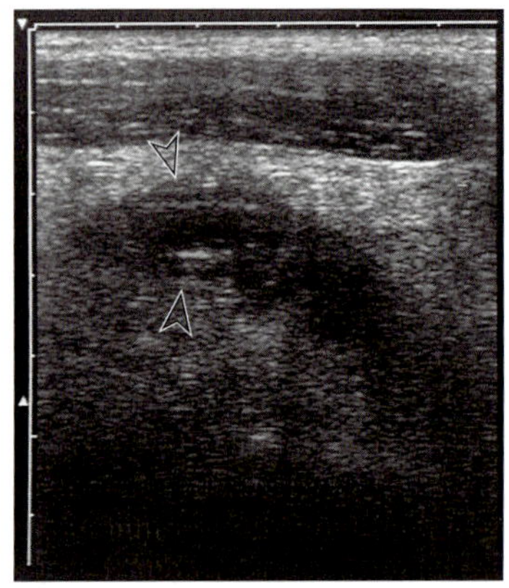

In der Appendixspitze angedeutetes Kokarden-Phänomen (Wandschichtung, Pfeil) bei aufgetriebenem Appendix (17-jähriger Patient).

Es handelt sich um eine Krankheit, die vielgestaltig ist und sehr viele Differenzialdiagnosen aufweist (T **26.2**). Die Erkrankung ist im Normalfall durch einen vergleichsweise einfachen und komplikationsarmen operativen Eingriff zu therapieren. Wird die Diagnose verschleppt, kann es zu lebensbedrohlichen Komplikationen kommen. Auch bei subtiler Diagnostik muss mit einer Frequenz von 10 % unnötiger Operation gerechnet werden.

Differenzialdiagnose: s. T **26.2**. Bei **Kindern** ist die häufigste Differenzialdiagnose die Gastroenteritis. Bei Stuhlverhalt sollte in jedem Falle ein Klysma appliziert werden. Bei unklarer Situation erbringt die klinische Verlaufsbeobachtung die Entscheidung.

Bei **Frauen im jungen Alter** ist die Abgrenzung zu entzündlichen Erkrankungen der weiblichen Beckenorgane häufig erforderlich. Für das Vorliegen einer solchen Erkrankung sprechen längere Schmerzanamnese, größerer Abstand zum letzten Eisprung, höhere oral gemessene Körpertemperatur, höhere Leukozytenzahlen, früher durchgemachte Erkrankungen aus diesem Bereich, Portioverschiebeschmerz, Schmerzen auch außerhalb des rechten Unterbauches. Eine Leukozytose von mehr als 20 000 /ml sind bei der klassischen Appendizitis eher untypisch. Bei allen Zweifelsfällen ist eine gynäkologisch-fachärztliche Konsiliaruntersuchung indiziert, einschließlich gynäkologischem Ultraschall.

T 26.2 Differenzialdiagnose der Appendizitis

Lokalisation	*Differenzialdiagnose*
Ileozäkalgegend und rechter Unterbauch	akute Gastroenteritis (Yersiniose) sog. Pseudoappendizitis, Morbus Crohn, Meckel-Divertikel, Netztorsion, Caecum mobile, Volvulus, ilioiguinales Syndrom, vertebragene Schmerzen, Sigmadivertikulitis bei nach rechts geschlagener Sigmaschleife, Adnexitis, Extrauteringravidität, stielgedrehte Ovarialzyste, Corpus luteum (evtl. rupturiert)
Oberbauch	Cholezystitis, gastroduodenales Ulkus oder Perforation, Pankreatitis, Lungenerkrankungen
Retroperitoneum	Uretersteine, Zystitis, Harnwegsinfekt, Pyelitis, Psoasabszess

Therapie: Das **Ziel** der kausalen chirurgischen Therapie ist die Infektursache und damit die Quelle für Komplikationen zu beseitigen. Weiterhin sollen bereits eingetretene Komplikationen möglichst saniert werden. Bei der unkomplizierten Appendizitis besteht der Eingriff der Wahl in der Appendektomie.

Konventionelle und laparoskopische Operationen: Die konventionelle Operation (Laparotomie) konkurriert mit der auf der Laparoskopie aufbauenden minimal invasiven chirurgischen Maßnahme. Die prinzipielle Operationstaktik unterscheidet sich bei beiden Verfahren nicht (s. u.). Die laparoskopische Methode ist zeit- und kostenaufwendig.

Da beide Verfahren hinsichtlich der Resultate keine wesentlichen Unterschiede in der Qualität haben, wird zur Zeit bei dieser Indikation häufiger dem klassischen, etablierten Verfahren der Vorzug gegeben, insbesondere bei eindeutiger Diagnose. Bei differenzialdiagnostischen Problemen, insbesondere bei Frauen im gebärfähigen Alter, ist das laparoskopische Verfahren zu favorisieren.

Operationstechnik: Nach Schaffung des Zugangs zur Abdominalhöhle, z. B. durch Wechselschnitt oder Pararektalschnitt (s. SE 6.9, S. 168), bzw. durch Einführung von drei Arbeitstrokaren, wird die Appendix dargestellt (**26.24**). Nach Präparation des Mesenteriolums wird die Appendix verschlossen, abgesetzt, geborgen und der Appendixstumpf durch (doppelte) Tabaksbeutelnaht versenkt.

> Jede entfernte Appendix muss histologisch untersucht werden (z. B. inzidentelles Karzinoid).

Erweiterte Operationen sind erforderlich, wenn die Entzündung und Gewebedestruktion über die Appendix hinausgeht. Die Ausbreitung ist in Richtung des Darmes (Zäkum) per continuitatem und in Richtung der Nachbarorgane, wie dem weiblichen inneren Genitale und dem Retroperitonealraum, über Abszessbildungen möglich. Grundsätzlich müssen alle Abszesshöhlen eröffnet und drainiert werden (s. auch SE 3.3, S. 47). Weiterhin müssen irreversibel geschädigte Organe oder ihre Anteile entfernt werden. Außerdem muss bereits während des Primäreingriffes der verminderten Wundheilung und Nahtfähigkeit entzündeter Gewebe Rechnung getragen werden. Der letzte Punkt zielt auf das Problem des Verschlusses der Absetzungsstelle der Appendix ab. Mitunter kann eine Zäkumresektion erforderlich sein, im Sinne einer Ileozäkalresektion mit Ileoaszendostomie.

26.24 Akute phlegmonöse Appendizitis

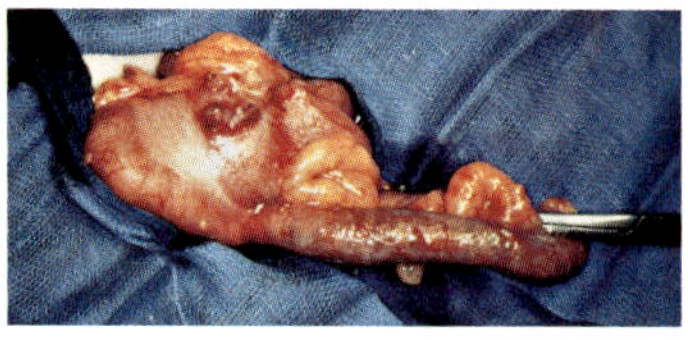

Links im Bild das Zäkum (mit der Taenia libera). Die Appendix ist hochrot, gefäßinjiziert, die Wand teilweise gangränös.

26.10 Seltene Erkrankungen der Appendix

Benigne Appendixtumoren stehen eng mit dem Schleim bildenden Epithel direkt oder indirekt in Zusammenhang. Mit 0,5 % aller intestinalen Malignome sind bösartige Appendixtumoren seltene Ereignisse. Mit einem Anteil von 85 % hat das Karzinoid die größte klinische Relevanz.

Seltene Erkrankungen des entzündlichen Formenkreises

Der **Mukozele** (26.25) liegt eine basisnahe Obliteration des Appendixlumens mit Schleimanreicherung im peripheren Appendixlumen zugrunde, mit teils hochgradiger Erweiterung der Lichtung. Diese Mukozele kann sich durch Superinfektion ebenfalls akut entzünden. Rupturiert sie, werden Schleim bildende Epithelien auf das Peritoneum verschleppt und können dort weiterwachsen (**Pseudomyxoma peritonei** mit enormen Schleimmassen, s. u.). Pathologisch-anatomisch ist der Übergang zum muzinösen Zystadenom schwer zu unterscheiden.
Morbus Crohn: Der isolierte Appendixbefall ist extrem selten.
Eine **Appendix-Divertikulitis** (26.26) ist ebenfalls sehr selten; bei alten Menschen liegt der Appendicitis acuta jedoch häufiger eine solche Divertikulitis zugrunde.
Die **chronisch rezidivierende Appendizitis** wird heute seltener als früher diagnostiziert. Früher galt ein negatives Appendikogramm (fehlende Darstellung des Appendixlumens bei oraler Kontrastmittelpassage) als Hinweis dafür, dass eine solche durch vorausgegangene entzündliche Vorgänge nun obliterierte Appendix die Ursache sein könne für rezidivierende Unterbauchschmerzen. Dies wird heute eher abgelehnt. Pathologisch-anatomisch finden sich in beinahe jeder aus anderen Gründen exstirpierten Appendix solche narbigen Veränderungen.
Die **neurogene Appendikopathie** beruht auf einer postentzündlich-narbigen intramuralen Proliferation neuraler Elemente und ist gelegentlich auch mit einer Vermehrung neuroendokriner Zellen verbunden. Sie scheint in einigen Studien akuten (spontanen) Krankheitswert zu haben.

26.25 Mukozele der Appendix

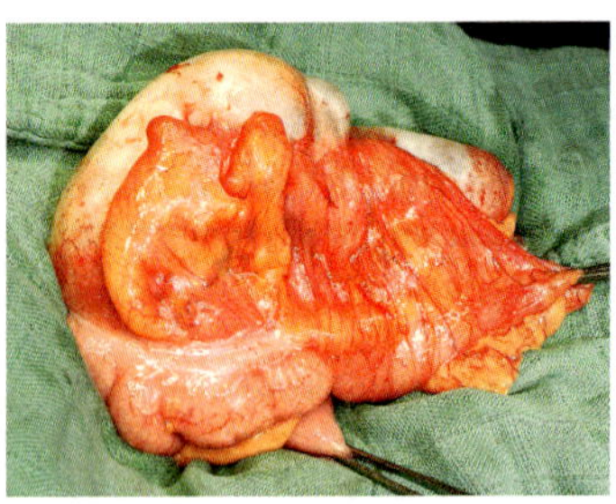

55-jährige Patientin, präoperative Diagnose: unklarer zystischer Tumor am Zäkalpol, *Therapie:* Ileozäkalresektion mit Ileoaszendostomie.

26.26 Appendixdivertikulitis

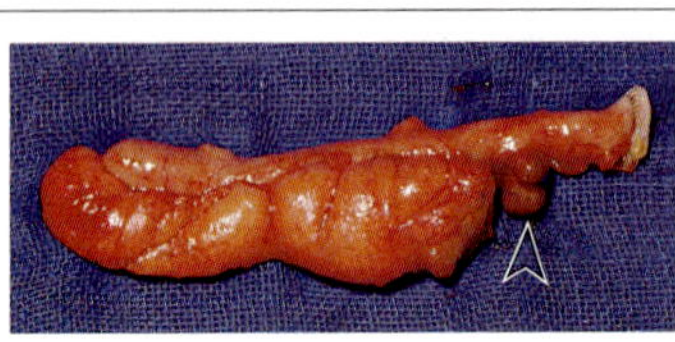

Lang gestreckte Appendix mit verstärkter Gefäßinjektion und verdicktem, fettreichen Mesenteriolum. Der Hauptbefund sind aber die dunkelrot (hochakut) entzündeten basisnahen Divertikel (Pfeil).

Benigne Appendixtumoren

Adenome der Appendix sind sehr selten und treten klinisch kaum in Erscheinung.

Tumoren verschiedener Ätiologie

Postentzündliche oder **neoplastische Verschlüsse** im Bereich der Appendixbasis führen zum Flüssigkeits-(Hydrops) oder Schleimverhalt (Mukozele) im Wurmfortsatz. Diese Begriffe sind rein deskriptiv und sagen nichts über die Ätiologie der zugrunde liegenden Störungen aus.
Das **Pseudomyxoma peritonei** (26.27) beschreibt einen Zustand, bei dem sich große Mengen eines mukoiden Sekretes, teils abgekapselt, in der Abdominalhöhle finden. Ursächlich sind Schleimverhalte in verschiedenen Organen wie der Appendix, dem Ovar, dem Uterus und dem Kolon. Eine Ruptur kann zur Aussaat führen. Die Aussaat ist auf den Peritonealraum begrenzt. Auffällig werden die Patienten durch die Spannung des Abdomens neben Anämie, Erhöhung der BSG und hypoglykämischen Phasen. Die *Therapie* besteht in der möglichst radikalen Ausräumung mit Therapie des zugrunde liegenden Tumors. Adjuvante Chemotherapie und Radiatio haben möglicherweise einen günstigen Einfluss auf die Prognose.

Maligne Appendixtumoren

Karzinoid

s. auch SE 19.7, S. 439.
85 % der Appendixtumoren sind Karzinoide. 80 % werden bei Routineappendektomien gefunden, und 50 % der Karzinoide, die im gesamten Darm entstehen, haben ihren Ursprungsort in der Appendix. Der Malignitätsgrad wird an der Größe des Tumors korreliert, um so der Biologie des Tumors gerecht zu werden. Entsprechend ist bei Tumoren bis 1 cm Größe eine Appendektomie, bei Tumoren

26.27 Pseudomyxoma peritonei

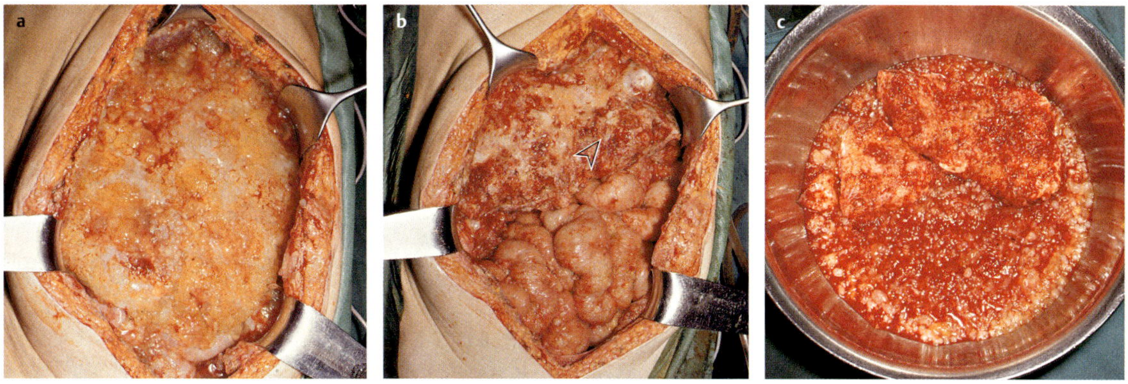

a Nach medianer Laparotomie zeigen sich die enormen Massen an Schleim (vornehmlich am großen Netz). **b** Situs nach bestmöglicher Ausräumung der Schleimmassen (einschließlich Resektion des großen Netzes); der Dünndarm ist hier weniger beteiligt. Man erahnt das schräg verlaufende Colon transversum (Pfeil). **c** Gewonnene Schleimmassen in einer OP-Schüssel. Die Indikation zu einer solchen Operation hat palliativen Charakter (mechanische Probleme).

mit einer Größe von mehr als 2 cm und grundsätzlich bei positivem Lymphknotenbefall eine Rechtshemikolektomie mit onkologischer Lymphknotendissektion durchzuführen. Die 5-Jahres-Überlebensrate liegt damit bei der Therapie von Primärtumoren bei 99 %, bei der Therapie von Rezidiven von 75 %. Die chirurgische und/oder medikamentöse Therapie von Lebermetastasen ist bei diesem Tumor sinnvoll (s. SE 22.4, S. 519).

Muzinöses Zystadenom

Das muzinöse Zystadenom ist der zweithäufigste Appendixtumor. Wird er inzidentell bei einer Appendektomie entdeckt, dann scheint eine rechtsseitige Hemikolektomie gegenüber der alleinigen Appendektomie hinsichtlich der 10-Jahres-Überlebensrate besser zu sein.
Es liegen aber in 50 % der Fälle schon intraabdominelle Metastasen, Aszites oder eine intestinale Obstruktion vor, und der Tumor ist in 33 % für das Auftreten eines Pseudomyxoma peritonei (s. o.) ursächlich. Bei der Therapie der Schleimmassen sind wiederholte chirurgische Eingriffe der alleinigen Chemotherapie oder Radiatio vorzuziehen.

Adenokarzinom

Das Adenokarzinom in der Appendix entspricht dem des Kolons. Die Diagnose wird präoperativ meist nicht gestellt, sondern erfolgt meist im Rahmen einer Operation wegen einer das Tumorleiden komplizierenden Appendizitis oder wegen periappendikulären Abszessen. Die adäquate Therapie besteht in der Rechtshemikolektomie mit radikaler Lymphknotendissektion in Verbindung mit denen vom Kolonkarzinom her bekannten Standards für Nachsorge und ggf. erforderlichen zusätzlichen Therapie (s. SE 26.15, S. 618 f). Die 5-Jahres-Überlebensraten für die UICC-Stadien I, II, III und IV (s. SE 26.14, S. 616) werden mit 100, 67, 50 und 6 % angegeben.

26.11 Kolondivertikel

Schleimhautdivertikel des Kolons sind ein häufiger Dickdarmbefund, insb. des alten Menschen. Sie treten meist multipel auf und sind primär asymptomatisch (Divertikulose), können jedoch auch Komplikationen wie Entzündungen, Blutungen, Perforationen oder Stenosen entwickeln. Hauptprädilektionsort ist das Colon sigmoideum, solitäre Divertikel können auch in anderen Kolonabschnitten auftreten.

Divertikulose

Definition: **Echte angeborene Kolondivertikel**, die alle Wandschichten betreffen, sind selten. Kolondivertikel sind meist erworbene **Pseudodivertikel** (falsche Divertikel). Es handelt sich um sackförmige, mit Serosa bedeckte Ausstülpungen der Kolonmukosa und -submukosa durch gefäßbedingte Lücken in der Darmwand. Sie können extra- oder intramural lokalisiert sein (**26.28**). Letztere entgehen oft der Diagnostik, da sie weder radiologisch noch endoskopisch nachweisbar sind.

Pathogenese: Die Ursache der Divertikulose ist multifaktoriell. Eine chronische Erhöhung des intraintestinalen Druckes bei funktionell oder organisch bedingter Obstipation, eine spastische Segmentierung des Darmes und eine Verdickung und Starre der Kolonwand scheinen eine kausale Rolle zu spielen. Alter, Bewegungsarmut und fettreiche, schlackenarme Kost begünstigen die Divertikelbildung.

Epidemiologie: Das Auftreten der Divertikulose ist altersabhängig. Es ist der häufigste Dickdarmbefund des über 50-Jährigen. Jenseits des 70. Lebensjahres findet er sich bei 80 % aller untersuchten Patienten. In ca. 95 % ist das Sigma beteiligt (**26.29**), in ca. 80 % ausschließlich. 70 % der Patienten bleiben asymptomatisch. 10–25 % der symptomatischen Patienten entwickeln eine Divertikulitis, ca. 5–10 % eine Blutungskomplikation (**26.30**), jeweils i. a. R. mit Operationsindikation.

Symptome: Bei der unkomplizierten Divertikulose können sich subjektive Beschwerden im Sinne des sog. irritierten Kolons mit spastischer Obstipation, Durchfällen und Tenesmen zeigen. Deutliche Symptome treten erst beim Auftreten von Komplikationen in Erscheinung:

26.28 Extramural-komplette und intramural-inkomplette Kolondivertikel (sämtlich falsche Divertikel)

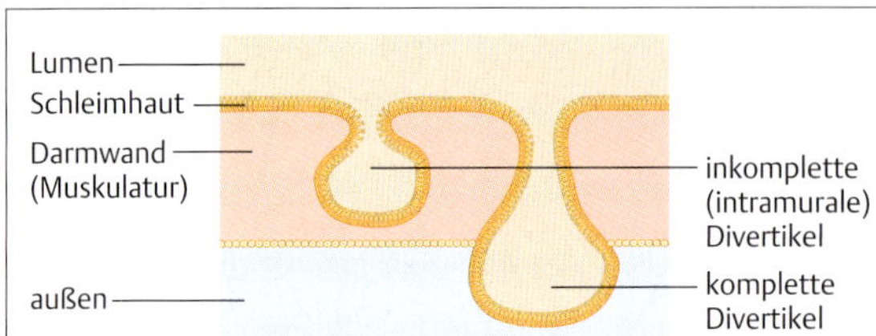

26.29 Röntgen-Kolon-Kontrasteinlauf bei Pandivertikulose

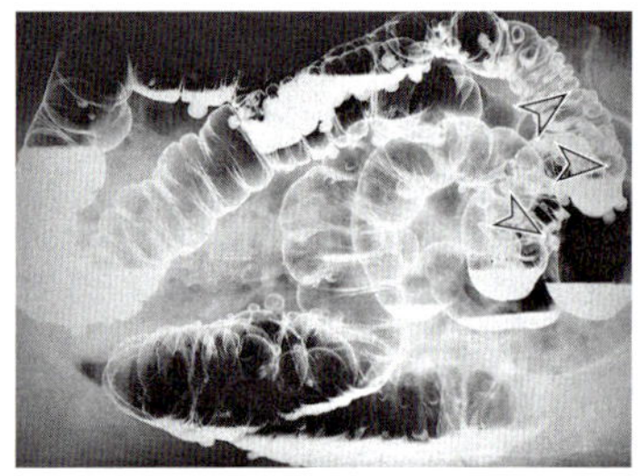

Rechtsseitenlage. Man sieht zahllose rundliche Divertikel, z. T. voll kontrastiert, z. T. nur wandbeschlagen. Den weitaus stärksten Befall zeigt das Sigma (Pfeile).

26.30 Verlauf der Divertikelkrankheit

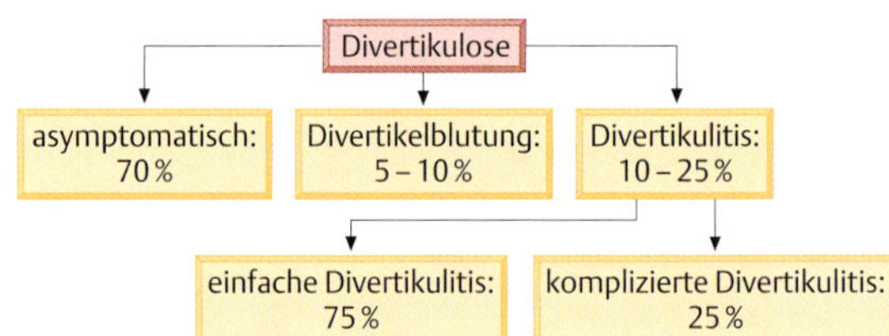

Komplikationen:
Blutungen (selten, 5–10 %, **26.31** treten oftmals plötzlich und massiv durch Arrosion des neben dem Divertikel liegenden Blutgefäßes als untere gastrointestinale Blutung in Erscheinung (s. SE 26.19, S. 627). Auch geringfügige oder okkulte Blutungen kommen vor. Die Lokalisationsdiagnostik gelingt oftmals nicht exakt. Ca. 70–80 % der Dickdarmblutungen sistieren spontan. Ca. 30 % der Patienten bekommen eine Rezidivblutung. Differenzialdiagnostisch sind Blutungen bei Hämorrhoiden, ulzerierendem Tumor und Angiodysplasie abzugrenzen.

26.31 Blutendes Rechts-Divertikel

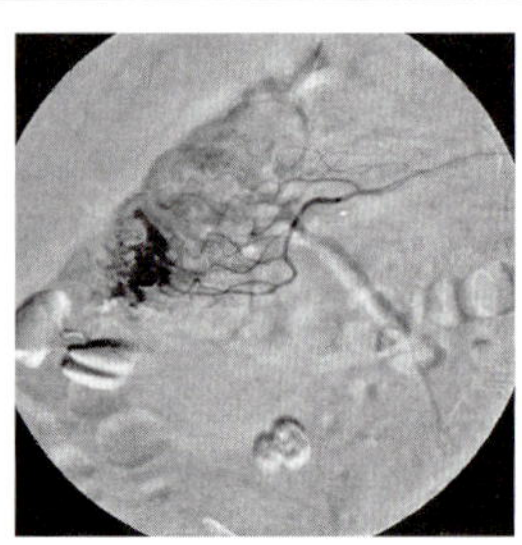

Wegen anhaltender unterer gastrointestinaler Blutung superselektive Angiographie: Es stellt sich ein intraluminales Kontrastmitteldepot im Bereich der rechten Kolonflexur dar (47-jähriger Patient, 1 Tag nach Vitrektomie wegen Glaskörpereinblutung). Sofortige OP.

Divertikulitis und Peridivertikulitis

Akute entzündliche Komplikationen entwickeln ca. 1/3 der Patienten. Durch Kotstau in den Divertikeln können Entzündungen (Divertikulitis) und Epitheldefekte mit Durchwanderung (Abszesse, Perforationen, Fisteln) entstehen. Bei wiederholten Entzündungen kommt es zur Fibrosierung und Bildung von Granulationsgewebe in und um die Kolonwand. Folge ist die Entstehung von Stenosen mit progredienter Obstipation bis hin zum mechanischen Ileus.

Eine **Divertikulitis** (Divertikelentzündung) kann jederzeit auftreten und akut, subakut oder chronisch verlaufen. Bricht die Entzündung der reinen Divertikulitis durch das Divertikelepithel und infiltriert die Kolonwand, wird die Erkrankung zu einer **Peridivertikulitis** oder zu einer progredienten **Kolonwandphlegmone**.

Symptome: Das klinische Bild kann je nach Ausbreitungsgrad der Entzündung gering oder dramatisch bis lebensbedrohlich sein.

Im **Frühstadium** der unkomplizierten Divertikulitis finden sich: Obstipation, Flatulenz, gelegentlich Diarrhöen, Dysurie, Schmerz im linken Unterbauch, subfebrile Temperaturen und laborchemisch eine leichte Leukozytose.

Bei der **fortschreitenden Peridivertikulitis** zeigen sich klinisch starke Schmerzen im linken Unterbauch, ein plötzlich einsetzender Stuhlverhalt, Meteorismus und Fieber. Laborchemisch zeigen sich eine deutliche Leukozytose und CRP-Erhöhung.

Eine schmerzhaft tastbare Walze im linken Unterbauch meist mit begleitender reflektorischer Darmparalyse bezeichnet man auch als „Linksappendizitis“.

Gedeckte Perforation: Durch eine durch Netz oder andere Organe abgedeckte Perforation entsteht ein Abszess. Bei kleineren Abszessen entspricht die Klinik der einer Divertikulitis. Bei größeren Abszessen entwickelt sich die Symptomatik eines akuten Abdomens (**26.32**). Bei Perforation eines Abszesses in Nachbarorgane (Uterus, Vagina, Harnblase, Darm) oder in die Haut entwickeln sich Fisteln (s. SE 26.5, S. 592 f).

26.32 Perforiertes Sigma-Divertikel

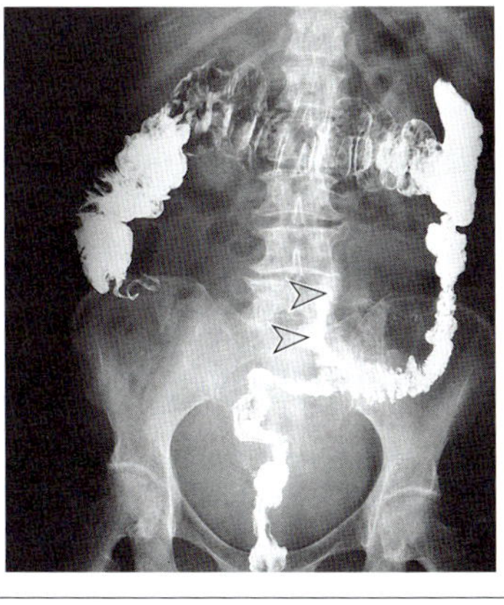

Im Kolon-Kontrasteinlauf stellt sich ein breites KM-Extraluminat dar (Pfeile). Fälschlicherweise wurde Barium appliziert, deshalb sofortige OP mit Hartmann-Taktik und maximaler Spülung der Bauchhöhle. Die 72-jährige Patientin hat es überlebt.

Freie Perforation: kotige Peritonitis, klinisch akutes Abdomen (s. SE 28.1, S. 644 f).

Stenose: Sie entsteht durch einen chronisch entzündlichen Prozess und führt in ca. 5 % zum Ileus. Die Differenzialdiagnose zum Karzinom ist oft schwierig zu stellen.

Das ***diagnostische Prozedere*** wird entscheidend vom klinischen Bild der Erkrankung beeinflusst. Anamnese, klinische und laborchemische Untersuchungen geben Auskunft über die Ausprägung des Krankheitsbildes. Zur Diagnostik der unterschiedlichen Manifestationsformen stehen folgende apparative Untersuchungen zur Verfügung:

Röntgen-Abdomenübersichtsaufnahme:

Bei freier Perforation:

- im Stehen: es findet sich in 50 % der Fälle eine subphrenische Gassichel in der Abdomenleer- oder Thoraxaufnahme,
- in Linksseitenlage (sensitivere Technik): die freie Luft findet sich im Raum zwischen Leberkuppe und rechtem Zwerchfell.

Bei Stenosierung des Darmlumens zeigen sich Spiegelbildungen in den Darmschlingen.

Sonographie des Abdomens: Ein peridivertikulitischer Abszess oder freie Flüssigkeit im Abdomen lassen sich nachweisen.

Nachteil: Untersucherabhängig, bei adipösen Patienten oftmals keine genaue Diagnostik möglich!

Computertomographie: Sie sollte mit rektaler Kontrastmittelfüllung erfolgen. Die Darmwanddicke, die Ausdehnung oder Abszedierung eines entzündlichen Prozesses (perikolische Flüssigkeitsansammlungen) und Fistelbildungen lassen sich computertomographisch beurteilen. Ein wesentlicher Vorteil der CT ist neben der genauen Diagnosestellung die Möglichkeit der perkutanen Drainage eines lokalisierten Abszesses. So kann eine notfallmäßige Laparotomie vermieden werden.

Der mögliche Nutzen der **Magnetresonanztomographie** (MRT) kann derzeit noch nicht abschließend beurteilt werden.

Kontrastmitteldarstellungen des Kolons dürfen bei Perforationsverdacht nur mit wasserlöslichem Kontrastmittel (Gastrografin) und mit geringem Druck vorgenommen werden! Der Kolonkontrasteinlauf in Doppelkontrasttechnik (Barium und Luftinsufflation) kann zur Beurteilung der Divertikulose in ihrer Ausdehnung und in ihren Sekundärfolgen (Stenose) herangezogen werden (**26.33**).

Koloskopie: Eine Endoskopie des befallenen Darmabschnittes ist erforderlich, bei Blutung oder wenn unter der Diagnose einer Divertikulitis ein konservatives Vorgehen geplant ist. Sie dient dem Ausschluss eines Karzinoms, einer Stenose oder anderer entzündlicher Darmerkrankungen sowie der Diagnostik des Entzündungsausmaßes. Die Abklärung ist oftmals nicht sicher möglich, wenn der betreffende Abschnitt wegen Stenosierung schwer oder nicht einsehbar ist.

26.33 Sigmadivertikulose

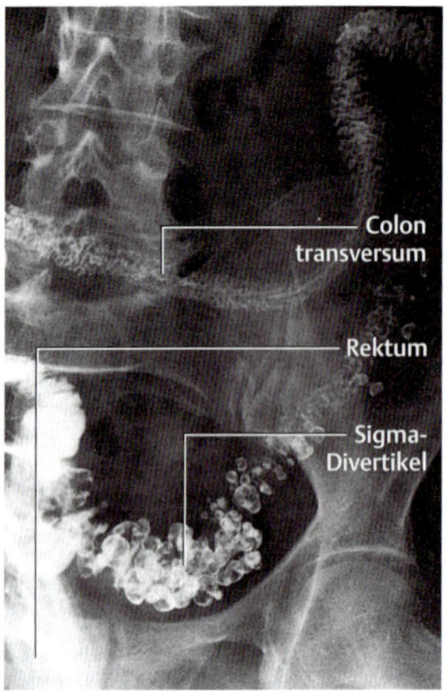

Nach Kolon-Kontrasteinlauf (Barium) stellen sich größtenteils nur noch die kontrastmittelgefüllten Sigma-Divertikel dar.

Bei Perforationsverdacht ist die Koloskopie kontraindiziert. Bei der akuten Sigmadivertikulitis besteht aufgrund der hohen Perforationsgefahr (ca. 1 %) eine relative Kontraindikation.

Zur **Diagnostik der unteren gastrointestinalen Blutung** s. SE 26.19, S. 627.

Therapie: Grundlage der Überlegungen, ob die Erkrankung konservativ oder operativ behandelt werden soll, sind Informationen über den Spontanverlauf der Erkrankung. Zusätzlich sollte das individuelle Risiko des Patienten bei der Indikationsstellung zur Operation und bei der Wahl des Operationszeitpunktes berücksichtigt werden:
Konservative Therapie: Die *Divertikulitis* wird zunächst konservativ behandelt. Die wichtigsten Maßnahmen sind dann „Ruhigstellung" des Darmes durch orale Nulldiät bei freiem Trinken, parenterale Ernährung (zentraler Venenkatheter), systemische Gabe von Antibiotika, Spasmolytika und Laxanzien. Keine Abführmaßnahmen „von hinten": Perforationsgefahr! Nach Abklingen des akuten Schubes Gabe von schlackenreicher, nicht blähender Kost, Vermeidung von Laxanzien.
Die *Divertikelblutung* ist in der Regel zunächst konservativ behandelbar. Nach dem Blutungsereignis sollte nach genauer Lokalisationsdiagnostik und unter guter Darmvorbereitung eine Resektion des erkrankten Bereiches zur Vermeidung von Blutungsrezidiven in Abhängigkeit von Alter und Allgemeinzustand des Patienten in Erwägung gezogen werden.
Eine **prophylaktische Operation** *bei Divertikulose* ist nur in Ausnahmefällen indiziert:

- Bei jungen Patienten mit exzessivem, meist schwach symptomatischem Divertikelbefall,
- bei dialysepflichtigen Patienten als Vorbereitung auf eine Nierentransplantation, da unter immunsuppressiver Therapie ein hohes Risiko von Divertikelkomplikationen besteht.

Indikationen zur **elektiven Operation** sind:

- Ein- oder mehrere *schwere Entzündungsschübe*. Anhaltende oder rezidivierende Beschwerden sind meist Ausdruck einer erheblichen Entzündung. Ein weiteres Entzündungsrezidiv ist zu erwarten. Durch die chirurgische Entfernung des Entzündungsherdes ist eine definitive Heilung bei geringem Operationsrisiko zu erwarten.
- Entwicklung und Persistenz eines entzündlichen *Pseudotumors im linken Unterbauch*. Dieser ist Ausdruck einer stärkeren peridivertikulitischen Entzündung bzw. einer gedeckten Perforation. Durch Abszesspunktion- bzw. -drainage sowie konservative Maßnahmen sollte hier zunächst eine Notoperation vermieden werden. Bei rascher Progredienz ist eine notfallmäßige Laparotomie nicht zu umgehen.
- Eine unsichere differenzialdiagnostische Abgrenzung gegenüber dem *Sigmakarzinom*.
- Bei Spätkomplikationen wie *Fisteln* in Nachbarorgane und *ausgeprägten Stenoseerscheinungen*.

Komplikationen wie die freie Perforation mit Peritonitis die hochgradige Stenose mit Ileusbildung und die nicht sistierende massive Divertikelblutung erfordern eine **Notoperation**.

Operationsverfahren: Die Begrenzung der Resektion auf den makroskopisch-palpatorisch erkrankten Darmabschnitt gilt als Standardverfahren. Bei der Sigmadivertikulitis wird das Colon sigmoideum als Hauptprädilektionsort der Divertikelerkrankung entfernt. Dabei wird die Anastomose im rektosigmoidalen Übergang angelegt. Divertikel in höheren Darmabschnitten (z. B. Divertikel im rechten Hemikolon) sind zwar deutlich seltener, führen aber relativ häufiger zu Komplikationen (s. u.).
Die Wahl des Operationsverfahrens richtet sich nach der Ausgangssituation.
Elektivoperation: Der befallene Darmabschnitt kann *einzeitig* (Resektion mit End-zu-End-Anastomose) entfernt werden. Präoperativ ist eine gründliche Säuberung des Darmes (ggf. durch orthograde Darmspülung) notwendig (s. SE 5.5, S. 110 f). Die Anwendung der laparoskopischen Chirurgie ist in der Elektivsituation akzeptiert (s. SE 6.7, S. 158 ff); sie ist jedoch mit einer Mini-Laparotomie kombiniert: zur Bergung des Resektats und oft zur Vorbereitung der Anastomose.
Operation bei

- gedeckter Perforation (**26.34**) oder
- schwerem Divertikulitisbefund:

Eine exakte präoperative Darmreinigung ist hier oftmals bei fortgeschrittener Stenose oder erheblichem Divertikulitistumorbefund mit gedeckter Perforation nicht möglich. Bei gutem Allgemeinzustand des Patienten kann eine primäre Resektion des betroffenen Darmabschnittes mit Anastomose durchgeführt werden, eventuell unter temporärer Kotableitung durch ein vorgeschaltetes Stoma.

26.34 Perforierte Sigmadivertikulitis

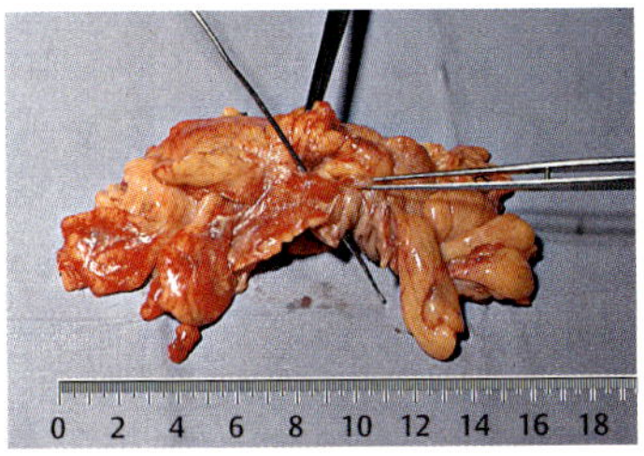

Mit einer Knopfsonde kann die Perforation (nach Aufschneiden des Resektats) dargestellt werden: Die Schleimhaut ist zum Tuch hin gewandt. 50-jähriger adipöser Patient, mit stark entwickelten Appendices epiploicae.

26.35 Sigma-Blasen-Fistel bei Sigmadivertikulitis

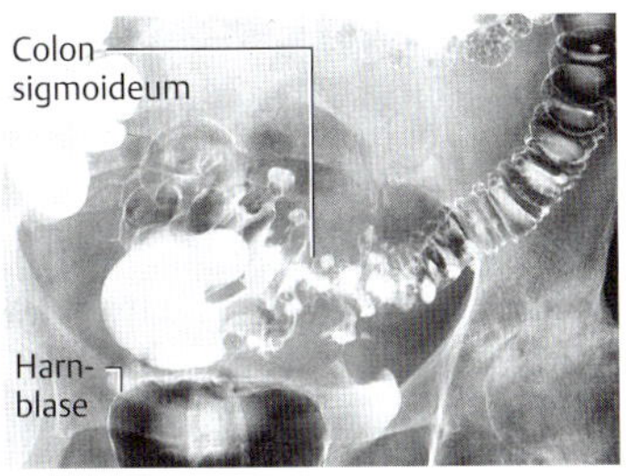

Im Barium-Kontrasteinlauf sieht man zahlreiche Divertikel, ein eng gestelltes Sigma-Segment und die wandbeschlagen-kontrastierte und luftgefüllte Harnblase.

Bei divertikulitisbedingter Sigma-Blasen-Fistel (**26.35**) wird wie üblich das Sigma reseziert und die Fistelöffnung an der Harnblasenrückwand (meist Fundus) exzidiert und zweischichtig vernäht. Der Dauerkatheter bleibt 10 Tage (geöffnet) liegen.

Notfalloperation bei freier Perforation: Es besteht meist eine lokalisierte oder diffusige kotige Peritonitis. Die meist älteren Patienten sind in einem schlechten Allgemeinzustand. Es empfiehlt sich daher ein zweizeitiges Vorgehen, die Diskontinuitätsresektion (*Synonym: Hartmann-Operation*). Das befallene perforierte Kolonsegment wird reseziert (**26.36**).

Der distale blind verschlossene Darmstumpf neigt zur Insuffizienz bzw. Fistelbildung. Er muss intraoperativ gut entleert und gesäubert werden.

26.36 Hartmann-Operation

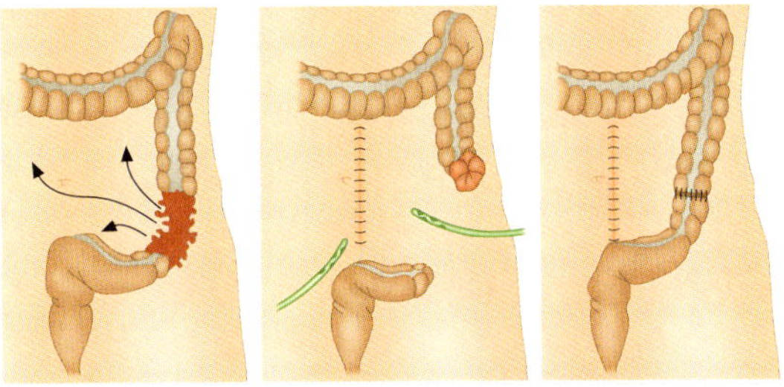

Das proximale Resektionsende wird als Anus praeter ausgeleitet, das distale Ende wird blind verschlossen. Nach sicherem Abklingen der akut entzündlichen Symptome (frühestens nach 6–12 Wochen) wird die Darmkontinuität wieder hergestellt.

Prognose: Die postoperative Letalität liegt bei Elektivoperationen bei ca. 2 %, bei Notfalleingriffen bei 10–20 %. Besteht eine kotige Peritonitis, liegt sie bei 30–50 %. Divertikelrezidive sind nach Resektion bis in den rektosigmoidalen Übergang hinein selten (sie wurden jedoch bei der früher propagierten Quer- oder Längsmyotomie am Sigma zur Herabsetzung des intraluminären Druckes beschrieben).

Rechtsseitige Divertikulose/ Divertikulitis

Bei der symptomatischen Divertikulose sind in Europa 93 % links und 7 % rechts lokalisiert.

Im rechten Hemikolon treten jedoch in mehr als 30 % solitäre Divertikel auf. Im Gegensatz zur Sigmadivertikulose sind meist junge Patienten betroffen (häufiger Männer). Klinisch werden sie entweder durch eine Blutung (70–90 % der Divertikelblutungen) oder durch eine Entzündung apparent, die oftmals nicht von einer komplizierten Appendizitis zu unterscheiden ist (gedeckte Perforation, oft ins Meso hinein). Freie Perforationen sind selten. Eine chirurgische Intervention ist in den meisten Fällen indiziert. Therapie der Wahl ist je nach Lokalisation des Divertikels eine Ileozäkalpolresektion oder eine Hemikolektomie rechts.

In Asien ist die Rechts-Divertikulose signifikant häufiger als in Europa. Gründe hierfür sind nicht bekannt.

26.12 Weitere nicht tumoröse Kolonerkrankungen

Neben der Divertikelkrankheit als häufigster Kolonerkrankung und den entzündlichen Darmerkrankungen treten Fehlbildungen, traumatische und degenerative Erkrankungen des Kolons auf.

Erworbenes Megakolon

Das Megacolon congenitum ist in SE 38.11 (s. S. 848 f) dargestellt. Die erworbenen Formen kommen meist bei entzündlichen Darmerkrankungen vor: vor allem bei Colitis ulcerosa (s. SE 26.4, S. 588 ff) und Morbus Crohn (s. SE 26.3, S. 586 f). Hier müssen das akute Problem des rupturgefährdeten Megakolons und die Grundkrankheit therapiert werden.

Colon elongatum (Dolichokolon)

Definition: Abnorme Länge des Kolons oder einzelner Abschnitte, im Röntgenbild durch spitzwinklige Doppelflintenbildung und Hochstand der linken Flexur zu erkennen.
Ursachen: Meist chronische Rektosigmastenosen nach gynäkologischen Erkrankungen oder entzündlichen Analveränderungen.
Die **Symptome** reichen von unspezifischen Beschwerden über schmerzhafte, chronische Obstipation mit intermittierendem Meteorismus bis zum Subileus. Selten kommt es beim Sigma elongatum zum Sigmavolvulus mit Strangulationsileus (akutes Abdomen wegen ischämisch-infarziertem Colon sigmoideum).
Diagnostik: Sonographie, Kolonkontrasteinlauf, Koloskopie, Analdruckmessung.
Therapie: Eine operative Therapie ist, abgesehen vom akuten Volvulus, nur bei ausgeprägtem Beschwerdebild indiziert. Sie besteht in der Resektion des überlangen Kolonsegmentes mit End-zu-End-Anastomose.

Caecum mobile

Definition: Es handelt sich um ein langes, besonders bewegliches Zäkum. Ursache ist eine embryonale Drehungshemmung (**26.9**).
Synonym: Ligamentum ileocolicum commune
Symptome: Rechtsseitige, oft rezidivierende Unterbauchschmerzen, chronische Obstipation.
Komplikationen: Zäkalvolvulus.
Differenzialdiagnose: Appendizitis.

> **26.9 Pathogenese des Caecum mobile**
>
> Ursache ist eine embryonale Drehungshemmung der fetalen Nabelschleife. Die nur schmal ausgebildete Mesenterialwurzel entspringt unterhalb des Pankreas. Das Colon ascendens verklebt nicht mit der rechts-lateralen Bauchwand, sodass das Caecum und die angrenzenden Abschnitte des Colon ascendens frei beweglich bleiben.

Therapie: Fixierung von Colon ascendens und Zäkum an der hinteren Bauchwand.
Prognose: gut.

Ruptur, Verletzung

Die Kolonperforation kann spontan, traumatisch und iatrogen entstehen.
Spontane Perforation: Ursache ist eine Wandschädigung durch entzündliche, tumoröse oder ischämische Prozesse oder eine lokale Wandüberdehnung bei einem mechanischen Hindernis.
Traumatische Perforation: Sie ist Folge stumpfer, viel häufiger jedoch scharfer Verletzungen, insbesondere bei Pfählungsverletzungen (**26.10**).
Iatrogene Perforation: Rektoskopie/Koloskopie, transanales Einführen eines Darmrohres und versehentliche Läsion bei intraabdominellen Operationen. Besonders „tückisch" sind zweizeitige transmurale Nekrosen, noch Tage nach wandnaher Applikation von Elektrokoagulation, insbesondere bei laparoskopischen Eingriffen (z. B. laparoskopische Adhäsiolyse).
Gemeinsame Klinik aller Perforationen: Frühzeichen ist ein plötzlich auftretender diffuser Bauchschmerz mit rascher Entwicklung eines akuten Abdomens (s. SE 28.1, S. 642 f).
Diagnostik: Anamnese, Klinik, Sonographie, Abdomenübersichtsaufnahme, Kolonkontrasteinlauf mit wasserlöslichem Kontrastmittel.

> Bei Verdacht auf Kolonperforation darf ein Kolonkontrasteinlauf nur mit wasserlöslichem Kontrastmittel durchgeführt werden.

Therapie: Sofortige Laparotomie. Je nach Kolonbefund und Ausprägung der Peritonitis erfolgt eine Übernähung oder eine Resektion des entsprechenden Darmabschnittes, entweder mit primärer Anastomose oder im Sinne einer Hartmann-Situation (s. SE 26.11, S. 611).
Prognose: Je früher eine Kolonperforation erkannt und operiert wird, desto besser die Prognose. Insofern schwanken die Letalitätsziffern zwischen wenigen Prozenten bis über 50 %.

Proktitis

Definition: Akute oder chronische unspezifische Entzündung des Anorektums.
Ursachen: Sie kann allergisch bedingt sein. Ferner können Laxanzien, Medikamente, Antibiotika oder morphologische Befunde (Anorektalprolaps, Hämorrhoiden; s. SE 27.2, S. 630 f) zu entzündlichen Veränderungen füh-

26.10 Pfählungsverletzungen

Pfählungsverletzungen sind scharfe Verletzungen, insb. des Beckens und seiner Weichteile, die durch Sturz auf einen Pfahl oder dergleichen entstehen.
Die **zeigt** das Bild einer analen Pfählungsverletzung mit Zerreißung des Sphinkterapparates. Die Wunde ist stark verunreinigt. Bevor eine Rekonstruktion des Sphinkterapparates elektiv durchgeführt werden kann, muss eine Hartmann-Situation (s. SE 26.11, S. 630) angelegt werden.

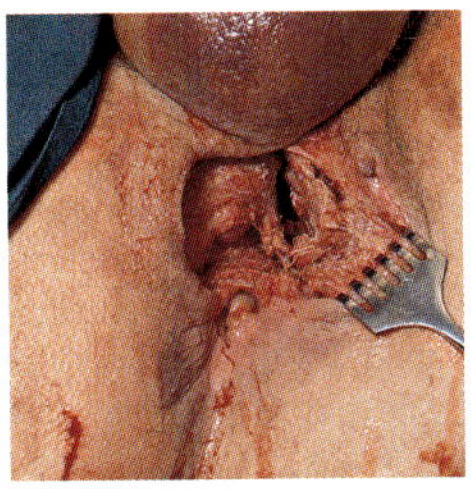

ren. Eine spezifische Proktitis tritt bei entzündlichen Darmerkrankungen (Colitis ulcerosa, Morbus Crohn) sowie bei venerischen Erkrankungen (Lues, Gonorrhö, Lymphogranuloma venerum, AIDS) auf. Eine Sonderform stellt die Strahlenproktitis dar.
Klinik: Juckreiz, Schmerzen, Dyschezie (erschwerter, schmerzhafter Stuhlgang), Tenesmen, Schleim- und Blutsekretion, später relative Sphinkterinkontinenz.
Diagnostik: Proktorektoskopie mit Abstrich und Biopsie.
Therapie: Konservativ. Die Therapie ist abhängig von der zugrunde liegenden Ursache. Je nach Grunderkrankung können neben Kamilleneinläufen und gewürzarmen Diäten die Eliminierung von Allergenen, lokale Steroidapplikationen oder eine Antibiotikatherapie notwendig sein.

Rektumprolaps

Definition: Es handelt sich um einen Vorfall der gesamten Rektumwand durch den Analkanal nach außen.
Der Rektumprolaps ist durch die zirkuläre Anordnung der Schleimhautfalten am prolabierten Darmanteil zu erkennen. Er kann rüsselförmig bis 15 cm weit herausragen. Eine Vorstufe des Rektumprolapses stellt der innere Prolaps dar: Invagination des oberen Rektums in das mittlere oder untere Rektum.

Abzugrenzen ist der Rektumprolaps vom Analprolaps (*Synonym:* Mukosaprolaps, s. SE 27.2, S. 630 f). Hier prolabiert lediglich Analschleimhaut, klinisch erkennbar an der radiären Faltung (**26.37**). Beim Erwachsenen ist der Mukosaprolaps praktisch immer ein Hämorrhoidalprolaps und nach den Regeln dieser Grunderkrankung zu behandeln (s. SE 27.2, S. 630 f).

Der Rektumprolaps zeigt einen zirkulären Faltenverlauf (Bienenkorbmuster), der Analprolaps eine radiäre Fältelung der Schleimhaut.

Die **Ätiologie** des Rektumprolapses ist multifaktoriell: Insuffizienz des M. levator ani, tiefer Douglas-Raum, langes Rektosigmoid sowie schwache seitliche und hintere Fixierung des Rektums an das Sakrum.
Klinik: Der Prolaps selbst verursacht mukoiden Ausfluss und Pruritus. Auf der ödematösen dünnen, leicht verletzlichen Schleimhaut entstehen Ulzerationen, die zu Blutungen führen. Durch chronische Überdehnung des Schließmuskelapparates ist der Rektumprolaps meist mit einer Inkontinenz vergesellschaftet.
Diagnostik: Anamnese, Klinik, proktoskopische und sigmoskopische Untersuchung (beim Herausziehen des Sigmoidoskops lässt sich der Prolaps häufiger provozieren), Kolonkontrasteinlauf (Nachweis eines verlängerten Rektosigmoids, Ausschluss anderer pathologischer Befunde), Defäkogramm („Röntgenkinematographie": unter Röntgendurchleuchtung Simulation einer Defäkation nach transanaler Applikation von Barium-Kontrastmittel).
Therapie: Im akuten Stadium erfolgt die manuelle Reposition. Eine operative Korrektur ist wegen des Fortschreitens der Erkrankung und der starken Beeinträchtigung der Patienten meist indiziert. Es wird unterschieden zwischen *extraabdominellen* und *abdominellen* resezierenden und nicht resezierenden Operationsverfahren. Letztere können sowohl konventionell als auch laparoskopisch durchgeführt werden.
Bei der Wahl des Verfahrens spielen das Alter des Patienten und das operative Risiko eine entscheidende Rolle (**26.11**).

26.37 Vergleich: Rektum- und Analprolaps

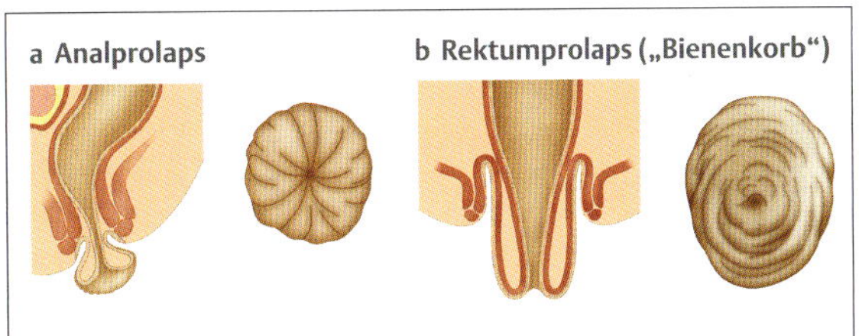

26.11 Wahl des Operationsverfahrens bei Rektumprolaps

Extraabdominelle (z. B. anale Zerklage-) Korrekturen haben eine *hohe Rezidivrate*, können jedoch in Spinal- oder Periduralanästhesie durchgeführt werden. *Indikation:* Patienten in hohem Lebensalter bzw. mit schlechtem Allgemeinzustand.
Aufgrund geringer Rezidivraten hat sich das **transabdominale** Vorgehen (Fixierung des Rektosigmoids mit den Paraproktien am Kreuzbein, ggf. mit alloplastischem Material, und Rekonstruktion des Beckenbodendefektes) durchgesetzt. Bei präoperativ ausgeprägter Obstipation, bei nachgewiesenem Sigma elongatum oder einer Sigmadivertikulitis sollte eine Rektopexie ohne Fremdmaterial kombiniert werden mit einer Kolonresektion. Die Rektopexie bzw. die Kombination aus Rektopexie und Sigmaresektion kann auch laparoskopisch durchgeführt werden.

26.13 Gutartige Kolontumoren

Als Polyp wird jede makroskopisch erkennbare Gewebsvermehrung bezeichnet. Man unterscheidet neoplastische (v. a. Adenome) von nichtneoplastischen Polypen (tumorartige Läsionen ohne erhöhtes Karzinomrisiko). Die meisten Karzinome entwickeln sich aus bestehenden adenomatösen Polypen. Es ist deshalb wichtig, durch Diagnostik rechtzeitig Präkanzerosen zu entdecken und zu behandeln. Dies trifft besonders für die familiär bedingte Polyposisform zu.

Neoplastische Polypen

Pathologische Anatomie: Bei den gutartigen Kolontumoren handelt es sich vorwiegend um polypöse Veränderungen, die von der Schleimhaut ausgehen (Adenome). Seltener sind mesenchymale gutartige Tumoren wie Lipome, Myome oder Neurinome (s. GIST in **26.6**, S. 599).
Es werden tubuläre, villöse und tubulovillöse Adenome unterschieden (**T 26.3**). Das villöse Adenom hat die höchste Entartungstendenz mit über 30 %. Nach dem makroskopischen Bild sind gestielte (**26.38**), breitbasige, zottenförmige, solitäre und multiple Adenome abzugrenzen. Es gibt erbliche und nicht erbliche Adenomatosen.
Adenome sind gutartige (nicht invasiv wachsende) epitheliale Geschwülste. Je größer der villöse Anteil, je schwerer die Dysplasie, um so ausgeprägter ist die Tendenz zur Karzinomentstehung.

Epidemiologie: Das Auftreten gutartiger Adenome ist im Alter häufiger. In industrialisierten Ländern ist mit einer Häufigkeit von 10 % zu rechnen.

T 26.3 Klassifikation benigner polypoider Dickdarmläsionen

Polypenart	*solitär*	*multipel*
neoplastische Polypen		
Adenome	tubuläres Adenom, villöses Adenom, tubulovillöses Adenom	familiäre Adenomatosis coli, Gardner-Syndrom
nicht neoplastische Polypen		
hamartomatöse Polypen	juvenile Polypen	juvenile Polyposis, Peutz-Jeghers-Syndrom
„unklassifizierbare" Polypen	hyperplastische (metaplastische) Polypen	hyperplastische Polyposis
entzündliche Polypen		Pseudopolypen bei Colitis ulcerosa

Symptome: Adenome bleiben lange klinisch stumm. Sie können bluten, Schleim produzieren und maligne entarten. Bei tiefem Rektumsitz erzeugen sie ein Fremdkörpergefühl.

Diagnostik: Nach einer digitalen rektalen Untersuchung erfolgt die Koloskopie (s. SE 6.1, S. 140), bei der die Lage und das Aussehen des Adenoms festgestellt werden.

26.38 Gestieltes Adenom im Colon descendens

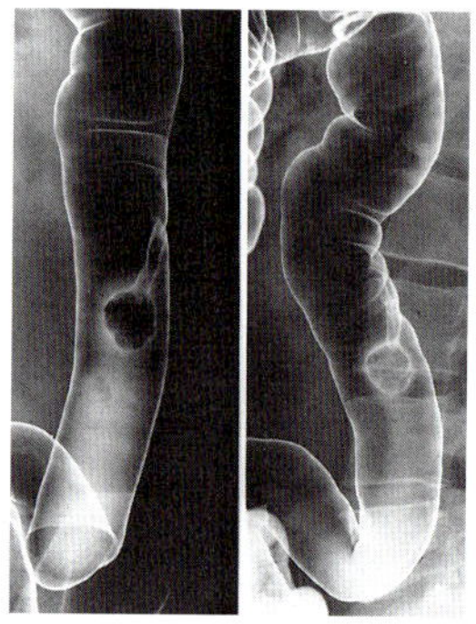

Das Kolon ist bei der Doppelkontrast-Untersuchung luftinsuffliert und durch Spasmolytika weit gestellt. Der Wandbeschlag zeigt den gestielten Polypen in 2 Ebenen, von der Hinterwand ausgehend. Ideale Indikation zur koloskopischen Abtragung. Cave: Nachblutung, da sich im Stiel meist eine kräftige Arteriole befindet.

Zu beachten ist, dass bei Adenomen im distalen Dickdarm bzw. Rektum in 50 % der Fälle synchrone Adenome im proximalen Kolon vorkommen.

Therapie: Jedes Adenom sollte bis zur Basis abgetragen werden. Dies gelingt in der Regel (d. h. bei gestielten Polypen, **26.38**) endoskopisch (s. auch SE 6.2, S. 142): Nach einer Darmreinigung wird der Tumor mit einer *Diathermieschlinge* eingeschnürt und unter Elektrokoagulation abgetragen.
Ist die Basis breiter als 3 cm, ist die komplette endoskopische Abtragung schwierig. Die Entfernung erfolgt dann durch *Kolotomie* (abdominelle Operation).
Breitbasige Adenome im distalen Rektum werden durch eine transanale Resektion entfernt, ggf. mittels **t**ransanaler **e**ndoskopischer **M**ikrochirurgie (TEM).
Ist eine *Karzinominfiltration* nachweisbar, wird eine onkologische Operation ausgeführt (s. SE 26.15, S. 618 f).

! Nach einer Schlingenabtragung muss auf Nachblutungen oder eine Perforation geachtet werden.

Nach koloskopischer Abtragung insbesondere mehrerer Adenome sind regelmäßige Kontrollen erforderlich (weitere Adenomentwicklungen?), bei Adenomen mit hochgradiger Dysplasie und fraglicher R0-Abtragung entsprechend häufiger (Lokalrezidiv?).

Familiäre Polyposis coli

Es handelt sich um eine autosomal dominant vererbliche Krankheit mit einer genetischen Alteration auf Chromo-

som 5, die an insgesamt weniger als 1 % aller Kolonkarzinomen beteiligt ist.
Typisch ist das gleichzeitige Auftreten von mehr als 100 adenomatösen Polypen beim jüngeren Patienten (20–30 Jahre). Die Entartungsrate beträgt 100 %, falls die Polyposis unbehandelt bleibt, d. h. die familiäre Polyposis ist eine Präkanzerose. Die mittlere Lebenserwartung beträgt ca. 40 Jahre.

Die ***Symptome*** entwickeln sich meist schon in der Pubertät. Schleim und Blutabgang und eine Familienanamnese mit Dickdarmkrebs in jüngerem Alter sind wichtigste Hinweise.

Zu bedenken ist jedoch, dass ein Drittel aller Patienten keine familiäre Häufung der Erkrankung aufweist.

Zu verzeichnen sind extrakolische Manifestationen der familiären adenomatösen Polyposis, die als eigene Syndrome eingeteilt werden (**T 26.4**).

T 26.4 Extrakolische Manifestationen der familiären adenomatösen Polyposis

Syndrom	***andere Tumoren/ Symptome***	***Erbgang***
neoplastische Polypen (Adenome)		
familiäre Adenomatosis coli	–	autosomal-dominant
Gardner-Syndrom	Weichteil- u. Knochentumoren	autosomal-dominant
Turcot-Syndrom	Hirntumoren	autosomal-dominant
Zanca-Syndrom	kartilaginäre Exostosen	autosomal-dominant

Diagnostik und Differenzialdiagnose: Die histologische Diagnose der Adenome ist so zu sichern, dass keine Verwechslung mit einer juvenilen Polyposis (keine Präkanzerose), der hyperplastischen Polyposis, einer Pseudopolyposis oder lymphoiden Polyposis möglich ist.
Geschwister und Verwandte sind potenzielle Krankheitsträger und sollten koloskopiert und genetisch untersucht werden.

Die ***Therapie*** der Wahl besteht in einer prophylaktischen Kolektomie, um eine sicher zu erwartende Karzinomentstehung im Kolon zu vermeiden.

Die totale Proktokolektomie mit einem Ileostoma war Therapie der Wahl. Nachteil ist die dauernde Ileostomie. Deshalb sind Modifikationen zu prüfen:

- Kolektomie mit ileorektaler Anastomose. Die letzten 15 cm des Rektums verbleiben und ermöglichen eine Kontinenz. Die Möglichkeit einer Rektumkrebsentstehung in dieser allerdings gut zu kontrollierenden Region bleibt bestehen.
- Totale Proktokolektomie mit Belassen des Analkanals einschließlich Sphinkterapparat und ileoanale Anastomose mit einem Dünndarmreservoir (J-Pouch), s. **26.8**.

Nicht neoplastische Polypen

Es sind hamartomatöse, „unklassifizierbare" und entzündliche Polypen zu unterscheiden (**T 26.3**).
Hamartomatöse Polypen sind angeborene Fehlbildungen von ortseigenem Gewebe. Beim *Peutz-Jeghers-Syndrom* ist neben der Polyposis eine schwere Pigmentierung am mukokutanen Übergang (Lippen, Augen) auffällig. Die Diagnose wird durch Endoskopie und histologische Sicherung gestellt. Zusätzlich können Bronchusadenome, Blasenadenome, Akustikusneurinome und Mamma- oder Ovarialkarzinome vorkommen. Zu den hamartomatösen Polypen zählen außerdem singuläre oder multiple juvenile Polypen sowie das seltene Cowden-Syndrom (Darmhamartome, Lipome, Angiome).
Am häufigsten sind „unklassifizierbare", d. h. **hyper-** und **metaplastische Polypen**. Sie sind breitbasig, meist kleiner als 1 cm und harmlos, v. a. bei Männern mittleren Alters im sigmoideorektalen Übergang.
Inflammatorische Polypen (Synonym: Pseudopolypen) entstehen durch Entzündungsschübe bei einer Kolitis. Sie sind keine Präkanzerose. Die Vergrößerung von Lymphfollikeln führt zu benignen lymphoiden Polypen.

26.12 Nicht epitheliale, gutartige Tumoren

Neurofibrome (s. auch SE 16.2, S. 392 f) können im Rahmen einer von-Recklinghausen-Erkrankung im Dickdarm auftreten. Ausgangspunkt ist der Auerbach-Plexus. Ulzerationen können Blutungen verursachen.
Leiomyome: Sie sind vorwiegend im Rektum lokalisiert. Sowohl Rezidivierung nach unvollständiger Abtragung als auch Blutung und maligne Entartung sind möglich (s. GIST, **26.6**, S. 599).
Hämangiome (s. auch SE 34.6, S. 763) können zu massiven Blutungen führen. Die Diagnostik ist durch die intakte Darmmukosa schwierig. Die selektive Angiographie ist angezeigt.
Lipome (s. auch SE 16.2, S. 392) behindern bei erheblicher Größe die Stuhlpassage.

26.14 Kolon- und Rektumkarzinom

Die Ursachen des kolorektalen Karzinoms sind nicht ausreichend bekannt. Genetische und umweltbedingte Faktoren werden diskutiert. Ein hoher Fettanteil und die damit verbundene Änderung der Gallensäurezusammensetzung werden als Stimulatoren karzinogener Faktoren angesehen. Ausgehend von der Annahme, dass zwischen Ernährung und Entstehung des kolorektalen Karzinoms ein Zusammenhang besteht, werden prophylaktische Ernährungsempfehlungen gegeben:
- **Reduktion des Fettanteils und Kalorienreduktion,**
- **Erhöhung des Ballaststoffanteils auf 30 g/Tag,**
- **Obst und Gemüse sollten täglich zur Ernährung gehören,**
- **Reduktion von geräucherter und gesalzener Nahrung,**
- **Alkoholzufuhr nur in geringen Mengen.**

Die ***Inzidenz*** des Dickdarmkrebs hat sich für beide Geschlechter in den letzten 20 Jahren verdoppelt. Die Stadtbevölkerung ist stärker betroffen als die Landbevölkerung. Der Anteil an allen bösartigen Neubildungen beträgt bei Männern ca. 6%, bei Frauen 8%. Beim Rektumkarzinom beträgt die altersstandardisierte Inzidenzrate/100 000 Einwohner und Jahr bei Männern 15,2 und bei Frauen 10,2. Nordamerika hat die weltweit höchste Inzidenz.

Risikofaktoren für ein kolorektales Karzinom sind (in abnehmender Gewichtung):
- familiäre Polyposis coli (Präkanzerose: ab dem 3. Lebensjahrzehnt ist mit einem Karzinom zu rechnen!),
- adenomatöse Polypen,
- positive Familienanamnese kolorektaler Karzinome oder Kolonpolypen,
- Colitis ulcerosa,
- Morbus Crohn,
- Ureterosigmoidostomie.

Pathologische Anatomie: Das kolorektale Karzinom weist folgende **Wachstumsformen** auf:
- polypös,
- zirkulär stenosierend,
- schüsselförmig ulzerierend,
- diffus infiltrierend.

Die **anatomische Zuordnung**, dabei insbesondere die Abgrenzung des Rektums, ist klinisch wichtig. Das Rektum ist durch Fehlen von Appendices epiploicae und Tänien gekennzeichnet; größtenteils ist es nicht serosiert.

Liegt der Tumor weniger als 16 cm bis zum Analkanal entfernt, wird er als Rektumkarzinom bezeichnet.

Tumoren des Analkanals gehören nicht zu den kolorektalen Karzinomen (s. SE 27.6, S. 640 f).
Histologisch handelt es sich in ca. 90% der Fälle um Adenokarzinome, die in 3 Differenzierungsgraden auftreten („grading"). Differenzierungsgrad 1 bedeutet gut differenziert, und beim Grad 3 handelt es sich um ein prognostisch ungünstiges, schlecht differenziertes Karzinom (**T 26.5**).

Tumorausbreitung: Der Tumor kann bei Überschreiten der Serosa in Nachbarorgane (Dünndarm, Ureter, Blase, Vagina) infiltrieren.

T 26.5 Histologische Typen des kolorektalen Karzinoms

histologischer Typ	*Häufigkeit*
Adenokarzinom	85–90%
muzinöses Adenokarzinom	5–10%
Siegelringzellkarzinom	1%
undifferenziertes Karzinom	1%
Karzinoide (s. SE 19.7, S. 439), Lymphome, Sarkome	< 1%

Neben der lokalen Tumorausbreitung können die regionalen Lymphknoten entlang der arteriellen Gefäße befallen sein. Oft besteht dann eine Lymphangiosis carcinomatosa (L1). Bei Tumorinfiltration in venöse Darmgefäße handelt es sich um eine Hämangiosis carcinomatosa (V1). In diesen Fällen besteht die Gefahr einer Metastasierung in die Leber, später Lunge und selten Skelett.

Klassifikation und Stadieneinteilung:
s. **T 26.6** und **T 26.7**.

Symptome: **Frühsymptome** des kolorektalen Karzinoms sind nicht typisch. Gewichtsverlust, Anämie (durch okkulte Blutung), Meteorismus, kolikartige Schmerzen und Stuhlunregelmäßigkeiten insbesondere bei stenosierend wachsendem Tumor (z. B. Bleistiftstuhl bei Rektumkarzinom bzw. paradoxe Diarrhoe: Neben dem stenosierenden Tumor kommen nur noch dünnflüssige Faeces durch,

T 26.7 Stadieneinteilung nach UICC und Dukes

UICC-Stadium	*Dukes-Stadium**	*T*	*N*	*M*
0	–	Tis	N0	M0
I	**A**	T1, T2	N0	M0
II A	**B**	T3	N0	M0
II B	**B**	T4	N0	M0
III A	**C**	T1, T2	N1	M0
III B	**C**	T3, T4	N1	M0
III C	**C**	jedes T	N2	M0
IV	**D**	jedes T	jedes N	M1

* Diese (ältere) Einteilung nach Dukes wird nur noch selten verwendet.

T 26.6 pTNM-Klassifikation der UICC (1992)

Tis	sog. präinvasives Karzinom: intraepithelial oder mit Infiltration der Lamina propria mucosae (z. B. Adenom mit schwerer Atypie)
T1	Tumor erstreckt sich in die Submukosa
T2	Tumor erstreckt sich in die Muscularis propria
T3*	Tumor erstreckt sich durch die Muscularis propria hindurch in die Subserosa oder in nicht peritonealisiertes perikolisches oder perirektales Gewebe
T4	Tumor durchschreitet das viszerale Peritoneum oder erstreckt sich direkt in andere Organe oder Gewebe
N0	keine Lymphknotenmetastase (Aussage nur erlaubt, wenn zumindest 12 Lymphknoten untersucht sind)
N1*	Befall von 1–3 regionären parakolischen/perirektalen Lymphknoten
N2	Befall von 4 oder mehr regionären parakolischen/perirektalen Lymphknoten
NX	die Minimalerfordernisse zur Beurteilung liegen nicht vor (z. B. keine Lymphknoten am Präparat vorhanden)
M0	keine Fernmetastasen
M1**	Fernmetastasen vorhanden
MX	Fernmetastasen können nicht beurteilt werden

* Ein Tumorknötchen bis 3 mm Größe im perirektalen oder perikolischen Bindegewebe ohne histologischen Anhalt für Reste eines Lymphknotens wird in der pN-Kategorie als regionäre LK-Metastase klassifiziert, wenn die Form und glatte Kontur eines Lymphknotens vorliegt, ansonsten pT-Klassifizierung.
** Eine Fernmetastasierung liegt vor, wenn Tumorgewebe in der Leber oder Lunge gefunden wird, bei Peritonealkarzinose oder bei Lymphknotenmetastasen außerhalb des unmittelbaren Lymphabflussgebietes.

die sich dann sofort entleeren) sind eher unspezifisch. Ein typisches Symptom ist Blut am Stuhl oder Schleimabgang.

Das Leitsymptom des rechtsseitigen Kolonkarzinoms ist die Blutungsanämie, das des linksseitigen Kolonkarzinoms die Stenose.

Jede Stuhlunregelmäßigkeit über 3 Wochen, jeder rezidivierende Bauchschmerz, Blut am Stuhl und Schleimabgang können Symptome eines Karzinoms sein.

Fortgeschrittene Karzinome führen bei Stenosierung zum *Ileus*. Eine *symptomatische Hernie* (bedingt durch den zunehmenden intraabdominellen Druck) kann Zeichen einer tumorbedingten Obstipation sein. Große Rektumtumoren können in Harnblase, Ureter, Vagina oder Sakralplexus infiltrieren.

Diagnostik: **Vorsorgeuntersuchungen** ab dem 40. Lebensjahr mit dem Haemoccult-Test und der rektalen Untersuchung sind zu empfehlen. Ab dem 50. Lebensjahr wird neuerdings (in mehrjährigen Intervallen) eine Koloskopie als Vorsorgeuntersuchung von den Kostenträgern übernommen.

Diagnosesicherung: Die *klinische Untersuchung* umfasst die Palpation des Abdomens, die Beurteilung der Peristaltik und immer die rektale Untersuchung. Das Rektum ist bis 10 cm durch eine digitale Austastung beurteilbar. Die weiteren Rektum- und Dickdarmabschnitte werden mit der *Rekto- und Koloskopie* inspiziert. Von einem pathologischen Befund wird Gewebe (Zangenbiopsie) zur *histologischen Untersuchung* entnommen.

Staginguntersuchungen:

Endosonographie: Bei tief sitzenden Rektumkarzinomen kann die transanale Endosonographie zur Beurteilung der Wandinfiltrationstiefe und zum Erkennen perirektaler Lymphome beitragen.

Sonographie von Leber und Nieren: Sie dient dem hepatischen Metastasenauschluss und dem Nachweis, dass (noch) keine Harnstauung aufgrund einer möglichen Ureterinfiltration vorliegt.

Ist die Endoskopie des gesamten Darmabschnittes nicht möglich, erfolgt eine *Röntgen-Doppelkontrastdarstellung* des Kolons (**26.39**).

In Einzelfällen ist auch eine abdominelle (ggfs. auch thorakale) *CT* notwendig. In der abdominellen CT können sehr gut die Ureteren beurteilt werden, sodass heute, auch bei Rektumkarzinom, kein i. v.-Urogramm mehr notwendig ist.

Die Bestimmung des *Tumormarkers CEA* (**c**arzino**e**mbryonales **A**ntigen) ist nur in ca. 80 % spezifisch, dient aber bei Positivität der Verlaufsbeurteilung (Wiederanstieg bei Rezidiv).

26.39 Colon-descendens-Karzinom

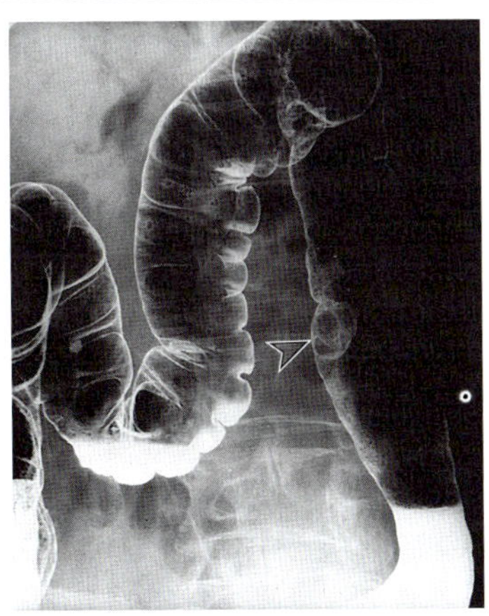

Das relativ kleine Karzinom wächst polypös (Pfeil). 67-jähriger Patient mit allgemeiner B-Symptomatik und positivem Haemoccult-Test. *Therapie:* Hemikolektomie links mit radikaler Lymphknotendissektion.

26.15 Therapie und Prognose des Kolon- und Rektumkarzinoms

Das kolorektale Karzinom ist primär eine lokoregionäre Erkrankung. Eine Heilung des kolorektalen Karzinoms ist nur durch die chirurgische Maßnahme möglich. Konservative Therapieformen wie Bestrahlung, Chemotherapie werden neoadjuvant, adjuvant oder palliativ eingesetzt.

Operationsvorbereitung

Neben der allgemeinen Operationsvorbereitung ist der *Ausschluss von Fernmetastasen* besonders wichtig. Darüber hinaus sind folgende Punkte zu beachten:

- Ausschluss eines bis zu 5 % vorkommenden *Zweitkarzinoms* im Kolon,
- *Bluttransfusionen* bei tumorbedingter Anämie,
- *orthograde Darmspülung:* (s. SE 5.5, S. 110).
- *perioperative Antibiotikaprophylaxe*: s. SE 3.8 (s. S. 60 f).

Therapie

Kurative Resektion:

Ziel: Entfernung des tumortragenden Darmabschnittes mit dem dazugehörigen regionären Lymphabflussbereich, im Sinne einer R0-Resektion, s. auch SE 4.11, S. 94. Je nach Lokalisation des Karzinoms kommen unterschiedliche **Operationsverfahren** zur Anwendung (s. **26.40** und **26.41**). Besonderheiten:

Beim Rektumkarzinom können ca. 80 % der operablen Tumoren *sphinktererhaltend* operiert werden. Voraussetzung ist, dass der distale Tumorpol zumindest 2 bis 4 cm oberhalb der Linea anorectalis liegt. Es erfolgt dann von abdominell her eine „tiefe" Resektion (sog. *anteriore Rektumresektion nach Dixon*), nach Auslösung des gesamten Rektums einschließlich Mesorektum und lateral liegender Paraproktien. Da der Lymphabstrom nach kranial erfolgt, ist nach distal ein Sicherheitsabstand von nur ca. 2 cm notwendig. Abschließend erfolgt die kolorektale oder auch koloanale Anastomose (meist maschinell) mit Erhalt des Schließmuskelapparates.

Bei ganz tief liegendem Rektumkarzinom muss eine *abdominoperineale Exstirpation* erfolgen: Entfernung des Sphinkterapparats einschließlich Analkanal und Anlage eines *endständigen Anus praeter* (s. SE 26.16, S. 620 f) als dauernde Stuhlableitung.

Bei sehr großen Rektumtumoren (T4) ist die *präoperative Radiochemotherapie* zu erwägen, um eine Verkleinerung und damit Resektabilität des Tumors zu erreichen.

Wird präoperativ eine (operable) Metastasierung in die Leber festgestellt, so ist auch eine *radikale Tumorexstirpation* vorzunehmen. In einer zweiten Operation ca. 3–4 Wochen später folgt die *Entfernung der Metastasen* aus der Leber durch eine Leberteilresektion.

Lokale Therapieverfahren: Im distalen Rektum (0–8 cm ab Linea anorectalis) lassen sich Tumoren durch eine *transanale endoskopische Mikrochirurgie (TEM)* entfernen. Eine Endosonographie ist erforderlich, um die Infiltrationstiefe des Tumors zu ermitteln. Diese Resektionsart kommt nur für kleine Tumoren mit hohem Differenzierungsgrad, keiner Lymphknoteninfiltration und geringer Tiefeninfiltration (PT1 low risk G1) in Betracht.

Multiviszeralresektion: Sind Nachbarorgane des Rektums oder Kolons infiltriert, so ist in Einzelfällen die Mitresektion dieser Organe erforderlich, um eine R0-Resektion zu

26.40 Operationstechniken am Kolon und Rektum

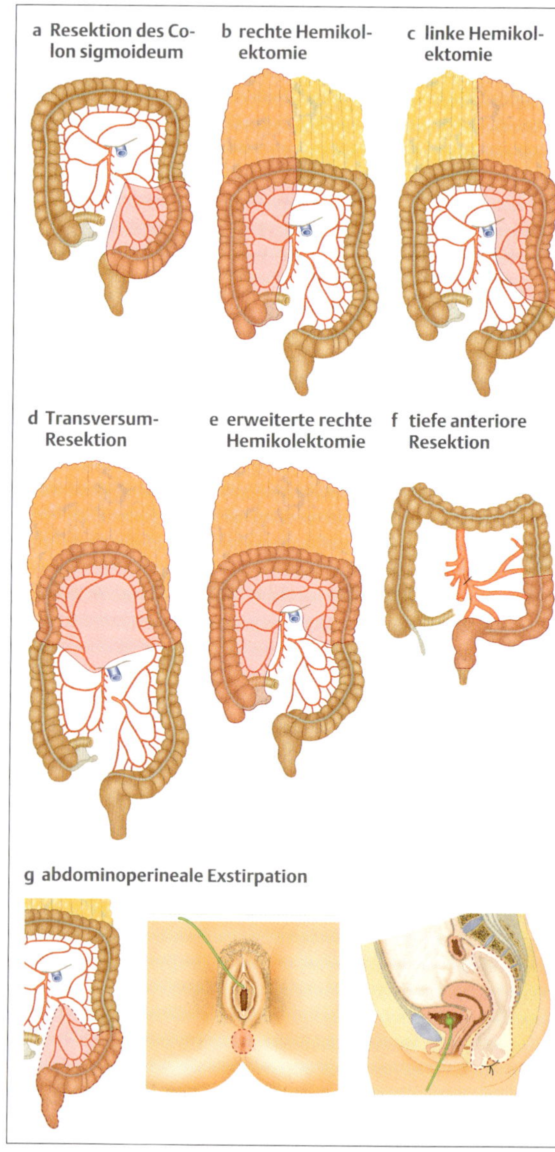

26.41 Sigmakarzinom

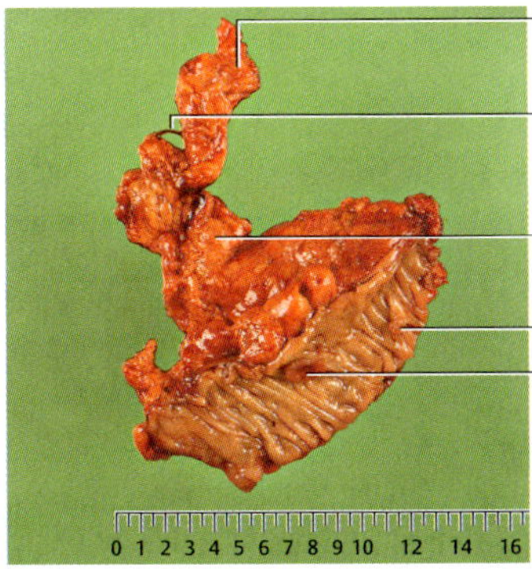

Schüsselförmig wachsendes Karzinom im aufgeschnittenen Sigma. Zusätzlich gestieltes Adenom mit mittelgradigen Dysplasien. Mesosigma mit regionären Lymphknoten. Fadenmarkierung am Absetzungsrand der A. rectalis superior. Weiteres Fett-Lymphknoten-Gewebe entlang der V. mesenterica inferior bis zum Pankreasunterrand herauf.

erreichen. Grundsätzlich sollte dann multimodal therapiert werden.

Minimal invasive Technik: Bei kleinen Tumoren v.a. im Sigma wird heute (unter kontrollierten Studienbedingungen) die Sigmakontinuitätsresektion einschließlich der Lymphknotendissektion auch laparoskopisch vorgenommen. Dennoch ist eine Minilaparotomie zur Bergung des Resektats und zur Anastomosenherstellung notwendig.

Besonderheiten bei der Notoperation: Ca. 10% aller Kolonkarzinome werden notfallmäßig wegen mechanischen Ileus und (seltener) wegen Perforation operiert: Bei Ileus sollte vor der Anastomosierung eine intraoperative Darmspülung erfolgen (s. **5.4**, S. 111), bei Perforation muss wegen der Peritonitis meist nach Hartmann operiert werden (Diskontinuitätsresektion).

Palliative Eingriffe sind bei funktioneller oder onkologischer Inkurabilität angezeigt:

Mit **Resektion eines tumortragenden stenosierenden Darmabschnittes** im Sinne einer Segmentresektion ist die Stuhlpassage wiederherzustellen. Trotz möglicher Fernmetastasen verbessert dieser Eingriff die Lebensqualität des Patienten. Tumorzerfall, Blutung oder Ileus werden so verringert bzw. verhindert.

Bei lokaler Inoperabilität ist eine **Umgehungsoperation** zwischen dem oralwärts und aboral vom Tumor gelegenen Darmabschnitt möglich, um die Darmpassage zu gewährleisten.

Durch eine (transanale) **Kryo- oder Lasertherapie** bei stenosierenden Rektumtumoren kann die Ileussymptomatik vorübergehend beseitigt werden. Auch können heute **Stents** eingelegt werden.

Manchmal ist aber ein vorgeschalteter **doppelläufiger Anus praeter** nicht zu vermeiden.

Adjuvante Therapie: Zur Rezidivprophylaxe ist bei höherem Stadium (s. SE 26.14, S. 616 f) eine zusätzliche Chemo- oder Radiochemotherapie angezeigt.

Eine **Chemotherapie** ist im Stadium III (jedes T, pN1–2, M0) angezeigt. Am häufigsten wird eine Kombination von 5-Fluorouracil (5-FU) und Levamisol eingesetzt und bis 1 Jahr lang durchgeführt.

Beim Rektumkarzinom ist schon im Stadium II eine adjuvante Chemotherapie mit 5-FU angezeigt. Zumindest beim weiter fortgeschrittenen Rektumkarzinom Stadium III wird zusätzlich eine **Radiotherapie** der sakralen Höhle vorgenommen. Die Einzeldosis beträgt 1,8 Gy, 5 mal wöchentlich bis 50 Gy (**adjuvante Radiochemotherapie**).

! Wird intraoperativ eine sich postoperativ anschließende Radiotherapie als möglich erachtet, dann muss operativ-taktisch darauf geachtet werden, dass die Sakralhöhle frei von Dünndarmschlingen ist (Netztransposition und Beckenbodenverschluss!).

Nachsorge: Wichtig ist die Nachkontrolle in einem festen Zeitschema, um Rezidive frühzeitig (noch im asymptomatischen Stadium) erfassen und behandeln zu können: zunächst halbjährlich, ab dem 3. bis zum 6. Jahr nur noch ganzjährig endoskopische Nachkontrolle, Suche nach Lebermetastasen (Sonographie) und Messung der Tumormarker.

Zu beachten sind postoperative Einschränkungen der Lebensqualität, insbesondere nach tiefer Resektion mit koloanaler Anastomose (häufiger Stuhldrang) und nach abdominoperinealer Rektumexstirpation (Einschränkung der sozialen Aktivität, sexuelle Dysfunktion).

Prognose

Die Letalität nach elektiver Operation liegt unter 3%. Die wesentlichen Komplikationen sind Nachblutung, Anastomoseninsuffizienz und mechanischer Ileus (durch Verwachsungen). Bei der Anastomoseninsuffizienz unterscheidet man die frühe von der späten. Bei der frühen (2. – 4. p.o. Tag) ist meist eine Relaparotomie mit Aufhebung der Anastomose notwendig, bei der späten (ab 7. p.o. Tag) kann wegen der zwischenzeitlich erfolgten Abklebung des Drainagekanals zur freien Bauchhöhle häufig unter konservativer Therapie (v.a. parenterale Ernährung) eine Ausheilung erreicht werden.

Die Langzeitprognose des kolorektalen Karzinoms ist abhängig vom primären Tumorstadium, dabei insbesondere vom Lymphknotenstatus und dem Differenzierungsgrad des Tumors. Die erweiterte multiviszerale Resektion ist prognostisch sinnvoll, wenn hierdurch eine R0-Resektion erreicht wird.

Die stadienabhängige 5-Jahres-Überlebenszeit nach radikaler Resektion beträgt im Stadium I für das Kolon- und Rektumkarzinom 90%. Im Stadium III ist eine Überlebenszeit von 40–70% zu erwarten.

26.16 Anus-praeter-Anlage

Als Anus praeter naturalis bezeichnet man das zur Ableitung von Stuhl und Gas durch die Bauchdecken herausgeleitete Darmsegment. Wir verwenden statt Anus praeter auch die international eingebürgerte Bezeichnung „intestinales Stoma", kurz Stoma genannt. Künstliche Darmausgänge sind eine oft nicht vermeidbare Maßnahme in der Darmchirurgie; in den meisten Fällen handelt es sich um Kranke mit einem Krebsleiden.

Indikation

Die Indikation zur Anlage eines künstlichen Darmausganges besteht, wenn eine natürliche, normale unkomplizierte Stuhlpassage über den Analkanal nicht möglich ist, wie z. B. bei

- Neoplasien (mechanischer Dickdarmileus):
  - distales Rektumkarzinom,
  - Tumorpersistenz nach Radiochemotherapie beim Analkarzinom,
  - intraperitoneale Peritonealkarzinose jedwelchen Karzinoms mit hauptsächlicher Obstruktion des distalen Kolons,
- entzündlichen Erkrankungen des Dickdarmes:
  - Colitis ulcerosa (dann oft Ileostoma),
  - komplizierte Divertikulitis,
  - Strahlenkolitis,
- Verletzungen des Dickdarms,
- protektiv oder additiv bei weiter distal gelegener Darmkontinuitätsoperation (Erleichterung der Anastomosenheilung),
- früher Anastomoseninsuffizienz im Sinne einer Hartmann-Situation (notfallmäßig),
- Entfernung des Schließmuskels im Analbereich.

Zeitabhängigkeit

Der Anus praeter (Enterostoma) kann *temporär* oder *dauerhaft* angelegt werden. Bei temporärer Anlage ist für dessen Rückverlagerung („Reanastomosierung") ein intaktes aborales Darmsegment mit erhaltener Schließmuskelfunktion Voraussetzung. Beispiele für eine temporäre Anlage sind notfallmäßige Hartmann-Situationen und ein protektiv-vorgeschaltetes Stoma (z. B. Ileostoma bei ileoanalem Pouch).

Ort der Anlage

Je nach verwandtem Darmsegment unterscheidet man ein Ileostoma oder Kolostoma. Die Anlage des Kolostomas kann am Colon ascendens, transversum, descendens oder sigmoideum erfolgen (**26.42**). Es wird weiterhin unterschieden ein

- doppelläufiges Kolostoma (**26.43**), d. h. ab- und zuführende Schlinge (oralwärtiger und aboraler Darmschenkel) sind ausgeleitet, von einem
- endständigen Kolostoma, welches i. d. R. bei Entfernung des Rektums mit Analkanal und Schließmuskel (abdomino-perineale Rektumexstirpation) angelegt wird.

Wird ein endständiger Anus praeter angelegt und verbleibt der Rektumrest, so wird dieser als sog. Hartmann-Stumpf bezeichnet (**26.44**). Es besteht die Möglichkeit der Rückverlagerung, sodass dann wieder eine natürliche Stuhlpassage erfolgen kann.

Jedes ausgeleitete Darmsegment wird zweireihig in der Bauchdecke verankert: zunächst kombiniert Seromuskularis des Darms, Peritoneum und Faszie, dann Darmwandöffnung und Kutis. Es wird ausschließlich resorbierbares Fadenmaterial verwandt.

26.42 Möglichkeiten der Anus-praeter-Anlage

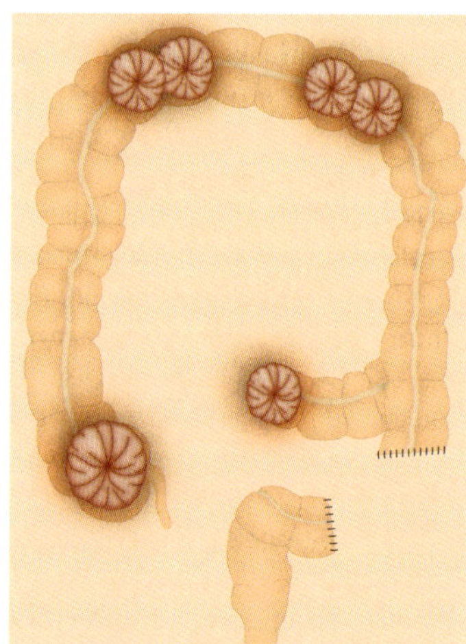

Außer dem endständigen Sigma-Stoma sind als weitere Möglichkeiten doppelläufige links- bzw. rechtsseitige Transversalstomata und ein Zäkostoma dargestellt. Beim Zäkostoma werden die Ränder des geöffneten Zäkum direkt mit der Bauchhaut vernäht. Voraussetzung hierfür ist ein ausreichend bewegliches bzw. mobilisierbares Zäkum.

26.43 Doppelläufiger Anus praeter

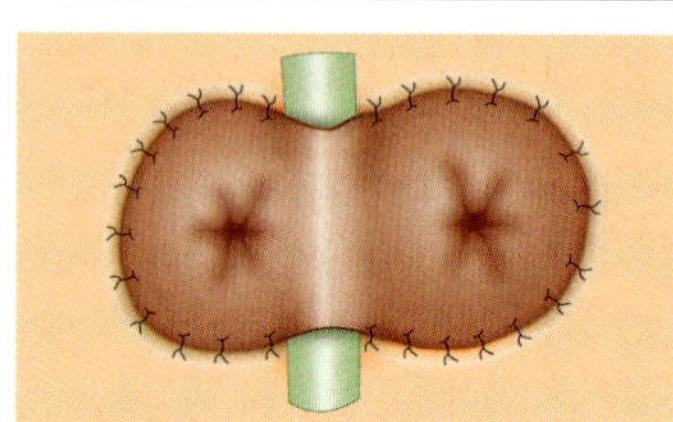

Zwischen Haut und hochgezogenem Darmschenkel liegt für 10–14 Tage ein Kunststoff-Stab („Reiter"), wodurch ein Zurückgleiten des Darms nach abdominell hin verhindert wird.

26.44 Diskontinuitätsresektion nach Hartmann

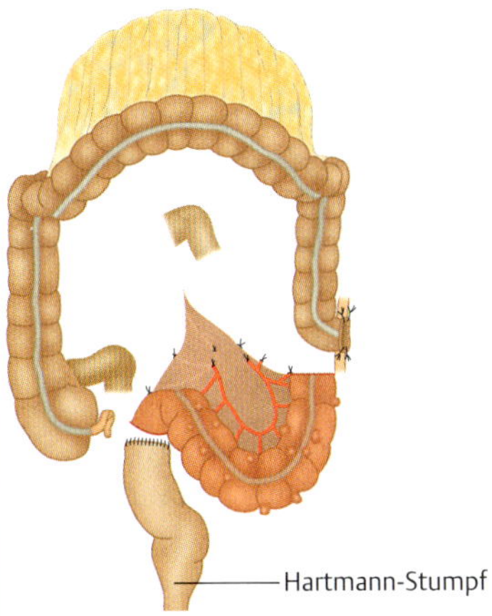

Der distale Schenkel ist intraabdominell verschlossen, der orale Schenkel wird als endständiges Stoma ausgeleitet. Eine Hartmann-Situation ist an allen Darmabschnitten möglich.

Nachsorge

Stomaträgern sollte die Mitgliedschaft in Selbsthilfegruppen (ILCO) empfohlen werden.

Die psychische Belastung durch die Anlage eines künstlichen Darmausganges ist erheblich.

Zur Angst bei einer bösartigen Erkrankung kommt die Furcht, nicht mehr gesellschaftsfähig zu sein. Der Patient muss verinnerlichen, dass ein Kunstafter keine Krankheit ist. Es ist weder eine Beschränkung des normalen Lebens (lediglich Vermeiden schwerer körperlicher oder sportlicher Betätigung) noch eine Reisebeschränkung erforderlich. Die Produktpalette für die Stomapflege erlaubt den Patienten ein Leben in akzeptabler Lebensqualität.

- Es ist wichtig, dass der Patient geschult wird im Umgang mit den technischen Hilfsmitteln: Er muss die Versorgungsvorgänge selbst durchführen,
- eine ausreichende Bevorratung mit Einmalmaterialien wie Stomabeutel, Verbands- und Reinigungsmittel ist notwendig,
- auf die Reinigung, Desodorierung, Beutelversorgung, Hautpflege und Stuhlregulierung (Vermeiden von kohlesäurehaltigen Getränken, Kohl und Hülsenfrüchten) ist zu achten,
- meist ist mit der Zeit eine Irrigation des endständigen Stomas möglich: morgendliche Applikation eines Klysma, dann Abführen in den Stomabeutel hinein, dann Versorgung der Stomaöffnung mittels einer geruchsbindenden Kappe (bis zu 24 Stunden möglich).

Komplikationen

Viele der in **T 26.8** dargestellten Komplikationen erfordern *Korrekturoperationen*, z. B. akut wegen Nekrose des zuführenden Schenkels (unter Spannung eingenäht?, zu starke Skelettierung des entsprechenden Mesos?) oder z. B. elektiv wegen parastomaler Hernie mit Darmprolaps (**26.45**).

Ein Stoma sollte wenn irgend möglich durch den Rektusmuskel hindurch ausgeleitet werden: Die zwingenförmig anliegende Rektusmuskulatur garantiert den besten Halt des Stomas.

26.45 Anus-praeter-Prolaps mit großer parastomaler Hernie

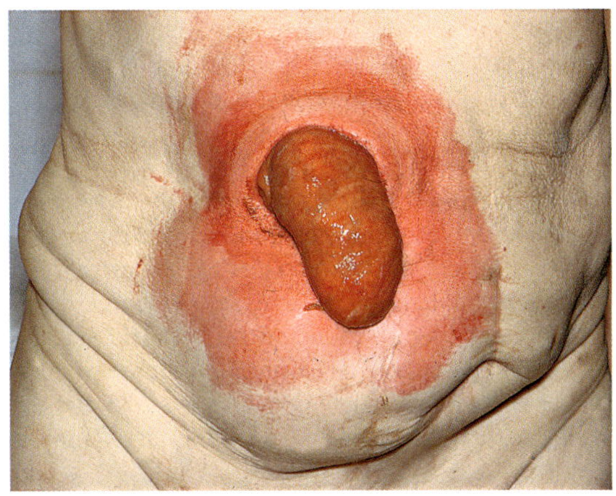

76-jähriger Patient mit endständigem Transversum-Stoma. Die notwendige Operation umfasst die Auslösung des Stomas, die Darmnachresektion, die Versorgung der Bruchlücke und die Anlage des Stomas an einer neuen Stelle.

T 26.8 Komplikationen nach Anus-praeter-Anlage

Vorkommen	*Frühkomplikationen*	*Spätkomplikationen*
häufiger	Schwellung, (Schleimhaut-)-Nekrose, Schleimhautblutungen, Retraktion des Darms von der Haut weg (Dehiszenz) postoperativer Ileus,	peristomale Dermatitis, Infektionen, Stenose, Prolaps, parastomale Hernie, Retraktion, Spätabszess
seltener	Abszess, Fistel	

26.17 Diarrhö und Obstipation: Differenzialdiagnose

Pathologische Veränderungen der Darmtätigkeit können zu einer extremen Beschleunigung der Stuhlpassage (Diarrhö), zu einer Verlangsamung (Obstipation) oder zur kompletten Unterbrechung (Ileus) führen. Ursachen dieser Veränderungen sind eine gestörte Transportfunktion des Darmes sowie eine beeinträchtigte Sekretion und Resorption. Aufgrund nahrungsbedingter und individueller Unterschiede der Stuhlgewohnheiten ist eine exakte Definition von Durchfall und Obstipation nicht sinnvoll. Abklärungsbedürftig sind akut auftretende sowie anhaltende Abweichungen vom bisherigen Stuhlverhalten.

Jede länger als zwei Wochen dauernde Änderung der Stuhlgewohnheiten deutet insbesondere auf eine kolorektale Erkrankung hin und ist abklärungsbedürftig.

Diarrhö

Definition: Häufige (> als 3-mal/Tag) und/oder voluminöse (> 300 g/Tag) Defäkationen von verminderter Konsistenz.

Pathophysiologie: Die Ursache für eine Durchfallerkrankung kann entweder in einer **Dünndarmerkrankung** liegen, die zu einem verstärkten Flüssigkeitseinstrom führt (Überlaufdiarrhö), in einer organischen **Kolonerkrankung** (Verminderung der resorbierenden Oberfläche nach Kolonresektion, verminderte Resorption durch Erkrankung der Kolonmukosa) oder in einer gestörten Kolonfunktion, die zu einer Passagebeschleunigung mit oder ohne Hemmung der Wasserresorption führt.
Klinisch unterscheidet man akute und chronische Diarrhöen (T **26.9**). Die **akuten** sekretorischen Diarrhöen sind meist durch Infektionskrankheiten oder Durchfall erzeugende Medikamente ausgelöst. **Chronische** Diarrhöen, d. h. Durchfall, der mindestens 3 Wochen bestehen bleibt, kann organisch oder funktionell bedingt sein. Die häufigste Ursache für einen chronischen Durchfall ist das irritable Kolon.

T 26.9 Ursachen der Diarrhö

Einteilung	*Ursache*
akut	• Infektionskrankheiten (viral, bakteriell, mykotisch, parasitär), • Medikamenteneinnahme (Antibiotika, Zytostatika etc.)
chronisch: • organisch (Malassimilation)	• Maldigestion bei Pankreaserkrankungen oder enterokolischen Fisteln, • Malabsorption bei – primären und sekundären Dünndarmerkrankungen (Morbus Crohn, Colitis ulcerosa, Zöliakie, Z. n. Magen-/Darmresektion, Tumoren), – Medikamenteneinnahme, endokrine Erkrankungen
• funktionell	• Colon irritabile

Diagnostik (s. auch internistische Lehrbücher):
Anamnese: Medikamenteneinnahme, Nahrungsmitteleinnahme, Auslandsaufenthalte, Art des Durchfalls, Gewichtsverlust, Schmerzen (T **26.10**),
Stuhluntersuchung: Menge, Geruch, Farbe, Konsistenz, pathologische Beimengungen (Blut, Schleim, Eiter), Stuhlkulturen, Haemocculttest,
sonstiges: Inspektion der Analgegend, rektodigitale Untersuchung, **Proktorektoskopie**, Rektalabstrich, **Koloskopie** mit Schleimhaut-PE, evtl. Dünndarmkontrastdarstellung nach Sellink, Gastroskopie, **Pankreas-Funktionstests**.

Therapie: entsprechend der Grundkrankheit und symptomatisch mit schlackenreicher Kost, Spasmolytika, evtl. Sedativa.

T 26.10 Anamnese bei chronischer Diarrhö

Symptome	*Hinweis auf...*
guter Allgemeinzustand, Gewicht konstant, gelegentlich geformter Stuhl	funktionelle Störung
Blut-, Eiterbemengung	organische Störung
Stuhlvolumen erhöht, Stuhlfrequenz erniedrigt	Dünndarmerkrankung
Stuhlvolumen unverändert, Stuhlfrequenz erhöht, Tenesmen	Dickdarmerkrankung

Reizkolon (Colon irritabile)

Das Colon irritabile ist differenzialdiagnostisch wegen seiner Abgrenzung zu entzündlichen oder tumorösen Kolonerkrankungen bedeutsam.
Klinik: Jahrelang dauernder Wechsel von Obstipation und Durchfall, krampfartige Bauchschmerzen und Meteorismus stehen im Vordergrund. Die Durchfälle werden durch psychische Belastungen ausgelöst. Trotz anhaltender Durchfälle tritt kein Gewichtsverlust auf.
Diagnostik: Sie entspricht der der Diarrhö.

Die Diagnose „Reizkolon" darf erst gestellt werden, wenn organische Befunde ausgeschlossen sind.

Obstipation

Eine Obstipation ist anzunehmen bei einer seltenen Defäkation (< 2-mal/Woche), bei harter Stuhlkonsistenz und bei reduzierter Stuhlmenge (< 200 g/Tag). Es werden unterschieden die **akute Obstipation**, meist durch ein mechanisches Hindernis verursacht, und die **chronische** bzw. **rezidivierende Obstipation**, meist funktionell-habituell. Die zu einer *funktionellen Obstipation* gehörenden Beschwerden wurden auf einer Konsensuskonferenz im Rom als *Rom-II-Kriterien* zusammengefasst: Während mindestens 12 Wochen der vorhergehenden 12 Monate kontinuierlich oder wiederholt mehr als 25 % der Zeit …

- starkes Pressen beim Stuhlgang,
- klumpiger oder harter Stuhl,
- Gefühl der inkompletten Entleerung,
- manuelle Manöver zur Erleichterung der Defäkation (manuelle Ausräumung, Stützen des Beckenbodens),
- Gefühl der anorektalen Obstruktion/Blockierung,
- weniger als 3 Defäkationen pro Woche.

Ätiologie: Die wichtigsten Ursachen sind in **T 26.11** zusammengefasst. Es liegt entweder eine verzögerte Dickdarmpassage oder ein gestörter Defäkationsmechanismus vor. Letzterer wird auch als rektale Obstipation bzw. Dyschezie bezeichnet.

T 26.11 Ursachen der Obstipation

Einteilung	***Ursachen***
gestörte Dickdarmpassage	• ballaststoffarme Kost, • mechanische Ursachen (Entzündungen, Tumoren), • neurologische /neuromuskuläre Erkrankungen, • medikamentös-toxische Ursachen, • psychiatrische Erkrankungen (und viele der hierbei eingesetzten Medikamente), • Stoffwechselerkrankungen
gestörter Defäkationsmechanismus	• Erkrankungen des Analkanals

Das Ausmaß der ***Diagnostik*** ist abhängig von der Anamnese, vom Alter des Patienten, von der Dauer der Beschwerden und vom Vorhandensein von Begleitsymptomen.

Wichtig zur Differenzierung zwischen einer chronisch habituellen und einer organisch bedingten Obstipation ist die Frage, ob sich die Stuhlgewohnheiten ohne Änderung des Lebensstils verändert haben.

Eine langsame stetige Zunahme der Symptomatik, Blutbeimengungen im Stuhl und Gewichtsverlust sind Hinweise auf eine organische Erkrankung.
Die klinischen und apparativen Untersuchungen entsprechen denen der Diarrhö. Die wichtigsten Schritte zur Abklärung sind in **26.46** dargestellt.

26.46 Diagnostisches Vorgehen bei Obstipation

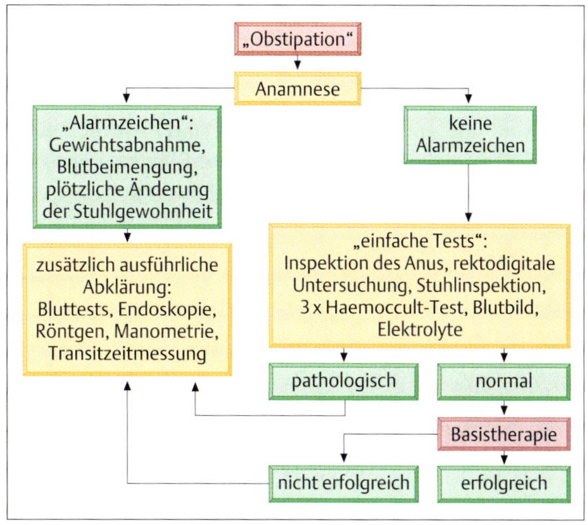

Die akut eingetretene anhaltende Obstipation und die chronische Diarrhö verbunden mit Gewichtsabnahme, Störungen des Allgemeinbefindens und pathologischen Stuhlbeimengungen basieren meist auf einem chirurgisch zu behandelnden Krankheitsbild.

Die ***Therapie*** hat die subjektive Beschwerdefreiheit des Patienten zum Ziel. Bei organischer Störung erfolgt die Therapie der Grunderkrankung.
Basistherapien bei chronisch habitueller Obstipation sind ausreichende Flüssigkeitszufuhr, vermehrte Bewegung, Verminderung der Unterdrückung des Stuhlganges und ballaststoffreiche Ernährung. Evtl. müssen in einem **zweiten Schritt** Quellmittel oder Laxanzien verabreicht werden. **Operative Maßnahmen** (z. B. subtotale Kolektomie, Kolonsegmentresektion) sind nur in ganz seltenen Fällen nach Ausschöpfen aller konservativer Maßnahmen indiziert!

Dyschezie

Synonym: rektale Obstipation
Es handelt sich um eine erhebliche Störung der anorektalen Entleerung. Der Defäkationsreflex wird hierbei entweder durch schmerzhafte anorektale Erkrankungen (Analfissur, Abszess, prolabierter Hämorrhoidalknoten) unterdrückt oder es besteht eine Beckenbodendysfunktion mit der Folge einer Stuhlverhaltung im hypomotorischen Rektosigmoid.

Klinik: Drückende, krampfartige abdominelle Schmerzen, Völlegefühl, Meteorismus und in der Folge auch eine Zunahme der Analerkrankungen bei erhöhtem Bauchpressen und Dehnung des Analkanals durch die verhärtete Kotsäule.

Therapie: Behandlung der Grunderkrankung.

26.18 Teerstuhl und anorektale Blutung: Differenzialdiagnose

Teerstuhl und anorektale Blutungen sind Ausdruck einer gastrointestinalen Blutung (GIB). Grundsätzlich wird zwischen der oberen OGIB (ca. 90 % der Blutungen), der eine Blutungsquelle bis zum Treitz-Band zugrunde liegt, und der unteren UGIB (ca. 10 % der Blutungen) unterschieden. Erstere macht meist geringe Probleme in der Diagnostik. Mithilfe der Endoskopie kann fast jede Blutungsquelle gesichert werden. Die Lokalisation einer UGIB erfordert oftmals eine ausgedehnte Diagnostik.

Der ***Aspekt*** der peranalen Blutung gibt schon Hinweise auf die Blutungsquelle (**26.47**). **T 26.12** zeigt die häufigsten Ursachen einer GIB im Magen-Darm-Trakt.

T 26.12 Ursachen der peranalen Blutung

Lokalisation	*Ursache*
Magen	Varizen, Ulcus ventriculi/duodeni, Gastritis erosiva, Tumoren, Mallory-Weiss, Angiodysplasie
Duodenum	Ulcus duodeni, Divertikel, aortoduodenale Fistel (**26.48**)
Dünndarm	Meckel-Divertikel, Tumoren, Invagination, Angiodysplasie, unspezifische Ulzera
Dickdarm	Divertikel, Angiodysplasie, Morbus Crohn, Colitis ulcerosa, Tumoren, ischämische Kolitis
Rektum/Anus	Tumoren, Adenome, Hämorrhoiden, Ulkus, Fissur

26.47 Hinweise auf die Lokalisation einer GIB

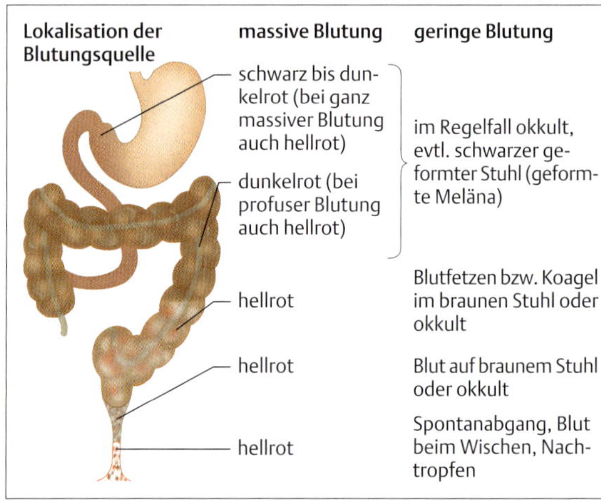

26.48 Blutende aortointestinale Fistel

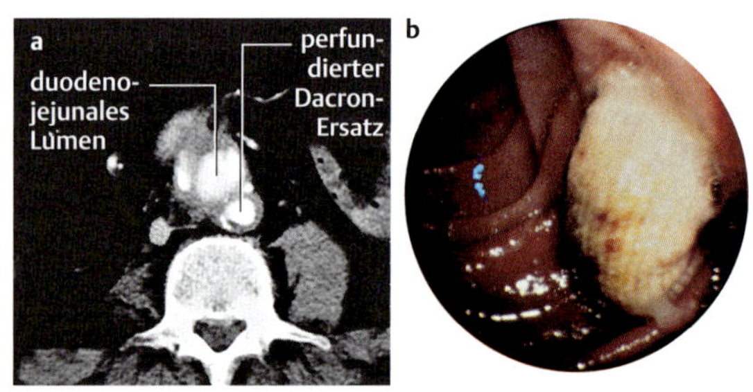

Stationäre Aufnahme wegen akuter UGIB (mit Entzündungszeichen), 4 Jahre nach aortobiiliakaler Dacron-Protheseninterposition wegen infrarenalem Bauchaortenaneurysma.
a In der CT ist die Aorta bzw. der Dacron-Ersatz perfundiert mit sofortiger Kontrastmittel-Füllung des duodenojejunalen Lumens, beweisend für eine aortointestinale Fistel.
b Die nochmals durchgeführte *tiefe* Duodenoskopie (bis ins Jejunum) zeigt die ins Lumen hineinpenetrierte Dacron-Prothese. *Rekonstruktion:* Verschluss der intestinalen Öffnung, Exstirpation allen Kunststoffmaterials und Anlage beidseitiger axillofemoraler (extraanatomischer) Bypässe.

Definitionen:
Hämatemesis (Synonym: Bluterbrechen): Wenn das Blut sofort erbrochen wird, ist es hellrot; wenn Magensäure auf das Blut einwirken konnte, ist es kaffeesatzähnlich. *Differenzialdiagnose:* Hämoptoe (Synonym: Hämoptyse, d. h. Bluthusten; s. auch SE 29.2, S. 664 f).
Meläna (Synonym: Blutstuhl): Hier werden folgende Arten unterschieden:
Teerstuhl: schwarzer, glänzender, klebriger Stuhl. Die Schwarzfärbung erfolgt durch Hämatinbildung (meist bei OGIB) oder durch bakterielle Umwandlung des Blutes im Kolon bei verlängerter Darmpassage.
Hämatochezie: hellroter peranaler Blutabgang. Der anale Abgang von frischem Blut weist in der Regel auf eine distale Kolon-, Rektum- oder Analblutung hin, kann aber auch bei Blutungen aus höheren Darmabschnitten beobachtet werden (z. B. bei beschleunigter Darmpassage oder sehr massiver Blutung).
„Himbeergeleestuhl": dunkelroter peranaler Blutabgang. Bei Blutungen im Bereich des unteren Ileums (z. B. Meckel-Divertikel) tritt charakteristischerweise ein mit frischem Blut vermischter Teerstuhl auf.

Eine Schwarzfärbung des Stuhles kann auch bei Medikamenteneinnahme (Eisen, Kohlepräparate) erfolgen. Teerstuhl färbt zugegebenes Wasser rot, durch Medikamente oder Nahrungsmittel verfärbter Stuhl nicht.

Ausprägungsgrad der Blutung:
Massive peranale Blutung: Blutung, die zur Aufrechterhaltung der Hämoglobinkonzentration mehr als zwei Erythrozytenkonzentrate pro Stunde oder mit einem

Schockindex von mehr als 1 (= Herzfrequenz/systolischer Blutdruck) einhergeht.

! Bevor eine Lokalisationsdiagnostik erfolgen kann, muss bei der massiven Blutung eine Notfalltherapie (Schockbekämpfung, Kreislaufstabilisierung) erfolgen: Legen mehrerer großlumiger Verweilkanülen, Infusionstherapie und Blutgabe, evtl. Intubation, Magensonde.

Subakute peranale Blutung: Peranale Blutung geringeren Ausmaßes. Das diagnostische Vorgehen unterscheidet sich nicht von dem der massiven peranalen Blutung.
Okkulte Blutung: Sie wird oftmals erst wegen pathologischer Blutwerte (Hämoglobinwert und Serum-Eisen erniedrigt, Hypochromie der Erythrozyten) und eines Leistungsknickes der Patienten bemerkt. Häufigste Ursache sind Tumoren.

Symptomatik: Leitsymptome sind:
- Anämie,
- Blässe, Schwindel, Abdominalschmerz,
- Teerstuhl,
- Meläna.

Die akute GIB kann zur Kreislaufdysregulation bis hin zum Volumenmangelschock führen, die chronische GIB fällt meist durch Blässe, Anämie und einen positiven Haemoccult-Test auf.

Diagnostik:
Klinische Diagnostik: Die Abschätzung der *Blutungsintensität* ist in **T 26.13** dargestellt. Häufigkeitswahrscheinlichkeit, Blutungsrichtung, -heftigkeit und -farbe, Schmerzlokalisation, Anamnese und Alter des Patienten sowie Analinspektion und rektodigitale Untersuchung geben erste Hinweise auf den *Blutungsort*.
Laboruntersuchungen: Hämoglobinwert, Erythrozyten-, Thrombozyten-Bestimmungen und Gerinnungsuntersuchungen müssen veranlasst werden. Sie haben alleine nur geringe diagnostische Bedeutung. Zusammen mit dem klinischen Bild lässt sich jedoch die Blutungsintensität abschätzen und eine Risikobeurteilung vornehmen.
Die **Lokalisationsdiagnostik** erfolgt nach einem Stufenkonzept (**26.49**):
Kommt ein Patient mit Symptomen der gastrointestinalen Blutung zur Aufnahme, wird nach Anamnese und klinischer Untersuchung bei Verdacht auf eine **OGIB** (Teerstühle und/oder Bluterbrechen = Hämatemesis) zuerst eine Ösophagogastroduodenoskopie durchgeführt. Zeigen sich hier blutende Bezirke (z. B. bei Angiodysplasie, s. SE 26.19, S. 627), so wird die Blutung endoskopisch gestillt. Findet sich keine Blutungsstelle, erfolgt im weiteren die Diagnostik wie bei **UGIB**.
Bei Verdacht auf UGIB (Hämatochezie, Himbeergeleestuhl) erfolgt zunächst eine Proktorektoskopie, danach eine Koloskopie. Sie sollte, wenn es die Gesamtsituation des Patienten erlaubt, nach entsprechender Vorbereitung (orthograde Darmspülung, s. **5.3**, S. 111) durchgeführt werden.
Kann mit diesen Untersuchungen noch keine Diagnose gestellt werden, so sollten sich bei akuter Blutung eine CT und selektive Angiographie der A. mesenterica sup. und inf. anschließen (**26.50**).

! Die Angiographie kann eine Blutungsquelle ab einer Blutungsstärke von mehr als 0,5 ml/min nachweisen.

Lässt sich auch mithilfe von CT und selektiver Angiographie in der anhaltenden Blutung keine Blutungsquelle nachweisen, muss der Patient explorativ laparotomiert

26.13 Abschätzung der Blutungsintensität

Blutungsintensität	*Symptome, Substitutionsbedarf*
chronische Blutung	1–2 Erythrozytenkonzentrate/Monat oder positiver Haemoccult-Test
akute Blutung	Blutdruckabfall, Hämoglobinabfall, Schockzeichen
kritische Blutung	> 4 Erythrozytenkonzentrate/Tag
massive Blutung	> 6 Erythrozytenkonzentrate/Tag

26.49 Diagnostisches Vorgehen bei GIB

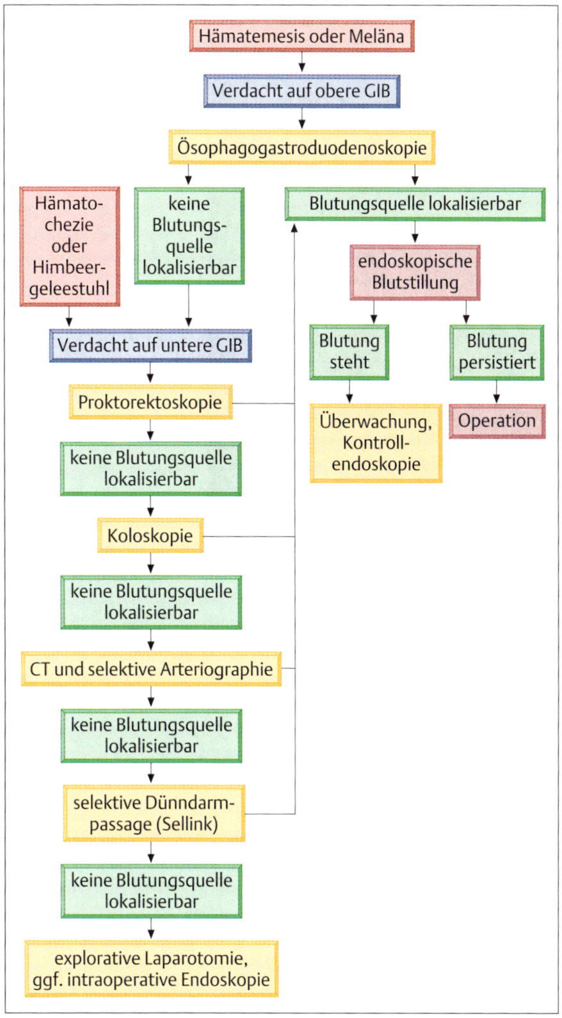

26.50 Blutendes Ulcus jejuni

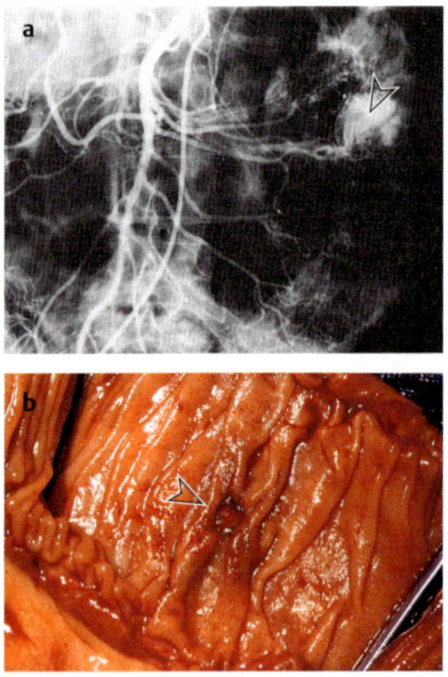

Stationäre Aufnahme wegen akuter UGIB (ohne Entzündungszeichen). Gastroskopie und Koloskopie waren ohne Befund.
a Angiographie (A. mesenterica sup.) mit intraluminaler Kontrastierung im Bereich des proximalen Jejunum (Pfeil).
b Längs aufgeschnittenes OP-Präparat: Auch histologisch handelt es sich um ein unspezifisches Ulcus jejuni mit Arrosion eines arteriellen Gefäßes (Pfeil).

werden, ggf. mit intraoperativer Endoskopie. Eine explorative Laparotomie ohne die vorgenannte Diagnostik ist nur bei massiver gastrointestinaler Blutung indiziert.
Die Erythrozytenszintigraphie mit ^{99}Tc-markierten Erythrozyten hat heute wegen CT und Angiographie kaum noch einen Stellenwert.

Therapie:
Bei nachgewiesener Blutungsquelle: Je nach zugrunde liegendem Krankheitsbild erfolgt eine endoskopische Blutstillung oder eine operative Therapie. Dabei ist die *endoskopische Blutstillung* (Laser-Koagulation, Fibrinkleber, Sklerosierung) anzustreben (**26.49**). Die *operative Therapie* entspricht bei nachgewiesener Blutungsquelle meist einer Resektion des entsprechenden Darmabschnittes.
Findet sich ein Polyp als Ursache der peranalen Blutung, so kann dieser meist endoskopisch mit einer Schlinge abgetragen werden. Koloskopisch entdeckte Angiodysplasien können elektro- oder laserkoaguliert werden. Auch wenn die Rezidivblutungsgefahr groß ist, kann doch wertvolle Zeit gewonnen werden, um den Patienten auf die (kausale) Operation vorzubereiten.

Im Dünndarm erfolgen Segmentresektionen, im Dickdarm meist Hemikolektomien (s. **26.40**, S. 618). Bei entzündlichen Darmerkrankungen muss das Resektionsausmaß der Aktivität und Ausdehnung der Entzündung Rechnung tragen (s. SE 26.3, S. 586 f).
Bei unbekannter Blutungsquelle: Kann mit o. g. diagnostischen Maßnahmen keine Blutungsquelle erfasst werden, so muss bei hoher Blutungsintensität eine explorative Laparotomie erfolgen. Das Therapiekonzept muss sich hier nach dem intraoperativen Befund, dem Zustand des Patienten und der Blutungsstärke richten. Findet sich bei der explorativen Laparotomie nur Blut im *Dickdarm*, stehen die Hemikolektomie rechts (Hauptlokalisation der Angiodysplasie) und die subtotale Kolonresektion zur Diskussion (**26.13**).
Besonders schwierig ist die Situation, wenn sich im *gesamten Dünn- und Dickdarm* Blut befindet und mithilfe der intraoperativen Endoskopie mit transluminaler Diaphanoskopie die blutenden Bezirke nicht lokalisiert werden können. Hier hilft nur die Anlage evtl. mehrerer Stomata, um so postoperativ die Blutungsquelle (indirekt) lokalisieren zu können. Dann kann der entsprechende Darmabschnitt gezielt reseziert werden.

26.13 Wahl des Operationsverfahrens bei Dickdarmblutung

Die Rezidivblutungsgefahr ist bei der subtotalen Kolektomie geringer; gleichzeitig ist aber die postoperative Lebensqualität der meist alten Patienten auch stärker eingeschränkt (Diarrhö) als bei der rechtsseitigen Hemikolektomie. Die Letalität liegt zwischen 20–35 %, verbunden mit einer hohen Morbidität.
Ein differenziertes Vorgehen ist daher sinnvoll: Ist intraoperativ ein blandes Kolon ohne Divertikelbildung nachweisbar und befindet sich der Patient in einem guten Allgemeinzustand, so sollte eine *Hemikolektomie rechts* erfolgen. Ist der Patient aber in schlechtem Zustand und/oder findet sich eine ausgeprägte Divertikulose, sollte eine *subtotale Kolektomie* durchgeführt werden, um dem Patienten eine Rezidivblutung und operative Revision zu ersparen.

Die ***Letalität*** der massiven peranalen Blutung ist hoch und schwankt zwischen 25–45 %. Ursächlich hierfür sind, neben der großen Anzahl von Risikofaktoren der häufig betagten Patienten, die schwierige Lokalisationsdiagnostik und die oft zu spät einsetzende chirurgische Therapie.

Nur eine konsequente Diagnostik und eine rasche (möglichst einzeitige) Therapie können die hohe Letalität der UGIB senken.

26.19 Angiodysplasie

Die Angiodysplasie ist neben der Divertikulose die häufigste Ursache von Darmblutungen im Erwachsenenalter. Ihre Inzidenz stieg in den letzten Jahren infolge verbesserter Diagnostik und Zunahme des Lebensalters stark an.

Definition: Bei der Angiodysplasie des Intestinums handelt es sich um eine mukös und/oder submukös gelegene fokale Gefäßüberschussbildung, meist infolge arteriovenöser Kurzschlussverbindungen. Sie kann im gesamten Intestinum vorkommen.

Ein typisches angiographisches Zeichen ist aufgrund der a. v.-Fistel die frühe Venendarstellung.

Synonyme: arteriovenöse Malformation, vaskuläre Dysplasie, vaskuläre Ektasie.

Epidemiologie und Einteilung: Nach Ursache und Lokalisation werden 4 Typen unterschieden (**T 26.14**). Die Angiodysplasie Typ I wird vorwiegend bei Patienten über 70 Jahre, hier vor allem im Zäkum und im rechten Hemikolon gefunden (**26.14**). Die Inzidenz (ca. 3 %) kann höher liegen, da ein Großteil der Patienten asymptomatisch ist und die Angiodysplasie nur schwer bei Routineautopsien gefunden wird. Der Dünndarm ist vornehmlich bei kongenitalen Formen befallen (Typ II). Die Angiodysplasie des Magens und Duodenums ist selten (Inzidenz ca. 1 %).

Symptome: Oftmals verläuft die Angiodysplasie asymptomatisch. Hauptsymptom ist die akute oder chronische gastrointestinale Blutung (s. SE 26.18, S. 624 ff), insbesondere unter (therapeutischer) Antikoagulation jedwelcher Indikation.

Diagnostik: Neben der **Diagnosestellung** ist die **Lokalisationsdiagnostik** für die Therapieplanung von entscheidender Bedeutung (s. SE 26.18, S. 625).

Differenzialdiagnostisch kommen alle mit einer gastrointestinalen Blutung einhergehenden Erkrankungen in Betracht.

Therapie: Therapiebedürftig sind nur die symptomatischen Formen.

Bei **diffuser Angiodysplasie** sollte versucht werden, die Blutung endoskopisch zu stillen (Laser, Elektrokoagulation, Thermosonde, Sklerosierung); es besteht eine hohe Rezidivblutungsrate! Die chirurgische Therapie ist hierbei problematisch und sollte sich auf die Patienten beschränken, bei denen die endoskopische Therapie versagt (s. SE 26.18, S. 626).

Lokalisierte Angiodysplasie: Nach erfolgreicher Lokalisationsdiagnostik wird der befallene Darmabschnitt in üblicher Weise reseziert. Aber auch hier wird heute zunehmend eine endoskopische Verödung vorgenommen.

Prognose: Die Letalität des Krankheitsbildes ist aufgrund des Patientengutes (hohes Alter, multiple Risikofaktoren) hoch. Sie kann nur gesenkt werden durch konsequente Diagnostik und rasche (möglichst einzeitige) Therapie.

T 26.14 Einteilung der intestinalen Angiodysplasie

Typ	*Definition*	*Vorkommen*
I	erworbene submuköse arteriovenöse Malformation	im rechten Hemikolon (intraoperativ nicht sichtbar, **26.51**)
II	kongenitale vaskuläre Harmartie	Dünndarm (intraoperativ eher sichtbar, **26.52**)
III	Morbus Osler (hereditäre hämorrhagische Teleangiektasie; s. **34.2**, S. 765)	Magen, Ileum, Zäkum (intraoperativ meist sichtbar)
IV	sekundäre vaskuläre Malformation	bei entzündlichen, fibrosierenden und malignen Erkrankungen

26.14 Ätiologie der Angiodysplasie Typ I

Die Ätiologie ist nicht eindeutig geklärt. Es handelt sich vermutlich um erworbene Gefäßektasien. Dafür spricht das fast ausnahmslose Auftreten bei älteren Patienten. Als Hauptursache wird eine partielle intermittierende Obstruktion submuköser Venen an ihrer Durchtrittsstelle durch die muskuläre Darmwand angesehen. Durch Muskelkontraktion des Darmes werden die submukösen Venen temporär komprimiert und dilatieren. Diese Dilatation der Vene wird schließlich irreversibel und dehnt sich auch auf Venolen und Kapillaren aus. Am Ende kommt es zur submukösen Ausbildung von arteriovenösen Fisteln, die eine erhöhte Vulnerabilität aufweisen und bluten können.

26.51 Angiodysplasie Typ I (rechtes Hemikolon)

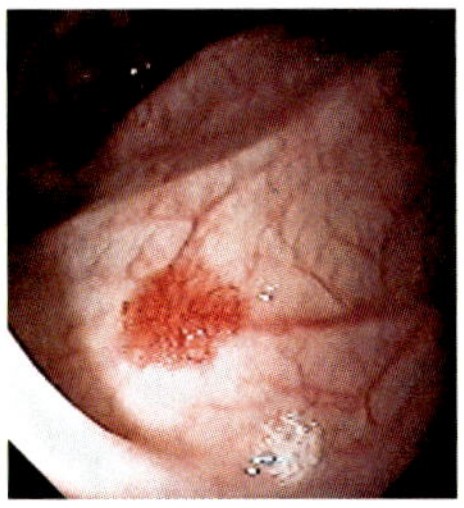

Typischer koloskopischer Aspekt einer submukös liegenden und aktuell nicht blutenden Angiodysplasie (zentrale Arteriole mit radiär auslaufenden Gefäßen). Alter Patient mit Kolonkarzinom, die Angiodysplasie ist ein Nebenbefund.

26.52 Angiodysplasie Typ II (distales Ileum)

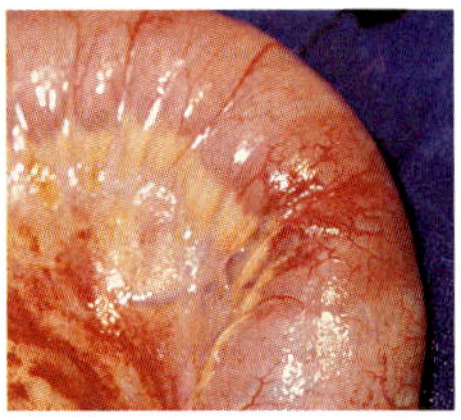

33-jähriger Patient mit massiver unterer Gastrointestinalblutung (angiographisch verifiziert). Intraoperativ zeigt sich die Angiodysplasie auch von außen mit erweiterten zu- und abführenden Gefäßen am mesenterialen Ansatz.

27.1 Analkanal: Anatomie und Physiologie

Der Analkanal ist der Übergang des Magen-Darm-Trakts zur äußeren Haut. Er ist mit seinem hochkomplizierten Verschlusssystem für die Stuhlkontinenz verantwortlich. Er misst maximal 4 cm (bei der Frau meist etwas kürzer) und erstreckt sich von der Durchstrittsebene des Rektums durch den M. levator ani bis zum äußeren Analrand.

Anatomie

Unter dem viszeralen *Zylinderepithel* im **oberen Drittel** des Analkanals (letzter Zentimeter der Rektumampulle) liegen geknäuelte arteriovenöse Kurzschlussverbindungen, welche die Schleimhaut vorbuckeln: die Hämorrhoidalkissen, bzw. das Corpus cavernosum recti (**27.1**). Dieser anorektale Schwellkörper ist in „Ruhe" zum Feinverschluss des Sphinkerapparates arteriell gefüllt. Es folgt eine ca. 10 mm lange Übergangszone, in der der Analkanal von einem Übergangsepithel ausgekleidet ist (embryonale Grenze zwischen Ento- und Ektoderm). Diese Zone des Übergangsepithels ist zu längs verlaufenden Falten aufgeworfen: den *Columnes anales*. An der unteren Grenze des Übergangsepithels laufen die Falten zusammen. Zwischen ihnen entstehen nach oben geöffnete kryptenartige Taschen und Papillen, die eine Klappenfuntion erfüllen. Diese Kryptenlinie heißt **Linea dentata** bzw. **Linea anorectalis.** An der linea dentata münden 8–10 Proktodealdrüsen. Ca. 20 % dieser Drüsen verlaufen mehr oder minder durch die Sphinkteren, die bei Infektion die Quelle von perianalen Abszessen und Fisteln sind.

27.1 Frontalschnitt durch den Analkanal

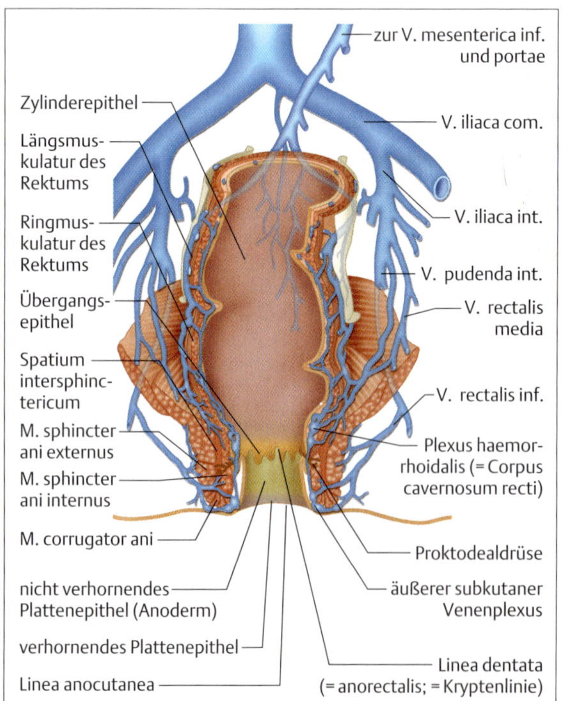

Distal der Linea dentata beginnt das sehr sensibel versorgte, nicht verhornende Plattenepithel des eigentlichen Analkanales, welches in Höhe der Linea anorectalis in das verhornende Plattenepithel der Perianalhaut übergeht (mit Hautanhangsgebilden, von denen wiederum Abszesse ausgehen können).

Muskelmantel des Analkanals: Der wichtigste Schließmuskel liegt knapp oberhalb des Analkanales (in Höhe der Durchtrittsebene des Rektums durch den Beckenboden): der **M. puborectalis**, der U-förmig eine Schlinge hinten um das Rektum legt und dadurch den Darm in einem Winkel von 120 Grad nach ventral zieht. Er kann gut bei einer rektodigitalen Untersuchung dorsal getastet werden. Er ist Teil des muskulären Beckenbodenverschlusses, des sog. **M. levator ani** (M. puborectalis, M. pubococcygeus, M. iliococcygeus, M. ischiococcygeus). Die letztgenannten 3 Teile ziehen den Darm nach dorsal. Die Muskeln komprimieren gemeinsam den Analkanal. Der M. levator ani wird durch direkte Äste aus dem Plexus sacralis versorgt.
Ab hier (nach distal) verdickt sich die (innere) glatte Ringmuskulatur der Rektumwand und bildet den **M. sphincter ani internus**, der bis zum Analrand reicht. Er ist der eigentliche (unwillkürliche) Verschlussmuskel des Analkanals und ist dauerkontrahiert. Er wird über die Nn. splanchnici pelvini, sakrale Fasern des Parasympathicus und Nn. splanchnici sacrales, Sympathikusfasern aus dem sakralen Grenzstranganteil, innerviert.
Weiter außen folgt nun der somatische, quer gestreifte **M. sphincter ani externus**. Auch dieser Muskel befindet sich in Dauerkontraktion, da rektale Dehnungsrezeptoren über einen Spinalreflex eine basale Kontraktion bewirken. Diese tonische Dauerkontraktion kann für maximal 60 Sekunden gesteigert werden, um z. B. peristaltische Wellen abfangen zu können. Der Muskel wird, wie auch die Analhaut, von Ästen des N. pudendus, den Nn. rectales inferiores, versorgt. Zwischen M. sphincter ani externus und internus liegt die intersphinktere Schicht.
Die (äußere) glatte Längsmuskulatur der Rektumwand setzt sich ab Beginn des M. sphincter internus aber auch nach distal weiter fort: als gemischt viszeral-somatischer Muskel („conjoined longitudinal muscle"). Fasern dieses Muskels verlaufen durch die Mm. sphincter ani internus et externus und fixieren und septieren sie so. Entlang dieser Septen können Fisteln verlaufen. Nach distal hin endigt dieser Muskel als M. canalis ani und (subkutan) als M. corrugator cutis (= ani).

Gefäßversorgung: Das Rektum wird von der A. rectalis superior (aus A. mesenterica inferior) versorgt, der Analkanal, die Sphinktermuskulatur und der M. levator ani von der A. rectalis inferior (aus A. pudenda interna). Zwischen beiden Gefäßen gibt es reichlich Anastomosen. Der venöse Abfluss des Analkanals verläuft entsprechend über die Vv. rectales inferiores in die V. pudenda interna bzw. auch nach außen in die Leistengegend.

Nervale Versorgung: **Afferenzen:** Nervale Rezeptoren, die Berührungs-, Druck- und Reibungssensationen vermitteln, finden sich besonders in der Wand des oberen Analkanals. Hiermit kann auch die Stuhlkonsistenz diskriminiert werden. Zudem finden sich im M. levator ani Dehnungsrezeptoren, die den Füllungszustand des Rektum perzeptieren und den „rektoanalen Reflex" einleiten (s. u.). Die Afferenzen werden über den N. pudendus zum ZNS geleitet.
Efferenzen: Der M. sphincter ani internus erhält Fasern aus den sakralen Fasern des Sympathikus und Parasympathikus. Sie laufen mit den autonomen Nervensystem des Rektum zu ihrem Erfolgsorgan. Der quer gestreifte M. puborectalis sowie der M. sphincter ani externus werden durch den N. pudendus (aus dem Plexus sacralis: S2-/S3-Wurzeln) innerviert.

Lymphatischer Abfluss: Er spielt für die Ausbreitung von Karzinomen eine wichtige Rolle. Der obere Analkanal drainiert nach kranial in die Nn. lymphatici iliaci int. an der A. iliaca int. und so über paraortal bis hinauf zum Truncus coeliacus. Die unteren Abschnitte des Analkanals und die Analhaut drainieren über die Fossa ischiorectalis in die Leistenlymphknoten.
Die vom Übergangsepithel des oberen Analkanals ausgehenden kloakogenen Karzinome metastasieren daher sowohl nach retroperitoneal als auch in die Leistenlymphknoten, die vom mittleren und unteren Teil des Analkanales ausgehenden Plattenepithelkarzinome vornehmlich in die Leistenlymphknoten.
Zur Beschreibung von Erkrankungen des Analkanals wird die Steinschnittlage zugrunde gelegt (s. SE 6.8, S. 164). Eine Lokalisation erfolgt nach der Uhrzeigerstellung.

Nachbarschaftsbeziehungen zu vom Anorektum her palpierbaren Organen: Bei der rektodigitalen Untersuchung können, abgesehen von Wandveränderungen des Rektums und Analkanals (Neoplasien und Abszesse), folgende Nachbarorgane beurteilt werden: Douglas-Raum (Abszess?), M. puborectalis, Portio uteri, Vaginalhinterwand, Prostata, ventrale Wand des Os sacrum und Os coccygeum, M. sphincter externus (Lücken?) etc.

Physiologie

Insgesamt sind folgende Strukturen an der Kontinenzerhaltung beteiligt:

- das Rektum mit Reservoirfunktion und mit Dehnungsrezeptoren in der Schleimhaut,
- der anorektale Winkel durch den Zug der Puborektalisschlinge nach ventral,
- die submukösen Hämorrhoidalkissen zur Erhaltung der Feinkontinenz (kein „Schmieren"),
- die Krypten der Linea dentata, die eine Klappenfunktion haben,
- der sensibel innervierte distale Analkanal,
- die viszeral und somatisch innervierte Sphinktermuskulatur mit dem M. levator ani.

27.2 Defäkationsvorgang

rektale Füllung
↓
Wahrnehmung der rektalen Dehnung
↓
rektoanaler Inhibitionsreflex
↓
Wahrnehmung der Stuhlkonsistenz („sampling")
↓
Stattgeben des Defäkationsdrangs bei sitzender oder hockender Haltung
↓
erhöhter intrarektaler und intraabdomineller Druck
↓
Erschlaffen des M. puborectalis und der Sphinkteren
↓
Defäkation

Die **Defäkation** geschieht durch willkürliche Erschlaffung des M. sphincter ext. und M. levator ani (**27.2**). Die Bauchpresse und kolorektale Peristaltik schieben den Stuhl vor, sodass der M. sphincter internus durch den Druck der Stuhlsäule aufgedehnt wird und aufgrund seiner plastischen Eigenschaften eröffnet bleibt: rektoanaler Reflex. Die Funktion der Proktodealdrüsen entspricht einem Gleitmittel bei der Defäkation (Schmierung des Analkanals).

Pathophysiologie

O. g. Strukuren sind Ausgangspunkt verschiedener proktologischer Erkrankungen. Die wichtigsten sind:

- Das Corpus cavernosum recti kann sich knotig umwandeln und so zu Hämorrhoiden werden.
- Die Proktodealdrüsen sind Ausgangspunkt „perianaler" Abszesse und Fisteln.
- Der Verlust von Analhaut führt zu einer sensorischen Inkontinenz.
- Ein Dammriss 3. Grades und andere Läsionen der Sphinkteren oder des M. puborectalis können (z. B. durch Einriss des M. sphincter externus) zur motorischen Inkontinenz führen.
- Eine Neuropathie führt wegen Degeneration des N. pudendus zu einer gemischt sensorisch/motorischen Inkontinenz.
- Der in Höhe der Linea anocutanea gelegene venöse Gefäßkomplex kann zu perianalen Hämatomen führen.

27.2 Hämorrhoiden mit Analprolaps

Das Hämorrhoidalleiden ist eine der häufigsten Erkrankungen des Menschen überhaupt: 50 % aller über 50-Jährigen haben stadienorientierte Symptome des Hämorrhoidalleidens. Die Prognose ist bei ebenfalls stadienorientierter, sachgerechter Therapie gut.

Definition: Im *deutschen* Sprachraum wird als Hämorrhoide die Hyperplasie des arteriell gespeisten anorektalen Schwellkörpers bezeichnet. Dieser erfüllt die Funktion der Feinkontinenz, indem er Stuhlschmieren verhindert. Krankheitswert erlangen Hämorrhoiden erst bei entsprechenden Symptomen.

Die angloamerikanische Medizin unterscheidet innere von äußeren Hämorrhoiden. In unserem Verständnis gibt es nur (die inneren) Hämorrhoiden (= anorektaler Schwellkörper in Höhe des Linea dentata) und den äußeren subkutanen Venenplexus (s. **27.1**).

Ätiologie: Die Erkrankung ist in den westlichen Zivilisationen eine Volkskrankheit, in ländlichen Gegenden Afrikas unbekannt. Ursache hierfür ist der niedrige Anteil an Ballaststoffen in unserer Nahrung, der ursächlich erhöhte Tonus des anorektalen Schließmuskels und die sozial bedingte unphysiologische Unterdrückung der Defäkation.

Pathophysiologie: In **27.1** (s. S. 628) ist ersichtlich, dass der anorektale Schwellkörper sein Blut durch den M. sphincter ani internus und durch die Rektumwand in die Vv. haemorrhoidales drainiert.

Ist der muskuläre Tonus erhöht, kommt es zum venösen Rückstau und damit zu Hämorrhoiden. Weitere Folgen des erhöhten Tonus sind Fissuren und Fisteln/Abszesse.

Durch diesen Rückstau (**27.1**, S. 628) kommt es zur Fibrose des interstitiellen Plexusgewebes und somit zur knotigen Umwandlung dieser Polster (Hämorrhoiden). Die das Polster an den M. sphincter ani internus fixierende glatte Muskulatur reißt ein (M. canalis ani), und der Knoten prolabiert vor den Anus (permanent oder beim Pressen).
Neben dem erhöhten Muskeltonus gibt es weitere Ursachen für die venöse Abflussstörung: Kompression der Venen durch Stuhlverhalt im Rektum und starkes bzw. anhaltendes Pressen während der Defäkation.

Es besteht keine Beziehung zwischen portaler Hypertension und Hämorrhoidenerkrankung.

Symptomatik: Die Hämorrhoidalsymptome erlauben eine pathophysiologisch definierte Gradeinteilung:
Grad 1: Die *perianale Blutung* tritt üblicherweise nach Absetzen von hartem Stuhl als hellrote Blutbeimengung am Toilettenpapier oder auf dem Ende der Stuhlsäule auf (Verletzung der ödematösen Schleimhaut). Bisweilen kommt es zu tropfenden bzw. spritzenden hellroten Blutungen aus den blutgestauten Polstern (Wandarrosion des Corpus cavernosum recti).
Grad 2: Hier tritt die Blutung in den Hintergrund. Führendes Symptom ist der *passagere Prolaps* von einem oder mehreren Hämorrhoidalknoten vor den Anus während der Defäkation und deren Spontanreposition. Dieser Zustand geht mit perianalen *Schmerzen* und einem *unspezifischen Druckgefühl* einher.
Seltener kommt es zu einer **akuten** (inneren) **Hämorrhoidalthrombose** mit heftigen, akut nach der Defäkation einsetzenden Schmerzen. Ein solcher Hämorrhoidalknoten kann der Inspektion von außen entgehen.
Grad 3: Wenn die Hämorrhoidalknoten *permanent prolabiert* sind, so besteht ein mehr oder weniger großer **Analprolaps**. An Beschwerden herrschen die Folgen der Schleimsekretion vor: *Pruritus ani, Pruritus der Perianalhaut, Stuhlschmieren.*

Komplikationen:
Stuhlgewohnheiten: Patienten mit einem Hämorrhoidalleiden haben ausgedehnte Defäkationszeiten.
Anämien: Durch rezidivierende Blutungen meist Mangeleisenanämie. Seltener massive Blutungen mit schwerem Hb-Verlust.
Die **perianale Dermatitis** wird durch die Schleimsekretion bei Hämorrhoiden Grad 3 und/oder durch mangelhafte Analhygiene bedingt.

Die ***Diagnose*** eines Hämorrhoidalleidens erfolgt durch **Inspektion** der Analregion (**27.3a**).
Proktoskopie: Das Proktoskop wird mit einem Führungsstab bis in das distale Rektum vorgeschoben und unter Sicht langsam zurückgezogen. Hämorrhoiden Grad 1–2 wölben sich an den typischen Stellen bei 3, 7 und 11 Uhr in Steinschnittlage in das Lumen des Proktoskopes vor.

27.3 Befunde bei Hämorrhoidalleiden

a Hämorrhoiden Grad 3 **b** Analstenose nach Hämorrhoidektomie

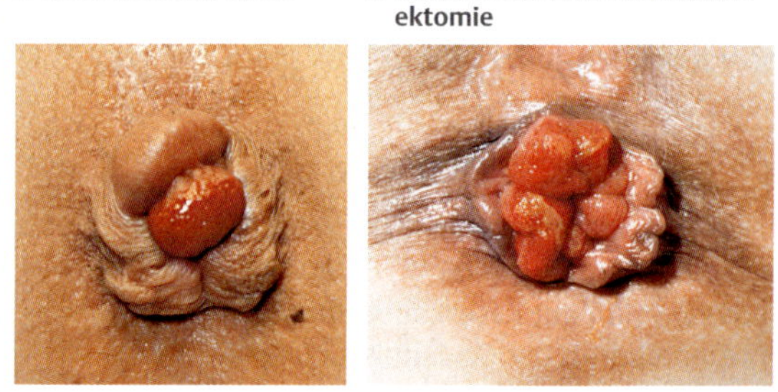

❗ Blutbeimengungen zum Stuhl oder perianale Blutabgänge verpflichten den Arzt, trotz vorhandener Hämorrhoiden eine **Koloskopie** zu veranlassen, um ein kolorektales Karzinom auszuschließen.

Differenzialdiagnosen: Anal-, Rektumkarzinom, Mariske, Analfissur, Condylomata acuminata.

Basistherapie für alle Stadien: Wenn bei dem Patienten eine Obstipation besteht, so ist der Nahrung ein **Faseranteil** von 20–30 g zuzusetzen, am besten in Form von Weizenkleie.
Sitzbäder können bei nachgewiesenem erhöhtem Sphinktertonus Hämorrhoidalbeschwerden lindern.
Suppositorien und Salben: Suppositorien müssen mit einer Gaze bestückt werden, um sie im Analkanal zu halten. An topisch wirkenden Substanzen werden folgende Wirkstoffe verwendet:
Steroide lindern den Pruritus ani, können jedoch perianal zu Atrophie und Pilzbefall führen,
Lokalanästhetika zur Behandlung von Schmerzen,
Adstringentien wirken ebenfalls schmerzstillend.
Die **Sklerosierungsbehandlung**, bei der 0,3 ml Polidocanol submukös in den Knoten gespritzt wird, ist wirksam in 90 % der Fälle bei Hämorrhoiden Grad 1 und 60 % der Fälle bei Hämorrhoiden Grad 2. Durch die fibrotische Reaktion wird der Hämorriodalknoten auf die Unterlage fixiert und schrumpft sekundär bzw. prolabiert nicht mehr.
Mögliche *Komplikationen:* Ulzerationen, Rektosigmoidnekrose bei Injektion in eine Rektalarterie.
Gummibandligatur: s. **27.4**.
Indikation: Grad 1 und Grad 2.
Komplikationen: Seltene, aber schwerste, bisweilen tödlich verlaufende Infektionen im Beckenbereich (pelvine Sepsis).

Hämorrhoidektomieverfahren:
Nach Milligan-Morgan:
Indikation bei Hämorrhoiden Grad 2 und 3.
Prinzip (**27.5**): Exzision des Hämorrhoidalknotens unter Mitnahme der durch den Prolaps überdehnten Analhaut, damit das Sekret, das durch Reparationsvorgänge entsteht, abfließen kann (sog. Gabriel-Drainagedreieck). Zwischen den längsgerichteten Abtragungsstellen muss jeweils mindestens 1 cm Analschleimhaut stehen bleiben, um eine Analstenose (**27.3b**) zu verhindern. *Rezidive* können nicht entstehen, jedoch können sich sog. Satellitenknoten weiterentwickeln (dann erneute Hämorrhoiden-Operation).
Akute (innere) Hämorrhoidalthrombosen sollten wegen der Schmerzen und der drohenden Schleimhautnekrose als aufgeschobener Notfall erfolgen. Die konservative Therapie wird weniger empfohlen.
Neuerdings wird die **„Staplerhämorrhoidektomie nach Longo"** empfohlen. Hierbei wird lediglich die Hämorrhoiden tragende Schleimhaut unter Belassung der Analhaut durch ein Klammernahtgerät reseziert. Über die langfristigen Erfolge kann noch nicht geurteilt werden.

27.4 Gummibandligatur

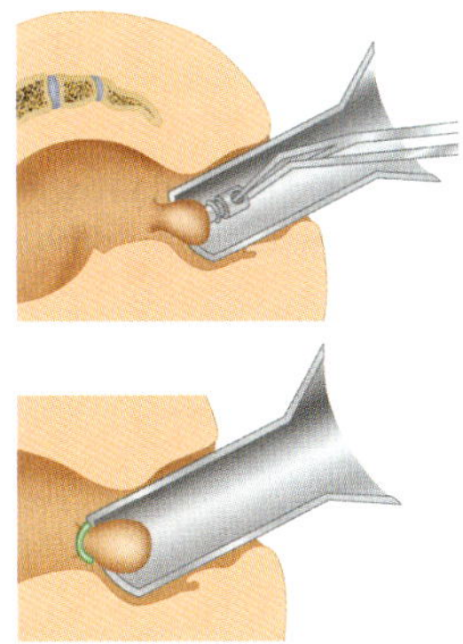

Bei dieser Technik wird der Knoten in einen Metallzylinder gesogen und ein Gummiband mittels Applikators an die Basis des Knotens appliziert, der im Laufe von 8 Tagen nekrotisiert und unter Belassung eines Ulkus abgestoßen wird.

27.5 Hämorrhoidektomie nach Milligan-Morgan

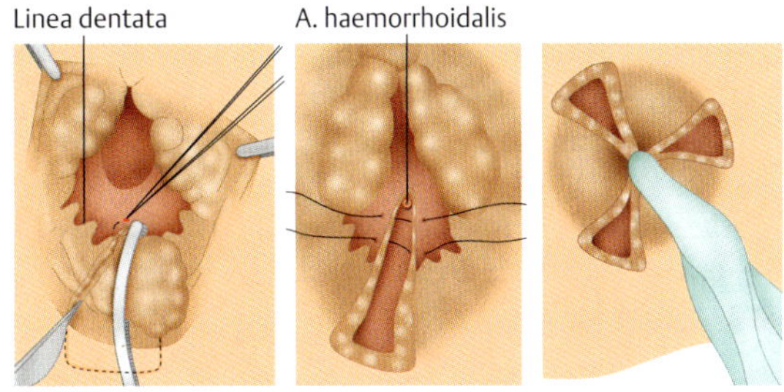

a Nach Umstechungsligatur der zuführenden A. haemorrhoidalis wird der Hämorrhoidalknoten unter Schonung des M. sphincter internus ausgeschnitten, unter Anlage eines kleinen außerhalb der Linea anocutanea liegenden Hautexzidates (= Gabriel-Drainagedreieck).
b Die perianale Haut ist dreieckig exzidiert. Die Analschleimhaut wird mit fortlaufender Naht (resorbierbares Nahtmaterial) adaptiert.
c Zustand nach Exzision aller 3 Hämorrhoidalknoten bei 3, 7 und 11 Uhr. Ein Salbenstreifen ist in den Analkanal eingelegt. Die perianalen Drainagedreiecke sorgen für einen freien Sekretabfluss.

Komplikationen:
Eine *Analstenose* entsteht bei Entfernung zu großer Anteile der Analschleimhaut, eine *sensorische Inkontinenz* entsteht durch Zerstörung oder komplette Resektion der Analhaut (Whitehead-Anus), zu einem *Mukosa-Ektropion* kommt es, wenn die Rektumschleimhaut wegen Verkürzung des Analkanals bis in die Perianalhaut reicht.
Therapie: Anoplastik mit eingeschlagener Perianalhaut (sog. Zungenlappen-Plastik): sowohl zur Erweiterung als auch zur Verbesserung der Sensibilität (s. **27.16**).

27.3 Perianale Abszesse und Fisteln

Wie dem Hämorrhoidalleiden (s. SE 27.2) liegt auch den perianalen Abszessen und Fisteln sowie den Analfissuren (s. SE 27.4) als wesentlichste Pathogenese ein erhöhter Sphinkter-Muskeltonus zugrunde.

Perianale Abszesse und Fisteln sind Manifestation einer pyogenen Infektion der in den Analkanal einmündenden Proktodealdrüsen und haben daher die gleiche Ätiologie. Der Abszess stellt die akute und die Fistel die chronifizierte Form dieser Infektion dar.

Perianale Abszesse

Synonym: periproktitische Abszesse
In 90 % der Fälle entstehen perianale und anorektale Abszesse in den Proktodealdrüsen (s. SE 27.1, S. 629).

Ätiopathogenese: Eine Infektion der Drüse mit Darmkeimen führt zu einer Abszedierung im intersphinkteren Raum. Pathogenetisch liegt dieser Infektion meist ein erhöhter Muskeltonus, seltener die Okklusion eines Ausführungsganges durch Stuhlpartikel, Fremdkörper (Fischgräte) oder Traumata zugrunde.

Die ***Klassifikation*** erfolgt anhand der Ausbreitungsrichtung und Lokalisation dieser einschmelzenden Infektion (**27.6**).

Symptomatik: Schmerz, Spannungsgefühl und Hitzesensation in der Perianalregion. Der Patient kann nicht mehr sitzen. Hinzu kommen Fieber, schweres Krankheitsgefühl und ein schmerzbedingter akuter Stuhlverhalt. Kommt es zur Spontanperforation und Entleerung von stinkendem Eiter, wird eine Linderung angegeben. Bei Inspektion der Perianal- oder Glutealregion ist die Haut um den Anus gerötet, vorgewölbt, glänzend und gespannt. Der Eiter kann sich je nach Fistelöffnung perianal oder intraanal entleeren (**27.7**).

Submuköse und supralevatorische Abszesse entziehen sich dem Auge des Untersuchers. Der Patient klagt über Schmerzen in der Perianalregion oder tief im Becken (supralevatorischer Abszess), er hat Fieber und eine schmerzbedingte Obstipation.

27.6 Klassifikation der perianalen Abszesse

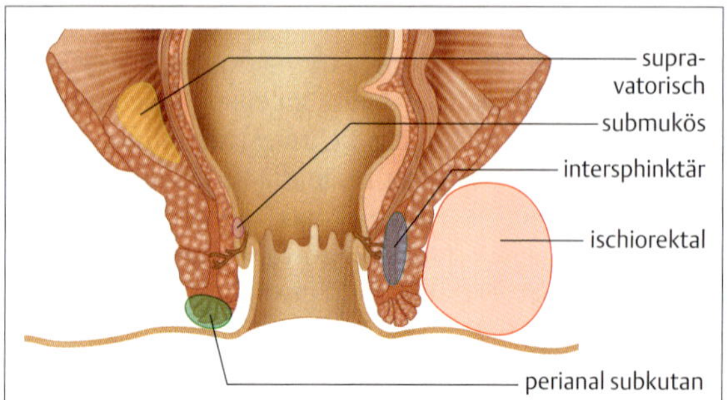

27.7 Perianaler Abszess

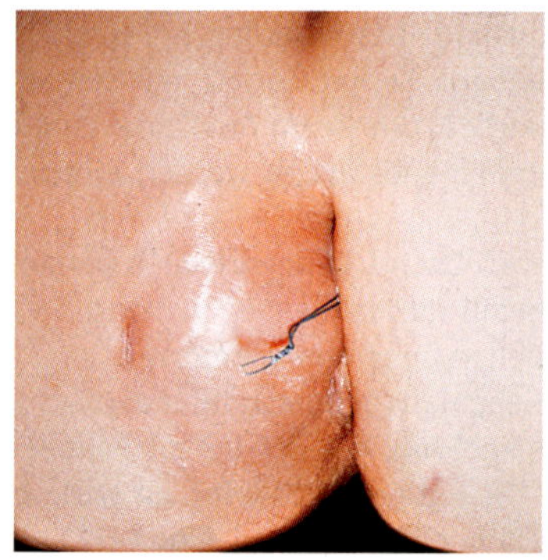

Patientin mit perianalem Abszess trotz Fadendrainage einer bekannten Fistel. Beachte auch den peranalen Eiteraustritt.

Diagnostik: Eine rektodigitale Untersuchung ist äußerst schmerzhaft und darf nicht erzwungen werden. Bei Verdacht auf das Vorliegen eines supralevatorischen Abszesses ist eine CT oder MRT des kleinen Beckens oder eine Untersuchung in Narkose ggf. mit endoanaler Sonographie indiziert.

Differenzialdiagnose: Von Hautanhangsgebilden ausgehende pyogene Infektionen (Staphylokokken).

Therapie: In einer Narkose wird die adäquate Operation mit Entdeckelung des Abszesses, Aufsuchen der verantwortlichen Proktodealdrüse und ggf. Spaltung der Fistel (**27.1**) durchgeführt.

Bei großen Abszessen wird zunächst oft nur der Abszess therapiert und wenige Tage später in einer Second-Look-Operation der Fistelausschluss bzw. -nachweis (dann mit entsprechender Therapie) vorgenommen.

Eine besondere Problematik stellen ischiorektale Hufeisenabszesse dar: Sie umfassen semizirkulär von 3 Uhr über 6 Uhr bis nach 9 Uhr den gesamten Sphinkterapparat. Meist gehen sie einher mit einer transsphinkteren Fistel (**27.8**). Hier genügen manchmal nicht nur eine oder zwei Operationen, sondern es müssen mehrere Wunddébridements durchgeführt werden.
Nachbehandlung: Der Patient muss täglich die Wunde und die Perianalregion ausduschen. Die äußeren Wundränder dürfen nicht vorschnell verkleben d.h. die Wunde muss von innen nach außen per granulationem zuwachsen, ansonsten Gefahr des Abszessrezidivs.

27.8 Hufeisen-Abszess

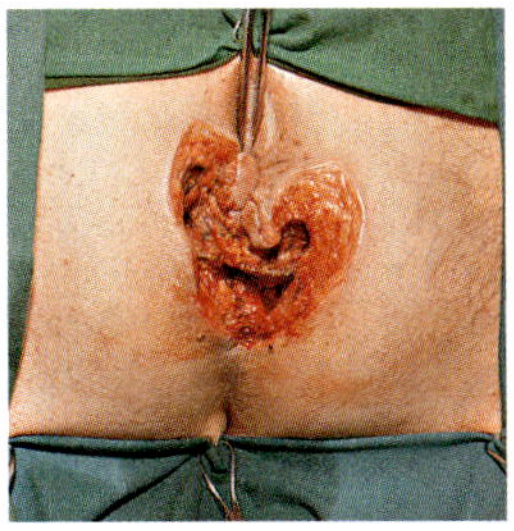

Perianaler, frisch eröffneter Hufeisen-Abszess, dem eine transsphinktere Fistel bei 9 Uhr zugrunde liegt. Der Analkanal ist mit einer Pinzette markiert. Bei dieser frischen Abszesseröffnung wird die Fistel erst in einer Second-Look-Operation gespalten werden.

! Wenn nach einer Abszesstherapie nicht auch die Operation einer zugrunde liegenden oder begleitenden Fistel (s. u.) erfolgt, kommt es zu keiner Abheilung, sondern zu einer chronischen und um sich greifenden abszedierenden Fistelkrankheit.

Immer wieder flackern Abszesse auf, die wegen nach außen drainierender Fisteln nicht die klassischen Zeichen eines Abszesses haben müssen. Es entstehen neue seitliche Fistelgänge im Sinne eines Fuchsbaufistelsystems, und, indem zunehmend Muskelanteile zerstört werden, verschlechtert sich die motorische Kontinenz. Ausgedehnte operative Eingriffe im Sinne der operativen Freilegung dieses Fistelsystems verschlechtern die Kontinenz dann zusätzlich.

Fisteln

Definition: Eine Fistel ist ein extraanatomischer Gang zwischen der Perianalhaut einerseits und dem Analkanal oder dem Rektum andererseits.

Ätiopathogenese: Die häufigste **Ursache** für eine perianale Fistel ist eine unspezifische kryptoglanduläre Infektion mit perianalem Abszess. Selten können auch Tuberkulose und Aktinomykose (verschluckte Keime), Morbus Crohn, Colitis ulcerosa, maligne Tumoren (Analkarzinome, kutane Lymphome etc.) und aktinische Hautläsionen nach Bestrahlung die Ursache sein.
Durch sekundäre Reparationsvorgänge und Fibrosen kann der **Fistelverlauf** sehr variieren.

Die ***Klassifikation*** von Fisteln richtet sich nach ihrer Beziehung zum M. sphincter ani externus et internus und dem Musculus puborectalis (**27.9**). Die submukös-subkutanen (**27.10**), inter- und transsphinkteren Fistelformen machen 93 % aller Fisteln aus (sog. „einfache“ Fisteln). Die restlichen 7 % sind komplizierte Fisteln (supralevatorisch, pararektal und den gesamten M. sphincter externus umgreifend (sog. Suprasphinkter).

! Alle äußeren Fistelöffnungen, die weiter als 3 cm von der Linea anocutanea entfernt liegen, legen den Verdacht nahe, dass es sich um eine komplizierte (extrasphinktere) Fistel handelt (**27.11**).

27.9 Klassifikation perianaler Fisteln nach Parks

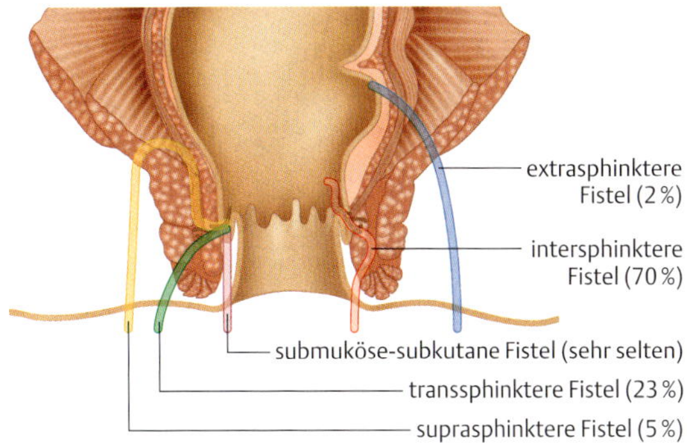

27.10 Subkutane Fistel

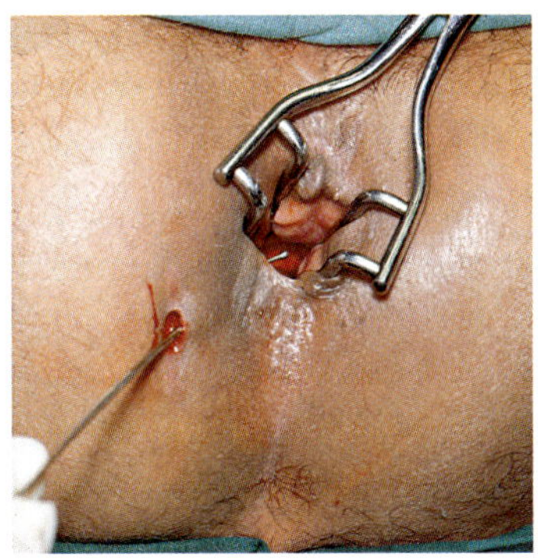

Komplette subkutan-submuköse Fistel von 8 Uhr (außen) nach 6 Uhr (innen). Der Analkanal ist mit einem Analspreizer geöffnet. Diese Fistel kann komplett gespalten werden.

27.11 Extrasphinktere Fistel

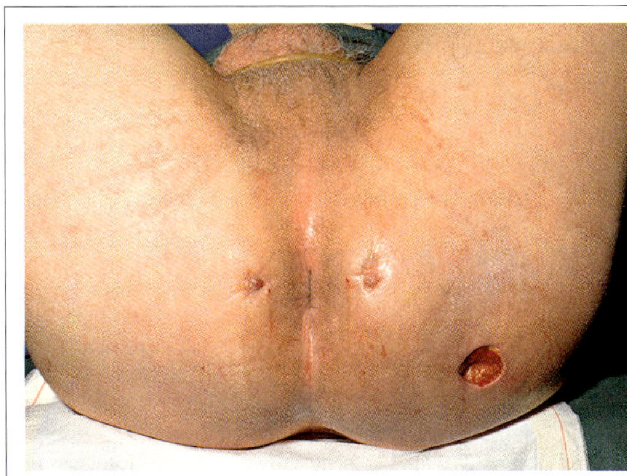

Es bestehen mehrere äußere Fistelöffnungen. Die Öffnung bei 4 Uhr ist ca. 6 cm von der Linea anocutanea entfernt. Es handelt sich um eine Kombination eines hufeisenförmigen Fuchsbaufistelsystems mit einer zusätzlichen extrasphinkteren, nach supralevatorisch reichenden Fistel bei 3 Uhr („komplizierte Fistel“).

27.12 Perianale Fistel

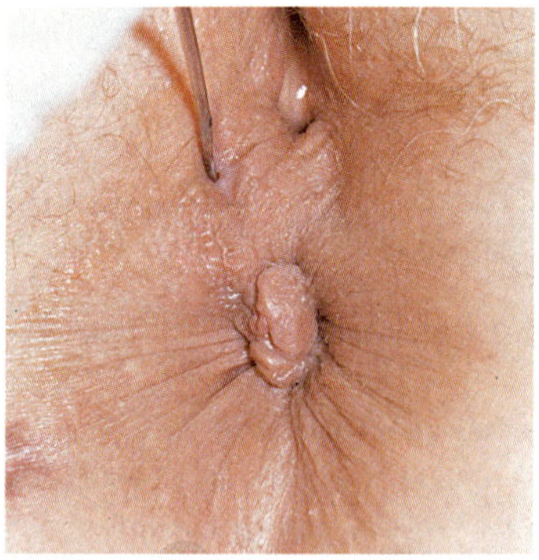

58-jährige Patientin mit einer seit Jahren rezidivierenden perianalen Sekretion.

Besteht eine innere und eine äußere Fistelöffnung, spricht man von *kompletten* Fisteln. *Inkomplett* sind sie, wenn die eine oder andere Fistelöffnung obliteriert ist: z. B. inkomplett-äußere Fistel bedeutet, dass nur noch die äußere Fistelöffnung offen ist. Dies lässt sich intraoperativ am besten mit Injektion von Blaulösung in die äußere Fistelöffnung nachweisen, indem sich die in den Analkanal eingelegte Gaze nicht blau anfärbt.

Symptomatik: Perianale Sekretion mit Pruritus ani, peranaler Abgang von Eiter, blutig tingiert, verschmutzte Unterwäsche.

Diagnostik: Ein Porus in der Perianalhaut, aus dem sich auf Druck oder spontan trübes Sekret entleert, ist wegweisend: vorsichtige Sondierung (**27.12**). Vor Rezidiveingriffen gibt eine MRT Aufschluss über den Fistelverlauf.

Differenzialdiagnose: Pyodermia fistulans sinifica, Pilonidalsinus (s. SE 16.1, S. 388 f).

Therapie: Zur Behandlung von Fisteln, die eine kryptoglanduläre Ätiologie haben, werden folgende Operationsverfahren angewendet:

27.13 Spaltung einer intersphinkeren Fistel mit dem Diathermiemesser

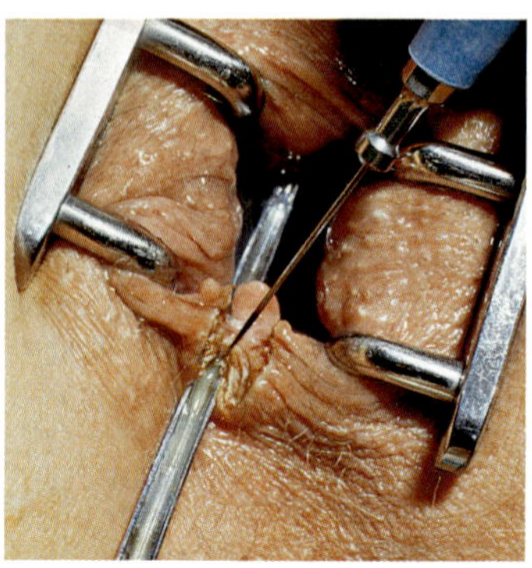

Die Fistel wird sondiert und der Gewebeblock auf der rinnenförmigen Sonde durchtrennt. Die intakten Sphinkeranteile sowie der M. puborectalis sind zur Aufrechterhaltung der Kontinenz ausreichend.

27.14 Fuchsbau-Fistelsystem

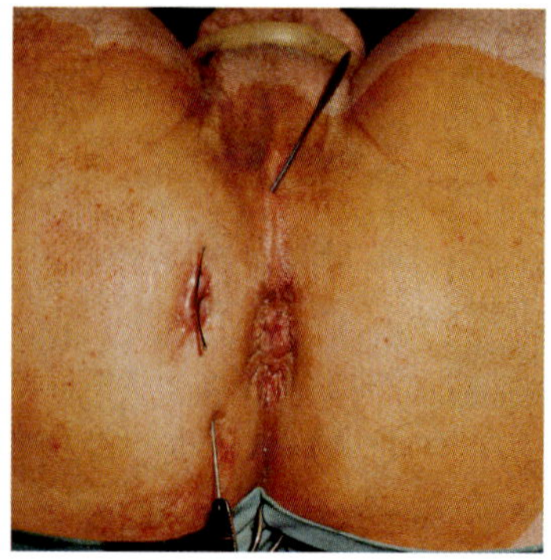

Fistelsystem mit 3 äußeren Fistelöffnungen: bei 7, 9 und 12 Uhr. Zugrunde liegt eine komplette transsphinktere Fistel, wobei das gesamte Fistelsystem in einer OP gespalten und freigelegt werden konnte.

Fistelspaltung bzw. Fistelentdachung: s. **27.13**; dies ist die häufigste, meistgeübte und sicherste Operationsmethode. Es kann bei transsphinkteren Fisteln ohne bleibende Funktionseinschränkung bis zur Hälfte des M. sphincter externus durchtrennt werden. Die Wunde im Perianalbereich heilt im Verlauf von 6–12 Wochen unter ärztlicher Kontrolle ab.

Operation bei komplizierten Fisteln: Bei Fisteln, die den gesamten M. sphincter externus umgreifen (suprasphinktere, hoch reichende transphinktere sowie extrasphinktere Fisteln), müsste zur Spaltung der Fistel der **M. sphincter externus komplett durchtrennt** werden. Dies ginge notwendigerweise mit einer hochgradigen motorischen Inkontinenz einher. *Alternativ* bietet sich deshalb das folgende Operationsverfahren an: **Exzision der Fistelganges und Verschluss des inneren Fistelostiums durch Sphinkternaht und Rektumschleimhautverschiebelappen** (**T**ransanal **R**ectal **A**dvancement **F**lap: **TRAF**). Die äußere Fistelöffnung bleibt trichterförmig offen. Die Operation erfolgt am sichersten unter dem Schutz eines temporären Stomas.

T 27.1 Morbus Crohn: Therapie der perianalen Fisteln

Einteilung	*Therapie*
extra- oder intersphinktere Fisteln ausgehend vom Crohn-befallenen terminalen Ileum	heilen nach Resektion des Crohn-befallenen Intestinalherdes ab
symptomatische Fisteln, die vom miterkrankten Rektum ausgehen	Markierung und Langzeitdrainage mit einem Faden, Spaltung oberflächlicher und kurzer Fisteln, TRAF-Verfahren bei nicht floride befallenen Rektum, Exstirpation eines destruierten Rektums
unspezifische kryptoglanduläre Infektion ohne Verbindung zu weiter oral gelegenen, vom M. Crohn betroffenen Darmabschnitten	Operation wie Fisteln, die von einer unspezifischen kryptoglandulären Infektion ausgehen

Weit verzweigte „Fuchsbau-Fistelsysteme“ (👁 **27.14**) oder auch komplizierte Fisteln können unter dem Schutz eines passageren Anus praeter besser therapiert werden. Wenn doch einmal zur Fistelsanierung letztendlich die komplette Durchtrennung des M. sphincter externus notwendig ist, kann (unter Anus-praeter-Schutz) nach lokaler Abheilung eine **direkte Sphinkter-Rekonstruktion** (Muskelnaht) durchgeführt werden.

Exstirpation eines inkomplett-äußeren Fistelgangs: *Indikation:* alle o.g. Fistelformen, deren Verbindung zum Analkanal oder zum Rektum sich durch Fibrose verschlossen haben. Der Fistelgang wird unter Schonung der Sphinkteren exstirpiert.

Fadendurchtrennungsmethode nach Hippocrates: Durch Fadenmarkierung und häufiges Anziehen des Fadens (durch Patient oder Arzt) kann es gelingen, den Fistelgang langsam über einen vielmonatigen Zeitraum zu durchtrennen, ohne die Kontinenz zu gefährden. Allerdings besteht eine sehr hohe Rezidivrate.

Die Therapie der verschiedenen Fistelformen bei Morbus Crohn ist in **T 27.1** und in SE 26.3 (s. S. 587) dargestellt. Allgemein gilt, dass insbesondere bei Kolon-Rektum-Crohn äußerste Zurückhaltung bei den operativen Maßnahmen angezeigt ist (nur Abszessentdeckelung, keine Muskeldurchtrennungen, nur Fadeneinlage). Nur die (kryptoglandulär entstandenen) Fisteln bei Dünndarm-Crohn können im freien Crohn-Intervall wie üblich therapiert werden.

27.1 Rektovaginale Fistel

Definition: Es handelt sich um eine direkte Verbindung zwischen Vorderwand des distalen Rektums bzw. Analkanals und Hinterwand der Vagina.

Das ***Leitsymptom*** ist unkontrollierbarer Wind- und (bei größeren Fisteln) Stuhlabgang.

Die ***Diagnostik*** umfasst die direkte Sondierung (von vaginal und anorektal) oder die Röntgen-Kontrastmittel-Darstellung.

Die wesentlichen ***Ursachen*** sind traumatisch (nach Geburt, postoperativ, Verletzungen und Fremdkörper), entzündlich, radiogen und neoplastisch.

Klassifikation: Man unterscheidet hohe und tiefe rektovaginale Fisteln: Die hohen sind nur von abdominell her zu operieren, die tiefen von perineal.

„Einfache“ Fisteln sind tief gelegen, kleiner als 2 cm im Durchmesser und traumatisch bzw. infektiös bedingt. „Komplizierte“ Fisteln sind hoch gelegen, größer als 2 cm im Durchmesser und im Rahmen einer chronisch-entzündlichen Darmerkrankung, eines Neoplasmas oder radiogen entstanden.

Die ***operative Versorgung*** ist schwierig. Sie kann folgende Elemente umfassen:

passagere Anus-praeter-Anlage: zunächst zum Abklingen der perifistulösen Entzündung, später als Infektionsschutz für die folgende Rekonstruktionsoperation

örtliche Rekonstruktion: Dissektion des Spatium rectovaginale von perineal (unter Intaktlassung des M. sphincter externus), Exzision beider Fistelränder, primäre Naht zumindest des Rektums mittels Rektumvollwand-Lappenplastik (damit die Naht des Rektums nicht direkt der vaginalen Fistelöffnung gegenüberliegt), lockere Vaginalnaht und Interposition eines gut vaskularisierten Polsters in das Spatium rectovaginale, z. B. M. bulbocavernosus.

Fallbeispiel: junge Frau, postpartal, nach Dammriss 3. Grades. 👁 **a**: Die Pinzette geht durch die Fistel von der Linea dentata zur Vagina (tiefe rektovaginale Fistel, aber oberhalb des M. sphincter externus); 👁 **b**: Befund am Ende der Operation. Die Fistel heilte primär, schon 12 Tage später wurde der Anus praeter zurückverlegt.

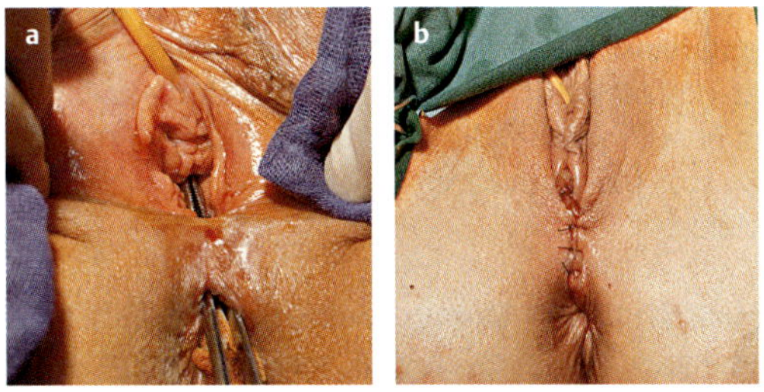

27.4 Weitere Erkrankungen des Analkanals

Erkrankungen des Analkanals und der Perianalregion zeichnen sich durch eine uniforme Symptomatik aus, unterscheiden sich jedoch ätiologisch und pathogenetisch. Sie erfordern eine Differenzialtherapie, die z. T. chirurgisch und z. T. konservativ ist. Die Kenntnis dieser Erkrankungen ist unabdingbar.

Analfissur

Definition: Die **akute Analfissur** ist eine in der Achse des Analkanals längs verlaufende Ulzeration, die an der Linea dentata beginnt und bis in den Analrand zieht. Bei fehlender Ausheilung entsteht eine **chronische Analfissur**.

Epidemiologie: Die Erkrankung ist häufig, ca. 10% aller Konsultationen (auch Kinder) einer proktologischen Sprechstunde betreffen eine Analfissur.

Ätiologie und Pathogenese: **Primäre Analfissuren** entstehen aus einem Einriss der Analhaut, die bei übermäßiger Dehnung und Eversion des Analkanals beim Absetzen von eingehärtetem Stuhl auftritt: 90% der Patienten mit einer Analfissur leiden unter einer chronischen Obstipation. **Sekundäre Analfissuren** sind im Analkanal lokalisierte Manifestationen („Nebenschauplätze") anderweitiger Systemerkrankungen: Morbus Crohn, Tuberkulose, Colitis ulcerosa, Syphilis, AIDS. Der Einriss der Analhaut verursacht schwerste Schmerzen, die zu einer reflektorischen Kontraktion des M. sphincter ani internus führen. Gewebereaktionen um die Fissur herum, *Vorpostenfalte* (= „Mariske" am äußeren Ende der Analfissur) und *hypertrophe Analpapille* (= vergrößerte Analpapille in Höhe der Linea anorectalis am inneren Beginn der Analfissur) stellen Reparationsvorgänge des Organismus dar.

Symptomatik: Nach jeder Defäkation klagt der Patient über perianale Schmerzen und/oder Blutbeimengungen zum Stuhl, insb. bei der Analhygiene. Die Schmerzereignisse sind bei sekundären Analfissuren deutlich geringer bis fehlend.

Diagnostik: Bei der **akuten Analfissur** kann trotz Sphinkterspasmus bei Spreizen der Nates (Gesäßbacken) der Längseinriss gesehen werden. Bei der **chronischen Analfissur** erkennt man die typische Haut-(= Vorposten-)Falte an der Perianalregion (**27.15a**). Der Fissurgrund ist weißlich und stellt die sklerosierten zentralen Anteile des M. sphinkter ani internus dar (**27.15b**). Die meisten (primären) Analfissuren liegen bei 6 Uhr. Eine rektodigitale Untersuchung ist äußerst schmerzhaft und daher ineffektiv. Sie sollte unterlassen werden.
Sekundäre Fissuren sind meist an den Seiten des Analkanals lokalisiert, die klinische Untersuchung ist oft schmerzärmer.

Eine Fissur, die nach 6 Wochen nicht abgeheilt ist, ist zu exzidieren und histologisch zu untersuchen.

27.15 Chronische Analfissur

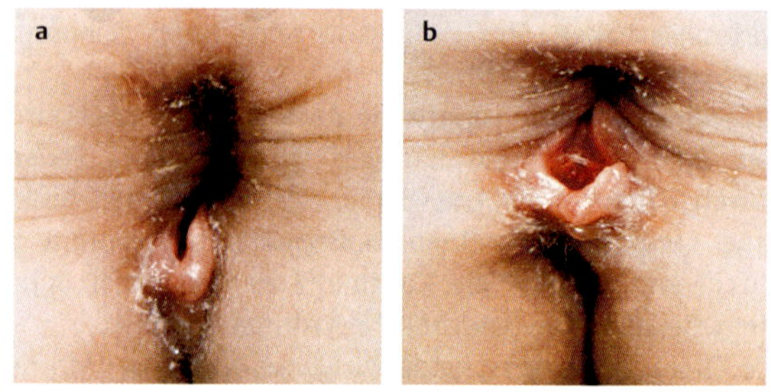

9-jähriges Mädchen mit typischer chronischer Analfissur, in **b** sind die Nates gespreizt.

Therapie: Die akuten und die chronischen (primären) Analfissuren werden zunächst einem **konservativen Therapieversuch** zugeführt, da die Operation Risiken für die Kontinenz beinhalten kann.
Konservative Therapie: Häufiges Auftragen von 0,5 %iger Nitroglycerinsalbe (Relaxierung des glattmuskulären M. sphincter ani internus, wodurch die Analregion besser perfundiert wird), Vermehrung des Faseranteils in der Nahrung (Erleichterung der Defäkation), z. B. Weizenkleie oder Flohsamenschalen. Nach 6 Wochen sind ca. 75 % abgeheilt.
Die **chirurgische Therapie** zielt ab auf die Unterbrechung des Circulus vitiosus (Schmerz und Sphinkterspasmus). Es gibt zwei anerkannte Operationsmethoden: Operation nach **Eisenhammer** (die Fissur wird einschließlich des narbig veränderten M. sphincter ani internus in Längsrichtung exzidiert, bis der Wundgrund absolut weich ist, mit sekundärer Wundheilung) oder die Operation nach **Parks** (laterale Einkerbung des M. sphincter ani internus [von der Linea dentata bis nach außen] bei 3 oder 9 Uhr, also entfernt von der eigentlichen Fissur, mit primärem Wundverschluss).
Sekundäre Fissuren erfordern die Therapie der Grunderkrankung und heilen dann oft spontan.

Die anale Dilatation in Allgemeinnarkose ist gefährlich, da das Rupturrisiko für die Sphinkteren unkalkulierbar ist.

Analstenose

Definition: ringförmige stenosierende Narbe, meist im distalen Analkanal, manchmal nur wenige Millimeter weit.

27.2 Differenzialdiagnostisch relevante proktologische Erkrankungen

Perianales Hämatom (thrombosierte äußere Hämorrhoide)

Definition: Ruptur bzw. Thrombose einer Vene des äußeren subkutanen Venenplexus.
Ätiologie: Pressen bei (harter) Defäkation, prolongierte vaginale Entbindung oder physische Anstrengungen.
Symptomatologie: Plötzlich auftretende, heftigste perianale Schmerzen und Spannungsgefühl.
Diagnose: Typisch ist ein bläulich-livider kugelrunder Tumor der Analhaut an der Grenze zum Anus (👁 **a**).
Therapie: Lokalanästhesie in den Tumor, Stichinzision der Haut und Expression bzw. Ausräumung von Thromben mit Pinzette oder Klemmchen (👁 **b**).

Marisken

Definition: Umschriebene Hautfalten am Analrand, gelegentlich mit polypartigem Ausmaß. Sie entstehen spontan oder nach Analfissur, abgeheiltem perianalen Hämatom und Hämorroidenoperation.
Symptome: I. d. R. sind sie symptomlos. Probleme können entstehen durch Schwierigkeiten der Analhygiene, Ödem mit Schmerzen (👁 **c**) oder Pruritus ani.
Therapie: **Bei Mariskenödem**: antiphlogistische Salben, kühlende Umschläge, Laxanzien. Nach Abheilung (relative OP-Indikation) Exzision in Lokalanästhesie.

Condylomata acuminata

Definition: Sexuell übertragbare Infektionskrankheit (humanes Papilloma-Virus): Warzenbildung (sog. Feigwarzen) im Anogenitalbereich.
Epidemiologie: In Deutschland haben 0,4–0,8 Millionen Menschen klinisch apparente Genitalwarzen. Die Zahl der Menschen mit einer subklinischen Infektion dürfte bei 14 % der sexuell aktiven Bevölkerung liegen. Chirurgisch sind die Condylomata acuminata der Peri- und Intraanalregion von Bedeutung.
Klinik: Blutbeimengungen bei der Analhygiene und Pruritus. Pathognomonisch sind fleischfarbene, breit aufsitzende beetartig angeordnete oder exophytische Warzen peri- oder intraanal. Bei HIV-Patienten können die Beete bis in die Rektumschleimhaut hochreichen.
Therapie: Die Spontanheilungsrate liegt bei 30 %. Kondylome der **Perianalhaut** werden mit Imiquimod-Creme 5 % (z. B. Aldara) lokal behandelt. Alternativ kann auch Podophyltoxin-Salbe 0,15 % aufgetragen werden, ist allerdings für diese Indikation nicht zugelassen. **Intraanale** Kondylome werden exzidiert (Schere oder elektrisches Messer). Die Rezidivquote liegt bis 25 %.

a typisches perianales Hämatom

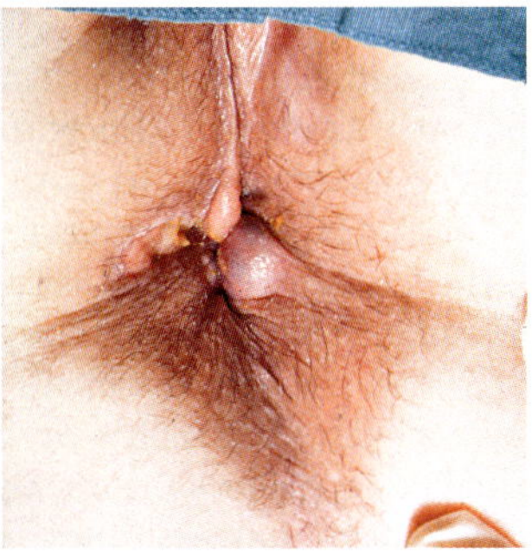

b Expression des Hämatoms

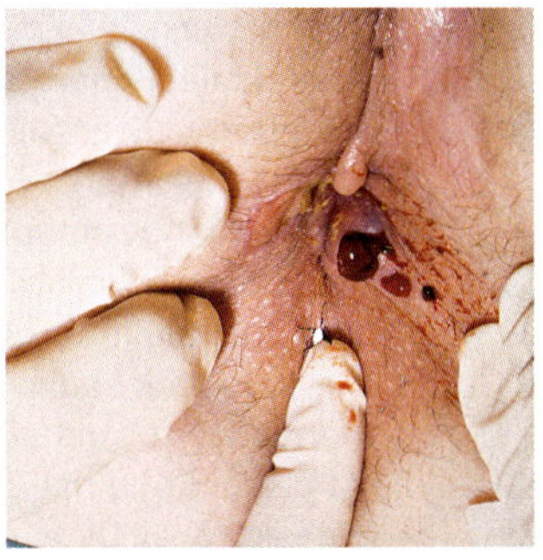

c Meriskenödem nach vaginaler Entbindung

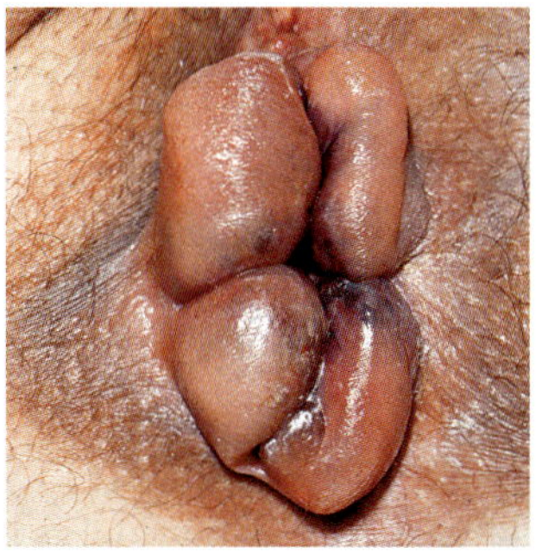

Die wichtigsten ***Ursachen*** sind Narben bei chronischen Abszess- und Folgezustände nach zu ausgedehnter Resektion von Analschleimhaut z. B. bei Hämorrhoiden-Operation.

Symptome: Obstipation, Bleistiftstühle, Tenesmen.

Therapie: Bougierungen führen durch neuerliche Längseinrisse der Narbe mit dadurch bedingter neuerlicher Fibrosierung oft zu einer weiteren Verschlechterung. Es sollte deshalb frühzeitig ein operatives Verfahren erwogen werden: die plastische Erweiterung des Analkanls durch Einschlagen perianaler Hautlappen (Zungenlappenplastik, 👁 **27.16**). Dieses Verfahren kann auch zur Verbesserung der sensorischen Inkontinenz angewandt werden: Die sensibel versorgte Perianalhaut übernimmt allmählich die „Meldung" ankommenden Stuhls.

👁 27.16 Zungenlappenplastik

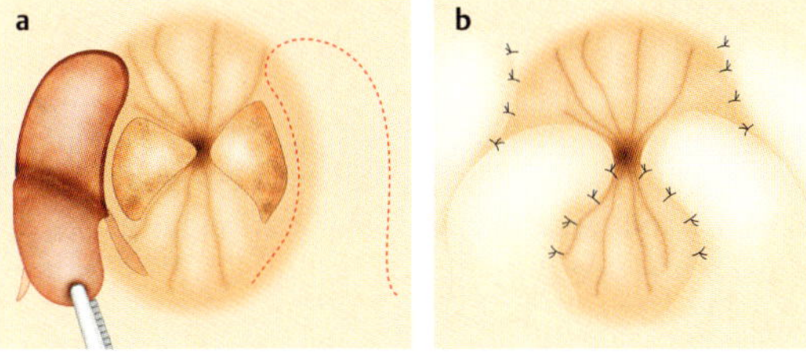

a In zwei Segmenten ist die narbige Haut des Analkanals exzidiert (3 und 9 Uhr). Dadurch erweitert sich schon der Analkanal. Zwei entsprechend große perianale Hautlappen werden zungenförmig umschnitten (Basis zu Länge des Lappens maximal 1 : 2).
b Die mobilisierten Hautlappen werden in die keilförmigen Defekte des Analkanals eingeschlagen und mit Einzelknopfnähten an die Analschleimhaut fixiert.

27.5 Stuhlinkontinenz

Etwa 1 % der Bevölkerung leiden an einer Stuhlinkontinenz. Bei bis zu 33 % der Bewohner von Pflegeeinrichtungen besteht eine Harn- und Stuhlinkontinenz, und in der Gruppe von geriatrischen Patienten, die einer Krankenhausbehandlung bedürfen, sind 50 % von dieser Funktionsstörung betroffen. Aus diesen Zahlen wird die sozialmedizinische Bedeutung dieser Erkrankung ersichtlich.

Definitionen: Unter analer Kontinenz versteht man die Fähigkeit, die Defäkation dann zu vollführen, wenn sowohl Zeitpunkt als auch Ort sozial akzeptabel sind, auch und insb. in Stresssituationen (z. B. dünner Stuhl oder Toilette momentan nicht erreichbar).

Schweregrade: Patienten mit Stuhlinkontinenz ist diese Fähigkeit abhanden gekommen, wobei die Schwere dieser Funktionsstörung graduierbar ist. Im klinischen Alltag wird folgende Gradeinteilung verwendet:
Stuhlinkontinenz Grad **I**: Inkontinenz für Winde,
Stuhlinkontinenz Grad **II**: Inkontinenz für dünne Stühle,
Stuhlinkontinenz Grad **III**: Inkontinenz für feste Stühle.
Für wissenschaftliche und gutachterliche Fragestellungen werden Inkontinenz-Scores errechnet (**27.3**). Einer davon ist das Score-System von Jorge und Wexner. Hier fließt auch die subjektive Beurteilung des Patienten mit ein.

27.3 Inkontinenz-Score nach Jorge und Wexner

Inkontinenztyp	*nie*	*selten*	*manchmal*	*häufig*	*immer*
unfreiwilliger Abgang fester Stühle	0	1	2	3	4
unfreiwilliger Abgang flüssiger Stühle	0	1	2	3	4
unfreiwilliger Abgang von Gas	0	1	2	3	4
Vorlagen notwendig	0	1	2	3	4
Einschränkung der Lebensführung	0	1	2	3	4

Interpretation: Summe der Punkte
0: kontinent; 20: komplett inkontinent

Die häufigste ***Ursache*** der Stuhlinkontinenz sind Läsionen der Analsphinkteren bei vaginaler Entbindung (bei 35 % der Erstgebärenden).
Weitere Ursachen:

- Folgezustände nach Operationen der Analregion: Fistelchirurgie, manuelle anale Dilatation zur Therapie der Analfissur, Kolondurchzug bei Analatresie,
- Pfählungsverletzungen, Rektumprolaps, abnorme Sexualpraktiken, Pudendusneuropathie, Alter,
- eingeschränkte Reservoirfunktion des Rektums nach Rektumresektion, chronisch entzündliche Darmerkrankung, Bestrahlung,
- Zerstörung der Analhaut nach unsachgemäßer Hämorrhoidenoperation (sensorische Inkontinenz),
- idiopathisch: keine morphologische Ursache fassbar, häufig ist jedoch eine Pudendusneuropathie nachweisbar.

Diagnostik bei Stuhlinkontinenz:
Inspektion, rektodigitale und proktoskopische Untersuchung: klaffender, deformierter Anus, Voroperationen, Ruhe- und Kontraktionstonus der Sphinktermuskulatur am untersuchenden Finger. Wenn der Patient die Bauchpresse betätigt, um den Defäkationsakt zu simulieren (Untersuchung auf der Patienten-Toilette), kann ein Rektum- oder Analprolaps diagnostiziert werden. Rektoskopisch können z. B. ein Rektumkarzinom, eine chronisch entzündliche Darmerkrankung, ein aktinischer Schaden oder eine Anastomose nach Rektumresektion diagnostiziert werden.
Anorektale Manometrie: Es wird eine Sonde mit einem integrierten Drucksensor in den Analkanal (= Hochdruckzone) eingeführt. Folgende 4 Parameter werden am Messgerät bestimmt: Ruhe- und Kontraktionsdruck, Sphinkterstressdruck (Druckverhalten beim Husten) und die funktionelle Koordination (Internusrelaxation bei Rektumdehnung durch Aufblasen eines Ballon). Die Normalwerte sind alters- und geschlechtsabhängig, z. B. hat eine 40-jährige gesunde Frau einen Ruhedruck von 28 mmHg und einen Willkürkontraktionsdruck von 103 mmHg. Diese Werte dienen auch zur eigenen Dokumentation vor Eingriffen im Analbereich, die die Kontinenz bessern oder beeinträchtigen könnten. Klinisch inapparente Kontinenzeinschränkungen werden hierdurch erkannt und ggf. die geplante Operationstaktik geändert.
Endoanale Sonographie (**27.17**): Durch einen um seine Längsachse rotierenden Ultraschallscanner, der an einer in den Analkanal eingeführten Sonde befestigt ist, können die Wandstrukturen des Analkanals durch ein 360-Grad-real-Time-Bild dargestellt werden. Darstellen lassen sich alle Sphinktermuskeln, Eindringtiefe von Analkarzinomen, Verläufe von Fisteln sowie liquide Raumforderungen in der Wand des Analkanals (z. B. Abszesse).
Pudenduslatenzzeit-Messung: Durch Messung der Leitfähigkeit des für die Kontinenz entscheidenden N. pudendus ergeben sich Hinweise, ob eine Neuropathie dieses Nervs vorliegt, z. B. traumatische Nervenläsion nach Rückenmark- oder Plexus-sacralis-Traumen, Pudendus-Neuropathie durch Geburtstrauma oder im Rahmen einer Polyneuropathie (Diabetes mellitus, Borreliose etc.).

27.17 Endosonographie des Analkanals

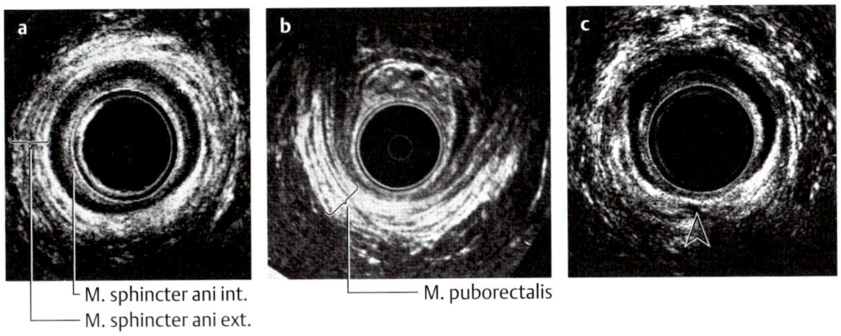

a, b Normale Befunde,
c dorsale Sphinkterläsion nach Analdilatation wegen Fissur: M. sphincter ani internus und partiell auch M. sphincter ani externus sind bei 6 Uhr (in Steinschnittlage) unterbrochen (Pfeil).

Therapie: Vor einer Operation zur Kontinenzbesserung oder -wiederherstellung ist ein **konservativer Therapieversuch** mit dem Patienten zu besprechen. Bei Grad I und II hat dieser durchaus Chancen, erfolgreich zu sein:

- Loperamid reduziert die Frequenz der Defäkationen pro Tag,
- Mucofalk: 6 × 1 Beutel zur Stuhlregulation,
- Biofeedback mit gleichzeitiger Elektrostimulation des Beckenbodens mit speziellen Analsonden (muss vor Verordnung durch die Kostenträger im Einzelverfahren genehmigt werden!). Der Patient stimuliert sich über mehrere Monate (Muskeltraining).

Durch **Operationen** können Funktionsdefizite der die Kontinenz aufrechterhaltenden Strukturen behandelt werden: Bei *Läsionen der Sphinkteren* Sphinkternaht oder -ersatz, (**27.4**), bei *sensorischer Inkontinenz* Rekonstruktion der Analhaut durch Zungenlappenplastik (s. SE 27.4, S. 637), als *ultima ratio* Anlage eines endgültigen Anus praeter.

27.4 Operationstechniken bei Inkontinenz durch Sphinkterläsion

Überlappende Sphinkternaht: Die Muskelstümpfe werden dargestellt und überlappend miteinander vernäht (**a**). Der U-förmige M. puborectalis wird, um diese Rekonstruktion zu sichern, hierbei ventral adaptiert: anteriore Reparation.

Wenn Sphinkternähte erfolglos bleiben, wenn nach Kolondurchzug wegen Analatresie der Sphinkterapparat nur rudimentär angelegt ist oder wenn eine idiopatische Stuhlinkontinenz vorliegt, kann dem Patienten (nach Anlage eines passageren Anus praeter) eine dynamische **Grazilisplastik** angeboten werden (**b**): Hierbei wird der M. gracilis aus dem Muskelverbund des Oberschenkels gehoben und omega-förmig um den Analkanal geschlungen und am Sitzbein der Gegenseite fixiert. Über die in den Muskel eingebrachten Elektroden wird der Muskel an einem in der Bauchdecke implantierten elektrischen Muskelstimulator angeschlossen und dauerstimuliert. Beim Defäkationsdrang (und wenn eine Toilette erreicht ist) wird der Stimulator durch einen von außen aufgebrachten Magneten abgeschaltet: Der Patient kann die Defäkation vollführen.

! Eine Gracilis-Plastik macht nur bei solchen Patienten Sinn, die postoperativ eine entsprechende Compliance aufbringen können.

Der **glattmuskuläre Sphinkterersatz** (Implantation einer demukosierten Muskelmanschette aus dem teilresezierten Colon sigmoideum mit dessen freier Transplantation um den Analkanal herum) und die **Implantation eines Kunststoffsphinkters** (Verschlussmanschette aus Silikon, einem druckregulierenden Ballon und einer Pumpe, die in das Skrotum (bei Frauen in die Labie) implantiert wird) haben wegen schlechter Langzeitergebnisse keine klinische Relevanz.

a überlappende Sphinkternaht

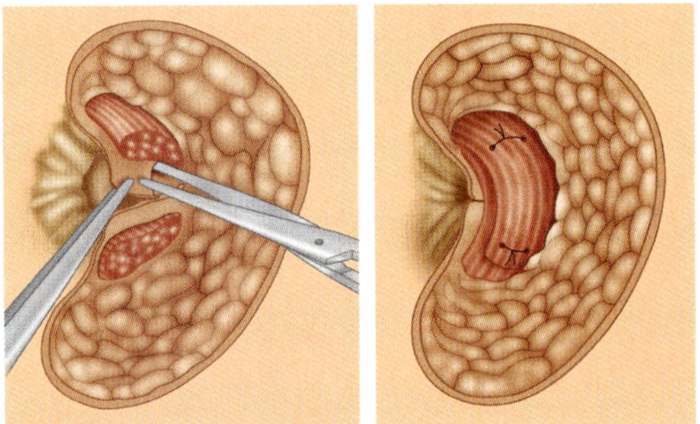

b Grazilisplastik

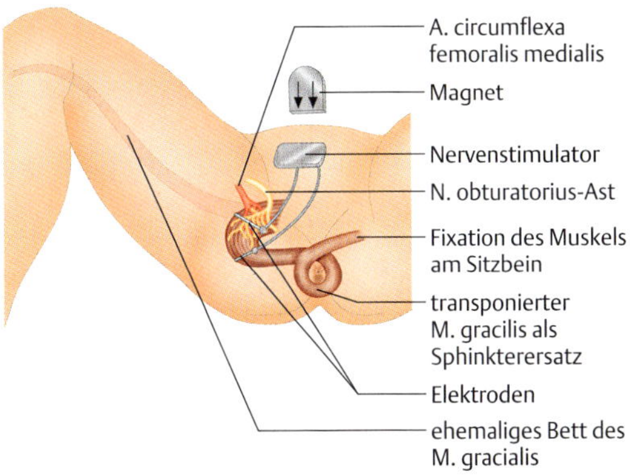

27.6 Analkarzinom

Diese Tumorgruppe umfasst Karzinome des Analkanals (Analkanalkarzinome: von der Rektumschleimhaut in Höhe des oberen Randes des M. sphincter ani internus bis zur Linea anocutanea herab) und Karzinome der Perianalhaut (Analrandkarzinome), die um den Anus herum lokalisiert sind.

Epidemiologie: In Deutschland hat das Analkanalkarzinom (**27.5**) eine Inzidenz von 0,5–1,5/100 000 Einwohner. Dieser Tumor kennt zwei Risikogruppen, nämlich homosexuelle Männer und Frauen über 70.

Risikofaktoren, die die Entstehung eines Analkanalkarzinoms bedingen, sind peri- und intraanale Infektionen mit dem humanen Papilloma-Virus (Condylomata acuminata), anorezeptiver Geschlechtsverkehr, andere sexuell übertragbare Krankheiten (Gonorrhö, Chlamydien), Karzinome der Zervix, der Vulva und der Vagina.

! Perianale und intraanale Condylomata acuminata haben eine maligne Transformationsrate von bis zu 3,5 %, weshalb die aggressive Therapie dieser Infektion von besonderer Bedeutung ist.

Einteilung: Analkarzinome werden in Analkanal- und Analrandkarzinome eingeteilt (**27.5**).

Klassifikation und Metastasierungsweg: Sowohl Analrandkarzinome als auch Analkanalkarzinome metastasieren in die inguinalen Lymphknoten (s. **26.1c**, S. 582),

27.5 Einteilung der Analkarzinome

Analrandkarzinome

Analrandkarzinome entwickeln sich in der perianalen Kutis und wachsen flächig und ulzerös. Histologische Typen sind **Plattenepithelkarzinome** (**a**) und **Basaliome**.

Der *Morbus Bowen* (**b**), die *bowenoide Papulose* und der *extramammäre Morbus Paget* sind in-situ-Stadien des Plattenepithelkarzinoms, d. h. sie zeigen kein invasives und proliferatives Wachstum, aber alle zytologischen Merkmale eines Karzinoms wie atypische Mitosen, Entdifferenzierung usw.

Da sowohl in der Epithelauskleidung des Analkanals als auch in der Perianalhaut Melanozyten vorkommen, gibt es auch **maligne Melanome** in dieser Region.

Analkanalkarzinome

Die histologische Einteilung der Analkanalkarzinome orientiert sich an der Epithelauskleidung des Analkanals:

Plattenepithelkarzinome (verhornend, nicht verhornend, basaloid) stammen vom unverhornten Plattenepithel des Analkanals ab.

Adenokarzinome vom Rektumtyp entwickeln sich aus der unmittelbar aus der Linea dentata vorgeschalteten Schleimhaut, der Transitionalzone, die sich histologisch deutlich von der eigentlichen Rektumschleimhaut unterscheidet (sog. kloakogenes Karzinom). Eine klinische Unterscheidung zwischen Rektum- und Analkarzinom ist oft nicht möglich.

Äußerst selten sind Adenokarzinome der Analdrüsen, die sich an der Einmündung der Proktodealdrüsen an der Linea dentata entwickeln, sowie Adenokarzinome in anorektalen Fisteln.

Praktisch zu vernachlässigen sind **kleinzellige** und **undifferenzierte Karzinome** sowie **maligne Melanome** (**d**).

Ist ein Plattenepithelkarzinom der Analregion weit fortgeschritten, so lässt sich häufig auch durch die Histologie nicht entscheiden, ob es sich primär um ein Analkanalkarzinom handelt, das den Analrand infiltriert hat oder umgekehrt. In diesem Fall wird therapeutisch wie bei einem Plattenepithelkarzinom des Analkanals vorgegangen.

Fallbeispiele

a: Analrandkarzinom bei einem 80-jährigen Patienten mit Infiltration der Sphinkteren. *Therapie:* Anlage eines Anus praeter sigmoidalis wegen Inkontinenz und Radiochemotherapie; posttherapeutisch tritt eine Analstenose auf, es wird aber auf weitere Operationen verzichtet.

b 32-jähriger Patient mit einem Morbus Bowen (Plattenepithelkarzinom in situ). *Therapie:* Exzision im Gesunden; **c**: postoperative Nachuntersuchung: rezidivfrei abgeheilte Analhaut ohne Analstenose.

d: 77-jährige Patientin mit einem fortgeschrittenem malignen Melanom etwas oberhalb der Linea anocutanea. *Therapie:* abdominoperineale Rektumexstirpation.

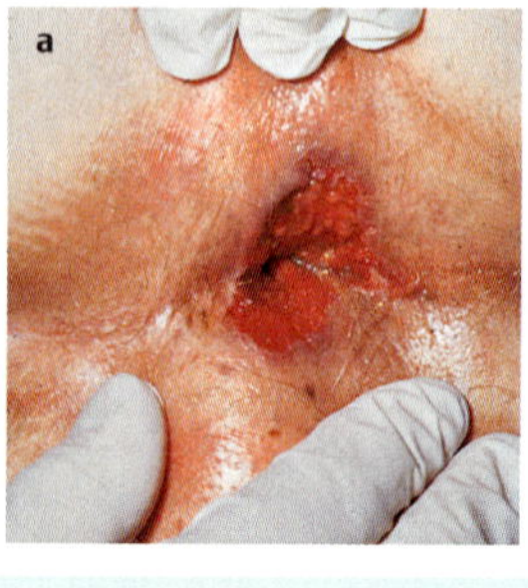

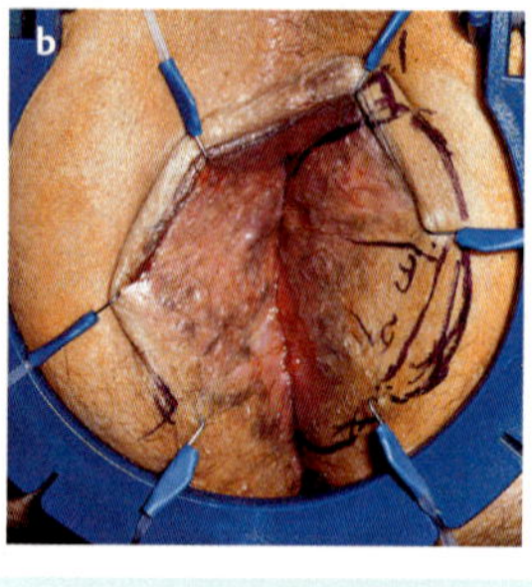

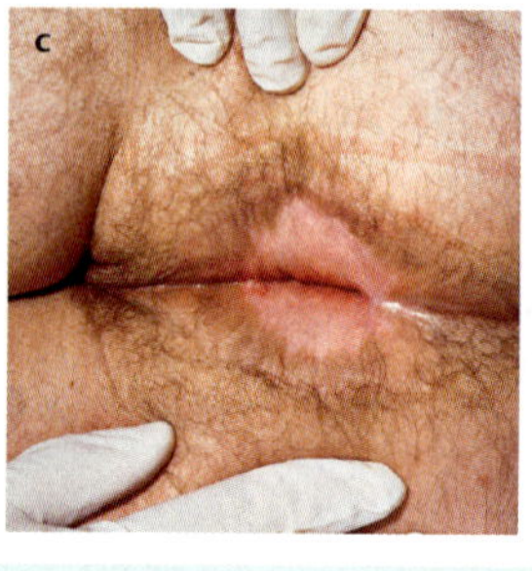

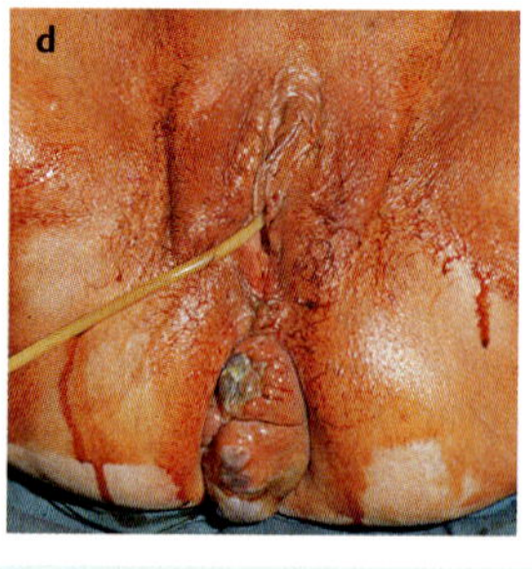

was den Untersucher zur Palpation der Leistenregion zur Diagnosekomplettierung einer tumorverdächtigen Analläsion verpflichtet.
Analkanalkarzinome metastasieren aber auch, wenn höher gelegen, in die iliakalen Lymphknoten. Fernmetastasen finden sich in der Lunge und der Leber.
Die TNM-Klassifikation ist in T 27.2 dargestellt.

T 27.2 TNM-Klassifikation des Analkarzinoms

Einteilung	*Definition*
T1	Tumor < 2 cm im größten Durchmesser
T2	Tumor > 2 und < 5 cm im größten Durchmesser
T3	Tumor > 5 cm
T4	Infiltration benachbarter Organe (Vagina, Urethra, Prostata)
N1	Metastase(n) in perirektalen Lymphknoten
N2	Metastase(n) in inguinalen oder A.-iliaca-interna-Lymphknoten einer Seite
N3	Metastasen in perirektalen **und** inguinalen Lymphknoten und/oder in Lymphknoten an der A. iliaca beidseits und/oder in bilateralen Lymphknoten

Symptome: Pruritus, Fremdkörpergefühl, Schmerzen in der Analregion, mit Schmerzverstärkung anlässlich einer Defäkation, Blutbeimengungen zum Stuhl sowie bei der Analhygiene, bei fortgeschrittenen Tumoren auch Inkontinenz und Wechsel der Stuhlgewohnheiten.

Dies sind die gleichen Symptome, die auch bei jeder anderen benignen Erkrankung dieser Region auftreten, was die häufig über 5–11 Monate verschleppte Krebsdiagnose erklärt.

Der Morbus Bowen imponiert als eine ekzematöse Hautveränderung.

Diagnostik: Die Inspektion der Perianalregion sowie die Proktoskopie lassen den Verdacht einer malignen Läsion in dieser Region aufkommen, die dann entweder nur biopsiert oder, wenn dies ohne Läsion des Sphinktersystems möglich ist, in toto abgetragen werden.
Beim Morbus Bowen wird ein sog. „anal mapping" („histologische Landkarte"), d. h. die Entnahme von multiplen Biopsien aus definierten Stellen der Perianalhaut durchgeführt, da sich der Tumor auch jenseits der sichtbaren Läsionen ausbreiten kann.

Jede suspekte Analläsion ist zu biopsieren. Auch exzidierte Hämorrhoiden sind histologisch zu untersuchen.

Das prätherapeutische Staging erfolgt durch endoanale Sonographie, MRT, punktionszytologische Untersuchung eventuell tastbarer inguinaler Lymphknoten, einer CT des Beckens sowie einer Sonographie der Leber.

Therapie:
Analrandkarzinome werden, wenn sie klinisch und histologische eindeutig der Perianalhaut zugeordnet werden können, durch *weite Exzision* behandelt. Bei inguinalem Lymphknotenbefall ist auch deren Exstirpation indiziert. Eine prophylaktische inguinale Lymphknotendissektion ist nicht indiziert. Alternativ kann auch eine *Strahlenbehandlung* (sog. Seeds oder externe Strahlenquellen).
Sowohl der **Morbus Bowen** als auch der **Morbus Paget** erfordern die Exzision in sano.
Die Therapie des **Analkanal-Plattenepithelkarzinoms** wird durch zwei Fakten bestimmt: gute Heilungschancen durch eine kombinierte *Radiochemotherapie* bei Erhalt des Kontinenzorgans. **27.18** zeigt allerdings eine infauste Situation.
In der Therapie des Plattenepithelkarzinoms des Analkanals hat die Chirurgie bei insgesamt *multimodaler Therapieform* folgende Aufgaben:

- Diagnosesicherung durch Biopsie, ggf. bei kleinem Tumor dessen Exstirpation in toto,
- bei Verdacht auf inguinale Lymphknotenmetastasen deren Exstirpation (zum Staging und zur Therapie); auch bei inguinalem Lymphknotenbefall ist noch eine sehr gute Prognose möglich,
- lokale Rebiopsie (in Narkose) nach erfolgter Radiochemotherapie,
- Anlage eines Anus praeter bei Inkontinenz vor geplanter Radiochemotherapie,
- abdominoperineale Rektumexstirpation bei Tumorpersistenz (ca. 20 % der Fälle).

Adenokarzinome des Analkanals, die auch die Karzinome der Analdrüsen und Fistelkarzinome beinhalten, werden wegen des histologischen Typus und des Metastasierungsweges kranialwärts wie Rektumkarzinome behandelt, in selektionierten Fällen auch nur lokal exzidiert.
Anorektales malignes Melanom (s. **d** in **27.5**): Bei lokal fortgeschrittenen Tumoren ist die abdominoperineale Exstirpation das Vorgehen der Wahl.

27.18 Fortgeschrittenes Analkarzinom

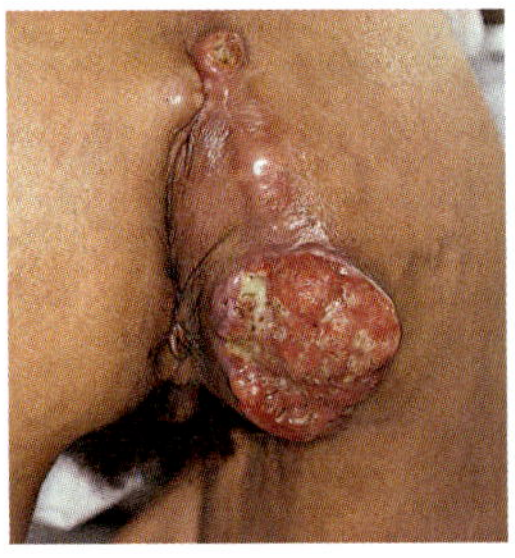

30-jährige Frau mit riesigem Plattenepithel-Analkarzinom mit Inkontinenz, stärksten Schmerzen, Destruktion aller benachbarter Strukturen (Knochen, Vagina etc.) und Fernmetastasen. Palliative Therapie (Anus praeter, Schmerztherapie, Pflege).

28.1 Ursachen des akuten Abdomens

Das „akute Abdomen" ist eine zutiefst chirurgische Entität, die zumeist eine Notfallsituation darstellt. Hinter diesem Begriff steht keine einheitliche Diagnose, sondern ein Symptomenkomplex, der durch die Leitsymptome akuter Bauchschmerz, Peritonismus mit Motilitätsstörungen und Verschlechterung des Allgemeinzustands geprägt ist. Der gemeinsamen Symptomatik liegt eine Vielzahl von Differenzialdiagnosen zugrunde, und die eigentliche Ursache kann sowohl im als auch außerhalb des Abdomens lokalisiert sein. Häufig ist eine *Notfalloperation* notwendig, und zielgerichtetes und zeitsparendes klinisches Handeln sind für den Verlauf und die Prognose von entscheidender Bedeutung.

Definition: Der Terminus des „akuten Abdomens" umschreibt einen akuten Krankheitszustand, der durch verschiedenste Erkrankungen hervorgerufen werden kann. Im Vordergrund dieses Symptomenkomplexes steht ein neu aufgetretener, meist heftiger Schmerz im Bauchraum (s. SE 28.2, S. 644).

Ätiologie: Die Möglichkeit einer abdominellen Notfallsituation mit einer notwendigen sofortigen operativen Intervention verlangt eine effiziente, meist unter Zeitdruck stehende Diagnostik. Um frühzeitig eine Arbeitsdiagnose entwickeln zu können, unter der dann der weitere diagnostische Algorithmus zeitgerecht ablaufen kann (s. SE 28.2, S. 644 f), ist folgendes Vorgehen sinnvoll: Aufgrund der Vielfalt der Möglichkeiten ist eine direkte Ursachendiagnose sehr schwierig und meistens spontan nicht erhebbar. Wichtig ist daher die frühe Zuteilung der Ursache zu den **vier Hauptgruppen** Organentzündung, Ileus, Peritonitis, Blutung. Durch die peritoneale Reizung im Rahmen der primären Erkrankung kommt es häufig zu sekundären Folgeerscheinungen, die die eigentliche Ursache primär maskieren und selbstständig zur Operationsindikation führen: Peritonitis und Ileus (s. u.).

Bevor man differenzialdiagnostisch mit seltenen Entitäten (es gibt weit über 100 Primärursachen!) kostbare Zeit verliert, müssen die häufigen Ursachen rasch ausgeschlossen werden: akute Appendizitis oder Cholezystitis, mechanischer Ileus durch Tumor, inkarzerierte Hernie, Hohlorganperforation (Magen, Duodenum, Sigma), Mesenterialischämie, akute Pankreatitis und Bauchaortenaneurysma. Weitere *klinisch relevante Ursachen* sind in 👁 **28.1** aufgezählt.

Die Beschreibung der einzelnen Primärdiagnosen erfolgt an anderen Stellen dieses Lehrbuchs. Die sekundären Folgen Peritonitis und Ileus sollen hier jedoch aufgrund ihrer Relevanz detaillierter dargestellt werden.

Peritonitis

Die Peritonitis ist die entzündliche Reaktion des Bauchfells aufgrund bakterieller, chemischer oder physikalischer Noxen. Je nach Ausmaß der Einwirkung und Abwehrlage bleibt die Entzündung lokal oder verläuft diffus. Neben den abdominellen Symptomen führt die Peritonitis zu systemischen Reaktionen mit Ausbildung der Peritonitiskrankheit (**28.1**). Diese manifestiert sich in der Dysfunktion entfernter Organsysteme mit Ausbildung des „systemischen inflammatorischen Response-Syndroms" (SIRS; s. SE 7.1, S. 180 f), des „multiplen Organ-Dysfunktions-Syndrom (MODS), des „Multi-Organ-Versagens" (MOV, s. SE 7.4, S. 190 f) oder einer Sepsis. Einteilung und Ursachen der Peritonitis sind in **T 28.1** aufgelistet.

T 28.1 Einteilung der Peritonitis

Peritonitisart	*Keiminvasion*	*Ursache*
primär	hämatogen	Pneumokokkenperitonitis, „spontane" Peritonitis
	lymphogen	Peritonitis bei Leberzirrhose
	kanalikulär	Pelveoperitonitis der Frau, CAPD-Peritonitis
sekundär	transmurale Entzündung oder Hohlorganperforation	Appendizitis, Cholezystitis, Ulkusperforation, Pankreatitis, Dünndarmperforation (z. B. Divertikel), Dickdarmperforation, Darminfarkt
Sonderformen:		
• postoperativ		Nahtinsuffizienz, intra- oder postoperative Kontamination
• posttraumatisch		stumpfes oder perforierendes Bauchtrauma, endoskopische Perforation (iatrogen)
intraabdomineller Abszess	mit und ohne Hohlorganperforation	subphrenischer oder -hepatischer Abszess perityphlitischer, interenterischer (Schlingen-) Abszess, Douglas-Abszess

Pathophysiologie: Das Eindringen von Bakterien oder Toxinen in die Bauchhöhle führt über eine Aktivierung der residenten Makrophagen zur Hyperämie, Fibrinausschwitzung und Flüssigkeitssekretion. Granulozyten werden rekrutiert und infiltrieren das Gewebe, es entsteht eine **lokale Peritonitis**. Im weiteren Verlauf entwickelt sich aus der lokalisierten Form bei adäquater Abwehrlage ein *Abszess*. Prädisponierende Lokalisationen für Abszesse sind die subphrenischen Räume rechts und

28.1 Ursachen des akuten Abdomens und deren Schmerzlokalisation

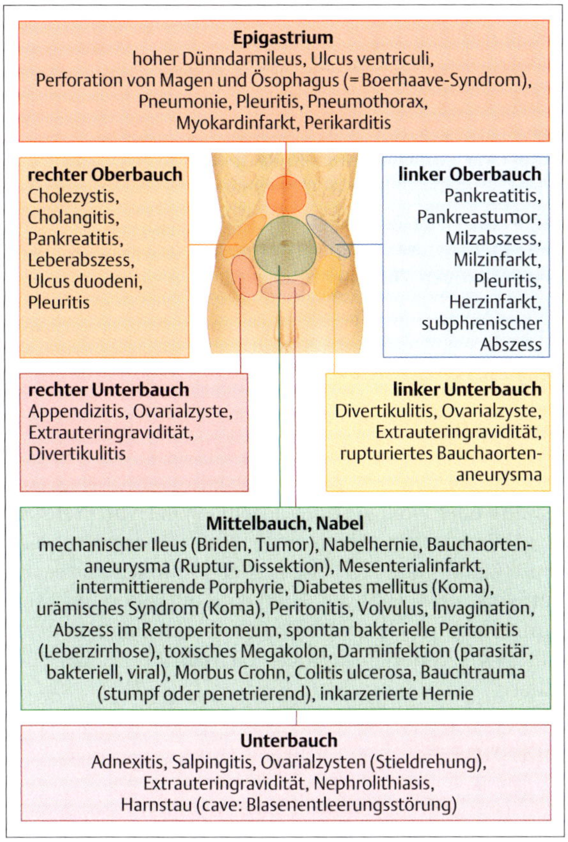

links, der subhepatische Raum, der Douglas-Raum sowie interenterisch zwischen den Dünndarmschlingen (sog. Schlingenabszesse).
Bleibt diese lokale Reaktion aus oder ist diese quantitativ nicht suffizient, so kommt es zur Ausbreitung der Entzündung über das gesamte Peritoneum mit dem Bild einer **diffusen Peritonitis** und zur Peritonitiskrankheit (**28.1**).
Die Entzündung des gesamten Peritoneums führt über die intraabdominelle Flüssigkeitssekretion und die Folgen der Sepsis zu einem Volumenmangel mit Ausbildung eines hypovolämischen und Endotoxinschocks.

28.1 Peritonitiskrankheit

Begünstigt durch die große Fläche des Peritoneums und das ausgedehnte lymphatische Netzwerk kommt es im Rahmen der Peritonitis zu systemischen Auswirkungen, die das Krankheitsbild der Peritonitis maßgeblich beeinflussen. Symptom dieser generalisierten Störung ist die fortschreitende systemische Entzündungsreaktion oder Sepsis. Ursächlich werden eine Funktionsstörung der Darmbarriere mit daraus resultierender bakterieller Translokation und Endotoxinämie, eine Ausbreitung über Lymphspalten sowie eine Mediatorenaktivierung (Interleukine, TNF, Sauerstoff- und Stickstoffradikale) im Rahmen einer hyperdynamen Immunreaktion verantwortlich gemacht. Die systemischen Komplikationen münden im septischen Schock mit Multiorganversagen.

Ileus (Darmverschluss)

Es handelt sich um Störungen der Darmpassage unterschiedlichster Art. Auch der Ileus kann durch systemische Reaktionen in der Ileuskrankheit zu multiplen Organdysfunktionen führen. Pathophysiologisch spielen hier ähnliche Mechanismen (bakterielle Translokation, Durchwanderungsperitonitis, Mediatorausschüttung) wie bei der Peritonitiskrankheit eine Rolle.

Einteilung nach Ursachen:
Mechanischer Ileus: Der Darmverschluss aufgrund einer mechanischen Behinderung der Passage kann ätiologisch unterschieden werden in:
Okklusionsileus: Lumeneinengung durch Kompression von außen, Verlegung intraluminär oder einen intramuralen Prozess, z. B. durch Tumoren, Gallenstein, Bezoare oder durch Briden.
Strangulationsileus: Darmverschluss mit Durchblutungsstörung aufgrund von Behinderung des mesenterialen Blutflusses, z. B. durch Invagination, Volvulus oder Inkarzeration (Hernie!).

! Beide Formen stellen einen lebensbedrohlichen Notfall dar. Ohne eine sofortige und entsprechende Therapie ist die Letalität praktisch 100 %.

Von einem **funktionellen Ileus** spricht man bei einem Darmverschluss ohne mechanische Behinderung. Hierunter fallen der paralytische und der spastische Ileus. Beim häufigeren paralytischen Ileus liegt der Darmlähmung eine entzündliche (z. B. Peritonitis), metabolische (z. B. Diabetes mellitus), vaskuläre (z. B. mesenteriale Ischämie), toxische, reflektorische oder medikamentöse Genese zugrunde. Zudem zählt die postoperative Darmatonie zu den paralytischen Darmfunktionsstörungen. Seltene spastische Störungen der Passage treten nach Vergiftungen (z. B. Blei), im Rahmen der Porphyrie oder bei parasitären Erkrankungen (z. B. Askariden) auf.

Einteilung nach der Lokalisation des Verschlusses: Klinisch hat sich die Unterscheidung in Dünn- und Dickdarmileus bewährt. Pathophysiologisch stehen beim **Dünndarmileus** die metabolische Entgleisung und der Schock durch Elektrolyt- und Flüssigkeitsverschiebung im Vordergrund. Unterschieden werden weiter der hohe und tiefe Dünndarmileus. Die Behinderung der Passage im *Jejunum* geht mit einem hohen Reflux von Magen-, Gallen-, Pankreas- und Darmsekret einher. Beim Verschluss auf Höhe des *Ileums* kommt komplizierend die bakterielle Belastung mit septischen Komplikationen hinzu. Der **Dickdarmileus** bedingt durch dessen Dilatation eine zunehmend hohe Wandspannung: Diese führt zu Minderdurchblutung, bakterieller Durchwanderung und Perforation mit bakterieller Kontamination der Bauchhöhle. Auch hier stehen septische Zustände im Vordergrund.

28.2 Klinik und Diagnostik des akuten Abdomens

Klinisch imponieren die Leitsymptome der starken abdominellen Schmerzen, der Abwehrspannung bzw. Peritonismus, der Peristaltikstörung und resultierende systemische Reaktionen mit schlechtem Zustand des Patienten. Der Schmerzcharakter, die zeitliche Entwicklung und die Lokalisation können anamnestisch wegführend sein. Die gezielte Schmerzanamnese hat daher neben der differenzialdiagnostischen auch prognostische Bedeutung. Die Bandbreite der möglichen labormedizinischen und apparativen Diagnostik ist sehr groß, daher spielt die körperliche Untersuchung neben der Anamnese eine entscheidende Rolle in der Gewinnung einer primären Arbeitsdiagnose, die den weiteren Algorithmus der Diagnostik maßgeblich bestimmt. Fehlinterpretationen können zu prognostisch-relevanter Verzögerung der definitiven Therapie führen.

Abdominelle Leitsymptome

Die beiden lokalen Hauptmerkmale des akuten Abdomens sind der Schmerz und die Abwehrspannung. Die anamnestische Evaluation der Schmerzen und die körperliche Untersuchung spielen die bedeutendste richtungsweisende Rolle in der Definition einer primären Arbeitsdiagnose und auch bei der Sicherung der definitiven Diagnose.

Schmerz

Der Spontanschmerz ist das entscheidende Kriterium des akuten Abdomens. Auffällig ist die Schonhaltung (angezogene Beine, gekauerte Stellung, oberflächliche Atmung), die der Patient einnimmt und nur unter Schmerzen ändert.

Die **Lokalisation** des Schmerzes engt häufig die Differenzialdiagnose entscheidend ein (Epigastrium, rechter oder linker Oberbauch, Mittelbauch, rechter oder linker Unterbauch und suprapubisch), s. 👁 **28.1**. Darüber hinaus gibt der Schmerzcharakter (plötzlich oder langsam einsetzend, scharf oder dumpf usw.) wichtige Hinweise (s. SE 1.7, S. 16 f).

Abwehrspannung

Die zumeist reflektorische Abwehrspannung des Abdomens spricht für eine Entzündung im Bereich des Peritoneums. Entscheidend ist die körperliche Untersuchung mit Palpation des Abdomens. Die bestehende generalisierte Abwehrspannung imponiert durch eine nur schmerzhaft eindrückbare, meist aufgetriebene Bauchdecke. Zeigt sich eine Abwehr im Rahmen der Palpation ohne Nachweis von allgemeinen Entzündungszeichen (Fieber, Leukozytose), so spricht man von einem *Peritonismus* (peritoneale Reizung ohne manifeste Peritonitis). Das kahnförmig eingefallene, extrem harte Abdomen entspricht praktisch immer einer frischen Hohlorganperforation (erzwungene Ruhigstellung der Darmschlingen aufgrund des chemisch-toxisch gereizten Peritoneum).

Begleitsymptome

Neben dem Schmerz und der Abwehrspannung kommt es reaktiv zu einer amotilen Motilitätsstörung des Magen-Darm-Traktes. Daneben kommen auch Hyperperistaltik oder „völlige Stille" des Abdomens vor. Brettahrtes Abdomen mit völliger Stille sind Hinweise auf eine akute Gefährdung des Patienten und führen zumeist unmittelbar zur operativen Intervention. Weitere wichtige Symptome sind Fieber, Übelkeit und Erbrechen, Harnverhalt sowie Unruhe, Dyspnoe, Tachykardie bis hin zum Schock.

Diagnostik

Der Krankheitszustand des „akuten Abdomens" hat nach wie vor einen Alarmeffekt und verlangt eine zeitgerechte und effiziente Diagnostik. Vordringliches Ziel der initialen Diagnostik ist die Beurteilung, ob der Patient einer sofortigen notfallmäßigen operativen Therapie zugeführt werden muss, oder ob die Zeit für eine weitergehende stationäre Diagnostik gegeben ist. Hierzu kommen anfänglich lediglich die Anamnese und körperliche Untersuchung in Betracht. Hieraus lässt sich in der Mehrheit der Fälle eine weitere zielgerichtete Diagnostik ableiten.

Anamnese: Eine herausragende Stellung nimmt die Schmerzanamnese ein (s. SE 1.7, S. 16 f). Darüber hinaus müssen die allgemeine Anamnese (Erkrankungen, Operationen, Medikamente, Dispositionsfaktoren, etc.) und ähnliche früher durchgemachte Beschwerden (Fieber, Übelkeit, Erbrechen, Diarrhö, Appetitlosigkeit, Stuhlgewohnheiten, Miktionsveränderungen, vaskuläre, respiratorische und kardiale Probleme) aktiv angesprochen werden. Bei Kindern und älteren Personen sowie bei Personen im Schock oder Koma sind fremdanamnestische Angaben notwendig.

Körperliche Untersuchung: Parallel zur Anamnese wird ohne Zeitverzögerung mit der körperlichen Untersuchung, präferenziell mit der **Inspektion**, begonnen. Zur Beurteilung des Allgemeinzustands des Patienten sollte neben den akuten Zeichen des vorliegenden Krankheitsbildes (Schonhaltung, Schockzeichen) auch auf chronische Veränderungen wie Tumorkachexie, Anorexie

oder Adipositas geachtet werden. Zur Abklärung von Voroperationen sollte das Abdomen auf sichtbare Narben, Traumamarken oder Hautveränderungen (Spider naevi, Hämatome, Tumoren) hin inspiziert werden. Dabei ist auf Hernien zu achten!
Die **Palpation** des Abdomens schließt sich an. Im ersten Schritt soll die Hand des Untersuchers vorsichtig ruhend auf das Abdomen gelegt werden, deutlich entfernt vom Punktum maximum des Schmerzes. Hyperperistaltik, Atemexkursion und Pulsationen können so ohne Druck bereits frühzeitig erkannt werden, zudem wird dem Patienten die anfängliche Angst vor einer untersuchungsbedingten Schmerzzunahme genommen. Dennoch können, um eine Abwehrspannung aufzulösen, „Ablenkungsmanöver" notwendig werden. Es folgt die schonende, bimanuelle Palpation des Abdomens hin zum Punctum maximum des Schmerzes. Der oberflächlichen Palpation folgt der tiefere Druck und die Auslösung eines Klopf- oder (kontralateralen) Loslassschmerzes.
Bei der folgenden **Auskulation** wird die Darmperistaltik beurteilt. Hierdurch kann der mechanische (Hyperperistaltik mit klingenden und/oder Spritzgeräuschen) vom paralytischen (Stille, nur durch Untersucher provozierbare plätschernde Geräusche) Ileus unterschieden werden. Auch sollte auf vaskuläre Stenosegeräusche geachtet werden.
Die **rektale digitale Untersuchung** ist zum Abschluss der körperlichen Untersuchung obligat. Der Füllungszustand der Rektumampulle, auslösbare lokalisierte Schmerzen (Schmerz im Douglas-Raum!) und Raumforderungen sollten beachtet werden.

Erstmaßnahmen: Noch bevor der Patient einer weitergehenden Diagnostik zugeführt wird, sollte eine limitierte Soforttherapie begonnen werden: i.v. Zugang (ausreichendes Volumen, ggf. zentraler Venenkatheter) zur Flüssigkeits- und Schmerztherapie, Magensonde und Blasenkatheter. Aus diesen Erstmaßnahmen ergeben sich auch Schritte für die weitere Diagnostik (Blut- und Urinentnahme, Magen- oder Dünndarmsekret).

Labordiagnostik: Beim Legen des venösen Zugangs und des Blasenkatheters wird primär Blut und Urin zur Labordiagnostik abgenommen: Blutbild, (Hb, Hkt, Leukozyten, Thrombozyten), Elektrolyte (Na^+, K^+), Kreatinin, Harnstoff, Blutzucker, CRP, INR, PTT, Amylase, Laktat, γ-GT, alkalische Phosphatase, CK, CK-MB, Troponin, Urin-Stix.

Weitergehende Diagnostik: Die **Sonographie** des Abdomens stellt das erste diagnostische Verfahren im Verlauf der Bildgebung dar. Sonographisch können freie Flüssigkeit, Gallensteine, Gallenblasenhydrops, Pankreaszyste, Leber- oder Milzrundherde, Uretersteine, Harnblasenfüllung, Bauchaorta und Abszessbildungen geklärt werden.

28.2 Abdomenübersicht bei Ileus

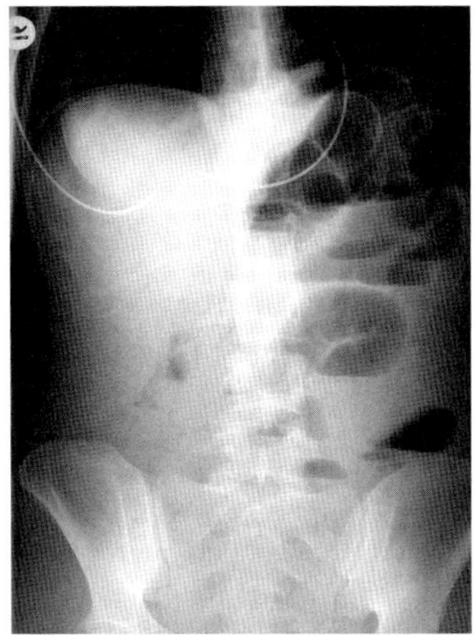

Zahlreiche Spiegel von Magen und Dünndarm (im Stehen) sind das Kennzeichen eines Ileus.

Es folgt die **Röntgenaufnahme** des *Abdomens im Stehen und in Linksseitenlage* zur Beurteilung von freier Luft, Ileuszeichen (Spiegelbildung, stehende Schlingen, **28.2**), Konkrementen, Fremdkörper, Luft in den Gallenwegen. Die *Thoraxaufnahme* in zwei Ebenen kann zur Verifikation freier Luft hilfreich sein. Zudem ist auf Rundherde, Erguss, Zwerchfellhochstand, Herzgröße und Lungenödem zu achten.
Ein **EKG** kann neben der kardialen Labordiagnostik einen Myokardinfarkt identifizieren.
Die **Computertomographie** hat zunehmend die Diagnostik des akuten Abdomens beeinflusst. Die Möglichkeit der schnellen Spiral-CT unter Einsatz von intravenösen und gastrointestinalen Kontrastmitteln (mit Beurteilung von Thorax und Abdomen in wenigen Minuten) hat dazu beigetragen, dass die CT auch primär als Screening-Untersuchung eingesetzt wird. Dennoch können etwa 50% der Diagnosen ohne CT erfolgreich gestellt werden. Eine herausragende Stellung nimmt die CT bei der Pankreatitis, vaskulären Problemen (Bauchaortenaneurysma) und auch der Divertikulitis ein. Bei letzterer Diagnose hat die CT (mit analer KM-Füllung) den **Kolonkontrasteinlauf** zunehmend verdrängt.
Eine **Angiographie** ist im Zeitalter der modernen Computertomographie nur selten unter dem Verdacht auf einen Mesenterialinfarkt oder ein Bauchaortenaneurysma indiziert. Sie kann jedoch therapeutisch (Embolisation) insb. bei retroperitonealen oder tumorbedingten Blutungen zum Einsatz kommen.
Die diagnostische **Laparoskopie** hat ihren festen Platz bei unklaren Unterbauchschmerzen, und kann hier auch direkt therapeutisch genutzt werden.
Die **Endoskopie** spielt im akuten Stadium keine Rolle.

28.3 Indikation zur notfallmäßigen Laparotomie

Ziel der primären Untersuchungen beim akuten Abdomen ist die Beurteilung, inwieweit ein Krankheitsbild vorliegt, welches akut einer notfallmäßigen chirurgischen Therapie zugeführt werden muss. Führt die primäre Diagnostik nicht wegweisend zu einer Diagnose, so kann bei einem schweren Krankheitsbild die frühzeitige diagnostische Laparotomie indiziert sein, um die Prognose durch den zusätzlichen zeitlichen Untersuchungsaufwand nicht zu verschlechtern. Hier spielt der Verdacht auf eine mesenteriale Durchblutungsstörung eine besondere Rolle (s. SE 28.4, S. 648 f). Keine Zeit für eine weitere Diagnostik verbleibt beim kreislaufinstabilen Patienten z. B. mit dem dringenden Verdacht auf ein rupturiertes Bauchaortenaneurysma oder eine Hohlorganperforation.

Die Peritonitis und auch der Ileus stellen im Rahmen des akuten Abdomens nicht nur mögliche Ursachen, sondern häufig auch sekundäre Folgeerscheinungen dar, die von der eigentlichen Ursache ablenken können. Bei einer Progredienz dieser Komplikationen treten systemische Auswirkungen auf (Peritonitis- und Ileuskrankheit), die in vielen Fällen für die Therapie und Prognose von entscheidender Bedeutung sind. Neben den kausalen Therapien kommen hierbei in erster Linie symptomatische – häufig intensivmedizinische – Behandlungsstrategien zum Einsatz, die bei beiden Komplikationen Gemeinsamkeiten aufweisen.

Die notfallmäßige Laparotomie

Häufigkeit: Jährlich müssen etwa 0,13 % der Bevölkerung wegen eines akuten Abdomens notfallmäßig operiert werden. Die Operationsrate bei allen unter dem Verdacht auf ein akutes Abdomen eingelieferten Patienten liegt bei 25–30 %.

Die häufigsten Diagnosen, die im Rahmen des akuten Abdomens notfallmäßig laparotomiert werden, sind:

- akute Appendizitis,
- akute Cholezystitis,
- Ileus,
- Hohlorganperforation (Magen, Duodenum, Kolon),
- akute Pankreatitis,
- Mesenterialischämie,
- intraabdominelle Blutung,
- rupturiertes Bauchaortenaneurysma.

Neben diesen zahlenmäßig überwiegenden Diagnosen kommen alle Erkrankungen, die in SE 28.2 (s. S. 644 f) unter „abdominelle Erkrankungen" genannt werden, für eine Notfalloperation in Betracht.

Die ***Indikation zur Laparotomie*** ist beim Nachweis einer dieser Erkrankungen einfach zu stellen. Häufig jedoch diktiert der schlechte Allgemeinzustand des Patienten und die zunehmende systemische Reaktion einen engen Zeitrahmen, und die Diagnostik kann keine definitive Diagnose sichern. Hier ist die diagnostische Laparotomie indiziert. Zudem ergibt sich eine Notfallindikation oft bereits aus Symptomen, die keine weitere definitive Diagnose notwendig machen, sondern zur sofortigen operativen Intervention führen.

Die Operationsnotwendigkeit kann nach der **Dringlichkeit** unterteilt werden in

- sofortige Notfalloperation zum Erhalt des Lebens,
- frühzeitige Notfalloperation und
- aufgeschobene Notfalloperation (z. B. um wenige Stunden).

Die Einordnung des Patienten in eine dieser drei Gruppen sollte innerhalb der ersten Minuten nach Vorstellung erfolgen. Der bestimmende Parameter in dieser Situation ist der **Kreislauf**.

Liegt ein *instabiler Kreislauf* vor, so wird der Patient umgehend in den OP verbracht und die Laparotomie erfolgt parallel zur anästhesiologischen Vorbereitung. Ist der Patient so instabil, dass eine Reanimation bereits vor der Vorstellung notwendig wurde, ist der vorübergehende Versuch der Stabilisierung durch notfallmäßige Blutsubstitution gerechtfertigt.

! Bei infauster Prognose und erfolglosen Reanimationsbemühungen ist ggf. von einer OP-Indikation Abstand zu nehmen.

Eine Notfallindikation, bei der sich z. B. jede weitere Diagnostik streng verbietet, ist der dringende Verdacht auf ein rupturiertes Bauchaortenaneurysma oder eine massive intraabdominelle Blutung mit Kreislaufinstabilität des Patienten. Diese Situation erfordert zur Lebensrettung eine sofortige Laparotomie zur Stillung der Blutungsquelle, ohne Rücksicht auf die Sicherheit der Diagnose, operative Risikofaktoren, Patientenvorbereitung, räumliche, organisatorische oder ggf. hygienische Gegebenheiten.

Bei *kreislaufstabilem Patienten* erfolgt jedoch zunächst zumindest eine Primärdiagnostik mit Labor, Ultraschall ggf. Röntgen oder CT. Wird der Nachweis von freier Luft im Abdomen gesichert (außer bei kurzzeitig vorangegangener Operation: Luft kann noch vorhanden oder über Drainagen eingedrungen sein!), dann besteht die Diagnose einer Hohlorganperforation und damit die Indikation zur *frühzeitigen* notfallmäßigen Laparotomie. Eine weitere Diagnostik zur Lokalisation der Perforationsstelle ist unsinnig und führt lediglich durch Verzögerung zur Prognoseverschlechterung. Zeigt sich keine freie Luft bei stabilem Kreislauf, so kann eine weitere Diagnostik angeschlossen werden (um wenige Stunden aufgeschobene Notfalloperation).

Therapie von Peritonitis und Ileus

Peritonitis

Neben der kausalen Therapie zur **Beseitigung der Infektionsquelle** und damit Behandlung der zugrunde liegenden Erkrankung spielt die **symptomatische Therapie der Infektionsfolgen** eine herausragende Bedeutung und bildet die zweite Hauptsäule der Therapie.

Einige Formen der Peritonitis wie z. B. die spontan bakterielle Peritonitis des Patienten mit chronischer Lebererkrankung oder die Pneumokokkenperitonitis, aber auch Peritonitiden im Rahmen einer Peritonealdialyse können durch eine rein ***konservative Therapie*** angegangen werden. Im Vordergrund steht hier die intravenöse Antibiotikagabe.

Operative Therapie: In über 95 % liegt eine chirurgisch zu sanierende Ursache vor (z. B. Hohlorganperforation), und es kommen bereits **präoperativ Erstmaßnahmen** zum Einsatz, die perioperativ weitergeführt werden (s. SE 28.8, S. 656). Ziel ist eine *Verbesserung des Ausgangszustands* und die *Bekämpfung des septischen Schocks*.
Zielsetzungen der **Operation** sind die Beseitigung der Infektionsquelle, die Entfernung des infizierten septisch-toxischen Materials, die Spülung und Drainage des Bauchraumes und der Ausschluss sekundärer Infektionsquellen. Bei einem diffusen Befund kann eine **anhaltende Spülbehandlung** – sei es als offene (Laparostoma) oder geschlossene Lavage – indiziert sein. Besteht oder droht ein abdominelles Kompartmentsyndrom, so ist das Anlegen eines Laparostomas (offenes Abdomen) vorzuziehen, ansonsten sind die verschiedenen Verfahren in den Händen erfahrener Anwender ebenbürtig.

! Da die Patienten häufig in einem reduzierten Allgemeinzustand sind und die Operation unter Notfallbedingungen erfolgen muss, ist oft eine **Beschränkung des Operationsausmaßes** sinnvoll.

Große, zeitaufwendige, blutreiche und aufwendig-rekonstruktive Eingriffe sollten initial vermieden werden. Eine definitive Versorgung kann unter besseren, dann elektiven Ausgangsbedingungen sekundär durchgeführt werden. So kann z. B. bei einer *diffusen, länger bestehenden Peritonitis beim septischen Patienten* (z. B. durch eine ältere Perforation eines Sigmadivertikels) die Resektion eines Darmanteils mit Blindverschluss und AP-Anlage häufig primär ausreichend sein, eine initiale Anastomosierung im peritonitischen Abdomen jedoch zu weiteren Komplikationen führen. Ein Standardvorgehen ist dabei zumeist wenig sinnvoll, die Therapie richtet sich nach dem Befund. *Bei stabilem Patienten* mit frischem, lokalisierten Befund und z. B. einer Perforation eines Gallenblasenempyems oder bei einem perforierten Magen- oder Duodenalulkus ist häufig ein sanierendes, einzeitiges Vorgehen angezeigt.

Die ***begleitende intensivmedizinische Therapie*** beinhaltet neben einer Unterstützung der kardiopulmonalen Funktion, der Flüssigkeits- und Elektrolytsubstitution vor allem die Antibiotikatherapie. Die enterale Ernährung sollte wenn immer möglich frühzeitig aufgenommen werden, um weitere Komplikationen (septische Probleme, bakterielle Translokation, Darmparalyse) zu vermeiden.

Ileus

Der mechanische Ileus ist häufig primäre Ursache für ein akutes Abdomen, eine paralytische Darmlähmung hingegen tritt zumeist begleitend reflektorisch auf. Insbesondere beim mechanischen Ileus stellt die chirurgische Beseitigung der jeweiligen Ursache die Therapie der Wahl dar.
Mechanische Hindernisse wie Briden, Tumoren, Hernien, Volvulus und Invagination, Fremdkörper und Strangulation müssen frühzeitig chirurgisch saniert werden. Bei eventuell notwendigen Darmresektionen (Durchblutungsstörungen) sollte zunächst sparsam reseziert werden und ggf. eine Second-Look-Operation erwogen werden. Auch diese Eingriffe werden großteils bei Patienten in reduziertem Allgemeinzustand unter Notfallbedingungen erforderlich. Die flankierenden Erstmaßnahmen und die zusätzliche symptomatische Therapie gleichen hierbei der zuvor beschriebenen (s. o. und SE 28.8, S. 656 f).
Bei einer **reflektorischen Darmparalyse** ohne Nachweis einer primär-chirurgisch zu therapierenden Ursache sollte zunächst ein konservativer Therapieversuch mit einer Entlastung (Dekompression) des Magen-Darm-Traktes (v. a. Magensonde und Einläufe, ggf. anale Spreizung und Darmrohr) und der Gabe von Peristaltika erfolgen. Auch bei chronischen oder rezidivierenden Ileus- oder Subileuszuständen (z. B. bei Verwachsungsbauch, chronischen Entzündungen, Peritonealkarzinose und postoperativer Paralyse) ist die Indikation zur Operation zurückhaltend zu stellen. Die Therapie des Ogilvie-Syndroms (Synonym: Pseudoobstruktion) wird in **26.3** (s. S. 595) beschrieben.

28.4 Mesenterialinfarkt

Dem Mesenterialinfarkt liegen pathogenetisch zwar ganz unterschiedliche Krankheitsbilder zugrunde, nach kurzer Zeit münden sie jedoch alle in das Bild des akuten Abdomens. Ungefähr 1 % aller Patienten mit „akutem Abdomen" haben eine akute mesenteriale Durchblutungsstörung, bei Patienten mit Ileus sind es 2 %. Die beiden wichtigsten Einflussgrößen für eine erfolgreiche Therapie sind der Wettlauf mit der Zeit (der Darm hat eine ischämische Toleranz von maximal 2,5 Stunden) und, dass man als Chirurg die viszeral- wie auch gefäßchirurgischen Operationstechniken beherrschen muss. Die Letalität ist mit 50–85 % noch immer erschreckend hoch.

Ursachen und Pathophysiologie: Zwar gibt es 3 Viszeralarterien (Truncus coeliacus, A. mesenterica superior und A. mesenterica inferior), für das Krankheitsbild „Mesenterialinfarkt" spielt aber der akute Verschluss der A. mesenterica sup. die herausragende Rolle. Man unterscheidet vier unterschiedliche Erkrankungen:

Arterielle Embolie (50 %): Embolusstreuherd ist meist das Herz, je nach Größe des Embolus ist die A. mesenterica sup. in ihrem Stamm oder im weiteren Verlauf (**28.3**) verschlossen. Bei zentralem Verschluss kommt es von der Flexura duodenojejunalis bis zur linken Kolonflexur zur Gangrän.

Arteriell-autochthone Thrombose (20 %): Bei vorbestehenden arteriosklerotischen Wandveränderungen (s. SE 32.2, S. 714) kann die akute Thrombose, je nach entstandener Kollateralisation (s. SE 32.6, S. 728), ebenfalls eine Totalgangrän verursachen. Meist handelt es sich um ältere multimorbide Patienten mit oft vorbestehender Angina abdominalis (s. SE 32.6, S. 728).

Non-okklusiver Mesenterialinfarkt (NOMI; 10 %): Im Rahmen eines Low-Flow-Syndroms (bei kardiogenem Schock, nach kardiochirurgischen Operationen, bei Sepsis) kommt es zu einer maximalen mesenterialen Vasokonstriktion (**28.4**). Diese führt zu mehreren segmentalen Darmnekrosen (Dünn- und Dickdarm, nicht an die Versorgungsgebiete der A. mesenterica sup. und inf. gebunden). Häufigkeit: 0,03 bis 0,5 % aller kardiochirurgischen Operationen.

Venöser Mesenterialinfarkt (20 %): Es handelt sich um eine akute, langstreckige Thrombose der großen Mesenterialvenen mit venöser Infarzierung. Ursächlich kommen besonders hämostaseologische (erhöhte Koagulopathie) und myeloproliferative Erkrankungen infrage. Aufgrund vorausgegangener, zunächst kurzstreckiger Thrombosen bestehen anamnestisch häufig unklare Bauchschmerzen, evtl. mit Zeichen einer unteren Gastrointestinalblutung (venöse Schleimhautinfarzierung).

28.4 Non-okklusiver Mesenterialinfarkt (NOMI)

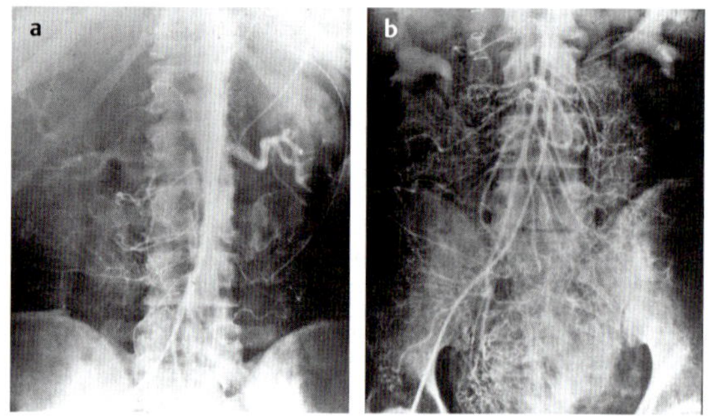

a In der selektiven Angiographie der A. mesenterica sup. zeigt der gesamte Gefäßbaum einen maximalen Vasospasmus.
b Nach selektiver Papaverin-Therapie ist der Vasospasmus durchbrochen, und der Gefäßbaum stellt sich normal dar.

28.3 Embolie A. mesenterica superior

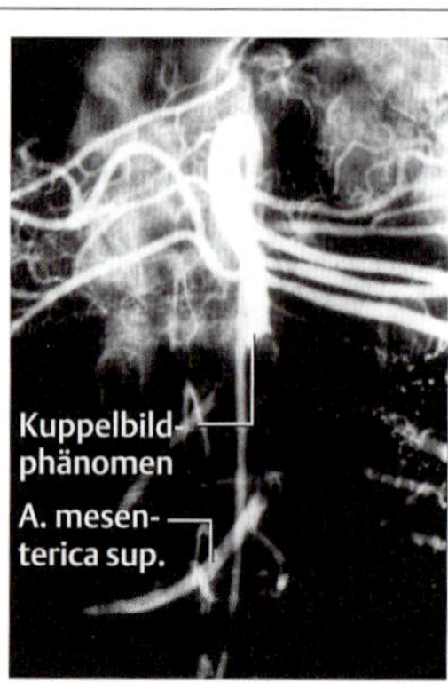

Selektive Angiographie der A. mesenterica sup. (73-jährige Patientin mit absoluter Arrhythmie): klassisches Kuppelbildphänomen am proximalen Pol des Embolus. Über Kollateralen füllt sich die postokklusive A. mesenterica sup. wieder auf. Die Embolektomie wurde rasch durchgeführt, keine Darmresektion, Institutio ad integrum.

Klinik: Im Stadium der transmuralen Nekrose kommt es bei allen 4 Ursachen letztlich zur diffusen Peritonitis. Entscheidend ist also, die frühen Zeichen des akuten Verschlusses zu erkennen. Dies ist zumindest bei der **Embolie** möglich: Zunächst unklarer, heftiger *Bauchschmerz*; er setzt akut ein, wird diffus empfunden, und es besteht eine ischämisch bedingte Hyperperistaltik (1–2 Stunden). Danach kommt es zum *freien Intervall* mit relativer Beschwerdefreiheit („fauler Frieden"; 2–6 Stunden) und zuletzt zur *Durchwanderungsperitonitis* aufgrund der Darmgangrän (> 12 Stunden).

Folgen einer mesenterialen Ischämie sind nur innerhalb von 2–2,5 Stunden reversibel.

Bei der **autochthonen Thrombose** und beim **venösen Infarkt** fehlt die o. a. sequenzielle Klinik: Meist geht der Schmerz direkt in die Zeichen der Peritonitis über, in Abhängigkeit der (arteriellen wie auch venösen) Kollateralisation. Beim **NOMI** handelt es sich i. a. R. um intubierte

Intensivpatienten, die durch Ileus, aufgetriebenes Abdomen und alle Zeichen der (peritonitisbedingten) Sepsis auffallen.

! Solange Patienten mit Arrhythmie und chronischer peripher-arterieller Verschlusskrankheit einen ungeklärten akuten Bauchschmerz haben, besteht die Verdachtsdiagnose „Mesenterialinfarkt". Sie muss aktiv ausgeschlossen werden.

Diagnostik: Die schwierige Diagnosefindung bedingt die oft (zu) späte Diagnosestellung. Im Mittelpunkt stehen:

- Anamnese (s. o.),
- Klinik (s. o.),
- Labor: Erhöhung des Serum-Laktats und der akuten Entzündungsparameter (Leukozyten und CRP),
- apparative Untersuchungen: Duplex-Ultraschall, Angiographie, Spiral-CT, MRA, und die
- diagnostische Laparotomie: In Zweifelsfällen ist auch eine retrospektiv „unnötige" Laparotomie (ggfs. auch Laparoskopie) gerechtfertigt.

Differenzialdiagnose: akut-entzündliche abdominelle Erkrankungen (z. B. Pankreatitis, Cholezystitis, inkarzerierte Zwerchfellhernie) und Myokardinfarkt.

Therapie: Besteht bei Verdacht auf mesenteriale Ischämie ein kompletter Ileus bzw. eine Peritonitis, wird sofort laparotomiert. Bestehen aber nur ein Subileus, ein Peritonismus oder unspezifische Befunde, werden die apparativen Untersuchungen ausgeschöpft.

Bei zumindest 20 % aller Patienten mit Mesenterialinfarkt erschöpft sich aufgrund des infausten Befundes die „Therapie" in einer explorativen Laparotomie (**28.5**): dann Basispflege, menschliche Zuwendung und Schmerztherapie im Sinne einer Sterbebegleitung.

Bei den restlichen 80 % kommen gefäß- und viszeralchirurgische Operationsprinzipien zum Einsatz. Meist folgt nach 24 Stunden ein programmierter „Second-Look" zur Beurteilung, ob doch (noch mehr) Darm reseziert werden muss.

Embolie: Wenn die Diagnose frühzeitig gestellt wurde, kann durch eine *Embolektomie* die Gefäßstrombahn wieder hergestellt werden. Die Freilegung der A. mesenterica sup. erfolgt transmesokolisch, systemische Heparinisierung mit 5000 IE Heparin, quere Arteriotomie, Fogarty-Manöver, intraoperative Angiographie, Direktverschluss und 30-minütiges Warten. Bei schon bestehender transmuraler Darmnekrose muss (zusätzlich) reseziert werden.

Arteriosklerotische Thrombose: Neben der eigentlich immer notwendigen Darmresektion kann zum Erhalt minderperfundierten Darms zusätzlich eine Revaskularistaion der A. mesenterica sup. erfolgen (dieselben Rekonstruktionsprinzipien wie bei elektiver Operation, s. **32.25**, S. 729).

NOMI: Wird die Diagnose angiographisch gestellt, wird über den in der A. mesenterica sup. liegenden Katheter z. B. Papaverin appliziert (Therapie des Vasospasmus, **28.4**). Die Operationsindikation ergibt sich aus der Peritonitis: Es kommen lediglich Resektionen, ggfs. mit Anus praeter, infrage.

Venöse Thrombose: Thrombektomien (Pfortader, V. mesenterica sup.) sind im Einzelfall möglich, ggf. in Kombination mit einem portosystemischen Shunt zur Abflussverbesserung, ansonsten Resektion.

Bei allen Verschlussprozessen ist eine *lokale Lyse* (nach angiographischer Diagnosestellung) zwar wenig invasiv, erlaubt aber keine Beurteilung des Darms und bedeutet oft einen Zeitverlust bei erheblicher Blutungsgefahr.

Bei **Astverschlüssen des Truncus coeliacus** kann es bei fehlenden Kollateralen zu Organnekrosen (Leber, Milz, Pankreas) kommen. Infolge der komplexen Differenzialdiagnose und infolge der Zeitnot ist die Sofortdiagnose selten und die Prognose schlecht.

Der akute Verschluss der **A. mesenterica inf.** ist meist asymptomatisch. Bedeutung hat die ischämische Kolitis (Descendens und Sigma) nach Gefäßrekonstruktion im aortoiliakalen Bereich, meist nur bei gleichzeitigem Verschluss beider Aa. iliacae internae: Dauerschmerz, blutig-schleimige Stühle und Anstieg des Serum-Lactats. Die Klinik entwickelt sich innerhalb des 2.–4. postoperativen Tages. *Therapie:* Entfernung des betroffenen Darmanteils.

28.5 Darmnekrosen bei Mesenterialinfarkt

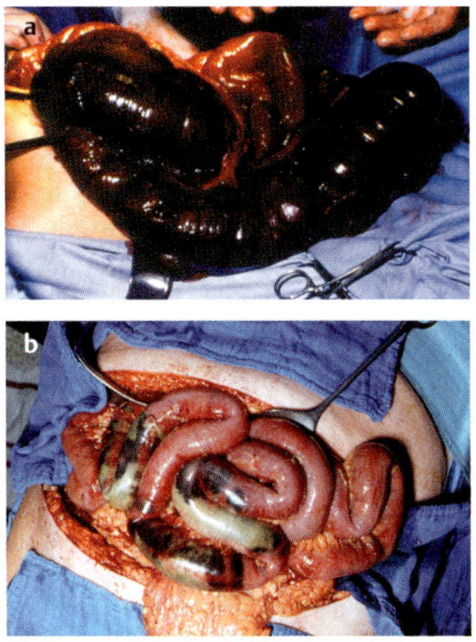

a Es zeigt sich ein komplett nekrotischer, schwarzer, stinkender Darm. Eine Resektion ist nur bei segmentalem Befall indiziert. **b** Das typische Bild bei NOMI: dissemiert segmentaler Befall, jeweils teils grün-nekrotische, teils schwarze Darmsegmente. *Therapie:* Resektion unter Vermeidung von Anastomosen (nur Ausleitungen!), unter Weiterführung der i. a. vasodilatierenden pharmakologischen Therapie.

Ergebnisse: Die Krankenhaussterblichkeit liegt (unter Einschluss der nur explorativen Laparotomien) für die Embolie mit 75 %, für die arterielle Thrombose mit 80 %, für die venöse Thrombose mit 50 % und für den NOMI mit 85 % noch immer sehr hoch.

Bei jüngeren Patienten kann bei Totalnekrose des Dünndarms eine komplette Enterektomie erfolgen, mit der Option auf eine spätere Dünndarmtransplantation.

Andreas Hirner / Jörg Kalff

28.5 Besonderheiten beim stumpfen Bauchtrauma

Die stumpfe Gewalteinwirkung auf das Abdomen kann zu einer Vielzahl von Verletzungsmustern führen, zudem sind kombinierte Verletzungen bei starker Gewalteinwirkung häufig und erfordern eine schnelle Entscheidungsfindung und Therapie. Der generalisierte Zustand des Patienten maskiert häufig die einzelnen Symptome und das Übersehen schwerer Verletzungen, und eine verzögerte Diagnosestellung mindert die Überlebenschance des mehrfach verletzten Patienten deutlich. Anders als bei äußerlich sichtbaren Verletzungen ist die körperliche Untersuchung eines Patienten mit stumpfem Bauchtrauma häufig wenig verlässlich. Die Pankreasruptur wird in SE 25.5 (s. S. 569) und die Zwerchfellverletzung in SE 20.6 (s. S. 461) beschrieben.

Es bedarf eines straffen diagnostischen und therapeutischen Schemas, um die Morbidität und Mortalität des abdominellen Traumas zu mindern.

Verletzungsmöglichkeiten: Im Vordergrund stehen Kompression und Kontusion des Abdomens durch stumpfe Gewalteinwirkung im Rahmen von Verkehrsunfällen und Stürzen. Richtung und Intensität der Gewalteinwirkung geben Aufschluss über die möglichen Verletzungen. So sind seitliche Autounfälle häufiger mit Verletzungen des Bauchraumes verbunden. Nicht angeschnallte Passagiere erleiden häufiger ein stumpfes Bauchtrauma, betroffen sind vor allem Milz und Leber. Drei-Punkt-Sicherheitsgurte und der Airbag reduzieren das Risiko der stumpfen Verletzung von Thorax und Abdomen, isolierte Beckengurte können jedoch zu Mesenterial- und Darmruptur führen. Eine genaue Unfallanamnese ist daher unerlässlich und gibt Aufschluss über die möglichen Verletzungen.

Die Häufigkeit der Beteiligung der intraabdominalen Organe hängt ab von Lokalisation, Organstruktur und Fixierung des Organs. An erster Stelle steht die Milzruptur (25–35 % verletzter Organe), gefolgt von Leber (ca. 20 %), Nieren (ca. 15 %), Magen (ca. 15 %), Kolon und Dünndarm (ca. 10 %), Retroperitoneum, Mesenterium und Zwerchfell. Zu Ein- bzw. Abrissen des Darmes kommt es entsprechend des Dezelerationstraumas gehäuft am Übergang von retroperitoneal fixiertem und intraperitoneal frei beweglichem Abschnitt (z. B. Flexura duodenojejunalis und ileozäkaler Übergang).

Symptome: Im Vordergrund stehen die Symptome des akuten Abdomens (s. SE 28.2, S. 644). Häufig kommt ein hypovolämischer Schock hinzu. Abhängig von der Art und Lokalisation des Traumas und der resultierenden Verletzung stehen unterschiedliche Symptome im Vordergrund: Eine Verletzung der parenchymatösen Organe führt frühzeitig zu einem ausgeprägten Blutverlust mit hämorrhagischem Schockzustand, Hohlorganperforationen gehen einher mit Übelkeit, Erbrechen, letztlich Peritonitis.

Die Symptomatik des akuten Abdomens kann begleitende Verletzungen verschleiern, die häufig erst nach primärer Versorgung diagnostiziert werden. Zu denken ist immer an eine thorakale Verletzung sowie Wirbelsäulen- und Extremitätenverletzungen.

Diagnostisch müssen intraabdominelle Blutung und Hohlorganperforation mit Peritonitis unmittelbar abgeklärt werden. Hierzu eignen sich neben der klinischen abdominellen Untersuchung vor allem Laboruntersuchungen (Hb, HK und Blutbild) und der abdominelle Ultraschall. Diese orientierenden Untersuchungen sollten direkt bei Einlieferung in der Notaufnahme geschehen. Weitere bildgebende Verfahren (Röntgenthorax, Abdomen-Übersicht, CT und Angiographie) sollten erst in zweiter Reihe erfolgen. Bei schwierig zu beurteilendem Ultraschall (Luft, Adipositas) und dem dringenden Verdacht auf intraabdominelle Blutung wurde früher eine Peritoneallavage durchgeführt (**28.2**). Weitere Untersuchungen umfassen Amylase- und Lipase-Bestimmung (Pankreas-, Duodenum- oder Dünndarmverletzung) und Lebertransaminasen (mögliche Leberverletzung).

28.2 Technik der Peritoneallavage

Katheterisierung der Harnblase, Rückenlage, Lokalanästhesie (etwa 5 cm unterhalb des Nabels in der Medianlinie), ggf. Vorschieben der Lokalanästhesie-Kanüle bis intraperitoneal und Aspiration (Blut?), Stichinzision. Ein Kanülentrokar wird durch die Bauchdecke gestoßen und nach Erreichen der Peritonealhöhle wird ein Katheter eingebracht. Der Trokar wird langsam zurück- und der Katheter vorgeschoben. Anschluss an ein Infusionsbesteck und Instillation von 500–1000 ml warmer Ringerlösung. Absenken der Infusionsflasche und Auffangen der Spülflüssigkeit.
Positiver Befund bei blutigem, trüben oder galligem Refluxat.
Die Peritoneallavage ist heute durch nicht-invasive Untersuchungen weitgehend verdrängt worden.

Die ***Indikation zur Laparotomie*** ist gegeben bei einer Organverletzung mit intraabdomineller Blutung, einer Perforation eines Hohlorgans und einer Peritonitis. Eindeutige Klinik oder der starke Verdacht auf Peritonitis oder Blutung sollten schon aus diagnostischen Gründen zu einer Laparotomie führen, die Letalität ist gering ($< 1\,\%$). Der Einsatz der Laparoskopie wird zur Zeit noch kritisch diskutiert und kann nicht generell empfohlen werden. Der sonographische Nachweis von geringen Mengen freier Flüssigkeit im Abdomen bei ansonsten stabilem Zustand des Patienten sollte zu einer frühzeitigen sonographischen Kontrolle Anlass geben (ggf. mit perkutaner Punktion). Zunahme der freien Flüssigkeit und/oder Verschlechterung des Zustandes sind Anzeichen für eine anhaltende Blutung und bedürfen der sofortigen Laparotomie. Subkapsuläre Hämatome von Milz und Leber können abwartend kontrolliert werden. Verspätete Manifestation von Verletzungen, wie zweizeitige Milzruptur, Blutung aus rupturierten subkapsulären Leberhämatomen oder Einblutungen in die Leber, können eine sekundäre Indikation zur Operation darstellen.

Milzruptur

Die Milz ist das am häufigsten verletzte Organ beim stumpfen Bauchtrauma. Findet sich eine Milzläsion oder freie Flüssigkeit um die Milz in der initialen Diagnostik nach einem Trauma, so ist bei hämodynamisch stabilem Patienten ein zunächst konservatives Vorgehen unter regelmäßigen Kontrollen indiziert. Das häufig erwähnte Risiko einer zweizeitigen Milzruptur nach abdominellem Trauma ist insgesamt gering. Unter Kreislaufmonitoring (Intensiv- oder Überwachungsstation; s. SE 7.6, S. 197 ff) sollte das Blutbild und der Abdomen-Ultraschall zur Verlaufskontrolle benutzt werden. Kommt es zu einer Zunahme der freien Flüssigkeit, einem konstanten Hb-Abfall und kreislaufwirksamer Blutung, so ist die Laparotomie notwendig. Milz erhaltende Maßnahmen sind der Splenektomie vorzuziehen (s. SE 25.8, S. 577).

Leberverletzung

Nach der Milz ist die Leber das am zweithäufigsten betroffene Organ.

Leichte Verletzungen der Leberkapsel, oberflächliche Parenchymeinrisse oder subkapsuläre Hämatome ohne aktive Blutung werden konservativ behandelt.

Problematisch sind die ***höhergradigen Leberverletzungen***, da es sich um schwerwiegende, lebensbedrohliche Zustände handelt, deren Ausmaß häufig erst intraoperativ erkannt wird. Aufgrund der vaskulären Versorgung der Leber und ausgedehnter Parenchymrisse resultiert ein massiver Blutverlust, der operativ schwer zu kontrollieren ist.
Diagnostisch kommt bei stabilem Kreislauf der CT die größte Bedeutung zu.
Therapie: Eine Indikation zur Operation ergibt sich bei anhaltender Blutung mit fortbestehender Kreislaufinstabilität. Im Notfall bleibt neben lokalem Druck oder dem *Packing* (d. h. der Tamponade durch Bauchtücher) nur die Okklusion der vaskulären Hilusstrukturen (*Pringle-Manöver*, s. 🔍 **22.7**, S. 522) oder aller die Leber versorgenden Gefäße (infra- und suprahepatische V. cava, Pfortader, A. hepatica). Chirurgisch kommen neben der *direkten Naht* der Ruptur und Ligatur der eröffneten Gefäße die *Blutstillung* durch Argon-Laser- oder Infrarot-Koagulation, das Aufbringen von Fibrinkleber und Kollagenvlies oder das Leber-Wrapping mit großen Netzen (analog der Milz; s. SE 25.8, S. 577) zum Einsatz. *Resezierende Verfahren* sind bei nur schwerwiegenden Verletzungen indiziert und weisen eine hohe Morbidität und Mortalität auf. Tiefe durchgreifende, „blinde" Nähte sollten vermieden werden, da große Nekroseareale resultieren können. In einzelnen Fällen kann eine notfallmäßige *Lebertransplantation* notwendig werden.
Die **Prognose** schwerer Leberverletzungen ist weiterhin schlecht und liegt zwischen 10 und 30 %.

Magen- und Duodenalruptur

Der Magen ist aufgrund seiner Mobilität sehr selten durch ein stumpfes Bauchtrauma betroffen, häufiger sind Verletzungen des retroperitoneal fixierten Duodenums. Die Diagnose wird zumeist erst intraoperativ gestellt. Der Ausschluss einer Duodenalverletzung ist bei jeder Laparotomie nach Bauchtrauma obligat. Das Duodenum wird durch ein Kocher-Manöver mobilisiert, ansonsten kann die Verletzung, die häufig im retroperitoneal-dorsalen Anteil vorliegt, übersehen werden. Duodenalverletzungen werden übernäht oder reseziert. Resektionen führen jedoch zu ausgedehnten Rekonstruktionen (insbesondere bei Whipple-Operation) mit hohem operativen Aufwand und postoperativem Risiko.

Mesenterialeinrisse

Zu Einrissen des Mesenteriums oder Abriss des mesenterialen Stils kommt es bei schweren Dezelerations- oder Schertraumen durch Zug am gefüllten Darm. Neben dem Austritt von Dünndarmsekret kommt es primär zu retro- und intraabdominellen Blutungen und sekundär zu Durchblutungsstörungen und Darmwandnekrose. Therapeutisch kommen sparsame Dünndarmresektionen ggf. mit der Notwendigkeit einer Second-Look-Operation zum Einsatz.

Dünndarmruptur

Verletzungen des Dünndarms sind die häufigsten Hohlorganverletzungen nach stumpfem Bauchtrauma. Direkte Traumen mit Kompression des Mittelbauchs (Huftritt, Lenkradaufprall) führen bei gefülltem Darm zur Berstung. In dünndarmgefüllten Hernien führt bereits ein geringerer Druck zu Dünndarmverletzungen. Man unterscheidet Quetschung, Berstung und Abriss. Der Verdacht auf eine Dünndarmruptur erfordert die sofortige Laparotomie. Die Diagnostik ist erschwert und lediglich zweifelsfrei durch eine diagnostische Punktion freier Flüssigkeit (früher Peritoneallavage) zu erzielen. Das rupturierte Segment wird sparsam reseziert, und es erfolgt eine primäre Anastomose.

28.6 Besonderheiten bei der frühen Relaparotomie

Die Notwendigkeit einer erneuten Laparotomie innerhalb von 24–48 Stunden nach primärer operativer Versorgung eines akuten Abdomens ergibt sich zum einen geplant aus dem Primärbefund z. B. durch eine Second-Look-Indikation oder notfallmäßig aufgrund von Komplikationen, Sekundärproblemen, unzureichender Primär-Operation oder primär übersehenen Befunden. Eine besondere Schwierigkeit stellt hierbei die Indikationsstellung dar: Neben einer erschwerten Diagnostik aufgrund der Voroperation beeinflussen sowohl die systemischen postoperativen Reaktionen als auch die mögliche Voreingenommenheit des Operateurs die Entscheidung zur Relaparotomie. Im Zweifelsfall sollte eine erneute Exploration des Abdomens erfolgen, da eine zeitliche Verzögerung prognostisch höchst relevant sein kann.

Indikation: Relaparotomien innerhalb der ersten 2 Tage nach primärer Operation sind beim akuten Abdomen geplant oder als Notfall möglich. **Geplante Relaparotomien** im Sinne einer Second-Look-Operation sollten vom primären Operateur bereits zum Zeitpunkt der ersten Operation terminiert oder zumindest diskutiert werden. *Indikationen* ergeben sich z. B. aus einer Minderperfusion der intestinalen Organe insb. des Darmes, falls die Erholung des verbliebenen Darmes zweifelhaft ist, mit eventuell notwendiger Nachresektion, des Weiteren bei der schweren diffusen Peritonitis oder nekrotisierenden Pankreatitis. Bei den entzündlichen Diagnosen kommt auch die **programmierte Relaparotomie** mit wiederholten abdominellen Lavagen zum Einsatz (s. SE 6.8, S. 167).
Bleibt der erwartete Erfolg nach einer kurativen oder auch nur symptomatischen Laparotomie aus oder kommt es zu unerwarteten Komplikationen, kann eine **frühzeitige Notfall-Relaparotomie** notwendig werden. Der Entscheidungsprozess zu diesem erneuten operativen Eingriff ist schwierig, da neben den diagnostischen Problemen bei den häufig schwer kranken Patienten mit unabwendbaren sekundären Organdysfunktionen zusätzlich das Urteilsvermögen des behandelnden Operateurs voreingenommen ist.
Ursachen für die frühzeitige Notfall-Relaparotomie ergeben sich z. B. aus Blutung/Nachblutung, Leckagen (Magen-, Darminhalt, Galle), Durchblutungsstörungen (z. B. Mesenterialinfarkt, Leberischämie), Verletzung relevanter Strukturen (Gefäße, Gallenwege, Darm), Wundruptur (Platzbauch; s. **28.3**), übersehenen Befunden, unzureichender primärer Therapie, fortschreitendem infektiösem oder nekrotisierendem Befund, verbliebenen Fremdkörpern u. a.
Bei ausgedehnten abdominellen Befunden (Infektion, Entzündung, Nekrose, Peritonitis, Blutung, Tumor) kann es postoperativ zur Entwicklung eines „abdominellen Kompartmentsyndroms" kommen. Ursachen sind die Flüssigkeitsverschiebung in den dritten Raum durch Kapillarleck (capillary-leak) und systemische Entzündungsreaktion (SIRS oder Sepsis; s. SE 7.1, S. 180), Ischämie- und Reperfusions-Schaden und die Motilitätsstörung mit Flüssigkeitsfüllung des Magen-Darm-Traktes. Hierbei wird zur Sicherstellung der Organperfusion und zur Vermeidung von pulmonalen Komplikationen durch hohe Beatmungsdrücke häufig eine Relaparotomie mit Anlage eines Laparostomas notwendig (Umschalten auf das Therapieprinzip „offenes Abdomen").
Abszesse in parenchymatösen Organen oder im Bauchraum werden heutzutage interventionell perkutan drainiert und bilden nur selten eine Indikation zur Relaparotomie.

Alarmierende klinische Symptome nach Laparotomie sind Hypotonie und zunehmende Tachykardie bis hin zu Kreislaufinstabilität und Schock, zunehmende Schmerzen, hohes Fieber, Organdysfunktionen (Niere, Kreislauf, Leber, Lunge), neurologische Auffälligkeit (Unruhe, Durchgangssyndrom [d. h. unspezifische, körperlich begründbare affektive, amnestische, halluzinatorische oder paranoide Psychose] oder Stupor bis Koma) und der ausbleibende Operationserfolg. Alle diese Symptome können postoperativ jedoch auch im normalen Verlauf auftreten, ohne dass eine erneute Intervention notwendig wird. Dieser Umstand macht die Schwierigkeit der Diagnostik aus.
Schwierigkeiten der Diagnostik: Die Diagnose früher postoperativer Komplikationen ist häufig schwer zu stellen, da klinische Symptome durch den frisch zurückliegenden Eingriff maskiert werden. Zudem kommt es gerade bei größeren Eingriffen z. B. im Rahmen entzündlicher Ursachen nach einer Operation häufig zu einer systemischen Reaktion durch Toxin- und Mediatoreinschwemmung mit einer Verschlechterung des Zustands, ohne dass ein anhaltender entzündlicher Fokus vorliegt (s. SE 7.1, S. 180 f).
Anamnese und **klinische Untersuchung** können bei Nachblutung, Leckagen oder Wundrupturen wegweisend sein, sind aber aufgrund postoperativer Schmerzen, Magen-Darm-Atonie, psychischer Belastung und systemischer Reaktionen erschwert oder sogar irreführend.
In erster Linie kommen **Laboruntersuchungen** und wenig invasive Diagnostik zum Einsatz. Postoperative Veränderungen im Labor wie Hb-Abfall, Leukozytose und CRP-Erhöhung, Anstieg der Nierenretentions-, Leber- und Pankreaswerte sind jedoch im Einzelfall schwer zu interpretieren. Ein Hb-Abfall kann postoperativ beispielsweise durch Flüssigkeitssubstitution und Wasserverschiebung vorgetäuscht werden. Der akute, massive Anstieg der Lebertransaminasen kann ein Hinweis auf eine akzidentelle Verletzung der Leberarterien z. B. im Rahmen von Operationen an der Gallenblase sein. Die Beurteilung des Sekrets aus intraoperativ eingelegten Drainagen kann hilf-

reich, aber auch täuschend sein, so ist der nach intraperitoneal gerichtete Austritt von Blut, Galle oder Darmsekret nicht immer in der Drainage zu erkennen.

Ein **Abdomen-Ultraschall** kann Hinweise auf eine zunehmende intraabdominelle Flüssigkeit, Hämatome oder übersehene Abszesse und Prozesse geben. **Röntgen-Aufnahmen** des *Thorax* können hilfreich sein, denn sie zeigen mögliche postoperative Probleme wie Pleuraerguss, Dys- oder Atelektase, die auch für die Symptome verantwortlich sein können. Röntgenaufnahmen des *Abdomens* sind wenig hilfreich, da freie Luft nach einer Laparotomie keine Besonderheit darstellt, und eine postoperative Darmatonie regelhaft auftritt. Besondere Bedeutung auch als Screening-Verfahren kommt der *CT* zu. Dabei ist die intravenöse Kontrastmittelgabe dringend notwendig und auch eine Kontrastmittelfüllung des Magen-Darm-Traktes vor der Untersuchung zu bedenken. **Endoskopische Verfahren** sind aufgrund der Belastung des Patienten und angelegter intestinaler Anastomosen in der Frühphase nur selten indiziert, höchstens bei intraluminal blutenden Anastomosen (meist Schleimhautblutungen) zur endoskopischen Blutstillung. Eine **Angiographie** kann beim Verdacht auf Ischämie oder Blutung indiziert sein.

! Bleibt nach der Diagnostik weiterhin ein Zweifel an der „Normalität" des Verlaufs, so ist die Indikation zu einer frühen Relaparotomie freizügig zu stellen. Das zusätzliche Risiko einer bei retrospektiver Betrachtung „unnötigen" Relaparotomie ist gering.

Besondere Therapiemöglichkeiten: Im Regelfall erfolgt die frühe Relaparotomie über den primären Zugangsweg. Bei einer kreislaufwirksamen *Blutung* muss das chirurgische Handeln zielgerichtet und prompt sein. Die Auffindung und Versorgung der Blutungsquelle geht vor, danach erfolgt die Exploration des übrigen Abdomens. Bei einer *Peritonitis* stehen im Vordergrund die Beseitigung der Ursache und die Therapie der Peritonitis selbst (Spülung, Drainagen etc.). Atoner, *dilatierter Dünndarm* wird nach oral ausgestrichen bzw. dekomprimiert. Wird die Relaparotomie ohne definitive Diagnose unter *diagnostischem Ansatz* durchgeführt, erfolgt eine routinemäßige Exploration des gesamten Abdomens zur Auffindung der Ursache der Zustandsverschlechterung des Patienten.

! Bei einem „Platzbauch" (**28.3**) muss stets das gesamte Abdomen nach einer möglichen infektiösen Ursache revidiert werden.

Liegen diffuse Entzündungen oder Nekrosen im Abdomen vor, so ist u. U. eine programmierte Lavage oder offene Bauchbehandlung (s. SE 6.8, S. 167) nötig.

28.3 Fasziendehiszenz („Platzbauch")

Diese im Chirurgen-Jargon „Platzbauch" genannte Komplikation umfasst von innen nach außen das Auseinanderweichen, ggf. seitlich der Naht das Aufreißen von zunächst Peritoneum, dann Faszie (inkompletter Platzbauch) und zuletzt Haut (kompletter Platzbauch, dann mit Darmvorfall). Die Gründe hierfür können vielfältig sein: Am seltensten ist es eine unzureichende Nahttechnik, häufiger eine anerge Situation bei konsumierender Erkrankung („es heilt nichts"), am häufigsten jedoch ein in der Tiefe des Abdomens postoperativ-entzündlicher Prozess. Das eindrückliche Ereignis tritt meist bei Hustenstößen oder meteoristisch/peritonitisch überspanntem Abdomen auf.

! Bei jedem Platzbauch muss eine peinliche Revision des gesamten Abdomens zum Ausschluss einer bisher nicht erkannten entzündlichen Komplikation erfolgen.

Fallbeispiele:

a: 49-jährige Patientin, 6. p. o. Tag nach Sigmakontinuitätsresektion wegen Divertikulitis. Bei einem Hustenstoß kommt es zur kompletten Wundruptur mit Vorfall eitrig belegter Dünndarmschlingen bei diffuser Peritonitis. Ursache: Anastomoseninsuffizienz.

b, c: Bei diesem 49-jährigen Patienten war eine Sigmakontinuitätsresektion wegen Sigmadivertikulitis durchgeführt worden. Platzbauch mit etwas trübem Exsudat, deshalb Relaparotomie nur mit Spülung und Drainagen, aber ohne Erfolg: weitere Revisionen, zuletzt offenes Laparostoma (**b**) mit eitrig-schmierig belegtem großen Netz. Erst eine genaue Revision hat die Ursache des komplizierten Verlaufs (und sicherlich auch schon des ersten Platzbauchs) ergeben: ein zur freien Bauchhöhle hin persistierend perforiertes Divertikel distal der verheilten Anastomose (**c:** Overholt-Spitze in der Fistelöffnung). *Operative Therapie:* Nachresektion im Sinne einer Hartmann-Operation. Dann Stabilisierung und Gesundung.

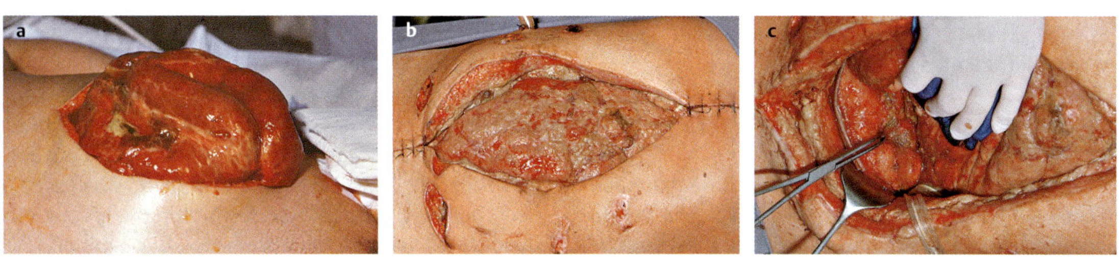

28.7 Allgemeine Operationstaktik beim akuten Abdomen

In Abhängigkeit von der Dringlichkeit der Operation und der Sicherheit der präoperativen Diagnose erfolgt die Laparotomie geplant oder notfallmäßig, bzw. als definierter Eingriff oder explorativ unter diagnostischen Aspekten. Selbst bei überzeugender Diagnostik muss beim akuten Abdomen mit einem überraschenden Befund gerechnet werden. Lagerung, Zugang, Orientierung und Operationsausmaß sind daher bereits zu Beginn der Intervention so zu wählen, dass eine möglichst große operative Freiheit zur Erweiterung und Modifikation des Eingriffs jederzeit offen bleibt. Dadurch gehören einige grundlegende taktische Schritte zur Routine der Laparotomie beim akuten Abdomen: gut zugängliche Lagerung, übersichtlicher, vielfältiger und zeitsparender Zugang durch mediane Schnittführung, komplette Inspektion und Palpation des gesamten Abdomens, Beschränkung auf das akut notwendige Operationsausmaß.

Lagerung

Da das Abdomen das „Zielgebiet" der Operation darstellt, auch wenn andere extraabdominelle Ursachen in Betracht kommen, ist eine Rückenlagerung mit seitlicher Auslagerung der Arme anzuraten. Auf diese Weise ist das gesamte Abdomen, wie auch Hals, Thorax und Extremitäten, gut zugänglich. Auf eine weiche Lagerung mit Unterpolsterung möglicher Druckstellen (Sakrum, Fersen, Kopf), ggf. mit Gelmatten, ist zu achten, da das Ausmaß und die Dauer häufig schwer zu kalkulieren sind. Ein Bügel zur Anästhesieseite ist häufig hilfreich, um der Anästhesie einen guten Zugang zum Kopf und zum Hals des Patienten zu gewähren. Zudem sind die Arme gut erreichbar. Um dem Auskühlen des Patienten entgegenzuwirken, kommen Luftkissen-Abdeckungen zum Einsatz.

Zugang

Die vielfältigste Variations- bzw. Erweiterungsmöglichkeit und den schnellsten Zugang zum Bauchraum bietet sich durch die mediane Laparotomie. Bei unklarem Befund kann der Schnitt zunächst den Mittelbauch betreffen und dann nach Sicherung der Diagnose eine Erweiterung zum Oberbauch oder Unterbauch oder vom Xiphoid bis zur Symphyse erfolgen. Quere Laparotomien sind zeitlich deutlich aufwendiger und weisen lediglich eine eingeschränkte Einsicht auf. Die mediane Laparotomie hingegen erlaubt einen Überblick über das gesamte Abdomen. Alle Quadranten können suffizient erreicht und dargestellt werden. Insbesondere im Notfall gibt es keine vernünftige Alternative.

Operationsschritte

Die Eröffnung des Peritoneums gibt den Blick ins Abdomen frei, kann aber auch durch das Entweichen von intraabdomineller Flüssigkeit (Aszites, Blut, Eiter, Galle) den Einblick behindern. Eine Probe des Inhalts ist mikrobiologisch und ggf. zytologisch und laborchemisch (z. B. α-Amylase, Lipase, Bilirubin) zu untersuchen. Die Inspektion des Abdomens hat systematisch zu erfolgen. Hierbei hat es sich bewährt, sich ein standardisiertes Ablaufen der Exploration anzugewöhnen. Neben den 4 Quadranten, dem Mittelbauch und dem kleinen Becken müssen ebenfalls die Bursa omentalis und das Pankreas (z. B. durch Eröffnung des Ligamentum gastrocolicum), der retroduodenale Raum durch Kocher-Manöver (s. SE 21.17, S. 509) und die beiden Subphrenien dargestellt und inspiziert werden, da sich hier ansonsten pathologische Befunde verstecken können. Das Duodenum wird durch das Kocher-Manöver eingesehen, und der übrige gesamte Dünndarm wird vom Treitz-Ligament bis zur Bauhin-Klappe allseitig inspiziert und folgend der gesamte Kolonrahmen, auch im Bereich der beiden Flexuren, komplett exploriert. Ist ein pathologischer Befund identifiziert, sollte dennoch routinemäßig die gesamte Exploration beendet werden, um Zweitbefunde ausschließen zu können. Eine Eröffnung des Retroperitoneums zum Zugang zu den Nieren oder Nebennieren ist nicht standardisiert notwendig, kann aber bei auffälligem Befund indiziert sein.

Blutung

Liegt eine intraabdominelle Blutung vor, so ist es vital notwendig, einen raschen Überblick zu erhalten, um sich gezielt der Blutungsquelle zuwenden zu können. Bei massiver Blutung und Entleerung von Blut und Koageln aus dem eröffneten Abdomen wird die Hauptmenge der Koagel rasch ohne Zeitverlust entfernt und gleichzeitig der gesamte Bauchraum in den vier Quadranten mit Bauchtüchern ausgestopft und dadurch komprimiert. Hierdurch kann die akute Blutung zumeist deutlich reduziert und ein Überblick geschaffen werden. Nun kann das Abdomen systematisch exploriert werden. Dabei sollte sich der Operateur zunächst dem wahrscheinlichsten Blutungsort (z. B. Magen, Duodenum, Tumor, Bauchaorta, Beckengefäße) zuwenden. Bereits beim Abstopfen des Abdomens ist in der Regel der Blutungsursprung einem Quadranten bzw. dem Mittelbauch zuzuordnen. Durch Setzen von Gefäßklemmen sollte die Blutung primär so gezielt wie möglich gestillt werden, bevor eine genauere Exploration des Gebietes eine gezielte Umstechung oder Ligatur ermöglicht. Nach der gezielten Versorgung der

Blutung wird das Abdomen dann systematisch inspiziert, um weitere Blutungsquellen oder pathologische Befunde auszuschließen. Liegt eine massive Blutung vor, z. B. bei Ruptur eines Aorten- oder Iliakalaneurysmas, so ist die Abklemmung der Bauchaorta kranial der Blutungsstelle als vordringlicher Schritt notwendig. Bei stark eingeblutetem Retroperitoneum lässt sich die Blutungsquelle nicht immer eindeutig lokalisieren, hier sollte die Aortenklemme immer infrarenal oder kurzzeitig auch suprazöliakal angelegt werden, hierdurch lässt sich die Blutung minimieren, und eine Exploration kann erfolgen. Ist es zu einer Blutung aus einem Tumor gekommen, so ist die frühzeitige Tamponade und Kompression zur passageren Blutungsstillung primär anzuwenden, bevor eine definitive Versorgung erfolgt. Liegen diffuse Blutungen z. B. bei zusätzlich bestehender Koagulopathie, Hypothermie und ausgedehnten Entzündungen vor, die mit einer gezielten chirurgischen Blutstillung nicht beherrschbar sind, so kann eine passagere Tamponade durch das Einbringen von resorbierbarem Tamponadematerial (z. B. Kollagenvlies) oder Bauchtüchern (z. B. bei Blutung aus einer schwer verletzten Leber) notwendig sein. Nach Stabilisierung des Patienten und Verbesserung der Gerinnung ist dann im Abstand von 24–72 Stunden ein erneuter Eingriff zur Entfernung der Bauchtücher zu planen.

Perforation

Wird bei Eröffnung des Abdomens schon anhand des intraabdominellen Sekrets offensichtlich, dass es sich um eine Hohlorganperforation mit Peritonitis handelt, sollte nach mikrobiologischem Abstrich das Abdomen systematisch exploriert werden. Die beiden häufigsten Perforationsorte (Oberbauch bei Magen- bzw. Duodenalulkusperforation und linker Unterbauch bei Sigmadivertikelperforation) sind bevorzugt zu inspizieren.
Ist die Perforationsstelle identifiziert, wird diese ggf. durch passagere Naht oder Klemme zunächst verschlossen, um ein weiteres Austreten von gastrointestinalem Sekret zu vermeiden. Anschließend wird das gesamte Abdomen mit ausreichenden Mengen warmer, physiologischer Lösung (z. B. Ringer-Lösung) gespült und gereinigt. Frische Fibrinbeläge und Nahrungsmittelreste sind zu entfernen. Es folgt die genaue Exploration des Abdomens, um weitere pathologische Befunde auszuschließen. Zuletzt erfolgt die Versorgung der Perforationsstelle (z. B. Naht, Resektion).

! Beim stumpfen Abdominaltrauma ist neben der Dorsalwand des Duodenums (Kocher-Manöver!) auch immer das Pankreas zu inspizieren; prävertebral kann es zur Kontusion des Pankreaskorpus und zum Abbruch des Ductus pancreaticus gekommen sein.

Das Ausmaß des chirurgischen Eingriffs wird entscheidend durch den Allgemeinzustand und den Entzündungszustand des Abdomens beeinflusst. Liegt eine diffuse, ausgedehnte kotige Peritonitis vor, sind ausgedehnte Eingriffe und intraabdominelle Anastomosen ggf. gefährlich und sollten eher zweizeitig erfolgen. Bei geringgradiger, frischer Peritonitis werden aber heutzutage zunehmend einzeitige Verfahren mit Resektion und primärer Anastomose mit gutem Erfolg eingesetzt.

Unklarer Befund

Ist nach kompletter Exploration des Abdomens kein pathologischer Befund zu erheben, so ist zum einen eine extraabdominelle Ursache (s. SE 28.1, S. 642 f) für die Symptomatik des akuten Abdomens möglich, aber es ist auch an urologische oder gynäkologische Ursachen zu denken. Die konsiliarische Hinzuziehung dieser Kollegen zur Operation kann weitere Erkenntnisse bringen und sollte vor dem Verschluss der Laparotomie immer überdacht werden.

Laparotomie-Verschluss

Der Verschluss des Abdomens sollte in jeder Situation schichtgerecht und so erfolgen, als wäre er definitiv, auch wenn weitere Interventionen möglich oder geplant sind. Ist der Verschluss des Abdomens z. B. durch eine schwere, ältere diffuse Peritonitis mit ödematöser Schwellung des Darmes nicht möglich, ohne dass ein abdominelles Kompartmentsyndrom resultiert, ist ggf. die Anlage eines Laparostomas indiziert (s. SE 6.8, S. 167). Bei geplanter Relaparotomie und technisch möglichem Verschluss ist der Einsatz von passageren Laparotomie-Verschlusssystemen nur dann sinnvoll, wenn der Zustand des Patienten eine rasche Beendigung der Operation erfordert, ein Kompartmentsyndrom des Abdomens wahrscheinlich ist und die erneute Intervention innerhalb von 24(–48) Stunden ansteht. Ansonsten wird aufgrund der Schwellungszunahme der intraabdominellen Organe ein sekundärer Verschluss in der Mehrzahl der Fälle nicht mehr möglich sein. Besteht die Möglichkeit des Hautverschlusses, aber ist die Fasziennaht ohne maximale Spannung nicht möglich, so kann unter Umständen die Einnaht resorbierbarer Netze (z. B. Vicrylnetz) auf Faszienhöhe sinnvoll sein. Das weitere Auseinanderweichen der Wundränder und das nach dem Folgeeingriff resultierende Laparostoma können so häufig vermieden werden. Aufwendige Rekonstruktionsverfahren zum abdominellen Verschluss sind zum Zeitpunkt der primären Operation nicht angezeigt.

28.8 Begleittherapie beim aktuen Abdomen

Der weitere Verlauf und die Prognose des Patienten mit akutem Abdomen hängt in besonderem Maße von der begleitenden, symptomatischen Therapie ab. Bereits zum Zeitpunkt der ersten Vorstellung des Patienten sollte eine frühzeitige Begleittherapie begonnen werden. Zu diesen Erstmaßnahmen gehören allgemein die Flüssigkeits- und Elektrolytsubstitution sowie die Schmerztherapie, ggf. auch eine frühzeitige Intubation mit begleitenden intensivmedizinischen Maßnahmen.

Erstmaßnahmen

Die **Korrektur des Flüssigkeits- und Elektrolythaushalts** im Rahmen des akuten Abdomens hat frühzeitig und adäquat zu erfolgen. Bereits bei der ersten Vorstellung des Patienten sollte zunächst über einen peripheren Zugang eine Vollelektrolytlösung appliziert werden. Die Laborkontrolle ergibt dann weitere Hinweise auf bestehende Wasser- und Elektrolytverschiebungen, die konsequent, häufig auch über einen zentralvenösen Katheter therapiert werden müssen. Die orale Flüssigkeits- oder Elektrolytsubstitution verbietet sich strikt, der Patient sollte auf jeden Fall nüchtern bleiben, zudem ist das Resorptionsverhalten aufgrund der begleitenden Motilitätsprobleme ungewiss.

Bei Blutungen und Gerinnungsstörungen sollten primär und zeitgerecht **ausreichende Mengen an Erythrozytenkonzentraten und Frischplasma** angefordert und auch gegeben werden.

Die **Schmerztherapie** sollte frühzeitig erfolgen. Eine abwartende Haltung, um die „Symptomatik des Patienten nicht zu maskieren", ist heutzutage nicht mehr Standard. Starke Opiate sollten jedoch nicht primär verabreicht werden. Häufig kommt Metamizol primär zur Anwendung, welches neben der analgetischen auch eine spasmolytische Wirkung aufweist. Spasmolytika (z. B. Butylscopolaminiumbromid) können bei kolikartigen Schmerzen besonders gut helfen. Die Indikation zur Einlage einer Magensonde sollte freizügig gestellt werden, da neben der therapeutischen Dekomprimierung des Magens auch diagnostische Anhaltspunkte (Art und Zusammensetzung des Mageninhalts) gewonnen werden können.

Auch die **Katheterisierung der Blase** sollte frühzeitig überlegt werden. Neben diagnostischen Aussagen durch die Untersuchung des Urins ist diese Maßnahme auch von therapeutischem Nutzen, da ein akutes Abdomen durch einen Harnverhalt ausgelöst werden kann, bzw. es auch entzündungs- und schmerzbedingt zu einem reflektorischen Harnverhalt kommen kann.

Liegt ein Schockzustand mit beginnendem oder manifestem Organversagen vor, so ist bereits initial eine **intensivmedizinische Therapie** indiziert. Bei instabilem Patienten ist eine operative Therapie ggf. erst nach einer Stabilisierungsphase angezeigt. Ist jedoch kurzfristig keine Stabilisierung möglich (z. B. starke Blutung), so ist die Notfall-Operation unumgänglich.

Kreislauf

Die Unterstützung der Kreislauffunktion gründet sich zunächst auf die adäquate Flüssigkeitssubstitution, ggf. auch durch Blutprodukte. Ist hierdurch kein stabiler Kreislauf aufrecht zu erhalten, so muss die Entscheidung zu einer Notfall-Operation und/oder einer kreislaufunterstützenden medikamentösen Therapie (Katecholamine) frühzeitig getroffen werden.

Gerinnung

Liegen vorbestehende Gerinnungsstörungen durch Erkrankungen (z. B. Hämophilie, Thrombozytopathie) oder Therapie (z. B. Cumarinderivate, Chemotherapie, heparininduzierte Thrombozytopathie) vor, so ist eine zielgerichtete Therapie notwendig (z. B. Gerinnungsfaktorenersatz, Frischplasma, Thrombozytensubstitution). Diese Maßnahmen müssen insbesondere bei einer frühzeitig geplanten operativen Therapie rasch und effektiv erfolgen. Bei massiven Blutungen muss neben dem Ersatz von Erythrozyten auch an Frischplasma und Thrombozyten gedacht werden. Auf der anderen Seite kann die Verabreichung von Heparin z. B. bei vaskulären Verschlussprozessen primär indiziert sein.

Leukozytopenie unter Chemotherapie

Die Chemotherapie jedwelcher maligner Erkrankung führt oft zu einer Leukozytopenie und Immunodepression. Hierdurch kommt es häufiger zu entzündlichen Prozessen, so z. B. zu einer Sigmadivertikulitis mit Neigung zu rascher Perforation (keine Abwehrmechanismen!). Durch die geringere Schmerzreaktion ist die klinische Diagnostik oft verschleiert (👁 **28.6**).

Bei Hohlorganperforation unter Chemotherapie muss also keine Leukozytose bestehen; oft liegt sogar (wegen der chemotherapiebedingten Proliferationshemmung im Knochenmark) eine Leukozytopenie vor. Notoperationen unter solchen Bedingungen sind risikoreich: Oft bleiben die (inneren und äußeren) Wunden „areaktiv", d. h. es kommt nicht zu den sonst üblichen reaktiven Wundheilungsvorgängen wie z. B. Granulationsgewebe, bzw. es kommt gehäuft zu Anastomoseninsuffizienzen wie auch zu (in-)kompletten Wundrupturen.

Inwieweit in einer solchen Situation die Applikation von Wachstumsfaktoren (z. B. Granulozyten-Kolonie-stimulierender Faktor G-CSF oder Granulozyten-Makrophagen-

28.6 Sigmadivertikulitis-Perforation unter Chemotherapie

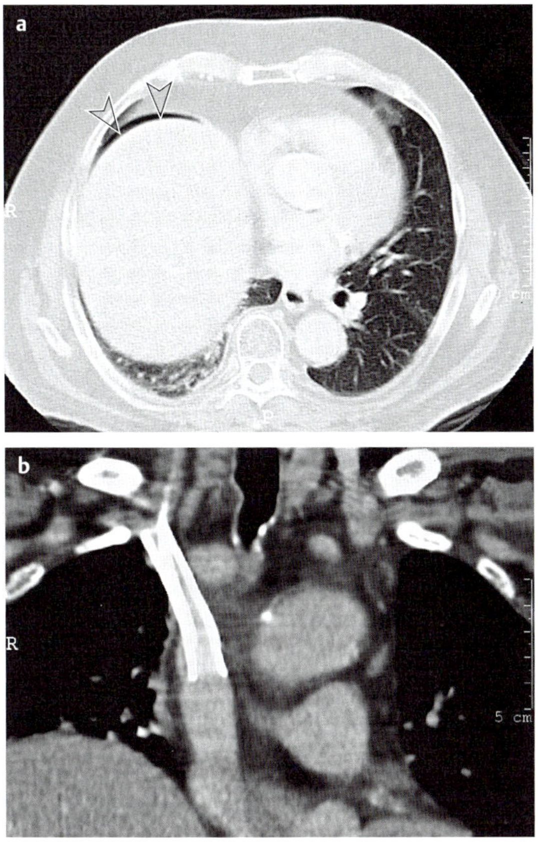

64-jähriger Patient mit seit 2 Tagen zunehmenden linksseitigen (mäßigen) Unterbauchschmerzen mit lokalem Druckschmerz bei tiefer Palpation. Leukozyten 6400, CRP mittelgradig erhöht, dennoch freie Luft (Luftsichel) unter dem rechten Zwerchfell (**a**, Pfeile). Vor 6 Jahren Ektomie des rechten Lungenoberlappens wegen Bronchialkarzinom, wegen inoperablen Lokalrezidivs seit 3 Jahren Chemotherapie mit wechselnden Schemata, aktuell Gemcitabine. Vor einem halben Jahr Implantation eines V.-cava-superior-Metallstents wegen oberer venöser Einflussstauung bei V.-cava-sup.-Kompression.
b CT-Rekonstruktion des noch immer offenen Stents.

Kolonie-stimulierender Faktor GM-CSF) sinnvoll ist, muss der weiteren Evaluation vorbehalten sein.

Antibiotikatherapie

Bei intraabdominellen Infekten, Abszessen oder einer Peritonitis ist eine alleinige oder begleitende Antibiotikatherapie sinnvoll. Art und Dauer der systemischen Therapie richten sich dabei nach dem Schweregrad der Infektion, der Lokalisation, der kausalen Therapie, dem Erregerspektrum und dem Zustand des Patienten. Das vermeintliche Erregerspektrum der ursächlichen Diagnose definiert die anfängliche Therapie, bevor mikrobiologische Untersuchungsresultate der Abstriche vorliegen. Die häufigsten intraabdominell nachgewiesenen Keime sind E. coli und Enterokokken. Unkomplizierte Abszesse, die chirurgisch therapiert wurden, sind nicht zwingend durch eine begleitende Antibiotikatherapie zu therapieren, im Zweifelsfall sollte jedoch die Primärtherapie mit einem Breitspektrum-Antibiotikum erfolgen (s. auch SE 3.8, S. 60 ff).

Stimulation der Darmmotorik

Bei Vorliegen einer Magen-/Darmparalyse ist zunächst eine konservative Therapie mit medikamentöser Stimulation angezeigt. Neben der Dekompression des Magen-Darm-Trakts durch Magensonde und Darmrohr kommen abführende Maßnahmen zum Einsatz. Unterschieden werden hierbei die orale Verabreichung von Laxanzien, die peranale, rektale Dekompression durch Klysma, Hebe-Senk-Einläufe und Darmrohr und die systemische Applikation von stimulierenden Medikamenten. Einzelne Substanzen haben in der Klinik bisher generell keine feste Stellung. Eine multimodale Therapie unter Verwendung von Sympatholyse (Periduralkatheter), Parasympathomimetika (Neostigmin), entzündungshemmender Medikamente (Antiphlogistika), gastrointestinaler Hormone bzw. Rezeptoragonisten (Ceruletid, Erythromyzin) und nicht spezifischer Stimulantien (Gastrografin, hyperosmolare Diät, Magnesium) findet häufig Anwendung. Selektive Inhibitoren der Prostaglandinsynthese (COX-2-Hemmer), peripher wirkende Opioidantagonisten und Motilinagonisten befinden sich zurzeit in der Evaluation und könnten in der Zukunft klinische Bedeutung erlangen.

Ernährung

Die orale Nahrungszufuhr ist im akuten Stadium des akuten Abdomens kontraindiziert. Im weiteren Verlauf der Therapie erfolgt ein schonender oraler Kostaufbau bzw. die Aufnahme enteraler Ernährung über Ernährungssonden. Der Fortschritt des Nahrungsaufbaus richtet sich nach der Klinik (Übelkeit, Erbrechen, Reflux, Bauchschmerzen, Darmmotorik, Pankreatitis) und muss ggf. auch zwischenzeitlich reduziert werden. Bei schweren Verläufen kann der Einsatz von immunologisch wirksamen Aminosäuren und Fetten sinnvoll sein (sog. Immunonutrition).

Intensivtherapie

Nicht selten führt das akute Abdomen zu einem manifesten Schock mit systemischen Auswirkungen bis zum Multiorganversagen. Zudem kann eine intensivmedizinische Betreuung des Patienten postoperativ notwendig werden. Gründe hierfür liegen zum einen im Ausmaß der Operation, zum anderen in der primären Ursache (z. B. Pankreatitis, Blutung) und auch in postoperativen Folgereaktionen (z. B. Einschwemmung von Toxinen). Die Grundsätze der intensivmedizinischen Therapie werden in SE 7.5 (s. S. 192 ff) abgehandelt.

V

Thoraxchirurgie

29.1 Anatomie, Physiologie und Pathophysiologie der Atmungsorgane

Zu den Thoraxorganen zählen Herz und Lunge. Die Herzchirurgie stellt jedoch ein eigenes Fachgebiet dar, das in spezialisierten Kliniken betrieben wird. Die Thoraxchirurgie ist heute ein Schwerpunkt innerhalb der Chirurgie, der eine dreijährige Weiterbildung nach der Facharztanerkennung erfordert, und sich mit der operativen Behandlung von Lunge, Mediastinum, Pleura und Brustwand befasst. Herz- und Thoraxchirurgie haben gemeinsam, dass die Chirurgie dieser lebensnotwendigen Organe eine besondere Kenntnis der Pathophysiologie voraussetzt, um funktionell zufriedenstellende Ergebnisse zu erzielen.

Topographische Anatomie der Thoraxorgane

Brustwand und Pleura

Zur Vermeidung von Blutungen ist bei Punktionen und Drainageneinlagen auf den *Verlauf von Gefäßen der* **Brustwand** zu achten: Interkostalgefäße und -nerven am Unterrand jeder Rippe, A. mammaria (thoracica) interna ca. 2 cm lateral des Sternums. Die erste *Rippe* ist durch die Klavikula verdeckt. Die zweite Rippe lässt sich an der abgewinkelten Synchondrose zwischen Manubrium und Korpus tasten (Angulus sterni) und dient als Startpunkt für ein Abzählen der Rippen. Die Mamille projeziert sich beim Mann auf die 4. Rippe. Zur Lokalisation von Befunden haben sich vertikal gedachte *Hilfslinien* bewährt (**29.1**). Man unterscheidet eine parietale, viszerale, mediastinale und diaphragmale **Pleura**. Die parietale Pleura ist dicker und relativ leicht von der darunter liegenden Fascia endothoracica zu lösen. Dies macht man sich bei extrapleuralen Zugängen, z. B. beim Pleuramesotheliom oder Pleuraempyem zunutze. Nur die parietale und die diaphragmale Pleura sind sensorisch innerviert und schmerzempfindlich. In ihr befinden sich Poren, über welche die Pleuraflüssigkeit resorbiert wird.

Trachea und Lunge

Die **Trachea** ist ein ringverstärkter elastischer Schlauch von 10–12 cm Länge. Die *Bifurkation* projiziert sich auf die Höhe des Angulus sterni bzw. auf die untere Deckplatte des 4. Brustwirbels. Der **rechte Hauptbronchus** weicht weniger von der Trachealachse ab als der linke, sodass Fremdkörper und Absaugkatheter eher nach rechts gelangen. Es gibt rechts 10 und links 9 **Segmentbronchien** (tertiäre Bronchien). Die Segmente des Mittellappens rechts (S4 und S5) entsprechen den Segmenten der Lingula des linken Oberlappens. Das parakardiale Segment 7 fehlt links. Die häufigste Anomalie ist ein Lobus venae azygos.

Die Äste der **Pulmonalarterien** folgen den Aufzweigungen der Segmentbronchien. Allerdings ist die Variabilität groß. Die Zuflüsse zu den **Pulmonalvenen** verlaufen intersegmental und bilden ebenfalls variable Kombinationen. **Bronchialarterien** entstammen meist der Aorta oder Interkostalarterien.

29.1 Orientierungshilfen auf der Thoraxoberfläche

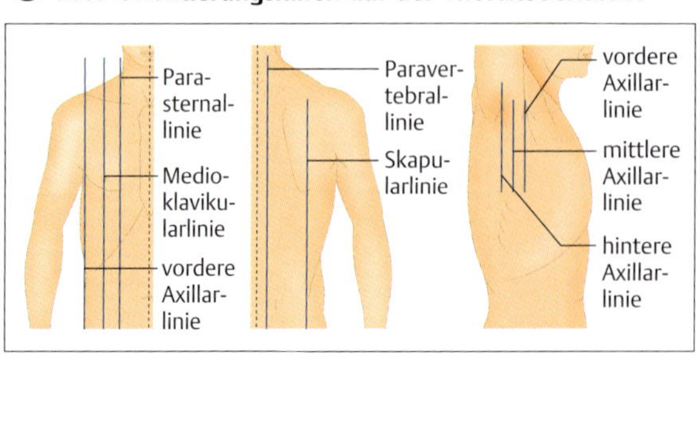

Lymphabfluss der Lunge: Die Lunge besitzt ein ausgedehntes Netzwerk von **Lymphgefäßen**, die im lockeren Bindegewebe unter der viszeralen Pleura, in den interlobulären Septen und in den peribronchialen und perivaskulären Schichten verlaufen.

Intrapulmonale **Lymphknoten** sind selten. Die regionale Lymphdrainage erfolgt relativ regelhaft und sequenziell über die bronchopulmonalen Lymphknoten (N1: lobäre und hiläre Lymphknoten) oder direkt zu den mediastinalen Lymphknoten (N2: vorderes und hinteres Mediastinum, tracheobronchiale und paratracheal). Die Routen der lymphatischen Drainage aus den verschiedenen Lungenlappen sind relativ konstant. Z. B. metastasieren Tumoren aus dem linken Unterlappen häufig über die subkarinalen zu den kontralateralen mediastinalen Lymphknoten. Der Lymphknotenbefall ist ein wichtiges Kriterium zum Staging (TNM-System) und damit für die Prognose des Bronchialkarzinoms. Zur Beschreibung der Lymphknoten wird meist eine Modifikation des Schemas von Naruke (1978) angewendet. Ein Durchmesser von 10 mm (CT-Messung) wird als Maximum eines normalen mediastinalen Lymphknotens angesehen.

Der **Ductus thoracicus** beginnt kranial der Cisterna chyli (LWK 2) und tritt meist rechts der Aorta durch den Hiatus aorticus. Der Gang verläuft rechts neben der Wirbelsäule und kreuzt etwa in Höhe des 5. oder 6. BWK zur linken Seite in die Nähe des Ösophagus. Nach einem bogigen Verlauf ca. 2–3 cm oberhalb der Klavikula mündet er in den linken Venenwinkel, der von V. jugularis interna und V. subclavia gebildet wird (**29.2**). **Chylus** enthält Lymphe aus den unteren Extremitäten, Bauch-

29.2 Ductus thoracicus

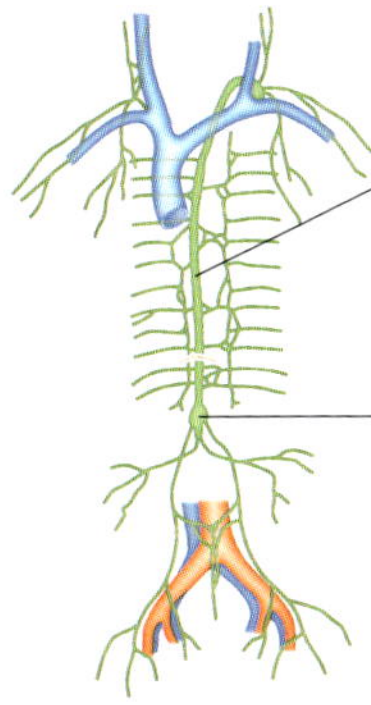

29.1 Zusammensetzung des Chylus

Bestandteil	*Konzentration*
Gesamtfett	0,4–5 g/dl
Cholesterin	65–220 mg/dl
Gesamteiweiß	2,5–6 g/dl
Albumin	1,2–4 g/dl
Immunglobuline	1–3,6 g/dl
Lymphozyten (T-Zellen)	400–6800/µl

wand, Leber und Darm. Die Lymphe des Ductus thoracicus ist bei Nüchternheit klar und nach Nahrungsaufnahme milchig weiß. Die wesentliche Funktion ist der Transport emulgierter Fette aus dem Darm ins venöse System. Der nach kranial gerichtete Chylusfluss erfolgt durch den negativen intrathorakalen und erhöhten intraabdominellen Druck bei Inspiration. Wichtiger sind wahrscheinlich rhythmische Kontraktionen (4–6/min) der Wandmuskulatur. Der Fluss im D. thoracicus beträgt etwa 1 ml/kg/h, d. h. etwa 1500 ml am Tag. Sowohl der hepatische als auch der intestinale Lymphfluss werden nach Nahrungsaufnahme um ein vielfaches gesteigert. Bei Leberzirrhose oder Herzinsuffizienz ist der Fluss im D. thoracicus um das 3–6fache erhöht. Bei einer Leckage des D. thoracicus unterhalb des Zwerchfells entsteht ein *Chylaskos*, oberhalb des Zwerchfells ein *Chylothorax*. Aufgrund der Zusammensetzung der D.-thoracicus-Lymphe (**29.1**) wird klar, dass bei anhaltendem Verlust von Chylus (z. B. durch Fistel oder Drainage) Ernährungs- und Immunstatus leiden.

Physiologie der Atmung

Die Lunge dient im Wesentlichen der Aufnahme des Sauerstoffs und Abgabe von Kohlendioxid (Lungenatmung). Die Lunge als Vermittler zwischen Umgebungsluft und dem geschlossenen Blutkreislauf ist besonderen immunologischen, infektiologischen und mechanischen Belastungen ausgesetzt. Der Gastransport durch die Lungenatmung erfolgt durch Konvektion zu den Alveolen (alveoläre Ventilation) und Diffusion von den Alveolen zu den Lungenkapillaren (alveoläre Diffusion).

Ventilation und Atemmechanik

Die Lunge hat durch ihre elastischen Eigenschaften die Tendenz, sich zusammenzuziehen (Kollaps bei Pneumothorax). Dies wird durch Adhäsionskräfte zwischen viszeraler und parietaler Pleura verhindert. Die Lunge folgt passiv den Atmungsexkursionen des Thorax. Der wichtigste Inspirationsmuskel ist das Diaphragma, das über den N. phrenicus (C3–C5) innerviert wird.

Die **Atemwege** sind keineswegs einfache Gasleitungen. Nase, Rachen, Trachea und Bronchien dienen zur Reinigung, Erwärmung und Befeuchtung der Atemluft. Diese Funktionen sind z. B. bei Patienten mit einem Tracheostoma oder starken Rauchern gestört, sodass eine größere Infektanfälligkeit besteht. Die Weite der Bronchien steht unter Kontrolle des vegetativen Nervensystems. Der Sympathicus (oberer thorakaler Grenzstrang) lässt die Bronchialmuskulatur erschlaffen (β-Rezeptoren), der Parasympathikus (N. vagus) führt zu einer Bronchuskonstriktion.

Die **Ventilation** ist das Produkt aus Atemzugvolumen und Atemfrequenz und wird als *Atemminutenvolumen* (normal AMV eines 70 kg schweren Erwachsenen: 7 l/min) angegeben. Etwa 70 % des AMV in Ruhe kommen der alveolären Ventilation zugute (5 l/min.), etwa 30 % sind Totraumventilation (2 l/min.). Der *anatomische Totraum* (Trachea, Bronchien) kann durch Lungenareale, die am Gasaustausch nicht teilnehmen (Atelektasen, hypoxische Vasokonstriktion) um den *funktionellen Totraum* vergrößert werden. Die alveoläre Ventilation kann durch tiefes Ein- und Ausatmen erheblich gesteigert werden. Das nach maximaler Exspiration zurückbleibende Volumen wird als *Residualvolumen* bezeichnet. Die übrigen Lungenvolumina und -kapazitäten (zusammengesetzte Volumina) sind **29.3** zu entnehmen.

Von praktischer Bedeutung ist die Vitalkapazität, die ein Maß für die Ausdehnungsfähigkeit von Thorax und Lunge darstellt. Der Normalwert ist von Alter, Geschlecht, Größe, Körperlage und Trainingszustand abhängig (für junge Männer: 2,5 × Körpergröße in m).

Die physiologische Bedeutung der *funktionellen Residualkapazität* (FRC) liegt in der Mischung der in- und exspiratorischen Gasfraktionen. Bei Patienten mit obstruktiven Atemwegserkrankungen ist die FRC vergrößert.

Unter **Atemmechanik** werden v. a. Druck-Volumen-Beziehungen während der Atmung verstanden. Der flüssigkeitsgefüllte Spalt zwischen den Pleurablättern steht unter einem subatmosphärischem Druck, der zwischen -8 cm H_2O bei Inspiration und -5 cm H_2O bei Exspiration schwankt. Zur Erfassung eines erhöhten Strömungswiderstandes wird jedoch häufig die *Sekundenkapazität* (Tiffeneau-Test) bestimmt. Dies ist das Volumen, das in einer Sekunde forciert ausgeatmet werden kann (FEV_1). Die relative Sekundenkapazität wird auf die Vitalkapazität bezogen und beträgt altersabhängig normalerweise 65–80 %.

29.3 Normale Spirometrie-Kurve

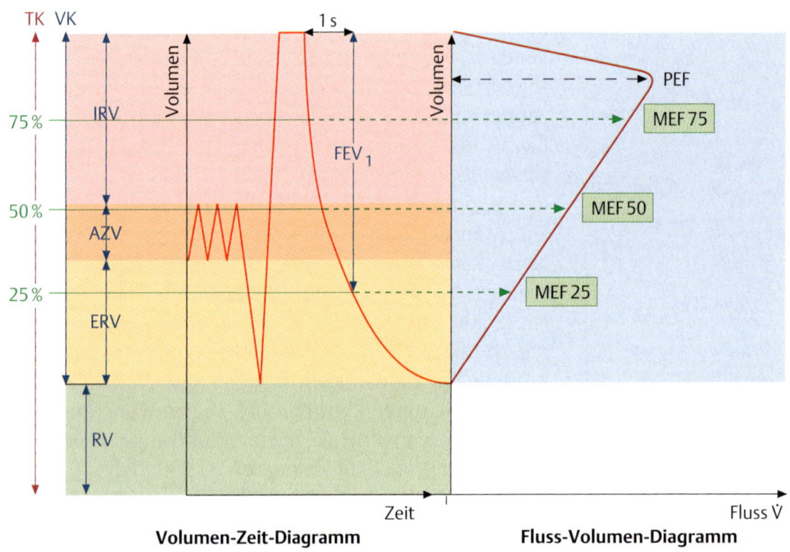

Abkürzungen: **AZV** Atemzugvolumen, **ERV** exspiratorisches Reservevolumen, **FEV_1** forciertes exspiratorisches Volumen, das in der ersten Sekunde ausgeatmet wird, **IRV** inspiratorisches Reservevolumen, **MEF 25–70** maximaler exspriatorischer Fluss, bei dem sich noch 25, 50, 75 % der Vitalkapazität im Brustkorb befinden, **PEF** Peak exsp. Flow (exspiratorischer Spitzenfluss), **RV** Residualvolumen, **VK** Vitalkapazität, **TK** Totalkapazität = VK+RV. Quelle: Greten, s. S. 870.

Pulmonaler Gasaustausch

Die Differenz der Partialdrucke von O_2 und CO_2 ist die treibende Kraft für die Diffusion an der alveolo-kapillären Membran. Nach dem *Fick-Diffusionsgesetz* ist der Diffusionsstrom der alveolo-arteriellen Konzentrationsdifferenz direkt proportional. Beim Gesunden gleichen sich aufgrund des sehr niedrigen Diffusionswiderstandes die Partialdrücke im Blut den alveolären Drücken fast vollständig an. Die Sauerstoffaufnahme eines Erwachsenen in Ruhe beträgt etwa 280 ml/min, die CO_2-Abgabe 230 ml/min, sodass ein *respiratorischer Quotient* von 0,82 resultiert.

Die Sauerstoffaufnahme unter Belastung ist zumeist limitiert durch eine eingeschränkte Durchblutungsreserve und nicht durch die Diffusion. Diffusionsstörungen können bei Reduktion der Austauschfläche (Emphysem) oder bei Zunahme der Diffusionsstrecke (Fibrose) zur Hypoxie führen.

Die Beziehung zwischen pO_2 und O_2-Sättigung wird durch die Sauerstoffbindungskurve beschrieben. Die O_2-Konzentration errechnet sich durch das Produkt Hb × O_2-Sättigung × 1,34 (Hüfner-Zahl).

Lungenperfusion

Die Lungenperfusion beträgt etwa 5–6 l/min bei einer sehr niedrigen mittleren Druckdifferenz zwischen rechtem und linken Vorhof von etwa 8 mmHg. Der Druck in der Pulmonalarterie beträgt 25/15 mmHg, der Druck im linken Vorhof unter 10 mmHg. Das Lungengefäßsystem weist also einen sehr kleinen Strömungswiderstand auf. Das Verhältnis zwischen Ventilation und Perfusion an der Lunge beträgt 0,9. Allerdings ist dieser Quotient regional in der Lunge sehr inhomogen verteilt: Im Stehen findet sich eine lineare Abnahme der Durchblutung von der Basis zur Lungenspitze, die Ventilation ist umgekehrt verteilt. Die regionale Lungenperfusion wird, abgesehen von der Körperlage, auch durch den v. Euler-Liljestrand-Mechanismus beeinflusst. Hierunter versteht man eine Konstriktion der Lungenarteriolen bei Abnahme des alveolären O_2-Partialdruckes. Hierdurch werden minderbelüftete Lungenareale auch minderdurchblutet und Perfusions-Ventilations-Inhomogenitäten vermindert.

Ein kleiner Teil des zirkulierenden Blutvolumens nimmt nicht an der Diffusionsvorgängen an der Alveolarwand teil. Dieser physiologische Rechts-Links-Shunt beträgt etwa 2 % des Herzzeitvolumens und führt zu einer Erniedrigung des arteriellen PO_2 um 5–8 mmHg im Vergleich zum pO_2 am Ende der Lungenkapillare. Bei Atelektasenbildung, Lungenemphysem oder Tumoren kann dieser Rechts-Links-Shunt erheblich zunehmen und ähnlich wie bei Shunts auf Herzebene zur Hypoxie führen.

Durch Entfernung von Lungenteilen mit hohem Rechts-Links-Shunt kann sich die Oxygenierung verbessern.

Pathophysiologie

Leitsymptom: Dyspnoe

Die Atemnot (Dyspnoe) ist ein Leitsymptom kardialer und pulmonaler Funktionsstörungen. Ähnlich wie für den Schmerz gibt es für die subjektive Empfindung von Dyspnoe individuell sehr unterschiedliche Wahrnehmungsschwellen. Man unterscheidet Ruhedyspnoe (ohne Belastung), Belastungsdyspnoe (ebenerdiges Gehen, Treppensteigen), und Orthopnoe (Dyspnoe in Abhängigkeit von der Körperlage). Schwere Dyspnoe gehört zu den quälendsten Symptomen und führt zu Todesangst.

Ventilationsstörungen

Störungen der Atemmechanik lassen sich in *restriktive und obstruktive Ventilationsstörungen* unterteilen. Bei restriktiven Störungen nehmen Compliance und Vitalkapazität durch verminderte Dehnbarkeit der Lunge (Fibrosen, Pneumokoniosen) oder der Thoraxwand (Pleuraschwarte, Kyphose) ab. Bei obstruktiven Störungen nehmen die Resistance zu und die Sekundenkapazität ab. Ursachen für eine Obstruktion sind chronische Bronchitis mit Schleimhautschwellung, Hypersekretion und ein Bronchospasmus. Folgen der Atemwegsobstruktion sind erhöhtes intrathorakales Gasvolumen, Emphysem, Bullae und endexspiratorischer Bronchiolenkollaps.
Eine reaktive Steigerung der alveolären Ventilation (Atemfrequenz × Zugvolumen) beobachtet man bei gesteigertem Stoffwechsel (körperliche Anstrengung, Fieber) oder kompensatorisch bei einer metabolischen Azidose (Kussmaul-Atmung bei Coma diabeticum). Ein Hyperventilationssyndrom dagegen führt zu einer pathologischen Abatmung von CO_2 und damit zu einem Abfall des arteriellen pCO_2 mit Alkalose. Die klinischen Folgen sind Tetanie („Pfötchenstellung") durch pH-abhängige Reduktion der freien Calciumkonzentration im Blut und Ohnmacht durch Reduktion der zerebralen Perfusion.

Diffusionsstörungen

Störungen der Atemgasdiffusion betreffen im Wesentlichen nur den Sauerstoff und führen zu einer Hypoxämie, da der Diffusionskoeffizient für CO_2 etwa 23-mal größer ist als für O_2. Fast alle Lungenerkrankungen führen durch Störung des Ventilations-Perfusions-Verhältnisses zu einer Verminderung der Diffusionskapazität. Eine Diffusionsstörung im engeren Sinne beruht auf einer Verdickung der Alveolarmembran (alveolokapillärer Block) und damit der Diffusionsstrecke. Beispiele sind interstitielle Fibrosen, Kollagenosen, allergische Alveolitis, chronische Stauuungslunge oder Pneumokoniosen.

Hämodynamik des Lungenkreislaufs

Bei intakten Pulmonalgefäßen führt eine Erhöhung des Lungendurchflusses bis zum 2–3fachen des Normalen zu keiner wesentlichen Drucksteigerung im kleinen Kreislauf. Eine Erhöhung des Pulmonalisdruckes unter körperlicher Belastung (Verdoppelung des HZV), aber auch nach Pneumonektomie (Halbierung der Lungenstrombahn), ist ein Kennzeichen einer generalisierten Lungengefäßerkrankung, wie sie bei chronischen obstruktiven Atemwegserkrankungen oder nach multiplen Lungenembolien (Morbus embolicus) beobachtet werden kann.

Eine akute Überdehnung des rechten Ventrikels kann bei akuter Lungenembolie zum Rechtsherzversagen und Tod führen (akutes Cor pulmonale). Organisch fixierte, chronische Widerstandserhöhungen im Lungenkreislauf findet man beim Emphysem und Lungenfibrosen mit einer alveolären Hypoxie, die zusätzlich eine hypoxische Vasokonstriktion bewirkt (chronisches Cor pulmonale).

29.1 Pathophysiologie bei thoraxchirurgischen Eingriffen

Bei thoraxchirurgischen Eingriffen befindet sich der Patient in einem unphysiologischen Zustand mit erheblichen Veränderungen der regionalen Ventilation und Perfusion beider Lungen. Seitenlagerung, Relaxation der Muskulatur, Beatmung und Eröffnung der Pleurahöhle sowie Einlungenventilation (ELV). Jede Beatmung führt zu einer Verstärkung des Missverhältnisses zwischen Ventilation und Perfusion, z. B. wird der Oberlappen besser belüftet aber schlechter perfundiert. Bei ELV resultiert eine Atelektase mit ausschließlicher Shuntdurchblutung. Der Anstieg der alveolo-arteriellen Sauerstoffkonzentrationsdifferenz ($AaDO_2$) kann auch bei Beatmung mit reinem Sauerstoff zur kritischen Hypoxie führen. Wichtigster Schutzmechanismus ist die hypoxische pulmonale Vasokonstriktion (v. Euler-Liljestrand 1946), die zu einer Drosselung der Durchblutung und damit des Rechts-Links-Shunts führt.

T 29.2 Die wichtigsten pulmonalen Funktionsdaten für einen jungen erwachsenen Mann in Ruhe (Körperoberfläche 1,7 m²)

Parameter	*Normalwerte*
Lungenvolumina	
Vitalkapazität (VC)	4,5 l
funktionelle Residualkapazität (FRC)	2,4 l
Atemzugvolumen (Tidalvolumen)	0,5 l
Ventilation	
Atemfrequenz (AF)	14/min
Atemminutenvolumen (AMV)	7 l/min
alveoläre Ventilation	5 l/min
Totraumventilation	2 l/min
Gasaustausch	
O_2-Aufnahme	280 ml/min
CO_2-Abgabe	230 ml/min
respiratorischer Quotient	0,82
Atemmechanik	
intrapleuraler Druck (Exspiration/Inspiration)	-5/-8 mmHg
relative Sekundenkapazität (FEV_1)	75 %
Perfusionsgrößen	
alveoläre Ventilation/Perfusion	0,9
Shuntperfusion/Gesamtperfusion	0,02

29.2 Nicht invasive Diagnostik der Thoraxorgane

Die Untersuchung der Thoraxorgane kann verschiedene Ziele haben: Die *Reihenuntersuchung* („*Screening*") erfolgt bei asymptomatischen Individuen mit Erkrankungsrisiko, die *symptomorientierte Untersuchung* soll zur Klärung einer Diagnose und *Staginguntersuchungen* zur Festlegung eines Krankheitsstadiums führen. *Funktionsuntersuchungen* dienen zur Abklärung der Operabilität und ggf. gezielter Therapieplanung von Funktionsstörungen. Stets sollte eine sinnvolle Reihenfolge eingehalten werden, wobei mit einfachen, ambulant durchzuführenden Verfahren begonnen werden sollte und stationär durchzuführende, invasive und teure Verfahren an den Schluss zu stellen sind. Art und Umfang der Diagnostik müssen sich an den therapeutischen Konsequenzen orientieren. Zum Thema Radiologie s. auch SE 4.5, S. 80 ff, zur Nuklearmedizin s. SE 4.6, S. 84 f.

Klinische Diagnostik

In der **Anamnese** liegt ein Hauptaugenmerk auf der Frage nach *Leitsymptomen* wie Husten, Auswurf, Hämoptysen, Dyspnoe, Thoraxschmerzen, Heiserkeit, Fieber und ungewolltem Gewichtsverlust. Auch sollte gezielt nach *Veränderungen* in Qualität und Menge von Husten und Auswurf, nach *Risikofaktoren* wie beruflicher Exposition (Asbest, Steinstaub, Bergbau) und Rauchgewohnheiten gefragt werden. Die Belastung durch Zigarettenrauch sollte in sog. Packungsjahren angegeben werde. Ein „Pack Year" entspricht dem Rauchen von 20 Zigaretten pro Tag über ein Jahr.

Bei der **Inspektion** ist auf Thoraxdeformitäten (Trichterbrust, Skoliose) oder einen Emphysemthorax zu achten. Trommelschlägelfinger können Zeichen einer chronischen Hypoxämie sein. Auch eine Einflussstauung ist ein wichtiges Leitsymptom (s. SE 30.3, S. 674 und SE 30.4, S. 677). Bei Thoraxtraumen ist auf einen instabilen Thorax mit paradoxer Atembeweglichkeit und ein instabiles Sternum zu achten (s. SE 13.3, S. 344 f). Bei der **Auskultation** und **Perkussion** können Zeichen einer Pneumonie, Herzinsuffizienz oder verminderter Belüftung (Erguss, Atelektase, Tumor) erkannt werden. Die **Palpation** des Lymphknotenstatus (zervikal, axillär, supraklavikulär) ist obligat.

Bei Hinweisen auf ein Bronchialkarzinom ist auf paraneoplastische Syndrome (Cushing-Syndrom, Myositis, Dermatosen, Hyperkalzämie) und neurologische Störungen (Horner-Syndrom und Plexusläsionen bei Pancoast-Tumoren, Hirnmetastasen) zu achten.

Bildgebende Diagnostik

Die ***Sonographie*** als nicht invasives Schnittbildverfahren hat für die Diagnostik der Lunge keine, dagegen für Thoraxwand und Mediastinum wesentliche Bedeutung. In der *Notfalldiagnostik* können ein Hämatothorax und ggf. intrathorakal verlagerte Abdominalorgane bei Zwerchfellruptur beurteilt werden. Bei *chronischen Pleuraveränderungen* (Erguss, Empyem) liefert der Ultraschall gute Ergebnisse bezüglich Menge, Lokalisation und Septierung. *Thoraxdrainagen* sollten wenn möglich unter sonographischer Kontrolle gelegt werden.

Röntgendiagnostik:

Konventionelle Röntgenuntersuchungen stehen weiterhin im diagnostischen Vorgehen nach der klinischen Untersuchung an erster Stelle. Die *Thoraxübersichtsaufnahme in zwei Ebenen* (s. auch SE 4.5, S. 81) ist üblicherweise eine Hartstrahlaufnahme. Sie ist v.a. zur Beurteilung der Lungenstruktur und der mediastinalen Konturen geeignet.

> Zunächst sollte immer die technische Qualität der Aufnahme beurteilt werden, da Fehldiagnosen durch falsche Belichtung und Einstellung immer wieder vorkommen.

Die **Bildverstärkerdurchleuchtung** sollte wegen der Strahlenbelastung nur sparsam eingesetzt werden. Sie kann zur Lokalisation vermeintlicher intrapulmonaler Rundherde und zur Beurteilung der Zwerchfellbeweglichkeit eingesetzt werden.

Die *transversale* **Computertomographie** (CT) mit einer Standard-Schichtdicke von 1 cm ist heute Methode der Wahl bei Erkrankungen des Mediastinums, bei unklaren Lungen- und Pleuraveränderungen und beim Staging von thorakalen Tumoren. Die *Spiral-CT* erlaubt eine Untersuchung des Thorax in einer Inspirationsphase und somit die Vermeidung von atmungsbedingten Artefakten. Die *Dünnschicht-CT* (HR-[= High-Resolution-]CT) mit einer Schichtdicke von 1 mm ist besonders bei parenchymatösen Lungenveränderungen (Bronchiektasen, vaskulären Malformationen, Metastasensuche, atypische Pneumonien) indiziert. Durch Kontrastmittelgabe im Bolus ist in der *dynamischen CT* die Abklärung von pathologischen Gefäßprozessen möglich.

Die ***Magnetresonanztomographie*** (MRT; Synonym: Kernspintomographie = NMR; s. auch SE 4.5, S. 80) hat den Vorteil der fehlenden Strahlenbelastung und ermöglicht eine freie Schichtwahl in jeder Ebene des Körpers. Herz- und Atembewegungen führen jedoch häufig zu einer schlechteren Auflösung als in der CT. Durch paramagnetische Kontrastmittel (z.B. Gadolinium-DTPA) kann eine bessere Differenzierung der Gewebsstrukturen (Abgrenzung mediastinaler oder Thoraxwandtumoren zu umgebenden Gefäßen) erreicht werden.

Nuklearmedizinische Diagnostik (s. auch SE 4.6, S. 84 f):
Die **Perfusionsszintigraphie** dient der Darstellung der Lungendurchblutung mithilfe radioaktiv markierter Partikel (99 mTc-markierte Albuminaggregate), die nach intravenöser Gabe in den pulmonalen Arteriolen und Kapillaren proportional zum regionalen Blutfluss stecken bleiben. Sie dient vorwiegend dem Nachweis von Lungenembolien und der Beurteilung der funktionellen Resektabilität von Lungenteilen (**29.2**).
Die **Positronenemissionstomographie** (PET), bei der im Wesentlichen ein lokal erhöhter Glucosestoffwechsel detektiert wird, wird gegenwärtig für die Lokalisation von thorakalen Tumoren und Metastasen evaluiert.

Funktionsdiagnostik

Bei der **Spirometrie** werden gemessen:

- die Vitalkapazität (VC), d. h. das Volumen zwischen maximaler Inspiration und maximaler Exspiration,
- der Atemstoß (FEV_1), d. h. das Volumen, das bei maximal forcierter Exspiration in der ersten Sekunde ausgeatmet wird.

Diese Werte sind die Basis für die Einteilung in obstruktive (verminderte FEV_1) und restriktive (verminderte VC) Funktionsstörungen. Die Ergebnisse sind jedoch erheblich beeinflusst durch die Mitarbeit und Motivation der Patienten.
Bei der **Ganzkörperplethysmographie** können dagegen von der Mitarbeit des Patienten weitgehend unabhängig Atemwegswiderstand und funktionelle Residualkapazität gut reproduzierbar bestimmt werden.
In der **arteriellen Blutgasanalyse** werden pH, pO_2 und pCO_2 gemessen. Hieraus lassen sich Standardbikarbonat und Basenüberschuss (Base Excess) errechnen.
Die Anwendung eines **Pulmonaliskatheters** (Swan-Ganz-Katheter) bleibt Einzelfällen mit kardialem Risiko vorbehalten. Folgende Größen können gemessen werden:

- Pulmonalisdruck (PAP) in Ruhe und unter Belastung,
- pulmonalkapillärer Verschlussdruck (Wedge-Pressure, PCWP) als Maß für den enddiastolischen linksventrikulären Druck (LVEDP) und
- Herz-Zeit-Volumen (HZV) mittels Kälteverdünnung.

Die Beurteilung einer Rechtsherzbelastung und der linksventrikulären Pumpfunktion erlaubt die **Echokardiographie**.

Feststellung der Operabilität = Risikoabschätzung

Allgemeine Operabilität: Zur Einschätzung der allgemeinen Operabilität, d. h. der Operationsfähigkeit des Patienten und der Eignung eines pathologischen Prozesses für einen operativen Eingriff, dient v. a. die Abklärung der kardiopulmonalen Funktion und des krankheitsspezifischen Befundes (s. auch SE 5.2, S. 104 f).

Funktionelle Operabilität: Zur Abschätzung der sog. funktionellen Operabilität, d. h. der nach Lungen- bzw. Lappenresektion zu erwartenden Lungenfunktionseinbußen, dient die präoperative Funktionsdiagnostik. Hierzu ist die Gesamtlungenfunktion wichtig, aber auch die Lokalisation einer evtl. vorhandenen Störung. Es muss deshalb ein globaler Funktionstest (Spirometrie) mit einem Verfahren zur regionalen Zuordnung der Störung (Perfusionsszintigramm; s. SE 4.6, S. 84) kombiniert werden. Das Ergebnis des Perfusionsszintigramms wird darüber hinaus zur Berechnung der postoperativ zu erwartenden FEV_1 benötigt (**29.2**).

29.2 Risikoevaluation

Abschätzung der funktionellen Operabilität vor thoraxchirurgischen Eingriffen
Die kardiopulmonale Funktionsreserve bestimmt das Risiko bei lungenresezierenden Eingriffen. Belastungstests wie die maximale Sauerstoffaufnahme unter Belastung oder standardisiertes Treppensteigen erlauben eine gute Risikoabschätzung, da hier die kardiale Funktion miterfasst wird. In der Praxis beschränkt man sich häufig auf die Messung der Lungenfunktion (FEV_1, VC) und führt weitere Untersuchungen nur im Risikobereich durch.

Abschätzung der postoperativen Lungenfunktion
Berechnung: In Kenntnis von FEV_1 und der Perfusionsszintigraphie lässt sich die nach der Lungenresektion zu erwartende FEV_1 (nach Loddenkemper, 1983) berechnen:
späte postoperative Funktion:

$$FEV_{1\ postoperativ} = FEV_{1\ präoperativ} \times \left(1 - \frac{a}{100}\right)$$

a = Perfusion des Resektats in % der Gesamtlunge
Interpretation: Resultiert nach Pneumonektomie eine errechnete postoperative $FEV_1 < 1$ l, liegt die frühe postoperative Letalität bei > 10 %. Funktionelle Operabilität kann angenommen werden bei einer zu erwartenden postoperativen Letalität < 10 %.
Beispiel: 65-jähriger Mann mit peripherem Bronchialkarzinom im linken Unterlappen. Die FEV_1 beträgt 1,2 l. Die Perfusionsszintigraphie in Projektion auf den zu entfernenden Lappen beträgt 10 %, die Perfusion der restlichen linken Lunge 30 % der Gesamtperfusion.
Bei einer *Unterlappenresektion* beträgt die postoperative Funktion:

$$FEV_{1\ postoperativ} = 1{,}2 \times \left(1 - \frac{10}{100}\right) = 1{,}08\ l.$$

Bei *Pneumonektomie* betrüge die frühpostoperative Funktion:

$$FEV_{1\ postoperativ} = 1{,}2 \times \left(1 - \frac{40}{100}\right) = 0{,}72\ l.$$

Der Patient käme somit nur unter hohem Risiko für eine Pneumonektomie infrage.

Abschätzung der Lungenfunktion vor Lobektomie
Im Gegensatz zur Pneumonektomie ist bei der Lobektomie die Abschätzung der postoperativen Lungenfunktion weniger exakt möglich. Dies liegt an der begrenzten morphologischen Genauigkeit der Perfusionsszintigraphie und variabler Funktion der ipsilateralen Restlunge (postoperativ schmerzbedingte Schonatmung, verminderte Zwerchfellbeweglichkeit und Atelektasenbildung). Der anfängliche Funktionsverlust nach Lappenresektion reduziert sich nach ca. 6 Monaten um mehr als die Hälfte.
Für die Berechnung der *früh*postoperativen Funktion nach Lobektomie muss daher ein Korrekturfaktor von ca. −15 % verwendet werden.

29.3 Endoskopische Diagnostik der Thoraxorgane

Die endoskopische Diagnostik dient vorwiegend zur Lokalisation von Tumoren und zur Probenentnahme (PE) für histologische Untersuchungen. Bronchoskopie und Thorakoskopie können darüber hinaus therapeutisch eingesetzt werden. Bau und Funktionsprinzip der Bronchoskope werden in SE 6.1, S. 141 dargestellt.

29.3 Historisches zur Endoskopie

Die **starren Endoskope** wurden eigentlich für den oberen Gastrointestinaltrakt und zur Zystoskopie (Nitze 1879) entwickelt. Ende des 19. Jahrhunderts begann man jedoch, sie zunehmend auch für die Bronchoskopie zu nutzen. So entfernte der HNO-Arzt Gustav Killian in Freiburg 1897 erstmals mit einem starren Ösophagoskop einen aspirierten Knochensplitter aus dem rechten Hauptbronchus eines Bauern. Anfang der 70er-Jahre wurden von den Japanern **flexible fiberoptische Bronchoskope** in die klinische Diagnostik eingeführt (s. auch SE 6.1, S. 141).

Bronchoskopie

Die ***Indikation*** zur diagnostischen Bronchoskopie, besonders mit dem Ziel der Gewebegewinnung zur histologischen Untersuchung, besteht bei allen bronchopulmonalen Symptomen, die radiologisch nicht eindeutig geklärt werden und die eine therapeutische Konsequenz haben können. Außerdem ist sie bei der präoperativen Beurteilung des zentralen Bronchialsystems vor Lungenresektionen gegeben.

Verfahren: Fast alle Fragestellungen können heute mit der **flexiblen Bronchoskopie** in Lokalanästhesie beantwortet werden (s. SE 6.1, S. 141).

29.4 Transnasale flexible Bronchoskopie

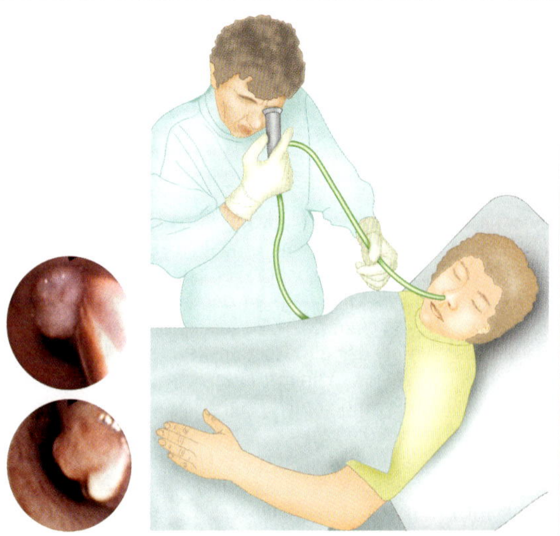

Der Patient liegt, den Oberkörper halbschräg erhöht, dem Untersucher gegenüber. Links unten sind Befunde von Plattenepithelkarzinomen eingeblendet.

Direkte oder indirekte Tumorzeichen sind z. B. endophytisches Tumorgewebe (**29.4**), atypische Gefäßzeichnung, Kompression von Bronchien oder Verplumpung der Karinen. Tumorverdächtige Veränderungen können biopsiert werden (s. SE 6.1, S. 141). Der Befund sollte stets mit eindeutiger Lokalisierung, ggf. auch photographisch, dokumentiert werden.
Die **Bronchoskopie mit starren Instrumenten** bietet den Vorteil des größeren Instrumentierkanals, sollte aber in Vollnarkose erfolgen und wird überwiegend nur noch zu therapeutischen Zwecken (Fremdkörperentfernung oder Granulomabtragung in der Trachea) eingesetzt.
Die **Bronchiallavage** ist ein therapeutisches Verfahren zur bronchoskopischen Beseitigung von Sekretverhaltungen, die zu Atelektasen und Dystelektasen führen, und ist z. B. nach thoraxchirurgischen Eingriffen oder bei beatmeten Patienten häufig erforderlich. Die **bronchoalveoläre Lavage** (BAL) ist dagegen ein diagnostisches Verfahren zur Gewinnung von Zellen aus den peripheren Atemwegen (**29.4**). Sie ist vorwiegend für die Klassifizierung interstitieller Lungenerkrankungen (z. B. exogen-allergische Alveolitis, Tuberkulose, atypische Pneumonien, Pilzpneumonie, Sarkoidose) indiziert.

Risiken: Zu den aufklärungspflichtigen Risiken einer Bronchoskopie mit Biopsie zählen Blutungen ins Bronchialsystem und bronchospastische Reaktionen beim Asthma-Patienten. Weitere Risiken können durch Überdosierung von Sedativa und Lokalanästhetika hervorgerufen werden.

29.4 Technik der bronchoalveolären Lavage

Physiologische Kochsalzlösung wird z. B. in den Mittellappen instilliert und nach Aspiration aufgefangen. Nach Messung der rückgewonnenen Flüssigkeit und Zentrifugation werden Zellausstriche oder Zytozentrifugenpräparate angefertigt. Nach einer May-Grünwald-Giemsa-Färbung und ggf. immunhistochemischen Zusatzuntersuchungen erfolgt die Differenzierung der Zellen.

Mediastinoskopie

Indikationen: Die Mediastinoskopie (**29.5**) dient der histologischen Abklärung von Lymphknotenvergrößerungen und Tumoren des vorderen Mediastinums (z. B. Sarkoidose, maligne Lymphome, Tuberkulose, malignes Thymom). Die Indikation zur Mediastinoskopie für das Staging beim Bronchialkarzinom wird nicht einheitlich beurteilt. Die Indikation ist hierbei zum einen abhängig von der Frage, bis zu welchem N-Stadium der TNM-Klassifikation (s. SE 4.9, S. 90 f) eine primäre Operation mit kurativer Intention durchgeführt wird, zum anderen von der Spezifität der Bildgebung (CT, PET) bezüglich des mediastinalen Lympknotenbefalls und der Lokalisation und Größe des Primärtumors (**29.6**).

Risiken: Komplikationen treten in 1–2 % auf und umfassen im Wesentlichen Blutungen, Rekurrensparese und Pneumothorax. Eine Sternotomie kann bei arteriellen Blutungen (Aorta, Truncus bracheocephalicus) nötig werden.

29.5 Technik der Mediastinoskopie

Die Mediastinoskopie wurde 1959 durch Carlens eingeführt. Der Eingriff wird in Vollnarkose durchgeführt. In Rückenlage mit rekliniertem Kopf wird über einen Hautschnitt ca. 3 cm oberhalb des Jugulums die Vorderseite der Trachea freigelegt. Stumpf mit dem Finger gelangt man auf der Tracheavorderseite in das Mediastinum und drängt den Aortenbogen nach ventral. Nach Einsetzen des Mediastinoskops, das auch als Videoendoskop verfügbar ist, erfolgt die weitere Präparation mit einem Tupfer bis zur Trachealbifurkation (**a**). Bei systemischer Lymphknotenerkrankung genügt die Biopsie oder Entnahme eines Lymphknotens. Beim Staging des Bronchialkarzinoms sollten alle erreichbaren Stationen biopsiert werden (**b**).

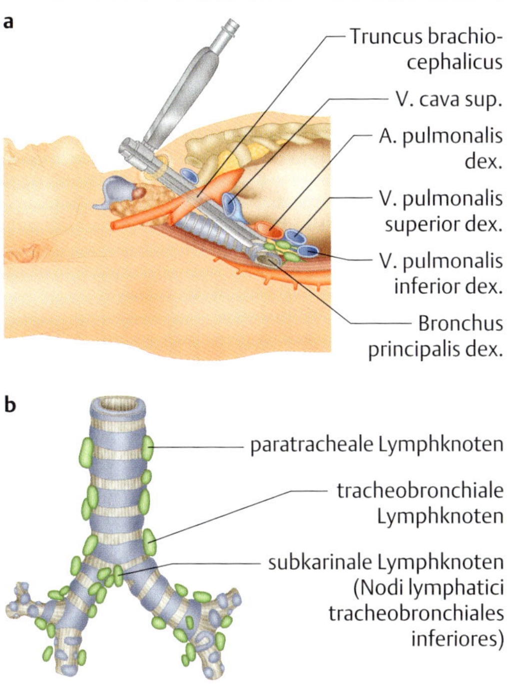

29.6 Bedeutung vergrößerter mediastinaler Lymphknoten

Die Sensitivität der Computertomographie bezüglich vergrößerter mediastinaler Lymphknoten liegt zwar bei > 90 %, die Spezifität liegt jedoch nur bei ca. 50 %. D. h. ca. 50 % der tumorbefallenen Lymphknoten sind kleiner als 1 cm und 50 % der vergrößerten Lymphknoten sind nur aufgrund einer Lymphadenitis größer als 1 cm. Wegen der therapeutischen Konsequenzen gewinnt eine präoperative Abklärung mittels Mediastinoskopie an Bedeutung: Tumorbefallene kontralaterale Lymphknoten (N3) stellen eine Kontraindikation zur primären Resektion dar, und einige Patienten mit ipsilateral befallenen Lymphknoten (N2) profitieren von einer neoadjuvanten Radiochemotherapie.

Thorakoskopie

Indikationen: Die rein diagnostische Thorakoskopie (Synonym: Pleuroskopie, **29.7**) ist heute aufgrund der Verbesserungen von CT und MRT selten nötig. Beim Pneumothorax wird die Diagnostik meist mit der Therapie (Bullaresektion und/oder Pleurodese) kombiniert. Eine wichtige Indikation liegt jedoch nach wie vor in der Abklärung unklarer Pleuraergüsse, wenn eine zytologische Untersuchung ohne Ergebnis geblieben ist. Durch eine thorakoskopische Biopsie der mediastinalen, parietalen oder viszeralen Pleura lässt sich zwischen malignen Ergüssen (Pleurakarzinose bei extrapulmonalem Primärtumor, Bronchialkarzinom, Pleuramesotheliom) und z. B. einer Pleuritis tuberculosa unterscheiden. Zunehmende Bedeutung hat die Thorakoskopie auch zur bioptischen Abklärung diffuser Lungenveränderungen und pleuranaher Raumforderungen erlangt. Der Eingriff ist v. a. bei immungeschwächten Patienten (AIDS) der offenen Biopsie vorzuziehen.

Risiken der Thorakoskopie liegen v. a. in Verletzungen von Interkostalgefäßen mit Blutungen und Verletzungen von Lungenparenchym mit postoperativer Fistelung.

29.7 Technik der Thorakoskopie

Bei der früheren Technik, mit der z. B. Pneumothoraces bei Tuberkulose bereits vor dem 1. Weltkrieg angelegt wurden, wurden spezielle Thorakoskope, aber auch Mediastinoskope oder starre Bronchoskope verwendet. Diese sind heute fast ganz durch die **videoassistierte Thorakoskopie** (VATS) abgelöst worden. Diese erfolgt am zweckmäßigsten in Vollnarkose mit Doppellumenintubation und Seitenlagerung. Nach Kollaps der zu untersuchenden Lunge wird ein Trokar für das Endoskop mit aufgesetzter Kamera eingebracht. Je nach Bedarf können unter Kamerasicht nun noch weitere Trokare für Haltestäbe oder Klammernahtgeräte eingebracht werden. Mit intrakavitären Klammernahtgeräten lassen sich endoskopische Keilresektionen der Lunge (s. SE 31.1, S. 690 f), bei diffusen Lungenveränderungen z. B. als Lingula-Spitzenresektion, durchführen.

30.1 Thoraxwand, Mediastinum, Pleura: Operationstechnik

Die Behandlung von Pleuraempyemen und der Tuberkulose stand am Anfang der thoraxchirurgischen Entwicklung. Eine Intubationsnarkose oder gar einseitige Ventilation waren hierfür nicht erforderlich. Die Technik von Rippenresektionen bis hin zu ausgedehnten verstümmelnden Thorakoplastiken hat sich daher bereits Ende des 19. Jh. entwickelt und nimmt in früheren Lehrbüchern der Thoraxchirurgie, z. B. dem immer noch lesenswerten von F. Sauerbruch (Chirurgie der Brustorgane, 1925), breiten Raum ein. Heute stehen Fragen der onkologischen Radikalität, die Berücksichtigung von Funktionserhaltung und eines kosmetisch akzeptablen Ergebnisses im Vordergrund.

Thoraxwand

Eine **subperiostale Rippenresektion** kann zur Diagnostik eines unklaren Rippentumors, zur Beseitigung einer Rippenosteomyelitis (z. B. nach Fraktur) oder zur Drainagebehandlung eines Pleuraempyems erforderlich werden. Wichtig ist eine möglichst genaue präoperative Markierung des Befundes, z. B. unter Durchleuchtung mit radiologischer Markierung, um den gezielten Zugang nicht unnötig vergrößern zu müssen. Nach Durchtrennung der die Rippe bedeckenden Weichteile wird das Periost inzidiert und mit einem Raspatorium nach Semb abgeschoben. Innerhalb des Periostschlauches kann nun die Rippe in der gewünschten Länge mit einem Raspatorium nach Doyen mobilisiert und mit einer Rippenschere (nach Brunner oder Sauerbruch-Frey) abgesetzt werden (👁 **30.1**). Hierbei werden Pleura, Interkostalmuskulatur und interkostales Gefäß-Nerven-Bündel erhalten.

Die **Anlage eines Thoraxfensters (Thorakostoma)** stellt ein Verfahren dar, das bei infizierten Pneumonektomie-Resthöhlen, z. B. nach Bronchusstumpfinsuffizienz oder bei nicht ausdehnungsfähiger Lunge nach Pleuraempyem, zur offenen Drainage angewendet werden kann. Zur Epithelialisierung des Stomas sollten Hautlappen in die Wundränder eingeschlagen werden, um einen frühzeitigen Verschluss durch Granulation zu vermeiden.

Bei größeren Thoraxwandtumoren sollte möglichst eine gesunde Rippe kranial und kaudal des Tumors en bloc mitreseziert werden. Nach dorsal und ventral sollten Sicherheitsabstände von 5–10 cm angestrebt werden. Diese Forderung nach weiten Sicherheitsabständen ergibt sich aus der Ausbreitung der Thoraxwandtumoren entlang der interkostalen Strukturen und des Markraumes der Rippen. Stets sind eine genaue Markierung des Resektats und histologische Untersuchung der Schnittränder erforderlich, um ggf. eine gezielte Nachresektion zu ermöglichen.

👁 **30.1 Subperiostale Rippenresektion**

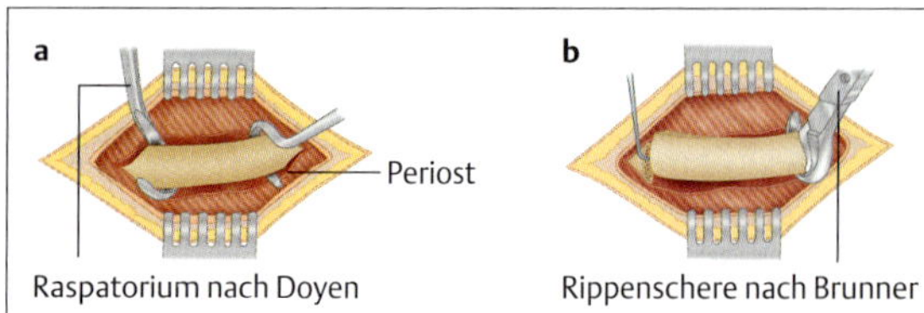

Defektdeckung im Bereich der Thoraxwand

Defekte der Thoraxwand entstehen zumeist als Folge von chirurgischen Tumorresektionen oder Bestrahlungen mit Weichteilnekrosen und Fisteln. Ein besonderes Problem sind Defekte und Dehiszenzen nach Sternumosteomyelitis infolge einer Sternotomie (z. B. nach herzchirurgischen Eingriffen). Kleinere Defekte können entweder durch Mobilisation der umgebenden Weichteile ausreichend gedeckt werden. Nur wo ausreichendes Muskelgewebe lokal nicht zur Verfügung steht, sind plastisch-chirurgische Defektdeckungen indiziert. Ziele sind die Stabilität der Thoraxwand, Vermeidung einer Lungenhernie bzw. paradoxer Atmung (s. 👁 **13.15**, S. 344), die Sanierung oder Vorbeugung von Infekten.

Die Stabilität der Thoraxwand nach Resektion mehrerer Rippen (bei nicht-infektiösem Zustand) wird am besten mit einem nicht resorbierbaren Kunststoffnetz erreicht, das an den Rippen fixiert wird (👁 **30.2**).

In infizierten Gebieten darf nur resorbierbarer Kunststoff verwendet werden.

Die wichtigsten Verfahren zur plastisch-chirurgischen Deckung von Brustwanddefekten (z. B. radiogene Nekrosen, Tumorresektionen) sind Schwenklappenplastiken, die an der Achse ihres Gefäß-Nerven-Stiels gedreht werden können (👁 **30.3**): M.-latissimus-dorsi-Lappen, M.-pectoralis-maior-Lappen, **t**ransversale oder **v**ertikale **r**ek-

👁 **30.2 Defektdeckung nach Thoraxwandresektion**

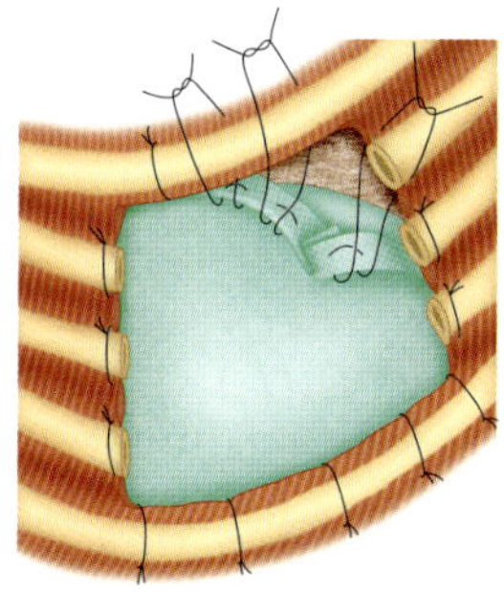

Hier wird die Öffnung mit einem nicht resorbierbaren Kunststoffnetz verschlossen.

30.3 Schwenklappenplastiken zur plastisch-chirurgischen Deckung von Brustwanddefekten

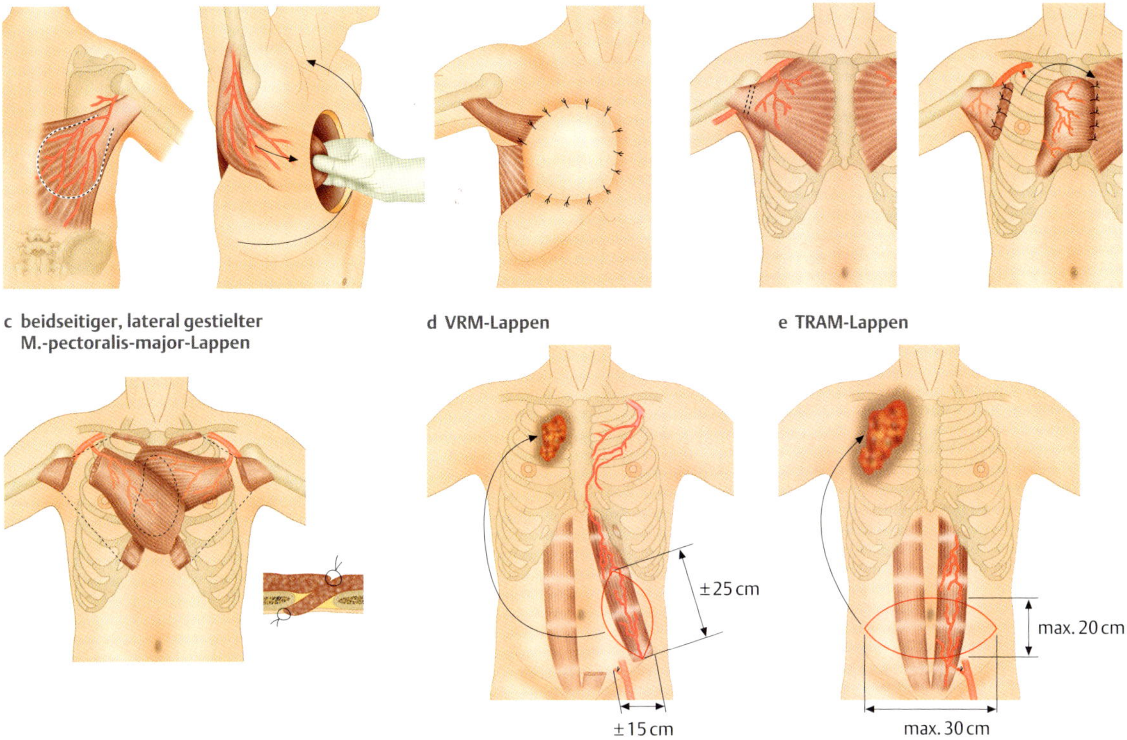

a Gefäßversorgung (einschließlich der Haut) durch die A./V. thoracodorsalis. Der zentrale Gefäßabschnitt bildet den Drehpunkt.
d, e Eine präoperative Angiographie zur Dokumentation der Offenheit von A. thoracica int. und A. epigastrica sup./inf. ist sinnvoll.

toabdominale Muskellappen (TRAM, VRAM). Insbesondere der Latissimus-dorsi-Lappen kann auch zur Plombierung intrathorakaler Defekte verwendet werden. Diese Schwenklappen können als myokutane (Insellappen; s. auch SE 37.1, S. 819) oder als reine Muskellappen eingesetzt werden. Wenn auch die Haut (über dem Muskel) mitgenommen wird, muss die Entnahmestelle primär oder sekundär mit Mesh-Graft gedeckt werden.

30.4 Sternotomie

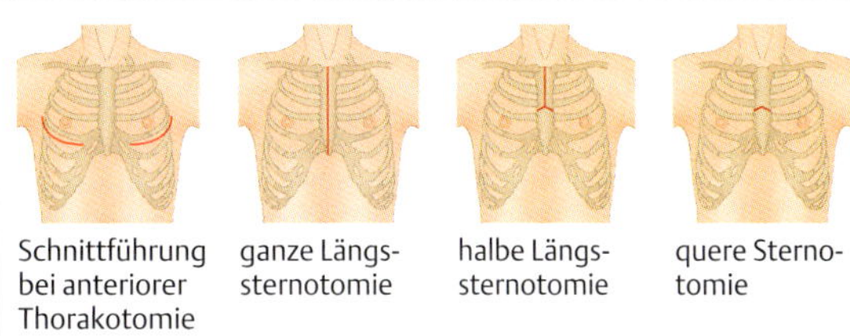

Mediastinum

Tumoren des **vorderen Mediastinums** werden durch eine mediane Sternotomie angegangen (**30.4**). Bei Raumforderungen im vorderen oberen Mediastinum, z. B. Thymomen, reicht häufig eine obere partielle Sternotomie. Das Sternum kann entweder mit einem Meißel nach Lebsche oder einer oszillierenden Säge durchtrennt werden. Zur Blutstillung im Bereich des Knochenmarks wird häufig Knochenwachs verwendet. Spezielle Sternumspreizer erlauben dann einen guten Überblick zum Mediastinum. Der Sternumverschluss erfolgt über einer Mediastinaldrainage, die subxyphoidal ausgeleitet wird, und mittels Drahtzerklagen. Thymome können auch thorakoskopisch entfernt werden (s. **30.5**).

Tumoren des **mittleren und hinteren Mediastinums** werden am besten durch eine laterale Thorakotomie (s. SE 6.10, S. 170) angegangen.
Intraoperativ ist besonders auf folgende Strukturen zu achten:

- große Gefäße (oben querverlaufende V. brachiocephalica sinistra!),
- Nn. recurrentes (rechts um A. subclavia, links um Aorta),
- Nn. phrenici und
- Pleurae mediastinales (bei Eröffnung Bülau-Drainage).

Eine Besonderheit stellen neurogene Tumoren mit einem intraspinalen und einem intrathorakalen Anteil dar, sog.

30.6 Dekortikation

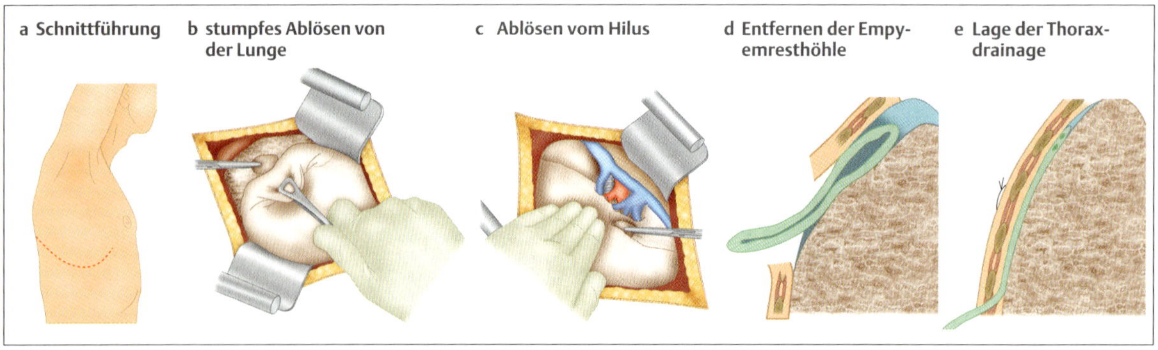

Sanduhrtumoren. Hierbei ist stets ein kombiniertes neurochirurgisch-thoraxchirurgisches Vorgehen angezeigt: Es erfolgt zunächst die Exstirpation des intraspinalen Anteils über eine Hemilaminektomie (Bauchlage) und dann nach Umlagerung die Resektion des intrathorakalen Anteils.

Pleura

Die durch eine **Videokamera assistierte Thorakoskopie (VATS)** stellt heute den Standard in der diagnostischen Beurteilung der Pleurahöhle dar (**30.5**). Über die Thorakoskopie können auch eine ganze Reihe von Eingriffen durchgeführt werden: Keilresektionen der Lunge, Abtragung oder Verklebung von Bullae beim Pneumothorax, Sanierung von frühen Stadien eines Pleuraempyems, Entfernung von Schwannomen der inneren Brustwand, Sympathektomien etc. Lediglich bei Verklebung oder Verschwartung der viszeralen mit der parietalen Pleura (z. B. nach Pleuritis, Empyem oder Pleuratumoren) ist ein Kollaps der Lunge und damit eine Übersicht bei der Thorakoskopie nicht gewährleistet. Zur bioptischen Sicherung eines Pleuramesothelioms muss daher häufig eine offene Biopsie erfolgen.

Eine **Dekortikation** beim Pleuraempyem ist dann indiziert, wenn eine Drainagebehandlung nicht erfolgreich ist, sei es durch Ausbildung einer Pleuraschwarte, welche die Ausdehnung der Lunge verhindert (z. B. bei Schwarten bis herab in den kostodiaphragmalen Winkel) oder durch eine bronchopleurale Fistel. Das Ziel ist also die Reexpansion der Lunge mit Besserung der Restriktion und Beseitigung des Infektherdes. Aufgrund der Thoraxschrumpfung ist als Zugang häufig eine subperiostale Rippenresektion erforderlich (s. o.). Es bestehen zwei Schwarten (eine parietale und eine viszerale), dazwischen befindet sich die Empyemhöhle. Die parietale Schwarte wird extrapleural entsprechend einer parietalen Pleurektomie mobilisiert (Cave: Blutung!), dann wird die viszerale Schwarte unter vorsichtigem Blähen von der Lunge abgelöst, wobei sich diese schrittweise entfaltet (**30.6**). Parenchymlecks lassen sich nicht immer vermeiden und können mit Fibrinkleber abgedichtet werden. Eine Nachbeatmung zur Behandlung eines allfälligen Reexpansionsödems der Lunge ist je nach Befund sinnvoll.

Gelingt die Ausdehnung der Lunge nicht, sollte zur Verkleinerung der Empyemhöhle eine entsprechende Thorakoplastik erfolgen: Hierunter versteht man subperiostale Rippenresektionen, um ein Mobilisierung der Brustwand zur Lunge hin zu ermöglichen: Wenn der Prophet nicht zum Berg gehen will, muss der Berg zum Propheten kommen.

30.5 Videokamera assistierte Thorakoskopie (VATS)

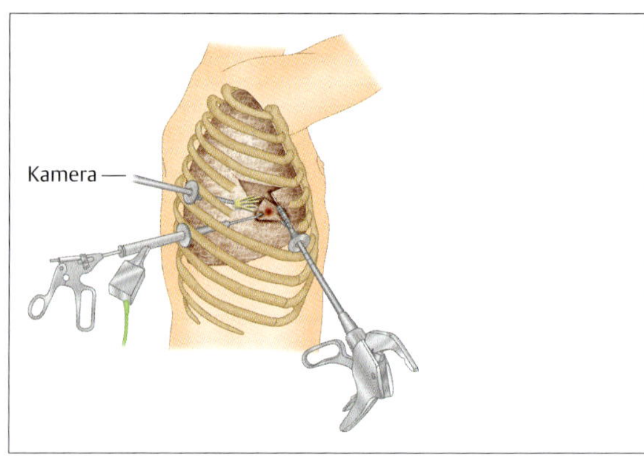

30.2 Erkrankungen der Thoraxwand

Infektionen, Tumoren, Schmerzsyndrome, aber auch Deformationen zählen zu den chirurgisch relevanten Erkrankungen der Thoraxwand. Vor allem bei den Deformationen des Brustkorbes ist der Übergang zwischen harmlos und behandlungsbedürftig fließend. Auch psychologische Faktoren spielen bei der Entscheidung zur Therapie eine wichtige Rolle. Reaktive Veränderungen der Thoraxform durch pulmonale oder kardiale Erkrankungen (Fassthorax bei chronisch obstruktiven Atemwegserkrankungen, Hypotrophie der Thoraxwand bei restriktiven Störungen durch Pleuraschwarten oder nach Pneumonektomie) sind ein klinisch-diagnostisches Zeichen und sollten Anlass geben, nach der Ursache zu suchen und diese zu behandeln.

Formveränderungen der Thoraxwand

Kiel- oder Hühnerbrust

Ätiologie: Die **Kiel- oder Hühnerbrust (Pectus carinatum)** kann kongenital oder durch eine Rachitis erworben sein. Sie ist durch die Rachitisprophylaxe heute seltener geworden. Ursache ist eine Wachstumsstörung der parasternalen Rippenknorpel, durch welche das Sternum nach ventral geschoben wird. *Das untere Sternum ist vorgewölbt* und der quere Thoraxquerschnitt zugunsten des sagittalen verschmälert.

Symptomatik: Es besteht keine funktionelle Störung bzw. daraus resultierende Symptomatik, sondern ein kosmetisches Problem.

Therapie: Die **Indikation zur Operation** besteht in der kosmetischen Störung und dem dadurch gestörten Selbstwertgefühl der jugendlichen Patienten. Zur **operativen Korrektur** einer Kielbrust werden die überschüssigen Teile der knorpeligen Rippen am kostosternalen Übergang subperiostal entfernt und die Rippen am Sternum readaptiert.

Trichterbrust

Ätiologie: Unter den angeborenen Fehlbildungen ist die **Trichterbrust (Pectus excavatum)** am häufigsten (**30.7a**). Durch ein falsches Wachstum im Bereich der koststernalen Knorpelverbindung wird das distale Sternum in Richtung Wirbelsäule gedrückt.

Symptomatik: Die Trichterbrust ist oft vergesellschaftet mit einer BWS-Kyphose und einer Skoliose. Nur bei extremen Formen ist eine Einschränkung der kardialen und respiratorischen Belastbarkeit durch Verkleinerung des Lungenvolumens und Sinistroposition (Verlagerung nach links) des Herzens zu beobachten.

Therapie: Die **Indikation zur Operation** besteht meist in der kosmetischen Störung und dem dadurch gestörten Selbstwertgefühl der jugendlichen Patienten, seltener bei funktionellen Einschränkungen von Herz und Lunge. **Prinzip der Operation** ist eine Ventralisation der vorderen Brustwand durch eine Osteochondroplastik und die Fixierung des mobilisierten Sternums in der erreichten Stellung (s. **30.7b** und **30.1**).

30.7 Trichterbrust

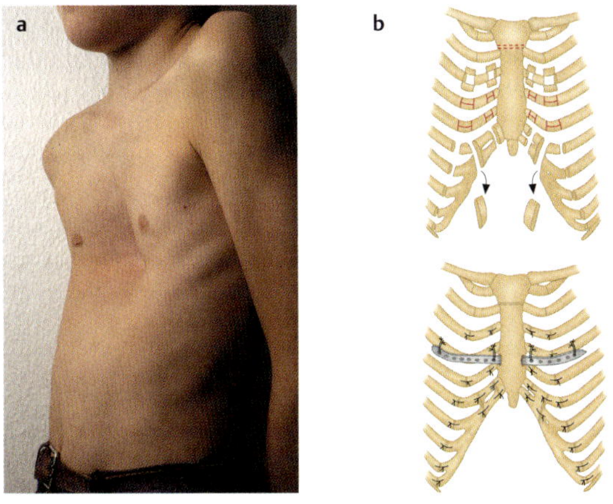

a 16-jähriger Junge mit ausgeprägter Trichterbrust.
b Die operative Korrektur erfolgt, indem Knorpelsegmente parasternal und im Scheitelpunkt des Trichters entfernt werden und das Sternum mit einer Stahlschiene vorübergehend fixiert wird (**30.1**).

30.1 Methoden zur Ventralisation der vorderen Brustwand

Operation nach Rehbein: Das Sternum wird nach subperiostaler Resektion der fehlgebildeten Knorpelanteile, ggf. an mehreren Stellen, etwa im 2. ICR quer durchtrennt. Anschließend wird es nach ventral reponiert und mit queren speziellen Stahlschienen, die im Markraum der Rippen verankert werden, fixiert.
Operation nach Sulamaa und Willital: Das Sternum wird nach dessen Auslösung mit einem Stahlbügel quer „aufgefädelt". Anschließend wird der Bügel der gewünschten Thoraxform angepasst und lateral an den Rippen fixiert (**30.7b**).
Sternumaugmentation: Kleinere funktionell unbedeutende Trichter können durch Kunststoffmaterial (Silikon) oder autolog durch ein hochgezogenes Omentum maius kosmetisch ausgeglichen werden.

Sonstige Fehlbildungen

Angeborene **Sternumspalten**, häufig kombiniert mit einer Omphalozele (s. SE 38.9, S. 844 f), müssen wegen der Gefahr eines Prolaps der Mediastinalorgane operativ verschlossen werden.

Brustwandhernien

Ätiologie: Brustwandhernien sind selten und können sich nach einem stumpfem Thoraxtrauma oder nach thoraxchirurgischen Eingriffen entwickeln. Meist handelt es sich nicht um echte Hernien, d. h. um den Durchtritt eines Organes oder Organteiles mitsamt der umgebenden Faszien durch eine Bruchpforte, sondern um einen Lungenprolaps bei Zerreißung der parietalen Pleura sowie der subkutanen Faszie und der Muskulatur in Kombination mit einer Innervationsstörung.

Symptomatik und Therapie: Die Notwendigkeit der operativen Versorgung besteht bei Hustenreiz, Schmerzen und Dyspnoe. Je nach Größe des Thoraxwanddefektes kommen zum Verschluss des Defektes Knochen-Periost-Lappen, Kutislappen oder nicht resorbierbare Kunststoffnetze infrage.

Infektionen der Thoraxwand

Akute Infektionen

Ätiologie: Weichteilinfektionen der Brustwand sind häufig Folge einer Immunschwäche. Sie können ihren Ursprung von „innen“ oder von außen her nehmen. Ein **Pleuraempyem** (s. SE 30.6, S. 682 f) kann sich durch die Brustwand den Weg nach außen suchen (**Empyema necessitatis**), gleiches gilt für **Lungenabszesse** und die **thorakale Aktinomykose** (s. SE 31.4, S. 696 ff). **Thoraxwandphlegmonen** entstehen meist durch eingedrungene Fremdkörper oder Bissverletzungen.

Die ***Therapie*** besteht in der breiten Inzision, Drainage und möglichst Beseitigung der Ursache.

Chronische Infektionen

Ätiologie: Die hämatogen gestreute **Rippentuberkulose** hat heute v. a. differenzialdiagnostische Bedeutung. Sie kommt zwar kaum noch vor, darf aber wegen wieder zunehmender Inzidenz nicht vollkommen in Vergessenheit geraten. Die **Rippenosteomyelitis und -chondritis** sind ebenso wie die **Osteomyelitis des Sternums** zumeist Folge von penetrierenden Verletzungen oder chirurgischen Eingriffen (mediane Sternotomie). Ein von Periost oder Perichondrium befreiter Knochen oder hyaliner Knorpel verhält sich wie ein avaskulärer Fremdkörper und kann leicht infiziert werden.

Symptomatik: Typische Zeichen sind ein Klopf- und Druckschmerz und später die abnorme Beweglichkeit der Knochenhälften (Pseudarthrose). Die chronischen Infektionen, die gelegentlich auch von Knochen- oder Knorpelsequestern ausgehen, neigen zur Fistelung.

Therapie: Die oft sehr langwierige Therapie besteht in dem radikalen Débridement der infizierten Knochen- und Knorpelteile und der plastischen Deckung z. B. mit einem myokutanen M.-pectoralis-Schwenklappen (**30.2** und SE 30.1, S. 668 f).

Tumoren

Primäre Tumoren

Ätiologie: Primäre Tumoren der Brustwand können vom Weichteilgewebe oder vom Thoraxskelett ausgehen. Zu den verschiedenen Typen und Häufigkeiten s. T **30.1** und SE 16.4 (S. 396 f).

T 30.1 Primäre Tumoren der Brustwand

benigne (ca. 30 %)	***maligne (ca. 70 %)***
Osteochondrom (50 %), Chondrom (15 %) *Weitere:* Lipom, Fibrom, Desmoid, fibröse Dysplasie, Hämangiom, Neurinom, Knochenzysten, eosinophiles Granulom	Chondrosarkom (30 %), Myelom (30 %), Ewing-Sarkom (12 %), Osteogenes Sarkom (6 %) *Weitere:* malignes fibröses Histiozytom, Rhabdomyosarkom, Neurofibrosarkom, Liposarkom, Plasmozytom

Diagnostik: Bei therapeutischer Konsequenz sind eine **CT** und **MRT** indiziert, um die Beziehung des Tumors zum Plexus brachialis und den großen Gefäßen, zu Lunge und Mediastinum oder zur Wirbelsäule präoperativ zu klären. Art und Dignität des Tumors können häufig in der radiologischen Diagnostik nicht eindeutig festgelegt werden. Da durch eine Nadelbiopsie die Dignität häufig auch nicht zu klären ist, sollte bei kleinen Läsionen wegen des Überwiegens maligner Tumoren primär die Exstirpation des gesamten Tumors mit einem Sicherheitsabstand von 2–4 cm erfolgen.

Therapie: Die operative Therapie besteht nach Möglichkeit in der kompletten **Resektion** des Tumors. In das Resektionausmaß (onkologisch erwünschte und funktionell erreichbare Radikalität) muss jedoch immer eingehen der Allgemeinzustand des Patienten. Bei größeren Tumoren (z. B. Sarkome) und bei entsprechendem Differenzierungsgrad (Grading) sollte ggf. eine **neoadjuvante Radiochemotherapie** (zum „Down-Staging“) erfolgen. Nach Tumorresektion wird der Thoraxwanddefekt gedeckt (s. **30.2**).

30.8 Thoraxwandtumor

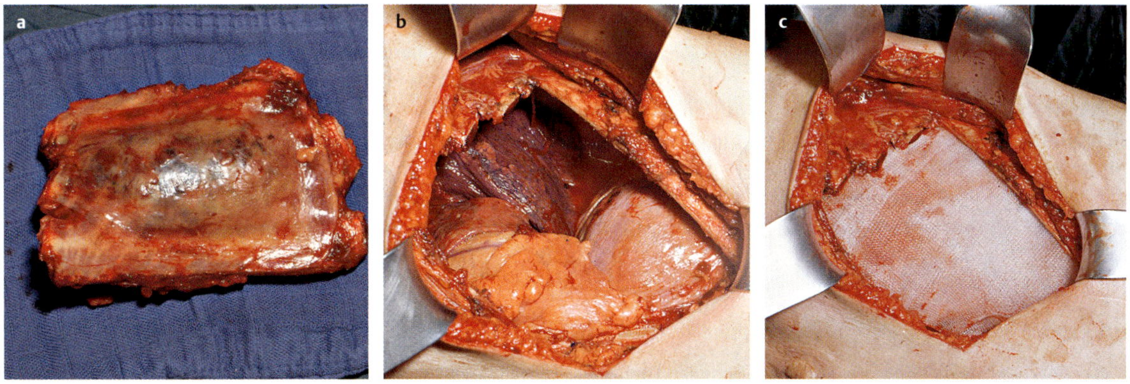

a Resektat (Sarkom), **b** Defekt, **c** Deckung mit Prolene-Netz

30.2 Deckung von Thoraxwanddefekten

Dorsale Defekte erfordern wegen des Muskelmantels und der Skapula meist keine besondere Stabilisierung der Thoraxwand. **Laterale und anteriore Defekte** können mit heterologem Material, d. h. nicht resorbierbaren Kunststoffnetzen verschlossen werden. Die Stabilisierung der Thoraxwand kann, falls erforderlich, mit autologen Rippentransplantaten oder Metallschienen erfolgen. Das Sternum kann mit sog. Sandwich-Plastiken stabilisiert werden. Hierfür wird zwischen Kunststoff-Patches ein Neosternum aus Metacrylat (Palacos) modelliert. Bei **infizierten Defekten oder radiogenen Nekrosen** sollte kein Kunststoffmaterial implantiert werden. Hier haben sich zur Defektdeckung myokutane, am Gefäß-Nerven-Bündel gestielte Schwenklappen bewährt (**30.3**).

Prognose: Die Langzeitergebnisse nach Resektion maligner Brustwandtumoren variieren sehr, abhängig von Art und Biologie des Tumors mit unterschiedlichem Risiko von Lokalrezidiv oder Fernmetastasierung sowie dem Ausmaß der erzielten Radikalität (**30.8**). Für die Prognose und die Therapieplanung ist das Grading der Tumoren wichtig: **G1-Tumoren** haben eine geringe Metastasierungstendenz, ein geringes Ansprechen auf Chemotherapie und eine relativ gute Prognose nach radikaler Operation. Bei **G2- und G3-Tumoren** sind die Ansprechraten der Chemotherapie zwar besser, aber insgesamt ist die Prognose trotzdem schlechter.

Sekundäre Tumoren (Metastasen)

Ätiologie: Sekundäre Brustwandtumoren sind zumeist invasiv wachsende Bronchialkarzinome, Mammakarzinome oder hämatogene Metastasen (z. B. vom Mamma- und Bronchialkarzinom).

Therapie: Bei einer Tumorinvasion der Brustwand durch ein nicht kleinzelliges Bronchialkarzinom (T3) oder einen Pancoast-Tumor kann eine radikale Tumorresektion, evtl. nach neoadjuvanter Radiochemotherapie, durchaus unter kurativem Gesichtspunkt angestrebt werden. Bei einer Infiltration durch ein Mammakarzinom (T4), bei Metastasen oder Rezidiven ist eine Resektion häufig nur aus palliativen Gründen indiziert. Bei symptomatischen Thoraxwandmetastasen oder Rippenmetastasen kann eine Strahlentherapie schmerzlindernd sein. Ein gravierendes Problem können Strahlenulzera der Brustwand sein, die oft viele Jahre nach Radiatio (z. B. wegen Mammakarzinom) zu chronischen fistelnden Brustwanddefekten führen. Hier ist ein radikales Débridement der infizierten Knochen und Weichteile sowie eine plastische Deckung mit Omentum majus (s. SE 25.9, S. 581) oder myokutanem Lappen indiziert (s. SE 30.1, S. 368 f und SE 37.1, S. 819).

Schmerzsyndrome

Als **Tietze-Syndrom** wird eine ätiologisch unklare, schmerzhafte Schwellung der sternalen Knorpelansätze der 1. und 2., seltener der 3. und 4. Rippe bezeichnet. Der Befund besteht oft einseitig und bildet sich spontan innerhalb von drei Monaten zurück. Eine symptomatische Behandlung, z. B. mit nicht steroidalen Antiphlogistika ist meistens ausreichend.

Die **Interkostalneuralgie** ist ein Symptom und nur nach Ausschluss möglicher Ursachen als Diagnose zu verwenden. Möglich sind:

- vertebrogene Ursachen (Kompression oder Zerrung einer thorakalen Spinalwurzel oder eines segmentalen Nervs, z. B. nach Thorakotomie),
- kardiale und pulmonale Ursachen (z. B. koronare Herzerkrankung, Pleuritis),
- Herpes zoster im Anfangsstadium und
- respiratorische Virusinfektionen (z. B. Bornholm-Krankheit bei Cocksackie B4- und B3-Infektion).

30.3 Mediastinitis und Pneumomediastinum

Als Mediastinum bezeichnet man den mittelständigen Bindegewebsraum des Brustkorbes. Das Mediastinum reicht von der oberen Thoraxöffnung bis auf das Zwerchfell, lateral ist es von der Pleura mediastinalis bzw. den Lungen, ventral vom Sternum und dorsal von der Brustwirbelsäule begrenzt. Nach kranial ist das Mediastinum mit den Halsweichteilen und nach kaudal mit dem Retroperitoneum verbunden (👁 30.9). Im Mediastinum befinden sich der Thymus, die großen axialen Leitungsbahnen, der Ösophagus und das Herz. Zu den nicht tumorösen Erkrankungen des Mediastinums zählen v. a. auch Entzündungen und Verletzungen dieser Organe.

Mediastinale Infektionen

Das Mediastinum kann als „Straße" für die Ausbreitung von lebensbedrohlichen akuten und chronischen Entzündungen fungieren.

Die Ausbreitung von Infektionen kann lymphogen oder per continuitatem erfolgen. Hierbei werden die prätrachealen und prävertebralen Hüllfaszien als Leitschienen respektiert.

Akute Mediastinitis

Ätiologie: Eine akute eitrige Mediastinitis kann durch eine **Absenkung von Infektionen im Mund- und Rachenraum** entstehen. Als *Ursachen* kommen infrage:
- Zahnwurzelabszess,
- Kieferhöhlenempyem,
- Peritonsillarabszess,
- Mundbodenphlegmone (Angina Ludovici),
- Retropharyngealabszess etc.

Die zweite Gruppe von *Ursachen* umfasst **Perforationen** von Hohlorganen wie
- Pharynx,
- Ösophagus oder
- Trachea.

Diese sind zumeist iatrogen und können sich bei Endoskopien, Bougierungen, nach endoluminaler Lasertherapie oder bei einer Intubation ereignen. Auch Anastomoseninsuffizienzen z. B. nach Magenhochzug mit intrathorakaler Anastomose nach Ösophagektomie oder eine Sternumosteomyelitis (s. SE 30.2, S. 672) kommen postoperativ infrage. Selten sind die „spontane" Ösophagusruptur, das Boerhaave-Syndrom, das nach forciertem Erbrechen auftreten kann, sowie Nekrosen nach Ingestion von Säuren, Laugen oder Fremdkörpern (s. SE 21.11, S. 490 f).

👁 30.9 Mediastinalräume und ihre Verbindungen

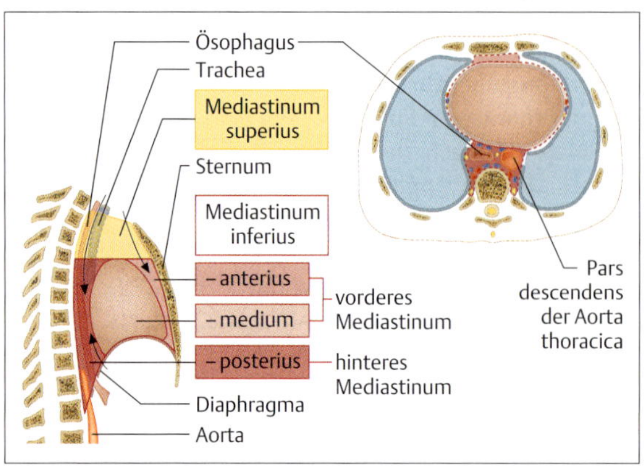

Die Logen zwischen der oberflächlichen und mittleren Halsfaszie inserieren gemeinsam am Sternum und der Klavikula. Entzündliche Krankheitsprozesse können sich deshalb von hier nicht ins Mediastinum ausbreiten. Die Logen zwischen der mittleren und tiefen Halsfaszie dagegen kommunizieren mit dem Mediastinum und erlauben das Aufsteigen eines Emphysems und das Absenken von Abszessen (👁 **30.9**).

Diagnostik: Die **Anamnese** ergibt fast immer einen Hinweis für die Verdachtsdiagnose einer Mediastinitis. Die **klinischen Zeichen** einer akuten Mediastinitis umfassen:
- Fieber,
- Schüttelfrost,
- retrosternales Druckgefühl,
- Dysphagie,
- thorakale oder epigastrische Schmerzen.

Bei einer *Perforation der Atemwege* kann ein Pneumomediastinum bestehen, das sich besonders bei beatmeten Patienten bis zu den Halsweichteilen ausdehnen kann und zu einer oberen Einflussstauung führen kann (👁 **30.10**). Klinisch kann dann das Hamman-Zeichen, ein pulssynchrones Knistern über dem Mediastinum, auskultiert werden. Das Sternum ist oft klopfschmerzhaft. Bei verzögerter Diagnosestellung entwickelt sich eine schwere Sepsis.
In der **Röntgenthorax-Übersicht** ist das Mediastinum verbreitert. Meistens besteht zumindest einseitig ein Pleuraerguss. Mediastinale Lufteinschlüsse zeigen eine Perforation an oder einen Abszess mit Gas bildenden Erregern. Das Ausmaß der Infektion kann am besten in der **CT** beurteilt werden. Perforationen der Trachea und zentraler Bronchien können bei einer **Bronchoskopie** beurteilt werden (Emphysem!). Zum Nachweis von Ösophagusperforationen eignet sich besonders der **Gastrografinschluck**. Beim Boerhaave-Syndrom findet sich ein 2–3 cm langer Längsriss linksseitig am distalen Ösophagus (Schmerz, Sepsis!).

Therapie:

Jede Mediastinitis muss drainiert und die jeweilige Ursache beseitigt werden.

30.10 Pneumomediastinum bei Trachealruptur

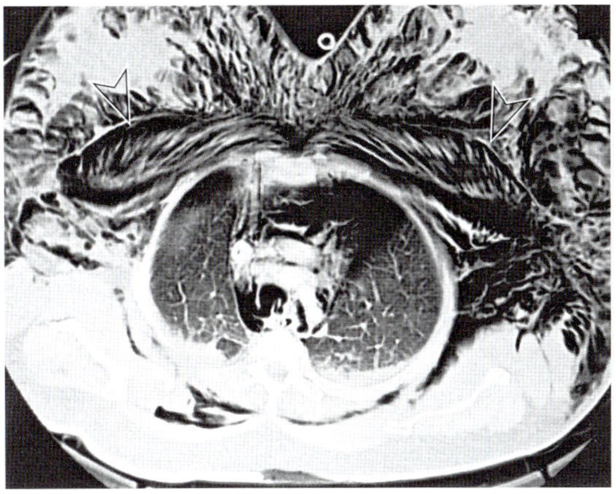

Massives Mediastinal- und Hautemphysem bei Trachealruptur. Typische „Fiederung" der Pektoralismuskulatur (Pfeile).

Das **obere vordere Mediastinum** kann von einem *jugulären Zugang* eröffnet und drainiert werden. Bei Infektionen im **hinteren und mittleren Mediastinum** muss eine *Thorakotomie* und transpleurale Drainage erfolgen. Meist werden mehrere Drainagen eingelegt, über die eine Spülung erfolgen kann.
Bei **Senkungsabszessen** kann zur Behebung der Ursache die Zusammenarbeit mit Kollegen der HNO- oder Kiefer- und Gesichtschirurgie nötig sein. Die meist distalen **Trachealeinrisse** werden von rechts thorakal freigelegt und übernäht. **Ösophagusläsionen** werden ebenfalls übernäht und möglichst mit einer Fundoplikatio, Pleura oder Omentum majus gedeckt (s. SE 21.3, S. 473). Je nach Lokalisation können Perforationen, besonders wenn sie im Bereich von Tumoren liegen, auch durch Ballontuben (s. SE 21.8, S. 485) abgedeckt und überbrückt werden.

Eine intensivmedizinische Betreuung mit gezielter Antibiotikatherapie ist bei den oft schwerkranken Patienten zusätzlich immer erforderlich.

Die ***Prognose*** einer akuten Mediastinitis ist wesentlich abhängig von der Ursache, dem Allgemeinzustand (Alter, Begleiterkrankungen) der Patienten und der ärztlichen Expertise im Umgang mit diesem Krankheitsbild. Dementsprechend hat eine veraltete Tumorperforation beim Ösophaguskarzinom eine infauste, eine rechtzeitig übernähte iatrogene Trachealruptur (Intubation) dagegen eine gute Prognose.

Chronische Mediastinitis

Chronisch fibrosierende Formen einer Mediastinitis können differenzialdiagnostisch oft schwer gegenüber anderen mediastinalen Raumforderungen abgegrenzt werden.

30.3 Fallbeispiel: Iatrogene Ösophagusruptur (unteres Drittel)

Wegen Ösophagusvarizenblutung wurde eine Linton-Nachlas-Ballonsonde eingelegt und geblockt (**a**); der dilatierte Ballonabschnitt lag jedoch zu hoch und führte zur distalen Ösophagusruptur. In der Gastrografin-Schluck-CT (**b**) sieht man einen Austritt des Kontrastmittels aus dem Lumen des Ösophagus bis in die linke Pleura hinein (um die Aorta herum). *Therapie:* Thorakotomie und Einlage von Bülau-Drainagen; die Ösophagusruptur war nicht zu nähen, wegen sklerosierungsbedingter entzündlicher Wandveränderungen. Zu einer wesentlichen Mediastinitis war es nicht gekommen.

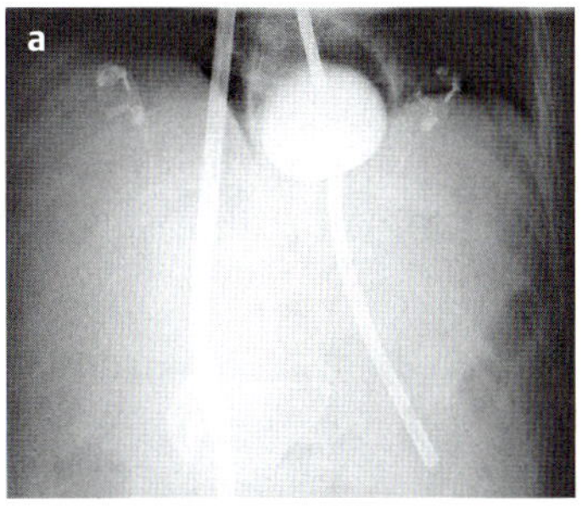

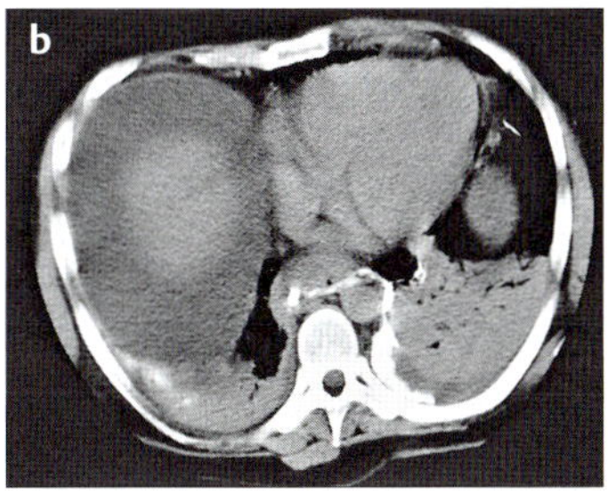

Ursachen können sein:
- immunologische Reaktion gegen Pilzinfektionen (Histoplasmose, Aspergillose, Kryptokokkose),
- seltene Verlaufsformen der Sarkoidose oder von Autoimmunerkrankungen (Morbus Behet),
- mediastinaler Morbus Ormond (idiopathische fibrosierende Mediastinitis),
- Zustand nach mediastinaler Bestrahlung (z. B. bei mediastinalen Lymphomen).

Klinisch fällt oft ein V.-cava-Kompressionssyndrom auf, das zu extremen Kollateralen an der Thoraxwand führen kann. Die ***Diagnostik*** erfolgt durch mediastinoskopische oder parasternale Biopsie. Hierbei ist das erhöhte Blutungsrisiko bei venöser Stauung zu beachten.

Eine wirksame kausale ***Therapie*** ist nicht bekannt, gelegentlich kann ein intraluminaler Kavastent (oder seltener ein V.-cava-Bypass) indiziert sein.

Prognose: Aufgrund der Seltenheit dieser Krankheitsbilder kann keine generelle Prognoseabschätzung erfolgen.

30.4 Tumoröse Erkrankungen des Mediastinums

Der Begriff „Mediastinaltumor" ist eine klinische Sammelbezeichnung für mehr als 90 verschiedene Raumforderungen. Das Mediastinum ist kein Organ und kann somit auch keine Tumoren im pathologisch-anatomischen Sinne ausbilden. Mediastinale Tumoren gehen von den innerhalb des Mediastinums gelegenen Organen bzw. Geweben (s. 30.11 und SE 30.3, S. 674) aus. Da diese ontogenetisch allen 3 Keimblättern entstammen, gibt es eine Vielfalt von Tumoren. Sie sind aber durch Gemeinsamkeiten der Symptomatik, des diagnostischen Vorgehens und im therapeutischen Ziel der vollständigen Exstirpation gekennzeichnet.

Allgemeines

Das Mediastinum kann in ein vorderes, mittleres und hinteres Kompartiment eingeteilt werden. In jedem Anteil kommen jeweils typische Tumoren vor (30.11). Die häufigsten mediastinalen Tumoren im **Kindesalter** gehen vom neurogenenen Gewebe aus, gefolgt von Tumoren des Thymus (30.12) und Zysten. Beim **Erwachsenen** stehen Tumoren des Thymus an erster Stelle, gefolgt von Lymphomen.

30.11 Verteilung der Mediastinaltumoren

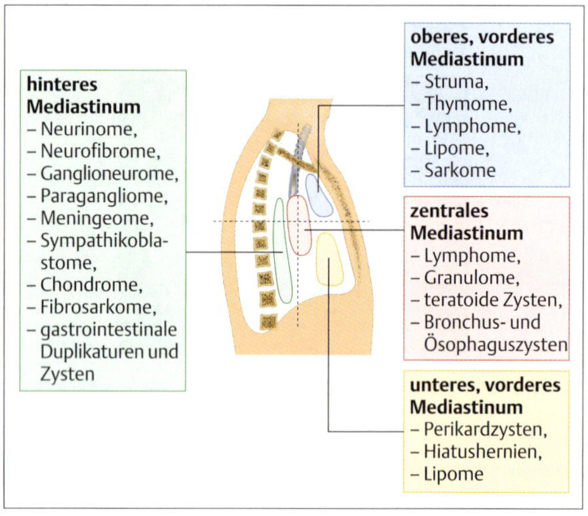

30.4 Differenzialdiagnose von Mediastinaltumoren

Differenzialdiagnostisch muss bei mediastinalen Raumforderungen auch an **„Pseudotumoren"**, die von benachbarten Organen ausgehen, gedacht werden. Hierzu zählen z. B.:

- retrosternale Strumen,
- paravertebrale Abszesse (Tuberkulose),
- Gefäßanomalien (persistierende linke V. cava superior),
- Aortenaneurysmen,
- Ösophagusdivertikel,
- Zwerchfellhernien,
- Megaösophagus bei Achalasie und
- dystope Nebenschilddrüsen und ihre Adenome.

Überwiegend sind die ***Symptome*** unspezifisch:

- Dyspnoe,
- rezidivierende Bronchitiden und Pneumonien,
- Dysphagie.

Diese Symptome sind zumeist Folge einer tracheobronchialen Kompression oder Infiltration. Hinzu kommen Allgemeinsymptome (Gewichtsabnahme, Fieber, Nachtschweiß); typisch ist ein alkoholinduzierter Schmerz bei Hodgkin-Lymphomen.

30.12 Riesiges Thymom

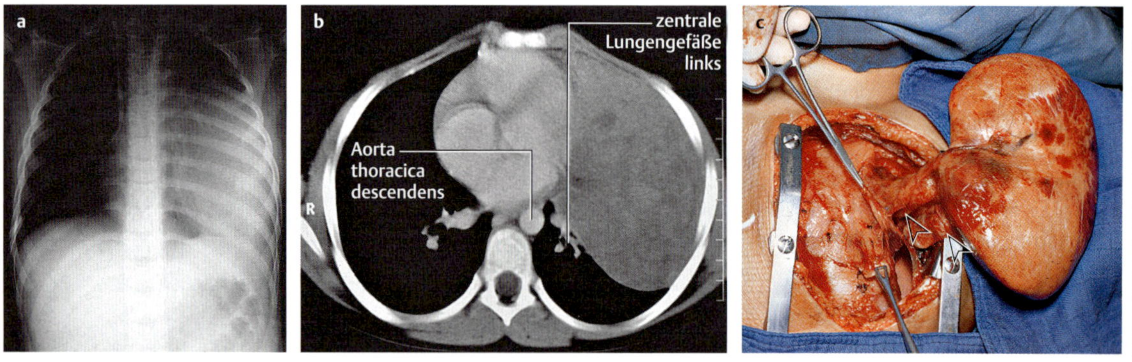

Bei dem 6-jährigen Kind erfolgt die Diagnostik wegen allgemeinem Krankheitsgefühl und pulmonaler Insuffizienz. **a** Röntgenthorax mit riesiger Verschattung links-thorakal. **b** In der CT liegt der Tumor tangential dem Herzen an und verdrängt die links-zentralen Lungengefäße. **c** intraoperativer Situs (mediane Sternotomie) nach weitgehender Mobilisation des Tumors. Am Stiel des Tumors scheint das umliegende Fettgewebe infiltriert zu sein (Pfeile). Mit der Péan-Klemme wird die linke (eröffnete) Pleura aufgehalten. Mit der Duval-Klemme wird das restliche (normale) Thymus markiert, was ebenfalls exstirpiert wird. Histologie: maligner Thymustumor.

! Oft fallen Mediastinaltumoren nur als Zufallsbefund bei Röntgenuntersuchungen des Thorax auf (40 %).

Symptome bei fortgeschrittenen Tumoren entstehen durch Verdrängung, Kompression oder Infiltration benachbarter Strukturen, wobei spezifische Symptome wie Einflussstauung (V.-cava-Syndrom), Heiserkeit (Parese des N. recurrens), Zwerchfellparese (Parese des N. phrenicus), Sensibilitätsausfälle oder Horner-Syndrom (Läsion des Ganglion stellatum) nicht immer bedeuten, dass die Prognose infaust ist.

Diagnostik: **Basisdiagnostik** bei klinischem Verdacht auf einen Mediastinaltumor sind:
- die Röntgenthorax-Übersichtsaufnahme,
- die Computertomographie (CT) und
- die Magnetresonanztomographie (MRT), v. a. zur Abgrenzung zum Spinalkanal.

Je nach Lokalisation des Tumors können eine **Ösophago-** oder eine **Bronchoskopie** folgen. Ösophagus- und zentrale Bronchialkarzinome können meist durch Biopsien bei der Endoskopie gesichert werden. *Tumoren im hinteren Mediastinum* werden primär operativ freigelegt. Bei *Tumoren im vorderen und mittleren Mediastinum* sollte vor einer Therapieentscheidung eine histologische Abklärung angestrebt werden, um ein malignes Lymphom auszuschließen.

! Das maligne Lymphom kann aufgrund der Bildgebung nicht von Tumoren des Thymus unterschieden werden, erfordert jedoch keine Operation.

Durch die perkutane Nadelbiopsie oder Schnellschnittdiagnostik ist die wichtige Differenzialdiagnose zwischen lymphozytenreichen Thymomen und einem malignen Lymphom oft nicht möglich. Bei prätrachealem oder parahilärem Tumorsitz kommt deshalb die **Mediastinoskopie** (s. SE 29.3, S. 666 f), bei retrosternaler und präaortaler Lokalisation die **anteriore Mediastinotomie** infrage. Bei letzterer wird über eine kleine parasternale Inzision, ggf. mit Resektion des Ansatzes der dritten Rippe, eine Biopsie entnommen.

Therapie: Alle nicht metastasierten Mediastinaltumoren mit Ausnahme des malignen Lymphoms werden primär mit dem Ziel der totalen Tumorexstirpation operiert. Tumoren des hinteren Mediastinums werden am besten über eine laterale Thorakotomie erreicht, Tumoren des vorderen und mittleren Mediastinums über eine anteriore (s. SE 6.10, S. 170) Thorakotomie bzw. Sternotomie.

Tumoren des Thymus

Geschwülste des Thymus (**30.13**) sind abgesehen von retrosternalen Strumaanteilen die häufigsten Mediastinaltumoren (**30.5**). Sie treten gewöhnlich zwischen dem 40. und 60. Lebensjahr ohne Geschlechtsunterschiede auf. Thymome werden nach dem überwiegenden histologischen Anteil in **lymphozytär** (25–35 %), **epithelial** (40–45 %, **30.14**) und **gemischt** charakterisiert. Die Einteilung erfolgt nach dem histologischen Infiltrationsverhalten (**30.2**). Thymome können mit einer Reihe autoimmun bedingter Begleiterkrankungen assoziiert sein, wie z. B. aplastische Anämie, Hypogammaglobulinämie, Kollagenosen, Myasthenia gravis (**30.6**) usw.

Therapie: In den Stadien I und II erfolgt eine Sternotomie mit En-bloc-Resektion des Thymus und des präperikardialen Fettes. Stellt sich intraoperativ ein Stadium III heraus, werden die infiltrierten Perikardanteile und die großen Venen ebenfalls reseziert und durch Gefäßprothesen ersetzt. In den Stadien II und III schließt sich auch nach radikaler Resektion eine adjuvante Nachbestrahlung an. Im Stadium IV (Fernmetastasen) und bei Lokalrezidiven erfolgt eine präoperative Chemotherapie mit dem Ziel der Tumorverkleinerung.

Prognose: Komplette Remissionen lassen sich in bis zu 40 % erreichen. Die Prognose der sehr seltenen Thymuskarzinome ist wegen ihrer hohen Rate an Fernmetastasen schlecht. Dies gilt besonders für Tumoren mit endokriner Symptomatik.

30.13 Thymom

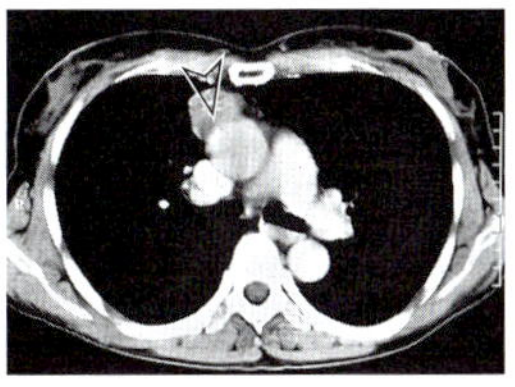

Patient mit Myasthenia gravis und Thymom (Pfeil).

30.14 Großes Thymom

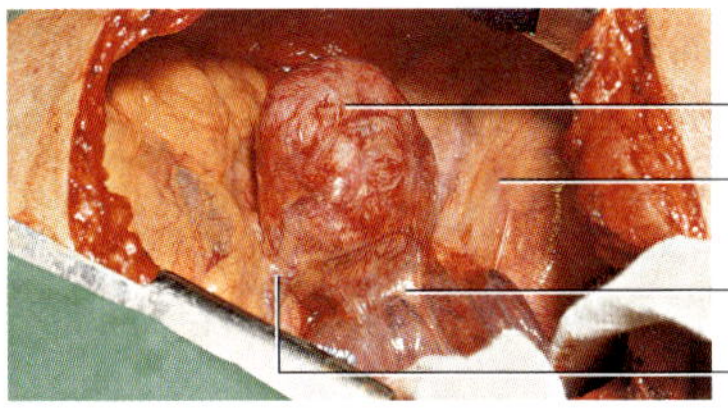

Anterolaterale Thorakotomie links (72-jähriger Patient, Zufallsbefund ohne Myasthenie). Das stark vaskularisierte (histologisch epitheliale) Thymom infiltriert das Perikard und hat Kontakt aufgenommen mit der nach kaudal gezogenen Lungenwurzel. Es wurde eine R0-Resektion erreicht.

T 30.2 Postchirurgische Einteilung von Thymomen (nach Masaoka et al. 1981)

Grad	histologisches Kennzeichen
I	Tumor durch Kapsel begrenzt, Kapsel histologisch nicht infiltriert
II	Infiltration der Kapsel und des umgebenden Fettgewebes (**30.14**)
III	Infiltration von Nachbarorganen und/oder intrathorakale Metastasen
IV	Metastasierung in Pleura und Perikard, extrathorakale Metastasen

Mediastinale Lymphome

Über die vielfältigen Ursachen mediastinaler Lympknotenvergrößerungen informiert T 30.3. Die histologische Sicherung der Diagnose ist wichtig, da Lymphome grundsätzlich nicht operativ zu behandeln sind. Feinnadelbiopsien sind für die meist erforderlichen immunhistochemischen Zusatzuntersuchungen nicht ausreichend. Das Gewebe der Keil- oder Zangenbiopsien sollte frisch, d. h. ohne Fixierung zur Pathologie und ggf. zur Mikrobiologie gelangen.

T 30.3 Differenzialdiagnose mediastinaler Lymphknotenvergrößerungen

Ursache der Lymphknotenvergrößerung	*kausale Erkrankung*
maligne Lymphome	Morbus Hodgkin, Non-Hodgkin-Lymphome, Metastasen
granulomatöse Lymphadenopathien Infektionen	Tuberkulose, Sarkoidose, Silikose, Morbus Wegener, Mykosen, Mononukleose, reaktive unspezifische Lymphadenitis
sonstige	systemischer Lupus erythematodes, angiofollikuläre Hyperplasie, Morbus Castleman

30.5 Differenzialdiagnose

Gelegentlich besteht die Differenzialdiagnose zwischen einem Thymom, dem Rezidiv eines mediastinalen Lymphoms oder Tumormetastasen und einer *Thymushyperplasie*. Diese kann reaktiv (sog. Rebound-Phänomen) nach Chemotherapie oder nach Autoimmunerkrankungen auftreten und ist nur histologisch zu unterscheiden.

30.6 Myasthenia gravis

Ätiologie: Bei der Myasthenia gravis besteht in 60–80 % der Fälle eine *follikuläre Hyperplasie* des Thymus (👁: hyperplastisches Thymus eines 44-jährigen Patienten mit Myasthenia gravis). In 10–15 % der Fälle liegt ein *Thymom* vor und nur in 15 % ist die *Drüse normal*. Umgekehrt haben aber 30 % der Thymom-Patienten eine Myasthenia gravis. B-Lymphozyten des Thymus von Myasthenie-Patienten produzieren Autoantikörper gegen Acetylcholin-Rezeptoren, durch welche die Zahl der funktionellen Acetylcholinrezeptoren in der Skelettmuskulatur vermindert wird. Die Folge ist eine Muskelschwäche durch Teilblockade der neuromuskulären Erregbarkeit.
Therapie: Bei Vorliegen eines Thymoms muss die vollständige Exstirpation der Drüse erfolgen. Postoperativ ist eine Überwachung auf einer Intensivstation wegen einer möglichen Ateminsuffizienz bei myasthenischer oder cholinerger Krise erforderlich.
Prognose: Die Chance einer Heilung oder Besserung der Erkrankung ist bei frühzeitiger Operation relativ gut:

- dauerhafte Remission in 25–50 %,
- Besserung der Symptome unter weiterer Medikation in 35–50 % und
- keine Veränderung in 5–10 % der Fälle.

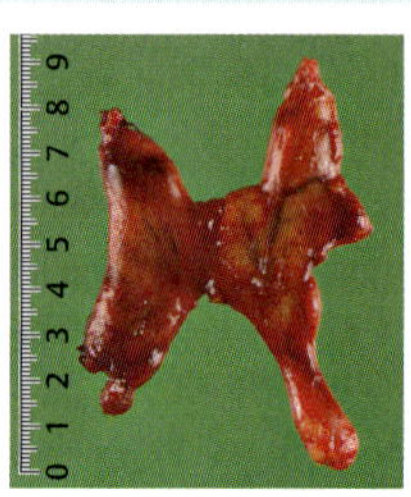

30.7 Extragonadale Keimzelltumoren

Mediastinale Keimzelltumoren stammen aus somatischen Zellen der Kiemenspalten oder aus Dottersackzellen, die bei der Embryonalentwicklung mit der Thymusanlage ins Mediastinum wandern. Es gibt *benigne reife* (80 %), *unreife* (1 %) und *maligne Teratome* (Teratokarzinome), die sich als solide oder zystische Tumoren im vorderen Mediastinum ausbreiten. **Reife Teratome** werden auch *Dermoidzysten* genannt, wenn sich in einer gut abgegrenzten Kapsel mit Plattenepithelauskleidung Abkömmlinge der verschiedenen Keimblätter befinden (Haut, Haare, Knorpel, Knochen). **Unreife Teratome**, die vorwiegend bei Kindern und Jugendlichen vorkommen, neigen zum infiltrativen Wachstum in die Umgebung. **Teratokarzinome** kommen fast nur bei jüngeren Männern (20.–40. Lebensjahr) vor.
Wie bei den Hodentumoren lassen sich auch hier Seminome, embryonale Karzinome, Chorionkarzinome und endodermale Sinustumoren (Dottersackkarzinome) unterscheiden. Die Tumormarker α-Fetoprotein (AFP) oder β-Choriongonadotropin (HCG) sind v. a. bei nicht seminomatösen Tumoren erhöht. Seminome, die radikal exstirpiert wurden, haben eine gute Prognose mit 5-Jahres-Überlebensraten von 50–80 %. Nicht seminomatöse Keimzelltumoren sind dagegen fast immer zum Zeitpunkt der Diagnose inoperabel und sollten primär chemotherapeutisch behandelt werden. Eine Operation ist sinnvoll, wenn es nach der Chemotherapie zur Tumorverkleinerung mit Rückgang der Tumormarker kommt.
Fallbeispiel: 42-jähriger Patient mit retrosternalem Druckgefühl und stark erhöhtem α-Fetoprotein im Serum. Die 👁 **zeigt** die CT des Thorax mit großem Tumor im vorderen linken Mediastinum; Histologie: extragonadaler Keimzelltumor; Therapie durch radikale Resektion.

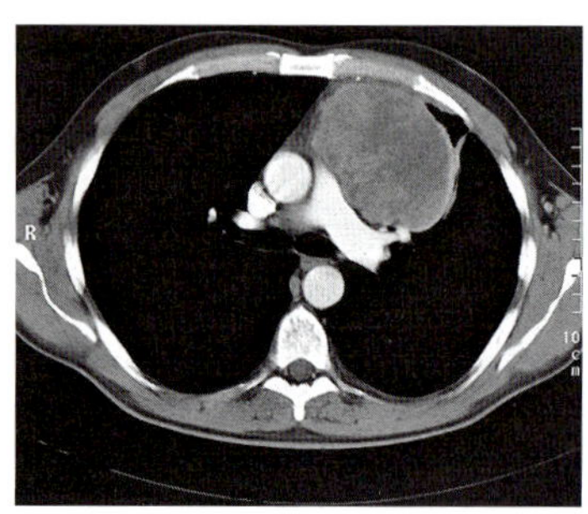

30.8 Mediastinale neurogene Tumoren

Mediastinale neurogene Tumoren liegen meist im hinteren Mediastinum. Am häufigsten sind die sog. **Schwannome**, meistens solitäre benigne Tumoren, die sich von den Schwann-Zellen der Nervenscheiden der somatischen oder vegetativen Nerven ableiten. Die paravertebralen Tumoren haben die Eigenheit, durch das Foramen intervertebrale in den Spinalkanal vorzuwachsen, es bilden sich sog. *„Sanduhr"-Tumoren* (**a**). Von unspezifischen Zellen der Nervenscheiden gehen die **Neurofibrome** aus. Multiple Neurofibrome kommen bei der generalisierten Neurofibromatose (Morbus von Recklinghausen) vor und können in bis zu 10 % maligne entarten. Zu den Tumoren der autonomen Ganglien gehören die **Neuroblastome**, ein typischer maligner Tumor des Kindesalters (s. SE 38.12, S. 852 f). **Neuroepitheliale Tumoren (Paragangliome)** lassen sich entweder dem thorakalen Grenzstrang (chromaffine Zellen, Sympathikus) oder dem N. vagus (nicht chromaffine Zellen, Parasympathicus) zuordnen. *Chromaffine Paragangliome* liegen paravertebral und ähneln in ihrer Symptomatik durch die Sekretion von Adrenalin oder Noradrenalin den retroperitonealen Phäochromozytomen. Die *vagalen Paragangliome* liegen meistens im Bereich des aortopulmonalen Fensters.

Therapie: Sie werden am besten über eine laterale Thorakotomie erreicht. Eine komplette Exstirpation wird immer angestrebt (**b, c**). Wichtig ist die präoperative Beurteilung intraspinaler Tumoranteile. Wächst der Tumor nur zapfenförmig ins Zwischenwirbelloch, kann er vom Mediastinum her herauspräpariert werden. Bei größerem intraspinalen Anteil, insb. bei neurologischer Symptomatik („Sanduhr"-Tumoren), erfolgt zunächst ein dorsaler Zugang mit Laminektomie und Entfernung des intraspinalen Anteils durch den Neurochirurgen (s. auch SE 36.3, S. 813).

Fallbeispiel: **a** MRT eines Schwannoms bei einem 18-jährigen Mann im linken hinteren Mediastinum, ausgehend vom Grenzstrang, **b**: intraoperatives Bild nach Thorakotomie, **c**: nach Resektion.

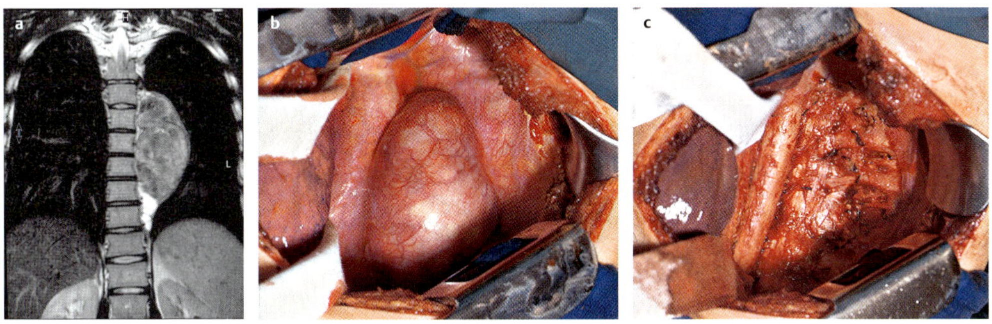

30.9 Mediastinale Zysten

Die gutartigen **Mesothelzysten** kommen entweder als Perikard- und seltener als pleuraständige Zysten vor. Sie enthalten eine klare Flüssigkeit. Davon abzugrenzen sind **zystische Hygrome**, die von zervikalen oder mediastinalen Lymphgefäßen abstammen, und bereits im Kindesalter symptomatisch sein können. **Bronchogene Zysten** entstehen bei der Ausstülpung des Tracheobronchialbaumes aus dem primitiven Vorderdarm. Die Zystenwand kann unterschiedliche epiheliale und mesenchymale Elemente aufweisen, z. B. Zylinderepithel mit oder ohne Zilien, Schleimdrüsen, glatte Muskelzellen, Knorpel oder typische Mukosa. So lassen sich histologisch bronchogene, ösophageale oder gastrische Zysten unterscheiden. Die Diagnose *Darmduplikatur* wird gebraucht, wenn die Zystenwand sehr gut differenziert ist.

Symptomatik: Die Zysten fallen häufig schon im Kindesalter auf, da sie durch tracheobronchiale Kompression oder durch Anschluss an das Bronchialsystem rezidivierende Atemwegsinfektionen hervorrufen. Vorderdarmzysten können in allen Teilen des Mediastinums, intrapulmonal oder in der Wand des Ösophagus vorkommen.

Therapie: Alle Zysten, ob symptomatisch oder nicht, sollten schon aus diagnostischen Gründen exstirpiert werden (**a**), da die genaue Diagnose präoperativ häufig nicht sicher gestellt werden kann.

Fallbeispiel: 19-jährige Patientin mit Dysphagie wegen einer bronchogenen Zyste mit Lage innerhalb der Ösophaguswand. **a** Im Bariumbreischluck ist die Pelottierung durch den kreisrunden Tumor in Höhe der Trachealbifurkation zu erkennen, **b** operative Freilegung der Zyste, **c** die exstirpierte und aufgeschnittene Zyste enthält gelbliches, zähflüssiges Sekret und ist mit einem Flimmerepithel und Schleimdrüsen ausgekleidet.

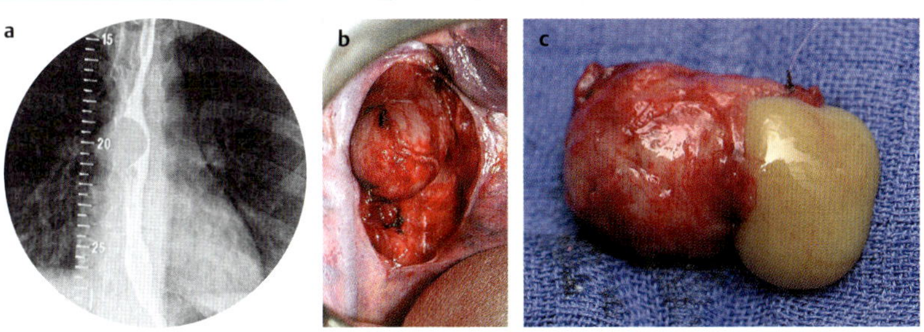

30.5 Akute Erkrankungen des Pleuraraumes

Der Pleuraraum ist eine spaltförmige Verschiebeschicht zwischen Lunge und Brustwand, in der ein Unterdruck herrscht. Im Pleuraraum kann sich krankheits- oder verletzungsbedingt Luft (Pneumothorax), seröser Erguss (Serothorax), Eiter (Pleuraempyem, s. SE 30.6 S. 682 f), Chylus (Chylothorax, 30.11) oder Blut (Hämatothorax, s. SE 30.8, S. 688) ansammeln. Leitsymptom ist zunächst häufig nur eine Dyspnoe. Bei zunehmendem Überdruck kann es jedoch zu einer lebensgefährlichen Mediastinalverlagerung kommen.

Pneumothorax

Von einem **Pneumothorax** spricht man, wenn Luft in den Pleuraspalt eindringt. Hierdurch wird der dort physiologischerweise herrschende Unterdruck aufgehoben, und die Lunge kollabiert. Je nach Größe und Lokalisation des Defektes kann es zur Ausbildung einzelner *Lungenatelektasen* (s. auch **30.10**) bis zum *totalen Lungenkollaps* kommen. Die Luft kann im Rahmen eines Thoraxtraumas von außen durch die Thoraxwand (offener Pneumothorax) oder in Folge von Verletzungen der Lungenoberfläche, d. h. von innen (geschlossener Pneumothorax) in den Pleuraspalt eindringen (s. **30.4**; zum traumatischen Pneumothorax s. SE 30.8, S. 687 f).

Der **idiopathische Spontanpneumothorax** betrifft vorwiegend leptosome Männer im Alter zwischen 15 und 35 Jahren (**30.15**). Frauen sind nur in etwa 20% der Fälle betroffen. Symptome sind eine Belastungsdyspnoe und ein gelegentlich stechender Pleuraschmerz. Die Ausbildung eines Spannungspneumothorax (s. SE 30.8, S. 687) ist eine seltene Komplikation, zumeist kommt es zu einem spontanen Verschluss der Parenchymfistel. Zu einem **symptomatischen Pneumothorax** kann eine Vielzahl von v. a. chronisch obstruktiven Atemwegserkrankungen (s. **30.4**) führen, in deren Folge es zu einem *bullösen Emphysem* (Extremform: Wabenlunge) kommt. Die *Symptomatik* besteht zumeist in einer akuten Dyspnoe. Persistierende Fisteln und die Ausbildung eines Spannungspneumothorax sind häufige Komplikationen.

Diagnostisch wegweisend sind ein im Seitenvergleich
- vermindertes Atemgeräusch,
- hypersonorer Klopfschall,
- tief stehendes Zwerchfell.

Die Seitendifferenz kann bei einem Lungenemphysem ggf. nur schwer zu erkennen sein.

Diagnosesicherung: Röntgenthorax im Stehen und in Exspiration. Zur Abklärung der Ursache des Pneumothorax kann nach der Entfaltung der Lunge eine CT erfolgen.

Therapie: Unabhängig von der Ursache besteht die Therapie zunächst in der Anlage einer **Thoraxdrainage** (s. SE 6.10, S. 171). Unter Sog dehnt sich die Lunge normalerweise innerhalb weniger Tage aus und legt sich der Brustwand an. Durch den Reiz der Pleuradrainage kommt es zu einer fibrinösen lokalen Pleuritis mit Ausbildung von Adhäsionen im Pleuraspalt. Die Häufigkeit eines Rezidivs liegt bei 10–30%. Die **Indikation zum operativen Vorgehen** besteht, wenn sich die Lunge auch nach 5–10 Tagen adäquater Drainagebehandlung nicht ausdehnt, bei persistierender Fistelung, bei Rezidiv und bei Patienten mit einem hohen Rezidiv-Risiko (Taucher, Flugbegleiter). Beim idiopathischen Spontanpneumothorax des jungen Mannes wird heute vielfach auch schon nach dem ersten Pneu operiert.

30.10 Formen des Pneumothorax

Beim **Mantelpneumothorax** besteht nur ein schmaler Luftsaum zwischen Thoraxwand und Lunge ohne Zeichen des Überdruckes, der **Spitzenpneumothorax** befindet sich lediglich über der Lungenspitze. Ein **therapeutischer Pneumothorax**, wie er bis in die 50er-Jahre angelegt wurde, um tuberkulöse Kavernen zum Kollaps zu bringen, ist heute obsolet. Nur zur Thorakoskopie wird ein artifizieller Pneumothorax angelegt. Bei Ausbildung eines **Spannungspneumothorax** resultiert eine Mediastinalverlagerung, die zu einer oberen Einflussstauung mit vital bedrohlicher Reduktion der Herzauswurfleistung führt (s. auch **30.26** und **30.27** (s. S. 687 f).

30.4 Ursachen für einen Pneumothorax

Einteilung	*Ursachen*
primäre Lungenerkrankungen	
idiopathisch	apikale Bullae (**30.16**)
symptomatisch	bullöses Emphysem bei chronischer Obstruktion (**30.17**), Mukoviszidose, α_1-Antitrypsinmange l, Histiozytosis X
äußere Ursachen	
traumatisch (s. SE 30.8, S. 687)	stumpfes Thoraxtrauma, penetrierendes Thoraxtrauma, Barotrauma
iatrogen	Pleurapunktion, transbronchiale Lungenbiopsie, zentrale Venenkatheter, Beatmung

Eine zu lange Drainagebehandlung, besonders bei nicht ausdehnungsfähiger Lunge, erhöht die Gefahr einer Pleurainfektion (Empyem).

Die **Operation** des idiopathischen und symptomatischen Pneumothorax besteht heute in der videoassistierten Thorakoskopie (**30.17**) mit einer sparsamen Resektion des bullatragenden apikalen Lungenabschnitts durch ein

30.16 Idiopathische apikale Bullae

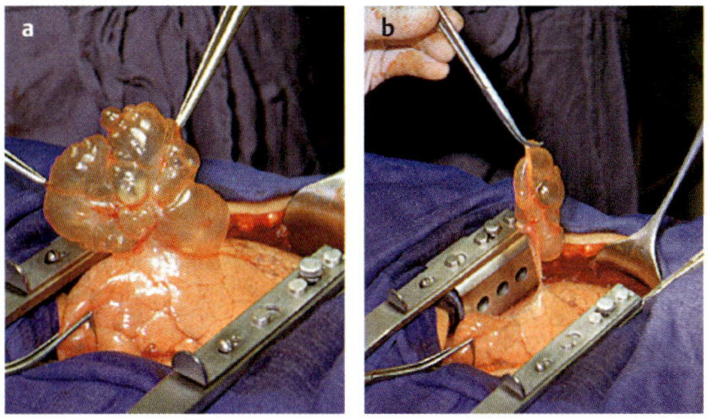

50-jähriger Patient (Nichtraucher) mit gesunder Lunge. Wegen rezidivierender Spontanpneumothoraces Indikation zur operativen Abtragung der „exophytisch wachsenden" Emphysemblasen. **a** Kleine Thorakotomie (mit Rippenspreizer), **b** beinahe komplette Abtrennung mittels GIA-Linearcutter (s. **6.43**, S. 177). Hier ist wegen des offensichtlichen Grundes für die Pneumothoraces (jeweils geplatzte Emphysemblase) bei Fehlen weiterer Emphysemblasen keine zusätzliche Pleurodese notwendig.

30.17 Apikale Bullae bei Emphysem

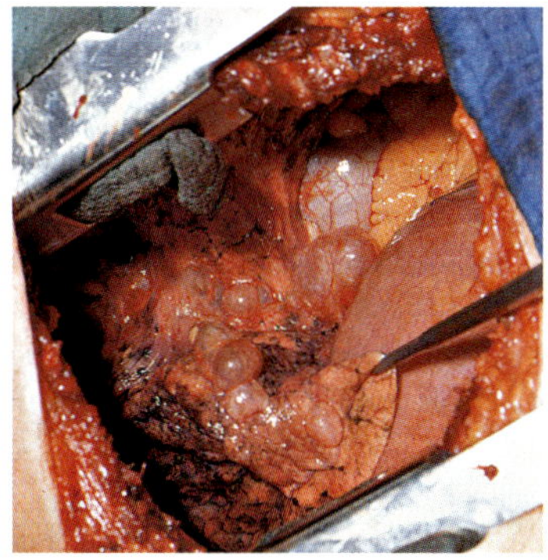

Die „schwarze" Lunge weist auf ein chronisch-obstruktives Emphysem hin. Die Therapie erfolgt mittels atypischer Resektion mit Klammernahtgerät (s. **d** im **31.1**, S. 691).

30.15 Pneumothorax

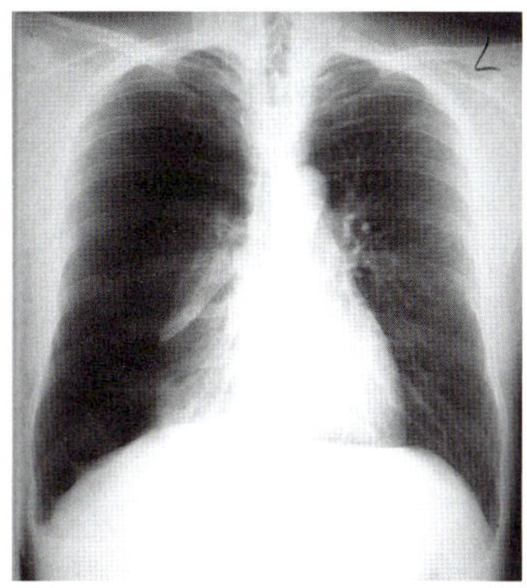

26-jähriger Mann mit Pneumothorax rechts.

30.11 Chylothorax

Ein Chylothorax entsteht durch den Austritt von Chylus in den Pleuraraum. Die ***Ursachen*** sind traumatisch-iatrogen bedingte direkte Läsionen des Ductus thoracicus (z. B. Wirbelsäulentraumata, Operationen am linken Hals, Neck dissektion, Lymphknotenbiopsie, Ösophagusresektion), ein neoplastisch bedingter erhöhter Staudruck oder Arrosion des D. thoracicus (mediastinale Lymphome, Metastasen, Lymphangiome).

Diagnostik: Der Austritt von Chylus aus dem D. thoracicus führt zu einem *milchig-trübem Pleuraerguss*. Pathognomonisch sind *erhöhte Triglyceride* (> 110 mg/dl). Chylus ist geruchlos, alkalisch und bakteriostatisch.

Generell wird zunächst ***konservativ therapiert***:

- Thoraxdrainage mit mildem Sog,
- parenterale Ernährung,
- Magensonde und Sandostatin.

Beim traumatisch bedingten Chylothorax führt diese Behandlung fast immer zu einem Verkleben der Chylusfistel. Versiegt der Chylusfluss, der auch unter Nüchternheit bis zu 2000 ml/Tag betragen kann, nicht nach spätestens 14 Tagen, ist ein ***operatives Vorgehen*** indiziert, da sich nach dieser Zeit durch die Duktusdrainage eine Immunsuppression durch Antikörperverlust, Lymphopenie und Malnutrition ausbildet. Beim *operativ bedingten Chylothorax* kann eine gezielte Ligatur des D. thoracicus, der eine hohe Variabilität mit ausgeprägter Kollateralisierung und lymphatikovenösen Anastomosen aufweist, an der Stelle der Leckage oder supradiaphragmal erfolgen. Die Markierung der Fistel durch präoperative Gabe von Sahne hat sich bewährt. Der Eingriff kann auch thorakoskopisch durchgeführt werden. Die Ergebnisse der Duktusligatur beim *tumorbedingten Chylothorax* sind schlecht. Hier kann eine operative Deckung der Leckageregion mittels Fibrinkleber oder eine Bestrahlung versucht werden. Als Ausweg bleibt die Implantation eines pleuroperitonealen Shunts.

Klammernahtgerät (s. SE 6.13, S. 177) und Beseitigung fibrinöser Beläge. Alternativ wird auch noch vielfach offen operiert (**30.16**). Wenn die Ursache des Pneumothorax nicht eindeutig beseitigt werden konnte (multiple Bullae, bullöses Emphysem), sollte zusätzlich eine Pleurodese durch apiko-dorsale Pleurektomie oder Schädigung der Pleura durch Elektrokoagulation und Desquamation des Epithels erfolgen, um ein Rezidiv zu verhüten. Bei diffusem schweren Emphysem kann auch eine Talkumpleurodese notwendig werden, wobei die Indikation zur Lungentransplantation vorher geprüft werden sollte. Zur Therapie des traumatischen Pneumothorax s. SE 30.8 (S. 687 f).

Hämatothorax

Ein spontaner Hämatothorax wird bei Gerinnungsstörungen (z. B. Hämophilie, Markumarisierung, Leberzirrhose, Leptospirose, Vaskulitiden) oder Tumoren beobachtet. Die traumatischen Ursachen überwiegen (s. SE 30.8, S. 686 ff). Blut sollte aus dem Pleuraspalt drainiert werden, da sich Verschwartungen mit einer restriktiven Ventilationsstörung entwickeln können.

30.6 Entzündliche Erkrankungen der Pleura

Die chirurgische Behandlung entzündlicher Thorax-Erkrankungen ist in den letzten 60 Jahren seltener geworden. Dies ist auf bessere Lebensbedingungen und gute antibiotische Therapiemöglichkeiten, auch schwerer Pneumonien und der Tuberkulose, zurückzuführen. Nach wie vor stellt jedoch das Pleuraempyem eine thoraxchirurgische Herausforderung dar. Das Pleuraempyem ist eine Ansammlung von eitrigem Sekret im Pleuraspalt mit einer relativ gesetzmäßig ablaufenden Entzündungsreaktion der parietalen und viszeralen Pleura. Es wird weiterhin Pleuraempyeme geben, da die Zahl älterer, multimorbider und immungeschwächter Patienten zunimmt.

Pleuraempyem

Ätiologie: Die meisten Pleuraempyeme entstehen infolge eines parapneumonischen Ergusses. Dieser kann in etwa 40 % aller Pneumonien beobachtet werden. In Abhängigkeit von der Virulenz der Erreger, der Immunkompetenz des Patienten und der Effektivität therapeutischer Maßnahmen kann – mitunter um Wochen zeitversetzt zur Pneumonie – aus dem Pleuraexsudat ein Pleuraempyem werden (**30.12**).

Prinzipiell ist ein lymphogener, hämatogener, transdiaphragmaler oder auch iatrogener Infektionsweg möglich.

Ursachen für ein Pleuraempyem und deren Häufigkeit:
- Pneumonie (50 %),
- Eingriffe an Ösophagus, Lunge, Mediastinum (25 %),
- subphrenischer Abszess (10 %),
- Thoraxtrauma (4 %),
- Sepsis (2 %),
- andere Ursachen, z. B. Spontanpneumothorax oder Fremdkörper im Bronchialsystem.

Begünstigend für die Entstehung eines Empyems sind immunsuppressive Begleiterkrankungen (Diabetes mellitus, Alkoholismus, Drogenabusus, AIDS, immunsuppressive Therapie). Entsprechend der Ursache werden häufig *Streptokokken* und *Staphylokokken*, aber auch *Mischinfektionen* mit Anaerobiern gefunden. Der Nachweis von *Mykobakteriosen* kann schwierig sein und erfordert ggf. die Anlage einer Kultur.

Symptomatik: Die klinischen Erscheinungen des **akuten Empyems** sind oft nicht von einer Pneumonie bzw. einem Pleuraerguss zu unterscheiden. Symptome können sein:
- Husten,
- Fieber,
- abgeschwächtes bis aufgehobenes Atemgeräusch,
- gedämpfter Klopfschall.

Häufig sind die Patienten jedoch erstaunlich indolent und weisen kaum Symptome auf. Eine Sepsis mit hohen Temperaturen und beatmungspflichtiger respiratorischer Insuffizienz ist selten und entwickelt sich erst bei steigendem Druck in der Pleurahöhle mit Kompression des Mediastinums.

30.12 Pathophysiologie

Ohne scharfe Trennung können drei Phasen der Entwicklung eines Empyems unterschieden werden:
In der **exsudativen Phase** löst die bakterielle Besiedlung der Pleura eine Ansammlung von granulozyten- und fibrinreicher Flüssigkeit im Pleuraspalt aus.
In der **fibrinös-purulenten Phase** nimmt die Flüssigkeit eine geleeartige Konsistenz an, es entstehen gekammerte Hohlräume, mit teils festen, teils flüssigen Anteilen.
In der **Organisationsphase** wandern Fibroblasten ein, es bildet sich eine Vaskularisation und schließlich eine Verschwielung durch Verklebung der beiden Pleurablätter.

Das Zentrum des Schwartensackes kann u. U. über Jahrzehnte hinweg Eiter enthalten.

Die bis zu mehrere Zentimeter dicke Schwiele kann verkalken. Die Narbenbildung lässt die Interkostalräume schrumpfen und führt zu einer Verlagerung des Mediastinums und zu einem Zwerchfellhochstand. Nach Jahren kann schließlich eine Kyphoskoliose entstehen. Es resultiert eine erhebliche restriktive Lungenfunktionsstörung.

Es überwiegen die chronischen Verlaufsformen mit verzögerter Diagnosestellung.

Zeichen der chronischen Infektion sind Gewichtsverlust, Anämie und Belastungsdyspnoe. Bei einer schlechten Abwehrlage kann es zu einem spontanen Durchbruch des Empyems durch die Brustwand kommen (Empyema necessitatis).

Diagnostik: Die **Röntgenthorax-Übersicht** (**30.18a**) zeigt zunächst einen Erguss, später dann Pleuraschwarten und gekammerte oft „hängende" Ergussanteile. In der **Computertomographie** (CT) lassen sich die Ausdehnung des Empyems, die Differenzierung von Schwarte und Flüssigkeit und eine eventuelle Ursache (Tumor, Lungenabszess) am besten beurteilen (**30.18b**). Eine **Punktion** kann bei einem unklaren Befund zur Gewinnung einer Probe für die mikrobiologische Untersuchung erfolgen (**30.13**).

Therapie: So *früh* wie möglich sollte eine **dicklumige Drainage** möglichst am tiefsten Punkt des Empyems gelegt werden. Bei gekammerten Empyemen sind oft mehrere (Spül-)Drainagen erforderlich, die unter Ultraschall- oder CT-Kontrolle platziert werden. Im *fibrinös-purulenten Stadium* müssen die oft mehrere Zentimeter dicken

30.18 Pleuraempyem Stadium II

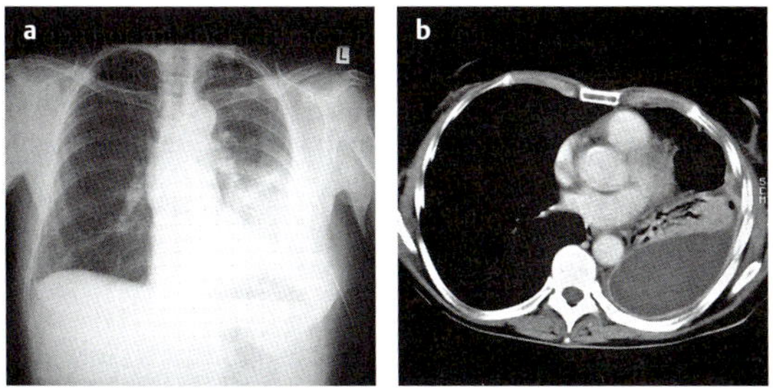

Pleuraempyem links bei 56-jähriger Frau nach Pneumonie.
a Röntgenthorax mit eingelegter Bülau-Drainage,
b CT des Thorax mit Kompressionsatelektase des linken Unterlappens.

30.13 Punktat eines Empyems

Typisch für das Punktat eines Empyems sind

- ggf. purulente Flüssigkeit,
- positive Gramfärbung,
- Leukozytenzahl > 15 000/µl,
- pH < 7.0,
- Glucose < 50 mg/dl,
- Gehalt an Protein > 3 g/dl,
- LDH > 1000 U/l.

30.19 Pleuraempyem Stadium III

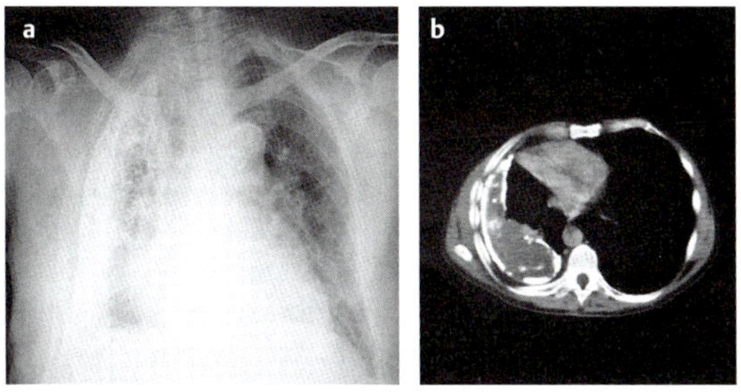

a Röntgenthorax mit Pleuritis calcarea (Fibrothorax) nach Tuberkulose,
b CT des Thorax mit kalzifizierten Pleuraschwarten rechts, Mediastinalverziehung nach rechts und Thoraxdeformität.

infizierten Fibrinbeläge (Schwielen) operativ entfernt werden, um die Lunge zur Ausdehnung zu bringen. Dies kann durch eine videoassistierte **thorakoskopische Adhäsiolyse** gelingen. Sind die Schwielen schon zu fest, ist eine Thorakotomie mit **offener Dekortikation** (Entschwartung) nötig (s. **30.6**, S. 670 und **30.20**). Ein *Fibrothorax*, d. h. eine der Lunge mantelförmig breit aufliegende Pleuraschwarte (ausgeheiltes Empyem), erfordert keine Operation, da ein Infektherd nicht beseitigt

30.20 Operationspräparat nach Dekortikation

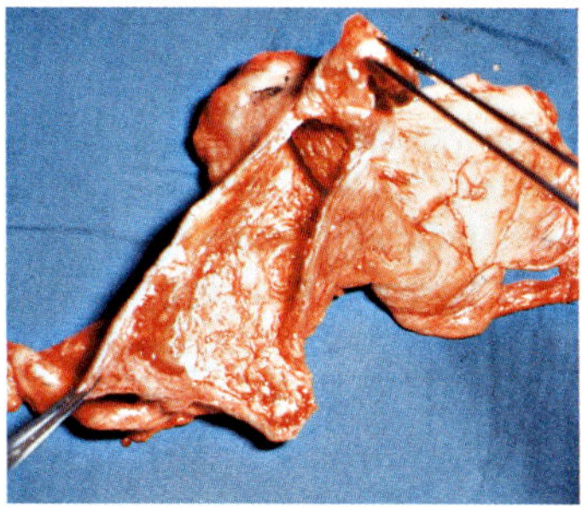

Parietale und viszerale Schwarte mit geöffneter Empyemhöhle.

wird und eine wesentliche Besserung der Restriktion hierdurch nicht erwartet werden kann. Lässt sich die Lunge nicht mehr komplett ausdehnen („Karnifizierung"), kann diese *basale Resthöhle* offen durch eine **Rippenresektion** drainiert werden. Zur **Plombierung** der Resthöhle können das Omentum majus (**30.21**) und Muskelschwenklappen eingesetzt werden (M. latissimus dorsi, M. pectoralis, M. rectus abdominis).
Als letzte Maßnahme bei therapierefraktärem Empyem bleibt die Anlage eines **Thoraxfensters** (s. **30.14**).

! Nach jedem Eingriff wegen eines Pleuraempyems ist eine intensive Atemgymnastik indiziert, um die Thorax- und Lungen-Compliance zu verbessern.

30.21 Plombierung der Thoraxhöhle

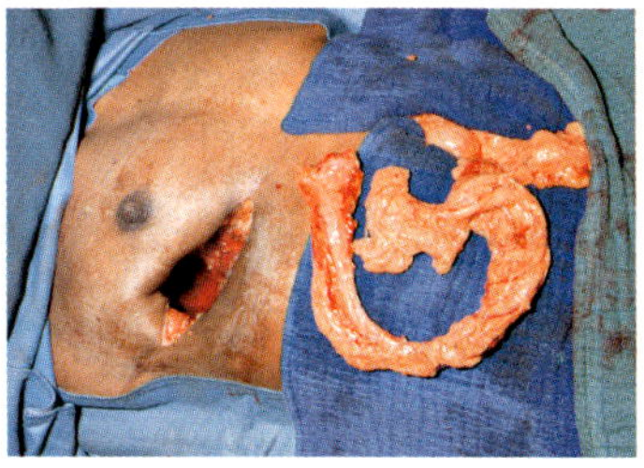

26-jährige Frau aus Somalia; Resektion der rechten Lunge wegen Tbc-Kavernen und Aspergillus-Infektion mit Thoraxfenster; Plombierung der Höhle und des Bronchusstumpfes mit gestieltem Omentum majus.

30.14 Thorakoplastische Eingriffe

Für die früher häufig angewandten thorakoplastischen Eingriffe (z. B. Jalousie-Plastik n. Heller oder Resektion des knöchernen Hemithorax n. Schede [Bonner Ordinarius für Chirurgie 1895-1902]) gibt es heute glücklicherweise nur noch selten Indikationen. Ziel ist die Obliteration einer Empyemhöhle oder großer Kavernen durch Mobilisierung der Thoraxwand. Der Eingriff ist verstümmelnd und kann zu einer schweren Skoliose führen.

30.7 Tumoren der Pleura

Primäre Tumoren der Pleura sind sehr selten. Zumeist wird die Pleura im Rahmen anderer maligner Tumorerkrankungen sekundär befallen. Beides hat quoad vitam eine sehr schlechte Prognose von wenigen Monaten. Die Aufgabe der Chirurgie besteht in der (meist bioptischen) Sicherung der Diagnose und in der palliativen Therapie des begleitenden Pleuraergusses. Selten ist eine kurative Therapie möglich.

Primäre Pleuratumoren

Benignes Pleuramesotheliom

Das benigne fibröse Pleuramesotheliom (Pleurafibrom) geht häufig gestielt von der viszeralen Pleura aus und ist ein Zufallsbefund. Es kann durch eine komplette Exstirpation, ggf. mit einem Saum anhaftenden Lungengewebes geheilt werden.

Malignes Pleuramesotheliom

Ätiologie: Das diffuse maligne Pleuramesotheliom entsteht aus *pluripotenten Mesothelzellen* der Pleura, die sich in ein epitheliales oder sarkomatöses Neoplasma entwickeln können. Die epithelialen Mesotheliome überwiegen. *Wichtigster kausaler Faktor* ist die berufsbedingte Belastung durch Asbeststaub mit einer Latenzzeit von etwa 30 Jahren (**30.15**). Ein *Häufigkeitsgipfel* findet sich daher bei Männern in der 6. Lebensdekade.

Die ***Symptome*** sind meist unspezifisch und schleichend: Gewichtsabnahme, Dyspnoe durch den entstehenden Pleuraerguss, Thoraxschmerzen und Hustenreiz.

30.15 Asbest und Pleuramesotheliom

Asbest gehört zu den Kettensilikaten und umfasst die zwei mineralischen Fasertypen Amphibole und Serpentine. Nur die kleinen und geraden amphibolen Fasern, v. a. Krokydolith („blauer Asbest“) und Chrysotil („weißer Asbest“), wandern durch Atemwege und Lymphgefäße der Lunge in das interstitielle und subpleurale Gewebe (Pleurotropie). Der Zusammenhang zwischen Asbestexposition und der Entwicklung von Bronchialkarzinomen und Pleuramesotheliomen wurde seit den 60er-Jahren bei Arbeitern im Asbestbergbau in Südafrika und Australien aufgedeckt. Asbesthaltige Produkte werden z. B. im Schiffsbau, zur Isolation, im Brandschutz, im Dach- und Fassadenbau verwendet. Asbestose assoziierte Pleuramesotheliome und Bronchialkarzinome stellen bei ansteigender Tendenz die größte Gruppe der beruflich verursachten, von den Berufsgenossenschaften entschädigten Krebserkrankungen dar. Im Jahr 1994 wurden ca. 640 Mesotheliomfälle in Deutschland angezeigt und hiervon ca. 470 (knapp 80 %) entschädigt. Es sollte von daher stets eine genaue Berufsanamnese und ggf. eine Anzeige an die zuständige Berufsgenossenschaft erfolgen.

Diagnostik: Das Erscheinungsbild der Mesotheliome in der radiologischen Diagnostik ist wechselhaft und unspezifisch. In der **Röntgenthorax-Übersichtsaufnahme** zeigen sich häufig *kalzifizierte Pleuraschwielen* als Zeichen der Asbestose und ein *Pleuraerguss*. Im **Dünnschicht-Computertomogramm (HR-CT)** können die *Ergussanteile* und *Lungenveränderungen* von den meist basalen Verdickungen der Pleura abgegrenzt werden (**30.22**). Bei einer **Punktion** des Pleuraergusses lassen sich in lediglich 30–50 % der Fälle *maligne Zellen* nachweisen. Da die **perkutane Nadelbiopsie** meistens zu wenig Material für eine definitive histologische Diagnose erbringt, sollte eine **Thorakoskopie** mit gezielten **Pleurabiopsien** vorgenommen werden. Ist diese bei obliteriertem Pleuraspalt aufgrund fortgeschrittener Tumoren nicht möglich, erfolgt die **offene Pleurabiopsie**.

Das Pleuramesotheliom ist zum Zeitpunkt der Diagnosestellung in 30–40 % der Fälle bereits metastasiert (mediastinale LK oder kontralaterale Lunge).

Therapie: Neben Lokalisation und fortgeschrittener Ausdehnung des Tumors limitieren häufig das Alter des Patienten und kardiopulmonale Begleiterkrankungen die Therapiemöglichkeiten. **Palliativ** kommen Strahlentherapie, intrapleurale oder systemische Chemotherapie und Immunotherapie infrage. Die Ergebnisse der **Chemotherapie** mit einer Vielzahl von erprobten Substanzen, meist in Kombination mit einer Radiatio, sind mit Ansprechraten von ca. 20 % enttäuschend. Insb. bei schmerzhafter Beteiligung der Thoraxwand kann eine **Bestrahlung** jedoch hilfreich sein. Die **chirurgischen Möglichkeiten** umfassen

- potenziell kurativ die extrapleurale Pneumonektomie (En-bloc-Resektion von Lunge, parietaler Pleura, ipsilateralem Zwerchfell, Perikard) und

30.22 Pleuramesotheliom

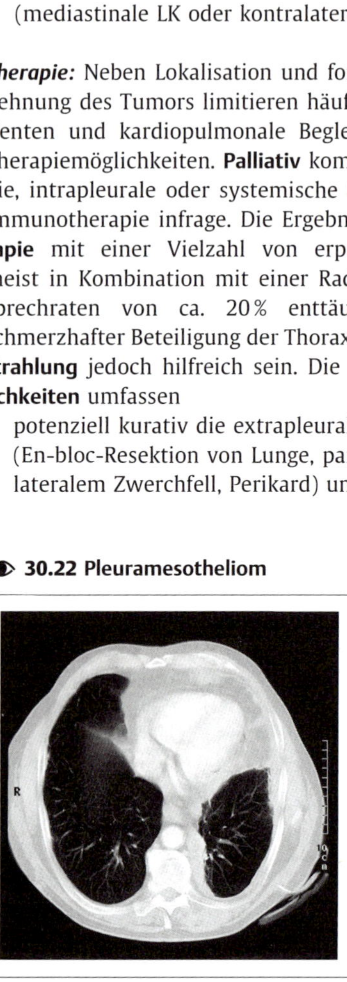

67-jähriger Patient nach langjähriger Asbestexposition. CT des Thorax mit histologisch gesichertem Pleuramesotheliom Stadium I links: diffuse Pleuraverdickung.

- primär palliativ die (partielle) Pleurektomie zur Tumorreduktion (Dekortikation, s. SE 30.1, S. 670) und die Talkumpleurodese.

Prognose: Je nach Tumorstadium beträgt die mittlere Überlebenszeit 6–12 Monate.

Sekundäre Pleuratumoren, Pleurakarzinose

Typische Primärtumoren für die metastatische Besiedlung der Pleura sind das Bronchial-, Mamma-, Ovarial- und Magenkarzinom.
Prinzipiell kommt aber auch jede andere Karzinomerkrankung infrage. Die **Pleuritis carcinomatosa** führt durch den malignen Pleuraerguss (**30.16**) zu Dyspnoe und einer deutlichen Einschränkung der Lebensqualität. Etwa 50 % aller Patienten mit disseminierten Tumoren entwickeln einen malignen Pleuraerguss.

! Parapneumonische Ergüsse bei stenosierendem Bronchialkarzinom mit poststenotischer Atelektase und Pneumonie sind nicht unbedingt als maligne Ergüsse einzustufen und sprechen nicht per se gegen eine Resektion in kurativer Absicht.

30.16 Maligne Pleuraergüsse

Pathogenese: Der wichtigste Mechanismus für die Entstehung von Pleuraergüssen bei malignen Erkrankungen ist die **behinderte Lymphdrainage** aus der parietalen Pleura. Pleuraergüsse ohne Befall mediastinaler Lymphknoten sind selten. Zusätzlich erzeugt die pleurale Tumorinvasion auch eine **inflammatorische Reaktion** mit gesteigerter Gefäßpermeabilität und vermehrter Exsudation von pleuraler Flüssigkeit. Bei Bronchial- und Mammakarzinomen sind ipsilaterale Ergüsse oft ein Zeichen für die Invasion der Brustwand.
Laborparameter: Maligne Ergüsse sind Exsudate mit einem Gesamteiweiß von etwa 4 g/dl. Typisch sind ein pH $< 7{,}3$, eine niedrige Glucosekonzentration von < 60 mg/dl und Erythrozytenzahlen $> 100\,000/\mu l$ (es kann aber auch serös sein). In etwa 60 % der Fälle lassen sich maligne Zellen im Zentrifugat nachweisen. Bei negativer Zytologie ist eine maligne Ursache nicht ausgeschlossen.

Diagnostik: Im **Röntgenthorax** Verschattung des kostodiaphragmalen Winkels bis hin zur Totalverschattung der Thoraxhälfte. Zur Abschätzung von Ergussmenge, Lokalisation und Septierung eignet sich die **Sonographie**. Zum **Pleurapunktat** s. **30.16**. Im Zweifel kann eine videoassistierte **Thorakoskopie** mit **Biopsie** durchgeführt werden (**30.23**).

! Ein maligner Pleuraerguss liegt wahrscheinlich vor bei einem großen einseitigen Pleuraerguss ohne Mediastinalverlagerung, beidseitigem Pleuraerguss ohne Herzvergrößerung oder sanguilentem Pleuraerguss ohne Anamnese eines Traumas.

Therapie: Die *Indikation* zur Therapie besteht, wenn Krankheitssymptome wie Schmerzen und Dyspnoe auf den Erguss zurückgeführt werden können. Therapieziele sind die Beseitigung des Ergusses und die Verklebung der Pleurablätter (Pleurodese). Als erste Maßnahme sollte stets eine **Drainage** erfolgen, die zeigt, ob sich der Erguss komplett entlasten lässt und die Lunge sich noch entfalten kann. Dehnt sich die Lunge nach Entlastung des Ergusses nicht aus, haben weitere Maßnahmen nur einen zweifelhaften Wert. In etwa 30–50 % führt schon die Drainagebehandlung über 2–5 Tage zu einem Verkleben der Pleurablätter. Bei ausbleibender Verklebung und *rezidivierendem Erguss* kommen die **Instillation** (über Bülau-Drainage) von **Tetrazyklin, radioaktiven Substanzen, Bleomycin** oder (thorakoskopisch) **Talkumpuder („Poudrage")** in Betracht. Die hierdurch induzierte chemische oder radiogene Pleuritis führt mit einer Erfolgsrate von 60–90 % zur Pleurodese.

Die ***Prognose*** bei malignem Pleuraerguss ist schlecht. Etwa 80 % der Patienten sind nach 6 Monaten verstorben. Ausnahme ist das Mammakarzinom: Hier liegt die mittlere Überlebenszeit zwar auch nur bei 7–15 Monaten, 20 % der Patientinnen leben jedoch noch nach 3 Jahren.

! Die chirurgische Therapie des malignen Pleuraergusses hat keine Lebensverlängerung zum Ziel, sondern eine Verbesserung der Lebensqualität.

30.23 Pleurakarzinose bei Mammakarzinom

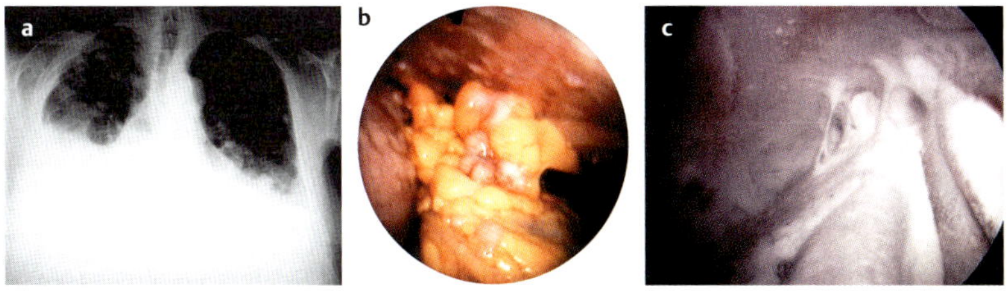

a Röntgenthorax mit malignem Pleuraerguss rechts, **b** thorakoskopisches Bild mit weißlichen Knoten auf der parietalen und mediastinalen Pleura, **c** Thorakoskopie nach Instillation von Talkumpuder („Poudrage") zur Pleurodese.

30.8 Thoraxverletzungen

Zu Thoraxverletzungen kommt es vorwiegend im Rahmen von Unfällen im Straßenverkehr, bei Stürzen im Arbeitsleben bzw. häuslichen Bereich oder bei Suiziden. Die Zahl schwerer Thoraxtraumata in Folge von Verkehrsunfällen hat zwar durch die Anschnallpflicht und den serienmäßigen Einbau von Airbags deutlich abgenommen, allerdings ist bei ca. 35 % aller an Unfallfolgen Verstorbenen ein Thoraxtrauma die kausale Todesursache. Stich- und Schussverletzungen sind in Deutschland relativ selten.

Allgemeine Grundlagen

Um Art und Ausmaß der Verletzung von Thorax und intrathorakalen Organen abschätzen und damit eine sinnvolle Diagnostik und Therapie durchführen zu können, ist neben einer gezielten **Anamnese und Untersuchung** auch die Kenntnis des Unfall- und damit möglichen Verletzungsmechanismus von Bedeutung (T **30.5** und SE 29.2, S. 664 f).
Ausgehend von den **Leitsymptomen** Thoraxschmerz, Ateminsuffizienz und Kreislaufinsuffizienz lassen sich verschiedene differenzialdiagnostische Überlegungen anstellen (T **30.6**).
Da jedes Thoraxtrauma eine akute Notfallsituation darstellt, ist zunächst eine adäquate, an den Symptomen orientierte **Erstversorgung** notwendig (T **30.7**).

T 30.5 Analyse einer Thoraxverletzung

Untersuchung	*Aspekte*
Anamnese	Unfallmechanismus: Impression (Anpralltrauma), Kompression (Verschüttung, Überrolltrauma, Druck einer Explosionswelle), Dezeleration (plötzliche Unterbrechung einer schnellen Körperbewegung), Perforation
klinische Inspektion	Atemmechanik, Zyanose, Einflussstauung, Thoraxdeformation, Prellmarken
klinische Untersuchung	Schmerzlokalisation, Auskultation, Perkussion, Thoraxstabilität, Krepitation, Hautemphysem, Puls, RR, O_2-Sättigung

T 30.6 Differenzialdiagnostische Überlegungen

Leitsymptome	*Erkrankungen*
Thoraxschmerz	Rippenfrakturen, Sternumfrakturen, Pneumothorax, Hämatothorax, Aortendissektion
Ateminsuffizienz	Schmerz/Erschöpfung, instabiler Thorax, Zwerchfellruptur, Pneumo-/Hämatothorax, Lungenkontusion, Aspiration
Kreislaufinsuffizienz	Herzkontusion, Hämatothorax, Blutung, Perikardtamponade

T 30.7 Erstversorgung beim Thoraxtrauma

Symptom	*Notfallmaßnahme*
Schmerzen, Angst, Dyspnoe	Analgesie, Sauerstoffgabe
respiratorische Insuffizienz	Intubation, Beatmung (PEEP), ggf. Pleurapunktion oder Thoraxdrainage
Kreislaufinsuffizienz	Volumengabe, ggf. Perikardpunktion oder Thoraxdrainage

T 30.8 Weiterführende apparative Diagnostik

Untersuchung	*Indikation*
CT	V. a. Wirbelverletzungen, Herz-/Gefäßverletzungen, intrapulmonale Schäden
Sonographie (inkl. transösophagealer Echokardiographie)	V. a. Herzwandverletzung, Aortendissektion, intrathorakale Ergüsse
Bronchoskopie	V. a. Bronchusruptur
Angiographie	V. a. intrathorakale Gefäßverletzungen

Nach der akuten Erstversorgung sollte grundsätzlich bei jedem Patienten eine **Röntgenaufnahme** des Thorax sowie ein **EKG** durchgeführt werden. Bei sich dynamisch entwickelnden Prozessen (Hämatothorax, Lungenkontusion, Herzkontusion) sind Verlaufskontrollen notwendig. Abhängig der daraus resultierenden Verdachtsdiagnose können sich **weitere apparative Untersuchungen** anschließen (s. T **30.8** sowie SE 29.2, S. 664 f und 274, S. 666 f).

Stumpfes Thoraxtrauma

Stumpfe Thoraxverletzungen sind Verletzungen ohne Eröffnung der Brustwand. Häufig kommt es durch die Stärke der Gewalteinwirkung sowie die Kombination der Unfallmechanismen (👁 **30.24**) zur gleichzeitigen Verletzung von Thoraxwand und Thoraxorganen, die Verletzungsfolgen werden oftmals unterschätzt.

Auch bei zunächst scheinbar harmlosen Verletzungen können sich lebensbedrohliche Komplikationen entwickeln.

30.24 Mechanismen eines stumpfem Thoraxtraumas

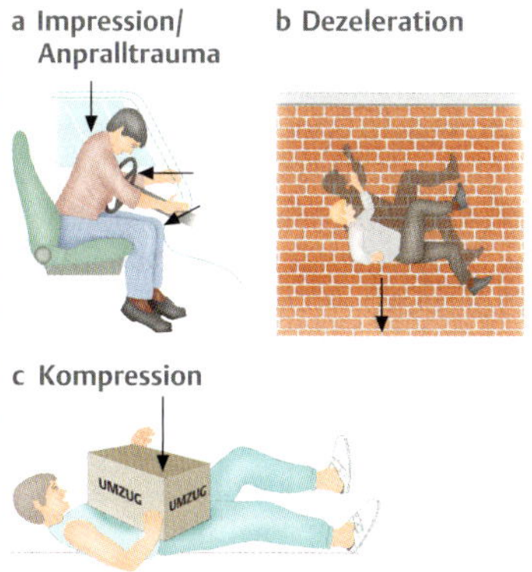

Ein Sturz aus 20 m Höhe entspricht ca. 70 km/h.

Verletzungen des knöchernen Thorax

Frakturen der Rippen oder des Brustbeins sind die häufigsten Folgen stumpfer Thoraxtraumata. Sie reichen von einzelnen Rippenfrakturen bis hin zu komplexen und komplikationsreichen (beidseitigen) Mehrfachfrakturen (s. SE 13.3, S. 344 f und **30.25**).

Verletzungen der Lunge

Ein stumpfes Thoraxtrauma kann zu schweren **Lungenkontusionen** und **Parenchymzerreißungen** führen. Das volle Ausmaß einer **Lungenkontusion** zeigt sich funktionell und radiologisch oft erst nach 1–2 Tagen. Über Stunden kann sich durch Permeabilitätsstörungen und interstitielle sowie intraalveoläre Flüssigkeitseinlagerung das Vollbild einer sog. „weißen Lunge" (radiologisch grobfleckige, bzw. flächige Verschattung der gesamten Lunge)

30.25 Rippenserienfaktur

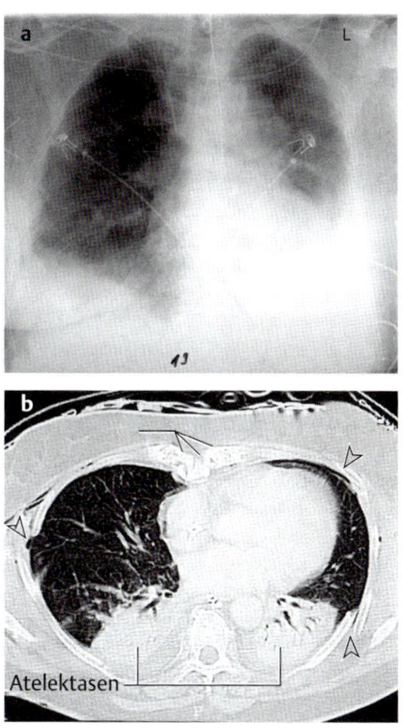

68-jährige Bäuerin mit stumpfem Thoraxtrauma nach Angriff eines Bullen.
a Der Röntgenthorax im Liegen zeigt Rippenserienfrakturen beidseits,
b in der Thorax-CT können Sternumfrakturen, Rippenfrakturen (beidseits, Pfeile) sowie Lungenkontusionen mit basalen Atelektasen nachgewiesen werden.

entwickeln. Die Folge ist eine schwere Störung des Gasaustausches und der Mikrozirkulation mit einem funktionellen Rechts-Links-Shunt und daraus resultierender arterieller Hypoxämie. Bei schwerer Kontusion lässt sich schaumig-blutiges Sekret über den Tubus absaugen. *Therapeutisch* ist bei einer schweren Lungenkontusion mit respiratorischer Insuffizienz die Intubation und Beatmung indiziert. Bei schwerer Zerreißung oder Kontusion der Lunge können auch atypische Resektionen oder Lobektomien indiziert sein (s. SE 31.1, S. 690).

> **30.17 Differenzialdiagnose der Lungenkontusion**
>
> Eine wichtige Differenzialdiagnose zur Lungenkontusion ist die *Aspiration*. Mageninhalt einschließlich Speisereste können beim Unfall selbst oder bei der Intubation in die Atemwege gelangen. Auch Blut, z. B. bei Frakturen im Bereich des Gesichtsschädels, kann aspiriert werden. Gefährdet sind vor allem bewusstlose oder vor Intubation sedierte Patienten. Radiologisch zeigt sich eine mehr feinfleckige, disseminierte Verschattung besonders in den dorsobasalen Lungensegmenten. Wichtig sind ein frühzeitiges Absaugen des Erbrochenen oder des Blutes (ggf. auch bronchoskopisch) und die Beurteilung des abgesaugten Bronchialsekretes (ggf. pH-Wert messen).

Ein **Pneumothorax** im Rahmen eines stumpfen Thoraxtraumas ist meist Folge einer Verletzung der Lungenoberfläche durch eine Rippenfraktur und damit Herstellung einer Verbindung zwischen Pleuraraum und intrapulmonalen Luftwegen. Man spricht in diesem Fall auch von einem geschlossenen Pneumothorax im Unterschied zum offenen Pneumothorax in Folge penetrierender Thoraxverletzungen. Der lebensbedrohliche **Spannungspneumothorax** entsteht durch einen Ventilmechanismus, durch welchen Luft bei der Inspiration aus den intrapulmonalen Luftwegen in den Pleuraspalt, bei der Exspiration jedoch nicht wieder hinaus gelangt (**30.26** und

30.26 Prinzipien des Spannungspneumothorax

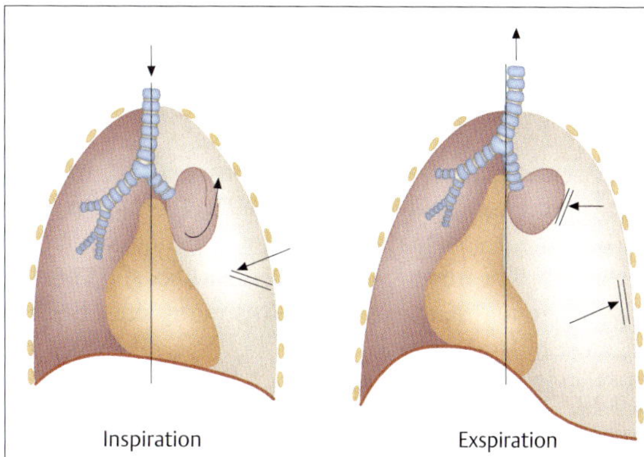

Während der Inspiration dringt Luft in den Pleuraraum. In Exspiration schließt sich der Pleuradefekt, die Luft kann nicht entweichen und es entsteht ein exspiratorischer Ventilspannungspneumothorax mit zunehmendem Überdruck im Pleuraraum, einer Mediastinalverschiebung zur Gegenseite, einem ipsilateralen Tiefstand des Zwerchfells und einer Verringerung des rechten Lungenvolumens.

30.27 Spannungspneumothorax links

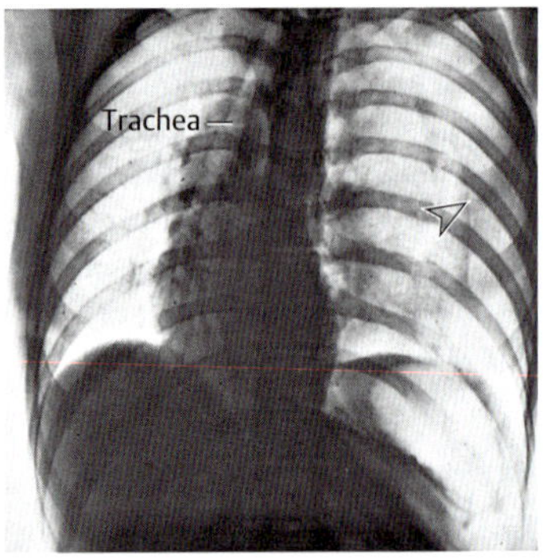

28-jährige Patientin nach Verkehrsunfall, multiple Rippenfrakturen. Trachea, Mediastinum und Herz sind nach rechts verlagert. Der Pfeil zeigt die Begrenzung der linken partiell kollaptischen Lunge.

30.27). Häufig geschieht dies erst nach Intubation und Überdruckbeatmung, da hierdurch wieder Luft in die zusammengefallene Lunge gelangt. Ein Spannungspneumothorax kann auch bei einer Verletzung der Thoraxwand mit Ventilmechanismus entstehen (s. **30.26**).
Da bei Parenchymverletzungen zumeist auch Gefäße mitverletzt werden, kann sich Blut in die Pleurahöhle entleeren: sog. **Hämatopneumothorax**. *Klinische Zeichen* sind:

- das einseitig aufgehobene Atemgeräusch,
- der hypersonore, beim Hämatothorax verkürzte Klopfschall sowie
- eine Hypotension, Tachykardie und Halsvenenstauung als Zeichen einer Spannungsproblematik.

Oft treten auch Hämoptysen, ein Hautemphysem und ein Pulsus paradoxus, d. h. einer Verstärkung des physiologischen Blutdruckabfalls bei Inspiration, auf. Die *Diagnosesicherung* gelingt mittels einer Röntgenthoraxaufnahme.
Therapeutisch sollte

- bei V. a. einen Pneumothorax eine Thoraxdrainage gelegt werden (s. SE 6.10, S. 171), bei Vorliegen eines Hautemphysems möglichst schon vor der Intubation, um eine Dekompensation des Pneumothorax durch Überdruckbeatmung zu vermeiden,
- bei anhaltendem Blutverlust ohne Tendenz zur Verringerung die Indikation zur sofortigen Thorakotomie (s. SE 6.10, S. 170) gestellt werden.

Ausschlaggebend für die Indikationsstellung zur Thorakotomie sind ein instabiles Kreislaufverhalten, eine Zunahme des Hämatothorax im Röntgenbild („clotted thorax"), ein anhaltender Blutverlust über die Thoraxdrainage und eine extreme Luftfistelung über die liegende Bülau-Drainage.

Operativ werden Blutungen an der Thoraxwand (Interkostalgefäße) umstochen, Blutungen aus dem Parenchym übernäht oder verklebt (Fibrin und Kollagen) und Lungenzerreißungen versorgt.

Verletzungen weiterer intrathorakaler Organe

Eine **inkomplette oder komplette Bronchusruptur** entsteht meist durch Dezelerationstraumata, wenn die Trachea nach dorsal gegen die Wirbelsäule gedrückt wird und Scherkräfte an den Hauptbronchien auftreten. Es kann zu einem mehr oder minder kompletten Abriss eines Hauptbronchus kommen.
Symptomatik:

- Hämoptysen,
- Hautemphysem (**30.28**),
- rasche Zunahme des Pneumomediastinums, ggf. mit Entwicklung eines Spannungsmediastinums und oberer Einflussstauung,
- Entwicklung eines Pneumothorax nach Intubation bei Einriss der mediastinalen Pleura.

Bei komplettem Bronchusabriss zeigt sich ein totaler Lungenkollaps. *Diagnostisch* beweisend ist die Bronchoskopie.

Bei zirkulärer Bronchusruptur ist oft eine Spontanatmung möglich, typisch ist die Verschlechterung nach Intubation (Fistelung). Eine Beatmung über einen trachealen Tubus ist meist nicht möglich.

Therapie: Der Zustand kann nur überwunden werden, wenn der Beatmungstubus in den Hauptbronchus der Gegenseite geschoben werden kann. Bei Entwicklung eines Spannungsmediastinums kann eine kollare Mediastinotomie im Bereich des Jugulums zur Entlastung indiziert sein. Bei zirkulärer Bronchusruptur erfolgt nach Doppellumenintubation die laterale Thorakotomie (s. SE 6.10, S. 170) und Anastomosierung.
Zu **Verletzungen des Herzens und der thorakalen Gefäße** s. SE 35.10 (S. 794 f). Eine traumatische **Ösophagusruptur** (Boerhaave-Syndrom) ist außerordentlich selten und wird meist erst durch die entstehende Mediastinitis bemerkt (s. SE 21.3, S. 472 f). Traumatische **Zwerchfellrupturen** (**30.29**) können zur Verlagerung von Baucheingeweiden in den Thorax führen. Pathophysiologisch sind sie jedoch den Abdominaltraumata zuzuordnen (s. SE 20.6, S. 460 f). Eine weitere Folge stumpfer Thoraxtraumata kann das sog. **Perthes-Syndrom** sein (**30.18**).

30.28 Skrotalemphysem (nach Polytrauma)

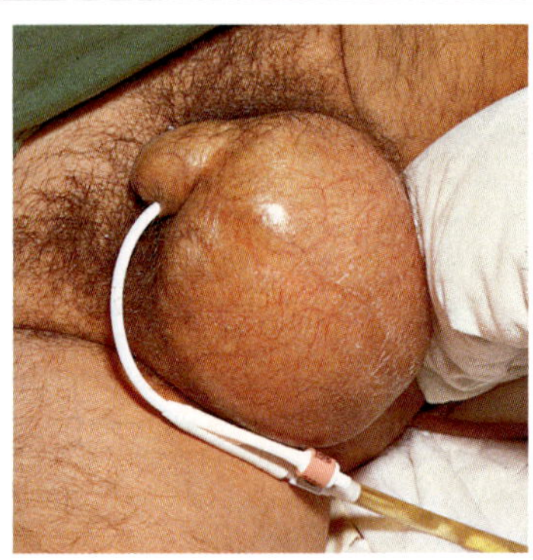

Ausgedehntes Hautemphysem bis herab ins Skrotum, während der maschinellen Beatmung trotz liegender Bülau-Drainagen zunächst noch zunehmend, hier mit spontanem Rückgang.

30.29 Zwerchfellruptur

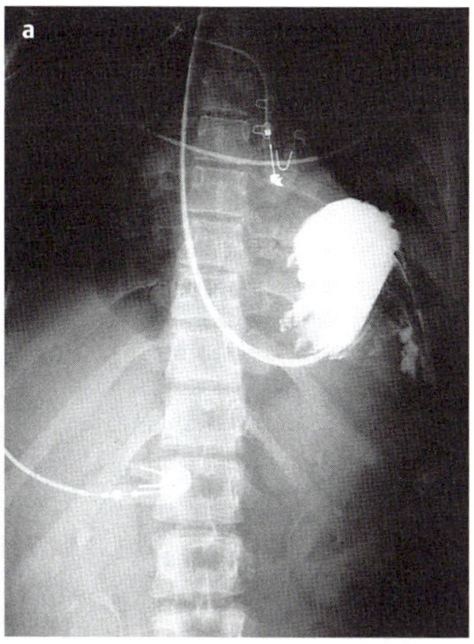

35-jähriger Patient nach stumpfem Thorax- und Abdominaltrauma nach Motorradunfall.
a Diagnosestellung durch Gabe von Gastrografin über die Magensonde: Verlagerung des Magens in den linken Thorax.

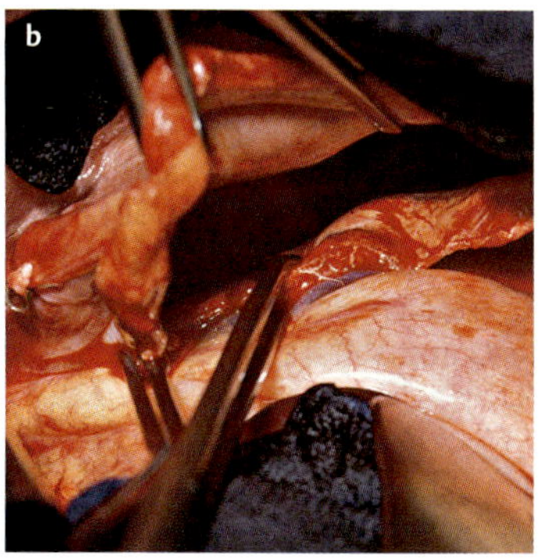

b Intraoperativer Situs mit zerrissenem Zwerchfell, Versorgung mit durchgreifender Zwerchfellnaht, Thorax- und Abdominaldrainage.

30.18 Perthes-Syndrom

Hierunter versteht man einen Komplex von Symptomen, der bei Verschüttungen (Grubenunglücke) und Überrolltraumata beobachtet werden kann. Durch plötzliche starke Thoraxkompression kommt es reflektorisch zu einem Glottisschluss und massiver Erhöhung des intrathorakalen Druckes. Der hierdurch entstehende Rückstau des Blutes in den großen klappenlosen Venen der oberen Körperhälfte führt zu petechialen Hautblutungen, subkonjunktivalen und retinalen Blutungen sowie Blutungen in den Glaskörper. Einblutungen in den N. opticus können zur Erblindung oder bleibenden Sehstörungen führen.

Fallbeispiele:

a, b 11-jähriges Mädchen nach Autounfall mit Compressio thoracis, **c** 56-jähriger Patient mit akuter Quetschung des Thorax durch Verschüttung.

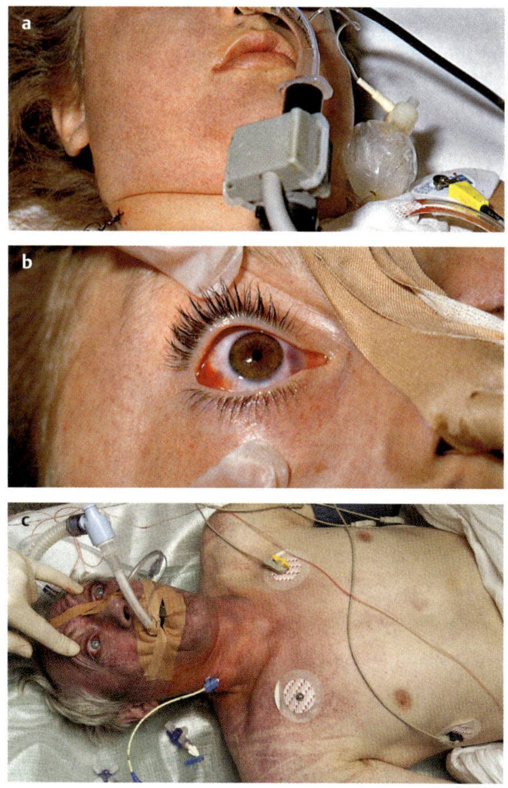

Penetrierendes Thoraxtrauma

Perforierende und penetrierende Thoraxtraumata kommen meistens durch Schuss- und Stichverletzung in krimineller oder suizidaler Absicht zustande (zu Schussverletzungen s. **30.19**). Seltener sind Pfählungsverletzungen bei Stürzen oder Autounfällen.

! Patienten, die mit penetrierenden Thoraxtraumata die Klinik lebend erreichen, haben eine gute Prognose.

! Stichverletzungen zielen oft in Richtung des Herzens, treffen jedoch häufig die A. thoracica interna und die Lunge.

Therapie: Bei stabilem Kreislauf, unauffälliger Sekretion über die Thoraxdrainage und stabilem Hämatokrit kann eine intensivstationäre Überwachung ausreichend sein. Bei unklarer Stichrichtung, der Möglichkeit der Verletzung abdomineller Organe oder noch im Körper befindlichem Fremdkörper sollte jedoch großzügig die Indikation zur explorativen Thorakotomie, ggf. mit Laparotomie gestellt werden.

! Bei Pfählungsverletzungen oder noch steckenden Stichwaffen sollten diese niemals am Unfallort, sondern operativ entfernt werden, da es andernfalls zu unbeherrschbaren Blutungen kommen kann.

30.19 Schussverletzungen

Bei Schussverletzungen unterscheidet man Steck-, Streif- und Durchschüsse mit oder ohne Geschossablenkung. Die Verletzungen im Körperinneren sind oft viel ausgeprägter als von der Größe des Einschusses her zu vermuten ist. Wegen der schlecht abschätzbaren Wirkung im Körperinneren sollten Schussverletzungen möglichst rasch operativ revidiert werden.

31.1 Lunge: Operationstechnik

Anatomische Lungenresektionen orientieren sich an den broncho-vaskulären Einheiten der Lunge und sind heute besonders für das Bronchialkarzinom standardisiert. _Erweiterte Resektionen_ erfolgen bei Einbruch von Tumoren in Nachbarorgane (Brustwand, Herzbeutel). _Bronchoplastische Resektionen_ (Manschettenresektion) dienen zur Erhaltung funktionstüchtigen Lungengewebes.

Resektionsverfahren an der Lunge

Die Durchführung der einzelnen Verfahren ist im **31.1** dargestellt.

Pneumonektomie: *Definition:* Entfernung einer Lunge. *Indikationen:* Zentrales Bronchialkarzinom, komplette entzündliche Destruktion der Lunge (Destroyed Lung).

Lobektomie ohne/mit Manschettenresektion:
Definition: Entfernung eines Lungenlappens entsprechend der anatomischen Grenzen. Unter einer zusätzlichen **Manschettenresektion** versteht man z. B. bei einer Oberlappenektomie links die wegen Karzinombeteiligung kurzstreckige Resektion des Übergangs von linkem Hauptbronchus zu Unterlappenbronchus mit abschließender End-zu-End-Anastomose von Haupt- und Unterlappenbronchus. Hierdurch kann der Unterlappen erhalten bleiben.
Indikationen: Lobektomien sind die häufigsten Eingriffe beim Bronchialkarzinom. Seltenere Indikationen sind gutartige, auf einen Lungenlappen beschränkte Erkrankungen (z. B. Bronchiektasen, traumatische Parenchym- oder Bronchusläsionen, Sequester).

Segmentresektion:
Definition: Entfernung eines Lungensegmentes entlang der anatomischen Segmentgrenzen. Eine (klassische) Segmentresektion wird heute zugunsten der atypischen Resektion nur noch selten durchgeführt.

> **31.2 Lungentransplantation**
>
> Für die klinische Lungentransplantation sind die **En-bloc-Transplantation von Herz und Lunge** (s. SE 35.12, S. 798 f), die **En-bloc-Transplantation beider Lungenhälften** (bilaterale Transplantation) und die **Transplantation einer einzelnen Lunge** (unilaterale Transplantation) zu unterscheiden. In Deutschland werden gegenwärtig etwa 130 Lungentransplantationen/Jahr durchgeführt (1998). Zu ethischen, sozialen und rechtlichen Aspekten der Organspende s. SE 8.3, S. 210 f.
> ***Indikation:*** Verschiedene Formen der Lungenfibrosen mit irreversibler pulmonaler Insuffizienz (s. SE 31.2, S. 692 f).
> ***Durchführung:*** Sowohl bei der **unilateralen** als auch bei der **bilateralen Transplantation** werden die Anastomosen in der Reihenfolge: Vorhof/Venen, A. pulmonalis und Hauptbronchus genäht.
> ***Komplikationen*** sind v. a. **Abstoßungsreaktionen** (s. SE 4.12, S. 99) und durch die Immunsuppression bedingte **Insuffizienzen der Bronchusanastomose**. Jede Wundheilung entspricht prinzipiell einer Entzündungsreaktion, sodass sie bei immunsupprimierten Patienten immer gestört ist. Bradytrophes Gewebe (z. B. Bronchusgewebe) ist hiervon besonders betroffen. Insuffizienzgefährdete Anastomosen können therapeutisch mit dem hochgezogenen Omentum majus gedeckt werden.

Indikationen: Parenchymsparender Eingriff bei kleinen Bronchialkarzinomen (T1) oder Metastasen und grenzwertiger Lungenfunktion. Früher häufig durchgeführt bei postentzündlichen Zuständen (Tuberkulose mit Abszess, Kaverne, Bronchiektasen).

Atypische Resektion:
Definition: Atypische, nicht anatomische Lungenresektionen werden meist als kleinere Keilresektionen aus der Lappenperipherie ohne Berücksichtigung der Segmentgrenzen vorgenommen.
Die *Indikation* besteht besonders bei Lungenmetastasen, unklaren Rundherden (Biopsieentnahme) oder bei gutartigen Parenchymveränderungen (z. B. Bullae). Atypische Resektionen sind für die onkologisch korrekte Behandlung auch früher Stadien des Bronchialkarzinoms nicht geeignet, da die Lymphabflusswege nicht berücksichtigt werden.

! Ein Verzicht auf die Resektion des Lymphabstromes ist nur bei operativ nicht kurativ behandelbaren Karzinomen mit starken funktionellen Einschränkungen der Lungenfunktion gerechtfertigt.

Prognose nach Lungenresektion

Die Letalität nach Lungenresektionen konnte durch Verbesserungen der Risikoevaluation, Intensivtherapie und Antibiotikatherapie auf $< 5\%$ gesenkt werden. Ein wesentlicher Einzelfaktor ist die größere Sicherheit des Bronchusstumpfverschlusses durch die Einführung von monofilen synthetischen, verzögert resorbierbaren Fäden und den Einsatz von Klammernahtgeräten.

! Voraussetzung für eine niedrige Komplikationsrate sind besonders eine subtile, lungenschonende Operationstechnik und ein zügiges und blutungsarmes Operieren, um die Zeit der Einlungenventilation und damit die Atelektasenbildung zu verringern.

Komplikationen nach Lungenresektion

Parenchymfisteln können übernäht und zusätzlich mit Fibrinkleber, ggf. auch in Kombination mit einem Kollagenvlies abgedichtet werden. Bei einer frühzeitig aufgetretenen **Bronchusstumpfinsuffizienz** kann eine Nachresektion erfolgreich sein. Bei einem **Empyem** oder **persistierender bronchopleuraler Fistel** kann eine Deckung des Stumpfes bzw. Plombierung der Resthöhle mit dem Omentum majus, das durch das Zwerchfell nach intrathorakal gezogen wird, oder einem gestielten Muskellappen (z. B. M. latissimus dorsi, M. pectoralis) erfolgen.

31.1 Durchführung der Lungenresektionen

Pneumonektomie

Nach Eröffnung des Thorax (s. SE 6.10, S. 170) werden die A. pulmonalis und die Lungenvenen extra- oder intraperikardial durchtrennt und vernäht (👁 **a**). Am Lungenhilus befindliche Lymphknoten werden möglichst so präpariert, dass sie en bloc am Resektat verbleiben. Bei der Präparation der linken A. pulmonalis muss der N. vagus mit dem Abgang des N. recurrens beachtet werden. Die zentralen Gefäße werden mit Durchstechungsligaturen (s. SE 6.8, S. 165) oder mittels Klammernahtgerät (s. SE 6.13, S. 176 f) versorgt. Die Absetzung des Hauptbronchus erfolgt mit einem Klammernahtgerät (Linearstapler). Ein gefährdeter Bronchusstumpf kann mit dem gut durchbluteten Gewebe eines Interkostallappens, alternativ mit Pleura, Perikard oder der V. azygos, gedeckt werden. Umschriebene Tumorinfiltrationen von Nachbarstrukturen (Perikard, zentrale Gefäße, Brustwand, Zwerchfell) können in Einzelfällen ebenfalls aus kurativer Zielsetzung mitreseziert werden (**erweiterte Pneumonektomie**). Bei Perikardresektionen sollte möglichst der N. phrenicus geschont werden. Nach Resektion von zentralen Gefäßen kann ein angioplastischer Gefäßersatz erforderlich sein. Erweiterte Resektionen, z. B. mit Resektion der A. und V. subclavia beim Pancoast-Tumor (T3/T4), werden heute meist nach einer (neoadjuvanten) Radiochemotherapie mit dem Ziel der Tumorverkleinerung durchgeführt.

Lobektomie und Manschettenresektion

Die segmentalen Äste der A. pulmonalis werden vom Interlobärspalt aus dargestellt und ligiert (s. SE 6.8, S. 165). Parenchymbrücken zwischen den Lappen werden mit einem Klammernahtgerät (s. SE 6.13, S. 176 f) durchtrennt. Die Absetzung des Lappenbronchus erfolgt ebenfalls mit einem Klammernahtgerät (👁 **b**). Ist der Bronchus intermedius (rechts) bei zentralen Unterlappentumoren befallen oder besteht ein Übergreifen eines Oberlappentumors auf den Mittellappen, so ist eine untere (Unter- und Mittellappen) oder obere (Ober- und Mittellappen) **Bilobektomie** indiziert. Bei gleichzeitigem Tumorbefall des zentralen Bronchialsystems kann der betroffene Bronchusanteil reseziert und End-zu-End wieder verbunden werden (**Manschettenresektion**, „sleeve resection"), um eine Pneumonektomie zu vermeiden. 👁 **c** zeigt ein Beispiel, in dem der von Hiluslymphknoten infiltrierte linke Haupt- und Oberlappenbronchus zusammen mit dem linken Lungenoberlappen reseziert wird. Der Unterlappenbronchus wird mit der Trachealbifurkation anastomosiert.

Nach jeder Lungenresektion wegen eines Bronchialkarzinoms unter kurativer Absicht erfolgt eine mediastinale Lymphadenektomie. Die hilären Lymphknoten werden meist en bloc mit dem Lungenresektat entfernt.

Segmentresektion

Bewährt hat sich die schrittweise Unterbindung von Segmentarterien, -venen und -bronchien. Die Abgrenzung zum übrigen Lungengewebe gelingt dann mühelos durch Atelektase und veränderte Vaskularisation. Häufigste und einfachste Segmentresektion ist die Lingularesektion (= Segmente 4 und 5 links).

Atypische Resektion

Je nach Lokalisation und Zahl der Herde kommt ein thorakoskopischer oder offener Zugang (s. SE 29.3, S. 667 und SE 6.10, S. 170) infrage. Die Resektion erfolgt keilförmig, um keine Infarzierungen oder Atelektasen des benachbarten Lungengewebes hervorzurufen. Die Übernähung des Parenchyms erfolgt am besten bei kollabierter Lunge mit mechanischen Klammernahtapparaten (👁 **d** und SE 6.13, S. 176 f) oder als sog. Matratzennaht über Klemmen („Klemmenresektion").

a Situs nach Pneumonektomie rechts

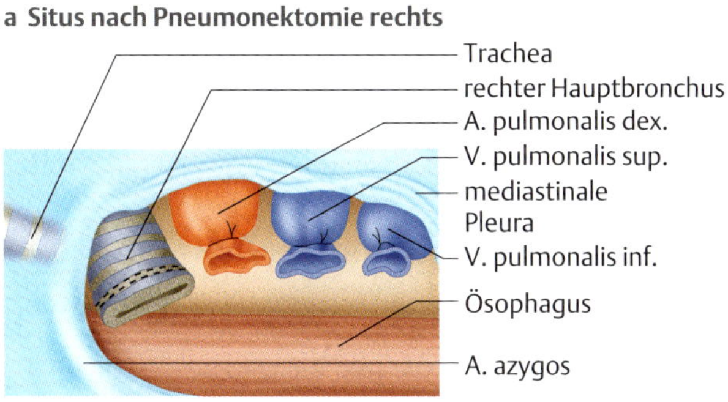

b Situs nach Oberlappenresektion links

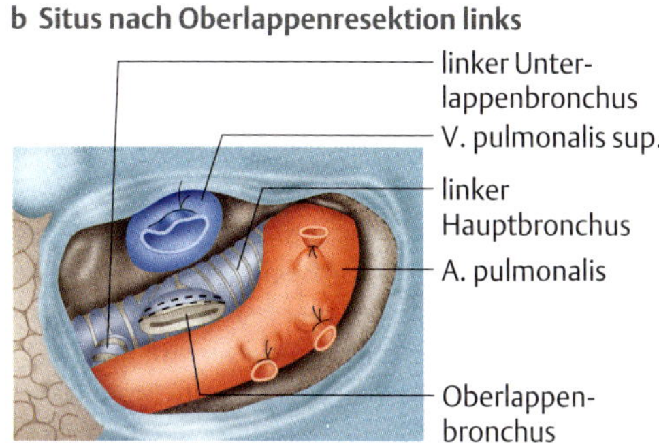

c Manschettenresektion des linken Oberlappens

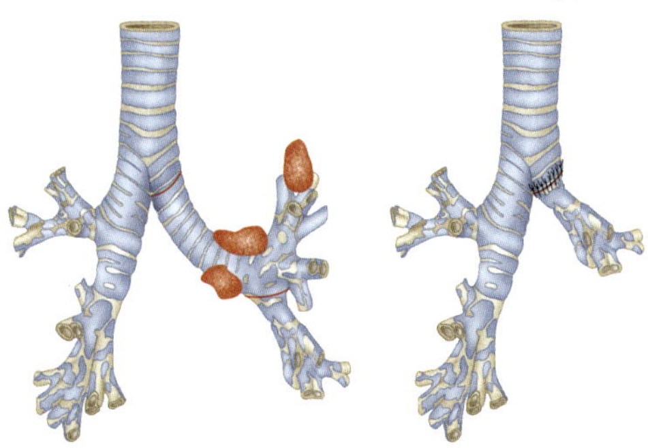

d Keilresektion mit Klammergerät (atypische Resektion)

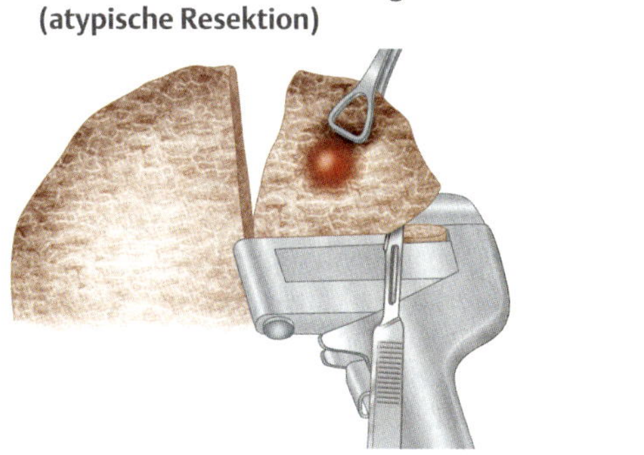

31.2 Lungengerüsterkrankungen

Patienten mit interstitiellen Lungengerüsterkrankungen benötigen im Allgemeinen eine komplexe Diagnostik. Die Ätiologie ist oftmals unbekannt und die Anamnese nur unzureichend zu erheben. Zunächst sind die Diagnosen meist unpräzise und die resultierenden Behandlungskonzepte häufig unspezifisch und von unerwünschten Nebenwirkungen und progredienter Erkrankung begleitet. Erst eine z. T. invasive Diagnostik hilft, eine genaue Diagnose und damit gezieltere Therapie zu ermöglichen.

Allgemeines

Die **Evaluation** eines Patienten mit einer Lungengerüsterkrankung erfordert eine genaue Erhebung der *Krankengeschichte* und der *Arbeitsumgebung*. Die *Begutachtung älterer Röntgen-Thorax-Aufnahmen* sowie weiterer bildgebender Verfahren ist unerlässlich für die Bestimmung des Krankheitsbeginns und -verlaufs. Basierend auf der Vorgeschichte lassen sich interstitielle Lungengerüsterkrankungen **ätiologisch** aufteilen in

- Krankheiten, die durch die Umwelt verursacht oder im Zusammenhang mit Multiorganprozessen entstanden sind (Pneumocystisinfektion, inhalative Noxen, Strahlen),
- Erkrankungen im Rahmen von Systemerkrankungen (Sarkoidose, Kollagenose, rheumatoide Arthritis) und
- Erkrankungen unklarer Genese (50%!), z. B. Sarkoidose, idiopathische Lungenfibrose, Lungenhämosiderose, Lungenamyloidose.

Die ***Symptomatik*** einer Lungengerüsterkrankung zeigt sich zu Beginn in einer Belastungsdyspnoe und trockenem Reizhusten. Mit zunehmendem Verlust der Lungenfunktion kommt es dann im fortgeschrittenen Stadium zu Ruhedyspnoe, Tachypnoe, Zyanose und letztlich zu einem Cor pulmonale und respiratorischer Insuffizienz.

Diagnostik: Obwohl zahlreiche serologische und enzymatische Tests bei der Diagnostik und der Therapiekontrolle sehr hilfreich sein können, werden abgesehen von **konventionellen Röntgenthorax-Untersuchungen** v. a. eine **Computertomographie** des Thorax und **Bronchoskopien** (s. SE 6.1, S. 141) zur Diagnosestellung benötigt. Die während einer Bronchoskopie gewonnenen endo- und transbronchialen Proben erlauben in 25% der Fälle eine sichere histopathologische Diagnose.

Eine Ausnahme bilden die Sarkoidosen, bei denen anhand transbronchialer Biopsien in über 80% der Fälle die Diagnose sicher gestellt werden kann.

Bei einem Drittel der Patienten mit Lungengerüsterkrankungen, insbesondere den Patientengruppen ohne offensichtliche Umweltexposition oder systemische Erkrankungen, wird jedoch die Gewinnung repräsentativer Lungengewebsproben für eine definitive histologische Diagnose benötigt. Aus diesen Gründen wird auch heute noch in über 30% der Fälle eine **thorakoskopische oder offene Lungenbiopsie** durchgeführt (s. **31.3** und SE 29.3, S. 666). Die diagnostische Genauigkeit wird bei thorakoskopischen Verfahren mit 87%–98% angegeben und ist damit den offenen Verfahren nicht unterlegen.

31.3 Minimal-invasive Eingriffe bei Lungengerüsterkrankungen

Der Einsatz **minimal-invasiver Eingriffe** hat deshalb zugenommen, weil bei den meisten Patienten *ausgedehnte chirurgische Eingriffe* aufgrund der schlechten Lungenfunktion *kontraindiziert* sind, die Diagnosestellung aber wichtig für eine erfolgreiche Therapie ist. Bei entsprechender Indikation liegt die **Mortalitätsrate** des endoskopischen Eingriffes selbst bei *< 0,2%*. Von Bedeutung ist auch die **geringere Morbidität** durch verringerte postoperative Schmerzen, geringere systemische Aktivierung und kürzere Hospitalisationszeiten. Ein eventueller Kostenvorteil der Thorakoskopie gegenüber der Thorakotomie bleibt allerdings umstritten, insbesondere wenn man die Thorakotomie im Sinne einer Mini-Thorakotomie durchführt.

Therapie: Bei infektiöser Genese besteht die kausale Therapie aus einer adäquaten antibiotischen Behandlung. Im Falle idiopathischer Lungenfibrosen können Corticosteroide den Verlauf der Erkrankung mildern. Bei terminaler respiratorischer Insuffizienz sollte situationsabhängig die Option einer Lungentransplantation in Erwägung gezogen werden (s. **31.2**, S. 690).

Thorakoskopisch-diagnostische Operation

31.4 Historisches zur Thorakoskopie

Die Thorakoskopie wurde erstmals 1910 durch den schwedischen Internisten H. C. Jacobaeus eingeführt. Obwohl die Thorakoskopie damals hauptsächlich zu diagnostischen Zwecken entwickelt wurde, wurde sie vor Einführung einer effektiven antituberkulösen Chemotherapie im Wesentlichen bei tuberkulösen Patienten zur Pneumothoraxtherapie und zur Adhäsiolyse zwischen Lunge und Thoraxwand eingesetzt. Infolge der Weiterentwicklung endoskopischer Instrumente und des Verlangens nach höherer diagnostischer Genauigkeit auch bei immunsupprimierten Patienten entstand insbesondere in den letzten zwanzig Jahren ein größeres Interesse an thorakoskopischen Eingriffen. Heute liegt das Zahlenverhältnis zwischen Bronchoskopie und Thorakoskopie in größeren Zentren schon bei etwa 7 : 1.

31.1 Indikationen zur Thorakoskopie

Indikation	*Erkrankung*
diagnostisch	unklarer randständiger Lungenrundherd, fokale oder diffuse Lungeninfiltrate, Thoraxwandmassen, Pleuraerguss, Tumorstaging, Hämatothorax, Pneumothorax
therapeutisch	Metastasenchirurgie, Pleurodese, Adhäsiolyse, z. B. bei Pleuraempyem im frühen Stadium, Hämatothorax, Fremdkörperentfernung, Sympathektomie

Voraussetzung für einen thorakoskopischen Eingriff ist eine sorgfältige Patientenevaluation und Indikationsstellung (**31.1**). **Kontraindikationen** sind

- Koagulopathien,
- vorausgegangene höher dosierte Steroidbehandlungen sowie
- Immunstörungen,

da unter diesen Umständen perioperative Blutungen und postbioptische bronchopleurale Fisteln begünstigt werden. Zu den notwendigen **präoperativen Untersuchungen** gehören *Routinelabor, Röntgenthorax in 2 Ebenen, EKG* sowie eine *Lungenfunktionsanalyse*. Bestätigt sich bei der klinischen Untersuchung der Verdacht auf einen Pleuraerguss, wird die präoperative diagnostische *Pleurapunktion* für bakteriologische, zytologische und labortechnische Untersuchungen empfohlen. Eine *CT* liefert oftmals wertvolle Zusatzinformationen zur Bestimmung des thorakoskopischen Zugangs. Eine *Lungenperfusionsszintigraphie* dient zum Ausschluss infarzierter Lungenanteile und ist bei diffusen Lungenerkrankungen bei der Wahl des zu endoskopierenden Hemi-Thorax behilflich. Da die Lungenhälfte mit der besseren Funktion für eine erfolgreiche Einlungenbeatmung benötigt wird, wird bei diffusen Lungenerkrankungen zumeist die schlechter perfundierte Lungenseite thorakoskopiert. Der **thorakoskopische Eingriff** wird selten in Lokalanästhesie, meist in Doppellumenintubation durchgeführt. Zur Durchführung s. **31.5** und SE 29.3, S. 667.

31.5 Thorakoskopie

Thorakoskopien werden mit starren Endoskopen (s. SE 6.1, S. 138) unter sterilen Operationsbedingungen durchgeführt. Die Patienten werden perioperativ antibiotisch abgedeckt und in stabiler Seitenlage mit der zu untersuchenden Thoraxhälfte nach oben gelagert. Sollte eine doppellumige Intubation und Narkose zur einseitigen Entlüftung der Lunge nicht möglich sein (s. SE 6.10, S. 170), wird bei lokal anästhesierten Patienten zu Operationsbeginn zunächst ein künstlicher Pneumothorax angelegt (**a,b**). Dieser kann durch fluoroskopische Kontrolle überprüft werden, wodurch auch für die Einführung endoskopischer Geräte relevante Adhäsionen erkennbar werden (**c**). Anschließend werden Trokare und Endoskope eingeführt. Während des Eingriffes wird der intrathorakale Druck fortlaufend manometrisch gemessen und bei Bedarf ausgeglichen.

! Wichtig ist, dass beim wachen Patienten die intra- und perioperative Schmerzbehandlung im Vordergrund steht.

Generell empfiehlt sich die postthorakoskopische Drainage des Thorax durch großlumige Katheter, die entweder nach Entfaltung der Lunge gezogen, oder bei Lungenbiopsien und rigiden Lungen mehrere Tage belassen werden, um sie dann nach dokumentierter Pneumothoraxresorption abzuklemmen und schließlich zu entfernen. Kleine bronchopleurale Fisteln verkleben bei konsequenter Thoraxdrainage im Allgemeinen nach wenigen Tagen. Insgesamt sind intraoperative **Komplikationen** wie Luftembolien selten (bis 0,5 %), bei inkorrekter Nadellage können subkutane Emphyseme entstehen. Nach Biopsieentnahmen kann es zu harmlosen, transienten Hämoptysen kommen. Bei immunsupprimierten Patienten muss jedoch auch an eine thrombozytopenische Ursache gedacht werden, die eine Transfusion nötig machen kann. Im Allgemeinen sind chirurgisch unstillbare perioperative Blutungen eine seltene Komplikation.

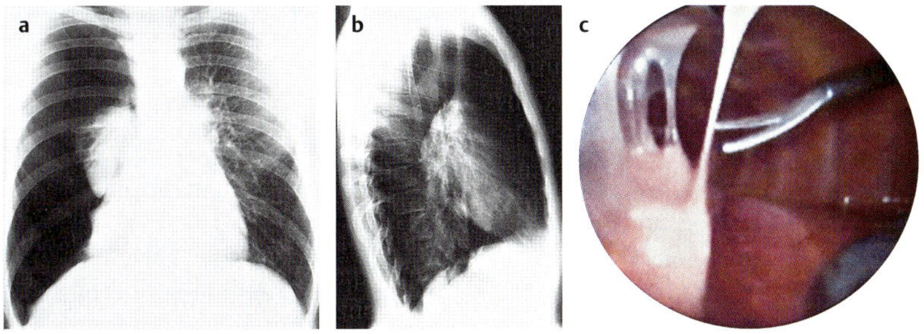

31.3 Fehlbildungen der Lunge

Kongenitale Fehlbildungen der Lunge werden meist schon im Neugeborenen- oder Säuglingsalter symptomatisch, die rasche und adäquate Diagnosestellung kann hier lebensrettend sein. Einige werden beim asymptomatischen Kind als Zufallsbefund oder erst im späteren Kindes- oder Erwachsenenalter z. B. anlässlich einer Infektabklärung oder eines akuten Pneumothorax entdeckt. In dieser SE werden vorwiegend die chirurgisch relevanten Folgen kindlicher Lungenfehlbildungen für das Erwachsenenalter besprochen, zur ausführlichen Beschreibung der kindlichen Fehlbildungen s. SE 38.1, S. 824 ff.

Lungenaplasie, -hypoplasie und -dysplasie

Lungenaplasie und -hypoplasie

Die Lungenaplasie und -hypoplasie sind so schwerwiegende Fehlbildungen, dass sie zumeist schon unmittelbar nach der Geburt symptomatisch werden und die Kinder trotz aller Therapieversuche versterben (s. hierzu SE 38.1, S. 827 und **31.6**). Erreichen die Patienten das Erwachsenenalter, bestehen häufig Thoraxwanddeformitäten. Abgesehen von plastischen Korrektureingriffen ergibt sich jedoch keine Operationsindikation.

> **31.6 Lungenaplasie und -hypoplasie**
>
> Die **unilaterale pulmonale Aplasie** resultiert aus der Fehlanlage eines Lungenflügels. Bei 50 % der Patienten wird gleichzeitig eine kardiologische Erkrankung beobachtet. Das Neugeborene mit einer Lungenaplasie kann asymptomatisch, tachypnoisch bis zyanotisch sein. Die Thoraxform erscheint zumeist unauffällig, bei der klinischen und radiologischen Untersuchung imponiert eine Seitenverschiebung des Mediastinums. *Differenzialdiagnostisch* müssen Lungenatelektasen und -sequester erwogen werden. *Therapeutisch* gibt es kein spezifisches Vorgehen. Die Literatur beschreibt, dass 30 % der Kinder mit Lungenagenesie im 1. Lebensjahr und nahezu 50 % bis zum Erreichen des 5. Lebensjahres sterben. Die **bilaterale Lungenaplasie** ist mit dem Leben nicht vereinbar. Für die **primäre Lungenhypoplasie** werden häufig keine offensichtlichen Ursachen gefunden. Die **sekundäre Lungenhypoplasie** ist assoziiert mit verschiedenen fetalen und maternalen Fehlbildungen. Die häufigste Ursache der sekundären Lungenhypoplasie ist die *kongenitale Zwerchfellhernie* mit vermindertem ipsilateralen Lungenwachstum (s. SE 38.2, S. 828 f). Der hohe pulmonale Gefäßwiderstand wird durch eine hochfrequente Ventilation, Sauerstoffzufuhr, Sedation und Vasodilatatoren behandelt.

Lungendysplasie

Die Lungendysplasie im Sinne einer Minderentwicklung der Lunge wird meist erst im Erwachsenenalter erkannt. Die Patienten neigen zu rezidivierenden pulmonalen Infekten. Radiologisch zeigen sich eine einseitig helle Lunge, ein rarifiziertes Gefäßmuster, ein hypoplastischer Hilus, paradoxe Zwerchfellbewegungen, airtrapping bei Exspiration und eine Mediastinalverlagerung hin zur gesunden Seite. Selten resultiert eine Operationsindikation.

Lungensequestration

Lungensequester stellen bis zu 7 % aller pulmonalen Malformationen dar. Sie werden meist von direkten Zuflüssen aus der Aorta gespeist und kommunizieren entweder nicht oder abnormal mit dem Tracheobronchialsystem. Ursächlich werden embryologische Fehlanlagen vermutet. Es werden intralobäre (80 %) von extralobären Sequestern unterschieden:

Intralobäre Lungensequester

Intralobäre Sequester sind zumeist von normalem Lungenparenchym umgeben und drainieren venös in die Pulmonalvenen. Sie manifestieren sich meist erst im frühen Erwachsenenalter (50 % bis zum 20.–30. Lebensjahr). Die Verbindung zum Tracheobronchialsystem kann durch einen Entzündungsherd entstanden sein und bewirkt infolge mangelnder Drainage rezidivierende Infekte. Die **Diagnose** wird durch *Arteriographie*, CT und MRT gestellt. Dies ermöglicht die für die Therapie relevante Differenzierung in intralobär und extralobär (s. **38.2**, S. 826). Die **Therapie** besteht zunächst aus einer akuten *Behandlung des Infektes*, gefolgt von der kompletten *Sequesterresektion*. Intralobäre Sequester benötigen gewöhnlich eine Lobektomie (**31.1**).

Extralobäre Lungensequester

Extralobäre Sequester manifestieren sich meist im Kindesalter (s. SE 38.1, S. 826 f). Ihre Therapie besteht gewöhnlich aus einer lokalen Exzision.

Bronchogene Zyste

Der Begriff „bronchogene Zysten“ umfasst Zysten des Bronchialsystems und der Lunge.

Pathogenese: Seltene kongenitale Fehlbildung des embryonalen Vorderdarms, die oftmals erst im Erwachsenenalter symptomatisch wird. Die Entwicklungsstörung entsteht bei der Teilung des Vorderdarms in Trachea und Ösophagus:

intrapulmonal (15 %):
- oft Kommunikation mit dem Bronchialsystem,
- luftgefüllt oder mit mukoidem Inhalt,
- mit respiratorischem Flimmerepithel ausgekleidet;

31.1 Lungensequester

a Röntgen-Thorax a.-p. b Röntgen-Thorax seitlich c Angiographie d Magnetresonanz-Angiographie

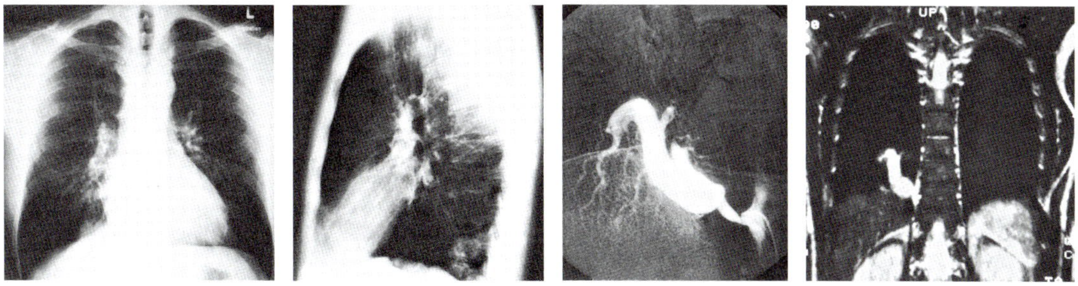

a, **b** Röntgenthorax zur Darstellung des rechts parakardial gelegenen Lungensequesters.
c Angiographie mit Darstellung der arteriellen Versorgung des Sequesters.
d MR-Angiographie zur Lokalisation des gefäßreichen Tumors.

mediastinal (85 %):

- gewöhnlich keine Kommunikation mit dem Bronchialsystem,
- meist im Bereich der Karina,
- meist mit viskösem Material gefüllt,
- mit respiratorischem Flimmerepithel ausgekleidet.

Klinischer Befund:
asymptomatisch: bei einer Routineuntersuchung diagnostiziert,
symptomatisch:

- Neugeborene/Säuglinge: Atemnotsyndrom,
- ansonsten kann die Zyste zur Obstruktion führen: chronischer Husten, Stridor, Atemnot, substernaler Druck, Dysphagie.

Komplikationen:

- Pneumonien, Atelektasen,
- Emphysem,
- blutiger Husten,
- Rhabdomyosarkome (ausgehend von der Zystenwand).

31.2 **A.-v.-Malformation der Lunge mit akzessorischem Diaphragma**

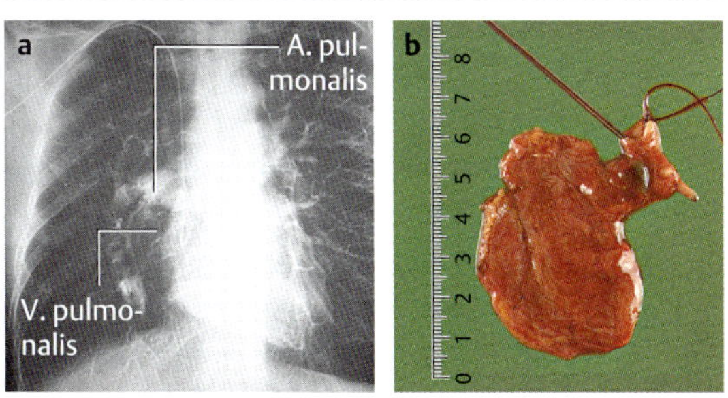

Die 63-jährige Patientin hat rezidivierende Lungeninfekte.
a Angiographie der A. pulmonalis: die V. pulmonalis wird sofort dargestellt.
b Intraoperativ zeigt sich der extrem seltene Befund einer a.-v-Malformation in einem akzessorischen Diaphragma im schrägen Interlobärspalt der rechten Lunge: Sonde und Faden markieren den Ast der A. pulmonalis zum Ast der V. pulmonalis.

Differenzialdiagnose: embryonale Tumoren, maligne Lungentumoren, neurogene Tumoren, benigne mesenchymale Tumoren, Lymphome.

Therapie: Resektion des Befunds (offen oder thorakoskopisch).

Lungengefäßfehlbildungen

Arteriovenöse Malformation

Arteriovenöse Malformationen sind die häufigsten Lungengefäßfehlbildungen.

Sie sind angeborene oder erworbenen Kurzschlussverbindungen zwischen Arterie und Vene, kommen einzeln oder multipel und teilweise auch in anderen Organen vor (z. B. Morbus Osler, s. SE 34.2, S. 756).
Symptomatik: Hämoptoe, Teleangiektasien an Haut und Schleimhäuten. Oftmals werden die Patienten erst im Erwachsenenalter klinisch auffällig.
Diagnostik und Therapie: Im Röntgenbild des Thorax imponieren Rundherde in den Unterfeldern, die in der CT besser demarkiert werden können. Die Pulmonalisangiographie ist beweisend, insb. bei kleineren Herden (**31.2**). Bei Einzelbefunden ist oftmals eine Embolisation des Gefäßes möglich. Bei umschriebenem Befall eines Lungenareals können resezierende Verfahren an der Lunge erfolgreich sein.

Arteriovenöses Aneurysma

Die **klinischen Manifestationen** eines intrapulmonalen arteriovenösen Aneurysmas sind unspezifisch. Die **Ätiologie** liegt in einer verringerten Resistenz der Gefäßwand mit zystischer Medianekrose und dem Verlust elastischer Fasern. Die kontinuierliche Größenzunahme der Aneurysmen (über viele Jahre) verlangt eine regelmäßige Verlaufskontrolle, um die Indikation zur **Aneurysmaresektion** (einschließlich einer sparsamen Lungenresektion) rechtzeitig zu stellen.

31.4 Entzündliche Erkrankungen der Lunge

Bei den entzündlichen Lungenerkrankungen (viral, bakteriell und parasitologisch) steht die pharmakologische Therapie absolut im Vordergrund. Dennoch kann bei komplizierten Verläufen, selten auch einmal von vornherein, eine Operation notwendig sein.

Unspezifische Lungeninfektionen

Bronchiektasen

Bronchiektasen sind sackförmige oder zylindrische irreversible Ausweitungen der mittleren und kleinen Bronchien mit bronchialer Obstruktion. Sie treten bevorzugt in den Unterlappen auf, rechts häufiger als links (**31.7**).

> **31.7 Ätiologie der Bronchiektasen**
>
> Bei **angeborenen Bronchiektasen** handelt es sich um eine embryonale Störung der Bronchusentwicklung, z. B. bei der Zysten- und Wabenlunge. Aber auch verschiedene kongenitale Immunmangelerkrankungen können die Ursache sein (z. B. α_1-Antitrypsin-Mangel, primärer IgA-Mangel, primäre Hypogammaglobulinämie).
> **Erworbene Bronchiektasen** sind weit häufiger und entstehen aufgrund einer Gerüstschädigung der Bronchialwand durch chronisch-rezidivierende bronchopulmonale Infekte, wie z. B. chronisch obstruktive Bronchitiden, Bronchusstenosen (verursacht durch Fremdkörper, Lymphknoten, Narben oder Tumoren) oder eine destruierende Bronchiolitis (Asthma bronchiale, Mukoviszidose).
>
> Der entscheidende pathogenetische Faktor ist die Bronchusobstruktion mit einer Abflussbehinderung des Sekretes.

Als häufigstes ***Symptom*** findet man einen morgendlich betonten chronisch-produktiven Husten *(dreischichtiger Auswurf:* die unterste Schicht bildet das eitrige Sekret, in der mittleren Schicht setzt sich der Bronchialschleim ab, und die oberste Schicht besteht aus schaumigem Schleim), gelegentlich kommt es zu *Hämoptysen* und *chronisch rezidivierenden Pneumonien.* Als Folge der chronischen respiratorischen Insuffizienz findet man eine *periphere Zyanose* und *Trommelschlägelfinger*, bei Kindern kann es zu *Wachstumsstörungen* kommen.

Diagnostisch zeigen sich in der **Röntgenaufnahme** die peribronchialen Infiltrationen als streifige Verschattungen. Die Bronchographie, die früher die Diagnose sicherte (**31.3**), ist weitgehend durch die **hochauflösende Computertomographie in Dünnschichttechnik** (HRCT) ersetzt worden. Letztere ist risikoärmer und kann nicht nur Aussagen über die Ausdehnung und Lokalisation, sondern auch über die Ursache geben. Die **Bronchoskopie** dient der Sekretgewinnung zur genauen Erregerbestimmung. Dabei kann auch ggf. ein Fremdkörper entfernt und bei Verdacht auf eine Neoplasie eine Biopsie entnommen werden.

31.3 Bronchiektasen (Bronchographie)

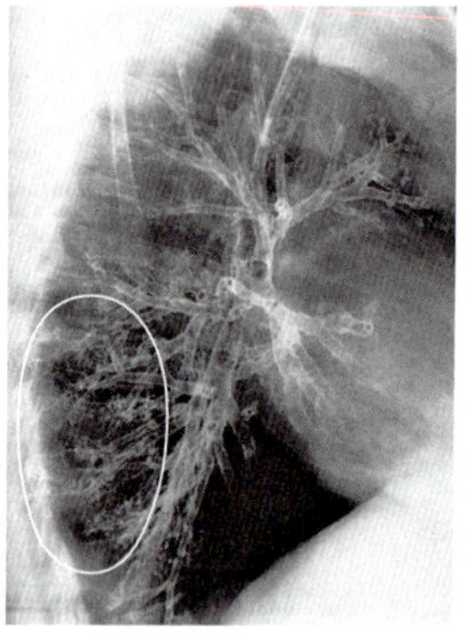

47-jähriger Patient mit Bronchiektasen v. a. im posterobasalen Unterlappensegment links (eingekreist, Ausschnitt einer seitlichen Aufnahme), bei typischer Klinik. In dem Resektat (extraanatomische Segmentresektion) fand sich als Überraschungsbefund ein kleines, pleuranahes hochdifferenziertes Adenokarzinom (pT1 pN0 M0).

Die ***Therapie*** ist meist *konservativ* und besteht aus einer regelmäßigen Bronchialtoilette, Atemgymnastik (s. SE 5.13, S. 132 ff), bronchospasmolytischer Medikation und einer gezielten Antibiotikagabe. Die **Indikation zur Operation** (Wegnahme der Bronchiektasen-beinhaltenden Lungenabschnitte, als Segment- oder Lappenresektion, s. SE 31.1, S. 690 f) ist gegeben bei jüngeren Patienten mit ein- und beidseitigem Befall, bei rezidivierenden Hämoptysen oder bei Nichtansprechen der konservativen Therapie. Bei einem schweren doppelseitigen Befall, einem Cor pulmonale oder einer Amyloidose mit Niereninsuffizienz ist eine Operation **kontraindiziert**.

Abszess

Bei einem Lungenabszess handelt es sich um eine einschmelzende bakterielle Entzündung mit Höhlenbildung und Nekrosen im Lungenparenchym (**31.8**).

Als ***Symptome*** finden sich hohes Fieber mit Schüttelfrost und Abgeschlagenheit, bei Mitbeteiligung der Pleura ein lokalisierter Atemschmerz, Dyspnoe und Hustenanfälle.

Nach Anschluss des Abzesses an das Bronchialsystem kann es zu großen Mengen von eitrigem Auswurf kommen (innere Drainage).

Charakteristisch für den Auswurf ist seine Dreischichtigkeit (s. o.).

In der Regel entsprechen die Symptome eines Lungenabszesses der einer schweren Pneumonie.

Diagnostik: Für die **Diagnosestellung** ist die genaue *Anamneseerhebung* wichtig, die Hinweise auf voraus-

31.8 Ätiologie und Pathogenese des Lungenabszesses

Die **Ursachen** für einen Abszess sind vielfältig, meist sind es Mischinfektionen mit Staphylokokken, Pneumokokken, Enterokokken, Anaerobiern und Pilzen. Disponiert sind abwehrgeschwächte Patienten. Mögliche Infektionswege sind eine massive Erregerinvasion über die oberen Luftwege (Aspiration von Erbrochenem, ösophagotracheale Fistel, Fremdkörperaspiration, Aspiration von purulentem Sekret bei Nasennebenhöhlenvereiterungen), Bakteriämien (andernorts lokalisierter septischer Fokus, multiple Abszesse!), perforierende oder penetrierende Verletzungen und benachbarte abszedierende Entzündung (Leber, Mediastinum). Zunächst entsteht ein **akuter Abszess**, dessen Wand aus bakteriellen und leukozytären Infiltraten besteht. Findet der Abszess Anschluss an das Bronchialsystem, kann dies zu einer Entleerung und Vernarbung führen. Beim **chronischen Verlauf** verhindert eine bindegewebige Organisation der Wand eine Spontanheilung: Die Abszesshöhle ist abgekapselt. Als **Komplikationen** können ein Pleuraempyem, eine Mediastinitis, abszedierende Lungengrangrän, eine Pachymeningitis, ein Hirnabszess, eine Endokarditis, Nierenabszesse und eine allgemeine Sepsis entstehen.

31.4 Großer Lungenabszess

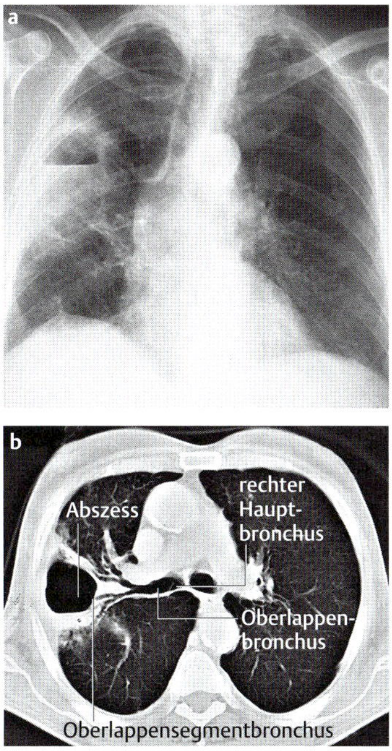

69-jähriger Patient, einige Wochen nach Pneumonie.
a Im p.-a.-Röntgen-Thorax sieht man eine pleuranahe Spiegelbildung im mittleren Lungengeschoss.
b CT mit riesigem Abszess (größtenteils luftgefüllt) bei vermutetem Anschluss an einen Oberlappensegmentbronchus.
Therapie: Obere Bilobektomie rechts.

gegangene Pneumonien, Stichverletzungen oder Ähnliches geben kann (**31.8**). Bei der *klinischen Untersuchung* findet man Bronchialatmen, Rasselgeräusche und lokalisierte Dämpfung. *Laborchemisch* sind eine Leukozytose mit Linksverschiebung, eine Anämie und Dysproteinämie festzustellen. Die *Röntgenaufnahme* der Lunge zeigt eine zirkuläre Verschattung, manchmal wie ein Rundherd. Hat der Abszess bereits Zugang zu dem Bronchialsystem, so findet man eine typische Spiegelbildung (**31.4**). Wichtig ist der *Erregernachweis* im Sputum *mit Antibiogramm* zur gezielten Antibiotikatherapie. Zur **differenzialdiagnostischen Abgrenzung** gegen ein Bronchialkarzinom hilft die *CT*. Durch die *Bronchoskopie* können Sekret zur zytologischen Untersuchung gewonnen, Eiter abgesaugt und evtl. vorhandene Fremdkörper entfernt werden.

Die ***Therapie*** besteht aus einer gezielten Antibiotikatherapie nach Antibiogramm, einer Lagerungsdrainage, wiederholtem bronchoskopischen Absaugen und, falls der Allgemeinzustand es verlangt, einer Verbesserung desselben durch Eiweiß- und Bluttransfusionen. Versagt die konservative Therapie, liegt ein chronischer Abszess vor, hat der Abszess einen größeren Zugang zum Bronchialsystem gefunden oder ist ein maligner Prozess nicht endgültig auszuschließen, so ist meist ein **operatives Vorgehen** indiziert. Ein sparsames Operationsverfahren ist anzustreben (s. SE 31.1, S. 690 f). Bei sicherem Verkleben der Pleura kann auch eine perkutan-transpleurale Abszessdrainage und Spülbehandlung Anwendung finden.

Als ***Komplikation*** eines Lungenabszesses kann es zu einer **Lungengangrän** kommen. Hierunter versteht man definitionsgemäß einen fortschreitenden Fäulniszerfall des Lungenparenchyms durch eine anaerobe Infektion. Pathogenese, Symptomatik und Therapie sind ähnlich wie beim Lungenabszess.

31.9 Sonstige entzündliche Erkrankungen mit operativer Konsequenz

Hierzu zählen u. a. Lungengangrän (nach Pneumonie), poststenotische chronische Pneumonien, nicht reversible Atelektasen mit Superinfektion usw. All dies kann (bei unbeherrschbarer Infektion) zu einer operativen Indikation führen. Ein besonderes Beispiel zeigt die : Der wegen eines postpneumonischen Pleuraempyems (s. SE 30.6, S. 682 f) perkutan eingelegte Pigtail-Katheter liegt mit seiner Spitze komplett im Lungenparenchym (Mittellappen). Wegen zunehmender Luft-Fistelung und persistierender Infektion Indikation zur Thorakotomie mit Erkennung der Komplikation. Der Katheter wurde inzwischen abgeschnitten (hinten), das normale Ende des Katheters ist konisch zugespitzt (vorne). *Therapie:* wegen des chronischen Empyems Dekortikation, wegen der Pigtail-Komplikation extraanatomische Lungensegment-Klemmenresektion.

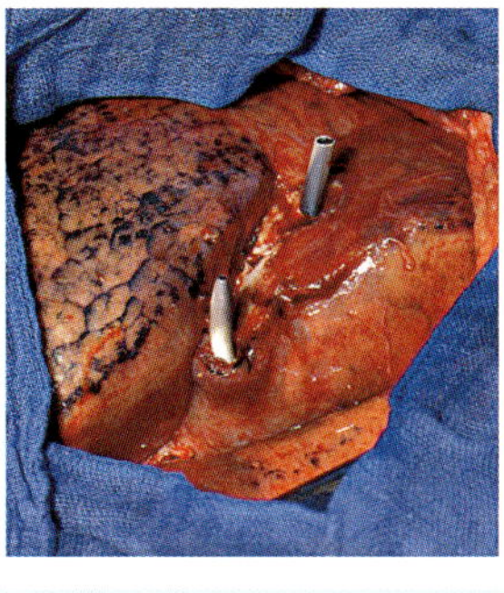

Mykosen

Pilzinfektionen der Lunge entstehen besonders bei einer allgemein geschwächten Abwehrlage des Patienten (z. B. bei Tumorkachexie, AIDS-Patienten, chronisch zystischen und kavernisierenden Lungenerkrankungen, ausgedehnten Antibiotika-, Steroid-, Zytostatika-, oder immunsuppressiven Therapien). Viele der zugrunde liegenden Erreger kommen ubiquitär vor (z. B. Schimmelpilze) oder sind sogar Bestandteil der physiologischen Schleimhautbesiedelung (z. B. Candida Spezies). Es ist somit oft keine Keimübertragung erforderlich, da der Erreger den Wirt bereits besiedelt hat. Beim Gesunden sind diese Keime apathogen. Kommt es zu einer reduzierten Immunabwehr, kann eine Infektion ausbrechen. Als Erreger findet man Hefepilze (Candida albicans, Cryptococcus), Schimmelpilze (Aspergillusarten, **31.5a,b**) und Blastomyzeten (**31.10**). Durch die Infektion entstehen in der Lunge eitrige verkäsende, kalzifizierende und granulomatöse Herde. Der Verlauf ist chronisch.

> **31.10 Wichtige Differenzialdiagnose: Aktinomykose**
>
> Das klinische Krankheitsbild einer Aktinomykose ähnelt dem einer Pilzinfektion. Bei den Erregern der Aktinomykose (Actinomyces israelii) und der Nokardiose (Nocardia asteroides) handelt es sich jedoch nicht um Pilze sondern um Bakterien, die morphologisch allerdings den Pilzen sehr ähnlich sind. Therapeutisch kommen Antibiotika und keine Antimykotika zum Einsatz.

Die ***Symptome*** sind Abgeschlagenheit, Fieber und Husten mit Auswurf.

Diagnostisch zeigen sich in der **Röntgenaufnahme** der Lunge inhomogene Rundherde. Bei klinischem Verdacht auf eine Pilzinfektion beim in der Regel schwerstkranken Patienten und einem negativen radiologischen Befund kann durch die **hochauflösende Computertomographie** in Dünnschichttechnik (HRCT) die Diagnose gesichert werden. Die endgültige Diagnose gelingt mittels **Erregernachweis** aus Bronchialsekret und Sputum sowie durch serologische-immunologische Tests.

Die ***Therapie*** besteht in einer ausgedehnten **antimykotischen Therapie** (Amphotericin B und 5-Fluorocytosin). Versagt die konservative Therapie und kommt es zur Ausbildung von irreversiblen Lungenveränderungen (z. B. Myzetom, Aspergillom, rezidivierende Hämoptysen) oder kann ein Karzinom nicht endgültig ausgeschlossen werden (**31.8** u. **31.10**, S. 701), so ist eine **Lungenresektion** indiziert.

Spezifische Lungeninfektionen

Echinokokkus

Von den parasitären Erkrankungen ist die Echinokokkose die chirurgisch bedeutendste. In 75–80 % ist die Leber befallen, in 10–15 % die Lunge, alle anderen Organe sind lediglich mit 5 % betroffen. In den Lungen treten zu 70–80 % solitäre Zysten auf, zu 5–20 % bilateral. Häufig ist der Lungenunterlappen betroffen.

Die ***Symptome*** sind unspezifisch im Sinne von Husten, Atemnot, gelegentlichen Hämoptysen und Thoraxschmerzen (**31.11**).

Für die ***Diagnose*** ist die exakte Anamnese wichtig (Aufenthalt in einem Endemiegebiet, berufliche Exposition), häufig handelt es sich jedoch um einen Zufallsbefund in der Lungenröntgenaufnahme, welche eine scharf begrenzte zystische, teils verkalkte Raumforderung zeigt. Komplettiert wird die Diagnostik durch eine CT der Lunge (s. SE 3.5, S. 52) und eine Sonographie des Abdomens zum Ausschluss weiterer Läsionen. Einen spezifischen Hinweis auf die Ätiologie gibt die serologische Immundiagnostik. Eingesetzt werden die indirekte Hämagglutination, die indirekte Immunfluoreszenz und der Enzyme-linked immunsorbent assay (ELISA).

Eine diagnostische Punktion oder Biopsie ist wegen der Gefahr der sekundären Aussaat kontraindiziert.

31.5 Aspergillome

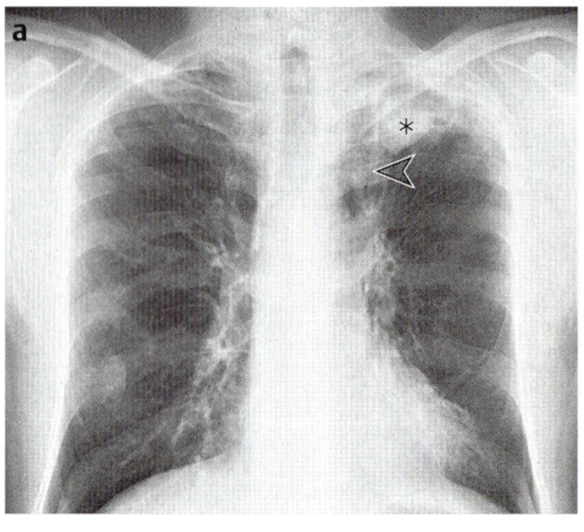

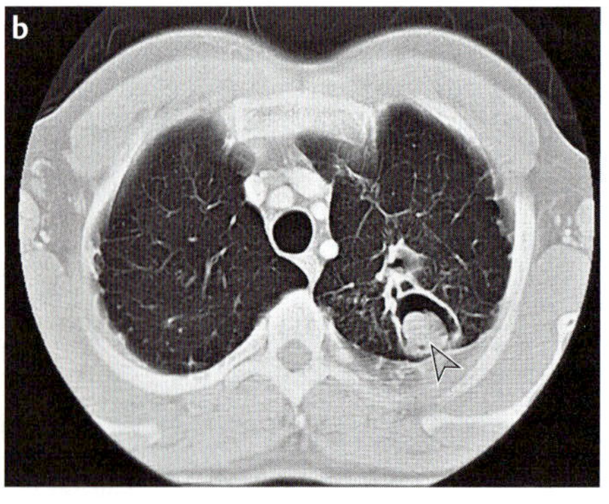

29-jährige Patientin mit langjähriger Cortison-Therapie wegen chronisch obstruktiver Lungenerkrankung. Entwicklung eines Aspergilloms im linken Oberlappen:
a Röntgen-Thorax mit streifigen Veränderungen (Pfeil) und einer Verdichtung (*) im linken Oberlappen;
b CT mit typischer Höhlenbildung und zentralem rundlichen Herd. *Therapie:* extraanatomische Klemmenresektion.

31.11 Komplikationen der Echinokokkose

Komplikationen können sich einerseits aus einer **Perforation** der Zyste in das *Bronchialsystem* ergeben, welche zu einer disseminierten pulmonalen Aussaat und zur bakteriellen Sekundärinfektion der Zyste führen kann. Anderseits kann es zu einer Ruptur in die *Pleurahöhle* kommen, mit Ausbildung eines Hydatidenergusses oder einer bronchopleuralen Fistel mit der Folge eines Pneumothorax, Pleuraempyems und einer sekundären pleuralen Aussaat.

! Bei einer Ruptur der Zyste (20–50 % der Patienten) findet sich das pathognomonische „water lily sign" in der Lungenröntgenaufnahme: durch die auf dem Flüssigkeitsspiegel schwimmende Hydatidenmembran erscheint der Flüssigkeitsspiegel wellenförmig.

Katastrophal ist die Perforation in ein *Gefäß*, was zu einer disseminierten hämatogenen Aussaat führt. Des Weiteren können Komplikationen durch **Kompression** auftreten.

Die einzige kurative ***Behandlungsmöglichkeit*** ist die chirurgische Entfernung des Parasitengewebes. Die Therapie hat parenchymerhaltend aber gleichzeitig radikal gegenüber dem Parasitengewebe zu erfolgen. Bei sehr großen oder multiplen Zysten, bei perizystischer Pneumonitis und bei rupturierten Zysten werden in der Regel lungenresezierende Verfahren angewandt (s. SE 31.1, S. 690 f). Bei kleinen Zysten erfolgt eine Perizystektomie, bei der die wirtseigene Bindegewebskapsel mit entfernt wird (Resektion im gesunden Lungengewebe). Bei großen Zysten kann eine Zystektomie erfolgen, bei der nur die Parasitenzyste mit den daran haftenden Scolices entfernt wird. Vor der Zystektomie werden mittels einer Instillation von hypertoner Kochsalz- oder Povidon-Iod-Lösung die Keime abgetötet. Eine perioperative medikamentöse Behandlung mit Albendazol oder Mebendazol ist unbedingt notwendig.

Tuberkulose

Die Tuberkulose ist eine Infektionskrankheit, die durch säurefeste Stäbchen verursacht wird. Man unterscheidet drei Spezies der Gattung Mykobakterien: Mycobacterium tuberculosis (häufigster Erreger bei uns), M. bovis und M. africanum. Der Erreger wird durch eine Tröpfcheninfektion von Mensch zu Mensch übertragen. Gefährdet sind vorwiegend Menschen mit geschwächtem Allgemeinzustand (z. B. ältere, unterernährte und immunkompromittierte Menschen, Drogenabhängige, AIDS-Patienten). Durch die Zunahme von AIDS-Erkrankten und der steigenden Tendenz von Fernreisen hat die Bedeutung der Tuberkulose in unseren Breiten einen neuen Stellenwert erlangt.

Die ***Symptome*** sind eher unspezifisch. Beobachtet werden Abgeschlagenheit, Husten, Hämoptysen, ggf. Brustwandschmerzen, subfebrile Temperaturen und Nachtschweiß. In der Röntgenthoraxaufnahme können einfache Infiltrationen (Primärkomplex), Rundherde oder Kavernen (**31.6**), aber auch das Vollbild einer Pneumonie zu sehen sein.

Die ***Diagnosesicherung*** gelingt auch durch histologischen Nachweis der säurefesten Stäbchen im Nativpräparat (Bronchiallavage, s. SE 29.3, S. 666, Punktions-Aspirat).

31.6 Lungentuberkulose

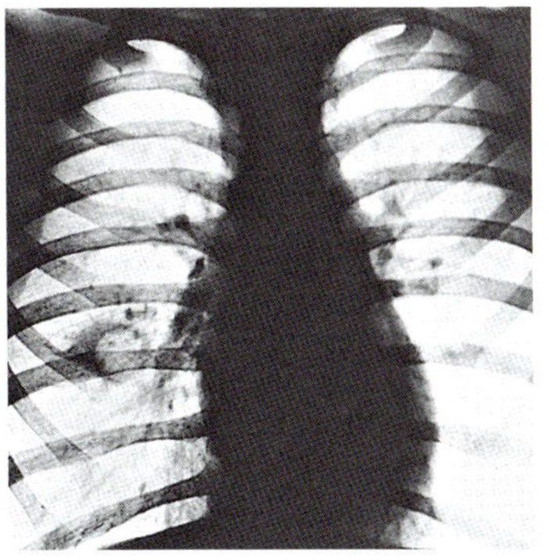

Historischer Röntgen-Thorax von 1952: Tuberkulöse Kavernenbildung im rechten Mittelgeschoss bei einem jungen Patienten.

Therapeutisch ist eine Heilung durch Tuberkulostatika meist möglich. Die chirurgische Behandlung der Lungentuberkulose und ihrer Komplikationen ist in den Hintergrund getreten. Die **Indikation zur chirurgischen Therapie** ist nur bei tuberkulostatisch vorbehandelten, tuberkulösen Restprozessen gegeben, die erfahrungsgemäß auf eine weitere medikamentöse Therapie nicht mehr ansprechen (z. B. Bronchusstenosen, Bronchiektasen, Kavernen, zerstörte und funktionslose Lungenabschnitte [Destroyed Lung] mit persistierenden Infektionen, Hämoptysen, massive Blutungen und Pleuraempyeme). Als **Operationsverfahren** sind parenchymerhaltende Verfahren zu bevorzugen. Ist es jedoch bereits zu einer ausgedehnten Zerstörung der Lunge gekommen, so kann eine Pneumonektomie indiziert sein (s. SE 31.1, S. 690 f).

31.12 Tuberkulom

Ein Tuberkulom (sog. „tuberkulöser Rundherd"!) entsteht bei einer guten Abwehrlage des Patienten. Der tuberkulöse Rundherd besteht aus einem verkäsenden Zentrum und umgebendem Granulationsgewebe (: typisches aufgeschnittenes Lungentuberkulom nach Exstirpation). Typische Symptome fehlen. Schwierig ist die Differenzialdiagnose zu anderen röntgenologischen Rundherden, welchen ein Bronchialkarzinom, Metastasen, aber auch gutartige Tumoren zugrunde liegen können. Mit keinem apparativ-bildgebenden Verfahren kann eine sichere Differenzialdiagnose zum Bronchialkarzinom hin gestellt werden. Eine Abklärung ist somit immer indiziert. Zudem kann das Tuberkulom unerwartet streuen und sich zu einer Kaverne umwandeln.

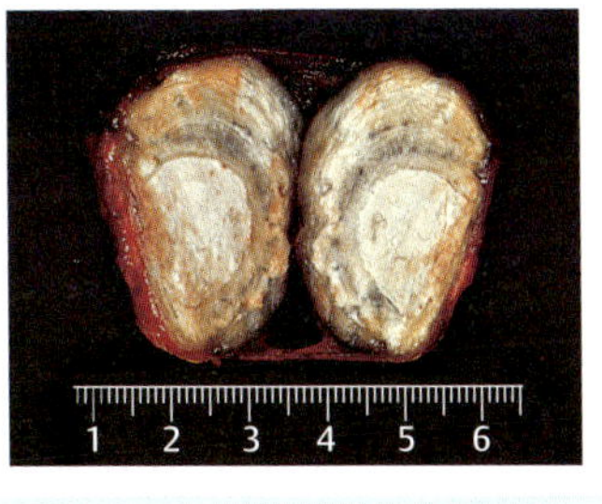

31.5 Lunge: benigne Tumoren und „peripherer Rundherd“

Gutartige Tumoren der Lunge sind wesentlich seltener als maligne und fallen meistens als asymptomatische Rundherde in der Röntgen-Thoraxaufnahme auf. Es besteht grundsätzlich eine Operationsindikation, da weder durch Bildgebung oder Verlaufsbeobachtung, sondern nur durch komplette histologische Aufarbeitung ein maligner Tumor ausgeschlossen werden kann.

Benigne Tumoren

Definition: **Benigne Lungentumoren** sind Neubildungen (Neoplasien; **T 31.2**), die prinzipiell von allen in der Lunge vorhandenen Gewebsanteilen ausgehen können. Abzugrenzen hiervon sind **entzündliche Gewebsvermehrungen** (Granulome, Tuberkulome, entzündliche Pseudotumoren). Die **Karzinoidtumoren** werden heute zu den malignen Tumoren mit niedrigem Malignitätsgrad gerechnet (s. auch **19.10**, S. 439).

Häufigkeit: Je nach Vergleichskollektiv wird die Häufigkeit von benignen Lungentumoren bezogen auf das Bronchialkarzinom mit 2–20 % angegeben.

Tumorformen: Der häufigste gutartige Lungentumor (ca. 75 %) ist das **Hamartochondrom (reifes Knorpelgewebe mit eingeschlossenen Bronchialepithelspalten und fibrösem Gewebe).** Es ist meistens singulär, liegt peripher und ist selten größer als 2 cm bei sehr langsamer Wachstumsgeschwindigkeit. Alle anderen benignen Tumoren der Lunge sind Raritäten. Eine maligne Entartung primär gutartiger Tumoren wurde bisher nicht nachgewiesen. Bei Papillomen und Adenomen können Dysplasien unterschiedlicher Schweregrade vorkommen, die eine Abgrenzung zu hochdifferenzierten Karzinomen schwierig machen. Multiple Papillome können Teil einer Papillomatose der Atemwege mit Larynxbefall sein.

Symptomatik: Benigne Tumoren der Lunge wachsen meistens peripher und sind dann bis auf selten vorkommende Symptome wie Hämoptysen oder pleurale Komplikationen (Pneumo- oder Hämatothorax) asymptomatisch. Zentral gelegene Tumoren können durch eine bronchiale Obstruktion mit der Folge von poststenotischer Atelektase, Pneumonie, Bronchiektasie oder Hämoptysen auffallen.

T 31.2 Histologische Klassifikation der benignen Lungentumoren (nach den Richtlinien der WHO)

Einteilung	*Tumor*
epitheliale Tumoren	Papillom, Adenom
nicht epitheliale (Weichgewebs-)Tumoren	Lipom, Fibrom, Leiomyom, Neurofibrom, (Häm- und Lymph-)Angiom, Hamartochondrom (**31.7**)

Der periphere Rundherd

Der Begriff „Lungenrundherd“ steht für einen Röntgenbefund einer rundlichen, maximal etwa 8 cm großen Raumforderung (**31.8**). Der Rundherd ist typischerweise von Lungengewebe umgeben, hat also keine wesentliche Beziehung zum Hilus, Zwerchfell oder Pleura. Mehr als 80 verschiedene, ganz überwiegend gutartige Erkrankungen können zu Rundherden (engl.: coin lesion) führen. Die Wahrscheinlichkeit, dass ein Rundherd maligne ist, beträgt in Westeuropa etwa 50 % (**31.9**).
Unter den benignen Rundherden überwiegen unspezifische und spezifische Ursachen. Zu den **unspezifischen Rundherden** zählen chronische Pneumonien (entzündlicher Pseudotumor), Lungeninfarkte, Abszesse (**31.10**), Aspergillome (s. SE 31.4, S. 696 ff), Bronchuszysten, Echinokokkuszysten, Lungensequester oder arteriovenöse Fisteln. Als **spezifische Rundherdbildung** werden die von einer Bindegewebskapsel umgebenen Tuberkulome bezeichnet. Typisch für ein Tuberkulom sind die Lokalisation in den Oberlappen, Verkalkungen oder Einschmelzungen.

Diagnostik: Alle **radiologischen Kriterien** wie Form, Größe, Begrenzung, zentrale Einschmelzung oder Röntgendichte des Rundherdes erlauben keine eindeutige differenzialdiagnostische Zuordnung. Unregelmäßige Konturen und rasche Größenzunahme sind als Zeichen für ein malignes infiltratives Wachstum anzusehen. Allerdings können auch benigne Tumoren wachsen und maligne Tumoren lange Zeit größenkonstant sein.

Es gibt bisher keinen radiologischen oder klinischen Beweis für die Gut- oder Bösartigkeit von pulmonalen Rundherden.

31.7 Hamartochondrom (Lunge)

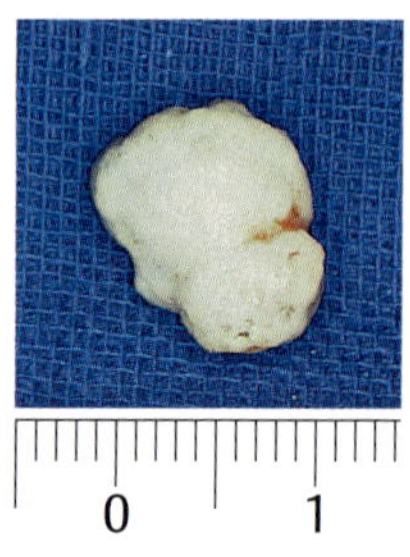

Kugeliger, fester Tumor, knapp 15 mm im Durchmesser. Das Hamartochondrom zählt zu den hamartomatösen Fehlbildungen.

31.8 Unklarer Tumor der rechten Lunge

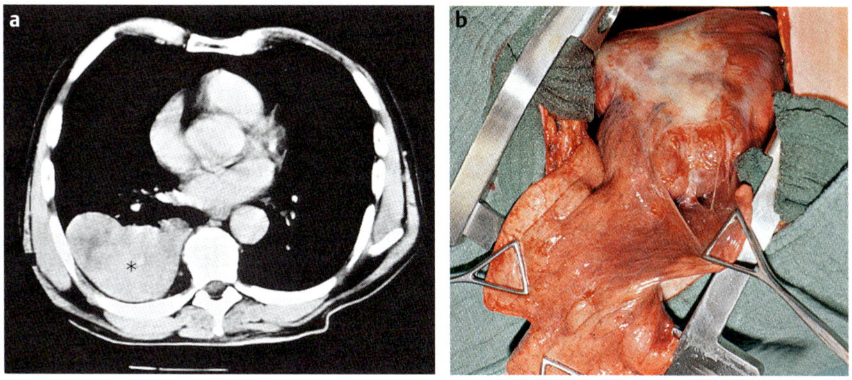

a Asymptomatischer Tumor im rechten Lungenuntergeschoss (*), Durchmesser ca. 10 cm.
b Thorakotomie: der fibrinbelegte Tumor „hängt“ am rechten Unterlappen, der mit Duval-Klemmen gefasst ist; extraanatomische, parenchymsparende Resektion mit Schnellschnitt (maligner mesenchymaler Tumor), dann Lobektomie mit Lymphknotendissektion (pN0).

31.9 Mögliche Ursachen der Lungenrundherde

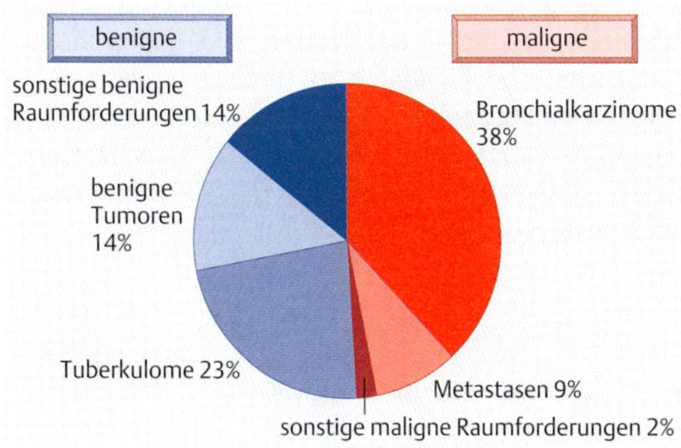

31.10 Unklarer Lungenrundherd

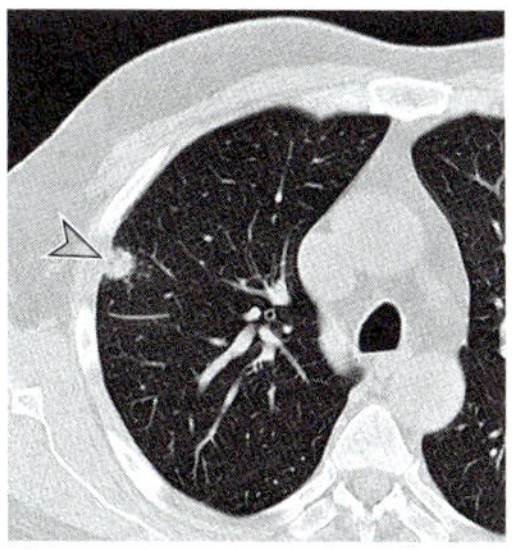

63-jähriger Patient (Raucher) wird 8 Wochen nach Pneumonie rechts thorakotomiert; extraanatomische Lungensegmentresektion, intraoperativer Schnellschnitt: chronischer Abszess mit zentralem Eiter, kein Anhalt für Malignität.

Wenn möglich, sollten **Vorbefunde** eines Röntgen-Thorax zum Vergleich herangezogen werden. Heute wird bei jedem unklaren Rundherd eine **Computertomographie** des Thorax, auch zur Beurteilung der mediastinalen Lymphknoten, durchgeführt.
Präoperativ werden eine **Bronchoskopie**, ggf. mit bronchoalveolärer Lavage (BAL), und ein **Lungenfunktionstest** durchgeführt. Es bleibt abzuwarten, ob sich die relativ teure **Positronen-Emissions-Tomographie** (PET) eignet, mit hinreichender Sicherheit gutartige von bösartigen Lungenrundherden zu unterscheiden.
Eine **perkutane Nadelbiopsie** ist bei operablen Patienten nicht sinnvoll. Neben den Gefahren eines Pneumothorax und der Tumorzellverschleppung hat ein falsch-negatives Ergebnis („Herd nicht getroffen“) keine Aussagekraft. Nur bei Patienten, bei denen z. B. aus funktionellen Gründen eine operative Entfernung nicht infrage kommt, kann eine Nadelbiopsie zur Abklärung indiziert sein.
Bei solitären Rundherden ist eine ausgedehnte **Primärtumorsuche** nicht empfehlenswert, da nur in weniger als 10 % eine Metastase vorliegt. Ratsam sind allerdings nicht invasive Untersuchungen wie klinische Untersuchung und Mammographie bei Frauen, HNO-ärztliche Untersuchung, Ultraschall des Abdomens und eine Rektoskopie.

! Prinzipiell ist bei jedem pulmonalen Rundherd die Operationsindikation zur kompletten Entfernung als Diagnostik und Therapie gegeben.

Operation: Nach Abwägung der Risiken (kardiopulmonale Funktion, Begleiterkrankungen) wird die Indikation zur operativen Entfernung des Rundherdes großzügig gestellt:

! Jeder Rundherd hat bis zum histologischen Beweis des Gegenteils als maligne zu gelten.

Die Operationsindikation beruht also fast immer auf der unklaren Diagnose und selten auf der Beseitigung oder Prophylaxe von Symptomen. Bei peripheren Rundherden wird eine parenchymsparende Keilresektion, heute meist mit Klammernahtgeräten, vorgenommen (s. SE 31.1, S. 690 f). Bei pleuranahen Herden kann dies auch durch **v**ideo-**a**ssistierte **T**horako**s**kopie (VATS) erfolgen. Nur bei größeren, zentral gelegenen Herden muss primär eine Lappenresektion erfolgen. Eine intraoperative Schnellschnittuntersuchung klärt die Histologie und das weitere Vorgehen. Bei Nachweis eines Bronchialkarzinoms erfolgt die Lappenresektion mit mediastinaler Lymphknotenausräumung. In Einzelfällen kann auch eine bronchoskopische Abtragung (mittels Laserung) von zentralen, bronchusobstruierenden Tumoren indiziert sein.

Martin Wolff / Gisela Brünagel

31.6 Maligne Lungentumoren: Epidemiologie, pathologische Anatomie, Klassifikation und Symptome

98 % der primären Lungentumoren sind Bronchialkarzinome. Sie gehören zu den häufigsten Karzinomen überhaupt und stehen beim männlichen Geschlecht an der Spitze aller Malignome. Ätiologisch wird vor allem der steigende Zigarettenkonsum für die Zunahme an Lungenkarzinomerkrankungen verantwortlich gemacht (31.13). Bei 95 % der Patienten wird ein peripheres Bronchialkarzinom erst in einem fortgeschrittenen Stadium symptomatisch. Zudem besteht darüber hinaus eine diagnostische Latenz von 4–6 Monaten zwischen Auftreten der ersten Symptome und endgültiger Diagnosestellung.

Bronchialkarzinom

31.13 Epidemiologie und Ätiologie des Bronchialkarzinoms

Epidemiologie: Das Bronchialkarzinom zählt in den westlichen Industriestaaten zu den häufigsten Malignomen, beim männlichen Geschlecht ist es weltweit die häufigste Krebsform überhaupt. Gegenwärtig muss in Deutschland mit ca. 45 000 Neuerkrankungen pro Jahr gerechnet werden, das entspricht einer Inzidenz von 50–60 pro 100 000 Einwohner und Jahr. Das Geschlechtsverhältnis beträgt 1 : 3–6, zuungunsten der Männer, wobei sich eine Verschiebung zum weiblichen Geschlecht vollzieht. Die Erkrankungshäufigkeit steigt mit zunehmendem Alter und erreicht einen Gipfel zwischen dem 60. und 70. Lebensjahr. ***Ätiologisch*** kommt v. a. dem inhalativen Rauchen eine entscheidende Bedeutung zu. Über 80 % der Bronchialkarzinome sollen hierauf zurückzuführen sein. Bei täglichem Konsum von 20 Zigaretten rechnet man mit einer Latenzzeit von 30–40 Jahren bis zur Tumorentstehung. Dieses Intervall kann durch frühen Beginn des Rauchens (Jugendalter) deutlich kürzer sein. Andere wichtige Umwelteinflüsse sind z. B. Schwermetalle (Arsen, Blei), radioaktive Substanzen, polyzyklische aromatische Kohlenwasserstoffe und Silikate (Asbest).

Pathologische Anatomie: Die bösartigen epithelialen Lungentumoren werden meist unter dem Begriff des Bronchialkarzinoms zusammengefasst. Die Mehrzahl von ihnen (ca. 70 %) entwickelt sich in den zentralen und intermediären Abschnitten des Bronchialsystems (sog. **zentrale Bronchialkarzinome**). Nur ca. 30 % haben ihren Ursprung im bronchioalveolären Bereich (sog. **periphere Bronchialkarzinome**, **31.12**). Eine seltene Wachstumsform (5 %) ist das sog. *Alveolarzellkarzinom* (Synonym: bronchioloalveoläres Karzinom) mit **diffusem Ausbreitungsmuster** (**31.14**).

31.11 Röntgenbefunde des Bronchialkarzinoms

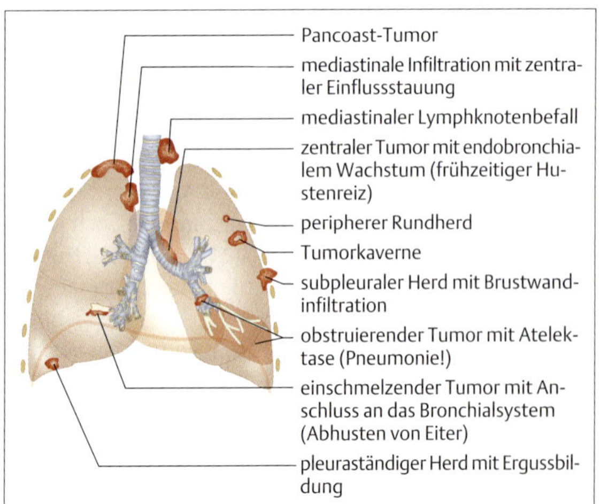

31.12 Großer Rundherd rechts

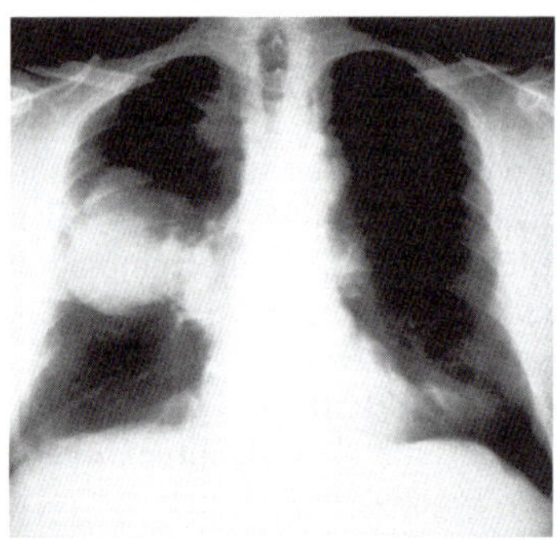

In diesem Fall handelt es sich um ein zentrales Bronchialkarzinom.

31.13 Tumorlokalisation

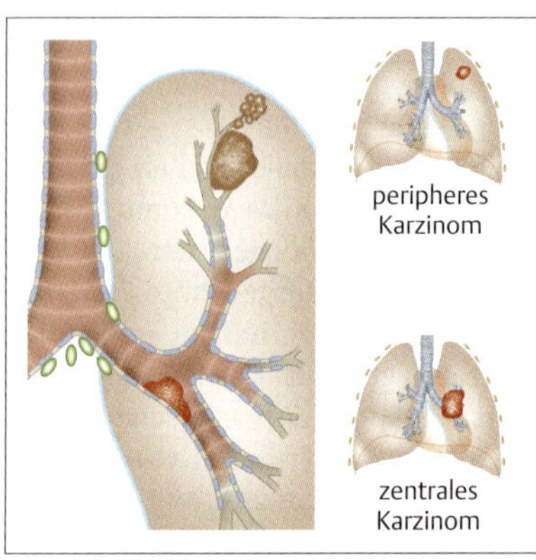

Der rot gekennzeichnete Bereich ist bronchoskopisch einsehbar. Daneben sind die entsprechenden Röntgenbefunde dargestellt.

31.3 Merkmale der verschiedenen Bronchialkarzinomtypen

Einteilung	*Typ*	*Merkmale*
nicht kleinzellige Bronchialkarzinome (75 %)	Adenokarzinom (40 %)	ausgehend von metaplastischen Schleimzellen, Clara-Zellen und Pneumozyten Typ II, überwiegend peripher entstehend, häufiger bei Frauen und Nichtrauchern, frühe hämatogene Metastasierung, *Sonderform:* Alveolarzellkarzinom
	Plattenepithelkarzinom (20 %)	ausgehend von metaplastischen Reservezellen, überwiegend zentrale Tumoren, enge Beziehung zum Rauchen, langsames Wachstum mit vorwiegend lymphogener Metastasierung, günstigste Prognose unter den Bronchialkarzinomen
	großzelliges Bronchialkarzinom (15 %)	Sammelgruppe für entdifferenzierte Platten- und Adenokarzinome, abnehmende Häufigkeit
kleinzellige Bronchialkarzinome (25 %)		ausgehend vom APUD-Zellsystem des Bronchialsystems (sog. Kultschitzky-Zellen), enge Beziehung zum Rauchen, paraneoplastische Syndrome, hochmaligne Tumoren mit frühzeitiger Metastasierung, gute Sensibilität gegenüber Strahlen- und Chemotherapie
Bronchuskarzinoid (1–2 %)		gleiche histogenetische Familie wie kleinzellige Bronchialkarzinome, jedoch niedrigere Malignität, zentrale Lage in 60–70 % der Fälle, keine kausale Beziehung zum Rauchen, in 2 % der Fälle endokrin aktiv (Karzinoid-Syndrom, Cushing-Syndrom), keine Geschlechtsbevorzugung, Häufung in der 4. Lebensdekade

31.4 TNM-Klassifikation des Bronchialkarzinoms

Einteilung	*Definition*
TX	positive Zytologie
Tis	Carcinoma in situ
T1	Tumor < 3,0 cm, Hauptbronchus frei
T2	Tumor > 3,0 cm, Hauptbronchus bis 2 cm distal der Karina frei, Infiltration der viszeralen Pleura, partielle Atelektase
T3	Befall von Brustwand, Zwerchfell, Perikard, mediastinaler Pleura, Hauptbronchus (Karina frei), Totalatelektase
T4	Infiltration von Mediastinum, Herz, großen Gefäßen, Trachea, Speiseröhre; maligner Pleuraerguss
N1	Lymphknotenbefall ipsilateral hilär peribronchial
N2	Lymphknotenbefall ipsilateral mediastinal und/oder subkarinal
N3	Lymphknotenbefall kontralateral mediastinal, Skalenus- und supraklavikulärer Lymphknotenbefall (ipsi- und kontralateral)
MX	keine Beurteilung möglich
M0	keine Fernmetastasen
M1	Fernmetastasen einschließlich Tumorherden in anderen Lungenlappen als der Primärtumor

Zentrale Karzinome sind bronchoskopisch einsehbar, periphere nicht (**31.13**). „Periphere" Karzinome können auch zentral (parahilär) liegen.

Das Bronchialkarzinom findet sich bevorzugt in den Lungenoberlappen, rechts häufiger als links, was mit der bevorzugten Ventilation dieser Lungenabschnitte und der damit verbundenen vermehrten Exposition gegenüber Umwelteinflüssen in Zusammenhang gebracht wird. Unter pathohistologischen Gesichtspunkten unterscheidet man im klinischen Alltag oft nur das **kleinzellige** (SCLC – **S**mall **C**ell **L**ung **C**ancer) und das **nicht kleinzellige** (NSCLC – **N**on **S**mall **C**ell **L**ung **C**ancer) **Bronchialkarzinom** sowie **Bronchuskarzinoide** (**31.3**).

31.14 Alveolarzellkarzinom

Durch seine diffuse Ausbreitung mit tapetenartiger Auskleidung der Alveolarräume ahmt das Alveolarzellkarzinom eine Pneumonie nach. Aufgrund der häufigen massiven Schleimproduktion wird es auch als Lungenadenomatose bezeichnet.

Klassifikation: Verschiedene **TNM-Konstellationen** (**31.4**; s. auch SE 4.9, S. 90 f) können zu sog. **UICC-Stadien** zusammengefasst werden (**31.5**).
Für kleinzellige Bronchialkarzinome wird oft nur eine **Stadieneinteilung nach der VALG** (**V**eterans **A**dministration **L**ung **C**ancer) in eine Limited Disease (LD) und eine Extensive Disease (ED) vorgenommen (**31.6**). Die Limited Disease entspricht ungefähr den Stadien I–III A, die Extensive Disease den Stadien III B und IV.

T 31.5 UICC-Stadieneinteilung des Bronchialkarzinoms

UICC-Stadium	TNM-Konstellation	
I A	T 1	N 0
I B	T 2	N 0
II A	T 1	N 1
II B	T 2	N 1
	T 3	N 0
III A	T 1, 2	N 2
	T 3	N 1–2
III B	T 1, 2, 3	N 3
	T 4	N 0–3
IV	M 1	

T 31.6 Stadieneinteilung des kleinzelligen Bronchialkarzinoms (nach der VALG)

Stadium	Definition
Limited Disease (LD)	auf den initialen Hemithorax begrenzter Tumor mit oder ohne ipsilateral mediastinalem und/oder subkarinalem Lymphknotenbefall
Extensive Disease (ED)	Ausbreitung über LD hinaus

31.14 Häufige Symptome beim Bronchialkarzinom

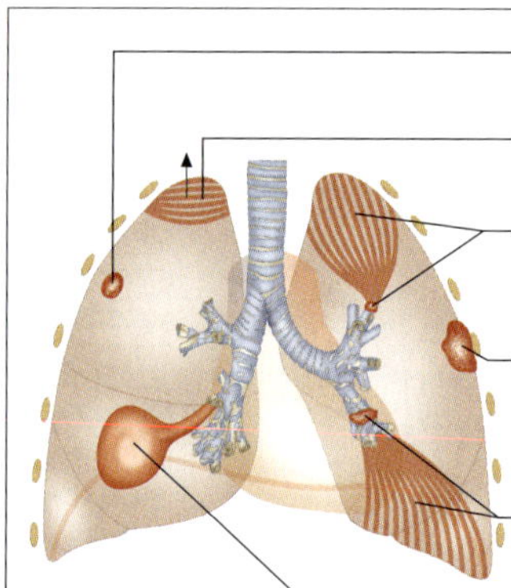

Symptome und Diagnostik (s. auch **31.14** und **31.15**): Das Spektrum der Beschwerden und Symptome beim Bronchialkarzinom ist breit und unspezifisch. Es besteht jedoch eine Abhängigkeit zu Tumorgröße und -lokalisation. Die Mechanismen, die für die Entstehung der entsprechenden Symptome verantwortlich sind, reichen von einer lokalen Irritation durch den Tumor bzw. dessen Metastasen bis zu systemischen Auswirkungen infolge Produktion und Sekretion unterschiedlichster humoraler Substanzen (paraneoplastische Syndrome; **31.16**).

Husten: Mit 60–80 % eines der häufigsten, aber auch uncharakteristischsten Symptome. Wichtig bei dem ohnehin oft bestehenden chronischen Raucherhusten ist eine Veränderung der Hustencharakteristik.

Hämoptysen (25–30 %): Aufgrund der geringen Blutmengen und der meist fehlenden subjektiven Belastung werden sie bagatellisiert und führen den Patienten anfangs nur selten zum Arzt.

! Hämoptysen bedürfen immer der Abklärung, da sie häufig das einzige Frühsymptom des Bronchialkarzinoms sind.

Brustschmerzen werden von 30–50 % der Patienten angegeben und sind oft Folge einer direkten Thoraxwandinfiltration, also Zeichen des fortgeschrittenen Tumorwachstums. Sie können jedoch auch in frühen Stadien auftreten ohne klaren Hinweis für die Ursachen. Art und Ausprägung des Schmerzes sind unterschiedlich und lassen meist keine weiteren Rückschlüsse zu.

Gewichtsverlust: Eine Abnahme des Körpergewichtes findet sich bei der Hälfte der Patienten. Die Ursachen liegen, neben dem konsumierenden Tumorwachstum, auch in der Sekretion unterschiedlicher hormonell aktiver Substanzen (paraneoplastisches Syndrom).

Pneumonie: Sie ist typisch für zentrale Tumoren, die durch eine Obstruktion größerer Luftwege zu einer Belüftungsstörung und nachfolgenden Infektion des betreffenden Lungenabschnittes führen (poststenotische Pneumonie). Daher muss bei rezidivierenden Pneumonien gleicher Lokalisation immer auch eine Tumorgenese ausgeschlossen werden.

Atelektase (**31.14** und **31.15**): Ein zentrales Bronchialkarzinom mit komplettem Bronchusverschluss führt zum Kollaps der Lungenalveolen mit fehlender Entfaltung des nachgeschalteten Lungenbereichs. Oft Übergang in eine atelektatische Pneumonie!

Dyspnoe: Ursächlich liegt entweder eine Obstruktion größerer Atemwege oder eine Irritation des N. phrenicus vor. Eine Phrenikusläsion kann durch eine Röntgendurchleuchtung verifiziert werden (unbewegliches, hoch stehendes Zwerchfell).

Rekurrensparese: Sie tritt aufgrund der anatomischen Gegebenheiten vorrangig linksseitig auf: Der linke N. recurrens zieht um den Aortenbogen herum; oft wird er durch Lymphknotenmetastasen im aortopumonalen Winkel zerstört.

! Eine länger als 3 Wochen bestehende Heiserkeit bedarf immer der weiteren Abklärung.

Obere Einflussstauung (V.-cava-superior-Syndrom): Sie entsteht in 5–10 % der Fälle infolge der Einengung oder des Verschlusses der oberen Hohlvene oder der Vv. brachiocephalicae (durch Primärtumor oder häufiger durch Metastasen).

Neurologische Störungen: V. a. beim sog. *Pancoast-Tumor* (d. h. einem rasch fortschreitenden peripheren Bronchialkarzinom der oberen Lungenfurche bzw. -spitze) kann es aufgrund seiner Lokalisation im Bereich Lungenspitze – obere Thoraxapertur zu einer charakteristischen Symptomatik mit Horner-Syndrom (Miosis, Ptosis, Enophthalmus durch Infiltration des Ganglion stellatum) und neu-

31.15 Darstellung der Atelektasen im Röntgenbild

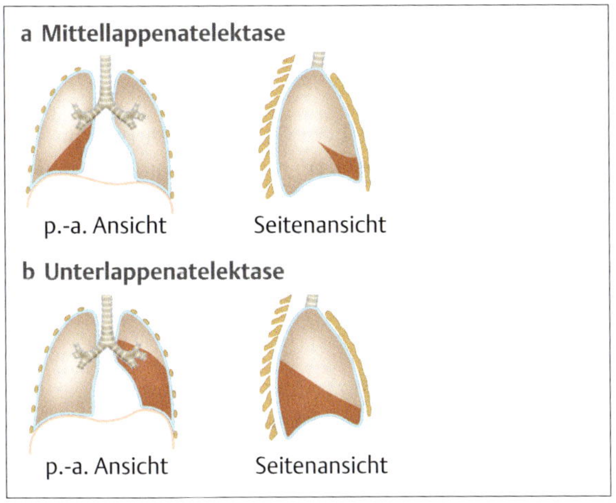

rologischen Störungen des ipsilateralen Armes (Infiltration des Armplexus) kommen.

Pleuraerguss: Oft Zeichen eines fortgeschrittenen Bronchialkarzinoms mit Einbruch in die Pleura viszeralis oder bei Pleurakarzinose. Es handelt sich um ein hämorrhagisches Exsudat.

Paraneoplastische Syndrome: Im Gegensatz zu den vorgenannten Symptomen, die ihre Ursache meist in einer lokalen tumorbedingten Irritation haben (Primärtumor, Metastasen), entstehen paraneoplastische Syndrome als Folge einer Sekretion hormonartig wirkender Peptide durch den Tumor. Zu den häufigsten und bekanntesten paraneoplastischen Syndromen zählt die *Hyperkalzämie*. Sie lässt sich bei rund 10 % aller Malignome nachweisen. Die Ursachen und die zugrunde liegenden Pathomechanismen sind oft unbekannt oder nur unvollständig aufgeklärt (**31.16**).

31.15 Diagnostische Latenz

Es gibt viele Gründe (patientenbezogen und ärztlicherseits), warum die diagnostische Latenz zwischen Auftreten der ersten Symptome und dem Zeitpunkt der endgültigen Diagnosefindung noch immer 4–6 Monate beträgt. Die wichtigsten sind:

- Verdrängung oder Bagatellisierung von Symptomen,
- scheinbare Besserung durch antibiotische Therapie bei poststenotischer Pneumonie,
- kleine Karzinome können der konventionellen Röntgendiagnostik (Röngen-Thorax pa und seitlich) entgehen und
- vorschnelles Vertrauen auf falsch negative Diagnostikbefunde.

Jeder neu entstandene Lungenrundherd ist auch im asymptomatischen Stadium solange als ein Malignom anzusehen, bis das Gegenteil bewiesen ist.

In SE 29.2 (s. S. 664 f) und 274 (s. S. 666 f) ist die nicht invasive bzw. endoskopische Diagnostik dargestellt. Im Mittelpunkt der Tumordiagnostik stehen konventionelles Röntgen, CT, Bronchoskopie, perkutane Feinnadelpunktion, Mediastinoskopie, Thorakoskopie bis hin zur Klemmenresektion eines unklaren peripheren Rundherdes.

31.16 Klinik und Pathogenese häufiger paraneoplastischer Syndrome

Bei der **hypertrophen pulmonalen Osteopathie** (HPO; Häufigkeit unter allen Bronchialkarzinomen: 3–5 %) kommt es zu Trommelschlägelfingern und einer proliferierenden Periostitis der Röhrenknochen. Klinisch klagen die Patienten über rheumaähnliche Gelenkschmerzen mit Schwellungen an den distalen Enden der Extremitäten. Die Ursachen sind bisher nicht geklärt.

Beim **Lambert-Eaton-Syndrom** (Pseudomyasthenie) wird aufgrund von Autoantikörpern gegen Calciumkanäle die Freisetzung von Acetylcholin an der motorischen Endplatte gestört. Die Patienten leiden an Muskelschwäche, insb. der proximalen Muskelgruppen (Treppensteigen!), die aber im Gegensatz zur echten Myasthenie bei körperlicher Aktivität abnimmt.

Ursache des **Cushing-Syndroms** (1 %, vorwiegend bei kleinzelligem Bronchialkarzinom) ist die Produktion von ACTH. Es unterscheidet sich vom klassischen Cushing-Syndrom v. a. dadurch, dass Elektrolytstörungen und Gewichtsverlust die klinische Symptomatik bestimmen.

Weitere Syndrome sind z. B. inadäquate ADH-Sekretion, subakute Kleinhirndegeneration, Neuropathien, Polymyositis, Dermatomyositis, hämatologische Veränderungen (Anämie, Leukozytose, Thrombozytose).

Lungensarkom

Lungensarkome gehören zu den nicht epithelialen Tumoren und machen weniger als 1 % der primären pulmonalen Malignome aus. Ausgangspunkt sind mesenchymale Bindegewebszellen der Bronchial- oder Gefäßwände. Man unterscheidet Fibrosarkome, myogene Sarkome, Angioblastome und Karzinosarkome. Es besteht keine signifikante Häufung hinsichtlich Geschlecht, Alter oder Lokalisation. Die Symptomatik unterscheidet sich nicht von den Bronchialkarzinomen.

Lungenmetastasen

Die Lunge nimmt aufgrund ihres ausgedehnten Blut- und Lymphsystems eine zentrale Stellung als Zielorgan für die Metastasierung der unterschiedlichsten Malignome ein. Der Befall erfolgt vorwiegend hämatogen, seltener über andere Wege (z. B. Lymphbahnen). Die Häufigkeit von Lungenmetastasen hängt vor allem von der Epidemiologie und dem biologischen Verhalten des Primärtumors ab. Lungenfiliae lokalisieren sich meist peripher, multipel und bilateral. Die Bevorzugung der Unterlappen lässt sich vermutlich auf die bessere Perfusion dieser Lungenabschnitte zurückführen.

Die Symptomatik von Lungenmetastasen unterscheidet sich prinzipiell nicht von der primärer Lungentumoren.

31.7 Maligne Lungentumoren: Therapie und Prognose

Obgleich in den vergangenen Jahrzehnten erhebliche Anstrengungen unternommen wurden, insb. die Chemo- und Strahlentherapie in ihrer Effizienz zu verbessern, verspricht auch gegenwärtig zumeist nur die radikale operative Tumorentfernung Aussicht auf Heilung. Leider hat sich aber trotz großer Anstrengungen auf diagnostischem und therapeutischem Gebiet in den letzten Jahrzehnten die Prognose der malignen Lungentumoren nicht wesentlich verbessert. Die 5-Jahres-Überlebensrate beträgt weiterhin im Durchschnitt nur 8–9 %. Häufig können nur noch palliative Therapien zur Linderung der Beschwerden zum Einsatz kommen.

Nicht kleinzellige Bronchialkarzinome

Indikation zur Operation und Therapie:

Die radikale Operation ist nach wie vor die wichtigste Therapiemodalität zur Heilung des nicht kleinzelligen Bronchialkarzinoms.

Trotz verbesserter Operationsmethoden (z. B. häufigere Durchführung einer bronchialen Manschettenresektion, s. SE 31.1, S. 690 f) hat sich der Anteil kurativ resezierbarer Tumoren innerhalb der letzten Jahrzehnte nicht wesentlich verändert und liegt weiterhin bei nur ca. 30 %. Entscheidende **Voraussetzungen** für einen Eingriff mit kurativer Zielsetzung sind

- ein frühes Tumorstadium sowie
- ausreichende funktionelle, v. a. pulmonale Reserven (s. **29.2**, S. 665).

Konsens besteht über die **Indikation zur Operation** im UICC-Stadium I und II (s. SE 31.6, S. 703 f), wobei in Einzelfällen eine lokale Nachbestrahlung sinnvoll sein kann. Auch Patienten im Stadium III A werden derzeit noch überwiegend primär einer Operation zugeführt (**T 31.7**). Jedoch haben die bisherigen Erfahrungen gezeigt, dass bereits bei einem Befall der gleichseitigen mediastinalen Lymphknoten (N2; s. **31.17**) der Nutzen einer Operation fraglich ist. Trotz technischer Operabilität mit nachgewiesener R0-Resektion (s. SE 4.9, S. 91) kann die Überlebenszeit oft nicht verlängert werden, da diese Patienten an den Folgen der Fernmetastasierung versterben. Daher werden Tumoren ab Stadium IIIB i. d. R. einer symptomatischen Therapie zugeführt (ein neuer Ansatz, die sog. neoadjuvante Radiochemotherapie, wird gegenwärtig untersucht, **31.17**). In Einzelfällen kann die Entfernung eines lokal fortgeschrittenen Tumors (T4) mit entsprechender Rekonstruktion (Trachea, Ösophagus, große Ge-

T 31.7 Übersicht zum therapeutischen Vorgehen beim nicht kleinzelligen Bronchialkarzinom

UICC-Stadium	*Therapie*
I	Operation
II	Operation, ggf. postoperative lokale Radiotherapie
IIIA	Operation, postoperative lokale Radiotherapie insb. bei Lymphknotenbefall
IIIB	symptomenorientiert; ggf. Kombination einer Primärtumorbestrahlung mit Chemotherapie
IV	symptomorientiert

31.16 Tumorlokalisationen und Operationsverfahren

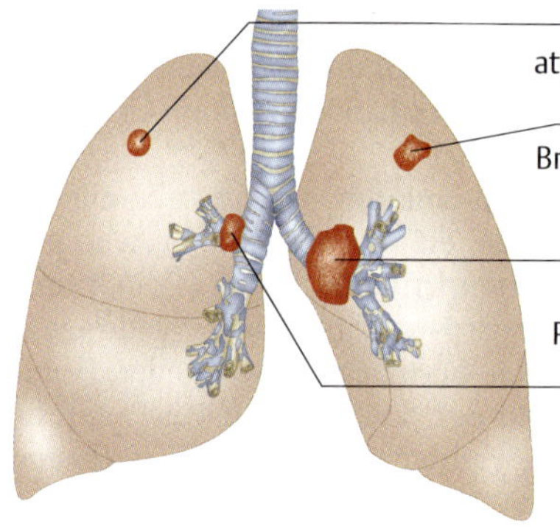

Die verschiedenen Verfahren werden in SE 31.1 (S. 690 f) beschrieben.

31.17 Pulmonale und mediastinale Lymphknotenstationen

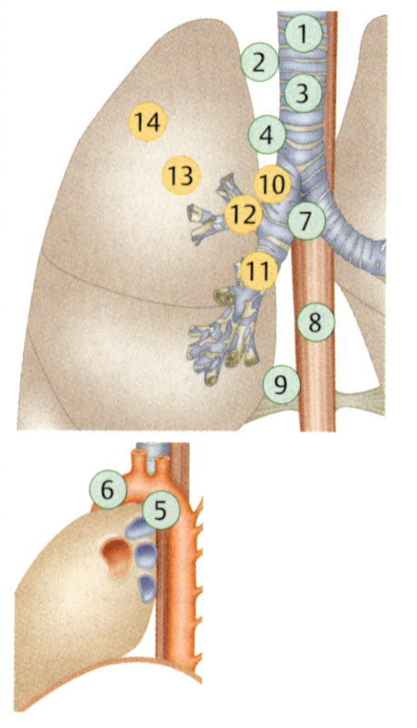

Dargestellt sind die Lymphknotenstationen und die Zuordnung zum TNM-System (N1–N3; s. SE 4.9, S. 90 f).

fäße) erwogen werden („erweiterte Resektion"). Voraussetzung ist jedoch der präoperative Ausschluss eines fortgeschrittenen Lymphknotenbefalls (N3) durch Bildgebung und/oder Mediastinoskopie.

Der Befall kontralateraler mediastinaler oder gleichseitiger supraklavikulärer Lymphknoten (N3) bedeutet unter kurativen Gesichtspunkten unabhängig von der Größe des Primärtumors in jedem Fall Inoperabilität.

In wenigen Fällen ergibt sich die Operationsindikation unter palliativen Aspekten, also zur Behandlung von Komplikationen, v. a. Blutungen und (poststenotischen) Pneumonien.

Das **Ausmaß der Resektion** beim nicht kleinzelligen Bronchialkarzinom wird durch Sitz und Ausdehnung des Primärtumors bestimmt (**31.16**).

Bezüglich der mediastinalen Lymphknotenentfernung setzt sich zunehmend die systematische Ausräumung durch (komplette mediastinale Lymphknotendissektion; **31.17**).

Entscheidender Vorteil dieser Maßnahme ist eine exakte Erhebung des Lymphknotenstatus (für ein korrektes N-Staging ist die Entfernung von mindestens 6 Lymphknoten erforderlich). Ob hieraus auch eine verbesserte Prognose resultiert, wird derzeit noch kontrovers diskutiert.

Bedeutung der Radio- und Chemotherapie: Aufgrund der mäßigen bis geringen Sensibilität des nicht kleinzelligen Bronchialkarzinoms gegenüber der Radio- bzw. Chemotherapie ist die Bedeutung dieser Verfahren (mit Ausnahme des Plattenepithelkarzinoms) vergleichsweise gering. Empfohlen wird die postoperative **lokale Nachbestrahlung** bei Patienten mit vollständig reseziertem Tumor (R0), aber Lymphknotenbefall (N1, N2) oder bei unvollständiger Tumorresektion (R1, R2; s. SE 4.9, S. 91). Hierdurch wird die Lokalrezidivrate gesenkt sowie die Überlebensrate und das krankheitsfreie Intervall erhöht. **Intraoperative Bestrahlungen** zeigten bisher keine positiven Ergebnisse. Beim Vorliegen eines Pancoast-Tumors (s. SE 31.6, S. 704) empfiehlt sich die **präoperative Radiotherapie** mit 30–50 Gy. Ist dann eine Tumorresektion möglich, erfolgt die postoperative Aufsättigung bis 60 Gy (Sandwich-Technik). Eine **primäre Bestrahlung** ist bei Patienten in frühen Tumorstadien, aber funktioneller Inoperabilität (unzureichende Lungenfunktion, Nebenerkrankungen) oder ablehnender Haltung zur Operation zu erwägen. Diese hat aber nur beim Plattenepithelkarzinom eine potenziell kurative Zielsetzung. Die 5-Jahres-Überlebensraten im Stadium I und II liegen bei durchschnittlich 12 % und sind somit schlechter als bei operierten Patienten (16–18 %). Großzellige Bronchialkarzinome sind wenig, bronchoalveoläre nicht strahlensensibel.

Die **Chemotherapie** hat beim nicht kleinzelligen Bronchialkarzinom ausschließlich palliativen Charakter. Nur in ca. 30 % der Fälle kommt es zu einer meist unvollständigen und nur kurzzeitigen Remission. Eingesetzt werden unterschiedliche Kombinationen meist mit Cisplatin (z. B. Cisplatin mit Ifosfamid, Etoposid oder Adriamycin und Cyclophosphamid). Neuere Studien belegen jedoch für einige Patienten im Stadium III (mit fortgeschrittenem Lymphknotenbefall) einen positiven Effekt der initialen Chemotherapie mit anschließender Operation (neoadjuvante Therapie; **31.17**).

31.17 Neoadjuvante Radiochemotherapie des nicht kleinzelligen Bronchialkarzinoms

In den letzten Jahren konnte gezeigt werden, dass einige Patienten (sog. Responder) mit fortgeschrittenen Tumorstadien (UICC-Stadium III) durch eine kombinierte Radiochemotherapie mit nachgeschalteter Operation eine deutliche Prognoseverbesserung erfahren. Das Konzept dieser sog. neoadjuvanten Radiochemotherapie wird derzeit in verschiedenen klinischen Studien evaluiert und kann daher noch nicht als therapeutischer Standard angesehen werden.

Prognose: Nur ca. 20–30 % der nicht kleinzelligen Bronchialkarzinome sind resektabel. Von diesen Patienten erreicht 1/3 ein rezidivfreies 5-Jahres-Überleben, 16–18 % überleben 10 Jahre und länger.

Neben der lokalen Tumorausdehnung kommt dem regionären Lymphknotenbefall eine ganz wesentliche prognostische Aussagekraft zu (**31.8**).

31.8 Prognose des nicht kleinzelligen Bronchialkarzinoms

Stadium	*TNM*	*5-Jahre-Ü. (%)*
I	T1, N0	55–75
II A	T1, N1	40–50
II B	T3, N0	50–55
III A	T3, N1 T1–3, N2	30–40 0–25
III B	T1–3, N3 T4, N0–1, R0 T4, jedes N	0 20–30 0–8,5
IV	M1 (disseminiert) M1 (nur Hirnfiliae)	10–20 10–20

Karzinoid

Indikation zur Operation und Therapie: Da Karzinoide nicht strahlen- und chemotherapiesensibel sind, ist eine operative Entfernung auch hier unbedingt anzustreben. Da es sich um einen niedrig malignen Tumor handelt, kann die Resektion bei peripherer Lage parenchymsparend erfolgen (Klemmenresektion), bei zentraler Lage muss jedoch lobektomiert werden, immer mit mediastinaler Lymphknotendissektion.

Prognose: Die 5- und 10-Jahres-Überlebensrate des Bronchuskarzinoids beträgt 60 bzw. 40 %. Patienten mit Karzinoid ohne Lymphknotenbefall erreichen nach vollständiger Tumorresektion (R0) sogar Überlebensraten, die der Normalpopulation entsprechen.

Kleinzellige Bronchialkarzinome

Indikation zur Operation und Therapie: Aufgrund der kurzen Generationszeit der kleinzelligen Bronchialkarzinome mit frühzeitiger Metastasierung stellt die alleinige Operation in keinem Stadium eine ausreichende Therapie dar. Oft ist jedoch schon der Primärttumor nicht mehr R0-resektabel. Wahrscheinlich aufgrund der kurzen Generationszeit spricht er wesentlich besser auf eine Chemo- und Stahlentherapie an. Diese gegenüber dem nicht kleinzelligen Karzinom unterschiedliche Ansprechrate, aber auch das unterschiedliche Wachstums- und Metastasierungsverhalten sind die wesentlichen Gründe, zwischen kleinzelligen und nicht kleinzelligen Bronchialkarzinomen zu unterscheiden.

In der Therapie des kleinzelligen Bronchialkarzinoms spielt die Chemotherapie die entscheidende Rolle (**31.18**).

Es hat sich aber gezeigt, dass in frühen Tumorstadien (T1, T2, N0, N1, M0) eine **zusätzliche Tumorresektion** die Prognose verbessern kann. Gelegentlich wird auch erst nach der Entfernung eines unklaren Rundherdes die Diagnose eines kleinzelligen Bronchialkarzinoms gestellt. Eine Übersicht zum therapeutischen Vorgehen gibt **31.18**.
Der Nutzen einer **zusätzlichen Bestrahlung** konnte für Patienten mit „Limited Disease" (LD; s. SE 31.6, S. 703 f) eindeutig belegt werden. Hierdurch kann im Falle der kompletten Remission nach Chemotherapie die Lokalrezidivrate gesenkt und das Langzeitüberleben verbessert werden. Außerdem wird im Kollektiv mit einer partiellen Remission die Zahl der kompletten Remissionen erhöht (**31.19**). Eine *vorbeugende Bestrahlung des Schädels* kann die Rate der hier lokalisierten Primärrezidivrate von 40% auf unter 10% (Patienten im LD) senken. Andererseits ist ein Nutzen hinsichtlich der Überlebenszeit bei z.T. deutlichen neurologischen Nebenwirkungen bisher nicht nachgewiesen. Daher sollte die präventive Radiatio des Neurokraniums bei LD nur nach kompletter Remission durchgeführt werden.

31.18 Therapie des kleinzelligen Bronchialkarzinoms

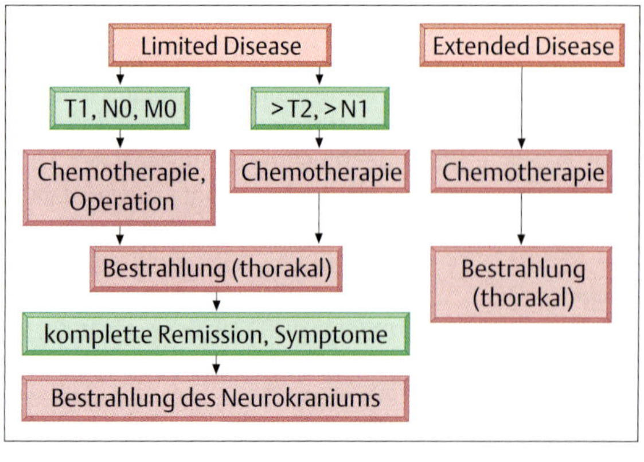

31.18 Chemotherapie des kleinzelligen Bronchialkarzinoms

Die dominierende Rolle in der Therapie des kleinzelligen Bronchialkarzinoms spielt die Chemotherapie. In den letzten Jahrzehnten ist für eine Vielzahl von Substanzen eine gute Wirksamkeit nachgewiesen worden, wobei eine Kombination (Polychemotherapie) der Gabe von Einzelsubstanzen überlegen ist. Eingesetzt werden Platinderivate (Cisplatin, Carboplatin), Anthrazykline (Epirubicin, Adriamycin), Alkylantien (Ifosfamid, Cyclophosphamid), Vinca-Alkaloide (Vincristin), Methotrexat u.a. Da sich die Ergebnisse (Ansprechraten etc.) nicht wesentlich unterscheiden, erfolgt die Substanzauswahl vorrangig nach dem Nebenwirkungsprofil. Es sollten insgesamt 6 Zyklen verabreicht werden, wobei im Falle des Nichtansprechens nach dem 2. Zyklus zu einem alternativen Schema gewechselt werden muss. Die Remissionsraten betragen im LD 85% und 75% im ED (komplette Remissionen im LD 35–50% und im ED 15–25%).

31.19 Bestrahlungsmodalitäten beim kleinzelligen Bronchialkarzinom

In der Regel wird eine Gesamtdosis von 50 Gy über 5 Wochen fraktioniert im Bereich des Primärtumors und dem Mediastinum (Lymphknoten) appliziert. Andere Modalitäten wie kombinierte Radiochemotherapie, Hyperfraktionierung müssen in weiteren klinischen Studien auf ihre möglichen Vorteile untersucht werden.

Prognose: Ohne Therapie beträgt die mittlere Überlebenszeit maximal 3–5 Monate. Selbst unter „günstigen" Voraussetzungen, d.h. einer Limited Disease und kompletter Remission überleben höchstens 10–20% der Patienten die folgenden 5 Jahre (**31.9**).

31.9 Prognose des kleinzelligen Bronchialkarzinoms

Stadium	*mittlere Überlebenszeit (Monate)*	*2-Jahres-Überlebensrate*	*5-Jahres-Überlebensrate (bei kompletter Remission)*
LD	14–18	15–30%	15%
ED	8–12	0–10%	0–5%

Lungensarkom

Als **Behandlungsverfahren** können abhängig von Tumorsitz und -größe verschiedene Operationsverfahren oder die Chemo- und Strahlentherapie eingesetzt werden. Der Anteil resektabler Tumoren ist mit über 50% höher als beim Bronchialkarzinom. Die **Prognose** der Sarkome ist vor allem aufgrund der frühzeitigen hämatogenen Metastasierung schlecht. Die meisten Patienten überleben die ersten 3 postoperativen Jahre nicht.

Lungenmetastasen

Die ***Indikation zur operativen Entfernung*** von Lungenmetastasen kann aus kurativer, palliativer oder diagnostischer Sicht gegeben sein. Für eine *kurative* Metastasektomie müssen hierbei folgende Voraussetzungen erfüllt sein:

- der Primärtumor ist kontrollierbar oder kontrolliert,
- zum Zeitpunkt der Resektion liegen keine weiteren extrapulmonale Metastasen vor oder diese sind ebenfalls kurativ resezierbar,
- es besteht ein vertretbares Operationsrisiko,
- alle Filiae erscheinen technisch resektabel.

Selten sind *palliative* Metastasenentfernungen aufgrund von Komplikationen wie Blutungen oder Bronchuslumenverlegungen erforderlich. Liegt ein unbekannter Primärtumor vor, so trägt die Metastasenexstirpation in erster Linie *diagnostischen* Charakter.

Vorgehen:

Die Resektion sollte so sparsam wie möglich erfolgen.

Bei beidseitigen Metastasen können nach medianer Sternotomie beide Lungenflügel gleichzeitig operiert werden.

Prognose: Die 5-Jahres-Überlebensrate nach kurativer pulmonaler Metastasektomie liegt in Abhängigkeit vom Primärtumor zwischen 20 und 45 %.

Palliative Maßnahmen

Lat.: palliativus: bemäntelnd, bedeckend, lindernd

Wie eingangs erwähnt, können über 2/3 der Patienten aufgrund fortgeschrittener Tumorstadien keiner kurativen Therapie zugeführt werden. Hierdurch kommt der palliativen Therapie ein sehr wichtiger Platz zu. Das Spektrum der Methoden ist groß und konnte in den letzten Jahren mit neuen Verfahren bereichert werden. Die Art ihres Einsatzes muss individuell entschieden werden und bedarf der engen Zusammenarbeit mit anderen Fachrichtungen.

Operation: Entfernung des Tumors z. B. bei poststenotischer Einschmelzung und Pneumonie oder endobronchialer Blutung.

Bestrahlung: Sie wird mit gutem Erfolg z. B. bei der oberen Einflussstauung durch Lymphknotenvergrößerung, Tumorschmerzen (Einbruch in die Brustwand), metastasenbedingten Komplikationen (drohende pathologische Frakturen durch ossäre Metastasen der Wirbelsäule oder in Röhrenknochen; neurologische Störungen durch Hirnmetastasen) und Schmerzen (besonders Knochenmetastasen) eingesetzt.

Chemotherapie: Vor allem in Kombination mit Bestrahlung scheint in ausgewählten Fällen (guter Allgemeinzustand) eine Verlängerung der Überlebenszeit möglich.

Pleurodese: Verklebung des Pleuraspaltes bei rezidivierenden (malignen) Pleuraergüssen durch Instillation von Medikamenten (z. B. Tetrazykline) oder, in letzter Zeit favorisiert, durch die thorakoskopische Talkumpleurodese.

Endoskopische Maßnahmen: Endoluminale Hochdosisradiotherapie (Brachytherapie im Afterloading-Verfahren), Tumorabtragung durch Laser, Stenteinlage bei zentralen Stenosen oder bei ösophagotrachealen Fisteln.

Intravasale Stenteinlagen: Bei hochgradiger, tumorbedingter Stenose der V. cava superior (obere Einflussstauung) können mittels radiologischer Intervention (perkutaner Zugang) endoluminale Stents zum Offenhalten des Lumens eingebracht werden, s. **28.6**, S. 657.

Symptomatische Therapie: Analgesie, Antitussiva, Mukolytika, Antibiotikatherapie.

VI

Gefäßchirurgie

32 Arterielles System

33 Venöses System

34 Sonstige gefäßchirurgische Probleme

32.1 Arterielle Verschlusskrankheit: Ätiologie und Diagnostik

Die arterielle Verschlusskrankheit (AVK) und dabei insbesondere die chronische AVK (cAVK) nimmt aufgrund der veränderten Altersstruktur der Bevölkerung an Bedeutung zu und macht ca. 50 % der Erkrankungen in den Industrieländern aus. Es sterben doppelt so viele Menschen an den Folgen der AVK wie an bösartigen Tumoren. Der Begriff „cAVK" umfasst Krankheitsbilder, die durch langsam voranschreitende Stenosierung bis hin zum Verschluss der Arterien entstehen. Die Ursache ist im Wesentlichen die Arteriosklerose (95 %), deutlich seltener entzündliche Veränderungen (5 %). Die cAVK im Bereich der Becken-Beingefäße wird auch periphere AVK (pAVK) genannt. Klar abzugrenzen von dieser cAVK mit der Möglichkeit der Ausbildung von Kollateralen als Umgehungskreislauf ist die akute AVK, die zur plötzlichen Verlegung einer zuvor offenen d. h. gesunden Strombahn führt (s. SE 32.2, S. 714 ff). Eine weitere wichtige Manifestation der Arteriosklerose ist das Aneurysma verum als dilatierende Arteriopathie (s. SE 32.8, S. 734 ff). Zuletzt führt die Arteriosklerose oft auch zu einer Verlängerung der Arterien und damit zu deren „Kinking" (z. B. A. carotis interna).

Ätiologie und Pathogenese: Die häufigste Ursache der arteriellen Verschlusskrankheit ist mit 95 % die **Arteriosklerose**. Die *Ursachen* der Arteriosklerose sind nicht genau bekannt. Eine Reihe von *Risikofaktoren* begünstigen jedoch das Auftreten der Arteriosklerose. Zur *Pathogenese* s. internistische Lehrbücher. Neuerdings wird zusätzlich (zumindest für die koronare arteriosklerotische Herzkrankheit) das Konzept der „Pathogen burden" (Erregerpräsenz in den Intimaplaques: Chlamydia pneumoniae, Helicobacter pylori, Zytomegalievirus etc.) diskutiert.
Seltenere Ursachen der arteriellen Verschlusskrankheit sind

- Entzündungen: Thrombangitis obliterans, Periarteriitis nodosa, Sklerodermie, Riesenzellarteriitis, Takayasu-Syndrom, Lupus erythematodes, rheumatoide Arthritis, Amyloidose,
- (iatrogene) Verletzungen,
- seltene Gefäßwandveränderungen: Pseudoxanthoma elasticum, fibromuskuläre Hyperplasie, zystische Adventitiadegeneration.

Die Durchblutungsstörungen an der unteren Extremität werden im Volksmund „Raucherbein" genannt: der wichtigste Risikofaktor für die cAVK!
Die chronisch-arteriellen Durchblutungsstörungen werden in die Stadien I bis IV eingeteilt (s. T **32.5**).

Diagnostik: Ziel der Diagnostik ist es, den Schweregrad und die Lokalisation der AVK herauszufinden, um festlegen zu können, ob und wenn welche therapeutische Option anzuwenden ist. Hierzu müssen geklärt werden:

- Lokalisation, Alter und Morphologie des Verschlusses: Insgesamt ist die untere Körperhälfte von den Auswirkungen der Arteriosklerose häufiger betroffen, jedoch muss bei 60 % der pAVK-Patienten auch mit Läsionen an den Karotiden gerechnet werden.
- hämodynamische Kompensation (Kollateralen),
- Abgrenzung gegenüber orthopädischen und neurologischen Erkrankungen (Arthrose, HWS- oder LWS-Syndrom, Karpaltunnelsyndrom, Senk-Spreiz-Füße oder Neuropathien).

Zu einer angiologischen Untersuchung gehört auch eine orientierende neurologische und orthopädische Untersuchung.

Im Folgenden wird nur dargestellt, welche Elemente die allgemeine angiologische Untersuchung umfasst. Die spezielle Diagnostik der AVK in den verschiedenen Regionen wird in den folgenden SE abgehandelt.
Basisdiagnostik: In der *Anamnese* wird nach den typischen Risikofaktoren der AVK gefragt, aber auch, abgesehen von der aktuellen Symptomatik (Klaudikatio, Ruheschmerz, Angina abdominalis, Schwindel etc.), nach zerebrovaskulären und kardialen Vorerkrankungen.
Zu jeder gründlichen Erstuntersuchung gehört die *Blutdruckmesseung* an beiden Armen (Verschlüsse oder Stenosen der A. subclavia).
Die *Palpation aller Pulse* (**32.1**) gibt Auskunft über die Gefäßsituation und muss immer im Seitenvergleich durchgeführt werden. Wenn als Beispiel der Leistenpuls noch, der Poplitealpuls aber nicht mehr getastet werden kann, dann handelt es sich um eine AVK vom Oberschenkeltyp.

Bei 5 % aller angiologisch gesunden Menschen fehlt einer der beiden tastbaren Fußpulse (A. tibialis post. oder A. dorsalis pedis); dafür kann dann meist der Endausläufer der A. fibularis ventral des Außenknöchels getastet werden.

Auskultation (**32.1**): Durch stenosebedingte Turbulenzen können pulssynchron sog. Stenosegeräusche entstehen (z. B. umbilikal bei Nierenarterienstenose), i. d. R. bei einer Lumeneinengung ab 70 %: je hochgradiger die Stenose, desto hochfrequenter das Geräusch (im Gegensatz hierzu Maschinengeräusch bei av-Fisteln). Geräusche an den supraaortalen Gefäßen dürfen nicht mit fortgeleiteten Herzgeräuschen verwechselt werden: Letztere werden zum Herzen hin lauter.
Rekapillarisierungszeit: Nach Druck auf den Finger- oder Zehennagel (Seitenvergleich!) wird die Zeitspanne gemessen, bis das Nagelbett wieder rosig wird (normal < 1 s).

32.1 Palpation und Auskultation der peripheren Arterienpulse

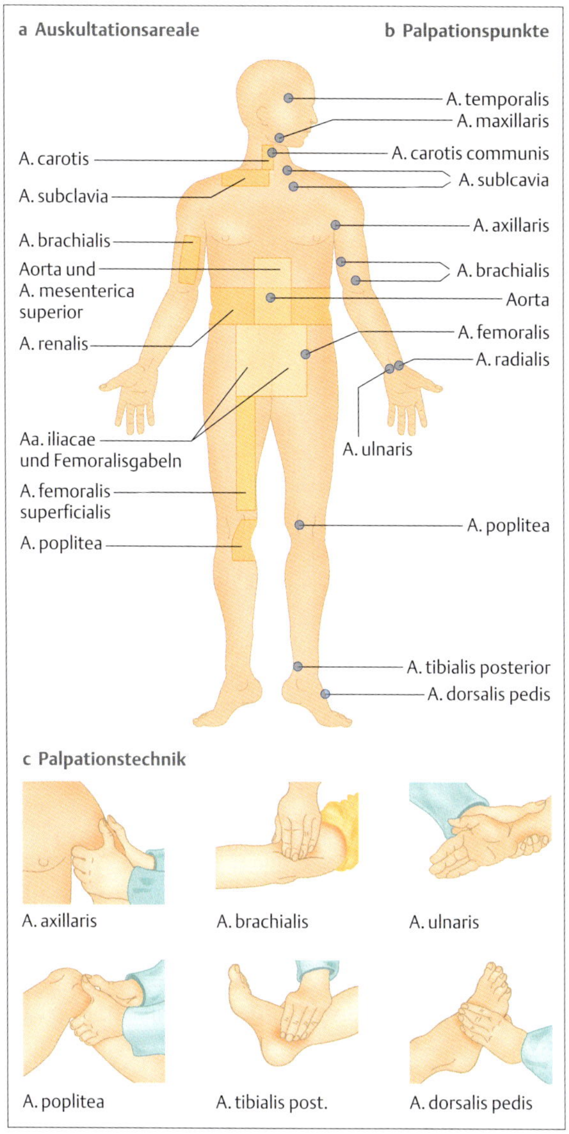

Periphere Ischämiezeichen: fehlende Venenfüllung, kühle Hauttemperatur, Blässe, später Spannungsblasen, Nekrose, aszendierende Weichteilinfektion.

Belastungs- und Provokationstests: Sie werden in den folgenden SE beschrieben. Die wichtigsten sind Faustschlussprobe und Adson-Test (s. SE 32.5, S. 726 f) bzw. die standardisierte Gehstreckenbestimmung und der Ratschow-Test (s. SE 32.7, S. 731).

> Die Diagnose und das Stadium einer AVK lassen sich beinahe immer durch Anamnese und einfache klinische Untersuchungen stellen.

Spezielle nicht invasive Verfahren: Das Prinzip der *Doppler-Druckmessung* wird in SE 6.4 (s. S. 150) beschrieben. Systolische Dopplerdruckwerte unter 60 mmHg (Ellenbeuge-Knöchel-Quotient < 0,4) bedeuten eine kritische Ischämie und damit eine Gefährdung der Extremität.

Duplexsonographie und farbkodierte Angiodynographie: s. SE 6.4, S. 150 f.

Magnetresonanz-Angiographie (MRA, s. SE 4.5, S. 80 ff): Sie liefert heute in spezialisierten Zentren Bilder, die im Einzelfall Grundlage einer invasiven Therapie sein können. U. U. wird sie mit der Zeit die invasiven diagnostischen Angiographien ablösen.

Spiral-CT: Mithilfe zeitgerecht applizierten intravasalen Kontrastmittels lassen sich viele Fragen rasch klären, z. B. Verschluss der zentralen A. mesenterica sup., distaler Aortenverschluss etc.

Mit der MRA oder der Angiographie-CT sind 3 D-Rekonstruktionen des Gefäßsystems möglich.

> Invasive Untersuchungen sind nur angezeigt, wenn eine interventionelle oder operative Therapie aufgrund der klinischen Situation in Erwägung gezogen wird.

Invasive Verfahren: Jede invasive Diagnostik beinhaltet für den Patienten Risiken, auch wenn sie selten sind, z. B. Nachblutung, falsches Aneurysma, Infekt. Daher muss vor invasiver Diagnostik geklärt sein, ob eine interventionelle oder operative Therapie notwendig ist und ob der Patient therapiewillig ist.

> Vor jeder Intervention am Gefäßsystem muss eine exakte Gefäßdarstellung vorliegen.

Der Goldstandard hierzu ist die intraarterielle *Subtraktionsangiographie (DSA)*. Darüber hinaus haben die invasiven Verfahren eine Bedeutung für die postinterventionelle bzw. postoperative Qualitätskontrolle.

Die Indikation zur *Angiographie* ist im Stadium III und IV immer gegeben. Im Stadium II sollte aber der Verlust der Lebensqualität durch die eingeschränkte Gehstrecke nicht unberücksichtigt bleiben, sodass auch hier im begründeten Fall eine invasive Diagnostik bzw. invasive Therapie indiziert sein kann.

Bei Kontrastmittelunverträglichkeit oder Niereninsuffizienz kommen *CO_2-Angiographie* und *MRA* in Betracht, bzw. es muss bei konventioneller Angiographie 24 h prä- und 24 h postinterventionell eine forcierte Diurese (evtl. unter Zusatz von N-Acetylcystein) stationär durchgeführt werden.

> Bei ca. 70 % der Patienten mit einer pAVK liegen gleichzeitig relevante Veränderungen an den Herzkranzgefäßen und/oder an den extrakraniellen Gefäßen vor (ggf. asymptomatisch). Dies muss zumindest präinterventionell durch entsprechende Untersuchungen abgeklärt werden.

32.2 Akute arterielle Gefäßverschlüsse

Akute arterielle Gefäßverschlüsse sind die häufigsten gefäßchirurgischen Notfälle. Diagnostik und Therapie stehen unter erheblichem Zeitdruck, da die Prognose der Extremität und die Letalität des Patienten von der Schnelligkeit der Revaskularisierung abhängen. Die häufigste Ursache sind mit ca. 70 % Embolien, ca. 20 % sind autochthone Thrombosen, 10 % entstehen durch Traumen (s. SE 34.1, S. 752 ff). Sehr seltene Ursachen sind die Aortendissektion (s. SE 35.13, S. 800 f) und die Phlegmasia coerulea dolens (s. 🔎 33.2, S. 744). Der Infarkt eines Mesenterialgefäßes wird in SE 28.4 (s. S. 648 f), die Lungenarterienembolie als Komplikation der Beinvenenthrombose in SE 33.4 (s. S. 746) beschrieben.

Ischämiezeichen

Die klassischen ***Symptome*** des akuten arteriellen Verschlusses sind die **6 P von Pratt**:
Pain: Schmerz,
Pulselessness: Pulslosigkeit,
Paleness: Blässe,
Paraesthesia: Sensibilitätsstörung,
Paralysis: Lähmung,
Prostration: Erschöpfung, Schock.
Aus therapeutischen Gründen muss das inkomplette vom kompletten Ischämiesyndrom unterschieden werden: Bei der **inkompletten Ischämie** ist die Extremität minderdurchblutet, jedoch ist eine Restperfusion (meist über Kollateralen) gegeben – eine Vita minima ist erhalten, mit wechselnder Ischämiesymptomatik. Beim **kompletten Ischämiesyndrom** hingegen ist die betroffene Extremität akut bedroht, da die Restperfusion nicht ausreicht, einen Gewebeuntergang zu verhindern. Typischerweise zeigen die Patienten stärkste Schmerzen und den Verlust von Motorik und Sensibilität (ab 6–12 h irreversibel).

Bei einer kompletten Ischämie muss der Patient notfallmäßig therapiert und die Gefäßstrombahn sofort wiederhergestellt werden.

Pathogenese der Embolie und der autochthonen Thrombose

In der klinischen Praxis führen (neben Verletzung, Aortendissektion und Phlegmasia coerulea dolens) überwiegend zwei Krankheitsbilder zur akuten Ischämie: die Embolie und die autochthone Thrombose. Deren differenzialdiagnostische Unterscheidung ist notwendig, weil die Therapie i. a. R. unterschiedlich ist (**T 32.1**).
Embolie: Bei der Embolie handelt es sich um eine Verschleppung eines (manchmal) korpuskulären Thrombus in ein zuvor offenes, d. h. „gesundes" Gefäßlumen, meist aus dem Herzen. Die Symptomatik ist akut und entspricht wegen fehlender (vorbestehender) Kollateralisierung meist einer kompletten Ischämie. Klassisch ist der plötzliche Beginn der Beschwerden: schlagartig, „auf die Minute genau".
Autochthone Thrombose: Sie entwickelt sich im Rahmen einer vorbestehenden Arteriosklerose. Ursächlich handelt es sich also um degenerative, meist stenosierende Arterienwandläsionen, auf die sich ein Abscheidungsthrombus aufpfropft. Auslösend für den Verschluss können z. B. Veränderungen der Hämodynamik (Herzinsuffizienz, Exsikkose) oder der Blutgerinnung sein. Betroffen sind überwiegend die mittel- und kleinkalibrigen Gefäßabschnitte (Ober- und Unterschenkelgefäße, Koronargefäße, A. carotis interna und A. cerebri media) sowie die Mesenterialgefäße. Aufgrund der vorbestehenden Arteriosklerose existieren aber oft schon Kollateralkreisläufe, sodass die Ischämie in aller Regel nicht komplett ausgeprägt ist: nur subakuter Beginn, und die klassischen 6 P's von Pratt sind nur in unterschiedlicher und unvollständiger Form ausgeprägt.

Der akute schlagartige Beginn bei vorher freier Gehstrecke, bei kardialer Vorerkrankung und bei tastbaren peripheren Pulsen der Gegenseite spricht für eine arterielle Embolie.

Bei hochbetagten Patienten gibt es jedoch oft Mischbilder: Neben einer allgemeinen Arteriosklerose mit koronarer Herzerkrankung, absoluter Arrhythmie und Vorhofthromben (Emboliestreuquelle!) besteht auch eine pAVK. In Abhängigkeit von der Ausbildung des Kollateralkreislaufes und von der Größe des Gefäßes variiert das klinische Bild erheblich. Klinisch kann zwischen gestörter Oberflächensensibilität, Anästhesie und Paralyse unterschieden werden.
👁 32.2 zeigt einen wesentlichen Unterschied in der Prognose beider Ursachen: Bei der Embolie kann es (abgesehen von der aszendierenden Thrombose herauf bis zum Abgang eines größeren Gefäßes) aufgrund der fehlenden Kollateralen und des hierdurch bedingten peripheren „Kreislaufstillstands" zu einer deszendierenden

T 32.1 Differenzialdiagnostische Unterschiede von Embolie und autochthoner Thrombose

Befund	*Embolie*	*Thrombose*
Anamnese	kardiale Erkrankung	Klaudikatio
Streuherd	vorhanden	nicht vorhanden
Beginn	akut	subakut
Schmerz	stark	mäßig stark
Ischämie	komplett	inkomplett
arterieller Status der Gegenseite	normal	pathologisch
Röntgenbefund	Kuppelbild (👁 **32.3**)	generalisierte Veränderungen

32.2 Aszendierende und deszendierende Thrombose beim akuten arteriellen embolischen und autochthon-thrombotischen Verschluss

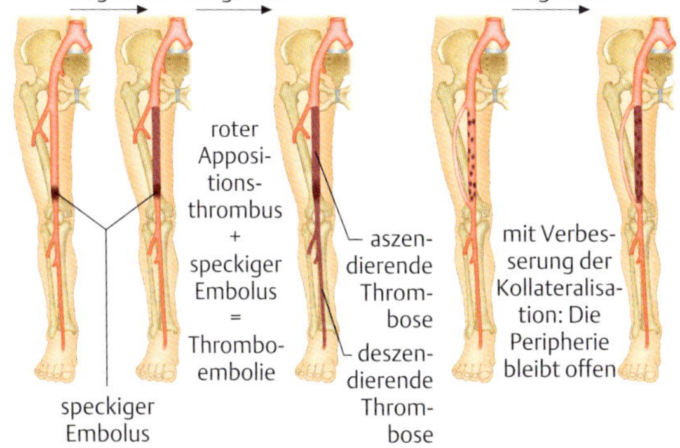

Bei der Embolie limitiert der deszendierende Teil der Thrombose den Erhalt der Extremität: Wenn die präkapilläre Ausstrombahn thrombosiert ist, ist das Bein verloren.

Thrombose kommen: Diese limitiert alle therapeutischen Bemühungen. Im Gegensatz hierzu kommt es bei der autochthonen Thrombose aufgrund vorbestehender Kollateralen meist nicht zur deszendierenden Thrombose: dies der Grund für die hierbei meist nur inkomplette Ischämie; die Kollateralen weiten sich nach einigen Stunden, besonders unter konservativer Therapie.

Embolie

Eine Embolie ist eine Verschleppung korpuskulärer Elemente (meist Blutgerinnsel, seltener Tumorgewebe, Parasiten, Luft, Fruchtwasser oder Fett) innerhalb der Blutbahn, die ein arterielles Blutgefäß verschließen.

Pathogenese: Ungefähr 80–90 % der arteriellen Embolien stammen aus dem linken Vorhof. Kardiale Erkrankungen, die den Herzrhythmus und die Pumpfunktion des Herzens beeinträchtigen, sind prädisponierende Erkrankungen. 10 % der Embolien stammen aus arteriosklerotischen Plaques der Aorta bei wandständigen Thromben.
Am häufigsten sind Embolien in die zerebrale Strombahn. Sie enden meist tödlich. Im gefäßchirurgischen Patientenkollektiv liegt der Verschluss bei 75 % der Patienten distal der Aortenbifurkation, bei 20 % in der oberen Extremität und in 5 % in der mesenterialen Strombahn. Die arterielle Embolie ist typischerweise eine Erkrankung des älteren Menschen im 7. Lebensjahrzehnt.
Distal des Verschlusses resultiert eine Gewebshypoxie, die bis zur Nekrose führen kann. Die Ausprägung der Ischämie ist abhängig von der Hypoxieempfindlichkeit der Gewebe. Die geringste Ischämietoleranz weisen nervale Strukturen auf. Muskeln besitzen eine längere Ischämietoleranz, die längste weist die Haut auf.

32.3 Angiographie bei arterieller Embolie

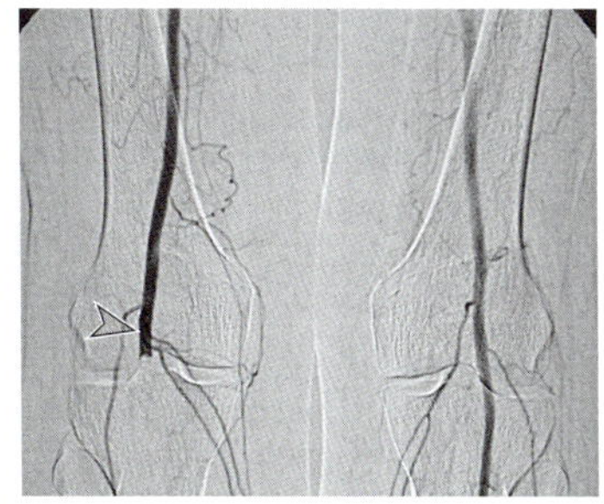

Die Strombahn der rechten A. poplitea ist in Höhe des Gelenkspaltes (Pfeil) kuppelförmig unterbrochen. Zum Vergleich: Der Befund des linken Beines ist normal.

Diagnostik: Aufgrund der Kürze des zur Verfügung stehenden Zeitintervalls muss sich die Diagnostik auf ein Minimum beschränken. Liegt anamnestisch keine arterielle Verschlusskrankheit vor und sind auf der kontralateralen Seite die peripheren Pulse palpabel, so kann auf eine Angiographie verzichtet werden (**T 32.1**). Mit der Doppler- und Duplexsonographie lässt sich schnell die Verdachtsdiagnose bestätigen oder widerlegen. Bei Verdacht auf eine autochthone Thrombose muss jedoch eine Angiographie in Lysebereitschaft durchgeführt werden.

Therapie:
Rekanalisation: Besteht der Verdacht auf einen arteriellen Verschluss, muss der Patient sofort einem Chirurgen vorgestellt werden und nüchtern bleiben. Er erhält vor dem Transport zumindest 5000 I. E. Heparin i. v., eine suffiziente Schmerzmittelgabe und eine Volumentherapie. Die Extremität wird tiefgelagert und mit einem Watteverband versehen (s. auch **6.24**, S. 179).

Er sollte auf keinen Fall i. m. Spritzen erhalten, um nicht die Möglichkeit einer Lysetherapie zu nehmen.

Bei einer *kompletten Ischämie* ist der schnellste Weg zur Gefäßrekanalisierung die chirurgische Fernembol- bzw. Thrombektomie mittels Fogartykatheter (s. SE 32.3, S. 719 f). Dieses Vorgehen kann auch in Lokalanästhesie erfolgen. Entfernte Emboli bzw. Thromben werden histologisch untersucht. Bei einer *inkompletten Ischämie* kann alternativ mit einer lokalen arteriellen Lyse oder mit der perkutanen Aspirationsthrombembolektomie das Gefäß wiedereröffnet werden. Diese Verfahren benötigen i. d. R. mehr Zeit bis zur Lumeneröffnung.
Nach jeder Embolektomie (s. SE 32.3, S. 719 f) schließt sich die **Emboliequellensuche** an. Die Untersuchung umfasst zum einen den Ausschluss von Rhythmusstörungen, die transösophageale Sonographie des Herzens zum Ausschluss von Thromben, Herzklappenveränderungen und Herzwandaneurysmata. Daneben muss die vorgeschaltete arterielle Strombahn, insb. die abdominelle Aorta sonographisch auf das Vorliegen eines Aneurysmas mit Thrombosierung untersucht werden.
Therapie der Emboliequelle: Lässt sich ein Thrombus als Emboliequelle nachweisen (s. o.), so muss die operative

32.4 Angiographie einer autochthonen Thrombose

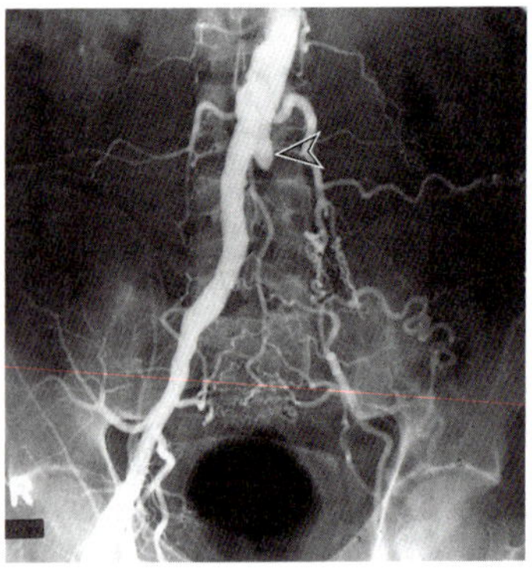

Kontrastmittelabbruch der linken A. iliaca communis (Pfeil). Die geschlängelten Gefäße sind Kollateralkreisläufe zur linken Leistenregion. Die Wandveränderungen der rechten A. iliaca communis entsprechen einer Arteriosklerose.

Sanierung erwogen werden, z.B. durch Aorteninterposition (s. SE 32.8, S. 736), Herzklappenersatz (s. SE 35.7, S. 788 f) oder offene Thrombektomie (s. SE 33.5, S. 749 f). Finden sich Vorhofthromben bzw. findet sich keine periphere Emboliequelle, so schließt sich die sog. Marcumarisierung an. Es sollte ein Quickwert um 30 % angestrebt werden (INR 0,3). Hierdurch kann die Emboliehäufigkeit von ca. 3 % auf 0,7 % reduziert werden.

Nachbehandlung und Ergebnisse: Die Resultate der Embolektomie sind i.d.R. sehr gut. Eine Restitutio ad integrum gelingt am ehesten in den ersten 4–6 Stunden. Bei inkompletter Ischämie kann auch eine Spätembolektomie (bis zu vielen Tagen) noch zu einer deutlichen Verbesserung der Strombahn führen und sollte in jedem Falle versucht werden.

! 10 % aller Embolie-Patienten erleiden während des stationären Aufenthalts eine Zweit-Embolie: Sie müssen deshalb sorgfältig überwacht werden.

32.1 Postischämie- (= Kompartment-)Syndrom

Beim Vorliegen eines kompletten Ischämiesyndroms ist in der postoperativen Phase auf das Auftreten eines *Postischämiesyndroms* zu achten. Je länger und kompletter die Ischämie gedauert hat, desto häufiger kommt es zum Kompartmentsyndrom! Bei harter Wade und peripherem Pulsausfall bzw. peripherem neurologischen Defizit, oft Peroneusparese, erfolgt **sofort** eine Fasziotomie, um neurologische Spätschäden zu vermeiden (s. auch SE 9.8, S. 245). Die Amputationsrate im Bereich der unteren Extremität liegt mit ca. 5 % höher als an der oberen Extremität.

Arterielle autochthone Thrombose

Diagnostik: Wegweisend für die **Diagnosestellung** sind eine gute Anamnese (Gehstrecke, vorbestehende Beschwerden, Risikofaktoren der cAVK, s. SE 32.1, S. 712 f) und die klinische Untersuchung: Oft fehlen die Pulse der Gegenseite, die Hautfarbe der Extremität ist kühl und blass, die Schmerzen sind meist mäßig stark. Zur **Therapieplanung** muss immer eine Angiographie durchgeführt werden, um einen Überblick über die Schwere der arteriosklerotischen Gefäßveränderungen zu haben und um die entsprechenden Anschlusssegmente für einen Bypass zu kennen. Typischerweise finden sich im Gegensatz zum Kuppelbild bei der Embolie (**32.3**) ein Abbruch der Kontrastmittelsäule, degenerative Wandveränderungen (Kaliberschwankungen) der anderen Arterien und ein Kollateralkreislauf mit Wiederauffüllung der peripheren Strombahn (**32.4**).

Therapie:

! Als Sofortmaßnahme müssen zumindest 5000 I.E. Heparin i.v. als Bolus gegeben werden, um Appositionsthromben zu verhindern.

Hinsichtlich des Therapiespektrums stehen bei der autochthonen Thrombose bei inkompletter Ischämie zunächst die **konservativen Maßnahmen** im Vordergrund: *Heparinisierung* (s. auch SE 5.12, S. 131), PGE-1 (Prostavasin), *isovolämische Hämodilution* wenn der Hämatokrit-Wert über 50 % liegt, *Verbesserung der kardialen Auswurfleistung*. Wenn immer möglich sollte durch eine Lysetherapie die *Wiedereröffnung der Strombahn* und die Demaskierung der zugrunde liegenden Stenosen angestrebt werden, um dann diese im zweiten Schritt entweder durch radiologisch interventionelle (**p**erkutane **t**ransluminale **A**ngioplastie = PTA oder Stent) oder durch operative Maßnahmen (TEA und Patchplastik, Bypass) zu beseitigen (s. SE 32.3, S. 720 f).
Die Indikation zum primären **operativen Vorgehen** ist grundsätzlich zurückhaltender zu stellen als bei der akuten Embolie. Sie besteht jedoch immer, wenn es sich um eine quoad vitam bedrohliche Situation handelt (z.B. A. mesenterica superior) und beim kompletten Ischämiesyndrom der Extremität mit drohendem Extremitätenverlust.

! Grundsätzlich sollte bei der autochthonen Thrombose der kleinstmögliche Eingriff bei den oft schwer kranken Patienten durchgeführt werden.

32.3 Therapeutisches Spektrum bei arteriellen Gefäßverschlüssen

Gefäßchirurgie bedeutet palliative Chirurgie. Die Ursachen der Erkrankung können nicht operativ behandelt werden. Ziel ist es, die lokalen Auswirkungen der Gefäßveränderungen zu verbessern. Dabei kommt der Wahl des richtigen Zeitpunktes eine herausragende Bedeutung zu. Konservative Therapie, interventionelle Verfahren und gefäßchirurgische Maßnahmen sind keine konkurrierenden Behandlungen. Zunächst sollen jedoch die weniger invasiven Möglichkeiten ausgeschöpft werden. Für jede interventionelle wie auch operative Indikation gilt die Drei-Punkte-Indikation von Vollmar:

1. Klinische Indikation: Soll operiert werden?
2. Angiographische Indikation: Kann operiert werden?
3. Allgemeine Operabilität: Darf operiert werden?

Konservative Therapie

Die Basis jeder Therapie ist die **Beseitigung der Risikofaktoren** der Arteriosklerose, insb. die Nikotinabstinenz. Zusätzlich müssen der Blutdruck, die Blutfette und ein eventuell vorhandener Diabetes mellitus optimal eingestellt werden (s. SE 35.2, S. 771).

Der **Ausbildung von Kollateralkreisläufen** kommt insb. bei noch nicht fortgeschrittenen Stadien eine besondere Bedeutung zu (z. B. Gehtraining; s. SE 32.7, S. 732). Die Gabe von **Thrombozytenaggregationshemmern** wie z. B. Acetylsalicylsäure kann die Bildung einer arteriellen Thrombose verhindern und begünstigt insbesondere die Abheilung ulzeröser Gefäßwandprozesse. **Vasodilatatorische Medikamente** wie z. B. Naftidrofuryl, Pentoxifyllin haben nur einen ganz geringen Stellenwert: Oftmals bedingen sie sogar ein Steal-Phänomen, indem durch Erweiterung gesunder Gefäßabschnitte den erkrankten Abschnitten Blut entzogen wird. Die **Dauerantikoagulation** (z. B. Markumar) hat bei primär konservativer Therapie keinen Stellenwert (im Gegensatz zu postinterventionellen bzw. postoperativen Situationen).

Beispielhaft werden bei der pAVK etwa 80 % der Patienten im Stadium II konservativ behandelt, und nur 20 % bedürfen einer invasiven endovaskulären oder operativen Therapie.

Lysetherapie

Die Möglichkeit einer Thrombolyse besteht beim akuten arteriellen Verschluss entweder durch eine systemische intravenöse oder lokale arterielle Lyse. Die systemische Lyse ist heute (z. B. bei arteriell-embolischem Verschluss) aufgrund der häufigen Auslösung von Rezidivembolien, einer längeren Behandlungszeit und Erfolgsaussichten von maximal 60 % bei einem Blutungsrisiko von 10 % (2 % intrazerebrale Blutungen bei Patienten über 60 Jahre) weitgehend verlassen. Sie ist nur dann gerechtfertigt, wenn andere lumeneröffnende Verfahren nicht infrage kommen.

Methode der Wahl ist heute die **lokale intraarterielle Lysetherapie** (Zusammenarbeit mit einem interventionell tätigen Radiologen) mit einer Erfolgsquote von ca. 80–90 % ohne wesentliche systemische Wirkung des Fibrinolytikums. Der *Vorteil* ist, dass mit einem Lysekatheter das Fibrinolytikum in hoher Konzentration in das Blutgerinnsel infiltriert werden kann. *Indikationen* für eine lokale Lyse können sein: akute, subakute, chronische, thrombotische oder embolische Verschlüsse und insbesondere Bypassverschlüsse. Ob eine Lyse durchgeführt werden kann, hängt zum einen von den Risikofaktoren und Kontraindikationen des Patienten ab, aber auch entscheidend vom Zeitfaktor und weiteren Umständen. Einige Beispiele:

- Eine frische Koronararterienthrombose wird heute wenn irgend möglich lysiert, mit nachfolgender Dilatation bzw. Stent-Einlage wegen der zugrunde liegenden Stenose,
- eine A.-basilaris-Thrombose (mit Stammhirninfarkt) kann innerhalb weniger Stunden noch erfolgreich lysiert werden (Methode der Wahl in einer „Stroke Unit"),
- bei einem akuten Verschluss der A. mesenterica sup. wird in aller Regel keine Lyse durchgeführt, weil der möglicherweise schon nekrotische Darm nicht beurteilt werden kann,
- eine Beinarterienembolie mit kompletter Ischämie kann gefäßchirurgisch meist schneller mittels Fogarty-Manöver (s. u.) beseitigt werden, zusätzlich kann aber intraoperativ ein Lysekatheter in das Gefäß eingelegt werden, zur Auflösung von peripheren Restthromben, und
- eine autochthone Thrombose insb. im Oberschenkel-, Knie- und Unterschenkelbereich (bei vorbestehender AVK) wird am besten zunächst lysiert: Je distaler der Verschluss, desto eher eine Lyse!

Die verschiedenen Therapieoptionen sind keine konkurrierenden Verfahren, sondern müssen ergänzend in das Therapiekonzept integriert werden, allerdings kann nach einem Lyseversuch immer noch operiert werden, aber nicht umgekehrt. Das Alter des Verschlusses spielt für die pharmakologische Wirkung der Lyse keine entscheidende Rolle, entscheidend ist jedoch, ob es bei kompletter Ischämie schon zu einer definitiven peripheren Nekrose gekommen ist (**32.5**).

Die lokale arterielle Lysetherapie bietet sich (abgesehen von Basilaris- und Koronararterienthrombosen) insb. bei peripheren Extremitätenverschlüssen mit einer inkompletten Ischämie und Verdacht auf arterielle Thrombose und bei Bypassverschluss an.

32.5 Komplette Ischämie beider Unterschenkel/Füße

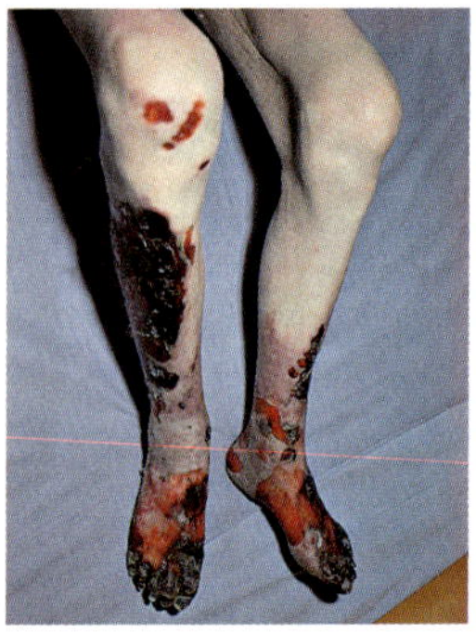

Beine eines älteren Patienten mit kompletter Ischämie beider Unterschenkel/Füße (Parästhesie, maximale Ruheschmerzen, Kälte, flächige Hautnekrosen, Spannungsblasen) aufgrund einer frischen distalen Aortenthrombose bei vorbestehender pAVK vom Oberschenkeltyp mit Mumifikationsnekrose beider Vorfüße. *Einzig mögliche Therapie:* doppelseitige Major-Amputation.

32.6 Stent

Selbstexpandierende polyesterbeschichtete Stentprothese, z. B. zum Überbrücken von Gefäßverletzungen oder Aneurysmen.

32.2 Intrarterielle lokale Lyse bei Extremitätenverschluss

Durchführung: Grundsätzlich wird nach arterieller Punktion der Gegenseite eine Angiographie zur Darstellung der Gefäßsituation durchgeführt. Dann wird bei Lyseindikation ein Katheter entweder vor oder in den Thrombus geschoben, über den dann das Fibrinolytikum (Urokinase, Streptokinase oder rt-PA) in den Verschluss injiziert wird. Die Lyse kann entweder hochdosiert über wenige (6) Stunden oder über einen längeren Zeitraum niedrig dosiert erfolgen. Bei beiden Formen müssen regelmäßig der Gerinnungsstatus, der Punktionsort und der klinische Zustand der Extremität kontrolliert und dokumentiert werden. Dann wird die Extremität erneut angiographiert und das weitere Prozedere festgelegt.
Häufig werden durch die Lyse *vorbestehende Stenosen demaskiert*, die dann entweder mittels perkutaner transluminaler Angioplastie, evtl. mit Einlage eines Stents, oder durch einen operativen Eingriff (Serviceoperation, z. B. Venenpatcherweiterungsplastik einer Stenose) beseitigt werden, um einen Rezidivverschluss zu vermeiden.

Endovaskuläre Therapie

In den letzten 2 Jahrzehnten wurde durch technische Weiterentwicklungen das Spektrum der Behandlungsmöglichkeiten insbesondere für den perkutan-interventionellen Bereich erheblich erweitert. Hierdurch können heute viele früher operativ durchgeführte Eingriffe interventionell realisiert werden. Die Kombination von interventionellen Verfahren und operativem Eingriff stellt eine weitere Bereicherung dar.
Das jeweilige Therapieverfahren sollte gemeinsam zwischen den angiologisch tätigen Kollegen (Angiologe, Gefäßchirurg, Radiologe) individuell festgelegt werden.

Es muss jederzeit möglich sein, das Therapieregime bei Änderung der klinischen Befunde zu wechseln.

Perkutane transluminale Angioplastie (PTA): Die PTA stellt das Grundverfahren der endoluminalen Therapieform dar (**in 32.3**). An einer gut zugänglichen Stelle wird ein Katheter, an dessen Spitze sich ein Ballon befindet, in das Gefäß eingebracht. Liegt der Ballon im stenosierten Gefäßabschnitt, wird er gefüllt und die Stenose aufgedehnt (**32.3**). Die PTA ist ein aggressives Verfahren und beinhaltet eine Vielzahl von *Komplikationsmöglichkeiten* (Blutung, Dissektion, Embolie, Thrombose), daher muss die Indikation ebenso sorgfältig wie bei operativen Eingriffen gestellt werden. *Ergebnisse* (**32.2**): Grundsätzlich sind Stenosen besser therapierbar als Verschlüsse. Ideal sind konzentrische, kurzstreckige Stenosen. Je langstreckiger ein Verschluss oder eine Stenose ist, desto schlechter sind die Primär- und Langzeitergebnisse.

32.3 Perkutane transluminäre Angioplastie

Es wird zunächst die zu therapierende Region und der Ausflusstrakt angiographisch dargestellt und dann eine Schleuse in die Arterie eingebracht. Durch diesen großlumigen Zugang hat man für die weiteren Manipulationen einen sicheren Zugang zum Gefäß und kann durch den Verschlussmechanismus der Schleuse den Blutverlust minimieren. Nach Heparinisierung des Patienten wird ein weicher Führungsdraht vorsichtig unter Durchleuchtung und Kontrastmittelgabe über die Stenose eingebracht. Dieser Draht muss für die weiteren Schritte als Schiene im wahren Lumen des Gefäßes liegen bleiben. Hierüber wird dann der Dilatationskatheter in die Stenose platziert. Nach Aufdehnung der Stenose wird der Ballon entleert und entfernt. Zur Sicherung des Dilatationsergebnisses kann nun noch ein Stent in dem Gefäß platziert werden. Abschließend wird das Ergebnis der dilatierten Region und der komplette Ausflusstrakt dargestellt, um sicher zu sein, dass es während der Intervention nicht zu einer Embolisierung in die Peripherie gekommen ist. Wenn das Ergebnis zufriedenstellend ist, werden Führungsdraht und Schleuse unter manueller Kompression (5–10 min, anschließend Druckverband und Bettruhe) entfernt.

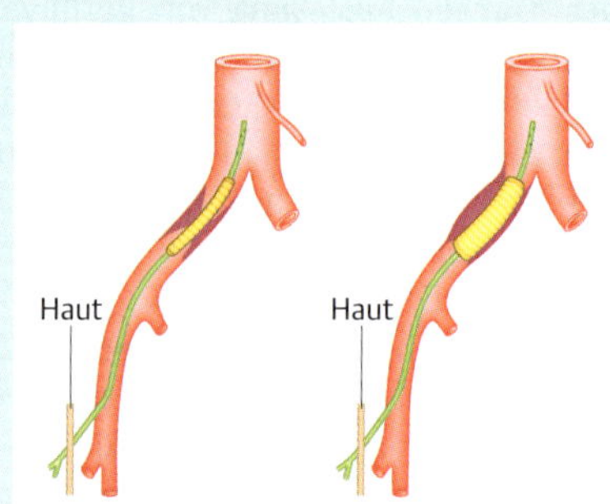

T 32.2 Ergebnisse der PTA in Abhängigkeit von der therapierten Gefäßregion

Gefäßregion	*Ergebnis der Ballondilatation*
A. iliaca	technischer Erfolg > 95 %, 5-Jahres-Durchgängigkeit 90–100 %
A. femoralis/ poplitea	technischer Erfolg ca. 70–80 %, Langzeiterfolg ca. 70 %
A. renalis	technischer Erfolg ca. 90–95 %, Besserung einer Hypertonie bei ca. 40 % der Patienten, Normotonie bei ca. 40 %, Besserung der Nierenfunktion
Koronararterien	Rezidivstenosen in bis zu 40 % der Fälle nach einem Jahr
Hämodialyse-Shunts	Primärerfolg ca. 80 %, Erfolgsrate nach 6 Monaten ca. 60–70 %

Stent-Implatation: Nach erfolgter Dilatation kann ein Metallgitter (Stent) in das Gefäßlumen eingebracht werden, der das Lumen offen hält. Diese Stents können selbstexpandierend oder ballonexpandierend sein, zusätzlich kann der Stent mit einer dünnen Prothese beschichtet sein (**32.6**). Der eingebrachte Stent wird mit der Zeit von Neointima überwachsen, welche im Verlauf zu Restenosen oder Reverschlüssen führen kann. Es gibt für die unterschiedlichen Regionen des Gefäßsystems eine Vielzahl an unterschiedlichen Stents, die sich in ihrer Größe, Länge, Rückstellkraft und Elastizität unterscheiden. Durch Beschichtung der Stentoberfläche mit Medikamenten wird zur Zeit versucht, die mit der Zeit zur Stenose führende Neointimabildung zu unterdrücken.

Mit der **perkutanen Aspirationsembolektomie** können Embolien oder Thrombusmaterialien aus dem Gefäß abgesaugt werden. **Atherektomie** (Abtragung stenosierenden atheromatösen Plaquesgewebes mit einem rotierenden Schneidemechanismus) und **Laser-Angioplastie** (Neodym-YAG, CO_2, Argon) haben heute keinerlei Stellenwert mehr.

Operative Techniken

Schnittführungen

Die wichtigsten Schnittführungen (sog. „Gefäßzugänge") sind in **32.7** dargestellt. Ein retroperitonealer Zugang bedeutet, dass man ausgehend von einem Flankenschnitt nach Spaltung/Durchtrennung der Muskulatur in der präperitonealen Schicht rechts zur V. cava inferior und den Beckengefäßen, links zur infrarenalen Aorta und auch zu den Beckengefäßen gelangt. Die Nicht-Eröffnung der Peritonealhöhle verringert das operative Trauma (z. B. geringere postoperative Magen-Darm-Atonie).

32.7 Schnittführungen für häufige Gefäßzugänge

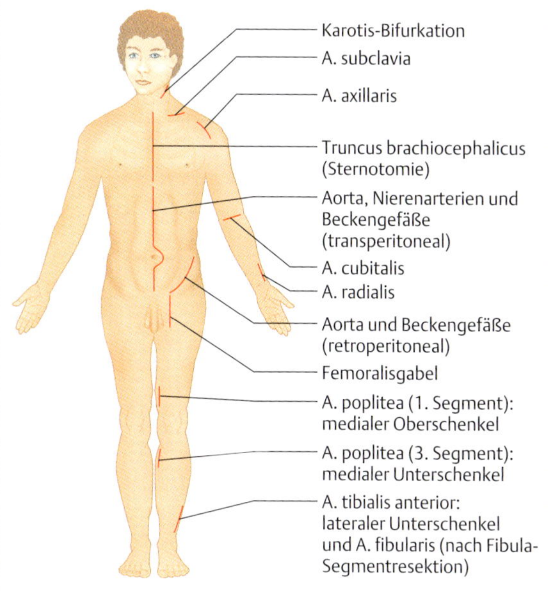

Intraluminale Embolektomie und Thrombektomie

Wird bei einem akuten Gefäßverschluss nur das intraluminale Verschlussmaterial unter Respektierung der Intima entfernt (gleichgültig, ob die Intima gesund oder arteriosklerotisch verdickt ist), dann spricht man von einer intraluminalen Embol- bzw. Thrombektomie. Paradebeispiel hierfür ist die Entfernung eines in ein gesundes Gefäßsystem verschleppten Embolus. Bei einer autochthonen Thrombose wird manchmal auch nur (als kleinstmöglicher Eingriff) der intraluminale, hier frisch entstandene Thrombus entfernt: Die Wandveränderungen bzw. die Stenosen bleiben.

Das wesentliche Instrument hierfür ist der flexible Ballonkatheter nach Fogarty (**32.8a**). Der Embolus bzw. Thrombus wird mittels des **indirekten Embolektomie-Verfahrens** (Fernembolektomie) entfernt. Hierzu wird, oft in Lokalanästhesie, die betroffene Arterie an einer gut zugänglichen Lokalisation freigelegt (z. B. Leiste, Ellenbeuge) und bei gesunder Gefäßwand quer eröffnet. Der Fogarty-Katheter wird dann nach proximal oder distal bis über den Embolus vorgeschoben. Nun wird vorsichtig der Ballon aufgepumpt und der Embolus durch Zurückziehen des Katheters entfernt (**32.9**). Abschließend wird das Gefäßsystem intraoperativ angiographiert, um sicher zu sein, dass das Gerinnsel komplett entfernt ist. Cave: Wenn der Ballon zu stark aufgeblasen wird, kann die Intima zerstört werden. Spätembolektomien sind noch bis ca. 14 Tage möglich (bis das Gerinnsel fest mit der Gefäßinnenwand verwachsen ist). Dasselbe Verfahren ist für die autochthone Thrombose möglich, jedoch bedingen die vorbestehenden Wandveränderungen frühe Rezidivverschlüsse.

32.8 Ballonkatheter nach Fogarty, Heidelberger Ringstripper

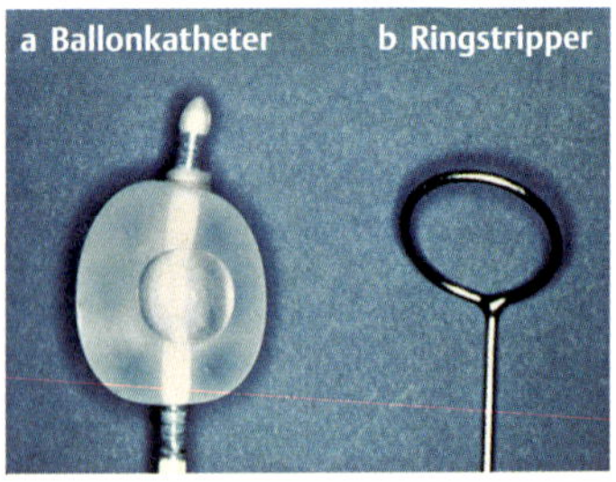

32.9 Fogarty-Manöver bei Embolektomie

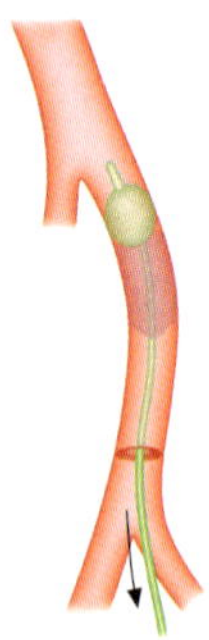

Erklärung s. Text. Es ist eine Embolektomie aus der linken A. iliaca externa über einen Leistenzugang dargestellt.

32.10 Dissektionsebenen bei der TEA

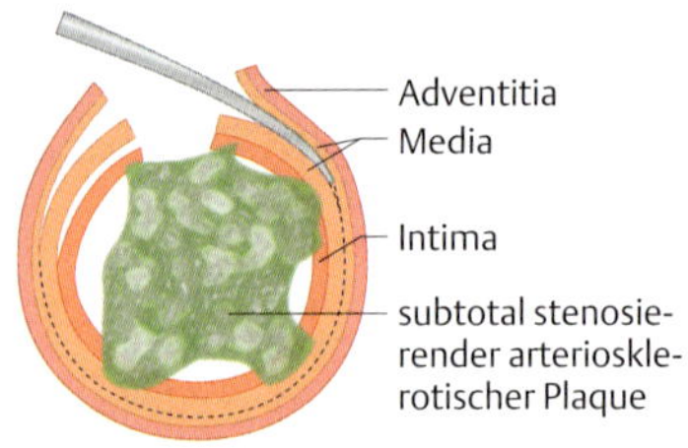

Die Dissektionsebene ergibt sich unter der TEA selbstständig (s. Text).

32.11 Thrombendarteriektomie-Techniken

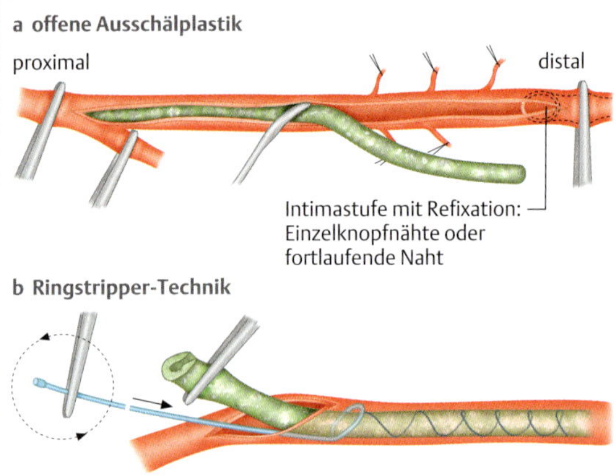

Die **direkte Embolektomie** (Eröffnung des Gefäßes an der Stelle des festsitzenden Embolus) hat heute seit Einführung der Fogarty-Katheter keinen Stellenwert mehr.

Patch-Plastik

Wird ein arterielles Gefäß längs eröffnet, würde es bei Verschluss mittels direkter Naht eingeengt. Es wird deshalb beinahe grundsätzlich zum Verschluss einer Längsarteriotomie eine Patch-(Erweiterungs-)Plastik durchgeführt. Patchmaterialien sind in der Periphere autologe Vene (Nebenäste der V. saphena magna) und in zentralen Abschnitten Kunststoff (entsprechend der Bypass-Materialien).

Thrombendarteriektomie (TEA)

Unter einer TEA versteht man die intramurale Ausschälung eines Stenose- oder Verschlusszylinders („Ausschälplastik"). Die Ausschälebene liegt in der Media, manchmal bleibt nur noch wenig Adventitia stehen. Meist ergibt sich die Ausschälebene von alleine: Man fällt sozusagen zwischen die Schichten (Blätterteig) bzw. nimmt die Schicht, die sich anbietet (**32.10**).

Die TEA kann auf drei verschiedene Weisen durchgeführt werden:

- *offen*: Die TEA wird mittels Spatel nur im längs eröffneten Gefäßabschnitt durchgeführt(**32.11a**). Der ausgeschälte Zylinder wird nach distal und proximal mit einer Schere abgesetzt. Wichtig ist, dass die entstehende Intimastufe in Flussrichtung des Blutes mit feinen Nähten refixiert wird, um eine Dissektion der Gefäßwand mit nachfolgendem Verschluss des Gefäßes zu vermeiden. Häufige Beispiele sind die A. femoralis communis einschließlich Profunda-Abgang und die A.-carotis-Bifurkation (s. **32.16**, S. 725). Üblicherweise wird das Gefäß mit einer Patcherweiterungsplastik verschlossen.
  Unter einer „Profundaplastik" versteht man die TEA und Erweiterungsplastik des Abgangs der A. profunda, unter einem „Profundaanschluss" die ausschließliche Revaskularisation der zuvor stenosierten A. profunda femoris bei weiterbestehendem langstreckigem Verschluss der A. femoralis superficialis (**32.12a**).
- *halb geschlossen*: Das Gefäß wird am Beginn und am Ende des Verschlusses freigelegt. Der Verschlusszylinder wird an beiden Stellen mit dem Spatel gelöst, durchtrennt, in den Ringstripper (**32.11b**) aufgefädelt und mit rotierenden Bewegungen über die gesamte Strecke ausgelöst und dann extrahiert. Die häufigsten Gefäßabschnitte betrafen die A. iliaca externa und die A. femoralis superficialis.
- *geschlossen*: Das Gefäß wird nur am Beginn oder am Ende des Verschlusses eröffnet. Von hier aus erfolgt die Einführung des Ringstrippers nach peripher (antegrad, in Flussrichtung) oder nach zentral (retrograd, gegen die Flussrichtung, z. B. von der Leiste rückwärts in die A. iliaca externa). Eine besondere Gefahr liegt bei der antegraden Technik: Irgendwo muss der Intimazylinder „blind" abgetrennt werden mit der Gefahr

32.12 Rekonstruktionen bei aortobiliakalen Verschlussprozessen

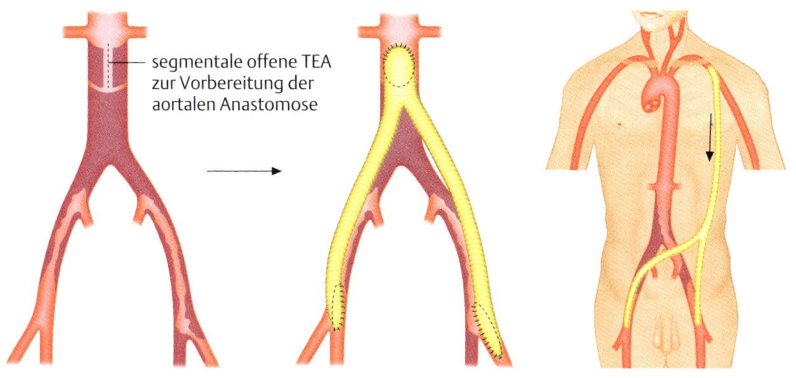

a Aortobifemoraler Kunststoffbypass bei sog. „hohem" Aortenverschluss (= Verschluss ab Abgang der Nierenarterien), Beckenverschlüssen, Verschluss der linken A. femoralis superficialis und Abgangsstenose der linken A. profunda femoris: Links wird die Prothese deshalb in die A. profunda femoris hineinanastomosiert (sog. „Profundaanschluss").
b Extraanatomischer axillobifemoraler Kunststoffbypass.

einer Intimadissektion mit Sofortverschluss. Auch kommt es bei transmuralen Verkalkungen der Gefäßwand zu Zerreißungen ggf. schwer zugänglicher Gefäßabschnitte mit nachfolgender Blutung.

Die beiden letztgenannten Verfahren (halb geschlossene TEA und geschlossene TEA) sind wegen ungünstiger Früh- und Spätergebnisse weitgehend verlassen worden: Bypässe sind besser.

Gefäßtransplantate

Grundsätzliches: Kommt bei längerstreckigem Verschluss oder bei Verletzung einer Arterie keines der o. g. Verfahren in Betracht, kann die Gefäßstrecke mit autologen Venen- oder Kunststofftransplantaten überbrückt (Bypass) oder ersetzt (Interponat) werden. Das Transplantat wird entweder orthotop entsprechend des normalen Gefäßverlaufs (**32.12a**) oder extraanatomisch wie z. B. beim axillofemoralen Bypass (**32.12b**) gelegt, also nicht dem anatomischen Verlauf folgend.

! Extraanatomische Bypässe sind wegen ihrer schlechteren Langzeit-Offenheitsraten zwei Indikationen vorbehalten: dem Risikopatienten und zur Umgehung von Infektgebieten.

Bei der Beschreibung der Anstomosenform wird die Bezeichnung immer nach der Flussrichtung des Blutes gewählt: Z. B. bedeutet latero-terminale Anastomose zwischen A. femoralis communis und Venenbypass, dass die Seite der A. femoralis mit dem Ende der Vene anastomosiert wurde. Eine End-zu-End-Anastomose wird als termino-terminale Anastomose bezeichnet (s. auch SE 6.11, S. 173).

Positionierung der Transplantate:
Aortobifemoraler Bypass: Die proximale Anastomose erfolgt üblicherweise zwischen Nierenarterienabgang und Abgang der A. mesenterica inferior. Die beiden Schenkel werden retroperitoneal zur Leiste durchgezogen, wobei der Ureter ventral der Prothese liegen muss (sonst Urete-

32.4 Implantationstechniken der V. saphena magna

Reversed Implantation (konventioneller Venenbypass): Wird die Vene komplett entnommen und entgegen ihrer ursprünglichen Richtung eingesetzt, dann erfolgt der arterielle Durchfluss in gleicher Richtung wie der ehemalige venöse Strom, und die Venenklappen blockieren den Blutstrom nicht. *Nachteilig* ist jedoch, dass das ursprünglich distale, kleinere Kaliber an die relativ große proximale Arterie angeschlossen werden muss. *Vorteil* dieser Methode ist, dass die Vene auf ganzer Länge in ihrer Qualität beurteilt werden kann.

Non-Reversed-Implantation: Wird die Vene nicht umgedreht, müssen die Venenklappen mit einem Valvulotom zerstört werden, damit ein Durchfluss möglich wird (). Die Vene wird in Situ belassen. Es werden nur das distale und proximale Ende für die Anastomose mobilisiert, die größeren Seitenäste der Vene müssen unterbunden werden, da sonst AV-Fisteln entstehen. Der *Vorteil* dieser Implantationstechnik ist, dass die Anastomosenkaliber besser übereinstimmen, was insb. für die sehr distalen Bypässe wichtig ist. Die Pfeilrichtung zeigt das Ein- und Ausführen des Valvulotoms.

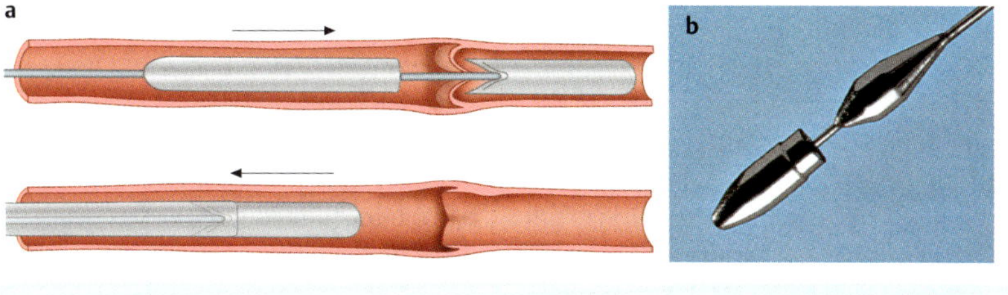

renstenose!). Dacron-Material darf nie mit Darmserosa in Kontakt kommen.

Axillo(bi)femoraler und femorofemoraler Cross-over-Bypass: extraanatomisch im Subkutangewebe (thrombose- und infektionsgefährdet).

Femoropoplitealer Bypass: Am Oberschenkel subfasziale Lage, nach P III (= 3. Poplitealsegment) dann orthotop in der Kniekehle.

Krurale Bypässe: Schwierige Transplantatführung am Unterschenkel, teils orthotop zur A. tibialis post. oder durch die Membrana interossea zur A. tibialis ant. hin oder extraanatomisch (subkutan) lateral am Knie vorbei direkt zur A. tib. ant. (Stockmann-Bypass). Die A. fibularis wird meist von lateral nach Segmentresektion der Fibula erreicht.

Materialien und postoperative Nachsorge: s. SE 6.11, S. 172 f.

Sympathektomie

Die thorakale bzw. lumbale Sympathektomie hat bei Durchblutungsstörungen der Arme bzw. der Beine viel von ihrem früheren Stellenwert verloren (allgemeine Gefäßerweiterung durch Sympathikusausschaltung): s. **32.9**, S. 733.

Postoperative Komplikationen

Infektion

Eine Infektion nach operativen Eingriffen ist eine typische Komplikation, jedoch hat sie in der Gefäßchirurgie gravierende Folgen.

Die Infektion ist die gefürchtetste Komplikation in der Gefäßchirurgie, da hieraus eine unmittelbare Bedrohung quoad vitam besteht.

Eine **Infektionsprophylaxe** mit einem staphylokkenwirksamen Antibiotikum (z. B. Cephalosporin der zweiten Generation) ist bei jedem längerem Gefäßeingriff sinnvoll und bei Implantation von Kunststoffprothesen obligat. Die Infektionshäufigkeit ohne Antibiotikaprophylaxe liegt zwischen 1,3 und 6 % (nach distal hin zunehmend). Als **Risikofaktoren** für eine Infektion gelten Anämie, Hypovolämie, Hypoxie, Diabetes mellitus, Adipositas, schlechter Ernährungszustand, Katabolie, Cortisontherapie und interkurrente Infektionen. Die Leistenregion ist in erhöhtem Maße von Infektionen betroffen.

Unterschieden wird nach Szilagyi zwischen einem oberflächlichen (nur Haut: Grad I, Fettgewebe: Grad II) und einem tiefen Infekt mit Beteiligung der Gefäßstraße (Grad III). Eine **tiefe Gefäßinfektion** ist zeitlich ungebunden und kann noch nach Jahren auftreten (**32.13**). Häufig ist die Lymphfistel in der Leistenregion ein Hinweis auf eine chronische Infektion. Der sonographische Nachweis von Luft oder Flüssigkeitsansammlung um den Verlauf der Prothese ist ein weiteres Zeichen. Hinzu kommen Schmerzen, Fieber, lokale Entzündungs-

32.13 Gefäßinfektion

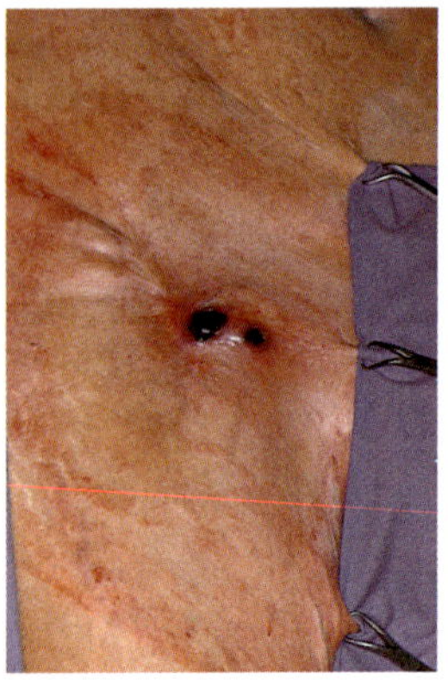

Tiefe Gefäßinfektion in der rechten Leiste, viele Jahre nach Anlage eines aortobifemoralen Dacron-Bypass. Die Infektion ist spontan durch die Haut perforiert. Die darunter liegende Kunststoffprothese „schwimmt" im Eiter. Die Patientin wird an diesem Infekt sterben.

zeichen, Leukozytose und die Erhöhung des C-reaktiven Proteins. Die **Folgen der Lokalinfektion** sind Abszessbildung, Blutung und Gefäßthrombose mit nachfolgender Sepsis. Als **Spätfolge** können falsche Aneurysmata (s. SE 32.8) auftreten infolge einer septisch bedingten Anastomoseninsuffizienz.

Therapie: Bei oberflächlichen Infekten genügt meist die lokale Wundbehandlung (s. SE 3.3, S. 46). Bei tiefen Infekten ist in aller Regel die Explantation des Kunststofftransplantates unvermeidlich. Die Gefäßstraße muss, wenn immer möglich, mit autologem Venenmaterial rekonstruiert werden (ggf. unter dem Schutz einer Omentum-Transposition, s. SE 25.9, S. 581) oder aber das infizierte Gebiet muss mit einem extraanatomischen Bypass weitläufig umgangen werden (z. B. axillobifemoraler Bypass bei Infektion einer Aortennaht).

Blutung

Ursachen für eine Blutung können technische Fehler bei der Gefäßpräparation und bei der Anastomosierung sein sowie prädisponierende Störungen der Gerinnung (s. SE 5.4, S. 108 f) oder eine arterielle Hypertonie. Frühpostoperative Blutungen basieren meist auf einer zu hohen Gabe von Antikoagulantien oder auf Verdünnung der Gerinnungsfaktoren. Die Häufigkeit beträgt ca. 0,5–3 %. Thrombozytenaggregationshemmer müssen 1 Woche präoperativ abgesetzt sein, da sie irreversibel die Thrombozytenfunktion hemmen.

Reverschluss

Ursachen eines **Sofortverschlusses** (innerhalb von 24 Stunden) sind meist Fehler in der Operationstechnik (intraoperative Thrombosierung der peripheren Strombahn, Intimadissektion oder Plaqueablösung im Bereich der Anastomose oder Einengung des Zu- bzw. Abflusses) oder der Indikationsstellung (primär inadäquate Ausflußbahn oder inadäquater Zustrom).

Bei einem **Frühverschluss** (bis ein Jahr nach der Operation) kann es sich um technische und indikatorische Fehler handeln. Ab dem 12. Monat nach der Operation spricht man von einem **Spätverschluss.** Dieser ist meist Ausdruck der fortschreitenden Arteriosklerose bzw. der Intimahyperplasie im Bereich der Anastomosen.

Nachsorge

Bei den meisten (insbesondere eher zentralen) Gefäßrekonstruktionen genügt als medikamentöser Schutz die Verabreichung von Acetylsalicylsäure, nur bei ganz peripheren Rekonstruktionen mit einer Bypass-Flussrate von < 200 ml/min und bei schlechter arterieller Ausstrombahn (hoher peripherer Widerstand) muss an eine Marcumarisierung gedacht werden.

Bei allen Gefäßrekonstruktionen ist eine regelmäßige Nachsorge obligat. Da die Grundkrankheit der Arteriosklerose fortschreitet und die implantierten Materialien degenerieren können, ist es sinnvoll, diese Veränderungen frühzeitig zu erfassen. Ein erneuter oder beginnender Gefäß- oder Bypassverschluss lässt sich mit wesentlich besseren Ergebnissen in der Frühphase therapieren und durch eine Serviceoperation beheben, als wenn die Gefäßstraße komplett verschlossen ist mit den Folgeproblemen der Ischämie.

32.4 Zerebrovaskuläre Insuffizienz

Ein Schlaganfall (Synonym: Apoplexia cerebri) kann durch eine intrakranielle Blutung (s. SE 36.1, S. 803 f) oder eine meist arteriosklerotisch bedingte zerebrale Minderperfusion ausgelöst werden. Ischämische Hirninfarkte stehen in der Todesursachenstatistik an Platz 3 nach koronarer Herzkrankheit und Malignom und gehören zu den häufigsten Ursachen für die Invalidität im höheren Lebensalter. Das Gehirn hat die kürzeste Ischämietoleranz aller Gewebe.

Epidemiologie: Es muss mit knapp 500 Schlaganfällen auf 100 000 Einwohner und Jahr gerechnet werden. Meist sind Männer betroffen. Das Risiko steigt mit zunehmendem Lebensalter.

Ätiologie und Pathogenese: 80 % der Schlaganfälle sind ischämisch bedingt, 30 % davon aufgrund von Stenosen oder Verschlüssen im extrakraniellen Abschnitt der Zerebralarterien. In der Hälfte der Fälle ist der Apoplex das erste Symptom der Gefäßveränderung.
Im Bereich aller supraaortalen Äste ist die Karotisbifurkation mit knapp 60 % am häufigsten von stenosierenden Prozessen betroffen (s. **32.17**, S. 726).
Ursächlich können zur Ischämie sowohl eine *Stenose* (bei kardial bedingten Druckabfällen mit dadurch bedingter zerebraler Mangeldurchblutung) als auch ein ulzeröser, häufig „weicher" Plaque über eine *Mikroembolie* mit dadurch bedingtem Verschluss der Endstrombahn führen. Der Anteil dürfte bei 50 : 50 % liegen. Ulzeröse Plaques sind durch ASS besser therapierbar als eine etablierte Stenose.

Symptome: Klinisch unterteilt man die zerebrovaskuläre Insuffizienz in 4 Schweregrade, mit unterschiedlicher therapeutischer Bedeutung (**32.3**).

! Die **transitorisch ischämische Attacke (TIA)**, in schwäbischer Mundart „Schlägle", stellt ein akutes Warnsymptom dar und ist Zeichen eines generalisierten Erkrankungsprozesses.

Diagnostik: Ein kurzfristiges neurologisches Halbseitendefizit, erhaltenes Bewusstsein und stenosierende Prozesse an den Karotisbifurkationen (Ultraschall) sprechen für einen ischämischen Insult. CT und MRT klären die Differenzialdiagnose zur intrazerebralen Einblutung.
Eine Stenose der Karotisgabel wird durch Auskultation (70 % aller Karotisstenosen > 70 % haben ein Stenosegeräusch!), meist aber bei Screening-Untersuchungen durch Doppler- und Duplexsonographie entdeckt (s. **6.17**, S. 151). Präoperativ erfolgen zusätzlich eine CT des Schädels (Infarktausmaß? weitere „stumme" Infarkte?) und eine Karotisangiographie mit zusätzlicher Darstellung der intrakraniellen Gefäße (**32.14**), alternativ MRA, s. SE 4.5, S. 80 ff.
Besteht neben der A.-carotis-interna-Abgangsstenose auch noch eine nachgeschaltete, oft dann intrakranielle Stenose (sog. „*Tandem-Stenose*"), wird die Karotis ebenfalls operiert, sofern die nachgeschaltete Stenose nicht höhergradig ist.
Zur Qualitätskontrolle soll prä- und postoperativ ein neurologisches Konsil durchgeführt werden.

Therapie:
Indikation zur Operation: Die Karotisoperation hat im Stadium I und II prophylaktischen Charakter und soll

32.3 Schweregrade der zerebrovaskulären Insuffizienz (entsprechend der Fontaine-Stadien bei pAVK)

Stadium	*Definition*	*Klinik*	*Operationsindikation*
I	asymptomatische Stenose (> 70 %) bzw. Verschluss	keine klinischen Symptome (gute Kollateralisation über Gegenseite, A. vertebralis und Circulus Willisii)	relative Operationsindikation • bei Verschluss der Gegenseite, • vor großen Eingriffen, • bei Progredienz der Stenose
II: transitorisch ischämische Attacke (TIA), sog. „little stroke"	Stenose oder ulzeröser Plaque mit häufig rezidivierenden Attacken, volle neurologische Restitutio innerhalb von 24 Stunden	brachiofazial betonte Halbseitensymptomatik (öfter Parese, seltener Parästhesie), Amaurosis fugax und (bei Rechtshändern und linkshirniger TIA) Aphasie	absolute Operationsindikation
III: frischer ischämischer Schlaganfall (evtl. auch als progressive stroke)	erhaltenes Bewusstsein, Zeitdauer des neurologischen Defizits > 24 h bis 4 Wochen (PRIND*)	(großes) Halbseitendefizit (Parese/Parästhesie), beim progressive stroke in den ersten Stunden zunehmend	seltene Operationsindikation nur innerhalb der ersten 4–6 Stunden beim bewusstseinsklaren Patienten (ggf. auch Lyse und Stent)
IV: postapoplektischer Endzustand (completed stroke)	Z. n. großem ischämischem Schlaganfall	permanent neurologisches Defizit (z. B. Halbseitenlähmung)	Operationsindikation für die Gegenseite bei deren hochgradiger Stenose

* PRIND = **p**rolongiert **r**eversibles **i**schämisch-**n**eurologisches **D**efizit

32.14 Angiographien bei Karotisstenosen

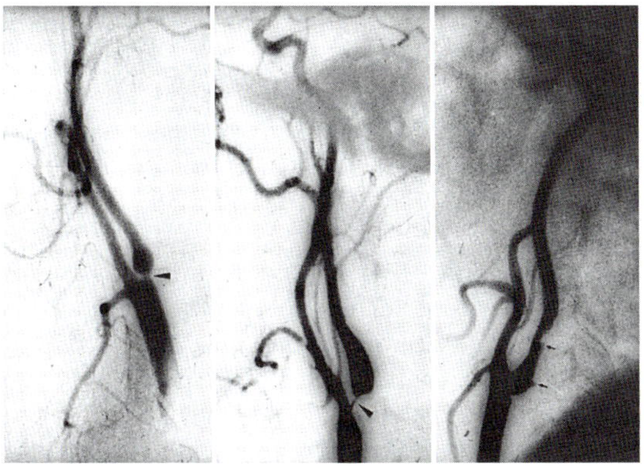

Von links nach rechts: 70 %-Stenose, filiforme Stenose (jeweils mit poststenotischer aneurysmatischer Dilatation), mäßig stenosierender Plaque mit 2 Ulzera (Mikroemboli!).

den drohenden großen Apoplex verhüten (jährliches Risiko ca. 6–8 %). Dementsprechend muss das perioperative Risiko günstiger sein als der Spontanverlauf.

Im *Stadium I* ist eine Operation nur selten indiziert, da das Risiko des Spontanverlaufs annähernd dem der Operation entspricht. Durch konservative Therapie mit Thrombozytenaggregationshemmern kann das jährliche Apoplexrisiko auf 2 % gesenkt werden.

Im *Stadium II* besteht eine absolute OP-Indikation. Die perioperative Apoplexrate sollte 3 % und die Letalität 1 % nicht überschreiten. Der OP-Zeitpunkt ist gegeben, wenn die Neurologie wieder stabil geworden ist: Die frühere Angst, bei einer OP innerhalb der ersten 6 Wochen nach TIA könne es zu Einblutungen in das Infarktgebiet kommen, ist unberechtigt.

Im *Stadium III und IV* ist die OP-Indikation nur selten gegeben (s. **T 32.3**).

Operationstechnik: Nach Freilegung der Karotisgabel wird eine *TEA-Ausschälplastik* (**32.15** und **32.10**) mit Patchplastik durchgeführt: zur Sicherstellung einer ausreichenden Hirndurchblutung mit intraluminalem Shunt, alternativ engmaschige neurologische Überwachung durch **s**omatosensorisch **e**vozierte **P**otentiale (SEP) mit sekundär eingelegtem intraluminalen Shunt. *Risiken* des Eingriffes sind der perioperative Apoplex (2–3 %, oft reversibel), Letalität (1–2 %) und meist reversible Läsionen des N. hypoglossus (5 %). Eine technische Alternative ist die sog. *Eversions-TEA*: Hierbei wird die A. carotis interna am Abgang abgetrennt, umgekrempelt, TEA-iert und reinseriert (ohne intraluminalen Shunt). Sie eignet sich besonders für die *„Kinking-Stenose"*: Stenose mit Abknickung wegen arteriosklerotisch bedingter Elongation.

Neuerdings werden im Rahmen laufender Studien auch Stents in die Karotisstenosen eingesetzt. Allerdings ist die Datenlage noch nicht gesichert.

Die lokale Lyse wird in einigen Zentren bei der Basilaristhrombose und beim akuten Karotisverschluss (Stadium III) angewandt.

32.15 Thrombendarteriektomie der A. carotis interna

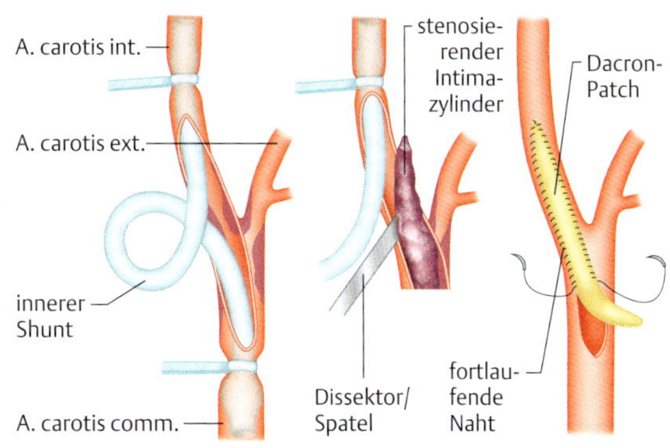

Zur **postoperativen Nachsorge** gehört eine Thrombozytenaggregationshemmung z. B. mit 100 mg Acetylsalicylsäure sowie die regelmäßige Ultraschallkontrolle. Zu Rezidivstenosen kommt es in bis zu 3 %.

Apoplex-Prognose: Rund ⅔ der Patienten überleben den Insult, 50 % bleiben jedoch pflegebedürftig. Nur ca. 10 % der Patienten können wieder in den Arbeitsprozess eingegliedert werden.

32.5 Pathophysiologie der zerebralen Durchblutung

Die normale Durchblutung des Gehirns beträgt beim Gesunden ca. 55 ml/100 g Hirngewebe · min entsprechend 20 % des Herzminutenvolumens (bei zerebraler Arteriosklerose unter 40 ml/100 g · min). Eine Einschränkung des Gefäßlumenes auf unter 70 % ist hämodynamisch relevant.

Mit der ^{133}Xenon- und der Single-Photonen-Emissions-Computertomographie (SPECT) kann die Durchblutung nuklearmedizinisch gemessen werden. Zunehmende Bedeutung hat die Positronen-Emissionstomographie (PET).

Beim Absinken der O_2-Versorgung auf 50 % der Norm können bedrohliche, aber noch reversible Funktionsstörungen wie Krämpfe, Sehstörungen, Parästhesien und Paralysen auftreten. Sinkt die O_2-Versorgung auf 15–20 % der Norm, so wird der Erhaltungsstoffwechsel unterschritten: Irreversible Ausfälle sind die Folge.

32.16 Intraoperativer Situs einer Karotis-TEA

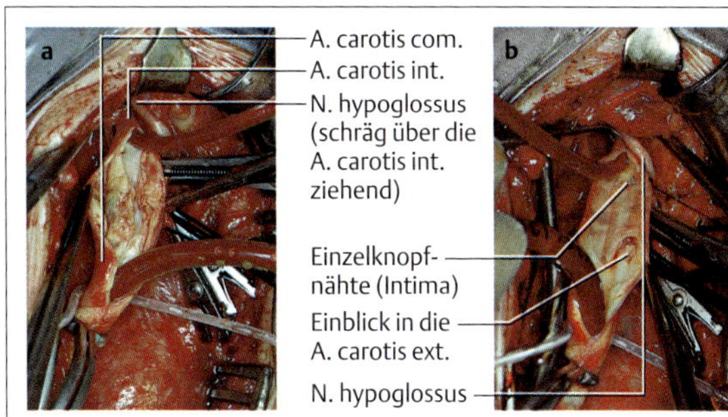

a Zwischen der A. carotis communis und der A. carotis interna ist der stenosierende (jetzt aufgeschnittene) Plaque zu sehen, die TEA ist schon begonnen, der intraluminale Shunt liegt.

b Situs nach TEA: In der A. carotis interna ist die Intima mit Einzelknopfnähten fixiert.

32.5 Weitere supraaortale Verschlüsse

Arteriosklerotische Läsionen sind an der oberen Extremität selten und treten durch eine gute Kollateralisation klinisch kaum in Erscheinung. Weitere Ursachen für Stenosen oder Verschlüsse sind Arteriitiden (Takayasu, Riesenzellarteriitis, s. SE 34.5, S. 762), Aneurysmen oder neurovaskuläre Kompressionssyndrome.

Die ***Häufigkeitsverteilung*** supraaortischer Gefäßveränderungen zeigt **32.17** (s. auch SE 32.4, S. 724).

Durch die zentrale Lokalisation kann die klinische ***Symptomatik*** sehr verschieden und schwierig zu erkennen sein:

- Bei Verschluss des Truncus brachiocephalicus kann es sowohl zu einer zerebralen (Großhirn, z. B. TIA; Hirnstamm, z. B. Schwindel) als auch zu einer armbetonten Symptomatik kommen.
- Bei zentralem Verschluss der A. subclavia und wieder offenem Vertebralisabgang kann ein retrograder Fluss über die gleichseitige Vertebralarterie zur A. subclavia auftreten (Subclavian-Steal-Syndrom; **32.18**). Klinische Zeichen sind Schwindelattacken und Unterarmklaudikatio bei Belastung des Armes. Dies kann durch die „Faustschlussprobe" provoziert werden: Der sitzende Patient hebt die Arme in die Höhe und öffnet und schließt zur Faust. Hierdurch wird mehr Blut von der Armmuskulatur eingefordert und es kommt zu einem Steal für die A. basilaris (eigentlich müsste es Basilaris-Steal-Syndrom heißen!).
- Bei Verschlüssen distal des Abgangs der A. vertebralis kommt es ausschließlich zu ischämischen Zeichen des Armes.

32.17 Häufigkeitsverteilung supraaortischer Astverschlüsse (nach Vollmar)

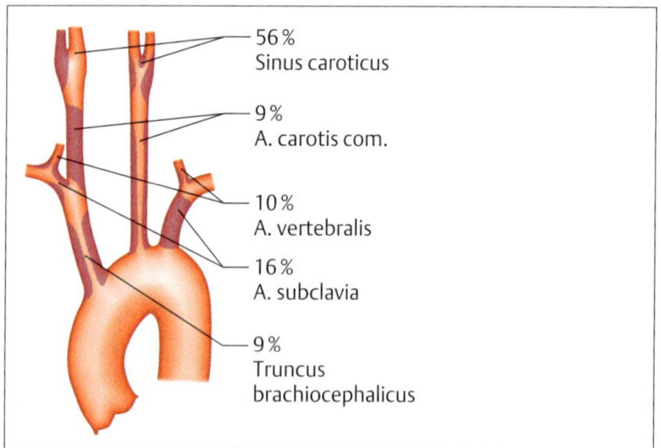

Diagnostik: Der seitendifferente Pulsstatus an der oberen Extremität mit unterschiedlichen Blutdruckwerten (Differenz > 30 mmHg) ist wegweisend.

Bei jeder Erstuntersuchung eines Patienten Blutdruckmessung an beiden Armen.

Weiterführende Diagnostik sind die Doppler- und Duplexsonographie, mit der die zugrunde liegende Stenose oder der Verschluss sicher zu lokalisieren ist. Eine weiterführende Diagnostik mit digitaler Subtraktionsangiographie (DSA) oder Magnetresonanzangiographie (MRA) ist nur bei Beschwerden mit therapeutischer Indikation indiziert.

Therapie:

Asymptomatische Läsionen werden nicht therapiert.

Da die älteren Patienten häufig gravierende Begleiterkrankungen aufweisen, wurden die transthorakalen Operationsverfahren zugunsten extrathorakaler (extraanatomi-

32.18 Zentraler Verschluss der A. subclavia mit Stromumkehr in der A. vertebralis (Subclavian-Steal-Syndrom)

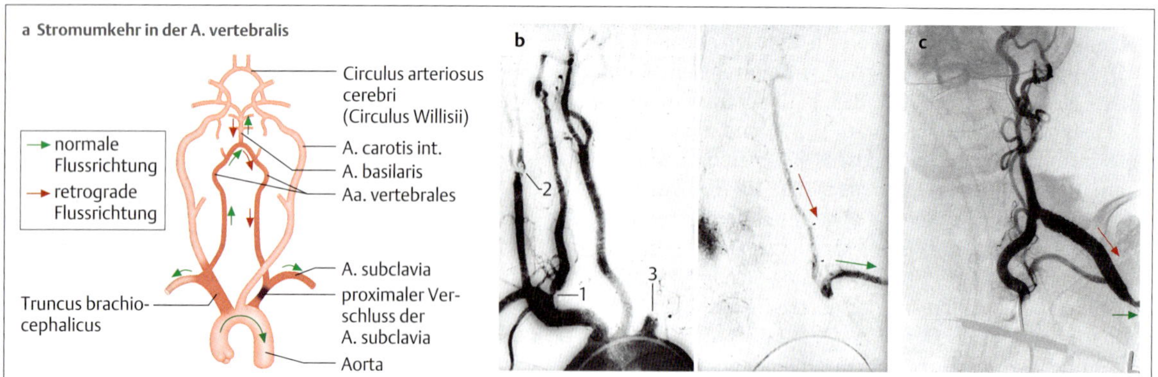

b Bei der 53-jährigen Patientin bestehen multiple arteriosklerotische Veränderungen (durch Pfeile gekennzeichnet): *Linkes Bild (frühe arterielle Phase):* Abgangsstenose der rechten A. vertebralis (1), hochgradige Abgangsstenose der rechten A. carotis interna (2), zentraler Verschluss der linken A. subclavia (Stummel ist noch sichtbar, 3). *Rechtes Bild (späte arterielle Phase):* Es kontrastieren sich retrograd die linke A. vertebralis und dann die linke A. subclavia zum Arm hin. **c** Angiographie nach karotidoaxillarem Dacron-Bypass links.

scher) Rekonstruktionen verlassen. Für die zentralen Verschlüsse der A. subclavia haben sich die Seit-zu-End-Transposition der A. subclavia auf die A. carotis communis oder ein extraanatomischer carotidosubklavialer Dacron-Bypass bewährt. Alternativ kann bei kurzstreckigen Stenosen und Verschlüssen der supraaortalen Gefäße eine PTA evtl. mit Stenteinlage (s. SE 32.3, S. 718) durchgeführt werden.

Thoracic Outlet Syndrom (TOS)

Die Gefäße und Nerven des Armes verlassen die obere Thoraxapertur durch 3 physiologische Engstellen (**32.19**), die unterschiedliche neurologische und/oder vaskuläre Symptome bedingen können (**32.20**).

Klinisch am wichtigsten sind der kostoklavikuläre Raum und die Skalenuslücke. Engstellen können durch eine hypertrophierte Skalenusmuskulatur (Bodybuilder), durch zusätzliche Halsrippen oder durch Steilstellung der 1. Rippe (leptosomer Körperbau), durch atypische Bandansätze oder durch überschießende Kallusreaktion nach Klavikulafraktur bedingt sein. Die klinischen Leitsymptome sind in **32.20** dargestellt. Die Beschwerdesymptomatik entsteht meist ab dem 20.–30. Lebensjahr und ist eher neurologisch als vaskulär bedingt (mit Ausnahme der V.-axillaris-/-subclavia-Thrombose, s. **33.3**, S. 745).

Michelangelo konnte wegen in den Arm ausstrahlender Schmerzen kaum die Decke der Sixtinischen Kapelle bemalen (Arbeiten über Kopf!): Die von ihm beschriebenen Schmerzen weisen auf ein TOS hin.

32.19 Physiologische Engstellen der oberen Thoraxapertur für das neurovaskuläre Bündel

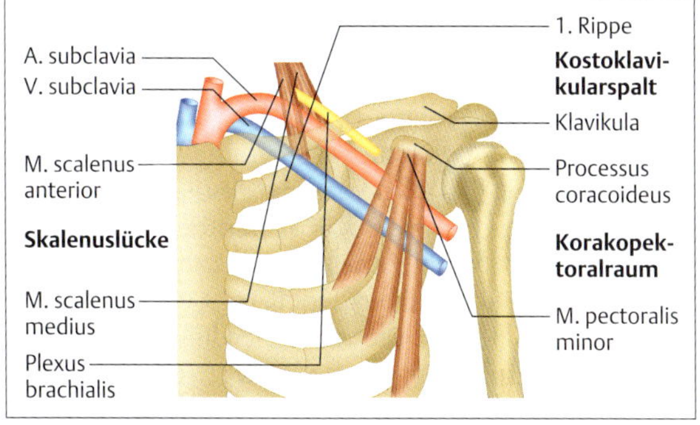

32.20 Klinische Folgen des Thoracic-outlet-Syndroms

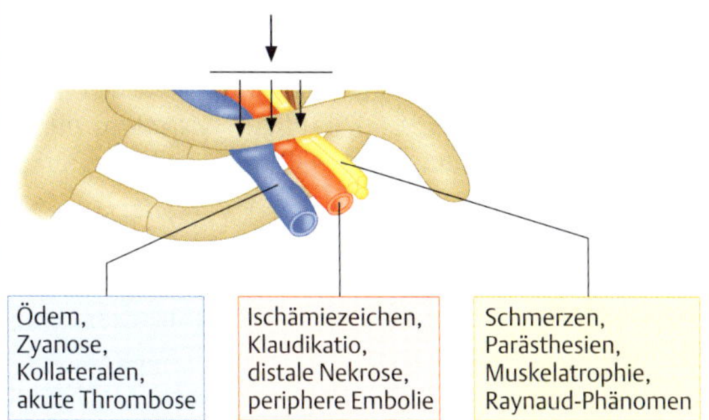

32.21 OP-Schema vor und nach Resektion der ersten Rippe

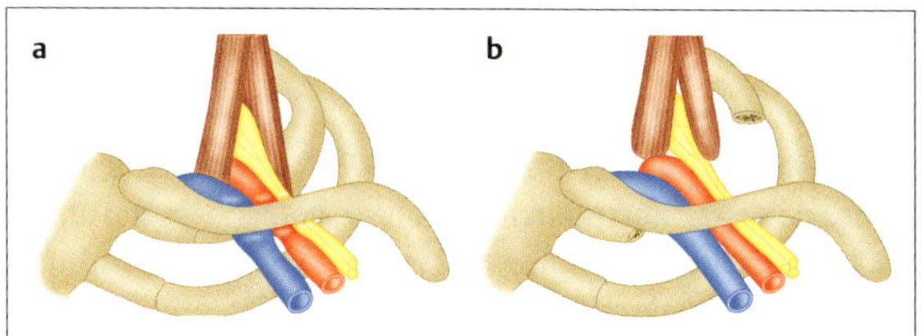

Durch die Resektion der ersten Rippe wird, gleichgültig ob das Problem in der Skalenuslücke oder im kostoklavikulären Spalt liegt, die Engstelle dekomprimiert.

Die ***Diagnose*** wird durch eine differenzierte Untersuchung mit entsprechenden Provokationsmanövern des Armes (Adson-Test: Abduktion des Armes, Dorsalflexion mit Drehen des Kopfes und aufrechte „militärische" Haltung), Doppler-Sonographie, Thoraxaufnahme (Halsrippe?), Angiographie mit Provokationsmanöver und neurologischer Untersuchung (Nervenleitgeschwindigkeit, insb. N. ulnaris) gestellt.

Therapie: Leichtere Fälle werden zunächst mit Physiotherapie behandelt. Bei therapieresistenten und schweren Fällen ist die komplette Resektion der 1. Rippe und einer evtl. vorhandenen zusätzlichen Halsrippe mit Durchtrennung der fibrösen und muskulären Strukturen indiziert. Hierdurch wird die wesentliche Engstelle, der zu enge kostoklavikuläre Raum, deutlich erweitert (**32.21**): Alle Strukturen bekommen auch in Provokationshaltung wieder „Luft". Selten muss gefäßchirurgisch ein poststenotisch bedingtes Aneurysma angegangen werden (**32.22**).

32.22 OP-Situs bei TOS-bedingter Stenose der A. subclavia mit poststenotischem Aneurysma

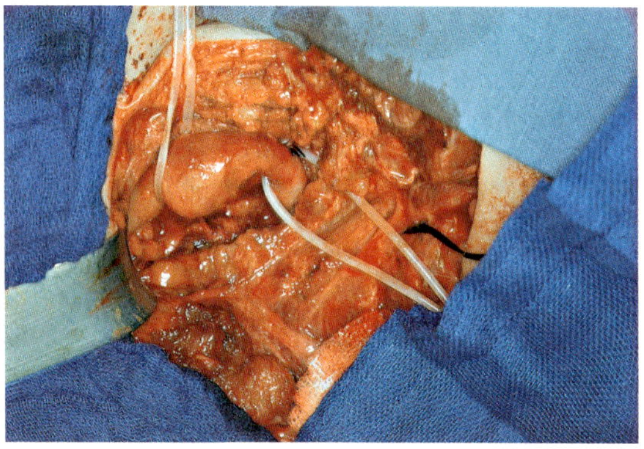

35-jährige Patientin bei rechtsseitigem TOS mit deutlicher Stenosierung der A. subclavia (rechter Zügel) und poststenotischem Aneurysma. Anamnestisch bestanden rezidivierende Mikroembolien (aus wandständigen Thromben dieses Aneurysmas heraus) in die Digitalarterien (Stadium IV) mit Notwendigkeit der Amputation zweier Finger. *Therapie:* Aneurysmaresektion und V. saphena-Interposition über einen supraklavikulären Zugang, thorakale Sympathektomie rechts.

32.6 Chronische Verschlüsse der Viszeral- und Nierenarterien

Aufgrund der guten Kollateralisation bleiben die chronischen Viszeralarterienverschlüsse häufig asymptomatisch. Typisches klinisches Bild ist die Angina abdominalis mit postprandialem Schmerz und Gewichtsverlust, oft zu spät diagnostiziert. Eine problematische und schwierige Diagnose ist das neurovaskuläre Kompressionssyndrom des Truncus coeliacus. Eine dagegen ganz klar umrissene Krankheitsentität ist die Nierenarterienstenose: renovaskuläre Hypertonie und späterer Verlust der Nierenfunktion.

Chronische Verschlüsse der Viszeralarterien (Angina abdominalis)

Ätiologie: 90 % der **Stenosen** und **chronischen Verschlüsse** der Viszeralgefäße sind durch arteriosklerotische Gefäßveränderungen bedingt (s. SE 32.1, S. 712). Isolierte Verschlüsse (gleich welche der drei Viszeralabgänge) können in aller Regel nicht für bislang unklare Bauchschmerzen verantwortlich gemacht werden: Hierzu ist die zur Stenosierung parallel entstehende Kollateralisation funktionell meist zu gut (**32.23**). Um die typische Klinik einer Angina abdominalis bedingen zu können, bedarf es zumindest zweier Viszeralarterien, die an ihrem Angang stenosiert und/oder verschlossen sind.
Klinik: Die Angina abdominalis ist charakterisiert durch den *postprandialen, oft krampfartigen Bauchschmerz*, ca. 30 min. nach einer Mahlzeit (periumbilikal), *Gewichtsverlust* (Vermeidung von Essen wegen der Auslösung von Schmerzen und Malabsorption), *Malabsorption* und ein *abdominelles Strömungsgeräusch* (Auskultation). Oft geht diese Klinik einem akuten autochthonen Mesenterialarterienverschluss (Mesenterialinfarkt, s. SE 28.4, S. 648 f) voraus.

> Bei Patienten mit kardiovaskulären Erkrankungen muss bei unklaren Abdominalbeschwerden immer an eine chronische mesenteriale Durchblutungsstörung gedacht werden (daran denken!).

Pathophysiologie: Im klassischen Fall liegen hochgradige Abgangsstenosen des Truncus und der A. mesenterica superior vor. Bei voluminöser Nahrungsaufnahme kommt

32.23 Kollateralen im viszeralen Stromgebiet

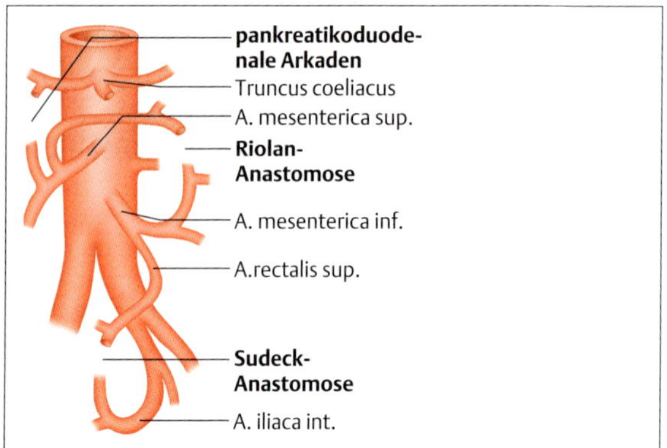

es aufgrund der Kollateralen zwischen beiden Hauptstämmen (pankreatikoduodenale Arkaden) zum Shift des Blutflusses aus der A. mesenterica superior zum Magen: Dies bedingt eine temporäre postprandiale Mangelversorgung des Darms mit konsekutiven Schmerzen. Häufig wird deshalb die Nahrungsaufnahme vermieden („Fear of Food").

Differenzialdiagnose: alle mit chronischen Schmerzen einhergehende Baucherkrankungen, v. a. chronische Pankreatitis und Gallensteinleiden.

Therapie: Bei sicherer Diagnose, d. h. sicherer Zuordnung des angiographischen Befundes zur klinischen Symptomatik (**32.24**), sind revaskularisierende Eingriffe indiziert. Aus der Reihe der höchst anspruchsvollen Operationen zeigt **32.25** für die häufigste Situation, den Abgangsverschluss der A. mesenterica superior, die wichtigsten Rekonstruktionsmöglichkeiten.

Nierenarterienstenose

Ätiopathogenese: Eine Stenose der A. renalis ist in 70 % durch *Arteriosklerose* bedingt (proximales Drittel), in 25 % durch *fibromuskuläre Dysplasie* (nicht entzündliche fibromuskuläre Verdichtung/Verdickung der Arterienwand, bevorzugt im mittleren oder distalen Drittel, angiographisch perlschnurartiger Eindruck) und in 5 % durch *seltene Ursachen*: Embolie, Dissektion, Trauma, A.-renalis-Aneurysma und entzündliche Gefäßerkrankungen (s. SE 34.5, S. 762). Die Stenose bedingt eine Freisetzung von Renin, das indirekt zur Bildung von Angiotensin II führt. Über dessen blutdrucksteigernde Wirkung soll die Durchblutung der Niere wieder normalisiert werden, es resultiert allerdings eine arterielle Hypertonie (Goldblatt-Mechanismus).
Zwischen 1 und 5 % aller Hypertoniker haben einen renovaskulären Hochdruck (mit hohem diastolischen Wert). Die unter 40-Jährigen sind häufiger betroffen, oft mit schneller Hochdruckentwicklung und peripherer AVK.

Im Zentrum der ***Diagnostik*** stehen Stenosegeräusch, Duplexsonographie, Plasma-Renin-Spiegel, Captopril-Test (25–50 mg p. o.: „verdächtig" sind Blutdrucksenkung und Anstieg des Plasma-Renin-Spiegels), konventionelle DSA (**32.26**) bzw. MRA und seitengetrennte Nierenfunktionsuntersuchung.

Therapie: Bei einem Druckgradienten von > 40 mmHg besteht eine **Indikation** zur invasiven Behandlung.

Ziele sind die Senkung des Hochdrucks und die Bewahrung der Niere vor ischämiebedingtem Funktionsverlust.

32.24 Abgangsverschluss der A. mesenterica superior

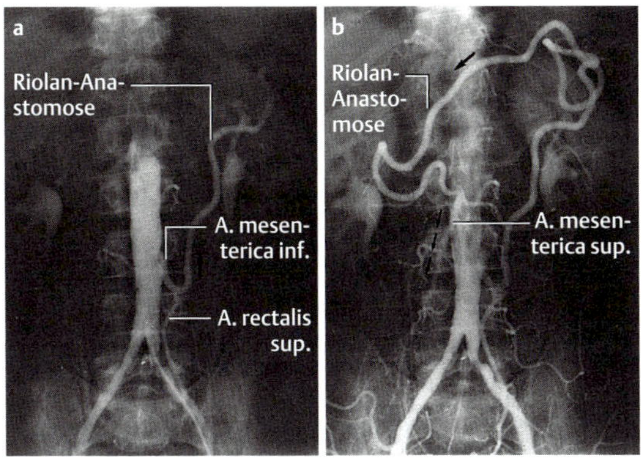

53-jähriger Patient mit Abgangsverschluss der A. mesenterica superior. In **a** (frühe arterielle Phase) stellt sich nur die A. mesenterica inferior dar, mit einer deutlichen Riolan-Anastomose hinauf entlang des Colon descendens. In **b** (späte arterielle Phase) stellt sich dann über die sehr lange Riolan-Anastomose auch die postokklusive A. mesenterica superior dar. Therapie: aortomesenterialer Bypass.

32.25 Gefäßrekonstruktionen bei A.-mesenterica-superior-Abgangsverschluss

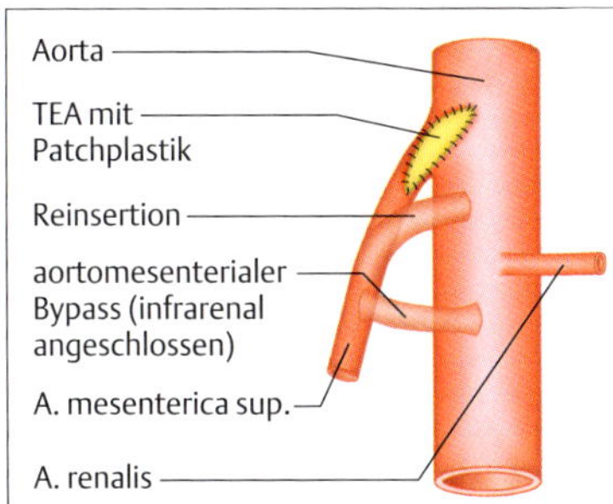

32.6 Neurovaskuläres Kompressionssyndrom des Truncus coeliacus

Das neurovaskuläre Kompressionssyndrom des Truncus coeliacus wird verursacht durch die Zwerchfellzwinge des Hiatus aorticus (Lig. arcuatum). Bei hohem Abgang des Trunkus oder fibrosierenden Veränderungen des Lig. arcuatum kann es bei tiefer Inspiration (Tiefertreten des Zwerchfells) von kranial her zur subtotalen Impression des Trunkus kommen. Wahrscheinlich handelt es bei den hierdurch ausgelösten Schmerzen aber eher um eine Irritation des Ganglion coeliacum, ähnlich dem Thoracic-Outlet-Syndrom (s. SE 32.5, S. 727). Findet sich keinerlei andere Ursache für die geklagten epigastrischen Beschwerden (oft mit Gewichtsabnahme, Erbrechen und Durchfällen) und zeigt die Angiographie (in tiefer Inspiration!) einen typischen Befund, dann kann das Ligament operativ gespalten werden (unsichere Langzeitergebnisse).

32.26 Filiforme Stenose der Nierenarterie

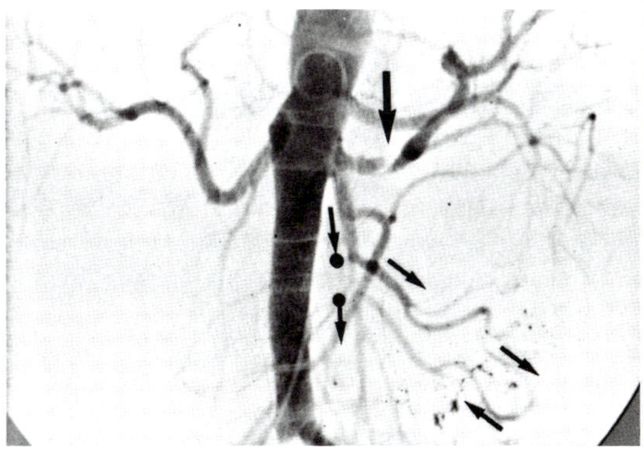

77-jährige, rüstige Patientin. Es besteht eine filiforme Stenose im mittleren Nierenarteriendrittel links mit schwerer renovaskulärer Hypertonie (dicker Pfeil), darüber hinaus ein asymptomatischer kurzstreckiger Verschluss der A. mesenterica superior in deren mittlerem Drittel (von Punkt zu Punkt) mit postokklusiver Auffüllung über eine Kollaterale (Pfeile).

Bei proximalen Stenosen kommt heute überwiegend die PTA zur Anwendung. Darüber hinaus bestehen verschiedene operative Rekonstruktionsprinzipien (**32.27**). Bei ohnehin geplantem aortalen Eingriff sollte die Rekonstruktion simultan-operativ erfolgen.

Kontraindikation zu jedwelcher Therapie sind langstreckige Verschlüsse, Schrumpfniere und schwere renale Parenchymschäden. Bei Adipositas und Multimorbidität kann zwar operiert werden, die PTA ist hierfür jedoch die zweifellos bessere Alternative.

Ergebnisse: In 55–85 % kann eine Verbesserung der Hypertonie verzeichnet werden. Komplikationen bei operativen Eingriffen in 3–6 %: Verlust der Nierenfunktion und allgemeine Komplikationen.

32.27 Operative Rekonstruktionsmöglichkeiten

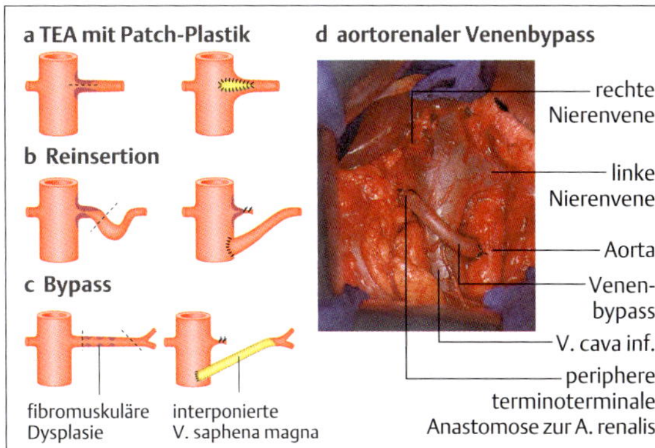

d 51-jährige Patientin mit rechtsseitiger Nierenarterienstenose und renovaskulärem Hochdruck. Die rechte Nierenarterie liegt zwar retrokaval, der Venenbypass wird aber präkaval positioniert.

32.7 Chronische AVK der unteren Extremität

Bei bald 80 % aller Patienten ist die chronische AVK an der unteren Extremität lokalisiert. Der isolierte Befall nur einer Gefäßetage ist selten, meist sind mehrere Abschnitte des Gefäßsystems betroffen, d. h. in 80 % der Fälle sind Verschlüsse in der Beckenetage mit Verschlüssen in der Peripherie kombiniert. Die Erstbeschreibung der Claudicatio verfasste 1846 Benjamin Erodie, ein Chirurg des englischen Königshauses. Die erste geglückte Wiederherstellung der Beckenstrombahn gelang Oudot 1951. Ab 1954 setzte sich das Bypassverfahren durch Kunststoffimplantate durch.

Epidemiologie und Prognose

Epidemiologie: Bei Verschlussprozessen der Beckenetage sind Männer 4-mal häufiger betroffen als Frauen, bei Ober- und Unterschenkelverschlüssen doppelt so häufig. 5 % der über 50-Jährigen haben eine Claudicatio intermittens (was eine Lebensverkürzung um 10 Jahre bedeutet), und bei 10 % aller Klaudikatiopatienten kommt es zu einer kritischen Ischämie mit Amputationsgefährdung der Extremität. Ohne Behandlung ist die **Prognose** schlecht. Der größte Teil der Patienten würde in einem Intervall von 5 Jahren arbeitsunfähig.

Einteilung und Pathogenese

Grundsätzlich werden drei Etagen der **Erkrankungslokalisation** unterschieden (Becken-, Oberschenkel- und Unterschenkeltyp, **T 32.4**), wobei einzelne Etagen allein (z. B. bei der Thromangiitis obliterans, häufig auch beim Diabetes mellitus) oder kombiniert betroffen sein können (dann „Mehretagenerkrankung“).

Ein gut ausgebildeter **Kollateralkreislauf** kann bei langsamer Entwicklung der AVK einen Verschluss vollständig kompensieren. Als Kollateralwege für den *Beckenbereich* sind besonders wichtig die A. mesenterica inferior, A. iliaca interna und die Lumbalarterien, für die *Oberschenkeletage* die A. profunda femoris mit dem Empfängersegment A. poplitea 1. Segment (s. **32.8**) und für die *proximale Unterschenkeletage* das Rete articulare genus mit seinen zahlreichen kleineren Arterien (A. genus med. sup. et inf. bzw. lat. sup. et inf.; s. **32.28**). Der funktionell am besten trainierbare Kollateralweg ist die Oberschenkeletage: Viele Gefäßpatienten haben einen langstreckigen Verschluss der A. femoralis superficialis ohne alle Klinik (Stadium I). Segmentale Verschlüsse der A. iliaca communis können bis ca. 1000 m Gehstrecke durch Kollateralen kompensiert werden. Die Kollateralkraft des Rete articulare genus und im weiteren Unterschenkel ist am geringsten.

T 32.4 Verteilung der pAVK und Beschwerdehöhe

Etagen-Typ (Häufigkeit)	*Lokalisation*	*Pulse*	*Ischämie-Beschwerden*
Becken (30 %)	aortoiliakal	kein Leistenpuls	Oberschenkel, Hüfte, Gesäß
Oberschenkel (50 %)	femoro-popliteal	kein Poplitealpuls	Unterschenkel
Unterschenkel (20 %)	kruropedal	keine Fußpulse	Unterschenkel, Fußsohle

32.28 Kollateralsysteme

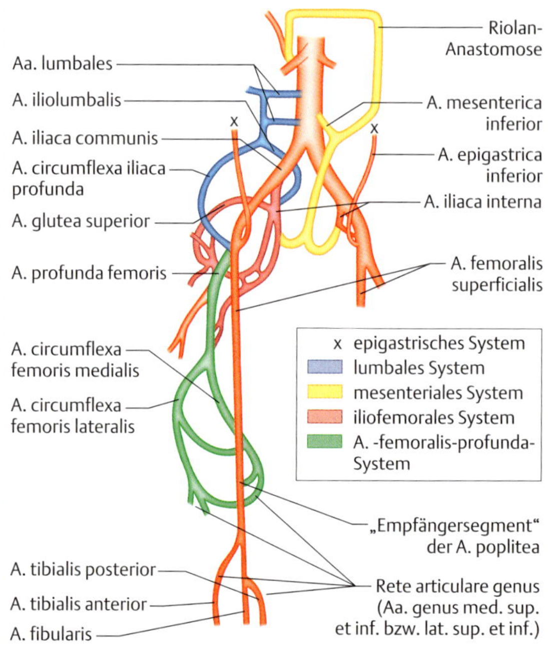

Eminent wichtig zum Verständnis der Durchblutungssituation des Beines ist das Wissen, dass diejenigen Stammarterien-Segmente (sog. „Verteilersegmente“), in die hinein oder aus denen heraus die Kollateralsysteme einmünden bzw. abgehen, für eine gute Kollateralisierung offen sein müssen: z. B. A. mesenterica inf., A. iliaca interna, Femoralisgabel, popliteales Empfängersegment und popliteale Trifurkation. Sind jedoch die Verschlussprozesse im Verteilersegment lokalisiert, so ist nur invasiv eine Verbesserung der Durchblutungssituation der Peripherie zu erzielen.

Nur wenn die Verteilersegmente offen sind, können die Kollateralsysteme die zwischengeschalteten Verschlüsse der Stammarterien kompensieren.

Klinik

Je nach Ausmaß des Verschlusses und in Abhängigkeit der Ausprägung des Kollateralkreislaufes variiert die Beschwerdesymptomatik.

Typisches klinisches Zeichen ist ein intermittierendes Hinken („Claudicatio intermittens“). Der Patient bleibt

> **32.7 Erektile Potenzstörungen**
>
> Pathogenetisch liegt häufig eine arterielle Durchblutungsstörung im A.-iliaca-interna-Stromgebiet vor. Oft besteht eine Kombination mit hormoneller und neurologischer Dysfunktion. Zur Differenzierung der Ursachen dient die Flowmessung in der Penisarterie vor und nach Injektion vasoaktiver Substanzen in die Corpora cavernosa. Beim Gesunden beträgt der Quotient aus Penisarteriendruck und Brachialisdruck 0,9–1,0. Bei einem Wert unter 0,6 kann von einer vaskulären Impotenz ausgegangen werden. Häufig finden sich zusätzlich kardiovaskuläre Erkrankungen und eine arterielle Hypertonie.

wegen Muskelschmerzen stehen, welches zu dem Begriff der „Schaufensterkrankheit" geführt hat.

! Der Schmerz liegt immer eine Etage tiefer als der Verschluss lokalisiert ist.

Der Klaudikatio-Schmerz vom **Beckentyp** betrifft überwiegend die Gluteal- und Oberschenkelmuskulatur. Typischerweise beschreiben die Patienten ein Ziehen in die dorsalen Anteile des Oberschenkels (in 40% zusätzliche Potenzstörungen, insbesondere bei bilateralem Verschluss der Aa. iliacae internae, s. **32.7**). Beim Oberschenkeltyp sind es v.a. Wadenschmerzen, beim Unterschenkeltyp distaler Unterschenkel mit Fuß (hier dann auch rasch weitere Zeichen wie Kühle, Parästhesien und trophische Störungen).

Für die **klinische Einteilung** der arteriellen Verschlusskrankheit ist die Klassifikation nach *Fontaine* (**T 32.5**) am gebräuchlichsten. Ein Stadium III–IV entwickelt sich nur in Kombination mit distalen Verschlüssen oder bei hochakutem Verlauf.

T 32.5 Stadium der AVK nach Fontaine

Stadium	*Befund*
I	zufällig diagnostizierte, klinisch nicht relevante Gefäßstenose/Gefäßverschluss
II a	Gehstrecke über 100 Meter
II b	Gehstrecke unter 100 Meter
III	Ruheschmerz
IV	Nekrose*

* Bei einer Nekrose muss differenziert werden zwischen einer schlecht heilenden Hautwunde nach Bagatelltrauma im Stadium II infolge einer eingeschränkten Perfusionsreserve (kompliziertes Stadium IIb) und der spontanen, meist progredienten Nekrose mit ischämischem Ruheschmerz infolge einer insuffizienten Ruheperfusion (Stadium IV). Bei Diabetes mellitus kommt es wegen der begleitenden Polyneuropathie öfters zu einer Kombination von IIb und IV (ohne Ruheschmerz!).

Diagnostik

Zusätzlich zur allgemeinen Gefäßdiagnostik (s. SE 32.1, S. 712 f) sind bei chronischen Durchblutungsstörungen der unteren Extremität folgende Untersuchungen notwendig:

Durch die sorgfältige **Inspektion** und **Palpation** der Extremitäten werden Hautfarbe, Hauttemperatur, trophische Störungen, Nekrosen (trocken, mumifiziert) bzw. eine Gangrän (feucht, infiziert), Ulzerationen und Nagel- oder Interdigitalmykosen diagnostiziert und dokumentiert.

! Ein weißer, kalter Fuß mit schlechter Kapillar- und Venenfüllung am Fußrücken weist eindeutig auf eine AVK hin. Ein zyanotischer, warmer Fuß deutet auf eine venöse Stauung hin.

Sind **Schmerzen in Ruhe** vorhanden, so ist wichtig, ob sie sich durch Tieflagerung der Extremität bessern (höherer Perfusionsdruck). Kann der Schmerz durch Lagerung nicht beeinflusst werden und treten sensible oder motorische Ausfälle hinzu, so muss mit einem baldigen Gewebeuntergang gerechnet werden.

! Wenn sich „Ruheschmerzen" durch Hochlagerung bessern, handelt es sich meist um ein venöses Problem, und umgekehrt.

Lagerungsprobe nach Ratschow (**32.29**): Rückenlage, senkrechtes Heben der Beine, 1 min Extension und Flexion der Füße (30 ×). Bei AVK Weißfärbung der Fußsohle, ggf. Wadenschmerzen. Danach Aufsitzen des Patienten am Bettrand mit Herabhängenlassen der Beine. Man misst die Zeit bis Auffüllung der Venen (beim Gesunden 10 bis 15 s) bzw. Auftreten der reaktiven Hyperämie (bei pAVK erst ab 15–20 s: Gefäßweitstellung durch lokale Azidose). Der Seitenvergleich ist wichtig.

Gehstreckenmessung: Die durchblutungsbedingten Beschwerden sind typischerweise reproduzierbar. Unter standardisierten Bedingungen (auf dem Laufbandergometer 3 km/h und 5% Steigung) werden die schmerzfreie und die maximale Gehstrecke gemessen.

Doppler-/Duplexsonographie, Verschlussdruckmessung: s. SE 6.4, S. 150.

Durch die **Angiographie** (s. SE 32.1, S. 713) sind die Beurteilung von Verschlussmorphologie und Kollateralisation sowie die Planung von gefäßrekonstruktiven Maßnahmen möglich.

! Die **Angiographie** ist nur vor geplanter Gefäßrekonstruktion angezeigt.

Differenzialdiagnose: Seltene Ursache für eine Klaudikatiosymptomatik (1% der Klaudikatiopatienten, insb. jün-

32.29 Lagerungsprobe nach Ratschow

Erklärung s. Text.

gere sportliche männliche Patienten) kann ein **popliteales Kompressionssyndrom** sein. Durch einen aberrierenden Verlauf der A. poplitea durch die Fossa poplitea oder aber durch Fehlbildungen der Muskelansätze (M. gastrocnemius oder soleus) können die neurovaskulären Strukturen komprimiert werden.

Therapie

Die Entscheidung zur konservativen oder rekonstruktiven Therapie basiert auf zahlreichen Einflussgrößen: Stadium der AVK, Etagen-Typ, Alter und Allgemeinzustand des Patienten (Risikofaktoren, Begleiterkrankungen), berufliche Situation und Gefäßsituation (**32.6**).

Konservative Therapie: Der Patient mit einer AVK im Stadium I oder II sollte jeden Tag ein regelmäßiges, mindestens 30-minütiges **Gehtraining** durchführen. Bei Erreichen der Schmerzgrenze muss eine Pause eingelegt werden, um die Muskulatur durch die Ischämie nicht zu schädigen. Geeignete **krankengymnastische Bewegungsübungen** können ebenfalls zur Stärkung des Kollateralkreislaufes beitragen und den operativen Eingriff oft um Jahre verzögern oder ganz vermeiden.

> Die Stadien III und IV sind selbstverständlich Kontraindikationen für ein Gehtraining.

Die prinzipiellen ***gefäßrekonstruktiven Maßnahmen*** wurden in SE 32.3 (s. S. 717 ff) dargestellt. **32.8** gibt einen Überblick über die an Ober- und Unterschenkel üblichen Verfahren. Das **Ziel einer Operation** besteht in der Verbesserung der Lebensqualität und in der Reduktion der Amputationsrate. Wesentliche operative Komplikationen betreffen (bei der Beckenetage) Ureteren und begleitende Venen, bei der Ober- und Unterschenkeletage Verletzungen der begleitenden Nerven, abgesehen von den allgemeinen Komplikationen wie Nachblutung (insbesondere bei früh-postoperativ heparinisierten Patienten) und Infektion.
Da **orthotope aortoiliakale Rekonstruktionen** zu den größeren Operationen mit einem entsprechend höheren operativen Risiko gehören, wurden für diese Etage (für Risikopatienten) **extraanatomische Rekonstruktionen** entwickelt. Die beiden wichtigsten sind der axillobifemorale Bypass (s. **32.12b**, S. 721) und der femorofemorale „Cross-over"-Bypass (**32.30**). Hierbei handelt es sich, abgesehen von der Freilegung der Axillaris- bzw. Leistengefäße, um Eingriffe an der Körperoberfläche. Wegen der hämodynamisch ungünstigeren und längeren Wege muss eine Dauer-Antikoagluation (z. B. Marcumar) erfolgen.

32.30 Extraanatomischer Cross-over-Bypass

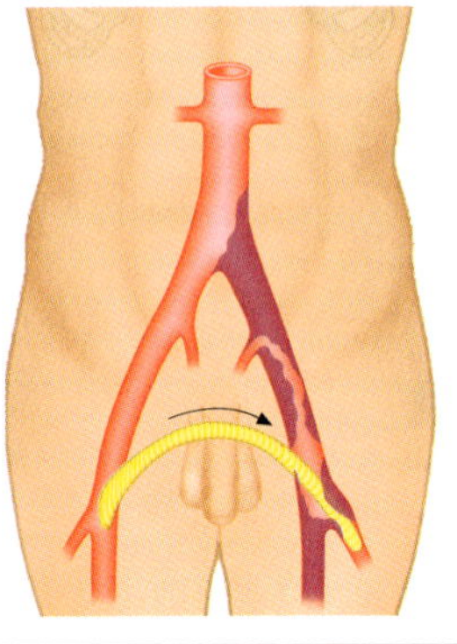

Hier ist der femorofemorale Cross-over-Bypass von der rechten A. femoralis communis auf die linke A. profunda femoris hineingeführt.

> Jede Gefäßrekonstruktion kann den Status quo auch verschlechtern, daher: strenge Indikationsstellung.

Im Stadium IV kommen die Patienten häufig mit einer Infektsituation im Fußbereich. In diesem Fall wird in der Reihenfolge **I**nfektbekämpfung, **R**evaskularisierung, **A**mputation vorgegangen (IRA-Prinzip, **6.18**, S. 172).

Sympathektomie (**32.9**): Durch die sympathische Denervation einer Gliedmaße kann der Strömungswiderstand gesenkt werden. Die Durchblutungssteigerung betrifft in erster Linie die Haut, die Muskeldurchblutung ist weitgehend unbetroffen. Ihr Wert als alleiniges oder ergänzendes Verfahren ist heute sehr umstritten.

Die ***Amputation*** (s. auch SE 14.9, S. 368 ff) steht in der gefäßchirurgischen Therapie am Ende der Behandlungsstrategie. Allerdings verbessern sich hierdurch sehr häufig der Allgemeinzustand und die Lebensqualität der Patienten, insbesondere wenn monatelange Schmerzen, Infekte, frustrane Operationen und Immobilisation vorausgegangen waren.

> Zur Amputation gehört in demselben stationären Aufenthalt die erste (vorläufige) Prothesenversorgung, wie das Amen zur Kirche.

Die **Indikation** zur Amputation einer Extremität (s. auch SE 14.9, S. 368 ff) sollte erst nach Ausschöpfung aller sinnvollen rekonstruktiven Maßnahmen erfolgen.
Gründe für eine frühzeitigere Amputation können vielfältig sein, z. B. bei schwerster Stadium-IV-Infektion mit Sepsis (Not-Indikation), bei einer bestehenden fixierten Kontraktur im Kniegelenk (der Patient könnte trotz gelungener Revaskularisation nie mehr gehen!) oder aber bei Patienten, die aus anderen Gründen komplett immobil sind.
Vor einer Amputation des Gefäßsystems muss angiographisch abgeklärt sein, dass die geplante Amputationsebene durchblutet ist und dass hier, in vitalem Gewebe, eine Wundheilung stattfinden kann. Prinzipiell soll so peripher wie möglich amputiert werden. Man gefährdet jedoch den Patienten, wenn man sich insbesondere bei peripherem Infekt in vielen Eingriffen „scheibchenweise" an vaskularisiertes Gebiet annähert: Dies bedeutet einen langen Krankenhausaufenthalt mit hoher Morbidität und Verzweiflung.
Amputationen an Ober- und Unterschenkel werden als **Majoramputationen** bezeichnet, kleinere Amputationen (im Fuß) als **Minoramputationen**. Unter **Grenzzonenamputation** versteht man die marginale Resektion am Übergang von ischämisch-nekrotischem zu vitalem Gewebe.

32.6 Indikation zur Gefäßrekonstruktion

Stadium	*Indikation zur Gefäßrekonstruktion*
I	keine Gefäßrekonstruktion
II	relative Indikation: *Beckenetage:* großzügiger, da gute Langzeitergebnisse, *Oberschenkel:* zurückhaltend, *Unterschenkel:* keine Indikation
III und **IV**	absolute Indikation zur Operation

32.9 Sympathektomie

Indikation: Für die Behandlung einer fortgeschrittenen Gliedmaßenischämie muss die Indikation zur Sympathektomie sehr zurückhaltend gestellt werden. Als alleinige Maßnahme ist sie i. d. R. unzureichend. Die besten Erfolge sind bei der *Endangiitis obliterans* und bei peripheren Gefäßverschlüssen bei *Morbus Raynaud* an der Hand zu erwarten (s. SE 34.5, S. 762).

! Die Sympatholyse ist kontraindiziert bei diabetischer Neuropathie (s. SE 34.7, S. 764).

Nachteile: Ort und Ausmaß der Gefäßerweiterung können nicht sicher vorhergesagt werden. Liegt bereits ein niedriger Perfusionsdruck vor (Stadien IIb, III und IV, s. **T 32.5**), so kann durch die Sympathektomie infolge des gesenkten peripheren Strömungswiderstandes der Druckabfall unter den kritischen Verschlussdruck fallen und sich die Durchblutung verschlechtern.

Durchführung: Die Ganglien werden im Bereich L2–L5 (**lumbale Sympathektomie**) offen entfernt oder thorakoskopisch im Bereich Th II – Th III (**thorakale Sympathektomie**) reseziert. Die Operation ist heute größtenteils durch die CT-gesteuerte Alkoholinstillation (Sympathikolyse) ersetzt worden.

32.8 Gefäßrekonstruktion am Bein

Der isolierte Verschluss der **A. femoralis** communis wird durch einen Leistenzugang mit TEA und Patchplastik angegangen. Evtl. kann die A. Iliaca externa mittels Ringstripper geschlossen-retrograd desobliteriert werden. Bei kombinierten Stenosen in der Femoral- und Beckenregion hat sich das simultane Vorgehen mit offener Femoralisrekonstruktion und gleichzeitiger PTA und Stentung der Iliakalstenose bewährt

Die **A. profunda femoris** hat eine wichtige Kollateralfunktion für die A. femoralis superficialis (s. **32.28**). Daher ist bei Abgangsstenose der A. profunda femoris häufig eine isolierte Profundaplastik mit Venenpatchmaterial indiziert. Ein konservatives Gehtraining macht nur Sinn, wenn der Profunda-Einstrom ungehindert ist.

Die **A. femoralis superficialis** zeigt die häufigsten Verschlussprozesse, die sowohl kurzstreckig (20 %) als auch häufiger langstreckig (60 %) sein können. Kurzstreckige Verschlüsse oder hochgradige Stenosen werden interventionell mittels PTA angegangen, längerstreckige Verschlüsse (> 5–10 cm) werden mittels Bypassverfahren (Vene oder Kunststoff) operativ überbrückt. Das Anschlusssegment liegt dann entweder oberhalb (PI-Segment) oder unterhalb des Kniegelenkes (PIII-Segment; s.).

Meist wird beim Bypassverfahren auf das PI-Segment PTFE oder Dacron verwendet, beim Anschluss auf PIII sollte, wenn immer möglich, wegen der besseren Offenheitsrate autologe Vene verwendet werden. Bei allen Rekonstruktionen unterhalb des PIII-Segmentes, also im kruralen und pedalen Bereich muss autologe Vene verwendet werden (s. SE 32.3, S. 721).

Beim Diabetiker ist häufiger die A. profunda femoris betroffen (Kollateralfunktion!), und die Verschlüsse liegen oft isoliert im Unterschenkelbereich mit einem Abbruch aller drei Unterschenkelarterien. Bei wieder offener Peripherie werden kurze Bypässe mit autologer Vene (ausgehend vom PI- oder PIII- Segment: distal origin bypass) auf die cruralen oder pedalen Arterien angeschlossen und führen zu einer Beinerhaltungsrate von 90 %.

! Eine Majoramputation beim Diabetiker kann auf diese Weise meist vermieden werden.

Vom ischämischen Typ strikt unterschieden werden muss das **neuropathische diabetische Fußsyndrom** (s. SE 34.7, S. 764 f), welches konservativ durch Druckentlastung therapiert wird.

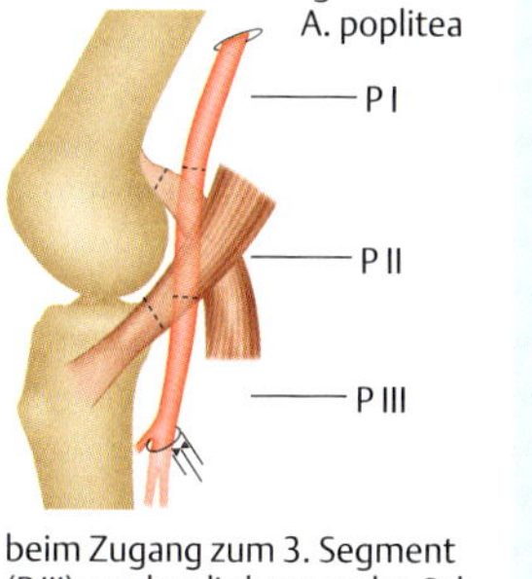

beim Zugang zum 3. Segment (P III) werden die kreuzenden Sehnen des Pes anserinus durchtrennt

32.8 Aneurysmata

Aneurysmata sind umschriebene Erweiterungen einer Arterie. Sie können in jeder Gefäßregion auftreten. Das klinische Bild ist abhängig vom Sitz, von der Größe, von der Thrombosierung des Aneurysmasackes und von der Intaktheit der Wand. Die wesentlichen Gefahren sind Kompression umliegender Strukturen, Thrombose, Embolie und Ruptur. Zu venösen Aneurysmata s. SE 33.4, S. 746.

Ursachen: Nach dem Rückgang der Syphilis ist die **Arteriosklerose** die häufigste Ursache für arterielle Aneurysmata geworden (s. SE 32.1, S. 712 f). Seltener sind sie angeboren, traumatisch, entzündlich oder poststenotisch. Sie können sowohl am Körperstamm als auch peripher vorkommen, bei aortaler Position liegen sie zu 85 % infrarenal, zu 15 % thorakal und sehr selten thorakoabdominal.

Pathologische Anatomie (Einteilung): Beim **Aneurysma verum** sind alle drei Wandschichten der Arterie von der Aufweitung betroffen. Sie können sich sackförmig (sacciform) oder spindelförmig (fusiform) ausbilden (**32.31a**). Am häufigsten kommen sie in der infrarenalen Aorta, A. iliaca, A. femoralis und A. poplitea vor. Meist besteht nur ein offener Zentralkanal, während die erweiterten Abschnitte wandständig thrombosiert sind (**32.32**).
Das **Aneurysma spurium** (Synonym: falsches Aneurysma) ist ein perivaskuläres Hämatom, welches wandständig thrombosiert ist und einen offenen Verbindungsstiel zum Gefäßlumen aufweist (**32.31b**). Es entsteht nach Punktionen oder nach perforierenden Arterienverletzungen sowie im Anastomosenbereich nach Gefäßoperationen. Meist ist es steril, seltener infiziert. Häufigster Ort ist die A. femoralis communis.
Das **Aneurysma dissecans** ist eine flächige Aufspaltung der Arterienwand zwischen Media und Adventitia (**32.31c**). Es entsteht wahrscheinlich primär durch eine Ruptur der Vasa vasorum mit einem intramuralen Hämatom oder durch die Einblutung eines artheromatösen Plaques. Sekundär kommt es zu einem Einriss der Intima („entry“) und damit zur Ausbildung eines falschen Lumens in der Gefäßwand. Das Aneurysma dissecans kommt praktisch nur im Bereich der Aorta vor, selten auch an der A. carotis.

32.31 Grundformen arterieller Aneurysmata

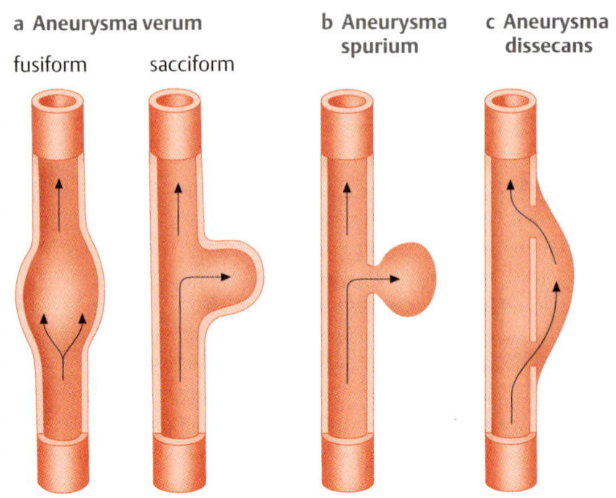

32.32 Infrarenales Aortenaneurysma

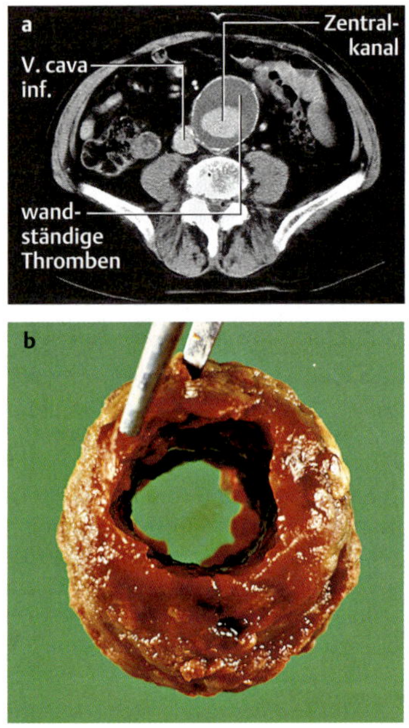

a In der i. v.-Kontrast-CT sieht man den perfundierten Zentralkanal *und* die wandständigen Thromben (Angiographien zeigen nur selten die wirkliche Ausdehnung!). **b** Der extrahierte Thrombus des Patienten mit Blick durch den Zentralkanal. Es ist leicht vorstellbar, dass sich Thrombenteile lösen und verschleppt werden.

Einteilung in drei Stadien: Da das infrarenale Aortenaneurysma das mit Abstand häufigste Aneurysma ist und mit einer knapp 3 %igen Inzidenz bei über 65-Jährigen eine hohe sozialmedizinische Bedeutung hat, wird in der folgenden Darstellung v. a. auf diesen Aneurysmatyp abgehoben.
Die **asymptomatischen** Aneurysmata (80 % aller Fälle) machen keine Beschwerden und fallen bei der körperlichen Untersuchung durch eine verbreiterte Pulsation oder durch einen pulsierenden Tumor auf. In der Hälfte der Fälle findet man ein systolisches Strömungsgeräusch. Häufig werden sie inzidentell bei Ultraschalluntersuchungen entdeckt (**32.33**).
Symptomatisch werden die Aneurysmata entweder durch die Expansion des Aneurysmas mit Druck auf benachbarte Organstrukturen oder es kommt durch die wandständigen Thromben zur Embolie mit akuten ischämischen Beschwerden in der peripheren Strombahn.

32.33 Infrarenales Aortenaneurysma

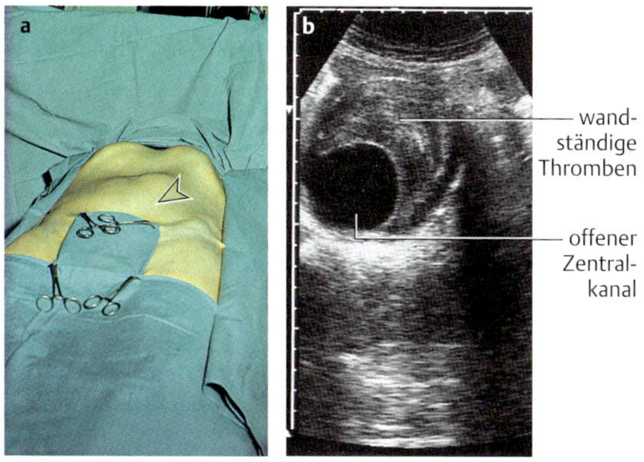

a Der pulsierende Tumor ist mit einem Pfeil markiert, **b** im Ultraschall zeigen sich der offene Zentralkanal und wandständige Thromben.

Bei einer Embolie in die Beinarterien muss neben dem Herzen auch ein thorakales oder abdominelles Aneurysma als Emboliequelle ausgeschlossen werden.

Die Zeichen eines symptomatischen Aneurysmas wie Bauch- oder Rückenschmerzen mit Ausstrahlung nach unten, lokale Kompressionserscheinungen wie Harnstauung, Wirbelkörperarrosion oder Duodenalkompression werden häufig urologisch, orthopädisch oder unspezifisch fehlgedeutet.
Durch die **Ruptur** kommt es zu stärksten Schmerzen, die in den Rücken oder in die Flanken ausstrahlen, zum Blutverlust mit hämorrhagischem Schock und Zeichen des akuten Abdomens mit lebensbedrohlichen Konsequenzen. Beim infrarenalen Bauchaortenaneurysma unterscheidet man die gedeckte Ruptur (mit Einblutung v. a. ins linksseitige Retroperitoneum) von der freien Ruptur (mit der Einblutung in die freie Bauchhöhle – diese Patienten sterben meist noch vor Einlieferung in die Klinik). Seltene Komplikationen sind die aortokavale Fistel oder die primäre aorto-intestinale Fistel (jeweils bedingt durch Penetration und Einbruch in die benachbart liegende V.-cava- bzw. Duodenalwand).

Die Hauptgefahren eines Aneurysmas sind die Ruptur mit massiver Blutung und (deutlich seltener) die Embolisierung mit Verlegung der peripheren Ausflussbahn (Ischämie).

Diagnostik: Die meisten Aneurysmata werden durch die Sonographie (B-mode, Duplex-, Farbdopplersonographie) diagnostiziert. Bei den thorakalen und abdominellen Aneurysmata ist die CT-Untersuchung mit Kontrastmittel zur genauen Größenbestimmung und zur Abklärung der anatomischen Lagebeziehungen Verfahren der Wahl. Alternativ kann eine MRT durchgeführt werden. Diese ist insb. beim Aneurysma dissecans (s. u.) zur Bestimmung des wahren und falschen Lumens hilfreich. Zur Darstellung der intraluminalen Gefäßverhältnisse und der Gefäßabgänge ist eine präoperative transarteriell-digitale Substraktionsangiographie sinnvoll.
Die Koinzidenz eines abdominellen Aortenaneurysmas mit weiteren Aneurysmata (z. B. der A. poplitea), mit der koronaren Herzkrankheit (jeder 3. Patient!) und A.-carotis-interna-Stenosen ist hoch, daher muss präoperativ aktiv danach gesucht werden.

Infrarenales Aortenaneurysma: Therapie
Operationsindikation: Bei *asymptomatischen Patienten* wird zurzeit eine Operationsindikation ab 5 cm maximalen Querdurchmessers gestellt, jedoch muss individuell das Risikoprofil des Patienten, sein Alter, die Wachstumstendenz des Aneurysmas (**32.10**) und die Morphologie (Größe und Form, Thrombus) berücksichtigt werden:
Durchmesser < 6 cm: Ruptur 3 % pro Jahr,
Durchmesser > 6 cm: Ruptur 15 % pro Jahr.
Bei allen *symptomatischen Patienten* ist die Operation grundsätzlich indiziert, wenn der Allgemeinzustand des Patienten es erlaubt.
Bei *eingetretener Ruptur* ist die Indikation immer zum Erhalt des Lebens gegeben.
Konventionelle Operationstechnik: Das Prinzip besteht in der Resektion des Aneurysmas und dem Gefäßersatz. *Bei großen Gefäßen* (z. B. einem Bauchaortenaneuryma) wird eine Kunststoffprothese in der sog. „Inlay-Technik" in das Gefäßlumen eingenäht. Anschließend wird der Aneurysmasack wie ein Jackett um die Prothese geschlagen, um einen Kontakt des Kunststoffmaterials mit dem Darm zu vermeiden (Prävention sekundärer aortointestinaler Fisteln). Für die Operationstaktik ist es von großer Bedeutung, die Einbeziehung der viszeralen und renalen Gefäßabgänge zu kennen, da diese dann revaskularisiert werden müssen (**32.34**).
Die Operationsletalität liegt bei asymptomatischen Bauchaortenaneurysmata bei 1–3 %, bei symptomatischen Patienten bei 5–15 % und bei rupturiertem Aneurysma bei 30–50 %! Die wesentlichste Langzeitkomplikation ist die Infektion der Kunststoffprothese (ca. 1 %), dann evtl. mit sekundärem Einbruch in das Duodenum („sekundäre aortointestinale Fistel").

32.34 Aortoaortales Dacron-Interponat

Die reinserierte A. mesenterica inferior ist mit Stieltupfer unterlegt; die V. mesenterica inferior ist mit dem oberen Venenhäkchen nach links weggehalten.

Seit 1991 wird alternativ die **endoluminale Aortenstentimplantation** angewandt, bei der (in Vollnarkose) über einen Leistenschnitt durch die Beckengefäße eine endoluminale Prothese eingebracht wird (32.12).

32.10 Rupturrisiko und Größenzunahme des Aneurysmas

Die Größenzunahme und die Rupturbereitschaft eines Aneurysmas hängt von der

- Hämodynamik und
- der biologischen Reaktion der Arterienwand ab.

Nach dem Laplace-Gesetz hängt die Wandspannung (T) ab vom Produkt aus transmuralem Druck (P) und dem Verhältnis aus Gefäßinnenradius (R) und der Gefäßwanddicke (D).

Formel: $T = P \times R/D$

Daraus folgt, dass bei größer werdendem Aneurysma, d. h. mit steigendem Radius bzw. abnehmender Wanddicke, die Wandspannung größer wird und damit die Rupturgefahr steigt. Aber:

Auch kleine Aneurysmata können rupturieren.

Gleichzeitig folgt hieraus, dass auch bei steigendem Blutdruck die Rupturgefahr ansteigt.

Im Laufe des Lebens nimmt der Anteil der elastischen Fasern um 50 % zugunsten kollagener Fasern ab. Hierdurch entstehen Wandregionen, die sich mit jeder Systole weiten und rupturieren können.

Im Spontanverlauf wachsen 80 % der Aneurysmata. Die durchschnittliche mittlere Wachstumstendenz beträgt 0,2–0,3 cm pro Jahr, jedoch kann sie im Einzelfall deutlich divergieren.

32.11 Thorakoabdominelles Aneurysma

Es beginnt unterschiedlich hoch in der Aorta thoracalis descendens und endigt im Bauchraum (meist unterhalb der Nierenarterien). Nach *Crawford* (1986) werden vier Varianten unterschieden. Die **zeigt** beispielhaft Typ III. *Operative Taktik*: Zwei-Höhlen-Eingriff, Interposition einer langen Kunststoffprothese mit Reinsertion der Viszeral- und Nierenarterien. *Risiken*: Paraplegie 2–5 % (bedingt durch die notwendige Unterbindung der Interkostalarterien), Letalität zwischen 5 und 10 %. Dennoch großzügige OP-Indikation wegen hoher Rupturgefahr.

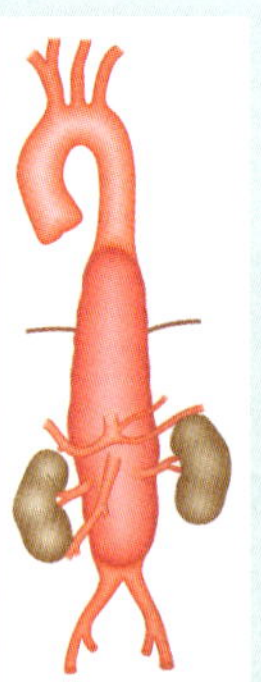

Besonderheiten verschiedener Aneurysmata

Inflammatorisches Bauchaortenaneurysma (ein Aneurysma verum): Der Wandaufbau zeigt deutliche Zeichen einer chronischen Entzündung. Die fibrosierte Aortenwand ist in der CT deutlich verdickt mit einer Kontrastmittelanreicherung, und die Entzündung erfasst auch den ventralen und lateralen Anteil des Retroperitoneums. Die Ursache ist ungeklärt, die Abgrenzung zum Morbus Ormond (Retroperitonealfibrose; s. SE 20.8, S. 465) schwierig. Die Operation ist durch die entzündliche Umgebungsreaktion deutlich erschwert (Darm-, Ureter- und Cavaverletzung).

32.12 Endoluminale Aortenstentimplantation

Patientenselektion: Aus anatomischen Gründen kommen für dieses Verfahren zurzeit maximal 30 % der Patienten infrage.

Durchführung: Die mit üblichem Prothesenmaterial beschichteten Stents (Nickeltitan, Memorymetall) werden unterhalb der Nierenarterien mit einem Ballon an den gesunden Aortenhals anmodelliert. Die meisten heute angebotenen Systeme sind sog. Modularsysteme, d. h. der zweite iliakale Schenkel einer Aortenbifurkationsprothese wird im Gefäßsystem des Patienten an den Hauptprothesenkörper angeschlossen.

Ergebnisse: Unter sorgfältiger Selektion der Patienten sind die *kurzfristigen Ergebnisse* gut (primäre Erfolgsrate 90 %–95 %), und die Patienten haben durch die Vermeidung der großen Laparotomie zunächst einen klaren klinischen Benefit. Die Langzeitergebnisse dürften jedoch schlechter sein als nach konventioneller Operation.

Komplikationen: Die perioperative Letalität liegt zwischen 0 und 3 %. Im weiteren Verlauf können Schenkelthrombosen, Endoleaks (d. h. Undichtigkeiten der Prothesen), Dislokationen und z. B. Stentbrüche auftreten. Dann ist oft eine offene Operation notwendig.

Poplitealaneurysma: Die meisten peripheren Aneurysmata (70 %) finden sich im Bereich der A. poplitea, in bis zu 50 % kommen sie beidseitig vor. Die Genese ist meist arteriosklerotisch. Es muss sorgfältig nach weiteren Aneurysmata gesucht werden, da in bis zu 60 % weitere Aneurysmata in anderen Gefäßregionen bestehen.

Die *Symptomatik* ist meist akut durch einen Verschluss der peripheren Strombahn geprägt: Durch vorausgegangene stumme Embolien aus dem Aneurysma kann die periphere Ausstrombahn so weitgehend verlegt werden, dass eine Rekonstruktion schwierig bis unmöglich werden kann. Deshalb:

In aller Regel stellt jedes diagnostizierte Poplitealaneurysma eine Operationsindikation dar.

Diagnostik: Bei jedem akuten Verschluss einer Unterschenkelarterie muss an die Möglichkeit eines Poplitealaneurysmas gedacht werden, insb. wenn keine chronische AVK-Anamnese vorliegt. Ein verbreiterter Poplitealpuls in der kontralateralen Kniekehle kann klinisch wegweisend sein.

Operationstaktik: Ersatz des Aneurysmas durch Interposition einer autologen Vene.

Prognose: Notfallmäßige Eingriffe bei thrombotischem Verschluss sind mit einer Amputationsrate von 20–50 % belastet; eine prä- oder intraoperative Lyse der Aus-

32.35 Gefäßprothesen zur Überbrückung infrarenaler Aortenaneurysmata

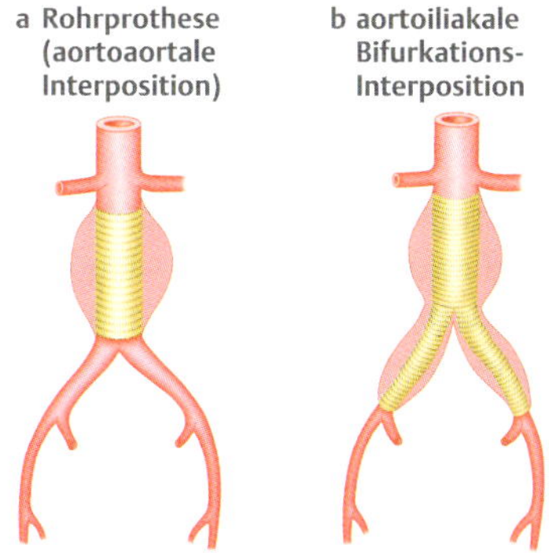

95 % der Aortenaneurysmata liegen infrarenal, d. h. sie beginnen unterhalb der Nierenarterien und erstrecken sich über die distale Aorta, evtl. bis in die Iliakalarterien (20 %) hinein.

32.36 Mykotisches Aneurysma

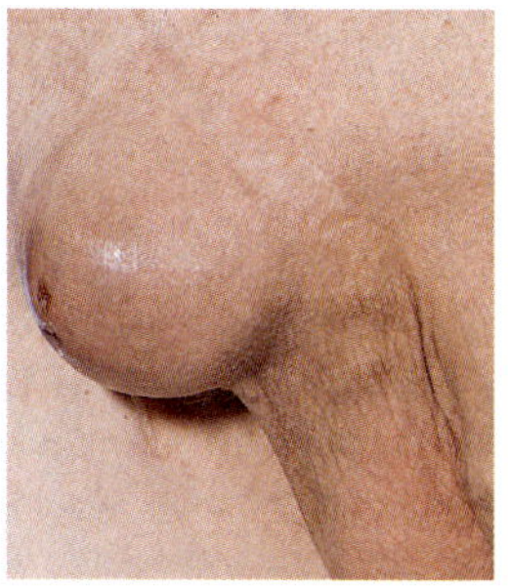

Mehrere Jahre nach einem rechtsseitigen femoralen Arterieneingriff (TEA und Dacron-Patch-Plastik) zeigt sich in der Leiste ein an der Haut ulzeriertes Nahtaneurysma. Es handelte sich um ein infiziertes (mykotisches) Aneurysma. Letztendlich verstarb der Patient trotz vieler Operationen an dieser Problematik.

strombahn scheint die Prognose zu verbessern. Bei elektiven Eingriffen wird die 5-Jahres-Offenheitsrate mit 50–60 % angegeben.

Milzarterienaneurysma: Es ist das häufigste Aneurysma der Viszeralarterien (60 %) und kommt in der Mehrzahl bei Multipara-Frauen vor. Meist sind sie asymptomatisch, selten verursachen sie durch Verdrängung oder Kompression Oberbauchbeschwerden. Die Hauptgefahr liegt in der Ruptur, die eine Letalität von über 70 % aufweist. Deshalb muss jedes diagnostizierte Milzarterienaneurysma operiert werden (s. auch SE 32.6, S. 728).

Aneurysmata der **A. carotis** gefährden den Patienten durch Embolien und haben eine schlechte Prognose. Sie sind fast immer eine Operationsindikation.

Aneurysmata der **Beckenarterien** bestehen alleine oder zusammen mit infrarenalen Bauchaortenaneurysmata. Sie sind deshalb gefährlich, weil sie ohne Vorwarnsymptome rupturieren können und schwierig zu operieren sind.

Aneurysmata der **A. subclavia** sind überwiegend Folge eines Kompressionssyndroms der oberen Thoraxapertur (s. SE 32.5, S. 726). Durch eine vorgeschaltete Einengung der Arterie kommt es zum poststenotischen Aneurysma mit intraluminalen Thromben und Mikro- und Makroembolien in die Armgefäße.

Nahtaneurysma: Unter einem Naht- oder Anastomosenaneurysma versteht man ein Aneurysma im Gefäßnahtbereich. Meist sind es Aneurysmata spuria, jedoch gibt es auch echte Aneurysmata, bedingt durch Materialermüdung der Kunststoffprothese. Die Inzidenzangaben der Nahtaneurysmata sind schwierig, da sie vom zeitlichen Verlauf abhängig sind, die meisten entstehen nach 10–15 Jahren. Die Häufigkeit nimmt von zentral nach peripher zu (meist ist die Femoralgabel betroffen; **32.36**). Die Infektion eines Nahtaneurysmas verschlechtert die Prognose erheblich.

Punktionsaneurysma (A. spurium): Es entsteht nach diagnostischen und therapeutischen Arterienpunktionen (Inzidenz 0,1–6,0 %). Häufigste Ursachen sind große Schleusen, die als Gefäßzugang über die A. femoralis communis bei interventionellen Eingriffen benutzt werden, und die unzureichende Kompression nach Extraktion der Schleuse. Durch den Stichkanal blutet es in das umliegende Gewebe, es bildet sich eine reaktive Pseudowand.

Diagnostisch wegweisend sind Anamnese (stattgehabte Arterienpunktion) und Ultraschall. Ca. 90 % dieser Aneurysmata können durch eine ultraschallgesteuerte, 20- bis 30-minütige Kompression thrombosiert werden. Der Rest muss weiterhin chirurgisch versorgt werden.

Infiziertes (= mykotisches) Aneurysma: Hierunter fasst man alle Aneurysmata zusammen (ob verum oder spurium), die mikrobiell besiedelt sind. Haupterreger sind Streptokokken, Staphylokokken und Salmonellen. Infektionswege sind

- hämatogen (am häufigsten, z. B. im Rahmen einer bakteriellen Endokarditis),
- per continuitatem,
- lymphogen.

Infizierte Aneurysmata sind vor allem im Bereich der Femoralgabel anzutreffen (postoperativ nach Kunststoffersatz bzw. postinterventionell). Sie kommen auch bei Drogenabhängigen vor.

Für die Therapie ist es wichtig, den Erreger aus dem Blut frühzeitig zu identifizieren und antibiotisch zu behandeln. Die arterielle Rekonstruktion muss mit autologer Vene und resorbierbarem Nahtmaterial erfolgen (s. SE 32.3, S. 721). Weitere operative Elemente können sein eine Omentumtransposition (s. SE 25.9, S. 581) bzw. eine Muskelplastik (beides zur Bedeckung und Ausfüllung des Infektionsgebiets mit gut vaskularisiertem Gewebe) oder die Ligatur der infizierten Gefäße mit weiträumigen (sog. extraanatomischen) Umgehungsbypässen.

33.1 Venenerkrankungen: Leitsymptome und grundlegende diagnostisch-therapeutische Überlegungen

Nahezu jeder zweite Erwachsene in Deutschland leidet an Veränderungen der Beinvenen, bei rund 15 % der Betroffenen haben diese Veränderungen einen Krankheitswert. Das Spektrum reicht von einer mehr oder weniger kosmetischen Beeinträchtigung (Besenreiservarizen) bis hin zu akuten, möglicherweise letalen (Lungenembolie!) und chronischen Folgeerkrankungen (s. SE 33.4, S. 746 f). Diese Studieneinheit möchte zum Einstieg einen Überblick über die wichtigsten Leitsymptome bei Venenerkrankungen, ihre grundlegende Diagnostik und die Möglichkeiten der Therapie geben. Einzelheiten werden in den nachfolgenden Studieneinheiten besprochen.

33.1 Funktionelle Anatomie und Physiologie der Venensysteme

Oberflächliche Venen: V. saphena magna und parva. Sie sammeln das Blut zwischen Haut und Muskelfaszie und führen es den tiefen Venen zu. Kurz vor der Einmündung der V. saphena magna in die V. femoralis münden mehrere kleine Seitenäste ein. Dieser „Venenstern" wird als Krosse bezeichnet (s. **33.8**).
Tiefe Venen (Venen der Stammschlagadern: V. poplitea, V. femoralis): Sie sind meist paarig angelegt und sammeln 90 % des venösen Blutes aus den Extremitäten.
Verbindungsvenen: Vv. perforantes oder communicantes. Sie verbinden am Unter- und Oberschenkel wie Leitersprossen oberflächliche und tiefe Venen.
Die aufrechte Körperhaltung bedingt, dass der **venöse Rückstrom** aus der unteren Extremität zum Herzen entgegen der Schwerkraft erfolgen muss. In geringem Maße geschieht dies durch die *Sogwirkung des Herzens* und die *thorakoabdominale Saugdruckpumpe*. Ebenso spielen *Venentonus, arteriovenöse Koppelung* (die Pulswelle der Arterie wird auf die begleitende Vene übertragen) und *relatives venöses Blutvolumen* (normalerweise 80 % venös, 20 % arteriell; Verhältnis kann sich z. B. unter Belastung ändern) eine gewisse Rolle. Hauptmechanismus ist jedoch die *Wadenmuskelpumpe*, durch die mit Hilfe der Venenklappen während des Gehens der unidirektionale Rückfluss des Blutes zum Herzen garantiert wird. Die Venenklappen von tiefen, oberflächlichen und Perforansvenen öffnen sich physiologischerweise nur in eine Richtung und verhindern so, dass das Blut der Schwerkraft entsprechend fußwärts fließen kann.

Leitsymptome von Venenerkrankungen

Varizen: verdickte, geschlängelte Venen, die (**33.1**) fast ausschließlich an der unteren Extremität auftreten.

Das Wort „Krampfader" stammt vom Wort „Krummader" ab. Die Bezeichnung hat nichts mit gelegentlich auftretenden nächtlichen Wadenkrämpfen zu tun.

Varizen deuten meist auf eine konstitutionelle Erkrankung oberflächlicher Venen hin: *primäre Varizen* (ca. 95 % aller Fälle). *Sekundäre Varizen* sind als Umgehungskreislauf die notwendige Folge einer tiefen Bein-Becken-Venenthrombose.

Venöse Stauung: Bei *primärer* Varikosis kann das v. a. *abends auftretende einseitige Stauungsödem* (**33.2**) bereits vor den Varizen vorhanden sein. In Verbindung damit entsteht ein *Spannungsgefühl.* Eine Schwellung ohne gleichzeitige Varizen kann jedoch auch Hinweis auf eine akute oder chronische tiefe Beinvenenthrombose sein. Da die akute Thrombose tiefer Bein-Becken-Venen wiederum eng mit der oft letal verlaufenden Lungenembolie verbunden ist, muss bei geringstem Verdacht bzw. Risikofaktoren in der Anamnese (z. B. Thrombosen bei Familienangehörigen, Gerinnungsstörungen, längere Immobilisation, z. B. lange Flugreisen: sog. „economy class syndrome") eine Duplex-Sonographie oder Phlebographie durchgeführt werden (s. SE 33.4, S. 746).

Hautveränderungen: Unterschenkelekzem, Hyperpigmentierung oder Depigmentierung, v. a. am medialen Unterschenkel sowie Beingeschwüre *(Ulcus cruris,* **33.3**) weisen auf eine *chronisch venöse Insuffizienz* (= CVI) infolge progredienter Varikosis oder abgelaufener tiefer Bein-Becken-Venenthrombose hin.

Diffuse Schmerzen in den Beinen: Sie sind krampfartig, erinnern an „Muskelkater" und verschlimmern sich durch längeres Stehen. Im Liegen bessern sich die Schmerzen. Auch diese sind typisch für die CVI (s. o.).

33.1 Varikosis

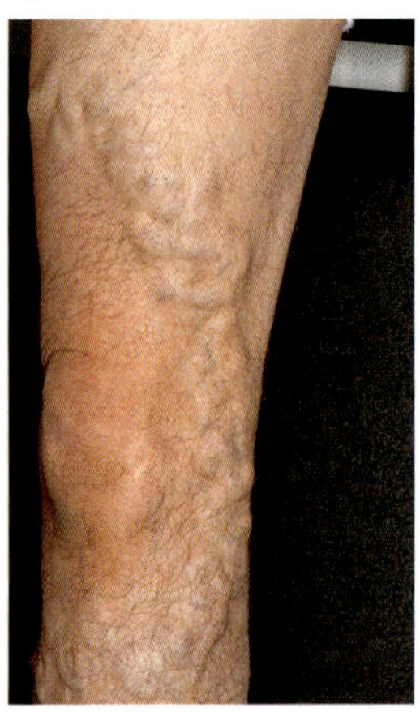

Typische, primäre Stamm- und Seitenastvarikosis bei Mündungsklappeninsuffizienz (III. Grad nach Hach, s. SE 33.2, S. 740

33.2 Stauungsödem

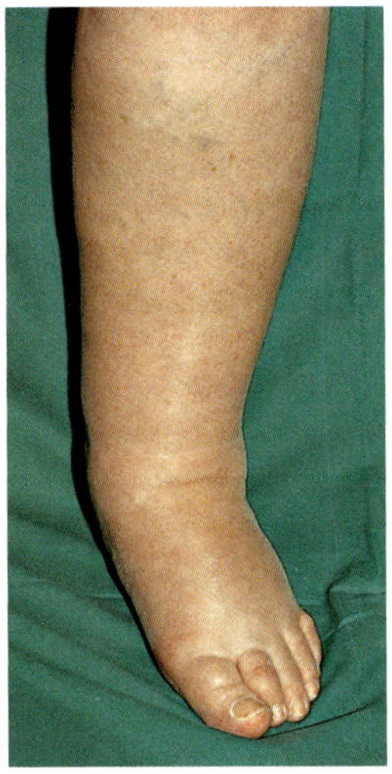

Das Stauungsödem bei chronisch venöser Insuffizienz (s. SE 33.4, S. 746 f) hat immer auch eine lymphatische Komponente. Der Anteil venöser bzw. lymphatischer Stauung ist daher nur schwer voneinander abzugrenzen. Typisch ist jedoch, dass beim reinen Lymphödem (s. SE 34.4, S. 760 f) der Fuß immer deutlich mit angeschwollen ist.

Für die Schwere der Hautveränderungen ist ausschließlich der sekundäre tiefe Venenschaden verantwortlich, der durch langfristige Volumenüberlastung entsteht.

„Warnzeichen"/ernste Komplikation: Eine **Lungenarterienembolie** kann das erste dramatische Frühsymptom einer akuten tiefen Bein-Becken-Venenthrombose sein. Ödeme und Schmerzen sowie sekundäre Varizen treten

33.3 Ulcus cruris

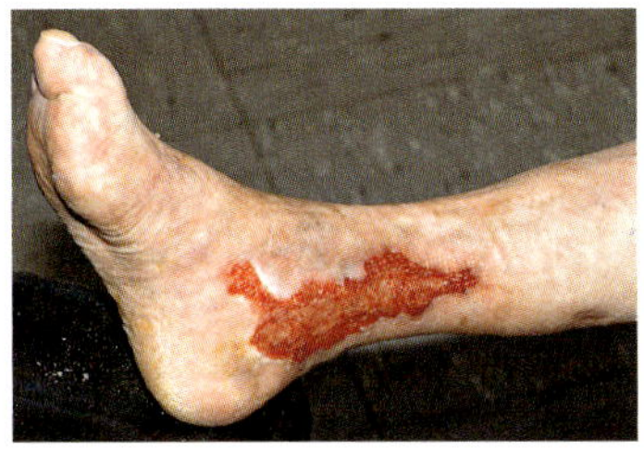

Typisches Beingeschwür bei langjähriger chronisch venöser Insuffizienz (CVI).

erst bei kompletter Verlegung eines größeren Venenquerschnitts auf. Eine Lungenembolie kann dagegen schon durch die Weiterleitung kleinerer, nicht komplett obturierender venöser Thromben verursacht werden.

Grundlegendes diagnostisches und therapeutisches Vorgehen

Bei jedem Varizenpatienten ist das Ausmaß der Schädigung der oberflächlichen und tiefen Venen festzustellen (s. Klassifikation von Hach, SE 33.2, S. 740). Neben der eingehenden klinischen Untersuchung und den klassischen Funktionstests (Perthes-Test, s. SE 33.2, S. 741) steht heute in erster Linie die Ultraschall-Untersuchung (v. a. in Form der Duplex-Sonographie), in Zweifelsfällen zusätzlich die Phlebographie für die Beurteilung der venösen Schädigung zur Verfügung (Übersicht in T **33.1**).

T 33.1 Häufige klinische Ausgangssituationen in der Phlebologie

Ausgangssituation	*weitergehende diagnostische Schritte*	*Fragestellung*	*Konsequenzen*
sichtbare Varikosis	Duplex-Sonographie	Wie groß ist das Ausmaß der Schädigung? (Lokalisation aller oberflächlichen, klappeninsuffizienten Venen)	bei starker Schädigung: klären, ob Varizenoperation möglich ist (s. nächste Zeile)
Varikosis, die operativ beseitigt werden sollte	Duplex-Sonographie oder/und Phlebographie	Ist das tiefe Venensystem offen?	*wenn ja:* Varizenoperation, *wenn nein:* keine Operation; Begründung: Bei Verschluss der tiefen Venen stellen die Varizen einen Kollateralkreislauf dar („sekundäre Varizen"); ihre Entfernung würde dazu führen, dass das Blut aus den tiefen Venen gar nicht mehr abfließen kann.
chronisch venöse Insuffizienz ohne/mit Varikosis	zusätzlich Plethysmographie und Phlebodynamometrie (Venendruckmessung)	Wie stark ist die hämodynamische Behinderung bei Zustand nach tiefer Venenthrombose im tiefen Venensystem?	bei noch ausreichender tiefer Venendrainage (Abfluss des venösen Blutes) ist eine Varizenoperation durchaus möglich und anzustreben
plötzliche „teigige" Beinschwellung (Phlegmasia alba)	Duplex-Sonographie oder/und Phlebographie (für den Beckenbereich auch CT und MRA)	Liegt eine tiefe Bein-Becken-Venenthrombose vor?	*wenn ja:* entsprechende Therapie: konservativ mit Heparin, Lyse oder operative Thrombektomie
Lungenarterienembolie (= LAE)	differenzierte Diagnostik der LAE (Thorax-CT und invasives Monitoring) und apparative Untersuchungen der peripheren Venen	Wo ist die tiefe Venenthrombose lokalisiert? Wie ausgedehnt ist sie?	dann erst Entscheidung über das oft komplexe therapeutische Vorgehen

Klaus Balzer

33.2 Varikosis: Ätiopathogenese, Symptome, Diagnostik und konservative Therapie

Die Varikosis und ihre Folgeerscheinungen (chronisch venöse Insuffizienz, s. SE 33.4, S. 746 f) zählen zu den häufigsten Krankheiten in den westlichen Industrienationen. Für die Gefäßchirurgie spielt v. a. die Stammvarikose im Bereich der V. saphena magna eine Rolle. Jede Krampfaderbildung, die zu Symptomen führt (Ödeme, Ulcus cruris usw.), sollte vom Grundsatz her operativ behandelt werden (s. SE 33.5, S. 748 ff).

Definition und Varikoseformen: Varikosis (*engl.:* varicosis) bezeichnet die *ausgedehnte* Bildung von Varizen (Krampfadern), das sind sackartig erweiterte, *klappeninsuffiziente*, epifasziale Venen, ausschließlich an der unteren Extremität:

- die großen Venenstämme (**Stammvarikose**),
- die Verbindungsvenen zwischen epi- und subfaszialem Venensystem (**Perforansvarikose**),
- die Seitenäste (**Seitenastvarikose**).

Varizen des subkutanen Venengeflechts ohne Beteiligung der Stammvenen (**retikuläre Varizen**) oder Varizen des intradermalen Venengeflechts (**Besenreiser**) haben in der Regel nur kosmetische Bedeutung.
Synonym: Krampfaderleiden

Ätiopathogenese: Für das Entstehen einer **primären Varikosis** (95 % aller Fälle) werden verantwortlich gemacht: der hohe hydrostatische Druck (aufrechter Gang!), ischämische Läsionen der Venenwand sowie eine bindegewebige Degeneration der Kollagenstruktur. Bewegungsmangel, langes Stehen und Sitzen sowie Übergewicht und Schwangerschaft begünstigen die Bildung von Varizen. Jede hämodynamisch relevante Form der Varikosis beginnt mit einer *Klappeninsuffizienz zwischen oberflächlichem und tiefem Venensystem.* Am *häufigsten* ist die Einmündung der V. saphena magna in die V. femoralis oder (seltener) der V. saphena parva in die V. poplitea betroffen *(Stammvarikosis).* Zunächst wird nur die Mündungsklappe insuffizient, im weiteren Verlauf schädigt der erhöhte Druck jedoch fortlaufend die jeweils nächst untere, noch intakte Venenklappe (Fortschreiten der Klappeninsuffizienz von proximal nach distal). Nach *Hach* wird dieser Krankheitsverlauf in *4 Stadien* eingeteilt (**33.4**).

33.4 Hach-Einteilung

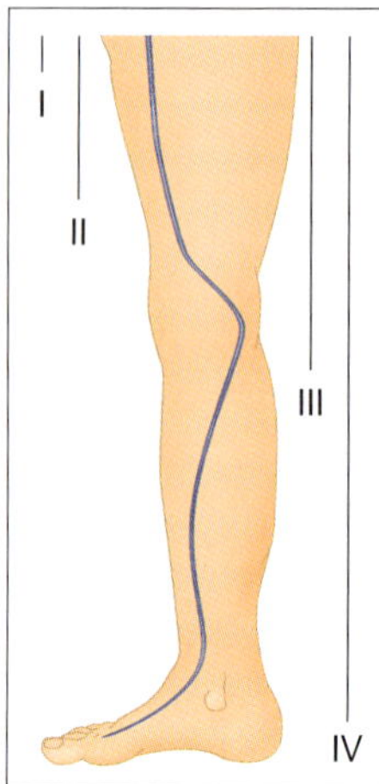

Bei der Stadieneinteilung nach Hach erfolgt die Klassifikation entsprechend des Ausmaßes der Klappenschädigung. *Stadium I:* Insuffizienz der Mündungsklappe; *Stadium II:* Varikose der V. saphena magna von der Krosse (s. **33.8**, S. 749) bis oberhalb des Kniegelenks; *Stadium III:* Varikose von der Krosse bis handbreit unterhalb des Kniegelenks; *Stadium IV:* Varikose der gesamten V. saphena magna.

Bei einer Operation dürfen nur die erkrankten Venenabschnitte entfernt werden (stadiengerechte Varizentherapie), weil die V. saphena magna oder parva unersetzliche Transplantate für arterielle Gefäßrekonstruktionen darstellen (z. B. koronarer oder kruraler Bypass).
Ursache der sekundären Varikosis ist ein Abflusshindernis im Bereich der tiefen Venen, z. B. durch *Thrombosierung* mit unvollständiger Rekanalisierung, eine *Kompression der Venen von außen* (z. B. durch Tumoren) sowie angeborene oder erworbene *arteriovenöse Fisteln* (s. SE 34.2, S. 756 f). Das Blut fließt in diesen Fällen „ersatzweise" über die oberflächlichen Venen ab, die somit einen Umgehungs- oder Kollateralkreislauf bilden; es kommt zur Strömungsumkehr im Bereich der Vv. perforantes mit *Aufheben der Klappenfunktion* (**33.5**).

Symptome und klinisches Bild (s. auch SE 33.1, S. 738):
Frühsymptomatik: *Stauungsödeme,* die im Laufe des Tages stärker werden (erstes Symptom), *Spannungsgefühl* aufgrund gestörter Rückresorption interstitieller Flüssigkeit und *typische Schlängelung und Verdickung der subkutanen Venen* infolge insuffizienter Venenklappen.

33.5 Venöser Abfluss

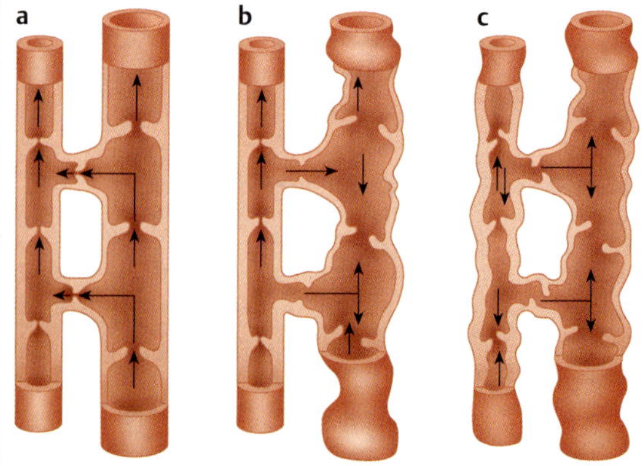

a Normalbefund.
b Bei primärer Varikosis sind die Klappen der Vv. perforantes und der V. saphena insuffizient.
c Bei sekundärer Varikosis sind die rekanalisierten tiefen Venen insgesamt klappeninsuffizient.

Folgeerscheinungen und Spätschäden (wenn keine Therapie erfolgt): rezidivierende, *akute Thrombosen der oberflächlichen Venen* mit entzündlichen Reaktionen der Gefäßwand (= *Thrombophlebitis* bzw. *Varikophlebitis,* sehr schmerzhaft; s. SE 33.3, S. 744); *langfristig* (Monate bis Jahre): *ekzematöse Hautveränderungen* bis hin zum *Ulcus cruris* (s. **33.3**, S. 739, SE 33.4, S. 747).

Diagnostik: Die **Inspektion** erfolgt am stehenden Patienten, wobei die o. g. Symptome i. d. R. leicht zu erkennen sind. Bei der **Palpation** ist v. a. auf Ödeme zu achten; Verhärtungen weisen auf eine abgelaufene Thrombophlebitis hin; insuffiziente Perforansvenen lassen sich durch Faszienlücken leicht lokalisieren.
Funktionstests (heute i. d. R. durch Duplex-Sonographie ersetzt): Der *Staubindentest nach Perthes* erlaubt eine grobe Orientierung über die Durchgängigkeit des tiefen Venensystems (Unterscheidung primäre/sekundäre Varikosis). Durchführung: Patient steht; Anlegen eines Tourniquet-Stauschlauches proximal der gefüllten Varizen am Ober- oder Unterschenkel. Mögliche Ergebnisse nach kräftigem Herumgehen des Patienten (Muskelarbeit): völlige Entleerung der Varizen: spricht für *Suffizienz* der Vv. perforantes und intakten tiefen Venenabfluss; unvollkommene Entleerung: *mäßige Klappeninsuffizienz* der Perforansvenen; keine Entleerung: *erhebliche Insuffizienz* der Perforansvenen und Strömungsbehinderung in den tiefen Venen; Zunahme der Venenfüllung: ausgeprägtes postthrombotisches Syndrom mit Strömungsumkehr in den Vv. perforantes.
Apparative Untersuchungen: An erster Stelle steht die *Ultraschall-Doppler-Sonographie.* Sie ermittelt sowohl den Insuffizienzgrad von V. saphena magna und parva als auch die Durchgängigkeit des tiefen Venensystems (wichtig für die Entscheidung, ob eine Operation möglich und sinnvoll ist). Um die globale Funktion der tiefen Venendrainage zu quantifizieren, kann die *Phlebodynamometrie* (blutige Venendruckmessung) eingesetzt werden. Eine einfache, unblutige und daher fast immer durchgeführte Untersuchungsmethode ist die *Photoplethysmographie (Lichtreflexionsrheographie).* Die Haut wird dazu mit einer Lichtquelle durchleuchtet und das reflektierte Licht als Maß für die Füllung des Venensystems registriert. Eine Minderung des Lichtreflexes lässt auf einen fehlenden oder reduzierten venösen Rückfluss schließen (Hämoglobin absorbiert Licht!). Eine eindeutige Differenzierung zwischen primärer und sekundärer Varikosis ermöglicht die *Phlebographie,* die als sog. aszendierende Pressphlebographie durchgeführt wird: Injektion eines Kontrastmittels in den Fußrücken; Pressmanöver; bei Klappeninsuffizienz kommt es zu Refluxphänomenen.

Die Phlebographie ist indiziert, wenn die übrigen Untersuchungsmethoden keine eindeutige Zuordnung des Krankheitsbildes ermöglichen. Sie liefert zusätzlich exakte morphologische Informationen.

Differenzialdiagnose: s. **T 33.2**.

Konservative Therapie:
Kompressionsbehandlung: Die externe Kompression am Bein bewirkt eine Strömungsbeschleunigung im venösen System (Thromboseprophylaxe, s. auch SE 5.12, S. 130 f) sowie eine vermehrte Reabsorption von Wasser in die Endstrombahn durch Erhöhung des Gewebedrucks (Ödemprophylaxe). *Indikationen* sind bei primärer Varikosis akute entzündliche Prozesse der Venen (Thrombophlebitis, s. auch SE 33.3, S. 744) und der Haut. Bei sekundärer Varikosis ist die Kompressionsbehandlung oft die einzig mögliche Dauertherapie, da die Verlegung der tiefen Strombahn eine häufige Kontraindikation für die Varizenoperation darstellt.
Durchführung: Geeignet sind elastische Binden sowie Kompressionsstrümpfe, i. d. Regel Klasse II oder III (30–40 mmHg am distalen Unterschenkel).
Sklerosierung (Venenverödung): Prinzip ist die Lumenobliteration durch medikamentös ausgelöste Entzündung der Venenwand. *Indikationen* sind retikuläre Varizen, Besenreiservarizen sowie Varikose einzelner kleiner Nebenäste. Die ideale Indikation ist der Zustand nach einer Varizenoperation. Durch die Kombination beider Verfahren lassen sich die kosmetisch besten Ergebnisse erzielen. Die Ergebnisse der alleinigen Sklerosierung bei Stammvarikosis sind nicht befriedigend.

Durchführung: Direkte Injektion von Antivarikosa in die Varize, evtl. unter Vorspritzen von 0,5 ml Luft (Air-bloc-Technik) zur besseren Verteilung und Verminderung der Menge des Medikamentes. Eine Kompressionstherapie (s. o.) muss angeschlossen werden, um eine ausreichende Obliteration der sklerosierten Venen zu erreichen.
Operative Therapie: Therapie der Wahl ist die stadiengerechte Entfernung erkrankter Venenabschnitte (s. Hach-Klassifikation), im Extremfall das *Varizenstripping nach Babcock,* bei dem die gesamte V. saphena magna entfernt wird. Zusätzlich werden insuffiziente Perforansvenen ligiert und Varizen lokal entfernt, wenn nur Seitenäste betroffen sind. (s. SE 33.5, S. 748 f).

T 33.2 Differenzialdiagnose der Varikosis

Symptome/klinisches Bild	*mögliche Differenzialdiagnosen*
Spannungsgefühl, Schwellung, keine Varizen	ischämisches Ödem, Lymphödem, Nierenfunktionsstörung, Herzinsuffizienz
Varizen	systemische Bindegewebserkrankung (Marfan-Syndrom, Ehlers-Danlos-Syndrom); selten!
Varizen plus Fehlwüchsigkeit der betroffenen Extremität	F. P.-Weber-Syndrom, Klippel-Trenaunay-Syndrom

33.3 Akute Venenthrombosen: Symptomatik, Diagnostik, konservative Therapie

Zu unterscheiden sind Thrombosen tiefer (Leit-)Venen (Phlebothrombosen) und Thrombosen oberflächlicher (= epifaszialer) Venen (Thrombophlebitiden). Bei den Phlebothrombosen spielt die tiefe Bein-Becken Venenthrombose mit ca. 90 % die wichtigste Rolle. Besondere Bedeutung bekommt sie durch die oft tödliche Gefahr einer konsekutiven Lungenembolie (s.SE 33.4, S. 746) sowie Spätkomplikationen wie das postthrombotische Syndrom (s. SE 33.4, S. 746 f).

Akute tiefe Bein-Becken-Venenthrombose (Phlebothrombose)

Definition: Thrombotische Verlegung der *tiefen Leitvenen* der unteren Extremität. Die tiefen Beinvenen führen über 90 % des venösen Blutes aus der unteren Extremität ab.

Risikofaktoren: (Postoperative) Bettlägerigkeit, Immobilisation partiell (z. B. Gips an einer Extremität) oder insgesamt (z. B. lange Flug-/Autoreisen), Ovulationshemmer, insbesondere in Verbindung mit Nikotinabusus. Etwa 40 % der tiefen Thrombosen sind mit chirurgischen Eingriffen (v. a. Hüftgelenkendoprothesen) und Frakturen (s. SE 5.12, S. 130) assoziiert. Weitere Gründe (allein oder additiv zur Immobilisation) sind *hereditäre Gerinnungsstörungen* (Protein C-, Protein S-, AT III-Mangel, APC-Resistenz*)*.

Lokalisation der Thromben:

- Unterschenkel: 60 %,
- Kniekehle: 20 %,
- Oberschenkel: 10 %,
- Beckenvenen: ca.10 %.

Durch *deszendierendes* oder *aszendierendes* Wachstum (= Thrombosebeginn bei den Beckenvenen oder am Unterschenkel) werden auch die benachbarten Gefäßetagen befallen. Es gibt aber auch isolierte Unter- oder Oberschenkelthrombosen (bis zur Einmündung der V. saphena parva bzw. V. saphena magna herauf) bzw. isolierte Beckenthrombosen. Das linke Bein ist dabei häufiger betroffen (Abflussbehinderung der linken V. iliaca communis an der Kreuzungsstelle mit der rechten Beckenarterie: „Überkreuzungsphänomen"; zudem haben 20 % der Menschen einen sog. *„Beckenvenensporn"*, eine bindegewebige Endothelveränderung kurz vor der Einmündung der V. iliaca sinistra in die V. cava inferior).

Pathogenese venöser Thrombosen: Für die Entstehung einer Venenthrombose gilt bis heute die von Virchow vor mehr als 100 Jahren aufgestellte und nach ihm benannte Trias (s. SE 5.12, S. 130):

1. erhöhte Gerinnungsneigung, z. B. postoperativ,
2. verlangsamter Blutfluss, z. B. infolge von Varizen,
3. Gefäßwandschaden, z. B. infolge Entzündung oder Trauma.

Symptome:

! Typischerweise verursacht die tiefe Venenthrombose im Frühstadium, d. h. bis zu 4 Tagen nach Thrombosebeginn, keine oder nur diskrete Symptome. Die oft tödlich verlaufende Lungenembolie kann das einzige dramatische Frühsymptom sein.

Wenn lokale Symptome auftreten, ist die größte Emboliegefahr vorbei, da der Thrombus dann (nach etwa 10 Tagen) schon eine gewisse Wandhaftung hat.

! Eine tiefe Venenthrombose muss bei geringstem Verdacht durch adäquate Diagnostik (Duplex-Sonographie und/oder Phlebographie, ggf. Becken-CT und MRA) konsequent ausgeschlossen werden.

Zu Symptomen kommt es bei Verlegung eines größeren Venenquerschnitts. Sie bestehen in einer (teigigen) Schwellneigung und Wadenschmerzen, die sich bei Belastung des Fußes verstärken. Manche Patienten klagen über ziehende Schmerzen im Venenverlauf. Als *Allgemeinsymptome* können subfebrile Temperaturerhöhungen sowie Tachykardie auftreten. Bei weiterer Ausdehnung der Thrombose verfärbt sich die Extremität von blass- bis dunkellila. Im Extremfall sind petechiale Einblutungen in die Haut zu beobachten. Bei vollständig gestörtem Abfluss entsteht die sehr schmerzhafte und fulminant verlaufende Sonderform *Phlegmasia coerulea dolens* (s. u.).

Diagnostik: Klinische Hinweise auf eine tiefe Beinvenenthrombose sind in **33.6** zusammengefasst.

Inspektion: Zu überprüfen sind:

- Hautfarbe und Verfärbung,
- Venenzeichnung (Füllung und Ausdehnung),
- Form der Extremitäten (verstrichene Fesseln),
- Ödeme,
- Umfangsdifferenz (ab mehr als 1 cm pathologisch),
- Hautbeschaffenheit (Hautfalten erhalten?).

Palpation: Bei zu starker Manipulation besteht die Gefahr, den Thrombus zu lösen und eine Lungenembolie zu verursachen (s. **33.6**).

Funktionstests, s. **33.6.**

Apparative Diagnostik: In jedem Fall ist das Ausmaß der venösen Abflussbehinderung zu dokumentieren.

Ultraschall-Doppler-Untersuchung: wichtigste Screening-Methode! Sie ist umso sicherer, je größer die Vene ist.

Bei vollständiger Verlegung der Vene sistiert der Blutstrom komplett (man hört nichts) oder er ist atemunabhängig als Kontinuum über den Kollateralvenen zu hören.
Farbkodierte Duplex-Sonographie: Heute Methode der Wahl: Bei verlegtem Gefäß fehlt die Blutströmung. Darüber hinaus kann ein Kompressionstest angeschlossen werden: Ein frischer Thrombus ist mit der Untersuchungssonde gut komprimierbar und von der Echogenität her wie frisches Blut. Je älter der Thrombus ist, desto weniger komprimierbar wird er.
Aszendierende Phlebographie: Mit dieser Untersuchung kann das gesamte Venensystem der unteren Extremität inklusive der unteren Hohlvene dargestellt werden. Sie liefert eindeutige Ergebnisse über Ausmaß und Lokalisation der thrombotischen Schädigung (wichtig für eine evtl. Operation).
In Einzelfällen sind eine *intravasale Kontrast-CT* oder eine *MRA* (bei Schwangerschaft) notwendig.

Differenzialdiagnose: Erkrankungen, die Ödeme oder Schwellungen bedingen können, z. B. Lymphödem, Erysipel, chronisch venöse Insuffizienz (s. SE 33.4, S. 746 f).

Therapieziele:

Oberstes Ziel ist es, eine LAE zu verhindern (0,6 % aller LAE verlaufen tödlich!). Weitere Ziele sind die Verhinderung einer Thromboseprogression und die Vermeidung eines postthrombotischen Syndroms.

33.6 Klinische Hinweise auf eine Phlebothrombose

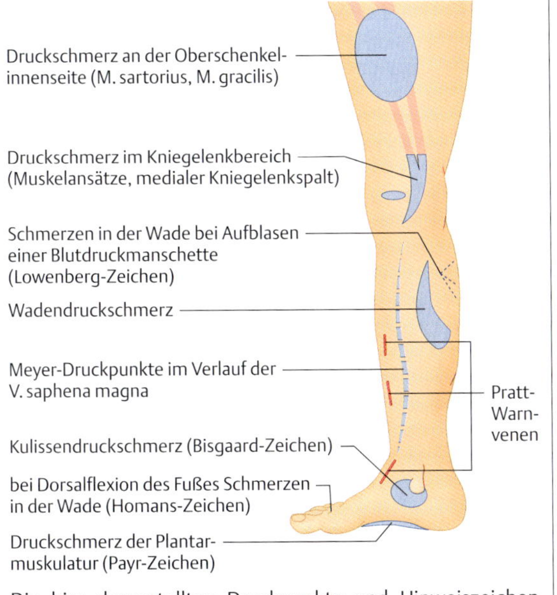

Die hier dargestellten Druckpunkte und Hinweiszeichen *können* bei tiefer Beinvenenthrombose vorhanden sein. Ihr Fehlen schließt eine Phlebothrombose jedoch keinesfalls aus.

Konservative Therapie:
Verhindern einer Lungenarterienembolie:
Thrombose der großkalibrigen Venen am Oberschenkel und im Bereich der Beckenetage: Immobilisation für 5–7 Tage (hier ist die Emboliegefahr am größten) und Kompressionstherapie am Bein.
Isolierte Venenthrombose am Unterschenkel: Immobilisation in aller Regel nicht erforderlich. Grund: Bei Unterschenkelvenenthrombosen scheint die Ruhigstellung die Aszension der Thrombose zu begünstigen. Wichtig ist die Anlage eines Kompressionsverbandes zur Verbesserung des venösen Rückflusses. In diesem Zustand kann das Bein ohne erhöhtes Embolierisiko belastet werden.
Verhindern einer weiteren Ausdehnung der Thrombose durch:
Antikoagulantientherapie: Ziel: Gabe von unfraktioniertem Heparin (Verlängerung der PTT um mindestens das Zwei- bis Dreifache (50–80s) oder s.c-Gabe von niedermolekularem Heparin (Dosierungen s. SE 5.12, S. 130). Indikation: grundsätzlich bei Verdacht auf tiefe Bein-Becken-Venenthrombose, da so ein Weiterwachsen des Thrombus verhindert wird. Ein Auflösen der Gerinnsel ist damit nicht möglich. Zu beachten ist eine mögliche Heparin-Resistenz, z. B. durch Mangel an Antithrombin III, Protein C oder Protein S. Diese Kofaktoren des Heparins, v. a. Antithrombin III, müssen vorhanden sein, damit Heparin wirken kann. Bei ca. 1 % der Patienten entsteht eine *h*eparin*i*nduzierte *T*hrombozytopenie (HIT). Die regelmäßige Kontrolle der Thrombozyten ist deshalb integraler Bestandteil einer Heparinisierung (anfänglich 3-täglich, später wöchentlich).
Auflösung der Gerinnsel durch Fibrinolyse/Thrombolyse: nur sinnvoll bei frischen Thromben (nicht älter als 7 Tage), da später der Thrombus fest mit der Gefäßwand verwachsen ist. Substanzen sind Streptokinase (Gefahr von Allergien), Urokinase und rTPA (beide besser verträglich). Allgemeine Kontraindikationen für eine systemische Lyse sind zu beachten. In Bezug auf wesentliche Komplikationen (LAE in ca. 2 % und Sterblichkeit bis 1 %) unterscheiden sich Lyse und chirurgische Thrombektomie (s. SE 33.5, S. 749 f) nicht. Nach Lyse muss überlappend mit Heparin, dann zumindest für 6 Monate mit einem Vitamin-K-Antagonisten (z. B. Marcumar) behandelt werden, um eine Re-Thrombose zu verhindern.

Aggregationshemmer sind wirkungslos, da es im Venensystem ausschließlich Gerinnungsthromben gibt, die von der Thrombozytenfunktion unabhängig sind.

Verlauf: Im Spontanverlauf wie auch nach konservativer Therapie kommt es zu einer partiellen oder kompletten Rekanalisation des tiefen Venensystems mit weniger oder mehr ausgeprägter Kollateralisierung. Durch die Zerstörung des Klappensystems mit Reflux in das tiefe Venensystem kommt es zur venösen Druckerhöhung mit trophischen Störungen (s. SE 33.4, S. 746 f).

33.2 Sonderform der tiefen Bein-Becken-Venenthrombose: Phlegmasia coerulea dolens

Synonym: fulminante tiefe Beinvenenthrombose
Schlagartig einsetzende **Thrombosierung des gesamten Venensystems eines Beins** mit stärksten Schmerzen. Durch den stark ansteigenden Venendruck kommt es zu einer massiven Schwellung. Infolgedessen wird sekundär auch der arterielle Zustrom blockiert. Typische ***Symptome*** sind extremes Ödem, Zyanose (👁) und hämorrhagische Blasenbildung bis hin zur venösen Gangrän. Die ***Therapie*** besteht in der Regel in sofortiger Thrombektomie (s. SE 33.5, S. 749 f). Eine Lyse würde das thrombotisch verschlossene Gebiet nicht erreichen, da ja auch die arterielle Strömung fehlt. Die ***Prognose*** ist schlecht: Letalität 25 %, Amputation bis zu 50 %.

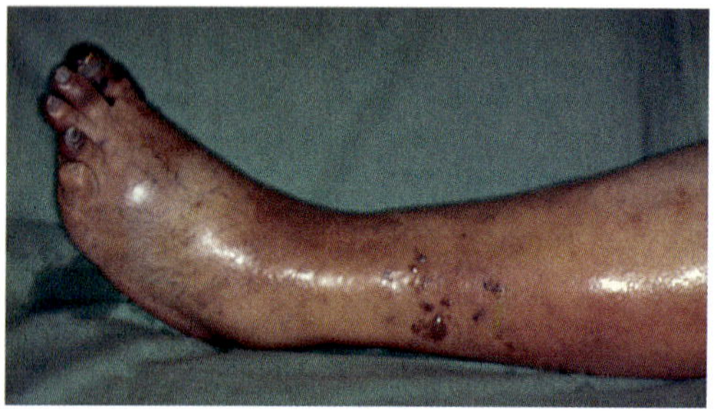

Akute Thrombosen oberflächlicher Venen (Thrombophlebitiden)

Definition: Akute Thrombose oberflächlicher Venen (engl.: thrombophlebitis) mit entzündlicher Reaktion der Gefäßwand. Im Unterschied zur Phlebothrombose (Verschluss tiefer Venen) stehen die sichtbaren Entzündungszeichen klinisch im Vordergrund.

Häufigere Lokalisationen und Entstehungsprozess:
Thrombophlebitis der oberflächlichen Armvene: Sie entsteht meist infolge von Dauerinfusionen und ist daher die häufigste Form der akuten Thrombophlebitis. Ursache ist der Intimaschaden aufgrund des Fremdkörpers (Verweilkanüle), der hyperosmolaren Lösungen oder toxischer Substanzen.
Thrombophlebitis der V. saphena magna: Sie entsteht meist auf dem Boden einer Varikosis (Varikophlebitis, sehr schmerzhaft). Als Ursache kommt in erster Linie der verlangsamte Blutstrom bzw. die Stase in den Varizen in Betracht. Dies erklärt auch, warum besonders bettlägerige Varizenträger eine Varikophlebitis bekommen. Neben den genannten Ursachen können auch entzündliche Krankheitsbilder wie z. B. Meningokokken-Meningitis über eine Sepsis und die dann zu erwartende Verbrauchskoagulopathie Thrombosen an den unterschiedlichsten Stellen auslösen (**= septische Thrombose/septische oberflächliche Thrombophlebitis).** Sie kommt auch vor bei Superinfektion von Gerinnseln, die einen hervorragenden Nährboden für Keime darstellen. Gelegentlich können maligne Krankheitsbilder von einer Thrombophlebitis wechselnder Lokalisation und Ausprägung begleitet sein (sog. **Thrombophlebitis migrans oder saltans**). Weitere Ursachen sind Thrombangiitis obliterans und bestimmte Infektionskrankheiten (Brucellose, Syphilis, Malaria).

Klinisches Bild und Diagnose: Deutlich sichtbare Entzündung (roter Streifen) sowie druckschmerzhafte, strangförmige Verdickung, die sich leicht tasten lässt. Wenn zusätzlich erhöhte Temperaturen oder gar Schüttelfrost auftreten, liegt eine (seltene) bakterielle Thrombophlebitis vor.

Therapie: Im Vordergrund steht die Beseitigung der Ursache. Eine **abakterielle Entzündung** heilt nach Entfernen des auslösenden Fremdkörpers und lokal-kühlenden Umschlägen ab. Bei vielen **bakteriell bedingten Thrombophlebitiden** reicht es oft auch aus, den Fremdkörper zu entfernen; selten sind Antibiose und operative Intervention (bei Abszedierung) notwendig. Eine Immobilisation ist meist kontraindiziert, da bei der Thrombophlebitis i. d. R. keine Lungenemboliegefahr besteht. Ausnahmen sind Thrombophlebitiden im Bereich des Oberschenkels. Deshalb sollte bei ausgeprägter Thrombophlebitis am Oberschenkel (Mündungsbereich der V. saphena magna) und im Bereich des dorsalen Unterschenkels (Mündung der V. saphena parva) prophylaktisch eine sofortige Heparintherapie erfolgen. Bei **Varikophlebitis:** Stichinzision in den thrombosierten Varixknoten. Eine wiederholte Thrombophlebitis auf dem Boden einer Varikosis ist eine Indikation zur baldigen Varizenentfernung. Bei einer **septischen Varikophlebitis** ist die Prognose immer ernst. Die Therapie muss in ausreichender Entlastung des entzündeten Gewebes, hochdosierter antibiotischer Abschirmung und Beseitigung der Ursache bestehen.

Komplikationen: Gefährlich ist die Aszension einer Thrombophlebitis der V. saphena magna in die V. femoralis und die Beckenvene (bei Verdacht Duplex-Sonographie oder Phlebographie). Hier besteht die akute Gefahr einer Lungenembolie. Die Therapie muss dann in der sofortigen Thrombektomie und Ligatur der V. saphena magna bestehen.

Die Thrombusaszension in die V. femoralis ist ein akuter gefäßchirurgischer Notfall.

Näheres zur chirurgischen Therapie s. SE 33.5, S. 748 ff.

33.3 Weitere akute Thrombosen tiefer Venen

Axillar-Subklavia-Venenthrombose

Definition: Partielle oder komplette thrombotische Strombahnverlegung der V. subclavia oder/und V. axillaris. Synonyme: Paget-von-Schroetter-Syndrom; Armvenenthrombose; Achselvenenthrombose

Vorkommen: Selten. Betroffen sind v. a. jüngere Patienten zwischen 20 und 40 Jahren (👁 **a**).

Ätiopathogenese:

- Kompression der Vene infolge sportlicher Anstrengung (v. a. Handball, Basketball, Tennis),
- infolge beruflicher Betätigung (Über-Kopf-Arbeiten),
- infolge einer Katheterthrombophlebitis,
- äußere Kompression durch Strahlenindurationen, Tumoren, Halsrippen oder proximale Oberarmbrüche.

Die besondere Anfälligkeit der V. subclavia und V. axillaris für eine Thrombose scheint in der anatomischen Enge zwischen 1. Rippe, muskulären Strukturen und Schlüsselbein zu liegen. Insb. bei *Hyperabduktion des Armes* kommt es zur Kompression der V. subclavia mit mögichen Intimaverletzungen und nachfolgender Thrombose. Diese Verletzungen sind auch als Folge sportlicher Anstrengung möglich (*thrombose par effort*, heute i. d. R. als *Thoracic-inlet-Syndrom* bezeichnet). Man nimmt an, dass die wiederholte Kompression zur Schädigung der Venenwand führt und damit die Subklavia-/Axillaristhrombose ausgelöst werden kann.

Symptome: Schmerzen, Schweregefühl, Schwellung und herabgesetzte Kraft im betroffenen Arm.

Diagnostik:

Anamnese: schleichender Beginn; nach Risikofaktoren fragen (s. Ätiopathogenese).

Inspektion: Objektiv fällt in erster Linie die verstärkte Venenzeichnung im Schulterbereich auf. Vor allem bei Belastung kann es evtl. zu einer Zyanose kommen.

Apparative Diagnostik: *Ultraschalluntersuchung und Arm-Phlebographie*. Früh zeigt sich der charakteristische Befund der Kollateralzirkulation. Je langstreckiger (und älter) der Verschluss ist, desto stärker sind pektorale/zervikale Kollateralvenen vorhanden.

Konservative Therapie: Im **akuten Stadium** (Gefahr der Lungenembolie!) bei massiver Schwellung und Funktionseinschränkung des Arms: Hochlagerung des Arms, Vermeiden einer Hyperabduktion. Bei **schwerem klinischem Befund** (livide Verfärbung, massive Schwellung, erhebliche Funktionseinschränkung) ist die Thrombolyse angezeigt (👁 **b**). Da es sich fast immer um jüngere Patienten handelt, besteht selten eine Kontraindikation für eine Thrombolyse. Ist der **klinische Befund weniger ausgeprägt**, kann eine alleinige Antikoagulation ausreichen. Nach Wiederherstellung der venösen Strombahn sollte die ursächliche Therapie (Resektion von 1. Rippe und Halsrippe) erfolgen, um eine Rethrombosierung zu verhindern.

Operative Therapie: Die Thrombektomie ist nur in Ausnahmefällen indiziert, Näheres s. SE 33.5, S. 749 f.

Prognose: Bei nicht erfolgreicher Behandlung der Subklavia-Axillaris-Thrombose kann sich ein postthrombotisches Syndrom (s. SE 33.4, S. 746 f) des Arms entwickeln.

Saphena-magna-Einmündungsthrombose. s. SE 33.5, S. 748.

Kavathrombose

Thrombose der V. cava inferior

Ätiologie: *Isolierte Thrombose der unteren Hohlvene oder übergreifende Ileofemoralvenenthrombose* (selten), z. B. nach transfemoraler Platzierung eines Kavaverweilkatheters.

Sekundäre Thrombose (etwas häufiger) infolge retroperitonealer maligner Raumforderungen.

Bei *Frauen* können *Beckenvenenthrombosen* unter der im letzten Schwangerschaftsdrittel obligaten Kompression auf die untere Hohlvene übergreifen. Auch im Wochenbett ist die Thrombosebereitschaft massiv erhöht. Die Thrombosen können die Nierenvenen miteinbeziehen und zur hämorrhagischen Niereninfarzierung führen.

Symptomatik und Klinik: Uncharakteristische, ziehende lumbale und abdominelle Schmerzen, Ödeme an Genitale und unteren Extremitäten, venöser subkutaner Kollateralkreislauf an den Bauchdecken.

Komplikationen: Gelegentlich kommt es durch die dramatische Reduzierung des venösen Rückstroms zum sog. V.-cava-inferior-Syndrom, das bei Frauen im letzten Schwangerschaftsdrittel in Rückenlage physiologisch auftreten kann.

Diagnostik: Beidseitige Phlebographie, Konstrast-CT und MRA.

Therapie: meist konservativ, manchmal Kavaschirm bei rezidivierender LAE (s. SE 33.5, S. 751), selten operative Thrombektomie (sehr schwieriger Eingriff!).

Thrombose der V. cava superior

Dramatischer als die Thrombose der V. cava inferior, da die starke venöse Stauung im Bereich des Kopfes zu einem Hirnödem mit tödlichem Ausgang führen kann. Ursache der V.-cava-superior-Thrombose ist häufig eine maligne Grunderkrankung (z. B. Bronchialkarzinome), was mit einer interventionellen Stent-Einlage behandelt werden kann.

V.-jugularis-interna-Thrombose

Meist ist sie durch einen zentralvenösen Katheter bedingt. Wegen der meist entzündlichen Komponente ist keine Emboliegefahr gegeben. Die Therapie besteht in Entfernen des Katheters, lokalen Umschlägen und Antiphlogistika. Bei septischer Jugularis-Thrombose (bakterielle Infektion!) Antibiotika und – selten – operative Therapie.

Fallbeispiel: 23-jähriger Patient, Z. n. langem Pektoralis-Schultergürtel-Krafttraining, mit plötzlicher V.-subclavia-Thrombose (👁 **a**) aufgrund eines Thoracic-inlet-Syndroms: Die regionale Lyse (via V. cubitalis und V. cephalica sinistra) erbrachte nach 24 Stunden eine partielle Wiedereröffnung der V. subclavia (👁 **b**), bei vorbestehender Stenose bzw. alten Wandschäden. Später folgt die Resektion der 1. Rippe.

a Thrombose der V. subclavia (im Spalt zwischen Klavikula [1] und 1. Rippe [2]

b partielle Lyse der kurzstreckigen V.-subclavia-Thrombose

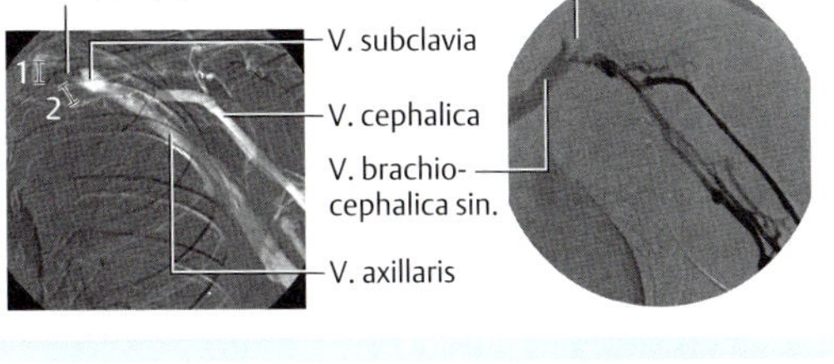

33.4 Komplikationen: Lungenarterienembolie und chronisch venöse Insuffizienz

Lungenarterienembolie (LAE) und chronisch venöse Insuffizienz (CVI) sind häufige Folgeerscheinungen tiefer Bein-Becken-Venenthrombosen. Dabei ist die LAE eine besonders dramatische und oft letale Komplikation. Manchmal ist sie das einzige Symptom, das auf eine tiefe Venenthrombose hinweist. Die Bedeutung der CVI besteht dagegen v.a. in ihren Spätfolgen bis hin zum Ulcus cruris. In früheren Jahren hatte sie von allen Erkrankungen die höchste sozialmedizinische Relevanz.

Lungenarterienembolie (LAE)

Definition: Akute, partielle oder vollständige Verlegung der A. pulmonalis oder ihrer Äste. Betroffen sind v.a. Pulmonalishauptstamm und rechte Pulmonalarterie.

Epidemiologie: Frauen sind häufiger betroffen als Männer (prädisponierende Faktoren s. SE 33.3, S. 742). Die Rate tödlicher Lungenembolien in Deutschland wird auf 15 000–25 000 Fälle pro Jahr geschätzt.

! Bei 1–2 % aller stationären Patienten kommt es zur LAE, bei 30 % aller Patienten mit tiefer Bein-Becken-Venenthrombose zu einer asymptomatischen LAE.

Ätiopathogenese: Ursache ist zu über 95 % eine **Venenthrombose,** zu 90 % aus dem Einflussgebiet der V. cava inferior (auch V. iliaca interna!). Seltene Ursachen: **rechtsatriale Thrombose** (z. B. Schrittmacherimplantation) und **venöse Aneurysmen** mit wandständigen Thromben (z. B. V. poplitea, V. ovarica).

Symptome: Eine LAE kann innerhalb weniger Minuten mit vernichtenden Schmerzen und Zyanose zum Tode führen *(fulminante, zentrale Embolie),* aber auch ohne subjektive Beschwerden ablaufen *(blande, periphere Embolie).* Manchmal sind atemabhängige Schmerzen, Tachykardie und leichte Fieberschübe die einzigen Symptome. Gelegentlich kommt es nachfolgend zur Lobärpneumonie mit oder ohne Pleuritis, in 50 % der Fälle zum hämorrhagischen Lungeninfarkt (Husten, Hämoptoe und atemabhängige Schmerzen).

! Symptome einer LAE sind Dyspnoe, Pleuraschmerz, Angst, Husten, Hämoptysen, Schweißausbruch, Synkopen, Herzjagen.

Übersteht der Patient die akute Phase, ist er durch die pulmonale Hypertonie weiter gefährdet. Massive oder rezidivierende LAEs führen zu einer Verlegung der Lungenstrombahn. Dadurch kommt es zu einer Widerstandserhöhung mit einer Druckbelastung des rechten Herzens. Die Folge ist eine Dilatation und/oder Hypertrophie des rechten Ventrikels: akutes oder chronisches Cor pumonale (s. internistische Lehrbücher).

Diagnostik: **Klinik, Laborwerte, EKG, Echokardiographie** und **Röntgen** ergeben den Verdacht, beweisend sind jedoch:
Thorax-CT mit intravasaler Kontrastierung (heute das *führende, nicht invasive* Diagnostikum): Man sieht die Thromben als Kontrastmittelaussparung. Für die herznahen Pumonalisanteile erbringt die **transösophageale Echokardiographie** ähnlich gute Hinweise.
Pulmonalisangiographie: sichere, aber invasive Methode: Nachweis von umflossenen Thromben, Füllungsdefekten und Gefäßabbrüchen; Hinweise auf periphere Lungenarterienembolien: Kaliberschwankungen, Gefäßrarefizierung, abnorme Gefäßverläufe.
Lungenperfusionsszintigraphie (s. auch SE 4.6, S. 84)**:** hohe Sensitivität, aber sehr geringe Spezifität (nur ca. 60 %), da viele andere Lungenerkrankungen zu ähnlichen Veränderungen führen.
Zusätzlich sind für die Pheripherie **Phlebographie** oder Kontrast-CT indiziert, um evtl. noch vorhandene Bein-Becken-Thromben nachzuweisen.

Differenzialdiagnose: v.a. kardiale Ursachen.

Therapie: Ziel muss sein, die Obstruktion der Lungenstrombahn und damit die Nachlast des rechten Ventrikels so rasch wie möglich zu senken. Je nach Schwere der Lungenembolie werden unterschiedliche Therapiemaßnahmen eingeleitet (**T 33.3**).

Prognose: Eine **fulminante Lungenembolie** überleben etwa die Hälfte der Patienten. In **leichten Fällen** ist eine Restitutio ad integrum oder eine nur geringe Einschränkung der Lungenfunktion zu erwarten.

Chronisch-venöse Insuffizienz (CVI)

Definition und Ätiopathogenese: Folgen der venösen Rückstauung an der Haut durch chronisch venöse Abflussbehinderung infolge Klappenagenesie, tiefer Bein-Becken-Venenthrombose (oft als postthrombotisches Syndrom bezeichnet) oder einer progredienten primären Varikosis.

33.3 Therapie der Lungenarterienembolie

Einteilung	*Therapie*
nicht akut lebensbedrohlich:	ausreichende Oxygenisierung des Blutes, Immobilisierung, Heparinisierung
akut lebensbedrohlich:	*Thrombolyse:* ultrahoch mit Streptokinase, mit rTPA (lokal in die A. pulmonalis oder systemisch) oder primär systemisch (Vorteil: gleichzeitige Lyse der Beinvenenthrombose!)
fulminante LAE (Tod i. d. R. innerhalb von 15 Min. durch Rechtsherzversagen	*pulmonale Embolektomie*:* mit extrakorporaler Zirkulation (s. SE 35.3, S. 772 f) Letalität ca. 20 %; ohne Herz-Lungen-Maschine Letalität 90 %
Rezidivprophylaxe	*Ausschalten der Embolie-Streuquelle* (z. B. venöse Thrombektomie); bei rezidivierender LAE *Implantation eines Kavafilters* in die infrarenale V. cava inferior*
Nachbehandlung	*Antikoagulation* für mindestens ein halbes Jahr zur Verhinderung neuer Venenthrombosen

* Zur Durchführung der Operationen, s. SE 33.5, S. 748 ff.

Mehr als die Hälfte der Patienten mit gesichertem postthrombotischen Syndrom wissen nichts von der abgelaufenen Thrombose, da tiefe Venenthrombosen oft klinisch stumm verlaufen.

Im pathogenetischen Zentrum der CVI steht also die Klappeninsuffizienz mit anhaltender Druckerhöhung des venösen Blutes auf die Haut. Hieraus resultieren typische Veränderungen (**33.4**). Die Erkrankung entwickelt sich schubweise über Jahre und wird durch folgende Faktoren im Sinne eines Circulus vitiosus verschlimmert:

- Ekzematöse Veränderungen der Unterschenkelhaut (bei über 50 % der Patienten),
- Rezidivthrombose (bei ca. 20 % der Patienten),
- primäre und sekundäre Varizen.

Epidemiologie: Die Prävalenz liegt bei ca. 15 %. Frauen sind 3-mal häufiger betroffen als Männer.

33.4 Pathophysiologie der CVI

Infolge der Perforans-Klappeninsuffizienz fließt das Blut nicht herzwärts, sondern pendelt ungerichtet zwischen tiefen und oberflächlichen Beinvenen hin und her (Pendelblut, Privatkreislauf). Hierdurch kommt es zum sog. Rammeffekt oder Crash-Syndrom, d. h. im Bereich der Perforansvenen treffen die Blutströme von innen und außen aufeinander. Dies führt zur mechanischen Zerstörung der Erythrozyten mit Ablagerung von Hämosiderin in der Haut (Hyperpigmentierung). Es folgen ekzematöse Hautveränderungen und das Ulcus cruris (s. SE 33.1, S. 738 f). Letztlich kommt es durch die chronische Volumenbelastung zur Wandstarre der Venen, so dass der Venentonus nicht mehr reguliert werden kann.

Symptome/Klinisches Bild: Die charakteristischen Venen- und Hautveränderungen können in 3 Stadien eingeteilt werden (mit häufiger Überschneidung):
Stadium I: Corona phlebectatica paraplantaris: Erweiterung der kleinen Venen an den Fußseiten; Stauungsödem am Abend, v. a. bei heißem Wetter.
Stadium II: Stauungsdermatose: Infolge des Ödems neigt die Haut zu Allergien (Unterschenkelekzem). Hyper- und Depigmentierung bis hin zurAtrophie blanche, **33.7.**
Stadium III: florides oder abgeheiltes Ulcus cruris.

Die Schwellneigung ist das klassische Frühsymptom des postthrombotischen Syndroms und der CVI, das Ulcus cruris das Leitmerkmal des Vollbildes.

Diagnostik: **Klinische Untersuchung:** s. o., Stadien; **apparative Untersuchung:** s. SE 33.3, S. 742 f.

Differenzialdiagnose: In der Frühphase Erkrankungen, die mit Ödemen einhergehen (z. B. Rechtsherzinsuffizienz, Nierenerkrankungen, lokales Trauma).

Therapie:
Konservative Therapie: Basis ist die Kompression zur Ödemprophylaxe und venösen Strömungsbeschleunigung (Kompressionsstrümpfe der Klasse II, nach abgeheiltem Ulcus cruris Klasse III). Bei Ulcus cruris muss die Kompression besonders periulzerös erfolgen.
Medikamentöse Therapie: Bei Risikofaktoren für Rezidiv-Thrombosen lebenslange Antikoagulation. Venentonisierende und antiödematöse Medikamente (Flavonoide, Rosskastaniensamenextrakte u. ä.) sind als *kausale* Therapie ungeeignet.
Operative Therapie: Wenn das Entfernen von Varizen möglich ist (s. **33.1**, S. 739), lässt sich ein Ulcus cruris deutlich schneller zum Abklingen bringen. Hierzu gehört auch die Dissektion insuffizienter Perforansvenen. Beruht die CVI auf isolierten Verschlüssen der Beckenvenen, können venöse Umleitungsverfahren indiziert sein (s. **33.6**, S. 751).

33.7 Atrophie blanche

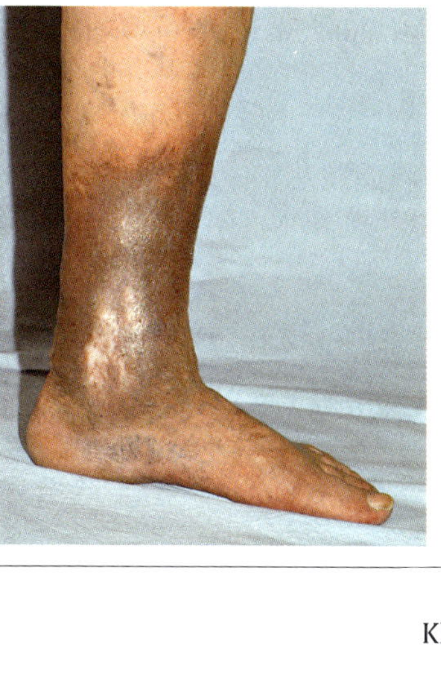

CVI bei schwerem Krampfaderleiden mit abgeheiltem Ulkus.

33.5 Varikose, Venenthrombosen und Lungenarterienembolie: operative Therapie

Die Varizenentfernung ist einer der häufigsten operativen Eingriffe überhaupt und meist ambulant möglich. Die operative Therapie von Venenthrombosen ist dagegen speziellen Indikationen vorbehalten, verhindert aber in vielen Fällen die Entwicklung eines postthrombotischen Syndroms. Die Operation der Lungenarterienembolie bleibt auch in Zeiten breiter Verfügbarkeit von Herz-Lungen-Maschinen und herzchirurgischen Zentren ein extrem seltener Eingriff, der allerdings lebensrettend sein kann.

Varizenentfernung

Ziel: Komplette Entfernung aller klappeninsuffizienter oberflächlicher Venen. Dadurch: Verhindern von Spätschäden wie z. B. Ulcus cruris. In Abhängigkeit vom Operationszeitpunkt können sekundäre Veränderungen (Schwellneigung, Thrombophlebitis oder Ulcus cruris) zur Ausheilung kommen; die Pigmentierung bleibt meist zurück.

Indikationen:
Primäre Varikosis: Stamm-, Perforans-, Seitenastvarikosis.
Sekundäre Varikosis: strenge Indikationsstellung! Ein ausreichender venöser Rückstrom über die tiefen Venen muss auch nach Entfernen der Varizen gewährleistet sein: Verspürt der Patient während mehrwöchiger stramm-elastischer Wickelung (Simulation der Krampfaderentfernung) eine Besserung, dann ist eine Operation in aller Regel gerechtfertigt.

! Die Varizenentfernung ist nur bei gesicherter Durchgängigkeit des tiefen Venensystems zulässig.

Die operative Varizenentfernung ist nur indiziert, wenn sie der Schwere und pathophysiologischen Bedeutung des Krampfaderleidens angemessen ist: Unterscheidung in
Varizenträger: außer gelegentlichem Schweregefühl keine subjektiven Beschwerden, keine chronisch-venöse Insuffizienz, s.SE 33.4, S. 746 f (*relative* Operationsindikation);
Varizenkranke: haben Komplikationen bis hin zur chronisch-venösen Insuffizienz (*absolute* Operationsindikation).

Kontraindikationen: **Absolute Kontraindikationen** sind: Angiodysplasien, insbesondere mit a.-v.-Fisteln (z. B. F.-P.-Weber-Syndrom); **relative Kontraindikationen** sind: Bingegewebsnekrosen (Marfan-Syndrom), venöse Abflussstörungen (postthrombotisches Syndrom, Klappenagenesie), fortgeschrittene degenerative Gelenkveränderungen.

Operationsrisiken und -komplikationen: Selten sind **Verletzungen von A. und V. femoralis bzw. V. poplitea,** etwas häufiger die **Verletzung von Lymphbahnen.** Auch **Nerven,** v. a. im Bereich des Innenknöchels (Endausläufer des N. saphenus) und der Wade (N. suralis) können verletzt werden. Daraus resultierende postoperative Sensibilitätsstörungen bilden sich i. d. R. zurück und sind nur gelegentlich als Dauer-Missempfindung hinzunehmen. Ebenfalls selten sind **Infektionen**, die aber wegen des Hämatoms, das einen idealen Nährboden für Keime darstellt, durchaus ernst zu nehmen sind. Grundsätzlich gilt für jeden Varizenoperateur, dass er auch bei niedriger Komplikationsrate nur die Eingriffe durchführt, deren Komplikationen er sicher beherrscht.

Operationsvorbereitung: Die generelle Thromboseprophylaxe mit Heparin wird unterschiedlich beurteilt. Bei Risikopatienten (s. SE 5.12, S. 130) erfolgt eine perioperative Heparinisierung zur Reduzierung des Thromboserisikos. Eine vorbestehende Antikoagulanzien-Dauertherapie wird durch Heparin ersetzt.

Operationstechniken:
Venenstripping nach Babcock (bei Stammvarikosis mit oder ohne Perforansvarikosis): Die insuffiziente *V. saphena magna* (saphenus = verborgen) wird in ihrem gesamten Verlauf entfernt (👁 **33.8**).

! Nicht erkrankte Segmente der V. saphena sollen belassen werden. Dies ist v. a. im Hinblick auf eine evtl. spätere arterielle Bypassoperation wichtig, für die die V. saphena als Spendergefäß benötigt wird.

Bei einer *Varikosis im Einzugsbereich der V. saphena parva* wird durch Inzisionen hinter dem Außenknöchel und in der Kniekehle analog verfahren. Hier ist der N. suralis zu seinem Schutz aktiv zu präparieren.
Dissektion der Perforansvenen: 👁 **33.9** zeigt die Lokalisation und die Namen der wichtigen Perforansvenen. Bei ihrer „endoskopischen" Dissektion wird im Bereich gesunder Haut ein Endoskop eingebracht: Dies vermeidet eine weitere Schädigung der trophisch gestörten Haut. Die Perforansvenen werden unter Sicht verschlossen (geklippt oder koaguliert). Bei gesunder Haut kann alternativ direkt über der insuffizienten Perforansvene („Blow-out"-Phänomen) die Vene offen dargestellt und unterbunden werden.
Lokale Varizenentfernung: Größere Venenkonvolute von Seitenästen werden lokal exstirpiert (alleinige Ausschaltung der Astvarizeneinmündung). Die hierzu erforderlichen Inzisionen haben Narben zur Folge, die durch Verwendung eines *Phlebextraktors* (modifizierte Häkelnadel) vermieden werden können. Dieses hakenförmige Instrument erfordert nur Stichinzisionen, die nicht genäht werden müssen.

33.8 Venenstripping

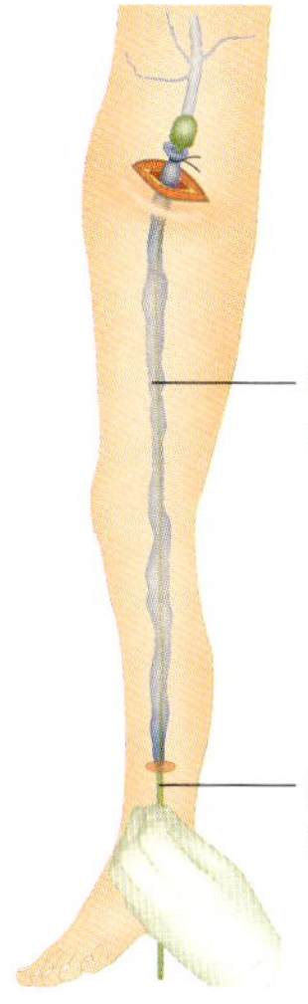

Methode nach Babcock: Vollständige Entfernung der V. saphena magna: Aufsuchen der Vene vor dem Innenknöchel; Einschieben einer Sonde bis zur Einmündung der V. saphena magna in die V. femoralis; Ligieren und Absetzen der V. saphena magna mit allen Ästen des Venensterns (Krossektomie), Befestigung an der Sonde und Herausziehen der Vene nach peripher oder zentral.

33.9 Perforansvenen (Dodd, Boyd und Cockett)

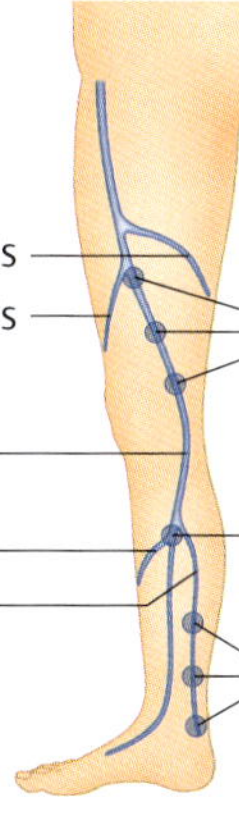

Lokalisation der Vv. communicantes oder perforantes.

Postoperatives Vorgehen: Anlegen eines elastischen Verbandes von den Zehengrundgelenken bis zur Leiste herauf. Um Druckschäden vorzubeugen, muss der Verband noch am Tag der Operation kontrolliert werden. Im Einzelfall ist eine Drainage erforderlich, da durch die oben beschriebene Operationstechnik erhebliche subkutane Hämatome verursacht werden können. Die Hämatome dürfen allerdings nicht mit revisionspflichtigen Nachblutungen verwechselt werden.

Postoperative Ergebnisse:

Die Kombination einer Operation mit einer postoperativen Sklerosierungstherapie führt in über 95 % der Fälle zu hervorragenden Ergebnissen in funktioneller und kosmetischer Hinsicht.

Pseudorezidive, die auf einer inkompletten Entfernung der V. saphena magna beruhen, sind selten. Häufiger sind nach einem Zeitraum von einigen Jahren variköse Veränderungen an zuvor noch gesunden Seitenästen. Diese bedürfen erneuter therapeutischer Überlegungen und ggf. einer weiteren operativen Korrektur.

Schwere Komplikationen sind bei exakter OP-Technik und gutem perioperativen Management sehr selten (Verletzungen von A. und V. femoralis, tiefe Venenthrombose und LAE). Die Letalität beträgt 0,02 %. Leichtere Komplikationen betreffen lokale sensible Nervenläsionen (meist N. saphenus, oft reversibel) in 8–10 %, Lymphfisteln (Leiste) in 5 % und Wundheilungsstörungen.

Venöse Thrombektomie

Ziele: Komplette Entfernung aller Gerinnsel zur Embolieprophylaxe und Vermeidung des postthrombotischen Syndroms.

Gesicherte und allgemein akzeptierte Indikationen:
- Phlegmasia coerulea dolens,
- isolierte Beckenvenenthrombose (evtl. mit V.-cava-inferior-Beteiligung),
- aszendierende Thrombophlebitis der V. saphena magna mit Thrombuszapfen in der V. femoralis (s. **33.5**).

Weitere Indikationen, für die es im Einzelfall gute Gründe gibt:
- flottierender Thrombus in der V. femoralis bzw. V. iliaca,
- embolisierende Thrombosen,
- deszendierende Bein-Becken-Venenthrombose,
- Bein-Becken-Venenthrombose bei Schwangerschaft,
- Paget-von-Schroetter-Syndrom und
- bei Kontraindikation zur Lyse.

Die operative Thrombektomie macht nur Sinn bei frischen Thrombosen (bis maximal 8. Tag). Da überzeugende Langzeitergebnisse auch nach operativer Therapie ausstehen, muss die Indikation zum operativen Vorgehen zugunsten der alternativen Therapieverfahren (Antikoagulation und Lyse) weiterhin kritisch gestellt werden.

Operationstechnik bei **tiefer Bein-Becken-Venenthrombose** und **Phlegmasia coerulea dolens** (**33.10**): Der Eingriff erfolgt zur Embolieprophylaxe in Anti-Trendelenburg-Lagerung (Brustkorb um 30 Grad aufgerichtet) und unter besonderer Beatmungstechnik (Peep = positiv endexspiratorischer Druck). Die Vene wird in der Leistenbeuge freigelegt und eröffnet, ein Blockungskatheter wird unter Bildwandlerkontrolle vorgeschoben und geblockt, die Gerinnsel werden mit einem weiteren Ballonkatheter von proximal und distal entfernt. Diese Kathetermanipulation wird unter endinspiratorischem Atemstillstand durchgeführt. Am Oberschenkel werden die Thromben nur ausgepresst bzw. ausgewickelt, da durch ein Fogarty-Manöver (gegen die Venenklappen eingeführt) die Klappen beschädigt werden könnten. Angioskopische und radiologische Kontrolle geben Auskunft über die Vollständigkeit der venösen Thrombektomie. Insb. bei älteren und unvollständig entfernten Venenthrombosen ist es sinnvoll, für 3 Monate eine a.-v.-Fistel mit einem Ast der A. femoralis (Anastomose an der Vene) oder einem venösen Ast des V. saphena magna-Venensterns (dann Anastomose an der Arterie) anzulegen, um den venösen Blutstrom zu verbessern.

Operationsrisiken: Die Gefahr der pulmonalen Embolie wurde früher sicher überschätzt und durch Blockade-Katheter während der Operation zu vermeiden versucht. Dennoch kommt es – unabhängig von der Protektion – in 1–2 % der Fälle durch die Operation zu einer klinisch relevanten LAE. Die Indikation ist daher sehr kritisch zu stellen.

Postoperatives Vorgehen: Nach erfolgreicher Thrombektomie sofortige Mobilisation bei gewickelten Beinen. Antikoagulation für mindestens 6 Monate bei Weiterführung einer konsequenten Kompressionstherapie. Risikofaktoren einer Venenthrombose müssen soweit möglich ausgeschaltet werden (s. SE 33.3, S. 742).

Operationsergebnisse: Der Erfolg sinkt mit dem Alter der Thrombose. Sehr gute Ergebnisse werden innerhalb von 4 Tagen, gute Ergebnisse innerhalb einer Woche, gelegentliche Erfolge innerhalb von 14 Tagen erzielt. Danach ist die Operation aussichtslos, da der Thrombus zu stark mit der Intima verwachsen ist.

33.10 Beckenvenenthrombektomie

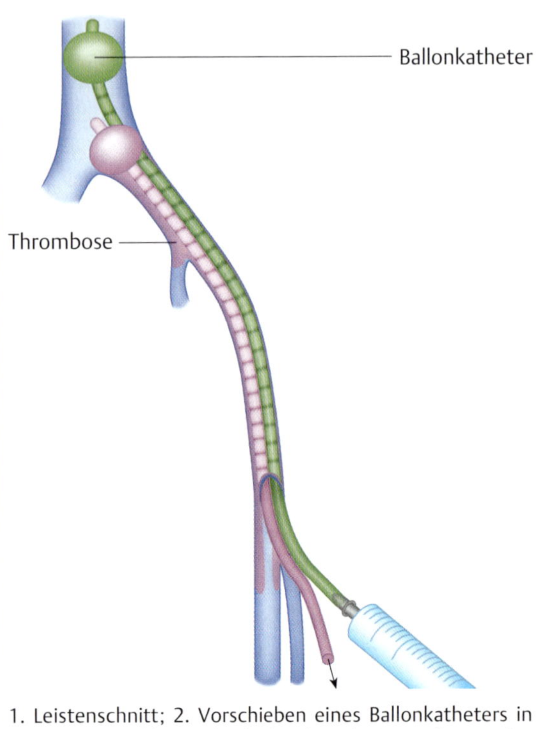

1. Leistenschnitt; 2. Vorschieben eines Ballonkatheters in die untere Hohlvene (Embolieschutz!); 3. Entfernen des Thrombus mit einem zweiten, kleineren Ballonkatheter (nach Paetz, s. S. 870).

33.5 Seltenere Indikationen für eine Thrombektomie

Axillaristhrombose (Paget-von-Schroetter-Syndrom): Thrombektomie nur selten indiziert, z. B. bei massiver Klinik und jungen Patienten. Operativer Zugang zur Thrombektomie über die V. axillaris/V. brachialis. Zur Vermeidung eines Rezidivs sollte zweizeitig (gleichgültig, ob die Thrombose mittels Lyse oder OP behandelt wurde) die 1. Rippe, ggf. zusätzlich die Halsrippe zur Beseitigung der Kompression (sog. Thoracic-inlet-Syndrom) beseitigt werden.

Thrombophlebitis: Exstirpation der entzündeten Vene nur in *Ausnahmefällen* indiziert.

! Bei einer Thrombusazension aus der V. saphena magna in die V. femoralis hinein (◉ ; Diagnose durch Duplex-Sonographie) besteht die Gefahr der LAE. Hier handelt es sich um einen akuten gefäßchirurgischen Notfall.

Operativ wird von einem längs gestellten Leistenschnitt aus die V. saphena magna dargestellt, reseziert, der Thrombus aus dem tiefen Venensystem herausgezogen und eine Krossektomie durchgeführt (◉).

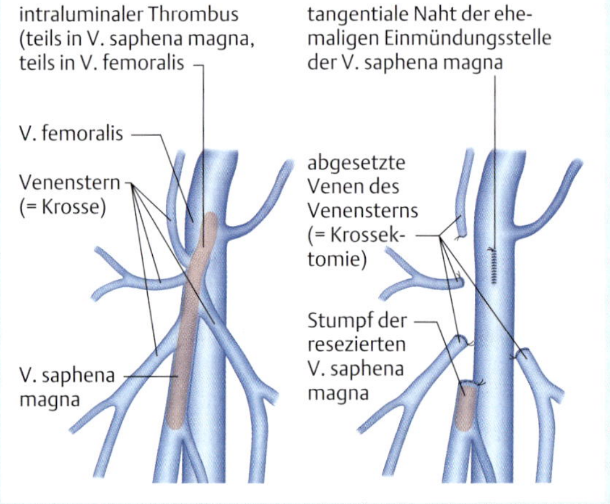

33.6 Seltenere Operationen

Operation nach Palma (veno-venöse Umleitung bei einseitigem (isoliertem) Beckenvenenverschluss; 👁 a)
Indikation: Bei einseitigem Beckenvenenverschluss mit *erheblicher* Druckerhöhung bei Belastung (3fach erhöhter Ruhedruck; gemessen durch Beckenvenendruckmessung) *kann* die Umgehung des Beckenvenenverschlusses durch körpereigene Vene oder Kunststoff erwogen werden.
Operationstechnik: Die V. saphena magna der nicht betroffenen Gegenseite wird oberhalb der Symphyse durch einen subkutanen Tunnel auf die andere Seite hinübergezogen. Gleichzeitig wird distal der End-zu-Seit-Anastomisierung mit der V. femoralis bzw. V. iliaca eine temporäre a.-v.-Fistel gelegt (sog. Korbhenkel-Shunt, s. 👁 **a**, für ca. 3–6 Monate), damit es nicht zur einer Re-Thrombose kommt, insb. bei kleinkalibriger Vene.

Operationen bei Lungenarterienembolie
Indikation: fulminante Lungenembolie, v. a., wenn die Thrombolyse nicht zum Erfolg führt (👁 **b**).
Operationstechniken und -ergebnisse: Es gibt 3 Verfahren:
Operation nach Trendelenburg ohne Herz-Lungen-Maschine (in *90 % der Fälle letaler Ausgang*): Resektion der 2. Rippe und Perikardschlitzung sowie Abklemmen von Aorta und A. pulmonalis; anschließend Entfernen des Thrombus. Modifikation: transsternaler Zugang mit Abklemmen der Hohlvene; dadurch geringere Herzbelastung.
Embolektomie mit extrakorporaler Zirkulation (EKZ; Operationsletalität auf 20 % gesenkt): Inzision der A. pulmonalis und Entfernen des Thrombus.
Interventionelle Embolektomie durch perkutan eingebrachte „Schlürf"-Katheter, bisher nur in wenigen Zentren durchführbar: Verfahren noch nicht endgültig bewertbar.

Operative Embolieprophylaxe (Kavafilter)
Indikationen: rezidivierende Lungenembolie; kritische Indikation, da Kavafilter einen Fremdkörper darstellt; deshalb gelegentlich interventionelle Implantation eines passageren Filters.
Operationstechnik: Perkutane Implantation eines Kavafilters, also eines selbst expandierenden Metallschirms (Greenfield-Filter) in die V. cava inferior. Dadurch: Auffangen der Gerinnsel und Verhindern einer Verschleppung in die Lungenstrombahn. Gelegentlich kommt es durch die dramatische Reduzierung des venösen Rückstroms zum sog. „V.-cava-inferior-Syndrom", das physiologischerweise im letzten Drittel der Schwangerschaft auftreten kann.

Operative Ausschaltung von Venenaneurysmata
Selten kann die Ursache einer Lungenarterienembolie in Venenaneurysmata mit wandständigen Thromen liegen. Am bekanntesten sind hierbei Aneurysmata der V. poplitea und der V. ovarica (Ursache unbekannt). Entweder wird das venöse Aneurysma wie bei der V. ovarica kranial (dicht an der V. cava inf.) und kaudal unterbunden oder es sollte wie bei der V. poplitea eine Rekonstruktion der Vene durch Raffung der Aneurysmawand erfolgen (schwierige OP, endet oft mit Ligaturen!). 👁 **c** zeigt den phlebographischen Nachweis eines sakkiformen Aneurysmas der V. poplitea; 👁 **d** den Operationssitus: Es handelt sich um ein ausgeprägtes venöses Aneurysma der V. poplitea bei einer 17-jährigen Patientin mit Z. n. Apoplex bei offenem Foramen ovale und paradoxer Embolie. Als Emboliequelle wurden Thromben im Aneurysma gesichert.

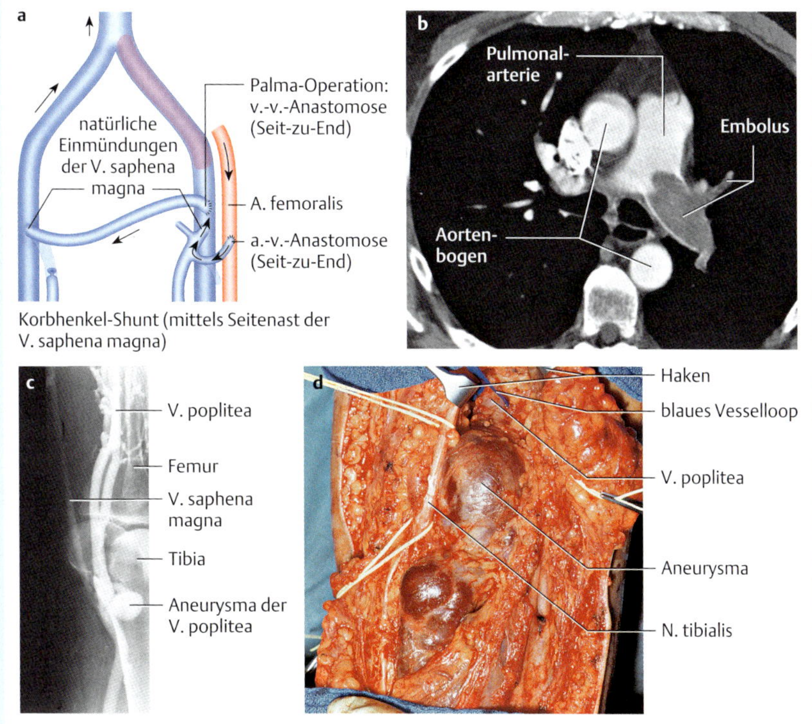

34.1 Gefäßverletzungen

Verletzungen von Arterien und Venen spielen in der Gefäßchirurgie immer dann eine bedeutende Rolle, wenn sie eine vitale Gefährdung für Organe und Extremitäten darstellen. Eine konservative Therapie ist i. d. R. nicht möglich. Neben der akuten Gefahr des Verblutens besteht die langfristige Gefahr von Spätschäden wie z. B. sekundärem traumatischem Arterienverschluss, traumatischer a.-v.-Fistel (s. SE 34.2, S. 756 f), traumatischem Aneurysma und postthrombotischem Syndrom.

Arterielle Verletzungen

Einteilung und Ursachen:

- **direkte Verletzungen (perforierend und nicht perforierend)** infolge direkter Gewalteinwirkung, z. B. Schnitt, Schuss, Knochen (ca. 95 %) und
- **indirekte Verletzungen** infolge indirekter Gewalteinwirkung (deutlich seltener, z. B. Hämatom, dislozierte Fraktur, zu eng angelegte zirkuläre Gipsverbände).

Epidemiologie: In **Friedenszeiten** sind über 30 % der *perforierenden* Gefäßverletzungen Folge eines operativen oder invasiv diagnostischen Eingriffs (nahezu bei *jedem* chirurgischen Eingriff möglich); darüber hinaus kommt es bei 0,3–4 % aller Unfälle in Beruf und Freizeit zu Gefäßverletzungen, insb. bei Hochrasanztraumata. Bei jedem 14. Polytrauma-Patienten liegt eine behandlungswürdige Gefäßverletzung vor. In **Kriegsgebieten** überwiegen erwartungsgemäß Gefäßverletzungen infolge von Schüssen, Granaten und Minen (die meisten Erfahrungen stammen aus dem Korea- und dem Vietnamkrieg).

Verletzungsmechanismus:
Direkte Verletzung: *Perforierend:* Zuerst Schädigung der Adventitia, dann Schädigung der Intima; *nicht perforierend (stumpf):* Zuerst Schädigung der Intima, dann erst Schädigung der Adventitia möglich.
Indirekte Verletzung: Wie beim stumpfen, direkten Trauma: Schädigung der Gefäßwand von innen nach außen, d. h. zuerst wird die Gefäßintima geschädigt, die Adventitia bleibt i. d. R. erhalten. Infolge der Ruptur von Intima und Media kommt es durch eine Intimadissektion zum Gefäßverschluss.

Symptomatik und Klinik: Leitsymptome sind äußerlich sichtbare **Blutung** und/oder **periphere Ischämie** infolge arterieller Gefäßthrombose. Bei direkten, *perforierenden* Verletzungen steht meist die massive äußere Blutung im Vordergrund, bei direkten oder indirekten, *stumpfen* Traumen die periphere Ischämie. Scharfe wie stumpfe Verletzung können in 3 Schweregrade unterteilt werden (**34.1**).

Bei jeder Verletzung muss an eine Gefäßbeteiligung gedacht werden, die bei Grad I evtl. erst sekundär bzw. zweizeitig in Erscheinung tritt.

Beispiele typischer arterieller Gefäßverletzungen:
Intraoperative Verletzungen sind *meist perforierend.* Beispiele: Verletzung der Aorta im Rahmen des perkutanen Einbringens von Trokaren bei sehr schlanken Patienten, Schnittverletzungen durch Messer oder Schere bei der Abpräparation entzündlicher oder maligner Tumoren usw. Sie führen meist zu unmittelbaren Blutungen und werden dann sofort versorgt. Bei *nicht transmuraler* Gefäßverletzung ist die zweizeitige Ruptur besonders gefürchtet. Gelegentlich führt die Verletzung aber auch zu einer Thrombose (z. B. fälschliche Klippung der A. hepatica dextra bei laparoskopischer Cholezystektomie oder Intimaschädigung im Rahmen eins unsachgemäß durchgeführten Fogarty-Manövers im Rahmen einer arteriellen

34.1 Schweregrade und Leitsymptome von Gefäßverletzungen (nach Vollmar)

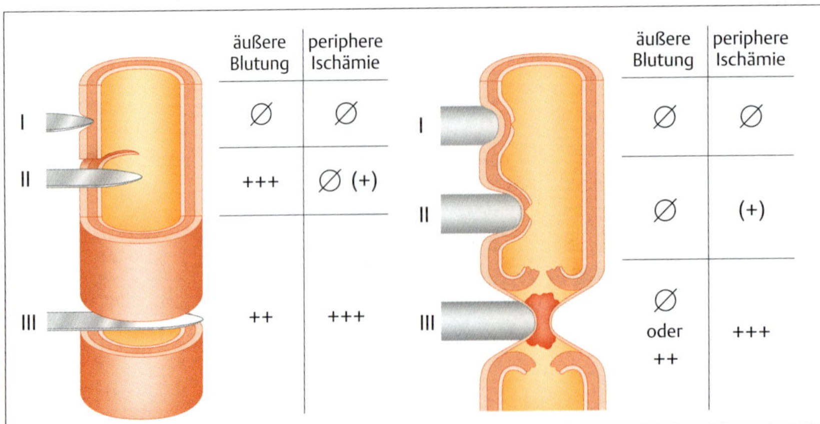

Links scharfe (direkte) und rechts stumpfe (indirekte) Gefäßverletzung.

Embolektomie) und bleibt *primär unbemerkt*. Bei einer *postoperativ* auftretenden Ischämie muss an diese Verletzungsform gedacht werden.

Interventionelle Verletzung: Die modernen Kathetertechniken führen durch Punktion vermehrt zu direkten, offenen Gefäßverletzungen, die einer operativen Korrektur bedürfen. Am *häufigsten* ist das pulsierende Hämatom, das bei lokaler Abkapselung als *Aneurysma spurium* bezeichnet wird. Es können aber auch a.-v.-Fisteln (bei gleichzeitiger Venenverletzung) und akute Gefäßverschlüsse auftreten.

Das **Dezelerationstrauma** findet sich am häufigsten im Bereich des Übergangs von Aortenbogen zur thorakaldeszendierenden Aorta, knapp distal des Abgangs der A. subclavia sinistra. Im Rahmen von Hochgeschwindigkeitsunfällen kommt es aufgrund des plötzlichen Aufpralls zu Scherkräften zwischen dem weiter nach vorne schwingenden Aortenbogen und der an der Wirbelsäule fixierten Aorta thoracica descendens. Dies bedingt entweder unmittelbar eine Zerreißung der gesamten Wand (sofortiger Tod) oder über einen längeren Zeitraum eine von innen nach außen fortschreitende Zerreißung der Gefäßwand mit Ausbildung eines Mediastinalhämatoms (**34.2**), einer zweizeitigen Ruptur in die linke Pleurahöhle (**34.3a,b**) oder (später) eines Aneurysma falsum (**34.4**). Therapeutisch kommen interventionelle Maßnahmen (Stent) oder eine Operation (Naht oder Aortenersatz) in Frage (s. SE 35.13, S. 800 f).

Arterienverletzung infolge einer Fraktur, z. B. Ober- und Unterschenkelfraktur, suprakondyläre Femurfraktur (oft scharfe, perforierende Verletzung), **34.5**.

Arterienverletzung infolge einer Luxation, z. B. Knie- und Schultergelenkluxation (meist stumpfe Verletzung mit Intimaabriss durch Überdehnung der Arterie, führt zur Thrombose). **34.6** und **34.7** zeigen 2 eindrückliche Beispiele.

! Kehren die Pulse nach Reposition einer Fraktur nicht sofort zurück, dann muss eine arterielle Verletzung aktiv ausgeschlossen werden. Unerlässlich ist dabei die exakte Dokumentation des Pulsstatus (einschließlich Neurologie) vor und nach einer Reposition.

Diagnostik: Eine *perforierende* Verletzung erleichtert die Diagnose i. d. R.; starke Blutung und Hämatombildung können jedoch auch fehlen. Eine *stumpfe* Verletzung erschwert die Diagnose. Primär ist auf eine *periphere Ischämie* zu achten. Das Fehlen peripherer Pulse, der Sensibilitätsverlust und der Verlust der Spontanbeweglichkeit

34.2 Mediastinalhämatom

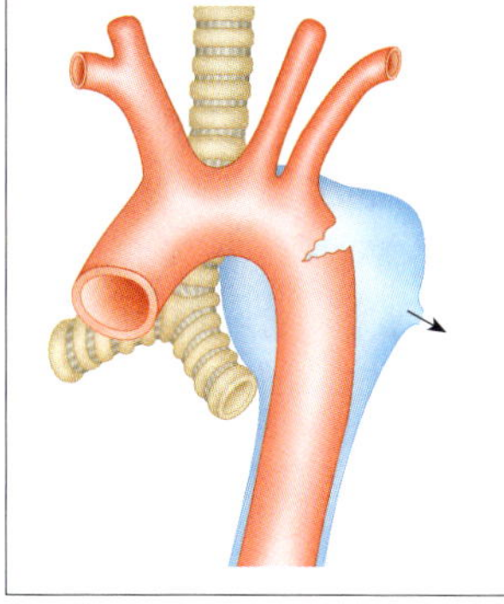

Inkomplette Aortenruptur nach Dezelerationstrauma: Das Mediastinalhämatom verdrängt die Trachea nach rechts und kann zweizeitig in die linke Pleurahöhle perforieren.

34.3 Aortenruptur in die Pleurahöhle

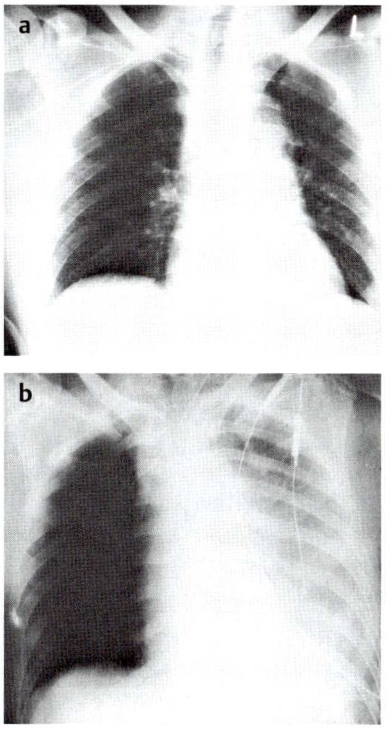

Aortenruptur nach Dezelerationstrauma mit Mediastinalhämatom (**a**) und (**b**) 12 Stunden später freier Ruptur in die linke Pleurahöhle (Hämatothorax).

34.4 Aneuyrsma falsum

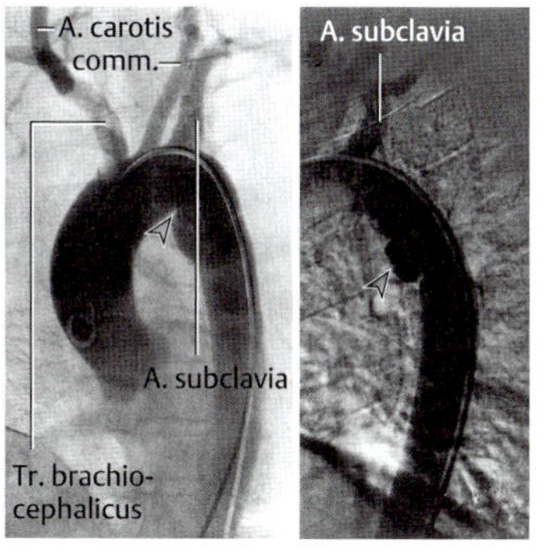

Aortenruptur nach Dezelerationstrauma mit Ausbildung eines Aneurysma falsum (Monate später).

34.5 Frakturverletzung

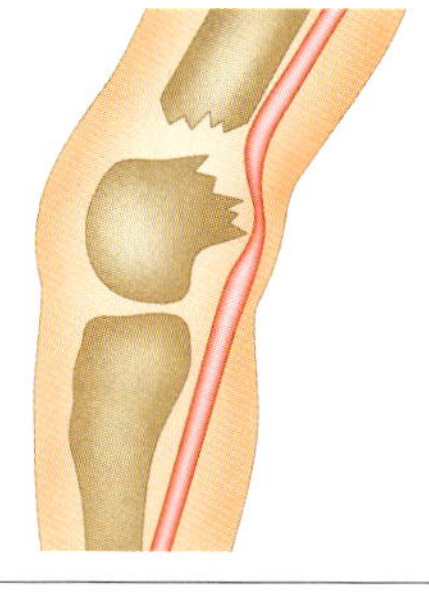

Scharfe und stumpfe Arterienverletzung (PII) bei suprakondylärer Femurfraktur

34.6 Thrombose der A. poplitea nach Knieluxation

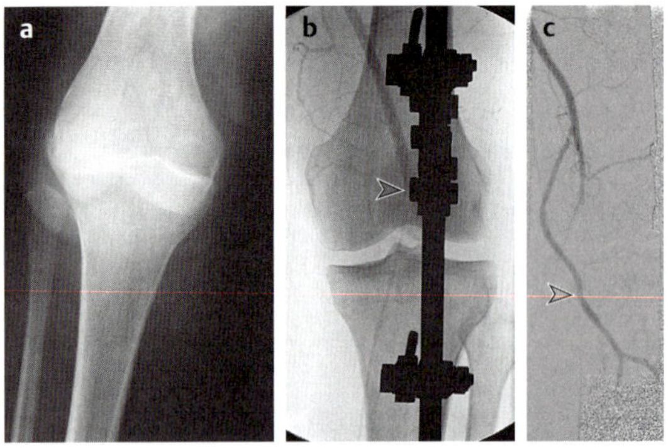

a Knieluxation (mit völliger Zerreißung des Bandsystems);
b Stabilisierung des Kniegelenks mittels Fixateur externe, Angiographie wegen weiter fehlender peripherer Pulse: Abbruch der A. poplitea knapp oberhalb des Kniegelenkspaltes (Pfeil), Intimaschaden (!)
c Kontrollangiographie (seitlich) nach Bypass-Anlage von PI nach PIII (Pfeil).

machen eine Verletzung der Arterien wahrscheinlich. Je nach verstrichenem Zeitintervall seit dem Unfall kann auch die Beurteilung von Hautfarbe (blass), Hauttemperatur (kalt) und Venenfüllung (fehlt) weiterhelfen. Die erste apparative Untersuchung bei Verdacht auf eine Gefäßläsion ist der Doppler. Die Angiographie sollte erst bei unsicherem Tast- und Ultraschallbefund zur exakten Lokalisation der Läsion angeschlossen werden. Lieber einmal zu viel als einmal zu wenig angiographieren!

Neben einer Gefäßverletzung muss immer auch eine zusätzliche Nervenverletzung aktiv ausgeschlossen werden.

Differenzialdiagnose: Minderdurchblutung im Rahmen eines Kreislaufschocks sowie (selten!) Arteriospasmus. Gesichert werden kann die Diagnose durch die seitenvergleichende Kontrolle der peripheren Pulse.

Therapie:

Sofortmaßnahmen:

- Sofortige provisorische **Blutstillung** am Unfallort.

  Dies ist am besten durch digitale Kompression oder Druckverband (s. SE 9.10, S. 249) zu erreichen, keine Klemmen.

  Strangulierende Verbände sind zu vermeiden, ebenso die unsachgemäße instrumentelle Manipulation der Wunde. Eine verlässliche Blutstillung ist durch die Kompression nicht gesichert; die Prognose hängt daher vom schnellen Transport in die Klinik ab.
- **Prophylaxe/Bekämpfung eines hypovolämischen Schocks** durch Schocklagerung und intravenöse Volumensubstitution. Achtung: Die betroffene Extremität nicht hoch lagern, um Folgen der Verletzung durch die Manipulation nicht zu verschlimmern!

Anschließende Therapie: Eine **konservative Therapie** (Wundbehandlung, s. SE 2.3, S. 36 ff) ist gestattet, wenn die Blutung spontan sistiert, eine Ischämie im abhängigen Körperabschnitt fehlt und die funktionelle Wiederherstellung durch die Rekonstruktion des Gefäßes nicht verbessert wird (z. B. kleine, periphere Gefäße bei distaler Läsion am Unterschenkel oder Unterarm). Die **operative Therapie** richtet sich nach der Art der Verletzung. Sie umfasst einfache Naht, Patch-Plastik, begrenzte Resektion und End-zu-End-Anastomose sowie die Resektion und Interposition eines Transplantats (**34.8**). Wegen der potentiellen Kontamination der Wunde sollte nach Möglichkeit auf Kunststoff als Patch oder Interponat verzich-

34.7 Thrombose der A. axillaris nach Schulterluxation

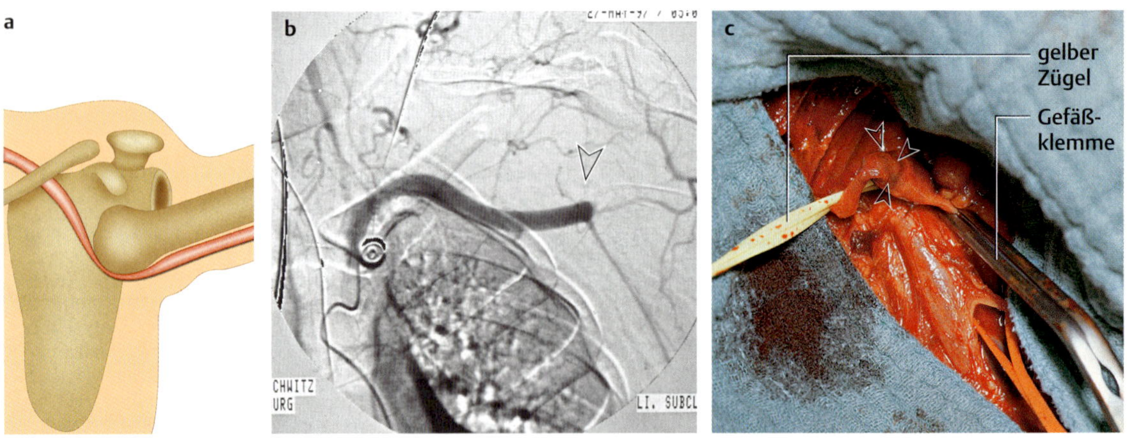

a Schädigungsmechanismus;
b Angiographie nach Gelenkreposition wegen weiterhin fehlender peripherer Pulse: Abbruch der A. axillaris (Pfeil), Intimaschaden!
c Operationssitus (axillärer Zugang): Die Gefäßklemme okkludiert die wieder offene (periphere) A. axillaris, davor ist das lädierte Arteriensegment mit durchschimmerndem, eingerolltem Intimaabriss sichtbar (Pfeile). Mit gelb angeschlungen ist ein Plexusanteil.

34.8 Operationsverfahren bei Arterienverletzungen

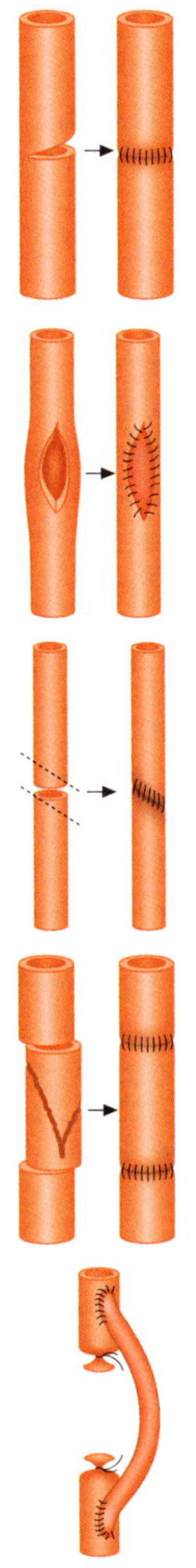

a primäre (einfache) Naht bei Quereinriss (semizirkulär);

b Patch bei Längseinriss;

c primäre Naht bei kompletter Durchtrennung ohne Substanzverlust (zirkulär, angeschrägt);

d Interponat (**„c“** wegen zu hoher Spannung nach längerstreckiger Zerstörung nicht möglich);

e Bypass-Verfahren (wenn man an die jeweiligen Enden wegen der versteckten Lage nicht „herankommt“).

tet werden. In Betracht kommt hier nur körpereigene Vene (V. saphena).
In ungefähr ¼ der Fälle liegen gleichzeitig Weichteil- und Knochenverletzungen vor, die evtl. vorübergehend mit einer externen Fixation versorgt werden müssen, um die erforderliche Gefäßrekonstruktion nicht zu gefährden.

! Die Rekonstruktion verletzter Blutgefäße hat grundsätzlich Vorrang vor der operativen Versorgung von Skelett- und Weichteilschäden, da gesunde Muskulatur nur eine begrenzte Ischämiezeit (ca. 3 Stunden) schadlos übersteht.

Nachsorge und Komplikationen: Die verletzte Extremität muss in regelmäßigen Abständen nachuntersucht werden (Kontrolle der peripheren Pulse, der Venenfüllung und des Operationsgebietes). Je nach Ausdehnung der Verletzung kann es zu einem frühen oder späten Re-Verschluss kommen. Zusätzlich kann ein postischämisches Ödem bis hin zum Kompartmentsyndrom (Gewebeuntergang durch Drucksteigerung innerhalb einer Muskelloge mit konsekutiver peripherer Ischämie und Nervenschädigung) den weiteren Verlauf der Erkrankung bestimmen. In diesen Fällen ist eine sofortige großzügige Kompartmentspaltung durchzuführen. Bei unzureichender Primärversorgung kann sich, entsprechend dem Verletzungsmechanismus, ein arterielles Aneurysma, ein pulsierendes Hämatom, eine a.-v.-Fistel oder ein Infekt, der die Gefäßrekonstruktion bedroht, ausbilden.

! Bei der Infektion einer Gefäßrekonstruktion kann die Amputation einer Extremität erforderlich sein, um das Leben des Patienten zu retten, da im infizierten Gebiet auch die neuerliche Wiederherstellung der Blutstrombahn gefährdet und gefährlich ist.

Durch Verkürzung der Ischämiezeit sowie Fortschritte in der Rekonstruktionstechnik und dem perioperativen Management wurde die Amputationsrate bei Verletzungen der peripheren Arterien seit dem zweiten Weltkrieg um über 90 % gesenkt.

34.1 Venöse Verletzungen

Epidemiologie und Einteilung: Etwa 10 % der arteriellen Verletzungen gehen mit einer *gleichzeitigen* Verletzung der begleitenden Vene einher. *Isolierte* Venenverletzungen spielen wegen des Niederdrucksystems und der einfachen Therapie durch Kompressionsverband nur ausnahmsweise eine Rolle und müssen nur bei großkalibrigen Venen (V. femoralis, V. iliaca, Hohlvene) behandelt werden (Ligatur oder Rekonstruktion). Neben der **offenen Venenverletzung** kommt auch die posttraumatische Thrombose infolge einer **stumpfen Venenverletzung** vor und ist wegen einer möglichen Ausdehnung und der Gefahr der Lungenembolie gefürchtet. ***Symptomatik und Diagnostik:*** Auch bei Verletzung einer größeren Vene kann die starke Blutung fehlen. Falls wegen einer gleichzeitigen Arterienverletzung nicht ohnehin eine operative Revision geplant ist, muss bei entsprechendem Verdacht eine Phlebographie durchgeführt werden.
Therapie: Venen proximal von Knie- und Ellenbogengelenk sollten rekonstruiert und nicht ligiert werden, da es sonst zu erheblichen Abflussbehinderungen mit massiver Schwellneigung kommen kann, zumal beim Weichteiltrauma auch die Lymphgefäße erheblich geschädigt sind. Die Venenrekonstruktion sollte, wenn zeitlich möglich, vor der Reparation der Arterien erfolgen, weil die Stauung die arterielle Zirkulation behindern würde und die venöse Blutung nach arterieller Rekonstruktion erheblich sein kann.
Komplikationen: Ohne Therapie kann bei korrespondierender Verletzung von Arterie und Vene eine a.-v. Fistel entstehen (s. SE 34.2, S. 756 f). Bei einer Ischämie durch venöse Stauung ist immer ein bleibender Weichteilschaden bis hin zum Gewebstod möglich.

34.2 Arteriovenöse Fisteln

Arteriovenöse Fisteln (a.-v.-Fisteln) sind pathologische Kurzschlussverbindungen zwischen Arterien und Venen, auf deren Shuntvolumen der Organismus keinen Einfluss hat. Sie werden in angeborene (häufiger) und erworbene (seltener) Fisteln eingeteilt. Die iatrogene Anlage einer peripheren a.-v.-Fistel zur Hämodialyse erläutert SE 34.3 (S. 758).

Epidemiologie: A.-v.-Fisteln sind insgesamt selten. In Friedenszeiten überwiegen angeborene Fisteln (familiäre Häufung, s. auch 34.2). Vor Einführung der in den letzten Jahren verbesserten Diagnostik (Doppler-, Duplex-Sonographie) war von einem umgekehrten Verhältnis ausgegangen worden.

Ätiologie und häufigste Lokalisationen: **Angeborene a.-v.-Fisteln** sind auf eine Differenzierungsstörung des primitiven Kapillarplexus zurückzuführen und treten gehäuft mit anderen Fehlbildungen auf (z. B. Klippel-Trenaunay-Syndrom). Sie sind *am häufigsten am Kopf* lokalisiert (im Versorgungsbereich der A. carotis interna v. a. A. cerebri media, im Versorgungsbereich der A. carotis externa v. a. A. temporalis) oder *an den Extremitäten* (F.-P.-Weber-Syndrom; 34.9). **Erworbene a.-v.-Fisteln** sind meist traumatisch bedingt (z. B. Schuss, Stich oder iatrogen). Bevorzugter Sitz ist, dem Verletzungsmechanismus folgend, die untere Extremität (34.10). Zur Morphologie und zu weiteren Ursachen s. 34.11 u. T 34.1.

34.2 Morbus Osler

Eine besondere Form der angeborenen a.-v.-Fisteln ist der Morbus Osler (Teleangiectasia hereditaria haemorrhagica, autosomal dominant vererbt). In Haut und Schleimhäuten von Kopf (v. a. Lippen), Respirations-, Intestinal- und Urogenitaltrakt finden sich multiple, 1–2 mm große Teleangiektasien: Die darüber liegende (Schleim-)Haut ist atrophisch, so dass es rasch zu Blutungen kommen kann: Nasenbluten, Hämoptoe, Hämaturie oder gastrointestinale Blutung (Blutungsanämie). Andererseits bedingt die Summe der a.-v.-Kurzschlussverbindungen entsprechende systemische und organspezifische hämodynamische Komplikationen, z. B. Hypoxie (in der Lunge), Zyanose, Polyglobulie und/oder Trommelschlägelfinger. Die zeigt einen generalisierten Morbus Osler (Magen- und Dünndarmwand). Nach superselektiver Injektion der A. gastrica sinistra (links) bzw. der A. mesenterica superior (rechts) kommt es aufgrund der zahlreichen a.-v.-Shunts in der Magen- bzw. Dünndarmwand zur sofortigen Kontrastierung der entsprechenden Vene. Der 68-jährige Patient hatte über ca. 10 Jahre rezidivierend gastrointestinal geblutet und insgesamt über 4000 Bluttransfusionen erhalten.

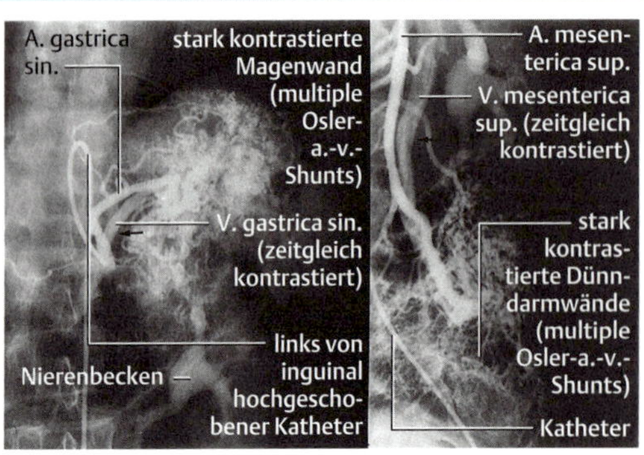

Pathophysiologie, Symptomatik und Diagnostik: Durch die Fistel entsteht ein Kurzschlusskreislauf zwischen arteriellem Hochdruck- und venösem Niederdrucksystem mit erheblich erniedrigtem Strömungswiderstand. Der Betroffene „verblutet" in sein eigenes Venensystem. Der Körper reagiert auf den relativen Volumenmangel mit Vergrößerung des zirkulierenden Blutvolumens, peripherer Vasokonstriktion sowie konstanter Steigerung des Herzminutenvolumens. Manchmal besteht eine inkomplette Ischämie des distal von der a.-v.-Fistel liegenden Strombahngebietes (besonders stark ausgeprägt bei splanchnischen a.-v.-Fisteln). **Klinische Zeichen** sind die Erweiterung der zuführenden Arterie (s. 34.10), ektatische und pulsierende Venen, ein permanentes „Maschinengeräusch" (Gefäßgeräusch) und ein tastbarer schwirrender Tumor. Ein wichtiger klinischer Test ist der *Nicoladoni-Branham-Test*: Bei Kompression der zuführenden Arterie oder der Fistel selbst (dadurch Unterbrechung des Kurzschlusses) kommt es zur Verlangsamung der Herzfrequenz und zum Blutdruckanstieg. Gesichert wird die Diagnose durch die *Angiographie*.

34.9 F.-P.-Weber-Syndrom

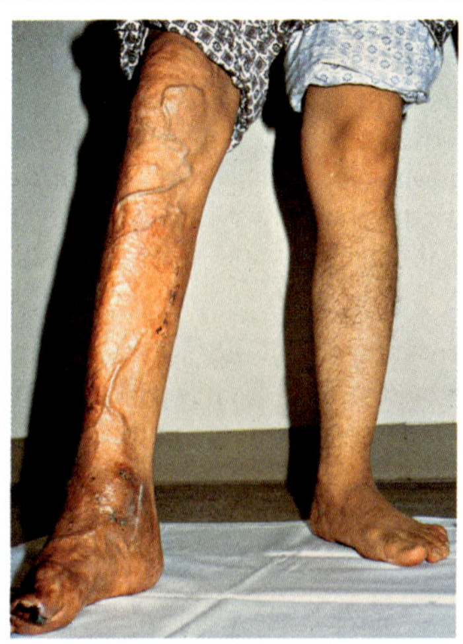

Lokale Auswirkungen: Neben dem Riesenwuchs des rechten Beines fallen v. a. die sekundäre Varikosis mit erweiterten, geschlängelten Venen sowie die trophischen Störungen im Bereich des rechten Fußes auf.

34.10 A.-v.-Fistel im Bereich der A. poplitea

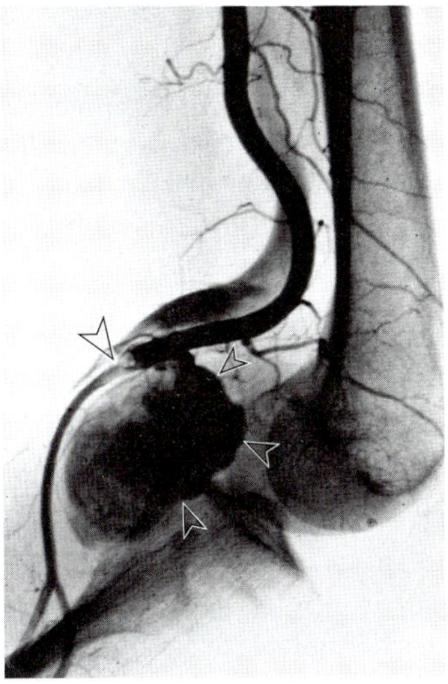

Angiogramm der unteren Extremität. Neben der a.-v.-Kurzschlussverbindung ist auch ein Aneurysma spurium der Arterie als Verletzungsform sichtbar. Ebenso sichtbar ist der Kalibersprung von der fistelspeisenden Arterie (mit Schlängelung) zum distal der Fistel gelegenen normal kalibrigen Gefäß.

Differenzialdiagnose: bei pulsierendem Tumor (z. B. Leiste) alleiniges Aneurysma, bei pulssynchronem Geräusch hochgradige Arterienstenose ohne Fistel.

Therapie: Zur Planung des therapeutischen Prozedere ist in jedem Fall eine Angiographie erforderlich. Behandlungsziel ist die Beseitigung des Kurzschlusses unter Erhalt der Durchgängigkeit der Arterie und möglichst auch der Vene.

Operative Therapie: Bei *proximalem* Sitz der Fistel (zentral von Ellenbeuge und Knie) werden die kurz geschlossenen Gefäße mit Naht ihrer seitlichen Wanddefekte getrennt; alternativ muss ein Gefäßersatz interponiert werden. *Peripher* von Ellenbeuge oder Knie können die zu- und abführenden Arterien und Venen unterbunden werden (Viererligatur, s. **34.11**) da bei länger bestehender peripherer Fistel die ausgebildeten Kollateralen zum Erhalt der Extremität oft ausreichen (zumal an Unterarm und Unterschenkel je drei Arterien vorhanden sind).

Interventionelle Therapie: Bei genügend langem Querachsenkurzschluss kann interventionell mit Coils oder Spiralen die Fistel selbst verschlossen werden, unter Erhalt von Arterie und Vene.

T 34.1 Ätiologie arteriovenöser Fisteln

angeborene Fisteln	*erworbene Fisteln*
3 Typen nach Vollmar (s.auch **34.11**): **Typ I:** lokalisierter, direkter, singulärer Shunt (Typ offener Ductus arteriosus Botalli), **Typ II:** multiple Querachsenkurzschlüsse, z. B. Befall einer ganzen Gliedmaße, v. a. der Extremitäten (Typ F.-P.-Weber-Syndrom), sehr viel häufiger als Typ I, **Typ III:** lokalisierter, tumoröser Längsachsen-Shunt (Rankenangiom, s. SE 34.6, S. 763, selten)	**traumatisch:** Stich oder Schuss, **iatrogen:** nach Fehlpunktionen und Sammelligaturen von Arterie und Vene bei degenerativer Arterienerkrankung (Shunt entsteht über Ruptur eines atheromatösen Ulkus oder eines Aneurysmas in begleitende Vene, z. B. aortokavale Fistel bei infrarenalem Aortenaneurysma), **bei Gefäßkurzschlüssen in Tumoren**, z. B. Nierenzellkarzinom

34.11 Morphologie der kongenitalen a.-v.-Fisteln

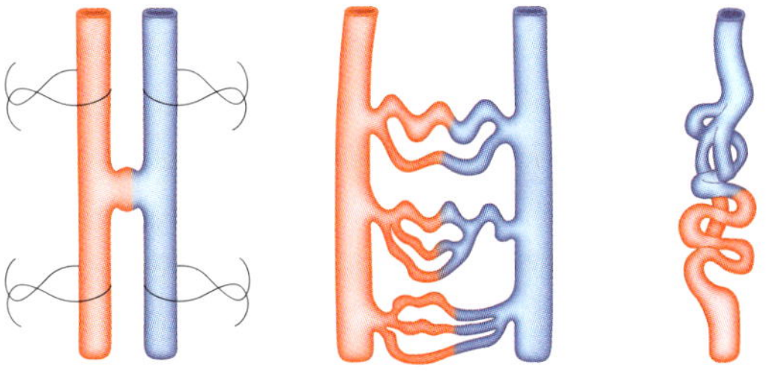

Nach Vollmar werden 3 Typen unterschieden (vgl. **T 34.1**). Bei Typ I ist die Viererligatur (s. operative Therapie) angedeutet.

Die ***Prognose*** der Erkrankung ist entscheidend von der frühen Beseitigung der Fistel abhängig.

! Einmal aufgetretene dilatative Veränderungen der zu- und abführenden Gefäße sind i. d. R. nicht rückbildungsfähig. Die Kardiomyopathie hingegen zeigt eine gute Erholungstendenz.

Beim *F.-P.-Weber Syndrom* ist eine komplette Trennung nicht in jedem Fall möglich, weil die diffuse Ausbildung von Fisteln keine exakte Shuntunterbrechung zulässt. Hier können, der Angiographie folgend, in einer Skelettierungsoperation (Unterbindung aller Abgänge von großkalibrigen Arterien im Fistelgebiet) die fistelspeisenden arteriellen Seitenäste ligiert und durchtrennt werden. Erscheint eine alleinige Operation nicht erfolgversprechend (bei ausgedehnten Fisteln), kann eine perkutane oder offene Katheterembolisation zusätzlich durchgeführt werden. Selten muss die betroffene Extremität amputiert werden, da der Verlauf häufig progredient und eine komplette Beseitigung der Fisteln oft nicht möglich ist.
Insgesamt haben angeborene a.-v.-Fisteln eine schlechtere Prognose als erworbene a.-v.-Fisteln.

34.3 Hämodialyse-Shuntchirurgie

Bei terminaler Niereninsuffizienz wird für die extrakorporale Hämodialyse ein sicherer, hämodynamisch ausreichender und leicht zu punktierender Gefäßzugang benötigt. Durch die Vielzahl von unterschiedlichen Shuntmöglichkeiten (mit nativer Vene oder Kunststoffinterponaten) bzw. Dialysezugängen ist es heute möglich, jeden Patienten mit einem Gefäßzugang zu versorgen und ihm eine gute Lebensqualität an der Dialyse zu erhalten. Die Lebenserwartung der Patienten beträgt heute ca. 50 % der Lebenserwartung der „normalen" Bevölkerung. Zur Historie s. 34.3.

34.3 Historischer Überblick

Die erste Hämodialyse führte 1942 der Amerikaner Kolff durch. Als Gefäßzugang dienten großkalibrige Gefäße, die nur einmal punktiert werden konnten. Um mehrere Male dialysieren zu können, wurden großlumige Katheter gelegt, die zu erheblichen Komplikationen führten. 1960 beschrieben *Scribner* und *Quinton* einen Shunt, der durch Kanülierung von Blutgefäßen am Unterarm einen externen Zugang und damit die *chronische* Hämodialyse ermöglichte. Allerdings war die Komplikationsrate erheblich und die Lebensdauer der Shunts kurz. 1967 gelang *Cimino* und *Brescia* mit einem inneren Shunt am Unterarm zwischen *A. radialis* und *V. cephalica* der Durchbruch. Ende der 70er-Jahre wurden mehrfach punktierbare Kunststoffe aus Polytetraflourethylen (PTFE, Teflon) zur intermittierenden Hämodialyse entwickelt.

Definition, Anforderungen und Grundsätzliches zum Hämodialyseshunt

Ein Hämodialyseshunt ist eine operativ geschaffene Kurzschlussverbindung zwischen einer Arterie und einer Vene (iatrogene a.-v.-Fistel). Entscheidend ist,

1. dass die Arterie leicht zugänglich lokalisiert ist,
2. die Vene ein ausreichendes Blutvolumen aufnehmen kann und
3. über eine möglichst lange Strecke gut punktierbar ist.

Für eine effektive Dialyse sind **Shuntvolumina** von 200–400 ml/min nötig. Da Dialysepatienten heute häufig 10–20 Jahre dialysiert werden, ist mit zur Verfügung stehenden Shuntvenen *äußerst sorgfältig* umzugehen. Dies gilt nicht nur für den Shuntchirurgen, sondern auch für die vorbehandelnden Kollegen in Bezug auf Patienten, die evtl. dialysepflichtig werden (Schonung der Venen bei Blutabnahme und Infusionen – *„Save the veins")*.

Eine **Shuntanlage** sollte frühzeitig gemeinsam von Nephrologe und Gefäßchirurg geplant werden, um einen optimalen Shunt zu erhalten. Grundsätzlich ist eine *Shuntanlage mit körpereigener Vene* immer besser als eine Shuntanlage mit Kunststoffmaterial. Im Gegensatz zu Amerika sind in Europa Kunststoffinterponate erst indiziert, wenn keine native Vene mehr zur Shuntanlage zur Verfügung steht. Die *primäre Anlage* muss *so peripher als möglich* zunächst am nicht dominanten Arm des Patienten (beim Rechtshänder links und umgekehrt) durchgeführt werden, um die zentralen Venen für später notwendige Shuntanlagen noch nutzen zu können. Primäre Shuntanlagen sind in aller Regel in Lokalanästhesie und ambulant durchführbar.

Vor der Anlage eines peripheren a.-v.-Shunts muss die Durchblutungssituation des Hohlhandbogens der Hand mit dem modifizierten **Allen-Test** (**34.4**) sorgfältig geprüft und dokumentiert werden. Grundsätzlich ist frühestens 2–6 Wochen nach Shuntanlage die arterialisierte Vene oder der Kunststoffshunt punktierbar. Shunt-Punktionen sind verantwortungsvoll und bedürfen einer hohen Fürsorge.

Die „Shuntpflege" (seitens Arzt und Patient) geht direkt in die Lebensdauer eines Shunts ein.

Es sollte ein regelmäßiges **Punktionsprotokoll** mit wechselnden Punktionsorten erstellt werden. Nach Shuntanlage muss der Patient zur täglichen **Selbstkontrolle des Shunts** angelernt werden, damit bei einem Shuntverschluss schnellstmöglich eine operative Revision durchgeführt werden kann: Der Patient tastet das Schwirren über dem Shunt („kribbbeliges" Gefühl) oder – besser und sicherer – er auskultiert den Shunt mit einem Stethoskop (kontinuierliches Maschinengeräusch, s. auch SE 34.2, S. 756).

34.4 Modifizierter Allen-Test

Der modifizierte Allen-Test dient der Prüfung, ob Verschlüsse der Unterarmarterien und/oder des Hohlhandbogens vorliegen. Hierzu schließt der Patient mehrfach die Faust, während der Untersucher gleichzeitig A. radialis und ulnaris komprimiert. Durch die unterbrochene Durchblutung färben sich Hand und Finger weiß. Der Untersucher gibt dann isoliert die A. ulnaris frei. *Nur*, wenn dies zu sofortiger Normalisierung der Durchblutung *aller* Finger führt (wie dies bei offener A. ulnaris und intaktem Hohlhandbogen der Fall ist), darf die A. radialis für einen Shunt benützt werden. Denn es besteht grundsätzlich bei jeder a.-v.-Fistel-Anlage die Gefahr des irreversiblen Verschlusses der anastomosierten Arterie, und damit wäre die Hand gefährdet!

Arteriovenöse Standardverfahren

Direkte native subkutane Fisteln am distalen Unterarm sind heute die Methode der Wahl, da sie die Anforderungen an einen optimalen Dialyseshunt am besten erfüllen. Dabei werden **3 Anastomosenformen** unterschieden (s. auch **6.19**, S. 173):

34.12 Brescia-Cimino-Fistel

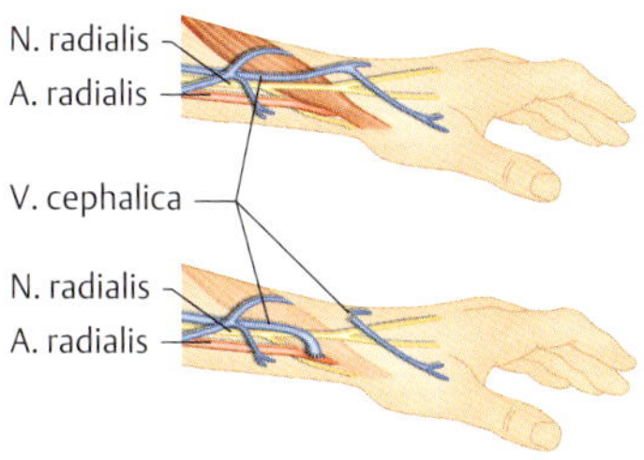

Seit-zu-End-Anastomisierung der A. radialis mit der V. cephalica.

- laterale (Seit-zu-Seit-)Anastomose
- terminoterminale (End-zu-End-)Anastomose und
- lateroterminale (Seit-zu-End-)Anastomose (**34.12**).

Der Shunt erster Wahl ist grundsätzlich die Brescia-Cimino-Fistel, bei der die A. radialis mit der V. cephalica auf Handgelenkshöhe anastomosiert wird.

Wenn eine Shuntanlage am distalen Unterarm nicht mehr möglich ist (Voroperationen, keine Vene), wird als 2. Wahl die Cubitalisfistel in der Ellenbeuge analog der Cimino-Fistel angelegt. Die arterialisierte V. cephalica wird dann am lateralen Oberarm zur Dialyse punktiert. Um Kunststoffinterponate zu vermeiden, kann alternativ die tief liegende V. basilica sowohl am Unterarm (mit der A. radialis oder A. ulnaris) als auch am Oberarm (mit der A. cubitalis) anastomosiert werden. Am Oberarm muss dann ein- oder zweizeitig die V. basilica zur besseren Punktionsmöglichkeit subkutan vorverlagert werden. Erst wenn keine Venen mehr zur Verfügung stehen, kommen **Gefäßersatzmaterialien** (z. B. PTFE) entweder als gestreckte oder bogenförmige Shunts zum Einsatz. Hier gibt es zahlreiche Varianten, die häufigsten Verfahren sind die *Unterarmschleife* (arterieller und venöser Anschluss in der Ellenbeuge) oder der *gestreckte Oberarmshunt* (arterielle Anastomose in der Ellenbeuge und venöser Abfluss über die Axillarvene). Bei Einbringung von Kunststoffinterponaten ist eine „single-shot"-Antibiose obligat. Extrem selten wird die V. saphena magna (nach Anastomose mit der supragenuidalen A. poplitea) arterialisiert und als Shuntvene benutzt.

Vorhofkatheter

Wenn keine Möglichkeit für eine Shuntanlage oder Shuntrevision besteht oder kurzfristig eine schnelle Dialysemöglichkeit geschaffen werden muss, verbleibt als Alternative der doppellumige Vorhofkatheter (Demers, s. **5.12**, S. 121). Dieser kann in Lokalanästhesie z. B. in die V. jugularis eingebracht werden und wird dann unter Röntgenkontrolle bis in den rechten Vorhof vorgeschoben. Nachteil ist die häufige Ausbildung zentralvenöser Stenosen und thrombotischer Verschlüsse (mit und ohne Infektion), die dann eine Shuntanlage auf der jeweiligen Seite unmöglich machen. Insofern ist der Vorhofkatheter insb. für multimorbide Patienten mit kurzer Lebenserwartung eine Alternative.

Peritonealdialyse (CAPD)

Eine alternative Dialyse-Methode ist die **C**ontinuierliche **A**mbulante **P**eritoneale **D**ialyse (CAPD). Hierbei macht man sich die große Peritoneumoberfläche als semipermeable Membran zu Nutzen. Es wird ein Kunststoffkatheter, der in der Bauchdecke fixiert wird, durch die Bauchdecke an den tiefsten Punkt in der Bauchhöhle (Douglas) operativ eingebracht. Über dieses System kann der Patient nach entsprechender Schulung die Peritonealdialyse mit einer Dialyseflüssigkeit selbstständig (zu Hause!) unter sterilen Bedingungen durchführen. Gravierendste Komplikation ist die Möglichkeit einer Peritonitis.

Komplikationsmöglichkeiten

Durch die Notwendigkeit der regelmäßigen Punktion des Dialyseshunts zur Dialyse ergibt sich eine Vielzahl von Problemen mit Shuntdysfunktionen, die sich meist langsam ausbilden bis hin zum plötzlichen Shuntverschluss oder Blutungskomplikationen. Grundsätzlich sind Shuntverschlüsse oder gravierende Shuntprobleme immer Notfälle, da der Patient lebensnotwendig auf seinen Dialysezugang angewiesen ist. **Beispiele für Komplikationen:** Stenosen sowohl im arteriellen Zufluss als auch (häufiger) im venösen Abfluss bzw. in Höhe der venösen Anastomose (Patcherweiterung oder Resektion), Aneurysmata der Shuntvene (meist echte Aneurysmata) bzw. Aneurysmata einer Kunststoffprothese (meist falsche, **34.13**, Resektion des Aneurysmas und Interposition), arterielles Stealphänomen der distal gelegenen Extremität (Banding oder Unterbindung des Shunts), zentrale venöse Stenosen (PTA, Stent). Bei einem Shuntverschluss muss operativ immer ein Verschlussgrund (intraoperative Shuntographie) aktiv ausgeschlossen und ggf. beseitigt werden (das operative Vorgehen ist wenige Zeilen weiter oben jeweils in Klammern angegeben). Eine alleinige Thrombektomie ist meist nicht ausreichend und endet häufig im Shuntreverschluss.

34.13 Shunt-Aneurysma knapp oberhalb der Ellenbeuge

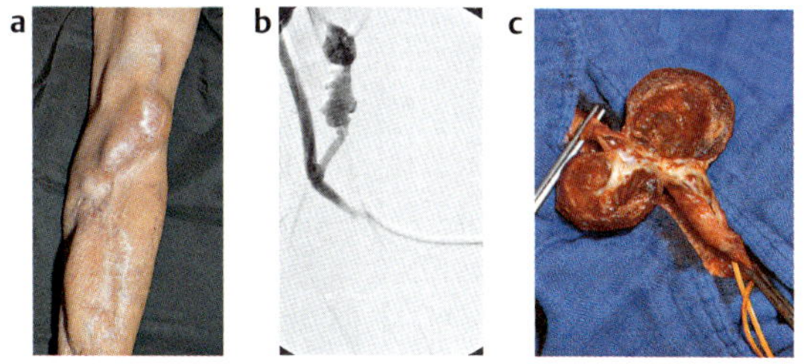

Shunt-Aneurysma nach gestrecktem Kunststoff-Oberarm-Shunt (Zustand nach multiplen Shunt-Operationen).
a großer pulsierender Tumor knapp oberhalb der linken Ellenbeuge;
b Angiographie mit zuführender A. brachialis, unauffälliger Seit-zu-End-Anastomose mit dem Kunststoffinterponat und Aneurysmadarstellung;
c operativer Situs: aufgeschnittener Kunststoffshunt mit aufgeschnittenem Aneurysma falsum. Therapie: Kunststoffinterposition.

34.4 Erkrankungen des Lymphgefäßsystems

Zu den Erkrankungen des Lymphsystems zählen *Lymphödem* (chronisch) sowie *Lymphangitis* (akut), welche in aller Regel Folge einer lokalen Infektion ist. *Verletzungen* von Lymphgefäßen treten häufig im Verlauf von Operationen auf. Eine besonders gefürchtete Komplikation ist dabei die Lymphfistel. Generell gilt, dass bei Erkrankungen des Lmypfgefäßsystems die konservative Therapie gegenüber der chirurgischen im Vordergrund steht.

Lymphödem

Definition: Chronische ein- oder beidseitige Schwellung, meist im Bereich der unteren Extremität.

Epidemiolgie und Ätiopathogenese: Ursache ist eine angeborene (selten) oder erworbene (häufig) Behinderung des Lymphabflusses. Frauen sind wesentlich häufiger betroffen als Männer. Durch die Behinderung des Lymphabflusses sammeln sich abnorme Mengen von Lymphe in den Extremitäten an:

- **Primäre Lymphödeme werden** durch eine kongenitale Hypo- oder Aplasie der Lymphgefäße verursacht.
- **Sekundäre Lymphödeme** entstehen in Folge von entzündlichen oder invasiven Prozessen in der Nachbarschaft von Lymphgefäßen, s. **T 34.2.**

Symptome, klinisches Bild und Verlauf: Hauptsymptom ist die (anfangs leichte) Schwellung, die langsam von peripher nach proximal zunimmt. Selten nimmt sie groteske Formen an und gleicht dem Bein eines Elefanten („Elephantiasis", **34.14**). Je nach Ausprägung des Ödems werden 4 Stadien unterschieden:
I latentes Ödem,
II reversibles Ödem im Grenzbereich,
III irreversibles Ödem,
IV Elephantiasis.

T 34.2 Lymphödeme: Formen und mögliche Ursachen

primäre Lymphödeme (hereditär, selten)	***sekundäre Lymphödeme***
• kongenitale Form (Nonne-Milroy-Form): evtl. infolge abschnürender Amnionbänder, • nicht kongenitale Form (Meige-Form): v. a. beim weiblichen Geschlecht; Manifestation im jugendlichen Alter, meist einseitig am gesamten Bein oder nur am Unterschenkel; infolge von Agenesie, Aplasie oder Hypoplasie von Lymphgefäßen	• operative Durchtrennung von Lymphbahnen (häufigste Ursache!), • Bestrahlung von Lymphknoten, • Metastasenbefall, • Erysipel, • Ulcus cruris, • Retroperitonelafibrose, • posttraumatische Lymphzysten, • Verlegung des Ductus thoracicus, *seltene Ursachen (in Deutschland)* • Malariaerkrankung, • Infektion mit Wuchereria bancrofti

Lymphödeme sind hart (ganz im Gegensatz zum venösen Ödem), also schwer eindrückbar und blass. Trophische Störungen der Haut treten erst spät auf (Stadium III und IV). Die Patienten verspüren ein Spannungsgefühl, das beim *primären* Lymphödem oft symmetrisch ist. Schmerzen bestehen kaum.

Diagnostik und Differenzialdiagnose: Die Diagnosestellung erfolgt i. d. R. in einem Ausschlussverfahren. Differenzialdiagnostisch kommen in Betracht: Lipödeme, Ödeme kardialer, venöser oder renaler Genese und Wassereinlagerungen bei einer Hypoproteinämie, die aber alle im Gegensatz zum Lymphödem *leicht eindrückbar* sind. In Zweifelsfällen kann eine **Lymphographie** weiterhelfen. Dazu wird ein ölhaltiges Kontrastmittel nach Freilegung eines Lymphgefäßes am Fußrücken injiziert und der Abflussweg der Lymphe einschließlich der Lymphknoten dargestellt. Eine Unterscheidung zwischen primärem und sekundärem Lymphödem ist hiermit meist möglich. *Stemmer-Zeichen*: bei massiv aufgetriebenen Zehen kann deren dorsale Haut nicht gefältelt werden: *„Wurstzeichen"*.

Bei dem häufigen Lymphödem eines Armes nach Operation und Strahlentherapie eines Mammakarzinoms liegt meist eine kombinierte venös-lymphatische Abflussstörung vor.

34.14 Elephantiasis

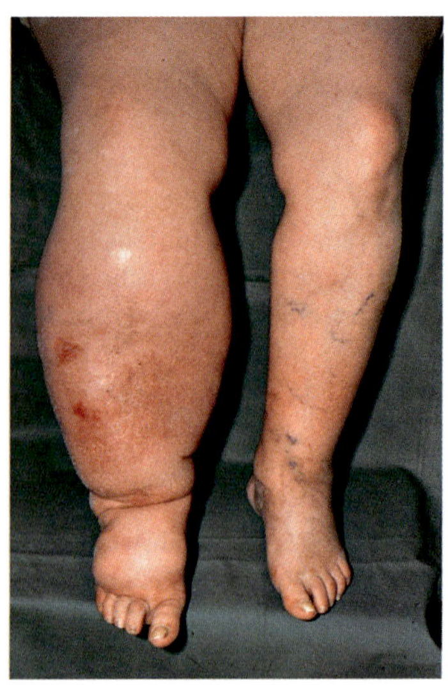

Über Jahrzehnte bestehendes Lymphödem im Stadium IV.

Therapie:

❗ Die Therapie ist schwierig; an erster Stelle steht die konservative Therapie.

Konservative Therapie: Durch Hochlagern der betroffenen Extremität über Nacht, Tragen von Kompressionsstrümpfen, Lymphdrainage und Massage wird der Rückfluss der Lymphe gefördert und die Zunahme des Ödems verhindert. Vor allem bei frischen Ödemen (Stadium I und II) kann dadurch eine Progression verhindert werden. Eine sorgfältige Hautpflege verhindert Infektionen und Hyperkeratosen.
Operative Therapie: Sie erfolgt erst im Stadium III und IV, bei starker Unförmigkeit und Funktionseinbuße der Extremität, bei vergeblicher konservativer Behandlung. Das Kutangewebe wird zusammen mit der Faszie entfernt (Thompson-OP), oder es können mikrochirurgische Lymphbahnenrekonstruktionen durchgeführt werden. Die kosmetischen Ergebnisse bleiben unbefriedigend.

Prognose und Komplikationen: Die Prognose hängt von Therapie, Ursache und Stadium des Ödems ab. Rezidivierende Entzündungen (oft ein Erysipel, was durch ein vorbestehendes Lymphödem begünstigt wird!) führen zu einer weiteren Verödung von Lymphgefäßen, wodurch sich das Ödem verstärkt.

❗ Fortgeschrittene Lymphödeme und Erysipele gleichen einem Circulus vitiosus: Das eine begünstigt das Andere, und die Situation wird immer schlechter.

Im fortgeschrittenen Stadium (Stadium III und IV) treten Hyperkeratosen und später trophische Störungen auf. Nach Jahrzehnten kann sich ein Lymphosarkom entwickeln (gehäuft bei Arm-Lymphödemen nach Mammakarzinom). Rötlich erhabene Hautareale mit erhöhter Konsistenz weisen darauf hin. Die Prognose dieser malignen Komplikation ist schlecht.

Lymphangitis

Definition: Bakterielle Entzündung der Lymphbahnen.

Ätiologie und Pathogenese: Von einem lokalen Infektionsherd oder durch ein Bagatelltrauma (meist an der distalen Extremität) ausgehend kommt es von distal nach proximal zu einer bakteriellen Infektion der Lymphbahnen. Im Volksmund spricht man dann von einer „Blutvergiftung“.

Symptome: Druckschmerzhafte, überwärmte, streifige und rote Verfärbungen entlang der Lymphbahnen, manchmal bis hinauf zur Leiste (**34.15**) bzw. zur Achsel. Häufig treten Allgemeinsymptome wie Leukozytose und Fieber auf. Über eine zentripetale Ausbreitung entlang der Lymphgefäße können Lymphadenitiden schließlich, über die Blutbahn, eine systemische Aussaat der Erreger bedingen (Sepsis).

Therapie: Zunächst (falls vorhanden) Sanierung des infektiösen Primärherdes. Ansonsten Ruhigstellung der betroffenen Extremität, Antibiotika und kühlende Umschläge.

Lymphgefäßverletzung und Lymphfistel

Lymphgefäßverletzungen treten am häufigsten im Verlauf von Operationen auf. Aufgrund der anatomischen Gegebenheiten werden sie besonders häufig nach gefäßchirurgischen Operationen und diagnostischen Lymphknotenexstirpationen (insb. Leiste und Kniekehle) beobachtet. Oft entsteht eine **Lymphfistel**.

❗ Postoperative Lymphfisteln bahnen einer möglichen Infektion des Operationsgebietes den Weg.

Therapie: Externe Kompression, bei Versagen konservativer Maßnahmen *operative Umstechung der Lymphfistel.* Als Folge von Lymphgefäßverletzungen entsteht oft ein sekundäres Lymphödem, das in seiner Ausprägung dem primären Lymphödem entspricht.

34.15 Lymphangitis und -adenitis

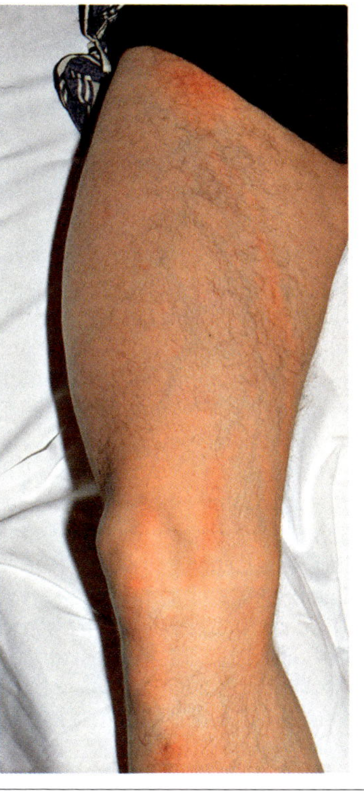

Lamphangitis an Knie und Oberschenkel und Lymphadenitis (rechte Leiste) nach Insektenstich am medialen Unterschenkel.

34.5 Entzündliche Erkrankungen des Gefäßsystems

Der Begriff Vaskulitis umfasst ein breites Spektrum an Gefäßerkrankungen, meist mit Entzündung der ganzen Gefäßwand und Lumeneinengung. Chirurgisch sind Vaskulitiden nur selten zu therapieren, durch Biopsie aber gelegentlich zu diagnostizieren. Diese Studieneinheit geht nur auf die häufigsten Formen ein (v. a. Arteriitis), zur Phlebitis s. SE 33.3, S. 744.

Grundlagen

Vaskulitiden treten unabhängig von Größe und Lokalisation eines Gefäßes auf (von Aorta über Kapillaren bis zu Venen) und können generalisierte Organkomplikationen (z. B. Niere, Koronargefäße, Polyneuropathien, Magen-Darm- und Hautveränderungen) verursachen. Sie können sowohl eigenständig (primär) sein als auch Folge anderer Erkrankungen (sekundär, z. B. rheumatoide Arthritis, Infektionserkrankungen, Medikamente). Da die Entzündungsvorgänge ein buntes Bild an klinischen Symptomen zeigen und die Ursache der Erkrankung häufig unbekannt ist, existiert keine einheitliche Klassifikation und Therapie. Im Folgenden werden die chirurgisch relevanten Formen der primären Vaskulitiden besprochen, weiteres s. internistische Lehrbücher.

Primäre Vaskulitiden

Buerger-Syndrom (Thrombangiitis obliterans): Die *Ätiologie* ist unbekannt. Es besteht fast immer ein ausgeprägter Nikotinabusus, betroffen sind v. a. jüngere Männer unter 40 Jahren. Typischerweise finden sich segmentale Veränderungen distal der großen Gelenke (Ellbogen, Knie) im Sinne einer Panangiitis an den kleinen und mittelgroßen Arterien und Venen. Typische *Symptome* sind Klaudikatio (70 %) und Nekrosen an den Akren (54 %). *Therapeutisch* muss konsequent auf Nikotin verzichtet werden, jedoch schaffen dies nur knapp 10 % der Patienten trotz drohender Amputation (30 % in fünf Jahren). Unterstützend wirken Medikamente (Prostaglandine, Analgetika, Thrombozytenaggregationshemmer), notwendig sind lokale Therapien der Nekrosen. Gefäßchirugische Eingriffe sind bei der schlechten peripheren Ausstrombahn meist frustran.

Immunvaskulitiden: Es handelt sich – trotz unterschiedlicher Primärlokalisation – um *rheumatologisch-immunologische Systemerkrankungen*, für die bestimmte Autoimmunphänomene typisch sind. Die *Therapie* umfasst nicht-steroidale Antirheumatika, Steroide und Immunsuppressiva.

1. Takayasu-Arteriitis (Arteriitis junger Frauen, Artenbogensyndrom): Diese seltene Form der Immunvaskulitis an den großen Gefäßen verläuft meist biphasisch mit einer akuten Entzündungsreaktion (Fieber, Schmerzen, Entzündungszeichen, BSG-Erhöhung) und betrifft v. a. den Aortenbogen und die aus ihm abgehenden Gefäße (Stenose und Verschluss). Typisch sind Blutdruckdifferenz an den Armen bis hin zum Pulsverlust und/oder eine Minderdurchblutung des Gehirns (Apoplex). Selten sind auch die übrigen Aortenabschnitte beteiligt. Während der chronischen Phase stehen die Verschlusssymptome im Vordergrund: Dann sind gefäßchirurgische Rekonstruktionen indiziert.

2. Arteriitis Temporalis Horton: Betroffen sind die Äste der Karotiden, insbesondere die A. temporalis beim über 60-jährigen männlichen Patienten. Die Arterie ist überwärmt, druckempfindlich, verhärtet und stark geschlängelt. Es können auch Allgemeinsymptome wie Kopfschmerzen und Sehstörungen auftreten, gesichert wird die Diagnose durch die Biopsie der Arterienwand.

! Infolge eines Übergreifens der Erkrankung auf retinale Gefäße kann der Patient erblinden.

3. Panarteriitis nodosa: Systemische Entzündung mittelgroßer und kleiner Gefäße. Männer sind häufiger betroffen als Frauen. Allgemeinsymptome sind Fieber, Gewichtsverlust und Nachtschweiß. Die betroffenen Organe sind Muskeln, Niere, Zerebrum, Gastrointestinaltrakt, Haut, Hoden und Koronarien mit dementsprechend schwieriger Differenzialdiagnose. Die Diagnose wird mittels Angiographie (nur hinweisender Charakter, manchmal multiple Mikroaneurysmen im Truncus coeliacus), Nachweis eines Raynaud-Syndroms, oft positiven HBs-Antigens und eigentlich immer durch eine Muskel-PE (granulomatöse/gemischte Arterienwandinfiltration) gestellt.

34.5 Primäres und sekundäres Raynaud-Syndrom

Definition: Anfallsartig auftretender Vasospasmus der Finger- und Zehenarterien, der durch Kälte, Stress oder lokale Kompressionphänomene ausgelöst wird.

Einteilung:

Primäre Form: Für den Vasospasmus lässt sich keine kausale Grundkrankheit finden, die Symptome müssen über mindestens 3 Jahre bestehen.

Sekundäre Form: Als *Ursache* für die vasospastischen Phänomene lassen sich Fingerarterienverschlüsse oder systemische Grunderkrankungen nachweisen.

Klinik: Frauen erkranken häufiger als Männer, das Erkrankungsalter liegt unter 45 Jahren, typischerweise werden die Finger DII-DV (Aussparung des Daumens!) befallen. Es kommt zur charakteristischen, anfallsartigen Weiß- (Vasokonstriktion), Blau- (Zyanose) und Rot- (reaktive Hyperämie) Verfärbung der Finger: „Trikolore Zeichen". Die Symptomatik muss nicht komplett ausgebildet sein, meist halten die Anfälle ca. 30 Minuten an.

Therapie: Beim *primären Raynaud-Phänomen* kommt es nie zur Ausbildung von Nekrosen, eine kausale Therapie ist nicht möglich: Es helfen Handschuhe (Schutz vor Kälte), lokal Nitrosalben, psychosomatische Therapie und Medikamente (Calciumantagonisten, ACE-Hemmer). Beim *sekundären Raynaud-Syndrom* muss die Ursache (z. B. Kollagenosen, Medikamente) erkannt und behandelt werden.

34.6 Tumoren des Gefäßsystems

Gefäßtumoren sind insgesamt selten. Ihre genaue histologische Klassifizierung ist aufgrund der vielfältigen Übergangsformen oft schwierig. Manchmal ist es unmöglich, zwischen hamartomatösen Gefäßanomalien (ontogenetischen Läsionen) und echten Neoplasien zu unterscheiden. Angiodysplasien (s. SE 26.19, S. 627) und Morbus Osler (s. 34.2, S. 756) sind a.-v.-Malformationen und keine Tumoren. Benigne Hämangiome sind die häufigsten Tumoren im Kindesalter und bilden sich oft spontan zurück. Wenn größere Hämangiome exstirpiert werden müssen, handelt es sich um aufwendige chirurgische Eingriffe.

34.6 Blut- und Lymphgefäßtumoren

Gutartige Blutgefäßtumoren

Kapilläres Hämangiom (Storchenbiss, „Feuermal"): häufigste Form (sog. superfizielles Hämangiom, meist schon bei Geburt vorhanden). Es kommt fast ausschließlich in der Haut vor (hierbei zu 50 % an Kopf und Hals) und ist stets benigne. Die Prognose ist günstig: Nach dem 5. Lebensjahr kommt es in 80 % der Fälle zu einer spontanen Rückbildung. Bei Persistenz werden Laser- und Kryotherapie favorisiert.

Haemangioma cavernosum (Blutschwamm): schwammartig erweitertes, blutreiches, Gefäßknäuel, das in der Haut (über Hautniveau) und an inneren Organen (Gehirn, Leber, Milz, Lunge und Niere), Nerven und Knochen vorkommt (meist nicht angeboren). Bei Befall innerer Organe treten meist keine Beschwerden auf, bei äußerlich sichtbaren kavernösen Hämangiomen sind die Beschwerden kosmetischer Natur. *Therapeutisch* kommt eine Exstirpation (Risiko großer Blutverluste!) oder die Embolisation mittels Kathetertechniken in Frage, selten die Lasertherapie.

Eine Sonderform des Hämangioms ist das **intramuskuläre Hämangiom**. Es wächst expansiv innerhalb einer Muskelloge, imitiert in der MR-Untersuchung ein malignes Wachstum, ist aber benigne. Wegen der Muskelschmerzen sind manchmal ausgedehnte Operationen notwendig.

Angioma arteriale racemosum (Rankenangiom): angeborene a.-v.- Fistel (Typ III, s. SE 34.2, S. 757), bevorzugt am Kopf, die häufig schon in der Kindheit symptomatisch wird. Die A. temporalis versorgt a.-v.-Fisteln an der Kopfschwarte, die A. carotis interna (👁) intrakranielle a.-v.-Fisteln: rankenartige Erweiterungen und Schlängelungen der zu- und abführenden Gefäße. Wegen zunehmender Herzinsuffizienz und intermittierender zerebraler Durchblutungsstörungen ist eine frühzeitige Ausschaltung (Exstirpation oder Embolisation) anzustreben.

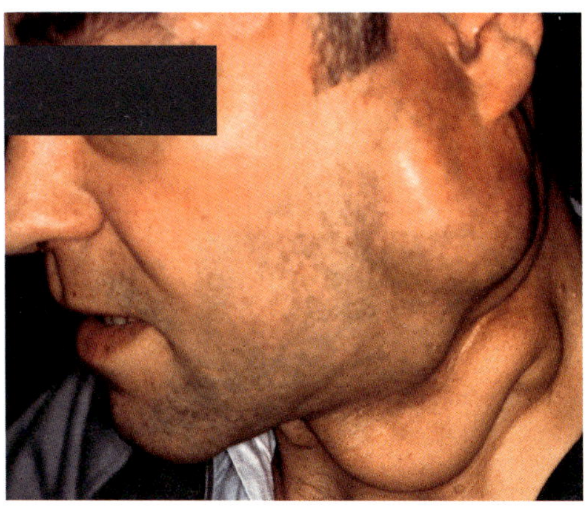

Glomustumor (Syn. Glomangiom) s. **16.6**, S. 393.

Generalisierte Hämangiomatosen

Sturge-Weber-Syndrom: kapilläres Hämangion im Gesicht, (oft verkalkend) an den Hirnhäuten (mit Krampfanfällen), Glaukom (erblich).

Von-Hippel-Lindau-Syndrom: kapilläres Hämangiom an Leptomeningen und Retina, evtl. mit polyzystischen Organen (Lunge, Niere).

Klippel-Trenaunay-Syndrom: kutane Hämangiome, subkutane Varizen (bei Avalvulie der tiefen Venen) und a.-v.-Fisteln mit lokalem Riesenwuchs (meist untere Extremität, oft schon bei Geburt vorhanden).

Blue-rubber-bleb-Naevus-Syndrom: multiple kavernöse Hämangiome in Subkutis und Gastrointestinaltrakt (erblich).

Maffucci-Syndrom (Synonym: Mafucci-Kast-Syndrom): multiple Hämangiome in Subkutis und Enchondrome mit Malignisierungstendenz.

Bösartige Hämangioblastome

Bösartige Hämangioendotheliome: feste Tumoren in Haut, Leber, Schilddrüse, Niere, Lunge oder Knochen,

bösartige Hämangioperizytome: weiche Tumoren am Stamm, Retroperitoneum und Extremitäten (meist im fortgeschrittenen Alter),

Hämangiosarkom: häufig exogen verursacht durch Thorotrast, Monovinylchlorid, späte Bestrahlungsfolge,

Sarkom der retroperitonealen großen Venen (sehr selten!): mit Beckenvenen- oder V.-cava-inf.-Verschluss,

Kaposi-Syndrom: oft AIDS-assoziierter Tumor als dermale oder generalisierte Tumorerkrankung, s. **3.13**, S. 59).

Kennzeichnend für alle Formen ist der hohe Malignitätsgrad. Die therapeutisch wichtigste Maßnahme bleibt die Exstirpation.

Lymphgefäßtumoren

Fehlbildungsgeschwulst des Lymphsystems in Form zystischer, knotiger Angioektasien. Sie imponiert als *bläulich schimmernder, prallelastischer Knoten*. **Lymphangiome** sind benigne und meist angeboren, im Kindes- und Erwachsenenalter ausgesprochen selten. Das **zystische Lymphangiom des Neugeborenen** (Sonderform des kavernösen Lymphangioms) ist vorwiegend an Hals, Thorax und Achsel lokalisiert. Wegen seiner Größe kann es ein Geburtshindernis darstellen. Therapie der Wahl ist die Exstirpation, wenn immer möglich erst ab dem 2. Lebensjahr.

Lymphangiosarkom: meist auf dem Boden eines chronischen Lymphödems wie z. B. nach multimodaler Mammakarzinomtherapie: Stewart-Treves-Syndrom. Eine Radikaloperation ist häufig nicht mehr möglich.

34.7 Der neuropathische Fuß

Der sensibilitätsgestörte „neuropathische Fuß" war als Krankheitsbild bisher in deutschen Chirurgie-Lehrbüchern unbekannt. Das typische Schädigungsmuster findet sich bei der Lepra und der Syringomyelie (z. B. Spina bifida). Häufigste Ursache hierzulande ist die diabetische Polyneuropathie (daher „neuropathischer Fuß", hier oft Synonym für „diabetischer Fuß" oder diabetische Podopathie).

Neuropathie

Definition: Neuropathien sind diffuse, degenerative Erkrankungen, zumeist des peripheren sensiblen Nervensystems.

Epidemiologie und Ätiologie: Die häufigste Form der Polyneuropathie ist in Deutschland die diabetische Polyneuropathie, bedingt durch die neurotoxische Wirkung chronischer Hyperglykämie. Sie kommt bei ca. 30% aller ca. 4,5 Millionen Diabetiker vor und ist prädisponierender Faktor bei der Mehrzahl der jährlich etwa 25 000 Amputationen bei Diabetikern (70% aller Amputationen unterer Extremitäten in Deutschland). Seltener ist die Polyneuropathie durch Alkoholabusus oder Medikamente (Vincristin, Nitrofurantoin) bedingt bzw. paraneoplastischen oder hereditären Ursprungs.

Symptomatik: Abschwächung des Lagesinns, des Berührungs- (Hypästhesie) und des Vibrationssinns (Pallhypästhesie), Reduktion der Temperaturwahrnehmung, **Minderung des Schmerzempfindens (Hypalgesie)**. Die Hypalgesie bis hin zur Analgesie ist klinisch am wichtigsten. Häufig sind auch Missempfindungen wie Kribbelparästhesien, Brennen („Burning Feet"), Stechen, Kompressionsgefühl und Überempfindlichkeit (Hyperästhesie). Die Symptome beginnen distal in den Füßen und steigen strumpfförmig auf (**34.16**). Die diabetische Polyneuropathie ist irreversibel und progredient bis zur völligen Nervenzerstörung.

34.16 Verteilung der Polyneuropathie

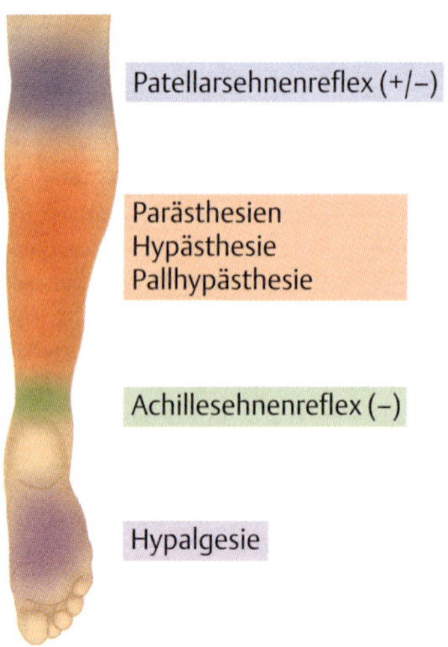

Die Störungen sind strumpfförmig und aszendierend. Distal besteht eine Hypalgesie, der Achillessehnenreflex ist meist abgeschwächt. Weiter proximal Par-, Hyp- und Pallhypästhesie. Der Patellarsehnenreflex kann verstärkt oder abgeschwächt sein.

Auswirkungen der Neuropathie am Fuß

Pathogenese: Die **gestörte Schmerzwahrnehmung** führt zu vermindertem und/oder verspätetem physiologischen Schonverhalten bei Überlastungsschäden, worauf es zu entsprechenden Verletzungen an Weichteilen und Skelett kommt. Unbehandelt **infizieren** sich Weichteilverletzungen und **ulzerieren** (schmerzloses Fußgeschwür = Malum perforans, **34.17**; s. auch „Dekubitus" in SE 7.3, S. 187). Die Infektion greift von den Weichteilen auf Gelenke und Knochen über, es kommt zur septischen Arthritis und Osteomyelitis. Überlastungsbedingte Knochenverletzungen führen zu Entzündungsreaktionen mit Schwellung, Überwärmung und Osteolysen (**Osteoarthropathie**, **34.18**) mit geringer oder fehlender Schmerzhaftigkeit.
Die **Gangrän** beim neuropathischen Fuß entsteht nicht auf dem Boden einer systemischen arteriellen Verschlusskrankheit (der Transportarterien = Makroangiopathie bzw. der Mikrozirkulation = Mikroangiopathie), sondern lokal durch infektionsbedingte, septische Thrombose (**34.19**).

! Die bakterielle Infektion bis hin zur Gangrän nimmt dann einen schlimmeren Verlauf, wenn zusätzlich zur Polyneuropathie noch eine pAVK als Begleiterkrankung besteht.

Lokalisation: Am häufigsten sind Druck- und Überlastungsschäden im Bereich des Vorfußes, da hier die Druckbelastung beim Gehen am stärksten ist (**34.20**). Durch die reduzierte Temperaturwahrnehmung und

34.17 Malum perforans

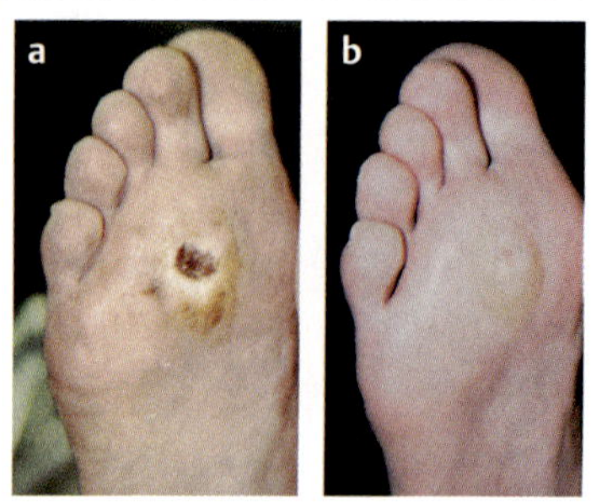

a Schmerzloses Malum perforans bei tastbaren Fußpulsen, **b** nach 2-monatiger Druckentlastung die Abheilung.

Hypalgesie kann es im Bereich des ganzen Fußes zu unbemerkten thermischen Hautschäden durch Heizkissen, heiße Fußbäder o. ä. kommen. Ermüdungsfrakturen treten häufig im Bereich der Metatarsalköpfchen 1 und 2 sowie der Metatarsalbasis 1–5 auf *(Osteoarthropathie, Charcot-Fuß,* **34.18**).

Diagnostik:
Anamnese: Läsion schmerzhaft/schmerzlos?
Sensibilitätsprüfung: Da das Schmerzempfinden selbst schlecht objektiv geprüft werden kann, z. B. Prüfung des Vibrationsempfindens mittels Stimmgabel (weitere Methoden s. Lehrbücher der Neurologie).
Prüfung der Durchblutung: Fußpulse tasten bzw. mit Doppler darstellen, um die Differenzialdiagnose pAVK auszuschließen. Klaudikatioschmerz fehlt oft bei Polyneuropathie.

34.18 Akuter Charcot-Fuß

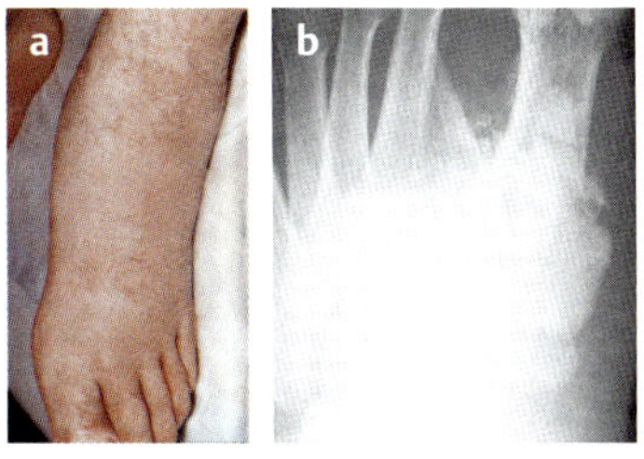

a Der Fuß ist geschwollen und überwärmt. **b** Im Röntgenbild sind multiple Mittelfuß-(Ermüdungs-)Frakturen zu sehen.

Entzündung feststellen: Überwärmung, Schwellung, eingeschränkte Beweglichkeit, Deformierung. Entzündungsschmerz fehlt oft bei Polyneuropathie.
Infektion nachweisen: eitrige Sekretion? Abszedierung?
Skelettschaden ausschließen: Röntgenbild der lädierten Fußregion.

Therapie (**34.21**):
Druckentlastung (vgl. Dekubitus)!
Infektionskontrolle:

- Drainage von Eiter,
- Nekrosektomie, Debridement,
- systemische Antibiotikabehandlung: Zu erwarten sind die in der Chirurgie üblichen Keimarten (s. SE 14.3, S. 356); staphylo- und streptokokkenwirksame Antibiotika sind daher Mittel der ersten Wahl.

! Um möglichst viel Gewebe vor Zerstörung zu bewahren, muss die Behandlung früh erfolgen.

Prävention: Da die meisten Neuropathien einschließlich der diabetischen Polyneuropathie unheilbar sind, kommt der Prävention von Verletzungen am neuropathischen Fuß größte Bedeutung zu: durch Patientenaufklärung (Diabetikerschulung), protektives Schuhwerk und strikt verletzungsfreie Haut- und Nagelpflege.

Prognose: Es kommt immer nur zur Defektheilung. Größere Amputationen (d. h. oberhalb des Knöchels) können aber bei rechtzeitigem Eingreifen meist vermieden werden.

34.19 Pathogenese einer Gangrän bei Neuropathie

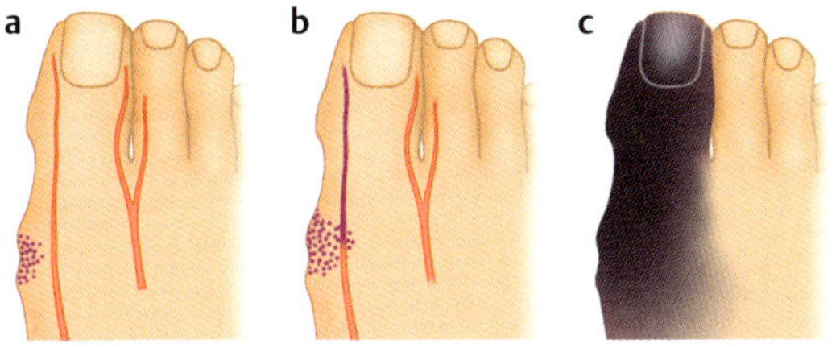

a Die Infektion der oberflächlichen Hautläsion greift auf Weichteile und Gefäße über (**b**). **c** Die septische Thrombose führt zu einer Zehengangrän bei ansonsten erhaltener arterieller Durchblutung (nach Levin/O'Neill).

34.20 Druckulzerationen am diabetischen Fuß

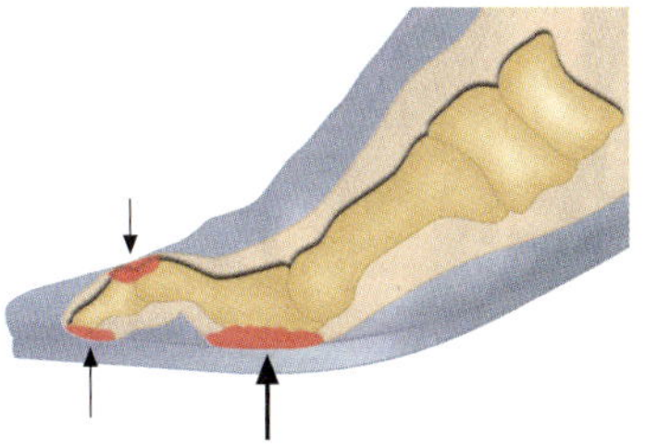

Druckschäden entstehen an den Zehen v. a. durch Schuhwerk; an der Fußsohle unter den Zehengrundgelenken durch Krafteinwirkung beim Gehen.

34.21 Ereigniskaskade beim neuropathischen Fuß

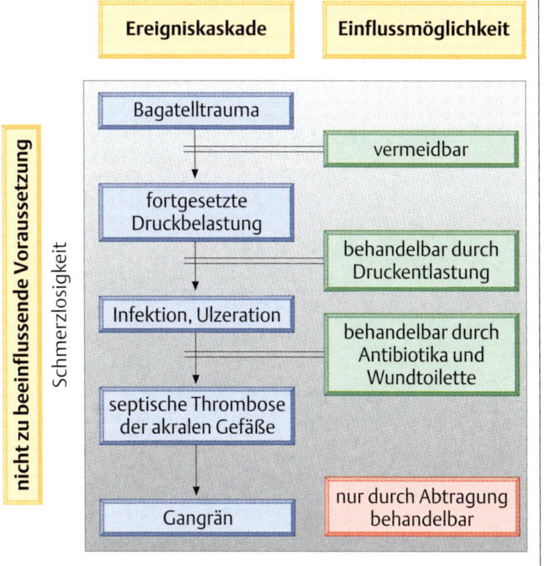

Gelingt es, Bagatelltraumen zu vermeiden bzw. Druckbelastung, Infekt und Ulkus zu behandeln, ist trotz der nicht zu beeinflussenden gestörten Schmerzwahrnehmung die Gangrän am diabetischen, neuropathischen Fuß vermeidbar.

Ernst Chantelau

VII

Besondere operative Gebiete

35 Herz und intrathorakale Gefäße

36 Chirurgisch relevante Neurochirurgie

37 Plastische und Hand-Chirurgie

38 Kinderchirurgie

39 Chirurgisch relevante Urologie

35.1 Allgemeine Diagnostik bei chirurgisch relevanten Herzerkrankungen

Voraussetzung für einen herzchirurgischen Eingriff ist eine ausführliche kardiologische Diagnostik. Ziel der diagnostischen Bemühungen ist angesichts eines großen differenzialdiagnostischen Spektrums die Sicherung der kardialen Genese der klinischen Beschwerden, die genaue Zuordnung zu einem Krankheitsbild, die Erfassung aller für die Therapieentscheidung relevanten Daten und die Festlegung des operativen Vorgehens. Score-Systeme (Euroscore, APACHE II, Parsonnet, Clinical Severity Score) helfen, das Operationsrisiko für den Patienten einzuschätzen. Die Indikation zu einer Herzoperation wird üblicherweise gemeinsam von Herzchirurgen und (Kinder-)Kardiologen gestellt.

Basisuntersuchungen

Die ***Anamnese*** dient der möglichst exakten Erfassung der Leitsymptome (Qualität, Quantität, Lokalisation, Dauer und Beeinflussbarkeit der Beschwerden, auslösende Situation), sowie wichtiger Vor- und Begleiterkrankungen, Voroperationen (kardial und/oder nicht kardial) und genetischer Dispositionen. Zusätzlich müssen weitere für die Operation und die Narkose relevante Nebenerkrankungen erkannt werden, um ggf. durch geeignete Maßnahmen das Risiko des operativen Eingriffes zu minimieren.

Leitsymptome des herzkranken Patienten sind Thoraxschmerz, thorakales Engegefühl, Dyspnoe, Zyanose, Ödembildung, Nykturie sowie Palpitationen und Synkope.

Für die Leitsymptome Dyspnoe und Thoraxschmerz (Angina pectoris) bestehen Klassifikationssysteme zur raschen klinischen Einteilung. In diesen wird die Belastungsabhängigkeit des Leitsymptoms Dyspnoe nach der Definition der New York Heart Association (NYHA), die des Leitsymptoms Thoraxschmerz nach der Definition der Canadian Cardiovascular Society (CCS) eingeteilt (**T 35.1**).

T 35.1 NYHA-/CCS-Klassifikation

NYHA-/CCS-Grad	*Kriterium*
I	keine Beschwerden, normale körperliche Belastung
II	Beschwerden nur bei stärkerer Belastung
III	Beschwerden schon bei leichter Belastung
IV	Ruhebeschwerden

Die ***körperliche Untersuchung*** erlaubt eine rasche Orientierung über den Allgemeinzustand des Patienten und wichtige kardiale Leitbefunde.

Inspektion: Beurteilung von Ernährungszustand (Kachexie, Übergewicht), Hautfarbe (Ikterus, Zyanose, Anämie), Halsvenenstauung, Thoraxform, Atembewegungen/-frequenz/-typus, Ödembildung (symmetrisch, generalisiert), Gefäßveränderungen (Teleangiektasien, Osler-Knötchen), Prellmarken nach Trauma.
Palpation: Beurteilung von Blutdruck, Puls (Frequenz, Amplitude, Rhythmus, Pulsdefizit, Pulsdifferenzen), Temperatur, Herzspitzenstoß (hebend, verbreitert), Schwirren über dem Herzen, Ödembildung, Leber-/Milzstauung, Aszites, Thoraxstabilität (nach Trauma oder Operation).
Perkussion: Beurteilung der Organgrenzen/Schallveränderungen von Thorax und Abdomen.
Auskultation: Beurteilung der Herztöne, -geräusche und pulmonaler Rasselgeräusche.
Ergänzend gehören die Ableitung eines **Ruhe-EKG**, eine **Röntgenaufnahme des Thorax (in 2 Ebenen)** sowie die **Blutuntersuchung** (wichtig in der Herzchirurgie sind vor allem Blutbild [Hb, HKT, Leukozyten], CK, CKMB, Nierenwerte, Leberfunktionsparameter, ggf. Schilddrüsenwerte) bei jedem herzkranken Patienten zur Basisdiagnostik. Das Ruhe-EKG ermöglicht häufig bereits die Diagnosesicherung von Rhythmusstörungen und gibt u. a. Hinweise auf eine Hypertrophie, Ischämie oder einen bereits abgelaufenen Herzinfarkt. In der Röntgenaufnahme des Thorax können neben der Herzgröße und -konfiguration, Stauungszeichen, Mediastinalveränderungen, pleurale Ergussbildung, pulmonale Infiltrate sowie Lungengerüsterkrankungen (z. B. Lungenemphysem, -fibrose) auch orientierend der knöcherne Thorax beurteilt werden.

Weiterführende Untersuchungen

Die Durchführung **spezieller kardiologischer Untersuchungen** richtet sich nach den bis zu diesem Zeitpunkt erhobenen Befunden, der daraus resultierenden Verdachtsdiagnose und dem weiteren Klärungsbedarf und ist in **35.1** dargestellt.

35.1 Weiterführende kardiologische Diagnostik

Verdachtsdiagnose	durchzuführende Untersuchung	Aussagemöglichkeit
Myokardischämien	**Belastungs-EKG** *Kontraindikationen:* akuter Myokardinfarkt, instabile Angina pectoris, Crescendo-Angina, manifeste Herzinsuffizienz, schwere Ruhehypertonie, schwere pulmonale Hypertonie, (schwere Aortenstenose), schwere hypertrophisch-obstruktive Kardiomyopathie, akute Herzentzündungen, Aortendissektion	belastungsabhängige Ischämien
	Echokardiographie, ggf. mit ergometrischer oder medikamentöser Belastung (Stress-Echokardiographie) *Kontraindikationen:* s. Belastungs-EKG	Morphologie, Ventrikel- und Klappenfunktion, Vitalitätsdiagnostik
	Herzkatheter-Untersuchung	*Linksherzkatheter:* Ventrikelgröße, Kontraktilität, Blutfluss-/Druckverhältnisse, Koronarangiographie *Rechtsherzkatheter:* Blutfluss-/Druckverhältnisse im pulmonalen Kreislauf (nur bei besonderen Fragestellungen)
	nuklearmedizinische Untersuchungen (SPECT/PET)	Herzvolumen, regionale Myokardkontraktilität, myokardialer Blutfluss, Vitalitätsdiagnostik
Rhythmusstörungen	**Langzeit-EKG**	intermittierende oder nächtliche Rhythmusstörungen *weitere Indikationen:* Kontrolle bei antiarrhythmischer Therapie/Herzschrittmacher
	Belastungs-EKG	belastungsabhängige Rhythmusstörungen
	Echokardiographie, ggf. mit ergometrischer oder medikamentöser Belastung (Stress-Echokardiographie)	Morphologie, Ventrikel- und Klappenfunktion
Klappen-/Septumdefekt	**Echokardiographie,** ggf. mit ergometrischer oder medikamentöser Belastung (Stress-Echokardiographie)	Morphologie, Ventrikel- und Klappenfunktion
	Herzkatheter-Untersuchung	*Linksherzkatheter:* Ventrikelgröße, Kontraktilität, Blutfluss-/Druckverhältnisse, Beurteilung der Gefäße *Rechtsherzkatheter:* Blutfluss-/Druckverhältnisse im pulmonalen Kreislauf, Blutgasanalysen
Erkrankung der großen thorakalen Gefäße	**Echokardiographie**	Gefäßmorphologie, Ausschluss von Herzklappenfehlern
	CT/MRT	Darstellung von Gewebestrukturen
	Herzkatheter-Untersuchung	*Linksherzkatheter:* Beurteilung der Gefäße, Ausschluss von Koronararterienstenosen
unklare Befunde im Thoraxraum	**CT/MRT**	Darstellung von Gewebestrukturen
immer	**Duplexsonographie**	Ausschluss begleitender A. carotis-Stenosen

35.2 Allgemeine Operationstechnik und Nachsorge

Herzchirurgische Eingriffe werden bei verschiedenen angeborenen oder erworbenen Herzfehlern durchgeführt. Für nahezu alle Eingriffe gelten einige Grundprinzipien, die in dieser einleitenden Studieneinheit behandelt werden. Dazu zählen insb. die Operationsverfahren mit oder ohne Einsatz der Herz-Lungen-Maschine sowie eine entsprechende Nachbetreuung, meist durch Kardiologen. Um den Umfang des vorliegenden Lehrbuches nicht zu sprengen, muss insb. bei speziellen Operationstechniken auf Speziallehrbücher verwiesen werden.

Zugangswege

Standardzugang für herzchirurgische Eingriffe ist die mediane Sternotomie. Hierüber lassen sich alle Eingriffe am Herzen sowie an Aorta ascendens und proximalem Aortenbogen problemlos durchführen. Eingriffe an der Aorta descendens erfolgen über eine linkslaterale Thorakotomie im 4. oder 5. ICR. Im Rahmen weniger invasiver Operationsverfahren erfolgen einige Eingriffe neuerdings durch einen kleineren Zugangsweg, d. h. eine partielle Sternotomie oder eine rechts- bzw. linkslaterale Minithorakotomie; bei ausgewählten Patienten auch endoskopisch mithilfe eines Telemanipulators. Die verschiedenen Zugangswege sind in 👁 **35.2** dargestellt.

Operationsverfahren

Operation unter Einsatz der HLM in allgemeiner Hypothermie

Der herzchirurgische Eingriff erfolgt nach Öffnen des Perikards durch Anschluss der Herz-Lungen-Maschine (HLM; s. SE 35.3, S. 772 f) mittels einer venösen Kanüle in den rechten Vorhof (partieller Bypass) oder zweier venöser Kanülen in obere und untere Hohlvene (nach Anschlingen resultiert ein totaler Bypass) und einer arteriellen Kanüle in die Aorta ascendens.
Alternativ können die Femoralgefäße oder die A. axillaris kanüliert werden. Proximal der aortalen Kanüle wird in die Aortenwurzel ein sog. „Needlevent" (zur Gabe von Kardioplegie und zum Absaugen von Blut) gelegt. Dazwischen erfolgt die Abklemmung der Aorta. Nach Kardioplegiegabe (s. SE 35.3, S. 773) erfolgen dann Klappeneingriffe und/oder Koronarrevaskularisationen. Nach anschließender Reperfusion und Abgang von der HLM wird eine sorgfältige Blutstillung durchgeführt, es erfolgt die Einlage von Thoraxdrainagen, das Aufnähen eines temporären Herzschrittmacherdrahtes und der Verschluss des Sternums mittels Drahtzerklagen. Subkutanes Fettgewebe und Haut werden mit resorbierbarem Nahtmaterial genäht.
Während einer Operation mit HLM wird der Patient systemisch heparinisiert und am Ende mit Protaminsulfat antagonisiert.

👁 35.2 Zugangswege in der Herzchirurgie

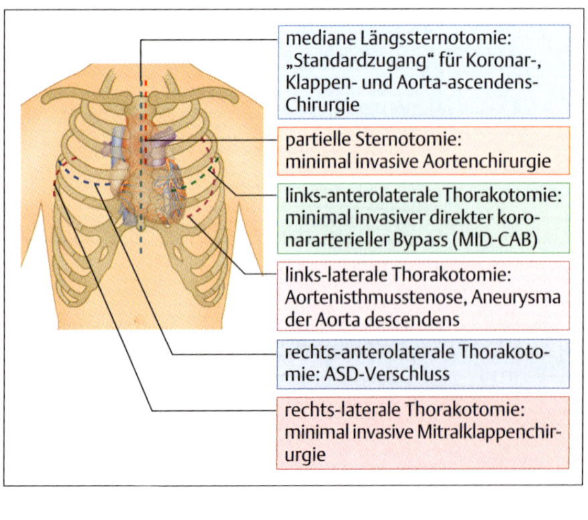

Operation am schlagenden Herzen

Bei alleiniger Koronarrevaskularisation kann diese auch am schlagenden Herzen ohne Einsatz der HLM erfolgen. Damit sich das Zielgefäß nicht permanent bewegt, wird es mithilfe eines Stabilisators (👁 **35.3**) stabilisiert. Ferner dienen Perikard-Hochzugnähte dazu, eine ausreichende Exposition auch inferiorer Abschnitte des Herzens zur Revaskularisation der Hinterwand zu erreichen. Am schlagenden Herzen kann eine Bypassoperation bei geeigneten Patienten mit – zur herkömmlichen Technik unter Einsatz der HLM vergleichbar – guten Ergebnissen durchgeführt werden. Einige Studien weisen auf mögli-

👁 35.3 Stabilisator bei Koronarrevaskularisation

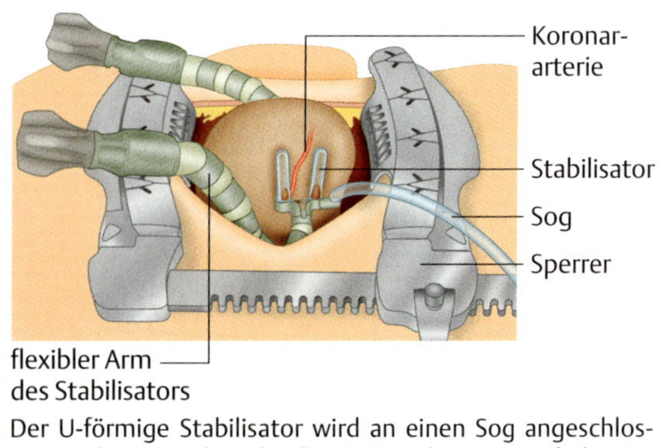

Der U-förmige Stabilisator wird an einen Sog angeschlossen, sodass er sich zu beiden Seiten des zu revaskularisierenden Koronargefäßes festsaugen kann. Über einen flexibel einzustellenden Arm wird er am Sperrer befestigt, der Operateur hat dadurch ein relativ ruhiges OP-Feld.

cherweise geringere Komplikationsraten hin, jedoch stehen umfassende prospektiv randomisierte Untersuchungen noch aus.

Postoperative Intensivüberwachung und -therapie

Nach herzchirurgischem Eingriff werden die Patienten mit invasivem Kreislaufmonitoring (arterielle Druckmessung [A. radialis oder femoralis], ZVD, ggf. Pulmonalis- und/oder Links-Vorhof-Katheter) und unter Fortführung der kontrollierten maschinellen Beatmung auf die Intensivstation verlegt.

Bei stabilem Verlauf (Herzfrequenz 60–100/min, mittlerer arterieller Blutdruck > 60 mmHg, ZVD < 12 mmHg und Urinaussscheidung > 1 ml/kg/h) sowie keiner relevanten Nachblutung (maximal 100 ml/h) für die ersten 6 postoperativen Stunden, danach weniger) wird eine zügige Extubation der Patienten angestrebt.

Bei Kreislaufinstabilität erfolgt die initiale Diagnostik mittels transthorakaler und ggf. transösophagealer Echokardiographie sowie durch Röntgenthorax. Bei konkreten Fragestellungen sollte auch früh postoperativ eine erneute Koronarangiographie zur Überprüfung der Koronar- bzw. Bypassfunktion erfolgen. Zur medikamentösen *Therapie* werden Katecholamine eingesetzt. Nach Rücksprache mit dem Operateur und insb. bei eingeschränkter linksventrikulärer Funktion erfolgt die Implantation einer intraaortalen Ballonpumpe (IABP; s. SE 35.3, S. 337).

Die **Thoraxdrainagen** können i. d. R. nach 24–36 Stunden gezogen werden, die Patienten werden bei normalem Verlauf am ersten oder zweiten postoperativen Tag zurück auf die Normalstation verlegt.

Allgemeine Komplikationen

Im postoperativen Verlauf können verschiedene Komplikationen auftreten. Dazu zählen Nachblutungen, Perikardtamponade (Abfall des arteriellen Blutdruckes, Anstieg von ZVD, Nachlassen der Diurese), Pleuraergüsse, Kreislaufinstabilität mit Low-cardiac-Output-Syndrom, Herzrhythmusstörungen, Myokardischämien (möglicherweise Bypassverschluss), postoperative Herzklappenfehlfunktion, Aortendissektion, transitorische neurologische Auffälligkeiten (sog. Durchgangssyndrom), zerebrale Ischämien bis zum Apoplex, Niereninsuffizienz, mesenteriale Ischämien und Durchblutungsstörungen der Extremitäten.

Besonders gefürchtet und schwierig zu diagnostizieren ist (nach längerem Low-output-Syndrom und/ oder Multiorganversagen) der non-okklusive Mesenterialinfarkt. Ein hohes Lactat kann hierfür hinweisend sein, wenngleich es auch durch eine verminderte Leberleistung bedingt sein kann (s. SE 28.4, S. 650 f).

Aus verschiedenen der genannten Komplikationen kann sich die Notwendigkeit zur erneuten Intervention mit Rethorakotomie, zur Anlage einer erneuten Thoraxdrainage und/oder zur Durchführung weiterer Diagnostik (z. B. intestinale Angiographie) ergeben. Im Notfall (Nachblutung) werden Rethorakotomien unverzüglich unter sterilen Bedingungen auf der Intensivstation durchgeführt.

Wundheilungsstörungen und/oder Sternuminstabilität treten nach medianer Sternotomie bei ca. 1% der Patienten auf. Ein erhöhtes Risiko verzeichnen Patienten mit Adipositas, Osteoporose sowie Diabetiker.

Rehabilitation, Antikoagulation und weitere medikamentöse Therapie

Bei normalem postoperativen Verlauf werden die Patienten derzeit zwischen dem 7.–10. postoperativen Tag aus der Klinik entlassen. Es schließt sich entweder eine 3- bis 4-wöchige Behandlung in einer **Rehabilitationsklink** an oder die Patienten werden direkt nach Hause entlassen. Neuerdings konnten Vorteile einer **ambulanten Rehabilitationsbehandlung** aufgezeigt werden. Langfristig ist die Teilnahme an einer **Koronarsportgruppe** hilfreich (s. SE 5.14, S. 136 f). Wesentlich ist die Gesundheitserziehung im Sinne einer Sekundärprävention. Dazu zählen eine gesunde Ernährung sowie regelmäßige körperliche Aktivität.

Die **postoperative Antikoagulation** (s. auch SE 5.4, S. 108 f und SE 5.12, S. 131) erfolgt zunächst mit Heparin zur Thromboseprophylaxe. Patienten mit koronarer Herzerkrankung erhalten Acetylsalicylsäure (100 mg/d). Eine langfristige systemische Antikoagulation mit Phenprocumon (z. B. Marcumar oder Falithrom) ist nach mechanischem Herzklappenersatz und bei persistierendem Vorhofflimmern lebenslang indiziert. Bei biologischem Herzklappenersatz oder nach Klappenrekonstruktion sollte eine derartige Therapie für 3 Monate durchgeführt werden. Anzustreben ist ein INR von 2–2,5 bei Vorhofflimmern und nach Aortenklappenersatz sowie von 2,5–3,5 nach Mitral- oder Trikuspidalklappenersatz.

Zur **Ausschaltung der kardiovaskulären Risikofaktoren** zählt die Therapie aller Faktoren, welche im Rahmen der Framingham-Studie aufgezeigt wurden. Hierzu gehört insb. Nikotinkarenz sowie Reduktion von Übergewicht und ggf. entsprechende diätetische Maßnahmen. Bei letzterem ist auf die protektiven Eigenschaften der sog. „Mittelmeerkost" hinzuweisen. Weiterhin muss eine begleitende arterielle Hypertonie mit ACE-Hemmer, β-Rezeptorenblocker und ggf. weiteren Medikamenten konsequent eingestellt, sowie bei Diabetikern normoglykämische Werte erzielt werden (Diät, orale Antidiabetika, ggf. Insulintherapie). Erhöhte Blutfettwerte müssen durch Diät und ggf. medikamentös therapiert werden. Durch neuere Studien konnte für Patienten mit koronarer Herzerkrankung ein protektiver Effekt bei Einnahme eines Cholesterin-Synthese-Enzym-(CSE-)Hemmers aufgezeigt werden. Die Patienten sollten ferner Stress vermeiden und einer regelmäßigen körperlichen Aktivität, welche altersentsprechend gestaltet sein sollte, nachgehen.

35.3 Extrakorporale Zirkulation

Viele herzchirurgische Eingriffe werden erst durch den Einsatz extrakorporaler Zirkulationssysteme möglich, da sie nur am stillgelegten Herzen durchgeführt werden können. Diese Systeme halten während des Eingriffes Blutfluss und Blutdruck aufrecht und können je nach Bedarf zusätzlich Gasaustausch sowie Abkühlung oder Aufwärmung des Blutes übernehmen. Die Myokardprotektion umfasst dabei alle perioperativen Maßnahmen, die dazu dienen, Struktur und Funktion des Herzmuskelgewebes im Herzstillstand zu erhalten. Ein weiteres wesentliches Anwendungsgebiet extrakorporaler Zirkulationssysteme ist die temporäre Unterstützung von Kreislauf und Atmung bei speziellen intensivmedizinischen Krankheitsbildern.

Extrakorporale Zirkulationssysteme

Allgemeine Funktionsprinzipien

Extrakorporale Zirkulationssysteme dienen der Umgehung einzelner Abschnitte des Herz-Kreislauf-Systems. Hierzu wird das Blut über möglichst weitlumige **Kanülen** (👁 **35.4**: ①) vor dem zu umgehenden Abschnitt abgeleitet und hinter diesem Abschnitt wieder in das Gefäßsystem zurückgeleitet.
Zur Aufrechterhaltung des Blutflusses im Zirkulationssystem, bzw. als Ersatz der Pumpfunktion des Herzens bei Herzstillstand werden Roller- oder Zentrifugal-**Pumpen** eingesetzt (🔍 **35.1**, 👁 **35.4**).
Zur Vermeidung von Mikroembolien durch Partikel (z. B. Mikroaggregate von Blutbestandteilen, Fremdpartikel) und Mikroluftblasen wird das Blut vor der Rückleitung in das Gefäßsystem des Patienten durch spezielle **Mikrofilter** (👁 **35.4**) geleitet.

> 🔍 **35.1 Pumpensysteme**
>
> Die durch die **Rollerpumpe** erzeugte Blutströmung ist nahezu nicht pulsatil. Der mit Blut gefüllte Schlauch wird durch die sich drehende Rolle regelmäßig okkludiert. Da der Blutfluss vom Schlauchvolumen und der Umdrehungszahl der Pumpe determiniert wird, ist eine exakte Flussbestimmung und -regulierung (bis zu 10 l/min) möglich. Bei der alternativ verwendeten **Zentrifugalpumpe** wird der Blutstrom durch die Zentrifugalkraft eines über Magnetwirkung getriebenen Kreisels in einem konischen Pumpenkörper bewirkt. Vorteil dieses Verfahrens ist ein geringere Traumatisierung des Blutes, Nachteil die hohe Wärmeentwicklung durch Reibung.

Spezielle Funktionsprinzipien

Soll ein zeitlich begrenzter Ersatz des Gasaustausches (Lunge) stattfinden, muss das Blut durch einen **Oxygenator** (👁 **35.4**) geleitet werden (heute zumeist Membranoxygenatoren).
Mithilfe von **Wärmeaustauschern** (👁 **35.4**) kann eine rasche Abkühlung (kontrollierte systemische Hypothermie, z. B. bei Operationen im totalen Kreislaufstillstand) und Wiedererwärmung des Patienten über das Blut erzielt werden.
Ein **Handsauger** (👁 **35.4**) ermöglicht es, während der Operation abgesaugtes Blut dem extrakorporalen Zirkulationssystem zuzuführen und damit für den Kreislauf des Patienten zu erhalten (Cell-Saver, s. SE 6.6, S. 156 f).

> 🔍 **35.2 Systeme zur Oxygenierung**
>
> Beim **Membranoxygenator** befindet sich eine gaspermeable Membran zwischen Gasstrom und Blutstrom, die *mit feinsten Poren* durchsetzt ist. An diesen kommt es zu einem direkten Kontakt zwischen Blut und Gas. Der Durchtritt des Blutes durch die Membran wird durch die Hydrophilie der Membran und die Oberflächenspannung des Blutes verhindert. Häufig wird jedoch bei Perfusionszeiten über 6 Stunden die Membran für das Plasma (Serum) durchgängig (Plasmadurchbruch). Dies schränkt die Gasaustauschleistung des Oxygenators zunehmend ein, hinzu kommen progrediente Serumverluste mit konsekutiven Elektrolyt- und Gerinnungsstörungen. Von daher wird bei Langzeitperfusionen bevorzugt eine molekulare *porenlose Diffusionsmembran* verwendet. Hier treten auch nach mehrtägigem Einsatz keine Plasmalecks auf, allerdings ist ihr Diffusionswiderstand höher, was eine deutlich größere Membranoberfläche erforderlich macht.

👁 **35.4 Prinzip der extrakorporalen Zirkulation am Beispiel der Herz-Lungen-Maschine**

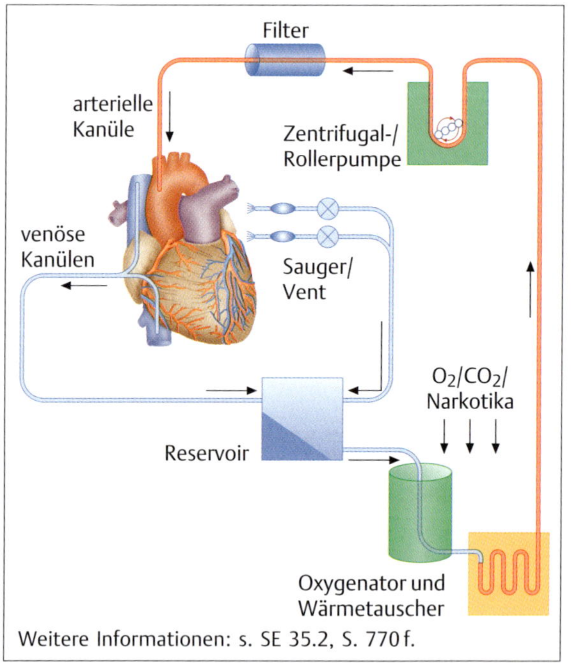

Weitere Informationen: s. SE 35.2, S. 770 f.

Verschiedene extrakorporale Zirkulationssysteme

Die **Herz-Lungen-Maschine** (👁 **35.4**) beinhaltet alle zuvor genannten Funktionselemente extrakorporaler Zirkulationssysteme und ermöglicht Operationen im Herzstillstand. Das venöse Blut wird durch Kanülierung beider Hohlvenen, des rechten Vorhofes oder der V. femoralis zur HLM abgeleitet und gelangt von dort nach Oxygenierung über eine Kanüle in der Aorta ascendens, alternativ auch in der A. femoralis oder A. axillaris wieder in das arterielle Gefäßsystem.

Beim **Linksherzbypass** wird das Blut über eine Kanüle im linken Vorhof bzw. Ventrikel angesaugt und über eine aortale bzw. femorale Kanüle dem systemischen Kreislauf wieder zugeführt. Indikationen sind die Entlastung des linken Ventrikels beim postoperativen Low-Output-Syndrom oder operative Eingriffe im Bereich der deszendierenden thorakalen Aorta. Die Anschlussstellen des **Rechtsherzbypasses** befinden sich rechtsatrial und in der Pulmonalarterie. Das System kann als sog. **Kunstherz** auch biventrikulär angewendet und inzwischen komplett implantiert werden. Die ableitende Kanüle wird hierzu in die Aorta eingebracht, die zuführende in die Pulmonalarterie. Die Oxygenierung findet im Unterschied zur Herz-Lungen-Maschine weiterhin in der Lunge statt.

35.3 Überwachung während des Einsatzes der HLM

Während des künstlichen Kreislaufes werden der Blutfluss durch die HLM (bei Normothermie ca. 2,4 l/min/m^2 Körperoberfläche), Blutdruck (mittlerer Perfusionsdruck 40–60 mmHg), Temperatur und Urinfluss kontinuierlich, sowie Blutgase mit Säure-Basen-Haushalt, Elektrolyte, Blutzucker, Hämatokrit (bei Normothermie ca. 30 %) und Gerinnung (Activated Clotting Time, ACT > 350 Sekunden) periodisch überwacht.

Myokardprotektion

Die Myokardprotektion umfasst alle Maßnahmen, die dazu dienen, Struktur und Funktion des Herzmuskelgewebes trotz Herzstillstand zu erhalten.

Während des Herzstillstandes, d. h. in der **ischämischen Phase** sollte ein möglichst geringer myokardialer Energieverbrauch erzielt werden. Hierzu dienen die lokale Hypothermie des Herzens und der Einsatz verschiedener kardioplegischer Lösungen, welche die energieaufwändigen elektrischen und mechanischen Funktionsabläufe des Herzens unterbrechen (**35.4**). Die kardioplegischen Lösungen werden nach Abklemmen der Aorta proximal der Aortenklemme in die Aortenwurzel eingebracht und fließen von dort mit dem natürlichen Blutstrom in die Koronararterien. Bei insuffizienter Aortenklappe kann die Lösung nach Eröffnen der Aortenwurzel auch direkt in die Koronarostien eingebracht werden, um einen Reflux in den Ventrikel zu verhindern. Weiterhin ist eine retrograde Applikation über den Koronarsinus möglich.

In der sog. **Reperfusionsphase**, dem Zeitraum zwischen Ende der myokardialen Ischämie (i. d. R. durch Eröffnen der Aortenklemme) und Ende der extrakorporalen Zirkulation, kommt es durch Wiederaufnahme der Koronardurchblutung und Wiedererwärmung des Herzmuskels zu spontanen kardialen Kontraktionen. In dieser Phase ist der Sauerstoffbedarf des Herzmuskels durch eine möglichst effektive Volumenentlastung des Ventrikels bei gleichzeitig hinreichendem Perfusionsdruck so gering wie möglich zu halten. Dies kann über eine Regulierung des venösen Blutflusses mit einer langsamen kontinuierlichen Zunahme der Ventrikelfüllung erreicht werden. Die Dauer der Reperfusionsphase sollte mindestens die Hälfte der Ischämiezeit betragen.

35.4 Prinzipien der Kardioplegie

Bei der *Kaliumkardioplegie* wird durch eine Erhöhung der extrazellulären Kaliumkonzentration auf 25–30 mmol/l ein effektiver diastolischer Herzstillstand erzielt. Die *Natriumentzugskardioplegie* führt durch Reduktion der extrazellulären Natriumkonzentration zu einer Membranunerregbarkeit. Ergänzend enthalten die verschiedenen kardioplegischen Lösungen unterschiedliche Puffer, um die während der Ischämie produzierten sauren Stoffwechselprodukte abzufangen.

Der Nachteil nahezu aller kristalliner Kardioplegie-Lösungen ist die unzureichende Protektionseffizienz im Temperaturbereich oberhalb von 20–25 °C. Deshalb wird zunehmend die sog. *Blutkardioplegie* verwendet. Diese wird durch Mischen von oxygeniertem Blut aus der Herz-Lungen-Maschine mit einer hyperkaliämischen Lösung im Verhältnis 4 : 1 hergestellt. Vorteile der Blutkardioplegie sind eine optimale (natürliche) Pufferung zur Vermeidung der Gewebeazidose, das Fehlen der Ischämie während der Gabe der Kardioplegie sowie das Ausbleiben einer nennenswerten Hämodilution durch die Kardioplegie.

Mechanische Kreislaufassistenz

Das am häufigsten angewendete System zur Unterstützung des Herzen ist derzeit die intraaortale Gegenpulsationspumpe (s. **35.5**).

35.5 Intraaortale Gegenpulsationspumpe

Ein von der Femoralarterie aus in Seldinger-Technik in die thorakale Aorta vorgeschobener Ballonkatheter wird EKG- oder druckgetriggert während der Diastole aufgeblasen und während der Systole entleert. Dies führt zu einer diastolischen Verbesserung der Koronarperfusion sowie einer Senkung der Nachlast und damit der Wandspannung des linken Ventrikels zu Beginn der Systole.

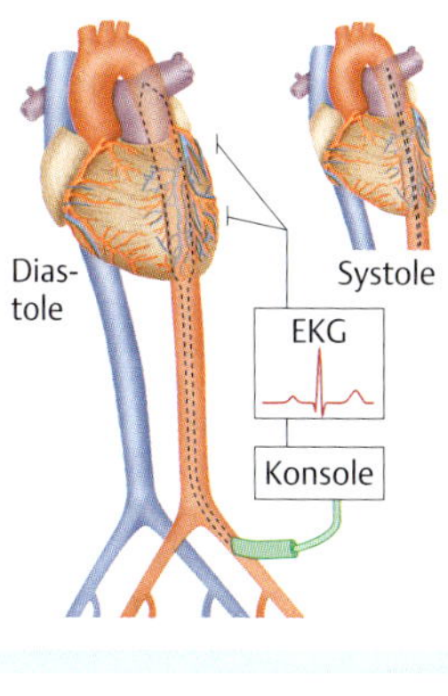

35.4 Kongenitale Vitien

Die Inzidenz kongenitaler Herzfehler liegt bei 0,8 %, wobei über 80 % der Fehler zu den 8 häufigsten Vitien zählen. 6 % aller herzchirurgischen Eingriffe sind Operationen kongenitaler Herzfehler. Ziel einer Korrekturoperation ist die Wiederherstellung möglichst physiologischer Kreislaufverhältnisse. Ist aufgrund von anatomischen oder klinischen Voraussetzungen eine totale Korrektur nicht möglich, kann ein Palliativeingriff zur Verbesserung der Symptomatik durchgeführt werden.

Ursachen kongenitaler Herzvitien

In mehr als der Hälfte der angeborenen Herzfehler finden sich Chromosomenaberrationen (Trisomie 18, 21). Neben familiären Häufungen für bestimmte Vitien spielen die Einwirkung teratogener Noxen (Alkohol, Phenytoin) und virale mütterliche Erkrankungen (Rubella) während der Embryogenese (4.–8. Schwangerschaftswoche) eine entscheidende Rolle.

Einteilung kongenitaler Herzvitien

Eine einheitliche Einteilung der Herzvitien existiert nicht. Eine Möglichkeit ist die Einteilung nach dem Leitsymptom Zyanose in primär azyanotische und primär zyanotische Vitien, eine andere die Einteilung nach dem Ausmaß der Lungendurchblutung in Vitien mit normaler, verminderter oder vermehrter Lungendurchblutung (**T 35.2**).

Diagnostik kongenitaler Vitien

Bei klinischem Verdacht auf ein kongenitales Vitium (s. SE 35.1, S. 768 f) tragen vor allem das Ruhe-EKG (Rechts- und Linksbelastungszeichen), die Röntgen-Thorax-Untersuchung (Veränderungen der Herzsilhouette, Lungengefäßzeichnung), die Echokardiographie (direkte Defektdarstellung) und ggf. ein Herzkatheter zur weiteren diagnostischen Klärung bei.

Azyanotische Vitien

Ventrikelseptumdefekt (VSD)

Man unterscheidet nach der Defektlokalisation den subarteriellen, vom perimembranösen und muskulären Typ (**35.5a**). Der muskuläre VSD kann nach Lage in einen Einstrombahn-, Ausstrombahn- und trabekulären Defekt unterteilt werden. Zunächst besteht ein *Links-rechts-Shunt*, d. h. oxygeniertes Blut fließt aus dem linken Herzen erneut in das rechte Herz. Es resultiert eine pulmonale Hypertonie, die langfristig zur *Eisenmenger-Reaktion*, d. h. zur sog. *Shuntumkehr* führen kann. Da dabei desoxygeniertes Blut in den Körperkreislauf gelangt, resultiert eine zentrale Zyanose (mit verminderte O_2-Sättigung).

Symptomatik: Bei kleinen Defekten normale Entwicklung, häufig Spontanverschluss. Bei größeren Defekten Belastungsdyspnoe, bei großem Defekt Wachstumsretardierung und Zeichen der Herzinsuffizienz. Bei Shuntumkehr zentrale Zyanose. *Auskultatorisch* bei kleinem VSD lautes Systolikum. Mit zunehmender Größe leiseres Systolikum und betonter 2. HT (infolge einer relativen Pulmonalstenose). Bei Shuntumkehr kein Geräusch, lediglich lauter 2. HT.

Therapie: Bei kleinen Defekten ist ein Spontanverschluss möglich. Bei größeren Defekten mit nur geringer klinischer Symptomatik und geringem Anstieg des Pulmonalisdruckes sollte die Operation zwischen dem 1. und 2. Lebensjahr erfolgen. Bei großen Defekten mit Links-

T 35.2 Einteilung und Häufigkeit angeborener Herzvitien

Einteilung	*Lungengefäßzeichnung* *vermehrt*	*normal*	*vermindert*
azyanotische Vitien	**Vitien mit Links-rechts-Shunt:** Ventrikelseptumdefekt (30 %), persistierender Ductus arteriosus (10 %), Vorhofseptumdefekt (8 %), Atrioventrikularseptumdefekt (2 %), Truncus arteriosus (sehr selten)	**obstruktive Läsionen:** Pulmonalstenose (10 %), Aortenstenose (7 %), Aortenisthmusstenose (5 %), Koronararterienanomalien (sehr selten)	–
zyanotische Vitien	**kombinierte Läsionen:** Transposition der großen Arterien (5 %), totale Lungenvenenfehlmündung (1–2 %), hypoplastisches Linksherzsyndrom (sehr selten)	–	**Obstruktion der Pulmonalisstrombahn und assoziierte Defekte:** Fallot-Tetralogie (10 %), Pulmonalatresie (1 %) Trikuspidalatresie (1 %)

Die Prozentangaben beziehen sich auf die Inzidenz.

35.5 Septumdefekte

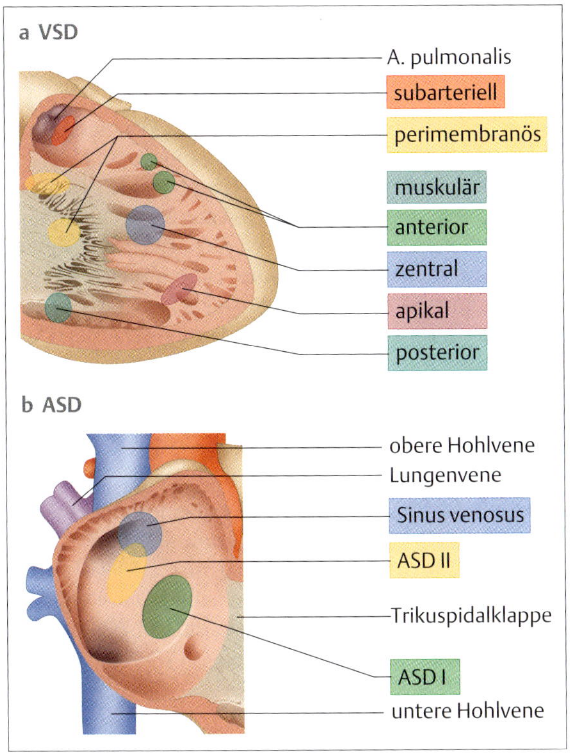

herzinsuffizienz kann bereits im Säuglingsalter eine Operation erforderlich sein.

Operativ erfolgt die Darstellung des Ventrikelseptumdefektes entweder über den rechten Vorhof und die Trikuspidalklappe (transatrial) oder im Bereich der rechtsventrikulären Ausflussbahn (transventrikulär). Der Verschluss erfolgt i. d. R. durch Einnähen eines Patches (autologes Perikard, Dacron) und nur selten direkt (dabei Gefahr des Nahtausrisses).

Komplikationen: Je nach Lokalisation und Korrektur verbleiben Funktionsstörungen im Bereich der Trikuspidal- oder Aortenklappe. Verletzung des AV-Knotens oder des His-Bündels (AV- oder Schenkelblock) besonders bei Verschluss eines perimembranösen Defektes, mit folgender Schrittmacherpflichtigkeit (AV-Block), sowie Rezidiv-VSD sind möglich.

Prognose: Die Letalität des Korrektureingriffs beträgt in Abhängigkeit von Alter, Größe des Defektes, Ausmaß der Herzinsuffizienz und dem Vorliegen von Begleitanomalien 1–2 %. Allgemein ist die Lebenserwartung nach operativem Verschluss im Vergleich zum Spontanverlauf deutlich verlängert. Nach Korrektur in den ersten 2 Lebensjahren bei präoperativ nicht erhöhtem Pulmonaliswiderstand ist die Lebenserwartung sogar normal.

Persistierender Ductus arteriosus (PDA)

Ein postpartal persistierender Ductus arteriosus (PDA) führt zu einem Links-rechts-Shunt. Eine pulmonale Hypertonie mit Shuntumkehr (s. o.) ist bei großem Shunt möglich. Das Endokarditisrisiko ist erhöht.

Symptomatik: Zeichen der Herzinsuffizienz bei großem Shunt (schnelle Ermüdbarkeit, Dyspnoe, Schwitzen). Auskultatorisch systolisch-diastolisches „Maschinengeräusch" mit p. m. (punctum maximum) über dem 2. ICR links medioklaviculär. Große Blutdruck-Amplitude.

Therapie: Bei Frühgeborenen evtl. Versuch des medikamentösen Verschlusses mit Indometacin. Ansonsten Versuch des katheterinterventionellen Verschlusses mit sog. „coils". Die Indikation zum operativen Verschluss ist im Säuglingsalter bei Atemnotsyndrom oder Linksherzinsuffizienz gegeben, ansonsten erfolgt er nach dem 1. Lebensjahr. Hierzu wird der Ductus ligiert, durchtrennt und übernäht.

Komplikationen: Rekurrensparese (der N. recurrens verläuft links um den Ductus und Aortenbogen).

Prognose: Normale Lebenserwartung eines Herzgesunden; die Operationsletalität liegt bei 0,5 %.

Vorhofseptumdefekt (ASD)

Der häufigste Vorhofseptumdefekt (85–90 %; **35.5b**) ist der zentral liegende *Foramen-secundum-Defekt* (ASD II), der durch eine Hypoplasie der Valvula foraminis ovalis resultiert, die normalerweise das Foramen ovale verschließt. Der seltene (5 %), AV-Klappen-nah gelegene *Ostium-primum-Defekt* (ASD I) beruht auf einem partiellen Endokardkissendefekt und kann als Sonderform des AVSD (s. u.) gelten. Er ist häufig mit einem Spalt im vorderen Mitralsegel und begleitender Mitralklappeninsuffizienz assoziiert. Der im Mündungsbereich der oberen Hohlvene im hinteren oberen Anteil des Vorhofseptums gelegene *Sinus-venosus-Defekt* (Häufigkeit 5–10 %) ist mit einer partiellen Lungenvenenfehlmündung in den rechten Vorhof, seltener auch in die obere Hohlvene verbunden.

Symptomatik: Der ASD II ist meist asymptomatisch, zu Veränderungen der pulmonalen Strombahn kommt es erst im Erwachsenenalter. Auskultatorisch Systolikum 2. ICR links parasternal und gespaltener 2. HT als Ausdruck einer relativen Pulmonalstenose.

Therapie: Kleine ASD II werden katheterinterventionell mittels Occluder verschlossen. Eine Operation sollte, falls notwendig, im Vorschulalter erfolgen. Unkomplizierte Defekte sind fast immer durch eine fortlaufende Direktnaht zu verschließen. Bei großen Defekten oder partieller Lungenvenenfehlmündung Patchverschluss (Perikard).

Komplikationen: Selten Rezidive bei Nahtausriss.

Prognose: Die Operationsletalität liegt deutlich unter 1 %. Bei Korrektur im Vorschulalter besteht eine normale Lebenserwartung.

Atrioventrikularseptumdefekte (AVSD)

Unter der Bezeichnung Atrioventrikularseptumdefekt (AVSD, früher auch AV-Kanal genannt) werden eine Reihe von Vitien subsummiert, die sich durch einen partiellen oder kompletten Defekt im Bereich des atrioventrikulären Septums mit Beteiligung der AV-Klappen auszeichnen. Beim partiellen AVSD liegt ein Ostium-primum-Defekt (ASD I) mit zwei getrennten, morphologisch veränderten AV-Klappenostien vor. Der komplette AVSD zeichnet sich durch einen ASD I, einen VSD und eine gemeinsame AV-Klappe mit 5 oder 6 Segeln mit Spaltbildung im anterioren Mitralsegel aus. Die fehlgebildeten AV-Klappen sind häufig insuffizient.

Symptomatik: Bei höhergradigen Insuffizienzen mit Links-rechts-Shunt auf Ventrikelebene kommt es bereits in den ersten Lebensmonaten zu einer schweren Herzinsuffizienz.

Therapie: Die Korrektur des kompletten AVSD möglichst im 3.–6. Lebensmonat, bei schwerer Herzinsuffizienz auch früher. Operativ erfolgt die Rekonstruktion der AV-Klappen (Mitralklappe obligat, Trikuspidalklappe optional) mit Patchverschluss von VSD und ASD I.

Komplikationen: Verletzung des Reizleitungssystems mit Blockbildern, Einengung der AV-Klappe mit funktioneller Stenose, unzureichende Rekonstruktion mit Restinsuffizienz.

Prognose: Die Operationsletalität für die Korrektur eines isolierten partiellen bzw. kompletten AVSD liegt bei 1–6 % und nimmt bei komplexen Vitien zu. Die 10-Jahres-Überlebensrate nach erfolgreicher Korrektur liegt bei 94 %.

Pulmonalstenose

Die isolierte valvuläre oder infundibuläre Stenose im rechtsventrikulären Ausflusstrakt führt zu einer Druckbelastung des rechten Ventrikels mit relativer Trikuspidalinsuffizienz. Bei kritischer Stenose (Pulmonalatresie) ist das Überleben nur bei offenem Ductus möglich.

Symptomatik: Zeichen der Rechtsbelastung, Belastungsdyspnoe, auskultatorisch Systolikum am linken Sternalrand.

Therapie: Beim Neugeborenen mit kritischer Pulmonalstenose Offenhalten des Ductus durch Prostaglandininfusion (PG E1). Valvuläre Stenosen werden durch eine Ballonvalvuloplastie, d. h. die Sprengung der Klappe mittels eines Ballonkatheters oder insb. bei dysplastischen Klappen oder engem Anulus operativ durch eine Kommissurotomie versorgt. Infundibuläre muskuläre Stenosen werden reseziert.

Komplikationen: Pulmonalisinsuffizienz, Re-Stenosen in bis zu 4 %.

Prognose: Die Langzeitergebnisse sind gut.

Aortenstenose

Unter den Ausflussbahnstenosen des linksventrikulären Ausflusstraktes (LVOT) ist die isolierte valvuläre Aortenstenose die häufigste. Sie ist meist Folge einer bikuspidal angelegten Klappe, deren Kommissuren verschmolzen sind. Daneben gibt es verschiedene Formen der sub- und supravalvulären Stenose. Bei schweren Formen (symptomatisches Neugeborenes) ist die Aortenklappe häufig unikuspid (nur 1 Segel). Folge der Ausflussbahnstenose ist eine linksventrikuläre Hypertrophie.

Symptomatik: Verzögertes Wachstum, Herzinsuffizienz, Stenokardien. Auskultatorisch systolischer Ejektions-Klick und Systolikum im 2. ICR rechts.

Therapie: Synkopen, Thoraxschmerzen oder ein Druckgradient > 50 mmHg sind eine Operationsindikation. Zunächst kann bei *valvulärer Stenose* auch eine Ballonvalvuloplastie durchgeführt werden. Kann die native Klappe nicht suffizient rekonstruiert werden, muss ein Homograft (von menschlicher Leiche entnommene Klappe) oder ein Autograft (eigene Pulmonalklappe = Ross-Operation) oder in seltenen Fällen eine mechanische Herzklappenprothese implantiert werden.

Subvalvuläre Stenosen können durch Exzision der obstruierenden subaortalen Membran und Myomektomie im linksventrikulären Ausflusstrakt (LVOT) therapiert werden.

Supravalvuläre Stenosen werden durch eine Patcherweiterungsplastik der aszendierenden Aorta behandelt.

Prognose: Die Operationsletalität nach Valvulotomie liegt bei 1–2 %. Die Spätergebnisse sind durch Re-Stenosen bzw. Aorteninsuffizienz belastet. Re-Operationen (Klappenersatz im Alter) sind häufig.

Aortenisthmusstenose

Die Aortenisthmusstenose liegt distal des Abganges der linken A. subclavia im Bereich des Lig. Botalli. Man unterscheidet nach Lokalisation eine präduktale (Symptomatik im Kindesalter) von einer postduktalen Form (Symptomatik manchmal erst im Erwachsenenalter).

Symptomatik: Dyspnoe, Tachypnoe, Blutdruckdifferenz zwischen oberer und unterer Körperhälfte, Pulsverlust, Appetitlosigkeit, Hepatomegalie, Ödeme, Oligurie und Nierenversagen sowie Zyanose der unteren Körperhälfte. Nach Ausbildung von Kollateralen (Interkostalarterien, Aa. mammariae internae), folgt eine meist normale Entwicklung. Auskultatorisch findet sich ein präkordiales Systolikum, das auch zwischen den Schulterblättern zu hören ist.

Therapie: Operationsindikation bei Herzinsuffizienz oder weiteren Organfunktionsstörungen. Grundsätzlich sollte eine Korrektur möglichst früh erfolgen, da es dann seltener zu einer persistierenden Hypertonie kommt.

Nach Mobilisation und Resektion des stenotischen Gewebes End-zu-End- oder End-zu-Seit-Anastomose, selten Patchplastik.

Komplikationen: Rekurrensparese, residualer Druckgradient vor und hinter der (ehemaligen) Stenose; im Langzeitverlauf kann es zu Re-Stenosierungen sowie zur Ausbildung von Aneurysmen kommen.

Prognose: Geringe postoperative Mortalität (1 %). In vielen Fällen bleibt auch nach Korrektur eine Hypertonie bestehen. Das kardiovaskuläre Risiko (KHK, Myokardinfarkt) dieser Patienten ist erhöht.

Zyanotische Vitien

Transposition der großen Arterien (TGA)

Bei der Transposition der großen Arterien (TGA; 35.6) entspringt die Aorta aus einem hypertrophierten, anterior liegenden, morphologisch rechten Ventrikel, während die Pulmonalarterie aus dem linken Ventrikel entspringt. Da hierdurch zwei parallel geschaltete Kreisläufe entstehen, ist ein Überleben nur bei erhaltenen Shunts (PDA, ASD) möglich. Die Hälfte der Kinder hat zusätzliche Herzfehler (insb. VSD).

Symptomatik: Neugeborenenzyanose (bei Bestehen eines VSD erst später Zyanose).

Therapie: Beim Neugeborenen wird ggf. sofort der Vorhofseptumdefekt durch Ballonatrioseptostomie (Einreißen der Vorhofmembran mittels eines durch das Foramen ovale, bzw. den Septumdefekt geführten Ballonkatheters) zur Etablierung eines ausreichenden Shunts erweitert. Anatomische Korrektur durch Switch-Operation am 7.–14. Lebenstag (35.6).

Komplikationen: Nach anatomischer Korrektur können Aorten- und Pulmonalklappeninsuffizienzen auftreten. Selten kommt es zu Koronararterienstenosen oder -verschlüssen.

Prognose: Ohne Intervention infaust. Die Operationsletalität der Switch-Operation liegt bei 1–5 %.

35.6 Prinzip der Switch-Operation bei TGA

Anatomische Korrektur: Aorta und Pulmonalarterie werden oberhalb der Klappenebene durchtrennt. Die auf Höhe der Klappenebene liegenden Koronarostien werden ausgeschnitten und nach Verlagerung der Koronararterien in den vormaligen Pulmonalarterienstamm eingenäht. Anschließend erfolgt die Umsetzung („Switch“) der Gefäße, sodass die Aorta nun dorsal mit dem Pulmonalarterienstamm vereinigt werden kann und nunmehr aus dem linken Ventrikel entspringt, während die Pulmonalarterie mit dem Aortenstamm anastomosiert wird und nunmehr anterior aus dem rechten Ventrikel entspringt.

Eine **hämodynamische Korrektur** auf Vorhofebene (Vorhofumkehr: das Blut fließt über die Hohlvenen in den linken Vorhof, den linken Ventrikel, über die Pulmonalarterie in die Lunge und von dort über die Lungenvenen in rechten Vorhof, rechten Ventrikel und in die Aorta) wurde bis Ende der 80er-Jahre durchgeführt (Senning/Mustard).

35.6 Transposition der großen Arterien (TGA)

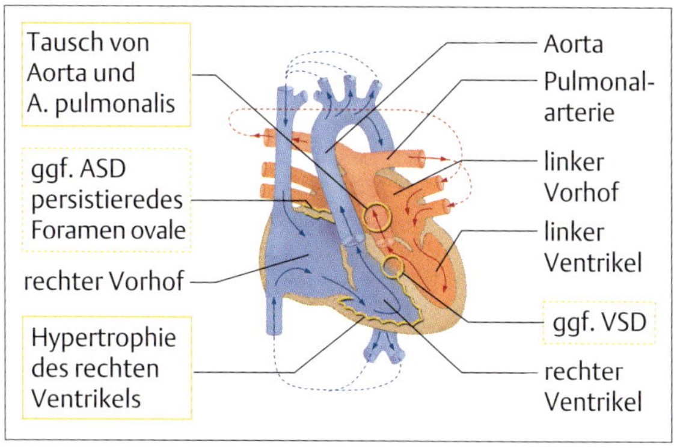

Fallot-Tetralogie und Fehlbildungen des rechtsventrikulären Ausflusstraktes

Die klassische *Fallot-Tetralogie* besteht aus
- großem subaortal lokalisiertem VSD,
- rechtsventrikulärer Ausflussbahn- (RVOT-)Obstruktion (valvuläre oder infundibuläre Pulmonalstenose),
- rechtsventrikulärer Hypertrophie und
- überreitender Aorta (bedingt durch eine Linksverlagerung des infundibulären Septums).

Begleitanomalien können vorliegen.

Symptomatik: Bei Geburt meist milde Zyanose, die im Laufe der ersten Lebensmonate zunimmt. Typisch sind erregungsinduzierte hypoxämische Krampfanfälle. Auffällig ist ferner die von den Kindern häufig eingenommene „Hockstellung“, die zu einer Erhöhung des systemischen Widerstandes und somit zu einer Abnahme des Rechts-links-Shuntes und Zunahme der Lungendurchblutung führt. *Auskultatorisch* lautes Systolikum links parasternal.

Therapie: Eine Operationsindikation ergibt sich, wenn die arterielle Sauerstoffsättigung unter 80 % sinkt oder bei hypoxämischen Anfällen. In den meisten Zentren erfolgt eine primäre Korrektur im 1. Lebensjahr. Hierbei wird nach rechtsventrikulärer Inzision zunächst die infundibuläre Stenose beseitigt, anschließend erfolgt die Kommissurotomie der Pulmonalklappe. Nach dem Patchverschluss des VSD erfolgt der Verschluss der Ventrikulotomie durch einen ovalären Patch. Bei Atresie des Pulmonalarterienstammes kann die Implantation einer rechtsventrikulären klappentragenden Ausflusstraktprothese (Homograft) erforderlich sein.

Komplikationen: AV-Block 3. Grades, Residualstenosen/-insuffizienzen im RVOT.

Prognose: Unbehandelt erreichen nur 20 % der Patienten mit Fallot-Tetralogie das 10. Lebensjahr. Die Operationssterblichkeit nach Korrektur wird mit 1–3 % angegeben. Die 5-Jahres-Überlebensrate liegt bei 92 %.

Trikuspidalatresie

Bei fehlender Kommunikation des rechten, meist vergrößerten und verdickten Vorhofes mit einem hypoplastischen rechten Ventrikel fließt das Blut über einen großen Vorhofseptumdefekt (obligat) in den linken Vorhof (35.7a). Der vergrößerte linke Ventrikel erhält sowohl das systemische als auch das pulmonalvenöse Blut. Über einen VSD bzw. einen offenen Ductus arteriosus fließt Blut in die Pulmonalarterie.

Symptomatik: Zyanose verschiedenen Ausmaßes. Auskultatorisch systolisches Auswurfgeräusch links parasternal.

Therapie: Offen halten des Ductus mit Prostaglandinen, beim zyanotischen Neugeborenen mit verminderter Lungenperfusion wird *initial* ein modifizierter Blalock-Taussig-(BT-)Shunt (Gore-Tex-Prothese vom Tr. brachiocephalicus zur rechten A. pulmonalis) angelegt. Im Alter

35.7 Trikuspidalatresie

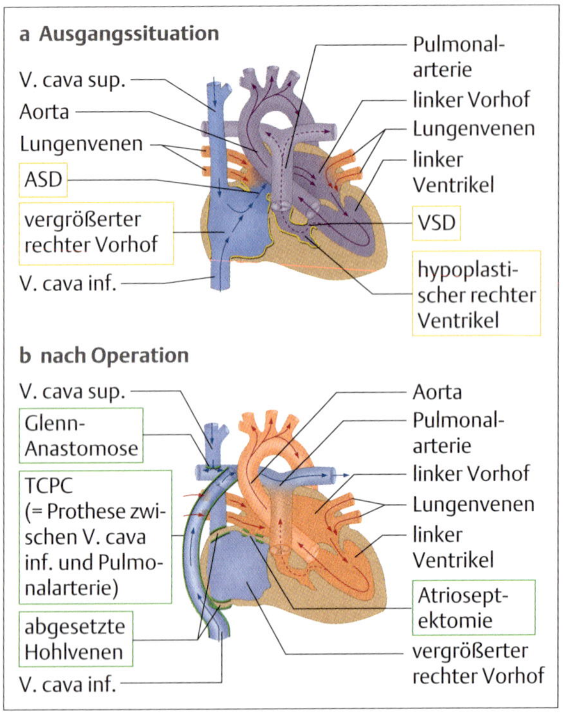

35.8 Truncus arteriosus

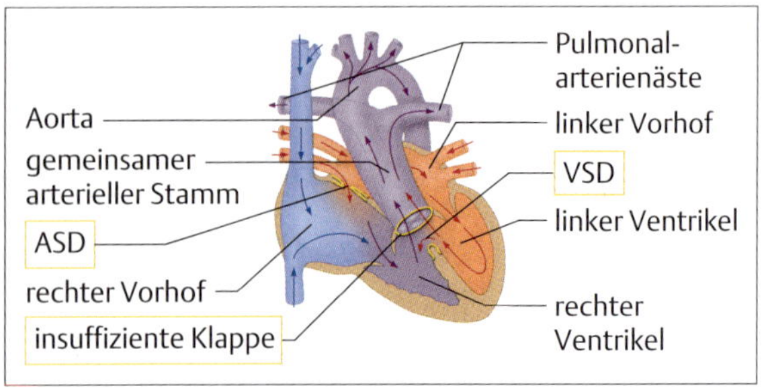

von 6 Monaten erfolgt eine *Sekundärpalliation* mittels End-zu-Seit-Anastomosierung der V. cava sup. und der rechten A. pulmonalis (Glenn-Anastomose; **35.7b**). Die *definitive Palliation* erfolgt im 2.–4. Lebensjahr durch eine totale kavopulmonale Anastomose (Anastomosierung der unteren Hohlvene ebenfalls an die Pulmonalarterie; **35.7b**). Unter Umgehung des rechten Herzens fließt nunmehr das systemische Blut direkt in die Pulmonalarterie.

Komplikationen: 5–10 % der Patienten entwickeln ein enteropathisches Proteinverlustsyndrom mit Aszites, Pleuraergüssen und generalisierten Ödemen infolge des hohen zentralen Venendruckes.

Prognose: Unbehandelt sterben 90 % der Kinder im 1. Lebensjahr. Die Operationsletalität beträgt 1–3 %. Die 10-Jahres-Überlebensrate liegt bei 65 %, wobei sich die Überlebenden meist in einem klinischen Stadium I–II nach der NYHA-Klassifikation befinden.

Truncus arteriosus

Beim persistierenden Truncus gibt es nur einen gemeinsamen, das Ventrikelseptum überreitenden arteriellen Stamm, von dem die systemische, pulmonale sowie koronare Durchblutung ausgeht (**35.8**). Die 2- bis 4-taschig angelegte Klappe des Truncus ist meist insuffizient. Es kommt zu einem ausgeprägten Links-rechts-Shunt mit biventrikulärer Hypertrophie und Volumenbelastung. Häufig ist der Truncus arteriosus mit anderen Defekten assoziiert.

Symptomatik: Schwere Herzinsuffizienz bereits in den ersten Lebenswochen. Auskultatorisch pansystolisches Geräusch links parasternal, einfacher 2. Herzton, diastolisches Geräusch bei Klappeninsuffizienz.

Therapie: Operative Trennung der Pulmonalarterien vom gemeinsamen Stamm und Patchverschluss des Truncus (der jetzigen Aorta). Implantation eines Homograft (rechtsventrikulär-pulmonalarterielle Verbindung).

Komplikation: Degeneration des Homografts.

Prognose: Die Operationsletalität beträgt 1–5 %. Der weitere Verlauf wird meist vom Ausmaß der Klappeninsuffizienz bestimmt, die u. U. einen späteren Klappenersatz notwendig machen kann.

Ebstein-Anomalie

Die Ebstein-Anomalie ist durch eine spiralförmige Verlagerung des posterioren und septalen Trikuspidalklappensegels unterhalb des eigentlichen Anulus nach ventrikelwärts charakterisiert. Dadurch kommt es zu einer Teilatrialisierung des rechten Ventrikels mit Wandausdünnung. Die Trikuspidalklappe weist i. d. R. zusätzliche Veränderungen (z. B. Fenestrierung) auf und ist insuffizient. Es kommt zu einer Dilatation des rechten Vorhofs und Ventrikels. Über einen häufig gleichzeitig vorliegenden ASD kommt es zum Rechts-links-Shunt.

Symptomatik: Die Klinik hängt vom Ausmaß der Trikuspidalinsuffizienz und dem Vorhandensein eines ASD ab. Häufig sind atriale und ventrikuläre Herzrhythmusstörungen zu finden. Beim Säugling kann es aufgrund des noch hohen Pulmonaliswiderstandes bei funktionell noch offenem Foramen ovale zum Rechts-links-Shunt mit schwerer Zyanose kommen.

Therapie: Die Indikation ergibt sich aus der Symptomatik (NYHA Stadium III und IV). Plikatur des atrialisierten Ventrikelanteiles. Verschluss des begleitenden ASD. Ringanuloplastie und Rekonstruktion der Trikuspidalklappe. Ist eine suffiziente Rekonstruktion nicht möglich, besteht die Indikation zum Klappenersatz.

Komplikationen: erneute Trikuspidalklappeninsuffizienz, Rechtsherzversagen.

Prognose: Die Operationssterblichkeit liegt bei 6 %. Ein Jahr postoperativ befinden sich über 90 % der Patienten in einem NYHA Stadium I–II. Thrombotische Komplikationen sind für mechanische Prothesen in Trikuspidalposition häufiger als in Mitralposition.

Hypoplastisches Linksherzsyndrom (HLHS)

Beim HLHS liegt ein hypoplastischer linker Ventrikel mit Aortenklappenatresie oder Stenose in Kombination mit einer Mitralatresie oder Stenose vor. Der rechte Ventrikel ist dominant. In 95 % ist das Ventrikelseptum intakt. Die Aorta ascendens ist ebenfalls hypoplastisch und weist einen Durchmesser von durchschnittlich 3–4 mm auf. Die Pulmonalarterie ist vergrößert, und über einen großen Ductus arteriosus fließt Blut aus der Pulmonalarterie in den systemischen Kreislauf. In bis zu 80 % liegt zusätzlich eine Aortenisthmusstenose vor.

Symptomatik: Die Neugeborenen sind tachypnoisch und zyanotisch. Mit Beginn des Verschlusses des Ductus in den ersten Lebenstagen nimmt die systemische Perfusion ab und es kommt zum kardialen Schock mit schwerer Azidose und Nierenversagen. Auskultatorisch singulärer 2. HT.

Therapie: Zunächst wird in den ersten Lebenstagen eine komplette Resektion des Vorhofseptums durchgeführt. Korrekturoperation nach *Norwood* in den ersten Lebenstagen: Anschluss des rechten Ventrikels an den Aortenbogen, welcher erweitert wird (Lungenperfusion über einen BT-Shunt). Im Alter von 4–6 Monaten erfolgt eine Glenn-Operation (👁 **35.7b**) und nach 18–24 Monaten eine TCPC (**t**otal **c**avo-**p**ulmonary **c**onnection).

Alternativ zu dem oben beschriebenen Vorgehen kommt nur eine Herztransplantation des Neugeborenen in Betracht, jedoch sind nicht ausreichend Organe verfügbar.

Komplikation: Operationsletalität 10-30 %, Kreislaufversagen, respiratorische Insuffizienz.

Prognose: Das HLHS verläuft ohne chirurgische Intervention immer letal und ist die häufigste kardiale Todesursache im Säuglingsalter. Ausreichende Langzeitergebnisse der Operation liegen noch nicht vor.

Koronararterienanomalien

Die Herzkranzarterien können in ihrer Zahl, ihrem Ursprung und ihrem Verlauf Abnormalitäten aufweisen. Häufig sind Koronararterienanomalien mit anderen Herzfehlern vergesellschaftet (TGA, Fallot-Tetralogie).

Symptomatik: Herzinsuffizienz.

Therapie: Ziel ist die Herstellung eines Zweikranzgefäßsystems mit antegradem Fluss.

Komplikation: Myokardischämien.

Prognose: Ohne chirurgische Intervention beträgt die Mortalität 90 % im ersten Lebensjahr. Die Operationssterblichkeit ist gering, die Langzeitergebnisse sind gut.

35.5 Koronargefäßchirurgie

Die Bypasschirurgie der Herzkranzgefäße ist mit einem Anteil von bis zu 75 % derzeit der häufigste kardiochirurgische Eingriff. Ziel ist eine Besserung der Prognose und/ oder der Symptomatik eines Patienten mit koronarer Herzerkrankung. Dies soll durch die Wiederherstellung einer ausreichenden Perfusion und somit Sauerstoffversorgung des Myokards und der daraus folgenden Erhaltung bzw. Verbesserung der myokardialen Leistungsfähigkeit erzielt werden. Erste Versuche durch eine indirekte Myokardrevaskularisation durch Vineberg (1953) wurden durch die aortokoronare Venenbypasschirurgie durch Favaloro (1964) und die arterielle Bypasschirurgie mit der linken A. mammaria interna (LIMA) durch Kolesov (1965) ersetzt.

Koronare Herzerkrankung

Definition: Der Begriff koronare Herzerkrankung (KHK) steht für Erkrankungen der Herzkranzgefäße unterschiedlicher Ätiologie, in deren Folge es zu einer Mangelsituation des Myokardgewebes kommt.

Ätiologie und Pathogenese: Häufigste **Ursache** der KHK ist eine arteriosklerotische Lumeneinengung der Koronararterien (zur Pathogenese der Arteriosklerose s. SE 32.1, S. 712 f). **Prädilektionsstellen** für die arteriosklerotischen Läsionen sind die proximalen Abschnitte der Koronargefäße, insb. im Bereich von Gefäßbifurkationen.
Distal der **Koronararterienstenosen** kommt es zu einer Dilatation der intramyokardialen Widerstandsgefäße, sodass zunächst der Koronardurchfluss in Ruhe unverändert bleibt. Da die Sauerstoffausschöpfung am Herzen schon unter Ruhebedingungen sehr hoch ist, erfolgt die Anpassung des Sauerstoffangebotes an den myokardialen Bedarf bei Belastung fast ausschließlich durch eine Steigerung der Koronardurchblutung (sog. Koronarreserve). Diese Steigerung ist jedoch z. B. bei Lumeneinengungen oder Elastizitätsverlust der Gefäße nicht mehr möglich, wodurch es bei Belastung zu einem myokardialen Sauerstoffmangel kommt, der als **Angina pectoris** oder **Myokardinfarkt** imponiert.

Ab einer ca. 75 %igen Stenose ist die Koronarreserve erschöpft (kritische Stenose), sodass bereits in Ruhe eine Minderperfusion der zugehörigen Myokardabschnitte vorliegt, sofern es nicht zu einer Ausbildung von Kollateralgefäßen gekommen ist.

35.9 Koronarangiographie nach A.-thoracica-interna-Bypass

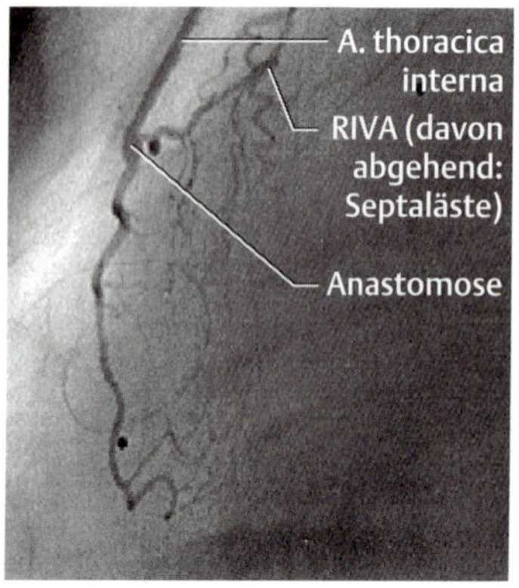

Für die **Klassifizierung der koronaren Herzerkrankung** (KHK) werden die rechte Herzkranzarterie (RCA), der Ramus interventricularis anterior (RIVA, *Synonym* LAD: Left Anterior Descending Artery) sowie der Ramus circumflexus der linken Koronararterie (RCX) jeweils als einzelnes Gefäß aufgefasst. Je nach Lokalisation der Koronarstenosen spricht man entsprechend von einer koronaren 1-, 2- oder 3-Gefäß-Erkrankung. Etwa 5–10 % der männlichen Bevölkerung Deutschlands leiden an einer KHK, wobei epidemiologische Studien verschiedene **Risikofaktoren** nachweisen konnten (s. SE 35.2, S. 771).

Symptomatik :

Leitsymptom ist der belastungsabhängige Thoraxschmerz (Angina pectoris).

Die **stabile Angina pectoris** tritt vorwiegend bei körperlicher oder psychischer Belastung auf. Prognostisch wesentlich ungünstiger ist die **instabile Angina pectoris**. Sie liegt vor, wenn es bei Patienten mit vorher stabiler Angina pectoris zu einer raschen Zunahme der Anfallsfrequenz oder -dauer bzw. zu einer leichteren Auslösbarkeit kommt (Crescendo-Angina), oder wenn vorher asymptomatische Patienten erstmals Angina pectoris verspüren (De-novo-Angina).

Nicht alle Patienten mit KHK verspüren Angina pectoris (stumme Myokardischämie), dies trifft insb. für Diabetiker zu.

Diagnostik: s. auch SE 35.1, S. 768 f. „Goldstandard" der Koronardiagnostik bei Verdacht auf KHK ist die selektive Koronarangiographie. Sie ermöglicht die genaue Erkennung von Lokalisation und Ausmaß der Stenose und postoperative Kontrollen (**35.9**).

Differenzialdiagnostisch sind vor allem folgende Erkrankungen in Erwägung zu ziehen:
- Aortendissektion,
- Aortenstenose,
- arterielle Hypertonie,
- Bland-White-Garland-Syndrom, (Abgang der linken Koronararterie aus der Pulmonalarterie)

- Koronarspasmen,
- Perikarditis, Myokarditis,
- Lungenembolie,
- Pneumothorax,
- Pleuritis,
- Mediastinaltumor,
- vertebragene Thoraxschmerzen,
- Ösophaguserkrankungen,
- abdominelle Ursachen.

Angina-pectoris-Schmerzen können in den linken Arm, Rücken und bis hin in die epigastrische Region ausstrahlen (DD: intraabdominelle Schmerzursache).

Operative Therapie der koronaren Herzerkrankung

Indikationen zur Koronarintervention: Durch eine Koronarintervention, sei es mittels Bypasschirurgie oder mittels invasiver kardiologischer Techniken (**p**erkutane **t**ransluminale **K**oronar**a**ngioplastie, PTCA) werden folgende Ziele verfolgt:

- Besserung der Lebenserwartung (prognostische Indikation),
- Besserung der Lebensqualität (symptomatische Indikation).

Zunächst ist bei nachgewiesener KHK zu prüfen, ob unter den genannten Zielvorgaben eine Koronarintervention indiziert ist, oder ob eine konservativ-medikamentöse Therapie ausreichend ist. In einem zweiten Schritt ist dann die Differenzialindikation zwischen Bypassoperation und PTCA zu stellen.

Koronarinterventionen aus **symptomatischer Indikation** sind bei Patienten mit anhaltender Angina pectoris trotz optimaler antianginöser Therapie, oder solchen, die die antianginöse Therapie nicht vertragen, indiziert, selbst wenn die Koronarmorphologie eine Intervention aus prognostischer Indikation nicht angezeigt erscheinen lässt. I. d. R. wird hier nach Möglichkeit eine PTCA bevorzugt.

Aus **prognostischer Sicht** können folgende Indikationen zur Koronarintervention definiert werden:

- Hauptstammstenose,
- 3-Gefäß-Erkrankung mit linksventrikulärer (LV-) Funktionsstörung,
- 3-Gefäß-Erkrankung mit proximaler RIVA-Stenose,
- 2-Gefäß-Erkrankung mit proximaler RIVA-Stenose und LV-Funktionsstörung.

Für die zwei erstgenannten Punkte sind derzeit bessere Langzeitergebnisse der Bypasschirurgie gegenüber der PTCA belegt. Ebenso gilt dies bei Diabetikern sowie bei anatomisch einer PTCA nur schwer zugänglichen Stenosen.

Bei Mehrgefäßerkrankungen ohne Kontraktionsstörungen sind die Mortalitäts- und Infarktraten für Bypasschirurgie und PTCA vergleichbar, allerdings sind nach PTCA häufiger Re-Interventionen erforderlich und die Minderung der Angina-pectoris-Symptomatik ist nach Bypass-Operation im Durchschnitt ausgeprägter.

Ein Erfolg der Operation ist dann zu erwarten, wenn das Myokard zwar hypokontraktil, aber vital ist (sog. „hibernating myocardium", Herzmuskelgewebe im „Winterschlaf").

Je kränker ein Patient ist (bezogen auf die Schwere der Symptome, Alter, Anzahl der betroffenen Gefäße, linksventrikuläre Dysfunktion), desto größer ist der potenzielle Benefit durch eine Bypassoperation, allerdings auch das Operationsrisiko. Es sollte immer bedacht werden, dass eine Koronarintervention nur eine palliative Maßnahme darstellt und der Langzeiterfolg entscheidend von der Therapie der Risikofaktoren, die häufig in erster Linie von den Lebensgewohnheiten (Life Style) des Patienten geprägt sind, abhängt (s. SE 35.2, S. 771).

Technik der operativen Koronarrevaskularisation: Ziel der Koronarrevaskularisierung ist die Erstellung einer neuen Verbindung von der Aorta zu einem distal der signifikanten Stenose oder des Koronargefäßverschlusses gelegenen Gefäßabschnitt.
Dies erfolgt am schlagenden Herzen oder bei Herzstillstand (s. SE 35.2, S. 770 f).

> **35.7 Minimal invasive Koronarchirurgie**
>
> Durch die Wahl einer kleineren anterolateralen Minithorakotomie zur Bypassversorgung der LAD am schlagenden Herzen kann das operative Trauma verringert werden.

Als **Bypassgefäße** finden verschiedene Gefäße Verwendung:
Bei Venenbrücken wird die *V. saphena magna* bevorzugt, da sie höhere Offenheitsraten als andere Venen aufweist. Wann immer möglich sollte jedoch die *A. mammaria interna* (anatomisch korrekter: A. thoracica interna) für die Koronarrevaskularisierung genutzt werden. Üblicherweise wird die linke, mitunter auch (zusätzlich) die rechte A. mammaria interna (LIMA = Left Internal Mammary Artery, RIMA = Right Internal Mammary Artery) verwendet (**35.10**). Vorteil des A. mammaria Bypasses: geringe arteriosklerotische Veränderungen auch bei älteren Patienten, dadurch hohe Offenheitsraten. Als Kontraindikationen für die Verwendung der IMA in situ (d. h. Belassen der Verbindung zwischen A. subclavia und IMA) gilt die Subklaviastenose, die daher unbedingt präoperativ durch Blutdruckmessung an beiden Armen ausgeschlossen werden sollte.

Der Patient muss wissen, dass eine A. mammaria als In-situ-Bypass verwendet worden ist: Ansonsten kann es z. B. im Rahmen einer späteren anterolateralen Thorakotomie (z. B. Bronchialkarzinom) zu einer tödlichen Durchtrennung kommen.

Die IMA und die A. radialis (letztere nur bei normalem Allen-Test [s. **5.9**, S. 117], bei jüngeren Patienten [< 70 Jahre] und bei nicht dominantem Arm) können als freies Transplantat als Bypass-Material eingesetzt werden.

! Bei der Bypassoperation sollten alle Gefäße mit signifikanten Koronarstenosen revaskularisiert werden.

Voraussetzung ist ein hinreichendes Lumen der Koronargefäße (> 1,0–1,5 mm) und ein adäquater Abfluss in die Peripherie (Run off), weil andernfalls mit hohen Reokklusionraten zu rechnen ist. Mitunter wird hierzu bei langstreckig stenosierten Gefäßen eine Endarteriektomie (Resektion eines das Lumen verlegenden Plaques mitsamt der Gefäßintima) notwendig.

! Eine Bypassversorgung bei nicht signifikanten Stenosen ist nicht indiziert.

Einerseits ist hier mit hohen Bypassverschlussraten zu rechnen, andererseits läuft die Progression der Koronararteriensklerose in den nativen Koronargefäßen insb. proximal der Bypassanastomosen häufig beschleunigt ab, sodass mittelfristig sogar ein nachteiliger Effekt auf die Koronarperfusion zu befürchten wäre.

35.8 Operationstechnik

Für einen **A.-mammaria-Bypass** wird die Arterie nach Mobilisierung aus ihrem Gefäßbett und Unterbindung aller Seitenäste zur Vermeidung eines Steal-Phänomens an ihrem distalen Ende mit einer Koronararterie verbunden (**35.11b**). Proximal bleibt die A. mammaria interna (IMA) mit der A. subclavia verbunden. Die Anastomosen werden mit Prolene 7-0 oder 8-0 fortlaufend genäht.
Bei **singulären Venenbrücken** wird nach Entnahme der Vene das distale Ende End-zu-Seit mit dem Koronargefäß anastomosiert (**35.11a**). Bei **sequenziellen Bypässen** (bei multiplen, hintereinander gelegenen Stenosen) erfolgen zunächst Seit-zu-Seit-Anastomosen zwischen den Stenosen, hierfür haben sich die Diamond- oder rautenförmige Anastomosentechnik bewährt (**35.12**) und dann im proximalen und distalen Anteil eine terminale End-zu-Seit-Anastomose.
Möglicherweise stehen in Zukunft automatische Systeme (Magnete oder Klammern) zur Herstellung der Anastomosen zur Verfügung.

Perioperative Komplikationen: Perioperative **Myokardinfarkte** treten bei etwa 2–5 % der Patienten auf. Ihre Diagnosestellung ist allerdings erschwert, da es als Folge der Manipulation am Myokard einschließlich Defibrillation und der extrakorporalen Zirkulation auch ohne akute Koronarischämien zum passageren Anstieg der herzspezifischen Enzyme (CK/CKMB, Troponin) und zu EKG-Veränderungen kommen kann. Bei etwa 1–2 % der Fälle wird aufgrund bedeutsamer **Nachblutungen** eine Rethorakotomie notwendig. **Wundinfektionen** treten besonders bei adipösen Patienten, Diabetikern und bei Verwendung beider Aa. mammariae als Bypassgefäße auf. **Zerebrovaskuläre Komplikationen** bis hin zum Schlaganfall werden bei 1–5 % der Patienten beobachtet.
Die **Operationsletalität** liegt bei der elektiven Bypasschirurgie bei ca. 2,2 %, verschiedene prä- und intraoperative Risikofaktoren konnten identifiziert werden (**T 35.3**). Durch das zunehmende Durchschnittsalter der revaskularisierten Patienten und des damit einhergehenden erhöhten Komorbiditätsrisikos ist es in den letzten Jahren tendenziell zu einem leichten Anstieg der perioperativen Sterblichkeit gekommen. Bei hochgradig eingeschränkter LV-Funktion ist die Operationsletalität auf 8–9 % erhöht.
Prognose: Die **Bypassoffenheit** liegt für die V. saphena magna bei 80–85 % nach einem Jahr, nach 5 Jahren bei 75 % und nach 10 Jahren bei 50 %. In 8–10 % der Fälle kommt es bei Venenbypassgefäßen bereits während der Hospitalphase zu einem thrombotischen Frühverschluss. Im Vergleich hierzu sind bis zu 90 % der arteriellen Bypassgefäße auch nach 10 Jahren noch offen. Die Ergebnisse für den LIMA sind dabei besser als für den RIMA und für In-situ-Grafts wesentlich besser als für freie Transplantate.
Eine *Verbesserung der Bypassfunktion* (Offenheit) kann erzielt werden durch eine bereits 6 Stunden nach Operation beginnende Gabe von Acetylsalicylsäure i. v. (z. B. Aspisol 500 mg). Präoperativ wird die Acetylsalicylsäure (100 mg) nicht mehr abgesetzt und sollte postoperativ lebenslang eingenommen werden. Ganz entscheidend

35.10 A. thoracica interna

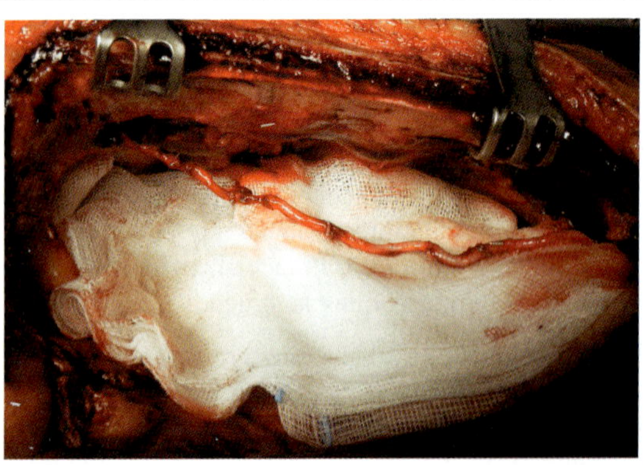

Die A. thoracica interna wurde als Bypassgefäß freipräpariert.

35.11 Technik der Bypassversorgung

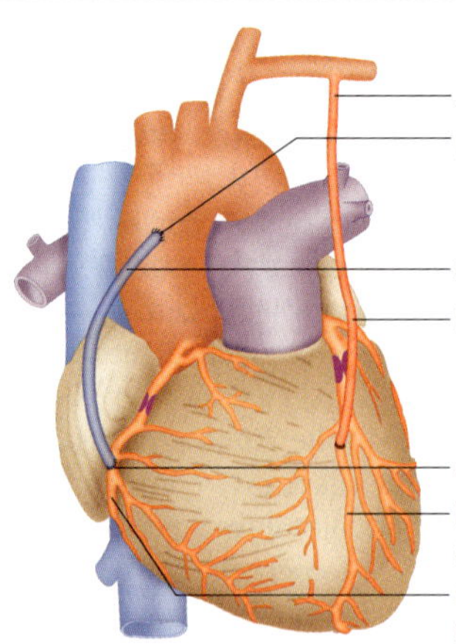

35.12 Technik der Diamond-Seit-zu-Seit-Anastomose

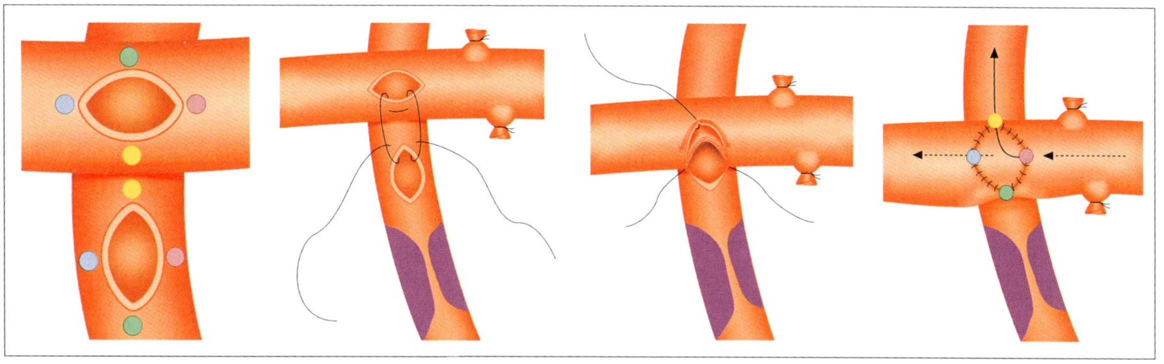

35.3 Risikofaktoren für erhöhte Operationsletalität in der Koronarchirurgie

biologische Faktoren	*präoperative Risikofaktoren*	*intraoperative Risikofaktoren*
Alter, weibliches Geschlecht, Diabetes mellitus, generelle Arteriosklerose	frischer Myokardinfarkt, linksventrikuläre Dysfunktion, hämdynamische Instabilität, ausgeprägte KHK, Stammstenose, instabile Angina	intraoperativer Infarkt, lange Ischämiezeit

ist weiterhin eine Beeinflussung der allgemeinen Risikofaktoren der KHK (s. SE 35.2, S. 171).

Die **klinische Symptomatik** (pektanginöse Beschwerden) bessert sich bei über 90 % der operierten Patienten. Immerhin 75 % der Patienten bleiben bis zu 5 Jahre nach Bypassoperation frei von ischämischen Ereignissen wie Herzinfarkt, Wiederauftreten von Angina und plötzlichem Herztod.

In der Gruppe der Patienten unter 65 Jahren wurde eine Wiederaufnahme der beruflichen Tätigkeit bei 80 % der Operierten beschrieben.

35.6 Chirurgie der postinfarziellen Folgen

Die chirurgisch behandelbaren Komplikationen eines akuten Myokardinfarktes können in 2 Gruppen eingeteilt werden. In der Frühphase (bis ca. 2 Wochen nach dem Infarkt) kann es zu akuten Rupturen oder Einrissen des Myokards kommen, was sich als freie Wandruptur, postinfarziellem Ventrikelseptumdefekt oder akuter Mitralinsuffizienz bei Papillarmuskelruptur manifestieren kann. Erst mehrere Wochen nach dem Infarktereignis kommt es hingegen zur vollständigen Ausbildung eines Ventrikelaneurysmas mit langfristig häufig deletären Folgen für die linksventrikuläre Pumpfunktion.

Akute rupturbedingte Komplikationen

Die Prognose der akuten Komplikationen nach einem Herzinfarkt ist sehr ungünstig, sodass eine rasche Erfassung der Situation und eine rasche therapeutische Entscheidung notwendig sind. Symptomatik und Diagnostik der wichtigsten Komplikationen sind in T **35.4** aufgeführt. Trotz relativ hoher operativer Letalität ist meist die rasche chirurgische Intervention angezeigt.

Freie Herzwandruptur

Definition: Schrittweise Ausbildung eines Rupturkanals im Infarktareal mit nachfolgender Einblutung in den Herzbeutel.

Inzidenz von 5–10 % im Rahmen des akuten Infarktes.

Pathogenetisch verantwortlich ist die Proteolyse im Bereich des Nekroserandgebietes. Entsprechend liegt der **Häufigkeitsgipfel** zwischen dem 2. und 5. Tag nach Infarkt. Typische **Lokalisationen** sind der Vorderwandspitzenbereich (ca. 50 %) und der Hinterwandbereich (ca. 25 %). **Risikofaktoren** sind:

- hohes Alter,
- weibliches Geschlecht,
- Hypertonie,
- großer Infarkt (> 20 % des Myokards),
- Erstinfarkt.

Therapie: Bei kritischer Einschränkung der Hämodynamik sollte auf die (echokardiographische) Diagnostik sofort die operative Therapie folgen. Hierbei wird die Rupturstelle nach ggf. vor durchgeführter Resektion nekrotischen Infarktgewebes durch Übernähung, ggf. mit Fältelung (Plikatur) oder mit einem Dacron-Patch verschlossen.

Postinfarzieller Ventrikelseptumdefekt

Inzidenz: Etwa 2 % aller Patienten mit einem akuten Herzinfarkt entwickeln innerhalb der ersten Wochen einen Ventrikelseptumdefekt (VSD).

Therapeutisch wird zunächst eine Reduktion des Links-rechts-Shunts durch **systemische Nachlastsenkung** angestrebt. Eine Kreislaufunterstützung kann mit positiv inotropen Substanzen wie Dopamin und speziell Dobutamin erzielt werden. Die **intraaortale Ballonpumpe** (IABP; s. SE 35.3, S. 773) sollte frühzeitig ergänzend eingesetzt werden. Bei so zu kompensierender Hämodynamik kann ein vorübergehend (ca. 2–3 Wochen) abwartendes Verhalten gerechtfertigt sein, da die operativen Ergebnisse des VSD-Verschlusses außerhalb des akuten Infarktes günstiger sind. **Operativ** wird je nach Größe des Defektes ein Direktverschluss oder der Verschluss mittels Dacron- oder Perikard-Patch angestrebt.

Mitralinsuffizienz durch Papillarmuskelruptur

Die partielle oder totale Ruptur eines Papillarmuskels ist eine seltene Komplikation des akuten Myokardinfarktes.

Pathogenese: Da der **posteromediale Papillarmuskel** normalerweise nur von der rechten Herzkranzarterie versorgt wird, rupturiert er häufiger beim Hinterwandinfarkt. Der **anterolaterale Papillarmuskel** wird zumeist gemeinsam von Ästen des Ramus interventricularis anterior (RIVA) und des R. circumflexus (RCA) versorgt und rupturiert deshalb seltener.
Der Funktionsausfall eines Papillarmuskels zieht häufig **beide Mitralklappensegel** in Mitleidenschaft, da jeder Papillarmuskel die Chordae tendineae beider Mitralsegel trägt.

Therapie: Die **initial konservative Therapie** entspricht der des VSD (s. o.). Eine **Operation** ist zügig anzustreben. Wenn möglich, wird eine Rekonstruktion der Mitralklappe durch Reinsertion des Papillarmuskels durchgeführt, meist lässt sich jedoch ein Mitralklappenersatz nicht umgehen. Die Operation wird durch die gleichzeitige Koronarrevaskularisierung ergänzt.

Ventrikelaneurysma

Ätiologie und Lokalisation: Ventrikelaneurysmen sind fast immer die Folge eines akuten Myokardinfarktes und zu über 80 % im Bereich der anterolateralen Wand herzspitzennah lokalisiert.

Pathogenese: Die Wand eines **wahren (funktionellen) Aneurysmas** des linken Ventrikels besteht aus bindegewebigem Narbengewebe mit nahezu vollständigem Verlust des kontraktilen Myokards. Die Ventrikelkontur erscheint in der Diastole nahezu normal, während der Systole kommt es aber zu einer paradoxen Auswärtsbewegung der Aneurysmawand

Das **falsche** oder **Pseudoaneurysma** entsteht durch eine gedeckte Ruptur des Myokards, bei der sich das Hämatom zwischen Verwachsungen des Epi- und Perikards abkapselt. Die Wand eines Pseudoaneurysmas besteht somit aus parietalem Perikard und ist fast immer mit einem Thrombus ausgekleidet. Die Ventrikelkontur zeigt sich bereits in der Diastole ausgebeult und bildet während der Systole eine zusätzliche paradoxe Auswärtsbewegung (Dyskinesie).

Im Gegensatz zum wahren Aneurysma, das so gut wie nie rupturiert, zeigt das Pseudoaneurysma eine hohe Rupturbereitschaft.

Als Spätfolge eines Ventrikelaneurysmas kann es zum sog. ventrikulären Remodeling mit zunehmendem Ventrikelfunktionsverlust kommen (**35.9**).

35.9 Ventrikuläres Remodeling

Durch Pendelblut zwischen Ventrikelkavum und Aneurysma kommt es zu einer progredienten Dilatation des linken Ventrikels, was durch Zunahme des enddiastolischen Drucks und der Wandspannung aufgrund des Laplace-Gesetztes zu einer Erhöhung des Energiebedarfes des Herzens führt. Dies wiederum zieht eine Schädigung der vormals noch intakten Myokardareale nach sich, sodass die Ventrikeldilatation weiter fortschreitet.

Therapie: Beim wahren Aneurysma ergibt sich die **Indikation** zur Aneurysmektomie aus einer ausgeprägten klinischen Symptomatik. Beim Pseudoaneurysma ergibt sich die dringliche Operationsindikation aus der Rupturgefahr.

Operationstechnik: Klassischerweise wird das Narbengewebe reseziert, wandständige Thromben vorsichtig, ggf. mit dem scharfen Löffel entfernt und schließlich die Ventrikulotomie durch eine Direktnaht verschlossen. Da hierdurch die Geometrie des Ventrikels empfindlich gestört wird, kann alternativ ein Dacronpatch so in das resezierte Areal eingenäht werden, dass möglichst die ursprüngliche Ventrikelgeometrie rekonstruiert wird.

35.4 Differenzialdiagnostik und Prognose der akuten rupturbedingten Komplikatonen nach Infarkt

Erkrankung	*freie Ruptur*	*Ventrikelseptumdefekt*	*Papillarmuskelruptur*	*Herzwandaneurysma*
Zeitpunkt des Auftretens nach Infarkt	3–5 Tage	3–5 Tage	3–5 Tage	*falsches:* 3–5 Tage *wahres:* 3–4 Wochen
Symptomatik	*klein/mehrzeitig:* Einflussstauung, Hypotonie/Schock, Rhythmusstörungen; *groß:* Blutdruckabfall, Pulslosigkeit, Bewusstlosigkeit, elektromechanische Entkoppelung	Lungenödem, biventrikuläres Herzversagen, lautes Holosystolikum, Schwirren	*Teilabriss:* Mitralinsuffizienz, Systolikum, Lungenödem, Hypotonie; *komplette Ruptur:* massive Mitralinsuffizienz, rascher Tod des Patienten	Herzinsuffizienz, pektanginöse Beschwerden, ventrikuläre Rhythmusstörungen *bei wahren Aneurysmata* zusätzlich systemische Embolien
Diagnostik	*Echokardiographie:* Perikarderguss *ggf. Koronarangiographie und Ventrikulographie*	*Echokardiographie:* Shuntfluss *Rechtsherzkatheter:* O_2-Sprung (zwischen rechtem Vorhof und Pulmonalarterie) ggf. *Koronarangiographie* und *Ventrikulographie* (zur OP-Planung)	*Echokardiographie:* Regurgitation in den linken Vorhof, Mitralklappenprolaps; *Rechtsherzkatheter:* v-Wellen, ggf. *Koronarangiographie* und *Ventrikulographie* (zur OP-Planung)	*Ruhe-EKG:* persistierende ST-Strecken-Elevation; *Thorax-Röntgenaufnahme:* Herzsilhouette, pulmonale Stauung; *Echokardiographie:* Herzform, paradoxer systolischer Einfluss in das Aneurysma; *Koronarangiographie* und *Ventrikulographie:* Dyskinesie (s. Text), Öffnungsgröße
Prognose (Letalität):				
• bei konservativer Therapie	> 90 %	nur 10 % der Patienten überleben 2 Monate	> 90 %	Kombination mit ventrikulären Tachykardien: s. SE 35.8 (S. 790 f)
• perioperativ	bis zu 50 %	30–50 %	bis zu 50 %	5–10 %

35.7 Chirurgie der erworbenen Herzklappenfehler

Als erworbene Herzklappenfehler werden alle nichtkongenitalen Formen der Stenose und/oder Insuffizienz der Herzklappen bezeichnet. In erster Linie sind die Aorten- und die Mitralklappe betroffen, seltener die Trikuspidalklappe, die Pulmonalklappe praktisch nie. Ätiologisch rücken aufgrund des zunehmenden Alters der Bevölkerung degenerative Veränderungen zunehmend in den Vordergrund. Für die Operationsindikation muss die Schwere der morphologischen Klappenveränderung in Bezug zur klinischen Symptomatik und linksventrikulären Funktion gestellt werden. Sofern möglich wird eine Klappenrekonstruktion angestrebt, häufig jedoch ist ein Klappenersatz mit mechanischer oder biologischer Klappenprothese erforderlich.

Klinik und Therapie verschiedener Herzklappenfehler

Aortenstenose (AS)

Die AS ist der häufigste erworbene Herzklappenfehler.

Ätiologisch beruht die Aortenstenose am häufigsten auf degenerativen Veränderungen und findet sich daher typischerweise bei älteren Patienten, wobei Diabetes mellitus, arterielle Hypertonie und Hyperlipidämie zusätzliche Risikofaktoren darstellen. Eine kongenital bikuspidal angelegte Aortenklappe neigt zu vorzeitiger Degeneration. Postinflammatorische Aortenstenosen treten demgegenüber in den Hintergrund und zeigen meist eine Kombination aus Stenose und Insuffizienz.

Pathophysiologie: Die normale Öffnungsfläche der Aortenklappe von 2,6–3,5 cm^2 ist bei schweren Aortenstenosen auf < 0,75 cm^2 reduziert. Dadurch entsteht während der Systole ein Druckgradient über der Aortenklappe, der zunächst zu einer kompensatorischen Hypertrophie des linken Ventrikels und schließlich zu einer linksventrikulären Dilatation und Abnahme der systolischen Funktion führt.

Symptomatik: Die Aortenstenose bleibt häufig lange Zeit asymptomatisch, Leitsymptome sind Angina pectoris, Linksherzinsuffizienz und Synkopen.

Diagnostik: Die **Auskultation** ergibt typischerweise ein spindelförmiges Systolikum, dessen Maximum um so später liegt, je ausgeprägter die Aortenstenose ist. Im **EKG** sind Zeichen der Linkshypertrophie auffällig. Zur weiteren Diagnostik s. SE 35.1, S. 768 f.

Therapie: Die **Indikation zur Operation** ist bei hochgradiger Aortenstenose mit einem mittleren Gradienten über 50 mmHg bei normalem Herzzeitvolumen (entsprechend einer Klappenöffnungsfläche < 0,75 cm^2) gegeben.

Wird der Patient bei signifikanter Aortenstenose symptomatisch, ist ein rascher Klappenersatz indiziert.

Nur im Einzelfall gelingt eine **klappenerhaltende Operation**. Meist ist aufgrund ausgeprägter degenerativer Veränderungen mit Verkalkung ein **Aortenklappenersatz** erforderlich. Er erfolgt über eine quere Aortotomie ca. 2–3 cm oberhalb des Anulus. Die veränderte Klappe wird reseziert, der Anulus sorgfältig entkalkt und die Prothese mittels ca. 12 U-förmig gestochenen Nähten unterhalb der Koronarostien fixiert. Abschließend fortlaufender Verschluss der Aorta ascendens.

Die ***Prognose*** eines Patienten mit symptomatischer Aortenstenose ist im Spontanverlauf sehr schlecht, 50 % versterben innerhalb von 5 Jahren. Demgegenüber ist die Operationsletalität bei Aortenklappenersatz gering (< 5 %), die 5-Jahres-Überlebensrate beträgt mehr als 80 %.

Mitralklappenstenose

Ätiologie: Die Mitralklappenstenose entsteht typischerweise auf dem Boden eines meist schon 20–30 Jahre zurückliegenden rheumatischen Fiebers. Bei einer Einengung der Mitralklappenöffnungsfläche (MÖF) von normalerweise 4–6 cm^2 auf weniger als 1,5 cm^2 kommt es zu einer Behinderung der linksventrikulären Füllung.

Im Vordergrund der ***Symptomatik*** steht die chronische Lungenstauung mit Orthopnoe, körperlicher Belastungseinschränkung und ggf. blutig tingiertem Auswurf. Ein durch die Dilatation des linken Vorhofes auftretendes Vorhofflimmern kann die Belastbarkeit akut verschlechtern und erhöht die Rate systemischer Embolien. Mitunter ist die typische „facies mitralis“ mit rötlicher Verfärbung der Wangen zu beobachten.

Diagnostik: Auskultatorisch weisen ein paukender 1. Herzton, der Mitralöffnungston und ein niederfrequentes Mesodiastolikum auf die Mitralstenose hin. Zu weiteren Untersuchungen s. SE 35.1, S. 768 f.

Therapie: Die **Indikation** zur interventionellen Therapie wird bei klinischen Beschwerden der NYHA-Klasse III–IV (s. SE 35.1, S. 768), bei einer Mitralklappenöffnungsfläche < 1,5 cm^2 oder stattgehabten Embolien trotz Antikoagulation gestellt. Ist eine klappenerhaltende Kommissurotomie aufgrund ausgeprägter Klappenveränderungen nicht möglich, erfolgt der **Mitralklappenersatz**. Der Operationszugang erfolgt über den linken Vorhof. Zum Erhalt der anulo-ventrikulären Kontinuität (Mitralanulus – Sehnenfäden – Papillarmuskel – ventrikuläres Myokard) wird das posteriore Mitralsegel, wenn möglich, erhalten. Das anteriore wird meist reseziert. Die Herzklappenprothese wird am Anulus mit 12–15 U-förmig gestochenen Nähten eingenäht.

Prognose: Die Letalität des Mitralklappenersatzes beträgt ca. 5% und die 5-Jahres-Überlebensrate 70–80%.

Mitralklappeninsuffizienz

Ätiologie: Ursächlich für eine **primäre Mitralinsuffizienz** können Entzündungen (Endokarditis), rheumatisches Fieber, Traumata, Degeneration, Tumoren oder Systemerkrankungen (z.B. Libmann-Sacks-Endokarditis bei Lupus erythematodes) sein. Kommt es durch Größenzunahme des linken Ventrikels zu einer Mitralringdilatation mit sekundärer Schlussunfähigkeit der morphologisch unauffälligen Mitralsegel, spricht man von **sekundärer** oder **relativer Mitralinsuffizienz**. Als Folge der Mitralinsuffizienz kommt es zu einem „Pendelvolumen" zwischen linkem Ventrikel (LV) und linkem Vorhof (LA), was eine Volumenbelastung des LV nach sich zieht. Gleichzeitig erhöht der Regurgitationsfluss den Druck im pulmonalen Kreislauf.

Im Vordergrund der ***Symptomatik*** steht eine Belastungsdyspnoe, ggf. Vorhofflimmern, im fortgeschrittenen Stadium treten Zeichen der Links- aber auch der Rechtsherzinsuffizienz auf.

Diagnostik: Auskultatorisch imponiert ein bandförmiges Holosystolikum, zur weiteren Diagnostik s. SE 35.1, S. 768 f.

Therapie: Eine eindeutige **Indikation zur Mitralklappenoperation** liegt bei echo- oder angiographisch schwerer Mitralinsuffizienz mit gleichzeitiger Belastungsinsuffizienz NYHA III vor (s. auch **35.10**).

! Die Operation sollte erfolgen, bevor es zu einer bedeutsamen linksventrikulären Funktionseinschränkung gekommen ist.

> **35.10 Weitere Indikationen zur Operation**
>
> Bei chronischer Mitralinsuffizienz und Beschwerden NYHA II sprechen eine progrediente linksventrikuläre Funktionsverschlechterung sowie die Aussicht auf einen Klappenerhalt für eine Operation. Ist die linksventrikuläre Funktion bereits präoperativ schwer eingeschränkt, wird die Indikationsstellung besonders problematisch. Durch den operativen Verschluss der Mitralklappe steigt die Nachlast des linken Ventrikels sprunghaft an, was zu einem akuten Linksherzversagen führen kann. Andererseits kommt es zu einer deutlichen Reduktion des Pendelvolumens zwischen LA und LV und damit einer Größenabnahme des linken Ventrikels, was eine Ökonomisierung der Herzarbeit nach sich zieht. Während früher eine Mitralklappenrekonstruktion bei Mitralinsuffizienz und hochgradig eingeschränkter LV-Funktion aus dem o. g. Grund als kontraindiziert galt, konnten in den letzten Jahren bei dieser Patientengruppe ermutigende Operationsergebnisse erzielt werden.

Operativ werden mitralklappenerhaltende Ansätze bevorzugt. Bei der **Anuloplastie** wird mithilfe von starren oder flexiblen prothetischen Ringen, die im Bereich des Mitralanulus eingenäht werden, eine Verkleinerung des Mitralklappenringes und dadurch die Wiederherstellung der Koaptation der Segel und damit der Kompetenz der Mitralklappe angestrebt. Eine **Valvuloplastie** mit Resektion oder Plikation prolabierender Mitralsegelanteile oder eine Reimplantation, Verkürzung oder Verlängerung der Chordae tendineae kann unabhängig davon oder zusätzlich zur Anuloplastie durchgeführt werden. Ist die Mitralklappe hochgradig verändert, kommt nur ein **Mitralklappenersatz** infrage.

Prognose: Die Operationsletalität für Mitralklappenrekonstruktionen liegt zwischen 1–2%, für den Mitralklappenersatz bei 4–5%. Die 5-Jahres-Überlebenrate von Patienten mit Mitralklappenersatz und KHK liegt bei 40%, bei rheumatischer Grunderkrankung aber bei 75%.

Aorteninsuffizienz

Ätiologie: Eine Aorteninsuffizienz ist entweder die Folge einer primären Erkrankung der Klappensegel (z.B. bakterielle Endokarditis) oder einer Dilatation oder Traumatisierung der Aortenwurzel (z.B. Aortenaneurysma oder -dissektion). Der resultierende diastolische Rückstrom des Blutes von der Aorta in den linken Ventrikel führt zu einer Volumenbelastung und sekundär zur Dilatation und Kontraktionseinschränkung des linken Ventrikels.

Symptomatik: Die Patienten sind lange beschwerdefrei, die Einschränkung der Pumpfunktion führt schließlich zu Zeichen der Herzinsuffizienz.

Diagnostik: Charakteristisch ist der Pulsus celer et altus (Wasserhammerpuls), auskultatorisch imponiert ein hochfrequentes Diastolikum, das direkt nach dem Aortenklappenschlusston beginnt. Zur weiteren Diagnostik s. SE 35.1, S. 768 f.

Die ***Indikationsstellung*** zur Operation (s. auch **35.11**) ist bei Reduktion der linksventrikulären Funktion (< 55%) und Vergrößerung des linksventrikulären enddiastolischen Diameters (> 55 mm) gegeben. Die Patienten sind häufig über lange Zeit klinisch kompensiert.

Therapie: Meist ist ein operativer Klappenersatz erforderlich, nur selten gelingt eine Rekonstruktion der Aortenklappe. Ist die Ursache für die Aorteninsuffizienz in einer aneurysmatischen Aufweitung oder Dissektion der Aorta ascendens zu sehen, erfolgt der gleichzeitige Ersatz der Aorta ascendens durch Implantation einer klappentragenden Gefäßprothese mit Reimplantation der Koronararterien.

Prognose: Die operative Letalität liegt beim alleinigen Klappenersatz bei ca. 2–3%, die 5-Jahres-Überlebensrate bei ca. 75%.

35.11 Indikationen zum Klappenersatz bei Endokarditis

Die Entscheidung zum Klappenersatz bei florider Endokarditis ist besonders schwierig, weil eine Infektion der Klappenprothese zu befürchten ist, deren Prognose als besonders problematisch gilt.

Absolute Indikationen:
- Herzinsuffizienz aufgrund der Klappendysfunktion,
- unkontrollierbare Sepsis,
- thrombembolische Komplikationen trotz antibiotischer Therapie.

Relative Indikationen:
- große bakterielle Vegetationen (> 10 mm),
- perivalvuläre Ausbreitung der Infektion,
- Progredienz der bakteriellen Vegetationen trotz antibiotischer Therapie,
- bedeutsame Hämolyse durch die zunehmende Klappendestruktion.

Trikuspidalstenose

Die Erkrankung ist sehr selten. Zur Trikuspidalatresie s. SE 35.4, S. 777 f.

Trikuspidalinsuffizienz

Ätiologie: Eine Trikuspidalinsuffizienz kann als Folge bakterieller Infektionen (intravenöse Verweilkanüle, Herzschrittmachersonde, i. v. Drogenabusus) auftreten. Häufig tritt sie als relative Trikuspidalinsuffizienz bei kardialer Dilatation verschiedenster Genese auf.

Therapie: Eine operative Revision erfolgt praktisch nie isoliert, sondern nur im Rahmen anderer kardialer Operationen (z. B. Mitralklappenrekonstruktion oder -ersatz). Meist gelingt eine **Trikuspidalrekonstruktion**. Sollte ein **Klappenersatz** erforderlich sein, werden bevorzugt Bioprothesen (s. u.) aufgrund ihrer niedrigeren Thrombosierungsrate eingesetzt.

Prothetischer Herzklappenersatz

Das bevorzugte Operationsverfahren bei Klappenvitien ist die klappenerhaltende Rekonstruktion. Ist diese nicht möglich, erfolgt ein prothetischer Klappenersatz. Hierbei ist zwischen mechanischen und biologischen Klappenprothesen zu unterscheiden (**T 35.5**).

Mechanischer Herzklappenersatz

Mechanische Klappenprothesen bestehen aus einem Graphitkern mit Polycarbon-Beschichtung und unterscheiden sich im Wesentlichen durch ihren Ventilapparat. **Doppelflügelprothesen** sind am weitesten verbreitet, sie zeigen ein besonders günstiges Strömungsverhalten. Es besteht an den Scharnieren eine geringe, echokardiographisch (Farbdoppler) nachweisbare Leckage. Kugel-Käfig- und Kippscheibenprothesen werden wegen der Thromboembolieneigung, hoher Hämolyserate und Leckageproblemen kaum noch verwendet.

T 35.5 Übersicht über verschiedene Herzklappenprothesen

Art		Modelle
mechanisch	Doppelflügel	
biologisch (Xenograft)	konventionell (mit einem Stent-Gerüst versehen)	
	gerüstfrei: Aortenposition	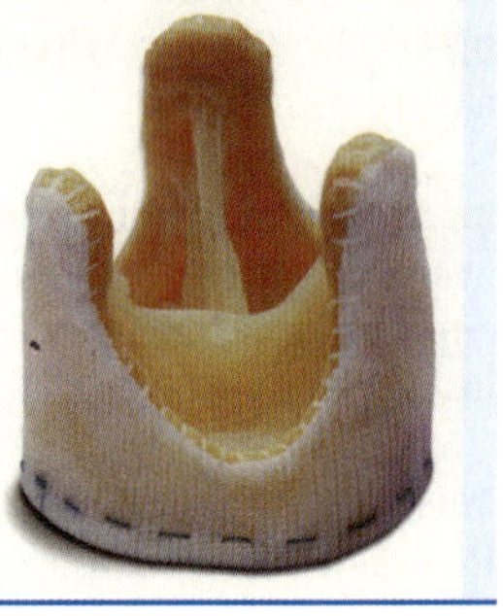

Alle mechanischen Prothesen erfordern eine lebenslange Antikoagulation zur Vermeidung thrombembolischer Komplikationen, deren Risiko am höchsten bei Klappen in Trikuspidalposition, am niedrigsten in Aortenposition ist.

Zur ***Funktionsüberwachung*** des Klappenersatzes sind regelmäßige Kontrollen von Hämolyseparametern (z. B. LDH = Laktatdehydrogenase) sowie insb. echokardiographische Verlaufsuntersuchungen (nach 6 Monaten und dann jährlich) notwendig.

Biologischer Herzklappenersatz

Zur Verwendung kommen zum einen **Xenografts** aus denaturierten Schweineaortenklappen oder aus Rinderperikard, zum anderen **Homografts**, d. h. menschliche antibiotika- oder kryokonservierte (damit keine Antigenität) Leichen-Aortenklappen.

Der **Vorteil** der Bioprothesen liegt in ihrer niedrigen Thrombogenität, sodass spätestens 3 Monate nach der Operation auf eine Antikoagulation verzichtet werden kann. **Nachteil** ist eine Degeneration der Klappensegel mit Funktionsverlust, sodass nach 10 Jahren etwa 10–20 %, nach 15 Jahren 40–50 % der Patienten einer Reoperation bedürfen. Im höheren Alter tritt die Klappendegeneration langsamer auf.

Auswahlkriterien

Die Überlebensraten sind bei mechanischem und biologischem Klappenersatz vergleichbar. Von daher sind die Notwendigkeit der Antikoagulation bei den mechanischen Prothesen und die begrenzte Lebensdauer der biologischen Klappen die entscheidenden Kriterien bei der Auswahl des Prothesentyps (T 35.6).

T 35.6 Biologischer Klappenersatz: differenzialtherapeutische Aspekte

Pro	*Kontra*
• Alter > 65 Jahre, • Kontraindikationen zur Antikoagulation: – geplante Schwangerschaft, – berufliche Verletzungsrisiken, – rezidivierende Ulcera ventriculi oder duodeni; • mangelnde Compliance, • kleiner Aortenanulus (gerüstfreie Prothese)	• Alter < 50 Jahre, • unabhängige Indikation zur Antikoagulation wie z. B. Vorhofflimmern, • erhöhter Calciumstoffwechsel, z. B. durch Hyperparathyreoidismus, Niereninsuffizienz

Komplikationen

Komplikationen eines Herzklappenersatzes sind paravalvuläres Leck (Risiko 1–2% postoperativ), Endokarditis (1% pro Jahr) sowie Thromben und Embolien (1% pro Jahr) und ggf. ein erhöhtes Blutungsrisiko bei Antikoagulationsbehandlung (s. SE 5.4, S. 108 f und SE 35.2, S. 771).

35.12 Ausbilck: Tissue Engineering

Unter dem Begriff Tissue Engineering werden (derzeit) experimentelle Ansätze zur Herstellung biologischer Gewebestrukturen aus patienteneigenen Zellen verstanden. So könnten in weiterer Zukunft derartige biologische Herzklappenprothesen eine größere Rolle beim Herzklappenersatz spielen. Durch Gewebezüchtung im Labor werden körpereigene Zellen vermehrt und dann auf ein Grundgerüst aufgebracht. Wenn eine solche Klappe eingesetzt ist, löst sich das Grundgerüst im Kreislaufsystem – bei fortschreitendem strukturellem Umbau – langsam auf, ohne dass die neue Klappe an Stabilität verliert.
Derzeit arbeiten verschiedene Wissenschaftler, unter anderem Mediziner, Biologen und Ingenieure an der Entwicklung entsprechender Herzklappenprothesen, um so vitales Klappengewebe wiederherstellen zu können. Dadurch wären für die Zukunft verbesserte Blutflusseigenschaften und möglicherweise eine gute Haltbarkeit bei zu erwarten. Solche Klappen könnten auch mitwachsen, was für Kinder und Jugendliche bedeutsam wäre.
An Tieren ist dieses Verfahren schon erprobt worden. Die ersten Ergebnisse sind vielversprechend. Jedoch sind ausgiebige weitere Untersuchungen am Modell notwendig, die noch Jahre in Anspruch nehmen werden. Der Weg bis zu einem erfolgreichen Einsatz in der Klinik ist also noch weit.

35.8 Operative Therapie tachykarder Rhythmusstörungen

Tachykarde Herzrhythmusstörungen entstehen meist auf der Basis fokaler Impulsbildung (gesteigerte/abnorme Automatie, getriggerte Aktivität) oder kreisender Erregungen (Reentry). Sie lassen sich in supraventrikuläre und ventrikuläre Tachykardien unterteilen. *Supraventrikuläre Tachykardien* werden i. d. R. medikamentös oder mittels Katheterablationstechniken behandelt. Chirurgische Interventionen bilden die Ausnahme. Inwieweit zukünftig die Behandlung des (intermittierenden) Vorhofflimmerns mittels chirurgischer Therapie (Maze-Operation), spezieller implantierbarer Defibrillatoren oder durch Katheterablationstechniken beeinflusst wird, lässt sich derzeit noch nicht endgültig abschätzen. Die medikamentöse oder operative Behandlung *ventrikulärer Tachykardien* oder des Kammerflimmerns wird zunehmend zugunsten des Einsatzes automatischer implantierbarer Kardioverter bzw. Defibrillatoren zurückgedrängt.

Ziel der chirurgischen Therapie von Tachykardien ist die Exzision, Isolierung oder Durchtrennung von Gewebe, das für die Entstehung oder Aufrechterhaltung von Tachykardien erforderlich ist.

Supraventrikuläre Tachykardien

Chirurgische Operationsverfahren existieren zur Behandlung von Vorhofflattern, atrialen Tachykardien, AV-Knoten-Reentry-Tachykardien und Präexitationssyndromen mit AV-Tachykardien. Sie kommen zum Einsatz, wenn medikamentöse Behandlungen (**35.13**) nicht zum Erfolg führen oder nicht vertragen werden.

35.13 Medikamentöse Therapie (supra-)ventrikulärer Tachykardien

Voraussetzung ist der Ausschluss von Ursachen, die nicht vom Reiz-Leitungs-System ausgehen, wie z. B. Hypovolämie, Herzbeuteltamponade, sowie Durchführung einer Blutgasanalyse. Danach wird die Medikation in folgenden Stufen durchgeführt:

- Optimierung des Serum-Kaliums auf ca. 5 mmol/l,
- ggf. Magnesium-Gabe,
- Amiodaron (z. B. Cordarex) i. v.,
- ggf. β-Rezeptoren-Blocker (je nach Vormedikation).

Operationsverfahren: Akzessorische Bahnen zwischen Vorhof und Ventrikel können am geschlossenen Herzen mittels **Katheterablation** von epikardial durchtrennt werden (s. **35.13** und Lehrbücher der Kardiologie).

Bei Patienten, die einer Ablation nicht zugänglich sind oder bei denen gleichzeitig aus anderer Indikation eine Herzoperation durchgeführt wird (z. B. Mitralklappen-Operation), können akzessorische Bahnen am **offenen Herzen** von endokardial abladiert werden.

Erfolg: 75 %, *Komplikationen:* Perforation, AV-Block, Lungenvenenstenose.

Ventrikuläre Tachykardien

Automatischer implantierbarer Kardioverter/Defibrillator (AICD)

Indikationen für die Implantation eines AICD sind die **sekundäre Prävention** nach Reanimation bei Kammerflimmern oder ventrikulärer Tachykardie sowie die sekundäre Prävention bei Patienten mit dokumentierten anhaltenden ventrikulären Tachykardien. Sekundär bedeutet, dass eine behebbare Ursache der Tachyarrhythmie zuvor ausgeschlossen wurde (z. B. Bypassoperation bei KHK oder Ablationsverfahren).

Tachykardien innerhalb von 48 Stunden nach einem akuten Myokardinfarkt stellen keine Indikation dar.

35.13 Katheterablation

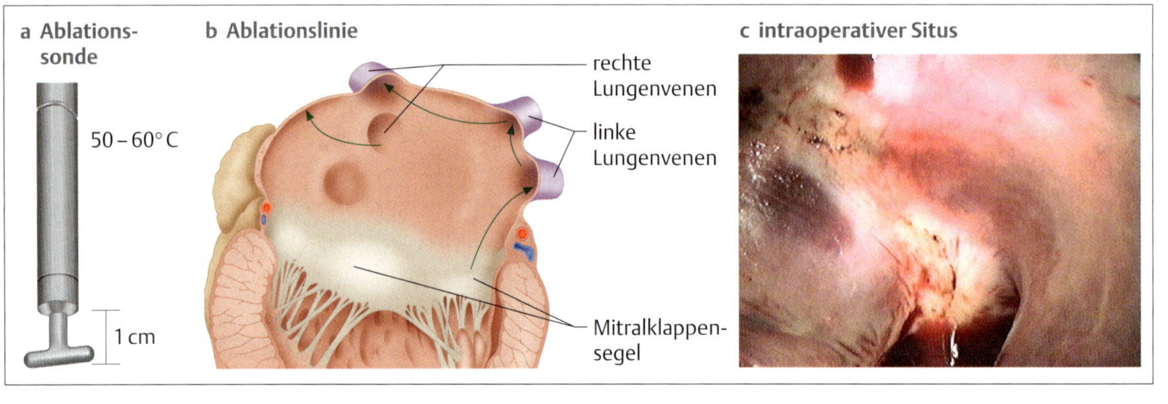

Eine weitere Indikation ist die **primäre Prävention** des plötzlichen Herztodes. Als Risikofaktoren für einen plötzlichen Herztod gelten eine hochgradig eingeschränkte linksventrikuläre Pumpfunktion sowie nicht anhaltende oder in der elektrophysiologischen Untersuchung induzierbare ventrikuläre Tachykardien.

Die ***Implantation*** des AICD erfolgt normalerweise in der Pektoralisloge, die Sonden (Elektroden) werden über die V. subclavia eingebracht. Ein Elektrodenkabel wird in den rechten Ventrikel vorgeschoben und dient der Wahrnehmung der Herzaktion sowie der Identifikation von Rhythmusstörungen. Über dieses Kabel erfolgt, falls notwendig, auch automatisch die antitachykarde Stimulation (niederenergetische Kardioversion). Zur höherenergetischen Defibrillation mittels biphasischen Schocks bei Kammerflimmern ist ein weiterer Elektrodenpol im Bereich der oberen Hohlvene notwendig (**35.14**).
Alle AICD enthalten zusätzlich eine Schrittmacherfunktion (VVI oder DDD), um ggf. in der unmittelbaren Phase nach Schockabgabe, in der die Eigenfrequenz des Herzens oft unzureichend ist, eine elektrische Stimulation des Herzens zu ermöglichen (s. SE 35.9, S. 792 f). Nach Implantation des Gerätes wird noch intraoperativ die AICD-Funktion nach Induktion von Kammertachykardien und -flimmern überprüft. **Ziel** der Implantation sind die Lebensverlängerung durch Verhinderung des plötzlichen Herztodes bzw. der kardialen Dekompensation unter ventrikulären Tachykardien sowie eine Besserung der Lebensqualität durch Reduzierung der Krankenhausaufenthalte bei rezidivierenden Tachykardieepisoden.

Bei der Therapie mittels AICD handelt es sich um eine rein symptomatische Therapie, die kardiale Grunderkrankung und der Pathomechanismus der Arrhythmie bleiben von der Elektrotherapie unbeeinflusst.

Komplikationen: Die Letalität nach Defibrillator-Implantation beträgt weniger als 1 %. Da als entscheidendes Kriterium zur Identifizierung ventrikulärer Tachykardien bzw. von Kammerflimmern die Herzfrequenz verwendet wird, kann es bei supraventrikulären Tachykardien (insbes. tachykardem Vorhofflimmern) aufgrund einer raschen Überleitungsfrequenz zu inadäquaten Therapien (Überstimulationsversuch, nicht indizierte Schockabgabe) kommen. Weitere Komplikationen s. SE 35.9, S. 793.

35.14 Röntgenbild: Sonden eines biventrikulären Pacers

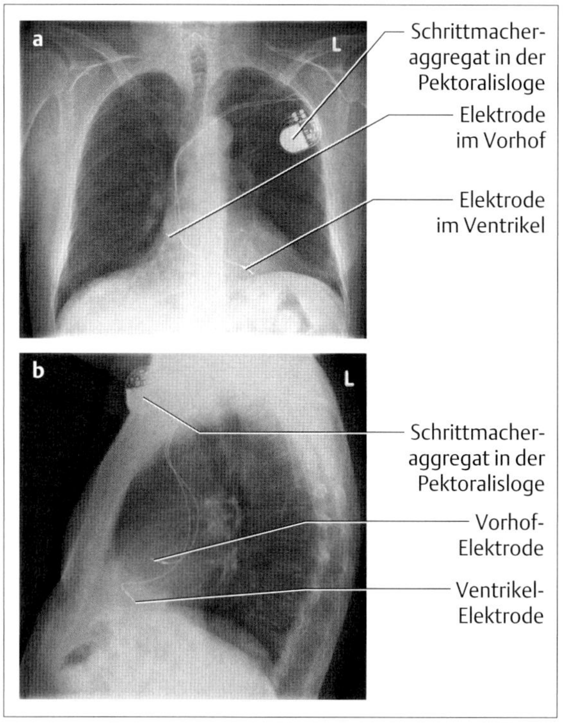

Prognose: AICD reduziert die Inzidenz des plötzlichen Herztodes in der Gruppe der Hochrisikopatienten um ca. 1–2 % pro Jahr. Dennoch bleibt die Letalität in der Gruppe der AICD-Patienten insgesamt hoch, da es sich i. d. R. um Patienten mit deutlich eingeschränkter linksventrikulärer Funktion, Zustand nach Myokardinfarkt oder mit fortgeschrittener Herzinsuffizienz handelt.

35.9 Operative Therapie bradykarder Herzrhythmusstörungen

Herzschrittmacher sind batteriebetriebene Geräte, die über Elektroden, die mit dem Herzmuskel in Kontakt stehen, elektrische Impulse an den Herzmuskel weitergeben. Die Elektroden dienen dabei gleichzeitig zur Erfassung der spontanen elektrischen Aktivität des Herzens. Als Energiequelle werden i. d. R. Lithium-Iodid-Batterien, die eine Schrittmacherlebensdauer von ca. 5–10 Jahren erwarten lassen, verwendet. Klassische Indikation ist eine nicht nur passagere bradykarde Herzrhythmusstörung mit klinischer Symptomatik oder schlechter Prognose.

Schrittmachertherapie

Von einem bradykarden Herzrhythmus spricht man, wenn die Herzfrequenz unter 60 Schläge pro Minute sinkt. Die **Ursachen** hierfür sind zahlreich. Sie reichen vom gesunden „Sportlerherz" bis zu schweren Erkrankungen des Reizleitungssystems des Herzen. Für die Implantation eines Herzschrittmachers lassen sich folgende Erkrankungen als **Indikationen** festlegen:

- Sinusknotensyndrom („Sick Sinus Syndrom"),
- AV-Block II. Grades: symptomatisch oder mit breiten QRS-Komplexen und AV-Block III. Grades,
- intraventrikuläre Leitungsstörung (bifaszikulärer Block): symptomatisch oder mit AV-Block II Typ Mobitz II,
- Bradyarrhythmie bei chronischem Vorhofflimmern,
- Zweiknotenerkrankung,
- Karotissinus-Syndrom und vasovagales Syndrom,
- hypertroph obstruktive Kardiomyopathie (HOCM) zur Reduktion der intraventrikulären Druckgradienten, Verbesserung der diastolischen Funktion und Verminderung einer eventuellen Mitralinsuffizienz.

Ziele der Behandlung mit einem Herzschrittmacher sind eine Verlängerung der Lebenserwartung, die Vermeidung von klinischen Symptomen der Bradykardie sowie die Verbesserung der körperlichen Leistungsfähigkeit.

Temporäre Schrittmacher

Temporäre Schrittmacher werden bei symptomatischen Patienten in der Akutphase bzw. bis zur endgültigen Klärung der Diagnose eingesetzt. Dazu wird eine Elektrode über eine in die V. jugularis oder subclavia gelegte Schleuse bis in den rechten Vorhof oder rechten Ventrikel gelegt. Das Schrittmacheraggregat bleibt extern. Zuweilen werden diese temporären Schrittmacher perioperativ (z. B. bei großen viszeral-, thorax-, gefäß- oder unfallchirurgisch-orthopädischen Eingriffen) oder in Akutsituationen während intensivmedizinischer Behandlungen eingesetzt.

Permanente Schrittmacher

Vor permanenter Schrittmacherimplantation ist zu klären, ob ein kausaler Zusammenhang zwischen klinischer Symptomatik und dokumentierter oder vermuteter bradykarder Herzrhythmusstörung besteht, ob die Herzrhythmusstörung möglicherweise passagerer Natur ist (negativ chrono- und/oder dromotrope Medikation; frühpostoperativ, insb. nach Klappenoperation) oder eine andere Erkrankung zugrunde liegt, deren Therapie auch die Herzrhythmusstörung bessern, bzw. beheben würde (Hypothyreose, erhöhter Hirndruck etc.).

Schrittmachertypen

Schrittmacher gibt es in verschiedenen Größen und Formen, sie können je nach Typ unterschiedliche Funktionen erfüllen. Sog. **Demand-Schrittmacher** stimulieren nur bei unzureichender Eigenfrequenz des Herzens und werden durch ausreichende Eigenimpulse des Herzens inhibiert. Der Schwellenwert für die Inhibition kann individuell festgelegt werden. **Getriggerte Schrittmacher** nehmen Eigenimpulse aus dem Vorhof auf und leiten diese an die Herzkammern weiter. Voraussetzung hierfür ist eine erhaltene Reizbildung. Anwendungsgebiete sind atrioventrikuläre Überleitungsstörungen. Vorteil ist die erhaltene Frequenzanpassung bei körperlicher Belastung. **Duale Systeme** kombinieren die beiden genannten Funktionsweisen.

Entsprechend diesen Funktionen werden Schrittmacher mit einem **Buchstabenkode** kategorisiert, der die Lokalisation von Stimulation und Wahrnehmung und den Modus der Stimulation angibt:

- 1. Buchstabe = Ort der Stimulation,
- 2. Buchstabe = Ort der Impulswahrnehmung,
- 3. Buchstabe = Funktionsweise,
- 4. Buchstabe = Programmierbarkeit und Frequenzadaptation,
- 5. Buchstabe = antitachykarde Funktion.

Folgende Buchstaben werden verwendet: **A** = Vorhof, **V** = Ventrikel, **I** = Inhibition, **T** = Triggerung, **D** = Dual (sog. „Alleskönner", d. h. je nach Buchstabenort Vorhof und Ventrikel, getriggert und inhibiert), **R** = Frequenzadaptation („rate response") und **0** = keine Funktion.

Schrittmacherauswahl

Ziel der Schrittmacherauswahl ist es, eine dem physiologischen Zustand möglichst nahe kommende Regulation von Herzfrequenz und Erregungsablauf zu erhalten bzw. weitgehend wiederherzustellen.

Hierzu sollte sich die individuelle Auswahl des Schrittmachersystems an folgenden Grundsätzen orientieren:

- Der Vorhof sollte, sofern möglich, in Wahrnehmung und Stimulation einbezogen werden,
- die ventrikuläre Stimulation muss bei nachgewiesener oder drohender Überleitungsstörung gewährleistet sein. Rein atriale Schrittmacher dürfen demnach nur bei intakter AV-Überleitung eingesetzt werden,
- der reine Ventrikelschrittmacher (VVI) hat nur beim chronischen Vorhofflimmern mit niedriger Kammerfrequenz, bei seltenen asystolen Pausen und bei „prophylaktischer Indikation" seine Berechtigung,
- DDD-Schrittmacher sollten bei Patienten mit intermittierendem Vorhofflimmern nur eingesetzt werden, wenn eine tachykarde Überleitung auf den Ventrikel durch entsprechendes Festlegen des oberen Grenzwertes ausgeschlossen wird,
- eine Frequenzadaptation, d. h. die Fähigkeit zur automatischen Steigerung der Schrittmacherfrequenz bei körperlicher Tätigkeit, ist nur bei körperlich aktiven Patienten mit deutlich eingeschränkter Frequenzregulation indiziert.

Operationstechnik

Praktisch alle Schrittmachersonden werden transvenös unter Lokalanästhesie über die V. subclavia oder die V. cephalica bis an den Bestimmungsort vorgeschoben. Unter Durchleuchtungskontrolle werden die ventrikuläre Sonde im Bereich des spitzennahen Bodens des rechten Ventrikels und die atriale Sonde in der lateralen oder anterioren Vorhofwand, alternativ im rechten Vorhofohr, platziert. Über die endgültige Lage der Schrittmachersonden entscheiden die intraoperativ gemessenen Reiz- und Wahrnehmungsschwellen. Epikardiale Elektroden werden nur angewendet, wenn es keinen venösen Zugangsweg gibt, bei einigen pädiatrischen Patienten und bei Patienten, die gleichzeitig am offenen Herzen aus anderer Indikation operiert werden. Das Schrittmacheraggregat wird in der Pektoralisloge platziert und kann postoperativ von außen kontrolliert und eingestellt werden.

Komplikationen

Intraoperativ besteht ein geringes Risiko einer **Myokardperforation** durch die Schrittmacherelektroden. In deren Folge kann es zur Ausbildung eines hämorrhagischen Perikardergusses kommen, der bei hämodynamischer Relevanz ggf. eine Thorakotomie mit Übernähung der Perforationsstelle erforderlich macht. Eine postoperative **Elektrodendislokation** (ca. 1 %–5 %) oder ein **Elektrodenbruch** (1 %–1,5 % pro Jahr) erfordern einen Elektrodenwechsel. Dieser ist auch indiziert, wenn es im Langzeitverlauf nach Schrittmacherimplantation zu einem **chronischen Reizschwellenanstieg** kommt, der durch Geräteumprogrammierung nicht zu überwinden ist. Bei nachgewiesenem **Infekt** des Schrittmacheraggregates werden Schrittmacheraggregat und Elektroden in toto entfernt, und es erfolgt eine Neuimplantation auf der kontralateralen Seite. Bei besonders schlanken Patienten kann es zum **Gerätedekubitus** kommen, hier ist u. U. die Neuimplantation des Schrittmacheraggregates im Bereich der Bauchdecke indiziert. **Venenthrombosen** nach Schrittmacherimplantation sind relativ häufig (2 %–6 %), erfordern jedoch – da sie nur selten klinisch symptomatisch sind – i. d. R. keine spezielle Therapie, eine Antikoagulation über 6 Monate kann erwogen werden.

35.10 Verletzungen des Herzens und der thorakalen Arterien

Herztraumata auf der Basis stumpfer oder penetrierender/perforierender Verletzungen können alle Strukturen des Herzens (Perikard, Myokard, Klappenapparat, Reizleitungssystem und Koronararterien) und der Aorta betreffen. Penetrierende Verletzungen oder durch stumpfe Gewalt verursachte Rupturen von Myokard, Perikard oder großen Gefäßen müssen sofort operativ versorgt werden. Ihre Prognose – insb. in der Prähospitalphase – ist jedoch schlecht.

Verletzungsmechanismen und -arten

Stumpfe Verletzungen des Herzens entstehen bei einer Thoraxkompression, durch Dezelerations- oder Akzelerationstraumata (Verkehrsunfälle) oder bei transdiaphragmaler Druckübertragung im Rahmen von abdomineller Kompression (👁 **35.15**). Da das Herz im Thorax beweglich verankert, die Aorta jedoch relativ fest fixiert ist, kommt es bei letztgenannten Verletzungsmechanismen aufgrund des Trägheitsgesetzes zu entgegengerichteten Bewegungen von Körper/Aorta und Herz. Hierbei kann es am Übergang von beweglichen zu fixierten Organen (Aortenbogen zu Aorta thoracica descendens) zu Rupturen kommen.

Penetrierende Verletzungen werden durch Stich-, Splitter- oder Schussverletzungen hervorgerufen, selten durch frakturierte und dislozierte Rippenfragmente. Grundsätzlich können alle kardialen Strukturen betroffen sein, die möglichen Schädigungsformen unterscheiden sich je nach Gewebeart (T **35.7**).

Klinische Symptome und Diagnostik

Die Symptomatik hängt von den betroffenen kardialen Strukturen ab.

👁 **35.15 Mechanismus der Aortenverletzung bei stumpfem abdominellem Trauma**

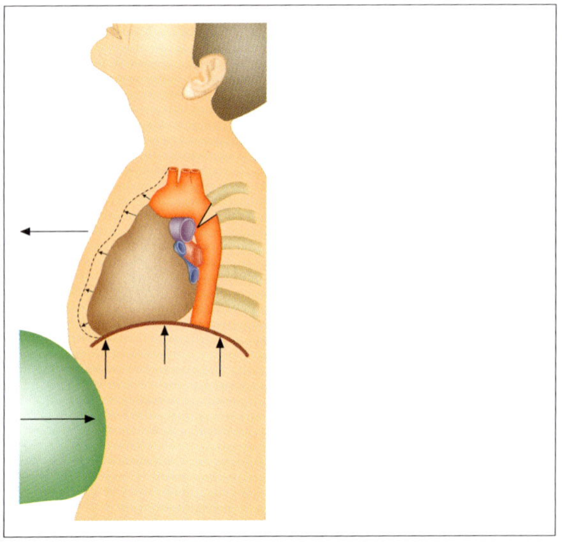

Das sehr häufig auftretende **Hämoperikard** kann rasch zu einer Perikardtamponade mit dramatischer Klinik führen (s. SE 35.11, S. 796), wobei die Zeichen der Einflussstauung durch einen hohen Blutverlust verdeckt sein können. Die Diagnose wird echokardiographisch gestellt. Eine **Myokardkontusion** kann sich in Arrhythmien äußern, im EKG sind häufig zusätzlich unspezifische ST- und T-Strecken-Veränderungen nachweisbar (👁 **35.16**). Eine Erhöhung der herzspezifischen Enzyme (CK/CKMB) trägt bei den häufig polytraumatisierten Patienten aufgrund ihrer nur geringen Sensitivität kaum zur Erfassung kardialer Begleitschäden bei. **Freie Myokardrupturen** sind akut vital bedrohlich, nur selten erreichen die Patienten lebend das Krankenhaus. **Ventrikelseptumdefekte** nach stumpfen Thoraxtraumata werden u. U. erst bei der sorgfältigen echokardiographischen Diagnostik auffällig, ihre Ausbildung kann mehrere Tage dauern (s. SE 35.6, S. 784 f). Die Symptomatik hängt von der Größe des Defektes ab. Große Defekte können aufgrund des Links-Rechts-Shunts zu einer akuten Herzinsuffizienz führen.

Akute Verschlüsse von Koronargefäßen im Rahmen stumpfer Thoraxtraumata werden immer wieder beobachtet, sie entstehen bevorzugt auf dem Boden arteriosklerotisch vorgeschädigter Gefäße durch das Aufreißen der arteriosklerotischen Plaques. Es können aber auch primär völlig unauffällige Koronararterien betroffen sein, wenn es im Rahmen des Traumas zu einer Intimadissektion kommt. Prädilektionsstelle ist der proximale Ramus interventricularis anterior, ein großer Vorderwandinfarkt ist die Folge. Wenn Bypassgefäße vorhanden

T 35.7 Traumatische Herzschädigung

Gewebe	*Verletzungsarten*
Myokard	Kontusion, Ruptur, Septumdefekt, (Pseudo-)Aneurysma, Hämoperikard (mit oder ohne Tamponade)
Perikard	Perikarditis, Hämoperikard, Postkardiotomie-Syndrom, Ruptur (mit oder ohne kardiale Herniation)
Endokard, Herzklappenapparat	Papillarmuskelriss, Chordaetendineae-Abriss, Klappenausriss
Koronararterien	Ruptur, Verschluss, Fistelbildung

35.16 Herzkontusion

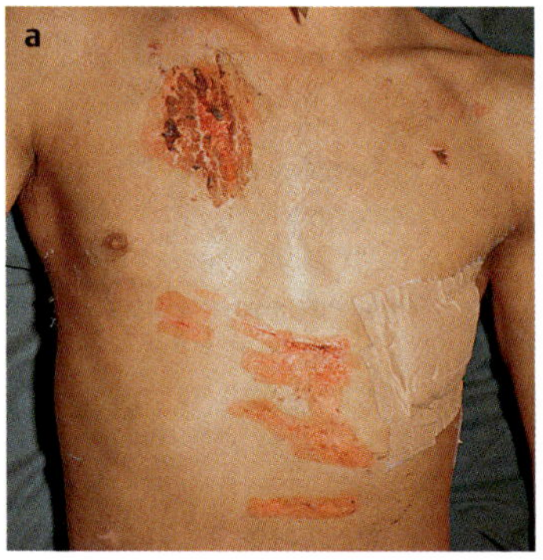

a Junger Mann mit schwerer Compressio cordis und thoracis: Prellmarken nach Autounfall.

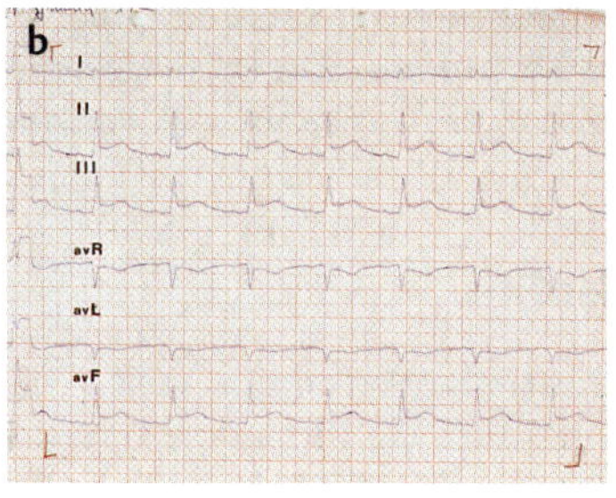

b EKG dieses Patienten: Erregungs- und Repolarisationsstörungen, hier ohne (sonst häufige) Rhythmusstörungen.

sind, sind diese besonders gefährdet. Die Diagnosesicherung gelingt mittels EKG und Koronarangiographie. **Schädigungen des Klappenapparates** bei einem Thoraxtrauma sind selten, meist kommt es zum Klappenausriss mit konsekutiver Insuffizienz, bevorzugt der Aortenklappe.
Die **traumatische Aortenruptur** betrifft fast ausschließlich die thorakale Aorta distal des Abgangs der A. subclavia. Bei der kompletten Ruptur kommt es zur Blutung in die linke Pleurahöhle oder zum ausgeprägten Mediastinalhämatom, die inkomplette, gedeckte Perforation (Dissektion) führt zur Bildung eines Pseudoaneurysmas (s. SE 35.13, S. 800 f). Röntgen-Thorax, transösophageale Echokardiographie und thorakales CT sind theoretisch richtungsweisend, weniger als 50 % der Patienten erreichen jedoch lebend das Krankenhaus. Häufig entstehen freie Rupturen in den linken Pleuraraum erst nach Tagen, nach initialer gedeckter Ruptur (nur Mediastinalverbreiterung!).

Therapie

Penetrierende kardiale oder aortale Verletzungen sowie der Verdacht auf eine **offene oder gedeckte Ruptur** bei stumpfen Traumata erfordern die sofortige explorative Thorakotomie über eine mediane Sternotomie oder links anterolaterale Thorakotomie unter HLM-Bereitschaft (s. SE 35.3, S. 772 f).

! Die Gegenstände, die die **Stichverletzung** verursacht haben, sollten möglichst bis zur Operation in situ belassen werden, da sie u. U. die Perforationsstelle abdichten bzw. bei nicht operativer Entfernung zusätzliche Strukturen geschädigt werden können.

Für großlumige venöse Zugänge ist zu sorgen, da es nach Thoraxöffnung und damit Aufhebung einer evtl. Tamponade zu einer erneuten Zunahme der Blutung kommen kann. Je nach vorliegendem Befund erfolgt ein Verschluss **penetrierender Verletzungen** durch direkte Naht (**35.14**) oder unter Einsatz eines zusätzlichen Dacron- oder Perikard-Patches. Ein **ausgerissener Klappenapparat** wird refixiert, lädierte **Koronargefäße** i. d. R. mittels Bypass versorgt. Die **Aortenruptur** erfordert meist den Einsatz eines Gefäßprotheseninterponates. Ein traumatischer **Ventrikelseptumdefekt** wird nur bei akuter hämodynamischer Kompromittierung sofort versorgt (s. SE 35.6, S. 784 f).

Nachsorge

Folgeschäden nach kardialem Trauma sind nicht selten. Es werden *Herzrhythmusstörungen* beobachtet, deren Häufigkeit allerdings mit zunehmenden Abstand zum Ereignis abnimmt. Bedeutsame *Pumpfunktionsstörungen* oder auch *Klappeninsuffizienzen* werden nicht selten beobachtet. Daher wird nach kardialer Verletzung eine **Verlaufskontrolle** zumindest während der ersten 3 Monate ggf. auch nach 1 Jahr für sinnvoll erachtet.

35.14 Beginn der Herzchirurgie

Im 19. Jahrhundert waren Eingriffe am Herzen nicht denkbar.
Theodor Billroth schrieb 1881: „Der Chirurg, der jemals versuchen würde, eine Wunde am Herzen zu nähen, kann sicher sein, daß er die Achtung seiner Kollegen für immer verlöre."
Ludwig Rehn (1849–1930) gelang dann im Jahr 1896 in Frankfurt die erste erfolgreiche Herznaht am Menschen nach einer Stichverletzung des rechten Ventrikels. Er hatte diesen Eingriff in Abwesenheit seines Chefs „gewagt" und bekam massiven Ärger, obwohl der Patient überlebte. Heute wird die tiefgreifende Myokardnaht bei penetrierender Herzverletzung noch Rehn-Naht genannt.

35.11 Perikarderkrankungen und Tumoren des Herzens

Akute Erkrankungen des Perikards sind selten, eine chirurgische Intervention wird bei hämodynamisch relevanten Perikardergussbildungen notwendig. In ca. 30 % der Fälle geht die akute Perikarditis in eine _chronische Form_ über. Hierbei kann es durch Bindegewebsbildung z. T. mit Kalkeinlagerung zur Konstriktion (Pericarditis constrictiva) kommen, die durch eine Perikardresektion chirurgisch behandelt werden kann. _Perikardzysten_ und _-tumoren_ (s. hierzu auch SE 30.4, S. 676 ff) sind ebenso wie _Herztumoren_ sehr selten, die Inzidenz von Herztumoren liegt bei etwa 0,01–0,5 %.

Erkrankungen des Perikards

Akute Perikarditis

Die ***Ätiologie*** einer akuten Perikarditis kann sehr vielfältig sein, da sich hieraus jedoch mitunter Ansätze zu einer kausalen Therapie ergeben, sollten die diagnostischen Bemühungen unbedingt auf eine exakte Klärung zielen. Infrage kommen Infektionen, Autoimmunprozesse (Postkardiotomiesyndrom), Begleiterkrankungen benachbarter Organe (Herzinfarkt), rheumatische Erkrankungen, Stoffwechselerkrankungen, Tumorerkrankungen oder Traumata.

Symptomatik und Diagnostik:

! Im Vordergrund steht zunächst ein plötzlich einsetzender Brustschmerz, der die Abgrenzung zum akuten Myokardinfarkt notwendig macht.

Auskultatorisch imponiert ein perikardiales Reibegeräusch. Bei Ausbildung eines bedeutsamen Perikardergusses kann es aufgrund der Behinderung der diastolischen Relaxation des Ventrikels zu einer Einflussstauung bis zum Vollbild einer Perikardtamponade mit Pumpversagen kommen. Typische Zeichen der Einflussstauung sind gestaute Halsvenen, Ödembildung, Dys- und Orthopnoe.

! Bei akutem Auftreten kann bereits eine Ergussmenge von wenigen hundert Millilitern zur Perikardtamponade führen, bei langsamer Entstehung können selbst Ergussmengen von mehr als einem Liter symptomarm bleiben.

Therapie: Die Durchführung einer **Perikardpunktion** (s. SE 5.9, S. 122 f) kann diagnostische, therapeutische (Entlastung eines hämodynamisch relevanten Ergusses) und prophylaktische (Vermeidung einer sekundär auftretenden Konstriktion bei hämorrhagischem Erguss) Ziele verfolgen.

! Bei akuter Tamponade bewirkt bereits die Entlastung von verhältnismäßig wenig Flüssigkeit (100–200 ml) meist eine deutliche klinische Besserung.

Hauptkomplikationen der Punktion sind Verletzungen von Lunge, Magen oder der A. mammaria sowie Anstechen einer Koronararterie oder des Myokards. Insb. bei chronisch rezidivierender Ergussbildung kann eine sog. **chirurgische inferiore Perikardiotomie** mit Drainageeinlage oder eine (Teil-) Resektion des Perikards, sog. **Perikardfensterung**, erfolgen.

Chronische Perikarditis

Ätiologisch ist die chronische Perikarditis meist Folge einer akuten Perikarditis. Auch die chronische Perikarditis, bei der es durch fibröse und/oder kalzifiziernde Verbreiterung des Perikards zur Konstriktion kommt (Panzerherz; Pericarditis constrictiva), hat als **Leitsymptom** die Einflussstauung. Die **Operationsindikation** ergibt sich aus der Schwere der klinischen Symptomatik. **Therapeutisch** erfolgt eine Entfernung der Perikardschwielen (Dekortikation), wobei die posteriore Fläche des Herzens, die nur mit erhöhtem Risiko zu erreichen wäre, ausgelassen wird. Auf die Schonung der Nn. phrenici ist besonders zu achten.

Perikardzysten und -tumoren

Perikardzysten und -tumoren werden bei symptomatischer Kompression des Herzens reseziert.

Herztumoren

Primäre Herztumoren

Primäre Herztumoren sind sehr selten und in 75–80 % der Fälle gutartig. Ihre Inzidenz liegt zwischen 0,01–0,5 %. Am häufigsten (50 %) finden sich **Myxome** (**35.17**), betroffen sind vorwiegend Frauen im 30.–60. Lebensjahr, die typische Lokalisation liegt im linken Vorhof. **Rhabdomyome** finden sich in 20 %, sie sind die häufigsten Herztumoren des Kindesalters (50 % der Kinder weisen Zeichen einer tuberösen Sklerose auf). Weitere gutartige Tumoren sind **Lipome**, **Fibrome**, **Hamartome** und **Hämangiome**.
Bei den bösartigen primären Herztumoren sind **Sarkome** (Angiosarkom, Rhabdomyosarkom, Osteosarkom) am häufigsten. Sie treten meist im Erwachsenenalter auf, sind geschlechtsunabhängig und finden sich häufig im rechten Vorhof. Sie gehen vom Endokard oder Perikard

35.17 Vorhofmyxome

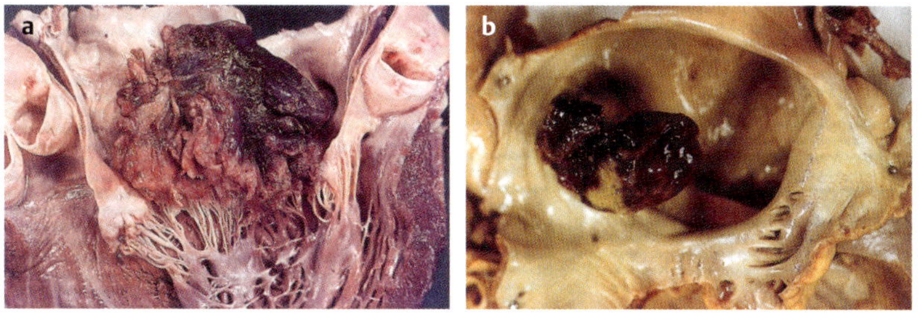

Das Herzmyxom ist eine echte benigne Neoplasie: polypoider gallertiger Tumor, der von pluripotenten, endokardialen Mesenchymzellen ausgeht; neigt zu Tumorembolie.

aus und infiltrieren rasch alle Wandschichten. Sie metastasieren pulmonal.

Sekundäre Herztumoren

Herzmetastasen kommen v. a. bei malignem Melanom, Bronchialkarzinom, Mammakarzinom, Lymphomen und Leukämien vor und sind 40fach häufiger als primäre Herztumoren. Sie sind bei ca. 5 % der Patienten, die an malignen Tumoren versterben, zu finden. Eine Sonderform ist die intravaskuläre Ausdehnung eines **Nierenzellkarzinoms** über die V. cava inferior in den rechten Vorhof.

Klinik, Diagnostik und Therapie

Die **Symptomatik** wird hauptsächlich von der anatomischen Lokalisation des Tumors bestimmt. Es kann zur Beeinträchtigung des Blutflusses, Arrhythmien mit Erregungsleitungsstörungen und peripheren Embolien kommen. Auch Belastungsdyspnoe, Gewichtsverlust, Ermüdung oder Fieber werden beobachtet. Ein Perikarderguss kann hinweisend sein. Durch den zunehmenden Einsatz der Echokardiographie steigt die Zahl der Zufallsbefunde. Die **Diagnose** wird mittels (transösophagealer) *Echokardiographie* gestellt, *CT* und *MRT* sind insb. zur Beurteilung einer evtl. Tumorinfiltation und ihrer Ausdehnung sowie zur Erfassung von extrakardialen Metastasen (bzw. Primärtumoren) geeignet. **Komplikationen** sind Embolien oder Perforation mit Perikarderguss und Tamponade. Durch intermittiernde Verlegung der Mitralklappe bei einem Vorhofmyxom kann es zu rezidivierenden Synkopen kommen. Selten ist eine mediastinale Einblutung möglich. Wegen möglicher Komplikationen und zur histologischen Sicherung ist auch bei vermeintlich benignen Tumoren die dringende **Indikation zur operativen Therapie** gegeben. Herztumoren sollten komplett exzidiert werden, bei primär oder sekundär malignen Tumoren sind die operativen Möglichkeiten jedoch aufgrund der meist tief intramyokardialen Lage begrenzt. Die **Prognose** benigner Tumoren ist sehr gut. Rezidive finden sich nach operativer Exzision bei weniger als 1 % der Patienten. Die Prognose maligner Tumoren ist besonders bei weiterer Metastasierung oder Infiltration extrakardialer Organe sehr schlecht, sodass die Überlebenszeit nach Diagnosestellung oft nur wenige Monate beträgt.

35.12 Transplantation des Herzens

Seit der ersten Herztransplantation durch Barnard 1967 hat sich diese Therapieform von einer selten durchgeführten Operation zu einer akzeptierten Routineoperation entwickelt. Die Aufnahme von Ciclosporin A Anfang der 80er-Jahre in die postoperative Immunsuppression besserte die Kurz- und Langzeitüberlebenschancen und -qualität deutlich. Nach wie vor besteht jedoch eine deutliche Diskrepanz zwischen der Anzahl der zur Verfügung stehenden Organe und der Anzahl der wartenden potenziellen Empfänger. Zu perioperativen Überbrückungsmaßnahmen s. SE 35.3, S. 772 f, zu ethischen, sozialen und rechtlichen Aspekten der Organspende s. SE 8.3, S. 210 f.

Evaluation zur Herztransplantation

Indikationen zur Herztransplantation (s. auch **35.15**) sind:

- eine persistierende terminale Herzinsuffizienzsymptomatik (NYHA III und NYHA IV) nach Ausschöpfung aller invasiv-kardiologischer und/oder chirurgischer Therapieoptionen unter maximaler konservativer Therapie,
- in Einzelfällen intraktable ventrikuläre Herzrhythmusstörungen, maligne Herztumoren (wenn noch nicht metastasiert), benigne Herztumoren (wenn nicht konventionell resektabel) sowie
- eine fortgeschrittene Transplantatvaskulopathie (Indikation zur [Re]-Transplantation).

35.15 Ätiopathogenese und Indikationsevaluation der terminalen Herzinsuffizienz

Folgende Herzerkrankungen liegen der terminalen Herzinsuffizienz zugrunde:

- dilatative Kardiomyopathie (45 %),
- ischämische Kardiomyopathie (45 %),
- Herzklappenerkrankungen (5 %),
- angeborene Herzfehler (2 %),
- Sonstiges: restriktive Kardiomyopathie, Myokardfibrose, Amyloidose, Sarkoidose.

Vor einer Indikationsstellung zur Herztransplantation müssen potenziell reversible Ursachen (z. B. frische Myokarditis, alkoholische Kardiomyopathie, peripartale Kardiomyopathie) bzw. eine Herzinsuffizienz verschlechternde Faktoren (z. B. Vorhofflimmern, negativ inotrope Medikamente, Anämie, Infektion, endokrine Störung usw.) ausgeschlossen und behandelt werden. Eine Beurteilung des Ausmaßes der Herzinsuffizienz sollte erst unter maximaler konservativer Therapie (ACE-Hemmer, Diuretika, Digitalis, ggf. Nitrate, ggf. β-Rezeptorenblocker) erfolgen. Bei Patienten mit ischämischer Kardiomyopathie ist die Möglichkeit revaskularisierender Maßnahmen kritisch zu überprüfen.

Folgende ***Kontraindikationen*** sprechen gegen die Durchführung einer Herztransplantation:

- Vorerkrankungen, die die Lebenserwartung insb. unter der notwendigen immunsuppressiven Therapie deutlich einschränken (**35.16**),
- eine fixierte, d. h. medikamentös nicht zu senkende pulmonale Hypertonie. In diesem Fall ist eine kombinierte Herz-Lungen-Transplantation zu erwägen,
- infiltrative Erkrankungen des Herzmuskels (Sarkoidose, Amyloidose) stellen eine **relative Kontraindikation** dar, da sie eine Tendenz zum Wiederauftreten im Transplantat zeigen, sodass die Prognose langfristig begrenzt ist.

35.16 Kontraindikation zur Transplantation

Absolute Kontraindikationen:

- kurz zurückliegende oder aktive Tumorerkrankungen (gilt nicht für Hauttumoren vom Nicht-Melanom-Typ),
- aktuelle Infektionen,
- aktuelles Ulcus ventriculi oder duodeni,
- Divertikulitis,
- Diabetes mellitus mit fortgeschrittenen sekundären Folgeschäden,
- schwere periphere oder zerebrovaskuläre Gefäßerkrankung,
- schwere irreversible Leber- oder Nierenfunktionsstörungen,
- irreversible Lungengerüsterkrankungen,
- Non-Compliance,
- Drogenmissbrauch.

Relative Kontraindikation:

- lang zurückliegende Tumorerkrankungen,
- Diabetes mellitus ohne sekundäre Folgeschäden,
- Divertikulose,
- Übergewicht (BMI > 30),
- schwere Osteoporose,
- Serum-Kreatinin > 3 mg/dl oder Kreatinin-Clearance < 25 ml/min,
- Patientenalter > 65 Jahre.

Operative Technik

Die am häufigsten verwendete Operationsmethode stellt die **orthotope Herztransplantation** dar, d. h. die Implantation des menschlichen Spenderherzens an gleicher Stelle des zuvor resezierten Empfängerherzens (**35.18**). Von der technisch aufwendigeren modifizierten Methode (**35.18b**) erhofft man sich durch die Erhaltung der Vorhöfe des Spenders postoperativ einen stabileren Sinusrhythmus, weniger supraventrikuläre Rhythmusstörungen, ein Erhalt des Augmentationseffektes der Vorhofkontraktion bei der Ventrikelfüllung sowie eine geringere Rate bzw. ein geringeres Ausmaß der Trikuspidalinsuffizienz. Die **heterotope Herztransplantation** (**35.17**) ist ganz speziellen Situationen vorbehalten.

35.18 Orthotope Herztransplantation: Anastomosen

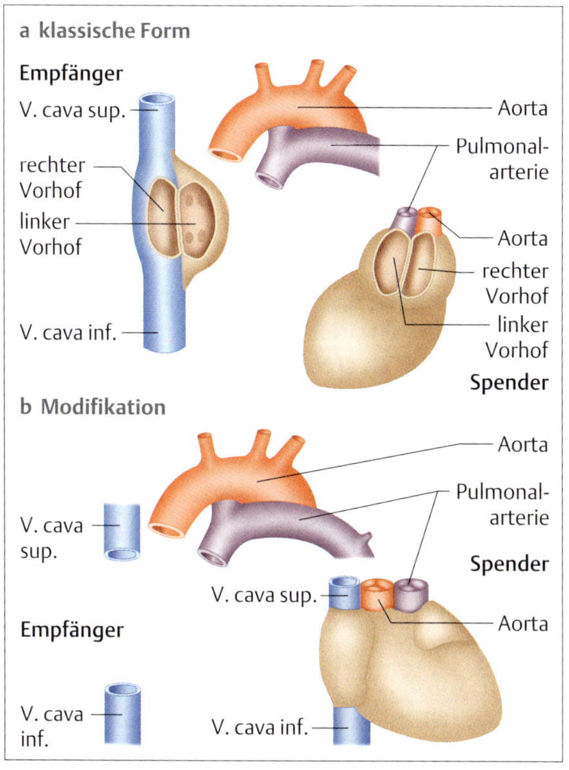

35.17 Heterotope Herztransplantation

An einzelnen Kliniken wird bei besonderer Indikation (z. B. pulmonaler Hypertonie) eine heterotope Herztransplantation durchgeführt. Hierbei wird das Spenderherz zusätzlich zu dem in situ belassenen Empfängerherzen in die rechte Thoraxhälfte implantiert, indem die Vorhöfe jeweils Seit-zu-Seit und die großen Arterien End-zu-Seit miteinander verbunden werden.

Immunsuppression

Die klassische Immunsuppression nach Herztransplantation besteht aus einer Dreifachkombination von Ciclosporin A, Azathioprin und Prednisolon, ggf. ergänzt durch eine sog. Induktionstherapie mit Antikörpern gegen Lymphozyten (Antithymozytenglobulin = ATG, Antilymphozytenglobulin = ALG oder OKT III; s. auch SE 4.12, S. 99).

Komplikationen und Nachsorge

Unmittelbar perioperativ kann es zu einem meist irreversiblen Transplantatversagen durch eine **hyperakute Abstoßung** (s. SE 4.12, S. 99) kommen. Bei zu hohem pulmonalen Gefäßwiderstand besteht das Risiko eines **Rechtsherzversagens** des Transplantatherzens. Therapeutisch werden zur Behandlung des Rechtsherzversagens Nitrat- oder Prostaglandin-E_1-Infusionen sowie eine Behandlung mit NO-Inhalation eingesetzt. Nach einigen Tagen bis Wochen kann eine **akute Abstoßung** (s. SE 4.12, S. 99) eintreten. Da die klinische Symptomatik (ggf. Leistungsabfall, Abgeschlagenheit, subfebrile Temperaturen) uncharakteristisch und wenig sensitiv ist, sollten insb. in der Frühphase nach Transplantation regelmäßig (alle 2–8 Wochen) Myokardbiopsien durchgeführt werden. Unter der immunsuppressiven Therapie besteht ein erhöhtes Risiko von **Infektionen**. Typischerweise überwiegen im ersten Monat nach Transplantation bakterielle, danach virale Infekte. Pilzinfektionen sind wegen ihrer schlechten Prognose besonders gefürchtet. Entsprechende hygienische Maßnahmen dienen der Infektionsprophylaxe.

Im Langzeitverlauf stellt die **Transplantatvaskulopathie**, d. h. eine besonders rasch verlaufende, die Koronargefäße diffus befallende Form der koronaren Herzerkrankung, den entscheidenden, die Prognose limitierenden Faktor dar. Die Diagnose erfolgt mittels Koronarangiographie oder wesentlich sensitiver über eine intravaskuläre Ultraschalluntersuchung. Prophylaktisch werden Calciumantagonisten, lipidsenkende Therapien und aggressivere immunsuppressive Therapien diskutiert. Therapeutisch kommt aufgrund des diffusen Befalls der Koronargefäße nur in seltenen Fällen eine PTCA oder eine Bypassoperation infrage. Bei weit fortgeschrittenen Gefäßveränderungen mit deutlicher linksventriklärer Funktionseinschränkung ist eine Re-Transplantation zu erwägen.

Prognose

Um den Nutzen einer Herztransplantation einzuschätzen, muss die Spontanprognose der schweren Herzinsuffizienz zur operationsbedingten Letalität in Relation gestellt werden.

Die peri- und frühoperative Letalität beträgt 8–15 %, die 1-Jahres-Überlebensrate nach Herztransplantation ca. 80 %. Die jährliche Letalität danach liegt zwischen 2 % und 5 %, sodass derzeit von einer 5-Jahres-Überlebensrate von 60–70 % ausgegangen werden kann. Die 1-Jahres-Überlebensrate im Stadium NYHA IV bzw. NYHA III mit einer VO_2max < 10 ml/kgKG/min ohne Herztransplantation beträgt ca. 30–40 %. Aufgrund der zunehmenden Zahl der potenziellen Kandidaten für eine Herztransplantation bei gleichzeitiger Stagnation der Spenderzahlen und damit der Transplantationsaktivität weltweit ist es in den letzten Jahren zu einer Zunahme der Wartelistenlänge gekommen, was zu einer Steigerung der Letalität während der Wartezeit auf eine Herztransplantation bis zu 30 % pro Jahr geführt hat.

35.13 Chirurgie der intrathorakalen Aorta

Die Chirurgie der intrathorakalen Aorta umfasst die Therapie akuter Gefäßverletzungen (s. SE 34.1, S. 752 ff und SE 35.10, S. 794 f), Aortendissektionen und -aneurysmata (s. auch SE 32.8, S. 734 ff) sowie chronischer Verschlussprozesse. Chronische Verschlussprozesse der Aortenbogenarterien (s. auch SE 32.1, S. 712 f) finden sich aufgrund arteriosklerotischer Gefäßverengungen meist aortenbogennah oder aber auch im Kontext von Arteritiden oder einer Aortitis wie z. B. der Takayasu-Arteriitis.

Aortendissektion und Aneurysma dissecans

Ätiopathogenese: Die **akute Aortendissektion** entsteht durch einen Einriss der Gefäßintima (Entry) mit nachfolgender Ausbildung eines zweiten (falschen) Lumens. Das falsche, zwischen Intima und Media der Gefäßwand befindliche Lumen liegt typischerweise auf der konvexen Seite der Aorta. Ein erneuter Anschluss des falschen an das wahre Lumen wird als Reentry bezeichnet (s. **35.18**). Bei der Aortendissektion liegt das Entry in 70 % der Fälle in der Aorta ascendens (meist am Beginn der Aortenwurzel), in 20 % in der Aorta descendens (in der Nähe des Isthmus), in 10 % im Aortenbogen und nur selten in der abdominellen Aorta. Von einem **Aneurysma dissecans** spricht man, wenn es auf dem Boden der Dissektion zu einer aneurysmatischen Erweiterung gekommen ist. Verschiedene Erkrankungen sind prädisponierend:

- Veränderungen der Media: zystische Medianekrose, Fibrose, Fragmentierung der Elastinfasern, Marfan-Syndrom, Ehlers-Danlos-Syndrom,
- arterielle Hypertonie,
- Arteriosklerose,
- entzündliche Erkrankungen,
- Aortenklappenvitien,
- Aortenisthmusstenose,
- Schwangerschaft,
- (Akzelerations-)Traumata,
- interventionelle Kathetertechniken.

Einteilung: Aortendissektionen werden nach zwei verschiedenen Klassifikationssystemen unterteilt (s. **35.18**).

Die ***Inzidenz*** der Aortendissektion liegt bei 0,2 % aller Herzerkrankungen.

Symptomatik: Bei der Aortendissektion handelt es sich häufig um ein akutes, vital bedrohliches Geschehen. Die Patienten klagen über plötzliche stärkste wandernde thorakale Schmerzen (retrosternal Typ A, dorsal Typ B), periphere Pulsdefizite sind möglich. Die Abscherung oder Thrombosierung des falschen Lumens mit Verlegung von Gefäßöffnungen kann je nach betroffenem Organ zu entsprechenden, durch die akute Ischämie bedingten Krankheitsbildern führen (s. SE 32.2, S. 714 ff).

35.18 Klassifikationssysteme und Epidemiologie von Aortendissektionen

Klassifikationen: Die **Stanford-Klassifikation** (nach Dailey) unterscheidet zwischen Dissektionen mit Beteiligung der Aorta ascendens *(Typ A)* und solchen, die nur die Aorta descendens betreffen *(Typ B)*. Der Ort des Entry/Reentry spielt bei dieser Einteilung keine Rolle.
Bei der **De-Bakey-Klassifikation** findet die Lokalisation des Entry zusätzlich Beachtung.
Typ I: Entry in der A. ascendens, distale Ausdehnung bis in den Aortenbogen bzw. die A. descendens,
Typ II: Entry ebenfalls in der A. ascendens, aber die Dissektion bleibt auf die A. ascendens beschränkt,
Typ III: Entry distal des Aortenbogens, A. ascendens und Aortenbogen sind nicht beteiligt,
Typ IV: Beginn wie Typ III, aber bis zur Aortenbifurkation reichend, evtl. auch mit absteigendem Ischämiesyndrom.
Epidemiologie: Patienten mit Typ-A-Dissektionen nach Stanford sind i. d. R. jünger (mittleres Alter bei 50–55 Jahren) als Patienten mit Typ-B-Dissektionen (Alter 60–70 Jahre). Männer sind dreimal häufiger betroffen als Frauen.

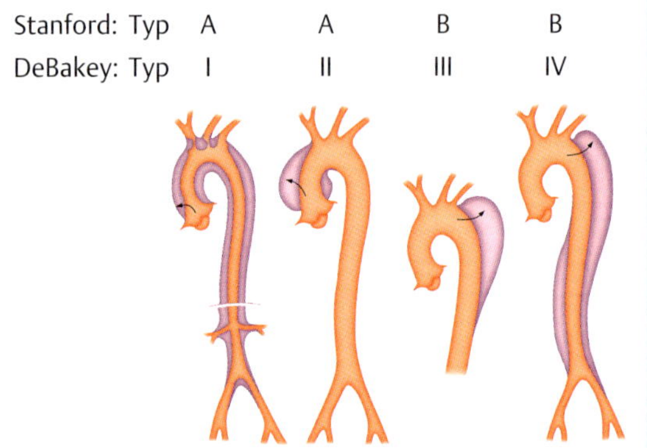

Die akute Aortendissektion stellt eine Differenzialdiagnose des akuten Myokardinfarktes dar. *Cave:* keine Lysebehandlung.

Bei einer Aorta-ascendens-Ruptur besteht die Gefahr einer Perikardtamponade.

Diagnostik: Bei Verdacht auf eine Erkrankung der Aorta werden transösophageale Echokardiographie, CT und ggf. MRT durchgeführt (s. SE 35.1, S. 769). Auskultatorisch kann eine Aortenklappeninsuffizienz nachweisbar sein (in 60 % bei Typ-A-Dissektion).

Therapie: Patienten mit akuter Typ-A-Dissektion und gedeckter Aortenruptur müssen möglichst sofort operiert werden (**35.19**). Patienten mit Typ-B-Dissektion werden, sofern keine Organdurchblutungsstörungen oder massive Blutungen vorliegen, konservativ blutdrucksenkend behandelt.
Postoperativ sollte eine konsequente Blutdruckeinstellung einschließlich β-Rezeptorenblocker-Therapie erfolgen. Bei regelmäßigen Kontrolluntersuchungen sollte auf Änderungen in der Weite der Aorta, den Pulsstatus sowie mögliche neurologische Symptome geachtet werden.

35.19 Operatives Vorgehen bei Aortendissektionen

Operationen an der **Aorta ascendens** werden wie normale Herzoperationen über eine mediane Sternotomie durchgeführt. Bei Aortenklappenbeteiligung kann diese rekonstruiert oder durch eine Gefäßprothese mit Aortenklappe (Composite Graft) ersetzt werden. Die Koronararterien müssen ggf. reimplantiert werden.
Bei Operationen am **Aortenbogen** und an **thorakoabdominellen Aneurysmata** wird der Patient in tiefer Hypothermie (18 °Celsius) im kurzzeitigen Kreislaufstillstand (20–30 min) operiert. Eine retrograde Kopfperfusion über die V. cava superior führt zu besseren Ergebnissen durch Vermeidung von Embolisationen und neurologischen Komplikationen. Der Aortenbogen wird entweder rekonstruiert/verklebt (Dissektion) oder partiell/komplett ersetzt, das Gleiche gilt für die Aortenbasis. Die supraaortalen Gefäßabgänge werden im Bereich der Aortenbogenprothese als Patch reimplantiert.
Operationen an der **Aorta descendens** werden ebenfalls in Hypothermie mit ggf. kurzem Kreislaufstillstand durchgeführt und die Interkostalarterien reimplantiert, um eine Rückenmarkschädigung zu vermeiden. Bei thorakoabdominellen Aneurysmata wird meist die abdominelle Aorta mitversorgt, der Einsatz der extrakorporalen Zirkulation mit Hypothermie ist ebenso sinnvoll.
Bei Aneurysmata der **gesamten Aorta** wird i. d. R. ein zweizeitiges operatives Vorgehen geplant. In einem ersten Schritt werden die Aorta ascendens und der Aortenbogen operiert, im zweiten Schritt dann die Aorta descendens thorakoabdominell. Das Hineinragenlassen der distalen Gefäßprothese in die Aorta descendens bei der Erstoperation in Form eines Rüssels (sog. Elephant-Trunk-Technik) erleichtert das operative Vorgehen bei der Zweitoperation.

Die ***Prognose*** des Typ A ist schlechter als die des Typ B. In den ersten 48 Stunden versterben ohne Operation 50 % der Patienten mit Typ-A-Dissektion. Die 1-Monats-Überlebensrate liegt bei nur 5–10 % (bei Typ B ca. 65 %); d. h. nach 3 Monaten sind über 90 % der nicht operierten Typ-A-Patienten verstorben. Die Operationsletalität beträgt je nach präoperativen Funktionsstörungen 5–10 %.

Aortenaneurysma

Ätiopathogenese: Beim *Aortenaneurysma* liegt eine umschriebene Erweiterung der gesamten aortalen Gefäßwand vor. Die prädisponierenden Faktoren entsprechen den unter „Aortendissektion" genannten. Die häufigste Lokalisation befindet sich im Bereich der Aorta ascendens.

Die klinische ***Symptomatik*** thorakaler Aortenaneurysmata ist häufig gering ausgeprägt und wird durch lokale Kompressionserscheinungen bestimmt.

! Leitsymptome sind Thoraxschmerzen, Heiserkeit, Schluckstörungen und Dyspnoe.

Eine akute Perforation geht mit einem plötzlichen thorakalen Schmerzereignis (s. auch akute Aortendissektion) und Schocksymptomatik einher.

Therapie: Bei einem Aortenaneurysma wird zunächst der konservativen Therapie der Vorzug gegeben. Bei Beschwerdesymptomatik, zunehmendem Wachstum (> 1 cm/Jahr) und/oder einem Durchmesser > 5 cm sollte jedoch aufgrund der Perforationsgefahr operiert werden, da die Prognose in diesen Fällen ohne Operation vergleichbar schlechter ist.
Operativ empfiehlt sich immer die komplette Ausschaltung mittels eines Protheseninterponats.
Neuerdings können ausgewählte Patienten auch katheterinterventionell durch Einbringen eines Stents über die Femoralarterien therapiert werden.

36.1 Gehirn

Das Gehirn kann durch intrakranielle Drucksteigerungen geschädigt werden, da die feste Schädelkalotte kein Ausweichen ermöglicht. Neurochirurgisch relevante Ursachen sind z. B. Tumoren, Blutungen Abszesse und Hirnschwellungen. Rechtzeitig ausgeführt, ermöglicht die Trepanation des Schädels, ggf. mit anschließender mikrochirurgischer Ausräumung der Raumforderung, eine Erholung der betroffenen Hirnareale. Irreversible Schäden treten am Nervensystem viel eher ein als an allen anderen Geweben. Diese SE muss sich auf die Notfallsituation „Hirndrucksteigerung" und die chirurgischen Maßnahmen konzentrieren und kann nicht die Lehrbücher der Neurologie ersetzen. Das Schädel-Hirn-Trauma wird in SE 36.2 auf S. 806 ff besprochen.

Erhöhter intrakranieller Druck

Pathophysiologie: Eine zusätzliche intrakranielle Volumenvermehrung führt zur Erhöhung des intrakraniellen Drucks (ICP). Die Summe von Hirnvolumen, intrakraniellem Liquorvolumen und intrakraniellem Blutvolumen ist konstant (Monro-Kelly-Doktrin). Eine Zunahme des intrakraniellen Volumens um 100–150 ml kann durch Reduktion des Liquor- bzw. des intrakraniellen Blutvolumens kompensiert werden, sodass der intrakranielle Druck nur geringgradig steigt. Eine weitere intrakranielle Volumenzunahme (Raumforderung) ruft gravierende Druckerhöhungen hervor. Dies stört die **Autoregulation** der Hirngefäße, eine spezifische Eigenschaft zur Regulierung der Gefäßweite in Abhängigkeit von Hirndurchblutung und intrakraniellem Druck. **Perfusionsdruck:** Der Mangel an Sauerstoff und Energieträgern führt zum Zusammenbruch des Membranpotenzials, zu Elektrolytverschiebungen mit konsekutivem Wassereinstrom, intrazellulärer Azidose und irreversiblem Funktionsverlust.
Massenverschiebung und Herniation (👁 **36.1**): In Abhängigkeit von der Lokalisation des primären Traumaschadens kommt es zu typischen Verschiebungen der Hirnanteile unter der Falx bzw. dem Tentorium nach der Gegenseite (Midline shift). Bei einseitiger Raumforderung wird es zuerst zu einer zingulären Herniation, bei massiver supratentorieller Raumforderung zu einer tentoriellen Herniation (Einklemmung des Mittelhirns unter dem Tentorium) kommen. Bei extremer intrakranieller Raumforderung wird das Bulbärhirn im Foramen occipitale magnum eingepresst (foraminale Herniation).

👁 36.1 Einklemmungsmöglichkeiten von Hirngewebe

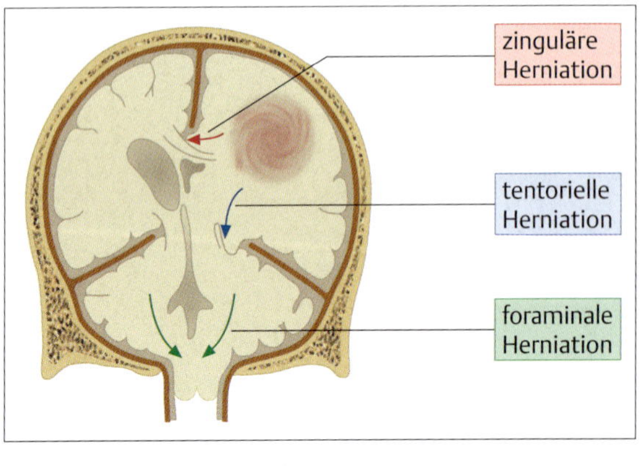

Symptomatik: Ein allgemein erhöhter intrakranieller Druck kann sich initial bemerkbar machen durch Kopfschmerzen, Übelkeit, Erbrechen, Bewusstseinsstörung und Nackensteifigkeit.
Eine weitere Drucksteigerung führt in erster Linie zu Vigilanzminderung, Koordinationsstörungen sowie pyramidalen und extrapyramidalen Störungen. Je nach betroffenem Hirnareal können u. a. auch zentrale Paresen, Krampfanfälle, Aphasien oder Hirnnervenausfälle (**T 36.1**) auftreten. Bei massiv gesteigerter Raumforderung (s. o.) kommt es zu einer Stammhirnsymptomatik (**T 36.2**).
Ein **irreversibler Ausfall aller Hirnfunktionen** ist durch weite, entrundete, lichtstarre Pupillen, Atemstillstand sowie das Fehlen von Muskeltonus, Hirnstammreflexen und vegetativen Funktionen gekennzeichnet.

Diagnostik: Bewährt hat sich international die sog. Glasgow-Coma-Scale, die ohne spezielle Qualifikation des Erstuntersuchers und ohne spezielle Hilfsmittel den Augenblickszustand des Traumatisierten charakterisiert (s. S. 806 f). Diese Glasgow-Coma-Scale ersetzt nicht eine genaue klinische Untersuchung.
Wichtig ist die klinische **Augenuntersuchung:** Eine einseitige Pupillenerweiterung weist auf eine homolaterale Druckschädigung des N. oculomotorius an der Klivuskante hin und stellt in Kombination mit der kontralateralen Hemiparese das klassische Syndrom der einseitigen Raumforderung dar.
Eine Stauungspapille, die man bei der Augenhintergrunduntersuchung findet, beweist einen wochenlang erhöhten intrakraniellen Druck.
Bildgebende Diagnostik: Um rasch die Ursache einer intrakraniellen Raumforderung zu finden, ist eine kranielle *Computertomographie (CCT)*, am besten mit Kontrastmittel, Mittel der Wahl.
Zeitaufwendiger und nicht so flächendeckend vorhanden wie die Computertomographie ist die *Magnetresonanztomographie*, die allerdings in 3 Ebenen Bilder mit Differenzierung der Weichteilstrukturen liefert.
Eine *Angiographie* kann Verlagerungen der normalen Hirngefäße und Gefäßfehl- und -neubildungen darstellen.

T 36.1 Die wichtigsten Symptome bei Hirnnervenschädigung

betroffener Hirnnerv	*Symptome bei einseitigem Ausfall*	*Besonderheit*
I. N. olfactorius	Anosmie	
II. N. opticus	Visusverlust, amaurotische Pupillenstarre, Hemianopsie bei zentralem Ausfall	konsensuelle Reaktion erhalten
III. N. oculomotorius	Mydriasis, Lid hängt, Bulbus nach außen unten gerichtet	nichtbetroffenes Auge sensuelle und konsensuelle Reaktion erhalten
IV. N. trochlearis	Bulbus steht nach oben, Doppelbilder	
V. N. trigeminus	einseitiger Sensibilitätsverlust des Gesichts	Keratitisgefahr, Kaumuskulatur und Geschmack gestört
VI. N. abducens	Bulbus kann nicht abduziert werden	Bell-Phänomen
VII. N. facialis	halbseitige Gesichtslähmung, Lidschluss nicht möglich	
VIII. N. statoacusticus	einseitige Ertaubung einseitig, Schwindel, Gangabweichung	
IX. N. glossopharyngeus	Schluck- und Hustenreflex gestört	Aspirationsgefahr
X. N. vagus	Heiserkeit durch Rekurrensparese	
XI. N.accessorius	Kopf kann nicht gewendet, Schulter nicht gehoben werden	
XII. N. hypoglossus	Zunge weicht zur gelähmten Seite ab	

T 36.2 Stammhirnsyndrome

Kriterien	*Mittelhirnsyndrom*	*Bulbärhirnsyndrom*
Pupillenweite	eng	weit
Lichtreaktion	nicht nachweisbar	nicht nachweisbar
Muskeltonus	erhöht	vermindert
Herzfrequenz	Tachykardie	Bradykardie
Atmung	Tachypnoe	Atemstörung
Hirnstammreflexe	gesteigert	verringert
vegetative Funktionen	Überreaktion	Paralyse

Akut auftretende intrakranielle Raumforderungen

Sie teilen sich in spontane und traumatogene und sind ausschließlich mit dem zerebralen Blutgefäßsystem und seinen Läsionen verbunden. Die zerebrale Ischämie wird auf S. 724 f besprochen.

Spontane intrazerebrale Blutungen

Die spontane intrazerebrale Blutung ist in der weißen Substanz lokalisiert.

Ursachen sind Gefäßrupturen im Rahmen einer arteriellen Hypertonie, einer Koagulopathie sowie bei vaskulären Malformationen.

Die ***Symptomatik*** hängt von der Lokalisation und dem Ausmaß der Blutung ab. Im supratentoriellen Raum kommt es bei Einbeziehung der Capsula interna zur Hemiparese. Je nach Stärke der Raumforderung resultieren Bewusstseinsminderung und neurologische Defizite. Bei infratentorieller Lokalisation dominieren anfänglich Schwindel- und Koordinationsstörungen, durch Verlegung der Liquorwege ist mit einem Okklusivhydrozephalus und Hirndruckzeichen (s. o.) zu rechnen.

Diagnostik: Die Differenzierung zwischen einer raumfordernden Blutung und einer akuten Ischämie ist durch eine Computertomographie zu treffen (**36.2**).

Therapie: Die mikrochirurgische Ausräumung der Blutung ist supratentoriell nur erfolgversprechend bei erheblicher Raumforderung (Midline Shift, s. **36.1**) und Nichteinbeziehung der Stammganglien. Eine Ventrikeleinblutung ist durch Ableitung operativ zu behandeln. Bei infratentorieller Blutung ist die operative Ausräumung und die Behebung der Liquorabflussstörung Standard.

Die ***Prognose*** ist abhängig vom Alter der Patienten (ab dem 70. Lebensjahr eindeutig schlechtere Prognose), von der Lokalisation der Blutung (Einbeziehung der Stammganglien bedingt schlechtere Prognose) sowie von Ausmaß und Ursache der Blutung.

36.2 Spontane intrazerebrale Blutung

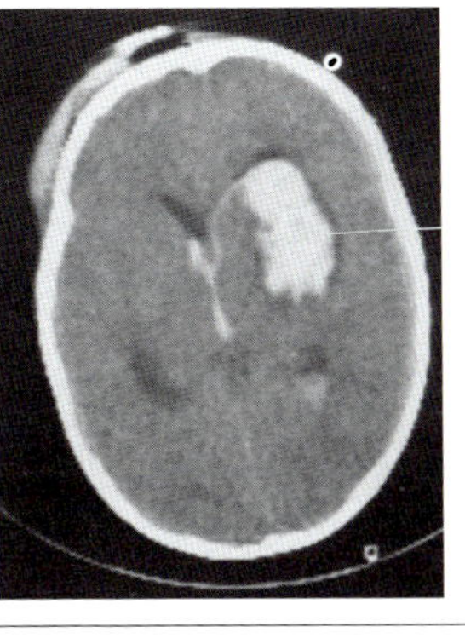

Das CCT zeigt eine spontan aufgetretene Blutung links temporal mit Anschluss an das Ventrikelsystem. Der Patient hat eine arterielle Hypertonie.

Subarachnoidalblutung (SAB)

engl.: subarachnoid haemorrhage (SAH)

Epidemiologie: Im Jahr ist bei etwa 100 000 Einwohnern mit 10 Subarachnoidalblutungen zu rechnen, wobei der Altersgipfel bei 55 Jahren liegt.

Ursache sind in etwa 80% Aneurysmen des basalen zerebralen Gefäßrings (etwa 40% davon A. cerebri anterior und Ramus communicans anterior, etwa je 1/4 A. carotis und A. cerebri media), bei etwa 15% der betroffenen Patienten ist mit multiplen Aneurysmen zu rechnen.

Symptomatik: Charakteristisch sind plötzlich einsetzender Kopfschmerz, Nackenschmerz, Übelkeit, ggf. neurologische Defizite.

Diagnostik: Der Schweregrad der klinischen Symptomatik wird nach dem Schema von Hess und Hunt bestimmt (**T 36.3**). Danach ist die CT erstes diagnostisches Mittel der Wahl (**36.3**). Die Verifizierung der Blutungsursache erfolgt durch eine digitale Subtraktionsangiographie.

Therapie: Eine Frühoperation bei Patienten im klinischen Stadium I und II nach Hess und Hunt innerhalb der ersten 72 Stunden ist indiziert, da bei 16–20% der SAB-Patienten eine Rezidivblutung mit deutlich schlechterer Prognose droht.

T 36.3 Enteilung des klinischen Zustandes bei SAB nach Hess und Hunt

Einteilung	*Definition*
Grad I	leichte Kopfschmerzen, kein neurologisches Defizit
Grad II	mäßige Kopfschmerzen, Nackensteifigkeit
Grad III	Somnolenz, leichtgradiges neurologisches Defizit
Grad IV	bewusstlos, mittel- bis schwergradiges neurologisches Defizit
Grad V	komatös, Mittelhirnsyndrom

36.3 CCT bei Subarachnoidalblutung

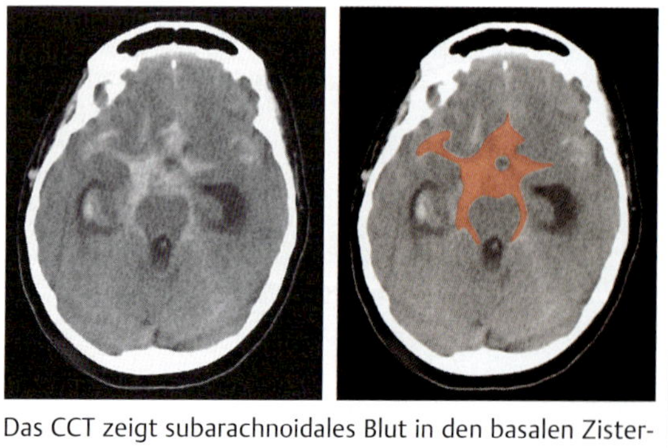

Das CCT zeigt subarachnoidales Blut in den basalen Zisternen.

Komplikationen sind Vasospasmus (10–15%) mit nachfolgender Minderperfusion des entsprechenden Hirnanteils und Hydrozephalus (15–20%) mit notwendiger Ableitung.

Prognose: Etwa ein Drittel der Patienten mit Subarachnoidalblutung versterben unmittelbar, ein weiteres Drittel an den Komplikationen der Subarachnoidalblutung. Die Mortalität nach einer Frühoperation in den Stadien 1 und 2 nach Hess und Hunt liegt bei etwa 8% und steigt jenseits des Stadiums 3 auf 30%.

Schädel-Hirn-Trauma

s. SE 36.2, S. 806 ff.

Protrahiert auftretende intrakranielle Raumforderung

Hydrozephalus

Synonym: Wasserkopf, Ventrikelerweiterung
engl.: hydrocephalus

Definitionen: Eine Erweiterung der inneren (Hydrocephalus internus) und äußeren Liquorräume (Hydrocephalus externus) kann isoliert oder kombiniert (Hydrocephalus communicans) vorkommen.

Als ***Ursachen*** kommen verminderte Resorption des Liquors, hirnatrophische Prozesse und Verlegungen der Liquorabflusspassage (Hydrocephalus occlusus) infrage.

Symptome sind beim am häufigsten vorkommenden Verschlusshydrozephalus Kopfschmerzen, Erbrechen, bei längerem Bestehen Stauungspapillen.

Diagnostik: Mittel der Wahl ist das kraniale Computertomogramm.

Therapie: Der intrakranielle Druck kann beim Okklusivhydrozephalus durch die druckkontrollierte Ableitung des Liquors über Shuntsysteme in die obere Hohlvene (ventrikuloatrialer Shunt) oder in das Peritoneum (ventrikuloperitonealer Shunt) normalisiert werden. Notfallmäßig kann der Ventrikelliquor nach Bohrlochtrepanation nach außen abgeleitet werden.

Entzündliche intrakranielle Prozesse

Ätiopathogenese: Raumfordernde pyogene Prozesse können intrakraniell in präformierten Hohlräumen als **Empyem** (engl.: empyema) oder im Hirnparenchym als **Abszess** (engl.: abcess) vorkommen. Sie entstehen durch Erregerausbreitung per continuitatem bei einer offenen

36.4 Hirnabszess

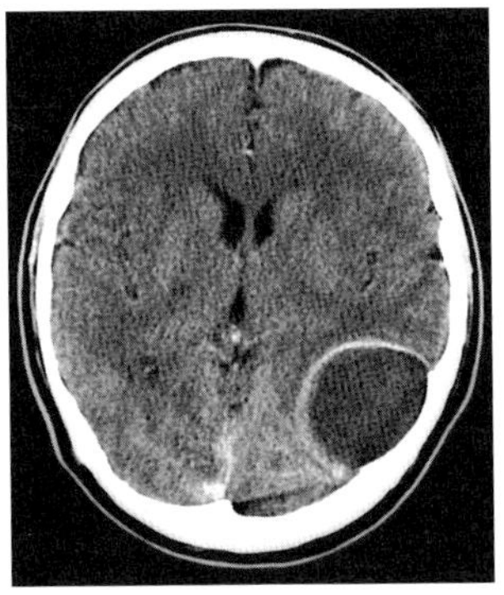

Das CCT zeigt links parietal einen rhinogen entstandenen Hirnabszess.

36.5 Meningeom

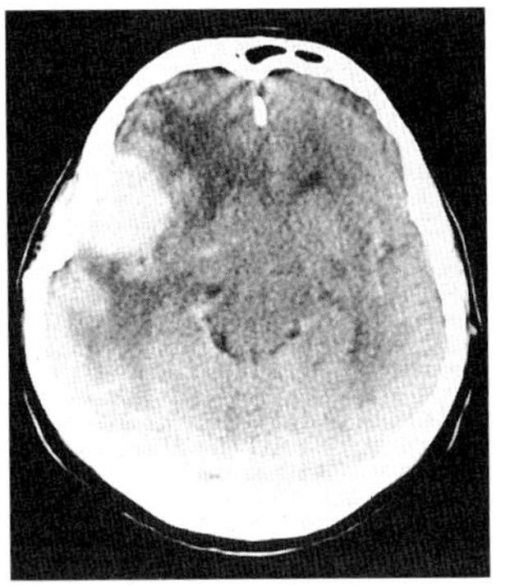

Das CCT zeigt rechts temporal ein Keilbeinflügelmeningeom mit einem kollateralen Ödem.

Hirnverletzung, d. h. bei einem Duradefekt, oder hämatogen aus dem Nasen-, seltener aus dem Ohr-, Zahn-, Thorax- (Bronchiektasen) und Abdominalbereich.

Die ***Symptome*** entsprechen unspezifisch denen bei intrakranieller Raumforderung (s. S. 802). Sehr häufig sind generalisierte Anfälle.

Diagnostik: Das kraniale Computertomogramm ist das Mittel der Wahl. Nach i. v. Kontrastmittelapplikation kann die Membran eines länger bestehenden Abszesses angefärbt werden (**36.4**).

Die ***Therapie*** besteht beim Empyem in der Bohrlochdrainage und Spülung. Hirnabszesse werden minimal invasiv nach Bohrlochtrepanation und Punktion behandelt. Begleitend sind hochdosierte gezielte Antibiotikatherapie und antikonvulsive Behandlung obligat.

Intrakranielle Tumoren

Bei einer sich langsam entwickelnden intrakraniellen Raumforderung ist immer an das Vorliegen von intrakraniellen Tumoren zu denken.

Die am häufigsten vorkommenden Gruppen intrakranieller Tumoren sind neuroektodermalen (Gliome, engl.: gliomas) oder mesodermalen (Meningeome, engl.: meningeomas; **36.5**) Ursprungs oder Metastasen extrakraniell wachsender Primärtumoren (am häufigsten Bronchial-, Nieren- oder Mammakarzinome).

Die ***Symptomatik*** entspricht allgemein einer intrakraniellen Raumforderung (s. S. 802) und je nach Lokalisation des Tumors dem lokalen Funktionsausfall benachbarter Parenchymanteile bzw. Hirnnerven. Bei infratentorieller Lokalisation ist mit der Ausbildung eines Okklusivhydrozephalus mit Stauung der Ventrikel I–III, bei medianer Ausbildung und Verlegung des Foramen Monroi mit einem Okklusivhydrozephalus und Stauung der Ventrikel I und II zu rechnen. Ein generalisiertes Anfallsleiden kann Anlass zur weitergehenden bildgebenden Diagnostik sein.

Die ***Diagnostik*** intrakranieller Tumoren wird durch CCT und MRT mit hoher Sicherheit hinsichtlich Größe und Lokalisation erreicht, eine artdiagnostische Zuordnung der Raumforderung ist nur in wenigen Fällen möglich.

Therapie: Nach osteoplastischer Trepanation (s. S. 809) ist die mikrochirurgische Tumorexstirpation Ziel des operativen Eingriffs, bei hirneigenen Tumoren ist das Minimalziel die histologische Sicherung der Diagnose zur Planung der adjuvanten Therapie (Radiochirurgie, seltener Chemo-, Immun- oder Gentherapie).

Die ***Prognose*** von **Meningeomen** ist gut, obwohl bei 1/3 der Operierten mit Rezidiven, die einen Zweiteingriff erforderlich machen, gerechnet werden muss. Bei **gliösen Tumoren** hängt sie vom Grading dieser Geschwülste ab, bei dem malignesten, dem **Glioblastoma multiforme**, ist statistisch mit einer Überlebenszeit von etwa 1 Jahr zu rechnen. Die 5-Jahres-Überlebensrate liegt bei 3 %.
Die Aussichten bei **Metastasen** sind vom Primärtumor wesentlich abhängig.

36.2 Schädel-Hirn-Trauma und besondere Aspekte beim Polytrauma

Das Schicksal von > 90 % der Polytraumatisierten wird vom zerebralen Schaden bestimmt. Die Dringlichkeit und Reihenfolge der diagnostischen und therapeutischen Maßnahmen hat diesem Umstand Rechnung zu tragen. Das schnelle Erkennen der primären Traumafolgen, ihrer Wechselwirkungen und ihre gezielte Behandlung vermag gravierende sekundäre Schäden, die am Zentralnervensystem in der Regel irreversibel sind, zu verhindern. In dieser SE werden nur neurochirurgische Aspekte des Polytraumas behandelt, allgemeine Informationen stehen in Kapitel 10 (s. S. 256 ff).

Epidemiologie: Es ist alljährlich mit 800 Schädel-Hirn-Traumen pro 100 000 Einwohner zu rechnen, davon sind etwa 1/4 schwer, etwa 5 % enden tödlich.

3/4 aller Verkehrstoten versterben an den Folgen eines Schädel-Hirn-Traumas.

Einteilung: Es sind **primäre** (axonale Schädigung, Hirnkontusion) und sekundäre traumatische Schäden am Gehirn zu unterscheiden. Die **sekundären Hirntraumaschäden** werden entweder durch ein sich raumfordernd entwickelndes Hämatom oder durch eine spezifische Traumareaktion des Hirns, der Cushing response, verursacht. Letztere ist durch den Verlust der Autoregulation der Hirngefäße mit charakteristischem arteriellen Blutdruckanstieg, Bradykardie und Cheyne-Stokes-Atmung gekennzeichnet.
Eine andere Einteilung erfolgt in geschlossene und offene Schädel-Hirn-Traumen. Zu den offenen Schädel-Hirn-Traumen zählen auch die Verletzungen, bei denen auslaufender Liquor die Duraverletzung anzeigt.

Leitsymptome und Pathophysiologie:
Ateminsuffizienz:
Mögliche Ursachen:
- primäre oder sekundäre Schädigung der zentralen Atemregulation: Cheyne-Stokes-Atmung, Biot-Atmung,
- Thoraxtrauma,
- Rückenmarkschädigung: bei einer Läsion oberhalb des 4. Zervikalsegmentes ist mit Atemlähmung, zwischen dem 4. Zervikal- und 9. Thorakalsegment mit einer Einschränkung der Atemmuskulatur bis zu 50 % zu rechnen.

Kreislaufdepression:
Mögliche Ursachen:
- Bei Volumenmangel ist zuerst an eine extrazerebrale Blutung zu denken (als Ausnahme kann bei Kindern eine intrakranielle Blutung Ursache eines hämorrhagischen Schocks sein). Ein hypoxisch bedingter zerebraler Schaden droht bei Hypotonie, da der zerebrale Perfusionsdruck die Differenz von arteriellem Mitteldruck und intrakraniellem Druck darstellt.
- Eine tentorielle bzw. foraminale Herniation führt über die Druckerhöhung auf das Kerngebiet des N. vagus zur Bradykardie.

Folgen: Bei Hypotonie droht ein hypoxisch bedingter zerebraler Schaden, da der zerebrale Perfusionsdruck die Differenz von arteriellem Mitteldruck und intrakraniellem Druck darstellt.
Vigilanzminderung (bis zum Koma): Sie ist Ausdruck der primär traumatischen axonalen Schädigung mit Störung der subkortikalen Aktivierungszentren (Substantia reticularis, basale Kerne, medulläre Zentren) oder einer Steigerung des intrakraniellen Drucks durch intrakranielle Raumforderung (s. S. 802 ff).
Neurologische Defizite lassen Rückschlüsse auf die Lokalisation der primären bzw. sekundären zerebralen Unfallfolgen zu:
- kortikale Schädigung: u. a. Aphasien, zentrale Lähmungen,
- subkortikale und Stammhirnschäden: s. **T 36.2**, S. 803.
- Schäden der Hirnnerven: s. **T 36.1**, S. 803,
- fokale und/oder generalisierte Krampfanfälle (selten): Zeichen der traumatischen Hirnläsion,
- medulläre Schäden: Transversalsyndrom beim Wirbelsäulentrauma,
- lokale Läsion der peripheren Nerven an der oberen und unteren Extremität.

Differenzialdiagnostisch muss an Stoffwechselstörungen, wie z. B. diabetisches Koma, Alkohol-, Drogen- und Toxineinwirkung gedacht werden.
Liquoraustritt (Rhino- bzw. Otoliquorrhö): Sie ist bei Schädelbasisfrakturen ein Zeichen für eine offene Schädel-Hirn-Verletzung.

Diagnostik: Das Ergebnis der minutiösen **klinischen Erstuntersuchung** bestimmt die Abfolge der weiteren diagnostischen Maßnahmen, wobei diese parallel mit der Sicherung der Vitalfunktionen einhergehen müssen. Eine Einschätzung des Schweregrades ist durch die Einordnung in die *Glasgow-Coma-Scale* (**T 36.4**) möglich.
Bildgebende Verfahren:
Sonographie, Röntgenaufnahme des Thorax und des Abdomens: Suche nach den Ursachen eines evtl. vorliegenden hämorrhagischen Schocks (intraabdominale, intrathorakale Blutung) und einer möglichen Ateminsuffizienz (Aspiration, Thoraxtrauma, Wirbelsäulentrauma u. a.).

T 36.4 Glasgow-Coma-Scale zur klinischen Schweregradeinschätzung beim Schädel-Hirn-Trauma

untersuchte Parameter	*beste erreichte Antwort*	*Punkte*
Augenöffnen	spontan	4
	nach Aufforderung	3
	nach Schmerzreiz	2
	nicht vorhanden	1
motorische Reaktion	adäquat	6
	gezielt auf Schmerzreiz	5
	ungezielt auf Schmerzreiz	4
	Beugesynergismen	3
	Strecksynergismen	2
	keine Reaktion	1
sprachliche Antwort	voll orientiert	5
	unvollständig orientiert	4
	verworren, unangemessen	3
	unverständlich	2
	keine Antwort	1
	Summe:	3–15

Je kleiner die Summe der erreichten Punkte aus den 3 Gruppen ist, desto schwerer ist das Schädel-Hirn-Trauma.

36.6 Epidurales Hämatom

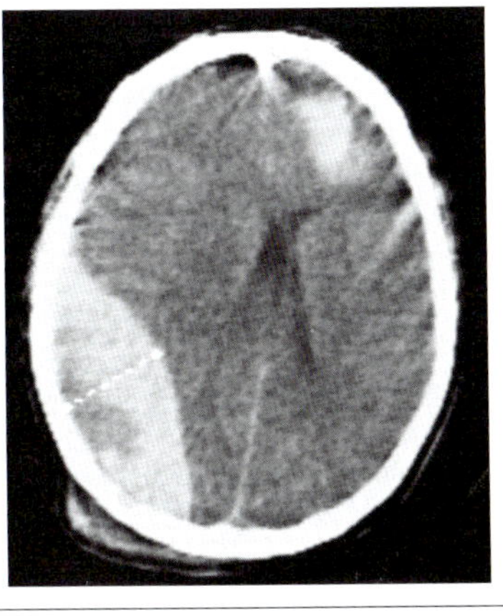

Im CCT ist rechts parietookzipital das epidurale Hämatom zu sehen, das die Mittelstrukturen um 7 mm verschiebt. Links frontal ist der Contre Coup zu erkennen.

Kraniale Computertomographie:

Die CCT ist bei einem Schädel-Hirn-Trauma das diagnostische Mittel der Wahl.

Beim wachen, atemsuffizienten Patienten wird sie sofort, sonst unmittelbar nach Sicherung der Vitalfunktionen durchgeführt (**36.6** u. **36.7a**). Sie ist zu wiederholen, falls

- bei der Erstaufnahme kein operationswürdiger intrakranieller Befund diagnostiziert wird und nach 6 Stunden keine Besserung der neurologischen Symptomatik eintritt (**36.7b**) oder
- sich nach einer indizierten intrakraniellen intraoperativen Intervention die neurologische Symptomatik nicht bessert.

Raumfordernde intrakranielle Blutungen, Hirnkontusionen, Ventrikeleinblutungen und intrakraniell eingedrungene Luft nach Schädelbasis- oder offenen Frakturen können ebenso wie mögliche eingedrungene Fremdkörper diagnostiziert werden (**36.8**).

Röntgen der Halswirbelsäule:

Beim Schädel-Hirn-Trauma ist immer eine Mitverletzung der Halswirbelsäule durch **Röntgenaufnahmen in 2 Ebenen** auszuschließen.

Monitoring: Die Messung des intrakraniellen Hirndrucks (intraventrikulär, intraparenchymal oder epidural) und der Sauerstoffsättigung in der V. jugularis sowie die elektrophysiologische Ableitung (EEG, evozierte Potenziale) ist insbesondere im Rahmen der Intensivtherapie bei Schwerverletzten wichtig.

Entscheidend für das Schicksal des Polytraumatisierten mit Schädel-Hirn-Trauma ist die richtige Wertung des Erstbefundes und eine engmaschige weitere klinische Kontrolle.

36.7 CCT nach gedecktem Schädel-Hirn-Trauma

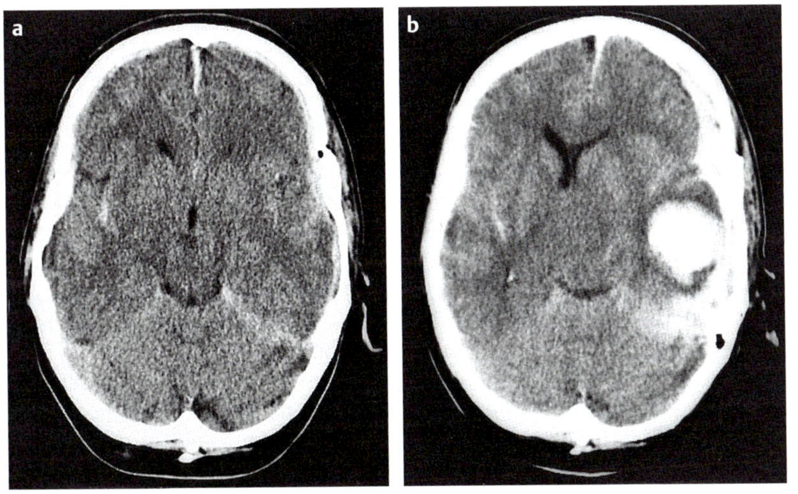

a 6 Stunden nach dem Unfall ist das CCT noch unauffällig, wohingegen weitere 6 Stunden später (**b**) links temporal ein deutlich raumfordernder Kontusionsherd zu sehen ist.

T 36.5 Retrograde Einschätzung der Schweregrade des Schädel-Hirn-Traumas nach Tönnis und Loew

Schweregrad	*Dauer der Bewusstlosigkeit*	*Dauer der posttraumatischen Amnesie*	*objektivierbare psychische Beeinträchtigung*
I	0–1 Stunde	Minuten bis Stunden	bis zum 4. Tag
II	0–24 Stunden	Stunden bis 2 Tage	bis zur 3. Woche
III	≤ 1 Woche	1–4 Wochen	> 3 Wochen
IV	>1 Woche	>4 Wochen	bleibend

36.8 CCT bei frontobasaler Fraktur

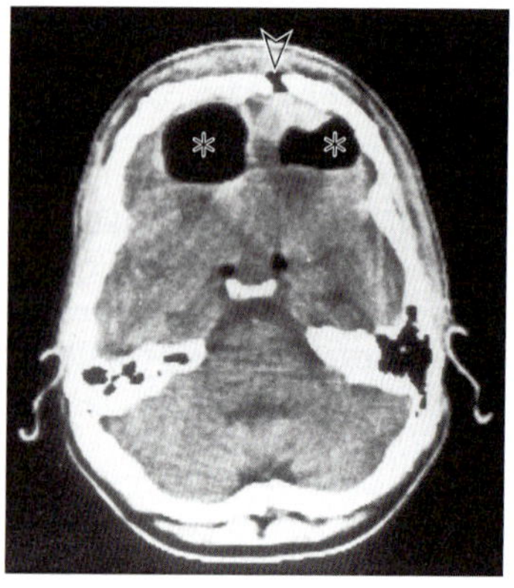

Im CCT ist Luft in den Vorderhörnern der Ventrikel (*) und intradural (Pfeil) als sicherer Hinweis einer Duraverletzung bei einer frontobasalen Fraktur zu erkennen.

T 36.5 zeigt, wie die verschiedenen **Schweregrade des Schädel-Hirn-Traumas** nach Tönnis und Loew retrospektiv unterschieden werden können, während der aktuelle Zustand nach der Glasgow-Coma-Scale beurteilt wird (**T 36.4**).

Transportfähigkeit: Der Transport in eine Spezialklinik ist in den akuten Stadien des Mittel- bzw. Bulbärhirnsyndroms nicht gerechtfertigt. Im Vordergrund steht die Sicherung der Vitalfunktionen. Danach sollte die Transportfähigkeit nur bescheinigt werden, wenn der mittlere arterielle Blutdruck höher als 90 mmHg, der Puls möglichst unter 100/min gemessen wird, ein sicherer venöser Zugang liegt, die Atmung gesichert ist (großzügige Indikation zur Intubation und Beatmung), ein Blasenkatheter liegt und die Gewebsperfusion ausreichend erscheint.

Therapie: Die Reihenfolge der interdisziplinären Versorgung eines Polytraumatisierten muss nicht nur die vitale Gefährdung, sondern auch die drohenden Schäden, die bei nicht rechtzeitiger operativer Versorgung entstehen, berücksichtigen. Die Grundsätze der interdisziplinären Versorgung eines Polytraumatisierten werden in SE 10.5 auf S. 270 ff dargestellt.

Sicherung der Vitalfunktionen: Beim Bewusstlosen wird die Indikation zur Intubation und *Beatmung* großzügig gestellt, wenn ein Verdacht auf Aspiration, Thoraxtrauma oder hämorrhagischen Schock besteht (der arterielle P_{O2} soll über 100 mmHg, der arterielle P_{CO2} unter 40 mmHg liegen).

Außerdem wird die zirkulierende Blutmenge durch eine intravenöse *Infusionstherapie* gesichert. Bei einer intraabdominalen, intrathorakalen oder perikardialen Blutung ist die *lebenserhaltende Operation* zur Stillung der Blutung vordringlich. Näheres zur Schocktherapie steht in SE 7.4, S. 188 ff.

Verhinderung oder Therapie eines Hirnödems:

- Onko-Osmo-Therapie: Infusion von kolloidaler (Eiweiß-) Lösung (onkotische Wirkung) und Mannit- oder Sorbit-Lösung (osmotische Wirkung). Weiterer Bestandteil der Therapie ist die Normalisierung des Mineral- (Kalium-Lösung) und Säure-Basen-Haushaltes (Tris-Puffer, Bicarbonat).
- Eine Verminderung des zerebralen Blutflusses und damit eine geringgradige Senkung des intrakraniellen Druckes wird durch die Analgosedierung erreicht, die obligate Beatmung sichert die Sauerstoffversorgung des Gehirns.

Notfallmäßige operative Versorgung:

Ein raumforderndes intrakranielles (epi- oder subdurales) Hämatom wird durch Bohrlochtrepanation notfallmäßig versorgt.

Die Operation wird nach dem CCT-Befund geplant. Die Kraniotomie erfolgt entweder osteoklastisch, d. h. der Knochendefekt wird durch Muskel-, Galea- oder Kunststoffimplantate gedeckt, oder (seltener) durch osteoplastische Trepanation mit anschließendem Wiedereinsetzen des Knochenstücks (**36.9**).

Bei einer *Ventrikeleinblutung* wird eine äußere Ventrikeldrainage angelegt, eine starke Blutung nach *Sinus-Einriss* gestillt. Traumatisch bedingte intrakranielle *frontobasale Duraverletzungen* mit erkennbarer Rhinoliquorrhö werden nur akut operativ versorgt, wenn gleichzeitig eine intrakranielle Raumforderung oder eine nach frontal offene Verletzung vorliegt.

Bei Hirnbreiaustritt aus dem Gehörgang und starker Blutung wegen eines eingerissenen Sinus ist in seltenen Fällen auch bei einer *laterobasalen* Fraktur eine dringliche Operation notwendig.

Komplette bzw. inkomplette *Transversalsyndrome* bei medullären traumatischen Schäden werden nach sehr kurzer Zeit irreversibel, sodass nach dringlicher Diagnostik (Röntgen, spinales CT, ggf. mit intrathekaler Kontrastmittelgabe) die spinale Dekompression und Stabilisierung der Wirbelsäule zu planen ist.

Die operative Dekompression eines *komprimierten N. opticus* bei Basisfraktur hat nur Aussicht auf Erfolg, wenn sie innerhalb der ersten 6 posttraumatischen Stunden durchgeführt werden kann.

36.9 Ausräumung eines epiduralen Hämatoms

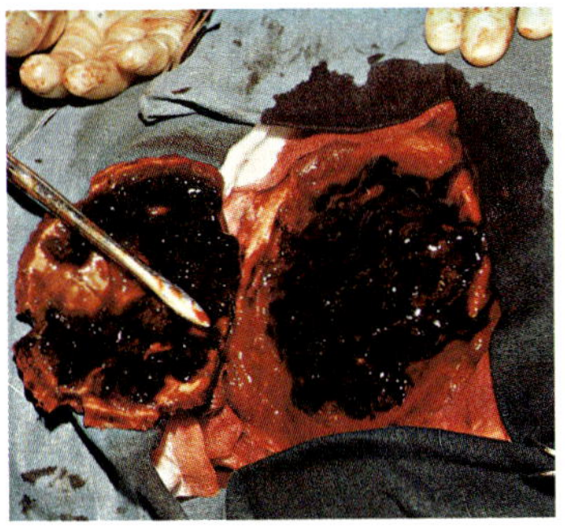

Die Schädelkalotte wurde durch eine osteoplastische Trepanation eröffnet. Nach Ausräumen des rechts parietotemporal gelegenen Hämatoms wird der Defekt mit dem Knochen wieder gedeckt.

Operationen mit aufgeschobener Dringlichkeit nach Stabilisierung vitaler Funktionen und konservativer Therapie der Hirnödemphase am 3.–6. posttraumatischen Tag: operative Versorgung von

- Gesichtsschädelfrakturen,
- frontobasalen Frakturen,
- geschlossenen Impressionsfrakturen (wenn die Impression mehr als Kalottenstärke beträgt, bzw. wenn diese Impression über eloquenten Arealen wie z. B. der Zentralregion liegt oder die Frakturen einen Sinus überschreiten),
- Wirbelsäulen- und Extremitätenfrakturen.

Konservative Therapie: Eine laterobasale Duraverletzung wird fast ausschließlich konservativ behandelt.
Eine **Kontrolle** des intrakraniellen Drucks ist durch direkte Hirndruckmessung (intraventrikulär, intraparenchymal, sub- oder epidural) möglich.

Komplikationen des Schädel-Hirn-Traumas:
Ursachen: Raumfordernde Blutungen wie ein epidurales Hämatom durch einen Einriss der A. meningea media oder ein Frakturhämatom bei Schädelfraktur bzw. ein subdurales Hämatom durch Verletzungen der Brückenvenen oder ein intrazerebrales Hämatom durch traumatogene Hirnkontusionen sowie in seltenen Fällen eine traumatische Subarachnoidalblutung.
Symptomatik: s. intrakranielle Raumforderung (S. 802).
Diagnostik: kranielle Computertomographie.
Therapie: s. S. 803 f.

Prognose: Die **Frühprognose** des Schädel-Hirn-Traumas wird durch die primären Traumafolgen am Stammhirn bestimmt. Ein primär vorliegendes Bulbärhirnsyndrom führt auch heute noch in etwa 90 % und ein primär vorliegendes akutes Mittelhirnsyndrom in etwa 50 % der Fälle zum letalen Ausgang. Eine kontinuierliche klinische Kontrolle und der wiederholte Einsatz bildgebender und invasiver Diagnostik können sekundäre Traumaschäden verhindern.
Die **Gesamtprognose** ist abhängig von der Schwere des initialen Traumas, dem Eintritt von Komplikationen und den konsequent durchgeführten Rehabilitationsmaßnahmen. Bei einem initialen Punktwert auf der Glasgow-Coma-Scale von 3–4 Punkten ist mit einer Letalität von über 80 % zu rechnen. Bei Schädel-Hirn-Traumatisierten mit initial mehr als 8 Punkten auf der Glasgow-Coma-Scale sinkt die Letalität unter 10 %. International erfolgt die Graduierung durch den *Glasgow-Outcome-Score* (GOS; **36.1**).

36.1 Glasgow-Outcome-Score

Die Spätfolgen nach einem Koma aufgrund eines Schädel-Hirn-Traumas oder anderer Ursachen können anhand des Glasgow-Outcome-Scores eingeteilt werden. Die folgenden Graduierungen können in weniger als 1 Minute ermittelt werden, haben allerdings nur eine geringe Sensitivität:
1 Patient verstorben („death"),
2 persistierender vegetativer Status („vegetative situation"),
3 schwer behindert (der Patient ist zur Bewältigung des täglichen Lebens auf ständige fremde Hilfe angewiesen; „severe disability"),
4 mäßig behindert („moderate disability"),
5 nicht oder minimal behindert („good outcome").

36.2 Messung des intrakraniellen Drucks (ICP)

Indikationen: Bei bewusstlosen Patienten postoperativ, drohendem Hirnödem oder Hydrozephalus;
Methoden: invasive, kontinuierliche Messung durch Bohrlochtrepanation
- intraventrikulär: Liquorableitung bei Erhöhung des intrakraniellen Drucks möglich (bei Schlitzventrikel allerdings schwierig),
- epidural / subdural: artefaktanfällig, keine Liquorableitung möglich,
- intraparenchymatös: auch bei Schlitzventikel und/oder infratentorieller Läsion über längere Zeit sicher messbar.

Die ICP-Messung muss kontinuierlich erfolgen, da eine einmalige Messung u. U. einen nicht repräsentativen Einzelwert zeigt (z. B. vor bzw. nach Plateauwelle) und andererseits der Trend und die Dynamik von wesentlicher Bedeutung sind.
Die Alarmschwelle ist bei 15–20 mmHg fest zulegen.
Jede ICP-Messung hat ***Komplikationsmöglichkeiten***, wie z. B. Blutung bei Anlage der Sonde, Infektion, bei intraventrikulärer und parenchymatöser Messung in ca. 3 % der Fälle intrazerebrale Blutung durch notwendige Hirnpunktion. Insgesamt nimmt Infektionsrate mit der Liegedauer zu (3–5 % nach 3Tagen). Seltene Komplikationen sind Abriss oder Dislokation von Sonde bzw. Schlauch.
Interpretation: Atem- und pulssynchrone Schwankungen zeigen die regelrechte Sonden- bzw. Schlauchposition, bei ICP-Steigerung sind – abgesehen vom kontinuierlichen Anstieg – Plateau- oder B-Wellen des ICP darzustellen.
Phasen der Hirndrucksteigerung:
kompensiert: Autoregulation intakt, Blutvolumen und ICP unverändert,
kritisch: zerebrale Vasodilatation, Blutfluss verringert, ICP > 20 mmHg,
terminal: Autoregulation bricht zusammen, Blutfluss sinkt, ICP > 40 mmHg.

36.3 Rückenmark

Mechanische Ursachen unterschiedlichster Art (Hämatome, Abszesse, Tumoren, Anteile der Wirbelsäule usw.) können direkt oder indirekt Myelon und/oder austretende Wurzeln im knöchernen Spinalkanal schädigen und zu ihrem Funktionsausfall führen. Unter Beachtung der Stabilität des Achsenorgans Wirbelsäule kann versucht werden, diese Ursachen mikrochirurgisch zu beseitigen werden, um die Regredienz der neurologischen Defizite zu erreichen oder deren Progredienz zu verhindern. Verletzungen der Wirbelsäule werden in SE 13.1 (s. S. 336 ff) und SE 13.2 (s. S. 340 ff) besprochen.

Ursachen einer spinalen Raumforderung

Abgesehen von sehr seltenen **offenen Schäden** des Rückenmarks durch Schuss oder offene Wirbelsäulenverletzungen kommen verschiedene Ursachen für eine **raumfordernde Beengung** im knöchernen Spinalkanal infrage. Die Lokalisation all dieser Raumforderungen kann sowohl intramedullär, intradural-juxtamedullär oder extradural liegen:

Wirbelsäulentrauma: Kompression durch Wirbelfragmente, kyphotische Fehlstellung, Luxationen, traumatische Bandscheibenprolapse (zur Therapie s. auch S. 336 ff),

Blutungen als Traumafolge, spontan durch Antikoagulantientherapie oder durch Spontanruptur einer spinalen Malformation.

Tumoren des Rückenmarks und der Wirbelsäule sind zu unterscheiden in primäre Tumoren, die etwa 20 % aller Tumoren des ZNS darstellen und bei denen jährlich mit 2 Neuerkrankungen auf 100 000 Einwohner zu rechnen ist, und sekundäre Tumoren (meist Metastasen). Nach der Lokalisation werden unterschieden:

- intramedulläre Tumoren (20 % aller primären Tumoren): Ependymome, Gliome (in 90 % der Fälle Astrozytome) und Hämangioblastome (in 30 % der Fälle im Rahmen einer Hippel-Lindau-Erkrankung),
- intradurale juxtamedulläre Tumoren (50 % der primären Tumoren): Meningeome (von der Dura ausgehend) und Neurinome (von den Rückenmarkswurzeln ausgehend; in 20 % der Fälle Teil einer Recklingshausen-Erkrankung),
- extradurale Tumoren (30 % der primären Tumoren): Myelome, Lymphome sowie (am häufigsten) Wirbelkörpermetastasen (die Häufigkeit der Primärtumoren ist in **T 36.6** aufgeführt).

T 36.6 Häufigkeitsverteilung der wichtigsten Primärtumoren bei Wirbelkörpermetastasen

bei der Frau	*beim Mann*
40 % Mammakarzinom	40 % Prostatakarzinom
25 % Bronchialkarzinom	30 % Bronchialkarzinom
25 % Schilddrüsenkarzinom	15 % Blasenkarzinom

Entzündliche Prozesse: Abszesse, Empyeme,

Spinale Dysrhaphien: Störungen der Neuralrohrbildung in der 3.–4. Embryonalwoche (bei ca. 1 ‰) durch Unterbleiben des Schlusses der dorsalen Strukturen:

- Spina bifida occulta (Haut geschlossen): Tethered spinal cord, Diastomyelie, Lipomeningozele, Dermalsinus,
- Spina bifida cystica (Haut offen): Myelomeningozele, Meningozele, häufig kombiniert mit Arnold-Chiari-Malformation und Hydrozephalus:
  - orthopädisches Syndrom: Fußdeformität, Bogenschlussstörung,
  - urologisches Syndrom: Parese der Sakralnerven,
  - neurologisches Syndrom: Paralyse, Paresen u. a.

Spinale Dysrhaphien stellen eine dringliche operative Indikation dar: 92 % der Neugeborenen überleben, 86 % werden älter als 5 Jahre; die Fehlbildungen sind meist mit einem Hydrozephalus kombiniert, der durch einen Shunt zu versorgen ist (60 % der Kinder entwickeln eine normale Intelligenz);

Degenerative Wirbelsäulenveränderungen: Bandscheibenschaden, knöcherne Spinalkanalstenose, degenerative Spondylolisthesis, d. h. eine durch Veränderung der kleinen Wirbelgelenke bedingte Verschiebung der Wirbelkörper gegeneinander.

Symptomatik

Die Symptomatik variiert je nach Lokalisation der Rückenmarksschädigung. Die Höhe der Läsion kann über die betroffenen Muskeln bzw. Dermatome bestimmt werden (**T 36.7**). Die Symptomatik ist entweder radikulär (Läsion an der Austrittsstelle der Wurzel) oder funikulär (Läsion liegt im Myelon):

lokale Schmerzen und *Bewegungseinschränkung* der Wirbelsäule,

radikuläre Ausfälle (**T 36.7**):

- motorisch: Parese und ggf. Atrophie der Kennmuskulatur,
- sensibel: Hyp-, An- und Dysästhesie in den entsprechenden Dermatomen, Ausfälle der Eigenreflexe,

funikuläre Ausfälle: Pyramidenzeichen, Paraspastik, Koordinationsstörungen,

vegetative Ausfälle: Blasen-Mastdarm-Störung.

T 36.7 Zuordnung von typischen neurologischen Ausfällen zu den Rückenmarkssegmenten

Rückenmarks-segment	*motorische Störung*	*Reflex-ausfall*	*sensible Störung*
Plexus brachialis			
C4	Diaphragma	-	Schultergürtel
C5	M. deltoideus	-	ventrale und laterale Oberarmseite
C6	M. biceps brachii	BSR	radiale und dorsale Unterarmseite
C7/8	M. trizeps brachii M. abductor pollicis longus und brevis	TSR	ulnare und dorsale Hand- und Unterarmseite
Plexus lumbosacralis			
L3	M. quadriceps femoris	PSR	ventrale und mediale Ober- und Unterschenkelseite
L4	M. tibialis anterior	PSR	ventrale und mediale Ober- und Unterschenkelseite
L5	M. extensor digitorum longus und brevis M. extensor hallucis longus	ASR	laterale Ober- und Unterschenkelseite
S1	M. peronaeus brevis	ASR	laterale Ober- und Unterschenkelseite

Das charakteristische Zusammenfallen der oben beschriebenen Symptome in einer Segmenthöhe wird als **Transversalsyndrom** bezeichnet. Es kann inkomplett oder komplett sein und gestattet klinisch die Bestimmung des geschädigten Rückenmarkssegmentes.

Das Zusammenfallen von vegetativen Störungen (s.o.) mit lumbalgi- und/oder ischialgiformen Beschwerden wird als **Konus-Kauda-Syndrom** bezeichnet.

Diagnostik

Voraussetzung für eine gezielte bildgebende Diagnostik ist eine minutiöse **klinische Untersuchung** (s. **T 36.7**).

Bildgebende Diagnostik: Sie soll das Ausmaß der mechanischen Beengung belegen:

Auf dem *Nativröntgenbild* können erweiterte Foramina intervertebralia oder Knochendestruktionen gesehen werden. Es kann zur Darstellung der intraduralen Verhältnisse durch intrathekale Kontrastmittelgabe ergänzt werden (Myelographie; **36.10**).

Mittel der Wahl ist das spinale *Computertomogramm*, das durch Gabe eines intrathekalen Kontrastmittels optimiert werden kann (Myelo-CT). In den axialen Schichten können knöcherne Einengungen des Spinalkanals und knöcherne Destruktionen sehr gut diagnostiziert werden. Bilder in der Sagittal- und Frontalebene sind als Sekundärschnitte methodenbedingt von geringerer Aussagekraft.

Die spinale *Magnetresonanztomographie* vermag in allen 3 Ebenen aussagefähige Bilder zu liefern, die über die Art und Lokalisation einer Enge innerhalb des Spinalkanals detaillierte Aussagen machen kann (**36.11**). Stehen nichtknöcherne Veränderungen im Vordergrund, stellt das MRT das Mittel der Wahl dar. Im vertikal offenen Kernspintomographen ist es möglich, dynamische Untersuchungen zur Verifikation der Mobilität der einzelnen Segmente einschließlich ihres Rotationsverhaltens durchzuführen (**36.12**).

36.10 Myelographie

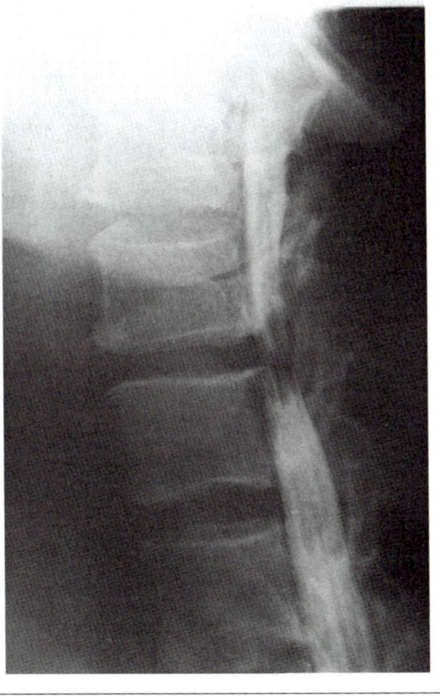

Die lumbale Myelographie zeigt eine Kontrastmittelaussparung durch ein Meningeom auf Höhe von L2/L3 (Pfeil).

36.11 Spinale Magnetresonanztomographie

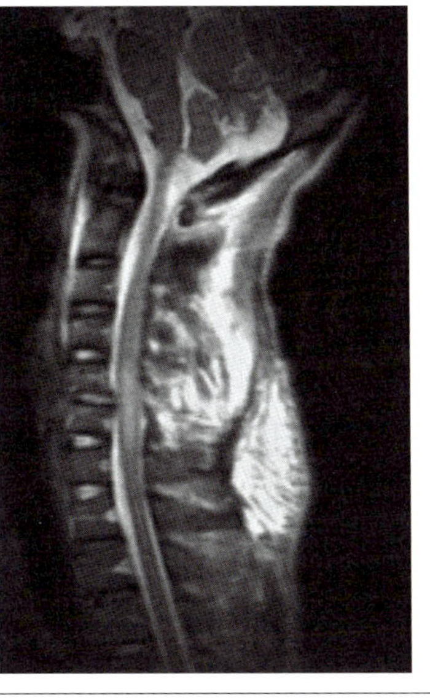

Das Kernspintomogramm zeigt einen Bandscheibenvorfall und dorsale Osteophyten auf Höhe von C5/C6.

36.12 MRT: dynamische Untersuchung der LWS

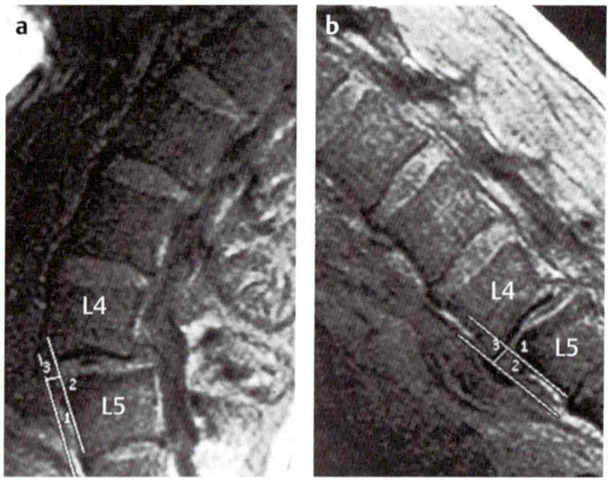

Die dynamische Untersuchung der Lendenwirbelsäule im vertikal offenen MRT zeigt eine degenerative Spondylolisthesis im Bereich L4/5 **a** bei Flexion und **b** bei Extension. Die Hilfslinien bezeichnen Ansatzpunkt und Reihenfolge der Messung zur Charakteristik der segmentalen Verschiebung.

36.13 Operationssitus von Rückenmarkstumoren

a Neurinom

b Meningiom

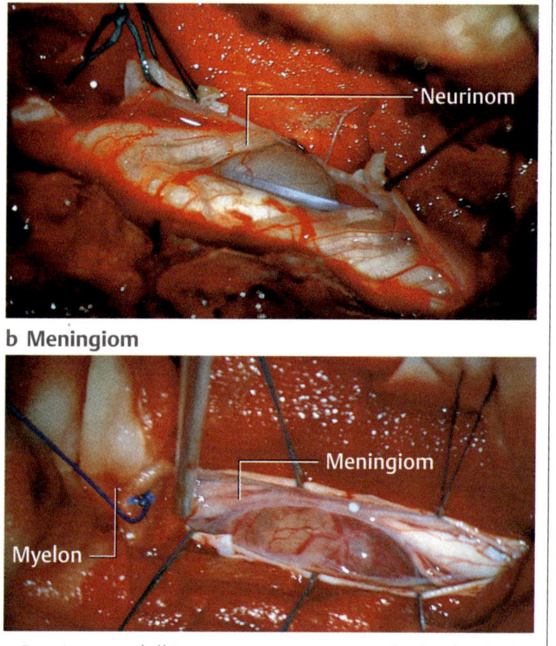

a Das intramedulläre Neurinom ist nur indirekt durch die diffuse Auftreibung des Rückenmarks erkennbar.
b Das Meningiom als intraduraler-iuxtamedullärer Tumor quillt aus der eröffneten Dura hervor und drängt das Myelon zur Seite.

Funktionelle Diagnostik: *Evozierte Potenziale* (somatosensible Potenziale = SEP, magnetisch evozierte Potenziale = MEP) zeigen Störungen der Rückenmarksleitungsbahnen an; die *Elektromyographie* (EMG) ist wichtig für die Differenzierung neurogener versus myogener Schädigung. Die *Elektroneurographie* (ENG) vermag differenzialdiagnostisch den Läsionsort an den peripheren Nerven zu differenzieren.
Liquordiagnostik: Sie kann bei der Differenzialdiagnose beengender spinaler Prozesse gegen systemische und entzündliche Rückenmarkserkrankungen helfen *(Froin-Zeichen* bei sog. Sperrliquor, d. h., der Liquor distal der Stenose ist eiweißreicher als der proximal davon lokalisierte).

Differenzialdiagnose

Es sind medulläre Systemerkrankungen (u. a. Multiple Sklerose, Amyotrophe Lateralsklerose), entzündliche Erkrankungen (Borreliose usw.), periphere Nervenerkrankungen (traumatischer peripherer Nervenschaden, Engpass-Syndrome) und myogene Erkrankungen zu bedenken.

Therapie

Ziel der operativen Therapie muss die sichere **Dekompression** des Myelons bzw. der austretenden Wurzeln sein. Daneben ist bei der Wahl des operativen Zugangs und dem Ausmaß der mikrochirurgischen Operation die **Stabilität** der Wirbelsäule zu gewährleisten. Das erfordert in einigen Fällen, insbesondere nach Ausräumung von Metastasen, neben der Entlastung nervaler Strukturen eine osteosynthetische Stabilisierung des Achsenorgans Wirbelsäule. Die Zugangswege bei den einzelnen Operationsindikationen sind in **T 36.8** aufgeführt. **36.13** zeigt den Operationssitus zweier Tumoren.

36.15 CT nach Kostotransversektomie

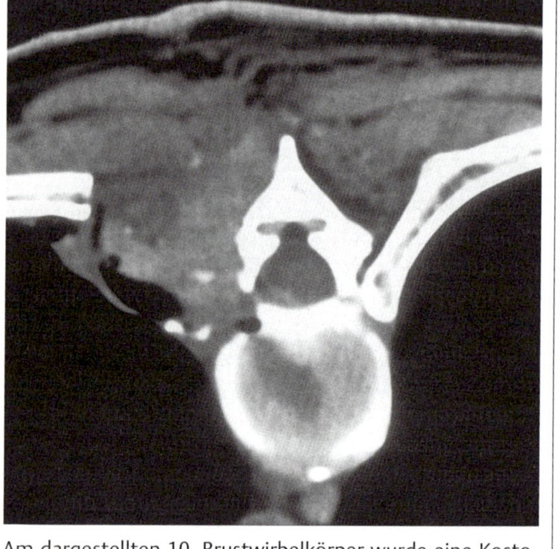

Am dargestellten 10. Brustwirbelkörper wurde eine Kostotransversektomie, d. h. eine Entfernung des Wirbelquerfortsatzes samt zugehörigem Rippenköpfchen u. -hals zur Ausräumung eines thorakalen Bandscheibenvorfalls über einen thorakalen Zugang durchgeführt. Dieser Zugang garantiert die Schonung des thorakalen Myelons.

T 36.8 Zugangswege für die operative Versorgung spinaler Raumforderungen

Indikation	*Zugang*
Verletzungen der Halswirbelsäule	von dorsal und/oder ventral, am okzipitozervikalen Übergang auch transoral
traumatische oder spontane intraspinale Blutungen	von dorsal
intraspinale Abszesse	von dorsal
dysrhaphische Störungen	mikrochirurgisch von dorsal (Syringomyelie minimal-invasiv möglich)
Tumoren	
• intramedullär und iuxtamedullär-intradural	von dorsal
• extradural:	
– Halswirbelsäule	von ventral und ventrolateral
– Brustwirbelsäule	von dorsal, dorso-lateral und transthorakal
– Lendenwirbelsäule	von dorsal, dorso-lateral und transperitoneal
degenerative Wirbelsäulenveränderungen	
• Halswirbelsäule	10 % von dorsal, 90 % von ventral
• Brustwirbelsäule	von dorso-lateral bzw. transthorakal (👁 **36.15**)
• Lendenwirbelsäule	> 90 % von dorsal, sehr selten extra- und transperitoneal

Degenerative Wirbelsäulenerkrankung

Die Operation degenerativer Wirbelsäulenerkrankungen stellt hinsichtlich der Dekompression nervaler Strukturen, abgesehen vom akuten Konus-Kauda-Syndrom, eine relative Indikation dar. Zu den operativen Zugangswegen s. **T 36.8**.
Etwa 90 % der prolabierten **zervikalen Bandscheiben** werden durch ventrale Diskektomie entfernt. Ein Interponat zur Sicherung der Raumverhältnisse (Knochenzement, Cage) ist notwendig. Isolierte Bandscheibenprolapse können mikrochirurgisch von dorsal entfernt werden (👁 **36.14**).
Degenerative Erkrankungen der **Lendenwirbelsäule** werden im Regelfall von dorsal mikrochirurgisch nach Flavektomie entfernt. Bei Ausbildung einer knöchernen Stenose ist die Dekompression indiziert. Bei segmentaler knöcherner Einengung eines Recessus lateralis ist die Hemilaminektomie (Resektion einer Bogenwurzel) und Undercutting (Resektion von inneren Lamina- und Gelenkanteilen zur inneren Dekompression des Spinalkanals) angezeigt. Bei zentraler Spinalkanalstenose, die zur typischen Claudicatio spinalis führt und eine charakteristische belastungsabhängige Schmerzzuordnung zeigt, ist Dekompression durch Undercutting und in seltenen

👁 36.14 Zervikale Diskektomie

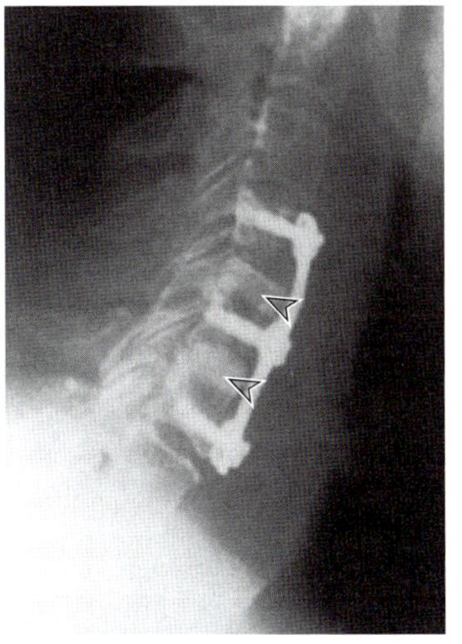

Das Röntgenbild zeigt einen Zustand nach zervikaler Diskektomie im Bereich C 4/5 und C 5/6 mit Hydroxylapatitinterposition (Pfeile) und ventraler Titanplatte.

Fällen durch Laminektomie indiziert. Eine degenerative Spondylolisthesis wird durch Reposition und mikrochirurgische Dekompression mit anschließender Stabilisierung operativ versorgt.
Bandscheibenprolapse im Bereich der **Brustwirbelsäule** sind selten (👁 **36.15**).

Prognose

Akute Kompressionen des Rückenmarks, gleich welcher Ursache, führen nach kurzer Zeit zu irreversiblen Schäden. Auch bei protrahiert auftretenden Einengungen ist die Erholung der nervalen Strukturen unsicher.
Beim akuten Auftreten von Transversalsyndromen ist deshalb die diagnostische Abklärung schnellstens zu veranlassen. Auch beim langsamen Auftreten einschlägiger Symptomatik sollte mittels minutiöser klinischer Diagnostik und durch die bildgebenden Verfahren (vorzugsweise MRT) eine ätiologische Abklärung sehr schnell angestrebt werden, da auch bei diesen Fällen mechanischer Beengung die Erholung der nervalen Strukturen als unsicher prognostiziert werden muss.
Bei den **intramedullären Tumoren** gelingt bei 75 % der *Ependymome* eine Exstirpation mikrochirurgisch. Bei den häufigen *Astrozytomen* ist immer, wenn auch erst nach Jahren, mit einem Rezidiv zu rechnen. Nach mikrochirurgischer Entfernung ist nur bei 5 % der Patienten eine neurologische Verbesserung, bei 50 % der Operierten jedoch eine neurologische Verschlechterung zu erwarten. Die operative Behandlung der **intradural-iuxtamedullären Tumoren** zeigt in > 80 % gute Ergebnisse. Bei den **extraduralen Tumoren**, am häufigsten *Metastasen der Wirbelkörper*, ist die Prognose vom Grundleiden abhängig, jedoch bewirkt die operative Behandlung einschließlich der Instrumentation (Versorgung mit Metallimplantaten) die Verringerung der Gefahr eines kompletten Querschnitts und verbessert dadurch entscheidend die Lebensqualität.

Ekkehart Vitzthum

36.4 Nervenverletzungen

Die Wiederherstellung sensibler und motorischer Funktionen ist eine der wichtigsten Aufgaben der rekonstruktiven Chirurgie und nur zeitlich begrenzt möglich. Daher hat die Wiederherstellung verletzter peripherer Nerven eine ebenso zentrale Bedeutung wie die anderen funktionell wiederherstellenden Maßnahmen. Sie hat nur einen anderen begrenzt zeitlichen Rahmen gegenüber Rekonstruktionen von Gefäßen, Knochen, Sehnen oder Bändern. Nervenverletzungen sollten prinzipiell innerhalb der ersten 6 Monate nach dem Trauma operativ versorgt sein, wenn sie nicht direkt am Unfalltag operiert wurden. Der günstigste Zeitpunkt der sekundären Rekonstruktion liegt 6–12 Wochen nach der Verletzung.

Definitionen: Die Schwere der Nervenverletzung kann in verschiedene Grade eingeteilt werden. Grob unterteilt unterscheidet man:
Neurapraxie: Unterbrechung der elektrischen Leitfähigkeit ohne Zerstörung der Kontinuität der histologischen Strukturen,
Axonotmesis: Unterbrechung der Kontinuität der Axone bei erhaltenem Endoneurium, Perineurium, Epineurium,
Neurotmesis: komplette Kontinuitätsunterbrechung sämtlicher histologischer Strukturen.

Pathogenese: Spätestens im Stadium der Axonotmesis kommt es distal der Verletzungsstelle zu einer **Waller-Degeneration** des gesamten peripheren Nervs (s. Lehrbücher der Neurologie und Pathologie). Das proximale Nervenende unterliegt bis zum nächsten zentraleren Ranvier-Schnürring (bis zu 2 cm) ebenfalls einer Waller-Degeneration. Die histopathologischen Vorgänge der Degeneration sind etwa bis zur sechsten Woche abgeschlossen.
Bei der **Regeneration** kommt es dann zur Aussprossung der proximalen Axone in die verbliebenen degenerativ veränderten Leitstrukturen. Bis der so regenerierte Nerv das motorische oder sensible Endorgan erreicht hat, vergehen mehrere Monate bis zu 2–3 Jahre. Findet der zentrale Nervenstumpf keinen Anschluss an die distale Leitschiene, so entsteht ein schmerzhaft elektrisierender Neuromknoten und ein Ausfall der entsprechenden sensiblen und motorischen Funktionen. Die Regenerationsfähigkeit des verletzten Nervs (besonders der motorischen Anteile) nimmt nach dem 6. Monat rapide ab. Je später die Muskulatur wieder innerviert wird, desto größer ist der Grad der verbleibenden Atrophie. Für die motorischen Einheiten lohnt sich daher eine Rekonstruktion des Nervs nach dem 6. Monat nicht mehr, während bei sensiblen Nerven Rekonstruktionen noch nach einem Jahr erfolgreich sind, allerdings dann mit stärkeren Ausfällen als bei der zeitlich früheren Rekonstruktion.

Symptomatik und Diagnostik: Die Schädigung eines Nervs erkennt man direkt nach dem Unfallgeschehen bei der **klinisch-neurologischen Untersuchung** an den sensiblen und motorischen Ausfällen distal der Verletzungsstelle.
Bei Unsicherheiten, ob eine schwerwiegendere Nervenverletzung besteht oder nicht, muss zusätzlich direkt nach dem Trauma eine **elektrophysiologische Untersuchung** durchgeführt werden. Diese dient als Ausgangsbefund für zeitlich folgende Vergleichsbefunde zur Stellung einer Operationsindikation. Bei dann noch weiterbestehenden Zweifeln ist immer ein operatives Vorgehen gerechtfertigt und indiziert, um keine Zeit innerhalb der 6-Monats-Grenze verstreichen zu lassen (Unklarheiten entstehen z. B. durch Mischinnervationen oder zu langsame bzw. schwache Regenerationszeichen).
Klinisch erkennt man die Regeneration des Nervs an dem über mehrere Wochen und Monate zu beobachtenden **Hoffmann-Tinel-Zeichen**: Die einsprossenden, marklosen Axone lösen bei Beklopfen elektrisierende Missempfindungen (Neuromschmerz) aus. Durch Beklopfen des anatomischen Verlaufes des Nervs von peripher nach zentral kann man den Beginn dieser Missempfindung im Verhältnis zu bestimmten anatomischen Fixpunkten dokumentieren und so über mehrere Wochen oder Monate ein Wandern oder auch einen Stillstand beobachten und eine entsprechende therapeutische Schlussfolgerung hieraus ziehen.

Therapie: Grundsätzlich muss entschieden werden, ob ein Nerv primär, d. h. direkt posttraumatisch genäht wird oder ob sekundär, d. h. möglichst 6–12 Wochen nach dem Trauma eine operative Versorgung stattfindet.
Primäre Nervennaht:
Indikationen bzw. Voraussetzungen:
- offene Verletzungen, die ohnehin operativ versorgt werden müssen und ein Zustand des Patienten, der die sehr zeitaufwendige Rekonstruktion erlaubt (d. h. keine schweren Begleitverletzungen),
- die Nervenenden müssen spannungsfrei zu koaptieren sein (nicht möglich bei gequetschtem Gewebe, das reseziert werden muss, da eine Nervennaht unter Spannung schlechtere Regenerationsergebnisse zeigt als eine sekundäre Nerventransplantation),
- ein entsprechend ausgebildetes Chirurgenteam, genügend Mikroinstrumente und -nahtmaterial, geeignete optische Systeme (Operationsmikroskop) oder die Möglichkeit, den Patienten in ein entsprechendes Zentrum zu verlegen.

Sind diese Voraussetzungen nicht gegeben, ist die sekundäre Versorgung 6–12 Wochen nach der Verletzung anzustreben. *Keine Indikation* zur primären Nervennaht sind geschlossene Verletzungen.

Durchführung: Die primäre Naht großer Nervenstämme wird in der Weise durchgeführt, dass die einzelnen Faszikelgruppen des proximalen und distalen Nervenquerschnittes mit zahlreichen Einzelnähten einander zugeordnet werden (**36.16**). Das Nahtmaterial soll die Fadenstärke 10-0 möglichst nicht überschreiten (atraumatische Naht mit Nadel im Durchmesser eines feinen Haares).

Eine **primäre Nerventransplantation** ist risikoreich und daher nur selten indiziert:

- Der proximale Nervenstumpf unterliegt noch einer Waller-Degeneration,
- die Gefahr einer Infektion ist nach einem Unfallereignis höher als bei einem Sekundäreingriff (eine Infektion würde die Nerventransplantate stark gefährden oder auch zum Reißen der Nähte führen),
- ein Transplantatsverlust ist wegen der geringen Ressourcen körpereigener Transplantate als schwerwiegend zu betrachten.

Sekundäre Nervenrekonstruktionen werden in der Regel als Nerventransplantation durchgeführt. Als Transplantat erster Wahl dient der N. suralis (**36.17a,b**). Nach Anfrischung der Nervenenden bis ins Gesunde werden die einzelnen Faszikelgruppen sichtbar. Nach dieser Rückkürzung entsteht eine Defektstrecke. Proximale und distale Faszikelgruppen werden durch Koaptation einzelner Stücke des Suralistransplantates miteinander verbunden, sodass für die aussprossenden Axone wieder eine durchgehende Leitschiene von proximal nach distal vorhanden ist (**36.17d**).

Nachbehandlung: Sowohl nach primärer als auch nach sekundärer Nervenrekonstruktion ist eine 10-tägige Ruhigstellung durch Gipsanlage erforderlich. Die folgende Nervenregeneration muss engmaschig klinisch kontrolliert werden. Elektrophysiologische Untersuchungen haben vor Ablauf eines Jahres keine Relevanz! Sistiert das Hoffmann-Tinel-Zeichen über mehr als 6 Wochen oder im Bereich einer Koaptationsstelle so ist eine operative Revision erforderlich.

36.16 Primäre Nervennaht

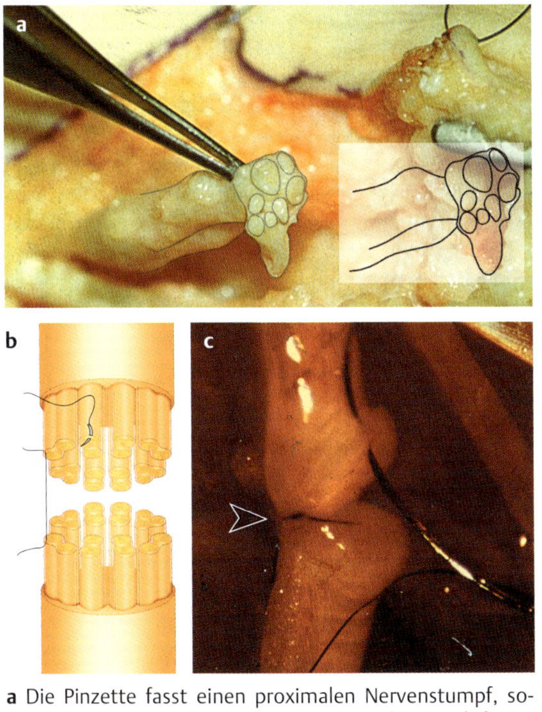

a Die Pinzette fasst einen proximalen Nervenstumpf, sodass die einzelnen Faszikelgruppen zu sehen sind. **b** Die zusammengehörenden Faszikelgruppen (bei kurzen Defektstrecken gut zu sehen, bei längeren schwieriger: es ist dann eine Skizze hilfreich, die kleinkalibrigen marklosen Fasern und die dicken markhaltigen einander zuzuordnen) werden mit feinen Nähten koaptiert. **c** Das Operationsmikroskop vergrößert das Operationsfeld etwa 5–20fach.

36.17 Nerventransplantation

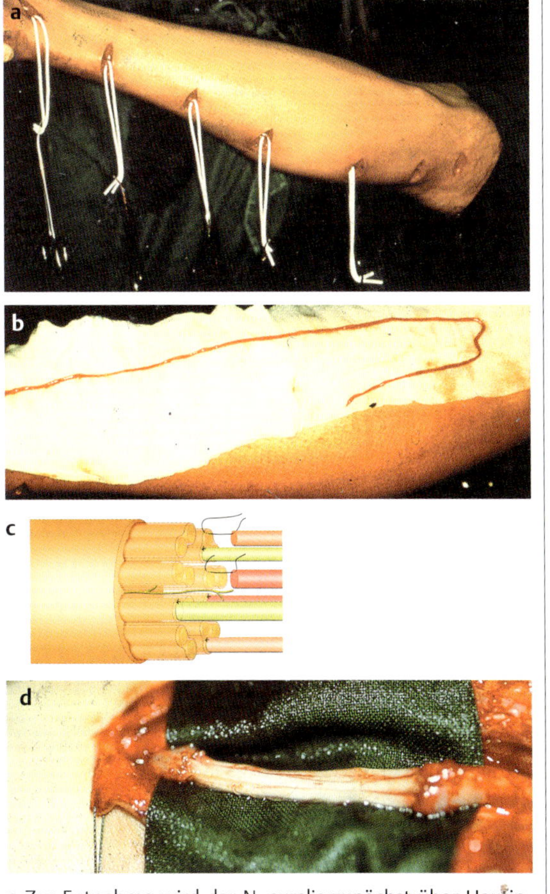

a Zur Entnahme wird der N. suralis zunächst über Hautinzisionen angeschlungen und dann proximal und distal abgetrennt. **b** Der Nerv liegt auf einer Kompresse. **c** Die zusammenpassenden Faszikel werden über die Transplantate miteinander verbunden. **d** Hier wurden mehrere Stücke des N. suralis in den N. ulnaris transplantiert.

37.1 Plastische Chirurgie

Das Fachgebiet Plastische Chirurgie beinhaltet die Wiederherstellung verloren gegangener Formen und Funktionen mithilfe besonderer Techniken. Definitionsgemäß umfasst also die Plastische Chirurgie die Wiederherstellung und Verbesserung der Körperform und sichtbar gestörter Körperfunktionen durch funktionswiederherstellende oder verbessernde plastisch-operative Eingriffe.

Prinzipien der Rekonstruktion

Die **Wiederherstellung der äußeren Form** geschieht entweder durch Defektverschluss oder durch Schaffung bzw. Aufbau eines Gerüstes unter einer geschlossenen Oberfläche. Hierzu kommen zur Anwendung:

- Hauttransplantationen,
- Nahlappenplastiken,
- Fernlappenplastiken,
- Knorpel- oder Knochentransplantationen,
- prothetisches Fremdmaterial.

Die **funktionelle Wiederherstellung** erfolgt mit:

- freien Hauttransplantaten (s. u.),
- verschiedenen Formen von Lappenplastiken (s. S. 819),
- Knorpel- oder Knochentransplantationen (frei oder gefäßgestielt),
- nerval neu angeschlossenen oder gestielten Muskeltransplantationen,
- Nervenrekonstruktionen,
- Sehnenumsetzungen,
- freier mikrovaskulär gestielter Transplantation von Darmschleimhaut.

Oberflächendefektwunden

Definition

Wunden, die nicht durch eine primäre spannungsfreie Naht verschlossen werden können, sind Defektwunden (engl.: persistent defect, partial recovery).

Ätiologie von Oberflächendefekten

Defekte der Körperoberflächen können auf verschiedene Weise entstehen:

- Stich- und Schnittverletzungen mit glatten Wundrändern,
- Quetschverletzungen mit breiten gequetschten Gewebearealen,
- thermische und chemische Schäden (meistens großflächige nekrotische Gewebeareale durch Verbrennungen, Verbrühungen, Erfrierungen, Verätzungen),
- Zerstörung großer Oberflächenareale durch Infektionen und Tumoren.

Diagnostik

Wichtig ist eine ausführliche Anamneseerhebung sowie eine gründliche Inspektion der Wunde. Hierbei ist zu achten auf Durchblutung, Infektionszeichen, Fremdkörper sowie wichtige freiliegende Strukturen wie Gefäße, Nerven, Sehnen, Knochen, Knorpel, Bänder, Gelenke oder gar innere Organe.

Therapie

Débridement:

! Jede tiefere, durch alle Hautschichten gehende Wunde muss inspiziert und débridiert werden.

Bei *glatten Schnittverletzungen* besteht dieses Débridement in der Regel in einer Exzision der Wundränder.
Bei *ausgedehnten Wunden* ist die Vorgehensweise komplexer. Es hat prinzipiell ein komplettes Débridement sämtlichen nekrotischen und gequetschten Gewebematerials sowie die Entfernung von Fremdmaterial nach ausgiebiger oberflächlicher Reinigung zu erfolgen. Hierbei werden nicht nur die unmittelbar verletzten Areale débridiert, sondern es ist (da das Débridement bis weit in das Gesunde erfolgen muss) hierzu eine iatrogene Schnitterweiterung nötig, um das gesamte Ausmaß des Schadens übersehen und débridieren zu können.
Das gleiche Vorgehen ist indiziert bei tief *zweit-* und *drittgradigen Verbrennungen, Verbrühungen* sowie bei *chemischen Schädigungen, Infektionen* und in der *Tumorchirurgie.*

! Ein nicht ausreichendes Débridement unter dem Aspekt, die Wunde primär schließen zu können, ist nicht lege artis.

Indikation zum Defektverschluss: Eine *primär nicht infizierte, sauber débridierte großflächige Wunde* sollte entweder sofort oder in aufgeschobener Dringlichkeit innerhalb der ersten 72 Stunden (urgence différé) verschlossen werden.
Primär infizierte Wunden werden nach dem Débridement drainiert, mit Situationsnähten versehen und bei Defekten erst nach völliger Stabilisierung der Wundverhältnisse sekundär durch Lappenplastiken verschlossen. Das gleiche gilt für *große gequetschte Wunden*, bei denen nicht sicher ist, ob noch weitere Gewebeanteile einer Nekrose zum Opfer fallen.
Defektverschluss: Die Planung des Defektverschlusses erfolgt prinzipiell erst nach dem Vorliegen von sauberen

Wundverhältnissen, d. h. nach dem Débridement. Es wird dann geprüft, ob eine spannungsfreie Wundrandadaptation möglich ist. Andernfalls liegt eine Defektwunde vor, die durch plastisch-chirurgische Maßnahmen verschlossen werden muss:

Operative Methoden des Defektverschlusses

Hauttransplantationen

engl.: skin grafts

Indikationen: Hautdefekte, die so groß sind, dass ihr Verschluss durch eine einfache Hautverschiebung nicht möglich ist und die so beschaffen sind, dass im Wundgrund gut durchblutetes Gewebe, Periost, Perichondrium, Muskelfaszie oder Sehnengleitgewebe erhalten geblieben ist, können durch eine Hauttransplantation verschlossen werden.
Würde man eine solche Wunde offen lassen, so kommt es durch narbige Schrumpfung einerseits und durch Epithelialisierung von den Rändern her andererseits ebenfalls zu einem langsamen Wundverschluss, wenn nicht durch Infektion eine derartige Wundheilung aufgehalten wird. Die narbige Schrumpfung führt allerdings zu funktionellen und ästhetischen Störungen durch Narbenkontrakturen.

Mögliche Spender: Hauttransplantate, insbesondere Spalthauttransplantate, werden sowohl *autolog* als auch *allogen* transplantiert. Letztgenannte Form der Transplantation wird nur zeitlich vorübergehend zur Defektdeckung großflächiger Wunden (z. B. nach Verbrennungen) verwendet, wenn nicht genug autologes Material zur Verfügung steht. In solchen Fällen kann glycerolkonservierte Fremdhaut von speziell auf Infektionskrankheiten ausgetesteten Spendern verwendet werden.

Auswahl des Spenderareals: Bei kleineren, durch Hauttransplantate zu verschließenden Wunden ist darauf zu achten, dass die Hauttransplantate in verschiedenen Körperregionen eine verschiedene Textur und Farbe aufweisen. So sollte z. B. im Gesicht nur helle Haut aus der Retroaurikularregion, aus der Supraklavikularregion, von der Innenseite des Oberarmes oder vom Fußrücken zur Anwendung kommen, während z. B. das Spenderareal aus der Leiste für dunklere Hautareale passt und eine ästhetisch störende Farbe im Gesicht haben würde. So wird z. B. für Rekonstruktionen des Mamillenareolakomplexes Haut aus dem „Schritt" entnommen, da hier eine ähnliche Farb- und Texturübereinstimmung vorliegt.
Verschiedene Hauttransplantate und Möglichkeiten bei sehr großen Defekten:
Vollhauttransplantat (👁 **37.1**):
Prinzip: Ein Hautareal wird in seiner gesamten Dicke (also mit Epidermis, Korium und Hautanhangsgebilden) entnommen. Dieses Spenderareal wird nach der Entnahme des Vollhauttransplantates entweder durch primäre Naht oder durch eine einfache Lappenplastik (s. u.) wieder verschlossen.
Vorteil: Das Vollhauttransplantat ist nach der Einheilung im Empfängerareal wesentlich dicker und widerstandsfähiger und zeigt weniger Schrumpfungstendenz als ein Spalthauttransplantat.
Nachteil: Die Einheilungschancen sind schlechter als beim Spalthauttransplantat, da es nicht so schnell zu einer Gefäßeinsprossung aus dem Empfängerareal in das Hauttransplantat kommt.
Spalthauttransplantat (👁 **37.1**):
Prinzip: Die Haut wird tangential in oberflächlichen Schichten unterschiedlicher Dicke entnommen. Die basalen Anteile des Koriums verbleiben im Spenderareal, sodass es hier zu einer Reepithelialisierung kommt. Für das Empfängerareal gilt das gleiche wie bei der Vollhauttransplantation.
Gewebeentnahme: Die Spalthaut wird mit einem druckluft- oder elektrisch getriebenen Dermatom (👁 **37.2a**) oder per Hand mit einem Humby-Messer (👁 **37.2b**) entnommen.
Befestigung des Transplantates: Um die transplantierte Haut zur Einheilung zu bringen, muss sie unverschiebbar auf dem Untergrund aufgebracht werden. Dieses geschieht zum einen durch Adaptation der Wundränder am Wundgrund (👁 **37.3a**) sowie durch einen Überknüpfverband, der die Aufgabe hat, das transplantierte Hautareal fest in den Wundgrund anzudrücken (👁 **37.3b,c**) und der nach ca. 4–6 Tagen wieder entfernt wird. Außerdem wird die entsprechende Region ruhig gestellt. An den Extremitäten geschieht dies durch einen gelenkübergreifenden Gips.
Vorteil: Das Spenderareal reepithelialisiert und das Spalthauttransplantat heilt wegen der schnelleren Gefäßeinsprossung besser ein als Vollhaut. Dünne Spalthaut heilt besser ein als dicke.
Nachteil: Das ästhetische und das funktionelle Ergebnis ist meistens schlechter, weil es besonders bei dünner Spalthaut zu einer stärkeren Schrumpfung des Empfängerareals kommt und dadurch zu Verziehungen der Nachbargebiete. Bei Entnahme dickerer Spalthaut ist im

👁 37.1 Anatomische Schichtdicke von Spalt- und Vollhaut

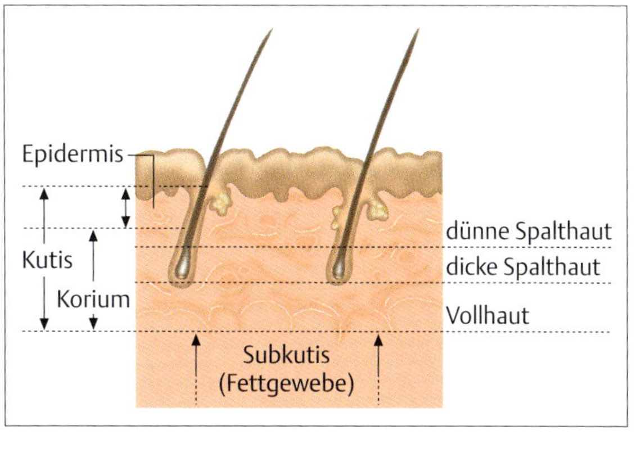

37.2 Spalthautentnahme

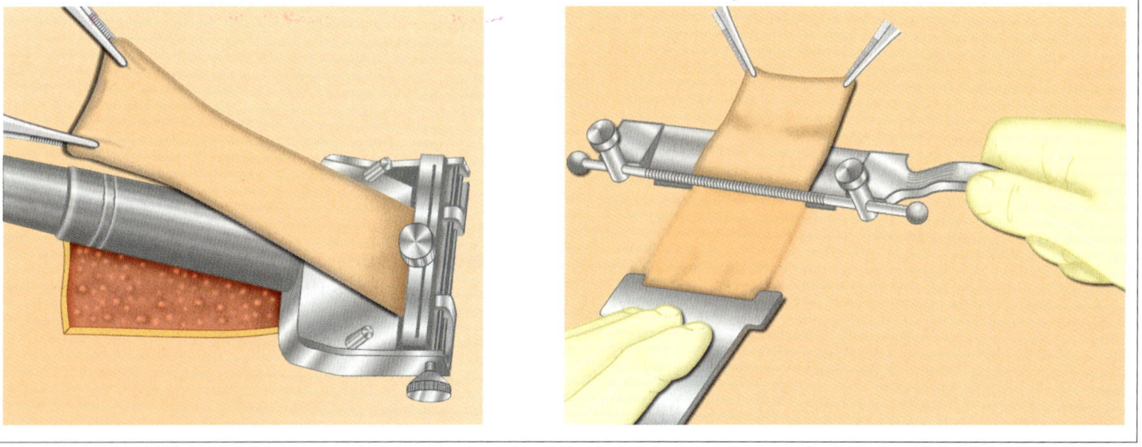

a mit dem Dermatom
b mit dem Humby-Messer

37.3 Befestigung eines Hauttransplantates mithilfe eines Überknüpfverbandes

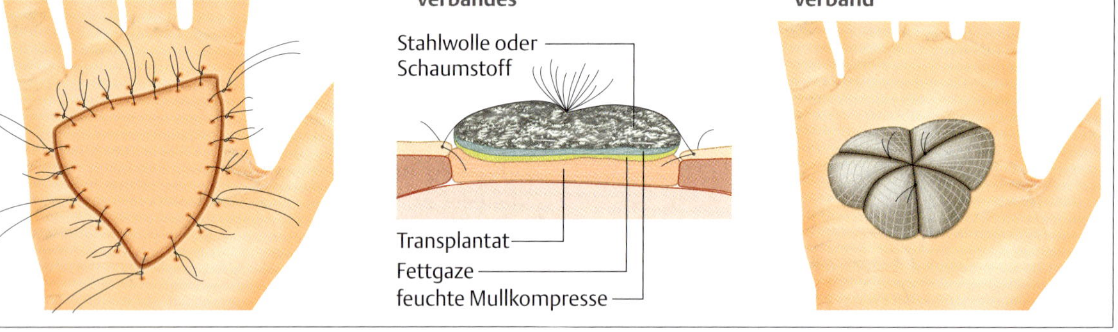

a eingenähtes Hauttransplantat
b Aufbau eines Überknüpfungsverbandes
c eingenähter Überknüpfungsverband

Spenderareal mit Pigmentverschiebungen und hyper- oder atropher Narbenbildung zu rechnen.

Netztransplantate (engl.: mesh graft; **37.4**): Wenn bei großflächigen Wunden nicht genügend Haut zur Verfügung steht, wenn Wunden eine starke Sekretion aufweisen oder bei komplettem Verschluss sehr infektgefährdet sind, kann die entnommene Spalthaut mit einem speziellen Gerät durch viele parallel versetzte Längsschnitte versehen und jägerzaunartig aufgespannt werden. Auf diese Weise kann die entnommene Spalthaut auf das 1,5-, 3- oder 6fache vergrößert werden. Die freigelassenen Wundgrundinseln epithelialisieren vom eingeheilten Transplantat aus.

! Mesh Graft wird nie an exponierten Körperstellen, vor allen Dingen nicht im Gesicht verwendet, da das Netzmuster auch nach der Einheilung und Reepithelialisierung noch sichtbar ist.

Sind sehr große Defekte zu decken (z. B. bei Verbrennungen, kann es vorkommen, dass selbst durch Mesh Graft der Transplantatbedarf nicht gedeckt werden kann. Die **Anzüchtung von Keratinozyten** oder die passagere Verwendung von **Kunsthaut** kann in diesen Fällen hilfreich sein. Näheres hierzu steht im **37.1**.

37.4 Mesh-Graft-Herstellung

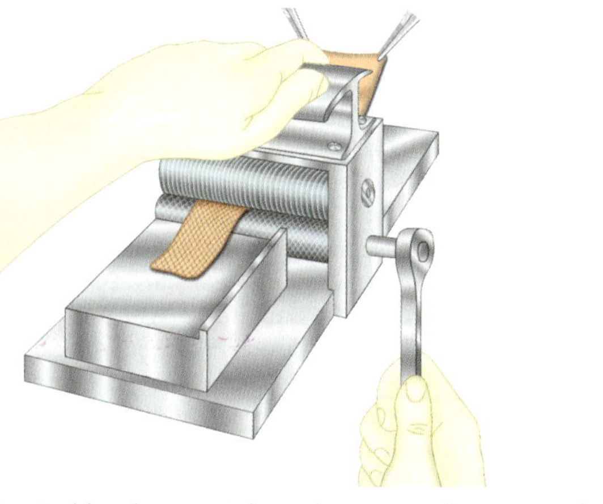

Der Spalthautlappen wird zwischen zwei Walzen mit parallel versetzten Messern eingeschnitten, sodass er jägerzaunartig auseinandergezogen werden kann. Je stärker die Fläche vergrößert werden soll, desto dichter müssen die Schnitte angeordnet werden.

> **37.1 Zellzüchtung und Kunsthaut: Möglichkeiten bei sehr großen Hautdefekten**
>
> **Anzüchtung von Keratinozyten**
>
> ***Indikation:*** Bei großflächigen Hautdefekten, bei denen die verfügbare Spalthaut nicht ausreicht, können die angezüchteten Zelllagen als Epithelersatz, als Wundheilungsstimulus, zur Infektionsbekämpfung sowie Schmerzstillung eingesetzt werden.
>
> ***Prinzip:*** Aus autologem oder allogenem Zellmaterial werden Keratinozyten Isoliert und kultiviert.
>
> ***Durchführung:*** Dem Patienten wird am Verletzungstag eine kleine Voll- oder Spalthautbiopsie entnommen. Diese wird im Labor enzymatisch aufbereitet, um die basalen Keratinozyten isolieren zu können. Diese werden dann auf kleinen Sheets kultiviert und nach 3 Wochen auf eine saubere Wundfläche aufgetragen.
>
> **Kunsthaut**
>
> Ebenso kommen in ähnlicher Form neu entwickelte zweilagige Membransysteme zur Anwendung, die z. B. aus einer **Matrix** von gekreuzten Rinderkollagenen und Glucosaminoglykanen (Chondroitin-6-Sulfat) bestehen. Wirtseigene Fibroblasten, Makrophagen, Lymphozyten und Kapillaren aus dem Wundbett können in diese Kollagenmatrix einwandern bzw. einsprossen.
>
> Auf dieser Matrix liegt ein **temporärer Epidermisersatz** aus einer porösen Silikonfolie. Nach entsprechender Gefäßeinsprossung wird ca. 2 Wochen später die temporäre Silikonschicht entfernt und durch ein autologes Spalthauttransplantat ersetzt.

Einheilung: Die Einheilungsphase beginnt zunächst über eine Ernährung durch Plasmaabsorption und danach durch eine Vaskularisation aus dem Wundgrund.

Lappenplastiken

Hierunter versteht man die Hebung eines Gewebekomplexes (z. B. Haut/Subkutis, Haut/Subkutis/Faszie, Haut/Muskel/Knochen) unter Erhalt seiner Blutzufuhr von einer Seite her.

Indikation: Verschluss von oberflächlichen Defekten mit wichtigen freiliegenden Strukturen im Defektareal oder an exponierten Stellen, die einen guten Gewebeschutz benötigen (z. B. Tibiavorderkante) oder die ästhetisch wichtig sind.

Prinzip: Man unterscheidet **Nahlappenplastiken**, die aus nächster Nähe von Bereichen großer Hautverschieblichkeit in den Defekt (mit geringer Hautverschieblichkeit) eingeschwenkt werden von **Fernlappenplastiken**, die aus einer entfernten anatomischen Region gehoben werden. Der Hebedefekt (Spenderareal des Lappens) wird entweder primär verschlossen, oder durch eine weitere Lappenplastik gedeckt.
Lappenplastiken können aus verschiedenen Gewebeeinheiten bestehen und werden komplett von ihrer Unterlage gelöst und gehoben.
Nach den Zusammensetzungen der Lappen aus unterschiedlichen Gewebearten unterscheidet man:

- **Haut-Subkutis-Lappen,**
- **fasziokutane Lappen**
- **muskulokutane Lappen** oder **reine Muskellappen**,
- **osteokutane** oder **osteomyokutane Lappen**.

Die Art der Lappendurchblutung (**37.2**) bestimmt:
- die Wahl des jeweiligen Lappentyps (z. B. benötigt ein schlecht durchblutetes Empfängerareal einen gut durchbluteten Lappentyp, der dazu geeignet ist, Blut in das Empfängerareal zu transportieren und nicht aus dem Empfängerareal zu akquirieren),
- die Form des Lappens (z. B. ein bestimmtes Längen-Breiten-Verhältnis) und
- die Mobilisierungstechnik (z. B. die fast komplette Umschneidung (Unterfläche und Seiten).

Mikrovaskulär gestielte Gewebetransplantation

Ähnlich wie die oben beschriebenen mikrochirurgisch transferierten Lappen können auch andere Gewebeeinheiten, wie z. B. die zweite Zehe als Daumenersatz, ein Teil der Großzehe als Ersatz des Daumenendgliedes, die gefäßgestielte Fibula als Knochenersatz oder der mikrovaskulär gestielte Beckenkamm als Unterkieferersatz transplantiert werden.

Gewebeexpansion

Eine besondere Form der Defektdeckung stellt die Vordehnung des umgebenden Hautsubkutangewebes mithilfe von Expandern dar. Hierzu wird über den Defektrand ein Expander unter das nicht verletzte Hautsubkutanareal geschoben und innerhalb einer gewissen Zeitspanne von ca. 6 Wochen bis 3 Monaten über einen Port mit Kochsalz aufgefüllt. Auf diese Weise entsteht eine langsame Vordehnung der Haut, die dann nach Entnahme des Expanders als Gewebeüberschuss zur Defektdeckung verwendet werden kann.

Ästhetische Chirurgie

Die Rekonstruktion der äußeren Form beinhaltet fließende Übergänge zur ästhetischen Chirurgie (Rekonstruktion des äußeren Erscheinungsbildes). Diese bedient sich gleicher Verfahrensweisen und basiert auf den gleichen Grundlagen wie die rekonstruktive plastische Chirurgie. Die Bedeutung des äußeren Erscheinungsbildes kann für den einzelnen von gleichem Wert sein wie seine Gesundheit und physische Intaktheit sowie körperliche Mobilität und Unabhängigkeit. Die am häufigsten verwendeten ästhetischen Verfahren sind die Otoplastik (Ohranlegeplastik), Rhinoplastik (Nasenkorrektur), Blepharoplastik (Straffung der Augenlider), Stirn- und Facelift, Mammareduktion und Mammaaugmentation, Abdominoplastik (Bauchdeckenstraffung), Oberschenkelstraffung, Straffung der Oberarme, Fettabsaugungen (Liposuction) als sog. Bodyconturing.

37.2 Randomisierte Lappen

engl.: random pattern flaps

Prinzip: Bei den Haut-Subkutis-Lappen ist die Durchblutung über die Kapillaren des dermalen und subepidermalen Plexus gewährleistet, der wiederum seine Blutversorgung über Perforatoren aus dem muskulokutanen oder fasziokutanen Bereich erhält (👁 **a**). Die Größe bzw. Länge dieser Lappen hängt daher davon ab, ob eine ausreichende Blutzufuhr über die Lappenbasis gewährleistet ist. Es ist ein Längen-Breiten-Verhältnis von 1:1,5 bis maximal 1:2 anzustreben (👁 **b**). Die Nichtbeachtung ihres Längen-/Breitenverhältnisses führt zwangsläufig zur teilweisen oder kompletten Nekrose der Lappenplastik.

Formen: Nach der Art und Form der umschnittenen Lappen werden unterschieden:

- Advancement flaps (👁 **c**),
- Transpositionslappen (👁 **d**),
- Rotationslappen (👁 **e**).

Die genannten Lappentypen sind in der Regel Nahlappenplastiken. Lappen mit zufälligem Durchblutungsmuster können auch als Fernlappen eingesetzt werden, sind aber in dieser Form noch selten im Gebrauch. Sie wurden früher eingesetzt als Rundstiel- und Wanderlappen.

a Durchblutungsmuster verschiedener Gewebsschichten

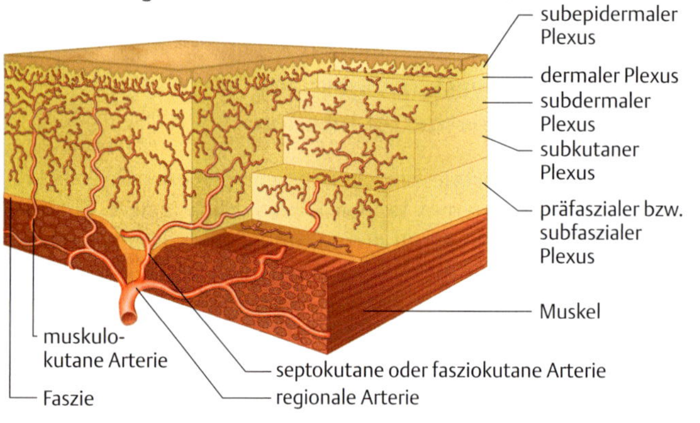

b Durchblutungsmuster eines randomisierten Haut-Subkutis-Lappens

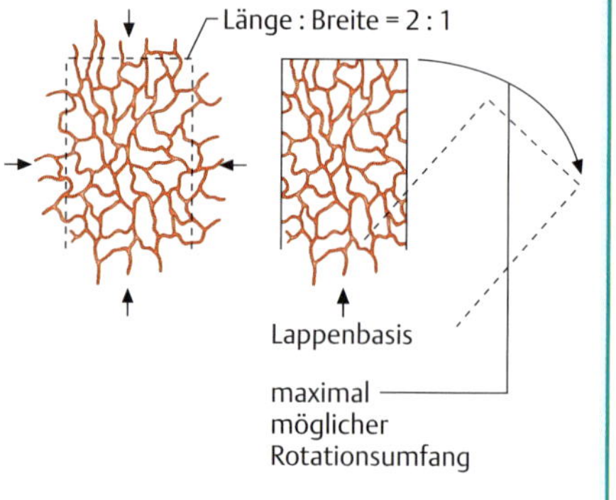

c Advancement Flaps

d Transpositionslappen

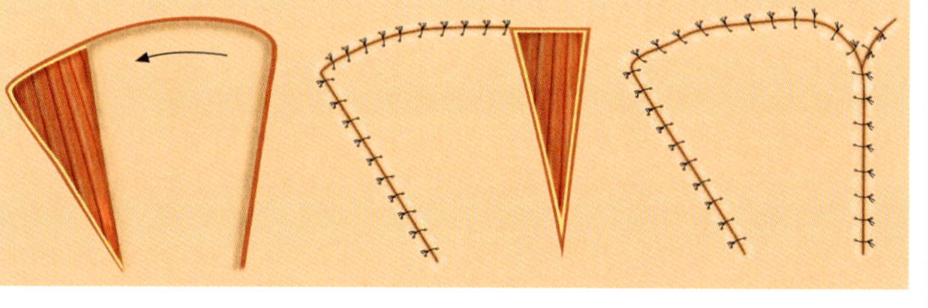

e Rotationslappen

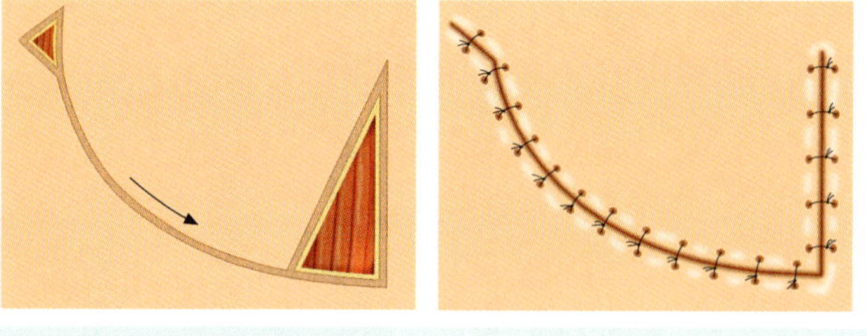

🔎 37.3 Axial durchblutete Lappen

engl.: axial pattern flaps

Prinzip: Die Durchblutung erfolgt durch definierte Gefäßstiele, die eine definierte anatomische Region und dort z. B. nur die Haut oder Haut und Faszie oder Haut, Faszie und Muskel oder sämtliche Strukturen bis zum Knochen versorgen (s. 👁 **a** in 🔎 **37.2**).

Bei der Anfertigung von Lappen mit einem definierten Gefäßstiel muss nicht auf die Einhaltung eines strengen Längen-Breiten-Verhältnisses sondern auf die territoriale Gefäßversorgung geachtet werden.

Wichtig: Axial durchblutete Lappen behalten ihre territoriale autonome Durchblutung, auch wenn sie im Empfängergebiet komplett eingeheilt sind. Auch nach mehreren Jahren darf der Gefäßstiel nicht durchtrennt werden.

Formen: Einige Haut-Subkutis- bzw. Haut-Faszien-Lappen können wegen ihres langen Gefäßstiels auch aus nicht direkt benachbarten Gebieten als Insellappen (👁 **b**) oder auch als Fernlappen verwendet werden (👁 **a**). Dadurch können bei Fernlappen langwierige Krankheitsverläufe, wie es früher bei den Rundstiel- und Wanderlappen der Fall war, vermieden werden. Viele dieser axial durchbluteten Lappen lassen sich auch mikrochirurgisch frei transplantieren. Hier nur einige Beispiele:

Leistenlappen (👁 **a**): Lässt sich z. B. als gestielter Lappen auf einen Defekt an der Hand transferieren und wird dann nach Einheilung und speziellem Gefäßtraining zur Autonomisierung im Empfängerareal nach 3 Wochen von seinem Gefäßstiel abgetrennt. Kann auch gleich komplett mit Stiel gehoben werden und mikrochirurgisch mit Gefäßen (Arterie und Vene) im Empfängerareal anastomosiert werden. Als sog. freier Lappen wird er aber nur noch selten verwendet.

Arteria-radialis-Lappen (👁 **b**): Kann an seinem Gefäßstiel mit einer fasziokutanen Insel in die weiter entfernte Nachbarschaft (z. B. Handrücken) transferiert werden (**Insellappen**). Er kann aber auch als „freier" mikrovaskulär angeschlossener Lappen in dem Empfängerareal zur Defektdeckung verwendet werden.

Latissimus-dorsi-Lappen (👁 **c**): Wird für große Defekte sowohl als Insellappen z. B. zur Mammarekonstruktion) als auch frei verwendet. Er kann auch im Empfängerareal als Muskelersatz zusätzlich an einen motorischen Nerven angeschlossen werden und so die verloren gegangene Muskelfunktion teilweise ersetzen.

a Leistenlappen als Fernlappen

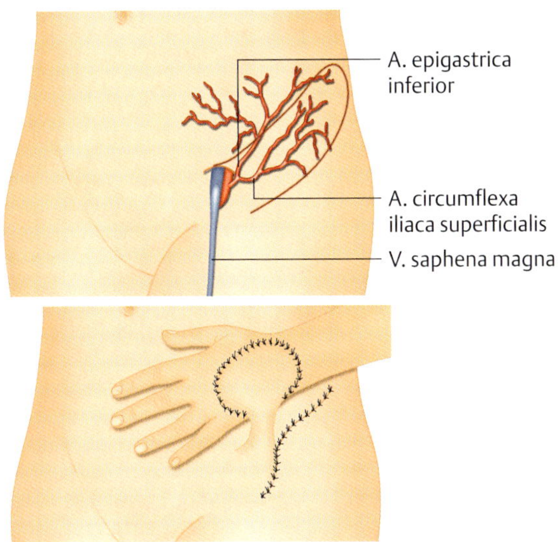

b Arteria- radialis-Lappen

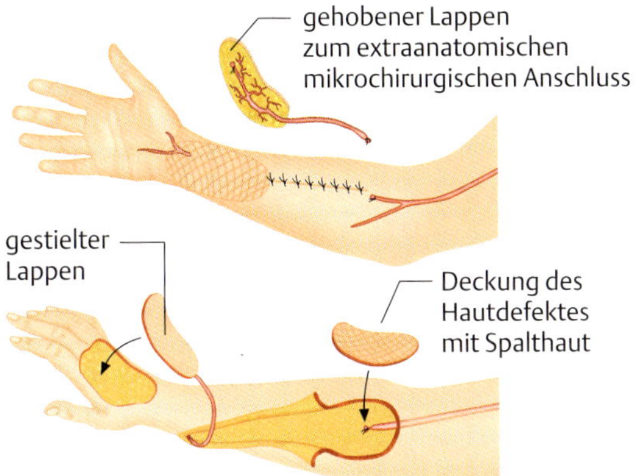

c muskulokutaner Latissimus-dorsi-Lappen: anatomischer Situs

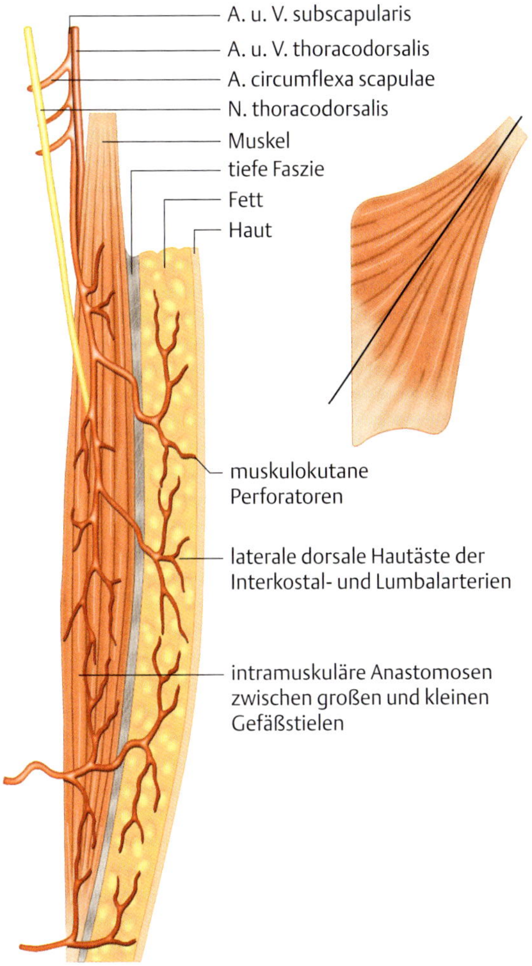

37.2 Handchirurgie

Die Hand stellt ein wichtiges Organ zur Kontaktaufnahme und zur Schaffung des Lebensunterhaltes und Lebensraumes dar. Ihre Wiederherstellung geschieht gleichermaßen unter funktionellen wie ästhetischen Gesichtspunkten und betrifft in gleicher Gewichtigkeit Knochen, Sehnen, Gefäße, Nerven, Haut- und Weichteilmantel.

Dupuytren-Kontraktur

Ätiologie: Die Ursachen dieser Erkrankung der Palmaraponeurose ist ungeklärt. Es gibt ein vermehrtes Auftreten der Erkrankung bei Leberschädigungen, Diabetes mellitus sowie familiär gehäuft über mehrere Generationen.

Symptomatik: *Anfänglich* besteht häufig eine quere Faltung der Haut über dem Hypothenar, wenn 4. und 5. Finger überstreckt werden. Außerdem kommt es zu punktförmigen Hauteinziehungen proximal und distal der distalen Hohlhandbeugefalte. In den *späteren Stadien* bilden sich Stränge oder Knoten auf der Handinnenfläche sowie über den Fingerbeugeseiten oder an den Fingerseitenflächen aus. Schließlich kommt es zur Beugekontraktur in den Grund- und proximalen Interphalangeal-(PIP-)Gelenken durch weitere Strangbildungen.

Therapie: I. d. R. wird eine Resektion der pathologischen Veränderungen erst vorgenommen, wenn es zu Beugekontrakturen in den Grundgelenken der Langfinger kommt (👁 **37.5**).

Karpaltunnelsyndrom

Pathogenese: Bei pathologischen Veränderungen im Bereich der Carpalia (z. B. durch Tenosynovialitiden) kann es zur Verengung des Karpalkanals und Kompression des N. medianus kommen.

Symptomatik: Es treten Sensibilitätsstörungen der Fingerkuppen des Daumens bis zum radialen Anteil der Fingerkuppe des 4. Fingers auf. Die Nachtruhe wird durch Kribbelparästhesien gestört (Parästhesia nocturna), die nur durch Ausschütteln der Hand oder Lageveränderungen aufhören. Im Laufe der Zeit kommt es zur Thenaratrophie durch Kompression der motorischen Nerven. Bei ausgeprägter Daumenballenatrophie kann der gestreckte Daumen den gestreckten Kleinfinger nicht über der Mitte der Hohlhand erreichen.

Diagnostik: Elektrisierende Schmerzen über dem Nerv (positives Hoffmann-Tinel-Zeichen) und Kribbelparästhesien bei passiver starker Palmarflektion (positiver Phalen-Test) sind wegweisend. Bei den elektrophysiologischen Untersuchungen zeigt sich eine Verlangsamung der sensiblen Leitgeschwindigkeit des Nervs und evtl. der distalen motorischen Latenz.

Therapie: Bei persistierenden Beschwerden ist die Operation die Therapie der Wahl (👁 **37.6**).

Syndaktylie

Der Begriff Syndaktylie bedeutet eine Verschmelzung von zwei oder mehreren Nachbarfingern. Die Übergangsformen reichen von der reinen häutigen bis zur knöchernen Syndaktylie. Eine möglichst frühzeitige Operation ab dem 6. Lebensmonat ist empfehlenswert. Die Trennung der Finger erfolgt über Dreieckslappenplastiken und Vollhauttransplantationen.

👁 37.5 Schnittführung bei der Dupuytren-Kontraktur

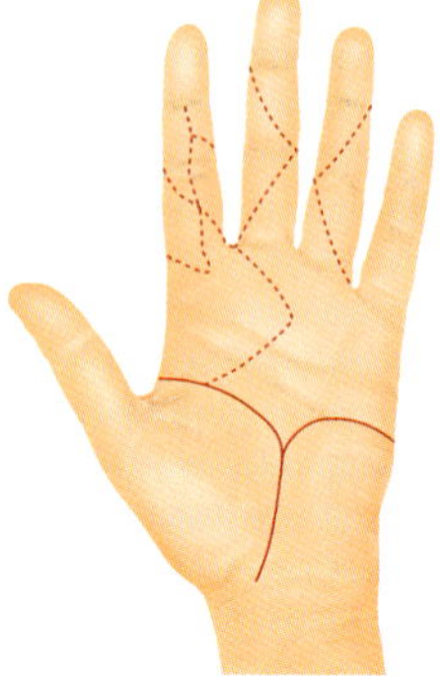

Über einen T-förmigen Schnitt in der Hohlhand wird die Palmaraponeurose entweder komplett oder nur partiell entfernt. Über zickzackförmige Schnitte im Bereich der Fingerbeugeseiten werden die strangförmigen Verdickungen ebenfalls aus den Fingern reseziert. Gerade Schnittführungen über den Gelenkfalten sind verboten (narbige Verziehungen, Kontrakturen, Bewegungseinschränkung!).

👁 37.6 Spaltung des Lig. carpi transversum

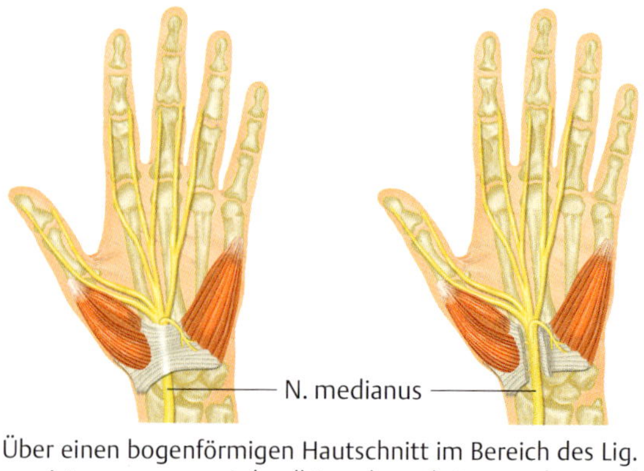

Über einen bogenförmigen Hautschnitt im Bereich des Lig. carpi transversum wird selbiges komplett gespalten und offen gelassen. Der Nerv wird u. U. in mikrochirurgischer Technik freipräpariert und epineurotomiert.

Infektionen der Finger und der Hand

Definitionen:
Paronychie: eitrige Infektion des Nagelwalls,
Abszess: begrenzte Infektionen auf der Streckseite der Finger und der Hand,
Panaritium: begrenzte Infektionen auf der Beugeseite der Finger (Kragenknopfpanaritium: mit der Kutis verbundenes Panaritium subcutaneum),
Phlegmone: nicht scharf begrenzte flächenhaft ausgebreitete Infektion

Ätiologie und Pathogenese: **Traumatisch** durch Wunden oder Fremdkörper, durch verbrannte oder gequetschte Haut-Subkutis-Areale ohne Kontinuitätsunterbrechung, **nicht traumatisch** durch Hautrhagaden, verminderte Abwehrlage oder akute Tenosynovialitiden entstandene Infektionen können sich an der Hand sehr schnell ausbreiten (**37.7**).

Ein wichtiges ***Symptom*** ist der pochende, die Nachtruhe störende Schmerz, der den Patienten zum Arzt führt. Manchmal ist dieser Schmerz ohne deutliche Schwellung oder Rötung vorhanden. Subunguale Infektionen sind als gelbe Herde unter dem Nagel sichtbar. Später schmilzt das Gewebe putride ein.

Diagnostik: In der **Anamnese** Frage nach nächtlichen Schmerzen sowie Sensibilitäts- und Funktionsausfällen der Hand, danach Ermittlung der Ausdehnung des Infektes durch **Inspektion** (Schwellung, Rötung?) und **Palpation** (z. B. mit einem Stift: Wo ist es druckschmerzhaft?) auf Streck- und Beugeseite, Überprüfung der Stellung der benachbarten Gelenke in Ruhe, sowie **Funktionsprüfung** von Streck- und Beugefähigkeit des Fingers und der Hand. Die **Röntgenaufnahme** in 2 Ebenen des erkrankten Areals ist notwendig, um die Beteiligung knöcherner Strukturen auszuschließen (OP-Planung).

Differenzialdiagnose: Über Wochen und Monate bestehende schmerzlose Schwellungen und Rötungen weisen eher z. B. auf Psoriasis oder Tenosynovialitiden.

Therapie: Das **Behandlungsziel** besteht darin, die weitere Ausbreitung (**37.7**) und Zerstörung wichtiger Nachbarstrukturen zu verhindern. Entschließt man sich aufgrund der Klinik zu einem **konservativen Vorgehen**, so besteht dieses in einer Ruhigstellung der Hand bis zum Ellbogengelenk auf einer individuell angefertigten Gips- oder Kunststoffschiene, Kühlung, Hochlagerung der gesamten Extremität, möglichst strenger Bettruhe sowie engmaschigen ambulanten Kontrolluntersuchungen.
Die *Störung der Nachtruhe* durch starke pochende Schmerzen sind auch ohne klinisch korrelierenden Befund als Indikation zur **Operation** zu nehmen. Der Patient muss über ein großzügiges Débridement, offene Wundbehandlung, evtl. Sekundäreingriffe und plastische Defektdeckungen *aufgeklärt* werden. Er muss mit einem Nagelfehlwachstum, sogar mit einer Amputation des Fingers rechnen. *Anästhesie:* Nach Möglichkeit axilläre Plexusblockade. Nur bei Infektionen, die auf das Endglied beschränkt sind, Oberst-Leitungsanästhesie und bei streng auf die 2. Phalanx lokalisierten Infekten Leitungsblockade in Höhe der proximalen Hohlhandbeugefalte. Grundsätzlich muss eine *Blutsperre* (keine Blutleere!) für die Operation angelegt werden. Die *Schnittführung* erfolgt mediolateral oder zickzackförmig unter Schonung der Gelenkareale (**37.5**).
Die intraoperative Entnahme eines **Abstriches** mit nachfolgender Austestung eines Antibiogramms sind zwingend notwendig. Die Gabe von **Antibiotika** ist nur dann gerechtfertigt, wenn ein Infekt großzügig chirurgisch débridiert und eröffnet wurde und sich intraoperativ zeigt, dass er noch nicht beherrscht ist.
Zur **Nachbehandlung** Hochlagerung, Kühlung (s. o.) und Ruhigstellung mit Einschluss aller Langfinger in Intrinsic-Plus-Stellung (s. SE 11.12, S. 299). Direkt postoperativ beginnen mehrmals tägliche *Bewegungsübungen*: zunächst bei jedem Verbandswechsel passiv, bei Rückbildung des Infektes aktiv, langsam steigernd. Die Art der Bewegungsübungen und die Ausdehnung ist immer vom chirurgischen Befund abhängig.
Je nach Ausdehnung des Befundes ist ein **„second look"** erforderlich, ebenso ein Sekundäreingriff bei klinischen Anzeichen eines nicht rückläufigen Infektes.

37.7 Ausbreitungswege an der Hand

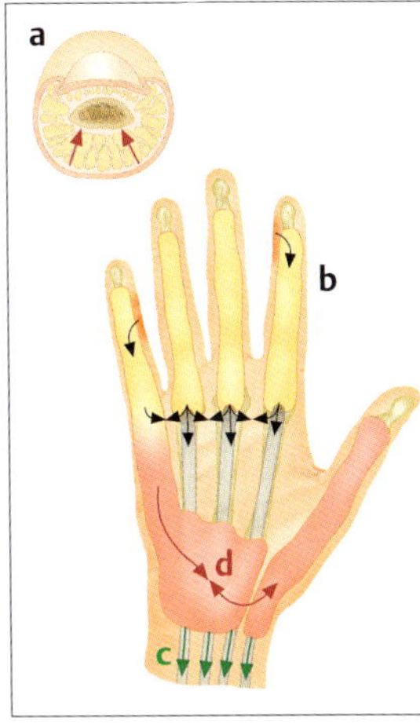

a Über bindegewebige Septen breiten sich Infektionen an der Hand schnell in die Tiefe aus.
b Über die Sehnenscheiden der Langfinger gelangen sie in die tiefe Hohlhand und u. U. bis in den Unterarm (Parona-Raum; **c**).
d Die durchgehenden Sehnenscheiden von Daumen und 5. Finger ermöglichen die Entstehung einer V-Phlegmone.

Prognose: Je früher der Infekt erkannt und adäquat therapiert wird, desto besser und vollständiger ist die Wiedererlangung der Handfunktion. Bei *postoperativ frühzeitiger intensiver Mobilisierung* ist auch bei schweren Infektionen mit einer kompletten Restitution zu rechnen. Prognostisch ungünstiger sind beim *Débridement* erforderliche Beugesehnenresektionen und spätere -rekonstruktionen, die i. d. R. zu Bewegungseinschränkungen, auch der Nachbarfinger führen, schwere *Gelenkinfekte* mit Teilzerstörung der Knorpelfläche oder Einschmelzung des Bandapparates sowie erforderlich werdende Tenolysen, falls es innerhalb der ersten 6 Wochen trotz intensiver Krankengymnastik zu *breiten Beuge- oder Strecksehnenverklebungen* gekommen sein sollte.

Eberhard Schaller

38.1 Lungenchirurgie im Kindesalter

Kinderchirurgie ist Chirurgie am Patienten im Wachstum. Sie muss daher die altersspezifischen biologischen, pathophysiologischen und psychologischen Gegebenheiten der Patienten vom Neugeborenenalter bis ins Jugendalter berücksichtigen. Kinderchirurgie befasst sich besonders mit den kongenitalen Fehlbildungen, mit Lungenchirurgie und Viszeralchirurgie, mit Traumatologie und Urologie, mit Tumoren im Kindesalter und mit chirurgischen Infektionen. Fakultativ kommen die Hydrozephalus- und Myelomeningozelenchirurgie, die Chirurgie bei Lippen-Kiefer-Gaumen-Spalten hinzu. Kinderchirurgie orientiert sich zwar an der Pathophysiologie und den Techniken der Allgemein-, Viszeral-, Thorax-, Gefäß- und Unfallchirurgie, spezifische Merkmale des Patienten im Kindes- und Jugendalter machen jedoch spezifische Vorgehensweisen notwendig. Insofern muss die Kinderchirurgie sowohl in der Forschung, technischen Entwicklung, Vor- und Nachbehandlung von Patienten und bei operativen Eingriffen häufig eigenständige Wege gehen.

Erkrankungen der Lunge im Kindesalter, die eine chirurgische Therapie nötig machen, sind i.d.R. angeborene Fehlbildungen. Erworbene Erkrankungen, wie z.B. eine Echinokokkose (s. SE 31.4, S. 698 f), Lungenabszesse, primäre Lungentumoren, Metastasen und Lungenverletzungen sind selten und haben untergeordnete Bedeutung. Die meisten angeborenen Fehlbildungen werden schon im Neugeborenen- oder frühen Kindesalter symptomatisch und müssen meistens operiert werden, einige werden jedoch nur als Zufalls- und Nebenbefunde entdeckt und können bis in das Erwachsenenalter unauffällig und unerkannt bleiben (s. SE 31.3, S. 694 f).

Kongenitales lobäres Emphysem

Bei einem kongenitalen lobären Emphysem handelt es sich um eine angeborene, postnatal auftretende Überblähung eines Lungenlappens. Pathogenetisch wird sie durch eine Bronchusverengung mit Behinderung der Exspiration als Folge bronchialer Schleimhautfalten, Bronchialklappen, einem weichen bronchialen Knorpelgerüst oder bronchialen und intrapulmonalen Gefäßanomalien hervorgerufen.

Symptomatik: Das lobäre Emphysem manifestiert sich in den ersten 6 Lebensmonaten, in 50 % der Fälle sogar bereits in den ersten 4 Lebenswochen. Zunehmende Dyspnoe, Zyanose, Tachypnoe, Tachykardie, inspiratorische Einziehungen im Jugulum und Epigastrium, Nasenflügeln und ein exspiratorisches Geräusch weisen auf die erschwerte Atmung hin. Oft ist die Thoraxwand der befallenen Seite balloniert. Die Zufuhr von Sauerstoff bessert das klinisch Bild meist nicht.

Diagnostik: Ein sonorer Klopfschall und die Verdrängung des Herzens auf die Gegenseite sind typische Perkussionszeichen. Auskultatorisch wird über der befallenen Seite nur ein schwaches oder gar kein Atemgeräusch gehört. Diagnostisch entscheidend ist ein Röntgenbild, das die Überblähung des befallenen Lappens und eine Verdrängung des Herzens, des Mediastinums und der übrigen Lunge zur Gegenseite zeigt (**38.1**). In rund 40 % der Fälle sind Atelektasen als Folge der Kompression der benachbarten Lunge zu erkennen. Die Rippen sind horizontal gestellt, die Interkostalräume meistens verbreitert.

Differenzialdiagnose: Notwendig ist die Abgrenzung gegen einen Pneumothorax, hier zeigt sich in der Röntgenaufnahme eine fehlende Lungenzeichnung im aufgehellten Lungenbezirk. Kongenitale Lungenzysten sind meistens septiert und weisen gelegentlich Flüssigkeitsspiegel auf. Verwechslungen kommen auch mit pleuroperitonealen Zwerchfellhernien oder Fremdkörperaspirationen in den Lappenbronchus vor.

38.1 Lobäres Emphysem

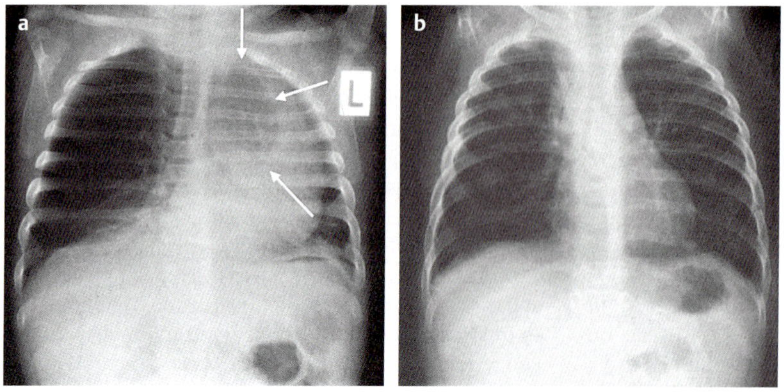

a Der rechte Lungenoberlappen ist überbläht und nimmt den gesamten rechten Thoraxraum ein. Im oberen linken Bereich ist er zur linken Gegenseite „herniert" (Pfeile). Deshalb ist die linke Lunge komprimiert und erscheint röntgenologisch verdichtet.
b Normales Röntgenbild nach Entfernung des rechten Oberlappens.

Therapie: Die Operationsindikation ist mit der Diagnosestellung gegeben. Die adäquate Therapie ist die Entfernung des betroffenen Lungenlappens.

Prognose: Sofern andere Lungenareale nach Dekompression nicht emphysematisch werden, ist die Prognose gut. Der Verlust eines Lungenlappens wird i. d. R. vollständig kompensiert.

Kongenitale Lungenzysten

Lungenzysten kommen in verschiedenen Formen als solitäre oder multiple Zysten bis hin zur zystischen Umwandlung ganzer Lungenlappen vor. Pathogenetisch liegt eine zystische oder zystisch-adenomatöse Hamartie zugrunde (**38.2**). Unterschieden werden bronchioläre Zysten, alveoläre Zysten, Zysten endothelialen oder mesothelialen Ursprungs und als Sonderform die zystische adenomatoide Fehlbildung. Diese beruht auf einer Proliferationsstörung der terminalen Bronchiole, Alveolen werden in dem betroffenen Bereich nicht ausgebildet.

38.2 Pathogenese angeborener Lungenzysten

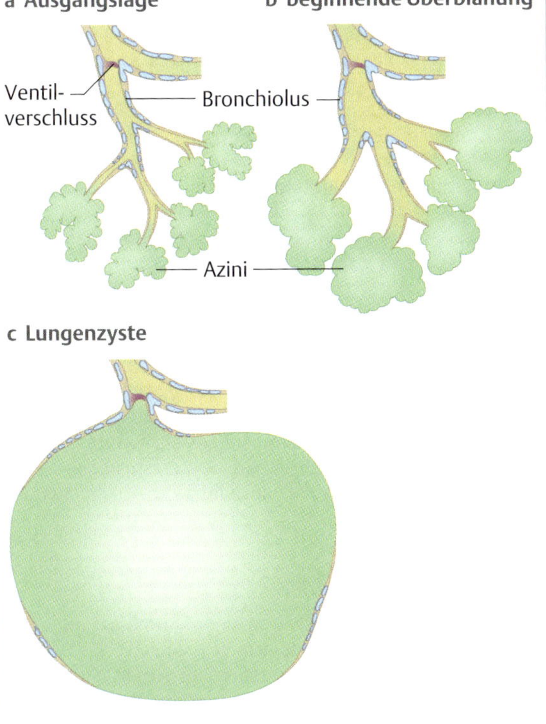

a Der Ventilverschluss in einem Bronchiolus behindert bereits beim Embryo die Entleerung der Lungenazini und postnatal die Exspiration.
b Lungenazini und periphere Bronchioli werden überbläht und an der normalen Entwicklung behindert.
c Lungenzyste mit Bronchuselementen in der Wand (Knorpel, Flimmerepithel, Muskulatur).

38.3 Angeborene Lungenzyste

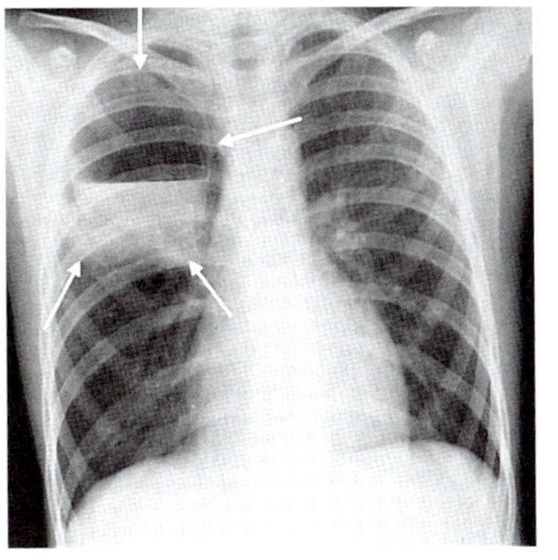

Spiegelbildung in einer entzündeten Zyste des rechten Lungenoberlappens.

Symptome: Lungenzysten bleiben oft lange Zeit symptomlos und unerkannt. Möglich ist jedoch das Auftreten
- einer Spannungssymptomatik durch Größenzunahme der Zysten bei Anschluss an das Bronchialsystem und
- einer pneumonieartigen Symptomatik bei Infektion der Zysten.

Wenn eine Zyste rupturiert, kann auch ein Pneumothorax auftreten.

Differenzialdiagnostisch müssen das lobäre Emphysem, die pleuroperitoneale Zwerchfellhernie, „sackförmige" Bronchiektasen und der Spannungspneumothorax abgegrenzt werden.

Diagnostik: In Röntgenbild und CT stellen sich lufthaltige, meist kugelige Strukturen dar, z. T. mit Infiltration. Bei Infektion können Flüssigkeitsspiegel erkennbar sein (**38.3**).

Therapie: Zufällig diagnostizierte solitäre Zysten sollten zunächst beobachtet werden. Eine operative Therapie im Kindesalter ist nur zu empfehlen, wenn es zu einer Größenzunahme oder Infektion der Zyste kommt. Bei diesen Patienten gelingt die Heilung durch Enukleation, Segmentresektion oder Lobektomie.

Prognose: Der entfernte Lungenanteil wird i. d. R. voll kompensiert.

Pneumatozele

Eine Pneumatozele ist eine Pseudozyste als Folge einer Staphylokokkenpneumonie. Ursächlich ist ein entzündungsbedingter Untergang von Alveolarsepten. Die Luft kann aus der Pseudozyste nicht mehr entweichen, weil der Bronchus entzündlich obliteriert ist.

Diagnostik: Röntgenologisch werden kleine oder große Luftblasen im Lungenparenchym oft mit Spiegelbildung sowie infiltrativen Bereichen im umgebenden Parenchym nachgewiesen (**38.4**).

38.4 Pneumatozele

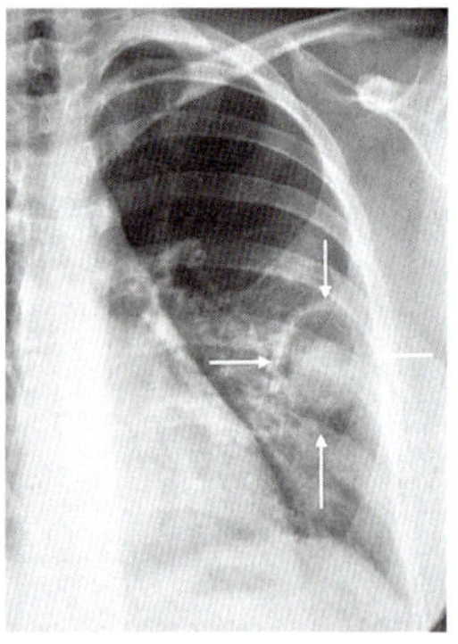

Die Pseudozyste bei Staphylokokkenabszess ist mit Gas und Detritus gefüllt sowie von infiltrativen Bereichen des benachbarten Lungenparenchyms umgeben. Eine typische Spiegelbildung (s. **38.3**) kam wegen des Detritus nicht zustande.

38.5 Lungensequester mit eigenständiger arterieller Gefäßversorgung

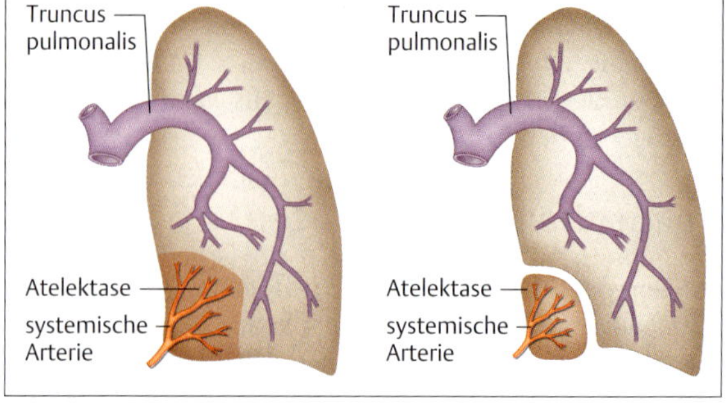

Therapie: Da kleine Pneumatozelen unter antibiotischer Behandlung spontan ausheilen können, wird man, sofern die pulmonale Situation dies erlaubt, abwarten. Ein operatives Vorgehen ist angezeigt, wenn eine differenzialdiagnostische Unterscheidung (**38.1**) nicht möglich ist, Verdrängungserscheinungen auftreten, Pneumatozelen persistieren oder sich Spiegel bilden. I. d. R. ist wegen erheblicher Verwachsungen eine Lobektomie erforderlich. Nur selten ist eine Enukleation oder eine Segmentresektion möglich. Bei zentral liegenden Pneumatozelen ist das Risiko der Verletzung von Gefäßen und Bronchien groß, sodass man sich zur temporären Drainage entschließen muss. Hierunter können sich Pneumatozelen entleeren und schrumpfen. Eine antibiotische Behandlung ist grundsätzlich notwendig. Die Drainage einer Pneumatozele führt in 30 % der Fälle nicht zum Ziel, zudem dauert der Heilungsvorgang länger als nach resezierender Operation. Deshalb wird mit Ausnahmen der Operation der Vorzug gegeben.

Differenzialdiagnose: Von einer Pneumatozele müssen kongenitale Lungenzysten, ein Spannungspneumothorax und selten auch Zwerchfellhernien abgegrenzt werden. Führend in der klinischen und radiologischen Differenzialdiagnose ist die Anamnese, allerdings kann eine Pneumonie oft nicht mehr angegeben werden.

Die ***Prognose*** ist i. d. R. gut. Bronchusfisteln können jedoch eine Reoperation erforderlich machen. Sie kommen bei drainierenden Verfahren häufiger vor als nach Operation.

Lungensequestration

Ein Lungensequester ist ein akzessorischer, von der Lunge abgegrenzter Lungenlappen mit eigenem pleuralem Überzug (extralobäre Sequestration) oder ein in ein Lungensegment oder einen Lungenlappen integrierter, von der eigentlichen Lunge nicht abgrenzbarer fehlgebildeter Lungenanteil (intralobäre Sequestration). Neben einer atypischen arteriellen Blutversorgung liegen häufig Bronchusanomalien und ein dyskinetisches Lungenparenchym vor (**38.2**). Lungensequester befinden sich meistens im posterobasalen Segment des Unterlappens, können jedoch in allen Lungenanteilen oder im gesamten intrapleuralen Raum vorkommen (**38.5**).

Entsprechend des gemeinsamen embryologischen Ursprungs können Lungensequestrationen mit Ösophagus-, Zwerchfell- und Herzfehlbildungen assoziiert auftreten.

38.2 Lungensequester: Blutversorgung und Bronchusvarianten

Charakteristisch ist die atypische **arterielle Blutversorgung**: Die den Sequester versorgende Arterie entspringt aus der thorakalen Aorta descendens, der Aorta abdomalis, dem Truncus coeliacus oder den Interkostalarterien. Der **venöse Abfluss** verläuft bei den intralobären Sequestern meistens über die Lungenvenen, bei extralobären über die V. acygos, V. hemiacygos oder auch V. portae. An **bronchialen Verbindungen** kommen folgende Varianten vor:

- Sequester, bei denen überhaupt keine bronchiale Verbindung erkennbar ist,
- Sequester mit bronchialer Verbindung zu den benachbarten Lungenanteilen und
- bronchiale Verbindungen zur Speiseröhre, bei extralobären Sequestern auch zur Trachea oder zum Magen.

Diese Verbindungen erklären sich aus dem gemeinsamen Ursprung der Trachea und des Ösophagus aus dem Vorderdarm. Intra- und extralobäre Sequester kommen selten auch gleichzeitig vor. Extralobäre Sequester liegen i. d. R. intrapleural, sie wurden aber auch intra- oder subdiaphragmatisch gefunden.

38.1 Scimitar-Syndrom

Das Scimitar-Syndrom ist durch die Kombination einer rechtsseitigen Lungenhypoplasie mit einer Lungensequestration gekennzeichnet, die definitionsgemäß eine eigenständige arterielle Versorgung und einen venösen Abfluss über die V. cava inferior hat. Den Namen bekam das Scimitar-Syndrom von seinem röntgenologischen Charakteristikum. Entlang dem rechten Herzrand ist ein konvexer Schatten zu erkennen, der die Form der türkischen Waffe „Scimitar" hat. Das Scimitar-Syndrom ist oft mit einem persistierenden Ductus Botalli, einer Fallot-Tetralogie, einer Aortenisthmusstenose oder anderen Herzfehlbildungen assoziiert.

Symptome treten erst auf, wenn sich der Lungensequester infiziert. Rezidivierende Bronchopneumonien, Pleuraempyeme und Hämoptoe sind die Folge.

Diagnostik: Röntgenologisch fallen umschriebene Verdichtungen in der Lunge, besonders im posterobasalen Unterlappensegment auf. Machmal sieht man in diesen Verdichtungen zystische Formationen, die mit Luft oder mit Flüssigkeit gefüllt sind. Beim begründeten Verdacht auf eine Lungensequestration sollte eine Aorto- oder Szintigraphie durchgeführt werden, um die eigenständige Blutversorgung nachweisen, den Sequester bestätigen und dem Chirurgen einen Hinweis geben zu können, wo er die Gefäße suchen muss. Ein Ösophagogramm kann bronchiale Verbindungen zum Ösophagus oder zum Magen nachweisen.

Differenzialdiagnose: Lungensequester müssen gegen bronchogene Zysten und kongenitale Lungenzysten abgegrenzt werden. Diagnostisch hilfreich ist eine MRT.

Therapie: Die Operationsindikation ist mit der Diagnosestellung gegeben und begründet sich aus dem Wissen, dass die atypische Gefäßversorgung zur Herzinsuffizienz führen kann und Lungensequester häufig abszedieren. Extralobäre Sequester werden reseziert, bei intralobären Sequestern empfiehlt sich die Lobektomie, die eine risikoärmere Gefäßpräparation erlaubt als die Segmentresektion. Die Segmentresektion sollte die Ausnahme sein.

Die ***Prognose*** ist gut. Der postoperative Verlauf ist i. d. R. komplikationsfrei. Das Risiko besteht in der Operation, die oft sehr kurzen arteriellen Gefäße müssen exakt und sicher unterbunden werden.

Lungenaplasie und -hypoplasie

Die Lungenaplasien oder Lungenhypoplasien sind sehr seltene Lungenfehlbildungen.

Lungenaplasie

Eine Lungenagenesie wird diagnostiziert, wenn ein ganzer Lungenlappen oder eine Lunge fehlt. I. d. R. endet der zur Lunge oder zum Lungenlappen gehörige Bronchus in einer kleinen soliden oder zystischen Knospe.

Die ***Symptomatik*** hängt von der Ausdehnung der Agenesie ab. Wenn nur ein Lungenlappen betroffen ist, kann die Fehlbildung symptomlos bleiben oder erst im Rahmen einer aus anderem Grunde durchgeführten Röntgenaufnahme erkannt werden. Ist dagegen eine ganze Lunge nicht angelegt oder fehlen zwei und mehr Lungenlappen, so werden die Kinder i. d. R. schon kurz nach der Geburt symptomatisch. Sie fallen durch Dyspnoe, Zyanose und geringe Belastbarkeit auf.

Eine kurative ***Therapie*** gibt es für solche Patienten nicht, sie muss palliativ bleiben und erschöpft sich in der Vermeidung von Bronchopneumonien und Pneumonien sowie in der Vermeidung nicht kompatibler Belastungen.

Die ***Prognose*** ist von der Ausdehnung der Agenesie abhängig.

Lungenhypoplasie

Eine Lungenhypoplasie wird diagnostiziert, wenn außer der bei der Agenesie schon erwähnten Bronchusblindsackknospe noch ein Areal von Lungenbläschen vorhanden ist, das aber keine normal strukturierte Lunge darstellt. Zur Pathophysiologie bei Lungenhypoplasie s. SE 38.2, S. 828.

Symptomatik: Eine Lungenhypoplasie bleibt asymptomatisch, wenn nur ein kleines Lungenareal betroffen ist. Manchmal wird eine Lungenhypoplasie erst bei einer Bronchopneumonie oder gar Pneumonie diagnostiziert, selten im Zusammenhang mit einem Lungenabszess. Wenn ein großes Areal oder sogar eine Lunge betroffen ist, kann eine Mediastinalverlagerung resultieren, die im Zusammenhang mit Atemstörungen röntgenologisch oder bronchoskopisch diagnostiziert wird.

Therapie: Sofern eine Lungenhypoplasie zu verstärkter Sekretretention mit rezidivierenden Infektionen bis hin zu Bronchopneumonien, Pneumonien und Lungenabszessen führt, müssen die hypoplastischen Areale reseziert werden. Dabei kommen vorwiegend atypische Segmentresektionen infrage, um möglichst viel funktionsfähiges Lungengewebe zu erhalten.

Die ***Prognose*** nach Operation ist gut, sofern nicht zu viel Lungengewebe hypoplastisch ist und reseziert werden musste.

Paul Schweizer

38.2 Angeborene Zwerchfelldefekte

Angeborene Zwerchfelldefekte liefern das Paradebeispiel für eine Hemmungsfehlbildung. Die mangelhafte Mesenchymausstattung der sich entwickelnden Strukturen des definitiven Zwerchfelles führt zu verschiedenen formalen Defekten des Zwerchfelles. Die Pathogenese der Entwicklung eines Zwerchfelldefektes ist inzwischen bekannt, für die gesicherte Ätiologie fehlen jedoch noch Erkenntnisse. Ein Chirurg, der Zwerchfelldefekte operativ beseitigen will, muss die Patho-Embryologie kennen, damit die Korrektur sachgemäß ausgeführt werden kann. Gleichzeitig muss er die Pathophysiologie der Lunge und der gestörten Atmung verstehen, damit er die Indikation und den Zeitpunkt der Operation richtig wählen kann. Zur Entwicklungsgeschichte des Zwerchfells s. SE 20.5, S. 458, zu erworbenen extrahiatalen Zwerchfellhernien s. SE 20.6, S. 460 f, zu Hiatushernien s. SE 21.6, S. 478 f.

Allgemeines

Ätiopathogenese: Der angeborene Zwerchfelldefekt ist Folge einer mangelhaften Mesenchymausstattung der Membrana pleuroperitonealis. Damit kommt es zu einer mangelhaften muskulären Ausbildung eines Teiles des Zwerchfells. Diese Fehlentwicklung führt zu einem offenen oder nur mit Peritoneum bedeckten Canalis pleuroperitonealis. Sofern sich die Membrana pleuroperitonealis, später das Peritoneum, entwickelt hat, die Ausstattung der Zwerchfellanlage mit Muskulatur jedoch ausbleibt, entsteht eine **echte Hernie**, ein Bruchsack. Wenn kein Bruchsack vorhanden ist, fehlt die Verbindung zwischen Plica pleuroperitonealis und dem Septum transversum, sodass sich keine echte Hernie, sondern eine **Zwerchfelllücke** entwickelt.

Klassifikation und Einteilung: Angeborene Zwerchfellhernien lassen sich nach ihrer Lokalisation in lumbokostale (95 %) und sternokostale bzw. parasternale (5 %) Hernien einteilen (**38.6**).

38.6 Zwerchfell: Lokalisation der Bruchpforten

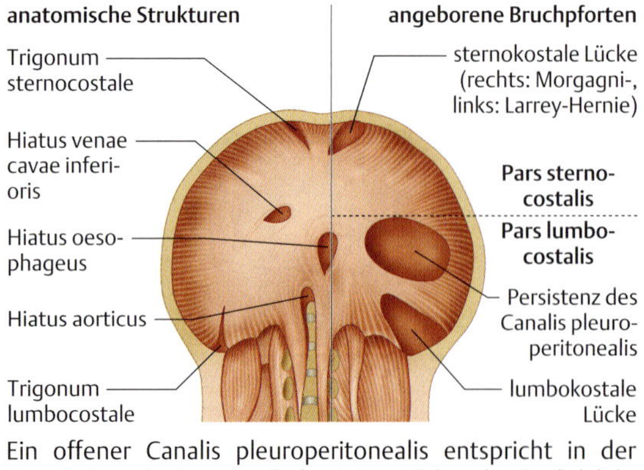

Ein offener Canalis pleuroperitonealis entspricht in der Regel einer riesigen lumbokostalen Lücke; die Bochdalek-Hernie ist die Erwachsenenhernie durch das Trigonum lumbocostale.

Lumbokostale Hernien

Synonyme: defekter Canalis pleuroperitonealis mit pleuroperitonealer Zwerchfellhernie, Bochdalek-Hernie (Bochdalek, Anatom in Prag, im 19. Jahrhundert).

Mit 95 % ist die lumbokostale Zwerchfellhernie der häufigste angeborene Zwerchfelldefekt. Es handelt sich um eine verschieden große Zwerchfelllücke im anatomischen Trigonum lumbocostalis. Meistens sind Zwerchfellsäume unterschiedlicher Breite vorhanden, selten besteht eine Aplasie des ganzen Zwerchfells. In 90 % der Fälle liegt der Defekt im linken, in 10 % im rechten oder in beiden Zwerchfellhälften.

Bei pleuroperitonealen Zwerchfellhernien liegen oft der gesamte Dünn- und Dickdarm, die Milz, der linke Leberlappen und sogar die linke Niere im Brustraum.

Pathophysiologie: Pleuroperitoneale Zwerchfellhernien sind mit einer Entwicklungsstörung der Lunge verbunden: Der Schweregrad der Lungenfehlbildung ist direkt proportional zur gestörten Zwerchfellentwicklung.

Je früher die Zwerchfellentwicklung gestört wird, desto schwerwiegender ist die Lungenfehlbildung.

Ob die Lungenentwicklung durch komprimierende Abdominalorgane beeinträchtigt wird, kann bisher nicht eindeutig belegt werden. Die nicht oder unterentwickelte Lunge (s. a. SE 38.1, S. 827) weist neben einer Größen- und Gewichtsreduktion eine verminderte Zahl von Bronchien mit ungenügend ausgebildeten Knorpelspangen auf. Außerdem ist die Alveolenzahl bei normaler Azinuszahl vermindert. Von Geburt an besteht ein Atemnotsyndrom als Folge der Lungenhypoplasie und der gestörten Atemmechanik. Der CO_2-Anstieg bei verminderter Ventilation führt zur respiratorischen Azidose. Aufgrund der resultierenden Gewebehypoxie und verstärkt durch zusätzliche hämodynamische und kardiovaskuläre Störungen kommt es zusätzlich zur metabolischen Azidose. Die Azidose und die Hyperplasie der Lungengefäßwände verhindern die postnatale physiologische Dilatation der Lungengefäße, wodurch der fetale Kreislauf aufrechterhalten wird. Folge ist eine schwache Lungendurchblutung und ein Rechts-Links-Shunt im Bereich des Foramen ovale und des Ductus arteriosus. Trotz der schwachen Lungendurchblutung führen die rigide Wandhyperthrophie und die daraus resultierende Verminderung des Pulmonalarteriendurchmessers meist zu einer schweren pulmonalen Hypertension mit Rechtsherzüberlastung.

Die konsekutive Myokardinsuffizienz und die azidosebedingte Minderdurchblutung der Niere bestimmen den Verlauf und die Prognose.

Symptome: Atemnotsyndrom, kleiner Bauch, asymmetrische Thoraxexkursion, Azidose, persistierender fetaler Kreislauf, Myokardinsuffizienz, Oligurie und Hyperkaliämie.

Diagnostik: Die Verlagerung von Baucheingeweiden in den Thoraxraum ist meist schon **pränatal** im *Ultraschall* zu erkennen. **Postnatal** lassen neben der o. g. Symptomatik die *Perkussion* und *Auskultation* die Verlagerung von Darm in den Thoraxbereich vermuten (Darmgeräusche). Ein postnatal angefertigtes *Röntgenbild* des Thorax bestätigt die Diagnose. Hier zeigt sich eine Verdrängung des Mediastinums auf die Gegenseite, i. d. R. nach rechts. Die eine Thoraxhälfte, meistens die linke, ist mit Darmschlingen gefüllt (sog. „Enterothorax"; **38.7**), manchmal sind Verdichtungen zu erkennen, die von der verlagerten Milz, Leber oder Niere hervorgerufen werden.

Therapie: Im Gegensatz zur früheren Lehrmeinung darf heute erst nach konservativen Erstmaßnahmen operiert werden: Intubation, Beatmung und Magensonde mit dem Ziel der anhaltenden Stabilisierung von Kreislauf, Atmung, Nierenfunktion und ausgeglichener Stoffwechsellage (Säure-Basen-Haushalt, Elektrolyte).

Ohne Intubation (d. h. mittels einer Maske) darf nicht beatmet werden, weil sonst der im Thorax gelagerte Magen und Darm überbläht wird.

38.7 Enterothorax

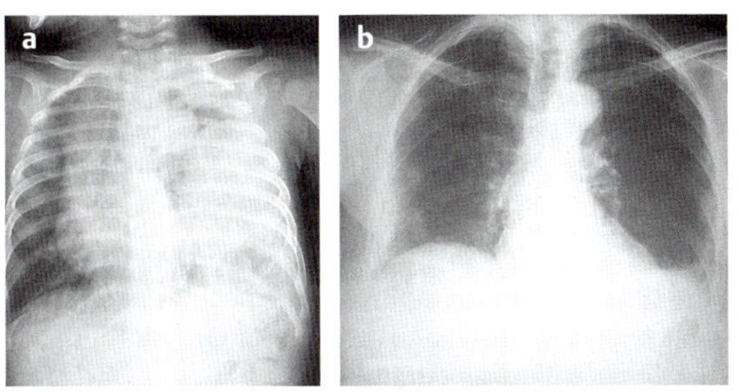

a Neugeborenes mit ausgeprägtem Enterothorax links (noch nicht intubiert). **b** Röntgenthorax bei Entlassung einige Wochen später, nach operativem Verschluss der pleuroperitonealen Lücke durch einen abdominellen Zugang.

Wenn bei ausgeglichenen Werten kein Hinweis für einen hämodynamisch erheblich wirksamen Rechts-Links-Shunt vorliegt und dieser Zustand wenigstens 1 Stunde stabil bleibt, kann von einem „anhaltend stabilen Zustand" gesprochen und operiert werden.

Es darf weder in die Azidose noch in die Hyperkaliämie „hineinoperiert" werden.

Operationsablauf: Der Zugang erfolgt transperitoneal über eine linksseitige, quere Laparotomie. Während die Reposition des Magens und des Darmes ohne Schwierigkeiten gelingt, kann die Reposition der vergrößerten und plumpen Milz bei kleiner pleuroperitonealer Lücke Schwierigkeiten bereiten.

Eine Inzision des Zwerchfells ist nie notwendig, es genügt das Anheben des vorderen Zwerchfellsaumes.

Bei breitem Zwerchfellsaum kann ein direkter muskulärer Zwerchfellverschluss hergestellt werden. Sollte das muskuläre Material nicht ausreichen, wird eine Goretex-Folie als Zwerchfellersatz eingenäht. Auf die Drainage des Pleuraraumes wird meist verzichtet.

Prognose: 40 % der Kinder können nicht in einen operationsfähigen Zustand gebracht werden. Die postoperative Letalität bei Kindern, die anhaltend stabilisiert und operiert werden können, liegt bei 15 %. Es handelt sich dabei um Kinder, die trotz initial „anhaltender Stabilisierung" postoperativ wieder instabil werden. Obduktionsbefunde zeigen, dass sich die Wandhypertrophie der Lungengefäße nicht zurückbildete und eine medikamentöse Beeinflussung der Wandhypertrophie nicht möglich war. Sie sterben in der Azidose, Nieren- und Herzinsuffizienz.

Sternokostale Hernien

Eine seltene Form der angeborenen Zwerchfellhernie ist die Hernie durch die präformierten, muskelfreien sternokostalen Lücken. Linksseitig spricht man von einer *Larrey-*, rechtsseitig von einer *Morgagni-Hernie* (s. a. SE 20.6, S. 460).
Da diese Hernien meistens klein sind, sodass selten Baucheingeweide vorfallen, führen sie nicht zu einem Atemnotsyndrom. Wenn retrosternale Beschwerden oder Transportstörungen des Darmes bei ungünstiger Verlagerung einer Darmschlinge auftreten, bestätigen Röntgenbild, CT oder MRT die Verdachtsdiagnose.
Operative Zugänge sind eine laterale Thoraktomie (6. oder 7. ICR) oder eine untere Sternotomie. Der direkte Verschluss der Hernie durch Naht ist immer problemlos durchzuführen. Symptomlose Hernien werden zufällig anlässlich aus anderen Gründen durchgeführten Untersuchungen entdeckt. Wenn sie wirklich symptomlos sind, besteht keine absolute Operationsindikation.
Die Prognose ist gut, Rezidive sind sehr selten, weil der Verschluss problemlos gelingt.

Paul Schweizer

38.3 Ösophagusatresie

Die Ösophagusatresie wird als Hemmungsfehlbildung verstanden, die sich in verschiedenen Formen manifestiert (👁 38.8). Der Vorderdarm, aus dem sich Ösophagus und Trachea entwickeln, wurde zwar angelegt, ihre Weiterentwicklung wurde indessen durch unbekannte Einflüsse gestört und gehemmt. Die typischen, häufigsten Formen können folgenfrei korrigiert werden. Schwere Formen sind dagegen nur mit Ösophagus- und manchmal sogar Trachealersatzoperationen korrigierbar. Solche Patienten leiden postoperativ lebenslang an Schluckstörungen, sodass jeder Arzt die Probleme der langstreckigen Ösophagusatresie kennen muss.

Definition: Bei der Ösophagusatresie handelt es sich um einen angeborenen Verschluss eines Ösophagusabschnittes mit und ohne Fistel zur Trachea (👁 **38.8**).

👁 38.8 Formen der Ösophagusatresie

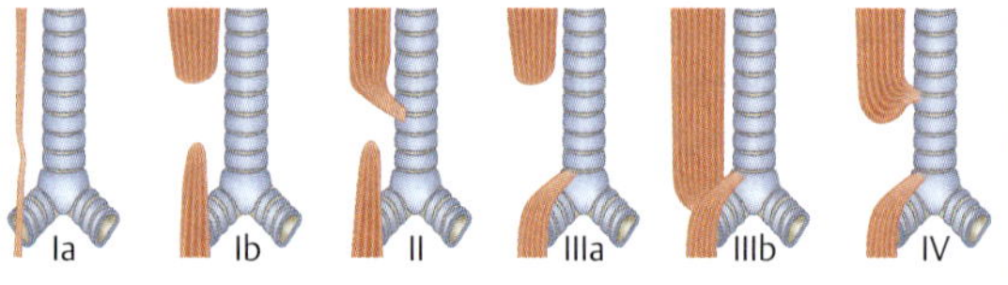

Am häufigsten kommen die Typen IIIa und IIIb vor. Der seltenste Typ ist Ia.

Ätiopathogenese: Die Ätiologie ist bisher nicht bekannt, und die Pathogenese trotz verschiedener embryologischer Studien weitgehend ungeklärt. Die vermuteten pathogenetischen Mechanismen werden in 🔍 **38.3** dargestellt.

🔍 38.3 Mögliche Pathogenese der Ösophagusatresie

Als pathogenetischer Mechanismus wird eine Fehlentwicklung der transversal gerichteten ösophagotrachealen Septa diskutiert, die sich in der 5. Fetalwoche zu beiden Seiten des „respiratorischen Divertikels" entwickeln und sich zum Septum oesophagotracheale vereinigen. Die Septierung beginnt in Höhe der divertikelartigen Ausstülpung der Trachealanlage aus der ventralen Wand des Vorderdarms. Nachdem diese Region in transversaler Richtung getrennt ist, entwickelt sich das Septum in kranialer Richtung weiter bis hinter die Eminentia hypobronchialis, die als Anlage der Epiglottis gilt. Wenn die Fusion des Septum oesophagotracheale im Abschnitt des respiratorischen Divertikels ausbleibt, kommt es zur Entwicklung einer ösophagotrachealen Fistel, die meistens oberhalb der Karina in die Trachea mündet. Während hiermit die Entstehung einer ösophagotrachealen Fistel noch erklärt werden kann, ist die Entstehung eines atretischen Ösophagusabschnittes bisher nicht geklärt. Große Wahrscheinlichkeit bekommt die Theorie, dass sich das Septum oesophagotracheale statt in streng sagittaler Richtung schräg nach dorsal entwickelt, sodass ein Abschnitt der Hinterwand des Vorderdarms in die Entwicklung der Trachea einbezogen wird. Die Theorie wird von der Beobachtung gestützt, dass bei manchen Ösophagusatresien tracheales Gewebe (Knorpel und bronchogene Zysten) in der vorderen Ösophaguswand liegt. Dieses Material der Trachealanlage könnte durch das schräg nach dorsal wachsende Septum oesophagotracheale in die Vorderwand des Ösophagus verschleppt worden sein.

Symptome: Einen ersten Hinweis gibt schon das Hydramnion der Mutter. Der zweite Hinweis ergibt sich aus der Passagestörung im oberen Blindsack: Die Kinder haben nach der Geburt Schaum und Speichel vor Nase und Mund (Speichel kann nicht geschluckt werden). Die Aspiration überlaufenden Speichels und Nahrung führt zu Zyanoseanfällen. Bei einer unteren ösophagotrachealen Fistel kommt es zum Reflux von Magensaft in die Lunge. Das Überlaufen von Speichel und Nahrung in die Trachea sowie der Reflux von Magensaft führen zu Aspirationspneumonie und Atelektasen. Bei einer Fistel werden zudem Magen und Duodenum beatmet und daher aufgebläht.

Diagnostik: Die o. g. Symptome geben Anlass, eine **Magensonde** durch die Nase in den Ösophagus einzuführen. Beim Vorliegen einer Ösophagusatresie kommt es in ca. 7 cm ab Kieferleiste zum Stop oder zum Umknicken der Sonde. Im **Röntgenbild** kann das Sondenende oder die umgeknickte Sonde im oberen Blindsack nachgewiesen werden. Wenn im Magen-Darm-Trakt Luft nachgewiesen wird, liegt eine distale ösophagotracheale Fistel vor, beim Fehlen von Luft in der Regel eine langstreckige Form. Ein **Ösophagogramm** mit (resorbierbarem!) Kontrastmittel ist nur ausnahmsweise notwendig. Das Gastrografin wird bei einem solchen Verdacht mittels Sonde in den oberen Ösophagussstumpf appliziert (👁 **38.9a**). Während der Kontrastmittelgabe muss konzentriert auf den Übertritt in die Trachea geachtet werden, weil bei einer oberen ösophagotrachealen *Fistel* das Kontrastmittel sofort in die Trachea übertritt, während die Kontrastmittel*aspiration* aus einem oberen Blindsack „langsamer" abläuft.

Differenzialdiagnose: Theoretisch kommt ein pharyngeales Pseudodivertikel infrage: Es handelt sich aber um eine extreme Rarität.
Differenzialdiagnostisch kommt beim Hydramnion eine Atresie des Duodenums infrage, die heute meistens aber schon pränatal sonographisch diagnostiziert wird. Bei einer Anenzephalie kann wegen einer Lähmung der Schluckmuskulatur ebenfalls ein Hydramnion entstehen; diese fatale Fehlbildung des Gehirns wird aber auch schon pränatal sonographisch diagnostiziert.

Therapie: Die operative Korrektur sollte sobald wie möglich durchgeführt werden, um die Aspiration von Speichel und den Reflux von Magensaft zu verhindern. Ziel

38.9 Ösophagotracheale Fistel Typ IIIb

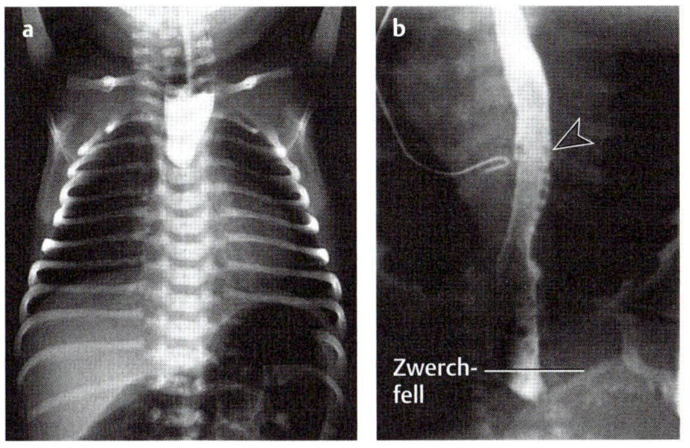

a Kurz nach Geburt endgültige Diagnose einer Typ-IIIb-Fistel: Vom oberen Ösophagusstumpf tritt kein KM in die Trachea über, Magen und Darm sind aber schon wenige Stunden nach Geburt mit viel Luft gefüllt. Cave!
b 10 Tage nach primärer Rekonstruktion (s. Text) glatte Kontrastmittelpassage durch den Ösophagus, ohne Hinweis für eine Rezidivfistel. Die ösophageale End-zu-End-Anastomose (Pfeil) ist nicht zu erkennen.

38.10 Magenhochzug wegen langstreckiger Ösophagusatresie

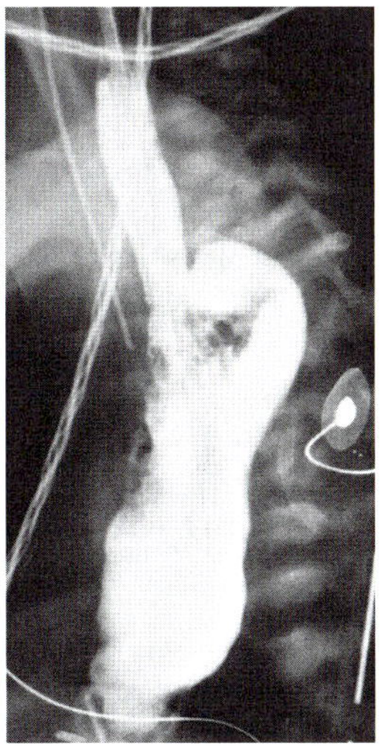

12. Tag nach am Tag der Geburt durchgeführtem Magenhochzug: Die Ösophagogastrostomie liegt in Höhe des unteren Halses. Keine Insuffizienz, glatte Kontrastmittelpassage ins Duodenum.

der operativen Korrektur ist der Verschluss und die Durchtrennung der ösophagotrachealen Fistel sowie die primäre End-zu-End-Anastomose der beiden Ösophagusstümpfe. Die Anastomose wird transnasal geschient, sodass das Kind bereits wenige Stunden nach der Operation

38.4 Operationstechnik

Zur Darstellung der beiden Ösophagusstümpfe und der ösophagotrachealen Fistel wird streng extrapleural vorgegangen. Den Zugang erreicht man durch eine rechtslaterale Thorakotomie durch den 3. oder 4. ICR. Die Pleura kann in der Regel mühelos von der Fascia endothoracica abgelöst werden. Sie wird soweit abgeschoben, bis der quer verlaufende Abschnitt der V. acygos dargestellt und durchtrennt werden kann. Der obere Blindsack kann mithilfe einer nasal eingeführten Kunststoffsonde vorgeschoben und so leichter erkannt werden. Er muss sowohl zur Mobilisierung als auch zur Erkennung einer oberen ösophagotrachealen Fistel in proximaler Richtung von der Trachea befreit werden. Anschließend wird die ösophagotracheale Fistel zirkulär präpariert, angeschlungen und bis zur Mündung in die Carina dargestellt. Dort wird sie mit resorbierbaren Fäden verschlossen und durchtrennt. Der distale Ösophagus sollte möglichst wenig mobilisiert werden, um Durchblutungsstörungen zu vermeiden. Bei der Mobilisation des unteren Ösophagusstumpfes muss zudem der N. vagus geschont werden. Die primäre Anastomose wird End-zu-End mit resorbierbaren Fäden genäht und mit einer transnasal eingeführten Magensonde geschient. Auf die Einlage einer (extrapleuralen) Thoraxdrainage kann verzichtet werden.

über diese Ernährungssonde ernährt werden kann. Sie sollte 10–12 Tage liegen bleiben. Nach einem Ösophagogramm, das sowohl die Durchgängigkeit des Ösophagus als auch das Fehlen einer Rezidivfistel nachweisen soll (**38.9b**), kann sie entfernt werden.
Therapie der langstreckigen Ösophagusatresie: Beträgt der Abstand zwischen oberem und unterem Ösophagusstumpf mehr als 3 cm und ist eine Annäherung durch Dehnung der beiden Blindsäcke nicht möglich, muss der fehlende Ösophagus z. B. durch Magenhochzug überbrückt werden (**38.10**).

Komplikationen und Morbidität sind selten geworden. Die Rezidivfistelrate ist beinahe auf Null gesunken, Fisteln entstehen fast nur noch, wenn eine Langzeitbeatmung notwendig ist. **Anastomosenstenosen**, die bougiert werden müssen, treten bei 10 % der Kinder auf, in der Regel sind sie mit 1–2 Bougierungsbehandlungen ausreichend dehnbar. Wenn der untere Ösophagus straff nach oben gezogen werden muss, kann eine **Hiatushernie** auftreten. Eine Fundoplicatio ist jedoch nur bei 4 % der Kinder wegen konservativ nicht behandelbarer Refluxsymptome notwendig. **Dysphagien**, oft verbunden mit **Reizhusten**, werden bei 15–20 % beobachtet, sie verschwinden jedoch binnen 2 Jahren bei fast allen Kindern.

Prognose: Die Einteilung der Kinder mit Ösophagusatresien in Risikogruppen nach Waterston hat sich heute weitgehend erübrigt, da die operative Letalität unter 1 % gesenkt werden konnte.

Paul Schweizer

38.4 Fehlbildungen der Gallewege: extrahepatische Gallengangsatresie und Choledochuszyste

Die beiden häufigsten Fehlbildungen der Gallewege, die extrahepatische Gallengangsatresie und die Choledochuszyste, müssen zwar schon im Säuglingsalter operativ korrigiert werden, spielen aber auch später eine Rolle, weil diese Kinder heute das Erwachsenenalter erreichen und die mit der Krankheit verbundenen Probleme mitnehmen. Deshalb muss jeder Arzt über ein Grundwissen verfügen.

Extrahepatische Gallengangsatresie (EHGA)

Definition und Formen: Der Begriff „Gallengangsatresie" definiert ein angeborenes oder perinatal erworbenes Krankheitsbild, das klinisch durch eine Cholestase im Neugeborenenalter, anatomisch-pathologisch entweder durch den Verschluss der gesamten extrahepatischen Gallengänge oder ihre segmentäre Obliteration gekennzeichnet ist. Intrahepatische Gallengangshypoplasien sind durch numerische und morphologische Veränderungen der interlobären Gallengangsabschnitte charakterisiert und können mit einer EHGA assoziiert sein. Die wesentlichen Erscheinungsformen der EHGA sind in **38.11** dargestellt: Kombinationen sind möglich.

Ätiologie und Pathogenese: Die Entstehungsursachen sind bisher nicht schlüssig bekannt. In der Literatur werden besonders 5 Theorien diskutiert:

- eine genetische Ursache,
- eine Ischämie der Gallengänge,
- eine virale Infektion der Leber und der Gallengänge,
- immunologische Defizite,
- eine embronale Entwicklungsstörung.

Die Zwillingsforschung und Untersuchungen zum HLA-Status sprechen gegen genetische Ursachen, weil sowohl bei eineiigen als auch zweieiigen Zwillingen immer nur ein Kind erkrankt ist. Auch Untersuchungen zum HLA-Status lassen keine Erblichkeit erkennen. Aus demselben Grund verliert auch eine virale Ursache an Wahrscheinlichkeit, weil bei postulierter Virusinfektion beide Zwillinge demselben Einfluss ausgesetzt wären.

38.11 Korrigierbare Formen der extrahepatischen Gallengangsatresie

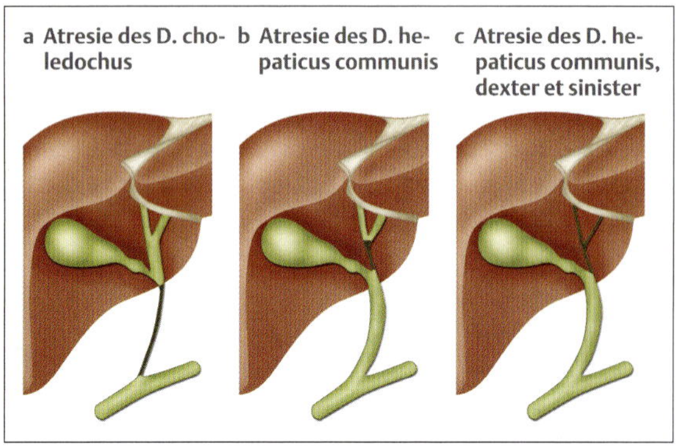

Eine Ischämie könnte die beobachteten Erscheinungsformen lückenlos erklären; zudem gibt es Hinweise, dass die Gallengänge von Kindern mit einer EHGA nur von Endstromgefäßen versorgt werden und die queren Vernetzungen der Gefäße fehlen.
Untersuchungen an Tierembryonen weisen auf eine Differenzierungsstörung des Mesenchyms der Leberpforte hin, das sowohl für die Entwicklung der Gallengänge als auch der Gefäße verantwortlich ist.
Aufgrund der vorhandenen Daten kommt daher einer embryonalen Entwicklungsstörung und/oder einer Ischämie die größte Bedeutung zu.

Symptome: Das Leitsymptom ist die Cholestase des Neugeborenen mit einem prolongierten oder nach einem ikterusfreien Intervall erneut auftretenden Ikterus über den 18. Lebenstag hinaus.

Diagnostik: Bei einem prolongierten oder erneut auftretenden Ikterus müssen mehrere Krankheitsbilder, die eine Cholestase verursachen können, gegeneinander abgegrenzt werden:

- Stoffwechselerkrankungen, besonders eine Galaktosämie,
- endokrine Erkrankungen, besonders eine Hypothyreose und ein Hypopituitarismus,
- infektiöse Erkrankungen der Leber, besonders Infektionen der TORCH-Gruppe.

Sofern keine dieser Krankheitsgruppen als Ursache für die Cholestase gesichert werden kann, muss folgender Algorithmus beachtet werden:

1. Prüfung der Galleausscheidung in den Darm mit dem Hepatobida-Szintigramm,
2. Leberbiopsie in der 4. Lebenswoche (entspricht i. d. R. der 4. Cholestasewoche) zum histologischen Nachweis der typischen intrahepatischen Merkmale einer EHGA: marginale Gallengangsproliferate, Gallepfröpfe in den Gallekanalikuli und interlobären Gallengangsabschnitten, Vermehrung des Bindegewebes in den interlobären Räumen.
3. Wenn Hepatobida-Szintigramm und histologische Befunde eine EHGA wahrscheinlich machen, wird in der 5. Lebenswoche (= Cholestasewoche) laparotomiert: Sicherung der Diagnose durch Inspektion, direktes Cholangiogramm und operative Korrektur.
4. Sollte die Leberbiopsie keine eindeutigen histologischen Hinweise auf eine EHGA bringen und die Cho-

lestase bestehen bleiben, muss in der 5./6. Lebenswoche erneut biopsiert werden.

5. Wenn auch diese Biopsie keinen Beweis bringt, muss zur Vermeidung eines irreversiblen Leberstrukturumbaus trotzdem die diagnostische und befundabhängig auch therapeutische Laparotomie durchgeführt werden.

Therapie: Mit einer Hepatoportojejunostomie nach Kasai oder Schweizer (= Verbindung der eröffneten Leberpforte mit einer nach Roux ausgeschalteten Jejunumschlinge als Gallengangsersatz) kann die Leber unter günstigen Voraussetzungen vom Gallestau entlastet werden. Günstige Voraussetzungen sind: mäßige Fibrose der Interlobärräume und ausreichend lumenweite Gallengangsrudimente in der Leberpforte.

Prognose: Unter günstigen Bedingungen (s. o.) kann ein Gallefluss erreicht werden, der zur weitgehenden Normalisierung der Cholestasewerte führt und einen weiteren Leberumbau vermeidet. Solche Patienten (ca. 75 % der Fälle) erreichen auch das Erwachsenenalter. Sie sind allerdings ständig durch Cholangitiden gefährdet. Selbst bei gutem Gallefluss können sie das Resultat der Operation später noch zunichte machen.
15 % der Patienten kommen im Alter von 18–22 Jahren in die Leberinsuffizienz, die meisten hatten mehrere Cholangitisschübe durchgemacht. Besteht eine Zirrhose, kann zwar in 55 % noch ein Gallefluss erzeugt werden, der Leberstrukturumbau ist aber nicht mehr zu stoppen, der Gallefluss versiegt binnen eines Jahres wieder und die Kinder kommen zwischen dem 6. Lebensmonat und dem 7. Lebensjahr in die Leberinsuffizienz (Option zur Lebertransplantation).

Gallengangszysten

Definition und Formen: Als Gallengangszysten werden angeborene Erweiterungen der Gallengänge bezeichnet. Die häufigste Form ist die Choledochuszyste, eine fusiforme oder zystische Erweiterung der extrahepatischen Gallengänge (**38.12**). Die brauchbarste formale Einteilung ist die Typisierung nach Todani (**38.1**).

38.12 Choledochuszysten

a fusiform b zystisch

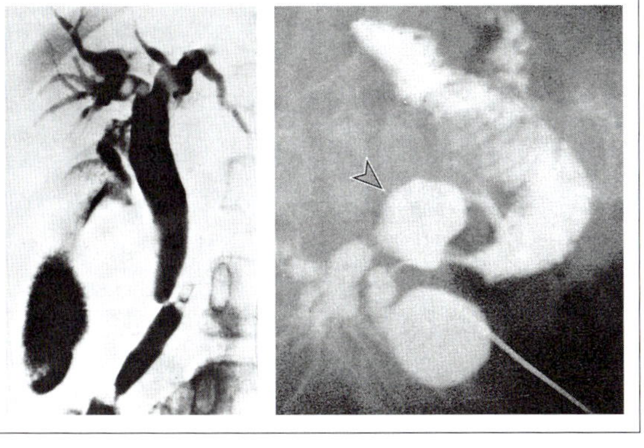

38.1 Typisierung der Gallengangszysten nach Todani

Typ	*Definition*
I	Segmentale oder totale Erweiterung des Ductus choledochus (80–90 % der Fälle)
II	echtes Gallengangsdivertikel
III	zusätzlich zur Erweiterung des Ductus choledochus auch Erweiterung des intraduodenalen Abschnitts des Gallengangs, also Kombination mit einer Choledochozele (**38.13**)
IV A	multiple extra- und intrahepatische Zysten der Gallengänge
IV B	multiple extrahepatische Zysten
IV C	Erweiterung der intrahepatischen Gallengänge
V	Caroli-Syndrom

Diese Einteilung definiert das Caroli-Syndrom nicht exakt und berücksichtigt nicht, dass Choledochozelen auch isoliert ohne Erweiterung des Ductus choledochus vorkommen können.

38.13 Choledochozele

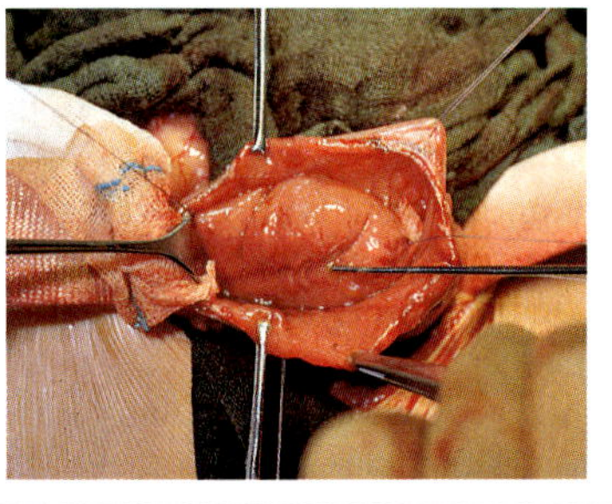

Aufsicht auf die Zele nach Eröffnung des Duodenums, im engen Eingang der Papilla Vateri liegt eine Metallsonde.

Ätiologie und Pathogenese: Die Ätiologie ist nicht gesichert (**38.5**).

38.5 Vermutete Ätiologie und Pathogenese der Choledochuszysten

Da die typischen Choledochuszysten (Typ I) und die Typen II sowie III in 95 % mit einem Common Channel (= pathologisch langes gemeinsames Endstück des D. choledochus und des D. pankreaticus mit pathologisch stumpfem Konfluenzwinkel sowie pathologischer Umfassung beider Gänge durch den verlängerten Schließmuskel der Papilla Vateri) verbunden sind, kann von einer embryonalen Entwicklungsstörung (Hemmungsfehlbildung) ausgegangen werden. Für die Typen IV A–C wie auch für die isolierte Choledochozele gilt diese Korrelation jedoch nicht.
Die Einteilung nach Todani ist also nur in formaler, jedoch nicht in pathogenetischer Hinsicht brauchbar.
Dasselbe gilt für die Literaturangaben zur Erblichkeit. Bisher ist nur für die Typen IV A–C ein autosomal rezessiver Erbgang wahrscheinlich. Für die typischen Choledochuszysten (Typ I) und die Typen II sowie III ist ein solcher Erbgang nicht mit derselben Wahrscheinlichkeit beschrieben worden. Untersuchungen von HLA-Faktoren ergaben keine ausreichende genetische Korrelation; allerdings waren zwei Mütter von Mädchen einer fortlaufenden Serie, die 118 Kinder mit Choledochuszysten umfasst, an einer Choledochuszyste operiert worden. Die HLA-Faktoren dieser beiden Mädchen und ihrer Mütter waren identisch.

Symptome: Die Erweiterung der Gallengänge wird entweder zufällig (auch pränatal) oder erst im symptomatischen Stadium sonographisch entdeckt. Leitsymptome sind rezidivierende Oberbauchschmerzen, Zeichen der Cholestase, aber selten mit völlig acholischen Stühlen, und die Hepatomegalie.

Diagnostik: Die Ultraschalluntersuchung, in Einzelfällen ergänzt durch eine CT, sichert die Diagnose. Eine ERCP, die nicht obligat zur Diagnostik gehört, kann den Typus und die pathologische pankreatikobiliäre Verbindung darstellen.

Therapie: Bei symptomatischen Patienten besteht eine absolute Operationsindikation, um einen biliär bedingten Leberstrukturumbau und eine biliäre Pankreatitis zu verhindern. Nicht symptomatische Choledochuszysten und andere Formen können planbar operiert werden. Die Indikation trotz Symptomfreiheit leitet sich aus der Erkenntnis ab, dass solche Patienten früher oder später doch symptomatisch werden, dass Hinweise für Kanzerogenität bestehen und die Operation deutlich risikoärmer durchgeführt werden kann, wenn noch keine oder nur geringe perizystische Verschwielungen, die durch Galle- und Pankreassaftstau entstehen, vorhanden sind.
Nach totaler Entfernung der Zyste wird die Galleableitung durch Anlage einer muko-mukösen Hepatikojejunostomie in Y-Roux-Technik wiederhergestellt.

Prognose: Bei exakt mukomukös gefertigter Anastomose treten keine Stenosen auf. Die Rate postoperativer Cholangitiden ist mit 1–2% bei unbehindertem Galleabfluss gegen alle Erwartungen gering.

Caroli-Syndrom

Definition: Das Caroli-Syndrom ist durch multiple, segmentale, perlschnurartig angeordnete Erweiterungen der intrahepatischen Gallengänge definiert. Es entspricht formal dem Typ V nach Todani (s. **T 38.1**).

Ätiologie und Pathogenese: 75% der Patienten sind männlich. Angenommen wird ein autosomal-rezessiver Erbgang.

Die ***Symptome*** werden durch die biliäre Abflussstörung bestimmt. I.d.R. ist aber nicht die Cholestase das Leitsymptom, sondern die Hepatomegalie mit Oberbauchschmerzen und rezidivierend hohem, manchmal sogar septischem Fieber. Das Auftreten von Fieber wird meistens von Ikterus begleitet. In den Zysten können sich Steine bilden, die jedoch nicht zu Koliken, sondern zu dumpfen, drückenden Oberbauchschmerzen führen.

38.14 CT bei Caroli-Syndrom

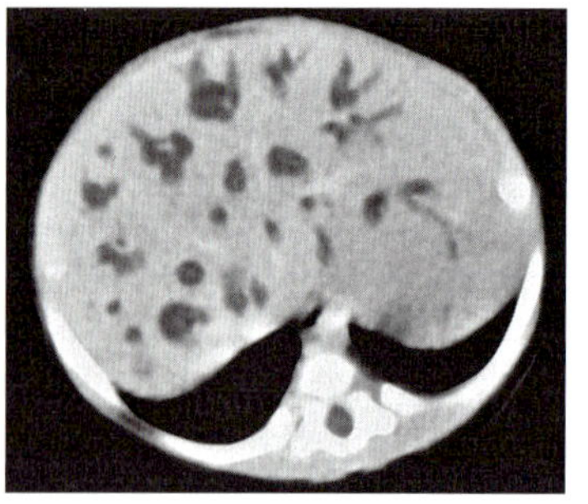

Multiple, perlschnurartig angeordnete Erweiterungen der Gallengänge.

Diagnostik: Die zystischen Erweiterungen werden bei einer Ultraschalluntersuchung, in Einzelfällen ergänzt durch eine CT, nachgewiesen (**38.14**).

Therapie: **Cholangitisschübe** müssen breit antibiotisch behandelt werden. Wenn die antibiotische Behandlung nicht anspricht, muss eine Pilzcholangitis ausgeschlossen werden; beim Nachweis eines Pilzbefalls ist die Gabe von Antimykotika angezeigt.
Bei **Erweiterungen**, die auf ein Segment oder einen Leberlappen begrenzt sind, kommen Segment- oder Lappenresektionen infrage. **Abszesse**, die unter antibiotischer Behandlung nicht ausheilen, müssen inzidiert und drainiert werden. Symptomatische **Steine** können unter intraoperativ sonographischer Führung exzidiert werden, die endoskopische Entfernung gelingt nur ausnahmsweise. Beim nicht symptomatischen Stein kann eine chemisch-medikamentöse Steinauflösung versucht werden, die Therapie benötigt aber 3–6 Monate Zeit.
Die Therapie der **Spätfolgen**, der biliären Zirrhose oder eines cholangiozellulären Karzinoms (CCC), orientiert sich an resezierenden Operationsverfahren. Auch die Lebertransplantation kann ausnahmsweise eine Option sein.

Paul Schweizer

38.5 Duodenalstenose, Pancreas anulare und Pylorusstenose

Duodenalstenose und Pancreas anulare sind typische Fehlbildungen des Neugeborenen, deren herausragendes Symptom das „grüne Erbrechen" binnen 18 Stunden nach der Geburt ist. Beide Fehlbildungen werden als Hemmungsfehlbildungen verstanden und können nur operativ beseitigt werden. Die hypertrophe Pylorusstenose manifestiert sich dagegen erst einige Wochen nach der Geburt. Ihre Ätiologie und Pathogenese ist unbekannt.

Duodenalatresie

Definition und Formen: „Duodenalatresie" meint den angeborenen intraluminären Verschluss des Zwölffingerdarms. Er liegt meistens infrapapillär in unmittelbarer Nachbarschaft zur Papilla Vateri. Ein Verschluss oberhalb der Papille ist sehr selten. Der intraluminäre Verschluss kann komplett oder inkomplett sein. In formaler aber auch therapeutischer Hinsicht unterscheidet man die membranöse Duodenalatresie mit (**38.15**) und ohne Öffnung in der Membran und die Defektatresie. Bei der **Membranatresie** kann die quer gestellte Membran in den distalen Duodenalanteil durchhängen (Wind Sock Wap). In der Regel ist der Membranansatz als Kerbe an der Duodenalwand erkennbar. Bei der **Defektatresie** können der proximale und der distale Duodenalabschnitt noch durch ein fibröses Band miteinander verbunden sein, jedoch besteht intraluminär eine segmentäre Obliteration. Selten ist das proximale und distale Duodenalsegment ganz voneinander getrennt.

Symptome: Typisch ist galliges, grünes Erbrechen, 12–18 Stunden nach der Geburt. Ein Hydramnion der Mutter tritt nach unseren eigenen Beobachtungen nicht häufig auf, in der Literatur wird die Häufigkeit jedoch mit 17–75 % angegeben. Nur bei einer suprapapillär sitzenden Duodenalatresie fehlt galliges Erbrechen, das Erbrochene ist klar und schaumig. Der Erfahrene kann eine mäßige Vorwölbung des Epigastriums bei sonst „kleinem" eingefallenem Bauch erkennen. Der Mekoniumabgang ist in der Regel nicht behindert, oft ist das Mekonium jedoch heller, indessen nicht entfärbt, weil in den distal liegenden Darm Gallepigmente auch auf hämatogenem und lymphogenem Wege gelangen können.

38.15 Membranöse Duodenalatresie mit Öffnung

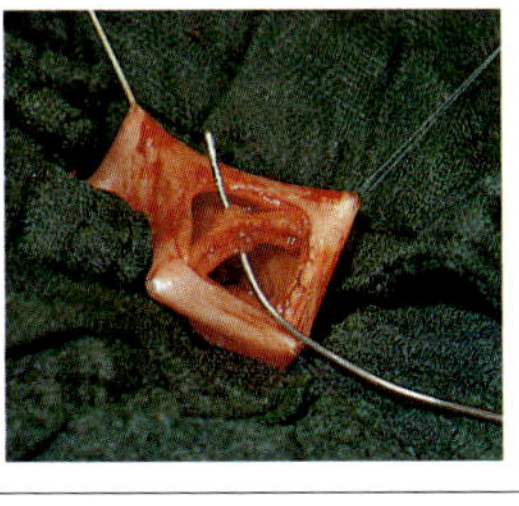

Intraoperativer Befund einer membranösen Duodenalatresie. Die Membran ist zentral perforiert (s. Metallsonde).

Diagnostik: Pathognomonisch ist das Double-Bubble-Phänomen im Röntgenbild (**38.16**). Das übrige Abdomen ist, außer bei Membranöffnung, luftleer.

38.16 Double-Bubble-Phänomen bei Duodenalatresie

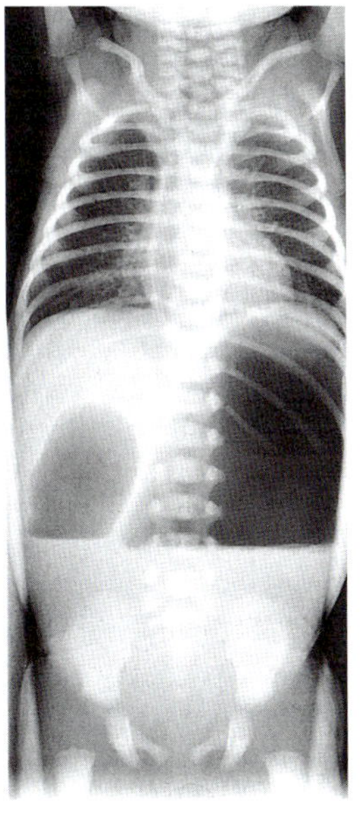

Ein Double-Bubble-Phänomen ist charakteristisch für einen angeborenen Duodenalverschluss. Außer zwei Spiegeln im Oberbauch (Magen und Duodenum) ist das übrige Abdomen luftleer.

38.6 Differenzialdiagnose der Duodenalstenose

In der Regel ist ein Double-Bubble-Phänomen im Röntgenbild mit der Diagnose einer Duodenalatresie oder einem Pankreas anulare kongruent. Nur selten verursacht ein Darmdrehfehler mit Volvulus das gleiche Phänomen. Lediglich beim Verdacht auf einen Darmdrehfehler und beim Zweifel an einer Duodenalatresie ist zum Ausschluss einer Malrotation ein Kolonkontrasteinlauf indiziert. Bei älteren Kindern oder auch Erwachsenen (selten) sind zur Diagnostik Endoskopie und die röntgenologische Magen-Darm-Passage notwendig.

Therapie: Der Chirurg muss die Variationen und Nachbarbeziehungen des atretischen Darms, besonders die Lage der Membran zur Papilla Vateri kennen. Bei der membranösen Duodenalatresie liegt die Papilla Vateri oft in der dorsalen Membran. Der Ductus choledochus und der Ductus pankreaticus haben manchmal separate oder verzweigte Mündungen, die sehr variabel mit der Membran in Verbindung stehen.

Intraoperative Suche nach dem D. choledochus: Wenn galliges Erbrechen fehlt und bei der Operation aus den Duodenalstümpfen keine Galle abfließt, muss an einen zusätzlichen Verschluss der Gallengänge gedacht werden. Sofern sich die Gallenblase auf Druck nicht in das Duodenum entleert, sollte intraoperativ ein direktes Cholangiogramm mit Darstellung des Kontrastmittelabflusses ins Duodenum versucht werden. Wenn diese Untersuchung misslingt, muss das Ligamentum hepatoduodenale präpariert und der Ductus choledochus dargestellt werden.

Den **Zugang zum Duodenum** erreicht man am besten über eine rechtsseitige quere Oberbauchlaparotomie (s. SE 6.9, S. 168). Zur sicheren Darstellung des Duodenums ist eine Kocher-Mobilisation notwendig. Dabei erkennt man meistens auch schon die Verhältnisse im Lig. hepatoduodenale. Sofern ein Hinweis auf eine Membran besteht (eine Einkerbung an der äußeren Duodenalwand verrät sie, besonders wenn eine eingeführte Magensonde ins Duodenum weitergeführt wird), kann das Duodenum proximal der Einkerbung schräg eröffnet werden. Die **Resektion der Membran** sollte den dorsalen Membrananteil unberührt lassen, sonst besteht das Risiko der Verletzung des Pankreas- und Gallenganges. Ungefährlicher ist die Durchführung einer **ventralen Seit-zu-Seit-Duodeno-Duodenostomie**. Die Inzisionen am oberen und unteren Duodenalabschnitt werden schräg geführt, damit eine breite Anastomose erreicht werden kann. Bevor die Vorderwand der Anastomose genäht wird, muss man sich durch Einführung einer Sonde von der Durchgängigkeit des Duodenums bis über das Treitz-Band hinaus überzeugen. Diese Maßnahme ist wichtig, weil es sich auch um eine nach distal durchhängende Membran handeln könnte. Nur wenn sich die Sonde bis über das Treitz-Band hinaus vorführen und sich der distale Darm, nach Zurückziehen der Sonde bis in den Anastomosenbereich, aufspülen lässt, kann von einer Durchgängigkeit ausgegangen werden.

Prognose: Fehlbildungsrelevante Komplikationen sind inzwischen ausgesprochen selten. Todesfälle nach operativer Korrektur von Duodenalatresien sind heute ausschließlich Folge der oft schweren zusätzlichen Fehlbildungen (Trisomie 21, Herzfehlbildungen, Fehlbildungen der großen Gefäße, der Nieren und Harnwege).

Pancreas anulare

Definition: Beim Pancreas anulare wird das Duodenum manschettenartig vom Pankreas eingeengt (👁 **38.17**).

Symptomatik: Die klinische Manifestation ist von der einer Duodenalatresie nicht zu unterscheiden. Das Erbrechen ist fast immer gallig, weil die Einengung fast immer kaudal der Papilla Vateri liegt. Das Pancreas anulare kann auch asymptomatisch bleiben und erst im Erwachsenenalter im Rahmen anderer Operationen festgestellt werden.

👁 38.17 Operation bei Pancreas anulare

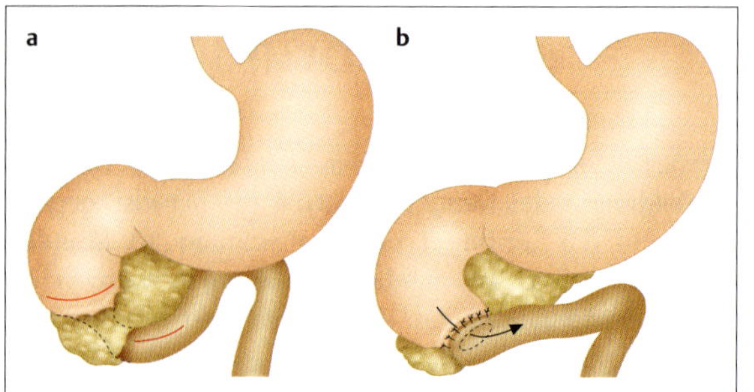

a Manschettenförmige Einengung des Duodenums.
b Seit-zu-Seit-Duodeno-Duodenostomie vor dem Pankreasring („kissing anastomosis").

Diagnostik: Das Pancreas anulare kann präoperativ nicht gesichert werden, ein Röntgenbild mit dem typischen Bouble-Bubble-Phänomen kann nur einen Duodenalverschluss bestätigten.

Therapie: Ventrale Seit-zu-Seit-Anastomose des Duodenums (👁 **38.17**; wie bei Duodenalatresie). Es darf keine Längsdurchtrennung des ventralen Pankreasringes vor-

38.7 Embryogenese des Pankreas anulare

Die Embryogenese des Pancreas anulare konnte bisher nicht schlüssig geklärt werden. In der Regel wird mit der Theorie von Lecco (1917) argumentiert, die davon ausgeht, dass sich die ventrale Pankreasanlage bei der Duodenaldrehung zusammen mit dem Ductus choledochus nach dorsal verlagert und sich mit der dorsalen Anlage zum Pankreaskopf vereinigt. Im Rahmen dieser Vereinigung soll sich zwischen dem Ausführungsgang der ventralen und dorsalen Anlage eine Anastomose ausbilden. Der Ausführungsgang der ventralen Anlage wird zum Ductus pankreaticus, der Ausführungsgang der dorsalen Anlage zum Ductus pankreaticus accessorius (👁 **a**).
Wenn das freie Ende der ventralen Anlage ventral fixiert bleibt, wird sie bei der Duodenaldrehung elongiert, sodass sie das Duodenum ringförmig umgibt und einengt (👁 **b**).

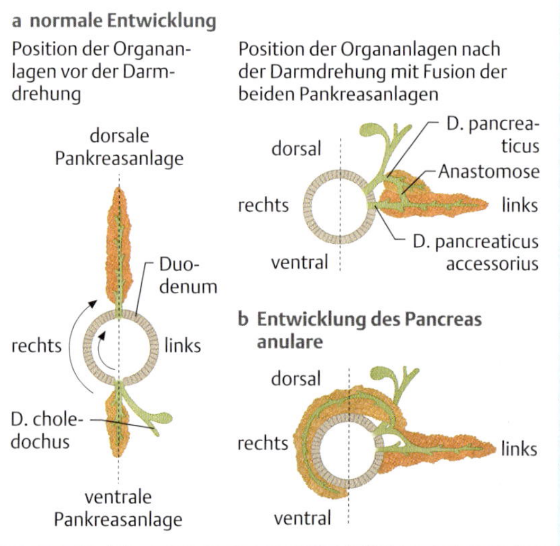

genommen werden, da in ihm größere Pankreasgänge verlaufen können.

Prognose: Operations- und anastomosenbedingte Komplikationen treten nicht mehr auf, Morbidität und Mortalität werden lediglich durch zusätzliche Fehlbildungen oder durch eine postoperativ auftretende Pneumonie verursacht.

Hypertrophe Pylorusstenose

Definition: Es handelt sich um eine Einengung des Pyloruskanals durch einen hypertrophierten Pylorusmuskel, der in der 2.–4. Lebenswoche zur Passagestörung mit Erbrechen „im Schwall" führt.

Epidemiolgie: Knaben sind 4- bis 5-mal häufiger betroffen als Mädchen. In Europa und Amerika kommt die hypertrophe Pylorusstenose bei 1–3 : 1000 Lebendgeburten vor, bei Schwarzen und Asiaten ist sie sehr selten.

Ätiopathogenese: Hereditäre Faktoren können eine Rolle spielen, weil eine familiäre Häufung und die gleichzeitige Erkrankung von Zwillingen bekannt ist. Zahlreiche genetische, morphologische und hormonelle Untersuchungen konnten bisher die Ätiologie und Pathogenese jedoch nicht klären.

Symptome: Nach initialer Beschwerdefreiheit kommt es in der 2.–4. Lebenswoche (selten später) schon während oder kurz nach der Mahlzeit zum „bogenförmigen Erbrechen" oder zum „Erbrechen im Schwall". Charakteristisch ist das Gesicht des Kindes mit einem kummervollen, greisenhaften Aussehen, mit Stirnrunzeln, eingefallenen Augen und eingesunkener Fontanelle. Wenn nicht frühzeitig eine Therapie einsetzt, kommt es zur Dehydration und Alkalose, die an der oberflächlichen Atmung erkannt werden kann.

Diagnostik: Der geübte Kliniker kann kurz vor dem Erbrechen eine sichtbare Peristaltik im Oberbauch erkennen und den hypertrophen Pylorusmuskel im rechten Oberbauch tasten. In der Regel kann der hypertrophe Pylorusmuskel sonographisch dargestellt werden. Röntgenuntersuchungen sind nicht mehr notwendig.

Differenzialdiagnostisch muss an Nahrungsunverträglichkeiten, Infektionskrankheiten, besonders Pneumonien und Meningitis, Herzfehler, das adrenogenitale Syndrom, die Hiatushernie und Fehlbildungen am Duodenum gedacht werden. Das schwallartige Erbrechen und der sonographische Befund können jedoch sehr rasch die Diagnose einer Pylorusstenose stellen lassen.

38.18 Pyloromyotomie nach Weber-Ramstedt

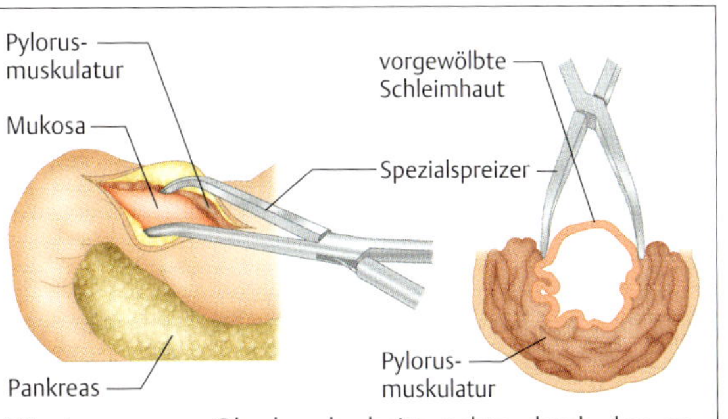

Winziger querer Oberbauchschnitt rechts, durch den gerade der verdickte Pylorus hindurchpasst und hervorluxiert wird. Die Serosa wird längs inzidiert, die wulstförmige Muskularis propria mit einem Spezialspreizer gespreizt und die Mukosa geschont. Der Defekt wird nicht vernäht.

Therapie: Konservative Behandlungsversuche führen bei viel Geduld zwar auch zum Erfolg, jedoch bedeuten sie für das Kind unerträgliche Strapazen, da die Symptomatik über Wochen (und Monate) anhalten kann. Ideal ist dagegen die Pyloromyotomie nach Weber-Ramstedt, die allerdings erst nach Behebung der Alkalose, nach Elektrolytbilanzierung und Rehydration erfolgen darf (**38.18**). Der Nahrungsaufbau kann schon 6 Stunden nach der Operation beginnen und ist in der Regel nach ca. 7 Tagen abgeschlossen.

Prognose und Komplikationen: Nach konservativer Behandlung wird eine Mortalität von 1–4 % beschrieben. Nach Operation beträgt die Mortalität inzwischen jedoch unter 0,5 %. Mortalitätsursachen sind in der Regel nur noch Begleitfehlbildungen. Restenosen, die zur erneuten Operation zwingen, treten in 0,5 % auf. Eine Peritonitis als Folge einer übersehenen Schleimhautöffnung sollte nicht mehr zu den Komplikationen zählen, die Schleimhauteröffnung kann durch intraoperative Inspektion und Prüfung auf Flüssigkeitsdichtigkeit ausgeschlossen werden. Wenn es zur Schleimhauteröffnung kam, muss der Defekt übernäht, der Magen über eine Magensonde entlastet und Nahrungskarenz über 48 Stunden eingehalten werden.

38.6 Lageanomalien des Darmes

Lageanomalien des Darmes als Folge eines fetalen Drehfehlers der Nabelschleife führen zwar häufig schon im Säuglingsalter zu Passagestörungen, können aber auch erst im späteren Kindes- oder Erwachsenenalter symptomatisch werden. Deshalb muss sie nicht nur jeder Kinderarzt und -chirurg, sondern jeder Arzt kennen.

Definition und Formen: Verschiedene Drehfehler des fetalen Darmes, die jeweils mit dem Alter des Feten korrelieren, führen zu pathologischen Darmpositionen. Am wichtigsten sind die Nonrotation, die Malrotation I, die Malrotation II (**38.19**) und die reverse Darmdrehung. Hinzukommen noch die mesokolischen Hernien (s. auch SE 20.4, S. 456 f).

Symptome: Die meisten Lageanomalien bleiben symptomlos. Sie können aber jederzeit zum Volvulus und zu mesokolischen inneren Hernien (**38.20**) führen. Je nach der Höhe des Volvulus am Darmtrakt oder der Lumeneinengung bei inneren Hernien kommt es zu Passagestörungen mit Erbrechen vom Typ des Duodenalverschlusses oder vom Typ des mittleren bis unteren Darmverschlusses. Bei hohem Volvulus, der bei Malrotation I und II sowie bei der Nonrotation der Neugeborenen und Säuglinge auftritt, ist das Abdomen nicht gebläht. Ist der Darm weiter distal komprimiert, wie bei mesokolischen Hernien, ergibt sich ein klinisches Bild wie beim Dünndarmverschluss, meistens mit Meteorismus.

38.20 Hernia mesocolica

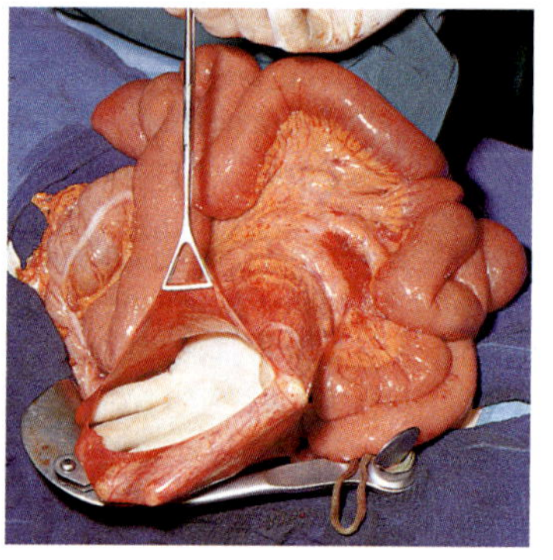

23-jähriger Patient mit rezidivierenden kolikartigen Bauchschmerzen. Beinahe das gesamte Dünndarmkonvolut hat sich in dem von der Hand aufgespannten „Bruchsack" verfangen. Der „Bruchsack" hatte sich bis hinter das Colon ascendens vorgeschoben.

Diagnostik: Ein Röntgenbild (Babygramm) in hängender Position des Kindes kann unterschiedliche Befunde zeigen. Am häufigsten findet man eine große Magenblase oder ein Double-Bubble-Phänomen und einen weitgehend luftleeren Bauch, weil bei Malrotation I, Malrotation II und Nonrotation die Torsion des Darmes am duodenojejunalen Übergang auftritt. Wenn der zeitliche Aspekt und der klinische Befund eine Malrotation vermuten lassen, wird ein Kolonkontrasteinlauf durchgeführt, der in der Regel eine Verziehung des Colon ascendens und des Zäkums nach rechts oben oder nach links zeigt.

Therapie: Der akute Volvulus bei Malrotation muss chirurgisch behoben werden. Nach Eröffnung des Bauches muss zunächst der Malrotationstyp festgestellt werden. Dazu muss der Darm in der Regel im Gegenuhrzeigersinn so lange gedreht werden, bis der Volvulus behoben ist. Ausnahmsweise bedingt ein kompletter Volvulus eine Nekrose und die Herausnahme des gesamten Dünndarms. Langzeit-parenterale Ernährung (mit der Gefahr

38.19 Anatomische Verhältnisse bei Lageanomalien des Darmes

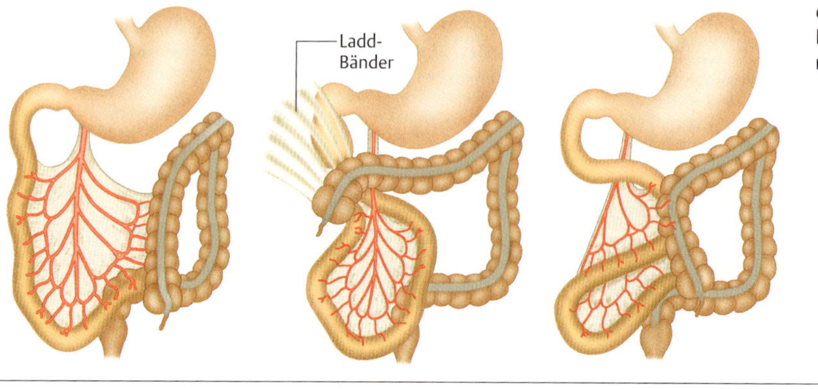

Neben diesen 3 Hauptformen gibt es noch andere Formen, deren Erkennung bei der Operation recht schwierig sein kann.

einer hierdurch sekundär entstehenden Leberzirrhose) und eine einige Jahre später notwendige Dünndarm-, ggf. auch kombinierte Lebertransplantation können dann noch eine Therapieoption sein.

Bei einer **Nonrotation** liegt nach Detorsion das gesamte Duodenum und Dünndarmkonvolut im rechten, das Colon ascendens und descendens im linken Bauch (👁 **38.19a**). Manche Kinderchirurgen empfehlen zur Vermeidung weiterer Torsionen die Fixation des Colon ascendens an das Colon descendens, um die Distanz zwischen duodenojejunalem Übergang und dem Zäkum zu vergrößern und zu stabilisieren. Wir sind in den letzten Jahren von dieser Empfehlung abgerückt und haben keine Nachteile gesehen. Wir sind auch von dem früheren Verfahren, die Lageanomalie komplett zu korrigieren, abgerückt, weil eine solche Operation viel Zeit erfordert und nach unseren Untersuchungen keinen Vorteil gegenüber der Belassung der Nonrotation brachte.

Bei einer **Malrotation I und II** wird das Duodenum durch Ladd-Bänder komprimiert, die vom hoch sitzenden Zäkum und Kolon über das Duodenum zum hinteren Peritoneum ziehen (frustrane Aufhängung; 👁 **38.19b**). Diese Ladd-Bänder müssen komplett durchtrennt werden, damit das Duodenum befreit wird. Danach kann der Darm in der Position einer Nonrotation gelagert werden.

Bei der **inversen Drehung der fetalen Nabelschleife**, die zur Verlagerung des Colon transversum hinter die Mesenterialwurzel führt, soll neben der Behebung des Volvulus der Versuch gemacht werden, das retropositionierte Colon transversum vor die Mesenterialwurzel zu legen und Zäkum sowie Colon ascendens in den rechten Unterbauch zu bringen. Dazu ist eine Drehung des Darmkonvoluts um 360° gegen den Uhrzeigersinn notwendig. Bei diesem Manöver muss beachtet werden, dass die fetale inverse Drehung mit einer Torsion der V. mesenterica superior um die Arterie verbunden ist. Schon deshalb ist die totale Drehung des Darmkonvolutes nach rechts angezeigt.

Die **Hernia mesocolica dextra** (👁 **38.20**) **et sinistra** kann auch erst im frühen Erwachsenenalter symptomatisch werden. In jedem Fall muss der Dünndarm aus dem „Bruchsack" befreit werden. Der Bruchsack darf jedoch nicht reseziert oder inzidiert werden, weil in seiner Wand die Kolongefäße verlaufen. Besonders bei der Hernia mesocolica sinsitra kann die Reposition der Dünndarmschlingen schwierig sein; das Anheben der Bruchsackränder mit Lidhäckchen und die intraoperative Ausstreichung des Darminhalts führen zum Ziel. Zur Prophylaxe müssen die Ränder der Bruchsackbuchten an das hintere Peritoneum vernäht werden.

Beim Vorliegen eines **Mesenterium commune** mit normaler Darmlage müssen das nicht fixierte Zäkum und Colon ascendens seroserös an das rechte Peritoneum parietale genäht werden. Damit keine innere Hernie entstehen kann, muss auch das Mesocolon ascendens von der Ileozäkalklappe bis zur Flexura duodenojejunalis an das Peritoneum parietale angenäht werden.

Prognose: Wenn präoperativ keine Durchblutungsstörungen des Darmes eingetreten sind, ist die Prognose nach Umwandlung einer Malrotation in eine Nonrotation und Durchtrennung aller Ladd-Bänder gut. Die Reoperationsrate liegt nur bei 2 %.

38.8 Chronisch-intermittierender Volvulus

Neben der akuten Form des Volvulus bei Darmdrehfehlern (meistens bei Neugeborenen und Säuglingen) kommt auch eine chronische oder intermittierende Volvulusform vor. Sofern keine anhaltende Ileussymptomatik auftritt, sind keine operativen Maßnahmen notwendig. Nur bei erheblichem Leidensdruck und häufigen Attacken sollte nach einem Kolonkontrasteinlauf, der den Darmdrehfehler wahrscheinlich nachweisen kann, operiert werden. Ob häufige kolikartige Bauchschmerzen und gelegentliches Erbrechen, rezidivierende Nabelkoliken, acetonämisches Erbrechen und rezidivierende Appendizitissymptome Ausdruck eines Darmdrehfehlers sind, muss im Einzelfall diagnostisch geklärt werden. Manchmal reichen zur Behebung der Bauchschmerzattacken Abführmaßnahmen aus, manche Kinder helfen sich selbst, indem sie während der Attacke in Knieellenbogenlage gehen. Solche spontan gewählten Maßnahmen entsprechen dem spontanen „Schütteln" der Katze, wenn sie nach einer Pirouette ihren nichtrotierten, nun aber torquierten Darm, wieder zurechtschüttelt.

38.7 Dünndarmatresie

Neonatologen und Kinderchirurgen müssen mit der Symptomatik der Dünndarmatresien (Hemmungsfehlbildungen) bestens vertraut sein. Wegen später noch auftretender Komplikationen oder Ernährungsstörungen muss aber auch jeder Arzt ein Grundwissen über diese Fehlbildung haben.

Definition und Formen: Es handelt sich um einen kongenitalen Verschluss eines oder mehrerer Dünndarmabschnitte. Der Verschluss ist nur selten membranös (**38.21a**), meistens ist die Darmkontinuität unterbrochen. Manchmal sind die beiden atretisch verschlossenen Darmenden noch durch einen fibrösen Strang verbunden (**38.21b**), häufiger besteht zusätzlich zur Kontinuitätsunterbrechung jedoch auch ein V-förmiger Mesenteriumdefekt (**38.21c**). In rund 15 % können mehrere, perlschnurartig angeordnete Atresien hintereinander geschaltet sein (**38.21d**). Der proximale Darm ist in der Regel monströs aufgetrieben und mit galliger Flüssigkeit gefüllt. Der distale Darm ist immer dünnkalibrig und weitgehend leer, ein sog. „Hungerdarm“.
Die Atresien kommen in gleicher Häufigkeit am Jejunum und am Ileum vor. Eine Geschlechtsprädilektion liegt nicht vor.

38.9 Theorie zur Pathogenese der Darmatresie

Die gängige Theorie zur Entstehung von Dünndarmatresien geht im Gegensatz zur Entstehung von Duodenalatresien (Vaccuolisierungstheorie von Tandler, 1902) von einer intrauterin entstandenen vaskulären Ischämie aus, die zu einem späteren Schwangerschaftszeitpunkt auftritt. Diese Theorie wird von der Beobachtung gestützt, dass im distalen atretischen Dünndarm sehr häufig galliges Mekonium mit Epithelzellen und verschluckten Lanugohaaren nachgewiesen werden kann. Da ein Fetus nach sonographischen Untersuchungen erst ab dem 3. Lebensmonat schlucken kann, dürfte die „Katastrophe“ erst nach dem 3. Lebensmonat aufgetreten sein. Ursachen können sein: Die Dünndarmeinklemmung im physiologischen Nabelring (**a**), ein intrauteriner Volvulus (der auch mehrfach hintereinander geschaltete atretische Segmente erklärt; **b**) oder eine intrauterine Invagination (**c**). Denkbar sind auch primäre Fehlentwicklungen der Gefäße des Mesenteriums. Hinzukommen noch Beobachtungen von Dünndarmatresien bei persistierendem Ductus omphaloentericus mit Volvulus. Eine autosomal rezessive Vererbung wird für das Apple-Peel-Syndrom diskutiert.

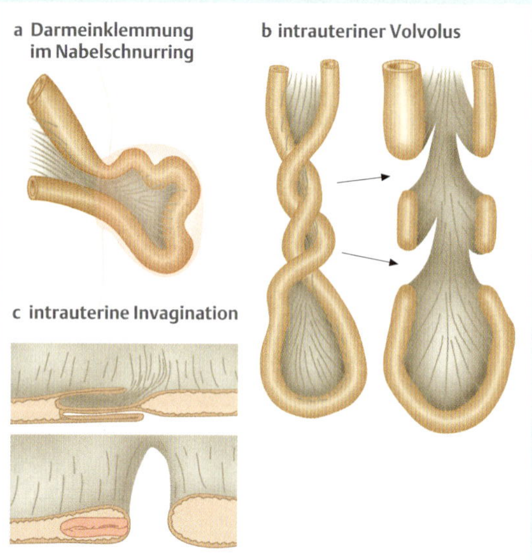

38.21 Anatomische Formen von Dünndarmatresien

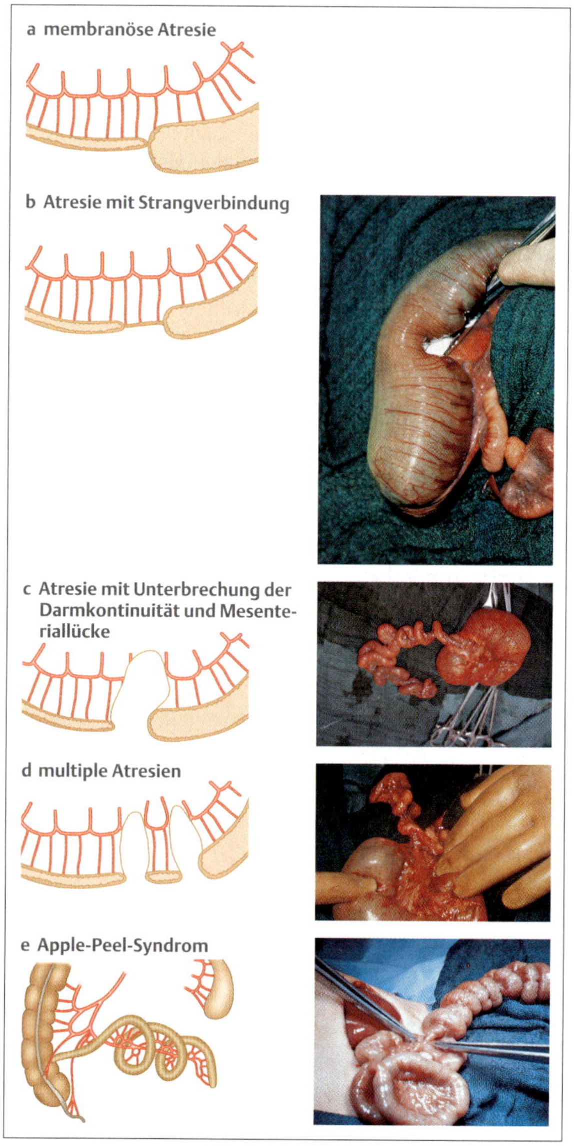

Eine Ausnahme von der pathogenetischen Theorie (38.9) stellt die hohe Jejunalatresie vom Apple-Peel-Typ dar, bei der immer eine Fehlbildung der Mesenterialgefäße und des Mesenteriums vorliegt. Auch hier treten solitäre oder hintereinander geschaltete Atresien auf (38.21e).

Symptomatik: Die meisten Dünndarmatresien werden pränatal sonographisch diagnostiziert. Die klinische Symptomatik und der zeitliche Verlauf bis zu deren klinischer Manifestation werden von der Höhe der Atresie bestimmt. Je höher die Atresie, desto früher setzt das Erbrechen ein; bei hohen Jejunalatresien bereits innerhalb der ersten 12 Lebensstunden, bei Atresien im mittleren Dünndarm nach 24 Stunden, bei Ileumatresien oft erst am 2.–3. Tag. Zum Leitsymptom „grünes oder bräunliches Erbrechen" kommt, abhängig von der Höhe der Atresie, ein mehr oder weniger aufgetriebener Bauch hinzu. Der Mekoniumabgang ist wiederum, abhängig von der Höhe des atretischen Abschnittes, zeitlich verzögert, in der Regel entleert sich weniger Mekonium als normal.

Diagnostik: Im Sonogramm des Bauches imponieren geblähte, teilweise wandverdickte Darmschlingen, die mit Flüssigkeit gefüllt sind. Das Röntgenbild (Babygramm) zeigt, abhängig von der Höhe der Atresie, eine unterschiedliche Zahl von Spiegeln. Bei sehr hoher Atresie sind meistens nur 1–2 schmale, bei Atresien im mittleren und unteren Dünndarm mehrere schmale und breite Spiegel zu finden.

Differenzialdiagnostisch kommen ein Mekoniumileus und ein Volvulus infrage, nur selten ein langstreckiger Morbus Hirschsprung oder ein Small-Left-Colon-Syndrom. Im Zweifel kann ein Kolonkontrasteinlauf weiterhelfen, der Hinweise auf einen Morbus Hirschsprung und ein Small-Left-Colon-Syndrom bringen kann oder eine Malrotation mit Volvulus wahrscheinlich macht.

Therapie: In der Regel kann nach Resektion des atretischen Segments eine **primäre End-zu-End-Anastomose** gefertigt werden. Allerdings sollte die Wandhypertrophie des proximalen Blindsackes moderat sein und nicht zu weit nach proximal reichen. In der Regel muss für eine primäre End-zu-End-Anastomose ein Teil des proximalen Blindsackes reseziert werden, weil er aufgebläht, schlecht durchblutet und wandhypertrophiert ist.

! Vor der Anastomosierung muss sichergestellt sein, dass distal keine weiteren Atresien vorliegen, d.h. der distale Darm muss bis zum Anus durchspülbar sein.

Wenn bei einem stark dilatierten, wandhypertrophierten proximalen Darm, bei multiplen Atresien oder bei nicht ausgleichbarer Lumendifferenz eine primäre Anastomose

38.22 Roux-Y-Anastomose nach Bishop-Koop

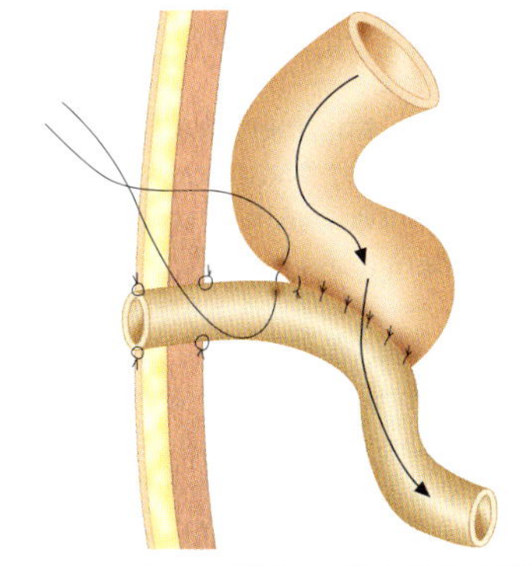

Der weite, proximale Darmschenkel wird End-zu-Seit an den dünnen distalen Darm (Hungerdarm) anastomosiert, der durch die Bauchwand ausgeleitet wird.

nicht möglich ist, hat sich die Anlage einer **End-zu-Seit-Anastomose** zwischen proximalem und distalem Darm und die Ausleitung des distalen Darmschenkels im Sinne einer Koop-Fistel bestens bewährt (38.22). Der distal des Verschlusses liegende Hungerdarm kann sich bei Anwendung dieses Verfahrens allmählich aufdehnen. Sobald eine normale Passage erkennbar ist und die Koop-Fistel „trocken" bleibt, kann sie operativ verschlossen werden.

Bei multiplen atretischen Segmenten „lohnt" es sich, durchgängige Segmente von 3 cm Länge zwischen atretischen Segmenten zu erhalten (selbst wenn multiple Anastomosen notwendig sind), andernfalls werden die Segmente reseziert. Ein Kurzdarmsyndrom muss jedoch vermieden werden, eine Darmlänge von wenigstens 60 cm sollte erhalten bleiben können.

Bei einer Dünndarmatresie vom Apple-Peel-Typ muss man sich bewusst sein, dass die Gefäßversorgung des distalen Darmanteils erheblich reduziert ist. Da diese Atresien sehr weit proximal liegen, soll die Anlage eines doppelläufigen Kunstafters wegen der Flüssigkeits- und Elektrolytverluste vermieden werden: stattdessen primäre Anastomose in antimesenterialer Position des proximalen Darmes und Verzicht auf eine Resektion. Bei der Operation muss die Gefäßversorgung beachtet und geschont werden.

Typische ***Komplikationen*** sind Aspirationspneumonien, Anastomosenstenosen (Reoperationsrate 6%) und der Adhäsionsileus (Reoperationsrate 5%).

Prognose: Im Gegensatz zur Duodenalatresie ist die Korrektur von Dünndarmatresien mit mehr Risiken und Komplikationen behaftet, die Letalität wird mit 5% angegeben. Die Komplikationsraten sind bei primären Anastomosen (Reoperationsrate 6%) höher als bei Bishop-Koop-Anastomosen (Reoperationsrate unter 1%).

38.8 Fehlbildungen von Rektum und Anus

Die Anatomie der Etage der Kontinenzmuskeln ist bei anorektalen Fehlbildungen derart kompliziert, dass ihre Rekonstruktion nur hocherfahrenen Kinderchirurgen vorbehalten sein sollte. Trotzdem muss jeder Arzt die Pathophysiologie dieser Fehlbildung kennen, weil die Morbidität mit Inkontinenzproblemen lebenslang bestehen bleiben kann.

Definition und Formen: Aus didaktischen, therapeutischen und prognostischen Gründen werden die Fehlbildungen des Rektums und Anus in hohe (supralevatorische), intermediäre und tiefe (translevatorische) Fehlbildungen unterteilt.

Bei den **hohen, supralevatorischen Fehlbildungen** (ca. 40%) endet der rektale Blindsack proximal der Puborektalisschlinge, der Analkanal ist nicht angelegt, der M. puborektalis ist häufig nur schwach entwickelt und nach ventral verlagert, wo er lediglich die Urethra umfasst. Der M. sphinkter ani internus fehlt entweder ganz oder rudimentäre Fasern umfassen eine Fistel (**38.11** **a**). Der M. sphinkter ani externus ist ebenfalls nur rudimentär angelegt, meistens besteht nur eine dünne Faserplatte unter der Haut des Analgrübchens.

Bei den **intermediären Fehlbildungen** endet der rektale Blindsack im Niveau der Puborektalisschlinge oder der Levatorplatte. Fasern des M. sphinkter ani internus sind um das Ende des rektalen Blindsackes oder um eine Fistel angelegt. Der M. sphinkter ani externus ist ebenfalls nur spärlich vorhanden.

Bei den **tiefen, translevatorischen Fehlbildungen** (Synonym: Analatresie) hat der Darm die Puborektalisschlinge/Levatorplatte eindeutig passiert, der rektale Blindsack liegt unter dem Perineum, proximal der Faserplatte des M. sphinkter ani externus oder bereits im Niveau des M. sphinkter ani externus (**38.11** **b**).

! Jede anorektale Fehlbildung kann mit und ohne Fistel auftreten.

Die Fisteln münden in den Blasenhals, die Harnröhre, die Vagina, das Vestibulum oder das Perineum. Sie sind von spärlichen Fasern des M. sphincter ani internus umgeben, ihre Wand ist aber aganglionär.

38.10 Ätiopathogenese der anorektalen Fehlbildungen

In embryologischer Hinsicht handelt es sich um eine fehlerhafte Separation und Septierung der Kloake mit einer fehlerhaften Formation und Fusion der proktoperinealen und analen Höcker. Der Zeitpunkt der fehlerhaften Entwicklung ist entscheidend für die Form der Fehlbildung. Grundsätzlich gilt: je früher die Hemmung der Entwicklung, desto höher die Atresie. Die fehlerhafte Differenzierung der Kloake kann mit einer kaudalen Regression verbunden sein, die zu sakralen Fehlbildungen führt. Ätiologisch werden genetische Faktoren, teratogene Noxen, Gefäßfehlbildungen und Hypoxien diskutiert.

Symptome: Anorektale Fehlbildungen erkennt man bei der Inspektion des Dammes: Entweder ist keine Analöffnung vorhanden oder Mekonium wird aus einer sichtbaren Fistel (**38.23**) oder aus der Vagina bzw. Urethra entleert. Eine tastbare Sakralfehlbildung spricht für eine hohe Agenesieform.

Diagnostik: Entscheidend für die Wahl des operativen Zuganges und die Prognose ist die Form der Fehlbildung. 8–12 Stunden nach der Geburt erreicht geschluckte Luft den Enddarm, die sonographisch oder besser röntgenologisch sichtbar gemacht werden kann: Das Kind wird in seitlicher Kopftieflage geröntgt, die Beine sollten rechtwinklig gebeugt sein. Der Strahlengang wird auf den Trochanter major gerichtet. Das Maß für die Bestimmung der Fehlbildungsform ist die Linie zwischen dem erkennbaren Os pubis ventral und der Spitze des Kreuzbeins dorsal. Liegt der Rektumblindsack proximal dieser pubokoxygealen Linie, handelt es sich um eine hohe Agenesieform, und liegt sie knapp proximal des Analgrübchens, besteht eine tiefe, translevatorische Fehlbildung, d. h. eine Analatresie.

Suche nach Begleitfehlbildungen: Da bei hohen Formen Sakralfehlbildungen und bei allen Formen urogenitale Fehlbildungen assoziiert vorkommen können, sollte auf das Os sacrum geachtet, ein Miktionszystourogramm und ein Nierensonogramm durchgeführt werden. Außerdem muss auf weitere Begleitfehlbildungen geachtet werden: Eine Kombination verschiedener Begleitfehlbildungen wird als *Vacterl-Syndrom* bezeichnet (V = vertebra, A = anal, C = cor, T = trachea, E = esophagus, R = renal, L = limb).

Therapie: Bei **tiefen Anomalien** reicht eine perineale Eröffnung des Analgrübchens und eine mukokutane

38.23 Anus copertus

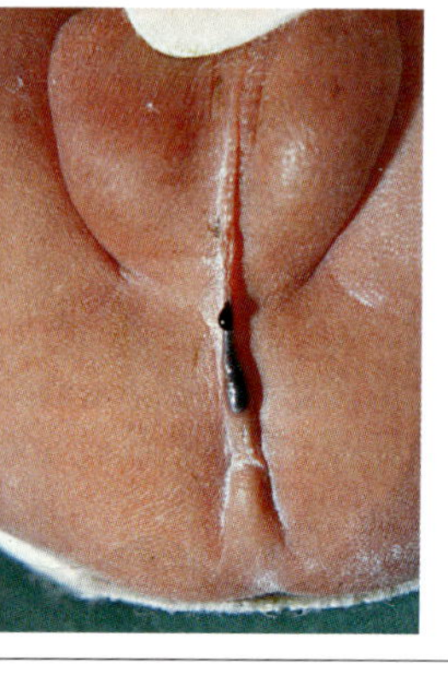

Analatresie mit subkutaner perinealer/skrotaler Fistel und sichtbarem Mekonium im subkutanen Fistelgang.

Anastomose aus. Bei subtiler Operationstechnik muss nur noch selten bougiert werden. Ein Anus praeter ist nicht erforderlich.

Intermediäre Rektumatresien werden nach Pena oder Mollard operiert. Beim Verfahren nach Pena handelt es sich um eine posteriore, beim Verfahren nach Mollard um eine anteriore sagittale Anorektoplastik (**38.11**).

Hohe, supralevatorische Fehlbildungen werden am sichersten unter Kunstafterschutz operiert. Auch hohe, supralevatorische Rektumatresien mit und ohne Fistel können mit dem Verfahren nach Pena korrigiert werden. Wenn der Rektumblindsack mit dem Zugang nach Pena präsakral ausnahmsweise nicht mobilisierbar ist, muss zusätzlich zum posterioren sagittalen perinealen Zugang laparotomiert und das Rektum kombiniert abdominoperineal mobilisiert werden.

Prognose: Eine auf die anorektale Fehlbildung bezogene **Mortalität** gibt es inzwischen nicht mehr, die Mortalität ist ausschließlich Folge von Begleitfehlbildungen. Anders verhält es sich mit der Morbidität:

Das funktionelle Resultat, also die **Kontinenz**, ist abhängig von der Anlage und Qualität der Puborektalisschlinge und der Sphinktermuskulatur, indirekt also auch von der Höhe der rektalen Agenesie.

Bei *tiefen, infralevatorischen Fehlbildungen*, den Analatresien, wird in der Regel eine normale Kontinenz erreicht. Bei den *hohen, supralevatorischen Fehlbildungen* kann die Prognose nicht vorausgesagt werden; pauschal beurteilt kann bei einem Drittel der Patienten eine befriedigende, beim zweiten Drittel eine ausreichende und beim letzten Drittel eine schlechte Kontinenz erreicht werden. Eine schlechte Kontinenz ist bei sakralen Fehlbildungen, besonders bei Aplasien von S3 und höheren Innervationsdefekten zu erwarten. Bei ungenügender Willkürmotorik kann eine Sphinkterersatzplastik mit dem Grazilismuskel (s. **27.4**, S. 639) versucht werden. Die Ergebnisse sind jedoch unsicher.

Bei *intermediären Rektumatresien* ist im Vergleich zu den hohen Formen eine bessere Kontinenz zu erwarten: bei 30% wird sie gut, bei 30% befriedigend, bei 30% ausreichend, bei 10% schlecht.

38.11 Anteriore und posteriore sagittale Anorektoplastik

Posteriore sagittale Anorektoplastik (Pena)

In Bauchlagerung des Kindes (Froschlage) wird in der Rima ani eingegangen. In streng sagittaler Richtung werden sämtliche Gewebsschichten, auch die muskulären Strukturen, nach rechts und links hin halbierend auseinanderpräpariert, bis der Rektumblindsack erreicht ist. Wenn eine Fistel vorhanden ist, wird sie identifiziert und verschlossen. Anschließend wird der Rektumblindsack mobilisiert und bis zum Analgrübchen verlagert. Die vorher sagittal getrennten muskulären Strukturen (Levatorschlinge, M. puborektalis, M. sphinkter ani externus) werden um das anatomisch jetzt korrekt positionierte Rektum geführt und dorsal vernäht.

Anteriore sagittale Anorektoplastik (Mollard)

Mit dem Verfahren nach Mollard, bei dem ein perinealer Zugang gewählt wird, können eine Fistel (z. B. zu Vagina oder Urethra) besser präpariert und die rudimentären Fasern des M. sphinkter ani internus erhalten werden. Auch bei diesem Verfahren werden die Gewebsschichten in der perinealen Mittellinie streng sagittal präpariert und getrennt, bis die Fistel und der Rektumblindsack identifiziert werden können. Nach Mobilisieren des Rektumblindsackes und einer Fistel werden sie zum Analgrübchen geführt (s.). Die sagittal durchtrennten muskulären Strukturen werden zirkulär um den durchgezogenen Darm geführt und ventral vernäht. Das zum Teil ebenfalls durchtrennte Diaphragma urogenitale muss rekonstruiert werden. Der Nachteil des Mollard-Verfahrens liegt in einer Dehiszenzrate des Dammes von 3%. Diese Rate kann durch präliminare Anlage eines Kunstafters unter 1% reduziert werden.

Fallbeispiel: **a**: Anterior sagittaler Zugang am Damm nach Mollard. Der Rektumstumpf und die rektovaginale Fistel sind freipräpariert. Die Schlinge des M. puborectalis und des sog. Muskelkomplexes ist mit einem blauen Bändchen markiert.

b: Befund nach operativer Korrektur mit Markierung des Vaginaleinganges, der perinealen Naht und der mukokutanen Anastomose sowie des Anus.

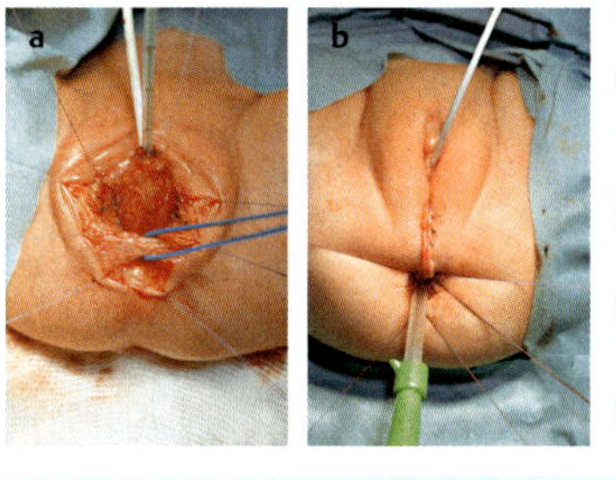

38.9 Omphalozele und Laparoschisis

Omphalozele und Laparoschisis (Synonym: Gastroschisis) werden in geburtshilflichen Kliniken sehr häufig verwechselt. Unabhängig von der unterschiedlichen Pathogenese müssen sie aber aus therapeutischen und prognostischen Gründen unterschieden werden.

Omphalozele

Definition: Eine Omphalozele (Synonym: Exomphalos) ist eine Nabelschnurhernie, die Abdominalorgane enthält und deren Wand aus Peritoneum und Amnionhüllen besteht.

> **38.12 Embryologie und Pathogenese**
>
> **Omphalozele**
> Im Schrifttum sind nur wenige Fallberichte über Omphalozelen bei Geschwistern oder Verwandten zu finden, sodass eine Vererbung unwahrscheinlich ist. Es wird angenommen, dass die Omphalozele auf einer Hemmung der normalen Entwicklung der Nabelregion beruht. Das extraperitoneale Zölom bleibt über die 10. Woche hinaus bestehen, und die vier mesodermalen seitlichen Falten entwickeln sich nur inkomplett aufeinander zu. Sie fusionieren nicht, sodass sich der Nabelring in der 10. Woche nicht wie üblich verschließt. Der Einfluss der Entwicklungshemmung der seitlichen mesodermalen Bauchwandfalten kommt auch in den Begleitdefekten der vorderen Bauch- und Thoraxwand zum Ausdruck: Eine Omphalozele kann mit Zwerchfelldefekten, einer Ectopia cordis, sternalen Spalten, einer Blasenextrophie und der vesikointestinalen Spalte vergesellschaftet sein. Nicht endgültig geklärt ist das Zusammenspiel der vier mesodermalen Falten, die die Bauch- und Thoraxwand bilden, mit der Entwicklung des Herzens und des Septum transversum, also des späteren Zwerchfells. Eine ungenügende Entwicklung der Somatopleura der beiden kranialen mesodermalen Falten soll zu einer Spaltbildung im Epigastrium und an der Thoraxwand führen, sodass außer Sternum- und Zwerchfelldefekten auch eine Ectopia cordis und eine Omphalozele entstehen können. In gleicher Weise können Unterentwicklungen der beiden kaudalen mesodermalen Falten zu Spaltbildungen im Hypogastrium führen, wodurch Blasenextrophien und vesikointestinale Fissuren mit Omphalozelen entstehen.
>
> **Laparoschisis**
> Im Hinblick auf die Entstehung sind sowohl der Zeitpunkt als auch die Entstehungsmechanismen umstritten, bisher gibt es kein Konzept, das alle Befunde schlüssig erklären könnte.

Pathologie: Die Nabelgefäße laufen bei der Omphalozele immer vom Ansatz der Nabelschnur am Omphalozelensack radiär zur Abdominalwand. Obligat besteht bei der Omphalozele eine Darmlageanomalie, eine Nonrotation, Malrotation oder ein Mesenterium commune (**38.12**). Kombiniert können auch Zwerchfelllücken, Darmatresien, ein persistierender Ductus omphaloentericus und ein Meckel-Divertikel vorliegen.

Vor jedem Bauchwandverschluss muss auf assoziierte Fehlbildungen geachtet werden.

Diagnostik: Die Diagnosestellung ist einfach, der typische Befund erlaubt dem Erfahrenen eine Prima-vista-Diagnose. Assoziierte Atresien und Zwerchfelllücken müssen intraoperativ ausgeschlossen werden, Begleitfehlbildungen der Thoraxwand und der übrigen Bauchdecke sind ohne weiteres erkennbar. Das diagnostische Augenmerk muss auch auf assoziierte Herz- und Nierenfehler gerichtet werden, die meisten werden jedoch pränatal sonographisch diagnostiziert.
Eine besondere Form der Omphalozele liegt beim **Wiedemann-Beckwith-Syndrom** (EMG-Syndrom) vor, das durch **E**xomphalos, **M**akroglossie und **G**igantismus gekennzeichnet ist. Bei einem solchen Kind stehen die postnatalen Hypoglykämien im Vordergrund der Aufmerksamkeit und therapeutischen Notwendigkeiten.

Therapie: Bei einer **geschlossenen Omphalozele** muss nicht unmittelbar nach der Entbindung operiert werden, es bleibt Zeit zur Diagnostik eventueller komplexer Herz- und Nierenfehlbildungen. *Große* geschlossene Omphalozelen (**38.24a**) bedürfen immer eines operativen Bauchverschlusses, *kleine* können sich spontan durch Schrumpfung des Omphalozelensackes, sofern er nicht sekundär rupturiert, verschließen.
Bei einer **rupturierten Omphalozele** muss zur Vermeidung einer Infektion und der Austrocknung intestinaler Organe bald nach der Geburt ein operativer Bauchverschluss hergestellt werden (**38.24b**). *Präoperativ* muss jedoch der Flüssigkeits- und Säure-Basen-Haushalt ausgeglichen sein. Der Magen sollte über eine Magensonde entlastet, Mekonium mit warmer Ringerlösung zur Verringerung des intestinalen Volumens aus dem Rektum ausgespült werden. *Bei der Operation* muss entschieden werden, ob ein primärer Bauchverschluss möglich ist oder ein Bauchdeckenersatz eingenäht werden muss. Ein erzwungener primärer Bauchdeckenverschluss wird zur Kompression und Abknickung der V. cava inferior führen, sodass der venöse Rückfluss des Blutes aus der unteren Körperhälfte gedrosselt wird. Die stets monströse Leber wird zudem das Duodenum, die Gallenwege und den Ductus pancreaticus komprimieren und zu Passagestörungen führen. Das Zwerchfell wird nach kranial gedrängt werden und die Atmung behindern. Als Entscheidungshilfen für oder gegen den primären Verschluss werden oft Druckmessungen in der V. cava inferior herangezogen.

Die beste Entscheidungshilfe ist jedoch die Erfahrung des Operateurs.

38.24 Omphalozelen

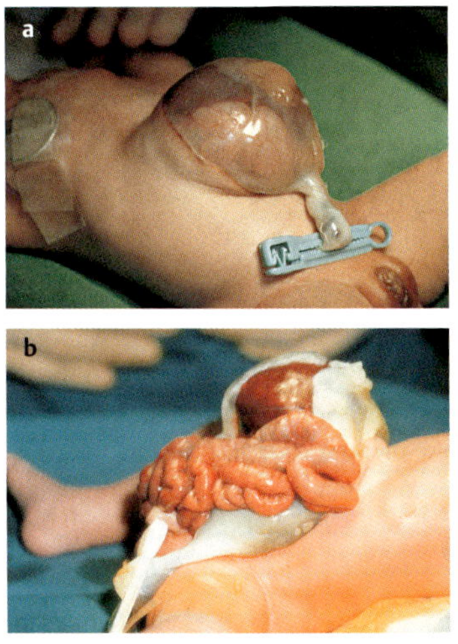

a Nicht rupturierte Omphalozele.
b Rupturierte Omphalozele. Beachte: Die Därme sind im Vergleich zur Laparoschisis nicht pathologisch verändert. Ihre Serosa glänzt und ist nicht mit Membranen belegt.

38.25 Laparoschisis

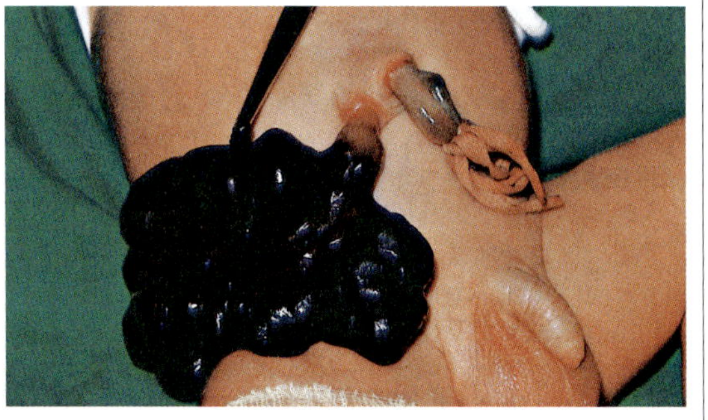

Der Bauchwanddefekt liegt rechts-lateral des Nabels. Die Därme sehen düster aus, sind schlecht durchblutet und mit Membranen belegt, die Fibrin, Lanugohaare, Galle und Mekoniumbestandteile enthalten. Die Membranen haften fest auf der geschädigten Serosa.

Sowohl für den primären Bauchdeckenverschluss als auch den Bauchdeckenersatz wird der Omphalozelensack abgetragen. Wenn Ladd-Bänder vorhanden sind, müssen sie durchtrennt werden, eine Malrotation wird in eine Nonrotation umgewandelt. Als Material für einen Bauchdeckenersatz eignen sich Silastik- oder Goretexfolien. Goretexfolien haben den Nachteil, dass Gewebe in die Folienporen einwächst und sich die Ablösung der Folie nach 10–14 Tagen schwierig gestalten kann. Die Bauchdecke wird täglich gestrafft und damit gedehnt.

Als ***Komplikationen*** können Darmpassagestörungen auftreten, entweder als Folge der nicht behobenen Malrotation oder durch sekundäre Verklebungen und Verwachsungen. Peritonitiden sind selbst bei stufenweisem sekundärem Bauchdeckenverschluss über den Umweg eines Bauchdeckenersatzes nur sehr selten. Todesfälle sind heute nicht mehr Folge der abdominellen Fehlbildung und der Operation, sondern der assoziierten Herzfehler.

Laparoschisis (Synonym: Gastroschisis)

Definition und Pathologie: Auch bei der Laparoschisis handelt es sich um einen Bauchdeckendefekt. Der wesentliche Unterschied in der Bauchwandpathologie besteht darin, dass bei der Laparoschisis die Lücke meistens rechts neben dem Nabel liegt (**38.25**) und dass kein Bruchsack besteht.

Klinik und Diagnostik: Die Verwechslung einer Omphalozele und einer Laparoschisis ist bei ausreichender Erfahrung nicht möglich. Da bei der Laparoschisis, im Gegensatz zur Omphalozele, der Darm im Fruchtwasser schwamm, sind die Organoberflächen erheblich verändert, ödematös verschwollen mit grüngrauen Fibrinmembranen, und verklebten Lanugohaaren überzogen.

Für den Unerfahrenen sieht der Darm oft gangränös aus, sodass die fatale Verwechslung mit einer Gangrän zu ausgedehnten Darmresektionen mit der Folge eines Kurzdarmsyndroms führt (außer beim Apple-Peel-Darm, bei dem eine Gangrän möglich ist, handelt es sich nie um eine Gangrän).

Begleitfehlbildungen sind bei der Laparoschisis im Vergleich zur Omphalozele selten (ca. 6 %). Wenn, handelt es sich um Begleitfehlbildungen am Darm (häufig sind Lageanomalien) und nicht an Herz oder Niere.

Therapie: Die Versorgung unterscheidet sich kaum von der einer Omphalozele. Leicht entfernbare Membranen sollen entfernt werden, damit Darmschlingen voneinander gelöst und die Durchblutung des Darmes, besonders der venöse Rückfluss, verbessert werden kann. Wenn Darmatresien ausgeschlossen sind, muss die Entscheidung getroffen werden, ob ein primärer Bauchdeckenverschluss möglich ist. Für die Entscheidung gelten dieselben Regeln wie bei der Omphalozele.

Prognose: Wenn die initiale Darmatonie, die manchmal hartnäckig über mehrere Wochen anhalten kann, behoben ist und keine Passagestörungen infolge von Knickbildungen auftreten, ist die Prognose gut. Peritonitiden treten kaum auf. Da im Gegensatz zur Omphalozele i. d. R. kardiale Begleitfehlbildungen fehlen, ist die Letalität mit 1 % gering.

38.10 Mekoniumileus

Die Ursache eines echten „Mekoniumileus" ist so lange eine Mukoviszidose, bis das Gegenteil bewiesen ist. Die operative Korrektur ist besonders schwierig, wenn es zu einer intraunterinen Perforation des Darmes gekommen war und eine begleitende fibroplastische Peritonitis vorliegt.

Definition: Ein **Mekoniumileus** ist eine Passagestörung im Dünndarm durch Obturation des Lumens mit eingedicktem Mekonium bei einer Mukoviszidose. Ein Mekoniumileus aus anderer Ursache sollte **Pseudomekoniumileus** genannt werden. Davon muss auch noch das **Mekoniumpfropfsyndrom** abgegrenzt werden.

Pathogenese: Abnorm zäher Schleim aus dem Pankreas, aus Drüsen des Magens und Darms vermischt sich im Darm mit dem Mekonium zu einer kaugummiähnlichen, an der Darmwand festklebenden Masse. Diese zähe Mekoniummasse kann trotzdem bis ins untere Ileum und Colon ascendens transportiert werden, dort bleibt sie dann liegen und verstopft das Lumen (**38.26**). Die proximal davon liegenden Jejunumschlingen können sich nicht mehr entleeren und dilatieren deshalb. Der distale, mekoniumgefüllte Darm imponiert als dünner, perlschnurartiger harter Strang.
Bereits intrauterin kann ein Mekoniumileus zur Wandnekrose und -perforation führen (**38.27**). Folge des Mekoniumaustritts in die freie Bauchhöhle ist eine sterile, meistens diffuse Mekoniumperitonitis, die mit der Zeit zu Verkalkungen und harten, flächenhaften Verklebungen der Darmschlingen, zu Abknickungen durch Adhäsionen oder zum Volvulus führen kann. Eine Mekoniumperitonitis kann intrauterin ausheilen, die Darmperforationen verschließen sich wahrscheinlich durch Schrumpfung. Der stark flüssigkeitsgefüllte, dilatierte proximale Darm kann infolge seiner Füllung torquieren, es kommt zur Darmwandischämie, sodass atretische Abschnitte entstehen können.

38.26 Befunde bei Mekoniumileus

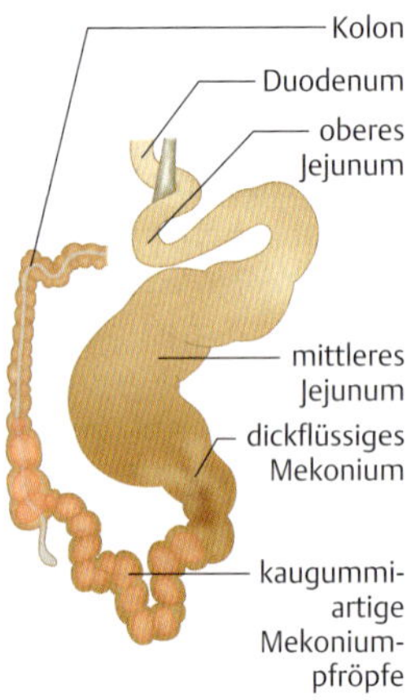

Mekonium ist bis ins Endileum und Colon ascendens transportiert worden, proximal von den Mekoniummassen dilatiert der Darm, und es entsteht eine Wandhypertrophie. Duodenum und oberes Jejunum sind meist unauffällig, das Kolon leer.

Wenn der proximale, dilatierte Darm erst postnatal perforiert, entleert sich reichlich verschlucktes Fruchtwasser und verdünntes Mekonium in die freie Bauchhöhle. In diesem Falle fehlen die oben beschriebenen harten und flächenhaften Verwachsungen der Darmschlingen, sodass die Prognose günstiger ist.

Diagnostik: Ein echter Mekoniumileus, ein Pseudomekoniumileus oder ein Mekoniumpfropfsyndrom wird in der Regel pränatal sonographisch diagnostiziert. Auch die Mekoniumperitonitis wird meistens pränatal erkannt.
Ein Hydramnion kommt nur bei 10 % vor. Von der Symptomatik eines anderen Dünndarmverschlusses unterscheidet sich die Symptomatik beim Mekoniumileus durch das Fehlen von Mekoniumentleerung. Nur selten können aus dem Rektum zähe, weißliche Schleimpfröpfe herausgespült werden. Wenn die Auftreibung des Bauches, die dünnen, gespannten, oft entzündlich geröteten oder bläulich verfärbten Bauchdecken postnatal nicht zur Diagnose führen, wird am Ende des ersten Lebens-

38.27 Mekoniumperitonitis

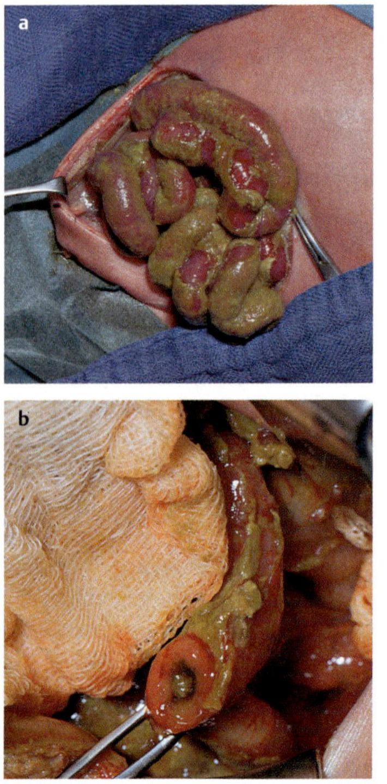

Intrauterine Mekoniumperitonitis bei Mukoviszidose.
a Nach sofortiger Sectio stellt sich eine diffuse Peritonitis dar: Die Dünndarmschlingen sind mit zähem Mekonium belegt.
b Die Perforation liegt im Kolon. *Therapie:* doppelläufiger Kolon-Anus-praeter, unter Ausleitung der Spontanperforation.

tages Erbrechen bemerkt. Manchmal können die eingedickten Mekoniummassen durch die Bauchdecken getastet werden. Hyperperistaltik ist nur selten. Ein Neugeborenes mit Mekoniumileus oder Mekoniumperitonitis ist zudem schwer krank.

Wenn die Diagnose weder prä- noch postnatal sonographisch gestellt werden konnte, bestätigt in der Regel eine Abdomenübersichtsaufnahme die Diagnose. Sie zeigt geblähte Darmschlingen im Oberbauch, **die sonst für einen Ileus typischen Spiegel fehlen.** Zwischen geblähten Darmschlingen kann man fleckige Verschattungen erkennen, die mit vielen feinen Luftbläschen durchsetzt sind. **Luftsicheln unter dem Zwerchfell fehlen** bei der Mekoniumperitonitis meistens.

Nur beim Zweifel an der Diagnose muss zum Nachweis des charakteristischen Mikrokolons ein Kolonkontrasteinlauf durchgeführt werden.

Weitere Untersuchungen (Schweißtest, Polymerasekettenreaktion), die erst später sinnvoll sind, müssen die Diagnose einer „Mukoviszidose" bestätigen, für die Diagnose des „Mekoniumileus" sind sie nicht hilfreich.

> **38.13 Mukoviszidose**
>
> Die autosomal-rezessive Erkrankung (Defekt im CFTR-Gen [**C**ystic **f**ibrosis **T**ransmembrane Conductance **R**egulator]) ist durch eine Dysfunktion der exokrinen Drüsen gekennzeichnet: Es besteht eine Fehlfunktion der Chloridionenkanäle. Die Inzidenz in Mitteleuropa liegt bei 1 : 2500. Allgemein kommt es zu einer Zähflüssigkeit der Sekrete, insbesondere zur konsekutiven Infektion der Lunge (respiratorische Lungeninsuffizienz, evtl. Lungentransplantation). Die Verlegung der Pankreasausführungsgänge hat eine Pankreasinsuffizienz zur Folge („zystische Pankreasfibrose"). Beim Neugeborenen dominiert als Erstsymptom der Mekoniumileus.

Differenzialdiagnostisch kommt nur ein Pseudomekoniumileus infrage, der dasselbe klinische und röntgenologische Bild bietet, jedoch nicht der Mukoviszidose zugeordnet ist. Das Mekoniumpfropfsyndrom kann zwar das klinische Bild eines Mekoniumileus imitieren, das Röntgenbild zeigt aber meistens Spiegelbildungen und dilatierte Darmschlingen bis in den Unterbauch. Ein rektaler Einlauf spült in der Regel den Mekoniumpfropf, der im Anorektum sitzt, aus, danach entleert sich dünnflüssiges Mekonium und Gas. Der aufgeblähte Bauch verschwindet nach dem Ausspülen des Mekoniumpfropfes. Ein Mekoniumpfropfsyndrom kann die erste Manifestation eines Morbus Hirschsprung oder einer intestinalen neuronalen Dysplasie sein. Das Milchpfropfsyndrom bietet kaum einmal differenzialdiagnostisch Schwierigkeiten, weil es nicht unmittelbar nach der Geburt, sondern erst mehrere Tage später auftritt. Außerdem entleeren diese Kinder Mekonium und bereits Übergangsstuhl.

Therapie: Die **konservative Behandlung** beruht auf dem Prinzip, durch Erhöhung der Osmolarität im Darmlumen Flüssigkeit aus der Darmwand ins Darmlumen zu bringen. Empfohlen werden Gastrografin- und Fluimucil- (= Acetylcystein-)Einläufe. Wenn man sich zu solchen Maßnahmen entschließt, muss dem Kind per infusionem Flüssigkeit zugeführt werden, weil die hohe Osmolarität, die im Darmlumen erzeugt wird, der Darmwand viel Wasser entziehen kann. Nach Literaturberichten sind Erfolge mit diesen Verfahren nicht häufig. Sie sollten nur nicht-operationfähigen Kindern und leichten Formen des Mekoniumileus vorbehalten sein.

Ziel der **operativen Behandlung** ist die Entleerung des Darmes. Durch die Darmwand wird Fluimucil in die Mekoniummassen gespritzt und das Mekonium aufgelöst. Danach kann es auf natürlichem Weg ausgespült und entleert werden. Wenn diese Prozedur nicht gelingt, ist das Prinzip der operativen Behandlung die Y-Roux-Anastomose nach Bishop-Koop (s. **38.22**, S. 841). Der distale, durch intraoperative Fluimucil-Spülungen z. T. entleerte Darm wird durch die Bauchdecken geleitet, der proximale End-zu-Seit mit diesem herausgeleiteten Dünndarm anastomosiert. Diese Bishop-Koop-Anastomose dient als Ventil. Gleichzeitig kann der Darm durch das Stoma gespült werden. Ein doppelläufiger Kunstafter wird nur angelegt, wenn die Operation wegen des Allgemeinzustandes rasch beendet werden muss. Mit primären End-zu-End-Anastomosen wurden keine guten Erfahrungen gemacht.

Prognose: Operationsbedingte Komplikationen sind sehr selten. Morbidität und Mortalität werden im Wesentlichen von der Grundkrankheit, also der Mukoviszidose, bestimmt.

38.11 Megakolon

„Megakolon" ist ein Sammelbegriff für verschiedene Krankheitsbilder mit dem führenden morphologischen Zeichen des dilatierten Kolons. Die Ursachen für die Dilatation sind unterschiedlich. Der Kinderchirurg ist besonders mit dem Megacolon congenitum Hirschsprung, der Viszeralchirurg des Erwachsenenalters mit sekundären Megakolonformen bei entzündlichen Kolonerkrankungen und anorektalen Stenosen konfroniert. Das Problem des toxischen Megakolons (s. SE 26.4, S. 588 ff) mit unterschiedlichen Ursachen, aber vergleichbaren therapeutischen und prognostischen Konsequenzen, beschäftigt beide.

Definition und Systematik

Mit Megakolon wird eine abnorme Dilatation des Kolons über einen verschieden langen Abschnitt bezeichnet. Im Wesentlichen unterscheidet man angeborene von erworbenen und neurogene von stenosebedingten Formen (**T 38.2**).
Die größte Bedeutung kommt im Kindesalter dem Morbus Hirschsprung zu, obwohl er generell über alle Altersgruppen nicht die häufigste Megakolonform ist. Er ist durch eine Dilatation des Kolons proximal eines distalen, funktionell engen aganglionären Abschnittes charakterisiert. Der enge, aganglionäre, kontrahierte Abschnitt kann von der Linea anorectalis aus verschieden weit nach proximal reichen, im Extremfall den ganzen Dickdarm betreffen.

Megacolon congenitum

Synonym: Morbus Hirschsprung

Ätiopathogenese: Dem Morbus Hirschsprung liegt eine Aganglionose zugrunde. An der Übergangszone zum normoganglionären Darm besteht meistens eine Hypoganglionose und eine neuronale Dysplasie. Die Aganglionose ist mit einer Hyperplasie der parasympathischen Nervenfasern und mit erhöhter Acetylcholinesteraseaktivität verbunden. In funktioneller Hinsicht handelt es sich um eine Achalasie des engen, kontrahierten, aganglionären Segments, der Erschlaffungsreflex des Sphinkter ani internus ist aufgehoben (fehlender Internusrelaxationsreflex). Die Dilatation und die Wandhypertrophie befinden sich immer im primär gesunden Darm, der dem morphologisch und neural veränderten Darmabschnitts vorgeschaltet ist (**T 38.3**).

Der dilatierte Kolonabschnitt ist der gesunde Darm.

Symptome: Ein postnatales Mekoniumpfropfsyndrom kann das erste Zeichen sein. Blutig-schleimige Darmentleerungen als Ausdruck einer Enterokolitis können in den ersten Lebenstagen und -wochen ebenfalls einen Hinweis geben. In der Regel treten beim Morbus Hirschsprung in den ersten Lebenstagen und -wochen aber keine Symptome auf, sofern die Kinder mit Muttermilch ernährt werden. Ab der 3. Lebenswoche, spätestens aber nach Abstillen oder Zufüttern anderer Nahrung, macht sich die Dyskinesie des Rektums durch Stuhlentleerungsstörungen und Obstipation bemerkbar. Oft bemerkt man schon vor dem Auftreten der Stuhlentleerungsstörung einen aufgetriebenen Bauch (**38.28**). Erbrechen ist selten, kann später aber hinzukommen.

Diagnostik: Eine **Röntgenleeraufnahme** in aufrechter Position zeigt das dilatierte, gasgefüllte Kolon, das Becken ist als Zeichen des engen, kontrahierten Segments meistens luftleer. Wenn die Stuhlentleerungsstörung längere Zeit anhält, können Flüssigkeits- und Stuhlmassen im dilatierten Darm nachgewiesen werden. Ein **Kolonkontrasteinlauf**, der ohne Darmreinigung durchgeführt werden muss, zeigt besonders in der seitlichen Position das enge Segment und die proximal liegende Dilatation. Der Übergang vom engen Segment zum dilatierten Darm ist in der Regel trichterförmig konfiguriert (**38.29a**).
Eine weitere diagnostische Maßnahme ist die **Manometrie** (Druckmessung) im Anorektum. Eine Drucksteige-

T 38.2 Systematik des Megakolons

Ursache	*angeboren*	*erworben*
neurogen	Aganglionose (Morbus Hirschsprung), gestörte Innervation (bei Myelomeningozelen und anderen Rückenmarkserkrankungen)	Chagas-Krankheit (Untergang der Ganglienzellen), ischämische Sigmastenose, bei fulminanter Colitis ulcerosa oder Morbus Crohn (toxisches Megakolon; s. SE 26.4, S. 588 ff), Vitamin-B-Mangel bei Malabsorption, -digestion,
stenotisch	–	Folge stenosierender anorektaler Veränderungen: narbige Strikturen nach Operationen am Anorektum, Strikturen nach entzündlichen Erkrankungen
idiopatisch	kein Nachweis stenosierender oder neuronaler Veränderungen	

T 38.3 Ausdehnung der Aganglionose

Bezeichnung	*Ausdehnung*
klassisch	der enge Abschnitt betrifft Anorektum und Rektosigmoid
ultrakurz	der enge Abschnitt betrifft nur die letzten 2 cm des Anorektums, die Dilatation beginnt also schon oberhalb der Sphinkteretage
ultralang	der enge Abschnitt betrifft mehr als die Hälfte des Kolons, selten das ganze Kolon (Morbus Zuelser)

rung in der Rektumampulle (Füllung!) führt beim Morbus Hirschsprung nicht zur Sphinkterrelaxation. Die manometrische Diagnostik ist aber erst jenseits des 10. Lebenstages brauchbar.

Histologische Untersuchung: Bei der histochemischen Untersuchung von Rektumsaugbiopsien, die Mukosa, Muscularis mucosae und Submucosa enthalten müssen, kann der erhöhte Gehalt an *Acetylcholinesterase* im engen Segment nachgewiesen werden. Dieser Befund ist beweisend.

! Die histologische Untersuchung zum Nachweis von *Ganglienzellen* (Plexus myentericus) ist mit Risiken verbunden, da tiefe, die Muscularis propria erfassende Biopsien notwendig sind und die Gefahr der Darmperforation besteht. Deshalb wird sie in der Diagnostik vermieden.

Bei Neugeborenen kommen ***differenzialdiagnostisch*** alle Formen des mechanischen Ileus, besonders die tiefen Ileusformen bei Dünndarmatresien (s. SE 38.5, S. 835 f) und beim Mekoniumileus (s. SE 38.10, S. 846 f) infrage. Manchmal kann auch eine Neugeborenensepsis, eine Meningitis oder eine Hirnblutung zum paralytischen Ileus und Megakolon führen. Bei Entleerung blutig-schleimiger Stühle muss in den ersten 3 Lebenswochen an eine nekrotisierende Enterokolitis (s. SE 26.2, S. 584 f) und an die Enterokolitis bei Morbus Hirschsprung gedacht werden. Bei älteren Kindern muss das symptomatische vom idiopatischen Megakolon abgegrenzt werden.

Therapie: Bei einem „fulminanten" Verlauf, also einem toxischen, enterokolitischen Megakolon der ersten Lebenstage oder Lebenswochen muss notfallmäßig eine entlastende Kolostomie oder ein Ileostoma angelegt werden.
Die definitive Korrektur wird unter günstigeren Bedingungen in der Regel unter dem Schutz eines Enterostomas durchgeführt. Wenn aber der Darm ideal zu reinigen ist, kann die definitive Korrektur auch ohne Kunstafterschutz durchgeführt werden. Im Wesentlichen kommen zwei Operationsverfahren zur Anwendung, die im **38.14** beschrieben werden.

38.28 Morbus Hirschsprung

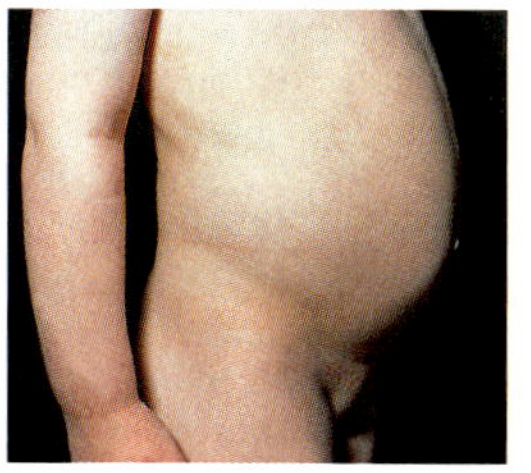

Geblähter Bauch eines dreijährigen Kindes mit Morbus Hirschsprung.

38.29 Morbus Hirschsprung

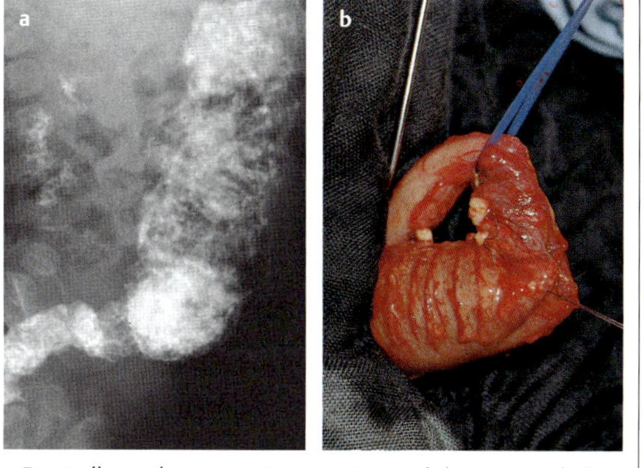

a Darstellung des engen Segmentes und des vorgeschalteten Megakolons mit Stuhlmassen im dilatierten Darmabschnitt.
b Intraoperativer Befund mit Darstellung des engen Segmentes und des dilatierten Megakolons.

Prognose: Die Ergebnisse sind hinsichtlich Stuhlentleerung und Kontinenz bei beiden Methoden gut, nur selten gibt es Misserfolge. Nach dem Verfahren nach Rehbein muss später zwar bei 15 % eine partielle Sphinkterotomie durchgeführt werden, um die Obstipation endgültig zu beheben. Beim Verfahren nach Duhamel gibt es keine Kontinenzprobleme, obstipiert blieben in unserer Serie mit 112 Kindern in 12 Jahren nur 2 Kinder. Beide hatten einen Morbus Down, also eine Grunderkrankung, die per se mit einer Obstipation verbunden ist.

38.14 Anteriore Rektosigmoidresektion

Verfahren nach Rehbein: Die anteriore Rektosigmoidresektion muss bis auf 2 cm ab ano mit End-zu-End-Anastomose zwischen Rektumstumpf und normoganglionärem Kolon durchgeführt werden.

Verfahren nach Duhamel: Nach anteriorer Rektosigmoidresektion zur Entfernung des aganglionären Darmabschnitts wird das gesunde, Ganglienzellen enthaltende Kolon präsakral, retrorektal, transanal durchgezogen (👁 **b**). Der gesamte Darm wird dann maschinell End-zu-Seit mit dem verbliebenen Anorektum knapp oberhalb der Linea dentata anastomosiert (👁 **c–e**).

Nach Klammernaht und zentraler Durchtrennung der gemeinsamen Wand mit dem automatischen Klammer-Schneide-Gerät (👁 **c**: Die eine Branche liegt im originalen aganglionären Rektum, die andere Branche im herabgezogenen gesunden Sigma) ist eine Neoampulle des Anorektums entstanden (👁 **d–e**), deren Vorderwand aganglionär, aber mit sensiblen Sensoren ausgestattet ist, deren Hinterwand jedoch normoganglionär ist. Nachweislich wandern Ganglienzellen der dorsalen, Ganglienzellen enthaltenden Darmwand postoperativ in die vordere Darmwand ein. Das Operationsverfahren garantiert sensorische Funktion in der Vorderwand und motorisch-propulsive Funktion in der Hinterwand der Neoampulle.

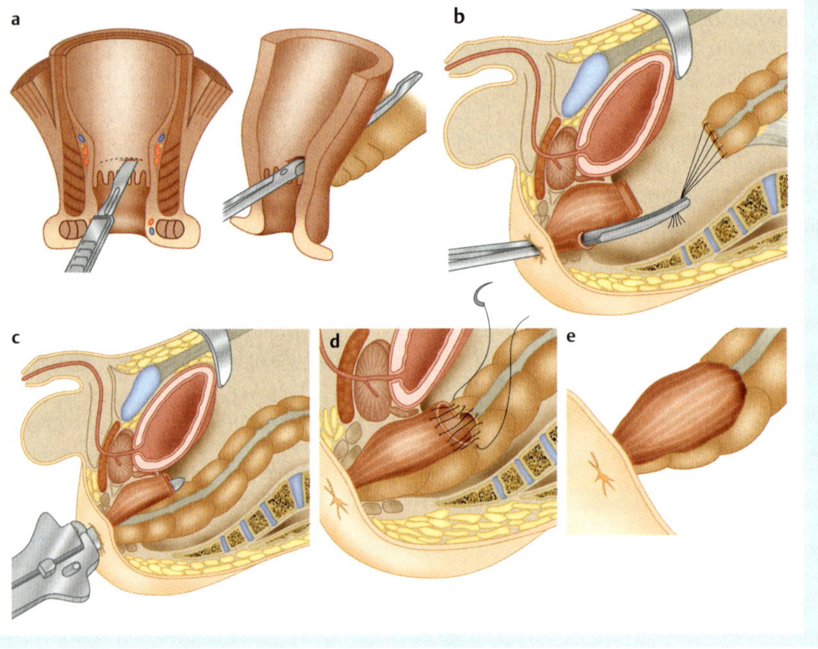

38.12 Maligne Tumoren im Kindesalter

Aus dem Spektrum der benignen und malignen Tumoren im Kindesalter sollen hier nur drei typische blastomatöse Tumoren dargestellt werden: das Nephroblastom, das Hepatoblastom und das Neuroblastom.

Nephroblastom

Definition: Obwohl der „Wilms-Tumor" nur einer von mehreren histologischen Nephroblastomtypen ist, wird das Nephroblastom allgemein als „Wilms-Tumor" bezeichnet. Er geht von Nierengewebe aus.

Wilms-Tumoren machen 25 % aller bösartigen soliden Tumoren des Kindesalters aus.

Herkunft des Tumors: aus dem nicht differenzierten, persistierenden metanephrogenen Blastem. Er geht auf einen Allelverlust des Chromosoms 11 zurück mit konsekutivem Verlust der beiden Tumorsuppressorgene WT-1 und WT-2. Deshalb besteht eine Bereitschaft zur Entwicklung von Mehrfachtumoren und zu Urogenitalfehlbildungen.

Histologie: Ein „echter" Wilms-Tumor ist triphasisch aufgebaut: *epitheliale* Komponente (tubuläre Strukturen, unreife Glomerula), *blastemische* Komponente (zellreiche Areale aus zytoplasmaarmen, sarkomähnlichen Zellen) und *Stroma*komponente (fibrös-myxoides Gewebe). Das Überwiegen der epithelialen Gewebeelemente lässt eine geringere Metastasierungstendenz erkennen als ein hoher Anteil sarkomatöser oder gar anaplastischer Elemente. Das Nephroblastom wächst expansiv in die Lendenmuskulatur, die Nierenvene und V. cava inferior. Die regionalen Lymphknoten des Nierenhilus und die paraaortalen Lymphknoten sind zum Zeitpunkt der Operation bereits in rund 30 % befallen. Die Fernmetastasierung erfolgt in der Regel auf hämatogenem Wege, zu 80 % in die Lungen. Sekundärmetastasen entstehen in der Leber (19 %) und im Knochen (13 %), selten in anderen Organen.

Symptome: 2/3 der Nephroblastome werden zufällig palpatorisch oder sonographisch entdeckt. Bauchschmerzen, Übelkeit, Erbrechen und Fieber sind uncharakteristische Symptome und führen selten zur Erkennung. Eine *Makrohämaturie* tritt erst auf, wenn der Tumor ins Nierenbecken durchbricht (Spätsymptom und schlechte Prognose). Eine *Mikrohämaturie* kann dagegen schon frühzeitig entdeckt werden. Gelegentlich führt der Nachweis einer Varikozele zur Diagnose, selten eine arterielle Hypertonie, eine Polycythaemia vera (Erythropoietinproduktion der Nephroblastome) oder eine Gerinnungsstörung. Assoziierte Befunde sind die Aniridie, die Hemihypertrophie, das Beckwith-Wiedemann-Syndrom (s. SE 38.9, S. 844) und Pigmentnävi.

Diagnostik: Sonographie und Computertomogramm demonstrieren die lokale Ausdehnung, die Nachbarschaftsbeziehungen und den Befall der regionalen sowie paraaortalen Lymphknoten. Angio- und Kavographie werden nur bei bestimmten Fragestellungen, beispielsweise beim Verdacht auf Nierenvenenthrombose oder einem Thrombus in der V. cava durchgeführt. Obligat ist eine Lungenübersichtsaufnahme zur Erfassung von Lungenmetastasen, ggf. ein Thorax-CT.
Pathognomonische Laborbefunde sind bisher nicht bekannt, auch der Bestimmung des Erythropoietins kommt bisher weder diagnostische Bedeutung zu noch dient sie gesichert als Verlaufsparameter.
Stadieneinteilung: s. T 38.4.

Therapie: Die meisten Therapiekonzepte fordern eine präoperativ-neoadjuvante Chemotherapie, danach die radikale Tumorentfernung unter Mitnahme der regionalen sowie paraaortalen Lymphknoten (R0-Resektion) und eine postoperative Chemotherapie. Die postoperative Bestrahlung bleibt besonderen lokalen Konstellationen vorbehalten. Umstritten ist dieses Therapiekonzept für Tumoren im Stadium I: Hier wird auch die primäre Tumorexstirpation (R0-Resektion) empfohlen.
Der erste Operationsschritt sollte die präliminare Gefäßligatur sein, die am ehesten eine intraoperative Tumorzellausschwemmung vermeiden kann. Anschließend wird der Tumor nach den individuellen Gegebenheiten entwickelt und zusammen mit den regionalen sowie paraaortalen Lymphknoten en bloc entfernt.

Der ***Therapieerfolg*** ist im Wesentlichen von 3 Bedingungen abhängig:
Tumorstadium (Tumorgröße und -ausdehnung): T 38.4,
Patientenalter: Die Mortalität betrifft besonders Kinder über 2 Jahre. Die Stadien II und III haben jenseits des 2. Lebensjahres eine schlechtere Prognose als unter 2 Jahren. Für das Stadium I sind die altersbezogenen Unterschiede dagegen nicht deutlich,
Histologischer Typ: s. o.

T 38.4 Stadieneinteilung der Wilms-Tumoren

Stadium	*Definition*
I	Tumor ist auf das Organ beschränkt und komplett resezierbar
II	Tumor ist über die Organkapsel hinausgewachsen, kann aber vollständig reseziert werden
III	intraabdominale Tumoraussaat, insb. Befall der paraaortalen Lymphknoten
IV	Nachweis von Fernmetastasen

Lebertumoren

Definition und Formen: Zu den malignen Lebertumoren im Kindesalter gehören das Hepatoblastom (HB), das hepatozelluläre Karzinom (HC) und das fibrolamelläre Leberzellkarzinom (FC). Maligne Mesenchymome, biliäre Rhabdomyosarkome und angiosarkomatöse Lebertumoren sind selten.
Beim HB werden in prognostischer Hinsicht der rein fetale Subtyp mit der besten, der embryonale Subtyp mit einer schlechteren, der makrotrabekuläre mit einer deutlich schlechteren und das undifferenzierte kleinzellige HB mit einer infausten Prognose unterschieden. Diese Unterscheidung gilt aber nur für das Stadium I und (II).

Eine prognostisch günstige Gruppe ist durch 3 Merkmale gekennzeichnet: Keine Metastasen, Tumor komplett reseziert, rein fetaler Subtyp.

Eine prognostisch ungünstige Gruppe (unfavorable Typus) schließt Patienten des Stadium I mit anderer Histologie und die Stadien (II), III und IV ein. Relevanz haben diese Gruppen für die Zytostatikastratifizierung.

Symptome: Asymmetrie des Oberbauches, Zunahme des Bauchumfanges, Gewichtsverlust, Fieber, Appetitlosigkeit und Erbrechen, tastbarer Tumor, evtl. Thrombozytose.

Zur ***Diagnostik*** gehören Leberwerte, Gerinnungswerte, Tumormarker (α_1-Fetoprotein [AFP], HCG, Ferritin, LDH, karzinoembryonales Antigen [CEA] und neuronspezifische Enolase [NSE]), Hepatitisserologie (A, B, C) und Serologie der TORCH-Gruppe (**T**oxoplasmose, **o**ther infectious microorganisms [Masern, Mumps, Coxsackie, HIV], **R**ubella, **C**ytomegalie, **H**erpes simplex).
Bestimmung der Organzugehörigkeit und Tumorausdehnung durch abdominale Sonographie mit dreidimensionaler Darstellung und Vermessung des Tumors.
Metastasensuche: Sonographie des Abdomens, CT, MRT (wenn das CT eine Beurteilung nicht zulässt), evtl. Leberangiographie, Röntgenthorax, evtl. Thorax-CT.
Vor Einleitung der Zytostatikatherapie sind die üblichen Blutwerte, Kreatininclearance, EKG, Echokardiographie, Audiogramm zu bestimmen.

Therapie: Eine **primäre Resektion** kommt nur infrage, wenn sie sicher im Gesunden durchführbar ist (s. SE 22.6, S. 522 f). Sonst wird zunächst nur eine **Probeexzision** durchgeführt. Ihr folgt eine **chemotherapeutische Tumorreduktion (down-staging)**, bevor die **verzögerte Operation** (zweite Operation) durchgeführt wird. Die Resektabilität wird durch initiale operative Exploration nur geprüft, wenn diagnostische Maßnahmen keine Beurteilung zulassen. Eine initiale explorative Laparotomie ist bei Säuglingen und Kleinkindern mit primär metastasierendem Lebertumor und erhöhtem AFP nicht notwendig. Eine Drittoperation (nach evtl. geänderter Chemotherapie bei bisher diagnostizierter Nicht-Resezierbarkeit) verfolgt das Ziel der erweiterten Resektion (im Gesunden), wenn eine Lappenresektion im Gesunden nicht möglich ist.
Entfernung von Metastasen (Lungenmetastasen oder andere Fernmetastasen), wenn eine Tumorresektion im Gesunden durchgeführt werden konnte.
Chemotherapie und Nachsorge: s. Richtlinien in den Protokollen verschiedener Studien.

Neuroblastom

Definition: Neuroblastome sind Tumoren der Neuralleiste. Sie gehören mit 25 % auch zu den häufigen soliden Tumoren im Kindesalter.

Pathophysiologie: Die maligne Proliferation geht von der Stufe der Sympathogonien und Sympathoblasten aus. Eine Weiter- und Ausdifferenzierung der Sympathoblasten zu Ganglienzellen führt zu den benignen Ganglioneuromen. Zwischen den benignen Ganglioneuromen und den malignen Neuroblastomen liegen Ganglioneuroblastome, die sowohl reife als auch unreife Zellen enthalten. Bekannt ist, dass sich Neuroblastome zu „benigneren" Typen, bis hin zum Ganglioneurom, differenzieren können. Es gibt auch Hinweise, dass Neuroblastome pränatal häufiger vorkommen als bei Säuglingen und Kleinkindern.

Solche Befunde legen die Vermutung nahe, dass zumindest kleine, sog. in-situ-Neuroblastome (schon intrauterin bestehend) ausreifen und mit einer Narbe „ausheilen" können.

Die meisten Neuroblastome entstehen entlang dem sympathischen Grenzstrang, 60 % liegen retroperitoneal, 20 % mediastinal, nur selten treten sie am Hals oder im kleinen Becken auf. 30 % der retroperitonealen Neuroblastome gehen von der Nebenniere aus.
Neuroblastome metastasieren frühzeitig auf dem Blut- und Lymphweg, besonders in die Leber und ins Skelett, sehr spät auch in die Lungen. Neuroblastome sind je nach Differenzierungsgrad hormonell aktiv, sie produzieren Katecholamin (im 24-Stunden-Sammelurin Nachweis von Vanillinmandel- und Homoanilinmandelsäure). Im Serum kann eine Erhöhung der neuronspezifischen Enolase gemessen werden. Die meisten Neuroblastomzellen exprimieren das Gangliosid GD2.

Symptome: Die meisten Neuroblastome werden von den Eltern entdeckt (tastbarer Tumor), gelegentlich auch als Zufallsbefund bei einer Sonographie. Bei großer Ausdehnung kommt es zu neurologischen Befunden. Durch Tumorkompression treten Irritationen der Spinalnerven auf. In 20 % wird ein Neuroblastom erst im Stadium der Metastasierung entdeckt, wenn Knoten in der Haut, am Schädel oder eine Spontanfraktur auftreten.

Diagnostik: Abdomenübersichtsaufnahme mit Darstellung von Verkalkungen, Sonographie und CT zur Bestimmung von Tumorlokalisation, Tumorausdehnung und Beziehungen zu Nachbarorganen sind die ersten diagnosti-

38.5 Stadieneinteilung der Neuroblastome

Stadium	*Definition*
I	komplette Resektion ohne verbleibenden makroskopischen Residualtumor
II	weitgehende Resektion, aber makroskopische Residualtumoren verbleiben
III	Tumor überschreitet die Mittellinie (Wirbelsäule) und kann nicht vollständig entfernt werden
IV	disseminierter Tumor mit Fernmetastasen
IV S	besonderes Stadium, vorwiegend im Säuglingsalter: trotz Befall mehrerer Organe ist die Prognose im Vergleich zum Stadium IV günstiger

schen Maßnahmen. Hinzu kommen die Bestimmung der Katecholaminderivate im 24-Stunden-Urin, die Bestimmung der neuronspezifischen Enolase (NSE), das ^{123}J-MIBG-Szintigramm (Metaiodbenzylguanidin, s. SE 4.6, S. 84) und neuerdings auch eine PET-Untersuchung. Obligat sind auch Lungenaufnahme und Skelettszintigramm, das im Rahmen des MIBG-Szintigramms durchgeführt wird. Angiographische Untersuchungen einschließlich eines Kavogramms sind nur bei besonderen sonographischen und computertomographischen Befunden notwendig. Eine Knochenmarkpunktion gehört zum Routineprogramm. Typisch sind rosettenförmig angeordnete Tumorzellen.
Stadieneinteilung: s. **38.5**.

Die ***Therapie*** ist abhängig vom Tumorstadium. Die meisten Therapiekonzepte fordern für das Stadium I (sonographisch und computertomographisch festgestellt) die primäre Tumorentfernung (R0-Resektion). Im Stadium II und III oder gar IV wird der Operation eine Chemotherapie vorgeschaltet (s. **39.11**). Die meisten Therapiekonzepte verlangen auch alters- und lokalisationsbezogen eine postoperative Chemotherapie. Radiotherapie und alternative Therapieverfahren (z. B. MIBG-Therapie, Tumorzelllyse mit GD2-Antikörpern, Aktivierung zytotoxischer Effektorzellen mit Interleukin 2, Nutzung der Zytotoxitität von chimären Antikörpern) sind besonderen Tumorkonstellationen und Therapieresistenzen vorbehalten. Sie können derzeit nur im Heilversuch eingesetzt werden.

Prognose: In therapeutischer und prognostischer Hinsicht spielt das Phänomen der spontanen Regression der Neuroblastome eine Rolle. Postuliert werden immunologische Kontrollmechanismen. In diesem Zusammenhang wird der therapeutische Wert der Chemo- und Radiotherapie immer wieder mit dem Hinweis relativiert, dass sie die physiologischen Immunmechanismen hemmen. Deshalb setzen einige amerikanische Onkologen besonders bei Säuglingen mit mediastinalen Tumoren weder Chemo- noch Radiotherapien ein, sondern warten nach Operation zunächst den Verlauf ab.

38.15 Prognose von Neuroblastomen

Die Prognose ist abhängig:
Vom **Patientenalter:** Die Überlebenschance ist umgekehrt proportional zum Alter: Bei Kindern unter 1 Jahr liegt die Überlebensrate bei 70 %, bei 1- bis 2-jährigen Kindern bei 30 % und bei über 2-Jährigen bei 10 %.
Von der **Lokalisation des Tumors:** Chirurgisch gut zugängliche Tumoren haben eine bessere Prognose als chirurgisch schlecht zugängliche (z. B. Tumoren im Bereich des Truncus coeliacus und des Leberhilus).
Vom **Tumorstadium:** Die Überlebensrate beträgt im Stadium I 80 %, im Stadium II 60 %, im Stadium III 40 %, im Stadium IV 10 bis 20 % und im Stadium IVS 75 %. Bei Knochenmetastasen ist die Prognose meistens infaust, hier kommen die alternativen Therapieverfahren im Heilversuch zum Einsatz.
Neben diesen prognostischen Faktoren gibt es noch andere, deren Wert jedoch noch nicht gesichert ist: hohe initiale Lymphozytenwerte sollen eine bessere Überlebensrate signalisieren als niedrigere. Erforscht wird derzeit auch der prognostische Einfluss des Nerve Growth Factor.

39.1 Urologische Diagnostik und Therapie

Abgesehen von den klassischen bildgebenden Verfahren (Sonographie, CT, MRT) erlaubt die spezielle urologische Diagnostik in nahezu allen Fällen eine exakte Diagnosesicherung und Indikationsstellung bzgl. weiterer Therapie.

Zum besseren Verständnis der folgenden Studieneinheiten ist eine Auswahl spezieller urologischer Diagnoseverfahren und harnableitender Maßnahmen erklärt.

Bildgebende Verfahren

I. v.-Urographie: Auf einer Abdomenübersichtsaufnahme (Leeraufnahme) wird der Abdominalraum von der Spitze der Zwerchfellkuppe bis zur Unterkante der Symphyse abgebildet. Anschließend wird intravenös Kontrastmittel gespritzt. Eine normale Nierenfunktion ist Voraussetzung. Bei Kindern richtet sich die Dosierung des gewählten Kontrastmittels nach dem Körpergewicht. Anschließend werden im gleichen Ausschnitt der Abdomenübersichtsaufnahme Röntgenaufnahmen nach 2 bzw. 5 Minuten und nach 15 Minuten angefertigt. Bei verzögerter Ausscheidung der Nieren sollten sog. „Spätaufnahmen" zusätzlich angefertigt werden. Mithilfe der i. v.-Urographie lässt sich das gesamte harnableitende Hohlsystem bis zum Blasenhals darstellen, und man gewinnt einen groben Eindruck über die seitengetrennte Ausscheidungsfunktion der Nieren.

Miktionszysturethrographie (MZU): Durch Einbringen von Kontrastmittel in die Blase (entweder über einen transurethral gelegten dünnen Katheter oder aber mittels suprapubischer Punktion der prall gefüllten Harnblase; s. SE 5.10, S. 124 f) lässt sich die Blase röntgenologisch darstellen (Zystogramm). Aufnahmen während der Miktion visualisieren auch den Verlauf der gesamten Harnröhre und lassen Veränderungen im subvesikalen Bereich (z. B. hintere Harnröhrenklappen bei Knaben) ebenso erkennen wie einen vesikoureteralen bzw. vesikorenalen Reflux. Das MZU wird hauptsächlich zur Refluxdiagnostik eingesetzt.

Ante- und retrograde Urographie: Nach perkutaner Punktion eines gestauten Nierenhohlsystems wird Kontrastmittel eingebracht, um das Nierenhohlsystem und ggf. auch den weiteren Harnleiterverlauf nach distal darzustellen (antegrade Urographie). Bei der retrograden Urographie (bzw. retrograden Pyelographie) wird mittels Zystoskop das Ureterostium dargestellt und unter Sicht ein Ureterkatheter eingeführt. Über diesen wird dann von außen Kontrastmittel in den Harnleiter eingebracht, um diesen von distal nach proximal bis zum Nierenhohlsystem darzustellen.

Die ***Hodenperfusionsszintigraphie*** zur Diagnostik einer Hodentorsion, aber auch zur Diagnostik einer venösen Stauung nach zu eng gestalteter Leistenhernienreparation (v. a. zu engem inneren Leistenring!) ist heute von der Duplexsonographie (Angiodynographie) ersetzt worden.

Kavernosographie/Kavernosometrie: Nach Punktion der penilen Schwellkörper (Corpora cavernosa) mit feinen Nadeln wird Kontrastmittel eingebracht, um die Schwellkörper darzustellen. Um ein sog. „venöses Leck" zu diagnostizieren, muss jedoch eine gleichzeitige Druckmessung im Schwellkörper stattfinden (kann über eine der Nadeln erfolgen). Bei intrakavernösen Drücken von über 80 mmHg sollten die venösen Abflüsse weitgehend verschlossen sein.
Eine Quantifizierung erfolgt über die sog. *Kavernosometrie*, d. h., man bestimmt, wieviel Milliliter einer Flüssigkeit pro Minute in den Schwellkörper gepumpt werden müssen, um einen intrakavernösen Druck von > 80 mmHg zu halten.

Ultraschall (B-Bild): Die Ultraschalldiagnostik hat heutzutage gerade in der Pädiatrie klassische Röntgenverfahren weitgehend zurückgedrängt. Mithilfe der B-Bild-Diagnostik lassen sich erweiterte Nierenhohlsysteme (= Hydronephrose) erkennen. Jede Erweiterung des Nierenhohlsystems wird auch als Harntransportstörung bezeichnet, deren Ursache jedoch vielfältig sein kann (z. B. subpelvine Stenose, Megaureter, Urethralklappen).

Duplexsonographie: Sichtbarmachung und Objektivierung von Blutfluss in Gefäßen. Besonders zur Diagnostik einer Hodentorsion sehr hilfreiches Verfahren, da im torquierten Hoden die Blutzufuhr unterbrochen ist.

! Beim leisesten Verdacht auf Hodentorsion (DD rechtsseitiger Unterbauchschmerz) ist die Duplexsonographie das diagnostische Verfahren der Wahl.

Funktionelle Untersuchungen

Diurese-Clearance: Nach intravenöser Gabe eines Radiopharmakons wird dieses innerhalb einer definierten Zeit über die Nieren ausgeschieden. Im Falle einer verzögerten Ausscheidung des Tracers kann durch Gabe von Furosemid (Diurese!) das Auswaschen des Tracers beschleunigt werden. Reichert sich der Tracer nach Furosemid-Gabe im Nierenhohlsystem an, so besteht eine Harntransportstörung bzw. eine Harnabflussstörung. Mithilfe der Diurese-Clearance kann diese Harntransportstörung objektiviert und quantifiziert werden, gleichzeitig erlaubt die Clearance auch eine seitengetrennte Untersuchung der Nierenfunktion.

Urodynamische Messverfahren: Nach Einbringen von doppellumigen Kathetern in die Blase (entweder transurethral oder mittels suprapubischer Punktion) wird die Blase einerseits gefüllt (definierte Flüssigkeitsmenge pro Zeiteinheit), andererseits gleichzeitig der Druck in der Blase gemessen (= Zystometrie).

Füllung: Normale Harnblasen lassen sich über einen gewissen Zeitraum ohne Druckanstieg füllen, bis der Patient einen Drang zum Wasserlassen angibt. Neurogen gestörte Blasen (sog. „neurogene Blasen“) kontrahieren sich entweder unwillkürlich bei bereits geringen Füllungsvolumina (hyperreflexive Blase) oder können ohne Druckanstieg mit riesigen Volumina gefüllt werden (schlaffe Blase).

Bei **Miktion** wird die Qualität des Harnflusses (ml/s) mit dem Druck in der Blase korreliert (= Miktiometrie). Normale Blasen entleeren sich mit geringem Druckanstieg und gutem Harnstrahl, denn die Kontraktion des Blasenmuskels (Detrusor) geht mit einer synergen Erschlaffung des Verschlussapparates einher. Neurogen gestörte Blasen weisen oft einen hohen Blaseninnendruck auf, bei gleichzeitig reduzierter Harnstrahlintensität. Der Verschlussapparat verhält sich dyssynerg zum Blasenmuskel und bewirkt eine sog. infravesikale funktionelle Obstruktion (Detrusor-Sphinkter-Dyssynergie). Benutzt man zur Füllung der Blase Kontrastmittel und kombiniert die Druck-Fluss-Messungen mit Röntgenuntersuchungsverfahren, so spricht man auch von einer **videourodynamischen Untersuchung** (sinnvoll z. B. zum Nachweis von vesikoureteralem Reflux oder zur Darstellung der Harnröhre ähnlich dem MZU).

HCG-Test: Ist funktionelles Hodenparenchym vorhanden, steigt der Testosteronspiegel nach Gabe von HCG. Bei Anorchie fehlt dieser Testosteron-Anstieg. Der HCG-Test dient damit zum Nachweis von funktionellem Hodenparenchym bei beidseits nicht palpablen Hoden (Differenzialdiagnostik zwischen Anorchie und beidseits nicht palpablen Hoden).

Schwellkörperpharmakontest: Injiziert man Substanzen, die die glatte Muskulatur relaxieren (z. B. Papaverin, Phentolamin, Prostaglandin E1) direkt in den penilen Schwellkörper, so kommt es unwillkürlich zur Erektion. Mithilfe dieser Diagnostik lässt sich zwischen einer psychogenen und organischen Ursache der erektilen Dysfunktion unterscheiden (SKIT = *S*chwell*k*örper*in*jektions*t*est). Ist der Test erfolgreich, kann man den Patienten anleiten, diese Substanzen selbst zu injizieren (SKAT = *S*chwell*k*örper*a*utoinjektions*t*herapie).

Harnableitende Maßnahmen

Perkutane Zystostomie (Synonym: suprapubische Blasenpunktion): s. SE 5.10, S. 125

Perkutane Nephrostomie: Punktion eines gestauten Nierenhohlsystems (Hydronephrose!) durch die Haut in der Flanke. Durch entsprechende Hohlnadeln lassen sich dünne Drainagesysteme in das Nierenhohlsystem einlegen, um den Harn nach außen abzuleiten. Diese Drainagesysteme werden mittels Naht an der Haut fixiert.

Definitive Harnableitung:

Ureterocutaneostomie = Implantation der Ureteren in die Haut. Auffangen des Urins in auf die Haut geklebten Beutelsystemen.

Ileum-/Kolon-Konduit: Ca. 15 cm lange, aus der Darmkontinuität ausgeschaltete Darmsegmente werden zwischen Harnleiter und Haut gebracht. Durch das größere Lumen des Darms und die hohe Proliferationsrate des Darmepithels verringert sich das Risiko der sog. Stomastenose im Hautniveau. Auffangen des Urins in auf die Haut geklebten Beutelsystemen.

Darmersatzblasen: Aus der Darmkontinuität ausgeschaltete Segmente (ca. 30–50 cm) werden antimesenterial eröffnet und zu einem kugeligen Reservoir umgeformt.

Neoblase: Nach Implantation der Harnleiter in dieses Reservoir wird es an dem verbliebenen Harnröhrenstumpf angeschlossen. Voraussetzung ist ein intakter Verschlussapparat, um Kontinenz zu gewährleisten.

Der *Pouch* wird über ein Stoma nach außen abgeleitet, wobei diese Öffnung aus kosmetischen Gründen sinnvollerweise in die Nabelgrube platziert wird. Um Kontinenz zu gewährleisten, muss eine Art Ventil (efferentes Segment) konstruiert werden. Der Patient entleert den Pouch durch Einführen eines Katheters durch dieses „Ventil“.

Ureterosigmoidostomie: Implantation beider Harnleiter in das Sigma, wobei der anale Schließmuskel genutzt wird, um auch Harnkontinenz zu gewährleisten.

! Nach Ureterosigmoidostomie besteht eine erhöhte Sigmakarzinom-Inzidenz.

39.2 Kinderurologie

Zentrales Thema der Kinderurologie sind kongenitale Fehlbildungen sowie die damit oft verbundenen vielfältigen Störungen des Harntransports mit der Gefahr des renalen Funktionsverlustes. Die Onkologie spielt zwar eine emotional gewichtige, zahlenmäßig aber sekundäre Rolle. Die Interpretation von Krankheitssymptomen im Kindesalter ist häufig schwierig.

Leitsymptome

Wachstums- und Gedeihstörungen können Ausdruck einer chronischen Niereninsuffizienz sein. Fieberschübe unklarer Genese sind oft Symptom einer akuten Pyelonephritis bzw. Harnleiterobstruktion. Typisch für das Vorschulalter sind sog. „Nabelkoliken“, d. h. Schmerzen bei abdominellen und retroperitonealen Erkrankungen projizieren sich in die Nabelregion. Ein Einnässen nach dem 5. Lebensjahr kann Symptom einer angeborenen (z. B. ektoper Ureter), erworbenen (z. B. Harnwegsinfekt) oder einer neurogen bedingten Erkrankung sein. Bei Kleinkindern ist häufig der von den Eltern bemerkte Abdominaltumor Leitsymptom einer Nierenerkrankung (multizystische Nierendegeneration, subpelvine Ureterstenose, Wilms-Tumor, Neuroblastom) oder eines Harnverhalts (neurogene Blase, Urethralklappe).

Nierenfehlbildungen

Numerische Anomalien

Nierenagenesie: Bilateral mit dem Leben nicht vereinbar, unilateral häufig auch mit Samenblasenagenesie und Hemitrigonum (Harnleiter und Ostium fehlen, die Trigonalleiste ist nur zur Hälfte ausgebildet) vergesellschaftet.

Doppelnieren: Entweder einseitig oder beidseits, Ureter fissus (👁 **39.1a**) oder Ureter duplex (👁 **39.1b**). Der zum oberen Doppelnierenanteil gehörende Ureter mündet immer mediokaudal, evtl. auch ektop, der zum unteren Doppelnierenanteil gehörende Ureter immer laterokranial und ist damit häufig refluxiv (Meyer-Weigert-Regel).

👁 **39.1 Doppelbildungen**

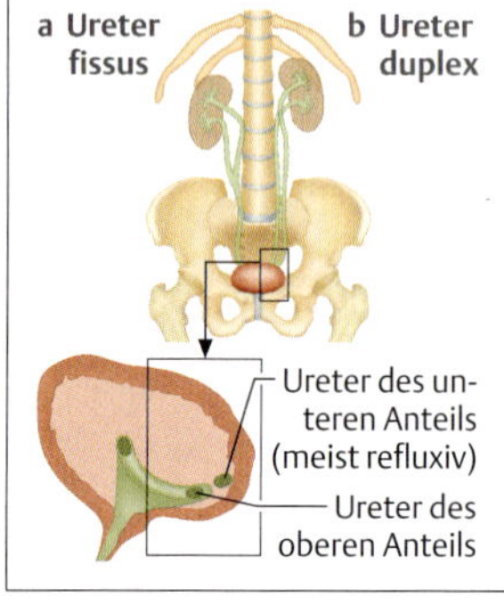

a Ureter fissus = ein Ostium auf der Trigonalleiste,
b Ureter duplex = zwei Ostien auf der Trigonalleiste; der zum oberen Doppelnierenanteil gehörende Ureter mündet weiter medial, der zum unteren weiter lateral.

Lage- und Verschmelzungsanomalien

Im Laufe der Embryonalentwicklung steigen die Nieren in der Lumbalregion auf und rotieren nach medial in eine Frontalebene. Störungen dieser Entwicklung führen zur Malrotation oder zu Lageanomalien (👁 **39.2a**), evtl. mit Verschmelzung der seitengetrennten Nierenanlagen (👁 **39.2b**). Krankheitswert erhalten diese sonst nur zufällig entdeckten Anomalien durch komplizierende Probleme wie Harntransportstörungen bei Urolithiasis (d. h. Steinen in den ableitenden Harnwegen).

Strukturanomalien

Nierenhypoplasie: Nierengröße unterhalb des 90 %-Toleranzbereichs. Proportioniertes und zartes Hohlsystem (Zwergniere). Ätiologisch entweder mangelhafte Induktion durch die Ureterknospe oder vaskulär bedingte Entwicklungshemmung. Indikation zur Nephrektomie (Entfernung der Niere) nur bei Vorliegen einer renalen Hypertonie.

Nierendysplasie: Pathohistologisch definierte Fehlbildung des Nierenparenchyms mit Anwesenheit von Knorpelzellen, fetalen und primitiven Glomerula. Verplumptes Hohlsystem. Oft hochgradig reduzierter Parenchymsaum. Häufig in Kombination mit Ureteranomalien (ektope Mündungen, primärer Reflux; s. u.).

Multizystische Nierendysplasie: Diese kongenitale (aber nicht hereditäre), einseitige komplette zystische Dysplasie der tubulären Strukturen mit Harnleiteratresie ist die häufigste zystische Nierenerkrankung im Kindesalter. Klinisch imponiert oft ein tastbarer Flankentumor. Nur selten (symptomatische Fälle!) besteht die Indikation zur Nephrektomie, da häufig eine spontane Regression eintritt.

Polyzystische Nierendysplasie (infantile Form): Autosomal-rezessiv vererbte Form, häufig bereits intrauterin zu diagnostizieren. 90 % der Neugeborenen versterben innerhalb der ersten Lebenstage.

Markschwammniere: Zystische Erweiterung der Sammelrohre in den Pyramiden. Bei Steinbildung in den Sammelrohren (Nephrokalzinose) oder bei renaler tubulärer Azidose wird die Erkrankung symptomatisch.

Nierenzysten: Solitäre oder multiple Nierenzysten sind meist Zufallsbefunde bei Ultraschalluntersuchungen. Krankheitswert besteht nur dann, wenn Größe oder Lage der Zysten Schmerzen bzw. eine Harntransportstörung verursachen.

39.2 Lage- und Verschmelzungsanomalien der Nieren

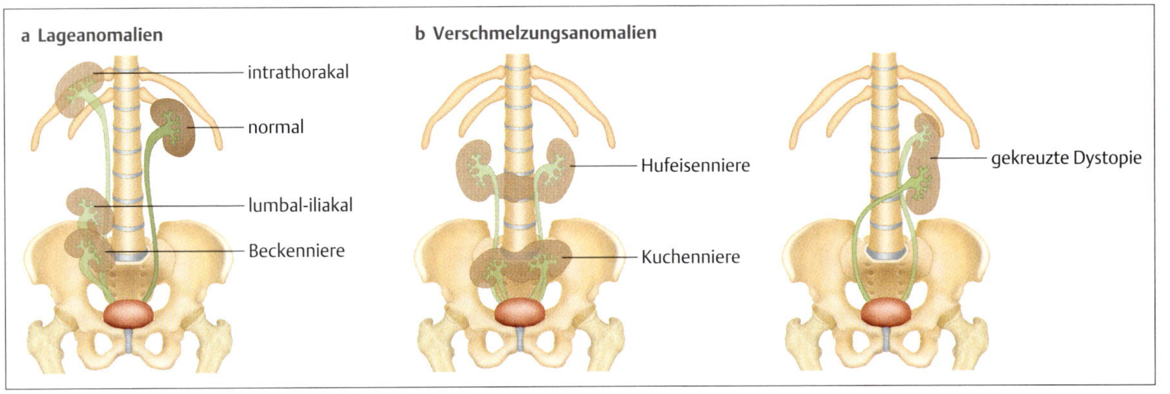

Harnleiterfehlbildungen

Ureteropelvine (subpelvine) Stenose

Segmentale Störung der glattmuskulären Harnleiterwandtextur oder sog. hoher Ureterabgang, selten in Kombination mit extrinsischen Faktoren (Polgefäße, Brücke einer Hufeisenniere; **39.3**).

Diagnostik (s. auch SE 39.1, S. 854 f): Sonographie (Hydronephrose [erweitertes Nierenhohlsystem bzw. Harntransportstörung], kein prävesikal dilatierter Ureter wie beim Megaureter), i. v. Urogramm, Diurese-Clearance.

Therapie: Besonders im Infekt perkutane Nephrostomie (s. SE 39.1, S. 855) zur Entlastung. Ist die Nierenfunktion der betroffenen Niere geringer als 15 % der Gesamtfunktion, so ist die Nephrektomie indiziert. Bei erhaltungswürdiger Niere Rekonstruktion des ureteropelvinen Übergangs (Nierenbeckenplastik).

Primärer und sekundärer Megaureter

Harntransportstörung mit Erweiterung des Harnleiters bis unmittelbar vor die Blase. Beim *primären Megaureter* handelt es sich um ein prävesikal aperistaltisches Uretersegment mit Wanddysplasie, beim *sekundären Megaureter* liegt die Ursache in einer infravesikalen Obstruktion (z. B. Harnröhrenklappe, neurogene Blasenentleerungsstörung). **Symptome** treten in Abhängigkeit vom Grad der Obstruktion bzw. bei Infektion auf. Anhand der Ausscheidungsurographie können 5 Schweregrade unterschieden werden (**39.4**). Eine operative **Therapie** ist nur nötig bei Vorliegen eines Refluxes, rezidivierenden Infekten und/oder hochgradiger Obstruktion mit Abnahme der Nierenfunktion.

39.3 Angeborene Hydronephrose

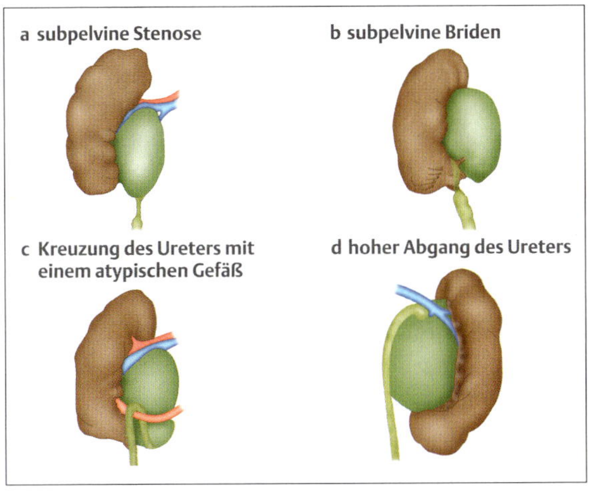

Ureterdoppelung, Ureterektopie, Ureterozele

Die **Doppelung des Ureters** ist entweder komplett (Ureter duplex = 2 Ostien) oder partiell mit nur einer Harnleitermündung in der Blase (Ureter fissus; s. **39.1**). Beim Ureter duplex sind Anomalien einer oder beider Uretermündungen häufig, z. B. Reflux im unteren Doppelnierenanteil, Megaureter des oberen Doppelnierenanteils besonders bei ektoper Mündung und bei Ureterozele.

Ureterektopie: Harnleitermündung außerhalb der Blase (z. B. in oder neben der Harnröhre, im Bereich der Vaginalvorderwand bzw. der Zervix, beim Knaben in der Samenblase, selten im Rektum), in ¾ der Fälle mit einer kompletten Doppelanlage (Ureter duplex) einhergehend,

39.4 Klassifikation der Harntransportstörungen nach Emmett

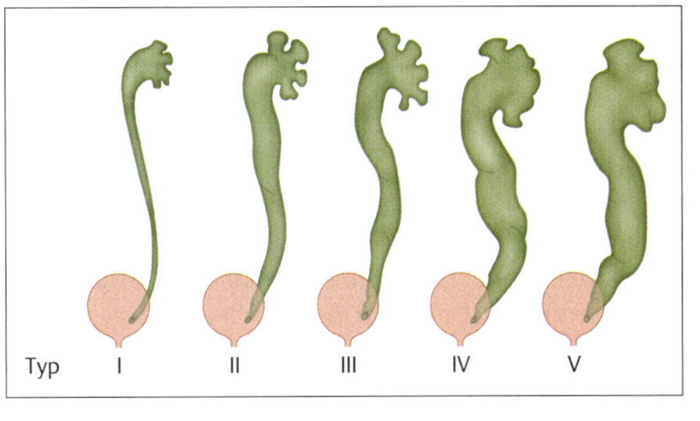

39.5 Ureterozelen

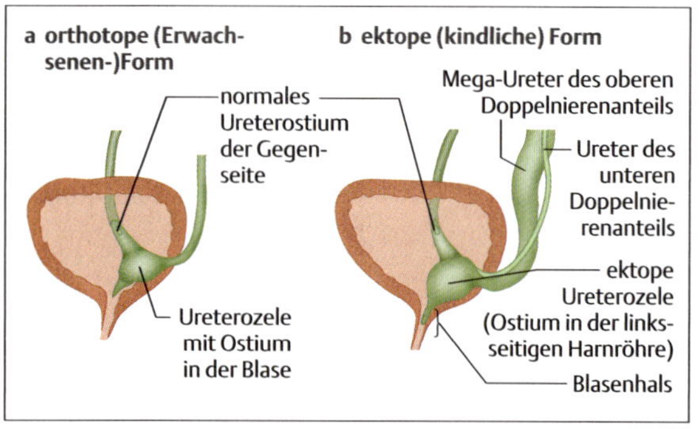

39.6 Befunde bei vesikoureteralem Reflux

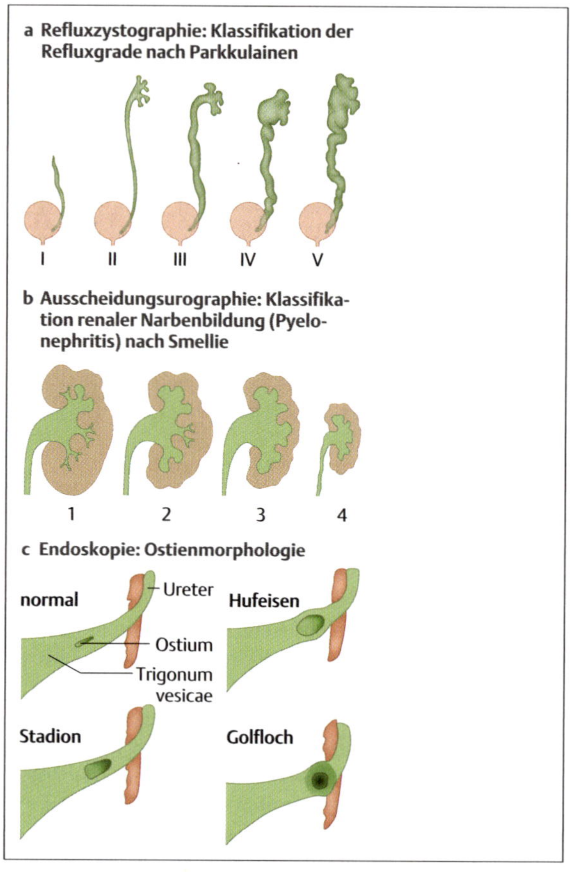

wobei stets der zum oberen Doppelnierenanteil gehörige Ureter betroffen ist. Aus embryologischen Gründen resultiert nur bei Mädchen eine permanente Harninkontinenz bei erhaltener normaler Miktion (weil der Ureter außerhalb des Verschlussapparates der Blase in die Vagina mündet).

Ureterozele: Zystische Auftreibung des von der Blasenschleimhaut bedeckten intravesikalen Uretersegments bei punktförmigem, obstruktivem Ureterostium. Kindliche Formen liegen meist ektop, d. h. der Ureter des oberen Doppelnierenanteils mündet ektop im Blasenhals oder der hinteren Harnröhre (**39.5**).

Vesikoureteraler Reflux

Bei einer Insuffizienz des ureterovesikalen Ventilmechanismus fließt Blasenharn in den Harnleiter zurück.

Beim *primären kongenitalen Reflux* liegt entwicklungsgeschichtlich bedingt eine atypische, zu weit laterale Ostienposition vor. Durch mangelnde Verankerung des Ureters im Trigonum und einen nahezu senkrechten Durchtritt des Ureters durch die Blasenwand erklärt sich der zunehmende Schweregrad des Refluxes mit zunehmender Lateralisation des Ostiums. Der *sekundäre Reflux* ist Folge eines zu hohen intravesikalen Druckes bei Miktion (z. B. Harnröhrenklappen, neurogene Blasenentleerungsstörungen) oder entzündlicher Erkrankungen der Blase. Mädchen sind 4-mal häufiger betroffen als Knaben.

In Abhängigkeit vom Schweregrad des Refluxes (**39.6a**), dem Auftreten von wiederholten Harnwegsinfekten (diagnostisch wegweisend) und dem Ausmaß einer renalen Mitbeteiligung kann es zur **Refluxnephropathie** mit renaler Narbenbildung (**39.6b**), arterieller Hypertonie und Funktionsverlust der betroffenen Niere kommen.

Therapeutisches Ziel muss es sein, die Nieren vor den Schäden der Refluxkrankheit zu bewahren. Bei niederen Refluxgraden und fehlendem Fieber ist eine konservative Langzeittherapie mit Antibiotika möglich, um eine Ausreifung (Maturation) der ureterovesikalen Verbindung abzuwarten (etwa bis zum 5. Lebensjahr). Eine operative Refluxkorrektur ist indiziert bei rezidivierenden, fieberhaften Komplikationen, dem Nachweis eines höhergradigen Refluxes und/oder einer hochpathologischen Ostienkonfiguration (**39.6c**), da eine Maturation unwahrscheinlich ist.

Fehlbildungen (Anomalien) von Blase, Harnröhre und äußerem Genitale

Epispadie/Ekstrophie

Diese seltenen Spaltbildungen des unteren Harntraktes bzw. äußeren Genitales sind Hemmungsfehlbildungen der muskulären Bauchwand. Die Epispadie betrifft lediglich die Harnröhre, wobei in etwa 2/3 der Fälle der Blasenschließmuskel mitbetroffen ist (inkontinente Epispadie). Bei der Blasenekstrophie liegt die gesamte Harnblase als Schleimhautplatte im Bauchwandniveau offen. Knaben sind häufiger betroffen als Mädchen. Die schwerste Form der Spaltbildung ist die kloakale Ekstrophie mit Omphalozele (s. SE 38.9, S. 844 f) und unvollständig geschlossenem Dickdarm.

Hypospadie

Hemmungsfehlbildung der Harnröhre (Inzidenz: ca. 0,5 %): je nach Lage des Meatus urethrae auf der Ventral-

39.7 Phimose

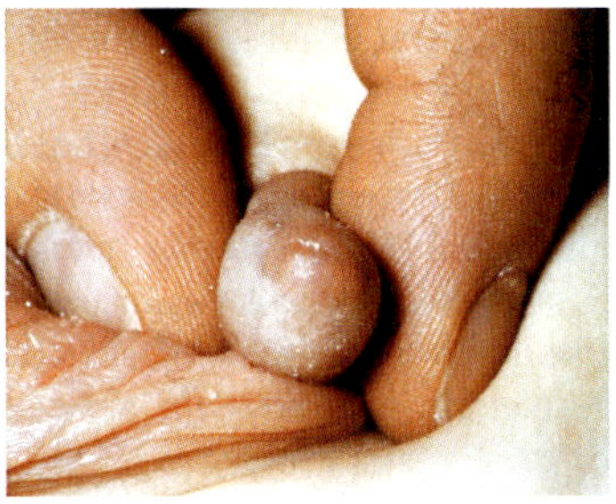

Hochgradige Phimose bei einem 2-jährigen Knaben mit lediglich knopflochgroßer Öffnung des äußeren Vorhautblattes.

39.8 Prinzip der Zirkumzision

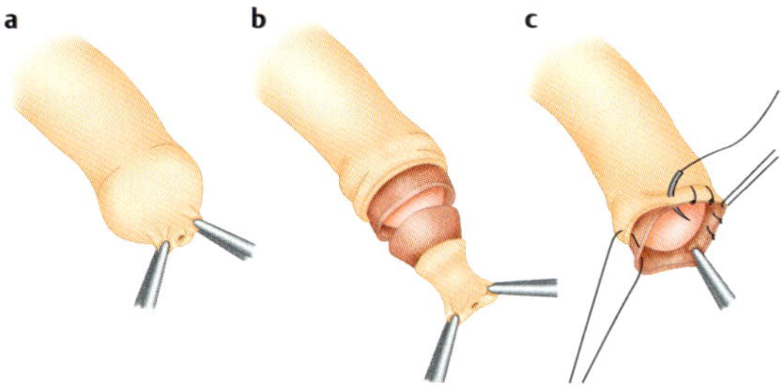

a Die Vorhaut wird mit Klemmen gefasst. Nach Zirkumzision beider Präputialblätter (**b**) werden sie durch Naht wieder vereinigt (**c**).

39.9 Paraphimose

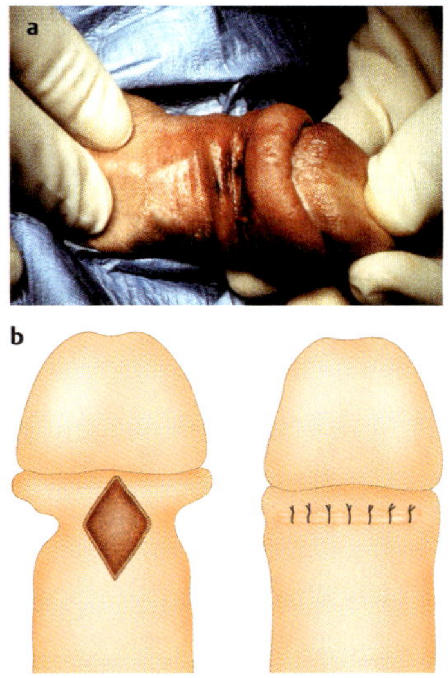

a Intraoperativer Situs einer Paraphimose mit kragenförmiger Anschwellung des zurückgeschobenen äußeren Vorhautblattes.
b Die operative Sanierung erfolgt mittels dorsaler Längsinzision und Quervernähung.

seite des Penis wird die perineale, skrotale, penoskrotale, penile und glanduläre Hypospadie unterschieden. Distal des hypospaden Meatus bilden rudimentäre Anlagen des Corpus spongiosum einen fibrösen Strang, der den Penis bei Erektion nach ventral abknicken lässt.

Harnröhrenklappen

Angeborene, schwere Obstruktion der hinteren Harnröhre bei Knaben mit ausgeprägten Sekundärfolgen für den oberen Harntrakt. Im Idealfall ist ab der 20. SSW eine intrauterine Diagnose mittels Ultraschall möglich (bilaterale Hydronephrose, fehlende Blasenentleerung). Postpartal sind Gedeihstörungen mit schlechtem Allgemeinzustand oder uroseptische Komplikationen häufig. Mildere Formen manifestieren sich oft erst in späterem Lebensalter, manchmal nur als symptomatische Enuresis.

Diagnostik: Das Miktionszysturethrogramm (MZU; s. SE 39.1, S. 854) ist beweisend.

Therapie: Abhängig von den Sekundärfolgen stehen Notfallmaßnahmen im Vordergrund (z. B. Zystostomie, Nephrostomie [s. SE 39.1, S. 855], Infekttherapie). Die endoskopische Beseitigung der Harnröhrenklappen erfolgt, wenn die kindliche Harnröhre entsprechende Instrumente transurethral aufnehmen kann (ca. 6 Monate post partum).

Phimose

Beim Neugeborenen lässt sich die Vorhaut physiologischerweise nicht zurückziehen. Im Alter von 1 Jahr ist dies bei etwa 50 %, mit 2 Jahren bei 80 % und mit 3 Jahren bei etwa 90 % der Knaben möglich. Unabhängig davon ist die Phimose eine Verengung der Vorhaut, die das normale Zurückstreifen unmöglich macht oder behindert (**39.7**). Folgen sind Smegmaretention mit Balanoposthitis oder sogar infravesikale Obstruktionen bei extrem enger Öffnung mit Ballonierung der Vorhaut während Miktion. Therapie der Wahl ist die Zirkumzision (sog. Beschneidung, d. h. zirkuläre Entfernung beider Vorhautblätter; **39.8**).

Paraphimose („spanischer Kragen"): Einklemmung der retrahierten Vorhaut im Sulcus coronarius. Gelingt die manuelle Reposition der Vorhaut nicht, ist die sofortige dorsale Inzision des äußeren Blattes und spätere Zirkumzision angezeigt (**39.9**).

Hoden

Dystope Hoden

Während der Embryogenese wandert der Hoden entlang des Gubernaculum testis aus dem Retroperitonealraum durch den Leistenkanal (s. SE 20.1, S. 447) in seine endgültige skrotale Lage. Bei Geburt nicht intraskrotal liegende Hoden gelten als dystop:

39.10 Formen der Hodendystopie

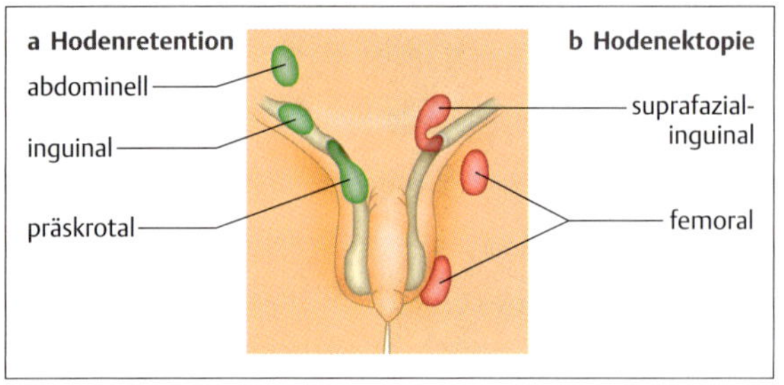

Retinierte Hoden wurden auf dem physiologischen Deszensusweg zurückgehalten, *ektope Hoden* liegen außerhalb des vorgegebenen Abstiegsweges. Bei Frühgeborenen besteht eine Hodendystopie in ca. 30 % der Fälle, bei reifen Kindern in ca. 6 %.
Hodendystopien während des frühen Säuglingsalters sind häufig physiologisch. Nach dem 1. Lebensjahr haben ca. 2 % aller Knaben eine Hodendystopie. Diese ist behandlungsbedürftig, weil dystop liegende Hoden in ihrer exokrinen Funktion (Fertilität) geschädigt werden.

Das Risiko der späteren Entwicklung eines malignen Hodentumors ist im dystopen Hoden gut 20-mal größer als im orthotopen Hoden, wird allerdings durch eine operative Therapie nicht gemindert.

Gleithoden

Ein in Höhe des äußeren Leistenrings liegender Hoden, der sich zwar manuell in das Skrotum herabziehen lässt, jedoch anschließend wegen des zu kurzen Funiculus spermaticus wieder in seine Ausgangslage zurückkehrt. Es besteht eine Operationsindikation (s. o.: dystope Hoden).

Pendelhoden

Der Funiculus spermaticus ist ausreichend lang, der Hoden bewegt sich jedoch aufgrund abnormer Kremasterkontraktionen oder eines offenen Processus vaginalis frei zwischen Skrotalfach und Leiste und kann in den verschiedenen Lokalisationen angetroffen werden (eine Operationsindikation besteht nur bei offenem Processus vaginalis und überwiegend extraskrotaler Lage).
Diagnostik: Palpation des Skrotalinhalts im Liegen und Stehen (Hocken). Nicht palpable Hoden können durch Sonographie, CT, MRT, Laparoskopie und V.-spermatica-Phlebographie lokalisiert werden. In 50 % der dystopen Hoden findet sich gleichzeitig ein offener Processus vaginalis, bei etwa 35 % liegt zusätzlich eine Anomalie der samenableitenden Wege vor (Nebenhodendissoziation). Bei beidseits nicht palpablen Hoden lässt sich eine abdominelle Retention von einer Anorchie durch den HCG-Test (s. SE 39.1, S. 855) differenzieren.
Therapie: Zur Erhaltung der Hodenfunktion (Fertilität) sollte eine skrotale Lokalisation des Hodens bis zum 2. Lebensjahr erreicht werden. Das Abwarten eines Spontandeszensus hat innerhalb des 1. Lebensjahres Berechtigung. Beim ein- und beidseitigen Maldescensus testis ist primär eine Hormontherapie mit GnRH-Analoga (z. B. Kryptocur) oder HCG (z. B. Primogonyl) berechtigt. Die Kombination beider Therapieverfahren optimiert die definitive Erfolgsrate auf etwa 65 %. Eine primär operative Therapie ohne vorherigen konservativen Versuch ist bei Hodendystopie nach Herniotomie angezeigt, bei Hodendystopie mit Begleithernie und in allen Fällen der Hodenektopie.

Neurogene Blasen- und Sphinkterdysfunktion

Neurogene Funktionsstörungen des unteren Harntraktes gehen häufig mit sekundären pathologisch-anatomischen Veränderungen des unteren und oberen Harntraktes einher. Die sog. neurogene Blase hat ihre Ursache in angeborenen (z. B. Meningomyelozele, d. h. spinale Dysrhaphie, s. SE 36.3, S. 810 ff) und erworbenen Defekten.
Diagnostik: U. a. spezielle urodynamische Messverfahren (s. SE 39.1, S. 854 f).
Therapie: In Abhängigkeit der zugrunde liegenden Störung pharmakologisch konservativ oder operativ bis hin zur definitiven Harnableitung.

Pädiatrische Onkologie

Karzinome sind selten, Sarkome überwiegen, wobei genetische Faktoren eine große Rolle spielen. Bei den hier dargestellten Tumoren wird stadienabhängig die Operation mit der Radio- und Chemotherapie kombiniert, wobei internationale Studienprotokolle beachtet werden sollten.

Wilms-Tumoren (s. SE 38.12)

Wilms-Tumoren (Synonym: Nephroblastome) sind die häufigsten kinderurologischen Malignome, ausgehend von der Niere, Altersgipfel 3–4 Jahre. Genetische Zusammenhänge in der Tumorentstehung sind wahrscheinlich (Chromosom 11).
Symptome: Palpabler Tumor, Hämaturie, Fieber, Gewichtsabnahme, Gedeihstörungen.

Neuroblastome (s. SE 38.12)

Neuroblastome entwickeln sich aus unreifen Zellen des sympathischen Nervensystems, Altersgipfel bis 3 Jahre. Häufigste Lokalisationen sind das Nebennierenmark (40 %; s. auch SE 19.9, S. 444 f) und die retroperitonealen sympathischen Ganglien (20 %), s. **39.11**. Selten liegen Neuroblastome auch in extraabdominalen sympathischen Ganglien. Die endokrine Aktivität bestimmt z. T. die Symptomatik (Katecholaminproduktion, s. SE 19.9, S. 444).

39.11 Neuroblastom

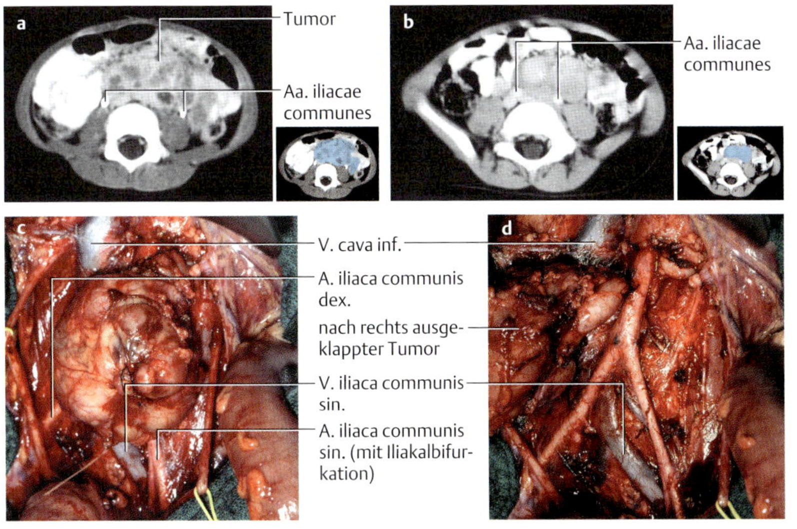

a CT eines großen Neuroblastoms links bei einem 3½-jährigen Kind.
b CT des Neuroblastoms mit deutlicher Größenreduktion nach Chemotherapie.
c Intraoperatives Bild nach Freilegung des Neuroblastoms.
d Situs nach Resektion des Neuroblastoms (Ureteren gelb angezügelt).

Symptome: Palpabler Tumor, Fieber, Schmerzen, arterielle Hypertonie (Katecholamine!), chronische Diarrhö/Obstipation.
Diagnostik: Bestimmung der Katecholamine und deren Metaboliten im 24-Stunden-Urin und im Serum (s. SE 19.9, S. 444).

Rhabdomyosarkome

Ausgehend vom embryonalen Mesenchym mit dem histologischen Nachweis quergestreifter Muskelzellen handelt es sich um den häufigsten malignen Weichteiltumor im Kindesalter. Neben der Orbita (34 %) ist der Urogenitaltrakt die zweithäufigste Lokalisation (23 %), wobei Knaben häufiger betroffen sind als Mädchen. Blase, Blasenhals, Retroperitonealraum, Vagina und paratestikuläres Gewebe sind am häufigsten betroffen.

! Rezidive haben eine extrem ungünstige Prognose.

Symptome: Überwiegend unspezifisch, Hämaturie, Dysurie, „Vaginalpolyp“, unilaterale Hodenschwellung, Obstipation, „akutes Abdomen“.
Diagnostik: Klinische Symptome und bildgebende Verfahren. Beweisend ist die Biopsie.

39.3 Erkrankungen von Hoden und Penis

Hodentumoren sind selten (1% aller Malignome des Mannes), in der Altersgruppe zwischen 25 und 35 Jahren jedoch die häufigste Krebstodesursache. Bei adäquater Behandlung ist in fast 100% eine Heilung möglich. Kann eine Hodentorsion nicht eindeutig ausgeschlossen werden, empfiehlt sich beim „akuten Skrotum" immer die sofortige operative Freilegung. Priapismus und Penisfraktur werden im klinischen Alltag sicher selten vorkommen, sind in ihrer Behandlung aber auch als dringlich einzustufen.

Erkrankungen des Hodens und Nebenhodens

Epididymitis

Symptome: Akute schmerzhafte Schwellung und Rötung des Nebenhodens, vorwiegend im Erwachsenenalter. Schmerzausstrahlung in die betroffene Leiste und das Abdomen. Fieber, Schüttelfrost und allgemeines Krankheitsgefühl.
Ätiologie: Kanalikulär über den Ductus deferens aufsteigende bakterielle Infektion des Nebenhodens. Vermehrt nach transurethralen Eingriffen, bei Dauerkatheterträgern sowie bei Harnabflussstörung (Prostataadenom oder Harnröhrenstriktur).
Diagnose: Deutlich druckschmerzhafter Nebenhoden/Hoden. Hoden und Nebenhoden sind palpatorisch oftmals nicht voneinander abgrenzbar. Eine tastbare Fluktuation deutet auf eine bereits beginnende Abszedierung hin. Häufig Leukozytose sowie Harnwegsinfekt mit Bakteriurie und Leukozyturie.
Differenzialdiagnose: Entscheidend ist die Abgrenzung zur akuten Hodentorsion.
Therapie: Hochdosierte Gabe von Breitspektrumantibiotika, kombiniert mit oralen und lokal applizierten Antiphlogistika. Strenge Bettruhe, Hochlagern und Kühlen der Hoden. Bei infravesikaler Obstruktion vorübergehende Harnableitung mittels suprapubischen Fistelkatheters (SFK). Bei Abszedierung des betroffenen Nebenhodens/Hodens Orchiektomie, d. h. operative Entfernung des betroffenen (Neben-)Hodens.

Hodentorsion

Symptomatik: Plötzlich auftretende, z. T. vernichtende Schmerzen im Skrotum mit Ausstrahlung entlang des Samenstranges bis in den Unterbauch, oft mit Übelkeit und Erbrechen. Bei Kleinkindern meist nur diffuser Abdominalschmerz (sog. Nabelkoliken).
Ätiologie: Verdrehung des Hodens (extra- oder intravaginal) mit nachfolgender hämorrhagischer Infarzierung und Gewebsnekrose (**39.12**) hauptsächlich im Kindes- und Jugendalter, begünstigt durch eine ausgeprägte Beweglichkeit der Hoden und deren Anhangsgebilde.
Diagnostik: Die Diagnose ergibt sich aufgrund der klinischen Symptomatik und des Untersuchungsbefundes. Plötzliches Ereignis, starker Schmerz und meist fehlende Entzündungszeichen. Hoden hochstehend, Schmerzverstärkung beim Hochlagern (Prehn-Zeichen). Duplexsonographie oder Hodenperfusionsszintigraphie (s. SE 39.1, S. 854) können in der Diagnostik hilfreich sein.

39.12 Formen der Hodentorsion

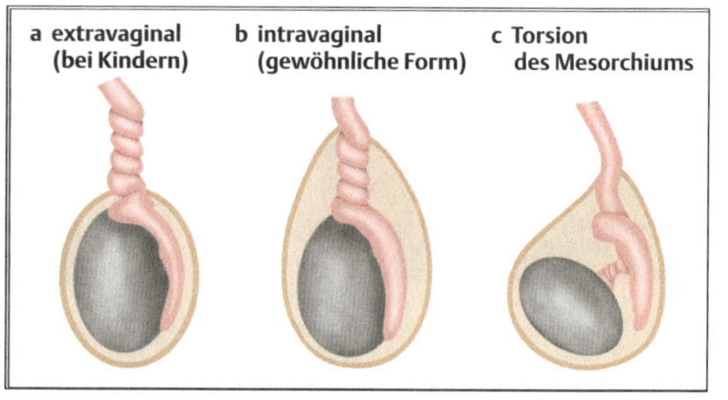

Differenzialdiagnose: Akute Epididymitis, Hydrozele oder Torsion von Appendix testis/epididymis. Hodentumoren gehen selten mit einer akuten Schmerzsymptomatik einher.
Therapie: Schnelle Detorquierung des betroffenen Hodens. Kommt es nicht zu einer spontanen Rückdrehung bzw. ist ein manueller Repositionsversuch erfolglos, muss innerhalb von 4–7 Stunden nach Eintreten des Ereignisses operiert werden. Inguinale Freilegung, Detorquierung und Kontrolle auf Durchblutung, anschließend Orchidopexie, d. h. innere Fixierung des Hodens im Skrotum. In jedem Falle zeitversetzt prophylaktische Orchidopexie des kontralateralen Hodens.

Hydrocele testis

Definition: Flüssigkeitsansammlung im peritonealen Spaltraum der die Hoden umgebenden Tunica vaginalis.
Symptomatik: Hydrozelen können sich langsam und asymptomatisch entwickeln und eine beträchtliche Größe annehmen. Bei Kindern mit offenem Processus vaginalis bildet sich die Hydrozele im Liegen oder spontan wieder zurück, wenn die Flüssigkeit nach intraperitoneal abläuft. Die sekundären oder erworbenen Formen imponieren zumeist durch die schnelle Ausbildung im Rahmen der Grunderkrankung.
Ätiologie: Bei der *angeborenen (= primären) Form* persistiert eine Verbindung zur Bauchhöhle über den offenen Processus vaginalis. Durch diesen Kanal kommt es zu den kindlichen Hydrozelen. Die *sekundären Formen* erscheinen als sog. Begleithydrozelen im Rahmen einer

Epididymitis, einer Hodentorsion, eines Traumas oder bei Hodentumoren.
Diagnostik: Prallelastische Schwellung des betroffenen Skrotums. Transparenz bei der Diaphanoskopie (dem Durchleuchten mit einer Lichtquelle). Homogene Flüssigkeitsansammlung im Ultraschall.
Therapie: Der offene Processus vaginalis im Kleinkindesalter stellt wegen der Gefahr des Auftretens einer Hodentorsion/Hernie eine Operationsindikation dar. Im Erwachsenenalter richtet sich die Operationsindikation nach dem Beschwerdebild und der Grunderkrankung.

Hodentumor

Symptomatik: Klassisches Erstsymptom dieser hauptsächlich von den germinalen Zellen des Hodens ausgehenden bösartigen Geschwulst ist die schmerzlose Vergrößerung bzw. Verhärtung eines Hodens. Begleitend kann es zur Ausbildung einer Hydrozele oder bei hormonaktiven Tumoren zu Gynäkomastie bzw. Pubertas praecox kommen.
Ätiologie: Nicht bekannt. Ein deutlich vermehrtes Auftreten findet sich in der Zeit vermehrter sexueller Aktivität und beim Vorliegen eines Hodenhochstandes.
Epidemiologie: Der Hodentumor ist in der Altersgruppe zwischen 25–35 Jahren der häufigste maligne Tumor bei Männern. Eine erhöhte Inzidenz besteht auch im Kleinkindesalter und bei älteren Männern.
Histologie: Keimzelltumoren (95 %; seminomatös und nicht seminomatös) und gonadale Stromatumoren (5 %). Die **Metastasierung** erfolgt lymphogen entlang des Samenstranges bis zu den paraaortalen Lymphknoten in Höhe des Nierenstiels (1. Station), im weiteren Verlauf bis zu den supraklavikulären Lymphknoten (2. Station). Fernmetastasen vorwiegend in Lunge, Leber und Knochen, aber auch im Gehirn.
Diagnostik: Durch *Palpation* ist meist eine deutliche Vergrößerung und Verhärtung mit Knotenbildung am betroffenen Hoden erkennbar. Die *Hodensonographie* als wichtigste Primärdiagnostik kann auch im Parenchym liegende, weniger als 1 cm große Tumoren darstellen.

! Jeder suspekte Befund erfordert jedoch die operative Hodenfreilegung mit Histologie-Gewinnung.

Therapie: Standardtherapie ist die von inguinal durchgeführte Semicastratio (einseitige Orchiektomie). In Abhängigkeit der Histologie und der Ausbreitung erfolgt dann die weitere Behandlung in Form von Polychemotherapie, retroperitonealer Lymphadenektomie oder Radiatio.

Erkrankungen des Penis

Penisfraktur

Symptomatik: Plötzlich nachlassende Erektion durch Ruptur der Schwellkörper, häufig einhergehend mit einem starken Schmerz und einem krachenden Geräusch („Fraktur"). Durch den massiven Blutaustritt kommt es meist zu einem großen, subkutanen Hämatom, welches sich auf den gesamten Penis und z. T. auch das Skrotum ausdehnt.
Ätiologie: Zerreißung einer oder beider Schwellkörper, u. U. mit Verletzung der Harnröhre, meist während der Kohabitation, wenn auf das erigierte Glied starke Scherkräfte einwirken.
Diagnostik: Anamnese und Klinik führen zur Diagnose. Zur Lokalisation der Ruptur kann eine präoperativ vorgenommene Kontrastmitteldarstellung der Schwellkörper (Kavernosographie; s. SE 39.1, S. 854) hilfreich sein. Bei Blutaustritt aus der Harnröhre besteht der Verdacht auf eine Verletzung der Harnröhre, die durch eine retrograde Urethrographie (s. SE 39.1, S. 854) dargestellt werden kann.
Therapie: Hämatomausräumung, Primärnaht der rupturierten Schwellkörper und evtl. Reanastomose der verletzten Harnröhre.

Priapismus

Der Priapismus ist eine willkürlich nicht zu unterbrechende schmerzhafte Dauererektion, die länger als 2 Stunden anhält, wobei hiervon nur die beiden Corpora cavernosa, nicht jedoch die Glans penis und das Corpus spongiosum betroffen sind.
Ätiologie: Primär idiopathisch (70 %) und sekundär. Auslöser der sekundären Dauererektionen sind hämatologische und neurologische Erkrankungen sowie medikamentös induzierte Formen. Diese sind zu unterscheiden von der „prolongierten Erektion" nach Behandlung mit vasoaktiven Substanzen zur Diagnostik und Therapie der erektilen Dysfunktion (Schwellkörperpharmakontest [s. SE 39.1, S. 855] und Schwellkörperautoinjektionstherapie [SKAT]). Beim *Low-Flow-Priapismus*, der häufigsten Form, besteht eine komplette venöse Abflussblockade. Nach 12 Stunden resultiert eine irreversible Schädigung der glatten Schwellkörpermuskulatur und Fibrosierung. Der *High-Flow-Priapismus* ist gekennzeichnet durch einen gleichmäßig erhöhten arteriellen Bluteinstrom in den Penis bei erhaltenem Abstrom, es entsteht also kein Gewebeschaden.
Diagnostik: Inspektion, Palpation, Duplexsonographie; Schwellkörperpunktion: beim Low-Flow-Priapismus entleert sich dunkles Blut mit deutlich niedrigem pH-Wert, beim High-Flow-Priapismus hingegen ist das aspirierte Blut hell mit z. T. arteriellen pH-Werten.
Therapie: Der länger als 4–6 Stunden bestehende Priapismus stellt eine urologische Notfallsituation dar. Punktion der Corpora cavernosa, Entleerung der Schwellkörper, Blutgasbestimmung. Injektion von α-sympathomimetischen Substanzen (z. B. verdünntes Etilefrin). Bei Persistenz operatives Vorgehen: z. B. Shunt-Operationen (Verbindung zwischen Corpus cavernosum und Corpus spongiosum oder Corpus cavernosum und V. iliaca).

39.4 Urologische Akuterkrankungen und ihre Differenzialdiagnose

Akute urologische Erkrankungen erfordern aufgrund der Schmerzsymptomatik, wegen potenziell irreversibler Organschädigung und der möglichen vitalen Bedrohung eine sofortige Diagnostik und Therapie. Das Spektrum der urologischen Akuterkrankungen reicht ohne Geschlechts- und Altersberücksichtigung vom plötzlich einsetzenden Harnverhalt bis hin zur lebensbedrohlichen Urosepsis. Neben Abdominal- und Flankenschmerzen sind Makrohämaturie oder auch eine fehlende Urinausscheidung häufige Symptome urologischer Erkrankungen. Schmerzlokalisation und Ausstrahlung sind zwar für viele Erkrankungen charakteristisch, oft ist jedoch die Differenzialdiagnose zu chirurgischen, gynäkologischen, internistischen oder orthopädischen Erkrankungen erschwert.

Steinkolik bei Nephroureterolithiasis

Akut einsetzender, krampfartig wellenförmiger Schmerz, der Minuten bis Stunden (status colicus) anhalten kann. Schmerzausstrahlung entsprechend den Head-Zonen, Schmerzwandern entsprechend dem Ureterverlauf: kostovertebraler Winkel, Unterbauch, Leiste, äußeres Genitale.

T 39.1 Differenzialdiagnose der Steinkolik

rechter Oberbauch		*linker Oberbauch*
Cholelithiais, Cholezystitis,		Milzinfarkt,
Ulcus ventriculi/duodeni,		Ulcus ventriculi,
	Pankreatitis, Nierenvenenthrombose, Nierenarterienembolie, Aortenaneurysma, Myokardinfarkt	
rechter Unterbauch		***linker Unterbauch***
Appendizitis,		Sigmadivertikulitis, Appendizitis (situs inversus)
	Inguinalhernie, Extrauteringravidität, Adnexitis, gedrehte Ovarialzyste	

Pathomechanismus: Spasmus und Hyperperistaltik der glatten Uretermuskulatur, bei Transportstörungen und Harnstauungsniere Spannungsschmerz der Nierenkapsel.
Symptome: Prodromi wie Druckgefühl in der Nierenregion und Hämaturie, vernichtender wellenförmiger Schmerz mit Ausstrahlung entsprechend der Steinlokalisation. Übelkeit, Brechreiz, Darmparalyse, ggf. „akuter" Bauch, Pollakisurie, Dysurie, Fieber und Schüttelfrost bei Infekt (infizierte Harnstauungsniere).
Diagnostik: Anamnese (familiäre Belastung, Gicht etc.), Urinstatus: Mikrohämaturie!
Labor: Harnsäure, Kreatinin, Leukozyten, C-reaktives Protein.
Sonographie: Harntransportstörung bei Ureterstein.
Röntgenleeraufnahme: verkalkte Steine spontan sichtbar i. v.Urogramm (kreatininabhängig):

I. v. Urogramm nur im kolikfreien Intervall wegen der Gefahr einer Fornixruptur.

Therapie:
Akut: Analgesie, Spasmolyse, Diuresesteigerung, Therapie mit Antibiotika bei Infekt und Harnstauung, endoskopische (Ureterschiene) oder perkutane Entlastung (Nephrostomie) eines gestauten Nierenhohlsystems.
Im Intervall: nach Sicherung der Nierenfunktion in Abhängigkeit von Steinzusammensetzung, Lokalisation und Größe konservativ, Chemolitholyse, ESWL (**e**xtrakorporale **S**toß**w**ellen**l**ithotripsie), perkutane Litholapaxie (Absaugen der Steine bzw. Fragmente), oder offene Steinsanierung (chirurgisches Vorgehen).

Urosepsis

Vom ableitenden Harnsystem ausgehende Sepsis bzw. Septikämie mit hoher Mortalität.
Differenzialdiagnose: Hyperdynamer oder hypodynamer Schock bei Septikämie über Eintrittspforten außerhalb der Harnwege (s. auch SE 7.4, S. 190).
Pathomechanismus: Hämatogene Streuung meist gramnegativer Keime (E. coli 60–70 %) bei Pyelonephritis, infizierter Harnstauungsniere, paranephritischem Abszess, iatrogener Keimverschleppung und Organverletzungen bei endourologischen Eingriffen, Urethritis wegen Dauerkatheter, viszeralen Infektionen. *Begünstigende Faktoren:* geriatrische, resistenzgeschwächte Patienten mit schlechtem Allgemeinzustand, Diabetes mellitus, Immunsuppressiva, Malignome, Leberinsuffizienz, lang dauernde Antibiotikatherapie.
Symptome: Zunächst hyper-, dann hypodynamer Schockzustand (Endotoxinschock, s. SE 7.4, S. 190), Fieber mit septischen Temperaturen, Polypnoe mit respiratorischer Alkalose, Oligurie bis Anurie, Störungen der Mikrozirkulation und Blutgerinnung (Thrombozytopenie).
Diagnostik: Anamnese, beidseitige Palpation des Nierenlagers, Blutbild (Thrombozytensturz bei Leukozytose, später Leukopenie), Blutgase (respiratorischer Alkalose), Blutgerinnung (Verbrauchskoagulopathie), Blutkultur, Urinstatus, Ultraschall, CT des Abdomens.
Therapie: Intensivmedizinische Behandlung, lokale Sanierung (z. B. Nephrektomie bei Pyonephrose, Abszesseröffnung bzw. -drainage beim Prostataabszess, Orchiektomie bei perforierender, abszedierender Epididymorchitis), gezielte Antibiotikatherapie.

Akuter Harnverhalt

Definition: Fehlende Spontanmiktion, Unvermögen, die *gefüllte* Harnblase zu entleeren (*Synonym:* Ischurie).
Differenzialdiagnose: Prärenales, renales und postrenales Nierenversagen (**T 39.2**).
Pathomechanismus:
Mechanisch infravesikale Obstruktion: Prostatahyperplasie, Prostatakarzinom, Prostatitis, Prostataabszess, Sphinktersklerose, Harnröhrenklappen, Harnröhrenstriktur, Meatusstenose, Urethrastein, urethrale Fremdkörper (autoerotisch), hochgradige Phimose.
Neurogene Blasenentleerungsstörung: Diabetes mellitus, Diskusprolaps (L1–5), Rückenmarktrauma, sensible oder motorische intraoperative Nervenläsion, Poliomyelitis, multiple Sklerose, Neoplasien.
Symptome: Unerträglicher Harndrang, Schmerzen im Unterbauch, tastbare, dolente Raumforderung suprasymphysär, Fieber beim Infekt („akutes Abdomen"; s. **7.8**, S. 187).
Diagnostik: Anamnese, Inspektion des äußeren Genitale, Palpation, Perkussion, Ultraschall der Blase.
Therapie: Entlastung der Harnblase mittels sterilen Einmalkatheterismus, transurethralen Dauerkatheters oder suprapubischer Blasenfistelung (Cystofix; s. SE 5.10, S. 125), Behandlung der Ursache.

Anurie, Oligurie

Im Gegensatz zum akuten Harnverhalt mit voller Blase wird beim anurischen Kranken stets eine *leere* Harnblase gefunden.
Oligurie: Harnvolumen < 500 ml/24 Std,
Anurie: Harnvolumen < 100 ml/24 Std.

T 39.2 Ursachen des akuten Nierenversagens mit Anurie/Oligurie

Einteilung	*Ursachen*
prärenal	Schock
renal	Nephritis (interstitiell, glomerulär), toxischer Parenchymschaden, Thrombose, Embolie
postrenal	doppelseitige Obstruktion • intrinsisch durch Steine, • extrinsisch durch Tumoren, Metastasen, • obstruktive Prostatahyperplasie (supravesikale Obstruktion)

Makrohämaturie

Sichtbare Blutbeimengungen zum Urin.
Differenzialdiagnose: Rotverfärbung des Urins bei Hämoglobinurie und spezieller Medikamenteneinnahme oder Nahrungsaufnahme, gynäkologische Blutung, intestinale Genese selten (vesiko-intestinale Fistel z. B. bei einem Tumor des Colon sigmoideum oder Divertikulitis).
Pathomechanismus: Blutender Tumor (Urethra, Blase, Prostata, Ureter, Nierenbecken, Niere), penetrierende Traumen, Nephroureterolithiasis, Nierenvenenthrombose, Nierenarterienembolie, Nierenzysten, Zystennieren, Entzündungen, Strahlenzystitis, Medikamente (Marcumar, Heparin).
Symptome: Initiale, terminale oder konstante entweder schmerzlose (= meist malignombedingt) oder schmerzhafte (entzündungsbedingt) Hämaturie, schmerzhafte Prallfüllung bei Blasentamponade mit Harnverhalt.
Diagnostik: Anamnese, Inspektion, Palpation, Urinsediment, Zytologie, Ultraschall von Niere und Blase, Urethrozystoskopie, i. v. Urogramm, retrograde Ureteropyelographie, CT.
Therapie: Gesteigerte Diurese, Dauerspülung der Blase, Tamponadenausräumung, Infektsanierung, Antibiotikatherapie, individuelle Tumorbehandlung, Steinsanierung.

Intestinovesikale Fisteln

Definition: pathologische Kurzschlussverbindung zwischen Dünn- oder Dickdarm und der Harnblase (meist zur Blasenrückwand hin).
Ätiologie: chronisch-entzündliche Darmerkrankungen (v. a. Morbus Crohn), Sigmadivertikulitis, Strahlendarm, Malignome.
Symptome: chronischer (nicht therapierbarer) Harnwegsinfekt, Beimengungen von Luft (Pneumaturie) und Stuhl im Urin.
Diagnostik: Zystoskopie/Zystographie mit Kontrastmittel, Röngendurchleuchtung oder CT von intestinal her mit Gastrografin-Applikation (oral oder anal). Oft gelingt der direkte Fistelnachweis aber nicht: Pneumaturie und fäkale Beimengungen im Urin sind aber beweisend!
Therapie: Die Fisteln können nur operativ verschlossen werden. An dem fisteltragenden Darmabschnitt erfolgt die jeweils notwendige Therapie, an der Harnblase (wenn sie selbst gesund ist) genügen Exzision der Fisteleintrittsstelle und zweireihige Naht. Sinnvoll ist in jedem Fall die Interposition von gestieltem großen Netz zwischen operiertem Darm und rekonstruierter Harnblase.

Radiogene sigmoideovesikale Fisteln (nach Bestrahlung) sind, da Darm und Harnblase gleichermaßen geschädigt sind, extrem schwierig zu versorgen: z. B. Exzision der Blasenrückwand (wegen des Strahlenschadens nicht versorgbar, maximal geschrumpfte Harnblase), Ileumkonduit zur Harnableitung mit Ausleitung am rechten Mittelbauch, Darmresektion mit Blindverschluss nach unten und endständigem Anus praeter im linken Mittelbauch (Hartmann-Situation).

39.5 Urologische Verletzungen beim Polytrauma

In Deutschland sind mehr als 70 % aller Urogenitalverletzungen mittel- oder unmittelbar auf den Straßenverkehr zurückzuführen. Hierbei handelt es sich meist um stumpfe Traumen, wohingegen in Ländern mit liberaler Waffengesetzgebung oder in Kriegsgebieten penetrierende Schuss- oder Stichverletzungen im Vordergrund stehen. 10 % aller Patienten mit penetrierenden und 50 % der Patienten mit stumpfen Bauchtraumen haben Verletzungen der Nieren und ableitenden Harnwege. Leitsymptom ist die Hämaturie (Makro-/Mikrohämaturie). Zur interdisziplinären Zusammenarbeit bei Polytrauma s. SE 10.4, S. 266 ff.

Nierenverletzungen

Durch ihre Lage hoch im Retroperitonealraum ist die Niere gegen leichte Traumen geschützt. Bei schweren Traumen sind neben der Niere oft auch benachbarte Organe mitbetroffen. Man unterscheidet die Kontusion, die Ruptur und die Zertrümmerung (bzw. den Gefäßabriss) der Niere (**39.13**).
Ätiologie: Bei bestimmten Verletzungsarten (Thoraxtrauma, Flankenprellung, Schussverletzungen im Oberbauch- und Flankenbereich) muss an eine Nierenbeteiligung gedacht und diese im weiteren Verlauf der Diagnostik sicher erfasst oder ausgeschlossen werden. Generell muss zwischen penetrierender (Stich, Schuss) und stumpfer (Kontusion) Gewalteinwirkung unterschieden werden.
Diagnostik: Neben *Anamnese* und *klinischer Untersuchung* (Flankenschmerzen, Prellmarke, Mikro-, Makrohämaturie, Blutdruck, Puls) haben Sonographie und Computertomographie tragende Bedeutung unter den *bildgebenden Verfahren* und werden von Fall zu Fall durch i. v. Urogramm und Angiographie ergänzt.
Therapie:
Konservativ: 75 % der stumpfen Nierentraumen kommen ohne operative Intervention aus; Bettruhe, evtl. prophylaktische Antibiotikagabe.

39.13 Nierenverletzungen

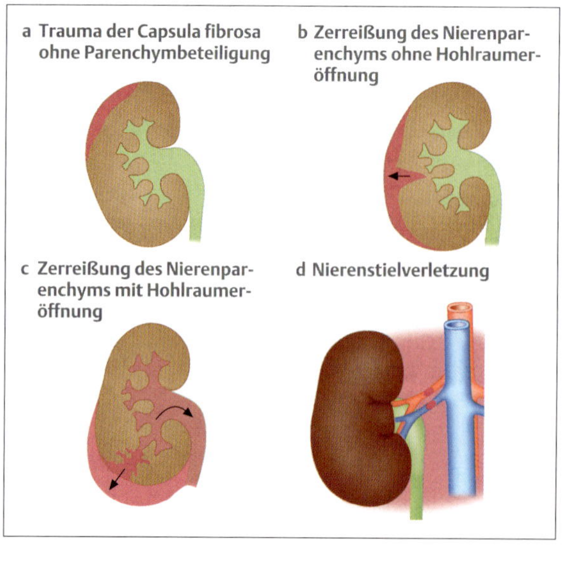

Operativ: Bei anhaltend starken Blutungen, bei ausgeprägtem Urinaustritt ins Retroperitoneum („Urinom") durch Einriss des Nierenhohlsystems oder bei infizierten Hämatomen. Grundsätzlich wird wenn immer möglich nierenerhaltend operiert. Komplett zerstörte und avitale Nieren müssen jedoch entfernt werden.

Harnleiterverletzungen

Unfallbedingte, isolierte Verletzungen des Harnleiters sind extrem selten: Bei plötzlichem Aufprall können die Ureteren vom Nierenbecken abreißen. Häufiger sind iatrogene Verletzungen des Harnleiters bei schwierigen Eingriffen im Beckenbereich (gynäkologische Operationen, Mastdarmeingriffe), besonders nach vorhergegangener Strahlentherapie. Die frische Harnleiterverletzung verläuft häufig symptomarm.
Diagnostik: Die Sonographie bzw. die Computertomographie weisen ein Kontrastmittelextravasat nach. Die Urographie zeigt im Anfangsstadium oft eine funktionsarme Niere, später eine retro- oder intraperitoneale Kontrastmittelansammlung.
Therapeutisch unterscheidet man die partielle Ruptur des Harnleiters mit Kontinuitätserhalt und die komplette Ruptur (Harnleiterabriss). Die Therapie bleibt konservativ, wenn es gelingt, den Defekt mit einer Schiene zu überbrücken. Beim kompletten Abriss ist die operative End-zu-End-Anastomose bzw. bei größeren Verletzungen ein Dünndarminterponat möglich.

Harnblasenverletzungen

Etwa 10 % der Patienten mit einer Beckenringfraktur (s. SE 13.4, S. 346 ff) haben eine Blasenverletzung.
Andererseits gehen Blasenverletzungen in über 95 % mit anderen Verletzungen (meist Beckenfrakturen) einher.
Verletzungsarten und Ätiologie:
Stumpf: Stoß oder Schlag auf gefüllte Blase, meist intraperitoneale Ruptur.
Penetrierend: gedeckt durch Knochensplitter einer Beckenfraktur, offen durch Schuss oder Stich, meist extraperitoneale Leckage.
Allgemeine **Symptome** bei der Blasenverletzung sind Unterbauchschmerz, Hämaturie, imperativer Harndrang mit Dysurie oder Harnverhalt.
Während bei der extraperitonealen Ruptur allenfalls eine durch das Extravasat bedingte Reizerscheinung des

Bauchfells ohne Peritonitis hinzukommt, findet man bei der intraperitonealen Blasenruptur meist eine deutliche Symptomatik mit Peritonitis, Anstieg der Retentionswerte durch Urinrückresorption, paralytischem Ileus und Erbrechen.

Diagnostik: Kontrastmittelfüllung der Harnblase über die Harnröhre (retrograde Urethrozystographie), evtl. mit gedrehten oder seitlichen Röntgenaufnahmen unter Bildwandlerkontrolle, schließen eine Harnröhrenverletzung aus. Die Sicherung der Diagnose ergibt sich nach einer ausreichenden Füllung der Harnblase über einen transurethralen Katheter (Zystogramm, s. SE 39.1, S. 855): Nach Entleerung des Kontrastmittels Nachweis eines Kontrastmittelextravasats, das auf der Füllungsaufnahme nicht zu sehen war.

Therapie: Die Versorgung richtet sich auch nach Begleitverletzung anderer Organe (z. B. Becken). Bei *extraperitonealer Ruptur* und bei kleinen Läsionen kann eine suprapubische oder transurethrale Harndrainage ausreichend sein, bei *intraperitonealer Ruptur* ist eine operative Rekonstruktion unumgänglich.

Verletzungen der männlichen Harnröhre

Bei einem Unfalltrauma des Beckens ist häufig die hintere Harnröhre mitbetroffen. Die Pars diaphragmatica der Harnröhre ist im Schambeinwinkel bindegewebig fixiert und hat keine Ausweichmöglichkeiten. Gut 10 % aller Beckenfrakturen gehen bei Männern mit Harnröhrenverletzungen einher. Verletzungen der weiblichen Harnröhre sind extrem selten.

Man unterscheidet die seltene vordere penile Läsion (Quetschtrauma des Penis) und die hintere bulbäre Verletzung (Aufreittraumen, Straddle-Trauma [engl. to straddle = spreizen]), die wiederum infra- oder supradiaphragmal lokalisiert sein kann (👁 **39.14**).

Die führenden **Symptome** sind Schmerz in der Dammgegend, imperativer Harndrang bei Unmöglichkeit der Miktion, Blutung aus der Urethra und perineale Hämatome.

👁 39.14 Harnröhrenrupturen

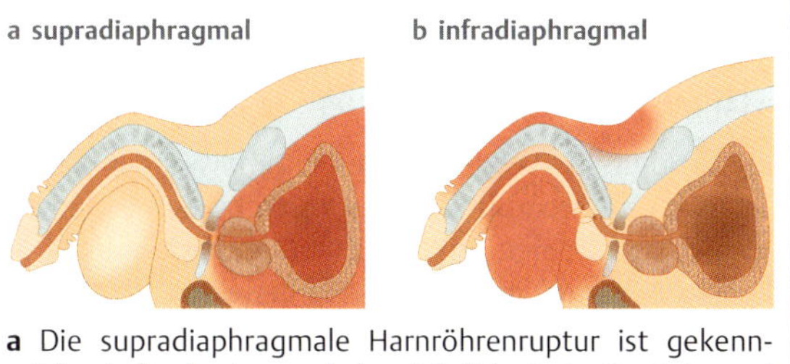

a Die supradiaphragmale Harnröhrenruptur ist gekennzeichnet durch eine nach kranial dislozierte Prostata und ein Hämatom im kleinen Becken.
b Bei der infradiaphragmalen Harnröhrenruptur ist die Prostata nicht disloziert, das Hämatom liegt perineal und skrotal.

Diagnostik: Die rektale Palpation weist häufig eine durch das Hämatom verdrängte „hoch stehende“ Prostata nach. Sonographie und retrograde Urethrographie zeigen die hoch stehende Blase und ein Extraluminat im kleinen Becken.

Therapie: Die perkutane suprapubische Ableitung des Urins (Zystostomie) ist die vordringlichste Maßnahme. Komplette infradiaphragmale Harnröhrenabrisse können primär oder verzögert sekundär durch End-zu-End-Anastomose versorgt werden. Im Falle der supradiaphragmalen Harnröhrenläsion besteht auch die Möglichkeit der Adaptation der Harnröhre und Blase durch einen transurethralen Katheter.

Verletzungen des Penis

Isolierte Verletzungen des Penis sind bei polytraumatisierten Patienten eher selten.

Verletzungsarten und Ätiologie:
- Ablederungsverletzung bei Sturz oder Tritt,
- Penisfraktur mit Einriss der Corpora cavernosa bei Sturz mit erigiertem Glied oder forciertem Koitus,
- Einriss des Frenulums,
- Mutilation (Verstümmelung).

Diagnostik: Retrograde Urethrographie, Kavernosographie (s. SE 39.1, S. 854).

Alle Verletzungen des Penis verpflichten zu einer genauen Kontrolle der Harnröhre.

Therapie:
- Wunddébridement der Hautverletzung entsprechend allgemeinchirurgischer Regeln (s. SE 2.3, S. 36 f),
- Umstechung blutender Gefäße (A. frenularis),
- Penisfraktur mit/ohne Harnröhrenläsion (s. SE 39.3, S. 863),
- bei Penisamputation Versuch der Replantation mit mikrochirurgischer Technik (s. SE 14.9, S. 368 ff),
- bei großflächiger Ablederung der Penisschafthaut vorübergehende Verlagerung des denudierten Penis unter die Bauch- oder Skrotalhaut. Diese dient dann bei plastischer Rekonstruktion als neue Penishaut.

Hoden- und Skrotalverletzungen

Skrotalhautablederungen kommen im Rahmen von Dammverletzungen besonders bei Zweiradfahrern, seltener durch rotierende Maschinen vor.

Ätiologie: Kontusion des Skrotalinhalts mit/ohne Hämatom.

Diagnostik: Ultraschall (Hämatome, Hodenruptur), MRT bei unklaren Situationen.

Therapie: Hochlagerung und Ruhigstellung, operative Hämatomausräumung, bei ausgedehnten Skrotalhautverletzungen Verlagerung der freiliegenden Hoden unter die Oberschenkelhaut.

39.6 Nierentransplantation

Die Nierentransplantation ist für geeignete Patienten mit terminaler Niereninsuffizienz das zu bevorzugende Behandlungsverfahren. Gegenüber den anderen Nierenersatztherapien (Hämodialyse, Peritonealdialyse) bietet sie eine bestmögliche medizinische, soziale und psychische Rehabilitation. Auch unter ökonomischen Gesichtspunkten ist die Nierentransplantation die Therapie der Wahl. Die rechtlichen Grundlagen der Transplantationsmedizin werden in SE 8.3 (s. S. 210 f) beschrieben.

Auswahl und Vorbereitung des Empfängers

Die Altersgrenzen für die Transplantation haben sich in den letzten Jahren immer weiter verschoben. Sowohl bei Kleinkindern als auch bei über 70-Jährigen mit guter körperlicher Verfassung ist eine Nierentransplantation sinnvoll. Patienten mit Dialyseproblemen und Kinder, bei denen hierdurch Wachstumsstörungen verhindert werden können, profitieren in besonderem Maße von der Operation. Diabetes mellitus, Amyloidose, Kollagenosen, inaktive Tuberkulose, Oxalose sowie kardiale und pulmonale Erkrankungen sind **Risikofaktoren** für ein Transplantatversagen nach einer Nierentransplantation. Manche Formen der Glomerulonephritis, die zur terminalen Niereninsuffizienz führen, können im Transplantat erneut auftreten. Zu den absoluten **Kontraindikationen** zählen maligne Erkrankungen, nicht sanierbare Infektherde sowie schwere chronische Lebererkrankungen (s. auch SE 4.12, S. 98).

Im Rahmen der **Transplantationsvorbereitung** sollte urologischerseits immer die Durchführung von Sonographie, Uroflowmetrie und Miktionszystourethrographie erfolgen (s. SE 39.1, S. 854). Anatomisch und funktionell intakte, nicht infizierte Harnwege sind eine unabdingbare Voraussetzung für eine Nierentransplantation. Bei florider Pyelonephritis, Analgetikanephropathie, Reflux mit Infekten und evtl. bei Zystennieren (Blutung, Infektion, Schmerzen, Größe) ist die Entfernung einer eigenen Niere vor der Transplantation erforderlich.

Immunologische Voraussetzungen

Für den Erfolg einer Nierentransplantation kommt der Gewebeverträglichkeit (Histokompatibilität) zwischen Spender und Empfänger eine wesentliche Bedeutung zu. Eine **AB0-Kompatibilität** ist unverzichtbar. Eine möglichst gute Übereinstimmung im **HLA-System** wird angestrebt. Eine Transplantation darf nur bei negativem Cross-Match (kein Nachweis präformierter zytotoxischer Antikörper beim Empfänger) durchgeführt werden. Bei einer **Lebendnierenspende** sind die Ergebnisse umso besser, je größer die verwandtschaftliche Übereinstimmung ist (Idealfall: eineiige Zwillinge – keine Immunsuppression erforderlich).

Technische Durchführung der Nierentransplantation

Die Implantation der Nieren erfolgt über einen pararektalen Zugang in den rechten oder linken Unterbauch retroperitoneal in die Fossa iliaca. Aus funktionellen Gründen soll eine rechte Spenderniere links eingesetzt werden und umgekehrt. Nach Präparation der Transplantatniere wird zunächst die Nierenvene End-zu-Seit mit der V. iliaca externa anastomosiert. Anschließend erfolgt die Anastomosierung der A. iliaca externa mit der Nierenarterie in Seit-zu-End-Technik (seltener: End-zu-End-Anastomosierung mit der A. iliaca interna). Nach Fertigstellung der Gefäßanastomosen wird die Reperfusion der Transplantatniere, die bis zu diesem Zeitpunkt mit Eiswasser gekühlt wird (s. auch SE 4.12, S. 98), vorgenommen. Abschließend wird der Transplantatharnleiter in die Blase eingepflanzt. Eine extravesikale Technik mit Reflexschutz (Bildung eines submukösen Tunnels) hat sich hierbei bewährt (👁 **39.15**).

Immunsuppression

Mit Beginn der Nierentransplantation ist die Einleitung einer immunsuppressiven Therapie erforderlich. Hierzu stehen verschiedene potente Medikamente zur Verfügung (T **39.3** und SE 4.12, S. 99). Die Kombination von Cortison und Ciclosporin oder Tacrolimus stellt heute die Standardtherapie dar. Sie kann in der Induktionsphase mit Azathioprin oder Mycophenolat mofetil zur Triple-Drug-Therapie erweitert werden. Langfristig wird eine Reduktion der Immunsuppression angestrebt.

Im Falle einer Abstoßungsreaktion wird eine Intensivierung der Immunsuppression mit hohen Steroiddosen oder Gabe von monoklonalen Antikörpern (OKT3) oder ATG durchgeführt.

Ergebnisse

Die ständige Verbesserung der Ergebnisse der Nierentransplantation beruht auf den Fortschritten auf immunologischem Gebiet, auf der Entwicklung potenter Immunsuppressiva, auf der Standardisierung der Operationsverfahren und der zunehmenden Erfahrung im Umgang mit transplantierten und zu transplantierenden Patienten. Die **Einjahres-Patienten-Überlebensrate** liegt heute über 95 %, die 1-Jahres-Transplantat-Funktionsrate über 85 %. Die 5-Jahres-Transplantat-Funktions-Raten betragen 60–70 %.

39.15 Prinzip der Nierentransplantation

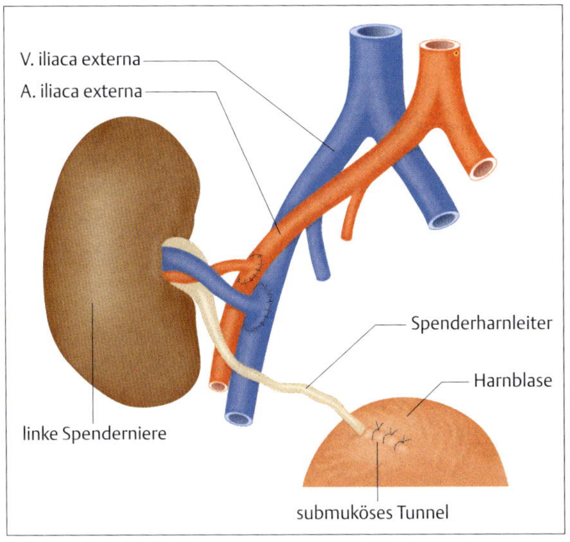

39.3 Immunsuppression bei der Nierentransplantation

Wirkung	*Medikament*	*Indikation*
Hemmung der Antikörperproduktion	Cortison	Induktionstherapie, Erhaltungstherapie, Abstoßungstherapie
Hemmung der T-Zellen	Ciclosporin	Induktionstherapie, Erhaltungstherapie
	Tacrolimus	Induktionstherapie, Erhaltungstherapie, Abstoßungstherapie
	Azathioprin	Induktionstherapie
	Mycophenolat mofetil	Induktionstherapie, Erhaltungstherapie
	Antithymozyten-globulin (ATG)	Induktionstherapie, Abstoßungstherapie
	OKT3	Abstoßungstherapie

Postoperative Komplikationen

Abstoßungsreaktionen werden je nach Zeitpunkt des Auftretens in folgende Formen unterteilt:

- hyperakuter Typ: Minuten bis Stunden nach der Transplantation,
- akuter Typ: Beginn einige Tage nach der Transplantation,
- chronischer Typ: Wochen bis Jahre nach der Transplantation.

Typische *klinische Befunde* sind Krankheitsgefühl, Oligurie, Fieber und Leukozytose. *Differenzialdiagnostisch* muss immer eine Infektion mit dem Zytomegalie-Virus ausgeschlossen werden.

Ein **postoperatives akutes Nierenversagen** wird in 30–40 % beobachtet. Seine Ursachen sind meist im Ablauf der Nierenexplantation zu suchen. Die Prognose ist günstig, d. h. die Nierenfunktion erholt sich wieder.

Lymphozelen (Lymphflüssigkeit tritt aus verletzten Lymphgefäßen aus und kapselt sich in der Wunde ab) treten in etwa 5 % der Transplantationen in Erscheinung. Kleine asymptomatische Lymphozelen bedürfen keiner Behandlung. Größere Lymphozelen können Harnstauungen und konsekutiv Verschlechterungen der Transplantatfunktion bzw. Venenkompression und Thrombosen verursachen. *Therapie der Wahl* ist die offene oder laparoskopische Operation mit intraperitonealer Marsupialisation der Lymphozelenwand (Eröffnung der Hülle der Lymphozele in die freie Bauchhöhle mit Rändelung ihrer Ränder).

Nierenarterienthrombosen zählen ebenso wie die **Nierenvenenthrombosen** zu den Frühkomplikationen nach einer Nierentransplantation. Ihr Auftreten wird selten beobachtet und erfordert die sofortige Revision. Häufig ist die Transplantatentfernung erforderlich.

Bei der **Nierenarterienstenose** handelt es sich um eine Spätkomplikation. Sie tritt in 3–5 % auf und wird meist durch eine Hypertonie symptomatisch. Zunächst sollte die angioplastische Dilatation (s. auch SE 32.3, S. 718 f) in Operationsbereitschaft versucht werden.

Die **Transplantatruptur** ist ein seltenes Ereignis und tritt meist innerhalb der ersten 3 Wochen im Rahmen einer Abstoßungsreaktion in Erscheinung. Typische Symptome sind die Zeichen einer akuten Blutung. Bei sofortiger Operation ist heutzutage häufig ein Erhalt der Transplantatniere möglich.

Urinfisteln und **Urinome** entstehen durch insuffiziente Ureteroneozystostomien (d. h. Anastomosen zwischen Spender-Harnleiter und Empfänger-Blase) oder durch Ureternekrosen, bedingt durch eine übermäßige Devaskularisation des Ureters. Falls eine vorübergehende Harnableitung (Blasenkatheter, Harnleiterschienung, perkutane Nephrostomie) nicht zum Verschluss des Urinlecks führt, ist eine offene Revision mit Reanastomosierung der harnableitenden Strukturen notwendig.

Komplikationen durch die immunsuppressive Therapie werden in SE 4.12 (s. S. 99) beschrieben. Eine arterielle Hypertonie kann durch verschiedene Ursachen bedingt sein (z. B. Nephrotoxizität von Ciclosporin oder Stoffwechselprobleme mit Cortison). Die erhöhte Inzidenz maligner Tumoren unter Immunsuppression bedarf der besonderen Beachtung (s. SE 4.12, S. 99).

Nachsorge

Nach einer Nierentransplantation sind ständige Kontrolluntersuchungen, deren Abstände individuell gestaltet werden können, erforderlich. Solange das Transplantat arbeitet, muss eine immunsuppressive Therapie durchgeführt werden. Mittlerweile sind Transplantatfunktionen über 20 Jahre bekannt. Retransplantationen können im Einzelfall bis zu viermal vorgenommen werden.

Dirk Heimbach / Stefan-C. Müller

Quellenverzeichnis

Tab. 32.2 nach Schild H. Angiographie – angiographische Interventionen. Stuttgart: Thieme 1994

Abb. 33.10 nach Paetz B., Benzinger-König, B. Chirurgie für Pflegeberufe, 19. Aufl. Stuttgart: Thieme 2000

Abb. 21.2 nach Waters PF, DeMeester TR. Foregut motor disorders and their surgical management. Med Clin North Am 1981;65;1238

Abb. 21.4 von Dr. Neubrand, Medizinische Universitätsklinik Bonn

Abb. 21.24 nach Silbernagl S, Despopoulos A. Taschenatlas der Physiologie. 5. Aufl. Stuttgart: Thieme 2001

Abb. 21.26 mit freundlicher Genehmigung des Instituts für Radiologie im Universitätsklinikum der Phillipps-Universität Marburg, Direktor: Prof. Dr. K.J. Klose

Abb. 21.32 mit freundlicher Genehmigung des Instituts für Radiologie im Universitätsklinikum der Phillipps-Universität Marburg, Direktor: Prof. Dr. K.J. Klose

Die Herausgeber danken allen Kliniken und Instituten bzw. allen Kolleginnen und Kollegen für die Überlassung des vielfältigen Bildmaterials.

Sachverzeichnis

Halbfette Seitenzahlen verweisen auf Haupttextstellen. Die Seitenzahl hinter 🔍 verweist auf Textstellen im „Vertiefenden Wissen“:

A

B

C

D

E

F

G

H

I

J

K

L

M

N

O

P

Q

S

T

U

V

W

X

Y

Z

36 Videofilme auf CD-ROM

Inhaltsverzeichnis

Verhalten im Operationssaal und Knotentechnik

Matthias Brütting, Andreas Hirner

- Chirurgische Händedesinfektion
- Anziehen eines sterilen OP-Kittels
- Sterilität und Abdecken des Operationsgebietes
- Knotentechnik:
  - Mittelfingerknoten,
  - Zeigefingerknoten,
  - Schulknoten vorwärts,
  - Schulknoten rückwärts,
  - Schifferknoten,
  - Chirurgischer Knoten,
  - Weiberknoten
- Nahttechnik:
  - Rückstichnaht der Haut nach Allgöwer,
  - Rückstichnaht der Haut nach Donati,
  - Fortlaufende Intrakutannaht

Thoraxchirurgie

Matthias Brütting, Andreas Hirner

- Sternotomie
- Thorakotomie bei Bronchialkarzinom des rechten Lungenoberlappens
- Legen einer Thorax-Drainage (Bülau)

Viszeral- und Allgemeinchirurgie

Matthias Brütting, Andreas Hirner

- Funktionsorientierte Schilddrüsenresektion
- Laparoskopische Cholezystektomie
- Mediane Laparotomie
- Konventionelle Appendektomie
- Ileus
- Anteriore Rektumresektion bei Karzinom
- Sigmaresektion
- Doppelläufiger Anus praeter (Kolon)
- Perianale Fistel mit Abszess
- Splenektomie
- Leistenhernienoperation nach Shouldice

Gefäßchirurgie

Matthias Brütting, Andreas Hirner

- Embolektomie bei arteriellem Gefäßverschluss
- Y-Prothese bei infrarenalem Bauchaortenaneurysma

Unfallchirurgie

Dankward Höntzsch, Kuno Weise

- Refixierung eines Außenmeniskus im Knie
- Olekranonfraktur mit Zuggurtungsosteosynthese
- Außenknöchelfraktur mit Plattenosteosynthese
- Patellalängsfraktur mit Kompressionsverschraubung
- Subtrochantäre Fraktur mit proximalem Femurmarknagel
- Oberschenkelfraktur mit unaufgebohrtem Femurmarknagel
- Unterschenkelfraktur mit unaufgebohrtem Tibiamarknagel

Systemvoraussetzungen: IBM-kompatibler PC (mindestens Pentium-Prozessor); Windows 95 oder 98/ME/2000/XP; Microsoft Internet Explorer ab Version 5.5 mit eingeschalteter JavaScript-Funktionalität; Windows Media-Player ab Version 6.4; Vierfach-CD-ROM-Laufwerk; Grafikkarte mit 16 bit Farbtiefe bei mindestens 800 x 600 Pixel. Die Kommentare zu den Videos erfolgen in Untertiteln, eine Soundkarte ist deshalb nicht nötig.

Bedienungshinweise: Öffnen Sie im Windows Explorer das Verzeichnis des CD-ROM-Laufwerks und starten Sie die Datei „Start.html" mit einem Doppelklick. Der Videoplayer startet mit dem Hauptmenü, wo mit Mausklick ein Untermenü und dort ein Video ausgewählt werden kann. Die Video-Steuerung erfolgt mit Standardbuttons. Wenn Sie mit der Maus über einem Button bleiben, wird seine Funktion eingeblendet.

Um ein Video im Vollbildmodus zu betrachten, klicken Sie mit der rechten Maustaste auf das laufende Video und wählen „Vollbild". Zur normalen Ansicht können Sie wieder zurückkehren, indem Sie erneut mit der rechten Maustaste klicken und den entsprechenden Menüpunkt wählen oder die ESC-Taste auf Ihrer Tastatur drücken.

Bei **technischen Problemen**, wenden Sie sich an hotline@thieme.de.

Beschreiben Sie uns bitte Ihr Problem möglichst exakt und ausführlich. Nur wenn wir Ihr Problem auf unseren Rechnern nachvollziehen können, können wir es lösen bzw. beheben.

Folgende Informationen sind dabei besonders wichtig:

Bitte geben Sie alle Fehlermeldungen, die angezeigt werden, so genau wie möglich wieder. Welche Schritte müssen wir ausführen, damit Ihr Problem auch auf unseren Computern auftritt? Bitte teilen Sie uns auch mit, welche Versionen des Betriebsystems, des Browsers und des Media Players auf Ihrem Rechner installiert sind.

Doppelt hält besser
Duale Reihe
Chirurgie
Thieme
Duale Reihe
Orthopädie
Dual genial!
Duale Reihe
Lehrbuch und
Repetitorium in einem
Alles, was Sie in der
Chirurgie wissen müssen
2. korr. A. 2003. 1570 S., 1780 Abb., kart.
ISBN 3 13 125292 8 € 69,95/CHF 113,–
Das meistverkaufte Buch im
Fach Orthopädie!
4. überarb. A. 2003.
595 S., 876 Abb., kart., inkl. Video-CD-ROM
3 13 130814 1 € 49,95/CHF 81,50
Duale Reihe
Hermann S. Füeßl und Martin Middeke
Anamnese
und Klinische
Untersuchung
Mit CD-ROM
Thieme
Duale Reihe
Augenheilkunde
Thieme
Duale Reihe
Dermatologie
Thieme
Inkl. CD-Rom mit
Auskultationsbefunden
2. vollst. überarb. u. erw. A. 2002.
558 S., 655 Abb., kart.
3 13 126882 4 € 44,95/CHF 74,50
Das gesamte Wissen des
Faches Augenheilkunde –
jetzt mit deutlich mehr
Abbildungen
2002. 459 S., 794 Abb., 73 Tab.
ISBN 3 13 128312 2 € 39,95/CHF 67,–
Das erfolgreichste
Dermatologie-Lehrbuch
5. A. 2002. 523 S., 488 Abb., 91 Tab.
3 13 126685 6 € 39,95/CHF 67,–
Preisänderungen und Irrtümer vorbehalten. €-Preise gültig in Deutschland. Lieferung zzgl. Versandkosten.
Überall im Buchhandel!
www.thieme.de
Thieme